家出版基金项目
TIONAL PUBLICATION FOUNDATION

广西植物志

FLORA OF GUANGXI

第四卷 种子植物

VOLUME 4 SPERMATOPHYTA

广西壮族自治区
中国科学院 广西植物研究所 编著

Guangxi Institute of Botany,
Guangxi Zhuang Autonomous Region and the
Chinese Academy of Sciences

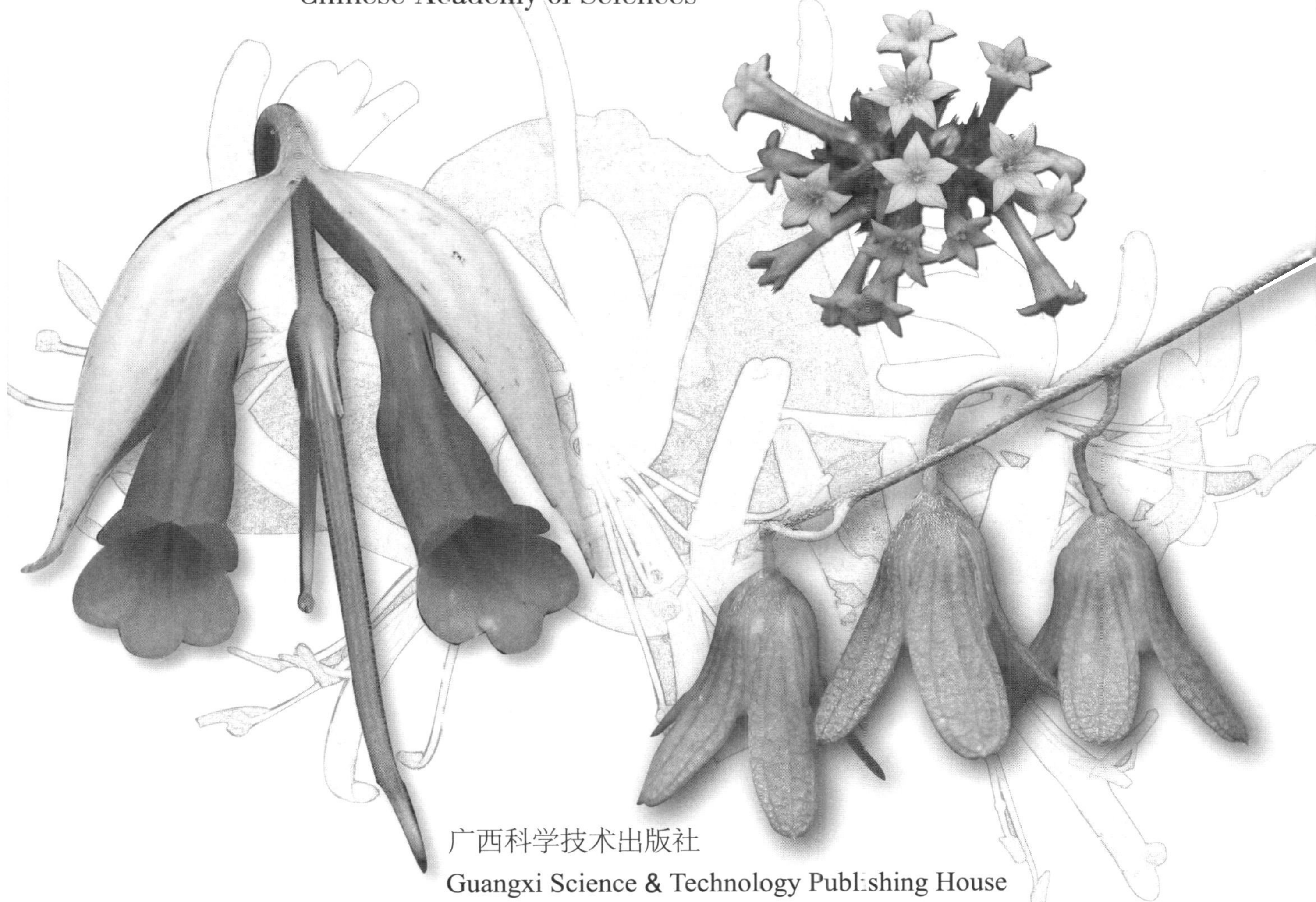

广西科学技术出版社
Guangxi Science & Technology Publishing House

图书在版编目（CIP）数据

广西植物志．第四卷，种子植物/广西壮族自治区中国科学院广西植物研究所编著．—南宁：广西科学技术出版社，2017.10

ISBN 978-7-5551-0864-1

Ⅰ.①广…　Ⅱ.①广…　Ⅲ.①植物志—广西②种子植物—植物志—广西　Ⅳ.①Q948.526.7②Q949.408

中国版本图书馆 CIP 数据核字（2017）第 261337 号

GUANGXI ZHIWU ZHI DISIJUAN ZHONGZI ZHIWU

广西植物志　第四卷　种子植物

广西壮族自治区
中国科学院广西植物研究所 编著

策划编辑：唐一雄　　封面设计：李寒林
责任编辑：饶　江　　助理编辑：马月媛　陈正煜
责任校对：黎　桦　　责任印制：韦文印

出 版 人：卢培钊　　出版发行：广西科学技术出版社
社　　址：广西南宁市东葛路 66 号　　邮政编码：530023
网　　址：http://www.gxkjs.com

经　　销：全国各地新华书店
印　　刷：广西民族印刷包装集团有限公司
地　　址：南宁市高新区高新三路 1 号　　邮政编码：530007
开　　本：890 mm×1240 mm　1/16
字　　数：1900 千字　　印　　张：68.25
版　　次：2017 年 10 月第 1 版　　印　　次：2017 年 10 月第 1 次印刷
书　　号：ISBN 978-7-5551-0864-1
定　　价：298.00 元

内容提要

本卷收载广西的种子植物(茜草科至唇形科,按哈钦松系统编排)共 33 科 454 属 1 612 种 24 亚种 141 变种 5 变型及 1 杂交种,对科、属、种及种下等级的名称、形态特征、产地、生境、分布和已知经济用途等均做了扼要介绍,并有形态特征比较图或全貌图图版 269 幅(含 646 种 10 亚种 17 变种)。本书文字描述简练,图文并茂,可读性强,可供植物学、农学、林学、园艺、药学、轻工业等工作者及有关教学、生产和供销部门参考应用。

本卷编著者及绘图者的单位代码

1 广西壮族自治区
中国科学院 广西植物研究所

2 中国科学院植物研究所

3 中国科学院华南植物园

4 中国科学院昆明植物研究所

5 江苏省中国科学院植物研究所

6 广西中医药研究院

7 广西天然药物研究中心

8 中南林业科技大学

9 广西科学技术协会

本卷编委会

主　任　李典鹏　李　锋　刘　演

主　编　李树刚

副主编　韦发南　刘　演　韦毅刚　唐赛春　林春蕊　许为斌　黄俞淞

编著者　（按在著作中出现的先后顺序排列）

黄俞淞[1]　吴　磊[8]　刘　演[1]
蒙　涛[1]　方　鼎[6]　俸宇星[1]
韦毅刚[1]　高成芝[6]　沈晓琳[1]
罗金裕[6]　邹　蓉[1]　林有润[3]
毛宗铮[1]　韦裕宗[1]　梁健英[1]
张　强[1]　刘　静[1]　胡启明[3]
董莉娜[1]　林春蕊[1]　沙文兰[7]
文和群[1]　唐赛春[1]　黄德爱[1]
李光照[1]　吴　双[9]　王文采[2]
潘开玉[2]　许为斌[1]　韦春强[1]
邓云飞[3]　陈守良[5]　潘玉梅[1]
韦发南[1]　陈　介[4]　严克俭[6]

绘图者　（按在著作中出现的先后顺序排列）

林文宏[1]　邹贤桂[1]　何顺清[1]
黄门生[1]　辛茂芳[1]　邓晶发[3]
佘汉平[3]　余　峰[3]　李素芬[1]
邓盈丰[3]　朱运喜[1]　刘宗汉[1]
廖信佩[6]　李光照[1]　吴樟桦[2]
冀朝帧[2]　刘春荣[2]　冯晋庸[2]
史渭清[5]　王旧立[1]

说　明

一、《广西植物志》全书共六卷，本卷为其中第四卷，按哈钦松系统（1926 年、1934 年）编排。本卷收载由茜草科至唇形科的种子植物，共 33 科 454 属 1 612 种 24 亚种 141 变种 5 变型及 1 杂交种，并有形态特征比较图或全貌图图版 269 幅（含 646 种 10 亚种 17 变种）。

二、由于本卷编研及等待出版时间较长，在此期间，国内外若干相关论著对部分科、属作了修订并增加了一些新类群，因此本卷对成稿时间较早的科、属也进行了全面修订。许多专家对此也表示理解与支持，部分专家虽不便亲自修订，但也同意由年轻人进行整编并共同署名。因此，本卷既保留了编著者在成稿时的观点，也体现了相关类群的最新研究成果。

三、参加本卷编著及绘图的单位有广西壮族自治区中国科学院广西植物研究所、中国科学院植物研究所、中国科学院华南植物园、中国科学院昆明植物研究所、江苏省中国科学院植物研究所、广西中医药研究院、广西天然药物研究中心、中南林业科技大学、广西科学技术协会。

四、本卷的编研、出版得到了广西科学技术厅、广西科学院及国家出版基金的资助。

目　　录

232. 茜草科 RUBIACEAE …………………… (1)
232A. 香茜科 CARLEMANNIACEAE …………………………………… (149)
233. 忍冬科 CAPRIFOLIACEAE …… (151)
235. 败酱科 VALERIANACEAE …… (185)
236. 川续断科 DIPSACACEAE ……… (190)
238. 菊科 ASTERACEAE ……………… (193)
239. 龙胆科 GENTIANACEAE ……… (369)
239A. 睡菜科 MENYANTHACEAE …………………………………… (389)
240. 报春花科 PRIMULACEAE ……… (392)
241. 白花丹科 PLUMBAGINACEAE …………………………………………… (415)
242. 车前科 PLANTAGINACEAE …………………………………………… (418)
243. 桔梗科 CAMPANULACEAE …… (421)
243A. 五膜草科 PENTAPHRAGMATACEAE …………………………………… (433)
243B. 尖瓣花科 SPHENOCLEACEAE …………………………………… (433)
244. 半边莲科 LOBELIACEAE ……… (435)
245. 草海桐科 GOODENIACEAE …… (441)
246. 花柱草科 STYLIDIACEAE ……… (445)
247. 花荵科 POLEMONIACEAE …… (446)
248. 田基麻科 HYDROPHYLLACEAE …………………………………………… (448)
249. 紫草科 BORAGINACEAE ……… (449)
250. 茄科 SOLANACEAE …………… (464)
251. 旋花科 CONVOLVULACEAE … (497)
252. 玄参科 SCROPHULARIACEAE …………………………………………… (542)
253. 列当科 OROBANCHACEAE …… (613)
254. 狸藻科 LENTIBULARIACEAE …………………………………………… (616)
256. 苦苣苔科 GESNERIACEAE …… (624)
257. 紫葳科 BIGNONIACEAE ……… (745)
258. 胡麻科 PEDALIACEAE ………… (763)
259. 爵床科 ACANTHACEAE ……… (766)
261. 苦槛蓝科 MYOPORACEAE …… (853)
263. 马鞭草科 VERBENACEAE ……… (854)
263A. 透骨草科 PHRYMACEAE ………………………………………… (909)
264. 唇形科 LAMIACEAE …………… (910)

中名索引 ………………………………………………………………………………………………… (995)
拉丁学名索引 ………………………………………………………………………………………… (1023)

232. 茜草科 RUBIACEAE*

乔木、灌木、草本或藤本；枝有时具刺。单叶对生、假对生或轮生，全缘，稀具齿缺；托叶生于叶柄间或叶柄内。花序为聚伞花序复合而成，极少单花，顶生、腋生或假腋生；花两性、单性或杂性，辐射对称，少为两侧对称，通常花柱异长；花萼4～5裂，极少2裂或更多裂，裂片小或几乎消失，有时其中1枚或几枚裂片明显增大成叶状；花冠管状、漏斗状、高脚碟状或辐状，通常4～5裂，少3裂或8～10裂，裂片各式排列；雄蕊与花冠裂片同数，偶有2枚，着生于花冠筒内或喉部，花药各式，通常线状长圆形，2室，纵裂或少有孔裂；雌蕊1枚，子房通常下位，由2个或多个心皮组成，通常为中轴胎座，少为侧膜胎座，花柱具头状或分裂的柱头，很少花柱分离(*Galium* L.等)；胚珠每室1颗至多颗，倒生、横生或曲生。果为浆果、蒴果或核果；种子裸露或嵌于果肉或肉质胎座中，少数具翅，多数胚乳丰富。　本科约有660属11 150种，分布于世界各地，绝大多数属、种分布于湿润的热带地区。我国已知有97属702种，其中有3属352种为我国特有，约有10属23种为国外引种的经济植物或观赏植物，主要分布于我国东南部、南部和西南部，少数分布于西北部和东北部；广西现知有64属277种9亚种15变种。

分属检索表

1. 花组成密花、圆球形的头状花序，花序梗顶端膨大成球形。
  2. 胚珠每子房室多颗；种子每室多粒；叶对生。
    3. 种子向上覆瓦状着生，种子两端具长翅，下端的翅深2裂；内果皮骨质，先自顶部至基部室间开裂，而后室背开裂；茎枝具有钩刺 ······ 1. **钩藤属** Uncaria Schreber
    3. 种子及内果皮的开裂方式均与上述不同；茎枝无钩刺。
      4. 胎座小瘤状、倒卵形；柱头球形至倒卵状棒形。
        5. 花萼裂片脱落，不留附于蒴果的中轴上 ······ 2. **新乌檀属** Neonauclea Merr.
        5. 花萼裂片不脱离，留附于蒴果的中轴上。
          6. 顶芽不明显，由托叶疏松包裹；托叶深2裂，达全长2/3以上；头状花序单生，稀数个排成聚伞状圆锥花序式 ······ 3. **水团花属** Adina Salisb.
          6. 顶芽明显，金字塔形或圆锥形；托叶全缘或有时微凹；头状花序通常7个以上各式排列。
            7. 花萼裂片密被长柔毛；花冠筒密被短柔毛；头状花序通常7～11个，排成聚伞状圆锥花序式，侧生花序轴不分枝 ······ 4. **鸡仔木属** Sinoadina Ridsd.
            7. 花萼裂片三角形或椭圆状长圆形；花冠筒不被毛或被疏毛。
              8. 头状花序通常9个以上；侧生花序轴分枝，其上有数个头状花序 ······ 5. **黄棉木属** Metadina Bakh. f.
              8. 头状花序通常1个或3个；无侧生花序轴 ······ 6. **槽裂木属** Pertusadina Ridsd.
      4. 胎座"Y"形或"┤"形；柱头纺锤形或圆筒形。
        9. 顶芽圆锥形；托叶跨褶；果序为分离的蒴果组成，疏松 ······ 7. **团花属** Neolamarckia Bosser
        9. 顶芽扁平；托叶贴伏于枝上，不跨褶；果序为1合心皮果或假合心皮果 ······ 8. **乌檀属** Nauclea L.
  2. 胚珠每子房室1颗；种子每室1粒；叶3片轮生，少兼有对生 ······ 9. **风箱树属** Cephalanthus L.
1. 花序与上述不同，花序梗顶端不膨大。
  10. 花冠裂片镊合状排列。
    11. 种子具翅；花序腋生，总状，仅花序梗上部具1枚白色的叶状苞片 ······ 10. **土连翘属** Hymenodictyon Wall.
    11. 种子无翅。

---

* 编著者：黄俞淞、吴磊、刘演。

12. 子房每室有胚珠2至多颗；种子每室有2至多粒。
13. 果成熟时开裂。
14. 果盖裂。
15. 花冠辐状 …… 11. **雪花属** Argostemma Wall.
15. 花冠管状或漏斗状。
16. 花序顶生 …… 12. **报春茜属** Leptomischus Drake
16. 花序腋生 …… 13. **牡丽草属** Mouretia Pitard
14. 果纵裂，室背或室间开裂成2～4个果瓣。
17. 花4数。
18. 种子有棱角 …… 14. **耳草属** Hedyotis L.
18. 种子盾形、舟形或平凸形，无棱角 …… 15. **新耳草属** Neanotis W. H. Lewis
17. 花5数，少6数。
19. 蒴果僧帽状或倒心形；花盘2全裂 …… 16. **蛇根草属** Ophiorrhiza L.
19. 蒴果形状与上述不同；花盘不裂或有不明显的4～5裂。
20. 花序上有些花萼裂片中有1片增大成叶状，色白而有梗 …… 17. **裂果金花属** Schizomussaenda H. L. Li
20. 花序上的花萼裂片均正常，绝不增大成叶状。
21. 果室背和室间均开裂，果瓣4个；花序顶生，少兼有腋生 …… 18. **螺序草属** Spiradiclis Blume
21. 果室间开裂成2个果瓣；花序腋生 …… 19. **岩黄树属** Xanthophytum Reinw. ex Bl.
13. 果成熟时不开裂。
22. 果干燥，蒴果状。
23. 花4数 …… 14. **耳草属** Hedyotis L.
23. 花5数，组成顶生总状花序；块根球状 …… 20. **岩上珠属** Clarkella Hook. f.
22. 果肉质，浆果或浆果状，或核果状。
24. 花序上有些花萼裂片中有1枚(很少全部)增大成叶状，色白而具柄 …… 21. **玉叶金花属** Mussaenda L.
24. 花序上的花萼裂片均正常，绝不增大成叶状。
25. 子房和果实4～5室；种子球形 …… 22. **尖叶木属** Urophyllum Wall.
25. 子房2室；果实2室或有2分核；种子有棱角。
26. 头状花序有总苞，顶生 …… 23. **溪楠属** Keenania Hook. f.
26. 花序无总苞。
27. 树皮松软，海绵状。
28. 果浆果状，2室；花序顶生，疏散；花萼裂片间的弯缺内有腺体 …… 24. **腺萼木属** Mycetia Reinw.
28. 果核果状，含2分核；花序腋生，兼有顶生，通常紧密；花萼裂片间的弯缺内无腺体 …… 25. **密脉木属** Myrioneuron R. Br. ex Benth. et Hook. f.
27. 树皮密实，绝非海绵状；花序腋生 …… 19. **岩黄树属** Xanthophytum Reinw. ex Bl.
12. 子房每室有胚珠1颗；种子每室1粒。
29. 果为1合心皮果；花多朵聚合成头状；萼筒彼此黏合 …… 26. **巴戟天属** Morinda L.
29. 果非合心皮果；花萼裂片彼此分离。
30. 花萼檐截平或近截平。
31. 乔木、灌木，直立或攀缘状。
32. 攀缘灌木；花两性 …… 27. **穴果木属** Caelospermum Blume
32. 乔木或直立灌木；花杂性或单性，兼有两性。
33. 冠筒喉部无毛 …… 28. **南山花属** Prismatomeris Thwaites
33. 冠筒喉部有1环绒毛 …… 29. **鱼骨木属** Canthium Lam.
31. 草本，直立、匍匐或攀缘状。

34. 花冠辐状，少有钟状或短漏斗状；叶轮生，少对生。
35. 果干燥，常被毛；花 4 数 …………………………………………… 30. **拉拉藤属** Galium L.
35. 果肉质，常无毛；花通常 5 数 ……………………………………………… 31. **茜草属** Rubia L.
34. 花冠漏斗状；花单朵顶生 ……………………………………… 32. **薄柱草属** Nertera Banks ex Gaertn.
30. 花萼檐裂片明显，通常 4～5 裂，有时 2 片或 6 片。
36. 草本。
37. 花单生，顶生；托叶全缘；匍匐草本 ……………………………… 33. **爱地草属** Geophila D. Don
37. 花多朵簇生组成聚伞花序或头状花序；托叶上部分裂；直立或近直立草本。
38. 聚伞花序；果不开裂或顶端开裂。
39. 花序腋生；果顶端开裂或不裂………………………………………… 34. **丰花草属** Spermacoce L.
39. 花序顶生；果不开裂。
40. 托叶与叶柄合生成鞘 ………………………………………………… 35. **红芽大戟属** Knoxia L.
40. 托叶与叶柄分离 ……………………………………………………… 14. **耳草属** Hedyotis L.
38. 花序头状，顶生或腋生；果在中部或中部以下盖裂，或蒴果成熟时萼檐自基部环状裂开。
41. 花序顶生；蒴果成熟时萼檐自基部环状裂开；花柱具 3～4 个线状或匙形分枝；种子腹面具槽 ……………………………………………………………………………… 36. **墨苜蓿属** Richardia L.
41. 花序顶生或腋生；蒴果成熟时在中部或中部以下盖裂；花柱 2 裂；种子腹面平或 4 裂 ……………………………………………………………………………… 37. **盖裂果属** Mitracarpus Zucc.
36. 乔木、灌木或藤本。
42. 藤本；枝叶揉之有臭气味 ………………………………………………… 38. **鸡矢藤属** Paeceria L.
42. 乔木或直立灌木。
43. 花序或花腋生；核果。
44. 托叶全缘；枝叶揉之通常有臭气味 ………………………………… 39. **粗叶木属** Lasianthus Jack
44. 托叶顶端具 3 硬尖；枝叶揉之无臭气味；枝有刺或无刺 …… 40. **虎刺属** Damnacanthus Gaertn. f.
43. 花序顶生，少兼有腋生。
45. 蒴果，5 室，5 爿裂至基部 ……………………………………… 41. **野丁香属** Leptodermis Wall.
45. 核果。
46. 枝叶揉之有臭气味；托叶顶端有数条刺毛；多分枝小灌木 ……………………………………………………………………………… 42. **白马骨属** Serissa Comm. ex Juss.
46. 枝叶揉之无臭气味；托叶全缘或 2 裂。
47. 花冠筒直；分核背部通常有直棱 ………………………………………… 43. **九节属** Psychotria L.
47. 花冠筒明显弯；分核无棱 …………………………… 44. **弯管花属** Chassalia Comm. ex Poir.
10. 花冠裂片旋转状或覆瓦状排列。
48. 花冠裂片旋转状排列。
49. 子房每室有 1 颗胚珠；果实每室或每分核具 1 粒种子。
50. 种子沉没于肉质肥厚的胚乳中。
51. 柱头不裂；花序顶生或近枝端腋生 …………………………… 45. **岭罗麦属** Tarennoidea Tirveng. et Sastre
51. 柱头 2 裂；花序生于侧生短枝顶端或老枝的节上 ………………………… 46. **白香楠属** Alleizettella Pit.
50. 种子不沉没于肉质胚乳中。
52. 花序与叶对生…………………………………………………… 47. **长柱山丹属** Duperrea Pierre ex Pit.
52. 花序顶生或腋生。
53. 小苞片合生成杯状副萼；核果浆果状 ……………………………………… 48. **咖啡属** Coffea L.
53. 小苞片离生，绝不合生成杯状副萼。
54. 花 4 数。
55. 花柱长伸出，伸出部分远超过花冠裂片 ………………………………… 49. **大沙叶属** Pavetta L.
55. 花柱不伸出或稍伸长，伸出部分不超过花冠裂片 ……………………… 50. **龙船花属** Ixora L.

54. 花 5 数 …… 51. **乌口树属** Tarenna Gaertn.
49. 子房每室有 2 颗至多颗胚珠。
56. 子房 1 室；侧膜胎座；托叶生于叶柄内，常基部合生 …… 52. **栀子属** Gardenia J. Ellis
56. 子房 2 室；非侧膜胎座。
57. 具刺灌木或乔木。
58. 花冠钟状 …… 53. **山石榴属** Catunaregam Wolf
58. 花冠高脚碟状 …… 54. **簕茜属** Benkara Adanson
57. 无刺灌木、乔木或木质藤本。
59. 胚珠和种子沉没于肉质胎座中。
60. 子房每室具胚珠 4 颗以上 …… 55. **茜树属** Aidia Lour.
60. 子房每室具胚珠 2 颗。
61. 柱头不裂；花序顶生或仅枝端腋生 …… 45. **岭罗麦属** Tarennoidea Tirveng. et Sastre
61. 柱头 2 裂；花序生于侧生短枝顶端或生于老枝的节上 …… 46. **白香楠属** Alleizettella Pit.
59. 胚珠和种子均裸露，不沉没于肉质胎座中。
62. 花单性，花 4 数；雌雄异株；花序腋生 …… 56. **狗骨柴属** Diplospora DC.
62. 花两性；花序顶生或腋生。
63. 花序顶生。
64. 矮小灌木，主茎长不超过 2 cm 或近无茎；托叶上部反折 …… 57. **桂海木属** Guihaiothamnus H. S. Lo
64. 灌木或小乔木，有明显的主茎；托叶不反折 …… 51. **乌口树属** Tarenna Gaertn.
63. 花序腋生；花有梗，数朵排成腋生、疏散的聚伞花序 …… 58. **越南茜属** Rubovietnamia Tirveng.
48. 花冠裂片覆瓦状排列。
65. 木质藤本；子房 2 室；蒴果；种子边缘有流苏状翅 …… 59. **流苏子属** Coptosapelta Korth.
65. 乔木、直立灌木或草本。
66. 花序上有些花的萼裂片中有 1 枚增大成叶状，色白而具柄；种子多粒，具翅 …… 60. **香果树属** Emmenopterys Oliv.
66. 花序上花的萼裂片均正常，绝不增大成叶状。
67. 胚珠每子房室多颗；蒴果每室有种子多粒；花序顶生。
68. 种子具翅 …… 61. **滇丁香属** Luculia Sweet
68. 种子无翅。
69. 子房和果实均 2 室；花序为圆锥式的聚伞花序 …… 62. **水锦树属** Wendlandia Bartl. ex DC.
69. 子房和果实均 5 室；花序末次分枝为蝎尾状 …… 63. **长隔木属** Hamelia Jacq.
67. 胚珠每子房室 1 颗；核果每室有种子 1 粒；花和花序腋生。
70. 花两性，通常 5 数；花萼裂片等大 …… 39. **粗叶木属** Lasianthus Jack
70. 花单性或杂性，通常 4 数；花萼裂片不等大 …… 64. **毛茶属** Antirhea Comm. ex Juss.

1. 钩藤属 Uncaria Schreber

木质藤本；嫩枝方柱形或圆柱形，侧枝常变态成钩刺。叶对生；侧脉脉腋通常有陷窝；托叶全缘或有缺刻，承托头状花序的托叶有时近叶状。头状花序顶生于侧枝上，单生，稀分枝为复聚伞圆锥花序状；花 5 数；花序梗具稀疏或稠密的毛；小苞片线状或线状匙形；花冠高脚碟状或近漏斗状，花冠裂片卵状长圆形或椭圆形，外面无毛，或具短柔毛以至稠密的毛；雄蕊着生于花冠筒近喉部，花丝无毛；柱头球形或长棒形，顶部有疣，子房 2 室。小蒴果 2 室；种子多数，中央具网状纹饰，两端有长翅，下端的翅深 2 裂。 本属有 34 种，其中 29 种分布于亚洲热带地区和澳大利亚，3 种分布于非洲大陆及马达加斯加，2 种分布于热带美洲。我国有 12 种；广西有 10 种。 本属植物的带钩藤茎均作钩藤入药，其中尤以**钩藤**[*U. rhynchophylla*

(Miq.) Miq. ex Havil.]、**华钩藤**[*U. sinensis* (Oliv.) Havil.]产量大，质量佳。钩藤味甘、苦，性微寒，有清热、平肝、熄风止痛、降血压等功效。

分种检索表

1. 花和小蒴果有明显的梗；托叶深2裂；叶片长10～16 cm，宽6～12 cm …… 1. **大叶钩藤** U. macrophylla Wall.
1. 花和小蒴果无梗或近无梗。
  2. 叶片无毛。
    3. 托叶全缘或微缺，阔三角形至半圆形 …… 2. **华钩藤** U. sinensis (Oliv.) Havil.
    3. 托叶明显2裂，裂片狭三角形、狭卵形或三角状卵形。
      4. 叶片近革质；花序梗长8～15 cm。
        5. 叶背稍粉白色；花萼裂片长圆形，长约1 mm；花冠裂片外面密被绢毛 …… 3. **白钩藤** U. sessilifructus Roxb.
        5. 叶背非粉白色；花萼裂片不明显；花冠裂片无毛或于蕾期有缘毛 …… 4. **平滑钩藤** U. laevigata Wall. ex G. Don
      4. 叶薄纸质；花序梗长4～7 cm。
        6. 花冠长12～15 mm。
          7. 花萼裂片长匙形，近无毛，长2～3 mm；头状花序直径约15 mm …… 5. **倒挂金钩** U. lancifolia Hutch.
          7. 花萼裂片长圆形，密被金黄色绢毛，长约1.5 mm；头状花序直径约11 mm …… 6. **侯钩藤** U. rhynchophylloides F. C. How
        6. 花冠长约7 mm；叶背干时褐色或红褐色；头状花序直径5～8 mm …… 7. **钩藤** U. rhynchophylla (Miq.) Miq. ex Havil.
  2. 叶片密被短柔毛或硬毛。
    8. 头状花序直径20～25 mm。
      9. 叶片革质，叶背密被硬毛；托叶裂片卵形；花萼裂片近基部最宽 …… 8. **毛钩藤** U. hirsuta Havil.
      9. 叶片纸质，叶背密被短柔毛；托叶裂片披针形；花萼裂片近顶端最宽 …… 9. **攀茎钩藤** U. scandens (Smith) Hutchinson
    8. 头状花序直径约10 mm；小蒴果长4 mm …… 10. **北越钩藤** U. homomalla Miq.

1. **大叶钩藤**(药学学报)　图版1:1～3

Uncaria macrophylla Wall., Roxb. Fl. Ind. **2**:132. 1824; How in Sunyatsenia **6**:253. 1946; 海南植物志 **3**:290. 1974; 中国高等植物图鉴 **4**:192, 图5797. 1975; 徐祥浩等, 华南农学院学报 **2**(3):23. 1981; 中国植物志 **71**(1):249, 图版65:4～6. 1999; Fl. China **19**:351. 2011.

大木质藤本；嫩枝方柱形或略有棱角，疏被硬毛。叶对生，基部圆；叶片近心形或心形，长10～16 cm，宽6～12 cm，叶面仅脉上有黄褐色毛，叶背被稀疏至稠密的黄褐色硬毛；侧脉6～9对，叶背脉腋有陷窝；托叶卵形，深2裂，裂片狭卵形，基部内面具黏液毛。头状花序单生叶腋，或呈简单聚伞状排列，花序梗腋生，长3～7 cm；头状花序直径15～20 mm，花序轴有稠密的毛；花梗长2～5 mm；花冠筒外面被苍白色短柔毛。果序直径8～10 cm；小蒴果长约20 mm，有苍白色短柔毛，宿存萼裂片线形，星状辐射，果梗长12～18 mm；种子长6～8 mm，两端有白色膜质的翅，仅一端的翅2深裂。　花期7～12月，果期3～4月或9～11月。　产于上林、上思、博白、百色、靖西、凌云、田林、巴马和大新等地；生于海拔300～900 m的次生林中，常攀缘于林冠之上。分布于广东、海南和云南等地，孟加拉国、不丹、印度、老挝、缅甸、泰国(北部)、越南亦有。　本种在云南亦作中药钩藤使用。

2. **华钩藤**(药学学报)

Uncaria sinensis (Oliv.) Havil., J. Linn. Soc. Bot. **33**:89. 1897; How in Sunyatsenia **6**:260. 1946; 中国高等植物图鉴 **4**:191, 图5796. 1975; 徐祥浩等, 华南农学院学报 **2**(3):25. 1981; 秦岭植物志 **1**(5):3, 图2. 1985; 中国植物志 **71**(1):250, 图版63:4～7. 1999; Fl. China **19**:352. 2011. ——*U. membranifolia* How, Sunyatsenia **6**:254. 1946. ——*Nauclea sinensis* Oliv., Hook. Ic. Pl. t. 1953. 1891.

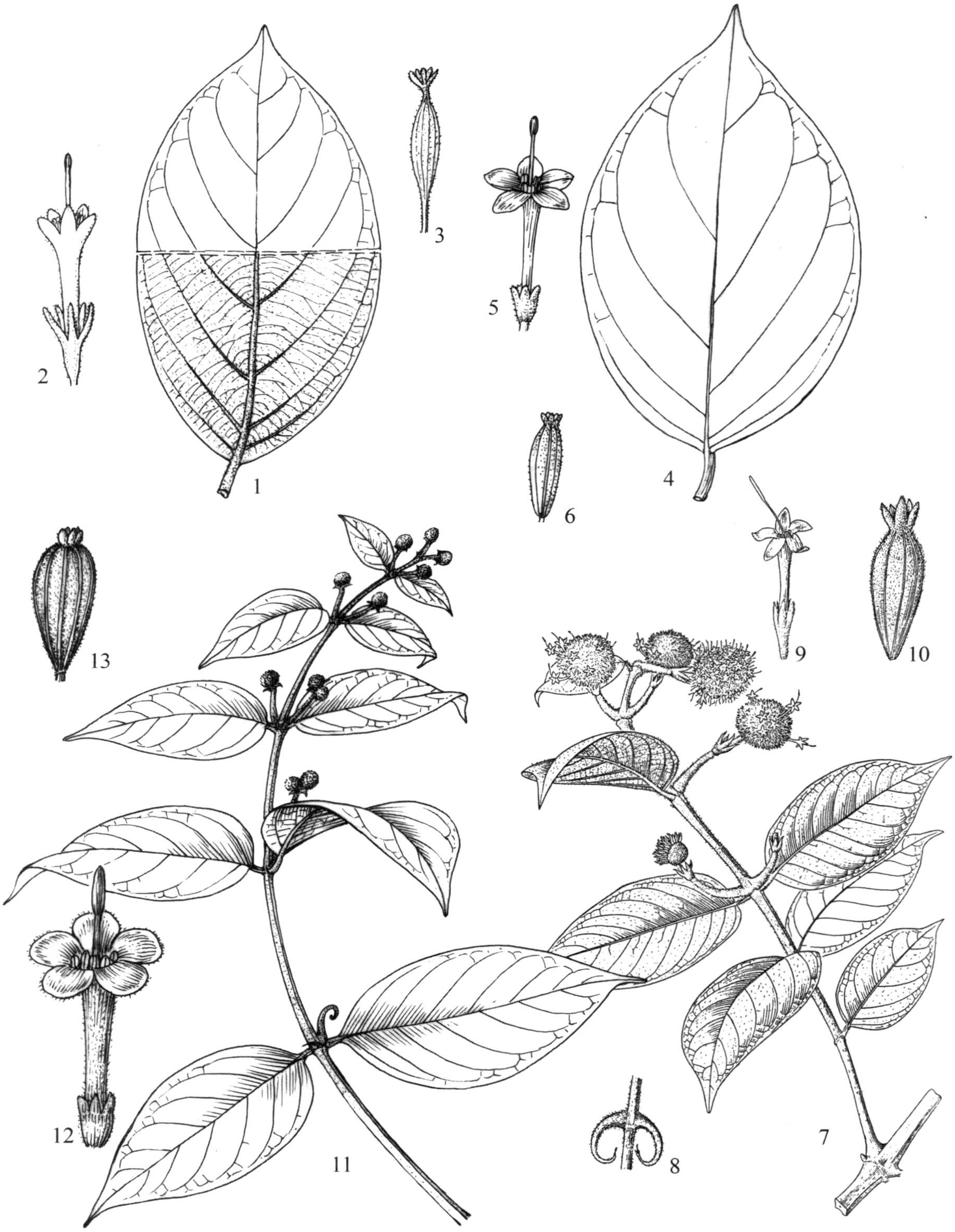

图版1　**1～3. 大叶钩藤** Uncaria macrophylla Wall.　1. 叶片腹面和背面；2. 花；3. 果。　**4～6. 白钩藤** U. sessilifructus Roxb.　4. 叶片；5. 花；6. 果。　**7～10. 毛钩藤** U. hirsuta Havil.　7. 花枝；8. 枝的一段；9. 花；10. 果。　**11～13. 北越钩藤** U. homomalla Miq.　11. 花枝；12. 花；13. 果。　（1～10 林文宏绘，11～13 邹贤桂绘）

木质藤本；嫩枝方柱形或有4棱角，无毛。叶片椭圆形，长9～14 cm，宽5～9 cm，两面均无毛；侧脉6～8对，脉腋陷窝有黏液毛；托叶阔三角形或半圆形，外面无毛，内面基部有腺毛。头状花序单生叶腋，花序梗具1节，或呈单聚伞状排列，花序梗腋生，长3～6 cm；头状花序直径10～15 mm，花序轴有稠密短柔毛；花冠筒长7～8 mm，无毛或有稀少微柔毛，花冠裂片外面有短柔毛；柱头棒状。果序直径20～30 mm；小蒴果长8～10 mm，有短柔毛。 花果期6～10月。 产于桂林、灵川、上思；生于海拔900～1 100 m的山地疏林中或湿润次生林下。分布于甘肃、贵州、湖北、湖南、陕西、四川和云南等地。 本种为我国特有。

3. **白钩藤**（中国高等植物图鉴） 无柄果钩藤（药学学报） 图版1:4～6

Uncaria sessilifructus Roxb.，Fl. Ind. **2**:130. 1824；Chung in Mem. Sci. Soc. China **1**:235. 1924；How in Sunyatsenia **6**:259. 1946；中国高等植物图鉴 **4**:190，图5793. 1975；徐祥浩等，华南农学院学报 **2**(3):25. 1981；中国植物志 **71**(1):250～252，图版63:1～3. 1999；Fl. China **19**:352. 2011. ——*Nauclea sessilifructus* (Roxb.) Dietr.，Synop. Plant **1**:792. 1839.

木质大藤本；嫩枝略有4棱角或方柱形，微被短柔毛。叶片近革质，长8～12 cm，宽4～6.5 cm，两面均无毛，叶背常有蜡被，干时常为粉白色；侧脉4～7对，叶背脉上无毛或疏被短柔毛，脉腋有陷窝，其中有黏液毛；叶柄长5～10 mm，无毛；托叶窄三角形，深2裂，外面无毛或疏被短柔毛，内面基部有黏液毛。头状花序直径5～10 mm，单生叶腋，花序梗具1节，或呈单聚伞状排列，花序梗腋生，长可达15 cm；花萼裂片长圆形，长约1 mm；花冠黄白色，花冠裂片外面有明显苍白色或金黄色的绢毛。果序直径25～35 mm；小蒴果纺锤形，宿存萼裂片舌状。 花果期3～12月。 产于那坡、天峨、扶绥；生于海拔300～1 500 m的密林下或林谷灌木丛中。分布于云南，孟加拉国、不丹、印度、老挝、缅甸、尼泊尔和越南亦有。

4. **平滑钩藤**（药学学报） 双钩藤（云南经济植物）

Uncaria laevigata Wall. ex G. Don，Gen. Hist. **3**:470. 1834；How in Sunyatsenia **6**:252. 1946；徐祥浩等，华南农学院学报 **2**(3):26. 1981；中国植物志 **71**(1):252. 1999；Fl. China **19**:350. 2011. ——*Nauclea laevigata* (Wall. ex G. Don) Walp.，Repert. **2**:512. 1843.

木质藤本，嫩枝略有4棱角或方柱形。叶片近革质，长8～12 cm，宽3～6 cm，两面无毛，干时叶面紫褐色，叶背灰褐色；侧脉4～7对，叶背脉腋有陷窝，其中有黏液毛；托叶狭三角形，分裂达全长1/3，边缘有明显的腺体。头状花序直径5～10 mm，单生叶腋，花序梗具1节，或呈单聚伞状排列，花序梗腋生，长约8 cm，有3个节；花萼筒外面密被苍白色毛；花冠裂片长圆形，外面无毛。果序直径25～30 mm；小蒴果纺锤形，被短柔毛。 花果期5～11月。 产于那坡；生于海拔600～1 300 m的林中。分布于云南和台湾，孟加拉国、印度、老挝、缅甸、泰国和越南亦有。

5. **倒挂金钩**（云南经济植物） 披针叶钩藤（药学学报）

Uncaria lancifolia Hutch.，Sargent，Pl. Wils. **3**:407. 1916；Chung in Mem. Sci. Soc. China **1**:235. 1924；How in Sunyatsenia **6**:252. 1946；徐祥浩等，华南农学院学报 **2**(3):24. 1981；中国植物志 **71**(1):253. 1999；Fl. China **19**:350. 2011.

大木质藤本；嫩枝方柱形或具4棱角，无毛。叶片薄纸质，长9～12 cm，宽3～6 cm，两面无毛，干时叶面淡紫红色；侧脉5～8对，叶背脉腋陷窝有黏液毛；托叶卵形，深2裂，外面无毛，内面基部具黏液毛。头状花序直径约15 mm，单生叶腋，花序梗腋生，长4～7 cm；花萼裂片长匙形，长2～3 mm，近无毛；花冠绿白色。果序直径20～35 mm；小蒴果长9～12 mm，被短柔毛，宿存萼裂片匙形，长约2.5 mm，星状辐射。 花果期6～12月。 产于融水和德保；生于海拔1 500～1 900 m的亚热带常绿阔叶林中。分布于云南，越南亦有。

6. **侯钩藤** 假钩藤（药学学报）

Uncaria rhynchophylloides F. C. How，Sunyatsenia **6**:257. 1946；徐祥浩等，华南农学院学报 **2**(3):26. 1981.；中国植物志 **71**(1):253，图版64:1～2. 1999；Fl. China **19**:351. 2011.

木质藤本，长可达13 m；嫩枝方柱形，无毛。叶片薄纸质，长5～9 cm，宽2～4.5 cm，两面均无毛，干时黑褐色;侧脉5～7对,叶背脉腋陷窝有黏液毛;托叶2深裂,裂片三角形。头状花序直径约11 mm,单生叶腋,花序梗具1节,长约10 mm,或呈单聚伞状排列,花序梗腋生,长5～7 cm;花萼裂片长圆形,密被金黄色绢毛,长约1.5 mm;花冠筒长约12 mm,外面无毛或具疏散的毛。果序直径16～20 mm;小蒴果无梗,倒卵状椭圆形,长8～10 mm,宽3～3.5 mm,被紧贴黄色长柔毛,有宿存萼裂片。 花果期5～12月。产于融水、梧州、博白和昭平;生于海拔500～800 m的林中或林缘。分布于广东。

7. **钩藤**(药学学报)

Uncaria rhynchophylla (Miq.) Miq. ex Havil., J. Linn. Soc. Bot. **33**:890. 1897; Chung in Mem. Sci. Soc. China **1**:235. 1924; How in Sunyatsenia **6**:255. 1946;中国高等植物图鉴 **4**:188,图5790. 1975;徐祥浩等,华南农学院学报 **2**(3):26. 1981;中国植物志 **71**(1):255,图版65:1～3. 1999; Fl. China **19**:351. 2011. ——*U. rhynchophylla* (Miq.) Miq ex Havil var. *koutong* Yamazaki, Jap. J. Bot. **42**:384. 1967. ——*Nauclea rhynchophylla* Miq., Ann. Mus. Bot. Lugd.-Bat. **3**:108. 1867. ——*Ourouparia rhynchophylla* (Miq.) Matsum., Ind. Pl. Japan **2**:593. 1912.

木质藤本;嫩枝方柱形或略有4棱角,无毛。叶片纸质,长5～12 cm,宽3～7 cm,两面无毛,干时褐色或红褐色,叶背有时有白粉;侧脉4～8对,叶背脉腋陷窝有黏液毛。头状花序直径5～8 mm,单生叶腋,花序梗具1节,或呈单聚伞状排列,花序梗腋生,长约5 cm;花萼裂片近三角形,长约0.5 mm,疏被短柔毛;花冠长约7 mm,花冠裂片卵圆形,外面无毛或略被粉状短柔毛。果序直径10～12 mm;小蒴果长5～6 mm,被短柔毛,宿存萼裂片近三角形。 花果期5～12月。 产于广西各地;生于海拔1 000 m以下山谷溪边的疏林或灌木丛中。分布于福建、广东、贵州、湖北、湖南、江西、云南和浙江等地,日本亦有。 本种带钩藤茎为著名中药钩藤,有清血平肝、熄风定惊的功效,用于风热头痛、感冒夹惊、惊痛抽搐等症,所含钩藤碱有降血压作用。

8. **毛钩藤**(药学学报) 图版1:7～10

Uncaria hirsuta Havil., J. L. Soc. Bot. **33**:88. 1897; How in Sunyatsenia **6**:251. 1946;中国高等植物图鉴 **4**:189,图5792. 1975;徐祥浩等,华南农学院学报 **2**(3):27. 1981;中国植物志 **71**(1):255～257,图版64:3～5. 1999; Fl. China **19**:349. 2011. ——*U. kawakamii* Hayata, J. Coll. Sci. Univ. Tokyo **30** (1):140. 1911. ——*U. uraiensis* Hayata, Ic. Pl. Formos. **9**:49. 1920. ——*U. formosana* (Matsum.) Hayata, Ic. Pl. Formos. **9**:49. 1920. ——*Nauclea formosana* Matsum., Bot. Mag. Tokyo **14**:127. 1900. ——*Ourouparia hirsuta* (Havil.) Yamamoto, J. Soc. Trop. Agr. **8**:65. 1936.

木质藤本;嫩枝圆柱形或略具4棱角,被硬毛。叶片革质,长8～12 cm,宽5～7 cm,叶面稍粗糙,被稀疏硬毛,叶背被稀疏或稠密糙伏毛;侧脉7～10对,在叶背具糙伏毛,脉腋陷窝有黏液毛;托叶阔卵形,深2裂,裂片卵形。头状花序直径20～25 mm,单生叶腋,花序梗具1节,腋生,长2.5～5 cm;花萼裂片线状长圆形,密被毛;花冠淡黄或淡红色。果序直径45～50 mm;小蒴果纺锤形,长10～13 mm,有短柔毛。 花果期1～12月。 产于马山、容县、那坡、田林、西林、隆林、金秀和龙州等地;生于海拔100～500 m的山谷林下溪畔或灌木丛中。分布于福建、广东、贵州和台湾等地。

9. **攀茎钩藤**(药学学报) 云南钩藤(广西植物名录)

Uncaria scandens (Smith) Hutchinson, Sargent, Pl. Wils. **3**:11. 1916; Merr. in Lingnan Sci. J. **11**:59. 1932;海南植物志 **3**:290,图728. 1974;中国高等植物图鉴 **4**:189,图5791. 1975;徐祥浩等,华南农学院学报 **2**(3):28. 1981;西藏植物志 **4**:427,图184:1～5. 1985;中国植物志 **71**(1):257～258. 1999; Fl. China **19**:352. 2011. ——*U. wangii* How, Sunyatsenia **6**:261, pl. 42. 1946. ——*Nauclea scandens* Smith, Rees Cycl. **24**:9. 1813. ——*Cephalanthus cavaleriei* H. Lévl., Repert. Spec. Nov. Regni Veg. **10**:434. 1912.

大木质藤本;嫩枝方柱形或略有4棱角,密被锈色短柔毛。叶片纸质,长10～15 cm,宽3～7 cm,叶面有疏散糙伏毛,叶背被或疏或密的糙伏毛;侧脉7～20对,脉腋陷窝有黏液毛;托叶阔卵形,深2裂,裂片披针形,长5～6 mm。头状花序直径约25 mm,单生叶腋,花序梗具1节,或呈单聚伞状排列,花序梗腋生;

花萼裂片线形至线状匙形，密被短柔毛，约与花萼筒等长；花冠淡黄色。果序直径 20～25 mm；小蒴果无梗，长约 11 mm，疏被长柔毛；种子橙黄色，两端有白色膜质翅，下端的翅 2 深裂。　花期 2～4 月，果期 7～11 月。　产于横县、上思、平南、桂平、靖西、田林、西林、隆林、凤山、宁明和龙州等地；生于海拔 100～1 500 m 的山地疏林下。分布于广东、海南、四川、西藏和云南等地。

10. **北越钩藤**（云南植物名录）　东京钩藤（药学学报）　图版 1:11～13

Uncaria homomalla Miq., Fl. Ned. Ind. **2**:343. 1857；徐祥浩等，华南农学院学报 **2**(3):29. 1981；中国植物志 **71**(1):258. 1999；Fl. China **19**:350. 2011. ——*U. tonkinensis* Havil., J. Linn. Soc. Bot. **33**:89, pl. 2: fig. 19, 20. 1897.

木质藤本，长可达 25 m；嫩枝方柱形，微被锈色短柔毛。叶片纸质，长 6～10 cm，宽 2～5.5 cm，两面均被硬毛，有时被糙伏毛；侧脉 8 对。头状花序直径约 10 mm，单生叶腋，花序梗具 1 节，或呈单聚伞状排列，花序梗腋生，长 2.5～3 cm；花黄色；花萼裂片线形，长 0.5～1 mm，被短柔毛；花柱连柱头长 10～11 mm，丝状，柱头棒形。小蒴果无梗，长 4 mm，倒卵形，2 爿开裂；种子多数。　花期 4～5 月。　产于隆安、德保、那坡、隆林、东兰、宜州、宁明和龙州等地；通常生于海拔 200～600 m 的常绿阔叶林中。分布于云南，孟加拉国、柬埔寨、印度、印度尼西亚、老挝、马来西亚、缅甸、泰国和越南亦有。

2. 新乌檀属　Neonauclea Merr.

灌木或乔木。叶对生；托叶大，早落或宿存。头状花序单生或排成圆锥花序状，顶生，有苞片；花 5 基数，近无梗；小苞片圆锥形或无；花萼筒彼此分离，萼裂片 5 枚；花冠高脚碟状至长漏斗状，花冠裂片在花蕾中覆瓦状排列；雄蕊 5 枚，着生于冠筒喉部，花丝无毛，花药基着；柱头球形至倒卵球形，子房 2 室，胎座位于隔膜上部 1/3 处。果序疏松；小蒴果的内果皮硬，室背室间 4 爿开裂；种子椭圆形，两侧略压扁，两端具短翅。　本属约有 62 种，分布于亚洲热带地区、非洲及太平洋诸岛。我国有 4 种；广西有 1 种。

新乌檀（中国高等植物图鉴）　图版 2:1～3

Neonauclea griffithii (J. D. Hook.) Merr., J. Wash. Acad. Sci. **5**:540. 1915；How in Sunyatsenia **6**:250. 1946；中国高等植物图鉴 **4**:188，图 5789. 1975；徐祥浩等，华南农学院学报 **2**(4):32. 1981；中国植物志 **71**(1):265～267，图版 69:1～3. 1999；Fl. China **19**:256. 2011. ——*N. navillei* (H. Lévl.) Rehder, J. Arnold Arbor. **16**:319. 1935. ——*Nauclea griffithii* (Hook. f.) Havil., J. L. Soc. Bot. **33**:51. 1897. ——*Adina griffithii* J. D. Hooker, Fl. Brit. India **3**:24. 1880. ——*Cephalanthus navillei* H. Lévl., Fl. Kouy-Tchéou 365. 1915.

常绿乔木，高达 20 m；树干基部常板状，有时有气根；树皮光滑，浅纵裂或龟裂，有时具瘤状体；小枝初近四棱形，后为圆柱形。叶片倒卵形或椭圆形，长 8～22 cm，宽 4～15 cm，两面无毛；侧脉 5～7 对；叶柄长 0.8～2 cm；托叶倒卵形或倒卵状长圆形。花序无毛或疏被短柔毛；花序梗 1～3 条，长 2～6 cm；头状花序单生，直径 8～12 mm；花萼筒上部有苍白色短柔毛，萼裂片密被苍白色毛；花冠窄漏斗形或高脚碟状，花冠裂片长圆形，两面均无毛。果序直径 20 mm；小蒴果被短柔毛，顶部有宿存的花萼裂片。　花果期 9～12 月。　产于那坡和龙州；生于海拔 800～1 300 m 的山地密林中的沟谷和湿润坡地。分布于贵州和云南，不丹、印度（北部）、缅甸亦有。

3. 水团花属　Adina Salisb.

灌木或小乔木。叶对生；托叶生于叶柄间，窄三角形，早落。头状花序腋生或顶生，或两者兼有，花序梗 1～3 条；花 5 基数，近无梗；小苞片丝状至线状匙形；花萼筒相互分离，萼裂片线形至线状棒形或匙形，

图版 2 1～3. **新乌檀** Neonauclea griffithii (J. D. Hook.) Merr. 1. 花枝；2. 枝的一段，示叶下部和托叶；3. 花冠展开，示雄蕊。 4～5. **水团花** Adina pilulifera (Lam.) Franch. ex Drake 4. 花枝；5. 花。 6～7. **黄棉木** Metadina trichotoma (Zoll. et Mor.) Bakh. f. 6. 花枝；7. 花。 8～11. **风箱树** Cephalanthus tetrandrus (Roxb.) Ridsdale et Bakh. f. 8. 花枝；9. 花；10. 花萼；11. 花冠展开，示雄蕊。 （林文宏绘；3，6～7 摹自邓盈丰、余汉平图）

不脱离，宿存；花冠高脚碟状或漏斗状；雄蕊 4～5 枚，着生于冠筒喉部，无毛，花药基着；花柱长突出，柱头球形，子房 2 室，胎座位于隔膜上部 1/3 处，胚珠每室多颗；宿存萼裂片留附于蒴果的中轴上。种子卵球状至三角形，两面扁平，两端具翅。　本属有 4 种，分布于中国、日本、韩国、泰国和越南。我国有 3 种；广西有 2 种。

分种检索表

1. 叶具 2～6 mm 长的叶柄；叶片长 4～12 cm，宽 1.5～3 cm；头状花序腋生，稀顶生；花冠白色 …………………………………………………………………………………… 1. **水团花** A. pilulifera (Lam.) Franch. ex Drake

1. 叶柄极短或无；叶片长 2～4 cm，宽 0.5～1.5 cm；头状花序顶生，稀腋生；花冠淡紫红色 …………………………………………………………………………………… 2. **细叶水团花** A. rubella Hance

1. 水团花　水杨梅　图版 2：4～5

Adina pilulifera (Lam.) Franch. ex Drake, J. Bot. (Morot) **9**：207. 1895；海南植物志 **3**：288，图 727. 1974；中国高等植物图鉴 **4**：185，图 5783. 1975；中国植物志 **71(1)**：274，图 73：1～2. 1999；Fl. China **19**：69～70. 2011. ——*A. globiflora* Salisb., Parad. Lond. t. 115. 1807. ——*A. pubicostata* Merr., J. Arn. Arb. **21**：385. 1940. ——*Cephalanthus pilulifera* Lam., Encycl. **1**：678. 1785.

常绿灌木或小乔木，高达 6 m。叶对生，叶片椭圆形、椭圆状披针形或倒卵状披针形，长 4～12 cm，宽 1.5～3 cm，两面无毛，或背面被稀疏短柔毛；侧脉 6～12 对，脉腋窝具疏毛；叶柄长 2～6 mm。头状花序腋生，极稀顶生；花序梗长 3～4.5 cm，中部以下有轮生小苞片 5 枚；花冠白色，花冠裂片卵状长圆形。小蒴果楔形；种子长圆形，两端有狭翅。　花期 6～9 月，果期 7～12 月。　产于广西各地；生于海拔 200～400 m 的山坡、山谷疏林中或旷野路边、溪畔。分布于福建、广东、贵州、海南、湖南、江苏、江西、云南和浙江等地，日本和越南亦有。　本种全株可治家畜癞痧热症；根系发达，可作为固堤植物。

2. 细叶水团花　图版 3：1～3

Adina rubella Hance, J. Bot. **6**：114. 1868；中国高等植物图鉴 **4**：186，图 5786. 1975；江苏植物志（下册）：782. 1982；中国植物志 **71(1)**：275，图 73：3～5. 1999；Fl. China **19**：70. 2011.

落叶小灌木，高可达 3 m；小枝具红褐色柔毛，后无毛。叶对生；叶片披针形或卵状椭圆形，长 2～4 cm，宽 0.5～1.5 cm，两面疏被柔毛或无毛；侧脉每边 5～7 条，被稀疏短柔毛；叶柄极短或无。头状花序通常顶生，少腋生；花序梗长 1.5～3 cm，疏被柔毛；花冠淡紫红色，檐部 5 裂，裂片三角状卵形。小蒴果长卵状楔形，长 3～4 mm。　花果期 5～12 月。　产于南宁、桂林、临桂、兴安、永福、灌阳、平乐、梧州、贵港、贺州、昭平、罗城、宜州和龙州等地；生于海拔 100～600 m 的溪边、河边或路旁湿地。分布于福建、广东、湖南、江苏、江西、陕西和浙江等地，朝鲜亦有。　本种可作为纤维植物；全株入药，枝干通经；花球有清热解毒的功效，可治菌痢和肺热咳嗽等症；根煎水服可治小儿惊风症。

4. 鸡仔木属　Sinoadina Ridsd.

半常绿或落叶乔木；小枝无毛。叶对生，侧脉 6～12 对；托叶窄三角形，跨褶，早落。花序顶生，聚伞状圆锥花序式，由 7～11 个头状花序组成，节上托叶苞片状；花 5 基数；小苞片线形至线状棒形；花萼筒彼此分离，花萼裂片宿存；花冠高脚碟状或窄漏斗形，淡黄色，外面密被苍白色微柔毛，花冠裂片镊合状排列，但在顶部近覆瓦状；柱头倒卵圆形，子房 2 室。果序上的小蒴果疏松，宿存萼裂片留附在蒴果中轴上；种子三角形或具三棱角，略压扁，无翅。　本属为单种属，分布于日本、缅甸和泰国。广西亦有。

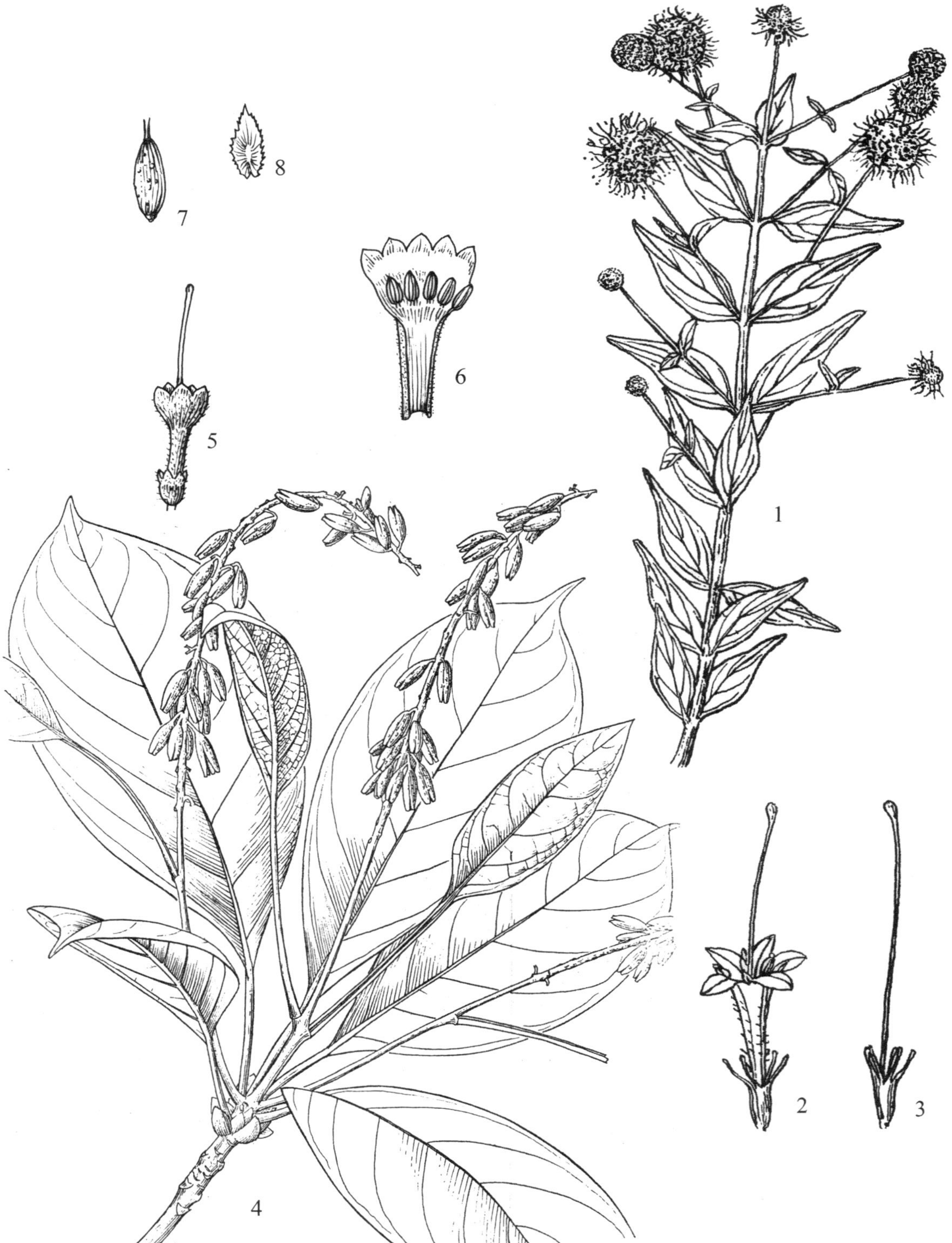

图版 3 1～3. 细叶水团花 Adina rubella Hance 1. 花枝；2. 花；3. 花萼和雌蕊。 **4～8. 土连翘** Hymenodictyon flaccidum Wall. 4. 果枝；5. 花；6. 花冠展开，示雄蕊；7. 果；8. 种子。 （1～3 何顺清摹绘，4～8 林文宏绘）

鸡仔木(中国高等植物图鉴)　水冬瓜(中国树木分类学)　图版 4:1～3

Sinoadina racemosa (Sieb. et Zucc.) Ridsd., Blumea **24**:352. 1978;徐祥浩等,华南农学院学报 2(4):34. 1981;中国植物志 71(1):270,图版 71. 1999;Fl. China **19**:325. 2011. ——*Nauclea racemosa* Sieb. et Zucc., Abh. Bayer Akad. Wiss. Math. Phys. Cl. **4**:178. 1846. ——*N. taiwaniana* Hayata, J. Coll. Sci. Univ. Tokyo **30**:139. 1911. ——*N. transversa* Hayata, J. Coll. Sci. Univ. Tokyo **30**:139. 1911. ——*Adina racemosa* (Sieb. et Zucc.) Miq., Ann. Mus. Bot. Lugd. Bat. **3**:184. 1867. ——*A. mollifolia* Hutchins., Sargent, Pl. Wils. **3**:391. 1916. ——*A. asperula* Hand.-Mazz., Sitzungsb. Akad. Wiss. Wien **58**:232. 1921. ——*Cornus esquirolii* H. Lévl., Repert. Spec. Nov. Regni Veg. **13**:257. 1914.

本种的特征与属同。　花果期 5～12 月。　产于融安、桂林、临桂、平乐、百色、平果、靖西、天峨、罗城和龙州等地;生于海拔 300～1 500 m 的山林中或水边。分布于安徽、福建、广东、贵州、湖南、江苏、江西、四川、台湾、云南和浙江等地,日本、缅甸和泰国亦有。　本种木材褐色,可供制家具、农具、火柴杆、乐器等;树皮纤维可制麻袋、绳索及人造棉等。

5. 黄棉木属　Metadina Bakh. f.

乔木。叶对生;托叶跨褶,三角形至窄三角形,早落。花序由多数头状花序组成,顶生,花序梗 1～3 条,有苞片;花 5 基数,近无梗;小苞片线形至线状棒形;花萼筒彼此分离,萼裂片椭圆状长圆形,宿存;花冠高脚碟状或窄漏斗状,花冠裂片在芽内呈镊合状排列,顶部近覆瓦状;雄蕊着生于花冠筒的上部;柱头球形至棒形,子房 2 室,胎座悬垂于隔膜上部的 1/3 处,每室有胚珠 4～12 颗。果序疏松;小蒴果的内果皮硬,室背室间 4 爿开裂;宿存萼裂片留附于蒴果中轴上;种子不具翅。　本属为单种属,分布于柬埔寨、印度、印度尼西亚、老挝、缅甸、菲律宾、泰国和越南。广西亦有。

黄棉木(中国高等植物图鉴)　黄凿　大叶水团花　图版 2:6～7

Metadina trichotoma (Zoll. et Mor.) Bakh. f., Taxon **19**:472. 1970;徐祥浩等,华南农学院学报 2(4):33. 1981;中国植物志 71(1):268,图版 70. 1999;Fl. China **19**:216. 2011. ——*Nauclea trichotoma* Zoll. et Mor., Syst. Verz. 61. 1846. ——*N. polycephala* Wallich ex G. Don, Gen. Hist. **3**:467. 1834. ——*Adina polycephala* Benth., Fl. Hongk. 146. 1861. ——*A. trichotoma* (Zoll. et Moritzi) Benth. et Hook. f. ex B. D. Jacks., Index Kew **1**:43. 1893. ——*A. zschokkei* Elmer, Leafl. Philipp. Bot. **3**:987. 1911.

乔木,高可达 10 m;幼枝呈略扁的圆柱形;顶芽金字塔形至圆锥形。叶对生;叶片长披针形或椭圆状倒披针形,长 6～20 cm,宽 2～7 cm;叶面无毛,叶背近无毛,或脉上有绒毛;侧脉 8～12 对;叶柄长 7～10 mm;托叶全缘,跨褶。头状花序顶生,作伞房花序式排列,花序梗长 1.5～3 cm,被短绒毛;小苞片线形至线状棒形;花冠高脚碟状或窄漏斗状,花冠筒无毛;雄蕊 5 枚,着生于花冠筒喉部,花丝无毛;柱头球形至棒形。宿存萼裂片留附于蒴果中轴上;种子三角形,不具翅。　花果期 4～12 月。　产于融水、阳朔、临桂、全州、龙胜、资源、合浦、上思、平南、平果、那坡、凌云、田林、贺州、凤山、东兰、巴马、象州和金秀等地;生于海拔 300～1 400 m 的林谷溪畔。分布于广东、湖南、云南等地,柬埔寨、印度、印度尼西亚、老挝、马来西亚、缅甸、菲律宾、泰国和越南亦有。

6. 槽裂木属　Pertusadina Ridsd.

灌木或乔木;顶芽圆锥形,树干常有纵沟槽。叶对生;托叶窄三角形,有时顶部 2 裂。头状花序腋生或顶生,花序梗 1～3 条,不分枝、二歧聚伞状分枝或稀为圆锥花序状;花 5 基数,小苞片匙形至线状匙形;花萼裂片三角形或椭圆状长圆形;花冠高脚碟状至窄漏斗形,花冠裂片在花蕾为呈镊合状,但顶部近覆瓦状;

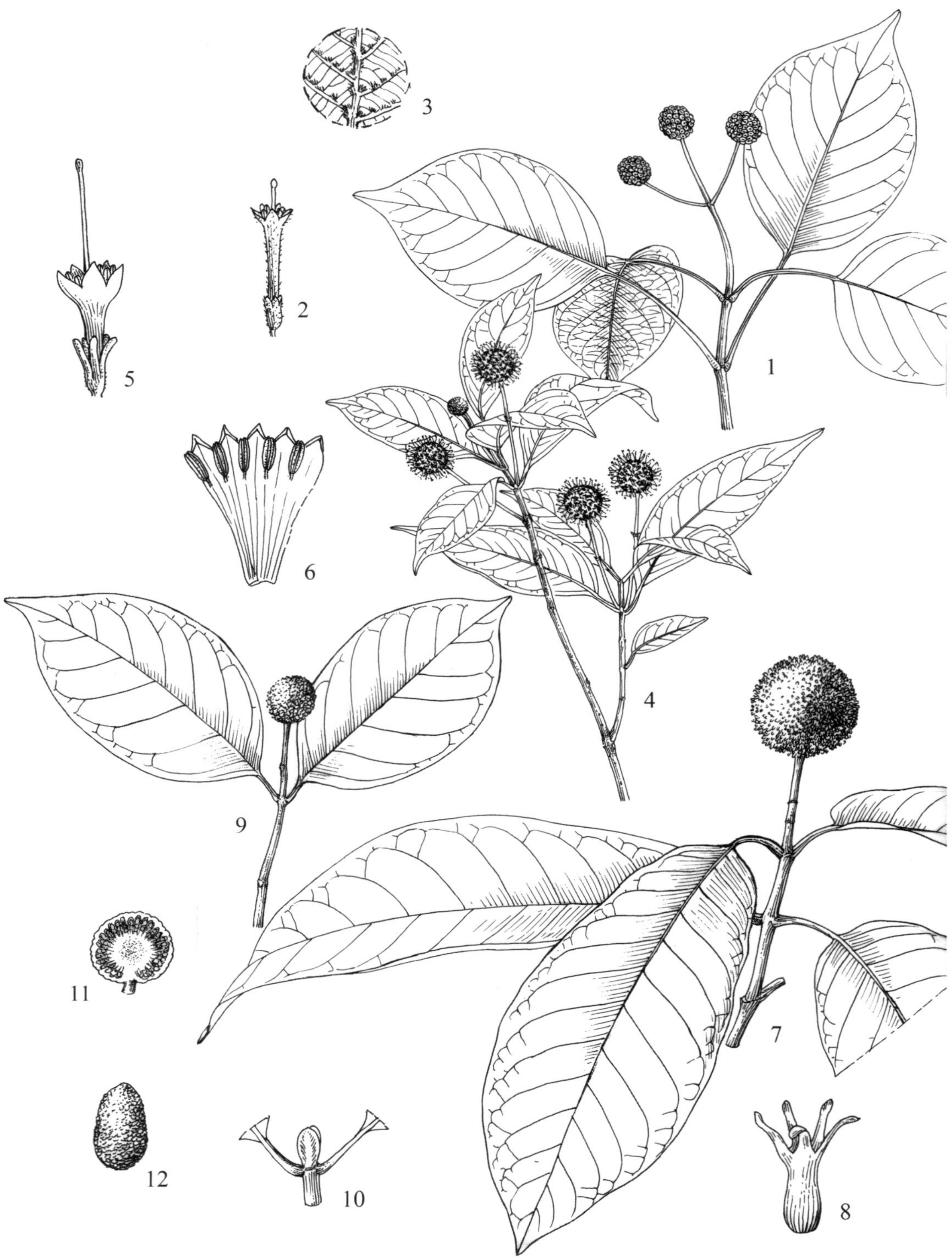

图版 4 1～3. **鸡仔木** Sinoadina racemosa (Sieb. et Zucc.) Ridsd. 1. 花枝；2. 花；3. 部分叶背面，示脉腋内束毛。4～6. **海南槽裂木** Pertusadina metcalfii (Merr. ex H. L. Li) Y. F. Deng et C. M. Hu 4. 花枝；5. 花；6. 花冠展开，示雄蕊。 7～8. **团花** Neolamarckia cadamba (Roxb.) Bosser 7. 花枝；8. 花萼。 9～12. **乌檀** Nauclea officinalis (Pierre ex Pit.) Merr. et Chun 9. 果枝；10. 枝的一段，示托叶、叶片基部和叶柄；11. 果序纵切；12. 种子。 (林文宏绘，1～3 摹自邓盈丰图，7～8 摹自余峰图)

雄蕊着生于花冠筒的上部，花丝无毛；柱头球形至倒卵球形，子房2室。果序的小蒴果有硬的内果皮，宿存萼裂片留附在蒴果中轴上；种子卵圆状三角形，两侧略压扁，略具翅。　本属有4种，分布于马来半岛、摩鹿加群岛及巴布亚新几内亚、菲律宾和泰国。我国有1种；广西亦有。

海南槽裂木　海南水团花(海南植物志)　光叶水团花　图版4:4～6

Pertusadina metcalfii (Merr. ex H. L. Li) Y. F. Deng et C. M. Hu, Blumea **51**: 559. 2006; Fl. China **19**: 291. 2011. ——*P. hainanensis* (How) Ridsd., Blumea **24**(2): 354. 1978；徐祥浩等，华南农学院学报2(4): 36. 1981；中国植物志**71**(2): 272，图版72. 1999. ——*Adina affinis* F. C. How, Sunyatsenia **6**: 238. 1946. ——*A. hainanensis* How, Sunyatsenia **6**: 240, fig. 29. 1946. ——*A. metcalfii* Merr. ex Li, J. Arn. Arb. **24**(4): 454. 1943. ——*A. pohtyephala* Benth. var. *glabra* F. C. How, Sunyatsenia **3**: 246. 1946.

灌木或乔木，高可达30 m。叶片椭圆形至椭圆状长圆形，长4～12 cm，宽1.5～5 cm，两面无毛或被短柔毛；侧脉7～10对，叶背无毛，脉腋陷窝内无毛或有稀疏的毛；叶柄长3～10 mm；托叶线状长圆形至钻形，全缘，无毛。头状花序不计花冠直径6～8 mm，花序梗不分枝，或有时二歧状分枝；萼裂片线状长圆形，内外均有稀疏的毛；花冠黄色，高脚碟状，花冠筒无毛，花冠裂片三角形；柱头倒卵圆形。小蒴果长1.5～2.5 mm，被稀疏的短柔毛。　花期5～6月，果期9～12月。　产于南宁、融水、阳朔、桂林、临桂、兴安、永福、灌阳、平乐、梧州、东兴、贵港、容县、昭平、罗城、宜州和龙州等地；生于海拔100～900 m的密林中。分布于广东、福建、海南、湖南和浙江等地，泰国亦有，模式标本采自海南万宁兴隆。　本种的木材可供造船、桥梁、木桩、枕木和车轴等用。

7. 团花属　Neolamarckia Bosser

乔木；芽圆锥状，顶生。叶对生。头状花序单一，紧缩成圆球状，顶生，有花序梗；花托跨褶；花萼彼此分离，漏斗状，裂片线状披针形或椭圆形，外面被短柔毛；花冠高脚碟状，裂片覆瓦状排列；雄蕊生冠筒上部，花丝极短，花药卵状长圆形，基着；柱头圆筒形或纺锤形，顶部2裂，子房顶部2～4室，基部2裂；胚珠多颗。果序球状，果稍肉质，下部膜质，2室具种子，上部由4小坚果联合组成；小坚果软果质，含1～5粒种子；种子压扁状，有棱角。　本属有2种，分布于亚洲南部和东南部及巴布亚新几内亚和澳大利亚。我国有1种；广西亦有。

团花(拉汉种子植物名称)　黄梁木　图版4:7～8

Neolamarckia cadamba (Roxb.) Bosser, Bull. Mus. Nation. Hist. Nat., B. Adansonia **6**: 247. 1985；中国植物志**71**(1): 261，图版67. 1999；Fl. China **19**: 255. 2011. ——*Nauclea cadamba* Roxb., Fl. Ind. ed. Carey **2**: 121. 1824. ——*Sarcocephalus cadamba* (Roxb.) Kurz, Forest. Fl. Burnia **2**: 63. 1877. ——*Anthocephalus cadamba* (Roxb.) Miq., Fl. Ind. Bat. **2**: 135. 1856. ——*A. indicus* A. Richard, Mem. Rubiac. 158. 1830. ——*A. indicus* A. Rich. var. *glabrescens* Li, J. Arn. Arb. **25**: 318. 1944.

落叶大乔木，高达30 m；树干基部略有板状根；树皮灰褐色。叶对生；叶片椭圆形或长圆状椭圆形，长15～25 cm，宽7～12 cm，基部圆形或截形，萌蘖枝上的幼叶长50～60 cm，宽15～30 cm，基部浅心形，叶背无毛或被稠密短柔毛；叶柄长2～3 cm；托叶跨褶，披针形，长约12 mm，早落。头状花序单个顶生，直径(不计花冠)4～5 cm，花序梗长2～4 cm；花萼筒无毛，萼裂片长圆形，被毛；花冠黄白色，漏斗状，无毛，花冠裂片披针形。果序直径3～4 cm，成熟时为黄绿色；种子近三棱形，无翅。　花果期6～11月。　产于东兴、宁明和龙州等地；生于山谷溪旁或杂木林下。分布于广东、云南等地，不丹、印度、马来西亚、缅甸、斯里兰卡、泰国和越南亦有。　本种为著名速生树种，木材可供建筑和制板用。

8. 乌檀属 Nauclea L.

乔木。叶对生;托叶卵形、倒卵形或椭圆形,有龙骨,紧贴。头状花序顶生,或顶生兼有腋生;花序梗不分枝,具1节,节上有退化叶和托叶;花4~5基数,萼裂片三角形,长圆形或近匙形,宿存;花冠漏斗形,花冠裂片长圆形,覆瓦状排列;雄蕊着生于花冠筒的上部,花丝无毛,花药伸出花喉外;花柱伸出,柱头纺锤形,子房2室。小果融合为一不开裂的聚花果;种子卵球形至椭圆形,有时两侧略压扁,无假种皮。 本属约有10种,分布于热带非洲、亚洲及澳大利亚。我国有1种;广西亦有。

乌檀(海南植物志) 胆木 图版4:9~12

Nauclea officinalis (Pierre ex Pit.) Merr. et Chun, Sunyatsenia **5**:188. 1940; How in Sunyatsenia **6**:234. 1946;海南植物志 **3**:287,图726. 1974;中国植物志 **71**(1):260,图版66. 1999; Fl. China **19**:249. 2011. ——*Sarcocephalus officinalis* Pierre ex Pit., Lecomte, Fl. Gen. Indo-Chine **3**:26. 1922.

乔木,高可达15 m;小枝光滑。叶片椭圆形或倒卵形,长7~15 cm,宽3.5~10 cm;侧脉5~7对,近叶缘处连结;叶柄长10~15 mm;托叶倒卵形,长6~10 mm。头状花序单个顶生;花序梗长1~3 cm,中部以下的苞片早落。果序中的小果融合,成熟时呈黄褐色,直径9~15 mm,表面粗糙;种子椭圆形。 花期夏季,果期7~9月。 产于平南、环江和金秀等地;生于中等海拔地区的疏林或密林下。分布于广东和海南,婆罗洲及柬埔寨、印度尼西亚、老挝、马来西亚、菲律宾、泰国和越南亦有。 本种木材橙黄色,有苦味,为良好建筑用材;茎含黄酮苷、酚类,入药能清热解毒、消肿止痛,治急性扁桃体炎、咽喉炎及乳腺炎等。

9. 风箱树属 Cephalanthus L.

灌木或乔木。叶轮生或对生;托叶顶部通常有1枚黑色腺体。头状花序顶生或腋生,花序轴有短柔毛;花萼筒状,萼裂片4枚,有时有较小的第5枚裂片;花冠高脚碟状至漏斗状;雄蕊着生于冠筒喉部,花丝短,花药背着;花柱丝状,柱头头状或棒状,伸出花冠外,子房2室;倒生胚珠单生,悬垂。果序球形,由不开裂的坚果组成。 本属有6种,美洲有3种,亚洲有2种,非洲有1种。我国仅有1种;广西亦有。

风箱树 图版2:8~11

Cephalanthus tetrandrus (Roxb.) Ridsdale et Bakh. f., Blumea **23**(1):182. 1976;陈嵘,中国树木分类学1126,图1014. 1937; How in Sunyatsenia **6**:235. 1946;广州植物志509. 1956;海南植物志 **3**:329,图751. 1974;中国高等植物图鉴 **4**:192,图5780. 1975;中国植物志 **71**(1):279~281,图版75. 1999; Fl. China **19**:86. 2011. ——*C. naucleoides* DC., Prodr. **4**:539. 1830. ——*C. glabrifolius* Hayata, Ic. Pl. Formos. **9**:51. 1920. ——*C. ratoensis* Hayata, Icon. Pl. Formosan. **9**:52. 1920. ——*Nauclea tetrandra* Roxb., Fl. Ind. **2**:125. 1824.

落叶灌木或小乔木,高可达5 m;嫩枝近四棱形,被短柔毛;老枝圆柱形,褐色,无毛。叶对生或轮生;叶片近革质,卵形至卵状披针形,长10~15 cm,宽3~5 cm,基部圆形至近心形,叶面无毛至疏被短柔毛,叶背无毛或密被柔毛;侧脉8~12对,脉腋间常有毛窝;叶柄长5~10 mm;托叶顶部常有1枚黑色腺体。头状花序顶生或腋生,花序梗长2.5~6 cm,具毛;花冠白色,花冠筒外面无毛,内面有短柔毛;花萼裂片4枚,密被短柔毛,边缘裂口处常有1枚黑色腺体;柱头棒形,伸出花冠外。果序直径1~2 cm;坚果长4~6 mm,顶部具宿存萼檐;种子褐色,具翅状苍白色假种皮。 花期春末夏初。 产于横县、柳州、桂林、临桂、梧州、贵港、田阳、贺州、金秀、崇左、宁明;常生于略荫蔽的水沟旁或溪畔。分布于福建、广东、海南、湖南、江西、云南、浙江和台湾,印度、孟加拉国、缅甸、泰国、老挝和越南亦有。 本种木材可做担杆和农具;

根和花序药用，有清热利湿、收敛止泻、祛痰止咳之效，治感冒发热、咽喉肿痛、肠炎腹泻等；还可栽培作护堤植物。

10. 土连翘属 Hymenodictyon Wall.

落叶灌木或乔木，树皮有苦味。叶对生；托叶常有腺体状锯齿，早落。花两性，组成圆锥花序、总状花序或穗状花序；苞片1～4枚，叶状，有柄，具网脉，宿存；小苞片小或缺；萼筒卵形或近球形，裂片5～6枚，早落；花冠漏斗形或狭钟形，冠筒内无毛，裂片5枚，直立，镊合状排列；雄蕊5枚，着生在冠筒喉部之下，花药线形或长圆形；花盘环状；子房2室，花柱丝状，长伸出，柱头纺锤形或头状，胚珠每室多颗，着生在隔膜上，覆瓦状叠生。蒴果具2室，室背开裂成2果爿；种子多粒，扁平，覆瓦状排列，周围具翅。　本属有22种，分布于亚洲和非洲的热带地区及马达加斯加。我国有2种；广西2种均产。

分种检索表

1. 总状花序；叶片两面无毛或有时叶背被疏柔毛 ………………………… 1. 土连翘 H. flaccidum Wall.
1. 圆锥花序；叶片两面被柔毛 ………………………… 2. 毛土连翘 H. orixense (Roxb.) Mabb.

1. 土连翘　网膜木　网膜籽　图版3:4～8

Hymenodictyon flaccidum Wall., Roxb. Fl. Ind. ed. Carey 2:152. 1824；中国植物志71(1):228，图版56:1～5. 1999；Fl. China 19:175. 2011；How in Sunyatsenia 7(1～2):27. 1948；中国高等植物图鉴4:200，图5814. 1975；云南种子植物名录(下册):1256. 1984；横断山区维管植物(下册):1882. 1994.

落叶乔木，高可达20 m；树皮灰色，有苦味。叶常聚生于枝顶；叶片倒卵形、卵形、椭圆形或长圆形，长10～26 cm，宽7～15 cm，全缘，两面无毛或有时在背面被疏柔毛；侧脉7～11对；叶柄长2.5～9 cm，有短柔毛；托叶卵状长圆形或近三角形，反折。总状花序腋生，长10～30 cm，被柔毛，在花序梗上有1～2片具柄的叶状苞片；叶状苞片长4～8.5 cm，宽2～3 cm；花梗长0.5～2 mm，有短毛；花冠红色，外面被短柔毛；花柱无毛，长约1 cm，柱头头状。蒴果倒垂，生于长达30 cm的果序上，椭圆状卵形，长约1.5 cm，宽0.5～0.8 cm，褐色，有灰白色斑点；种子连翅长约1 cm，宽约5 mm，种皮延伸成膜质的宽翅，翅基部2裂。花期5～7月，果期8～12月。　产于田阳、靖西、龙州、崇左和大新；生于海拔300～1 500 m山坡、山谷或溪边的林中或灌木丛中。分布于四川和云南，不丹、印度(北部)、尼泊尔和越南(北部)亦有。　本种树皮可用于抗疟。

2. 毛土连翘　美茂(壮语)

Hymenodictyon orixense (Roxb.) Mabb., Taxon 31(1):66. 1982；中国植物志71(1):228，图版56:6～10. 1999；Fl. China 19:176. 2011；广西植物33(2):284. 2013.——*H. excelsum* (Roxb.) Wall., Fl. Ind. 2:149. 1824.——*Cinchona orixensis* Roxb., Bot. Descr. Swietenia 21. 1793.——*C. excelsa* Roxb., Pl. Coromandel 2(1):3. 1799.

落叶乔木，高可达25 m。叶片卵状椭圆形或阔椭圆形，长9～22 cm，宽5～14 cm，全缘，两面被柔毛；侧脉7～10对；叶柄长2～17 cm，被柔毛；托叶披针形，边缘具腺体状齿。圆锥花序被柔毛，具2～4枚叶状苞片；叶状苞片被柔毛，长约9 cm，宽约5 cm；花冠白色或褐色，长约4 mm。蒴果椭圆形，有斑点。花期5～7月，果期5～11月。　产于那坡；生于路旁、林缘或疏林中。分布于四川、云南，印度、印度尼西亚、柬埔寨、老挝、马来西亚、缅甸、尼泊尔、菲律宾、泰国和越南亦有。

11. 雪花属 Argostemma Wall.

草本。叶对生或轮生，通常同一节上的叶不等大；托叶宿存，着生于叶柄间。花序为聚伞花序或伞形花序，顶生或腋生，具花序梗；花 4 数或 5 数；萼筒钟状，裂片 4～5 枚，通常近三角形；花冠白色，辐状或有时为阔钟状，裂片 4～5 枚，卵形或披针形；雄蕊 4～5 枚，着生在花冠筒的基部；子房 2 室，每室有胚珠多颗；花柱线形，柱头头状。蒴果顶端具宿存萼裂片；种子多粒，扁而有棱角。 本属约有 106 种，分布于不丹、柬埔寨、印度、印度尼西亚、日本、老挝、马来西亚、缅甸、尼泊尔、巴布亚新几内亚、菲律宾、泰国、越南。我国有 6 种；广西有 2 种。

分种检索表

1. 花萼被毛；托叶阔卵形，长 2～6 mm …………………………………………………… 1. **异色雪花** *A. discolor* Merr.
1. 花萼无毛；托叶近卵形，长不超过 1 mm ……………………………… 2. **岩雪花** *A. saxatile* Chun et F. C. How ex W. C. Ko

1. 异色雪花

Argostemma discolor Merr.，Philipp. J. Sci. **23**：265. 1923；海南植物志 **3**：294，图 732. 1974；中国高等植物图鉴 **4**：193，图 5799. 1975；中国植物志 **71**(1)：180，图 45：1～6. 1999；Fl. China **19**：76. 2011.

草本，高 7～15 cm；茎被糙伏毛，下部常卧地生根。叶对生，1 大 1 小，近无柄或有短柄，叶面疏生糙伏毛，叶背脉上的毛甚密；侧脉 4～6 对；叶柄长 5～8 mm；托叶阔卵形，长 2～6 mm。聚伞花序排成伞状，顶生，有花 2～3 朵，花序梗长 5～20 mm，被糙伏毛；萼筒被短柔毛；花冠白色，辐状；柱头头状。蒴果近球形或倒卵形，直径约 3 mm。 花期 3～5 月，果期 9～10 月。 产于龙州；生于海拔 250～1 046 m 的山坡密林下。 本种为我国特有，分布于海南。

2. 岩雪花 图版 5：1～7

Argostemma saxatile Chun et F. C. How ex W. C. Ko，Fl. Hainan **3**：578. 1974；中国植物志 **71**(1)：182，图 45：7～11. 1999；Fl. China **19**：76. 2011.

草本，高 5～10 cm；茎近基部的节上常生不定根。叶对生，1 大 1 小，大的长圆状椭圆形或近卵形，叶面沿中脉和边缘疏生糙伏毛，叶背干时苍白，脉上生糙伏毛；侧脉 5～7 对；托叶近卵形，约 1 mm。花序伞状或短总状，顶生，有花 2～4 朵；花序梗长 1～3 cm，无毛；花梗长 1～3 cm，无毛；花冠白色，无毛，裂片卵形。 花期 3 月。 产于防城和上思，生于海拔约 600 m 的密林下潮湿处。 本种为广西特有种。

12. 报春茜属 Leptomischus Drake

多年生草本。叶对生，疏生或密聚成莲座状，具羽状脉；托叶脱落或半宿存。聚伞花序头状或伞形状，顶生，花序梗很长，顶端有数枚总苞状的苞片；花二型，具长柱花和短柱花；花萼筒长圆形或倒圆锥形，檐部 5 裂；花冠漏斗状，花冠裂片 5 枚；雄蕊 5 枚，长柱花雄蕊生于冠筒中部之下，短柱花雄蕊生冠筒喉部，花药线形或线状长圆形；子房 2 室，每室有胚珠多颗，花柱线形，柱头 2 裂。蒴果成熟时隔壁消失，仅留下 2 裂的带有种子的中轴基部，最后变成 1 室，顶部开裂；种子多粒，有网纹。 本属有 7 种，分布于印度(东北部)、缅甸及越南。我国有 5 种；广西有 1 种。

心叶报春茜(植物研究) 图版 5：8～9

Leptomischus guangxiensis H. S. Lo，Bull. Bot. Res. **18**(3)：278. 1998；中国植物志 **71**(1)：188～189，图版 46：15～16. 1999；Fl. China **19**：212. 2011.

草本，茎、枝密被灰褐色绒毛。叶对生；叶片长 5～8.5 cm，宽 2.5～4.5 cm，基部微心形或近截平，全缘，干时叶面褐灰色，散生糙伏毛，叶背被绒毛；侧脉每边 5～7 条；叶柄长 2.5～3.5 cm，密被短柔毛；托叶近卵形，长 7～9 mm，被长柔毛。聚伞花序顶生；花序梗长约 1 cm，密被绒毛。蒴果倒圆锥形，连宿萼裂片长 9～10 mm，被长柔毛，成熟时顶盖脱落而开裂；种子多粒。 花期 5 月，果期 4 月至翌年 1 月。 产于

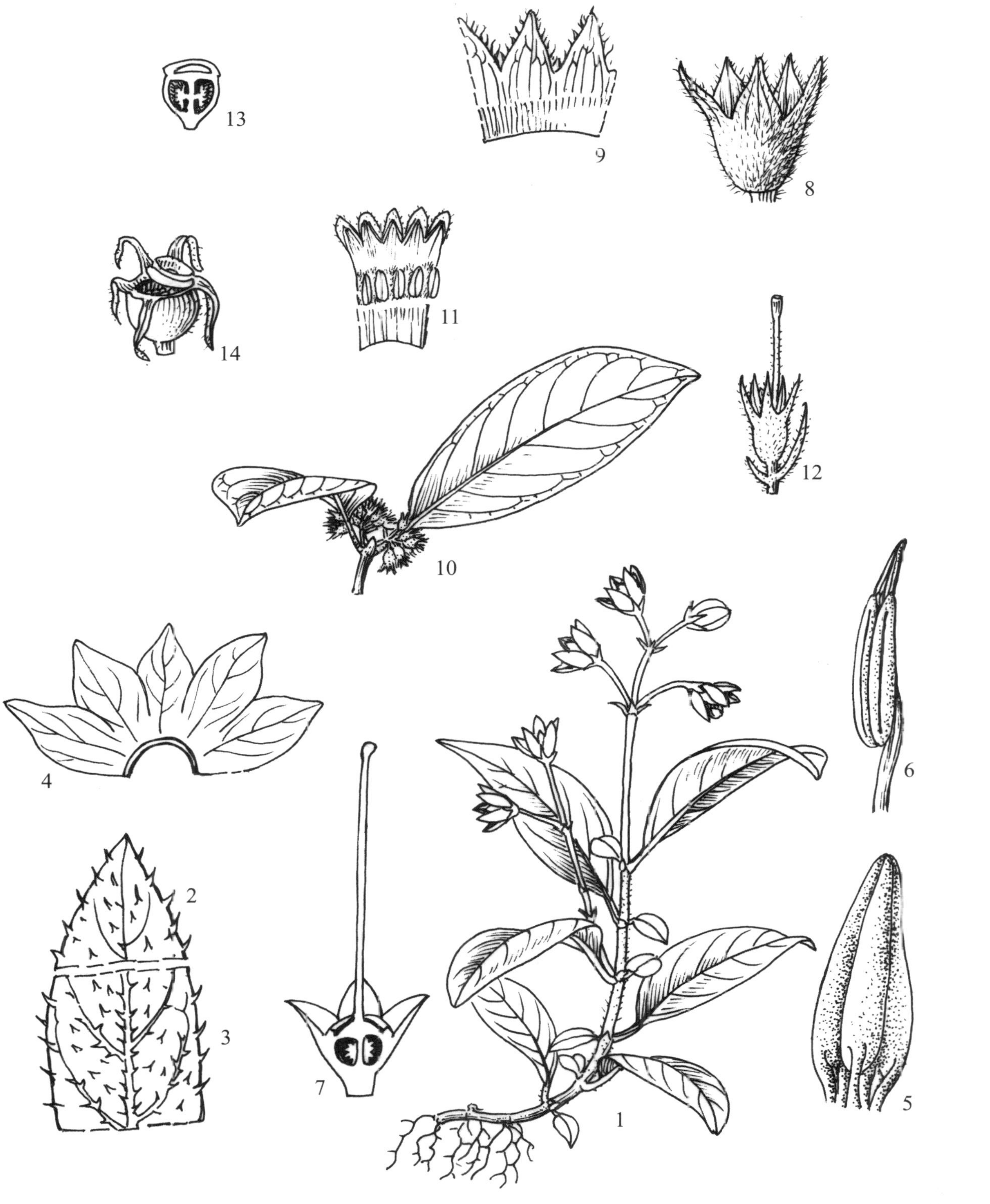

图版 5　1～7. **岩雪花** Argostemma saxatile Chun et F. C. How ex W. C. Ko　1. 花枝；2. 叶面；3. 叶背；4. 花冠；5. 雄花柱；6. 雄蕊；7. 子房纵切面。　8～9. **心叶报春茜** Leptomischus guangxiensis H. S. Lo　8. 散出种子后的蒴果；9. 宿存花萼裂片。　10～14. **广东牡丽草** Mouretia inaequalis (H. S. Lo) Tange　10. 花枝一段；11. 花冠剖开，示雄蕊；12. 花萼、苞片和雌蕊；13. 子房纵切面；14. 盖裂蒴果。　（林文宏摹绘）

那坡和德保;生于水边阴处草地上。 本种为广西特有。

13. 牡丽草属 Mouretia Pitard

多年生草本或半灌木。叶对生,同一节上的叶稍不等大或极不等大;叶片具羽状脉;叶柄短或近无柄;托叶大而呈叶状,上部常反折,脱落。花序头状,由聚伞花序组成,腋生,互生;花序梗短或近无梗;花有短梗或近无梗;萼筒倒圆锥形,萼檐5裂,裂片比管长或与之近等长,外面常被毛;花冠近管状,5裂;雄蕊5枚,生管壁上,花丝短或近于无,花药线形,纵裂;花盘环状;子房2室,每室有胚珠多颗,花柱线形,柱头2裂。果干燥,蒴果状,倒圆锥形,成熟时沿宿萼内面环状盖裂;种子多粒,有棱角,浅黑色。 本属有5种,分布于亚洲东部和东南部。我国有1种;广西亦有。

广东牡丽草(植物研究) 图版5:10~14

Mouretia inaequalis (H. S. Lo) Tange, Nordic J. Bot. **17**:127. 1997; Fl. China **19**:230. 2011. ——*M. guangdongensis* Lo, Bull. Bot. Res. **18** (3):282. 1998; 中国植物志 **71**(1):184, 图版3:6~10. 1999. ——*M. tonkinensis* Pitard var. *inaequalis* H. S. Lo, Bull. Bot. Res. Harbin **6**(4):48. 1986.

草本,高30~40 cm;茎密被硬毛状柔毛。同一节上的叶常明显不等大,大的长4~9 cm,宽2~4 cm,小的长1.5~3.5 cm,宽常不及1 cm,叶面近无毛,叶背脉上被长柔毛,全缘;侧脉5~9对;叶柄长0.5~1.5 cm,密被长柔毛。聚伞花序紧缩,腋生,花序梗长2~5 mm,密被柔毛;花萼被硬毛状短柔毛,裂片5枚,披针形,有缘毛;花冠黄色、白色或淡红色,裂片5枚;花柱长约2.8 mm,柱头2裂,裂片卵状椭圆形。蒴果倒圆锥状近球形;种子多粒,楔形,有棱角。 产于钦州;生于密林中的岩石上。分布于广东和福建,越南亦有。

14. 耳草属 Hedyotis L.

草本、半灌木或灌木,直立或攀缘;茎圆柱形或方柱形。叶对生,少有轮生或丛生状;托叶分离或基部连合成鞘状。花序腋生或顶生,通常为聚伞花序或聚伞花序再复合成圆锥花序式、伞形花序式、头状花序式或伞房花序式,很少为其他花序或简化为单花;花有或无苞片和小苞片,有或无花梗;萼筒通常陀螺形,萼檐宿存,通常4~5裂,罕有2~3裂或截平;花冠管状、漏斗状或辐状,檐部4~5裂,罕有2~3裂,裂片镊合状排列;雄蕊与花冠裂片同数,罕有不同数,花丝被毛或无;花盘通常4浅裂;子房2室,每子房室有胚珠多颗或几颗,极少1颗,花柱线形,内藏或伸出,柱头2裂,罕有不裂。果成熟时不开裂或室间、室背开裂,内有种子2粒至多粒,罕有1粒;种子具棱角或平凸,种皮平滑或有窝孔。 本属约有500种,多数分布于非洲和亚洲的热带、亚热带地区,少数分布于温带。我国有67种;广西有28种2变种。

分种检索表

1. 果不开裂或仅顶部开裂。
  2. 花序具梗。
    3. 植株被毛;叶片长5~8 cm,侧脉4~5条,明显;花无梗或具极短的梗 ………………………………………… 1. **脉耳草** H. vestita R. Brown ex G. Don
    3. 植株无毛;叶片长1.4~4 cm,侧脉不明显;花梗长3~20 mm …………………… 2. **蕴璋耳草** H. koana R. J. Wang
  2. 花序无梗。
    4. 果成熟时不开裂。
      5. 花10朵以上丛生于叶腋内;托叶合生成短鞘,顶部5~7裂,裂片线形或刚毛状。
        6. 小枝密被短硬毛;叶片长2.2~9 cm,宽0.6~3 cm,基部楔形而稍下延 ……………… 3. **耳草** H. auricularia L.

6. 小枝有明显的纵槽纹，槽内被长柔毛；叶片长1.2～3 cm，宽0.4～1 cm，基部阔楔形或近圆形 …………………………………………………… 3b. **细叶亚婆潮** H. auricularia L. var. mina W. C. Ko

5. 花1～3朵丛生于叶腋内；托叶短合生，上部长渐尖，边缘具疏小齿 …………………………………………………… 4. **金毛耳草** H. chrysotricha (Palib.) Merr.

4. 果成熟时仅顶部开裂。

7. 果无毛。

8. 托叶无毛，长约1 cm；叶柄长1～1.8 cm …………………… 5. **阔托叶耳草** H. platystipula Merr.

8. 托叶被毛，长3～6 mm；叶无柄 …………………… 6. **纤花耳草** H. tenelliflora Bl.

7. 果被毛。

9. 叶片长0.5～2.5 cm，宽1～2 mm；果比宿存萼檐裂片长很多；花冠裂片顶端无髯毛 …………………………………………………… 7. **松叶耳草** H. pinifolia Wall. ex G. Don

9. 叶片长2.5～6 cm，宽0.6～2 cm；果与宿存萼檐裂片等长；花冠裂片顶端被髯毛 …………………………………………………… 8. **粗叶耳草** H. verticillata (L.) Lam.

1. 果室间开裂或室背开裂。

10. 成熟果室间开裂为2个分果爿。

11. 果顶部不隆起。

12. 花序头状；茎和枝方柱形 …………………… 9. **长节耳草** H. uncinella Hook. et Arn.

12. 花序松散，排成伞房状或圆锥状。

13. 花序顶生。

14. 直立纤细草本；茎方柱形，具4条锐棱；叶片线形至线状披针形 …………………………………………………… 10. **方茎耳草** H. tetrangularis (Korth.) Walp.

14. 灌木状粗壮草本；叶片广阔。

15. 花序分枝极扩展，常呈蜿蜒状 …………………… 11. **鼎湖耳草** H. effusa Hance

15. 花序分枝紧密，不呈蜿蜒状。

16. 茎和枝具翅或方柱形；叶无柄或近无柄。

17. 托叶卵形或三角形；蒴果倒卵形，连宿存萼檐裂片长7～7.5 mm …………………………………………………… 12. **金草** H. acutangula Champ. ex Benth.

17. 托叶长卵形，顶端渐尖；蒴果椭圆形，连宿存萼檐裂片长3 mm …………………………………………………… 13. **拟金草** H. consanguinea Hance

16. 茎和枝嫩时微呈方柱形，老时圆柱形；叶具短柄。

18. 花冠筒内部被柔毛，喉部稍扩大；果长圆形或椭圆形 …………………………………………………… 14. **剑叶耳草** H. caudatifolia Merr. et F. P. Metcalf

18. 花冠筒内部无毛；果球形 …………………… 15. **广州耳草** H. cantoniensis F. C. How ex W. C. Ko

13. 花序腋生。

19. 植株被粗硬毛或粗糙 …………………… 16. **粗毛耳草** H. mellii Tutch.

19. 植株光滑无毛或仅中脉被毛。

20. 花梗纤细柔弱，长为花萼长的2～3倍；花序极松散 …………………… 17. **细梗耳草** H. tenuipes Hemsl.

20. 花梗粗壮，长不超过花萼长度的1倍。

21. 花散生于花序上，有花数朵 …………………… 18. **疏花耳草** H. matthewii Dunn

21. 聚伞花序圆锥花序式排列，第一次分枝对生，花多数 …………………………………………………… 19. **上思耳草** H. longiexserta Merr. et F. P. Metcalf

11. 果顶部隆起。

22. 聚伞花序伞房式排列，扩展 …………………… 20. **广花耳草** H. ampliflora Hance

22. 聚伞花序非伞房式，狭窄。

23. 花无花梗；植株无毛，触之无粗糙感 …………………… 21. **头状花耳草** H. capitellata Wall. ex G. Don

23. 花具花梗；植株具毛，触之有粗糙感 …………………… 22. **牛白藤** H. hedyotidea (DC.) Merr.

10. 成熟果室背开裂。
24. 子房平滑，无翅、无角。
25. 花序多花；茎方柱形，节上粗糙而被毛 …………………… 23. **越南耳草** H. chereevensis (Pierre ex Pit.) Fukuoka
25. 花序少花，1～3 朵，罕见 4 朵。
26. 花 2～4 朵组成小型伞房花序。
27. 茎和枝方柱形，无毛或仅在棱上散生短柔毛 …… 24a. **伞房花耳草** H. corymbosa (L.) Lam. var. corymbosa
27. 茎和枝均为圆柱形，被粉末状柔毛 …… 24b. **圆茎耳草** H. corymbosa (L.) Lam. var. tereticaulis W. C. Ko
26. 花通常单生，罕有成对生于花序梗上。
28. 花梗线形，长 1.3～1.5 cm；中脉在叶面平坦 …………………………………………… 25. **丹草** H. herbacea L.
28. 花梗极短，长 2～5 mm，少无梗或梗长达 1 cm；中脉在叶面下凹 ………… 26. **白花蛇舌草** H. diffusa Willd.
24. 子房四角形或具翅。
29. 果具翅，顶部冠以杯形、浅裂的宿存萼檐 …………………………………………… 27. **翅果耳草** H. pterita Bl.
29. 果具 2～4 条隆起的纵棱，宿存的萼檐裂片不呈杯形 ………………………… 28. **双花耳草** H. biflora (L.) Lam.

1. 脉耳草(海南植物志) 中肋耳草

Hedyotis vestita R. Brown ex G. Don, Gen. Hist. **3**: 526. 1834; Fl. China **19**: 173. 2011. ——*H. costata* (Roxb.) Kurz, J. Asiat. Soc. Beng. **45**: 135. 1876; 中国植物志 71(1): 32, 图版 4: 1～8. 1999. ——*H. capituliflora* Miq., Fl. Ind. Bat. **2**: 183. 1875. ——*Spermacoce costata* Roxb., Fl. Ind. **1**: 376. 1820. ——*Metabolus lineatus* Bartl. in DC. Prodr. **4**: 435. 1830.

一年生或多年生披散草本，高可达 50 cm；除花和果被短毛外，全部被干后变金黄色的疏毛。叶对生，叶片披针形或椭圆状披针形，长 5～8 cm，宽 0.5～3 cm；侧脉每边 4～5 条；叶柄长 5～10 mm；托叶上部分裂成数条长 3～5 mm 的针状刺。聚伞花序密集呈头状，单个腋生或数个排成总状花序式，花序梗长 5～12 mm；花无梗或具极短的梗；花冠管状，白色或紫色，喉部以上被毛；花柱长 1.2～1.5 mm，中部以上被毛，柱头 2 裂，裂片线形。果近球形，直径 1～1.5 mm，宿存萼檐裂片三角形；种子三棱形，干后为黑色。花果期 7～11 月。 产于武鸣和上林；生于海拔 400～1 800 m 的山谷林缘或草坡旷地上。分布于广东、海南和云南等地，印度、印度尼西亚、马来西亚、菲律宾和泰国亦有。

2. 蕴璋耳草

Hedyotis koana R. J. Wang, Acta Phytotax. Sin. **45**: 696. 2007; Fl. China **19**: 163. 2011.

直立草本，高可达 40 cm；茎嫩时四棱柱形，后圆柱形，无毛。叶无柄，线状披针形，长 1.4～4 cm，宽 1～2 mm，两面无毛；侧脉不明显；托叶三角形，无毛。花序顶生，有时生于顶部叶腋，聚伞花序，具花 2～12 朵，无毛；花梗长 3～20 mm；花萼无毛，萼檐深裂，裂片三角形至披针形，长 1～1.7 mm；花冠白色，花冠筒长 1.5～2.5 mm，内部无毛。蒴果近球形至卵形，光滑无毛，顶部开裂；种子多粒，具棱。 花果期 6～9 月。 产于桂林；生于海拔 200 m 以下的灌木丛或荒草地。分布于福建、广东、海南、湖南和江西。

3. 耳草(植物学名词审查本)

Hedyotis auricularia L., Sp. Pl. ed. **1**: 101. 1753; H. Lévl. Cat. Fl. Yunnan 245. 1917; 海南植物志 **3**: 299. 1974; 中国高等植物图鉴 **4**: 215, 图 5843. 1975; 中国植物志 **71**(1): 37. 1999; Fl. China **19**: 153. 2011. ——*Oldenlandia auricularia* (L.) F.-Muell., Syst. Cons. Austral. Pl. 74. 1882. ——*Exallage auricularia* (L.) Bremek., Verh. Kon. Ned. Akad. Wetensch., Afd. Natuurk., Sect. 2. **48**(2): 142. 1952.

3a. 耳草(原变种) 图版 6:1

Hedyotis auricularia L. var. **auricularia**

多年生草本，高 30～100 cm；小枝被短硬毛，少无毛。叶对生；叶片披针形或椭圆形，长 2.2～9 cm，宽 0.6～3 cm，叶背常被粉末状短毛；侧脉每边 4～6 条；叶柄长 2～7 mm；托叶被毛，合生成一短鞘，顶部 5～7 裂，裂片线形或刚毛状。聚伞花序腋生，密集成头状，无花序梗；花几无梗；花冠白色，管长 1～1.5 mm；

图版6　1. **耳草** Hedyotis auricularia L.　1. 花枝。　2～8. **金毛耳草** H. chrysotricha (Palib.) Merr.　2. 花枝；3. 花；4. 花冠展开；5. 花萼；6. 托叶；7. 柱头；8. 叶放大。　（林文宏绘）

雄蕊生于冠筒喉部;花柱长1 mm,被毛,柱头2裂,裂片棒状,被毛。果球形,直径1.2~1.5 mm,疏被短硬毛或近无毛,成熟时不开裂;种子每室2~6粒。 花果期3~9月。 产于南宁、横县、兴安、龙胜、梧州、苍梧、钦州、贵港、玉林、容县、平果、钟山、富川、宁明和龙州;生于海拔100~1 500 m的林缘和灌木丛中,有时亦见于草地上。分布于云南、海南、贵州、广东,印度、日本、马来西亚、缅甸、尼泊尔、菲律宾、斯里兰卡、泰国、越南和澳大利亚亦有。 据《中华人民共和国药典》记载,本种全草含生物碱、黄酮苷和氨基酸,入药有清热、解毒、散瘀消肿之功效,对感冒发热、咽喉痛、咳嗽、肠炎、痢疾、疮疖和蛇咬伤均有较好的疗效。

3b. **细叶亚婆潮**(变种)

Hedyotis auricularia L. var. **mina** W. C. Ko, Fl. Hainanica **3**:578, 299. 1974;中国植物志 **71**(1):38, 1999;Fl. China **19**:154. 2011.

本变种与原变种的区别是小枝有明显的纵槽纹,槽内被长柔毛;叶片卵形,少椭圆形,长1.2~3 cm,宽0.4~1 cm,顶端短尖,基部阔楔形或近圆形;侧脉每边2~4条。 花期几乎全年。 产于北海、防城、东兴;生于海拔200 m以下的湿润旷地、溪旁和灌木丛中。分布于广东、海南。

4. **金毛耳草**(中国高等植物图鉴) 石打穿(中药临床手册) 图版6:2~8

Hedyotis chrysotricha (Palib.) Merr., Lingnan Sci. J. **7**:322. 1929;中国高等植物图鉴 **4**:214,图5842. 1975;云南种子植物名录(下册):1254. 1984;新华本草纲要 **2**:442. 1991;横断山区维管植物(下册):1886. 1994;中国植物志 **71**(1):38. 1999;Fl. China **19**:159. 2011. ——*Anotis chrysotricha* Palib., Bull. Herb. Boiss. ser. 2, **6**:20. 1906. ——*Oldenlandia chrysotricha* (Palib.) Chun, Sunyatsenia **1**:311. 1934.

多年生草本,高可达40 cm;基部木质,被金黄色硬毛。叶对生;叶片阔披针形、椭圆形或卵形,长0.8~3.2 cm,宽0.5~1.4 cm,叶面疏被短硬毛,叶背被浓密黄色绒毛,脉上被毛更密;侧脉每边2~3条;托叶上部长渐尖,边缘具疏小齿,被疏柔毛。聚伞花序腋生,有花1~3朵,被金黄色疏柔毛,近无梗;花萼被柔毛,长约13 mm;花冠白或紫色,外面被疏柔毛或近无毛,里面有髯毛,裂片与冠筒等长或略短;花柱中部有髯毛,柱头棒形,2裂。果近球形,直径约2 mm,被扩展硬毛,宿存萼檐裂片长1~1.5 mm,成熟时不开裂。 花果期几乎全年。 产于融水、桂林、临桂、全州、永福、龙胜、玉林、博白、象州、金秀、崇左、大新;生于海拔100~900 m的山谷杂木林下或山坡灌木丛中,极常见。分布于安徽、福建、广东、贵州、海南、湖北、湖南、江苏、江西、台湾、云南和浙江,日本、菲律宾亦有。

5. **阔托叶耳草** 山耳草

Hedyotis platystipula Merr., Philip. J. Sci. **21**:510. 1922;中国高等植物图鉴 **4**:213,图5839. 1975;中国植物志 **71**(1):39,图版5:1~5. 1999;Fl. China **19**:168. 2011. ——*Oldenlandia platystipula* (Merr.) Cnun, Sunyatsenia **1**:313. 1934.

直立草本或亚灌木,高约40 cm;茎无毛。叶对生,叶片长5~12 cm,宽2.5~4 cm;侧脉明显,每边有4~6条,弯曲向上;叶柄长1~1.8 cm;托叶肾形,长约1 cm,宽约1.5 cm,边缘撕裂成针状刺,裂片顶端有黑色小腺体。花序腋生,无花序梗,部分为托叶覆盖;花无梗;萼筒陀螺形,长1.2~1.5 mm,萼檐裂片4枚,有羽状脉,具缘毛;花冠白色,花冠裂片披针形。蒴果长圆形,无毛,成熟时仅顶部开裂;种子干后为黑色,粗糙。 花期5~8月,果期9月。 产于上思及桂西北地区;生于山谷两旁的密林下或溪旁岩石上。分布于广东。 本种以其有肾形的托叶和腋生而稠密团聚的花序而与本属其他种类区别明显。

6. **纤花耳草**(广州植物志) 图版7:1~2

Hedyotis tenelliflora Bl., Bijdr. 971. 1826;Chun in Sunyatsenia **1**:162. 1933;海南植物志 **3**:300. 1974;中国高等植物图鉴 **4**:223,图5860. 1975;J. M. Chao in Li, Fl. Taiwan **4**:278. 1978;中国植物志 **71**(1):41~42, 1999;Fl. China **19**:153. 2011. ——*H. angustifolia* Cham. et Schltdl., Linnaea **4**:153. 1829. ——*Oldenlandia angustifolia* Benth., Fl. Hongk. 151. 1861. ——*O. tenelliflora* (Bl.) Kuntze, Rev. Gen. Pl. **1**:292. 1891. ——*Scleromitrion angustifolium* (Cham. et Schltdl.) Benth., Hooker's J. Bot. Kew Gard.

图版 7　1～2. 纤花耳草 *Hedyotis tenelliflora* Bl.　1. 植株；2. 果放大。　3. 上思耳草 *H. longiexserta* Merr. et F. P. Metcalf　果枝。　4～8. 西南新耳草 *Neanotis wightiana* (Wall. ex Wight et Arn.) W. H. Lewis　4. 植株；5. 放大的托叶和小段茎；6. 花；7. 花冠展开；8. 花柱和柱头。（林文宏绘，4～8 摹自余峰图）

Misc. **4**:172. 1852. ——*S. sinense* Miquel. J. Bot. Néerl. **1**:108. 1861.

一年生或多年生草本，高 15～40 cm，全株无毛；分枝多，枝上部方柱形，具 4 锐棱，下部圆柱形。叶对生，无柄；叶片线形或线状披针形，长 1.2～5 cm，宽 1.5～4 mm，叶面密被圆形、透明的小鳞片，叶背光滑；托叶基部合生，略被毛，顶部撕裂，裂片刚毛状。花序腋生，1～3 朵簇生于叶腋内；花无梗；萼筒倒卵状，萼檐裂片具缘毛；花冠白色，长 3～3.5 mm；雄蕊着生于冠筒喉部，花药比花丝略短；花柱长约 4 mm，柱头 2 裂。蒴果卵形或近球形，宿存萼檐裂片长仅 1 mm。 花果期 4～11 月。 产于融水、兴安、龙胜、梧州、容县、凌云、田林、金秀和龙州；生于海拔 100～1 400 m 的山坡、山谷两旁坡地或田埂上。分布于福建、广东、海南、四川、台湾、云南、浙江，印度、日本、马来西亚、菲律宾、泰国、越南、澳大利亚等地亦有。

7. **松叶耳草**(广州植物志)

Hedyotis pinifolia Wall. ex G. Don, Gen. Syst. **3**:526. 1834; Lingnan Sci. J. **5**:172. 1927; 海南植物志 **3**:301. 1974; 中国高等植物图鉴 **4**:223, 图 5859. 1975; 中国植物志 **71(1)**:43, 图版 4:9～14. 1999; Fl. China **19**:167. 2011. ——*Oldenlandia pinifolia* (Wall. ex G. Don) K. Schum., Engl. u. Prantl, Nat. Pflanzenfam. **IV(4)**:25. 1891.

一年生或多年生草本，直立，高可达 25 cm；枝锐四棱柱形，干时黑褐色。叶丛生，少对生，无柄；叶片线形，长 5～25 mm，宽 1～2 mm，两面粗糙；托叶下部合生成短鞘，顶部分裂成长短不等的数条刺毛。团伞花序有花 3～10 朵，顶生和腋生，无花序梗；苞片披针形，被疏毛和具缘毛；花具长 0.8～1 mm 的花梗；萼筒被疏硬毛；花冠裂片长圆形；雄蕊着生于冠筒喉部，花药比花丝短 2/3；花柱长 9 mm，柱头 2 裂，裂片线形。蒴果近卵形，长 2.5～3 mm，直径 1.5～2 mm，中部以上被疏硬毛，成熟时仅顶部开裂，宿存萼檐裂片长 1～1.2 mm；种子具棱，干后浅褐色。 花期 5～11 月，果期 4～11 月。 产于钦州、玉林、陆川、那坡和贺州；生于海拔 100 m 以下的丘陵旷地或滨海沙荒地上。分布于福建、广东、海南、台湾、云南，印度、马来西亚、缅甸、尼泊尔、泰国和越南亦有。 据《广西中药志》记载，本种全草可治小儿疳积、潮热等症，外用于跌打刀伤。

8. **粗叶耳草**(广州植物志)

Hedyotis verticillata (L.) Lam., Tabl. Encycl. **1**:271. 1792; 中国植物志 **71(1)**:42～43, 图版 5:6～11. 1999; Fl. China **19**:172～173. 2011. ——*H. hispida* Retz., Obs. Bot. **4**:23. 1786. ——*Oldenlandia verticillata* L., Mant. **1**:40. 1767. ——*O. hispida* Poir., Lam. Encycl. Suppl. **4**:536. 1816.

一年生或多年生草本，高 25～30 cm；枝上部方柱形，下部近圆柱形，密被或疏被短硬毛。叶对生，长 2.5～6 cm，宽 0.6～2 cm，两面均被短硬毛，触之刺手，叶片无侧脉，仅具中脉 1 条；托叶略被毛，基部与叶柄合生成鞘，顶部分裂成数条刺毛。团伞花序腋生，无花序梗和花梗；萼筒被硬毛；花冠白色；花柱长 4～4.5 mm，头状，粗糙。蒴果卵形，长 1.5～2.5 mm，直径 1.5～2 mm，被硬毛，冠以长 1.5～2.5 mm 的宿存萼檐裂片；种子具棱，干时浅褐色。 花果期 3～11 月。 产于武鸣、马山、梧州、防城、百色、凌云、田林、隆林、昭平和天峨；生于海拔 200～1 600 m 丘陵地带的草丛、路旁和疏林下。分布于福建、广东、贵州、海南、台湾、浙江等地，孟加拉国、不丹、印度、印度尼西亚、日本、马来西亚、缅甸、尼泊尔、菲律宾、新加坡、泰国和越南亦有。 本种全草入药，有清热解毒、消肿止痛的功效。

9. **长节耳草**(广州植物志) 小钩耳草

Hedyotis uncinella Hook. et Arn., Bot. Beech. Voy. 192. 1833; 海南植物志 **3**:304. 1974; 中国高等植物图鉴 **4**:217, 图 5848. 1975; Fl. Taiwan **4**:278. 1978; 中国植物志 **71(1)**:59～60, 1999; Fl. China **19**:172. 2011. ——*H. borrerioides* Champ. ex Benth., Hook. Kew J. **4**:171. 1852. ——*H. kuraruensis* Hayata, Ic. Pl. Formos. **9**:53. 1920. ——*H. uncinella* Hook. et Arn. var. *cephalophora* Craib, Fl. Siam. **2**:50. 1932. ——*Oldenlandia uncinella* (Hooker et Arnott) Kuntze, Rev. Gen. Pl. **1**:293. 1891.

多年生直立草本；植株除冠筒喉部和萼檐裂片外，全部无毛；茎四棱柱形。叶对生；叶片卵状长圆形或长圆状披针形，长 1.5～7.5 cm，宽 0.5～3 cm；侧脉每边 4～5 条，小脉不明显；托叶三角形，长 12 mm，基部合生，边缘有疏离长齿或深裂。花序顶生和腋生，密集成头状，直径12～15 mm，无花序梗；花无花梗或具极短的梗；花冠白色或紫色，喉部被绒毛。蒴果阔卵形，顶部不隆起，宿存萼檐裂片长3 mm；种子具棱，浅褐色。 花果期4～9月。 产于南宁、柳州、临桂、龙胜、平乐、苍梧、玉林、昭平、金秀、龙州和大新；生于海拔200～1 200 m的干旱旷地上。分布于福建、广东、海南、湖南和台湾等地，印度和缅甸亦有。

10. 方茎耳草（广州植物志）

Hedyotis tetrangularis (Korth.) Walp., Ann. Bot. Syst. **2**:769. 1852; Lingnan Sci. J. **16**:400. 1937；中国高等植物图鉴 **4**:222，图5857. 1975；中国植物志 **71**(1):44，图版 **6**:1～6. 1999; Fl. China **19**:171. 2011. ——*H. quadrangularis* Miq., Fl. Ind. Bat. **2**:180. 1857. ——*H. parryi* Hance, Ann. Sci. Nat. Bot. ser. 4, **18**:211. 1862. ——*Diplophragma tetrangulare* Korth., Nederl. Kuruidk. Arch. **2**:149. 1851. ——*Oldenlandia parryi* (Hance) Kuntze, Rev. Gen. Pl. **1**:292. 1891. ——*O. quadrangularis* Kuntze, Rev. Gen. Pl. **1**:292. 1891.

多年生直立草本或半灌木，高30～50 cm，除花冠里面被毛外，全株无毛；茎方柱形。叶对生；叶片线形至线状披针形，长1.5～3 cm，宽2～3 mm；托叶线形，长5～10 mm，全缘或2～3裂。花序顶生或生于侧枝的顶端，稀腋生，为二歧至多歧分枝的聚伞花序，有时在第二次分枝上的花常常排成穗状花序式；花近无梗或具长1～2 mm的花梗；花冠白色，喉部和喉部以上被绒毛，花冠裂片与冠筒近等长或略短；柱头2裂，裂片椭圆形，被毛。蒴果近球形，宿存萼裂片长1.2～1.5 mm；种子具棱，干后黑色。 花果期7～11月。 产于邕宁、合浦、博白；生于低海拔的旷地或草坡上，有时亦见于田埂上。分布于广东和海南，柬埔寨、越南、印度尼西亚、马来西亚亦有。

11. 鼎湖耳草

Hedyotis effusa Hance, J. Bot. **17**:11. 1879; Chung in Mem. Sci. Soc. China **1**:234. 1924；中国高等植物图鉴 **4**:217，图5847. 1975；中国植物志 **71**(1):44～46, 1999; Fl. China **19**:161. 2011. ——*Oldenlandia effusa* (Hance) Kuntze, Rev. Gen. Pl. **1**:292. 1891.

多年生草本或半灌木，直立，高可达1 m；茎无毛，圆柱形，褐灰色。叶对生；叶片卵状披针形，长4～13 cm，宽1.5～6.5 cm；叶柄粗壮，长2～5 mm；托叶阔三角形或截平，顶部具一尖头，全缘。花序顶生，二歧分枝的聚伞花序，圆锥式排列，长5～15 cm，宽4～10 cm；萼筒卵形，长约0.7 mm，萼檐裂片三角形；柱头2裂。蒴果近球形，成熟时开裂为2个果爿；种子具棱。 花期7～9月，果期8月至翌年3月。 产于合浦、防城、浦北和博白；生于海拔400 m以下的林下或山谷溪旁，有时亦见于湿润的山坡上。分布于广东。

12. 金草（海南植物志）

Hedyotis acutangula Champ. ex Benth., Hooker's J. Bot. Kew Gard. Misc. **4**:171. 1852; Fl. Hongk. 148. 1861; Lingnan Sci. J. **9**:44. 1930；海南植物志 **3**:303. 1974；中国高等植物图鉴 **4**:216，图5845. 1975；中国植物志 **71**(1):46，图版 9:5～9. 1999; Fl. China **19**:152～153. 2011. ——*Oldenlandia acutangula* (Champ. ex Benth.) Kuntze, Rev. Gen. Pl. **1**:292. 1891.

草本或半灌木，高25～60 cm；茎方柱形，有4棱或具翅，无毛。叶对生，通常无柄；叶片长5～12 cm，宽0.5～2.5 cm；托叶卵形或三角形，长3～5 mm，全缘或具小腺齿。聚伞花序顶生，圆锥花序式或伞房花序式排列，长3～20 cm；苞片披针形；花白色，无梗；花冠筒中部以上被绒毛；花冠裂片卵状披针形，稍短于管或与管等长；花柱与花冠近等长，被粉末状柔毛，柱头2裂。蒴果倒卵形，宿存萼檐裂片长约0.5 mm，成熟时开裂为2个果爿；种子近圆形，具棱，干后黑色。 花期5～8月。 产于武鸣、上思；通常生于低海拔的山坡或旷地上。分布于福建、广东和海南，泰国(北部)和越南亦有。 本种全株入药，有清热解毒和利水之效，对淋病、赤浊亦有一定疗效。据1967年再版的《中兽医常用手册》记载，本植物治疗猪丹毒效果良好。

13. 拟金草

Hedyotis consanguinea Hance, Ann. Sci. Nat. Bot. ser. 4, **18**:221. 1862；中国植物志 **71**(1):47, 1999;

Fl. China **19**: 159. 2011.——*H. lancea* Thunb. ex Maxim., Bull. Acad. Sci. St. Petersb. **29**: 161. 1883.——*Oldenlandia consanguinea* (Hance) Kuntze, Rev. Gen. Pl. **1**: 292. 1891.——*O. lancea* (Thunb. ex Maxim.) Kuntze, Rev. Gen. Pl. **1**:292. 1891.

草本或半灌木，直立，高 30～40 cm；茎无毛，干后变灰黄色，具微棱。叶对生；叶片披针形或长卵形，长 2～12 cm，宽 0.8～4 cm，两面无毛；中脉疏被短柔毛，侧脉每边 2～3 条；托叶长卵形，边缘具疏离小腺齿。花序顶生和生于上部叶腋，为聚伞花序，排成圆锥花序式或总状式，长 3～15 cm，有时基部有 1 对小叶；花序梗长 2～3 cm；花冠外面无毛，里面被疏而透明的短毛，花冠裂片披针形，与冠筒等长。蒴果椭圆形，连宿存萼檐裂片长达 3 mm，成熟时开裂为 2 个果爿；种子具微棱，干后种皮黑褐色。 花果期 6～8 月。 产于武鸣、融水、临桂、兴安、永福、恭城、藤县、防城、上思、平南、容县、博白、昭平、东兰和金秀；生于海拔 400～1 000 m 的草地或水沟旁，不多见。分布于福建、广东、海南和浙江。

14. **剑叶耳草**（中国高等植物图鉴） 尾叶耳草

Hedyotis caudatifolia Merr. et F. P. Metcalf, J. Arn. Arb. **23**:228. 1942；中国植物志 **71**(1)：47～48，图版 7：7～10. 1999；Fl. China **19**:158. 2011. ——*H. hui* Diels, Notzbl. Bot. Gart. **9**:1032. 1926.

灌木或亚灌木，直立，全株无毛，高可达 90 cm；老枝圆柱形，具浅纵纹。叶对生；叶片披针形，叶背灰白色，长 6～13 cm，宽 1.5～3 cm；叶柄长 1～1.5 cm；侧脉每边 4 条。聚伞花序排成疏散的圆锥花序式；苞片披针形或线状披针形；萼檐裂片与萼等长；花冠白色或粉红色，长 6～10 mm，里面被长柔毛，喉部略扩大，无毛或里面被硬毛；花柱与花冠等长或稍长，无毛，柱头 2 裂，略被细小硬毛。蒴果长圆形或椭圆形，连宿存萼檐裂片长 4 mm，光滑无毛，成熟时开裂为 2 个果爿；种子近三角形，干后黑色。 花期 5～6 月。 产于阳朔、临桂、兴安、灌阳、资源、恭城、藤县、上思、东兴、钦州、平南、玉林、容县、博白、贺州、昭平和金秀；生于丛林下较干旱的沙质土壤上或悬崖石壁上，有时亦见于黏质土壤的草地上。分布于福建、广东、湖南、江西和浙江。

15. **广州耳草**（广州植物志）

Hedyotis cantoniensis F. C. How ex W. C. Ko, J. S. China Agr. Univ. **16** (4)：42. 1995；中国植物志 **71** (1)：48. 1999；Fl. China **19**:156. 2011.

直立多年生草本或亚灌木，高 30～60 cm，无毛；枝和小枝近圆柱形，有条纹。叶对生；叶片卵形或长圆状椭圆形，长 3～13 cm，宽 0.8～3 cm。聚伞花序排成狭而短的圆锥花序式，顶生或在小枝上部腋生；萼檐裂片三角形；花冠长 5～6 mm，花冠筒内部无毛，裂片长圆状披针形，比冠筒短；花柱长 2.2 mm，柱头棒形，2 裂。蒴果球形，连萼檐裂片长 2～2.5 mm，干后表皮有网状脉纹，成熟时开裂为 2 果爿；种子具棱。 花期 4～8 月，果期 6～11 月。 产于金秀；生于 200～1 000 m 的疏林下。分布于广东。

16. **粗毛耳草** 光叶耳草

Hedyotis mellii Tutch., Rep. Bot. Dept. (Hongkong) **1914**:32. 1915；中国植物志 **71**(1)：51，图版 10：6～9. 1999；Fl. China **19**: 165. 2011. ——*H. speciosa* Hand.-Mazz., Sitzgsanz. AK. W. W. **58**: 93. 1921. ——*H. wulsinii* Merr., J. Arn. Arb. **8**:17. 1927. ——*Oldenlandia mellii* (Tutch.) Chun, Sunyatsenia **1**(4)：313. 1934.

多年生草本，直立，高可达 90 cm；茎和枝近方柱形，幼时被毛，老时光滑无毛。叶对生；叶片卵状披针形，长 3.5～9.5 cm，两面均被疏短毛；侧脉每边 3～4 条；托叶阔三角形，被毛，顶端锥尖或 3 裂，边全缘或具长疏齿，齿端具黑色腺点。花序顶生和腋生，为聚伞花序，排成圆锥花序式，连同花序梗长 3～10 cm；花序梗长 2～5 cm；花和花梗均被干后呈黄褐色的短硬毛；花冠里面被绒毛，裂片披针形；柱头头状，微 2 裂。蒴果椭圆形，疏被短硬毛，长约 3 mm；种子具棱，黑色。 花期 6～11 月，果期 8～11 月。 产于柳州、临桂、全州、兴安、灌阳和龙胜；生于海拔 400～1 100 m 的山地丛林或山坡上。分布于福建、广东、湖南和江西。

17. **细梗耳草**

Hedyotis tenuipes Hemsl., J. Linn. Soc. Bot. **23**:375. 1888；中国植物志 **71**(1)：52. 1999；Fl. China **19**:

170～171. 2011. ——*Oldenlandia tenuipes* (Hemsl.) Kuntze, Rev. Gen. Pl. **1**:292. 1891.

多年生草本或亚灌木，高可达 50 cm，除花冠和叶的中脉被毛外，全株几无毛；茎和枝圆柱形。叶对生；叶片长 2.5～9 cm，宽 1～3 cm；叶面中脉被短柔毛，侧脉每边 3～4 条。聚伞花序圆锥式排列，顶生和腋生，与叶等长或过之；花梗纤细，长 5～6 mm；花冠白色或紫色，冠筒长 2～2.5 mm，花冠裂片披针形，长约为冠筒的 3 倍，里面全部被毛；花柱无毛，长 6～7 mm，柱头近头状。蒴果近球形，成熟时开裂为 2 个果爿；种子具棱，干后黑色。　花期 6～8 月，果期 6～11 月。　产于钦州；生于海拔 200～1 000 m 的沙地或疏林下瘠土上。分布于福建、广东和海南。

18. **疏花耳草**　两广耳草

Hedyotis matthewii Dunn, J. Bot. **47**:376. 1909；中国植物志 **71**(1):54～55，图版 6:7～10. 1999；Fl. China **19**:165. 2011. ——*H. acuminatissima* Merr., Philip. J. Sci. Bot. **13**:159. 1918. ——*Oldenlandia matthewii* (Dunn) Chun, Sunyatsenia **1**:312. 1934.

多年生草本或半灌木，高可达 75 cm，除花冠外，全株无毛；茎的下部为圆柱形，上部和老枝均为方柱形。叶对生；叶片长 3.5～12 cm，宽 0.8～3 cm；侧脉每边 3 条，不明显；叶柄长约 3 mm；托叶卵状三角形，边缘具小腺齿或深裂，顶端通常 3 裂。花序顶生和腋生，为二歧分枝的聚伞花序，有花数朵；小苞片线状披针形，长 1～1.5 mm；花白带紫色，花梗长 2～4 mm；花冠圆筒形，裂片里面被长绒毛；花柱突出，长 8 mm。蒴果近椭圆形，成熟时开裂为 2 个果爿；种子具棱，干后黑色。　花期 3～11 月，果期 5～7 月。　产于融水、永福和苍梧；生于海拔 100～300 m 的山地密林下或灌木丛中。分布于广东。

19. **上思耳草**　长突耳草　图版 7:3

Hedyotis longiexserta Merr. et F. P. Metcalf, J. Arn. Arb. **23**:229. 1942；中国植物志 **71**(1):55. 1999；Fl. China **19**:164. 2011.

草本或半灌木，直立，高可达 50 cm；茎圆柱形，平滑无毛。叶对生；叶片披针形或长圆状披针形，长 5～7 cm，宽 1～1.5 cm；侧脉每边约 3 条，与小脉均极不明显；叶柄长 3～5 mm。花序顶生，聚伞花序圆锥花序式排列，长 7～12 cm，第一次分枝对生，总状式，长 3～4 cm，上部的分枝短而排成稍似"之"字形；萼筒卵形，无毛，萼檐裂片三角状卵形；花冠白色，冠筒外面无毛，里面密被髯毛。蒴果通常长卵圆形，成熟时开裂为 2 个果爿；种子数粒，干后黑色。　花期 6～7 月。　产于上思；生于干旱旷地或山坡上。　本种为广西特有种。

20. **广花耳草**(海南植物志)

Hedyotis ampliflora Hance, J. Bot, **17**:11. 1879；Lingnan Sci. J. **5**:171. 1927；海南植物志 **3**:305. 1974；中国高等植物图鉴 **4**:215，图 5944. 1975；中国植物志 **71**(1):63～65，图版 11:9～14. 1999；Fl. China **19**:153. 2011. ——*Oldenlandia ampliflora* (Hance) Kuntze, Rev. Gen. Pl. **1**:292. 1891.

藤状草本或灌木；老茎光滑无毛；小枝幼时有明显的纵槽，槽内常有短硬毛。叶对生；叶片长 2～7 cm，宽 0.8～3 cm；侧脉每边 3～4 条；叶柄长 2～5 mm；托叶基部合生，顶部撕裂成 3～5 条刚毛状的裂片。花序顶生，为伞房花序式排列的聚伞花序，长 3～12 cm，花序梗长 1～3.5 cm；花有长 1～3 mm 的花梗；萼檐裂片披针形，具羽状脉；花冠白色或绿白色，被粉末状柔毛，喉部密被白色硬毛；花柱被白色柔毛，柱头厚，2 裂。蒴果球形，略扁，无毛或被疏毛，有长 2～2.5 mm、外反的宿存萼檐裂片，成熟时开裂为 2 个果爿；种子具棱，干后黑褐色。　花期 5～8 月，果期 10～11 月。　产于东兴；生于海拔 100～400 m 的疏林下或山坡灌木丛中。分布于海南。　据《广东药用植物手册》记载，本种全草入药，有滋补、祛风湿、强筋骨、治跌打等疗效，对风湿麻痹、腰腿酸痛等疾病均有一定的疗效。

21. **头状花耳草**　凉喉茶

Hedyotis capitellata Wall. ex G. Don, Gen. Hist. **3**:527. 1834；中国植物志 **71**(1):65～66，1999；Fl. China **19**:156. 2011. ——*Oldenlandia rubioides* Miq., Fl. Ind. Bat. **2**:353. 1857. ——*O. capitellata* (Wall. ex G. Don) Kuntze, Rev. Gen. Pl. **1**:292. 1891. ——*O. capitellata* Kuntze var. *glabra* Pitard, Lecomta, Fl. Gen. Indo-Chine **3**:138. 1923.

高大藤状草本，茎和枝圆柱形或方柱形，全株无毛。叶对生；叶片长 4～10 cm，宽 1.5～3 cm，两面平滑；侧脉每边 4 条，极纤细而明显；叶柄长 2.5～3.5 mm；托叶锐尖或具小齿。花序通常顶生，为三歧分枝金字塔形；花序梗长约 5 cm；花无梗，聚合成一直径 6 mm 的小头状体；萼檐裂片长圆形；花冠白色，裂片长圆形，里面有髯毛。蒴果球形，直径 2～3 mm，成熟时室间开裂为 2 个果爿；种子有棱。 花期 5 月。 产于龙州；生于海拔 1 500 m 以下的山谷阔叶林下，常攀缘树上。分布于云南，印度、印度尼西亚、马来西亚、缅甸和泰国亦有。

22. **牛白藤**（广西）

Hedyotis hedyotidea (DC.) Merr., Lingnan Sci. J. **13**:48. 1934；中国高等植物图鉴 **4**:220，图 5854. 1975；中国植物志 **71**(1):67～69，图版 12:1～6. 1999；Fl. China **19**:162～163. 2011. ——*H. fruticosa* Kuntze, Obs. **2**:8. 1781. ——*H. macrostemon* Hook. et Arn., Bot. Beech. Voy. 192. 1833. ——*H. recurva* Benth., Lond. J. Bot. **1**:486. 1842. ——*H. esquirolii* H. Lévl., Fedde Repert. Sp. Nov. **13**:176. 1914. ——*H. nantoensis* Hayata, J. Coll. Sci. Imp. Univ. Tokyo **30**(1):142～143. 1911. ——*Oldenlandia macrostemon* Kuntze, Rev. Gen. Pl. **1**: 292. 1891. ——*O. esquirolii* (H. Lévl.) Chun, Sunyatsenia **1**: 311. 1934. ——*Spermacoce hedyotidea* DC., Prodr. **4**:555. 1830.

草本或藤状灌木，长可达 5 m；触之有粗糙感；嫩枝方柱形，被粉末状柔毛，老时圆柱形。叶对生；叶片长 4～10 cm，宽 1.5～4 cm，叶面粗糙，叶背被柔毛；侧脉每边 4～5 条，在叶面下陷，在叶背微凸；叶柄长 3～10 mm；托叶顶部截平，有 4～6 条刺状毛。花序腋生和顶生，由 10～20 朵花集聚而成伞形花序；花序梗长可达 2.5 cm，被微柔毛；花梗长约 2 mm；花萼被微柔毛；花冠白色，长 10～15 mm，裂片披针形，外面无毛，里面被疏长毛；雄蕊二型，在长柱花中内藏，在短柱花中突出，花丝基部具须毛；柱头 2 裂，裂片被毛。蒴果近球形，长约 3 mm，直径 2 mm；种子具棱。 花果期 4～12 月。 产于广西各地；通常生于海拔 200～1 000 m 沟谷灌木丛或丘陵坡地。分布于福建、广东、贵州、海南、台湾和云南，柬埔寨、泰国和越南亦有。 据《广东药用植物手册》记载，本种对风湿、感冒咳嗽和皮肤湿疹等疾病有一定疗效。

23. **越南耳草**（海南植物志）

Hedyotis chereevensis (Pierre ex Pit.) Fukuoka, S. E. Asian Stud. **8**(3):332. 1970；中国植物志 **71**(1):71. 1999；Fl. China **19**:158～159. 2011. ——*Oldenlandia chereevensis* Pierre ex Pitard, Fl. Gen. Indo-Chine **3**:143. 1922.

直立草本，高可达 50 cm；茎方柱形，节上粗糙而被毛。叶对生；叶片长 2～7 cm，宽 1～3 cm，两面被极短柔毛；侧脉每边 5～7 条；叶柄长 1～2 mm；托叶卵状披针形，基部合生，顶端芒尖，边缘深裂。花序顶生或生于上部叶腋，为二歧聚伞花序，花序梗长 1～2 cm；花冠白色；雄蕊着生于冠筒喉部；花柱长 1～1.5 mm，无毛，柱头浅 2 裂。蒴果倒圆锥形或陀螺形，顶部隆起，成熟时顶部室裂，内有种子约 10 粒；种子有棱，干后深褐色。 花期 5～7 月。 产于龙州；通常生于海拔 100～1 000 m 密林下湿润腐殖质土上。分布于海南，柬埔寨、泰国和越南亦有。

24. **伞房花耳草**（广州植物志） 水线草

Hedyotis corymbosa (L.) Lam., Tabl. Encycl. **1**:272. 1791；海南植物志 **3**:307. 1974；中国高等植物图鉴 **4**:222，图 5858. 1975；Fl. Taiwan **4**:272. 1978；新华本草纲要 **2**:442. 1991；中国植物志 **71**(1):72～73. 1999；Fl. China **19**:160. 2011. ——*Pharaceum incanum* Lour., Fl. Cochinch. 185. 1790. ——*Oldenlandia corymbosa* L., Sp. Pl. **1**:119. 1753. ——*O. hurmanniana* G. Don, Gen. Syst. **3**:529. 1834.

24a. **伞房花耳草**（原变种） 图版 8:1～2

Hedyotis corymbosa (L.) Lam. var. **corymbosa**

一年生柔弱披散草本，高可达 40 cm；茎枝方柱形，无毛或棱上疏被短柔毛。叶对生；叶片长 1～2 cm，宽 1～3 mm，两面略粗糙或叶面中脉上有极稀疏的短柔毛；托叶鞘状，顶端有数根短刺。花序腋生，伞房

图版 8　1～2. 伞房花耳草 *Hedyotis corymbosa* (L.) Lam. var. *corymbosa*　1. 果枝；2. 蒴果。　3～4. 双花耳草 *H. biflora* (L.) Lam.　3. 果枝；4. 蒴果。　5～9. 裂果金花 *Schizomussaenda henryi* (Hutch.) X. F. Deng et D. X. Zhang　5. 花枝；6. 花；7. 部分花冠展开，示雄蕊、柱头和花柱；8. 子房纵切，示胚珠；9. 果。（林文宏绘）

花序式排列，有花2～4朵，花序梗长5～10 mm；花梗长2～5 mm；萼筒球形，被极稀疏柔毛，萼檐裂片狭三角形，具缘毛；花冠白色或粉红色，喉部无毛，花冠裂片短于冠筒；花柱长1.3 mm，中部被疏毛，柱头2裂。蒴果膜质，球形，直径1.2～1.8 mm，有不明显纵棱数条，宿存萼檐裂片长1～1.2 mm；种子每室10粒以上，有棱。 花果期几乎全年。 产于南宁、桂林、兴安、梧州、苍梧、合浦、钟山和金秀等地；多生于水田和田埂或湿润的草地上。分布于福建、广东、贵州、海南、四川和浙江，非洲、美洲及亚洲的热带地区亦有。 据《广东药用植物手册》记载，本种全草入药，有清热解毒、利尿消肿、活血止痛的功效，对恶性肿瘤、阑尾炎、肝炎、泌尿系统感染、支气管炎、扁桃体炎均有一定疗效；外用治疮疖、痈肿和毒蛇咬伤。

24b. **圆茎耳草**(变种) (海南植物志)

Hedyotis corymbosa (L.) Lam. var. **tereticaulis** W. C. Ko, Fl. Hainanica **3**:580. 1974；中国植物志**71**(1):73, 1999; Fl. China **19**:160. 2011.

本变种与原变种的区别在于茎圆柱形，被粉末状微柔毛。 花期几乎全年。 产于桂西南地区；生于田埂或湿润旷地上。分布于我国西南部和南部各地。

25. **丹草**(南洋华侨)

Hedyotis herbacea L., Sp. Pl. **1**:102. 1753；海南植物志**3**:307. 1974；中国植物志**71**(1):73～75，图版14. 1999; Fl. China **19**:163. 2011. ——*H. heynii* (G. Don) Bedd., Icon. Pl. Ind. Or. [Beddome] t. **33**. 1868～1874. ——*Oldenlandia herbacea* (L.) Roxb., Hort. Beng. **11**. 1814. ——*O. heynii* G. Don, Gen. Syst. **3**:531. 1834.

一年生或二年生草本，通常直立，高可达60 cm；茎四棱柱形，二歧分枝。叶对生，无柄；叶片长1～2.5 cm，宽1～3 mm；托叶不明显，基部合生，顶部钻形或短刚毛状。花常单生，偶有成对腋生于花序梗上；花序梗线形，长13～15 mm，被粉末状柔毛；萼檐裂片狭三角形，具缘毛状小齿；花冠白色、红色或浅紫色，喉部无毛；雄蕊生于冠筒喉部；花柱长5 mm，柱头2裂，裂片线形。蒴果球形，光滑，顶部隆起，宿存萼裂片长1.2 mm，成熟时顶部室背开裂；种子干时深褐色，有窝孔。 花果期3～4月。 产于南宁、临桂和兴安；生于湿润的岩石上。分布于福建、广东、海南、江西等地，非洲和亚洲的热带地区亦有。

26. **白花蛇舌草**(潮州志)

Hedyotis diffusa Willd., Sp. Pl. **1**:566. 1797；海南植物志**3**:307. 1974；中国高等植物图鉴**4**:224，图5861. 1975; Fl. Taiwan **4**:272. 1978；中国植物志**71**(1):75. 1999; Fl. China **19**:161. 2011. ——*H. herbacea* Lour., Fl. Cochinch. 77. 1790. —— *Oldenlandia diffusa* (Willd.) Roxb., Hort. Beng. 11. 1814. ——*O. herbacea* L. var. *uniflora* Benth., Fl. Hongk. 151. 1861.

一年生披散草本，高可达50 cm；茎无毛。叶对生；叶片线形，长1～4 cm，宽1～4 mm；托叶长1～2 mm，基部合生，顶部芒尖。花单生或双生于叶腋；花梗长2～5 mm，少无梗或有长达10 mm的花梗；萼檐裂片长圆状披针形，顶部渐尖，具缘毛；花冠白色，喉部无毛；雄蕊生于冠筒喉部，花药与花丝等长或略长；花柱长2～3 mm，柱头2裂，裂片有乳头状凸点。蒴果扁球形，宿存萼檐裂片长1.5～2 mm；种子具棱，有深而粗的窝孔。 花果期5～10月。 产于南宁、横县、柳州、融水、兴安、苍梧、上思、贵港和玉林；通常生于海拔900 m以下的水田、田埂和湿润的旷地。分布于安徽、福建、广东、海南、台湾、云南和浙江，孟加拉国、不丹、印度尼西亚、日本、马来西亚、尼泊尔、菲律宾、斯里兰卡和泰国亦有。 据《广西中药志》记载，本种全草入药，内服治肿瘤、蛇咬伤、小儿疳积，外用主治疱疮、刀伤、跌打等症。

27. **翅果耳草**(中国高等植物图鉴)

Hedyotis pterita Bl., Bijdr. 972. 1826；中国高等植物图鉴**4**:219，图5851. 1975；中国植物志**71**(1):76～77，图版14:7～9. 1999; Fl. China **19**:168. 2011. —— *H. alata* Koenig ex Wight et Arn., Prodr. Fl. Ind. Orient. 413. 1834. ——*Oldenlandia pterita* (Bl.) Miq., Fl. Ind. Bat. **2**: 193. 1857. ——*O. alata* Hook. f., Fl. Brit. Ind. **3**:70. 1880. ——*Gonotheca blumei* DC., Prodr. **4**:429. 1830. ——*Thecagonum pteritum* (Blume) Babu, Bull. Bot. Surv. India **11**:214. 1969. publ. 1971.

一年生或多年生直立草本，高可达 30 cm；嫩枝方柱形，老枝近圆柱形，无毛。叶对生；叶片长 1～6 cm，宽 4～14 mm；叶柄长 2～10 mm；托叶长 1～2 mm，鞘状，顶端截平或具小齿。花具短梗，1～4 朵簇生于叶腋或顶生，花序梗长 5～15 mm；萼筒杯形，具 4 翅，萼檐裂片卵形，具小缘毛；花冠白色，冠筒球形，外面被柔毛，花冠裂片与冠筒等长；花柱长 0.7 mm，柱头浅 2 裂。果陀螺形，具 4 翅，长 5～8 mm，宽 3～5 mm，顶部冠以杯形浅裂的萼檐。　花期 7～10 月。　产于邕宁、贵港、扶绥、崇左、龙州和大新；生于山坡林下、灌木丛中或稍荫蔽的荒地上。分布于广东，印度、马来西亚、菲律宾、泰国和越南亦有。

28. **双花耳草**（海南植物志）　图版 8：3～4

Hedyotis biflora（L.）Lam.，Tabl. Encycl. **1**：272. 1792；海南植物志 **3**：308. 1974；中国高等植物图鉴 **4**：218，图 5849. 1975；中国植物志 **71**（1）：77. 1999；Fl. China **19**：154. 2011. ——*H. racemosa* Lam.，Encycl. **3**：80. 1789. ——*H. paniculata*（L.）Lam.，Encycl. **3**：79. 1789. ——*Oldenlandia biflora* L.，Sp. Pl. 119. 1753. ——*O. paniculata* L.，Sp. Pl. ed，2，1667. 1763. ——*O. crassifolia* DC.，Prodr. **4**：427. 1830.

一年生或多年生草本，高 10～50 cm，无毛。叶对生；叶片肉质，长圆形或椭圆状卵形，长 1～4 cm，宽 3～10 mm；侧脉不明显；叶柄长 2～5 mm；托叶顶端芒尖。花序近顶生或生于上部叶腋，有花 2～12 朵，有时排成圆锥花序式，有长 5～30 mm 的花序梗；花梗长 5～10 mm；萼檐裂片近三角形，顶端短尖；花冠筒喉部被疏长毛；花柱长 0.8～1 mm，中部以上被毛，柱头 2 浅裂。蒴果陀螺形，有 2～4 条突起的纵棱；种子多数，干时黑色，有窝孔。　花期 1～9 月。　产于马山、东兴、玉林、陆川和龙州；生于海拔 1 200 m 以下的石灰岩山地、沿海地带以及荒草地，少见。分布于福建、广东、海南、江苏、台湾、云南，印度、印度尼西亚、马来西亚、尼泊尔、越南及亚洲东南部至太平洋诸岛亦有。

15. 新耳草属　Neanotis W. H. Lewis

一年生或多年生草本，通常匍匐状。叶对生；叶片卵形或披针形。花组成腋生或顶生松散的聚伞花序或头状花序；萼筒压扁，萼檐裂片常有阔罅；花冠漏斗形或管形，喉部无毛或被疏长毛，裂片 4 枚，通常短于冠筒，镊合状排列；雄蕊 4 枚；子房 2～4 室，花柱线形，柱头 2～4 裂，线形。蒴果双生，革质或膜质，顶部冠以宿存的萼檐裂片；种子盾形、舟形或平凸形，极少具翅，表面具粗窝孔。　本属约有 30 种，主产于亚洲热带地区及澳大利亚。我国有 8 种；广西有 4 种。

分种检索表

1. 聚伞花序密集成头状。
  2. 花序无花序梗，通常由两旁叶状、细小的苞片承托 ………………………………………… 1. **西南新耳草** N. wightiana（Wall. ex Wight et Arn.）W. H. Lewis
  2. 花序具花序梗 ……………………………………… 2. **薄叶新耳草** N. hirsuta（L. f.）W. H. Lewis
1. 聚伞花序不密集成头状。
  3. 花无梗或具短梗；叶片两面均被短柔毛；托叶裂片长 10～15 mm ………………………………………… 3. **臭味新耳草** N. ingrata（Wall. ex Hook. f.）W. H. Lewis
  3. 花具短梗；叶片无毛或仅叶面散生短柔毛；托叶裂片长 2～3 mm ………………………………………… 4. **广东新耳草** N. kwangtungensis（Merr. et F. P. Metcalf）W. H. Lewis

1. **西南新耳草**　图版 7：4～8

Neanotis wightiana（Wall. ex Wight et Arn.）W. H. Lewis，Ann. Missouri Bot. Gard. **53**：40. 1966；中国植物志 **71**（1）：84，图版 15：7～11. 1999；Fl. China **19**：253. 2011. ——*Hedyotis wightiana* Wall. ex Wight et Arn.，Prodr. Fl. Ind. Or. **1**：410. 1834. ——*Anotis wightiana*（Wall. ex Wight et Arn.）Hook. f.，Fl. Brit. Ind. **3**：75. 1880.

多年生披散草本；植株茎具直棱和深槽，被污黄色绒毛。叶片卵形至披针形，长 5～25 mm，宽 3～14 mm，基部阔楔形或近圆形，叶面疏被柔毛，稍粗糙，叶背除叶脉被毛外其余无毛；侧脉每边 2～3 条；托叶深齿裂。聚伞花序顶生，密集成头状，无花序梗，通常有两片叶形苞片承托；花盛开时长约 2 mm；花萼裂片齿状；花冠白色或浅红色。蒴果扁球形，直径约 1.5 mm，顶部有宿存萼檐裂片；种子每室 2～4 粒，深褐色，有光泽。 花期 5～7 月，果期 6～10 月。 产于融水、那坡、凌云、隆林和南丹等地；生于海拔 900～1 900 m 的草坡、路旁或溪流两岸。分布于贵州、四川和云南，不丹、印度和越南亦有。

2. 薄叶新耳草 光萼新耳草

Neanotis hirsuta（L. f.）W. H. Lewis, Ann. Missouri Bot. Gard. **53**: 38. 1966；中国植物志 **71**(1)：84～85. 1999；Fl. China **19**: 251. 2011. ——*Hedyotis hirsuta*（L. f.）J. E. Smith, Rees, Cycl. 17. 1811. ——*H. lindleyana* Hook. ex Wight et Arn., Prodr. Fl. Ind. Or. **1**: 409. 1834. ——*H. stipulata* R. Br. ex Hook. f., Fl. Brit. Ind. **3**: 63. 1880. ——*Oldenlandia hirsuta* L. f., Suppl. Pl. 127. 1781. ——*O. japonica* Miq., Ann. Mus. Lugd. -Bat. **3**: 109. 1867.

多年生匍匐草本；植株下部常生不定根；茎柔弱，具纵棱。叶片椭圆形或卵形，长 1～5 cm，宽 0.5～2 cm，基部下延至叶柄，两面被毛或近无毛；叶柄长 1～5 mm；托叶基部合生，顶部分裂成刺毛状。花序有花 1 至数朵，顶生或腋生，常聚集成头状，花序梗长 5～10 mm；花白色或浅紫色，花梗无或极短；萼筒管形，萼檐裂片线状披针形，比萼筒略长；花冠裂片阔披针形，比冠筒短；柱头 2 浅裂。蒴果扁球形，直径 2～2.5 mm，宿存萼檐裂片长约 1.2 mm；种子平凸，有小窝孔。 花果期 6～10 月。 产于融水、临桂、昭平和金秀等地；生于海拔 500～1 500 m 的林下或溪旁湿地。分布于广东、海南、江苏、江西、台湾、云南和浙江，不丹、柬埔寨、印度、日本、朝鲜、老挝、缅甸、尼泊尔、巴基斯坦、泰国以及越南亦有。

3. 臭味新耳草

Neanotis ingrata（Wall. ex Hook. f.）W. H. Lewis, Ann. Missouri Bot. Gard. **53**: 39. 1966；中国植物志 **71**(1)：79，图版 16. 1999；Fl. China **19**: 252. 2011. ——*Anotis ingrata* Wall. ex Hook. f., Fl. Brit. Ind. **3**: 71. 1880；中国高等植物图鉴 **4**：224，图 5862. 1975.

多年生草本，高可达 1 m；全株有臭味；茎几不分枝，有明显的直棱或槽，无毛或在节上被毛。叶片卵状披针形、卵形或长椭圆形，长 4～12 cm，宽 1～4 cm，边具缘毛，两面均被疏柔毛，干后常常变黑色；侧脉每边 7～9 条；托叶顶部分裂为数条刚毛状、长 10～15 mm 的裂片，具缘毛；叶柄长约 1.2 cm。花序顶生或近顶生，多歧聚伞花序；花无梗或具短梗，盛开时花萼长约 2.5 mm，萼檐裂片长于萼筒，披针形，边具缘毛；花冠白色，裂片长圆形。蒴果近扁球状，通常无毛，每室有种子数粒；种子黑褐色，有小疣点。 花期 6～9 月，果期 7 月。 产于融水、阳朔、临桂、兴安和龙胜等地；生于海拔 500～1 500 m 的山坡林内或河谷两岸草坡上。分布于福建、贵州、湖北、湖南、江苏、四川、西藏、云南和浙江等地，不丹、印度和尼泊尔亦有。

4. 广东新耳草 广东假耳草

Neanotis kwangtungensis（Merr. et F. P. Metcalf）W. H. Lewis, Ann. Missouri Bot. Gard. **53**: 39. 1966；中国植物志 **71**(1)：85～86，图版 17：5～9. 1999；Fl. China **19**: 252. 2011. ——*N. hirsuta*（L. f.）W. H. Lewis var. *glabricalycina*（Honda）W. H. Lewis, Ann. Missouri Bot. Gard. **53**: 38. 1966. ——*Anotis kwangtungensis* Merr. et Metcalf, Lingnan Sci. Jour. **16**: 122. 1937. ——*Hedyotis lindleyana* Hook. ex Wight et Arn. f. *glabricalycina*（Honda）S. S. Ying, Quart. J. Chin. Forest. **20**: 127. 1987. ——*H. lindleyana* Hook. ex Wight et Arn. var. *glabricalycina*（Honda）H. Hara, J. Jap. Bot. **18**: 89. 1942. ——*Oldenlandia hirsuta* L. f. var. *glabricalycina* Honda, Bot. Mag. (Tokyo) **53**: 333. 1939.

匍匐草本；茎具棱，通常节上生根，无毛。叶椭圆形、披针形或卵形，长 1～6.5 cm，宽 0.5～2 cm，无毛或在叶面散生短柔毛，边缘具极短而稀疏的缘毛；侧脉每边 3～9 条；叶柄长 6～10 mm；托叶顶端分裂为数条线形、长 2～3 mm 的裂片。花序腋生和生于小枝顶端；花具短梗，无毛，萼檐裂片阔三角形，与萼筒近等长；花冠白色，裂片长圆形，具明显的脉纹。果近球形，具短梗，有狭披针形、外反的宿存萼檐裂片。 花果期7～9月。　产于崇左;生于海拔200～800 m潮湿的缓坡或溪流两边的林下。分布于广东、江西、四川和台湾等地,日本和泰国亦有。

16. 蛇根草属 Ophiorrhiza L.

多年生匍匐或近直立草本,少为半灌木状。叶对生,具等叶性或多少具不等叶性;叶片全缘;托叶不分裂至2深裂,托叶腋中常有腺体状黏液毛。聚伞花序顶生,螺状或具螺状分枝,有时疏散少花或紧密团集;花通常二型或有时一型;花萼筒陀螺状或倒圆锥状,侧扁,有5条或10条直棱,萼檐5裂,偶有6裂,裂片通常三角形,比萼筒短,或狭披针形、线形,比萼筒长或长很多;花冠近管状,或高脚碟状至漏斗状,冠筒檐部通常5裂,裂片背面常有直棱或直翅;雄蕊5枚或偶有6枚,长柱花的雄蕊着生在冠筒的中部以下,短柱花的雄蕊常着生在喉部,花药长圆形至线形;花粉3孔沟,球形;花盘肉质,2裂;子房2室,每室有多颗胚珠,长柱花的花柱常伸至冠筒喉部或管口之上,柱头2裂,短柱花的花柱常伸至冠筒近中部,柱头裂片较柔薄。蒴果僧帽状或倒心状,侧扁,顶部附有宿存的花盘和萼裂片,成熟时室背开裂为2个果瓣;种子多粒,有角。　本属有200～300种,广泛分布于亚洲的热带、亚热带地区,澳大利亚、巴布亚新几内亚,以及太平洋的一些岛屿上。我国有70种,主要分布于长江流域及其以南各地;广西有24种。

分种检索表

1. 茎密被多细胞柔毛,多数种类毛长超过0.8 mm,且若毛被为短柔毛,则托叶宿存。
  2. 苞片不明显,或为窄线形、丝状。
    3. 苞片窄线形或丝状,长0.5～1 cm;植株几全株被长柔毛;长柱花花冠筒内几无毛 …………………………………… 1. **两广蛇根草** O. liangkwangensis H. S. Lo
    3. 苞片不明显;植株被短柔毛;长柱花花冠筒近中部被一环柔毛 ………………… 2. **变红蛇根草** O. subrubescens Drake
  2. 苞片明显,卵形、卵状披针形、长圆形或线状披针形。
    4. 叶片基部心形或浅心形 ………………………………… 3. **心叶蛇根草** O. cordata W. L. Sha ex S. Y. Jin et Y. L. Chen
    4. 叶片基部圆钝、楔形或渐窄。
      5. 叶片宽一般4 cm以上;花冠筒长不超过1.2 cm ………………………………… 4. **阔叶蛇根草** O. amplifolia Drake
      5. 叶片宽一般不超过4 cm;花冠筒长2 cm以上。
        6. 苞片线状披针形,宽一般不超过1.8 mm ………………………………… 5. **红脉蛇根草** O. rhodoneura H. S. Lo
        6. 苞片卵形至卵状披针形,宽2～10 mm …………… 6. **大苞蛇根草** O. grandibracteolata F. C. How ex H. S. Lo
1. 茎光滑无毛,或被短柔毛;托叶早落。
  7. 苞片线形或线状披针形,有时为叶状。
    8. 花冠筒长超过1.6 cm。
      9. 花一型;柱头和花药均位于冠筒喉部 ………………………………… 7. **厚叶蛇根草** O. crassifolia H. S. Lo
      9. 花二型;花柱异长。
        10. 花冠筒长不超过2 cm,裂片背部具长约1 mm的翅状突起 ………… 8. **南丹蛇根草** O. nandanica H. S. Lo
        10. 花冠筒长2.2 cm以上,且裂片背部无翅状突起。
          11. 花冠高脚碟状,基部不膨大,冠筒内几无毛 ………………… 9. **那坡蛇根草** O. napoensis H. S. Lo
          11. 花冠漏斗状,基部膨大,冠筒内疏被长柔毛 ………………… 10. **方鼎蛇根草** O. fangdingii H. S. Lo
    8. 花冠筒长不超过1.5 cm。
      12. 花冠裂片背部具长1.5～2 mm的角状突起 ………………… 11. **长角蛇根草** O. longicornis H. S. Lo
      12. 花冠裂片背部无角状突起。
        13. 对生叶明显不等大,大的为小的2～2.5倍 ………………… 12. **老山蛇根草** O. laoshanica H. S. Lo
        13. 对生叶近等大。
          14. 叶片为心状卵形,长不超过2 cm ……………… 13. **广西蛇根草** O. kwangsiensis Merr. ex H. L. Li

14. 叶片形状变异较大，长通常超过 4 cm …………………………………… 14. **日本蛇根草** O. japonica Blume

7. 苞片钻形或线状钻形，稀疏或早落。

15. 花序通常 1 朵花；叶较小，长通常不超过 2 cm。

16. 叶两面光滑无毛，或偶在背面略被短柔毛 ……………… 15. **环江蛇根草** O. huanjiangensis D. Fang et Z. M. Xie

16. 叶两面中脉和侧脉上均疏生长毛 ………………………… 16. **东南蛇根草** O. mitchelloides（Masam.）H. S. Lo

15. 花序花 5 朵以上。

17. 叶片狭披针形，长为宽的 3 倍以上 ……………………………………… 17. **柳叶蛇根草** O. salicifolia H. S. Lo

17. 叶片不为上述形状。

18. 花冠筒长通常不超过 9 mm。

19. 植株直立或近直立；花一型 ……………………………… 18. **短小蛇根草** O. pumila Champ. ex Benth.

19. 植株匍匐上升；花二型 ………………………………………………… 19. **变黑蛇根草** O. nigricans H. S. Lo

18. 花冠筒长超过 10 mm。

20. 花冠筒长超过 14 mm；花冠裂片背部具翅。

21. 花序花通常 5～9 朵；苞片果期宿存 ………………… 20. **长梗蛇根草** O. loana Y. F. Deng et Y. F. Huang

21. 花序花多可达 30 朵；苞片果期脱落 ……………………………… 21. **中华蛇根草** O. chinensis H. S. Lo

20. 花冠筒长通常不超过 13 mm；花冠裂片背部常有角状突起或背面有狭翅，顶部有角状附属体。

22. 花萼裂片比萼筒长或与萼筒等长 ……………………… 22. **苍梧蛇根草** O. purpureonervis H. S. Lo

22. 花萼裂片明显比萼筒短

23. 叶片长 6～20 cm；侧脉每边 9～12 条；顶生花序圆锥状或伞房状，花序梗长 2～7 cm ………………………………………………………………………… 23. **广州蛇根草** O. cantonensis Hance

23. 叶片长 2.5～5.5 cm；侧脉每边 7～8 条；顶生花序蝎状，总状花序长约 3 cm ………………………………………………………………………… 24. **大桥蛇根草** O. filibracteolata H. S. Lo

1. 两广蛇根草

Ophiorrhiza liangkwangensis H. S. Lo，Bull. Bot. Res. Harbin **10**(2)：39. 1990；中国植物志 **71**(1)：142，图版 34：1～10. 1999；Fl. China **19**：272. 2011.

草本，高 10～30 cm，几乎全株均被多细胞长柔毛；茎下部常卧于地面，节上生根。对生叶常不等大；叶片薄纸质或近膜质，阔卵形、卵形或长圆状卵形，长通常 2～11 cm，顶端短尖，稍钝头，基部近圆形或有时阔楔形，两侧常不对称；侧脉纤细，每边 6～11 条；叶柄长 5～30 mm；托叶早落。花序顶生，通常有花 2～3 朵，很少 5～6 朵或多朵，花序梗长 1 cm 或稍过之；苞片窄线形或丝状，长 0.5～1 cm；花二型；花梗很短；萼筒扁球形，长约 1.5 mm，裂片 5 枚，丝状，长约 2 mm，裂片间有一球形腺体；花冠白色或淡紫色，干后变黄色，狭漏斗形，冠筒长 18～20 mm，内外均被稀疏长毛，裂片 5 枚，卵状三角形，长约 6 mm，边内卷，且有清晰的边脉，背面有直棱，顶端有一微小距状附属体；长柱花花药位于冠筒中部，柱头位于或稍高出冠筒喉部，短柱花与之相反。蒴果僧帽状，高约 3 mm，宽约 7 mm，密被长毛。　花期 6 月。　产于容县、金秀；生于林缘路旁。分布于广东。模式标本采自广东信宜市合水。　本种为我国特有种。

2. 变红蛇根草(海南植物志)

Ophiorrhiza subrubescens Drake，J. Bot.（Morot）**9**：215 1895；海南植物志 **3**：310. 1974；中国植物志 **71**(1)：139，图版 33：1～8. 1999；Fl. China **19**：280. 2011.

近直立草本，高 15～60 cm；嫩枝被柔毛。叶片披针形至卵形，长 3～11 cm，宽 1～4 cm，基部楔形，边全缘或浅波状，腹面无毛或被散生稀疏糙毛，背面中脉和侧脉上被柔毛，干时两面变红色或叶面灰绿色；侧脉每边 7～13 条；叶柄长通常 0.5～2(4)cm，被密柔毛；托叶基部阔三角形，向上骤尖呈丝状。花序顶生，密被短柔毛，花序梗长 1～6 cm，分枝螺状；花二型；短柱花：无小苞片或小苞片极小；萼筒近倒心形，有 5 棱，密被短柔毛；花冠狭管状，通常长 6～8 mm，有时可达 12 mm，外面被短柔毛，里面中部有一环白色长毛，喉部和裂片里面被鳞片状毛；雄蕊着生处距冠筒基部约 1.5 mm；花柱长 2～2.2 mm，柱头 2 裂；长柱花:雄蕊着生处距冠筒基部约1.5 mm,花药长约3 mm;花柱长约6 mm。蒴果倒心形,宽7～8 mm,高约3 mm,被短柔毛,干时变淡紫红色。　花期4～7月。　产于百色;生于林下阴湿处。分布于海南和云南,越南北部亦有。

3. 心叶蛇根草

Ophiorrhiza cordata W. L. Sha ex S. Y. Jin et Y. L. Chen, Cat. Type Spec. Herb. China (Suppl.) 189. 1999;中国植物志 **71**(1):154,图版 38:1～6. 1999;Fl. China **19**:267. 2011.

草本;茎下部卧地,节上生根;枝被棕色多细胞长柔毛。对生叶近等大;叶片纸质,阔卵形或阔卵状近圆形,长3.5～6 cm,宽2.3～4 cm,顶端骤然短尖,基部心形,边缘疏生缘毛,腹面近无毛或散生柔毛,背面微带褐色,中脉和侧脉上被长柔毛;侧脉每边5～7条,近平叉开;叶柄长0.8～1.7 cm,密被棕红色长柔毛;托叶三角形,长1.5～3 mm,通常宿存。花序顶生,花序梗长1 cm,被棕红色长柔毛,花4～8朵密集于花序梗末端;苞片长圆形至披针形,长3.5～12 mm,被缘毛;花二型;花梗很短;萼筒长2 mm,被柔毛至近无毛,裂片5枚,三角形,长0.5～1.5 mm;花冠白色,近管状漏斗形,管长1.1～1.2 cm,外面无毛,里面:长柱花冠筒中部有一环白色长柔毛,短柱花冠筒中部疏被柔毛;裂片三角形,长约2.2 mm;长柱花花药位于中部,柱头位于或稍高出喉部,短柱花雄蕊生于冠筒喉部下方,柱头位于中部。蒴果近心形,被长柔毛,高3.5～4.5 mm,宽7～9 mm。　花期3～4月,果期5～8月。　产于那坡;生于林下。　本种为广西特有种。

4. 阔叶蛇根草(新拟)

Ophiorrhiza amplifolia Drake, J. Bot. (Morot) **9**:213. 1895.——*O. mycetiifolia* H. S. Lo, Guihaia **11**:103. 1991.——*O. rarior* H. S. Lo, Cat. Type Spec. China Suppl. **1**:191. 1999.

草本或灌木状,高2.5 m;小枝有条纹,被短柔毛。叶片薄纸质,椭圆状卵形或椭圆形,长10～20 cm,宽4～7.5 cm,顶端骤尖,基部阔楔尖,略下延,干时橄绿色,两面无毛或腹面散生短糙伏毛;中脉在腹面压入,背面被压扁,网脉在背面明显;叶柄压扁状,长2～4 cm,密被柔毛;托叶脱落,未见。花序顶生,稠密多花,直径5～6 cm;苞片线状披针形,长5～13 mm,渐尖,被流苏状缘毛;花二型;花梗长1～2 mm,或近无梗;萼筒陀螺状,宽4 mm,被硬毛,有5棱,裂片5枚,三角形,长1 mm;花冠白色,管状,管长10～11 mm,基部宽2.5～3 mm,外面无毛,里面:长柱花冠筒中部具一环长柔毛,短柱花冠筒疏被柔毛;裂片5枚,近三角形,长约2 mm,盛开时反折,背面近顶部有1枚长1.5～2 mm的角状附属体,里面被柔毛;长柱花雄蕊位于冠筒中上部,柱头位于喉部,短柱花与之相反。　花期12月。　产于龙州;生于石灰岩山地阔叶林下。分布于云南,越南北部亦有。

5. 红脉蛇根草

Ophiorrhiza rhodoneura H. S. Lo, Bull. Bot. Res. Harbin **10**(2):45. 1990;中国植物志 **71**(1):148,图版 35:9～10. 1999;Fl. China **19**:279. 2011.

草本,高30～50 cm,全株几被锈红色、皱卷、多细胞长毛。对生叶近等大;叶片革质状纸质,卵形或椭圆形,长5.5～12 cm,宽2.5～6 cm,顶端短尖,基部近圆形,腹面无毛,背面中脉和侧脉上被长柔毛;侧脉稍密,每边9～13条,腹面不明显,背面突起;叶柄长1～4 cm;托叶早落。花序顶生,多花,密集成伞状,被毛同小枝,花序梗长3～3.5 cm,分枝短,螺状;花二型;短柱花:苞片线状披针形,长10～15 mm;花梗短;萼为压扁的陀螺状,裂片5枚,很小,齿状;花冠近漏斗状,长3～3.5 cm,外面被毛,冠筒圆筒状,里面中部以下被长柔毛,裂片5枚,近卵形,长6～8 mm,顶端内弯呈喙状,背面有膜状、被缘毛的狭翅;花药位于喉部,柱头位于中部。长柱花未见。蒴果倒心状僧帽形,高约4.5 mm,宽8～10 mm,被长柔毛。　花期9月,果期11月。　产于那坡;生于海拔约1 300 m的阔叶林下。　本种为广西特有种。

6. 大苞蛇根草

Ophiorrhiza grandibracteolata F. C. How ex H. S. Lo, Bull. Bot. Res. Harbin **10**(2):43. 1990;中国植物志 **71**(1):146,图版 35:1～8. 1999;Fl. China **19**:269. 2011.

草本,高15～70 cm;全株几被较密的多细胞、念珠状长毛。对生叶明显不等大;叶片薄纸质,卵形或披针状卵形，长2～15 cm，宽1.2～6 cm，顶端短尖，有时短渐尖，基部阔楔形至稍钝，两面中脉和侧脉上被多细胞长毛；侧脉每边7～10条；叶柄粗壮，长0.5～3 cm；托叶阔卵状三角形，宿存。花序顶生，伞状，有花5朵至多朵，很少1朵；通常花一型；长柱花：花梗粗壮，长约2 mm；苞片卵形或披针形，长1～1.5 cm，有明显的中脉、侧脉和稀疏的网脉；萼筒长2～2.3 mm，宽2.1～2.4 mm，萼裂片长三角形，长1～1.2 mm；花冠白色或微红，近漏斗形，长2.7～3 cm，外面自冠筒中部至花冠裂片顶部有5行长毛，里面中部被白色带状的长毛，裂片5枚，近卵形，长约5 mm，有稀疏的网脉，背部有狭翅；花药位于冠筒中部至喉部之间，柱头位于喉部。蒴果高4～4.5 mm，宽11 mm。 花期11月前后。 产于那坡；生于海拔1 200～1 500 m的林下阴湿处。分布于云南。模式标本采自云南麻栗坡。 本种为我国特有种。

7. **厚叶蛇根草**

Ophiorrhiza crassifolia H. S. Lo，Bull. Bot. Res. Harbin **10**(2)：47. 1990；中国植物志 **71**(1)：148，图版40：7～12. 1999；Fl. China **19**：267. 2011.

草本，高约30 cm；老枝无毛，嫩枝被微柔毛或近无毛。对生叶近等大；叶片厚纸质或稍肉质，阔卵形或有时阔椭圆形，长5～12 cm，宽3.5～7 cm，顶端骤尖，稍钝头，基部阔楔形、近圆形或微心形，两侧常稍不对称，两面无毛；侧脉每边5～6条，腹面不明显或稍明显，背面微突起；叶柄长0.5～3.5 cm；托叶小，早落。聚伞花序顶生，花序梗长2.5～5.5 cm，分枝短，均被微柔毛，有花多朵，呈螺状，密集；苞片剑形，紧贴花萼，长5～10.5 mm，宽约0.7 mm，钝头，稍肉质；花一型；花梗长2～3 mm；萼筒长约2 mm，基部被微柔毛，裂片近三角形，长约0.6 mm，裂片间有一腺体；花冠紫红色，高脚碟形，外面无毛，里面喉部被疏柔毛，管长24～25 mm，基部宽约1.2 mm，喉部宽约2.5 mm，裂片5枚，卵状三角形，长约2.2 mm，背面顶部有角状的距；花药和柱头均位于冠筒喉部。蒴果宽15 mm，高约5 mm，无毛或近无毛。 花期9～10月，果期10～12月。 产于龙州；生于石灰岩山地林下。 本种为广西特有种。

8. **南丹蛇根草**

Ophiorrhiza nandanica H. S. Lo，Bull. Bot. Res. Harbin **10**(2)：63. 1990；中国植物志 **71**(1)：160. 1999；Fl. China **19**：275. 2011.

草本，近直立，高15～40 cm；除花序外全株无毛。对生叶等大或明显不等大；叶片纸质，卵形至披针形，长4～11 cm，宽1.5～4.5 cm，顶端渐尖，基部阔楔形；中脉和侧脉均平扁，侧脉每边5～9条，网脉不清晰；叶柄长1～2.5 cm；托叶脱落，未见。花序顶生，紧密，有花数朵至多朵，排成螺状，花序梗长1～2 cm，花序梗和分枝均被2列密柔毛；苞片线状披针形，长3～12 mm，有稀疏的侧脉；花二型；花梗极短或无；萼筒近僧帽状，高约1.5 mm，宽约2.8 mm，有5直棱，萼裂片5枚，长0.7～2 mm，裂片间和裂片内均有腺体；花冠淡黄色，近高脚碟状，管纤细，长约1.8 cm，外面无毛，里面：长柱花冠筒中部具一环长柔毛，短柱花冠筒疏被柔毛；花冠裂片5枚，长三角形，长约1.5 mm，顶端内弯，背面有阔翅，翅的顶部鸡冠状，高出裂片顶部1 mm；长柱花雄蕊位于冠筒中上部，柱头位于冠筒喉部，短柱花与之相反。 花期10月。 产于南丹、环江；生于石灰岩地区林下荫蔽处。 本种为广西特有种。

9. **那坡蛇根草**

Ophiorrhiza napoensis H. S. Lo，Bull. Bot. Res. Harbin **10**(2)：48. 1990；中国植物志 **71**(1)：148，图版36：7～11. 1999；Fl. China **19**：276. 2011.

草本，高30 cm或过之；茎、枝和叶均无毛。对生叶等大；叶片纸质，狭披针形至近卵形，长5～12 cm，宽1.5～3.5 cm，顶端渐尖或略呈尾状，稍钝尖，基部楔形；侧脉每边7～12条；叶柄长不及1 cm；托叶脱落。花序顶生，花序梗长约1 cm，分枝短，螺状，被金黄色绒毛或短柔毛，密花；苞片披针状线形，长1～1.4 cm，有中脉；花二型；花具短梗或近无柄；萼筒陀螺状，长约2 mm，宽2.3～2.5 mm，有5棱，被短柔毛，萼裂片5枚，长三角形，其中2枚较大，大的长1.8～2 mm，小的长1.3～1.5 mm，稍钝头，齿间有2～3个腺体；花冠白色，高脚碟形，内外两面均无毛，冠筒长2～2.2 cm，喉部稍扩大，裂片5枚，长2.5～3 mm，背面有直棱，近顶部有短距状附属体；长柱花雄蕊位于冠筒中上部，柱头位于冠筒喉部，短柱花与之相反。

果(未成熟)倒心形。　花期10月。　产于那坡;生于山坡林下。分布于云南。模式标本采自广西那坡县坡芽村。　本种为我国特有种。

10. 方鼎蛇根草

Ophiorrhiza fangdingii H. S. Lo, Cat. Type Spec. China Suppl. **1**: 190. 1999; 中国植物志 **71**(1): 144. 1999; Fl. China **19**: 268. 2011.

草本,高约40 cm;茎细瘦,近圆柱状,下部卧地生根,少分枝,小枝纤细,褐色,近无毛。叶对生,同一节上的叶一大一小;叶片纸质,长圆状卵形或长圆状披针形,大的长5~7.5 cm,小的长2~5 cm,顶端渐尖,钝头,基部近楔尖,两侧多少不对称,近全缘,腹面铅灰色,背面苍白,两面无毛;侧脉每边5~10条,纤细,干时褐色,背面明显,腹面几不可见,网状小脉稀疏或不明显;叶柄纤细,长0.5~2 cm,无毛;托叶早落,未见。花序顶生,有花4~5朵,花序梗长1 cm左右,分枝短,螺状;苞片线形或狭披针形,长1~1.8 cm,宽1.5~4 mm,顶端钝,有中脉,两面无毛;花二型;花梗短;萼无毛,萼筒陀螺状,有5条棱,长约1.2 mm,宽约2.5 mm,裂片5枚,线状披针形,多少不等大,长2~3 mm,钝头;花冠漏斗状,白色,冠筒长约2.3 cm,基部直径约3 mm,喉部扩大,外面无毛,里面:长柱花花冠中部以上被白色长柔毛,短柱花花冠疏被柔毛;裂片5枚,阔卵形,长约6 mm,里面被白色柔毛,背面有狭翅,翅的顶部向上延伸成一短的角状附属体;长柱花的雄蕊位于冠筒中部偏下,柱头位于或稍高出冠筒喉部,短柱花与之相反。蒴果僧帽状,高2.5~3.5 mm,宽7~9 mm。　花期1~2月,果期3~6月。　产于那坡;生于海拔约1 200 m的石灰岩山地林下阴湿处。　本种为广西特有种。

11. 长角蛇根草

Ophiorrhiza longicornis H. S. Lo, Fl. China. **19**: 273. 2011; 中国植物志 **71**(1): 156, 图版39: 1~6. 1999.

草本;除花序外全株无毛。对生叶不等大;叶片纸质,稍厚,长椭圆状卵形,长4~10 cm,宽1.5~3.5 cm,顶端骤尖或呈尾状,钝头,基部楔形;侧脉每边7~11条;叶柄长1~2 cm;托叶脱落,未见。花序顶生,呈伞房状,多花,花序梗长1.5~2.5 cm,分枝长约1 cm,均被微柔毛;苞片线状披针形,稍肉质,长3~12 mm,锐尖;花二型;花梗极短,被微柔毛;萼筒扁球状陀螺形,长约1.5 mm,宽约2.5 mm,有5条或10条棱,被微柔毛,裂片5枚,三角形,长0.7~1 mm,近无毛,裂片间有1腺体;花冠未开展时紫红色,管状,冠筒长约4.5~9 mm,外面无毛,里面:长柱花冠筒中部具一环长柔毛,短柱花冠筒疏被柔毛;花冠裂片小,近三角形,长0.4~0.5 mm,顶端内弯,喙状,背部有一长1.5~2 mm的角状附属体,干时变紫蓝色;长柱花雄蕊位于冠筒中上部,柱头位于冠筒喉部,短柱花与之相反。蒴果僧帽状,被微柔毛,高3~4 mm,宽6~8.5 mm。　花期3~4月,果期4~7月。　产于那坡;生于林下。　本种为广西特有种。

12. 老山蛇根草

Ophiorrhiza laoshanica H. S. Lo, Bull. Bot. Res. Harbin **10**(2): 65. 1990; 中国植物志 **71**(1): 162. 1999; Fl. China **19**: 272. 2011.

草本,近直立,高常0.5 m;茎近无毛。对生叶不等大;叶片薄纸质,卵形至卵状披针形,大的长6~8 cm,偶达11 cm,宽2~3 cm,小的长通常1.5~5 cm,宽1~2 cm,顶端短渐尖,基部骤窄,多少下延,两面无毛;侧脉每边6~9条,在下面突起;叶柄长0.3~1 cm,近无毛;托叶脱落,未见。花序顶生,花序梗长1~2 cm,分枝短小,螺状,均被锈色粉状毛;苞片线形,长3~8 mm,近无毛;花二型;短柱花:花梗长0.5~1 mm或近无梗;萼筒倒圆锥状陀螺形,宽约1.7 mm,长约1 mm,有5条直棱,被粉状毛,萼裂片三角形,长约0.4 mm;花冠白色,芽时短棒状,有5翅,盛开时管状漏斗形,长9~10 mm,基部宽约1 mm,外面无毛,里面中部以上密被带状、长0.5 mm的长毛和鳞片状短毛,毛白色,不分节,裂片5枚,长0.7 mm,背面有半圆形阔翅;雄蕊5枚,生冠筒喉部;柱头2裂,裂片线形,与花柱近等长。长柱花未见。　花期11月至翌年6月。　产于那坡、田林;生于林下阴湿处。　本种为广西特有种。

13. **广西蛇根草**

Ophiorrhiza kwangsiensis Merr. ex H. L. Li, J. Arnold Arbor. **24**:453. 1943;中国植物志 **71**(1):144,图版 34:11～16. 1999;Fl. China **19**:271. 2011.

匍匐草本;茎和分枝稍纤细,近无毛或上部有微柔毛,下部节上常生根。对生叶近等大;叶片纸质,心状卵形,长 0.8～2 cm,宽 0.7～1.5 cm,顶端短尖,钝头,基部心形至近截平,全缘,两面无毛,偶于腹面散生疏柔毛;侧脉纤细,4～6 对;叶柄纤细,长 0.5～1.5 cm,无毛;托叶脱落,未见。花序顶生,有花多朵或数朵,花序梗长 0.7～1.5 cm,分枝短,螺状,均被短柔毛,苞片线形,长 4.5～12 mm,有稀疏短缘毛;花二型;短柱花:花梗长达 1 mm,萼筒陀螺状,有不明显的 5 条棱,长约 1.2 mm,宽约 1.8 mm,被短柔毛,萼裂片 5 枚,近披针形,常大小不等,长 1.5～2.2 mm,近无毛;花冠淡黄色或微染红色,管状漏斗形,外面近无毛,里面散生柔毛,冠筒长 8～10 mm,基部宽 1.2～1.4 mm,向上缓缓扩大,裂片 5 枚,卵状三角形,长约 2 mm,背面有直棱,近顶部有距状附属体;花药位于冠筒喉部;柱头位于中部。长柱花未见。蒴果高约 2.5 mm,宽 6～7 mm。 花期早春。 产于防城、上思;生于林下阴湿处。 本种为广西特有种。

14. **日本蛇根草**

Ophiorrhiza japonica Blume, Bijdr. 978. 1826;中国植物志 **71**(1):163. 1999;Fl. China **19**:271. 2011. ——*O. acutiloba* Hayata, Icon. Pl. Formosan. **2**:86. 1912. ——*O. cavaleriei* H. Lévl., Repert. Spec. Nov. Regni Veg. **13**:177. 1914. ——*O. eryei* Cham. in Hooker's, J. Bot. Kew Gard. Misc. **4**:170. 1852. ——*O. dimorphantha* Hayata, Icon. Pl. Formosan. **2**:86. 1912. ——*O. dimorphantha* Hayata f. *brevistigma* Hayata, Icon. Pl. Formosan. **2**:87. 1912. ——*O. dimorphantha* Hayata f. *longistigma* Hayata, Icon. Pl. Formosan. **2**:87. 1912. ——*O. japonica* Bl. var. *acutiloba* (Hayata) Ohwi, Acta Phytotax. Geobot. **7**:195. 1938. ——*O. japonica* Bl. var. *minor* J. Krause, Repert. Spec. Nov. Regni Veg. **12**:489. 1922. ——*O. labordei* H. Lévl., Repert. Spec. Nov. Regni Veg. **13**:177. 1914. ——*O. monticola* Hayata, Icon. Pl. Formosan. **2**:89. 1912. ——*O. monticola* Hayata f. *brevistigma* Hayata, Icon. Pl. Formosan. **2**:89. 1912. ——*O. monticola* Hayata f. *longistigma* Hayata, Icon. Pl. Formosan. **2**:90. 1912. ——*O. petrophila* H. S. Lo, Bull. Bot. Res. Harbin **10**(2):66. 1990.

草本,高 20～40 cm 或过之;茎下部匐地生根,上部直立。叶片纸质,卵形,椭圆状卵形至狭披针形,长通常 4～8 cm,有时可达 16 cm,宽 1～3 cm,顶端渐尖或短渐尖,基部楔形或近圆钝,通常两面光滑无毛,有时腹面散生短糙毛,背面中脉和侧脉上被柔毛;侧脉每边 6～8 条,有时达 12 条;叶柄长 1～3 cm 或过之,无毛或被柔毛;托叶小,早落。花序顶生,有花多朵,花序梗长通常 1～2 cm,多少被柔毛,分枝通常短,螺状;苞片线状披针形或线形,长 4～18 mm,渐尖,近无毛或被稀疏缘毛;花二型;花梗长 1～2 mm,常被短柔毛;萼近无毛或被短柔毛,萼筒近陀螺状,长约 1.3 mm,宽约 1.4 mm,有 5 条棱,裂片三角形或近披针形,长 0.7～1.2 mm;花冠白色或粉红色,近漏斗形,冠筒长 1～1.3 cm,喉部扩大,外面无毛,里面:长柱花冠筒中部有一环白色长柔毛,短柱花冠筒疏被柔毛;裂片 5 枚,三角状卵形,长 2.5～3 mm,顶端内弯,喙状,里面被鳞片状毛,背面有翅,翅的顶部向上延伸成新月形;长柱花花药位于冠筒中部,柱头位于或稍高出冠筒喉部,短柱花与之相反。蒴果近僧帽状,高 3～4 mm,宽 7～9 mm,近无毛。 花期冬春,果期春夏。 产于融水、临桂、兴安、苍梧、百色、凌云、凤山、东兰、龙州和那坡;生于林下的沟谷沃土上。分布于陕西、四川、湖北、安徽、浙江、贵州、海南、江西、福建、台湾、云南和广东,日本和越南亦有。

15. **环江蛇根草**

Ophiorrhiza huanjiangensis D. Fang et Z. M. Xie, Acta Phytotax. Sin. **40**:155. 2002;Fl. China **19**:270. 2011.

草本,匍匐上升,高 15～20 cm;茎纤细,疏被或密被柔毛至绒毛。对生叶或多或少不等大;叶片干后纸质,椭圆形至卵形,长 5～25 mm,宽 3～20 mm,先端钝圆至急尖,基部圆至钝,两面光滑无毛,或背面沿中脉略被短绒毛;侧脉每边 4～5 条,两面不明显;叶柄长 1～1.5 mm,疏被短柔毛至近无毛;托叶小,早落。花序通常有花 1 朵，稀 2～3 朵，花序梗或花梗密被短柔毛至短硬毛；苞片常为线形，偶为叶状，长 1～3 mm；花二型；花萼筒长 1.5～1.8 mm，密被短硬毛和短柔毛，裂片 5 枚，偶 10 枚，狭三角形至线状三角形，有时为窄线形，长 0.8～2 mm；花冠白色，漏斗形，外面疏被短柔毛，里面被柔毛，冠筒 15～18 mm，裂片长圆状卵形，长 7～9 mm，宽 4～5 mm；长柱花雄蕊位于冠筒近基部，柱头位于冠筒中部，短柱花与之相反。果实被短硬毛，僧帽状，长 2.5～3 mm，宽 5～7 mm。　花期 3～5 月，果期 5～9 月。　产于大新、环江；生于山谷密林下。　本种为广西特有种。

16. **东南蛇根草**

Ophiorrhiza mitchelloides（Masam.）H. S. Lo, Bull. Bot. Res. Harbin **18**: 277. 1998；中国植物志 **71**(1): 141. 1999；Fl. China **19**: 275. 2011. ——*O. exigua*（H. L. Li）H. S. Lo, Acta Bot. Yunnan. **9**(3): 301. 1987. ——*Geophila exigua* H. L. Li, J. Arnold Arbor. **25**: 429. 1944.

草本；全株几被多细胞长毛；茎通常平卧或匍匐上升，节上生根，被毛很密。对生叶等大；叶片纸质，阔卵形或阔卵状近圆形，长 1～2 cm，宽 0.7～1.8 cm，顶端短尖或圆钝，基部近截平或圆，两面中脉和侧脉上均疏生长毛；侧脉每边 3～5 条，纤细，不很明显；叶柄细瘦，长 0.5～1 cm 或稍过之，密被长柔毛；托叶通常早落，未见。花序顶生，有花 1～2 朵，很少 3～5 朵，花序梗长 1～2 cm；苞片线形，长 4 mm，被长柔毛；花二型；萼筒扁球状，高约 1.2 mm，密被长毛，裂片 5 枚，线形，长约 1.4 mm，被长缘毛；花冠白色，漏斗状高脚碟形，外面有 5 列刚毛状长毛，冠筒长约 1.5 cm，里面：长柱花冠筒中部稍上有一环白色密毛，短柱花冠筒疏被长柔毛；花冠裂片 5 枚，阔卵形，长 5～6.5 mm，被稀疏缘毛，无明显的棱；长柱花花药位于冠筒中部，柱头位于或稍高出冠筒喉部，短柱花与之相反。蒴果倒心状，高约 3.5 mm，宽 9～10 mm，被长毛；种子多粒，小而有棱角。　花期 4 月，果期 6 月。　产于龙胜；生于海拔 400～1 500 m 的阔叶林下或林缘。分布于福建、江西、台湾、云南、广东和湖南。模式标本采自台湾。

17. **柳叶蛇根草**

Ophiorrhiza salicifolia H. S. Lo, Bull. Bot. Res. Harbin **10**(2): 50. 1990；中国植物志 **71**(1): 151. 1999；Fl. China **19**: 280. 2011.

灌木，高约 1m；茎和老枝木质，圆柱状，嫩枝干后压扁状，近无毛。叶片纸质，披针状线形，多少呈弯镰状，长 4.5～11 cm，宽 0.6～1.5 cm，顶端钝，基部楔尖，干后变红色；中脉两面突起，侧脉纤细，每边 9～11 条，网脉不明显；叶柄长 0.5～1.5 cm；托叶脱落。花未见。果序阔大，长 10～12 cm，宽达 8 cm，有 4～7 个二歧分枝的螺状分枝，花序梗长 4～6.5 cm，被短柔毛；苞片线形，长 4～9 mm，渐尖，近无毛；果梗长 2～3 mm，宿存；蒴果僧帽状，高 2.5～3 mm，宽 7～8 mm，被微柔毛。　花期 4 月，果期 5 月。　产于防城、上思；生于潮湿沃土上。　本种为广西特有种。

18. **短小蛇根草**

Ophiorrhiza pumila Champ. ex Benth., Hooker's J. Bot. Kew Gard. Misc. **4**: 169. 1852；中国植物志 **71**(1): 171. 1999；Fl. China **19**: 278. 2011.

矮小草本，高通常 10 cm，但有时可达 30 cm；茎和分枝多少被柔毛。对生叶近等大；叶片纸质，卵形、披针形、椭圆形或长圆形，长通常 2～9 cm，宽 1～2.5 cm，顶端钝或圆钝，基部楔尖，常多少下延，腹面近无毛或散生糙伏毛，背面被极密的糙硬毛状柔毛，或仅上面被毛；侧脉每边 5～8 条，纤细；叶柄长通常 0.5～1.5 cm，被柔毛；托叶线形，常早落。花序顶生，多花，花序梗长约 1 cm，和螺状的分枝均被短柔毛；花一型；花梗长 0.5～1.5 mm；小苞片小而早落或无小苞片；花萼小，被短硬毛，萼筒长约 1.2 mm，有 5 直棱，萼裂片近三角形，长约 0.6 mm；花冠白色，近管状，全长约 5 mm，外面被短柔毛，冠筒基部稍膨胀，里面喉部有 1 环白色长毛，花冠裂片卵状三角形，长 1.2～1.5 mm，背面无明显的棱；雄蕊位于冠筒喉部，柱头略高于雄蕊。蒴果僧帽状或略呈倒心状，高 2～2.5 mm，宽 6～7 mm，干时褐黄色，被短硬毛。　花期早春。

产于藤县、岑溪、平南、隆林、贺州；生于林下沟溪边或湿地上阴处。分布于广东、海南、云南、香港、江西、福建和台湾，日本和越南(北部)亦有。

19. 变黑蛇根草

Ophiorrhiza nigricans H. S. Lo, Bull. Bot. Res. Harbin **10**(2): 53. 1990; 中国植物志 **71**(1): 153, 图版 39: 7～10. 1999.

草本，高 10～25 cm，上部近直立，下部匐地，节上生根；枝纤细，密被柔毛。对生叶近等大；叶片纸质，卵形、阔卵形或近长圆形，长 1～4.5 cm 或稍过之，宽 0.7～2 cm，顶端钝或圆，基部微心形至阔楔尖，腹面无毛或近无毛，背面近无毛或中脉和侧脉上密被柔毛；侧脉每边 4～5 条，很少达 7 条，腹面稍明显，背面微突起；叶柄长不超过 1 cm，密被柔毛；托叶脱落，未见。花序顶生，有花约 3 朵，稠密，花序梗长 1～6 cm，密被柔毛，分枝很短，螺状；苞片丝状钻形，长 1～2 mm，干时变黑；花二型；花梗长 1～2 mm；萼筒近球状，不明显，5 棱，长 1.2～1.5 mm，裂片 5 枚，近长三角形，长 0.7～3 mm，均密被糙毛状短硬毛，干时变黑；花冠白色，近管状，管长 9～10 mm，外面密被糙毛状短硬毛，里面：长柱花中部有一圈白色长毛，短柱花疏被柔毛；裂片 5 枚，卵状三角形，长 1.5～1.8 mm，顶端内弯呈喙状，背面有直棱，无距状附属物；长柱花雄蕊位于中部，柱头位于或稍高出喉部，短柱花相反。蒴果干时变黑，高约 2.5 mm，宽约 6.5 mm，被硬毛。 花期 8 月。 产于百色、乐业、凤山和龙州；生于林下。分布于云南。模式标本采自广西龙州县牌宗。

20. 长梗蛇根草

Ophiorrhiza loana Y. F. Deng et Y. F. Huang, Phytotaxa **49**: 34. 2012. ——*O. longipes* Craib, Fl. Siam. **2**: 66. 1932. ——*O. longipes* H. S. Lo, Bull. Bot. Res. Harbin **10**(2): 49. 1990; 中国植物志 **71**(1): 149, 图版 36: 1～6. 1999; Fl. China **19**: 273. 2011.

草本，高 20～100 cm；茎和分枝干时均为压扁状，密被短柔毛。对生叶不等大；叶片薄纸质，卵形或椭圆形，长 2～7.5 cm，宽 1.5～3.2 cm，顶端钝，基部楔尖或阔楔尖，两侧稍不对称，干时腹面无毛，背面脉上被柔毛或无毛；侧脉每边 6～8 条，在背面明显；叶柄长 0.5～3 cm，被柔毛；托叶脱落。花序顶生，有花 5～9 朵，稍疏松，花序梗长 2～2.5 cm，分枝螺状，长约 1 cm，均被短柔毛；苞片钻形，长 2～8 mm，被短硬毛；花二型；花梗长 0.5～0.7 cm；萼筒陀螺状，5 棱，长 2.5 mm，宽 3 mm，被短柔毛，裂片 5 枚，长三角形，长 1～1.3 mm，钝头，裂片间有腺体；花冠黄白略带紫色，漏斗形，冠筒长约 16 mm，喉部扩大，外面无毛，里面：长柱花冠筒中部有一环长柔毛，短柱花冠筒疏被柔毛；花冠裂片 5 枚，卵状三角形，长 5～5.5 mm，顶端内弯，喙状，背面有膜质的翅；长柱花雄蕊位于冠筒中上部，柱头位于冠筒喉部，短柱花相反。蒴果高 3 mm，宽约 7 mm，棕红色。 花期 3～4 月，果期 4～7 月。 产于融水、都安；生于林下阴湿处的岩石上。本种为广西特有种。模式标本采自都安县板岭。

21. 中华蛇根草

Ophiorrhiza chinensis H. S. Lo, Bull. Bot. Res. Harbin **10**(2): 70. 1990; 中国植物志 **71**(1): 168. 1999; Fl. China **19**: 266. 2011.

草本或有时半灌木状，高通常 20～50 cm；茎无毛或被短柔毛。对生叶等大或明显不等大；叶片纸质，披针形至卵形，长 3.5～15 cm，宽 1.5～3.5 cm，顶端渐尖，基部楔尖，通常两面无毛或近无毛；侧脉纤细，每边 9～10 条，腹面明显或略突起，背面突起，网脉背面较明显；叶柄长 1～4 cm；托叶早落。花序顶生，通常多花，花序梗长 1.5～3.5 cm，分枝长 1～3.5 cm，螺状，初时弯卷，后变直立，均密被极短柔毛；苞片小，钻形，长 1～6 mm，通常早落；花二型；花梗长 1～2 mm，被极短柔毛；萼筒近陀螺形，高 1.2～1.4 mm，裂片 5 枚，近三角形，长 0.4～0.5 mm；花冠白色或微染紫红色，管状漏斗形，长 15～20 mm，外面近无毛或被粉状微柔毛，里面：长柱花冠筒中部有一环白色长柔毛，短柱花中部疏被柔毛；花冠裂片 5 枚，三角状卵形，长 2.5～3 mm，里面被鳞片状毛；长柱花雄蕊位于冠筒中部，柱头位于或稍高出冠筒喉部，短柱花雄蕊生冠筒喉部下方，柱头位于中部。蒴果僧帽状，高 2.7～3.5 mm，宽 7～10 mm，近无毛。 花期冬春，果期春夏。 产于融水、阳朔、临桂、全州、龙胜、凌云、田林、罗城、环江和龙州；生于阔叶林下的潮湿沃土上。分布于四川、湖北、贵州、湖南、江西、安徽、福建、广东。模式标本采自湖南雪峰山。

22. 苍梧蛇根草

Ophiorrhiza purpureonervis H. S. Lo, Bull. Bot. Res. Harbin 10(2): 42. 1990；中国植物志 71(1): 145. 1999；Fl. China 19: 278. 2011.

草本，高 20～30 cm；除花序外全株几无毛。对生叶近等大；叶片纸质，卵形、阔卵形或披针形，长 2～7.5 cm，宽 1～4 cm，顶端钝，基部圆或阔楔尖；侧脉每边 6～7 条，腹面不明显或稍明显；叶柄长 3～5 mm，有时达 1 cm；托叶脱落，仅见残迹。花序顶生，有花多朵，花序梗长 1.5～2.5 cm，和粗壮、螺状的分枝均密被锈色短柔毛；花二型；长柱花：苞片丝状，长 2.5～6 mm，被缘毛和疏生短硬毛；花梗长 0.5～1 mm，被短柔毛；萼筒近陀螺状，5 棱，长约 1.5 mm，宽约 1.8 mm，密被柔毛，裂片 5 枚，披针形，长 1.5 mm，被缘毛；花冠白色或淡黄色，狭漏斗状，外面无毛，花冠筒长约 10 mm，里面中部有一圈白色长毛，中部以上被微柔毛，裂片 5 枚，近披针形，长约 4 mm，背面近顶部有长约 1 mm 的角状附属体；花药位于冠筒中部，柱头位于冠筒喉部。短柱花未见。蒴果(未充分成熟)倒心形，高 1.5 mm，宽约 4 mm，被短柔毛。　花期 7 月。　产于苍梧；生于海拔 200～500 m 的密林下。　本种为广西特有种。模式标本采自苍梧县铜锣山。

23. 广州蛇根草

Ophiorrhiza cantonensis Hance, Ann. Sci. Nat., Bot., sér. 4. 18: 222. 1862；中国植物志 71(1): 165. 1999；Fl. China 19: 265. 2011. ——*O. bodinieri* H. Lévl., Repert. Spec. Nov. Regni Veg. 13: 177. 1914. ——*O. japonica* Blume var. *leiocarpa* Hand.-Mazz., Anz. Akad. Wiss. Wien, Math.-Naturwiss. Kl. 62: 146. 1925. ——*O. longzhouensis* H. S. Lo, Bull. Bot. Res., Harbin 10(2): 79. 1990. ——*O. paniculiformis* H. S. Lo, Bull. Bot. Res. Harbin 10(2): 78. 1990. ——*O. seguinii* H. Lévl., Repert. Spec. Nov. Regni Veg. 13: 177. 1914. ——*O. yingtakensis* Masamune, Trans. Nat. Hist. Soc. Taiwan 28: 117. 1938. ——*O. violaceo flammea* H. Lévl., Bull. Acad. Int. Géogr. Bot. 25: 47 1915.

草本或半灌木，高 30～50 cm 或更高；茎基部匐地，上部直立，通常仅花序和嫩枝被短柔毛。对生叶近等大；叶片纸质，卵状椭圆形至长圆状披针形，长 6～20 cm，有时较小，顶端渐尖或骤然渐尖，基部楔形或渐狭，很少近圆钝，全缘，通常两面无毛，有时腹面或两面被很密的糙硬毛；侧脉每边 9～12 条，腹面明显或不很明显，背面微突起，网状小脉通常两面均不很明显；叶柄长 1.5～4 cm；托叶小，早落。花序顶生，圆锥状或伞房状，通常极多花，花序梗长 2～7 cm；苞片钻形或线状钻形，长 2.5～10 mm；花二型；花梗长 0.3～1.5 mm，密被短柔毛；花萼被短柔毛，极少近无毛，萼筒长 1.3～1.5 mm，裂片 5 枚，近三角形，长 0.4～0.5 mm，钝头；花冠白色或微红，近管状，冠筒长通常 1～1.2 cm，偶有达 1.5 cm，喉部稍扩大，外面近无毛或有时被柔毛，里面：长柱花冠筒中部有 1 环白色长柔毛，短柱花冠筒疏被柔毛；裂片 5 枚，近三角形，长 3～4 mm，顶端内弯呈喙状，背部有阔或稍阔的翅，翅的顶部向上延伸，超出花冠裂片顶端 0.3～0.7 mm；长柱花雄蕊位于冠筒中部，柱头位于或稍高出冠筒喉部，短柱花相反。蒴果僧帽状，高 3～4 mm，宽 7～9 mm，近无毛。　花期冬春，果期春夏。　产于横县、融水、临桂、龙胜、蒙山、平南、德保、那坡、凌云、隆林、凤山、东兰、罗城、扶绥和龙州；生于密林下的沟谷边。分布于广东、贵州、海南、云南和四川。模式标本采自广东西江流域。

24. 大桥蛇根草

Ophiorrhiza filibracteolata H. S. Lo, Cat. Type Spec. China Suppl. 1: 190. 1999；中国植物志 71(1): 153, 图版 37: 6～10. 1999；Fl. China 19: 268. 2011；广西师范大学学报(自然科学版) 33(2): 117. 2015.

直立草本，高达 30 cm，茎被粉状微柔毛。叶片卵形至阔卵形，长 2.5～5.5 cm，宽 1.5～3.3 cm，全缘，腹面无毛；侧脉每边 7～8 条，两面均不很明显；叶柄长 1～5 cm；托叶早落。花序顶生，多花，花序梗长约 3 cm，螺状；花二型；小苞片丝状，长 2.5～3 mm；萼筒近陀螺状，微有 5 棱，花萼裂片 5 枚，三角状披针形或狭披针形，裂片间有一腺体；花冠白色，冠筒长 1.1～1.2 cm，里面中部有 1 环白色长毛，喉部被疏柔毛，裂片 5 枚，卵状三角形，长约 3 mm，背面有狭翅，顶部有角状附属体；雄蕊 5 枚，生于冠筒下部 1/3 处；子房 2 室，长柱花花柱长 1～1.1 cm，被疏毛，柱头 2 裂。　花期 4 月。　产于环江；生于阔叶林下。分布于广东。　本种为我国特有种。

17. 裂果金花属　Schizomussaenda H. L. Li

灌木至小乔木；枝方柱形。叶对生；叶片椭圆状长圆形或倒披针形；侧脉约 10 对；叶柄长达 1 cm，被糙伏毛；托叶披针形，顶端尾状。聚伞花序顶生，末回分枝穗形蝎尾状；苞片和小苞片线状披针形；花无梗或近无梗；萼筒长陀螺形，花萼裂片 5 枚，有时有 1 枚花萼裂片扩大为椭圆形或卵形的花叶；花冠高脚碟状，花冠筒外面被黄褐色贴伏硬毛，里面近喉部密被硫黄色棒形毛，花冠裂片 5 枚；雄蕊 5 枚，着生于花冠筒上；花盘环状；花柱丝状，柱头 2 裂，线形，子房 2 室。蒴果棕黑色，陀螺形、长圆状或倒卵形，顶部室间开裂；种子多粒，有棱角。　本属为单种属，分布于老挝、缅甸（北部）、泰国（北部）及越南（北部）。我国西南部有分布；广西亦有。

裂果金花（中国高等植物图鉴）　大树甘草　图版 8：5～9

Schizomussaenda henryi（Hutch.）X. F. Deng et D. X. Zhang，Blumea **53**：390. 2008. ——*S. macrosepalum* Hu，J. Arn. Arb. **11**：48. 1930. ——*S. dehiscens*（Craib）Li，J. Arn. Arb. **24**（1）：100. 1943；中国高等植物图鉴 **4**：198，图 5810. 1975；云南种子植物名录，下册：1272. 1984；中国植物志 **71**（1）：306～308，图版 81. 1999；Fl. China **19**：322～323. 2011. ——*Emmenopterys rehderi* F. P. Metcalf，Lingnan Sci. J. **11**：528. 1932. ——*Mussaenda dehiscens* Craib，Kew Bull. 263. 1916. ——*M. elongata* Hutchinson，Pl. Wilson. **3**：398. 1916. ——*M. henryi* Hutchinson，Pl. Wilson. **3**：397. 1916.

种的特征与属同。　花期 5～10 月，果期 7～12 月。　产于上思、东兴、平果、那坡、靖西、扶绥、宁明、龙州和大新等地；生于海拔 100～1 000 m 的山坡林下或林缘。分布于云南和广东，老挝、缅甸（北部）、泰国（北部）和越南（北部）亦有。　本种根、茎有清热解毒、消炎利尿的功效。

18. 螺序草属　Spiradiclis Blume

草本或半灌木状。叶对生，有时莲座状，同一节上的叶片稍不等大或近等大；托叶 2 裂或不裂。聚伞花序顶生或有时腋生，蝎尾状或圆锥状；苞片和小苞片小，线形或钻形；花两性，通常为花柱异长，辐射对称，5 数；萼筒倒圆锥形、近球形至椭球形，具 5 条直线棱，檐部 5 裂；花冠钟状至漏斗状，很少坛状或管状，檐部 5 裂，裂片背部常有龙骨或狭翅；雄蕊 5 枚，长柱花中通常着生在冠筒中部以下，内藏；短柱花中着生在冠筒喉部或中部，微伸出或几伸出；子房 2 室，长柱花的花柱常伸至管口或喉部，很少伸出管口外，短柱花的常伸至中部，柱头 2 裂。蒴果成熟时室背室间均开裂为 4 果瓣；种子多数，有棱角。　本属至少有 40 种，分布于亚洲东南部。我国有 35 种，产于南部至西南部；广西有 28 种。

分 种 检 索 表

1. 蒴果线状长圆体形，长约为宽的 3 倍，无毛，果瓣扭曲。
　2. 枝和叶背面脉上被毛 ………………………… 1. **螺序草** S. caespitosa Blume
　2. 枝和叶均无毛 ………………………… 2. **小果螺序草** S. microcarpa H. S. Lo
1. 蒴果近球形、卵球形或椭球形，长一般不超过宽的 2 倍。
　3. 蒴果椭球形，明显压扁状；冠筒喉部密被长柔毛 ………………… 3. **那坡螺序草** S. napoensis D. Fang et Z. M. Xie
　3. 蒴果不为压扁状。
　　4. 匍匐草本，或上部上升；叶较小，一般长不超过 3 cm，宽不超过 2 cm；花序不开展。
　　　5. 花冠筒长 15 mm 以上。
　　　　6. 叶片背面密被黄色腺体；花萼裂片长圆状披针形，长 4～6 mm ………………………

…………………………………………………………………… 4. **腺叶螺序草** S. glandulosa L. Wu et Q. R. Liu

6. 叶片背面光滑；花萼裂片卵状三角形，长约 0.6 mm …………………… 5. **伞花螺序草** S. umbelliformis H. S. Lo

5. 花冠筒长不超过 10 mm。

7. 花序有花 1～3 朵；长柱花冠筒喉部密被长柔毛 ……………………… 6. **广东螺序草** S. guangdongensis H. S. Lo

7. 花序有花 3～5 朵；长柱花冠筒中部有一环长柔毛 …………… 7. **少花螺序草** S. pauciflora L. Wu et Q. R. Liu

4. 直立草本，或茎短而呈莲座状。

8. 蒴果近球形或卵球形。

9. 花较小，冠筒长不超过 9 mm。

10. 多为近直立草本；全株几无毛；花序圆锥状，开展或较开展。

11. 叶片多为长圆状披针形，先端渐尖；花较大，冠筒长 7～9 mm ………… 8. **两广螺序草** S. fusca H. S. Lo

11. 叶片多为倒卵形，先端短尖；花小，冠筒长不超过 5 mm。

12. 叶簇生；花萼裂片明显比萼筒长 ………………… 9. **桂北螺序草** S. luochengensis H. S. Lo et W. L. Sha

12. 叶疏生；花萼裂片明显比萼筒短 ………… 10. **长梗螺序草** S. longipedunculata W. L. Sha et X. X. Chen

10. 植株被毛，有些种类全株几密被长柔毛。

13. 植株莲座状，茎短。

14. 叶片基部渐窄。

15. 茎密被长柔毛；花冠筒长 5～10 mm ………………………………… 11. **罗氏螺序草** S. loana R. J. Wang

15. 茎无毛；花冠筒长 2.5～3.5 mm ………………………………… 12. **通灵螺序草** S. tonglingensis R. J. Wang

14. 叶片基部心形、近截平或阔楔形。

16. 叶片基部心形至圆形；花冠筒长 4.8～5.9 mm ………………………………………………………………………………………………… 13. **心叶螺序草** S. cordata H. S. Lo et W. L. Sha

16. 叶片基部阔楔形或近截平；花冠筒长约 7.5 mm …………… 14. **焕镛螺序草** S. chuniana R. J. Wang

13. 直立草本，具明显的茎。

17. 花序圆锥状；萼裂片明显比萼筒长。

18. 侧脉 14～16 对；花冠筒长 4～5 mm ……………… 15. **毛螺序草** S. villosa X. X. Chen et W. L. Sha

18. 侧脉不超过 10 对；花冠筒长 6～8 mm ………… 16. **黏毛螺序草** S. tomentosa D. Fang et D. H. Qin

17. 花序聚伞状；花萼裂片明显比萼筒短 ………………………… 17. **密花螺序草** S. corymbosa H. S. Lo

9. 花较大，冠筒长超过 12 mm。

19. 花萼裂片与萼筒等长或明显比萼筒短。

20. 冠筒喉部密被长柔毛 ……………………………………………… 18. **革叶螺序草** S. coriaceifolia R. J. Wang

20. 冠筒喉部疏被柔毛至近无毛；花冠筒长 15 mm 以上。

21. 植株莲座状；长柱花花管中部被 1 环长柔毛 ……………………………………………………………………………………………… 19. **匙叶螺序草** S. spathulata X. X. Chen et C. C. Huang

21. 直立草本，具明显的茎；长柱花花管内无环毛 ……… 20. **糙边螺序草** S. scabrida D. Fang et D. H. Qin

19. 花萼裂片比萼筒长。

22. 植株近无毛。

23. 花萼裂片长 3.5～4.5 mm，明显比萼筒长；花冠筒长约 20 mm ……………………………………………………………………………………………… 21. **红叶螺序草** S. rubescens H. S. Lo

23. 花萼裂片长 1.7～2 mm，略长于萼筒；花冠筒长 15～18 mm ……………………………………………………………………………………………… 22. **红花螺序草** S. coccinea H. S. Lo

22. 茎密被毛。

24. 茎顶端叶假轮生；花序梗短或近无 …………………… 23. **紫花螺序草** S. purpureocaerulea H. S. Lo

24. 花序梗明显，长 1 cm 以上。

25. 花序聚伞状，开展；花序梗 1～2.5 cm；花冠筒长 13～15 mm …… 24. **宽昭螺序草** S. howii H. S. Lo

25. 花序密集；花序梗长 3 cm 以上；花冠筒长超过 16 mm。

26. 侧脉通常每边 18～29 条；花萼裂片长 2～2.5 mm ……………………………………

…………………………………………… 25. **长苞螺序草** S. longibracteata S. Y. Liu et S. J. Wei

26. 侧脉通常每边 8～15 条；花萼裂片长 4～5 mm ……………………………………………

…………………………………………… 26. **锈茎螺序草** S. ferruginea D. Fang et D. H. Qin

8. 蒴果椭球形。

27. 花萼裂片明显比萼筒短；花冠筒长 3～4 mm … 10. **长梗螺序草** S. longipedunculata W. L. Sha et X. X. Chen

27. 花萼裂片比萼筒长。

28. 植株灌木状 …………………………………… 27. **龙州螺序草** S. longzhouensis H. S. Lo

28. 多年生草本 …………………………………… 28. **百色螺序草** S. baishaiensis X. X. Chen et W. L. Sha

1. **螺序草**　图版 9：1～6

Spiradiclis caespitosa Blume, Bijdr. 975. 1826；中国植物志 **71**(1)：107，图版 24：1～7. 1999；Fl. China **19**：333. 2011.

多年生草本；茎、枝常下部卧地，节上簇生许多须状根，被短柔毛。叶片纸质，卵形至卵状披针形，长 2～7 cm 或稍过之，宽 1～3.5 cm，顶端稍钝或短尖，基部楔形，稍下延，两面近无毛或背面脉上被柔毛，很少上面散生疏柔毛；侧脉 7～9 对，在背面稍突起；叶柄长通常不超过 1 cm，近枝顶生的常具短柄或无柄；托叶钻形，长 4～5 mm。聚伞圆锥花序顶生、单生或 2～3 个簇生，花序梗长 2～5 cm，有时可达 8 cm 或稍过之，被柔毛，顶端常二叉分枝，分枝为蝎尾状聚伞花序式；苞片小或没有；萼长约 2 mm，有 5 棱；花冠白色，短管状，长约 4 mm，裂片背部的龙骨在花未开放前明显可见，无毛；雄蕊和花柱均稍伸出或均内藏。蒴果线状长圆体形，长约 5 mm，宽 1.5～1.7 mm，无毛，成熟时室背和室间均开裂为 4 个果瓣，果瓣扭曲。产于百色、河池、巴马；生于海拔 1 200 m 以下的溪边阴湿处。分布于云南，越南（北部）和印度尼西亚亦有。

2. **小果螺序草**

Spiradiclis microcarpa H. S. Lo, Bull. Bot. Res., Harbin. **18**：276. 1998；中国植物志 **71**(1)：110，图版 25. 1999；Fl. China **19**：337. 2011.

草本，全株无毛；小枝、叶柄、叶脉和叶背面干时变黄色。叶片纸质，倒卵形或椭圆状倒卵形，长 5～8 cm，宽 3～4 cm，顶端骤尖，基部下延，全缘，干时腹面铅灰色；中脉粗壮，腹面平坦，背面微凸，侧脉疏离，每边 6～7 条，网状小脉两面不明显；叶柄长 3～4.5 cm；托叶狭披针形，长约 4 mm。花未见。聚伞果序顶生，长 14 cm，上部疏分枝，总果序梗长约 2 mm，宽 0.5～0.6 mm；苞片线状钻形，长 2～5 mm；果成熟时室背和室间均开裂为 4 个果瓣，果瓣扭曲。　果期 7 月。　产于大新；生于海拔约 100 m 的石灰岩石山阴湿处。　本种为广西特有种。

3. **那坡螺序草**

Spiradiclis napoensis D. Fang et Z. M. Xie, Acta Phytotax. Sin. **40**：154. 2002；Fl. China **19**：337. 2011.

草本，高 20～35 cm；茎基部卧地生根，上部直立，被较密的柔毛。对生叶近等大，叶片薄纸质，狭卵形至卵状椭圆形，长 4～7 cm，宽 1.5～3.5 cm，顶端渐尖，基部圆形至阔楔尖，稍下延，上面疏被柔毛，下面沿叶脉被弯曲柔毛，或两面近无毛；中脉在背面压扁，侧脉每边 8～10 条；叶柄长 0.7～2 cm；托叶线状钻形，长 5～8 mm，2 浅裂或不裂。聚伞花序顶生，有花 8～10 朵；花序梗长 3～5 mm，与分枝被粉状微毛；苞片线形，长 6～12 mm，无毛；花二型；花梗长 0.2～2 mm；花萼被粉状微毛，萼筒高约 2 mm，裂片线状三角形，长 2.5～3 mm；花冠粉白色，近管状，外面无毛，里面：长柱花冠筒喉部被一环长柔毛，短柱花冠筒喉部密被长柔毛；冠筒长约 12 mm，花冠裂片狭卵形，长 3(～5) mm。蒴果近椭球形，压扁状，长 4.5～5 mm，有纵棱，开裂为 4 个果瓣，果瓣稍扭曲。　果期 11～12 月。　产于那坡；生于海拔约 1 000 m 的石灰岩石山林下。　本种为广西特有种。　本种植株形态和果实特征与**滇南螺序草**（*S. malipoensis* H. S. Lo）极其相似，很可能为同种植物，但由于缺乏后者的花部特征资料，在此暂不作处理。

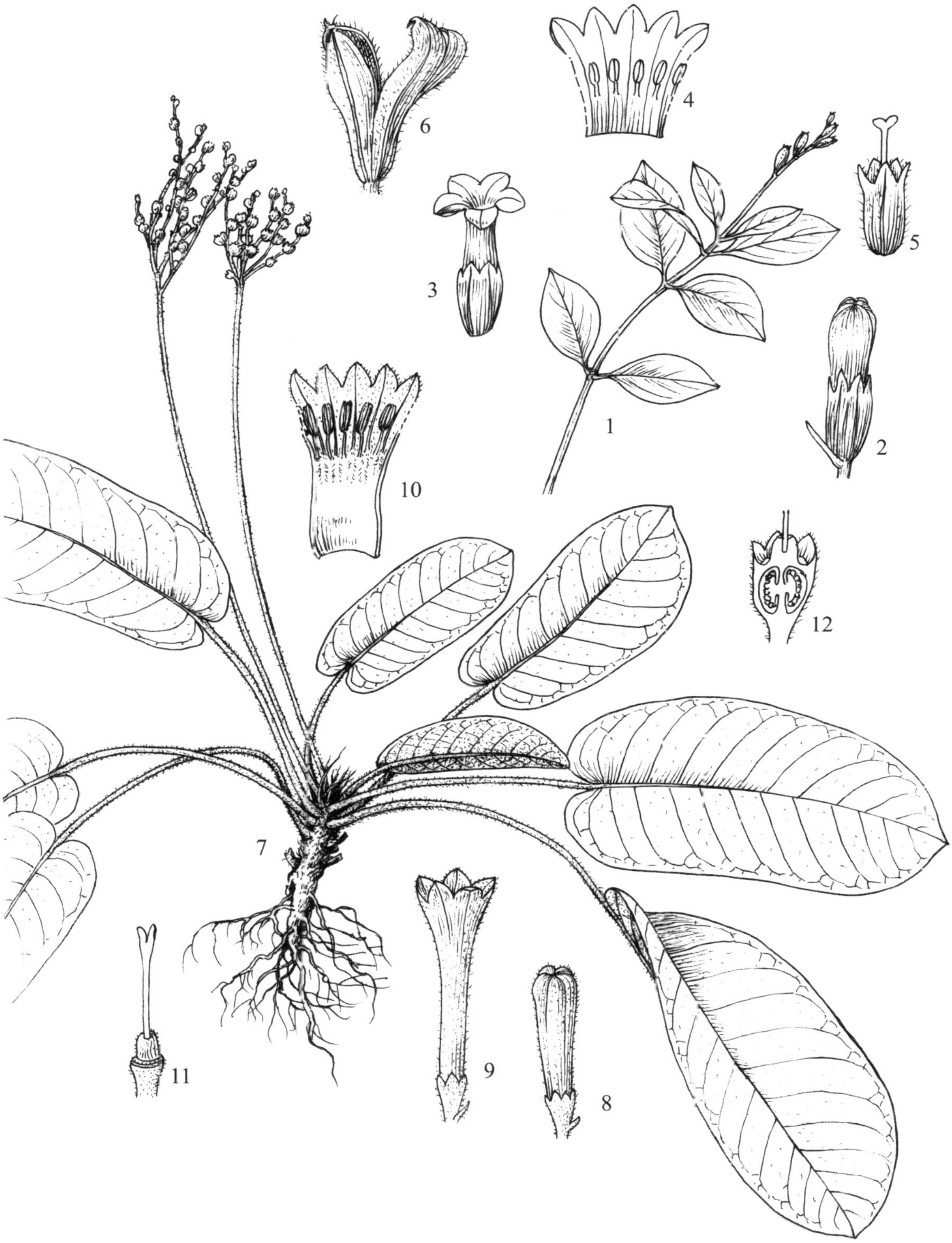

图版 9　1～6. 螺序草 Spiradiclis caespitosa Blume　1. 果枝；2. 花蕾；3. 花；4. 花冠剖开，示雄蕊；5. 雌蕊；6. 蒴果。**7～12. 心叶螺序草** S. cordata H. S. Lo et W. L. Sha　7. 植株；8. 花蕾；9. 花；10. 花冠剖开，示雄蕊；11. 雌蕊；12. 子房纵切。（林文宏绘）

4. **腺叶螺序草**

Spiradiclis glandulosa L. Wu et Q. R. Liu, Nord. J. Bot. **33**: 79. 2015.

多年生草本，下部匍匐，上部上升，高 10 cm，全株几密被多细胞长毛。对生叶常不等大；叶片纸质或薄革质，圆形、卵状圆形或椭圆形，长 1～2.5 cm，宽 0.5～2 cm，顶端钝或圆，基部心形至阔楔形，背面密被黄色的腺点；侧脉 3～5 对；叶柄长 0.5～2.5 cm；托叶深 2 裂，裂片线形，长 3～5 mm。聚伞花序顶生，有花 1～5 朵；花序梗长 2～5 cm；苞片披针形至长圆状披针形，长 4～6 mm；花二型；花梗长 1～3 mm；萼筒长 1.4～1.6 mm，花萼裂片长圆状披针形，长 4～6 mm；花冠粉色，漏斗形，外面无毛，两种花型冠筒里面中部至裂片均被较密的柔毛；冠筒长 16～18 mm，裂片卵形，长 5～7 mm。蒴果近球形，果瓣 4 个。 花期 1～3 月，果期 2～4 月。 产于贺州、昭平；生于石灰岩石山林下阴湿处或石灰岩洞穴。分布于广东和湖南。模式标本采自广西昭平县拱桥镇。

5. **伞花螺序草**

Spiradiclis umbelliformis H. S. Lo, Bull. Bot. Res. Harbin **6**(4): 36. 1986；中国植物志 **71**(1): 89，图版 18: 1～6. 1999；Fl. China **19**: 339. 2011.

匍匐草本；茎和分枝被较密棕红色、多细胞长柔毛，下部节上生根。对生叶近等大；叶片纸质，卵状圆形，长 1.5～4 cm，宽 1～3 cm，顶端钝或圆，有时骤尖，基部心形，下延，边全缘，被缘毛，腹面榄绿色，无毛或近无毛，背面苍白，中脉和侧脉上被疏柔毛或短柔毛；侧脉每边 4～6 条，在背面明显或突起；叶柄长 1～3 cm，被棕红色长柔毛；托叶 2 全裂，裂片线状钻形，长达 1 cm。花序顶生，伞状，有花 4～10 朵，花序梗长 2～7 cm，分枝短而密；苞片小，长约 1.5 mm；花二型；花近无梗；花萼近无毛，萼筒长约 1.5 mm，有 5 直棱，花萼裂片 5 枚，卵状三角形，长约 0.6 mm，裂片间常有腺体；花冠白色或微红紫色，近漏斗状，外面无毛，里面：长柱花冠筒中部偏下具一环白色长柔毛，短柱花冠筒里面疏被柔毛；冠筒长 17～18 mm，喉部扩大，裂片 5 枚，卵形，长约 6 mm，短尖。蒴果近球状，直径 3～3.5 mm，有 5 直棱，无毛，室背开裂为 2 个果瓣，果瓣复 2 裂。 花期 4～5 月，果期 6～8 月。 产于那坡、龙州；生于石灰岩石山林下的石缝中。分布于广东。 本种为我国特有种。模式标本采自广西那坡百都乡弄化。

6. **广东螺序草**

Spiradiclis guangdongensis H. S. Lo, Acta Bot. Yunnan **9**: 299. 1987；中国植物志 **71**(1): 89，图版 19: 7～8. 1999；Fl. China **19**: 335. 2011.

多枝匍匐草本；枝纤细而长，疏被多细胞毛。对生叶稍不等大；叶片纸质，心状圆形至阔卵形，长 0.7～1.5 cm，很少达 1.8 cm，宽 0.5～1.2 cm 或稍过之，顶端近短尖，基部微心形至阔楔尖，边缘有缘毛，腹面疏生硬毛，背面通常无毛，干时变铅灰色；中脉两面微突起，侧脉每边 3～5 条，两面均明显或上面不明显；叶柄长 2～6 mm，被毛；托叶 2 全裂，裂片线状钻形，长 2～3 mm，近无毛。花序顶生或有时腋生，有花 1～3 朵，花序梗短；苞片狭线形，长约 1.7 mm，近无毛；花二型；长柱花：花梗长 1～2 mm；花萼被短硬毛或近无毛，萼筒高约 1 mm，有 5 直棱，裂片 5 枚，长圆状披针形，长约 2 mm 或过之，稍钝头，裂片间有一球形腺体；花冠白色，狭漏斗状，外面近无毛，冠筒长 1.1 cm，喉部被密而长的白毛，裂片 5 枚，近卵形，有稀疏羽状脉，背面有直棱。短柱花未见。蒴果球状倒圆锥形，高约 1.4 mm，宿存萼裂片比果长 2～3 倍，成熟时室背开裂成 2 个果瓣，果瓣复 2 裂；种子多数，小而有棱角，褐色。 花期早春，果期 4～6 月。 产于河池；生于密林下或林缘。分布于广东。 本种为我国特有种。模式标本采自广东南昆山。

7. **少花螺序草**

Spiradiclis pauciflora L. Wu et Q. R. Liu, Ann. Bot. Fenn. 52(3～4): 257. 2015.

近匍匐草本，高 10 cm；枝纤细，密被柔毛。对生叶等大至明显不等大；叶片纸质，卵形或椭圆形，长 0.5～2 cm，宽 0.5～1.5 cm，顶端钝或圆，基部圆钝至阔楔尖，全缘，腹面绿色，疏被柔毛，背面淡绿色，被柔毛，中脉和侧脉上密被柔毛；侧脉每边 3～4 条，腹面不明显，背面微突起；叶柄长不超过 1 cm，密被柔毛；托叶小，三角形，密被柔毛。花序顶生，有花 3～5 朵，稠密；花序梗长 1～3 cm，密被柔毛，分枝很短，螺状；苞片狭披针形，长1～2.5 mm；花二型；花梗长1～3 mm，密被柔毛；花萼密被柔毛，萼筒长0.9～1.2 mm，花萼裂片5枚，近卵状三角形，长1.2～1.6 mm；花冠淡紫红色或近白色，漏斗形，外面有5条棱，沿着棱被柔毛，里面：长柱花冠筒中部有一环长柔毛，短柱花冠筒中部被较密的柔毛，向上至花冠裂片均被鳞片状毛，往下光滑无毛；冠筒长7～9 mm，裂片5枚，卵状三角形，长2.5～3 mm。蒴果近球形，直径约2 mm，被柔毛，花萼宿存，成熟时室背开裂为2个果瓣，果瓣复2裂。　花期4～5月，果期5～6月。　产于乐业、巴马；生于石灰岩石山密林下的石缝隙中。　本种目前仅在广西有分布。模式标本采自乐业县广西雅长兰科植物国家级自然保护区。

8. 两广螺序草

Spiradiclis fusca H. S. Lo, Guihaia **11**: 100. 1991；中国植物志 **71**(1): 99，图版22: 6～10. 1999；Fl. China **19**: 335. 2011.

草本，高30～80 cm；茎圆柱状，干时褐黄色，无毛。对生叶不等大；叶片薄纸质，长圆状披针形至近椭圆形，长4～9 cm，宽1.5～3.5 cm，顶端渐尖或近短尖，基部楔尖，多少下延，干时上面灰褐色，无毛，下面褐黄色，中脉和侧脉上被疏柔毛；中脉在背面压扁，侧脉纤细，每边10～13条，斜升；叶柄长0.5～1.5 cm；托叶长6～7 mm，基部阔三角形，向上长尾状渐尖，通常2裂，有时2全裂。花序顶生，圆锥状，多花，连花序梗长7～10 cm；苞片线状钻形，长2～10 mm；花二型；花梗长0.5～1 mm；花萼无毛或近无毛，萼筒长约1 mm，裂片5枚，近披针形，长1.5 mm；花冠白色或淡紫色，漏斗状，外面无毛，里面：长柱花冠筒喉部有一环长柔毛，短柱花冠筒中部疏被柔毛；冠筒长7～9 mm，喉部扩大，裂片5枚，近三角形，长约3 mm，边缘内折，顶端喙状内弯。蒴果近球形，直径约2 mm，无毛，成熟时室背和室间均开裂，果瓣不扭曲。　花期3月，果期4～6月。　产于桂林、贺州；生于石灰岩石山上。分布于广东。模式标本采自桂林观音山。

9. 桂北螺序草

Spiradiclis luochengensis H. S. Lo et W. L. Sha, Acta Bot. Austro Sin. **1**: 34. 1983；中国植物志 **71**(1): 104. 1999；Fl. China **19**: 337. 2011.

草本，连花序高20 cm或过之；全株无毛。叶簇生成莲座状；叶片纸质，阔倒卵形或倒卵形，长5～11 cm，宽3～4.5 cm，顶端短尖，基部下延；侧脉每边7～9条，在背面微凸；叶柄长1～4 cm；托叶长三角形，顶端渐尖，基部宽阔。聚伞花序顶生，上部有多个分枝，花序梗纤细，长7～10 cm，无毛；苞片钻形，长1.5～6 mm；花二型；花梗长0.5～2.5 mm；萼筒长约0.5 mm，花萼裂片三角状卵形，长约1 mm；花冠白色，干时变橙黄，管状漏斗形，里面：长柱花冠筒喉部有一环长柔毛，短柱花冠筒中部被长柔毛；冠筒长3.5～4.5 mm，裂片披针状长圆形，长2～2.5 mm。蒴果卵状球形，长约3 mm，成熟时室背和室间均开裂，具4果瓣。　花果期4～6月。　产于柳江、罗城、龙州和大新；生于溪边阴湿处。　本种为广西特有种。模式标本采自罗城县加林。

10. 长梗螺序草　疏花螺序草　长叶螺序草

Spiradiclis longipedunculata W. L. Sha et X. X. Chen, Acta Bot. Austro Sin. **1**: 35. 1983；中国植物志 **71**(1): 104. 1999；Fl. China **19**: 336. 2011. ——*S. oblanceolata* W. L. Sha et X. X. Chen, Acta Bot. Austro Sin. **1**: 35. 1983；中国植物志 **71**(1): 104. 1999；Fl. China **19**: 338. 2011. ——*S. laxiflora* W. L. Sha et X. X. Chen, Acta Bot. Austro Sin. **1**: 35. 1983；中国植物志 **71**(1): 106. 1999；Fl. China **19**: 336. 2011.

草本；茎单一，不分枝，直立或斜上升，无毛，上部钝四棱柱形，下部近圆柱形。叶对生；叶片纸质，倒卵形或长圆状椭圆形，长9～24 cm，宽4～7.5 cm，顶端短尖，基部楔形，两面无毛，干时腹面深绿色，背面黄褐色；侧脉每边10～13条，纤细，弧状上升；叶柄长3～6 cm；托叶近圆形或三角状圆形，长8～15 mm，宽5～10 mm，顶端通常骤尖，2裂，裂片长4～8 mm。圆锥状聚伞花序顶生，长15～34 cm；花序梗长15～22 cm；苞片线形，长约4 mm；花二型；花梗几无或长3 mm；花萼筒卵状，长约1.5 mm，裂片5枚，长约0.3 mm；花冠淡黄色，外面无毛，有条纹，里面：长柱花冠筒中上部有1环长柔毛，短柱花冠筒内散生柔毛；冠筒长3～4 mm，裂片5枚，卵状三角形，长1.2～1.5 mm。蒴果卵球形至椭球形，长2～3 mm，表面无毛，果瓣4个，扭曲。 花期4月，果期7～8月。 产于龙州、宁明、崇左、大新；生于石灰岩石山疏林下。

本种为广西特有种，叶形和大小、花序及果实形状的变异幅度均较大，囊括了**长叶螺序草**（*S. oblanceolata* W. L. Sha et X. X. Chen）和**疏花螺序草**（*S. laxiflora* W. L. Sha et X. X. Chen）的变异幅度，且这三者的模式标本产地相近，应为同种植物，根据优先原则，在此将后二者处理为前者异名。

11. 罗氏螺序草 献瑞螺序草

Spiradiclis loana R. J. Wang, Novon **12**: 420. 2002; Fl. China **19**: 336. 2011.

草本；茎短而直立，密被长柔毛。对生叶近簇生；叶片纸质，卵形至长圆形，长6～12 cm，宽1.2～3 cm，先端急尖或钝，基部渐窄，背面密被长柔毛，腹面无毛至疏被柔毛；侧脉7～12对；叶柄纤细，长1～4.5 cm；托叶线状三角形，基部较宽，顶部2裂或不裂，裂片线形，密被长柔毛。聚伞花序顶生，花序梗长6～10 cm，被短柔毛；苞片线形，长1 mm，被短柔毛；花二型；花梗近无或长达5 mm；花萼外面密被柔毛，萼筒长约1 mm，裂片狭三角形，与萼筒近等长；花冠白色，管状漏斗形，外面被短柔毛，里面：长柱花花冠筒中部有一环长柔毛，其余无毛，短柱花花冠筒中部疏被短柔毛；冠筒长5～10 mm，基部略膨大，裂片三角形，长约1 mm。蒴果近球形，直径约2 mm。 花果期7～9月。 产于龙州；生于海拔200～300 m的石灰岩石山林下。 本种为广西特有种。

12. 通灵螺序草

Spiradiclis tonglingensis R. J. Wang, Nord. J. Bot. **32**(5): 597. 2015.

多年生草本，莲座状；茎无毛。叶片纸质，匙形，长3～20 cm，宽1.4～8 cm，顶端圆钝至急尖，基部楔形，下延，密被缘毛，腹面无毛或沿叶脉疏生长柔毛，背面密被长柔毛；侧脉10～18对；叶柄长0.4～2 cm，密被长柔毛；托叶通常2裂，裂片线形，长1～2.5 cm，密被长柔毛。花序圆锥状，顶生；花序梗长4～13.5 cm，近无毛至被长柔毛；苞片线形，长1～5 mm；花二型；花梗近无至长达3.5 mm；花萼无毛，萼筒长0.8～1.2 mm，萼裂片5枚，三角形，长约0.5 mm；花冠白色，管状，外面无毛，里面：长柱花冠筒近喉部有一环长柔毛，短柱花冠筒中上部密被长柔毛；冠筒长2.5～3.5 mm，裂片5枚，近卵形，长约1 mm。蒴果卵球形，直径长约2 mm，果瓣4个。 花期3～4月，果期5～9月。 产于靖西；生于潮湿的石灰岩崖壁上。 本种目前仅在广西有分布。模式标本采自靖西市通灵大峡谷。

13. 心叶螺序草 图版9：7～12

Spiradiclis cordata H. S. Lo et W. L. Sha, Acta Bot. Austro Sin. **1**: 34. 1983；中国植物志 **71**(1)：91，图版：1～6. 1999; Fl. China **19**: 334. 2011.

草本，通常莲座状；无茎或具短茎。叶簇生于短茎上；叶片纸质，卵形或长圆状卵形，长5～13 cm，宽2～5.5 cm，顶端钝或圆，亦有近短尖，基部心形，腹面被疏柔毛，背面被长柔毛，脉上毛较多，干时苍白；侧脉每边15～19条，近边缘连成边脉，腹面近平坦，背面突起；叶柄常很长，2～7 cm，被绒毛；托叶2裂，裂片芒尖。聚伞圆锥花序顶生或腋生，具长6～16 cm的花序梗，被柔毛，分枝4～9条，长1～3 cm；苞片线形或钻形，长2～7 mm；花二型；花梗短或几无；花萼小，被柔毛，萼筒长0.5～0.8 mm，裂片5枚，卵状三角形，长约0.4 mm；花冠白色，管状漏斗形，外面被短柔毛，里面：长柱花冠筒中部有一环长柔毛，短柱花冠筒散生长柔毛；冠筒长4.8～5.9 mm，裂片5枚，近三角形，长1～1.5 mm。蒴果近球形，直径约1.8 mm，褐色，被柔毛，成熟时室背和室间均开裂；果瓣阔椭圆形，里面淡黄色，光滑。 花期8月，果期9～10月。 产于那坡和龙州；生于路边岩石上。 本种为广西特有种。

14. 焕镛螺序草

Spiradiclis chuniana R. J. Wang, Novon **12**: 423. 2002; Fl. China **19**: 333. 2011.

一年生草本，高约8 cm；全株几密被多细胞长柔毛。叶近簇生呈莲座状，对生叶不等大；叶片纸质，卵形，长3～6.5 cm，宽1.6～3 cm，顶端圆钝，基部阔楔形或近截平；侧脉10～12对，在背面突起；叶柄长1～3 cm；托叶三角状卵形，顶部2～5裂，裂片线形，长5～10 mm。聚伞花序顶生，花序梗长2.5～6 cm；苞片线形，长1.2～2 mm；花二型；花梗几无至长5 mm；花萼筒长约1 mm，裂片三角形，与萼筒近等长；花冠白色，近管状，外面被柔毛，里面：长柱花冠筒中部被1环长柔毛，短柱花冠筒散生长柔毛；冠筒长约7.5 mm，基部略膨大，裂片5枚，卵状三角形，长约1 mm。蒴果近球形。　花果期8～9月。　产于龙州；生于石灰岩石山山坡阴湿处。　本种为广西特有种。模式标本采自广西弄岗国家级自然保护区。

15. **毛螺序草**

Spiradiclis villosa X. X. Chen et W. L. Sha, Bull. Bot. Res., Harbin 11(3): 17. 1991；中国植物志71(1): 100. 1999；Fl. China 19: 339. 2011.

多年生草本，高30～50 cm；茎密被暗棕色柔毛，基部常木质。对生叶稍不等大；叶片薄纸质，长圆状椭圆形或倒披针形，长10～25 cm，宽3～8 cm，顶端短尖或短渐尖，基部楔形或狭楔形，腹面被暗棕色柔毛，背面密被褐色多细胞长柔毛；侧脉每边14～16条，网脉不明显；叶柄长3.5～7 cm；托叶2深裂，裂片撕裂状，长2～3 cm，密被暗棕色多节长柔毛。花序聚伞状圆锥形，具花序梗，长达27 cm，密被暗棕色多细胞长柔毛；苞片线形，长10～24 mm，被多细胞长柔毛；花二型；花梗长1～4 mm；花萼密被长柔毛，萼筒长约1 mm，裂片狭三角形，长4～5 mm；花冠白色，外面被较密的长柔毛，里面散生柔毛；冠筒长4～5 mm，裂片5枚，长2～2.5 mm。蒴果倒卵球形，长约2 mm，被长柔毛，顶端宿存萼裂片特长，长约4 mm，密被暗棕色多细胞长柔毛。　花期2～4月，果期4～7月。　产于龙州、大新；生于石灰岩石山林下。　本种为广西特有种。

16. **黏毛螺序草**

Spiradiclis tomentosa D. Fang et D. H. Qin, Bull. Bot. Res., Harbin 13: 330. 1993；中国植物志71(1): 99，图版23: 7～10. 1999；Fl. China 19: 339. 2011.

草本，除花冠、雄蕊、花柱和种子外，其余密被黏质具节灰色毡毛，干时毛或多或少脱落；茎高3～23 cm。对生叶稍不等大；叶片薄纸质，倒披针形或倒卵形，稀椭圆形，长3.5～15.5 cm，宽1.5～4.5 cm，顶端骤尖，基部渐狭，边全缘；侧脉每边7～10条，细脉网状；叶柄长0.5～4.5 cm；托叶钻状，基部阔，长8～22 mm。花序顶生，稀腋生，圆锥状，每花序有花8朵至多朵，花序梗长4.5～18 cm；苞片线形，长3～12.5 mm；花一型，花药和柱头均伸至冠筒喉部或花药稍高出喉部；花梗长1～5 mm；萼筒长1 mm，裂片5枚，线形，长1.5～2 mm；花冠白色，近漏斗状，外面疏被短柔毛，里面无毛；冠筒长6～8 mm，裂片5枚，卵形，长2～3 mm。蒴果近球形，直径约2 mm，具5条直棱，宿存萼裂片长3.5～4 mm，开裂为4瓣。　花期4月，果期6月。　产于凤山；生于石灰岩石山洞穴。　本种为广西特有种。模式标本采自凤山县袍里。

17. **密花螺序草**

Spiradiclis corymbosa H. S. Lo, Flora of China 19: 334. 2011.

草本，高24～30 cm；茎被密毛。叶对生，稍不等大；叶片纸质，椭圆形至长椭圆形，长6.5～14 cm，宽2～4.7 cm，顶端短尖，基部楔形，两面脉上被疏毛；侧脉每边11～17条；叶柄长0.5～2.5 cm，被毛；托叶长三角形，长达2.3 cm，顶端钻状，被缘毛。蝎尾状聚伞花序顶生和腋生，通常伞房状，花多而密；花序梗长4.5～9 cm，被密毛；苞片线形，长2～18 mm，被缘毛；花二型；短柱花：花梗长0～2 mm，被毛；花萼外面被毛，萼筒长约1.5 mm，具5棱，裂片5枚，长三角形，长1 mm，被缘毛；花冠红色，外面被毛，里面散生柔毛；冠筒长7.5～9 mm，裂片5枚，卵形，长1.5～2 mm。长柱花未见。蒴果近球形，直径约1.8 mm，密被短柔毛，成熟时室背和室间均开裂。　花期5～6月，果期6～8月。　产于龙州、大新；生于石灰岩石山林下岩石上。　本种目前仅见广西有分布。模式标本采自大新县太平。

18. **革叶螺序草**

Spiradiclis coriaceifolia R. J. Wang, Nord. J. Bot. 32(5): 594. 2015.

多年生草本，莲座状；茎疏被柔毛。叶片纸质，椭圆形至卵形，长2～6.5 cm，宽0.8～2.7 cm，顶端圆钝，基部楔形至近圆，腹面散生短糙毛，背面通常紫红色，光滑无毛或沿叶脉疏被柔毛；侧脉9～11对；叶柄长1～4.5 cm，密被柔毛；托叶不裂或2裂，线形，长8～15 mm。聚伞花序顶生；花序梗长5.5～10.5 cm，被微柔毛；苞片线形，长2～5 mm；花二型；花梗长0.2～1.5 mm；花萼被微柔毛，萼筒长约1.4 mm，裂片

5 枚，三角形，长约 0.8 mm；花冠淡紫红色，管状漏斗形，外面无毛，里面：长柱花冠筒喉部密被长柔毛，短柱花冠筒中上部密被长柔毛，喉部被 1 环长毛；冠筒长 13～16 mm，裂片 5 枚，椭圆形，长约 2 mm。蒴果卵球形至近球形，直径 2.1～3.1 mm，疏被短硬毛，果瓣 4 瓣。 花期 3 月，果期 4～5 月。 产于那坡；生于石灰岩石山疏林下的崖壁上。 本种目前仅见于广西有分布。模式标本采自那坡县卡纳老山。

19. 匙叶螺序草

Spiradiclis spathulata X. X. Chen et C. C. Huang，Guihaia **13**：3. 1993；中国植物志 **71**(1)：91，图版 20：5～9. 1999；Fl. China **19**：338. 2011.

矮小草本；茎短，通常不分枝，疏被柔毛。叶密集成莲座状；叶片纸质，匙形或卵状倒披针形，长 8～13 cm，宽 2～4.5 cm，顶端钝或圆形，基部狭楔形，下延，边全缘，有缘毛，干时腹面橄绿色，疏被短柔毛，背面苍白色，沿中脉和侧脉密被柔毛；侧脉每边 15～25 条，与中脉均在背面突起；叶柄长 5～8 mm；托叶披针状线形或线形，长 7～9 mm，密被柔毛。聚伞花序顶生，有花 10 余朵；花序梗长 7～12 cm，被柔毛；苞片线状披针形或钻形，长 3～4 mm，被柔毛；花二型；长柱花：花梗长 2～3 mm，被柔毛；花萼被柔毛，萼筒倒圆锥形，长 1.5～2 mm，裂片 5 枚，狭披针形，长 1～1.3 mm；花冠紫红色，高脚碟状，管纤细，长 1.5～2.5 cm，外面被粉状短柔毛，里面在中部有一环白色长毛，裂片 5 枚，近卵形，长 4～6 mm，宽 2～4 mm。短柱花未见。果近球形，被短柔毛。 花期 4～6 月，果期 6～8 月。 产于宁明、龙州；生于荫处岩石上。 本种为广西特有种。

20. 糙边螺序草

Spiradiclis scabrida D. Fang et D. H. Qin，Bull. Bot. Res.，Harbin **13**：333. 1993；中国植物志 **71**(1)：93，图版 20：1～4. 1999；Fl. China **19**：338. 2011.

草本，高 40～50 cm；茎和分枝圆柱形，老枝无毛，嫩枝被短柔毛。对生叶常不等大；叶片纸质，卵形或狭卵形，稀披针形，长 2～9.5 cm，宽 1～3.5 cm，顶端渐尖，基部宽楔形或圆形，边全缘，稍粗糙，常疏被短糙伏毛，背面黄绿色；侧脉每边 6～9 条；叶柄长 2～5 mm，常被短柔毛；托叶近三角形，长 0.7～1 mm，近无毛，常早落。伞房状聚伞花序顶生，有花 3～24 朵，花序梗长 0.6～2.7 cm，被短柔毛；苞片线形，长 2～5 mm，无毛；花二型；花梗长 0.5～3 mm；花萼被粉状毛，萼筒长 1～1.5 mm，裂片 5 枚，卵状披针形，稍不等大，长 1～1.5 mm，裂片间具腺体；花冠白色、带粉红色或紫色，高脚碟状，两面无毛或几无毛，冠筒纤细，长 25～26 mm，喉部稍扩大，裂片 5 枚，卵形，长 3.5 mm。蒴果近球形，直径 3～4 mm，无毛，开裂为 4 瓣。 花期 11 月至翌年 1 月，果期 3～4 月。 产于那坡；生于海拔 800～1 200 m 林下的岩石上。 本种为广西特有种。模式标本采自那坡县百都乡弄化。

21. 红叶螺序草

Spiradiclis rubescens H. S. Lo，Guihaia **11**：101. 1991；中国植物志 **71**(1)：95. 1999；Fl. China **19**：338. 2011.

矮小草本，高约 6 cm；茎近圆柱状，近无毛，干时紫黑色。叶片纸质，长圆形或长圆状卵形，长 4～6 cm，宽 2～2.3 cm，顶端短尖，钝头，基部阔楔尖或钝，紫红色，两面无毛，但有长缘毛；侧脉每边 9～11 条，两面稍突起；托叶三角状阔卵形，长 4～5 mm，尾状渐尖。花序顶生，有花 3～5 朵；花梗短；苞片线形，长 4～6 mm，被疏而长的缘毛；萼筒倒卵形，长 2 mm，无毛，裂片 5 枚，狭披针形，不等长，大的长 4～4.5 mm，小的长约 3.5 mm，渐尖，被缘毛，裂片间有腺体；花冠红色，高脚碟状漏斗形，长约 2.4 cm，冠筒外面无毛，宽约 1.5 mm，裂片 5 枚，卵圆形，长约 3.5 mm；雄蕊 5 枚，生于冠筒中部之下，花丝长 1.7 mm，花药线形，长 2.5 mm；花柱长 1.5 mm，柱头 2 裂，裂片薄，披针形，长约 1.5 mm。 花期 6 月。 产于田东；生于隐蔽的岩石上。 本种为广西特有种。

22. 红花螺序草

Spiradiclis coccinea H. S. Lo，Bull. Bot. Res.，Harbin **6**(4)：38. 1986；中国植物志 **71**(1)：93，图版：7～11. 1999；Fl. China **19**：334. 2011.

直立草本，高约 40 cm；茎和分枝均圆柱状，干时灰褐色，无毛或近无毛。叶片纸质，狭长圆形或长圆形，长 4.5～9 cm，宽 1.3～3 cm，顶端钝，基部楔形，全缘，上面灰褐色，下面灰黄色，两面无毛；中脉在上面有浅沟，在下面压扁状，侧脉每边 6～7 条，很少 8～9 条，上面不明显，下面压扁状；叶柄短或近无柄；托叶钻状，基部阔，上部长渐尖。聚伞花序顶生，有花十多朵，总轴长约 1 cm，分枝长 3～4 mm，几无花序梗；花二型；长柱花：萼筒倒圆锥状，长 1.2～1.5 mm，有 5 条直棱，近无毛，裂片 5 枚，狭披针形，长 1.7～2 mm，里面基部二侧有黏液毛；花冠深红色，管状高脚碟形，外面无毛或被粉状短柔毛，里面长柱花冠筒中部偏下被 1 环白色长毛，短柱花冠筒散生白色柔毛；管纤细，长 1.5～1.8 cm，裂片 5 枚，阔卵状近圆形，长 4.5～6 mm，近无毛。蒴果近球形，径 4.5～5.5 mm，成熟时室背开裂为 2 个果瓣，果瓣复 2 裂，裂片顶端具长约 2 mm 的宿萼裂片。　花果期 8 月。　产于龙州、凭祥；生于密林下的岩石上。　本种为广西特有种。

23. 紫花螺序草

Spiradiclis purpureocaerulea H. S. Lo，Bull. Bot. Res. Harbin **6**(4)：39. 1986；中国植物志 **71**(1)：95. 1999；Fl. China **19**：338. 2011.

草本；枝和小枝密被褐色柔毛。叶对生，稍不等大，在茎顶部近假轮生；叶片纸质，卵形，长 3～6.5 cm，宽 1.5～3 cm，顶端钝，基部近圆或阔楔尖，干时上面变黑色，密被糙毛状短硬毛，下面苍白，密被柔毛；中脉粗壮，每边有 7～10 条侧脉，均在下面突起，网状小脉不明显；叶柄短或近无柄；托叶钻状，长 2～3 mm，尾尖，被柔毛。聚伞花序顶生，稠密而多花，长 1.5～3 cm，花序梗短；苞片钻形，长 0.5～3 mm；花二型；花梗近无至长 3 mm；花萼密被柔毛，萼筒长约 2 mm，裂片 5 枚，狭披针形，长 4～4.5 mm，渐尖；花芽棒状，花冠蓝紫色，高脚碟形，外面被短柔毛，里面长柱花冠筒中下部有 1 环长柔毛，其余近无毛，短柱花冠筒散生长柔毛；冠筒长 1.7～2.1 cm，纤细，中部稍膨大，裂片 5 枚，近卵形，长约 6 mm，钝头。蒴果近球形，直径 4～4.5 mm，被柔毛，成熟时室背开裂为 2 个果瓣，果瓣复 2 裂。　花期 7～8 月，果期 8～10 月。　产于龙州、崇左、大新；生于林下岩石上或路边。　本种为广西特有种。

24. 宽昭螺序草

Spiradiclis howii H. S. Lo，Bull. Bot. Res. Harbin **6**(4)：41. 1986；中国植物志 **71**(1)：95. 1999；Fl. China **19**：336. 2011.

多年生草本；茎基部近木质，与分枝密被柔毛。对生叶不等大；叶片纸质，披针形或卵形，长 2.5～9 cm，宽 1～3 cm，顶端渐尖，常稍弯，基部阔楔形或有时近圆形，全缘，上面灰绿色，被糙硬毛，下面常变黄色，仅中脉和侧脉上被弯卷柔毛；侧脉每边 6～9 条；叶柄长 0.6～1.5 cm，密被柔毛；托叶钻状线形，长 2～3 mm，长渐尖，被柔毛。聚伞花序顶生，有花多朵；花序梗长 1～2.5 cm，密被柔毛；苞片线状披针形，长 2～12.5 mm；花二型；花梗长 0.2～1 mm；花萼被柔毛，萼筒长、宽均为 0.7～0.8 mm，裂片 5 枚，狭披针形，质硬，长 3～4 mm，渐尖；花冠白色，干时金黄色，近管状，外面有 5 列短硬毛，里面：长柱花冠筒喉部被 1 环白色长毛，短柱花冠筒散生长柔毛；冠筒长 1.3～1.5 cm，裂片 5 枚，三角状卵形，长约 2 mm，内凹，顶端喙状，背面有狭翅。蒴果近球形，直径 3.5～4 mm，被短柔毛，宿萼裂片长 3.5～5 mm，成熟时室背开裂为 2 果瓣，果瓣复 2 裂。　花期 9 月，果期 10 月至翌年 3 月。　产于那坡；生于海拔 1 400～1 500 m 的林下岩石上。分布于云南。　本种为我国特有种。模式标本采自云南西畴县法斗。

25. 长苞螺序草

Spiradiclis longibracteata S. Y. Liu et S. J. Wei，Acta Phytotax. Sin. **32**：362. 1994；中国植物志 **71**(1)：97. 1999；Fl. China **19**：336. 2011.

草本；茎单一，下部常匍匐生根，密被长柔毛。叶茎生或基生成莲座状；叶片纸质，倒卵状披针形或倒披针形，长 4～18 cm，宽 1～6 cm，顶端浑圆，钝或短尖，基部渐狭，全缘，腹面疏被短柔毛，背面沿叶脉密被毛；侧脉通常每边 18～29 条；叶柄长 6～22 mm；托叶阔卵形，上部 2～4 裂，宿存。聚伞花序顶生，花多而稠密；花序梗长 7～15 cm，被柔毛；苞片线状披针形，长 1～1.5 cm；花二型；花梗近无至长 2 mm；花萼外面被短柔毛，萼筒长约 1.5 mm，裂片 5 枚，长 2～2.5 mm；花冠紫红色，外面被紫红色短柔毛，里面：长柱花近中部被 1 环白色长柔毛，短柱花冠筒近基部疏被短柔毛；冠筒长 16～18 mm，裂片 5 枚，卵形。蒴果圆球形，高 2.5～3 mm，被柔毛。 花期 4 月，果期 8～10 月。 产于隆安、那坡、东兰；生于林下阴湿处。本种为广西特有种。模式标本采自隆安县龙虎山。

26. 锈茎螺序草

Spiradiclis ferruginea D. Fang et D. H. Qin, Bull. Bot. Res., Harbin **13**: 334. 1993；中国植物志 **71**(1): 97. 1999；Fl. China **19**: 335. 2011.

草本，高 3～20 cm；茎和分枝均密被锈色柔毛。对生叶不等大；叶片纸质，卵形或卵状椭圆形，稀椭圆形，长 3～12 cm，宽 1.5～5 cm，顶端渐尖或钝，基部圆或钝，有时两侧不相等，边全缘，两面密被短柔毛；侧脉每边 8～15 条，连同中脉在背面隆起，网脉不明显；叶柄长 0.5～5 cm，密被锈色短柔毛；托叶卵状披针形，长 8～10 mm，两面疏被短柔毛，边缘被睫毛。聚伞花序顶生，有花 7～10 朵，密集，花序梗长 3～6 cm；苞片披针状线形，长 5～7 mm，外面被短柔毛；花二型；花梗长 1～5 mm，密被短柔毛；花萼外面被短柔毛，萼筒长约 1 mm，裂片 5 枚，狭披针形，长 4～5 mm，被缘毛，有中脉，裂片间具腺体；花冠淡紫红色，近漏斗状，两面被短柔毛，冠筒长约 16 mm，裂片 5 枚，卵状三角形，长约 3 mm。 花期 3 月。 产于那坡；生于海拔约 1 200 m 的石灰岩石山林下。 本种为广西特有种。

27. 龙州螺序草

Spiradiclis longzhouensis H. S. Lo, Guihaia **11**: 99. 1991；中国植物志 **71**(1): 105. 1999；Fl. China **19**: 337. 2011.

灌木状草本；小枝粗壮，直径 5～6 mm，节间长 0.5～1 cm。叶片纸质，椭圆形或有时长圆形，长 15～21 cm，宽 4～8.5 cm，顶端骤尖，基部通常下延，干时榄绿色，背面较苍白，两面无毛；中脉较阔，腹面凹下成浅沟状，背面压扁，有纵条纹，侧脉每边 16～23 条，斜升，略呈弯弧状，压扁状；叶柄长 3～4.5 cm，干时变黑色；托叶近卵形，长约 1 cm，有时先端 2 裂。花序和花均未见。果序顶生，长 15 cm，疏散；苞片线形，长 3～11.5 mm；果梗纤细，长 5～10 mm；果椭球形，长约 3.5 mm，宽约 1.7 mm，宿萼裂片线形，长 2～2.5 mm。 果期 4 月。 产于龙州；生于密林下岩石上。 本种为广西特有种，其与**百色螺序草**(*S. baishaiensis* X. X. Chen et W. L. Sha)极难区分，可能为同种植物，但由于花部特征资料不足，暂不处理。

28. 百色螺序草

Spiradiclis baishaiensis X. X. Chen et W. L. Sha, Bull. Bot. Res., Harbin **8**(3): 107. 1988；中国植物志 **71**(1): 106. 1999；Fl. China **19**: 333. 2011.

多年生草本，高 20～50 cm；茎不分枝，上部直立。对生叶近等大至明显不等大；叶片纸质，卵状椭圆形或倒卵形至倒披针形，长 7～20 cm，宽 3～6 cm，顶端短尖或渐尖，基部楔形或下延，通常两侧稍不等，边全缘，干时腹面棕褐色，无毛，背面禾秆色，密被黄褐色绒毛至无毛；侧脉每边 11～23 条，明显，弧形上升；叶柄长 1.5～4 cm，被黄色柔毛；托叶卵状披针形，长 9～13 mm，宽 4～6 mm，顶端钝。聚伞花序多数，排成有花序梗的顶生圆锥花序，长 10～17 cm，花序梗长 5～9 cm，无毛，紫红色；苞片线状披针形，长 5～15 mm，宽 1.5～2 mm，无毛；花二型；花梗长 2～4 mm；花萼近无毛，萼筒长约 2.5 mm，裂片 5 枚，线状三角形，长 2.5～4 mm；花冠紫红色或淡粉色，外面无毛，里面：长柱花中部偏上具一环长柔毛，短柱花疏被柔毛；冠筒长 10～15 mm，裂片 5 枚，卵状长圆形，长约 2 mm，宽约 1.3 mm。果椭球形，长约 3 mm，宽约 1.5 mm，无毛，具 5 条纵肋，宿存萼片长 4 mm。 花期 4～5 月，果期 6～7 月。 产于百色、德保、那坡；生于林下。分布于云南。 本种为我国特有种。模式标本采自广西百色市大楞。

19. 岩黄树属 Xanthophytum Reinw. ex Bl.

半灌木、灌木或小乔木；茎的嫩部和分枝均有金黄色至锈色毛被。叶通常仅见于上部节上，对生，偶有假互生；叶片全缘，叶面通常被毛，叶背至少在脉上被毛；托叶全缘或 2 裂。花序腋生，圆锥状或头状，由聚伞花序或密伞花序组成；花 5 数，两性，雄蕊先熟，花柱异长或同长；萼筒近球状，裂片结果时宿存，里面基部常有黏液毛；花冠管状或漏斗状，裂片在开放时顶端内弯；雄蕊与花冠裂片互生；子房 2 室，花柱丝状，柱头棒状或浅 2 裂；胚珠每子房室多颗，胎座盾状。果多为坚硬、2 室的坚果，或为 1～2 裂的蒴果；种子褐色，有角。　本属约有 30 种，分布于印度尼西亚、老挝、马来西亚、巴布亚新几内亚、菲律宾、越南以及太平洋诸岛。我国有 4 种；广西有 2 种。

分种检索表

1. 叶柄长 1.5～3 cm；花序紧缩成头状，花序梗极短，但结果时伸长至约 10 mm ………………………………………………………………………………………… 1. **岩黄树 X. kwangtungense** (Chun et F. C. How) H. S. Lo

1. 叶柄长 0.5～1.5 cm；花序疏散，具明显的花序梗，长 6～11 cm ………… 2. **长梗岩黄树 X. balansae** (Pitard) H. S. Lo

1. **岩黄树**（植物研究）　图版 10：1～5

Xanthophytum kwangtungense (Chun et F. C. How) H. S. Lo, Bull. Bot. Res., Harbin **6**(4)：32. 1986；中国植物志 **71**(1)：24. 图版 3：1～5. 1999；Fl. China **19**：367～368. 2011. ——*Xanthophytopsis kwangtungensis* Chun et How, Sunyatsenia **4**：14. 1939.

直立灌木，高 0.5～1 m；小枝被锈色柔毛，老枝无毛。叶片长 5～20 cm，宽 2.5～7 cm，全缘，有密缘毛，叶面无毛或脉上被疏柔毛，叶背密被锈色长柔毛，老叶毛常脱落变稀疏；侧脉每边 10～16 条；叶柄扁平，长 1.5～3 cm，被锈色柔毛。聚伞花序紧缩成头状，稠密多花，花序梗极短，但结果时伸长至约 10 mm；花冠浅黄色，钟状漏斗形，裂片 5 枚，卵状三角形；柱头头状，浅 2 裂。蒴果近球形，被疏柔毛，宿萼裂片被缘毛；种子有棱角。　花期 5 月，果期 7～10 月。　产于防城、上思、东兴和钦州等地；生于林下潮湿处。分布于云南，越南亦有。

2. **长梗岩黄树**（植物研究）

Xanthophytum balansae (Pitard) H. S. Lo, Bull. Bot. Res. Harbin **6**(4)：31. 1986；中国植物志 **71**(1)：24～26. 1999；Fl. China **19**：367. 2011. ——*Xanthophytopsis balansae* Pitard, Lecomte, Fl. Gen. Indo-Chine **3**：90. 1922.

灌木，高约 1 m；茎被锈色柔毛。叶片长 9～17.5 cm，宽 2.5～5.5 cm，全缘，有缘毛，叶面苍白绿色，无毛或被稀疏糙伏毛，叶背苍白或变淡褐色，被贴伏的锈色柔毛；侧脉每边 10～14 条，于近边缘处网结；叶柄压扁状，长 5～15 mm，被锈色微柔毛。聚伞花序腋生，多歧分枝，直径 2～2.5 cm，花序梗长 6～11 cm，被柔毛；花梗长 1～2 mm，被微柔毛。蒴果近球形，被微柔毛，宿萼裂片倒卵形或倒卵状披针形，反折，有缘毛；种子有 4～6 条棱角，黄色。　花果期 7～10 月。　产于上思；生于密林下溪边。　本种在我国仅在广西有分布，少见；越南（北部）亦有。

20. 岩上珠属　Clarkella Hook. f.

直立矮小草本；具块根。叶对生；托叶小或不甚明显。聚伞花序顶生，常排成伞形，花序梗顶端具苞片；花两性；萼筒倒圆锥形，萼檐扩大，5～7 裂；花冠筒细长，管状漏斗形，喉部无毛，檐部 5 裂，裂片镊合状排列；雄蕊 5 枚，着生在冠筒的基部，花丝短，花药线状长圆形；子房 2 室，花柱短，柱头 2 裂，被毛；胚珠多颗，胎座生中轴的中部稍下。果倒圆锥形，5～7 棱，顶端具扩大的宿存萼檐，干燥不开裂；种子多数，近椭圆形，有黑色小点。　单种属，分布于印度（北部）、缅甸（北部）、泰国。我国（西南部至南部）有分布；广西亦有。

岩上珠（中国种子植物科属词典）　图版 10：6～11

Clarkella nana (Endgew.) Hook. f., Fl. Brit. India **3**：46. 1880；中国高等植物图鉴 **4**：209，图 5831.

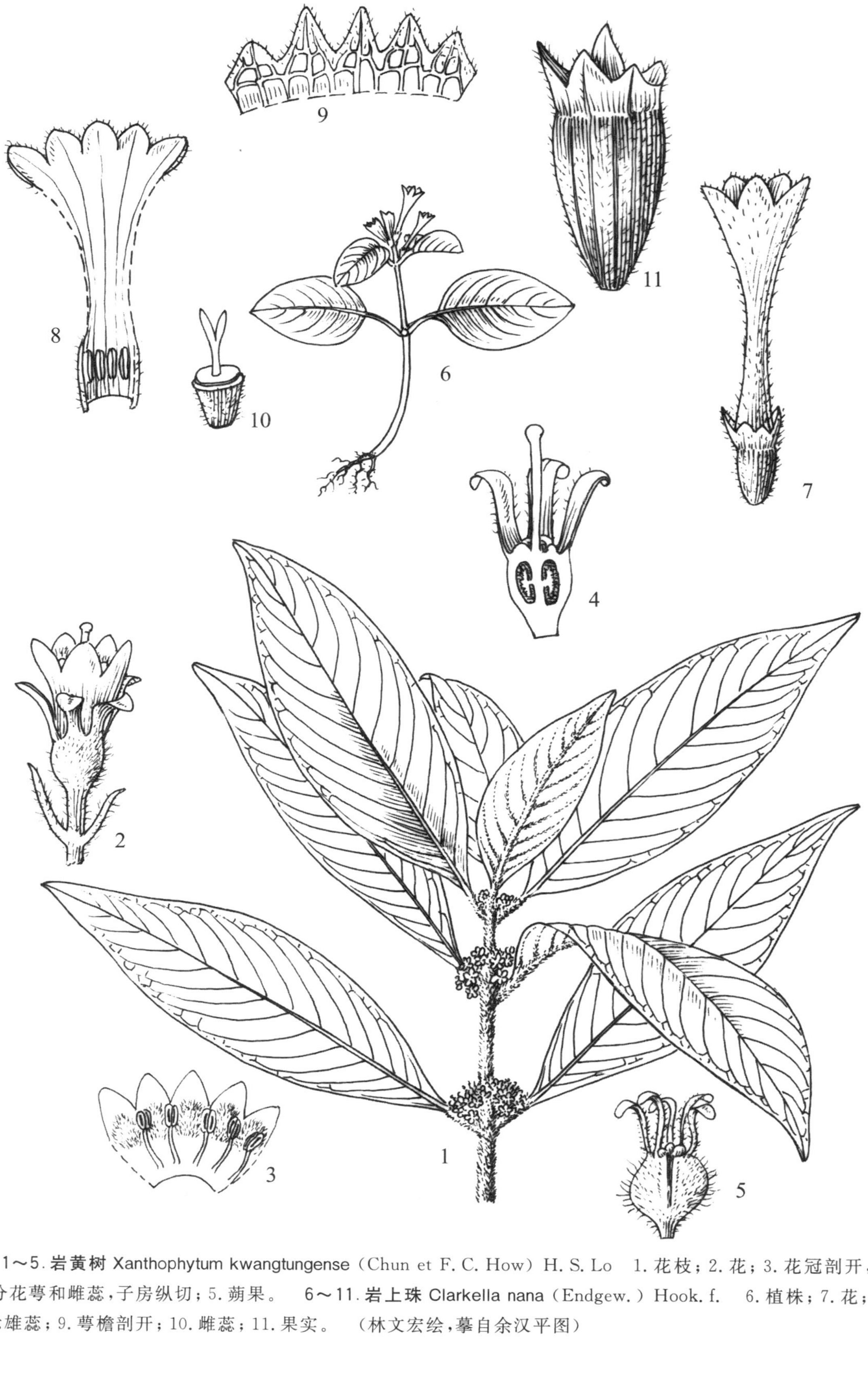

图版 10 1～5.岩黄树 Xanthophytum kwangtungense (Chun et F. C. How) H. S. Lo 1.花枝；2.花；3.花冠剖开,示雄蕊；4.部分花萼和雌蕊,子房纵切；5.蒴果。 6～11.岩上珠 Clarkella nana (Endgew.) Hook. f. 6.植株；7.花；8.花冠剖开,示雄蕊；9.萼檐剖开；10.雌蕊；11.果实。 （林文宏绘,摹自余汉平图）

1975；云南种子植物名录（下册）1249. 1984；中国植物志 **71**(1)：20～21，图版 2. 1999；Fl. China **19**：89～90. 2011. ——*C. sianensis* Craib，Kew Bull. 216. 1931. ——*Ophiorrhiza nana* Edgew.，Trans. L. Soc. **20**：60. 1846. ——*O. pellucida* H. Lévl.，Fedde，Repert. Sp. Nov. **13**：176. 1914.

矮小草本，高 3～10 cm；块根长椭圆形，长 1～1.5 cm，覆以粗糙外皮；茎近圆柱形，不分枝，无毛或被粉状柔毛。叶对生，同对叶一大一小；叶片卵形至阔卵形，长 1～6 cm 或稍过之，有时两侧不对称，靠近花序的 1 对小而近无柄，全缘，两面近无毛或被粉状柔毛；侧脉每边 4～8 条；叶柄长 0.5～5 cm。花序长 0.8～3 cm，有花 3～25 朵；苞片卵形或长圆形，长 0.5～1.2 cm；花萼裂片三角形或长三角形，3 长 2 短，短于萼筒；花冠白色，被柔毛，长 1.3～1.6 cm。果长 7～8 mm。　花果期 8 月。　产于隆安、马山、靖西、那坡、南丹、环江、都安、大新、永福等地；通常生于潮湿岩石上。分布于云南、贵州（中部）和广东，印度（北部）、缅甸（北部）和泰国亦有。

21. 玉叶金花属 Mussaenda L.

乔木、灌木或缠绕藤本。叶对生或 3 枚轮生；托叶全缘或 2 裂。聚伞花序顶生；花萼筒长圆形或陀螺形，萼裂片 5 枚，脱落或宿存，有些花的萼裂片中有 1 枚极发达呈花瓣状，很少全部均成花瓣状，白色或其他颜色，且有长梗，通常称花叶；花冠黄色、红色或稀为白色，高脚碟状，冠筒通常较长，外面有绢毛或长毛，里面喉部密生黄色棒形毛，花冠裂片 5 枚；雄蕊 5 枚，着生于冠筒的膨胀部位，花丝很短或无，花药线形；子房 2 室，花柱丝状，二型，柱头 2 个；胚珠通常着生于长圆状的肉质胎座上；花盘环形。浆果肉质，萼裂片宿存或脱落；种子小，种皮有小孔穴状纹。　本属约有 200 种，广泛分布于热带非洲、亚洲、马达加斯加和太平洋诸岛。我国有 29 种；广西有 14 种。

分种检索表

1. 花萼裂片全部增大为白色花瓣状 ………………………… 1. **异形玉叶金花** M. anomala Li
1. 花萼裂片只有 1 枚增大为白色花瓣状。
  2. 正常的花萼裂片长 5 mm 以上。
    3. 花萼裂片长 1 cm 及以上。
      4. 花萼裂片非叶状，线形；叶片较小，长 4～11 cm，宽 2～5 cm。
        5. 叶片基部圆形，少数心形；花萼裂片长 10～13 mm ……………… 2. **尾裂玉叶金花** M. caudatiloba D. Fang
        5. 叶片基部渐窄或楔形；花萼裂片长 25～30 mm ……………… 3. **广西玉叶金花** M. kwangsiensis H. L. Li
      4. 花萼裂片近叶状，披针形；叶片较大，长 10～20 cm，宽 5～10 cm。
        6. 枝、花萼和花冠均被贴伏短毛 ……………… 4. **贵州玉叶金花** M. shikokiana Makino
        6. 枝、花萼和花冠均被长柔毛 ……………… 5. **大叶玉叶金花** M. macrophylla Wall.
    3. 花萼裂片长 6～8 mm，外面密被长柔毛；花冠筒长约 3 cm ……………… 6. **长瓣玉叶金花** M. longipetala H. L. Li
  2. 正常的花萼裂片通常长不到 5 mm。
    7. 正常的花萼裂片在开花时与花萼筒近等长或较短。
      8. 叶片基部近圆形；叶柄长 5～6 mm；苞片密被柔毛 … 7. **仁昌玉叶金花** M. chingii C. Y. Wu ex H. H. Hsue et H. Wu
      8. 叶片基部楔形；叶柄长 10～15 mm；苞片几无毛 ……………… 8. **楠藤** M. erosa Champ. ex Benth.
    7. 正常的花萼裂片在开花时比花萼筒长。
      9. 花萼裂片的长度为花萼筒的 2 倍或 2 倍以上。
        10. 小枝被贴伏短柔毛；花萼筒陀螺形；叶片卵状长圆形或卵状披针形 …… 9. **玉叶金花** M. pubescens W. T. Ait.
        10. 小枝密被锈色或灰色柔毛；花萼筒椭圆形；叶片椭圆形或长圆形，稀为倒卵形。
          11. 花冠裂片三角状卵形；花萼裂片线状披针形 ……………… 10. **海南玉叶金花** M. hainanensis Merr.
          11. 花冠裂片椭圆形；花萼裂片线形 ……………… 11. **粗毛玉叶金花** M. hirsutula Miq.
      9. 花萼裂片比花萼筒长，但不超过 2 倍。

12. 聚伞花序紧密；花萼筒坛状；花冠裂片短圆状披针形 ………………… 12. **密花玉叶金花** M. densiflora H. L. Li

12. 聚伞花序疏散。

13. 侧脉 6～7 对；花冠裂片三角状卵形 ……………………………………… 13. **椭圆玉叶金花** M. elliptica Hutch.

13. 侧脉 9～11 对；花冠裂片卵形 ……………………………………… 14. **展枝玉叶金花** M. divaricata Hutch.

1. **异形玉叶金花**（中国高等植物图鉴）　图版 11:1

Mussaenda anomala Li, J. Arn. Arb. **24** (4): 454. 1943；中国高等植物图鉴 **4**: 195，图 5803. 1975；中国植物志 **71**(1): 286. 1999.

攀缘灌木；小枝疏被贴伏柔毛，后无毛。叶对生；叶片卵形或椭圆状卵形，长 13～17 cm，宽 7.5～11.5 cm，两面均有极疏散的短柔毛，叶背淡白色；侧脉 8～10 对；叶柄长 2～2.5 cm，略被短柔毛。多歧聚伞花序顶生，有花多朵，具略贴伏的短柔毛；花萼裂片 5 枚，全部增大为花瓣状的花叶；花叶卵状椭圆形，长 2～4 cm，宽 1.5～2.5 cm，有纵脉 5 条，边缘及脉上多少被短柔毛，柄长 1.5～2.5 cm。浆果（仅见未成熟的）长约 4 mm。　花期 6 月。　产于金秀；攀缘于森林中树冠上。本种为广西特有。　本种以花萼裂片 5 枚且全部增大为花瓣状的主要特征而区别于该属其他种类。*Flora of China* 作者认为自该种正式发表至今，再也没有采集到该种的植物标本，其描述仅依据 1 号标本（黄志 39567）过于片面，因此异形玉叶金花仅是**贵州玉叶金花**（*M. shikokiana* Makino.）的特殊类型，并将该种作为其异名处理。但该种存在特殊的花萼裂片特征，在还没有更多确切证据的情况下，本志暂且将其作为独立的种处理。

2. **尾裂玉叶金花**

Mussaenda caudatiloba D. Fang, Acta Phytotax. Sin. **40**: 156. 2002; Fl. China **19**: 234. 2011.

直立或攀缘灌木；枝被反折或开展的绒毛。叶对生；叶片长 4～11 cm，宽 2～5 cm，两面被紧贴的绒毛，基部圆形，极少心形叶片背面苍白色；侧脉 6～9 对。聚伞花序多花，密被绒毛，具花序梗；花梗长 0.5～1 cm；花萼密被开展绒毛，花萼筒陀螺形；花萼裂片线形，长 10～13 mm，有些花的萼裂片中有 1 枚极发达，呈白色花瓣状，卵形，长 5～6.7 mm，宽 3～5.3 mm，被紧贴绒毛，柄长 18～25 mm；花冠外面被开展的灰色绒毛，花冠筒长约 25 mm，里面上部密被棒状毛，花冠裂片三角状披针形，长约 8 mm。　花期 5 月。　产于那坡和龙州等地；生于灌木丛中。　本种为广西特有种。

3. **广西玉叶金花**（中国高等植物图鉴）　图版 11:2

Mussaenda kwangsiensis H. L. Li, J. Arnold Arbor **24** (4): 455. 1943；中国高等植物图鉴 4: 197，图 5808. 1975；中国植物志 **71**(1): 301～302. 1999; Fl. China **19**: 238. 2011.

攀缘灌木；小枝圆柱形，密被贴伏的短柔毛。叶片长 8～11 cm，宽 2.5～4 cm，叶面被稀疏的短柔毛，叶背密被长柔毛；侧脉 6～8 对；叶柄长 5～8 mm，被短柔毛，腋部通常有 2～4 枚极退化的叶。聚伞花序长约 4 cm，顶生，被短柔毛；花萼筒长圆形，密被短柔毛，萼裂片线形，长 2.5～3 cm，宽 1～2 mm，有柔毛，顶端长渐尖；花叶卵形，白色，长约 6 cm，有纵脉 5～7 条，基部圆形，两面被短柔毛，柄长约 8.5 mm；花冠筒长 2～2.5 cm，宽约 1.5 mm，外面被灰色短柔毛，里面上部密生黄色棒形毛，花冠裂片卵形，外面密被柔毛，内面密生黄色小疣突。　花期 9 月至翌年 1 月。　产于融水、临桂、平果、凌云、田林、东兰和金秀等地；生于山谷溪旁疏林下。　本种为广西特有，模式标本采自广西上思十万大山。

4. **贵州玉叶金花**　大叶白纸扇（中国高等植物图鉴）　蘜花（植物名实图考）

Mussaenda shikokiana Makino, Bot. Mag. (Tokyo) **18**: 44. 1904; Fl. China **19**: 241～242. 2011. ——*M. esquirolii* H. Lévl., Fl. Kouy-Tchéou 369. 1915; J. Arn. Arb. **16**: 319. 1935; Not. Roy. Bot. Gard. Edinb. **32** (1): 110. 1972；中国高等植物图鉴 **4**: 194，图 5802. 1975；中国植物志 **71**(1): 286～287，图版 77: 5～8. 1999. ——*M. wilsonii* Hutchins., Sargent, Pl. Wils. **3**: 393. 1916. ——*M. taiwaniana* Kaneh. Formos., Trees 303. 1917. ——*M. anomala* Li, J. Arn. Arb. **24** (4): 454. 1943；中国高等植物图鉴 **4**: 195，图 5803. 1975；中国植物志 **71**(1): 286. 1999.

图版 11　1. **异形玉叶金花** Mussaenda anomala Li　1. 花枝。　2. **广西玉叶金花** M. kwangsiensis H. L. Li　2. 花枝。　3. **粗毛玉叶金花** M. hirsutula Miq.　3. 果枝。　4. **尖叶木** Urophyllum chinense Merr. et Chun　4. 果枝。（林文宏绘，3～4 摹自《中国高等植物图鉴》）

直立或攀缘灌木，高 1～3 m；嫩枝密被短柔毛。叶对生；叶片长 6～20 cm，宽 3.5～13 cm，嫩叶片两面有稀疏贴伏毛，脉上毛较稠密，老叶两面无毛；侧脉 9 对；叶柄长 1.5～3.5 cm，有毛。聚伞花序顶生，花疏散；花萼筒陀螺形，被贴伏的短柔毛，萼裂片近叶状，白色，披针形，长渐尖或短尖，长达 1 cm，宽 2～2.5 mm，外面被短柔毛；花叶倒卵形，长 3～4 cm，近无毛；花冠黄色，外面密被贴伏短柔毛。浆果近球形，直径约 1 cm。 花期 4～7 月，果期 6～10 月。 产于融水、临桂、桂林、灵川、全州、兴安、永福、龙胜、资源、荔浦、平南、容县、北流、百色、那坡、田林、凌云、西林、富川、贺州、天峨、南丹、金秀、象州和龙州等地；生于海拔 100～1 000 m 的山地疏林下或路边。分布于安徽、福建、广东、贵州、河北、湖南、江西、四川和浙江等地，日本亦有。 本种植物含胶液，可粘鸟，故称“粘鸟胶”。模式标本采自贵州(具体地点不详)。

5. **大叶玉叶金花**(台湾植物志)

Mussaenda macrophylla Wall.，Fl. Ind. **2**：228. 1824；Woody Fl. Taiwan 862. 1963；Fl. Taiwan **4**：310. 1978；云南种子植物名录(下册)：1263. 1984；中国植物志 **71**(1)：287～288，图版 77：1～4. 1999；Fl. China **19**：239. 2011. ——*M. hispida* D. Don，Prodr. Fl. Nepal. 139. 1825. ——*M. kotoensis* Hayata，J. Coll. Sci. Tokyo **30**(1)：143. 1911.

直立或攀缘灌木；老枝四棱柱形，小枝近圆柱形，密被灰棕色长柔毛。叶对生；叶片长圆形至卵形，长 12～21 cm，宽 8～11 cm，两面被疏散贴伏柔毛，脉上毛更密；托叶卵形，长约 1 cm，2 浅裂，密被棕色柔毛。聚伞花序有短花序梗；花橙黄色，近无梗；花萼筒钟形，密被棕色柔毛，萼裂片近叶状，披针形，密被棕色柔毛，长 1～1.5 cm；花叶宽卵形或菱形，白色，长 5～12 cm，有纵脉 7 条，柄长约 3.7 cm，略被长柔毛；花冠筒密被柔毛。浆果深紫色，椭圆状，长 1～1.5 cm，被短柔毛。 花期 6～7 月，果期 8～11 月。 产于南宁、永福、恭城、苍梧和金秀等地；生于海拔 1 300 m 以下的山地灌木丛中或疏林中。分布于广东、云南和台湾，印度尼西亚、马来西亚和菲律宾亦有。

6. **长瓣玉叶金花**

Mussaenda longipetala H. L. Li，J. Arnold Arbor. **24**：373. 1943；热带亚热带植物学报，**19**(6)：555. 2011.

攀缘灌木；枝被开展的灰白色长柔毛。托叶 2 全裂，线状钻形，长 6～8 mm，被长柔毛，早落。叶片长圆状卵形或椭圆状卵形，长 8～13 cm，宽 3～6 cm，全缘，两面疏被灰白色短柔毛；侧脉 6～8 对；叶柄长 0.5～1 cm。多歧聚伞花序顶生，密被开展的灰白色长柔毛，花序梗长 2～5 cm；小苞片线状钻形，长约 5 mm；花萼裂片线状钻形，长 6～8 mm，宽 1～2 mm，有时其中 1 枚萼裂片发达且呈白色花瓣状，具纵脉 5～7 条，基部柄长 2 cm；花冠金黄色，花冠筒长约 3 cm；花冠裂片 5 枚，披针形，先端尾状；雄蕊生于冠筒中上部；花柱无毛，先端浅裂或不裂。 花期 5～8 月。 产于防城，生于低丘台地灌草丛中。 目前本种在我国仅分布于北部湾沿海地区，越南亦有。 本种与**尾裂玉叶金花**(*M. caudatiloba* D. Fang)相似，不同在于本种的叶片为长圆状卵形或椭圆状卵形；托叶早落；正常的花萼裂片长 6～8 mm；花冠筒长约 3 cm，裂片披针形，长约 12 mm。

7. **仁昌玉叶金花**(植物分类学报)

Mussaenda chingii C. Y. Wu ex H. H. Hsue et H. Wu，Acta Phytotax. Sinica **24**(3)：236，fig. 2(7～11). 1986；中国植物志 **71**(1)：291. 1999；Fl. China **19**：234. 2011.

灌木，高可达 1.7 m；小枝被贴伏柔毛。叶对生；叶片长 5.5～7.5 cm，宽 3～4.7 cm，基部近圆形，背面灰白色，两面均被极稀疏的贴伏柔毛；侧脉 6～7 对；叶柄长 5～6 mm，疏被贴伏柔毛。聚伞花序顶生，花序梗密被柔毛；花萼裂片 5 枚，披针状三角形，外面密被柔毛；花叶椭圆形，长约 2.4 cm，宽约 9 mm，两面脉上均被毛，有纵脉 5 条，柄长约 1 cm；花冠黄色，花冠筒外面密被柔毛，里面上部密生黄色棒状毛。 花期 5 月。 产于罗城；生于丛林中。 本种为广西特有种。模式标本采自广西罗城大良山。

8. **楠藤**(海南) 啮叶玉叶金花

Mussaenda erosa Champ. ex Benth.，J. Bot. Kew Gard. Misc. **4**：193. 1852；海南植物志 **3**：313，图 742.

1974；中国高等植物图鉴 4：196，图 5806. 1975；云南种子植物名录（下册）：1263. 1984；中国植物志 71(1)：293～294，图版 78：4～6. 1999；Fl. China 19：236. 2011.

攀缘灌木，高可达 5 m；小枝无毛。叶对生；叶片长 5.5～14 cm，宽 2.4～6 cm，嫩叶仅叶面沿脉上略被毛，叶背有稀疏的贴伏毛，老叶则两面无毛；侧脉 4～6 对；叶柄长 1～1.5 cm。伞房状多歧聚伞花序顶生，花疏生；苞片线状披针形，几无毛；花萼筒椭圆形，无毛，萼裂片线状披针形，基部被稀疏的短硬毛；花叶阔椭圆形，长 4～6 cm，宽 3～4 cm，有纵脉 5～7 条，柄长 0.9～1 cm，无毛；花冠橙黄色，花冠裂片卵形，宽与长近相等，内面有黄色小疣突。浆果近球形或阔椭圆形，无毛，顶部有萼檐脱落后的环状疤痕；果梗长 3～4 mm。 花期 4～7 月，果期 9～12 月。 产于横县、临桂、平乐、防城、上思、平南、桂平、博白、田阳、那坡、昭平、凤山、东兰、龙州和凭祥等地；通常攀缘于疏林乔木树冠上，或生于沿河灌木丛及路边。分布于福建、广东、香港、贵州、海南、四川、台湾和云南，日本和越南亦有。模式标本采自香港。 本种叶和果均入药，有清热消炎的功效，可治疥疮积热；海南民间常用于治猪的各种炎症。

9. **玉叶金花**(广东) 野白纸扇

Mussaenda pubescens W. T. Ait. , Hort. Kew. ed. 2, 1：372. 1810；广州植物志 506. 1956；Woody Fl. Taiwan 863, fig. 348. 1963；海南植物志 3：314. 1974；中国高等植物图鉴 4：195，图 5804. 1975；云南种子植物名录（下册）：1263. 1984；中国植物志 71(1)：296，图版 79. 1999；Fl. China 19：240～241. 2011. ——*M. bodinieri* H. Lévl. , Bull. Soc. Bot. France 55：59. 1908；Hutchins. in Sargent, Pl. Wils. 3：396. 1916. ——*M. pubescens* W. T. Ait var. *alba* X. F. Deng et D. X. Zhang, J. Trop. Subtrop. Bot. 12：476. 2004. ——*M. pubescens* W. T. Ait f. *clematidiflora* Chun ex H. H. Hsue et H. Wu, Acta Phytotax. Sin. 24：239. 1986.

攀缘灌木；嫩枝被贴伏短柔毛。叶对生或轮生；叶片卵状披针形或卵状长圆形，长 2～9 cm，宽 1～4 cm，叶面近无毛或疏被毛，叶背密被短柔毛；叶柄长 3～8 mm，被柔毛。聚伞花序顶生；花梗极短或无梗；花萼筒陀螺形，被柔毛，萼裂片线形，通常比花萼筒长 2 倍以上，基部密被柔毛；花叶阔椭圆形，长 2.5～5 cm，宽 2～3.5 cm，有纵脉 5～7 条，柄长 1～2.8 cm，两面被柔毛；花冠黄色。浆果近球形，疏被柔毛，顶部有萼檐脱落后的环状疤痕，干时黑色，果梗长 4～5 mm，疏被毛。 花期 4～7 月，果期 7～12 月。 产于广西各地；生于海拔 100～900 m 的灌木丛、溪谷、山坡或村旁。分布于福建、广东、海南、湖南、江西、台湾和浙江等地，越南亦有。 本种茎叶味甘、性凉，有清凉消暑、清热疏风的功效，供药用或晒干代茶叶饮用。

10. **海南玉叶金花**(海南植物志)

Mussaenda hainanensis Merr. , Lingnan Sci. J. 14：58. 1935；海南植物志 3：314. 1974；中国高等植物图鉴 4：198，图 5809. 1975；中国植物志 71(1)：297. 1999；Fl. China 19：237. 2011.

攀缘灌木；小枝密被锈色或灰色柔毛。叶对生；叶片长 3～12 cm，宽 1.5～4 cm，基部楔形，叶背密被柔毛；侧脉 7～8 对；叶柄长 3～5 mm，被毛。聚伞花序顶生和生于上部叶腋，密被柔毛；花萼筒椭圆形，密被柔毛，萼裂片线状披针形，被粗毛，比花萼筒长 2 倍；花叶阔椭圆形，长约 4 cm，宽约 3 cm，叶面被柔毛，叶背毛更密，有纵脉 5～7 条，柄长约 1.3 cm；花冠黄色，花冠裂片三角状卵形，内面有密的黄色疣突。浆果椭圆形，被粗毛，干时黑色，顶部有萼檐脱落后的环状疤痕，果梗长 3～4 mm，被毛。 花期 3～6 月，果期 7～8 月。 产于防城；通常生于海拔 300～800 m 的林下。分布于海南。模式标本采自海南保亭。

11. **粗毛玉叶金花**(海南植物志) 硬毛玉叶金花 图版 11：3

Mussaenda hirsutula Miq. , J. Bot. Néerl. 1：109. 1861；Linagnan Sci. J. 5：173. 1927；海南植物志 3：314. 1974；中国高等植物图鉴 4：197，图 5807. 1975；云南种子植物名录（下册）：1263. 1984；中国植物志 71(1)：297～299，图版 79：1～4. 1999；Fl. China 19：237. 2011. ——*M. inflata* H. S. Hsue et H. Wu, Acta Phytotax. Sin. 24：234. 1986.

攀缘灌木；小枝密被锈色或灰色柔毛。叶对生；叶片椭圆形、长圆形或卵形，长 4～13 cm，宽 2～4 cm，两面被稀疏的柔毛；侧脉 6～7 对；叶柄长 3～5 mm，密被柔毛。聚伞花序顶生或生于上部叶腋，被贴伏的灰黄色长绒毛，总花序梗长 8～11 mm；花萼筒椭圆形，密被柔毛，萼裂片线形，密被柔毛；花叶阔椭圆形，长 4～4.5 cm，宽 3～3.5 cm，被柔毛，有纵脉 7 条，基部近圆形，叶面疏被短柔毛，叶背密被长柔毛，柄长约 1.4 cm；花冠黄色，花冠筒内有橙黄色棒状毛，花冠裂片椭圆形，里面有金黄色小疣突。浆果椭圆状，顶部宿存萼裂片紧贴，果梗被毛。 花期 4～6 月，果期 7 月至翌年 1 月。 产于龙州；生于海拔 300～800 m 的山谷、溪边和旷野灌木丛中，常攀缘于林中树冠上。分布于广东、贵州、海南、湖南和云南。 本种为我国特有。

12. 密花玉叶金花

Mussaenda densiflora H. L. Li，J. Arnold Arbor. **24**：455. 1943；中国植物志 **71**(1)：300～301. 1999. Fl. China **19**：235. 2011.

攀缘灌木，高约 2 m；小枝密被黄褐色长柔毛。叶对生；叶片长 8～13 cm，宽 3～5 cm，基部短尖，有时近圆形，两面有极疏散的贴伏柔毛；侧脉 8～10 对；叶柄长 1～2 cm，有短柔毛。聚伞花序分枝短，密花，顶生，有柔软的短毛；花无梗；花萼筒坛状，长 2～3 mm，密被短柔毛，萼裂片线状披针形，被短柔毛；花叶卵形，长 5～6 cm，宽约 3.5 cm，两面有明显短柔毛，有纵脉 5～7 条，柄长约 1.5 cm；花冠筒外面被灰色短柔毛，里面在上部密被棒形毛；花冠裂片 5 枚，外面疏被短柔毛或近无毛，内面有黄色小疣突。浆果卵形，无毛。 花期 5 月。 产于龙州；生于疏灌木丛中。 本种为广西特有种。模式标本采自广西龙州县大青山。

13. 椭圆玉叶金花(云南种子植物名录)

Mussaenda elliptica Hutch.，Sargent Pl. Wilson. **3**：395. 1916；云南种子植物名录，下册：1262. 1984；中国植物志 **71**(1)：302. 1999；Fl. China **19**：236. 2011.

灌木，高 1～2 m；小枝被稀疏短柔毛，干时黑色。叶对生；叶片长 6～20 cm，宽 3～10 cm，叶面有极稀疏的毛，叶背被稀疏的短柔毛；侧脉 6～7 对；叶柄长 0.7～1 cm，有贴伏的细刚毛。聚伞花序密花，顶生；花萼筒陀螺形，有稀疏的短柔毛；萼裂片钻形，外面有短柔毛；花叶具短柄，阔卵形，长 5～7.5 cm，宽 3.5～5 cm，有纵脉 5～6 条；花冠黄色，花冠筒长约 2 cm，外面被贴伏短柔毛，内面的上部密被黄色棒形毛，花冠裂片三角状卵形。 花期 5～6 月。 产于桂北；生于海拔 600～1 000 m 的峡谷林下及林缘。分布于云南和四川等地。 本种为我国特有种。模式标本采自四川达县。

14. 展枝玉叶金花

Mussaenda divaricata Hutch.，Sargent Pl. Wilson. **3**：394. 1916；中国植物志 **71**(1)：302～303. 图版 80：1～3. 1999；Fl. China **19**：235. 2011.

攀缘或直立灌木；小枝被稀疏的短柔毛，后近无毛。叶对生；叶片长 3.5～12 cm，宽 1.5～7 cm，两面有极稀疏的短柔毛；侧脉 9～11 对；叶柄长 0.5～1 cm，被粗毛。聚伞花序具疏花；花萼筒陀螺形，疏被硬毛，萼裂片钻形，被短柔毛；花叶阔椭圆形或卵圆形，长 4～6 cm，宽 3～5 cm，两面仅在脉上被微柔毛，通常有纵脉 7 条，柄长约 2.5 cm；花冠黄色，外面被较密的短柔毛，里面的上部密被黄色棒状毛，花冠裂片卵形。浆果椭圆形，外面被稀疏的毛，有细纵条纹；果梗长约 6 mm，密被毛。 花期 5～9 月，果期 10 月。 产于南宁、马山、融水、三江、临桂、龙胜、苍梧、贵港、平果、田林、隆林、昭平、天峨和东兰等地；生于海拔 1 400 m 以下沿河灌木丛及田野中。分布于广东、贵州、云南、四川和湖北，越南亦有。模式标本采自湖北宜昌市。

22. 尖叶木属 Urophyllum Wall.

灌木或乔木；小枝圆柱状。叶对生。头状聚伞花序或伞房状聚伞花序腋生；花两性或有时单性，具短的花梗，小苞片生于花梗基部；萼筒陀螺状、杯状、球状或倒圆锥状，萼檐杯状，4～7 齿裂；花冠革质，辐状、短管状或漏斗状，喉部被长柔毛，裂片 4～7 枚，三角形，镊合状排列；雄蕊 4～7 枚，着生于冠筒喉部，花药线形；花盘环状，有沟槽；子房 4～7 室，花柱基部常肿胀，柱头多式。浆果 4～5 室；种子多粒，球形。 本属约有 150 种，分布于亚洲热带地区至非洲。我国有 3 种；广西有 1 种。

尖叶木(中国种子植物科属辞典)　图版 11:4

Urophyllum chinense Merr. et Chun, Sunyatsenia **2**(1):19. 1934;中国高等植物图鉴 **4**:230,图 5874. 1975;云南种子植物名录,下册:1276. 1984;中国植物志 **71**(1):326～327. 1999;Fl. China **19**:353. 2011.

灌木或小乔木,高可达 5 m;嫩枝被柔毛。叶对生;叶片长圆形、长圆状披针形或近卵形,长 10～20 cm,宽 3～5.5 cm,叶背脉上被贴伏柔毛;侧脉每边约 8 条,网状小脉构成略呈方格状的网眼;叶柄长约 1 cm;托叶长 1～1.7 cm,被柔毛。花序腋生,对生,伞房状,花序梗长 3～5 mm;花梗常有棱角,长 4～6 mm,均被柔毛;花冠白色,长约 4 mm,里面喉部被密毛,裂片近三角形;子房 5 室,柱头 5 裂。浆果近球状,成熟时红色或橙黄色;种子多粒,表面有洼点。　花期 6～8 月,果期 8～10 月。　产于苍梧、上思、东兴、平南、博白、金秀、宁明和龙州等地;生于海拔 400～900 m 的山地丛林中。分布于广东和云南,越南(北部)亦有。

23. 溪楠属　Keenania Hook. f.

草本或亚灌木;茎圆柱状。叶对生,有柄;托叶生于叶柄间,通常下部阔,上部钻状。花序顶生,头状,有总苞;苞片大;小苞片每花 2 片,常与花近等长;萼筒肉质,短的长圆形,檐部 4～6 裂,裂片不等大,覆瓦状排列;花冠白色或黄色,与萼裂片等长或较长,冠筒膨胀,裂片 4～6 枚,圆卵形,有硬尖,喉部被一毛环;雄蕊 5 枚,生于花冠筒基部,花丝短,花药线形;子房 2 室,花柱短或长,柱头 2 裂。　本属约有 5 种,分布于柬埔寨、印度、老挝、缅甸、泰国、越南及我国南部。我国有 2 种,均产于广西。

分种检索表

1. 花序梗较长,长 1～3.5 cm;总苞片长圆形或近卵形,长 6～7 mm ························ 1. **溪楠 K. tonkinensis** Drake
1. 花序梗较短,长不超过 5 mm;总苞片狭披针形或线形,长 1～1.5 cm ························ 2. **黄溪楠 K. flava** H. S. Lo

1. 溪楠

Keenania tonkinensis Drake, Bull. Mus. Hist. Nat. (Paris) 1:118. 1895; Pitard in Leoomte, Fl. Gen. Indo-Chine **3**:170, fig. 16(9). 1923;中国植物志 **71**(1):308～309, 1999; Fl. China **19**:183. 2011.

多年生草本或亚灌木,高达 30 cm;老茎被柔毛。叶片长圆形或椭圆形,叶背干时变黄色,通常被疏毛,叶面无毛;侧脉每边 8～10 条;叶柄长 1～4 cm。花序顶生,头状,有总苞;花序梗长 1～3.5 cm;总苞片与苞片均为圆形、长圆形或近卵形,长 6～7 mm,叶状,有脉纹;花白色,萼裂片 5 枚,叶状,有脉纹;花冠筒里面中部有毛环;雄蕊 5 枚,着生于冠筒基部;花盘半球状;子房 2 室;花柱长约 5 mm,柱头头状,2 深裂。　产于龙州;生于山谷密林下。分布于广西,越南北部亦有。

2. 黄溪楠(植物研究)

Keenania flava H. S. Lo, Fl. China **19**:183. 2011;中国植物志 **71**(1):309. 1999.

亚灌木状草本,高可达 50 cm;茎多少被柔毛。叶片披针形至卵形,基部楔尖或阔楔形,全缘,叶面干时变灰黑色,无毛,叶背苍白,中脉和侧脉上被柔毛;侧脉每边 5～9 条,不达叶缘即分枝连成边脉;叶柄长 0.8～2.5 cm,被柔毛。花序头状,顶生;总苞片和苞片多,叶状,狭披针形或线形,长 1～1.5 cm,长渐尖,有羽状脉;花(未开放)黄色;萼筒裂片 5 枚,稍不等长;花冠蕾期有 5 条翅状纵棱,冠筒顶端内弯成喙状,背部有阔翅;子房 2 室,花柱狭披针形,长 1.1 mm,柱头 2 枚。　花期 4 月。　产于那坡;生于山谷中。　本种为广西特有种。

24. 腺萼木属　Mycetia Reinw.

小灌木;老枝通常覆有草黄色或近白色的松软外皮。叶对生,一大一小,很少等大;托叶大而叶状,宿存或早落。聚伞花序顶生、腋生或生于无叶老茎上;花通常二型,为花柱异长花;苞片大或叶状,常有腺体;萼筒半球状、陀螺状或球状,萼檐 4～6 裂,裂片披针形至三角形,有时为线形,边缘和弯缺内常有腺齿或腺体;花冠黄色或白色,管状,内面常被毛,檐部 4～6 裂,裂片三角形,外向镊合状排列;雄蕊 4～6 枚,短柱花的着生于冠筒中部之上或喉部,长柱花的着生冠筒近基部,花药线形或狭长圆形;子房 2 室或 4～5 室,柱头 2 裂或 4～5 裂;胚珠每室多颗,着生在一肉质胎座上。果肉质,浆果状或干燥时蒴果状;种子多粒,小而有棱角。 本属约有 45 种,分布于亚洲热带和亚热带地区。我国有 16 种;广西有 2 种 1 变种。

分 种 检 索 表

1. 萼裂片与萼筒等长;叶面无毛或散生短柔毛。
  2. 叶面无毛或散生短柔毛,叶背脉上通常疏被柔毛;叶柄长通常不超过 2 cm,被柔毛 …… 1. **华腺萼木** M. sinensis (Hemsl.) Craib
  2. 叶片两面无毛;叶柄长 1～3(5)cm,无毛 ……………………………… 2. **方鼎腺萼木** M. fangii K. J. Yan et Z. Q. Song
1. 萼裂片明显比萼筒长;叶片两面散生硬毛 ………………………………………………………………………………………… 3. **那坡腺萼木** M. anlongensis H. S. Lo var. multiciliata H. S. Lo ex Tao Chen, K. J. Yan et D. Fang

1. 华腺萼木(中国高等植物图鉴) 狭萼腺萼木(广西植物) 图版 12:1～5

Mycetia sinensis (Hemsl.) Craib, Bull. Misc. Inform. Kew. 1914:29. 1914; Chun in Sunyatsenia **1**: 308. 1934; 海南植物志 **3**:316, 图 744. 1974; 中国高等植物图鉴 **4**:229, 图 5871. 1975; 中国植物志 **71**(1): 322～323. 1999; Fl. China **19**:247. 2011. ——*M. oligodonta* Merr., Lingnan Sci. J. **11**:56. 1932. ——*M. sinensis* (Hemsl.) Craib f. *angustisepala* H. S. Lo, Guihaia **11**(2):115. 1991. ——*Adenosacme longiflora* (Wall.) Kuntze var. *sinensis* Hemsl., J. L. Soc. Bot. **23**:379. 1888.

灌木或半灌木,高可达 1 m;老枝白色、无毛,嫩枝被皱卷柔毛。同一节上的叶片多少不等大,长 8～20 cm,宽 3～5 cm,叶面无毛或散生短柔毛,叶背脉上通常疏被柔毛;侧脉每边多达 20 条;叶柄长通常不超过 2 cm,被柔毛。聚伞花序 1～3 个簇生,顶生,花序梗长 3.5～6 cm;苞片似托叶,基部穿茎,边缘常条裂,很少近全缘,基部有黄色、具柄的腺体;花冠白色,外面无毛;长柱花雄蕊生冠筒近基部,短柱花雄蕊生冠筒近中部。果近球形,直径 4～4.5 mm,成熟时白色。 花期 7～8 月,果期 9～11 月。 产于荔浦、苍梧、平南、容县、那坡、贺州、昭平、河池、金秀、龙州等地;生于海拔 200～1 000 m 密林下的沟溪边或林中路旁。分布于福建(南部)、广东、海南、湖南、江西和云南。 本种为我国特有种。

2. 方鼎腺萼木

Mycetia fangii K. J. Yan et Z. Q. Song, Systematic Botany **41**(1): 229～237. 2016.

灌木,高 0.5～2 m,少分枝;茎斜升,下部被有光滑、草黄色、松软的外皮,上部为绿色,基部为褐色;除花冠内部外,其余均无毛。单叶对生,有时对生的 2 枚叶片不等大;叶片狭椭圆形或披针形,长(4)10～23 cm,宽(1)3～6 cm,膜质至纸质,两面无毛,基部楔形并下延至叶柄,先端渐尖,叶两面不同色(背面为更浅的绿色),背面密被苍白色的针晶体;侧脉 8～12 对,互生,平行,在叶缘处显著弯曲;叶柄长 1～3(5)cm;托叶生于叶柄间,宿存,卵形至近圆形,先端钝,叶状,几无毛,长 5～15 mm,宽 3～10 mm,约有 8 条基生脉。花序长 2～4 cm,成对着生于茎下部的无叶茎节上或生于具叶的叶腋处,有时也生于木质化的茎基部,为三岐聚伞花序,花通常少于 10 朵,花序单生或 2～4 个花序成簇;苞片生于花序梗的节上,4 枚形成一轮,且相互之间基部合生,披针形或卵形,无腺体,长 1～2 mm;小苞片生于花梗的基部,披针形,无腺体,长 1～2 mm;花梗长 4～8(10)mm,花序下部的花梗通常比上部的要长;两性花,长约 8 mm;花萼几乎为半球形,无毛,高约 2 mm;花萼裂片 5 枚,宿存,三角状披针形,长约 2 mm,基部宽约 1 mm,裂片间有短腺体,腺体长 0.4～0.6 mm;花冠黄色或白色,坛状,基部稍膨大;花冠筒长约 5 mm,外面无毛,内面被柔毛,花冠裂片三角状卵形,先端急尖,长约 1.5 mm,反折;雄蕊 5 枚,近无花丝;花药着生于花冠内面的

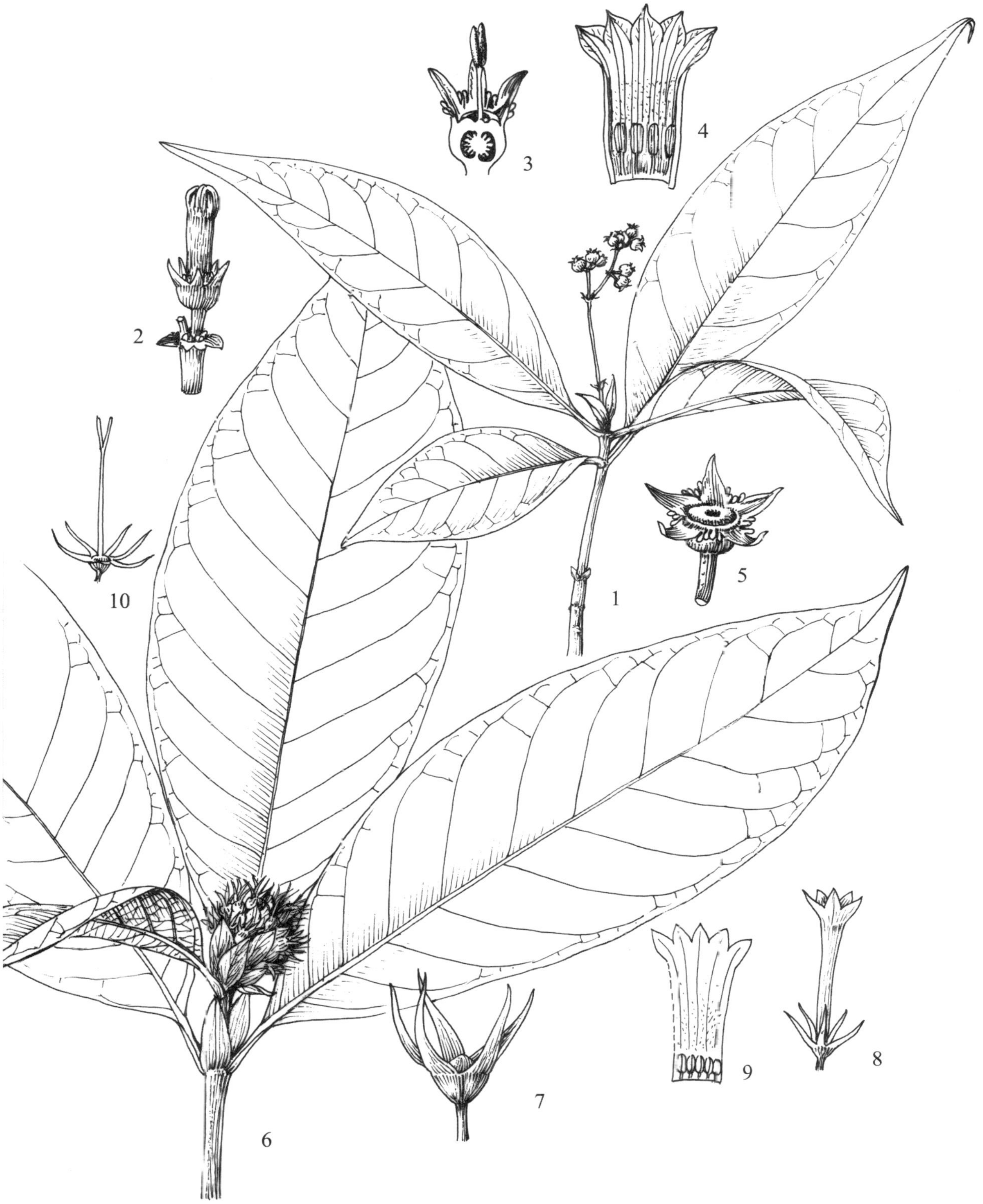

图版 12　1～5. **华腺萼木** Mycetia sinensis (Hemsl.) Craib　1. 果枝；2. 花序的一部分；3. 子房纵切面；4. 花冠展开；5. 幼果。　6～10. **大叶密脉木** Myrioneuron effusum (Pit.) Merr.　6. 果枝；7. 果；8. 花；9. 花冠剖开，示雄蕊；10. 雌蕊和花萼。（林文宏绘）

基部，长圆形，背着，长约 1.5 mm；子房 2 室，每室具多颗胚珠，花柱长约 3 mm，纤细，不分枝，柱头 2 裂，条形，长约 1.5 mm。果实浆果状，近球形，2 室，顶部宿存有花萼裂片；未成熟果实绿色，直径 3～4 mm，成熟时显著增大，变为白色；种子多粒，亮黑色，具棱，宽 0.2～0.4 mm，上面呈颗粒状。 花期 7～10 月，果期 10～12 月。 产于田林和凤山；生于海拔 400～700 m 的常绿阔叶林下溪边。

3. 那坡腺萼木

Mycetia anlongensis H. S. Lo var. **multiciliata** H. S. Lo ex Tao Chen, K. J. Yan et D. Fang, J. Fairylake Bot. Gard. 7(2): 21. 2008；中国植物志 **71**(1): 316. 1999；Fl. China **19**: 244. 2011.

灌木，高约 40 cm；小枝干时变黑色，无毛或被稀疏柔毛。叶片长圆形或长椭圆形，两侧多少不对称，长 12～17 cm，宽 5～7 cm，叶面具糙伏毛状短柔毛，叶背沿中脉和侧脉密被多细胞长柔毛，侧脉每边 14～18 条；叶柄长 1～2 cm，叶柄两侧被黑色腺毛。聚伞花序稠密，顶生；花序梗和分枝均短缩；萼近无毛，萼筒倒圆锥状；花冠黄色，阔管状，长 1.3～1.5 cm，外面无毛，内面被稀疏长柔毛，裂片 5 枚，三角形；花柱长约 1 cm，柱头 2 裂。 花期 4 月。 本变种特产于广西那坡；生于海拔 1 000～1 300 m 的石灰岩山坡。

25. 密脉木属 Myrioneuron R. Br. ex Benth. et Hook. f.

半灌木、小灌木或高大草本；茎枝均较粗壮。叶和托叶均较大。花序有花序梗，腋生或顶生，为多花的头状花序或伞房状聚伞花序；花二型，具花柱异长花；苞片大，通常披针形或卵形，有脉纹；萼筒卵圆形或卵状椭圆形，裂片 5 枚，宿存；花冠黄色或白色，管状，喉部被长柔毛，裂片 5 枚，常被毛，芽时镊合状排列；雄蕊 5 枚，生于花冠筒的内壁上，花丝近钻状，花药线形；子房 2 室，花柱短或长，柱头 2 裂，裂片较狭长，常黏合。浆果卵球状，干燥或肉质，白色；种子多数，有棱角，表面散布洼点。 本属约有 14 种，分布于不丹、印度、尼泊尔和越南。我国有 4 种；广西有 3 种。

分种检索表

1. 花序全部顶生，密集成球状；叶片有侧脉 9～13 对；花冠比花萼裂片长 ……………………… 1. **密脉木** M. faberi Hemsl.
1. 花序腋生或顶生，非球状；叶片有侧脉 15～23 对；花冠比花萼裂片短或近等长。
  2. 苞片小，长 8～10 mm；伞房状聚伞花序 …………………………………………… 2. **大叶密脉木** M. effusum (Pit.) Merr.
  2. 苞片大，长 1.5～2.5 cm；短穗状或总状花序 ………………………………………… 3. **越南密脉木** M. tonkinense Pit.

1. 密脉木（中国高等植物图鉴）

Myrioneuron faberi Hemsl., J. Linn. Soc. Bot. **23**: 380. 1888；Chun in Sunyatsenia **1**: 309. 1934；中国高等植物图鉴 **4**: 226，图 5865. 1975；云南种子植物名录(下册): 1265. 1984；中国植物志 **71**(1): 310～312，图版 82. 1999；Fl. China **19**: 248. 2011. ——*M. oligoneuron* Hand.-Mazz., Sinensia **5**: 21. 1934；中国高等植物图鉴 **4**: 227，图 5867. 1975.

高大草本或灌木状，高可达 1 m；嫩部干时黑色，被柔毛。叶聚生于小枝上部；叶片倒卵形或长圆状倒卵形，长通常 10～23 cm，宽 4.5～10 cm，边全缘或微波状，叶面无毛，叶背较苍白，脉上被极短的柔毛；侧脉每边 9～13 条，侧脉间常有 1 条或 2 条较短的次侧脉；叶柄长 0.7～2 cm，被柔毛；托叶有很密的直出脉状条纹。花序顶生，密集成球状，花序梗长 3～10 mm；花冠黄色，外面近无毛，内面被长柔毛；雄蕊 5 枚，长柱花的生冠筒近基部，短柱花的生喉部。果近球形，成熟时由黄绿色变白色，无毛，宿存萼裂片 4～5 枚，狭披针形。 花期 8 月，果期 10～12 月。 产于三江、阳朔、永福、恭城、百色、德保、那坡、田林、隆林、河池、南丹、天峨、都安等地；生于海拔 500～1 500 m 的林下或山谷水沟边。分布于贵州、湖北、湖南、四川和云南。

2. 大叶密脉木 图版 12: 6～10

Myrioneuron effusum (Pit.) Merr., J. Arnold Arbor. **23**: 195. 1942；中国植物志 **71**(1): 312～313.

1999；Fl. China 19：248. 2011. ——*M. nutans* Wall. var. *effusum* Pitard，Lecomte，Fl. Gen. Indo-Chine 3：192. 1923.

灌木，高达 2 m；嫩枝具 4 棱，很快变圆柱状，常有小疣点，无毛。叶片长圆形、倒卵形或倒披针形，长 13～35 cm，宽 5.5～14 cm，叶背苍白；侧脉每边 17～23 条，近平行；叶柄长 2～4 cm，被微柔毛；托叶卵形或披针形，长 1.5～2 cm，宽达 1 cm，被微柔毛，有明显的脉纹。花序为伞房状聚伞花序，腋生或顶生，4～5 回分歧；花冠外面被短柔毛，管筒状，长约 1 cm，里面被长柔毛，裂片长圆状卵形。浆果近球形。 花期 7～8 月，果期 10～11 月。 产于龙州；生于海拔 560～700 m 的山谷水沟边石上。越南北部亦有。

3. **越南密脉木**(海南植物志)

Myrioneuron tonkinense Pit.，Fl. Gen. Indo-Chine 3：193，fig. 17. 1923；中国植物志 71(1)：312，图版 82：6～7. 1999；Fl. China 19：248. 2011；Lingnan Sci. J. 11：57. 1932；海南植物志 3：315，图 743. 1974.

草本或半灌木，高可达 2 m；枝上部方柱状，被微柔毛，下部圆柱状，覆有松软的灰白色树皮。叶片倒卵形、椭圆形或近长圆形，长 12～28 cm，宽 4～11 cm，叶面无毛，叶背脉上密被粉状微柔毛；侧脉每边 15～18 条；叶柄长 1～3 cm；托叶卵形至长圆形，长 1.5～2.5 cm，宽 1～1.5 cm，顶端 2 裂或不裂，被柔毛，有很密的条纹状脉纹。花序对生，腋生，短穗状或总状，长 1～3 cm；花冠黄色，筒状，长 1～1.2 cm，裂片 5 枚，被柔毛，冠筒长为裂片的 3.5～4 倍。浆果近球形，成熟时白色。 花期 6～8 月，果期 10～12 月。 产于那坡、凌云、宁明和龙州等地；生于密林下。分布于广东、海南和云南等地，越南北部亦有。

26. 巴戟天属 Morinda L.

藤本、灌木或小乔木。叶对生，罕 3 片轮生；托叶分离或 2 片合生成筒状，紧贴。头状花序由少数至多数花聚合而成，桑果形或近球形，木本种花序单一腋生或生于一叶位而与另一叶对生，藤本种为数花序伞状排于枝顶；花无梗，两性，3～5 基数或 5～7 基数(乔木种)；花萼半球形或圆锥状，顶截平或具 1～3 枚齿；花冠白色，漏斗状、高脚碟状或钟状，管部与檐部近等长或远较长，喉部密被毛或无毛；雄蕊与花冠裂片同数；雌蕊具花柱或无花柱而仅存圆锥状柱头于子房顶，子房 2～4 室，每室具胚珠 1 颗。聚花核果由 1～2 朵至多朵合生花和花序托发育而成，卵形、桑果形或近球形，每一核果具 2～4 分核；种子 1 粒，与分核同为近三棱形或长圆形。 本属有 80～100 种，广泛分布于热带和亚热带地区。我国有 27 种；广西有 12 种 1 亚种 2 变种。

分 种 检 索 表

1. 枝、叶均密被锈黄色长柔毛；花萼具 4～5 枚齿；果直径 1～2 cm …………………… 1. **大果巴戟** M. cochinchinensis DC.
1. 枝、叶均无毛或被各式紧贴硬毛、短粗毛、短柔毛；花萼无齿或具 1～3 枚齿；果直径通常不及 1.2 cm。
  2. 枝和叶两面光滑无毛。
    3. 叶片椭圆形、长圆形或椭圆状披针形，干后红棕色；托叶长达 15 mm；侧脉 6～9 对 … 2. **糠藤** M. howiana S. Y. Hu
    3. 叶片倒卵形、倒卵状长圆形或倒卵状披针形，干后淡棕色或棕黑色；托叶长达 6 mm；侧脉每边 4～5 条 ……………………………………………………………………… 3. **羊角藤** M. umbellata L. subsp. obovata Y. Z. Ruan
  2. 嫩枝有毛，叶多少有毛或局部有毛。
    4. 中脉上半部明显线状突起，具皮刺状硬毛；花 3 基数，极少 2 或 4 基数 ………… 4. **巴戟天** M. officinalis F. C. How
    4. 中脉上绝无皮刺状弯硬毛；花 4～5 基数。
      5. 嫩枝被锈色或黄色毛；叶背被锈色或紧贴绢毛、短弯毛、锈色毛。
        6. 嫩枝密被锈色柔毛；叶背被短弯毛。
          7. 叶面干时灰黑色，被锈色短柔毛 ………………………………… 5. **樟叶巴戟** M. cinnamomifoliata Y. Z. Ruan
          7. 叶面干时咖啡色或棕黑色，疏被紧贴短弯毛或无毛 …………………… 6. **湖北巴戟** M. hupehensis S. Y. Hu
        6. 嫩枝被短柔毛；叶背仅中脉处有短粗毛，余处无毛。

8. 叶片倒卵形或倒卵状披针形，叶面不光亮，具皱褶，脉明显；花萼无齿 …… 7. **皱面鸡眼藤** M. rugulosa Y. Z. Ruan

8. 叶片长圆形、椭圆状披针形、倒披针形，叶面光亮，无皱褶，脉不明显；花萼具 2～3 枚波状齿 …………………………………………………………………………………………… 8. **栗色巴戟** M. badia Y. Z. Ruan

5. 嫩枝毛被非锈色或黄色，叶背非锈色，非被锈毛或绢毛。

9. 叶片通常（或大多数）上部宽于下部，倒卵形、倒卵状披针形、椭圆状倒披针形、倒披针形或线状倒披针形。

10. 叶片通常长 2～5 cm，侧脉每边通常 3～4 条；花萼顶端常可见针状或波状齿 1～3 枚 ………………………………………………………………………………………… 9. **鸡眼藤** M. parvifolia Bartl. ex DC.

10. 叶片通常长 7～12 cm，侧脉每边通常 5～7 条；花萼无齿。

11. 叶背无毛 ……………………………………… 10a. **南岭鸡眼藤** M. nanlingensis Y. Z. Ruan var. nanlingensis

11. 叶背密被柔毛 …………………… 10b. **毛背鸡眼藤** M. nanlingensis Y. Z. Ruan var. pilophora Y. Z. Ruan

9. 叶片通常（或大多数叶）下部宽于上部，卵状披针形、卵状长圆形、长圆状披针形、披针形或线形。

12. 嫩枝疏被不明显粒状细毛；叶背中脉被粗短毛 …………………… 11. **木姜叶巴戟** M. litseifolia Y. Z. Ruan

12. 嫩枝密被短粗毛或柔毛；叶背中脉被短粗硬毛。

13. 老叶金黄色、绿色或棕色；头状花序通常具花 3 朵，极少 1 或 5 朵。

14. 老叶金黄色，叶面被不明显短粗毛，两面中脉上毛粗而密 ………………………………………………………………………………………… 12a. **金叶巴戟** M. citrina Y. Z. Ruan var. citrina

14. 老叶绿色或棕色；叶面通常无短粗毛，两面中脉上毛细而疏 ……………………………………………………………………… 12b. **白蕊巴戟** M. citrina Y. Z. Ruan var. chlorina Y. Z. Ruan

13. 老叶灰色或棕黄色；头状花序具花 5～10 朵 ……………………… 13. **西南巴戟** M. scabrifolia Y. Z. Ruan

1. **大果巴戟** 酒饼藤 黄心藤（海南） 大果巴戟天（海南植物志）

Morinda cochinchinensis DC.，Prodr. **4**：449. 1830；Fl. Gen. Indo-Chine **3**：420. 1924；Lingnan Sci. J. **6**：332. 1928；Merr. et Chun in Sunyatsenia **1**：80. 1930；海南植物志 **3**：331. 1974；中国高等植物图鉴 **4**：242，图 5898. 1975；中国植物志 **71**(2)：188～189. 1999；Fl. China **19**：224. 2011. ——*M. trichophylla* Merr.，Philip. J. Sci. **23**：267. 1923.

藤本；幼枝密被锈黄色长柔毛。叶对生；叶片长 5.5～14 cm，叶面疏被糙硬伏毛，叶背和叶柄密被锈色柔毛，基部圆或有时略呈心形；侧脉每边 7～10 条。顶生头状花序，3～18 个排列成伞形；花序梗长 1～3 cm，密被锈色短柔毛，基部具多数丝状总苞片；头状花序具花 5～15 朵；花无梗；花萼顶部具裂片 4～5 枚，裂片大小不等；花冠白色，檐部裂片顶部内折成喙状。聚花核果由 1～8 个核果组成，近球形、长圆球形或不规则形，直径 1～2 cm，外面被柔毛，熟时由橙黄色变橘红色；果梗长 2.5～4 cm，被锈毛；核果具 4 个分核；分核三棱形，具种子 1 粒。 花期 5～7 月，果期 7～11 月。 产于平乐、桂平、龙州等地；生于海拔 100～1 200 m 的山坡、山谷、溪旁和路边的林下或灌木丛中。分布于广东、福建和海南等地，越南亦有。

2. **糠藤**（海南澄迈）

Morinda howiana S. Y. Hu，J. Arn. Arb. **32**：400. 1951；中国植物志 **71**(2)：189～190. 1999；Fl. China **19**：224～225. 2011.

藤本；枝无毛。叶片椭圆形、长圆形或椭圆状披针形，长 6～14 cm，宽 2～6 cm，叶面干时红棕色，叶背红棕色，两面无毛；中脉在叶背脊状隆起，无毛，侧脉每边 6～9 条，脉腋沿凹陷生一圈毛；叶柄长 6～10 mm，被短柔毛；托叶长 6～15 mm。花序 5～10 个呈伞状排于枝顶，花序梗被短柔毛；头状花序具花 4～12 朵；花 4～5 基数；花冠近钟状，檐部 4～5 裂；花丝与花药等长。聚花核果近球形；核果具 2～4 个分核；分核内具种子 1 粒；种子与分核同形，黑色。 花期 4～5 月，果期 7～10 月。 产于马山、融水、桂林、临桂、灌阳、全州、龙胜、恭城、梧州、苍梧、蒙山、贵港、平南、容县、博白、靖西、那坡、贺州、富川、金秀、宁明和龙州等地；生于海拔 300～700 m 的山谷、溪边林下、路旁或山坡灌木丛中。分布于广东和海南。

3. **羊角藤**（亚种） （中国树木分类学） 图版 13：1～4

Morinda umbellata L. subsp. obovata Y. Z. Ruan，Fl. Reipubl. Popularis Sin. **71**(2)：325. 1999；中国植

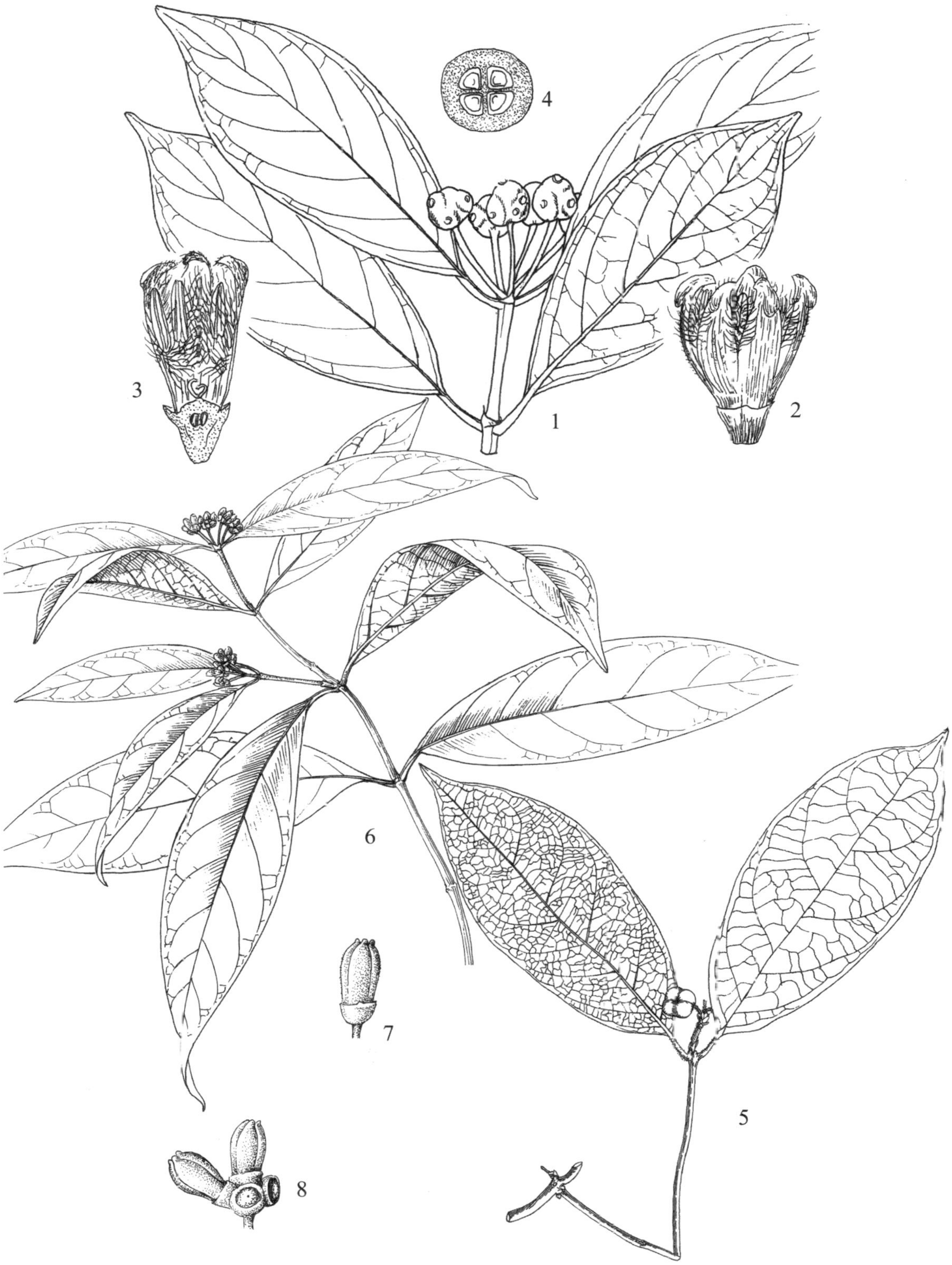

图版 13　1～4. **羊角藤** Morinda umbellata L. subsp. obovata Y. Z. Ruan　1. 果枝；2. 花；3. 花纵切面；4. 子房横切面。5. **巴戟天** M. officinalis F. C. How　5. 果枝。　6～8. **金叶巴戟** M. citrina Y. Z. Ruan var. citrina　6. 花枝；7. 花蕾；8. 花序。（林文宏绘）

物志 **71**(2):190～191,图版 47:6.1999;Fl. China **19**:229.2011.

攀缘或缠绕藤本,有时呈披散灌木状;老枝具细棱,蓝黑色,无毛。叶片倒卵形、倒卵状长圆形或倒卵状披针形,长 6～9 cm,宽 2～3.5 cm,叶面常具蜡质,光亮,干时淡棕色至棕黑色,无毛;中脉通常两面无毛,侧脉每边 4～5 条;叶柄常被不明显粒状疏毛。花序 3～11 伞状排列于枝顶;花序梗长 4～11 mm,被微毛;头状花序直径 6～10 mm,具花 6～12 朵;花 4～5 基数,无花梗;花冠白色,檐部 4～5 裂;雄蕊与花冠裂片同数;柱头圆锥状,常 2 裂。聚花核果由 3～7 朵花发育而成,成熟时红色,近球形或扁球形,核果具 2～4 个分核;分核近三棱形,具种子 1 粒。 花期 6～7 月,果期 10～11 月。 产于南宁、融水、临桂、兴安、龙胜、苍梧、容县、博白和罗城等地;生于海拔 300～1 200 m 山地林下、溪旁、路旁等疏阴或密阴的灌木上。分布于安徽、福建、广东、海南、湖南、江苏、江西、台湾和浙江等地。

4. **巴戟天**(原变种) 图版 13:5

Morinda officinalis F. C. How,Acta Phytotax. Sin. **7**:326.1958;海南植物志 **3**:332.1974;中国高等植物图鉴 **4**:243,图 5899.1975;中国植物志 **71**(2):199～200,图版 47:1～2.1999;Fl. China **19**:226～227.2011.

藤本;肉质根不定位肠状缢缩,根肉略紫红色,干后紫蓝色;老枝具棱,无毛,棕色或蓝黑色,嫩枝被长短不一的粗毛,后脱落变粗糙。叶片长圆形、卵状长圆形或倒卵状长圆形,长 6～13 cm,宽 3～6 cm,边全缘,叶面初时被稀疏、紧贴的长粗毛,后变无毛,中脉线状隆起,多少被刺状硬毛或弯毛,叶背无毛或中脉处被疏短粗毛;侧脉每边 4～7 条;叶柄长 4～11 mm;托叶长 3～5 mm,顶部截平。花序 3～7 个呈伞状排列于枝顶;花序梗长 5～10 mm,被短柔毛,基部常为卵形或线形;总苞片 1 枚;头状花序具花 4～10 朵;花 2～4 基数,无花梗;花冠白色,稍肉质,檐部通常 3 裂,有时 4 裂或 2 裂;雄蕊与花冠裂片同数。聚花核果由多花或单花发育而成,熟时红色,扁球形或近球形,直径 5～11 mm;核果具分核 2～4 个;分核三棱形,被毛状物,内面具种子 1 粒;种子熟时黑色,略呈三棱形,无毛。 花期 5～7 月,果熟期 10～11 月。 产于融水、临桂、兴安、龙胜、上思、德保、贺州、象州和宁明等地;生于山地疏、密林下和灌木丛中,常攀于灌木或树干上,亦有引作家种。分布于福建、广东和海南等地。 本种是现代中药巴戟天的原植物,其肉质根的根肉晒干即成药材巴戟天。

5. **樟叶巴戟**

Morinda cinnamomifoliata Y. Z. Ruan,Fl. Reipubl. Popul. Sin. **71**(2):336.1999;中国植物志 **71**(2):191～192.1999;Fl. China **19**: 223.2011.

藤本;老枝具棱,无毛;嫩枝密被锈色细柔毛。叶对生;叶片狭长圆形、长圆状倒披针形或倒卵状倒披针形,长 8～11 cm,宽 2.5～3.5 cm,全缘,干时叶面灰黑色,多少被锈色短柔毛,叶背被短弯毛,淡白色;侧脉每边 4～6 条;叶柄长 5～10 mm,密被短粗毛。花序 6～10 个呈伞状排列于枝顶;花序梗长 5～10 mm,被锈色短细毛;头状花序具花 5～7 朵;花无梗;花冠白色;花药与花丝近等长;无花柱时柱头圆锥状,具花柱时柱头长圆形。聚花核果近扁球形;分核近棱形。 花期 6～7 月,果期冬季。 特产于贵港,生于村边山坡灌木丛中。

6. **湖北巴戟**

Morinda hupehensis S. Y. Hu,J. Arn. Arb. **32**:400.1951;中国植物志 **71**(2):192～193.1999;Fl. China **19**:225.2011.

藤本;老枝具棱,紫蓝色;嫩枝密被锈色粗硬毛。叶片倒披针形、椭圆状长圆形、椭圆状披针形或线状长圆形,长 5～9 cm,宽 1.5～3 cm,全缘,叶面干时咖啡色或棕黑色,疏被紧贴短弯毛或无毛,叶背锈色或棕灰色,密被黄柔毛或仅脉处被毛;中脉在叶面被短粗毛,在叶背隆起,被柔毛,侧脉每边 5～7 条;叶柄长 4～8 mm,密被短粗硬毛。花序 6～8 个呈伞状排列于枝顶;花序梗长 5～10 mm,被短柔毛;头状花序具花 4～7 朵;花无梗,4～5 基数;花冠白色。聚花核果由 2～4 朵花发育而成,熟时红色,近球形;核果具分核 2～4 个。 花期 7～8 月,果期 10～11 月。 产于梧州和那坡;生于海拔 400～1 000 m 的林下或林边灌木丛中。分布于福建、贵州、湖北、湖南和四川等地。

7. 皱面鸡眼藤

Morinda rugulosa Y. Z. Ruan, Fl. Reipubl. Popul. Sin. 71(2): 328. 1999; 中国植物志 71(2): 193. 1999; Fl. China 19: 228. 2011.

藤本或灌木状；茎紫黑色，嫩枝被短柔毛。叶片倒卵形或倒卵状技针形，长 7～9 cm，宽 2.5～4 cm，全缘，叶面干时棕黑色，中脉和侧脉初时被疏短柔毛，很快变无毛，叶背锈色，仅中脉处被粒状短毛，余处无毛；侧脉每边 5～6 条；叶柄长 6～9 mm，被粗短毛。花序 4～8 个呈伞状排于枝顶；花序梗长 7～9 mm，被短柔毛；头状花序具花 5～12 朵；花无梗；花冠白色，檐部 4 裂；无花柱或具外伸花柱。聚花核果由 2～5 朵花发育而成，近球形，熟时红色；果梗长 10～15 mm；核果具分核 2～4 个；分核近三棱形，无毛，具种子 1 粒；种子与分核同形，黑色。　花期 7 月，果期 12 月。　产于恭城；生于山谷、河边林下、路旁或灌木丛中。分布于湖南。

8. 栗色巴戟

Morinda badia Y. Z. Ruan, Fl. Reipubl. Popul. Sin. 71(2): 327. 1999; 中国植物志 71(2): 193～194. 1999; Fl. China 19: 222. 2011.

藤本；枝具棱，嫩枝被短柔毛。叶片长圆形、椭圆状披针形或倒披针形，长 7～12 cm，宽 2～4 cm，全缘，叶面干时棕黑色或栗色，被短粗毛或脱落后变无毛，中脉有粒状毛或短粗毛，叶背锈色，仅脉处有粒状毛或短粗毛；侧脉每边 4～6 条，常紫红色；叶柄长 4～8 mm，密被短粗毛。花序 3～5 伞状排列于枝顶；花序梗长 5～10 mm，被粒状短毛；头状花序具花 3～10 朵；花 4～5 基数，无花梗；花冠黄白色，檐部 4～5 裂。果序梗长短不一，长 10～18 mm；聚花核果橙色，由 2～4 朵花发育而成，近球形；核果具分核 2～4 个，分核三棱形。　花期 6 月，果期 10 月。　产于桂东北；生于山地林下或水旁灌木丛中，攀缘或缠绕于其他树上。分布于广东、海南和湖南。

9. 鸡眼藤　小叶羊角藤　细叶巴戟天　百眼藤

Morinda parvifolia Bartl. ex DC., Prodr. 4: 449. 1830; 海南植物志 3: 333. 1974; 中国高等植物图鉴 4: 243, 图 5900. 1975; 台湾植物志 4: 308. 1978; 中国植物志 71(2): 194～195, 图版 47: 3～5. 1999; Fl. China 19: 227. 2011.

攀缘、缠绕或平卧藤本；老枝具细棱，嫩枝密被短粗毛。叶片形多变，有时具大、小二型叶，长 2～7 cm，宽 0.3～3 cm，全缘或具疏缘毛，叶面初时被稍密粗毛，后被疏粒状短粗毛（糙毛）或无毛，叶背初时被柔毛，后变无毛，中脉通常被短硬毛；侧脉每边 3～6 条，脉腋具毛。花序 2～9 个呈伞状排列于枝顶；花序梗长 0.6～2.5 cm，被短细毛，基部常具钻形或线形总苞片 1 枚；头状花序近球形或稍呈圆锥状，直径 5～8 mm，具花 3～17 朵；花 4～5 基数，无花梗；花萼顶截平，常具 1～3 枚针状或波状齿，有时无齿，背面常具毛状或钻状苞片 1 枚；花冠白色，檐部 4～5 裂；有花柱，柱头长圆形，2 裂，或无花柱，柱头圆锥状，2 裂或不裂。聚花核果近球形，直径 6～15 mm，熟时橙红至橘红色；核果具分核 2～4 个；分核三棱形，具种子 1 粒。　花期 4～6 月，果期 6～8 月。　产于北海、合浦、防城和钦州等地；生于海拔 400 m 以下路旁、沟边等灌木丛中或平卧于裸地上，丘陵地的灌木丛中或疏林下亦常见，但通常不分布至山地林内。分布于福建、广东、海南、江西和台湾，菲律宾和越南亦有。　本种全株可药用，有清热利湿、化痰止咳等功效。

10. 南岭鸡眼藤

Morinda nanlingensis Y. Z. Ruan, Fl. Reipubl. Popul. Sin. 71(2): 329. 1999; 中国植物志 71(2): 196. 1999; Fl. China 19: 226. 2011.

10a. 南岭鸡眼藤（原变种）

Morinda nanlingensis Y. Z. Ruan var. *nanlingensis*

藤本或灌木状；老枝具棱，无毛，紫蓝色；嫩枝被短粗毛。叶片倒卵形、椭圆状倒披针形，稀椭圆形，长 7～12 cm，宽 2～3.5 cm，全缘，叶面初时疏被细短弯毛，后变无毛，中脉有粒状短毛，叶背棕灰色，无毛，中脉隆起，被粒状短毛；侧脉每边 5～7 条；叶柄长 3～5 mm，被粒状短粗毛。花序 7～10 个呈伞状排列于枝顶；花序梗长 10～15 mm，被短柔毛；头状花序具花 5～11 朵；花 4～5 基数；花萼顶端截平，无齿；花冠檐部

4～5裂；具花柱，柱头长圆形，2裂，或无花柱，柱头生于子房顶，子房2～4室，每室具胚珠1颗。聚花核果由4～8朵花发育而成，近球形，熟时橙色至深红色；种子黑色。 花期6月，果期10月。 产于桂东北；生于山谷、溪旁等山地疏林下或灌木丛阴处。分布于广东、湖南、云南和浙江等地。

10b. 毛背鸡眼藤(变种)

Morinda nanlingensis Y. Z. Ruan var. pilophora Y. Z. Ruan, Fl. Reipubl. Popularis Sin. **71**(2): 331. 1999; 中国植物志 **71**(2): 196. 1999; Fl. China **19**: 226. 2011.

该变种与原变种不同之处为叶背面密被柔毛。 产于桂东北；生于山地林下或阴处灌木丛中。分布于湖南。

11. 木姜叶巴戟

Morinda litseifolia Y. Z. Ruan, Fl. Reipubl. Popul. Sin. **71**(2): 335. 1999; 中国植物志 **71**(2): 199. 1999; Fl. China **19**: 225. 2011.

藤本；老枝紫黑色，无毛；嫩枝被细短毛。叶片线形、披针形、长圆状披针形，长5～11 cm，宽1.5～3 cm，全缘，叶面无毛或有疏短毛，中脉常被稍粗短毛，叶背棕灰色或淡绿红色，通常仅脉处被稍粗短硬毛，或短细毛，余处无毛；侧脉每边4～6条；叶柄长4～6 mm，叶面密被短粗毛。头状花序3～5排于枝顶；花序梗长约7 mm，被微毛；头状花序近球形，具花5～7朵；花4～5基数；花萼顶端截平，无齿；花冠黄白色；无花柱，柱头圆锥状。聚花核果由1～4朵花发育而成，近球形；核果具分核2～4个；分核倒卵状三棱形；种子三棱形。 花期7月，果期10～11月。 产于桂北；生于海拔700～1 300 m的山地疏、密林下，缠绕或攀缘于灌木或乔木上。分布于福建、湖南、江西和四川。

12. 金叶巴戟

Morinda citrina Y. Z. Ruan, Fl. Reipubl. Popul. Sin. **71**(2): 331. 1999; 中国植物志 **71**(2): 196～197. 1999; Fl. China **19**: 223～224. 2011.

12a. 金叶巴戟(原变种) 图版13: 6～8

Morinda citrina Y. Z. Ruan var. citrina

藤本；老枝具棱，无毛，棕色、紫蓝色或蓝黑色；嫩枝密被柔毛或短粗毛。老叶干后深金黄色或棕黄色，叶片卵状披针形至长圆状披针形，长5～12 cm，宽1.5～3 cm，全缘，叶面被稀疏不明显短粗毛，中脉平或略隆起，被黑色短粗毛，叶背无毛或疏被短柔毛，中脉处被稍密短硬毛；侧脉每边4～6条；叶柄长4～6 mm，密被粗毛或短毛；托叶顶端截平。花序3～5个呈伞状排列于枝顶；花序梗被短柔毛；头状花序具花1～5朵；花4～5基数，无梗；花萼倒圆锥状；花冠黄白色或白色，檐部4～5裂；子房具1枚圆锥状柱头，无花柱。聚花核果由2～3朵花发育而成，熟时橙黄色或橘红色；核果具分核2～4个；分核三棱形；种子三棱形。 花期4～7月，果期10～11月。 产于桂东北；生于海拔500～1 300 m山地疏、密林下。分布于广东、贵州和湖南。 本种根皮层肉质化，在民间曾被当作药材巴戟天使用，我国南方某些巴戟天种植地中见有本种混杂。

12b. 白蕊巴戟(变种)

Morinda citrina Y. Z. Ruan var. chlorina Y. Z. Ruan, Fl. Reipubl. Popul. Sin **71**(2): 332. 1999. 中国植物志 **71**(2): 197. 1999; Fl. China **19**: 224. 2011.

与原变种不同，本变种老叶通常带绿色或有时棕色，很少黄色；叶中脉两面毛较细而疏，叶面通常无短粗毛。 产于桂东和桂北；生于山地林下或灌木丛中。分布于安徽、福建、广东、湖南、江西和浙江。 本变种的根具肉质皮层，其根肉的厚薄可能与分布区有关，湖南民间用作药材巴戟天代用品(药材品质次于正品巴戟天)；广西南部巴戟天种植地曾有本变种混杂，当地称其为"白蕊巴戟天"。

13. 西南巴戟

Morinda scabrifolia Y. Z. Ruan, Fl. Reipubl. Popul. Sin. **71**(2): 332. 1999; 中国植物志 **71**(2): 197～198. 1999; Fl. China **19**: 228. 2011.

藤本或灌木；老枝具棱，无毛；嫩枝密被短粗毛。叶片长圆形、长圆状线形或长圆状披针形，长7～13 cm，宽2～4 cm，全缘，叶面有稀疏短粗毛(糙毛)或近无毛，中脉有短细毛或无毛，叶背淡棕色，无毛或被短细弯毛，中脉脊状突起，被短硬毛或两侧各有一排柔毛；侧脉每边5～7条，被短硬毛或无毛；叶柄长5～15 mm，被短粗硬毛。花序3～10个呈伞状排列于枝顶；花序梗长5～10 mm，基部具线形总苞片1枚或无总苞片，被细短柔毛；头状花序具花5～10朵；花4～5基数，无梗；花萼顶部近截平，无齿；花冠白色，檐部4～5裂；无花柱，柱头圆锥状。聚花核果由2～4朵花发育而成，近扁球形，直径达1.1 cm；果梗长达2 cm；核果具分核2～4个；分核三棱形，具种子1粒；种子黑色，无毛。　花期6月，果期9～10月。　产于武鸣；生于山地林下、灌木丛中或岩石荫处。分布于江西、四川和云南。　本种根皮层肉质化，作药材巴戟天代用品。

27.穴果木属　Caelospermum Blume

藤本，有时呈灌木或小乔木状。叶对生；叶片纸质或革质，椭圆形、倒卵形或长圆状披针形；托叶每侧2枚合生成半圆环状，顶截平或具2枚短尖齿。花序顶生或兼腋生，腋生者不分枝，顶生者呈伞状、聚伞状或圆锥状分枝，末级为伞形花序或聚伞状伞形花序；花具短梗，初时白色，后变乳黄色；苞片卵形，或无；花萼杯状或钟状，萼片合生成一环；花冠高脚碟状或漏斗状，檐部4～5裂，裂片线形至长圆形，芽时镊合状排列，冠筒里面被簇生或非簇生柔毛，喉部有毛或无；雄蕊4～5枚，着生在冠筒喉部或冠口处，花丝丝状，花药线形；花柱上部2浅裂或2深裂，裂片线形、叉开或粘连，子房4室，每室胚珠1颗，或下部变2室，每室胚珠2颗，罕子房2室，每室胚珠1颗；胚珠长圆形或圆形、扁状。核果浆果状，圆球形，具分核2～4个；分核近长圆形，向内弯曲，内具1粒种子。　本属约有10种，分布于亚洲热带地区至澳大利亚。我国有1种；广西亦有。

穴果木(中国种子植物科属词典)　长叶穴果木

Caelospermum truncatum (Wall.) Baill. ex K. Schum., Engler et Prantl, Nat. Pflanzenfam. **4**(4): 136. 1891; Fl. China **19**: 83. 2011. ——*C. kanehirae* Merr., Lingnan Sci. J. **5**: 288. 1928; 中国植物志 **71**(2): 165～167, 图版 42: 4～6. 1999. ——*C. morindiforme* Pierre ex Pitard in Lecomte, Fl. Gen. Indo-Chine **3**: 432. 1924. ——*C. scandens* Blume, Bijdr. 994. 1826. ——*Webera truncata* Wall., Roxburgh, Fl. Ind. **2**: 538. 1824.

藤本，常呈灌木状或小乔木状。叶对生；叶片干后棕黄色或有时带淡黑色，长7～15 cm，宽5～10 cm，全缘，叶面光滑无毛，叶背常被疏柔毛；侧脉每边4～8条，边缘网结；叶柄长1～2.5 cm；托叶每侧2枚合生成半圆环形或略呈扁三角形，顶截平或具2枚短尖齿。聚伞状圆锥花序由3～9个伞形花序组成，长可达17 cm，顶生或兼腋生；伞形花序梗和花梗被粉状微柔毛；花萼杯形或钟形，背面被粉状微毛；花冠高脚碟形，白色或乳黄色；管部内面和喉部密被柔毛，檐部4～5裂，裂片线形或长圆状线形；雄蕊4～5枚，花丝长4～5 mm，花药线形，"丁"字着生，纵裂；花柱棱柱形，长8～10 mm，2裂，裂片线形，长约4 mm，子房4室。核果浆果状，近球形，直径8～12 mm；分核2～4个，扁或稍钝三棱形，稍为弯，内具种子1粒。　花期4～5月，果期7～9月。　产于上林、德保、防城、上思等地；常生于山地和丘陵的疏林下或灌木丛中。分布于广东和海南，柬埔寨、印度尼西亚、马来西亚、泰国和越南亦有。

28.南山花属　Prismatomeris Thwaites

灌木或小乔木；小枝通常具棱或略呈四棱柱形。叶对生。伞形花序状花簇顶生或兼腋生，具花数朵至十几朵；花两性或稀单性；萼通常杯形，檐部4～5枚齿或近无齿，宿存；花冠高脚碟状，白色，冠筒柱形，檐部4～5裂，裂片三角形或披针形，蕾时镊合状排列；雄蕊4～5枚，与花冠裂片互生；花柱通常异长，柱头2裂，裂片长圆形，蕾时常叉开，花时常粘连成纺锤体。核果近球形，如豌豆大小，腹面具1条纵沟纹，顶部常具环状宿萼；种子1～2粒，近球形或半球形。 本属有15种，分布于孟加拉国、柬埔寨、印度、印度尼西亚、老挝、马来西亚、缅甸、菲律宾、新加坡、斯里兰卡、泰国和越南。我国有1种；广西亦有。

四蕊三角瓣花(植物分类学报) 南山花 三角瓣花 多花三角瓣花

Prismatomeris tetrandra (Roxb.) K. Schum., Engler et Prantl, Nat. Pflanzenfam. **4**(4): 138. 1891；中国植物志 **71**(2): 177. 1999；Fl. China **19**: 293. 2011. ——*P. connata* Y. Z. Ruan, Acta Phytotax. Sin. **26**: 447. 1988；中国植物志 **71**(2): 178～179. 1999. ——*P. connata* Y. Z. Ruan subsp. *hainanensis* Y. Z. Ruan, Acta Phytotax. Sin. **26**: 448. 1988；中国植物志 **71**(2): 179. 1999. ——*P. multiflora* Ridley, Bull. Misc. Inform. Kew **1939**: 603. 1940. ——*P. tetrandra* (Roxb.) K. Schum. subsp. *multiflora* (Ridley) Y. Z. Ruan, Acta Phytotax. Sin. **26**: 447. 1988；中国植物志 **71**(2): 178, 图版 42: 1～3. 1999. ——*Coffea tetrandra* Roxb., Fl. Ind. **2**: 193. 1824. ——*Octotropis terminalis* C. B. Clarke, J. Linn. Soc. Bot. **25**: 33. 1889.

灌木或小乔木，高可达8 m；小枝四棱柱形。叶片长圆形、披针形、卵形或倒卵形，长4～18 cm，宽2～6 cm，全缘；侧脉每边6～8条，两面突起；叶柄长4～15 mm；托叶每侧2枚，初时钻形，后下部加厚和连合成具2尖头的近三角形，宿存。伞形花序顶生或兼侧生，无梗或因顶叶脱落而成一假花序梗，具花3～16朵；花两性或稀单性；花梗长8～32 mm；花冠碟形，白色，长21～29 mm，冠筒长14～20 mm，檐部5裂；雄蕊5枚，与花冠裂片互生；花柱异长，柱头2裂，裂片蕾时粘连或分离，开放时通常粘连成一扁纺锤体；子房2室。核果近球形，顶部具环状宿萼，熟时紫蓝色，直径8～12 mm；果梗长1～3 cm；种子1～2粒，球形或半球形，角质。 花期5～9月，果期9～12月。 产于横县、邕宁、灌阳、资源、合浦、防城、上思、东兴、钦州、灵山、浦北、陆川、博白、百色、凌云、乐业和宁明等地；生于海拔300～1 400 m的疏、密林下或灌木丛中。分布于福建、广东、海南和云南(南部)，柬埔寨、印度、泰国和越南亦有。模式标本采自广西防城港市。

29. 鱼骨木属 Canthium Lam.

灌木或乔木，有时雌雄异株，具刺或无刺。叶对生；托叶三角形，基部合生，有时早落。花腋生，簇生或排成伞房花序式的聚伞花序；萼筒半球形或倒圆锥形，萼檐截平或4～5浅裂；花冠筒瓮形，漏斗形或近球形，内部常具1环形倒生毛，顶部4～5裂，裂片卵状三角形，镊合状排列，花后外弯；雄蕊着生于冠筒喉部，花丝短或无，花药近基部背着；花盘环形；子房2室，每室有下垂胚珠1颗；花柱内藏或长突出，柱头2裂或全缘。核果近球形，有时因其中一个心皮的发育受抑制而呈肾形，内有小核1～2个，小核骨质或脆壳质；种子长圆形、圆柱形或平凸形。 本属约有30种，广泛分布于热带和亚热带的亚洲、非洲和大洋洲。我国有5种，主要分布于南部和西南部；广西有3种。

分 种 检 索 表

1. 植株具刺；小枝被紧贴的土黄色柔毛；核果卵形，不为压扁状 …………………………… 1. **猪肚木 C. horridum** Blume
1. 植株无刺，无毛；核果多少压扁状。
    2. 叶片纸质，干后无光泽；侧脉每边6～8条；果较大，直径9～15 mm ………… 2. **大叶鱼骨木 C. simile** Merr. et Chun
    2. 叶片革质，干后具光泽；侧脉每边3～5条；果较小，直径6～8 mm ……………………………………………………………… 3. **鱼骨木 C. dicoccum** (Gaertn.) Teysmann et Binnedijk

1. **猪肚木** 刺鱼骨木 小叶铁屎米 猪肚簕 图版14：1～2

Canthium horridum Blume, Cat. Gew. Buitenzorg (Blume) 45. 1823；中国植物志 **71**(2): 10. 1999；Fl. China **19**: 84. 2011；Merr. et Chun in Sunyatsenina **2**: 46. 1934；海南植物志 **3**: 356. 1974；中国高等植物图

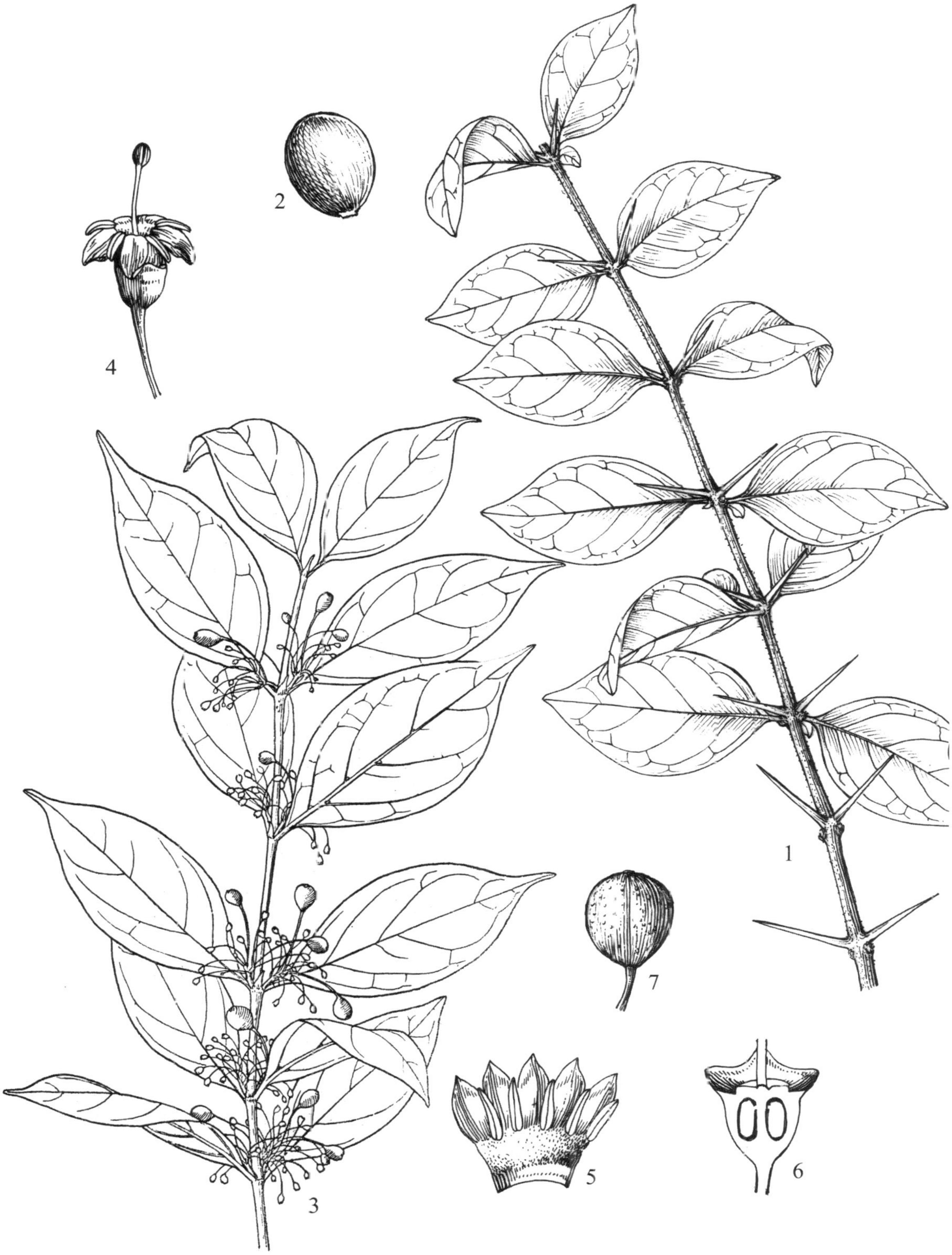

图版 14　1～2. **猪肚木** Canthium horridum Blume　1. 果枝；2. 果。　3～7. **鱼骨木** C. dicoccum (Gaertn.) Teysmann et Binnedijk　3. 果枝；4. 花；5. 花冠展开；6. 子房纵切面；7. 果。（1～2,4～7 林文宏绘；3 何顺清绘）

鉴 **4**:268,图 5949. 1975. ——*C. hebecladum* Candolle,Prodr. **4**:474. 1830. ——*C. pauciflorum* Blanco,Fl. Filip. 165. 1837. ——*Plectronia horrida* (Blume) Bentham et Hook. f. ,J. Asiat. Soc. Bengal,Pt. 2,Nat. Hist. **46**(2):153. 1877.

具刺灌木,高 2~3 m;小枝圆柱形,被紧贴的、土黄色柔毛;刺长 0.3~3 cm,对生,锐尖。叶片纸质,卵形、长卵形或椭圆形,长 2~5 cm,宽 1~2 cm,基部阔楔形或圆形,无毛,仅沿中脉略被柔毛;侧脉每边 2~3 条;叶柄长 2~3 mm,稍被柔毛;托叶被毛,长 2~3 mm。花具短梗或无花梗,单生或数朵簇生于叶腋;花冠白色,近瓮形,冠筒外面无毛,喉部具倒生髯毛;花柱长约 5 mm,基部被柔毛,柱头橄榄形,粗糙。核果卵形,单生或孪生,长 1.5~2.5 cm,直径 1~2 cm,顶部具宿存萼檐,内有小核 1~2 个;小核具不明显小瘤状体。 花期 4~6 月。 产于上林、梧州、苍梧、贵港、博白、平南、隆林、田林、罗城和龙州等地;生于低海拔的灌木丛、林缘或疏林下。分布于广东、香港、海南、云南等地,印度、马来西亚、泰国、印度尼西亚、菲律宾等地亦有。

2. **大叶鱼骨木**(海南植物志) 图版 15:1

Canthium simile Merr. et Chun,Sunyatsenia **2**:19,fig. 11. 1934;海南植物志 **3**:355. 1974;中国高等植物图鉴 **4**:268,图 5950. 1975;中国植物志 **71**(2):10~11,图版 4:5~7. 1999;Fl. China **19**:85. 2011.

灌木或小乔木,高可达 18 m;植株无刺,无毛;小枝初时微压扁状,后呈圆柱形。叶片纸质,卵状长圆形,长 9~13 cm,宽 4.5~6.5 cm,基部阔而急尖,两面无毛;侧脉每边 6~8 条;叶柄长 5~8 mm;托叶基部阔,上部突然收窄成长约 5 mm 的急尖头。花序腋生,为不规则的伞房花序式的聚伞花序;花序梗长 1 cm;花具极短的花梗或无花梗;花柱无毛,柱头粗糙而膨大。核果倒卵形,压扁状,长 1~2 cm,直径 0.9~1.5 cm,孪生;小核平凸;果梗长 6~10 mm 或更长,"之"字形。 花期 1~3 月,果期 6~7 月。 产于靖西、田林、扶绥、崇左和龙州等地;生于低海拔至中海拔的山坡疏林、密林下或山谷洼地。分布于广东、海南、云南等地,越南亦有。

3. **鱼骨木**(广东) 铁屎米 图版 14:3~7

Canthium dicoccum (Gaertn.) Teysmann et Binnedijk,Cat. H. Bog. 113. 1866;云南种子植物名录(下册):1248. 1984;中国植物 **71**(2):11,图版 4:1~4. 1999. ——*C. dicoccum* (Gaertn.) Merr. ,Philip. J. Sci. **35**:8. 1928. ——*Psydrax dicoccos* Gaertn. ,Fruct. **1**:125,t. 26. 1788.

灌木或乔木,高可达 15 m;植株无刺,无毛;小枝初时呈压扁形或四棱柱形,后变圆柱形。叶片革质,卵形,卵状披针形至椭圆形,长 4~10 cm,宽 1.5~4 cm,干时两面极光亮;侧脉每边 3~5 条;叶柄扁平,长 8~15 mm;托叶基部阔,顶端收狭成急尖或渐尖。聚伞花序具短花序梗,比叶短;花冠绿白色或淡黄色,冠筒喉部具绒毛,顶部 4~5 裂,裂片略比冠筒短,开放后外反卷;花柱伸出,无毛,柱头全缘,粗厚。核果倒卵形或倒卵状椭圆形,略扁,多少近孪生,长 8~10 mm,直径 6~8 mm;小核具皱纹。 花期 1~8 月。 产于阳朔、平乐、隆安、上思、靖西、那坡、南丹、天峨、龙州和大新等地;生于低海拔至中海拔的山坡疏林、密林下,也常见于石灰岩山坡及山顶。分布于广东、香港、海南、云南和西藏等地,印度、斯里兰卡、马来西亚、印度尼西亚、菲律宾及澳大利亚等亦有。 陈涛等(Flora of China,2011)把该种置于**假鱼骨木属**(*Psydrax* Gaertner),但作者认为把该种置于本属更为合理。

30. 拉拉藤属 Galium L.

一年生或多年生草本,少为半灌木;茎通常柔弱,常具 4 棱角,无毛、具毛或具小皮刺。叶 3 片至多片轮生,稀 2 片对生;托叶叶状。花两性,稀单性同株,4 数,稀 3 数或 5 数,腋生或顶生的聚伞花序,常再排成圆锥花序式,稀单生,无总苞;花冠辐状,稀钟状或短漏斗状,通常深 4 裂,裂片镊合状排列;雄蕊与花冠裂片互生;花盘环状;子房下位,2 室,花柱 2 裂,柱头头状。果为小坚果,干燥不开裂,常为双生,稀单生的分果爿,表面平滑或有小瘤状突起,无毛或有毛,毛常为钩状硬毛;种子背面凸,腹面具沟纹。 本属有

图版 15　1. **大叶鱼骨木** Canthium simile Merr. et Chun　1. 果枝。　2. **柄花茜草** Rubia pocantha Diels　2. 果枝。　3. **茜草** R. cordifolia L.　3. 果枝。　4. **多花茜草** R. wallichiana Decne.　4. 果枝。　（1 黄门生绘，2～4 林文宏绘）

600 多种，广泛分布于世界各地，主产温带地区，热带地区极少。我国有 63 种；广西有 5 种 5 变种。

分 种 检 索 表

1. 叶片具 1 脉，无不明显的 3 脉。
  2. 叶每轮 4 片，稀 5 片。
    3. 叶片狭披针形、线状披针形或卵状披针形；花序较疏。
      4. 同株上部与下部的叶形均不同，下部的叶常卵状披针形，上部的叶常渐狭，长 0.6～3.4 cm …………………………………………………………………………………… 1a. **四叶葎** G. bungei Steud. var. bungei
      4. 同株叶形均为狭披针形或线状披针形，长约 3 cm …………………………………………………………… 1b. **狭叶四叶葎** G. bungei Steud. var. angustifolium (Loesen.) Cuf.
    3. 叶片阔椭圆形、倒卵形或阔披针形；花序密集成头状 …………………………………………………………… 1c. **阔叶四叶葎** G. bungei Steud. var. trachyspermum (A. Gray) Cuf.
  2. 叶每轮 4 片以上。
    5. 聚伞花序较短，通常长不过 2 cm …………………………………………………… 2. **小猪殃殃** G. innocuum Miquel
    5. 聚伞花序较长，长超过 2 cm。
      6. 茎有倒生的小刺毛；果被钩毛，果梗长约 2.5 cm …………………………………… 3. **猪殃殃** G. spurium L.
      6. 茎无倒生的小刺毛；果无钩状毛，果梗长不到 5 mm。
        7. 萼筒和果无毛。
          8. 茎无刺，多少被长柔毛或短硬毛；叶背密被长硬毛 …………………………………………………………… 4a. **楔叶葎** G. asperifolium Wall. ex Roxb. var. asperifolium
          8. 茎无刺或在棱上有倒向的小皮刺；叶背被疏毛或沿中脉和边缘有倒向的小刺毛 …………………………………………………… 4b. **小叶葎** G. asperifolium Wall. ex Roxb. var. sikkimense (Gand.) Cuf.
        7. 萼筒和果被毛 ………………………… 4c. **毛果楔叶葎** G. asperifolium Wall. ex Roxb. var. lasiocarpum W. C. Chen
1. 叶片具 3 脉，稀 5 脉。
  9. 茎全部或至少在上部被疏柔毛或变近无毛；花梗较短，长 0.2～2.5 mm …………………………………………………… 5. **广西拉拉藤** G. elegans Wall. ex Roxb. var. glabriusculum Req. ex DC.
  9. 茎无毛或在下部被开展的硬毛或散生倒向的毛，节上常有髯毛；花梗较长，长 2～7 mm …………………………………………………… 6. **滇拉拉藤** G. yunnanense H. Hara et C. Y. Wu

1. **四叶葎**（中国植物图鉴） 散血丹（陕西） 小拉马藤（陕西） 四叶草（江西草药）

Galium bungei Steud., Nom. Bot. ed. 2, **1**: 657. 1840；中国高等植物图鉴 **4**: 278，图 5970. 1975；中国植物志 **71(2)**: 247～248，图版 56: 5～8. 1999；Fl. China **19**: 118～119. 2011. ——*G. gracile* Bunge, Enum. Pl. China Bor. 35. 1833. ——*G. miltorrhizum* Hance, J. Bot. **6**: 114. 1868. ——*G. gracilens* (A. Gray) Makino, Bot. Mag. Tokyo **17**: 74. 1903. ——*G. remotiflorum* H. Lévl. et Van., Bull. Soc. Bot. France **55**: 58. 1908. ——*G. gracile* Bunge var. *miltorrhizum* (Hance) Loesen., Beih. Bot. Centralbl. **37**: 182. 1920. ——*G. lutchuense* Nakai ex Kitagawa, Bot. Mag. Tokyo **48**: 618. 1934. ——*G. miltorrhizum* Hance var. *lutchuense* (Nakai ex Kitagawa) Hara, Acta Phytotax. Geobot. **12**: 199. 1950. ——*G. fukuyamai* Masamune, Trans. Nat. Hist. Soc. Formosa **33**: 621. 1943.

1a. **四叶葎**（原变种） 四叶拉拉藤

Galium bungei Steud. var. bungei

多年生直立草本，丛生，高 5～50 cm；茎具 4 棱，常无毛或节上有微毛。叶 4 片轮生；叶片形状变化较大，通常同株上部与下部的叶形不同，叶片长 0.6～3.4 cm，宽 2～6 mm，中脉和边缘常有刺状硬毛，有时两面亦有糙伏毛，1 脉。聚伞花序顶生和腋生，花序梗常 3 歧分枝，再形成圆锥状花序；花梗长 1～7 mm；花冠黄绿色或白色，辐状，直径 1.4～2 mm，无毛。果爿近球状，直径 1～2 mm，通常双生，有小疣点、小鳞片或短钩毛，稀无毛；果梗长可达 9 mm，常比果长。　花期 4～9 月，果期 5 月至翌年 1 月。　产于柳州、融水、龙胜和隆林等地；通常生于山地、丘陵、旷野、田间、沟边的林中、灌木丛或草地。分布于安徽、甘肃、广东、福建、贵州、河北、黑龙江、河南、湖北、湖南、江苏、辽宁、内蒙古、宁夏、陕西、山西、山东、四川、云南、浙江和台湾，日本和韩国亦有。　本种全草可入药，清热解毒、利尿、消肿，治尿路感染、赤白带下、痢疾、痈肿、跌打损伤。　本种有 5 变种，广西有 2 变种。

1b. **狭叶四叶葎**（变种）（秦岭植物志）

Galium bungei Steud. var. angustifolium (Loesen.) Cuf., Oesterr. Bot. Zeitschr. **89**: 221. 1940；秦岭植物志 1(5)：20. 1985；中国植物志 **71**(2)：250. 1999；Fl. China **19**: 119. 2011. ——*G. gracile* Wallr. f. *angustifolium* Loes., Beih. Bot. Central Bl. **27**: 182. 1920.

本变种与原变种不同的是：叶均为狭披针形或线状披针形，长 1～3 cm，宽 1～6 mm。　花期 6～7 月，果期 8～10 月。　产于凌云；生于海拔 320～1 500 m 的山地、溪旁的林下、灌木丛或草地。分布于安徽、福建、甘肃、河北、河南、江苏、江西、陕西、山东、山西和浙江等地。

1c. **阔叶四叶葎**（变种）（中国高等植物图鉴）

Galium bungei Steud. var. trachyspermum (A. Gray) Cuf., Oesterr. Bot. Zeitschr. **89**: 221. 1940；中国高等植物图鉴 **4**：278. 1975；中国植物志 **71**(2)：249～250. 1999；Fl. China **19**: 120. 2011. ——*G. trachyspermum* A. Gray, Perry et Hawks, Narr. Exped. **2**: 313. 1856. ——*G. venosum* H. Lévl., Fedde, Repert. Sp. Nov. **10**: 438. 1912.

本变种与原变种不同的是：叶均为阔椭圆形、倒卵形或阔披针形，长 1～1.8 cm，宽 5～12 mm；花常密集成头状。　花期 4～5 月，果期 4～7 月。　产于桂东北；生于海拔 10～740 m 的山地、旷野、溪边的林中或草地。分布于安徽、福建、广东、河北、湖北、湖南、贵州、江苏、江西、陕西、山东、四川和浙江，日本、朝鲜亦有。

2. **小猪殃殃**　小叶猪殃殃　细叶四叶葎　三瓣猪殃殃　细叶猪殃殃

Galium innocuum Miquel, Fl. Ned. Ind. **2**: 341. 1857；Fl. China **19**: 127. 2011. ——*G. modestum* Diels, Notes Roy. Bot. Gard. Edinburgh **5**(25): 438. 1912. ——*G. trifidum* L. var. *modestum* (Diels) Cufod., Oesterr. Bot. Z. **89**: 233. 1940.

多年生草本，丛生，高 15～60 cm；茎具 4 角棱，近无毛。叶通常 4～6 片轮生；叶片倒披针形或线状披针形，长 3～14 mm，宽 1～4 mm，无毛或近无毛，有时在边缘有极微小的倒生刺毛，1 脉，近无柄。聚伞花序腋生和顶生，长 1～2(3.5) cm，有花 3～4 朵；花梗长 1～8 mm；花冠白色，辐状，花冠裂片 3～4 枚，卵形；雄蕊通常 3 枚；花柱顶部 2 裂。果爿近球状，双生或有时单生，光滑无毛。　花果期 3～8 月。　产于兴安；生于海拔 300～2 100 m 旷野、沟边、山地林下、草坡、灌木丛或沼泽地。分布于福建、台湾、湖南、广东、四川、贵州、云南、西藏、黑龙江、吉林、辽宁、内蒙古、河北、山西、江苏、安徽、浙江、江西等地，中南半岛国家和印度、巴布亚新几内亚、日本、朝鲜以及欧洲、美洲(北部)亦有。

3. **猪殃殃**（野菜谱）　拉拉藤（植物名实图考）　爬拉殃　八仙草（滇南本草）

Galium spurium L., Sp. Pl. **1**: 106. 1753；Fl. China **19**: 136. 2011. ——*G. agreste* Wallr., Sched. Crit. 59. 1822. ——*G. agreste* Wall. var. *echinospermum* Wallr., Sched. Crit. 59. 1822. ——*G. agreste* Wall. var. *leiospermum* Wallr., Sched. Crit. 59. 1822. ——*G. aparine* L. var. *echinospermum* (Wallr.) Cuf., Oesterr. Bot. Zeitschr. **89**: 245. 1940；中国植物志 **71**(2)：235，图版 90. 1999. ——*G. aparine* L. f. *leiocarpum* Makino, Bot. Mag. (Tokyo) **17**: 77. 1903. ——*G. aparine* L. var. *leiospermum* (Wallr.) T. Durand, Prodr. Fl. Belg. **3**: 719. 1903. ——*G. aparine* L. var. *spurium* (L.) W. D. J. Koch, Syn. Fl. Germ. Helv. 330. 1835. ——*G. aparine* L. var. *tenerum* (Gren. et Godr.) Rchb. f., Icon. Fl. Germ. Helv. **17**: 94 1855；中国植物志 **71**(2)：237. 1999. ——*G. aparine* L. var. *vaillantii* (DC.) W. D. J. Koch, Syn. Fl. Germ. Helv. 330. 1835. ——*G. hongnoense* H. Lévl., Repert. Spec. Nov. Regni Veg. **10**: 438. 1912. ——*G. oli-*

ganthum Nakai et Kitag. ,Rep. Exped. Manchoukuo Sect. iv 1:56. 1934. ——*G. pauciflorum* Bunge, Enum. Pl. China Bor. 35. 1833. ——*G. spurium* L. var. *echinospermum* (Wallr.) Hayek, Fl. Deutschland 6(1):229. 1914. ——*G. spurium* L. var. *tenerum* Gren. et Godr. ,Fl. France 2:44. 1850. ——*G. vaillantii* DC. ,Fl. Franc. 4:263. 1805. ——*G. wutaicum* Hurus. ,J. Jap. Bot. 26:88 1951.

多枝、匍匐或攀缘状草本，高 30～50 cm；茎有 4 角棱；棱上、叶缘、叶脉上均有倒生的小刺毛。叶 4～8 片轮生；叶片长 0.5～5.5 cm，宽 1～8 mm，顶端有针状凸尖头，两面常有紧贴的刺状毛，1 脉，近无柄。聚伞花序腋生或顶生；花萼被钩毛；花冠黄绿色或白色；子房被毛，柱头头状。果干燥，有 1～2 个近球状的分果爿，直径达 5.5 mm，密被钩毛；果梗长可达 2.5 cm。 花期 3～7 月，果期 4～11 月。 产于广西各地；通常生于山坡疏林、沟边、河滩、旷野、田中、林缘或草地。分布于除海南及南海诸岛外的全国各地，日本、朝鲜、俄罗斯、印度、尼泊尔、巴基斯坦及欧洲、非洲、美洲（北部）等地亦有。 本种全草可入药，清热解毒、消肿止痛、利尿、散瘀，治淋浊、尿血、跌打损伤、肠痈、疖肿、中耳炎等。

4. 楔叶葎

Galium asperifolium Wall. ex Roxb. ,Fl. Ind. 1:381. 1820；中国植物志 71(2):271～272,1999；Fl. China 19:113～114. 2011. ——*G. pseudohirtiflorum* H. Li, Acta Phytotax. Sinica 18(1):117, fig. 2. 1980.

4a. 楔叶葎（原变种）

Galium asperifolium Wall. ex Roxb. var. **asperifolium**

多年生、匍匐或攀缘草本，高 20～70 cm；茎具 4 棱，多少被长柔毛或短硬毛。叶每轮 4～8 片；茎下部的叶片通常较大，长 1.5～2.5 cm，宽 3～6 mm，茎上部的叶片通常较小，长 0.5～1 cm，宽 1～2 mm，叶面光亮，粗糙，无毛或被短的小硬毛，叶背苍白色，密被硬毛；1 脉。聚伞花序顶生和腋生，花序 2 次二歧分叉，常呈圆锥花序式排列，长达 12 cm；花萼无毛；花冠绿白色或黄色，无毛，裂片披针形或三角状卵形，顶端芒尖；花柱 2 裂至中部，柱头球形，子房无毛。果小，果爿近球状，直径 1～2 mm，无毛，果梗长 1～3 mm。 花果期 6～9 月。 产于融水、凌云、乐业和隆林等地；通常生于海拔 800～2 000 m 的山坡、沟边、田边、草地、灌木丛、林中。分布于四川、贵州、云南、西藏，阿富汗、孟加拉国、印度、巴基斯坦、尼泊尔、斯里兰卡、泰国亦有。 本种有 3 变种，广西有 2 变种。

4b. 小叶葎（变种）（中国高等植物图鉴）

Galium asperifolium Wall. ex Roxb. var. **sikkimense** (Gand.) Cuf. ,Oesterr. Bot. Zeitschr. 89:241. 1940；中国植物志 71(2):272～273,图版 59:6～8. 1999；Fl. China 19:114～115. 2011. ——*G. sikkimense* Gand. ,Bull. Soc. Bot. France 66:307. 1920. ——*G. cavaleriei* H. Lévl. ,Fedde, Repert. Sp. Nov. 10:438. 1912. ——*G. esquirolii* H. Lévl. ,Bull. Acad. Geog. Bot. 25:48. 1915.

本变种与原变种不同的是：植株细弱；茎无刺或在棱上有倒向的小皮刺，茎无毛或稀被疏柔毛或刚毛；叶片较小，不为楔状长圆形，叶背被疏毛或沿中脉和边缘有倒向的小刺毛。 花期 6～9 月，果期 7～10 月。 产于融水；通常生于海拔 400～2 000 m 的山坡疏林、河滩、沟边、旷野、草地或灌木丛中。分布于湖北、湖南、四川、贵州、云南、西藏，印度、不丹和尼泊尔亦有。

4c. 毛果楔叶葎（变种）（植物分类学报）

Galium asperifolium Wall. ex Roxb. var. **lasiocarpum** W. C. Chen, Acta Phytotax. Sinica 28(4):303. 1990；Fl. China 19:114. 2011.

本变种与原变种不同的是：萼筒和果均被小硬毛。 花果期 5～10 月。 产于隆林；生于海拔 1 400 m 以上的山坡疏林中、田边或河边。分布于贵州、云南。

5. 广西拉拉藤（变种）（中国高等植物图鉴）

Galium elegans Wall. ex Roxb. var. **glabriusculum** Req. ex DC. ,Prodr. 4:600. 1830；中国植物志 71(2):244. 1999；Fl. China 19:123. 2011. ——*G. elegans* Wall. ex Roxb. f. *glabriusculum* (Requien ex Candolle) H. Hara ex H. Ohba, J. Jap. Bot. **66**:303. 1991.

多年生草本,通常高0.1～1 m;茎具4棱,全部或至少在上部被疏柔毛或变近无毛。叶通常4片轮生;叶片卵形至阔椭圆形,长1～3.3 cm,宽0.5～1.8 cm,干时常呈黑褐色,两面疏或密被短硬毛或长柔毛,3脉,稀5脉。聚伞花序顶生或腋生,花梗长0.2～2.5 mm;花冠白色或淡黄色;雄蕊4枚,与花冠裂片互生;花柱长约0.7 mm,顶端2裂。果爿单生或双生,被钩状长毛,稀无毛。　花期7～8月,果期7～10月。　产于凌云和田林;通常生于海拔900～2 000 m山地、溪边的林下或草地。分布于贵州、四川、西藏和云南,印度、尼泊尔亦有。

6. **滇拉拉藤**　狭叶拉拉藤(中国高等植物图鉴)

Galium yunnanense H. Hara et C. Y. Wu, J. Jap. Bot. **61**:74. 1986;中国植物志 **71**(2):286. 1999;Fl. China **19**:141. 2011.——*G. elegans* Wall. ex Roxb. var. *angustifolium* Cuf., Oesterr. Bot. Zeitschr. **89**: 230. 1940.——*G. elegans* Wall. ex Roxb. var. *nemorosum* Cufod., Oesterr. Bot. Z. **89**:230. 1940.

多年生草本;茎匍匐、攀缘或缠绕,具4角棱,无毛或在下部被开展的硬毛或散生倒向的毛,节上常有髯毛。叶4片轮生,长1～5 cm,宽3～15 mm,叶面稍粗糙,叶背具腺点和细条纹,在脉上具上升的小粗硬毛,3脉,近无柄或具短柄。花序顶生或生于上部叶腋;花直径2～2.5 mm;花梗长2～7 mm,无毛;花冠白色,裂片4枚,卵形,3脉;子房长0.5 mm,密被弯而粗厚的白毛。果双生,直径2 mm,长1～1.3 mm,被长达0.8 mm、顶部钩状的、开展的白色硬毛。　花果期7～11月。　产于凌云;生于海拔700～2 000 m的山地、溪边的林中、灌木丛或草地。分布于甘肃、贵州、湖南、四川和云南。

31. 茜草属　Rubia L.

灌木、亚灌木或多年生草本,攀缘状或藤状;通常有糙毛或小皮刺,茎有直棱或翅。叶通常4～6片有时多片轮生,极罕对生而有托叶,具掌状脉或羽状脉。花通常两性,有花梗,聚伞花序顶生或腋生;萼筒卵圆形或球形;花冠辐状或近钟状,冠檐部4～5裂,裂片镊合状排列;雄蕊4～5枚,着生于冠筒上,花药2室;子房2室或有时退化为1室,花柱2裂,柱头头状;胚珠每室1颗。果2裂,肉质浆果状;种子近直立,腹面平坦或无网纹。　本属约80种,分布于西欧、北欧、地中海沿岸、非洲、亚洲热带和温带、喜马拉雅地区、墨西哥至热带美洲地区。我国有38种;广西有9种。

分种检索表

1. 直立草本;茎和分枝近无毛,平滑或有微小倒刺 ………… 1. **大叶茜草** R. schumanniana E. Pritzel
1. 攀缘藤本。
  2. 花冠裂片明显反折 ………… 2. **柄花茜草** R. podantha Diels
  2. 花冠裂片不反折,伸展或近直立、内弯。
    3. 叶无柄或极短柄;茎具8条直棱 ………… 3. **川滇茜草** R. edgeworthii Hook. f.
    3. 叶有明显叶柄;茎具4条棱或4个翅。
      4. 茎、叶密被灰色钩状硬毛;花冠外面被钩状长硬毛 ………… 4. **钩毛茜草** R. oncotricha Hand.-Mazz.
      4. 茎、叶不被毛,或所被毛的顶端绝非钩状;花冠外面无毛或被柔毛。
        5. 叶片狭窄,线形或披针状线形,长约为宽的5～10倍 ………… 5. **金剑草** R. alata Wall.
        5. 叶片较阔,非线形,长不及宽的3倍。
          6. 叶片厚革质,顶端钝,基部圆或微心形 ………… 6. **厚柄茜草** R. crassipes Coll. et Hemsl.
          6. 叶片纸质或膜质,顶端渐尖或短尖。
            7. 叶片卵状心形或近圆心形;基出脉通常5～7条 ………… 7. **东南茜草** R. argyi (H. Lévl. et Van.) Hara ex Lauener
            7. 叶片披针形或长圆状披针形,长约为宽的2～3倍;基出脉3～5条。

8. 棱上具倒生皮刺；果成熟时橘黄色；基出脉 3 条 ………………………………… 8. **茜草** R. cordifolia L.

8. 棱上具乳突状倒生短刺；果成熟时黑色；基出脉 5 条 ………………… 9. **多花茜草** R. wallichiana Decne.

1. **大叶茜草**（中国高等植物图鉴）

Rubia schumanniana E. Pritzel, Bot. Jahrb. Syst. **29**：583. 1901；中国植物志 **71**（2）：299，图版 66：1～7. 1999；Fl. China **19**：316～317. 2011. ——*R. leiocaulis* Diels, Not. Roy. Bot. Gard Edinb. **5**：277. 1912. ——*R. esquirolii* H. Lévl. , Fedde, Repert. Sp. Nov. **10**：439. 1912. ——*R. chinensis* Regel et Maack var. *esquirolii* （H. Lévl. ） H. Lévl. Cat. Pl. Yunnan. 248. 1917. ——*R. maillardii* H. Lévl. et Vant, Bull. Soc. Bot. France **51**：145. 1907. ——*R. cordifolia* L. var. *maillardii* （H. Lévl. et Vant） H. Lévl. , Fl. Kouy-Tcheou 372. 1915. ——*R. schumanniana* Pritzel var. *maillardii* （H. Lévl. et Vant） Hand. -Mazz. , Sinensis **5**：22. 1934.

多年生草本，通常近直立，高约 1 m；茎和分枝均有 4 条直棱和直槽，近无毛，平滑或有微小倒刺。叶 4 片轮生；叶片长 3～10 cm，宽 1.5～4 cm，通常仅叶面脉上生钩状短硬毛，有时叶面或两面均被短硬毛，粗糙；基出脉 3～5 条，网脉两面均不明显；叶柄近等长或 2 长 2 短，长 0.5～3 cm。聚伞花序排成圆锥花序式，顶生和腋生，花序梗长 3～4 cm；花冠白色或绿黄色，裂片 4～6 枚，近卵形。浆果球状，直径 5～7 mm，黑色。 花期 5～7 月，果期 8～10 月。 产于凌云；生于海拔 300～2 000 m 的林中。分布于四川和云南，模式标本采自四川南川大河坝。

2. **柄花茜草**（云南种子植物名录） 大茜草（云南文山） 逆刺（云南丽江） 图版 15：2

Rubia podantha Diels, Not. Roy. Bot. Gard. Edinb. **5**：277. 1912；H. Lévl. Cat. Pl. Yunnan 248. 1917；云南种子植物名录（下册）：1272. 1984. 中国植物志 **71**（2）：306，图版 71：7～12. 1999；Fl. China **19**：315. 2011. ——*R. nephrophylla* Deb, Bull. Bot. Soc. Beng. **24**（1～2）：163, pl. 1. 1970.

多年生草质攀缘藤本；茎和分枝稍呈四棱形，棱上有倒生小皮刺，有时被糙毛。叶 4 片轮生；叶片基部心形，叶背基出脉上通常有倒生小皮刺；基出脉 3～5 条；叶柄有直棱，具倒生皮刺，长 1～5 cm。花序腋生和顶生，聚伞花序排成圆锥花序式，主轴和分枝均有直棱；花冠紫红色或黄白色，外面通常稍被短硬毛，裂片 5 枚，卵形至披针形，强烈反折，长 1～1.5 mm，有 3 脉，里面密被小乳突。浆果球形，单生或孪生，成熟时黑色。 花期 4～6 月，果期 6～9 月。 产于靖西、那坡和乐业；生于海拔 700～2 000 m 的林缘、疏林中或草地上。分布于云南和四川（西部）。 本种为我国特有。模式标本采自云南丽江。

3. **川滇茜草**

Rubia edgeworthii Hook. f. , Fl. Brit. Ind. **3**：203. 1881；中国植物志 **71**（2）：308，图版 67：8～13. 1999；Fl. China **19**：311. 2011.

攀缘草本；茎有 8 条直棱，粗糙；全株被柔毛。叶 4 片轮生；叶片披针形或狭披针形，长 4～7 cm，宽 1.2～2 cm，全缘，两面稍粗糙；掌状脉 3～5 条在顶端连接；叶柄短或近无柄。聚伞花序排成圆锥花序式，腋生和顶生，被硬毛；苞片 1～3 脉，最下部的多少叶状；花冠淡黄色，无毛或外面被硬毛，裂片 4～5 枚，卵状披针形；雄蕊着生在冠筒之上部；花柱深 2 裂，柱头头状。 花期 9 月。 产于隆林；生于山坡的草坡上。分布于云南和四川，印度（北部）亦有。

4. **钩毛茜草** 红丝线（隆林） 四棱草（凌云）

Rubia oncotricha Hand. -Mazz. , Symb. Sin. 7（4）：1031. 1936；中国高等植物图鉴 **4**：276，图 5966. 1975；中国植物志 71（2）：309，图版 65：10～14. 1999；Fl. China **19**：314. 2011.

平卧或攀缘草质藤本，长可达 1.5 m；茎和分枝有 4 条直棱和纵沟；全株均密被灰色硬毛，毛的末端作弯钩状。叶 4 片轮生；叶片长 8～35 mm，宽 3～15 mm，基部多少心形；基出脉 3～5 条，最外侧的一对不明显；叶柄长 2～9 mm，或近无梗。聚伞花序通常排成狭长的圆锥花序式，顶生和腋生；花常团集，花梗长 1～8 mm，或近无柄；花冠白色或黄色，外面被钩状长硬毛。核果浆果状，直径 3～3.5 mm，无毛。 花期 7～9 月，果期 9～11 月。 产于凌云和隆林；生于海拔 500～1 800 m 的林缘或疏林中，有时亦见于山坡草地上。分布于云南、四川和贵州。　本种为我国特有。模式标本采自云南昆明(西北部)。　本种的根在云南文山地区作茜草入药,称“小茜草”;广西凌云民间作病后补药。

5．**金剑草**(台湾)　四穗竹(龙州)

Rubia alata Wall.,Roxburgh,Fl. Ind. **1**:384. 1820;中国植物志 **71**(2):311～313,图版 70:1～6. 1999;Fl. China **19**:308. 2011.——*R. lanceolata* Hayata,J. Coll. Sci. Tokyo **25**:117. 1908.——*R. cordifolia* L. var. *longifolia* Hand.-Mazz.,Simb. Sin. **7**:1037. 1936.

草质攀缘藤本,长可达 4 m;茎、枝均有 4 棱或 4 翅,通常棱或翅有倒生皮刺,无毛或节上被白色短硬毛。叶 4 片轮生;叶片线形、披针状线形、狭披针形或披针形,长 3.5～9 cm,宽 0.4～2 cm,基部圆至浅心形,边缘反卷,常有短小皮刺,两面均粗糙;基出脉 3～5 条,均有倒生小皮刺或侧生的 1～2 对上的皮刺不明显;叶柄 2 长 2 短,长约 3～10 cm,短的比长的约短 1/3～1/2,均有倒生皮刺。花序顶生或腋生,通常比叶长,多回分枝的圆锥花序式,花序轴和分枝均有明显的 4 棱,通常有小皮刺;花梗有 4 棱;花冠白色或淡黄色,外面无毛;花柱顶端 2 裂,柱头球状。浆果成熟时黑色,球形或双球形,直径 0.5～0.7 mm。　花期 5～8 月,果期 8～11 月。　产于上林、融水、融安、全州、兴安、龙胜、赤城、玉林、百色、田阳、那坡、靖西、田林、凌云、隆林、富川、凤山、巴马、都安和龙州;生于海拔 1 500 m 以下的山坡林缘或灌木丛中,亦见于村边和路边。分布于安徽、福建、甘肃、广东、贵州、河南、湖北、江西、陕西、山西、四川、云南和浙江,尼泊尔亦有。

6．**厚柄茜草**

Rubia crassipes Coll. et Hemsl.,J. Linn. Soc. Bot. **28**:68. 1890;中国植物志 **71**(2):313. 1999;Fl. China **19**:311. 2011.

草质攀缘藤本,高可达 3 m,嫩枝四棱形,老枝近圆柱形;全株被糙伏毛,毛的基部膨大呈小球状。叶 4 片轮生,一对较大,另一对小很多或有时托叶状,叶片革质,长 0.7～4.5 cm,顶端钝,基部圆或微心形;基出脉 5 条;叶柄长 0.5～1.8 cm,或近无柄。聚伞圆锥花序腋生和兼有顶生,结果时长 3～7 cm。花未见。果球形,干时变黑,直径约 4 mm,单生或双生。　果期秋季。　产于靖西、凌云和隆林;生于海拔 1 400～1 800 m 的山脊林缘,攀缘于树上。分布于云南,缅甸和泰国亦有。

7．**东南茜草**　主线草(植物名实图考)

Rubia argyi (H. Lévl. et Van.) Hara ex Lauener,Notes Roy. Bot. Gard. Edinb. **32** (1):114. 1972;中国植物志 **71**(2):316～318,图版 71:1～6. 1999;Fl. China **19**:309. 2011.——*Galium argyi* H. Lévl. et Vant,Bull. Soc. Bot. France **55**:58. 1908.——*Rubia akane* Nakai,J. Jap. Bot. **13**:783. 1937.——*R. akane* Nakai var. *erecta* Masamune,Trans. Nat. Hist. Soc. Taiwan **29**:63. 1939.——*R. chekiangensis* Deb,Bull. Bot. Soc. Beng. **24**:166,pl. Ⅱ. 1970.

多年生草质藤本;茎、枝无毛,均具 4 条直棱或 4 个狭翅,棱上有倒生钩状皮刺。叶 4 片或 6 片轮生,通常一对较大,另一对较小,叶片心形、阔卵状心形或近圆心形,两面粗糙,或兼有柔毛;基出脉通常 5～7 条;叶柄长 0.5～9 cm,有直棱,棱上生许多皮刺。聚伞花序排成圆锥花序式,顶生和小枝上部腋生,有时结成顶生、带叶的大型圆锥花序,花序梗和总轴均有 4 直棱,棱上有小皮刺;花冠白色,裂片 4～5 枚;花柱 2 裂,柱头头状。浆果近球形,直径 5～7 mm,有时臀状,宽达 9 mm,成熟时黑色。　花期 7～10 月,果期 8～11 月。　产于南宁、临桂、全州、容县、贺州;生于海拔 300～1 800 m 的林缘、灌木丛或村边园篱等处。分布于福建、广东、河南、湖北、湖南、江苏、江西、陕西、四川、台湾和浙江等地,日本和朝鲜亦有。　本种叶片的形状基本是心形,但有时为卵状心形或近圆形,间有肾形。

8．**茜草**(汉官仪)　图版 15:3

Rubia cordifolia L.,Syst. Nat. ed. 12,**3**:229. 1768;中国植物志 **71**(2):315,图版 68:6～12. 1999;Fl. China **19**:310. 2011.——*R. cordifolia* L. var. *coriacea* Z. Ying Zhang,Fl. Tsinlingensis **1**:420. 1985.——*R. cordifolia* L. var. *pratensis* Maxim.,Prim. Fl. Amur. 139. 1859.——*R. cordifolia* L. var. *rotundifolia* Franch.,Pl. David. **1**:155. 1884.——*R. pratensis* (Maxim.) Nakai,J. Jap. Bot. **13**:781,783.

1937. ——*R. cordifolia* L. subsp. *pratensis* (Maxim.) Kitamura, Acta Phytotax. Geobot. **17**: 7. 1957.

草质攀缘藤本，长1.5～3.5 m；茎方柱形，有4棱，棱上生倒生皮刺。叶通常4片轮生；叶片长0.7～7 cm，宽0.3～2.5 cm，基部心形，边缘有齿状皮刺，两面粗糙，脉上有微小皮刺；基出脉3条；叶柄长1～2.5 cm，有倒生皮刺。聚伞花序顶生和腋生，多回分枝，有花10余朵至数十朵，有微小皮刺；花冠淡黄色，盛开时花冠檐部直径3～3.5 mm，花冠裂片近卵形，外面无毛。果球形，直径4～5 mm，成熟时橘黄色。花期8～9月，果期10～11月。 产于兴安、龙胜、那坡、隆林、东兰、金秀和龙州等地；生于海拔300～2 000 m疏林、林缘、灌木丛或草地上。分布于安徽、甘肃、河北、湖南、青海、山东、山西、四川、西藏和云南等地，俄罗斯、蒙古、朝鲜、日本，亚洲南部和东南部至斯里兰卡和爪哇，或沿着喜马拉雅山脉至阿富汗，以及热带和亚热带非洲地区均有分布。

9. **多花茜草** 红丝线 图版15：4

Rubia wallichiana Decne., Nouv. Mem. Acad. Roy. Sci. Bruxelles **12**: 61. 1837；中国植物志**71**(2)：315～316. 1999；Fl. China **19**: 319. 2011.

多年生草质攀缘藤本，长可达3 m；茎、枝均有4钝棱角，棱上生有乳突状倒生短刺，无毛或有时节上被短毛。叶4～6片轮生；叶片长2～7 cm，宽0.5～2.5 cm，基部圆心形或近圆形，边缘具齿状短皮刺毛，叶面无毛或多少粗糙，叶背干后变苍白，无毛，中脉上常有短小皮刺；基出脉5条；叶柄长1～6 cm，生有倒生皮刺。花序腋生和顶生，由多数小聚伞花序排成圆锥花序式，花序梗有4直棱；花冠紫红色、绿黄色或白色，裂片披针形。浆果球形，直径3.5～4 mm，单生或孪生，黑色。 花期8～10月，果期8～12月。 产于融水、全州、龙胜、荔浦、浦北、平南、隆林、凌云、罗城和金秀等地；生于海拔300～2 000 m的林中、林缘和灌木丛中，攀于树上，有时亦见于旷野草地上或村边园篱上。分布于广东、海南、湖南、江西、四川和云南等地，不丹、尼泊尔和印度(东北部)亦有。

32. 薄柱草属 Nertera Banks ex Gaertn.

匍匐状小草本，无毛或被疏毛。叶对生；托叶全缘或具2齿或合生成一鞘形。花顶生或腋生；萼筒卵形，萼檐短管形，顶端全缘或4～6齿裂或分裂，宿存；花冠筒漏斗形，裂片4枚；雄蕊4枚，生于冠筒基部，花丝线形，花药长圆形；花盘环形；子房2室，花柱2分叉，分枝从基部分离，线形，长突出；胚珠每室1颗，倒生。核果卵形或球形，有小核2～4个；小核平凸形，内有种子1粒；种子与小核同形。 本属约有6种，分布于澳大利亚、新西兰、印度尼西亚、巴布亚新几内亚、菲律宾、越南以及太平洋诸岛和美洲(中部、南部和北部)地区。我国有3种；广西有1种。

薄柱草(中国高等植物图鉴) 图版16：1～4

Nertera sinensis Hemsl., J. Linn. Soc. Bot. **23**: 391, pl. 10. 1888; Merr. in Lingnan Sci. J. **13**: 50. 1934; Chun in Sunyatsenia **1**: 30. 1930；中国高等植物图鉴**4**：273，图5959. 1975；中国植物志**71**(2)：162～164，图版44：1～4. 1999；Fl. China **19**: 258. 2011.

簇生小草，无毛；茎柔弱，长5～10 cm，节上生根。叶片纸质，长圆状披针形，长7～16 mm，宽3.5～5 mm，基部楔形，两面均有微小秕鳞；叶柄长1～3 mm；托叶三角形，基部与叶柄合生，顶部长尖。花单朵顶生，无花梗；总苞杯形，有2个尖头；萼檐裂片截头形；花冠浅绿色，辐状，顶部4裂；雄蕊4枚，伸出冠筒外；花柱2深裂。核果深蓝色，球形，直径约2 mm，内有小核4个。 花期7～8月。 产于融水、龙胜和罗城等地；生于海拔500～1 300 m的山坡、路旁、沟边、河边岩石上。分布于广东、贵州、湖北、湖南、江西、四川和云南。模式标本采自四川。

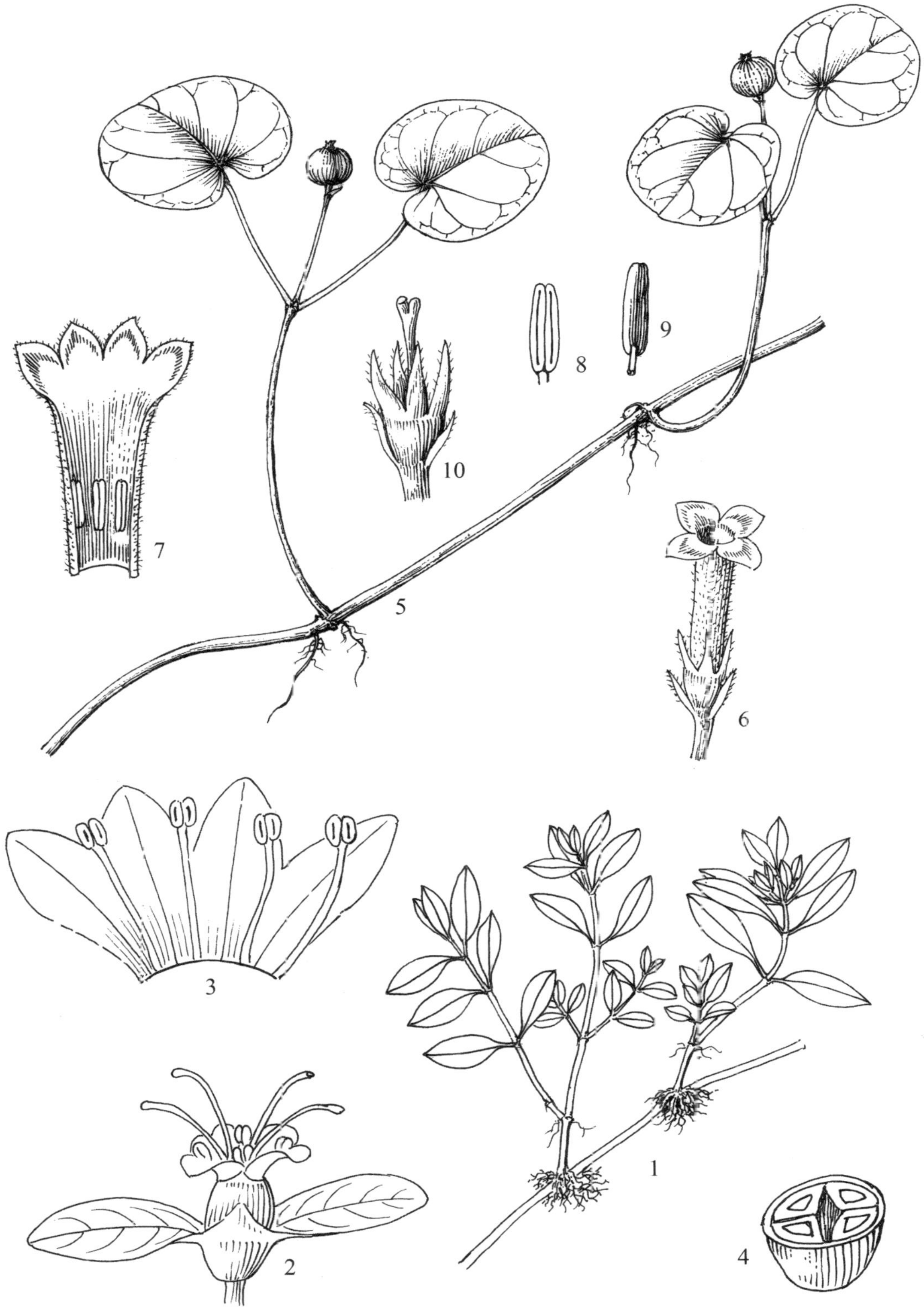

图版 16　1～4. **薄柱草** Nertera sinensis Hemsl.　1. 植株；2. 花、托叶和叶；3. 花冠展开，示雄蕊；4. 果横切。　5～10. **爱地草** Geophila repens (L.) I. M. Johnst.　5. 果枝；6. 花；7. 花冠展开，示雄蕊；8. 雄蕊腹面观；9. 雄蕊背面观；10. 花除去花冠，示花萼和花柱。（林文宏绘）

33. 爱地草属 Geophila D. Don

多年生草本；茎匍匐或节上生不定根。叶对生；托叶通常卵形，全缘。花单生或数朵排成顶生和腋生的伞形花序；花无梗或近无梗，着生于花序梗的顶端；苞片通常线形；萼筒倒卵形，萼檐短，4～7 裂，裂片宿存；花冠管状漏斗形，喉部被毛，檐部 4～7 裂，裂片镊合状排列；雄蕊与花冠裂片同数而互生，花丝丝状；子房 2 室，花柱线形，柱头 2 裂。核果肉质，含 2 个分核。 本属约有 30 种，广泛分布于热带非洲、亚洲、马达加斯加以及美洲中部、北部和南部地区。我国仅有 1 种；广西亦有。

爱地草（海南植物志） 图版 16：5～10

Geophila repens（L.）I. M. Johnst.，Sargentia **8**：281. 1949；Fl. China **19**：144～145. 2011.——*G. herbacea*（Jacq.）K. Schum.，Nat. Pflanzenfam. **4**(4)：119. 1891；中国植物志 **71**(2)：63～64，图版 15：5～9. 1999；——*G. reniformis* D. Don，Prodr. Fl. Nep. 136. 1825.——*G. herbacea*（L.）O. Kuntze，Rev. Gen. Pl. **1**：1300. 1891.——*Psychotria herbacea* Jacq.，Enum. Pl. Carib. 16. 1760；L. Sp. Pl. ed. 2，245. 1762.——*Rondeletia repens* L.，Syst. Nat. ed. 10，**2**：928. 1759.

多年生草本；茎匍匐，长可达 40 cm 以上。叶片心状圆形至近圆形，直径 1～3 cm，基部心形，两面近无毛；叶脉掌状，5～8 条；叶柄长 1～5 cm，被伸展的柔毛。花单生或 2～3 朵排成通常顶生的伞形花序，花序梗长 1～4 cm；苞片长约 3 mm；萼筒檐部 4 裂，裂片线状披针形，被缘毛；花冠筒狭圆筒状，长 8 mm 以上，外面被短柔毛，里面被疏柔毛，冠檐裂片 4 枚；雄蕊着生在冠筒的中部之下；花柱长约 4 mm，顶部 2 裂。核果球形，直径 4～6 mm，光滑，红色，有宿萼裂片。 花期 7～9 月，果期 9～12 月。 产于平乐、大化、崇左、龙州；通常生于海拔 100～600 m 的山坡密林下、山谷洼地或路旁、溪边等较潮湿的地方。分布于广东、贵州、海南、台湾和云南，世界各地的热带地区亦有。

34. 丰花草属 Spermacoce L.

草本或矮小半灌木；小枝通常四棱柱形。叶对生；托叶与叶柄合生而成鞘，顶端具不等长的刺状毛。花无梗，排列成腋生或顶生的花簇或聚伞花序；萼筒倒卵形或圆筒形，萼檐 2～5 裂，宿存；花冠白色，漏斗状或高脚碟形，裂片 4 枚，镊合状排列；雄蕊 4 枚，着生于冠筒喉部或冠筒内；子房下位，2 室，每室有胚珠 1 颗，柱头头状或 2 裂，裂片短而钝。蒴果成熟时 2 瓣裂或仅顶部纵裂；种子长圆形或近卵形，腹面有槽，常有颗粒。 本属有 250～300 种，广泛分布于热带、亚热带及暖温带地区。我国有 7 种，主要分布于西南部和东南部；广西有 3 种。

分 种 检 索 表

1. 叶片宽不到 1 cm；果较小，长约 2 mm，基部无毛，近顶部被短柔毛；种子干后具横纹 ………… 1. **丰花草** S. pusilla Wall.
1. 叶片宽通常在 1 cm 以上；果较大，长 3～5 mm，被毛；种子干后有颗粒状突起。
  2. 侧脉每边约 3 条，不明显；叶片较窄，宽不超过 1.8 cm；叶柄长 1～4 mm ………………… 2. **糙叶丰花草** S. hispida L.
  2. 侧脉每边 5～6 条，略明显；叶片较宽，宽可达 4 cm；叶柄长 4～10 mm ………………… 3. **阔叶丰花草** S. alata Aublet

1. 丰花草 假蛇舌草

Spermacoce pusilla Wall.，Roxburgh，Fl. Ind. **1**：379. 1820；中国植物志 **71**(2)：208，图 49：1～5. 1999；Fl. China **19**：328～329. 2011.——*Borreria pusilla*（Wall.）DC.，Prodr. **4**：543. 1830.

一年生直立草本，高可达 60 cm；茎四棱柱形，单生，粗糙。叶近无柄；叶片革质，线状长圆形，长 2.5～5 cm，宽 2.5～6 mm，两面粗糙，侧脉极不明显；托叶顶部有数条浅红色且长于花序的刺毛。花多朵丛生成球状生于托叶鞘内，无梗；小苞片线形，长于花萼；花冠近漏斗形，白色。蒴果长圆形或近倒卵形，长约2 mm，基部无毛，近顶部被毛；种子狭长圆形，干后具光泽和横纹。　花果期8～12月。　产于藤县、贺州、宁明和龙州等地；生于海拔100～1 500 m的草地和草坡。分布于安徽、福建、江西、浙江、广东、贵州、海南、台湾和云南等地，不丹、印度、印度尼西亚、马来西亚、缅甸、尼泊尔、巴基斯坦、菲律宾、斯里兰卡、泰国和越南亦有。

2. **糙叶丰花草**　图版17：1～2

Spermacoce hispida L.，Sp. Pl. **1**：102. 1753；中国植物志 **71**（2）：206. 1999；Fl. China **19**：328. 2011.——*Borreria hispida* K. Schum.，Nat. Pflanzenfam. [Engler et Prantl] Ⅳ(4)：144. 1891.

平卧草本，被粗毛；枝四棱柱形。叶片革质，长圆形、倒卵形或匙形，长1～4 cm，宽0.5～1.8 cm，基部楔形下延，边缘粗糙或具缘毛；侧脉每边约3条；叶柄长1～4 mm。花4～6朵聚生于托叶鞘内，无梗；小苞片线形，长于花萼；花冠漏斗形，淡红色或白色。蒴果椭圆形，长3～5 mm，直径2～2.5 mm，被粗毛；种子近椭圆形，干后黑褐色，有小颗粒。　花果期3～12月。　产于北海和贵港；生于低海拔的空旷沙地上。分布于福建、广东、台湾、香港、海南等地，印度、印度尼西亚、马来西亚、澳大利亚、斯里兰卡、越南和菲律宾亦有。

3. **阔叶丰花草**

Spermacoce alata Aublet，Hist. Pl. Guiane **1**：55. 1775；Fl. China **19**：326. 2011.——*S. latifolia* Aubl.，Pl. Guiana **1**：55，t. 19. 1775.——*Borreria latifolia*（Aubl.）K. Schum.，Mart. Fl. Bras. **6**：61. 1888；中国植物志71(2)：207，图版49：6～9. 1999.——*B. alata*（Aubl.）DC.，Prodr. **4**：544. 1830.

披散草本，被毛；小枝四棱柱形，棱具狭翅。叶片椭圆形或卵状长圆形，宽1～4 cm，基部阔楔形下延，边缘波形；侧脉每边5～6条，略明显；叶柄长4～10 mm；托叶被粗毛，顶部有数条长于鞘的刺毛。花数朵丛生于托叶鞘内，无梗；小苞片略长于花萼；花冠漏斗形，浅紫色，少为白色。蒴果椭圆形，长约3 mm，直径约2 mm，被毛；种子近椭圆形，干后浅褐色或黑褐色，有小颗粒。　花果期5～11月。　本种原产于南美洲，约1937年引进广东等地繁殖，作军马饲料，由于生长快，现已逸为野生，多见于废墟、荒地或低海拔的空旷沙地上；广西各地均有。

35. 红芽大戟属　Knoxia L.

一年生或多年生草本或亚灌木。叶对生；托叶与叶柄合生成一短鞘，全缘或顶部有刺毛数条。花无梗或具极短的梗；萼筒卵形，萼檐4齿裂，裂片近相等或1～2裂，不脱落；花冠漏斗形，裂片镊合状排列；雄蕊4枚，生于冠筒喉部，花丝短，花药线形，背着；花盘肿胀；子房2室，每室有由室顶倒垂的胚珠1颗，花柱丝形，顶端2裂。果干燥，近球形，由2个不开裂的果瓣组成。　本属有7～9种，分布于亚洲热带地区和大洋洲。我国有2种；广西均产。

分种检索表

1. 直立草本，有肥大肉质、纺锤形、紫色的根；侧脉每边5～7条，不明显；花序具长3～12 cm的花序梗 ………………………………………………………………………… 1. **红大戟** K. roxburghii（Spreng.）M. A. Rau
1. 草本或半灌木，无肥大肉质、纺锤形、紫色的根；侧脉每边6～9条，在叶的两面均明显；花序具长0.3～2 cm的花序梗 ………………………………………………………………………… 2. **红芽大戟** K. sumatrensis（Retz.）DC.

1. **红大戟**（全国中草药汇编）　红芽戟（全国中草药汇编）　假红芽大戟　图版17：3～4

Knoxia roxburghii（Spreng.）M. A. Rau，Bull. Bot. Surv. India 10（Suppl. 2）：40. 1969；Fl. China **19**：184～185. 2011.——*K. valerianoides* Thorel ex Pit.，Lecomte，Fl. Gen. Indo-Chine **3**：288. 1923；中国植物志 **71**(2)：4～5. 1999.——*Spermacoce roxburghii* Sprengel，Syst. Veg. **1**：404. 1824.

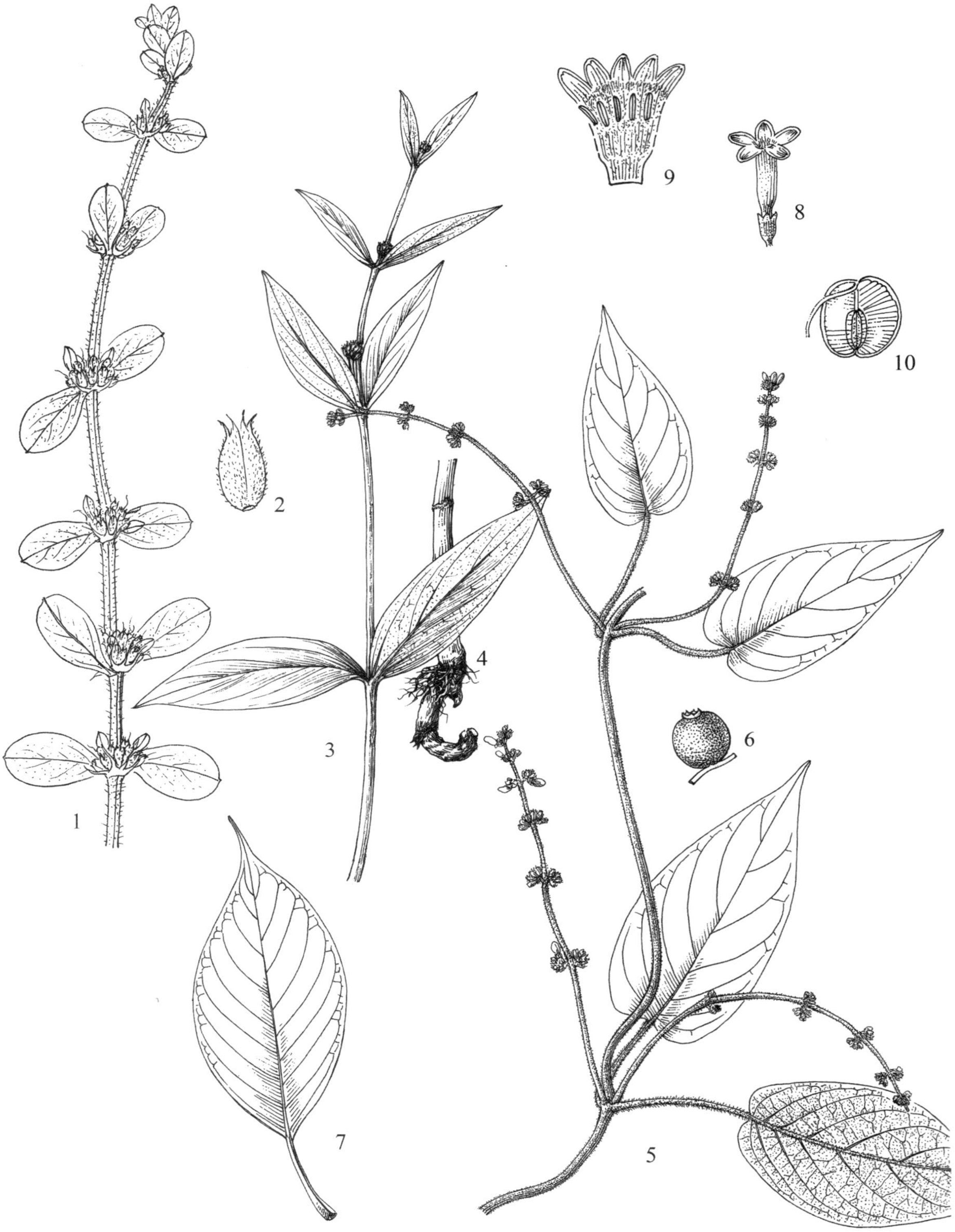

图版 17 1～2. **糙叶丰花草** Spermacoce hispida L. 1. 花果枝；2. 果。 3～4. **红大戟** Knoxia roxburghii (Spreng.) M. A. Rau 3. 花枝；4. 根。 5～6. **白毛鸡矢藤** Paederia pertomentosa Merr. ex H. L. Li 5. 花枝；6. 果。 7～10. **云桂鸡矢藤** P. spectatissima H. Li 7. 叶；8. 花；9. 花冠展开，示雄蕊；10. 果的分核。 （林文宏绘，5～10 摹自余江平图）

直立草本，高可达 70 cm；全株被毛；根肥大，肉质，纺锤形，紫色。叶片披针形或长圆状披针形，长 7～10 cm，宽 3～5 cm；侧脉每边 5～7 条，不明显；托叶短鞘形，长 8～10 mm。聚伞花序密集成半球形，单个或 3～5 个组成聚伞花序式，有长 3～12 cm 的花序梗；萼檐裂片 4 枚，三角形；花冠紫红色、淡紫红色至白色，高脚碟形，管内有浓密的柔毛；花丝无，花药长圆形，长约 5 mm；花柱长 2 mm，柱头 2 裂，叉开。蒴果近球形。　花期春夏之间。　产于邕宁；生于山坡草地上。分布于福建、广东、海南、云南、浙江等地，柬埔寨、印度、缅甸、尼泊尔和泰国亦有。　本种根含虎刺醛(damnacanthal)、甲基异茜草素(rubiadin)、轻基巴戟醌(3-hydrotylmorindone)和红芽大戟素(knotadin)等蒽醌成分，可入药，主治水肿、腹胀、痰饮积聚；但因其根有微毒，使用时需注意用量。

2. **红芽大戟**(中国种子植物科属词典)

Knoxia sumatrensis (Retz.) DC., Prodr. **4**: 569. 1830; Fl. China **19**: 185. 2011.——*K. corymbosa* Willd., Sp. Pl. **1**: 582. 1789; Pitard in Lecomte, Fl. Gen. Indo-Chine **3**: 285, fig. 23. 1923; Merr. in Lingnan Sci. J. **6**: 287. 1928; 海南植物志 **3**: 360, 图 772. 1974; 中国高等植物图鉴 **4**: 274, 图 5962. 1975; 台湾植物志 **4**: 281. 1978; 中国植物志 71(2): 5, 图版 2. 1999. ——*Spermacoce sumatrensis* Retzius, Observ. Bot. **4**: 23. 1786.

多年生直立草本或半灌木，高可达 1 m；被柔毛或短绒毛；茎和小枝圆柱形或钝四棱柱形。叶片披针形、线状披针形至长圆形，长 3～12 cm，宽 0.8～3.5 cm，两面均被紧贴短柔毛，叶背被毛较浓密；侧脉每边 6～9 条，在叶的两面均明显；叶柄长 1～6 mm；托叶长 6 mm，顶端 3～5 裂，裂片刺毛状，被毛。聚伞花序顶生或生于侧枝的顶部，有长 0.3～2 cm 的花序梗，被柔毛；萼檐裂片三角形，长短不等，具缘毛；花冠白色或紫红色，裂片长不及 1 mm，被毛，顶端内弯。果长圆状卵形，长约 2 mm，无梗或具极短的梗，有不明显的棱 4～8 条，顶部冠以宿存的萼檐。　花期 7～8 月，果期 10～11 月。　产于邕宁、马山、柳州、苍梧、上思、田东、平果、天峨、凌云、隆林、凤山、东兰、环江、宜州、来宾、龙州和大新等地；生于低海拔的旷野草丛中。分布于福建、广东、贵州、海南和台湾等地，印度、印度尼西亚、日本、马来西亚、缅甸、尼泊尔、巴布亚新几内亚、菲律宾、泰国、越南和澳大利亚亦有。　据报道，本种在柬埔寨用作酿酒促发酵剂；其根有泄脏腑水湿和利小便的功效，又能治水肿、腹胀急痛等症；亦作红大戟用，但品质较次。

36. 墨苜蓿属　Richardia L.

一年生或多年生直立或平卧草本。叶对生；托叶与叶柄合生成鞘状，先端分裂成丝状或钻状的裂片。花序头状，顶生，具叶状总苞片；花白色或粉红色；萼筒球状或陀螺状，檐部 4～8 裂；花冠漏斗状，檐部 3～6 裂，芽时裂片镊合状排列；雄蕊 3～6 枚，着生于冠筒喉部，花丝丝状，花药伸出；子房 3～4 室，花柱具 3～4 个线状或匙形分枝，伸出；胚珠每室 1 颗。蒴果成熟时萼檐自基部环状裂开而脱落；种子背部平凸，腹面具槽。　本属有 15 种，广泛分布于安的列斯群岛及美洲，多为旷野或耕地杂草，现广泛分布于全世界的热带和亚热带地区。我国有 2 种；广西有 1 种。

墨苜蓿

Richardia scabra L., Sp. Pl. **1**: 330. 1753; 中国植物志 71(2): 203, 图版 48: 1～7. 1999; Fl. China **19**: 303. 2011; 广西植物 **32**(4): 447. 2012. ——*R. pilosa* Ruiz et Rav., Fl. Peruv. Chil. **3**: 50. 1802. ——*Richardsonia scabra* (L.) A. St.-Hil., Fl. Usuel. Bras. t. 8. 1824.

一年生匍匐或近直立草本，茎被硬毛，节上通常无不定根。叶片卵形、椭圆形或披针形，长 1～5 cm，宽 0.5～3.5 cm，两面粗糙，边缘具缘毛；托叶鞘状。头状花序顶生，几无花序梗，具 1～2 对叶状总苞，总苞片阔卵形；花 6 数或 5 数；花萼筒顶部缢缩，萼裂片长约为萼筒的 2 倍，被缘毛；花冠白色，漏斗状或高脚碟状，里面基部有一环白色长毛，裂片 6 枚；花盛开时偶有薰衣草的气味；柱头头状，3 裂。分果瓣 3(～6) 瓣，长圆形至倒卵形，背部密覆小乳凸和糙伏毛，腹面有 1 条狭沟槽。　花果期 2～11 月。　产于合浦；生于海边沙地。　本种为耕地和旷野杂草，原产于美洲热带地区，现在北京及我国南部各地均有分布。

37. 盖裂果属 Mitracarpus Zucc.

一年生或多年生平卧或直立草本，茎四棱形。叶对生；叶片披针形、卵形或线形。花两性，花序头状；花萼檐杯形，顶部4～5裂，通常有2枚较长的裂片，宿存；花冠高脚碟形或漏斗形，冠筒里面常具一环疏长毛，裂片4枚，开展，镊合状排列；雄蕊生于冠筒喉部；花盘肉质；子房2室，稀为3室；花柱2裂；胚珠每室1颗。果双生，成熟时在中部或中部以下盖裂；种子腹面平或4裂。 本属约有30种，主要分布于美洲(热带地区)、非洲、大洋洲以及亚洲。我国有1种；广西亦有。

盖裂果

Mitracarpus hirtus(L.) DC., Prodr. **4**: 572. 1830; Fl. China **19**: 217. 2011; 广西植物 **32**(4): 447. 2012. ——*M. villosus*(Sw.) DC., Prodr. **4**: 572. 1830; 中国植物志 **71**(2): 210, 图版 50. 1999. ——*Spermacoce hirta* L., Sp. Pl., ed. 2, **1**: 148. 1762.

一年生直立草本，高40～80 cm；茎疏被粗毛。叶片长圆形或披针形，长3～4.5 cm，宽0.7～1.5 cm，叶面粗糙或疏被短毛，叶背密被长柔毛，边缘粗糙；无叶柄；托叶鞘状，顶端刚毛状。花簇生于叶腋内，小苞片线形，与花萼近等长；萼筒近球形，萼檐裂片具缘毛；花冠漏斗形，管内和喉部均无毛；子房2室，花柱异形，不明显。果近球形，表皮粗糙或疏被短毛；种子深褐色。 花果期4～11月。 产于北海、合浦；生于路边荒地。分布于北京、广东、海南、云南、香港等地，原产于安的列斯群岛中部及美洲、非洲热带地区、亚洲、澳大利亚及太平洋诸岛。

38. 鸡矢藤属 Paederia L.

柔弱缠绕灌木、半灌木或藤本；揉之发出强烈的臭味。叶对生或3枚轮生；托叶三角形，早落。花排成顶生或腋生的圆锥花序式的聚伞花序；萼筒陀螺形或卵形，萼檐4～5裂，裂片宿存；花冠筒漏斗形或管形，被毛，喉部无毛或被绒毛，顶部4～5裂，裂片镊合状排列，边缘皱褶；雄蕊4～5枚，生于冠筒喉部，花药背着或基着，线状长圆形；子房2室，柱头2裂，纤毛状，旋卷。果球形或扁球形；外果皮膜质，有光泽，分裂为2个圆形或长圆形小坚果；小坚果膜质或革质，背面压扁状；种子与小坚果合生。 本属有30种，分布于热带和亚热带非洲、亚洲以及北美洲和南美洲。我国有9种；广西有6种。

分 种 检 索 表

1. 果球形、长圆形；小坚果无翅。
  2. 花序狭窄；花密集于花序中轴上或分枝上，呈团伞式或头状。
    3. 花密集于中轴上成团伞式；叶基部浑圆，但绝不为心形 ………… 1. **白毛鸡矢藤 P. pertomentosa** Merr. ex H. L. Li
    3. 花密集成头状；叶基部心形，有时稍不对称 ……………………………………… 2. **狭序鸡矢藤 P. stenobotrya** Merr.
  2. 花序疏散或扩展。
    4. 花序末次分枝上的花不呈蝎尾状排列；叶两面被锈色绒毛 …………………… 3. **耳叶鸡矢藤 P. cavaleriei** H. Lévl.
    4. 花序末次分枝上的花呈蝎尾状排列；叶两面无毛或被白色柔毛 ……………………………… 4. **鸡矢藤 P. foetida** L.
1. 果非球形和长圆形；小坚果由1线性心皮柄分离，具翅。
  5. 叶两面无毛，基部渐狭；嫩茎无毛 ………………………………………………… 5. **云桂鸡矢藤 P. spectatissima** H. Li
  5. 叶面被柔毛，叶背密被绒毛，罕有两面均被微柔毛；小坚果基部心形；嫩茎被绒毛或短硬毛 …………………………………………………………………………………… 6. **云南鸡矢藤 P. yunnanensis** (H. Lévl.) Rehd.

1. **白毛鸡矢藤**　广西鸡矢藤(中国高等植物图鉴)　图版 17:5～6

Paederia pertomentosa Merr. ex H. L. Li, J. Arn. Arb. **24**: 458. 1943; 中国高等植物图鉴 **4**: 271, 图 5956. 1975; 中国植物志 **71**(2): 115. 1999; Fl. China **19**: 285～286. 2011.

半灌木或草质藤本,长约 3.5 m;茎、枝和叶下面密被短绒毛。叶片卵状椭圆形或长圆状椭圆形,长 5～15 cm,宽 2～6 cm,基部浑圆,绝不呈心形,叶面有小疏柔毛,叶背密被稍短白色绒毛;侧脉每边 6～8 条;叶柄被小柔毛,长 2～5 cm。花序腋生和顶生,长 15～50 cm,密被稍短柔毛,着生于中轴上的花密集成团伞式,彼此相距 1～3 cm,近轮生;花 5 朵,花冠裂片张开呈蔷薇状。成熟的果为球形;小坚果半球形,边缘无翅,干后黑色。　花期 6～7 月,果期 10～11 月。　产于桂林、临桂、灵川、平果、南丹和罗城;生于海拔 200～1 400 m 的林下或灌丛,通常见于石灰岩石山。分布于福建、广东、海南、湖南和江西等地。模式标本采自江西。

2. **狭序鸡矢藤**

Paederia stenobotrya Merr., Lingnan Sci. J. **11**: 57. 1932; 海南植物志 **3**: 359. 1974; 中国植物志 **71**(2): 115～117, 图版 30: 1～5. 1999; Fl. China **19**: 286. 2011.

缠绕灌木;茎有槽纹和散生睫毛状粗毛。叶片椭圆状卵形或长圆状卵形,长 6～17 cm,宽 3～11 cm,基部心形,有时截平而稍不对称,叶面散生睫毛状粗毛,叶背沿脉上被明显的柔毛;侧脉每边 5～8 条;叶柄长 5～8 cm,被绒毛。圆锥花序式的聚伞花序腋生,长 8～30 cm,密被绒毛,分枝对生。成熟的果为球形,草黄色,无毛。　花期 6 月,果期 6～11 月。　产于崇左;生于海拔 400～900 m 的山坡阔叶林内。分布于福建、广东和海南。模式标本采自海南。

3. **耳叶鸡矢藤**(湖北植物大全)

Paederia cavaleriei H. Lévl., Repert. Spec. Nov. Regni Veg. **13**: 179. 1914; Merr. in Lingnan Sci. J. **7**: 323. 1929; 中国植物志 **71**(2): 117～118. 1999; Fl. China **19**: 284. 2011.

缠绕藤本;茎和枝被锈色绒毛。叶片卵形、长圆状卵形至长圆形,长 6～22 cm,宽 2.5～13 cm,基部圆形或截头状心形,两面均被锈色绒毛;侧脉每边 5～10 条;叶柄被毛,通常长 2～8 cm;托叶三角状披针形,外面被绒毛。花聚集成小头状,此小头状再排成腋生或顶生的复总状花序,长 7～21 cm,具花序梗;萼檐裂片 5 枚,三角形;花冠外面被粉末状绒毛。成熟的果球形,草黄色,冠以宿存三角形的萼檐裂片和隆起的花盘;小坚果无翅,浅黑色。　花期 4～8 月,果期 8～11 月。　产于柳州、鹿寨、融水、桂林、临桂、灵川、兴安、全州、资源、龙胜、平乐、阳朔、贵港、平南、玉林、百色、田东、那坡、凌云、隆林、田林、贺州、昭平、河池、南丹、天峨、东兰、象州和金秀等地;生于海拔 100～1 500 m 的山地灌木丛。分布于广东、贵州、湖北、湖南、四川和台湾,老挝亦有。

4. **鸡矢藤**(植物名实图考)　疏花鸡矢藤　毛鸡矢藤

Paederia foetida L., Mant. Pl. **1**: 52. 1767; 中国植物志 **71**(2): 112～113. 1999; Fl. China **19**: 285. 2011. ——*P. scandens* (Lour.) Merr., Contr. Arn. Arb. **8**: 163. 1934; 广州植物志 513, 图 280. 1956; 海南植物志 **3**: 358. 1974; 中国高等植物图鉴 **4**: 270, 图 5954. 1975. 中国植物志 **71**(2): 118. 1999. ——*P. scandens* (Lour.) Merr. var. *mairei* (H. Lévl.) H. Hara; Enum. Sperm. Jap. **2**: 24. 1952. ——*P. scandens* var. tomentosa (Blume) Hand.-Mazz., Symb. Sin. **7**: 1023. 1936; 中国植物志 **71**(2): 119. 1999. ——*P. scandens* (Lour.) Merr. f. *mairei* (H. Lévl.) Nakai, Bull. Tokyo Sci. Mus. **22**: 28. 1948. ——*P. tomentosa* Bl., Bijdr. 968. 1826. ——*P. tomentosa* Bl. var. *glabra* Kurz, J. Asiat. Soc. Bengal **47** (2): 139. 1877. ——*P. chinensis* Hance, J. Bot. **16**: 228. 1878. ——*P. esquirolii* H. Lévl., Fedde, Repert. Sp. Nov. **10**: 146. 1911. ——*P. dunniana* H. Lévl., l. c. **13**: 179. 1914. ——*P. tomentosa* Bl. var. *mairei* H. Lévl., Cat. Pl. Yunnan 247. 1917. ——*P. laxiflora* Merr. ex H. L. Li, J. Arnold Arbor. **25**: 429. 1944; 中国植物志 **71**(2): 117. 1999. ——*P. mairei* H. Lévl., Repert. Spec. Nov. Regni Veg. **13**: 179. 1914. ——*P. stenophylla* Merr., Sunyatsenia **3**: 261. 1937. ——*Gentiana scandens* Lour., Fl. Cochinch. 171. 1790.

藤本,茎长可达 5 m。叶对生;叶片近膜质或近革质,形状变化很大,卵形、卵状长圆形至披针形,长 5～19 cm,宽 1～6 cm,基部楔形、近圆或截平,有时浅心形,两面无毛或近无毛,有时下面脉腋内有束毛;侧脉每边 4～6 条；叶柄长 1.2～7 cm；托叶长 3～5 mm，无毛。圆锥花序式的聚伞花序腋生和顶生，分枝对生，末次分枝上着生的花常呈蝎尾状排列，具长 3～7 cm 的花序梗；小苞片披针形；花具短梗或无；萼筒陀螺形，无毛，萼檐裂片 5 枚，裂片三角形；花冠浅紫色，外面被柔毛、粉末状柔毛或海绵状白毛，里面被绒毛，顶部 5 裂。果球形，成熟时近黄色，顶冠以宿存的萼檐裂片和花盘；小坚果无翅，浅黑色。 花期 5～7 月，果期 7～12 月。

产于南宁、上林、桂林、柳州、临桂、灌阳、龙胜、恭城、防城、合浦、东兴、钦州、贵港、容县、博白、平果、那坡、隆林、贺州、钟山、金秀、天峨、宁明、龙州、凤山、东兰和环江等地；生于海拔 200～2 000 m 的山坡、林中、林缘、沟谷边灌丛中或缠绕在灌木上。分布于安徽、福建、甘肃、广东、贵州、海南、河南、湖北、江苏、江西、山东、山西、四川、台湾、云南和浙江等地，孟加拉国、不丹、柬埔寨、印度、印度尼西亚、日本、朝鲜、老挝、马来西亚、缅甸、尼泊尔、菲律宾、泰国和越南亦有。 本种叶的形状和大小变异很大。 根据《全国中草药汇编》，本种主治风湿筋骨痛、跌打损伤、外伤性疼痛、肝胆及胃肠绞痛、黄疸型肝炎、肠炎、痢疾、消化不良、小儿疳积、肺结核咯血、支气管炎、放射反应引起的白细胞减少症、农药中毒；外用治皮炎、湿疹、疮疡肿毒。

5. **云桂鸡矢藤** 图版 17：7～10

Paederia spectatissima H. Li，Novon **9**：220. 1999；中国植物志 **71**(2)：112，图版 30：9～12. 1999；Fl. China **19**：286. 2011.

缠绕大藤本，长可达 12 m；嫩茎无毛。叶片宽卵状椭圆形，长 6～12 cm，宽 3～6 cm，两面无毛；侧脉每边 8～10 条；叶柄长 2～4 cm。圆锥花序尖塔形，长 20～100 cm，有叶着生于花序上，该叶越向上生越变小至顶部更小，呈线形的苞片；花 5 朵；萼檐裂片长宽近相等；花冠浅绿色至紫色，外面有乳头状凸尖，冠筒圆柱形，密被髯毛和浅色柔毛；子房大部分密被灰色乳头状凸体并围绕小型的花盘。果长和宽 10～11 mm，扁平，冠以宿存的萼檐裂片；小坚果具宽 4～4.5 mm、透明的翅；种子黑色。 花果期 6～10 月。 产于藤县、东兴、靖西和金秀等地；生于海拔 600～1 000 m 的疏林下。分布于云南，越南亦有。模式标本采自云南屏边。

6. **云南鸡矢藤**（中国高等植物图鉴）

Paederia yunnanensis（H. Lévl.）Rehd.，J. Arn. Arb. **18**：249. 1937；中国高等植物图鉴 **4**：271，图 5955. 1975；中国植物志 **71**(2)：114～115，图版 30：6～8. 1999；Fl. China **19**：286～287. 2011.——*P. tomentosa* Bl. var. *purpurea-caerulea* H. Lévl. et Vaniot，Bull. Soc. Bot. France **55**：59. 1908.——*P. bodinieri* H. Lévl.，Fl. Kouy-Tcheou 371. 1915.——*P. rehdiana* Hand.-Mazz.，Symb. Sin. **7**：1377. 1936.——*Cynanchun yunnanensis* H. Lévl.，Cat. Pl. Yunnan 13. 1915.

藤本，长可达 7 m；枝被绒毛或短粗毛。叶对生；叶片卵状心形，长 6～16 cm，宽 3～12 cm，基部心形，叶面被柔毛，叶背密被绒毛，罕有两面均被微柔毛；侧脉每边 6～8 条，在叶两面均突起；叶柄长 2.5～7.5 cm，被绒毛。圆锥花序腋生或生于顶部的侧枝上，长 6～25 cm，被柔毛；花常密集生于花序分枝上形成头状，宽约 2 cm；萼檐裂片 5 枚，长圆状披针形，被粗毛；花冠管状，外面被粗毛。果卵形，压扁状，宽比长略宽，无毛，有宿存被毛的萼檐裂片；小坚果压扁状，有乳头状的毛，围以约 1 mm 宽的翅，基部略作心形。 花期 6～10 月，果期 7～12 月。 产于田阳、东兰和龙州等地；生于海拔 300～1 500 m 的山谷林缘。分布于贵州、四川和云南等地，越南亦有。模式标本采自云南昭通岔河。

39. 粗叶木属 Lasianthus Jack

灌木，少为小乔木，常有臭气；枝圆柱形，节部压扁状。叶对生，二行排列；叶片纸质或革质；侧脉弧状，小脉横行。花数朵至多朵簇生叶腋，或组成腋生、具花序梗的聚伞状或头状花序，通常有苞片和小苞片；萼筒檐部 3～7 裂，有时截平；花冠漏斗状或高脚碟状，喉部被长柔毛，裂片 3～7 片，通常 5 片；雄蕊 5 枚；子房 3～9 室，通常 4～6 室，每室有 1 颗基生、直立、线形的胚珠，柱头 3～9 裂，通常 4～6 裂。核果小，外果皮肉质，成熟时常为蓝色，内含 3～9 个分核，分核具 3 棱，内含略弯的种子 1 粒。 本属约有 184 种，主要分布于亚洲的热带地区，非洲、美洲亚热带地区以及澳大利亚亦有。我国有 33 种；广西有 17 种 1 亚种 1 变种。

分种检索表

1. 叶片基部偏斜，心形至浅心形 …………………………………………………… 1. **斜基粗叶木** L. attenuatus Jack
1. 叶片基部不偏斜。
  2. 花簇生于腋生花序梗上。
    3. 花序梗纤细且长，长 1～5 cm ………………………………………… 2. **长梗粗叶木** L. filipes Chun ex H. S. Lo
    3. 花序梗粗短，长不超过 2 cm。
      4. 茎、叶背或叶背中脉被柔毛。
        5. 叶背被密柔毛；苞片长 6～12 mm，有时可达 2 cm；核果被疏柔毛 ……………………………………………… 3. **黄毛粗叶木** L. rhinocerotis Bl. subsp. pedunculatus (Pit.) H. Zhu
        5. 叶背中脉被短柔毛；苞片长约 5 mm；核果无毛………… 4. **石核木** L. biflorus (Blume) M. Gangop. et Chakrab.
      4. 茎和叶无毛或近无毛；苞片细小，长不及 1 cm 或无苞片。
        6. 叶片先端骤尖或骤然渐尖，通常不平行；花萼和花冠 5 裂 …………………… 5a. **日本粗叶木** L. japonicus Miq.
        6. 叶片先端长尾尖，小脉近平行；花萼和花冠 4 裂 ……………………………… 5b. **云广粗叶木** L. japonicus Miq. subsp. longicaudus (Hook. f.) C. Y. Wu et H. Zhu
  2. 花 2 朵至多朵生于叶腋，无花序梗或花序梗极短。
    7. 苞片比花长很多。
      8. 苞片尾状长尖，长 2.5～3 cm 或更长 ……………………………………… 6. **鸡屎树** L. hirsutus (Roxb.) Merr.
      8. 苞片渐尖、钻形或短尖，长 1～1.5 cm …………………………………… 7. **锡金粗叶木** L. sikkimensis Hook. f.
    7. 苞片比花短，近等长或无苞片。
      9. 花萼裂片 6；侧脉每边 7～8 条 ………………………………………………… 8. **焕镛粗叶木** L. chunii H. S. Lo.
      9. 花萼裂片 4～5 枚。
        10. 花萼裂片通常 4 枚，侧脉每边 9～14 条 ………………… 9. **粗叶木** L. chinensis (Champ. ex Benth.) Benth.
        10. 花萼裂片 5 枚。
          11. 花萼裂片比萼筒长。
            12. 花萼裂片卵形；花冠长约 5 mm ……………………………… 10. **华南粗叶木** L. austrosinensis H. S. Lo
            12. 花萼裂片线形或披针形；花冠长 7～8 mm ………………… 11. **广东粗叶木** L. curtisii King et Gamble
          11. 花萼裂片比萼筒短，或近等长。
            13. 萼裂片与萼筒近等长。
              14. 花冠管状漏斗形 ………………………………………………… 12. **台湾粗叶木** L. formosensis Matsum.
              14. 花冠狭管状 …………………………………………………………… 13. **西南粗叶木** L. henryi Hutch.
            13. 花萼裂片比萼筒短。
              15. 叶背脉上被硬毛。
                16. 叶背中脉硬毛稀疏、伸展 ………………………………………… 14. **罗浮粗叶木** L. fordii Hance
                16. 叶背中脉硬毛贴伏 ……………………………… 5a. **日本粗叶木** L. japonicus Miq. subsp. japonicus
              15. 叶背脉上被绒毛或柔毛。
                17. 叶背被绒毛 …………………………………………………… 15. **文山粗叶木** L. hispidulus (Drake) Pit.
                17. 叶背被柔毛。
                  18. 萼檐截平 ………………………………………… 16. **斜脉粗叶木** L. verticillatus (Lour.) Merr.
                  18. 萼檐 5 裂。
                    19. 核果含 6 个分核 ……………………………………………… 17b. **睫毛粗叶木** L. hookeri C. B. Clarke ex Hook. f. var. dunniana (H. Lévl.) H. Zhu
                    19. 核果含 5 个分核……………………………………… 18. **美脉粗叶木** L. lancifolius Hook. f.

1. 斜基粗叶木（海南植物志）　图版 18：1～4

Lasianthus attenuatus Jack, Trans. L. Soc. London **14**: 126. 1823; Fl. China **19**: 188. 2011. ——*L. wal-*

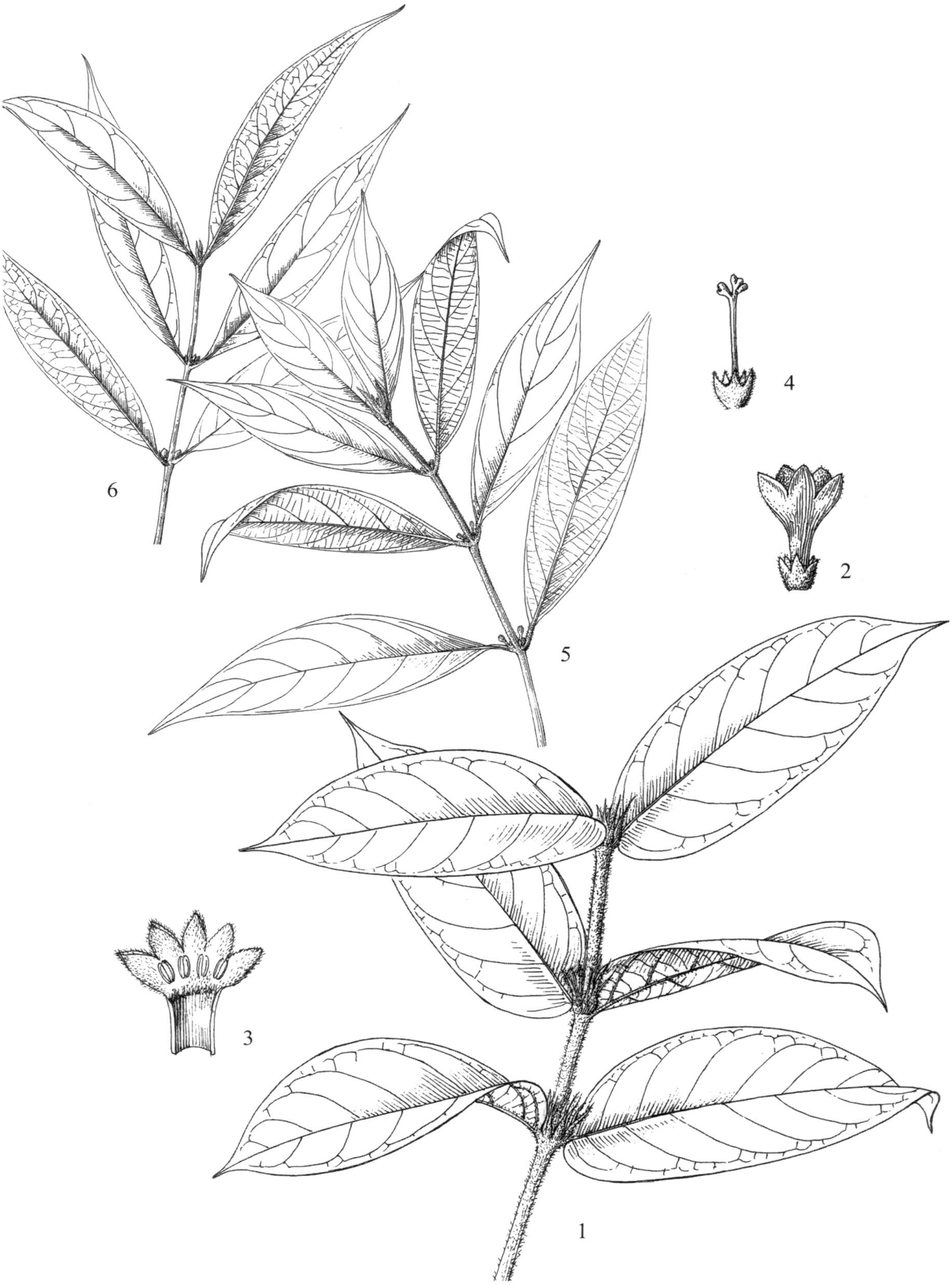

图版 18 1～4. 斜基粗叶木 *Lasianthus attenuatus* Jack 1. 果枝；2. 花；3. 花冠展开，示雄蕊；4. 花萼及雌蕊。 5. 西南粗叶木 *L. henryi* Hutch. 5. 枝。 6. 日本粗叶木 *L. japonicus* Miq. 6. 枝。 （林文宏绘）

lichii (Wight et Arn.) Wight, Calc. J. Nat. Hist. **6**: 503. 1846; 中国植物志 **71**(2): 72～73, 图版 18: 1～7. 1999. ——*L. plagiophyllus* Hance, J. Bot. **13**: 196. 1875. ——*L. wallichii* (Wight et Arn.) Wight subsp. *plagiophyllus* (Hance) C. Y. Wu et H. Zhu, Acta Phytotax. Sinica **32**(1): 57. 1994. ——*L. densifolius* Miquel, Fl. Ned. Ind. **2**: 321. 1857. ——*L. setosus* Craib, Bull. Misc. Inform. Kew **1933**: 26. 1933. ——*L. wallichii* (Wight et Arn.) Wight var. *hispidocostatus* H. Zhu., Acta Bot. Yunnan. **20**: 158. 1998. ——*Mephitidia wallichii* Wight et Arn., Prodr. Fl. Ind. Orient. 390. 1834.

灌木，高 1～3 m；除叶面和花冠外密被长硬毛或长柔毛。叶片长 5～13 cm，宽 2～5 cm，基部心形，两侧明显不对称或稍不对称，全缘；侧脉每边 6～8 条，三级脉分枝呈疏散的网状。花无梗，数朵簇生于叶腋；苞片和小苞片钻状披针形或线形，长 10～15 mm；萼筒裂片与萼筒近等长或稍长；花冠白色，外面疏被多细胞长柔毛，里面被长柔毛；雄蕊 5 枚，生冠筒喉部，子房 5 室，花柱长约 7 mm。核果近球形，成熟时蓝色，被硬毛，含 4～5 个分核。　花期 4 月，果期 8～9 月。　产于横县、藤县、博白、巴马、扶绥、宁明和龙州；生于海拔 200～1 800 m 的密林中或林缘。分布于福建、广东、海南、台湾、云南等地，不丹、柬埔寨、印度(东北部)、印度尼西亚、日本(南部)、老挝、马来西亚、缅甸、尼泊尔、巴布亚新几内亚、菲律宾、泰国和越南亦有。

2. 长梗粗叶木(华南植物学报)

Lasianthus filipes Chun ex H. S. Lo, Bot. J. S. China **2**: 8, fig. 2. 1993; 中国植物志 **71**(2): 75, 图版 19: 1～7. 1999; Fl. China **19**: 191. 2011.

灌木，高 1～2 m；小枝密被贴伏的柔毛。叶片长 5～10 cm，宽 2～4 cm，基部钝或圆，有时近截平或微心形，边缘常被毛，叶面无毛，叶背脉上被贴伏柔毛或短硬毛；侧脉每边 4～6 条，小脉横行，分枝联结成不明显的长方形网眼。花序腋生，密被硬毛，花序梗长 1～5 cm，不分枝或有 2 条短小分枝；苞片钻状丝形，长 1～2.5 mm；萼筒近陀螺状，裂片 5 枚，钻形，均被硬毛；花冠白色，裂片 5 枚，三角状卵形，顶端内弯呈长喙状，里面密被白色长柔毛。核果近球形，直径 7～8 mm，成熟时蓝色，近无毛；分核 5 个，长约 3 mm。　产于融水、苍梧、防城、平南、那坡和金秀等地；生于海拔 500～1 500 m 的山地林中或灌丛。分布于福建、广东、海南和云南，越南北部亦有。

3. 黄毛粗叶木(海南植物志)　蛇咬草(宁明)

Lasianthus rhinocerotis Bl. subsp. **pedunculatus** (Pit.) H. Zhu, Acta Bot. Yunnan. **20**: 154. 1998; Fl. China **19**: 195. 2011. ——*L. koi* Merr. et Chun in Sunyatsenia **2**: 47. 1934; 海南植物志 **3**: 334. 1974; 中国高等植物图鉴 **4**: 245, 图 5903. 1975; Lo in Bot. J. South China **2**: 14. 1993; 中国植物志 **71**(2): 75～76, 图版 23: 7～11. 1999. ——*L. rhinocerotis* Bl. var. *pedunculatus* Pitard in Lecomte, Fl. Gen. Indo-Chine **3**: 395. 1924.

灌木，高 1.5～3 m；嫩枝叶背密被柔毛。叶片披针形或长圆状披针形，长 10～21 cm，宽 4～7 cm，顶端尾状渐尖或渐尖，叶面无毛，叶背密被柔毛；侧脉每边 7～10 条，小脉呈网状，近平行；叶柄长 5～10 mm，密被毛。花序腋生，长于 0.5～1.2 cm 的花序梗上，或花序梗有时缩至很短；苞片密被褐黄色长柔毛；花冠白色或微染紫色，裂片外面密被硬毛，里面下部被长柔毛。核果成熟时蓝色，被疏柔毛，顶部冠以宿存的萼裂片，含 4～5 个分核。　产于田阳、凌云、田林、隆林和龙州等地；生于海拔 300～1 000 m 的密林中。分布于海南、云南，越南北部亦有。

4. 石核木(中国种子植物科属词典)

Lasianthus biflorus (Blume) M. Gangop. et Chakrab., J. Econ. Taxon. Bot. **16**: 338. 1992; Fl. China **19**: 189～190. 2011. ——*L. gracilis* King et Gamble in J. Asiat. Bengal **70**: 3. 1901. ——*Litosanthes biflora* Blume, Bijdr. 994. 1826; Merr., J. Arn. Arb. **6**: 140. 1925; 海南植物志 **3**: 340, 图 757. 1974; 中国高等植物图鉴 **4**: 255, 图 5924. 1975; 台湾植物志 **4**: 305, 图 1016. 1978; 中国植物志 **71**(2): 108, 图版 28: 1～7. 1999.

灌木，高达 2.5 m；小枝被柔毛。叶片长 1.5～3 cm，宽 0.7～1.5 cm，叶面无毛，叶背中脉被短柔毛，边缘被稀疏长硬毛;侧脉每边7～9条;叶柄极短或近无柄。花有梗,2朵腋生或在长5～17 mm的花序梗上聚生;苞片披针形,长约0.5 mm;花冠白色,外面无毛,里面喉部被长柔毛,冠檐裂片卵形,比冠筒短,顶端喙状内弯。核果球形或扁球形,成熟时黑色,无毛。 花期秋冬之间。 产于上思;生于中海拔和低海拔山地密林中,喜稍潮湿的环境。分布于台湾、海南和云南(南部),印度尼西亚、马来西亚、菲律宾、泰国和越南亦有。

5. **日本粗叶木**(植物分类学报) 图版18:6

Lasianthus japonicus Miq., Ann. Mus. Bot. Lugd.-Bat. **3**:110. 1867;台湾植物志 **4**:295,图 1011. 1978;中国植物志 **71**(2):98. 1999;Fl. China **19**:193～194. 2011.——*L. hartii* Franch., Bull. Soc. Bot. France **46**:209. 1899.——*L. areolatus* Dunn, J. Bot. **47**:376. 1909.——*L. caudatifolius* Merr., J. Arn. Arb. **8**:18. 1927.——*L. taiheizanensis* Masam. et Suzuki, J. Soc. Trop. Agr. Taihoku **2**:49. 1930.——*L. nebulosa* Simizu, J. Jap. Bot. **8**:237. 1937.——*L. satsumensis* Matsum., Bot. Mag. Tokyo **15**:37. 1901.——*L. japonicus* Miq. var. *satsumensis* (Matsum.) Makino, J. Jap. Bot. **20**:1. 1944;中国植物志 **71**(2):99. 1999.——*L. japonicus* Miq. f. *satsumensis* (Matsum.) Kitamura, Acta Phytotax. Geobot. **25**:34. 1972.——*L. lancilimbus* Merr., Lingnan Sci. J. **13**:1, Pl. 8. 1934.——*L. lucidus* Blume var. *caudisepalus* Deb et M. Gangop., J. Bombay Nat. Hist. Soc. **84**:458. 1987.——*Canthium dunnianum* H. Lévl., Fedde, Repert. Sp. Nov. **9**:324. 1911.——*Mephitidia japonica* (Miq.) Nakai, Trees et Shrubs Jap. ed. 2, 524, fig. 238. 1927.——*M. taiheizanensis* Matsum. et Suzuki, J. Soc. Trop. Agr. Taihoku **2**:49. 1930.

5a. **日本粗叶木**(原变种)

Lasianthus japonicus Miq. subsp. japonicus

灌木,高1～2 m;枝无毛或嫩部被柔毛。叶片长9～15 cm,宽2～3.5 cm,先端骤尖或骤然渐尖,叶面无毛或近无毛,叶背脉上被贴伏的硬毛;侧脉每边5～6条,小脉网状,罕近平行;叶柄长7～10 mm,被柔毛或近无毛;托叶被硬毛。花无梗,常2～3朵簇生在一腋生、很短的花序梗上,有时无花序梗;萼被柔毛,萼齿短于萼筒;花冠白色,外面无毛,里面被长柔毛,裂片5枚,近卵形。核果球形,内含5个分核。 花期4～6月,果期6～10月。 产于融水、桂林、临桂、灵川、全州、兴安、永福、灌阳、龙胜、资源、蒙山、桂平、容县、凌云、田林、昭平、南丹、罗城、象州、金秀和龙州等地;生于海拔200～1 800 m的林下。分布于安徽、福建、广东、贵州、江西、湖北、四川、台湾、云南和浙江等地,印度(东北部)、日本(南部)亦有。

5b. **云广粗叶木**(变种) 图版19:1

Lasianthus japonicus Miq. subsp. longicaudus (Hook. f.) C. Y. Wu et H. Zhu, Acta Phytotax. Sin. **32**:80. 1994;Fl. China **19**:194. 2011.——*L. longicaudus* J. D. Hooker, Fl. Brit. India **3**:190. 1880.——*L. pseudojaponicus* Masam, Bull. Soc. Bot. France **84**:270. 1937.

本变种与原亚种的区别是叶片先端常长尾尖,侧脉多,纤细,小脉网状,近平行;花萼4裂,裂片先端截平;花冠4裂。 产于上林、全州、灌阳、那坡、凌云、田林、罗城和象州等地;通常生于海拔1 000～2 000 m山地密林下。分布于贵州、四川、西藏和云南等地,印度(东北部)、老挝、越南(北部)亦有。

6. **鸡屎树**(海南植物志)

Lasianthus hirsutus (Roxb.) Merr., J. Arn. Arb. **33**(3):229. 1952;中国植物志 **71**(2):79～80,图版27:5～10. 1999;Fl. China **19**:192. 2011.——*Triosteum hirsutum* Roxb., Fl. Ind. ed. Carey **2**:180. 1824.

灌木,高1～3 m;枝被红棕色或暗褐色长硬毛,少近无毛。叶片长13～25 cm,宽4～7.5 cm,叶面被长糙毛或近无毛,叶背密被暗褐色长硬毛;侧脉每边8～12条;叶柄长8～15 mm,密被贴伏的硬毛;托叶密被长硬毛。花常数朵簇生叶腋,无梗;苞片卵形或披针形,长2.5～3 cm,宽1～1.5 cm,顶端尾状长尖,均密被暗褐色长硬毛;花冠白色,冠筒长1.2～1.3 cm,外面疏被腺毛状柔毛,里面中部以上密被多细胞长柔毛。核果近球形,成熟时蓝色或紫蓝色,被疏毛或近无毛。 花期11月,果期春夏。 产于防城、上思等地;生于海拔100～1 500 m的密林中。分布于广东、海南和台湾等地,孟加拉国、印度、印度尼西亚、日本、马来西亚、缅甸、巴布亚新几内亚、菲律宾、泰国和越南亦有。

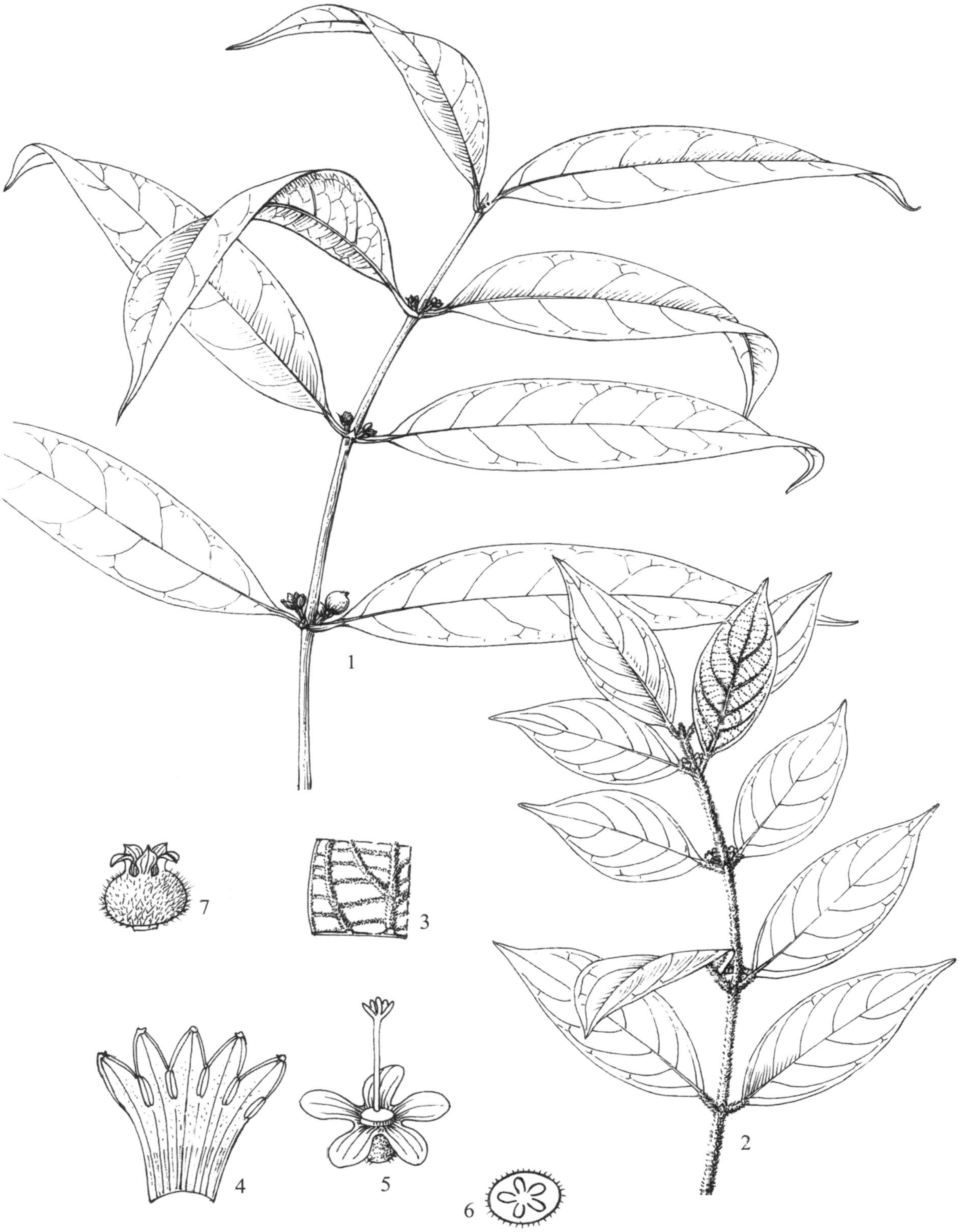

图版 19　1. **云广粗叶木** Lasianthus japonicus Miq. subsp. longicaudus (Hook. f.) C. Y. Wu et H. Zhu　1. 果枝。　2～7. **华南粗叶木** L. austrosinensis H. S. Lo　2. 花枝；3. 叶背面一部分，示毛被；4. 花冠剖开，示雄蕊；5. 雌蕊和花萼；6. 子房横切面；7. 核果。（林文宏绘，2～7 摹自余汉平图）

7. **锡金粗叶木**(华南植物学报)

Lasianthus sikkimensis Hook. f. ,Fl. Brit. Ind. **3**:180. 1880;Lo in Bot. J. South China **2**:3. 1993;中国植物志 **71**(2):80~81,图版 21:6~11. 1999;Fl. China **19**:196~197. 2011. ——*L. tsangii* Merr. ex Li,J. Arn. Arb. **24**:457. 1943;中国高等植物图鉴 **4**:756. 1975. ——*L. langkokensis* Drake ex Pit. ,Fl. Gen. Indo-Chine **3**:379. 1924. ——*L. sikkimensis* Hook. f. subsp. *langkokensis* (Drake ex Pitard) H. Zhu,Acta Phytotax. Sin. **32**:61. 1994.

灌木,高 1~3 m,除叶面、花冠和果实外,全株被褐色绒毛或长柔毛。叶片长 9~20 cm,宽 2~6 cm,全缘,常有缘毛;侧脉每边 6~9 条,小脉近平行;叶柄长通常不超过 1 cm,密被硬毛。花数朵至多朵簇生叶腋,无梗;苞片披针形,长 1~1.5 cm,小苞片与苞片同形或钻形,长通常不超过 1 cm;萼裂片密被长缘毛;花冠白色,外面仅顶部疏被硬毛,里面被稀疏长柔毛。核果球形,成熟时蓝色,无毛,顶冠以 5 片密被长硬毛、长 1.5~2 mm 的宿萼裂片。 花期 10~12 月,果期翌年 7~8 月。 产于上思、平南、隆林、宁明、龙州和大新;生于海拔 300~1 600 m 的密林下。分布于广东、台湾、云南、浙江等地,孟加拉国、印度(东北部)、菲律宾、泰国和越南(北部)亦有。

8. **焕镛粗叶木**(华南植物学报)

Lasianthus chunii H. S. Lo,Bot. J. S. China **2**:10,fig. 3. 1993;中国植物志 **71**(2):84. 1999;Fl. China **19**:191. 2011.

灌木,高 1~3 m;小枝黑褐色,密被短硬毛。叶片披针形、长圆状披针形或近圆形,长 8~15 cm,宽 2~5.5 cm,全缘,叶面无毛,叶背紫棕色,脉上均被短硬毛;侧脉每边 7~8 条;叶柄长 0.5~1 cm,密被短硬毛;托叶密被短硬毛。花 2~4 朵簇生叶腋,近无梗或有短梗;萼筒密被短硬毛;花冠白色或微染红色,外面被短硬毛,裂片 6 枚,披针形,顶端内弯,有一距状长喙,里面被疏毛。核果扁球形,被短硬毛,成熟时黑色。 花期 4 月,果期 6~7 月。 产于容县;生于密林阴凉和湿润地段。分布于福建(东南部)、广东和江西(南部)。 本种与**粗叶木**[*L. chinensis* (Champ. ex Benth.) Benth.]相似,区别在于本种叶背中脉、侧脉和横行小脉上均被硬毛;中脉在叶面压入;花冠管状漏斗形。

9. **粗叶木**(海南植物志)

Lasianthus chinensis (Champ. ex Benth.) Benth. ,Fl. Hongk. 160. 1861;Merr. in Lingnan Sci. J. **5**:176. 1927;海南植物志 **3**:337. 1974;中国高等植物图鉴 **4**:247,图 5908. 1975;台湾植物志 **4**:286,图 1005. 1978;中国植物志 **71**(2):84~86,图版 22:1~5. 1999;Fl. China **19**:190. 2011. ——*L. chinensis* (Champ.) Benth. var. *odajimae* (Masam.) Kanehira,Formos. Trees rev. ed. 669. 1936. ——*Mephitidia chinensis* Champ. ,Hook. J. Bot. et Kew Misc. **4**:196. 1852. ——*M. odajimae* Masam. ,Trans. Nat. Hist. Soc. Formosa **24**:211. 1934.

灌木,高 1~4 m;枝被褐色短柔毛。叶片长 11~25 cm,宽 2.5~7 cm,叶面无毛或近无毛,干时变黑色或黑褐色,叶背脉上均被较短的黄色短柔毛;侧脉每边 9~14 条;叶柄长 8~12 mm,被黄色绒毛;托叶被黄色绒毛。花常 3~5 朵簇生叶腋,无梗和苞片;萼筒密被绒毛,萼檐通常 4 裂,裂片边缘内折,里面无毛;花冠通常白色,有时带紫色,被绒毛,喉部密被长柔毛,裂片顶端有一长约 1 mm 的刺状长喙。核果近卵球形,直径 6~7 mm,成熟时蓝色或蓝黑色。 花期 5~6 月,果期 9~10 月。 产于邕宁、合浦、防城、上思、陆川、宁明、龙州等地;生于海拔 100~900 m 密林的阴凉和湿润地段或林缘。分布于福建、广东、海南、台湾等地,柬埔寨、老挝、马来西亚、菲律宾、泰国和越南亦有。

10. **华南粗叶木**(华南植物学报) 图版 19:2~7

Lasianthus austrosinensis H. S. Lo,Bot. J. South China **2**:4,fig. 1. 1993;中国植物志 **71**(2):88,图版 23:1~6. 1999;Fl. China **19**:188. 2011.

灌木,高 1~2 m;小枝密被贴伏的短柔毛。叶片卵形,长 5~8 cm,宽 2.5~3.5 cm,顶端短尾状骤尖,边全缘,常有缘毛,叶面无毛,叶背脉上均被贴伏短硬毛;侧脉每边 5 条;叶柄长 3~8 mm,密被硬毛。花常1～3朵腋生，无梗或有短梗，无苞片和小苞片；萼密被硬毛，萼裂片卵形，长3～3.5 mm，有脉纹；花冠白色，外面密被多细胞长硬毛，里面中部以上被多细胞长柔毛，裂片5枚；花柱与花药等高，柱头5裂。核果近球形，顶冠以卵形、长2.5 mm的宿萼裂片，被硬毛。　产于平南；生于海拔300～500 m密林的阴凉和湿润地段。分布于海南和广东。　本种萼裂片大，卵形，与**梗花粗叶木**(*L. biermanni* King ex J. D. Hooker)相似，但花序无花序梗，苞片缺，花冠外面密被多细胞长硬毛，核果被硬毛，与后者明显不同。

11. 广东粗叶木(海南植物志)

Lasianthus curtisii King et Gamble, J. Asiat. Soc. Beng. **73**: 128. 1904；台湾植物志 **4**: 289，图 1006. 1978；中国植物志 **71**(2)：92～93，图版 24：7～12. 1999；Fl. China **19**: 191. 2011. ——*L. kwangtungensis* Merr., Lingnan Sci. J. **7**: 323. 1929；海南植物志 **3**: 336. 1974；中国高等植物图鉴 **4**: 246，图 5905. 1975. ——*L. formosensis* Matsum. var. *hirsuta* Matsum., Bot. Mag. Tokyo **15**: 17. 1901. ——*L. condorensis* Pierre ex Pit., Fl. Gen. Indo-Chine [P. H. Lecomte et al.] **3**: 385. 1924. ——*Mephitidia formosensis* (Matsum.) Nakai var. *hirsuta* (Matsum.) Nakai, Trees & Shrubs Jap. ed. 1, 394. 1922.

灌木，高1～3 m；小枝密被硬毛。叶片长5～10 cm，宽1.5～4 cm，干时橄绿色或苍白绿色，叶面无毛，叶背通常密被长柔毛或长硬毛；侧脉每边约6条，末端常在近叶缘处彼此联结，小脉近平行；叶柄长不超过10 mm，密被硬毛；托叶长三角形，密被长硬毛。花常10余朵或更多朵簇生叶腋，无梗或具极短梗；萼密被硬毛，萼齿常5枚，线状披针形或狭披针形，比萼筒长很多；花冠白色，外面被糙硬毛，里面被长柔毛。核果近球形或卵形，成熟时蓝色或蓝黑色，被长柔毛或长硬毛。　花期春夏季，果期秋冬季。　产于上思、东兴、博白和龙州等地；生于海拔300～900 m林中的阴凉和湿润地段。分布于福建、广东、海南和台湾等地，印度尼西亚、日本、马来西亚、泰国和越南亦有。

12. 台湾粗叶木(植物分类学报)　台湾鸡屎树　狭尖叶粗叶木(中国高等植物图鉴)

Lasianthus formosensis Matsum., Bot. Mag. Tokyo **15**: 17. 1901；台湾植物志 **4**: 292，图 1009. 1978；中国植物志 **71**(2)：93～95，图版 24：1～6. 1999；Fl. China **19**: 191～192. 2011. ——*L. tashiroi* Matsum. var. *pubescens* Matsum., Bot. Mag. Tokyo **15**: 17. 1901. ——*L. fordii* Hance var. *pubescens* (Matsum.) Yamazaki, J. Jap. Bot. **39**: 352. 1964. ——*L. formosensis* Matsum. var. *liukiuensis* Matsum. ex Sakaguchi, Gen. Ind. Fl. Okinawa 11. 1924. ——*L. tenuicaudatus* Merr., Lingnan Sci. J. **7**: 324. 1929；中国高等植物图鉴 **4**: 248. 1975. ——*L. kwangsiensis* Merr. ex Li, J. Arn. Arb. **24**: 458. 1943. ——*L. tashiroi* Matsum. var. *pubescens* Matsum., Bot. Mag. (Tokyo) **15**: 17. 1901. ——*Mephitidia formosensis* (Matsum.) Nakai, Trees et Shrubs Jap. ed. **1**: 394. 1922.

直立灌木，高1～3 m；小枝圆柱状，被密硬毛。叶片卵形、卵状椭圆形或有时近长圆形，长7～13 cm，宽2.5～5 cm，边全缘，常被缘毛，叶面无毛，叶背密被柔毛或绒毛，或仅中脉、侧脉和横行小脉上或多或少被柔毛或硬毛；侧脉每边5～7条，小脉近平行；叶柄长4～10 mm，密被硬毛。花数朵至多朵簇生，无梗和苞片；萼筒密被硬毛，萼齿5枚，与萼筒近等长，被毛；花冠白色，管状漏斗形，外面被稍密的硬毛，冠筒里面中部以上被白色长柔毛，裂片5枚；花柱与花药等高。核果近球形或卵球形，成熟时蓝色或紫蓝色。　花期10～12月，果期翌年4月。　产于上思、钦州、田阳、宁明和龙州等地；生于海拔500～1 000 m的密林或林缘潮湿地段。分布于广东、海南、台湾和云南等地，日本、泰国和越南亦有。

13. 西南粗叶木(中国高等植物图鉴)　图版 18：5

Lasianthus henryi Hutch., Sargent, Pl. Wils. **3**: 401. 1916；H. Lévl. Cat. Fl. Yunnan 246. 1917；Chung in Mem. Sci. Soc. China **1**: 239. 1924；中国植物志 **71**(2)：95. 1999；Fl. China **19**: 192. 2011. ——*L. appressihirtus* Simizu, Trans. Nat. Hist. Soc. **34**: 300. 1934. ——*L. appressihirtus* Simizu var. *maximus* Simizu ex T. S. Liu et J. M. Chao, Taiwania **10**: 121. 1964. ——*L. inconspicuus* Hook. f. var. *hirtus* Hutch., Pl. Wilson. **3**: 401. 1916.

灌木或小乔木状，高1～4 m；小枝密被贴伏的绒毛。叶片长6～15 cm，宽1.5～5.5 cm，有缘毛，干时两面近灰色，叶面无毛，叶背脉上被贴伏或稍伸展的硬毛状柔毛；侧脉 6～8 对；叶柄长不超过 1 cm，密被硬毛；托叶被毛。花 2～4 朵簇生叶腋，近无梗或具极短梗；萼被柔毛或硬毛，檐部 5 裂，裂片钻状；花冠白色，外面被硬毛，狭管状，里面中部以上被白色长柔毛。核果近球形，成熟时蓝色，无毛。 花期 6 月，果期 7～10 月。 产于融水、苍梧、防城、东兴、靖西、那坡、凌云和隆林；生于海拔 200～1 900 m 的林缘或疏林中。分布于福建、广东、贵州、海南、四川、台湾、西藏(东部)以及云南。 本种为我国特有种。

14. 罗浮粗叶木(华南植物学报)

Lasianthus fordii Hance, J. Bot. **23**: 324. 1885; Chung in Mem. Sci. Soc. China **1**: 239. 1924; 台湾植物志 **4**: 292, 图 1008. 1978; 中国植物志 **71**(2): 97, 图版 25: 5～7. 1999; Fl. China **19**: 191. 2011. ——*L. tashiroi* Matsum., Bot. Mag. Tokyo **15**: 37. 1901. ——*L. kamputensis* Pierre ex Pit., Fl. Indo-Chine **3**: 392. 1924. ——*L. zambalensis* Elmer, Leafl. Philipp. Bot. **ix**: 3209. 1934. ——*Mephitidia tashiroi* (Matsum.) Nakai, Trees & Shrubs Jap. ed. **1**, 396. 1922.

灌木，高 1～2 m；小枝微具棱，无毛。叶片长 5～12 cm，宽 2～5 cm，边全缘或浅波状，两面无毛或叶背中脉和侧脉上疏生硬毛；侧脉每边 4～6 条；叶柄长 5～10 mm，被硬毛。花数朵至多朵簇生叶腋，近无梗；萼筒近无毛，萼齿 4～6 枚，被疏硬毛；花冠白色，外面无毛，裂片 4～6 枚，顶端内弯呈长喙状，外面近顶部被稀疏硬毛，里面被白色柔毛；花柱与花药等高。核果近球形，成熟时蓝色或蓝黑色，无毛。 花期春季，果期秋季。 产于上思、浦北、平南、靖西、宁明、龙州等地；生于海拔 200～1 000 m 的密林或林缘潮湿地段。分布于福建、广东、海南、台湾、云南等地，柬埔寨、印度尼西亚、日本、巴布亚新几内亚、菲律宾、泰国和越南亦有。

15. 文山粗叶木 卵叶粗叶木(植物分类学报)

Lasianthus hispidulus (Drake) Pit. in Lecomte, Fl. Gen. Indo-Chine **3**: 393. 1924; Fl. China **19**: 192. 2011. ——*L. bunzanensis* Simizu, Trans. Nat. Hist. Soc. Formosa **34**: 301. 1944; 台湾植物志 **4**: 286, 图 1004. 1978; 中国植物志 **71**(2): 99～100. 1999. ——*L. brevidens* Craib, Bull. Misc. Inform. Kew **1933**: 19. 1933. ——*Mephitidia hispidula* Drake, J. Bot. (Morot) **9**: 239. 1895.

灌木，高 1～1.5 m；枝密被长柔毛或硬毛。叶片椭圆形或倒卵形，长 7～10 cm，宽 3～5 cm，叶面无毛，叶背密被绒毛；侧脉每边 4～5 条；叶柄长 4～7 mm，被硬毛；托叶被硬毛。花 3～6 朵簇生叶腋，无梗；萼被硬毛，萼齿比萼筒短很多；花冠白色，外面被柔毛，里面被长柔毛。核果近球形，成熟时蓝色，被硬毛，有 5 个分核。 产于桂西南地区；生于海拔 300～600 m 的阔叶林中。分布于海南、台湾、广东和云南等地，印度尼西亚、日本、马来西亚、泰国和越南亦有。

16. 斜脉粗叶木

Lasianthus verticillatus (Lour.) Merr., Trans. Amer. Philos. Soc. n. s. **24**: 372. 1935; Fl. China **19**: 197～198. 2011. ——*L. andamanicus* Hook. f., Fl. Brit. India **3**: 189. 1880. ——*L. taitoensis* Simizu, Trans. Nat. Hist. Soc. Taiwan **34**: 239. 1944. ——*L. tamirensis* Pierre ex Pitard, Fl. Gen. Indo-Chine **3**: 390. 1924. ——*L. obliquinervis* Merr. Philip. J. Sci. Suppl. 1, 136. 1906; 中国植物志 **71**(2): 100～102, 图版 26: 1～6. 1999. ——*L. nigrocarpus* Masam., Trans. Nat. Hist. Soc. Formosa **22**: 222. 1932. ——*L. obliquinervis* Merr. var. *nigrocarpus* (Masam.) Hatus., Sci. Bull. Univ. Ryukyus **3**: 23. 1956. ——*Dasus verticillatus* Lour., Fl. Cochinch. **1**: 142. 1790.

灌木或小乔木状，高 1～5 m；枝在放大镜下可见散生的贴伏微柔毛。叶片长 8.5～20 cm，宽 2.5～7 cm，基部两侧稍不对称，叶面光亮无毛，叶背脉上均被贴伏的柔毛；侧脉每边 5～9 条；叶柄长 7～10 mm，密被贴伏的柔毛；托叶被贴伏的柔毛。花数朵簇生叶腋，无梗和苞片；萼被柔毛，几近截平；花柱与冠筒近等长。核果卵圆形，被柔毛，顶冠以短筒状、几截平的宿存萼檐。 花期 4～5 月，果期 10～11 月。 产于桂南；生于海拔 100～1 000 m 的密林中。分布于广东、海南、台湾、云南等地，柬埔寨、印度、印度尼西亚、日本、老挝、马来西亚、缅甸、菲律宾、泰国和越南亦有。 本种与**钟萼粗叶木**(*Lasianthus tricho-*

phlebus Hemsl.)很相似，但后者的叶背中脉和侧脉上被伸展长毛，核果具5个近等长的宿萼裂片，与本种的区别明显。

17. **虎克粗叶木**（植物分类学报）

Lasianthus hookeri C. B. Clarke ex Hook. f. , Fl. Brit. Ind. **3**: 184. 1880；中国植物志 **71**(2): 103～105，图版: 1～4. 1999；Fl. China **19**: 193. 2011.

17a. **虎克粗叶木**（原变种）（植物分类学报）

Lasianthus hookeri C. B. Clarke ex Hook. f. var. **hookeri**

原变种广西不产。

17b. **睫毛粗叶木**（变种）

Lasianthus hookeri C. B. Clarke ex Hook. f. var. **dunniana** (H. Lévl.) H. Zhu, Acta Phytotax. Sinica **32**(1): 71. 1994；中国植物志 **71**(2): 105, 1999；Fl. China **19**: 193. 2011. ——*L. dunniana* H. Lévl. , Fedde, Repert. Sp. Nov. **11**: 64. 1912.

灌木，高可达5 m；枝被黄色绒毛。叶片长6～24 cm，宽可达6.5 cm，边缘缘毛密而长，叶面无毛，叶背被微柔毛，或在脉上被皱曲微柔毛；侧脉6～10对，近对生，彼此平行，最外侧的一对伸至叶片近顶部；叶柄长5～10 mm，被黄色绒毛。花多朵簇生叶腋，无花序梗和花梗；萼管外面被黄色绒毛，裂片5枚，被黄色绒毛；花冠白色，外面密被短硬毛。果球形，直径约1 cm，光滑无毛，通常内含6个分核。花期6月，果期10月。 产于那坡、东兰等地；生于海拔380～1 450 m的林下。分布于贵州和云南等地，缅甸北部亦有。

18. **美脉粗叶木**（华南植物学报）

Lasianthus lancifolius Hook. f. , Fl. Brit. Ind. **3**: 187. 1880；Lo in Bot. J. South China **2**: 6. 1993；中国植物志 **71**(2): 106，图版 22: 6. 1999；Fl. China **19**: 194. 2011.

灌木或小乔木状，高可达6 m；枝被贴伏的微柔毛。叶二列；叶片长11～30 cm，宽2～4.5 cm，叶面无毛，叶背脉上多少被贴伏的微柔毛或柔毛；侧脉每边8～10条，小脉常分枝呈网状；叶柄长0.7～15 mm，被贴伏的微柔毛。花2朵至多朵簇生、腋生或着生在老枝无叶节上，无梗或具长约1 mm的花梗；萼裂片5枚，边缘被绒毛；花冠淡红色或白色，外面被短硬毛。核果近球形，被疏硬毛，成熟时蓝色，含5个分核。花期7～12月，果期11月至翌年春季。 产于融水；生于海拔550～1 700 m的山地林中。分布于广东、海南和云南，孟加拉国、不丹、印度（东北部）、泰国（东北部）和越南（北部）亦有。

40. 虎刺属 Damnacanthus Gaertn. f.

灌木；根呈念珠状或不定位缢缩，肉质；枝具针状刺或无刺。叶对生；叶片全缘，卵形、长圆状披针形或披针状线形；托叶三角形，上部常具2～4锐尖。花腋生，两两成束；顶部叶腋常2～3束组成具短花序梗的聚伞花序，下部叶腋1束或因1朵脱落而变单花；花梗通常长2～3 mm；萼杯状或钟状，檐部具三角形或钻形萼齿4～5枚，宿存；花冠白色，管状漏斗形，外面无毛，内面喉部密生柔毛，檐部4裂；雄蕊4枚，着生于冠筒上部，花丝短，花药2室，背着；子房2室或4室，每室具胚珠1颗；花柱无毛，上部2裂或4裂。核果红色，球形，直径7～10 mm，具分核1～4个；分核平凸或钝三棱形，具种子1粒。 本属约有13种，分布于印度、日本、韩国、老挝、缅甸和越南。我国有11种；广西有6种。

分种检索表

1. 枝具刺，嫩枝被短粗毛或微毛。
   2. 针刺长1～2 mm；叶片披针形或长圆状披针形，叶面中脉下部凹陷 ………… 1. **短刺虎刺** D. **giganteus** (Mak.) Nakai
   2. 针刺长0.4～2 cm；叶片卵形、心形或圆形，中脉在叶面突起 ………… 2. **虎刺** D. **indicus** C. F. Gaertn.

1. 枝无刺，嫩枝无毛。
  3. 子房2室；花柱裂片2枚；萼齿披针形或钻形 ………………………………… 3. **云桂虎刺** D. henryi (H. Lévl.) H. S. Lo
  3. 子房3～4室；花柱裂片4枚；萼齿三角形或不明显。
    4. 枝圆柱形；叶片干时草黄色或榄绿色，侧脉不明显，每边6～9条…………… 4. **广西虎刺** D. guangxiensis Y. Z. Ruan
    4. 枝非圆柱形；叶片干时黑色或淡黑色，侧脉明显凸出。
      5. 枝具4棱角；侧脉每边通常14条以上 ………………………………… 5. **柳叶虎刺** D. labordei (H. Lévl.) H. S. Lo
      5. 枝具棱或成脊状；侧脉每边5～7条……………… 6. **海南虎刺** D. hainanensis (H. S. Lo) H. S. Lo ex Y. Z. Ruan

1. **短刺虎刺**（植物分类学报） 咳七风 长叶数珠根（全国中草药汇编）

Damnacanthus giganteus (Mak.) Nakai, Trees et Shrubs Jap. ed. 1, 412. 1922；中国植物志 71(2)：172～173，图版 45：6. 1999；Fl. China **19**：95. 2011. ——*D. indicus* Gaertn. f. var. *giganteus* Mak. in Tok. Bot. Mag. **18**：31. 1904. ——*D. macrophyllus* Sieb. ex Miq. var. *giganteus* (Mak.) Koidz., Acta Phytotax. Geobot. **3**(3)：159. 1934. ——*D. subspinosus* Hand.-Mazz., Symb. Sin. **7**：1026. 1936.

具短刺灌木或小乔木，高可达7.5 m；根肉质、链珠状；幼枝常具4棱，疏被微毛，刺长1～2 mm。叶片革质，披针形或长圆状披针形，长4～15 cm，宽2～5 cm，干后叶面黑色、榄绿色或棕色，叶背榄绿色或棕黄色，边全缘；中脉在叶背凸出，在叶面凹陷，侧脉每边5～7条，弯拱相连，在叶背凸出，在叶面不明显，凹陷或平；叶柄长2～5 mm。花两两成对腋生于短花序梗上，通常仅1对，有时2～4对；苞片鳞片状；花梗长约2 mm；花萼檐部4裂，裂齿三角形；花冠白色，管状漏斗形，长15～18 mm，外面无毛，内面自喉部至管上部密被柔毛；雄蕊4枚，着生于冠筒喉部；子房4室，花柱顶部裂成4裂条。核果红色，近球形，直径5～8 mm；分核1～4个，三棱形；种子近球形。 花期3～5月，果期11月至次年1月。 产于桂林、临桂、龙胜和那坡等地；通常生于山地疏、密林下和灌丛中。分布于安徽、福建、浙江、江西、湖南、广东、贵州、云南等地，日本亦有。 民间称本种为“黄脚鸡”“老鼠胎”，其肉质、链珠状根民间作补益药用，有补气血、收敛止血等功效。

2. **虎刺**（本草纲目） 刺虎（本草图经） 绣花针（植物名实图考） 黄脚鸡 图版 20：1～4

Damnacanthus indicus C. F. Gaertn., Suppl. Carpol. **3**：18, t. 182. 1805；中国高等植物图鉴 **4**：269，图 5952. 1975；台湾植物志 **4**：258. 1978；Lo in Acta Phytotax. Sinica **17**(3)：106. 1979；中国植物志 **71**(2)：169，图版 45：1～4；1999；Fl. China **19**：96. 2011. ——*D. indicus* C. F. Gaertn. f. var. *formosanus* Nakai, Trees et Shrubs Jap. ed. 1, 407. 1922. ——*D. indicus* C. F. Gaertn. f. var. *lancifolius* Makino, Bot. Mag. (Tokyo) **18**：33. 1904. ——*D. esquirolii* H. Lévl., Repert. Spec. Nov. Regni Veg. **10**：435. 1912. ——*D. formosanus* (Nakai) Koidz., Acta Phytotax. Geobot. **2**：225. 1933. ——*D. lancifolius* (Makino) Koidz., Acta Phytotax. Geobot. **2**：225. 1933.

具刺灌木，高0.3～1.5 m，具肉质链珠状根；枝密被短硬毛，有时光滑无毛，圆柱形，有时具4棱，具多数针状刺；刺长0.4～2 cm。叶常大小叶对相间；叶片卵形、心形或圆形，全缘，基部常歪斜；中脉在两面凸出，侧脉每边3～4条，叶面光亮，无毛，叶背仅脉处具疏短毛；叶柄长约1 mm，被短柔毛。花两性，1～2朵生于叶腋，2朵者花柄基部常合生，有时在顶部叶腋可6朵排成具短花序梗的聚伞花序；花梗长1～8 mm，基部两侧各具苞片1枚；苞片披针形或线形；花萼裂片4枚，常大小不一，三角形或钻形，长约1 mm，宿存；花冠白色，管状漏斗形，外面无毛，内面自喉部至冠筒上部密被毛；雄蕊4枚，着生于冠筒上部，花药紫红色；子房4室，每室具胚珠1颗，花柱顶部3～5裂。核果红色，近球形，直径4～6 mm，具分核1～4个。 花期3～6月，果期冬季至次年春季。 产于柳州、柳城、桂林、阳朔、临桂、全州、资源和钦州等地；常生于山地和丘陵的疏、密林下和石岩灌丛中。分布于安徽、福建、广东、西藏、云南、贵州、四川、湖南、湖北、江苏、浙江、江西、台湾等地，印度（北部和东北部）、日本和朝鲜亦有。 本种随不同环境体态有较大差异，生于阴湿处的植株叶较大而薄，刺较长，生于旱阳处的植株叶小而厚，刺较短。 本种常被引种作庭园观赏，其根肉质，可作药用，有祛风利湿、活血止痛之功效。

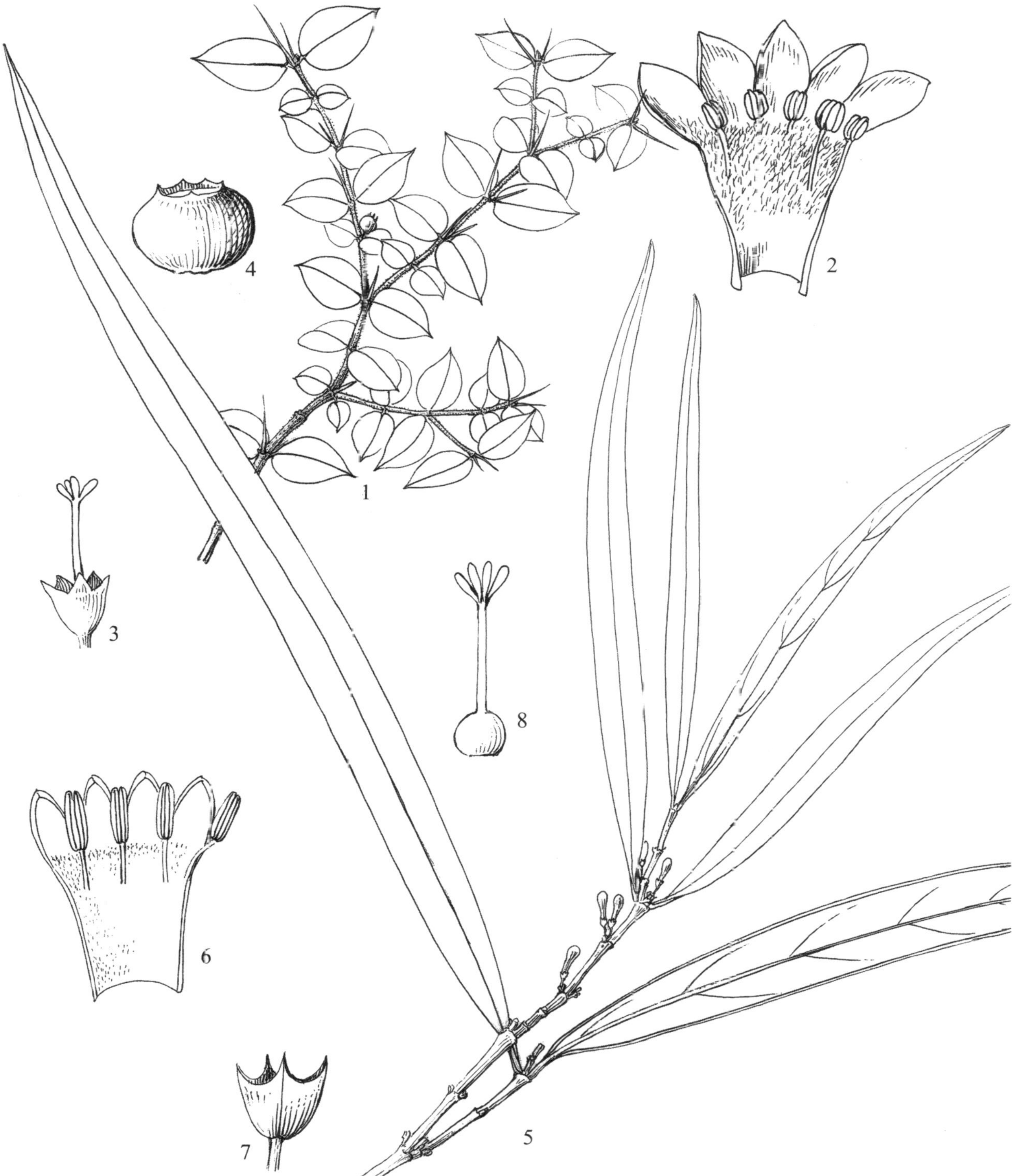

图版 20　1～4. 虎刺 Damnacanthus indicus C. F. Gaertn.　1. 果枝；2. 花冠展开，示雄蕊；3. 花萼和雌蕊；4. 果。　5～8. 广西虎刺 D. guangxiensis Y. Z. Ruan　5. 花枝；6. 花冠展开，示雄蕊；7. 花萼；3. 雌蕊。（林文宏绘）

3. **云桂虎刺**(植物分类学报)

Damnacanthus henryi (H. Lévl.) H. S. Lo, Acta Phytotax. Sinica **17** (3):108. 1979. 中国植物志 71 (2):176, 图版 45:7. 1999; Fl. China **19**:95. 2011. ——*Canthium henryi* H. Lévl., Fedde, Repert. Sp. Nov. **13**:178. 1914. ——*Prismatomeris brevipes* Hutch. in Sargent, Pl. Wils. **3**:413. 1916. ——*P. linearis* Hutch. Sargent, Pl. Wils. **3**:414. 1916. ——*P. henryi* (H. Lévl.) Rehd., J. Arn. Arb. **16**:328. 1935.

灌木或小乔木,高可达 5 m,通常无刺;枝具 4 棱,光滑无毛。叶片披针形、狭椭圆形或长圆形,纸质或革质,长 5~13 cm,宽 1~4 cm,两面无毛,全缘;中脉两面凸出,侧脉每边 5~7 条,在近边缘处弯拱相连;叶柄长 2~5 mm,无毛。花 1~2 对生于叶腋和枝顶叶腋处的短花序梗上;苞片鳞片状;花梗长约 2 mm;花萼钟状,萼齿 4~5 枚,萼齿钻形或披针形,大小不一;花冠白色或淡紫色,管状漏斗形,长 1.3~1.5 cm,外面无毛,内面自喉部至管上部被柔毛;雄蕊 4 枚,着生于冠筒喉部,花药长圆形,长 2~2.5 mm;子房 2 室,花柱顶部 2 裂,裂片披针形或线形。核果具 2 个分核,直径 5~8 mm,熟时红色。 花期 10 月,果期 12 月至翌年 2 月。 产于融水、临桂、兴安、灌阳、龙胜、资源、防城、容县、靖西、那坡、凌云和金秀等地;通常生于海拔 1 200~1 800 m 的山地密林中。分布于贵州、云南等地。 本种为我国特有种。

4. **广西虎刺** 图版 20:5~8

Damnacanthus guangxiensis Y. Z. Ruan, Fl. Reipubl. Popularis Sin. **71**(2):320. 1999. 中国植物志 71 (2):175, 图版 45:11. 1999; Fl. China **19**:95. 2011.

无刺灌木;枝圆柱形,无毛。叶片厚革质,披针状线形,长 13~22 cm,宽 1~2 cm,干时草黄色或榄绿色,叶面无毛,叶背疏被毛,全缘;中脉两面凸出,侧脉每边 6~9 条;叶柄长约 6 mm。花 1~2 对生于叶腋,具短花序梗;苞片鳞片状;花梗长约 2 mm;花萼无毛,萼齿 4~5 枚,锐三角形;花冠长约 12 mm,外面无毛,内面喉部密被柔毛,檐部 4 裂,裂片卵形;雄蕊 4~5 枚,着生于冠筒下部,花丝长约 5 mm,花药长 3 mm;子房 4 室。 花期冬季至次年春季。 产于凌云;生于海拔 1 200 m 的山地林中。 本种为广西特有。

5. **柳叶虎刺**(植物分类学报)

Damnacanthus labordei (H. Lévl.) H. S. Lo, Acta Phytotax. Sin. **17**(3):107. 1979; 中国植物志 71 (2):174, 图版 45:10. 1999; Fl. China **19**:96. 2011. ——*Canthium labordei* H. Lévl., Fedde, Repert. Sp. Nov. **13**: 178. 1914. ——*Lasianthus labordei* (H. Lévl.) Rehd., J. Arn. Arb. **13**: 340. 1932. ——*Prismatomeris labordei* (H. Lévl.) Merr. ex Rehd., J. Arn. Arb. **18**:249. 1937.

无刺小灌木,高可达 4 m;根肉质、链珠状;枝具 4 棱角,黄色至淡棕色,无毛。叶片披针形至披针状线形,长 5~21 cm,宽 0.6~2.5 cm,干时淡黑色,初时叶背脉处有疏短毛,后变两面无毛,全缘或具波状细齿;中脉在两面凸出,侧脉通常超过 14 对,与中脉成直角或锐角,两面凸出;叶柄长 3~6 mm,无毛。花 1~2 对生于叶腋的短花序梗上,有时 1~3 朵,托叶腋常可生花 1~2 朵,顶生花 4~10 朵;花萼裂齿 3~4 枚,钝三角形;花冠白色,外面近无毛,内面自冠筒上部至喉部和冠檐裂片下部被柔毛,其余部分无毛,檐部裂片 4 枚,卵形;雄蕊 4 枚;子房 4 室;花柱顶部 4 深裂,裂片披针形,开放时外卷。核果红色,近球形,直径约 8 mm;分核 1~4 个,稍三棱形,具种子 1 粒。 花期 2~3 月,果期 9~12 月。 产于武鸣、马山、上林和上思等地;常生于海拔 800~1 800 m 的山地疏林、密林下或灌木丛中。分布于湖南、广东(北部)、四川、贵州和云南,越南亦有。

6. **海南虎刺**(植物分类学报)

Damnacanthus hainanensis (H. S. Lo) H. S. Lo ex Y. Z. Ruan, Fl. Reipubl. Popularis Sin. **71**(2):176. 1999; Fl. China **19**:95. 2011. ——*D. henryi* (H. Lévl.) H. S. Lo subsp. *hainanensis* H. S. Lo, Acta Phytotax. Sin. **17**(3):108. 1979.

无刺灌木,高 1~4 m,枝棕色,具棱或成脊状,无毛。叶片椭圆状卵形、长圆形或长圆状披针形,长 6~11 cm,宽 2~4.5 cm,干后黑色,两面无毛;中脉在两面凸出,侧脉每边 5~7 条,在两面凸出;叶柄长 2~8 mm,无毛。花通常 2 朵生于腋生的短花序梗上,花梗长约 2 mm;花萼杯状,萼齿三角形或不明显;花冠管状漏斗形，外面无毛，内面自喉部至管上部被柔毛，檐部4裂，裂片卵状披针形；雄蕊4枚，着生于冠筒喉部，花药长圆形；子房3～4室，花柱顶部4裂，裂片线形。核果扁圆形，直径约8 mm，具3～4个分核，熟时红色。　花期5月，果期11月。　产于阳朔县；通常生于海拔800～1 500 m的林中或林缘。分布于海南。　本种为我国特有种。

41. 野丁香属　Leptodermis Wall.

灌木；茎圆柱状。叶对生；托叶锐尖或刺状尖，宿存。花3朵至多朵，于枝顶或叶腋簇生或密集成头状，基部有2枚小苞片合生成具2凸尖的管；萼筒倒圆锥状，裂片4～6枚，革质，宿存；花冠白色或紫色，通常漏斗形，里面有毛，喉部无毛，裂片4～6枚，镊合状排列；雄蕊4～6枚，着生于冠筒喉部，花药线状长圆形；子房5室，花柱线形，柱头5(3)裂，线形；胚珠每子房室1颗。蒴果圆柱形或卵形，5片裂至基部，每果瓣有1粒种子；种子直立，假种皮网状，与种皮分离或粘贴。　本属约有40种，分布于喜马拉雅地区至日本。我国有34种；广西有1种。

卵叶野丁香　薄皮木　广东野丁香

Leptodermis vestita Hemsl. ex F. B. Forbes et Hemsl., J. Linn. Soc., Bot. **23**: 390. 1888; Fl. China **19**: 209. 2011. ——*L. ovata* H. Winkl., Fedde, Repert. Sp. Nov. **18**: 162. 1922; 中国植物志 **71**(2): 137～138. 1999.

灌木，高0.5～3 m；嫩枝被短硬毛，很快变无毛。叶片卵形、卵状长圆形至长圆形，长1.5～6 cm，宽1～3 cm，叶面无毛或中脉上被短硬毛，叶背脉上被短硬毛或无毛；侧脉每边4～7条；叶柄长4～7 mm；托叶具一短尖头。花顶生，3～7朵排成一行，近无柄，此外在上部3～6对叶的叶腋中生花3～7朵，甚至形成一长的花枝；小苞片有脉纹，2/3合生或过之，被硬毛，开花时比萼稍长或近等长；萼裂片5枚，有纵脉纹，被缘毛；花冠筒被绒毛至疏柔毛，裂片5枚，为管的1/5～1/4；短柱花的雄蕊生冠筒中部之上；花柱3～5裂，无毛。蒴果长约6 mm。　花期6～12月，果期8月至次年1月。　产于阳朔；生于海拔1 500 m以下的山坡旷地、石山或疏林中。分布于广东和云南。

42. 白马骨属　Serissa Comm. ex Juss.

灌木；多分枝，无毛，或小枝被微柔毛，揉之有臭气。叶对生，叶片近革质，卵形；托叶与叶柄合生成一短鞘，有3～8条刺毛。花腋生或顶生，无梗；萼筒倒圆锥形，萼檐4～6裂；花冠漏斗形，顶部4～6裂，裂片镊合状排列；雄蕊4～6枚，生于冠筒上部，花丝线形，花药线状长圆形；子房2室；花柱线形，2分枝，分枝线形或锥形，全部被粗毛。核果球形。　本属有2种，分布于日本、尼泊尔以及越南。广西2种均产。

分种检索表

1. 叶片革质，长0.6～2.2 cm，宽3～6 mm，无毛；花冠筒比萼檐裂片长 ………… 1. **六月雪** S. japonica (Thunb.) Thunb.
1. 叶片薄纸质，长1.5～4 cm，宽7～13 mm，叶背被疏毛；花冠筒与萼檐裂片等长 … 2. **白马骨** S. serissoides (DC.) Druce

1. 六月雪

Serissa japonica (Thunb.) Thunb., Nov. Gen. Pl. 132. 1798; 中国植物志 **71**(2): 160, 图版 43. 1999; Fl. China **19**: 324. 2011. ——*S. foetida* (L. f.) Lam., Tab. Encycl. **2**: 211. 1819. ——*Lycium japonicum* Thunb., Nov. Act. Reg. S. Sci. Upsal. **3**: 207. 1780. ——*L. foetidum* L. f., Suppl. Pl. 150. 1781.

小灌木，高可达90 cm，有臭气。叶片革质，长6～22 mm，宽3～6 mm，全缘，无毛。花单生或数朵丛生于小枝顶部或腋生，具被毛、边缘浅波状的苞片；萼檐裂片被毛；花冠淡红色或白色，长6～12 mm，裂片顶端3裂；柱头2裂，略分开。 花期4～10月，果期6～11月。 产于桂林、合浦，生于海拔100～1 600 m河溪边或丘陵的杂木林内。分布于安徽、福建、广东、江苏、江西、四川、台湾、云南和浙江等地，日本和越南亦有，有时为栽培。

2. **白马骨**(植物名实图考) 图版21:1

Serissa serissoides (DC.) Druce, Rep. Bot. Exch. Club. Brit. Isles **1916**:646. 1917；中国高等植物图鉴 **4**:270，图5953. 1975；中国植物志 **71**(1):160～162. 1999；Fl. China **19**:324. 2011. ——*Serissa democritea* Baill ex Franch. Pl. David. 154. 1881. ——*Democritea serissoides* DC., Prodr. **4**:540. 1830. ——*Leptodermis nervosa* Hutchins., Sargent, Pl. Wils. **3**:404. 1916.

小灌木，高可达1 m；枝被短毛，后毛脱落变无毛，嫩枝被微柔毛。叶片薄纸质，长1.5～4 cm，宽0.7～1.3 cm，除叶背被疏毛外，其余无毛；侧脉每边2～3条。花生于小枝顶部；苞片膜质，斜方状椭圆形，具疏散小缘毛；萼檐裂片5枚，披针状锥形，长约4 mm，具缘毛；花冠筒长约4 mm，外面无毛，喉部被毛，裂片5枚；花柱长约7 mm，2裂。 花期4～6月。 产于南宁、柳州、融水、临桂、龙胜、兴安、恭城、隆林、贺州、金秀和龙州等地；生于荒地或草坪。分布于安徽、福建、广东、湖北、江苏、江西、台湾和浙江等地，日本亦有。

43. 九节属 Psychotria L.

灌木或小乔木，稀攀缘或缠绕。叶对生或3～4片轮生；托叶常合生，顶端全缘或2裂。花两性或稀杂性异株，伞房花序式或圆锥花序式的聚伞花序顶生或稀腋生，很少为腋生的花束或头状花序；萼檐4～6裂；花冠漏斗形、管形或近钟形，花冠裂片4～6枚，镊合状排列；雄蕊与花冠裂片同数，着生于冠筒喉部或口部，花药线形或长圆形；子房2室，柱头2裂。浆果或核果，有时孪生，平滑或具纵棱，有小核2个或分裂为2个分爿，分果爿通常在内面纵裂；种子2粒，与小核同形，平滑或具纵棱。 本属有800～1 500种，分布于热带和亚热带非洲、美洲、亚洲和太平洋诸岛。我国有18种；广西有9种。

分种检索表

1. 直立灌木或小乔木。
  2. 叶片侧脉在近边缘结成一明显的边脉 ………………………………………………… 1. **美果九节** P. calocarpa Kurz
  2. 叶片侧脉在近边缘不结成一明显的边脉。
    3. 叶片无毛或稀在叶背脉上有微柔毛。
      4. 嫩枝和叶干时黄绿色；果无明显的纵棱；种子或小核腹面凹陷 ………………… 2. **黄脉九节** P. straminea Hutch.
      4. 嫩枝和叶干时不呈黄绿色；果具明显的纵棱；种子或小核腹面平坦。
        5. 叶片宽可达11 cm；托叶长1～2 cm；花萼裂片长1～2 mm。
          6. 聚伞花序圆锥状，花序梗无毛或疏被短柔毛；叶干后暗褐色，叶背较苍白；果长6～12 mm ……………………………………………………………………………… 3. **云南九节** P. yunnanensis Hutch.
          6. 聚伞花序密集成头状，花序梗被棕红色短柔毛；叶干后暗红色 ………… 4. **聚果九节** P. morindoides Hutch.
        5. 叶片宽不到6.5 cm；托叶长不到1 cm；花萼裂片长约0.5 mm。
          7. 叶片干时叶面榄绿色，叶背较苍白；侧脉在叶背不明显或稍明显 ……………………………………………………………………………… 5. **溪边九节** P. fluviatilis Chun ex W. C. Chen
          7. 叶片干时淡红色或红褐色；侧脉在叶背突起 ……………………………… 6. **假九节** P. tutcheri Dunn
    3. 叶片被毛或仅在叶背脉腋内具毛。
      8. 聚伞花序密集成头状；叶柄和叶背均被暗红色的皱曲柔毛 ……………………… 7. **驳骨九节** P. prainii H. Lévl.
      8. 聚伞花序伞房状或圆锥状；叶柄无毛或被极稀短柔毛，叶背被短柔毛或仅脉腋内具毛 ……………………………………………………………………………… 8. **九节** P. asiatica L.
1. 攀缘或匍匐藤本，常具气生根攀附于树干或岩石上；果常呈白色 ……………………… 9. **蔓九节** P. serpens L.

图版 21　1.**白马骨** Serissa serissoides (DC.) Druce　1.枝。　2～3.**黄脉九节** Psychotria straminea Hutch.　2.果枝；3.果。4～5.**蔓九节** P. serpens L.　4.果枝；5.果。　6～8.**弯管花** Chassalia curviflora (Wall.) Thwaites var. curviflora　6.果枝；7.花；8.果。(林文宏绘)

1. **美果九节**(云南种子植物名录)

Psychotria calocarpa Kurz, J. Asiat. Soc. Bengal, Pt. 2, Nat. Hist. **41**(2):315. 1872;云南种子植物名录(下册):1269. 1984;中国植物志 **71**(2):51. 1999;Fl. China **19**:296. 2011.

亚灌木,高可达1 m;嫩枝被棕褐色皱曲的柔毛。叶对生;叶片长9.5~17 cm,宽2.5~7 cm,全缘,干时常呈赤红色,两面无毛,或在叶背有疏而紧贴的棕褐色皱曲的柔毛;侧脉11~15对,在叶背突起,斜上升,在近边缘处结成一明显的边脉;叶柄长0.5~4 cm;托叶卵形或近圆形,长约1 cm,顶端2裂成钻状长尖。聚伞花序腋生或顶生,有花数朵至十多朵,花序梗有棕褐色皱曲的柔毛;花萼裂片线状披针形,具缘毛;花冠白色,内面被白色长柔毛,花冠筒与萼裂片等长。果椭圆形,橙黄色或红色,长约8.5 mm,直径约6 mm,顶端有宿存的萼;种子椭圆形。 花期5~7月,果期8月至翌年2月。 产于那坡;生于海拔800~1 700 m的山坡林下。分布于西藏和云南,孟加拉国、不丹、印度、马来西亚、缅甸、尼泊尔、泰国和越南亦有。 据《全国中草药汇编》记载,本种全株可入药,有清热解毒、祛风利湿、镇静、镇痛的功效;能治细菌性痢疾、肠炎腹泻、咳嗽、癫痫、肾炎、膀胱炎、风湿性腰腿痛等症。

2. **黄脉九节**(海南植物志) 图版21:2~3

Psychotria straminea Hutch. in Sargent, Pl. Wils. **3**:416. 1916; Merr. in Lingnan Sci. J. **5**:176. 1927; Chun in Sunyatsenia **2**:15. 1934;海南植物志 **3**:353. 1974;中国高等植物图鉴 **4**:265,图5944. 1975;云南种子植物名录(下册):1269. 1984;中国植物志 **71**(2):52. 1999;Fl. China **19**:300. 2011.

灌木,高可达3 m;除冠筒喉部被毛外全株无毛。叶对生;叶片长5.5~29 cm,宽0.8~10.5 cm,基部有时不等侧,全缘;中脉在叶背突起,黄色,侧脉5~10对,弧状弯拱,在叶背突起,黄色;叶柄长0.5~3.5 cm。聚伞花序顶生,花序梗长1~2.5 cm;萼裂片三角形,长0.5~1 mm;花冠白色或淡绿色,冠筒喉部被白色长柔毛。浆果状核果近球形或椭圆形,长0.7~1.3 cm,直径4~9 mm,成熟时黑色,无明显纵棱;小核背面突起,腹面凹陷;果梗长约1 cm。 花期1~7月,果期6月至翌年1月。 产于桂平、凌云、罗城和龙州等地;生于海拔100~1 800 m的山坡或山谷溪边林中。分布于广东、海南和云南等地,越南亦有。

3. **云南九节**(广西植物名录)

Psychotria yunnanensis Hutch. in Sargent, Pl. Wils. **3**:414. 1916;中国高等植物图鉴 **4**:265,图5943. 1975;西藏植物志 **4**:447. 1985;云南种子植物名录(下册):1269. 1984;中国植物志 **71**(2):55. 1999;Fl. China **19**:301. 2011. ——*P. kwangsiensis* H. L Li, J. Arn. Arb. **24**:457. 1943.

灌木,高1~4 m;小枝无毛,托叶脱落后节上有红褐色密毛。叶对生;叶片长9~30.5 cm,宽3~11 cm,全缘,干时暗褐色,叶背较苍白,两面无毛,稀在背面中脉和侧脉上有微柔毛;侧脉8~16对;叶柄长1~5.5 cm;托叶近卵形,长1.2~1.5 cm。圆锥状的聚伞花序腋生或顶生,三歧分枝,花序梗长1~6 cm;花萼钟形,萼裂片5枚;花冠白色,冠筒喉部有白色长柔毛。核果长圆状椭圆形,稀近球形,长0.6~1.2 cm,直径4~7 mm,有纵棱,顶冠以宿存萼;小核背面具4条龙骨状突起,腹面平。 花期4~12月,果期7~12月。 产于平果和那坡;生于海拔800~1 800 m的山坡或山谷溪边林中。分布于西藏和云南。

4. **聚果九节** 假巴戟(云南种子植物名录)

Psychotria morindoides Hutch. in Sargent, Pl. Wils. **3**:414. 1916;云南种子植物名录(下册):1269. 1984;中国植物志 **71**(2):51~52. 1999;Fl. China **19**:299. 2011.

灌木,高0.5~3 m;小枝被卷曲的短柔毛或无毛。叶对生;叶片长8~30 cm,宽3~11.5 cm,基部有时不等侧,全缘,干时暗红色,两面无毛或仅在背面脉上被微柔毛;侧脉8~15对;叶柄长1.2~6 cm;托叶长圆状卵形,顶端2裂,长1~2 cm,无毛或被微柔毛,顶端边缘常有缘毛。聚伞花序顶生,不分枝或三歧分枝,多朵花于枝顶密集成头状,花序梗及分枝被棕红色短绒毛;萼筒无毛,萼裂片5枚,被疏缘毛;花冠白色,花冠裂片5枚,内面被紧贴的长毛。果椭圆形,红色,长6~10 mm,直径3~4 mm,具棱,无毛,顶端具宿存萼。 花期4~11月,果期7~12月。 产于那坡,生于海拔1 000~1 800 m的山坡或山谷溪边林中。分布于云南,老挝、泰国亦有。模式标本采于云南普洱市。

5. **溪边九节**(植物分类学报)

Psychotria fluviatilis Chun ex W. C. Chen, Acta Phytotax. Sin. **30**: 268. 1992. 中国植物志 **71**(2): 53. 1999; Fl. China **19**: 297. 2011.

灌木,高可达 3 m;小枝无毛。叶对生;叶片长 5～11 cm,宽 1～3.7 cm,全缘,无毛,干时榄绿色,叶背较苍白;侧脉 4～8 对;托叶披针形或三角形,长 4～7 mm。聚伞花序腋生或顶生;花序梗长 0.2～2 cm,常被疏短柔毛;苞片和小苞片线状披针形,长 0.7～1 mm;花萼裂片 4～5 枚,三角形,长约 0.5 mm;花冠白色,花冠筒喉部被白色长柔毛,花冠裂片 4～5 枚。果长圆形或近球形,红色,无毛,具棱,长 6～7 mm,直径 3～6 mm,顶部有宿存萼;果梗长 5～10 mm;种子 2 粒,具棱,腹面平坦。　花期 4～9 月,果期 8～12 月。　产于钟山和宁明等地;生于海拔 500～1 000 m 的山谷溪边林中。分布于广东。模式标本采于广东英德市。

6. **假九节**(海南植物志)　小叶九节(广西植物名录)

Psychotria tutcheri Dunn, J. Bot. **48**: 324. 1910; Chun in Sunyatsenia **1**: 175. 1933; Merr. et Chun in Sunyatsenia **5**: 190. 1940; 海南植物志 **3**: 352. 1974; 中国植物志 **71**(2): 53～54. 1999; Fl. China **19**: 301. 2011.

灌木,高 0.5～4 m。叶对生;叶片长 5.5～22 cm,宽 1.5～6 cm,全缘,干时淡红色或红褐色,侧脉 4～13 对,近边缘处不明显联结;叶柄长 0.5～2 cm;托叶顶端刚毛状,2 裂。伞房花序式的聚伞花序,腋生或顶生;花序梗长 0.5～3 cm,被粉状微柔毛;花梗长约 1 mm,被粉状微柔毛;花萼裂片 4 枚,阔三角形;花冠白色或绿白色,冠筒喉部被白色长柔毛,花冠裂片 5 枚;花药长圆形;花柱 2 裂。核果球形,长 5～7 mm,直径 4～6 mm,成熟时红色,有纵棱和宿萼;果梗长 1～6 mm。　花期 4～7 月,果期 6～12 月。　产于融水、临桂、永福、苍梧、上思、宁明和龙州等地;生于海拔 200～1 000 m 的山坡、山谷溪边灌丛或林中。分布于福建、广东、海南和云南等地,越南亦有。

7. **驳骨九节**(广西植物名录)

Psychotria prainii H. Lévl., Repert. Spec. Nov. Regni Veg. **9**: 324. 1911; 中国植物志 **71**(2): 55～57, 图版 14: 5～9. 1999; Fl. China **19**: 299. 2011. ——*P. siamica* (Craib) Hutchins. in Sargent, Pl. Wils. **3**: 415. 1916. ——*Cephalis siamica* Craib, Kew Bull. 395. 1911.

灌木,高 0.5～2 m;嫩枝被暗红色的皱曲柔毛。叶对生,常较密聚生于枝顶;叶片长 3～15 cm,宽 1.3～6.5 cm,叶背被暗红色的皱曲柔毛,全缘,侧脉 7～11 对;叶柄长 0.2～2.2 cm,被暗红色的皱曲柔毛。聚伞花序密集成头状,顶生,长宽均为 1～1.5 cm,被暗红色的皱曲柔毛;花密集,近无花梗;花冠白色,裂片三角状卵形,冠筒喉部被白色长柔毛。核果椭圆形或倒卵形,长 5～8 mm,直径 4～5 mm,红色,被疏毛,具纵棱,顶冠以宿萼,密集成头状。　花期 5～8 月,果期 7～11 月。　产于阳朔、平果、百色、那坡、靖西、田林、凌云、隆林、河池、南丹、天峨、凤山、东兰、大新、龙州和贺州等地;生于海拔 200～1 700 m 的山坡或山谷溪边林中或灌木丛,常见于岩石上。分布于广东、贵州(西南部)和云南,老挝、泰国和越南亦有。　本种全株可入药,有清热解毒、祛风消肿、止血、止痛的功效,可治菌痢、肠炎、风湿骨痛、跌打损伤、蛇伤等。

8. **九节**(植物学名词审查本)　山大刀　山大颜　九节木

Psychotria asiatica L., Syst. Nat., ed. 10, **2**: 929. 1759; Fl. China **19**: 296. 2011. ——*P. rubra* (Lour.) Poir., Lam. Encycl. Suppl. **4**: 597. 1816; 中国植物志 **71**(2): 58～59, 图版 14: 1～4. 1999. ——*P. rubra* (Lour.) Poir. var. *pilosa* (Pitard) W. C. Chen, Acta Phytotax. Sin. **30**: 272. 1992; 中国植物志 **71**(2): 59. 1999. ——*P. reevesii* Wall., Roxb. Fl. Ind. **2**: 164. 1824. ——*P. reevesii* Wall. var. *pilosa* Pitard, Fl. Indo-Chine **3**: 362. 1924. ——*P. esquirolii* H. Lévl. in Fedde, Repert. Sp. Nov. **10**: 435. 1912. ——*Uragoga rubra* (Lour.) Kuntze, Revis. Gen. Pl. **2**: 962. 1891. ——*Antherura rubra* Lour., Fl. Cochinch. 144. 1790.

灌木或小乔木,高可达 5 m。叶对生;叶片长 5～23.5 cm,宽 2～9 cm,全缘,干时常暗红色或在叶背褐红色而叶面淡绿色,叶背被短柔毛或仅脉腋内具毛;侧脉 5～15 对,近叶缘处不明显联结;叶柄长 0.7～5 cm,无毛或极稀有极短的柔毛。聚伞花序顶生,花序梗极短,近基部三分歧,常成伞房状或圆锥状;萼筒杯状，檐部近截平或不明显的5齿裂；花冠白色，冠筒喉部被白色长柔毛；雄蕊与花冠裂片互生。核果球形或宽椭圆形，长5～8 mm，直径4～7 mm，有纵棱，红色；果梗长1.5～10 mm；小核背面突起，具纵棱，腹面平而光滑。 花果期全年。 产于横县、桂林、临桂、平乐、苍梧、防城、灵山、贵港、平南、博白、百色、平果、靖西、那坡、凌云、东兰、巴马、都安、金秀、扶绥、宁明、龙州和大新等地；生于海拔1 500 m以下的平地、丘陵、山坡、山谷溪边灌丛或林中。分布于福建、广东、贵州、海南、湖南、台湾、云南和浙江，柬埔寨、印度、日本、老挝、马来西亚、泰国和越南亦有。 本种嫩枝、叶、根可作药用，有清热解毒、消肿拔毒、祛风除湿的功效，可治扁桃体炎、白喉、疮疡肿毒、风湿疼痛、跌打损伤、感冒发热、咽喉肿痛、胃痛、痢疾、痔疮等症。

9. **蔓九节**（中国高等植物图鉴） 上树龙 图版21:4～5

Psychotria serpens L., Mant. Pl. **2**:204. 1771; Merr. in Lingnan Sci. J. **6**:287. 1928; 广州植物志516. 1956; 海南植物志**3**:353. 1974; 中国高等植物图鉴**4**:266, 图5946. 1975; 台湾植物志**4**:329. 1978; 中国植物志**71**(2):60, 图版14:10～14. 1999; Fl. China **19**:300. 2011. ——*P. scandens* Hook. et Arn., Bot. Beech. Voy. 193. 1836.

攀缘或匍匐藤本，常以气生根攀附于树干或岩石上，长可达6 m以上；嫩枝无毛或有秕糠状短柔毛，老枝圆柱形，攀附枝有一列短而密的气根。叶对生；叶片形变化很大，长0.7～9 cm，宽0.5～3.8 cm，全缘，干时苍绿色或暗红褐色，侧脉4～10对；叶柄长1～10 mm。聚伞花序顶生，有时被秕糠状短柔毛，常三歧分枝，圆锥状或伞房状，花序梗长达3 cm；小苞片对生；花萼檐部顶端5浅裂；花冠白色，喉部被白色长柔毛。浆果状核果球形或椭圆形，具纵棱，常呈白色，长4～7 mm，直径2.5～6 mm；小核背面突起，具纵棱，腹面平而光滑。 花期4～6月，果期全年。 产于苍梧、合浦、防城、上思、东兴、钦州、陆川、博白和龙州等地；生于海拔50～1 400 m的平地、丘陵、山地、山谷水旁的灌木丛或林中。分布于福建、广东、海南、台湾和浙江等地，柬埔寨、日本、朝鲜、老挝、泰国和越南亦有。 本种全株可药用，有舒筋活络、壮筋骨、祛风止痛、凉血消肿的功效，可治风湿痹痛、痈疮肿毒、坐骨神经痛、咽喉肿痛等症。

44. 弯管花属 Chassalia Comm. ex Poir.

灌木或小乔木。叶对生或三片轮生；托叶全缘或2裂，分离或合生成鞘。花序由聚伞花序组成；萼筒卵形、近球形或倒卵形，萼檐宿存，顶截平或5齿裂，裂片短尖或钝；花冠筒常弯曲，喉部无毛或有须毛，顶部5裂，裂片镊合状排列；雄蕊5枚，花丝短或无，花药背着，线形，内藏或伸出；花盘环状；子房2室，每室有基生直立的胚珠1颗，花柱纤细，有2个分枝。核果含2个分核，分核半圆形，背面平，腹面凹；种子扁圆形，胚乳革质，胚根圆柱形，向下。 本属约有40种，广布于热带亚洲和非洲。我国有1种和1变种；广西亦有。

弯管花（海南植物志）

Chassalia curviflora (Wall.) Thwaites, Enum. Pl. Zeyl. 150, 421. 1859; Merr. in Lingnan Sci. J. **5**: 177. 1927; 海南植物志**3**:354, 图767. 1974; 中国植物志**71**(2):61～63, 图版15. 1999; Fl. China **19**:87～88. 2011. ——*Psychotria curviflora* Wallich in Roxb. Fl. Ind. **2**:167. 1824.

a. **弯管花**（原变种） 图版21:6～8

Chassalia curviflora (Wall.) Thwaites var. **curviflora**

直立小灌木，高1～2 m。叶片长圆状椭圆形或倒披针形，长10～20 cm，宽2.5～7 cm，全缘；侧脉每边8～10条，叶面明显；叶柄长1～4 cm，无毛；托叶宿存，阔卵形或三角形，长4～4.5 mm，全缘或浅2裂，基部短合生。聚伞花序顶生，长3～7 cm，总轴和分枝稍压扁状，紫红色；苞片披针形；花近无梗，3型：花药伸出而柱头内藏，柱头伸出而花药内藏，或柱头和花药均伸出；花冠筒弯曲，长1～1.5 cm，内外均有毛。核果扁球形，长6～7 mm，平滑或分核间有浅槽。 花期4～6月，果期4月至翌年1月。 产于平南、百色、德保、隆林和龙州等地；通常生于低海拔的林中湿地上，山坡或山谷洼地密林下。分布于广东、海南、云南和西藏(墨脱、察隅、芒康),印度、不丹、马来西亚、印度尼西亚、菲律宾、新加坡、泰国、越南、斯里兰卡、孟加拉国等国亦有。

b. **长叶弯管花**(变种)(海南植物志)

Chassalia curviflora (Wall.) Thwaites var. **longifolia** Hook. f., Fl. Brit. Inc. **3**:177. 1880;海南植物志 3:354. 1974;中国植物志 71(2):61. 1999;Fl. China **19**:88. 2011.——*C. longifolia* K. M. Wong, Tree Fl. Malaya **4**:344. 1989.——*Psychotria longifolia* Dalzell, Hooker's J. Bot. Kew Gard. Misc. **2**:133. 1850.

本变种与原变种的区别是叶片狭披针形,长 13~27 cm,宽 1.5~4.5 cm,侧脉常不很明显。花期 5 月,果期 7 月。　产地和分布同原变种,但较少见。

45. 岭罗麦属　Tarennoidea Tirveng. et Sastre

乔木。叶对生;叶片革质;托叶基部合生,早落。圆锥花序式的聚伞花序顶生或近枝顶腋生,疏散而多花,有苞片和小苞片;花两性;萼筒钟状,檐部顶端浅 5 裂;花冠高脚碟状,喉部有柔毛,冠筒圆筒形,花冠裂片 5 枚,短于冠筒;雄蕊 4~5 枚,着生于冠筒喉部,与花冠裂片互生;子房 2 室,每室有胚珠 1~2 颗,柱头纺锤形,不裂。浆果球形;种子 1~4 粒。　本属有 2 种,分布于亚洲南部至东南部。我国有 1 种;广西亦有。

岭罗麦(海南)　图版 22:1~3

Tarennoidea wallichii (Hook. f.) Tirveng. et Sastre, Mauritius Inst. Bull. **8**(4):90. 1979;中国植物志 71(1):356~357,图版 93:7~10. 1999;Fl. China **19**:345~346. 2011.——*Randia wallichii* Hook. f., Fl. Brit. Ind. **3**:113. 1880.——*Tarenna incerta* Koord. et Valeton, Meded. Lands Plant. **59**:268. 1902.——*T. pallida* (Franch. ex Brandis) Hutchins., Sargent, Pl. Wils. **3**:410. 1916.——*Webera pallida* Franch. ex Brandis, Ind. Tress 378. 1906.——*W. cavaleriei* H. Lévl., Fedde. Repert. Sp. Nov. **9**:323. 1911.——*W. henryi* H. Lévl., Sert. Yunnan 1. 1916.——*Aidia wallichii* (Hook. f.) Yamazaki, J. Jap. Bot. **45**:339. 1970.

乔木,高可达 20 m;枝粗壮,节明显,无毛。叶对生;叶片长 7~30 cm,宽 2~9 cm,边常反卷,叶面光亮,叶背稍苍白,仅脉腋内的小孔有簇毛;侧脉 5~13 对;叶柄长 1~3 cm。聚伞花序排成圆锥花序状,顶生或近枝顶腋生,长 4~12 cm,宽 8~13 cm,分枝互生,被短柔毛;花梗长 1~3 mm,被短柔毛;萼筒钟形,檐部顶端浅 5 裂;花冠黄色或白色,冠筒喉部有长柔毛,顶部 5 裂,花冠裂片长圆形;子房 2 室。浆果球形,直径 7~18 mm,无毛,有种子 1~4 粒。　花期 3~6 月,果期 7 月至翌年 2 月。　产于那坡、隆林、龙州和崇左等地;生于海拔 400~1 800 m 的丘陵、山坡、山谷溪边的林中或灌丛中。分布于广东、贵州、海南和云南等地,孟加拉国、不丹、柬埔寨、印度、印度尼西亚、马来西亚、缅甸、尼泊尔、菲律宾、泰国和越南亦有。　本种木材坚韧而重,适用于造船、桥梁、水工、建筑等的材料,亦可用作家具和板料。

46. 白香楠属　Alleizettella Pit.

灌木。叶对生;托叶基部合生,常脱落。聚伞花序生于侧生短枝的顶端或老枝的节上;花两性;萼筒钟形或卵球形,顶端 5 裂,裂片三角形或线形;花冠高脚碟状,冠筒圆柱形,花冠裂片 5 枚,旋转状排列;雄蕊 5 枚,着生于花冠上部或喉部,与花冠裂片互生;子房 2 室,每室有胚珠 2~3 颗;柱头 2 裂。浆果球形;种子每室 1~3 粒。　本属有 2 种,分布于越南。我国有 1 种;广西亦有。

白果香楠　图版 22:4~7

Alleizettella leucocarpa (Champ. ex Benth.) Tirveng., Nordic J. Bot. **3**:455. 1983;中国植物志 71(1):358,图 92:8~11. 1999;Fl. China **19**:74. 2011.——*Randia leucocarpa* Champ. ex Benth., Hooker's

图版 22　1～3. **岭罗麦** Tarennoidea wallichii (Hook. f.) Tirveng. et C. Sastre　1. 果枝；2. 花蕾；3. 花。　4～7. **白果香楠** Alleizettella leucocarpa (Champ. ex Benth.) Tirveng.　4. 果枝；5. 花蕾；6. 花；7. 托叶。（林文宏绘）

J. Bot. Kew Gard. Misc. **4**:194. 1852. ——*Aidia leucocarpa* (Champ. ex Benth.) T. Yamazaki, J. Jap. Bot. **45**:338. 1970.

灌木，高 1～3 m；小枝被锈色糙伏毛或柔毛，老时毛渐脱落。叶对生；叶片长圆形、狭椭圆形或披针形，长 4～17 cm，宽 1.5～6 cm，除叶背中脉和侧脉有锈色糙伏毛外，余均无毛，有时在叶背均被锈色疏柔毛；侧脉 4～7 对；叶柄长 4～12 mm，被糙伏毛；托叶阔三角形，被毛。聚伞花序长约 2 cm，生于侧生短枝的顶端或老枝的节上，有糙伏毛或硬毛；花梗长约 2 mm；花萼被糙伏毛；花冠白色，高脚碟形，冠筒外面上部有糙伏毛，喉部有长柔毛，花冠裂片 5 枚，外反；柱头 2 裂。浆果球形，淡黄白色，有疏柔毛或无毛；种子 2～4 粒，扁球形。　花期 4～6 月，果期 6 月至翌年 2 月。　产于龙州；生于海拔 200～1 000 m 的山坡、山谷溪边林中或灌丛中。分布于福建、广东、海南和香港等地，越南亦有。

47. 长柱山丹属　Duperrea Pierre ex Pit.

灌木或小乔木。叶对生；托叶基部合生成鞘状。聚伞花序组成顶生和腋生的伞房花序；萼筒萼檐裂片 5～6 枚，线形，比萼筒长几达 2 倍；花冠高脚碟形，冠筒外面被粗毛，顶部 5～6 裂，裂片卵形或倒卵形，花蕾时旋转排列；雄蕊 5～6 枚，着生于冠筒喉部，无花丝，花药半伸出冠筒外，基部 2 裂；花盘环形；子房 2 室，每室有胚珠 1 颗，柱头不分裂。浆果肉质，近球形，2 室；种子每室 1 粒。　本属有 2 种，分布于柬埔寨、印度、老挝、缅甸、泰国、越南等国。我国有 1 种；广西亦有。

长柱山丹(中国种子植物科属辞典)　图版 23:1～7

Duperrea pavettaefolia (Kurz) Pitard in Lecomte, Fl. Gen. Indo-Chine **3**:334. 1924; Merr. in Lingnan Sci. J. **5**:176. 1927; 海南植物志 **3**:347, 图 764. 1974; 中国高等植物图鉴 **4**:263. 图 5940. 1975; 云南树木图志(下册):1161. 1991; 中国植物志 **71**(2):45～47, 图版 13. 1999; Fl. China **19**:101. 2011. ——*Mussaenda pavettaefolia* Kurz, For. Fl. Brit. Burma **2**:57. 1877. ——*Ixora pavettaefolia* Craib, Kew Bull. 394. 1911.

直立灌木至小乔木，高可达 6 m；小枝被浅黄色紧贴短粗毛。叶片长圆状椭圆形、长圆状披针形或倒披针形，长 7～25 cm，宽 3～8.5 cm，叶面无毛，叶背具乳头状微柔毛，脉上被紧贴短柔毛；侧脉每边 7～12 条；叶柄长 3～10 mm，被紧贴的短粗毛；托叶卵状长圆形，长 6～10 mm，背面被紧贴短粗毛。花序密被锈色短粗毛，苞片线形，被毛；花梗被毛；萼筒略被锈色、紧贴的短粗毛；萼檐顶部裂片线形，外面被毛，里面无毛；花冠白色，外面密被锈色、紧贴短粗毛；花药线状长圆形；花柱中部被疏毛。浆果扁球形，长 7～10 mm，直径 10～12 mm，顶部冠以环形、宿存的萼檐；种子扁球形，长和宽 5～6 mm。　花期 4～6 月，果期 9～12 月。　产于东兴、靖西、那坡、宁明和龙州等地；通常生于低海拔山坡或山谷洼地密林中。分布于海南、云南，柬埔寨、老挝、缅甸、泰国和越南亦有。

48. 咖啡属　Coffea L.

灌木或乔木。叶对生，极少 3 枚轮生。花通常具芳香，簇生于叶腋内成球形或排成腋生少花的聚伞花序，偶有单生，无梗或具短梗；苞片常常合生；花萼筒近管形或陀螺形，顶部截平或 4～6 齿裂，里面常具腺体，宿存；花冠白色、浅黄色或浅红色，高脚碟形或漏斗形，喉部无毛或被长柔毛，顶部 4～9 裂，裂片开展，蕾期旋转状排列；雄蕊 4～8 枚着生于冠筒喉部；花药近基部背着，线形；子房 2 室，花柱线形，柱头 2 裂；胚珠每室 1 颗。浆果球形或长圆形，干燥或肉质，有小核 2 个；小核革质或肉质，背部突起，若为革质时腹面有纵槽，肉质时则无纵槽；种子腹面凹陷或具纵槽。　本属约有 103 种，分布于热带亚洲和非洲、马达加斯加及马斯克林群岛。我国有引进栽培种 5 种；广西有栽培种 2 种。

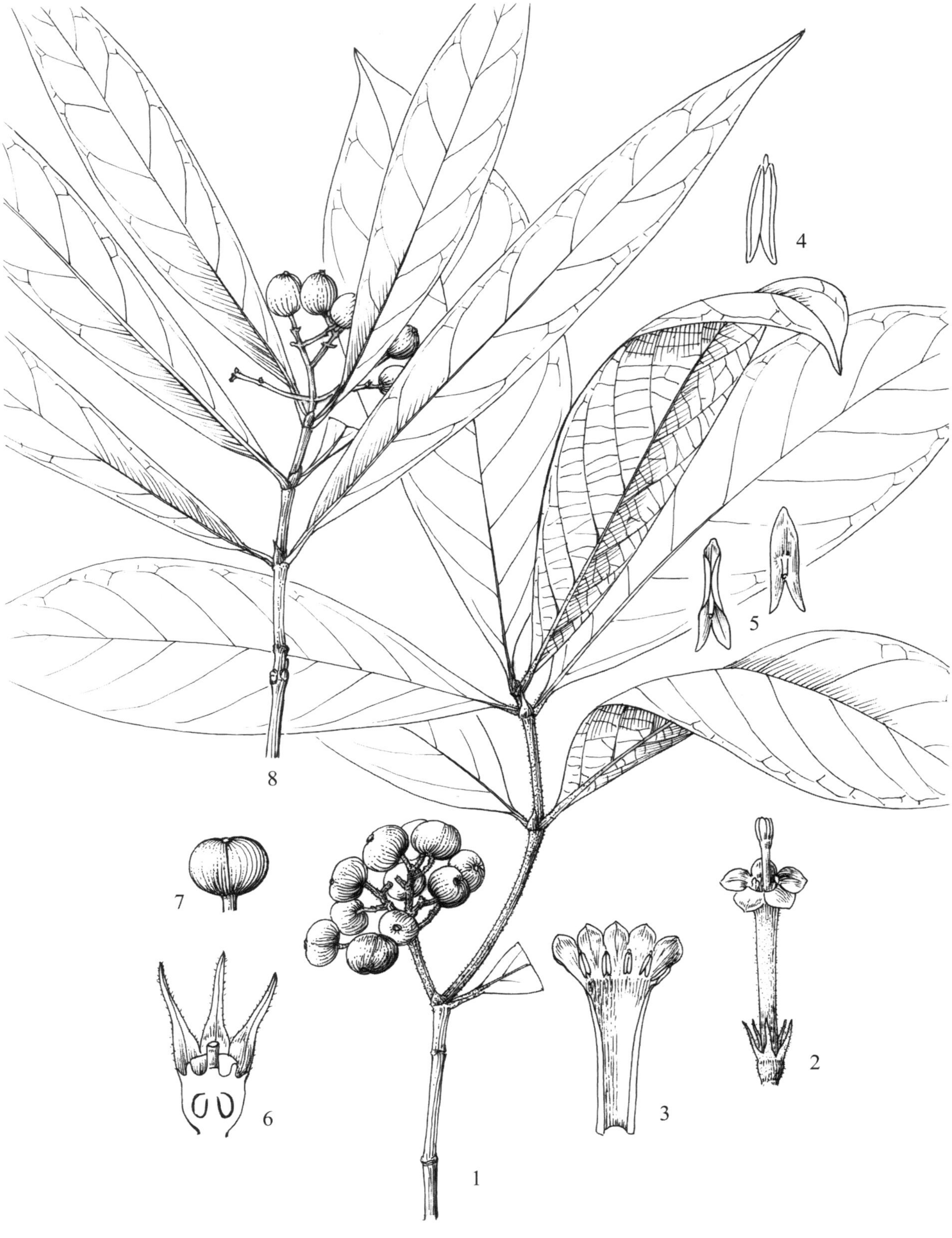

图版 23　1～7. 长柱山丹 Duperrea pavettaefolia (Kurz) Pitard　1. 果枝；2. 花；3. 花冠展开，示雄蕊；4. 雄蕊腹面观；5. 雄蕊背面观；6. 子房纵切面；7. 果。　8. 泡叶龙船花 Ixora nienkui Merr. et Chun　8. 果枝。　（林文宏绘）

分种检索表

1. 叶小，通常长不过 14 cm；托叶顶端锥状长尖或芒尖 ………………………………… 1. **小粒咖啡** C. arabica L.
1. 叶大，通常长 15～30 cm；托叶顶端锐尖 ……………………………………… 2. **中粒咖啡** C. canephora Pierre ex Froehn.

1. 小粒咖啡（海南植物志）

Coffea arabica L.，Sp. Pl. 172. 1753；海南植物志 **3**：349. 1974；中国高等植物图鉴 **4**：285，图 5929. 1975；云南树木图志（下册）：1151. 1991；中国植物志 **71**(2)：23，图 8：1. 1999；Fl. China **19**：91. 2011.

大灌木或小乔木，高可达 8 m；老枝灰白色，节膨大；幼枝压扁形，无毛。叶片披针形或卵状披针形，长 6～14 cm，宽 3.5～8.5 cm，全缘或呈浅波形，两面无毛；中脉在叶片两面均突起，侧脉每边 7～13 条；叶柄长 8～15 mm；托叶阔三角形，生于幼枝上部的顶端锥状长尖或芒尖，生于老枝上的顶端常为突尖，长 3～6 mm。聚伞花序数个簇生于叶腋内，每个花序有花 2～5 朵；苞片二型，不等大 2 枚披针形，长为宽的 2 倍；花冠白色，常 4～6 裂；花药长 6～8 mm。浆果成熟时阔椭圆形，红色，长 12～16 mm，直径 10～12 mm；种子长 8～10 mm，直径 5～7 mm。　花期 3～4 月，果期 10 月至翌年 1 月。　灵山、宁明有栽培，福建、台湾、广东、海南、四川、贵州和云南也有栽培。原产于埃塞俄比亚及阿拉伯半岛。　本种为咖啡属中最广泛栽植种，由于其抗寒力强，又耐短期低温，在热带地区可生长于海拔 2 100 m 的高山上，但不耐旱；枝条比较脆弱，不耐强风，抗病力比较弱，果成熟后易脱落，经加工后咖啡味香醇且含咖啡因成分较低。

2. 中粒咖啡（海南植物志）

Coffea canephora Pierre ex Froehn.，Notizbl. Bot. Gart. Berlin **1**：237. 1897；海南植物志 **3**：349，图 765. 1974；中国高等植物图 **4**：258，图 5930. 1975；云南树木图志（下册）：1151. 1991；中国植物志 **71**(2)：22. 1999；Fl. China **19**：91. 2011. ——*C. robusta* L. Linden，Cat. Pl. Econ. 64. 1900.

灌木或小乔木，高可达 8 m；侧枝通常下垂，表皮灰白色，无毛，压扁形。叶片椭圆形、卵状长圆形或披针形，长 12～40 cm，宽 4.5～22 cm，全缘或呈浅波形，两面无毛；侧脉每边 10～12 条；叶柄长 10～20 mm；托叶三角形，长 7 mm，初时基部合生，顶端锐尖，生于老枝上的阔三角形。聚伞花序 1～3 朵，簇生于叶腋，每个聚伞花序有花 3～6 朵；苞片二型，不等大 2 枚披针形或长圆形，长约为宽的 3 倍；花萼筒短管形；花冠白色或浅红色，顶部 4～8 裂；花药长 8～10 mm；花柱长 12～17 mm，柱头 2 裂。浆果近球形，直径 10～12 mm，顶端冠以隆起的花盘，外果皮薄，有 2 条纵槽和极纤细的纵条纹；种子长 9～11 mm，宽 7～9 mm。　花期 4～6 月，果期 10～12 月。　合浦、龙州有引种，广东、海南、福建、云南等地也有引种。原产于非洲。　本种性喜荫蔽，不耐强阳光，耐寒性比**大粒咖啡**（*C. liberica* Bull ex Hiern）强，抗病虫害能力强，结果期早，但根系浅而不耐旱，枝条脆弱，不耐强风，种子含咖啡因稍高，香味较差。

49. 大沙叶属　Pavetta L.

灌木或小乔木。叶对生或轮生；托叶常常合生成鞘状。花具梗，无小苞片，排成伞房花序式的聚伞花序，苞片托叶状；萼筒陀螺形或钟形，萼檐 4～5 裂；花冠红色或白色，高脚碟形，冠筒喉部被毛或无毛，顶部 4 裂，裂片旋转排列；雄蕊 4～5 枚，生于冠筒喉部或略上部，花丝短或延长或缺，花药背着，长圆形、线形或钻形；子房 2 室；柱头纺锤形或棒形，全缘或 2 裂，裂片直或粘贴。浆果球形，肉质，具 2 个小核；种子与小核同形，种子膜质。　本属有 400 多种，分布于非洲南部、亚洲热带地区、澳大利亚以及太平洋诸岛。我国有 6 种；广西有 3 种。

分种检索表

1. 叶背无毛，或叶脉和脉腋被柔毛；托叶长约 3 mm 以上。

2. 花枝和子房密被柔毛;叶片狭倒卵形或披针形;托叶长 5~7 mm,顶端短芒尖,被柔毛或脱落变无毛 ……………………………………………………………………………… 1. **多花大沙叶** P. polyantha (Hook. f.) Wall. ex Bremek.

2. 花枝和子房无毛;叶片长圆形至椭圆状倒卵形;托叶长约 3 mm,顶端急尖,外面无毛,里面有白色长毛 …………………………………………………………………………………………… 2. **香港大沙叶** P. hongkongensis Bremek.

1. 叶背被柔毛,沿主脉上被毛甚密;托叶长约 1 mm …………………………………… 3. **大沙叶** P. arenosa Lour.

1. **多花大沙叶**(云南种子植物名录) 图版 24:1

Pavetta polyantha (Hook. f.) Wall. ex Bremek., Repert. Spec. Nov. Regni Veg. **37**:103. 1934;云南树木图志,下册:1158. 1991;中国植物志 **71(2)**:26~27. 1999;Fl. China **19**:289. 2011. ——*P. indica* L. var. *polyantha* Hook. f., Fl. Brit. Ind. **3**:150. 1880.

灌木;高 1~3 m;嫩枝被柔毛。叶片披针形或狭倒卵形,长 9~13 cm,宽 3.5~4.7 cm,叶面无毛,叶背叶脉被柔毛;侧脉每边约 8 条,弯拱连接;托叶三角形,长 5~7 mm,顶端短芒尖,被柔毛或无毛。花枝具数节;花序为多花疏散的伞房花序式,被柔毛;花序梗三歧式,长 1.5~2 cm,被柔毛;花冠筒为纤细的圆柱形,长约 19 mm;花柱长约 30 mm,子房密被柔毛。浆果球形,直径约 8 mm,干后黑色,无毛。 花期 4~6 月。 产于武鸣、马山、上林、融水、容县、隆林和龙州等地;生于海拔 900~1 200 m 的疏林内或溪旁。分布于广东、贵州和云南,不丹、印度、缅甸、印度尼西亚和菲律宾亦有。

2. **香港大沙叶** 茜木 满天星(中国高等植物图鉴) 图版 24:2~3

Pavetta hongkongensis Bremek., Repert Sp. Nov. **37**:104. 1934;Merr. in Lingnan sci. J. **15**:18. 1936;广西植物名录(第二册):592. 1971;海南植物志 **3**:346,图 763. 1974;中国高等植物图鉴 **4**:263,图 5940. 1975;云南树木图志(下册):1158. 1991;中国植物志 **71(2)**:27~28,图版 9:4~8. 1999;Fl. China **19**:288~289. 2011. ——*Tarenna kwangsiensis* Hand.-Mazz., Sinensia **5**:14. 1934.

灌木或小乔木,高可达 4 m。叶对生;叶片长圆形至椭圆状倒卵形,长 8~15 cm,宽 3~6.5 cm,叶面无毛,叶背近无毛或沿中脉上和脉腋内被短柔毛;侧脉每边约 7 条;叶柄长 1~2 cm;托叶阔卵状三角形,长约 3 mm,外面无毛,里面有白色长毛。花序生于侧枝顶部,长 7~9 cm,直径 7~15 cm;花梗长 3~6 mm;花冠白色,冠筒长 12~19 mm,外面无毛,里面基部被疏柔毛;花柱长约 35 mm,柱头棒形,全缘。果球形,直径约 6 mm。 花期 3~7 月,果期 7~11 月。 产于宾阳、融水、阳朔、兴安、临桂、永福、平乐、恭城、苍梧、田林、蒙山、天峨、龙州和凭祥等地;生于海拔 200~1 300 m 的灌木丛中。分布于广东、海南和云南,越南亦有;模式标本采自香港。 本种全株可入药,有清热解毒、活血化瘀之功效,又可治感冒发热、中暑、肝炎、跌打刀伤。本种的叶表面有固氮菌所形成的菌瘤,满布叶上呈点状,故民间称"满天星"。

3. **大沙叶**(海南植物志)

Pavetta arenosa Lour., Fl. Cochinch. **1**:73. 1790;海南植物志 **3**:346. 1974;中国植物志 **71(2)**:28,图版 9:1~3. 1999;Fl. China **19**:288. 2011. ——*P. sinica* Miq., J. Bot. Neerl. **1**:107. 1861. ——*P. arenosa* Lour. f. *glabrituba* Chun et How ex Ko, Fl. Hainanica 583. 1974.

灌木,高可达 3 m;小枝无毛。叶对生;叶片长圆形至倒卵状长圆形,长 9~18 cm,宽 3~3.5 cm,叶面无毛,叶背被疏毛,沿主脉上被毛较密;侧脉每边 6~8 条;叶柄长 5~20 mm;托叶阔卵状三角形,长 1~1.2 mm,外面无毛。花序顶生,长 9~11 cm,直径约 15 cm,花序梗长 3~4 cm;花有长 1~1.2 cm 的花梗;花冠白色,冠筒长 10~14 mm,外面无毛,喉部被毛;花柱长 25~30 mm,柱头棒形,全缘。浆果球形,直径 6~7 mm,无毛,顶部有宿存的萼檐。 花期 4~5 月,果期 10~11 月。 产于灵山、博白、合浦和金秀等地;生于低海拔的疏林内。分布于广东、海南,越南亦有。

50. 龙船花属 Ixora L.

常绿灌木或小乔木;小枝圆柱形或具棱。叶对生,少 3 片轮生,具柄或无柄;托叶基部阔,常常合生成

图版 24　1. **多花大沙叶** Pavetta polyantha (Hook. f.) Wall. ex Bremek.　1. 花枝。　2～3. **香港大沙叶** P. hongkongensis Bremek.　2. 果枝；3. 果。　（林文宏绘）

鞘，顶端延长或芒尖。花排成顶生稠密或扩展伞房花序式或三歧分枝的聚伞花序；萼筒通常卵圆形，萼檐4～5裂，裂片长于萼筒、短于萼筒或与萼筒等长，宿存；花冠高脚碟形，喉部无毛或具髯毛，顶部4～5裂，裂片短于冠筒；雄蕊与花冠裂片同数，生于冠筒喉部，花丝短或缺，花药背着，2室；花盘肉质；子房2室，每室有胚珠1颗，花柱线形，柱头2裂。核果球形或略呈压扁形，有2纵槽，革质或肉质，有小核2个；小核革质，平凸或腹面下凹；种子与小核同形。　本属有300～400种，广布于非洲热带地区、美洲、亚洲、马达加斯加以及太平洋诸岛。我国有18种；广西有6种。

分种检索表

1. 萼檐裂片长于萼筒 ……………………………………………… 1. **团花龙船花** I. cephalophora Merr.
1. 萼檐裂片短于萼筒或与萼筒等长。
  2. 植株无毛 ……………………………………………………… 2. **白花龙船花** I. henryi H. Lévl.
  2. 植物多少被毛。
    3. 托叶基部合生成鞘形，顶端渐尖，渐尖部分比鞘长 …………………… 3. **龙船花** I. chinensis Lam.
    3. 托叶基部不合生成鞘形。
      4. 聚伞花序广展，花序梗长0.5～4 cm ………………… 4. **散花龙船花** I. effusa Chun et F. C. How ex W. C. Ko
      4. 花序稠密，花序梗短或缺。
        5. 叶片宽3～7 cm；花序梗短或近缺；花冠筒盛开时长3～4 cm ………… 5. **泡叶龙船花** I. nienkui Merr. et Chun
        5. 叶片宽3～3.5 cm；花序无花序梗；花冠筒盛开时长1.5～1.8 cm ……… 6. **上思龙船花** I. tsangii Merr. ex H. L. Li

1. **团花龙船花**(海南植物志)

Ixora cephalophora Merr.，J. Arn. Arb. **23**：194. 1942；海南植物志 **3**：345. 1974；中国高等植物图鉴 **4**：262，图5937. 1975；中国植物志 **71**(2)：34，图版：1～5. 1999；Fl. China **19**：179. 2011.

灌木，高1～2 m，无毛。叶对生；叶片长圆形、长圆状披针形，长10～30 cm，宽4～8 cm，叶背稍带苍白；侧脉每边9～10条；叶柄长1～2 cm，有纤细纵条纹；托叶近阔卵形，顶端芒尖，长3～5 mm。聚伞花序密集，排成三歧伞房花序式，第一次分枝长1～1.2 cm；花具香气，侧生的有短花梗，中央的无花梗；萼筒长1.5～2 mm，萼檐裂片比萼筒长，长圆状披针形至披针形；花冠白色，冠筒盛开时长2～2.5 cm，喉部无毛；花柱长约3 cm，柱头2裂。果近椭圆形，顶部冠以宿存萼檐，成熟时红黄色至红色。　花期5月，果期9月。　产于防城、上思；生于低海拔的丛林或荫蔽杂木林内，有时亦生于旷地沙土上。分布于海南、云南等地，中南半岛、菲律宾亦有。

2. **白花龙船花**(海南植物志)

Ixora henryi H. Lévl.，Repert. Spec. Nov. Regni Veg. **13**：178. 1914；Pitard in Lecomte，Fl. Gen. Indo-Chine **3**：324. 1924；Chun in Sunyatsenia **1**：306. 1934；海南植物志 **3**：343. 1974；中国高等植物图鉴 **4**：260，图5934. 1975；云南种子植物名录(下册)：1257. 1984；云南树木图志(下册)，1154. 1991；中国植物志 **71**(2)：36，图版12：8～12. 1999；Fl. China **19**：180. 2011.

灌木，高1～3 m；枝无毛。叶对生；叶片长圆形、披针形或近椭圆形，长5～15 cm，宽1.5～4 cm；侧脉每边7～8条；叶柄长3～7 mm；托叶基部阔，长5～8 mm，近顶部骤然收狭成长3～6 mm的芒尖。花序顶生，排成三歧伞房式的聚伞花序，长6～8 cm，无毛，苞片和小苞片线形或线状披针形；花序梗长5～15 mm；萼檐裂片三角形，短于萼筒；花冠白色，干后变暗红色，盛开时冠筒长2.5～3 cm；花柱长于冠筒，柱头2裂。果球形，直径0.8～1 cm，顶端残留有细小的萼檐裂片。　花期4～12月，果期5～7月。　产于横县、融水、阳朔、临桂、永福、上思、德保、凌云、隆林、宁明和龙州；生于海拔500～2 000 m的阔叶林内或林缘溪旁。分布于云南、海南、贵州和广东等地，泰国、越南亦有。

3. **龙船花**(岭南采药录)

Ixora chinensis Lam.，Encycl. **3**：344. 1789；Merr. in Sunyatsenia **1**：38. 1930；广州植物志 511. 1956；

中国高等植物图鉴 **4**:260,图 5933. 1975;中国植物志 **71**(2):37,图版 11:1～5. 1999;Fl. China **19**:179. 2011.——*I. stricta* Roxb.,Hort. Beng. 10. 1814.——*I. crocata* Lindl.,Bot. Reg. 10:t. 782. 1824.——*I. stricta* Roxb. var. *incarnata* Benth.,Hook's Kew J. Bot. **4**:198. 1852.——*Pavetta kroneana* Miq.,J. Bot. Neerl. **1**: 107. 1861.——*Gaertnera hongkongensis* Seem.,Bot. Voy. Herald 384. 1857.——*Sykesia hongkongensis* (Seem.)Kuntze,Revis. Gen. Pl. **2**:425. 1891.——*Tsiangia hongkongensis*(Seem.)But, H. H. Hsue et P. T. Li.,Blumea **31**:311. 1986.

灌木,高可达 2 m;枝无毛。叶对生,有时由于节间距离极短,几成 4 枚轮生;叶片长 6～18 cm,宽 3～6 cm;侧脉每边 7～8 条,近叶缘处彼此连结;叶柄极短而粗或无;托叶长 5～7 mm,基部阔,合生成鞘形。花序顶生;花序梗长 5～15 mm,与分枝均呈红色,罕有被粉状柔毛,基部常有小型叶 2 枚承托;萼筒长 1.5～2 mm,萼檐 4 裂,裂片长 0.8 mm;花冠红色或红黄色,盛开时长 2.5～3 cm;柱头 2 枚,盛开时略下弯。果近球形,无毛,双生,中间有 1 沟,成熟时红黑色;种子长、宽均为 4～4.5 mm。　花期 5～7 月和 12 月,果期 9～10 月。　产于南宁、邕宁、柳州、苍梧、岑溪、合浦、防城、东兴、博白和凌云;生于海拔 200～800 m 的山地灌丛中和疏林下,有时村落附近的山坡和旷野路旁亦有生长。分布于福建、广东等地,印度尼西亚、马来西亚、菲律宾、越南亦有。　本种在我国南部较普遍,现广泛种植于热带城市作庭园观赏,花色鲜红而美丽,花期长。

4. **散花龙船花**(海南植物志)

Ixora effusa Chun et F. C. How ex W. C. Ko,Fl. Hainanica **3**:580. 1974;中国植物志 **71**(2):42,图版 11. 1999;Fl. China **19**:179. 2011.

灌木,高约 1 m;枝无毛。叶对生;叶片倒披针形或长圆形,长 10～18 cm,宽 3～7 cm;中脉和侧脉在叶片两面均突起,侧脉每边 8～9 条;叶柄长 5～10 mm;托叶近卵形,基部不合生成鞘,长 5～8 mm,顶端长芒尖。花序顶生,极广展,直径 7～11 cm;花序梗长 5～40 mm;花梗长 8～10 mm,中央的无梗或梗极短;萼檐裂片与萼筒等长或稍短;花冠白色或淡紫色,冠筒长 7～11 mm,喉部无毛,顶部裂片与冠筒几等长;花柱突出冠筒外,柱头 2 枚。果近球形,无毛,直径 8～9 mm,顶部冠以残留的萼檐。　花期 4～5 月。　产于东兴;生于中海拔以下的山地丛林内。分布于海南,越南亦有。

5. **泡叶龙船花**(海南植物志)　长叶龙船花(中国高等植物图鉴)　图版 23:8

Ixora nienkui Merr. et Chun,Sunyatsenia **2**:324,pl. 71. 1935;海南植物志 **3**:343. 1974;中国高等植物图鉴 **4**:261,图 5935. 1975;中国植物志 **71**(2):40. 1999;Fl. China **19**:181. 2011.

灌木,高可达 3 m;树皮褐色,平滑;除花序被疏小柔毛外,全株无毛。叶对生;叶片长 10～23 cm,宽 3～7 cm;中脉和侧脉在叶片两面稍突起,侧脉每边 10～15 条;叶柄长 10～15 mm;托叶长 10 mm,脱落,中部以上收狭成芒尖。花序顶生,具短花序梗,或近无花序梗,第一次分枝长 1～2.5 cm;两侧的花梗较长,中央的短或近无花梗;萼檐裂片长三角形,比萼筒短;花冠白色或微带红色,冠筒长 3～4 cm(盛开时),喉部无毛;花柱长 4～5 mm。果球形,成熟时鲜红色,直径 7～8 mm,顶端有萼檐残迹。　花期 7～10 月,果期 6～10 月。　产于上思;生于海拔 400～1 000 m 的杂木林内,有时亦见于山溪旁潮湿地段。分布于海南和广东,越南亦有。

6. **上思龙船花**

Ixora tsangii Merr. ex H. L. Li,J. Arn. Abr. **24**:456. 1943;中国植物志 **71**(2):40～41. 1999;Fl. China **19**:182. 2011.

小灌木,高可达 1 m,除花序略被毛外,其余无毛;枝圆柱形,节间长 2.5～3 mm。叶片长圆状披针形,长 7～20 cm,宽 3～3.5 cm;侧脉每边 9～16 条,在叶面下陷,在叶背隆起,靠近叶缘弯拱连结;托叶顶部急收窄成尾状芒尖。花序顶生,为三歧式排列的聚伞花序,长约 3.5 cm,略被毛,第一次分枝长不及 1 cm;花通常生于第二次和第三次分枝上;花梗长 3～5 mm;萼檐裂片卵形,比管略短;花冠白色,长 1.5～1.8 cm,喉部无毛;花柱伸出冠筒外,柱头长 1.5 mm。　花期 9 月。　产于上思;生于荫蔽的丛林内。　本种与泡叶龙船花(*I. nienkui* Merr. et Chun)极为相似,不同在于本种无花序梗,花冠较短,长 1.5～1.8 cm,叶较狭窄,宽 3～3.5 cm;中脉和侧脉干后在叶面下陷,在叶背强突起。 本种为广西特有种。

51. 乌口树属 Tarenna Gaertn.

灌木或乔木。叶对生;叶片干时常呈黑褐色;托叶生基部,合生或离生,早落。花组成伞房状的聚伞花序,顶生;萼筒的形状各式,顶部 5 裂,很少宿存;花冠漏斗状或高脚碟状,顶部 4～5 裂,裂片旋转排列;雄蕊着生于冠筒喉部,与花冠裂片同数;花盘环状;子房 2 室,柱头纺锤形或线形,有槽纹,胚珠生于肉质的中轴胎座上。浆果革质或肉质,2 室,具 1 粒至多粒种子;种子平凸或凹陷。 本属约有 370 种,分布于亚洲的热带和亚热带、大洋洲诸岛和非洲热带地区。我国有 18 种;广西有 11 种。

分 种 检 索 表

1. 子房每室通常有胚珠 2 颗以上。
 2. 花萼裂片钻状,长 4～5 mm;果有种子 8～32 粒;叶片披针形,两面被毛 ……………………………… 1. **广西乌口树** T. lanceolata Chun et F. C. How ex W. C. Chen
 2. 花萼裂片非钻状,长在 2 mm 以下。
  3. 花冠筒与花冠裂片近等长或短于花冠裂片。
   4. 叶片两面无毛。
    5. 枝淡黄白色或灰白色;中脉在两面突起,侧脉 5～11 对,在两面稍突起 ……………………………… 2. **白皮乌口树** T. depauperata Hutch.
    5. 枝褐色或棕褐色;中脉在叶面凹入,侧脉 4～6 对,不明显或稍明显 ……………………………… 3. **披针叶乌口树** T. lancilimba W. C. Chen
   4. 叶片两面被毛或仅叶背被毛。
    6. 叶片两面被毛。
     7. 花冠外面无毛;种子 1～6 粒 …………………… 4. **滇南乌口树** T. pubinervis Hutch.
     7. 花冠外面被毛;种子 7～30 粒 ……………… 5. **白花苦灯笼** T. mollissima (Hook. et Arn.) B. L. Rob.
    6. 叶片仅叶背被毛;花冠外面无毛;子房每室有胚珠 2 颗;种子 4 粒 …………… 6. **海南乌口树** T. tsangii Merr.
  3. 花冠筒比花冠裂片长。
   8. 花萼裂片三角状披针形,有短柔毛,长约 1.5 mm;叶面无毛或沿中脉被疏短柔毛,叶背被短柔毛或乳突状毛 ……………………………… 7. **尖萼乌口树** T. acutisepala F. C. How ex W. C. Chen
   8. 花萼裂片三角形,无毛,长 0.5～1.5 mm;叶两面无毛或叶背被极疏的短柔毛。
    9. 子房每室有胚珠约 17 颗;萼筒无毛,萼裂片长约 0.5 mm;侧脉 7～9 对 ……………………………… 8. **多籽乌口树** T. polysperma Chun et F. C. How ex W. C. Chen
    9. 子房每室有胚珠 6～9 颗;萼筒被疏短柔毛,萼裂片长 0.8～1.5 mm;侧脉 6～7 对 ……………………………… 9. **华南乌口树** T. austrosinensis Chun et F. C. How ex W. C. Chen
1. 子房每室仅有胚珠 1 颗。
 10. 叶面无毛;花梗几无或长 2～5 mm …………………… 10. **假桂乌口树** T. attenuata (Hook. f.) Hutch.
 10. 叶面被疏糙伏毛;花梗长 1.8～3 cm ……………………………… 11. **长梗乌口树** T. sinica W. C. Chen

1. **广西乌口树**(植物分类学报) 图版 25:1～2

Tarenna lanceolata Chun et F. C. How ex W. C. Chen, Acta Phytotax. Sin. 22(2):139, fig. 1. 1984;中国植物志 71(1):372,图版 98:12～13. 1999;Fl. China **19**:342. 2011.

灌木,高可达 3 m;嫩枝被短柔毛,老枝无毛。叶片披针形,长 5～32.5 cm,宽 1～5 cm,叶面稍粗糙,被疏糙伏毛,叶背被短柔毛,两面中脉上均被硬毛;侧脉 7～10 对;叶柄长 0.3～1.8 cm,被硬毛;托叶披针

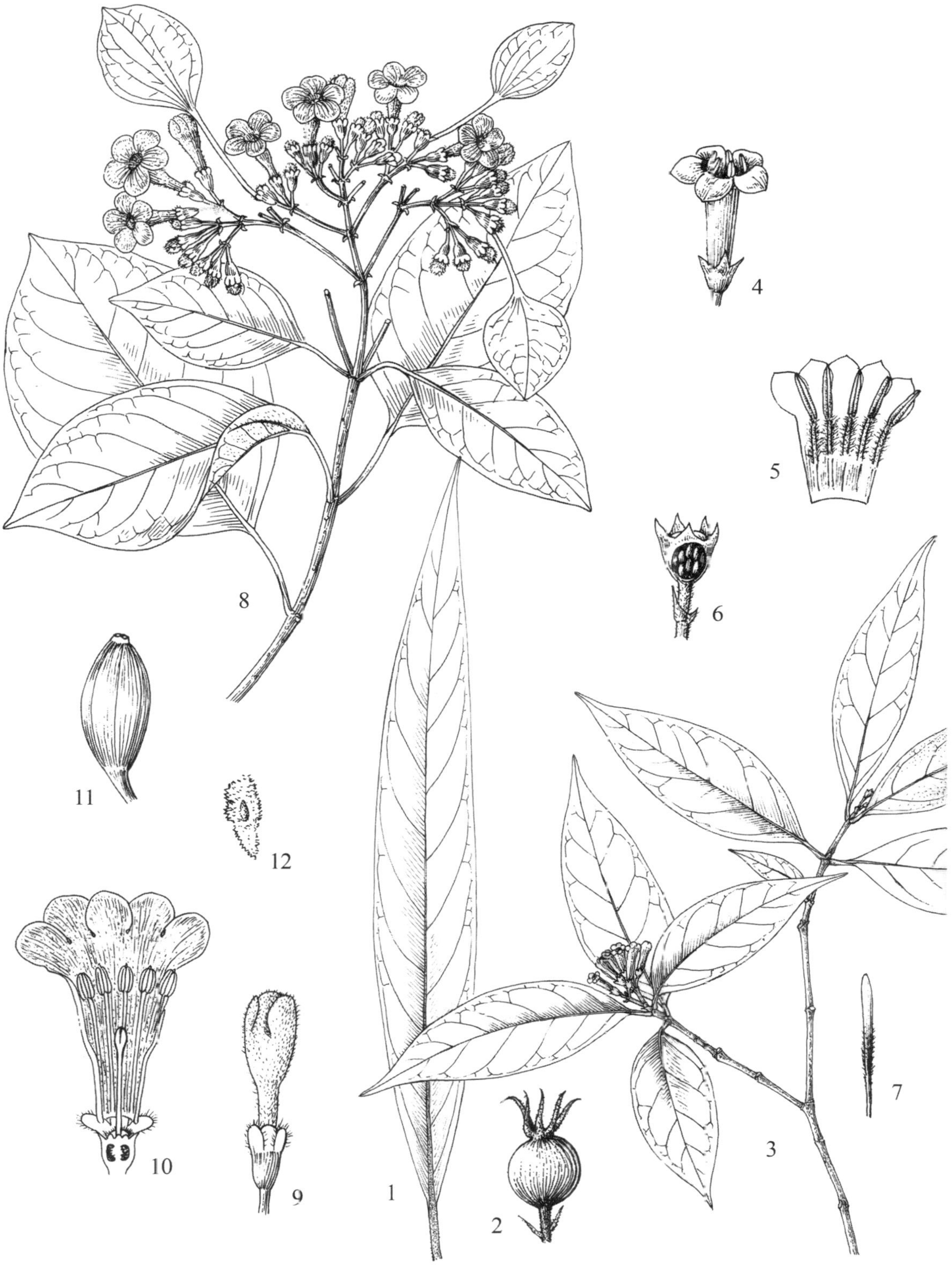

图版 25　1～2. 广西乌口树 Tarenna lanceolata Chun et F. C. How ex W. C. Chen　1. 叶；2. 果(放大)。　**3～7. 华南乌口树** T. austrosinensis Chun et F. C. How ex W. C. Chen　3. 花枝；4. 去雌蕊的花；5. 花冠展开，示雄蕊；6. 子房纵切，示胚珠；7. 花柱和柱头。　**8～12. 香果树** Emmenopterys henryi Oliv.　8. 花枝；9. 花蕾；10. 花萼、花冠展开，示雄蕊、雌蕊和子房纵切面；11. 果；12. 种子。　(林文宏绘，8～12 摹自黄少容图)

形,长 6～10 mm,被硬毛。花序顶生,被硬毛;花萼裂片钻状,长 4～5 mm。果近球形,直径 3～6 mm,被短柔毛或无毛,顶部常有宿存萼裂片;宿存萼裂片钻状,长 4～5 mm,被硬毛;种子 8～32 粒。 花期 10～11 月,果期翌年 5～11 月。 产于融水、临桂、龙胜和金秀等地;生于海拔 700～1 600 m 的山谷林中或灌木丛中。分布于贵州和湖南。模式标本采自融水县九万大山。

2. **白皮乌口树**(中国高等植物图鉴) 白骨木(中国经济植物志) 图版 26:1～2

Tarenna depauperata Hutch. in Sargent, Pl. Wils. **3**:411. 1916;中国高等植物图鉴 **4**:231,图 5876. 1975;云南种子植物名录(下册):1273. 1984;中国植物志 **71**(1):372. 1999;Fl. China **19**:342. 2011.

灌木或小乔木,高可达 6 m;枝灰白色,光滑,嫩枝干后变黑色。叶片椭圆状倒卵形、椭圆形或近卵形,长 4～15 cm,宽 2～6.5 cm,两面无毛,干后变为黑褐色;中脉在两面突起,侧脉 5～11 对,在两面稍突起;叶柄长 4～18 mm。伞房状的聚伞花序顶生;花梗长约 3 mm;花冠白色,外面无毛,内面有长柔毛,裂片 5 枚,长圆形,比冠筒稍长;子房每室有胚珠 1～3 颗。浆果球形,成熟时黑色;种子 1～2 粒。 花期 4～11 月,果期 4 月至翌年 1 月。 产于桂林、柳州、阳朔、临桂、兴安、平乐、防城、钦州、靖西、东兰、龙州、扶绥和贺州等地;生于海拔 200～1 700 m 的山地、丘陵或溪边的林中或灌木丛中,常见于石山上。分布于广东、贵州、江苏和云南等地,越南亦有。 本种种子含油量 29.86%;油可供药用,亦可供制肥皂和润滑油。

3. **披针叶乌口树**(植物分类学报)

Tarenna lancilimba W. C. Chen, Acta Phytotax. Sin. **22**:141. 1984;中国植物志 **71**(1):373～374,图版 98:8～11. 1999;Fl. China **19**:343. 2011. ——*T. attenuata* (Voigt) Hutch. var. *puberula* Chun et F. C. How ex W. C. Ko, Fl. Hainan **3**:584. 1974.

灌木或乔木,高可达 15 m;小枝无毛或被粉状短柔毛。叶片长 5～15 cm,宽 1.5～5 cm,干时淡黑褐色,两面无毛;中脉在叶面凹入,侧脉 4～6 对,不明显或稍明显;叶柄长 8～20 mm。伞房状的聚伞花序顶生,三歧分枝;花冠白色,冠筒长 5～7 mm,裂片 5 枚,舌状线形,比冠筒稍长。浆果球形,直径 5～6 mm,干时黑色;种子 2～4 粒。 花期 4～6 月,果期 6 月至翌年 1 月。 产于邕宁和上思;生于海拔 100～1 000 m 的山地林中或灌丛中。分布于海南,越南亦有。

4. **滇南乌口树**(中国高等植物图鉴) 毛脉乌口树(广西植物名录)

Tarenna pubinervis Hutch. in Sargent, Pl. Wils. **3**:411. 1916;中国高等植物图鉴 **4**:233. 1975;云南种子植物名录(下册):1273. 1984;中国植物志 **71**(1):374,图版 98:1～7. 1999;Fl. China **19**:344. 2011.

灌木或小乔木,高可达 6 m;嫩枝具短柔毛。叶片长 6～22 cm,宽 2～7.8 cm,干时黑褐色,两面散生短柔毛或近无毛,在中脉和侧脉上毛常较密,常具缘毛;侧脉 7～10 对;叶柄长 5～25 mm,有短柔毛。聚伞花序顶生;花梗长约 2.5 mm,有短柔毛;花冠长约 1 cm,外面无毛,内面有柔毛,冠筒与裂片近等长或稍短于裂片。果狭椭圆形或近球形,干时黑色,无毛;种子 1～6 粒。 花期 3～5 月,果期 6 月至翌年 1 月。 产于龙胜、那坡、凌云;生于海拔 700～2 000 m 的山谷林中。分布于四川和云南。

5. **白花苦灯笼**(广东北部) 乌口树(植物名实图考) 乌木(陆川)

Tarenna mollissima (Hook. et Arn.) B. L. Rob., Proc. Amer. Acad. Arts **45**:405. 1910;海南植物志 **3**:318,图 745. 1974;中国高等植物图鉴 **4**:232,图 5878. 1975;浙江植物志 **6**:102,图 6-129. 1993;中国植物志 **71**(1):376～377,图版 99:6～10. 1999;Fl. China **19**:343. 2011. ——*T. incana* Diels, Notizbl. Bot. Gart. Berlin **9**:1032. 1926. ——*Cupia mollissima* Hooker et Arnott, Bot. Beechey Voy. 192. 1833. ——*Mussaenda kuliangensis* Metcalf, Lingnan Sci. J. **11**:527. 1932. ——*Stylocoryna mollissima* Walp., Repert. **2**:517. 1843. ——*Webera mollissima* Benth. ex Hance, J. L. Soc. Bot. **13**:105. 1873.

灌木或小乔木,高可达 6 m;全株密被灰色或褐色柔毛或短绒毛,但老枝渐无毛。叶片长 4.5～25 cm,宽 1～10 cm,干后变黑褐色;侧脉 8～12 对;叶柄长 0.4～2.5 cm。伞房状的聚伞花序顶生,长 4～8 cm;花冠白色,外面被毛,喉部密被长柔毛,裂片 4～5 枚,长圆形,与冠筒近等长或稍长;雄蕊 4～5 枚,花丝长

图版 26　1～2. **白皮乌口树** Tarenna depauperata Hutch.　1. 果枝；2. 果。　3～9. **狗骨柴** Diplospora dubia（Lindl.）Masam.　3. 果枝；4. 花蕾；5. 花；6. 花冠展开，示雄蕊；7. 雄蕊正面；8. 雄蕊背面；9. 部分花萼和雌蕊(示子房纵切面)。
(林文宏绘)

1～1.2 mm，花药线形，长约 5 mm；花柱中部被长柔毛。果近球形，直径 5～7 mm，被柔毛，黑色；种子 7～30 粒。　花期 5～7 月，果期 5 月至翌年 2 月。　产于横县、永福、苍梧、上思、容县、贺州、象州、龙州和凭祥等地；生于海拔 200～1 100 m 的山地、丘陵、沟边的林中或灌丛中。分布于福建、广东、贵州、海南、湖南、江西、云南和浙江等地，越南亦有。　本种根和叶可入药，有清热解毒、消肿止痛的功效，可治肺结核咯血、热性胃痛、感冒发热、咳嗽、急性扁桃体炎等症。

6. **海南乌口树**(中国高等植物图鉴)　光冠乌口树(海南植物志)

Tarenna tsangii Merr.，Lingnan Sci. J. **11**：59. 1932；海南植物志 **3**：319. 1974；中国高等植物图鉴 **4**：233，图 5879. 1975；中国植物志 **71(1)**：378，图版 99：1～5. 1999；Fl. China **19**：344. 2011. ——*T. tsangii* Merr. f. *elliptica* Chun et F. C. How ex W. C. Ko.，Fl. Hainan **3**：584. 1974.

灌木或小乔木，高 1～6 m；小枝被短柔毛。叶片长 6～26 cm，宽 1.5～7 cm，干时呈黑褐色，叶面无毛，叶背散生近乳突状的短柔毛或近无毛，常稍粗糙；侧脉 4～7 对；叶柄长 5～15 mm，有短柔毛。伞房状的聚伞花序顶生，被紧贴的灰色短柔毛；花梗长 4～7 mm，与花萼均被短柔毛；花冠白色，外面无毛，内面被柔毛，5 裂，裂片长圆形，长约 1 cm，比冠筒稍长或近等长；子房 2 室，每室有胚珠 2 颗。果近球形，无毛；种子 4 粒。　花期 5～7 月，果期 7 月至翌年 1 月。　产于东兴；生于海拔 140～800 m 的山地林中。分布于广东和海南。模式标本采自海南琼中县红毛山。

7. **尖萼乌口树**(中国高等植物图鉴)

Tarenna acutisepala F. C. How ex W. C. Chen，Acta Phytotax. Sin. **24**：477. 1986；中国植物志 **71(1)**：380，图版 100. 1999；Fl. China **19**：341. 2011

灌木，高可达 2.5 m；嫩枝被短硬毛。叶片长 4～19.5 cm，宽 1.5～5.6 cm，叶面无毛或沿中脉被疏短柔毛，叶背被短柔毛或乳突状毛，有时无毛；侧脉 5～7 对；叶柄长 5～22 mm，具短硬毛；托叶三角形，外面在中肋和基部被短硬毛。伞房状的聚伞花序顶生，紧密，花序梗具短柔毛；花冠淡黄色，长约 1.4 cm，外面无毛，花冠裂片椭圆形，长约 4 mm。浆果近球形，直径 5～7 mm，有短柔毛或无毛，顶部常有宿存的萼裂片；种子 9～31 粒。　花期 4～9 月，果期 5～11 月。　产于凌云；生于海拔 500～1 600 m 的山坡或山谷溪边林中或灌木丛中。分布于福建、广东、湖北、湖南、江苏、江西和四川等地。

8. **多籽乌口树**(植物分类学报)

Tarenna polysperma Chun et F. C. How ex W. C. Chen，Acta Phytotax. Sin. **22**：144，fig. 6. 1984；中国植物志 **71(1)**：382. 1999；Fl. China **19**：343～344. 2011.

灌木或乔木，高可达 14 m；小枝无毛。叶片长 5～10.5 cm，宽 1.5～3.8 cm，干时橄榄绿褐色，两面无毛；侧脉 7～9 对；叶柄长 5～15 mm，无毛。伞房状的聚伞花序顶生，三歧分枝，有 6～10 朵花，近无毛，花序梗长 5～10 mm；花萼无毛，萼筒陀螺形，裂片阔三角形，长约 0.5 mm；花冠白色，外面无毛，裂片卵形，比冠筒短；胚珠每室约 17 颗。浆果球形，直径约 7 mm，无毛；种子 14～27 粒。　花期 3～4 月，果期 5～10 月。　产于防城和上思；生于海拔 930～1 000 m 的山地林中。分布于广东。模式标本采自广东从化三角山。

9. **华南乌口树**(植物分类学报)　图版 25：3～7

Tarenna austrosinensis Chun et F. C. How ex W. C. Chen，Acta Phytotax. Sinica **22(2)**：145，fig. 7. 1984；中国植物志 **71(1)**：382. 1999；Fl. China **19**：341～242. 2011.

灌木，高约 2 m；枝和小枝圆柱形，无毛。叶片长 5～15 cm，宽 2～4.5 cm，两面无毛或叶背被极疏的短柔毛，干时淡黑褐色；侧脉 6～7 对，在边缘内网结；叶柄长 5～15 mm。伞房状的聚伞花序顶生，被短柔毛；冠筒长约 7 mm，外面无毛，内面有长柔毛，喉部有须毛，裂片 5 枚，卵形，长 3～4 mm；胚珠每室 6～9 颗。浆果球形，直径 5～6 mm；种子 6～14 粒。　花期 4～5 月，果期 8～9 月。　产于金秀；生于海拔 860～1 300 m 的山地林中。分布于广东和湖南。

10. **假桂乌口树**(广西植物名录)　图版 27：1

Tarenna attenuata (Hook. f.) Hutch. in Sargent，Pl. Wilson **3**：411. 1916；Merr. in Lingnan Sci. J. **6**：

图版 27　1. 假桂乌口树 Tarenna attenuata (Hook. f.) Hutch.　1. 果枝。　2. 狭叶栀子 Gardenia stenophylla Merr.　2. 果枝。　3～7. 长管越南茜 Rubovietnamia sericantha (W. C. Chen) Y. F. Deng, Y. H. Tong, W. B. Xu et N. H. Xia　3. 花枝；4. 花；5. 花冠展开，示雄蕊；6. 花柱和柱头；7. 果。　(1 黄门生绘，2～7 林文宏绘)

331.1928;海南植物志 **3**:317.1974;中国高等植物图鉴 **4**:231,图 5875.1975;中国植物志 **71**(1):382～383,图版 100:12～15.1999;Fl. China **19**:341.2011.——*T. sylvestris* Hutch.,Sargent,Pl. Wils. **3**:411.1916.——*Ixora attenuata* (Hook. f.) Kuntze,Revis. Gen. Pl. **1**:278.1891.——*Stylocoryna attenuata* Voigt,Hort. Suburb. Calc. 377.1845.——*Webera attenuata* Hook. f.,Fl. Brit. Ind. 3:104.1880.

灌木或乔木,高可达 8 m。叶片长 4.5～15 cm,宽 1.5～6 cm,全缘,干时变黑褐色,两面无毛,或有时在叶背脉腋内有短毛;侧脉 5～10 对;叶柄长 0.5～1.5 cm。伞房状的聚伞花序顶生,三歧分枝;花具长 2～5 mm 的花梗或几无花梗;花冠白色或淡黄色,冠筒长 2～2.5 mm,顶部 5 裂,裂片长圆形,长约 5 mm。浆果近球形,直径 5～7 mm,成熟时紫黑色,顶部有宿存的花萼;种子 2 粒。 花期 4～11 月,果期 5 月至翌年 1 月。 产于上林、武鸣、柳城、灵川、平乐、防城、贵港、容县、田阳、平果、靖西、德保、凤山、东兰、都安、宁明、龙州、大新和凭祥等地;生于海拔 1 200 m 的旷野、丘陵、山地、沟边的林中或灌木丛中,在广西主要生于石灰岩石山山坡至山顶地段。分布于广东、海南和云南等地,柬埔寨、印度、泰国和越南亦有。 本种全株可供药用,有祛风消肿、散瘀止痛的功效,可治跌打扭伤、风湿痛、蜂窝组织炎、脓肿、胃肠绞痛等症。

11. **长梗乌口树**(植物分类学报)

Tarenna sinica W. C. Chen,Acta Phytotax. Sin. **22**:146.1984;中国植物志 **71**(1):383～384.1999;Fl. China **19**:344.2011.

灌木,高约 1.5 m;小枝被糙硬毛。叶片长 6～12 cm,宽 2～4 cm,干时黑褐色,两面均被疏的糙伏毛,在中脉和侧脉上被较密的硬毛;侧脉 6～8 对;叶柄长 0.5～1.5 cm,被糙硬毛。花序顶生,长约 5 cm;花序梗长 5～7 mm,外面被糙硬毛;花梗长 1.8～3 cm,被糙硬毛;花萼长约 3.5 mm,被糙硬毛,裂片三角形,长约 0.7 mm;花冠白色,长约 1.2 cm,外面被糙硬毛,喉部有白色长柔毛,裂片 5 枚,比冠筒长。 花期 6 月。 产于靖西;生于山坡林中。 本种为广西特有种。

52. 栀子属 Gardenia J. Ellis

灌木,少为乔木;无刺或少具刺。叶对生,少有 3 片轮生或与花序梗对生的 1 片不发育;托叶三角形,基部常合生。花大,顶生或腋生,单生、簇生或较少组成伞房状的聚伞花序;萼筒卵形或倒圆锥形,萼檐佛焰苞状或管状,顶部常 5～8 裂,裂片宿存;花冠高脚碟状、钟状或漏斗状,裂片 5～12 枚,旋转排列;雄蕊与花冠裂片同数,花丝极短或缺,花药背着;花盘通常圆锥形或环状;子房下位,1 室,柱头棒形或纺锤形,全缘或 2 裂。浆果表面平滑或具纵棱;种子常与肉质的胎座胶结而成一球状体,扁平或肿胀。 本属约有 250 种,分布于非洲热带和亚热带地区、亚洲及太平洋诸岛。我国有 5 种;广西有 3 种 1 变种。

分种检索表

1. 叶片狭披针形或线状披针形,宽 0.4～2.5 cm;果长圆形,长 1.5～2.5 cm,直径 1～1.3 cm,有纵棱或有时棱不明显 ………………………………………… 1. **狭叶栀子 G. stenophylla** Merr.
1. 叶片非上述形状,宽通常在 2.5 cm 以上。
  2. 乔木;萼裂片长 4～5 mm;果有纵棱,有时纵棱不明显 ………………………… 2. **海南栀子 G. hainanensis** Merr.
  2. 灌木;萼裂片长 10～30 mm;果有翅状的纵棱 5～9 条。
    3. 花单朵生于枝顶,花冠通常 6 裂;可育 ………………………… 3a. **栀子 G. jasminoides** J. Ellis var. **jasminoides**
    3. 花重瓣;不育 ………………………… 3b. **白蟾 G. jasminoides** J. Ellis var. **fortuniana** (Lindl.) H. Hara

1. **狭叶栀子**(两广乔灌木名录) 野白蝉 花木(上思) 图版 27:2

Gardenia stenophylla Merr.,Philip. J. Sci. **19**:678.1921;Lingnan Sci. J. **5**:174.1927;海南植物志 **3**:

326,图 747. 1974;中国高等植物图鉴 4:239,图 5891. 1975;中国植物志 71(1):330. 1999;Fl. China 19:144. 2011.

灌木,高可达 3 m;小枝纤细,疏被毛或无毛。叶片狭披针形或线状披针形,长 3～12 cm,宽 0.4～2.5 cm,两面无毛;侧脉 9～13 对;叶柄长 1～5 mm。花单生于叶腋或小枝顶部;萼筒倒圆锥形,长约 1 cm,萼檐顶部 5～8 裂,裂片狭披针形,长 1～2 cm,结果时增长;花冠白色,高脚碟状;花药线形,长约 1.5 cm;花柱长 3.5～4 cm,柱头棒形,顶部膨大。果长圆形,长 1.5～2.5 cm,直径 1～1.3 cm,有纵棱或有时棱不明显,成熟时黄色或橙红色,顶部有增大的宿存萼裂片。　花期 4～8 月,果期 5 月至翌年 1 月。

产于上思、天峨;生于海拔 90～800 m 的山谷、溪边林中、灌丛或旷野河边,常见于岩石上。分布于安徽、广东、海南和浙江,越南亦有。　本种果实和根可供药用,有凉血、泻火、清热解毒的功效;植株外形多姿,花美丽,可作盆景栽植。

2. **海南栀子**(海南植物志)

Gardenia hainanensis Merr., Lingnan Sci. J. **9**:43. 1930;Chun in Sunyatsenia **1**:305. 1934;海南植物志 **3**:326. 1974;中国植物志 **71**(1):331,图版 87:9～10. 1999;Fl. China **19**:142～143. 2011.

小乔木或乔木,高 3～12 m;枝嫩时稍压扁状,初时密被柔毛,后无毛。叶对生;叶片倒卵状长圆形,少长圆形或倒披针形,长 5～19.5 cm,宽 2～8 cm,两面无毛;侧脉每边 10～15 条;叶柄长 0.2～1 cm。花芳香,有长达 8 mm 的花梗,单生于小枝顶端或近顶部的叶腋;萼筒阔倒圆锥形,长 5～6 mm,萼檐管形,顶部常 5 裂,裂片长圆状披针形,长 4～5 mm,宽约 1.6 mm,结果时增大;花冠白色,高脚碟状;花药线形,长约 2 cm;花柱和柱头长达 3.5 cm,柱头纺锤形,长约与花柱相等。果球形或卵状椭圆形,黄色,长 1.6～3.3 cm,有纵棱或有时纵棱不明显,顶部有宿存的萼檐,果梗长 1～2 cm。　花期 4 月,果期 5～10 月。

产于融水、防城和上思等地;生于海拔 70～1 200 m 的山坡或山谷溪边林中。分布于海南。

3. **栀子**(神农本草经)　黄栀子　山栀子　水栀子　山黄栀

Gardenia jasminoides J. Ellis, Philos. Trans. **51**(2):935, t. 23. 1761;陈嵘,中国树木分类学 1123. 1937;广州植物志 508. 1956;刘棠瑞,台湾木本植物图志(卷下):1108. 1962;Li, Woody Fl. Taiwan 852, fig. 343. 1963;海南植物志 **3**:325. 1974;中国高等植物图鉴 **4**:238,图 5890. 1975;J. M. Chao in Li, Fl. Taiwan **4**:265, pl. 994. 1978;云南种子植物名录(下册):1253. 1984;中国植物志 **71**(1):332～334,图版 87:1～5. 1999; Fl. China **19**: 143. 2011.——*G. augusta* Merr., Interpr. Rumph. Herb. Amb. 485. 1917.——*G. florida* L., Sp. Pl. ed. 2, 305. 1762.——*G. grandiflora* Lour., Fl. Cochinch. 147. 1790.——*G. jasminoides* J. Ellis f. *grandiflora* (Lour.) Makino, Fl. Jap. ed. rev. 117. 1949.——*G. jasminoides* J. Ellis var. *grandiflora* (Lour.) Nakai, Trees Shrubs Japan ed. rev. 518. 1927.——*G. jasminoides* J. Ellis var. *variegata* (Carriere) Makino, Engei-Daijiton **2**:690. 1950.——*G. jasminoides* J. Ellis var. *boninensis* (Nakai) Nakai, Trees Shrubs Japan ed. rev. 521 1927.——*G. jasminoides* J. Ellis var. *longisepala* (Masam.) Metcalf in Lingnan Sci. J. **12**(4):593. 1933.——*G. jasminoides* J. Ellis f. *variegates* (Carr.) Nakai, Trees et Shrubs Jap. ed. 2, 519. 1927.——*G. jasminoides* J. Ellis f. *oblanceolata* (Nakai) Nakai, Trees Shrubs Japan ed. rev. 520. 1927.——*G. jasminoides* J. Ellis f. *simpliciflora* (Makino) Makino, Ill. Fl. Nippon 118. 1940.——*G. jasminoides* J. Ellis f. *maruba* (Sieb. ex Bl.) Nakai ex Ishii, Engei-Daijiton **2**:690. 1950.——*G. jasminoides* J. Ellis f. *ovalifolia* (Sims) Hara, Enum. Sperm. Jap. **2**:15. 1952.——*G. jasminoides* J. Ellis var. *radicans* (Thunb.) Makino, Fl. Nippon 118. 1940.——*G. maruba* Siebold ex Blume, Bijdr. 1015. 1826.——*G. radicans* Thunb., Fl. Jap. 109, t. 20. 1784.——*G. schlechteri* H. Lévl., Repert. Sp. Nov. **10**:146. 1911.

3a. **栀子**(原变种)　图版 28:1～3

Gardenia jasminoides J. Ellis var. **jasminoides**

灌木,高可达 3 m;嫩枝常被短毛,后变无毛。叶对生,少为 3 枚轮生;叶片长 3～25 cm,宽 1.5～

图版 28 1～3. 栀子 Gardenia jasminoides J. Ellis var. jasminoides 1. 果枝；2. 花枝；3. 花纵剖。 （何顺清绘）

8 cm，两面常无毛；侧脉每边 8～15 条；叶柄长 0.2～1 cm。花芳香，通常单朵生于枝顶；萼筒有纵棱，顶部 5～8 裂，裂片披针形或线状披针形，长 10～30 mm，结果时增长，宿存；花冠白色或乳黄色，高脚碟状，喉部有疏柔毛，顶部 5～8 裂；花药线形，长 1.5～2.2 cm；花柱长约 4.5 cm，柱头纺锤形，子房直径约 3 mm，黄色。果卵形、近球形、椭圆形或长圆形，黄色或橙红色，有翅状纵棱 5～9 条，顶部的宿存萼片长达 4 cm；种子近圆形而稍有棱角。　花期 3～7 月，果期 5 月至翌年 2 月。　产于广西各地；生于海拔 10～1 500 m 的旷野、丘陵、山谷、山坡、溪边的灌丛或林中。分布于安徽、福建、广东、贵州、海南、湖北、湖南、江苏、江西、山东、四川、台湾、云南、浙江等地，在甘肃、河北和山西有栽培；柬埔寨、印度、日本、朝鲜、老挝、尼泊尔、巴基斯坦、越南亦有，欧洲、北美和太平洋诸岛亦有栽培。　本种可作盆景植物，称"水横枝"；花大而美丽，芳香，用于庭园观赏。果实是常用中药，其主要化学成分有去羟栀子苷，又称京尼平苷(geniposide)、栀子苷(gardenoside)、黄酮类栀子素(gardenin)、山栀苷(shanzhjside)等；能清热利尿、泻火除烦、凉血解毒、散瘀。叶、花、根亦可作药用。从成熟果实中可提取栀子黄色素，在民间作染料应用，在化妆品等工业中用作天然着色剂原料，又是品质优良的天然食品色素，没有人工合成色素的副作用，且具有一定的医疗效果，着色力强，颜色鲜艳，具有耐光、耐热、耐酸碱性、无异味等特点，可广泛应用于糕点、糖果、饮料等食品的着色上。花可提制芳香浸膏，用于多种花香型化妆品和香皂香精的调合剂。　本种在我国广泛种植，其中湖南、江西两省种植最多，且栀子的质量最好。

3b. 白蟾(变种)(群芳谱)

Gardenia jasminoides J. Ellis var. **fortuniana** (Lindl.) H. Hara, Enum. Sperm. Jap. **2**:15. 1952；广州植物志 509. 1956；海南植物志 **3**:326. 1974；中国植物志 **71**(1):334～335. 1999；Fl. China **19**:143. 2011. ——*G. forida* L. var. *fortuniana* Lindl., Bot. Reg. **32**:t. 43. 1846.

本变种与原变种不同之处在于花重瓣，不育。　花期全年。　广西各地零星栽培，多见于大中城市。原产于我国和日本。　本种花大而重瓣、美丽，栽培作观赏。

53. 山石榴属　Catunaregam Wolf

灌木或小乔木，具刺。叶对生或簇生于抑发的侧生短枝上。花近无梗，单生或 2～3 朵簇生于具叶、抑发的侧生短枝顶部；萼筒钟形或卵球形，檐部稍扩大，顶端通常 5 裂；花冠钟状，外面通常被绢毛，裂片通常 5 枚，广展或外反，旋转排列；雄蕊通常 5 枚，与花冠裂片互生，着生于冠筒喉部，花丝极短，花药背着，稍伸出；子房 2 室，胚珠多颗，胎座位于隔膜两边的中部，柱头常 2 裂，裂片黏合，常伸出。浆果球形、卵球形或椭圆形，直径 2～4 cm，果皮常厚，顶冠以宿存的萼裂片；种子多数，椭圆形或肾形。　本属约有 10 种，分布于亚洲南部和东南部至非洲。我国有 1 种，分布于东南部至西南部；广西亦有。

山石榴(广州)　牛头簕　簕牯树　簕泡木　图版 29:1～4

Catunaregam spinosa (Thunb.) Tirveng., Bull. Mus. Natl. Hist. Nat., ser. 3, Bot. **35**:13. 1978；中国植物志 **71**(1):338～339，图版 89. 1999；Fl. China **19**:85. 2011. ——*Gardenia spinosa* Thunb., Diss. Gard. **7**:16. 1780. ——*G. dumetorum* Retz., Obs. Bot. **2**:14. 1781. ——*Randia dumetorum* (Retz.) Lam., Encycl. **2**:227. 1794；Pitard in Lecomte, Cen. Fl. Gen Indo-Chine **3**:231. 1923. ——*R. spinosa* (Thunb.) Bl., Bijdr. 981. 1826. ——*Xeromphis retzii* Raf, Sylva Tellur. 21. 1838. ——*X. spinosa* (Thunb.) Keay, Bull. Jard. Bot. Brux. **28**:37. 1958.

灌木或小乔木，高可达 10 m；刺粗壮，长可达 5 cm，腋生或对生。叶对生或簇生于侧生短枝上；叶片长 1.5～11.5 cm，宽 1～5.7 cm，两面无毛或被糙伏毛，或沿中脉和侧脉疏被硬毛，叶背脉腋常有短簇毛；侧脉每边 4～7 条；叶柄长 2～8 mm；托叶顶端芒尖，长 3～4 mm，早落。花单生或 2～3 朵簇生于侧生短枝的顶部；花梗长 2～5 mm，被棕褐色长柔毛；萼筒钟形或卵形，外面被棕褐色长柔毛，裂片具 3 脉，外面被棕

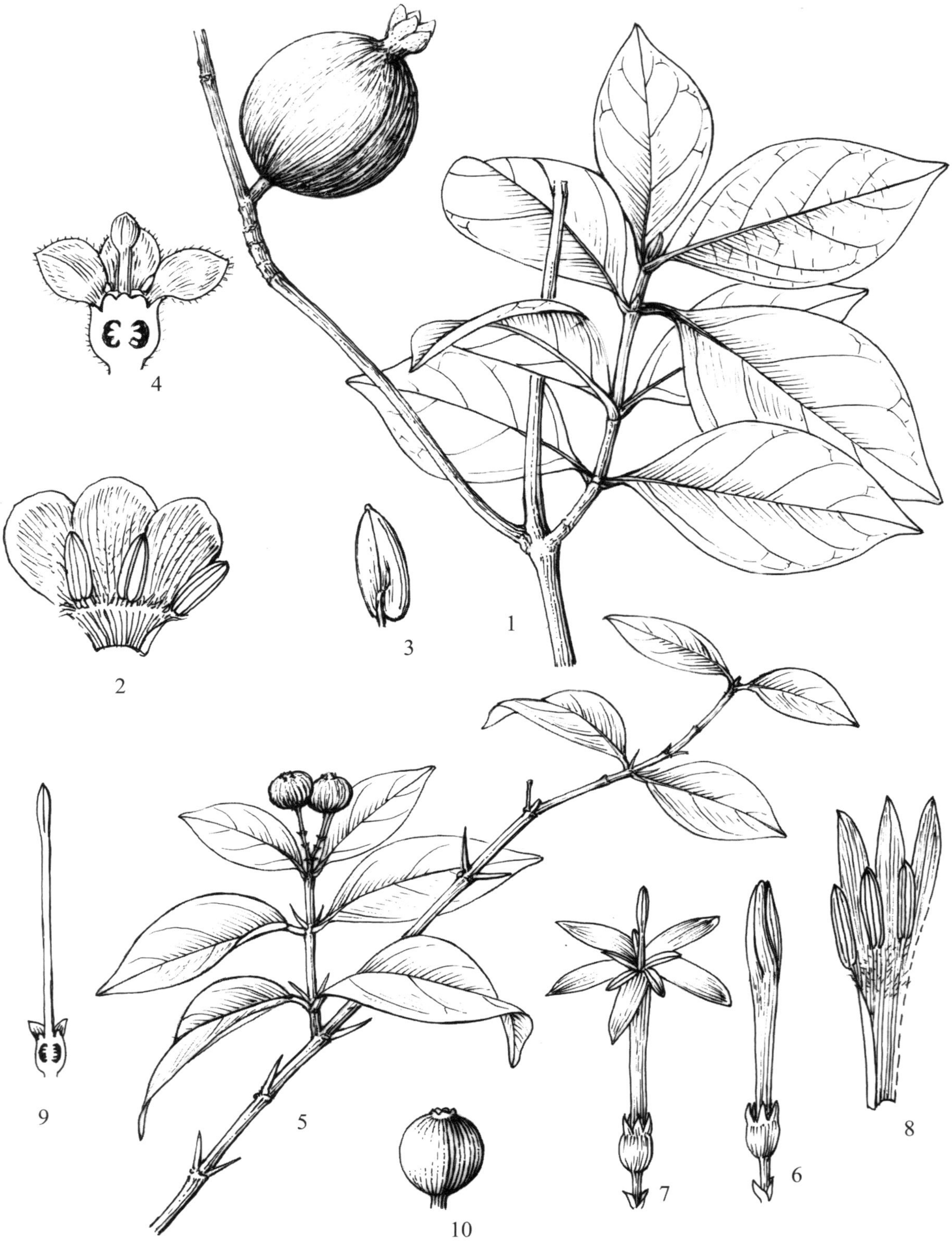

图版 29 1～4. **山石榴** Catunaregam spinosa (Thunb.) Tirveng. 1. 果枝；2. 部分花冠展开，示雄蕊；3. 雄蕊背面；4. 部分花萼和雌蕊，示子房纵切面。 5～10. **浓子茉莉** Benkara scandens (Thunb.) Ridsdale 5. 果枝；6. 花蕾；7. 花；8. 部分花冠展开，示雄蕊；9. 部分花萼与雌蕊，示子房纵切面；10. 果。 （林文宏绘）

褐色长柔毛，内面被短硬毛；花冠初时白色，后变为淡黄色，外面密被绢毛，冠筒喉部有疏长柔毛；柱头纺锤形，顶端线2裂，裂片长约2 mm。浆果球形，直径2～4 cm，表面光滑无毛或有疏柔毛，顶端具宿存的萼裂片；种子多数。　花期3～6月，果期5月至翌年1月。　产于南宁、武鸣、马山、上林、横县、柳州、苍梧、东兴、钦州、容县、北流、百色、德保、靖西、那坡、罗城、宁明、龙州、大新和凭祥等地；生于海拔30～1 600 m的旷野、丘陵、山坡、山谷沟边的林中或灌木丛中。分布于广东、香港、澳门、海南、云南和台湾等地，印度尼西亚、马来西亚、越南、老挝、柬埔寨、泰国、缅甸、孟加拉国、尼泊尔、印度、巴基斯坦、斯里兰卡、非洲东部热带地区等亦有。　本种木材致密坚硬，可作为农具、手杖及雕刻之用。根、叶可作药用，根可利尿、驳骨、祛风湿，治跌打腹痛；叶可止血；果亦作药用，在印度用作治疗脓肿、溃疡、肿瘤、皮肤病、痔疮、发疹、风湿、支气管炎等症；亦有栽植作绿篱。

54. 簕茜属　Benkara Adanson

有刺灌木或小乔木，刺常成对着生，腋生或腋上生。叶对生或簇生于侧生短枝上；托叶狭三角形或卵形。花两性，单生或2～3朵簇生，顶生或腋生，具花梗；花萼杯状或钟状，无毛或被黄色柔毛，萼裂片5枚，狭三角形；花冠高脚碟状，白色至淡黄色，花冠裂片5枚，旋转排列；雄蕊5枚，生于冠筒喉部，与花冠裂片互生，花丝短，花药背着；柱头2裂，裂片黏合，子房2室，中轴胎座，胚珠多颗。浆果球形，直径0.5～2 cm，被短柔毛，顶冠以宿萼；种子形状多样，常具角。　本属约有19种，分布于印度、印度尼西亚、日本、马来西亚、菲律宾、泰国、越南。我国有7种；广西有4种。

分种检索表

1. 冠筒较短，长不到10 mm。
    2. 叶柄长2～6 mm；花萼被短柔毛；冠筒长3～4.5 mm ……………………… 1. **多刺簕茜** B. depauperata (Drake) Ridsdale
    2. 叶柄长4～13 mm；花萼外面被硬毛，稀变无毛；冠筒长5.5～7 mm …… 2. **滇簕茜** B forrestii (J. Anthony) Ridsdale
1. 冠筒较长，长10 mm以上。
    3. 侧脉2～3对；叶柄长2～5 mm；花萼无毛 …………………………………… 3. **浓子茉莉** B. scandens (Thunb.) Ridsdale
    3. 侧脉6～8对；叶柄长5～15 mm；花萼外面被黄褐色短硬毛 ……………………… 4. **簕茜** B. sinensis (Lour.) Ridsdale

1. 多刺簕茜　多刺山黄皮(海南植物志)

Benkara depauperata (Drake) Ridsdale, Reinwardtia **12**: 298. 2008; Fl China **19**: 79. 2011. —— *Fagerlindia depauperata* (Drake) Tirveng., Nord. J. Bot. **3** (4): 458. 1983; 中国植物志 **71**(1): 343, 图版 90: 7～11. 1999. —— *Randia depauperata* Drake, Morot, J. de Bot. **9**: 217. 1895. —— *Canthium spinosissima* Merr., Lingnan Sci. J. **2**: 56. 1943.

有刺灌木，高1～3 m；小枝被短柔毛；刺对生，长4～15 mm。叶对生；叶片卵形、卵状长圆形或卵状披针形，长1.5～8.5 cm，宽1～3 cm，两面无毛，或仅叶背散生短柔毛；侧脉2～4对；叶柄长2～6 mm，被短柔毛；托叶狭三角形，被短柔毛。花常1～3朵聚生于腋生短枝上；花梗长6～10 mm，被短柔毛；花萼被短柔毛；花冠白色，高脚碟状，外面无毛，冠筒长3～4.5 mm，花冠裂片5枚，边缘有短缘毛，开放时外反；花药线状长圆形；子房2室，花柱无毛，柱头纺锤形。浆果球形，有疏柔毛，直径5～6 mm，紫黑色，顶冠以宿存萼檐。　花期4月，果期5月至翌年1月。　产于北海、博白等地；通常生于海拔50～300 m的山地、丘陵密林中或灌木丛。分布于海南、福建，越南亦有。

2. 滇簕茜　琼滇鸡爪簕

Benkara forrestii (J. Anthony) Ridsdale, Reinwardtia **12**: 299. 2008; Fl. China **19**: 79～80. 2011. —— *Oxyceros griffithii* (Hook. f.) W. C. Chen, Fl. Reipubl. Popul. Sin. **71**(1): 346～348, 图版 91: 8～10.

1999.——*Randia griffithii* Hook. f., Fl. Brit. Ind. **3**:112. 1880.——*R. hainanensis* Merr., Lingnan Sci. J. **11**:58. 1932.——*R. forrestii* J. Anth., Not. Roy. Bot. Gard. Edinb. **18**:204. 1934.

有刺灌木或乔木,有时攀缘状,高可达10 m;小枝幼时被柔毛,后脱落;刺成对腋生,长4～14 mm。叶对生;叶片长3～14 cm,宽1.5～6 cm,两面无毛或在叶背中脉和侧脉上有疏柔毛,在叶背脉腋内常有簇毛;侧脉3～6对;叶柄长4～13 mm。聚伞花序腋生和顶生;花序梗长4～15 mm;花萼长4～6.5 mm,外面有硬毛,稀变无毛;花冠白色或黄色;子房2室,花柱长6.5～9.5 mm;柱头纺锤形,长4～5 mm。果球形,直径5～8 mm,顶部有环状的萼檐残迹。 花期4～6月,果期5～12月。 产于上思和隆林;生于海拔200～1 500 m的丘陵、山坡、山谷溪边的林中或灌木丛中。分布于云南、贵州和海南。

3. **浓子茉莉**(中国高等植物图鉴) 图版29:5～10

Benkara scandens (Thunb.) Ridsdale, Reinwardtia **12**:300. 2008; Fl. China **19**:80. 2011.——*Fagerlindia scandens* (Thunb.) Tirveng., Nord. J. Bot. **3**(4):458. 1983;中国植物志**71**(1):341～343,图版90. 1999.——*Gardenia scandens* Thunb., Diss. Bot. Gard. 17. 1780.——*Randia accedens* Hance, Ann. Soc. Bot. **5**(5):218. 1866.——*R. scandens* (Thunb.) Lam., Encycl. **3**:26. 1789.——*Plectronia levinei* Merr., Philip. J. Sci. **15**:257. 1919.

有刺灌木,高1～3 m;小枝无毛;刺对生,长6～12 mm。叶对生;叶片疏生或簇生于侧生短枝上,长0.6～5.5 cm,宽0.4～2.5 cm,两面无毛,叶背脉腋内常有小窝孔;侧脉2～3对;叶柄长2～5 mm。花1～3朵聚生,腋生或生于侧生短枝的顶部;花萼无毛;花冠白色,高脚碟状,冠筒长14～20 mm,内面上部有短柔毛,花冠裂片5枚,披针形,开放时外反;子房2室,花柱与柱头共长12～20 mm,柱头纺锤形,顶端2浅裂。浆果球形,顶冠以宿存萼檐;种子16～20粒。 花期3～5月,果期5～12月。 产于武鸣、防城、平南、博白、百色和龙州等地;通常生于低海拔的丘陵或旷野灌木丛中。分布于广东、海南和云南,越南亦有。

4. **簕茜** 鸡爪簕 鸡槌簕 猫簕 凉粉木 图版30:1～6

Benkara sinensis (Lour.) Ridsdale, Reinwardtia **12**:300. 2008, Fl. China **19**:80～81. 2011.——*Oxyceros sinensis* Lour., Fl. Cochinch. 151. 1790;中国植物志**71**(1):345～346,图版91:1～7. 1999.——*O. bispinosus* (Griff.) Tirveng., Nordic J. Bot. **3**:466. 1983.——*Randia sinensis* (Lour.) Schult., Roem. et Schult. Syst. Veg. **5**:248. 1819.——*Fagerlindia sinensis* (Lour.) Tirveng., Nord. J. Bot. **3**(4):458. 1983.——*Aidia sinensis* (Lour.) Masam., Sci. Rep. Kanazawa Univ., Biol. **4**:85. 1955.

有刺灌木或小乔木,有时攀缘状,高可达7 m;枝灰白色,小枝被黄褐色短硬毛或柔毛;刺长4～15 mm。叶对生;叶片长2～21 cm,宽1.5～9.5 cm,两面无毛,或叶背密或疏被柔毛,或仅沿中脉和侧脉或脉腋内被柔毛;侧脉6～8对;叶柄长5～15 mm。聚伞花序伞形状,顶生或生于上部叶腋,长2.5～4 cm,宽3～4.5 cm,花序梗和花梗密被黄褐色短硬毛;花萼外面被黄褐色短硬毛;花冠白色或黄色。浆果球形,黑色,有疏柔毛或无毛,顶部有环状的萼檐残迹;种子约9粒。 花期3～12月,果期5月至翌年2月。 产于南宁、临桂、上思、岑溪、博白、崇左、宁明、龙州和大新等地;生于海拔1 200 m以下旷野、丘陵、山地的林中、林缘或灌木丛。分布于福建、广东、湖南、台湾和云南等地,日本、泰国和越南亦有。 本种常栽植作绿篱。模式标本采自广东广州。

55. 茜树属 Aidia Lour.

灌木或乔木,稀藤本。叶对生;托叶着生于叶柄间,离生或基部合生,早落。聚伞花序腋生或与叶对生,极少顶生;花两性;萼筒杯形或钟形,檐部顶端4～5裂;花冠高脚碟状,冠筒圆柱形,花冠裂片4～5枚,开花时强烈向外反卷;雄蕊4～5枚,着生于冠筒喉部,与花冠裂片互生;花药背着,长圆形或线状披针形;子房2～3室,胚珠每室数至多颗,着生于肉质的中轴胎座上;柱头棒形或纺锤形,2裂,裂片黏合或分离。

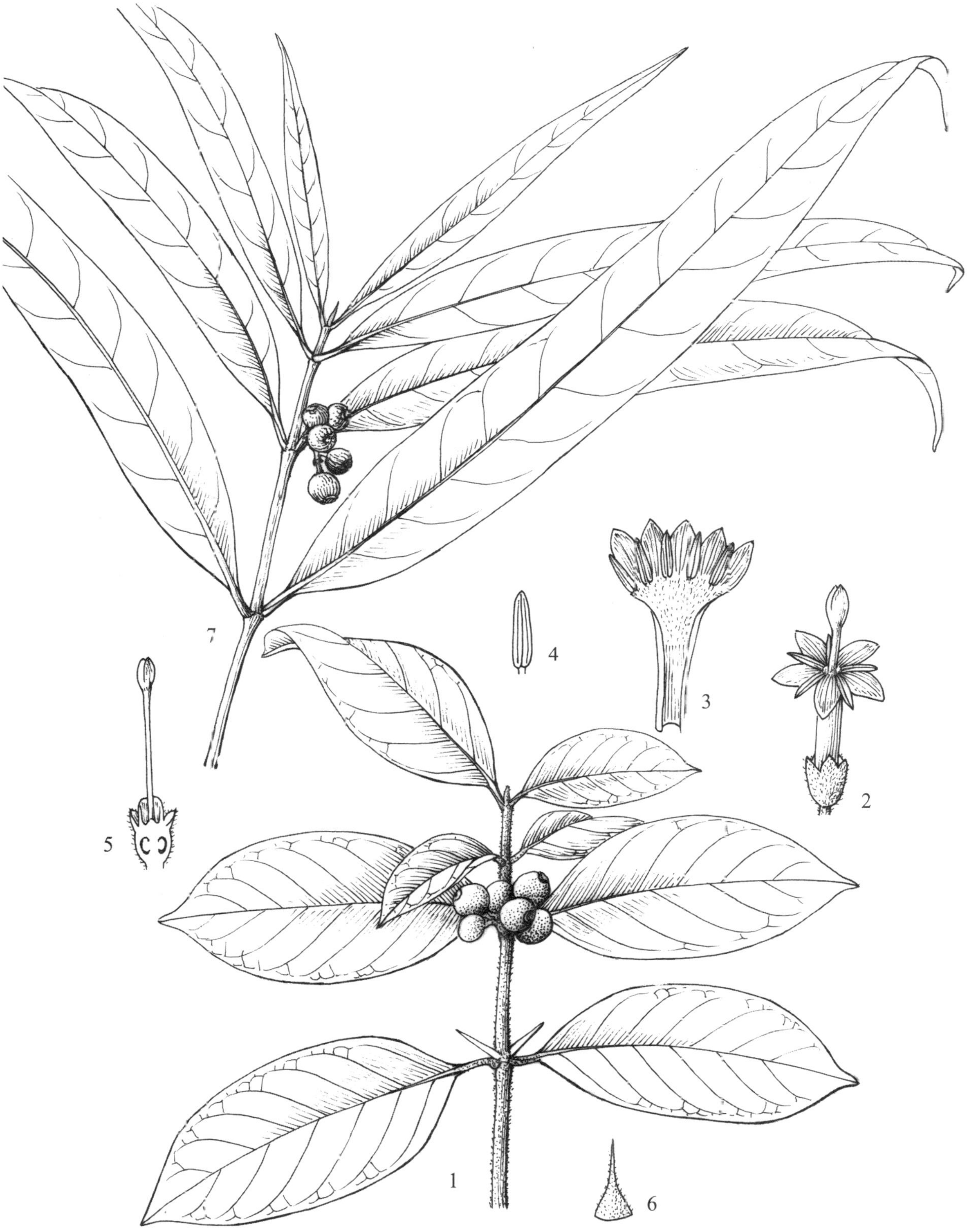

图版 30 1～6. **簕茜** *Benkara sinensis* (Lour.) Ridsdale 1. 果枝；2. 花；3. 花冠展开，示雄蕊；4. 雄蕊；5. 部分花萼、花盘和雌蕊，示子房纵切面；6. 托叶。 7. **柳叶香楠** *Aidia salicifolia* (H. L. Li) Yamazaki 7. 果枝。 （林文宏绘）

浆果球形，直径 0.5～1.8 cm，红色或橘黄色，平滑或具纵棱；种子多粒，常具角。 本属约有 50 种，分布于非洲热带地区、亚洲南部和东南部至大洋洲。我国有 7 种，分布于西南部和东南部；广西已知有 5 种。

分种检索表

1. 嫩枝、叶背和花序被锈色柔毛 …… 1. **多毛茜草树** A. pycnantha (Drake) Tirveng.
1. 嫩枝、叶背和花序均无毛或局部被毛。
  2. 叶片狭披针形，宽不超过 4 cm，通常叶背中脉和侧脉被疏柔毛，侧脉在近边缘处弯拱上升 …… 2. **柳叶香楠** A. salicifolia (H. L. Li) Yamazaki
  2. 叶片非狭披针形，两面无毛。
    3. 叶基部阔楔形或稍圆，有时稍不对称；侧脉 3～7 对；花萼外面被疏锈色柔毛；聚伞花序紧缩成伞形花序状，花序梗极短或无 …… 3. **香楠** A. canthioides (Champ. ex Benth.) Masam.
    3. 叶基部楔形，对称；侧脉 5～10 对；花萼外面无毛；聚伞花序非紧缩成伞形花序状，花序梗较长。
      4. 叶片干时叶面苍黄色，叶背红褐色；花萼裂片钻形或线状披针形，长 2～4.5 mm …… 4. **尖萼茜树** A. oxyodonta (Drake) Yamazaki
      4. 叶片不为上述颜色；花萼裂片三角形，长 1.5 mm 以下 …… 5. **茜树** A. cochinchinensis Lour.

1. 多毛茜草树 黄棉木

Aidia pycnantha (Drake) Tirveng., Nordic. J. Bot. **3**(4): 455. 1983；中国植物志 **71**(1): 349～350. 1999；Fl. China **19**: 72～73. 2011. ——*Randia pycnantha* Drake, J. Bot. **9**: 218. 1895. ——*R. acuminatissima* Merr., Philip. J. Sci. **15**: 259. 1919.

灌木或乔木，高可达 12 m；嫩枝及花序被锈色柔毛。叶对生；叶片长圆形、长圆状披针形或长圆状倒披针形，长可达 28 cm，宽 2～10 cm，基部楔形，两侧稍不对称，叶片干时红褐色，叶面无毛，叶背被锈色柔毛；侧脉 10～14 对；叶柄长 5～15 mm，被柔毛；托叶披针形，先端长尖，被短柔毛。聚伞花序与叶对生，被锈色柔毛；苞片和小苞片线状披针形；花萼被锈色柔毛，先端裂片三角形；花冠白色或淡黄色，高脚碟形，外面无毛。浆果球形，直径 6～8 mm，具锈色疏毛或近无毛，顶部有环状的萼檐残迹。 花期 3～9 月，果期 4～12 月。 产于邕宁、融水、凌云、乐业、河池、巴马、金秀、临桂、永福、平乐、蒙山、钦州、浦北、平南、那坡、扶绥和宁明等地；生于海拔 1 200 m 以下的丘陵、山坡、山谷林中或林缘灌丛中。分布于广东、海南、云南和福建等地，越南亦有。

2. 柳叶香楠 图版 30:7

Aidia salicifolia (H. L. Li) Yamazaki, J. Jap. Bot. **45**: 339. 1970；中国植物志 **71**(1): 351. 1999；Fl. China **19**: 72. 2011. ——*Randia salicifolia* H. L. Li, J. Arn. Arb. **24**: 456. 1943.

灌木，高约 1 m；嫩枝无毛。叶对生；叶片狭披针形，长 8.5～23 cm，宽 0.5～3 cm，先端长渐尖，基部楔形或短尖，叶背较苍白，两面无毛，或叶背中脉和侧脉上有疏柔毛；侧脉 9～12 对，近边缘处弯拱上升；叶柄长 2～8 mm，无毛；托叶披针形，无毛，先端长尖，长 0.3～1 cm，早落。果序聚伞状，和叶对生；果球形，直径约 8 mm。 果期 11 月。 产于平南、容县、博白和金秀等地；生于海拔 600～1 000 m 的山地林中。 本种为广西特有种。模式标本采自平南县鹏化山寨山大桥顶。

3. 香楠 水棉木

Aidia canthioides (Champ. ex Benth.) Masam., Trans. Nat. Hist. Soc. Formosa **28**: 118. 1938；中国植物志 **71**(1): 351，图 92: 1～7. 1999；Fl. China **19**: 71. 2011. ——*A. canthioides* (Champ. ex Benth.) Masam var. *lanceolata* Masam., Trans. Nat. Hist. Soc. Taiwan **29**: 218. 1939. ——*Randia canthioides* Champ. ex Benth., J. Bot. Kew Misc. **4**: 194. 1852；海南植物志 **3**: 323. 1974；中国高等植物图鉴 **4**: 235，图 5884. 1975；Fl. Taiwan **4**: 330. 1978. ——*Benkara canthioides* (Champ. ex Benth.) Ridsdale, Reinwardtia **12**: 298. 2008. ——*Fagerlindia canthioides* (Champ. ex Benth.) Ridsdale, Blumea **41**: 176. 1996.

灌木或小乔木，高达 12 m；嫩枝无毛。叶对生；叶片披针形或长椭圆形，薄革质，长 4～18 cm，宽 2～7 cm，先端渐尖至尾状渐尖，基部阔楔形，稍不对称，两面无毛；侧脉 3～7 对；叶柄长 5～18 mm，无毛；托叶阔三角形，长 3～8 mm，早落。聚伞花序腋生，花数朵至十余朵紧缩成伞形花序状；花序梗极短或近无；花梗无毛；花萼外面被紧贴的锈色疏柔毛；花冠高脚碟形，白色或黄白色，外面无毛。浆果球形，直径 5～8 mm，具紧贴的锈色疏毛或无毛，顶端具环状的萼檐残迹；种子 6～7 粒。　花期 4～6 月，果期 5 月至翌年 2 月。　产于武鸣、马山、上林、横县、兴安、苍梧和金秀等地；生于海拔 200～1 500 m 的山坡、山谷溪边、丘陵的灌木丛或密林中。分布于福建、广东、海南、台湾和云南等地，日本和越南亦有。

4. 尖萼茜树

Aidia oxyodonta (Drake) Yamazaki，J. Jap. Bot. **45**：339. 1970；中国植物志 **71**(1)：353. 1999；Fl. China **19**：72. 2011. ——*Randia oxyodonta* Drake，J. Bot. **9**：218. 1895.

灌木或乔木，高可达 12 m；嫩枝无毛。叶对生；叶片长圆形，长 8～18 cm，宽 2～8 cm，干时叶面苍黄色，叶背红褐色，两面无毛；侧脉 7～10 对，叶背脉腋内常有簇毛；叶柄长 8～13 mm；托叶三角形，顶端长尖，长 5～15 mm。聚伞花序腋生或与叶对生，花序梗长约 1 cm；花萼外面无毛，顶部 5 裂，裂片钻形或线状披针形，边缘具缘毛；花冠高脚碟形，黄白色；柱头顶端 2 裂。浆果球形，直径 7～13 mm，顶端具环状的萼檐残迹；种子多数。　花期 4～9 月，果期 5～10 月。　产于武鸣、横县、合浦、防城、东兴、灵山、贵港、平南、桂平、昭平和金秀等地；生于海拔 100～1 300 m 的丘陵或山地林中或林缘灌木丛。分布于广东(西南部)和海南，越南亦有。

5. 茜树　越南香茜　尾叶香茜

Aidia cochinchinensis Lour.，Fl. Cochinch. 143. 1790；中国植物志 **71**(1)：354，图 93：1～6. 1999；Fl. China **19**：72. 2011. ——*Randia cochinchinensis* (Lour.) Merr.，Trans. Amer. Philos. Soc. new ser. **24**(2)：365. 1935.

灌木或乔木，高可达 13 m；嫩枝无毛。叶对生；叶片披针形、长圆形或椭圆形，长 6～20 cm，宽 2～8 cm，除叶背脉腋内的小窝孔中簇生短柔毛外，两面无毛；侧脉 5～10 对；叶柄长 5～18 mm；托叶披针形，无毛，长 6～10 mm，早落。聚伞花序与叶对生或生于无叶的节上；苞片和小苞片披针形，长约 2 mm；花序梗通常长 5 mm；花萼无毛，檐部先端 4～5 裂，裂片三角形，长 1～1.5 mm；花冠黄色或白色，有时红色，花冠裂片 4～5 枚，花开放时反折。浆果球形，通常无毛，紫黑色；种子多粒。　花期 3～6 月，果期 5 月至翌年 2 月。　产于上林、横县、融水、苍梧、防城、凌云、贺州、罗城、金秀、龙州、阳朔、恭城、平乐、龙胜、永福、兴安、全州、灵川和临桂等地；生于海拔 200～1 700 m 的丘陵、山坡、山谷溪边的灌丛或林中。分布于云南、海南和台湾等地，越南亦有。

56. 狗骨柴属　Diplospora DC.

灌木或小乔木。叶交互对生；托叶具短鞘和稍长的芒。聚伞花序腋生和对生，多花；花 4～5 数，两性或单性；萼筒短，萼裂片常三角形；花冠白色，高脚碟状，淡绿色或淡黄色，裂片旋转排列；雄蕊着生于冠筒喉部，花丝短，花药背着，雌花中的退化雄蕊具空的药室；子房 2 室，每个中轴胎座具 1～3(～6)颗胚珠，在雄花中的子房室空虚，花柱 2 裂；花盘环状。核果淡黄色、橙黄色至红色，近球形或椭圆球形，萼宿存；种子每室 1～3(～6)粒，半球形、球形、近卵形或稍扁平。　本属约有 20 种，分布于亚洲的热带和亚热带地区。我国有 3 种；广西有 2 种。

分 种 检 索 表

1. 嫩枝无毛；叶片两面无毛，网脉在叶背不明显；叶柄无毛 ………………………… 1. **狗骨柴** D. dubia (Lindl.) Masam.
1. 嫩枝被毛；叶脉上和脉腋内有疏短柔毛，网脉在叶背明显；叶柄常被毛 ………………… 2. **毛狗骨柴** D. fruticosa Hemsl.

1. **狗骨柴** 三萼木 图版 26:3～9

Diplospora dubia (Lindl.) Masam., Trans. Nat. Hist. Soc. Formosa. **29**:269. 1939;中国植物志 71(1):364～365,图版 96:1～8. 1999;Fl. China **19**:99～100. 2011.——*D. viridiflora* DC., Prodr. **4**:477. 1830.——*D. tanakai* Hayata, Ic. Pl. Formos. **5**:77, fig. a～f. 1915.——*D. buisanensis* Hayata, Ic. Pl. Formos. **9**:59, fig. 24. 1920.——*Canthium dubium* Lindl., Bot. Reg. **12**:t. 1026. 1826.——*Tricalysia dubia* (Lindl.) Ohwi, Acta Phytotax. Geobot. **10**:137. 1941.——*T. viridiflora* (DC.) Matsum., Ind. Pl. Jap. **2** (2):596. 1912.——*T. viridilora* (DC.) Matsum. var. *tanakai* (Hayata) Yamamoto, J. Soc. Trop. Agr. **12**:65. 1936.——*T. viridiflora* (DC.) Matsum. var. *buisanensis* (Hayata) Yamamoto, J. Soc. Trop. Agr. **12**:65. 1936.——*T. lutea* Hand.-Mazz., Sitzgsanz. Akad. Wiss. Wien **58**:232. 1921.

灌木或乔木,高可达 12 m;嫩枝无毛。叶片长 4～19.5 cm,宽 1.5～8 cm,全缘,两面无毛;侧脉 5～11 对;叶柄长 4～15 mm,无毛;网脉在叶背不明显;托叶顶端钻形,内面有白色柔毛。花腋生密集成束或组成具花序梗、稠密的聚伞花序;萼筒顶部 4 裂;花冠白色或黄色;雄蕊 4 枚,花丝长 2～4 mm,与花药近等长;花柱长约 3 mm,柱头 2 分枝,线形。浆果近球形,直径 4～9 mm,有疏短柔毛或无毛,成熟时红色,顶部有萼檐残迹,果梗长 3～8 mm;种子 4～8 粒,近卵形,暗红色。 花期 4～8 月,果期 5 月至翌年 2 月。 产于武鸣、马山、全州、兴安、恭城、苍梧、合浦、平南、容县、陆川、博白、昭平和金秀等地,通常生于海拔 40～1 500 m 的山坡、山谷沟边、丘陵、旷野的林中或灌木丛中。分布于安徽、福建、广东、海南、湖南、江苏、江西、四川、台湾、云南和浙江等地,日本、越南亦有。 本种木材致密强韧,易加工,可为器具及雕刻细工用材;据称在江西井冈山地区居民还用其根治黄疸病。

2. **毛狗骨柴**(中国高等植物图鉴) 小狗骨柴(广西植物名录)

Diplospora fruticosa Hemsl., J. Linn. Soc. Bot. **23**:383. 1888;中国植物志 71(1):365～367,图版 96:9～13. 1999; Fl. China **19**:100. 2011.——*D. fruticosum* (Hemsl.) Kuntze, Revis. Gen. Pl. **1**:281. 1891.——*Tricalysia fruticosa* (Hemsl.) K. Schum. ex E. Pritz., Bot. Jahrb. **29**:582. 1901.

灌木或乔木,高可达 15 m;嫩枝有短柔毛。叶片长 5.5～22 cm,宽 2.5～8 cm,全缘,叶脉上和脉腋内常有疏短柔毛,其余部分无毛或散生短柔毛;侧脉 7～13 对;网脉在叶背明显;叶柄长 4～13 mm,具短刚毛;托叶基部合生,披针形,长 8～10 mm,被柔毛。伞房状的聚伞花序腋生;花萼被短柔毛,长约 3 mm,萼筒陀螺形,萼檐浅 4 裂,裂片三角形;花冠白色或黄色,喉部被柔毛,裂片长圆形,比冠筒长;花柱长 2.5～3.5 mm,柱头 2 裂。果近球形,有短柔毛或无毛,直径 5～7 mm,成熟时红色;果梗长 0.3～1 cm。 花期 3～5 月,果期 6 月至翌年 2 月。 产于上林、横县、融水、临桂、永福、龙胜、资源、荔浦、蒙山、平南、那坡、凌云、凤山、象州、金秀、宁明和龙州等地;通常生于海拔 220～2 000 m 的山谷或溪边的林中或灌木丛中。分布于广东、江西、湖北、湖南、四川、贵州、云南、西藏等地,越南亦有。

57. 桂海木属 Guihaiothamnus H. S. Lo

矮小灌木;根木质;主茎极短或近无茎,圆柱状。叶簇生枝顶,有柄;托叶早落。聚伞花序顶生,花密;花序梗极短或无;花梗短或无;萼筒倒卵状椭圆形,檐部 5 裂,裂片线状披针形,与萼筒近等长或稍长;花冠高脚碟状,裂片 5 枚,旋转状排列;雄蕊 5 枚,生于喉部;花盘环状;子房 2 室,每室有多颗胚珠,生于肉质盾状胎座上;柱头 2 裂,裂片头状。果球状,不开裂,稍肉质,冠以宿存萼裂片;种子多粒,微小,常有棱角,表面有网纹,无翅。 本属为单种属,我国特有;产于广西。

桂海木(植物研究) 图版 31:1～8

Guihaiothamnus acaulis H. S. Lo, Bull. Bot. Res. **18**(3):280. 1998;中国植物志 71(1):221～223,图版 54. 1999;Fl. China **19**:146. 2011.

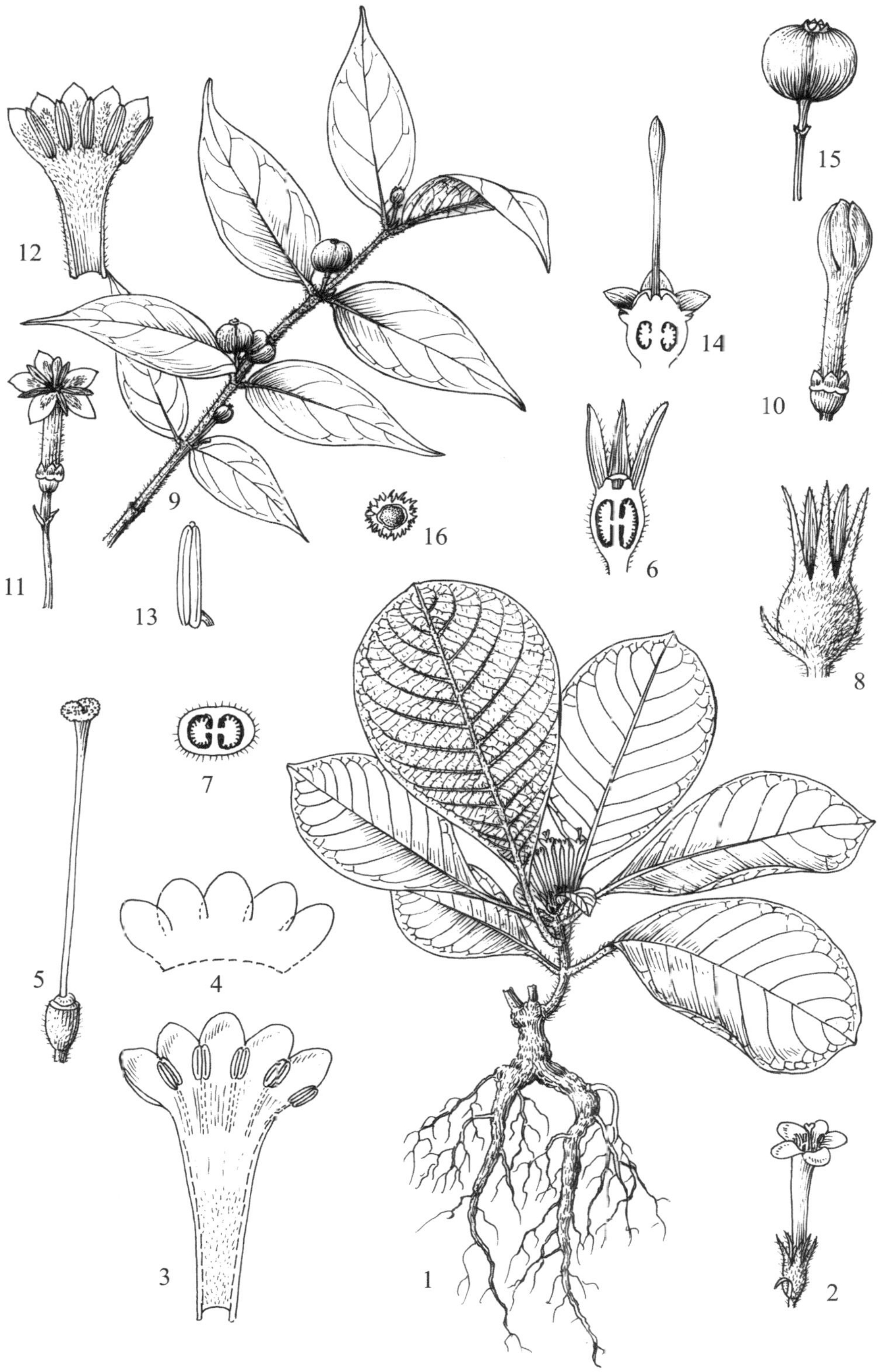

图版 31　1～8. **桂海木** Guihaiothamnus acaulis H. S. Lo　1. 植株；2. 花；3. 花冠展开，示雄蕊；4. 花冠裂片，示旋转状排列；5. 雌蕊；6. 子房纵切；7. 子房横切；8. 果。　9～16. **流苏子** Coptosapelta diffusa (Champ. ex Benth.) Steenis　9. 果枝；10. 花蕾；11. 花；12. 花冠展开，示雄蕊；13. 雄蕊；14. 部分花萼和雌蕊(示子房纵切面)；15. 果；16. 种子。　(林文宏绘，1～8 摹自余汉平图)

矮小灌木，高 3～7 cm；茎极短或近无茎，被短柔毛。叶片长 4.5～11 cm，宽 2.5～7.5 cm，两面被短柔毛；侧脉每边 8～12 条，近边缘分枝联结；叶柄长 1～2 cm，被短柔毛。聚伞花序顶生，花密；小苞片长 1.5～1.7 mm，被短柔毛；萼筒裂片线状披针形，与萼筒等长或稍过之；花冠淡红色，长约 2.2 cm，外面无毛，里面被稀疏长柔毛，5 裂，裂片椭圆形或卵状椭圆形；雄蕊 5 枚，花药狭卵形或披针形，长约 2.5 mm。果紫色，球形，直径约 2.5 mm，宿萼裂片线状披针形，长约 2 mm。 花期 4 月。 产于融水县九万大山；生于海拔 180 m 的荫蔽岩石上。 本种为广西特有种。

58. 越南茜属 Rubovietnamia Tirveng.

灌木或小乔木。叶对生；叶片顶端有时具芒尖；托叶通常早落，三角形，内面被柔毛，有时顶端具芒尖。花序顶生或兼有假腋生，聚伞花序状，具花 2～8 朵或有时单花，具花序梗，苞片托叶状；花具花梗，萼檐 5 深裂；花冠白色，后变黄色，冠筒漏斗状，内面除近基部具一毛环外无毛，裂片 5 枚，初时螺旋状排列；雄蕊 5 枚，着生于冠筒喉部，花药背着，子房 1 室，柱头 2 裂。浆果近球形，光滑，顶端具宿存萼片；种子卵形至近球形，表面光滑。 本属有 2 种，分布于中国和越南。广西 2 种均产。

分种检索表

1. 叶片椭圆形或倒披针形，叶面无毛或疏被糙伏毛，叶背疏被糙伏毛；侧脉每边 7～12 条；聚伞花序有花 1～4 朵；浆果被糙伏毛或无毛 ………………… 1. **长管越南茜** R. sericantha (W. C. Chen) Y. F. Deng, Y. H. Tong, W. B. Xu et N. H. Xia
1. 叶片倒卵形，两面密被毛；侧脉每边 7～14 条；聚伞花序有花 2～8 朵；浆果被绒毛 ………………………………………………………………………………… 2. **弄岗越南茜** R. nonggangensis F. J. Mou et D. X. Zhang

1. 长管越南茜 绢冠茜（广西植物） 图版 27：3～7

Rubovietnamia sericantha (W. C. Chen) Y. F. Deng, Y. H. Tong, W. B. Xu et N. H. Xia, Gardens' Bulletin Singapore, **65**(1): 107～114. 2013. ——*R. aristata* Tirveng., Biogeographica (Paris) **74**(4): 167. 1998; Fl. China **19**: 320. 2011. ——*Randia sericantha* W. C. Chen, Guihaia 7(4): 298. 1987. ——*Porterandia sericantha* (W. C. Chen) W. C. Chen, Fl. Reipubl. Popularis Sin. **71**(1): 384. 1999; Fl. China **19**: 292. 2011.

灌木或小乔木，高可达 8 m；枝常被锈色柔毛、糙伏毛或微硬毛至无毛。叶片椭圆形或倒披针形，长 4～16 cm，宽 1.5～5 cm，叶面无毛或疏被糙伏毛，叶背疏被糙伏毛，顶端锐尖或具长 1～2 mm 的尖头；侧脉每边 7～12 条；叶柄长 0.3～1.5 cm；托叶三角形至卵形，长 5～10 mm，疏被糙伏毛。聚伞花序有花 1～4 朵，密被糙伏毛；花梗长约 1.5 cm；花萼密被糙伏毛或长柔毛；花冠白色，管状，长 20～25 mm，外面密被绢毛。浆果近球形，直径 1～1.7 cm，被糙伏毛或无毛。 花期 5～7 月，果期 7～8 月。 产于隆安、百色、靖西、德保、那坡、河池、罗城、南丹、环江、宜州、大新和龙州等地；生于海拔 200～1 500 m 的石灰岩石山林下或灌木丛。分布于云南，越南亦有。 陈伟球(1987)发表该种时将其置于 *Randia* 属，1999 年又错误地将其置于 *Porterandia* 属；M. S. Zahid & K. M. Wong(2010)根据该种不具备托叶基部稍合生但不形成明显的鞘，花冠筒外面疏被毛，内部被长卷毛，花药和花柱外露等 *Porterandia* 属典型的特征而认为其不应被置于 *Porterandia* 属；而 D. D. Tivengadum(1998)又将该种作为 *Rubovietnamia* 一新种发表，命名为 *R. aristata* Tirveng.；Y. H. Tong 等(2013)将该种进行了重新组合为 *Rubovietnamia sericantha* (W. C. Chen) Y. F. Deng, Y. H. Tong, W. B. Xu et N. H. Xia，而 *Rubovietnamia aristata* Tirveng. 作为其新异名处理。

2. 弄岗越南茜

Rubovietnamia nonggangensis F. J. Mou et D. X. Zhang, Bot. Stud. (Taipei) **51**: 123. 2010; Fl. China **19**: 320. 2011.

灌木或小乔木，高可达 5 m；嫩枝密被柔毛。叶片倒卵形，长 8～18 cm，宽 3～5 cm，两面密被毛；侧脉每边 7～14 条；叶柄长 0.5～1 cm；托叶密被毛。聚伞花序有花 2～8 朵；花冠筒外面密被毛，里面除离基部 1～1.5 cm 处被毛外，余无毛。浆果长约 2 cm，宽约 1.5 cm，被绒毛。　花期 4～5 月，果期 6～8 月。

产于龙州；生于海拔 200～400 m 的石灰岩石山密林下。　本种在我国仅见于广西西南部，与其接壤的越南北部石灰岩山区可能亦有分布。

59. 流苏子属　Coptosapelta Korth.

藤本或攀缘灌木；小枝圆柱形。叶对生；托叶三角形或披针形，早落。花单生于叶腋或为顶生的圆锥状聚伞花序；花萼筒卵形或陀螺形；萼檐 5 裂，宿存；花冠高脚碟状，裂片 5 枚，旋转排列；雄蕊 5 枚，着生在冠筒喉部；花盘不明显；子房 2 室，每室有胚珠多颗，柱头纺锤形。蒴果近球形，2 室，室背开裂；种子小，多粒，种皮膜质，周围扩展成流苏状的翅。　本属有 16 种，分布于印度尼西亚、日本、老挝、马来西亚、缅甸、巴布亚新几内亚、菲律宾、泰国和越南。我国有 1 种；广西亦有。

流苏子(种子植物名称)　乌龙藤　图版 31:9～16

Coptosapelta diffusa (Champ. ex Benth.) Steenis, Amer. J. Bot. **56**(7):806. 1969; J. M. Chao in Li, Fl. Taiwan **4**:255. 1978; 中国植物志 **71**(1):236, 图版 59. 1999; Fl. China **19**:93. 2011. ——*Thysanospermum diffusum* Champ. ex Benth., J. Bot. Kew Misc. **4**:168. 1852.

藤本或攀缘灌木，高通常 2～5 m；分枝多，节明显，幼嫩时密被黄褐色倒伏的硬毛。叶片长 2～9.5 cm，宽 0.8～3.5 cm，两面无毛或稀被长硬毛，中脉在两面均有疏长硬毛。花单生或对生于叶腋；花梗纤细，长 3～20 mm，常在上部有 1 对长约 1 mm 的小苞片；花萼檐部 5 裂，裂片卵状三角形；花冠白色或黄色，高脚碟状，外面被绢毛，裂片 5 枚，开放时反折；花药线状披针形；花柱长约 13 mm，无毛，柱头纺锤形。蒴果扁球形或扁椭圆形，中间有 1 浅沟，直径 5～8 mm，长 4～6 mm，棕黄色，顶有宿存萼裂片；果梗纤细，长可达 2 cm；种子多粒，近圆形，棕黑色，边缘流苏状。　花期 5～7 月，果期 6～12 月。　产于武鸣、马山、横县、融水、桂林、临桂、灵川、全州、兴安、永福、龙胜、资源、荔浦、恭城、上思、容县、德保、昭平、罗城、象州、金秀和龙州等地；通常生于海拔 100～1 450 m 的山地或丘陵林中或灌丛中。分布于安徽、浙江、江西、福建、台湾、湖北、湖南、广东、香港、四川、贵州、云南等地，琉球群岛亦有。　本种根辛辣，可治皮炎。

60. 香果树属　Emmenopterys Oliv.

乔木。叶对生。圆锥状的聚伞花序顶生；萼筒近陀螺形，裂片 5 枚，覆瓦状排列，有些花的萼裂片中有 1 片扩大成白色叶状；花冠漏斗形，冠筒狭圆柱形，冠檐膨大，5 裂，裂片覆瓦状排列；雄蕊 5 枚，着生于冠喉之下，花丝线形，花药长圆形，2 室，纵裂；花盘环状；子房 2 室，柱头头状或不明显 2 裂。蒴果室间开裂为 2 果爿，有或无 1 片花瓣状、具梗、扩大的变态萼裂片；种子多粒，不规则覆瓦状排列。　本属 1 种，分布于泰国和缅甸。我国广西亦有。

香果树　图版 25:8～12

Emmenopterys henryi Oliv., Hooker's Icon. Ic. Pl. **19**:t. 1823. 1889; 陈嵘，中国树木分类学 1129. 1937; How in Sunyatsenia **7**(1～2):25. 1948; 中国高等植物图鉴 **4**:199, 图 5812. 1975; 神农架植物 235. 1980; 江苏植物志(下册):782. 1982; 云南种子植物名录(下册):1250. 1984; 秦岭植物志 **1**(5):4. 1985; 浙江植物志 **6**:102, 图 6-128. 1993; 中国植物志 **71**(1):242～244, 图版 61. 1999; Fl. China **19**:102. 2011. ——*Mussaenda cavaleriei* H. Lévl., Repert. Sp. Nov. **13**:178. 1914. ——*M. mairei* H. Lévl., Bull. Geogr. Bot. **25**:47. 1915.

落叶大乔木，高达 30 m；树皮棕灰色；小枝具皮孔。叶片长 6～30 cm，宽 3.5～15 cm，顶端短尖或骤然渐尖,基部短尖或阔楔形,全缘,叶面无毛或疏被糙伏毛,叶背稍苍白色,被柔毛或仅沿脉上被柔毛,或无毛而脉腋内常有簇毛;侧脉 5～9 对;叶柄长 2～8 cm,无毛或有柔毛;托叶三角状卵形,早落。圆锥状聚伞花序顶生;花序梗长约 4 mm;萼筒长约 4 mm,裂片近圆形,具缘毛,脱落,变态的叶状萼裂片白色、淡红色或淡黄色,匙状卵形或广椭圆形,长 1.5～8 cm,宽 1～6 cm,有纵平行脉数条,具长 1～3 cm 的柄;花冠漏斗形,白色或黄色,长 2～3 cm,被黄白色绒毛,裂片近圆形;花丝被绒毛。蒴果长圆状卵形或近纺锤形,长 3～5 cm,直径 1～1.5 cm,无毛或有短柔毛,有纵细棱;种子多粒,小而有阔翅。 花期 6～8 月,果期 8～11 月。 产于兴安、龙胜、那坡、隆林、天峨和大新等地;生于海拔 430～1 700 m 的山坡或山谷密林中。分布于安徽、福建、甘肃、广东、贵州、河南、湖北、湖南、江苏、江西、陕西、四川、云南和浙江。 本种树干高耸,花美丽,可作庭园观赏树;树皮纤维柔细,是制蜡纸及人造棉的原料;木材无边材和心材的明显区别,纹理直,结构细,供制家具和建筑用;耐涝,可作固堤植物。

61. 滇丁香属 Luculia Sweet

灌木或乔木。叶对生。花红色或白色,芳香,具短花梗,组成顶生、多花伞房状聚伞花序或圆锥花序;萼筒陀螺形,裂片 5 枚,近叶状;花冠高脚碟状,裂片 5 枚,开展,覆瓦状排列,在每枚裂片间的内面基部有或无 2 个片状附属物;雄蕊 5 枚,花丝极短,花药线形,内藏或顶端伸出;花盘环状;子房下位,2 室,柱头 2 裂,线形。蒴果 2 室,室间开裂为 2 果爿;种子多数,有翅,具齿。 本属约有 5 种,分布于不丹、印度、缅甸、尼泊尔、泰国和越南。我国有 3 种;广西有 1 种 1 变种。

滇丁香(植物名实图考)

Luculia pinceana Hook. in Curtis Bot. Mag. **71**:t. 4132. 1845;Cat. Pl. Yunnan 246. 1917;How in Sunyatsenia **7**(1～2):29. 1948;云南种子植物名录(下册):1261. 1984;西藏植物志 **4**:428. 1985;横断山区维管植物(下册):1883. 1994;中国植物志 **71**(1):239～241,图版 60. 1999;Fl. China **19**:215. 2011. ——*L. intermedia* Hutchins. in Sargent,Pl. Wils. **3**:408. 1916.

a. **滇丁香**(原变种) 图版 32:1～11

Luculia pinceana Hook. var. pinceana

灌木或乔木,高可达 10 m。叶片长 5～22 cm,宽 2～8 cm,全缘,叶面无毛,叶背常较苍白,无毛或被柔毛,或仅沿脉上被柔毛,常在脉腋内有簇毛;侧脉 9～14 对;叶柄长 1～3.5 cm;托叶三角形,长约 1 cm,顶端长尖。伞房状的聚伞花序顶生,多花;苞片叶状,线状披针形,长约 1.5 cm,无毛;花序梗和花梗无毛;萼筒无毛或有秕糠状疏毛或疏柔毛;花冠红色或白色,高脚碟状,长 2～6 cm;雄蕊着生在冠筒喉部。蒴果近圆筒形或倒卵状长圆形,有棱,无毛或有疏短柔毛,长 1.5～2.5 cm,直径 0.5～1 cm;种子多数,近椭圆形,两端具翅。 花果期 3～12 月。 产于田阳、德保、靖西、那坡、凌云、乐业、河池、南丹、天峨、环江、都安和大化等地;生于海拔 600～1 800 m 的山坡、山谷溪边的林中或灌木丛中。分布于贵州、云南和西藏,印度、缅甸、尼泊尔和越南亦有。 本种花大而美丽,可作庭园观赏。据《西藏植物志》记载:本种根、花、果入药,可治百日咳、慢性支气管炎、肺结核、月经不调、痛经、风湿疼痛、偏头疼、尿路感染、尿路结石、病后头昏、心慌;外用可治毒蛇咬伤。

b. **毛滇丁香**(变种)(植物分类学报)

Luculia pinceana Hook. var. pubescens (W. C. Chen) W. C. Chen,中国植物志 **71**(1):241. 1999;Fl. China **19**:215. 2011. ——*L. intermedia* Hutch. var. *pubescens* W. C. Chen,Acta Phytotax. Sin **22**(2):139. 1984.

本变种和原变种不同的是小枝和花序梗有柔毛。 花果期 4～12 月。 产于那坡;生于海拔 650～1 800 m 的山坡或山谷溪边的林中或灌木丛中。分布于云南和西藏。

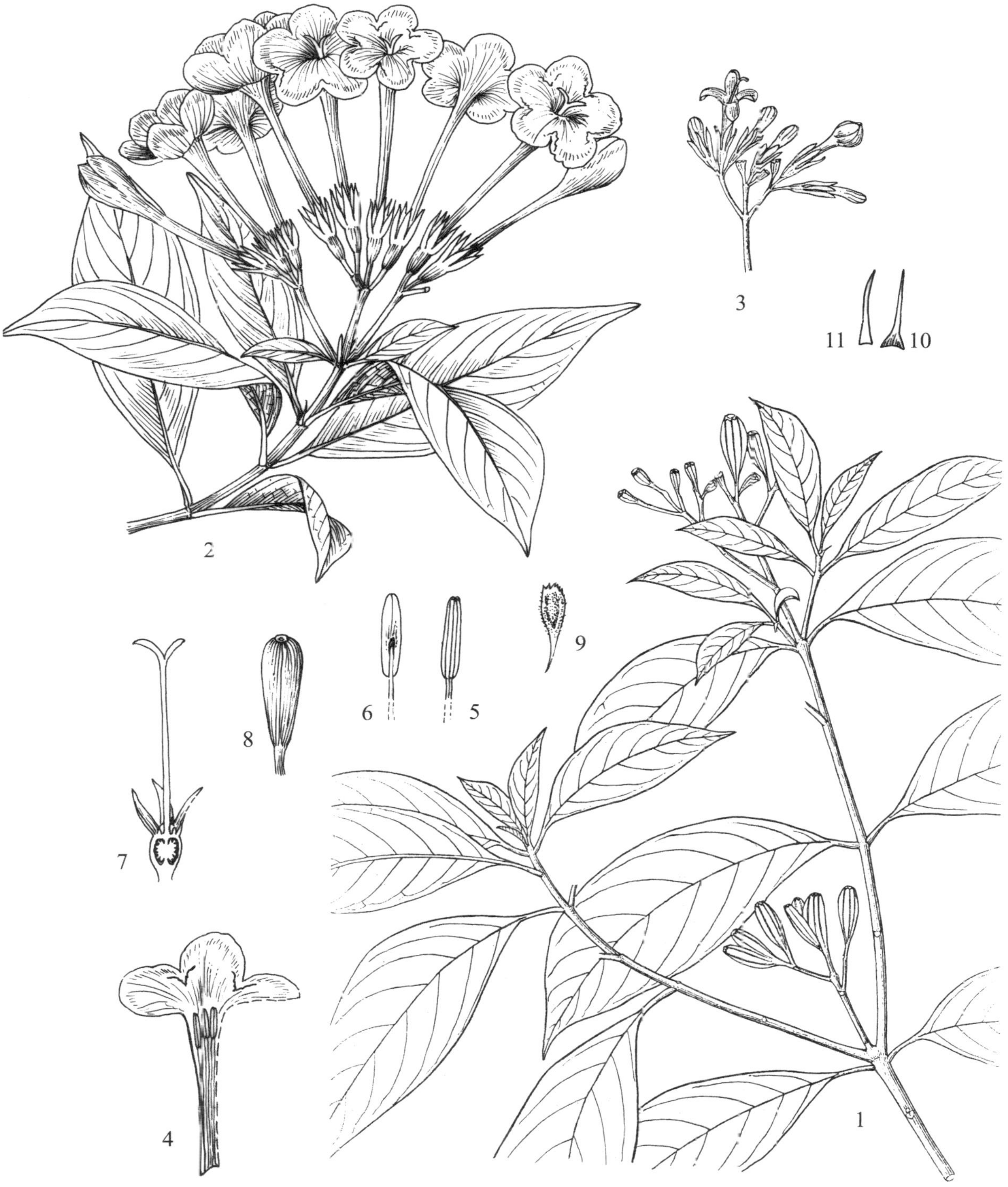

图版 32　1～11. 滇丁香 Luculia pinceana Hook var. pinceana.　1. 果枝；2. 花枝；3. 花序；4. 部分花冠展开，示雄蕊；5. 雄蕊腹面；6. 雄蕊背面；7. 部分花萼和雌蕊，示子房纵切面；8. 果；9. 种子；10. 托叶；11. 苞片。（1,3 黄门生绘；2,4～11 林文宏摹自黄少容图）

62. 水锦树属 Wendlandia Bartl. ex DC.

灌木或乔木。单叶对生或3叶轮生；托叶三角形或近三角形，顶端尖或上部扩大常呈圆形而反折。花无花梗或具花梗，聚伞花序排列成顶生、稠密、多花的圆锥花序式，有苞片和小苞片；萼筒通常为近球形、卵形或陀螺形，萼檐5裂，裂片宿存；花冠管状、高脚碟状或漏斗状，冠筒顶部4～5裂，裂片扩展或外反，覆瓦状排列；雄蕊4～5枚；花盘环状；子房2～3室，每室有胚珠多颗，柱头2裂或不裂而呈棒槌状。蒴果球形；种子扁，种皮膜质，有网纹。 本属约有90种，绝大多数分布于亚洲的热带和亚热带地区，少数分布于大洋洲。我国有31种；广西有12种7亚种1变种。

分种检索表

1. 花药线状披针形或线状长圆形，长1～2 mm，伸出。
  2. 叶片两面被短硬毛；花冠长1～1.5 cm ········ 1. **广西水锦树** W. aberrans F. C. How
  2. 叶片无毛或仅叶背脉上被疏短柔毛；花冠较短，长3～6 mm。
    3. 叶片狭披针形，宽不到1.5 cm，边缘反卷；花萼被紧贴的柔毛 ········ 2. **柳叶水锦树** W. salicifolia Franch. ex Drake
    3. 叶片椭圆形或椭圆状披针形，宽在2 cm以上，边缘不反卷；花萼无毛或仅花萼裂片具缘毛。
      4. 叶片侧脉5～6对，在叶背稍明显；花冠长5.5～6 mm，花冠筒远长于花冠裂片 ········ 3a. **水金京** W. formosana Cowan subsp. formosana
      4. 叶片侧脉7～10对，常在叶背突起；花冠长3～5 mm，花冠筒稍长于花冠裂片 ········ 3b. **短花水金京** W. formosana Cowan subsp. breviflora F. C. How
1. 花药椭圆形，长在1 mm以下，稍伸出。
  5. 托叶顶端尖或稍扩大而直立。
    6. 托叶顶端稍扩大呈近圆形，但直立，不反折；叶两面被硬毛或柔毛；花萼筒长于花萼裂片 ········ 4. **木姜子叶水锦树** W. litseifolia F. C. How
    6. 托叶顶端尖。
      7. 花萼裂片与花萼筒等长或稍长于花萼筒，花萼被长硬毛；叶背疏被硬毛 ··· 5. **贵州水锦树** W. cavaleriei H. Lévl.
      7. 花萼筒比花萼裂片长。
        8. 花序无毛或有微柔毛；花冠裂片外面无毛 ········ 6b. **东方水锦树** W. tinctoria (Roxb.) DC. subsp. orientalis Cowan
        8. 花序密被柔毛或绒毛。
          9. 花萼筒或花萼裂片均被硬毛或柔毛。
            10. 花冠裂片外面无毛。
              11. 花萼具较密的长硬毛 ········ 6c. **厚毛水锦树** W. tinctoria (Roxb.) DC. subsp. callitricha (Cowan) W. C. Chen
              11. 花萼被疏柔毛或疏硬毛 ········ 6d. **麻栗水锦树** W. tinctoria (Roxb.) DC. subsp. handelii Cowan
            10. 花冠裂片外面被淡黄色的长柔毛 ········ 6e. **毛冠水锦树** W. tinctoria (Roxb.) DC. subsp. affinis F. C. How ex W. C. Chen
          9. 花萼筒无毛或变无毛，萼裂片无毛或有疏柔毛；花冠裂片外面有疏柔毛 ········ 6f. **粗毛水锦树** W. tinctoria (Roxb.) DC. subsp. barbata Cowan
  5. 托叶上部扩大呈圆形，常反折，稀不反折。
    12. 托叶上部扩大部分宽约为小枝的2倍；花萼筒和花萼裂片均密被灰白色长硬毛。
      13. 叶片通常较宽，宽椭圆形或卵形，叶背密被灰褐色柔毛 ········ 7a. **水锦树** W. uvariifolia Hance subsp. uvariifolia
      13. 叶片通常较狭，常为长圆形或长圆状披针形，叶背被疏柔毛 ········ 7b. **中华水锦树** W. uvariifolia Hance subsp. chinensis (Merr.) Cowan
    12. 托叶上部扩大部分与小枝等宽或比小枝稍宽。
      14. 花萼筒和花萼裂片被长硬毛或柔毛。
        15. 花冠长3～5.5 mm，花冠筒比花冠裂片长2倍以上。

16. 叶背密被柔毛，叶面被糙伏毛 …………………………………… 8a. **粗叶水锦树** W. scabra Kurz var. scabra
16. 叶背疏被糙伏毛或疏柔毛，叶面无糙伏毛。
17. 花冠裂片外面被柔毛 ……………………………………………………………… 8b. **毛粗叶水锦树** W. scabra Kurz var. pilifera F. C. How ex W. C. Chen
17. 花冠裂片外面无毛；托叶上部常不反折；侧脉 10～11 对 ……………………………………………………… 9. **大叶木莲红** W. pubigera W. C. Chen
15. 花冠长约 2.5 mm，花冠筒短于花冠裂片 ……………………………………………………… 10. **短筒水锦树** W. brevituba Chun et F. C. How ex W. C. Chen
14. 花萼筒和花萼裂片无毛或疏被短柔毛。
18. 托叶顶部常 2 裂或裂成 2 枚小裂片；花密集簇生；花萼筒与花萼裂片近等长；侧脉 8～10 对 ……………………………………………………… 11. **密花水锦树** W. myriantha F. C. How
18. 托叶与上述不同；花着生较疏；花萼筒较花萼裂片长约 2 倍；侧脉 5～7 对 ……………………………………………………… 12. **龙州水锦树** W. oligantha W. C. Chen

1. 广西水锦树（广西植物名录）　图版 33：1～3

Wendlandia aberrans F. C. How，Sunyatsenia **7**(1～2)：44. 1948；中国高等植物图鉴 **4**：205，图 5823. 1975；中国植物志 **71**(1)：198，图版 48：1～3. 1999；Fl. China **19**：356～357. 2011.

灌木，高 1～3 m；小枝密被紧贴的铁锈色硬毛。叶片长圆状椭圆形或卵状椭圆形，长 5～16 cm，宽 2～5.8 cm，干时赤黄色，叶两面散生紧贴的短硬毛；侧脉 6～12 对；叶柄长 3～10 mm，有黄褐色小硬毛。圆锥状聚伞花序顶生，长 5～10 cm，宽 3～8 cm，有紧贴的铁锈色硬毛；花萼被灰白色硬毛，长 1.5～2.5 mm，萼筒裂片稍短于萼筒；花冠漏斗形，白带红色，长 1～1.5 cm，裂片长圆状卵形；花药线状长圆形，长 1～1.7 mm；花柱无毛，柱头 2 裂。　花期 4～12 月。　产于那坡；生于海拔 900～1 200 m 的山坡林中。　本种为广西特有种。

2. 柳叶水锦树（中国高等植物图鉴）

Wendlandia salicifolia Franch. ex Drake，J. Bot. (Morot) **9**：208. 1895；How in Sunyatsenia **7**(1～2)：37. 1948；中国高等植物图鉴 **4**：206，图 5825. 1975；云南种子植物名录（下册）：1277. 1984；中国植物志 **71**(1)：196～197，图版 48：4～7. 1999；Fl. China **19**：363. 2011. ——*Ligustrum thea* H. Lévl. et Dunn，Repert. Sp. Nov. **10**：147. 1911.

灌木，高约 1 m；小枝有短柔毛。叶片狭披针形，长 2～6.5 cm，宽 0.4～1.2 cm，边缘反卷，两面无毛或在叶背中脉上有极疏的短柔毛；侧脉 5～7 对。圆锥状的聚伞花序顶生，长可达 5 cm，宽可达 3 cm，多花，极稠密，被棕褐色柔毛；花萼长约 1.5 mm，有紧贴的柔毛；花冠管状，淡红白色；花药线状披针形，长约 1.4 mm。蒴果球形，有短柔毛，顶冠以宿存的萼裂片。　花期 11 月，果期翌年 1 月。　产于东兰；生于海拔 100～200 m 的山地林中，常见于山谷溪边。分布于贵州和云南，老挝和越南亦有。

3. 水金京（台湾）

Wendlandia formosana Cowan，Not. Roy. Bot. Gard. Edinb. **16**：247. 1932；How in Sunyatsenia **7**(1～2)：38. 1948；刘棠瑞，台湾木本植物图志（卷下）：1142. 1962；中国植物志 **71**(1)：197. 1999；Fl. China **19**：358. 2011.

3a. 水金京（原亚种）　小金京（广西植物名录）

Wendlandia formosana Cowan subsp. **formosana**

灌木或小乔木，高 2～8 m；嫩枝被短柔毛，赤褐色。叶片椭圆形或椭圆状披针形，长 6～14 cm，宽 2～6.5 cm，两面无毛，或仅在叶背中脉和侧脉上有微柔毛；侧脉 5～6 对。圆锥状聚伞花序顶生，被褐色短柔毛；花萼无毛，长约 1.5 mm；花冠白色，管状，长 5.5～6 mm，冠筒长 3.5～4 mm，裂片长约 2 mm；柱头 2 裂。蒴果球形，无毛，直径约 2 mm，顶部有宿存萼裂片。　花期 4～6 月，果期 6～8 月。　产于防城、上思、东兴、百色、都安和龙州等地；生于海拔 200～500 m 的山地林中。分布于台湾，琉球群岛亦有。　本种木材坚重，纹理致密，为良好的薪炭材；在台湾用作制扁担和手杖。

图版 33　1～3. **广西水锦树** Wendlandia aberrans F. C. How　1. 花枝；2. 花；3. 花冠展开，示雄蕊。　4～7. **粗叶水锦树** W. scabra Kurz var. scabra　4. 花枝；5. 花；6. 花冠展开，示雄蕊；7. 果。（林文宏绘）

3b. **短花水金京**(亚种)(植物分类学报)　虾飞木(上思)

Wendlandia formosana Cowan subsp. **breviflora** F. C. How, Sunyatsenia 7(1～2):38. 1948;中国植物志 71(1):197～198,图版 48. 1999;Fl. China 19:359. 2011.

本亚种与原亚种不同的是叶片侧脉 7～10 对,较密,常在叶背突起;花冠长 3～5 mm,花冠筒稍长于花冠裂片。　花期 4～6 月,果期 5～12 月。　产于上林、上思、都安、龙州;生于海拔 200～1 600 m 的丘陵或山地的灌木丛或林中。分布于广东和云南,越南亦有。

4. **木姜子叶水锦树**(广西植物名录)

Wendlandia litseifolia F. C. How, Sunyatsenia 7 (1～2):46. 1948;中国植物志 71(1):208. 1999;Fl. China 19:360. 2011.

乔木,高约 10 m;小枝有褐色短柔毛或后变无毛。叶片倒卵状椭圆形或椭圆形,长 6～11.5 cm,宽 3～6.5 cm,叶面散生短硬毛,稍粗糙,叶背被疏柔毛;侧脉 6～8 对;托叶阔三角形,有柔毛,顶端稍扩大成近圆形,直立不反折。圆锥状聚伞花序顶生,长约 10 cm,宽约 5 cm,有暗黄色绒毛;花密生;花萼筒远较萼裂片长;花冠淡黄色;柱头 2 裂。蒴果球形,有白色柔毛,顶冠以宿存的萼裂片。　花果期 6 月。　产于靖西、那坡、田林、龙州;生于海拔约 800 m 的山地林中。　本种为广西特有种。

5. **贵州水锦树**(植物分类学报)

Wendlandia cavaleriei H. Lévl., Repert. Sp. Nov. Regni Veg. 10:434. 1912; How in Sunyatsenia 7 (1～2):41. 1948;中国植物志 71(1):203,图版 50:4～6. 1999;Fl. China 19:358. 2011. ——*W. feddei* H. Lévl., Repert. Sp. Nov. 10:434. 1912.

灌木或小乔木,高可达 5 m,枝微被硬毛。叶片卵形、椭圆形或倒卵状椭圆形,长 4.5～13.5 cm,宽 2～6 cm,叶面在中脉上有极疏的短柔毛,其余部分无毛或有疏的短伏毛,叶背疏被硬毛;侧脉 7～10 对;托叶阔三角形,顶端骤尖,尖头长约 2 mm,有短柔毛。花序顶生,长可达 21 cm,宽可达 15 cm,密被黄褐色短柔毛;花萼长约 2 mm,被长硬毛,萼裂片与萼筒等长或稍长于萼筒;花冠白色或紫色;花药椭圆形,长约 0.8 mm。蒴果球形,被柔毛。　花期 3～4 月,果期 4 月。　产于田阳;生于海拔 200～700 m 的山坡林中或灌丛中。分布于贵州。

6. **染色水锦树**(西藏植物志)

Wendlandia tinctoria (Roxb.) DC., Prodr. 4:411. 1830;中国植物志 71(1):204. 1999;Fl. China 19:364. 2011. ——*Rondeletia tinctoria* Roxb., Fl. Ind. ed. Carey 2:134. 1824.

6a. **染色水锦树**(原亚种)

Wendlandia tinctoria (Roxb.) DC. subsp. **tinctoria**

灌木或小乔木,高可达 6 m;小枝被柔毛。叶片纸质或革质,长圆状披针形、椭圆状卵形或倒卵形,长 5.5～20 cm,宽 2.5～10 cm,叶面无毛,叶背罕无毛或常在脉上被柔毛,有时全部被绒毛;侧脉 10～12 对;叶柄被柔毛,长 0.5～2 cm;托叶三角形。圆锥花序大,顶生,被柔毛或绒毛,花序分枝交互对生;花长约 6 mm,近无花梗,簇生;花萼被柔毛,萼筒与萼裂片等长或稍长于萼裂片,萼裂片卵形;花冠白色,管状;柱头长圆形。　分布于贵州和云南,印度、尼泊尔、不丹、孟加拉国、缅甸、泰国、越南亦有。　本种广西不产,但广西有 5 个亚种。

6b. **东方水锦树**(亚种)(广西植物名录)　沙牛木(宁明)

Wendlandia tinctoria (Roxb.) DC. subsp. **orientalis** Cowan, Not. Roy. Bot. Gard. Edinb. 16:268. 1932; How in Sunyatsenia 7(1～2):43. 1948;中国植物志 71(1):204～205,图版 50:7～9. 1999;Fl. China 19:365. 2011.

本亚种与原亚种不同的是花序无毛或有微柔毛;花萼无毛或罕有极稀疏的短柔毛。　花期 3～5 月,果期 4～10 月。　产于武鸣、上思、钦州、扶绥和宁明等地;生于海拔 200～1 500 m 的山地林中或灌木丛中。分布于云南,印度、缅甸和泰国亦有。

6c. **厚毛水锦树**(亚种)(植物分类学报)

Wendlandia tinctoria (Roxb.) DC. subsp. **callitricha** (Cowan) W. C. Chen, Acta Phytotax. Sin **21**(4): 389. 1983;中国植物志 **71**(1):205. 1999;Fl. China **19**:365. 2011. ——*W. tinctoria* (Roxb.) DC. var. *callitricha* Cowan, Not. Roy. Bot. Gard. Edinb. **16**:265. 1932.

本亚种与原亚种不同的是花较稠密,簇生成束状;花萼裂片具较密的长硬毛。本亚种与**东方水锦树**[*W. tinctoria* (Roxb.)DC. subsp. *orientalis* Cowan]不同的是花序密被绒毛;花萼密被硬毛。 花果期几乎全年。 产于龙州、平果;生于海拔 400~1 000 m 的山坡或山谷溪边林中或灌木丛中。分布于云南,缅甸亦有。

6d. **麻栗水锦树**(亚种)(植物分类学报)

Wendlandia tinctoria (Roxb.) DC. subsp. **handelii** Cowan, Not. Roy. Bot. Gard. Edinb. **16**:267. 1932; How in Sunyatsenia 7(1~2):42. 1948;中国高等植物图鉴 **4**:205. 1975;中国植物志 **71**(1):205. 1999;Fl. China **19**:365. 2011.

本亚种与原亚种不同的是花萼被疏柔毛或疏硬毛。本亚种与**东方水锦树**不同的是花序密被柔毛;花萼被疏柔毛或疏硬毛。 花果期 3~12 月。 产于武鸣;生于海拔 200~1 700 m 的山坡或山谷溪边林中或灌木丛。分布于贵州和云南。

6e. **毛冠水锦树**(亚种)(植物分类学报)

Wendlandia tinctoria (Roxb.) DC. subsp. **affinis** F. C. How ex W. C. Chen, Acta Phytotax. Sin. **21**: 389. 1983;中国植物志 **71**(1):206. 1999;Fl. China **19**:365. 2011.

本亚种与原亚种不同的是花冠裂片外面有淡黄色的长柔毛。本亚种与**东方水锦树**不同的是花序密被绒毛;花萼被绒毛;花冠裂片外面有淡黄色的长柔毛。 花果期 2~6 月。 产于扶绥、龙州、凭祥;生于海拔 700~1 000 m 山坡或山谷的林中或灌丛中。分布于云南。

6f. **粗毛水锦树**(亚种)(广西植物名录)

Wendlandia tinctoria (Roxb.) DC. subsp. **barbata** Cowan, Not. Roy. Bot. Gard. Edinb. **16**:268. 1932; How in Sunyatsenia 7(1~2):42. 1948;云南种子植物名录(下册):1277. 1984;中国植物志 **71**(1):206. 1999;Fl. China **19**:365. 2011.

本亚种与原亚种不同的是萼筒无毛或变无毛,萼裂片无毛或有疏柔毛;花冠裂片外面有疏柔毛。本亚种与**东方水锦树**不同的是花序密被绒毛;花冠裂片外面有疏柔毛。 花果期 2~11 月。 产于武鸣、防城、东兴;生于海拔 1 700 m 以下山谷林中或灌木丛中。分布于云南,越南亦有。

7. **水锦树**(中国树木分类学) 猪血木 饭汤木 双耳蛇 牛伴木

Wendlandia uvariifolia Hance, J. Bot. 8:73. 1870; How in Sunyatsenia 7 (1~2):47. 1948;海南植物志 **3**:291. 1974;中国高等植物图鉴 **4**:203,图 5820. 197;中国植物志 **71**(1):209,图版 51:1~4. 1999;Fl. China **19**:365~366. 2011. ——*W. uvariifolia* Hance subsp. *dunniana* (H. Lévl.) Cowan, Not. Roy. Bot. Gard. Edinb. **16**:287. 1932. ——*W. uvariifolia* Hance subsp. *yunnanensis* Cowan, Not. Roy, Bot. Gard. Edinb. **16**:288. 1932. ——*W. uvariifolia* Hance subsp. *rotundifolia* (Hand.-Mazz.) Cowan, Not. Roy. Bot. Gard. Edinb. **18**:185. 1934. ——*W. uvariifolia* Hance subsp. *rufula* Cowan, Not. Roy. Bot. Gard. Edinb. **18**:185. 1934. ——*W. dunniana* H. Lévl., Repert. Spec. Nov. Regni Veg. **10**:434. 1912. ——*W. rotundifolia* Hand.-Mazz., Anz. Akad. Wiss. Wien, Math.-Naturwiss. Kl. **59**:112. 1922.

7a. **水锦树**(原亚种)

Wendlandia uvariifolia Hance subsp. **uvariifolia**

灌木或乔木,高 2~15 m;小枝被锈色硬毛。叶片宽椭圆形、卵形,长 7~26 cm,宽 4~14 cm,叶面散生短硬毛,稍粗糙,在脉上有锈色短柔毛,叶背密被灰褐色柔毛;侧脉 8~12 对,近边缘处消失或与小横脉连结;托叶宿存,有硬毛,上部扩大呈圆形,反折。圆锥状的聚伞花序顶生,被灰褐色硬毛;花常数朵簇生;花萼密被灰白色长硬毛,萼裂片卵状三角形,与萼筒等长或近等长;花冠白色,裂片远比冠筒短;花药椭圆形，长约 0.8 mm。蒴果球形，被短柔毛。　花期 1～5 月，果期 4～10 月。　产于广西各地；生于海拔 100～1 200 m 山地林中、林缘、灌木丛中或溪边。分布于广东、贵州、海南、台湾和云南，越南亦有。　本种叶和根可作药用，有活血散瘀的功效。

7b. **中华水锦树**(亚种)(中国高等植物图鉴)

Wendlandia uvariifolia Hance subsp. **chinensis** (Merr.) Cowan, Not. Roy. Bot. Gard. Edinb. **16**: 288. 1932; How in Sunyatsenia **7**(1～2): 50. 1948; 海南植物志 **3**: 292. 1974; 中国高等植物图鉴 **4**: 203. 1975; 中国植物志 **71**(1): 209～211. 1999; Fl. China **19**: 366. 2011. ——*W. chinensis* Merr., Philip. J. Sci. **15**: 257. 1919.

本亚种与原亚种不同的是叶片通常较狭，常为长圆形或长圆状披针形，叶下面被疏柔毛。　花期 3～4 月，果期 4～7 月。　产于广西各地；生于海拔 50～600 m 山坡、山谷溪边、丘陵的林中或灌丛中。分布于广东和海南。

8. **粗叶水锦树**(广西植物名录)

Wendlandia scabra Kurz, J. Asiat. Soc. Bengal, Pt. 2, Nat. Hist. **41**: 310. 1872; How in Sunyatsenia **7**(1～2): 55. 1948; 云南种子植物名录(下册): 1277. 1984; 中国植物志 **71**(1): 212～213, 图版 52: 9～12. 1999; Fl. China **19**: 363. 2011. ——*W. paniculata* (Roxb.) DC. subsp. *scabra* Cowan, Fl. Siam. **2**(1): 22. 1932. ——*W. zooi* F. C. How, Sunyatsenia **7**(1～2): 53, pl. 8. 1948.

8a. **粗叶水锦树**(原变种)　图版 33: 4～7

Wendlandia scabra Kurz var. **scabra**

灌木或乔木，高可达 12 m；枝被棕褐色短柔毛。叶片长 6.5～18 cm，宽 2.5～9 cm，叶面稍粗糙，被短糙伏毛，脉上有疏短柔毛，叶背密被柔毛；侧脉 6～10 对；叶柄长 0.5～3 cm，被棕褐色短柔毛；托叶圆形，反折。花序顶生，长可达 30 cm，宽可达 25 cm，密被棕褐色绒毛；花密生；花萼裂片三角形，比萼筒短；花冠白色，长 3.5～4.5 mm，裂片长圆形，长 1～1.5 mm，比冠筒短；花药椭圆形，长 0.5～1 mm。蒴果球形，被硬毛。　花期 4～5 月，果期 5～7 月。　产于百色、田阳、田林、隆林、东兰、都安和龙州等地；生于海拔 100～1 600 m 的山地林中或灌丛中。分布于贵州和云南，孟加拉国、印度、缅甸、尼泊尔、泰国和越南亦有。

8b. **毛粗叶水锦树**(变种)(植物分类学报)

Wendlandia scabra Kurz var. **pilifera** F. C. How ex W. C. Chen, Acta Phytotax. Sin. **21**: 395. 1983; 中国植物志 **71**(1): 213. 1999; Fl. China **19**: 363～364. 2011.

本变种与原变种不同的是叶片背面被疏柔毛，花冠筒内面上部被白色长柔毛；花冠裂片外面有柔毛。　花期 4 月。　产于上思；生于山地灌丛中。模式标本采自上思县十万大山。

9. **大叶木莲红**(广西上思)

Wendlandia pubigera W. C. Chen, Acta Phytotax. Sin. **21**: 395. 1983; 中国植物志 **71**(1): 213. 1999; Fl. China **19**: 363. 2011.

灌木，高约 2 m；小枝被短柔毛。叶片倒卵状长圆形或椭圆形，长 14.5～18 cm，宽 6～7 cm，叶面无毛或仅脉上有极疏的微柔毛，叶背被疏短柔毛；侧脉 10～11 对；托叶顶端圆形，不反折。花序顶生，长约 12 cm，宽约 15 cm，被黄褐色柔毛；花萼长约 2 mm，被柔毛，裂片与萼筒近等长；花冠管状，白色，长 3～4 mm，冠筒内面上部被白色长柔毛，裂片圆形，长约 1 mm；花药椭圆形，长约 0.7 mm；柱头 2 裂。　花期 3 月。　产于上思；生于密林中。　本种为广西特有种。模式标本采自上思县十万大山。

10. **短筒水锦树**(植物分类学报)

Wendlandia brevituba Chun et F. C. How ex W. C. Chen, Acta Phytotax. Sin. **21**: 397. 1983; 中国植物志 **71**(1): 215, 图版 52: 5～8. 1999; Fl. China **19**: 357～358. 2011.

灌木，高可达 3 m；小枝被紧贴的铁锈色短硬毛。叶片长 5～15 cm，宽 2～6.3 cm，叶面无毛或疏被微硬毛,叶背沿脉上被短柔毛,其余部分无毛或被疏短柔毛;侧脉 5～7 对;托叶圆形,反折,宽 3～4 mm,比枝稍宽,有短柔毛。花序顶生,长 4～7 cm,宽 4～11 cm,被铁锈色毛;花萼被短柔毛,长约 2 mm,裂片卵状三角形,比管稍短;花冠白色,外面有疏短柔毛,裂片 4,近卵形,比冠筒稍长;花药椭圆形,长约 0.8 mm。果球形,有短柔毛。 花期 4～5 月,果期 6～12 月。 产于上思和龙州;生于海拔 100～900 m 的山谷林中。分布于广东。

11. **密花水锦树**(广西植物名录)

Wendlandia myriantha F. C. How, Sunyatsenia **7** (1～2):57. 1948;中国植物志 **71**(1):216. 1999;Fl. China **19**:361～362. 2011.

灌木,高约 3 m;枝被短的棕褐色柔毛。叶片长 7～12 cm,宽 2.5～6 cm,叶面无毛或散生极稀疏的短柔毛,在中脉上有粉状短柔毛,叶背散生短柔毛;侧脉 8～10 对;托叶卵圆形,反折,被疏短柔毛,顶部常 2 裂。圆锥状的聚伞花序顶生,长和宽均约 20 cm,被棕褐色短柔毛;花簇生;花萼近球形,长约 2 mm,裂片卵形或卵状三角形,与萼筒近等长;花冠管状,白色,长约 5 mm,裂片卵形,长约 1 cm;花药椭圆形,长约 1 mm。 花期 3 月。 产于上思;生于海拔约 300 m 的山谷溪边林中。 本种为广西特有种。模式标本采自上思县十万大山。

12. **龙州水锦树**(植物分类学报)

Wendlandia oligantha W. C. Chen, Acta Phytotax. Sin. **21**:399, fig. 9. 1983;中国植物志 **71**(1):216,图版 52:1～4. 1999;Fl. China **19**:362. 2011.

灌木或乔木,高 3～12 m;小枝无毛或有疏短柔毛。叶片长 3～10.5 cm,宽 1.5～5 cm,两面无毛或有时在中脉上有疏短柔毛,干时叶面呈黑褐色;侧脉 5～7 对;托叶顶端圆形,反折,早落。花序顶生,被柔毛,长 7～18 cm,宽 4～15 cm;花萼近球形,长约 1.5 mm,无毛,裂片三角形,长约 0.5 mm;花冠高脚碟状,白色,长约 4.5 mm,裂片卵形,长约 1 mm,开放时反折,花药椭圆形,长约 0.7 mm。蒴果球形,无毛,顶端有宿存的萼裂片。 花期 7～8 月,果期 8～12 月。 产于龙州、靖西;生于海拔 300～1 000 m 的山谷林中或灌丛,常长于岩石上。 本种为广西特有种。模式标本采自龙州县武联乡板闭村炮台山。

63. 长隔木属 Hamelia Jacq.

草本或灌木。叶对生或 3～4 片轮生;托叶多裂或刚毛状。聚伞花序顶生,二歧或三歧分枝,分枝蝎尾状,花偏生于分枝一侧;萼筒卵圆状至陀螺状,裂片 4～6 枚,通常短而直立,宿存;花冠管状或钟状,管上具 4～6 纵棱,喉部被长柔毛,裂片 4～6 枚,覆瓦状排列;雄蕊 4～6 枚,生冠筒基部;子房 5 室,每室有多颗胚珠,花柱丝状,柱头近棱状,稍扭曲。浆果冠以肿胀的花盘,5 裂,5 室,每室有种子多粒;种子小,种皮膜质,有网纹。 本属有 16 种,分布于美国(南部)、墨西哥、阿根廷。我国栽培 1 种;广西亦有。

长隔木

Hamelia patens Jacq., Enum. Syst. Pl. 16. 1760;中国植物志 **71**(1):390,图版 103:1～5. 1999;Fl. China **19**:147. 2011.

落叶灌木,高可达 4 m,嫩枝被灰色短柔毛。叶通常 3 片轮生;叶片椭圆状卵形至长圆形,长 7～20 cm,宽 4～6 cm;叶柄长 1.5～4.5 cm。聚伞花序有 3～5 个放射状分枝;花无梗,沿着花序分枝的一侧着生;萼裂片三角形;花冠橙红色;雄蕊稍伸出。浆果卵圆状,直径 6～7 mm,暗红色或紫色。 广西各地有栽培;原产于美洲各国。

64. 毛茶属　Antirhea Comm. ex Juss.

灌木或乔木；小枝圆柱形或具钝棱。叶对生；托叶卵形、披针形或长圆形，早落。聚伞花序腋生，二歧蝎尾状，具花序梗；花两性或杂性；萼筒卵形或倒卵形，萼檐截头形或4～5裂，裂片常不对称；花冠漏斗形，喉部光滑或被毛，顶部4～5裂，裂片钝，覆瓦状排列；雄蕊与花冠裂片同数，生于冠筒喉部，花药背着，线状长圆形；子房2至多室，花柱线形，柱头头状或2～3裂，胚珠每室1颗。核果2室至多室，外果皮肉质，内果皮木质或骨质；种子圆柱形，无胚乳。　本属有36种，分布于热带亚洲、澳大利亚、马达加斯加、西印度群岛以及太平洋诸岛。我国有1种，主要分布于华南地区；广西亦有。

毛茶

Antirhea chinensis (Champ. ex Benth.) Benth. et Hook. f. ex F. B. Forbes et Hemsl., J. Linn. Soc. Bot. **23**:384. 1888；海南植物志 **3**:339，图 756. 1974；中国高等植物图鉴 **4**:252，图 5917. 1975；中国植物志 **71**(2):15～16，图 6. 1999；Fl. China **19**:74～75. 2011.—— *Guettardella chinensis* Champ. ex Benth., Hooker's J. Bot. Kew Gard. Misc. **4**:197. 1852.

灌木，高1～2 m；小枝幼嫩时被平压的柔毛。叶片长圆形或长圆状披针形，长3～9 cm，宽1～3 cm，全缘，叶面近无毛或被疏柔毛，叶背被浓密的绢毛；侧脉每边4～6条；叶柄长4～10 mm，被浓密的绢毛；托叶三角形，被绢毛。聚伞花序腋生，花序梗长1～3 cm，被绢毛；小苞片线形；花萼密被紧贴的短柔毛，萼檐裂片彼此大小不相等；花冠外面密被灰色紧贴的绢毛；柱头2裂。核果长圆形或近椭圆形，具棱，长5～7 mm，直径3～4 mm，被稀疏短柔毛；种子圆柱形。　花期4～6月，果期10～11月。　产于苍梧县；生于海拔100～1 000 m的林下或灌木丛中。分布于福建、广东、海南和香港等地。

232A. 香茜科　CARLEMANNIACEAE*

多年生草本或半灌木。叶对生；叶片边缘具锯齿或齿缺；无托叶。花两性，略为两侧对称或近辐射对称，排成稠密、顶生或腋生的聚伞花序或伞房花序；花萼4～5裂，裂片大小不相等；花冠4～5裂，裂片覆瓦状排列或内向镊合状排列；雄蕊2枚，着生于花冠中部，花丝短，花药线状长圆形，黏合，围绕着花柱；花盘显著，短圆锥形；子房下位，2室；花柱延长，柱头2裂，棒状或多少纺锤形；胚珠多颗，生于中轴胎座上或近基底着生。蒴果开裂为2或5果瓣；种子多数，卵形，光滑。　本科仅有香茜属、蜘蛛花属2个属，在《中国植物志》(1999)中，这两属被置于**茜草科**(Rubiaceae)。但是它们无托叶，叶片有锯齿，雄蕊2枚，花被微两侧对称等特征与茜草科其他属有明显差异，因此它们的分类位置争议颇多，比如J. H. Kern & C. G. G. J. Van Steenis(1951)和J. Hutchinson(1967)曾将这两属转移至**忍冬科**(Caprifoliaceae)，但H. K. Airyshaw(1965)则主张将这两属置于香茜科(Carlemanniaceae)，S. Majumdar & S. Chanda(1987)根据花粉形态特征认为这两属仍应置于茜草科，而APG(1998)根据分子生物学证据则主张将这两属置于香茜科，《Flora of China》(2011)也支持将这两属置于香茜科。本志采用《Flora of China》的观点，将香茜属和蜘蛛花属置于香茜科。　本科有2属5种，分布于热带亚洲地区。我国有2属3种；广西有2属2种。

分属检索表

1. 叶缘锯齿明显；花4数；聚伞花序疏散；花萼裂片覆瓦状排列；蒴果非肉质…………………… 1. **香茜属** Carlemannia Bentham

* 编著者：蒙涛。

1. 叶缘锯齿不明显;花 5 数;聚伞花序紧密呈头状;花萼裂片镊合状排列;蒴果稍肉质 ……………………………………………………………………………………………… 2. **蜘蛛花属** Silvianthus Hook. f.

1. 香茜属 Carlemannia Bentham

多年生草本。叶对生;叶片边缘锯齿状;无托叶;叶柄间有突起的横线条相连。花序顶生,松散,花序梗较长;花两性,4 数;花萼筒近球形;花冠狭漏斗形,裂片覆瓦状排列;雄蕊 2 枚,内藏,着生于花冠筒中部;花药线状长圆形;花丝短;子房下位,2 室;花柱单一,柱头棒状或纺锤状。蒴果 2 室,开裂成 4 或 5 果瓣;种子多粒。 本属有 3 种,分布于东喜马拉雅、印度(东北部)、印度尼西亚、缅甸、泰国(北部)以及越南。我国有 1 种;广西亦产。

香茜

Carlemannia tetragona Hook. f. , Fl. Brit. India **3**:85. 1880;中国植物志 **71**(1):176,图版 44:1～5. 1999;Fl. China **19**:478. 2011;Guihaia **36**(8):1015,图版 I. 2016. ——*C. henryi* H. Lévl. , Repert. Spec. Nov. Regni Veg. **13**:178 1914.

多年生草本,高 0.5～1.5 m;嫩枝方形,老枝圆柱形,无毛。叶对生;叶片椭圆形或卵形,长 3～15 cm,宽 2～8 cm,边缘具锯齿,两面被疏柔毛;无托叶;叶柄长 2～4 cm,被柔毛。花序顶生,长 2～4 cm,被短柔毛;花冠白色,喉部有黄斑,外面疏被柔毛,里面被长柔毛;雄蕊 2 枚。蒴果阔锥形,开裂成 4 果瓣,顶端冠以宿存萼裂片;种子具网纹。 花期 7～9 月,果期 10～12 月。 产于凌云;生于海拔 600～1 500 m 的潮湿密林下或水沟边。分布于云南和西藏,印度(东北部)、印度尼西亚、缅甸和泰国(北部)亦有。

2. 蜘蛛花属 Silvianthus Hook. f.

多年生草本或半灌木。叶对生;无托叶。聚伞花序紧密呈头状,腋生;萼筒与子房粘贴,裂片 5 枚;花冠阔漏斗形,5 裂,裂片镊合状排列;雄蕊 2 枚;子房 2 室,每室有胚珠多颗,花柱延长,柱头长圆状纺锤形。蒴果稍肉质,在宿萼裂片间开裂成 5 果瓣;种子卵状长圆形,稍弯。 本属有 2 种,分布于我国、印度(东北部)、老挝、缅甸、泰国(北部)和越南(北部)。我国 2 种均产;广西有 1 种。

线萼蜘蛛花(云南植物志)

Silvianthus tonkinensis (Gagnep.) Ridsd. , Blumea **24**:42. 1978;中国植物志 **71**(1):178～179,图版 44:6～9. 1999; Fl. China **19**: 479. 2011. ——*S. clerodendroides* Airy-Shaw, Kew Bull. **19**(3): 507. 1965. ——*S. bracteatus* Hook. f. subsp. *clerodendroides* (Airy-Shaw) H. W. Li, Fl. Yunnan **5**: 351. 1991. ——*S. bracteatus* Hook. f. subsp. *tonkinensis* (Gagnepain) H. W. Li, Acta Bot. Yunnan. **17**(4): 414. 1995. ——*Quiducia tonkinensis* Gagnep. , Bull. Soc. Bot. France **33**:95. 1948.

亚灌木,高 1～4 m;全体无毛。叶片长 10～30 cm,宽 5～20 cm,基部通常阔楔尖;侧脉每边 9～16 条,末端连接成边脉;叶柄长 1～7 cm。聚伞花序密聚成头状,直径 1～4 cm,花序梗通常长不及 1 cm,但有时可达 5 cm;苞片线形,长 4～6 mm;花梗长约 3 mm;萼筒倒圆锥状,长 2～3 mm,裂片线形,长 9～11 mm,宽 1～1.5 mm,有纵脉纹;花冠黄色或淡红色,间有紫红色,冠筒长 12～13 mm,外面无毛,里面被柔毛;花柱长约 11 mm。蒴果倒圆锥状,成熟时紫色;种子黑色,覆有白色针状条纹。 花期 3～7 月,果期 10～12 月。 产于那坡;生于海拔 900～1 500 m 的林下沟谷边。分布于云南,老挝、泰国(北部)和越南(北部)亦有。

233. 忍冬科　CAPRIFOLIACEAE*

灌木或木质藤本，有时为小乔木或小灌木，落叶或常绿，很少为多年生草本；茎有皮孔或无，有时纵裂，木质松软，常有发达的髓部。叶对生，很少轮生，多为单叶；叶片全缘、具齿或有时羽状或掌状分裂，具羽状脉，极少具基部或离基三出脉或掌状脉，有时为单数羽状复叶；叶柄短，有时两叶柄基部连合，通常无托叶，有时托叶小而不明显或退化成腺体。聚伞或轮伞花序，或由聚伞花序集合成伞房式或圆锥式复花序，有时因聚伞花序中央的花退化而仅具2朵花，排成总状或穗状花序，极少花单生；花两性，极少杂性，整齐或不整齐；苞片和小苞片存在或否，极少小苞片增大成膜质的翅；萼筒贴生于子房，萼裂片或萼齿4(2～5)枚，宿存或脱落，较少于花开后增大；花冠合瓣，辐状、钟状、筒状、高脚碟状或漏斗状，裂片4(3～5)枚，覆瓦状或稀镊合状排列，有时二唇形，上唇2裂，下唇3裂，或上唇3裂，下唇单一，有或无蜜腺；花盘不存在，或呈环状或为一侧生的腺体；雄蕊5枚，或4枚而二强，着生于花冠筒，花药背着，2颗至，纵裂，通常内向，很少外向，内藏或伸出于花冠筒外；子房下位，2～5(7～10)室，中轴胎座，每室含1颗至多颗胚珠，部分子房室常不发育。果实为浆果、核果或蒴果，具1粒至多粒种子；种子具骨质外种皮，平滑或有槽纹，内含1枚直立的胚和丰富、肉质的胚乳。本科有13属约500种，主要分布于北温带和热带高海拔山地，东亚和北美东部种类最多，个别属分布在大洋洲和南美洲。我国有12属200余种，大多分布于华中和西南各地；广西有7属53种7变种。

分 属 检 索 表

1. 奇数羽状复叶 …………………………………………………… 1. **接骨木属** Sambucus L.
1. 单叶。
  2. 花冠整齐，通常辐状，若为钟状、筒状或高脚碟状，则花柱极短，不具蜜腺；茎干有皮孔 ……… 2. **荚蒾属** Viburnum L.
  2. 花冠多少不整齐或二唇形，若整齐则花柱细长，有蜜腺；茎干无皮孔，但常纵裂。
    3. 木质藤本 …………………………………………………… 3. **忍冬属** Lonicera L.
    3. 灌木或小乔木。
      4. 萼筒上贴生1对大形、翅状的小苞片；肉质核果 ……………………… 4. **双盾木属** Dipelta Maxim.
      4. 萼筒上不具翅状小苞片。
        5. 穗状花序生于枝端；花长仅达1 cm；果实为卵形的肉质核果 …………… 5. **毛核木属** Symphoricarpos Duhamel
        5. 聚伞花序具1～3朵花，单生或组成圆锥花序；花大，长超过1 cm；果实为圆柱形干果。
          6. 雄蕊4枚；瘦果状核果，冠以增大、宿存的萼裂片 …………………… 6. **六道木属** Abelia R. Br.
          6. 雄蕊5枚；两瓣开裂蒴果，顶端无宿存的萼裂片 …………………… 7. **锦带花属** Weigela Thunb.

1. 接骨木属　Sambucus L.

灌木或小乔木，稀为多年生草本；枝具髓。奇数羽状复叶对生；小叶有锯齿。花小，5数，聚伞花序排成顶生的复伞状或圆锥状，具小苞片；花萼5齿裂；花冠辐状，5深裂；雄蕊5枚，着生于花冠的基部，花药外向；子房3～5室，每室有胚珠1颗。果实为浆果状的核果，内有3～5个分核，骨质，每个分核具1粒种子；种子三棱形或椭圆形。　本属约有20种，分布于南北两半球的温带和亚热带地区。我国约有5种，全国均产；广西有2种。　本属植物在民间作药用。

---

* 编著者：方鼎、俸宇星、韦毅刚。

分 种 检 索 表

1\. 多年生草本;枝具条棱;髓部白色;聚伞花序复伞状,具杯状不孕花 ………………………… 1. **接骨草** S. chinensis Lindl.

1\. 灌木至小乔木;枝具皮孔;髓部淡褐色;聚伞花序圆锥状,无杯状不孕花 …………………… 2. **接骨木** S. williamsii Hance

1\. **接骨草**(本草纲目) 走马风(凌云) 图版 34:1~3

Sambucus chinensis Lindl. in Trans. Hort. Soc. London **6**:297. 1826;海南植物志 **3**:364,图 775. 1974;中国高等植物图鉴 **4**:322,图 6057. 1975;中国植物志 **72**:6,图版 1:3~5. 1988;Fl. China 19:612. 2011.——*S. javanica* auct. non Reinw. ex Bl. :Forb. et Hemsl. in Journ. Linn. Soc. Bot. **23**:348. 1888.

多年生草本,稀为亚灌木,高达 3 m。枝具棱。奇数羽状复叶对生;小叶 3~9 枚,叶片披针形,稀椭圆形至长圆形,长 5~14(18)cm,宽 1.5~5.5(7.5)cm,先端渐尖,基部钝至圆形,常不对称,边缘有锯齿。聚伞花序复伞状,顶生,广展,直径达 25 cm;花小,两性,杂有黄花杯状的不孕花;花萼裂片 5 枚,三角形;花冠白色,裂片 5 枚,长约 1.5 mm;柱头 3 裂。果实近圆形,成熟时红色。 花期 4~7 月,果期 9~11 月。 产于广西各地;生于海拔 100~2 000 m 的丘陵或山林中。分布于陕西、甘肃、四川、西藏、云南、贵州、湖北、湖南、广东、海南、江西、福建、台湾、浙江、江苏、安徽和河南等地,日本亦有。 本种根、茎和叶为民间常用草药,有祛风、消肿、利尿之功效。

2\. **接骨木**(唐本草) (植物名实图考) 五加皮(桂林)

Sambucus williamsii Hance in Ann. Sc. Nat. ser. IV. **5**:217. 1866;Franch. Pl. David. **1**:148. 1884;中国高等植物图鉴 **4**:321,图 6056. 1975;中国植物志 **72**:8,图版 2. 1988;Fl. China 19:612~613. 2011.

落叶灌木至小乔木,无毛。老枝具孔,髓淡褐色。奇数羽状复叶对生;小叶 3~7(11),叶片椭圆形至长圆状披针形,长 5~12 cm,宽 2~5 cm,先端尖至渐尖,基部钝至近圆形,常不对称,边缘有锯齿。圆锥状聚伞花序顶生,长达 11 cm;花萼裂片 5 枚,三角状卵形;花冠白色至淡黄色,裂片 5 枚,长约 2 mm。浆果状近球形,成熟时红色稀紫黑色。 花期 3 月。 产于桂林、全州、资源、富川、金秀、融水、乐业、那坡等地,有时栽培;生于海拔 1 200 m 以下的灌木丛或山林中。全国除西藏、新疆、青海和海南外几乎均有分布。 全株为民间草药,有接骨、止痛、祛风之功效。

2. **荚蒾属** Viburnum L.

灌木或乔木,有时带蔓性,落叶或常绿;常被簇状毛;冬芽裸露或有芽鳞。单叶,对生或稀 3 片轮生;托叶或无,或在同一个体上兼可存在或缺如。花序为小聚伞花序集合而成的复伞形、圆锥形,有时近似伞房状圆锥形的混合花序,很少紧缩成簇状,有时周围或全部具白色大型的不孕花;花辐射对称;萼齿 5 枚;花冠辐状、钟状、漏斗状或高脚碟状,5 裂;雄蕊 5 枚;子房下位,1 室,花柱极短,柱头浅 3 裂;胚珠 1 颗,自子房顶端下垂。果实为浆果状核果,顶端具宿存的萼齿及花柱;核多扁平,少有球形、卵状球形或椭圆状球形,内含 1 粒种子;胚直,胚乳坚实或嚼烂状。 本属约有 200 种,分布于北半球温带和亚热带地区,以亚洲及南美洲种类较多。我国约有 80 种,广布于各地区,尤以西南部种类最多;广西现知有 33 种 6 变种。 本属植物有不少可入药及提取纤维用;少数种类之果实可供食用及酿酒,种子可榨油;有些种还是香料或蜜源植物;有些种类的花序具有白色而繁茂的小花和大型的不孕花以及鲜红夺目的果实,适于作园林绿化树种。

分 种 检 索 表

1\. 冬芽裸露;植株体被簇状毛而无鳞片;果实成熟时红色转为黑色。

 2\. 花序有花序梗;果核有 2 条背沟和(1)3 条腹沟,或有时背沟退化而不明显;胚乳坚实。

  3\. 叶临冬凋落,通常边缘有齿;花冠无毛。

图版 34　1～3. **接骨草** Sambucus chinensis Lindl.　1. 花枝；2. 花苞；3. 果。　4～5. **蝶花荚蒾** Viburnum hanceanum Maxim.　4. 果枝；5. 果放大。　6～9. **台东荚蒾** V. taitoense Hayata　6. 花枝；7. 花；8. 果；9. 果核横切面。（1～3 邹贤桂绘，4～5 林文宏绘，6～9 何顺清绘）

4. 花序全由大型的不孕花组成，花序直径 8～15 cm，花序梗长 1～2 cm；花冠白色 ……………………………………………………………………… 1. **绣球荚蒾** V. macrocephalum Fort.

4. 花序全由两性花组成，无大型不孕花，花序直径约 5 cm，花序梗长 3～8.5 cm；花冠外面紫红色 ……………………………………………………………………… 2. **壶花荚蒾** V. urceolatum Sieb. et Zucc.

3. 叶片常绿，全缘；花冠外面疏被星状毛 ……………………………………… 3. **金佛山荚蒾** V. chinchanense Graebn.

2. 花序无花序梗；果核有一条背沟和一条深腹沟；胚乳深嚼烂状；花序周围有大型不孕花 ……………………………………………………………………… 4. **合轴荚蒾** V. sympodiale Graebn.

1. 冬芽有 1～2 对(很少 3 对或多对)鳞片；如为裸露，则芽、幼枝、叶背面、花序、萼、花冠及果实均被鳞片状毛。

5. 果核圆形、卵圆形或椭圆形，有一条极细的线状浅腹沟或无沟，绝不呈压扁状；花序复伞形式；果实成熟时蓝黑色或由蓝黑色转为黑色；叶片常绿，无毛或近无毛。

6. 叶片具羽状脉 ……………………………………………… 5. **蓝黑果荚蒾** V. atrocyaneum C. B. Clarke

6. 叶片具三出脉或离基三出脉。

7. 叶片顶端钝至圆形，长 2～7.5 cm，全缘；花序梗长约 1 cm ………… 6. **三脉叶荚蒾** V. triplinerve Hand.-Mazz.

7. 叶片顶端锐尖至渐尖；花序梗长 1.5～4(5)cm。

8. 花序小，直径 4～5 cm，花冠绿白色；叶长 3～9(11)cm，边缘通常有锯齿 …… 7. **球核荚蒾** V. propinquum Hemsl.

8. 花序大而松散，直径 6～15 cm，花冠黄绿色；叶长 6～13(18)cm，全缘或基部以上有不明显小齿 ……………………………………………………………………… 8. **樟叶荚蒾** V. cinnamomifolium Rehd.

5. 果核不如上述；如为椭圆形则果核具 1 上宽下窄的深腹沟，或花序不如上述；果实成熟时红色，或由红色转为黑色或酱黑色，少有黄色。

9. 花序复伞形或伞形式，有大型的不孕花；果核腹面有 1 条上宽下窄的沟，沟上端及背面下半部中央各有一明显隆起的脊。

10. 叶片侧脉每边 10 条以上，两面有明显的长方形格纹；花序梗的第一级辐射枝 6～8 条 ……………………………………………… 9b. **蝴蝶戏珠花** V. plicatum Thunb. var. tomentosum (Thunb.) Miq.

10. 叶片侧脉每边 5～7(9)条，两面长方形格纹不明显；花序梗的第一级辐射枝通常 5 条 ……………………………………………………………………… 10. **蝶花荚蒾** V. hanceanum Maxim.

9. 花序种种，不具大型不孕花；果核通常不如上述。

11. 花序为由穗状或总状花序组成的圆锥花序，或因圆锥花序的主轴缩短而近伞房式，很少花序紧缩成近簇状；果核通常浑圆或稍扁，具一上宽下窄的深腹沟。

12. 花冠漏斗形或高脚碟形，裂片短于筒。

13. 叶的侧脉大部分直达齿端；叶片纸质 ……………………………………… 11. **红荚蒾** V. erubescens Wall.

13. 叶的侧脉大部分在近缘时互相网结；叶片纸质、厚纸质至革质。

14. 圆锥花序较小，通常直径在 5 cm 以下。

15. 叶片边缘有尖或钝的锯齿，齿顶不向内或向前弯 …………………… 12. **台东荚蒾** V. taitoense Hayata

15. 叶片边缘有尖锯齿，齿顶通常向内或内前弯 ………… 13. **长梗荚蒾** V. longipedunculatum (Hsu) Hsu

14. 圆锥花序较大，通常直径在 5 cm 以上，具多数稠密的花，至少部分花生于序轴的第三或第四级辐射枝上；叶片革质，近全缘或有波状钝锯齿或不规则粗牙齿 ……………………………… 14b. **日本珊瑚树** V. odoratissimum Ker-Gawl. var. awabuki (K. Koch) Zabel ex Rümpl.

12. 花冠辐状，裂片长于筒。

16. 圆锥花序尖塔形；如因花序轴稍缩短而花序近似伞房式，则叶背面脉腋有趾蹼状小孔。

17. 叶片侧脉至少一部分直达齿端；花序无毛或近无毛 …………………………… 15. **巴东荚蒾** V. henryi Hemsl.

17. 叶片侧脉近叶缘时弯拱而互相网结，不直达齿端。

18. 萼和花冠均无毛；果核卵圆形或卵状椭圆形，顶端常多少骤然收缩而圆形，因而有肩 ……………………………………………………………………… 14a. **珊瑚树** V. odoratissimum Ker-Gawl.

18. 萼和花冠或至少萼外面被簇状短毛；果核卵圆形或长卵圆形，顶端常渐尖而无肩，未成熟果实常疏生簇状毛 ……………………………………………… 16. **短序荚蒾** V. brachybotryum Hemsl.

16. 圆锥花序因序轴不充分伸长而呈圆顶状，外观近似伞房式；如为短圆锥式，则叶背面脉腋无小孔 ……………………………………………………………………… 17. **伞房荚蒾** V. corymbiflorum Hsu et S. C. Hsu

11. 花序复伞形式或稀可为由伞形花序组成的尖塔形圆锥花序；果核通常扁，有浅的背、腹沟，有时沟退化而不明显，很少无沟或在腹面深陷如勺状。

19. 冬芽有一对鳞片，极少裸露。

20. 冬芽裸露；芽、幼枝、叶背、花序和花冠外面均被铁锈色、圆形鳞片状毛 ………………………………………… 18b. **大果鳞斑荚蒾** V. punctatum Buch.-Ham. ex D. Don var. lepidotulum (Merr. et Chun) Hsu

20. 冬芽有一对鳞片；植物体无上述鳞片状毛。

21. 花冠钟状，裂片短而直立；叶下面有带红色或黄色腺点，腺点有时扁化而类似鳞片 ……………………………………………………………… 19. **水红木** V. cylindricum Buch.-Ham. ex D. Don

21. 花冠辐状。

22. 叶常 3 枚轮生；托叶 2 枚；花序无或近于无花序梗；叶背毛被不呈厚绒状，除沿中脉及侧脉上被较密的簇状，叉状或单毛外，其余被稀疏毛或几无毛 ……………………… 20. **三叶荚蒾** V. ternatum Rehd.

22. 叶对生；托叶不存或早落；花序有花序梗。

23. 叶片全缘或有时顶端有少数大牙齿，叶背面被厚绒状簇状毛，基部中脉两侧常有大形腺斑；雄蕊远高出于花冠，花丝在蕾中褶叠 ……………………………………… 21. **厚绒荚蒾** V. inopinatum Craib

23. 叶边缘除基部外有牙齿或锯齿，基部两侧无腺斑，背面无厚绒状簇状毛；雄蕊稍长于花冠，花丝在蕾中不褶叠。

24. 除小枝和叶下面初时疏被簇状短毛，后告脱落外，全体近于无毛；花序通常复伞形式 ……………………………………………………………………………………… 22. **淡黄荚蒾** V. lutescens Blume

24. 小枝、叶下面、叶柄、花序梗、花梗和萼均被由宿存的黄褐色簇状毛组成的绒毛；花序常由 2～4 层伞形花序组成的尖塔形圆锥花序 ……………………………… 23. **锥序荚蒾** V. pyramidatum Rehd.

19. 冬芽有两对鳞片。

25. 叶的侧脉 2～4 对，基部 1 对作离基或近离基三出脉状；如侧脉 5～6 对，则叶片革质或亚革质；或叶片纸质或厚纸质而背面在放大镜下同时可见具金黄色和红褐色至黑褐色两种腺点。

26. 幼枝四方形。

27. 叶背面有金黄色和红褐色至黑褐色两种腺点，干后腹面通常不变黑色 … 24. **金腺荚蒾** V. chunii Hsu

27. 叶背面有黑色或栗褐色腺点(在放大镜下可见)，干后腹面变黑色。

28. 萼筒被簇状毛；叶片亚革质 ……………………………… 25. **海南荚蒾** V. hainanense Merr. et Chun

28. 萼筒无毛；叶片革质。

29. 幼枝、叶柄和花序无毛或散生少数簇状短毛；果核背面突起，腹面明显凹陷，其形如勺，宽 3～5 mm ……………………………………………… 26a. **常绿荚蒾** V. sempervirens K. Koch var. sempervirens.

29. 幼枝、叶柄和花序均密被簇状短毛；果核背面略突起，腹面略呈鹅毛扇状弯拱而不明显凹陷，长约 7 mm，宽约 6 mm ………… 26b. **具毛常绿荚蒾** V. sempervirens K. Koch var. trichophorum Hand.-Mazz.

26. 幼枝圆柱状，纵有棱角亦不为四方形。

30. 叶片中部以上边缘常有少数浅齿或有时全缘 ……………………………………………………………………… 27b. **直角荚蒾** V. foetidum Wall. var. rectangulatum (Graebn.) Rehd.

30. 叶片边缘有不规则，圆或钝的粗牙齿或缺刻，大多倒卵状椭圆形，长 2～5 cm ……………………………… 27c. **珍珠荚蒾** V. foetidum Wall. var. ceanothoides (C. H. Wright) Hand.-Mazz.

25. 叶的侧脉 5 对以上，羽状，很少类似离基三出脉；叶片纸质、厚纸质或薄革质，背面无腺点或颜色纯一的腺点。

31. 果核背面突起，腹面四周升高，中部凹陷，形状如勺；叶片矩圆状披针形至披针形或条状披针形，长 9～19 cm，幼枝四方形。

32. 幼枝、叶片和叶柄均无毛；叶片侧脉每边约 6 条 …………………… 28. **瑶山荚蒾** V. squamulosum Hsu

32. 幼枝、叶背脉(除叉状毛及单毛外)和叶柄均被簇状短毛；叶片侧脉每边 7～14 条 ……………………………………………………………………………………… 29. **披针叶荚蒾** V. lancifolium Hsu

31. 果核通常带扁形,有时可因两侧边缘向腹面反卷而纵向凹陷,但不为勺状;如多少带浅勺状则叶形不如上述。

33. 花冠外面无毛,极少蕾时有毛而花开后变秃净。

34. 花序或果序下垂;幼枝多少有棱角;芽及叶干后变黑色或浅灰黑色 ………………………………………………………………………………… 30. **茶荚蒾** V. setigerum Hance

34. 花序或果序不下垂。

35. 花序梗长 5.5~10(12.5)cm,叶片有时顶端浅 3 裂或不规则分裂 ……………………………………………………………… 31. **衡山荚蒾** V. hengshanicum Tsiang ex Hsu

35. 花序梗通常长不超过 5 cm;叶不分裂 ……………………… 32. **宜昌荚蒾** V. erosum Thunb.

33. 花冠外面被疏或密的簇状短毛。

36. 叶背面放大镜下有黄或近无色的透亮腺点,或有时腺点呈鳞片状,更或为不明显的暗色 ………………………………………………………………… 33. **荚蒾** V. dilatatum Thunb.

36. 叶背无腺点。

37. 叶腹面有腺点;花序梗极短或几无,很少可长达 1.5 cm …… 34. **吕宋荚蒾** V. luzonicum Rolfe

37. 叶腹面无腺点;花序梗明显或罕有极短 ……………………… 35. **南方荚蒾** V. fordiae Hance

1. **绣球荚蒾**(中国植物志) 绣球(广群芳谱) 木绣球(拉汉种子植物名称)

Viburnum macrocephalum Fort. in Journ. Hort. Soc. Lord. **2**:244. 1847; Lindl. Bot. Reg. **33**: t. 43. 1847;中国植物志 **72**:24~25,1988; Fl. China **19**:578~579. 2011. ——*V. macrocephalum* f. *sterils* Dipp., Handb. Laubh. **1**:178. 1889.

落叶或半常绿灌木,高达 4 m;芽、幼枝、叶柄及花序均密被灰白色或黄白色簇状毛,后渐变无毛。叶临冬至翌年春季逐渐落尽;叶片纸质,卵形至椭圆形或卵状长圆形,长 5~11 cm,宽 2.5~6 cm,先端钝或稍尖,基部圆形或有时带微心形,少有楔形,边缘有小齿,腹面初时密被簇状短毛,后仅中脉有毛,背面被簇状短毛;侧脉每边 5~6 条,近缘前互相网结,连同中脉腹面略凹陷,背面突起;叶柄长 10~15 mm。聚伞花序直径 8~15 cm,全部由大型不孕花组成,花序梗长 1~2 cm;花冠白色,辐状,直径 1.5~4 cm,裂片圆状倒卵形,筒部甚短;雌蕊不育。 花期 4~5 月。 广西桂林有栽培,江苏、浙江、江西和河北等地亦有栽培。 本种为传统园艺花卉,花期整个花序状若雪球,极为美丽。

2. **壶花荚蒾**(植物分类学报)

Viburnum urceolatum Sieb. et Zucc. in Abh. Akad. Wiss. Muench. **4** (3): 172. 1846; Rehd. in Sarg. Trees and Shrubs **2**:87, t. 141. 1908; Hara in Ginkgoana no. 5, 209. 1983;中国植物志 **72**:30,图版 5:7~15. 1988; Fl. China **19**:580~581. 2011. ——*V. taiwanianum* Hayata in Journ. Coll. Sci. Univ. Tokyo 30 (1): (Mat. Fl. Formos.): 137. 1911;中国高等植物图鉴 **4**:310, 6034. 1975.

落叶灌木,高达 4 m;幼枝、冬芽、叶柄和花序均被簇状微毛。叶片纸质,卵状披针形或卵状长圆形,长 7~15(18)cm,宽 4~6(8)cm,先端渐尖至长渐尖,基部楔形,圆形至微心形,除基部为全缘外常有细齿或不整齐锯齿,腹面沿中脉有毛,背面脉上被簇状弯细毛,侧脉每边 4~6 条,近缘前互相网结,连同中脉腹面凹陷,背面明显突起,小脉横列,下面显著;叶柄长 1~4 cm。聚伞花序直径约 5 cm,生于 1~2 对叶的短枝上,花序梗长 3~7(8.5)cm,有棱,连同其分枝均带紫色;苞片和小苞片宿存;花冠外面紫红色,内面白色,筒状钟形,无毛。果实先红而后变黑色,椭圆形,长 6~8 mm,直径 5~6 mm;核扁,顶端急窄,基部圆形,有 2 条浅背沟和 3 条腹沟。 花期 6~7 月,果熟期 10~11 月。 产于龙胜、融安、临桂;常生于山谷林中,散生。分布于浙江、江西、贵州、福建、广东、台湾,日本也有。

3. **金佛山荚蒾**(植物分类学报)

Viburnum chinshanense Graebn. in Bot. Jahrb. 29L 585. 1901; Rehd. in Sarg. Trees. and Shrubs **2**:

111. 1908；中国高等植物图鉴 **4**：309. 1975；中国植物志 **72**：32，图版 6：8～11. 1988；云南植物志 **5**：358，图版 116：9～12. 1991；Fl. China **19**：576～577. 2011.

常绿灌木，高 1. 5～3 m；幼枝、叶片背面，叶柄及花序均被灰白或黄白色簇状绒毛。叶片纸质至厚纸质，披针状长圆形至狭长圆形，长 3～10 cm，宽 1～3 cm，先端稍尖或钝，基部圆或微心形，全缘，叶面除沿中脉及侧脉上疏生簇状毛外余部无毛，背面因毛被而呈灰白色或黄白色，密被簇状毛，侧脉每边 7～10 条，近叶缘处网结，与中脉在叶面凹陷；叶柄长 1～2 cm。花序在结果时直径达 7～10 cm，花序梗长 1～2. 5 cm；花萼筒被星状毛，裂片短于冠筒。核果椭圆形，长 7～8 mm，红色而后变紫黑色；核扁，腹具 2，背具 3 沟。　花期 4～5 月，果期 7 月。　产于隆林、那坡等地；生于海拔 1 300 m 的石灰岩石山密林中。分布于陕西、甘肃、四川、云南和贵州。

4. **合轴荚蒾**（拉汉种子植物名称）　图版 35：1～4

Viburnum sympodiale Graebn. in Bot. Jahrb. **29**：587. 1901；中国高等植物图鉴 **4**：313，图 6039. 1975；中国植物志 **72**：35，图版 7：1～4. 1988；云南植物志 **5**：361～363，图版 117，1～4. 1991；Fl. China **19**：582. 2011. ——*V. nervosum* auct. non D. Don；中国植物志 **72**：35，1988；云南植物志 **5**：361，1991.

落叶灌木至小乔木，高可达 5 m。叶片纸质，椭圆状卵形、卵形、圆状卵形至近圆形，长 6～13(15)cm，宽 3～9(11)cm，基部圆形，很少浅心形，边缘有不规则齿牙状小锯齿，腹面深绿色，沿中脉及侧脉尤其是下部被簇状毛，背面白绿色，沿各级脉上被糠秕小簇状毛；侧脉每边 6～8 条，斜展，直达齿端；叶柄长 1. 5～3(4. 3)cm，密被糠秕状小簇毛，近基部有细长托叶；托叶有时不明显或缺如。花序聚伞状复伞形，边缘有大型不孕花，无花序梗，被灰黄褐色糠秕状小簇毛；苞片和小苞片线状倒披针形，长约 3 mm，外被毛，内无毛；花芳香；可孕花花冠白色，辐状，长约 2. 5 mm，直径 5～6 mm，裂片长达 2 mm，圆钝；不孕花花冠与可孕花花冠同色，直径 2. 5～3 cm，裂片常不相等。核果卵状椭圆形，长 6～8 mm，红色而后变紫黑色；核扁，背具 1 浅沟，腹具 1 深沟。　花期 4～5 月，果期 8～9 月。　产于龙胜、兴安、全州、临桂、罗城、融安；常生于山谷密林中。分布于甘肃、陕西、四川、湖北、湖南、贵州、江西、浙江、安徽和福建。　本种具雪白的大型不孕边花及鲜红的果实，适宜作园林观赏树种。　本种与广西不产的**显脉荚蒾**（*V. nervosum* D. Don）近似，其区别在于后者无大型的不孕花。

5. **蓝黑果荚蒾**（植物分类学报）　光荚蒾（拉汉种子植物名称）　图版 36：1～2

Viburnum atrocyaneum C. B. Clarke in Hook. f. Fl. Brit. Ind. **3**：7. 1880；Diels in Notes Bot. Gard. Edinb. **25**：179. 1912；中国植物志 **72**：37～38，图版 8：1～2. 1988；云南植物志 **5**：363，图版 118：3～4. 1991；Fl. China **19**：582～583. 2011. ——*V. calvum* Rehd. in Sarg. Pl. Wils. **1**：310. 1912；中国高等植物图鉴 **4**：341，图 6041. 1975. ——*V. atrocyaneum* C. B. Clarke subsp. *harryanum* (Rehd.) Hsu 于中国植物志 **72**：38. 1988.

常绿灌木，高达 3 m；幼枝无毛或有簇状小毛。叶片革质，卵状圆形，卵形、倒卵形至卵状披针形或菱状椭圆形，长(0. 8)1. 5～3 cm，宽 0. 8～2 cm，先端钝而有微凸尖，基部宽楔形，两侧常稍不对称，边缘具疏少而短的锐锯齿或全缘，腹面略不光泽，两面无毛，侧脉每边 5～8 条，近边缘处网结，与中脉常在腹面凹陷，在背面突起；叶柄长 6～12 mm。花序聚伞状复伞形径 2～6 cm，无毛或略被毛，花序梗长 0. 6～6 cm，与各级辐射枝一起常呈水红色；花冠白色，辐状，长约 2. 5 mm，裂片稍长于冠筒；雄蕊稍短于花冠。核果卵状球形，长 4～6 mm；核卵形，腹面具 1 沟。　花期 4～6 月，果期 7～10 月。　产于乐业、凌云；生于海拔 1 000 m 左右的石灰岩石山密林中。分布于西藏、四川、云南、贵州；印度（北部）、不丹、缅甸和泰国（东北部）亦有。　种子含油量为 24. 7%，油属不干性油，可供制皂及点灯用。　从现有标本来看，其叶形和大小、花序梗长短、核果大小及幼枝和花序毛被的变异幅度很大，难以据此区分出种或是变种。

6. **三脉叶荚蒾**（中国植物志）　图版 35：5～6

Viburum triplinerve Hand. -Mazz. in Sinensia **5**：15. 1934；中国植物志 **72**：39. 1988；Fl. China **19**：584. 2011.

图版 35　1～4. 合轴荚蒾 Viburnum sympodiale Graebn.　1. 果枝；2. 花枝；3. 果核背面；4. 果核腹面。　5～6. 三脉叶荚蒾 V. triplinerve Hand.-Mazz.　5. 果枝；6. 果。（林文宏绘）

图版 36　1～2. **蓝黑果荚蒾** *Viburnum atrocyaneum* C. B. Clarke　1. 果枝；2. 果。　3～4. **球核荚蒾** *V. propinquum* Hemsl.　3. 果枝；4. 果。　5～8. **樟叶荚蒾** *V. cinnamomifolium* Rehd.　5. 果枝；6. 果序；7. 叶；8. 果。（1～4,6～7 何顺清绘；5,8 林文宏绘）

常绿灌木，高达 2 m，全体无毛。叶常密集于小枝顶；叶片革质，椭圆形、椭圆状卵形或近圆形，长 2～6 cm，宽 1.5～3 cm，两端钝圆，全缘，三出叶脉，常离基 2～6 mm 处伸出，脉延伸至叶全长约 3/4 处，近缘前弯拱而互相网结，腹面凹陷，背面显著；叶柄长 6～15 mm。聚伞花序直径 1.5～3.5 cm；结果时可达 10 cm；花序梗长约 1 cm；花冠辐状，裂片近圆形。果实近球形，直径 4～5 mm，熟时紫褐色，有 1 条极细的浅腹沟。　产于桂林、环江、都安、东兰、凤山、靖西、田阳、武鸣和大新等地；生于海拔 1 000 m 以下的石灰岩石山，且常为山顶矮灌丛主要组成树种之一。　本种为广西特有种。

7. **球核荚蒾**（中国高等植物图鉴）　图版 36：3～4

Viburnum propinquum Hemsl. in Journ. Linn. Soc. Bot. **23**：355. 1888；Kaneh. Formos. Trees. rev. ed. 702，fig. 659. 1936；中国高等植物图鉴 **4**：314，图 6042. 1975；中国植物志 **72**：39～40. 1988；云南植物志 **5**：364，图版 118：1～2. 1991；Fl. China **19**：584. 2011.

本种与**三脉叶荚蒾**（*V. triplinerve* Hand.-Mazz.）相近，但从叶及花序梗之长度可区别：前者叶片先端锐尖至渐尖，具叶缘常疏生锯齿，花序梗长 1.5～4(5)cm；而后者叶先端钝至圆形，全缘，花序梗长 1 cm。幼叶带紫色，成长后革质，基部两侧常不对，各生有 1～2 枚腺体。花冠绿色，辐状，直径约 4 mm，内面基部被长毛。核果卵状球形或近球形，直径 4～4.5 mm，蓝色至蓝黑色，具光泽；核球形，具 1 条极细的浅腹沟或无沟。　产于全州、桂林、临桂、阳朔、环江、凌云、乐业等地；生于石灰岩石山，为山顶灌丛常见树种之一。分布于甘肃（南部）、陕西（南部）、湖北（西部）、四川（东部）、贵州、广东（北部）、湖南（西部）、福建（北部）、台湾、江西（北部）和浙江（南部），菲律宾（吕宋）亦有。　根皮、叶及全株可供药用，有止血及消肿止痛、接骨续筋之效，治风湿、外伤出血、跌打损伤及骨折。

8. **樟叶荚蒾**（拉汉种子植物名称）　图版 36：5～8

Viburnum cinnamomifolium Rehd. in Sarg. Trees and Shrubs 2：31，t. 114. 1908；中国高等植物图鉴 **4**：314. 1975；中国植物志 72：40，图版 8：3～8. 1988；云南植物志 5：364. 1991；Fl. China **19**：583. 2011.

常绿灌木或小乔木，高可达 6 m。叶片革质，椭圆状长圆形，长(6)8～13 cm，宽 3～5 cm，先端通常渐尖，基部宽楔形，边缘在基部以上有不明显小齿或近全缘；叶柄长 1.5～3.5 cm。聚伞花序大而疏散，直径 6～15 cm；花冠黄绿色，辐状，直径 4～5 mm，裂片几与筒等长。果实蓝黑色，近球形。　花期 11 月至翌年 3 月，果期 4～10 月。　产于隆林、那坡；生于海拔 1 200～1 500 m 的石灰岩石山密林中。分布于四川（西部）和云南（东部）。　本种以较大的叶和花序而与广西产的相近的具三出叶脉和球状果核的**球核荚蒾**（*V. propinquum* Hemsl.）和**三脉叶荚蒾**（*V. triplinerve* Hand.-Mazz.）易于区别，另外本种芽、花序及叶生背面脉腋被灰黄色簇状微毛，而后二者全体无毛。

9. **粉团**（花镜）

Viburnum plicatum Thunb. in Trans. Linn. Soc. Lond. **2**：332. 1974；中国高等植物图鉴 **4**：313. 1975；中国植物志 **72**：62. 1988；Fl. China **19**：594. 2011.

9a. **粉团**（原变种）

Viburnum plicatum Thunb. var. **plicatum**

广西不产。产于湖北（西部）和贵州（中部），日本亦有。

9b. **蝴蝶戏珠花**（变种）（植物名实图考）

Viburnum plicatum Thunb. var. **tomentosum** (Thunb.) Miq. in Ann. Mus. Bot. Lugd.-Bat. **2**(Prol，Fl. Jap. 154)：266. 1866；中国植物志 **72**：62～63. 1988；Fl. China **19**：594. 2011.——*V. tomentosum* Thunb.，Fl. Jap. 123. 1784，non Lam. 1778；Merr. et Chun in Sunyatsenia 1：82. 1930.——*V. plicatum* Thunb. f. *tomentosum* (Thunb.) Rehd. in Journ. Arn. Arb. 26：77. 1945；中国高等植物图鉴 **4**：313，图 6040. 1975；云南植物志 **5**：366～367. 1991.

落叶灌木，高达 5 m；幼枝被黄褐色星状毛。叶片宽卵形至长圆状卵形，有时椭圆状倒卵形，长 4～10 cm，先端尖或突尖，基部宽楔形至圆形，边缘有锯齿，背面常带绿白色，有星状毛；侧脉每边 10～17 条，直达齿端。聚伞状复伞形花序直径达4～10 cm，外围有4～6朵大型的黄白色不孕花，中央有可孕花；不孕花的花冠直径可达4 cm，不整齐4～5裂，可孕花的花冠直径约3 mm，白色至乳白色，辐状，微具香气。核果宽卵形至倒卵形，长5～6 mm，先红而后变黑；核扁，有1条上宽下窄的腹沟，沟上端及背面中下半部中央具一明显隆起的脊。　花期4～5月，果期8～9月。　产于龙胜、灵川、临桂；生于海拔160～1 100 m的山坡或山谷混交林及沟谷旁灌木丛中。陕西和河南两省的南部、长江流域及其以南各省有分布，各地常见栽培，日本和朝鲜(南部)亦有。　本种根及茎可供药用，有清热解毒、健脾消积之效；茎可治小儿疳积，根和茎烧火时所产生的烟煤外搽可治淋巴结炎。

10. **蝶花荚蒾**(广州常见经济植物)　图版34:4～5

Viburnum hanceanum Maxim. in Bull. Acad. Sci. St. Pétersb **26**(in Mél. Biol. **10**:662):487. 1880; Rehd. in Sarg. Trees Shrubs **2**:108；中国高等植物图鉴 **4**:313. 1975, in nota；中国植物志 **72**:63. 1988；Fl. China **19**:593～594. 2011.

灌木，高达2 m；幼枝、叶柄及花序梗由黄褐色或铁锈色簇状毛组成的绒毛。叶片纸质，圆卵形、近圆形或椭圆形，有时倒卵形，长4～8 cm，先端宽楔形至圆形，边缘除基部外具整齐而稍带波状的锯齿；叶柄长6～15 mm。聚伞花序伞形，直径5～7 cm；可孕花花冠黄白色，直径约3 mm，辐状。果实红色，稍扁，卵圆形，长5～6 mm。　花期4～5月，果期8～9月。　本种花序外围亦具大型不孕花(2～5朵，白色)，与**蝴蝶戏珠花**[*V. plicatum* Thunb. var. *tomentosum* (Thunb.) Miq.]相近，但后者叶有10对以上侧脉，两面细横脉不明显，颇易区别。　产于临桂、柳州；生于海拔200 m左右的山谷溪流旁或灌木丛中。分布于江西(南部)、福建、湖南、广东。

11. **红荚蒾**(拉汉种子植物名称)　淡红荚蒾(中国高等植物图鉴)

Viburnum erubescens Wall., Pl. As. Rar. **2**:29, t. 134. 1831; C. B. Clarke in Hook. f. Fl. Brit. Ind. **3**:7. 1880；中国高等植物图鉴 **4**:309，图6031. 1975；中国植物志 **72**:43～44. 1988；Fl. China **19**:587. 2011. ——*V. erubescens* Wall. var. *prattii* (Graebn.) Rehd. in Sarg. Pl. Wils. **1**:107. 1911；中国植物志 **72**:44～45, 1988. ——*V. prattii* Graebn. in Bot. Jahrb. **29**:584. 1902；云南植物志 **5**:367～368，图版119:1～4. 1991.

灌木或小乔木，高3～5 m。叶片纸质，倒卵形，倒卵状椭圆形至狭长圆形，长6～14 cm，宽3～5 cm，先端常渐尖，基部钝形至圆形，腹面初时疏生白色单毛及黄褐色腺点，后渐无毛，背面散布腺点，脉上散生黄褐色星状毛；侧脉每边7～9条，近边缘分枝伸达齿端；叶柄长1～2 cm。聚伞花序圆锥状，生于枝或有1对叶的侧生枝顶，长(5)7.5～10 cm或较短，花序梗长约为花序长之半或略短，被簇状毛；花冠白色至粉红色，高脚杯状；雄蕊着生于冠筒喉部，高出于花冠裂片。核果椭圆形，长约6 mm，先红而后变黑；核有1条深腹沟。　花期4～5月，果期6～7月。　产于龙胜、临桂；生于海拔1 400～1 900 m的山坡密林或灌丛中。分布于甘肃(南部)、陕西(南部)、四川、云南、贵州。　四川峨眉山民间用本种嫩叶代茶。

12. **台东荚蒾**(台湾植物志)　图版34:6～9

Viburnum taitoense Hayata in Journ. Coll. Sci. Univ. Tokyo **30**(1)(Mat. Fl. Formos.):136. 1911; H. L. Li, Woody Fl. Taiwan 894. 1963, et Fl. Taiwan **4**:718. 1978；中国植物志 **72**:55～56. 1988；Fl. China **19**:591～592. 2011. ——*V. tubulosum* Hsu 于植物分类学报 **11**(1):70, t. 11. 1966. ——*V. lutescens* auct. non Blume；广西中兽医药用植物 231，图147. 1959.

灌木，高达2 m；幼枝、芽、叶背面脉上、叶柄及花序均被疏或密的簇状微柔毛；冬芽有一对狭长的鳞片。叶片厚纸质至革质，长圆形、长圆状披针形或倒卵状矩圆形，长6～11 cm，先端急尖至圆形，基部宽楔形至圆形，边缘除基部外有浅锯齿；侧脉每边5～6条，弧形，近缘前互相网结，连同中脉腹面凹陷，背面突起；叶柄长0.5～1 cm。圆锥花序顶生，长约3 cm；花冠白色，漏斗状，直径约6 mm，裂片近圆形，长约3 mm；雄蕊内藏。果实红色，宽椭圆状圆形，长约9 mm，直径约6 mm；核长7 mm，直径约6 mm。　花期1～3月，果期5～8月。　产于兴安、临桂、灵川、桂林等地；生于石灰岩石山灌丛中。分布于湖南、台湾、海南。 本种形态特别，其叶的外形有些像**鼠刺属**（*Itea* L.）植物，具浅的圆锯齿，在属内不多见；而其呈六角形的果核及封闭的管形深腹沟在广西分布的种类中独一无二。

13. **长梗荚蒾**（植物分类学报） 图版 37：1～2

Viburnum longipedunculatum（Hsu）Hsu 于植物分类学报 **17**(2)：78. 1979；中国植物志 72：48. 1988；云南植物志 **5**：371. 1991；Fl. China **19**：589. 2011. ——*V. corymbiflorum* Hsu et S. C. Hsu var. *longipedunculatum* Hsu 于植物分类学报 **13**(1)：115. 1975.

本种以具纤弱细长的花序梗(长 6～9 cm，占整个花序总长的 2/3～3/4)为特点，且果时常弯垂。灌木，全体无毛。叶片纸质，长圆形，长(4)5～14 cm，先端骤然渐尖，基部圆形或宽楔形，边缘在基部以上疏生向前弯的尖锯齿，侧脉每边 4～6 条，近叶缘处网结；叶柄长 1～1.5 cm。聚伞状伞房花序顶生，长 6～10 cm，少花，无毛，花序梗扁；苞片和小苞片线形或线状披针形，长 3～1.5 mm，无毛，宿存；花冠黄绿色，高脚杯状，冠长 5 mm，至近喉部扩展成 5 裂片，裂片宽卵形。核果近长圆形，长 8～10 mm，宽约 5 mm，熟时先红而后黑；核扁，腹面具一广而深的沟。 花期 4～5 月，果期 7～8 月。 产于融水、凌云、德保；生于海拔 700～1 600 m 的常绿阔叶林下。分布于云南(西畴)。

14. **珊瑚树**（海南植物志） 早禾树（中国高等植物图鉴）

Viburnum odoratissimum Ker-Gawl. in Bot. Reg. **6**：t. 456. 1820；侯宽昭等，广州植物志 519，图 282. 1956；海南植物志 **3**：365. 1974；中国高等植物图鉴 **4**：308，图 3029. 1975；中国高等植物图鉴 **72**：56～67. 1988；云南植物志 **5**：374. 1991；Fl. China **19**：589～590. 2011.

14a. **珊瑚树**（原变种） 图版 37：3

Viburnum odoratissimum Ker-Gawl. var. **odoratissimum**

本种具椭圆形至长圆形或长圆状倒卵形的叶片，质地厚实革质，全缘，或在叶片 1/2～1/3 以上疏生小凸齿，长 7～20 cm，宽 4～9 cm，除背面脉腋外两面均无毛；叶柄粗壮，长 1～2.5 cm，肝褐色，常具浅细横皱，无毛或被簇状微毛，易于识别。常绿灌木或小乔木，高 2～10(15) m；幼枝干后多少带棕褐色。聚伞状圆锥花序顶生或侧生于具叶的短枝上，广金字塔形，长 5～13.5 cm，宽 4～7 cm，具梗；花芳香，无毛；花冠白色至黄白色，辐状，筒长 2 mm，裂片长 2～3 mm，反折；花柱粗短，常不超出花萼。核果卵状长圆形，顶端多少带圆形，长达 10 mm，无毛，先红后黑；核有一深腹沟。 花期 4～5 月(有时不定期开花)，果期 7～9 月。 产于全州、资源、兴安、临桂、灵川、桂林、荔浦、河池、都安、融水、金秀、贺州、昭平、梧州、苍梧、藤县、平南、贵港、容县、陆川、博白、合浦、上思等地；生于海拔 200～1 300 m 的山谷、山坡路旁，林内或灌丛中。分布于湖南(南部)、福建(东南部)、云南(南部)及台湾，各地常有栽培；印度、缅甸、泰国、越南亦有。嫩叶、枝、树皮及根可供药用，有清热祛湿、通经活络、拔毒生肌之效，主治感冒、风湿、跌打肿痛及骨折，又可治刀伤和蛇伤；作兽药可治牛、猪的感冒发热。此外，木材可供细工用，叶可作绿肥；果期满树珊瑚红，对氯气、二氧化硫、二氧化氮等抗性较强，宜作庭园绿化观赏树种。

14b. **日本珊瑚树**（变种）（植物分类学报） 图版 37：4

Viburnum odoratissimum Ker-Gawl. var. **awabuki**（K. Koch）Zabel ex Rümpl.，Ⅲ. Gartenbau-Lex. ed. 3，877. 1902；中国植物志 **72**：57～58，图版 12：6～9，1988；Fl. China **19**：590. 2011. ——*V. awabuki* K. Koch，Wochenschr. Gaertn. Pflanzenk. **10**：108. 1867；中国树木志 **2**：1827～1829，图 930：2. 1985.

本变种与原变种极难区别，主要特征为：叶片倒卵状长圆形至长圆形，很少倒卵形，长 6～12(16)cm，宽 3～5(6)cm，质地较薄，先端钝或急尖而钝头，基部通常宽楔形而多少下延，边缘波状或有波状粗锯齿，近基部全缘，很少全部全缘。圆锥花序通常位于具两对叶的小枝上，长 9～15 cm，宽 4～6(10)cm；花冠辐状钟形，筒长 3.5～4 mm，花瓣长 2～3 mm；花柱较纤细，长约 1 mm，柱头常高出萼齿。果核通常倒卵圆形至倒卵状椭圆形，长 6～7 mm。其他性状同原变种。 花期 5～6 月，果期 9～10 月。 广西常见栽培。分布于浙江(普陀、舟山)和台湾，日本和朝鲜(南部)亦有。 本种是理想的园林绿化树种，对煤烟和有毒气体具有较强的抗性和吸收能力，尤其适合于城市作绿篱或园景丛植。

图版 37 1～2. 长梗荚蒾 Viburnum longipedunculatum（Hsu） Hsu 1. 果枝；2. 花。 3. 珊瑚树 V. odoratissimum Ker-Gawl. var. odoratissimum 3. 果枝。 4. 日本珊瑚树 V. odoratissimum ker-Gawl. var. awabuki（K. Koch） Zabel ex Rümpl. 4. 植株。 5～7. 伞房荚蒾 V. corymbiflorum Hsu et S. C. Hsu 5. 果枝；6. 花；7. 花去花冠、雄蕊，示雌蕊和花萼。（1～2，5～7 何顺清绘；3～4 邹贤桂绘）

15. **巴东荚蒾**(拉汉种子植物名称) 图版 38:1

Viburnum henryi Hemsl. in Journ. Linn. Soc. Bot. **23**:363. 1888;中国高等植物图鉴 **4**:308,图 6030. 1975;中国植物志 **72**:55. 1988;Fl. China **19**:588~589. 2011. ——*V. rosthornii* Graebn. var. *xerocarpa* Graebn. in Bot. Jahrb. **29**:586. 1901.

灌木或小乔木,常绿或半常绿,高达 7 m;全体无毛或近无毛,小枝褐色。叶片亚革质,倒卵状矩圆形或狭矩圆形,长 6~10(13)cm,先端尖至渐尖,基部楔形至圆形,边缘自一叶片的中部或中部以下处全缘外有浅的锐锯齿,两面无毛或背面脉上散生少数簇状毛;侧脉每边 5~7 条,至少部分直达齿端,连同中脉在背面突起,脉腋有趾蹼状小孔和少数集聚簇状毛;叶柄长 1~2 cm。圆锥花序顶生,长 4~9 cm,宽 5~8 cm,花序梗纤细,长 2~4 cm;苞片和小苞片宿存,线状披针形,棕褐色;花芳香;花冠白色,辐状,直径约 6 mm。果实红色,后变紫黑色,椭圆形;核稍扁,椭圆形,长 7~8 mm,直径 4 mm,有 1 条深腹沟,背沟常不存在。 花期 6 月,果期 8~10 月。 产于资源、灌阳;生于海拔 900~1 700 m 的山谷密林中。分布于陕西、浙江、江西、福建、湖北、四川及贵州。 本种叶及花序极像**紫药红荚蒾**[*V. erubescens* Wall. var. *prattii* (Graebn.) Rehd.],但后者叶背脉腋无小孔,叶脉 7~9 条。本种与**少花荚蒾**(*V. oliganthum* Batal.)也很相似,区别在于:后者叶较狭,叶脉达缘前弯拱,背面叶脉贴生星状毛,脉腋无孔;花序苞片早落。

16. **短序荚蒾**(中国高等植物图鉴)

Viburnum brachybotryum Hemsl. in Journ. Linn. Soc. Bot. **23**:349. 1888;Rehd. in Sarg. Pl. Wils. **1**:108. 1911;中国高等植物图鉴 **4**:308. 1975;中国植物志 **72**:58~60,图版 12:10~12. 1988;云南植物志 **5**:375,图版 121:1~3. 1991;Fl. China **19**:585. 2011.

本种外形近似于**珊瑚树**(*V. odoratissimum* Ker-Gawl.),区别在于:叶片亚革质,边缘 1/3 以上疏生尖锯齿(有时近全缘),背面散黄褐色簇状毛或无毛。幼枝、芽、花序、萼、花冠外面,苞片和小苞片均被黄褐色簇状毛。圆锥花序通常尖塔形,顶生或常有一部分生于腋出、无叶的退化短枝之顶,成假腋生状;花冠白色,辐状,直径 4~5(6)mm,筒极短,裂片开展,为筒的 2 倍;柱头状,远高出萼齿。果实鲜红色,卵圆形,顶端渐尖,基部圆形,长约 6 cm,直径约 6 mm;常有毛;核有 1 条深腹沟。 花期 1~3 月,果熟期 7~8 月。 产于龙胜、临桂、南丹、河池、金秀、融水、凌云、乐业、田林、隆林、那坡、容县;生于海拔 400~1 900 m 的山谷密林或山坡灌丛中。分布于江西、湖北、湖南、四川、贵州和云南。 全株可入药,外用治体癣及皮肤瘙痒。

17. **伞房荚蒾**(植物分类学报) 图版 37:5~7

Viburnum corymbiflorum Hsu et S. C. Hsu 于植物分类学报 **11**(1):73,t. 12. 1966;中国植物志 **72**:60~61. 1988;云南植物志 **5**:377~378. 1991;Fl. China **19**:586~587. 2011.

小乔木,高达 5 m;幼枝及枝条灰黄色且无毛。叶片坚纸质,长圆形或长圆状披针形,基部圆形或宽楔形,边缘在基部 1/3 有疏生内弯的锐齿,侧脉每边 4~6 条;叶柄长约 1 cm,无毛。聚伞花序顶生,近似伞房形,长 3~4 cm,宽 4~5.5 cm,疏被簇状毛,花序梗长 2~4.5 cm;花芳香,无毛;花冠白色,辐状,直径 8 mm,花筒长约 7 mm。核果宽椭圆形,长 7~8 mm,宽 5~6 mm,红色;核倒卵形,长 6 mm,宽 4 mm,腹面具深沟。 花期 4~5 月,果期 6~7 月。 产于资源、全州、龙胜、临桂、融水、凌云、乐业、隆林;生于海拔 900~1 800 m 的山坡林下或灌木丛中。分布于浙江(南部)、福建(北部)、江西(西南部)、湖北(西部)、广东、云南及贵州。 本种与**巴东荚蒾**(*V. henryi* Hemsl.)有关联,但小枝黄白色;叶侧脉每边 4~6 条,背面脉腋无趾蹼状小孔;聚伞花序伞房状,无宿存苞片,易于区别。近似种**少花荚蒾**(*V. oliganthum* Batal.)的小枝褐色,叶背脉上零星贴生星状毛,圆锥花序典型,具线形苞片,也易与之区别。

18. **鳞斑荚蒾**(拉汉种子植物名称) 点叶荚蒾(中国高等植物图鉴)

Viburnum punctatum Buch.-Ham. ex D. Don,Prodr. Fl. Nepal. 142. 1825;C. B. Clarke in Hook. F. Fl. Brit. Ind. **3**:5. 1880;中国高等植物图鉴 **4**:315,图 6044. 1975;中国植物志 **72**:65. 1988;云南植物志 **5**:378~380,图版 122:1~4. 1991. ——*V. acuminatum* Wall. ex DC., Prodr. **4**:325. 1830;Fl. China **19**:597~598. 2011.

图版 38　1. 巴东荚蒾 Viburnum henryi Hemsl.　1. 果枝。　2. 皱叶忍冬 Lonicera reticulata Champion　2. 花枝。（1 林文宏绘，2 邹贤桂绘）

18a. **鳞斑荚蒾**(原变种)

Viburnum punctatum Buch. -Ham. ex D. Don var. punctatum

广西不产。

18b. **大果鳞斑荚蒾**(变种)(植物分类学报) 图版 39:1～2

Viburnum punctatum Buch. -Ham. ex D. Don var. lepidotulum (Merr. et Chun) Hsu 于植物分类学报 13(1):121. 1975;中国植物志 72:65～66,图版 13:1～4. 1988;Fl. China 19:598. 2011. ——*V. lepidotulum* Merr. et Chun in Sunyatsenia 2:22,Pl. 12. 1934,et 5:192. 1940.

本变种与原变种的主要区别在于它的花和果实都较大,花冠直径约 8 mm,裂片长约 3 mm,果实长 14～15(18)mm,直径约 10 mm。常绿乔木,高达 9 m;植物体除被铁锈色圆形小鳞外后无寻常毛被。冬芽裸露。叶片硬革质,长圆状椭圆形或长圆状卵形,全缘或有时上部具少数不整齐浅齿,边内卷,长 8～14(18)cm,先端骤然钝尖,有时尾尖,基部宽短尖,侧脉每边 5～7 条,叶柄粗壮,长 1～1.5 cm,上面有深沟。聚伞花序复伞形式,平顶,直径 7～10 cm,花序梗无或极短。花冠白色,辐状。果实先红后黑,椭圆形,扁;核有 2 条背沟和 3 条浅腹沟。 花期 4～5 月,果期 10 月。 产于苍梧、德保、那坡、上思、防城等地;生于海拔 200～900 m 的山谷杂木林中。分布于广东(西部)和海南。

19. **水红木**(通称) 四季青 大路通(乐业) 图版 40:1

Viburnum cylindricum Buch. -Ham. ex D. Don, Prodr. Fl. Nepal. 142. 1825;Rehd. in Sarg. Trees. And Shrubs 2:91,t. 143. 1908,excl. syn;陈嵘,中国树木分类学 1155. 1937;中国高等植物图鉴 4:316,图 6045. 1975;中国植物志 72:66～68,图版 13:5～9. 1988;云南植物志 5:380～381,图版 122:5～8. 1991;Fl. China 19:595. 2011. ——*V. crassifolium* Rehd. in Sarg. Trees and Shrubs 2:112. 1908.

本种叶面膜质层极厚,轻轻一划可显白色斑痕,故民间称"一摸白"。常绿灌木至小乔木,高可达 8(15) m;幼枝被微毛,后消失;冬芽有 1 对具腺体的芽鳞。叶片坚纸质至革质,椭圆形至长圆形或卵状长圆形,长 6～16(25)cm,宽 3～5(10)cm,先端渐尖至骤然渐尖,基部狭窄至宽楔形,近基部两侧各有 1 至数个腺体,两面无毛,或背部有时脉腋有簇聚毛,侧脉每边约 3～5 条,近叶缘网结;叶柄长 1～3.5 cm。花序聚伞状近伞形或复伞形,直径 7～10 cm,被微毛至仅有微小腺点,花序梗长 2.5～3.5 cm;花冠白色或带粉红色,筒状钟形,长 4～6 mm,裂片长约 1 mm,直伸。核果卵状球形,长约 5 mm,先红后紫黑;核扁,背具 2、腹具 1 条浅沟。 花期 6～7 月,果期 8～10 月。 产于全州、资源、灌阳、龙胜、兴安、灵川、融水、三江、临桂、阳朔、金秀、象州、都安、巴马、环江、河池、南丹、天峨、凤山、东兰、乐业、凌云、田林、隆林、德保、那坡、靖西;生于海拔 500～1 800 m 的阳坡常绿阔叶林或灌木丛中。分布于中南至西南各省区及西藏、甘肃、湖北,巴基斯坦、印度、尼泊尔、不丹、缅甸、越南、印度尼西亚亦有。 本种根、根皮、叶及花供药用,叶清热解毒;根和树皮祛风,活络;花润肺止咳,外用洗脓疮等。种子含油量达 35%,油用于制皂或点灯。此外树皮及果尚含鞣质,可提制栲胶。嫩叶还可作猪饲料。

20. **三叶荚蒾**(中国高等植物图鉴)

Viburnum ternatum Rehd. in Sarg. Trees and Shrubs 2:37,t. 117. 1907,et in Journ. Arn. Arb. 16:330. 1935;中国高等植物图鉴 4:316. 1975,in nota;中国植物志 72:68. 1988;云南植物志 5:381,图版 123,1～3. 1991;Fl. China 19:598～599. 2011.

本种的叶通常 3 片轮生(在较细弱枝上对生),非常特殊。 花期 6～7 月,果期 8～9 月。 产于那坡;生于海拔 1 250 m 的石灰岩石山林中。分布于湖北、湖南、四川、贵州和云南。 树皮可提取纤维;叶可缺取栲胶。本种的细长且在花蕾中折叠的雄蕊与**厚绒荚蒾**(*V. inopinatum* Craib)相一致,但后者花序有花序梗,叶背被厚绒毛,易于区别。广西产的标本(方鼎等 79576)上,叶背密布黄褐色鳞片状腺点,以前文献未见记载而外地标本亦无此特征,留此存疑。

21. **厚绒荚蒾**(植物分类学报) 毛叶荚蒾(中国高等植物图鉴) 图版 39:3～4

Viburnum inopinatum Craib in Kew Bull. 1911:385;Danguy in Lecomte, Fl. Indo-Chine 3:10. 1922;中

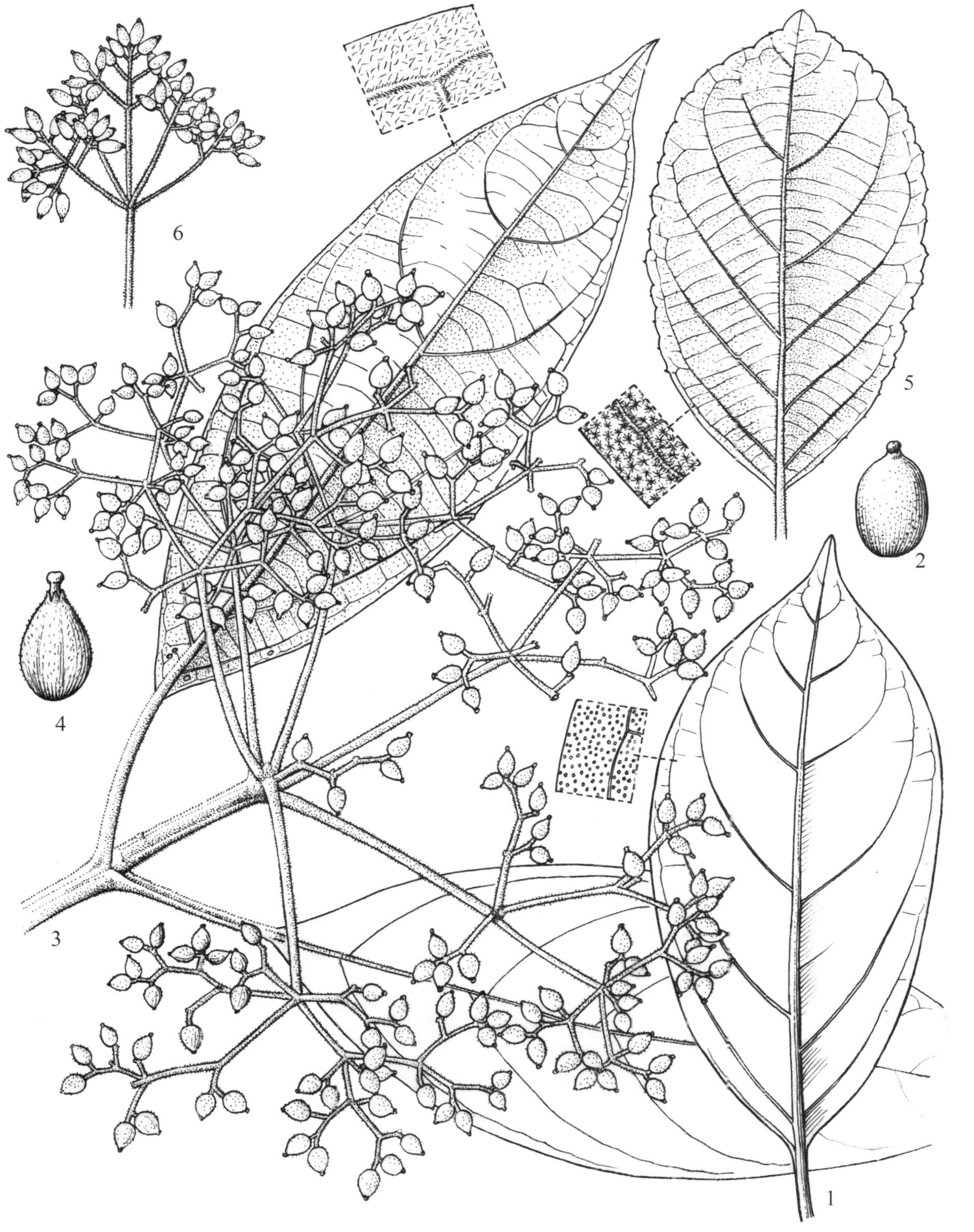

图版 39　1～2. **大果鳞斑荚蒾** Viburnum punctatum Buch.-Ham. ex D. Don var. lepidotulum (Merr. et Chun) Hsu　1. 叶背及局部放大；2. 果。　3～4. **厚绒荚蒾** V. inopinatum Craib　3. 果枝；4. 果。　5～6. **锥序荚蒾** V. pyramidatum Rehd.　5. 叶背及局部放大；6. 果序。（何顺清绘）

图版 40　1. 水红木 *Viburnum cylindricum* Buch.-Ham. ex D. Don　1. 果枝。　2. 常绿荚蒾 *V. sempervirens* K. Koch　2. 果枝。　3～4. 瑶山荚蒾 *V. squamulosum* Hsu　3. 果枝；4. 果背面。　（林文宏绘）

国植物志 **72**:69～70.1988;云南植物志 **5**:383,图版 123:4～5.1991;Fl. China **19**:595～596.2011.——*V. sambucinum* Blume var. *tomentosum* auct. non Hall. f.,中国高等植物图鉴 **4**:316,图 6046.1975.

常绿灌木或小乔木,高可达 10 m;幼枝、叶背面、叶柄和花序均被黄白色或黄褐色簇状厚绒毛。叶片近革质,椭圆状长圆形至长圆状披针形,长(12)15～20(25)cm,宽(4)5～10(11.5)cm,先端骤尖至渐尖,基部楔形至钝形,全缘或有时仅顶端有少数牙齿,背面近基部两侧有 1 个至数个大形腺体,侧脉每边 5～8 条,近叶缘处弯拱而网结;叶柄长 2～5 cm。花序为聚伞状复伞形,直径达 10～15 cm,结果时最大可达 20 cm。花芳香;花冠白色或乳白色,辐状,直径约 3.5 mm。果实红色,卵圆形至椭圆形,长 4～8 mm,直径 3～4 mm,顶端急尖,多少被黄褐色叉状或簇状毛;核扁,有 2 条背沟和 3 条腹沟。　花期 4～5 月,果期 6～10 月。　产于凌云、乐业、靖西、龙州;生于海拔 700～1 300 m 的山坡密林中。分布于云南(南部),缅甸、泰国、老挝和越南(北部)亦有。　叶可入药,外用治风湿骨痛。

22. **淡黄荚蒾**(中国高等植物图鉴)　黄荚蒾(海南植物志)

Viburnum lutescens Blume, Bijdr. 655.1826; Dunn et Tutch. in Kew Bull. add. ser. **10**:122.1912;海南植物志 **3**:366.1974;中国高等植物图鉴 **4**:315,图 6043.1975;中国植物志 **72**:70,图版 14:1～4.1988;Fl. China **19**:598.2011.——*V. colebrookeanum* auct. non Wall. ex DC.:Merr. in Sunyatsenia **1**:205.1934.

常绿乔木,高可达 8 m;当年生小枝被簇状短毛,后变无毛。叶片亚革质,宽椭圆形至长圆状倒卵形,长 7～15 cm,先端常短渐尖,基部狭窄而多少下延,除边缘基部外有粗大钝锯齿;侧脉每边 5～6 条;叶柄长 1～2 cm,无毛。聚伞花序复伞形,或有时因居中的一辐射枝较余者略伸长和粗壮,故呈假圆锥式,直径 4～7 cm,被簇状短毛,花序梗长 2～5 cm;花冠白色,辐状,直径约 5 mm。果实先红后黑,宽椭圆形,长 6～10 mm,直径 3～4 mm;核有 1 条宽广腹沟和 2 条背沟。　花期 2～4 月,果期 10～12 月。　产于兴安、龙胜、桂林、临桂、永福、荔浦、平乐、金秀、象州、融水、融安、罗城、凌云、隆林、昭平、平南、容县和博白等地;生于海拔 180～1 000 m 的山谷林中和灌丛中。分布于广东和海南,中南半岛、马来半岛以及印度尼西亚的爪哇、苏门答腊和加里曼丹亦有。　据分析,采自隆林的本种果核含油 15.6%,油可作工业用油。叶可作药用,祛瘀生新、消肿,亦用于风湿、骨痛。

23. **锥序荚蒾**(中国高等植物图鉴)　图版 39:5～6

Viburnum pyramidatum Rehd. in Sarg. Trees and Shrubs **2**:93.1908;中国高等植物图鉴 **4**:315.1975;中国植物志 **72**:70～72,图版 14:5～8.1988;云南植物志 **5**:383～384.1991;Fl. China **19**:598.2011.

常绿灌木至乔木,高 2～7 m;幼枝黄褐色,被簇状毛,二年生枝变无毛。叶片坚纸质,长圆形或卵状长圆形,长 7～20 cm,宽 4～7 cm,先端渐尖,基部楔形,边缘在基部以上有略圆的小牙齿状锯齿,两面尤其是沿脉上密被簇状微柔毛;侧脉每边 6～7 条,近叶缘网结;叶柄长 1.5～2.5 cm,密被簇状微柔毛。圆锥花序尖塔形,由数层伞形花序组成,长 4～6 cm;花冠白色,辐状,直径 4 mm,长约 2 mm,通常无毛。核果长圆形,长约 1 cm,宽 4～5 mm,红色;核扁略弯,背具 1 条、腹具 2 条浅沟。　花期 11～12 月,果期 3～10 月。　产于扶绥、龙州;生于海拔 1 000 m 以下的山坡路旁、疏林内或灌丛中。分布于云南(东南部),越南(北部)亦有。

24. **金腺荚蒾**(广西植物名录)　图版 41:1～2

Viburnum chunii Hsu 于植物分类学报 **11**(1):82.1966;中国植物志 **72**:72～73.1988;Fl. China **19**:600.2011.——*V. chunii* Hsu subsp. *chengii* Hsu, *V. chunii* Hsu var. *piliferum* Hsu 于植物分类学报 **11**(1):83.1966;中国植物志 **72**:73.1988.

本种的主要特征在于其叶具离基三出脉和背面具有金黄色腺点。常绿灌木,高达 3 m;当年生小枝四角状,无毛。叶片厚纸质至薄革质,卵状菱形至菱形或椭圆状圆形,长 5～7 cm,先端尾状渐尖,基部楔形,边缘通常中部以上有 3～5 对疏锯齿,腹面常散生金黄色及暗色腺点,无毛或至多仅中脉疏被短糙毛,背面无毛或脉腋有时集聚簇状毛,腺点较密,侧脉每边 3～5 条,近缘前为弯而互相网结,最下两条叶脉有时伸长至叶中部以上而作离基三出脉状,中脉在腹面突起;叶柄长 4～8 mm。复伞形式聚伞花序顶生,直径 1.5～2 cm,疏被黄褐色简单或叉状短糙伏毛或腺点,花序梗长 5～18 mm;苞片和小苞

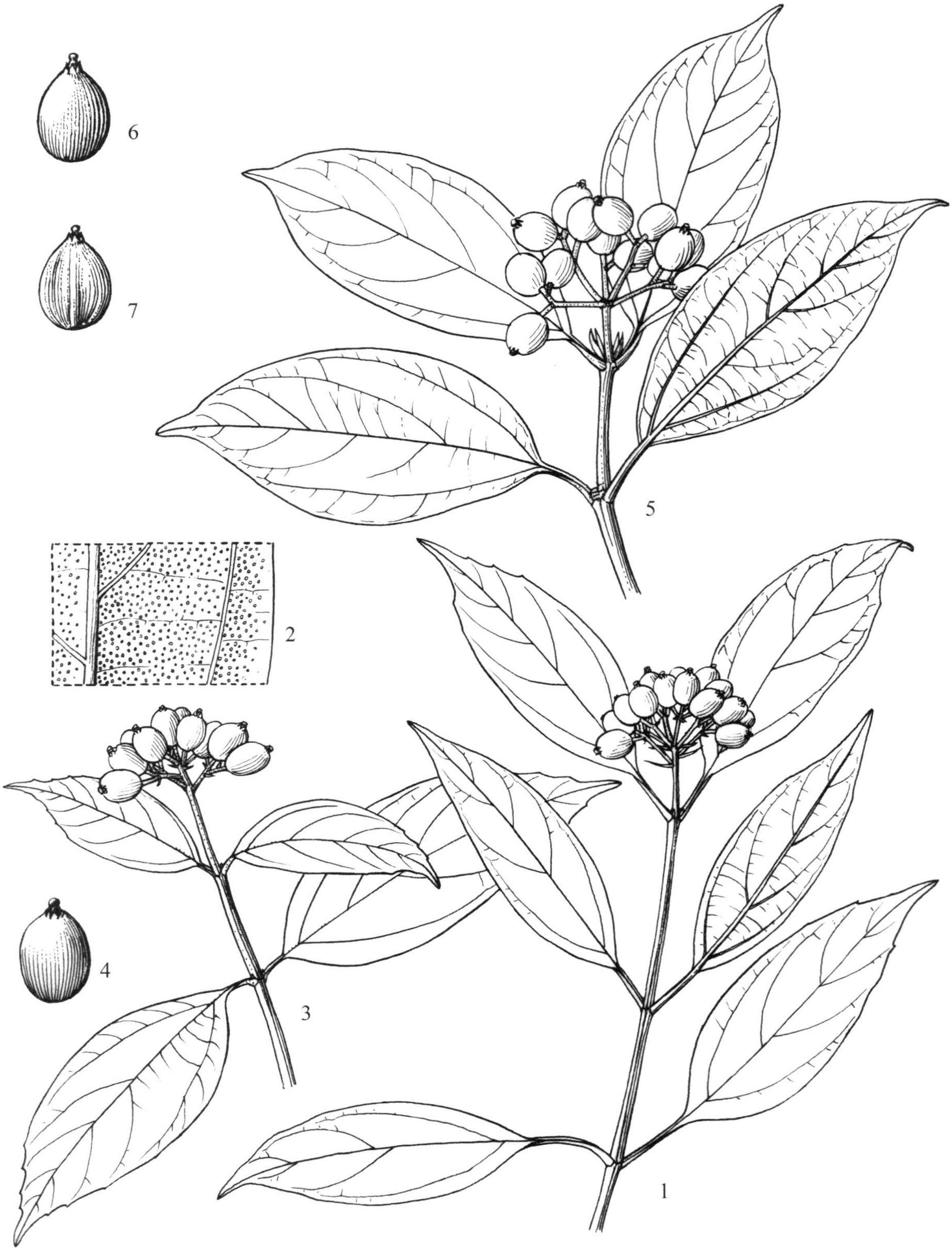

图版41　1～2. **金腺荚蒾** Viburnum chunii Hsu　1. 果枝；2. 叶背局部放大，示腺点。　3～4. **海南荚蒾** V. hainanense Merr. et Chun　3. 果枝；4. 果。　5～7. **具毛常绿荚蒾** V. sempervirens K. Koch var. trichophorum Hand.-Mazz.　5. 果枝；6. 果背面；7. 果腹面。（何顺清绘）

片宿存；花冠蕾时带红色。果实红色，圆形，直径7～9 mm；核卵圆形，扁，背、腹沟均不明显。 花期5月，果期10～11月。 产于龙胜、全州、兴安、融水、罗城、金秀、武鸣、贺州、昭平、玉林、陆川；生于海拔140～1 300 m山谷林、疏林或灌木丛中。分布于安徽(南部)、浙江(东部至南部)、江西(南部和西部)、福建(北部)、湖南和广东及贵州(东南部)。

25. **海南荚蒾**(植物分类学报) 油炸木(陆川) 牛瘦鞭(防城) 图版41:3～4

Viburnum hainanense Merr. et Chun in Sunyatsenia **5**:193. 1940；陈焕镛，植物分类学报**7**:74，1958；海南植物志**3**:366，图776. 1974；中国植物志**72**:72～74. 1988；Fl. China **19**:604. 2011. ——*V. tsangii* Rehd. in Journ. Arn. Arb. **23**:378. 1942.

常绿灌木，高达3 m；小枝、叶背面和花序均有黑色或栗褐色微细腺点；当年生小枝四方形，连同叶柄均被由黄褐色簇状毛组成的绒毛，上一年小枝无毛。叶片亚革质，长圆、宽长圆状披针形或椭圆形，长3～8 cm，先端短渐尖或尖，基部宽楔形或有时圆形，全缘或中部以上具2～3对疏离的小齿，腹面干后带黑色，两面无毛或背面中脉及侧脉被疏或密的簇状毛，有黑色或栗褐色腺点；侧脉每边4～5条，基部一对伸长作离基三出脉状；叶柄长3～8 mm。复伞形式聚伞花序顶生，直径2～4 cm，花序梗几无或长4～10 mm；花芳香；花冠白色，辐状，直径约4 mm，无毛。果实红色，扁，卵圆形，直径约6 mm，顶端细尖；核扁圆形，背面突起，腹面深凹，其形如勺，无纵沟。 花期4～7月，果期8～12月。 产于防城、北流、博白、陆川、合浦和上思等地；生于海拔600～1 400 m的灌丛或密林中。分布于广东和海南，越南北部亦有。 根和叶可入药，用于跌打损伤、风湿骨痛等。

26. **常绿荚蒾**(拉汉种子植物名称) 坚荚树(救荒本草)

Viburnum sempervirens K. Koch, Hort. Dendr. 300. 1853；Dunn et Tutch. in Kew Bull. add. ser. **10**:121. 1912；中国高等植物图鉴**4**:317，图6047. 1975；中国植物志**72**:74. 1988；Fl. China **19**:608～609. 2011.

26a. **常绿荚蒾**(原变种) 图版40:2

Viburnum sempervirens K. Koch. var. **sempervirens**

常绿灌木，高可达4 m；当年生小枝淡黄色或灰黄色，四角状，散生簇状短糙毛或近无毛。叶片革质，干后腹面变黑色至黑褐色或灰黑色，椭圆形至椭圆状卵形，有时长圆形或倒披针形，长4～12 cm，先端尖或短渐尖，基部渐狭至钝形，有时近圆形，全缘或上部至近顶部具少数少齿，背面全面有微细褐色腺点，中脉及侧脉常有疏伏毛；侧脉3～4(5)对，近缘前互相网结或达至齿端，最下一对伸长而多少呈离基三出脉状；叶柄长5～15 mm，无毛或散生少数簇状毛。复伞形聚伞花序顶生，无毛或近无毛，直径3～5 cm，有红褐色腺点，花序梗长不到1 cm，四角状，花冠白色，辐状，直径约4 mm。果实红色，卵圆形，长约8 mm；核扁圆形，腹面深凹陷，背面突起，其形如勺，直径3～5 mm。 花期5月，果熟期10～12月。 产于兴安、龙胜、桂林、金秀、贺州、苍梧、上思；生于100～1 800 m山谷密林或疏林中，或丘陵地灌丛中。分布于江西南部、广东和海南。 本变种可药用，治跌打、骨折、风湿骨痛等；亦作牛、猪跌打药。果酸甜，可食。可作庭园绿化树种。

26b. **具毛常绿荚蒾**(变种)(拉汉种子植物名称) 图版41:5～7

Viburnum sempervirens K. Koch var. **trichophorum** Hand.-Mazz. in Beih. Bot. Centralbl. Bd. 56(Pl. Mell. Sin. 3):Abt. B,465. 1937；中国植物志**72**:74～75. 1988；云南植物志**5**:384～385. 1991；Fl. China **19**:609. 2011.

本种与原变种不同之处在于：幼枝、叶柄和花序均密被簇状短毛，有时还夹杂简单长毛。叶片先端具较明显的锯齿，侧脉每边5～6条。果实较大，核长约7 mm，直径约5 mm，背面略突起，腹面略呈鹅毛扇状弯拱不明显凹陷。 产于兴安、贺州、德保；生于海拔400～1 000 m山地密林中。分布于浙江、江西、福建、湖南(南部)、广东、云南、贵州及四川。

27. **臭荚蒾**(拉汉种子植物名称)

Viburnum foetidum Wall. in Pl. As. Rar. 1:49, t. 61. 1830; C. B. Clarke in Hook. f. Fl. Brit. Ind. 3:4. 1880;中国植物志 72:78. 1988;云南植物志 5:385,图版 124,1~2. 1991;Fl. China **19**:602. 2011.

27a. **臭荚蒾**(原变种)

Viburnum foetidum Wall. var. foetidum

广西不产。

27b. **直角荚蒾**(变种)(拉汉种子植物名称)

Viburnum foetidum Wall. var. rectangulatum (Graebn.) Rehd. in Sarg. Trees and Shrubs **2**:114. 1908;中国高等植物图鉴 **4**:317,图 6048. 1975;中国植物志 **72**:78~79,图版 16:1~3. 1988;云南植物志 **5**:386. 1991;Fl. China **19**:602. 2011.

本变种的小枝颜色、叶形大小及颜色等变化非常大。灌木至小乔木,高达 4 m,常呈攀缘状;枝披散,侧生小枝甚长而呈蜿蜒状,黄褐色或棕褐色,圆柱状或有棱而不呈四角状,与主枝呈直角开展或否,被簇状短毛。叶片厚纸质至薄革质,卵形、菱状卵形、椭圆形至长圆形或长圆状披针形,长 3~12 cm,中部以上有少数不规则浅齿,背面偶有棕色小腺点,侧脉直达齿端或近缘前网结,基部一对较长而常作离基 3 出脉状。复伞形式聚伞花序生于侧生小枝之顶,直径 3~5 cm;花序梗通常极短或几缺,少有长达 2 cm 者;花冠白色,辐状。果实红色,圆形、扁,长 6~8 mm;核椭圆形,扁,有 2 条浅背沟和 3 条浅腹沟。原变种与之不同在于枝不披散,小枝亦不甚伸长,不呈蜿蜒状,叶长圆状菱形,背面具毛,花序梗常在 2 cm 以上。 产于资源、龙胜、兴安、灌阳、融水、象州、凌云;生于海拔 600~2 000 m 的山坡或灌木丛中。分布于陕西(南部)、湖北(西部)、江西、湖南、广东、云南(绥江)、贵州、四川、西藏和台湾。

27c. **珍珠荚蒾**(变种) (中国高等植物图鉴)

Viburnum foetidum Wall. var. ceanothoides (C. H. Wright) Hand. -Mazz. in Symb. Sin. **7**:1038. 1936;中国高等植物图鉴 **4**:317. 1975;中国植物志 **72**:79~81,图版 16:4~6. 1988;云南植物志 **5**:385,图版 124,3. 1991;Fl. China **19**:603. 2011. ——*V. ceanothoides* C. H. Wright in Kew Bull. Misc. Int. 1896:23.

本变种特征明显:灌木、直立或攀缘状;枝披散,侧生小枝较短。叶片较密,较小,长 2~3 cm,倒楔形,向顶有疏牙齿或不规则缺刻,背面常散生棕色腺点,脉腋集聚簇状毛,侧脉每边 2~3 条。花序梗长 1~3 cm。果实红色,椭球形,长 5 mm。 产于隆林;生于海拔 1 500 m 的石灰岩石山灌木丛中。分布于四川(南部)、贵州(西部)和云南。 本种果可食,味酸甜;根、树皮、叶和果供药用,有清热解表、疏风止咳之效,治头痛、风热咳嗽、白口疮、火眼,也治跌打损伤及周身疼痛和刀伤出血;种子含油约 10%,油供制润滑油和肥皂。

28. **瑶山荚蒾**(中国植物志) 细鳞荚蒾(植物分类学报) 图版 40:3~4

Viburnum squamulosum Hsu in 植物分类学报 **13**(1):127, t. 13. 1975;中国植物志 **72**:75,图版 15:1~3. 1988;Fl. China **19**:609. 2011.

本种以具线状披针形叶片(长 11~17 cm)及其近四角形的果核而易于辨认。灌木;幼枝、叶两面、叶柄和花序均有褐色微细腺点而无毛。叶片厚纸质,先端渐尖,基部楔形至钝形,边缘疏生少数开展的不规则小尖齿;侧脉每边 6 条,直达齿端或近缘前互相网结,小脉不明显;叶柄长 1~1.5 cm。复伞形式聚伞花序顶生,结果时直径约 6 cm,花序梗长约 2 cm,纤细。花冠辐状。果实无毛;核扁,长度和直径各约 5 mm,腹面凹陷,背面突起,形状如勺。 产于金秀大瑶山;生于密林中。 本种为广西特有种。

29. **披针叶荚蒾**(植物分类学报)

Viburnum lancifolium Hsu in 植物分类学报 **11**(1):81, t. 16, 1966;中国植物志 **72**:75,图版 15:4~8. 1988;Fl. China **19**:605~606. 2011.

常绿灌木,高约 2 m;当年生小枝,连同叶(腹面沿中脉,背面沿中脉和侧脉)、叶柄、花序、萼筒及萼裂片边缘均被黄褐色簇状毛,或夹生叉状或简单短毛和长毛。叶片纸质,矩圆状披针形至披针形,长 9~20 cm,顶端长渐尖,基部圆或钝形,边缘通常离基 1/3 以上疏生开展的尖锯齿,叶面有光泽,侧脉每边 7~

12 条；叶柄长 8～10 cm。复伞形式聚伞花序顶生，直径约 4 cm，果时可达 6.5 cm；花序梗纤细，长 1.5～4 cm；苞片和小苞片膜质，条状披针形，具睫毛；花冠白色，辐状，直径约 4 mm。果实红色，圆形，直径 7～8 mm；核扁，常带方形，长约 5 mm，腹面凹陷。　花期 5 月，果期 8 月。　产于环江；生于海拔 200～500 m 林中。分布于浙江西(南部)、江西和福建(北部)。　本种同**瑶山荚蒾**(*V. squamulosum* Hsu)最接近，但后者幼枝、叶片和叶柄均无毛，叶片较窄而短，侧脉每边 6 条，可以此区别。

30. **茶荚蒾**(中国植物志)　汤饭子(中国高等植物图鉴)　刚毛荚蒾

Viburnum setigerum Hance in Journ. Bot. n. s. **20**:261. 1882；Rehd. in Sarg. Trees and Shrubs **2**:112. 1908；中国高等植物图鉴 **4**:318，图 6049. 1975；中国植物志 **72**:81～82，图版 17:1～10. 1988；Fl. China **19**:609. 2011.

本种植物芽及叶干后变黑色或灰黑色，与浅灰黄色的具棱角的当年生小枝反差极大，且冬芽较长(5～10 mm)，极易识别。落叶灌木，高达 3 m。叶片纸质，卵状长圆形至卵状披针形，长 7～12 cm，先端渐尖，基部圆形，边缘基部除外疏生尖锯齿，腹面时中脉被长纤毛，后变无毛，背面仅中脉及侧脉被浅黄色贴生长纤毛，近基部两侧有少数腺体，侧脉每边 6～8 条，笔直而近并行，直达齿端；叶柄长 1～2 cm，有少数长伏毛或近无毛。复伞形式聚伞花序无毛或稍被长伏毛，具极小红褐色腺点，直径 2.5～5 cm，常弯垂，花序梗长 1～2.5 cm；花芳香；花冠白色，干后变黑，辐状，直径 4～6 mm，无毛。果序弯垂，果实红色，卵圆形，长 9～11 mm；核甚扁，卵圆形，长 8～10 mm，直径 5～7 mm，腹面扁平或略凹陷。　花期 4～5 月，果熟期 9～10 月。　产于龙胜、资源、全州、兴安、灌阳、融水；生于海拔 600～1 100 m 的山谷溪旁疏林或山坡灌丛中。分布于陕西、江苏、安徽、浙江、江西、福建、台湾、广东、湖南、贵州、四川和湖北。　本种根有破血通经、止血等功效。

31. **衡山荚蒾**(黄山植物研究)

Viburnum hengshanicum Tsiang ex Hsu in Chen et al.，Observ. Fl. Hwang shan. 178，t. 8. 1965；中国植物志 **72**:87. 1988；Fl. China **19**:604～605. 2011.

落叶灌木，高达 2.5 m；除叶背和花序外，全株无毛。叶片纸质，宽卵形或圆卵形，稀倒卵形，长 9～14(18)cm，先端急短渐尖或急狭而具 1 长突尖，尖开展或稍外弯，前面中脉与侧脉疏被简单伏毛或近无毛，脉腋集聚少数簇状毛，侧脉每边 5～7 条。复伞形式聚伞花序顶生，直径 5(9)cm，花序梗长 6～10 cm，花冠白色，辐状，直径约 5 mm。果实红色，长圆形至圆形；核扁，倒卵形，长 6～8 mm，直径 5～6 mm，背具 2 条浅沟，腹具 3 条浅沟。　花期 5～7 月，果期 9～10 月。据《中国植物志》记载，广西阳朔有产(笔者未见标本，仅录于此)，生于林中。分布于安徽、浙江、江西、湖南(衡山、溆浦)和贵州(梵净山)。

32. **宜昌荚蒾**(植物分类学报)

Viburnum erosum Thunb. Fl. Jap. 124. 1784；中国植物图鉴 115，图 206. 1937；陈嵘，中国树木分类学 1154. 1937；中国植物志 **72**:97～99. 图版 21. 1988；Fl. China **19**:601～602. 2011. ——*V. ichangense* Rehd. in Sarg. Trees and Shrubs **2**:150. 1908；中国高等植物图鉴 **4**:318，图 6050. 1975；云南植物志 5:392～393. 1911. ——*V. erosum* subsp. *ichangense* (Hemsl.) P. S. Hsu，植物分类学报 **13**(1)，126. 1975.

本种叶片形常为卵状披针形，背面密被簇状毡毛，间杂有少数简单长毛，叶柄极短，长 3～5 mm，基部具 1 对钻形托叶(长 2～6 mm)，幼果密被簇状毡毛，成熟时散生星状毛，易于识别。落叶灌木，高达 3 m；幼枝、芽、叶柄和花序均密被簇状短毛和简单长柔毛，二年生小枝带灰紫褐色，无毛。叶片纸质，长 3～6 cm，宽 1.5～3.5 cm，先端渐尖，基部常呈心形，边缘有牙齿，腹面粗糙，疏生有疣基的叉毛，近基部中脉两侧有少数腺体，侧脉每边 6～9 条，伸达齿端。花序聚伞状复伞形，直径 2～4 cm；苞片和小苞片线形，长 4～5 mm；花冠白色，长约 3 mm，无毛，辐状。核果卵球形，长 7～8 mm，红色；核扁，背具 2 浅沟，腹具 3 浅沟。　花期 4～5 月，果期 6～9 月。　产于灌阳、全州、融水；生于海拔 400～1 000 m 的山坡林下或灌木丛中。分布于山东、江苏南部、安徽、浙江、江西、福建、台湾、广东(北部)、湖南、贵州、四川、云南、湖北、河南及陕西(南部)。　本种种子含油约 40%，油可供制肥皂及作润滑油。茎皮纤维可制绳索及造纸；枝条供编织用。叶和根可药用，有清热、祛风、除湿、止痒之效。

33. **荚蒾**(唐本草) 图版 42:1～3

Viburnum dilatatum Thunb. Fl. Jap. 124. 1784;陈嵘,中国树木分类学:1152,1937;中国高等植物图鉴 **4**:319,6052. 1975;中国植物志 **72**:88～89. 1988;Fl. China **19**:601. 2011. ——*V. dilatatum* Thunb. var. *macrophyllum* Hsu in 植物分类学报 **11**(1):78. 1966.

落叶灌木,高达 3 m;冬芽具 2 外鳞。叶片纸质,宽倒卵形、倒卵形或宽卵形,长 3～15 cm,先端急尖,基部圆形至钝形或策心形,有时楔形,边缘有牙齿状锯齿,腹面尤其沿脉具疏生叉状或简单伏毛,背面稍密生黄色叉状或簇状毛,脉上尤密,脉腋聚集簇状毛,散生黄色或近无毛的透亮腺点,侧脉每边 6～8 条,直达齿端;叶柄长(5)10～20 mm。复伞形式聚伞花序,生于具一对叶的短枝之顶,直径 4～10 cm,结果时毛多少脱落;花冠白色,辐状,直径约 5 mm。果实红色,椭圆状卵圆,长 7～8 mm,有时病态发育(有虫瘿)而密被开展的污黄色小刚毛状糙毛,直径仅 3 mm 或肿至 12 mm;核扁,卵形,有 3 条浅腹沟和 2 条浅背沟。花期 5～6 月,果期 9～11 月。 产于龙胜、全州、灌阳、灵川、临桂、桂林、柳州、融水、隆林;生于海拔 200～1 750 m 的山坡、山谷密林、疏林或灌丛中。分布于河北(南部)、陕西(南部)、江苏、安徽、浙江、江西、福建、台湾、河南、湖北、湖南、广东(北部)、四川、贵州及云南,日本和朝鲜也有分布。 本种果可食,亦可酿酒。种子含油 10.03%～12.91%,可制肥皂和润滑油。韧皮纤维可制绳和人造棉。枝和叶入药有清热解毒、疏风解表之效,根能祛瘀消肿,用于疮疡肿毒。本种还可作庭园绿化植物。 本种的主要特征为其幼枝、叶柄或花序均密被开展的土黄色小刚毛状粗毛或簇状短毛,二年生枝被疏毛或几无毛。这一种的处理较为混乱,就广西标本而言,《中国植物志》72 卷中处理为 *V. dilatatum*,而《云南植物志》则将幼枝、花序及叶柄均被开展长毛的类型处理为 *V. corylifolium*。根据所掌握的标本及资料,我们无法对这两个种作更深入的研究探讨,本志暂按《中国植物志》的方法处理。

34. **吕宋荚蒾**(植物分类学报)

Viburnum luzonicum Rolfe in Journ. Linn. Soc. Bot. **21**:310. 1884;H. L. Li,Woody Fl. Taiwan 895. 1963;中国植物志 **72**:94,图版 20:1～4. 1988;云南植物志 **5**:392. 1991;Fl. China **19**:606～607. 2011.

落叶灌木,高达 3 m;幼枝、芽、叶柄、花序及花萼均多少被黄褐色或淡黄褐色簇状毛。叶片纸质,椭圆状卵形、卵形至宽卵形,长 3～8 cm,先端渐尖或锐尖,基部宽楔形至圆形,边缘有外展齿牙,两面有毛或至少以后沿脉上有毛,叶面尤其幼时有无柄的透明微小腺点,侧脉每边 5～7 条,直达齿端;叶柄长 3～10 mm。花序聚伞状复伞形,长 2～2.5 cm,直径 3～3.5 cm,花序梗经常无,稀长达 1.5 cm;花冠白色,长约 2.5 mm,辐状,外被簇状短毛,花冠裂片长于冠筒。核果卵圆形,5～6 mm,红色;核扁,宽卵形,背具 3 条、腹具 2 条浅沟。花 5～6 期月,果期 8～10 月。 产于金秀、柳州、罗城、都安、东兰、凌云、乐业、西林、龙州、宁明、上林、容县;生于海拔 100～200 m 的山谷、山坡林中或旷野路旁。分布于浙江(南部)、江西、福建、台湾、广东、云南(富宁),菲律宾至马来西亚的马六甲也有。 本种茎、叶可药用,治骨折及枪伤;茎皮可作纤维用;果实可酿酒。

35. **南方荚蒾**(中国高等植物图鉴) 火柴木(桂平) 映山红(容县、岑溪) 火柴树、猫屎木(贺州) 图版 42:4～5

Viburnum fordiae Hance in Journ. Bot. **21**:321. 1883;Rehd. in Journ. Arn. Arb. **8**:197. 1927;中国高等植物图鉴 **4**:320,图 6053. 1975;中国植物志 **72**:91～92,图版 19:2～5. 1988;云南植物志 **5**:391. 1991;Fl. China **19**:603. 2011. ——*V. hirtulum* Rehd. in Sarg. Trees and Shrubs **2**:115. 1908.

本种易与**吕宋荚蒾**(*V. luzonicum* Rolfe)混淆,但其叶腹面偶具有柄的红褐色小腺体而非无柄的透明圆形小腺点;花序梗明显,长 1～3.5 cm,极少近于无,果实较大,其实不难区别。落叶灌木,高达 3 m;小枝、芽、叶柄及花序均密被黄褐色、暗黄色至暗褐色簇状绒毛。叶片膜质,卵形、宽卵形或菱状卵形,少有卵状长圆形,长 4～7 cm,先端近尖锐至骤然短渐尖,基部钝或圆形,边缘在基部以上向顶疏生浅波状小尖齿,稀近全缘,腹面无毛或仅沿脉有绒毛,无腺点或有时沿脉散生有柄的红褐色小腺点;侧脉每边 5～7 条,伸达齿端;叶柄长 5～12 mm,密被簇状绒毛。花序聚伞、复伞形,顶生,直径 4～7 cm,

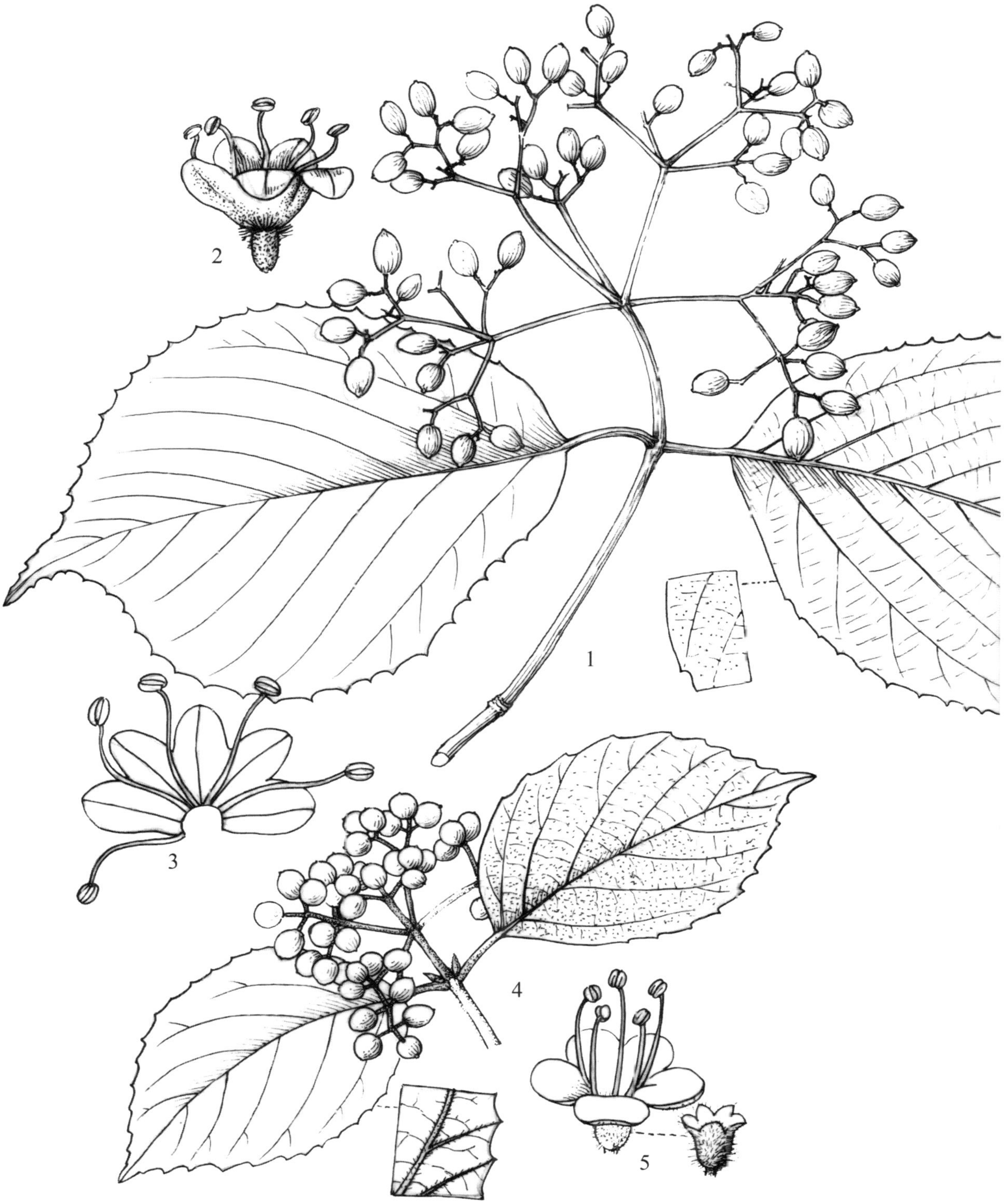

图版 42　1～3. **荚蒾** Viburnum dilatatum Thunb.　1. 果枝；2. 花；3. 花冠展开，示雄蕊。　4～5. **南方荚蒾** V. fordiae Hance　4. 果枝；5. 花及花萼。　（林文宏绘，1～2 摹自《中国植物志(第 72 卷)》张荣生图）

密被簇状绒毛，有梗，长 1～3.5 cm，极少无；花冠白色，长约 2.5 mm，外疏被簇状毛，辐状，裂片长于筒。核果卵状球形，长约 6～7 mm，红色；核扁，背具 1 条，腹具 2 条浅沟。 花期 4～5 月，果期 9～10 月。 产于广西各地。 全株药用，有祛风清热、散瘀活血之功效，用于感冒、发热、月经不调、风湿痹痛、跌打骨折。本种还可作庭园绿化植物。

3. 忍冬属 Lonicera L.

直立灌木或缠绕藤本。叶常对生，脱落或常绿；叶片全缘稀于幼时浅裂，有时花序下 1～2 对叶的基部合生，通常无托叶。通常双生于花序梗顶端，腋生及顶生，每对花的基部是 2 枚苞片和 4 枚小苞片，后者合生或分生，或花单生，每 3～6 朵成 1 轮，常 1 轮至数轮集成头状，生于分枝的顶端；花萼筒部与子房合生，萼齿 5 枚；花冠初开时通常白色，后变黄色，冠筒基部一侧有时具浅囊，稀距，檐部整齐的 5 裂或二唇形，上唇 4 裂，下唇 1 裂；雄蕊 5 枚，着生于花冠筒上，与裂片互生；子房 2～3 室，稀 5 室，有时相邻的二子房合生，柱头头状，浆果肉质，内有种子 3～8 粒；种子具浑圆的胚。 本属约有 200 种，主要分布于亚洲和美洲。我国有 98 种，主产西南部；广西现知有 13 种 1 变种。 本科植物中有些种类具有较高的观赏价值或药用价值。

分种检索表

1. 花双生于花序梗顶端，稀 1 朵不发育而仅有 1 朵；花序下 1～2 对叶的基部不合生成盘状。
 2. 直立灌木；小苞片合生；萼檐具下延的帽边状突起；花冠长不超过 1.3 cm，非唇形，基部一侧具浅囊。
  3. 叶片披针形或卵状披针形，基部通常圆形至宽楔形；中脉在腹面凹陷或平，密被小糙毛；花冠长 8～13 mm …………………………………………………………………………… 1a. **女贞叶忍冬** L. ligustrina Wall. var. ligustrina
  3. 叶片卵形至长圆状披针形或菱状长圆形，基部通常楔形；中脉在腹面突起，无毛；花冠长 6～8 mm …………………………………………………………………………… 1b. **蕊帽忍冬** L. ligustrina Wall var. pileata (Oliver) Franchet
 2. 缠绕藤本；小苞片分生(长距忍冬除外)；萼檐无下延的帽边状突起；花冠长 1.5～12 cm，唇形，基部一侧无浅囊，稀具长距。
  4. 花冠基部一侧具长距；双花相邻的两萼筒合生；果实成熟时红色 ………………… 2. **长距忍冬** L. calcarata Hemsl
  4. 花冠基部无距；双花相邻的两萼筒分生；果实成熟时通常黑色或蓝黑色。
   5. 花冠长 1.5～2.5 cm。
    6. 花柱无毛，花序梗长 5～15 mm；叶背密被锈色糙毛 ………………………… 3. **锈毛忍冬** L. ferruginea Rehd.
    6. 花柱或多或少被毛，花序梗极短或几无；叶背不被锈色糙毛 ………………… 4. **淡红忍冬** L. acuminata Wall.
   5. 花冠长(2.5)3～12 cm。
    7. 苞片大，叶状，卵形至椭圆形，长 1～3 cm …………………………………… 5. **忍冬** L. japonica Thunb.
    7. 苞片小，不为叶状，长不超过 1 cm。
     8. 苞片线形或线状披针形，与萼筒近等长或过之。
      9. 叶背被较多的无柄或具短柄的橘红色蘑菇状腺毛 ……………………… 6. **菰腺忍冬** L. hypoglauca Miq.
      9. 叶背无腺，稀被散生具柄的腺毛。
       10. 萼筒密被短糙毛 ……………………………………………………… 7. **华南忍冬** L. confusa (Sweet) DC.
       10. 萼筒通常无毛。
        11. 花冠檐部长约为筒部的 1/8；花柱有毛 ……………………………… 8. **西南忍冬** L. bournei Hemsl.
        11. 花冠檐部与筒部长近相等，至少为筒部的 1/4；花柱无毛。
         12. 花冠外面被倒生的短伏毛和散生的腺毛 ……………………… 9. **皱叶忍冬** L. reticulata Champion
         12. 花冠外面被开展的糙毛和腺毛，或无毛。
          13. 中脉和侧脉在背面被稀少的糙毛或无毛；花冠外面有时无毛 …………………………………………………………………… 10. **细毡毛忍冬** L. similis Hemsl.
          13. 中脉和侧脉在背面密被糙毛 ……………………… 11. **大花忍冬** L. macrantha (D. Don) Spreng.

8. 苞片三角形，长1～2 mm，短于萼筒 ……………………… 12. **大果忍冬** L. hildebrandiana Coll. et Hemsl.

1. 花单生，每3～6朵成一轮，常1～2轮集生于分枝顶端；花序下1～2对叶的基部合生成盘状 ………………………………………………………………………………… 13. **川黔忍冬** L. subaequalis Rehder

1. 女贞叶忍冬（植物分类学报）

Lonicera ligustrina Wall. in Roxb. Fl. Ind. **2**: 179. 1824; Rehd. in Rep. Missouri Bot. Gard. **14**: 76. 1903, et in Sarg. Pl. Wils. **1**: 134. 1911; 徐炳声和王汉津于植物分类学报 **22**: 25. 1984; 中国植物志 **72**: 191, 图版 48: 3～8. 1988; Fl. China **19**: 626～627. 2011.

1a. 女贞叶忍冬（原变种）

Lonicera ligustrina Wall. var. ligustrina

直立灌木，小枝、叶柄和花序梗通常密被糙粗毛。叶片披针形至卵状披针形，稀阔卵形，长(0.5)1～4(8) cm，宽0.4～3 cm，革质，先端渐尖至长渐尖，基部圆形至宽楔形，腹面近边缘常被短糙毛，背面无毛；中脉在腹面凹陷或低平，密被短糙毛。花序腋生，花序梗长1～3 mm；花下垂；苞片狭三角状披针形至线形，长于花萼；小苞片合生，包围双花的萼筒；萼檐具下延的帽边状突起，萼齿三角状卵形，被短睫毛；花冠长1.2～1.3 cm，外面疏被短糙毛和腺毛，檐部整齐的5裂，基部一侧浅囊状；花柱下部被毛。　花期4月。　产于德保、那坡、凌云、乐业等地；生于海拔750～1 350 m的石灰岩石山林中。分布于湖南、湖北、四川、贵州和云南，印度和尼泊尔亦有。

1b. 蕊帽忍冬（变种）

Lonicera ligustrina Wall. var. pileata (Oliver) Franchet, J. Bot. (Morot) 10: 317. 1896; Fl. China **19**: 627. 2011. ——*L. pileata* Oliv. in Hook. Ic. Pl. **16**: pl. 1585. 1887; Forbes & Hemsl. in Journ. Linn. Soc. Bot. **23**: 365. 1888; Rehd. in Rep. Missouri Bot. Gard. **14**: 76. 1903, et in Sarg. Pl. Wils. **1**: 135. 1911; Hand.-Mazz. Symb. Sin. **7**: 1045. 1936; 中国高等植物图鉴 **4**: 288, 图 5898. 1975; 中国植物志 **72**: 193, 图版 48: 11～13. 1988.

直立灌木；多分枝，小枝、叶柄和花序梗被短糙毛。叶片长圆状披针形至菱状长圆形或卵形，长1～6.5 cm，宽2～4(7) mm，革质，先端钝，基部楔形，无毛，中脉在腹面突起。花序腋生，花序梗极短；小苞片合生，包围双花的萼筒，萼檐具下延的帽边状突起；萼齿小而钝；花冠长6～8 mm，外面近无毛，檐部整齐的5裂，基部一侧具浅囊；雄蕊稍伸出于花冠；花柱下部被毛。　花期6月。　仅见于隆林；生于海拔1 000 m的山谷岩石上。分布于广东、湖南、湖北、陕西、四川、贵州和云南。

2. 长距忍冬（中国植物志）

Lonicera calcarata Hemsl. in Hook. Ic. Pl. **27**: pl. 2632. 1900; Rehd. in Rep. Missouri Bot. Gard. **14**: 145. 1903; 中国高等植物图鉴 **4**: 299, 图 6011. 1975; 中国植物志 **72**: 224, 图版 53. 1988; Fl. China **19**: 636. 2011.

缠绕藤本，无毛。叶片椭圆形至长圆形，稀披针形至卵形，长5～14.5 cm，宽1.5～6.5 cm，先端渐尖，基部通常近圆形。花序腋生及顶生，花序梗与叶柄等长或稍长；苞片叶状，宿存；小苞片合生；相邻两花的萼筒合生，萼檐极短，杯状；花冠长3～3.5 cm，唇形，基部1侧具距，距长约1.5 cm；花丝和花柱的下部被毛。浆果2个合生，成熟时红色。　花期4月。　仅见于那坡；生于海拔1 200 m的石灰岩石山林中。分布于贵州、四川和西藏。

3. 锈毛忍冬（中国高等植物图鉴）

Lonicera ferruginea Rehd. in Sarg. Trees et Shrubs **1**: 43, pl. 22. 1902; Rep. Missouri Bot. Gard. **14**: 154. 1903; 中国高等植物图鉴 **4**: 295, 图 6003. 1975; 中国植物志 **72**: 231, 图版 58: 4～5. 1988; Fl. China **19**: 637～638. 2011. ——*L. fulva* Merr. in Lingn. Sci. Journ. **13**: 51. 1934. ——*Lonicera nubium* (Hand.-Mazz.) Hand.-Mazz., Symb. Sin. **7**: 1048. 1936; 中国植物志 **72**: 233, 图版 58: 8. 1988. ——*L.*

giraldii Rehd. f. *nubium* Hand.-Mazz. in Sitzgsanz. Akad. Wiss. Wien **61**:201. 1924.

缠绕藤本，密被铁锈色糙毛。叶片卵形至卵状披针形，长 2.5～10 cm，宽 1～3.5 cm，先端渐尖，基部圆至浅心形，腹面除中脉和侧脉外近无毛，叶脉通常凹陷；叶柄长 3～7 mm。花序顶端及腋生，花序梗长 5～15 mm；花常排成伞房状；苞片与花萼几等长；萼筒通常无毛，萼齿线形，被毛；花冠长约 2 cm，外面密被铁锈色糙毛；花丝下部被毛；花柱无毛。 花期 4～5 月。 产于那坡、融水、龙胜、全州、隆林，生于海拔 1 000～1 200 m 的石灰岩石山林中。分布于福建、江西、广东、贵州、四川和云南。 花蕾在民间入药。

4. **淡红忍冬**（全国中草药汇编） 石山金银花（全州）

Lonicera acuminata Wall. in Roxb. Fl. Ind. **2**:176. 1824；Franch. Pl. David. **2**:70. 1888；Rehd. in Rep. Missouri Bot. Gard. **14**:150. 1903；徐炳声于药学学报 **14**:27，图版 1，图 1. 1979；徐炳声和王汉津于植物分类学报 **22**:30. 1984；中国植物志 **72**:226，图 57:2～4. 1988；Fl. China **19**:637. 2011. ——*L. fuchsioides* Hemsl. in Journ. Linn. Soc. Bot. **23**:362，pl. 9. 1888. ——*L. henryi* Hemsl. in op. cit. 363. ——*L. giraldii* Rehd. in op. cit. pl. 3，f. 14～17. ——*L. buddleioides* P. S. Hsu et S. C. Cheng 于植物分类学报 **17**(4)：80，图 7. 1979；中国植物志 **72**:231，图 59. 1988.

缠绕藤本，小枝、叶柄和花序梗通常被黄褐色卷曲的糙毛。叶片卵状长圆形至长圆状披针形，稀卵形，长 3～8.5 cm，宽 1～4.5 cm，先端渐尖，边缘被睫毛，基部圆形、截形至浅心形，至少腹面中脉被糙毛；叶柄长 3～13 mm。花序顶生及腋生，花序梗长 1～2.5 cm；苞片线形，被睫毛；萼齿长三角形至长圆形，无毛或被睫毛；花冠长 1.5～2.4 cm，漏斗状，外面无毛或被糙毛；花丝和花柱的下部均被毛。 花期 6～7 月。 产于金秀、融水、临桂、灌阳、兴安、资源、全州和龙胜等地；生于海拔约 1 300～2 100 m 的山林中。分布于安徽、浙江、台湾、福建、江西、广东、湖南、湖北、陕西、甘肃、四川、贵州、云南和西藏，印度、尼泊尔、缅甸、印度尼西亚、菲律宾亦有。 花蕾在民间入药。

5. **忍冬**（名医别录） 小山花（全州）

Lonicera japonica Thunb. in Murray，Syst. Veg. ed. **14**:216. 1784. Fl. Jap. 89. 1784；Forbes & Hemsl. in Journ. Linn. Soc. Bot. **23**:364. 1888；Rehd. in Rep. Missouri Bot. Gard. **14**:159. 1903，et in sarg. Pl. Wils. 1:142. 1911；Hand.-Mazz. Symb. Sin. **7**:1051. 1936；中国高等植物图鉴 **4**:297，图 6008. 1975；徐炳声于药学学报 **14**:28，图版 1，图 8. 1979；中国植物志 **72**:236，图版 62:1～4. 1988；Fl. China **19**:637. 2011.

缠绕藤本，小枝、叶柄和花序梗密被开展的糙毛和散生的腺毛。叶片卵形至长圆状卵形，稀长圆形，长 3～7.5 cm，宽 1.5～4 cm，先端短渐尖至钝，边缘被睫毛，基部圆至浅心形，幼时两面被毛，后除中脉和侧脉外渐变近无毛；叶柄长 3～10 mm。花序顶生及腋生，花序梗长 3～20(30)mm；苞片叶状，卵形至椭圆形，长 1～3 cm，被睫毛；萼筒无毛，萼齿长三角形，被睫毛；花冠长 3～4.5 cm，白变黄色，外面被糙毛和腺毛，筒部与檐部近等长。 花期 4～5 月，有时 8～9 月第二次开花。 产于全州、龙胜、临桂和桂林等地；生于海拔 200～500 m 的灌丛或疏林中。分布于全国大部分地区，朝鲜和日本亦有。 花蕾为中药金银花，有清热解毒的功效；茎枝为中药忍冬藤，能清热解毒、通络。

6. **菰腺忍冬**（药学学报） 金银花（巴马、隆安）

Lonicera hypoglauca Miq. in Ann. Mus. Bot. Lug.-Bat. **2**:270. 1866；中国高等植物图鉴 **4**:298，图 6009. 1975；徐炳声于药学学报 **14**:28，图版 1，图 7. 1979；中国植物志 **72**:239，图版 62:7～9. 1988. ——*L. affinis* Hook. et Arn. var. *pubescens* Maxim. in Bull. Acad. Sci. St.-Petersb. **24**:37. 1878. ——*L. affiis* Hook. et Arn. var. *hypoglauca* (Miq.) Rehd. in Rep. Missouri Bot. Gard. **14**:158. 1903；Fl. China **19**:639. 2011. ——*L. hypoglauca* Miq. subsp. *nudiflora* P. S. Hsu et H. J. Wang 于植物分类学报 **17**(4)：81. 1979；徐炳声于药学学报 **14**:29. 1979；中国植物志 **72**:240. 1988.

缠绕藤本，小枝、叶柄和花序梗密被短柔毛。叶片卵形至卵状长圆形，长 3～12 cm，宽 1～7.5 cm，先端短渐尖，基部圆至浅心形，腹面除中脉和侧脉外近无毛，背面或多或少被短柔毛和无柄或具极短柄的橘红色蘑菇状腺；叶柄长 3～10 mm。花序顶生及腋生，花序梗长 2～10 mm；苞片线形，与花蕊等长或稍短，被毛；萼筒无毛，萼齿长三角形，被毛；花冠长 3.5～4.5 cm，外面疏被倒生微伏毛和腺，筒部与檐部几等长。 花期 3～5 月。 产于广西大部分地区（钦州地区未见记录）；生于海拔 150～1 600 m 的灌丛或山林中。分布于安徽、浙江、台湾、福建、江西、广东、湖南、湖北、四川、贵州和云南，日本亦有。 花蕾可入药。

7. **华南忍冬**（药学学报） 金银花（防城、横县）

Lonicera confusa (Sweet) DC., Prodr. **4**:333. 1830; Forbes et Hemsl. in Journ. Linn. Soc. Bot. **23**: 361. 1888; Rehd. in Rep. Missouri Bot. Gard. **14**:156. 1903; Danguy in Lecte. Fl. Gén. Indo-Chine **3**:19. 1922; Merr. in Lingn. Sci. Journ. **14**:61. 1935; 海南植物志 **3**:369, 图 778. 1974; 中国高等植物图鉴 **4**:297. 1975; 徐炳声于药学学报 **14**:28, 图版 2, 图 10. 1979; 中国植物志 **72**:238, 图版 62:5～6. 1988; Fl. China **19**:639. 2011. ——*Nintooa confusa* Sweet, Hort. Brit. ed. 2:258. 1830. ——*Lonicera dasystyla* Rehd. in Rep. Missouri Bot. Gard. **14**:158, pl. 4, f. 1～3. 1903; Danguy in Lecte. Fl. Gén. Indo-Chine **3**:18. 1922; 徐炳声于药学学报 **14**:28, 图版 1, 图 2. 1979; 中国植物志 **72**:236, 图版 61:1. 1988.

缠绕藤本，小枝、叶柄和花序梗密被曲柔毛。叶片卵形或卵状长圆形，长 2～8 cm，宽 1～4 cm，先端急尖，稀近圆形，边缘被睫毛，基部圆至浅心形，腹面疏被或变无毛，背面通常密被短糙毛；叶柄长 4～12 mm。花序腋生及顶生，花序梗长 3～15 mm；苞片线形，与花萼几等长或较短，被毛；萼筒密被短糙毛，萼齿三角状披针形，被毛；花冠长 2.5～5.5 cm，外面被腺毛和倒生的短糙毛。 花期 4～5 月。 产于邕宁、横县、博白、陆川、北流、上思、防城等地；生于海拔 120～500 m 的灌木丛或林中。分布于广东和海南，越南、尼泊尔和印度尼西亚亦有。 花蕾可入药。

8. **西南忍冬**（药学学报）

Lonicera bournei Hemsl. in Journ. Linn. Soc. Bot. **23**:360. 1888; Rehd. in Rep Missouri Bot. Gard. **14**: 162, pl. 4, f. 4～6. 1903; Danguy in Lecte. Fl. Gén. Indo-Chine **3**:17. 1922; 徐炳声于药学学报 **14**:29, 图版 1, 图 6. 1979; 中国植物志 **72**:243, 图版 61:2～3. 1988; Fl. China **19**:640. 2011.

缠绕藤本，小枝、叶柄和花序梗密被短柔毛和散生的腺毛。叶片卵形、卵状长圆形至披针形，长 2～10 cm，宽 1～3.5 cm，先端渐尖至急尖，基部圆稀浅心形，两面除中脉和侧脉外几无毛；叶柄长 2～10 mm。花序腋生及顶生，花序梗与叶柄近等长；苞片线形或披针形，长 2.5～7 mm，被睫毛；萼筒无毛，萼齿卵状三角形，被睫毛；花冠长约 4.5 cm，外面被极疏的短柔毛和腺毛至无毛，檐部极短，长约为筒部的 1/8；花柱上部稍被毛。 花期 4～5 月。 仅见于隆林；生于海拔 1 200 m 的山谷林中。分布于云南，缅甸和老挝亦有。 花蕾可入药。

9. **皱叶忍冬**（中国高等植物图鉴） 早黄米（贺州） 图版 38:2

Lonicera reticulata Champion, Hooker's J. Bot. Kew Gard. Misc. 4: 167. 1852; Fl. China **19**: 639. 2011. ——*L. rhytidophylia* Hand.-Mazz., Symb. Sin. **7**:1049, t. 15, f. 8. 1936; 徐炳声于药学学报 **14**:30, 图版 1, 图 5. 1979; 中国植物志 **72**:3～6. 1988. ——*L. reticulata* Champ. in Journ. Bot. Kew Misc. **4**:167. 1852, non *L. reticulata* Rafin. New. Fl. N. Am. **3**:18. 1838.

缠绕藤本，小枝、叶柄和花序梗密被黄褐色短糙伏毛。叶片卵状长圆形至阔椭圆形，长 2.5～10 cm，宽 1～5 cm，先端凸尖，基部圆至宽楔形，革质，腹面除中脉和侧脉外近无毛，网脉凹陷而呈明显的皱纹状，背面密被黄灰色毡毛；叶柄长 4～14 mm。花序腋生及顶生，伞房状，花序梗长于叶柄；苞片线状，密被短糙毛；萼筒无毛，萼齿近线形，密被短糙毛；花冠长 2.5～3.5(4)cm，外面密被黄灰色倒生短糙伏毛和散生的腺毛。 花期 7 月。 产于金秀、融水、三江、龙胜、全州、临桂、桂林、恭城、贺州、苍梧和平南；生于海拔 300～1 110 m 的灌丛或山林中。分布于福建、江西、广东和湖南。 花蕾可入药。

10．**细毡毛忍冬**（药学学报）

Lonicera similis Hemsl. in Journ. Linn. Soc. Bot. **23**:366. 1888; Rehd. in Rep. Missouri Bot. Gard. **14**:155. 1903；中国高等植物图鉴 **4**:296. 1975；徐炳声于药学学报 **14**:30，图版 2，图 12. 1979；徐炳声和王汉津于植物分类学报 **22**:30. 1984；中国植物志 **72**:248，图版 63:8～9. 1988. ——*L. delavayi* Franch. in Journ. Bot. **10**:310. 1896. ——*L. similis* Hemsl. var. *delavayi*（Franch.）Rehd. in Sarg. Pl. Wils. **1**:142. 1911; Fl. China **19**:638～639. 2011. ——*L. macrantha*（D. Don）var. *heterotricha* P. S. Hsu et H. J. Wang 于植物分类学报 **17**(4):81. 1979；徐炳声于药学学报 **14**:29，图版 2，图 11. 1979；中国植物志 **72**:241，图版 63:6～7. 1988.

缠绕藤本，小枝、叶柄和花序梗被短柔毛、开展的淡黄褐色长糙毛和腺行，或无毛。叶片长圆形、卵状披针形至卵形，长 3～14 cm，宽 2～4.5 cm，先端急尖至渐尖，边缘有时被睫毛，基部圆至浅心形，腹面无毛，背面密被灰白色至灰黄色毡毛，中脉和侧脉疏被长糙毛或无毛；叶柄长 4～10 mm。花序腋生及顶生，花序梗长 4～20 mm；苞片线状披针形，短于萼筒或几等长，被睫毛；萼筒无毛，萼齿三角形，长达 1 mm，被睫毛；花冠长 4～10 cm，外面被长、短糙毛和腺毛或无毛。　花期 6 月。　仅见于那坡；生于海拔 1 000～1 300 m 的石灰岩石山林中。分布于浙江、福建、湖南、湖北、陕西、甘肃、四川、贵州和云南，缅甸亦有。　花蕾入药。

11．**大花忍冬**（海南植物志）　金银花（灵川、那坡）

Lonicera macrantha（D. Don）Spreng. Syst. Veget. **4**(2):82. 1827; Rehd. in Rep. Missouri Bot. Gard. **14**:154. 1903；中国高等植物图鉴 **4**:298，图 6010. 1975；徐炳声于药学学报 **14**:29. 1979；中国植物志 **72**:240，图版 63:1～5. 1988. ——*Caprifolium macranthum* D. Don, Prodr. Fl. Nep. 140. 1825. ——*Lonicera macrantha*（D. Don）DC. Prodr. **4**:333. 1830; Fl. China **19**:638. 2011. ——*L. fulvotomentosa* P. S. Hsu et S. C. Cheng 于植物分类学报 **17**(4):80，图 8. 1979；徐炳声于药学学报 **14**:28，图版 1，图 9. 1979；中国植物志 **72**:231，图版 60. 1988.

缠绕藤本，小枝、叶柄和花序梗密被短糙毛和开展的黄褐色长糙毛及散生的腺毛。叶片卵状长圆形至披针形，长 4～15.5 cm，宽 1.5～6 cm，先端渐尖至短渐尖，边缘被睫毛，基部圆至浅心形，腹面仅中脉和背面被黄褐色糙毛；叶柄长 3～10 mm。花序腋生及顶生，花序梗长 2～40 mm；苞片披针形至线状披针线，长不超过花萼；花筒无毛，稀被毛，萼齿长三角形，被毛；花冠长(3.5)4.5～7(8)cm，外面疏被长糙毛、微毛和腺毛。　花期 4～6 月。　产于灵川、贺州、岑溪、平南、忻城、罗城、凌云、那坡等地；生于海拔 160～1 000 m 的灌木丛或林中。分布于台湾、浙江、福建、江西、广东、湖南、贵州、四川、云南、西藏，尼泊尔、不丹、印度、缅甸和越南亦有。　花蕾入药。

12．**大果忍冬**（中国植物志）

Lonicera hildebrandiana Coll. et Hemsl. in Journ. Linn. Soc. Bot. 28:64, pl. 11. 1891; Rehd. in Rep. Missouri Bot. Gard. **14**:163. 1903; Danguy in Lecte. Fl. Gén. Indo-Chine **3**:15. 1922；中国植物志 **72**:243，图版 67:1～2. 1988; Fl. China **19**:639. 2011.

缠绕藤本，无毛。叶片椭圆形至卵形，长 5～13 cm，宽 2～7.5 cm，先端骤凸，基部圆至宽楔形，革质；叶柄长 1～2 cm。花序腋生及顶生，花序梗短于叶柄；苞片三角形，长约 2 mm，远比萼筒短；花萼长约 7 mm，萼齿三角形，长 1～2 mm；花冠黄色，粗大，长 6～10(12)cm，最宽处达 6 mm，外面无毛，筒部与檐部几等长；花丝下部疏被、花柱密被倒生短伏毛。　花期 5～6 月。　仅见于那坡；生于海拔 1 000 m 的石灰岩林中。分布于云南，缅甸和泰国亦有。　民间以枝叶和根治跌打损伤。

13．**川黔忍冬**（中国植物志）

Lonicera subaequalis Rehder, Rep.（Annual）Missouri Bot. Gard. 14:172. 1903. ——*L. carnosifolia* C. Y. Wu ex P. S. Hsu et H. J. Wang 于植物分类学报 **17**(4):83，图 11. 1979，中国植物志 **72**:255，图版 69:1～3. 1988; Fl. China **19**:640. 2011.

缠绕藤本，无毛。叶片椭圆形至卵形，长 3.5～11 cm，宽 1.5～5 cm，先端钝圆，基部楔形，花序下 1～

2 对叶基部合生成盘状，背面粉白色，无叶柄。花单生，3～12 朵集成头状，生于枝梢；小苞片舌状或近半圆形；萼筒光滑，萼齿近三角形，长不超过 0.5 mm，无睫毛；花冠长约 2 cm，檐部稍不整齐的 5 裂，筒部长为檐部的 3 倍，内面被长柔毛；雄蕊着生于冠檐基部之下，花丝与花药近等长。　花期 5 月。　仅见于融水；生于海拔 1 630 m 的山林中。分布于四川东南部。

4. 双盾木属　Dipelta Maxim.

落叶直立灌木；冬芽有数枚鳞片，幼枝被短柔毛。叶对生；叶片全缘或顶端具不明显的浅波状齿牙，脉上和边缘微被柔毛，具短柄，无托叶。花单生于叶腋或由 4～6 朵花组成带叶的伞房状聚伞花序生于侧枝顶端；苞片 2 枚，生于花序梗中部，小苞片 4 枚，不等大，交互对生，较大 2 枚紧贴萼筒；萼筒长柱形，萼檐 5 裂，萼齿线形或披针形；花冠筒状钟形，稍二唇形，上唇 2 裂片位于最外方，下唇 3 裂，中间一枚裂片位于最内方；雄蕊 4 枚，二强，上面一对较长，着生于花冠筒中部以下，下面一对生于花冠筒基部，花药基部 2 裂，内藏；子房 4 室，其中 2 室含多颗胚珠但不育，另 2 室含 1 颗能育的胚珠；花柱细长，略短于花冠。果实为肉质核果，不开裂，冠以宿存萼裂片，外有 2 宿存、增大的膜质翅状小苞片。　为我国特有属，共 3 种；广西产 1 种。

双盾木（中国高等植物图鉴）　图版 43：1～4

Dipelta floribunda Maxim. in Bull. Acad. Sci. St. Petersb. **24**：51. 1877；Forb. et Gemsl. In Journ. Linn. Soc. Bot. **23**：357. 1888；Hemsl. in Bot. Mag. 136：t. 8310. 1910；Rehd. in Sarg. Pl. Wils. **1**：118. 1911；Hao in Bot. Jahrb. **68**(5)：639. 1938；Rehd. Man. Cult. Trees and Shrubs ed. 2，845. 1940；中国高等植物图鉴 **4**：302，图 6018. 1975；Fl. China **19**：647. 2011.

落叶灌木或小乔木，高达 6 m；枝纤细，初时被腺毛，后变光滑无毛；树皮剥落。叶片卵状披针形或卵形，长 4～10 cm，宽 1.5～6 cm，顶端尖或长渐尖，基部楔形或钝圆，全缘，有时顶端疏生 2～3 对浅齿，上面初时被柔毛，后变光滑无毛，下面灰白色，侧脉 3～4 对；叶柄长 6～14 mm。聚伞花序簇生于侧生短枝顶端叶腋，花梗纤细，长约 1 cm；苞片条形，被微柔毛，早落；2 对小苞片形状、大小不等，紧贴萼筒的 1 对盾状，呈稍偏斜的圆形至矩圆形，宿存而增大，成熟时最宽处达 2 cm，干膜质；萼筒疏被硬毛，萼齿条形，长 6～7 mm，具腺毛，坚硬而宿存；花冠粉红色，长 3～4 cm，筒中部以下狭细圆柱形，上部开展呈钟形，稍呈二唇形，裂片圆形至矩圆形，长约 5 mm，下唇喉部橘黄色；花柱丝状，无毛。果实具棱角，连同萼齿为宿存而增大的小苞片所包被。　花期 4～7 月，果熟期 8～9 月。　产于桂东北、桂西；生于海拔 650～2 000 m 的杂木林下或灌木丛中。分布于陕西、甘肃、湖北、湖南、四川等地。

5. 毛核木属　Symphoricarpos Duhamel

落叶灌木，冬芽具 2 对鳞片。叶对生；叶片全缘或具波状齿裂，有短柄，无托叶。花簇生或单生于侧枝顶部叶腋成穗状或总状花序；萼杯状，4～5 裂；花冠淡红色或白色，钟状至漏斗状或高脚碟状，4～5 裂，整齐，筒基部稍呈浅囊状，内面被长柔毛；雄蕊 4～5 枚，着生于花冠筒，内藏或稍伸出，花药内向；子房 4 室，其中 2 室含数颗不育的胚珠，另二室各具 1 颗悬垂的胚珠，花柱纤细，柱头头状或稍 2 裂。果实为具两核的浆果状核果，白色、红色或黑色，圆形、卵圆形或椭圆形；核卵圆形，多少扁；种子具胚乳，胚小。　本属有 16 种，其中 15 种产于北美洲至墨西哥。我国中南部产 1 种；广西亦有。

毛核木（中国高等植物图鉴）　图版 44：1～6

Symphoricarpos sinensis Rehder in Sargent，Pl. Wilson. **1**：117. 1911. 中国树木分类学：1160. 1937；中国高等植物图鉴 **4**：301，图 6015. 1975；中国植物志 **72**：112，图版 26. 1988；Fl. China **19**：647. 2011.

图版 43 1～4. 双盾木 Dipelta floribunda Maxim. 1. 花枝；2. 花冠展开；3. 具苞的幼果；4. 幼果纵切。 5～7. 糯米条 Abelia chinensis R. Br. 5. 果枝；6. 花；7. 瘦果。（林文宏绘）

图版 44　1～6. 毛核木 Symphoricarpos sinensis Rehder　1. 花枝；2. 花放大；3. 花纵剖面；4. 两种叶形；5. 果实；6. 果。7～11. 日本锦带花 Weigela japonica Thunb. var. sinica (Rehdet) Bailey　7. 花枝；8. 果横切面放大；9. 种子放大；10. 花纵剖面放大；11. 果。　(林文宏绘，摹自《中国植物志(第 72 卷)》张荣生图)

直立灌木，高 1～2.5 m；幼枝红褐色，纤细，被短柔毛；老枝树皮细条状剥落。叶片菱状卵形至卵形，长 1.5～2.5 cm，宽 1.2～1.8 cm，顶端尖或钝，基部楔形或宽楔形，全缘，腹面绿色，背面灰白色，两面无毛，近基部三出脉，侧脉不明显；叶柄长 1～2 mm。花小，无梗，单生于短小、钻形苞片的腋内，组成一短小的顶生穗状花序，下部的苞片叶状且较长；萼筒长约 2 mm，萼齿 5 枚，卵状披针形，长约 1 mm，顶端急尖，无毛；花冠白色，钟形，长 5～7 mm，裂片卵形，稍短于筒，内外两面均无毛；雄蕊 5 枚，着生于花冠筒中部，与花冠等长或稍伸出，花药白色，长 2 mm；花柱长 6～7 mm，无毛，柱头头状。果实卵圆形，长 7 mm，顶端有 1 小喙，蓝黑色；分核 2 个，密生长柔毛。　花期 7～9 月，果熟期 9～11 月。　产于桂西北；生于海拔 700～1 500 m 的山坡灌木林中。分布于陕西、甘肃、湖北、四川、云南。

6. 六道木属　Abelia R. Br.

灌木。叶常对生，脱落稀常绿；叶片全缘或具齿缺。花生于叶腋或侧枝的顶端，1 朵至数朵排成聚伞花序或伞房花序；花萼裂片为 5 枚、4 枚或 2 枚，花后常增大；花冠管状漏斗形或钟状，4～5 裂；雄蕊 4 枚，等长或二强，着生于花冠筒中部或基部；子房 3 室，仅 1 室发育。瘦果，顶端具宿萼，内有种子 1 粒。　本属有 20 余种，主要分布于亚洲东部，少数在墨西哥。我国有 9 种，主产中部至西南部；广西现知有 2 种。

分种检索表

1. 聚伞花序多花；花萼裂片 5 枚；雄蕊和柱头伸出于花冠筒外 ………………………………… 1. **糯米条** A. chinensis R. Br.
1. 聚伞花序具 1～4 朵花；花萼裂片 2 枚；雄蕊和柱头不伸出于花冠筒外 ……………… 2. **二翅六道木** A. uniflora R. Brown

1. 糯米条（中国树木分类学）　白花树（富川）　图版 43：5～7

Abelia chinensis R. Br. in Abel, Narrat. Journ. China 376. t. 1818; DC. Prodr. **4**: 339. 1830; Hemsl. in Journ. Linn. Soc. Bot. **23**: 358. 1888; Rehd. in Sarg. Pl. Wils. **1**: 121. 1911; Hand.-Mazz. Symb. Sin. **7**: 1042. 1936；中国高等植物图鉴 **4**：303，图 6019. 1975；中国植物志 **72**：117，图版 29. 1988；Fl. China **19**: 644. 2011.

灌木，枝幼时被微柔毛。叶常对生；叶片阔卵形至卵形，长 1.5～4 cm，宽 1～2.7 cm，先端尖至短渐尖，基部圆形至浅心形，边缘有浅锯齿，背面沿中脉或侧脉基部的两侧常密被柔毛；叶柄短，基部不联合。聚伞花序生于小枝上部叶腋，密集；花白色至红色，芳香；花萼被短柔毛，裂片 5 枚，倒卵状长圆形至倒披针形；花冠漏斗状，外面被微柔毛，长 1～1.2 cm；雄蕊和柱头伸出花冠外。　花期 8～9 月。　产于全州、临桂、桂林、富川等地；生于灌木丛中。分布于长江以南各地。　本种可栽培为观赏植物。

2. 二翅六道木

Abelia uniflora R. Brown in Wallich, Pl. Asiat. Rar. **1**: 15. 1830. —*A. engleriana* (Graebn.) Rehd. in Sarg. Pl. Wils. **1**: 120. 1911；中国高等植物图鉴 **4**：303. 1975；中国植物志 **72**：121，图版 31：3. 1988; Fl. China **19**: 645. 2011. ——*Linnaea engleriana* Graebn. in Bot. Jahrb. **29**: 132. 1900. ——*Abelia parvifolia* Hemsl. in Journ. Linn. Soc. Bot. **23**: 358. 1888; Rehd. in Sarg. Pl. Wils. **1**: 121. 1911; Hand.-Mazz. Symb. Sin. **7**: 1041. 1936；中国高等植物图鉴 **4**：304，图 6021. 1975；中国植物志 **72**：122，图版 31：4～6. 1988.

灌木，小枝红褐色，多少被毛。叶对生；叶片卵形至卵状椭圆形，长 1.5～4.5 cm，宽 1～2 cm，先端通常渐尖，基部楔形至钝，边缘有浅锯齿，背面沿中脉或侧脉基部的两侧常密被柔毛；叶柄基部不连合。聚伞花序生于侧生短枝的顶端叶腋，通常具 1～2 朵花；花淡粉红色；花萼稍被毛，裂片 2 枚，长圆状椭圆形；花冠狭钟状，外面被微柔毛，长 2～2.5 cm，基部具浅囊；雄蕊和花柱内藏。　花期 6～7 月。　产于融水、乐业、环江；生于山林中。分布于云南、贵州、四川、甘肃、陕西、河南和湖北等地。

7. 锦带花属 Weigela Thunb.

灌木，冬芽具数枚渐尖的芽鳞。叶对生，脱落；叶片边缘有锯齿；托叶不存在。花较大，白色至红色，1朵至数朵排成腋生或顶生的聚伞花序，生于隔年的枝上；花萼5裂，分离或下部合生；花冠两侧对称或近辐射对称，管状钟形或漏斗状，檐部短于筒部，5裂；雄蕊5枚，内藏；子房伸长，2室，每室具多颗胚珠，花柱有时伸出。蒴果圆柱形，具喙，2瓣裂，有中轴；种子多数，细小，有棱，通常具翅。 本属约有12种，产于亚洲东部和美洲东北部。我国约2种，主产中部、东部至东北部，常栽培供观赏；广西现知仅1种。

日本锦带花(变种) 半边月 杨栌 图版44:7～11

Weigela japonica Thunb. var. **sinica** (Rehder) Bailey, in Svenska Vetensk. Akad. Hand. ser. 2, **1**:137 et 141, t. 5. 1780; Fl. China **19**:615. 2011.

落叶灌木至小乔木，幼枝具2行毛。叶对生；叶片长卵形、卵形至椭圆形，长4～11 cm，宽1～5 cm，先端渐尖至长渐尖，基部圆形至钝，边缘有锯齿，两面被短柔毛，背面尤其是中脉和侧脉上常较密；叶柄长达1.2 cm，被毛。花较大，白色至红色，1～3朵花的聚伞花序生于短枝的叶腋和顶端；花萼5裂至基部，裂片线形，长5～10 mm，被毛；花冠下部管状，上部漏斗状，长2.5～3.5 cm，外面稍被毛或无毛，裂片5枚；雄蕊5枚，着生于花冠中部。蒴果长1～2 cm，被毛；种子小，多少有翅。 花期5月。 产于全州、资源、龙胜、兴安、隆林、罗城等地；生于海拔1 000～1 600 m的山林中。分布于贵州、四川、湖北、湖南、广东、江西、福建、浙江和安徽等地。

235. 败酱科 VALERIANACEAE*

多年生，少二年生草本，稀为半灌木；根茎或根常有陈腐气味；茎直立，常中空。叶对生或基生；叶片羽状分裂或不分裂，边缘常具锯齿；基生叶与茎生叶、茎上部叶与下部叶常不同形，无托叶，花小，两性，稀单性，稍左右对称，组成聚伞花序，通常再排成密集或开展的圆锥花序或伞房花序；具总苞片和小苞片；花萼小，萼筒与子房贴生，萼齿在花期时不明显，在果期常稍增大或冠毛状；花冠钟状或狭漏斗状，黄色、浅黄色、白色或粉红色，基部一侧稍突出呈囊状，檐部3～5裂，蕾时裂片呈覆瓦状排列；雄蕊4枚或3枚，有时退化为1枚或2枚，花丝着生于花冠筒基部，花药背着，2室，纵裂；子房下位，3室，仅1室发育，花柱线形，柱头不裂或2～3浅裂；胚珠单生，倒垂。果为瘦果，贴在于果时增大的膜质苞片上，呈翅果状或先端具冠毛状宿存花萼，具1粒种子。本科有12属约300种，主要分布于北温带。我国有3属33种，分布于全国各地；广西现知有2属7种。 本科中有一些种类可供药用。

分 属 检 索 表

1. 雄蕊4枚，极少退化为1或2枚；花萼5齿裂，果时不呈冠毛状；小苞片在果熟时常增大成翅状 ……………………………………………… 1. **败酱属** Patrinia Juss.
1. 雄蕊3枚；花萼多裂，花期内卷不明显，果期伸长开展成羽毛状冠毛 …………………… 2. **缬草属** Valeriana L.

1. 败酱属 Patrinia Juss.

多年生或二年生直立草本，基部有时木质化；根茎有强烈的腐臭。基生叶丛生，花期常枯萎或脱

---

* 编著者：高成芝、沈晓琳。

落；茎生叶对生，通常一至二回奇数羽状分裂或全裂，或不分裂，叶片边缘常具粗锯齿。花小，由聚伞花序排成圆锥状或伞房状花序，具叶状总苞片；花梗下具小苞片；萼齿5枚，宿存；花冠钟状或漏斗状，黄色、淡黄色或白色，内面常具白色长柔毛，基部一侧略膨大，上部5裂，裂片与冠筒近等长，稍不等大；雄蕊4枚，有时退化为1～2(3)枚，着生于冠筒基部，常伸出花冠，花药丁字着生，花丝不等长，2枚较长者下部常有长柔毛；子房下位，3室，柱头头状或盾状。瘦果，发育的1室呈扁圆形，不育的2室肥厚，卵形或倒卵状长圆形，基部与果时增大的苞片合生；果苞翅状，通常具2～3条主脉，网脉明显。种子1颗，扁椭圆形。　本属约有20种，分布于亚洲东部至中部及北美洲西北部。我国有11种，产于南北各地区；广西现知有4种。

分种检索表

1. 果无翅状苞片；花冠黄色；花序梗一侧被开展的白色糙毛 ………………………… 1. **败酱** **P. scabiosaefolia** Link
1. 果有增大的翅状干膜质苞片贴生于背面；花冠淡黄色或白色；花序梗全部或仅两侧被毛。
    2. 花冠白色，盛开时直径4～5 mm ………………………………………… 2. **白花败酱** **P. villosa** (Thunb.) Dufresne
    2. 花冠淡黄色，较小，盛开时直径1～4 mm。
        3. 花冠稍大，直径2.5～4 mm，和叶片具棕褐色微腺；雄蕊4枚 ……… 3. **斑花败酱** **P. punctiflora** Hsu et H. J. Wang
        3. 花冠极小，直径1～2 mm，和叶片不具微腺；雄蕊退化为1～2(3)枚，仅1枚较大 ……………………………………………………………………………………… 4. **少蕊败酱** **P. monandra** C. B. Clarke

1. **败酱**　黄花龙牙(植物名实图考)　臭艾(邕宁)　鸡肠风(博白)　图版45：1～3

Patrinia scabiosaefolia Link, Enum. Hort. Berol. Alt. **1**: 131. 1821; Kao et Devol in Fl. Taiwan 4: 724. pl. 1171. 1979; 中国高等植物图鉴 **4**: 324, 图6062. 1975; 中国植物志 **73**(1): 7, 图版2: 1～5. 1986; Fl. China **19**: 664. 2011.

多年生草本，高30～150 cm；根状茎粗壮，横卧或斜升；茎直立，被白色倒生糙毛或2列纵向短糙毛，后逐渐脱落至近无毛。基生叶丛生，具长柄，花时枯萎；茎生叶对生，叶片卵形、椭圆形、披针形、倒披针形或线形，长4～10 cm，宽1.5～3 cm，常羽状深裂或全裂，顶生裂片最大，具1～3对依次变小的侧裂片，边缘具粗锯齿，两面被糙伏毛或几无毛；上部叶渐变小，无柄。伞房花序疏散，顶生，具5～6级分枝，花序梗常上方一侧被开展的白色糙毛；总苞线形，苞片小；花黄色，直径2～4 mm；萼齿不明显；花冠筒一侧肿胀不明显，裂片卵形，与冠筒近等长；雄蕊稍伸出花冠。瘦果椭圆形，长2～2.5 cm，具3条棱，内含1粒种子，不具增大的膜质苞片。　花期7～10月。　产于上思、天等、马山、武鸣、南宁、邕宁、贵港、玉林、博白、桂平、昭平、贺州、钟山、富川、恭城、桂林、临桂、灵川、龙胜、资源、鹿寨、金秀、柳州、宜山、河池、南丹、隆林、靖西；生于山坡草丛中、路旁、林缘或灌木丛中。分布极广，全国除宁夏、青海、新疆、西藏和海南外均有分布，俄罗斯、蒙古、朝鲜和日本亦有。　全草有清热解毒、散瘀排脓的功效，用于治阑尾炎、肝炎、肠炎、痢疾、结膜炎及产后瘀血腹痛、疮疡肿毒；外用治铁钉、木刺入肉及蛇伤。

2. **白花败酱**　攀倒甑(本草图经，植物名实图考)　白风草(桂林)　图版45：4～6

Patrinia villosa (Thunb.) Dufresne, Hist. Nat. Valér. 54. 1811; Ohwi, Fl. Jap. 1112. 1953; 中国高等植物图鉴 **4**: 327, 图6068. 1975; 中国植物志 **73**(1): 17, 图版6: 1～7. 1986.

多年生草本，高50～100 cm，具长而横走的根状茎；茎全体或沿两叶柄相连的侧面具倒生粗白毛或近无毛。基生叶丛生，具长柄；茎生叶对生，叶片卵形、卵状披针形或长圆状披针形，长5～13 cm，宽1.5～4 cm，先端尾尖、渐尖或急尖，基部楔状下延，边缘具粗齿、牙齿或钝齿，常不分裂，有时具1～2对侧生裂片，被疏毛或近无毛。聚伞花序排成圆锥状或伞房状，花序梗被毛或仅被2纵列糙毛；总苞披针形或线状披针形；花白色，直径4～5 mm；萼齿钝齿状；花冠钟状，裂片卵形或卵状长圆形，稍不等大；雄蕊4枚，伸

图版 45　1～3. **败酱** Patrinia scabiosaefolia Link　1. 植株；2. 花序；3. 瘦果。　4～6. **白花败酱** P. villosa（Thunb.）Dufresne　4. 茎的一部分；5. 花序；6. 瘦果。　（邹贤桂绘）

出花冠。瘦果倒卵形,发育的子房室被微糙毛,基部与宿存增大苞片贴生;果苞近圆形,直径4～5.5 mm,顶端钝圆或微3裂,具2条主脉及明显的网脉。 花期8～10月。 产于北流、容县、岑溪、苍梧、平南、昭平、贺州、恭城、平乐、阳朔、永福、临桂、桂林、兴安、灌阳、全州、龙胜、融水、金秀、南丹、天峨、凤山、隆林;生于山坡阳处、路旁、草丛中或灌木丛中。分布于广东、台湾、浙江、江苏、河南、安徽、江西、湖北、湖南、贵州、四川,日本亦有。 全草可入药,效用与**败酱**(*Patrinia scabiosaefolia* Link)类同。

3. **斑花败酱** 箭头风(天等) 图版46:1～4

Patrinia punctiflora Hsu et H. J. Wang,植物分类学报 **11**(2):203,图版31. 1966;中国植物志 **73**(1):20,图版7:1～6. 1986.

本种与**白花败酱**[*P. villosa* (Thunb.) Dufresne]很相近,区别在于茎常密被倒生粗毛,叶片通常不分裂,稀基部具1片或1～2对耳状小裂片,后常呈棕褐色,两面常有棕褐色或棕红色微腺;花较小,直径2.5～3 mm,花冠淡黄色,常有棕红色或棕褐色细斑点或斑纹,能育子房室几无毛;果苞卵形或阔卵形,较小,长3.5～4 mm,可以识别。 花期7～10月。 产于藤县、昭平、贺州、富川、阳朔、临桂、桂林、龙胜、融水、金秀、南丹、东兰、凤山、马山、武鸣、龙州、天等;生于山坡草地、路旁、疏林下、溪边。分布于广东、福建、江西、浙江、江苏、安徽、河南、陕西、湖北、湖南、贵州、四川,日本亦有。

4. **少蕊败酱**

Patrinia monandra C. B. Clarke in Hook. f., Fl. Brit. Ind. 3:210. 1881;中国高等植物图鉴 **4**:327,图6067. 1975;中国植物志 **73**(1):21,图版8:1～7. 1986;Fl. China **19**:663. 2011.

二年生或多年生草本,高50～150 cm;茎上部被倒生稍弯短糙伏毛或微糙伏毛。单叶对生;叶片长5～14 cm,宽2.5～9 cm,不分裂叶片椭圆形,先端渐尖,基部下延至叶柄,分裂叶片呈大头羽状深裂,下部有1～3对侧生裂片,裂片通常狭披针形,边缘具粗钝齿,两面有疏糙伏毛。聚伞圆锥花序顶生及腋生,常聚生于枝端呈阔伞房状,宽达25 cm,总苞片狭披针形;花小,直径1～2 mm;花冠黄色、淡黄色或白色;雄蕊1枚或2～3枚,仅1枚最长,伸出花冠外。果苞近圆形,薄膜质,先端不规则微裂或微3裂,直径4～6.5 mm,具主脉2条,网脉明显。 花期8～9月,果期9～11月。 产于金秀、平南、昭平、平乐、临桂、桂林、灵川、环江、南丹、凌云、乐业、隆林、那坡、龙州、南宁、上林;生于路边、草地、平地向阳处、林下、林缘及石山。分布于云南、四川、贵州、湖南、湖北、江西、台湾、江苏、山东、河南、陕西、河北、辽宁。 本种的体态与**白花败酱**[*P. villosa* (Thunb.) Dufresne]相似,但花极小,雄蕊仅1～2(3)枚,容易识别。

2. 缬草属 Valeriana L.

多年生草本;根及根状茎有浓烈的气味。叶片不分裂或羽状分裂。花小,两性,有时杂性,白色或淡紫红色,数朵组成聚伞花序,再排成圆锥状聚伞花序、聚伞圆锥花序或伞房状聚伞花序;花萼裂片5～15枚,在花期内卷,不明显,在果期伸展呈冠毛状;花冠漏斗状或管状,檐部5裂;雄蕊3枚,着生于冠筒上;子房下位,3室,仅1室发育而有胚珠1颗。瘦果扁平,一侧面具3脉,另一侧面具1脉,顶冠以宿存的冠毛状花萼。 本属约有300种,分布于欧亚大陆及南美和北美(中部)。我国有21种,产于东北、西北和西南,广西现知3种。 一些种类可供药用和制香料用。

分种检索表

1. 基生叶发达,占植株的主要部分,不分裂;茎生叶片小,仅2～3对,不分裂或3～7次羽状分裂 ………………………………………… 1. **蜘蛛香** V. jatamansi Jones

1. 基生叶在花期大多凋落;茎生叶片发达,通常羽状全裂。

  2. 叶片的侧裂片较多,通常7～11枚,中裂片与侧裂片近等大或稍大;须根带状簇生;花序在开花后向四周延展 ………………………………………… 2. **缬草** V. officinalis L.

图版 46　1～4. **斑花败酱** *Patrinia punctiflora* Hsu et H. J. Wang　1. 植株下部；2. 花序；3. 花；4. 瘦果。　5～8. **蜘蛛香** *Valeriana jatamansi* Jones　5. 植株；6. 花序；7. 花；8. 瘦果。　9～13. **长序缬草** *V. hardwickii* Wall.　9. 枝叶；10. 根状茎；11. 花序；12. 花；13. 瘦果。　（何顺清绘）

2. 叶片的侧裂片较少，通常3～7枚，中裂片明显较大；须根丝状；花序在开花后向上延伸，果序长而疏展，长可达50～70 cm …………………………………………………………………………………… 3. **长序缬草** V. hardwickii Wall.

1. **蜘蛛香**(本草纲目拾遗) 马蹄香(中国经济植物志) 图版46:5～8

Valeriana jatamansi Jones in As. Res. **2**:405,416. 1790；Merr. in Journ. Arn. Arb. **23**:196. 1942；中国高等植物图鉴 **4**:334，图6082. 1975；中国植物志 **73**(1):28，图版10:1. 1986；Fl. China **19**:668. 2011.

株高20～70 cm；根状茎粗壮，块状圆柱形，节密，有浓烈香气；茎1条至数条丛生。基生叶片发达，心状卵形或卵状心形，长3～8 cm，宽2～6 cm，边缘具浅钝齿或略呈波状，两面被白色针状伏毛；叶柄可长达叶片的2～3倍；茎生叶小，每茎通常2对，对生，有短柄或近无柄。聚伞花序顶生，初时紧密，花期逐渐疏展；苞片和小苞片线形，中脉明显，最上部的小苞片与果实等长；花白色或带粉红色，雌花小，两性花较大，长3～4 mm。瘦果卵状长圆形，长2～2.5 mm，被毛或无毛。 花期4～5月。 产于德保、那坡、隆林、田林、凌云、乐业、南丹、桂林；生于山顶草地、山谷湿润处或路旁阳处。分布于陕西、河南、湖北、湖南、贵州、云南、四川、西藏，印度亦有。 根及根状茎理气健胃、散寒除湿，用于治胃寒腹胀、水肿、小儿疳积、月经不调、风湿关节痛、跌打损伤等症。

2. **缬草**

Valeriana officinalis L., Sp. Pl. 1:31. 1753；Hock. in Engl. u. Pr., Nat. Pflanzenf. **4**(4):179. 1897；中国高等植物图鉴 **4**:330，图6074. 1975；中国植物志 **73**(1):31，图版11:1～4. 1986；Fl. China **19**:670. 2011. ——*V. fauriei* Briq., Kao et Devol in Fl. Taiwan **4**:729. 1978.

株高50～150 cm；根状茎粗短，簇生多数带状须根，有浓香气。茎直立，中空，具多条纵棱。基生叶片在花期枯萎；茎生叶对生，叶片羽状深裂或全裂，裂片7～11枚，披针形或线形，中央裂片与侧脉裂片近同形、近等大，具疏齿，稍被毛。花序顶生，排成伞房状三出聚伞圆锥花序；小苞片线形，两侧膜质，多少具缘毛；花冠淡紫色，长4～5 mm，裂片长圆形；雄蕊3枚，伸出花冠；子房下位，柱头3裂。瘦果长卵形，长约4 mm。 花期5～6月。 产于全州；生于山坡草地或林下、沟边。分布于我国东北至西南的广大地区，欧洲和亚洲(西部)也广为分布。 根及根状茎供药用，治心神不安、胃衰弱、腰痛、月经不调、跌打损伤。

3. **长序缬草** 阔叶缬草(广西植物名录) 图版46:9～13

Valeriana hardwickii Wall. in Roxb., Fl. Ind., ed. Carey et Wall. **1**:166. 1820；Hook. f., Fl. Brit. Ind. 3:213. 1882；中国高等植物图鉴 **4**:331，图6075. 1975；中国植物志 **73**(1):29，图版10:2. 1986；Fl. China **19**:669. 2011.

多年生大草本，高达1.5 m；茎直立，粗壮，中空，外具粗纵棱槽。基生叶片与茎生叶片多为3～7次羽状全裂，稀不分裂，中裂片较侧裂片大，卵形或卵状披针形，先端长渐尖，侧裂片依次渐小，疏离；上部叶渐小，柄渐短。大型圆锥状聚伞花序顶生或腋生；苞片、小苞片均线状钻形，最上部的小苞片短于果实；花小，白色；花萼内卷。果序极度延长，果熟期长达50～70 cm；瘦果卵形或长卵形，长2～3 mm，被白色微毛或无毛；顶冠以羽毛状冠毛。 花期6～7月。 产于隆林、田林、凌云、龙胜；生于山坡林下、林缘、草地或溪边。分布于广东、江西、湖南、湖北、四川、贵州、云南、西藏，不丹、尼泊尔、印度、缅甸和印度尼西亚亦有。 全草可入药，治月经不调、跌打损伤、风湿骨痛。

236. 川续断科 DIPSACACEAE*

一年或多年生草本，稀为灌木状；植株光滑、被长柔毛或有刺，少数具腺毛。叶对生，稀轮生，基部相

* 编著者：罗金裕、邹蓉。

连；叶片全缘、有齿缺或羽状深裂，少为羽状复叶。花小，两性，稍两侧对称，组成稠密、具总苞的头状花序或间断的穗状轮伞花序，有时为疏松聚伞圆锥花序；小总苞管状，有沟孔或棱脊，檐部有膜质的冠、刚毛或齿状；萼筒与子房合生，边缘有刺或全裂成具多数针刺状或羽毛状刚毛；花冠合瓣，4～5 裂，不等大，或二唇形；雄蕊常 4 枚，着生于冠筒上；子房下位，包于宿存的小总苞内。果为瘦果。 全球有 10 属约 250 种，分布于东半球的北温带和热带非洲。我国有 4 属 17 种 4 变种；因**蓝盆花属**（*Scabiosa* L.）的广西标本不全，本志中暂未收录，故广西现知有 1 属 2 种。

川续断属 Dipsacus L.

本属最大的特点在于植物体的附属物和小苞片及花萼的形态。植物体有刺；头状花序球形或长椭圆形；小总苞一般无明显冠檐；花萼顶端 4 裂，裂片齿状；花冠顶端 4 裂，裂片不等大。 本属有 20 余种，分布于欧洲、非洲（北部）和亚洲。我国有 7 种 2 变种；广西现知 2 种。 本属植物的根、叶大多可作药用，主治跌打损伤、风湿骨痛、腰痛、痈疽肿痛、乳汁不足等症。

分 种 检 索 表

1. 茎生叶为单叶对生，叶片常不分裂，两面粗糙，有乳头状刺毛；花淡黄色，花冠筒基部的细管明显，长 3～5 mm ……………………………………………………………………………………………… 1. **劲直续断** D. inermis Wall.
1. 茎生叶片常为 3～5 裂或羽状全裂；花白色或黄白色，花冠筒窄漏斗状，长 9～11 mm ………………………………………………………………………………………………… 2. **川续断** D. asper Wall. ex C. B. Clarke

1. **劲直续断** 藏续断 图版 47：1～4

Dipsacus inermis Wall.，Fl. Ind. **1**：367. 1820；Enum. Fl. Pl. Nepal **2**：210. 1979；Fl. China **19**：658. 2011. —— *D. strictus* D. Don，Prodr. Fl. Nep. 160. 1825，nom. illegit.；Bull. Dept. Med. Pl. Nep. **7**：103. 1976. —— *Virgo inermis*（Wall.）Holub. in Folia Geobot. Phytotax.（Praha）**8**：175. 1973；中国植物志 **73**（1）：60～62. 1986.

本种接近**川续断**（*Dipsacus asper* Wall. ex C. B. Clarke），不同点在于本种茎生叶常不分裂，两面粗糙，具乳头状刺毛，花淡黄色，花冠筒基部的细管明显，长 3～5 mm 等特征。 花期 8～10 月，果期 9～11 月。 产于隆林等地；生于山地路旁、草丛中。分布于云南、西藏等地，阿富汗、不丹、印度、尼泊尔、缅甸、巴基斯坦亦有。

2. **川续断** 图版 47：5～8

Dipsacus asper Wall. ex C. B. Clarke，Fl. Brit. India **3**：218. 1881；中药志 **1**：528. 1959；四川中药志 **3**：2062. 1960；广西植物名录 **2**：612. 1972；Fl. China **19**：659. 2011. —— *D. asperoides* C. Y. Cheng et T. M. Ai，植物分类学报 **23**（4）：304. 1985；中国植物志 **73**（1）：63. 1986. —— *D. asperoides* C. Y. Cheng et T. M. Ai var. *omeiensis* Z. T. Yin，植物分类学报 **23**（4）：306. 1985；中国植物志 **73**（1）：63. 1986.

本种的主要特征为茎生叶片 3～5 裂或羽状全裂；小苞片倒卵形，先端的喙尖较长，约为片部长的 1/3～1/2，小总苞的每个侧面上具有 2 条浅纵沟；亦接近**日本续断**（*D. japonicus* Miq.，图版 47：9～11），不同点是本种花白色或淡黄色。 花期 7～9 月，果期 9～11 月。 产于贺州、富川、恭城、灌阳、全州、兴安、资源、龙胜、临桂、融水、南丹、天峨、凌云、乐业、隆林、那坡等地，生于沟边、草丛、林缘、田野、路旁。分布于重庆、广东、湖北、云南、贵州、四川、西藏等地，印度、缅甸亦有。 根具补肝肾、续筋骨、利关节功效，用于治腰膝无力、筋骨疼痛、风湿痹痛、月经不调、胎漏、白带异常、遗精。

图版 47　1～4. **劲直续断** Dipsacus inermis Wall.　1. 花枝；2. 花；3. 小苞片；4. 叶局部放大。　5～8. **川续断** D. asper Wall. ex C. B. Clarke　5. 根；6. 花序；7. 花；8. 小苞片。　9～11. **日本续断** D. japonicus Miq.　9. 茎；10. 花序；11. 根。（1～4,7～8 林文宏绘；5～6,9～11 邹贤桂绘）

238. 菊科　ASTERACEAE*

草本、半灌木或灌木，稀为乔木，有时具油腺或乳汁管。叶互生或对生，稀为轮生或叶退化；叶片全缘、具齿、羽状或掌状分裂。花两性或单性，雌雄同株或异株，通常5基数，少数或多数同型或异型小花和1层至数层不等的总苞片组成头状花序；头状花序单生或数个至多数排列成各式花序；花序托平或突起，有或无窝孔，有毛或无毛；具托片或托毛或无；花冠管状、舌状或二唇形；花萼退化为冠毛状或无；头状花序盘状，全为管状花或边缘的雌花花冠细管状，或辐射状，即全为两性舌状花，或中央为两性的管状花，边缘为舌状的雌花或中性花；雄蕊5枚，稀为4枚，着生于花冠筒上，花药合生，稀为离生，基部钝、锐尖、戟形或具尾，先端有或无附片；花柱上端2裂，叉开或不叉开，花柱分枝上端有附器或无，子房下位，2个心皮，1室，具1颗直立胚珠。瘦果有或无纵肋、棱或翅；冠毛羽毛状、冠状、芒刺状或膜片状，或无冠毛；种子无胚乳。　本科有1 600～1 700属约24 000种，广泛分布于世界各地。我国有15族248属2 300多种，产于全国各地；广西有11族109属289种23变种。

分族检索表

1. 头状花序全部为管状花或具二型的小花，中央为管状花；植株无乳汁。
  2. 花药的基部钝或微尖；叶互生、对生或轮生。
    3. 花柱分枝圆柱形，上端有棒槌状或稍扁、钝的附属器；头状花序盘状，具同型的管状花；叶通常对生 …………………………………………………………………………………… 1. **泽兰族** Trib. Eupatorieae Cass.
    3. 花柱分枝上端无棒槌状或稍扁、钝的附属器；头状花序辐射状，边缘通常具舌状花，或盘状。
      4. 花柱分枝通常截平，上端无或有尖或三角形的附属器，有时分枝钻形。
        5. 无冠毛，或冠毛膜片状、芒状、冠状，非毛状；叶对生或互生。
          6. 总苞片叶质；头状花序通常辐射状；叶对生 ……………………………… 2. **向日葵族** Trib. Heliantheae Cass.
          6. 总苞片全部或边缘干膜质；头状花序盘状或辐射状；叶互生 ………… 3. **春黄菊族** Trib. Anthemideae Cass.
        5. 冠毛通常毛状；叶互生 ……………………………………………………… 4. **千里光族** Trib. Senecioneae Cass.
      4. 花柱分枝通常一面平，一面突起，上端有尖或三角形附属器，有时钝；叶互生 …… 5. **紫菀族** Trib. Astereae Cass.
  2. 花药基部具长尾尖或箭形；叶互生。
    7. 花柱分枝细长，钻形；头状花序盘状，具同型的管状花 ……………………… 6. **斑鸠菊族** Trib. Vernonieae Cass.
    7. 花柱分枝非细长钻形；头状花序盘状或辐射状。
      8. 花柱顶端有膨大而被毛的节，分枝顶端无附属器，或不分枝；头状花序含同型管状花，有时具不育的辐射状花 …………………………………………………………………………… 7. **菜蓟族** Trib. Cynareae Less.
      8. 花柱顶端无被毛的节，分枝顶端无附属器或具三角形附属器；头状花序含二型花。
        9. 头状花序的管状花花冠浅裂，非二唇形。
          10. 冠毛毛状或无冠毛；头状花序盘状或辐射状而边缘具舌状花；舌状花的瘦果不向内弯曲 ……………………………………………………………………………… 8. **旋覆花族** Trib. Inuleae Cass.
          10. 冠毛不存在；头状花序辐射状；舌状花的瘦果常内弯 ………………… 9. **金盏花族** Trib. Calenduleae Cass.
        9. 头状花序的管状花花冠不规则深裂，二唇形，或边缘的小花舌状 ………… 10. **帚菊木族** Trib. Mutisieae Cass.
1. 头状花序全部为两性的舌状花，稀为两性的细管状花；植株通常具乳汁 ………… 11. **菊苣族** Trib. Cichorieae Reichb.

1. 泽兰族　Trib. Eupatorieae Cass.

草本或灌木。叶通常对生；叶片全缘或有锯齿，有时分裂。头状花序具管状同型花；总苞片多层；花两

---

* 编著者：黄俞淞、林有润、毛宗铮、韦裕宗、梁健英、刘演。

性，花冠管状，淡红色或白色，顶端4～5裂；花柱圆柱形，上端有棒槌状或稍扁、钝的附属器。瘦果具3～5棱；冠毛毛状、膜片状或棒状。 本族约有180属2 000多种，主要分布于美洲温带和热带地区。我国有10属25种；广西有8属14种1变种。

分属检索表

1. 头状花序含管状花数量与总苞片数量均为4 ……………………………… 1. **假泽兰属** Mikania Willd.
1. 头状花序含小花数量与总苞片数量不等，或头状花序含小花4朵，但总苞片多枚。
 2. 瘦果具冠毛。
  3. 冠毛棒状，4条，基部合生成环 ……………………… 2. **下田菊属** Adenostemma J. R. Forst. et G. Forst.
  3. 冠毛膜片状、刚毛状或糙毛状，基部不合生成环。
   4. 冠毛糙毛状或刚毛状，多数。
    5. 总苞片紧贴而不展开，通常脱落而留下裸露的花托。
     6. 花托平或稍突起 ……………………………… 3. **飞机草属** Chromolaena DC.
     6. 花托圆锥状突起 ……………………………… 4. **假臭草属** Praxelis Cass.
    5. 总苞片通常会展开，至少有部分外层总苞片宿存。
     7. 花柱基部通常光滑无毛 ……………………………… 5. **紫茎泽兰属** Ageratina Spach
     7. 花柱基部通常被柔毛 ……………………………… 6. **泽兰属** Eupatorium L.
   4. 冠毛膜片状，5～6片 ……………………………… 7. **藿香蓟属** Ageratum L.
 2. 瘦果无冠毛 ……………………………… 8. **裸冠菊属** Gymnocoronis DC.

1. 假泽兰属 Mikania Willd.

攀缘草本或灌木，通常光滑无毛或被短柔毛。叶对生。头状花序含同型管状花，在茎枝上排列成穗状、总状或伞房状的聚伞花序；总苞筒形；总苞片1～2层，外层极小或缺失，内层4枚，稍不等长，结合基部，具明显的纵行脉纹；花托无托毛；管状花4朵，两性，可育；花冠白色或微黄色，檐部通常扩大成钟状，顶端具5齿裂；花药上端有附片，全缘；花柱顶端急尖，边缘有乳突。瘦果有4～5棱，顶端截平；冠毛1～2层，糙毛状，基部合生成环状。 本属约有430种，广泛分布于热带地区，主产于巴西。我国有2种；广西2种均有。

分种检索表

1. 头状花序长3～3.5 cm，总苞片长5～7 mm；瘦果长3～4 mm ……… 1. **假泽兰** M. cordata (N. L. Burman) B. L. Rob.
1. 头状花序长4～5.5 cm，总苞片长3.5～4.5 mm；瘦果长1.5～2.5 mm ……………… 2. **微甘菊** M. micrantha Kunth

1. 假泽兰 米甘草

Mikania cordata (N. L. Burman) B. L. Rob., Contr. Gray Herb. **104**: 65. 1934；中国植物志 **74**: 69，图版22: 4～6. 1996；Fl. China **20～21**: 881. 2011；广西植物 **33**(2): 284. 2013. ——*M. volubilis* Willd., Sp. Pl., ed. 4. 3(3): 1743. 1803. ——*Eupatorium cordatum* N. L. Burman, Fl. Indica 176. 1768.

攀缘草本；茎多分枝，被稀疏的短柔毛或无毛。茎中部叶片卵形或三角状卵形，长4～10 cm，宽2～7 cm，基部心形，全缘或具浅波状圆锯齿，两面被稀疏的短柔毛，花期毛脱落，叶柄长2.5～6 cm；上部叶三角形或披针形，基部平截或楔形，叶柄短。头状花序长3～3.5 cm，在枝端排成伞房花序或复伞房花序状的聚伞状花序；花序梗纤细，有线状披针形的小苞叶；总苞片4枚，长5～7 mm，狭长椭圆形，具明显3脉，外面稀被柔毛和腺点；花冠檐部钟状，5齿裂，管部被稀疏短柔毛。瘦果长椭圆形，长3～4 mm，有4条纵棱和腺点；冠毛污白色或微红色。 花果期8～11月。 产于南宁；生于村边路旁、田边或林缘。分布于海南、台湾、云南，印度尼西亚、马来西亚、柬埔寨、老挝、巴布亚新几内亚、菲律宾、泰国、越南亦有。

2. **微甘菊**

Mikania micrantha Kunth, Nov. Gen. Sp. **4**:105. 1818; Fl. China **20～21**:881. 2011.

攀缘状草本；茎多分枝，被稀疏短柔毛或几无毛。茎中部叶片三角状心形，长 4～10 cm，宽 2～7 cm，边缘具波状锯齿，基部心形，两面疏被短柔毛，花期毛脱落，叶柄长 2.5～8 cm；茎上部叶较小，披针形或三角形，叶柄短。头状花序长 4～5.5 cm，在枝端排成伞房花序状或复伞房花序状的聚伞状花序；花序梗有线状披针形的小苞叶；总苞长筒状，总苞片长 3.5～4.5 mm，狭长椭圆形，背面疏被柔毛和腺点；花冠檐部具 5 齿裂，管部疏被短柔毛。瘦果长椭圆形，长 1.5～2.5 mm，有纵棱；冠毛灰白色或红色。　花果期 8～11 月。　产于玉林、博白、陆川、贵港、南宁等地；蔓生于低海拔山坡、荒地及灌木林。原产于热带美洲，现入侵并蔓延到我国的广东、福建、海南、台湾、香港、澳门、湖南、江西、四川、云南、贵州以及西藏等地。

2. 下田菊属　Adenostemma J. R. Forst. et G. Forst.

一年生草本，具腺毛或无毛。叶对生；叶片具三出脉，边缘有锯齿。头状花序排成伞房状或伞房状圆锥花序，花同型；总苞钟状，总苞片约 2 层，分离或结合；花托扁平，无托毛；小花多数，两性；花冠白色，管状，顶端 5 裂；花药顶端截形，无附片；花柱分枝细长，无附片。瘦果具 3～5 棱，有多数腺体；冠毛毛状，3～5 个，常成棒槌状，果期分叉，基部结合成环。　本属约有 26 种，分布于热带地区，主产于热带美洲。我国有 1 种 2 变种；广西有 1 种 1 变种。

分 变 种 检 索 表

1. 叶片长椭圆状披针形，基部宽或楔形，边缘具圆锯齿 ………………………………… a. **下田菊** A. lavenia (L.) Kuntze
1. 叶片卵形或宽卵形，叶基心形或浑圆，边缘有缺刻状或犬牙状齿或重锯齿 ………………………………………………………………… b. **宽叶下田菊** A. lavenia (L.) Kuntze var. latifolium (D. Don) Hand.-Mazz.

下田菊

Adenostemma lavenia (L.) Kuntze, Revis. Gen. Pl. **1**:304. 1891; 海南植物志 **3**:377. 1974; 中国植物志 **74**:48, 图版 18:1～4. 1985; Fl. China **20～21**:881. 2011.

a. **下田菊**(原变种)　图版 48:1～4

Adenostemma lavenia (L.) Kuntze var. lavenia

直立草本，高 30～100 cm；上部常叉状分枝，被短柔毛或近无毛。叶稀疏，对生；茎中部叶片较大，长椭圆状披针形至卵形，长 5～18 cm，宽 2～7 cm，叶基下延成窄翅，叶缘具圆锯齿。头状花序小，花序分枝粗壮；总苞片 2 层，近等长，顶端圆钝，外层基部合生；花冠长约 2.5 mm，下部被黏质腺毛，顶端 5 裂。瘦果倒披针形，长约 4 mm，宽约 1 mm，熟时黑褐色，顶端钝，基部有腺点；冠毛约 4 枚，长约 1 mm，基部合生成环，顶端有黏液。　花果期 8～10 月。　产于广西各地；生于水边、沼泽、路旁、林下及灌木丛中。分布于福建、安徽、贵州、云南、江苏、江西、湖南、浙江、台湾、广东、海南及南海诸岛，日本、朝鲜、印度、尼泊尔、菲律宾和澳大利亚亦有。　本种全草可入药，有清热解毒、祛风消肿的功效，用于感冒高热、风湿骨痛、牙痛、乳痈等症。

b. **宽叶下田菊**(变种)

Adenostemma lavenia (L.) Kuntze var. latifolium (D. Don) Hand.-Mazz., Symb. Sin. **7**:1086. 1936; 中国植物志 **74**:50, 图版 18:5～6. 1985; Fl. China **20～21**:882. 2011. ——*A. latifolium* D. Don, Prodr. Fl. Nep. 181. 1825.

图版 48 1～4. **下田菊** Adenostemma lavenia (L.) Kuntze var. lavenia 1. 植株中段；2. 花序；3. 两性花；4. 瘦果。 5～8. **胜红蓟** Ageratum conyzoides L. 5. 植株；6. 叶；7. 头状花序；8. 两性花。 9～11. **熊耳草** A. houstonianum Miller 9. 植株上部；10. 头状花序；11. 两性花。 （邹贤桂绘）

本变种与原变种的区别在于叶片卵形或宽卵形，叶基心形或浑圆，边缘有缺刻状或犬牙状齿或重锯齿，是较易混淆的类群。　产于龙胜、阳朔、隆林等地；生于林下、林缘和阴湿地。分布于湖南、湖北、江苏、贵州、四川、云南、西藏、福建、台湾、广东、海南及南海诸岛，日本、朝鲜、印度亦有。

3. 飞机草属　Chromolaena DC.

多年生草本、半灌木或灌木。叶通常对生；叶片卵形、三角状卵形或椭圆形，稀线形，近全缘或分裂。头状花序在茎、枝端排成伞房状或复伞房状花序；总苞片 18～65 枚，4～6 层，苞片不等长；花托平或稍突起，无毛；头状花序具小花 6～75 枚；花冠筒白色、淡紫色或紫色，里面密被疣状突起或平滑；花柱基部不膨大。瘦果圆柱形，具 3～5 棱；冠毛约 40 枚。　本属约有 165 种，主要分布于热带和亚热带地区。我国有 1 种；广西亦有。

飞机草　图版 49：1～2

Chromolaena odorata (L.) R. M. King et H. Rob., Phytologia **20**: 204. 1970; Fl. China **20～21**: 890. 2011. ——*Eupatorium odoratum* L., Syst. Nat. ed. 10, 2: 1205. 1759; 海南植物志 **3**: 378. 1974; 中国植物志 **74**: 56, 图版 20: 6. 1985.

多年生草本或半灌木，高 1～3 m；多分枝，枝常对生，与主茎近成直角；茎枝密被黄色绒毛或短柔毛。叶对生；叶片有香味，卵形至卵状三角形，长 4～10 cm，宽 1.5～5 cm，两面被毛，叶背密生红棕色腺点，边缘有不规则稀疏粗齿，具基出或近基出三脉，叶柄长 1～2 cm。头状花序圆柱形，长约 1 cm，多数，在枝顶端排成伞房状或复伞房状花序；总苞内有小花约 20 个，总苞片 3～4 层，外层短，卵形，长约 2 mm，中层和内层长圆形，长约 7～8 mm，总苞片均有 3 条中脉；花白色或粉红色，花冠长约 5 mm。瘦果黑褐色，长约 4 mm，具 5 棱。　花果期 4～12 月。　产于百色、平果、那坡、大新、防城和凭祥；生于荒地、路旁、田间和森林破坏迹地，繁殖力极强，常成丛生长。　分布于福建、广东、贵州、四川、云南、湖南、江西、台湾、海南、香港和澳门，原产于美洲，第二次世界大战期间引入我国。　本种茎叶含芳香油，主要成分为香豆素、乙酸龙脑酯、芳香醇等；全草可用于驱杀蚂蟥；入药可止小伤口流血。

4. 假臭草属　Praxelis Cass.

一年生或多年生草本或半灌木。叶对生或轮生；叶片卵形至椭圆形或线形，近全缘或疏具锯齿。头状花序排列成伞房花序状的聚伞状花序或疏松的聚伞圆锥花序；总苞钟状；总苞片 15～25 枚，3～4 层，不等长；花托圆锥状突起，无毛；头状花序具小花 25～30 个；花冠白色、绿色或淡紫色，外面平滑，略具腺点，里面密被乳突；花药附器顶端具齿；花柱基部不增大，分枝长，狭线形，密被乳突。瘦果扁平，具 3～4 纵棱；冠毛约 40 枚。　本属有 16 种，分布于南美洲，其中 1 种分布至亚洲(东部)及澳大利亚。我国有 1 种；广西亦有。

假臭草

Praxelis clematidea R. M. King et H. Robinson, Phytologia **20**: 194. 1970; Fl. China **20～21**: 889. 2011. ——*Eupatorium clematideum* Griseb., Abh. Königl. Ges. Wiss. Göttingen **24**: 172. 1879. ——*E. urticifolium* L. var. *clematideum* (Griseb.) Hieron. ex Kuntze, Revisio Generum Plantarum **3**(2): 148. 1898. ——*E. catarium* Veldk., Gard. Bull. Singapore **51**(1): 121. 1999.

一年生草本或半灌木，高 0.5～1.2 m；茎、枝、叶背初时被白色短柔毛，后渐脱落。叶对生；叶片揉之具强烈的气味；叶片卵形，长 2～4.5 cm，宽 1.2～3 cm，边缘具粗锯齿；三出脉，侧脉 1～2 对。头状花序在

图版 49 **1～2. 飞机草** Chromolaena odorata（L.）R. M. King et H. Rob.　1. 花枝；2. 头状花序。　**3～5. 林泽兰** Eupatorium lindleyanum DC.　3. 植株；4. 头状花序；5. 两性花。　**6～8. 异叶泽兰** E. heterophyllum DC.　6. 花枝；7. 头状花序；8. 两性花。（邹贤桂绘）

茎、枝顶端排成伞房花序状的聚伞状花序；总苞狭钟形；总苞片 2～3 层；头状花序具小花 35～40 个；花冠筒淡蓝紫色，檐部裂片外面无毛或稀被毛；花柱基部不肿大，无毛。瘦果黑褐色，具 3～5 棱；冠毛白色。花果期全年。　产于桂南；生于林缘、路旁、田野或杂草丛中。分布于我国南方各地，原产于亚洲热带地区。

5. 紫茎泽兰属　Ageratina Spach

多年生草本或灌木。叶对生；叶片具锯齿、细齿或浅裂。头状花序排成疏松或紧密的伞房状花序；总苞片 2～3 层，约 30 枚，近等长；花托稍突起，无毛或被微柔毛；头状花序具小花 10～60 个，花冠白色或淡紫色，基部通常有细长的筒部，檐部裂片外面无毛或具腺点，里面密被疣状突起；花药附器大，长椭圆形；花柱基部常增大，分枝密被疣状突起。瘦果纺锤状，具 5 棱；冠毛 1 层，刚毛状，易落。　本属约有 265 种，主要分布于热带和亚热带地区。我国有 1 种；广西亦有。

紫茎泽兰　破坏草

Ageratina adenophora (Spreng.) R. M. King et H. Rob., Phytologia **19**:211. 1970; Fl. China **20～21**: 880. 2011. ——*Eupatorium adenophorum* Spreng., Syst. Veg. ed. 16, **3**:420. 1826.

多年生直立草本或灌木，高 0.3～2 m；枝对生，被白色或锈色柔毛。叶对生；叶片卵形、三角状卵形或菱状卵形，长 3.5～7.5 cm，宽 1.5～3 cm，叶面绿色，叶背稍苍白色，两面疏被柔毛；基三出脉，边缘具锯齿。头状花序多数，具 40～50 个小花，顶生，排列成伞房状或复伞房状花序；总苞钟状；总苞片 2 层，线形或线状披针形；花托圆锥状突起；花冠略呈紫色。瘦果棕黑色，狭椭圆形，5 棱，无毛及腺点；冠毛约 10 枚，白色。　花果期 4～10 月。　产于桂西北、桂西南；生于山坡路旁或林缘的阴湿地带。分布于重庆、贵州、云南、黑龙江、湖北、湖南、四川、西藏、广东、台湾、海南及南海诸岛，泛热带地区均有，原产于墨西哥。

6. 泽兰属　Eupatorium L.

多年生草本、半灌木或灌木。叶对生或有时上部互生；叶片全缘或有锯齿或 3 裂。头状花序在茎枝顶端排成复伞房花序；总苞半球形、钟状或圆柱状，总苞片 2 或多层，覆瓦状排列；花两性，多数或仅数朵，管状；花冠等长，辐射对称，檐部扩大，顶端 5 裂或 5 齿；花药基部钝，顶端有膜质附片；花柱分枝丝状。瘦果具 5 棱，顶端截平；冠毛 1 层，多数，糙毛状。　本属有 45 种，分布于亚洲、欧洲和北美洲。我国有 14 种；广西产 5 种。

分种检索表

1. 叶片具三出脉或近三出脉；叶片长椭圆形或线状披针形 ………………………… 1. **林泽兰** E. lindleyanum DC.
1. 叶片具羽状脉。
  2. 叶片两面无毛及腺点，通常 3 裂或不裂 ………………………………………… 2. **佩兰** E. fortunei Turcz.
  2. 叶片被毛，两面或背面有腺点。
    3. 叶片阔卵形至卵形，不分裂；叶基圆形；叶柄极短或无 ………………………… 3. **多须公** E. chinense L.
    3. 叶片披针形，分裂或不分裂；叶基楔形；叶柄长 5～20 mm。
      4. 叶片常 3 裂或不裂，两面被白色短柔毛 ………………………… 4. **异叶泽兰** E. heterophyllum DC.
      4. 叶片不分裂，两面被疏短柔毛，叶缘有细尖齿 ………………………… 5. **泽兰** E. japonicum Thunb.

1. 林泽兰　泽兰(海南植物志)　毛泽兰(广西植物名录)　大麻叶泽兰　图版 49:3～5

Eupatorium lindleyanum DC., Prodr. **5**:180. 1836; 海南植物志 **3**:379. 1974; 中国植物志 **74**:59. 1985; Fl. China **20～21**:887. 2011. ——*E. kirilowii* Turcz., Bull. Soc. Imp. Nat. Mosc. **7**:153. 1837. ——*E.*

subtetragonum Miq. ,J. Bot. Neerl. 1:99. 1861.

多年生草本,高可达 2 m;茎直立,少分枝;茎枝均密被柔毛。叶片长椭圆形至线状披针形,长 5~7 cm,宽 0.5~1.5 cm,不分裂或 3 全裂,具三出脉或近三出脉;叶两面被毛或腺点;叶缘中部和上部有尖锐疏锯齿;叶柄极短或无。头状花序具 5 个小花,在茎顶或枝顶排成紧密的伞房花序;总苞钟状或狭钟状;总苞片 3 层,外层长 1~2 mm,中层和内层长 5~6 mm;花白色、粉红色或淡紫色,长约 4.5 mm。瘦果黑褐色,长约 3 mm,具 5 纵棱;冠毛白色。 花果期 5~12 月。 产于南宁、龙州、宁明、上林、武鸣、都安、临桂、阳朔、兴安、桂林、全州、资源、富川、梧州、苍梧、昭平、贺州、平南、贵港、岑溪、柳州、金秀、鹿寨、三江、环江、南丹等地;生于草坡、路旁、田边或旷地上。分布于除新疆以外的全国各地,俄罗斯(西伯利亚地区)、朝鲜、日本亦有。 本种全草可药用,有发表祛风、和中化湿的功效,可用于治疗风寒感冒、疟疾和寄生虫病。

2. **佩兰** 水泽兰 狭裂泽兰 图版 50:1~2

Eupatorium fortunei Turcz. ,Bull. Soc. Imp. Nat. Mosc. **24**(1):150. 1851;海南植物志 **3**:379. 1974;中国植物志 **74**:58,图版 20:1~5. 1985;Fl. China **20~21**:886. 2011. ——*E. stoechadosmum* Hance, Ann. Sci. Nat. Bot. sér. 4, **18**:222. 1862. ——*E. caespitosum* Migo, J. Shanghai Sci. Inst. **3**:7. 1934. ——*E. fortunei* Turcz. var. *angustilobum* Ling,中国植物志 **74**:354. 1985.

多年生直立草本,高可达 1 m;全株及花揉之有香味,少分枝,茎枝被稀疏短柔毛。中部茎叶片较大,3 全裂、3 深裂或不裂,总叶柄长 0.7~1 cm,中裂片大,长椭圆形,长椭圆状披针形至倒披针形,长 5~10 cm,宽 1.5~2.5 cm,侧生裂片同形但较小;茎上部叶常不裂;叶两面光滑,边缘有粗齿或细齿,具羽状脉。头状花序有花 4~6 朵,在枝顶排成复伞房花序;总苞钟状,2~3 层,外层短,中内层渐长,花白色或淡红。瘦果黑褐色,长 3~4 mm,具 5 棱;冠毛白色,长约 5 mm。 花果期 7~12 月。 产于广西各地;生于山谷、路旁、灌木丛、草丛中,常见栽培。分布于广东、海南、贵州、云南、四川、湖南、湖北、河南、陕西、江西、浙江、江苏、山东等地,日本、朝鲜、泰国(北部)和越南亦有。 本种全草可用于蒸提芳香油,入药有行血散瘀、调经、利尿的功效,可用于月经不调、腹痛、胃痛、跌打肿痛等症。

3. **多须公** 兰草 华泽兰 孩儿草 图版 50:3~4

Eupatorium chinense L. ,Sp. Pl. **2**:837. 1753;海南植物志 **3**:379. 1974;中国植物志 **74**:63,图版 21:4~6. 1985;Fl. China **20~21**:885. 2011. ——*E. crenatifolium* Hand.-Mazz. , Oesterreichische Botanische Zeitschrift **88**:307~308. 1939. ——*E. melanadenium* Hance, J. Bot. **23**:325. 1885.

多年生草本或半灌木,高达 1.5 m;多分枝,上部茎枝被短柔毛。叶对生,茎上部的互生,无柄或近无柄;茎中部叶片卵形或宽卵形,长 4.5~10 cm,宽 3~5 cm,叶基圆形,两面被毛及黄色腺点,叶缘具圆锯齿或粗齿;上部和下部叶较小。头状花序在茎、枝顶端排成疏松的复伞房花序;总苞钟状,有 5 个小花;总苞片 3 层,外层较短,中层和内层较长;花白色、粉红或红色。瘦果黑褐色,长 3 mm,有 5 棱。 花果期 8~12 月。 产于广西各地;生于山坡灌木丛中或草地上。分布于广东、云南、贵州、四川、湖南、湖北、福建、浙江、安徽、甘肃、陕西、河南、江苏、江西、海南和台湾,印度、日本、朝鲜和尼泊尔亦有。 本种全草有毒;根、叶入药,可用于扁桃体炎、咽喉炎、肺炎、感冒高热、麻疹、毒蛇咬伤、血淋等症;根还可用于小儿白喉。

4. **异叶泽兰** 图版 49:6~8

Eupatorium heterophyllum DC. ,Prodr. **5**:180. 1836;中国植物志 **74**:64,图版 22:1~3. 1985;Fl. China **20~21**:886. 2011. ——*E. wallichii* DC. var. *heterophyllum* (DC.) Diels. , Notes Roy. Bot. Gard. Edinburgh7:360. 1912.

多年生草本或半灌木,高可达 2 m;上部茎枝被白色短柔毛。叶对生;中部茎叶片较大,3 全裂,深裂或半裂,中裂片大,长椭圆形至披针形,长 7~10 cm,宽 2~3.5 cm;不分裂,卵形、长圆形或长圆状披针形;叶两面被毛和腺点;叶缘有深缺刻状圆钝齿;叶柄长 0.5~1 cm。头状花序在茎、枝顶端排成复伞房花序,花序径可达 25 cm;总苞钟状,3 层,外层短,中内层长,顶端圆形;花白色或淡红色。瘦果黑褐色,长约 3.5 mm,具 5 棱;冠毛白色。 花果期 4~10 月。 产于资源、融水、武鸣;生于海拔 900 m 以上的灌木丛

图版 50　1～2. **佩兰** Eupatorium fortunei Turcz.　1. 花枝；2. 两性花。　3～4. **多须公** E. chinense L.　3. 枝条；4. 果。　5～7. **孔雀草** Tagetes patula L.　5. 花枝；6. 舌状花；7. 管状花。　8～11. **万寿菊** T. erecta L.　8. 花枝；9. 舌状花；10. 管状花；11. 小叶片。　（1～4 邹贤桂绘，5～11 辛茂芳绘）

草坡中。分布于四川、云南、贵州、西藏、陕西、湖北、甘肃、安徽、台湾，尼泊尔亦有。 本种全草可入药，用于跌打损伤或妇科病；根可用于防治感冒。

5. **泽兰** 山兰 白头婆

Eupatorium japonicum Thunb., Syst. Veg. ed. 14, 737. 1784；海南植物志 **3**：380. 1974；中国植物志 **74**：60，图版 21：1～3. 1985；Fl. China **20～21**：886. 2011. ——*E. wallichii* DC., Prodr. **5**：179. 1836. ——*E. tozanense* Hayata, Icon. Pl. Formosan. **8**：44. 1919.

多年生草本，高达 1.5 m；通常不分枝，茎枝被短柔毛。叶对生；茎中部叶片披针形至卵状披针形，长 6～13 cm，宽 1.5～4.5 cm，两面被稀疏短柔毛，下面有腺点，叶缘有粗锯齿。头状花序在茎、枝顶端排成紧密伞房花序，直径通常 3～6 cm；总苞钟状，长 5～6 mm，含小花 5 个；总苞片外层短，中层和内层渐长，顶端钝或圆；花白色或淡红色。瘦果淡黑褐色，长约 3.5 mm，具 5 棱，冠毛白色。 花果期 6～11 月。 产于广西各地；生于山坡草地、灌木丛或林下。分布于广东、福建、海南、云南、贵州、四川、陕西、湖南、湖北、江西、浙江、江苏、安徽、河南、山西、山东、辽宁、吉林、黑龙江，日本和朝鲜亦有。 本种全草可入药，可活血散瘀，用于月经不调等症。

7. 藿香蓟属 Ageratum L.

一年生或多年生草本或灌木。叶对生或上部叶互生。头状花序小，具多数同型小花，排成伞房花序或圆锥花序；总苞钟状，总苞片 2～3 层，分离，线形，不等长；花托平或稍突起；花两性；花冠蓝色、紫色或白色，管状，顶端 5 裂；花药上端尖，有附片；花柱分枝线形。瘦果有 5 纵棱，冠毛 5 枚，膜片状或鳞片状，分离或合生。 本属约有 40 种，广泛分布于世界热带地区，主产于中美洲。 我国有 2 种；广西均有。

分种检索表

1. 叶基钝或宽楔形；总苞片长圆形或披针状长圆形，背面无毛……………………………… 1. **胜红蓟** A. conyzoides L.
1. 叶基心形或截形；总苞片狭披针形，背面被较多的细长柔毛 ……………………………… 2. **熊耳草** A. houstonianum Miller

1. **胜红蓟** 藿香蓟(中国植物志) 白花草 咸虾花 图版 48：5～8

Ageratum conyzoides L., Sp. Pl. **2**：839. 1753；中国高等植物图鉴 **4**：408. 1975；中国植物志 **74**：53. 1985；Fl. China **20～21**：883. 2011.

一年生直立草本，高约 60 cm；揉之有特殊气味，全株被白色柔毛。叶片卵形或近三角形，中部茎叶最大，长 5～13 cm，宽 3～6 cm，叶缘有圆锯齿，叶基钝或平截形，稀心形，具三出脉或不明显五出脉。头状花序多数，排成稠密的伞房花序；总苞钟状或半球状，总苞片 2 层，长圆形或披针状长圆形，边缘撕裂；花冠长 1.5～2.5 mm，檐部 5 裂，淡紫色。瘦果黑色，具 5 棱，冠毛膜片状。 花果期全年。 本种为广西各地常见杂草；生于草地、路旁、田边或荒地上。分布于安徽、广东、河南、江苏、云南、贵州、四川、江西、福建、台湾和南海诸岛，浙江、河北亦有栽培，原产于中南美洲，现已广泛分布于非洲全境及亚洲的印度、印度尼西亚、老挝、柬埔寨、越南等地。 本种全草可入药，有清热消炎、祛风止血之功效，可治感冒发热、外伤出血、痈疮肿毒、湿疹等症；全草亦可作绿肥，在广东、江西等地还常用作鱼饲料。

2. **熊耳草** 图版 48：9～11

Ageratum houstonianum Miller, Gard. Dict. ed. 8, Ageratum no. 2. 1768；中国高等植物图鉴 **4**：408. 1975；中国植物志 **74**：51. 1985；Fl. China **20～21**：883. 2011. ——*A. mexicanum* Sims., Bot. Mag. **52**：t. 2524. 1824.

一年生直立草本，高 30～70 cm；茎被白色绒毛。叶片卵形或三角状卵形，茎中部叶片长 2～6 cm，宽 1.5～3.5 cm，向上部及向下部叶渐小，叶缘有圆锯齿，叶基心形或平截，基出三脉或不明显五出脉，两面被白色柔毛。头状花序多数，在茎顶排成伞房或复伞房花序；花苞钟状，总苞片2层，狭披针形，全缘；花冠长2.5～3.5 mm，檐部淡紫色，5裂。瘦果黑色，长1.5～1.7 mm，具5条纵棱；冠毛膜片状，分离。　花果期全年。　产于宁明、南宁、柳州、桂林、贺州等地；生于山坡、田边或路边。分布于安徽、福建、广东、贵州、云南、四川、海南、河北、江苏、山东、黑龙江、浙江、台湾及南海诸岛，原产于热带美洲，印度、缅甸、尼泊尔、泰国和非洲亦有引种栽培和逸生。　全草可药用，性味微苦凉，有清热解毒的功效，在美洲被用于消炎和治咽喉痛。

8. 裸冠菊属　Gymnocoronis DC.

一年生或多年生直立草本；半水生，茎具棱角。叶对生；叶片披针形、卵形或卵状三角形，无柄或具柄。头状花序聚伞状；总苞片2层，20～25枚，等长或近等长，狭长圆形；花托突起；头状花序具小花50～200个，花冠白色，狭漏斗状，花冠裂片三角形；花丝顶端略扩大，花药顶端附属物小，花柱分枝顶端狭长卵形。瘦果略弯曲，棱柱状，(4)5肋，肋间具腺体；无冠毛。　本属有5种，主要分布于美洲热带和亚热带地区。我国有1种；广西亦产。

裸冠菊

Gymnocoronis spilanthoides (D. Don ex Hook. et Arn.) DC., Prodr. 7: 266. 1838; 植物分类学报 45(3): 330. 2007; Fl. China 20～21: 882. 2011. ——*G. attenuata* DC., Prodr. 5: 106. 1836. ——*Alomia spilanthoides* D. Don ex Hook. et Arn., Comp. Bot. Mag. 1: 238. 1836.

多年生直立草本，高45～150 cm；茎不分枝或自茎上部具对生的分枝，具6棱，被稀疏腺毛，老时近无毛。叶对生；叶片披针形至卵状披针形，长4.5～18 cm，宽1～2.5(9) cm，边缘具锯齿，上部叶近乎全缘，两面无毛或仅幼叶两面具极稀疏的腺毛；叶柄长约2.5 cm，有狭翼，茎顶端的叶近乎无柄。头状花序具小花70～80个，在茎上部排列成疏圆锥状聚伞花序，花序梗密被腺毛；总苞半球形；总苞片20～30枚，2层，近等长，总苞片外面密被细小的腺毛；花序托略突起，具窝孔，无毛，无托片；花冠狭漏斗形，表面具腺体，新鲜时花冠筒淡紫红色，花冠裂片绿色，干后全部变为污黄色；花丝顶端增大，圆筒形；花药顶端附属物不明显；花柱基部不扩大，无毛，分枝白色，伸出花冠，伸出部分明显超过花冠的长度。瘦果棱柱状，具5肋，外层瘦果略弯曲，内层的不弯曲；无冠毛。　花果期9～11月。　产于阳朔；生于水边湿地。分布于云南、台湾，原产于南美洲的热带和亚热带地区，日本、印度、澳大利亚、新西兰亦有分布。

2. 向日葵族　Trib. Heliantheae Cass.

草本、半灌木或灌木。下部叶通常对生，全缘、有锯齿或分裂。头状花序辐射状，稀盘状；边缘舌状花雌性，可育，或无性；中央的管状花两性，可育或不育；或头状花序仅有同型两性花，稀雌雄异株；花托具托片，托片离生，稀连合；总苞片叶质；花药上端有附片，基部全缘、钝或箭形，有尖或短尾状的耳部；花柱分枝顶端截平或钻形，或有尖或三角形的附属器。瘦果常压扁状或具棱；冠毛膜片状、芒状或冠状，或无冠毛。本族约有210属3 330多种，主要分布于美洲。我国有34属64种；广西有21属33种1变种。

分属检索表

1. 花序托有托片，非刚毛状。
  2. 头状花序含异型花；花冠舌状或细管状或雌花不存在，或含同型两性花；花药聚生。
    3. 两性花可育，花柱分枝。
      4. 冠毛羽状或膜片状，非芒刺状。
        5. 冠毛羽状……………………………………………………………… 9. 羽芒菊属 Tridax L.

5. 管状花的瘦果冠毛膜片状，边缘流苏状；舌状花的瘦果无冠毛或冠毛短毛状 …………………………………… 10. **牛膝菊属** Galinsoga Ruiz et Pav.

4. 冠毛缺失或芒刺状。

6. 瘦果压扁状，或至少管状花瘦果的一面压扁状。

7. 冠毛为锐尖并具倒钩刺的芒刺。

8. 花柱分枝具长附器；冠毛为 2 枚芒刺 …………………………………… 11. **鹿角草属** Glossocardia Cass.

8. 花柱分枝有三角形附器，被细硬毛；冠毛为 2～4 枚芒刺 …………………………………… 12. **鬼针草属** Bidens L.

7. 冠毛为不明显的细齿或硬刺状。

9. 花托突起，圆柱形或圆锥形，托片较小，舟形。

10. 舌状花的瘦果三棱形，管状花的瘦果背向压扁；冠毛为 1～3 枚芒刺或无冠毛。

11. 头状花序单生茎枝顶端或上部的叶腋；总苞片 1～2 层 …………………… 13. **金钮扣属** Acmella Persoon

11. 头状花序单生茎枝端；总苞片 2 层 …………………………………… 14. **李花菊属** Wollastonia DC. ex Decne

10. 舌状花的瘦果压扁状，边缘具翅，翅具撕裂状硬刺；管状花的瘦果扁平或为三角形，无翅；冠毛刚刺状 …………………………………… 15. **金腰箭属** Synedrella Gaertn.

9. 花托平，托片宽大，非舟形；冠毛为不明显的细齿 …………………………………… 16. **大丽花属** Dahlia Cav.

6. 瘦果明显丰满，不呈压扁状，或舌状花的瘦果具 3～5 棱；管状花的瘦果压扁状。

12. 花序托托片折合，包裹或半包裹两性花。

13. 叶对生；花序托平或稍突起；头状花序单生或 2～3 个生于叶腋或枝端。

14. 总苞片短于托片或与花托等长；瘦果顶端截形，无冠毛环 …………………… 17. **卤地菊属** Melanthera Rohr

14. 总苞片长于托片；瘦果顶端稍收缩而浑圆，有冠毛环 ……… 18. **蟛蜞菊属** Sphagneticola O. Hoffmann

13. 叶互生；花序托突起，圆柱形或圆锥形；头状花序顶生 …………………………… 19. **金光菊属** Rudbeckia L.

12. 花序托平或内凹，非对折状，包裹或不包裹两性花。

15. 总苞片 2 层至多层，外层非棒形或为小膜片状或无冠毛。

16. 托片多少包裹花；舌状花舌片明显；冠毛为芒刺状或膜片状。

17. 舌状花不育；冠毛膜片状，分离。

18. 叶片不裂；头状花序直径 20～30 cm；花序梗非棒槌状 …………………… 20. **向日葵属** Helianthus L.

18. 叶片 3～5 深裂；头状花序直径 5～15 cm；花序梗长棒槌状 …………………………………… 21. **肿柄菊属** Tithonia Desf. ex Juss.

17. 舌状花可育；冠毛为 2～5 条不等长的芒，基部合生 …………………… 22. **百能葳属** Blainvillea Cass.

16. 托片不包裹花；舌状花舌片短而狭；冠毛为 1～3 细齿状 …………………………… 23. **鳢肠属** Eclipta L.

15. 总苞片 2 层，外层长棒形，有腺毛；无冠毛 …………………………………… 24. **豨莶属** Sigesbeckia L.

3. 两性花不育，花柱不分枝；冠毛膜片状 …………………………………… 25. **银胶菊属** Parthenium L.

2. 头状花序含单性花，雌雄异株；雄头状花序总苞片离生，雌头状花序总苞片合生，具 2 朵雌花 …………………………………… 26. **苍耳属** Xanthium L.

1. 花序托无托片，或托片呈刚毛状。

19. 叶片较大，宽 1.5～8 cm；头状花序含雌花和两性花均在 5 枚以上；瘦果无翅，具冠毛。

20. 花序托无托片；总苞片 1 层，合生；叶和总苞片具油腺点 …………………………………… 27. **万寿菊属** Tagetes L.

20. 花序托具刚毛状托片；总苞片 2～3 层，离生；叶和总苞片无油腺点 …………………… 28. **天人菊属** Gaillardia Foug.

19. 叶片较小，宽 3～4 mm；头状花序含雌花 2～4 朵，含两性花 1～3 朵；瘦果具 3 狭翅，无冠毛 …………………………………… 29. **虾须草属** Sheareria S. Moore

9. 羽芒菊属 Tridax L.

多年生草本。叶对生；叶片有缺刻状齿或羽状分裂。头状花序放射状，含异型花，单生于茎、枝顶端。总苞卵形、钟形或近盘形；总苞片 2 至数层，覆瓦状排列，外层较短，叶质，内层较长，干膜质；花托扁平或突起，托片干膜质；边缘花冠舌状或二唇形，外唇大，顶端3裂，内唇小，2裂或不裂；管状花两性，花冠檐部5浅裂；花药基部矢状，有短尖小耳；管状花花柱分枝顶端钻形，被毛。瘦果圆锥状或圆柱状，被毛；冠毛羽状。　本属约有26种，分布于热带美洲和亚洲。我国有1种；广西亦有。

羽芒菊（中国种子植物科属辞典）

Tridax procumbens L.，Sp. Pl. 2：900. 1753；中国植物志 **75**：385. 1979；Fl. China **20～21**：864. 2011.

多年生草本，茎平卧，略呈四方形，具分枝，被倒向糙毛或毛脱落。基部叶片花期凋萎；中部叶片披针形或卵状披针形，长4～8 cm，宽2～3 cm，边缘具不规则锯齿，近基部常浅裂，裂片1～2对或仅存于叶缘一侧，两面被基部为疣状的糙伏毛，基三出脉；上部叶卵状披针形至狭披针形，长2～3 cm，宽6～15 mm，边缘有粗齿或基部近浅裂。头状花序直径1～1.4 cm，单生于茎、枝顶端；花序梗长10～20 cm，稀达30 cm，被白色疏毛；总苞钟形；总苞片2～3层，外层卵形或卵状长圆形，背面被密毛，内层长圆形，无毛，最内层线形，鳞片状；花托稍突起，托片顶端芒尖或近凸尖；舌状花1层，舌片长圆形，顶端2～3浅裂，被毛；管状花花冠被短柔毛，檐部5浅裂。瘦果倒圆锥状或圆柱状，黑色，密被毛；冠毛羽毛状，上部污白色，下部黄褐色。　花期11月至翌年3月。　产于北海、防城、扶绥；生于低海拔旷野、荒地、坡地以及路旁阳处。分布于福建、海南和台湾，热带美洲、印度、中南半岛、印度尼西亚亦有，原产于热带美洲。

10. 牛膝菊属　Galinsoga Ruiz et Pav.

一年生草本。叶对生；叶片全缘或有锯齿。头状花序含异型花，具长花序梗，顶生或腋生，通常在茎枝顶端排成疏松的伞房花序；总苞宽钟状或半球形；总苞片1～2层，卵形或卵圆形，膜质；花托圆锥状或伸长，托片顶端分裂或不裂；舌状花1层，4～5个，白色，舌片全缘或2～3齿裂；管状花两性，黄色，顶端具短或极短的5齿；全部花结实；花药基部箭形，有小耳；管状花的花柱分枝微尖或顶端短急尖。瘦果倒卵圆状三角形，有棱，背腹压扁，被微毛；管状花瘦果的冠毛膜片状，边缘流苏状，舌状花瘦果无冠毛或冠毛短毛状。　本属有15～33种，主要分布于美洲。我国有2种；广西有1种。

牛膝菊

Galinsoga parviflora Cav.，Icon. **3**：41. 1794；中国植物志 **75**：384，图版 66：5～8. 1979；Fl. China **20～21**：865. 2011.——*Wiborgia parviflora* Kunth，Nov. Gen. Sp. **4**(17)：201. 1820.

一年生草本，高10～80 cm；茎不分枝或自基部分枝，全部茎枝被疏散或上部稠密的贴伏短柔毛和少量腺毛。叶对生；叶片卵形或长椭圆状卵形，长(1.5)2.5～5.5 cm，宽(0.6)1.2～3.5 cm，基三出脉或不明显五出脉，叶柄长1～2 cm；全部茎叶两面粗涩，被白色稀疏贴伏的短柔毛。头状花序有长花序梗，多数在茎枝顶端排成疏松的伞房花序；总苞半球形或宽钟状；总苞片1～2层，约5枚，顶端圆钝，白色，膜质；舌状花4～5朵，舌片白色，顶端3齿裂；管状花花冠黄色，下部被稠密的白色短柔毛。瘦果黑色或黑褐色，3棱或中央的瘦果4～5棱，压扁状，被白色微毛；舌状花冠毛毛状，脱落；管状花冠毛膜片状，边缘流苏状，白色。　花果期7～10月。　产于桂北及桂东北；生于林下、河溪边、荒野、田间或市郊路旁。原产于南美洲，在我国归化，现广泛分布于全国各地。　本种全草入药，有止血、消炎之功效。

11. 鹿角草属　Glossocardia Cass.

多年生直立或斜升草本。叶互生或对生；叶片羽状深裂或楔状3齿裂，裂片线形。头状花序单生于枝顶或为稀疏伞房状排列；舌状花1层，雌性，管状花两性，两者均可育，或无舌状花；总苞钟形；总苞片2～3层，近革质，内层苞片较大；花托扁平，托片膜质；舌状花开展，舌片全缘或先端3裂；管状花上端4裂；花药基部钝或近全缘；花柱分枝顶端具长附器。瘦果背部压扁，无毛，线形或卵形，先端截形；冠毛为2枚宿存的芒，芒被倒刺毛。 本属7种，产于非洲（北部）、热带亚洲及大洋洲。我国有1种；广西亦有。

鹿角草 鹞鹰爪（广西） 香茹

Glossocardia bidens (Retzius) Veldkamp, Blumea **35**: 468. 1991; Fl. China **20～21**: 856. 2011.——*Glossogyne tenuifolia* Cass., Dict. Sc. Nat. **51**: 475. 1827; 中国植物志 **75**: 381, 图版 66: 1～4. 1979.——*G. bidens* (Retzius) Alston in Trimen, Hand-Book Fl. Ceylon vi. Suppl. 168. 1931.——*G. oluanpiensis* S. S. Ying, Coloured Ill. Fl. Taiwan **5**: 603. 1995.——*Bidens tenuifolia* Labill., Sert. Austr. Caled. 44, t. 45. 1825.——*B. meyeniana* Walp., Nov. Actorum Acad. Caes. Leop.-Carol. Nat. Cur. **19**(Suppl. 1): 271. 1843.——*Zinnia bidens* Retz., Observ. Bot. **5**: 28. 1788.

多年生草本，高15～30 cm；具纺锤状根；基部分枝，小枝无毛。基生叶长4～8 cm，羽状深裂，裂片2～3对，顶端有突出的尖头，两面无毛；茎中部叶稀少，羽状深裂。头状花序单生枝端；总苞片外层约7枚，苞片长圆状披针形，边缘膜质，内层苞片狭长圆形，比外层稍长；舌状花黄色，舌片宽椭圆形，顶端具3宽齿；管状花花冠檐部4裂；花药基部钝；花柱分枝，具长附器。瘦果扁平，无毛，黑色，线形；冠毛为2个被倒刺毛的芒刺。 花期6～7月，果期8～9月。 产于北海、贵港、玉林和宁明；生于坚硬沙土、空旷沙地及海边。分布于福建、广东、海南、台湾和西藏，印度、巴勒斯坦、印度尼西亚、缅甸、巴布亚新几内亚、菲律宾、泰国、越南、澳大利亚及太平洋诸岛亦有。 本种全草入药，可用于牙痛、带状湿疹及淋疸等症。

12. 鬼针草属 Bidens L.

一年生或多年生草本。茎直立或匍匐，通常有纵纹。叶对生或有时在茎上部互生，稀3片轮生；叶片一至三回羽状分裂或三出复叶。头状花序单生茎、枝端或排成不规则的伞房状圆锥花序；总苞杯形或筒形；总苞片通常1～2层，基部合生，外层草质，短或伸长，叶状，内层膜质；托片狭，干膜质，近扁平；舌状花1层，不育，或无舌状花而全为筒状花，白色或黄色，稀为红色，全缘或具齿；管花筒状，两性，可育，冠檐略呈壶状，4～5齿裂；花药基部钝或近箭形；花柱分枝扁，顶端有三角形附器，被细硬毛。瘦果扁平或具4棱，无明显的喙，具芒刺2～4枚，其上有倒刺状刚毛；果体光滑或有刚毛。 本属有150～250种，广泛分布于热带、亚热带及温带地区，以美洲最为丰富。我国有10种，遍布全国各地；广西有6种1变种。

分种检索表

1. 头状花序直径大于3 cm ………………………………………………… 1. **白花鬼针草** B. alba (L.) DC.
1. 头状花序直径小于3 cm。
  2. 茎中部叶片三出复叶或3～5深裂，或为1回羽状复叶，小裂片边缘具规则的锯齿。
    3. 中部叶片为三出复叶或1回羽状复叶；冠毛为3～4枚芒刺，极少2枚。
      4. 中部叶片为三出复叶，稀为5～7片小叶；舌状花舌片白色或无舌状花。
        5. 头状花序无舌状花 ……………………………………… 2a. **鬼针草** B. pilosa L. var. pilosa
        5. 头状花序具5～7个舌状花，舌片白色 …… 2b. **三叶鬼针草** B. pilosa L. var. radiata (Sch.-Bip.) J. A. Schmidt
      4. 中部叶片为一回羽状复叶
        6. 头状花序具舌状花，舌片黄色 ……………………… 3. **金盏银盘** B. biternata (Lour.) Merr. et Sherff
        6. 头状花序无舌状花 ……………………………………………… 4. **大狼杷草** B. frondosa L.
    3. 中部叶片3～5深裂，稀为不分裂或近基部具一对小裂片；冠毛为2枚芒刺，稀为3～4枚 ………………………………………………………………………………… 5. **狼杷草** B. tripartita L.
  2. 茎中部叶片为二回羽状复叶，第一回全裂，第二回深裂或几全裂，小裂片边缘有稀疏不规整的粗齿，两面均被疏柔毛 ………………………………………………………………………… 6. **婆婆针** B. bipinnata L.

1．**白花鬼针草**

Bidens alba（L.）DC.，Prodr. **5**：605. 1836；邢福武等，广州野生植物 224. 2007.

一年生直立草本；高 50～150 cm。叶对生；叶片下部叶为一回羽状复叶，小叶片通常 3 片；上部叶片为单叶，不分裂。头状花序顶生，直径可达 4.2 cm，排成疏伞房状；总苞片 2 层；舌状花 5～8 个，舌片白色；管状花 26～28 个，黄色。瘦果条形；冠毛为 2 枚芒刺。　花期 6～11 月。　产于桂南、桂西南；生于路边荒地。分布于福建、广东、澳门、香港、海南、江西和台湾，原产于热带美洲。

2．**鬼针草**（本草拾遗，植物实名图考）虾钳草　蟹钳草（广东、广西）　对叉草　粘人草　一包针　盲肠草（福建、广东、广西）

Bidens pilosa L.，Sp. Pl. **2**：832. 1753；中国高等植物图鉴 **4**：497，图 6409. 1975；中国植物志 **75**：377. 1979；Fl. China **20～21**：859. 2011. ——*B. chilensis* DC.，Prodr. **5**：603. 1836. ——*B. sundaica* Blume var. *minor* Blume，Bijdr. Fl. Ned. Ind. **15**：914. 1826.

2a．**鬼针草**（原变种）

Bidens pilosa L. var. **pilosa**

一年生直立草本，高 30～100 cm；茎钝四棱形，无毛或上部被极稀疏的柔毛。茎下部叶片 3 裂或不分裂，花期枯萎，中部叶片为三出复叶，稀为具 5～7 小叶的羽状复叶，顶生小叶较大，具长 1～2 cm 的柄，边缘有锯齿，上部叶片小，条状披针形，不分裂或 3 裂。头状花序直径 8～9 mm；花序梗长 1～6 cm，果时长 3～10 cm；总苞基部被短柔毛；总苞片长条状匙形，7～8 枚，外层的披针形，背面具黄色边缘，内层的条状披针形；无舌状花；管状花两性，花冠檐 5 齿裂。瘦果条形，略扁，具棱，上部具稀疏瘤状突起及刚毛；冠毛为 3～4 枚芒刺，刺上具倒刺毛。　花果期 6～11 月。　产于广西各地；生于路边、村旁及荒地。分布于安徽、福建、甘肃、贵州、云南、四川、广东、海南、河北、河南、湖北、湖南、江西、辽宁、陕西、山西、山东、西藏、浙江和台湾，亚洲和美洲的热带、亚热带地区亦产。　本种全草可入药，有清热解毒、散瘀活血的功效，用于呼吸道感染、咽喉肿痛、急性阑尾炎、胃肠炎、急性黄疸型肝炎、风湿性关节疼痛、疟疾等症；外用可治疮疖、毒蛇咬伤、跌打肿痛等症。

2b．**三叶鬼针草**（变种）

Bidens pilosa L. var. **radiata**（Sch.-Bip.）J. A. Schmidt，Beitr. Fl. Cap Verd. Ins. 197. 1852；广东植物志 **8**：135. 2007；中国植物志 **75**：377. 1979. ——*B. pilosa* L. var. *albiflora* Maxim.，Cat. Herb. Coll. Sci. Imp. Univ. Tokyo 4. 1886. ——*B. pilosa* L. var. *minor*（Blume）Sherff，Bot. Gaz. **80**：387. 1925.

本变种与原变种的区别主要在于头状花序边缘具舌状花 5～7 朵；舌片白色，椭圆状倒卵形，顶端钝或有缺刻。　产于广西各地；生于村旁、路边及荒地。分布于华东、华南、华中及西南等地，美洲和亚洲的热带和亚热带地区亦产。　本种全草可入药，用途同**鬼针草**（*B. pilosa* L.）。

3．**金盏银盘**（广州植物志）

Bidens biternata（Lour.）Merr. et Sherff，Bot. Gaz. **88**：293. 1929；中国高等植物图鉴 **4**：496，图 6406. 1975；中国植物志 **75**：378，图版 65：1～4. 1979；Fl. China **20～21**：860. 2011. ——*B. chinensis* Willd.，Sp. Pl. **3**：1719. 1804. ——*B. robertianifolia* H. Lévl. et Van.，Fedde. Rep. Nov. Sp. **8**：140. 1910. ——*Coreopsis biternata* Lour.，Fl. Cochinch. **2**：508. 1790.

一年生直立草本，高 30～150 cm；茎略具 4 棱，无毛或被稀疏卷曲短柔毛。一回羽状复叶，顶生小叶叶片卵形至长圆状卵形或卵状披针形，长 2～7 cm，宽 1～2.5 cm，边缘具锯齿，有时一侧深裂为一小裂片，两面被柔毛；侧生小叶 1～2 对，不分裂，基部下延，三出复叶状分裂或仅一侧具一裂片，边缘有锯齿。头状花序直径 7～10 mm；总花序梗长 1.5～5.5 cm，果时增长；外层苞片 8～10 枚，条形，背面密被短柔毛；内层苞片长椭圆形或长圆状披针形，背面有深色纵条纹，被短柔毛；舌状花 3～5 个，不育，舌片淡黄色，顶端具 3 齿，或有时无舌状花；管状花冠檐 5 齿裂。瘦果条形，黑色，具 4 棱，多少被小刚毛，冠毛 3～4 枚芒刺，刺上具倒刺毛。　花果期 6～10 月。　产于柳州、柳城、梧州、平乐、博白、东兴、平果、凌云、龙州、金秀和贺州;生于路边、村旁及荒地。分布于安徽、福建、甘肃、广东、贵州、海南、河北、河南、湖北、湖南、江西、辽宁、陕西、山西、山东、云南、浙江和台湾,非洲、亚洲和大洋洲均产。 本种全草可入药,用途同**鬼针草**(*B. pilosa* L.)。

4. **大狼杷草** 大花咸丰草 接力草 外国脱力草

Bidens frondosa L.,Sp. Pl. 2:832. 1753;中国植物志 **75**:372. 1979;Fl. China **20~21**:858. 2011;马金双,中国入侵植物名录 185. 2013.

一年生直立草本,高 20~120 cm;茎多分枝,被疏毛或无毛。叶对生,一回羽状复叶具小叶 3~5 枚;小叶片披针形,长 3~10 cm,宽 1~3 cm,边缘有粗锯齿,背面被稀疏短柔毛。头状花序单生于茎端和枝端;外层苞片叶状,5~10 枚,具缘毛,内层苞片膜质,具淡黄色边缘;无舌状花,管状花两性,花冠冠檐 5 裂。瘦果狭楔形,扁平,近无毛或被糙伏毛;冠毛为 2 枚芒刺,芒刺具倒刺毛。 花果期 7~10 月。 产于钟山、富川、桂林、兴安;生于路边或荒地中。分布于安徽、北京、重庆、广东、海南、河南、河北、黑龙江、湖南、湖北、辽宁、山东、吉林、上海、江苏、江西、四川、云南、浙江和台湾,本种为外来入侵种,原产于北美洲。 本种全草可入药,有清热解毒、强壮的功效,可用于治体虚乏力、盗汗、疳积、痢疾、咯血、丹毒等症。

5. **狼杷草** 鬼刺 夜叉头

Bidens tripartita L.,Sp. Pl. 2:831. 1753;中国高等植物图鉴 **4**:495,图 6403. 1975;中国植物志 **75**:372,图版 64:1~2. 1979;Fl. China **20~21**:858. 2011.——*B. tripartita* L. var. *shimadai* Yamam., Journ. Trop. Agric. **8**:271. 1936.——*B. tripartita* L. var. *quinqueloba* C. H. An, Fl. Xinjiangensis **5**:476 1999.——*B. shimadai* Hayata, Ic. Pl. Formos. **8**:60. 1919.

一年生草本,高 20~150 cm;茎圆柱状或具钝棱,无毛。叶对生;下部叶片不分裂,边缘具锯齿,花期凋萎;中部叶片无毛或背面有极稀疏的小硬毛,长 4~13 cm,3~5 深裂,稀为不分裂或近基部具 1 对小裂片,两侧裂片披针形或狭披针形,顶生裂片较大,与侧生裂片边缘均具疏锯齿;上部叶片较小,披针形,不分裂或 3 裂。头状花序单生茎端及枝端;总花序梗长 1~1.5 cm;外层苞片 5~9 枚,叶状,内层苞片膜质,具纵条纹和淡黄色的边缘;托片线状披针形,背面有条纹;无舌状花;管状花两性,花冠冠檐 4 裂。瘦果楔形或倒卵状楔形,压扁状,边缘有倒刺毛;冠毛为 2 枚芒刺,稀少 3~4 枚,芒刺两侧有倒刺毛。 花果期 6~10 月。 产于兴安、蒙山、百色、那坡、隆林、贺州、南丹、天峨和金秀;生于路边、荒地及水边湿地。分布于福建、安徽、甘肃、云南、贵州、四川、河北、黑龙江、河南、湖北、湖南、江苏、江西、吉林、辽宁、内蒙古、宁夏、青海、陕西、山东、新疆、西藏、浙江和台湾,不丹、印度、印度尼西亚、日本、朝鲜、马来西亚、蒙古、尼泊尔、俄罗斯、菲律宾、非洲(北部)、澳大利亚、欧洲和北美洲亦有。 本种全草可入药,有清热解毒的功效,可用于治感冒、盗汗、闭经以及各种炎症;外用可治湿疹、疖肿和皮癣等症。

6. **婆婆针** 刺针草

Bidens bipinnata L.,Sp. Pl. 2:832. 1753;中国高等植物图鉴 **4**:496,图 6405. 1975;中国植物志 **75**:380,图版 64:3~6. 1979;Fl. China **20~21**:859. 2011.——*B. pilosa* L. var. *bipinnata* (L.) J. D. Hooker., Fl. Brit. Ind. **3**:309. 1881.

一年生直立草本,高 30~120 cm;下部略具四棱,无毛或上部被稀疏柔毛。叶对生;叶片长 5~14 cm,宽 3~10 cm,2 回羽状分裂,第一回全裂,第二回深裂或几全裂,小裂片三角状或菱状披针形,具 1~2 对缺刻或深裂,顶生裂片狭,边缘有稀疏不规则的粗齿,两面均被疏柔毛;叶柄长 2~6 cm。头状花序直径 6~10 mm;总花序梗长 1~5 cm,结果时增长为 2~10 cm;总苞杯形,外层苞片条形,5~7 枚,内层苞片椭圆形,长 3.5~4 mm,花后伸长为狭披针形,背面被短柔毛,边缘黄色;舌状花不育,1~3 个,舌片黄色,顶端全缘或具 2~3 齿裂,管状花黄色,花冠檐 5 齿裂。瘦果条形,略扁,具 3~4 棱,具瘤状突起及小刚毛;冠毛为 3~4 枚芒刺,稀为 2 枚,具倒刺毛。 花果期 6~11 月。 产于桂林、兴安、全州、苍梧、贵港、百色、凌云、隆林、巴马、邕宁、贺州和金秀;生于路边荒地、山坡或田间。分布于安徽、福建、甘肃、广东、河北、江苏、江西、吉林、辽宁、内蒙古、陕西、山东、山西、云南、四川、浙江和台湾,柬埔寨、朝鲜、老挝、尼泊尔、泰国、越南以及欧洲、美洲和太平洋诸岛亦有。　本种全草可入药，用途同**鬼针草**(*B. pilosa* L.)。

13. 金钮扣属　Acmella Persoon

一年生或多年生草本。叶对生；叶片全缘或具锯齿。头状花序单生于茎、枝顶端或上部叶腋，含异型或同型花，花序梗长而直；总苞杯状或钟状，总苞片1～2层；花托突起，圆柱形或圆锥形，托片舟形，顶端膜质；舌状花1层，雌性，舌片黄色或白色，顶端2～3浅裂；管状花两性，花多数，花冠顶端4～5裂；花药基部全缘或具小耳；花柱分枝短，截形。瘦果黑褐色，舌状花的瘦果3棱形，管状花的瘦果背向压扁，边缘具缘毛；冠毛为2～3枚短细芒或无冠毛。　本属约有30种，泛热带分布。我国有6种；广西有1种。

金钮扣　天文草(广东)　黄花草　过海龙(云南)

Acmella paniculata (Wall. ex DC.) R. K. Jansen, Syst. Bot. Monogr. **8**: 67. 1985; Fl. China **20～21**: 863. 2011. ——*Spilanthes paniculata* Wall. ex DC., Prodr. **5**: 625. 1836; 中国植物志 **75**: 359, 图版 61: 1～2. 1979. ——*S. acmella* (L.) Murray var. *paniculata* (Wall. ex DC.) C. B. Clarke ex J. D. Hooker, Fl. Brit. India **3**: 307. 1881.

一年生草本，高15～80 cm；茎多分枝，紫红色，具纵条纹。叶片卵形、宽卵圆形或椭圆形，长2～4 cm，宽1～2.5 cm，全缘，波状或具钝齿，两面无毛或近无毛；侧脉2～3对。头状花序单生，或圆锥状排列，卵圆形，有或无舌状花；花序梗长2.5～6 cm，或更长；总苞片绿色，2层，约8枚；花托锥形，托片膜质，倒卵形；舌状花雌性，舌片宽卵形或近圆形，顶端3浅裂；管状花两性，花冠顶端4～5裂。瘦果长圆形，稍扁压，有白色的软骨质边缘，顶端有疣状腺体及疏微毛，具缘毛，冠毛为1～2枚不等长的细芒。　花果期4～11月。　产于南宁、隆安、马山、百色、靖西、那坡、隆林、凤山、天等、龙州、荔浦、藤县、贵港、平南；生于路旁、田边、沟边、溪旁潮湿地、荒地及林缘。分布于广东、台湾、云南，印度、印度尼西亚、老挝、缅甸、马来西亚、尼泊尔、菲律宾、斯里兰卡、泰国和越南亦有。　本种全草可入药，有消炎解毒、消肿止痛、祛风除湿、止咳定喘等功效，可用于治感冒、肺结核、哮喘、百日咳、毒蛇咬伤、疮痈肿毒等症，但有小毒。

14. 孪花菊属　Wollastonia DC. ex Decne

多年生草本。叶对生；叶片卵形，近基三出脉。头状花序辐射状，单生茎枝端；总苞半球形或钟形；总苞片2层；花托突起；舌状花雌性，舌片黄色；管状花两性，花冠黄色或黄绿色；花药棕褐色。舌状花的瘦果楔形，3棱，先端截平；管状花的瘦果压扁状，稍4棱，冠毛为1～3枚芒刺或无冠毛。　本属约有2种，分布于印度洋和太平洋沿岸地区。我国2种均产；广西亦有。

分种检索表

1. 头状花序直径2～3 cm；茎攀缘状；无冠毛及冠毛环 ………………………… 1. **孪花菊** W. biflora (L.) DC.
1. 头状花序直径约1.5 cm；茎直立；冠毛通常为2～3枚芒刺 ……………… 2. **山蟛蜞菊** W. montana (Blume) DC.

1. 孪花菊　孪花蟛蜞菊

Wollastonia biflora (L.) DC., Prodr. **5**: 546. 1836; Fl. China **20～21**: 872. 2011. ——*Wedelia biflora* (L.) DC., Contr. Bot. India 18. 1834; 中国植物志 **75**: 351, 图版 60: 1～6. 1979. ——*Verbesina biflora* L., Sp. Pl. ed. 2, **2**: 1272. 1763. ——*Acmella biflora* (L.) Spreng., Syst. Veg. ed. 16, **3**: 591. 1826. ——*Stemmodontia biflora* (L.) W. Wight, Contr. U. S. Natl. Herb. **9**: 377. 1905.

攀缘状草本；茎长1～1.5 m，无毛或被疏贴生短糙毛。茎中下部叶片卵形至卵状披针形，连叶柄长

9～25 cm，宽4～11 cm，边缘有规则的锯齿，两面被贴生短糙毛，近基三出脉，中脉中上部常有1～2对侧脉；上部叶片卵状披针形或披针形，较小，连叶柄长5～7 cm，宽2.5～3.5 cm。头状花序生叶腋和枝顶，有时孪生，直径2～3 cm，花序梗被向上贴生的短粗毛；总苞片2层，外层卵形至卵状长圆形，内层卵状披针形，苞片与花盘等长或稍长，背面被贴生的糙毛；托片稍折叠，全缘，被扩展的短糙毛；舌状花1层，黄色，舌片倒卵状长圆形，顶端2裂；管状花黄色，檐部5裂，裂片长圆形。瘦果倒卵形，具3～4棱，顶端截平，被密短柔毛；无冠毛及冠毛环。　花期几全年。　产于阳朔、平乐、东兴和隆林；生于草地、林下、林缘或灌木丛中。　分布于广东、贵州、云南、四川、海南、湖北、湖南、江西、西藏和台湾，印度尼西亚、日本、印度、马来西亚、菲律宾、越南和太平洋诸岛亦有。

2. **山蟛蜞菊**(海南植物志)　麻叶蟛蜞菊

Wollastonia montana (Blume) DC.，Prodr. **5**：547. 1836；Fl. China **20～21**：872. 2011. ——*Verbesina montana* Blume，Bijdr. Fl. Ned. Ind. **15**：911. 1826. ——*Wedelia wallichii* Less.，Linnaea **6**：162. 1831；中国植物志 **75**：352. 1979. ——*W. urticifolia* DC. in Wight，Contrib. Bot. Ind. 18. 1834；中国植物志 **75**：352. 1979.

直立草本，高60～80 cm；茎直立，被糙毛，后脱落。叶片卵形或卵状披针形，连叶柄长6～11 cm，宽3～4 cm，边缘有圆齿或细齿，两面被糙毛，近基3出脉，中脉中上部常有1～2对侧脉；上部叶小，披针形，连叶柄长4～5 cm，宽10～17 mm。头状花序单生于叶腋和茎顶，直径约15 mm；花序梗长3～5 cm，被向上贴生的糙毛；总苞片2层，外层苞片叶质，长圆形，内层苞片长圆形至披针形；托片顶端具芒尖，被疏毛；舌状花1层，黄色，舌片长圆形，顶端2～3裂；管状花檐部5裂，裂片长圆形。瘦果略扁，倒卵状三棱形，红褐色，具白色疣状突起，冠毛通常为2～3枚芒刺。　花期4～11月。　产于南宁、武鸣、来宾、临桂、阳朔、兴安、平乐、北海、贵港、平果、靖西、隆林、东兰、龙州和大新；生于路旁、沟谷中或河溪边。分布于广东、贵州、四川、云南和海南，印度、不丹、缅甸、尼泊尔和泰国亦有。　本种有毒，牛、羊、猪等家畜误食能致死。

15. 金腰箭属　Synedrella Gaertn.

一年生直立草本；茎被短或长柔毛。叶对生；叶片边缘具齿刻。头状花序簇生于叶腋和枝顶，稀单生，异型；总苞卵形或长圆形，总苞片不等大，外层叶状，内层干膜质，鳞片状；花托小，有干膜质的托片；舌状花1层至多层，雌性，可育，舌片黄色，顶端2～3裂；管状花檐部4浅裂；雄蕊4枚，花药基部全缘、截平或有矢状短耳；花柱分枝纤细，顶端尖。舌状花的瘦果扁压，边缘具翅，翅具撕裂状硬刺；管状花的瘦果扁平或三角形，无翅；冠毛刚刺状。　本属仅有1种，原产于南美洲，非洲、亚洲和太平洋诸岛及澳大利亚亦有引入。我国广西亦有。

金腰箭(种子植物名称)

Synedrella nodiflora (L.) Gaertn.，Fruct. Sem. Pl. **2**(3)：456. 1791；海南植物志 **3**：409，图811. 1974；中国高等植物图鉴 **4**：494，图6402. 1975；中国植物志 **75**：363，图版61：3～6. 1979；Fl. China **20～21**：868. 2011. ——*Verbesina nodiflora* L.，Cent. Pl. **1**：28. 1755.

本种特征与属同，叶片阔卵形至卵状披针形，两面被贴生、基部为疣状的糙毛，近基出三主脉，有时两侧的一对基部外向分枝而似五主脉。　花期6～10月。　产于我国东南部至西南部各地；生于林缘、旷野、荒地、耕地、路边或村旁。原产于南美洲，现广泛分布于热带和亚热带地区。

16. 大丽花属　Dahlia Cav.

多年生直立草本；粗壮。叶对生；叶片一回至三回羽状分裂或不分裂。头状花序大，有长花序梗，在茎上排成二歧聚伞状花序；总苞半球形；总苞片2层，外层叶质，开展，内层椭圆形，基部稍合生，半膜质；花托平，托片膜质，半抱雌花；无性花或雌花舌状，舌片全缘或先端有3裂齿；两性花管状，冠檐具5齿裂；花药基部钝；花柱分枝顶端有线形或长披针形而具硬毛的长附器。瘦果披针形或长圆形，背面压扁；冠毛有不明显的2齿。　本属约有15种，原产于中美洲和南美洲。我国栽培有1种；广西亦有。

大丽花(中国植物名称)　天竺牡丹(植物学大辞典)　大理菊　苕菊　洋芍药(广州)

Dahlia pinnata Cav.，Ic. et Descr. Pl. **1**:57. 1791；侯宽昭等，广州植物志545. 1956；裴鉴等，江苏南部种子植物手册767. 1959；中国植物志**75**:367. 1979. ——*D. rosea* Cav.，l. c. **3**:33. 1794. ——*D. purpurea* Poir.，Encycl. Meth. Suppl. **2**:444. 1811. ——*D. variabilis* (Willd.) Desf.，Cat. Pl. Horti Paris ed. **3**: 182. 1829. ——*Georgina variabilis* Willd.，Sp. Pl. **3**:3124. 1803.

多年生直立草本，高1.5～2 m；植株粗壮，有巨大棒状块根。叶片一回至三回羽状全裂或不分裂，裂片卵形或长圆状卵形，两面无毛。头状花序大，宽6～12 cm，常下垂，有长花序梗；总苞片外层约5枚，叶质，内层膜质；舌状花1层，红色、白色或紫色，舌片常为卵形，顶端具不明显的3细齿或全缘；管状花黄色。瘦果长圆形，长9～12 mm，宽3～4 mm，黑色，扁平，有2枚不明显的细齿。　花期6～12月，果期9～10月。　广西各地有栽培。本种原产于墨西哥，是全世界栽培最广的观赏植物，栽培品种繁多。　本种适于花坛、花径丛栽，另有矮生品种适于盆栽。

17. 卤地菊属　Melanthera Rohr

一年或多年生草本。叶对生。头状花序少数，辐射状，单生茎顶或上部叶腋内，有时呈伞房花序状；总苞2层；舌状花雌性；管状花两性。舌状花的瘦果倒圆锥形，具3棱；管状花的瘦果倒圆锥形，具4棱；冠毛为1枚芒尖或无冠毛。　本属约有20种，产于非洲、亚洲、美洲及太平洋诸岛。　我国有1种；广西亦产。

卤地菊(种子植物名称补编)

Melanthera prostrata (Hemsl.) W. L. Wagner et H. Rob.，Brittonia **53**(4):557. 2002；Fl. China **20～21**:871. 2011. ——*Wedelia prostrata* (Hook. et Arn.) Hemsl.，Journ. Linn. Soc. Bot. **23**:434. 1888；中国植物志**75**:353. 1979. ——*Verbesirca prostrata* Hook. et Arn.，Beech. Voy. 195. 1836. ——*Wollastonia prostrata* Hook. et Arn.，Bot. Beech Voy. 265. 1836. ——*Eclipta dentata* H. Lévl. et Vaniot，Bull. Acad. Geogr. Bot. **20**:11. 1910.

一年生匍匐草本；茎枝疏被基部为疣状或钩状的短糙毛。叶片披针形或长圆状披针形，连叶柄长1～4 cm，宽4～9 mm，边缘有1～3对不规则的粗或细锯齿，稀全缘，两面密被基部为疵状的短糙毛，无网状脉。头状花序直径约10 mm，单生茎顶或上部叶腋内；总苞片2层，外层苞片卵形至卵状长圆形，叶质，背面被基部为疣状的短粗毛，内层苞片倒卵形或倒卵状长圆形，顶端三角状短尖；托片折叠成倒卵状长圆形；舌状花1层，黄色，舌片长圆形，顶端3浅裂；管状花黄色，檐部5裂，裂片近三角形。瘦果倒卵状三棱形，顶端截平，但中央稍凹入，凹入处密被短毛；无冠毛及冠毛环。　花果期6～10月。产于北海；生于海岸干燥沙土地。分布于广东及台湾，日本、韩国、泰国和越南亦有。　本种药用，有清热解毒、祛痰止咳、消炎等功效。

18. 蟛蜞菊属　Sphagneticola O. Hoffmann

一年生或多年生草本，直立、匍匐或攀缘状；被短糙毛。叶对生；叶片不分裂或浅裂。头状花序放射状，单生或2～3个生于叶腋或枝端，外围为舌状雌花，1层，黄色，中央为两性的管状花，黄色，可育；总苞钟形或半球形；总苞片2层，覆瓦状，外层叶质，内层鳞片状；花托平或凸，托片折叠，包裹管状花；舌状花开展，舌片顶端2～3裂；管状花檐部5浅裂；花药顶端卵状，钝或稍尖，基部戟形，具2杈钝形小耳；管状花花柱分枝具多数乳头状突起，顶端有附器。瘦果倒卵形或楔状长圆形，顶端截平或浑圆，压扁状或舌状花瘦果具3棱；冠毛为1～3枚芒刺，或成冠毛环，或无冠毛。 本属约有4种，分布于热带和亚热带地区。我国有2种，产于东南部和西南部各地；广西亦有。

分种检索表

1. 叶片通常3裂；瘦果棒状 ………………………………………… 1. **南美蟛蜞菊** S. trilobata (L.) Pruski
1. 叶片全缘或具1～3对锯齿；瘦果倒卵形 ………………………………… 2. **蟛蜞菊** S. calendulacea (L.) Pruski

1. 南美蟛蜞菊 三裂叶蟛蜞菊

Sphagneticola trilobata (L.) Pruski, Mem. New York Bot. Gard. **78**: 114. 1996; Fl. China **20～21**: 870. 2011. ——*Wedelia trilobata* (L.) Hitchc., Rep. (Annual) Missouri Bot. Gard. **4**: 99. 1893. ——*Silphium trilobatum* L., Syst. Nat. ed. 10, **2**: 1233. 1759. ——*Thelechitonia trilobata* (L.) H. Rob. et Cuatrec., Phytologia **72**(2): 142. 1992.

多年生草本；茎匍匐，无毛或被柔毛，稀微粗糙。叶对生；叶片椭圆形或披针形，长可达18 cm，通常3裂，裂片边缘具齿刻，无毛或疏被柔毛，有时微粗糙，基部楔形，叶柄长不到5 mm。头状花序单生于伸长的花序梗，辐射状；总苞片披针形，长10～15 mm；舌状花4～8个，舌片黄色，顶端具3～4齿裂，可育；管状花多数，黄色。瘦果黑色，棍棒状，先端具冠毛。 广西各地均有栽培，作为庭园绿化植物，也有逃逸野生；生于路边、田边、草地以及沟边。分布于广东、台湾，原产于热带美洲。

2. 蟛蜞菊

Sphagneticola calendulacea (L.) Pruski, Novon **6**: 411. 1996; Fl. China **20～21**: 871. 2011. ——*Wedelia chinensis* (Osbeck) Merr., Philipp. J. Sci. Bot. **12**: 111. 1917; 中国高等植物图鉴 **4**: 492, 图 6397. 1975; 中国植物志 **75**: 354, 图版 60: 7～11. 1979. ——*Complaya chinensis* (Osbeck) Strother, Syst. Bot. Monogr. **33**: 14. 1991. ——*Verbesina calendulacea* L., Sp. Pl. 2: 902. 1753.

多年生草本，茎匍匐，上部近直立，疏被贴生的短糙毛或下部脱毛。叶片椭圆形、长圆形或线形，长3～7 cm，宽7～13 mm，全缘或具1～3对粗齿，两面疏被贴生的短糙毛；侧脉1～2对，无网状脉。头状花序直径15～20 mm，单生茎、枝顶端或叶腋内；花序梗长3～10 cm，被贴生短粗毛；总苞片2层，外层椭圆形，叶质，内层较小，长圆形；托片折叠成线形，无毛，顶端有时3裂；舌状花1层，黄色，舌片卵状长圆形，顶端2～3深裂；管状花黄色，花冠檐部5裂，裂片卵形。瘦果倒卵形，多疣状突起，舌状花的瘦果具3肋，边缘增厚；冠毛环具细齿。 花期3～9月。 产于南宁、蒙山、玉林、东兰；生于低海拔路边、田边、沟边或草地上。分布于我国东北部、东部和南部各地及其沿海岛屿，印度、印度尼西亚、日本、缅甸、菲律宾、斯里兰卡、泰国和越南亦有。 本种可药用，有清热解毒、化痰止咳的功效。

19. 金光菊属 Rudbeckia L.

二年生或多年生草本，稀为一年生。叶片边缘全缘或羽状分裂。头状花序周围有一层不育的舌状花，中央为可育的两性花；总苞半球形或碟形；总苞片2层，覆瓦状排列；花托突起，圆柱形或圆锥形，结果时增长；托片对折或呈龙骨爿状；舌状花黄色、橙色或红色，舌片开展，全缘或顶端具2齿裂或3齿裂；管状花花冠黄棕色或紫褐色，顶端5裂；花药基部截形；花柱分枝顶端具钻形附器，被锈色毛。瘦果近圆柱形或具4

棱，稍压扁状，先端钝或截形；冠毛短冠状，或无冠毛。　本属约17种，分布于北美洲。我国有2种；广西有1种。

金光菊(华北习见观赏植物)　黑眼菊

Rudbeckia laciniata L., Sp. Pl. **2**:906. 1753；中国植物志 **75**:347. 1979；Fl. China **20～21**:873. 2011.

多年生草本，高50～200 cm；茎常有分枝。叶片不分裂或羽状5～7深裂，无毛或被疏短毛，边缘具不等的疏锯齿或浅裂；中部叶3～5深裂，上部叶不分裂，全缘或具齿，叶背边缘被短糙毛。头状花序单生于枝端，花序梗长7～12 cm；总苞半球形，总苞片2层，长圆形；花托球形，托片顶端截形，被毛，与瘦果等长；舌状花金黄色，舌片倒披针形，顶端2齿裂；管状花黄绿色。瘦果压扁状，无毛。　花期7～10月。　栽培于广西各地。原产于北美，现在我国各地庭园常见栽培。　本种是一种优美的观赏植物。

20. 向日葵属　Helianthus L.

一年生或多年生草本；被短糙毛或白色硬毛。叶互生或对生；叶片常有离基3出脉。头状花序大，单生或在茎端排列成伞房状，含异型花；总苞盘形或半球形；总苞片2层至多层，叶质或膜质；花托平或稍突起，托片折叠，包围管状花；舌状花黄色，舌片开展；管状花上端黄色、紫色或褐色，5裂。瘦果长圆形或倒卵圆形，压扁状或具4棱，冠毛膜片状，具2芒，有时顶端有2～4条短芒刺，常脱落。　本属约有52种，主要分布于美洲北部。我国有3种；广西有2种。

分种检索表

1. 一年生草本；叶有长柄；头状花序直径10～30 cm；管状花棕色或紫色 ………………………… 1. **向日葵** H. annuus L.
1. 多年生草本，有块状地下茎；叶柄具翅；头状花序直径2～5 cm；管状花黄色 ………………… 2. **菊芋** H. tuberosus L.

1. 向日葵　丈菊(植物名实图考)

Helianthus annuus L., Sp. Pl. **2**:904. 1753；中国植物志 **75**:357. 1979；Fl. China **20～21**:875. 2011.——*H. aridus* Rydb., Bull. Torrey Bot. Club **32**:127. 1905.——*H. jaegeri* Heiser, l. c. Bot. Club **75**:513. 1948.

一年生高大直立草本；茎高1～3 m，被白色粗硬毛，通常不分枝，稀上部分枝。叶互生；叶片心状卵圆形或卵圆形，基出三脉，边缘具粗锯齿，两面被短糙毛。头状花序直径10～30 cm，单生于茎端或枝端；总苞片叶质，卵形至卵状披针形，覆瓦状排列，被长硬毛或纤毛；花托平或稍凸，托片膜质；舌状花黄色、舌片长圆状卵形或长圆形，开展，不育；管状花棕色或紫色，裂片披针形，可育。瘦果倒卵形或卵状长圆形，稍压扁状，具细肋，常被白色短柔毛；冠毛为2枚膜片，早落。　花期7～9月，果期8～9月。　广西各地均有栽培。　本种在世界各地广泛栽培，原产于北美洲。　本种种子含油量很高，可供食用；花穗、种子皮壳及茎秆可作饲料及工业原料；全草可入药，可用于痢疾、疝气、高血压、麻疹等症。

2. 菊芋　五星草(广西)　洋羌　番羌(广东)

Helianthus tuberosus L., Sp. Pl. **2**:905. 1753；中国植物志 **75**:358. 1979；Fl. China **20～21**:875. 2011.——*H. tomentosus* Michx., Fl. Bor.-Amer. (Michaux) **2**:141. 1803.——*H. tuberosus* L. var. *subcanescens* A. Gray, Syn. Fl. N. Amer. 1, pt. **2**:280. 1884.

多年生直立草本；有块状的地下茎；茎高1～3 m，有分枝，被白色短糙毛或刚毛。叶通常对生，但上部叶互生；下部叶片卵圆形或卵状椭圆形，长10～16 cm，宽3～6 cm，边缘有粗锯齿，离基三出脉，叶面被白色短粗毛，叶背被柔毛；茎上部叶片长椭圆形至阔披针形，基部下延成短翅状，顶端短尾状。头状花序单生于枝端，具1～2枚线状披针形的苞叶；总苞片多层，披针形，背面被短伏毛，边缘被开展的缘毛；托片长圆形，上端不等 3 浅裂；舌状花通常 12～20 个，舌片黄色，长椭圆形；管状花花冠黄色。瘦果楔形，上端有 2～4 枚有毛的锥状扁芒。 花期 8～9 月。 广西各地均有栽培。 本种在我国各地广泛栽培，原产于北美洲。 本种的块茎俗称"洋薑"，富含淀粉，是一种味美的蔬菜，也可加工制成酱菜，还可制菊糖及酒精，菊糖在医药上又是治疗糖尿病的良药；新鲜的茎、叶作青贮饲料，营养价值比**向日葵**（*H. annuus* L.）高。

21. 肿柄菊属 Tithonia Desf. ex Juss.

一年生直立草本。叶互生；叶片全缘或 3～5 深裂。头状花序大，含异型花，花序梗粗壮；总苞钟形或宽钟状；总苞片 2～4 层，具纵条纹，坚硬；花托突起，托片有皱纹，稍平或半抱舌状花；舌状花的舌片开展，全缘或顶端 2～3 齿裂；管状花花冠密被柔毛，中部稍膨大，顶端具 5 齿裂；花药基部钝；花柱分枝具硬毛及线状披针形的附器。瘦果长椭圆形，压扁状，具 4 纵肋，被柔毛；冠毛鳞片状，顶端具芒或无。 本属约有 11 种，分布于美洲中部及墨西哥。我国有 1 种；广西亦有。

肿柄菊 假向日葵

Tithonia diversifolia (Hemsl.) A. Gray, Prodr. Am. Acad. Arts **19**: 5. 1883；中国高等植物图鉴 **4**: 492. 1975；中国植物志 **75**: 356，图版 59: 1～2. 1979；Fl. China **20～21**: 874. 2011. ——*Mirasolia diversifolia* Hemsl., Biol. Cent.-Amer. Bot. **2**: 168. 1881.

一年生直立草本，高 2～5 m；茎有粗壮的分枝，密被短柔毛或下部脱毛。叶片卵形、卵状三角形或近圆形，长 7～33 cm，宽 7～22 cm，3～5 深裂，茎上部叶有时不分裂，裂片边缘具细锯齿，叶背被短柔毛，基 3 出脉。头状花序直径 5～15 cm，顶生于茎及分枝端；总苞片 4 层，外层椭圆形或椭圆状披针形，基部革质；内层长披针形，顶端钝；舌状花 1 层，舌片黄色，长卵形，顶端具不明显的 3 齿，结实；管状花黄色，两性。瘦果长椭圆形，扁平，被短柔毛；冠毛膜片状。 花果期 9 月至翌年 1 月。 桂西南地区常见栽培；生于路旁、荒草地或灌木丛中。我国广东、云南均有引种栽培，原产于墨西哥。

22. 百能葳属 Blainvillea Cass.

一年生或多年生草本；被硬糙毛或长柔毛。叶对生或上部互生；叶片边缘具齿。头状花序顶生或腋生，具长花序梗，放射状或近盘状，具异型小花；外缘的雌花 1～2 层，中央的花两性；花冠黄色、浅黄色或少为白色；总苞阔卵形、卵状钟形或近半球形，外层叶质，其余由外向内渐成鳞片状；花托包裹小花；雌花花冠舌状或少为管状，舌片开展，顶端具 2～4 枚细齿；两性花管状，檐部 5 齿裂；花药基部钝，全缘或有不明显的小耳；两性花花柱顶端有短尖或近乎钝的附器。雌花的瘦果有 3 棱或背部压扁，两性花的瘦果具 3～4 棱或侧向压扁，全部瘦果顶端截平，无毛或被细毛、糙毛或有具疣状突起；冠毛刚毛或刺毛状或有时近鳞片状，2～5 枚，不等长，基部连合成浅杯状或环状。 本属约有 10 种，分布于热带地区。 我国有 1 种；广西亦产。

百能葳（中国种子植物科属辞典） 异冠毛菊

Blainvillea acmella (L.) Philipson, Blumea **6**: 350. 1950；中国植物志 **75**: 348，图版 59: 3～6. 1979；Fl. China **20～21**: 868. 2011. ——*B. latifolia* (L. f.) DC., Prodr. **5**: 492. 1836；海南植物志 **3**: 405，图 808. 1974. ——*Verbesina acmella* L., Sp. Pl. **2**: 901. 1753. ——*Eclipta latifolia* L. f., Suppl. 378. 1781. ——*Spilanthes acmella* (L.) Murray, Syst. Veg. ed. **13**: 610. 1774.

一年生直立草本，高 40～60 cm；下部分枝对生，上部分枝互生，稍被开展的柔毛。茎下部叶对生，叶柄长达 1 cm，叶片卵形至卵状披针形，连叶柄长 4～7 cm，宽 2～3 cm，边缘具疏锯齿，两面被硬糙毛，离基三出脉或于中脉中上部有 1～2 对细脉；茎上部叶通常互生，卵形或卵状长圆形，长 2～3 cm，宽 1.3～1.5 cm。头状花序腋生兼顶生，直径约 1 cm；花序梗长 1.5～4 cm，被稍开展的糙毛；总苞片近 2 层，外层背面密被基部粗肿的糙毛，内层被疏毛；托片顶端具芒尖，上端背面被毛；舌状花 1 层，黄色或黄白色，舌片顶端 2～4 齿裂；管状花钟形，檐部稍扩大，5 齿裂。瘦果干时浅黑色，被密毛，雌花瘦果三棱形，长约 4 mm，两性花瘦果压扁状，长约 5 mm；冠毛不等长，2～5 枚刺芒状，基部连合。　花期 4～6 月。　产于隆安、三江、阳朔、龙胜、恭城、苍梧、藤县、北海、东兴、平南、桂平、平果、贺州、昭平、钟山、南丹、都安、宁明和龙州；生于低海拔地区的疏林中或山坡草地上。分布于四川、云南、海南、广东及其沿海岛屿；印度、缅甸、马来西亚、印度尼西亚、尼泊尔、越南、菲律宾、泰国、澳大利亚以及非洲、南美洲亦有。

23. 鳢肠属　Eclipta L.

一年生草本；被糙毛。叶对生；叶片全缘或具锯齿。头状花序具异型花，常生于枝端或叶腋；总苞钟状，总苞片 2 层，草质，外层稍长；花托突起，托片披针形或线形，膜质；舌状花 2 层，结实，舌片白色，开展，短而狭，顶端全缘或 2 齿裂；管状花两性，白色，结实，顶端具 4 裂；花药基部具 2 尖头；花柱分枝扁，顶端钝，有乳突。瘦果三角形或扁四角形，顶端截平，有 1～3 枚刚毛状细齿，两面有粗糙的瘤状突起。　本属约有 5 种，主要分布于亚洲、南美洲和大洋洲。我国有 1 种；广西亦产。

鳢肠（唐本草）　旱莲菜　墨菜

Eclipta prostrata (L.) L., Mant. **2**: 286. 1771；中国植物志 **77**(1)：322，图版 71：1～4. 1999；Fl. China **20～21**: 541. 2011. ——*E. alba* (L.) Hassk., Pl. Jav. Rav. 528. 1848. ——*E. alba* (L.) Hassk. var. *zippeliana* (Blume) Miq., Fl. Ned. Ind. **2**: 66. 1856. ——*E. zippeliana* Blume, Bijdr. Fl. Ned. Ind. **15**: 914. 1826. ——*E. thermalis* Bunge, Mem. Acad. Sci. St. Petersb. Sav. Etrang. **2**: 113. 1833. ——*Verbesina prostrata* L., Sp. Pl. **2**: 902. 1753. ——*V. alba* L., Sp. Pl. **2**: 902. 1753.

一年生直立草本，高达 60 cm；基部分枝，茎被贴生糙毛。叶片长圆状披针形或披针形，长 3～10 cm，宽 0.5～2.5 cm，边缘波状或具细锯齿，两面密被硬糙毛。头状花序具长 2～4 cm 的花序梗；总苞片绿色，排成 2 层，苞片长圆形或长圆状披针形，外层较短，背面及边缘被白色短伏毛；舌状花 2 层，雌性，舌片顶端不裂或 2 浅裂；管状花两性，多数，白色，顶端 4 裂；花柱分枝钝，有乳突；花托突起，托片披针形或线形，中部以上有微毛。舌状花的瘦果三棱形，管状花的瘦果扁四棱形，顶端截平，具 1～3 枚细齿，边缘具白色的肋，表面具小瘤状，无毛。　花期 6～9 月。　产于广西各地；生于河边、田边、草地或路边。分布于安徽、江苏、福建、贵州、云南、四川、河北、河南、湖北、湖南、江西、吉林、辽宁、陕西、甘肃、山东、山西、浙江和台湾，全世界热带及亚热带地区亦有。　本种全草入药，有凉血、消肿止血及强壮的功效。

24. 豨莶属　Sigesbeckia L.

一年生直立草本；茎有双叉状分枝。叶对生；叶片边缘具锯齿。头状花序排列成疏散的圆锥花序，外围有雌性舌状花 1～2 层，中央为两性管状花，均可育，或管状花不育；总苞钟状或半球形；总苞片 2 层，背面被头状具柄的腺毛，外层总苞片 5 枚，匙形或线状匙形，开展；花托有膜质半包瘦果的托片；舌状花雌性，舌片顶端 3 浅裂；管状花两性，顶端 5 裂；花柱分枝稍扁，顶端尖或稍钝；花药基部全缘。瘦果倒卵状四棱形或长圆状四棱形，顶端截平，外层瘦果通常内弯；无冠毛。　本属约有 4 种，分布于热带和亚热带地区。我国有 3 种；广西有 2 种。

分种检索表

1. 花梗和枝上部密生短柔毛；叶片三角状卵形，边缘具不规则锯齿；分枝常为复二歧状 …………… 1. **豨莶** S. orientalis L.
1. 花梗和枝上部被紫褐色头状具柄的密腺毛和长柔毛；叶片卵形或卵圆形，边缘具规则或不规则的锯齿；分枝非二歧状 …………………………………………………………………………………… 2. **腺梗豨莶** S. pubescens (Makino) Makino

1. **豨莶**（唐本草） 虾柑草（广州） 粘糊菜

Sigesbeckia orientalis L., Sp. Pl. **2**:900. 1753；中国高等植物图鉴 **4**:490，图 6393. 1975；中国植物志 **75**:339. 1979；Fl. China **20～21**:866. 2011. ——*S. caspia* Fischer et C. A. Meyer, Bull. Soc. Imp. Nat. Mosc. **11**:284. 1838. ——*S. esquirolii* H. Lévl. et Vaniot, Repert. Spec. Nov. Regni Veg. **8**:59. 1910. ——*S. gracilis* DC., Prodr. **5**:496. 1836. ——*S. humilis* Koidz., Bot. Mag. (Tokyo) **39**:24. 1925. ——*S. microcephala* DC., Prodr. **5**:496. 1836. ——*S. iberica* Willd., Sp. Pl. **3**(3):2220. 1803.

一年生直立草本；茎高 30～100 cm，上部的分枝常呈复二歧状，被灰白色短柔毛。基部叶片于花期枯萎，中部叶片三角状卵形或卵状披针形，长 4～10 cm，宽 1.8～6.5 cm，边缘有规则的浅裂或粗齿，两面被毛，基三出脉；上部叶片卵状长圆形，边缘全缘或浅波状。头状花序直径 15～20 mm，通常聚生于枝端，排列成具叶的圆锥花序；花梗密生短柔毛；总苞片 2 层，叶质，背面被紫褐色头状具柄的腺毛，外层苞片 5～6 枚，线状匙形或匙形，内层苞片卵状长圆形或卵圆形；舌状花雌性，黄色；管状花两性，先端 4～5 裂。瘦果倒卵圆形，4 棱，顶端有灰褐色环状突起。 花期 4～9 月，果期 6～11 月。 产于广西各地；生于山坡、荒草地、灌木丛、林缘或林下。分布于福建、安徽、甘肃、广东、贵州、云南、四川、海南、河南、湖北、湖南、江苏、陕西、西藏、浙江和台湾，印度、老挝、不丹、马来西亚、尼泊尔、俄罗斯、泰国、越南以及非洲、热带美洲、欧洲亦有。 本种全草入药，有解毒、镇痛的功效，可用于治全身酸痛、四肢麻痹，也有平降血压的功效。

2. **腺梗豨莶**（江苏植物药材志） 毛豨莶 珠草

Sigesbeckia pubescens (Makino) Makino, J. Jap. Bot. **1**:24. 1917；中国植物志 **75**:341. 1979；Fl. China **20～21**:866. 2011. ——*S. orientalis* L. f. *pubescens* Makino, Bot. Mag. (Tokyo) **18**:100. 1904. ——*S. orientalis* L. subsp. *pubescens* (Makino) H. Koyama, Fl. Jap. (Iwatsuki et al., eds.) **3b**:32. 1995.

一年生直立草本；茎高 30～110 cm，被开展的灰白色长柔毛和糙毛。基部叶片卵状披针形，花期枯萎；中部叶片卵形或卵圆形，长 3.5～12 cm，宽 1.8～6 cm，边缘有尖头状粗齿；上部叶片披针形或卵状披针形；全部叶基出 3 脉，两面被平伏短柔毛。头状花序直径 18～22 mm，生于枝端，排列成松散的圆锥花序；花序梗密生紫褐色头状具柄腺毛和长柔毛；总苞片 2 层，叶质，背面密生紫褐色头状具柄腺毛，外层线状匙形或宽线形，内层卵状长圆形；舌状花雌性，可育，舌片先端具 2～3 齿裂，稀 5 齿裂；管状花两性，冠檐钟状，先端 4～5 裂。瘦果倒卵圆形，4 棱，顶端具灰褐色环状突起。 花期 5～8 月，果期 6～10 月。 产于桂林、临桂、容县、都安、平果、龙州；生于山坡、林缘、灌木丛、旷野或草地等。分布于福建、安徽、甘肃、广东、贵州、四川、云南、海南、河北、河南、湖北、湖南、吉林、辽宁、江苏、江西、内蒙古、陕西、西藏、浙江和台湾，日本、朝鲜和印度亦有。 本种药用价值与**豨莶**（*S. orientalis* L.）相同。

25. 银胶菊属 Parthenium L.

一年生或多年生草本、半灌木或灌木，被绒毛、绵毛或无毛。叶互生；叶片全缘或具齿，不分裂或羽状分裂。头状花序辐射状，有异型小花，排列成密或松散的圆锥花序或伞房花序；总苞钟状或半球形；总苞片 2 层，覆瓦状排列，外层与内层等长或略短；花托突起或圆锥状，托片膜质；舌状花位于花序外围，雌性，可育，舌片顶端凹入，2～3 齿裂；花序中间的管状花两性，不育；花冠顶端 4～5 裂，全部花冠白色或浅黄色；花药顶端卵状渐尖或锥尖，基部无尾；舌状花的花柱 2 分枝；管状花的花柱不分枝，顶端头状或圆球状。瘦果背面扁平，腹面龙骨状，无毛或被短柔毛，冠毛刺芒状或鳞片状，2～3 枚。　本属约有 16 种，分布于美洲，包括加勒比海周边岛屿。我国有 2 种，其中归化 1 种，栽培 1 种；广西亦有 2 种。

分种检索表

1. 叶片二回羽状深裂或羽状深裂；头状花序直径 3～4 mm；管状花花冠檐部 4 裂；冠毛鳞片状 …………………………………………………………………………………… 1. **银胶菊** P. hysterophorus L.
1. 叶片具锯齿或深裂成 1～4 对裂片；头状花序直径约 6 mm 或更大；管状花花冠檐部 5 裂；冠毛芒刺状 …………………………………………………………………………………… 2. **灰白银胶菊** P. argentatum A. Gray

1. 银胶菊

Parthenium hysterophorus L. , Sp. Pl. **2**: 988. 1753；中国高等植物图鉴 4：489，图 6392. 1975；中国植物志 **75**：334. 1979；Fl. China **20～21**：877. 2011.

一年生直立草本；茎高 30～120 cm，多分枝，被短柔毛。茎下部和中部叶片二回羽状深裂，连叶柄长 10～19 cm，宽 6～11 cm，羽片 3～4 对，小羽片卵状或长圆状，具齿，叶面被基部为疣状的疏糙毛，叶背的毛密而柔软；上部叶无柄，羽裂，稀为指状 3 裂，中裂片通常长于侧裂片的 3 倍。头状花序直径 3～4 mm，在茎枝顶端排成开展的伞房花序，花序梗被粗毛；总苞宽钟形或近半球形；总苞片 2 层，外层 5 枚，较硬，背面被短柔毛，内层 5 枚较薄，顶端钝，下凹，上部被短柔毛；舌状花 1 层，5 个，白色，舌片卵形或卵圆形，顶端 2 裂；管状花花冠檐部 4 浅裂，裂片具乳头状突起。瘦果倒卵形，黑色，被疏腺点；冠毛 2 枚，鳞片状，长圆形，顶端截平或有时具细齿。　花期 4～8 月。　产于南宁、贵港、北海、合浦、凌云、乐业、隆林、天峨、东兰、罗城、来宾、宁明和凭祥；生于旷地、路旁、河边及坡地上。分布于广东、贵州和云南，原产于热带美洲，越南北部亦有分布。

2. 灰白银胶菊

Parthenium argentatum A. Gray, Syn. Fl. North Amer. **1** (2)：245. 1884；中国植物志 **75**：335. 1979.

多年生半灌木状草本；茎直立或弯曲，高 30～70 cm，被灰白色短绒毛。叶片披针形、匙形或椭圆形，长 3～6 cm，宽 0.7～1.8 cm，基部下延成翅柄，边缘具疏齿或深裂成 1～4 对裂片，两面密被银灰色绒毛，离基三出脉。头状花序直径约 6 mm，在茎枝顶端排成较密伞房花序；花序梗长 5～15 mm，密被粗毛；总苞阔钟状；总苞片 2 层，外层 5 枚，叶状，卵形，背面被灰白色短柔毛，内层 5 枚较薄，近圆形，顶端浑圆，具有不规则的细齿和腺状短柔毛；舌状花 1 层，5 个，淡黄色，舌片卵形，顶端 2 裂，无毛；管状花花冠檐部 5 裂，裂片卵状渐尖，有乳头状突起。瘦果倒圆锥形，略扁，黑色，疏具腺点；冠毛 2 枚，刺芒状，叉开。　花期 4～8 月。　桂西南各地公园有栽培。本种原产于美洲中部和北部，现在我国南部各地公园常有栽培。

26. 苍耳属　Xanthium L.

一年生直立粗壮草本；茎具糙伏毛、柔毛或近无毛，有时具刺。叶互生；叶片具柄，全缘或稍有分裂。头状花序单性，雌雄同株，单生叶腋，密集成穗状或成束聚生于茎枝的顶端；雄头状花序球形，着生于茎枝的上端，具多数不结果实的两性花；总苞宽半球形，总苞片 1～2 层，椭圆状披针形；花托柱状，托片披针形，包围管状花；花冠筒部上端有 5 枚裂片；花药分离，花丝结合成管状，包围花柱；花柱不分裂；雌头状花序卵圆形，单生或密集于茎枝的下部，具 2 朵可育小花；总苞片两层，外层椭圆状披针形，分离；内层总苞片结合成囊状，卵形，果实成熟期时变硬，上端具 1～2 个坚硬的喙，外面具钩状的刺；雌花无花冠；柱头 2 深裂，裂片线形，伸出总苞的喙外。瘦果具 2 棱，倒卵形，藏于总苞内；无冠毛。　本属约有 3 种，分布于美洲（北部和中部）、欧洲、亚洲和非洲（北部），目前世界各地均有栽培。　我国有 2 种；广西有 1 种。

苍耳 蒙古苍耳 偏基苍耳 葈耳(神农本草经) 粘头婆 苍耳子(中药名)

Xanthium strumarium L.,Sp. Pl. **2**:987. 1753;Fl. China **20～21**:876. 2011. ——*X. sibiricum* Patrin ex Widder,Fedde,Repert. Sp. Nov. **20**:32. 1923;中国植物志 **75**:325,图版 55:1～10. 1979. ——*X. inaequilaterum* DC.,Prodr. **5**:523. 1836;中国植物志 **75**:326. 1979. ——*X. mongolicum* Kitag.,Rep. Exped. Manchoukuo Sect. IV,Pt. 4,Index Fl. Jeholensis 97. 1936;中国植物志 **75**:326. 1979. ——*X. strumarium* L. subsp. *sibiricum* (Patrin ex Widder) Greuter,Willdenowia **33**(2):249. 2003.

一年生直立草本,高 20～120 cm;根纺锤状;茎下部圆柱形,上部有纵沟,被灰白色糙伏毛。叶片三角状卵形或心形,长 4～9 cm,宽 5～10 cm,近全缘,或有 3～5 不明显浅裂,边缘有不规则的粗锯齿,基出三脉,侧脉弧形,直达叶缘,脉上密被糙伏毛,叶背苍白色,被糙伏毛;叶柄长 3～11 cm。雄性的头状花序球形,总苞片被短柔毛;花托柱状,托片倒披针形,花冠钟形,管部上端有 5 枚宽裂片;花药长圆状线形;雌性的头状花序椭圆形,外层总苞片披针形,被短柔毛,内层总苞片结合成囊状,宽卵形或椭圆形,连同喙部长 12～15 mm,宽 4～7 mm,外面有疏生具钩的刺;喙锥形,上端略呈镰刀状,长 1.5～2.5 mm,常不等长,少有结合而成 1 个喙。瘦果 2 棱,倒卵形。 花期 7～8 月,果期 9～10 月。 产于广西各地;生于平原、丘陵、低山、荒野路边、田边。分布于我国东北、华北、华东、华南、西北及西南各地,亚洲、非洲、美洲和澳大利亚热带地区亦有。 本种为常见的田间杂草,但种子可榨油,可掺和桐油制油漆,也可作为油墨、肥皂、油毡的原料,又可制硬化油及润滑油;果实即是中药苍耳子。

27. 万寿菊属 Tagetes L.

一年生直立草本;茎分枝,无毛。叶对生;叶片羽状深裂,具油腺点,揉之有腐嗅气味。头状花序单生或成簇,放射状,大小不一;总苞圆柱形或杯形;总苞片 1 层,合生成管状或杯状,有油腺点;花托无毛;舌状花 1 层,雌性;管状花两性。瘦果具棱,冠毛具 3～10 个不等长的鳞片或刚毛。 本属约有 40 种,主要分布于热带和温带美洲。我国引入栽培 3 种;广西有 2 种。

分 种 检 索 表

1. 叶的裂片狭披针形;总苞较小,长约 1.5 cm,宽一般不超过 1 cm;花序梗顶端略增粗;头状花序直径一般不超过 4 cm;舌状花金黄色或橙黄色,具红斑 ………… 1. **孔雀草** T. patula L.
1. 叶的裂片披针形;总苞较大,长 1.7～2 cm,宽 1 cm 以上;花序梗顶端呈棍棒状膨大;头状花序直径 5～8 cm;舌状花黄色或橙色,无红色斑 ………… 2. **万寿菊** T. erecta L.

1. **孔雀草**(江苏南部种子植物手册) 西番菊 藤菊(秘传花镜) 图版 50:5～7

Tagetes patula L.,Sp. Pl. **2**:887. 1753;广州植物志 542. 1956;江苏南部种子植物手册 772,图 1243. 1959;中国植物志 **75**:387,图版 67:1～3. 1979.

一年生直立草本,高 30～70 cm;茎近基部分枝,分枝斜展,多数。叶片羽状分裂,长 5～8 cm,宽 4～7 cm,裂片条状披针形,长 1～3 cm,边缘具锐锯齿,齿端有软芒,齿基具油腺 1 枚。头状花序单生,直径约 4 cm,或较小,具长梗,梗的上端稍增粗;总苞长椭圆形,上端有尖齿,有腺点;舌状花金黄色,雌性,具红色斑,舌片长约 1 cm,先端圆钝或微凹;管状花长约 12 mm。瘦果条形,长约 1 cm,基部缩小,稍扁,有棱,黑色,被短柔毛;冠毛鳞片状,其中 1～2 枚长芒状,2～3 枚短而钝。 花期 7～8 月。 广西各地庭园常有栽培。我国各地普遍有引种,原产于墨西哥。 本种为观赏花卉;全株入药可治咳嗽、痢疾。

2. **万寿菊**(广州) 臭芙蓉 图版 50:8～11

Tagetes erecta L.,Sp. Pl. **2**:887. 1753;广州植物志 542,图 292. 1956;江苏南部种子植物手册 772,图 1244. 1959;中国植物志 **75**:389. 1979.

一年生粗壮、直立草本,高 60～120 cm;茎分枝,有细纵棱。叶片羽状深裂,长 6～9 cm,宽 4～7 cm,

裂片椭圆披针形，长 1～1.5 cm，宽 5～8 cm，边缘具锯齿，近叶缘疏被一行红色小腺体，叶揉烂时有明显腐臭刺激气味。头状花序单生，直径 4～8 cm，具长 6～12 cm 的花序梗；花梗近总苞处呈棒状膨大；总苞杯状，长 1.5～2 cm，直径 1～1.5 cm，无毛，上端具三角形齿 7～12 个；舌状花单层，黄色或橙黄色，舌片倒卵形，先端微弯缺，基部有长爪；管状花黄色，先端 5 齿裂，子房紫红色，疏被微毛。瘦果条形，褐黑色，长约 1 cm，基部略缩小；冠毛鳞片状，其 1～2 枚长芒状，2～3 枚短而钝，黄白色。　花期 5～8 月。　广西各地庭园有栽培。我国其他地区亦有栽培，原产于墨西哥。　本种为庭园常见花卉；叶和花入药，用于治感冒发热、气管炎、目赤肿痛、牙痛等症。

28. 天人菊属　Gaillardia Foug.

一年生或多年生直立草本；茎略有分枝。叶互生或基生；叶片具锯齿，有伏毛。头状花序大型，单生，有长梗；总苞片 2～3 层，覆瓦状排列，近革质；花托圆锥形或半球形，托片刺毛状；边花辐射状排列，舌状花先端 3 浅裂或 3 齿裂，不育；管状花两性，可育，先端 5 浅裂。瘦果倒圆锥形，有 5 棱；冠毛 5～10 枚，鳞片状，有长芒。　本属约有 20 种，原产于南北美洲。我国引栽 2 种；广西亦有分布。

分种检索表

1. 多年生草本；植株高大，一般高 60～100 cm；舌状花黄色，基部略带紫色；头状花序直径 5～7 cm ………………………………………… 1. **宿根天人菊** G. aristata Pursh.

1. 一年生草本；植株矮小，一般高 60 cm 以下；舌状花紫红色，先端带黄色；头状花序直径一般小于 5 cm ………………………………………… 2. **天人菊** G. pulchella Foug.

1. 宿根天人菊　车轮菊

Gaillardia aristata Pursh. , Fl. Am. Sept. 2: 573. 1813；江苏南部种子植物手册 771，图 1242. 1959；中国植物志 **75**: 390. 1979.

多年生直立草本，高可达 1 m；全体被粗毛，茎稍分枝或不分枝。茎下部叶片和基生叶长椭圆形，有时匙形，全缘或羽状缺裂，长 4～10 cm，宽 1～2 cm，先端短尖或钝，基部圆形，有长柄，两面被粗伏毛；茎中部叶片长椭圆形或披针形，长 3～7 cm，基部圆形，稍抱茎，无柄。头状花序单生于枝端，直径 5～7 cm，具长梗；总苞半球形；总苞片披针形，长约 1 cm，背面被柔毛；舌状花黄色，长约 2 cm，基部带紫色，先端 3 齿裂，裂齿三角形；管状花黄色，5 裂，裂片先端尖锐。瘦果倒锥形，有毛，长约 2 mm；冠毛鳞片状，先端芒状渐尖。　花期 6～8 月。　南宁、桂林等市的庭园有栽培。原产于北美洲。　花供观赏。

2. 天人菊

Gaillardia pulchella Foug. , Hist. Acad. Roy. Sci. Mem. Math. Phys. (Paris) **1786**: 5. 1788；江苏南部种子植物手册 770，图 1241. 1959；中国植物志 **75**: 390，图版 67: 4～6. 1979.

一年生直立草本，高可达 60 cm；茎具斜向伸展的分枝，与叶的两面、花序、苞片同被短柔毛。基生叶和茎下部叶片倒披针形或匙形，长 5～9 cm，宽 1～2 cm，边缘具波状钝齿或略作琴状分裂，先端短尖，具短柄或近无柄；茎上部叶片长椭圆形至披针形，全缘或上部有疏锯齿，基部无柄或心形稍抱茎，通常长 3～8 cm。头状花序单生于枝顶，直径约 5 cm；总苞片 3 层，覆瓦状排列，卵状披针形，长约 1.5 cm，背面具腺点；舌状花紫红色，先端带黄色，长 1～2 cm，先端 2～3 裂；管状花花冠紫红色，先端 5 裂，裂片顶部芒状渐尖，被节毛。瘦果长约 2 mm，具柔毛；冠毛具长芒，长约 5 mm。　花果期 6～8 月。　南宁、桂林等市有引种。原产于北美洲，我国其他城市常有栽培。　本种为常见庭园花卉，供观赏。

29. 虾须草属 Sheareria S. Moore

一年生直立草本。叶互生;叶片全缘。头状花序顶生或腋生,周围有 2～4 朵能育的雌花,中央有 1～3 朵不发育的两性花;总苞钟形,总苞片 2 层,外层 2 个较小;花托无托片;舌状花雌花,舌片卵状椭圆形,近全缘或先端具 5 钝齿;管状花两性,1～3 数,上部钟形,有 5 枚裂片;花药长椭圆形,基部钝或全缘,顶端有近三角形的附片;舌状花花柱 2 裂;管状花花柱不分枝,棒状。瘦果长圆形,具 3 个狭翅,翅缘具细齿;无冠毛。 本属仅有 1 种,分布于我国东部、中部及南部各地;广西亦有。

虾须草(植物名实图考) 沙小菊(钟氏考订名称)

Sheareria nana S. Moore, J. Bot. **13**:277. 1875;中国高等植物图鉴 **4**:487,图 6388. 1975;中国植物志 **75**:322. 1979;Fl. China **20～21**:573. 2011. ——*S. leshanensis* Z. Y. Zhu, J. Sichuan Chin. Med. School **21** (2):71. 2004. ——*S. polii* Franch., J. Bot. **16**:257, t. 198. 1878.

一年生直立草本,高 15～40 cm;茎自下部起分枝。叶片稀疏,线形或倒披针形,长 1～3 cm,宽 3～4 mm,全缘,无柄;上部叶小,鳞片状。头状花序顶生或腋生,花序梗长 3～5 mm;总苞片 2 层,4～5 枚,宽卵形,外层较小;舌状花雌花,白色或有时淡红色,舌片宽卵状长圆形,近全缘或先端具钝齿;管状花两性,上部具 5 齿。瘦果长椭圆形,褐色;无冠毛。 花期 8～10 月。 产于桂林;生于海拔 700 m 以下的山坡、田边、草地或河边沙滩上。

3. 春黄菊族 Trib. Anthemideae Cass.

多年生草本、小灌木、半灌木或垫状植物;有气味。叶互生;叶片羽状、掌状或掌式羽状分裂。头状花序异型,有辐射状花和盘花,或无舌状花,而头状花序同型;花托有托片且有托毛;花冠多数黄色,少数白色或淡红色;辐射状边花花冠的颜色或与盘花花冠颜色相同而头状花序同色,或颜色不同而头状花序异色;花药基部无尾,少有近明显的尾;两性花花柱分枝顶端截形。 本族约有 110 属 1 750 种,大多数属分布于非洲南部和地中海地区,亦分布于全欧洲和亚洲大部分地区,少数属分布于美洲和大洋洲。我国有 29 属约 364 种;广西有 10 属 36 种 6 变种。

分属检索表

1. 头状花序放射状,边缘为舌状花。
  2. 花托有膜质托片 ………………………………………………………… 30. **蓍属 Achillea** L.
  2. 花托无托片。
    3. 瘦果无冠毛。
      4. 舌状花瘦果无翅,具 5～8 条纵肋或纵脉纹 ……………………… 31. **菊属 Chrysanthemum** L.
      4. 舌状花瘦果具 3 翅及 2～6 条纵肋;管状花瘦果具一狭翅及 5～10 条纵肋 ………………………………………………………… 32. **茼蒿属 Glebionis** Cass.
    3. 瘦果具冠状冠毛。
      5. 舌状花瘦果近三棱形,具 3 条宽翅的肋 ………… 33. **木茼蒿属 Argyranthemum** Webb. ex Sch. -Bip.
      5. 舌状花瘦果圆柱状或三棱圆柱形,无翅 ……………………… 34. **菊蒿属 Tanacetum** L.
1. 头状花序盘状,边缘雌花细管状或无花冠。
  6. 矮小铺地草本;边缘雌花多层。
    7. 边缘雌花无花冠;瘦果扁平,边缘具翅,无毛或被长柔毛。
      8. 瘦果无毛,翅上无横纹 ……………………………… 35. **裸柱菊属 Soliva** Ruiz et Pavon.

8. 瘦果被长柔毛，翅下部有横纹………………………………………………………… 36. **山芫荽属** Cotula L.

7. 边缘雌花细管状；瘦果四棱形，棱上具毛 ………………………………………… 37. **石胡荽属** Centipeda Lour.

6. 直立草本或半灌木；边缘雌花 1～2 层。

9. 瘦果具冠状冠毛 ……………………………………………………………… 38. **芙蓉菊属** Crossostephium Less.

9. 瘦果无冠毛 ………………………………………………………………………… 39. **蒿属** Artemisia L.

30. 蓍属　Achillea L.

多年生草本，稀为半灌木。叶互生；叶片一回至三回羽状深裂或有时仅边缘有锯齿，有或无腺点，被柔毛或无毛。头状花序异型，小，多数，花序梗很短，排成稠密的伞房花序，很少单生；总苞长圆形、卵形或半球形；总苞片 2～3 层，覆瓦状排列，由内向外逐渐变短，边缘膜质，棕色或黄白色；花托突起或呈圆锥形，有膜质托片；边花 1 层，舌状，雌性而常结实，舌片白色、粉红色、红色或淡黄白色；盘花管状，黄色，两性，结实。瘦果小，很扁，长圆形、长圆状楔形、长圆状倒卵形或倒披针形，先端截形，光滑，无冠状冠毛。　本属约有 200 种，主要分布于北半球温带地区。我国有 11 种，分布于华北、西北、西南；广西有 1 种。

云南蓍(中国高等植物图鉴)　飞天蜈蚣　蜈蚣草(融安)　西南蓍草(云南种子植物名录)　图版 51:1～4

Achillea wilsoniana(Heimerl) Hand.-Mazz.,Symb. Sin. 7:1110. 1936；中国高等植物图鉴 **4**:501，图 6415. 1975；中国植物志 **76**(1):18. 1983；Fl. China **20～21**:762 2011. ——*A. sibirica* Ledebour subsp. *wilsoniana* Heimerl ex Hand.-Mazz.,Sitzungsber. Kaiserl. Akad. Wiss.,Math.-Naturwiss. Cl.,Abt. 1, **61**:22. 1924. ——*A. wilsoniana* (Heimerl) Hand.-Mazz. f. *obconica* Heimerl ex Hand.-Mazz., Act. Hort. Gothob. **12**(9):254. 1938.

多年生草本，高 35～100 cm；根状茎短，茎直立，密被长柔毛，不分枝或上部分枝。叶无柄；叶片二回羽状全裂，一回裂片多数，二回裂片少数，中部叶片长圆形，长 4～6.5 cm，宽 1～2 cm，齿端具白色软骨质小尖头，叶腹面有疏柔毛和凹入的腺点，背面被较密的柔毛；叶轴宽约 1.5 mm，全缘或上部裂片间有单齿。头状花序多数，密集排成复伞房状花序；总苞半球形；总苞片 3 层。瘦果长圆状楔形，有翅；无冠毛。　花果期 6～9 月。　产于隆林、田林、南丹、融安、三江；生于山坡草地或灌木丛中。分布于云南、贵州、四川、湖南、湖北、河南、山西、陕西和甘肃。　本种全草入药，可用于胃脘痛、风湿痛等症；外用可治毒蛇咬伤、疮疡肿毒。

31. 菊属　Chrysanthemum L.

多年生草本；茎基部有时木质。叶互生；叶片边缘有锯齿，不分裂或一回或二回掌状或羽状分裂。头状花序异型，单生于茎顶，或少或多生于茎枝顶端排成伞房或复伞房花序；边缘的花雌性，舌状，1 层(在栽培品种中多层)，中央的盘花两性管状；总苞浅碟状，稀半球形；总苞片 4～5 层，覆瓦状排列；花托突起，半球形，无托毛；舌状花黄色、白色或紫红色，舌片长 1.5～2.5 mm；管状花全部黄色，先端具裂齿 5 枚；花药基部钝圆，先端附片长椭圆形；花柱 2 分枝，线形，先端截形。瘦果全部倒卵形，截头，有 5～8 条纵肋；无冠状冠毛。　本属有 37 种，主要分布于亚洲温带地区。我国有 22 种；广西有 2 种，其中 1 种野生，1 种栽培。

分种检索表

1. 叶背面多少密被毛，呈灰绿色；头状花序直径 1.5～2.5 cm；舌状花鲜黄色；野生种 ………………… 1. **野菊** C. indicum L.

1. 叶背面被灰白色柔毛，呈灰白色；头状花序直径 2.5～20 cm；舌状花的颜色有黄色、白色、紫红色，形状变态极多；栽培种 ………………………………………………………………………………… 2. **菊花** C. morifolium Ramat.

图版 51　1～4. 云南蓍 Achillea wilsoniana (Heimerl) Hand.-Mazz.　1. 植株上部和下部；2. 叶；3. 舌状花；4. 管状花。　5～8. 南茼蒿 Glebionis segetum (L.) Fourreau　5. 花枝；6. 叶；7. 舌状花；8. 管状花。　9～11. 木茼蒿 Argyranthemum frutescens (L.) Sch.-Bip.　9. 花枝；10. 舌状花；11. 管状花。　（何顺清绘）

1. **野菊**(本草拾遗)　黄菊仔(广西)　野黄菊(广州)　油菊(台湾植物志)　图版 52:1～3

Chrysanthemum indicum L.,Sp. Pl. **2**:889. 1753;Fl. China **20～21**:671. 2011.——*Dendranthema indicum* (L.) Des Moul.,Act. Soc. Linn. Bord. **20**:562. 1855;中国高等植物图鉴 **4**:507,图 6427. 1975;中国植物志 **76**(1):32. 1983.

多年生草本,茎高 0.5～1 m;直立或斜立,有分枝;枝和叶背面多少密被毛,灰绿色,有香气。叶互生;基生叶早落,下部和中部叶片卵形或长圆状卵形,羽状分裂,半裂、浅裂或分裂不明显,先端裂片稍大,侧裂片每边 2 枚,卵形至长圆状卵形;上部叶渐小;全部裂片边缘浅裂或有锯齿,腹面绿色,有腺体及疏短柔毛。头状花序直径 1.5～2.5 cm,具花序梗;总苞半球形;总苞片 4 层;舌状花雌性,鲜黄色;管状花两性。瘦果长 1.5 mm,有 5 条细纵肋;无冠毛。　花期 10～12 月,果期 11 月至翌年 1 月。　产于广西各地;生于海拔 100～200 m 的山脚、草地、灌木丛、村边、田边。除新疆外,广泛分布我国各地,印度、不丹、尼泊尔、朝鲜、日本、俄罗斯、乌兹别克斯坦亦有分布。　本种花、叶可入药,有消炎、杀菌的功效,可用于各种急性化脓炎症;还可提取芳香油或制成浸膏和香精;亦为蜜源和观赏植物。

2. **菊花**(救荒本草)　鞠(尔雅)　秋菊(北京)　菊(礼记·月令篇)　图版 52:4～6

Chrysanthemum morifolium Ramat.,J. Hist. Nat. **2**:240. 1792.——*C. sinensis* Sabine,Trans. Linn. Soc. Bot. **14**:142. 1823.——*Dendranthema morifolium* (Ramat.) Tzvel.,Fl. URSS **26**:373. 1961;中国高等植物图鉴 **4**:506,图 6426. 1975;中国植物志 **76**(1):35. 1983.——*D. sinense* Des Moul.,Act. Soc. Linn. Bord. **20**:562. 1855.

多年生草本;茎高 0.5～1.5 m,直立,基部木质,上部多分枝,被灰色柔毛,有香气。叶互生;叶片卵形至宽披针形,长 5～15 cm,宽 2～8 cm,每边有 2 枚裂片深裂达叶片的 1/3～1/2,裂片再分裂,裂齿宽或钝或狭而急尖,背面被白色柔毛呈灰白色,基部楔形,有短柄。头状花序直径 2.5～20 cm,常数个聚生于茎枝顶端,有花序梗;总苞的外层苞片线形,绿色,有白色柔毛,边缘膜质,内层的长圆形,有宽而透明的膜质边缘;舌状花的颜色有黄色、白色、紫红色及形状变态极多,有些品种的花序全为舌状;有些品种管状花特别显著。瘦果通常不发育。　花期 9～11 月。　广西各地有栽培。原产于我国,现全国乃至世界各地均有栽培。　菊花通常用分枝及嫁接法繁殖,具有极高的观赏价值,现今我国的菊花已成为世界著名花卉之一;其花又是清凉药,味甘、苦,性寒,有散风清热、明目平肝的功效。

32. 茼蒿属　Glebionis Cass.

一年生草本。叶互生;叶片羽状分裂或边缘有锯齿。头状花序异型,单生于茎顶,或 2～5 个生于茎枝顶端,排列不形成明显伞房花序;边缘雌花舌状,1 层,中央盘花两性管状;总苞宽杯状;总苞片 2～4 层;花托突起,半球形,无托毛;舌状花黄色,舌片长椭圆形或条形;两性花黄色,下部狭筒状,上部宽钟状,先端 5 齿裂;花药基部钝,先端附片卵状椭圆形;花柱分枝条形,先端截形。边缘舌状花瘦果有 2～3 条突起的硬翅肋及可见 2～6 条间肋;两性花瘦果有 6～12 条纵肋,其中有 1 条突起呈硬翅状,或腹面及背面各有 1 条突起的肋;无冠状冠毛。　本属有 3 种,原产于地中海沿岸地区,现世界各地有引种栽培。我国 3 种均有;广西栽培 2 种,作蔬菜。

分 种 检 索 表

1. 叶片边缘有不规则的粗锯齿,少有羽状浅裂 ………………………… 1. **南茼蒿** G. segetum (L.) Fourreau

1. 叶片二回羽状分裂,一回为深裂或几全裂,二回为浅裂、半裂或深裂 ……………………………………………… 2. **茼蒿** G. coronaria (L.) Cass. ex Spach

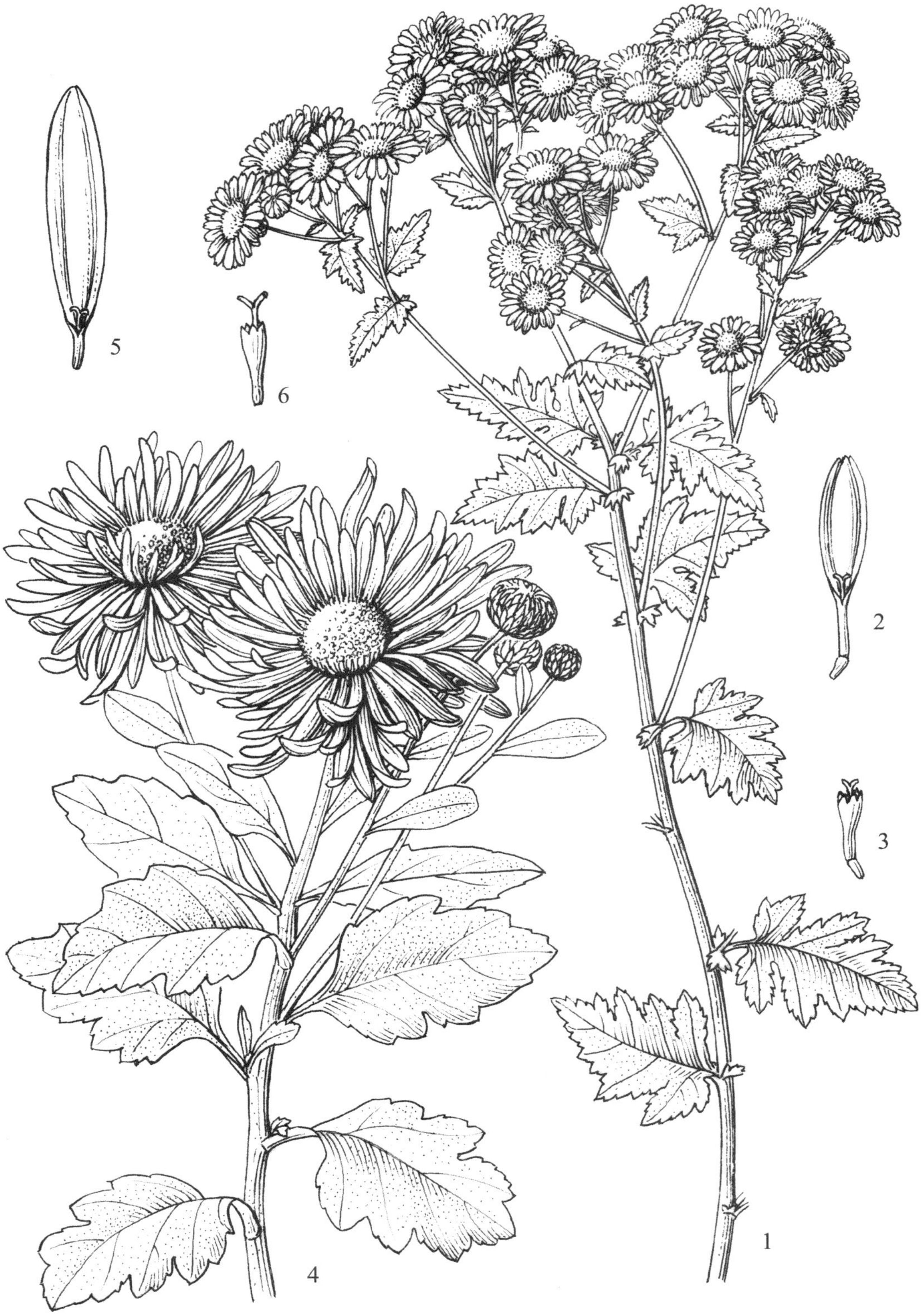

图版52 1～3.**野菊** Chrysanthemum indicum L. 1.花枝；2.舌状花；3.管状花。 4～6.**菊花** C.morifolium Ramat. 4.花枝；5.舌状花；6.管状花。（何顺清绘）

1. **南茼蒿**　茼蒿菜　图版 51:5～8

Glebionis segetum (L.) Fourreau, Ann. Soc. Linn. Lyon, sér. 2, **17**: 90. 1869; Fl. China **20～21**: 772. 2011. ——*Chrysanthemum segetum* L., Sp. Pl. **2**: 889. 1753; 中国植物志 **76**(1): 22. 1983. ——*Matricaria segetum* (L.) Schrank, Biear. Fl. **2**: 406. 1784. ——*Pyrethrum segetum* (L.) Moench, Meth. 597. 1794.

一年生草本；茎高 20～60 cm，直立，有分枝，稍肉质，稍有香气，无毛。叶片椭圆形、倒卵状披针形或倒卵状椭圆形，边缘有不规则的粗锯齿，少有羽状浅裂，长 4～6 cm，基部下延；无柄。头状花序直径 4～6 cm，单生于茎顶或枝的顶端；花梗长 5 cm；总苞直径 1～2 cm；内层总苞片先端膜质，扩大几成附片状；舌片长达 1.5 cm。舌状花瘦果有 2 条具狭翅的侧肋，肋间每面可见 3～6 条；管状花瘦果有纵肋约 10 条；无冠状冠毛。　花果期 3～6 月。　广西各地有栽培。原产于地中海沿岸，现遍栽于亚热带和温带地区，我国南方各地常有栽培。　本种为春季蔬菜之一；亦可药用，有安心气、养脾、祛痰和利肠胃的功效。

2. **茼蒿**　艾菜(海南植物志)

Glebionis coronaria (L.) Cass. ex Spach, Hist. Nat. Vég. **10**: 181. 1841; Fl. China **20～21**: 772. 2011. ——*Chrysanthemum coronarium* L., Sp. Pl. **2**: 890. 1753; 海南植物志 **3**: 413. 1974; 中国植物志 **76**(1): 22. 1983. ——*Matricaria coronaria* (L.) Desr., Encycl. **3**: 737. 1792.

一年生草本；茎高达 70 cm，光滑无毛或几无毛。基生叶于花期枯萎；茎中下部叶片长椭圆形或长椭圆状倒卵形，长 8～10 cm，二回羽状分裂，一回为深裂或几全裂，二回为浅裂、半裂或深裂；茎上部叶小。头状花序单生于茎顶或少数生于茎枝顶端，不形成明显的伞房花序；总苞片 4 层，内层长约 1 cm，顶端膜质扩大成附片状。舌状花瘦果有 3 条突起的狭翅肋；管状花瘦果有 1～2 条椭圆形突起的肋。　花果期 6～8 月。　广西各地均有栽培。原产于地中海地区，我国各地均作为蔬菜栽培。

33. 木茼蒿属　Argyranthemum Webb. ex Sch.-Bip.

半灌木。头状花序多数，异型，于茎枝顶端排成不规则伞房花序；边缘雌性花舌状，1 层；中央盘状花两性管状；总苞碟状，总苞片 3～4 层，硬草质；花托极突起，无托毛；舌状花白色，舌片条形或条状长圆形；管状花黄色，花冠下半部狭管状，上半部宽钟状，先端 5 齿裂；花柱分枝条形，先端截平；花药基部钝，先端有卵状披针形的附片。瘦果多样：即边缘舌状花的瘦果有 3 条宽翅的肋及不明显的间肋，先端有冠状冠毛，冠状冠毛的冠缘不整齐；边缘两性花的瘦果有 1～2 条狭翅的肋，并有 5～8 条椭圆形的细肋，先端有冠状冠毛。　本属约有 10 种，分布于非洲北部西海岸及加那利群岛。广西及我国各地有引种栽培花卉 1 种。本属与菊属(*Chrysanthemum* L.)相异之处在于本属舌状花的瘦果有 3 条宽翅的肋及不明显的间肋，先端有冠状冠毛。

木茼蒿　白菊仔(广州)　木菊　蓬蒿菊　图版 51:9～11

Argyranthemum frutescens (L.) Sch.-Bip., Hist. Nat. Iles Canaries (Phytogr.) **3**: 264. 1844; 中国高等植物图鉴 **4**: 505, 图 6424. 1975; 中国植物志 **76**(1): 20, 图版 2: 2. 1983. ——*Pyrethrum frutescens* (L.) Willd., Sp. Pl. **3**: 2150. 1803. ——*Chrysanthemum frutescens* L., Sp. Pl. **2**: 877. 1753.

半灌木；茎高 0.5～1 m，多分枝，几木质化。叶片宽卵形、椭圆形或长圆形，长 3～6 cm，宽 2～4 cm，一至二回羽状分裂，一回为深裂，侧裂片每边 2～5 条，二回为半裂，侧裂片条形，两面无毛；叶柄长 1.5 cm，有狭翼。头状花序多数，异型，于枝顶端排成不规则的伞房状花序，有长花梗；总苞宽 10～15 mm；全部苞片边缘白色宽膜质，内层苞片先端膜质，扩大成附片；舌状花舌片长 8～15 mm。舌状花瘦果有 3 条宽的翅肋；两性花瘦果有 1～2 条狭的翅肋，并有 4～6 条细间肋；冠状冠毛长 0.4 mm。　花果期 2～10 月。　广西及我国各地公园栽培作盆景观赏，原产于非洲北部海岸及加那利群岛。

34. 菊蒿属 Tanacetum L.

多年生草本；植株被单毛、丁字毛或星状毛。叶互生；叶片羽状分裂。头状花序异型，单生于茎顶或茎生少数头状花序，排成不规则或规则的伞房花序状；舌状花雌性，中央为管状花，两性；总苞浅盘状；总苞片3～5层，草质或硬草质；花托突起，无托毛，稀有托毛，易脱落；舌状花白色、红色、黄色；舌片卵形、椭圆形或线形；管状花黄色，上半部微扩大或突然扩大，顶端5裂；花药基部钝，顶端附片卵状披针形或宽披针形；花柱分枝线形，顶端截平。瘦果圆柱状或三棱圆柱形，有5～12条纵肋，舌状花瘦果的肋集中于腹面；冠毛极短，冠缘浅裂或全裂，或瘦果背面的冠缘分裂至基部，或冠缘锯齿状。 本属约有100种，分布于非洲(北部)、亚洲(中部)及欧洲。 我国有19种；广西栽培有1种。

除虫菊 白花除虫菊

Tanacetum cinerariifolium (Trev.) Sch.-Bip., Tanaceteen 58. 1844; Fl. China **20～21**: 766. 2011. ——*Pyrethrum cinerarifolium* Trev., Ind. Sem. Hort. Vratisl. App. **2**: 2. 1820; 中国植物志 **76**(1): 39. 1983. ——*Chrysanthemum cinerariifolium* (Trev.) Vis., Fl. Dalm. **2**: 88. 1847.

多年生草本；根状茎短，茎高15～60(80) cm；直立，单生或稀为簇生，不分枝或基部分枝，银灰色。叶互生；基生叶片卵形或长椭圆形，长1.5～4 cm，宽1～2 cm，二回羽状分裂，一回全裂，侧裂片每边3～5枚，卵形或椭圆形，二回几全裂，裂片全缘或有齿；中部茎生叶渐大，形状和基生叶同形并等样分裂；基生叶柄比中上部叶柄长；叶两面银灰色，被贴伏压扁状的丁字形毛及先端分叉的短毛。头状花序单个着生于茎顶或茎生3～10个头状花序，排成疏松伞房状；总苞直径12～15 mm。瘦果长2.5～3.5 mm，冠毛长0.8～1.5 mm。 花果期5～8月。 广西及我国各地均有栽培。我国于20世纪20年代开始引种栽培，主要用作农业杀虫剂。 除虫菊的头状花序中含有4种杀虫成分，即除虫素甲、乙(pyrethrin Ⅰ、Ⅱ)及灰菊素甲、乙(cinerin Ⅰ、Ⅱ)，杀虫效力以除虫素甲最强；花、叶干后研制成粉末，可用来生产驱蚊薰香，一般对温血动物没有毒性，残留少，而对蚊、虫有致死作用，且没有怪气味；还可药用，外用治疥癣，杀灭疥虫，通常制成油膏、粉剂、乳油剂；把除虫菊或除虫菊水浸液直接投放于孑孓滋生的水域中，还可杀灭孑孓。

35. 裸柱菊属 Soliva Ruiz et Pavon.

一年生矮小、披散草本。叶互生；叶片羽状全裂，裂片极细。头状花序无梗，异型；边缘花数层，雌性，能育，无花冠；盘花两性，不育，花冠管状，略粗，基部渐狭，冠檐具极短4齿裂，稀2～3齿裂；花药基部钝；花柱2裂或微凹，截形；总苞半球形；总苞片2层，近等长，边缘干膜质；花托扁平，无托毛。雌花瘦果扁平，边缘有翅，先端有宿存的花柱，无冠状冠毛，盘花通常退化。 本属有8种，主产于美洲及大洋洲。 我国有2种；广西有1种。

裸柱菊(广州植物志) 座地菊 图版53：1～3

Soliva anthemifolia (Juss.) R. Brown, Trans. Linn. Soc. London **12**: 102. 1818; 广州植物志 541，图291. 1956; 中国高等植物图鉴 **4**: 518，图6450. 1975; 中国植物志 **76**(1): 135，图版1: 20，图版2: 20. 1983; Fl. China **20～21**: 656. 2011. ——*Gymnostyles anthemifolia* Juss., Ann. Mus. Natl. Hist. Nat. **4**: 262. 1804.

一年生矮小、披散、平卧草本，茎极短。叶互生；叶片有柄，长5～10 cm，二回至三回羽状分裂，裂片条形，全缘或3裂，被长柔毛或近无毛。头状花序近球形，无梗，聚生于短茎上，直径6～12 mm；总苞片2层，

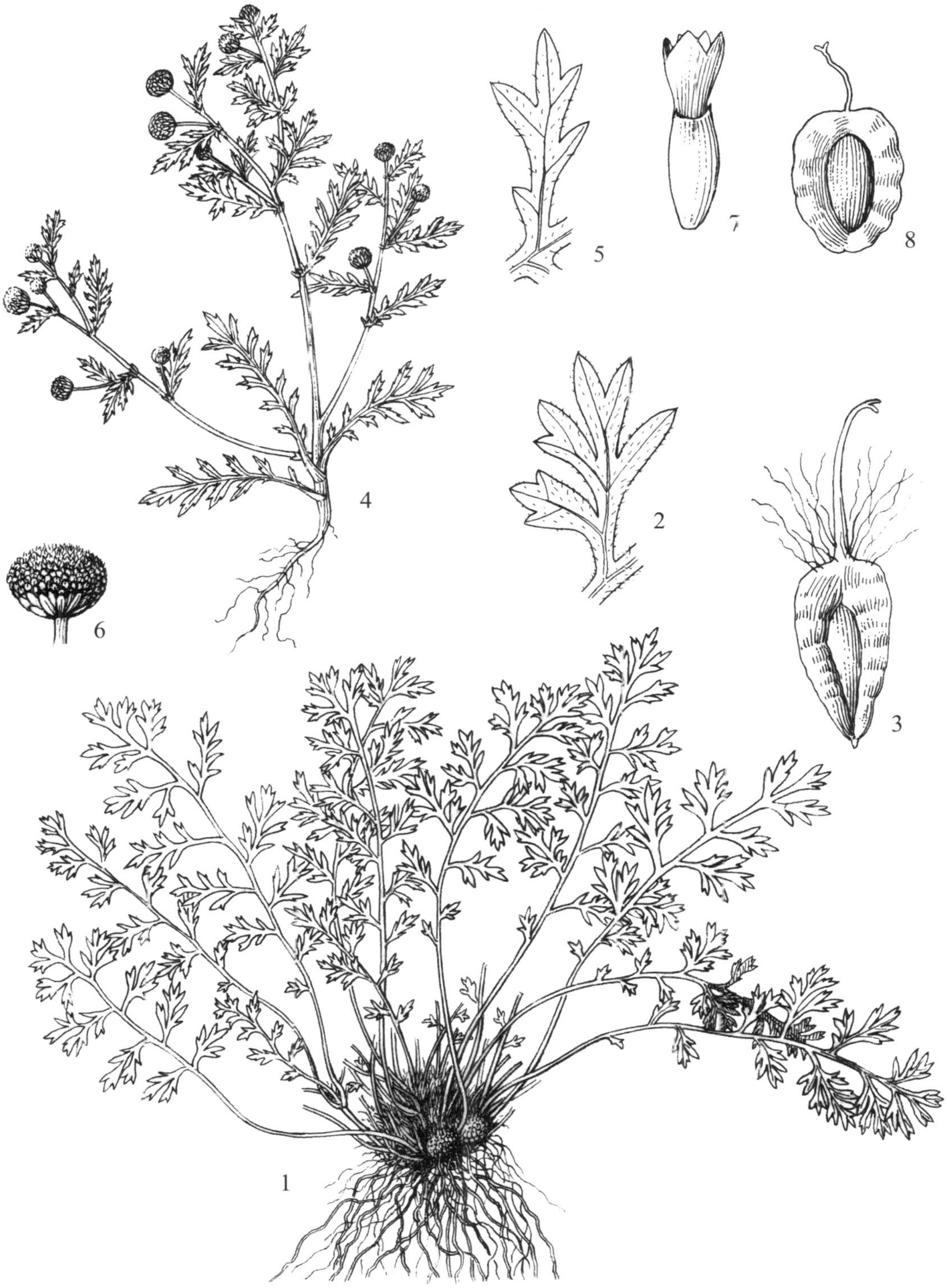

图版 53　1～3. 裸柱菊 Soliva anthemifolia (Juss.) R. Brown　1. 植株；2. 叶羽状裂片一部分；3. 果。　4～8. 芫荽菊 Cotula anthemoides L.　4. 植株；5. 叶羽状裂片一部分；6. 头状花序；7. 两性花；8. 瘦果。（何顺清绘）

边缘的雌花多数，无花冠；中央的两性花少数，花冠管状，黄色，长约 1.2 mm，先端 3 齿裂，基部渐狭，常不育。瘦果倒披针形，扁平，有厚翅，长约 2 mm，先端圆形，有长柔毛；花柱宿存，下部翅上有横皱纹。 花果期全年。 产于融安、南丹、扶绥；生于荒地、田野。分布于广东、江西、海南、福建、浙江和台湾，原产于南美洲，大洋洲亦有。

36. 山芫荽属 Cotula L.

一年生匍匐小草本。叶互生；叶片羽状深裂。头状花序小，有柄，异型，盘状，单生于枝顶或叶腋或与叶成对生，边缘的花雌性，1 至数层，能育，无花冠或仅有微小的花冠围绕着花柱的基部；中央盘花两性，能育或不孕；花冠筒状，黄色，冠檐 4～5 齿裂；总苞半球形或钟状；总苞片 2～3 层，少数，不等大，长圆形，边缘常狭膜质；花托半球形，无托毛；花药基部钝。瘦果长圆形或倒卵形，压扁状，被腺点，边缘有翅，或渐狭延于瘦果先端，呈芒尖状或几无翅，基部，尤其以边缘小花瘦果的基部有花托乳突伸长所形成的果梗，先端无冠状冠毛。 本属有 55 种，主产于南半球，尤其是非洲南部及太平洋诸岛，澳大利亚及南美洲亦有分布。我国有 2 种；广西产 1 种。

芫荽菊(广州植物志) 山芫荽 图版 53:4～8

Cotula anthemoides L.，Sp. Pl. **2**:891. 1753；中国高等植物图鉴 **4**:518，图 6449. 1975；中国植物志 **76**(1):134，图版 15:3，图版 1:19，图版 2:19. 1983；Fl. China **20～21**:655. 2011.

一年生匍匐状小草本；茎高 5～30 cm，纤细，有分枝，多少被长柔毛。叶互生；叶片二回羽状分裂，两面疏生长柔毛；基生叶倒披针状长圆形，长 3～5 cm，宽 1～2 cm，有稍膜质扩大的短柄，一回裂片每边 5 枚，下部的渐小而直展；茎中部叶片长圆形或椭圆形，长 1.5～2 cm，宽 0.7～1 cm，基部半抱茎。与国产种**山芫荽**(*C. hemisphaerica Wall.*)不同在于本种全部叶的末次裂片多为浅裂的三角状短尖齿，或为半裂的三角状披针形小裂片，先端具短尖头；瘦果倒卵状长圆形，扁平，长 1.2 mm，宽 0.8 mm，有粗厚的宽翅状边缘。而山芫荽的叶末回裂片为深裂或全裂的条形或条状披针形，先端渐尖，有细长的尖头；瘦果长圆形，长 1 mm，宽约 0.3 mm，稍扁，有很窄的翅状边缘。 花果期 9 月至翌年 3 月。 产于天峨、凤山、河池、都安、金秀、桂平、梧州；生于河边湿地或稻田中，为常见杂草。分布于云南、福建、四川、广东、台湾，越南、泰国、缅甸、老挝、印度尼西亚、柬埔寨、尼泊尔、印度、巴基斯坦等国及非洲亦有。

37. 石胡荽属 Centipeda Lour.

一年生匍匐状小草本，被蛛丝状毛或无毛。叶互生；叶片楔状倒卵形，有锯齿。头状花序小，单生于叶腋，无梗或有短梗，异型，盘状；总苞半球形；总苞片 2 层，平展，长圆形，近等长，边缘常狭而透明；边缘花雌性，能育，花冠细管状，先端 2～3 齿裂；中央盘花两性，能育，数朵，花冠钟状，冠檐 4 浅裂；花药短，基部钝，先端无附片；花柱分枝短，先端钝或截形；花托半球形，呈蜂窝状。瘦果四棱形，棱上有毛，无冠状冠毛。 本属约有 6 种，分布于亚洲、大洋洲及南美洲。我国有 1 种；广西亦有。

石胡荽(四声本草) 鹅不食草 球子草 地胡椒 鹅不食(陆川、龙州)

Centipeda minima (L.) A. Braun et Asch.，Index Sem. App. **1**:6. 1867；中国植物志 **76**(1):132，图版 1:17～18，图版 2:18. 1983；Fl. China **20～21**:893. 2011.——*Artemisia minima* L.，Sp. Pl. **2**:849. 1753.——*Cotula minima* (L.) Willd.，Sp. Pl. **3**(3):2170. 1803.

一年生匍匐状小草本；茎高 5～20 cm，纤细，基部多分枝，着地生根，被蛛丝状毛或无毛。叶互生；叶片倒卵状披针形，长 7～20 mm，先端钝，基部楔形，边缘有疏齿。头状花序小，单生于叶腋，梗极短；总苞半球形；总苞片2层，外层较大，边缘花雌性，花冠细管状，长约0.2 mm，先端2～3微裂；中央盘花为两性花，花冠管状，长约0.5 mm，先端4深裂，下部有明显的狭管。瘦果椭圆形，长约1 mm，具4棱，棱上有长毛；无冠状冠毛。　花果期6～10月。　产于广西各地；生于田埂、路旁、荒野阴湿地。分布于全国各地，俄罗斯、朝鲜、日本、印度、印度尼西亚、马来西亚、巴布亚新几内亚、菲律宾、泰国、澳大利亚及太平洋诸岛亦有。　本种可入药，用于感冒鼻塞、急慢性鼻炎、过敏性鼻炎、百日咳、慢性支气管炎、风湿关节痛、毒蛇咬伤、跌打损伤等症。

38. 芙蓉菊属　Crossostephium Less.

半灌木；枝、叶均密被灰色短柔毛。叶互生；叶片全缘或2～5裂。头状花序小，具异型花，盘状，有短梗，多于枝端排成有苞叶的总状花序或圆锥花序，边缘的1层雌花；花冠管状，压扁，先端2～3裂，具腺点；中央的盘花两性，均能育；两性花花冠管状，先端5裂；总苞半球形，总苞片3层；花托半球形，蜂窝状；花药基部钝，先端有长圆形附片；花柱分枝先端截形。瘦果长圆形，基部狭，有5棱角；冠状冠毛长约0.5 mm，先端撕裂状。　本属仅有1种，产于我国及日本；广西亦产。

芙蓉菊　玉芙蓉(岭南采药录)　香菊　千年艾　蕲艾

Crossostephium chinense (L.) Makino, Bot. Mag. (Tokyo) **20**: 33. 1906；广州植物志 537. 1956；中国高等植物图鉴 **4**: 520，图 6453. 1975；中国植物志 **76**(1): 131，图版 2: 17. 1983；Fl. China **20～21**: 747. 2011. ——*Artemisia chinensis* L., Sp. Pl. **2**: 849. 1753. ——*Chrysanthemum artemisioides* (Less.) Kitam., Act. Phytotax. Geobot. **8**(2): 77. 1939. ——*C. artemisioides* Less., Linnaea **6**: 220. 1831. ——*Tanacetum chinense* A. Gray ex Maxim., Bull. Acad. Imp. Sci. Saint-Pétersbourg **17**: 427. 1872.

半灌木，茎高10～40 cm；上部多分枝，密被灰白色短柔毛。叶互生；叶片聚生于枝上部，狭匙形或狭倒披针形，长2～4 cm，宽4～5 mm，两面密被灰白色短柔毛，全缘或3～5裂。头状花序盘状，多数，直径约7 mm，梗长6～15 mm，生于枝顶叶腋，排成有苞叶的总状花序；总苞半球形；总苞片3层，外、中层等长，椭圆形，钝或急尖，叶质，内层较短小，长圆形，几无毛，边缘膜质；边花雌性，1层；花冠管状，长1.5 mm，先端具2～3齿裂，具腺点；盘花两性，花冠管状，外面密生腺点。瘦果长圆形，长约1.5 mm，基部收狭，具5(7)条棱，被腺点；冠状冠毛长约0.5 mm，撕裂状。　花果期全年。　广西各地有栽培。湖北、湖南、福建、广东、台湾、云南、浙江有栽培，日本亦有。　本种根、叶可用于治风寒感冒、百日咳、疮疡肿毒等症。

39. 蒿属　Artemisia L.

一年生或多年生草本，少数为半灌木或小灌木；常有浓烈的挥发性香气，具明显纵棱。叶互生；叶片一至三回、稀四回羽状分裂或不分裂，稀近掌状分裂，叶缘或裂片边缘有裂齿或锯齿，稀全缘。头状花序小，多数或少数，在茎或分枝上排成疏松或密集的穗状花序或为穗状花序式的总状花序，或复头状花序，上述花序在茎上再组成开展、中等开展或狭窄的圆锥花序，稀组成伞房花序状的圆锥花序；总苞片(2)3～4层，卵形、长卵形或椭圆状倒卵形，背面常有绿色中肋，边缘膜质，无绿色中肋，而总苞片全为膜质；花序托具托毛或无；花异型：边缘花雌性，1(2)层，几朵至10余朵，稀20余朵；花冠狭圆锥状或狭管状，檐部具2～3(4)裂齿；花柱伸出花冠外；子房可育；中央两性花(盘花)数层，可育或部分可育或不育，多数或少数；花冠管状；花药椭圆形或线形，侧边聚合，可育花开花时花柱伸出花冠外，不育花花柱极短，退化子房存在或不存在。瘦果小，卵形、倒卵形或长圆状倒卵形；无冠毛。　本属约有380种，主产于亚洲、欧洲、北美洲及非洲的温带、寒温带及亚热带地区，极少分布于热带地区。我国有186种，遍及全国；广西有25种6变种。

分种检索表

1. 中央管状花可结实，开花时花柱与花冠等长或略长于花冠。
  2. 茎、枝、叶及总苞片背面不被腺毛或黏毛；总苞片草质，背面被毛或无，常有绿色中肋，边缘膜质。
    3. 头状花序通常球形，稀近半球形或卵球形；叶的小裂片栉齿形。
      4. 多年生半灌木状草本；茎、枝、叶两面或仅背面及总苞片背面初时被白色柔毛，后毛宿存或脱落。
        5. 茎中部叶片长卵形或长卵状椭圆形，三回或二至三回栉齿状羽状分裂，栉齿三角形；总苞片背面初时被短柔毛，后脱落无毛。
          6. 叶片背面初时密被灰白色平贴短柔毛，后渐脱落无毛 …………………………………………………………………………… 1a. **白莲蒿** A. gmelinii Weber ex Stechm. var. gmelinii
          6. 叶片背面密被毛，不脱落。
            7. 叶面初时被灰白色短柔毛，后毛脱落，背面密被灰白色短柔毛 …………………………………………………………… 1b. **灰莲蒿** A. gmelinii Weber ex Stechm. var. incana (Bess.) H. C. Fu
            7. 叶两面密被灰白色或淡灰黄色短柔毛 …………………………………………… 1c. **密毛白莲蒿** A. gmelinii Weber ex Stechm. var. messerschmidiana (Bess.) Poljak.
        5. 茎中部叶片卵形或椭圆状卵形或近圆形，(二回至)三回栉齿状羽状分裂，栉齿细小，近椭圆形；总苞片背面密被宿存的短柔毛 …………………………………………………………… 2. **毛莲蒿** A. vestita Wall. ex Bess.
      4. 一年生草本，茎通常单一，主根垂直，狭纺锤形；茎、枝、叶片两面及总苞片背面无毛或初时微被薄柔毛，后脱落。
        8. 茎中部叶片二回栉齿状羽状分裂，背面绿色，无腺点，叶片中轴或羽轴两侧有栉齿，中肋不明显突起；头状花序直径 3.5 mm 以上；在茎上排成中等开展的圆状花序。
          9. 叶片的小裂齿先端长尖；头状花序直径 3.5～4.5 mm，花后总苞片稍开展 …………………………………………………………… 3a. **青蒿** A. caruifolia Buch. -Ham. ex Roxb. var. caruifolia
          9. 叶片的小裂齿先端短尖；头状花序直径 4.5～7 mm，花后总苞片常开展成放射状 …………………………………… 3b. **大头青蒿** A. caruifolia Buch. -Ham. ex Roxb. var. schochii (Mattf.) Pamp.
        8. 茎中部叶片二回至三回栉齿状羽状分裂，叶背黄绿色，微有白色腺点，叶片中轴与羽轴两侧通常无栉齿，中肋突起；头状花序直径 1.5～2.5 mm，在茎上排成大型、开展的尖塔形的圆锥花序 ……… 4. **黄花蒿** A. annua L.
    3. 头状花序椭圆形、长圆形或长卵球形，稀卵钟形；叶的小裂片为宽线形、线状披针形、椭圆形或为缺裂，宽(1.5)2 mm 以上，或叶片不分裂，边全缘或具小锯齿或浅裂齿。
      10. 叶片腹面具密而明显的白色腺点及小凹点，或腺点或脱落而留有密而明显的凹点。
        11. 茎中部叶片二回、一回或一至二回羽状深裂、半裂或浅裂。
          12. 茎中部叶片一回羽状深裂，每侧裂片 2 枚或 1 枚，裂片宽 3～6 mm，无小裂齿，背面除叶脉外被黄色绒毛 …………………………………………………………………………………… 5. **美叶蒿** A. calophylla Pamp.
          12. 茎中部叶片二回或一至二回羽状深裂或半裂，每侧裂片 2～3 枚，常具深或浅裂齿，裂片宽 2～3(4) mm，叶干后背面主、侧脉常呈深褐色或锈色………………………………………… 6. **艾** A. argyi H. Lévl. et Vaniot
        11. 茎中部叶片二回或一至二回羽状全裂或至少第一回为全裂。
          13. 茎中部以上分枝，枝长(3)5～10 cm；中部叶片长 5～10 cm，裂片宽 3 mm 以上。
            14. 茎、枝被灰白色蛛丝状短柔毛；中部叶片一至二回羽状全裂，腹面初时微被蛛丝状柔毛，后稀疏或无毛，总苞片背面密被蛛丝状柔毛…………………………………………………… 7. **野艾蒿** A. lavandulifolia DC.
            14. 茎、枝初时被灰白色蛛丝状短柔毛，后无毛，中部叶片一(至二)回羽状全裂，腹面近无毛；总苞片背面初时微有蛛丝状柔毛，后无毛 ………………………………………………… 8. **南艾蒿** A. verlotorum Lamotte
          13. 茎上部分枝，枝长 2～3(5) cm；茎中部叶片小，长、宽 4 cm 以下，腹面初时被短柔毛，后稀疏，背面密被蛛丝状毛；总苞片背面初时被短柔毛，后无毛 ……………………………………………… 9. **矮蒿** A. lancea Vaniot
      10. 叶片腹面无白色腺点，稀少微有疏腺点但无明显小凹点。
        15. 总苞片背面密被蛛丝状绒毛、绵毛或柔毛；中部叶片二回羽状全裂，侧裂片 2～3 枚，小裂片线形或线状披针形。
          16. 头状花序直径 1.5～2 mm，直立或倾斜 ………………… 10. **蒙古蒿** A. mongolica (Fisch. ex Bess.) Nakai
          16. 头状花序直径 2～3 mm，下倾 ………………………………… 11. **灰苞蒿** A. roxburghiana Wall. ex Bess.

15. 总苞片背面无毛或近无毛或被稀疏薄绒毛或薄短柔毛；中部叶一（至二）回羽状深裂或半裂，侧裂片 1～2 枚，或茎中部叶近掌状，5 或 3 深裂或不分裂，小裂片线形、线状披针形或长椭圆形。

17. 茎中部叶片每侧具裂片 3（～4）枚，大头羽状分裂，侧边中部裂片有 1～2 枚深或浅裂齿；头状花序直立或斜 ………………………………………… 12. **五月艾** A. indica Willd.

17. 茎中部叶片每侧具裂片 2（～3）枚，侧边基部裂片最大，不再分裂或每侧偶有 1～2 枚浅裂齿；头状花序通常下垂。

18. 叶背面密被灰白色蛛丝状绒毛；中部叶片羽状深裂，裂片不再分裂或每侧具 1～2 枚疏裂齿 ………………………………………… 13. **魁蒿** A. princeps Pamp.

18. 叶背面被灰白色蛛丝状薄绒毛或近无毛；中部叶片羽状深裂，裂片再次 3～5 深裂或浅裂或不分裂 ………………………………………… 14. **阴地蒿** A. sylvatica Maxim.

2. 茎、枝、叶及总苞片背面有明显腺毛或黏质毛，或仅茎、枝、叶背面具腺毛；总苞片边缘膜质；或植株无腺毛或黏质毛，而头状花序总苞片全为半透明、膜质苞片组成，总苞片背面无毛，亦无绿色中肋。

19. 植株具明显腺毛或黏质毛，或总苞片背面无上述毛；总苞片草质，具绿色中肋，边膜质；头状花序基部具小苞叶。

20. 茎中部叶片二（三）回羽状深裂或近全裂，每侧裂片 4～6 枚 ………… 15. **多花蒿** A. myriantha Wall. ex. Bess.

20. 茎中部叶片一回羽状深裂或全裂，每侧裂片 2～4 枚。

21. 茎、枝密被黏质柔毛及稀疏的腺毛；茎中部叶片无柄，裂片宽 3～6（8）mm，边常反卷，叶面被腺毛，背面脉上毛与其余部位被毛颜色迥异 ………………………………………… 16. **南毛蒿** A. chingii Pamp.

21. 茎、枝疏被短柔毛及短腺毛或柔毛脱落；茎中部叶有短柄，裂片宽（0.3）1 cm，边不反卷，背面脉上毛与其余部位毛颜色相近或略异或背面无毛。

22. 叶片的裂片线形或线状披针形，长（1）1.5～2 cm，宽 0.3～1 cm；头状花序在茎上排成开展的圆锥花序 ………………………………………… 17. **中南蒿** A. simulans Pamp.

22. 叶片的裂片椭圆形或长卵形，长 2 cm 以上，宽 1 cm 以上，边缘有深裂齿；头状花序在茎上排成中等开展的圆锥花序 ………………………………………… 18. **暗绿蒿** A. atrovirens Hand.-Mazz.

19. 植株无明显的腺毛或黏毛；总苞片全为半透明、膜质苞片组成，苞片背面无毛亦无绿色中肋；头状花序基部无小苞叶或小苞叶极不明显。

23. 叶片厚纸质，中部叶片不分裂或叶先端间有 2～3 浅裂齿，边缘具整齐的细锯齿。

24. 叶背面初时微有蛛丝状绵毛，后脱落 ………………………… 19a. **奇蒿** A. anomala S. Moore var. anomala

24. 叶背面被宿存的灰白色或灰黄毛密绵毛 ………………………………………… 19b. **密毛奇蒿** A. anomala S. Moore var. tomentella Hand.-Mazz.

23. 叶片纸质或薄纸质，中部叶片一回至二回羽状全裂或深裂，每侧裂片 3～4 枚，边缘具不规则的裂齿或锯齿 ………………………………………… 20. **白苞蒿** A. lactiflora Wall. ex DC.

1. 中央管状花不育，开花时花柱不伸长，退化子房细小，存在或不存在。

25. 叶片的小裂片狭线形、细线形或毛发状，宽 1.5 mm 以下；退化子房小，稀不存在。

26. 多年生半灌木状草本；茎中部叶片一回、二回至三回羽状全裂，小裂片狭线形或细线形；头状花序着生在小分枝上端，在茎上排成伸长、开展的圆锥花序。

27. 中部叶片小裂片长 0.8～1 cm，宽 0.3～1 mm；雌花 6～10 数 ………………… 21. **茵陈蒿** A. capillaris Thunb.

27. 中部叶片小裂片长 1～3 cm，宽 1～2 mm；雌花 11～15 数 ………………… 22. **细叶山艾** A. morrisonensis Hayata

26. 多年生草本，主根单一、垂直；茎中部叶片二回稀一回羽状全裂，小裂片细线形或毛发状；头状花序均匀分布在小枝上下部，在茎上排成开展的圆锥花序 ………………………………………… 23. **猪毛蒿** A. scoparia Waldst. et Kit.

25. 叶片的小裂片椭圆状披针形、长圆状披针形或披针形或叶匙形，先端具锯齿及浅裂齿。

28. 茎中部叶片狭匙形或匙形，先端具锯齿，有时叶上端 3～5 浅裂；不分枝或茎上部有分枝。

29. 茎中部叶片征狭匙形，上端有 3～5 枚斜向基部的浅裂片或为深裂片，每裂片的上端有 2～3 枚小锯齿或无锯齿 ………………………………………… 24a. **牡蒿** A. japonica Thunb. var. japonica

29. 茎中部叶片狭匙形，上端具规整的 3～5 深裂，裂片线形，先端无锯齿 ………………………………………… 24b. **海南牡蒿** A. japonica Thunb. var. hainanensis Y. R. Ling

28. 茎中部叶片卵形，5 深裂或指状 3 深裂；分枝长，常屈曲伸展。

30. 叶背面被宿存、微带绢质的短柔毛 …………………………… 25a. **牛尾蒿** A. dubia Wall. ex Bess. var. dubia

30. 叶背面初时被短柔毛,后脱落 …………………………………………………………………………………… 25b. **无毛牛尾蒿** A. dubia Wall. ex Bess. var. subdigitata (Mattf.) Y. R. Ling

1. 白莲蒿 白蒿

Artemisia gmelinii Weber ex Stechm. ,Artemis. 30. 1775;Fl. China **20～21**:688. 2011.——*A. sacrorum* Ledeb. ,Mem. Acad. Sci. St. Petersb. Hist. Acad. **5**:571. 1815;中国植物志 **76**(2):44,图版 6:7～14. 1991.

1a. 白莲蒿(原变种)

Artemisia gmelinii Weber ex Stechm. var. gmelinii

半灌木状草本;根稍粗大,木质;茎多数,常组成小丛,高 50～100(～150) cm;茎、枝被微柔毛,后下部脱落无毛。茎下部与中部叶片长卵形、三角状卵形或长椭圆形,长 2～10 cm,宽 2～8 cm,二至三回栉齿状羽状分裂,第一回全裂,每侧有裂片 3～5 枚;裂片椭圆形或长椭圆形,每裂片再次羽状全裂;小裂片栉齿状披针形,每侧具数枚细小三角形的栉齿或小裂片短小成栉齿状;叶片中轴两侧具 4～7 枚栉齿;叶柄长 1～5 cm,基部有小型栉齿状分裂的假托叶。头状花序近球形,下垂,直径 2～3.5(4) mm,在分枝上排成穗状花序式的总状花序,并在茎上组成密集或略开展的圆锥花序;总苞片 3～4 层,外层总苞片披针形或长椭圆形,初时密被灰白色短柔毛,后脱落无毛;雌花 10～12 朵;两性花 20～40 朵。瘦果狭椭圆状卵形或狭圆锥形。 产于兴安;生于中低海拔地区的山坡、路旁、灌木丛地。分布于河北、河南、湖北、吉林、辽宁、内蒙古、甘肃、宁夏、陕西、山西、四川、新疆、西藏、安徽、广东、江苏,日本、朝鲜、蒙古、阿富汗、印度(北部)、巴基斯坦(北部)、尼泊尔、塔吉克斯坦、哈萨克斯坦、吉尔吉斯斯坦和俄罗斯亦有。 本种含挥发油,主要成分为萜类,还含倍半萜内酯等;民间全株可入药,有清热解毒、祛风、利湿的功效,可作茵陈代用品,又作止血药。

1b. 灰莲蒿(变种) 万年蒿 万年蓬

Artemisia gmelinii Weber ex Stechm. var. incana (Bess.) H. C. Fu,Fl. Intramongol. **6**:152. 1982;Fl. China **20～21**:688. 2011.——*A. gmelinii* Weber ex Stechm. var. *incana* (Bess.) Y. R. Ling,Bull. Bot. Res. **8**(4):13. 1988;中国植物志 **76**(2):46. 1991.——*A. messerschmidtiana* Bess. var. *incana* Bess. ,Nouv. Mem. Soc. Nat. Mosc. **3**:27. 1834.

本变种与原变种的区别在于叶面初时被灰白色短柔毛,后毛脱落,背面密被灰白色短柔毛。 产于广西各地;生于中低海拔地区的山坡、路旁、灌木丛地。国内分布区同原变种,朝鲜、日本、蒙古也有。

1c. 密毛白莲蒿 白万年蒿(内蒙古植物志)

Artemisia gmelinii Weber ex Stechm. var. messerschmidiana (Bess.) Poljak. ,Fl. URSS **26**:464. 1961;Fl. China **20～21**:688. 2011.——*A. sacrorum* Ledeb. var. *messerschmidiana* (Bess.) Y. R. Ling,Bull. **8**(4):13. 1988;中国植物志 **76**(2):46. 1991.——*A. messerschmidiana* Bess. ,Tent. Abrot. 27. 1832.

本变种与原变种的区别在于叶片两面密被灰白色或淡灰黄色短柔毛。 产于广西各地;生于低海拔地区的山坡、路旁。分布于黑龙江、吉林、辽宁、内蒙古、河北、陕西、山西、宁夏、甘肃、青海、新疆、山东、江苏、河南等地,朝鲜、日本、蒙古、阿富汗及俄罗斯亦有。

2. 毛莲蒿(中国高等植物图鉴)

Artemisia vestitaWall. ex Bess. ,Nouv. Mem. Soc. Nat. Mosc. **3**:25. 1834;中国高等植物图鉴 **4**:536,图 6485. 1975;中国植物志 **76**(2):49. 1991;Fl. China **20～21**:689. 2011.——*A. sacrorum* Ledeb. var. *vestita* (Wall. ex Bess.) Kitam. ,Act. Phytotax. Geobot. **7**:66. 1938.

半灌木状草本或为小灌木状,高 50～120 cm;植株有浓烈的香气,茎直立,多数,丛生,稀单一。叶片两面被灰白色密绒毛或腹面毛略少,背面毛密;茎下部与中部叶片卵形、椭圆状卵形或近圆形,长(2)3.5～

7.5 cm，宽(1.5)2～4 cm，二(至三)回栉齿状的羽状分裂，第一回全裂或深裂，每侧有裂片4～6枚，第二回为深裂；小裂片小，边缘常具数枚栉齿状的深裂齿，裂齿细小，长1～2 mm，宽0.2～0.5 mm。头状花序多数，球形或半球形，直径2.5～4 mm，下垂，在茎的分枝上排成总状花序、复总状花序或近于穗状花序，上述花序常在茎上组成开展或略为开展的圆锥花序；总苞片3～4层，内、外层近等长；雌花6～10朵，两性花13～20朵。瘦果长圆形或倒卵状椭圆形。　花果期8～10月。　产于全州、富川；生于中低海拔的山坡、草地、灌木丛、林缘等处。分布于我国西北、西南各地，印度(北部)、尼泊尔和巴基斯坦(北部)亦有。

3. **青蒿**(植物学大辞典)　草蒿[神农本草经(部分)]　廪蒿(日本植物图鉴)　邪蒿(救荒本草、野菜博录)

Artemisia caruifolia Buch. -Ham. ex Roxb. , Fl. Ind. **3**:422. 1832；中国植物志 **76**(2)：60，图版9：1～6. 1991；Fl. China **20～21**：691. 2011. ——*A. apiacea* Hance, Ann. Bot. Syst. **2**(5)：895. 1852. ——*A. thunbergiana* Maxim. , Bull. Acad. Imp. Sci. Saint-Pétersbourg **17**：432. 1872.

3a. **青蒿**(原变种)

Artemisia caruifolia Buch. -Ham. ex Roxb. var. caruifolia

一年生草本，高30～150 cm；植株有香气；主根单一，垂直；茎单生。叶片两面青绿色或淡绿色，无毛；基生叶片与茎下部叶片三回栉齿状羽状分裂；茎中部叶片长圆形、长圆状卵形或椭圆形，长5～15 cm，宽2～5.5 cm，二回栉齿状羽状分裂，第一回全裂，每侧有裂片4～6枚；裂片长圆形，基部楔形，每裂片具多枚长三角形的栉齿或为细小、细呈线状披针形的小裂齿，先端锐尖，中轴与裂片羽轴常有小锯齿。头状花序半球形或近半球形，直径3.5～4 mm，具短梗，下垂，在分枝上排成穗状花序式的总状花序，并在茎上组成中等开展的圆锥花序；总苞片3～4层；雌花10～20朵；两性花30～40朵。瘦果长圆形至椭圆形。　广西各地星散生于低海拔、湿润的河岸边砂地、山谷、林缘、路旁等。除西北省区外，全国各地均有分布，印度、日本、朝鲜、缅甸、尼泊尔和越南亦有。　本种含艾蒿碱(abrotanine，$C_{21}H_{22}N_2O$)及苦味素等；入药，但非中药“青蒿”之正品；有清热凉血、退蒸解暑、祛风止痒的功效，可作为阴虚潮热的退热剂，也可止盗汗、中暑等。

3b. **大头青蒿**(变种)

Artemisia caruifolia Buch. -Ham. ex Roxb. var. schochii (Mattf.) Pamp. , Nuov. Giorn. Bot. Ital. , n. s. **34**：649. 1927；中国植物志 **76**(2)：61. 1991；Fl. China **20～21**：691. 2011. ——*A. schochii* Mattf. , Rep. Sp. Nov. Regni Veg. **22**：245. 1926. ——*A. apiacea* Hance var. *schochii* (Mattf.) Hand. -Mazz. , Symb. Sin. 7(4)：1115. 1936.

本变种与原变种的区别在于头状花序较大，直径4.5～7 mm，在分枝上排成总状花序状；总苞片开花后成放射状开张，花易于脱落。　产于南宁；星散分布于路旁等处。分布于江苏、江西、湖北、湖南、广东、云南和贵州。

4. **黄花蒿**(本草纲目)　草蒿[神农本草经(部分)]　青蒿(神农本草经，中药俗称)　臭蒿(日华子诸家本草)　酒饼草(广东及海南岛)

Artemisia annua L. , Sp. Pl. **2**：847. 1753；中国高等植物图鉴 **4**：530，图6473. 1973；中国植物志 **76**(2)：62，图版9：7～13. 1991；Fl. China **20～21**：691. 2011. ——*A. chamomilla* C. Wink. , Trudy Imp. S. -Peterburgsk. Bot. Sada **10**：87. 1887. ——*A. wadei* Edgew. , Trans. Linn. Soc. Bot. London **20**(1)：72. 1846. ——*A. stewartii* C. B. Clarke, Comp. Ind. 162. 1876.

一年生草本；植株有浓烈的挥发性香气；根单生，垂直；茎单生，高1～2 m，多分枝；茎、枝、叶两面及总苞片背面无毛或初时背面有极稀疏短柔毛，后脱落无毛。叶纸质；叶片绿色；茎下部叶片宽卵形或三角状卵形，长3～7 cm，宽2～6 cm，绿色，两面具细小脱落性的白色腺点及细小凹点，三(至四)回栉齿状羽状深裂，每侧有裂片5～8(10)枚；小裂片边缘具多枚栉齿状三角形或长三角形的深裂齿，中肋明显，在叶面上稍隆起，中轴两侧有狭翅而无小栉齿；中部叶片二回至三回栉齿状的羽状深裂，小裂片栉齿状三角形。头状花序球形，多数，直径1.5～2.5 mm，在分枝上排成总状或复总状花序，并在茎上组成开展、尖塔形的圆锥花序;总苞片 3～4 层;花深黄色,雌花 10～18 数;两性花 10～30 数。瘦果小,椭圆状卵形。 花果期 8～10 月。 产于广西各地;生于路旁、荒地、山坡、林缘等处。全国各地均有分布,欧洲、北美洲、亚洲以及非洲北部亦广泛分布。 本种含挥发油,并含青蒿素(qinghaosu,$C_{15}H_{22}O_5$)、青蒿内酯Ⅰ、Ⅱ。青蒿素为倍半萜内酯化合物,为抗疟的主要有效成分,治各种类型疟疾。古本草书记述的"草蒿"(神农本草经)及"青蒿"(除花色淡青、淡黄色者外)与"黄花蒿"(本草纲目)无异。中药习称"青蒿",而植物学通称为"黄花蒿",该种在不同生态环境下的体态略有变异。入药作清热凉血、解暑、截疟、健胃、利尿、止盗汗用。

5. **美叶蒿**(西藏植物志)

Artemisia calophylla Pamp., Nuov. Giorn. Bot. Ital. n. s. **36**:457. 1930;中国植物志 **76**(2):97. 1991; Fl. China **20～21**:699. 2011.

半灌木状草本,高 0.5～2 m;有香气;茎直立,单生或少数,略带紫色,纵棱明显;茎、枝被淡灰黄色平贴柔毛。叶片纸质,腹面疏被柔毛并有白色腺点,背面密被灰黄色密绒毛,但中脉、侧脉毛稀少而色略淡;中部叶片宽卵形,长 6～11 cm,宽 3～9 cm,羽状深裂,每侧裂片 2 枚,稀 1 枚;裂片披针形或线状披针形,长 3～6 cm,宽 3～6(10) mm,近无柄,无假托叶。头状花序卵形,多数,直径 2～2.5 mm,在分枝上排成总状或复总状花序,并在茎上组成开展的圆锥花序;总苞片 3 层,背面微被绒毛,中肋绿色,边缘膜质;雌花 5～6 朵;两性花 10～13 朵。瘦果倒卵形。 花果期 7～10 月。 产于桂西;生于林缘、针阔混交林下、田边、河岸边沙地等。分布于贵州、青海、四川、西藏和云南。

6. **艾**(植物名实图考) 艾蒿(尔雅、本草纲目) 白蒿[神农本草经(部分),本草纲目(部分)] 灸草(尔雅) 海艾、白艾、蕲艾(本草纲目) 阿及艾(江苏南部种子植物手册) 家艾、艾叶、陈艾(中药俗称) 图版 54:1～5

Artemisia argyi H. Lévl. et Vaniot, Rep. Sp. Nov. Regni Veg. **8**:138. 1910;中国高等植物图鉴 **4**:541, 图 6495. 1975;中国植物志 **76**(2):87, 图版 11:8～16. 1991; Fl. China **20～21**:697. 2011. ——*A. argyi* H. Lévl. et Vaniot f. *gracilis* (Pamp.) Kitag., Neolin. Fl. Manshur. 612. 1979;中国植物志 **76**(2):90. 1991.

多年生草本或略成半灌木状,植株有浓烈香气;茎高 80～150(250) cm;茎、枝均被灰色蛛丝状柔毛。叶片厚纸质,腹面被灰白色短柔毛,并有白色腺点与小凹点,背面密被灰白色蛛丝状密绒毛;中部叶片卵形、三角状卵形或近菱形,长 5～8 cm,宽 4～7 cm,一(至二)回羽状深裂至半裂,每侧裂片 2～3 枚;裂片卵形、卵状披针形或披针形,长 2.5～5 cm,宽 1.5～2 cm,不再分裂或每侧有 1～2 枚缺齿,叶基部宽楔形、渐狭成短柄,叶脉明显,在背面突起,干时锈色。头状花序椭圆形,直径 2.5～3(3.5) mm,每数枚至 10 余枚在分枝上排成小型的穗状花序或复穗状花序,常在茎上再组成狭窄、尖塔形的圆锥花序;总苞片 3～4 层,背面密被灰白色蛛丝状绵毛,边缘膜质;雌花 6～10 朵;两性花 8～12 朵。瘦果长卵形或长圆形。 花果期 10 月。 产于广西各地;生于中低海拔地区的荒地、路旁、河边及山坡等地。除极干旱与高寒地区外,几遍布全国各地,蒙古、朝鲜、俄罗斯也有,日本有栽培。 本种全草入药,有温经、祛湿、止血、消炎、散寒、平喘、止咳、安胎、抗过敏等功效;历代医籍记载为"止血要药",又是妇科常用药之一,还可治老年慢性支气管炎与哮喘;叶可制艾条供灸用。

7. **野艾蒿**(救荒本草、植物名实图考) 苦艾(广西) 图版 54:6～12

Artemisia lavandulifolia DC., Prodr. **6**:110. 1838;中国高等植物图鉴 **4**:541, 图 6496. 1975;中国植物志 **76**(2):92, 图版 12:1～8. 1991; Fl. China **20～21**:698. 2011. ——*A. codonocephala* Diels, Not. Roy. Bot. Gard. Edinb. **5**:186. 1912.

多年生草本,有时为半灌木状,高 50～120 cm;植株有香气;茎少数,成小丛,具纵棱;茎、枝被灰白色蛛丝状短柔毛。叶片纸质,腹面绿色,具密集白色腺点及小凹点,初时疏被灰白色蛛丝状柔毛,后毛稀疏或近无毛,背面除脉外密被灰白色密腺毛;茎中部叶片卵形、长圆形或近圆形,长 6～8 cm,宽 5～7 cm,(一至)二回羽状全裂或第二回为深裂,每侧有裂片 2～3 枚;裂片椭圆形或长卵形,长 3～5(7) cm,宽 5～

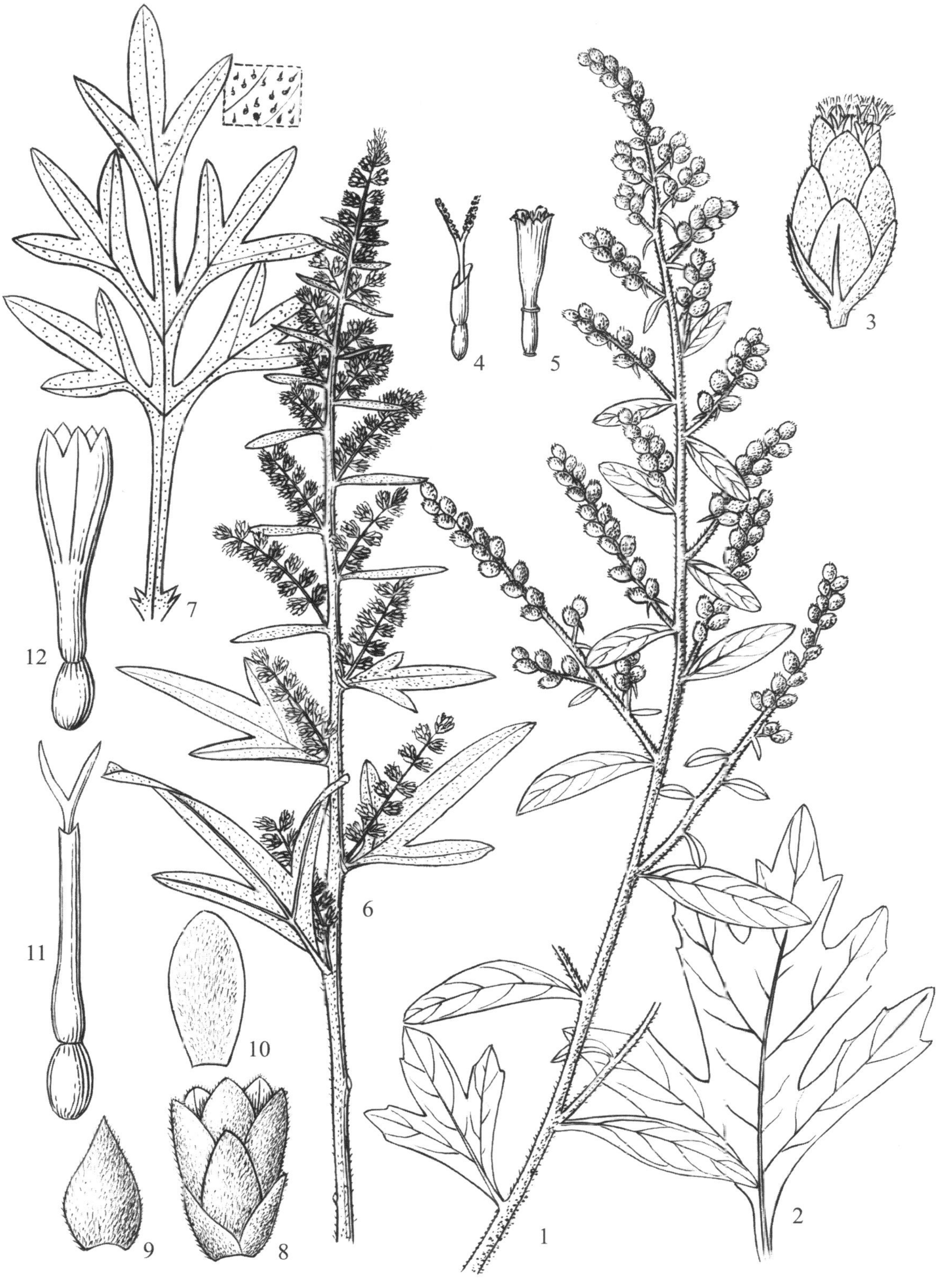

图版 54　1～5. **艾** Artemisia argyi H. Lévl. et Vaniot　1. 茎上半部；2. 茎中部叶；3. 头状花序；4. 雌花；5. 两性花。　6～12. **野艾蒿** A. lavandulifolia DC.　6. 茎上半部；7. 茎中部叶；8. 头状花序；9. 外层总苞片；10. 中、内层总苞片；11. 雌花；12. 两性花。　（邓晶发绘）

7(9) mm，每裂片具 2～3 枚线状披针形或披针形的小裂片或深裂齿，先端尖，边缘反卷。头状花序极多数，椭圆形或长圆形，直径 2～2.5 mm，在分枝的上半部排成密穗状或复穗状花序，并在茎上组成狭长或中等开展，稀为开展的圆锥花序，花后头状花序多下倾；总苞片 3～4 层，背面密被灰白色或灰黄色蛛丝状柔毛，边缘狭膜质；雌花 4～9 朵；两性花 10～20 朵。瘦果长卵形或倒卵形。 花果期 7～10 月。 产于桂西北；生于中低海拔地区的路旁、林缘和山坡。 分布于甘肃、贵州、云南、四川、河北、黑龙江、吉林、辽宁、内蒙古、陕西、山东、山西、河南、江苏、江西、湖北、湖南、安徽和广东，日本、朝鲜、蒙古、俄罗斯亦有。 本种入药，作艾(家艾)的代用品，有散寒、祛湿、温经、止血的功效。

8. **南艾蒿**(植物研究) 红陈艾(广西)

Artemisia verlotorum Lamotte, Mem. Assoc. Franc. Congr. Clermont Ferrand **1876**:511. 1876；中国植物志 **76**(2)：94. 1991；Fl. China **20～21**：699. 2011.

多年生草本，植株有香气；茎高 50～100 cm，具纵棱；茎、枝初时微有短柔毛，后脱落无毛。叶片纸质，上面浓绿色，近无毛，被白色腺点及小凹点，干后常成黑色，背面除叶脉外密被灰白色绵毛；中部叶片卵形或宽卵形，长 5～10(～13) cm，宽 3～8 cm，一(至二)回羽状全裂，每侧有裂片 3～4 枚，裂片披针形或线状披针形，稀线形，长 3～5 cm，宽 3～5 mm，先端锐尖，边反卷。头状花序椭圆形或长圆形，直径 2～2.5 mm，无梗，直立，在分枝上排成密或疏松的穗状花序，而在茎上组成狭而长或为中等开展的圆锥花序；总苞片 3 层，背面初时微有蛛丝状柔毛，后脱落无毛，边缘狭膜质；雌花 3～6 朵；两性花 8～18 朵。瘦果小，倒卵形或长圆形，稍压扁状。 花果期 7～10 月。 产于北流；生于低海拔至中海拔地区的山坡、路旁、田边等地。除新疆、青海外，几遍及全国，为旧大陆南温带、亚热带及热带地区的广泛分布种。 本种入药，作艾(家艾)的代用品，有消炎、止血的功效。

9. **矮蒿**(中国高等植物图鉴) 牛尾蒿[植物名实图考(部分)]

Artemisia lancea Vaniot, Bull. Acad. Int. Géogr. Bot. **12**：500. 1903；中国植物志 **76**(2)：99，图版 13：1～8. 1991；Fl. China **20～21**：700. 2011. ——*A. feddei* H. Lévl. et Vaniot, Rep. Sp. Nov. Regni Veg. **8**：138. 1910. ——*A. lavandulaeiclia* DC. var. *feddei* (H. Lévl. et Vaniot) Pamp., Nuov. Giorn. Bot. Ital. n. s. **36**：467. 1930.

多年生草本，高 80～150 cm；茎多数，常成丛，具细棱，褐色或紫红色，中部以上有多数向上斜展的分枝；茎、枝初时被蛛丝状微柔毛，后毛渐脱落。叶上面初时微有蛛丝状短柔毛及白色腺点和小凹点，后毛与腺点渐脱落，背面密被灰白色或灰黄色蛛丝状毛；中部叶片长卵形或长圆状卵形，长 1.5～2.5(3) cm，宽 1～2(2.5) cm，一(二)回羽状全裂，稀深裂，每侧裂片 2～3 枚，裂片披针形或线状披针形，长 1.5～2.5 cm，宽 1～2 mm，先端锐尖，边外卷。头状花序多数，卵形或长卵形，无梗，直径 1～1.5 mm，在分枝上端或小枝上排成穗状花序或复穗状花序，而在茎上端组成狭长或稍开展的圆锥花序；总苞片 3 层，覆瓦状排列，狭卵形，背面初时微有短柔毛，后脱落无毛，中肋绿色；雌花 1～3 朵；两性花 2～5 朵。瘦果小，长圆形。 花果期 8～10 月。 产于柳城、永福、南宁、灵山和平南；生于低海拔至中海拔地区的林缘、路旁、荒坡及疏林下。除新疆、青海外，几遍布全国各地，日本、朝鲜、印度、俄罗斯也有。 本种含挥发油，成分为乙酸乙酯、艾醇等；民间作艾(家艾)与茵陈的代用品，有散寒、温经、止血、清热、消炎、祛湿、驱虫、安胎的功效。

10. **蒙古蒿**(东北植物检索表)

Artemisia mongolica (Fisch. ex Bess.) Nakai, Bot. Mag. (Tokyo) **31**：112. 1917；中国高等植物图鉴 **4**：545，图 6503. 1975；中国植物志 **76**(2)：111，图版 16：1～9. 1991；Fl. China **20～21**：702. 2011. ——*A. vulgaris* L. var. *mongolica* Fisch. ex Bess., Nouv. Mem. Soc. Imp. Nat. Mosc. **3**：53. 1834.

多年生草本，高 40～120 cm；根细，侧根多；茎少数或单生，具明显纵棱；茎、枝初时密被灰白色蛛丝状柔毛，后稍稀疏。叶片纸质或薄纸质，腹面绿色，初时被蛛丝状柔毛，后渐稀疏或近无毛，背面密被灰白色蛛丝状绒毛；茎中部叶片卵形、近圆形或椭圆状卵形，长(3)5～9 cm，宽 4～6 cm，(一至)二回羽状分裂，第一回全裂，每侧有裂片2～3枚；裂片椭圆形、椭圆状披针形或披针形，再次羽状全裂，稀深裂或3裂；小裂片披针形、线形或丝状披针形，先端锐尖，边缘不反卷。头状花序多数，椭圆形，直径1.5～2 mm，无梗，直立或倾斜，有线形小苞叶，在分枝上排成密集的穗状花序、稀为略疏松的穗状花序，而在茎上组成狭窄或中等开展的圆锥花序；总苞片3～4层，背面密被灰白色蛛丝状毛，边缘狭膜质；雌花5～10朵；两性花8～15朵。瘦果小，长圆状倒卵形。　花果期8～10月。　产于桂北；生于中或低海拔地区的山坡、灌木丛、河湖岸边及路旁等。分布于全国各地，哈萨克斯坦、朝鲜、吉尔吉斯斯坦、俄罗斯、土库曼斯坦及乌兹别克斯坦亦有。　本种全草可入药，作"艾"(家艾)的代用品，有温经、止血、散寒、祛湿等功效。

11. **灰苞蒿**

Artemisia roxburghiana Wall. ex Bess.，Bull. Soc. Imp. Nat. Mosc. **9**:57. 1836；中国植物志 **76**(2)：104. 1991；Fl. China **20～21**:701. 2011. ——*A. eriocephala* Pamp.，Nuov. Giorn. Bot. Ital. ser. 2，**33**:454. 1926 ——*A. dubia* Wall. ex Bess. var. *jacquemontiana* Pamp.，Nuov. Giorn. Bot. Ital.，n. s. **33**:452. 1926.

半灌木状直立草本；茎高50～120 cm；紫红色或深褐色，具纵棱，茎、枝被灰白色蛛丝状薄柔毛。叶面初时微有短柔毛，后脱落，背面密被灰白色蛛丝状绒毛；下部叶片卵形或长卵形，二回羽状深裂或全裂，花期凋谢；中部叶片卵形、长卵形或长圆形，长6～10 cm，宽4～6 cm，二回羽状全裂；上部叶片卵形，一回至二回羽状全裂，裂片边缘偶有浅裂齿；苞叶3～5全裂或不分裂，无柄，基部常有小型假托叶。头状花序直径2～3 mm，在分枝或分枝的小枝上疏松排列或数枚集生并排成穗状或穗状花序状的总状花序，而在茎上组成开展的圆锥花序；总苞片3～4层；雌花5～7朵，花冠檐部紫色，具2裂齿，背面微有小腺点，花柱伸出花冠外，先端2叉；两性花10～20朵，花冠檐部反卷，紫色或黄色，花药线形，先端附片长三角形，花柱与花冠近等长，先端2叉，叉端截形。瘦果小，倒卵形或长圆形。　花果期8～10月。　产于南宁、临桂、兴安、平南和北流；生于荒地、干河谷、阶地、路旁、草地等。分布于甘肃、青海、陕西、西藏、湖北、贵州、四川、云南，阿富汗、尼泊尔、印度和泰国亦有。　本种可入药，作艾(家艾)的代用品，有散寒、温经、止血的功效。

12. **五月艾**(植物研究)　多花蒿　野艾蒿(植物名实图考)　艾叶(广西)

Artemisia indica Willd.，Sp. Pl. **3**:1846. 1803；中国植物志 **76**(2)：117，图版17：1～9. 1991；Fl. China **20～21**:703. 2011. ——*A. nilagirica* (C. B. Clarke) Pamp.，Nuov. Giorn. Bot. Ital. ser. 2，**33**:452. 1926. ——*A. asiatica* Nakai ex Pamp.，Nuov. Giorn. Bot. Ital. ser. 2，**36**:383. 1929.

半灌木状草本，高80～150 cm；植株具浓烈的香气；茎单生或少数，褐色或上部微带红色，纵棱明显；茎、枝初时微有短柔毛，后脱落。叶上面初时被灰白色或淡灰黄色绒毛，后渐稀疏或无毛，背面密被灰白色蛛丝状绒毛；茎中部叶片卵形、长卵形或椭圆形，长5～8 cm，宽3～5 cm，一(至二)回羽状全裂或为大头羽状深裂，每侧裂片3(4)枚；裂片椭圆状披针形、线状披针形或线形，长1～2 cm，宽3～5 mm，不再分裂或有1～2枚深或浅裂齿，边不反卷或微反卷。头状花序卵形、长卵形或宽卵形，多数，直径2～2.5 mm，在分枝上排成穗状花序式的总状花序或复总状花序，而在茎上再组成开展或中等开展的圆锥花序；总苞片3～4层，背面初时微被灰白色绒毛，后渐脱落无毛，有绿色中肋，边缘膜质；雌花4～8朵；两性花8～12朵。瘦果长圆形或倒卵形。　花果期8～10月。　产于桂北；生于低海拔或中海拔湿润地区的路旁、林缘、坡地及灌木丛处。除新疆、青海外，几遍及全国各地，亚洲南温带至热带地区亦有分布。　本种含挥发油，成分为桉叶油素、苦艾素、倍半萜烯醇、侧柏酮等；药理报道其对多种杆菌及球菌有抑制作用；本种可入药，作艾(家艾)的代用品，有清热、解毒、止血、消炎的功效。

13. **魁蒿**(中国高等植物图鉴)　野艾蒿[植物名实图考(部分)]　艾叶　黄花艾　端午艾(广西)

Artemisia princeps Pamp.，Nuov. Giorn. Bot. Ital. n. s. **36**:444. 1930；中国高等植物图鉴 **4**:544，图6502. 1975；中国植物志 **76**(2)：120. 1991；Fl. China **20～21**:704. 2011. ——*A. parvula* Pamp.，Nuovo Giorn. Bot. Ital. ser. 2，**36**:460. 1930.

多年生草本，高60～150 cm；茎少数，成丛或单生，紫褐色或褐色，纵棱明显；茎、枝初时被蛛丝状薄毛，后茎下部毛渐脱落至无毛。叶片厚纸质或纸质，腹面深绿色，无毛，背面密被灰白色蛛丝状绒毛；茎中部叶片卵形或卵状椭圆形,长 6～12 cm,宽 4～8 cm,羽状深裂或半裂,偶有全裂,每侧有裂片 2(3)枚;裂片椭圆状披针形或椭圆形,疏松或紧密,中央裂片通常较侧裂片大,而侧裂片中基部裂片通常较侧边的中部裂片大,先端钝或尖,不再分裂或每侧具 1～2 枚疏裂齿。头状花序多数,长圆形或长卵形,直径 1.5～2.5 mm,无梗或具极短的梗,密集,下倾,基部有细小的小苞叶;在分枝上排成穗状或穗状花序式的总状花序,而在茎上组成开展或中等开展的圆锥花序;总苞片 3～4 层,背面绿色,微被蛛丝状毛,边狭膜质;雌花 5～7 朵;两性花 4～9 朵。瘦果椭圆形或倒卵状椭圆形。 果期 7～11 月。 产于桂林、阳朔、兴安、贺州、灵山、贵港、岑溪、南宁、柳州、柳城、融水;生于低海拔至中海拔地区的路旁、山坡、灌木丛、林缘及沟边。除新疆、青海外,几遍及全国各地,日本和朝鲜亦有。 本种含挥发油,主要成分为桉叶油素、侧柏酮、侧柏醇、倍半萜烯等。

14. **阴地蒿**

Artemisia sylvatica Maxim., Prim. Fl. Amur. 161. 1859;中国植物志 76(2):149,图版 20:8～17. 1991;Fl. China 20～21:710. 2011.

多年生直立草本,植株有香气;茎高 80～130 cm,有纵纹;茎、枝初时微被短柔毛,后脱落。叶片腹面初时微有短柔毛并疏生少量白色腺点,后脱落无毛,无腺点,背面被灰白色蛛丝状薄绒毛或近无毛;茎下部叶片卵形或宽卵形,二回羽状深裂,花期叶凋谢;中部叶片卵形或长卵形,长 8～12(15)cm,宽 7～11 cm,一至二回羽状深裂,每侧有裂片 2～3 枚,再次 3～5 深裂或浅裂或不分裂,小裂片边缘常有疏锯齿或无锯齿;上部叶片羽状深裂或近全裂,每侧有裂片 1～2 枚;苞片叶 3～5 深裂或不分裂。头状花序直径 1.5～2.5 mm,在分枝的小枝上排成穗状花序式的总状花序,而在分枝上排成复总状花序,在茎上常再组成疏松、开展、具多级分枝的圆锥花序;总苞片 3～4 层;雌花 4～7 朵,花柱伸出花冠外,先端 2 叉;两性花 8～14 朵,花冠筒外面有腺点,花药线形,先端附片长三角形;花柱近与花冠等长,先端 2 叉,叉端截形,有睫毛。瘦果小,狭卵形或狭倒卵形。 花果期 9～10 月。 产于桂北;生于低海拔湿润地区的林下、林缘或灌木丛下荫蔽处。分布于贵州、四川、云南、黑龙江、吉林、辽宁、山东、河北、河南、湖北、湖南、江苏、江西、甘肃、青海、内蒙古、陕西、山西、安徽和浙江,朝鲜、蒙古和俄罗斯亦有。

15. **多花蒿**(植物研究)

Artemisia myriantha Wall. ex. Bess., Nouv. Mem. Soc. Imp. Nat. Mosc. 3:51. 1834;中国植物志 76(2):164,图版 23:1～7. 1991;Fl. China 20～21:715. 2011.——*A. burmanica* Pamp., Nuovo Giorn. Bot. Ital. n. s. 33:455. 1926.

多年生草本;茎少数,成小丛或单生,高 70～120(150) cm,纵棱明显;茎、枝密被黏质腺毛与少量短柔毛。叶片草质,上面深绿色,密被腺毛,初时有稀疏的短柔毛,以后柔毛脱落;背面除脉外初时被灰白色蛛丝状薄绵毛与稀疏的腺毛,后绵毛渐脱落,背面脉突起,密被腺毛;中部叶片椭圆形或卵形,长(5)7～12(19) cm,宽 6～10 cm,一至二回羽状深裂或第一回近于全裂,每侧裂片 4～5(6)枚;裂片椭圆形或卵状椭圆形,长 2.5(6) cm,宽(1)1.5～2.5(3) cm,第二回羽状深裂或浅裂,每侧具小裂片 2～3 枚,小裂片椭圆状披针形或卵状椭圆形,长 1～1.5(2) cm,宽 3～5 mm,先端钝尖或锐尖,并有短尖头,边缘有时有 1～2 枚小裂齿,中轴呈翅状。头状花序多数,细小,长卵形或长圆形,直径 1.5～2.5(3) mm,在分枝的小枝上排成穗状花序式的总状花序;而在分枝上排成狭长的复总状花序,在茎上再组成大型、开展、具多级分枝的圆锥花序;总苞片 3 层,背面初时微有蛛丝状短柔毛,后无毛,有绿色中肋;雌花 3～5 朵;两性花 4～6 朵。瘦果小,倒卵形或长圆形。 花果期 8～11 月。 产于百色、龙州;生于山坡、路旁与灌木丛中。分布于甘肃、青海、贵州、四川及云南,印度、不丹、缅甸、尼泊尔及泰国亦有。

16. **南毛蒿**(植物研究)

Artemisia chingii Pamp., Nuov. Giorn. Bot. Ital. n. s. 39:24. 1932;中国植物志 76(2):161,图版 22:1～9. 1991;Fl. China 20～21:714. 2011.

多年生草本;茎少数或单生,高 8～100(140) cm,具纵棱,淡紫褐色或褐色;茎、枝密被黏质柔毛及稀疏的腺毛。叶片纸质，上面被腺毛，初时疏被蛛丝状薄毛，后脱落；背面除叶脉外密被灰白色或灰黄色蛛丝状平贴绵毛，脉上具淡黄色腺毛，背面脉隆起；中部叶片卵形、长卵形或宽卵形，长 3.5～5 cm，宽 2～4 cm，羽状深裂，每侧有裂片 2～3 枚；裂片椭圆形或椭圆状披针形，长 1～2 cm，宽 3～6(8) mm，先端具短尖头，边稍反卷，不再分裂或有 1～2 枚浅裂齿，叶片基部宽楔形，渐狭成柄状。头状花序小，宽卵形或长圆形，直径 1.5～2 mm，在茎上部短的分枝或小枝上排成密穗状花序，并在茎上组成狭窄的圆锥花序；总苞片 3～4 层，初时背面密被灰白色蛛丝状毛，后稍稀疏或光滑，中肋绿色，边膜质；雌花 3～5 朵；两性花 8～12 朵。瘦果倒卵形或卵形。　花果期 8～10 月。　产于桂林、临桂、南宁、藤县、贺州、隆林；生于中低海拔地区的山坡、草地等处。分布于贵州、四川、云南、甘肃、陕西、山西、江西、河南、湖北、湖南、安徽、广东、浙江、台湾，越南及泰国也有。

17. **中南蒿**（植物研究）

Artemisia simulans Pamp.，Nuov. Giorn. Bot. Ital. n. s. **36**：434. 1930；中国植物志 **76**(2)：163. 1991；Fl. China **20～21**：714. 2011.

多年生草本；茎单一或少数，高 80～120 cm，纵棱明显；茎、枝、小枝疏被黏质短腺毛及柔毛，后柔毛渐脱落。叶片纸质，上面疏被黏质腺毛或近无毛，背面被蛛丝状绒毛与疏腺毛；中部叶片卵形或长卵形，长 4～8 cm，宽 3～7 cm，羽状全裂，每侧裂片 2～4 枚；裂片线形，长 1～1.5(3) cm，宽 3～6 mm，先端渐尖，基部渐狭。头状花序小，椭圆形，直径 1.5～2 mm，在分枝的小枝上排成密穗状花序，而在茎上组成开展、大型的圆锥花序；总苞片 3～4 层，背面微被蛛丝状绒毛，边膜质；雌花 3～5 朵；两性花 8～15 朵。瘦果倒卵形。　花果期 8～11 月。　产于贵港、那坡和融水；生于中低海拔地区的山坡与荒地上。分布于湖北、湖南、江西、四川、云南、贵州、浙江、安徽、福建、广东。

18. **暗绿蒿**（植物研究）

Artemisia atrovirens Hand.-Mazz.，Act. Hort. Gothob. **12**：280. 1938；中国植物志 **76**(2)：161. 1991；Fl. China **20～21**：714. 2011.

多年生草本；茎少数，成丛或单生，高 60～100(130) cm，有细纵棱，紫褐色或暗褐色，初时被短柔毛与短腺毛，后柔毛渐脱落，分枝多。叶片纸质或厚纸质，叶面深绿色，初时有丝状短柔毛、短腺毛与白色腺点，后柔毛渐脱落，背面初时除叶脉外密被灰白色绵毛与腺毛，后绵毛稀疏，腺毛宿存，脉上具腺毛；中部叶片卵形或长卵形，长(5)6～8 cm，宽(3)4～7 cm，一回羽状深裂；每侧裂片 2～3 枚，裂片椭圆形或倒卵状椭圆形，长 1.5～2.5 cm，宽(0.5)1～1.5 cm，先端钝尖，并有短尖头，边缘具 1～2 枚浅裂齿。头状花序多数，长圆形或长卵形，直径 1.5～2(2.5) mm，在分枝端或分枝的小枝上偏向一侧，下垂，并排成穗状花序，而在茎上组成中等开展的圆锥花序；总苞片 3(4)层，背面初时微有蛛丝状柔毛，后无毛，中肋绿色；雌花 3～6 朵；两性花 5～8 朵。瘦果小，倒卵形或近倒卵形。　花果期 8～10 月。　产于桂北；生于低海拔至 1 200 m 附近的山坡、草地、路旁等地。分布于贵州、四川、云南、河南、湖北、湖南、江西、甘肃、陕西、浙江、安徽、福建、广东，泰国亦有。

19. **奇蒿**（江苏南部种子植物手册）　刘寄奴（唐·新修本草，中药俗称）　金寄奴（日华子诸家本草）

Artemisia anomala S. Moore，J. Bot. **13**：227. 1875；中国高等植物图鉴 **4**：533，图 6480. 1975；中国植物志 **76**(2)：179，图版 24：9～15. 1991；Fl. China **20～21**：719. 2011.

19a. **奇蒿**（原变种）　图版 55：1～7

Artemisia anomala S. Moore var. anomala

多年生草本；茎单生，稀 2 至少数，高 80～150 cm，具纵棱，黄褐色或紫褐色，初时被微柔毛，后渐脱落。叶片厚纸质或纸质，腹面绿色或淡绿色，初时微有疏短柔毛，后无毛，背面黄绿色，初时微有疏短柔毛，后脱落；茎中部叶片卵形、长卵形或卵状披针形，长 9～12(15) cm，宽 2.5～4(5.5) cm，先端锐尖或长尖，边缘具细锯齿，基部圆形或宽楔形。头状花序长圆形或卵形，直径 2～2.5 mm，无梗或近无梗，在分枝上

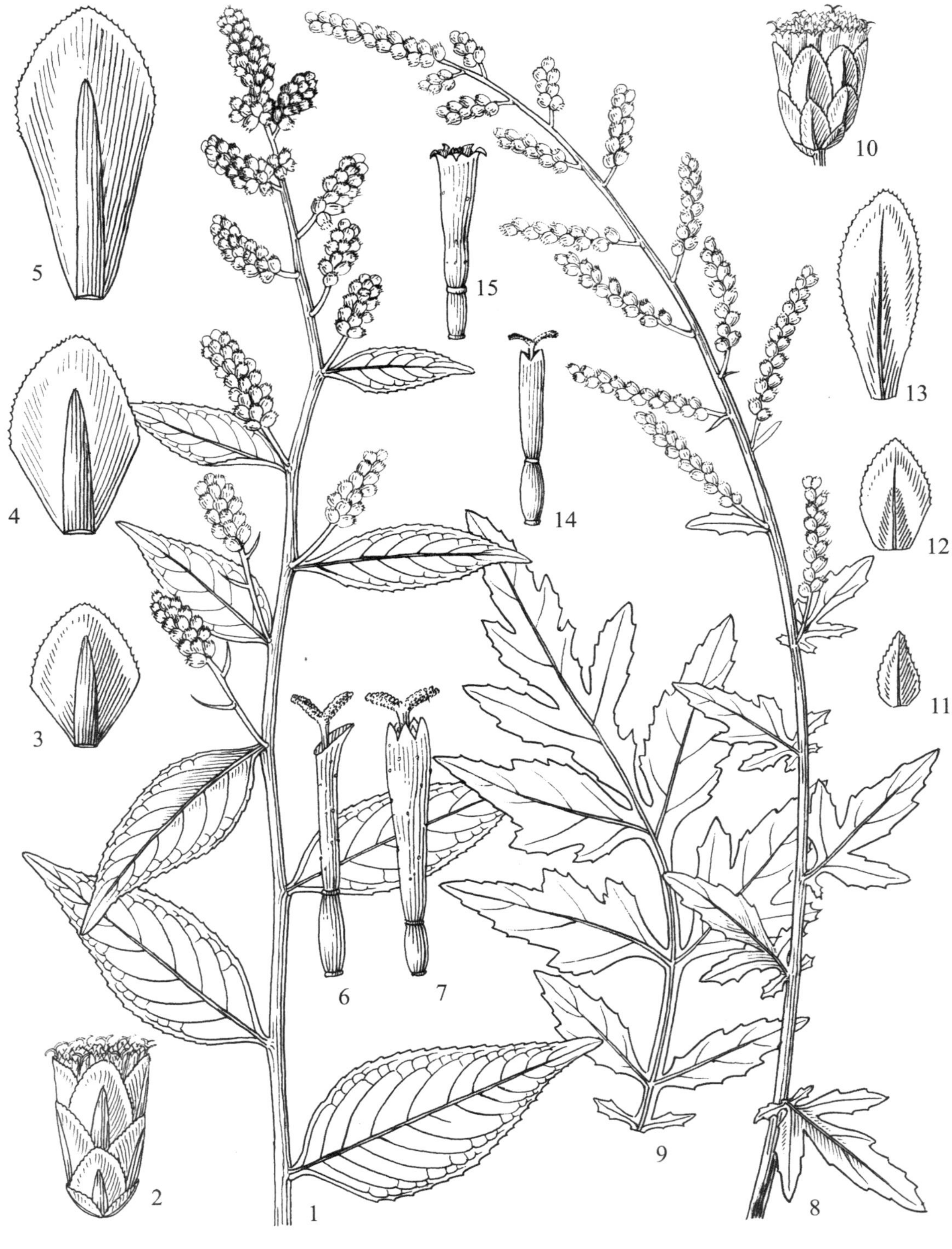

图版 55　1～7. **奇蒿** Artemisia anomala S. Moore var. anomala　1. 茎上半部；2. 头状花序；3. 外层总苞片；4. 中层总苞片；5. 内层总苞片；6. 雌花；7. 两性花。　8～15. **白苞蒿** A. lactiflora Wall. ex DC.　8. 茎上半部；9. 茎中部叶；10. 头状花序；11. 外层总苞片；12. 中层总苞片；13. 内层总苞片；14. 雌花；15. 两性花。（余汉平绘）

端或分枝的小枝上排成穗状花序，并在茎上端组成狭窄或稍开展的圆锥花序；总苞片3～4层，半膜质至膜质，背面淡黄色，无毛；雌花4～6朵；两性花6～8朵。瘦果倒卵形或长圆状倒卵形。　花果期6～11月。

产于桂林、临桂、灵川、全州、兴安、永福、灌阳、龙胜、资源、恭城、平乐、柳江、鹿寨、融安、融水、贺州、昭平、富川、来宾、金秀、罗城、环江及宜州；生于低海拔地区林缘、路旁、沟边、河岸、灌木丛及荒坡等地。分布于贵州、四川、河南、湖北、湖南、江苏、江西、安徽、福建、广东、台湾，越南亦有。　本种含挥发油，主要成分有黄酮苷、酚类、氨基酸等；全草可入药，我国东南各地称"刘寄奴"或称"南刘寄奴"，有通经、活血、清热、解毒、消炎、止痛、消食的功效，民间用于治疗肠、胃及妇科疾患，近年亦用于治血丝虫病，还可代茶泡饮作清凉解热药。

19b. **密毛奇蒿**（变种）　奇蒿密毛变种（中国高等植物图鉴）

Artemisia anomala S. Moore var. **tomentella** Hand.-Mazz., Not. Bot. Gart. Berl.-Dahl. **13**: 633. 1937; 中国高等植物图鉴 **4**: 533. 1975; 中国植物志 **76**(2): 180. 1991; Fl. China **20～21**: 719. 2011.

本变种与原变种的区别在于叶片腹面初时疏被短糙毛，背面密被灰白色或灰黄色宿存的绵毛。　产于桂北；生于林缘、路旁、沟边、河岸、灌木丛及荒坡。分布于湖北、湖南、江西、广东和浙江。　本变种入药同原变种。

20. **白苞蒿**（中国高等植物图鉴）　秦州菴闾子（政和本草）　鸭脚艾（生草药性备要）　鸡甜菜（陆川本草）　白花蒿（海南植物志）　广东刘寄奴　甜菜子（广西）　野芹菜　白花艾　鸭脚菜（湖南、广西）　图版55:8～15

Artemisia lactiflora Wall. ex DC., Prodr. **6**: 115. 1838; 中国高等植物图鉴 **4**: 534, 图 6482. 1975; 中国植物志 **76**(2): 174, 图版 24: 1～8. 1991; Fl. China **20～21**: 717. 2011. ——*A. septemlobata* H. Lévl. et Vaniot., Repert. Spec. Nov. Regni Veg. **7**: 2. 1909.

多年生草本；茎通常单生，直立，稀2至少数集生，高50～150(～220) cm，绿褐色或深褐色，纵棱稍明显；上半部具开展、纤细、着生头状花序的分枝；茎、枝初时微有稀疏、白色的蛛丝状柔毛，后脱落无毛。叶片薄纸质或纸质，腹面初时有稀疏、不明显的腺毛状的短柔毛，背面初时有微疏短柔毛，后脱落无毛；茎中部叶片卵圆形或长卵形，长5.5～12.5(14.5) cm，宽4.5～8.5(12) cm，二回或一至二回羽状全裂，稀深裂；每侧有裂片3～4(5)枚，裂片或小裂片形状变化大，卵形、长卵形、倒卵形或椭圆形，基部与侧边中部裂片最大，长2～8 cm，宽1～3 cm，先端渐尖、长尖或钝尖，边缘常有细裂齿、锯齿或近全缘，中轴微有狭翅。头状花序长圆形，直径1.5～2.5(3) mm，无梗，基部无小苞叶，在分枝的小枝上数枚或10余枚排成密穗状花序，在分枝上排成复穗状花序，而在茎上端组成开展或略开展的圆锥花序，稀为狭窄的圆锥花序；总苞片3～6枚；两性花4～10朵。瘦果倒卵形或倒卵状长圆形。　花果期8～11月。　产于广西各地；生于中、低海拔的林下、林缘、灌木丛边缘、山谷等湿润或略为干燥地区。分布于安徽、陕西、福建、广东、甘肃、贵州、四川、云南、江西、河南、湖北、湖南、江苏、台湾、浙江，印度、老挝、印度尼西亚、新加坡、柬埔寨和泰国亦有。　本种含挥发油，成分有黄酮苷、酚类，还含氨基酸及香豆素等物质。全草可入药，广东、广西民间作"刘寄奴"(奇蒿)的代用品，有清热、解毒、消炎、止咳、通经、活血、散瘀等功效，可用于治肝、肾疾病，近年也用于治血丝虫病。

21. **茵陈蒿**（本草衍义）　白茵陈（中药志）　绒蒿（广西）　图版56:1～9

Artemisia capillaris Thunb., Nova Acta Regiae Soc. Sci. Upsal. **3**: 209. 1780; 中国高等植物图鉴 **4**: 529, 图 6471. 1975; 中国植物志 **76**(2): 216, 图版 30: 1～9. 1991; Fl. China **20～21**: 729. 2011. ——*A. sacchalinensis* Tiles. ex Bess., Bjull. Moskovsk. Obač. Isp. Prir., Otd. Biol. **8**: 48. 1935. ——*A. capillaris* Thunb. var. *arbuscula* Miq., Ann. Mus. Bot. Lugd.-Bat. **2**: 175. 1866.

半灌木状草本，植株有浓烈的香气；茎单生或少数，高40～120 cm或更长，红褐色或褐色，有不明显的纵棱；茎、枝初时密生灰白色或灰黄色绢质柔毛，后渐稀疏或脱落无毛。营养枝端有密集叶丛，基生叶密集着生，常呈莲座状；基生叶片、茎下部叶片与营养枝叶两面均被棕黄色或灰黄色绢质柔毛，后期茎下部叶片

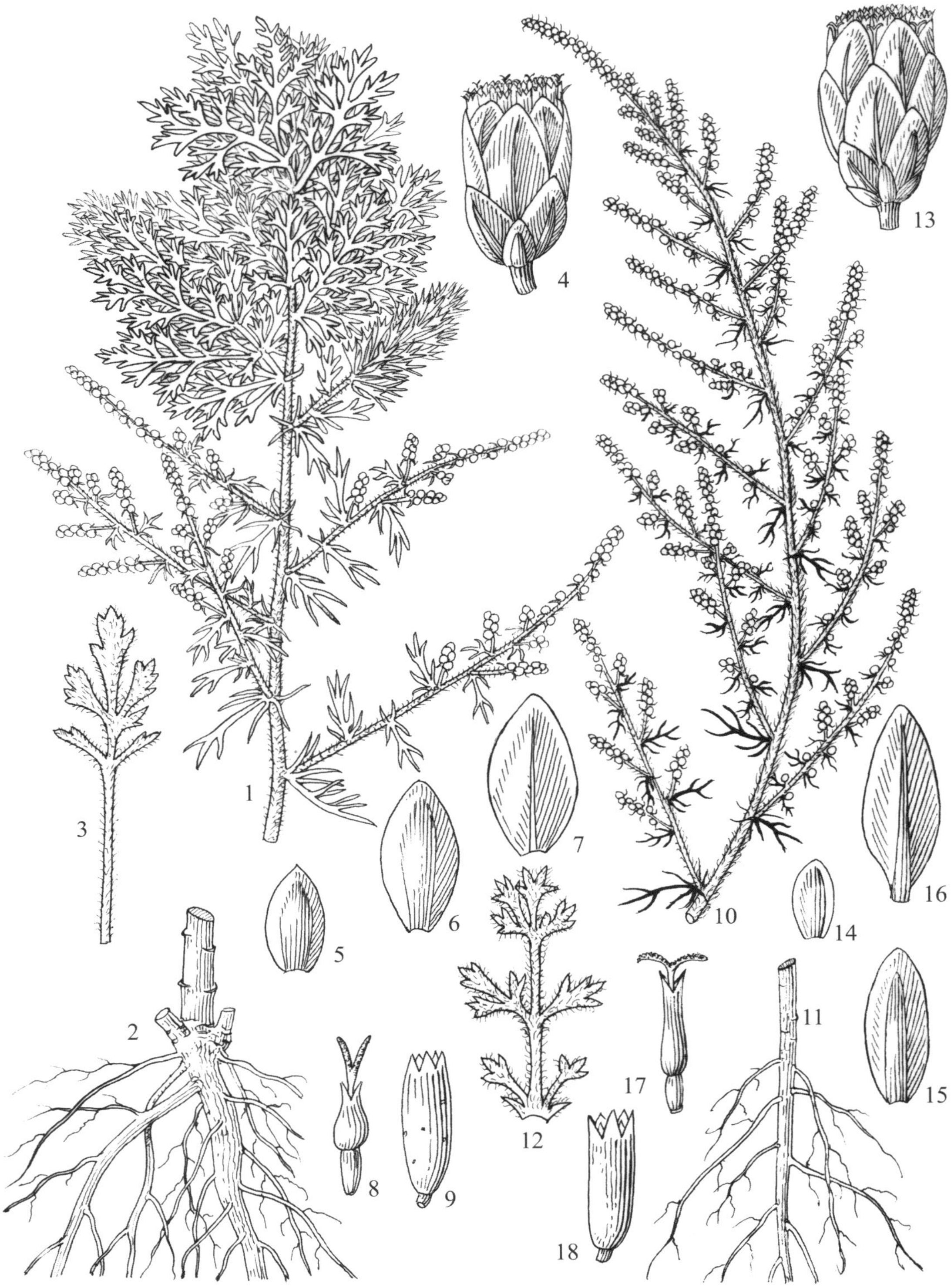

图版 56 1～9.**茵陈蒿** Artemisia capillaris Thunb. 1.茎枝一部分，示叶丛；2.茎下部和根；3.茎下部叶；4.头状花序；5～7.外、中、内层总苞片；8.雌花；9.两性花。 10～18.**猪毛蒿** A. scoparia Waldst. et Kit. 10.茎枝一部分；11.茎下部与根；12.茎下部叶；13.头状花序；14～16.外、中、内层总苞片；17.雌花；18.两性花。（余汉平绘）

被毛脱落；中部叶片宽卵形、近圆形或卵圆形，长 2～3 cm，宽 1.5～2.5 cm，（一至）二回羽状全裂，小裂片狭线形或丝线形，通常细直、不弧曲，长 8～12 mm，宽 0.3～1 mm，近无毛，顶端微尖，基部裂片常半抱茎。头状花序卵球形，稀近球形，多数，直径 1.5～2 mm，有短梗及线形的小苞叶，在分枝的上端或小枝端偏向外侧生长，常排成复总状花序，并在茎上端组成大型、开展的圆锥花序；总苞片 3～4 层，背面淡绿色，有绿色中肋，无毛，边膜质；雌花 6～10 朵；两性花 3～7 朵，不孕育。瘦果长圆形或长卵形。　花果期 7～10 月。　产于柳州、平乐、马山、蒙山、金秀、龙州、防城；生于低海拔地区河岸、海岸附近的湿润沙地、路旁及低山坡地区。分布于我国东部、中部和南部各地，日本、朝鲜、柬埔寨、印度尼西亚、马来西亚、尼泊尔、菲律宾、越南、俄罗斯亦有。　本种嫩苗与幼叶入药，中药称"因陈""茵陈"，含氯原酸（chlorogenic acid）、香豆精（scoparone）、咖啡酸（caffeic acid）等治肝、胆疾患的主要药用成分。

22. **细叶山艾**

Artemisia morrisonensis Hayata, Icon. Pl. Formosan. **8**: 63. 1919；中国植物志 **76**(2)：218. 1991；Fl. China **20～21**：729. 2011.

半灌木状直立草本，茎高 50～60 cm；具纵棱，茎、枝初时微有短柔毛，后近无毛。茎下部叶片近圆形或三角状卵形，长 3～4 cm，宽约 4 cm，二（至三）回羽状全裂，花期叶萎；中部叶片近圆形或三角状卵形，长 3～3.5 cm，宽 3～4 cm，一（至二）回羽状全裂；上部叶片小，3～5 全裂；苞片叶 3 全裂或不分裂，狭线形，长约 7 mm，宽约 1 mm。头状花序近球形，直径 1.5～2 mm，在茎端或短的分枝上排成总状花序，并在茎上组成狭窄的总状花序式的圆锥花序；总苞片 3 层；花黄色，雌花 11～15 朵，花冠檐部具 2(3) 裂齿；两性花 4～16 朵，不育；花药线形，先端附属物长三角形；花柱短，先端膨大，2 裂，不叉开。瘦果椭圆形。　花果期 6～11 月。　产于桂南；生于中低海拔的林缘、路旁、林中空地。分布于台湾。

23. **猪毛蒿**（中国高等植物图鉴）　北茵陈（本草纲目）　白蒿（救荒本草、植物名实图考）　扫帚艾（广州植物志）　土茵陈（南方省区俗称）　绒蒿（广西）　图版 56：10～18

Artemisia scoparia Waldst. et Kit., Descr. Icon. Pl. Hung. **1**: 66. 1802；中国高等植物图鉴 **4**：523，图 6460. 1975；中国植物志 **76**(2)：220，图版 30：10～18. 1991；Fl. China **20～21**：730. 2011. ——*A. capillaris* Thunb. var. *scoparia* (Waldst. et Kit.) Pamp., Nuov. Giorn. Bot. Ital. n. s. **34**: 642. 1927.

多年生草本或近一、二年生草本，植株有浓烈香气；主根单一，狭纺锤形、垂直；茎通常单生，稀 2～3 枚，高 40～90(130) cm，红褐色或褐色，有纵纹，常自下部开始分枝；茎、枝幼时被灰白色或灰黄色绢质柔毛，以后脱落。基生叶与营养枝叶两面被灰白色绢质柔毛，叶片近圆形或长卵形；茎中部叶片初时两面被短柔毛，后脱落，叶片长圆形或长卵形，长 1～2 cm，宽 0.5～1.5 cm，一至二回羽状全裂，每侧具裂片 2～3 枚，不分裂或再 3 全裂；小裂片丝线形或为毛发状，长 4～8 mm，宽 0.2～0.3(0.5) mm，多少弯曲。头状花序近球形，稀近卵球形，极多数，直径 1～1.5(2) mm，具极短梗或无梗，基部有线形的小苞叶，在分枝上偏向外侧生长，并排成复总状或复穗状花序，而在茎上再组成大型、开展的圆锥花序；总苞片 3～4 层，背面绿色、无毛，边缘膜质；雌花 5～7 朵；两性花 4～10 朵，不孕育。瘦果倒卵形或长圆形。　花果期 7～10 月。　产于南宁、合浦、昭平；生于中低海拔地区的山坡、旷野、路旁等。全国各地均有分布，印度、巴基斯坦、泰国、阿富汗、俄罗斯、日本、朝鲜及欧洲（东部和中部）各国亦有。　本种基生叶、幼苗及幼叶等入药，民间称"土茵陈"，化学成分、功用等与茵陈蒿相同。

24. **牡蒿**（名医别录）　蔚（诗经）　牡菣（尔雅）　齐头蒿（唐·新修本草）　水辣菜（救荒本草）　土柴胡（陆川本草）　假柴胡　菊叶柴胡（广西）

Artemisia japonica Thunb., Nova Acta Regiae Soc. Sci. Upsal. **3**: 209. 1780；海南植物志 **3**：415，图 818. 1974. p. p.；中国高等植物图鉴 **4**：527，图 6467. 1975；中国植物志 **76**(2)：241，图版 32：10～18. 1991；Fl. China **20～21**：735. 2011. ——*Chrysanthemum japonicum* Thunb., Fl. Jap. 321. 1784. ——*Oligosporus japonicus* (Thunb.) Poljak., Trudy Inst. Bot. Akad. Nauk Kazakhsk. S. S. R. **11**: 167. 1961.

24a. **牡蒿**（原变种）　图版 57：1～5

Artemisia japonica Thunb. var. japonica

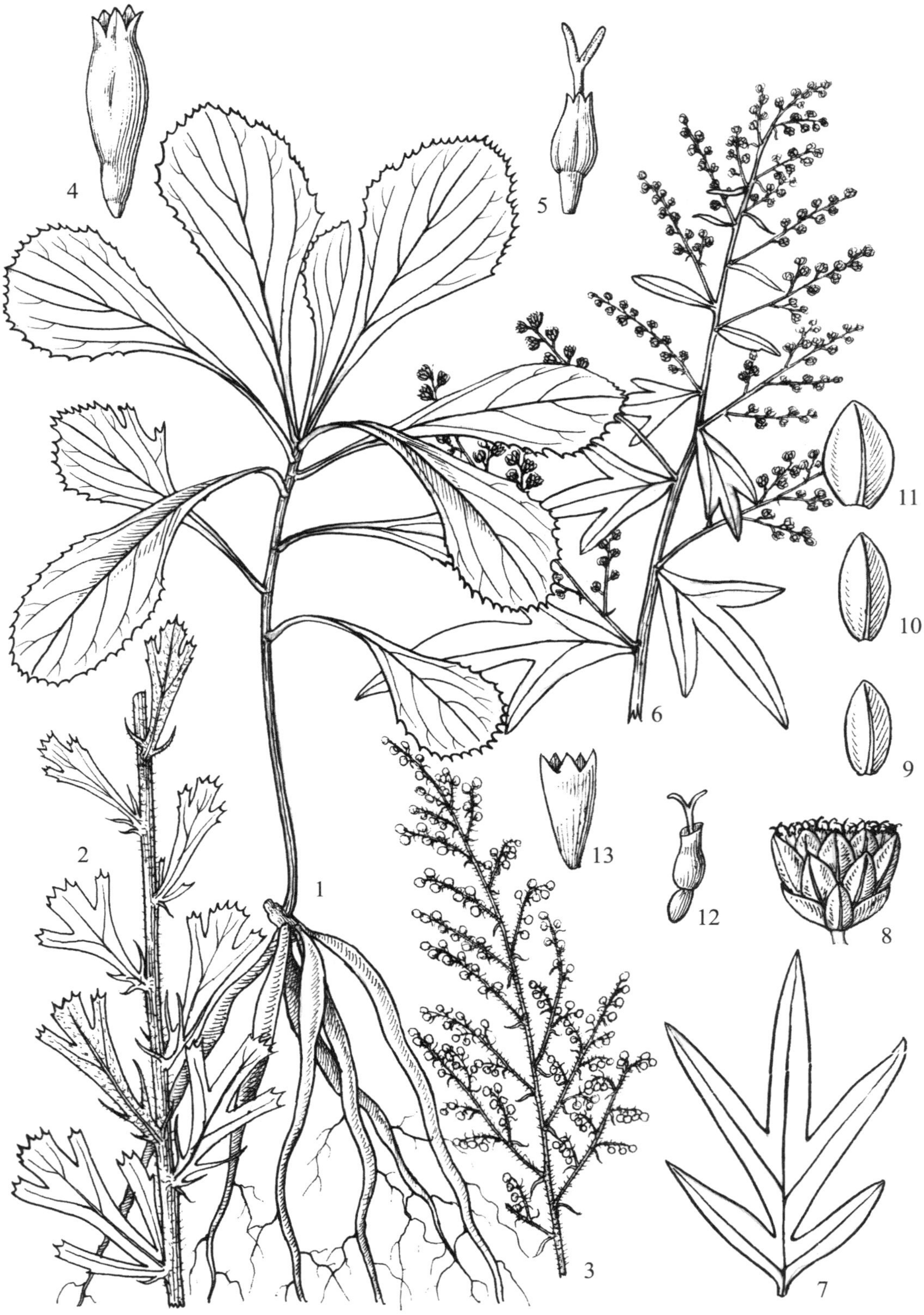

图版57 1～5.**牡蒿** Artemisia japonica Thunb. var. japonica 1.营养枝上的叶；2.茎中部，示茎生叶；3.茎端，示圆锥花序；4.两性花；5.雌花。6～13.**牛尾蒿** A. dubia Wall. ex Bess. var. dubia 6.茎枝一部分；7.茎中部叶；8.头状花序；9～11.外、中、内层总苞片；12.雌花；13.两性花。（余汉平绘）

多年生草本，植株有香气；茎单生或少数，高 50～130 cm，有纵棱，紫褐色或褐色，上半部分枝；茎、枝初时被微柔毛，后渐稀疏或无毛。叶片纸质，两面无毛或初时微有短柔毛，后无毛；茎中部叶片匙形，长 2.5～3.5(4.5) cm，宽 0.5～1(2) cm，上端有 3～5 枚斜向基部的浅裂片或为深裂片，每裂片的上端有 2～3 枚小锯齿或无锯齿；叶片基部楔形，渐狭窄。头状花序多数，卵球形或近球形，直径 1.5～2.5 mm，在分枝上通常排成穗状花序或穗状花序状的总状花序，并在茎上组成狭窄或中等开展的圆锥花序；总苞片 3～4 层，无毛，中肋绿色，边膜质；雌花 3～8 朵；两性花 5～10 朵。瘦果小，倒卵形。　花果期 7～10 月。　产于广西各地；生于中低海拔的林缘、林中空地、疏林下、丘陵、山坡、路旁等。　除新疆、青海、宁夏外，全国各地均有分布，印度、不丹、阿富汗、老挝、缅甸、尼泊尔、菲律宾、泰国、越南、俄罗斯、日本和朝鲜亦有。

本种含挥发油，主要成分有胡椒烯、荜澄茄烯、α-侧柏酮、1,8-桉叶油素、青蒿酮等；全草可入药，有清热、解毒、祛湿、消暑、消炎、止血、散瘀的功效；又可代中药青蒿(即黄花蒿)用。

24b. **海南牡蒿**(变种)

Artemisia japonica Thunb. var. **hainanensis** Y. R. Ling, Bull. Bot. Res. Harbin **8**(4): 58. 1988；中国植物志 **76**(2): 241，图版 32: 10～18. 1991；Fl. China **20～21**: 735. 2011.

本变种与原变种的区别在于茎中部叶狭匙形，上端具规整的 3～5 深裂；裂片线形，先端无锯齿，稀每裂片有 3 枚小锯齿。　产于融水、上思和龙州；生于路边、村旁。分布于海南。　本变种入药与原变种同。

25. **牛尾蒿**(植物名实图考)

Artemisia dubia Wall. ex Bess., Tent. Abrot. 39. 1832；中国植物志 **76**(2): 247，图版 34: 1～8. 1991；Fl. China **20～21**: 736. 2011. ——*A. subdigitata* Mattf. var. *thomsonii* (C. B. Clarke ex Pamp.) S. Y. Hu, Quart. Journ. Taiwan Mus. **18**(3～4): 263. 1965.

25a. **牛尾蒿**(原变种)　图版 57: 6～13

Artemisia dubia Wall. ex Bess. var. **dubia**

半灌木状草本，茎多数或少数，丛生，直立或斜向上，高 80～120 cm，基部木质，纵棱明显，紫褐色或绿褐色，分枝多，开展，常呈屈曲延伸；茎、枝幼时被短柔毛，后渐稀疏或无毛。叶片厚纸质或纸质，腹面微有短柔毛，背面毛密，宿存；茎中部叶片卵形，长 5～12 cm，宽 3～7 cm，羽状 5 深裂；裂片椭圆状披针形、长圆状披针形或披针形，长 3～8 cm，宽 5～12 mm，先端尖，边缘无裂齿，基部渐狭，楔形、成柄状。头状花序多数，宽卵球形或球形，直径 1.5～2 mm，在分枝的小枝上排成穗状花序或穗状花序状的总状花序，而在分枝上排成复总状花序，在茎上组成开展、具多级分枝、大型的圆锥花序；总苞片 3～4 层，背面无毛，有绿色中肋，边膜质；雌花 6～8 朵；两性花 2～10 朵。瘦果小，长圆形或倒卵形。　花果期 8～10 月。　产于桂西北；生于路旁、山坡及林缘。分布于甘肃、内蒙古、四川(西部)、西藏(东部)、云南(西部)，印度、尼泊尔、不丹、泰国、日本亦有。

25b. **无毛牛尾蒿**(变种)

Artemisia dubia Wall. ex Bess. var. **subdigitata** (Mattf.) Y. R. Ling, Kew Bull. **42**(2): 445. 1987；中国植物志 **76**(2): 249. 1991；Fl. China **20～21**: 736. 2011. ——*A. subdigitata* Mattf, Repert. Spec. Nov. Regni Veg. **22**: 243. 1926.

本变种与原变种的区别在于茎、枝、叶背面初时被灰白色短柔毛，后脱落无毛。　产于桂西北；生于低海拔地区的山坡、河边、路旁、沟谷、林缘等。分布于甘肃、贵州、河北、河南、湖北、内蒙古、宁夏、青海、陕西、山东、山西、四川和云南，印度、尼泊尔和不丹亦有。

4. 千里光族　Trib. Senecioneae Cass.

一年生或多年生草本，稀为半灌木或灌木。叶互生；叶片有时莲座状，全缘至浅裂或深裂。头状花序辐射状或盘状，具异型或同型小花，单生或组成伞房状或总状排列；总苞片 1～2 层，通常外苞片较小；花托平或突起，稀圆锥状，裸露或具窝孔；花柱 2 浅裂，顶端截形，无毛或被乳头状毛，分枝内侧具柱头；雄蕊 4～5 枚，花药基部钝或尖，箭状或具尾，花药颈部直或基部增粗肿大。瘦果具棱或扁平；冠毛 1 层至多层，刚毛状，稀无冠毛。 本族约有 150 属 3 500 种，广泛分布于世界各地。我国有 23 属 464 种；广西有 10 属 30 种 1 变种。

分属检索表

1. 头状花序辐射状；边缘雌花舌状。
  2. 叶脉羽状，稀为离基三出脉。
    3. 直立草本或半灌木；叶片边缘通常具尖锯齿；花药基部具尾；瘦果无毛，或稀被柔毛 ………………………………………………………………………… 40. **合耳菊属** Synotis (C. B. Clarke) C. Jeffrey et Y. L. Chen
    3. 直立、匍匐、平卧或攀缘状草本；叶片全缘或多少具齿；花药基部具短耳；瘦果被柔毛或无毛 ………………………………………………………………………… 41. **千里光属** Senecio L.
  2. 叶脉掌状，稀为羽状。
    4. 舌状花紫红色、淡蓝色、淡红色或白色，非黄色 ………………………………………… 42. **瓜叶菊属** Pericallis D. Don
    4. 舌状花黄色。
      5. 茎下部叶及基生叶的叶柄具鞘。
        6. 叶脉掌状或羽状；花药基部具长尾；瘦果被毛 ………………………………… 43. **大吴风草属** Farfugium Lindl.
        6. 叶脉掌状；花药基部钝或具箭头；瘦果无毛 ………………………………………… 44. **橐吾属** Ligularia Cass.
      5. 茎下部叶及基生叶的叶柄无鞘。
        7. 多年生攀缘状草本或半灌木；总苞圆柱状或狭钟状，具外层苞片 ………………………………………………………………………… 45. **藤菊属** Cissampelopsis (DC.) Miq.
        7. 多年生直立草本，茎通常葶状、近葶状；总苞倒锥形至半球形或杯状，无苞片或稀有苞片 ………………………………………………………………………… 46. **蒲儿根属** Sinosenecio B. Nord.
1. 头状花序盘状，全为两性管状花或边缘雌花细管状。
  8. 总苞片 1 层，等长 …………………………………………………………… 47. **一点红属** Emilia Cass.
  8. 总苞片 2 层。
    9. 多年生草本，叶基部不下延为狭翅 ……………………………………………… 48. **菊三七属** Gynura Cass.
    9. 一年生草本，叶基部常下延为狭翅 ……………………………………… 49. **野茼蒿属** Crassocephalum Moench

40. 合耳菊属 Synotis (C. B. Clarke) C. Jeffrey et Y. L. Chen

多年生草本或半灌木。叶片宽卵状心形至狭长圆状披针形，有时基部耳状，不分裂，稀羽状分裂，边缘通常具尖锯齿，羽状脉，稀为离基三出脉。头状花序顶生，或兼有腋生，组成简单或复伞房花序，或排成多数聚伞状圆锥花序；总苞钟状或圆柱状，具外层苞片；总苞片通常 4～5 枚，稀为 2 枚或 7～8 枚，或 10～15 枚，离生；舌状花雌性，舌片黄色，有时呈丝状，顶端具 2～3 细齿，稀为 5 齿或无齿；管状花两性，花冠黄色，有时淡黄色或乳白色，花冠檐部漏斗状，5 裂；花药基部具明显的长为花药颈部 1/3 至 2 倍的尾，稀具长仅达颈部 1/4 的尾部。瘦果圆柱形，无毛，或稀被柔毛，具肋；冠毛毛状，白色，禾秆黄色或变为红色。 本属约有 54 种，除**苍术叶合耳菊**[*S. atractylidifolia* (Y. Ling) C. Jeffrey et Y. L. Chen]产于我国宁夏贺兰山外，其他种类均分布于我国喜马拉雅地区。我国已知有 43 种，主要集中于西南部山区；广西有 4 种。

分种检索表

1. 花序基部具近莲座状叶，叶背无白色绒毛；花序顶生。
  2. 茎被密黄色绒毛；叶片倒卵状匙形或椭圆状倒卵形，叶背被灰白色蛛丝状绒毛；外苞片 7～8 枚，总苞片 9～11 枚 ………………………………………………………………………… 1. **肇骞合耳菊** S. changiana Y. L. Chen

2. 茎被薄蛛丝状绒毛；叶片狭椭圆形，叶背贴生短毛；外苞片10枚，总苞片12枚 …………………………………………………………………………………………… 2. **大苗山合耳菊** S. damiaoshanica C. Jeffrey et Y. L. Chen

1. 植株茎具或多或少等距的叶，非近莲座状，叶背被白色绒毛；花序顶生兼有腋生。

3. 头状花序辐射状，具舌状花8个 …………………………………………………………………………………………… 3. **密花合耳菊** S. cappa (Buch. -Ham. ex D. Don) C. Jeffrey et Y. L. Chen

3. 头状花序盘状，通常无舌状花，或稀边缘花具极小的舌片 …………………………………………………………………………………………… 4. **锯叶合耳菊** S. nagensium (C. B. Clarke) C. Jeffrey et Y. L. Chen

1. 肇骞合耳菊

Synotis changiana Y. L. Chen, Acta Phytotax. Sin. **33**(1): 78. 1995；中国植物志 **77**(1): 194，图版 42: 5～9. 1997；Fl. China **20～21**: 493. 2011.

多年生直立草本，高40～50 cm；不分枝。叶莲座状或近莲座状密集于茎中部；叶片倒卵状匙形或椭圆状倒卵形，长8～14 cm，宽4～7.5 cm，边缘具不规则波状锯齿；侧脉7～9对；叶面初时被蛛丝状毛，后渐变无毛，叶背被灰白色蛛丝状绒毛；上部叶小，无柄，苞片状或线形。头状花序2～5个在茎端或花序枝上排列成伞房状；花序梗密被黄色绒毛，长达4 cm；总苞钟状，具7～8枚线状钻形等长的小苞片；总苞片9～11枚，长圆状披针形，背面无毛；舌状花5～6个，舌片黄色，长圆形，顶端具3枚细齿；管状花黄色，檐部窄漏斗形，裂片顶端尖；花药线形，基部具长尾；花药颈部略扩大；花柱顶端被乳头状微毛。瘦果圆柱形，无毛；冠毛白色。　花期10～11月。　产于阳朔、灵川、兴安；生于疏林中。　本种为广西特有种。

2. 大苗山合耳菊

Synotis damiaoshanica C. Jeffrey et Y. L. Chen, Kew Bull. **39**(2): 298. 1984；中国植物志 **77**(1): 178. 1997；Fl. China **20～21**: 494. 2011.

多年生草本，营养茎单生，长30 cm；被薄蛛丝状绒毛，后渐无毛；花茎葶状，单生，高13 cm，被蛛丝状绒毛。叶密集于花茎基部；叶片狭椭圆形，长7～11 cm，宽1～3 cm，顶端尾状渐尖，边缘上部具疏尖锯齿，中下部全缘，叶面疏被细刚毛，叶背被贴生短毛；侧脉5～7对，羽状；上部叶小，苞片状。头状花序3～5个在茎端排成伞房状；花序梗密被蛛丝状绒毛；总苞狭钟状，具10枚线状披针形的外层苞片；总苞片12枚，长圆状披针形；舌状花约6个，舌片黄色，3～4脉，顶端具3细齿；管状花花冠黄色，檐部狭漏斗状，裂片顶端尖；花药长约2.5 mm，颈部稍伸长，尾部长为颈部5/3～2倍。瘦果圆柱形，无毛；冠毛白色。　花期10月。　产于融水；生于海拔1 200～1 500 m的疏林下。　本种为广西特有，其与**滇南合耳菊**(*S. austroyunnanensis* C. Jeffrey et Y. L. Chen)相似，但该种外层苞片及舌片短，花药尾部长于颈部1.7～2倍；叶片顶端尾状渐尖，可以区别。

3. 密花合耳菊　密花千里光　白叶火草(思茅)

Synotis cappa (Buch. -Ham. ex D. Don) C. Jeffrey et Y. L. Chen, Kew Bull. **39** (2): 319. 1984；横断山区维管植物(下册): 2092. 1994；中国植物志 **77**(1): 194，图版 42: 5～9. 1997；Fl. China **20～21**: 499. 2011. ——*Smecio cappa* Buch. -Ham. ex D. Don, Prodr. Fl. Nepal. 179. 1825. ——*S. densiflorus* Wall. ex DC. Prodr. **6**: 369. 1838. ——*S. densiflorus* Wall. ex DC. var. *lobbi* Hook. f., Fl. Brit. Ind. **3**: 355. 1881. ——*S. nagensium* C. B. Clarke var. *lobbi* (Hook. f.) Craib, Kew Bull. **1911**: 402. 1911. ——*S. tsoongianus* Ling, Contr. Inst. Bot. Natl. Acad. Peiping **5**: 26. 1937.

多年生直立草本或半灌木；茎高达150 cm；被密棉毛或蛛丝状绒毛，下部在花期无叶。叶片倒卵状、倒披针形或长圆状椭圆形，长10～28 cm，宽4～8 cm，边缘具锯齿，叶面被短柔毛，有时兼具蛛丝状毛或近无毛，叶背被黄褐色柔毛和白色绒毛，侧脉6～14对，羽状；叶柄密生绒毛，基部耳状；上部及分枝上叶片较小，线状披针形。头状花序在茎枝端及叶腋排成密复伞房花序或圆锥状聚伞花序；总苞狭钟状，具约8枚线状披针形的外层苞片；总苞片8～13枚，线状披针形；舌状花8个，舌片黄色，顶端齿裂；管状花11～17个，花冠黄色，檐部漏斗状；花药颈部较细，尾部略长于颈部；花柱顶端截形，被短乳头状毛。瘦果圆柱形，无毛；冠毛白色。　花期9月至翌年1月。　产于上思；生于林缘、灌木丛、溪边及草地。分布于四川、云南和西藏，不丹、印度（东南部）、缅甸、尼泊尔和泰国（北部）亦有。　本种与**锯叶合耳菊**[*S. nagesium* (C. B. Clarke) C. Jeffrey et Y. L. Chen]容易混淆，但本种头状花序具明显的舌状花，与后者不难区别。

4. **锯叶合耳菊**　锯叶千里光

Synotis nagensium (C. B. Clarke) C. Jeffrey et Y. L. Chen, Kew Bull. **39**(2): 321. 1984；贵州植物志 **9**: 267, 图版 62: 1～3. 1989；中国植物志 **77**(1): 197, 图版 42: 1～4. 1997；Fl. China **20～21**: 499. 2011.——*Senecio nagensium* C. B. Clarke, J. Linn. Soc. Bot. **25**: 39. 1889.——*S. densiflorus* Wall. ex DC. var. *fargesii* Hand.-Mazz. Symb. Sin. **7**: 1379. 1936.——*S. hugonis* S. Moore, Journ. Bot. **43**: 142. 1905.——*S. densiflorus* Wall. ex DC. var. *mishmiensis* Hook. f. Fl. Brit. Ind. **3**: 355. 1881.——*S. prionophyllus* Franch. in Journ. de Bot. **10**: 420. 1896.——*Inula vernoniiformis* H. Lévl, Repert. Spec. Nov. Regni Veg. **12**: 535. 1913.——*Pulicaria kouyangensis* Vaniot, Bull. Acad. Geogr. Bot. **12**: 490. 1903.——*Vernonia fargesii* Franch., Journ. de Bot. **10**: 369. 1896.

多年生直立草本或亚灌木，高可达150 cm；茎不分枝或上部具花序枝，密被白色绒毛或黄褐色绒毛。叶片倒卵状椭圆形、倒披针状椭圆形或椭圆形，长7～23 cm，宽2.5～8.5 cm，边缘具尖锯齿或重锯齿，叶面绿色，疏被蛛丝状绒毛及贴生短柔毛，叶背密被白色绒毛或黄褐色绒毛，羽状脉，脉上还被褐色短硬毛；侧脉10～13对，稀为15对；下部叶在花期常凋落，上部及分枝上叶较小，狭椭圆形或披针形。头状花序排成顶生兼腋生的狭圆锥状圆锥聚伞花序；总苞片13～15枚，线形，外面被极密绒毛；边缘小花12～13个，花冠黄色，丝状或具细舌，檐部具3细齿，或有时具3细齿的舌片；管状花12～20个，花冠黄色，檐部裂片卵状披针形；花药颈部柱状，较长而狭，尾部长约为颈部的3/4至2倍；向基部略膨大。瘦果圆柱形，被疏柔毛；冠毛白色。　花期8月至翌年3月。　产于南宁、阳朔、那坡、富川和金秀；生于林缘、灌木丛或草地。分布于甘肃、西藏、云南、四川、湖北、湖南、贵州、广东，印度（东北部）、缅甸和泰国（北部）亦有。　本种形态与**密花合耳菊**[*Synotis cappa* (Buch.-Ham. ex D. Don) C. Jeffrey et Y. L. Chen]十分相似，但本种的头状花序盘状，通常无舌状花，或稀边缘花具极小的舌片；总苞片线形，外面被极密的绒毛。

41. 千里光属　Senecio L.

一年生或多年生草本，直立、匍匐、平卧或攀缘状；茎被蛛丝状绒毛、绵毛或无毛。叶互生或基生；叶片不分裂或羽状分裂；边缘全缘或多少具齿。头状花序排列成伞房状、复伞房状的圆锥聚伞花序，稀单生于叶腋，放射状或盘状，含异型花或同型花；总苞半球形、钟状或圆柱形，具外层苞片；总苞片5～22枚，草质或革质；花序托平或突起；舌状花黄色，舌片顶端通常具3齿裂；管状花黄色，檐部漏斗状或圆柱状，5裂；花药长圆形至线形，基部具短耳；花柱分枝截平或多少突起，边缘具较钝的乳头状毛。瘦果圆柱形，具肋，被柔毛或无毛；冠毛毛状，白色、禾秆色或变红色。　本属约有1 200种，除南极洲外遍布全世界。我国有65种，主要分布于西南部山区；广西有5种。

分 种 检 索 表

1. 全部瘦果无毛。
  2. 茎基部叶片和下部叶片基部心形、微心形或三角形，非羽状裂，花期宿存 …… 1. **湖南千里光** S. actinotus Hand.-Mazz.
  2. 茎基部叶片和下部叶片基部楔状渐尖，大头羽状分裂，花期枯萎 ………………… 2. **峨眉千里光** S. faberi Hemsl.
1. 全部瘦果被毛；或舌状花的瘦果无毛；管状花的瘦果被柔毛。
  3. 植株近葶状；基生叶片具长柄，长达10 cm，茎中部叶片大头羽状浅裂或羽状浅裂…… 3. **菊状千里光** S. analogus DC.
  3. 植株非葶状；基生叶片无柄或叶柄长不超过2 cm，茎中部叶片不分裂或稀具羽状浅裂。
    4. 叶具柄，长0.5～2 cm ………………………………………………… 4. **千里光** S. scandens Buch.-Ham. ex D. Don.
    4. 叶无柄，具耳，基部半抱茎……………………………………………………… 5. **闽粤千里光** S. stauntonii DC.

1. **湖南千里光**

Senecio actinotus Hand.-Mazz., Symb. Sin. 7:1121. 1936;中国植物志 77(1):266,图版 57:6～13. 1999;Fl. China 20～21:524. 2011. ——*S. actinotus* Hand.-Mazz. f. *simplicifolius* Y. Ling, Contr. Inst. Bot. Nat. Acad. Peip. 5:21. 1937.

多年生直立草本,根状茎粗壮,茎单生,高达 100 cm;不分枝或上部有花序枝。基生叶片三角形,长 13～15 cm,宽 10～12 cm,基部深心形,边缘有粗钝齿,两面无毛,羽状脉,侧脉 6～9 对;叶柄长达 19 cm,基部稍鞘状;中部茎叶与基生叶同形,长达 18 cm,基部具耳;叶耳具粗齿,抱茎;上部叶羽状分裂,顶裂片三角状披针形,较大。头状花序排列成开展顶生复伞房花序,花序枝和花序梗被柔毛;苞片和小苞片线形;总苞狭钟状,外层苞片 4～5 枚,线状钻形;总苞片 6～8 枚,线形;舌状花 3 个,舌片黄色,长圆形,顶端有 3 齿裂;管状花 7～9 朵,花冠黄色,檐部漏斗状,裂片卵状三角形;花药基部具钝耳,附片卵形;花柱分枝截平,顶端有乳头状毛。瘦果圆柱形,无毛;冠毛白色。　花期 6 月。　产于融水和兴安;生于山地灌木丛或沼泽地。分布于湖南。

2. **峨眉千里光**　密伞千里光

Senecio faberi Hemsl., J. Linn. Soc. Bot. 23:452. 1888;中国植物志 77(1):269,图版 58:7～10. 1999;Fl. China 20～21:525. 2011. ——*S. kaschkarowii* C. Wiakl., Acta Hort. Petrop. 14:152. 1895.

多年生直立草本,根状茎粗壮,高 80～150 cm;茎不分枝或上部具花序枝。基生叶在花期枯萎,叶片卵形,大头羽状分裂,基生裂片 1～2 对;下部和中部茎叶大头羽状浅裂,长达 40 cm,顶生裂片卵状三角形,长达 18 cm,宽 13～15 cm,边缘具不规则粗齿,侧裂片 1～2 对,不等长,叶面无毛,叶背沿主脉被疏柔毛;叶柄长 8～10 cm,基部有圆形的耳,半抱茎;上部叶片渐小,卵状披针形至长圆形,边缘有不规则的粗齿和羽状撕裂。头状花序排列成密集的复伞房花序;花序梗被柔毛;总苞狭钟状,具 3～4 枚线形的外层苞片;总苞片 8 枚,线形,上端细流苏状,背面无毛;舌状花 3～4 个,舌片黄色,线形,上端具 2～3 齿裂;管状花 6 个,花冠黄色,檐部漏斗状,裂片长圆状披针形,上端有乳头状毛;花药基部有钝耳,附片卵状长圆形;花柱分枝顶端钝,有乳头状毛。瘦果圆柱形,无毛;冠毛白色。　花期 6～8 月。　产于兴安、龙胜和资源;生于林下、林缘、灌木丛及草坡阴湿处。分布于贵州、四川、陕西。

3. **菊状千里光**

Senecio analogus DC., Prodr. 6:366. 1838. ——*S. laetus* Edgew., Trans. Linn. Soc. Bot. 20(1):74. 1846;中国植物志 77(1):280,图版 62:1～5. 1999;Fl. China 20～21:528. 2011. ——*S. scapiformis* Y. L. Chen et K. Y. Pan, Acta Phytotax. Sin. 19:93. 1981. ——*S. rosulifer* H. Lévl., Repert Sp. Nov. Regni Veg. 8:359. 1910. ——*S. chrysanthemoides* DC., Prodr. 6:365. 1838. ——*Jacobaea analoga* (DC.) Veldkamp, Compositae Newslett. 44:3. 2006.

多年生直立草本,具茎叶,稀近葶状,茎高 40～80 cm;初时被疏蛛丝状毛,或变无毛。基生叶片及最下部茎叶片卵状椭圆形、卵状披针形或倒披针形,长 8～10(20)cm,宽 3～7 cm,不分裂或大头羽状分裂,侧裂片 1～4 对,边缘具齿,叶面无毛,叶背疏被蛛丝状毛或无毛,叶柄长达 10 cm;茎中部叶片长圆形或倒披针状长圆形,长 5～22 cm,宽 2～7 cm,大头羽状浅裂或羽状浅裂,侧裂片 5～8 对,全缘或有不规则锯齿,基部具耳,耳具齿或细裂,半抱茎;上部叶渐小,具粗羽状齿。头状花序排列成顶生伞房花序或复伞房花序,花序梗有线形苞片和 2～3 枚线状钻形小苞片;总苞钟状,具 8～10 枚线状钻形外层苞片;总苞片 10～13 枚,长圆状披针形,上端黑褐色,有柔毛;舌状花 10～13 个,舌片黄色,长圆形,上端具 3 齿裂;管状花花冠黄色,檐部漏斗状,裂片卵状三角形;花药基部具钝耳,附片卵状披针形,花柱分枝顶端截形,有乳头状毛。瘦果圆柱形;冠毛污白色、禾秆色或稀淡红色,有时舌状花的瘦果无冠毛。　花期 4～11 月。　产于隆林;生于林下、林缘、开旷草坡、田边或路边。　分布于贵州、湖北、四川、云南和西藏,不丹、尼泊尔、巴基斯坦(西北部)和印度亦有。

4. **千里光**(本草图经) 九里明(植物名实图考) 蔓黄菀(台湾植物志)

Senecio scandens Buch.-Ham. ex D. Don., Prodr. Fl. Nepal. 178. 1825;中国植物志 **77**(1):294. 1999;Fl. China **20~21**:533. 2011.——*S. campylodes* DC., Prodr. **6**:370. 1838.——*Cineraria chinensis* Sprengel, Syst. Veg. ed. 16. **3**:549. 1826.——*C. repanda* Loureiro, Fl. Cochinch. 501. 1790.

多年生攀缘草本,茎多分枝,初被柔毛,后脱落无毛。叶片卵形、卵状披针形或长三角形,长 2.5~12 cm,宽 2~4.5 cm,边缘具锯齿,稀全缘或具羽状浅裂,两面被短柔毛,后渐无毛;羽状脉,侧脉 7~9 对;叶柄长 0.5~2 cm;上部叶片较小,披针形或线状披针形。头状花序在茎枝端排列成顶生复聚伞圆锥花序,分枝和花序梗被短柔毛;总苞圆柱状钟形,具约 8 枚线状钻形的外层苞片;总苞片 12~13 枚,线状披针形;舌状花 8~10 个,舌片黄色,长圆形,先端钝,具 3 齿裂;管状花花冠黄色,檐部漏斗状,裂片卵状长圆形;花药基部有钝耳,附片卵状披针形;花柱分枝顶端截平,有乳头状毛。瘦果圆柱形,被柔毛;冠毛白色。花期 8 月至翌年 4 月。 产于广西各地;生于林下、林缘或灌木丛中,攀缘于灌木、岩石上。分布于安徽、福建、广东、贵州、云南、四川、海南、河南、湖北、湖南、江苏、江西、陕西、西藏、浙江、台湾,印度、柬埔寨、不丹、日本、老挝、缅甸、尼泊尔、菲律宾、泰国和越南亦有。 本种全草可入药,有清热解毒、凉血消肿、清肝明目等功效,用于呼吸道感染、丹毒、痢疾以及扁桃体炎、咽炎、肺炎、肠炎等症。

5. **闽粤千里光**

Senecio stauntonii DC., Prodr. **6**:363. 1838;中国植物志 **77**(1):293. 1999;Fl. China **20~21**:532. 2011.

多年生直立或稍斜升草本;茎单生,高 30~60 cm;分枝,具棱,无毛。基生叶片在花期枯萎;茎生叶片卵状披针形至狭长圆状披针形,长 5~12 cm,宽 1~4 cm,无柄,基部具圆耳,半抱茎,边缘具疏齿,叶面有贴生短毛,叶背沿脉有疏短毛或无毛,羽状脉,侧脉 7~9 对。头状花序排列成顶生疏伞房花序;花序梗长 1.5~3.5 cm,有基生苞片及数枚线状钻形小苞片;总苞钟状,外层具 6~8 枚苞片,苞片线状钻形,有短柔毛;总苞片 13 枚,线状披针形;舌状花 8~13 个,舌片黄色,长圆形,顶端 3 齿裂;管状花花冠黄色,檐部漏斗状,裂片卵状披针形;花药基部具短尾,附片卵状长圆形;花柱分枝顶端截平,有乳头状毛。瘦果圆柱形,被柔毛;冠毛白色。 花期 10~11 月。 产于桂东北;生于灌木丛、疏林中或石灰岩山坡或河谷。分布于广东、湖南。

42. 瓜叶菊属 Pericallis D. Don

草本或亚灌木,茎直立,有分枝,疏被灰白色绒毛或无毛。叶互生或基生;叶片不分裂或羽状分裂,边缘具钝或锐锯齿。头状花序在枝端排列成疏伞房状;总苞钟状;总苞片 1 层,等长;花序托平,无苞片;边缘雌性小花舌状,能育,稀为管状花;中央的管状小花两性,结实或不育;花药基部截形或耳状短箭形;花柱分枝长,顶端截形,被毛笔状毛。瘦果背面压扁状;舌状花瘦果卵形,具翅;管状花瘦果卵形或长圆形,具 5 棱;冠毛 1~2 层,有时脱落。 本属有 15 种,主产于加那利群岛、马德拉岛及亚速尔群岛。我国广泛栽培 1 种;广西亦有。

瓜叶菊

Pericallis hybrida B. Nord., Opera Bot. **44**:21. 1978;中国植物志 **77**(1):326. 1999;Fl. China **20~21**:544. 2011.——*Cineraria hybrida* Willd., Enum. Pl. **2**:893. 1809.

多年生直立草本,高 30~70 cm;密被白色长柔毛。叶片肾形至宽心形,有时上部叶三角状心形,长 10~15 cm,宽 10~20 cm,基部深心形,边缘不规则三角状浅裂或具钝锯齿,叶面绿色,叶背灰白色,密被绒毛;掌状脉在叶面下凹,叶背突起;叶柄长 4~10 cm,基部抱茎。头状花序在茎端排列成宽伞房状;花序梗粗，长 3～6 cm；总苞钟状；总苞片 1 层；舌状花长椭圆形，紫红色、粉红色、淡蓝色或白色，舌片顶端具 3 小齿；管状花黄色。瘦果长圆形，具棱，初时被毛，后无毛；冠毛白色。　花果期 3～7 月。　广西各地均有栽培。本种在我国各地公园或庭院广泛栽培，颜色艳丽，色彩多样，是极佳的盆景花卉或庭院居室观赏植物。

43. 大吴风草属　Farfugium Lindl.

多年生草本；根状茎长，颈部被一圈密的长毛；茎花葶状，无叶或有少数苞片状叶。叶片基生成莲座状，被密毛；叶柄基部膨大成鞘状，叶片肾形或近圆肾形，掌状脉。头状花序辐射状，排列成疏的伞房状花序；总苞钟形，总苞片 2 层，覆瓦状排列，具白色膜质边缘；花托具小凹穴，小穴边缘具齿；舌状花 8～12 个；管状花多数，花冠檐部 5 裂；花药顶端附片长圆形，基部具尾；花柱分枝顶端圆形，具短毛。瘦果圆柱形，具短毛；冠毛多数，白色，糙毛状。　本属与**橐吾属**（*Ligularia* Cass.）及**千里光属**（*Senecio* L.）相近。与前者的区别是植株具长的根状茎，幼叶内卷；与后者的区别是茎基部被一圈密的长毛，幼叶内卷，基生叶柄具鞘。　本属有 2 种，分布于我国和日本。我国有 1 种；广西亦产。

大吴风草（中国高等植物图鉴）　大马蹄香　马蹄当归　八角乌　活血莲

Farfugium japonicum (L.) Kitam.，Acta Phytotax. Geobot. **8**:268. 1939；中国高等植物图鉴 **4**:590，图 6593. 1975；台湾植物志 **4**:866. 1978；中国植物志 **77**(2)：1，图版 1：1～5. 1989；Fl. China **20～21**：375. 2011. ——*F. grande* Lindl.，Gard. Chron. **4**：1857. ——*Tussilago japonica* L. f.，Mant. Pl. **1**：113. 1767. ——*Arnica tussilaginea* Burm. f.，Fl. Ind. 182. 1768.

多年生草本；根茎粗壮。叶基生成莲座状；叶柄长 15～25 cm，基部扩大成短鞘状，抱茎，鞘内被密毛，叶片肾形，长 9～13 cm，宽 11～22 cm，全缘或有小齿至掌状浅裂，叶片质厚，两面幼时被灰色柔毛，后脱落；茎生叶 1～3 枚，苞叶状。花葶高达 70 cm，幼时被密的淡黄色柔毛，基部被极密的柔毛；头状花序辐射状，排列成伞房状花序，2～7 个；总苞钟形或宽陀螺形，长 12～15 mm；总苞片 2 层，背部被毛；舌状花黄色，8～12 个；管状花多数；花药基部有尾；冠毛白色，与花冠等长。瘦果圆柱形，有纵肋，被短毛。　花果期 8 月至翌年 3 月。　产于桂北，生于低海拔地区的山坡林下、山谷或草丛中。分布于安徽、福建、广东、湖北、湖南、江苏、台湾和浙江，日本亦有。　本种可作观赏植物；全草可入药，有活血、散结、消肿及止血的功效，可用于各种血症及乳腺炎症。

44. 橐吾属　Ligularia Cass.

多年生直立草本；茎常单生，当年开花后枯萎。基生叶及不育茎上叶丛生，具长柄，基部膨大成鞘状，叶片肾形、箭形、卵形、戟形或线形，叶脉掌状或羽状；茎生叶互生，常具膨大的鞘，叶片多与丛生叶同形。头状花序放射状或盘状，排列成总状或伞房状花序或单生茎顶；总苞片 2 层，离生，覆瓦状排列，外层窄，内层宽，常具膜质边缘，或总苞片 1 层，合生，顶端具 2～5 齿裂；花托平，浅蜂窝状；边缘为舌状花或管状花，雌性；中央为管状花，两性，檐部 5 裂；花药顶端三角形或卵形，花丝光滑，近花药处膨大。花柱分枝细，先端钝或近圆形。瘦果圆柱形，有肋；冠毛糙毛状，2～3 层，稀无冠毛。　本属约有 140 种，分布于亚洲和欧洲。我国有 123 种，主要分布于西南山区；广西有 5 种 1 变种。

分种检索表

1. 头状花序排列成伞房状或复伞房状聚伞花序，稀为单生。
  2. 总苞半球形，宽大于长；舌状花的舌片长 4～6.5 cm。
    3. 叶片仅边缘具齿；冠毛与管状花的花冠等长 ………………………… 1. **齿叶橐吾** L. dentata (A. Gray) Hara

3. 叶片二回掌状分裂;冠毛与管状花的管部等长 ………………………… 2. **大头橐吾** L. japonica (Thunb.) Less.

2. 总苞片钟形,长大于宽;舌状花的舌片长 1.5~3 cm;冠毛与管状花的花冠等长 …………………………………………………………………………………………………… 3. **鹿蹄橐吾** L. hodgsonii J. D. Hooker

1. 头状花序排列成总状或圆锥状总状花序。

4. 丛生叶片与茎下部叶片的叶柄顶部被蛛丝状毛;叶片两面被具节短柔毛;总状花序长可达 90 cm ……………………………………… 4b. **糙叶窄头橐吾** L. stenocephala (Maxim.) Matsum. et Koidz. var. scabrida Koidz.

4. 丛生叶片与茎下部叶的叶柄无毛;叶片两面无毛;总状花序长不超过 50 cm。

5. 丛生叶片三角状或卵状心形,或近肾形,基部近戟形;总苞片背部被有节的短柔毛;花序梗长 5~35 mm …………………………………………………………………… 5. **离舌橐吾** L. veitchiana (Hemsl.) Greenm.

5. 丛生叶片肾形或心形,基部弯缺宽;总苞片背部无毛;花序梗长 3~10 mm …………………………………………………………………… 6. **狭苞橐吾** L. intermedia Nakai

1. 齿叶橐吾(中国高等植物图鉴)

Ligularia dentata (A. Gray) Hara, J. Jap. Bot. **15**:318. 1939;中国植物志 77(2):13,图版 2:1~3. 1989;Fl. China **20~21**:382. 2011.——*L. clivorum* Maxim. Bull. Acad. Imp. Sci. Saint-Pétersbourg **15**:374. 1781.——*Erythrochaete dentata* A. Gray, Mem. Amer. Acad. Arts ser 2, 6(2):395. 1858.——*Senecillis dentata* (A. Gray) Kitam., Acta Phytotax. Geobot. **8**(2):83. 1939.——*Senecio clivorum* (Maxim.) Maxim., Bull. Acad. Petersb. **16**:220. 1871.——*S. labordei* Vaniot, Bull. Acad. Int. Géogr. Bot. **11**:345. 1902.

多年生直立草本,根肉质,粗壮;茎高 30~120 cm,被白色蛛丝状柔毛及黄色短柔毛,稀下部光滑。丛生叶与茎下部叶片的叶柄长 22~60 cm,无翅,被白色蛛丝状柔毛,基部膨大成鞘状;叶片肾形,长 7~30 cm,宽 12~38 cm,边缘具整齐的锯齿,齿间具睫毛,叶面绿色,光滑,叶背近似灰白色,被白色蛛丝状柔毛;掌状脉 5~7 条;上部叶肾形,近无柄,具膨大的鞘。头状花序放射状,排列成伞房状或复伞房状;花序梗长达 9 cm;总苞片 8~14 枚,2 层,长圆形,先端具长尖头,背部被密的白色蛛丝状柔毛;舌状花黄色,舌片狭长圆形,长达 5 cm;管状花多数,长 1~1.8 cm。瘦果圆柱形,有肋,无毛;冠毛红褐色,与花冠等长。花果期 7~10 月。 产于全州、贺州和东兰;生于山坡、水边、林缘或林下。分布于安徽、甘肃、贵州、云南、四川、河北、河南、湖北、湖南、江西、陕西、山西和浙江,缅甸、越南、日本亦有。

2. 大头橐吾(中国高等植物图鉴) 猴巴掌 老鸦甲

Ligularia japonica (Thunb.) Less., Syn. Gen. Comp. 390. 1832;中国植物志 77(2):14,图版 2:4~6. 1989;Fl. China **20~21**:383. 2011.——*Erythrochaete palmatifida* Siebold et Zucc., Abh. Math.-Phys. Cl. Königl. Bayer. Akad. Wiss. **4**(3):188. 1846.——*Arnica japonica* Thunb., Fl. Jap. 319. 1784.——*Senecillis japonica* (Thunb.) Kitam., Acta Phytotax. Geobot. **8**(2):83. 1939.——*Senecio macranthus* C. B. Clarke, Compos. Ind. 205. 1876.——*S. palmatifidus* (Siebold et Zucc.) Wittr. et Juel, Acta Horti Bergiani **1**:86. 1891.

多年生直立草本,根肉质,粗壮;茎高 50~100 cm,上部被白色蛛丝状柔毛或无毛。丛生叶与茎下部叶的叶柄长 20~100 cm,无翅,无毛,具紫斑,基部鞘状抱茎,叶片肾形或近心形,直径约 40 cm,二回掌状分裂,第一回掌状 3~5 全裂,裂片长 14~18 cm,第二回掌状浅裂,小裂片羽状或具齿,稀全缘,两面在幼时被白色柔毛,后变无毛;最上部叶无鞘,叶片掌状分裂。头状花序放射状,排列成伞房状花序,通常无苞片及小苞片;花序梗长达 20 cm,被卷曲的白色柔毛;总苞片 9~12 枚,2 层,宽长圆形,先端具尖头,背面被白色柔毛;舌状花黄色,舌片长圆形;管状花多数,檐部筒形。瘦果细圆柱形,具纵肋,无毛;冠毛红褐色,与花冠筒部等长。 花果期 4~9 月。 产于南宁、柳城、兴安、灌阳和贺州;生于山坡草地、林下或水沟边。分布于安徽、福建、广东、贵州、湖北、湖南、江西、浙江和台湾,日本、朝鲜亦有。

3. 鹿蹄橐吾(中国高等植物图鉴)

Ligularia hodgsonii J. D. Hooker, Bot. Mag. **89**: t. 5417. 1863; 中国高等植物图鉴 **4**: 576. 图 6566. 1975; 中国植物志 **77**(2): 17, 图版 3: 1～5. 1989; Fl. China **20～21**: 383. 2011. ——*L. yesoensis* (Franch.) Diels, Bot. Jahrb. **29**: 622. 1900. ——*Senecillis hodgsonii* (J. D. Hooker) Kitam., Acta Phytotax. Geobot. **8**(2): 82. 1939. ——*Senecio yesoensis* Franchet, Bull. Soc. Bot. France **39**: 306. 1893.

多年生直立草本，根肉质，茎高达 100 cm；上部及花序被白色蛛丝状柔毛和黄褐色短柔毛，茎下部具棱。丛生叶及茎下部叶的叶柄长 10～30 cm，叶片肾形或心形，长(2)5～8 cm，宽 4.5～13.5 cm，边缘具锯齿，齿端具小尖头，齿间具睫毛，两面无毛，掌状脉明显。头状花序放射状，排列或伞房状或复伞房状；苞片舟形；小苞片线状钻形，极短；总苞片 8～9 枚，2 层，长圆形，先端宽三角形，紫红色，被褐色睫毛，背部光滑或有白色蛛丝状柔毛；舌状花黄色，舌片长圆形，长 1.5～3 cm，先端钝，具细齿；管状花伸出总苞外。瘦果圆柱形，无毛，具肋；冠毛红褐色，与花冠等长。 花果期 7～10 月。 产于融安、融水、龙胜和龙州；生于海拔 900～2 000 m 的河边、山坡草地及林下。分布于安徽、甘肃、广西、贵州、河南、湖北、陕西、四川、云南和西藏，日本、俄罗斯、越南亦有。

4. 窄头橐吾(中国高等植物图鉴) 戟叶橐吾(台湾植物志)

Ligularia stenocephala (Maxim.) Matsum. et Koidz., Bot. Mag. (Tokyo) **24**: 149. 1910; 中国植物志 **77**(2): 77, 图版 17: 4～7. 1989; Fl. China **20～21**: 414. 2011. ——*L. oligantha* (Miq.) Hand.-Mazz., Veget. **22**: 8. t. 446. 1932. ——*Cacalia subglabra* C. C. Chang, Sunyatsenia **6**: 19. 1941. ——*Parasenecio subglaber* (C. C. Chang) Y. L. Chen, Fl. Reipubl. Popularis Sin. **77**(1): 43. 1999. ——*Senecillis stenocephala* (Maxim.) Kitam., Acta Phytotax. Geobot. **8**(2): 82. 1939. ——*Senecio stenocephalus* Maxim., Bull. Acad. Imp. Sci. Saint-Pétersbourg **16**: 218. 1871.

4a. 窄头橐吾(原变种)

Ligularia stenocephala (Maxim.) Matsum. et Koidz. var. **stenocephala**

原变种广西不产。

4b. 糙叶窄头橐吾(变种)

Ligularia stenocephala (Maxim.) Matsum. et Koidz. var. **scabrida** Koidz., Bot. Mag. (Tokyo) **24**: 264. 1910.

多年生直立草本；根细长，肉质；茎高 40～170 cm，无毛。丛生叶与茎下部叶的叶柄长 27～75 cm，顶部被蛛丝状毛，基部具窄鞘，叶片心状戟形、肾状戟形，稀为箭形，长 2.5～16.5 cm，宽 6～32 cm，先端具短尖头，边缘有整齐的锯齿，齿端具小尖头，两面被具节短柔毛。头状花序辐射状，在茎上排列成总状或穗状花序状的聚伞状花序，长达 90 cm，近无毛；花序梗短，长 1～7 mm，有时下部可长达 30 mm；小苞片线形；总苞片 5～7 枚，2 层，长圆形，先端三角状，背部光滑，内层边缘膜质；舌状花 1～4(5)个，黄色；舌片线状长圆形或倒披针形；管状花 5～10 个。瘦果倒披针形，无毛；冠毛白色、黄白色或有时为褐色，短于管部。 花果期 7～12 月。 产于桂北；生于草坡、林下或附生于树上。分布于四川和云南，日本亦有。

5. 离舌橐吾(中国高等植物图鉴) 棕色桦头草(四川)

Ligularia veitchiana (Hemsl.) Greenm., Stand. Cycl. Hortic **6**: 3153. 1917; 中国植物志 **77**(2): 68. 1989; Fl. China **20～21**: 411. 2011. ——*Senecio veitchianus* Hemsl., Gard. Chron. 3, **38**: 211. 1905. ——*Senecillis veitchiana* (Hemsl.) Kitam., Acta Phytotax. Geobot. **8**(2): 87. 1939.

多年生直立草本，根肉质，茎高 60～120 cm；上部及花序幼时被白色蛛丝状毛和黄褐色有节短柔毛，后脱落，下部无毛。丛生叶和茎下部叶的叶柄长 15～47 cm，无毛，基部具窄鞘，叶片三角状或卵状心形，或近肾形，长 7～17 cm，宽 12～26 cm，边缘有整齐的锯齿，基部近戟形，两面无毛或叶背脉上被白色短毛；茎中上部叶与下部叶同型，较小，鞘膨大，全缘。头状花序辐射状，排成总状花序，长 13～40 cm；花序梗长

0.5～3.5 cm，向上渐短；小苞片狭披针形至线形；总苞片7～9枚，2层，长圆形，背部被有节短柔毛，内层边缘膜质；舌状花6～10个，黄色，舌片狭倒披针形，先端圆形；管状花多数，檐部裂片先端被密的乳突。瘦果无毛；冠毛黄白色或污白色，与管部等长或长为管部的1/2。 花期7～9月。 产于兴安；生于海拔1 100～2 000 m的山坡、林下或河边。分布于甘肃、贵州、陕西、四川和云南。

6. **狭苞橐吾**（东北植物检索表）

Ligularia intermedia Nakai, Bot. Mag. (Tokyo) **31**: 125. 1917；中国植物志 **77**(2): 81，图版 18: 4～6. 1989；Fl. China **20～21**: 412. 2011. ——*L. intermedia* Nakai var. *oligantha* Nakai, Bot. Mag. (Tokyo) **40**: 579. 1926. ——*L. sibirica* (L.) Cassini subsp. *intermedia* (Nakai) Kitamura, Acta phytotax. Geobot. **8**: 82. 1939. ——*L. sinica* Kitag., Rep. Exped. Manch. **4**: 95. 1936. ——*Senecillis intermedia* (Nakai) Kitam., Acta Phytotax. Geobot. **8**(2): 82. 1939.

多年生直立草本，根肉质，茎高达100 cm；上部被白色蛛丝状柔毛，下部无毛。丛生叶与茎下部叶的叶柄长16～43 cm，无毛，基部具狭鞘，叶片肾形或心形，长8～16 cm，宽12～23.5 cm，基部弯缺宽，先端钝或具小尖头，边缘具整齐的锯齿，两面无毛；茎中上部叶片与下部叶片同形，较小，鞘略膨大。总状花序长22～25 cm；苞片线形或线状披针形；花序梗长3～10 mm，近无毛；头状花序辐射状，集生成总状；小苞片线形；总苞片6～8枚，长圆形，先端三角状，背面无毛，边缘膜质。舌状花4～6个，黄色，舌片长圆形；管状花7～12个，伸出总苞外。瘦果圆柱形；冠毛紫褐色或白色，比花冠筒部短。 花果期7～10月。 产于融水；生于水边、山坡、林缘或林下。分布于甘肃、贵州、河北、黑龙江、河南、湖北、湖南、吉林、辽宁、内蒙古、山西、陕西、云南和四川，朝鲜和日本亦有。

45. 藤菊属 Cissampelopsis (DC.) Miq.

多年生草本或亚灌木；攀缘状。单叶互生；叶片卵形、宽卵形或三角形，全缘，基部心形，离基3～7条掌状脉；叶柄旋卷。头状花序排成上部腋生及顶生聚伞花序，又复合成叉状分枝塔状或圆锥状聚伞圆锥花序，具花序梗；总苞圆柱状或狭钟状，具外层苞片；总苞片离生，8或13枚，具膜质边缘；无舌状花，或舌状花5～6(8)个，舌片黄色，顶端具3齿裂；管状花8～20个，花冠白色、粉红色或黄色，檐部漏斗状，5裂；花药线形或线状长圆形；花柱分枝截形或突起，具短至较长边缘乳头状毛。瘦果圆柱形，无毛，具肋；冠毛白色、污白色或红色，毛状。 本属有10种，分布于热带非洲和亚洲。我国有6种；广西有2种。

分种检索表

1. 叶片具3～5条掌状脉；总苞具外层苞片6～8枚；管状花15～17个 …………………………………… 1. **岩穴藤菊** C. spelaeicola (Vant.) C. Jeffrey et Y. L. Chen
1. 叶片具5～7条掌状脉；总苞具外层苞片4～5枚；管状花8～10个 ……………………… 2. **藤菊** C. volubilis (Bl.) Miq.

1. **岩穴藤菊** 岩穴千里光

Cissampelopsis spelaeicola (Vant.) C. Jeffrey et Y. L. Chen, Kew Bull. **39**(2): 346. 1984；贵州植物志 **9**: 272，图 63: 1～2. 1989；横断山区维管植物(下册): 2094. 1994；中国植物志 **77**(1): 222，图版 49: 7～11. 1999；Fl. China **20～21**: 507. 2011. ——*Senecio spelaeicola* (Vaniot) Gagnep., Bull. Soc. Bot. France **67**: 364. 1923. ——*Vernonia spelaeicola* Vant., Bull. Acad. Int. Geogr. Bot. **12**: 123. 1903.

大藤状草本或亚灌木，茎初时被白色蛛丝状绒毛，后多少脱毛。叶片卵形或宽卵形，长4～11 cm，宽4～8 cm，顶端具小尖头，基部心形，边缘具波状细齿，叶面初时疏生蛛丝状毛，后无毛，叶背被黄白色蛛丝状绒毛，掌状脉3～5条；叶柄长3～6 cm，密被绒毛。头状花序盘状，通常7～10个排成顶生或上部腋生复伞房花序，密被绒毛；花序梗密生绒毛，具基生苞片；总苞圆柱形，具6～8枚不等长的线形外层苞片，密被绒毛；总苞片8枚，线状长圆形，具宽膜质边缘，外面密被绒毛；无舌状花；管状花15～17个，花冠白色，檐部狭漏斗形，裂片长圆状披针形；花药长约4 mm，附片长圆状披针形。瘦果圆柱形，无毛；冠毛白色或污白色。　花期11～12月。　产于那坡、南丹、凤山和环江；生于石灰岩地区，通常攀缘于混交林中乔木或灌木上。分布于贵州、四川和云南。

2. **藤菊**　滇南千里光

Cissampelopsis volubilis (Bl.) Miq., Fl. Ned. Ind. 2: 102. 1856；贵州植物志 **9**: 271. 1989；中国植物志 77(1): 220, 图版 48: 7～12. 1999；Fl. China **20～21**: 506. 2011. ——*Senecio araneosus* DC., Prodr. **6**: 354. 1838. ——*S. blumei* DC., Prodr. **6**: 334. 1838. ——*Cacalia volubilis* Bl., Bijdr. 908. 1826. ——*Vernonia esquirolii* Vaniot, Repert. Spec. Nov. Regni Veg. **4**: 331. 1907.

大藤状草本或半灌木，茎疏被白色蛛丝状绒毛。叶片卵形或宽卵形，长达15 cm，宽达12 cm，顶端具小尖头，边缘具波状齿，齿端具小尖头，叶面初时疏被蛛丝状毛或短刚毛，后变无毛，叶背被灰白色棉毛，有时沿脉被褐色细刚毛；掌状脉5～7条；叶柄长3～6 cm。头状花序盘状，排成较疏至密顶生及腋生复伞房花序，被白色绒毛；花序梗被蛛丝状绒毛，具线形的基生苞片及3～5枚小苞片；总苞圆柱形，具4～5枚外苞片；总苞片约8枚，线状长圆形，边缘膜质；无舌状花；管状花8～10个，花冠白色、淡黄色或粉色，檐部狭漏斗状，裂片长圆状披针形；花药长3.5 mm，附片卵状披针形。瘦果圆柱状，无毛；冠毛白色。　花期10月至翌年1月。　产于临桂、阳朔、荔浦、苍梧、浦北、北流、那坡、百色、昭平、环江、金秀和象州；生于海拔800～1 500 m的林下或林缘，通常攀缘于乔木或灌木上。分布于广东、贵州、海南、云南，印度(东北部)、马来西亚、缅甸、泰国和越南亦有。

46. 蒲儿根属　Sinosenecio B. Nord.

多年生直立草本，稀为二年生，茎葶状、近葶状或具叶，幼时常被长柔毛或蛛丝状绒毛。叶不分裂，基生或基生兼茎生；基生叶莲座状；叶片圆形、卵形、肾形或轮廓三角状，掌状脉，稀为羽状脉，中度深裂或浅掌裂，边缘具齿、棱角或近全缘；基生叶叶柄无翅，茎生叶叶柄下部具翅，基部通常扩大成明显的半抱茎。头状花序具异形小花，辐射状，单生或多数排列成顶生近伞形的伞房状聚伞花序；总苞无苞片或稀有苞片，倒锥形至半球形或杯状；花序托平或突起，具窝穴，稀具缘毛；总苞片草质，披针形或卵形，顶端及上部边缘被缘毛或流苏状缘毛；小花全部结实，舌状花6～15个，舌片黄色，通常长圆形或披针状长圆形，具4～10条脉，顶端3齿裂；管状花两性，花冠黄色，檐部5裂；花药长圆形，颈部圆柱形，稍粗于花丝；花柱分枝外弯，顶端截形或微突起。瘦果圆柱形或倒卵状，具肋，无毛，或沿肋被短柔毛；冠毛白色，或有时舌状花或全部小花无冠毛。　本属有41种，分布于中国、越南、缅甸和泰国。我国41种均产，主产于我国中部和西南部地区；广西有3种。

分种检索表

1. 植株高40～80 cm或更高；茎非葶状，具茎生叶；舌状花瘦果无冠毛 …… 1. **蒲儿根** S. oldhamianus (Maxim.) B. Nord.
1. 植株高40 cm以下；茎葶状；舌状花的瘦果具白色冠毛。
    2. 瘦果及子房被柔毛；叶面疏被或密被黄褐色短毛；总苞具外层小苞片 …………………………………………………… 2. **广西蒲儿根** S. guangxiensis C. Jeffrey et Y. L. Chen
    2. 瘦果及子房无毛；叶面有光泽，被贴生疏短毛或无毛；总苞不具外层小苞片 …………………………………………………… 3. **滇黔蒲儿根** S. bodinieri (Vant.) B. Nord.

1. **蒲儿根**

Sinosenecio oldhamianus（Maxim.）B. Nord.，Opera Bot. **44**：50. 1978；中国植物志 **77**(1)：140，图版30：9～15. 1999；Fl. China **20～21**：474. 2011.——*S. savatieri*（Franch.）B. Nord.，Opera Bot. **44**：51. 1978.——*Senecio savatieri* Franchet，Pl. David. **1**：175. 1884.——*S. oldhamianus* Maxim.，Bull. Acad. Imp. Sci. Saint-Pétersbourg. **16**：219. 1871；中国高等植物图鉴 **4**：544，图 6541. 1975；秦岭植物志 **1**(5)：306. 1985；浙江植物志 **6**：298. 1993.——*S. martini* Vaniot，Bull. Acad. Int. Géogr. Bot. **11**：346. 1902.

二年生或多年生直立草本；茎单生，或有时数个，高40～80 cm或更高，被白色蛛丝状毛及疏长柔毛，或脱毛至近无毛。基部叶在花期凋落；下部茎叶片卵状圆形或近圆形，长3～5(8)cm，宽3～6 cm，基部心形，边缘具锯齿或重锯齿，齿端具小尖头，叶面疏被蛛丝状毛至近无毛，叶背被白色蛛丝状毛，掌状脉5条；叶柄长3～6 cm，被白色蛛丝状毛；上部叶片卵形或卵状三角形；最上部叶片卵形或卵状披针形。头状花序多数，排成顶生复伞房状花序；花序梗长1.5～3 cm；总苞宽钟状，无外层苞片；总苞片1层，约13枚，紫色，草质；舌状花约13个，舌片黄色，无毛，长圆形，顶端具3齿裂；管状花黄色，檐部裂片卵状长圆形；花药长圆形，基部钝，附片卵状长圆形；花柱分枝外弯，顶端截平，被乳头状毛。瘦果圆柱形；舌状花的瘦果无毛，亦无冠毛；管状花的瘦果被短柔毛，冠毛白色。　花期1～12月。　产于武鸣、融水、龙胜、资源、灵川、平乐、金秀、昭平、乐业、南丹、天峨、罗城、环江、龙州和天等；生于海拔400～2 100 m的林缘、溪边、潮湿岩石边或草坡、田边。分布于安徽、重庆、福建、广东、贵州、云南、四川、甘肃、河南、湖北、湖南、江苏、江西、山西、陕西和浙江，缅甸、泰国、越南亦有。　本种在本属中最为常见，植株大小及叶形变异较大，但舌状花瘦果无毛及无冠毛极易识别。

2. **广西蒲儿根**

Sinosenecio guangxiensis C. Jeffrey et Y. L. Chen，Kew Bull. **39**(2)：254. 1984；中国植物志 **77**(1)：137，图版27：7～12. 1999；Fl. China **20～21**：472. 2011.

多年生直立草本；根状茎短粗，直径5～10 mm，颈部密被黄褐色绒毛；茎单生，葶状，高10～30 cm，不分枝。基生叶莲座状，花期生存；叶片近圆形或肾形，长2～7 cm，宽2.5～9 cm，基部心形，边缘波状或具粗齿，齿端具小尖头，叶面疏被或密被黄褐色短毛，叶背密被白色绒毛，掌状脉5～7条；叶柄长2～6 cm，密被黄褐色长柔毛；茎生叶2枚；最上部叶苞片状，线形或线状披针形。头状花序数个排列成顶生伞房花序；花序梗长1～5.5 cm；总苞半球形，具外层小苞片8～10个；总苞片草质，长圆状披针形，红紫色且具缘毛；舌状花约13个，1层，无毛，舌片黄色，长圆形或宽长圆形，顶端具3齿裂；管状花黄色，檐部钟状，裂片卵状披针形；花药基部钝，附片卵状长圆形；花柱分枝外弯，顶端截平，被乳头状微毛。瘦果圆柱形，被短柔毛，具肋；冠毛白色。　花期6～7月。　产于上思、武鸣、融水、全州、兴安、龙胜、资源和贺州；生于海拔800～2 100 m的林下、溪边或岩石潮湿处。分布于湖南(西南部)。

3. **滇黔蒲儿根**　黔西蒲儿根　丝带千里光(云南种子植物名录)

Sinosenecio bodinieri（Vant.）B. Nord.，Opera Bot. **44**：49. 1978；贵州植物志 **9**：235. 1989；中国植物志 **77**(1)：115，图版24：1～6. 1999；Fl. China **20～21**：479. 2011；广西师范大学学报(自然科学版)34(2)：147. 2016.——*S. brevior* B. Nord.，Opera Bot. **44**：49. 1978.——*S. palmatilobus*（Kitam.）C. Jeffrey et Y. L. Chen，Kew Bull. **39**(2)：235. 1984.——*Senecio bodinieri* Vaniot，Bull. Acad. Int. Géogr. Bot. **11**：348. 1902.——*S. palmatilobus* Kitam.，Acta Phytotax. Geobot. **33**：197. nom. nov. 1982.

多年生直立草本，根状茎覆盖以褐色宿存残叶基；茎单生，稀2～5个，葶状，高10～40 cm，被红褐色具节长柔毛。叶莲座状基生；叶片圆形或近圆形，长2～7 cm，宽2.5～5 cm，基部心形，边缘波状或浅裂，具宽三角形或圆形浅齿，齿端具小尖头，叶面有光泽，被贴生疏短毛或无毛，叶背疏被长柔毛或沿脉被短柔毛，或边缘有紫褐色短缘毛；掌状脉5～7条；叶柄长3.5～9 cm，密被红褐色长柔毛。头状花序排列成顶生伞房状，3～7个，稀9个；花序梗长1～6 cm，具1枚基生苞片及2～3枚小苞片；总苞片钟状，无外苞小苞片；总苞片约 13 枚，草质，披针形或宽披针形，顶端及上部边缘有缘毛；舌状花约 13 个，舌片黄色，无毛，长圆形，顶端具 3 齿裂；管状花黄色，檐部钟状，裂片卵状披针形；花药长圆形，附片披针形。瘦果圆柱形，无毛，具 5 肋；冠毛白色。　花期 4～6 月。　产于乐业；生于山麓、岩洞中、溪流边及林下阴湿处。分布于贵州、四川和云南。

47. 一点红属　Emilia Cass.

一年生或多年生草本，茎、枝无毛或被柔毛。基生叶具叶柄；茎生叶互生，少数，叶片羽状浅裂或不分裂，基部常抱茎。头状花序盘状，含同型两性花，单生或数个排成疏伞房状的聚伞花序，具长花序梗；总苞筒状，基部无外苞片；总苞片 1 层，等长；花托平，无毛，具凹穴；管状花两性，黄色、红色、淡紫红色，檐部 5 裂，可育；花药基部钝，先端具窄附片；花柱分枝长，顶端具短锥形附器，被短毛。瘦果近圆柱形，两端截平，5 棱或具纵肋；冠毛刚毛状，雪白色。　本属约有 100 种，分布于亚洲和非洲热带地区，少数产于美洲。我国有 5 种；广西有 2 种。

分种检索表

1. 茎下部叶大头羽状分裂；总苞约与管状花花冠等长；瘦果被毛 ………………………… 1. 一点红 E. sonchifolia (L.) DC.
1. 茎下部叶不分裂；总苞短于管状花花冠；瘦果无毛 ………………………………………… 2. 小一点红 E. prenanthoidea DC.

1. 一点红　叶下红　花古帽（贵州）　红头草（云南）　红背果（海南）　图版 58：1～2

Emilia sonchifolia (L.) DC.，Contr. Bot. India 24. 1834；中国植物志 77(1)：324，图版 68：1～2. 1999；Fl. China **20～21**：542. 2011. ——*E. sinica* Miq.，Journ. Bot. Neerl. i. 105. 1861. ——*Cacalia sonchifolia* L.，Sp. Pl. **2**：835. 1753. ——*Crassocephalum sonchifolium* (L.) Less.，Linneae **6**：252. 1831. ——*Senecio sonchifolius* (L.) Moench，Suppl. Meth. 231. 1802.

一年生草本；茎高 25～40 cm，通常自基部分枝，无毛或被疏短毛。茎下部叶片密集，大头羽状分裂，长 5～10 cm，宽 2.5～6.5 cm，顶生裂片宽卵状三角形，侧生裂片通常 1 对，叶面深绿色，叶背常为紫色，两面被短卷毛；中部茎叶疏生，叶片卵状披针形或长圆状披针形，基部箭状抱茎，全缘或有不规则细齿；上部叶片线形。头状花序在开花前下垂，花后直立，通常 2～5 个在枝端排列成疏伞房状；花序梗长 2.5～5 cm，无苞片；总苞圆柱形，基部无小苞片；总苞片 1 层，8～9 枚，长圆状线形或线形，背面无毛；管状花粉红色或紫色，檐部渐扩大，5 深裂。瘦果圆柱形，具 5 纵棱，棱上被微毛；冠毛白色，多数。　花果期 7～10 月。　产于广西各地；生于山坡荒地、田埂、路旁。分布于广东、贵州、海南、河北、河南、湖北、湖南、江苏、陕西、四川、云南、浙江和台湾，世界泛热带地区广泛分布。　本种全草入药，有消炎、止痢的功效，可用于腮腺炎、乳腺炎、皮肤湿疹、小儿疳积等症。

2. 小一点红（云南种子植物名录）　细红背叶（广州植物志）　耳挖草

Emilia prenanthoidea DC.，Prodr. **6**：302. 1838；中国植物志 77(1)：325. 1999；Fl. China **20～21**：543. 2011. ——*E. angustifolia* DC.，Prodr. **6**：303. 1838.

一年生草本；茎高 30～90 cm，无毛或被疏短毛。基部叶片倒卵形或倒卵状长圆形，全缘或具疏齿；茎中部叶片长圆形或线状长圆形，长 5～9 cm，宽 1～3 cm，无柄，基部抱茎，箭形或具宽耳，边缘具波状齿，叶背常带紫色，两面无毛或近无毛；上部叶片小线状披针形。头状花序在茎枝端排列成疏伞房状；花序梗长 3～10 cm；总苞圆柱形或狭钟形，基部无小苞片；总苞片 10 枚，长圆形，边缘膜质，背面无毛；管状花花冠红色或紫红色，檐部 5 裂，裂片披针形。瘦果圆柱形，具 5 肋，无毛；冠毛白色，多数。　花果期 5～10 月。　产于南宁、融水、三江、龙胜、临桂、全州、灌阳、恭城、藤县、平南、东兴、容县、博白、北流、乐业、田林、富川和金秀；生于山坡路旁、荒地、田埂、疏林或林中潮湿处。分布于福建、广东、贵州、四川、云南、浙江，马来西

图版 58 1～2. **一点红** Emilia sonchifolia（L.）DC. 1. 枝条；2. 花枝。 3～5. **马兰** Aster indicus L. 3. 花枝；4. 雌花；5. 两性花。 6～7. **地胆草** Elephantopus scaber L. 6. 植株；7. 瘦果。（1～2,6～7 邹贤桂绘；3～5 何顺清绘）

亚、印度、印度尼西亚、巴布亚新几内亚、泰国、菲律宾和越南亦有。　本种全草可入药，有消炎、杀菌、活血的功效，可用于治呼吸道感染、扁桃体炎和肺炎等症。

48. 菊三七属　Gynura Cass.

一年生或多年生草本；有时肉质。叶互生；叶片有缺刻或羽状分裂。头状花序盘状，具同型两性花，单生或多数排成伞房状或圆锥花序状的聚伞花序；总苞基部有多数线形小苞片；总苞片披针形，1 层，覆瓦状，边缘干膜质；花序托平，有窝孔或短流苏状；管状花结实；花冠黄色或橙黄色，稀淡紫色，檐部 5 裂；花药基部全缘或近具小耳；花柱顶端具钻形附器。瘦果圆柱形，具 10 条纵肋，两端截平；冠毛绢毛状，白色。本属约有 40 种，分布于非洲、亚洲及澳大利亚。我国有 10 种，主要产于我国南部、西南部和东南部；广西有 6 种。

分种检索表

1. 根肥大呈块根状；叶通常莲座状密集于茎基部或羽状深裂。
  2. 叶通常莲座状密集于茎基部，叶基部无耳；花茎不分枝 ……………………………… 1. **狗头七** G. pseudochina (L.) DC.
  2. 叶片大头羽状或羽状深裂，叶片基部具匾形、具齿或羽裂的叶耳；花茎多分枝 ……………………………………………………………………………………… 2. **菊三七** G. japonica (Thunb.) Juel.
1. 根不肥大，非块根状；叶片非上述类型。
  3. 叶片两面无毛或叶背疏被柔毛；花序梗无毛或疏被短毛。
    4. 茎平卧；瘦果具 10 纵肋；叶片边缘全缘或波状 ………………… 3. **平卧菊三七** G. procumbens (Lour.) Merr.
    4. 茎直立；瘦果具 10～15 纵肋；叶片边缘具不规则的锯齿 ……………… 4. **红凤菜** G. bicolor (Roxb. ex Willd.) DC.
  3. 叶片两面密被毛至少叶背密被毛；花序梗密被短柔毛。
    5. 茎不分枝或上部有花序枝，无毛或被短柔毛；叶片边缘具粗齿，稀全缘，叶面绿色 ……………………………………………………………………………… 5. **白子菜** G. divaricata (L.) DC.
    5. 茎上部有伞房状分枝，密被黄褐色绒毛；叶片全缘或边缘中部以上具锯齿，叶面灰白色 ……………………………………………………………………………… 6. **尼泊尔菊三七** G. nepalensis DC.

1. 狗头七(昆明民间常用草药)　紫背天葵　萝卜母(贵州)

Gynura pseudochina (L.) DC., Prodr. 6: 299. 1838; 中国植物志 77(1): 310. 1999; Fl. China 20～21: 539. 2011. ——*G. bodinieri* H. Lévl., Bull. Acad. Geogr. Bot. 24: 283. 1914. ——*G. bulbosa* (Lour.) Hook. et Arn., Bot. Beechey Voy. 194. 1837. ——*Cacalia bulbosa* Lour., Fl. Cochichine 485. 1790. ——*Senecio pseudochina* L., Sp. Pl. 2: 867. 1753. ——*S. crassipes* H. Lévl. et Vaniot, Repert. Spec. Nov. Regni Veg. 6: 331. 1909.

多年生草本，稍肉质，高 20～50 cm；根肉质，肥大呈块状。叶通常莲座状密集于茎基部，叶片倒卵形，匙形或椭圆形，长 5～18 cm，宽 2.5～5 cm，羽状浅裂，裂片三角形或卵状长圆形；侧脉 4～10 对，不明显，叶背常为紫色，两面被短柔毛；中上部叶退化，或仅有 1～2 枚小叶，羽状分裂。头状花序在茎或枝端排成伞房状，1～5 个，花序梗被密或疏柔毛；总苞钟状；总苞片 1 层，13 枚，线状披针形或披针形，具 1～3 条明显的肋，被疏短柔毛；管状花黄色至红色，明显伸出总苞；花药基部钝；花柱分枝，锥状，被乳头状微毛。瘦果圆柱形，红褐色，具 10 条纵肋；冠毛绢毛状，白色。　花果期 5～6 月。　产于南宁、马山、武鸣、横县、柳州、融水、桂平、苍梧、北流、百色、平果、西林、金秀、宁明和扶绥；生于山坡草地、林缘或路旁。分布于广东、贵州、云南和海南，不丹、印度、缅甸、尼泊尔、斯里兰卡、泰国等亦有，印度尼西亚的爪哇亦有栽培。

2. 菊三七　三七草　图版 59：1～4

Gynura japonica (Thunb.) Juel., Acta Horti. Berg. 1(3): 86. 1891; 秦岭植物志 1(5): 285. 1985; 贵州

图版 59　1～4. 菊三七 *Gynura japonica*（Thunb.）Juel.　1. 花枝；2. 根；3. 头状花序；4. 小花。　5. 六棱菊 *Laggera alata*（D. Don）Sch.-Bip. ex Oliv.　5. 花枝。（邹贤桂绘）

植物志 9:220. 1989;福建植物志 5:393. 1993;横断山区维管植物(下册):2102. 1994;中国植物志 77(1):312,图版 69:1～4. 1999;Fl. China **20～21**:539. 2011. ——*G. vaniotii* H. Lévl. ,Bull. Acad. Geogr. Bot. **24**:284. 1914. ——*G. segetum* (Lour.) Merr. ,Phillpp. Journ. Sci. **15**:200. 1919. ——*G. japonica* var. *flaua* (Hayata) Kitam. ,Acta Phytotax. Geobot. **8**:202. 1939. ——*Senecio japonicus* Thunb. ,Syst. Veg. ed. 14,756. 1784.

多年生草本,高 60～150 cm;根肥大,茎直立,多分枝,幼时被卷柔毛,后变无毛。基生叶片羽状分裂,花期枯萎;茎中部叶片椭圆形或长椭圆形,长 10～30 cm,宽 8～15 cm,羽状深裂,顶生裂片倒卵形、长圆形至长圆状披针形,侧生裂片 2～6 对,椭圆形、长圆形至长圆状披针形,边缘有大小不等的粗齿或缺刻,稀全缘;叶片两面被贴生短毛或近无毛;茎上部叶片羽状分裂,渐变成苞叶。头状花序在枝端排成伞房状圆锥花序,每一花序枝有 3～8 个头状花序;花序梗被短柔毛;总苞狭钟状或钟状;总苞片 1 层,13 枚,线状披针形;管状花 50～100 个,花冠黄色或橙黄色,花冠檐部裂片卵形;花药基部钝;花柱分枝,具钻形附器,被乳头状毛。瘦果圆柱形,棕褐色,具 10 条纵肋;冠毛绢毛状,白色。　花果期 8～10 月。　产于柳江、龙胜、资源、全州、梧州、北海、浦北、容县、那坡、隆林、昭平、南丹、天峨和金秀;生于路旁、草地、沟边、林缘或林下。分布于安徽、福建、贵州、云南、四川、河南、河北、湖北、湖南、江苏、江西、陕西、浙江和台湾,日本、尼泊尔和泰国亦有。　本种全株可入药,有散瘀、止血、消肿止痛的功效。

3. 平卧菊三七(云南种子植物名录)　**蔓三七草**(海南植物志)

Gynura procumbens (Lour.) Merr. ,Enum. Philipp. Fl. Pl. **3**:618. 1923;中国植物志 77(1):322,图版 71:1～4. 1999;Fl. China **20～21**:541. 2011. ——*G. sarmentosa* (Bl.) DC. Prodr. **6**:298. 1838. ——*G. cavaleriei* H. Lévl. ,Bull. Acad. Intern. Geogr. Bot. **24**:284. 1914. ——*Cacalia procumbem* Lour. ,Fl. Cochin. **2**:485. 1790. ——*C. sarmentosa* Blume,Bijdr. **15**:907. 1826.

攀缘草本,有臭气;茎淡褐色或紫色,有条棱。叶片卵形、卵状长圆形或椭圆形,长 3～8 cm,宽 1.5～3.5 cm,基部圆钝或狭楔状,全缘或波状,侧脉 5～7 对,叶背紫色,两面无毛,稀被疏柔毛;叶柄长 5～15 mm,无毛。伞房花序顶生或腋生,每个伞房花序具 3～5 个头状花序,无毛或疏被短毛;总苞狭钟状或漏斗状;总苞片 1 层,等长,长圆状披针形,顶端渐尖,边缘狭膜质,无毛;管状花 20～30 个,橙黄色,花冠檐部裂片卵状披针形;花药基部钝;花柱分枝锥状,被乳头状微毛。瘦果圆柱形,具 10 条纵肋,无毛;冠毛细绢毛状,白色。　花期 4～5 月。　产于南宁、隆安、马山、百色、靖西、那坡、凌云、田林、龙州、金秀、昭平、阳朔、临桂、恭城;生于林间溪旁、林下或林缘岩石缝隙中。分布于广东、福建、贵州、云南、四川、海南,越南、泰国、缅甸、马来西亚、印度尼西亚及非洲亦有。

4. 红凤菜(台湾)　**两色三七草**(海南植物志)　**白背三七**(贵州)　**红背草**

Gynura bicolor (Roxb. ex Willd.) DC. ,Prodr. **6**:299. 1838;海南植物志 **3**:417. 1974;贵州植物志 **9**:222. 1989;中国植物志 **77**(1):315,图版 70:5～8. 1999;Fl. China **20～21**:540. 2011. ——*Cacalia bicolor* Roxb. ex Willd. ,Sp. Pl. **3**:1731. 1803.

多年生直立草本,高 50～100 cm;无毛,茎上部有伞房状分枝。叶片倒卵形或倒披针形,长 5～10 cm,宽 2.5～4 cm,基部楔状渐狭成具翅的叶柄,边缘具不规则的锯齿,侧脉 7～9 对,叶背常带紫色,两面无毛。头状花序在茎、枝端排列成疏伞房状,花序梗长 3～4 cm;总苞狭钟状;总苞片 2 层,外层的小,少数,线形,内层的长,线形,顶端三角形,无毛;管状花橙黄色至红色,花冠明显伸出总苞,檐部 5 裂,裂片卵状三角形;花药基部圆形;花柱分枝钻形,被乳头状毛。瘦果圆柱形,具 10～15 条纵肋,无毛;冠毛绢毛状,白色。　花果期 5～10 月。　产于南宁、马山、桂林、兴安、平乐、阳朔、荔浦、恭城、蒙山、苍梧、岑溪、东兴、上思、灵山、浦北、平南、北流、那坡、隆林、贺州、昭平、富川、金秀和龙州;生于山坡林下、岩石上或溪边阴湿处。分布于福建、广东、贵州、四川、云南、海南、浙江和台湾,印度、日本、缅甸和泰国亦有。　本种可药用,有消肿止痛的功效,可用于血崩等症。

5. **白子菜** 鸡菜(海南) 大肥牛 叉花土三七(云南种子植物名录)

Gynura divaricata (L.) DC., Prodr. **6**: 301. 1838; 中国植物志 **77**(1): 317, 图版 71: 5~8. 1999; Fl. China **20~21**: 540. 2011. ——*G. auriculata* Cass., Opusc. Phyt. **3**: 100. 1834. ——*G. ovalis* (Ker-Gawl.) DC., Prodr. **6**: 300. 1838. ——*G. ovalis* var. *pinnatifida* Hemsl., Journ. Linn. Soc. Bot. **23**: 448. 1888. ——*G. hemsleyana* H. Lévl., Bull. Acad. Geogr. Bot. **24**: 284. 1914. ——*Senecio divaricatus* L., Sp. Pl. **2**: 866. 1753. ——*Cacalia incana* L., Sp. Pl. ed. **2**: 1169. 1763. ——*C. ovalis* Ker-Gawl., Bot. Reg. 2, t. 101. 1816.

多年生直立草本,高 30~60 cm;茎不分枝或上部有花序枝,通常被白色短柔毛。叶片半肉质,卵形,椭圆形或倒披针形,长 2~15 cm,宽 1.5~5 cm,基部楔状或渐狭,边缘具粗齿,稀全缘,叶背常带紫色,侧脉 3~5 对,细脉常联结成近平行的长圆形细网,两面被短柔毛;叶柄具短柔毛,基部有卵形或半月形具齿的耳;上部叶苞叶状,羽状浅裂。头状花序在茎或枝端排成疏伞房状圆锥花序;花序梗长 1~15 cm,密被短柔毛;总苞钟状;总苞片 2 层,外层数枚,线形,内层的较长,狭披针形,顶端渐尖,边缘膜质;管状花橙黄色,花冠檐部裂片长圆状卵形;花药基部钝或微箭形;花柱具锥形附器,被乳头状毛。瘦果圆柱形,具 10 条纵肋;冠毛绢毛状,白色。 花果期 8~10 月。 产于南宁、上林、北海、防城、东兴、灵山、贵港、博白、陆川、靖西、凌云、田林、隆林、天峨、凤山、环江、都安、大新、扶绥和富川;生于山坡草地、荒坡、林缘或路旁。分布于云南、四川和海南,越南亦有。

6. **尼泊尔菊三七** 茎叶天葵(云南种子植物名录)

Gynura nepalensis DC., Prodr. **6**: 300. 1838; 中国植物志 **77**(1): 314. 1999; Fl. China **20~21**: 539. 2011. ——*G. dielsii* H. Lévl., Bull. Acad. Geogr. Bot. **24**: 284. 1914. ——*G. nudibasis* (H. Lévl. et Van.) Lauener et Ferguson, Not. Bot. Gard. Edinb. **34**(3): 359. 1976. ——*Senecio nudibasis* H. Lévl. et Van., Repert. Spec. Nov. Regni Veg. **6**: 331. 1909.

多年生草本,高 30~45 cm;茎中空,粗壮,上部有伞房状分枝,密被黄褐色绒毛。叶片狭椭圆形,卵形、菱形或长圆状披针形,长 3~20 cm,宽 1~6 cm,基部狭楔状,全缘或边缘中部以上具锯齿,侧脉 3~6(8)对,叶面灰白色,被疏或密黄褐色柔毛,叶背沿脉被柔毛。头状花序在花茎枝端排成伸长的疏伞房状;花序梗长 1~10 cm,密被短柔毛;总苞狭钟状;总苞片线状披针形,顶端渐尖,边缘膜质;管状花黄色,花冠檐部裂片三角状卵形;花药基部钝;花柱分枝锥状,被乳头状微毛。瘦果圆柱形,具 10 条纵肋;冠毛绢毛状,白色。 花果期 4~5 月。 产于那坡;生于河溪边岩石上或田边。分布于贵州和云南,印度、不丹、斯里兰卡、缅甸、尼泊尔和泰国亦有。 本种在外形上与**红凤菜**[*G. bicolor* (Roxb. ex Willd.) DC.]相似,但全株密被黄褐色绒毛,叶片边缘上半部有锐锯齿,两面被密毛,叶柄基部无耳,与后者明显不同。

49. 野茼蒿属 Crassocephalum Moench

一年生或多年生草本。叶互生;叶片大头羽状分裂、羽状分裂或具锯齿。头状花序盘状,在花期常下垂,含同型两性花;总苞片 2 层,外层总苞片短小,离生,不等长,内层总苞片线状披针形,近等长,黏合成圆筒状;花序托扁平,无毛,具凹穴;花冠筒细长,檐部 5 裂;花药全缘,或基部具浅尖头;花柱分枝细长,被乳头状毛。瘦果圆柱形,具肋,顶端和基部具灰白色环带;冠毛绢毛状,白色。 本属约有 21 种,主要分布于热带非洲。我国有 2 种;广西有 1 种。

野茼蒿 革命菜

Crassocephalum crepidioides (Benth.) S. Moore, J. Bot. **50**: 211. 1912; 西藏植物志 **4**: 804, 图 354. 1988; 贵州植物志 **9**: 224. 1989. 横断山区维管植物(下册): 2102. 1994; 中国植物志 **77**(1): 304, 图版 67:

1～2. 1999；Fl. China **20～21**：536. 2011. ——*Gynura crepidioides* Benth.，Niger Fl. 438. 1849；海南植物志 **3**：417. 1974；中国高等植物图鉴 **4**：550，图 6514. 1975.

一年生直立草本，高 20～120 cm；茎不分枝或极少分枝，具纵棱，疏被短柔毛或无毛。叶片椭圆形或长圆状椭圆形，长 7～12 cm，宽 4～5 cm，边缘有不规则锯齿或重锯齿，有时基部羽裂，两面无毛或背面被短柔毛。头状花序在茎端排成圆锥花序状或伞房状的聚伞花序；总苞钟状；总苞片 1 层，线状披针形，等长，顶端有簇状毛；管状花两性，花冠红褐色或橙红色，檐部 5 裂；花柱基部呈小球状，分枝，顶端被乳头状毛。瘦果圆柱形，具 10 条纵肋，被毛；冠毛多数，绢毛状，白色。　花果期几全年。　产于广西各地；生于海拔 300～1 800 m 的山坡路旁、荒地、水边、灌木丛中。分布于安徽、福建、广东、贵州、云南、四川、海南、湖南、湖北、江苏、江西、陕西、西藏、浙江和台湾，非洲、亚洲(南部和东南部)、美洲、大洋洲亦有。　本种全草可入药，有健脾、消肿的功效，用于治消化不良、脾虚浮肿等症；其嫩叶是一种味美的野菜。

5. 紫菀族　Trib. Astereae Cass.

草本、半灌木或灌木。叶互生；叶片具锯齿，不分裂或羽状分裂。头状花序辐射状，或盘状，边缘有 1 至多层舌状或细管状的雌花，中央有管状的两性花，或边缘的雌花退化而仅有同型的管状花；雌花舌状，舌片黄色或其他颜色，先端具细齿 2～3 枚，或细管状而短于花柱；两性花花冠管状，黄色，结实或不结实；总苞片多层，覆瓦状排列，叶质、干膜质或近革质。花序托平或突起，无毛，蜂窝状或具窝孔，或稀有膜片状毛；花药先端有附片，基部钝，近全缘，或微尖；花柱分枝扁或一面凸形，先端有披针形或三角形的附器，外面被乳头突微毛。瘦果圆柱形、长圆形或倒卵形；冠毛毛状、芒状或膜片状，或无冠毛。　本族为菊科中较大的族，遍布于全世界，特别以美洲温带种类最多。　本族约有 225 属 3 100 种；我国有 30 属约 237 种；广西有 12 属 35 种 4 变种。

分属检索表

1. 头状花序辐射状；舌状花明显。
　2. 舌状花具黄色舌片；冠毛刚毛状 ………………………………………… 50. **一枝黄花属** Solidago L.
　2. 舌状花的舌片为白色、红色或紫色，非黄色；冠毛毛状、膜片状或无冠毛。
　　3. 瘦果无冠毛；两性花不育 ………………………………………… 51. **雏菊属** Bellis L.
　　3. 瘦果的冠毛毛状，或仅外层冠毛为膜片状。
　　　4. 舌状花通常 1 层 ………………………………………… 52. **紫菀属** Aster L.
　　　4. 舌状花 2 层 ………………………………………… 53. **飞蓬属** Erigeron L.
1. 头状花序盘状；雌花花冠细管状，顶端无舌片或小舌片不明显。
　5. 茎生叶不分裂，全缘或边缘具锯齿，稀羽状分裂。
　　6. 瘦果无冠毛。
　　　7. 多年生草本；茎生叶椭圆形或卵状椭圆形，长 4～10 cm ……………… 54. **粘冠草属** Myriactis Less.
　　　7. 一年生草本；茎生叶线形，长 1～1.5 mm ……………… 55. **瓶头草属** Lagenophora Cass.
　　6. 瘦果具糙毛状或细刚毛状冠毛。
　　　8. 瘦果具肋。
　　　　9. 攀缘状半灌木；瘦果两面具 1 条肋；冠毛 2～3 层 ……………… 56. **小舌菊属** Microglossa DC.
　　　　9. 直立、斜升草本、半灌木或灌木；瘦果两面具 2 条肋；冠毛 1 层 ……………… 57. **异裂菊属** Heteroplexis Chang
　　　8. 草本；瘦果无肋，冠毛细刚毛状 ……………… 58. **白酒草属** Eschenbachia Moench
　5. 茎生叶琴状或大头羽状分裂，或二回羽状分裂。
　　10. 匍匐草本；具单生的头状花序；瘦果冠毛膜片状，撕裂 ……………… 59. **田基黄属** Grangea Adanson
　　10. 直立或披散草本；头状花序于茎枝顶端排成圆锥伞房花序或近总状花序。

11. 茎中部叶片大头羽状分裂；头状花序直径 3～5 mm …………………… 60. **鱼眼草属** Dichrocephala L'Herit. ex DC.
11. 茎中部叶片二回羽状分裂；头状花序直径 2～3 mm ……………………………………… 61. **杯菊属** Cyathocline Cass.

50. 一枝黄花属 Solidago L.

多年生草本；茎基部木质化。单叶，互生。头状花序小或大，异型，辐射状，于茎上部排成总状花序、圆锥花序、伞房花序或复头状花序；总苞长圆状或狭钟状；总苞片多层，同型；花序托无鳞片；缘花黄色，1 层，雌性；盘花两性，管状，檐部稍宽，先端 5 齿裂；全部小花结实；花药基部钝；两性花花柱分枝扁平，顶端有披针形的附片。瘦果近圆柱形，有 8～12 条纵棱；冠毛细毛状，1～2 层，白色，外层略短于内层。 本属约有 120 种，主产于北美洲，部分种类分布于亚洲、欧洲和南美洲。我国有 6 种；广西有 2 种，其中 1 种为归化植物。

分 种 检 索 表

1. 头状花序大，直径 6～9 mm，长 6～8 mm，于花序分枝上直立，周面着生，排成总状花序或伞房圆锥花序，有时头状花序密集成复头状花序；瘦果全部无毛，或于先端略有疏柔毛 …………………………………… 1. **一枝黄花** S. decurrens Lour.
1. 头状花序小，直径 3 mm 以下，长 4～6 mm，于花序分枝上单面着生，排列成弯曲的蝎尾状圆锥花序；瘦果有细毛 …………………………………………………………………………………………… 2. **加拿大一枝黄花** S. canadensis L.

1. **一枝黄花**（植物名实图考） 蛇头王（乐业） 黄花草 六叶七星剑 蛇头黄（广西、广东） 金柴胡 钓鱼竿柴胡 土细辛（广西、贵州）

Solidago decurrens Lour.，Fl. Cochinch. **2**：501. 1790；中国高等植物图鉴 **4**：412. 1975；中国植物志 **74**：75. 1985；Fl. China **20～21**：632. 2011. ——*S. pubescens* Wall.，Num. List. no. 3226. 1831. ——*S. virgaurea* L. var. *leiocarpa* (Benth.) A. Gary, Mem. Amer. Acad. n. s. **6**(1)：395. 1857. ——*S. virgaurea* L. subsp. *leiocarpa* (Benth.) Hulten, Fl. Aleut. 315. 1937. ——*S. virgaurea* L. var. *paludosa* Honda, Bot. Mag. (Tokyo) **40**：95. 1937. ——*Amphirhapis leiocarpa* Benth.，Hook. Lond. J. Bot. **1**：488. 1842. ——*A. chinensis* Sch.-Bip.，Flora **35**：58. 1852.

多年生草本，具根茎；茎高 30～90 cm，直立，不分枝或中部以上分枝。单叶；叶片中部茎叶椭圆形，卵形或宽披针形，具翅柄，仅中部以上边缘有细齿或近全缘；茎上部叶片渐小，茎下部叶片与中部茎叶片同型，具长 2～4 cm 的翅柄。其主要特点是头状花序较大，长 6～8 mm，直径 6～9 mm，于花序分枝上直立，周面着生，排列成紧密或疏松的长 6～25 cm 的总状花序或伞房圆锥花序，有时头状花序密集成复头状花序。瘦果全部无毛或于先端略有疏柔毛。 花果期 9～11 月。 产于广西各地；生于海拔 500～1 000 m 的阔叶林林缘、林下、灌木丛中及山坡草地、路旁。分布于江苏、浙江、福建、安徽、江西、湖南、湖北、四川、云南、贵州、广东、台湾、陕西（南部）、山东，印度、日本、朝鲜、老挝、尼泊尔、菲律宾和越南亦有。 本种全草可入药，性味辛、苦、微温，有疏风解毒、退热行血、消肿止痛的功效，用于治毒蛇咬伤、痈、疖、感冒、急性咽喉炎和扁桃体炎等症；全草含皂苷，家畜误食会中毒，从而引起麻痹及运动障碍。

2. **加拿大一枝黄花** 金棒草

Solidago canadensis L.，Sp. Pl. **2**：878. 1753；中国植物志 **74**：76. 1985；Fl. China **20～21**：633. 2011.

多年生草本，有发达的根状茎；茎高 30～150 cm 或更高，基部无毛，中部以上被短柔毛及糙毛。叶片披针形或条状披针形，长 5～12 cm。其主要特点是头状花序很小，长 4～6 mm，直径约 3 mm，于花序分枝上单面着生，排列成蝎尾状圆锥花序。瘦果有细毛。 花果期 9～11 月。 广西及我国其他地方一些公园、植物园栽培供观赏。原产于北美洲，现为公园、庭园和耕地逸生的杂草。

51. 雏菊属 Bellis L.

一年生或多年生草本，葶状丛生；通常不分枝或有少数分枝。叶基生或互生；叶片全缘或有波状齿。头状花序具异型花，辐射状，通常单生花葶顶端；总苞半球形或宽钟形；总苞片近2层，稍不等长，草质；花托无托片，突起或圆锥形；舌状花1层，舌片白色或浅红色，全缘；管状花两性；所有花均结实；花柱分枝扁，三角形。瘦果扁状，有边脉，两面无脉或有1脉，具微毛；无冠毛。　本属有8种，分布于亚洲和欧洲。我国有1习见栽培种；广西亦有。

雏菊　延命菊　马兰头花

Bellis perennis L., Sp. Pl. **2**:886. 1753；中国高等植物图鉴 **4**:417. 图 6247. 1975；中国植物志 **74**:92. 1985；Fl. China **20～21**:559. 2011.

一年生或多年生葶状草本，高10～25 cm。叶基生；叶片匙形，上半部边缘具稀疏钝齿或波状齿。头状花序直径2.5～3.5 cm，单生花葶顶端，花葶被毛；总苞半球形或宽钟形；总苞片近2层，稍不等长，长椭圆形，顶端钝，外面被柔毛；舌状花1层，雌性，舌片白色带粉红色，全缘或具2～3齿裂；管状花两性，全部花可育。瘦果倒卵形，扁平，有边脉，被细毛；无冠毛。　广西各地庭园有栽培。原产于欧洲，现在我国各地庭园栽培作为观赏植物。

52. 紫菀属 Aster L.

多年生草本、半灌木或灌木；茎直立。叶互生；叶片有齿或全缘。头状花序排列成伞房状、圆锥伞房状或圆锥花序状，或单生，花异型，辐射状，外围有1～3层雌花，中央有多数两性花，结实，少有无雌花而呈盘状；总苞半球状、钟状或倒锥状；总苞2层至多层，外层渐短，覆瓦状排列或近等长，苞片草质或革质，边缘膜质；花托蜂窝状，平或稍突起；雌花花冠舌状，舌片狭长，白色、浅红色、紫色或蓝色，先端有2～3枚不明显的齿；两性花花冠管状或钟状，黄色或先端紫褐色，有5枚等形的裂片；花药基部钝，全缘；花柱分枝附片披针形或三角形。瘦果长圆形、倒卵圆形或纺锤形，扁或两面稍凸，有2条边肋或5条厚肋，无毛、被毛或有腺；冠毛宿存，白色或褐色，有多数近等长的细糙毛，或另有一外层极短的毛或膜质。　本属约有152种，分布于亚洲、大洋洲和北美洲。我国有123种；广西有13种4变种。

分种检索表

1. 茎中部叶片基部心形、耳形或小圆耳形，半抱茎。
  2. 头状花序直径2～2.5 cm。
    3. 茎中部叶片长圆形或狭椭圆形；舌状花的舌片白色 ………… 1. **耳叶紫菀** A. auriculatus Franch.
    3. 茎中部叶片长圆状匙形；舌状花的舌片浅紫色 ………… 2. **琴叶紫菀** A. panduratus Nees ex Walp.
  2. 头状花序直径达3 cm以上。
    4. 中部叶片长圆形或琴形；总苞无腺毛；头状花序直径约3 cm ………… 3. **圆耳紫菀** A. sphaerotus Y. Ling
    4. 中部叶片长圆状披针形；总苞密被腺毛；头状花序直径3～4 cm ………… 4. **长梗紫菀** A. dolichopodus Y. Ling
1. 茎中部叶片基部非上述形状，不抱茎。
  5. 茎、叶背面和总苞片外层密被短毡毛 ………… 5. **毡毛紫菀** A. velutinosus Y. Ling
  5. 茎、叶背面和总苞片外层非上面所述。
    6. 叶片两面无毛或疏被微毛，无腺点。
      7. 叶片匙状至条状披针形或线状披针形，两面无毛；叶片基部楔形，或渐狭成柄，叶柄基部扩大，半抱茎。
        8. 总苞片2～3层；舌状花的舌片白色 ………… 6. **长叶紫菀** A. dolichophyllus Y. Ling

8. 总苞片 3～5 层；舌状花的舌片紫红色 ………………………………………… 7. **钻叶紫菀** A. subulatus Michaux

7. 叶片匙状距圆形、倒披针形或卵状距圆形，腹面或背面疏被微毛或近无毛；叶基部渐狭成具翅的长柄或无柄，叶柄基部不抱茎。

9. 茎部叶片倒披针形或倒卵状矩圆形，长 3～10 cm，宽 0.8～5 cm；舌状花的舌片浅紫色 ……………………………………………………………………………………………… 8. **马兰** A. indicus L.

9. 中部叶片匙状矩圆形，长 1.5～2.5 cm，宽 1.5～4 mm；舌状花的舌片粉红色或白色 ……………………………………………………………………………………… 9. **华南狗娃花** A. asagrayi Makino

6. 叶片两面被微糙毛，或腹面被短糙毛，背面被短柔毛，常有腺点。

10. 头状花序单生叉状分枝顶端或叶腋，或近总状排列，直径 4～5 mm ……………………………………………………………………………… 10. **秋分草** A. verticillatus (Reinw.) Brouillet

10. 头状花序直径 0.8～2 cm，排列成伞房状或圆锥伞房状。

11. 下部叶片匙状长圆形或宽卵圆形，非心形。

12. 中部叶片长 3～4 cm，宽 0.5～1.5 cm；总苞片 4 层；头状花序直径 0.8～1.5 cm ……………………………… 11b. **等毛短舌紫菀** A. sampsonii (Hance) Hemsl. var. isochaetus C. C. Chang

12. 中部叶片长 5～15 cm，宽 1～5 cm；总苞片 3 层；头状花序直径 1.5～2 cm。

13. 茎被黄褐色或灰白色密绒毛；叶腹面密被糙毛或两面密被绒毛或毡毛；舌状花白色 ………………………… 12b. **毛枝三脉紫菀** A. ageratoides Turcz. var. lasiocladus (Hayata) Hand.-Mazz.

13. 茎不被黄褐色或灰白色密绒毛。

14. 叶背密被短柔毛，有明显较密的腺点；叶片卵形或卵状披针形，有 6～9 对浅锯齿，腹面平坦或有时有泡状；总苞有毛及缘毛，先端绿色 ……………………………… 12c. **微糙三脉紫菀** A. ageratoides Turcz. var. scaberulus (Miq.) Y. Ling

14. 叶背面疏被毛或除沿脉外无毛，稍有疏腺点。

15. 总苞片宽 1～2 mm，先端较钝，带紫褐色，有密短缘毛，或较尖而有短缘毛，边缘有齿蚀状细锯齿 ………………………………………………… 12a. **三脉紫菀** A. ageratoides Turcz. var. ageratoides

15. 总苞片宽 1 mm，先端稍尖，绿色，边缘无毛或有短缘毛，全缘或有时具齿 ………………………… 12d. **宽伞三脉紫菀** A. ageratoides Turcz. var. laticorymbus (Vaniot) Hand.-Mazz.

11. 下部叶片心形。

16. 茎中部以上的叶片常有楔形具宽翅的柄；总苞片不等长；瘦果无毛 ………… 13. **东风菜** A. scaber Thunb.

16. 茎中部以上的叶片常有不具翅的柄；总苞片近等长；瘦果有毛 …… 14. **短冠东风菜** A. marchandii H. Lévl.

1. **耳叶紫菀** 银钱菊（云南） 图版 60：1～5

Aster auriculatus Franch., J. Bot. (Morot) **10**：376. 1896；中国高等植物图鉴 **4**：426，图 6265. 1975；中国植物志 **74**：143，图版 39：5～9. 1985；Fl. China **20～21**：598. 2011.

多年生草本；有根状茎，粗壮；茎直立，单生，稀丛生，高 40～70 cm，被长粗毛，有腺。其与**圆耳紫菀**（*A. sphaerotus* Y. Ling）相近，相异在于本种的叶片质地薄，不在茎中部密集，叶背面及总苞有腺，叶腹面或两面密被糙毛，且叶背面沿脉及边缘被长粗毛；头状花序较小，直径 2～2.5 cm。 花果期 4～8 月。产于临桂、隆林；生于海拔 700～1 100 m 的山坡草地和林缘。分布于甘肃、西藏、湖北、云南（东北部、西部及西北部）、贵州（西部）、四川（南部至西南部）。

2. **琴叶紫菀** 福氏紫菀（广州植物志） 岗边菊（全国中草药汇编）

Aster panduratus Nees ex Walp., Nov. Actorum Acad. Caes. Leop.-Carol. Nat. Cur. **19**：258. 1843；中国高等植物图鉴 **4**：426，图 6266. 1975；中国植物志 **74**：145. 1985；Fl. China **20～21**：599. 2011. ——*A. candelabrum* Vnt., Bull. Acad. Int. Geogr. Bot. **12**：498. 1903. ——*A. argyi* H. Lévl., Bull. Acad. Int. Géogr. Bot. **25**：14. 1915.

多年生草本；有根状茎，粗壮；茎直立，高达 1 m，单生或丛生，纤细或粗壮，被开展的长粗毛，常有腺，上部有分枝，有较密生的叶；下部叶片在花期枯萎。其与**耳叶紫菀**（*A. auriculatus* Franch.）稍相近，相异

图版 60　**1～5. 耳叶紫菀** Aster auriculatus Franch.　1～2. 植株；3. 总苞片；4. 舌状花；5. 管状花。　**6～9. 圆耳紫菀** A. sphaerotus Y. Ling　6～7. 植株；8. 总苞片；9. 舌状花。　**10～12. 秋分草** A. verticillatus (Reinw.) Brouillet　10. 花枝；11. 雌花；12. 两性花。　(何顺清绘，10～12 摹自《中国植物志》)

在于本种总苞较小，长 5 mm，直径 6～8 mm，叶片及总苞片外层全部草质，密被短毛及腺；先端钝或稍尖。 花期 2～9 月，果期 6～10 月。 产于桂东北和桂西北；生于海拔 1 000～1 400 m 的山坡灌木丛、草地、溪岸、路旁。分布于四川、湖北、湖南、贵州、江西、浙江、江苏、福建和广东。

3. **圆耳紫菀**（中国植物志） 图版 60：6～9

Aster sphaerotus Y. Ling，中国植物志 **74**：145. 1985；Fl. China **20～21**：598. 2011. ——*Erigeron panduratus* C. C. Chang，Sunyatsenia **6**：17. 1941.

多年生草本；有根状茎及细长的匐枝；茎直立，略纤细，高达 40 cm，被开展的长毛。其与**耳叶紫菀**（*Aster auriculatus* Franch.）相近，相异在于本种的叶质地稍厚，在茎中部密集，叶背面及总苞无腺，叶腹面全部和背面仅沿脉及边缘被长毛；头状花序较大，直径达 3 cm。 花期 7～8 月。 产于资源、融水；生于海拔 1 200 m 的山地林下。 本种为广西特有种。

4. **长梗紫菀**

Aster dolichopodus Y. Ling，Fl. Reipubl. Popularis Sin. **74**：356. 1985；Fl. China **20～21**：602. 2011.

多年生直立草本；茎高 30～90 cm，被开展或上部被俯伏的长毛，下部有较密的叶。中部叶片长圆状披针形，长 4～7.5 cm，宽 0.6～1 cm，基部常抱茎，或几有耳部，全缘或上部有 1～2 对小尖头状齿或浅齿；上部叶线状披针形，腹面被伏糙毛，背面被较长的、沿脉被更长的粗毛。头状花序直径 3～4 cm，在枝端单生或排列成伞房状，花序梗长 4～15 cm；总苞半球形；总苞片 3～4 层，覆瓦状排列，被密腺毛；舌状花约 40 个，舌片浅蓝紫色；管状花上部被微毛；花柱分枝附片线状披针形；冠毛 1 层，浅红色或基部白色。瘦果倒卵圆形，除厚边肋外，一面具肋，被短粗毛。 花果期 7～9 月。 产于临桂；生于低山草坡、沟边及路旁。分布于甘肃、陕西和四川（西部及西北部）。

5. **毡毛紫菀**（中国植物志）

Aster velutinosus Y. Ling，中国植物志 **74**：359，197. 1985；Fl. China **20～21**：612. 2011.

多年生草本；茎高达 1 m，中部被短毡毛，上部被较长的白色短毡毛，有分枝，有较密或上部较疏的叶。中部叶片长圆状披针形，长 4～7.5 cm，宽 0.9～1.6 cm，基部稍圆形，或近楔形，无柄或急狭成短柄，上部渐尖，有细尖头或镰状渐尖；上部叶片卵圆形，长 1.5～2.5 cm，宽 0.5～0.8 cm，顶部叶极小，全部叶纸质，腹面无毛，稍有光泽，仅基部沿脉有短柔毛。其与**短舌紫菀**[*A. sampsonii* (Hance) Hemsl.]相近，不同在于本种茎、叶背面和总苞片外层密被短毡毛；总苞片卵圆形或长圆形，先端钝或急尖，或长形，厚干膜质。 产于扶绥；生于海拔 200 m 的山地灌木丛中。 本种为广西特有种。

6. **长叶紫菀**（中国高等植物图鉴） 图版 61：1～6

Aster dolichophyllus Y. Ling，中国植物志 **74**：168，图版 41：6～10. 1985；Fl. China **20～21**：603. 2011.

多年生草本；有根状茎及长匍匐枝，有密须根及不定根；茎斜生，高约 45 cm，稍细，无毛或上部有疏粗毛。茎基部及下部叶片在花期宿存，密生，匙状至条状披针形，长 10～17 cm，宽 1～2 cm，先端镰状渐尖或渐尖，下部渐狭成长柄，柄基部扩大半抱茎，上半部边缘有少数波状疏锯齿或小尖头状齿；中部叶片长 5～9 cm，宽 0.5～0.8 cm，近全缘，有短柄；全部叶稍厚质。其与**三脉紫菀**（*A. ageratoides* Turcz.）相近，不同在于本种叶片为匙状至条状披针形，两面无毛，有几与边缘平行的离基 3 出脉。 花期 10 月。 产于龙胜、兴安、融水；常生于海拔 850 m 的疏林中水旁岩石上，与藓类同生。 本种为广西特有种。

7. **钻叶紫菀**

Aster subulatus Michaux，Fl. Bor.-Amer. **2**：111. 1803；中国植物志 **74**：254. 1985；Fl. China **20～21**：652. 2011. ——*Symphyotrichum subulatum* (Michaux) G. L. Nesom，Phytologia **77**：293. 1995.

一年生直立草本，高 16～150 cm；茎无毛。基生叶片披针形或卵形，花期凋落；茎生叶片披针形或线状披针形，长 2～11 cm，宽 0.1～1.7 cm，两面无毛，基部楔形，边缘全缘或稍具细齿。头状花序多数，排列成圆锥状的伞房花序；花序梗长 0.3～1 cm，无毛；总苞圆柱形；总苞片 3～5 层，苞片披针形至线状披针形，无毛，不等长；舌状花 1 层，舌片略带紫红色，无毛；管状花花冠黄色，檐部裂片三角形，无毛。瘦果披针

图版 61　1～6. **长叶紫菀** Aster dolichophyllus Y. Ling　1、2. 植株；3. 管状花；4. 花药；5. 花柱分枝；6. 舌状花。7～11. **短舌紫菀** A. sampsonii (Hance) Hemsl. var. sampsonii　7、8. 植株；9. 总苞片；10. 舌状花；11. 管状花。(何顺清绘)

状，疏被硬毛；冠毛白色。 花果期8～10月。 产于广西各地；生于路边、旷野草地、田间或受人为干扰的地段。本种原产于北美，现在我国安徽、河北、河南、湖北、湖南、江苏、江西、陕西、山东、四川、云南、贵州、台湾等地均有逸生，非洲（中部和北部）、美洲（南部）亦有。

8. **马兰**（本草纲目） 马兰头（救荒本草） 田边菊 路边菊（桂平） 鱼鳅串 蓑衣莲 鸡儿肠（误称） 图版58：3～5

Aster indicus L., Sp. Pl. **2**: 876. 1753; Fl. China **20～21**: 584. 2011. ——*Kalimeris indica* (L.) Sch.-Bip., Syst. Verz. 125. 1854～1855；中国高等植物图鉴**4**：419，图6252. 1975；中国植物志**74**：99，图版30：1～3. 1985. ——*Aster yangtzensis* Migo, Bot. Mag. (Tokyo) **56**: 300. 1942.

多年生草本；根状茎有匍匐枝；茎直立，高30～70 cm，有分枝，上部有短毛。茎下部叶片倒披针形或倒卵状长圆形，长3～6(10) cm，宽0.8～2(5) cm，先端钝或尖，基部渐狭成具翅的长柄，边缘从中部以上具小尖头的钝齿或尖齿或有羽状裂片；上部叶片小，全缘。其与产于华中、华东的**毡毛马兰**[*A. shimadai* (Kitam.) Nemoto]接近，相异在于本种的叶质较薄，两面或腹面被疏微毛或近无毛；瘦果倒卵状长圆形，极扁，较小，长1.5～2 mm，宽1 mm，冠毛长0.1～0.3 mm，叶形多变异。 花期5～8月，果期9～10月。产于广西各地；生于低山、丘陵、村边、路旁、草丛、林缘、溪边。分布于四川、云南、贵州、甘肃、陕西、宁夏、山西、河北、河南、湖北、湖南、江西、广东、福建、台湾、浙江、安徽、江苏、山东和辽宁（南部），日本、朝鲜、俄罗斯（东部）、老挝、马来西亚、缅甸、泰国、越南及印度亦有。 全草可入药，可用于治感冒发热、咳嗽、急性咽炎、流行性腮腺炎、传染性肝炎、胃及十二指肠溃疡、小儿疳积、肠炎、痢疾、尿路感染、吐血、衄血、月经不调等症；外用治疮疖肿毒、乳腺炎、外伤出血等症；此外，可作观赏，亦可切花插瓶。

9. **华南狗娃花**（中国植物志） 华南铁杆蒿（海南植物志）

Aster asagrayi Makino, Bot. Mag. (Tokyo) **22**: 157. 1908; Fl. China **20～21**: 589. 2011. ——*A. ciliosus* (Turcz.) Hand.-Mazz., Notizbl. Bot. Gart. Berl.-Dahl. **13**: 614. 1937. ——*Heteropappus ciliosus* (Turcz.) Y. Ling，中国植物志**74**：116. 1985. ——*Calimeris ciliosa* Turcz., Bull. Soc. Nat. Mosc. **24**: 61. 1851. ——*Kalimeris ciliata* A. Gray, Mem. Amer. Acad. Arts ser. 2, **6**(2): 394. 1858. ——*K. ciliosa* Turcz., Bull. Soc. Imp. Naturalistes Moscou **24**: 61. 1851.

多年生草本；有直根；茎斜升或平卧，高15～35 cm，上部有少数分枝，被上曲的疏糙毛或后变无毛。不发育的茎缩短，顶部有莲座状的叶丛，不育茎的叶片匙形；而发育茎下部的叶于花期凋落，中部叶片匙状长圆形，上部叶片渐小；全部叶无柄，全缘，有缘毛，两面无毛或背面脉上和近边缘有疏短毛，中脉在腹面稍突起。 花果期7～9月。 产于桂南；生于海岸荒地沙土上或河边草地上。分布于海南、福建、广东，日本亦有。其与**半卧狗娃花**[*Aster semprostratus* (Grierson) H. Ikeda]不同在于本种总苞边缘草质；而后者总苞边缘至少内层边缘膜质。

10. **秋分草** 图版60：10～12

Aster verticillatus (Reinw.) Brouillet, Semple et Y. L. Chen, Fl. China **20～21**: 608. 2011. ——*Rhynchospermum verticillatum* Reinw., Syll. Pl. Nov. **2**: 8. 1825；中国植物志**74**：85，图版26：1～3. 1985. ——*Leptocoma racemosa* Less., Linnaea **6**: 130. 1831. ——*Zollingeria scandens* Sch.-Bip., Flora **37**: 275. 1854.

多年生草本；茎单生，稀簇生，直立，高0.25～1 m，被尘状微柔毛。生于茎下部叶片倒披针形、长椭圆状倒披针形或长椭圆形，具长柄且有翅；上部叶片渐小，全缘或有尖齿。头状花序单生于叉状分枝顶端或单生于叶腋或近总状排列，直径4～5 mm，梗密被锈色尘状短柔毛；总苞半球形，宽3～4 mm；总苞片2～3层，稍不等长；外围雌花2～3层，舌状，花冠长1.2 mm，管部极短，外面被腺点；两性花花冠长2 mm，外面被腺点。雌花瘦果压扁状，长椭圆形，有长喙，被棕黄色小腺点；两性花瘦果有短喙或无，冠毛纤细，易脱落。 花果期8～11月。 产于龙州、隆林、凌云、南丹；生于海拔400～800 m的山地沟边、林下、林缘荫湿处。分布于台湾、福建、广东、湖南、湖北、江西、西藏、四川、云南和贵州，印度、不丹、缅甸、印度尼西亚、尼泊尔、马来西亚和日本亦有。　全草可用于治疗传染性肝炎、肝硬化腹水及崩漏等症。

11. **短舌紫菀**(中国高等植物图鉴)　桑氏紫菀(广州植物志)　黑根紫菀(全国中草药汇编)

Aster sampsonii (Hance) Hemsl., J. Linn. Soc. Bot. **23**:415. 1888;广州植物志 551. 1956;中国高等植物图鉴 **4**:432,图 6277. 1975;中国植物志 **74**:198,图版 50:6～10. 1985;Fl. China **20～21**:613. 2011. ——*Erigeron hirsutus* Lour., Fl. Cochinch. **2**:500. 1790. ——*Heteropappus sampsonii* Hance, J. Bot. **5**:370. 1867.

11a. **短舌紫菀**(原变种)　图版 61:7～11

Aster sampsonii (Hance) Hemsl. var. **sampsonii**

舌状花无冠毛。分布于广东和湖南,广西不产。

11b. **等毛短舌紫菀**(变种)　接骨草(宁明)

Aster sampsonii (Hance) Hemsl. var. **isochaetus** C. C. Chang, Bull. Fan Mem. Inst. Biol. Bot. **7**:162. 1936;中国植物志 **74**:199. 1985;Fl. China **20～21**:613. 2011.

本变种的舌状花有与管状花同样的冠毛;头状花序 3 个至较多个生于枝端或单生于叶腋,全部排列成多花的圆锥状伞房花序;花序梗长达 1 cm。　产于宁明;生于山坡草地或灌木丛中。分布于广东(北部)、湖南(南部)。　全草可入药,外用可治骨折。

12. **三脉紫菀**　野白菊花(植物名实图考)　山白菊(贵州)　山雪花　白升麻　山折(海南植物志)　三褶脉紫菀　三脉叶马兰(中国高等植物图鉴)　鸡儿肠　野白菊(陆川)

Aster ageratoides Turcz., Bull. Soc. Imp. Nat. Mosc. **17**:154. 1837;海南植物志 **3**:384. 1974;中国高等植物图鉴 **4**:428,图 6270. 1975;中国植物志 **74**:159,图 45:1～5. 1985;Fl. China **20～21**:582. 2011. ——*A. trinervius* D. Don subsp. *ageratoides* (Turcz.) Griers., Not. Roy. Bot. Gard. Edinb. **26**:102. 1964;Fl. China **20～21**:582. 2011.

12a. **三脉紫菀**(原变种)　图版 62:1～5

Aster ageratoides Turcz. var. **ageratoides**

多年生草本;有根状茎,粗壮;茎直立,高 0.4～1 m,纤细或粗壮,被柔毛或粗毛,上部有开展的分枝,下部叶在花期枯萎。茎基部叶片宽卵形,急狭成柄;中部叶片椭圆形或长圆状披针形,长 5～15 cm,宽 1～5 cm,先端渐尖,基部楔形,边缘有 3～7 对浅或深锯齿;上部叶片渐小,有浅齿或全缘;全部叶纸质,叶片腹面被短糙毛,背面被疏短柔毛,有疏腺点,或两面被短绒毛而背面沿脉有粗毛。　花果期 7～12 月。　产于梧州、岑溪、容县、博白、陆川、北流、藤县、平南、贵港、上思、武鸣、融水、平乐、阳朔、临桂、龙胜、资源、兴安、全州;生于林下、林缘、灌木丛及山谷湿地。分布于我国东北部、北部、东部、南部至西部、西南部及西藏(南部),不丹、印度(东北部)、缅甸、尼泊尔、俄罗斯(东部)、泰国(北部)、越南、朝鲜、日本亦产。　全草可用于风热感冒、咳嗽、痢疾、小儿疳积、蛇伤、烧烫伤、跌打损伤等。其相近于我国西藏南部的**三基脉紫菀**(*A. trinervius* D. Don),不同在于本种的叶具明显的离基 3 出脉,基部渐狭,侧脉于渐狭部分发出;总苞较小,直径 4～10 mm;而后者叶有 3 基出脉;总苞较大,直径 8～15 mm。

12b. **毛枝三脉紫菀**(变种)　银柴胡　大紫胡(贵州)　细叶六月雪(梧州)

Aster ageratoides Turcz. var. **lasiocladus** (Hayata) Hand.-Mazz., Act. Hort. Gothob. **12**:215. 1938;中国植物志 **74**:163. 1985;Fl. China **20～21**:583. 2011. ——*A. lasiocladus* Hayata, Icon. Pl. Form. **8**:49. 1919. ——*A. trinevius* Roxb. var. *lasiocladus* (Hayata) Yamomoto, J. Trop. Agric. **8**:268. 1936. ——*A. ageratoides* Turcz. subsp. *lasiocladus* (Hayata) Kitam., Act. Phytotax. Geobot. **10**:30. 1941.

本变种与其他各变种不同在于本变种的茎被黄褐色或灰白色密绒毛;叶片长圆状披针形,常较小,长 4～8 cm,宽 1～3 cm,先端钝或急尖,质厚,边缘有浅齿,腹面被密糙毛,或两面密被绒毛,沿脉常有粗毛;总苞片质厚,密被绒毛;舌状花白色。　产于那坡、梧州、阳朔、桂林;生于海拔 180～550 m 的山坡路旁或灌木丛中。分布于台湾、福建、江西、安徽、湖南、贵州、广东、海南、云南(东南部)。　本种入药可用于治感冒、骨痛、蛇伤等症。

图版62 1～5. **三脉紫菀** Aster ageratoides Turcz. var. ageratoides 1、2. 植株；3. 总苞片；4. 舌状花；5. 管状花。6～12. **短冠东风菜** A. marchandii H. Lévl. 6. 茎的一部分；7. 植株上部；8. 舌状花；9. 管状花；10. 花药；11. 花柱分枝；12. 瘦果。（何顺清绘）

12c. 微糙三脉紫菀（变种）　鸡儿肠（救荒本草）　野粉团儿（湖南土名）　马兰（江苏南部种子植物手册）　山白菊（广州植物志）

Aster ageratoides Turcz. var. **scaberulus**（Miq.）Y. Ling，中国植物志 **74**：162. 1985；Fl. China **20～21**：584. 2011. ——*A. scaberulus* Miq.，J. Bot. Néerl. **1**：100. 1861.

本变种叶片通常卵圆形或卵圆披针形，有6～9对浅锯齿，下部渐狭或急狭成具狭翅或无翅的短柄，质较厚，腹面密被微糙毛，背面密被短柔毛，有明显的腺点，且沿脉常有长柔毛，或背面后脱毛。总苞较大，长5～7 mm，直径6～10 mm，总苞片上部绿色；舌状花白色或带红色。　产于藤县、钦州、防城；常生于低海拔的旷野间。分布于浙江、江西、江苏、安徽、湖北、湖南、四川、云南、贵州、广东和福建，越南亦有。　本种全草可用于治蛇伤。其与**三脉紫菀**（原变种）（*A. ageratoldes* Turcz. var. *ageratoides*）不同在于后者叶腹面被短糙毛，背面疏被短柔毛或近无毛，有疏腺点。

12d. 宽伞三脉紫菀（变种）

Aster ageratoides Turcz. var. **laticorymbus**（Vaniot）Hand.-Mazz.，Acta. Hort. Gothob. **12**：214. 1938；中国植物志 **74**：164. 1985；Fl. China **20～21**：583. 2011. ——*A. laticorymbus* Vaniot，Bull. Acad. Int. Géogr. Bot. **12**：494. 1903.

本变种茎多分枝；中部叶片长圆状披针形或卵圆状披针形，下部渐狭，有7～9对锯齿，背面常脱毛；枝部叶小，卵圆形或披针形，全缘或有齿。总苞片较狭小，宽1 mm，边缘无毛或有短缘毛，上部绿色；舌状花白色。　产于阳朔；常生于海拔500～550 m的山谷、山坡灌木丛中。分布于陕西、四川、湖北、湖南、江西、福建、安徽、广东、贵州。　其与**三脉紫菀**（原变种）（*A. ageratoides* Turcz. var. *ageratoides*）不同在于后者总苞片较宽大，宽1～2 mm，先端较钝，有密短缘毛，或较尖而有粗缘毛，边缘有齿蚀状细锯齿，上部紫褐色；舌状花紫色或红色。

13. 东风菜（开宝本草）　山田七（博白）　草田七

Aster scaber Thunb.，Syst. Veg. ed. **14**：763. 1784；Fl. China **20～21**：580. 2011. ——*A. komarovii* H. Lévl. et Vaniot，Bull. Acad. Int. Geogr. Bot. **20**：142. 1909. ——*Doellingeria scaber*（Thunb.）Nees，Gen. Sp. Ast. 183. 1833；中国高等植物图鉴 **4**：423，图 6259. 1975；中国植物志 **74**：128，图版 37：1～6. 1985. ——*Biotia discolor* Maxim.，Prim. Fl. Amur. 146. 1859.

多年生草本；茎直立，高1～1.5 m。下部叶片心形，长9～24 cm，宽6～18 cm，先端尖，基部急狭下延成长6～15 cm的翅状柄，边缘具小尖头的锯齿。其与**短冠东风菜**（*Aster marchandii* H. Lévl.）相近，相异在于本种于茎中部以上的叶常有楔形具宽翅的柄；全部叶两面密被微糙毛；总苞片3层，不等长，疏松覆瓦状排列，背部狭草质，边缘宽膜质；冠毛有多数不等长而与管状花花冠等长的毛。　花期6～10月，果期8～10月。　产于贺州、资源；常生于山谷坡地、草地和灌木丛中。分布于我国东北部、北部、中部、东部至南部各地；朝鲜、日本及俄罗斯（西伯利亚东部）亦有。　本种鲜品捣烂后敷伤口周围可用于治疗蛇毒；根用于治头痛、胃脘痛、跌打损伤等症；其头状花多密集，舌状花白色，管状，花黄色，可作观赏。

14. 短冠东风菜　独脚莲（全州）　白花共（恭城）　图版 62：6～12

Aster marchandii H. Lévl.，Repert. Spec. Nov. Regni Veg. **11**：306. 1912；Fl. China **20～21**：580. 2011. ——*Doellingeria marchandii*（H. Lévl.）Ling，中国高等植物图鉴 **4**：423，图 6260. 1975；中国植物志 **74**：130. 1985.

多年生草本；茎高0.6～1.3 m。下部叶片心形，长7～10 cm，宽7～10 cm，先端尖或近圆形，基部急狭成长达17 cm的叶柄，边缘有具小尖头的锯齿。其与**东风菜**（*Aster scaber* Thunb.）相近，相异在于本种于茎中部以上的叶常有不具翅的柄；全部叶质厚，腹面有疏糙毛，背面仅沿脉有短毛。总苞片3层，近等长，草质，仅内层边缘狭膜质。瘦果被糙毛；冠毛有少数不等长而均短于管状花花冠筒部的毛。　花期8～9月，果期9～10月。　产于陆川、苍梧、百色、南丹、金秀、恭城、兴安、全州；生于海拔500～1 100 m的山谷、水边、田间、路旁。分布于四川、贵州、湖北、江西、福建、浙江和广东，云南有栽培。　全草可入药，用于治小儿疳积、跌打损伤。

53. 飞蓬属 Erigeron L.

多年生，稀一年生或二年生草本，或半灌木。叶互生；叶片全缘或有锯齿。头状花序辐状，单生或数个，少有多数排列成总状、伞房状或圆锥状花序；总苞半球形或钟形，总苞片多层，近等长或外层较短，边缘和先端干膜质，中脉红褐色；雌花多层，舌状，或内层无舌片，舌片狭小，长约 10 mm，宽 1 mm 以下，少有稍宽大，紫色、蓝色或白色，少有黄色，多数 100 多朵，有时少数；两性花管状，檐部狭，管状至漏斗状，直径 1 mm 以下，上部有 5 裂片；花药条状长圆形，先端有卵状披针形附片，基部钝；花柱分枝附片长 0.15～0.25 mm，宽三角形；花全部可育。瘦果长圆状披针形，压扁状，有边脉，少有多脉，被疏或密短毛；冠毛 2 层，内层及外层同型或异型，有极细而脆的刚毛，离生或基部连合，外层极短或等长；有时雌花冠毛退化成少数鳞片状膜片的小冠。 本属约有 400 种，主要分布于欧洲、亚洲大陆及北美洲，少数分布于非洲及大洋洲。我国有 39 种，主要分布于新疆和西南部山区；广西有 5 种。

分种检索表

1. 头状花序直径大于 1 cm。
  2. 多年生草本；叶全缘；头状花序单个顶生；雌花和两性花冠毛同型，2 层，外层极短，内层刚毛状 …………………………………………………………………………………………… 1. **短葶飞蓬** E. breviscapus (Vaniot) Hand.-Mazz.
  2. 一年生或二年生草本；叶具锯齿；头状花序排列成疏圆锥花序；雌花和两性花的冠毛异型，雌花的冠毛极短，膜片状连成小冠，两性花的冠毛 2 层，外层鳞片状，内层为 10～15 条刚毛 ……………………… 2. **一年蓬** E. annuus (L.) Pers.
1. 头状花序直径不超过 1 cm。
  3. 植株绿色，被疏长硬毛；叶两面或仅腹面疏被短毛，边缘常被上弯的硬缘毛；头状花序较小，直径 3～4 mm …………………………………………………………………………………………… 3. **小蓬草** E. canadensis L.
  3. 植株灰绿色，被贴生短毛和疏长毛；叶两面被灰白色短糙毛；头状花序较大，直径 5～10 mm。
    4. 茎粗壮，高 80～150 cm；茎叶倒披针形或宽条形；头状花序多数，排成大而长的圆锥花序；总苞长约 4 mm；冠毛黄褐色 …………………………………………………………… 4. **苏门白酒草** E. sumatrensis Retz.
    4. 茎较细，高 30～50 cm；茎叶条形或狭披针形；头状花序较多数，排成总状或总状圆锥花序；总苞长约 5 mm；冠毛淡红褐色 …………………………………………………………… 5. **香丝草** E. bonariensis L.

1. **短葶飞蓬** 短花茎飞蓬(广西植物名录) 灯盏花(滇南本草) 灯盏细辛(云南、贵州) 踏地莲花菜(贵州) 地顶草 地朝阳(云南) 图版 63：1～3

Erigeron breviscapus (Vaniot) Hand.-Mazz., Symb. Sin. **7**：1093. 1936；中国高等植物图鉴 **4**：444，图 6320. 1975；中国植物志 **74**：308，图版 77：8～10. 1985；Fl. China **20～21**：638. 2011. ——*Aster breviscapus* Vent., Bull. Acad. Int. Geogr. Bot. **14**：495. 1903.

多年生草本；根状茎木质，粗厚，斜生或横走，多生须根；茎单生或数个，高 5～50 cm，基部直径 1～1.5 mm，直立或基部略弯，不分枝或有时有少数分枝。其主要特点是茎、分枝、叶、总苞片背面被密或疏的短硬毛，杂有短贴毛和头状具柄的腺毛。叶全缘；叶片基生叶密集成莲座状，花期生存，倒卵状披针形或宽匙形，基部渐狭成具翅的柄，具 3 脉；茎生叶少数，2～4 片，无柄，基部半抱茎；上部叶渐小成条形的小苞片，无柄。头状花序单个顶生；总苞半球形；总苞片 3 层，条状披针形，长 8 mm，宽 1 mm，先端尖，长于或等长于花盘，绿色或顶部紫红色，外层较短；外围的雌花舌状，2～3 层，舌片蓝色或粉紫色，平，管部长 2～2.5 mm，上部被疏毛，先端全缘；中央两性花管状，黄色；花药伸出花冠。瘦果狭长圆形，长 1.5 mm，压扁状，背面具 1 肋，密被短毛；冠毛淡褐色，2 层，外层短，内层长 4 mm。 花期 3～10 月。 产于隆林、乐业、凤山、东兰、南丹、融水、资源、全州；生于海拔 900～1 200 m 的山坡草地林缘。分布于湖南、贵州、四川、云南及西藏等地。 本种全草用于治小儿疳积、小儿麻痹及脑膜炎的后遗症、牙痛、风湿骨痛、跌打损

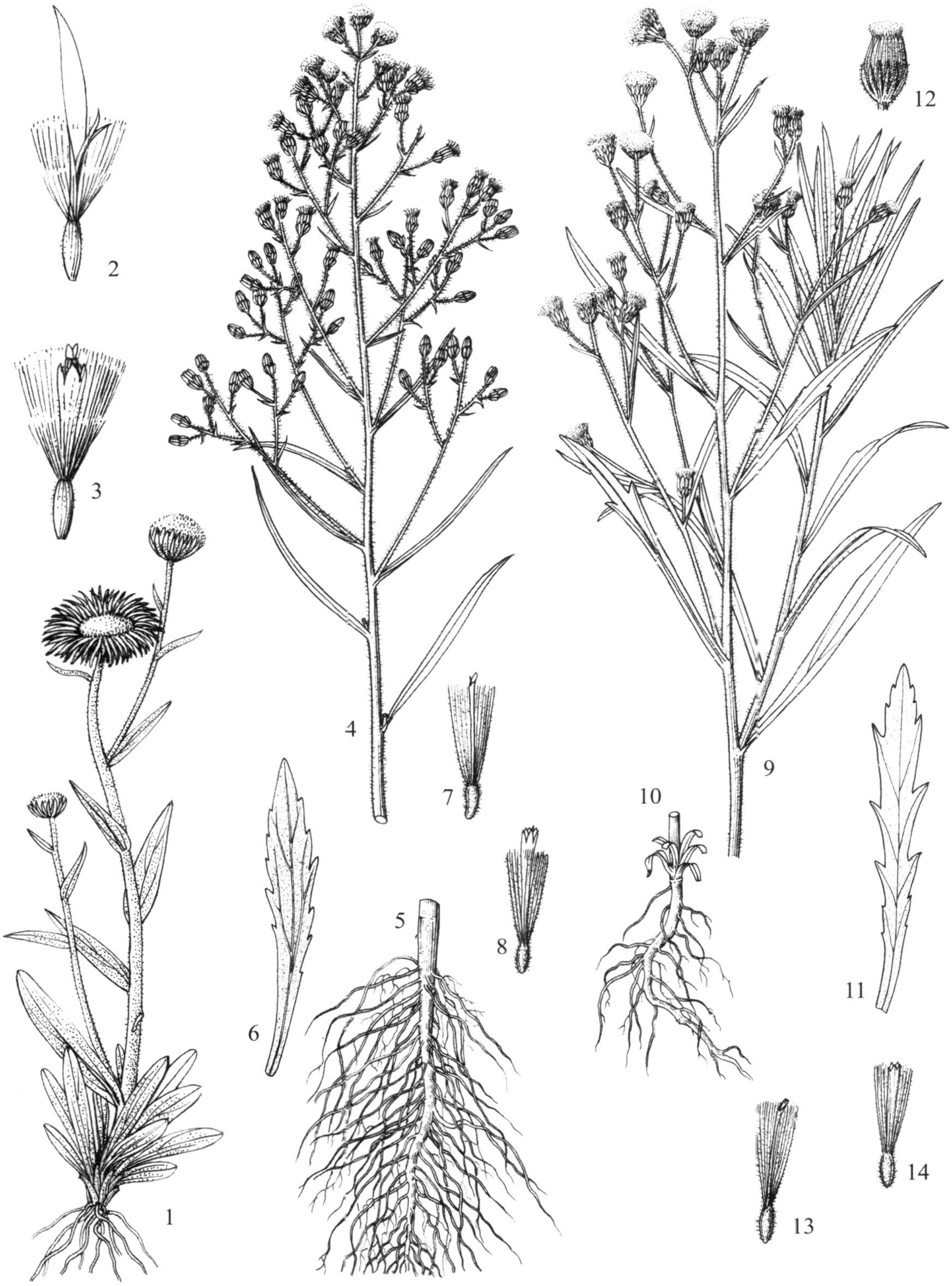

图版 63　**1～3. 短葶飞蓬 Erigeron breviscapus** (Vaniot) Hand.-Mazz.　1. 植株；2. 雌花；3. 两性花。　**4～8. 苏门白酒草 E. sumatrensis** Retz.　4～5. 植株；6. 下部叶；7. 雌花；8. 两性花。　**9～14. 香丝草 E. bonariensis** L.　9～10. 植株；11. 下部叶；12. 头状花序；13. 雌花；14. 两性花。　(1～3 何顺清绘，4～14 邹贤桂摹绘)

伤、胃痛、感冒及脑血管意外引起的瘫痪等症。

2. **一年蓬**

Erigeron annuus (L.) Pers., Syn. Pl. **2**(2): 431. 1807; 中国植物志 **74**: 326. 1985; Fl. China **20～21**: 644. 2011. ——*E. heterophyllus* Muhl. ex Willd., Sp. Pl. **3**(3): 1956. 1803. ——*Aster annuus* L., Sp. Pl. **2**: 875. 1753. ——*Stenactis annua* Cass., Dict. Sc. Nat. **37**: 485. 1825.

一年生或二年生直立草本；茎高 30～150 cm，下部被开展的长硬毛，上部被较密的上弯的短硬毛。基部叶片花期枯萎，长圆形或宽卵形，基部狭成具翅的长柄，边缘具粗齿；下部叶与基部叶同型；中部和上部叶较小，长圆状披针形或披针形，长 1～9 cm，宽 0.5～2 cm，边缘有不规则的齿或近全缘；最上部叶线形；全部叶边缘被短硬毛，两面疏被短硬毛，稀近无毛。头状花序排列成疏圆锥花序；总苞半球形；总苞片 3 层，披针形，近等长或外层稍短，背面密被腺毛和疏长节毛；外围雌花 2 层，舌片线形，白色或淡天蓝色，顶端具 2 枚小齿；中央两性花黄色，檐部近倒锥形，裂片无毛。瘦果披针形，压扁状，疏被贴伏毛；冠毛异型，雌花的冠毛极短，膜片状连成小冠；两性花的冠毛 2 层，外层鳞片状，内层为 10～15 条刚毛。 花期 6～9 月。 产于广西各地；生于路边旷野或山坡荒地。原产于北美洲，现在我国已驯化，广泛分布于黑龙江、吉林、河北、河南、山东、江苏、安徽、江西、福建、湖南、湖北、四川和西藏等地。 全草可入药，有治疟的良效。

3. **小蓬草**(中国植物志) 小飞蓬 飞蓬 加拿大蓬(拉汉种子植物名录) 小白酒草(中国高等植物图鉴)

Erigeron canadensis L., Sp. Pl. **2**: 863. 1753; Fl. China **20～21**: 649. 2011. ——*Conyza canadensis* (L.) Cronquist, Bull. Torrey Bot. Club **70**: 632. 1943; 中国植物志 **74**: 348. 1985.

一年生草本；根纺锤状，有纤维状根；茎直立，高 0.5～1.5 m，圆柱形，有纵细条纹，上部多分枝。单叶，互生，密集，基部叶花期枯萎。其主要特点是植株绿色，被疏长硬毛，茎叶在下部的披针形，长 6～10 cm，宽 1～1.5 cm，先端尖或渐尖，基部渐狭成柄，边缘具疏锯齿或全缘；中部和上部的叶较小，条状披针形或条形，近无柄或无柄，全缘或少有 1～2 枚齿，两面或仅腹面被疏短毛，边缘被上弯的硬缘毛。头状花序多数，小，直径 3～4 mm，排列成顶生多分枝的大圆锥花序。 花期 5～9 月，果期 9～10 月。 产于广西各地；生于旷野、荒地、田边和路旁。分布于我国南北各地，原产于北美洲，现在广泛分布于世界各地。本种为常见的杂草，其嫩茎、叶可作猪饲料；全草可入药，有消炎止血、祛风湿的功效，可用于治血尿、水肿、传染性肝炎、胆囊炎、小儿头疮等。根据国外文献记载，北美洲常用于治痢疾、腹泻、创伤以及驱蠕虫；欧洲中部常用新鲜的植株作止血药，但其液汁和捣碎的叶有刺激皮肤的作用。

4. **苏门白酒草**(中国植物志) 竹叶艾(梧州) 图版 63: 4～8

Erigeron sumatrensis Retz., Observ. Bot. **5**: 28. 1788; Fl. China **20～21**: 649. 2011. ——*Conyza sumaterensis* (Retz.) Walker, J. Jap. Bot. **46**(3): 72. 1971; 中国植物志 **74**: 350, 图版 88: 1～4. 1985.

一年生或二年生草本；根纺锤状，直或弯曲，具纤维状根；茎直立。其与**香丝草** (*Erigeron bonariensis* L.) 接近，不同在于本种的茎粗壮，基部直径 4～6 mm，高 80～150 cm；茎叶片下部的狭倒披针形，中部和上部的狭披针形或宽条形；头状花序多数，直径 5～8 mm，在茎枝顶排成大而长的圆锥花序；总苞长约 4 mm；冠毛初时白色，后渐变黄褐色。 花期 5～10 月。 产于梧州、贺州；生于山坡草地、旷野、路旁。分布于安徽、台湾、福建、浙江、江西、西藏、甘肃、湖南、江苏、广东、海南、贵州、四川和云南，原产于南美洲，现在广泛分布于热带和亚热带地区，为常见杂草。

5. **香丝草** 野地黄菊 蓑衣草(广西) 图版 63: 9～14

Erigeron bonariensis L., Sp. Pl. **2**: 863. 1753; Fl. China **20～21**: 649. 2011. ——*E. crispus* Pourr., Mem. Acad. Toul. **3**: 318. 1788. ——*Conyza bonariensis* (L.) Cronquist, Bull. Torrey Bot. Club. **70**: 632. 1943; 中国植物志 **74**: 350, 图版 88: 5～9. 1985.

一年生草本；根纺锤状，具纤维状根；茎直立或斜升。其与**苏门白酒草** (*Erigeron sumatrensis* Retz.) 相近，不同在于本种的茎较细，基部直径 2～3 mm，高 30～50 cm；基叶片狭披针形或条形；头状花序多数，直径 8～10 mm，在茎顶排成总状或总状圆锥花序；总苞长 5 mm；冠毛淡红褐色。　花期 5～10 月。　产于苍梧、昭平、贺州、富川、恭城、临桂、桂林、大新、崇左、百色、凌云、东兰、天峨、都安、金秀和融水；生于荒地、田边或路旁。分布于我国东部、中部、南部至西南部各地，原产于南美洲，现广泛分布于热带和亚热带地区；地中海沿岸和欧洲西南部地区有栽培，为常见杂草。　全草可入药，可用于治感冒、疟疾、急性关节炎及外伤出血等症。

54. 粘冠草属　Myriactis Less.

一年生或多年生草本。叶互生；叶片有齿缺。头状花序小，异型；生于枝顶排列成伞房状或圆锥花序，有长花梗；总苞半球形；总苞片狭，2 层；花托突起，半球形，无托片；边花雌性，2 层至多层，舌状；中央两性花管状，檐部狭钟状，先端 5 齿裂；花药基部钝；两性花花柱扁，先端有披针形的附片；花全部结实。瘦果扁平，边缘脉状加厚，有短喙或无喙；无冠毛，果顶有黏质。　本属有 12～16 种，分布于亚洲及非洲热带地区。我国有 5 种；广西有 1 种。

圆舌粘冠草（中国植物志）　山羊梅（云南）　图版 64：1～3

Myriactis nepalensis Less.，Linnaea **6**：128. 1831；中国高等植物图鉴 **4**：416，图 6246. 1975；中国植物志 **74**：87，图版 27：1～2. 1985；Fl. China **20～21**：553. 2011. ——*Dichrocephala leveillei* Vaniot，Bull. Acad. Int. Geogr. Bot. **12**：241. 1903.

多年生草本；根茎短，横走；茎直立，高达 1 m，基部直径达 1 cm，于中部或基部分枝，粗壮，斜升；全体无毛，或仅接花序处被稀疏短毛或糠秕状毛。头状花序边缘舌状雌花多层，舌片圆形，先端微凹。　花果期 4～11 月。　产于那坡、乐业、南丹、龙胜、资源；生于海拔 300～1 000 m 的山坡、山谷、林缘、灌木丛中，或潮湿地或荒地上。分布于西藏、四川、云南、贵州、湖北、湖南、江西、广东，越南、不丹、尼泊尔、缅甸、巴基斯坦和印度亦有。　全草入药，可用于痢疾、中耳炎、关节肿痛等症；亦有用根解表透疹。其与产于台湾的**台湾粘冠草**（*Myriactis humilis* Merr.）相近，不同在于本种的叶不裂间或下部叶有浅深或深裂的两侧裂片 1～2(3) 对；而后者的叶大头羽状深裂或浅裂或二回羽状深裂或下部叶间或几圆形而不分裂。

55. 瓶头草属　Lagenophora Cass.

一年生小草本。叶基生或有少数茎生。头状花序很小，单生于枝顶端，有异型花，辐射状或盘状；总苞小，半球形或近半球形；总苞片外围有 1 层至多层的雌花，能育，中央有少数两性花，不育；雌花花冠舌状；两性花管状，黄色，檐部钟状，先端有 4～5 齿裂；花药基部钝，全缘，先端无附片；两性花花柱分枝细长或稍宽大，多少压扁，先端有披针形或三角形附片。瘦果极扁，长椭圆状，边缘脉状加厚，有短喙；无冠毛。　本属有 18 种，分布于澳大利亚、新西兰及南美洲、亚洲东南部国家。我国有 1 种；广西亦有。

瓶头草

Lagenophora stipitata (Labill.) Druce，Rep. Bot. Soc. Exch. Club Brit. Isles **4**：630. 1917；中国高等植物图鉴 **4**：415，图 6243. 1975；中国植物志 **74**：85，图版 26：7～10. 1985；Fl. China **20～21**：568. 2011. ——*L. billardirei* Cass.，Dict. Sci. Nat. ed. 2，**25**：111. 1822. ——*Bellis stipitata* Labill.，Pl. Nov. Holl. **2**：35. 1806.

一年生草本；茎高 3.5～12 cm。基生叶莲座状；叶片倒卵状宽卵形，长 1.2～3 cm，宽 0.7～1.3 cm，有极短柄，两面有疏短柔毛；葶叶 1～2 枚，长 1～1.5 mm。头状花序小，直径 4～7 mm，单生于花葶顶端；总苞半球形，长 2.5 cm；总苞片 3～4 层，外层苞片披针形，中层苞片倒披针形或长椭圆形，内层苞片条形，

图版 64　1～3. **圆舌粘冠草** Myriactis nepalensis Less.　1. 植株；2. 两性花；3. 瘦果。　4～6. **小舌菊** Microglossa pyrifolia (Lam.) Kuntze　4. 花枝；5. 雌花；6. 两性花。　（何顺清绘）

花托平或隆起，无托毛；边花3～4层，雌性，能育，舌片长1.5～2.5 cm，淡紫色，先端无齿裂，有短管；中央两性花短钟状，先端4～5齿裂。瘦果极扁，有腺点，边缘脉状加厚；无冠毛。　花果期9月。　产于桂南；生于山坡草地。分布于台湾、福建、广东和云南，印度、印度尼西亚、越南和澳大利亚亦有。

56. 小舌菊属　Microglossa DC.

半灌木；直立或有时攀缘状。叶互生；叶片卵状长圆形；有柄；全缘或有不明显的锯齿。头状花序小，多数密集成复伞房花序，辐射状，具异型花；总苞钟状；总苞片多层，覆瓦状排列，干膜质，长圆状披针形，先端稍钝，外层较短；花托扁平或稍凸，无托毛，花全部可育；外围的雌花1层至多层，舌状，白色，短于花柱；中央的两性花少或多，花冠管状，黄色檐部膨大，有3～5齿裂；花药先端尖，基部钝，全缘；花柱分枝细扁，先端尖，长披针形。瘦果圆柱状，长圆形，边缘有棱，被短柔毛；冠毛糙毛状，呈赭红色，2～3层，多数，多少等长。　本属约有10种，分布于亚洲和非洲。我国有1种，分布于华南、西南各地及台湾；广西亦有。

小舌菊　梨叶小舌菊（广西植物名录）　九里明（南宁）　过山龙（海南澄迈）　图版64：4～6

Microglossa pyrifolia (Lam.) Kuntze, Rev. Gen. Pl. **1**: 353. 1891；海南植物志 **3**：386，图790：1～5. 1974；中国高等植物图鉴 **4**：447，图6308. 1975；台湾植物志 **4**：909. 1978；中国植物志 **74**：337，图版84：1～3. 1985；Fl. China **20～21**: 558. 2011. ——*M. volubilis* DC., Prodr. **5**: 320. 1836. ——*Conyza pyrifolia* Lam., Encycl. **2**: 89. 1786. ——*C. syringifolia* Meyen et Walp., Nov. Act. Acad. Leop.-Carol. Nat. Cur. **19**(Suppl. 1): 263. 1843. ——*Erigeron pyrifolius* (Lam.) Benth., Fl. Hongk. 176. 1861.

半灌木；茎高达1.5 m，直径0.8～1.2 cm，攀缘状，灰黑色，具纵棱，疏被深黄色短柔毛；具叉状分枝，与茎近直角状，长25～35 cm，直径0.3～0.5 cm，密被深黄色短柔毛。叶互生；叶片卵形或卵状披针形，长5～10 cm，宽2.5～4.5 cm，边缘具不明显的疏小齿，腹面深绿色，疏被而脉上密被深黄色短柔毛，背面淡绿毛，密被深黄色短柔毛和腺点；叶柄长1.5 cm，密被深黄色短柔毛。头状花序顶生，多数，直径5～6 cm，排成密复伞房花序；总苞钟状；总苞片4～5层，外层卵状披针形，先端钝，中层披针形，内层条形，先端稍尖；外围雌花多数，丝状；中央两性花2～3朵，花冠管状，先端5齿裂。瘦果长圆形，长1 mm，稍压扁状，边缘脉状，两面各具1条肋，被微毛；冠毛糙毛状，长4 mm，呈赭红色。　花期1～8月，果期9～10月。　产于岑溪、南宁、宁明、龙州、德保、靖西、隆安、宾阳、平果、百色、西林、隆林、凤山、天峨；生于海拔400～900 m山坡灌木丛、疏林中或路旁旷野处。分布于云南、贵州、广东、海南、台湾，印度、缅甸、越南、老挝、泰国、马来西亚、不丹、柬埔寨、孟加拉国、菲律宾、印度尼西亚以及非洲国家亦有。　本种全株有解毒、生肌、明目的功效；亦可治疮疥。

57. 异裂菊属　Heteroplexis Chang

多年生草本、半灌木或灌木；茎直立、斜升或斜倚。叶互生；叶片有柄；全缘或微有细齿。头状花序盘状，单生或2～3个簇生于枝顶，有短或无花序梗，花异型；总苞钟状圆柱形；总苞片多数，草质，5～6层，覆瓦状紧贴排列，卵形或卵状长圆形；花托平，无毛，具蜂窝状小孔；花全部可育，外围的雌性花1层，舌状，管部圆柱形，舌片极小，先端微有3小齿；花柱分枝条形，先端钝，外面被疏微毛；中央的两性花少数，花冠管状，管部圆柱形，檐部狭钟形，先端有不等长的5齿裂，外面的裂片较长；雄蕊5枚，着生于檐部基部，部分伸出；花药先端略尖，基部钝；花柱分枝先端有三角形的附器。雌花瘦果稍扁，腹面有棱，两边各有1条肋，背面稍突起，有3条肋，两性花的瘦果压扁状，两面各有2条肋被疏短柔毛；冠毛淡黄色或白色，1层，糙毛状，近等长。　本属为广西特有，仅分布于广西西南部的龙州、中部的柳州至北部的融安和东北部的阳朔，现知5种。

分种检索表

1. 茎、枝被灰色短柔毛,杂有腺点。
  2. 叶背面杂有不明显的腺点;总苞长 5~5.5 mm,直径 3~4 mm;总苞片背面及边缘被疏柔毛,背面杂有腺点;雌性花 7 朵,两性花约 3 朵 …………………………………………………………………… 1. **异裂菊** H. vernonioides C. C. Chang
  2. 叶两面密生明显的腺点;总苞长 4 mm,直径 2~3 mm;总苞片背面及边缘、上端被短毛,无腺点;雌性花及两性花均为 4 朵 …………………………………………………………………… 2. **小花异裂菊** H. microcephala Y. L. Chen
1. 茎、枝被灰色短毛,无腺点。
  3. 叶腹面被贴生短硬毛,背面密被白色绢状长柔毛;雌性花 6~7 朵,两性花 5~6 朵 …………………………………………………………………… 3. **绢叶异裂菊** H. sericophylla Y. C. Chen
  3. 叶腹面全部无毛,或仅沿中脉被糙伏毛,背面密被灰色贴伏短毛。
    4. 叶腹面全部无毛,侧脉、网脉不明显,不凹陷;边缘雌性花 5 朵,中央两性花 3 朵 …………………………………………………………………… 4. **柳州异裂菊** H. incana J. Y. Liang
    4. 叶腹面无毛或仅沿中脉被糙伏毛,侧脉、网脉明显,凹陷;边缘雌性花 6 朵,中央两性花 5 朵 …………………………………………………………………… 5. **凹脉异裂菊** H. impressinervia J. Y. Liang

1. **异裂菊**(广西植物名录) 图版 65:1~7

Heteroplexis vernonioides C. C. Chang, Sunyatsenia **3**:267. 1937;中国植物志 **74**:290,图版 74:1~7. 1985;广西植物 **5(4)**:337,图 1. 1985;中国珍稀濒危植物 107,图 86:1~7. 1989;Fl. China **20~21**:570. 2011.

多年生草本;茎直立、斜升或斜倚,圆柱形,橄榄色,上部有伞房状分枝;小枝略开展,有细长纹,被灰色短柔毛,杂有腺点。叶纸质;叶片中部叶披针状椭圆形,长 8~9 cm,宽 2~2.5 cm,先端尖,基部楔形,全缘或中部以上有不明显的小尖头疏细齿;羽状脉,侧脉明显,向边缘网结,腹面凹陷,背面突起;两面被疏糙短毛,背面杂有腺点。其与**小花异裂菊**(*H. microcephala* Y. L. Chen,)相接近,不同在于本种的叶背面杂有不明显的腺点;总苞长 5~5.5 mm,直径 3~4 mm,总苞片背面及边缘被疏柔毛,背面杂有腺点;雌性花 7 朵,两性花约 3 朵。 花期 10 月。 产于龙州、环江;生于海拔 150~400 m 的石灰岩山坡或山顶。

2. **小花异裂菊**(广西植物) 图版 65:8~18

Heteroplexis microcephala Y. L. Chen,广西植物 **5(4)**:339. 1985;中国珍稀濒危植物 105,图 85:1~4. 1989;Fl. China **20~21**:570. 2011.

多年生草本;主根不明显;茎直立,斜升或斜倚,高 0.5~1.5(2.5)m,圆柱形,有纵条纹,上部有短或长分枝,密被灰色贴生短毛,杂有腺点。叶厚纸质;叶片中部茎叶长圆状披针形,长 5~10 cm,宽 1.5~2 cm,先端渐尖,基部楔形,全缘或中部以上具细齿,具小尖;侧脉每边 5~6 条,弧状上升,叶脉于背面明显,两面疏被贴生短毛和密生明显的腺点;上部及分枝上叶小,卵状披针形;无柄。其与**异裂菊**(*H. vernonioides* C. C. Chang)相近,不同在于本种的叶两面密生明显的腺点;总苞长 4 mm,直径 2~3 mm,总苞片背面及边缘、上端被短毛,无腺点;雌性花及两性花均为 4 朵。 花期 6~12 月,果期 8 月至翌年 1 月。 产于阳朔(碧莲峰和西郎山)、融安;生于海拔 200~300 m 石灰岩石山向阳半山腰至山顶疏林下或林间空隙地,土壤通常为肥沃疏松、湿润、排水良好的沙质土。

3. **绢叶异裂菊**(中国植物志)

Heteroplexis sericophylla Y. C. Chen,中国植物志 **74**:361. 1985;广西植物 **5(4)**:340,图 3. 1985;中国珍稀濒危植物 105,图 85:1~11. 1989;Fl. China **20~21**:570. 2011.

多年生草本;茎直立,圆柱形,灰褐色,不分枝或上部有短分枝,具纵条纹,密被灰色短柔毛,无腺点。其主要特点是叶腹面贴生短硬毛,背面密被白色绢毛状长柔毛,与本属其他种不同。 花期 9~10 月。 产于阳朔县的金宝大水田新村;生于海拔 340 m 的丘陵疏林中。

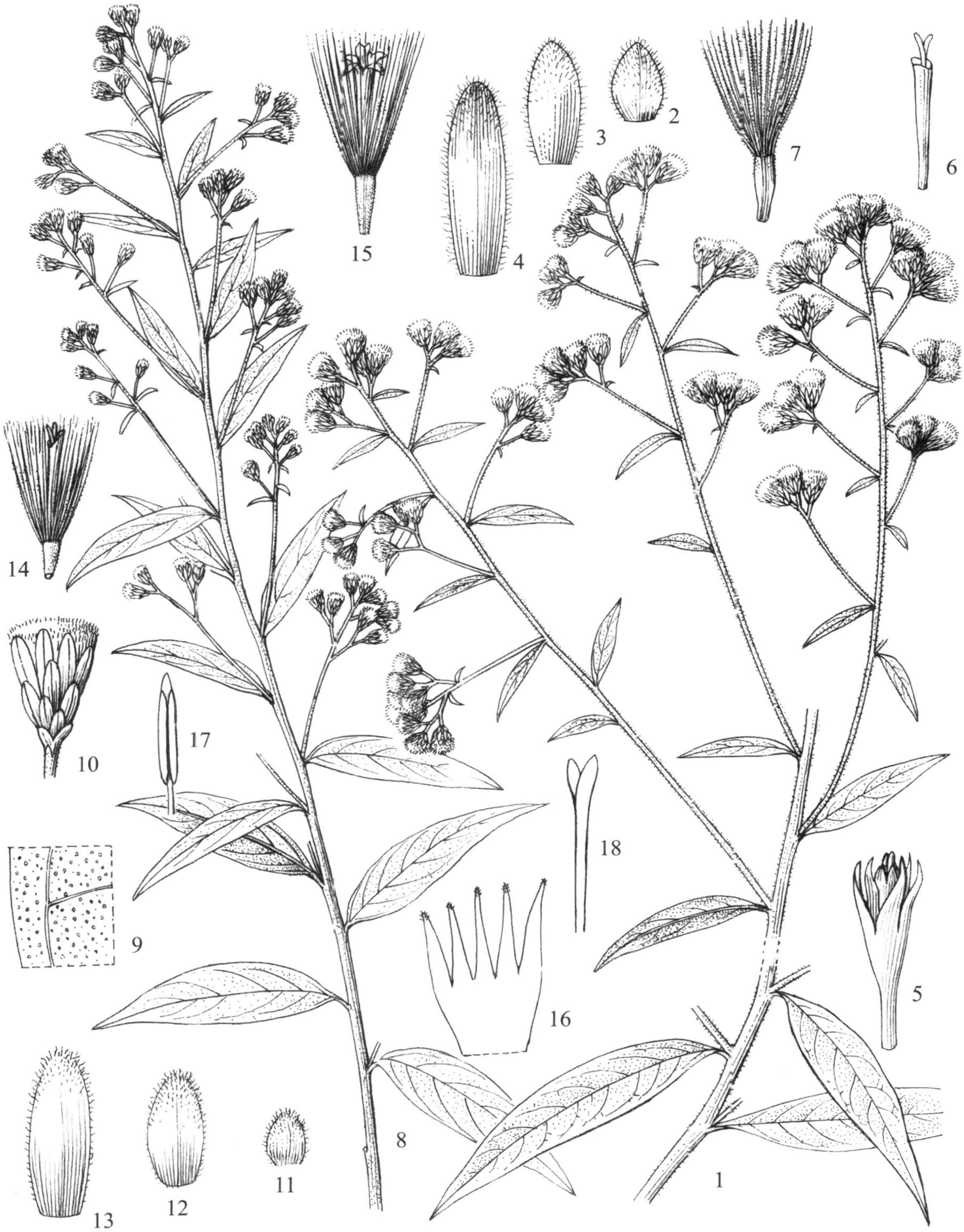

图版 65　1～7. **异裂菊** Heteroplexis vernonioides C. C. Chang　1. 花枝；2～4. 外、中、内层总苞片；5. 两性花；6. 雌花；7. 瘦果。　8～18. **小花异裂菊** H. microcephala Y. L. Chen　8. 花枝；9. 叶背面腺点；10. 头状花序；11～13. 外、中、内层总苞片；14. 雌花；15. 两性花；16. 花冠裂片；17. 花药；18. 花柱分枝。（何顺清绘，6～7、14～18 摹自《中国植物志》）

4. **柳州异裂菊**(广西植物)

Heteroplexis incana J. Y. Liang,广西植物 **14**(2):128. 1994.

多年生草本至半灌木;茎直立,高 50～80 cm,圆柱形,灰褐色,不分枝或上部有短分枝,具纵条纹,密被灰色贴伏的短毛,无腺点。其与**凹脉异裂菊**(*H. impressinervia* J. Y. Liang)相近,不同在于本种的叶腹面无毛,侧脉、网脉不凹陷;边缘雌性花 5 朵,中央两性花 3 朵。 花期 9～10 月,果期 10～11 月。 产于柳州(都乐、龙潭)、罗城、都安;生于石灰岩石山山坡或近山顶的石缝、石隙处。

5. **凹脉异裂菊**(广西植物)

Heteroplexis impressinervia J. Y. Liang,广西植物 **14**(2):126. 1994.

灌木;茎斜升,高约 1 m,多分枝,小枝具纵枝,密被灰色贴伏短柔毛。其与**柳州异裂菊**(*H. incana* J. Y. Liang)相近,不同在于本种的叶腹面无毛,或仅沿中脉被糙伏毛,侧脉、网脉明显,凹陷;边缘雌性花 6 朵,中央两性花 5 朵。 花期 8～9 月,果期 10 月。 产于武鸣(大明山)、龙州(金龙、板闭炮台山);生于石灰岩石山脚或山顶向阳处。

58. 白酒草属 Eschenbachia Moench

一年生、二年生或多年生草本,少为灌木;茎直立或斜升,不分枝或上部多分枝。叶互生;叶片全缘,有齿缺或羽状分裂。头状花序异型,盘状,多数或极多数排列成总状、伞房状或圆锥状花序,少为单生;总苞半球形至圆柱形;总苞片 2～4 层,披针形或条状披针形,草质,边缘膜质;花托半球形,有窝孔或具屑状缘毛,边缘的窝孔常缩小;花全部可育,外围的雌花多数,花冠丝状,无舌或具短舌;中央的两性花少数,花冠黄色,管状,先端 5 齿裂;花药基部钝,全缘;花柱分枝有短披针形附器,有乳头状突起。瘦果长圆形,小,极扁,两端缩小,边缘脉状,无肋,被短微毛或杂有腺;冠毛污白色或变红色,呈纤细刚毛状,1 层,近等长,或稀 2 层,外层极短。 本属有 80～100 种,主要分布于热带和亚热带地区,少数分布于温带地区。我国有 6 种,分布于南部和西南部;广西有 2 种,均为广泛分布的杂草。

分 种 检 索 表

1. 植株被长柔毛或短糙毛;茎叶无柄,基部抱茎;头状花序直径 11 mm,密集成球状或伞房花序;雌花花冠短于花柱的 5/2 …………………… 1. **白酒草** E. japonica (Thunb.) J. Koster
1. 植株被黏质腺状短柔毛;茎叶有短柄,基部不抱茎;头状花序直径 7 mm,密集排成宽圆锥花序;雌花花冠短于花柱的 1/5 …………………… 2. **粘毛白酒草** E. leucantha (D. Don) Brouillet

1. **白酒草**(中国高等植物图鉴) 山地菊(广西) 日本假蓬(台湾植物志) 假蓬 白酒棵 白酒香 小白酒草 酒香草 酒药草 银钮子 图版 66:1～3

Eschenbachia japonica(Thunb.) J. Koster, Blumea 7: 290. 1952; Fl. China **20～21**: 556. 2011. ——*Conyza japonica* (Thunb.) Less., Syn. Gen. Comp. 204. 1832; 中国植物志 **74**: 342, 图版 85:4～6. 1985. ——*Erigeron japonicus* Thunb., Fl. Jap. 312. 1784.

一年生或二年生草本;茎直立,高 20～45 cm,在茎基部或中部以上分枝,枝斜升。其与**粘毛白酒草**[*Eschenbachia leucantha* (D. Don) Brouillet]接近,不同在于本种植物被白色长柔毛或短糙毛;茎中部叶片疏生,倒披针状长圆形或长圆状披针形;无柄;长 3.5～5 cm,宽 5～15 mm,先端钝,基部宽而半抱茎;头状花序直径 11 mm,在茎及枝顶端密集成球状或伞房状花序;花序梗纤细,长 4～6 mm,密被长柔毛;外围的雌花极多数,花冠丝状,长 1.7～2 mm,先端有微毛,短于花柱的 5/2。 花期 5～9 月。 产于灵川、罗城、南丹、隆林;生于海拔 700～1 000 m 的山谷、田边、山坡草地或林缘。分布于安徽、浙江、福建、台湾、江西、江苏、湖南、广东、贵州、云南、四川和西藏等地,阿富汗、印度、尼泊尔、不丹、巴基斯坦、越南、缅甸、泰

图版 66　1～3. 白酒草 Eschenbachia japonica (Thunb.) J. Koster　1. 植株；2. 雌花；3. 两性花。　4～6. 粘毛白酒草 E. leucantha (D. Don) Brouillet　4. 植株上部；5. 雌花；6. 两性花。　(何顺清绘)

国、马来西亚和日本亦有。 根或全草可药用,可用于治小儿肺炎、肋膜炎、喉炎、角膜炎等症。

2. **粘毛白酒草**(中国植物志) 白花白酒草(中国高等植物图鉴) 粘毛假蓬 假蓬(海南植物志) 图版 66:4~6

Eschenbachia leucantha (D. Don) Brouillet, Fl. China **20~21**:556. 2011. ——*Blumea conyzoides* H. Lévl. et Vaniot, Repert. Sp. Nov. Regni Veg. **7**:22. 1909. ——*Conyza leucantha* (D. Don) Ludlow et P. H. Raven, Kew Bull. **17**(1):71. 1963;中国高等植物图鉴 **4**:449,图 6311. 1975;中国植物志 **7**:341,图版 85:1~3. 1985. ——*C. viscidula* Wall. ex DC., Prodr. **5**:383. 1836. ——*Erigeron leucanthus* D. Don, Prodr. Fl. Napal. 171. 1825. ——*Vernonia ampla* Vaniot, Bull. Acad. Int. Géogr. Bot. **12**:124. 1903.

一年生草本;根纺锤状,木质,有多数纤维状根;茎绿色或紫色,直立,高 0.4~1.2 m,基部直径 3~5 mm,或更粗,有纵条纹,在下部分枝直而开展,上部分枝叉状。其与**白酒草**[*Eschenbachia japonica* (Thunb.) J. Koster]接近,不同在于本种植株被黏质腺状短柔毛;茎中部叶片椭圆状长圆形或长圆状披针形,长 7~14 cm,宽 2.5~3.5 cm,先端渐尖,基部渐狭成短柄或近无柄,基部不抱茎;头状花序直径 7 mm,在茎及枝顶端密集排成球形的宽圆锥花序;花序梗细,长 3~9 mm,密被腺状短柔毛;外围的雌花极多数,花冠丝状,长 0.5 mm,先端撕裂,短于花柱的 1/5。 花期 9~12 月。 产于百色、宁明、南宁;生于海拔 400~1 000 m 的山坡、荒地、田边和路旁。分布于台湾、福建、广东、海南、云南及贵州等地,印度、尼泊尔、缅甸、老挝、越南、柬埔寨、泰国、马来西亚、孟加拉国、不丹、印度尼西亚、菲律宾和澳大利亚亦有。

59. 田基黄属 Grangea Adanson

一年生或多年生草本。叶互生。头状花序球形,中等大小或较小,有异型花,顶生或与叶对生,黄色,盘状;总苞钟状;总苞片 2~3 层,稍不等长,内层苞片先端膜质;花托突起,半球形或圆锥状,无托毛;外围有 1~12 层雌花,中央有多数或少数两性花,全部结实,花冠全部管状;雌花条形,外层的先端通常 2 齿裂,内层的先端 3~4 齿裂;中央两性花的檐部钟状,先端 4~5 齿裂;花药基部钝,全缘,先端有附片;两性花的花柱分枝扁,截形,钝或有三角形的短附片,有时不分枝。瘦果扁平或近圆柱形,先端平截,顶冠似一杯状体,环缘有短鳞片状或毛状的细齿。 本属有 9 种,分布于非洲及亚洲的热带和亚热带地区。我国有 1 种,分布于华南和西南地区;广西亦有。

田基黄 荔枝草(海南植物志) 线球草(台湾植物志)

Grangea maderaspatana (L.) Poir., Encycl. Suppl. **2**:825. 1812;海南植物志 **3**:382,图 786.1~5. 1974;中国高等植物图鉴 **4**:414,图 6242. 1975;中国植物志 **74**:83. 1985;Fl. China **20~21**:552. 2011. ——*G. sphaeranthus* (Link) K. Koch., Bot. Zeitung (Berlin) **1**:41. 1843. ——*Artemisia maderaspatana* L., Sp. Pl. **2**:849. 1753. ——*Cotula sphaeranthus* Link., Enum. Hort. Berol. Alt. **2**:344. 1822.

一年生草本;茎高 10~30 cm,纤细,被白色长柔毛或下部花期脱毛。叶片倒卵形、倒披针形或倒匙形;无柄;基部耳状贴茎,背面中脉微突,竖琴状半裂或大头羽状分裂,两面被短柔毛及棕黄色腺点;顶裂片倒卵形或几圆形,边缘有锯齿,侧裂片每边 2~5 枚;上部叶渐小。头状花序球形,直径 8~10 mm,单生于茎顶或枝端;总苞宽杯状;总苞片 2~3 层,外层苞片披针形,边缘有撕裂的缘毛,内层苞片倒披针形或卵形,先端钝,基部具爪;花托突起;小花花冠钟状,外面疏被黄色小腺点,先端有 5 枚卵状三角形的裂片。瘦果扁平状,被棕色小腺点;冠毛呈齿状或片毛状。 花期 3~6 月。 产于合浦、钦州、南宁、龙州、田阳、百色、隆林;生于海拔 20~1 000 m 的干燥荒坡、河边沙滩、水边向阳处和疏林中。分布于台湾、广东、海南和云南,印度、柬埔寨、印度尼西亚、老挝、缅甸、尼泊尔、巴基斯坦、斯里兰卡、泰国、越南以及非洲热带地区亦有。 叶有健胃、调经、镇咳的功效。

60. 鱼眼草属 Dichrocephala L'Herit. ex DC

一年生草本。叶互生或大头羽状分裂。头状花序小，异型，球形或长圆形，盘状，于枝端和茎顶排成小圆锥花序或总状花序，稀单生；总苞小；总苞片2层，外面无毛，边缘近膜质；花托突起，球形或倒圆锥形，顶端平或尖，无托片；花全部管状，结实；边花多层，雌性，花冠细管状，先端2～3(4)齿裂；中央两性花紫色或淡紫色，檐部狭钟状，先端4～5齿裂；雄蕊4～5枚，花药先端有附片，基部楔形，有尾；两性花花柱分枝短，扁，上部有披针形附片。瘦果扁平，边缘脉状加厚；无冠毛或两性花瘦果有1～2个短的硬冠毛。　本属有4种，分布于亚洲、非洲及大洋洲的热带地区。我国有3种；广西有2种。

分种检索表

1. 叶大头羽状分裂，基部渐狭，下延成有翼的柄，柄长1～3.5 cm；雌花花冠极细，线形…… 1. **鱼眼草** D. integrifolia (L. f.) Kuntze
1. 叶通常羽裂，稀大头羽裂；无柄；基部耳状扩大抱茎；雌花花冠卵状或坛状 ……… 2. **小鱼眼草** D. benthamii C. B. Clarke

1. 鱼眼草(滇南本草)　夜明草(田林)　茯苓菜　山胡椒菊(广西)　胡椒草(贵州)　图版67:1～3

Dichrocephala integrifolia (L. f.) Kuntze, Revis. Gen. Pl. **1**: 333. 1891; Fl. China **20～21**: 551. 2011. ——*D. auriculata* (Thunb.) Druce, Rep. Bot. Exch. Club. Brit. **1916**: 619. 1917；中国植物志 **74**: 77，图版25:1～3. 1985. ——*Cotula bicolor* Roth., Catal. Bot. **2**: 116. 1800. ——*Grangea latifolia* Lam. ex Poir., Encycl. Suppl. **2**: 826. 1812.

一年生草本；茎高10～50 cm，直立或铺散，粗壮，基部直径约5 mm；茎枝被长或短的白色绒毛。叶片卵形、椭圆形或披针形，中部茎叶长3～12 cm，宽2～4.5 cm。与**小鱼眼草**(*Dichrocephala benthamii* C. B. Clarke)不同在于本种的叶为大头羽状分裂，侧裂片每边1～2枚，常对生，稀偏斜，基部渐狭成具翅的柄，柄长1～3.5 cm；外围雌花多层，花冠极细，长0.5 mm，先端通常有2齿。　花果期全年。　产于桂林、龙胜、灌阳、田林、凌云、乐业、天峨、南丹、马山、都安、容县、平南、梧州、岑溪、上思、大新；常生于海拔200～800 m的山坡、山谷阴处或阳处、耕地、荒地或沟旁。分布于陕西(南部)、四川、西藏、云南、贵州、湖南、湖北、江西、广东、海南、浙江、福建、台湾，非洲和亚洲的热带地区亦有。　全草可药用，有消炎止泻的功效，可用于治小儿消化不良、月经不调、口吐清水、头痛、喉炎、疔疮、蛇伤等；亦可作猪饲料。

2. 小鱼眼草　鸡眼菊(乐业)　翳子草　地细辛(贵州)　小馒头草　蛆头草　地胡椒(云南)　图版67:4～7

Dichrocephala benthamii C. B. Clarke, Comp. Ind. 36. 1876；中国高等植物图鉴 **4**: 413，图6240. 1975；中国植物志 **74**: 79，图版25:4～7. 1985；Fl. China **20～21**: 551. 2011. ——*D. amphiloba* H. Lévl. et Vaniot, Repert Sp. Nov. Regni Veg. **8**: 59. 1910.

一年生草本；茎高15～35 cm，近直立或铺散，单生或簇生，常粗壮，少有纤细，主茎不明显或明显，基部直径约4 mm；茎枝被长或短的白色柔毛。叶片倒卵形、长倒卵形、匙形或长圆形，中部茎叶长3～6 cm，宽1.5～3 cm。其与**鱼眼草**[*D. integrifolia* (L. f.) Kuntze]不同在于本种的叶通常羽裂或大头羽裂，侧裂片每边1～3枚，对生，向下收窄，基部扩大，耳状抱茎；无柄；外围雌花花冠卵状或坛状，长0.6～0.7 mm，先端有2～3枚微齿。　花果期全年。　产于百色、乐业；常生于海拔700～900 m的山坡与山谷草地、河岸、溪旁、路旁、田边或荒地。分布于云南、贵州、四川、西藏、甘肃、湖北，不丹、老挝、柬埔寨、尼泊尔、越南、印度亦有。　本种药用除同鱼眼草外，全草还可外用治乳腺炎。

图版67 1～3. **鱼眼草** Dichrocephala integrifolia (L. f.) Kuntze 1. 植株；2. 雌花及瘦果；3. 两性花及瘦果。 4～7. **小鱼眼草** D. benthamii C. B. Clarke 4. 植株；5. 雌花；6. 两性花；7. 瘦果。 8～10. **杯菊** Cyathocline purpurea (Buch.-Ham. ex D. Don) Kuntze 8. 植株；9. 雌花；10. 两性花。 （何顺清摹绘）

61. 杯菊属　Cyathocline Cass.

一年生草本。叶互生；叶片羽状分裂。头状花序小，异型，盘状，于茎枝顶端排成圆锥伞房花序或近总状花序；花托杯状，边缘突起，中部凹陷，无托片；总苞半球形，稍微不等大，披针形，边缘膜质；边花多层，雌性，结实，花冠条形，白色，先端2齿裂，花柱分枝短；中央两性花不育，管状，檐部狭钟状，先端5齿裂；花药基部截形；两性花花柱不分枝或稍微二叉分枝。瘦果小，长圆形，扁平状。　本属有3种，分布于亚洲热带地区。我国有1种；广西亦有。

杯菊　小艾(平果)　红蒿枝　小红蒿(云南)　图版67:8～10

Cyathocline purpurea (Buch.-Ham. ex D. Don) Kuntze, Rev. Gen. Pl. **1**:333. 1891；中国高等植物图鉴 **4**:414，图6241. 1975；中国植物志 **74**:81，图版26:4～6. 1985；Fl. China **20～21**:552. 2011. ——*C. lyrata* Cassini, Ann. Sci. Nat. (Paris) **17**:420. 1829. ——*C. stricta* DC., Prodr. **5**:374. 1836. ——*Dichrocephala minutiflora* Vaniot., Bull. Acad. Internat. Geogr. Bot. **12**:242. 1903. ——*Tanacetum purpurem* Buch.-Ham. ex D. Don., Prodr. Pl. Nep. 181. 1825.

一年生草本；主根明显直伸，或主根不明显而侧根多数；茎高10～50 cm，直立，茎基部直径可达6 mm，于基部分枝，斜升；全部茎枝红紫色，被黏质长柔毛。叶片二回羽状分裂，羽裂片排列稀疏或密集，羽轴上栉齿不等大；全部无叶柄；基部1对耳状抱茎。头状花序小，多数或少数于茎枝顶端排列成圆锥状伞房花序；总苞半球形，直径2 mm；苞片2层；花托杯状；头状花序外围有多层结实的雌花，花冠条形，红紫色，先端2齿裂；中央花两性，不结实。瘦果长圆形；无冠毛。　花果期几全年。　产于靖西、西林、隆林、凌云、乐业、东兰、天峨、河池；生于海拔150～1 000 m的山坡草地、村边、田边、路旁。分布于四川、云南、贵州、广东，印度、孟加拉国、不丹、柬埔寨、老挝、缅甸、尼泊尔、泰国、越南亦有。　全草可药用，可用于治口腔炎、止血；还可作农药杀虫。

6. 斑鸠菊族　Trib. Vernonieae Cass.

草本或灌木，稀为乔木。叶互生。头状花序盘状；总苞片多层，稀2层，覆瓦状排列，外层渐短；花托平或稍突起，无毛，或流苏状毛；管状花两性，可育，紫色、淡紫色或白色，稀为金黄色；花药顶端有附片，基部2浅裂，耳状或戟形，稀具尾；花柱分枝通常细长，顶端钻形或尖，无附器。瘦果圆柱形或稍压扁状，具棱或肋；冠毛毛状或膜片状，1～2层，稀无冠毛。　本族约有120属1 400多种，广泛分布于热带及温带地区。我国有6属39种；广西有3属19种。

分属检索表

1. 头状花序具花序梗，在茎上排成圆锥花序状、伞房花序状或总状。
    2. 冠毛具1～10枝易脱落或部分脱落的毛，或无冠毛 ………………………… 62. **凋缨菊属** Camchaya Gagnep.
    2. 冠毛长，宿存，外层较短，有时较少或缺 …………………………………… 63. **斑鸠菊属** Vernonia Schreb
1. 头状花序无花序梗，簇生或在茎上排成穗状花序状 ………………………… 64. **地胆草属** Elephantopus L.

62. 凋缨菊属　Camchaya Gagnep.

一年生直立草本。叶互生；叶片边缘波状或具锯齿。头状花序单生于茎枝的顶端或上部叶腋，稀排列成伞房状；总苞钟状或半球形；总苞片多层，覆瓦状，极不等长；花托平，中央具圆形窝孔，无托毛；花同型，两性，结实，紫色或淡紫色，花冠檐部上端具 5 枚三角形或线状披针形裂片，外面常被腺毛；花药顶端尖三角形，基部具钝耳状；花柱分枝线形，顶端被短微毛。瘦果倒卵形或长圆状卵形，稍扁，无毛，具 10 条纵肋；冠毛具 1～10 枚易脱落或部分脱落的毛，或无冠毛。 本属有 5 种，分布于老挝、泰国和越南。我国有 1 种；广西亦有。

凋缨菊

Camchaya loloana Kerr, Bull. Misc. Inform. Kew **1935**: 327. 1935；中国植物志 **74**: 42，图版 4: 9～16. 1985；Fl. China **20～21**: 368. 2011；广西植物 **32**(1): 10. 2012. ——*Thorelia montana* Gagnep., Notul. Syst. (Paris) **4**: 18. 1920. ——*Thoreliella montana* (Gagnep.) C. Y. Wu, Act. Phytotax. Sin. **6**: 298. 1957. ——*Vernonia loloana* Dunn ex Kerr, Fl. Siam. Enum. **2**: 236. 1936.

一年生直立草本，高 50～80 cm；茎具条棱，被贴生短毛和疏腺毛。下部叶披针形，长 5～6 cm，宽 2～25 cm，边缘波状或具钝浅齿，侧脉 7～9 对，两面被白色贴生疏短硬毛和腺点；上部叶较小，卵形，基部圆形。头状花序具多数同型花，单生于枝端或上部叶腋，直径达 10 mm；花序梗密被贴生短毛；总苞半球形；总苞片多层，外层披针形，边缘被睫毛，背面被贴生硬短毛和腺点，最内层长圆状披针形，边缘有短睫毛，背面被疏短毛和腺点；花紫色，花冠檐部狭钟状，裂片三角形。瘦果倒卵形，无毛，具 10 条纵肋；冠毛少，羽状刚毛，易脱落。 花果期 8～11 月。 产于防城；生于山谷灌木丛、林缘或溪边阴湿处。分布于云南，泰国亦有。

63. 斑鸠菊属 Vernonia Schreb

草本、灌木、藤本或乔木。叶互生，稀对生，全缘或边缘具齿缺。头状花序数个排成顶生或腋生的伞房状、圆锥状或总状花序，稀单生，具同型的两性花；总苞钟状，卵形、近球形或长圆形，与小花等长或较短；总苞片数列，外面的较短；花冠管状，5 裂；花药顶端尖，基部钝或箭形，具小耳；花柱分枝，钻形。瘦果具肋或棱；冠毛多数，通常 2 层，糙毛状，内层等长，外层较短，有时较少或缺。 本属约有 1 000 种，主产于亚洲、非洲、美洲热带和温带地区。我国有 31 种，主要分布于西南、华南和东南沿海各地；广西有 16 种，大部分种类可作药用。

分种检索表

1. 草本植物。
  2. 叶的侧脉 7 对以上。
    3. 头状花序多数，6～8 个排列成顶生伞房状花序，直径较小，5～8 mm，具花 6～12 朵；瘦果无毛 …………………………………… 1. **柳叶斑鸠菊** V. saligna (Wall.) DC.
    3. 头状花序少数，常 2～3(5)个排成圆锥状伞房花序或疏伞房花序；瘦果被柔毛或短硬毛。
      4. 头状花序直径 10～15 mm，具花 30 朵；叶腹面具乳突状糙短毛，叶背面密被糙毛，两面均有腺点 …………………………………… 2. **糙叶斑鸠菊** V. aspera Buch.-Ham.
      4. 头状花序直径 6～8 mm，具花 15～20 朵；叶腹面无毛或仅中脉疏被短柔毛，叶背面沿脉被短柔毛及腺体 …………………………………… 3. **岗斑鸠菊** V. clivorum Hance
  2. 叶的侧脉 7 对以下。
    5. 头状花序较大，直径 15～20 mm；总苞片先端具狭长的硬尖头且反折；瘦果有 10 条肋；冠毛淡白色 …………………………………… 4. **折苞斑鸠菊** V. spirei Gand.
    5. 头状花序小，直径 10 mm 以下；总苞片先端尖或芒状渐尖，不反折；瘦果具 4～5 条棱或无肋；冠毛白色。
      6. 头状花序多数，具花 19～23 朵；总苞片钟状，长 4～5 mm；瘦果无肋或稀具不明显的肋，密被短毛 …………………………………… 5. **夜香牛** V. cinerea (L.) Less.

6. 头状花序少数，常 2～3 个，具花 70～100 朵；总苞扁球状，长 6～7 mm；瘦果具 4～5 条棱，无毛 ………………………………………………………………………… 6. **咸虾花** V. patula (Dryand.) Merr.

1. 木本植物。

7. 乔木或直立灌木。

8. 头状花序具花 5～6 朵。

9. 叶卵形、椭圆状卵形或长圆形，近革质；总苞杯状，直径 4～5 mm；瘦果压扁状，近三角形 ………………………………………………………………………… 7. **树斑鸠菊** V. arborea Buch.-Ham.

9. 叶长圆状披针形或披针形，硬纸质；总苞倒锥状，直径 2～3 mm；瘦果圆柱状 …… 8. **斑鸠菊** V. esculenta Hemsl.

8. 头状花序具花 10～12 朵。

10. 叶倒卵形或倒卵状楔形；总苞圆锥状狭钟形；瘦果具 10 条肋，肋间被微毛 ………………………………………………………………………… 9. **大叶斑鸠菊** V. volkameriifolia DC.

10. 叶卵形、卵状长圆形或长圆状披针形；总苞片半球形；瘦果具 3 条肋，或 4～5 条棱，无毛或近无毛。

11. 叶基部近心形或截形，多少有些不等，侧脉 7～9 对；头状花序直径 5～6 mm；冠毛黄色 ………………………………………………………………………… 10. **茄叶斑鸠菊** V. solanifolia Benth.

11. 叶基部楔状尖，侧脉 10～13 对；头状花序直径 6～8 mm；冠毛白色 ……… 11. **南川斑鸠菊** V. bockiana Diels

7. 攀缘灌木或藤本。

12. 瘦果具 10 条肋，被短柔毛；冠毛红棕色或粉红色。

13. 头状花序具花 18～21 朵；总苞卵状球形或钟形，长 6～8 mm；瘦果长 4～4.5 mm，被短柔毛 ………………………………………………………………………… 12. **毒根斑鸠菊** V. cumingiana Benth.

13. 头状花序常 3～5 个；总苞狭钟状，长 8～10 mm；瘦果长 3～3.5 mm，被展开的短毛和腺点 ………………………………………………………………………… 13. **喜斑鸠菊** V. blanda (Wall.) DC.

12. 瘦果具 5 条棱或 7 条不明显的纵肋，无毛或上部被疏微毛，或具 10 条纵肋，无毛；冠毛白色或淡黄色。

14. 头状花序大，直径达 20 mm；花白色；冠毛黄色或淡黄褐色 ………… 14. **广西斑鸠菊** V. chingiana Hand.-Mazz.

14. 头状花序较小，直径不到 15 mm；花紫色或淡紫色；冠毛白色或污白色。

15. 头状花序直径 3～5 mm，具花 2～3 朵；侧脉 3～6 对 ……………………… 15. **少花斑鸠菊** V. chunii C. C. Chang

15. 花序直径 7～12 mm，具花约 10 朵；侧脉 7～8 对 ………………………………… 16. **林生斑鸠菊** V. sylvatica Dunn

1. **柳叶斑鸠菊**　图版 68：1～3

Vernonia saligna (Wall.) DC., Prodr. **5**: 33. 1836；中国植物志 **74**：25，图版 10：1～7. 1985；Fl. China **20～21**：362. 2011. ——*V. longicaulis* DC., Prodr. **5**: 33. 1836. ——*V. martini* Vaniot, Bull. Acad. Int. Géogr. Bot. **12**: 124. 1903. ——*V. seguinii* Vaniot, Bull. Acad. Int. Géogr. Bot. **12**: 41. 1903. ——*Acilepis saligna* (DC.) H. Rob., Proc. Biol. Soc. Washington **112**(1): 226. 1999. ——*Aster coriaceifolius* H. Lévl. et Vaniot, Repert. Spec. Nov. Regni Veg. **8**: 358. 1910.

多年生坚硬直立草本；茎基部木质化，高 50～100 cm 或更高。主要的特点为叶片两面被糙短毛和腺点，近无柄或只具极短的柄；侧脉 7～8 对。头状花序直径 6～8 mm，常 6～8 个在上部叶腋和侧枝顶端排成具叶的伞房花序，具花 6～12 朵；花序梗长 5～8 mm，密被短柔毛和腺点；总苞狭钟形；花淡紫色，花冠管状，长 6～7 mm。瘦果长圆形，长约 2 mm，具 10 条肋，无毛，肋间有腺点；冠毛淡白色，长约 7 mm，1 层。　花期 9～12 月，果期 11 月至翌年 4 月。　产于田林、凌云、乐业、隆林、百色、那坡、德保、凤山、南丹、龙州、宁明、梧州、昭平、北流、南宁、金秀等地；生于海拔 500～1 600 m 的山坡阳处灌草丛中或山地路旁和山谷林下。分布于广东、海南、贵州、云南，孟加拉国、尼泊尔、印度、越南、缅甸、泰国亦有。　全草可药用，可用于治疟疾；叶可用于治高热、口臭；根煮水服可下胎催产。

2. **糙叶斑鸠菊**　糙叶咸虾花（海南植物志）　图版 68：4～6

Vernonia aspera Buch.-Ham., Trans. Linn. Soc. London **14**(2): 219. 1824；海南植物志 **3**：374. 1974；中国植物志 **74**：27，图版 10：8～14. 1985；Fl. China **20～21**：362. 2011. ——*Acilepis aspera* (Buch.-Ham.)

图版68 1～3. **柳叶斑鸠菊** *Vernonia saligna* DC. 1. 花枝；2. 两性花；3. 瘦果。 4～6. **糙叶斑鸠菊** *V. aspera* Buch.-Ham. 4. 花枝；5. 两性花；6. 瘦果。 7～12. **折苞斑鸠菊** *V. spirei* Gand. 7. 花枝；8～10. 内、中、外层总苞片；11. 两性花；12. 瘦果。（何顺清绘）

H. Rob. ,Proc. Biol. Soc. Washington **112**(1):226. 1999. ——*Eupatorium pyramidale* D. Don,Prodr. Fl. Nepal. 170. 1825.

多年生直立草本,高 1～2 m;茎坚硬,基部木质,不分枝或极少分枝,被黄褐色糙毛或下部近无毛。主要特点为叶粗糙,腹面有乳突状糙短毛,背面被较密糙毛,两面均有腺点。头状花序直径 1～1.5 cm,3～5 个在枝条顶端或上部叶腋密集成顶生或腋生的圆锥状伞房花序;无花序梗或具短梗;花淡紫红色。瘦果长圆状圆柱形,长 2～2.5 mm,具 10 条肋,被柔毛;冠毛污白色或淡红色。　花期 9～11 月,果期 11 月至翌年 3 月。　产于隆林、桂林;生于山地、荒坡路旁向阳处或山谷。分布于云南、贵州、海南,印度、缅甸、越南、老挝、泰国亦有。

3. **岗斑鸠菊**

Vernonia clivorum Hance, J. Bot. 7:164. 1869;中国植物志 **74**:27. 1985;Fl. China **20～21**:362. 2011. ——*V. kingii* C. B. Clarke, Compos. Ind. 12. 1876. ——*Acilepis clivorum* (Hance) H. Rob. ,Proc. Biol. Soc. Wash. **112**(1):226. 1999.

多年生直立草本,高 50～90 cm;茎具棱和条纹,被短柔毛。叶片长圆形或长圆状披针形,长 7～12 cm,宽 1.5～5 cm,边缘上部具疏锯齿,下部近全缘;侧脉 7～8 对;叶腹面无毛或仅中脉疏被短柔毛,背面沿脉被短柔毛及腺体;叶柄长 3～5 mm,被短柔毛。头状花序直径 6～8 mm,具 15～20 朵花,侧生短枝上排列成疏圆锥状伞房花序;花序梗具 2 枚线形小苞片,密被短柔毛及腺体;总苞半球形;总苞片约 5 层,线形,背面被蛛丝状柔毛和腺;花托平,具流苏状凹穴;花紫色,花冠无毛,具疏腺体。瘦果长圆状圆柱形,具 10 条纵肋,被短硬毛及褐色腺点;冠毛 2 层,白色,外层短,内层糙毛状。　花期 10 月至翌年 2 月。　产于北流、梧州、百色、德保、那坡、凌云、乐业、田林、隆林、昭平、宁明、龙州、凤山、南丹;生于山谷、旷野或灌木丛中。分布于广东、云南,缅甸亦有。　本种与**柳叶斑鸠菊**[*Vernonia saligna* (Wall.) DC.]甚为相似,但后者的头状花序具 6～12 朵花;总苞片卵形或长圆形,顶端具明显的小尖头;瘦果无毛,可以区别。

4. **折苞斑鸠菊**　图版 68:7～12

Vernonia spirei Gand. ,Bull. Soc. Bot. France **54**:194. 1907;中国植物志 **74**:33,图版 13:1～7. 1985;Fl. China **20～21**:364. 2011. ——*V. stibaliae* Hand. -Mazz. ,Symb. Sin. **7**:1084. 1936. ——*Acilepis spirei* (Gand.) H. Rob. ,Proc. Biol. Soc. Washington **112**(1):227. 1999. ——*Serratula darrisii* H. Lévl. ,Repert. Spec. Nov. Regni Veg. **11**:305. 1912.

多年生直立草本,高 40～150 cm。主要特点为总苞片先端的硬尖头长 3～5 mm,向外反折;头状花序较大,直径 15～20 mm,单生或在枝顶和上部叶腋排成总状花序;花序梗长 3～9 cm;花淡红紫色至紫红色。瘦果长圆状圆柱形,长约 4 mm。　花期 9～11 月,果期 10～12 月。　产于柳州、金秀、融安、阳朔、恭城、蒙山、苍梧、岑溪、陆川、凌云、乐业、田林、隆林、天峨等地;生于山坡路旁、灌木丛、林缘或山谷溪旁。分布于云南、贵州,老挝亦有。

5. **夜香牛**　寄色花　染色花　图版 69:1～3

Vernonia cinerea (L.) Less. ,Linnaea **4**:291. 1829;中国高等植物图鉴 **4**:402,图 6217. 1975;中国植物志 **74**:38. 1985;Fl. China **20～21**:365. 2011. ——*Conyza cinerea* L. ,Sp. Pl. 862. 1753.

直立草本,高 85～80 cm;茎具条纹,被贴生的灰色短柔毛。叶片多种形状,中部和下部叶常为菱形、菱状卵形、卵形或菱状长圆形,上部叶线形、披针形,长 1.5～5.5 cm,宽 0.5～3 cm,基部常下延收缩成楔状具狭翅的柄,边缘具浅锯齿或波状;侧脉 3～4 对;叶柄长 1～2 cm 或近无柄。头状花序多数,直径约 6 mm,排成顶生疏散的伞房状圆锥花序;总苞钟状;总苞片 4 层;花淡紫色,全为两性管状花。瘦果圆柱形,长约 2 mm,有条纹;冠毛白色。　花果期全年。　产于广西各地;常见于山坡荒野、林缘路旁、田边、村边及荒地。分布于我国长江以南各地,印度、马来西亚、缅甸、巴布亚新几内亚、菲律宾、斯里兰卡、泰国、越南、日本、印度尼西亚、澳大利亚及非洲各国亦有。　全草可入药,有清热解毒、安神镇静之功效,可用于治感冒发热、咳嗽、神经衰弱、失眠、小孩夜尿、痢疾、跌打损伤、乳腺炎、疮疖肿毒等。本种植物高矮、茎根

图版 69 1～3. **夜香牛** Vernonia cinerea（L.）Less. 1. 花枝；2. 两性花；3. 瘦果。 4～6. **咸虾花** V. patula（Dryand.）Merr. 4. 花枝；5. 两性花；6. 瘦果。（何顺清绘）

分枝与不分枝、叶形及被毛多少等变异较大。

6. **咸虾花**　大叶咸虾花　狗仔菜(海南)　展叶斑鸠菊(广西)　图版 69:4～6

Vernonia patula (Dryand.) Merr., Philipp. Journ. Sic. **3**:439. 1908;中国植物志 **74**:41,图版 12:8～15. 1985;Fl. China **20～21**:366. 2011.——*Cyanthillium patulum* (Aitcn) H. Rob., Proc. Biol. Soc. Washington **103**(1):252. 1990.

一年生直立草本,高 30～100 cm,多分枝,枝具明显条纹,被灰色柔毛。叶片卵形、卵状椭圆形或椭圆状披针形,中、下部的叶较大,长 2～7 cm,宽 1～5 cm,先端钝或急尖,基部宽楔状,狭成叶柄。头状花序常 2～3 个生于枝顶排成伞房状,直径 0.8～1 cm;花序梗长 0.5～2 cm,密被绢毛状柔毛;总苞扁球状;总苞片 4～5 层,披针形,先端具短刺尖;小花多数,淡紫红色。瘦果具 4～5 条棱,无纵肋,无毛,具腺点;冠毛白色,易脱落。　花期几全年。　产于龙州、大新、扶绥、马山、上林、南宁、昭平、贵港、玉林、田阳、百色、巴马等地;常生于路旁、荒坡旷野、田边、林缘等。分布于广东、海南、福建、台湾、云南和贵州等地,印度、老挝、马来西亚、巴布亚新几内亚、泰国、越南、缅甸、菲律宾、印度尼西亚亦有。　全草可药用(根最好),有发表散寒、清热解毒、止泻的功效,可用于治感冒发热、头痛、肠炎、疟疾、毒蛇咬伤等症;根可治老鼠咬伤。

7. **树斑鸠菊**

Vernonia arborea Buch.-Ham., Trans. Linn. Soc. London **14**:218. 1824;中国植物志 **74**:10,图版 3:4～10. 1985;Fl. China **20～21**:358. 2011.——*V. vaniotii* H. Lévl., Repert. Spec. Nov. Regni Veg. **12**:531. 1913.——*V. blumeana* DC., Prodr. **5**:22. 1836.

乔木,高 10～20 m;幼枝密被黄褐色的短绒毛,老枝毛脱落。叶片薄革质,披针形、长圆形、长圆状披针形或卵形,长 8～18 cm,宽 2～7.5 cm,全缘;侧脉 8～13 对;腹面无毛,背面沿叶脉被黄褐色的短柔毛或无毛,有腺点,叶柄长 1～2.5 cm,密被短柔毛。头状花序多数,在上部叶腋或枝顶排成宽复伞房状圆锥花序,花序梗长 5～8 cm;总苞小,杯状;总苞片卵形或卵状长圆形;管状,具花 5～6 朵,白色。瘦果压扁状,具 8～10 条不明显的肋,有 3～4 条棱,长 2～3 mm;冠毛浅黄白色。　花期 7～10 月,果期 8～11 月。　产于龙州、那坡、东兴;生于山坡、山谷、路旁或疏林中。分布于云南(东南部),印度、越南、老挝、泰国、尼泊尔、斯里兰卡、印度尼西亚及马来西亚亦有。

8. **斑鸠菊**　大藤菊　火炭树

Vernonia esculenta Hemsl., J. Linn. Soc. Bot. **23**:401. 1888;中国植物志 **74**:18,图版 6:9～14;Fl. China **20～21**:358. 2011.——*V. papillosa* Franch., Journ. Bot. **10**:368. 1896.

灌木至小乔木,高 2～7 m;枝条具条纹,被灰色或灰褐色绒毛。叶片硬纸质,披针形、长圆状披针形或长圆形,长 9.5～22 cm,宽 2.5～8 cm;侧脉 9～13 对,在背面明显突起;两面均具腺点,上面稍粗糙,下面密被灰色短柔毛或短绒毛,叶柄长 1～2 cm。最大的特点是头状花序小,直径 2～4 mm,具 5～6 朵花,总苞倒锥状,直径 2～3 mm;花白色至淡红色。瘦果黄褐色,近圆柱状,长约 3 mm;冠毛白色或淡黄色,长 6～7 mm。　花果期 7～12 月。　产于天峨、南丹、都安、凤山、德保、靖西、那坡、凌云、乐业、隆林、百色、田林、兴安等地;生于海拔 800～1 350 m 的山坡阳处灌草丛中、山谷疏林或林缘。分布于贵州、云南和四川。叶可治火烫伤。

9. **大叶斑鸠菊**

Vernonia volkameriifolia DC., Prodr. **5**:32. 1836;中国高等植物图鉴 **4**:405,图 6224. 1975;中国植物志 **74**:12,图版 4:1～8. 1985;Fl. China **20～21**:359. 2011.——*V. esquirolii* H. Lévl., Repert. Spec. Nov. Regni Veg. **11**:301. 1912.

小乔木,高 4～6 m;枝粗壮,被淡褐色绒毛。最大的特点为叶片大型;叶片倒卵状楔形或倒卵形至倒卵状披针形,长 15～35 cm,宽 5.5～11 cm,基部狭楔形且常扩大成鞘状,密被绒毛,幼叶及叶脉密被黄褐色柔毛。头状花序多数,直径 5～8 mm,具花 10～12 朵;花淡红色或淡紫色。瘦果长圆状圆柱形,长 8～9 mm,具 10 条肋;冠毛淡白色或污白色,长 8～9 mm。　花果期 11 月至翌年 4 月。　产于田林、隆林;生于山谷水旁、路边或疏林和灌木丛中。分布于云南、贵州、西藏，越南、老挝、泰国、缅甸、不丹、印度、尼泊尔亦有。

10. **茄叶斑鸠菊** 斑鸠菊（广西） 图版 70:1～2

Vernonia solanifolia Benth., Hook., London J. Bot. **1**:486. 1842；中国植物志 **74**:12，图版 1:8～14. 1985；Fl. China **20～21**:358. 2011. ——*V. fortunei* Sch.-Bip., Flora **35**:48. 1852. ——*Gymnanthemum solanifolium* (Benth.) H. Rob., Proc. Biol. Soc. Washington **112**(1):243. 1999.

本种最大特点是叶形似茄子叶形，长 6～17.5 cm，宽 4～8.5 cm；枝条、叶背、叶柄、花序梗和总苞片密被黄色或淡黄色绒毛，叶基部浅心形或有时近截形，常不对称；头状花序多数，小，直径 5～6 mm，为顶生的复伞房花序，总苞片半球形，冠毛黄色等而区别于本属的其他种类。 花期 12 月至翌年 5 月。 产于灵山、防城、上思、博白、北流、岑溪、昭平、贺州、梧州、藤县、桂平、横县、宁明、南宁、扶绥、东兰、罗城、金秀、三江等地；生于山谷、山坡灌木丛或疏林中。分布于广东、海南、福建、云南，越南、缅甸、老挝、泰国、柬埔寨及印度亦有。 全株可入药，可用于治热毒痧气、肠炎、腹痛、头痛、风湿骨痛等症。

11. **南川斑鸠菊**

Vernonia bockiana Diels, Bot. Jahrb. Syst. **29**:608. 1901；中国植物志 **74**:16，图版 6:1～8. 1985；Fl. China **20～21**:358. 2011. ——*Gymnanthemum bockianum* (Diels) H. Rob., Proc. Biol. Soc. Washington **112**(1):240. 1999. ——*Pluchea rubicunda* C. K. Schneid., Pl. Wilson. (Sargent) **3**:418. 1916.

灌木或小乔木，高 3～6 m；枝具细条纹，密被绒毛。叶片长圆状披针形、长圆状椭圆形或卵状披针形，长(8)12～22 cm，宽 3～3.5 cm，边缘具不明显波状细齿或近全缘，叶腹面暗绿色，稍粗糙，具乳头状突起，叶背面被灰色柔毛和银白色腺点；侧脉 10～13 对；叶柄密被灰色或淡黄褐色绒毛。头状花序直径 6～8 mm，在枝端或上部叶腋排列成复伞房花序；总苞近球形或半球形；总苞片 5 层，卵状长圆形、长圆状倒卵形，稀为匙形，背面被白色绢毛；花淡红紫色，檐部裂片线状披针形。瘦果近圆柱形，腹面具 3 条肋，具腺；冠毛 2 层，外层短，内层糙毛状，白色，与花冠等长。 花期 7～11 月。 产于靖西、德保、百色、那坡、凌云、乐业、隆林、天峨、南丹、凤山、都安；生于山坡空旷处、河谷、灌木丛或林缘。分布于贵州、四川、云南和重庆。本种外形与**斑鸠菊**(*Vernonia esculenta* Hemsl.)极为相似，但其头状花序较大；总苞近球形或半球状，基部圆形，直径 4～6 mm；总苞片顶端钝或圆形；头状花序具 8～12 朵花，与后者不难区别。

12. **毒根斑鸠菊** 图版 70:3～5

Vernonia cumingiana Benth., Hooker's J. Bot. Kew Gard. Misc. **4**:232. 1852；中国植物志 **74**:21. 1985；Fl. China **20～21**:361. 2011.

木质藤本；枝密被锈色或灰褐色绒毛。叶片厚纸质，卵状长圆形、长圆状披针形或长圆形，腹面仅中脉和侧脉被短毛，其余无毛或近无毛，背面被锈色短柔毛，两面有树脂状腺点。头状花序常在枝顶或叶腋排成圆锥花序，具花 18～21 朵；花粉红色至淡红紫色。瘦果近圆柱形，长 4～4.5 mm，具 10 条肋，被短柔毛；冠毛红棕色，长 8～10 mm。 花果期 10 月至翌年 5 月。 产于宁明、龙州、南宁、百色、平果、德保、靖西、那坡、田林、凤山、天峨、金秀、平南、蒙山、贺州、藤县、北流、岑溪、博白、灵山、东兴、上思、防城等地；生于山谷、沟边、河边及路旁灌木丛或疏林中，常攀于树上。分布于广东、海南、福建、台湾、云南、四川及贵州，越南、老挝、柬埔寨、泰国亦有。 全株可药用，味苦甘、性凉，有清热祛风、消肿止痛之功效；可用于治风湿关节炎、跌打损伤、咽喉肿痛、疟疾、牙痛等，但茎和根有毒，误服会引起腹泻、腹痛、头晕眼花、说胡话甚至精神失常，用时要特别注意。

13. **喜斑鸠菊**

Vernonia blanda (Wall.) DC., Prodr. **5**:32. 1836；中国植物志 **74**:24，图版 5:1～5. 1985；Fl. China **20～21**:361. 2011. ——*Decaneuropsis blanda* (DC.) H. Rob. et Skvarla, Proc. Biol. Soc. Wash. **120**(3):363. 2007. ——*Conyza blanda* Wall., Numer. List n. 3033. 1831.

藤本；枝条具明显的条纹，被腺点及褐色的短柔毛。叶片硬纸质，椭圆形或卵状椭圆形，长 4.5～

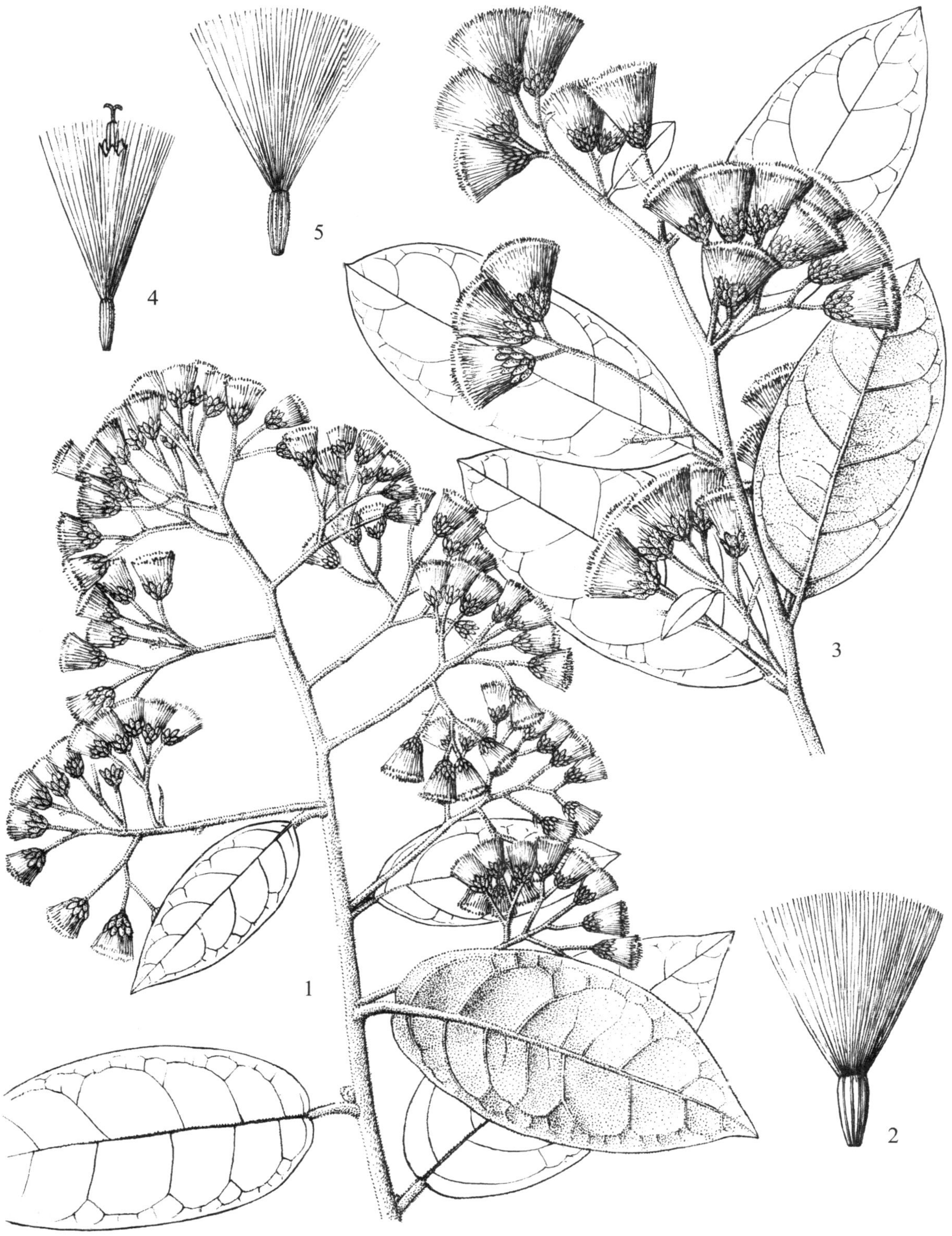

图版 70　1～2. **茄叶斑鸠菊** Vernonia solanifolia Benth.　1. 花枝；2. 瘦果。　3～5. **毒根斑鸠菊** V. cumingiana Benth.
3. 花枝；4. 两性花；5. 瘦果。（何顺清绘）

12 cm,宽 2～5 cm,全缘,腹面无毛,背面仅中脉和侧脉有毛,具腺点。头状花序 3～5 个排成小圆锥花序,直径小,7～8 mm,具花 20～25 朵;花淡紫色。瘦果近圆柱形,长 3～3.5 mm,具 10 条肋,被短柔毛和腺点;冠毛 1 层,粉红色,长 8 mm。 花果期 9 月至翌年 2 月。 产于龙州(大青山);生于山坡灌木丛或密林中。分布于云南及西藏,缅甸、越南、老挝、泰国、印度和马来西亚亦有。

14. **广西斑鸠菊** 棠菊(广西)

Vernonia chingiana Hand.-Mazz.,Sinensia **7**:622. 1936;中国植物志 **74**:25,图版 3:1～3. 1985;Fl. China **20～21**:361. 2011.

攀缘灌木;幼枝被短柔毛,老枝变无毛。叶片倒卵状长圆形或椭圆状长圆形,长 4～14 cm,宽 1.5～6.5 cm,全缘或上部边缘具疏齿,边缘常具极狭的反卷,叶腹面具光泽,无毛,叶背面被紧贴短微毛;侧脉 4～5 对。头状花序 3～6 个,生于侧枝顶端,腋生,排列成总状花序;总苞宽钟形,长 12～15 mm,宽 15～20 mm;总苞片约 5 层,外层卵形,内层近披针形或长圆状披针形,边缘狭膜质,全部总苞片背面无毛;花托稍突起,具凹穴;花多数,结实;花冠管状,白色,檐部裂片披针形,顶端尖,常反折,无毛。瘦果圆柱形,具 7 条不明显的纵肋;冠毛 2 层,黄色或淡黄褐色,外层短,内层糙毛状,顶端具密细齿。 花期 3～5 月。 产于平果、那坡、凤山、环江、都安、龙州、大新、平乐、临桂;生于海拔 350～600 m 的石山疏林、山坡灌木丛或岩石上。 本种为广西特有种。根、叶可入药,可用于治小儿惊风、烂疮。

15. **少花斑鸠菊** 林生斑鸠菊 藤菊

Vernonia chunii C. C. Chang,Sunyatsenia **3**:272. 1937;中国植物志 **74**:24,图版 7:1～7. 1985;Fl. China **20～21**:359. 2011.

攀缘灌木;小枝被淡黄褐色短绒毛兼有腺体。叶片长圆形、椭圆状长圆形或倒卵形,长 7～13 cm,宽 2.8～5.7 cm,全缘或微波状;侧脉 3～6 对;两面除叶脉被短绒毛外,有多数无柄腺体;叶柄长达 2.5 cm,被淡黄褐色短绒毛。头状花序直径 3～5 mm,在茎枝顶端排列成宽圆锥花序,具花 2～3 朵;花序梗基部具 1 枚小苞片;总苞圆筒形;总苞片 4～6 层,卵形至长圆形,具 1 条脉,背面中肋常紫色,背面和边缘密被短绒毛;花托平,近蜂窝状;花紫色,全部结实;花冠管状,檐部裂片线状披针形,无毛。瘦果近长圆形,无毛,具腺体及不明显的 5 条肋;冠毛 2 层,白色或污白色。 花果期 6～10 月。 产于钦州和德保;生于山谷或山坡林下。分布于海南。

16. **林生斑鸠菊** 藤菊

Vernonia sylvatica Dunn,J. Linn. Soc. Bot. **35**:501. 1903;中国植物志 **74**:18,图版 8:1～3. 1985;Fl. China **20～21**:359. 2011.

攀缘状灌木;枝具纵条纹。最大特点为枝条、叶柄、叶脉密被锈色柔毛,除叶脉外叶两面无毛而有下陷的腺点。叶纸质;叶片长圆形或卵形,长 6.5～11 cm,宽 2～5 cm;侧脉 7～8 对。头状花序多数在枝顶排成宽圆锥花序,花序直径 7～12 mm,具花约 10 朵,紫色或粉紫色,长于总苞 3～4 倍。瘦果圆柱形,长 2 mm;冠毛白色。 花果期 9 月至翌年春天。 产于德保;生于山谷疏林或路旁灌木丛。分布于云南。

64. 地胆草属 Elephantopus L.

多年生草本;茎、枝质硬,被柔毛。叶互生;叶片全缘或具锯齿,少有羽状浅裂;羽状脉。头状花序密集成团球状复头状花序,复头状花序基部被数枚叶状苞片所包围,在茎和枝端单生或排列成伞房状;花序梗坚硬;总苞圆柱形或长筒形,稍压扁状;总苞片 2 层,覆瓦状,顶端急尖或具小刺尖,外层 4 枚较短;花托小,无毛;两性花,结实;花冠檐部漏斗状,顶端 5 裂,通常一侧深裂;花药顶端具短尖头,基部短箭形;花柱分枝丝状,顶端钻形,被微毛。瘦果长圆形,顶端截平,具 10 条肋,被短柔毛;冠毛刚毛状,1 层,5 枚,基部宽扁。

本属约有 30 种,泛热带分布,主产于南美洲。我国有 2 种,分布于华南和西南部;广西 2 种均产。

分种检索表

1. 茎多少二歧分枝，被贴生长硬毛；叶大部基生，基部叶花期生存，茎叶匙形或倒披针状匙形；花淡紫红或淡红色 …… 1. **地胆草** E. scaber L.
1. 茎多分枝，被开展长柔毛；叶散生于茎上，基部叶花期常凋萎，茎叶长圆状倒卵形或椭圆形；花白色 ……………………………………………………………………………………………………… 2. **白花地胆草** E. tomentosus L.

1. **地胆草**　苦地胆(本草纲目拾遗)　地胆头　磨地胆(广州)　鹿耳草(海南)　图版 58:6～7

Elephantopus scaber L.，Sp. Pl. **2**:814. 1753；中国植物志 **74**:43，图版 16:1～3. 1985；Fl. China **20～21**:369. 2011. ——*Asterocephalus cochinchinensis* Spreng.，Syst. Veg. **1**:380. 1824；广州植物志 530. 1956；海南植物志 **3**:376. 1974. ——*Scabiosa cochinchinensis* Lour.，Fl. Cochinch. **1**:68. 1790.

硬质草本；茎直立，高 20～60 cm，常多少二歧分枝，密被白色贴生长硬毛。基生叶片莲座状，匙形或倒披针状匙形，长 5～18 cm，宽 2～4 cm，顶端具短尖头，边缘具圆齿状锯齿；茎叶少而小，倒披针形或长圆状披针形；全部叶腹面被疏长糙毛，背面密被长硬毛和腺点。头状花序为在茎或枝端束生的团球状的复头状花序，基部被 3 枚叶状苞片所包围；苞片顶端渐尖，脉明显突起，被长糙毛和腺点；总苞狭；总苞片绿色或上端紫红色，具 1 条或 3 条脉，被短糙毛和腺点；花 4 数，淡紫色或粉红色。瘦果长圆状线形，顶端截形，基部具棱，被短柔毛；冠毛污白色，具 5～6 条硬刚毛，基部宽扁。　花期 7～11 月。　产于南宁、马山、上林、融水、桂林、龙胜、平乐、恭城、梧州、苍梧、藤县、岑溪、蒙山、贵港、平南、桂平、玉林、容县、百色、凌云、贺州、富川、昭平、巴马、凤山和金秀；生于开阔的山坡、路旁、草地或山谷林缘。分布于福建、广东、贵州、海南、湖南、江西、云南、浙江和台湾，非洲、美洲和亚洲的热带地区均有分布。　全草可入药，有清热解毒、消肿利尿的功效，可用于治感冒、结膜炎、胃肠炎、扁桃体炎、咽喉炎、菌痢、肾炎水肿、疖肿等。

2. **白花地胆草**　牛舌草(海南岛)

Elephantopus tomentosus L.，Sp. Pl. 814. 2:1753；广州植物志 531. 1956；海南植物志 **3**:376. 1974；中国植物志 **74**:45，图版 17:1～4. 1985；Fl. China **20～21**:369. 2011. ——*E. bodinieri* Gagnep.，Bull. Soc. Bot. France **68**:117. 1921.

硬质草本；茎直立，高 80～100 cm 或更高，多分枝，密被白色开展的长柔毛，具腺点。叶散生茎上，基生叶在花期常凋萎，下部叶长 8～20 cm，宽 3～5 cm，基部渐狭成具翅的柄，稍抱茎；上部叶长 7～8 cm，宽 1.5～2 cm；全部叶边缘具小齿状锯齿，腹面皱而具疣状突起，被疏或较密短柔毛，背面被密长柔毛和腺点。头状花序 12～20 个在茎枝顶端密集成团球状复头状花序，基部有 3 枚卵状心形的叶状苞片；花序梗细长，排成疏伞房状；总苞长圆形；总苞片绿色，或有时顶端紫红色，外层 4 枚，具 1 条脉，无毛或近无毛，内层 4 枚，具 3 条脉，疏被贴生短毛和腺点；花 4 数；花冠白色，花冠裂片披针形，无毛。瘦果长圆状线形，具 10 条肋，被短柔毛；冠毛刚毛状，污白色，5 条，基部急宽成三角形。　花期 8 月至翌年 5 月。　产于南宁、防城和东兴；生于旷野、路边或灌木丛中。分布于福建、广东、海南和台湾，为热带地区广泛分布种。　可入药，但功效不及**地胆草**(*E. scaber* L.)。

7. 菜蓟族　Trib. Cynareae Less.

草本或灌木。叶互生。头状花序雌雄同株或异株，通常含多数小花；总苞片多层，覆瓦状或不明显覆瓦状排列，顶端有各式芒刺或膜质附属物；头状花序全部为管状花或具二型的小花；管状花两性，边缘小花雌性；全部花冠管状；花托具托片或托毛，稀无托片亦无托毛；花药基部箭形、戟形；花柱在分枝处以下有增粗的毛环，花柱分枝完全分离或大部分合生。　本族约有 75 属 2 400 多种，分布于亚洲、欧洲、美洲、澳大利亚及非洲东部和北部。我国约有 37 属 440 多种；广西有 11 属 21 种 1 变种。

分属检索表

1. 头状花序具2朵至多朵花，不密集成复头状花序。
  2. 头状花序下部具叶质的苞片叶衬托。
    3. 头状花序单生于枝端，为羽状分裂的苞片所围 …… 65. **苍术属** Atractylodes DC.
    3. 头状花序在茎枝顶部组成伞房花序或罕有单生，外围为具刺的苞叶所围绕 …… 66. **红花属** Carthamus L.
  2. 头状花序下部无叶质的苞片叶。
    4. 总苞片顶端无钩状刺毛；冠毛基部合生成环；叶缘具刺或无。
      5. 总苞片顶端具刺。
        6. 冠毛2层；基生叶极大，叶片心形或戟状三角形，叶缘呈不规则的波状并有小锯齿 …… 67. **云木香属** Aucklandia Falc.
        6. 冠毛多层；叶片非上所述。
          7. 冠毛刚毛状、糙毛状或锯齿状。
            8. 总苞片8～10层；花冠檐部5深裂，其中1枚裂片较其他4枚裂片长 …… 68. **飞廉属** Carduus L.
            8. 总苞片6层；花冠檐部5裂，裂片等长 …… 69. **水飞蓟属** Silybum Adans.
          7. 冠毛羽毛状 …… 70. **蓟属** Cirsium Mill.
      5. 总苞片顶端无刺。
        9. 冠毛糙毛状，不等长 …… 71. **麻花头属** Serratula L.
        9. 冠毛羽毛状，或至少有1层为羽毛状。
          10. 花冠筒与檐部几等长；瘦果4棱；冠毛1层，羽毛状，或2层，外层单毛状，内层羽毛状 …… 72. **风毛菊属** Saussurea DC.
          10. 冠毛2层，异型，外层羽毛状，内层鳞状，极短，生于一侧 …… 73. **泥胡菜属** Hemistepta Bunge
    4. 总苞片顶端有钩状刺毛；冠毛离生；叶缘无毛 …… 74. **牛蒡属** Arctium L.
1. 头状花序具花1朵，密集成大型或球形的复头状花序，在茎上排成伞房花序状的聚伞花序 …… 75. **蓝刺头属** Echinops L.

65. 苍术属 Atractylodes DC.

多年生草本；有结节状根茎。叶互生；叶片分裂或不裂，或羽状分裂，叶缘有刺状缘毛或刺状齿。头状花序单生于枝端，为羽状分裂的苞片所围；总苞片多层，覆瓦状排列，有缘毛；花序托平坦，有刺毛；头状花序上的花或全部为雌、雄蕊均为发育的两性花，或全部为雄蕊退化但雌蕊发育的雌花；小花管状，5裂，黄色或紫红色；花丝分离，无毛，花药基部附属物箭形；花柱分枝短，三角形。瘦果倒卵圆形或卵圆形，密被柔毛；冠毛羽毛状，基部连成环状。 本属约有6种，分布于东亚。我国有4种，主要分布于中南和西南以外的地区；广西引种栽培的有2种，均为中药。

分种检索表

1. 叶片3～5全裂，极少杂有不裂的，叶缘具贴伏状细刺齿，裂片1～2对；小花红紫色，长约1.7 cm；瘦果倒圆锥形；冠毛长约1.5 cm …… 1. **白术** A. macrocephala Koidz.
1. 叶片不裂或有时大头羽状深裂或半裂，叶缘具三角状刺齿或重刺齿，裂片1～2对或3～4对；小花白色，长约9 mm；瘦果倒卵圆形；冠毛长7～8 mm …… 2. **苍术** A. lancea (Thunb.) DC.

1. 白术(中国药用植物志)　于术　冬术　图版71:1～4

Atractylodes macrocephala Koidz., Fl. Symb. Orient.-Asiat. 5. 1930；中国高等植物图鉴 **4**:600，图6614. 1975；中国植物志 **78**(1):28，图版1:4，4:3(1～2). 1987；Fl. China **20～21**:40. 2011. ——*Atractylis*

图版 71　1～4. **白术** Atractylodes macrocephala Koidz.　1. 花枝；2. 两性花；3. 果；4. 块根。　5～8. **牛蒡** Arctium lappa L.　5. 果枝；6. 总苞片；7. 两性花；8. 瘦果。　（林文宏绘）

macrocephala(Koidz.) Nemoto var. *hunanensis* Y. Ling, Contr. Inst. Bot. Nat. Acad. Peip. **6**:66. 1949.

多年生草本,高可达 60 cm;具结节状根茎;茎直立,上部分枝;全体光滑无毛。茎中部的叶片常 3～5 羽状全裂,偶有不分裂而为长椭圆形;侧裂片 1～2 对,长椭圆形或倒卵状披针形,长 5～8 cm,宽 1.5～3 cm,基部渐狭,先端渐尖;顶端裂片较大,长倒卵形或长椭圆形;茎上部的叶较中部的小,不裂或罕有分裂;接花序下的叶不裂,无柄,长椭圆形;全部叶纸质,无毛,边缘有刺状缘毛或细刺齿。头状花序近 10 个,单生于茎枝顶端,直径约 3.5 cm;苞片绿色,长约 4 cm,羽状全裂,裂片刺状;总苞宽钟状;总苞片 5～7 层或更多,覆瓦状排列,外层长卵形或三角形,中层披针形,内层宽线形,先端紫红色,全部苞片先端钝,边缘有白色蛛丝状毛;小花长约 1.7 cm;花冠紫红色,5 深裂。瘦果倒锥形,密生白色柔毛,长约 7 mm;冠毛羽状,长约 1.5 cm,基部连合成环状。 花果期 8～10 月。 广西各地有零星栽培。分布于安徽、重庆、福建、贵州、湖北、湖南、江西和浙江。 本种块茎供作中药,商品名有“于术”“冬术”“金线术”“白术腿”等;味辛、苦,性温,有健脾、燥湿、止痛的功效。

2. **苍术** 赤术(名医别录) 术(江苏南部种子植物手册)

Atractylodes lancea (Thunb.) DC., Prodr. **7**(1):48. 1838;中国高等植物图鉴 **4**:601,图 6615. 1975;植物分类学报 **19**(3):321. 1981;中国植物志 **78**(1):25,图版 11:1. 1987;Fl. China **20～21**:40. 2011. ——*A. chinensis* (Bunge) Koidz., Fl. Symb. Orient.-Asiat. 4. 1930. ——*Atractylis lancea* Thunb., Syst. Veg. ed, 14. 729. 1784. ——*A. chinensis* (Bunge) DC., Prodr. **6**:549. 1938.

多年生草本,高 30～80 cm;根状茎粗壮,结节状,有香气,外表棕褐色,断面有红棕色油点;茎直立、不分枝或上部有少数分枝。叶互生;基生叶花期脱落;中下部叶 3～5(7)片,羽状深裂或半裂,几无柄或渐狭成长 3 cm 以上的柄,腹面深绿色,背面稍粉白色;上部叶渐小,不裂,无柄;全部叶缘有针刺状缘毛或三角形刺齿或重锯齿。头状花序数个,单生于枝端;叶状苞片 1 列,羽状全裂或深裂,裂片刺状;总苞片 6～7 层,覆瓦状排列,外层卵形,中层卵状长圆形,内层近线形,中、内层苞片的上部有时变紫红色;小花白色,长约 9 mm,先端 5 裂,裂片条形。瘦果倒卵圆形,被稠密的柔毛;冠毛长 7～8 mm,羽状毛,基部连合成环。 花果期 6～10 月。 桂南、桂北有零星栽培。分布于东北、华北、华东和华中等地,日本、朝鲜、俄罗斯亦有分布。 根状茎可入药,味苦、辛,性温,有健脾、燥湿、祛风辟秽的功效;商品药名尚有“汉苍术”“矛苍术”等。

66. 红花属 Carthamus L.

一年生草本;茎挺立,坚硬,上部分枝,有时上部微被柔毛或粗毛。叶互生,无柄;叶片有刺,不裂或羽状分裂。头状花序同型,全为管状花组成,在茎枝顶部组成伞房花序或罕有单生,外围为具刺的苞叶所围绕;总苞片多层,中、外层的边缘常有刺齿;花冠各色,深 5 裂。瘦果椭圆形或楔状倒卵形,乳白色,有 4 棱;冠毛缺或呈鳞片状。 本属约有 47 种,分布于地中海地区、中亚、西南亚及东南亚。我国引入栽培 2 种;广西有 1 种。

红花(植物名实图考) 红蓝花 图版 72:1～6

Carthamus tinctorius L., Sp. Pl. **5**:830. 1753;中国高等植物图鉴 **4**:656,图 6726. 1975;中国植物志 **78**(1):187. 1987;Fl. China **20～21**:190. 2011.

一年生草本,高 40～120 cm;茎直立,上部分枝,全部茎枝光滑无毛。中下部茎叶片长椭圆形至卵状披针形,长 5～13 cm,宽 1.5～5 cm,无柄,基部抱茎,边缘具锯齿;上部叶往上渐小渐变狭;全部叶革质,无柄,基部半抱茎,边缘具针刺。头状花序在茎枝顶端组成伞房花序,并围绕以苞叶;总苞近球形,直径 2～2.5 cm;总苞片 4 层,外层卵状披针形,中部或下部稍收缩,边缘具针刺,内层卵状椭圆形,先端长尖,顶部具少数针刺;小花橘红色,均两性;花冠长约 2.8 cm,管部长约 2 cm,花冠裂片 5 枚,线形;雄蕊 5 枚,花药聚合;雌蕊 1 枚,花柱细长,伸出于花药外,柱头 2 裂,裂片舌状。瘦果倒卵状椭圆形,有 4 棱,长约 5 mm,

图版 72　1～6. **红花** Carthamus tinctorius L.　1～2. 植株；　3～4. 外总苞片；5. 内总苞片；6. 小花。　7～13. **华麻花头** Serratula chinensis S. Moore　7～8. 植株；9～10. 外层总苞片；11. 内层总苞片；12. 果和冠毛；13. 小花。　(林文宏绘，2 何顺清摹绘)

乳白色;无冠毛。 花果期 5～9 月。 南宁、桂林、全州等地有栽培;适应性较强,耐寒、耐旱,在贫瘠的土壤种植一般都能生长。原产于地中海地区,在我国绝大部分地区都有引种。 本种的花有活血通经、消肿止痛的功效,可用于跌打损伤、月经不调;种子含油 24%,仁含油约 55%,油宜食用,可制人造奶油,也可作工业用油;花含黄色素和红花苷,可作糕点着色和棉布印染原料;红花有着综合利用的前途,为我国重要的油源作物之一。

67. 云木香属 Aucklandia Falc.

多年生高大草本;主根粗壮,茎单一。基生叶大,三角形,叶柄具翅;茎生叶较小,三角状卵形。头状花序单个或 2～5 个簇生于茎顶和叶腋;总苞半球形;总苞片 7 层,卵状披针形;花冠筒状;花托有长硬毛。多数学者将本属纳入**风毛菊属**(*Saussurea* DC.)内,但不同点在于冠毛 2 层,花托有硬毛状托片。 本属仅有 1 种,产于印度、巴基斯坦和克什米尔地区;我国云南、四川、陕西、贵州、福建等地有引种;广西亦有。

云木香 广木香 青木香

Aucklandia costus Falc., Ann. Mag. Nat. Hist. **6**:475. 1841; Fl. China **20～21**:55. 2011. ——*Saussurea costus* (Falc.) Lipsch., Journ. Bot. URSS **49**(1):131. 1964;中国植物志 **78**(2):58,图版 12:8～10. 1999.

高大直立草本,高可达 2 m;主根粗壮,直径可达 5 cm 以上,外皮褐色,有少数支根;茎不分枝,上部有短柔毛。基生叶极大,叶片心形或戟状三角形,长 30～60(100)cm,宽 15～30 cm,基部下延成具翅的长柄,柄长为叶片的 1.5～2 倍,叶缘呈不规则的波状并有小锯齿,齿端有小刺尖,腹面被糙短毛,背面无毛或在脉上有疏短毛。头状花序单生于茎端和叶腋,或 2～5 个簇生,直径 3～4 cm,花序梗短或无;总苞半球形,长 2～2.5 cm;总苞片 7 层,近革质,卵状披针形或狭披针形,由外层向内层渐变长,外层先端尖刺状;花全为管状花,暗紫色;花冠筒状,长约 1.5 cm,先端 5 裂;雄蕊 5 枚,花药尾部流苏状;子房下位,花柱伸出花冠外,2 裂;花托具长硬毛。瘦果长圆形,有棱,长约 6 mm;冠毛 2 层,褐色,羽毛状,外层较短,内层长约 1.5 cm。 花期 7～9 月,果期 8～10 月。 桂林、南宁有栽培。原产于印度,我国云南、四川、贵州、安徽、福建、陕西、浙江亦有栽培。 本种的根有健胃、行气、止痛、安胎的功效,可用于治疗气滞腹胀、消化不良、呕吐泄泻、胎动不安等;根可提炼芳香油作调香原料。

68. 飞廉属 Carduus L.

二年生或多年生草本;茎有翼。叶互生;叶片不裂、羽状浅裂、深裂或全裂,边缘及顶端有针状刺。头状花序单生或簇生;全部小花两性,结实;总苞卵状、钟形、圆柱状、球形、扁球形或倒圆锥状;总苞片 8～10 层,覆瓦状排列,紧贴,向内层渐长,全部苞片顶端有刺尖;花托平或稍突起,被稠密的长托毛;小花红色、紫色或白色,花冠檐部 5 深裂,裂片线形或披针形,其中 1 枚裂片较其他 4 枚裂片为长;花丝分离,中部被卷毛,花药基部附属物撕裂状;花柱通常贴合。瘦果卵形、长椭圆形、楔形或圆柱形,压扁状,无肋,通常具细条纹或皱纹,顶端截形或斜截形;冠毛多层,刚毛不等长,向内层渐长,糙毛状或锯齿状,基部连合成环。本属约有 95 种,分布于非洲、亚洲和欧洲的热带地区。我国有 3 种;广西有 2 种。

分种检索表

1. 叶两面异色或近异色,叶背浅灰白色或灰绿色,被薄蛛丝状绵毛 ……………………………… 1. **丝毛飞廉** C. crispus L.
1. 叶两面同色,沿脉仅有多细胞长节毛,叶背无蛛丝状薄绵毛 ……………………………… 2. **节毛飞廉** C. acanthoides L.

1. **丝毛飞廉**　飞簾(东北植物检索表)

Carduus crispus L.,Sp. Pl. 2:821.1753;东北植物检索表 410.1959;中国高等植物图鉴 4:608.1975;中国植物志 78(1):157.1987;Fl. China 20~21:176.2011.

二年生或多年生直立草本,高 40~150 cm;茎具棱,被稀疏的多细胞长节毛,上部或接头状花序下部有稀疏或较稠密的蛛丝状毛或蛛丝状绵毛。下部茎叶椭圆形、长椭圆形或倒披针形,长 5~18 cm,宽 1~7 cm,羽状深裂,裂片边缘有大小不等的三角形或偏斜三角形刺齿,齿端及齿缘具针刺;或下部茎叶不为羽状分裂,边缘具大锯齿或重锯齿状;全部茎叶两面明显异色,叶背浅灰白色或灰绿色,被蛛丝状薄绵毛,基部两侧沿茎下延成茎翼;茎翼边缘齿裂,齿顶及齿缘有黄白色或浅褐色的针刺。头状花序通常 3~5 个集生于分枝顶端或茎端,或单生分枝顶端;总苞卵圆形;总苞片覆瓦状排列,向内层渐长;小花红色或紫色,花冠檐部 5 深裂。瘦果楔状椭圆形,稍压扁,有明显的横皱纹,顶端斜截形,果缘全缘,无锯齿;冠毛刚毛状或毛锯齿状,白色或污白色,不等长,向内层渐长,基部连合成环。　花果期 4~10 月。　产于桂北;生于山坡草地、田间荒地、溪旁及林缘。分布于我国各地,哈萨克斯坦、朝鲜、蒙古、俄罗斯以及亚洲西南部国家亦有。　本种是田间杂草,也是优良的蜜源植物。

2. **节毛飞廉**

Carduus acanthoides L.,Sp. Pl. 2:821.1753;中国植物志 78(1):158,图版 1:13,6:4(1~2).1987;Fl. China 20~21:176.2011.

二年生或多年生草本,高 10~100 cm;茎具棱,全部茎枝被稀疏或下部稍稠密的多细胞长节毛。基部及下部茎叶长椭圆形或长倒披针形,羽状浅裂、半裂或深裂,长 6~29 cm,宽 2~7 cm,裂片 6~12 对,边缘有大小不等的钝三角形刺齿,齿顶及齿缘有黄白色针刺;或叶边缘有大锯齿,不呈明显的羽状分裂;向上叶渐小,与基部及下部茎叶同形并等样分裂;全部茎叶两面同色,沿脉有稀疏的多细胞长节毛,基部两侧沿茎下延成茎翼;茎翼齿裂,齿顶及齿缘具针刺。头状花序 3~5 个集生或疏松排列于茎顶或枝端;总苞卵形或卵圆形;总苞片覆瓦状排列,向内层渐长,全部苞片无毛或被稀疏蛛丝毛;小花红紫色,花冠檐部 5 深裂。瘦果长椭圆形,但中部收窄,有多数横皱纹,顶端截形,有蜡质果缘,果缘全缘,无齿裂;冠毛刚毛锯齿状,长达 1.5 cm,顶端稍扁平扩大,白色,不等长。　花果期 5~10 月。　产于广西各地;生于山坡、山谷、山沟、田间、草地、林缘或灌木丛中。分布于甘肃、贵州、四川、云南、黑龙江、河南、湖南(西南部)、江苏(西部)、江西(北部)、内蒙古、宁夏、青海(东部和南部)、陕西、山东、山西、新疆(北部)和西藏(东部),俄罗斯、亚洲西南部国家及欧洲国家亦有。　本种与近缘种**丝毛飞廉**(*C. crispus* L.)的主要区别在于它的叶两面均为绿色,沿脉仅有多细胞长节毛,背面并无蛛丝状薄绵毛。

69. 水飞蓟属　Silybum Adans.

一年生或二年生草本。叶分裂,叶片有刺状锯齿,腹面有白色花斑。头状花序较大,单生,弯垂;总苞阔球形;总苞片 6 层,覆瓦状排列,坚硬,边缘有刺;花托平,肉质,有刺毛;小花两性,紫色,5 裂。瘦果倒卵状椭圆形,压扁状;冠毛多层,由外向中层或内层渐长,基部连合成环,整体脱落。　本属有 2 种,分布于中欧、南欧、地中海和中亚地区。我国引种 1 种;广西也有栽培。

水飞蓟　老鼠筋　水飞雉

Silybum marianum (L.) Gaertn.,Fruct. Sem. Pl. 2(3):378.1791;中国植物志 78(1):161,图版 2:7,31:2.1987.——*S. maculatum* (Scop.) Moench,Menth. 555.1794.——*Carduus marianus* L.,Sp. Pl. 2:823.1753.

一年生或二年生草本,高约 1 m;茎直立,具棱,分枝或罕有不分枝,全部茎枝被白粉和稀疏的蛛丝毛,或近无毛。下部的茎叶有柄,椭圆形至倒披针形,长达 45 cm,宽达 28 cm,羽状浅裂或全裂;中上部叶往上渐小，由长卵形渐变为卵状披针形，先端尾状渐尖，基部心形抱茎或半抱茎，边缘由羽状浅裂渐变为波状浅裂；全部叶两面绿色，无毛，腹面有大型白色花斑，边缘及先端具针刺。头状花序生于茎枝顶端；总苞阔球形，直径 3～4.5 cm；总苞片 6 层，质硬，中外层宽匙形至椭圆形，长 1～2.5 cm，宽 8～10 mm，先端和上部边缘有针刺；内层苞片条状披针形，长约 2.6 cm，宽约 5 mm，先端渐尖，边缘无针刺；小花紫红色，长约 3 cm，檐部 5 裂，裂片长约 6 mm；花丝短而宽。瘦果倒卵状椭圆形，压扁状，先端有喙，长约 6 mm，宽约 3 mm；冠毛多层，白色，具锯齿，由外层向内层渐长，长可达 1.5 cm，基部连合成环，整体脱落。 花果期 5～11 月。 桂林有引种栽培。我国各地园庭也有引种，欧洲、地中海地区、北非和亚洲中部有分布。
本种种子含水飞蓟素，味苦，性凉，有清热解毒、保肝利胆的功效，可用于治疗急慢性肝炎、胆囊炎等。

70. 蓟属 Cirsium Mill.

一年生至多年生直立草本；多数有分枝或不分枝的茎，极少无茎。叶互生；叶片羽状分裂或具粗齿，叶缘有刺齿。头状花序同型，具两性或雌花，在茎枝顶端呈圆锥状、总状或伞房状排列，罕有单生；总苞卵状或球形，无毛或具蛛丝毛；总苞片多层，覆瓦状排列，外层的较短，有时有缘毛状针刺；花序托密生刺状毛；花冠筒纤细，5 深裂；花丝分离，常有长毛；花药基部具撕裂状附属物；花柱分枝基部有毛环。瘦果光滑，压扁状，常有纵条纹，有喙；冠毛多层，羽毛状。 本属有 250 种以上，分布于北温带；我国有 50 多种，广泛分布于全国各地；广西有 8 种 1 变种，产于区内各地，有的种如大蓟、线叶蓟等还可入药。

分种检索表

1. 总苞片内层顶端膜质渐尖或软刺状，不扩大。
  2. 中部茎叶羽状深裂或几全裂，羽状浅裂或半裂。
    3. 叶两面均绿色，疏被多细胞长节毛或近无毛 ………… 1. **大蓟** C. japonicum Candolle
    3. 叶腹面绿色，被多细胞长节毛；背面灰白色，密被绒毛 ………… 2. **总序蓟** C. racemiforme Y. Ling et C. Shih
  2. 中部茎叶不分裂。
    4. 叶腹面绿色，被多细胞短节毛；背面灰白色，密被绒毛 ………… 3. **斑鸠蓟** C. vernonioides C. Shih
    4. 全部茎叶两面同色、绿色或背面色淡，两面无毛，或两面异色，腹面绿色，无毛，背面被稀疏或稠密的绒毛而呈灰色 ………… 4. **刺儿菜** C. arvense (L.) Scop. var. integrifolium Wimm. et Grab.
1. 总苞片内层顶端膜质扩大，红色。
  5. 叶腹面绿色，被针刺；背面密生灰白色的厚绒毛 ………… 5. **覆瓦蓟** C. leducei (Franch.) H. Lévl.
  5. 叶腹面绿色，被糙伏毛或多细胞长或短节毛；背面淡绿色、淡白色或灰白色，被蛛丝状薄毛或厚的绒毛。
    6. 叶片羽状深裂、半裂或浅裂。
      7. 叶两面异色，腹面绿色，无毛或被多细胞长节毛或被针刺；背面灰白色，被稠密或密厚绒毛 ………… 6. **牛口刺** C. shansiense Petrak
      7. 叶两面同色，绿色，无毛或沿脉有多细胞长节毛 ………… 7. **绿蓟** C. chinense Gardner et Champ.
    6. 叶片不分裂。
      8. 全部叶或至少上部叶的背面被稀薄的绒毛 ………… 8. **线叶蓟** C. lineare (Thunb.) Sch.-Bip.
      8. 全部叶的背面密被厚的绒毛 ………… 9. **湖北蓟** C. hupehense Pamp.

1. 大蓟(中国高等植物图鉴) 蓟 山萝卜 小蓟(名医别录) 图版 73:1～7

Cirsium japonicum Candolle, Prodr. **6**:640. 1837；中国高等植物图鉴 **4**:613，图 6640. 1975；植物分类学报 **22**(5):394. 1984；中国植物志 **78**(1):103. 1987；Fl. China **20～21**:167. 2011.——*C. belingshanicum* Petr., Anz. Akad. Wiss. Wien. Math.-Naturw. Kl. **63**:110. 1926.——*Cnicus japonicus* (DC.) Maxim., Bull. Acad. Imp. Sci. Saint-Pétersbourg **19**:503. 1874.——*Carduus japonicus* (DC.) Franch., Pl. David. **1**:178. 1883.

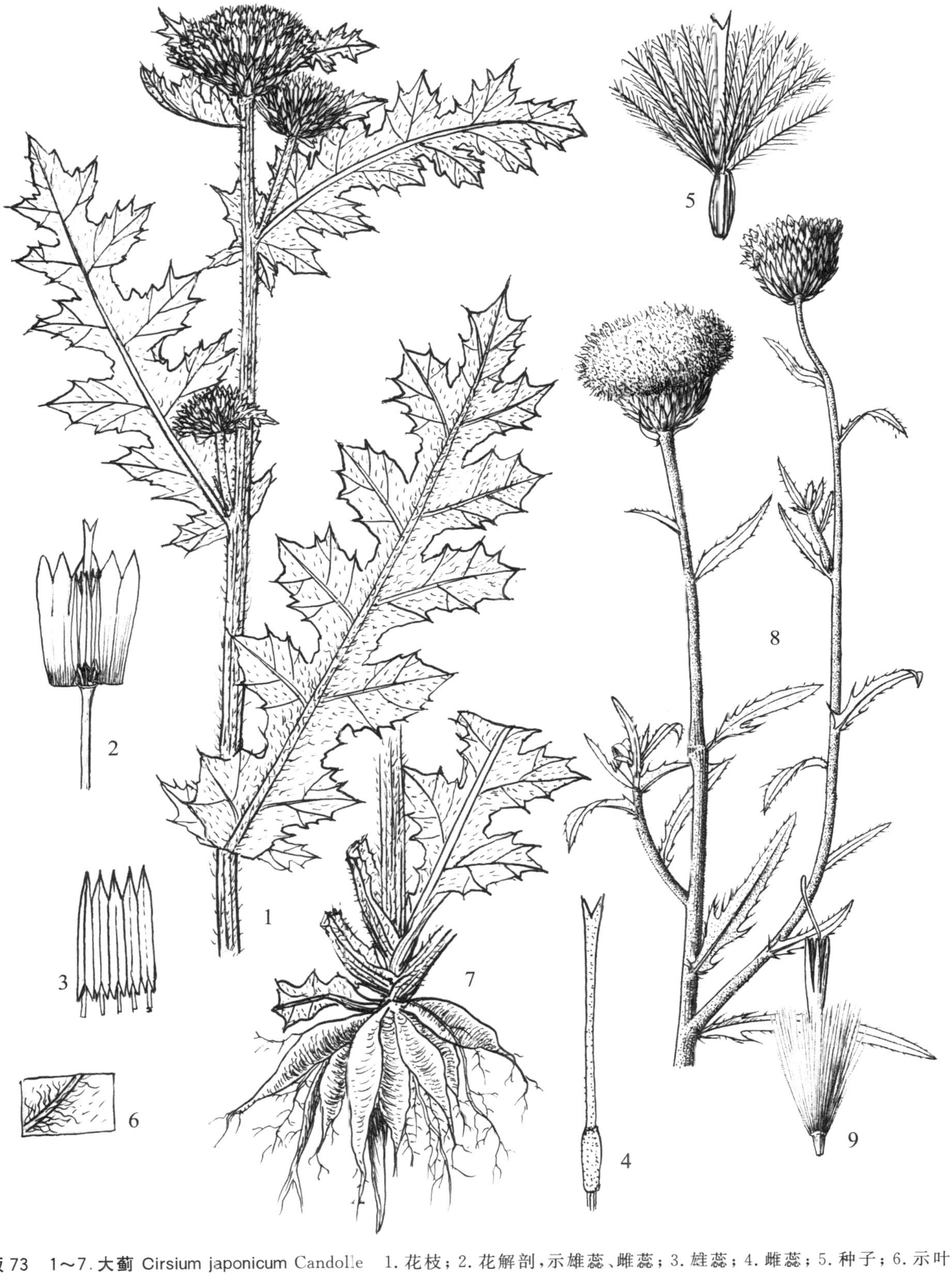

图版 73　1～7. **大蓟** Cirsium japonicum Candolle　1. 花枝；2. 花解剖，示雄蕊、雌蕊；3. 雄蕊；4. 雌蕊；5. 种子；6. 示叶背毛；7. 根部。　8～9. **绿蓟** C. chinense Gardner et Champ.　8. 花枝；9. 小花。（1～7 辛茂芳绘，8～9 邹贤桂绘）

多年生草本；具纺锤状肉质宿根；茎高 40～120 cm，具分枝或无，有棱，被灰黄色多细胞长节毛。叶片形变化较多，基生叶较大，有柄，长倒卵形、椭圆形或披针状长椭圆形，长 15～25 cm，宽 3～7 cm，近全裂或羽状深裂，侧裂片 6～12 对，不等大，边缘具不规则锯齿和针刺，齿端的针刺较粗，长 2～5 mm，两面绿色，沿脉被多细胞长节毛或近无毛，基部渐狭成羽状柄；中、上部叶无柄，羽状深裂，由下而上渐小，其余特征似基生叶。头状花序 1～3 个生于茎顶或枝顶，呈不明显的总状排列，基部有叶状苞叶 1～2 枚；总苞钟状，直径约 3 cm；总苞片 6 层，条状披针形，外层较小，先端有短刺，外面有微糙毛且沿中肋有黏腺，内层先端呈软刺状；小花紫红色，长 1.5～2 cm，先端不等 5 浅裂。瘦果长椭圆形，略扁，长约 4 mm；冠毛多层，浅褐色，长约 2 cm，先端扩展。 花果期 3～10 月。 产于广西各地；生于荒地、田间、路边、草地、林缘、山坡等处。分布于重庆、广东、贵州、云南、四川、河北、湖北、湖南、江苏、江西、内蒙古、青海、陕西、山东、台湾、福建、浙江，朝鲜、日本、俄罗斯以及越南亦有。 全草可入药，有凉血、止血、利尿消肿的功效，可用于内出血、阑尾炎等；外用治乳腺炎、疮毒疖肿。

2. **总序蓟**（植物分类学报）

Cirsium racemiforme Y. Ling et C. Shih，植物分类学报 **22**(6)：445. 1984；中国植物志 **78**(1)：108，图版 22：2～3. 1987；Fl. China **20～21**：168. 2011.

多年生草本，高可达 1.5 m。本种外形稍似**大蓟**[*C. japonicum* Candolle]，但全部茎叶除被多细胞长节毛外，尚被蛛丝状毛，并以花序部分最密；基生叶和下部叶在花期脱落；中上部叶长椭圆形，半裂或羽状浅裂，侧裂片 3～8 对，中部侧裂片较大；全部叶两面异色，腹面绿色，背面灰白色，并被厚密的绒毛层。头状花序 4～8 个在枝端呈明显的总状排列，植株有多数的总状花序。 花果期 4～6 月。 产于凌云、乐业和金秀；生于山脚草地、山坡和林下湿地。分布于福建、贵州、湖南、江西和云南。

3. **斑鸠蓟**（植物分类学报）

Cirsium vernonioides C. Shih，植物分类学报 **22**(6)：447，图版 1：2. 1984；中国植物志 **78**(1)：111，图版 27：1. 1987；Fl. China **20～21**：170. 2011.

多年生草本；具块根；茎直立，高 50～120 cm，有分枝和纵棱，被多细胞长节毛和蛛丝毛，并以花序下茎段的最稠密。下部茎叶于花期脱落；中部茎叶有长约 1.5 cm 的柄，椭圆形或披针状椭圆形，长 8～11 cm，宽 2.5～4.5 cm，两端渐尖，边缘有针刺状缘毛；全部叶腹面绿色，被多细胞长或短节毛，背面灰白色，密被绒毛。头状花序多数，在茎枝顶部排成伞房状圆锥花序；总苞钟状，直径约 2 mm；总苞片 8 层，外层和中层钻状三角形至钻状长椭圆形，平展或反折，内层线形，先端不等 5 浅裂。瘦果楔状倒披针形，长约 6 mm，先端截平；冠毛多层，深褐色，刚毛长羽毛状，长 1.8 cm，向先端渐细。 花果期 10 月。 本种为广西特有种，产于阳朔、金秀（大瑶山）。

4. **刺儿菜** 图版 74：1～7

Cirsium arvense (L.) Scop. var. **integrifolium** Wimm. et Grab.，Fl. Siles. **2**(2)：92. 1829；中国植物志 **78**(1)：127. 1987；Fl. China **20～21**：174. 2011.——*C. setosum* (Willd.) Besser ex M. Bieb.，Fl. Taur.-Caucas. **3**：560. 1820.——*Cephalonoplos segetum* (Bunge) Kitam.，Acta Phytotax. Geobot. **3**(1)：8. 1934.

多年生直立草本；茎高 30～120 cm，花序分枝无毛或有薄绒毛。基生叶和中部茎叶椭圆形、长椭圆形或椭圆状倒披针形，通常无叶柄，长 7～15 cm，宽 1.5～10 cm；上部茎叶渐小，椭圆形、披针形或线状披针形；全部茎叶不分裂，叶缘有细密的针刺，或叶缘有刺齿，齿顶针刺大小不等，或羽状浅裂、半裂或边缘具粗大圆锯齿，裂片锯齿斜三角形，齿顶及裂片顶端有较长的针刺；全部茎叶两面无毛，稀叶背被稀疏或稠密的绒毛或两面被薄绒毛。头状花序单生茎端，或含少数或多数头状花序在茎枝顶端排成伞房花序；总苞卵形、长卵形或卵圆形，直径 1.5～2 cm；总苞片约 6 层，覆瓦状排列，均具针刺；小花紫红色或白色。瘦果淡黄色，椭圆形或偏斜椭圆形，压扁状，顶端斜截形；冠毛污白色，多层，整体脱落。 花果期 5～9 月。 产于隆林；生于山坡、河旁或荒地、田间。除西藏、云南、广东外，几遍布全国各地，日本、朝鲜、蒙古、俄罗斯及欧洲、亚洲（西南部）亦有。

图版 74　1～7. 刺儿菜 Cirsium arvense（L.）Scop. var. integrifolium Wimm. et Grab.　1～2. 植株下部；3. 植株上部；4. 花枝；5. 雌花；6. 雄花；7. 总苞片。（林文宏绘）

5. **覆瓦蓟**(植物分类学报) 图版 75:1～4

Cirsium leducei (Franch.) H. Lévl., Cat. Pl. Yunnan 41. 1915;植物分类学报 **22**(6):451. 1966;中国植物志 **78**(1):123,图版 29:3～4. 1987;Fl. China **20～21**:172. 2011. ——*Cnicus leducei* Franch., J. Bot. **11**:23. 1897.

多年生草本,高可达 1.5 m;茎直立,上部分枝,有棱条,疏被灰白色绒毛,并以花序基部最密。叶形变化大,基生叶在花期脱落;中部叶披针形或线状披针形,长 3～9 cm,宽 5～10 mm,深裂、半裂、羽状浅裂或不裂,裂片 3～5 对,边缘有粗细不一的针刺,刺长 2～5 mm;上部叶向上渐变小,条状椭圆形至条形;全部叶腹面绿色,并被或疏或密的针刺,背面灰白色,并被厚的灰白色绒毛层。头状花序在茎或枝端单生或数个组成伞房状花序;总苞直径约 2 cm;总苞片 6 层,向内渐长,外 2 层短披针形,有明显的针刺,中层披针形,先端急尖或具短针刺,最内层长披针形,长约 1.4 cm,先端呈红色膜质扩大,全部苞片背面沿中肋有黑色黏腺;小花紫红色,长 1.5～1.8 cm,先端 5 深裂。瘦果斜倒披针形,长约 3 mm,先端截形;冠毛多层,浅褐色,刚毛长羽毛状,长约 1.5 cm,先端稍扩大。 花果期 8～12 月。 产于百色、隆林、靖西、德保、融水、南丹;生于海拔 500～1 200 m 的山坡草地或林缘,亦见于河谷路旁。分布于广东、四川、云南和贵州。

6. **牛口刺**(植物分类学报) 图版 75:5～8

Cirsium shansiense Petrak, Mitt. Thuring. Bot. Ver. n. f. **1**:176. 1943;植物分类学报 **22**(6):449. 1984;中国植物志 **78**(1):121,图版 24:2. 1987;Fl. China **20～21**:171. 2011. ——*C. chinense* Gardn. et Champ. var. *australe* Diels, Engler, Bot. Jahrb. **29**:628. 1901. ——*C. lineare* Sch.-Bip. var. *rigidum* Petr., Repert. Sp. Nov. **43**:274. 1938. ——*C. lineare* Sch.-Bip. var. *yunnanense* Petr., Repert. Sp. Nov. **43**:277. 1943.

多年生粗壮草本,高可达 1.5 m;茎直立,有纵棱,上部具少数分枝;全株被绒毛或有时有长节毛,毛由下而上渐宽,并以花序部分或茎顶上部最密。下部茎叶常早落;中部茎叶卵状倒披针形、椭圆形或条状椭圆形,羽状浅裂、半裂或深裂,长 6～15 cm,宽 1～5 cm,腹面绿色,被长节毛或短节毛,背面灰白色,密被厚的绒毛,边缘具针刺,以齿端及叶先端的针刺较粗长。头状花序单个或数个生于茎枝顶端,常组成伞房花序;总苞卵球形,直径 2～2.5 cm;总苞片 7 层,覆瓦状排列,向内层渐长,中、外层先端具针刺,最内层先端呈红色膜质扩大,全部苞片背面有黑色黏腺;小花紫红色,长约 1.8 cm,先端 5 深裂。瘦果椭圆状倒卵形,长约 4 mm,先端平截;冠毛浅褐色,多层,长羽毛状,长约 1.5 cm,向顶部渐细。 花果期 4～10 月。 产于南宁、上林、临桂、资源;生于山坡、山脚、路旁、山谷、林下等的草地上。分布于青海、陕西、甘肃、河南、河北、江西、内蒙古、福建、重庆、山西、安徽、湖北、湖南、广东、云南、贵州、四川,印度、缅甸、不丹和越南亦有。

7. **绿蓟** 小蓟 图版 73:8～9

Cirsium chinense Gardner et Champ., J. Bot. Kew Gard. Misc. **1**:323. 1849;中国植物志 **78**(1):118. 1987;Fl. China **20～21**:171. 2011. ——*Cnicus tchefouensis* (Debeaux) Franch., Mem. Soc. Sci. Nat. Math. Cherbourg **24**:229. 1884. ——*C. chinensis* (Gardner et Champ.) Benth. ex Maxim., Bull. Acad. Imp. Sci. Saint-Pétersbourg **19**:509. 1874.

多年生直立草本,茎高 40～100 cm;全部茎枝被多细胞长节毛,接头状花序下部常混杂以蛛丝毛。中部茎叶长椭圆形、长披针形或宽线形,长 5～7 cm,宽 1～4 cm,羽状浅裂、半裂或深裂,侧裂片 3～4 对,全部侧裂片边缘有 2～3 枚不等大的刺齿,齿顶及齿缘有针刺;或全部叶不裂,长椭圆形、长椭圆状披针形或线形,边缘有针刺或具针刺的齿痕;全部叶两面同色,无毛或沿脉有多细胞长节毛;中上部茎叶无柄或基部扩大。头状花序少数,在茎枝顶端排成不规则的伞房花序,少有头状花序单生于茎端而植株仅含有 1 个头状花序;总苞卵球形,直径约 2 cm;总苞片约 7 层,覆瓦状排列,外层顶端急尖或短渐尖成针刺,内层及最内层长披针形至线状披针形,顶端膜质扩大,红色,全部苞片无毛或几无毛,全部或大部分总苞片外面沿中脉有黑色黏腺;小花紫红色。瘦果楔状倒卵形,压扁状,顶端截形;冠毛污白色,多层,基部连合成环,整体脱落。 花果期 6～10 月。 产于南宁、马山、贵港和金秀;生于海拔 100～1 600 m 的山坡草丛中。分布

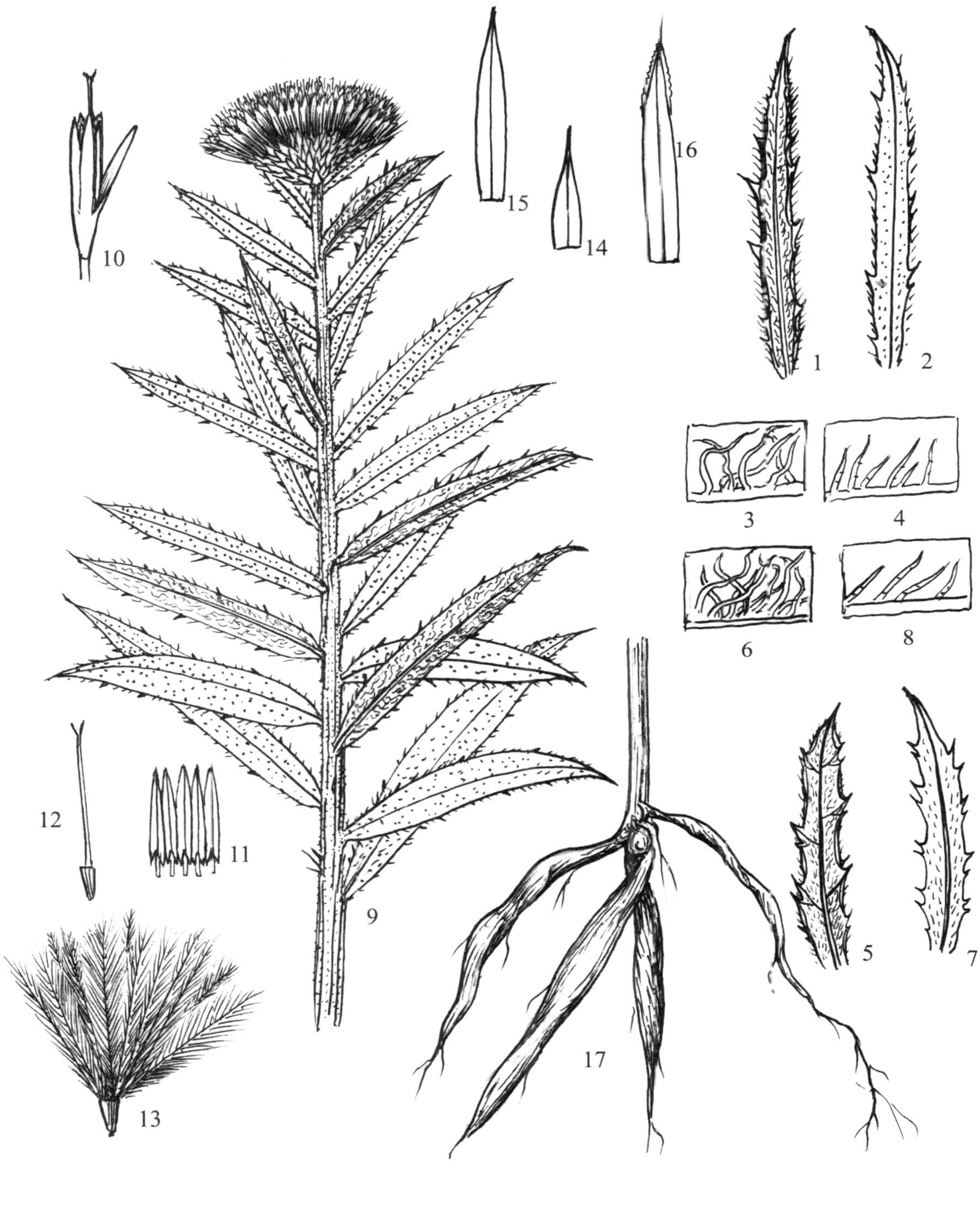

图版 75　1～4. **覆瓦蓟** Cirsium leducei（Franch.）H. Lévl.　1. 叶背面；2. 叶腹面；3. 叶背面毛；4. 叶腹面毛。　5～8. **牛口刺** C. shansiense Petrak　5. 中部叶背面；6. 叶背面毛；7. 中部叶腹面；8. 叶腹面毛。　9～17. **线叶蓟** C. lineare（Thunb.）Sch.-Bip.　9. 花枝；10. 小花；11. 雄蕊；12. 雌蕊；13. 种子；14. 外层苞片；15. 中层苞片；16. 最内层苞片；17. 根部。（辛茂芳绘）

于辽宁、内蒙古、河北、山东、江苏、浙江、广东、福建、江西及四川等地。

8. **线叶蓟**(植物分类学报) 条叶蓟 轮蓟 小蓟 图版 75:9~17

Cirsium lineare (Thunb.) Sch.-Bip., Linnaea **19**:335. 1846;中国高等植物图鉴 **4**:614,图 6642. 1975;植物分类学报 **22**(6):448. 1984;中国植物志 **78**(1):120. 1987;Fl. China **20~21**:171. 2011. ——*Carduus linearis* Thunb., Fl. Jap. 305. 1784. ——*Spanioptilon lineare* (Thunb.) Less., Syn. Gen. Compos. 10. 1832.

多年生草本;有肉质长纺锤形直根;茎高 50~140 cm,有棱,上部有少数分枝;全部茎枝被密或疏的蛛丝状绒毛,或有时杂生多细胞长节毛。全部茎叶不分裂,腹面绿色,粗糙,背面灰白色或稍带浅绿色,被稀疏的蛛丝状薄毛或近无毛;中下部叶条状椭圆形或倒披针形,长 5~12 cm,宽 1.5~2.5 cm,边缘具长短或粗细不一的针刺,两端渐狭,先端有针刺,基部具短翼柄;往上叶渐小,渐变为狭披针形、线形和狭线形。头状花序单生于茎枝顶端,直立,卵球形,直径 1.5~3 cm,常多个组成复伞房状花序;总苞片 6~7 层,向内层渐长,外层和中层先端有针刺,最内层先端呈红色膜质扩大;小花紫红色,长 1.8~2 cm,先端不等 5 深裂。瘦果近长圆形,长约 3 mm,先端平截;冠毛浅褐色,羽状,长约 13 mm。 花果期 8~10 月。 产于凌云、武鸣、金秀、贺州、灌阳、临桂;通常生于海拔 800~1 200 m 的山坡、山谷或路旁。分布于浙江、福建、安徽、江西、湖南、四川、云南、贵州、重庆、甘肃、河北、河南、陕西、湖北、广东和台湾,日本、泰国和越南亦有。 根有活血散瘀、解毒生肌的功效,可用于吐血、尿血、衄血,亦可治肺脓疡、传染性肝炎。

9. **湖北蓟**(植物分类学报)

Cirsium hupehense Pamp., Nuov. Giorn. Bot. Ital. **18**:86. 1911;植物分类学报 **22**(6):448. 1984;中国植物志 **78**(1):121. 1987. ——*C. lineare* Sch.-Bip. var. *franchetii* Kitam., J. Jap. Bot. **20**(4):198. 1944.

本种相似于**线叶蓟**[*C. lineare* (Thunb.) Sch.-Bip.],主要区别在于本种叶片面被疏糙伏毛,背面灰白色,密被厚的绒毛层;瘦果扁斜楔状倒卵形,长约 3.5 mm。另外,本种因叶的下部边缘有时虽有或深或浅的三角形锯齿,但绝不构成明显的羽状裂,因而区别于**牛口刺**(*C. shansiense* Petrak)。 产于富川、钟山;常生于海拔 500~1 200 m 的山坡草地、荒地、路边草丛。分布于河北、河南、陕西、安徽、云南、四川、福建、江西、湖南、湖北、广东等地。

71. 麻花头属 Serratula L.

多年生直立草本;有茎或稀无茎。叶互生;叶片有锯齿或羽状分裂,稀全缘。头状花序在茎枝顶部组成伞房花序,少有单个生于茎顶;总苞近球形;总苞片多层,覆瓦状排列,外面的较短而阔,先端短尖或有芒,内面的狭而延长;花托有刺毛;小花均两性;冠筒纤细,檐部 5 裂;花药基部附属物箭形。瘦果有细条纹或棱,无毛;冠毛多列,刺毛状,有微锯齿。 本属约有 45 种,分布于欧亚大陆及北非。我国有 8 种;广西现知 1 种。

华麻花头(中国高等植物图鉴) 广东升麻 鸭麻菜 图版 72:7~13

Serratula chinensis S. Moore, J. Bot. **13**:228. 1875;中国高等植物图鉴 **4**:651,图 6716. 1975;中国植物志 **78**(1):166. 1987. ——*Centaurea missionis* H. Lévl., Repert. Sp. Nov. Regni Veg. **8**:451. 1901.

多年生草本,直根纺锤状,粗约 1 cm;茎高可达 1 m,直立,具纵向细棱,上部有时分枝;全部茎枝疏被蛛丝毛或脱落成近无毛。单叶互生;叶片椭圆形、卵状椭圆形或倒卵状椭圆形;中部叶长 8~15 cm,宽 4~8 cm,边缘有细锯齿,齿尖胼胝体质,长约 1 mm;上部叶往上渐变小,近全缘或具微小胼体质齿;全部叶腹面深绿色,背面浅绿色,有时被微糙毛。总苞钟状,直径约 3 cm;总苞片 6~7 层,由外往内渐长,无毛,先端钝或圆形,无针刺,染红色,外层的卵状三角形,长 5~12 mm,中层的长椭圆形,长 2~2.2 cm,内层的狭椭圆形,长 2.2~2.6 cm;小花紫红色,均两性,长 2.8~3.2 cm;筒部与檐部近等长,檐部 5 裂,裂片长约

1 cm。瘦果长椭圆形，褐色，长约 6 mm；冠毛刚毛状，不等长，长 5～16 mm，粗糙，分散脱落。 花果期 7～10 月。 产于全州、永福、富川；生于海拔 700 m 以上的山坡、山谷或林缘草地上。分布于河南、陕西、安徽、湖南、江西、广东、浙江。 根有散风解毒、透疹的功效，可用于治疗麻疹不透、胃火牙痛、外泻脱肛、子宫脱垂等。

72. 风毛菊属 Saussurea DC.

二年生至多年生无刺草本。叶互生；叶片边缘具锯齿、羽状深裂或波状分裂。头状花序同型，通常小型，多数，组成圆锥式或伞房式花序，少有单生；总苞球形、钟形或筒型；总苞片多层，覆瓦状排列，全缘或具锯齿，有时有膜质附片；花托有刺毛或无毛；小花均两性；管状，5 裂；花丝无毛；花药基部箭形，尾部延长或呈纤维状撕裂；花柱 2 裂，裂片条形。瘦果秃净，有 4 棱；冠毛 1 层，由长羽状毛组成，或 2 层而外层由极短的单毛或髯毛组成。 本属约有 415 种，分布于北温带，以亚洲最为集中。我国有 289 种，各地均产；广西现知有 2 种。

分种检索表

1. 茎密被蛛丝状毛或绵毛和糠秕状短毛；中下部叶提琴状分裂，侧裂片 1～2 对，中裂片大，三角形；全部叶背面密被白色绒毛；头状花序直径 2.5～3.5 cm；总苞宽钟状，长约 15 mm；总苞片无膜质圆形附片 …………………………………………………………………………………………………… 1. **三角叶风毛菊** S. deltoidea (DC.) Sch.-Bip.

1. 茎被短微毛和腺点；中下部叶羽状分裂，侧裂片 7～8 对，中裂片长圆状披针形；全部叶背面被棕色短微毛；头状花序直径 1～1.5 cm；总苞筒状，长 8～12 mm；总苞片具膜质圆形附片 ………………… 2. **风毛菊** S. japonica (Thunb.) DC.

1. 三角叶风毛菊（中国高等植物图鉴） 图版 76：1～6

Saussurea deltoidea (DC.) Sch.-Bip., Linnaea **19**: 331. 1846；中国植物志 **78**(2)：63，图版 12：1～7. 1999. ——*Aplotaxis deltoidea* DC., Prodr. **6**: 541. 1838.

二年生直立草本，高 70～140 cm；茎中部以上多分枝，有细纵棱，密被蛛丝状毛或绵毛和糠秕状短毛。叶互生，由下而上渐小；中下部叶提琴状分裂，长 20～30(35) cm，宽 7～20(22) cm，侧裂片三角状长圆形，1～2 对，中裂片较大，三角形或三角状戟形，大者长可达 22 cm，宽可达 18 cm；上部叶三角形或三角状卵形；全部叶先端短渐尖，腹面粗糙或被短糙毛，背面密生白色绒毛，边缘有粗锯齿，齿端有胼胝质尖头。头状花序单生于小枝顶端，在植株上部呈总状排列；总苞宽钟状，长约 1.5 cm，宽 3～4 cm；总苞片 5～7 层，先端绿色或紫红色，被白色蛛丝状绵毛，外层长圆形，向内层渐变成条状披针形；花白色，长约 1.5 cm。瘦果黑色，长圆形，长约 4 mm，有 4 棱，先端有小齿；冠毛羽毛状，白色，基部连结，环状脱落。 产于兴安、资源、全州、富川、贺州、融安、天峨、田林、隆林、那坡、金秀；常见于海拔 500～2 000 m 的山坡、林缘或路边草地上。分布于华东、华中、西南各地及广东，印度、老挝、缅甸、不丹、尼泊尔、巴基斯坦、泰国和越南亦有。 根、叶用于治疗脱肛。

2. 风毛菊（江苏南部种子植物手册） 图版 76：7～12

Saussurea japonica (Thunb.) DC., Ann. Mus. Natl. Hist. Nat. **16**: 203. 1810；中国高等植物图鉴 **4**: 642，图 6697. 1975；中国植物志 **78**(2)：47，图版 10：1～7. 1999；Fl. China **20～21**: 77. 2011.

二年生直立草本，茎高 0.5～1.5 m；粗壮，具明显的纵棱，密被短微毛及腺点，上部多分枝。基生叶和下部叶有长柄，长椭圆形，长 18～28 cm，具羽状裂片 7～8 对，侧裂片狭长圆形，先端钝，中裂片长圆状披针形，先端短渐尖；茎上部叶向上渐变小，椭圆形至披针形或线状披针形，全缘或稍分裂，无柄。头状花序多数，直径 1～1.5 cm，排成密集的伞房状；总苞筒状，长约 1 cm，宽 6～8 mm，具白色蛛丝状毛；总苞片 6 层，外层短小，卵形，先端钝，中层向内层渐变成条状披针形，先端有圆形膜质具齿的附片，紫红色；花冠管

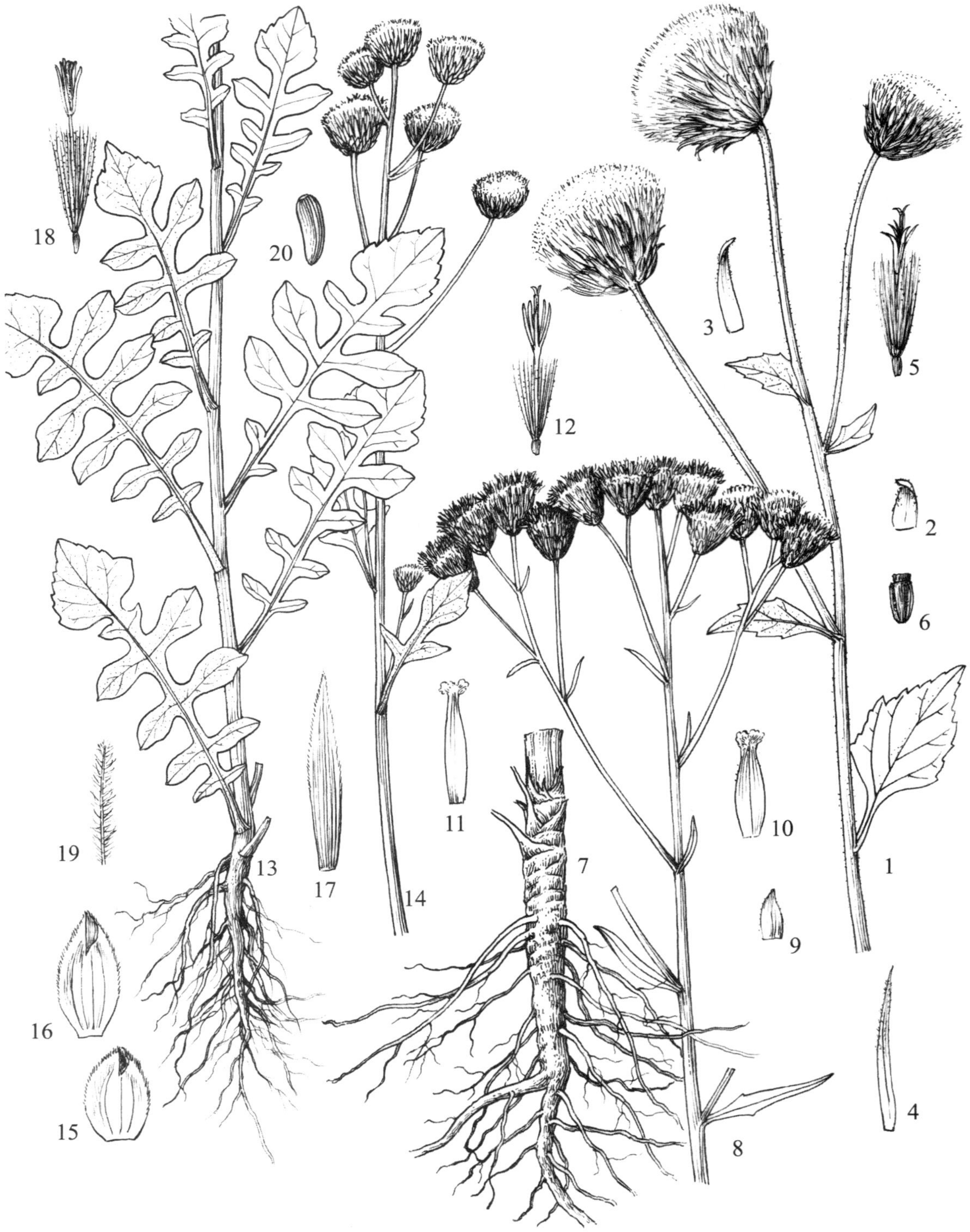

图版 76 **1～6. 三角叶风毛菊** *Saussurea deltoidea* (DC.) Sch.-Bip. 1. 花枝；2～3. 外层苞片；4. 内层总苞片；5. 两性花；6. 种子。 **7～12. 风毛菊** *S. japonica* (Thunb.) DC. 7～8. 植株；9～10. 外层总苞片；11. 内层总苞片；12. 两性花。**13～20. 泥胡菜** *Hemistepta lyrata* (Bunge) Fisher et C. A. Meyer 13～14. 植株；15～16. 外层总苞片；17. 内层总苞片；18. 两性花；19. 冠毛；20. 种子。 （林文宏绘）

状，紫色，长约 1.2 cm，5 裂，裂片条形。瘦果长圆形，长约 4 mm；冠毛 2 层，外层短，糙毛状，内层羽毛状。花期 9～10 月。　产于桂林、兴安、资源、全州、三江、平乐、富川、钟山、岑溪、南宁、龙州、隆林、乐业、凤山、南丹等地；生于山坡、路边或田基边草地上。分布于东北、西北、华北、华东各地及广东，日本、朝鲜、蒙古亦有。　全草可治风湿骨痛。

73. 泥胡菜属　Hemistepta Bunge

一年生直立草本；茎单生，上部有分枝的花序。叶片大头羽状深裂，腹面绿色，无毛，背面灰白色，密被绒毛。头状花序同型，在植株上部呈伞房状排列；总苞片多层，中、外层外侧近顶端具鸡冠状突起的附属物；花托平坦，密被托毛；小花均为两性，管状，结实。瘦果细小，压扁状，有 13～15 条纵棱；冠毛 2 层，异型，外层羽毛状，内层鳞片状，极短，生于一侧。　本属仅有 1 种，分布于东亚、南亚各地和澳大利亚。我国各地均产；广西亦有。

泥胡菜（救荒本草）　猪兜菜　图版 76：13～20

Hemistepta lyrata (Bunge) Fisher et C. A. Meyer, Index Sem. Hort. Petrop. **2**: 38. 1836；中国高等植物图鉴 **4**: 615，图 6643. 1975；中国植物志 **78**(1): 138，图版 2: 9，5: 7(1～3). 1987；Fl. China **20～21**: 55. 2011. ——*H. carthamoides* (Buch.-Ham.) O. Ktze., Rev. Gen. Pl. **1**: 344. 1894. ——*Cirsium lyratum* Bunge, Enum. Pl. China Bor. 36. 1833. ——*Saussurea carthamoides* Buch.-Ham. ex DC., Prodr. **6**: 540, 1837.

一年生草本；具肉质圆锥形直根；茎直立，高 30～90 cm，有纵纹，无毛或疏被白色蛛丝毛。基生叶莲座状，长椭圆状倒披针形，长 6～18 cm，大头羽状分裂，顶裂片三角形，较大，有时 3 裂，侧裂片 6～8 对，卵状倒披针形，叶柄长 4～8 cm；中部叶形似基部叶或椭圆形，无柄，侧裂片 1～3 对；上部叶条状披针形或条形，长 2～4 cm；全部叶腹面绿色，无毛，背面灰白色，有厚密的绒毛。头状花序多数，在茎枝顶端排成疏松的伞房花序，稀为 1 个头状花序；总苞近球形；总苞片 5～8 层，覆瓦状排列，最外层卵状三角形，中层椭圆形或卵状椭圆形，内层条状披针形，中层和外层苞片外侧近顶端处有一紫红色鸡冠状附片，内层苞片先端染红色；小花紫红色，花冠长约 1.3 cm，先端 5 裂，细管部长约 1 cm。瘦果偏斜楔形，长约 2.5 mm，具 13～16 条纵肋；冠毛白色，2 层，外层羽毛状，长约 1.2 cm，基部连合成环，整体脱落，内层鳞片状，极短，生于一侧，宿存。　花果期 3～10 月。　产于桂林、灵川、凌云、乐业、德保、田阳、东兰、天峨、环江、巴马、那坡、马山、上林、南宁、宾阳等地；生于路边、荒地、草地、山谷、林缘、坡地及田间。分布于除新疆、西藏以外的地区，不丹、印度、孟加拉国、老挝、缅甸、尼泊尔、泰国、越南、澳大利亚、日本以及朝鲜亦有。　全草外用可治乳腺炎、颈淋巴结炎及疮疡肿毒。

74. 牛蒡属　Arctium L.

二年生草本；有粗壮的根。叶互生；叶片心形，不分裂；有长柄。头状花序在枝顶呈伞房状或圆锥状排列，含有多数两性管状花；总苞球形或卵球形；总苞片多层，多数，线状钻形，先端有钩刺；花序托有刺毛；小花全部结实；冠檐 5 裂；花丝无毛，离生；花柱基部具毛环。瘦果倒卵形或长椭圆形，压扁状，光滑无毛；冠毛多层，短而易落。　本属有 11 种，分布于非洲（北部）、亚洲及澳大利亚。我国有 2 种，分布于东北至西南各地；广西仅有 1 种。

牛蒡　大力子　图版 71：5～8

Arctium lappa L., Sp. Pl. **2**: 816. 1753；中国高等植物图鉴 **4**: 603，图 6620. 1975；中国植物志 **78**(1):

58. 1987；Fl. China **20～21**：153. 2011. ——*A. leiospermum* Juz. et Ye. V. Serg.，Not. Syst. Herb. Inst. Bot. Acad. Sci. URSS **18**：299. 1957. ——*A. majus* Bernh.，Syst.，Verz.（Bernhardi）154. 1800. ——*Lappa vulgaris* Hill.，Veg. Syst. **4**：50. 1762.

二年生粗壮草本，高可达 2 m；肉质直根粗可达 2 cm，有分枝的侧根，主根长 20～50 cm；茎直立，多分枝，具隆起的纵棱，密生棕黄色小腺点及蛛丝状毛。基生叶丛生；茎生叶互生，宽卵形或心形，边缘有波状细齿，腹面绿色并有疏短的糙毛和小腺点，背面密被白色绒毛，具长 10～25 cm 的柄；上部的茎生叶往上渐变小。头状花序在顶端或茎顶呈伞房状簇生，直径 2～4 cm，具短梗；总苞球形；总苞片线状钻形，多数，长约 1.5 cm，顶端有钩刺；小花紫红色，全为管状两性花；花冠长约 1.3 cm，5 裂，裂片狭三角形；聚药雄蕊 5 枚；花柱长，柱头线状 2 分歧。瘦果倒卵形或椭圆形，长约 5 mm，压扁状；冠毛短刚毛状，离生，易落，长约 4 mm。 花果期 6～9 月。 产于兴安、资源、全州、乐业、隆林和天峨；生于山坡、林缘、荒地或村旁灌木丛中。除海南、台湾和西藏外广泛分布于全国各地，印度、不丹、阿富汗、尼泊尔、巴基斯坦、日本及欧洲亚洲（西南部）亦有。 根、茎、叶和种子均可入药；种子味辛、苦，性寒，有疏散风热、透疹、利尿的功效。

75. 蓝刺头属 Echinops L.

二年生至多年生直立草本；茎粗壮，上部通常分枝，被绵毛，并有腺点。叶互生；叶片具羽状齿或深裂，齿和裂片有刺。头状花序仅有 1 朵小花，外围有 1～2 层刚毛状苞叶；多数头状花序在枝端组成复头状花序；总苞片 3～5 层，由刺状外苞片和线形或披针形内苞片组成；花冠管状，两性，蓝色、紫色或白色；花药基部具钻形或箭形附属物；花柱在分枝下有毛环。瘦果被长柔毛，先端有鳞片多枚。 本属约有 120 种，分布于南欧、北非和中亚。我国有 17 种；广西仅有 1 种。

华东蓝刺头（中国高等植物图鉴） 格利氏蓝刺头（江苏南部种子植物手册）

Echinops grijsii Hance，Ann. Sci. Nat.，Bot.，sér. 5，5：221. 1866；江苏南部种子植物手册，793. 1959；中国高等植物图鉴 **4**：5999，图 6611. 1975；中国植物志 **78**(1)：9，图版 8：1～3. 1987；Fl. China **20～21**：35. 2011. ——*E. cathayanus* Kitag.，Bot. Mag.（Tokyo）**50**：197. 1936.

多年生直立草本，高 30～80 cm；茎单生，上部常有花序分枝，基部有残存的纤维状叶鞘，茎干密被蛛丝状绵毛。叶互生，纸质；中下部的叶片长椭圆形或长卵形，有长柄，长 10～20 cm，宽 4～10 cm，羽状深裂，裂片 4(7)对，边缘有刺状缘毛；中部及上部的叶形似下部的叶，但叶愈往上愈小，叶柄也愈短，直至无柄；全部叶的腹面绿色、无毛，背面灰白色，被厚密的蛛丝状绵毛。复头状花序球形，单生于枝端或茎端，直径 2～4 cm；小头状花序长 10～16 mm，具多数白色基毛；苞片多层，外层线状倒披针形，边缘有篦状缘毛，中层长椭圆形，上部边缘有短缘毛，先端芒状短尖，内层形似中层，先端芒状齿裂或芒状片裂，全部苞片约 24(28)枚，外面无毛和腺点；小花长约 1 cm，花冠管状，白色，5 裂，外侧有腺点。瘦果倒圆锥形，长约 1 cm，有棕黄色细毛；冠毛短冠状，长约 2 mm。 花果期 7～10 月。 产于桂东；生于山坡草丛中。分布于安徽、福建、河南、湖北、江苏、江西、辽宁、山东、台湾和浙江。

8. 旋覆花族 Trib. Inuleae Cass.

草本、半灌木或灌木。叶通常互生。头状花序辐射状或盘状；总苞片通常多层，稀 1 层，覆瓦状排列或近等长；舌状花的花冠舌片状，顶端 3 齿裂，或细管状或丝状而较短于花柱；管状花花冠檐部 4～5 裂；花药先端具附片，基部箭形或戟形，具长尾尖，或有时具小尖头状的耳部；管状花的花柱分枝狭长，略扁，上端圆形或截形，无附器，或不育花的花柱不分枝；冠毛毛状，稀为膜片状，或无冠毛。 本族约有 60 属 600 多种，几乎广泛分布于世界各地。我国有 24 属 92 种；广西有 15 属 52 种 6 变种。

分属检索表

1. 头状花序辐射状或盘状；雌花花冠舌状或细管状，花柱较花冠短。
  2. 花序托无托片。
    3. 瘦果具冠毛。
      4. 冠毛2层，外层膜片状，内层毛状 …………………………………… 76. **蚤草属** Pulicaria Gaertn.
      4. 冠毛均为毛状。
        5. 全部瘦果的冠毛近等长，有多数细毛。
          6. 舌状花的舌片、花冠筒为黄色或白色，或无舌片而具退化雄蕊；瘦果椭圆形，密被毛 …………………………………………………………………… 77. **羊耳菊属** Duhaldea DC.
          6. 舌状花的舌片、花冠筒均为黄色，舌片明显；瘦果近圆柱形，通常疏被毛或无毛 ……… 78. **旋覆花属** Inula L.
        5. 舌状花的瘦果无冠毛或有少许冠毛；瘦果无肋 …………………………… 79. **苇谷草属** Pentanema Cass.
    3. 瘦果无冠毛，具纵肋，无腺毛；总苞片3～4层 …………………………… 80. **天名精属** Carpesium L.
  2. 花序托具托片；冠毛膜片状 ………………………………………………… 81. **山黄菊属** Anisopappus Hook. et Arn.
1. 头状花序盘状；雌花花冠细管状或丝状，花柱较花冠长。
  7. 总苞片草质或半革质。
    8. 花药基部具尾状长渐尖或芒状。
      9. 外层总苞片线形或线状披针形，稀为卵形，草质或边缘干膜质 ………………… 82. **艾纳香属** Blumea DC.
      9. 外层总苞片阔卵形，半革质……………………………………………… 83. **阔苞菊属** Pluchea Cass.
    8. 花药基部具2枚钝头或急尖。
      10. 雄蕊5枚，花药聚合；瘦果具10条纵棱 ………………………… 84. **六棱菊属** Laggera Sch.-Bip. ex Benth.
      10. 雄蕊少于5枚，花药离生；瘦果具2～3条纵棱 ……………………… 85. **拟艾纳香属** Blumeopsis Gagnep
  7. 总苞片干膜质或膜质。
    11. 瘦果无冠毛。
      12. 叶片基部下延成翅状；总苞片1～2层 …………………………………… 86. **戴星草属** Sphaeranthus L
      12. 叶片基部不下延为翅状；总苞片4～5层 ……………………………………… 87. **球菊属** Epaltes Cass.
    11. 瘦果具冠毛。
      13. 总苞片通常5层，白色；中央两性花不育 ………………………………… 88. **香青属** Anaphalis DC.
      13. 总苞片2～4层或多层，多颜色；中央两性花可育。
        14. 头状花序边缘雌花少数；总苞片颜色多样，顶端有瓣状附片 ………………… 89. **蜡菊属** Helichrysum Mill.
        14. 头状花序边缘雌花多数；总苞片为金黄色、淡黄色或黄褐色，稀为红褐色，顶端无附片 ……………………………………………………………………………… 90. **鼠麴草属** Gnaphalium L.

76. 蚤草属　Pulicaria Gaertn.

一年生至多年生直立草本，或半灌木；茎多分枝。叶互生；叶片全缘，边缘具齿或波状，基部常心形，半抱茎。头状花序在茎、枝端单生，或总状或圆锥状排列，含异型花；总苞半球状或宽钟状；总苞片2层至多层，覆瓦状排列，外层草质或边缘膜质，内层干膜质；花托平或稍突起，无托毛；舌状花开展，舌片顶端具2～3齿裂，黄色，或有时无舌片；管状花花冠黄色，檐部5裂；花药上端短披针形，基部箭头形；花柱分枝狭长，稍扁。瘦果圆柱形，有时具棱；冠毛白色，2层，外层膜片状，常宿存，内层毛状、糙毛状，或羽状，易脱落。　本属约77种，分布于非洲、亚洲和欧洲。我国有6种；广西有1种。

金仙草　金花蚤草

Pulicaria chrysantha (Diels) Y. Ling, Acta Phytotax. Sin. **10**:180. 1965；中国高等植物图鉴 **4**:482，图6378. 1975；中国植物志 **75**:291，图版46:10～19. 1979；Fl. China **20～21**:827. 2011. ——*Inula chrysan-*

tha Diels, Bot. Jahrb. Syst. **29**(5): 614. 1901. ——*I. wardii* J. Anthony, Notes Roy. Bot. Gard. Edinburgh **18**: 197. 1934.

半灌木;茎直立,高 30～60 cm;被开展和蜷曲的毛。叶开展;叶片线状披针形至长圆状披针形,长 1.5～5.5 cm,宽 0.3～1.2 cm,基部圆形或稍心形,半抱茎,边缘具锯齿,顶端有小尖头,叶面疏被短糙毛,叶背被灰色长柔毛和腺点;上部叶渐小,渐密集变成总苞片状。头状花序单生茎、枝端,直径 15～35 mm;总苞宽钟状;总苞片多层,外层较短,倒披针形或舌形,上部常反折,外面被腺和柔毛,内层线状披针形,上部边缘有长缘毛;舌状花 1 层,舌片长圆状线形,黄色,顶端具 3 枚齿;管状花花冠外面有腺点,裂片披针形,深黄色;花药基部有长尾。瘦果近圆柱形,具细沟,顶端截形,密被粗毛;冠毛白色或黄色,2 层,约与管状花花冠等长。　花期 7～8 月,果期 8～9 月。　产于桂北;生于高山草地或林缘。分布于四川。

77. 羊耳菊属 Duhaldea DC.

多年生草本或灌木;茎无棱。叶互生;叶片密被毛。头状花序辐射状或盘状,单生或密集于茎和枝端排列成聚伞圆锥花序;边缘小花雌性,舌片黄色或白色,或无舌片而具退化雄蕊;中央的小花两性,花冠筒黄色或白色,檐部裂片短小,无毛。瘦果椭圆形,密被毛。　本属约有 15 种,分布于亚洲中部、东部及东南部。我国有 7 种;广西有 2 种。

分种检索表

1. 半灌木,高 70～200 cm;叶背密被白色或污白色绢状厚绒毛;头状花序直径 5～8 mm …………………………………… 1. **羊耳菊** D. cappa (Buch.-Ham. ex D. Don) Pruski et Anderb.
1. 多年生草本,高 20～70 cm;叶背疏被糙伏毛、短柔毛或仅脉上被毛;头状花序直径 1.5～2.5 cm …………………………………… 2. **显脉旋覆花** D. nervosa (Wall. ex DC.) Anderb.

1. 羊耳菊　大力王(平南)　猪耳风　白牛胆(广东)　图版 77:1～7

Duhaldea cappa (Buch.-Ham. ex D. Don) Pruski et Anderb., Comp. Newsl. **40**: 44. 2003; Fl. China **20～21**: 844. 2011. ——*Inula cappa* (Buch.-Ham.) DC., Prodr. **5**: 469. 1836; 海南植物志 **3**: 400. 1974; 中国高等植物图鉴 **4**: 481, 图 6375. 1975; 中国植物志 **75**: 271. 1979.

半灌木,高 70～200 mm,茎、枝、芽和叶背密被污白色或浅褐色绢状或棉状绒毛。叶片长圆形或长圆状披针形,长 7～14 cm,宽 1.8～3.5 cm,先端钝,急尖或渐尖,基部圆形或楔形,腹面密被基部疣状的糙毛,侧脉 9～12 对。头状花序直径 5～8 mm,排成密集聚伞圆锥花序;总苞片约 5 层,线状披针形,外层较内层短 3～4 倍,被白色或带褐色绒毛;小花长 4～5.5 mm;外围小花舌片短小,有 3～4 枚裂片或无舌片而有 4 枚退化雄蕊;中央小花管状,冠毛约与管状花花冠等长。瘦果长约 1.8 mm,被白色长绢毛。　花期 6～10 月,果期 8～12 月。　产于广西各地;常生于亚热带和热带低山、丘陵草坡或林缘。分布于云南、四川、贵州、江西、福建、浙江、广东、海南,越南、泰国、缅甸、印度、不丹、尼泊尔、巴基斯坦、马来西亚亦有。全草可药用,可用于祛风止痛、除痰定喘、活血调经及治跌打损伤等。

2. 显脉旋覆花　乌草根(百色)　小黑药(云南、贵州)

Duhaldea nervosa (Wall. ex DC.) Anderb., Pl. Syst. Evol. **176**: 104. 1991; Fl. China **20～21**: 843. 2011. ——*Inula nervosa* Wall., Numer. List. n. 2960. 1831; 中国植物志 **75**: 267, 图版 43: 1～9. 1979. ——*I. asperrima* Edgew., Trans. Linn. Soc. Bot. London **20**(1): 69. 1846.

茎直立,高 20～70 cm。本种主要特点是全株密被具疣状基部的黄褐色开展长硬毛。叶片椭圆形、披针形或倒披针形,下部和中部叶长 5～10 cm,宽 2～3.5 cm,基部渐狭成柄,先端短尖,边缘从中部以上有浅或明显的锯齿;上部叶小,无柄。头状花序直径 1.5～2.5 cm,舌状花白色,长 8～9 mm,管状花花冠长

图版 77　1～7. **羊耳菊** Duhaldea cappa (Buch. -Ham. ex D. Don) Pruski et Anderb.　1. 花枝；2. 头状花序；3. 雌花；4. 两性花；5. 雄蕊；6. 冠毛；7. 叶背部分放大，示毛被。　8～10. **旋覆花** Inula japonica Thunb.　8. 花枝；9. 舌状花；10. 管状花。（邹贤桂绘）

5～6.5 mm，黄色。瘦果有细沟，长 2～2.5 mm，被绢毛。 花期 7～10 月，果期 9～12 月。 产于桂西；常生于低山区杂木林下、荒草坡或湿润草地。分布于四川、云南、贵州及西藏，越南、泰国、缅甸、印度、不丹和尼泊尔亦有。 根可药用，用于治胃脘痛、风湿骨痛等。

78. 旋覆花属 Inula L.

多年生草本或半灌木；常被糙毛、柔毛或绒毛，有些有腺点。叶互生或基生；叶片全缘或具齿。头状花序单生或排成伞房或圆锥花序式；总苞片多列，长短不等或相等，外层叶质、革质或干膜质，外缘有 1 层至数层雌花，稀无雌花，雌花花冠常为舌状，多为黄色，先端 2～3 齿裂；中央有多数两性花，花冠管状，黄色，上部狭漏斗状，常 5 裂。瘦果近圆柱形，通常有棱；冠毛几等长。 本属约有 100 种，分布于欧洲、非洲和亚洲，其中以地中海地区为多。我国有 14 种，南北均产；广西有 2 种。

分 种 检 索 表

1. 叶背无毛或仅脉上被短柔毛；冠毛较管状花花冠为短；瘦果无毛 …… 1. **水朝阳旋覆花** I. helianthus-aquatilis C. Y. Wu ex Y. Ling
1. 叶背被疏或密伏毛；冠毛约与管状花花冠等长；瘦果被疏短毛 ………………………………… 2. **旋覆花** I. japonica Thunb.

1. 水朝阳旋覆花（中国植物志） 水朝阳草（植物名实图考） 野葵花 水葵花

Inula helianthus-aquatilis C. Y. Wu ex Y. Ling，植物分类学报 **10**：178. 1965；中国植物志 **75**：259，图版 42：1～5. 1979；Fl. China **20～21**：840. 2011. ——*I. serrata* Bur. et Franch.，J. Bot. (Morot) **5**：50. 1891.

多年生草本；茎直立，高 30～80 cm，幼枝密被柔毛。叶片椭圆状披针形、卵状披针形或披针形，长 4～10 cm，宽 1.4～4 cm，中部以上叶无柄，基部圆形或楔形，或有小耳，稍抱茎，边缘具细齿，腹面无毛或疏被微毛，背面有极细黄色腺点，脉上被短柔毛。头状花序常单生于茎端和枝端，直径 2～4.5 cm；总苞直径 1～1.5 cm，长 0.7～0.9 cm；总苞片多层，近等长，外层线形，上部叶状；舌状花黄色，舌片长约 1.5 cm；管状花花冠长约 3 mm。瘦果圆柱形，有多条深沟。 花期 5～9 月，果期 10～11 月。 产于桂西；常生于较湿润的草地和溪旁。分布于云南、贵州、四川、甘肃。

2. 旋覆花 金佛花 图版 77：8～10

Inula japonica Thunb.，Nova Act. Regiae Soc. Sci Upsal. **4**：39. 1783；中国高等植物图鉴 **4**：478，图 6370. 1975；中国植物志 **75**：263. 1979；Fl. China **20～21**：842. 2011. ——*I. britanica* L. var. *japonica* (Thunb.) Franch. et Sav.，Enum Pl. Jap. **2**：401. 1879.

多年生草本，高 30～70 cm；被长伏毛。叶片长圆形、长圆状披针形或披针形，长 4～13 cm，宽 1～3.5 cm，先端短尖至渐尖，稀钝，基部渐狭，常有半抱茎的小耳，无柄，腹面被疏毛或近无毛，背面密被或疏被伏毛和腺点，边缘有小尖头的疏齿或全缘。头状花序直径 1.5～4 cm，多数或少数排成伞房状；总苞约 5 层，线状披针形，最外层常叶质，较长；舌状花黄色，较总苞长 2～2.5 倍，顶端具 3 枚小齿；管状花长约 5 mm。瘦果长 1～1.2 mm，具 10 条沟；冠毛白色。 花期 6～10 月，果期 9～11 月。 产于桂林、兴安、钟山、富川、全州；常生于较潮湿的路旁、草地、河边或田埂上。分布于我国北部、东北部、中部、东部各地及四川、贵州、福建、广东，朝鲜、蒙古、俄罗斯、日本亦有。 根及叶治刀伤、疔毒，煎服可平喘镇咳；花为健胃祛痰药，用于治咳喘痰黏、呃逆呕吐、胸闷胁痛等。

79. 苇谷草属 Pentanema Cass.

一年生或多年生草本；全株多少被糙毛、柔毛或绵毛。叶互生；叶片基部常心形，半抱茎。头状花序常单生，顶生或腋生；总苞片多层，覆瓦状排列，外层渐狭小，外围有1～2层雌花，有或无冠毛，中央有多数两性花或有时仅有同型的两性花，均结实；雌花花冠舌状，舌片狭长，顶端2～3齿裂；两性花管状，细长，顶端有5齿裂，具冠毛，花药基部箭头形，具尾。瘦果近圆柱形或近四角形，无棱，顶端圆，常有毛。　本属约有18种，主要分布于亚洲中部、南部和西南部及非洲热带地区。我国有3种，分布于西南部及西藏西部；广西有1种1变种。　此属过去常列为**旋覆花属**（*Inula* L.）的1个组，现作为独立的属，主要区别是**旋覆花属**瘦果多少有明显的沟或棱肋，本属则没有。

分变种检索表

1. 叶较宽，宽3～10 mm，先端渐尖，背面被短粗毛 ………………………… a. **苇谷草** P. indicum（L.）Y. Ling var. indicum
1. 叶较窄，宽1～3 mm，先端稍钝，背面被近白色厚绒毛 ……………………………………………………………………………………………………… b. **白背苇谷草** P. indicum（L.）Y. Ling var. hypoleucum（Hand.-Mazz.）Y. Ling

苇谷草　草金沙　止血草（云南）

Pentanema indicum（L.）Y. Ling，植物分类学报 **10**：179. 1965；中国植物志 **75**：282. 1979；Fl. China **20～21**：828. 2011. ——*Vicoa appendiculata* DC.，Prodr. **5**：474. 1836. ——*V. auriculata* Cass.，Ann. Sci. Nat.（Paris）**17**：418. 1829. ——*V. indica*（L.）DC. in Wight Contrib. 10. 1834. ——*Inula indica* L.，Sp. Pl. ed. 2，**2**：1236. 1763.

a. **苇谷草**（原变种）

Pentanema indicum（L.）Y. Ling var. indicum

一年生或二年生草本，高达1m；茎被柔毛或黏毛，稀近无毛。叶片长圆状披针形或线状披针形，长3～8 cm，宽3～10 mm，质稍厚，先端渐尖，基部较宽大，常有圆形小耳，半抱茎，无柄，全缘或有浅齿，边缘常反卷，腹面有糙疣毛，背面被短粗毛；中脉和10～15对侧脉及密集的网脉在腹面常深陷，使叶腹面呈泡状，在背面突起。头状花序单生于枝端，或呈伞房状花序式排列；总苞宽钟状，长达6 mm；总苞片多层；缘花为舌状花，雌性，约1层，舌片长0.6～1 cm，宽大于1 mm，无冠毛；中央为管状花，两性，具冠毛；两者均结实。瘦果被疏毛或密被伏毛。　花果期7～11月。　产于上思、宁明、龙州、南宁、平果、田林、天峨、博白；常生于荒地、山坡、路旁草丛或灌木丛中。分布于贵州、云南，越南、缅甸、斯里兰卡、印度、巴基斯坦、泰国以及非洲热带地区亦有。　全草可药用，可用于止血及治疗感冒、疟疾、咳嗽和小儿惊风等。

b. **白背苇谷草**（变种）　登亚严（田林）　图版78：1～6

Pentanema indicum（L.）Y. Ling var. hypoleucum（Hand.-Mazz.）Y. Ling，植物分类学报 **10**：179. 1965；中国植物志 **75**：283，图版46：1～9. 1979；Fl. China **20～21**：828. 2011. ——*Inula indica* L. var. *hypoleuca* Hand.-Mazz.，Symb. Sin. **7**：1107. 1936. ——*Aster lofouensis* H. Lévl. et Vaniot，Repert. Spec. Nov. Regni Veg. **8**：281. 1910.

本变种与原变种的区别在于叶片较窄，宽1～3 mm，稀达4 mm，先端稍钝，背面被近白色厚绒毛。花期2～7月，果期9～11月。　产于田东、百色、龙州、田林、隆林、天峨、南丹；常生于荒地或山坡草地。分布于贵州（南部）、云南（金沙江中游、澜沧江、红河、南盘江河谷干热地区）、四川，印度、缅甸、斯里兰卡和越南亦有。　全草可药用，可用于治咳嗽、传染性肝炎、小儿疳积等。

80. 天名精属　Carpesium L.

多年生直立草本。叶互生；叶片全缘或具不规则的齿裂。头状花序常单生，顶生或腋生，有或无花序梗，常下垂；总苞盘状、钟状或半球形；苞片数层，最外层叶状；花黄色，异型；外围小花1列至多列，雌性，结实，花冠筒状，顶端3～5齿裂；中央的花两性，结实，花冠较大，筒状或上部扩大呈漏斗状，5齿裂；雄蕊5枚，

图版 78 1～6. **白背苇谷草** Pentanema indicum (L.) Y. Ling var. hypoleucum (Hand.-Mazz.) Y. Ling 1. 花枝；2. 叶放大；3. 舌状花；4. 管状花；5. 雄蕊；6. 花柱。 7～9. **山黄菊** Anisopappus chinensis Hook. et Arn. 7. 花枝；8. 舌状花；9. 管状花。 10～13. **艾纳香** Blumea balsamifera (L.) DC. 10. 花枝；11. 小花；12. 两性花；13. 雌花。 (邹贤桂绘)

花药基部有箭头状尾；柱头 2 深裂。瘦果细长，具纵条纹，先端收缩成喙状；无冠毛。　本属约有 20 种，主要分布于亚洲中部地区，尤以我国西南部山区为多，欧洲南部有少数种。我国有 16 种；广西有 5 种 1 变种。

分种检索表

1. 头状花序直径 10～20 mm；总苞外层的苞片草质或叶状，与内层各苞片等长或更长，常与苞叶无明显区别。
  2. 全株密被白色绵毛；苞片先端钝；茎下部叶长椭圆形或匙状长椭圆形，叶基渐狭；茎上部叶较小，椭圆形至椭圆状披针形……………………………………………………………………… 1. **烟管头草** C. cernuum L.
  2. 全株被白色长柔毛及短柔毛；苞片先端锐尖；茎下部叶卵形至卵状椭圆形，叶基圆形或心形；茎上部叶小，披针形 ………………………… 2b. **棉毛天名精** C. nepalense less var. lanatum (Hook. f. et Thomson ex C. B. Clarke) Kitam.
1. 头状花序直径 3～10 mm；总苞外层的苞片干膜质或先端稍带草质，向内逐层增长，与苞叶有明显区别。
  3. 头状花序直径 6～10 mm，生于茎端和枝端，具明显花序梗 ………………… 3. **金挖耳** C. divaricatum Sieb. et Zucc.
  3. 头状花序 3～8 mm，生于茎端、枝端及叶腋，常呈穗状花序式排列，无花序梗或具短梗。
    4. 头状花序直径 3～6 mm，花序梗纤细或无。
      5. 下部茎叶椭圆形或椭圆状披针形，基部渐狭，两面近无毛；头状花序具梗 ……… 4. **小花金挖耳** C. minus Hemsl.
      5. 下部茎叶卵形至卵状披针形，基部阔楔形或近圆形，两面被毛；头状花序无梗 ……………………………………… 5. **贵州天名精** C. faberi C. Winkl.
    4. 头状花序卵球形或扁球形，直径 6～8 mm，花序梗较粗，顶端明显增大；下部茎叶椭圆形至长椭圆形，密被短柔毛 ……………………………………………… 6. **天名精** C. abrotanoides L.

1. 烟管头草　烟袋草　蛋黄草(三江)　图版 79:1～4

Carpesium cernuum L., Sp. Pl. 2: 859. 1753; 中国植物志 **75**: 296, 图版 48: 2. 1979; Fl. China **20～21**: 824. 2011. ——*C. spathiforme* Hosok., Trans. Nat. Hist. Soc. Formosa **22**: 225. 1932.

多年生草本，茎高达 1 m；密被白色长柔毛，基部尤密，常呈绵毛状。茎下部叶较大，叶片长椭圆形或匙状长椭圆形，长 6～15 cm，宽 4～6 cm，先端钝或锐尖，基部楔状收缩成具翅的长柄，腹面被伏柔毛，背面被白色柔毛，边缘具不规则的锯齿；中部以上叶渐小，椭圆形至椭圆状披针形。头状花序单生于茎端和枝端，开花时下垂，基部有多枚大小和长短不等的苞叶；苞片 4 层，外层叶状，被柔毛，先端钝，常反折；外围的雌花筒状，先端 3～5 齿裂；中央两性花，5 齿裂。瘦果线形，长 4～5 mm。　花期 6～8 月，果期 9～10 月。

产于隆林、田林、靖西、平果、凤山、东兴、天峨、南丹、河池、罗城、三江、全州、灵川、恭城、柳州、平南、南宁；常生于路边、荒地、山坡及沟边等处。分布于我国各地，欧洲各国及朝鲜、日本亦有。　全草可入药，可用于治感冒发热、咽喉肿痛、肠炎、痢疾、尿路感染及淋巴结核等；外用可治疥疮、脓疱疮、乳腺炎等。

2. 尼泊尔天名精(中国植物志)

Carpesium nepalense Less., Linnaea **6**: 234. 1831; 中国植物志 **75**: 298. 1979; Fl. China **20～21**: 824. 2011. ——*C. acutum* Hayata, J. Coll. Sci. Imp. Univ. Tokyo **25**: 133. 1908. ——*C. cernuum* L. var. *nepalense* (Less.) C. B. Clarke, Compos. Ind. 130. 1876.

2a. 尼泊尔天名精(原变种)

Carpesium nepalense Less. var. nepalense

产于西藏(南部)、云南(西北部)及台湾，尼泊尔、不丹、巴基斯坦、印度均有分布。广西不产。

2b. 棉毛天名精(变种)　野向阳花(资源)　野叶子烟(云南、贵州)

Carpesium nepalense Less. var. lanatum (Hook. f. et Thomson ex C. B. Clarke) Kitam., Fl. East. Himal. **1**: 335. 1966; 中国植物志 **75**: 299, 图版 48: 1. 1979; Fl. China **20～21**: 824. 2011. ——*C. cernuum* L. var. *lanatum* J. D. Hooker et Thomson ex C. B. Clarke, Compos. Ind. 130. 1876.

多年生草本；全株被白色绵毛，茎上尤密。茎下部叶片卵形至卵状椭圆形，长 6～15 cm，宽 4～6 cm，先端渐尖，基部圆形或心形，边缘具不规则的锯齿；中部叶片椭圆形或椭圆状披针形，长约 8 cm，先端渐

图版 79 1～4. **烟管头草** Carpesium cernuum L. 1. 花枝；2. 雌花；3. 两性花；4. 瘦果。 5～6. **金挖耳** C. divaricatum Sieb. et Zucc. 5. 花枝；6. 两性花。（邹贤桂绘）

尖，基部近圆形或阔楔形，边缘具细锯齿或近全缘，具短柄；上部叶渐小，披针形，先端渐尖，基部楔形，几无柄。头状花序单生于茎和枝端，直径 1.2～2 cm；苞片锐尖，花冠有时被稀疏柔毛。　花期 7～9 月，果期 9～11 月。　产于柳州、三江、融水、灵川、全州、恭城、龙胜、资源、田林、河池、南丹、天峨、凤山、罗城、隆林等地；常生于山坡、路旁。分布于云南、四川、陕西、贵州、湖南、湖北。　全草可治偏头痛；煎水洗疥疮、脓疱疮，有清热解毒的功效。

3. **金挖耳**(植物名实图考)　野葵花(南丹)　图版 79:5～6

Carpesium divaricatum Sieb. et Zucc., Abh. Math.-Phys. Cl. Königl. Bayer. Akad. Wiss. **4**(3): 187. 1846；中国植物志 **75**: 305，图版 48: 3. 1979；Fl. China **20～21**: 822. 2011. ——*C. atkinsonianum* Hemsl., Bull. Misc. Inform. Kew **79**: 157. 1893.

多年生草本；茎细弱，直立，高 25～150 cm，被短柔毛。茎下部叶片卵形或卵状长圆形，长 5～10 cm，宽 3～7 cm，先端锐尖或钝，基部圆形、稍心形或阔楔形，边缘具不规则粗齿，腹面被基部球状膨大的柔毛，脱落后留下膨大的基部；中部叶长椭圆形，先端渐尖，基部楔形，叶柄较短，无翅，上部叶渐小，长椭圆形或长圆状披针形，两端渐狭，几无柄。头状花序直径 6～10 mm；苞片 4 层，覆瓦状排列，外层短，向内逐层增长，干膜质或先端稍带草质。瘦果线形，长 3～3.5 mm。　花期 7～10 月，果期 10～11 月。　产于金秀、融水、资源、龙胜、全州、恭城、灌阳、南丹；本种适应性较强，常生于路旁、山坡灌木丛中、溪旁或疏密林中。分布于东北、华东、华中、西南及华南等地，日本、朝鲜亦有。　全草可入药，有清热解毒、消炎祛瘀的功效，可用于治感冒发热、咽喉肿痛、急性肠胃炎、尿路感染、乳腺炎、淋巴结炎、疮疥、蛇伤、犬伤等。

4. **小花金挖耳**

Carpesium minus Hemsl., J. Linn. Soc. Bot. **23**: 431. 1888；中国植物志 **75**: 306，图版 52: 1～2. 1979；Fl. China **20～21**: 822. 2011.

多年生直立草本；茎高 10～30 cm，初时密被卷曲柔毛，后渐稀疏，露出腺点状突起。下部叶片椭圆形或椭圆状披针形，长 4～9 cm，宽 1～2.2 cm，两面几无毛或沿叶脉有稀疏柔毛，两面均有腺点状突起，触之有粗糙感，叶柄长 1～3 cm，与叶片中肋通常均带紫色；上部叶披针形或条状披针形，近全缘。头状花序单生于茎、枝端，直径 3～5 mm；苞叶 2～4 枚，条状披针形，密被短柔毛；总苞钟状；总苞片 3～4 层，外层卵形至卵状披针形，较短，内层条状披针形；雌花狭筒状，冠檐 5 裂；两性花管状，冠檐 5 齿裂。瘦果长约 2 mm。　花期 7～9 月，果期 9～10 月。　产于全州；生于山坡草丛中及水沟边。分布于云南、四川、湖北及江西。　其与**贵州天名精**(*C. faberi* C. Winkl.)相近，但后者茎下部叶卵形至卵状披针形，两面被毛；头状花序腋生，无花序梗，通常呈穗状排列，花期花序俯垂，可以区别。

5. **贵州天名精**(中国植物志)　中日金挖耳　粗齿天名精

Carpesium faberi C. Winkl., Trudy Imp. S.-Peterburgsk. Bot. Sada **14**: 65. 1895；中国植物志 **75**: 308，图版 52: 3～4. 1979；Fl. China **20～21**: 822. 2011. ——*C. hosokawae* Kitam., Acta Phytotax. Geobot. **3**(2): 98. 1934. ——*C. kweichowense* Chang, Sinensia **3**: 205. 1933.

多年生纤细草本；高达 80 cm，茎下部被白色或淡黄色长柔毛，上部逐渐脱落稀疏。茎下部叶卵形至卵状披针形，长 4～7 cm，宽 2～3 cm，先端渐尖，基部阔楔形或近圆形，边缘具不规则的齿裂，腹面被伏硬毛，背面被白色柔毛，叶柄长 1～5 cm，具狭翅；中部叶披针形；上部叶渐小，披针形至线状披针形，近全缘。头状花序小，直径 3～5 mm，生于茎、枝顶端及叶腋，近无花序梗，常呈穗状花序式排列；雌花长 1.2～1.5 mm；两性花长约 2 mm。瘦果长 2～2.5 mm。　花期 8～9 月，果期 10～11 月。　产于凌云、全州；常生于山间路旁旷野地及林缘。分布于四川、贵州、湖北、台湾，日本亦有。

6. **天名精**(图考引本经)　鹤蝨(梦溪笔谈)　地菘(名医别录)

Carpesium abrotanoides L., Sp. Pl. **2**: 860. 1753；中国高等植物图鉴 **4**: 433，图 6379. 1975；中国植物志 **75**: 313. 1979；Fl. China **20～21**: 823. 2011. ——*C. thunbergianum* Siebold et Zucc., Abh. Math.-Phys. Cl. Königl. Bayer. Akad. Wiss. **4**(3): 187. 1846.

多年生草本;茎下部木质,近无毛,上部密被短柔毛。茎下部叶阔椭圆形或长椭圆形至倒披针形,长 8~16 cm,宽 4~7 cm,腹面被贴柔毛,背面有短柔毛,边缘具不规则锯齿;茎上部叶渐小,长椭圆形或椭圆状披针形,先端渐尖或锐尖,基部阔楔形;无柄或具短柄。头状花序顶生或腋生,近无柄,常密集,呈穗状花序式排列,直径 6~8 mm;总苞上端稍收缩;雌花长 2~2.5 mm。瘦果长约 3.5 mm。 花果期 8~12 月。 产于广西各地;常生于村旁、路边荒地、溪边及林缘。分布于我国华南、西南、华中、华东各地及河北、陕西,朝鲜、日本、越南、缅甸、伊朗、不丹、印度、阿富汗、尼泊尔、俄罗斯亦有。 全草有清热解毒、祛痰止血的功效,可用于治咽喉肿痛、扁桃体炎、支气管炎。果实称"南鹤蝨",为杀虫药,主治蛔虫病、蛲虫病、绦虫病及虫积腹痛;水浸液作农药杀青虫、地老虎等。

81. 山黄菊属 Anisopappus Hook. et Arn.

一年生草本;被毛。叶互生;叶片具齿。头状花序有异型小花,辐射状,单生于茎或分枝顶端,排成疏松的伞房花序式;外围花 1~2 层,雌性,花冠舌状,顶端 3 齿裂,黄色,结实;中央花两性,花冠管状,上部稍膨大成狭钟状,顶端 5 齿裂,结实;总苞半球形,苞片数层,稍不等长,覆瓦状排列,草质;花托突起,托片半包小花,脱落;花药基部箭形,有尾。瘦果近圆柱形或雌花结的果呈压扁状而具多棱,无毛或被柔毛;冠毛短,不等长,呈撕裂的鳞片状,常杂以 2~5 枚短糙毛。 本属约有 40 种,主要分布于热带非洲、亚洲南部及马达加斯加。我国有 1 种;广西亦有。

山黄菊(广州植物志) 旱山菊 图版 78:7~9

Anisopappus chinensis Hook. et Arn. ,Bot. Beech. Voy. 196. 1837;中国高等植物图鉴 **4**:487,图 6387. 1975;中国植物志 **75**:317,图版 53:5~7. 1979;Fl. China **20~21**:851. 2011. ——*Verbesia chinensis* L. , Sp. Pl. **2**:901. 1753. ——*Inula yunnanensis* J. Anthony,Not. Roy. Bot. Gard. Edinb. **18**:198. 1934.

一年生草本,高 40~100 cm;茎被锈色尘状密柔毛。茎中部叶片卵状披针形或狭长圆形,长 3~6 cm,宽 1~2 cm,先端钝圆形,基部截形或宽楔形,两面被微柔毛,边缘具钝锯齿,基 3 出脉或离基 3 出脉,在背面明显突起;向上部的茎生叶渐小。头状花序单生或少数排成顶生呈伞房状花序式,花序梗密被锈色柔毛;总苞半球形,宽 1~1.7 cm,具 3 层狭披针形或宽线形的苞片,长 3~5 mm,外面密被伏柔毛;托片龙骨状,膜质,长约 5 mm;外围雌花舌状,黄色,顶端 3 齿裂;中央两性花筒状,顶端 5 齿裂。瘦果圆柱形,被疏柔毛,两性花瘦果稍压扁状,有 4 棱;冠毛膜片状,4~5 枚,顶端伸长成细芒状。 花果期 7~11 月。 产于广西各地;常生于干旱的山坡、荒地、草地或路旁杂草丛中。分布于福建、广东、云南、江西、四川,缅甸、泰国、印度、非洲热带大陆及马达加斯加亦有。

82. 艾纳香属 Blumea DC.

一年生或多年生草本、半灌木或藤本;常有香气;茎直立、斜升、平卧或攀缘。叶互生;叶片有齿或分裂。头状花序少数至极多数,排成疏散圆锥花序或穗状,黄色或紫色;总苞半球形;总苞片多层,线形或长圆形,外层短,通常被柔毛;花托平或稍突起;外围雌花花冠细管状,檐部 2~4 齿裂;中央两性花花冠管状,檐部 5 浅裂,或少有 6 浅裂;花药合生,基部戟形,有长渐尖或芒状的尾部。瘦果小,圆柱形或近纺锤形,有或无棱;冠毛糙毛状,白色。 本属约有 50 种,分布于亚洲、非洲及大洋洲的热带、亚热带地区。我国有 30 种;广西有 18 种。

分 种 检 索 表

1. 攀缘藤本。
   2. 头状花序直径 1.5~2 cm,常 1~7 个在叶腋或枝端排列成疏圆锥花序,花序柄长 1~3 cm ………………………………

…………………………………………………… 1. **东风草** B. megacephala (Randeria) C. T. Chang et Y. Q. Tseng

2. 头状花序直径 0.5～0.8 cm，多数，在叶腋或枝端排列成密圆锥花序，花序柄长 5～10 mm ……………………………………………………………………… 2. **假东风草** B. riparia (Blume) DC.

1. 直立草本或半灌木。

3. 冠毛红褐色、棕红色、黄褐色、污黄色、黄白色或黄色。

4. 茎、叶及花序轴被白色厚绵毛 ……………………………… 3. **裂苞艾纳香** B. martiniana Vaniot

4. 茎、叶及花序轴被各种柔毛或绒毛，但不被白色绵毛。

5. 叶基部圆或尖；雌花花冠 2～4 等裂。

6. 叶基部常有 1～5 对线形或长圆形的叶状附属物 ………………… 4. **艾纳香** B. balsamifera (L.) DC.

6. 叶基部无叶状附属物。

7. 叶腹面有泡状突起，干时变黑色 …………………… 5. **千头艾纳香** B. lanceolaria (Roxb.) Druce

7. 叶腹面无泡状突起，干时不变黑色。

8. 叶基部长渐狭，边缘有细齿或小尖头；总苞片 4 层；瘦果具 10 棱 …… 6. **台北艾纳香** B. formosana Kitam.

8. 叶基部渐狭，边缘有粗或粗细相间的锯齿；总苞片 5～6 层；瘦果具 12 棱 ………………………………………………………… 7. **馥芳艾纳香** B. aromatica DC.

5. 叶基部戟形；雌花花冠顶端呈二唇形 ……………………… 8. **戟叶艾纳香** B. sagittata Gagnep.

3. 冠毛白色。

9. 花托被毛。

10. 叶琴状分裂 ……………………………………………… 9. **六耳铃** B. sinuata (Lour.) Merr.

10. 叶不分裂，边缘仅有粗锯齿、细齿或重齿。

11. 头状花序排列成狭而紧密或疏而开展的圆锥花序。

12. 叶边缘有规则的疏锯齿或具细尖的牙齿；头状花序无柄或具短柄，排列成紧密的狭圆锥花序 ………………………………………………………… 10. **七里明** B. clarkei Hook. f.

12. 叶边缘有不规则的重锯齿；头状花序有长 2 cm 的柄，排列成开展的圆锥花序 ………………………………………………… 11. **长圆叶艾纳香** B. oblongifolia Kitam.

11. 头状花序排列成间断或顶端紧密的穗状花序，花序直径 3～5 mm；冠毛长 4～5 mm ………………………………………………………… 12. **节节红** B. fistulosa (Roxb.) Kurz

9. 花托无毛。

13. 叶不分裂，边缘仅有粗锯齿、细齿或重齿。

14. 瘦果近有角至平滑。

15. 花冠紫红色，两性花约 10 朵 ……………………… 13. **柔毛艾纳香** B. axillaris (Lam.) DC.

15. 花冠黄色，两性花约 15 朵 ……………………………… 14. **见霜黄** B. lacera (Burm. f.) DC.

14. 瘦果有明显的纵条棱。

16. 叶主要茎生，椭圆形或长椭圆形，边缘具规则的硬尖齿；总苞片上部淡紫色 ………………………………………………… 15. **毛毡草** B. hieraciifolia (D. Don) DC.

16. 叶主要基生，倒卵状匙形或倒披针形，边缘有不规则的密细齿或重齿；总苞片绿色或内层麦秆黄色 ……………………………………………… 16. **拟毛毡草** B. sericans (Kurz) Hook. f.

13. 叶琴状分裂或羽状全裂。

17. 叶两面被白色丝状绒毛或绵毛 ……………………… 14. **见霜黄** B. lacera (Burm. f.) DC.

17. 叶被疏或密柔毛或有时近无毛。

18. 头状花序排列成间断或顶端紧密的穗状花序；总苞片在花后开展，不反折 ………………………………………………… 17. **无梗艾纳香** B. sessiliflora Decne.

18. 头状花序排列成密的狭圆锥花序；总苞片在花后反折 ………… 18. **长柄艾纳香** B. membranacea DC.

1. **东风草**(广东)　九里明(博白、昭平)　中华艾纳香　大头艾纳香

Blumea megacephala (Randeria) C. T. Chang et Y. Q. Tseng，中国植物志 75：11，图版 2：1～7. 1979；

China **20～21**:831. 2011. ——*B. riparia* (Bl.) DC. var. *megacephala* Randeria, Blumea **10**:215. 1960.

攀缘状草质藤本，或基部木质；小枝被疏或密的锈色短柔毛，后脱落。茎下部和中部叶片卵形、卵状椭圆形或长椭圆形，长 7～12 cm，宽 2～6 cm，基部圆形，顶端短尖，边缘有细齿或点状突起，腹面初时被疏毛后脱落，背面无毛或被疏毛，侧脉 5～7 对，网脉明显；小枝上部的叶较小，椭圆形或卵状长圆形。头状花序 1～7 个在小枝顶端腋生或顶生，组成圆锥花序，直径 1.5～2 cm；总苞半球形；总苞片 5～6 层，外层短厚，长 3～5 mm，背面被密毛；花托平，直径 8～11 mm，密被短毛；两性花黄色，花冠管状，檐部 5 齿裂，裂片三角形，顶端钝；雌花多数，丝状，有微毛。瘦果矩圆形，有棱；冠毛白色，糙毛状。 花期 8～12 月。产于广西各地；生于林缘或灌木丛中。分布于四川、云南、贵州、广东、福建及台湾等地，越南北部亦有。

2. 假东风草(植物分类学报)

Blumea riparia (Blume) DC., Prodr. **5**:444. 1836；中国植物志 **75**:13. 1979；Fl. China **20～21**:831. 2011. ——*Conyza riparia* Blume, Bijdr. 899. 1826.

本种与**东风草**[*Blumea megacephala* (Randeria) C. T. Chang et Y. Q. Tseng]相似，不同点是本种的叶片和花序较小，叶长 5～8 cm，宽 2～3.5 cm；头状花序直径 5～8 mm。 花期 1～8 月。 产于百色、德保、龙州、靖西、天峨；生于林缘、路边、溪旁或山坡灌木丛中。分布于云南(西南至东南部)、广东(西南部)及台湾，印度、缅甸、泰国、马来西亚、柬埔寨、老挝、越南、菲律宾、印度尼西亚、巴布亚新几内亚和所罗门群岛亦有。

3. 裂苞艾纳香(植物分类学报) 尖苞艾纳香(广西植物名录)

Blumea martiniana Vaniot, Bull. Acad. Int. Geogr. Bot. **12**:26. 1903；中国植物志 **75**:15，图版 3:8～15. 1979；Fl. China **20～21**:832. 2011. ——*B. henryi* Dunn, J. Linn. Soc. Bot. **35**:503. 1903；中国植物志 **75**:16，图版 3:16～23. 1979. ——*B. tonkinensis* Gagnep., Bull. Soc. Bot. France **68**:45. 1921. ——*Leveillea martini* Vaniot, Bull. Acad. Geogr. Bot. **12**:30. 1903.

粗壮草本；茎有棱纹，被白色厚绵毛。叶片型变化较大；下部叶最大，长可达 40 cm，宽 15 cm，具长柄；中部和上部的叶长圆状倒披针形或椭圆状倒披针形，长 15～21 cm，宽 5～7 cm，叶背面被极厚的白色绵毛。瘦果有 12 条棱。 花期 11～12 月。 产于靖西、都安、凤山、天峨、隆林；生于溪流边或空旷地上。分布于云南(南部)、贵州(西部)，越南(北部)亦有。

4. 艾纳香(种子植物名称) 大风艾 冰片艾 图版 78:10～13

Blumea balsamifera (L.) DC., Prodr. **5**:447. 1836；中国高等植物图鉴 **4**:453，图 6320. 1975；中国植物志 **75**:19. 1979；Fl. China **20～21**:833. 2011. ——*B. balsamifera* DC. var. *microcephala* Kitam., Bot. Mag. (Tokyo) 55. 1941. ——*Baccharis salvia* Lour., Fl. Cochinch. **2**:494. 1790. ——*Conyza balsamifera* L., Sp. Pl. ed. 2, **2**:1208. 1763. ——*Pluchea balsamifera* (L.) Less., Linnaea **6**:150. 1831.

本种的主要特征为有香气；茎粗壮，上部密被灰褐色柔毛。下部叶片宽椭圆形或长圆状披针形，长 15～22 cm，宽 7～10 cm，背面被淡褐色或黄白色密绢状绵毛，叶柄两侧有 1～5 对狭线形的附属物；上部叶较小，长圆状披针形或卵状披针形，长 7～12 cm，宽 1.5～3.5 cm。瘦果 5 条棱；冠毛红褐色。 花期几乎全年。 产于南宁、龙州、田林、巴马、宜州、平果、凌云、乐业、天峨、德保、那坡、百色、河池、容县、苍梧、横县；生于山坡路旁、林缘。分布于台湾、福建、广东、海南、贵州和云南，印度、巴基斯坦、缅甸、泰国、柬埔寨、老挝、越南、马来西亚、印度尼西亚和菲律宾亦有。 全草可药用，有祛风消肿、活血调经的功效；叶含龙脑，经蒸馏提取结晶可得冰片。

5. 千头艾纳香(植物分类学报) 火油草

Blumea lanceolaria (Roxb.) Druce, Rep. Bot. Soc. Exch. Club Brit. Isles **4**:609. 1917；中国高等植物图鉴 **4**:452，图 6317. 1975；中国植物志 **75**:17. 1979；Fl. China **20～21**:832. 2011. ——*Conyza lanceolaria* Roxb., Fl. Ind. ed. 2, **3**: 432. 1832. ——*Bileveillea granulatifolia* H. Lévl., Repert. Spec. Nov. Regni Veg. **8**:449. 1910. ——*B. myriocephala* DC., Prodr. **5**:445. 1836. ——*B. spectabilis* DC., Prodr. **5**:445. 1836.

草本或半灌木，高 1～3 m；茎无毛或被短柔毛。下部和中部叶片倒披针形、狭长圆状披针形或椭圆形，长 15～30 cm，宽 5～8 cm，基部渐狭，下延，腹面明显有泡状突起，两面无毛或背面被微柔毛，干时变黑色；上部叶较小，狭披针形或线状披针形，长 7～15 cm，宽 1～2.5 cm。瘦果圆柱形，仅有 5 条棱。　花期 1～4 月。　产于宾阳、隆安、南宁、扶绥、龙州、贵港、那坡、隆林；常生于林缘、山坡、路旁、草地或溪边。分布于云南、贵州、广东及台湾，印度、不丹、巴基斯坦、斯里兰卡、缅甸、泰国、柬埔寨、老挝、越南、菲律宾及印度尼西亚亦有。

6. **台北艾纳香**(中国植物志)

Blumea formosana Kitam., Act. Phytotax. Geobot. **2**:38. 1933；中国植物志 **75**:21. 1979；Fl. China **20～21**:833. 2011.

草本；茎高 40～80 cm；幼枝被白色长柔毛。中部叶片近无柄，纸质或薄纸质，狭或宽倒卵状长圆形，长 12～20 cm，宽 4～6.5 cm，先端短尖或钝，基部渐狭，叶缘具细齿或小尖头，腹面被短柔毛，背面有白色紧贴的绒毛及腺毛；上部叶渐小，长圆形或长圆状披针形。头状花序直径约 1 cm；总苞片 4 层。瘦果圆柱形，有 10 条棱，被白色腺状粗毛；冠毛污黄色或黄白色。　花期 8～11 月。　产于兴安、龙胜、融水、贺州；常生于低山山坡、草丛、溪边或疏林下。分布于湖南、江西、浙江、广东、福建、台湾等。

7. **馥芳艾纳香**　香艾(植物分类学报)

Blumea aromatica DC., Prodr. **5**:446. 1836；中国植物志 **75**:20，图版 3:1～7. 1979；Fl. China **20～21**:833. 2011. ——*B. leptophylla* Hayata, Icon. Pl. Formosan. **8**:54. 1919. ——*Conyza setschwanica* Hand.-Mazz., Symb. Sin. **7**:1095. 1936. ——*Gynura taiwanensis* S. S. Ying, Mem. Coll. Agric. Natl. Taiwan Univ. **30**(2):57. 1990.

草本或半灌木；茎上密被黄褐色腺毛和长节毛。下部叶片近无柄，倒卵形、椭圆形或倒披针形，长 15～22 cm，宽 5～8 cm，边缘有不规则粗细相间的锯齿，腹面有长伏毛，背面密被黄色或黄褐色腺毛或长节毛；中部叶与下部叶相仿，长 12～18 cm，宽 4～5 cm；上部叶较小，披针形或卵状披针形。头状花序多数，直径 1～1.5 cm，梗长 1～1.5 cm；总苞片 5～6 层，花黄色。瘦果圆柱形，有 12 条棱，长约 1 mm，被柔毛；冠毛棕红色至淡褐色。　花期 10 月至翌年 3 月。　产于平南、蒙山、金秀、荔浦、融水、兴安、龙胜、宁明、龙州、上林、百色、靖西、那坡；常生于低山林缘、荒坡或山谷路旁。分布于台湾、福建、广东、贵州、云南、四川、江西、湖南、浙江，尼泊尔、不丹、印度、缅甸、泰国和越南亦有。　全草可入药，可用于治风湿。

8. **戟叶艾纳香**(植物分类学报)

Blumea sagittata Gagnep., Bull. Soc. Bot. France **68**:43. 1921；中国植物志 **75**:23，图版 4:8～12. 1979；Fl. China **20～21**:831. 2011.

直立草本；茎密被灰褐色柔毛。中部叶片长圆状披针形或披针形，稀椭圆形，长 16～25 cm，基部戟形，具三角形的耳，有时在耳下叶柄的两侧具 1～2 对极小的附属物，边缘有疏生尖细齿，腹面具疣状基部的短糙毛，背面毛较长而密；上部叶渐小，卵状披针形至线状披针形，无柄。头状花序多数，直径约 10 mm，排列成圆锥花序；外层总苞片披针形或线形；雌花花冠 4～5 齿裂，裂片不等，近二唇状；两性花花冠 5 齿裂，裂片有腺体，杂有白色柔毛；花药全部发育。瘦果纺锤形，成熟时明显有 10 条棱；冠毛淡黄色或黄白色。　花期 8～12 月。　产于龙州、上林、平果、百色、那坡、靖西；常生于山坡、杂木林下及湿润草丛中。分布于云南东南部(富宁)、贵州南部(罗甸)，越南、老挝亦有。

9. **六耳铃**(广州)　波缘艾纳香(广西植物名录)

Blumea sinuata (Lour.) Merr., Trans. Amer. Philos. Soc., ser. 2, **24**(2):388. 1935；Fl. China **20～21**:835. 2011. ——*B. laciniata* (Roxb.) DC., Prodr. **5**:436. 1836；中国高等植物图鉴 **4**:455，图 6324. 1975；中国植物志 **75**:38，图版 6:7～12. 1979. ——*B. glandulosa* Benth., Fl. Hongk. 177. 1861. ——*B. okinawensis* Hayata, Icon. Pl. Formos. **8**:53. 1919. ——*B. onnaensis* Hayata, Icon. Pl. Formos. **8**:53. 1919. ——*Gnaphalium sinuatum* Lour., Fl. Cochinch. **2**:497. 1790.

粗壮草本。下部叶片倒卵状长圆形或倒卵形，长 10～30 cm，宽 4～6 cm，先端短尖，基部下延成翅，下半部琴状分裂，顶部裂片大，卵形或卵状长圆形，边缘具不规则的锯齿或粗齿，两面被短柔毛，叶柄长 2～4 cm，具狭翅；中部叶与下部叶同形，较小，长 6～10 cm，宽 2～4 cm，边缘有不规则的齿裂或琴状浅裂；上部叶小，不分裂，有时有锯齿或全缘。头状花序多数，直径 6～8 mm，梗长 8～15 mm，排列成大圆锥花序；总苞片 5～6 层，紫红色，外层线形，顶端稍钝，背面密被短柔毛或有时被具柄腺毛，长 2～4 mm，中层长圆状披针形，长 4～6 mm，内层线形，长约 9 mm，背面上部被疏毛；花托扁平。瘦果圆柱形，具 10 条棱。花期 10 月至翌年 5 月。　产于临桂、上思、隆安、容县、贺州、靖西、那坡、西林；常生于田畦、草地、山坡及河边、林缘。分布于云南、贵州、广东、福建、台湾、海南，印度、不丹、巴基斯坦、斯里兰卡、缅甸、柬埔寨、老挝、越南、泰国、马来西亚、菲律宾、印度尼西亚、巴布亚新几内亚、美国(夏威夷)及所罗门群岛亦有。

10. 七里明

Blumea clarkei Hook. f. , Fl. Brit. Ind. 3(8): 267. 1881；中国高等植物图鉴 **4**: 454，图 6322. 1975；中国植物志 **75**: 29，图版 5: 1～6. 1979；Fl. China **20～21**: 836. 2011. ——*B. hongkongensis* Vaniot, Bull. Acad. Int. Géogr. Bot. **12**: 22. 1903. ——*B. hirsuta* King-Jones, Englera **23**: 120. 2001. ——*B. lessingii* Merr. , Enum. Philipp. Fl. Pl. **3**: 603. 1923. ——*B. malabarica* Hook. f. , Fl. Brit. India **3**(8): 267. 1881.

本种与**毛毡草**[*B. hieraciifolia* (D. Don) DC.]相似，主要区别在于本种被较疏的毛，无绢状绵毛；下部叶片有短柄，干时变黑色；头状花序排列较疏，通常只 3～5 个簇生；总苞 4 层，各层均较后者长。　花期 10 月至翌年 4 月。　产于贺州、梧州、桂林、上思、那坡；常生于阴湿林谷中或空旷湿润草地。分布于广东、福建、海南、江西，印度、马来西亚、缅甸、泰国、越南、印度尼西亚和菲律宾亦有。

11. 长圆叶艾纳香

Blumea oblongifolia Kitam. , Act. Phytotax. Geobot. **2**(1): 37. 1933；中国植物志 **75**: 30. 1979；Fl. China **20～21**: 836. 2011.

多年生直立草本；茎直立，高 0.5～1.5 m，具棱，上部密被长柔毛。基部叶小于中部叶；中部叶片长圆形或狭椭圆状长圆形，长 9～14 cm，宽 3～5.5 cm，近无柄，边缘狭反卷并有不规则的硬重锯齿，叶两面被毛，侧脉 5～7 对；上部叶渐小，无柄，长圆状披针形或长圆形，边缘具尖齿或角状疏齿，稀全缘。头状花序直径 8～12 mm，排列成顶生开展的疏圆锥花序；花序柄密被长柔毛；总苞球状钟形；总苞片约 4 层，外层线状披针形，背面密被长柔毛，中、内层线形或线状披针形，背面被柔毛；花托稍凸，蜂窝状，被白色粗毛；花黄色，花冠细管状，檐部 3～4 齿裂；两性花较少数，檐部 5 裂，裂片被白色疏毛和较密的腺体。瘦果圆柱形，疏被白色粗毛；冠毛糙毛状，白色。　花期 8 月至翌年 4 月。　产于德保、那坡、田林和金秀；生于田边、路旁、草地或溪流边。分布于安徽、广东、江西、浙江和台湾，越南、印度和缅甸亦有。　本种形态与**七里明**(*B. clarkei* Hook. f.)相似，主要的区别在于本种的叶边缘有不规则的重锯齿，且多少反卷；头状花序常有长约 2 cm 的柄，排列成开展的圆锥花序；总苞片内层狭，宽不超过 0.5 mm。

12. 节节红(海南植物志)　紫花艾纳香(广西植物名录)

Blumea fistulosa (Roxb.) Kurz, J. Asiat. Soc. Bengal Pt. 2, Nat. Hist. **46**(2): 187. 1877；中国高等植物图鉴 **4**: 455，图 6323. 1975；中国植物志 **75**: 35，图版 6: 1～6. 1979；Fl. China **20～21**: 836. 2011. ——*B. amethystina* Hance, J. Bot. **6**: 173. 1868. ——*Conyza fistulosa* Roxb. , Fl. Ind. ed. 2, **3**: 429. 1832.

直立草本，高 0.5～1.5m；茎纤细，上部被短柔毛或基部毛脱落，紫红色。下部叶片通常倒卵形至倒披针形，长 5～13 cm，宽 2.5～5.5 cm，先端短渐尖，基部渐狭，下延，具不明显短柄，边缘有不规则疏齿刻，两面有白色短柔毛；上部叶较小，无柄，倒卵形或倒卵状长圆形，具少数齿刻，少有全缘，先端短尖，基部渐狭，下延呈翅状。头状花序无柄，直径 3～5 mm，再排列成间断或顶端密集具叶的穗状圆锥花序；总苞圆柱形或近钟形，花后开展，不反折；总苞片 5 层，紫红色或顶端紫红色，外层线形，顶端急尖，背部被开展的柔毛，内层披针形或狭披针形；花托扁平，疏被短柔毛；雌花多数，两性花略少数。瘦果圆柱形，具 8～10 条棱。　花期 12 月至翌年 4 月。　产于隆林、田林、凌云、乐业、东兰、百色、那坡、东兴、梧州、三江；生于山坡草地或林缘。分布于云南、贵州、四川、海南及广东，印度、尼泊尔、不丹、缅甸、泰国及越南亦有。

13. **柔毛艾纳香**(中国高等植物图鉴)

Blumea axillaris (Lam.) DC., Prodr. **5**: 434. 1836; Fl. China **20～21**: 835. 2011. ——*B. mollis* (D. Don) Merr., Philip. J. Sci. Bot. **5**: 395. 1910; 中国植物志 **75**: 32. 1979. ——*B. wightiana* DC., Prodr. **5**: 435. 1836. ——*Conyza axillaris* Lam., Encycl. **2**: 84. 1786. ——*Erigeron molle* D. Don, Prodr. Fl. Nepal. 172. 1825.

草本，高 60～90 cm；茎直立，被开展的白色长柔毛，杂有具柄腺毛。下部叶片倒卵形，长 7～9 cm，宽 3～4 cm，先端圆钝，基部渐狭，两面被绢状长柔毛，下面的尤密，边缘有不规则的密细齿，叶柄长 1～2 cm，宽 2.5～3 cm；上部叶渐小，近无柄。头状花序 3～5 个簇生成聚伞状花序，再排成圆锥花序；总苞近 4 层，紫色至淡红色，长于花盘，花紫红色或花冠下半部淡白色；雌花多数，两性花约 10 朵。瘦果有角至表面圆滑，被短柔毛。　花期几全年。　产于平果、隆林、武鸣、宁明、凌云、乐业、天峨、南丹、东兰、都安、贺州、富川、昭平、梧州、金秀、柳州、邕宁、隆安、横县、扶绥、大新、岑溪；生于田野或空旷草地。分布于福建、海南、云南、四川、贵州、湖南、江西、广东、浙江、台湾，非洲各国和阿富汗、巴基斯坦、不丹、尼泊尔、印度、斯里兰卡、泰国、越南、柬埔寨、马来西亚、缅甸、老挝、菲律宾、印度尼西亚、澳大利亚及太平洋诸岛亦有。

14. **见霜黄**

Blumea lacera (Burm. f.) DC., Contr. Bot. India 14. 1834; 中国植物志 **75**: 33. 1979; Fl. China **20～21**: 834. 2011. ——*B. subcapitata* DC., Prodr. **5**: 439. 1836. ——*Conyza lacera* Burm. f., Fl. Ind. 180. 1768.

直立草本，高达 1 m；茎具条棱，被白色绢毛状绒毛或密短绒毛。下部叶片倒卵状长圆形，长 7～15 cm，宽 4～5 cm，先端圆钝，基部楔尖或长渐尖，边缘有不规则的疏粗齿，或有时下半部有琴状分裂，腹面被白色丝状绒毛或短绒毛，背面被丝状密绒毛或绵毛，无柄或柄长 1～3 cm；中上部叶渐小，倒卵状长圆形或长椭圆形，长 2.5～4 cm，宽 1.5～2 cm。头状花序较多至多数，无或具短花序梗；总苞片约 4 层，全部线形，顶端稍尖，绿色；雌花多数；两性花约 15 朵。瘦果圆柱形，近有角至表面圆滑，被疏毛。　花期 2～6 月。　产于上思、宁明、龙州、横县、平果、扶绥、武鸣、钟山、马山、宾阳、靖西、凌云、隆林、乐业、柳城、三江、桂林；生于草地、路旁或田边。分布于云南、贵州、四川、江西、广东、海南、福建、浙江、台湾，不丹、印度、日本、老挝、马来西亚、缅甸、巴基斯坦、尼泊尔、斯里兰卡、泰国、越南、澳大利亚(北部)以及巴布亚新几内亚、太平洋诸岛、非洲(东南部)亦有。

15. **毛毡草**

Blumea hieraciifolia (D. Don) DC., Cont. Bot. India 15. 1834; 中国高等植物图鉴 **4**: 454, 图 6321, 1975; 中国植物志 **75**: 24, 图版 4: 1～7. 1979; Fl. China **20～21**: 837. 2011. ——*B. chinensis* Walp., Nov. Actorum Acad. Caes. Leop.-Carol. Nat. Cur. **19**: 294. 1843. ——*B. macrostachya* DC., Prodr. **5**: 442. 1836. ——*Conyza hieraciifolia* Spreng., Syst. Veg. **3**: 514. 1826.

直立草本；茎、枝被开展的密绢毛状长柔毛，兼有头状具柄腺毛。叶片主要茎生；下部和中部叶片椭圆形或长椭圆形，长 7～19 cm，宽 2～3.5 cm，边缘具规则的长硬尖齿，腹面被白色短毛，背面被密绢毛状绒毛或绵毛，近无柄；上部叶较小，长圆形至长圆状披针形。头状花序多数，2～7 个簇生，排列成穗状圆锥花序；总苞片 4～5 层，上部淡紫色。瘦果具 10 条棱。　花期 12 月至翌年 4 月。　产于临桂、昭平、金秀、河池、罗城和扶绥；生于田边、路旁、草地或低山灌木丛中。分布于台湾、福建、广东、湖南、贵州、云南、四川、江西、浙江，印度、巴基斯坦、缅甸、尼泊尔、日本、泰国、菲律宾、印度尼西亚和巴布亚新几内亚地区亦有。

16. **拟毛毡草**(中国植物志)　丝毛艾纳香(植物分类学报)

Blumea sericans (Kurz) Hook. f., Fl. Brit. Ind. **3**: 262. 1881; 中国植物志 **75**: 26. 1979; Fl. China **20～21**: 837. 2011. ——*B. barbata* DC. var. *sericans* Kurz, J. Asiat. Soc. Bengal, Pt. 2, Nat. Hist. **46**: 188. 1877.

本种与毛毡草[*B. hieraciifolia* (D. Don) DC.]相似，区别在于本种的叶片主要基生，几成莲座状，倒卵状匙形或倒披针形，边缘有不规则的密细齿，腹面被白色绒毛，后渐脱毛，背面被绢状绒毛。头状花序多数；总苞约4层，绿色或上部禾秆黄色。瘦果具10条棱；冠毛白色。 花期4～8月。 产于龙胜、桂林、柳江、金秀、罗城、南宁、扶绥、宁明、龙州、靖西、那坡、河池；生长于山谷、路旁草丛中。分布于台湾、福建、广东、湖南、贵州、江西和浙江，印度、缅甸、越南、印度尼西亚及菲律宾亦有。

17. **无梗艾纳香**(中国植物志) 密花艾纳香(海南植物志)

Blumea sessiliflora Decne., Nouv. Ann. Mus. Hist. Nat. **3**: 140. 1834；中国植物志 **75**: 34. 1979；Fl. China **20～21**: 834. 2011.

本种的主要特征为全部叶均无叶柄，叶片倒披针形至倒卵状长圆形，长3～16 cm，宽4～6 cm，先端短尖，基部下延；下部叶琴状分裂；上部叶琴状浅裂或仅具不规则的粗齿或细齿；头状花序通常无柄，单生或2～4个球状簇生，排列成间断或顶端紧密、具叶的穗状花序，再排成开展具叶的圆锥花序。总苞近5层，禾秆黄色或绿色，外层和中层披针形或线状披针形，长2～4 mm，渐尖，边缘干膜质，背面被密柔毛，内层线形，长4～6 mm，干膜质或边缘干膜质，背面无毛或有疏毛，顶端渐尖；雌花多数；两性花少数。瘦果圆柱形或近纺锤形，有8～10条棱。 花期6～10月。 产于东兰县；常生于山坡草地。分布于江西(南部)、广东和海南，印度、缅甸、泰国、越南和印度尼西亚亦有。

18. **长柄艾纳香**(海南植物志)

Blumea membranacea DC., Prodr. **5**: 440. 1836；中国植物志 **75**: 40. 1979；Fl. China **20～21**: 835. 2011.——*B. balansae* Gagnep., Bull. Soc. Bot. France **68**: 41. 1921.

一年生草本，高30～100 cm，茎下部疏被腺状短柔毛。本种的主要特征为下部叶有长达3～4 cm的细柄，叶片倒卵形至倒披针形，连叶柄长9～15 cm，宽4～5 cm，齿状或琴状分裂，顶裂片大，卵形或椭圆形，侧裂片小，1～2对，三角形或线状长圆形，两面被疏柔毛；上部叶小，无柄或有短柄，叶形与下部叶相仿，长2～4 cm，宽1～2 cm，不分裂。头状花序少数，密集，或排成狭圆锥花序，直径5～7 mm；总苞片约4层，绿色，全部线形，内层长于外层5倍。瘦果具棱；冠毛白色。 花期1～3月。 产于桂西南地区；常生于密林中或山谷溪流边。分布于云南(东南部)、广东(南部)、台湾和海南，印度、巴基斯坦、斯里兰卡、缅甸、尼泊尔、泰国、越南、马来西亚及印度尼西亚亦有。

83. 阔苞菊属 Pluchea Cass.

灌木，稀为草本；茎稍被短柔毛。叶互生；叶片通常具锯齿，稀浅裂或全缘。头状花序小，在枝端作伞房花序排列或近单生；总苞卵状球形或钟形；总苞片多层，覆瓦状排列，外层阔卵形，内层较狭长；花托平，无毛；雌花花冠丝状，顶端3浅裂或有细齿；两性花花冠管状，檐部稍扩大，顶端5浅裂。瘦果小，具4～5条棱；冠毛1层，宿存。 本属约有80种，分布于美洲、非洲、亚洲和大洋洲。我国有5种；广西有4种。

分种检索表

1. 茎无翅。
  2. 枝、叶、花序梗和总苞片均无毛；头状花序大，直径约9 mm ………… 1. **光梗阔苞菊** P. pteropoda Hemsl. ex F. B. Forbes et Hemsl.
  2. 枝、叶、花序梗和外层总苞片的背面及边缘被毛；头状花序较小，直径2～5 mm。
    3. 叶阔倒卵形至倒卵形，稀椭圆形，边缘有较密的细齿或锯齿 ………… 2. **阔苞菊** P. insica (L.) Less.
    3. 叶阔线形至线形，边缘具远离的疏齿 ………… 3. **长叶阔苞菊** P. eupatorioides Kurz
1. 茎具翅 ………… 4. **翼茎阔苞菊** P. sagittalis (Lam.) Cabrera

1. **光梗阔苞菊**(中国植物志)

Pluchea pteropoda Hemsl. ex F. B. Forbes et Hemsl., J. Linn. Soc. Bot. **23**: 422. 1888；中国植物志

75:51,图版 9:6～8. 1979;Fl. China 20～21:847. 2011.

草本或矮小半灌木;茎斜升或平卧,高不超过 35 cm,茎上无毛。下部叶片倒卵状长圆形或倒卵状匙形,长 2.5～5 cm,宽 8～18 mm,边缘具锯齿,无柄;中部和上部叶片倒卵状长圆形或披针形,较小,具齿或有时浅裂。头状花序多数,直径 8～10 mm,排成伞房花序;总苞片 5～6 层,外层卵形或阔卵形,内层和中层狭,线形。瘦果圆柱形,4 条棱,长 1.2～1.8 mm;两性花的冠毛下部多少联合。　花期 5～12 月。　产于北海、东兴、防城港;生于海滨沙地、石缝或潮水能到达之地。分布于我国东南部各地及沿海一些岛屿,泰国、缅甸、老挝、马来西亚、柬埔寨、越南亦有。

2. **阔苞菊**

Pluchea indica (L.) Less., Linnaea 6:150. 1831;中国高等植物图鉴 4:457,图 6328. 1975;中国植物志 75:51,图版 1:9～11. 1979;Fl. China 20～21:848. 2011.——*Baccharis indica* L., Sp. Pl. 2:861. 1753.

灌木,高 2～3 m;茎上被短柔毛或后脱毛。下部叶片倒卵形或阔倒卵形,长 3～7 cm,宽 1.5～3 cm,腹面稍被粉状短柔毛或脱毛,背面无毛或仅中脉被疏毛,无柄或近无柄;中部或上部叶较小,倒卵形或倒卵状长圆形,边缘有较密的锯齿,两面被短卷柔毛。头状花序直径 3～5 mm,伞房花序状排列;花序梗细弱,长 3～5 mm。瘦果 4 条棱,长 1.2～1.8 mm;两性花的冠毛下部联合成阔带状。　花期全年。　产于北海、防城港、合浦、东兴;生于滨海沙地或近潮水的空旷地。分布于我国台湾和南部各地沿海一带及其一些岛屿,印度、缅甸、柬埔寨、老挝、新加坡、泰国、越南、澳大利亚(北部)、马来西亚、印度尼西亚、菲律宾及太平洋诸岛亦有。　本种鲜叶与米磨烂,做成糍粑,称"栾樨饼",有暖胃去积的功效。

3. **长叶阔苞菊**(中国植物志)

Pluchea eupatorioides Kurz, Forest Fl. Brit. Butma 2:575. 1877;中国植物志 75:53. 1979;Fl. China 20～21:848. 2011.

草本或半灌木,高达 2 m;茎上幼时密被粉状短柔毛或后脱毛。下部叶片阔线形,长 7～10 cm,宽 12～20 mm,两面被粉状短柔毛,背面毛较密,近无柄;上部叶阔线形至线形,长 5～7 cm,宽 7～10 mm。头状花序多数,直径约 5 mm。瘦果 5 条棱,长约 0.8 mm;两性花的冠毛下部联合成带状。　花期 4～6 月。　产于龙州、大新、南宁;常生于旷野、路旁。分布于云南(思茅、西双版纳),缅甸、柬埔寨、老挝、泰国和越南亦有。

4. **翼茎阔苞菊**

Pluchea sagittalis (Lam.) Cabrera, Bol. Soc. Argent. Bot. 3:36. 1949;Fl. China 20～21:847. 2011;华南农业大学学报 34(3):444. 2013.——*P. suaveolens* (Vell.) Kuntze, Revis. Gen. Pl. 3(3):168. 1898.——*Conyza sagittalis* Lam., Encycl. 2:94. 1786.——*Gnaphalium suaveolens* Vell., Fl. Flumin. Icon. 8:t. 100. 1831.

多年生直立草本;具芳香;茎高 1～1.5 m,多分枝,密被绒毛,具明显的翼翅。中部叶片无柄,披针形或阔披针形,长 6～12 cm,宽 2.5～4 cm,叶两面疏被绒毛和黏性腺体,边缘具锯齿。头状花序直径 7～10 mm,排列成顶生或腋生的伞形花序;总苞半球形;总苞片 4～5 层;花托平,无毛;边缘小花雌性,花冠白色,檐部 3 裂;中央两性花 50～60 朵,花冠白色,顶部略带紫色,基部疏被腺毛。瘦果圆柱状,5 条棱,被黏性腺体;冠毛白色,稍长于花冠。　花果期 3～10 月。　产于防城;生于路边沙质荒地或垃圾堆旁。分布于广东、台湾,原产于南美洲。　本种的茎有明显的翅,极易识别。

84. 六棱菊属　Laggera Sch.-Bip. ex Benth

一年生或多年生草本。叶互生;叶片无柄,通常基部沿茎下延成茎翅。头状花序腋生或顶生,排成圆锥花序式;总苞钟形;总苞片多层,覆瓦状排列,外层坚硬,渐短;雌花花冠丝状,顶端通常 4 齿裂;两性花花冠管状,檐部扩大,具 5 枚裂片;雄蕊 5 枚,花药聚合,顶端浑圆或钝,基部 2 浅裂或箭形;花柱分枝线状钻形，具乳头状突起。瘦果圆柱形，具 10 棱；冠毛 1 层，白色，刚毛状，易脱落。 本属约有 17 种，分布于非洲热带地区和亚洲东南部。我国有 2 种；广西均有。

分 种 检 索 表

1. 茎翅无齿 ………………………………………………………………… 1. **六棱菊** L. alata (D. Don) Sch. -Bip. ex Oliv.
1. 茎翅具粗齿或细尖齿 ………………………………………… 2. **翼齿六棱菊** L. crispata (Vahl) Hepper et J. R. I. Wood

1. **六棱菊** 六耳棱(马山) 图版 59:5

Laggera alata (D. Don) Sch. -Bip. ex Oliv., Trans. Linn. Soc. London **29**: 94. 1873; 中国高等植物图鉴 **4**: 457, 图 6327. 1975; 中国植物志 **75**: 47, 图版 8: 1～5. 1979; Fl. China **20～21**: 849. 2011. ——*L. angustifolia* Hayata, Icon. Pl. Formosan **8**: 54. 1919. ——*Erigeron alatum* D. Don, Prodr. Fl. Nepal. 171. 1825. ——*Blumea alata* (D. Don) DC., Prodr. **5**: 448. 1836. ——*Inula exsiccata* H. Lévl., Repert. Spec. Nov. Regni Veg. **11**: 304. 1912. ——*Triplostegia epilobiifolia* H. Lévl., Bull. Acad. Int. Géogr. Bot. **25**: 13. 1915.

多年生草本；茎上密被淡黄色腺状柔毛；茎翅全缘，宽 2～5 mm。中部叶片长圆形或匙状长圆形，长 2～8 cm，宽 0.5～2 cm，先端钝，两面密被贴生、扭曲的头状腺毛。头状花序多数，直径约 1 cm，下垂，排列成圆锥花序；花序梗长 10～20 cm；两性花多数。瘦果疏被白色柔毛。 花期 10 月至翌年 2 月。 产于田东、百色、靖西、那坡、田林、隆林、龙州、南宁、马山、上林、巴马、忻城、天峨、灵山、玉林、北流、平南、苍梧、贵港、博白、梧州、钟山、富川、贺州、恭城、平乐、桂林、来宾及金秀；常生于旷野、路旁以及山坡阳处地。分布于我国东部、东南部至西南部及安徽、湖北，非洲东部国家、菲律宾、印度尼西亚、不丹、老挝、缅甸、尼泊尔、巴基斯坦、泰国、越南、印度、斯里兰卡及马达加斯加亦有。 本种全草可入药，有消肿拔毒、散瘀止痛的功效，可用于治疮疖肿毒、烫火伤、湿疹、跌打、蛇伤、风湿痛、肾炎水肿等；叶、花可提炼芳香油。

2. **翼齿六棱菊**(中国植物志) 假六棱菊 臭灵丹

Laggera crispata (Vahl) Hepper et J. R. I. Wood, Kew Bull. **38**: 83. 1983; Fl. China **20～21**: 849. 2011. ——*L. intermedia* C. B. Clarke, Comp. Ind. 91. 1867; 中国植物志 **75**: 48. 1979. ——*L. pterodonta* (DC.) Benth., Gen. Pl. **2**: 290. 1873; 中国植物志 **75**: 48, 图版 8: 6～10. 1979. ——*Blumea pterodonda* DC., Prodr. **5**: 448. 1836. ——*Conyza crispata* Vahl, Symb. Bot. **1**: 71. 1790.

草本；茎上疏或密被短柔毛或短腺毛，或有时无毛；茎翅连续或有时间断，宽可达 5 mm，具不整齐的粗齿或细齿。中部叶片长圆形、倒卵形或倒卵状椭圆形，长 5～10 cm，宽 1.5～3.5 cm，两面疏或密被短柔毛或短腺毛。头状花序直径约 1 cm，在枝顶排成总状或圆锥花序；花序梗长 0.5～2.5 cm；最内层总苞片极狭，丝状。瘦果被白色长柔毛。 花期 4～10 月。 产于桂林、蒙山、苍梧、桂平、西林、隆林、南宁、龙州、宁明、南丹；常生于空旷草地或山谷疏林中。分布于云南、四川、湖北(西部)、贵州、西藏，印度、不丹、泰国、越南及非洲热带地区亦有。

85. 拟艾纳香属 Blumeopsis Gagnep.

一年生直立草本；通常无毛或有时被疏柔毛。叶互生；基生叶或下部叶倒卵形，长 3～10 cm，宽 2～5 cm，顶端浑圆，基部狭，边缘有锐细齿或齿缺，无毛或腹面被白色疏柔毛；生于茎中部或上部的叶小，倒卵状长圆形或长圆形，长 2.5～6 cm，宽 7～30 mm，顶端钝或短尖，基部心形或浑圆，常抱茎，边缘有硬尖锯齿。头状花序 3～5 个聚生，具短柄，排成伞房花序式，以此再排成圆锥花序；总苞钟形，直径 5～6 mm；总苞片 4 层，无毛，麦秆黄色；雌花多层，丝状，长 4～5 mm，顶端骤然扩大；两性花较少数，细管状，顶端 4 齿裂，稀 5 裂，雄蕊 4～5 枚，花药分离，基部无尾。瘦果近纺锤形，有 2～3 条棱，无毛；冠毛多数，白色。

本属仅有 1 种，分布于中南半岛地区及印度。我国广西亦有。 也有学者把本属并入**艾纳香属**(*Blumea* DC.)，二者主要区别在于本属花药分离，基部无尾。

拟艾纳香(海南植物志)

Blumeopsis flava (DC.) Gagnep. ,Bull. Mus. Hist. Nat. Paris 26:76. 1920;中国高等植物图鉴 **4**:456,图 6326. 1975;中国植物志 **75**:45,图版 7:4～7. 1979. ——*Blumea flava* DC. ,Prodr. **5**:439. 1836. ——*Laggera flava* Benth. et Hook. f. ,Gen. Pl. **2**(1):290. 1873.

本种特征同属。 产于百色、隆林；生于空旷草地。分布于贵州(罗甸、贞丰)、海南及云南(西南部至东南部)，不丹、印度、印度尼西亚、缅甸、马来西亚、巴基斯坦、泰国和越南亦有。

86. 戴星草属 Sphaeranthus L.

草本；有叉状分枝。叶互生；叶片具齿，稀全缘，基部沿茎下延成翅状。头状花序小，密集成在枝顶单生的球状、卵状或团伞状复头状花序；头状花序，盘状，有异型小花；外围雌花少数或较多，能结实，纤细，檐部 2～4 齿裂；中央两性花极少或 1 朵，结实或不结实，花冠管状、漏斗状或坛状，檐部 4～5 裂；雄花 5 朵，花药顶端钝或稍尖，基部有尾。瘦果圆柱形，稍压扁状，有棱；无冠毛。 本属约有 40 种，分布于非洲、亚洲的热带、亚热带地区及大洋洲。我国有 3 种；广西有 1 种。

戴星草

Sphaeranthus africanus L. ,Sp. Pl. ed. 2,**2**:1314. 1763;中国高等植物图鉴 **4**:459,图 6331. 1975;中国植物志 **75**:58,图版 10:1～9. 1979;Fl. China **20～21**:845. 2011. ——*S. cochinchinensis* Lour. ,Fl. Cochinch. **2**:510. 1790. ——*S. microcephalus* Willd. ,Sp. Pl. **3**(3):2395. 1803. ——*S. suberiflorus* Hayata,Icon. Pl. Formosan. **8**:55. 1919.

芳香草本，高达 60 cm，多分枝；茎与枝均全缘、具疏点状细齿或小尖头的阔翅。叶片倒卵形至长圆状倒卵形，长 3～9 cm，宽 1～3.2 cm，基部沿茎下延成阔翅，两面被疏短柔毛或有时脱毛。复头状花序单生枝顶，长 7～15 mm，直径 7～12 mm，浅白色或绿色；雌花约 20～22 朵，两性花 1 朵或 2～3 朵。瘦果具 4 棱，长 0.8～1 mm，被短柔毛。 花期 12 月至翌年 5 月。 产于钦州、兴安；常生于田间、荒地或山坡上。分布于台湾、广东、海南、云南，亚洲热带地区、非洲各国及澳大利亚亦有。

87. 球菊属 Epaltes Cass.

草本。叶互生；叶片全缘或有齿缺，基部常下延至茎上。头状花序小，盘状，单生或排成伞房花序；外围雌花多层，能结实，花冠圆筒形或锥形，顶端具 2～3 齿裂；中央两性花多数，不结实，花冠管状，顶端 3～5 齿裂，全部花冠淡紫色；总苞阔钟形、球形或半球形；总苞片多层，内层狭窄；花托近压扁状。瘦果近圆柱形，有 5～10 条棱，无毛，被疣状突起；无冠毛或两性花有时具 2～3 枚早落的刺毛状冠毛。 本属约有 14 种，分布于非洲、美洲、大洋洲的澳大利亚及亚洲东部。我国有 2 种；广西 2 种均有。

分种检索表

1. 叶倒卵形或倒卵状长圆形，边缘有明显的粗锯齿；茎、枝无翅；头状花序侧生 ………………… 1. **球菊** E. australis Less.
1. 叶线形或线状长圆形，边缘全缘或有不明显的疏细齿；茎、枝具翅；头状花序顶生 ………………………………………………………………………………………………… 2. **翅柄球菊** E. divaricata (L.) Cass.

1. **球菊** 拳头菊 鹅不食草

Epaltes australis Less. ,Linnaea **5**:148. 1830;中国高等植物图鉴 **4**:458,图 5330. 1975;中国植物志 **75**:56,图版 11:7～9. 1979;Fl. China **20～21**:846. 2011. ——*Sphaeromorphaea australis* (Less.) Kitam. ,Act. Phytotax. et Geobot. **6**:8. 1937.

铺散或匍匐状一年生草本;茎长 6～20 cm,基部多分枝。叶片倒卵形或倒卵状长圆形,长 1.5～3 cm,宽 5～11 mm,先端钝,基部长渐狭,边缘有不规则的粗锯齿,两面无毛或被疏柔毛,无柄或具短柄。头状花序多数,扁球形,侧生,常单生或双生;总苞直径 5～6 mm,总苞片 4 层,绿色,顶端浑圆或钝;雌花花冠锥形,两性花雄蕊 4 枚。瘦果近圆柱形,具 10 棱。 花期 3～6 月,果期 9～11 月。 产于贵港、防城港、东兴、合浦、隆林、南宁;常生于旱田中或旷野沙地上。分布于台湾、福建、广东、海南及云南,印度、泰国、越南、马来西亚及澳大利亚亦有。

2. **翅柄球菊** 翅柄鹅不食草

Epaltes divaricata (L.) Cass. ,Bull. Sci. Soc. Philom. Paris **1818**:139. 1818;中国植物志 **75**:56. 1979;Fl. China **20～21**:847. 2011. ——*Ethulia divaricata* L. ,Mant. Pl. **1**:110. 1767. ——*Poilania laggeroides* Gagnep. ,Bull. Soc. Bot. France **71**:56. 1924.

一年生草本;茎高 10～20 cm,无毛;茎翅全缘,宽约 1 mm。叶无柄;叶片线形、线状长圆形或披针形,长 2～6.5 cm,宽 2～7 mm,基部沿茎下沿成翅,全缘或有不明显 1～4 对点状细齿,两面无毛。头状花序直径 6～8 mm,在茎、枝顶端单生或 3～6 个排成疏散的伞房状花序;花序梗具狭翅;总苞半球形或钟状;总苞片 4～5 层,长于花冠,顶端带紫红色,外层卵形,顶端渐尖,边缘有细齿,无毛,内层卵状长圆形,膜质,无毛;雌花花冠圆筒状,檐部 3 齿裂;两性管状花檐部 5 裂,裂片卵状渐尖;雄蕊 5 枚。瘦果长圆形或倒卵形,具棱,疏被疣状腺体;无冠毛。 花期 12 月至翌年 2 月。 产于桂南;生于旷野或田边。分布于海南,印度、印度尼西亚、斯里兰卡和越南亦有。

88. 香青属 Anaphalis DC.

多年生草本或半灌木;常密被白色或红褐色蛛丝状绵毛。单叶,互生;叶片无柄。头状花序常多数排成伞房或复伞房花序,全为管状花,近雌雄同株或异株,两性花不育,仅雌花可育,花序各有多数同型或异型的花,即外围有多层雌花而中央有少数或 1 朵雄花即两性不育花,或反之,中央有多层雄花而外围有少数雌花或无雌花;花托蜂窝状;总苞片多层,干膜质,通常白色,稀为黄色或红色;雄花花冠管状,上部钟状,有 5 枚裂片,花药基部箭头形,有细长的尾部;雌花花冠细丝状,上部有 2～4 枚细齿。瘦果长圆形或近圆柱形;冠毛 1 层,与花冠等长,有微齿。 就毛和叶形而言,本属与**鼠麹草属**(*Gnaphalium* L.)极为近似,但后者头状花序中央两性花全发育,而雌花同样结实,总苞片金黄色、淡黄色、黄褐色或红褐色。另本属与产于我国西部和西南部的**火绒草属**(*Leontopodium* R. Brown ex Cass.)亦近似,但后者头状花序或伞房状排列密集,其外围通常有开展的星状苞叶群所围绕。 本属约有 110 种,主要分布于亚洲热带和亚热带地区,少数种分布于温带。我国有 54 种,主要分布于西部和西南部;广西有 5 种 4 变种。

分种检索表

1. 叶背面被灰白色至红褐色绵毛;叶不沿茎下延成狭翅。
  2. 叶宽 3～8 mm,单脉或另近边缘有两条细脉。
    3. 叶线状披针形,宽 3～8 mm,背面被灰白色至红褐色绵毛 …………………………………………………………… 1a. **珠光香青** **A. margaritacea** (L.) Benth. et Hook. f. var. **margaritacea**
    3. 叶线形,宽 3～6 mm,背面密被淡褐色或黄褐色密绵毛 ……………………………… 1b. **线叶香青** **A. margaritacea** (L.) Benth. et Hook. f. var. **angustifolia** (Franch. et Savat.) Hayata

2. 叶宽 7～25 mm，有 3 或 5 出脉，长圆状披针形、披针形或长圆形 ……………………………… 1c. **肉桂香青** A. margaritacea (L.) Benth. et Hook. f. var. cinnamomea (DC.) Herd. ex Maxim.

1. 叶背面被灰白色或黄白色蛛丝绵毛或腺毛；通常叶沿茎下延成狭翅状。

4. 茎中部叶线形至线状拔针形。

5. 叶片长 4～10 cm，宽 0.3～1 cm …………………………………… 2. **蛛毛香青** A. busua (Buch.-Ham.) DC.

5. 叶片长 1.5～4 cm，宽 0.2～0.7 cm …………………………………… 3. **二色香青** A. bicolor (Franch.) Diels

4. 茎中部叶长圆形、倒披针状长圆形或匙形至披针状椭圆形。

6. 茎中部叶披针形、长圆形或倒披针状长圆形，长 2.5～9 cm，宽 0.2～1.5 cm。

7. 叶长圆形或倒披针状长圆形；节间长 5～10 mm …………………………… 4a. **香青** A. sinica Hance var. sinica

7. 叶披针状或线状长圆形或线形；节间长 10～20 mm，上部节间常更长 ……………………………… 4b. **疏生香青** A. sinica Hance var. alata (Maxim.) S. X. Zhu et R. J. Bayer

6. 茎中部叶匙形至披针状椭圆形，稀为倒披针形，长 5～12 cm，宽 1～2.5 cm。

8. 叶匙形或披针状椭圆形，背面被蛛丝状毛或脱落，单脉或离基 3 出脉 ……………………………… 5a. **黄腺香青** A. aureopunctata Lingelsh. et Borza var. aureopunctata

8. 叶倒披针形至披针状椭圆形，背面被蛛丝状厚绵毛，常有离基 3 出脉达叶端 ……………………………… 5b. **绒毛香青** A. aureopunctata Lingelsh. et Borza var. tomentosa Hand.-Mazz.

1. **珠光香青**　山萩　香青　火绒艾　白头翁(武鸣)

Anaphalis margaritacea (L.) Benth. et Hook. f., Gen. Pl. 2:303. 1873; 中国植物志 75:152. 1979; Fl. China 20～21:796. 2011. ——*Gnaphalium margaritaceum* L., Sp. Pl. 2:850. 1753.

1a. **珠光香青**(原变种)　图版 80:1～5

Anaphalis margaritacea (L.) Benth. et Hook. f. var. margaritacea

多年生草本；茎直立，高 30～70 cm，密被灰白色绵毛。叶片线形、线状披针形，长 5～10 cm，宽 0.3～1.2 cm，腹面被蛛丝状毛或近无毛，背面被灰白色至红褐色绵毛，先端渐尖或钝，具小尖头；单脉或 3～5 出脉；无柄。头状花序多数；总苞钟状或近球形，直径 0.6～1 cm；苞片干膜质，5～7 层，带褐色或白色，外层较短，最内层具长达全长 3/4 的爪部；花托蜂窝状；雄株头状花序全部为雄花或外围有极少雌花；雌株头状花序外围多层雌花，中部有数朵雄花；冠毛与花冠近等长，在雄花上有细锯齿，在雌花上细丝状。　花果期 8～12 月。　产于全州、灌阳、融水、灵川、三江、天峨、武鸣、德保、靖西；常生于海拔 300～1 200 m 的山顶、山坡、草丛或疏林下。分布于四川、云南、西藏、甘肃、陕西、青海、湖北、湖南，印度、尼泊尔、俄罗斯、日本及美洲北部亦有。

1b. **线叶香青**(变种)　珠光香青线叶变种(中国植物志)　天青地白(乐业)

Anaphalis margaritacea (L.) Benth. et Hook. f. var. angustifolia (Franch. et Savat.) Hayata, J. Coll. Sci. Imp. Univ. Tokyo 25(19):128. 1908; Fl. China 20～21:796. 2011. ——*A. margaritacea* (L.) Benth. et Hook. f. var. *japonica* (Sch.-Bip.) Makino, Bot. Mag. (Tokyo) 33:26. 1908; 中国植物志 75:154. 1979. ——*A. margaritacea* Benth. subsp. *japonica* (Sch.-Bip.) Kitam., Act. Phytotax. Geobot. 5:148. 1936.

本变种主要特点是叶片线形，长 3～9 cm，宽 0.3～0.6 cm，先端渐尖，下部叶先端钝或圆形，腹面被蛛丝状毛，后脱落，背面密被淡褐色或黄褐色密绵毛。　产于隆林、乐业、南丹、马山、上林；生境同原变种。分布于贵州、云南、四川、湖北、山西、青海、甘肃和西藏，朝鲜、日本亦有。

1c. **肉桂香青**(变种)　珠光香青黄褐变种(中国植物志)

Anaphalis margaritacea (L.) Benth. et Hook. f. var. cinnamomea (DC.) Herd. ex Maxim., Bull. Acad. Imp. Sci. Saint-Petersb. 27:481. 1882; 中国植物志 75:155. 1979; Fl. China 20～21:797. 2011. ——*A. cinnamomea* (DC.) C. B. Clarke, Comp. Ind. 104. 1876. ——*Antennaria cinnamomea* DC., Prodr. 6:270. 1837.

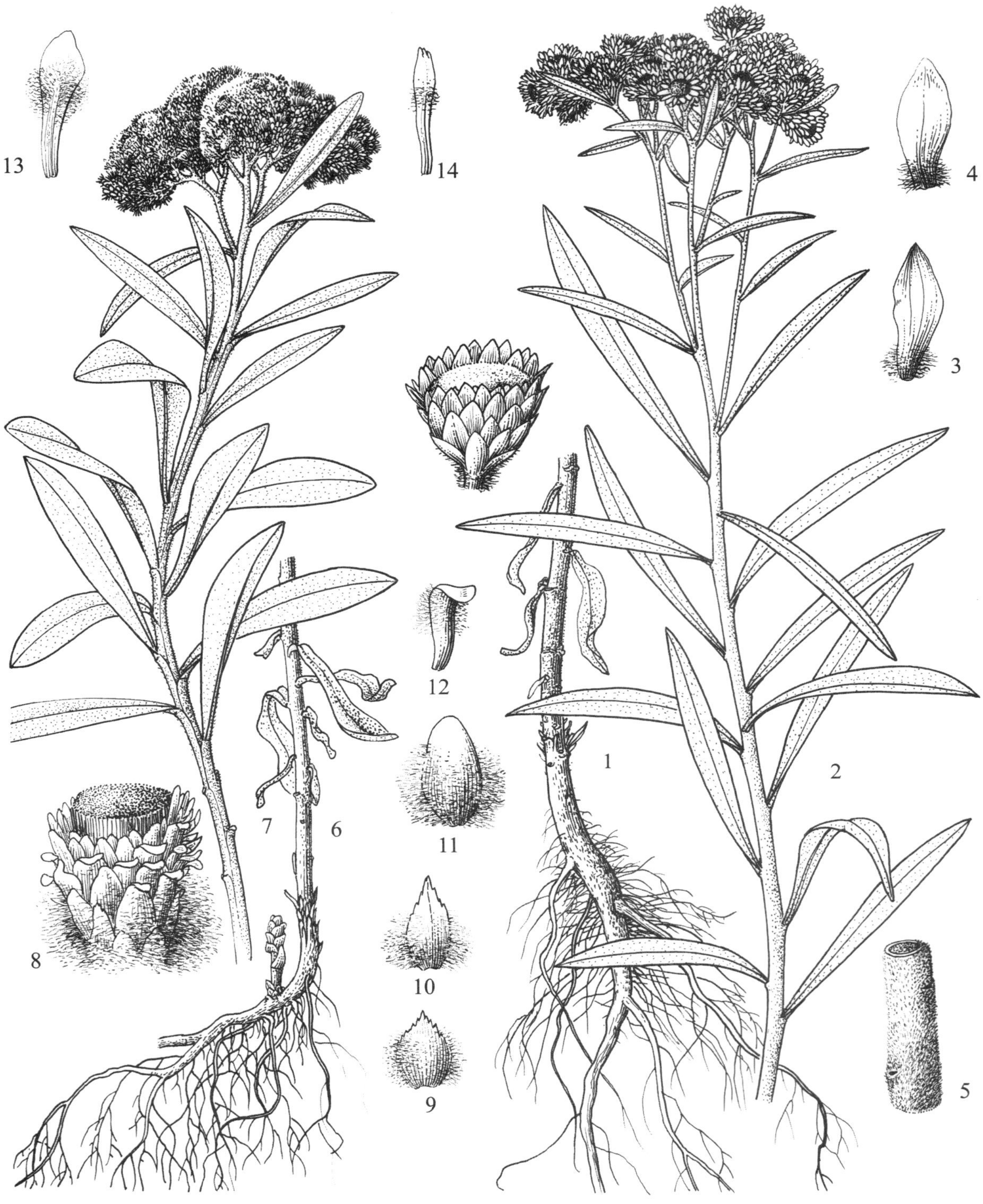

图版 80 1～5. **珠光香青** Anaphalis margaritacea (L.) Benth. et Hook. f. var margaritacea 1. 植株下部；2. 植株上部；3～4. 总苞片；5. 茎一段，示毛被。 6～14. **香青** A. sinica Hance 6. 植株下部；7. 植株上部；8. 头状花序；9～14. 总苞片。（邹贤桂绘）

本变种主要特点是叶片长圆状披针形、披针形或长圆形，叶较宽，通常宽 7～25 mm，有 3 或 5 出脉，腹面被灰白色蛛丝状绵毛，背面被黄褐色或红褐色厚绵毛，先端渐尖。　产于兴安、资源、田林；生境同原变种。分布于云南、四川、贵州、甘肃、陕西、湖北、江西、山西、西藏、湖南、广东，尼泊尔、不丹、印度及缅甸亦有。

2．蛛毛香青

Anaphalis busua (Buch. -Ham.) DC., Prodr. 6: 275. 1838；植物分类学报 11: 97. 1966；中国植物志 75: 151. 1979；Fl. China 20～21: 795. 2011. ——*A. semidecurrens* (Wall. ex DC.) DC., Prodr. 6: 271. 1838. ——*Gnaphalium busuum* Buch. -Ham. ex D. Don, Prodr. Fl. Nepal. 173. 1825.

粗壮，常无匍枝；茎直立，基部常具不定根，高 0.5～1.3 m，密被蛛丝状绵毛，后脱落而被褐色腺毛或绒毛。中部叶片线形或线状披针形，长 4～10 cm，宽 0.3～1 cm，先端渐尖或近急尖，有细尖头，基部常沿茎下延成狭翅，腹面被糠秕状毛或少许绵毛，背面密被蛛丝状绵毛或被糠秕状短毛的黄色腺点。头状花序多数；总苞宽钟状，长 4～5 mm，宽 5～7 mm；总苞片白色，4～5 层；雌株头状花序外围有多层雌花，中央有数朵至十余朵雄花，最内层苞片匙形，有长达全长 1/3 的爪部；雄株头状花序外围有少数雌花，中央有多层雄花；花冠与冠毛近等长，雄花冠毛上端稍粗厚，有细锯齿。瘦果椭圆形，长约 0.5 mm。　花果期 9～10 月。　产于金秀；常生于海拔 1 400～2 100 m 的山地山坡、山顶草丛或疏林中。分布于西藏、云南、四川，尼泊尔、不丹、印度、克什米尔地区亦有。

3．二色香青

Anaphalis bicolor (Franch.) Diels, Notes Roy. Bot. Gard. Edinb. 7: 377. 1912；中国植物志 75: 166，图版 23: 14～28. 1979；Fl. China 20～21: 799. 2011. ——*Gnaphalium bicolor* Franch., J. Bot. (Morot) 10: 411. 1896.

植株高 20～50 cm；全株被灰白色、白色或黄白色蛛丝状绵毛。本种是本属广西产数种中叶子最小的一种，叶片线形或长圆状线形，长 1.5～4 cm，稀达 7 cm，宽 0.2～0.7 cm，先端钝或渐尖。　花期 7～10 月，果期 9～11 月。　产于桂东北；生于高山至低山草地、灌木丛中。分布于云南、四川、青海、甘肃。

4．香青　萩(尔雅)　图 80: 6～14

Anaphalis sinica Hance, J. Bot. 12: 261. 1874；中国植物志 75: 174，图版 26: 1～9. 1979；Fl. China 20～21: 802. 2011. ——*A. pterocaulon* (Franch. et Sav.) Maxim., Bull. Acad. Imp. Sci. St. Petersb. 27: 478. 1881. ——*Gnaphalium pterocaulon* Franch. et Sav., Enum. Pl. Jap. 2: 405. 1878.

4a．香青(原变种)

Anaphalis sinica Hance var. sinica

根状茎木质；有细匍匐枝，茎直立，疏散或簇生，高 20～50 cm，通常不分枝，被白色或灰白色绵毛。中部叶片长圆形或倒披针状长圆形，长 2.5～9 cm，宽 0.2～1.5 cm，先端钝圆或渐尖，有短小尖头，基部渐狭，沿茎下延成狭翅状，腹面被蛛丝状绵毛，或背面或两面被白色或黄白色绵毛，在绵毛下有时杂有腺毛，单脉或 3 出脉。头状花序密集；总苞钟状或倒圆锥状，长 4～6 mm；总苞片 6～7 层，最外层浅褐色，长约 2 mm，最内层白色，有长达全长 2/3 的爪部；雌株头状花序外围有多层雌花，中央有 1～4 朵雄花；雄株头状花序的花托有短毛；冠毛常较花冠稍长，雄花冠毛上部有细齿。瘦果长 0.7～1 mm，被小腺点。　花期 6～9 月，果期 8～10 月。　产于凌云；常生于山坡、草地、溪旁灌木丛中或疏林下。分布于湖北、安徽、湖南、江苏、江西、四川、浙江，朝鲜、日本亦有。

4b．疏生香青(变种)

Anaphalis sinica Hance var. alata (Maxim.) S. X. Zhu et R. J. Bayer, Fl. China 20～21: 803. 2011. ——*A. sinica* Hance var. *remota* Y. Ling，植物分类学报 11: 103. 1966；中国植物志 75: 176. 1979. ——*A. alata* Maxim., Bull. Acad. Imp. Sci. Saint-Pétersbourg 27: 478. 1881. ——*A. chanetii* (H. Lévl.) H. Lévl., Repert. Sp. Nov. Regni Veg. 12: 189. 1913. ——*Gnaphalium chanetii* H. Lévl., Repert.

Spec. Nov. Regni Veg. **11**:492. 1913.

本变种与原变种的区别在于茎疏散丛生，叶片披针状或线状长圆形或线形，下延成狭翅，长 4～9 cm，宽 0.5～1.5 cm，腹面被疏绵毛，不脱毛，背面被白色或黄白色密绵毛；节间长；总苞白色。 产于全州、灌阳、灵川、融水、三江、武鸣和天峨；生境同原变种。分布于甘肃、河北、陕西、山西，尼泊尔亦有。

5. **黄腺香青**

Anaphalis aureopunctata Lingelsh. et Borza，Repert. Sp. Nov. Regni Veg. **13**:392. 1914；中国高等植物图鉴 **4**:470，图 6353. 1975；中国植物志 **75**:178，图版 26:10～18. 1979；Fl. China **20～21**:804. 2011. ——*A. sinica* Hance subsp. *intermedia*(Pamp.)Kitam.，Act. Phytotax. et Geobot. **12**(2):100. 1943.

5a. **黄腺香青**(原变种)

Anaphalis aureopunctata Lingelsh. et Borza var. **aureopunctata**

就其毛被可脱落、较薄、部分叶形和花的形状、构造来看，本种与**香青**(*A. sinica* Hance)较为近似，但本种茎中部的叶片为匙形或披针状椭圆形，茎上部的叶较短，节间长 4～10 cm。 花期 7～9 月，果期 9～10 月。 产于融水、金秀；常生于海拔 1 500～2 000 m 的山地林下或林缘地。分布于云南、贵州、四川、青海、甘肃、陕西、山西、河南、江西、湖北、湖南、广东。

5b. **绒毛香青**(变种) 黄腺香青绒毛变种(中国植物志)

Anaphalis aureopunctata Lingelsh. et Borza var. **tomentosa** Hand.-Mazz.，Act. Hort. Goth. **12**:242. 1938；中国植物志 **7**:180. 1979；Fl. China **20～21**:805. 2011. ——*A. sinica* Hance var. *tomentosa*(Hand.-Mazz.)Kitam.，Act. Phytotax. et Geobot. **12**(2):100. 1943.

本变种与原变种的主要区别是叶片倒披针形至披针状椭圆形，长 5～10 cm，宽 1～4 cm，毛被较厚，腹面被蛛丝状毛和腺毛，背面被白色或灰白色密绵毛，常有长达叶端的 3 出脉。 花期 8～9 月，果期 10～11 月。 产于金秀；常生于山地山坡草丛或疏林下。分布于云南、四川、贵州、陕西、河南、湖北。

89. 蜡菊属 Helichrysum Mill.

草本或灌木；多数种常被白色绵毛。叶互生或下部有时对生；叶片全缘。头状花序，同型或异型，单生或排成密集伞房花序式，头状花序常仅有两性花或外层兼有少数雌花，全部结实，或有时中部有些不结实；总苞半球状、钟状，总苞片多层，多少扩展，有黄、红、白、褐等色；雌花花冠丝状，上部有齿或 2～3 短裂；两性花花冠管状，上部稍大，有 4～5 齿裂或裂片。瘦果具 4～5 棱。 本属约有 500 种，分布于欧洲、亚洲、非洲和大洋洲。我国有 3 种野生种及 1 种栽培种；广西仅有 1 种栽培种。

蜡菊 麦秆菊 脆菊

Helichrysum bracteatum(Vent.) Tzvelev.，Novosti Sist. Vyssh. Rast. **27**:151. 1990.；广州植物志 **534**. 1956；中国植物志 **75**:245. 1979.；Fl. China **20～21**:817. 2011. ——*Xeranthemum bracteatum* Vent.，Jard. Malm. 2. 1803.

一年生粗壮草本，高 0.3～1 m；茎多分枝，全株被微毛。叶互生；叶片长圆状披针形至线形，长 6～12 cm，宽 1～4 cm，光滑或粗糙，全缘，先端渐尖，基部渐狭成短柄。头状花序单生于枝端，直径 2.5～7 cm；总苞片多层，外层短，内层较长，膜质发亮，呈花瓣状，黄色、金黄色、橙色、红色、紫色或白色。瘦果常有棱，无毛；冠毛有近羽状微齿。 花期 3～7 月。 梧州等各市有栽培。 原产于澳大利亚，现作为观赏花卉，世界各地广为栽培。

90. 鼠麹草属 Gnaphalium L.

多为一年生草本，稀为多年生；茎直立或斜生，多少被白色绵毛或绒毛。叶互生；叶片质柔，全缘；无柄或具短柄。头状花序小，异型，盘状，通常排成聚伞花序或伞房花序，稀为穗状、总状或紧缩成球状。本属与**香青属**（*Anaphalis* DC.）叶形、毛被和花的构造极为近似，但本属花序中央两性花发育，全部结实；总苞为金黄色、淡黄色或黄褐色，稀为红褐色。 本属约有200种，广泛分布于世界各地。我国有19种，大部分种分布于长江和珠江流域；广西有6种。

分种检索表

1. 头状花序排列成伞房花序式；总苞片金黄色、柠檬黄色、淡黄色或亮褐色。
  2. 粗壮草本，高达1 m；叶3出脉；总苞片淡白色而带不显著的淡黄色，稀亮褐色 …………………………………………………………………………………………………… 1. **宽叶鼠麹草** G. adnatum (Wall ex DC.) Kitam.
  2. 稍细草本，高0.1～0.7 m，叶单脉；总苞片金黄色或柠檬黄色。
    3. 叶匙形或匙状倒披针形；冠毛基部联合成2束 ………………………………… 2. **鼠麹草** G. affine D. Don
    3. 叶线形；冠毛基部分离 ………………………………………………………… 3. **秋鼠麹草** G. hypoleucum DC.
1. 头状花序密集成球状、团伞花序状或密集成具叶的穗状花序；总苞片麦秆黄色、棕褐色或红褐色。
  4. 头状花序密集呈复头状，其下有等大或近等大而呈辐状排列的叶；总苞片红褐色；基生叶条状倒披针形，于花期宿存，呈莲座状 ………………………………………………………… 4. **细叶鼠麹草** G. japonicum Thunb.
  4. 头状花序排列成具叶的单一或多头的穗状花序，其下无呈辐状排列的叶；总苞麦秆黄色、污黄色或棕褐色；叶匙形或倒披针形。
    5. 下部叶长3.5～10 cm，宽0.7～2 cm，中部叶长2.5～4 cm，宽0.5～1 cm；花托除外缘外几全部凹陷呈穴状；冠毛基部联合成环 ………………………………………………… 5. **匙叶鼠麹草** G. pensylvanicum Willd.
    5. 下部叶长1～4 cm，宽0.3～0.7 cm，中部叶长1～3 cm，宽0.2～0.7 cm；花托扁平或仅中央微凹入；冠毛基部分离 ………………………………………………………………… 6. **多茎鼠麹草** G. polycaulon Pers.

1. 宽叶鼠麹草（中国高等植物图鉴） 图版81:1～5

Gnaphalium adnatum (Wall. ex DC.) Kitam., J. Jap. Bot. **21**:51. 1947；中国高等植物图鉴**4**:476，图6366. 1975；中国植物志**75**:223. 1979. ——*G. esquirolii* H. Lévl., Repert. Spec. Nov. Regni Veg. **11**:307. 1912. ——*G. formosanum* Hayata, Icon. Pl. Formosan **8**:58. 1919. ——*Anaphalis adnata* Wall. ex DC., Prodr. **6**:274. 1837.

一年生草本，高0.5～1m；茎粗壮，基部直径0.4～0.8 cm，上部分枝，密被白色绵毛。中部及下部叶片倒披针状长圆形或倒卵状长圆形，长3～9 cm，宽0.8～2.5 cm，先端短尖或钝，基部下延微抱茎，两面密被白色绵毛，常杂有糠秕状短毛，3出脉；上部叶渐小，线形。头状花序在枝端密集成球状，并排成伞房花序式；总苞近球形，直径5～6 mm；总苞3～6层，干膜质，淡黄色或黄白色；外围雌花多数，花冠丝状，上部3～4齿裂；中央两性花常5～7朵，花冠管状，上部5裂；全部结实。瘦果圆柱形，长约0.5 mm，具乳头状突起；冠毛白色。 花果期8～10月。 产于灌阳、恭城、贺州、昭平、苍梧、容县、北流、博白、平果、南丹；常生于山坡草地、林缘或路边灌木丛中。分布于浙江、江苏、福建、台湾、江西、河南、湖南、广东、甘肃、西藏、云南、四川和贵州，不丹、越南、缅甸、泰国、尼泊尔、菲律宾和印度亦有。 本种全草有清热解毒的功效，可用于治痢疾、小儿惊风、疮毒及外伤出血等。

2. 鼠麹草 贴生鼠麹草

Gnaphalium affine D. Don, Prodr. Fl. Nepal. 173. 1825；中国高等植物图鉴**4**:476，图6365. 1975；中国植物志**75**:225. 1979. ——*G. multiceps* Wall. ex DC., Prodr. **6**:222. 1838. ——*G. luteoalbum* L. subsp.

图版 81　1～5. 宽叶鼠麴草 Gnaphalium adnatum（Wall ex DC.）Kitam.　1～2. 植株；3. 头状花序；4. 雌花；5. 两性花。**6～12. 匙叶鼠麴草** G. pensylvanicum Willd.　6. 植株；7. 头状花序；8. 雌花；9. 两性花；10～12. 总苞片。（邹贤桂绘）

affine (D. Don) J. Kost., Blumea 4:484. 1941.

一年生草本，高 0.1～0.5 m；茎常簇生，密被白色绵毛。下部和中部叶片匙形或匙状倒披针形，长 2～7 cm，宽 0.4～1.2 cm，先端圆而有小尖头，基部渐狭，无柄；两面密被灰白色绵毛。头状花序直径 2～3 mm，密集成伞房状；总苞片干膜质，金黄色或柠檬黄色，外围雌花多数，花冠丝状，中央两性花较少，管状，上部 5 浅裂；花药基部筒形。瘦果倒卵形或倒卵状圆柱形，有乳头状突起；冠毛黄白色。花期 1～4 月，果期 8～11 月。　产于百色、南宁、都安、南丹、天峨、融水、龙胜、临桂、钟山、金秀、柳城和上思；常生于海拔 1 000 m 以下的荒地、山坡、路旁和田间地埂。分布于我国华东、华中、华南、西南各地及陕西、河北、河南、台湾，日本、朝鲜、菲律宾、印度尼西亚、泰国、越南、老挝、马来西亚、缅甸、柬埔寨及印度亦有。全草可入药，有化痰、止咳和祛风寒的功效，可用于治感冒咳嗽、急慢性支气管炎、哮喘及风湿骨痛等。

3. **秋鼠麹草**

Gnaphalium hypoleucum DC., Wight Contr. Bot. Ind. 21. 1843；海南植物志 3:398. 1974；中国高等植物图鉴 4:475，图 6364. 1975；中国植物志 75:226. 1979. ——*G. confertum* Benth., Lond. J. Bot. 1:488. 1842.

就其头状花序结构、排列及苞片金黄色和全株被灰白色绵毛而言，本种与**鼠麹草**(*G. affine* D. Don)很近似，但本种高可达 0.7 m，上部多分枝；叶片为线形，长 3～8 cm，宽 2～4 mm，先端渐尖，腹面绵毛较背面少，并有腺毛，可区别。　花期 8～12 月。　产于钟山、贺州、昭平、岑溪、柳州、忻城、平南、桂平、玉林、博白、灵山、钦州、东兴、横县、南宁、隆林、德保、靖西、巴马、南丹、恭城、平乐；常生于山地海拔 200～800 m 的草地路旁和荒坡上。我国华东、华南、华中、西北、西南各地及台湾有分布，日本、朝鲜、菲律宾、印度尼西亚、泰国、越南、老挝、马来西亚、缅甸、柬埔寨及印度亦有。

4. **细叶鼠麹草**　天青地白　神仙眼镜草

Gnaphalium japonicum Thunb., Fl. Jap. 331. 1784；中国高等植物图鉴 4:474，图 6361. 1975；中国植物志 75:235. 1979；Fl. China 20～21:791. 2011.

一年生小草本；茎直立，高 8～25 cm，被白色绵毛，有时自基部发出数条匍匐小枝。本种最大特点是基生叶片排列呈莲座状，叶线状倒披针形，长 2.5～9 cm，宽 0.3～0.7 cm，腹面绿色，稍被白色绵毛，背面厚被白色绵毛；茎生叶线形或线状长圆形，长 1.5～3 cm，宽 0.2～0.3 cm。头状花序少数，直径 0.2～0.3 cm，在枝端密集呈球状，在其下为呈辐状排列的小叶所围绕；苞片带红褐色或暗棕色。　花期 4～6 月。　产于融水、龙胜、临桂、灌阳、平乐、金秀、容县、玉林、武鸣、都安、河池、南丹、东兰、凌云、百色；常生于低海拔的草地、田边、路旁或林缘。我国长江以南各地及河南、陕西有分布，日本、朝鲜、澳大利亚和新西兰亦有。全草有清肝明目、消炎止血的功效，可用于结膜炎、角膜白斑、咽喉炎、扁桃体炎、白浊、血崩、痈肿等。就其头状花序下面有辐状排列的小叶看，本种与产于我国西部和西南部的**火绒草属**(*Leontopodium* R. Brown ex Cass.)的植物极为近似，但后者的两性花不育，可区别。

5. **匙叶鼠麹草**(中国植物志)　图版 81:6～12

Gnaphalium pensylvanicum Willd., Enum. Pl. 2:867. 1809；中国植物志 75:238，图版：1～7. 1979. ——*G. pensylvanicum* (Willd.) Cabrera, Bol. Soc. Argent. Bot. 9: 375. 1961; Fl. China 20～21: 776. 2011. ——*G. chinense* Gand., Bull. Soc. Bot. France 65:43. 1918.

一年生草本，高 30～45 cm；全株被白色绵毛；茎下部叶片倒披针形或匙形，长 3.5～10 cm，宽 0.7～2 cm，先端钝或圆，具小尖头，基部渐狭，无柄。茎中部叶形与基生叶相仿，长 2.5～4 cm，宽 0.5～1 cm；茎上部叶小，与中部同型。头状花序多数，直径 3～4 mm，排成紧密的穗状花序；总苞片麦秆黄色或污黄色。瘦果长圆形，长约 0.5 mm，有乳突；冠毛绢毛状，污白色，易脱落。　花果期 11 月至翌年 5 月。　产于恭城、临桂、昭平、梧州、柳城、容县、横县、上思；常生于田野、路旁荒坡或篱园内。分布于云南、四川、江西、湖南、广东、福建、浙江、台湾，亚洲热带地区、美洲南部和非洲南部亦有。

6. **多茎鼠麹草**(中国高等植物图鉴)　白头翁(南宁)

Gnaphalium polycaulon Pers., Syn. Pl. 2:421. 1807；中国植物志 75:239，图版 38:8～14. 1979；Fl. China **20～21**:790. 2011.——*G. multicaule* Willd., Sp. Pl. **3**(3):1888. 1803.——*G. strictum* Roxb., Fl. Ind. **2**:424. 1832.

一年生草本,高 0.1～0.3 m;茎基部多分枝,被白色绵毛。就其头状花序排列成穗状花序和叶片为匙形或倒披针形而言,本种与**匙叶鼠麴草**(*G. pensylvanicum* Willd.)极为近似,但本种植株较矮小,茎基直径 1～2 mm,叶较小;下部叶长 1～4 cm,宽 0.3～0.7 cm;中部叶长 1～3 cm,宽 0.2～0.7 cm;花托扁或仅中央微凹;冠毛基部分离,可区别。 花期 11 月至翌年 5 月。 产于北流、南宁、宁明、宾阳、马山、都安、凤山;常生于荒山草地或田园中。分布于贵州、云南、浙江、福建、广东、台湾、海南及其沿海各岛屿,日本、印度、巴基斯坦、泰国、澳大利亚及非洲、美洲热带地区亦有。

9. 金盏花族 Trib. Calenduleae Cass.

一年生或多年生草本或半灌木或灌木。叶通常互生。头状花序辐射状,具异型小花;总苞片 1～4 层;花序托无毛,平或稀凸;舌状花雌性,可育,舌片顶端具 3 齿裂,花柱线形,无毛,分枝顶端钝;管状花冠檐部 5 裂,花药基部箭形,花柱分枝增粗,浅裂。瘦果弯曲;无冠毛。 本族有 12 属约 120 种,主要分布于非洲热带及亚热带地区。我国引进 1 属 1 种;广西亦有。

91. 金盏花属 Calendula L.

一年生或多年生草本;茎疏被柔毛。单叶互生;叶片全缘或具波状齿。头状花序含异型花,顶生;总苞片 1～2 层,披针形至线状披针形,干膜质;花序托平或突起,无毛;舌状花 2～3 层,雌性,结实,舌片黄色或橙黄色,顶端 3 裂,花柱顶端 2 裂;管状花两性,不育,花冠黄色或橙黄色,檐部 5 裂,花药基部箭形,柱头球形,不分裂。舌状花的瘦果 2～3 层,向内卷曲;无冠毛。 本属有 15～20 种,主产于亚洲西南部、欧洲西部和地中海地区。我国引进栽培 1 种;广西亦有。

金盏花(救荒本草)

Calendula officinalis L., Sp. Pl. **2**:921. 1753;裴鉴等于江苏南部种子植物手册 792,图 1280. 1959;中国植物志 77(1):327. 1999;Fl. China **20～21**:819. 2011.

一年生直立草本,高 20～75 cm;自茎基部分枝,被短柔毛和少量腺毛。基生叶片长圆状倒卵形或匙形,长 12～20 cm,全缘或具疏齿;茎生叶长圆状披针形或长圆状倒卵形,长 4～15 cm,宽 1～3 cm,无柄,基部多少抱茎。头状花序直径 4～5 cm,单生于茎、枝端;总苞片 1～2 层,外层稍长于内层,舌状花 3 层,舌片黄色或橙黄色,顶端 3 裂,可育;管状花花冠黄色或橙黄色,檐部 5 裂,子房不育。舌状花的瘦果倒卵形或长圆形,向内卷曲,两侧具狭翅。 花果期 4～10 月。 栽培于广西各地。 本种花美丽鲜艳,是庭园理想的花卉,我国各地广泛栽培,供观赏。

10. 帚菊木族 Trib. Mutisieae Cass.

草本或灌木,稀为乔木。叶互生。头状花序辐射状,有异型小花,或盘状;总苞片通常多层,覆瓦状排列;花托平,微凸或凹陷,无托片;雌花花冠二唇形,外唇具舌片或无,内唇丝状 2 裂;两性花花冠不规则深裂,二唇形;花药基部箭形,具长尾尖,顶端具附片;两性花的花柱分枝顶端截形或圆钝,稀略尖;冠毛毛状或无冠毛。 本族约有 80 属 950 种,分布于非洲、亚洲、大洋洲(澳大利亚)及美洲。我国有 9 属约 73 种;广西有 4 属 18 种。

分属检索表

1. 头状花序含同型两性花；冠毛羽毛状或糙毛状。
  2. 花冠管状，呈二唇形，檐部裂片不等长；冠毛羽毛状 ………………………………………… 92. **兔儿风属** Ainsliaea DC.
  2. 花冠非二唇形，檐部裂片几等长；冠毛糙毛状 ………………………………………………… 93. **帚菊属** Pertya Sch.-Bip.
1. 头状花序含异型花，边缘雌花花冠舌状或二唇形，中央两性花二唇形；冠毛糙毛状。
  3. 草本；叶基生，呈莲座状排列，羽状分裂或不分裂 ………………………………………… 94. **大丁草属** Gerbera Cass.
  3. 灌木至乔木；叶互生，全缘 ………………………………………………………………………… 95. **栌菊木属** Nouelia Franch.

92. 兔儿风属　Ainsliaea DC.

草本；常具根状茎；茎直立，不分枝，稀有分枝，被毛或否。叶互生或基生而呈莲座状，或密集于茎中部呈假轮生，具叶柄；全缘、具齿或分裂，被不同类型毛或无毛。头状花序单个或数个排成穗状或总状花序状，稀排成宽或窄的圆锥花序状；头状花序常含花 3 朵，有时 4 朵或 5 朵，稀单朵，两性；总苞狭，圆筒形；总苞片多层，覆瓦状排列，质硬而坚挺，外层短，向内渐长，卵形至长圆形，顶端钝或长渐尖；花冠管状，冠檐不扩大，呈二唇形，外唇 3 深裂，内唇 2 深裂，裂片延长，外卷；花药先端附属物圆或截平，基部箭形，呈尾状；花柱分枝开展，内侧扁。瘦果圆柱状或纺锤状，略扁，常具 5～10 条纵棱；冠毛 1 层，羽毛状。　本属约有 50 种，分布于亚洲东南部。我国有 40 种，主产于长江流域以南，仅 1 种分布于我国东北；广西有 13 种。

分种检索表

1. 叶基生，呈莲座状。
  2. 头状花序在茎端排成穗状花序状，稀呈总状花序状；叶基部心形，但两耳不重叠，或非心形。
    3. 叶基部呈心形。
      4. 叶柄无翅。
        5. 叶缘有向上弯拱的缘毛，叶背面带紫红色 ……………………………… 1. **杏香兔儿风** A. fragrans Champ. ex Benth.
        5. 叶缘无缘毛，叶背面不呈紫红色 ………………………………………………… 2. **边地兔儿风** A. chapaensis Merr.
      4. 叶柄具狭翅 ………………………………………………………… 3. **狭翅兔儿风** A. apteroides (C. C. Chang) Y. C. Tseng
    3. 叶基部非心形，狭、钝圆、截平或缢缩下延于叶柄成翅。
      6. 叶柄有翅；3 出脉或羽状脉具 3 对侧脉。
        7. 茎被绵毛；叶背面密被白色绒毛或杂以长柔毛，基 3 出脉 ……… 4. **宽叶兔儿风** A. latifolia (D. Don) Sch.-Bip.
        7. 茎被柔毛；叶背面被绢质长柔毛，羽状脉具 3 对侧脉 ………………………………… 5. **长穗兔儿风** A. henryi Diels
      6. 叶柄无翅；叶具羽状脉，侧脉 4～5 对，弧形上升 ………………………………… 6. **细穗兔儿风** A. spicata Vaniot
  2. 头状花序在茎端排成顶生的圆锥花序状；叶基部心形，有时两耳重叠。
    8. 叶两面被长柔毛；茎具疏离的叶；瘦果纺锤形，具 10 条纵棱 ………………………… 7. **莲沱兔儿风** A. ramosa Hemsl.
    8. 叶腹面幼时被糙伏毛，后渐脱毛，背面厚被白色绵毛；花葶无叶或罕有 1 片退化叶；瘦果圆柱形，无明显纵棱 ……
    ………………………………………………………………………………………………… 8. **秀丽兔儿风** A. elegans Hemsl.
1. 叶多聚生于茎中部或中下部。
  9. 头状花序在茎端组成穗状或总状花序状。
    10. 叶两面绿色，基部圆、浅心形或截平或间有渐狭。
      11. 叶柄无翅，叶腹面无毛或幼时被疏毛 ………………………………… 9. **灯台兔儿风** A. macroclinidioides Hayata
      11. 叶柄上部具狭翅，叶腹面疏生硬毛，脱落后常残留有突起的毛基 …… 10. **粗齿兔儿风** A. grossedentata Franch.
    10. 叶背面紫红色，叶基部明显呈心形 ………………………………………………… 11. **纤枝兔儿风** A. gracilis Franch.
  9. 头状花序在茎端组成圆锥花序状。
    12. 叶狭椭圆形或披针形，顶端长渐尖，边缘每侧各具 6～8 枚芒状细齿，基出 3 脉 ………………………………
    ………………………………………………………………………………………………… 12. **三脉兔儿风** A. trinervis Y. C. Tseng

12. 叶长圆形或线形，先端突尖，边缘每侧近顶部各具1～3枚刺状齿，非基出3脉 …… 13. **华南兔儿风 A. walkeri** J. D. Hooker

1. 杏香兔儿风 图版82:1～5

Ainsliaea fragrans Champ. ex Benth., J. Bot. Kew Gard. Misc. **4**:236. 1852；中国高等植物图鉴**4**:663, 图6740. 1975；中国植物志**79**:31，图版6:1～5. 1996；Fl. China **20～21**:19. 2011. ——*A. ningpoensis* Matsuda, Bot. Mag. (Tokyo) **27**:236. 1913. ——*A. asarifolia* Hayata, Icon. Pl. Formosan **8**:71. 1919.

多年生草本；根状茎短或略延长；茎直立，单生，不分枝，高25～60 cm，常呈花葶状，被褐色长柔毛。叶片聚生于茎基部，呈莲座状或假轮生，叶片厚纸质，卵形、狭卵形或卵状长圆形，长2～11 cm，宽1.5～5 cm，顶端钝或中脉延伸具一小的凸尖头，基部心形，边全缘或具疏离、胼胝体状小齿，有向上弯拱的缘毛，腹面无毛或被疏毛，背面淡绿色或有时多少带紫色，密被长柔毛，脉上尤甚；基出脉5条，背面突起，中脉中上部具1对侧脉，网脉略明显；叶柄长1.5～6 cm，稀更长，被长柔毛。头状花序具短梗或近无梗，在茎端排成间断的总状花序状；头状花序含花3朵；总苞圆筒形，直径3～3.5 mm；总苞片约5层，背面具纵纹，无毛，有时顶端带紫色，外层短，卵形，中、内层近椭圆形至椭圆形；花两性；花冠白色，开放时具杏仁香气，管状，冠檐扩大，5深裂，裂片线形，与花冠筒近等长；花药先端附属物钝，基部具箭形尾尖。瘦果棒状，圆柱形或近纺锤形，栗褐色，略压扁状，纵棱约8条；冠毛淡褐色。 花期11～12月。 产于广西各地；生于山坡、灌木林下或路旁、沟边及草丛中。分布于我国华中、华东、华南各地及四川等地，日本亦有。 全草可入药，有清热、解毒、利尿、散结等功效。

2. 边地兔儿风 长柄兔儿风

Ainsliaea chapaensis Merr., J. Arnold Arbor. **21**:387. 1940；中国植物志**79**:35. 1996；Fl. China **20～21**:27. 2011.

多年生草本；具明显根状茎，根茎密被棕褐色绒毛；茎直立，单生，不分枝，高25～60 cm，被疏柔毛。叶基生，呈莲座状；叶片薄纸质，卵形，长3～6 cm，宽2～4 cm，稀有更大者，顶端钝或骤缩成一短尖头，基部浅心形，稀兼有近圆形，边缘浅波状，凹陷处具胼胝体状细齿，腹面无毛或沿中脉处被长柔毛，背面至少沿脉上被长柔毛，中脉两面平，侧脉3对，疏离，网脉不明显，叶柄长2～6 cm，稀达10 cm，被长柔毛或脱落；茎生叶极退化，疏离，长圆形或狭椭圆形，长约2 cm，向上叶渐短小。头状花序单生或双生，在茎端排成穗状花序状，花序轴被卷曲的密毛；头状花序含花3～4朵，直径约5 mm；总苞圆筒形；总苞片5～6层，无毛或疏被短柔毛，外层卵形，中、内层长卵形或椭圆形；花两性；花冠管状，冠檐5深裂，裂片长圆形；花药顶端钝，基部具尾状尖。未成熟瘦果圆柱形，密被倒伏长柔毛；冠毛羽毛状。 花期12月至翌年4月。 产于龙胜；生于海滨沙地或山顶疏林中。分布于海南、云南，越南亦有。

3. 狭翅兔儿风

Ainsliaea apteroides (C. C. Chang) Y. C. Tseng, Acta Phytotax. Sin. **31**(4):363. 1993；中国植物志**79**:30，图版5:7～11. 1996；Fl. China **20～21**:24. 2011；广西师范大学学报(自然科学版)**33**(1):157. 2014. ——*A. pteropoda* DC. var. *apteroides* C. C. Chang, Sinensia **4**:227. 1934.

多年生草本；茎纤细，直立，不分枝，高20～50 cm，被疏毛。基生叶片密集成莲座状，叶片卵形，长5～10 cm，宽3.5～6 cm，基部心形，边缘具浅波状圆齿，圆齿上及弯缺处具胼胝状细齿，叶面被短柔毛，叶背被白色短绒毛或杂以疏长柔毛，最后近无毛；基部掌状3出脉明显；叶柄长5～11 cm，具狭翅，无毛；茎生叶疏离，披针形或卵状披针形，具长2～3 cm的柄或近无柄，叶背密被短绒毛。头状花序具花3～4朵，单个或2个聚集，沿茎之上部复作间断的穗状花序式排列；总苞圆筒形；总苞片约7层，无毛；花托狭，无毛；全部花为两性花；花冠紫红色，冠檐稍扩大，5深裂，裂片约与花冠筒等长；花药全部伸出于花冠筒之外；柱头内藏，不分枝或有不明显的分枝。瘦果纺锤形，略扁，具8条纵棱，密被白色长柔毛；冠毛淡红色，羽毛状，基部联合。 花期10月至翌年2月。 产于环江；生于石灰岩石山山坡疏林下。分布于云南、四川，

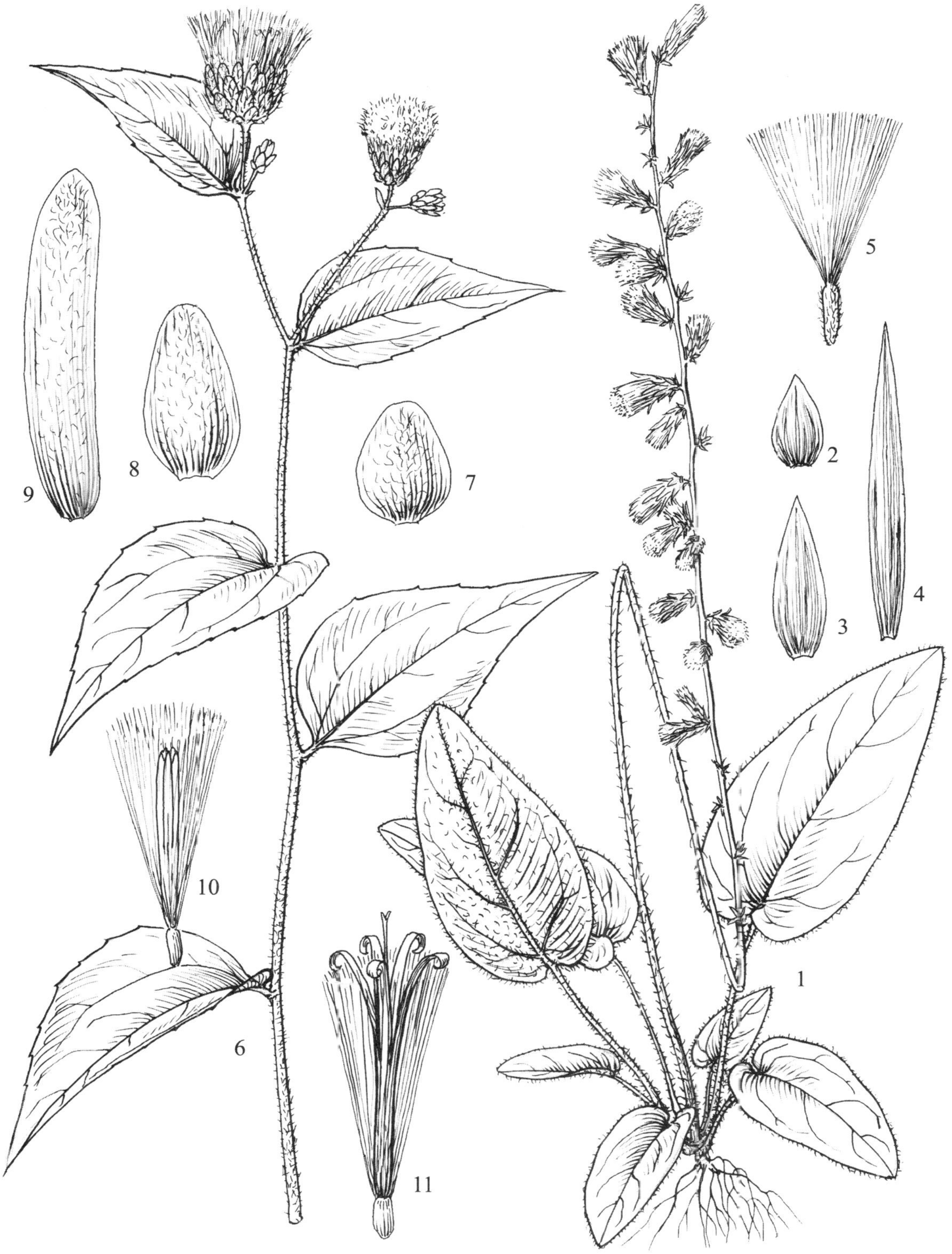

图版82　1～5.**杏香兔儿风** Ainsliaea fragrans Champ. ex Benth.　1.植株；　2～4.外、中、内层总苞片；5.瘦果。　6～11.**疏花帚菊** Pertya corymbosa Y. C. Tseng　6.花枝；7～9.外、中、内层总苞片；10、11.管状花。（余峰绘）

印度、不丹亦有。

4. **宽叶兔儿风**

Ainsliaea latifolia (D. Don) Sch.-Bip., Pollichia **18～19**: 190. 1861; 中国植物志 **79**: 36, 图版 7: 1～6. 1996; Fl. China **20～21**: 22. 2011.——*A. hypoleuca* Diels, Rep. Sp. Nov. Regni Veg. Beih. **12**: 514. 1922.——*Liatris latifolia* D. Don, Prodr. Fl. Nepal. 169. 1825.

多年生草本；具根状茎，根茎密被黄白色绵毛；茎直立，单一，不分枝，高 30～80 cm，被蛛丝状白色绵毛。基生叶片呈莲座状，叶片薄纸质，卵形或狭卵形，长达 10～11 cm，宽 5～6.5 cm，通常长仅 3 cm，宽 1～1.5 cm，顶端短尖或钝，基部缢缩，下延在叶柄上成阔翅，边缘有胼胝体状细齿，腹面疏被长柔毛，或脱落近无毛，背面密被白色绒毛并间有稍硬的长毛，脉上长毛尤密；基出脉 3 条，中脉上部有 1～3 对侧脉，网脉明显，叶柄与叶片几等长，被毛；茎上部叶渐小，卵形，披针形或近圆形。头状花序单个或 2～4 个聚生于苞片状腋内，在茎上组成间断的穗状花序状，花序轴粗，被蛛丝状绵毛；头状花序具 3 朵花；总苞圆筒形，直径约 3 mm；总苞片约 5 层，背面多少被毛，外层小，卵形，中、内层渐长，长卵形至椭圆形，具 3 脉，先端常呈紫红色；花两性；花冠管状，檐部 5 深裂，裂片偏于一侧，较花冠筒长；花药先端附属物截平，基部明显尾状。瘦果近纺锤形，具 8 条纵棱，被绢质长毛；冠毛羽毛状，棕褐色。 花期 4～10 月。 产于田林；生于海拔 1 300 m 以上的山坡、林下或路边。分布于西藏、贵州、云南、四川、湖北、海南、广东，不丹、印度、印度尼西亚、越南、缅甸、尼泊尔、泰国、孟加拉国及克什米尔地区亦有。

5. **长穗兔儿风** 滇桂兔儿风

Ainsliaea henryi Diels, Bot. Jahrb. Syst. **29**(5): 628. 1901; 中国高等植物图鉴 **4**: 661, 图 6736. 1975; 中国植物志 **79**: 41. 1996; Fl. China **20～21**: 23. 2011.

多年生草本；根状茎略粗短，根茎密被黄褐色绒毛；茎直立，单一，不分枝，高 40～80 cm，初时被柔毛，后脱落。叶基生；叶片密集，呈莲座状，长卵形或长圆形，长 3～8 cm，宽 2～3 cm，顶端钝，具短尖头，基部楔状，渐狭，在叶柄上成狭翅，边具波状圆齿，凹缺中间具胼胝体状细齿，叶腹面绿色，被疏柔毛，背面有时淡紫色，与边缘同被绢质长柔毛，中脉在背面稍突起，侧脉通常 3 对，网脉不明显，叶柄长 2～5 cm，被柔毛；茎生叶小，上端呈苞叶状。头状花序小，常 2～3 个集生并在茎顶端排成穗状花序状，花序轴被柔毛；头状花序含花 3 朵；总苞圆筒形，直径约 2 mm；总苞片约 5 层，顶端具长尖头，外层总苞片小，卵形，向内渐长，为长卵形至线形，上部呈紫红色；花两性；花药先端附属物钝，基部具尾。瘦果圆柱形，无毛，有粗纵棱；冠毛羽毛状。 花期 7～9 月。 产于广西各地；生于中、低海拔地区的坡地、林下或沟边。分布于贵州、四川、云南、福建、广东、海南、台湾、湖北、湖南。 本种有闭花受粉现象。

6. **细穗兔儿风**

Ainsliaea spicata Vaniot, Bull. Acad. Int. Géogr. Bot. **12**: 117. 1903; 中国高等植物图鉴 **4**: 661, 图 6736. 1975; 中国植物志 **79**: 43, 图版 7: 7～10. 1996; Fl. China **20～21**: 21. 2011.——*A. pteropoda* DC. var. *obovata* Franch., Journ. Bot. **2**: 69. 1888.——*A. latifolia* (D. Don) Sch.-Bip. var. *ovata* (Franch.) Grier. et Lauen., Notes Roy. Bot. Gard. Edinb. **34**(3): 385. 1976.

多年生草本；根状茎粗或细，根茎密被绒毛；茎直立，细，单一，高 25～55 cm，被黄褐色卷毛。叶片聚生于茎基部，呈莲座状，纸质，倒卵形或倒卵圆形，长 3～10 cm，宽 2～6 cm，顶端通常圆，基部钝或稍渐狭，边缘具胼胝体状细尖齿及缘毛，两面被疏柔毛，尤其背面更密；中脉粗，在叶背突起，侧脉 4～5 对，网脉明显，叶柄极短，稀达 1.5 cm，多少被长柔毛；茎上部叶小，呈苞叶状。头状花序单生或数个集生，于茎上排成疏松或间断的穗状花序状，花序轴细，被长柔毛；头状花序含花 3 朵；总苞圆筒形，直径 2～3 mm；总苞片约 6 层，背部具 1～3 条脉，外层小，质硬，卵形，顶端钝，被疏柔毛或无毛，中、内层渐长，长圆形至椭圆形，顶端红色，具小尖头；花两性；花冠管状，管部细长，檐部稍扩大，5 深裂，裂片偏于一侧，线形，略长于花冠筒；花药顶端附属物截平，基部长尾状。瘦果倒圆锥形，密被白色粗毛；冠毛黄褐色，羽毛状。 花期 4～6 月及 9～10 月。 产于田林及融水；生于中低海拔的草坡、林缘、松林及杂木林中。分布于云南、贵州、四川、重庆、湖北和广东(北部),印度、泰国、孟加拉国和不丹亦产。

7. **莲沱兔儿风**　多枝兔儿风

Ainsliaea ramosa Hemsl. ,J. Linn. Soc. Bot. 23:471. 1888;中国植物志 79:48,图版 8:6～10. 1996;Fl. China 20～21:25. 2011.

多年生草本;根状茎略粗,根茎密被褐色绒毛和向上倒伏的长粗毛;茎直立,高 25～70 cm,密被深褐色长柔毛。基生叶片密集呈莲座状,质厚,卵形、卵状披针形或长卵形,长 5～14 cm,宽 3～9 cm,顶端钝或圆,稀有短尖,基部心形,有时基部两耳重叠,边缘具向上弯拱的密缘毛,具疏离骈胝体状尖齿,此尖齿被缘毛覆盖,两面被长柔毛,背面更密,脉上更甚;基出脉 7 条,中脉中部以上有 2～3 对侧脉;叶柄粗壮,约与叶片等长,密被棕褐色长柔毛;茎生叶小,疏离,茎上端叶呈苞片状。头状花序具细梗,在茎上排成圆锥花序状,且各部位被锈色柔毛;头状花序含花 3 朵;总苞圆筒形,直径 3～4 mm;总苞片约 5 层,先端锐尖或短渐尖,疏被毛,外层总苞片小,卵形,中、内层渐长;花两性;花冠管状,冠檐 5 深裂,裂片偏于一侧;花药顶端附属物尖,基部具尾尖。瘦果纺锤形,具 10 条纵棱;冠毛羽毛状。　花期 5～11 月。　产于融水、龙胜、兴安、阳朔、金秀、象州;生于低海拔的水旁潮湿处或山地密林中。分布于广东、湖南、湖北、四川、贵州。

8. **秀丽兔儿风**

Ainsliaea elegans Hemsl. ,Hooker's Icon. Pl. 28:t. 2747. 1902. ;中国植物志 79:46,图版 8:1～5. 1996;Fl. China 20～21:24. 2011;广西植物 30(4):449. 2010. ——*A. elegans* Hemsl. var. *tomentosa* Mattf. ,Notizbl. Bot. Gart. Berlin 11:107. 1931. ——*Pertya esquirolii* H. Lévl. ,Bull. Geogr. Bot. 24:251. 1914.

多年生草本;根茎密被黄褐色长柔毛。基生叶密集成莲座状;叶片心形或卵状心形,长 8～22 cm,宽 4.5～14 cm,基部凹缺深达 1～3 cm,宽 1～4 cm,叶腹面幼时被糙伏毛,后渐脱毛,叶背面厚被白色绵毛和杂以黄褐色长柔毛,边缘密被黄棕色而向上弯拱的缘毛;基出脉 5～7 条,其与中脉中部以上的 2～3 对侧脉均上升而远离叶缘弯拱连接;叶柄无翅,长 10～22 cm,密被黄褐色长柔毛。花葶直立,高 45～120 cm,通常无叶,有时具 1 片长约 2 cm 的退化叶,密被黄褐色长柔毛;头状花序具 2 朵花,极少有 3 朵花,于花葶顶端排成开展的圆锥花序,花序轴长 10～29 cm,多分枝,均被黄褐色长柔毛;总苞圆筒形;总苞片约 5 层,具 1 脉,外 1～2 层卵形,背部多少被毛,内 4～5 层长圆形,背部无毛;花托狭,无毛;花白色,全部两性;花冠檐部扩大,于管口上方 1 mm 处 5 深裂;花药全部伸出花冠筒之外;花柱略伸出于药筒之外,柱头头状,不裂。瘦果圆柱形,无明显纵棱,密被白色刚毛;冠毛黄白色,羽毛状。　花期 12 月至翌年 3 月。　产于环江;生于山坡林下。分布于贵州、云南。

9. **灯台兔儿风**

Ainsliaea macroclinidioides Hayata,J. Coll. Sci. Tokyo 25(19):141. 1908;中国植物志 79:59. 1996; Fl. China 20～21:20. 2011. ——*A. hui* Diels ex Mattf. ,Notizbl. Bot. Gart. Berlin-Dahlem 11:109. 1931.

多年生草本;根状茎短,根茎密被深褐色绒毛;茎直立或下部平卧,单一,高 25～65 cm,密被长柔毛或略脱落。叶聚生于茎上部,呈莲座状,叶丛下面有时有数片散生叶;叶纸质;叶片宽卵形至卵状披针形,稀近椭圆形,长 4～10 cm,宽 2.5～6.5 cm,顶端短尖,中脉延伸具 1 芒状凸尖头,基部浅心形,凹缺中央略下延,稀钝圆,边缘具芒状疏齿,叶腹面无毛或幼时被疏毛,背面被疏长毛,脉上尤多;基出脉 3 条,侧脉、网脉明显;叶柄长 3～8 cm,被长柔毛。头状花序无梗或具短梗,单生或 2～5 个聚生,在茎上端排成总状花序,基部具小苞叶;头状花序含花 3 朵;总苞圆筒形,直径 3～4 mm;总苞片约 6 层,无毛或顶端被毛,外层总苞片小,卵形,向内渐长,卵状披针形或长圆形;花两性;花冠管状,檐部稍扩大,5 深裂,裂片偏于一侧,约与花冠筒等长;花药顶端附属物截平,基部具尾尖。瘦果近圆柱形,有纵棱;冠毛羽毛状。　花期 8～11 月。　产于广西各地;生于低海拔的山坡、沟谷、林下或湿润草丛中。分布于广东、湖南、湖北、江西、安徽、浙江、福建和台湾。

10. 粗齿兔儿风

Ainsliaea grossedentata Franch. ,J. Bot. (Morot) 8:297. 1894;中国高等植物图鉴 4:664,图 6742. 1975;中国植物志 79:60,图版 10:3～4. 1996;Fl. China 20～21:18. 2011.

多年生草本;根状茎明显,根茎被疏粗毛,有时无毛;茎直立,单一,高 25～60 cm,疏被淡褐色长柔毛,或下部脱落无毛。叶聚生于茎中下部,呈莲座状或两端有 1～2 片疏离;叶纸质;叶片宽卵形、卵形或卵状披针形,长 3～7 cm,宽 2～5 cm,顶端短尖,稀短渐尖,基部截平,钝圆或间有渐狭楔形,边具粗齿或深波状,齿端及波顶具胼胝体状细尖齿,腹面疏生硬毛,毛脱落后残留有突起的毛基,背面被疏长柔毛;基出脉 3 条,两面均突起,网脉明显;叶柄与叶片近等长,疏被长柔毛,上部具狭翅。头状花序具短梗,梗上被短柔毛,在茎端排成稀疏的总状花序;头状花序含花 3 朵;总苞圆筒形,直径约 3 mm;总苞片约 6 层,背面被疏毛,外层总苞片小,宽卵形,向内渐增长,椭圆形或狭椭圆形;花两性;花冠管状,白色,檐部 5 深裂,裂片偏于一侧,长圆形;花药顶端附属物截平,基部具尾。瘦果近纺锤形,略压扁状;冠毛羽毛状。 花期 9～10 月。 产于融水、龙胜;生于中低海拔的疏林或密林下。分布于四川、重庆、贵州、湖北、湖南和江西(西部)。

11. 纤枝兔儿风 软兔儿风 图版 83:1～3

Ainsliaea gracilis Franch. ,J. Bot. (Morot) 8:297. 1894;中国植物志 79:61. 1996;Fl. China 20～21: 20. 2011. ——*A. gracilis* Franch. var. *robusta* Diels, Bot. Jahrb. 29:629. 1901.

多年生草本;根状茎短,根颈无毛或被疏毛;茎直立,单一或双生,高 20～60 cm,或略更长,被长柔毛。叶聚生在茎的中下部,呈轮生时下端有 1 片或 2 片疏离,薄纸质;叶片卵形或卵状披针形,长 2～6 cm,宽 12～34 mm,顶端短尖至渐尖,先端于中脉延伸处具 1 刺芒状尖头,基部心形或近心形,边缘具胼胝体状细齿,背面紫红色,疏被长柔毛,于中脉基部尤密;基 3 出脉,两面稍突起,网脉明显;叶柄纤细,微被长柔毛。头状花序具花 3 朵,在茎端排成总状花序;总苞圆筒形,直径约 3 mm;总苞片近 7 层,苞片有细纵纹,外层总苞片小,卵形,中、内层略长,长圆形至倒披针形;花两性;花冠管状,檐部 5 深裂,裂片线状披针形,偏于一侧;花药顶端附属物钝圆,基部具尾尖。瘦果近纺锤形;冠毛淡红色,羽毛状。 花期 9～11 月。 产于金秀、那坡、龙胜、全州、兴安、桂林、昭平、象州、桂平;生于中低海拔的山地、丛林或涧旁石缝中。分布于四川、重庆、贵州、湖北、湖南、江西及广东。

12. 三脉兔儿风

Ainsliaea trinervis Y. C. Tseng, Acta Phytotax. Sin. 31:367. 1993;中国植物志 79:64,图版 11:1～3. 1996;Fl. China 20～21:19. 2011.

多年生草本;根状茎短,根茎被黄褐色绒毛;茎直立,单一,稀数枝,高 30～60 cm,初时疏被短柔毛,后脱落。叶聚生于茎中部,纸质;叶片狭椭圆形或披针形,长 5～9.5 cm,宽 5～13 mm,顶端长渐尖,于中脉延伸处成一凸尖头,基部渐狭,略下延,边略背卷,具 6～8 枚芒状细齿,两面无毛;基出脉 3 条,两面突起,中脉上端具不明显侧脉,无网脉;叶柄长 1～1.5 cm,基部疏被柔毛。头状花序具梗,在茎端排成圆锥花序,梗与花序轴被短柔毛,花序轴基部有小苞叶;头状花序含花 3 朵;总苞圆筒形,直径 2～3 mm;总苞片 7 层,无毛,苞片背部有纵纹,外层总苞片小,卵形,向内渐增长,披针形至狭椭圆形;花两性;花冠白色,狭管状,5 深裂,裂片偏于一侧,长圆形,与花冠筒等长;花药顶端附属物钝或近截平,基部具尾。瘦果圆柱形,被粗毛;冠毛羽毛状,淡黄色。 花期 7～9 月。 产于融水、龙胜;生于低海拔的山谷密林中及沟旁。分布于福建、广东、贵州和江西。

13. 华南兔儿风 狭叶兔耳风

Ainsliaea walkeri J. D. Hooker, Bot. Mag. 102:t. 6225. 1876;中国高等植物图鉴 4:665,图 6744. 1975;中国植物志 79:66,图版 11:4～7. 1996;Fl. China 20～21:18. 2011.

多年生、矮生草本;根状茎短,根茎无毛;茎直立,单一,高 20～40 cm,下部无毛,上部微被短柔毛。叶片聚生于茎的中下部,离基 7～16 cm;叶片线形,长 3～7 cm,宽 3～7 mm,顶端凸尖,中部向下渐狭,边背

图版 83　1～3. **纤枝兔儿风** *Ainsliaea gracilis* Franch.　1. 花枝；2. 茎中部叶；3. 瘦果。　4～10. **毛大丁草** *Gerbera piloselloides* (L.) Cass.　4. 植株；5. 舌状花及筒状花；6. 无子房及冠毛的舌状花及筒状花；7. 雄蕊；8. 果实；9. 叶背面，示绵毛；10. 花柱。（1～4 邓晶发绘，5～10 李素芬摹绘）

卷，近先端处每侧有1～3枚刺状尖齿，两面无毛；中脉两面突起，无侧脉或中部以上有1～2对纤细的侧脉，无网脉；叶柄长5～13 mm，无毛，基部稍扩大。头状花序平展或下垂，具短梗，梗上被腺毛状短柔毛，在茎上排成狭圆锥花序；花序轴粗硬，分枝短，基部具小苞叶；头状花序含花3朵，稀2朵；总苞圆筒形，直径2.5～3 mm；总苞片约5层，背部有纵纹，无毛，外层总苞片小，卵形，向内渐增长，卵状披针形至披针形；花两性；花冠白色，狭管状，檐部5深裂，裂片偏于一侧，不等大，线形，通常较花冠筒长；花药紫红色，顶端附属物钝圆或近截平，基部具尾。瘦果圆柱形，被粗毛；冠毛羽毛状，污白色。 花期10～12月。 产于防城、上思；生于低海拔的溪旁石上或密林下湿润处。分布于福建、广东。

93. 帚菊属 Pertya Sch.-Bip.

灌木、半灌木或多年生草本；枝细、斜展，多呈帚状，稀近攀缘状，常有长枝与短枝或无短枝。叶片在长枝上互生，在短枝上呈簇生状，边全缘，常具疏或细锯齿；具叶柄。头状花序无梗或具梗，单生或2个至数个排成伞房状花序，稀为圆锥花序状；头状花序含花数朵至10余朵，或仅含1朵花；花两性，稀头状花序含单性花，为雌雄异株；总苞钟形或圆筒形；总苞片数层至多层，草质或近革质，外层较短，向内渐次递长，先端圆钝，稀有短尖头；花冠管状，5深裂，裂片狭而长，外卷；花药合生，顶端附属物尖，基部具线形长尾；花柱分枝短。瘦果圆柱形、倒卵形或倒锥形，具5～10条纵棱，被柔毛；冠毛糙毛状。 本属约有25种，分布于阿富汗、泰国、日本。我国有17种，除新疆及东北地区外，其他均产；广西有1种。

疏花帚菊 图版82：6～11

Pertya corymbosa Y. C. Tseng, Guihaia **5**(4)：232. 1985；中国植物志 **79**：17. 1996；Fl. China **20～21**：29. 2011.

半灌木，高1～3 m；茎、枝具纵棱，被短柔毛。叶近革质，互生；叶片宽卵形或卵形，长6～8 cm，宽4～6 cm，短端短尖至渐尖，尖头长1～2 cm，基部钝圆或宽楔形，边缘除基部外有疏离刺状或点状细齿，两面脉上和基部边缘处被疏毛；基出脉3条，外侧1对脉有分枝，中脉上部有1对明显侧脉，网脉明显；叶柄短，长3～4 mm，被短粗毛，基部膨大，内侧深凹；腋芽外密被白色绢毛。头状花序在枝端排成伞房状花序，含花10～11朵，头状花序梗长1～4 cm，被短柔毛；总苞阔钟形，直径约1.2 cm；总苞片约8层，背面具纵棱，先端圆，密被短柔毛，外层总苞片卵形，长2～3 mm，内层长圆形，长5～7 mm；花两性；花冠管状，5深裂，裂片线形，长于花冠筒；花药先端芒尖，基部具长尾状，极少数花具不育雄蕊；花药3～5枚，离生，花柱分枝，内侧扁，顶端钝，长1～2 mm。瘦果椭圆形，略扁，具10条纵棱，长约8 mm，外被粗毛；冠毛刚毛状，干时褐色。 花期7～10月。 产于融水、兴安；生于山地密林中。分布于湖南（道县）。

94. 大丁草属 Gerbera Cass.

多年生草本；具根状茎。叶基生；叶片莲座状排列，羽状分裂或不分裂。花葶直，无苞叶或具小型苞片叶，常被绒毛或绵毛；头状花序单生于花葶顶端，异型，辐状或盘状，花多数；边缘雌花1～2层，舌状或二唇形，少数；中央两性花多数，二唇形；总苞盘状或钟形；总苞片2层至多层，覆瓦状排列，卵形、披针形或线形，顶端尖，稀钝圆；雌花花冠具开展舌片者常伸出冠毛之外，二唇形无长舌片者多隐藏于冠毛之中，舌片或外唇具3裂齿，内唇为2裂、呈丝状卷曲，较舌片短，或内唇具2枚齿，常有退化雄蕊；两性花花冠二唇形之外唇3(4)裂，内唇2裂；花药基部呈明显箭形或为撕裂状长尾；花柱分枝内侧稍扁，顶端钝。瘦果圆柱形或纺锤形，有时略扁，具棱，通常被毛，顶端钝或渐狭成长短不等的喙；冠毛粗糙，刚毛状，宿存。 本属约有60种，主要分布于非洲，其次为亚洲东部和东南部。我国有8种，主要分布于西南地区，其中云南最多，个别种分布于南北各地区；广西有3种，其中1种为栽培种。

分种检索表

1. 雌花1层；花冠二唇形，无舌片，隐藏于冠毛中；植株有春秋型之别：叶倒披针形或倒卵形，边缘具齿、深波状或羽状分裂，裂片疏离 …………………………………………………………………………… 1. **大丁草 G. anandria** (L.) Sch.-Bip.
1. 雌花2层；花冠舌状，舌片长，伸出冠毛之外；植株无春秋型之别；叶倒卵形、倒卵状长圆形或长圆形，稀卵形，全缘或边缘不规则羽状浅裂或深裂。
   2. 叶背密被白色蛛丝状绵毛，边全缘；头状花序直径2.5～4 cm；果具7～8 mm长的喙 ………………………………………………………………………… 2. **毛大丁草 G. piloselloides** (L.) Cass.
   2. 叶背被短柔毛或老时脱落，边缘具不规则浅裂或深裂；头状花序直径6～10 cm；果无喙 ………………………………………………………………………… 3. **非洲菊 G. jamesonii** Bolus

1. 大丁草

Gerbera anandria (L.) Sch.-Bip.，Flora **27**：782. 1844；中国植物志 **79**：82. 1996. ——*G. cavaleriei* Vaniot et H. Lévl.，Bull. Soc. Bot. France **53**：550. 1906.

多年生草本；植株有春秋二型。春型植株根状茎短，根茎有叶柄残基；根簇生，略带肉质。叶基生；叶片呈莲座状，叶形多变异，常为倒披针形或倒卵状长圆形，长2～6 cm，宽1～3 cm，顶端钝圆，常具短尖头，基部渐狭、钝、截平或有时为浅心形，边缘具齿、深波状或琴状羽裂，裂片疏离，凹缺圆，顶裂大，卵形，具齿，初时腹面被蛛丝状毛，后脱落无毛，背面密被蛛丝状绵毛；侧脉4～6对，纤细；叶柄长2～4 cm或更长，被白色绵毛。花葶单生或数个丛生，直立或略弯曲，纤细，长5～20 cm，被蛛丝状毛，向上部更密；苞叶疏生，线形或长钻形；头状花序单生于花葶顶端，直径10～15 mm；总苞盘状；总苞片约3层，外层线形，中、内层略长，线状披针形，先端钝，带紫红色，背部被绵毛；雌花花冠舌状，长10～12 mm，舌片长圆形，先端具不整齐的3齿或圆钝，带紫红色，另具2枚丝状小裂齿，花冠筒细，无退化雄蕊；两性花花冠二唇形，外唇顶端具3裂齿，内唇2裂，丝状；花药顶端附属物圆，基部长尾尖。瘦果纺锤形；冠毛粗糙。秋型植株较高；叶片长8～15 cm，宽4～6.5 cm；花葶长达30 cm；雌花花冠二唇形，无舌片。　花期春秋二季。　产于广西各地；生于低海拔的山顶、坡地、沟谷及路旁。除新疆、青海、西藏外广泛分布于全国各地，日本、朝鲜、俄罗斯亦有。

2. 毛大丁草(拉汉种子植物名称)　白薇　白眉　白头翁　一柱香　图版33：4～10

Gerbera piloselloides (L.) Cass.，Dict. Sci. Nat. **18**：461. 1820；中国高等植物图鉴 **4**：667，图6747. 1975；中国植物志 **79**：94，图版17：1～7. 1996. ——*Arnica piloselloides* L.，Pl. Rar. Afr. 22. 1760. ——*A. hirsuta* Forsk.，Fl. Aegypt.-Arab. 151. 1775.

多年生草本；被毛。叶莲座状基生；叶片纸质，叶片倒卵形、倒卵状长圆形或长圆形，稀卵形，长6～16 cm，宽2.5～5.5 cm，顶端圆，基部渐狭或钝，全缘，腹面被疏粗毛，老时脱落，背面密被白色蛛丝状绵毛，边缘有灰锈色毛；中脉在叶背面明显突起，侧脉6～8对，纤细，网脉不明显；叶柄长短不一，长1～7.5 cm，被绵毛。花葶单生或数个丛生，通常长15～30 cm，稀达45 cm，向上端增粗，无苞叶，稀具1枚钻形苞叶，密被绵毛；头状花序单生于花葶顶端，直径2.5～4 cm；总苞盘状；总苞片2层，线形或线状披针形，顶端渐尖，外被锈色绒毛，外层总苞片略短，内面较长；雌花2层，花冠舌状至二唇形，内面白色，外面微红色，舌片或花冠外唇与花冠筒近等长，顶端有3枚细齿，内唇具2枚丝状小裂片，卷曲或为2枚深裂小裂片，具退化雄蕊；两性花二唇形，外唇3裂，内层2裂，花药顶端附属物截平，基部具尾尖。瘦果纺锤形，具6条棱，顶端具喙；冠毛橙红色或淡褐色。　花期2～5月及8～12月。　产于广西各地；生于低海拔的林缘、旷地、荒坡及草丛中。长江以南各地都有分布，日本、越南、老挝、泰国、缅甸、印度尼西亚、印度、尼泊尔、澳大利亚及非洲各国均有。　全草可入药，有清热、消炎的功效。

3. 非洲菊

Gerbera jamesonii Bolus，Gard. Chron. ser. 3，**5**：772，fig. 122. 1889；中国高等植物图鉴 **4**：668，图6750. 1975；中国植物志 **79**：96，图版17：8～12. 1996.

多年生草本；植株被毛。叶莲座状基生；叶片长椭圆形至长圆形，长10～14 cm，宽5～6 cm，边缘不规则羽状浅裂或深裂，叶腹面无毛，叶背面被短柔毛，老时脱落；侧脉5～7对，离边缘弯拱连接；叶柄长7～15 cm，多少被毛。花葶单生，稀数个丛生，无苞叶，被毛；头状花序单生于花葶顶端；总苞钟形；总苞片2层，外层线形或钻形，背面被柔毛，内层长圆状披针形，边缘膜质，背脊上被疏柔毛；花托扁平，蜂窝状；外围雌花2层，舌状，舌片淡红色、紫红色、白色或黄色；中央两性花多数，管状二唇形，外唇大，具3枚齿，内唇2深裂，裂片通常卷曲；花药具长尖的尾部；花柱分枝短，顶端钝。瘦果圆柱形，密被白色短柔毛；冠毛鲜时污白色，干时带浅褐色，略粗糙，基部连合。 花期11月至翌年4月。 广西各地有栽培。原产于非洲，现我国各地庭园常见栽培。

95. 栌菊木属 Nouelia Franch.

灌木至小乔木。叶互生；叶片全缘。头状花序单生于枝顶，具二型花；总苞钟形；总苞片多层，覆瓦状排列，外层卵形，向内各层渐次较长而为卵状披针形至披针形；花托中央凹陷，有窝孔；外围两性花花冠二唇形，外唇舌状，顶端具3齿或3裂，内唇2深裂；中央两性花的花冠檐部具近相等的5深裂，裂片线形，外卷；花药基部箭形，具长尾；花柱分枝靠合，扁而增厚。瘦果圆柱形，具纵棱，被绢毛；冠毛刚毛状，1层，粗糙。 本属仅有1种，仅见于我国西南地区；广西亦有。

栌菊木

Nouelia insignis Franch.，J. Bot.（Morot）**2**：67. 1888；中国高等植物图鉴 **4**：666，图 6746. 1975；中国植物志 **79**：73，图版 13. 1996；Fl. China **20～21**：10. 2011.

本种特征与属同。 花期2～6月。 产于隆林；生于海拔1 000 m以上的灌木丛中。分布于云南、四川。

11. 菊苣族 Trib. Cichorieae Reichb.

本族的头状花序辐射状，全部为舌状花；植株具乳汁。 本族约有95属2 500种，广泛分布于北半球温带及亚热带地区，非洲、亚洲及澳大利亚、新西兰等热带地区亦有分布。我国约有35属388种；广西有14属30种3变种。

分属检索表

1. 瘦果无冠毛或冠毛极不明显 ………… 96. **稻槎菜属** *Lapsanastrum* Pak et K. Bremer
1. 瘦果冠毛明显，通常长于瘦果的1/2。
  2. 冠毛羽毛状，有时外层有少数短毛 ………… 97. **毛连菜属** *Picris* L.
  2. 冠毛刚毛状或糙毛状，非羽毛状。
    3. 冠毛白色，多数，数层，由细曲毛及粗直毛组成 ………… 98. **苦苣菜属** *Sonchus* L.
    3. 冠毛白色、灰白色、黄色、淡黄色、棕色或棕红色，通常为不等长的刚毛或糙毛，无细曲毛。
      4. 茎、花序梗及总苞片具星状毛 ………… 99. **山柳菊属** *Hieracium* L.
      4. 茎、花序梗及总苞片无星状毛。
        5. 头状花序单生于花葶顶端；瘦果上部或全部有刺状或瘤状突起 ………… 100. **蒲公英属** *Taraxacum* F. H. Wigg.
        5. 头状花序通常多数，生于茎枝顶端，或单生于茎顶，但瘦果非上所述。
          6. 瘦果的纵棱等形，10～20条；冠毛白色，稀为灰白色。
            7. 瘦果具10条明显的翅状纵棱 ………… 101. **苦荬菜属** *Ixeris* Cass.
            7. 瘦果具10～20条明显但非翅状的纵棱 ………… 102. **还阳参属** *Crepis* L.

6. 瘦果的纵棱通常不等形，且不超过 10 条；冠毛白色、黄色或棕色。
8. 舌状花瓣黄色，稀白色或淡紫色。
9. 瘦果具厚木栓质纵肋及棱，或有翅，无喙 ………………………………… 103. **栓果菊属** Launaea Cass.
9. 瘦果不具木栓质的肋或棱，通常具喙，有时喙不明显或无喙。
10. 瘦果无喙 ……………………………………………………………………………… 104. **黄鹌菜属** Youngia Cass.
10. 瘦果具粗喙或细长喙。
11. 总苞圆柱形、长椭圆形或纺锤形。
12. 瘦果具 8～10 条突起的钝肋，顶端具细长喙 ……… 105. **小苦荬属** Ixeridium (A. Gray) Tzvel.
12. 瘦果具 10～12 条突起纵肋，顶端具粗喙 …………………… 106. **假还阳参属** Crepidiastrum Nakai
11. 总苞卵球形 ……………………………………………………………………… 107. **莴苣属** Lactuca L.
8. 舌状花瓣红色或紫色，非黄色。
13. 瘦果压扁状，紫红色，顶端截平，每面具 6～9 条纵肋 ………………………… 108. **紫菊属** Notoseris C. Shih
13. 瘦果非压扁状，黑色，顶端白色，每面具 4～6 条纵肋 ……………………………………………………
……………………………………………………………… 109. **假福王草属** Paraprenanthes C. C. Chang ex C. Shih

96．稻槎菜属　Lapsanastrum Pak et K. Bremer

一年生或二年生草本；有乳液。叶互生；叶片常大头羽状或琴状分裂。头状花序小，含同型、两性舌状花，具长梗，常呈伞房状或圆锥状的聚伞花序式排列；总苞片 2 层，外层短小，内层长，明显，结实时稍硬；舌状花花瓣黄色，先端具 5 裂齿；花序托无托片。瘦果小，倒披针形或椭圆形，稍扁，具多条纵肋，顶端无喙；无冠毛。　本属有 4 种，产于日本和朝鲜。我国 4 种均有；广西有 1 种。

稻槎菜　禾稿草　图版 84：1～3

Lapsanastrum apogonoides (Maxim.) Pak et K. Bremer, Taxon **44**: 19. 1995; Fl. China **20～21**: 264. 2011. ——*Lapsana apogonoides* Maxim., Bull. Acad. Imp. Sci. Saint-Pétersbourg **18**: 288. 1873；中国高等植物图鉴 **4**：670，图 6753. 1975；中国植物志 **80**(1)：209，图版 2：3～4. 1997.

一年生或二年生细弱草本，高 10～30 cm；植株微被细柔毛。叶具柄，多呈莲座状基生；叶片长 4～10 cm，宽 1～3 cm，大头羽状或琴状深裂至全裂，顶端裂片近卵圆形，先端钝尖；茎生叶少而小，通常 1～2 片，椭圆形或长卵形，边具浅裂齿或不分裂。头状花序小，在茎上排成疏松的伞房状的聚伞状花序；外层总苞片小，长约 1 mm，内层总苞片 5～6 枚，椭圆形或椭圆状披针形，长 5～6 mm。瘦果椭圆状披针形，长 4～5 mm，多少压扁状，具 10～14 条纵肋，顶端具 1 对钩状附属物。　花果期 4～8 月。　产于临桂、博白、凌云、乐业；生于田野、荒坡及沟边。分布于安徽、福建、江苏、江西、陕西、云南、湖南、浙江、台湾、广东等地，日本、朝鲜亦有。　全草可入药，可用于治咽喉炎及痢疾等。

97．毛连菜属　Picris L.

一年生或二年生草本；植株被粗毛，有乳液。叶互生；叶片边缘具锯齿。头状花序含同型、两性舌状花，在茎上呈伞房状的聚伞花序式排列；总苞片数层，覆瓦状排列，外层较内层短小；花序托无托片；舌瓣黄色，先端具 5 裂齿。瘦果小，具纵肋及横皱纹或小凸刺，无喙或有短喙；冠毛羽毛状，通常 1 层，有时外层有少数短毛。　本属约有 50 种，分布于非洲、亚洲、欧洲各国及澳大利亚。我国有 7 种；广西有 1 种。

毛连菜　日本毛连菜　图版 84：4～5

Picris japonica Thunb., Syst. Veg. ed. **14**: 711. 1784；中国植物志 **80**(1)：54. 1997; Fl. China **20～21**:

图版 84 1～3. **稻槎菜** Lapsanastrum apogonoides (Maxim.) Pak et K. Bremer 1. 植株；2. 头状花序；3. 舌状花。 4～5. **毛连菜** Picris japonica Thunb. 4. 花枝；5. 舌状花。 6～8. **黄瓜假还阳参** Crepidiastrum denticulatum (Houtt.) Pak et Kawano 6. 花期植株；7. 舌状花；8. 瘦果。（余峰绘）

348. 2011. ——*P. hieracioides* L. subsp. *japonica* (Thunb.) Krylov, Fl. Alt. 3: 727. 1904. ——*Aster esquirolii* H. Lévl., Fl. Kouy-Tcheou 86. 1914.

直立草本；茎高30～180 cm，具纵棱，基部带紫色；全株被粗毛。基生叶片与茎下部叶片倒披针形或椭圆形，长6～23 cm，宽1.5～4 cm，边有疏锯齿，基部渐狭成短柄，两面被钩状粗毛；茎上部叶与苞片叶线状披针形或披针形，无柄基部半抱茎。头状花序直径2～2.5 cm；总苞片向内渐增长，背面被硬毛；舌状花黄色。瘦果纺锤形，有纵肋及横皱纹，顶端具短喙；冠毛1层，灰白色。　花果期6～10月。分布于桂中和桂北地区；生于山坡及路旁。几遍布全国，日本、蒙古、哈萨克斯坦和俄罗斯亦有。　全草可入药，可治疮疡肿毒。

98. 苦苣菜属　Sonchus L.

一年生或二年生或多年生草本；茎直立，有乳汁。叶互生；叶片通常呈羽状分裂或深或浅缺裂，裂片先端常具尖齿；茎生叶基部常抱茎。头状花序稍大型，含多数同型、两性舌状花，在茎上呈伞房状或圆锥状的聚伞花序式排列；总苞片数层，外层总苞片较短小，向内渐增长；花序托无托片；舌状花舌瓣线形，黄色，先端具5裂齿。瘦果卵形至椭圆形，压扁状，具(6)10～20条粗或细纵肋，肋上平滑或有多数小钝齿，无喙；冠毛白色，多数，数层，由细曲毛及粗直毛组成。　本属约有90种，产于温带至热带，亚欧大陆、地中海地区及大西洋岛屿最多。我国有5种，南北均有分布；广西有4种。

分种检索表

1. 总苞片背面密被腺毛；叶基部抱茎部分小，浅心形 ………………………… 1. **苣荬菜** S. wightianus DC.
1. 总苞片背面不被密腺毛；叶基部抱茎部分呈戟形、圆肾形或耳状扩大。
　2. 叶裂片边缘具齿；茎上部通常有腺毛。
　　3. 叶基部抱茎部为戟形，边缘有大小不一的缺齿 ………………………… 2. **苦苣菜** S. oleraceus L.
　　3. 叶基部抱茎部分圆肾形，边缘具尖缺齿 ………………………… 3. **花叶滇苦菜** S. asper (L.) Hill
　2. 叶裂片边缘全缘；茎枝均光滑无毛 ………………………… 4. **长裂苦苣菜** S. brachyotus DC.

1. 苣荬菜　南苦苣菜

Sonchus wightianus DC., Prodr. 7: 187. 1838; Fl. China 20～21: 241. 2011. ——*S. lingianus* C. Shih; 中国植物志 80(1): 64, 图版 16: 2. 1997. ——*S. picris* H. Lévl. et Vaniot, Repert. Spec. Nov. Regni Veg. 8: 451. 1910. ——*S. wallichianus* DC., Prodr. 7(1): 185. 1838.

一年生草本；无毛或花枝被腺毛；茎高80～120 cm，略粗，具多数纵沟。茎下部叶片长圆形、椭圆形或倒披针形，长8～20 cm，宽2～4.5 cm，先端渐尖，基部渐狭，沿叶柄下延于茎部抱茎呈浅心形，边缘不分裂或分裂，具细锯齿，分裂的裂片通常呈三角形；茎中部及上部叶通常不分裂，叶基半抱茎。苞片叶小，线形；头状花序在茎上排成聚伞花序式的花序；总苞钟形，长1～1.5 cm；总苞片与花序梗密被腺毛，总花序梗长2～10 cm，常有小苞片；舌状花花瓣黄色。瘦果椭圆形，稍压扁状，背面有3条、腹面有1条肥厚不整齐的肋，肋上无显著锯齿，肋间具多条细棱；冠毛多数，白色。　花果期1～10月。分布于广西各地；生于路旁及荒坡。我国南北各地均有，广泛分布于欧洲、亚洲。　本种常被误认为 *S. arvensis* L.，但后者仅分布于欧洲，北美洲也有引种，我国不产。　全草可入药，有清热解毒的功效，可用于治口疮、乳疮及眼疾等，也可治阑尾炎及肠胃热。

2. 苦苣菜

Sonchus oleraceus L., Sp. Pl. 2: 794. 1753; 海南植物志 3: 428. 1974; 中国高等植物图鉴 4: 684, 图 6781. 1975; 中国植物志 80(1): 63. 1997; Fl. China 20～21: 242. 2011. ——*S. ciliatus* Lam., Fl. Franc. 2:

87.1779.——*S. mairei* H. Lévl.,Repert. Spec. Nov. Regni Veg. **12**:284.1913.

一年生草本;茎高30～100 cm,中空,无毛或疏被短柔毛,上部有腺毛,不分枝或上部分枝。叶纸质;叶片柔软,无毛,长卵形或椭圆状卵形,长10～20(22) cm,宽5～8 cm,羽状或大头羽状深裂、半裂或全裂,稀不分裂,边有刺状尖齿;下部叶具柄,中、上部叶无柄、基部扩大呈戟形,抱茎。头状花序在茎上排成聚伞状花序;总苞钟状,长1～1.2 cm,总苞及花序梗初时有蛛丝状毛,后无毛,有时有腺毛;舌状花花瓣黄色。瘦果长椭圆状倒卵形,压扁状,两面有3条突起的纵肋,肋间有细纵棱;冠毛多数,白色。 花果期5～12月。 产于广西各地;生于路旁、坡地。我国各地均有,为世界广泛分布种。 本种可入药,可用于治传染性肝炎、口腔炎等。

3. 花叶滇苦菜 续断菊

Sonchus asper (L.) Hill,Herb. Brit. **1**:47.1769;中国高等植物图鉴 **4**:684,图6782.1975;中国植物志 **80**(1):61,图版15:3.1997;Fl. China **20～21**:241.2011.——*S. oleraceus* L. var. *asper* L.,Sp. Pl. **2**:794.1753.——*S. spinosus* Lam.,Fl. Franc. **2**:86.1779.

一年生草本;茎高30～80 cm,不分枝或上部分枝,无毛或上部微有腺毛。叶片长椭圆形、长椭圆状卵形或倒卵形,长6～15 cm,宽1.5～8 cm,不分裂或呈缺刻状半裂或羽状全裂,边有柔弱刺状尖齿;下部叶具柄,柄上有宽翅,中、上部叶无柄,基部扩大呈圆肾形,抱茎。头状花序在茎上排成聚伞状花序;总苞钟状,长1～1.2 cm,无毛;花序梗无毛或有腺毛;舌状花舌瓣黄色。瘦果长椭圆状倒卵形,压扁状,两面各有3条纵肋,肋间纵纹不明显;冠毛多数,白色。 花果期5～10月。 产于广西各地;生于路边及田野。分布于全国各地,为世界广泛分布种。

4. 长裂苦苣菜

Sonchus brachyotus DC.,Prodr. **7**:186.1838;中国植物志 **80**(1):66.1997;Fl. China **20～21**:240.2011.——*S. fauriei* H. Lévl. et Vaniot,Rep. Sp. Nov. Regni Veg. **7**:102.1909.——*S. taquetii* H. Lévl.,Rep. Sp. Nov. Regni Veg. **8**:141.1910.——*S. cavaleriei* H. Lévl.,Rep. Sp. Nov. Regni Veg. **8**:451.1910.

一年生直立草本,高30～100 cm;茎有纵条纹,全部茎枝无毛。基生叶片与下部茎叶片卵形、长椭圆形或倒披针形,长5～20 cm,宽1～5 cm,羽状深裂、半裂或浅裂,稀不裂,基部圆耳状扩大,半抱茎,侧裂片3～5对或奇数,全部裂片边缘全缘;最上部茎叶宽线形或线状披针形,接花序基部的叶常呈钻形;全部叶两面无毛。头状花序在茎枝顶端排成伞房状花序;总苞钟状;总苞片4～5层,最外层卵形,中层长三角形至披针形,内层长披针形,全部总苞片顶端急尖,外面无毛;舌状小花黄色。瘦果褐色,长椭圆状,稍压扁状,每面具5条纵肋,肋间具横纹;冠毛白色,单毛状,长约1.2 cm。 花果期6～9月。 产于广西各地;生于山地草坡、溪边或海边盐碱地。分布于全国各地,日本、蒙古、俄罗斯、哈萨克斯坦、吉尔吉斯斯坦及泰国亦有。

99. 山柳菊属 Hieracium L.

多年生草本。叶片不分裂,全缘或具各式锯齿。头状花序在茎枝顶端排成圆锥花序、伞房花序或假伞形花序,稀单生于茎端;总苞钟状或圆柱状;总苞片3～4层,覆瓦状排列;花托平,蜂窝状,有窝穴,窝穴边缘具小齿或无,或呈缘毛状;舌状花黄色,稀淡红色或淡白色;花柱分枝细,圆柱形;花药基部箭头形。瘦果圆柱形或椭圆形,具8～14条椭圆状纵肋,顶端截平,无喙;冠毛污黄白色、污白色、淡黄色、白色或褐色,1～2层。 本属约有800种,分布于非洲(北部)、亚洲、欧洲和美洲。我国有6种;广西有1种。

山柳菊 伞花山柳菊(云南种子植物名录)

Hieracium umbellatum L.,Sp. Pl. **2**:804.1753;中国高等植物图鉴 **4**:708.1975;内蒙古植物志 **6**:308.1982;秦岭植物志 **1**(5):418.1985;中国沙漠植物志 **3**:461.1992;中国植物志 **80**(1):94,图版14:1～2.

1997;Fl. China **20～21**:351. 2011. ——*H. coronopifolium* Bernh. ex Hornem. ,Hort. Bot. Hafn. 970. 1815. ——*H. sinense* Vaniot,Bull. Acad. Geogr. Bot. **12**:502. 1903.

多年生直立草本,高 30～100 cm;茎单生或簇生,基部常淡红紫色,被白色星状毛。基生叶及下部茎叶花期凋落;中上部茎叶互生,无柄;叶片披针形至狭线形,长 3～10 cm,宽 0.5～2 cm,边缘全缘或具稀疏的尖犬齿,叶腹面无毛或被稀疏的蛛丝状柔毛,叶背面沿脉及边缘被短硬毛。头状花序在茎枝顶端排成伞房花序或伞房圆锥花序,稀单生于茎端;花序梗被星状毛及较硬的短单毛;总苞钟状;总苞片 3～4 层,外层及最外层披针形,最内层线状长椭圆形;舌状花黄色。瘦果黑紫色,圆柱形,顶端截平,有 10 条纵肋,无毛;冠毛淡黄色,糙毛状。　花果期 7～9 月。　产于兴安、资源;生于山坡林缘、林下或草丛中、松林伐木迹地及河滩沙地。分布于贵州、云南、四川、河北、黑龙江、河南、湖北、湖南、江西、辽宁、内蒙古、陕西、山东、山西、新疆、西藏,印度、日本、哈萨克斯坦、俄罗斯、巴基斯坦、乌兹别克斯坦及欧洲、亚洲(西南部)各国亦有。

100. 蒲公英属　Taraxacum F. H. Wigg.

多年生直立草本,具白色汁液;茎花葶状,花葶 1 个至数个,无叶状苞片叶。叶莲座状基生;叶片匙形、倒披针形或披针形,羽状深裂或浅裂,裂片通常倒向或平展,具波状齿,稀全缘。头状花序单生于花葶顶端;总苞片数层,外层总苞片较短,线状披针形至卵圆形,内层总苞片较长,线形,直立;花序托多少平坦,有小窝穴;舌状花两性,可育,舌片黄色,稀白色、红色或紫红色,先端截平,具 5 齿裂;雄蕊 5 枚,花药聚合呈筒状,包于花柱周围,先端有三角形的附属物,花丝离生,着生于花冠筒上;花柱伸出聚药雄蕊外,柱头 2 裂。瘦果纺锤形或倒锥形,果体上部或全部有刺状或瘤状突起;冠毛毛状,白色。　本属有 2 500 多种,主要分布于北半球温带及亚热带地区,少数产于南半球的温带地区。我国有 116 种;广西有 1 种。

蒲公英(唐本草)　黄花地丁　蒙古蒲公英　灯笼草(湖北)　地丁

Taraxacum mongolicum Hand. -Mazz. ,Monogr. Tarax. 67. 1907;中国高等植物图鉴 **4**:680,图 6774. 1975;中国植物志 **80**(2):32,图版 7:1～4. 1999;Fl. China **20～21**:297. 2011. ——*T. pseudodissectum* Nakai et Koidz. ,Bot. Mag. **50**:92. 1936. ——*T. mongolicum* Hand. -Mazz. var. *formosanum* (Kitam.) Kitarn. ,Comp. Jap. **6**:42. 1957. ——*T. hangchouense* H. Koidz. ,Bot. Mag. **50**:144. 1936. ——*T. huhhoticum* P. Z. Xu et H. C. Fu,Fl. Intramongolica **6**:329. 1982.

多年生草本;主根圆柱形。叶基生;叶片倒披针形、倒卵状披针形或长圆状披针形,长 4～20 cm,宽 1～5 cm,倒向羽状深裂或具波状齿,顶生裂片较大,全缘或具齿,裂片间常具细齿;叶柄及主脉常带红紫色。头状花序顶生,直径 3～4 cm,高 10～25 cm,与叶片等长或稍长,密被蛛丝状白色长柔毛;总苞片 2～3 层,外层总苞片卵状披针形或披针形,内层总苞片线状披针形;舌状花黄色,舌片背面具紫红色条纹。瘦果倒卵状披针形,上部具刺,下部具小瘤,顶端收缩为长约 1 mm 的圆锥形至圆柱形喙基;喙纤细,长 6～10 mm;冠毛白色。　花期 4～9 月,果期 5～10 月。　产于广西各地;生于低海拔的山坡草地、田野、路边等。分布于全国各地,蒙古、朝鲜及俄罗斯亦有。　全草可入药,有清热解毒、消肿散结的功效。

101. 苦荬菜属　Ixeris Cass.

一年生、二年生或多年生草本;茎直立或匍匐,有白色乳汁。叶互生,基生叶呈莲座状排列;茎生叶全缘或羽状分裂。头状花序在茎上呈伞房状的聚伞花序式排列,含同形两性舌状花;总苞筒状,无毛;总苞片 2 层,外层总苞片较小,内层总苞片线形;花托平,无托片;舌状花 10～30 朵,黄色、白色或淡紫色,先端 5 裂;花药基部箭形;花柱分枝线形。瘦果纺锤形,略扁平,具 10 条等粗纵肋,先端具喙;冠毛不等长,白色或灰白色。　本属约有 8 种,分布于亚洲东部和南部。我国有 6 种;广西有 3 种。

分种检索表

1. 茎通常数枝；基生叶片线状披针形，不分裂，稀羽状分裂；茎生叶基部箭形抱茎 …… 1. **苦荬菜** I. polycephala Cass. ex DC.
1. 茎通常单一；基生叶片各种形状，通常羽状分裂，稀不分裂，茎生叶基部非箭形抱茎。
  2. 具匍匐茎；基生叶片全缘或下半部具疏锯齿或羽状浅裂；茎生叶 1～2 片，或无茎生叶，基部不抱茎 ………………………………………………………………………………………… 2. **剪刀股** I. japonica (N. L. Burman) Nakai
  2. 无匍匐茎；基生叶常具不规则羽状深裂或为疏锯齿或分裂；茎生叶 1～4 片，基部稍抱茎 ………………………………………………………………………………………… 3. **中华苦荬菜** I. chinensis (Thunb.) Nakai.

1. 苦荬菜　多头苦荬菜

Ixeris polycephala Cass. ex DC., Prodr. **7**: 151. 1838; 中国高等植物图鉴 **4**: 705, 图 6823. 1975; 中国植物志 **80**(1): 243, 图版 1: 2. 1997; Fl. China **20～21**: 331. 2011. ——*I. dissecta* (Makino) C. Shih, Acta Phytotax. Sin. **31**(6): 536. 1993. ——*Crepis bonii* Gagnep., Bull. Soc. Bot. France **68**: 47. 1921. ——*Lactuca polycephala* (Cass.) Benth., Gen. Pl. **2**(1): 526. 1873.

一年生或二年生直立草本；茎高 10～50 cm，自基部分枝，无毛。基生叶片线状披针形，长 6～22 cm，宽 3～15 mm，边缘全缘，稀羽状分裂；茎生叶片椭圆状披针形或披针形，长 6～14 cm，宽 0.8～1.4 cm，基部箭形，抱茎，两面无毛。头状花序直径 1～2.5 cm，在茎上端排成伞状或伞房状的聚伞花序式花序；总苞筒形；总苞片 2～3 层；舌状花 10～25 朵，舌片黄色，稀白色。瘦果纺锤形，稍压扁状，黄棕色，纵肋边缘呈翅状，具细丝状喙；冠毛白色，稍不等长。　花果期 2～10 月。　产于桂中、桂北；生于海拔 100～2 000 m 的路旁、河边及草地等。分布于福建、安徽、重庆、广东、贵州、云南、四川、河南、湖北、湖南、江苏、江西、陕西、山东、浙江和台湾，不丹、柬埔寨、阿富汗、印度(北部)、越南、缅甸、尼泊尔、老挝、日本等亦有。　全草可入药，有清热解毒、止血、利湿、消炎等功效。

2. 剪刀股　沙滩苦荬菜

Ixeris japonica (N. L. Burman) Nakai, Bot. Mag. (Tokyo) **40**: 575. 1926; 中国植物志 **80**(1): 242. 1997; Fl. China **20～21**: 331. 2011. ——*I. debilis* A. Gray, Mem. Amer. Acad. Arts ser. 2, **6**(2): 397. 1858. ——*Lapsana japonica* Burm. f., Fl. Ind. 174. 1768. ——*L. debilis* (Thunb.) Benth. ex Maxim., Bull. Acad. Imp. Sci. Saint-Pétersbourg **19**: 533. 1874.

多年生草本，具长匍匐茎；地上茎直立，高 10～30 cm，无毛。基生叶密集着生，具长叶柄；叶片倒披针形、倒卵形或狭长圆形，长 5～15(25) cm，宽 1～3 cm，全缘或下半部具疏锯齿或羽状浅裂，先端钝，基部稍下延；茎生叶 1～2 片，全缘，无柄，或无茎生叶。头状花序 1～8 个，在花茎端排成伞房状聚伞花序；总苞筒形，长 1～1.5 cm，含多数舌状花，舌状花舌瓣黄色。瘦果狭纺锤形，熟时红棕色，具数条纵肋，明显，喙长约 2.5 mm；冠毛白色。　花果期 4～8 月。　产于广西各地；生于荒地、路旁、田边及水旁等。我国自东北向南至华东及中南各地都有，朝鲜、日本亦有。

3. 中华苦荬菜　中华小苦荬　山苦荬　小苦苣

Ixeris chinensis (Thunb.) Nakai, Bot. Mag. (Tokyo) **48**: 113. 1934; 中国高等植物图鉴 **4**: 702, 图 6818. 1975; Fl. China **20～21**: 332. 2011. ——*Ixeridium chinense* (Thunb.) Tzvel., Fl. URSS **29**: 390. 1964; 中国植物志 **80**(1): 251. 1997. ——*Prenanthes chinensis* Thunb., Fl. Jap. 301. 1784. ——*Lactuca chinensis* (Thunb.) Nakai, Bot. Mag. (Tokyo) **17**: 89. 1903.

多年生草本；茎高 10～40 cm，无毛。基生叶密集成丛，倒披针形、线状披针形或椭圆形，长 7～15 cm，宽 0.5～2(3) cm，常具不规则的羽状深裂，或为疏浅锯齿，或全缘，先端通常钝或急尖，基部下延成狭柄；茎生叶 1～4 片，羽状分裂或不分裂，无柄，基部稍抱茎；全部叶两面无毛。头状花序多个，在茎端排成伞房状的聚伞花序式的花序；总苞筒形，长 0.7～1 cm；总苞片 3～4 层，外层及最外层宽卵形，内层长椭圆状倒披针形；舌状花 20～25 朵，舌片黄色、白色或带淡紫色。瘦果狭披针形或长椭圆形，稍扁平状，熟时红棕色，具纵肋和细丝状的喙，喙长约 2 mm；冠毛白色。　花果期 3～10 月。　产于广西各地；生于路旁、田野及荒坡上。分布于我国北部、东部、南部多数地区，日本、朝鲜、越南、老挝、柬埔寨、泰国和俄罗斯(东部)亦有。　嫩苗可作蔬菜；全草可入药，有清热、解毒、消炎及利尿的功效。

102. 还阳参属　Crepis L.

一年生、二年生或多年生草本。叶基生，或茎上互生；叶片羽状分裂或不裂，边缘全缘或具锯齿。头状花序在茎枝顶端排成伞房花序、圆锥花序或总状花序，或头状花序单生于茎顶，有多数舌状小花；总苞钟状或圆柱状；总苞片 2～4 层，外层短而内层较长，全部苞片外面被各式毛被或无毛；花托平，蜂窝状，窝缘有短缘毛或流苏状毛或无毛；舌状花两性，结实，黄色，稀为紫红色，舌片顶端 5 齿裂；花丝基部有箭头状附属物。瘦果圆柱状或纺锤状，具 10～20 条纵肋，顶端具喙或无；冠毛刚毛状，1 层，白色，几与瘦果等长。本属约有 200 种，分布于亚洲、非洲、欧洲和北美洲。我国有 18 种；广西有 1 种。

绿茎还阳参(云南种子植物名录)

Crepis lignea (Vaniot) Babcock, Univ. Calif. Publ. Bot. **22**: 644. 1947；中国高等植物图鉴 **4**: 697, 图 6808. 1975；云南种子植物名录(下册)1365. 1984；贵州植物志 377. 1989；中国植物志 **80**(1): 120. 1997；Fl. China **20～21**: 250. 2011. ——*Lactuca lignea* Vaniot, Bull. Acad. Int. Géogr. Bot. **12**: 318. 1903.

多年生直立草本，高 15～40 cm；植株无毛，或仅花序梗接头状花序处被蛛丝状毛。基生叶及下部茎叶不明显，三角形，苞片状；中部茎叶丝形，长达 3 cm，全缘；上部茎叶钻形，苞片状；全部茎叶无毛。头状花序在茎枝顶端呈伞房状花序；总苞片 4 层，外层向内渐长，披针形或长椭圆状披针形；舌状小花黄色。瘦果纺锤形，稍弯曲，具肋 12 条，肋上具微刺毛，顶端具纤细的喙；冠毛白色，微粗糙。　花果期 4～8 月。产于融水、隆林；生于向阳山坡。分布于贵州、四川和云南，老挝、泰国(北部)和越南(南部)亦产。　根可入药，有清热解毒的功效。

103. 栓果菊属　Launaea Cass.

多年生直立或匍匐草本；有乳状液，近无毛。叶基生，丛生，常呈莲座状；稀有茎生叶。头状花序圆筒状，含同型、两性舌状花，具短梗，单生或为圆锥状、总状、伞房状的聚伞花序式排列；总苞片多层，草质，覆瓦状排列，内层总苞片近等长，外层总苞片不等长；花序托平，无托片；舌状花舌瓣黄色，先端具 5 裂齿。瘦果近圆柱状，具厚木栓质纵肋及棱，稀有翅，无喙；冠毛毛状，多层，基部合生成环，一起脱落。　本属有 54 种，产于欧洲、非洲及亚洲热带、亚热带地区。我国有 4 种，产于西南及华南地区；广西有 1 种。

栓果菊　光茎栓果菊　图版 85: 1～5

Launaea acaulis (Roxb.) Babc. ex Kerr, Fl. Siam. Enum. **2**: 299. 1936；中国高等植物图鉴 **4**: 685, 图 6783. 1975；中国植物志 **80**(1): 163, 图版 38: 3～4. 1997；Fl. China **20～21**: 238. 2011. ——*L. glabra* DC., Wight, Contr. 26. 1834. ——*Prenanthes acaulis* Roxb., Fl. Ind. **3**: 403. 1832. ——*Youngia acaulis* (Roxb.) DC., Prodr. **7**: 193. 1838.

多年生草本；茎极短或近无茎；花葶高 10～35 cm；主根肥厚，圆柱形。叶基生，近呈莲座状，无柄；叶片匙形、倒披针形或狭倒卵形，长 6～16 cm，宽 0.7～2.5 cm，先端钝或圆或急尖，基部渐狭，边全缘或具疏、波状锯齿，稀具羽状分裂，两面无毛。花葶少数，具分枝，苞片叶小；头状花序在花葶上排成伞房状聚伞花序；总苞片多层，外层总苞片短小，卵形，内层总苞片长，线状披针形。瘦果近圆柱状，上端渐狭；冠毛丰

图版 85 1～5. **栓果菊** Launaea acaulis (Roxb.) Babc. ex Kerr 1. 植株；2. 未开放的头状花序；3. 舌状花；4. 雄蕊；5. 果和冠毛。 6～8. **黄鹌菜** Youngia japonica (L.) DC. 6. 植株；7. 花序枝一部分；8. 舌状花。（1～5 邓盈丰绘，6～8 朱运喜绘）

富。　花果期 4～5 月。　产于广西各地；生于草坡、荒地。分布于贵州、海南、四川、云南，印度、不丹、老挝、缅甸、尼泊尔、泰国、越南、孟加拉国及克什米尔地区亦有。　全草可入药，作消炎用或治小儿疳积。

104. 黄鹌菜属 Youngia Cass.

一年生、二年生或多年生草本；有乳液；茎多分枝，无毛或有细软毛。叶基生，多数，常平铺地面并呈莲座状；茎生叶少数，或几不存在。头状花序具梗，含同型、两性舌状花，在茎上常呈伞房状的聚伞花序式排列；外层总苞片短小，内层总苞片长，中肋增厚呈龙骨状；花序托无托片；舌状花舌瓣黄色，顶端具 5 裂齿。瘦果纺锤形，稍压扁状，具不等形的纵肋，无明显喙；冠毛细软，白色。　本属约有 30 种，产于亚洲温带至热带地区。我国有 28 种，全国分布；广西有 3 种。

分种检索表

1. 茎下部被稀疏的短毛或多细胞节毛；叶片两面被稀疏短柔毛。
  2. 茎生叶少数，通常仅 1～2 片；基生叶呈莲座状着生，琴状羽状深裂或半裂 ………… 1. 黄鹌菜 Y. japonica (L.) DC.
  2. 具茎生叶，基生叶与茎生叶琴状羽状全裂，裂片在叶柄下部渐小，柄上有狭翅 ……………………………………………………………………………… 2. 异叶黄鹌菜 Y. heterophylla (Hemsl.) Babc. et Stebbins
1. 全部茎枝及叶片两面无毛；基生叶羽状半裂或大头羽状半裂，基部具狭翼柄 ……………………………………………………………………………… 3. 鼠冠黄鹌菜 Y. cineripappa (Babc.) Babc. et Stebbins

1. 黄鹌菜　图版 85：6～8

Youngia japonica (L.) DC., Prodr. **7**:194. 1838；中国高等植物图鉴 **4**:700，图 6813. 1975；中国植物志 **80**(1):155. 1997；Fl. China **20～21**:260. 2011. ——*Prenanthes japonica* L., Mant. Pl. 107. 1767.

一年生或二年生草本，高 10～80 cm；具细软毛。基生叶片长椭圆状倒披针形或倒卵状长椭圆形，长 8～14 cm，宽 1.5～3 cm，大头羽状或琴状羽状半裂，每侧裂片 6～8 枚，顶端裂片先端钝圆或急尖，裂片边缘常有不规则细齿，下部裂片小；具短叶柄，背面具软毛；花茎上无叶或具 1 片至数片细小分裂或不分裂、线形的苞片叶。头状花序小；舌状花黄色。瘦果纺锤形，稍扁，有 11～13 条粗细不等纵肋；冠毛毛状，白色。　花果期 4～8 月。　产于广西各地；生于路边、田旁、林缘等地。除东北及西北地区外，广泛分布于全国各地，朝鲜、日本及东南亚国家亦有。　全草可入药，可作消炎用。

2. 异叶黄鹌菜

Youngia heterophylla (Hemsl.) Babc. et Stebbins, Publ. Carnegie Inst. Wash. **484**:87. 1937；中国高等植物图鉴 **4**:700，图 6814. 1975；中国植物志 **80**(1):152. 1997；Fl. China **20～21**:259. 2011. ——*Crepis heterophylla* Hemsl., J. Linn. Soc. Bot. **23**:475. 1888.

二年生或多年生草本；茎直立，高 30～110 cm，粗壮。基生叶片与茎下部叶片椭圆形或长圆形，长 10～20 cm，宽 3～8 cm，琴状羽状全裂，顶端裂片大，椭圆形或卵形，长 5～8 cm，宽 3～5 cm，边缘具疏波状齿，侧裂片 3～5 枚，向下裂片渐小；下部叶具长柄，柄上有狭翅，上部叶具短柄或近无柄。头状花序小，在茎上端排成伞房状聚伞式花序，花序梗细；总苞近钟形，含 11～25 朵舌状花，舌瓣黄色。瘦果纺锤形，稍扁，熟时黑褐色，具 14～15 条粗细不等纵肋，喙极短；冠毛白色或黄白色。　花果期 4～8 月。　产于桂北及融水；生于山谷或山坡灌木丛中。分布于重庆、四川、云南、甘肃、湖北、湖南、江西、陕西、贵州、广东。

3. 鼠冠黄鹌菜

Youngia cineripappa (Babc.) Babc. et Stebbins, Publ. Carnegie Inst. Wash. **484**:60. 1937；中国植物志 **80**(1):138，图版 33：1～2. 1997；Fl. China **20～21**:254. 2011. ——*Crepis cineripappa* Babc., Univ. Calif. Publ. Bot. **14**:325. 1928.

多年生直立草本，高 40～150 cm；茎单生，稀 2～3 枚簇生，无毛。基生叶片倒披针形、倒卵形、椭圆形或狭倒披针形，长 4～14 cm，宽 1.8～4 cm，基部渐狭为狭翼柄，边缘有稀疏的大尖凹齿，齿顶有小尖头；或基生叶片羽状半裂或大头羽状半裂，全部裂片边缘全缘或浅波状；上部茎叶片披针形或长披针形，长 5.5～18 cm，宽约 2 cm，基部无柄，边缘全缘或具大小不等的凹齿；全部茎叶片两面无毛。头状花序在茎枝顶端排成大型或小型圆锥花序或伞房花序，花序梗被稀疏的头状具柄的腺毛；总苞圆柱状；总苞片 4 层，外层及最外层短，长三角形或长卵形，内层及最内层长，披针形，边缘白色，膜质，外面沿中脉被头状具柄的腺毛；舌状小花黄色，花冠筒外面被稀疏的短柔毛。瘦果褐色，纺锤状，微扁，有 10 条不等形纵肋，肋上有小刺毛；冠毛灰鼠色，糙毛状。 花果期 6～10 月。 产于融水；生于山坡草地、山谷溪流旁、疏林或灌木丛中。分布于贵州、四川、云南，印度、缅甸和越南亦有。

105. 小苦荬属 Ixeridium (A. Gray) Tzvel.

多年生直立草本；茎上部伞房花序状分枝，或有时自基部分枝。叶羽状分裂或不分裂。头状花序在茎枝顶端排成伞房状花序；总苞圆柱状；总苞片 2～4 层，内层较长；舌状花(5)7～27 朵，黄色、稀白色或紫红色；花柱分枝细；花药基部附属物箭头形。瘦果压扁状，褐色，稀黑色，具 8～10 条突起的钝肋，顶端具细丝状喙；冠毛糙毛状，白色或褐色，不等长。 本属约有 15 种，分布于亚洲东部和东南部。我国有 8 种；广西有 1 种。

细叶小苦荬 细叶苦荬

Ixeridium gracile (DC.) Pak et Kawano, Mem. Fac. Sci. Kyoto Univ., ser. Biol. **15**: 45. 1992；中国植物志 **75**: 358. 1979；Fl. China **20～21**: 328. 2011. ——*I. gracile* (DC.) C. Shih, Act. Phytotax. Sin. **31**(6): 545. 1993. ——*Lactuca gracilis* DC., Prodr. **7**: 140. 1838. ——*Ixeris gracilis* (DC.) Stebbins, J. Bot. Brit. **75**: 50. 1937.

多年生直立草本，高 10～50 cm；茎上部伞房花序状分枝或自基部分枝，无毛。基生叶片长椭圆形、线形或狭线形，长 4～15 cm，宽 0.4～1 cm；茎生叶片狭披针形、线状披针形或狭线形，基部无柄；全部叶片两面无毛，边缘全缘。头状花序在茎枝顶端排成伞房花序或伞房圆锥花序；总苞圆柱状；总苞片 2 层，外层 2～3 枚，卵形，内层较长，线状长椭圆形。瘦果长圆锥状，褐色，具 10 条细肋或细脉，顶端具细丝状的喙；冠毛微糙毛状，褐色或淡黄色。 花果期 12 月至翌年 7 月。 产于广西各地；生于林下、林缘、田间、荒地或草甸。分布于我国华中、华南、西南等地，不丹、印度(东北部)、尼泊尔亦有。 全草可入药，有消炎、止咳、解毒等功效。

106. 假还阳参属 Crepidiastrum Nakai

一年生、二年生或多年生草本，或半灌木。茎生叶集中于枝端或互生，基生叶莲座状，花期枯萎，极少生存，不分裂或羽状分裂。头状花序舌状，在茎枝顶端排成伞房花序或伞房状圆锥花序；总苞圆柱状；总苞片 2～3 层，外层小，卵形，内层长，披针形、椭圆形或披针状长椭圆形；花托平，无托毛；舌状花 5～19 朵，舌片黄色、橘黄色或白色，顶端截形，5 齿裂；花药基部附属物箭头状。瘦果圆柱形、长椭圆形或纺锤形，微扁，有 10～12 条突起纵肋，顶端截形，无喙或具粗喙；冠毛白色，1 层，糙毛状，易脱落。 本属约有 15 种，分布于亚洲中部和东部，包括太平洋小笠原群岛。我国有 9 种；广西有 2 种。

分 种 检 索 表

1. 中下部茎叶不分裂；总苞长 7～9 mm；瘦果长椭圆形，先端具粗喙 ……………………………… 1. **黄瓜假还阳参** C. denticulatum (Houtt.) Pak et Kawano

1. 中下部茎叶羽状浅裂或半裂，稀大头羽状分裂；总苞长 4.5～6.5 mm；瘦果纺锤形，先端具细丝状的喙…………………………………………………………………………………… 2. **尖裂假还阳参** C. sonchifolium (Maxim.) Pak et Kawano

1. **黄瓜假还阳参**　黄瓜菜　图版 84:6～8

Crepidiastrum denticulatum (Houtt.) Pak et Kawano, Mem. Fac. Sci. Kyoto Univ., ser. Biol. **15**(1～2):56. 1992; Fl. China **20～21**:266. 2011. ——*Paraixeris denticulata* (Houtt.) Nakai, Bot. Mag. Tokyo **34**:156. 1920; 中国植物志 **80**(1):263, 图版 58:1～2, 图版 1:3. 1997. ——*Ixeris denticulata* (Houtt.) Stebbins, J. Bot. Brit. For. **75**:46. 1937; 中国高等植物图鉴 **4**:706, 图 6825. 1975; 内蒙古植物志 **6**:316. 1982.

一年生或二年生直立草本，高 30～120 cm；茎单生，上部或中部伞房花序状分枝，无毛。基生叶片及下部茎叶片花期枯萎凋落；中下部茎叶片卵形、琴状卵形、椭圆形或披针形，不分裂，长 3～10 cm，宽 1～5 cm，具翼柄，基部圆形，耳部圆耳状扩大抱茎，或无柄，向基部稍收窄而基部突然扩大呈圆耳状抱茎，或向基部渐窄成长或短的不明显叶柄，基部稍扩大，耳状抱茎，边缘全缘或具锯齿或重锯齿；上部茎叶与中下部同形，渐小，叶片两面无毛。头状花序在茎枝顶端排成伞房花序或伞房圆锥状花序，具舌状小花 15 朵；总苞圆柱状；总苞片 2 层，外层卵形，内层较长，披针形或长椭圆形，总苞片外面无毛；舌状花黄色。瘦果长椭圆形，压扁状，黑色或黑褐色，有 10～11 条肋，顶端渐尖成粗喙；冠毛白色，糙毛状。　花果期 5～11 月。　产于桂林、阳朔、灵川、兴安、龙胜、灌阳、资源、靖西、那坡、贺州、钟山、富川、巴马、南丹、宜州、金秀和大新；生于山坡林下、林缘、田边、岩石上或岩石缝隙中。分布于安徽、福建、广东、贵州、河北、黑龙江、河南、湖北、湖南、江苏、江西、吉林、辽宁、山东、山西和浙江，日本、朝鲜、蒙古、俄罗斯(东部)和越南亦有。

2. **尖裂假还阳参**　抱茎小苦荬　抱茎苦荬菜

Crepidiastrum sonchifolium (Maxim.) Pak et Kawano, Mem. Fac. Sci. Kyoto Univ., Ser. Biol. **15**:58. 1992; Fl. China **20～21**:265. 2011. ——*Ixeridium sonchifolium* (Maxim.) C. Shih, Act. Phytotax. Sin. **31**(6):543. 1993; 中国植物志 **80**(1):255. 1997. ——*I. elegans* (Franch.) C. Shih, Acta Phytotax. Sin. **31**(6):543. 1993. ——*Lactuca bungeana* Nakai, J. Coll. Sci. Imp. Univ. Tokyo **31**:56. 1911. ——*Ixeris sonchifolia* (Maxim.) Hance, J. Linn. Soc. Bot. **13**:108. 1873; 中国高等植物图鉴 **4**:706, 图 6826. 1975; 秦岭植物志 **1**(5):417. 1985. ——*I. denticulata* (Houtt.) Nakai, Bot. Mag. (Tokyo) **34**:155. 1920; 中国高等植物图鉴 **4**:706, 图 6825. 1975; 中国植物志 **80**(1):243, 图版 1:2. 1997.

多年生直立草本，高 15～80 cm；茎单生，上部伞房花序状或伞房圆锥花序状分枝，无毛。基生叶片莲座状，匙形、卵形、长倒披针形或长椭圆形，包括基部渐狭的宽翼柄长 3～15 cm，宽 1～3 cm，叶片不分裂、羽状浅裂、深裂或大头羽状深裂，顶裂片边缘有锯齿，侧裂片 3～7 对，边缘具小锯齿；上部茎叶片及接花序分枝处的叶心状披针形，边缘全缘，极少具锯齿或尖锯齿，基部心形或圆耳状扩大抱茎；全部叶两面无毛。头状花序多在茎枝顶端排成伞房花序或伞房圆锥花序；总苞圆柱形；总苞片 3 层，卵形或长卵形，外层较短，内层长披针形，全部总苞片外面无毛；舌状花约 17 朵，黄色。瘦果纺锤形，黑色或棕红色，具 10 条突起的钝肋，上部具细丝状的喙；冠毛微糙毛状，白色。　花果期 3～8 月。　产于广西各地；生于海拔 100～1 900 m 的山坡草地、平原路旁、林下、灌木丛、河滩地、岩石上或庭院中。分布于安徽、重庆、甘肃、贵州、四川、河北、黑龙江、河南、湖北、湖南、江苏、江西、吉林、辽宁、内蒙古、陕西、山西、山东，日本、朝鲜、蒙古、俄罗斯(东部)亦有。　全草可入药，有清热解毒、凉血、活血的功效。

107. 莴苣属　Lactuca L.

一年生、二年生或多年生草本，通常具乳状液。叶互生；叶片全缘或羽状分裂。头状花序同型，舌状，在茎枝顶端排成伞房花序或圆锥花序；总苞卵球形；总苞片绿色，3～5 层，覆瓦状排列，外层总苞片短小，向内渐增长；花托平，无托毛；舌状小花 7～25 朵，黄色，少为白色，舌片顶端截形，5 齿裂；花药基部附属物箭头形。瘦果倒卵形、倒披针形、椭圆形或长椭圆形，黑色或黑棕色，压扁状，每面有1～10条细脉纹或细肋，顶端无喙或有粗短喙、细丝状喙；冠毛2层，白色或褐色，纤细，微糙。 根据《Flora of China》(2011)的观点，在《广西植物名录》(2008)中记录的**翅果菊属**(*Pterocypsela* C. Shih)合并入该属。 本属有50～70种，主要分布于亚洲(中部和西南部)、欧洲和北美洲。我国有12种；广西有4种3变种。

分种检索表

1. 茎粗或略粗，半肉质，若茎不明显，则叶片倒卵形，脆纸质或半膜质；栽培种 ………… 1. **莴苣** L. sativa L.
  2. 茎粗，半肉质；茎生叶椭圆形或三角状卵形；茎可作蔬菜 ………… 1a. **莴笋** L. sativa var. angustata Irish ex Bremer
  2. 茎通常不明显或略明显，稍粗厚；茎生叶密集着生，倒卵形；叶可作蔬菜。
    3. 叶片长倒卵形，脆纸质 ………… 1b. **生菜** L. sativa var. romana Hort.
    3. 叶片近圆形或倒卵形，半膜质，脆，叶丛内卷呈球状 ………… 1c. **玻璃生菜** L. sativa var. crispa Hort.
1. 茎、叶非上述特征。
  4. 茎生叶三角状戟形、卵形、三角状卵形或宽卵形，具明显叶柄，柄上具翅；瘦果每面具3条至多条肋，喙粗短 ………… 2. **毛脉翅果菊** L. raddeana Maxim.
  4. 茎生叶非上述形状，无柄；每面具1条肋，喙纤细。
    5. 茎中部叶羽状浅裂、半裂或深裂，顶端裂片最大，裂片边缘常有不规则粗锯齿；基部耳状抱茎，叶两面多少被毛 ………… 3. **台湾翅果菊** L. formosana Maxim.
    5. 茎中部叶线形或线状披针形，不分裂，全缘，稀微有不明显的疏锯齿，基部钝，叶两面无毛 ………… 4. **翅果菊** L. indica L.

1. 莴苣

Lactuca sativa L., Sp. Pl. **2**: 795. 1753；中国植物志 **80**(1): 233. 1997；Fl. China **20～21**: 237. 2011.——*L. scariola* L. var. *sativa* (L.) Moris., Fl. Sardoa **2**: 531. 1840～1843.

一年生或二年生草本；茎粗，半肉质，高25～100 cm。基生叶丛生，向上渐小，无柄；叶片长圆状倒卵形或倒卵形，长10～30 cm，宽8～20 cm，全缘或于腹面卷曲呈皱波状；茎生叶椭圆形、三角状卵形或倒卵形，基部心形，抱茎。头状花序在茎上排成圆锥花序状的聚伞花序式花序；总苞筒形，长0.5～1.2 cm，含舌状花15朵；舌状花舌瓣黄色或淡黄色。瘦果长椭圆状纺锤形，稍压扁状，每面有纵肋7～8条，具喙，喙与果等长或略长于果；冠毛白色。 花果期9～11月。 广西各地有栽培。本种原产于地中海地区，我国各地均有栽培。 本种在广西还常见栽培变种3个，如**莴笋**(L. sativa var. angustata Irish ex Bremer)，茎粗或极粗，半肉质，茎生叶片椭圆形或三角状卵形，茎、叶可作蔬菜，入药有清热解毒之效；**生菜**(L. sativa var. romana Hort.)，叶长倒卵形，脆纸质，叶可作蔬菜；**玻璃生菜**(L. sativa var. crispa Hort.)，叶近圆形或倒卵形，半膜质，脆，叶丛内卷呈球状，叶可作蔬菜。

2. 毛脉翅果菊 高大翅果菊 剪刀草(浙江) 高莴苣(中国高等植物图鉴) 野苦麻(浙江)

Lactuca raddeana Maxim., Bull. Acad. Imp. Sci. Saint-Petersbourg **19**: 526. 1874；Fl. China **20～21**: 235. 2011.——*L. elata* Hemsl., Journ. Linn. Soc. Bot. **23**: 481. 1888.——*L. raddeana* Maxim. var. *elata* (Hemsl.) Kitam., Journ. Jap. Bot. **21**: 52. 1947.——*L. vaniotii* H. Lévl., Repert. Spec. Nov. Regni Veg. **12**: 100. 1913.——*L. alliariifolia* H. Lévl. et Vaniot, Repert. Spec. Nov. Regni Veg. **8**: 141. 1910.——*Prenanthes hieracifolia* H. Lévl., Repert. Spec. Nov. Regni Veg. **11**: 305. 1912.——*Pterocypsela elata* (Hemsl.) C. Shih, Act. Phytotax. Sin. **26**: 385. 1988；中国植物志 **80**(1): 226. 1997.——*P. raddeana* (Maxim.) C. Shih, Act. Phytotax. Sin. **26**: 386. 1988；中国植物志 **80**(1): 227. 1997.

二年生或多年生直立草本；茎单生，高0.8～2 cm，通常紫红色或带紫红色斑纹。中下部茎叶片卵形、三角状卵形、椭圆形、长椭圆形或三角形，长5～16 cm，宽2～8.5 cm，羽状分裂或大头羽状深裂或浅裂，基部宽或狭楔形，渐狭或急狭成宽或狭翼柄；向上的叶与中下部茎叶同型或披针形；全部叶两面粗糙，沿脉有稀疏或稠密的长柔毛。头状花序沿茎枝顶端排成狭圆锥花序或总状圆锥花序，舌状小花约 20 朵，黄色；总苞果期卵球形，长约 1 cm，宽约 5 mm；总苞片 4 层，外层卵形或三角形，长 1.5～3.5 mm，宽 1～2 mm，中内层披针形或椭圆状披针形，长 0.4～1.1 cm，宽 1～1.8 mm。瘦果椭圆形或长椭圆形，黑色，压扁状，边缘有宽厚翅，每面有 3 条高起的细脉纹，顶端急尖成长 0.1～0.5 mm 的粗喙；冠毛白色。　花果期 5～10 月。　产于桂北及容县；生于山谷或山坡林下、林缘、灌木丛或路边。分布于安徽、福建、甘肃、广东、贵州、河北、河南、湖北、湖南、江西、吉林、辽宁、陕西、山东、山西、四川和云南，日本、朝鲜、俄罗斯（东部）和越南亦有。

3．**台湾翅果菊**　台湾莴苣　台湾山苦荬（台湾植物志）

Lactuca formosana Maxim.，Bull. Acad. Imp. Sci. Saint-Petersbourg **19**：525. 1874；Fl. China **20～21**：236. 2011. ——*L. morii* Hayata，Icon. Pl. Formos. **8**：75. 1919. ——*L. sonchus* H. Lévl. et Vaniot，Repert. Spec. Nov. Regni Veg. **8**：449. 1910. ——*Pterocypsela formosana*（Maxim.）C. Shih，Act. Phytotax. Sin. **26**：389. 1988；中国植物志 **80**（1）：232. 1997. ——*P. sonchus*（H. Lévl. et Vaniot）C. Shih.，Acta Phytotax. Sin. **26**（5）：388. 1988.

一年生直立草本；茎单生，高 0.5～1.5 m。下部及中部茎叶片椭圆形、长椭圆形、披针形或倒披针形，羽状深裂或几全裂，具长达 5 cm 的翼柄，柄基稍扩大抱茎，全部裂片边缘有锯齿；上部茎叶与中部茎叶同形并等样分裂或不裂而为披针形，边缘全缘，基部圆耳状扩大半抱茎；全部叶两面粗糙，背面沿脉有小刺毛。头状花序在茎枝顶端排成伞房状花序；总苞果期卵球形，长约 1.5 cm，宽约 8 mm；总苞片 4～5 层；舌状小花黄色或淡黄色，约 21 朵。瘦果椭圆形，棕黑色，压扁状，边缘有宽翅，顶端具细丝状喙，每面有 1 条高起的细脉纹；冠毛白色，几为单毛状。　花果期 4～11 月。　产于临桂；生于海拔 100～2 000 m 的山坡草地、田间或路旁。分布于安徽、福建、广东、贵州、四川、云南、河南、湖南、江苏、江西、宁夏、陕西、台湾和浙江，模式标本采自台湾。　全草可入药，有消炎、活血、祛风和止痛的功效。

4．**翅果菊**　山莴苣　苦莴苣（江西）　山马草（广东）　野莴苣（海南植物志）

Lactuca indica L.，Mant. Pl. **2**：278. 1771；Fl. China **20～21**：235. 2011. ——*L. cavaleriei* H. Lévl.，Fedde，Rep. Sp. Nov. **8**：450. 1910. ——*L. kouyangensis* H. Lévl.，Fedde，Rep. Sp. Nov. **8**：450. 1910. ——*L. brevirostris* Champ.，Hook. Journ. Bot. Kew Gard. Misc. **4**：237. 1852；海南植物志 **3**：425. 1974. ——*Brachyramphus sinicus* Miq.，Journ. Bot. Néerl. **1**：105. 1861. ——*Prenanthes squarosa* Thunb.，Fl. Jap. 303. 1784. ——*Pterocypsela indica*（L.）C. Shih，Act. Phytotax. Sin. **26**：387. 1988；中国植物志 **80**（1）：229. 1997；广东植物志 **8**：264. 2007.

一年生或二年生直立草本；茎单生，高 0.4～2 m，有白色乳汁；全部茎枝无毛。全部茎叶片线形；中部茎叶片长达 20 cm 以上，宽 0.5～1 cm，全缘或稍有锯齿；中下部茎叶片长 13～22 cm，宽 1.5～3 cm，全缘或稍有锯齿；全部茎叶两面无毛。头状花序多数沿茎枝顶端排成圆锥花序或总状圆锥花序，果期卵球形；总苞片 4 层，外层卵形或长卵形，中内层长披针形或线状披针形，全部苞片边缘染紫红色；舌状小花黄色或淡黄色，25 朵。瘦果椭圆形，长 3～5 mm，宽 1.5～2 mm，黑色，压扁状，边缘有宽翅，顶端急尖或渐尖成细喙，每面有 1 条细纵脉纹；冠毛白色，2 层，几单毛状。　花果期 4～11 月。　产于广西各地；生于山谷水沟边、山坡林下、林缘、灌木丛、草地或田间。分布于福建、安徽、广东、贵州、四川、云南、海南、河北、黑龙江、河南、湖南、江西、江苏、吉林、辽宁、陕西、山东、山西、西藏、浙江和台湾，印度、印度尼西亚、不丹、日本、朝鲜、菲律宾、泰国、越南和俄罗斯（东部）亦有。

108．紫菊属　Notoseris C. Shih

多年生直立草本；茎上部圆锥状花序式分枝。基生叶和下部叶通常在花期凋落，茎生叶互生；叶片羽状分裂或不分裂。头状花序同形，在茎、枝端排列成圆锥状花序；总苞筒状或狭钟状；总苞片 3～5 层，由外向内渐长，紫红色；花托平，无托毛；舌状花紫红色，舌片顶端5齿裂；冠筒喉部具白色柔毛；花药基部具箭头形附物。瘦果长倒披针形或长椭圆形，压扁状，紫红色，顶端截平，无喙，每面有6～9条纵肋，被糙毛；冠毛微糙毛状，2层，白色，易折断。 本属约有11种，分布于泛喜马拉雅地区以及我国长江流域及秦岭以南地区。我国有10种；广西有2种。

分种检索表

1. 下部茎叶大头羽状浅裂、羽状深裂或全裂；叶柄具翼 ………………………… 1. **黑花紫菊** N. melanantha (Franch.) C. Shih
1. 中下部茎叶不分裂；叶柄无翼 ……………………………………… 2. **光苞紫菊** N. macilenta (Vaniot et H. Lévl.) N. Kilian

1. 黑花紫菊 多裂紫菊 川滇盘果菊(中国高等植物图鉴)

Notoseris melanantha (Franch.) C. Shih, Acta Phytotax. Sin. 25(3): 198. 1987；中国植物志 80(1): 214. 1997; Fl. China 20～21: 232. 2011. ——*N. formosana* (Kitamura) C. Shih, Acta Phytotax. Sin. 25 (3): 201. 1987. ——*N. gracilipes* C. Shih, Acta Phytotax. Sin. 25(3): 198. 1987. ——*N. henryi* (Dunn) C. Shih, Act. Phytotax. Sin. 25(3): 202. 1987；中国植物志 80(1): 216. 1997. ——*N. rhombiformis* C. Shih, Acta Phytotax. Sin. 25(3): 200. 1987. ——*Lactuca melanantha* Franch., J. Bot. (Morot) 9: 291. 1895. ——*Prenanthes formosana* Kitam., Acta Phytotax. Geobot. 3(2): 100. 1934. ——*P. henryi* Dunn., J. Linn. Soc. Bot. 35: 514. 1903.

多年生直立草本，高0.5～2 m；茎单生，上部圆锥花序状分枝，密被棕褐色多细胞节毛或无毛。中下部茎叶片大头羽状浅裂、羽状深裂或全裂，长12～22 cm，宽8～18 cm，顶裂片三角状戟形、椭圆形或不规则菱形，长6～15 cm，宽3～9 cm，边缘具浅圆齿或不等大的锯齿，侧裂片2～3对，边缘有不等大的锯齿或羽状分裂；上部茎叶与中下部茎叶同形，但渐小；花序分枝上的叶线形，不裂，无柄，边缘锯齿具小尖头；全部叶两面有短糙毛或无毛。头状花序茎枝顶端排成圆锥状花序；总苞圆柱状；总苞片3层，中外层小，内层长椭圆形，顶端圆形，全部苞片无毛，紫红色；舌状花5朵，红色或紫红色。瘦果紫红色，压扁状，倒披针形，顶端平截，无喙，每面有7条纵肋；冠毛细锯齿状，2层，白色。 花果期7～12月。 产于恭城；生于山坡林缘或林下。分布于重庆、贵州、云南、四川、湖北、湖南、广东和台湾。

2. 光苞紫菊 紫菊

Notoseris macilenta (Vaniot et H. Lévl.) N. Kilian, Fl. China 20～21: 231. 2011. ——*N. psilolepis* C. Shih，中国植物志 80(1): 213. 1997. ——*Prenanthes macilenta* Vaniot et H. Lévl., Bull. Soc. Bot. France 53: 550. 1906.

多年生直立草本，高30～130 cm；茎单生，上部圆锥花序状分枝，无毛或具腺毛。基生叶片及中下部茎叶片卵形、心形、箭状心形或卵状心形，长7～30 cm，宽4.5～23 cm，边缘有细锯齿，齿端具小尖头，叶柄长8～25 cm；上部茎叶片与中下部茎叶片同形或箭状三角形，叶柄长达2 cm；接花序下部的叶长椭圆形，基部楔形，几无柄；全部叶两面粗糙。头状花序在茎枝顶端排列成圆锥花序；总苞圆柱状；总苞片3层，中外层小，卵形或卵状披针形，内层线状披针形，全部总苞片紫红色，外面无毛；舌状花5朵，紫红色。瘦果披针形，黑紫色，压扁状，顶端平截，无喙，每面有7条纵肋，具微糙毛；冠毛2层，白色。 花果期9～11月。 产于平南、灌阳、龙胜、资源、兴安、灵川和融水；生于山谷近水旁或林下。分布于重庆、贵州、云南、江西、湖北、湖南。

109. 假福王草属 Paraprenanthes C. C. Chang ex C. Shih

一年生或多年生直立草本；茎上部伞房状或圆锥状花序分枝。叶不分裂或羽状分裂。头状花同形，舌状，含4～15朵舌状小花，在茎枝顶端排成圆锥状或伞房状花序；总苞圆柱状；总苞片3～4层，外层及最外层较小，顶端急尖或钝，内层较长，总苞片外面淡红紫色；花托无托毛；舌状小花红色或紫色，舌片顶端截形，5齿裂；花药基部具箭头状附属物。瘦果纺锤状，黑色，非压扁状，顶端白色，无喙或喙不明显，每面有4～6条纵肋；冠毛纤细，2层，白色，微糙毛状。　本属有12种，分布于亚洲东部和东南部。我国有12种；广西有5种。

分种检索表

1. 茎枝无毛。
  2. 叶为羽状分裂 ………………………………………… 1. **雷山假福王草** **P. heptantha** C. Shih et D. J. Liu
  2. 叶大头羽状分裂或不分裂，极少为羽状分裂。
    3. 基生叶及中下部茎叶三角状戟形或卵状戟形，不分裂 ………… 2. **林生假福王草** **P. diversifolia** (Vaniot) N. Kilian
    3. 中下部茎叶大头羽状半裂、深裂或全裂，极少羽状深裂或全裂 ……………… 3. **假福王草** **P. sororia** (Miq.) C. Shih
1. 茎枝被多细胞节毛。
  4. 基生叶或中下部茎叶含有心形叶，上部茎叶羽状全裂，全部裂片线形或线状长披针形 ………………………………………………………………………… 4. **异叶假福王草** **P. prenanthoides** (Hemsl.) C. Shih
  4. 基生叶或中下部茎叶无心形叶，上部茎叶不裂，戟形、披针形或长椭圆形 ………………………………………………………………… 5. **蕨叶假福王草** **P. pclypodiifolia** (Franch.) C. C. Chang ex C. Shih

1. 雷山假福王草

Paraprenanthes heptantha C. Shih et D. J. Liu, Acta Phytotax. Sin. **26**:423. 1988；贵州植物志 **9**:364. 1989；中国植物志 **80**(1):178，图版:42. 1997；Fl. China **20～21**:229. 2011.

一年生直立草本，高80～200 cm；茎单生，上部圆锥状花序分枝；茎枝无毛。中上部茎叶长椭圆形，羽状深裂，长12～24 cm，宽8.5～13 cm，叶柄长2.5～10 cm，顶端裂片不规则菱形、披针形或长三角形，侧裂片3～4对，全部裂片边缘浅波状，具小尖头；上部及接圆锥花序下部的叶线状长椭圆形；全部叶两面无毛。头状花序沿茎枝顶端排成圆锥状花序；总苞片约4层，外2层较短，三角状卵形至椭圆状披针形，内2层线状长椭圆形，总苞片外面无毛；舌状小花7～8朵，蓝紫色。瘦果纺锤状，黑色，顶端淡黄白色，无喙，每面有5条高起的不等粗纵肋；冠毛2～3层，微糙毛状。　花果期5～7月。　产于百色、那坡；生于山坡草地或林下。分布于贵州、湖南、江苏和四川。

2. 林生假福王草　长柄假福王草

Paraprenanthes diversifolia (Vaniot) N. Kilian, Fl. China **20～21**:229. 2011. ——*P. sylvicola* C. Shih, Act. Phytotax. Sin. **26**:419. 1988；中国植物志 **80**(1):172，图版40:3～4. 1997. ——*P. gracilipes* C. Shih, Act. Phytotax. Sin. **33**:194. 1995；中国植物志 **80**(1):178. 1997. ——*Prenanthes diversifolia* (Vaniot) C. C. Chang, Bull. Fan Mem. Inst. Biol. Bot. **5**:321. 1934. ——*Lactuca diversifolia* Vaniot, Bull. Acad. Int. Geogr. Bot. **12**:245. 1903；

一年生直立草本，高50～150 cm；茎单生，上部总状圆锥花序状或狭圆锥花序状分枝；茎枝光滑无毛。基生叶片及中下部茎叶片三角状戟形或卵状戟形，长5.5～15 cm，宽4～9 cm，边缘波状锯齿的顶端或齿缘具小尖头，基部戟形、心形或截形，有时中部茎叶为大头羽状全裂，叶柄长4～9 cm；上部茎叶或花序下部的叶与基生叶及中下部茎叶同形，或三角形、椭圆状披针形，有长1.5～2.5 cm的翼柄或无翼柄；全部叶片两面光滑无毛或被多细胞节毛。头状花序在茎枝顶端排列成总状圆锥花序或狭圆锥花序；总苞片4层，外2层苞片卵状三角形或披针形，内2层苞片线状长椭圆形或宽线形，总苞片绿色，稀为红紫色，无毛；舌状小花约11朵，紫红色或紫蓝色。瘦果纺锤状，微压扁状，顶端白色，无喙，每面有5～6条不等粗的细肋；冠毛2层，白色，糙毛状。　花果期2～3月。产于龙胜、桂平、百色、那坡、钟山；生于山谷、山坡林下潮湿地。分布于重庆、福建、广东、湖北、贵州、江西、湖南、陕西、四川、云南和浙江。

3. **假福王草** 堆莴苣(中国高等植物图鉴)

Paraprenanthes sororia (Miq.) C. Shih, Act. Phytotax. Sin. 26:422. 1988;中国植物志 80(1):177,图版 1:7. 1997;Fl. China 20~21:228. 2011. ——*P. thirionni* (H. Lévl.) C. Shih, Act. Phytotax. Sin. 26:424. 1988. ——*Lactuca sororia* Miq., Ann. Mus. Lugd.-Bat. 2:189. 1865;中国高等植物图鉴 4:694. 1975;贵州植物志 9:363. 1989.

一年生直立草本,高 50~150 cm;茎单生,上部圆锥状花序分枝;茎枝光滑无毛。基生叶花期枯萎;中下部茎叶大头羽状半裂、深裂或全裂,极少羽状深裂或全裂,顶裂片宽三角状戟形、三角形或宽卵状三角形,长 5.5~15 cm,宽 5.5~15 cm,边缘具锯齿或重锯齿,基部戟形、心形或平截,侧裂片 1~2(3)对;上部茎叶片小,不裂,戟形、披针形或长椭圆形;全部叶片两面无毛。头状花序沿茎枝顶端排成圆锥状花序;总苞圆柱状;总苞片 4 层,外 2 层短,卵形至披针形,内 2 层较长,线状披针形,全部苞片外面无毛,有时淡紫红色;舌状小花约 10 朵,粉红色。瘦果纺锤状,黑色,顶端窄,淡黄白色,每面有 5 条突起纵肋;冠毛白色,2 层,微糙毛状。 花果期 5~8 月。 产于灵川、桂平;生于山坡、山谷林下或灌木丛中。分布于安徽、重庆、福建、贵州、四川、云南、广东、海南、湖南、江苏、江西、西藏、浙江和台湾,日本和越南亦有。

4. **异叶假福王草** 重庆苣(云南种子植物名录)

Paraprenanthes prenanthoides (Hemsl.) C. Shih, Act. Phytotax. Sin. 26:423. 1988;中国植物志 80(1):180,图版:40:1~2. 1997;Fl. China 20~21:227. 2011. ——*Crepis prenanthoides* Hemsl., Journ. Linn. Soc. Bot. 23:477. 1888. ——*Lactuca chungkingensis* Stebbins, J. Bot. Brit. For. 75:15. 1937.

一年生直立草本,高约 66 cm;茎单生,上部圆锥花序或伞房圆状花序状分枝;茎枝被多细胞节毛。基生叶片不分裂,卵形、三角状心形或戟状心形,长 7~11 cm,宽 4.5~5 cm,边缘有锯齿或波状齿;中下部茎叶片或大头羽状全裂,顶裂片三角状戟形,或羽状深裂至全裂,顶裂片狭线形、长椭圆形或宽披针形,侧裂片 3~4 对;向上的茎叶渐小,羽状全裂,全部裂片线形或线状长披针形;全部叶片两面无毛。头状花序沿茎枝顶端排成圆锥状花序或伞房圆锥状花序;总苞圆柱状;总苞片 3~4 层,外层短,宽三角状卵形至披针形,内层较长,长披针形,全部苞片无毛;舌状小花 12~15 朵,紫红色。瘦果几纺锤形,黑色,顶端淡黄白色,无喙或喙极短,每面有 5~6 条突起的不等纵肋;冠毛 2~3 层,白色,微糙毛状。 花果期 4~5 月。产于平果、乐业、田林、西林和凤山;生于山坡林下。分布于贵州和四川。

5. **蕨叶假福王草**

Paraprenanthes polypodiifolia (Franch.) C. C. Chang ex C. Shih, Fl. Reipubl. Popularis Sin. 80(1):181. 1997;Fl. China 20~21:227. 2011. ——*P. meridionalis* (C. Shih) Sennikov., Bot. Zhurn. (Moscow et Leningrad) 82(5):111. 1997. ——*Mulgedium meridionale* C. Shih, Acta Phytotax. Sin. 26(5):392. 1988. ——*M. polypodifolium* (Franchet) C. Shih, Acta Phytotax. Sin. 26(5):392. 1988. ——*Lactuca polypodiifolia* Franchet., J. Bot. (Morot) 9:265. 1895.

一年生直立草本,高 50~110 cm;茎单生,上部圆锥花序状或圆锥状伞房花序分枝,被多细胞节毛。中下部茎叶大头羽状全裂,叶柄长 9~12 cm,顶裂片三角状或三角状戟形,长 5~8 cm,宽 3.5~6 cm,侧裂片较小,1~3 对,菱形或不规则菱形,全部裂片边缘浅波状;中上部茎叶与中下部茎叶等样分裂;最上部茎叶线形,无柄;全部叶片两面无毛。头状花序在茎枝顶端排列成圆锥花序或圆锥状伞房花序,被多细胞节毛;总苞圆柱状;总苞片 3~4 层,外层小,三角形或卵形,内层较长;舌状小花约 10 朵,紫红色。瘦果纺锤形,黑色,顶端淡黄色,具粗喙,每面有 7 条突起的不等纵肋;冠毛白色,2 层,糙毛状。 花果期 5~6 月。 产于天峨;生于山坡路旁或山谷林下。分布于四川和云南。

239. 龙胆科　GENTIANACEAE*

一年生或多年生草本；茎直立或斜升，有时缠绕。单叶，对生，稀轮生或互生，全缘，基部合生，筒状抱茎或为1横线所连结；无托叶。花序为聚伞花序或复聚伞花序，有时减退至顶生的单花；花两性，极少单性，辐射对称，或在个别属中为两侧对称，一般4～5朵，稀6～10朵；花萼筒状、钟状或辐状；花冠筒状、漏斗状或辐状，基部全缘，稀有距，裂片在蕾中右向旋转排列，稀镊合状排列；雄蕊着生于冠筒上，与花冠裂片同数且与之互生，花丝等长或不等长，花药背着或基着，2室，纵裂，稀顶孔开裂；雌蕊由2个心皮组成，子房上位，1室，侧膜胎座，稀心皮结合处深入而形成中轴胎座，致使子房变成2室；胚珠常多颗；柱头全缘或2裂；腺体或腺窝着生于子房基部或花冠上。蒴果膜质，2瓣开裂，稀不开裂；种子多粒，极小，有丰富的胚乳，表面具纹饰或具翅。　本科约有80属700种，广泛分布于全球各洲，主要分布在北半球温带和寒温带地区。我国有20属419种，绝大多数集中于西南部山区；广西现知有8属33种1变种。

分属检索表

1. 子房完全2室，中央具隔膜；花冠辐状；花药顶孔开裂。
  2. 自生草本；叶绿色，大型；圆锥状复聚伞花序 ……………… 1. **藻百年属** Exacum L.
  2. 寄生草本；叶退化为鳞片形，膜质，无叶绿素；单花顶生 ……………… 2. **杯药草属** Cotylanthera Blume.
1. 子房常1室，中央无隔膜，稀半2室，中央具不完全的隔膜；花冠钟状或漏斗状，若为辐状，则花冠裂片具腺窝或腺斑；花药纵向开裂。
    3. 花序多少作二叉状分枝；花冠稍两侧对称；雄蕊1～2枚发育，2～3枚不发育 ……………… 3. **穿心草属** Canscora Lam.
    3. 聚伞花序或单花；花冠大多辐射对称；雄蕊5枚全发育。
      4. 腺体轮状着生于子房基部。
        5. 花冠通常浅裂，冠筒长于裂片，裂片间具褶；雄蕊着生于冠筒上；果实不扭曲。
          6. 茎四棱形或近圆形，直立或斜升 ……………… 4. **龙胆属** Gentiana (Tourn.) L.
          6. 茎圆柱形，缠绕。
            7. 花萼具5条脉；腺体发达，形成环状花盘围绕子房柄基部；雄蕊不整齐，顶端一侧下弯，花丝线形，向下不增宽；浆果或蒴果 ……………… 5. **双蝴蝶属** Tripterospermum Blume
            7. 花萼具10条脉；腺体小，裸出，不形成花盘；雄蕊整齐，直立，顶部不下弯，花丝向下部逐渐增粗；蒴果 ……………… 6. **蔓龙胆属** Crawfurdia Wall.
        5. 花冠分裂至中部，冠筒与裂片近等长，裂片间无褶；雄蕊着生于花冠裂片间弯缺处；蒴果上半部扭曲 ……………… 7. **匙叶草属** Latouchea Franch.
      4. 腺体着生于花冠裂片上 ……………… 8. **獐牙菜属** Swertia L.

1. 藻百年属　Exacum L.

一年生草本；茎分枝。叶对生。聚伞花序顶生及腋生，组成圆锥状复聚伞花序；花近辐状，4～5朵；花萼深裂至近基部，萼筒甚短，裂片背面具龙骨状突起或具翅；花冠深裂，冠筒短圆柱形；雄蕊着生于花冠裂片弯缺处，与裂片互生，花丝短而细，花药长而粗，圆柱形，2室，顶孔开裂；子房上位，2室，花柱线形。蒴果，成熟后2瓣裂；种子多而小，表面具细瘤状突起。　本属约有40种，分布于亚洲热带、亚热带地区和非洲热带地区及马达加斯加。我国有2种；广西有1种。

---

* 编著者：高成芝、张强。

藻百年 图版 86:1～6

Exacum tetragonum Roxb. ,Fl. Ind. ed. 1832,**1**:398. 1832;中国高等植物图鉴 **3**:412,图 4778. 1974;中国植物志 **62**:5,图版 1:1～ 5. 1988;Fl. China **16**:2. 1995.

一年生草本,高 20～65 cm;全株光滑无毛;茎直立,黄绿色,四棱形,上部有分枝。叶对生;叶片纸质,卵状披针形至卵形,长 2～6 cm,宽 0.8～3 cm,先端急尖,基部圆形,半抱茎,向茎下延成狭翅;叶脉 3～5 条,在背面突起。聚伞花序顶生、腋生,组成圆锥状复聚伞花序;花 4 数;花萼长 5～7 mm,深裂至近基部,裂片卵形,先端尾尖,背面具龙骨状突起;花冠 4 深裂,冠筒短,裂片宽椭圆形,长 11～15 mm;雄蕊着生于花冠裂片间的弯缺处,与裂片互生,花药粗,长 5～7 mm,顶孔开裂,花丝细,长 1.5～2 mm;子房上位,2 室,花柱极长,长 10～12 mm,柱头小,2 裂。蒴果近球形,直径 4～5 mm;种子多粒,具小瘤状突起。 花果期 7～9 月。 产于凤山、平果、隆安、南宁、扶绥、宁明、上思、金秀、柳州、全州;生于山坡路旁、沟边、草地。分布于广东、贵州、云南、江西,尼泊尔、印度东部(模式标本产地)、不丹、缅甸、菲律宾、马来西亚亦有。全草可供药用,可治口腔炎、骨折、跌打损伤。

2. 杯药草属 Cotylanthera Blume.

寄生小草本。叶对生,膜质,鳞片状。花单生于茎顶,辐状,4 数;花萼膜质,分裂至近基部,萼筒甚短;花冠分裂至近基部,冠筒甚短;雄蕊着生于花冠裂片间弯缺处,花药有 2 个不完全的室,药室在下部贯通,顶孔开裂;子房 2 室,无柄,花柱极长,线形,柱头头状,2 裂。蒴果圆球形,成熟时 2 瓣裂;种子多粒。 本属有 4 种,分布于尼泊尔、不丹、印度(东北部)、缅甸、泰国和印度尼西亚。我国有 1 种;广西亦有。

杯药草

Cotylanthera paucisquama C. B. Clarke, Hook. f. Fl. Brit. Ind. **4**:94. 1883;中国高等植物图鉴 **3**:412,图 4777. 1974;中国植物志 **62**:7,图版 1:6～10. 1988;Fl. China **16**:3. 1995. ——*C. yunnanensis* W. W. Smith, Not. Bot. Card. Edinb. **13**:158. 1921.

寄生小草本,高 5～10 cm;茎直立,黄色,光滑,圆柱形,单一,不分枝。叶 3～6 对;叶片膜质,鳞片状,长 1.5～2.5 mm,宽 0.7～1 mm,先端急尖。花单生于茎顶,4 数;花梗黄色,圆柱形,光滑,长 6～10 mm;花萼膜质,长 4～6 mm,分裂至近基部,萼筒宽筒形,裂片三角形,长 2.5～4 mm,先端钝,中脉明显,并向萼筒下延;花冠白色、蓝色或淡紫色,长 10～12 mm,分裂至近基部,冠筒甚短,长 1～1.5 mm,裂片狭矩圆形,先端钝圆,全缘;雄蕊着生于花冠裂片间弯缺处,与裂片互生,花丝线形,长 2.8～4 mm,基部微增宽,花药钻形,稍弯曲,长 2.5～4 mm,有 2 个不完全的室,药室在下部贯通,顶孔开裂;子房 2 室,无柄,卵状椭圆形,长 1.8～2 mm,花柱极长,线形,长 5.5～8 mm,柱头小,头状,2 裂。蒴果近圆球形;种子多粒。产于那坡;生于石灰岩石山林下。分布于西藏、云南、四川。

3. 穿心草属 Canscora Lam.

一年生草本;茎无毛,通常二歧分枝,具 4 棱。叶对生,无柄或有柄,或为圆形的贯穿叶。复聚伞花序二叉状分枝或聚伞花序顶生、腋生,疏散,具叶或叶状苞片。花稍两侧对称,4～5 数;花萼筒状,有条纹或具棱,萼裂片比萼筒短;花冠筒状或钟状,约与萼筒等长或稍长,裂片多少不等,比冠筒短;雄蕊着生于冠筒的上部,与花冠裂片互生,1～2 枚发育,其余 2～3 枚不发育,发育雄蕊与不育雄蕊的花丝通常长短不同,花丝有时缺;子房上位,1 室,无柄,花柱线形,柱头小,2 裂。蒴果内藏,成熟后 2 瓣裂;种子多粒,极小,多角形或近圆形,表面具网纹。 本属约有 30 种,分布于非洲、亚洲和大洋洲的热带、亚热带地区。我国有 3 种;广西 3 种均有。

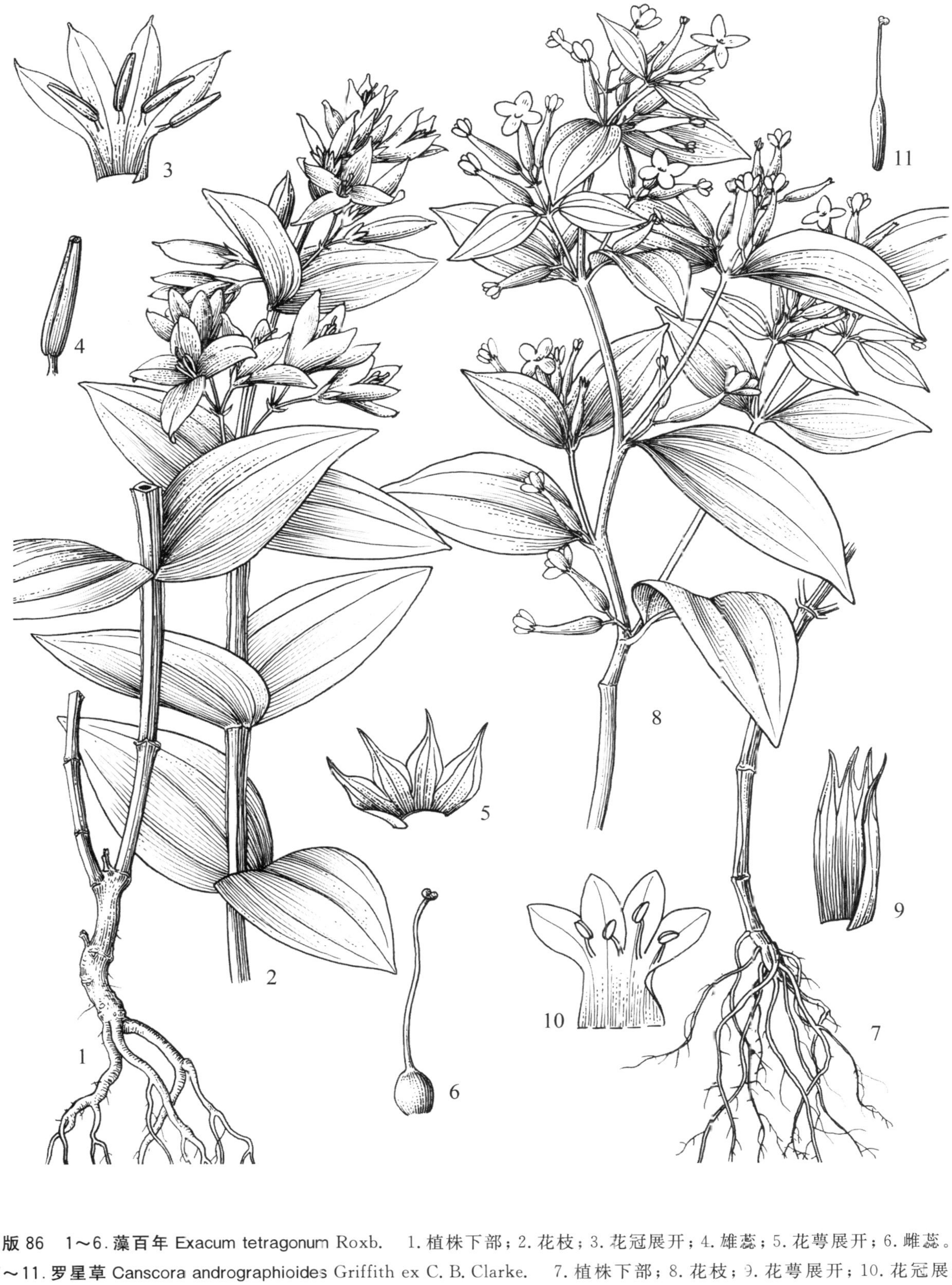

图版 86　1～6. **藻百年** Exacum tetragonum Roxb.　1. 植株下部；2. 花枝；3. 花冠展开；4. 雄蕊；5. 花萼展开；6. 雌蕊。7～11. **罗星草** Canscora andrographioides Griffith ex C. B. Clarke.　7. 植株下部；8. 花枝；9. 花萼展开；10. 花冠展开；11. 雌蕊。（邹贤桂绘）

分种检索表

1. 茎生叶呈圆形的贯穿叶；花 5 数；花冠钟状；雄蕊等长 ……… 1. **穿心草** C. lucidissima (H. Lévl. et Vant.) Hand. -Mazz.
1. 茎生叶对生；花 4 数；花冠筒状或高脚碟状；雄蕊 1～2 枚较长。
 2. 花冠淡紫色或红色；可育雄蕊 2 枚或 3 枚；花萼筒长 4～5 mm，具 4 条纵脉纹 ……………………………………………………………………… 2. **铺地穿心草** C. diffusa (Vahl) R. Brown ex Roemer et Schultes
 2. 花冠白色；可育雄蕊 1 枚；花萼筒长 9～11 mm，具 8 条突起的纵脉纹 …………………………………………………………………………… 3. **罗星草** C. andrographioides Griffith ex C. B. Clarke

1. 穿心草　串线草　狮子钱　图版 87：1

Canscora lucidissima (H. Lévl. et Vant.) Hand. -Mazz., Symb. Sin. **7**：234. 1931；中国高等植物图鉴 **3**：382，图 4717. 1974；中国植物志 **62**：13，图版 2：11～14. 1988；Fl. China **16**：5. 1995. ——*Euphorbia lucidissima* H. Lévl. et Vant., Bull. Herb. Boiss. ser. 2, **6**：763. 1906. ——*Euphorbiopsis lucidissima* (H. Lévl. et Vant.) H. Lévl., Repert. Spec. Nov. Regni Veg. **9**：446. 1911.

多年生草本，高 10～30 cm；全株光滑无毛；茎直立，黄绿色，圆柱形，多分枝，小枝柔弱。基生叶对生，卵形，具短柄；中上部茎生叶呈圆形的贯穿叶，直径 1～4 cm，腹面绿色，背面灰绿色，具突起的清晰网脉。复聚伞花序呈二叉状分枝，疏散而多花，具叶状苞片。花 5 数；花萼钟状，膜质，长 5～6 mm，萼齿甚小，不整齐；花冠白色，钟状，长 6～9 mm，裂片长圆状匙形，整齐，长 2～4 mm，先端钝圆；雄蕊着生于冠筒上部，与花冠裂片互生，近整齐，花丝长约 2 mm；子房 1 室，无柄，花柱丝状，柱头头状，2 裂。蒴果内藏，近球形，长 4～5 mm；种子多粒，黄褐色，细小。　花果期 8 月至翌年 2 月。　产于桂林、阳朔、钟山、昭平、武宣、南宁、龙州、大新、天等、罗城、上林、马山、宜州；生于石灰岩山坡岩石上或石壁下。分布于贵州。　全草可入药，可用于治肺热咳嗽、肺结核、肝炎、胃脘痛、毒蛇咬伤等。

2. 铺地穿心草　红花罗星草

Canscora diffusa (Vahl) R. Brown ex Roemer et Schultes, 1818；Fl. China **16**：5. 1995. ——*C. rubiflora* X. X. Chen, Guihaia 6(3)：177. 1986. ——*Gentiana diffusa* Vahl, Symb. Bot. **3**：47. 1794.

一年生草本，高可达 30 cm；全株光滑无毛；茎基部分枝，下部节间具翅，上部近圆筒形。叶无柄；基部叶片卵圆形、狭卵形至宽披针形，长 0.7～2.4 cm，宽 0.6～1.8 cm，基部截形至楔形，顶端急尖；叶脉 3～5 条，纤细。聚伞花序稀疏，伸展；苞片长 2 mm，宽 0.5 mm。花梗达 1 mm，具狭翅；花萼长达 5 mm，萼筒圆筒状或狭圆筒状，长 3～6 mm，裂片狭三角形、线形至披针形，长达 1.5 mm，顶端渐尖；花冠淡紫色或红色，筒状或高脚碟状，花冠筒长可达 8 mm，裂片狭卵形或椭圆形，长 2.5～5 mm；可育雄蕊 2 枚或 3 枚，短于花冠筒；不育雄蕊 1 枚或 2 枚，约与花冠筒等长。蒴果圆柱形、线形或卵形，长 4～7 mm。　产于田林；生于潮湿农田。分布于贵州、云南，孟加拉国、不丹、印度、印度尼西亚、老挝、马来西亚、尼泊尔、菲律宾、斯里兰卡、泰国、越南、澳大利亚及非洲热带地区亦有。

3. 罗星草　四方香草　图版 86：7～11

Canscora andrographioides Griffith. ex C. B. Clarke, J. Linn. Soc. Bot. **14**：431. 1875；Fl. China **16**：5. 1995. ——*C. melastomacea* Hand. -Mazz., Sinensia **2**：131. 1932；中国高等植物图鉴 **3**：382，图 4718. 1974；海南植物志 3：432. 1974；中国植物志 **62**：13，图版 2：6～10. 1988.

多年生草本，高 20～40 cm；全株光滑无毛；茎直立，四棱形，多分枝。叶对生；无柄；叶片薄纸质，卵状披针形，长 1～7 cm，宽 0.3～2.5 cm，先端渐尖，基部圆形或楔形，基出脉 3 条，在背面突起。复聚伞花序呈二叉状分枝或聚伞花序顶生或腋生；花 4 数，长 9～11 mm，具 8 条突起的纵脉纹，萼齿狭三角形；花冠白色，冠筒圆筒状，与萼筒近等长，裂片平展，呈十字形，稍不整齐，椭圆形或长圆形，长约 5 mm；雄蕊着生于花冠的喉部，只有 1 枚发育，花丝较长，长 2.5～3 mm，其余 3 枚不发育，花丝长约 0.5 mm；子房无柄，1

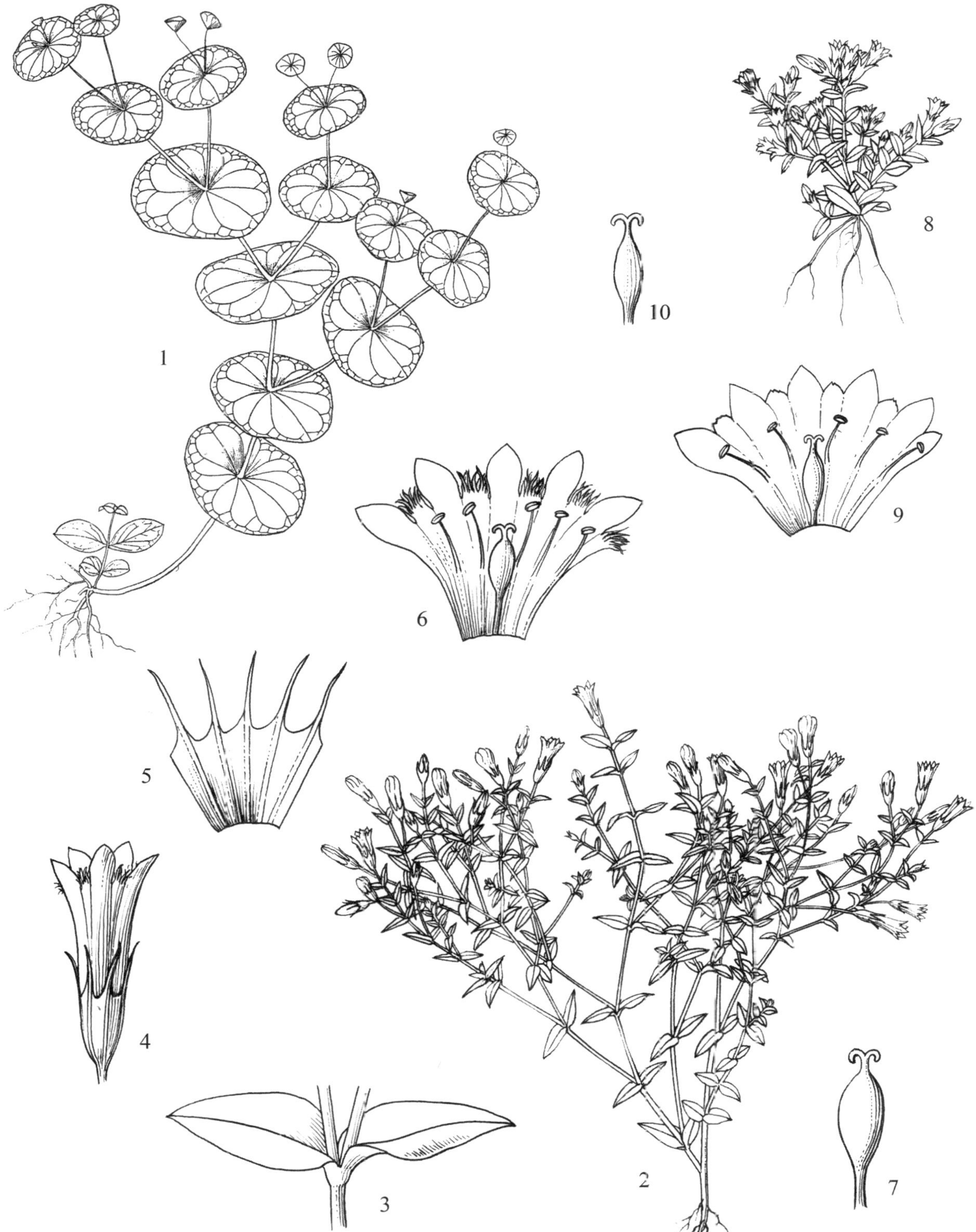

图版 87　1. **穿心草** Canscora lucidissima (H. Lévl. et Vant.) Hand.-Mazz.　1. 植株。　2～7. **少叶龙胆** Gentiana oligophylla Harry Sm.　2. 植株；3. 茎一段；4. 花；5. 花萼；6. 花冠展开；7. 雌蕊。　8～10. **灰绿龙胆** G. yokusai Burk.　8. 植株；9. 花冠展开；10. 雌蕊。（1 刘宗汉绘，2～10 何顺清绘）

室,花柱丝状,长 8～10 mm,柱头 2 裂。蒴果内藏,长圆形;种子黄褐色,多角形。 花果期 8 月至翌年 3 月。 产于金秀、荔浦、贺州、平南、桂平、北流、陆川、博白、灵山、合浦、钦州、防城、上思、宁明、上林;生于山坡路旁、田中、林下、山谷。分布于广东和云南。 全草可供药用,有清热解毒的功效,可用于治肝炎、痢疾、毒蛇咬伤、跌打损伤等。

4. 龙胆属 Gentiana (Tourn.) L.

一年生或多年生草本;茎直立,近四棱形,斜升或铺散。叶对生,稀轮生;无柄或具短柄。花两性,通常 4～5 数,单生或簇生,腋生或顶生;花萼筒状或钟状,4～5 裂,萼筒内具萼内膜;花冠管状、钟状或漏斗状,多数浅裂,裂片间具褶;雄蕊着生于冠筒上,与花冠裂片互生,花丝基部略增宽并向冠筒下延成翅;子房上位,1 室,花柱短,柱头 2 裂;腺体小,轮状着生于子房基部。蒴果 2 瓣裂;种子细小,多粒,表面具网状纹饰或具翅。 本属约有 360 种,主要分布于欧洲、亚洲、北美洲、非洲(西北部)和大洋洲(澳大利亚东部)。我国有 248 种,南北各地均产,大多数种类分布于西南地区;广西有 14 种。 本属许多种类可供观赏和药用。

分种检索表

1. 草本,株高 10 cm 以上;花中型或大型,褶偏斜;蒴果椭圆形、椭圆状披针形,边缘不具翅;种子表面具蜂窝状网隙或具翅。
  2. 单轴分枝,植株的顶芽发育,生长成主茎,主茎及其分枝顶端各具 1 个莲座叶丛。
    3. 基生莲座叶丛不明显;茎生叶二型,基部的 2～4 对叶鳞片状,其余为卵状椭圆形或倒卵形,枝上部叶大小无显著变化 …………………… 1. **滇龙胆草** G. rigescens Franch. ex Hemsl.
    3. 基生莲座叶丛发达;茎生叶单型,愈向茎上部愈大,线状披针形或狭椭圆形。
      4. 最上部叶短于或等于花序;花冠无深色斑点 …………………… 2. **五岭龙胆** G. davidii Franch.
      4. 最上部叶显著长于花序;花冠檐部具多数深蓝色斑点 …………………… 3. **头花龙胆** G. cephalantha Franch.
  2. 合轴分枝,植株的顶芽死亡,侧芽发育成花枝,花枝开花后当年死亡,次级侧芽第二年发育成新的花枝,依次更替;形成根茎。
    5. 有基生莲座叶丛;根茎缩短,根细条形;茎生叶单形,愈向上部愈大,宽卵形或卵状三角形,边缘浅波状;花单数顶生,花冠淡红色,具细长流苏;种子近圆形,周缘具翅 …………………… 4. **红花龙胆** G. rhodantha Franch.
    5. 无莲座叶丛;根茎较粗、较长,须根长绳索状;茎生叶二型,枝下部叶片膜质,鳞片状。
      6. 株高 25～70 cm;上部叶片纸质,边缘反卷;花冠无流苏,裂片先端尾尖,边缘波状或具不整齐齿缺 …………………… 5. **龙胆** G. scabra Bunge.
      6. 株高 20～30 cm;上部叶片近革质,边缘微外卷;花冠裂片先端钝,边缘有不整齐细齿 …………………… 6. **条叶龙胆** G. manshurica Kitag.
1. 矮小草本;花小型,褶整齐;蒴果短而宽,倒卵形、长圆状匙形或倒卵状长圆形,先端具宽翅,两侧边缘具自上而下渐狭的翅;种子表面具细网纹,无翅。
  7. 枝明显二歧分枝,节间长;茎生叶疏,远短于节间;花冠具流苏。
    8. 茎和花梗紫红色;花萼筒长 3.5～4.5 mm …………………… 7. **少叶龙胆** G. oligophylla Harry Sm.
    8. 茎和花梗黄绿色;花萼筒长 4.5～7 mm …………………… 8. **流苏龙胆** G. panthaica Prain et Burk.
  7. 枝通常不呈二歧分枝,密集,节间短;茎生叶短于或等长于节间;花冠无流苏。
    9. 根纤细;茎多数丛生;叶卵形、披针形或线形。
      10. 一年生草本,小枝自基部起多分枝,稀不分枝,直立。
        11. 基生叶在花期不枯萎;茎生叶卵形 …………………… 9. **灰绿龙胆** G. yokusai Burkill.
        11. 基生叶在花期枯萎,宿存;茎生叶披针形 …………………… 10. **念珠脊龙胆** G. moniliformis C. Marq.
      10. 多年生草本,小枝铺散或斜升。

12. 茎生叶线形，对折，外弯 ………………………………………………… 11. **广西龙胆** G. kwangsiensis T. N. Ho.

12. 茎生叶疏离，匙形、椭圆形或披针形 ……………………………… 12. **丛生龙胆** G. thunbergii (G. Don) Griseb.

9. 根略肉质，粗壮，根皮易剥落；茎少数丛生；叶椭圆形或匙形。

13. 植株无匍匐茎；花冠紫蓝色 ……………………………………………… 13. **华南龙胆** G. loureiroi (G. Don) Griseb.

13. 植株有明显的匍匐茎；花冠内面蓝色，外面黄绿色 ………………… 14. **菔根龙胆** G. napulifera Franch.

1. **滇龙胆草**(滇南本草)　坚龙胆　图版 88:1～3

Gentiana rigescens Franch. ex Hemsl. in Journ. Linn. Soc. Bot. **26**:134. 1890；中国高等植物图鉴 **3**:390，图 4733. 1974；中国植物志 **62**:100，图版 15:4～6. 1988；Fl. China **16**:38. 1995. ——*G. rigescens* var. *stictantha* C. Marq., Bull. Misc. Inform. Kew **1937**:163. 1937. ——*G. rigescens* var. *violacea* Harry Sm., Symb. Sin. **7**:976. 1936. ——*G. esquirolii* H. Lévl., Repert. Spec. Nov. Regni Veg. **12**:183. 1913.

多年生草本，高 30～60(100) cm；有长而粗的肉质须根。花枝丛生，直立，坚硬，基部木质化，近圆形，中空，紫色或黄绿色。叶对生；叶片除茎下部的 2～4 对鳞片状外，其余为卵状椭圆形、倒卵形或卵形，长 1.5～5 cm，宽 0.6～2.2 cm，先端钝，基部楔形下延，合生成短鞘状抱茎，腹面深绿色，背面黄绿色，基出脉 3 条。花多数，簇生枝端呈头状，有时亦生于小枝顶端和叶腋，被最上部的苞叶状叶片包围；无梗；花萼倒锥形，长约 8 mm，裂片绿色，不整齐，2 大 3 小，大的呈长圆形，基部收缩成短爪；花冠钟状，紫蓝色，檐部具多数深蓝色斑点，长 2.5～3 cm，裂片宽三角形，先端具尾状尖头；雄蕊着生于花冠筒下部，整齐；子房具柄，柱头 2 裂。蒴果椭圆形，内藏，略短于宿存花被；种子多粒，长圆形，黄褐色，表面蜂窝状。　花果期 8～12 月。产于隆林、田林、凌云、乐业；生于山坡草地或林下。分布于贵州、四川、云南，缅甸亦有。　根或全草可供药用，有清热祛湿、健胃的功效，可用于治肝炎、胆囊炎、目赤肿痛、尿路感染、带状疱疹、湿疹等。

2. **五岭龙胆**　青叶胆

Gentiana davidii Franch., Pl. David. **1**:211. 1884；中国高等植物图鉴 **3**:391，图 4735. 1974；中国植物志 **62**:102，图版 15:7～11. 1988；Fl. China **16**:39. 1995. ——*G. atkinsonii* Burk., J. Proc. Asiat. Soc. Bengal **2**:309. 1906. ——*Gentianodes davidii* (Franch.) Á. Löve et D. Löve, Bot. Not. **125**:257. 1972.

多年生草本，高 10～20 cm；须根较发达，红褐色至棕色；主茎具多数分枝，斜升，紫色或黄绿色。叶对生；叶片线状披针形或椭圆状披针形，先端急尖或钝，基部渐狭连合，边缘略外卷，中脉在背面突起；莲座叶长 3～10.5 cm，宽 0.5～1.3 cm；茎生叶长 1.5～6.5 cm，宽 0.4～1.2 cm，愈向茎上部叶愈大。花多数，簇生于枝端呈头状，基部被最上部的苞叶状叶片包围；无梗；花萼狭倒锥形，长约 1.5 cm，裂片绿色，线状披针形，不等大，长 3～8(12) mm，边缘有乳突，裂片间弯缺宽，截形；花冠筒状钟形，蓝色或紫蓝色，无斑点和条纹，长 2.5～3.5 cm；雄蕊着生于冠筒下部，整齐；子房狭椭圆形，两端渐狭，长约 1 cm，具柄，花柱丝状，柱头 2 裂，裂片线形，外卷。蒴果内藏或上部外露；种子浅黄褐色，长圆形或近圆形，表面具蜂窝状网隙。　花果期 8～11 月。　产于全州、灵川、钟山、金秀、北流；生于山坡草地、林下或林缘。分布于广东、海南、福建、浙江、安徽、江西、江苏、湖南、河南、湖北和台湾。　全草可入药，可用于治结膜炎、肝炎、尿路感染、痈疮肿毒等。

3. **头花龙胆**

Gentiana cephalantha Franch., J. Linn. Soc., Bot. **26**:125. 1890；中国高等植物图鉴 **3**:391. 1974；中国植物志 **62**:103，图版 3:2. 1988；Fl. China **16**:39. 1995.

本种与**五岭龙胆**(*G. davidii* Franch.)相近，主要不同之处是本种叶宽披针形，宽达 2.2 cm；枝端最上部的苞叶状叶丛明显长于花簇；花冠檐部具多数深蓝色斑点；2 枚大的花萼裂片椭圆状匙形；种子较小。　产于百色、田林、隆林；生于山坡路旁、林缘、林中或灌木丛中。分布于云南、四川、贵州，缅甸、泰国和越南亦有。

图版 88 1～3. **滇龙胆草** Gentiana rigescens Franch. ex Hemsl 1. 植株下部；2. 花枝；3. 子房。 4～5. **红花龙胆** G. rhodantha Franch. 4. 花枝；5. 花冠展开。 6～7. **龙胆** G. scabra Bunge 6. 植株；7. 花枝。 （邹贤桂绘）

4. **红花龙胆**　图版 88:4～5

Gentiana rhodantha Franch. , J. Linn. Soc. Bot. **26**: 133. 1890; 中国植物志 **62**: 148, 图版 24: 1～5. 1988; Fl. China **16**: 60. 1995. ——*G. jankae* Kanitz, Növényt. Gyujtesek Eredm. Grof Szechenyi Bela Keletazsiai Utjabol 41. 1891. ——*G. rhodantha* Franch. var. *wilsonii* C. Marquand, Bull. Misc. Inform. Kew **1928**: 55 1928.

多年生草本,高 20～50 cm,具缩短的根茎,须根细,黄色至褐色;茎单生或数条丛生,常带紫色,具纵棱或细条纹,上部多分枝。基生叶莲座状,椭圆形或卵形;茎生叶对生;叶片宽卵形、卵状三角形,稀长圆状椭圆形,长 0.8～3 cm,宽 0.5～2 cm,先端急尖,基部圆形或心形,边缘浅波状;基出脉 3～5 条,在背面明显;无柄或下部叶具极短的柄,合生抱茎。花单生于小枝顶端,无梗;花萼有时带紫色,萼筒长 7～10 mm,裂片线状披针形,长 4～7 mm,中脉在背面突起,下延至萼筒呈狭翅,弯缺圆形;花冠筒状,淡红色,上部稍开展,有紫色脉纹,长 2.5～3.5 cm,裂片卵状三角形,褶的先端具细长流苏;雄蕊着生于花冠筒下部,花丝不等长;子房椭圆形,具短柄,花柱丝状,柱头线形,2 裂。蒴果内藏或先端外露,淡褐色;种子淡褐色,近圆形,周缘具翅。　花果期 10 月至翌年 4 月。　产于金秀、南丹、乐业、田林、那坡、靖西;生于草地、林下或石山山坡。分布于云南、贵州、四川、甘肃、陕西、河南、湖北。　全草有清热利湿、止咳的功效,可用于治支气管炎、肝炎、小便不利等。

5. **龙胆**　龙胆草　胆草　草龙胆　山龙胆　图版 88:6～7

Gentiana scabra Bunge, Verz. Altai Pfl. 21. 1836; 中国高等植物图鉴 **3**: 398, 图 4750. 1974; 中国北部植物图志 **2**: 33, 图版 12. 1933; 中国植物志 **62**: 104, 图版 16: 1～ 4. 1988; Fl. China **16**: 52. 1995. ——*G. fortunei* J. D. Hook. , Bot. Mag. **80**: t. 4776. 1854. ——*G. scabra* Bunge subsp. *australis* M. Y. Liou, Bull. Bot. Res. Harbin **1**(3): 68. 1981.

多年生草本,高 25～70 cm;根茎平卧或直立;花枝单生或少数丛生。枝下部叶淡紫红色,鳞片状,长 4～6 mm,中部以下连成筒状抱茎;中上部叶片卵形、卵状披针形或披针形,长 2～7 cm,腹面密被细乳突。花簇生于枝顶及叶腋,无梗或具短梗;每花具 2 枚苞片,苞片披针形或线状披针形,长 2～2.5 cm;萼筒倒锥状筒形或宽筒形,长 1～1.3 cm,裂片常外翻或开展,线形或线状披针形,长 0.7～1.5 cm;花冠蓝紫色,有时喉部具黄绿色斑点,筒状钟形,长 4～5 cm,裂片卵形或卵圆形,长 7～9 mm,先端尾尖,褶偏斜,窄三角形,长 3～4 mm。蒴果内藏,宽长圆形,长 2～2.5 cm。种子具粗网纹,两端具翅。　花果期 5～11 月。　产于贵港、桂林;生于山坡草地、潮湿地或路旁。分布于福建、广东、江苏、浙江,日本、朝鲜和俄罗斯(东部)亦有。　全草可入药,有清热利湿、健胃的功效,可用于治目赤肿痛、中耳炎、肝炎、胆囊炎、胁痛、尿路感染、湿疹等。

6. **条叶龙胆**

Gentiana manshurica Kitag. , Bot. Mag. (Tokyo) **48**: 103. 1934; 东北植物检索表 285. 1959; 中国高等植物图鉴 **3**: 399, 图 4751. 1974; 中国植物志 **62**: 107, 图版 16: 7～9. 1988; Fl. China **16**: 53. 1995. ——*G. scabra* Bunge f. *levis* Pamp. , Nuovo Giorn. Bot. Ital. n. s. **17**: 693. 1910.

多年生草本,高 20～30 cm;根茎平卧或直立,短缩或长达 4 cm,具多数粗壮、略肉质的须根;花枝单生,直立,黄绿色或带紫红色,中空,近圆形,具条棱,光滑。茎下部叶片膜质;淡紫红色,鳞片状,长 5～8 mm,上部分离,中部以下连成鞘状抱茎;中上部叶线状披针形或线形,长 3～10 cm,宽 0.3～0.9(1.4)cm,愈向茎上部叶愈小,先端急尖或近急尖,基部钝,边缘微外卷,平滑,腹面具极细乳突,背面光滑;叶脉 1～3 条,仅中脉明显,并在背面突起,光滑。花 1～2 朵,顶生或腋生;花无梗或具短梗;每花具 2 枚苞片,苞片线状披针形,长 1.5～2 cm;萼筒钟状,长 0.8～1 cm,裂片稍不整齐,线形或线状披针形,长 0.8～1.5 cm,先端急尖,边缘微外卷,平滑,中脉在背面突起,弯缺截形;花冠蓝紫或紫色,筒状钟形,长 4～5 cm,裂片卵状三角形,长 7～9 mm,先端渐尖,褶偏斜,卵形,长 3.5～4 mm,先端钝,具不整齐细齿;雄蕊着生于冠筒下部,整齐,花丝钻形,长 9～12 mm,花药狭矩圆形,长 3.5～4 mm;子房狭椭圆形或椭圆状披针形,长6～7 mm,两端渐狭,柄长7～9 mm,花柱短,连柱头长2～3 mm,柱头2裂。蒴果内藏,宽椭圆形,两端钝,柄长至2 cm;种子褐色,有光泽,线形或纺锤形,长1.8～2.2 mm,具粗网纹,两端具翅。 花果期8～11月。 产于临桂、贵港;生于海拔100～1 100m的山坡草地、湿草地及路旁。分布于福建、安徽、广东、海南、台湾、浙江、河北、河南、湖北、湖南、江苏、江西、内蒙古、吉林、辽宁、黑龙江、宁夏、陕西、山西和山东,朝鲜亦有。

7. **少叶龙胆** 图版87:2～7

Gentiana oligophylla Harry Sm., Bull. Misc. Inform. Kew **1937**:130. 1937;中国植物志**62**:171,图版28:14～17. 1988;Fl. China **16**:68. 1995.

一年生小草本,高10～20 cm;茎直立,紫红色,光滑,常二叉状分枝。基生叶簇生,较大,叶片椭圆形或卵状椭圆形,长9～20 mm,宽4～7 mm,先端急尖,具小尖头,基部渐狭,基出脉3条,在背面明显,具短柄或无柄;茎生叶对生,疏离,远短于节间,叶片卵状披针形至卵形椭圆形,长5～9 mm,宽1.5～2 mm,先端急尖,基部圆形或心形,半抱茎,合生部分仅高约1 mm,中脉在背面稍突起。花多数,单生于小枝顶端;花梗紫红色,长2～17 mm,裸露;花萼钟状,萼筒长3.5～4.5 mm,裂片丝状锥形,长1.5～2.5 mm,中脉呈脊状突起,并向萼筒下延,弯缺宽,圆形;花冠浅蓝色、蓝绿色或浅紫色,长8～12 mm,裂片卵圆形,褶下部片状,上部具丝状流苏,流苏先端略呈棒状膨大或不明显膨大;雄蕊着生于冠筒的中下部,花丝长2.5～3 mm;子房倒卵形或长圆形,花柱粗短,柱头2裂。蒴果卵圆形或倒卵状长圆形,边缘具翅,外露或内藏,柄长1.5～8 mm;种子黄褐色,近长圆形,具棱。 花果期5～8月。 产于兴安、全州、资源、融水;生于山坡草地、草丛、路旁及林缘。分布于四川、湖北、湖南和贵州。

8. **流苏龙胆**

Gentiana panthaica Prain et Burk., J. Proc. Asiat. Soc. Bengal **2**:313. 1906;中国高等植物图鉴**3**:394,图4742. 1974;中国植物志**62**:169,图版28:9～13. 1988;Fl. China **16**:69. 1995.——*G. robustior* Burk. ex Diels, Not. Roy. Bot. Gard. Edinb. **7**:196. 1912.——*G. reynieri* H. Lévl., Bull. Acad. Int. Géogr. Bot. **25**:22. 1915.

一年生草本,高4～10 cm;茎黄绿色,光滑,从基部起多分枝,枝再作二次二歧分枝,枝铺散,斜升。叶片先端急尖,基部圆形或心形,半抱茎,边缘无软骨质也无膜质,光滑或与叶腹面一样均密被细乳突,背面光滑;叶脉1～3条,在腹面不明显,在背面细而稍突起,光滑或具乳突;叶柄边缘及背面具乳突,仅连合成长1～1.5 mm的筒;基生叶大,在花期枯萎,宿存,卵形或卵状椭圆形,长9～20 mm,宽4～10 mm;茎生叶平展,远短于节间,卵状三角形、披针形或狭椭圆形,长6～8 mm,宽2.5～3.5 mm。花多数,单生于小枝顶端;花梗黄绿色,光滑,长3～12 mm,裸露;花萼钟形,长4.5～7 mm,外面光滑,裂片丝状锥形或锥形,长1.5～3 mm,基部宽1～1.5 mm,边缘无软骨质也无膜质,光滑或与腹面一样均密生细乳突,背面光滑,脉在腹面不明显,在背面呈脊状突起,并向萼筒下延,弯缺宽,圆形;花冠淡蓝色,外面具蓝灰色宽条纹,狭钟形,长(8)10～14 mm,裂片卵形,长2.5～3.5 mm,先端钝,全缘或边缘有不明显细齿,褶卵形,长2～2.5 mm,下部片状,中部具15～20条不整齐丝状流苏;雄蕊着生于冠筒中下部,整齐,花丝丝状钻形,长3～4 mm,花药椭圆形,长0.6～1 mm;子房椭圆形,长3～4 mm,先端钝,基部渐狭,柄粗,长2～2.5 mm,花柱圆柱状,连柱头长0.7～1.2 mm,柱头外反,矩圆形。蒴果内藏或仅先端外露,矩圆形,长4～5 mm,先端钝圆,具宽翅,两侧边缘有狭翅,基部渐狭成柄,柄长至8 mm。种子淡褐色,矩圆形,长1.3～1.5 mm,表面具致密细网纹。 花果期5～8月。 产于融水、全州、兴安、龙胜、资源和象州;生于山坡草地、灌木丛中、林下、林缘、河滩及路旁。分布于云南、四川、贵州、湖南和江西,模式标本采自云南鹤庆。 本种是一个分布广、特征明显的种。主要特征是一年生草本;花萼长为花冠的1/2,褶具有丰富的丝状流苏。*G. reynieri* H. Lévl. 似乎与本种容易区别,它的茎生叶片狭长,线状披针形至线形,基生叶发达,模式标本采自云南东北部;而本种的茎生叶片为卵状三角形,基生叶不发达,模式标本采自云南鹤庆,但经比较大量标本发现,大部分标本的叶较宽,卵状三角形，仅在云南东北部有少数的标本叶窄，线状披针形，但大多数的标本的叶较宽，与其他地区的一样，而且叶由宽至窄之间并无明显分界，显然 *G. reynieri* H. Lévl. 没有成立的必要。*G. robustior* Burk. ex Diels 的模式标本与本种的模式标本则几乎没有区别。

9. **灰绿龙胆** 图版 87：8～10

Gentiana yokusai Burkill, J. Proc. Asiat. Soc. Bengal **2**：316. 1906；江苏南部种子植物手册 596，图 966. 1959；中国高等植物图鉴 **3**：395. 1974；中国植物志 **62**：234，图版 36：8～10. 1988；Fl. China **16**：77. 1995. ——*G. tenuissima* Hayata, J. Coll. Sci. Univ. Tokyo **25**(19)：167. 1908. ——*G. agrorum* Harry Sm., Symb. Sin. **7**：964. 1936.

一年生矮小草本，高 2.5～8 cm；茎自基部起多分枝，直立或斜升；小枝常数个密集呈头状，黄绿色或紫红色，密被细乳突。叶对生；叶片灰绿色，茎下部者较大，卵圆形或卵状椭圆形，长 7～20 mm，宽 4.5～6.5 mm，其余者较小，通常卵形，有时长椭圆形或匙形，常短于节间，长 4～10 cm，宽 3～6 cm，先端钝，具小尖头，基部稍变狭，连合，边缘软骨质，有细睫毛和乳突；中脉在背面突起。花多数，并生于小枝顶端；花梗短，藏于最上部叶中，具细乳突；花萼长 5～7 mm，倒锥状筒形，裂片卵形，长 2～3 mm，先端具小尖头，基部微收缩，边缘软骨质，中脉在背面突起并向萼筒下延成脊，弯缺截形或近圆形；花冠蓝色、紫色、浅蓝色或白色，狭漏斗状，长 7～10 mm，裂片卵形，先端有小尖头，褶全缘或有 1～2 枚细齿；雄蕊着生于冠筒中下部，整齐；子房椭圆形，两端渐狭，花柱线形，柱头 2 裂，裂片外反。蒴果内藏或外露，卵圆形或倒卵状长圆形，先端有宽翅，两侧边缘具狭翅，柄长 1～8 mm；种子褐色，椭圆形或长圆形，具棱。 花果期 3～4 月。 产于平乐；生于水边湿草地、空旷地、荒地、路旁、农田、山坡阳处、山顶草地、林下及灌木丛中。分布于福建、台湾、浙江、江苏、安徽、江西、湖南、湖北、河北、山西、陕西、四川、贵州，日本、朝鲜亦有。

10. **念珠脊龙胆**

Gentiana moniliformis C. Marq., Bull. Misc. Inform, Kew **1931**(2)：86. 1931；中国植物志 **62**：233，图版 36：4～7. 1988；Fl. China **16**：76. 1995.

一年生草本，高 4～6 cm；茎直立，紫红色，密被紫红色乳突，通常基部起分枝。叶先端具小尖头，边缘软骨质，密生短睫毛，两面密被细乳突，中脉白色软骨质；基生叶片倒卵状匙形或狭椭圆形，长 8～17 mm，宽 4～6 mm，在花期枯萎，宿存；茎生叶片小，短于或等于节间，披针形，长 3.5～8 mm，宽 1～3 mm，愈向茎上部叶愈小。花单生于枝顶，常 2～5 个小枝密集或疏散；花梗密生紫红色乳突，藏于最上部叶中；花萼漏斗形，长 4.5～6 mm，裂片绿色，先端具小尖头，边缘密生短睫毛，两面密被细乳突；花冠内面淡蓝色，外面黄绿色，长 7～9 mm，裂片卵形，先端具小尖头，褶卵形，长约 0.7 mm，先端钝，全缘或截形；子房椭圆形，花柱线形，柱头 2 裂。蒴果矩圆形，长 3.5～4 mm，先端圆形，具宽翅，两侧边缘具狭翅；种子矩圆形，表面具白色光亮的念珠状网纹。 花果期 5 月。 产于龙胜、那坡和凌云；生于山坡。分布于云南。

11. **广西龙胆**

Gentiana kwangsiensis T. N. Ho，高原生物学集刊 **3**：23，图版 3. 1984；中国植物志 **62**：188. 1988；Fl. China **16**：73. 1995.

多年生矮小草本，高 3～6 cm；茎多数丛生，铺散或斜升，细瘦，黄绿色或带紫色。茎生叶对生；枝端的叶片密集呈套叠状，薄革质，有光泽，灰绿色，常对折，外弯，线状椭圆形，长 6～12 mm，宽 1～2 mm，先端急尖，有小尖头，基部连合成长 1～1.5 mm 的短筒，边缘软骨质，下缘有短睫毛；中脉软骨质，在背面突起。花单生于小枝顶端，藏于叶丛中，无梗；花萼倒锥形，长 9～10 mm，裂片钻形，长 3～6 mm，先端急尖，有短尖头，边缘软骨质，具短睫毛，中脉在背面呈脊状突起，并向萼筒下延，弯缺楔形或平截；花冠紫色，外面具黄绿色宽条纹，长 9～16 mm，裂片卵形，褶长圆形，先端有不整齐细齿；雄蕊着生于冠筒下部，整齐；子房长圆形，花柱线形，柱头 2 裂。蒴果内藏或先端外露，长圆状匙形，长 3～5 mm，先端钝圆，具宽翅，两侧边缘具狭翅，基部渐狭成柄，柄长至 6 mm；种子深褐色，椭圆形。 花果期 6～10 月。 产于平南；生于石山上或山坡阴湿草丛中。分布于广东、福建。

12. **丛生龙胆**

Gentiana thunbergii (G. Don) Griseb. ,Prodr. **9**:108. 1845;中国植物志 **62**:210. 1988;Fl. China **16**:83. 1995. ——*G. japonica* Maxim. ,Bull. Acad. Imp. Sci. Saint-Pétersbourg Ⅲ,**20**:433. 1875. ——*Ericala thunbergii* G. Don,Gen. Hist. **4**:192. 1837.

一年生或二年生草本,高 5~15 cm;茎黄绿色,光滑,在下部分枝,似丛生,枝不分枝或再作二歧分枝,铺散,斜升。基生叶片较大,在花期枯萎,宿存,卵形或狭卵形,长 10~30 mm,宽 7~22 mm,先端钝圆,边缘软骨质,光滑,两面光滑,中脉在下面突起,叶柄光滑、扁平,长 1~2 mm;茎生叶片疏离,远短于节间,开展,匙形、椭圆形至披针形,长 6~8 mm,宽 1~4.5 mm,先端钝圆至钝,边缘光滑,下部叶边缘软骨质,上部叶边缘膜质,两面光滑,中脉在下面突起;叶柄光滑,连合成长 1.5~2 mm 的筒。花数朵,单生于小枝顶端;花梗黄绿色,光滑,长 5~8 mm,藏于最上部一对叶中,果时伸长至 12 mm,裸露;花萼漏斗形,长 8~9 mm,裂片卵形,长 2.5~3 mm,先端钝,具短小尖头,边缘膜质,光滑,中脉在背面呈脊状突起,并向萼筒作短的下延,弯缺截形;花冠蓝色,漏斗形,长 15~17 mm,裂片卵形,长 2~3 mm,先端钝,褶宽矩圆形,长 1~1.5 mm,先端截形,全缘或有不明显细齿;雄蕊着生于冠筒中部,整齐,花丝丝状,长 2~2.5 mm,花药矩圆形,长 1.2~1.5 mm;子房披针形或椭圆形,长 2.5~3 mm,两端渐狭,柄长 3~3.5 mm,花柱线形,连柱头长 2~2.5 mm,柱头 2 裂,裂片线状矩圆形。蒴果外露或内藏,矩圆状匙形,长 6~7 mm,先端钝圆,有宽翅,两侧边缘有狭翅,基部渐狭,柄长至 28 mm;种子褐色,矩圆形,长 1~1.1 mm,表面具致密细网纹。 花果期 6~9 月。 产于桂东北;生于海拔 1 350~1 750 m 的山坡。分布于吉林、陕西、江西、湖南、广东,朝鲜、日本亦有。

13. **华南龙胆** 紫花地丁

Gentiana loureiroi (G. Don) Griseb. ,Prodr. **9**:108. 1845;广州植物志 557. 1956;中国高等植物图鉴 **3**:396,图 4745. 1974;中国植物志 **62**:254,图版 38:4~6. 1988;Fl. China **16**:95. 1995. ——*G. indica* Steud. ,Nom. Bot. ed. 2,**1**:674. 1840. ——*Ericala loureirii* G. Don,Gen. Hist. **4**:192. 1837.

多年生矮小草本,高 3~8 cm;根略肉质,粗壮,根皮易剥落;茎少数丛生,直立,少分枝,紫红色,密被乳突。叶片椭圆形,少数倒卵状匙形;基生叶存在时呈莲座状,在花期不枯萎,较大,长 7~20 mm,宽 4~7 mm,具宽叶柄;茎生叶较小,多数短于节间,少数长于节间,长 5~10 mm,宽 1.5~3 mm,先端有锐尖头,基部变狭连合成鞘状,边缘稍软骨质,密生细睫毛,中脉在背面明显。花单生于小枝顶端;花梗紫红色,密被乳突,长 5~12 mm,裸露;花萼钟状,长 5~6 mm,裂片披针形或线状三角形,长 2~3 mm,边缘生细睫毛,弯缺狭,楔形;花冠紫蓝色、紫色或鲜蓝色,漏斗状,长 12~15 mm,裂片卵形,褶整齐,边缘有不明显细齿;雄蕊着生于冠筒中下部,整齐,花药线形;子房椭圆形,两端渐狭,花柱线形,柱头 2 裂,外卷。蒴果倒卵圆形,长约 4 mm,常外露,先端圆形,具宽翅,两侧边缘具渐狭的翅,柄长达 15 mm。 花果期 3~9 月。 产于南宁、宾阳、金秀、桂林、兴安、龙胜、融水、罗城;生于山坡草地、路旁或林下。分布于广东、福建、海南、台湾、浙江、湖南、江西,不丹、印度、缅甸、泰国和越南亦有。 全草可入药,有清热解毒的功效,可用于治肝炎、痢疾、痈疮肿毒等。

14. **菔根龙胆**

Gentiana napulifera Franch. ,Bull. Soc. Bot. France **43**:488. 1896;中国高等植物图鉴 **3**:396. 1974;中国植物志 **62**:252. 1988;Fl. China **16**:94. 1995. ——*G. sarcorrhiza* Ling et Ma ex T. N. Ho,Acta Biol. Plateau Sin. **3**:45. 1984.

多年生草本,高 3~5 cm;具长至 2.5 cm 的匍匐茎;根略肉质,肥大,纺锤形,根皮易剥落;茎稀疏丛生,短缩,紫红色,稀黄绿色,密被乳突,不分枝或下部有少数分枝。基生叶发达,稀缺无,在花期不枯萎,叶片椭圆形、线状椭圆形或匙形,长 10~60 mm,宽 3~5 mm,先端钝,边缘软骨质,密生短睫毛,腹面密被极细乳突,背面光滑,叶脉在两面均不明显或中脉细,在背面明显;叶柄边缘密生短睫毛,长 5~8 mm;茎生叶片小,疏离,短于节间,椭圆形或披针形,长 4~8 mm,宽 1~2 mm,先端急尖,边缘软骨质，密生短睫毛，腹面密被极细乳突，背面光滑，叶脉在两面均不明显，叶柄边缘密生短睫毛，背面具乳突，连合成长 1～1.5 mm 的筒。花单或多数，单生于小枝顶端；花梗紫红色，稀黄绿色，密被乳突，长 4～6 mm，藏于最上部一对叶中或裸露；花萼漏斗形，长 5.5～6.5 mm，裂片披针形，长 2.5～4 mm，先端急尖，具小尖头，边缘膜质，狭窄，密生短睫毛，中脉在背面突起，密生短睫毛，弯缺截形；花冠内面蓝色，外面黄绿色，漏斗形，长 12～14 mm，裂片卵形，长 2～2.5 mm，先端钝，褶卵圆形，长 1～1.2 mm，先端圆形，全缘或边缘稍呈啮蚀形；雄蕊着生于冠筒中部，整齐，花丝丝状，长 3～3.5 mm，花药线形，长 2～2.5 mm；子房椭圆形，长 3.5～4 mm，两端渐狭，柄长 2～2.5 mm，花柱线形，连柱头长 1.5～2 mm，柱头 2 裂，裂片线形。蒴果外露，稀内藏，矩圆状匙形，长 4.5～5.5 mm，先端钝圆，边缘有宽翅，基部渐狭，柄长至 18 mm。种子褐色，椭圆形，长 0.7～0.8 mm，表面具细网纹。　花果期 5～6 月。　产于上思；生于山坡草地、山顶空旷地、林下及路旁。分布于云南和四川。　本种与**华南龙胆**［*G. loureiroi*（G. Don）Griseb.］极相近，主要区别在于本种植株具长达 2.5 cm 的匍匐茎；基生叶较大，长 10～60 mm；花冠内面蓝色，外表黄绿色。

5. 双蝴蝶属　Tripterospermum Blume

多年生缠绕草本。叶对生。聚伞花序或花腋生，稀顶生；花 5 数；花萼钟状，通常具 5 条明显的翅状脉；花冠筒状钟形，具短裂片，裂片间具褶；雄蕊着生于冠筒上，不整齐，顶端向一侧弯曲，花丝线形，向下不明显增宽；子房 1 室，含多颗胚珠，子房柄的基部具环状花盘。浆果或蒴果；种子多粒，三棱形，无翅或扁平、具盘状宽翅。　本属约有 25 种，分布于亚洲东部和南部。我国有 19 种；广西有 5 种。

分种检索表

1. 叶片较长，长 3～12 cm；萼筒具翅。
  2. 蒴果；种子近圆形，盘状，具宽翅，褐色或淡褐色 ……………………………… 1. **双蝴蝶** T. chinense（Migo）Harry Sm.
  2. 浆果；种子三棱状，边缘具棱，无翅，紫黑色或暗褐色。
    3. 浆果具长柄，柄长 1～3.5 cm，果全部或大部伸出花冠之外；子房柄较长，通常在 6 mm 以上 ……………………………………………………………………………… 2. **细茎双蝴蝶** T. filicaule（Hemsl.）Harry Sm.
    3. 浆果具短柄，柄长不超过 5 mm，果内藏；子房具极短的柄。
      4. 花冠紫色、淡紫色或紫蓝色 ……………………………………… 3. **香港双蝴蝶** T. nienkui（C. Marq.）C. J. Wu.
      4. 花冠蓝绿色或淡蓝色 ………………………………………………………… 4. **南方双蝴蝶** T. australe J. Murata
1. 叶片较短，长 1～4.4 cm；萼筒无翅 ………………………………………………………… 5. **短裂双蝴蝶** T. brevilobum D. Fang

1. 双蝴蝶（植物名实图考）　图版 89：1～5

Tripterospermum chinense（Migo）Harry Sm.，Grana Palyn. 7(1)：144. 1967；中国高等植物图鉴 3：385，图 4723. 1974；中国植物志 62：259，图版 39：6～9. 1988；Fl. China 16：8. 1995. ——*Crawfurdia chinensis* Migo，J. Shanghai Sci. Inst. Sect. 3(4)：154. 1939. ——*Tripterospermum carlesii* Harry Sm.，Not. Roy. Bot. Gard. Edinb. 26(2)：246～247. 1965.

多年生缠绕草本；具极短的根茎；根黄褐色至深褐色；茎绿色或紫红色，近圆形，具棱或条纹，节间长 7～17 cm。基生叶通常 2 对，着生于茎基部，交互排列呈双蝴蝶状，椭圆形或卵形，近无柄，腹面绿色，背面淡绿色或紫红色；茎生叶片卵状披针形，稀卵形，向上渐变小呈披针形，长 4.5～12 cm，宽 0.8～5 cm，先端尾状渐尖或渐尖，基部心形或近圆形，基出脉 3 条；叶柄长 4～10 mm。花 2 至 4 朵排成紧密的聚伞花序或单花，腋生；花梗短，常具叶状苞片；萼筒长 7～11 mm，具狭翅，裂片线状披针形，与萼筒近等长，弯缺截形；花冠淡紫色或蓝紫色，长 3.2～4.5 cm，裂片卵状三角形，褶小，半圆形；雄蕊着生于花冠筒下部，不整齐，花丝线形，长 1.1～1.9 cm；子房长椭圆形，两端渐狭，子房柄基部具环状花盘，花柱线形，柱头线形，2

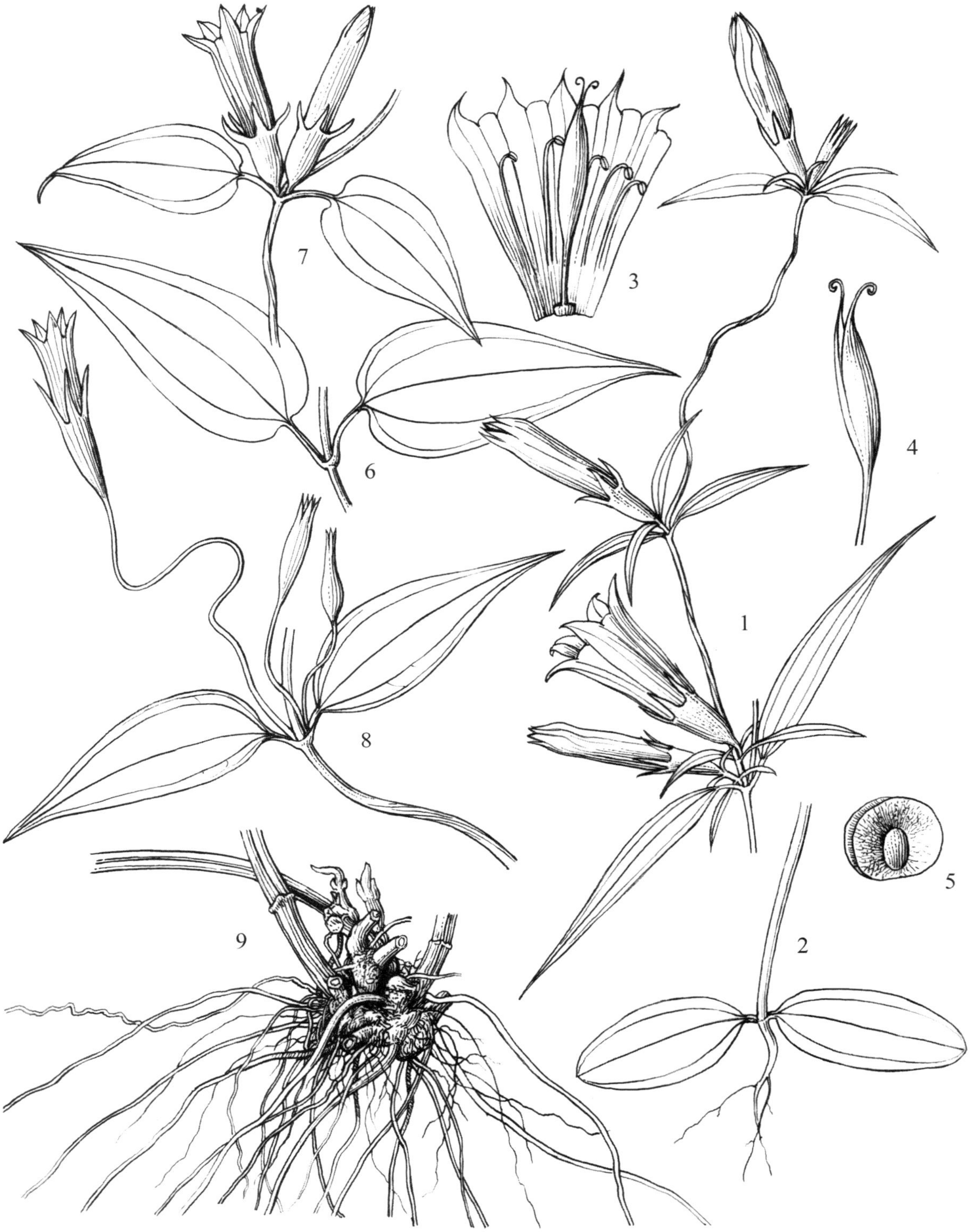

图版 89 1～5. **双蝴蝶** Tripterospermum chinense (Migo) H. Smith 1～2. 植株；3. 花冠展开；4. 果；5. 种子。 6～7. **香港双蝴蝶** T. nienkui (C. Marq.) C. J. Wu 6. 叶枝；7. 花枝。 8～9. **斑茎蔓龙胆** Crawfurdia maculaticaulis C. Y. Wu ex C. J. Wu 8. 花枝；9. 根。 (何顺清绘)

裂,反卷。蒴果内藏或先端外露,长 2～2.5 cm。种子淡褐色,具盘状双翅,直径约 2 mm。 花果期 9 月至翌年 3 月。 产于昭平、钟山、灌阳、兴安、临桂、鹿寨、金秀;生于海拔 300～1 100 m 的山谷林下、山坡灌木丛或草丛中。分布于江苏、浙江、安徽、江西、福建。

2. **细茎双蝴蝶**

Tripterospermum filicaule (Hemsl.) Harry Sm., Not. Roy. Bot. Gard. Edinb. **26**(2):238. 1965;中国植物志 **62**:266,图版 42:2～6. 1988;Fl. China **16**:9. 1995.——*Gentiana filicaulis* Hemsl., J. Linn. Soc. Bot. **26**:127. 1890.

多年生缠绕草本;具根茎和圆柱形细根;茎圆形,具细纵棱,上部螺旋状扭转,节间长 4～13 cm。基生叶片近簇生,卵形,腹面绿色,背面淡绿色或紫色;茎生叶片卵形、卵状披针形或披针形,长 3～11 cm,宽 1.2～3 cm,先端渐尖,基部近圆形或微心形,边缘呈细波状,基出脉 3～5 条,叶柄长 0.5～2 cm,基部抱茎。花单朵或 2～3 朵排成聚伞花序,腋生;花梗短,有或无小苞片;花萼钟形,萼筒长 6～12 mm,裂片线状披针形,与萼筒近等长,基部向萼筒下延呈狭翅,弯缺截形;花冠紫色或蓝色,狭钟形,长 4～5 cm,裂片卵状三角形,具褶;雄蕊着生于冠筒下部,花丝不等长;子房长约 1.3 cm,子房柄长 6～11 mm,基部具 5 浅裂的花盘,花柱细长,柱头 2 裂。浆果长圆形,紫红色,长 2～4 cm,柄长 1～3.5 cm,果全部或大部伸出花冠之外,少内藏。种子暗紫色或近黑色,三棱状,长约 2 mm,无翅。 花果期 8 月至翌年 1 月。 产于天峨、南丹;生于阔叶林中或灌木丛中。分布于云南、贵州、四川、湖北、湖南、陕西、甘肃、河南、安徽、浙江、福建、广东。

3. **香港双蝴蝶** 图版 89:6～7

Tripterospermum nienkui (C. Marq.) C. J. Wu,植物研究 **4**(3):132. 1984;中国植物志 **62**:272. 1988;海南植物志 3:430,图 84. 1974;Fl. China **16**:11. 1995.——*Gentiana nienkui* C. Marq., Bull. Misc. Inform. Kew **1931**:76 1931.

多年生缠绕草本;具短根茎和线形根;茎绿色或暗紫色,具细条棱,螺旋状扭转,节间长 5～16 cm。基生叶丛生,叶片卵形;茎生叶片卵状披针形或卵形,长 3.5～8.5 cm,宽 1.5～3.5 cm,先端渐尖、尾状渐尖或急尖,基部浅心形或圆形,边缘微波状,基出脉 3～5 条;叶柄长 1～1.8 cm。花 2 朵至多朵排成腋生的聚伞花序或单花腋生;花梗长不超过 1 cm,有小苞片;花萼钟形,萼筒长 8～12 mm,裂片披针形,长 7～20 mm,基部向萼筒下延成翅,弯缺截形;花冠紫色、淡紫色或紫蓝色,长 4～5 cm,裂片卵状三角形,具褶;雄蕊着生于冠筒下半部,不整齐;子房长约 1 cm,子房柄短,长 2～3 mm,基部具环状花盘,花柱线形,柱头 2 裂。浆果紫红色,短椭圆形,两端钝,长 1～1.8 cm,内藏,具长 2～3 mm 的短柄;种子紫黑色,扁三棱状,长约 2 mm,表面具细网纹。 花果期 8 月至翌年 1 月。 产于金秀、融水、资源、龙胜、灌阳、阳朔、富川、钟山、贺州、岑溪、容县、北流、上林、巴马;生于海拔 500～1 800 m 的山谷密林中、山坡路旁或疏林中。分布于广东、湖南、浙江,越南亦有。 全草可入药,可用于治咳嗽、痢疾、跌打骨折等。

4. **南方双蝴蝶**

Tripterospermum australe J. Murata, J. Fac. Sci. Univ. Tokyo, Sect. 3, Bot. **14**(4):300. 1989;Fl. China **16**:10. 1995.

多年生草本;茎螺旋状扭曲缠绕,近四棱形。叶柄长 0.5～1.5 cm;叶片披针形至卵形,长 4～9 cm,宽 1.5～4 cm,基部圆形至浅心形,边缘不反卷,顶端渐尖至急尖;叶脉 3～5 条,在叶背面突出。花序由 2～5 朵花组成;苞片鳞状或锥形;花梗长可达 5 mm;具 1 对小苞片,倒披针形,长 2～6 mm;花萼狭钟状,萼筒长 0.7～1.3 cm,具翅,裂片线形至锥形,弓形伸展,长 0.6～2 cm,顶端渐尖或变细;花冠蓝绿色或淡蓝色,狭钟状,长 3.3～5 cm,裂片卵形至三角形,长 7～9 mm,顶端渐尖,褶半圆形或三角形,长 1～3 mm,边缘全缘或偶具疏齿;花丝长 2～2.5 cm,花药椭圆形,长 1.5～2 mm;花盘 1.5～3 mm;子房几无柄,长 7～10 mm;花柱长 1.7～2 cm。浆果椭圆形,长 1.8～2.2 cm,宽 8～10 mm。 产于德保;生于海拔 1 300～1 900 m 的山坡密林下、路旁或草丛。分布于广东、贵州,越南亦有。

5. 短裂双蝴蝶

Tripterospermum brevilobum D. Fang，植物分类学报 **39**(6)：551～552，图 1：6～8. 2001.

多年生草本；全株无毛；茎螺旋状扭转而缠绕，具细纵条纹。叶对生；叶片纸质，狭卵状三角形，长 1～4.4 cm，宽 0.4～2 cm，基部近截形、圆形或浅心形；叶脉 3～5 条，在叶背面稍隆起；叶柄具狭翅，长 4～12 mm。花 1～2 朵腋生；小苞片 1～2 对，长 1～3 mm；花萼狭钟状，管长 9 mm，无翅，口部直径 4～4.5 mm，裂片 5 枚，稍内弯，弯缺截平；花冠淡紫色，长约 4 cm，褶半圆形，长 1.5 mm，宽 4 mm，边缘全缘或波状；雄蕊 5 枚，花丝线形，长 17 mm，花药椭圆形；花盘环状，近波状 5 浅裂；子房长圆形，长约 10 mm；花柱长约 21 mm，柱头 2 浅裂。　花期 10 月。　本种为广西特有种，产于那坡；生于海拔约 1 200 m 的石灰岩石山林下。　本种与**南方双蝴蝶**(*T. australe* J. Murata)相似，但后者叶片披针形至卵形；花序具有 2～5 朵花；小苞片长 2～6 mm，萼筒具翅，长 7～13(20) mm；花冠裂片长 7～9 mm，可以区别。

6. 蔓龙胆属　Crawfurdia Wall.

多年生缠绕草本。叶对生。花 5 朵，通常排成腋生或顶生的聚伞花序，少单花；花萼钟状，萼筒具 10 条脉；花冠漏斗状、钟状或长筒状，裂片间具褶；雄蕊着生于冠筒上，整齐，直立，花丝两侧向下逐渐加宽成翅；子房上位，1 室，子房柄的基部具 5 枚小腺体。蒴果；种子多数，扁平状，具盘状宽翅。　本属有 16 种，分布于亚洲南部，主产于印度、缅甸、不丹。我国有 14 种；广西有 2 种。

分 种 检 索 表

1. 茎具青紫色斑点；花萼裂片披针形，直立，不向外反折 …………… 1. **斑茎蔓龙胆** C. maculaticaulis C. Y. Wu ex C. J. Wu
1. 茎无青紫色斑点；花萼裂片三角齿状，向外反折 ………………………… 2. **福建蔓龙胆** C. pricei (C. Marq.) Harry Sm.

1. 斑茎蔓龙胆　节紫花(那坡)　图版 89：8～9

Crawfurdia maculaticaulis C. Y. Wu ex C. J. Wu，植物研究 **4**(3)：133. 1984；中国植物志 **62**：278. 1988；Fl. China **16**：12. 1995.

多年生缠绕草本；根茎粗壮，根褐色或紫褐色；茎黄绿色，具青紫色斑点、纵棱及细条纹，节间长 12～20 cm。茎生叶片卵形或椭圆形，长 6～14 cm，宽 2～6 cm，先端尾状渐尖，基部圆形，边缘皱波状，稍反卷，腹面绿色，背面淡绿色，基出 3～5 脉；叶柄扁平，长 0.5～1.5 cm。聚伞花序腋生，多花；花序梗及花梗均长短不等，长 0.3～13 cm，常具线状披针形的小苞片；花萼黄绿色或带紫色，钟状，萼筒长 1.1～1.5 cm，先端具很短的膜质萼内膜，裂片披针形，长 7～13 mm；花冠紫色，钟状，长约 5 cm，裂片卵状三角形；雄蕊着生于冠筒近中部，花丝长约 15 mm，具宽约 2.7 mm 的翅；子房长椭圆形，两端渐狭，子房柄基部具 5 枚卵形腺体，花柱短，柱头线状 2 裂。蒴果椭圆形，褐色，长 2～2.5 cm，具约等长的果梗；种子淡褐色，圆形，具盘状双翅。　花期 10 月至翌年 5 月。　产于那坡；生于山坡林下、密林中或灌木丛中。分布于云南。　民间用全草可治骨髓炎、疮、癣等。

2. 福建蔓龙胆　八角草　蝴蝶草(上林)

Crawfurdia pricei (C. Marq.) Harry Sm.，Not. Roy. Bot. Gard. Edinb. **26**(2)：244. 1965；中国植物志 **62**：278，图版 45：1～5. 1988；Fl. China **16**：12. 1995.——*Gentiana pricei* C. Marq.，Bull. Misc. Inform. Kew **1931**：75. 1931.

多年生缠绕草本；根茎粗壮，具多数圆柱形的肉质根，干后呈棕色或暗褐色；茎圆形，有细条棱，上部螺旋状扭转，节间长 4～21 cm。茎最下部常有数对三角形的鳞片状叶；茎生叶片卵形、卵状披针形或披针形，长 4～11 cm，宽 1.7～6 cm，先端渐尖、尾状渐尖或急尖，基部圆形或微心形，边缘细波状，稍反卷，基出脉 3～5 条，在背面突起；叶柄扁平，长 3～8 mm 或几无柄。聚伞花序腋生及顶生，或单花腋生；花梗长达

13 cm，有或无小苞片；花萼筒状，长 1～1.5 cm，先端具明显的膜质萼内膜，裂片三角形，齿状，长 1～4 mm，向外反折；花冠淡紫色、粉红色或紫白色，钟状，长 4～4.5 cm，裂片宽卵状三角形；雄蕊着生于冠筒的中下部，花丝长 12～14 mm，两侧具不等宽翅，宽约 2 mm；子房纺锤形，两端渐狭，长 1～1.4 cm，子房柄与子房近等长，基部有 5 枚长卵形腺体，柱头线形，2 裂。蒴果椭圆形，淡褐色，长约 2 cm，部分伸出花冠；种子褐色，圆形，具盘状双翅，连翅直径约 2 mm。 花果期 9～12 月。 产于贺州、兴安、灵川、灌阳、全州、资源、龙胜、金秀、罗城、马山、上林、武鸣、田林；生于山坡草地、山谷密林或灌木丛中、石山岩石上。分布于湖南、广东、福建，模式标本采自福建龙岩。 全草可清热解毒，用于治肺热咳嗽、肺结核、肾炎、痈疮肿毒等。

7. 匙叶草属 Latouchea Franch.

多年生草本。叶基生；叶片匙形；花茎自叶丛中抽出，四方柱形，着生 3～5 轮聚伞花序，每轮花序下通常具 2 枚无柄的叶状苞片。花 4 数；花萼深裂至近基部；花冠钟状，半裂，裂片间无褶；雄蕊着生于花冠裂片间弯缺处，与裂片互生；子房不完全 2 室，花柱线形。蒴果上部扭曲；种子少粒，表面具纵肋。 本属仅有 1 种，产于我国西南部至东南部，沿南岭分布；广西亦有。

匙叶草 图版 90：1～3

Latouchea fokiensis Franch.，Bull. Soc. Bot. France **46**:212. 1899；中国高等植物图鉴 **3**:403，图 4760. 1974；中国植物志 **62**:287，图版 47:1～5. 1988；Fl. China **16**:98. 1995.

多年生草本，高 15～30 cm；全株光滑无毛；具根茎和白色须根。叶数对基生，平铺地面；叶片卵状匙形，腹面绿色，背面浅绿色或紫色，有淡白色叶脉，连柄长 6～17 cm，宽 2～6 cm，先端圆形，基部向叶柄下延成翅，边缘有微波状齿。花茎着生聚伞花序 3～5 轮，每轮有花 3～8 朵，每朵花下有 2 枚小苞片；花梗长 5～10 mm；花 4 数；花萼裂片线状披针形，长约 5 mm；花冠浅绿色或紫蓝色，钟状，半裂，裂片卵状三角形，先端渐尖，长 5～6 mm；雄蕊着生于花冠裂片之间，花丝极短，花药小；子房不完全 2 室，花柱长 2～3 mm。蒴果卵状圆锥形，长 1.3～1.8 cm，上部扭曲，具宿存的喙状花柱；种子长圆形，两端尖，长约 1.5 mm，表面具纵脊状突起。 花果期 4～5 月。 产于全州、兴安、临桂、龙胜、融水、罗城、金秀、武鸣、那坡；生于山坡林下水沟边、石缝中或草丛中。分布于湖南、广东、福建、贵州、四川、云南，模式标本采自福建。

8. 獐牙菜属 Swertia L.

一年生或多年生草本。叶对生，稀互生或轮生。聚伞花序通常呈伞房花序式或圆锥花序式排列；花 4 数或 5 数；花萼深裂达基部；花冠深裂至近基部，辐状，冠筒甚短，裂片基部或中部具明显的腺窝或腺斑，腺窝常覆以膜片或流苏，稀秃裸，腺斑常与花冠异色；雄蕊着生于冠筒基部，与花冠裂片互生，花丝线形，基部连合成短筒或否；子房 1 室，花柱极短，柱头片状 2 裂。蒴果，常包于宿存的花被中，成熟时由顶端向基部 2 瓣裂；果瓣近革质；种子多粒，细小，光滑、具纹饰或有翅。 本属约有 150 种，主要分布于亚洲和非洲，少数分布于北美洲和欧洲。我国有 75 种；广西有 6 种 1 变种。

分 种 检 索 表

1. 花 5 数；花冠裂片中部具 2 个大腺斑 ……… 1. **獐牙菜** S. bimaculata (Sieb. et Zucc.) Hook. f. et Thoms. ex C. B. Clarke
1. 花 4 数或 5 数；花冠裂片基部具 1 个或 2 个腺窝。
 2. 花 4 数；花冠裂片基部具 1 个腺窝。

图 90　1～3. 匙叶草 *Latouchea fokiensis* Franch.　1. 植株；2. 花冠展开；3. 雌蕊。　4～6. 獐牙菜 *Swertia bimaculata* (Sieb. et Zucc.) Hook. f. et Thoms. ex C. B. Clarke　4. 花枝；5. 花瓣；6. 雌蕊。　(何顺清绘)

3. 花冠黄绿色或浅绿白色，具紫色脉纹；腺窝半圆形；叶脉1～3条，在叶背明显突起 …………………………………… 2. **显脉獐牙菜** S. nervosa (Wall. ex G. Don) C. B. Clarke

3. 花冠白色或淡黄色，具紫色斑点；腺窝圆形；叶片仅中脉明显。

4. 花冠裂片卵形或椭圆形，花萼裂片在花时长于花冠或与花冠等长 …………………………………… 3a. **狭叶獐牙菜** S. angustifolia Buch.-Ham. ex D. Don var. angustifolia

4. 花冠裂片卵状矩圆形，花萼裂片在花时比花冠短 …………………………………… 3b. **美丽獐牙菜** S. angustifolia Buch.-Ham. ex D. Don var. pulchella (D. Don) Burk.

2. 花5数(稀4数)；花冠裂片基部具2个腺窝。

5. 聚伞花序顶生和腋生，排列呈圆锥状，稀疏；花冠淡紫色，裂片长椭圆形，腺窝长圆形，边缘具长柔毛状流苏；柱头2裂，裂片半圆形 …………………………………… 4. **桂北獐牙菜** S. guibeiensis C. Z. Gao

5. 圆锥状复聚伞花序，多花；花冠白色或淡蓝色。

6. 株高15～35 cm；花5数；花萼裂片线状披针形，先端锐尖，背面具3脉；花冠裂片卵状或卵状披针形，基部2个腺窝囊状，具长3～5 mm柔毛状流苏；柱头裂片半圆形 …………………………………… 5. **浙江獐牙菜** S. hickinii Burkill

6. 株高30～100 cm；花5数，稀4数；花萼裂片卵状椭圆形，先端钝，背面具1脉；花冠裂片椭圆形，基部2个腺窝矩圆形，边缘具树根柔毛状流苏；柱头头状 …………………… 6. **大籽獐牙菜** S. macrosperma (C. B. Clarke) C. B. Clarke

1. **獐牙菜**(救荒本草) 图版90:4～6

Swertia bimaculata (Sieb. et Zucc.) Hook. f. et Thoms. ex C. B. Clarke, J. Linn. Soc., Bot. **14**:449. 1875；中国高等植物图鉴 **3**:406，图4765. 1974；中国植物志 **62**:385，图版62:7～9. 1988；Fl. China **16**:114. 1995.——*Ophelia bimaculata* Sieb. et Zucc., Abh. Math.-Phys. Cl. Königl. Bayer. Akad. Wiss. 4(3):159 1846.——*Silene esquirolii* H. Lévl., Fl. Koutútcheou 174. 1914.——*Swertia mairei* H. Lévl., Bull. Acad. Int. Géogr. Bot. **25**:22. 1915.——*S. bimaculata* (Sieb. et Zucc.) Hook. f. et Thoms. ex C. B. Clarke var. *macrocarpa* NaKai, Bot. Mag. (Tokyo) **47**:262. 1933.

一年生草本，高0.3～1.4 m；根棕黄色；茎直立，圆形，中空，上部具开展的分枝。叶对生，基生叶在花期枯萎；茎生叶片椭圆形至卵状披针形，长3.5～10 cm，宽1.5～4 cm，先端渐尖或急尖，基部圆形或宽楔形，下延至叶柄呈宽翅；下部叶具柄，向上逐渐变无柄。圆锥状或伞房状复聚伞花序，多花；花梗长短不等；花5数；花萼裂片绿色，狭椭圆形，长3～6 mm；花冠浅绿色或浅黄色，深裂至近基部，裂片椭圆形或长圆形，长1～1.5 cm，上半部具多数紫色小斑点，中部具2个半圆形或圆形的黄色大腺斑；雄蕊着生于冠筒上，与花冠裂片互生，花丝线形，长5～6 mm；子房无柄，花柱短，柱头小，2裂。蒴果长卵形，2裂；种子褐色，不规则形，表面具瘤状突起。 花果期6～11月。 产于富川、恭城、灌阳、全州、资源、龙胜、融水、凤山、凌云、田林；生于山坡向阳处或河滩。分布于西藏、云南、贵州、四川、甘肃、陕西、山西、河北、河南、湖北、湖南、江西、安徽、江苏、浙江、福建、广东，印度、尼泊尔、不丹、缅甸、越南、马来西亚、日本亦有。

2. **显脉獐牙菜** 叶脉獐牙菜

Swertia nervosa (Wall. ex G. Don) C. B. Clarke, Fl. Brit. Ind. **4**:125. 1883. 中国植物志 **62**:386，图版63:1～2. 1988；Fl. China **16**:115. 1995.——*Agathotes nervosa* Wall. ex G. Don, Gen. Hist. **4**:177. 1837.——*Swertia cavaleriei* H. Lévl., Rep. Sp. Nov. Regni Veg. **12**:187. 1913.

一年生草本，高30～100 cm；根粗壮，黄褐色；茎直立，四棱形，棱上具翅，中上部分枝。叶片膜质，向茎上部叶片渐变小，椭圆形、狭椭圆至披针形，长1.5～8.5 cm，宽0.3～2.2 cm，先端急尖或渐尖，基部楔状下延至叶柄；叶脉1～3条，在背面明显突起。聚伞花序排列呈圆锥状，开展；花梗直立，长0.5～2 cm；花4数；花萼绿色，叶状，长于花冠，裂片线形披针形，长8～17 mm，背面中脉明显；花冠浅绿白色，具淡紫色脉纹，裂片椭圆形，长6～9 mm，具小尖头，近基部有1个半圆形腺窝，其上覆盖一膜片，上半部边缘具短流苏；花丝线形；子房无柄，花柱短而明显，柱头裂片外反。蒴果卵形，长6～9 mm；种子褐色，近长圆形或不规则形，具瘤状突起。 花果期9～11月。 产于那坡；生于山坡路旁。分布于西藏、云南、贵州、四川、甘肃、陕西，尼泊尔(模式标本产地)、印度、不丹亦有。

3. 狭叶獐牙菜

Swertia angustifolia Buch.-Ham. ex D. Don, Prodr. Fl. Nepal. 127. 1825；中国植物志 62：388. 1988；Fl. China 16：115. 1995. ——*S. angustifolia* Buch.-Ham. ex D. Don var. *hamiltoniana* Burk., J. Asiat. Soc. Bengal 2：374. 1906.

3a. 狭叶獐牙菜(原变种)

Swertia angustifolia Buch.-Ham. ex D. Don var. angustifolia

一年生草本，高 20～60 cm；茎直立，四棱形，棱上有狭翅，上部多分枝。叶对生；叶片狭披针形或披针状椭圆形，长 2～6 cm，宽 0.3～10 mm，先端急尖或钝急尖，有时渐尖，基部渐狭，无柄，基出脉 3 条。聚伞花序排列呈圆锥状或伞房状；花梗长 4～13 mm；花 4 数；花萼绿色，长于花冠裂片，裂片线状披针形，长 6～8 mm；花冠白色或淡黄绿色，裂片卵形或椭圆形，有小尖头，上部具淡紫色小斑点，基部具 1 个圆形腺窝，腺窝被膜片覆盖，上半部边缘具短流苏；花丝长 3.5～4 mm。蒴果狭卵形，具宿存短花柱和 2 裂的柱头。种子细小，褐色，近长圆形或不规则形，表面具瘤状突起。 花果期 8～10 月。 产于玉林、贺州、富川、桂林、来宾、环江、南丹、巴马、隆林；生于山坡草地、路旁。分布于云南、贵州、湖南、湖北、江西、广东、福建，克什米尔地区、印度、尼泊尔(模式标本产地)、不丹、缅甸、越南亦有。

3b. 美丽獐牙菜(变种)

Swertia angustifolia Buch.-Ham. ex D. Don var. pulchella (D. Don) Burk., J. Proc. Asiat. Soc. Bengal 2：375. 1906；中国高等植物图鉴 3：405，图 4764. 1974；中国植物志 62：389，1988；Fl. China 16：115. 1995. ——*Ophelia pulchella* D. Don, London Edinb. Philos. Mag. et J. Sci. 8：77. 1836. ——*Swertia vacillans* Maxim., Mél. Biol. Bull. Phys.-Math. Acad. Imp. Sci. Saint-Pétersbourg 2：269. 1881. ——*S. esquirolii* H. Lévl., Repert. Spec. Nov. Regni Veg. 12(317～321)：187. 1913. ——*S. affinis* C. B. Clarke, Fl. Brit. India 4(10)：126. 1883.

本变种的花冠裂片卵状矩圆形，花萼裂片在花时比花冠短，可与原变种相区别。 产于岑溪、全州、金秀、凤山、天峨、乐业、凌云、西林、融水、临桂、兴安；生于田边、草坡、荒地。分布于福建、广东、贵州、云南、湖北、湖南和江西，克什米尔地区、印度、尼泊尔(模式标本产地)、不丹亦有。 全草可供药用，可用于治肝炎、痢疾、毒蛇咬伤等。

4. 桂北獐牙菜

Swertia guibeiensis C. Z. Gao，广西植物 14(1)：20. 1994.

一年生草本，高 25～35 cm；具黄棕色至棕色须根；茎四棱形，棱上具狭翅，自基部或近基部分枝，分枝纤细，斜升。叶对生；叶片薄纸质至纸质，线状椭圆形、线状披针形或线形，长 8～27 mm，宽 1.5～6 mm，先端渐尖或急尖，稀钝形，基部渐狭；无柄；中脉在背面稍突起。聚伞花序顶生和腋生，排列呈圆锥状，稀疏；花梗四棱形，弯拱或直立，长 6～20 mm，基部或下部具 1～2 枚绿色、线形的小苞片。花 5 数，直径 6～10 mm；花萼绿色，短于花冠，裂片椭圆状披针形或狭椭圆形，长 3～6 mm，宽 1.2～1.5 mm，中脉在背面稍突起；花冠淡紫色，冠筒甚短，裂片长椭圆形，长 5～8 mm，宽 1.8～2.8 mm，近基部有 2 个腺窝，腺窝长圆形，边缘具长柔毛状流苏；雄蕊着生于冠筒上，与花冠裂片互生，花丝线形，长 3～4 mm；子房上位，无柄，花柱极短，柱头 2 裂，裂片半圆形。蒴果长圆形，黄褐色，长 6～11 mm，与宿存的花冠裂片近等长或略超出，成熟时从顶端向基部 2 瓣开裂；果梗长达 4.2 cm；种子多而小，直径 0.3～0.5 mm，褐色，圆形或近圆形，表面具细瘤状突起。 花果期 9～11 月。 本种为广西特有种，产于兴安、龙胜、资源；生于山谷路旁、山坡或山顶草地。

5. **浙江獐牙菜**

Swertia hickinii Burkill, J. Asiat. Soc. Bengal 2(7): 320. 1906; 中国植物志 **62**: 399. 1988; Fl. China **16**: 120. 1995.

一年生草本，高 15～35 cm；茎直立，四棱形，棱上具窄翅，常带紫色，通常在中部以上分枝，稀从基部起分枝。叶几无柄；叶片披针形或线状椭圆形至匙形，长 7～26 mm，宽 1～7 mm，茎上部及枝上叶小，先端急尖，稀圆形，基部渐狭，背面仅中脉明显。圆锥状复聚伞花序开展，多花；花梗细，直立，长 7～11 mm；花 5 数，直径达 13 mm；花萼绿色，短于花冠，裂片线状披针形，长 3～6 mm，先端锐尖，背面具 3 脉；花冠白色，稀淡蓝色，裂片卵形至卵状披针形，长 5～9 mm，先端钝，基部具 2 个腺窝，腺窝囊状，具长 3～5 mm 的长柔毛状流苏；花丝线形，长约 4.5 mm，花药长约 1 mm；子房无柄，卵形，长约 5 mm，花柱短而明显，柱头裂片半圆形。　花期 10～11 月。　产于临桂、龙胜；生于海拔 100～1 600 m 的草坪、田边、林下、谷地。分布于湖南、江西、安徽、江苏、浙江、福建，模式标本采自浙江。

6. **大籽獐牙菜**

Swertia macrosperma (C. B. Clarke) C. B. Clarke, Fl. Brit. India. **4**: 123. 1883; 中国高等植物图鉴 **3**: 408, 图 4770. 1974; 中国植物志 **62**: 397, 图版 65: 1～3. 1988; Fl. China **16**: 117. 1995. ——*Ophelia macrosperma* C. B. Clarke, J. Linn. Soc. Bot. **14**: 448. 1875. ——*Swertia randaiensis* Hayata, J. Coll. Sci. Imp. Univ. Tokyo **30**(1): 203. 1911.

一年生草本，高 30～100 cm；根黄褐色，粗壮；茎直立，四棱形，常带紫色，从中部以上分枝，下部直径 1.5～5 mm。基生叶及茎生下部叶花期枯萎，具长柄，叶片匙形，连柄长 2～6.5 cm，宽达 1.5 cm，先端钝，全缘或具不整齐细齿，基部渐窄；茎中部叶无柄，叶片矩圆形或披针形，稀倒卵形，长 0.4～4.5 cm，宽 0.3～1.5 cm，愈向茎上部叶愈小，先端急尖，基部钝，具 3～5 脉。圆锥状复聚伞花序多花，开展。花梗细弱，长 4～15 mm；花 5 数，稀 4 数，小，直径 4～8 mm；花萼绿色，长为花冠的 1/2，裂片卵状椭圆形，长 2.5～4 mm，先端钝，背面具 1 脉；花冠白或淡蓝色，裂片椭圆形，长 4～8 mm，先端钝，基部具 2 个腺窝，腺窝囊状，矩圆形，边缘疏被柔毛状流苏；花丝线形，长 4～5 mm；花药椭圆形，长 1.5 mm；子房无柄，卵状披针形，花柱短而明显，柱头头状。蒴果卵圆形，长 5～6 mm；种子 1～4 粒，较大，矩圆形，长 1.5～2 mm，褐色，表面光滑。　花果期 7～11 月。　产于兴安、龙胜、资源；生于海拔 1 400 m 以上的河边、山坡草地、杂木林或竹林下、灌木丛中。分布于西藏、云南、四川、贵州、湖北、台湾，尼泊尔、不丹、印度(模式标本产地)和缅甸亦有。

239A. 睡菜科　MENYANTHACEAE*

一年生或多年生，浮叶或挺水草本。叶通常互生，稀对生，单叶或具 3 小叶；无托叶。花单生或组成各类花序；花两性，辐射对称；花萼分离或合生；花瓣基部合生，花冠裂片在蕾中内向镊合状排列；花粉粒侧面压扁状，多少呈三棱形，每棱上各具 1 个萌发孔；子房上位，1 室，无隔膜。蒴果，开裂或不开裂；种子极少粒至多粒，有时具翅。　本科约有 5 属 60 种，广泛分布于热带及温带地区。我国有 2 属 7 种；广西有 1 属 4 种。　**睡菜科**之前被置于**龙胆科**(Gentianaceae)下的**睡菜亚科**(Menyanthoideae)，根据解剖学、植物化学、孢粉学和最近的系统发育等研究证据表明，**睡菜科**应从**龙胆科**独立出来。

* 编著者：刘静。

荇菜属 Nymphoides Séguier

多年生水生草本；具根茎。叶基生或茎生，互生，稀对生；叶片浮于水面。花簇生节上，5基数；花萼深裂近基部，萼筒短；花冠常深裂近基部呈辐状，稀浅裂呈钟形，冠筒通常短，喉部具5束长柔毛，裂片在蕾中呈镊合状排列，边缘全缘或具睫毛或在一些种中，边缘宽膜质、透明（或称翅），具细条裂齿；雄蕊着生于冠筒上，与裂片互生，花药卵形或箭形；子房1室，胚珠少至多颗，花柱短于或长于子房，柱头2裂，裂片半圆形或三角形，边缘齿裂或全缘；腺体5个，着生于子房基部。蒴果成熟时不开裂；种子少至多粒，表面平滑、粗糙或具短毛。 本属约有40种，广泛分布于热带及温带地区。我国有6种；广西有4种。

分种检索表

1. 茎不分枝，顶生单叶或节上有时簇生1～3叶（或分枝）；花冠小，直径5～15 mm，裂片不具膜质透明的边缘；蒴果球形或椭圆形，长2～6 mm；种子小，长1～1.5 mm。
  2. 叶背面密生腺体，粗糙；花冠内面基部黄色，裂片边缘无睫毛；种子光滑或具突起。
    3. 花冠裂片腹面无毛，具一隆起的纵褶，直达裂片两端 ………………………… 1. **水皮莲** N. cristata (Roxb.) O. Kuntze
    3. 花冠裂片腹面密生长柔毛，无纵褶 ……………………………………………… 2. **金银莲花** N. indica (L.) Kuntze
  2. 叶两面光滑；花冠纯白色，裂片边缘具睫毛；种子表面有不规则的短刺 ……………………………………………………………………………………………… 3. **刺种荇菜** N. hydrophyllum (Lour.) Kuntze
1. 茎有分枝，上部叶对生，下部叶互生；花冠金黄色，较大，直径2.5～3 cm，裂片边缘宽膜质，透明，有细条裂齿；蒴果椭圆形，长17～25 mm；种子大，长4～5 mm ……………………………………… 4. **荇菜** N. peltata (S. G. Gmelin) Kuntze

1. 水皮莲（中国高等植物图鉴） 银莲花（台湾植物志） 水鬼莲 水浮莲

Nymphoides cristata (Roxb.) O. Kuntze, Revis. Gen. Pl. **2**: 429. 1891；中国植物志 **62**: 417. 1988；Fl. China **16**: 141～142. 1995. ——*N. cristatum* (Roxb.) O. Kuntze, Rev. Gen. Pl. **2**: 429. 1891; Hara in Journ. Jap. Bot. **13**: 27. 1937 et Enum. Spermat. Jap. **1**: 139. 1948；广州植物志 558. 1956；Hara, Fl. E. Himal. 256. 1966；中国高等植物图鉴 **3**: 413. 1974；海南植物志 **3**: 434. 1974；R. V. Nair in Journ. Bomb. Nat. Hist. Soc. **72** (3): 677. 1975；Ohwi, Fl. Jap. 1103. 1978；Liu et Kuo in 台湾植物志 **4**: 182. 1978. ——*Menyanthes cristata* Roxb., Pl. Command. **2**: 3, t. 105. 1798. ——*Limnanthemum cristatum* Griseb., Gen. Sp. Gent. 342. 1838 et in DC. Prodr. **9**: 139. 1845; Hance in Journ. Bot. **16**: 229. 1878; C. B. Clarke in Hook. f. Fl. Brit. Ind. **4**: 131. 1883; Forbes et Hemsl. in Journ. Linn. Soc. Bot. **26**: 142. 1890.

多年生水生草本；茎圆柱形，不分枝，形似叶柄，顶生单叶。叶片漂浮，近革质，宽卵圆形或近圆形，长3～10 cm，背面密生腺体，基部心形，全缘，具不明显的掌状叶脉；叶柄短，圆柱形，长1～3 cm。花多数，簇生节上，5基数；花梗细弱，圆柱形，不等长，短于叶柄，长3～4.5 cm；花萼长3～5.5 mm，分裂近基部，裂片卵状椭圆形或卵形，先端钝，全缘；花冠白色，基部黄色，长4～8 mm，分裂近基部，冠筒短，喉部具5束长毛，裂片卵形，先端钝，边缘平滑，有1隆起的纵褶达裂片两端；雄蕊着生于冠筒上，整齐，花丝线形，长1～2 mm，花药长0.8～1 mm；子房无柄，柱头2裂，裂片三角形。蒴果近球形，直径3～5 mm，成熟时不开裂；种子常少数，黄色，近球形，表面粗糙或光滑。 花果期9月。 产于广西各地；生于湖泊、池塘、沼泽等大水面水域静水中，分布于四川、湖北、湖南、江苏、福建、广东、海南、香港、台湾，印度亦有。

2. 金银莲花（草花谱） 白花荇菜 印度荇菜

Nymphoides indica (L.) Kuntze, Rev. Gen. Pl. **2**: 429. 1891; H. Smith in Hand. -Mazz. Symb. Sin. **7**:

989. 1936；Hara in Journ. Jap. Bot. 13：27. 1937；Kitag. in Rep. Inst. Sci. Res. Manch. 3，Append. 1：360. 1939；Hara，Enum. Spermat. Jap. 1：139. 1948；江苏南部种子植物手册 594，图 962. 1959；东北植物检索表 286. 1959；R. Ornduff in Brittonia 21：351. 1969；A. Raynal in Adansonia ser. 2，14(3)：416. 1974；中国高等植物图鉴 3：413. 图 4780. 1974；海南植物志 3：433. 1974；Ohwi，Fl. Jap. 1103. 1978；Liu et Kuo in 台湾植物志 4：182. 1978；L. A. Lauen. in Not. Bot. Card. Edinb. 37(1)：140. 1978～1979；李昌福于大韩植物图鉴 628. 1979；Y. Shigenobu et R. Tanaka in Journ. Jap. Bot. 55(8)：245. 1980；Hara，Chater et Williams，Enum. Fl. Pl. Nepal 3：95. 1982；中国植物志 62：416. 1988；Fl. China 16：141. 1995. ——*Menyanthes indica* L.，Sp. Pl. 145. 1753. ——*Limnanthemum indicum* Griseb.，Gen. Sp. Gent. 343. 1838 et in DC. Prodr. 9：139. 1845；Thwaites，Enum. 205. 1864；C. B. Clarke in Hook. f. Fl. Brit. Ind. 4：131. 1883；Kom. Fl. Mansh. 3(1)：280. 1905；中国北部植物图志 2：57，图版 24. 1933. ——*Nymphoides humboldtiana* O. Kuntze，l. c. 429；R. Ornduff in Evolution 20：310，f. 1. 1966. ——*Limnanthemum esquirolii* H. Lévl. in Fedde，Rep. Sp. Nov. 13：259. 1915.

多年生水生草本；茎圆柱形，不分枝，形似叶柄，顶生单叶。叶片漂浮，近革质，宽卵圆形或近圆形，长 3～18 cm，背面密生腺体，基部心形，全缘，具不甚明显的掌状叶脉；叶柄短，圆柱形，长 1～2 cm。花多数，簇生节上，5 基数；花梗细弱，圆柱形，不等长，长 3～5 cm；花萼长 3～6 mm，分裂至近基部，裂片长椭圆形至披针形，先端钝，脉不明显；花冠白色，基部黄色，长 7～12 mm，直径 6～8 mm，分裂至近基部，冠筒短，具 5 束长柔毛，裂片卵状椭圆形，先端钝，腹面密生流苏状长柔毛；雄蕊着生于冠筒上，整齐，花丝短，扁平状，线形，花药箭形；子房圆锥形，花柱粗壮，圆柱形，柱头膨大，2 裂，裂片三角形。蒴果椭圆形，长 3～5 mm，不开裂；种子臌胀，褐色，近球形，长 1.2～1.5 mm，光滑。　花果期 8～10 月。　产于合浦；海拔 50～1 600 m 的生于湖泊、池塘、沼泽等静水水域。分布于我国东北、华东、华南地区以及河北、云南，广泛分布于世界的热带至温带地区。

3. **刺种荇菜**(海南植物志)　刺种莕菜

Nymphoides hydrophyllum (Lour.) Kuntze，Rev. Gen. Pl. 2：429. 1891；海南植物志 3：434，图 837. 1974；中国植物志 62：418. 1988；Fl. China 16：142. 1995. ——*Menyanthes hydrophylla* Lour.，Fl. Cochinch. 105. 1790. ——*Limnanthemum hydrophyllum* Griseb.，Gen. Sp. Gent. 348. 1838；Merr. et Chun in Sunyatsenia 2：308. 1935. ——*Villarsia hydrophyllum* (Lour.) Roem. et Schult.，Syst. Veg. 4：181. 1819.

沼泽生浮水草本；茎细长，节上生根。叶片常数片簇生节上；膜质，心形，长 1～6 cm，宽 1～5 cm；叶脉掌状，不明显；叶柄纤细，长 4～10 cm。花 2～10 朵簇生节上，5 基数；花梗纤细，不等长，长 2～6 cm；苞片离生，三角形，顶端急尖，长 5～10 mm；花萼裂片狭矩圆形，长 4～5 mm，先端尖；花冠开展，白色，稀淡黄色，钟状，长 7～8 mm，冠筒约与花萼裂片等长，裂片很短，顶端微缺，边缘流苏状或被疏毛；雄蕊无花丝，花药三角形；蜜腺 5 枚，撕裂状，着生于子房的基部附近；子房卵形，花柱很短。蒴果球形，直径约 3 mm；种子 6～10 粒，宽约 1 mm，表面有不规则的短刺。　花果期 8～9 月。　产于桂西南；生于沟边、沼地，一般少见。分布于广东、香港，印度、泰国、柬埔寨、越南亦有。

4. **荇菜**(唐本草)　金莲子(本草)　莲叶荇菜(中国北部植物图志)　莲叶莕菜(东北植物检索表)　莕菜

Nymphoides peltata (S. G. Gmelin) Kuntze，Revis. Gen. Pl. 2：429. 1891；中国植物志 62：414，图版 67：4～6. 1988；Fl. China 16：141. 1995. ——*N. peltatum* (Gmel.) O. Kuntze，Rev. Gen. Pl. 2：429. 1891；H. Smith in Hand.-Mazz. Symb. Sin. 7：989. 1936；Kitag. in Rep. Inst. Sci. Res. Manch. 3，Append. 1：360. 1939；Grossh. in Kom. Fl. URSS 18：643. 1952；江苏南部种子植物手册 594，图 961. 1959；东北植物检索表

286,图版 93:图 4. 1959;Семнотр. в Лавлов,ФЛ. Казах. **7**:122. t. 14,f. 6. 1964;R. Ornduff in Evolution **20**:310,f. l. 1966;中国高等植物图鉴 **3**:414,图 4781. 1974;Ohwi,Fl. Jap. 1103. 1978;李昌福于大韩植物图鉴 628. 1979;Y. Shigenobu et R. Tanaka in Journ. Jap. Bot. **55** (8):245. 1980.——*Menyanthes nymphoides* L. Sp. Pl. 145. 1753.——*Limnanthemum peltatum* Gmel. in Nov. Comm. Acad. Sci. Petrop. **14** (1):527. 1769(1770).——*L. nymphoides* Hoffmgg. et Link,Fl. Portung. **1**:344. 1809;Griseb. Gen. Sp. Gent. 341. 1839 et in DC. Prodr. **9**:138. 1845;C. B. Clarke in Hook. f. Fl. Brit. Ind. **4**:131. 1883;Forbes et Hemsl. in Journ. Linn. Soc. Bot. **26**:142. 1890;Diels in Bot. Jahrb. **29**:539. 1900;Kom. Fl. Mansh. **3**(1):279. 1905;中国北部植物图志 **2**:59,图版 25. 1933.

多年生水生草本;茎圆柱形,多分枝,密生褐色斑点,节下生根。上部叶对生,下部叶互生;叶片漂浮,近革质,圆形或卵圆形,直径 1.5~8 cm,基部心形,全缘,有不明显的掌状叶脉,背面紫褐色,密生腺体,粗糙,腹面光滑;叶柄圆柱形,长 5~10 cm,基部变宽,呈鞘状,半抱茎。花常多数,簇生节上,5 基数;花梗圆柱形,不等长,稍短于叶柄,长 3~7 cm;花萼长 9~11 mm,分裂近基部,裂片椭圆形或椭圆状披针形,先端钝,全缘;花冠金黄色,直径 2.5~3 cm,分裂至近基部,冠筒短,喉部具 5 束长柔毛,裂片宽倒卵形,先端圆形或凹陷,中部质厚的部分卵状长圆形,边缘宽膜质,近透明,具不整齐的细条裂齿;雄蕊着生于冠筒上,整齐,花丝基部疏被长毛;短柱花雌蕊长 5~7 mm,花柱长 1~2 mm,柱头小,花丝长 3~4 mm,花药长 4~6 mm;长柱花雌蕊长 7~17 mm,花柱长达 10 mm,柱头大,花丝长 1~2 mm,花药长 2~3.5 mm;腺体 5 枚,黄色,环绕子房基部。蒴果无柄,椭圆形,长 17~25 mm,宽 8~11 mm,成熟时不开裂;种子大,褐色,椭圆形,长 4~5 mm,边缘密生睫毛。 花果期 4~10 月。 产于广西各地;生于海拔 60~1 800 m 的池塘或不甚流动的河溪中。分布于我国绝大多数地区,俄罗斯、蒙古、朝鲜、日本、伊朗、印度、欧洲各国及克什米尔地区等亦有。

240. 报春花科 PRIMULACEAE*

多年生或一年生草本。叶全部基生或在茎上互生或对生。花单生或组成总状、伞状或穗状花序,花两性,5 基数,辐射对称;雄蕊贴生于花冠上,与花冠裂片同数且对生,花丝分离或下部连合成筒;子房上位,稀半下位,1 室,具特立中央胎座。蒴果,通常 5 齿裂或瓣裂;种子有棱角,常为盾状。 本科有 22 属近 1 000 种,主要分布于北半球温带和高山地区。我国有 12 属 528 种,主要分布于西部和南部;广西有 5 属 45 种 8 变种。 本科部分种类供观赏和药用。

分 属 检 索 表

1. 子房上位。
  2. 花生于叶腋或茎端,排成总状花序或伞形花序。
    3. 叶全缘;花冠筒短于花萼 …………………… 1. **珍珠菜属** Lysimachia L.
    3. 叶缘具粗齿;花冠筒与花萼等长 …………………… 2. **假婆婆纳属** Stimpsonia Wright ex A. Gray.
  2. 花生于花葶端,排成伞形花序。
    4. 花冠筒短于花萼,筒口收缩 …………………… 3. **点地梅属** Androsace L.
    4. 花冠筒长于花萼,筒口不收缩 …………………… 4. **报春花属** Primula L.
1. 子房半下位 …………………… 5. **水茴草属** Samolus L.

* 编著者:胡启明、董莉娜。

1. 珍珠菜属 Lysimachia L.

茎直立或匍匐。叶全缘；互生或对生；常具透明或有色的腺点、腺条。花单出腋生或排成顶生或腋生的总状花序或伞形花序；花萼分裂近达基部；花冠白色、黄色、淡红色或淡紫红色，通常 5 深裂，筒部极短，裂片在花蕾中呈旋转状排列；花丝分离或基部合生成筒；子房球形。蒴果卵圆形或球形，5 瓣裂，稀不开裂；种子具棱角或有翅。 本属约有 180 种，主要分布于北半球温带和亚热带地区，少数种类产于非洲、大洋洲（澳大利亚）和南美洲。我国有 138 种；广西现知有 36 种 7 变种。 本属部分种可供药用，为民间常用草药。

分 种 检 索 表

1. 茎极度缩短，不明显或近于无茎；叶近基生。
  2. 叶片椭圆形；花排成长总状花序 ………………………… 1. **葶花香草** L. scapiflora C. M. Hu, Z. R. Xu et F. P. Chen
  2. 叶片倒披针形；花单出腋生 ………………………………… 2. **龙津过路黄** L. rupestris F. H. Chen et C. M. Hu
1. 茎明显，直立或匍匐。
  3. 花非白色或不排成顶生长总状花序；花丝基部合生成环。
    4. 叶互生或 2～4 片聚生茎端；花药长于花丝，基着。
      5. 叶 2～4 片聚生茎端，茎下部叶退化成鳞片状。
        6. 总状花序长 6～9 cm，在叶轮下沿茎着生 ……………………………………… 3. **三叶香草** L. insignis Hemsl.
        6. 总状花序极短；花呈簇生状。
          7. 叶先端锐尖。
            8. 花序沿茎着生；花梗长 2～5 mm。
              9. 茎高 10～18 cm；叶片长 4.5～6.5 cm，宽 3～4.5 cm ……………………………………… 4a. **岩居香草** L. saxicola Chun et F. Chun ex Chen et C. M. Hu var. saxicola
              9. 茎高 4～8 cm；叶片长 2～4 cm，宽 1.5～3 cm，腹面沿边缘有一圈小刚毛 ……………………………………… 4b. **小岩居香草** L. saxicola Chun et F. Chun ex Chen et C. M. Hu var. minor
            8. 花序近顶生；花梗长 1.5～4 cm。
              10. 叶基部圆形 ………………………………………… 5. **独山香草** L. dushanensis F. H. Chen et C. M. Hu
              10. 叶基部心形 ……………………………………………………… 6. **临桂香草** L. linguiensis C. Z. Gao
          7. 叶先端圆形或钝 ……………………………………………… 7. **厚叶香草** L. crassifolia C. Z. Gao et D. Fang
      5. 叶互生。
        11. 花生于苞腋或向茎端渐次缩小的苞片状叶腋，排成总状花序状。
          12. 花萼裂片披针形，长达 6 mm，先端渐尖成钻形 ……… 8. **邕宁香草** L. heterobotrys F. H. Chen et C. M. Hu
          12. 花萼裂片卵形，长 2～4 mm，先端急尖。
            13. 叶片卵形至卵状披针形，基部圆形至浅心形；苞片钻形 ……… 9. **纤柄香草** L. filipes C. Z. Gao et D. Fang
            13. 叶片卵状椭圆形，基部短渐狭；苞片叶状 …………… 10. **垂花香草** L. nutantiflora F. H. Chen et C. M. Hu
        11. 花 1 朵至多朵生于正常的叶腋。
          14. 茎草质，有翅；花冠直径 2～3.5 cm ………………………………… 11. **灵香草** L. foenum-graecum Hance
          14. 茎多少带木质，无翅；花冠直径小于 2 cm。
            15. 蒴果不开裂，直径 6～7 mm；花药长 7～8 mm ……… 12. **木茎香草** L. navillei (H. Lévl.) Hand.-Mazz.
            15. 蒴果瓣裂，直径小于 6 mm；花药长 2～5 mm。
              16. 茎具多数分枝；叶长 1～17 mm。
                17. 叶腹面被小刺毛；花梗长 3～7 mm ……………………………… 13. **短枝香草** L. aspera Hand.-Mazz.
                17. 叶无毛，两面密被腺体；花梗长 6～12 mm …… 14. **田阳香草** L. tianyangensis D. Fang et C. Z. Gao
              16. 茎通常极少分枝；叶长于 2 cm。
                18. 花 2 朵至多朵生于叶腋短枝端；花梗长 3～8 mm；花萼长于蒴果近 1 倍 ……………………………

……………………………………………………………… 15. **长萼香草** L. inaperta C. M. Hu et F. N. Wei

18. 花 1～2 朵生于叶腋；花梗长于 1 cm；蒴果长于花萼。

19. 叶片卵圆形至广卵状披针形，在茎端密聚；蒴果直径 5～6 mm … 16. **阔叶假排草** L. petelotii Merr.

19. 叶片披针形或线形，在茎上近均匀排列；蒴果直径约 3 mm。

20. 叶片线形，宽不超过 6 mm ………………… 17. **条叶香草** L. vittiformis F. H. Chen et C. M. Hu

20. 叶片卵形至披针形，宽于 0.7 cm。

21. 花冠长 9～11 mm ……………………………………… 18. **富宁香草** L. fooningensis C. Y. Wu

21. 花冠长约 5 mm …… 19. **石山细梗香草** L. capillipes Hemsl. var. cavaleriei (H. Lévl.) Hand. -Mazz

4. 叶对生或具黑色腺点，或 4 片至多片聚生茎端；花药短于花丝，背着。

22. 叶 4 片至多片聚生茎端。

23. 叶 4～6 片轮生茎端，叶片倒卵形至椭圆形；花梗长 5～15 mm ……… 20a. **落地梅** L. paridiformis Franch. var. paridiformis

23. 叶 6～18 片轮生茎端，叶片披针形至线状披针形；花梗长可达 3 cm ………………………………………………………………………… 20b. **狭叶落地梅** L. paridiformis Franch. var. stenophylla Franch.

22. 叶对生或有 2 对在茎端密聚成轮生状。

24. 叶和花冠无有色腺点。

25. 花单生于叶腋，具明显的花梗。

26. 植株矮小，高不超过 15 cm；叶长 1～2.5 cm。

27. 花白色；叶腹面无毛 ………………………………………………………… 21. **白花过路黄** L. huitsunae Chien

27. 花黄色；叶两面密被多细胞柔毛 ……………… 22b. **小寸金黄** L. deltoidea Wight var. cinerascens Franch.

26. 植株粗壮，高达 50 cm；叶长 3～9 cm，密被小糙伏毛。

28. 叶柄长 2～10 mm，基部扩展成耳状或不明显扩大 ………………………………………………………………………… 23a. **山萝过路黄** L. melampyroides R. Knuth var. melampyroides

28. 叶无柄，基部耳状抱茎 ………………………………………………………………………… 23b. **抱茎山萝过路黄** L. melampyroides R. Knuth var. amplexicaulis F. H. Chen et C. M. Hu

25. 花聚生茎端或排成腋生总状花序；花梗长仅 2～5 mm。

29. 花 4～10 朵排成腋生短总状花序；叶柄基部具耳，呈抱茎状 …………… 24. **耳柄过路黄** L. otophora C. Y. Wu

29. 花密聚茎端呈头状。

30. 茎圆柱形或具钝四棱形，被毛；叶片卵形至卵状椭圆形，两面均被多细胞柔毛 ………………………………………………………… 25. **叶头过路黄** L. phyllocephala Hand. -Mazz.

30. 茎明显四棱形，无毛；叶披针形至阔披针形，无毛或仅腹面被稀疏小刺毛 ………………………………………… 26. **五岭管茎过路黄** L. fistulosa Hand. -Mazz. var. wulingensis F. H. Chen et C. M. Hu

24. 叶和花冠具黑色或红褐色腺点。

31. 花单生叶腋，具明显的花梗。

32. 叶具黑色腺点；花萼裂片背面具突起 ……………………… 27. **阳朔过路黄** L. carinata Y. I. Fang et C. Z. Cheng

32. 叶具黑色腺条；花萼裂片背面无突起。

33. 茎平卧延伸；叶片两面无毛或密被糙伏毛；花梗长 1～5 cm ………… 28. **四川过路黄** L. christiniae Hance

33. 茎直立或披散；叶片两面被多细胞柔毛；花梗长 5～7 mm ………… 29. **云南过路黄** L. albescens Franch.

31. 花聚生茎端或枝端呈头状。

34. 叶和花冠具点状腺体。

35. 全株无毛；茎直立；叶密布黑色腺点 ……………………………………… 30. **大叶过路黄** L. fordiana Oliv.

35. 植株被毛；茎匍匐；叶仅边缘具暗红色或黑色腺点 ……………………… 31. **临时救** L. congestiflora Hemsl.

34. 叶和花冠具条状腺体。

36. 茎端叶较中部叶大；花生于茎端和具有正常叶的枝端。

37. 植株高 6～45 cm；叶片卵形至卵状披针形，长 3.5～11 cm，先端锐尖或钝，幼时非红色 ………………………………………………………………… 32a. **广西过路黄** L. alfredii Hance var. alfredii

37. 植株高 6～12 cm；叶卵圆形或近圆形，长 2～5 cm，顶端钝或圆形，幼时带红色 ………………

………………………………………………… 32b. **小广西过路黄** L. alfredii Hance var. chrysosplenioides

36. 茎端叶较中部叶小。

38. 茎密被铁锈色多细胞柔毛；花集生于茎和枝的顶端；无苞片 ……………………………………………………………………………………… 33. **巴东过路黄** L. patungensis Hand.-Mazz.

38. 茎多少被铁锈色柔毛；花生于枝端密集的苞腋；苞片叶状 ………… 34. **显苞过路黄** L. rubiginosa Hemsl.

3. 花白色，排成顶生长总状花序；花丝分离。

39. 叶椭圆形、卵形、披针形或卵状披针形；花冠分裂近达基部。

40. 雄蕊、柱头内藏；花萼裂片椭圆形，先端钝圆。

41. 植株多少被卷曲柔毛；花序粗壮，密花；花冠长 5～6 mm ……………………………… 35. **矮桃** L. clethroides Duby

41. 植株近于无毛；花序细长，疏花；花冠长约 3 mm ……………………………… 36. **星宿菜** L. fortunei Maxim.

40. 雄蕊、柱头伸出花冠外；花萼裂片披针形或卵状披针形。

42. 茎膝曲直立或上升，单一或基部分枝成簇生状；叶片长 1.5～5 cm，宽 1～1.3 cm ……………………………………………………………………………………… 37. **长蕊珍珠菜** L. lobelioides Wall.

42. 茎直立，上部分枝；叶片长 6～13 cm，宽 1.5～4 cm ……………………… 38. **延叶珍珠菜** L. decurrens Forst. f.

39. 叶片匙形或倒披针形；花冠分裂约达中部 …………………………………………… 39. **泽珍珠菜** L. candida Lindl.

1. 莛花香草

Lysimachia scapiflora C. M. Hu, Z. R. Xu et F. P. Chen, Acta Phytotax. Sin. 26: 306. 1988; Fl. China 15: 46. 1996.

茎直立，高 10～15 cm；无毛。叶呈莲座状；叶片椭圆形或狭椭圆形，长 15～28 cm，宽 4.5～9 cm；叶脉 10～13 对；叶柄长 12～20 cm。总状花序顶生，多花；花梗长 6～12 mm；花萼长 5～6 mm，疏被白色粉末；花冠黄色；子房球形，花柱长约 6 mm。 花期 4～5 月。 本种为广西特有种，产于宁明；常生于海拔约 300 m 的石灰岩山区密林下。

2. 龙津过路黄(植物分类学报)

Lysimachia rupestris F. H. Chen et C. M. Hu, Act. Phytotax. Sin. 17: 40. 1979；中国植物志 59(1): 100. 1989; Fl. China 15: 56. 1996.

多年生草本；茎不明显或高 2～5 cm，密被无柄腺体，常自基部发出 2 条至多条匍匐枝，无毛。叶螺旋状排列，密集；叶片椭圆状到披针形，长 3～6.5 cm，宽 1.2～2.2 cm，基部下延，两面均密被无柄小腺体；侧脉 3～4 对；叶柄长约为叶片的 1/3，具狭翅。花单出腋生。果梗短于茎叶，长 2.5～3 cm，密被无柄腺体；果萼裂片阔披针形；蒴果近球形，淡褐色，直径约 4 mm。 果期 8 月。 本种为广西特有种，产于龙州；生于海拔 300～500 m 的石灰岩石山林下。 本种外形与**香港过路黄**(*L. alpestris* Champ.)相似，唯全株无毛，极易区别。

3. 三叶香草(中国高等植物图鉴) 三块瓦 三支叶 图版 91: 1～2

Lysimachia insignis Hemsl., Hooker's Icon. Pl. 27(2): t. 2634. 1900；中国高等植物图鉴 3: 270，图 4493. 1974; Chen et C. M. Hu in Act. Phytotax. Sin. 17: 24. 1979；中国植物志 59(1): 18，图版 1: 1～3. 1989; Fl. China 15: 46. 1996. ——*L. insignis* Hemsl. f. *flaviflora* Lock., Hooker's Icon. Pl. pl. 2634. 1901.

茎基部木质化，单条或 2～3 条，直立，高 25～90 cm。叶 2～4 片聚生茎顶，近轮生状；近于无柄或具 3～10 mm 的短柄；叶片长 8～25 cm，宽 5～13 cm，茎下部叶退化成鳞片状或仅存一疤痕；侧脉 6～9 对，网脉两面均明显。总状花序长 6～9 cm，在叶轮下沿茎着生，每一花序通常具 3～10 朵花；花萼裂片 5～6 枚，卵形，两面均有无柄腺体，内面尤密；花冠白色或黄色；花丝下部合生成一浅环贴生于花冠基部，分离部分极短；花粉粒表面微皱。蒴果球形，白色，直径 5～7.5 mm。 花期 4～5 月，果期 10～11 月。 产于隆安、百色、德保、那坡、凌云、乐业、隆林、天峨、凤山、东兰、环江、都安、崇左、宁明、龙州、大新和天等；生于海

图版 91 1～2. 三叶香草 Lysimachia insignis Hemsl. 1～2. 植株。 3. 岩居香草 L. saxicola Chun et F. Chun ex Chen et C. M. Hu var. saxicola 3. 花枝。 4. 厚叶香草 L. crassifolia C. Z. Gao et D. Fang 4. 花枝。 5. 垂花香草 L. nutantiflora Chen et C. M. Hu 5. 花枝。 6. 灵香草 L. foenum-graecum Hance 6. 花枝。（邓晶发绘）

拔 300～1 600 m 的山谷溪边或林下。分布于贵州西南部、云南东南部，越南北部亦有。　本种叶通常 3 片聚生茎端，呈轮生状；花排成长 6～9 cm 的总状花序，在叶轮下沿茎着生，极易识别。　根可供药用，有解毒、宁神、补肾、化痰的功效，可治风湿、跌打损伤、骨折等。

4. **岩居香草**(植物分类学报)

Lysimachia saxicola Chun et F. Chun ex Chen et C. M. Hu, Act. Phytotax. Sin. **17**:26. 1979；中国植物志 **59**(1):30，图版 5:1～2. 1989；Fl. China **15**:46～47. 1996.

4a. **岩居香草**(原变种)　图版 91:3

Lysimachia saxicola Chun et F. Chun ex Chen et C. M. Hu var. **saxicola**

多年生草本；茎直立或下部倾卧，基部圆柱形，上部微具棱，高 10～18 cm。叶互生，3～4 片密聚于茎端；叶片卵圆形，长 4.5～6.5 cm，宽 3～4.5 cm，基部圆形，边缘软骨质；侧脉 4～5 对；叶柄长 5～8 mm。花 2～4 朵形成极短的总状花序，生于茎端叶腋和茎下部鳞片状叶腋；花序轴极短而花呈簇生状；花梗长 2～5 mm；花冠黄色，长约 7 mm；子房卵珠形，花柱长约 4 mm。　花期 7 月。　本种为广西特有种，产于南丹；生于石灰岩石山山坡。

4b. **小岩居香草**(变种)

Lysimachia saxicola Chun et F. Chun ex Chen et C. M. Hu var. **minor** C. F. Liang ex Chen et C. M. Hu, Act. Phytotax. Sin. **17**:26. 1979；中国植物志 **59**(1):30. 1989；Fl. China **15**:47. 1996.

本变种与原变种的区别在于本种茎高 4～8 cm，四棱形；叶片卵圆形，长 2～4 cm，宽 1.5～3 cm，基部阔楔形或近圆形，腹面沿边缘有 1 圈小刚毛。　本变种为广西特有，产于河池；生于石灰岩石上。

5. **独山香草**(植物分类学报)

Lysimachia dushanensis F. H. Chen et C. M. Hu, Act. Phytotax. Sin. **17**:26. 1979；中国植物志 **59**(1):31，图版 5:3～4. 1989；Fl. China **15**:47. 1996.

多年生草本；茎直立，单生或 2～3 片条簇生，高 10～25 cm。叶片阔卵形至卵状椭圆形，长 5～11.5 cm，宽 2.5～4 cm，互生，2～4 片密聚茎顶，呈对生状，最上部的 1 片常缩小成苞片状，其余近等大，叶腹面具极密下陷小点；侧脉 5～6 对，网脉极密，两面均明显；叶柄长 5～8 mm，有稀疏褐色瘤状突起。总状花序 1～3 个腋生，每个花序由 2～6 朵花组成；花萼裂片卵圆形，内面及边缘密被无柄腺体；花冠黄色，长约 7 mm，裂片卵状长圆形；花丝基部与花冠合生约 0.4 mm；花柱长约 4.5 mm。蒴果近球形，直径约 3 mm。　花期 7 月，果期 10 月。　产于南丹；生于海拔约 900 m 的山谷溪流旁。分布于贵州南部。　本种体态与**岩居香草**(*L. saxicola* Chun et F. Chun ex Chen et C. M. Hu)较相似，但本种花序近顶生，花梗长 1.5～4 cm，叶缘不增厚成软骨质。

6. **临桂香草**(植物分类学报)　乌龟草(广西)

Lysimachia linguiensis C. Z. Gao, Act. Phytotax. Sin. **19**:359, fig. 1. 1981；中国植物志 **59**(1):31. 1989；Fl. China **15**:47. 1996.

多年生草本；茎直立，丛生，高 20～40 cm，具细纵条纹。叶 2 片，不等大，大叶长 14～20 cm，宽 9～16 cm，小叶长 6～11 cm，宽 4～8.5 cm，于茎端近对生，基部心形；具基出脉 5～7 条；近于无柄，2 枚叶片的基部互相重叠；下部叶退化成鳞片状。花 3～17 朵排成总状花序，生于茎端叶腋和茎下部鳞片状叶腋；花序轴长 2～6 mm，具细腺点；花冠黄色，裂片长椭圆形；花柱与雄蕊近等长。蒴果近球形，褐色，直径约 3 mm。　花期 6～7 月。　本种为广西特有种，产于临桂；生于山坡阴处。

7. **厚叶香草**(植物分类学报)　四棱牡丹(忻城)　图版 91:4

Lysimachia crassifolia C. Z. Gao et D. Fang, Act. Phytotax. Sin. **19**:360, fig. 2. 1981；中国植物志 **59**(1):31～32，图版 6:1～2. 1989；Fl. China **15**:47. 1996.

多年生草本；茎四棱形或具狭翅，直立或上升，高 10～40 cm。叶互生；叶片厚纸质，通常 3～4 片密聚于茎端，长 7～16 cm，宽 5～12.5 cm，背面密被白色粉末状小点；茎下部叶退化成鳞片状。总状花序多花，腋生，由于花序轴极度缩短而呈簇生状；花梗长 0.5～2 cm，密被红褐色腺体；花萼裂片卵状披针形，外面疏被、内面密被褐色小腺体；花冠黄色，与花萼近等长；花柱与雄蕊等长或略超出。蒴果球形，直径 2～3 mm。　花期 6 月。　本种为广西特有种，产于忻城；生于石灰岩山坡林下或灌木丛中。　本种叶聚生茎端，与**临桂香草**(*L. linguiensis* C. Z. Gao)和**独山香草**(*L. dushanensis* F. H. Chen et C. M. Hu)相似，但本种叶片先端圆形或钝，下面密被白色粉末状小腺点，易于识别。

8. **邕宁香草**(植物分类学报)

Lysimachia heterobotrys F. H. Chen et C. M. Hu, Act. Phytotax. Sin. **17**: 27. 1979；中国植物志 **59**(1): 32, 图版 6: 3～4. 1989; Fl. China **15**: 47. 1996.

多年生草本；茎膝曲直立，具棱角，棱边有狭翅，高 7～40 cm。叶互生；叶片椭圆形，长 6.5～13 cm，宽 3～6.5 cm，基部下延至叶柄，腹面无毛，叶背密被白色的球状小腺体；侧脉 6～8 对，网脉较密；叶柄长 5～15 mm，密被无柄腺体。总状花序由 4～9 朵花组成；苞片叶状，最下方的长达 1.5 cm；花梗纤细，长 1.3～2.5 cm；花萼裂片披针形，两面密被无柄腺体；花冠黄色，长约 7 mm，裂片披针形。蒴果近球形，褐色，长约为宿存花萼的 1/2。　花期 5～6 月，果期 8～9 月。　本种为广西特有种，产于邕宁、大新；生于海拔约 300 m 的山坡林下阴湿处或灌木丛中。

9. **纤柄香草**(植物分类学报)

Lysimachia filipes C. Z. Gao et D. Fang, Act. Phytotax. Sin. **19**: 361, fig. 3. 1981；中国植物志 **59**(1): 32, 图版 7: 1. 1989; Fl. China **15**: 47. 1996.

多年生草本；茎具 4 棱，无毛，高 20～50 cm。叶互生；叶片长 5～13 cm，宽 2～4 cm，基部圆形至浅心形，两侧稍不对称，叶背密被白色小点；叶柄长 2 mm 或无柄。总状花序 4～15 朵花，顶生和腋生，花序轴纤细，长 5～20 cm；花梗长 2～3 cm；花萼裂片卵状披针形，内面密被褐色腺体；花冠黄色，裂片狭椭圆形，花开时反卷。蒴果球形，直径约 3 mm。　花期 6 月。　本种为广西特有种，产于那坡、凤山；生于石山岩洞穴内。本种叶形略似**细梗香草**(*L. capillipes* Hemsl.)，但本种叶基部圆形至浅心形，两侧稍不对称，近于无柄；总状花序长 5～20 cm；苞片钻形或披针形，非叶状，可区别于后者。

10. **垂花香草**(植物分类学报)　图版 91: 5

Lysimachia nutantiflora F. H. Chen et C. M. Hu, Act. Phytotax. Sin. **17**: 28. 1979；中国植物志 **59**(1): 39, 图版 9: 3～4. 1989; Fl. China **15**: 52. 1996.

多年生草本；茎单生或 2～3 条簇生，具棱，棱边呈狭翅状，高 30～40 cm。叶互生；叶片卵形至卵状椭圆形，长 6～19 cm，宽 3.5～8 cm，腹面疏被紧贴的小刚毛，叶背带紫色，无毛，有糠秕状不明显的小腺体；侧脉 6～7 对；叶柄长 1.3～3 cm。总状花序腋生和顶生，长 9～23 cm，5 朵至多朵花；苞片叶状，无柄或具短柄；花梗长 2～3.5 cm；花萼裂片近圆形；花冠黄色，长可达 10 mm；花丝基部与花冠合生约 1 mm，分离部分极短；子房卵珠形，花柱长约 4 mm。　花期 5 月。　本种为广西特有种，产于百色、田阳和那坡；生于海拔 800～1 100 m 的山谷林下。　本种与**川香草**(*L. wilsonii* Hemsl.)近似，但本种叶片卵形至卵状椭圆形，总状花序较长，具 5 朵至多朵花，不呈伞房状而不同；在产地误作**灵香草**(*L. foenum-graecum* Hance)收购。

11. **灵香草**(拉汉种子植物名称)　尖叶子　驱蛔虫草　闹虫草　图版 91: 6

Lysimachia foenum-graecum Hance, Journ. Bot. London **15**: 355. 1877；中国高等植物图鉴 **3**: 270. 图 4494. 1974; Chen et C. M. Hu in Act. Phytotax. Sin. **17**: 29. 1979；中国植物志 **59**(1): 42, 图版 10: 1～2. 1989; Fl. China **15**: 64. 1996.

多年生草本；茎上升或近直立，草质，具棱，高 20～60 cm，干后具浓郁香气。叶互生；叶片广卵形至椭圆形，长 4～11 cm，宽 2～6 cm，先端具短骤尖头；侧脉 3～4 对，网脉通常不明显；叶柄长 5～12 mm，具狭翅。花单出腋生；花梗长 2.5～4 cm；花萼裂片卵状披针形或披针形，两面多少被褐色无柄腺体；花冠黄色，长 1.2～2 cm；花柱长 5～7 mm。蒴果近球形，灰白色，不开裂或顶端不规则浅裂。　花期 5 月，果期 8～9 月。　产于融水、临桂、龙胜、那坡、凌云、贺州、东兰、罗城、环江和金秀；生于海拔 800～1 700 m 的山谷溪边或林下的腐殖质土壤中。分布于广东北部、湖南西南部和云南东南部，印度亦有。 全草芳香，可提炼香精，用作加工烟草和化妆品的香料；干草切碎亦可直接用于高级卷烟；民间将干草置入箱柜中，香气经久不散，并可防虫蛀衣物；全草可供药用，治感冒头痛、齿痛、胸闷腹胀，驱蛔虫。

12. **木茎香草**（植物分类学报） 图版 92：1

Lysimachia navillei（H. Lévl.）Hand.-Mazz.，Journ. Arn. Arb. **15**：293. 1934；中国植物志 **59**（1）：20，图版 1：4～5. 1989；Fl. China **15**：49. 1996. ——*L. solanoides* Hand.-Mazz.，Not. Roy. Bot. Gard. Edinb. **16**：70. 1928. ——*Diospyros navillei* H. Lévl.，Fl. Kouy-Tchéou 145. 1914.

茎木质化，直立，单生或 2～3 条丛生，高 30～70 cm。叶互生；叶片卵形至卵状披针形，长 3.5～12.5 cm，宽 1～4 cm，叶背具细小的无柄腺体；侧脉 5～7 对。花冠黄色，长 8～11 mm，裂片披针形至卵状披针形；花粉粒外壁表面具细皱纹；花柱长 6～8 mm。蒴果球形，白色，不开裂。 花期 6～7 月，果期 9～10 月。 产于田阳、隆林、天峨和凤山；生于海拔 1 000～ 1 400 m 的山地林下。分布于贵州西南部。

13. **短枝香草**（植物分类学报）

Lysimachia aspera Hand.-Mazz.，Sinensia **5**：5. 1934；中国植物志 **59**（1）：26～28，图版 4：1～2. 1989；Fl. China **15**：47. 1996.

多年生草本；茎直立，四棱形，具多数短枝，高 20～45 cm。叶互生；叶片卵形至菱状卵形，长 1～1.7 cm，宽约 8 mm，生于短枝上的叶常为茎叶的 1/4～1/3，腹面疏被白色紧贴的小刚毛，叶背粉绿色，无毛；侧脉 2～3 对；叶柄长 2～5 mm。花单生于分枝上的叶腋；花梗长 3～7 mm；花萼几自基部分裂成狭披针形的裂片；花冠黄色，卵状披针形，直径约 7 mm。子房卵珠形。 本种为广西特有种，产于罗城；生于海拔约 600 m 的山谷溪边。 本种茎簇生，具多数短枝；叶片小，卵形至菱状卵形，极易识别。

14. **田阳香草**

Lysimachia tianyangensis D. Fang et C. Z. Gao，Act. Phytotax. Sin. **19**：363，fig. 4. 1981；中国植物志 **59**（1）：35. 1989；Fl. China **15**：48. 1996.

多年生草本；茎直立，近丛生，高约 30 cm。叶互生；叶片椭圆形或菱状椭圆形，长 6～9 mm，宽 1.5～3 mm，基部楔形，下延，两面密被腺体；叶柄长约 2 mm。花单生叶腋；花梗长 6～12 mm，被腺体；花萼裂片卵状披针形，两面密被细腺体；花冠黄色，裂片长椭圆形，具棕色腺点。蒴果球形，直径约 3 mm。 花期 5～6 月。 本种为广西特有种，产于田阳；生于石灰岩石上。 本种是**香草亚属**（Subgen. *Idiophyton*）中唯一花冠具有色腺点的种，同时叶密且小，极易识别；外貌上与**短枝香草**（*L. aspera* Hand.-Mazz.）相似，但叶无毛，两面密被腺体，花梗较长，花冠具棕色腺点而与后者不同。

15. **长萼香草**（植物分类学报）

Lysimachia inaperta C. M. Hu et F. N. Wei，Act. Phytotax. Sin. **17**：25. 1979；中国植物志 **59**（1）：28，图版 4：3～4. 1989；Fl. China **15**：48. 1996.

多年生草本；茎单生或数条簇生，近直立或披散，高 40～70 cm，四棱形，嫩梢和节上密被无柄腺体。叶互生；叶片椭圆形，长 6～17 cm，宽 3～7 cm；侧脉 6～8 对；叶柄长 1～2.5 cm，基部密被褐色无柄腺体。花 2～3 朵腋生于长 2～5 mm 的短枝端，呈簇生状；花梗长 3～8 mm，密被无柄腺体；花萼裂片披针形，两面密被无柄腺体；花冠裂片有明显的脉纹 4～5 条。蒴果近球形，瓣裂，比花萼约短 1 半。 花期 5～6 月，果期 9 月。 本种为广西特有种，产于柳江、永福；生于混交林下。 本种干后稍有香气，体态亦与**灵香草**（*L. foenum-graecum* Hance）略相似，当地商业部门曾误作灵香草收购。

16. **阔叶假排草** 阔叶排草

Lysimachia petelotii Merr.，Journ. Arn. Arb. **19**：61. 1938；Fl. China **15**：50. 1996. ——*L. confertifolia* C. Y. Wu，云南热带亚热带植物区系研究报告 **1**：43. 1965. ——*L. sikokiana* subsp. *petelotii*（Merr.）C. M. Hu，Act. Bot. Austro Siniea **2**：129. 1986；中国植物志 **59**（1）：24，图版 2：2～3. 1989. ——*L. soloniflora* C. Y. Wu，Rep. Stud. Pl. Trop. Subtrop. Yunnan **1**：37. 1965. ——*L. similis* W. L. Sha，Guihaia **12**

图版 92 1. **木茎香草** Lysimachia navillei (H. Lévl.) Hand.-Mazz. 1. 果枝。 2. **富宁香草** L. fooningensis C. Y. Wu 2. 花枝。 3. **小寸金黄** L. deltoidea Wight var. cinerascens Franch. 3. 开花植株。 4. **山萝过路黄** L. melampyroides R. Knuth var. melampyroides 4. 开花植株。 5～6. **耳柄过路黄** L. otophora C. Y. Wu 5～6. 开花植株。 (邓晶发绘)

(4):316～317,f. 1. 1992.

多年生草本;茎圆柱形,近直立或上升,高 10～40 cm。叶互生;叶片通常生于茎的上半部并向顶端稍密聚,下部叶鳞片状,上部叶片卵形、椭圆形或阔椭圆形,长 3～18 cm,宽 1～9 cm;侧脉 5～6 对;叶柄长 2～8 mm。花单出腋生或有时 2～5 朵生于叶腋不发育的短枝端;花梗长 1.5～3 cm;花萼长 4～7 mm,裂片卵状披针形;花冠黄色;花丝下部连结成高约 0.8 mm 的浅环并与花冠基部合生,分离部分极短;花药长 5.5～9 mm;子房卵形;花柱 6～9 mm。蒴果近球形,瓣裂。　花期 5～6 月,果期 8～9 月。　产于融水、全州、兴安、龙胜、隆林和罗城;生于海拔 600～2 100 m 疏林下或山谷溪边。分布于广东、贵州、湖南、四川、云南,越南北部亦有。

17. 条叶香草(植物分类学报)

Lysimachia vittiformis Chen et C. M. Hu, Act. Phyrotax. Sin. **17**:27. 1979;中国植物志 **59**(1):32,图版 8:1～2. 1989;Fl. China **15**:48. 1996.

多年生草本;茎直立,簇生,高约 40 cm,基部圆柱形,上部微具棱,密被短柄腺体,上部常自叶腋发出长仅 3～8 mm 的短枝。叶互生;叶片线形,长 3～8.5 cm,宽 2.5～6 mm,先端渐尖,有时稍呈镰状弯曲,两面无毛,密生不明显的小腺体;侧脉不明显。花单出腋生;花梗丝状,长 1～2 cm,果时增长可达 3 cm;花萼裂片卵形,内面及边缘密被腺体;花冠黄色,长 5～6 mm,裂片近线形;花丝基部与花冠合生约 0.4 mm,分离部分长约 0.5 mm;花柱长约 4 mm。蒴果近球形,白色,直径约 3 mm。　花期 5 月,果期 8～9 月。　本种为广西特有种,产于田林、那坡;生于山坡阴处。

18. 富宁香草(植物分类学报)　图版 92:2

Lysimachia fooningensis C. Y. Wu,云南热带亚热带植物区系研究报告 **1**:36. 1965;中国植物志 **59**(1):37. 1989;Fl. China **15**:49. 1996.——*L. lancifolia* auct. non Craib: Hand.-Mazz. in Not. Roy. Bot. Gard. Edinb. **16**:72. 1928.——*L. esquirolii* Lauener in Not. Roy. Bot. Gard. Edinb. **35**:226. 1977.——*Ardisia esquirolii* H. Lévl. in Fedde, Repert. Sp. Nov. **12**:186. 1913.

多年生草本;茎单生或 2～3 条簇生,直立,高 20～50 cm,幼时密被无柄腺体,干后具芳香。叶互生;叶片椭圆状披针形至狭披针形,长 3～11 cm,宽 0.7～2.8 cm,有极密网脉,叶背密被无柄腺体;叶柄长 0.5～1.5 cm。花单朵或 2～4 朵生于叶腋或叶腋的短枝端;花梗纤细,长 1.5～5 cm;花冠黄色,长 9～11 mm,裂片线形。蒴果近球形,白垩色,比萼片长。　产于凌云;生于海拔 800～1 300 m 的山谷或石灰岩山地林下。分布于贵州西南部、云南东南部,越南亦有。　本种叶形与**木茎香草**(*L. navillei* Hand.-Mazz.)近似,但花梗纤细;蒴果瓣裂,直径约 4 mm,可以区别。

19. 石山细梗香草(变种)

Lysimachia capillipes Hemsl. var. **cavaleriei** (H. Lévl.) Hand.-Mazz., Journ. Arn. Arb. **15**(4):294. 1934;中国植物志 **59**(1):38. 1989;Fl. China **15**:51. 1996.——*L. ovalifolia* W. L. Sha, Guihaia **12**(4):317～318, f. 2. 1992.——*Andrachne cavaleriei* H. Lévl., Fedde, Repert. Sp. Nov. **12**:187. 1913.

茎木质化,具棱;叶片披针形至卵状披针形,茎下部叶有时呈卵圆形,质地较厚;上部叶腋常发出多数长仅 2～3 mm 的短枝和少数较长枝条。花单出腋生;花梗纤细,丝状,长 1.5～4 cm;花萼裂片披针形,长约 4 mm;花冠黄色。蒴果直径约 3 mm,比宿存花萼短。　花期 6～7 月,果期 10 月。　产于临桂、永福、上思、隆林、天峨、环江、武鸣、那坡、融安、田林、田阳、扶绥、崇左、靖西等地;生于海拔 300～1 200 m 的石灰岩石山山坡。分布于云南东部、贵州和广东北部。　原变种主要生长于酸性土壤中,而本变种主要分布于石灰岩地区,体态与**富宁香草**(*Lysimachia fooningensis* C. Y. Wu)亦近似,但花较小,花冠长约 5 mm,可以区别。

20. 落地梅(植物名实图考)　重楼排草(拉汉种子植物名称)　四块瓦　四叶黄　四儿风(四川)

Lysimachia paridiformis Franch., Bull. Soc. L. Paris **1**:433. 1884;中国高等植物图鉴 **3**:273,图 4499. 1974;中国植物志 **59**(1):76,图版 20:1～3. 1989;Fl. China **15**:61. 1996.——*L. bodinieri* Petitm., Monde des Plantes **9**:30. 1907.

20a. **落地梅**(原变种)

Lysimachia paridiformis Franch. var. paridiformis

多年生草本;茎直立,不分枝,节部稍膨大,通常 2 条至数条簇生,高 10～45 cm,无毛。叶 4～6 片在茎端轮生,下部叶退化呈鳞片状,叶片倒卵形至椭圆形,长 5～17 cm,宽 1.2～10 cm,基部无柄或近于无柄,无毛;侧脉 4～5 对。花集生茎端呈伞形花序;花梗长 5～15 mm;花萼裂片无毛或具稀疏缘毛,有时具稀疏黑腺条;花冠黄色,长 1.2～1.5 cm。蒴果近球形,直径 3.5～4 mm。 花期 5～6 月,果期 7～9 月。 产于全州、凌云、乐业、西林;生于海拔 500～1 400 m 的山谷林下湿润处。分布于贵州、湖北、湖南和四川。 全草可入药,可用于治风热咳嗽、风湿痛和胃痛;外用可治跌打损伤、毒蛇咬伤、疖肿等。

20b. **狭叶落地梅** 伞叶排草(拉汉种子植物名称) 破凉伞 背花草 灯台草 图版 93:1

Lysimachia paridiformis Franch. var. stenophylla Franch., Bull. Soc. L. Paris **1**:433. 1884;中国植物志 **59**(1):78. 1989;Fl. China **15**:61. 1996.——*L. trientaloides* Hemsl., Hook. Icon. Pl. **28**:t. 2707. 1901;中国高等植物图鉴 **3**. 273,图 4500. 1974.

本变种与原变种的区别在于叶 6～18 片轮生茎端,叶片披针形至线状披针形;花长可达 1.7 cm;花梗长可达 3 cm。 花期 5～6 月。 产于融水、临桂、全州、兴安、永福、龙胜、平乐和贺州;生于林下和阴湿沟边。分布于广东、贵州、湖南、四川和云南。本变种较原变种分布更普遍,变异亦较大;全草可治风湿疼痛、跌打损伤。

21. **白花过路黄**(植物分类学报)

Lysimachia huitsunae Chien, Contrib. Biol. Lab. Sci. Soc. China **9**:28. 1933;中国植物志 **59**(1):54,图版 13:1～4. 1989;Fl. China **15**:56. 1996.

多年生草本;茎基部倾卧,上部直立,高 6～15 cm,被逆向紧贴的柔毛,单一或有分枝。叶对生,有时在茎端互生,下部叶片鳞片状,向上逐渐增大,至茎中部呈卵形或披针形,长 5～20 mm,宽 4～9 mm,基部楔形,下延,叶腹面无毛,叶背面沿叶脉被稀疏柔毛,两面均有透明腺点;叶柄长 2～4 mm,具狭翅。花单生于茎上部叶腋;花梗长 1.2～3 cm,被柔毛,果时下弯;花萼裂片披针形,密布透明腺点,背面沿中肋被毛;花冠白色,辐状。 花期 6～7 月,果期 7～9 月。 产于象州;生于海拔 1 500～1 700 m 的沼泽地和潮湿石缝中。分布于安徽黄山、浙江龙泉,呈间断分布。 本种为**黄连花亚属**(Subgen. *Lysimachia*)中唯一具白色花冠者,极易识别,此种星散分布式样在本属中亦属少见。

22. **三角叶过路黄**

Lysimachia deltoidea Wight, Illustr. **2**:137, t. 144. 1850.

22a. **三角叶过路黄**(原变种)

Lysimachia deltoidea Wight var. deltoidea

原产于印度、尼泊尔、不丹。中国无分布。

22b. **小寸金黄**(变种)(贵州) 寸金黄 图版 92:3

Lysimachia deltoidea Wight var. cinerascens Franch., Journ. Bot. Morot **9**:461. 1895;中国植物志 **59**(1):64,图版 16:1. 1989;Fl. China **15**:59. 1996.——*L. leveillei* Petitm., Bull. Acad. Inst. Geogr. Bot. **17**:222. 1907.

多年生草本;茎通常数条簇生,直立或上升,高 4～25 cm,密被多细胞柔毛;根簇生成丛,自根茎发出,根茎顶端和茎的基部有数对小鳞片。叶对生或在茎的上半部互生;叶片椭圆形至近圆形,长 1～2.5 cm,宽 0.8～2 cm,两面密被多细胞柔毛。花单生于茎上部叶腋;花梗通常与叶近等长,长 1～2.5 cm;花萼裂片披针形,背面密被柔毛;花冠黄色,长 5～7.5 mm,裂片倒卵状椭圆形。蒴果近球形,直径约 3 mm。 花期 6～8 月,果期 8～10 月。 产于隆林;生于海拔 1 000 m 以上的山坡草地、灌木丛和岩石边。分布于贵州、四川和云南,老挝、缅甸、泰国和越南亦产。 本种与**白花过路黄**(*L. huitsunae* Chien)稍相似,但本种叶片椭圆形至近圆形,两面密被多细脆柔毛,花黄色,容易区别。

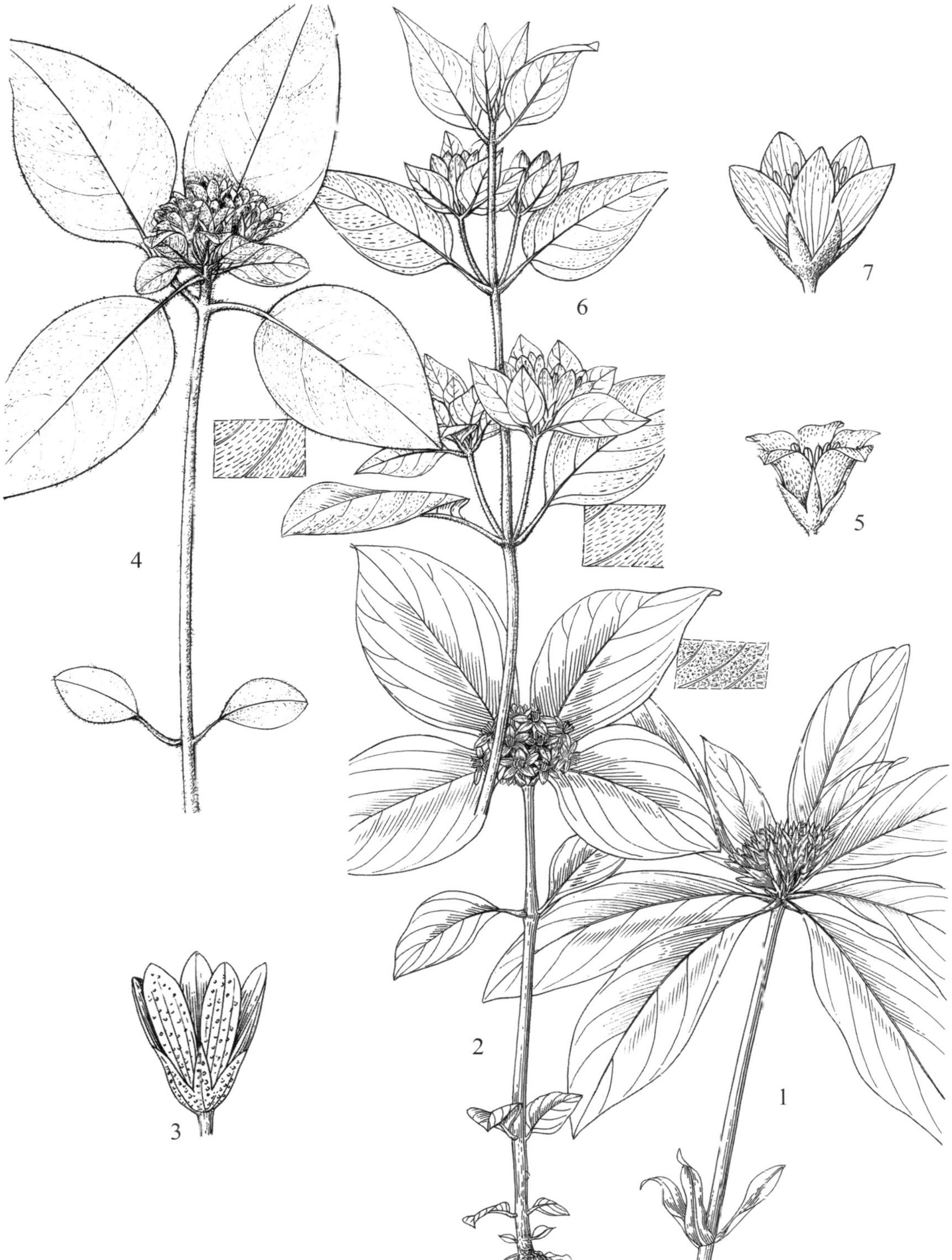

图版 93　1. 狭叶落地梅 *Lysimachia paridiformis* Franch. var. *stenophylla* Franch.　1. 开花植株。　2～3. 大叶过路黄 *L. fordiana* Oliv. 2. 开花植株；3. 花。　4～5 广西过路黄 *L. alfredii* Hance var. *alfredii*　4. 植开花株；5. 花。　6～7. 显苞过路黄 *L. rubiginosa* Hemsl.　6. 开花植株；7. 花。（邓晶发绘）

23. **山萝过路黄**(植物分类学报) 女娄菜状过路黄(拉汉种子植物名称)

Lysimachia melampyroides R. Knuth, Engl. Pflanzenr. 22 (Ⅳ. 237): 284. 1905; 中国植物志 **59**(1): 60, 图版 15: 2～4. 1989; Fl. China **15**: 58. 1996.

23a. **山萝过路黄**(原变种) 图版 92: 4

Lysimachia melampyroides R. Knuth var. **melampyroides**

多年生草本;茎直立或上升,高 5～50 cm,通常 2 条至多条簇生,密被褐色糙伏毛。叶对生;叶片卵形至卵状披针形,长 3～9 cm,具基部扩展成耳状的柄,上部叶片卵状披针形至狭披针形,叶腹面密被小糙伏毛,后变无毛,叶背面仅沿叶脉被毛,两面均密布粒状透明腺点,侧脉 4～5 对;叶柄长 2～10 mm,密被褐色小糙伏毛,基部扩展成耳状或不明显扩大。花通常单生于茎中部以上叶腋,有时在茎端和枝端稍密聚成总状花序状;花梗密被小糙伏毛;花萼裂片披针形,背面被小糙伏毛,有透明腺点;花冠黄色,长 7～9 mm。蒴果近球形,直径 3～4 mm,褐色。 花期 5～6 月,果期 7～11 月。 产于融水、临桂、全州、兴安、龙胜、资源和钟山;生于海拔 650～1 200 m 的山谷林缘和灌木丛中。分布于贵州东北部、湖北西南部、湖南和四川东部。

23b. **抱茎山萝过路黄**(变种)

Lysimachia melampyroides R. Knuth var. **amplexicaulis** Chen et C. M. Hu, Act. phytotax. Sin. **17**: 33. 1979; 中国植物志 **59**(1): 54, 图版 15: 5. 1989; Fl. China **15**: 58. 1996.

本变种与原变种的区别在于本变种叶无柄,基部耳状抱茎。 花期 6 月。 产于全州;生于海拔约 1 000 m 的山谷溪边或灌木丛中。分布于湖南西部。

24. **耳柄过路黄**(植物分类学报) 耳柄假獐牙菜 图版 92: 5～6

Lysimachia otophora C. Y. Wu, 云南热带亚热带植物区系研究报告 **1**: 46. 1965; 中国植物志 **59**(1): 58, 图版 14: 1～2. 1989; Fl. China **15**: 57. 1996.

多年生草本;茎直立,下部近圆柱形,上部钝四棱形,高 20～60 cm,密被铁锈色具节小糙伏毛。叶对生;叶片椭圆状卵形,长 3～7.5 cm,宽 1.5～4 cm;侧脉 4～6 对;叶柄长 1～3 cm,基部耳状,近于抱茎。花 4～10 朵排成腋生短总状花序或有时密聚近头状;花序梗长 1～4 cm;花萼裂片披针形;花冠黄色,稍伸出花萼,基部合生部分长约 1 mm,裂片具透明腺点。蒴果褐色,直径约 3 mm。 花期 5～6 月,果期 6～7 月。 产于百色、隆林;生于海拔 600～1 700 m 的山谷溪边和密林下。分布于云南东南部,越南北部亦有。

25. **叶头过路黄**(拉汉种子植物名称)

Lysimachia phyllocephala Hand.-Mazz., Not. Roy. Bot. Gard. Edinb. **16**: 83. 1928; 中国植物志 **59**(1): 70, 图版 19: 1～2. 1989; Fl. China **15**: 62. 1996. ——*L. cephalantha* R. Knuth in Engl. Pflanzenr. 22 (Ⅳ. 237): 284. 1945. ——*L. henryi* auct. non Hemsl.: R. Knuth, l. c. 282. 1905.

多年生草本,植株各部分均无带颜色的腺点;茎膝曲直立,通常簇生,单一或多分枝,高 10～30 cm,密被多细胞柔毛。叶对生,茎端的 2 对密聚成轮生状;常较下部叶大 1～2 倍,叶片长 1.5～8 cm,宽 0.8～4 cm,两面均被长达 1 mm 的具节糙伏毛;叶柄长 4～15 mm,密被柔毛。花序顶生,近头状,多花;花梗密被柔毛;花萼裂片披针形,背面被柔毛;花冠黄色,长 10～13 mm。蒴果褐色,直径 3.5～4 mm。 花期 5～6 月,果期 8～9 月。 产于西林;生于海拔 600～2 000 m 的阔叶林下和山谷溪边、路旁。分布于贵州、湖北、湖南、江西、四川、云南和浙江。

26. **五岭管茎过路黄**(变种) 五岭过路黄

Lysimachia fistulosa Hand.-Mazz. var. **wulingensis** F. H. Chen et C. M. Hu, Act. Phytotax. Sin. **17**: 35. 1979; 中国植物志 **59**(1): 75. 1989; Fl. China **15**: 64. 1996. ——*L. iteophylla* C. Y. Wu, 云南热带亚热带植物区系研究报告 **1**: 49. 1965.

多年生草本;茎直立或膝曲直立,高 20～35 cm,四棱形,无毛。叶对生,茎端的 2～3 对密聚成轮生状;叶片披针形,叶腹面被稀疏的小刚毛,叶背面无毛;侧脉每边 3～5 条。缩短的总状花序生于茎端和枝端，呈头状花序状；花梗及花萼均无毛；花冠黄色；子房无毛。蒴果球形，直径3～3.5 mm。 花期5～7月，果期7～10月。 产于融水和金秀；生于海拔500～1 100 m的山谷溪边草地或林下。分布于广东北部、贵州、湖南、江西南部和云南东北部，模式标本采自广东英德。 本种与**叶头过路黄**（*L. phyllocephala* Hand.-Mazz.）近似，但茎明显四棱形，无毛；叶片披针形至阔披针形，无毛或仅腹面被稀疏的小刺毛，可以区别。

27. **阳朔过路黄**（植物分类学报）

Lysimachia carinata Y. I. Fang et C. Z. Cheng，Act. Phytotax. Sin. **17**：39. 1979；中国植物志 **59**（1）：91. 1989；Fl. China **15**：67. 1996.

多年生草本；茎圆柱形，匍匐，多分枝，长可达45 cm，无毛，具短柄腺体，干后全株变黑色。叶对生；叶片阔卵形至卵形，长1.5～2.5 cm，宽1～2 cm，叶腹面疏被小刚毛，叶背面无毛，两面近边缘密布黑色小腺点；侧脉5～7对；叶柄长8～15 mm。花单出或双出腋生；花梗密被短柄腺体；花萼裂片背面具宽约0.5 mm的鸡冠状翅；花冠黄色，裂片椭圆形，具黑色腺点和少数短腺条；背面有鸡冠状突起的翅。 花期4～5月。 本种为广西特有种，产于阳朔；生于田边。

28. **四川过路黄** 过路黄（植物名实图考） 金钱草 图版94：1～2

Lysimachia christiniae Hance，Journ. Bot. London **11**：167. 1873；中国高等植物图鉴 **3**：276，图4506. 1974；中国植物志 **59**（1）：94～95. 1989；Fl. China **15**：68. 1996. ——*L. christinae* var. *pubescens* Franch.，Journ. Bot. Morot **9**：453. 1895. ——*L. latronum* H. Lévl. et Vant.，Bull. Soc. Agr. Sci. Arts Sarthe **34**：317. 1904. ——*L. legendrei* Bonati，Bull. Soc. Bot. Geneve 2. ser. **5**：299. 1913. ——*L. christiniae* var. *intermedia* Pampanini，Nuovo Giorn. Bot. Ital. n. s. **17**：684. 1910.

多年生草本；茎平卧延伸，长20～60 cm，无毛、被疏毛或密被铁锈色多细胞柔毛。叶对生；叶片近圆形、卵圆形至肾圆形，长1.5～8 cm，宽1～6 cm，基部截形至浅心形，透光可见密布的透明腺条，干时腺条变黑色，两面无毛或密被糙伏毛；叶柄通常比叶片短，无毛或密被柔毛。花单生叶腋；花梗长1～5 cm，通常比叶短；花冠黄色，长7～15 mm，具黑色长腺条。蒴果球形，直径4～5 mm，无毛，有稀疏黑色腺条。 花期5～7月，果期7～10月。 产于桂林、全州、龙胜、贺州、河池、天峨、东兰、罗城和金秀；生于海拔500～2 000 m的沟边、路旁阴湿处和山坡林下或林缘。分布于安徽、福建、广东、贵州、河南、湖北、湖南、江苏、江西、陕西南部、浙江、四川和云南等地，模式标本采自浙江宁波。 本种分布较广，毛被的变化较大，一般随着海拔高度升高，植株被毛亦渐增多，在药用上一般均以无毛的类型为正品。 全草可供药用，有清热解毒、利尿排石等功效，可用于治胆囊炎、黄疸型肝炎、泌尿系统结石、胆结石等。

29. **云南过路黄**（拉汉种子植物名称）

Lysimachia albescens Franch.，Journ. Bot. Morot **9**：460. 1895；中国植物志 **59**（1）：100. 1989；Fl. China **15**：45. 1996. ——*L. yunnanensis* Franch.，Bot. Journ. Morot **9**：462. 1895. ——*L. duclouxii* Bonati，Bull. Soc. Bot. Geneve 2 ser. **5**：301. 1913.

多年生草本；茎近于直立或披散，高25～30 cm，被淡褐色多细胞柔毛。叶互生或有时近于对生；近茎基部的叶片4～6枚甚小或呈鳞片状，中部叶片卵圆形或椭圆状卵形，长2.2～3.2 cm，宽1.5～2.5 cm，两面被多细胞柔毛，叶背具不明显的黑色短腺条；侧脉每边2～4条，基部的1对近基出；叶柄长5～7 mm，被褐色多细胞长毛。花单出腋生；花梗长5～7 mm，密被褐色柔毛；花冠黄色，长7～8 mm，合生部分长约1 mm，裂片先端钝圆，密布紫黑色腺条。蒴果无毛，几与宿存花萼等长。 花期7月。 产于融水、兴安；生于山坡草地或路旁草丛中。分布于云南，模式标本采自云南鹤庆。

30. **大叶过路黄**（云南热带亚热带植物区系研究报告） 大叶排草（中国高等植物图鉴） 图版93：2～3

Lysimachia fordiana Oliv.，Hook. Icon. Pl. **20**：t. 1983. 1891；中国高等植物图鉴 **3**：274，图4501. 1974；中国植物志 **59**（1）：80. 1989；Fl. China **15**：64. 1996.

多年生草本；茎散布稀疏黑色腺点，通常簇生，肥厚多汁，高30～50 cm。叶对生，茎端的2对间距短，

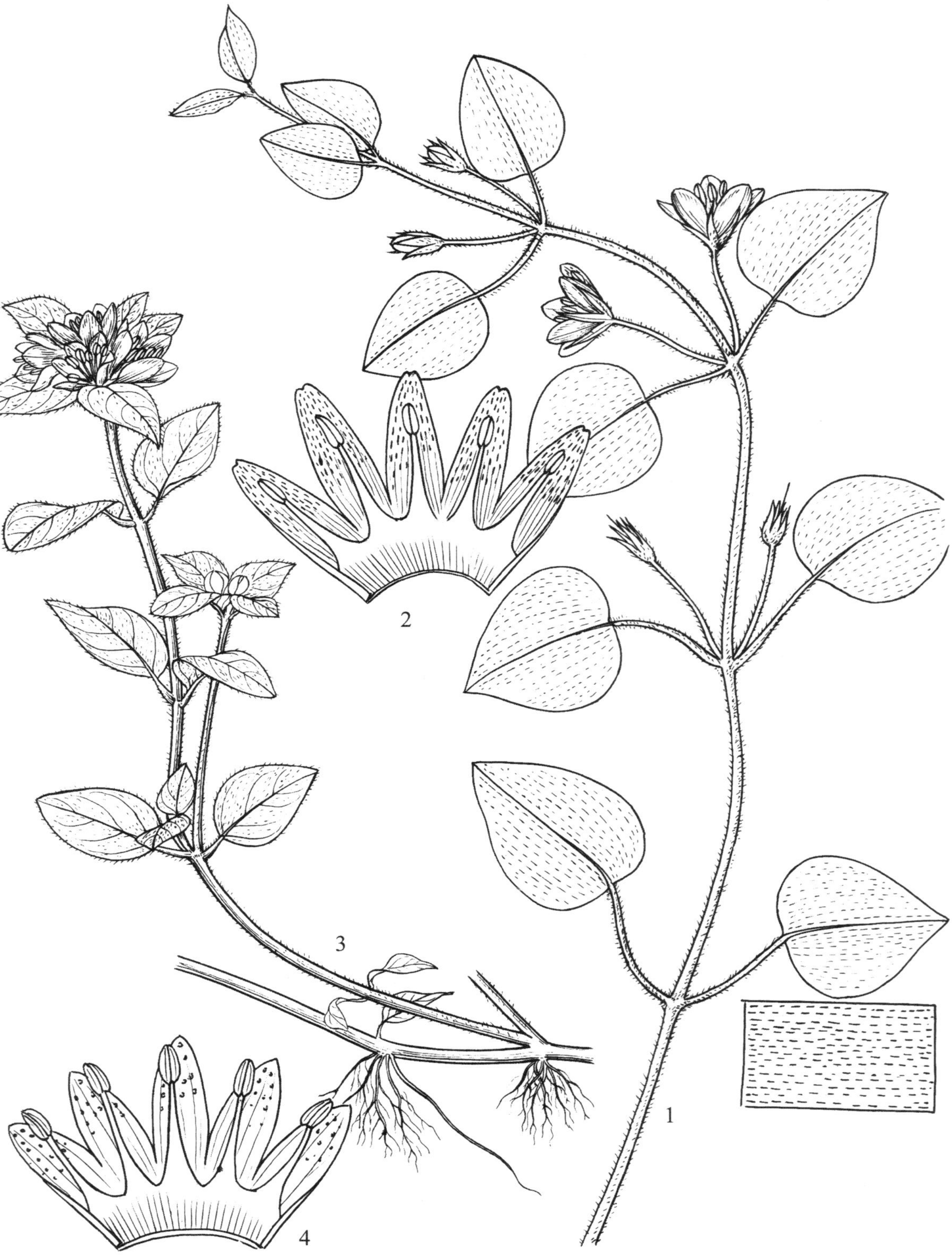

图版94　**1～2. 四川过路黄** *Lysimachia christiniae* Hance　1. 植株；2. 花冠展开。　**3～4. 临时救** *L. congestiflora* Hemsl. 3. 植株；4. 花冠展开。　（邓晶发绘）

常近轮生状;近茎基部的1～2对叶退化呈鳞片状,叶片椭圆形、阔椭圆形至菱状卵圆形,长6～18 cm,宽3～12.5 cm,两面密布黑色腺点,无毛;侧脉4～6对;叶柄长5～25 mm。花序为顶生缩短成近头状的总状花序;苞片、花萼密布黑色腺点;花冠黄色,长1.2～2 cm,裂片长圆形或长圆状披针形,有黑色腺点。蒴果近球形,直径3～4 mm,常有黑色腺点。 花期5月,果期7月。 产于苍梧、凌云;生于海拔约800 m的山谷溪边湿地或密林下。分布于广东、云南东南部,模式标本采自广东北部。

31. **临时救**(植物名实图考) 聚花过路黄(拉汉种子植物名称) 图版94:3～4

Lysimachia congestiflora Hemsl.,Journ. L. Soc. Bot. **26**:50. 1889;中国高等植物图鉴 **3**:274,图4502. 1974;中国植物志 **59**(1):83～84. 1989;Fl. China **15**:65. 1996. ——*L. japonica* var. *cephalantha* Franch.,Journ. Bot. Morot **9**:461. 1895. ——*L. smithiana* Craib,Kew Bull. **1922**:238. 1922. ——*L. hui* Diels ex Hand.-Mazz.,Anz. Akad. Wiss. Wien. Mat.-Nat. **62**:145. 1925. ——*L. nigropunctata* Masamune,Trop. Agr. **4**:191. 1932. ——*L. congestiflora* Hemsl. var. *atronervata* C. C. Wu,Act. Phytotax. Sin. **9**:314. 1964. ——*L. rubroglandulosa* C. Y. Wu,云南热带亚热带植物区系报告 1:47. 1965. ——*L. taiwaniana* Suzuki ex Kao,Taiwania **15**:66. 1970.

多年生草本;茎圆柱形,高6～50 cm,下部匍匐,密被多细胞卷曲柔毛。叶对生,茎端的2对间距短,近密聚;叶片卵形、阔卵形至近圆形,近等大,长0.7～4.5 cm,宽0.6～3 cm,叶背有时沿中肋和侧脉染紫红色,两面多少被具节糙伏毛,稀近于无毛,近边缘有暗红色或有时变为黑色的腺点;侧脉2～4对。花2～4朵集生茎端和枝端呈近头状的总状花序;花梗极短或长至2 mm;花萼裂片披针形,背面被疏柔毛;花冠黄色,内面基部紫红色,裂片卵状椭圆形至长圆形,散生暗红色或变黑色的腺点。 花期5～6月,果期7～10月。 产于武鸣、临桂、全州、兴安、龙胜、容县、平果、凌云、西林、隆林、凤山和金秀;生于海拔200～1 200 m的沟边、路旁、田边和山坡林缘、草地。分布于安徽、福建、甘肃南部、广东、贵州、海南、湖北、湖南、江苏、江西、青海、陕西南部、四川、台湾、西藏、云南和浙江等地,不丹、印度东北部、缅甸、尼泊尔、泰国和越南亦产。 本种与**叶头过路黄**(*L. phyllocephala* Hand.-Mazz.)略相似,但茎匍匐或上升,叶边缘具褐色或紫红色腺点,花冠裂片先端亦具暗红色或深褐色腺点,可以区别。 全草可入药,可用于治咽喉肿痛、风寒头痛、肾炎水肿、小儿疳积、肾结石、疔疮、毒蛇咬伤等;在浙江,民间至今仍沿用"临时救"一名,据《植物名实图考》记载:"土医以治跌损,云伤重垂毙,灌之可活,故名。"

32. **广西过路黄** 四叶一枝花

Lysimachia alfredii Hance,Journ. Bot. London **15**:356. 1877;中国植物志 **59**(1):96～97. 1989;Fl. China **15**:66. 1996;中国高等植物图鉴 **3**:277,图4507. 1974.

32a. **广西过路黄**(原变种) 图版93:4～5

Lysimachia alfredii Hance var. alfredii

多年生草本;茎直立或基部倾卧生根,高6～45 cm,被黄褐色柔毛。叶对生,茎下部的通常圆形,较小,上部的较大,茎端的2对密聚成轮生状;叶片卵形至卵状披针形,长3.5～11 cm,宽1～5.5 cm,边缘具缘毛,两面均被糙伏毛,密布黑色腺条和腺点;叶柄长1～2.5 cm,密被柔毛。总状花序顶生,缩短成近头状;花序轴长可达1 cm;苞片阔椭圆形或阔倒卵形,密被糙伏毛;花梗长2～3 mm,密被柔毛;花萼背面被毛,有黑色腺条;花冠黄色,密布黑色腺条。 花期4～5月,果期6～8月。 产于临桂、兴安、龙胜、贺州和金秀;生于海拔200～900 m的山谷溪边、沟旁湿地、林缘和灌木丛中。分布于福建西南部、贵州、广东、湖南和江西南部。 全草可药用,可用于治黄疸型肝炎、尿道结石、尿道感染等。

32b. **小广西过路黄**(变种)

Lysimachia alfredii Hance var. chrysosplenioides (Hand.-Mazz.) Chen et C. M. Hu,Act. Phytotax. Sin. **17**:40. 1979;中国植物志 **59**(1):97. 1989;Fl. China **15**:67. 1996. ——*L. chrysosplenioides* Hand.-Mazz.,Anz. Akad. Wiss. Wien. Math.-Nat. **62**:24. 1925.

该变种与原变种的区别是植株较矮小,高6～12 cm;茎基部倾卧,节上生根,自基部分枝。叶片卵圆形或近圆形，长 2～5 cm，宽 1.3～3.5 cm，顶端钝或圆形，幼时带红色。　花期 5 月。　产于龙胜；生于沟旁湿地或疏林下。分布于贵州。

33. **巴东过路黄**（中国高等植物图鉴）

Lysimachia patungensis Hand.-Mazz.，Not. Roy. Gard. Edinb. **16**：97. 1928；中国高等植物图鉴 **3**：276. 图 4505. 1974；中国植物志 **59**(1)：88，图版 24：1～5. 1989；Fl. China **15**：64. 1996.

多年生草本；茎匍匐伸长，高 10～40 cm，密被铁锈色多细胞柔毛。叶对生，茎端的 2 对密聚，呈轮生状；叶片阔卵形、近圆形或近椭圆形，长 1.3～3.8 cm，宽 0.8～3 cm，叶背粉绿色，两面密布具节糙伏毛；侧脉不明显；叶柄与叶片近等长或为叶片的 1/2，密被柔毛。花 2～4 数集生于茎和枝的顶端，无苞片；花梗长 6～25 mm，密被铁锈色柔毛；花萼裂片背面被疏柔毛；花冠黄色，内面基部橙红色，长 12～14 mm。蒴果球形，直径 4～5 mm。　花期 5～6 月，果期 7～8 月。　产于三江、全州、兴安、龙胜、资源和容县；生于海拔 500～1 000 m 的山谷溪边和林下。分布于安徽、福建、广东、湖北、湖南、江西和浙江。

34. **显苞过路黄**（拉汉种子植物名称）　图版 93：6～7

Lysimachia rubiginosa Hemsl.，Journ. L. Soc. Bot. **26**：56. 1889；中国高等植物图鉴 **4**：277，图 4508. 1974；中国植物志 **59**(1)：85，图版 22：5～9. 1989；Fl. China **15**：66. 1996. ——*L. involucrata* Hemsl.，Journ. L. Soc. Bot. **29**：315. 1893. ——*L. rubiginosa* Hemsl. var. *glabra* Franch.，Journ. Bot. Morot **9**：463. 1895.

多年生草本；茎直立或基部倾卧，高 30～100 cm，多少被铁锈色柔毛。叶对生；叶片卵形至卵状披针形，两面疏被糙伏毛而沿中肋较密，密布黑色或棕褐色腺条；侧脉 4～5 对；叶柄长 8～20 mm。花单生于枝端密集的苞腋，3～5 数；苞片叶状；花萼裂片狭披针形；无毛或被疏柔毛，有黑色腺条；花冠黄色，长 13～15 mm，裂片具黑色或褐色腺条。蒴果近球形，直径约 3 mm。　花期 5 月，果期 7～8 月。　产于资源；生于海拔 1 000～1 500 m 的山谷溪旁、林下等阴湿处。分布于贵州、湖北、湖南、四川、浙江和云南东北部及东南部，模式标本采自湖北巴东。　本种叶和花冠均具黑色腺条，与**广西过路黄**（*L. alfredii* Hance）稍近似，但花序生于无叶的侧枝端，具叶状苞片，极少生于茎端。

35. **矮桃**（植物名实图考）　图版 95：1

Lysimachia clethroides Duby in DC.，Prodr. **8**：61. 1844；中国高等植物图鉴 **3**：281. 图 4516. 1974；东北草本植物志 **7**：38. 1981；中国植物志 **59**(1)：102～103，图版 27：1～5. 1989；Fl. China **15**：69. 1996.

多年生草本，茎圆柱形，直立，不分枝，高 40～100 cm，基部常带红色。叶互生；叶片长椭圆形或阔披针形，长 6～16 cm，宽 2～5 cm，两面散生黑色粒状腺点，无柄或具长 2～10 mm 的柄。总状花序顶生，花密集，常转向一侧，果时长 20～40 cm；苞片线状钻形，比花梗稍长；花萼裂片卵状椭圆形，有腺状缘毛；花冠白色，长 5～6 mm。蒴果近球形，直径 2.5～3 mm。　花期 5～7 月，果期 7～10 月。　产于灵川、全州、兴安、龙胜和隆林；生于海拔 300～2 000 m 的山坡林缘、沟边阴湿处及草丛中。分布于福建、广东、贵州、海南、湖北、湖南、江苏、江西、辽宁、四川、台湾、云南和浙江等地，日本、韩国和俄罗斯东部亦产。　全草可入药，有活血调经、解毒消肿的功效；嫩叶可食或作猪饲料。

36. **星宿菜**　红根草　散血草　大田基黄

Lysimachia fortunei Maxim.，Bull. Acad. Sci. St. Petersb. **12**：68. 1868；江苏南部种子植物手册 568，图 566. 1959；中国高等植物图鉴 **3**：281，图 4515. 1974；台湾植物志 **4**：77. 1978；中国植物志 **59**(1)：104，图版 27：6～10. 1989；Fl. China **15**：69. 1996.

多年生草本；茎圆柱形，直立，高 30～70 cm，有黑色腺点，基部紫红色，无毛。叶互生；叶片长圆状披针形至狭椭圆形，长 4～11 cm，宽 1～2.5 cm，两面均有黑色腺点，干后呈粒状突起。总状花序顶生，长 10～20 cm；花梗与苞片近等长或稍短；花萼裂片周边有腺状缘毛，背面有黑色腺点；花冠白色，长约 3 mm，裂片有黑色腺点。蒴果球形，直径 2～2.5 mm。　花期 6～8 月，果期 8～11 月。　产于广西各地丘陵、山区；生于海拔 1 500 m 以下的沟边、田边等阴湿处。分布于福建、广东、海南、湖南、江苏、江西、台

图版 95 1. 矮桃 Lysimachia clethroides Duby 1. 植株。 2. 延叶珍珠菜 L. decurrens Forst. f. 2. 植株。 3. 泽珍珠菜 L. candida Lindl. 3. 植株。（邓晶发绘）

湾、浙江;日本、韩国和越南亦有。 本种与**矮桃**(*L. clethroides* Duby)近似,但全株无毛,花序细长,花较稀疏,花冠较小,可以区别。 全草在民间可作药用,有清热利湿、活血调经的功效,可用于治感冒、咳嗽咯血、肝炎、痢疾、肠炎、风湿性关节炎、白带异常、痛经、乳腺炎、跌打损伤、毒蛇咬伤等。

37. **长蕊珍珠菜**(中国高等植物图鉴) 乳钟药

Lysimachia lobelioides Wall., Roxb. Fl. Ind. **2**:29. 1824;中国高等植物图鉴 **3**:283,图 4519. 1974;中国植物志 **59**(1):119,图版 31:4~5. 1989;Fl. China **15**:76. 1996.

一年生草本;茎膝曲直立或上升,单一或基部分枝成簇生状,高 25~50 cm,微具 4 棱,散生黑色腺点,无毛。叶互生;叶片卵形、菱状卵形或卵状披针形,全缘,近边缘或沿中肋散生暗紫色或黑色粗线条;叶柄长为叶片的 1/4~2/3,具狭翅。总状花序顶生;花梗长 5~12 mm;花萼裂片卵状披针形,背面有黑色粗腺点;花冠白色或淡红色,长约 6 mm;雄蕊明显伸出花冠之外。蒴果球形,直径约 4 mm。 花期 4~5 月,果期 6~7 月。 产于桂西;生于海拔 1 000~2 300 m 的山谷溪边、山坡草地湿润处。分布于贵州、四川西南部、云南,不丹、印度、老挝、缅甸、尼泊尔和泰国亦产。 全草可入药,在云南和广西,民间用全草捣烂敷治乳房红肿、无名肿毒、风湿痛、狗咬伤、瘰疽等。

38. **延叶珍珠菜** 白当归 黑疗草 图版 95:2

Lysimachia decurrens Forst. f., Prodr. 12. 1786;海南植物志 **3**:436. 1974;中国高等植物图鉴 **3**:283,图 4520. 1974;台湾植物志 **4**:74. 1978;中国植物志 **59**(1):120. 1989;Fl. China **15**:73. 1996. ——*L. sinica* Miq., Journ. Bot. Neerl. **1**: 110. 1861. ——*L. consobrina* Hance in Ann. Sci. Nat. Paris 5. ser. **5**:224. 1866. ——*L. decurrens* var. *recurvata* Matsum., Bot. Mag. Tokyo **14**:71. 1900. ——*L. recurvata* (Matsum.) Masam., Journ. Soc. Trop. Agr. Taiwan **4**: 302. 1932. ——*L. decurrens* var. *eudecurrens* R. Knuth, Pflanzenr. **22**(Ⅳ. 237):296. 1905.

多年生草本;茎直立,高 40~90 cm,有棱角,无毛。叶互生或近对生;叶片披针形或椭圆状披针形,长 6~13 cm,宽 1.5~4 cm,基部下延至叶柄成狭翅,两面均有不规则的黑色腺点;叶柄长 1~4 cm,基部沿茎下延。总状花序顶生,长 10~25 cm;花梗长 2~9 mm,果时伸长达 1~1.8 cm;花萼裂片狭披针形,边缘有腺状缘毛,背面具黑色短腺条;花冠白色或带淡紫色,裂片匙状长圆形;雄蕊明显伸出花冠之外。蒴果球形或扁球形。 花期 4~5 月,果期 6~7 月。 产于武鸣、横县、临桂、平南、桂平、田林、隆林、金秀、扶绥和龙州;生于村旁荒地、路旁、山谷溪边或疏林下及草丛中。分布于福建、广东、贵州、湖南、江西、台湾和云南,不丹、印度、印度尼西亚、日本、老挝、菲律宾、泰国、越南和太平洋诸岛。 全草可药用,有消肿止痛的功效,广西民间用于治跌打损伤、疔毒等。

39. **泽珍珠菜**(广州植物志) 白水花 水硼砂 图版 95:3

Lysimachia candida Lindl., Journ. Hort. Soc. London **1**:301. 1846;江苏南部种子植物手册 570. 1959;中国高等植物图鉴 **3**:284,图 4522. 1974;中国植物志 **59**(1):127~128. 1989;Fl. China **15**:76. 1996. ——*L. inconspocua* Miq., Journ. Bot. Neel. **1**: 110. 1861. ——*L. candida* Lindl. var. *depauperata* Merrill, Philipp. J. Sci. **15**(3):250. 1919.

一年生或二年生草本;茎直立,单生或数条簇生,高 10~30 cm,无毛。基生叶片匙形或倒披针形,柄具狭翅;茎叶互生或少为对生,叶片倒卵形、倒披针形或线形,长 1~5 cm,宽 2~12 mm,基部下延,两面均有黑色或带红色的小腺点,无柄或近于无柄。总状花序顶生,果时长 5~10 cm;苞片线形,长 4~6 mm;花梗长约为苞片的 2 倍;花萼裂片背面沿中肋两侧有黑色短腺条;花冠白色。 花期 3~6 月,果期 4~7 月。 产于百色、平果、天峨、凤山、南丹、罗城、环江等地;生于海拔 100~2 100 m 的田边、溪边和山坡路旁潮湿处。分布于安徽、福建、广东、贵州、海南、湖北、河南、甘肃、江西、陕西南部、山东、四川、云南、西藏、台湾和浙江等地,日本、缅甸和越南亦有。 本种叶片匙形至倒披针形;总状花序顶生;花冠白色,分裂仅达中部,与其他种类易区别。 全草可入药,广西民间用全草捣烂敷治痈疮和无名肿毒。

2. 假婆婆纳属 Stimpsonia Wright ex A. Gray

一年生小草本;茎纤细,直立或上升,常多条簇生,高 6～18 cm,被小腺毛。叶基生和在茎上互生,具粗齿。花小,单生于上部叶腋,呈总状花序;花冠白色,高脚碟状,裂片 5 枚,覆瓦状排列;花丝与花药近等长。蒴果球形,5 瓣开裂达基部。 本属仅有 1 种,分布于我国南部和日本。广西亦有。

假婆婆纳

Stimpsonia chamaedryoides Wright ex A. Gray, Mem. Amer. Acad. Arts n. s. **6**: 401. 1857;中国植物志 **59**(1): 139,图版 35: 7～8. 1989;Fl. China **15**: 82. 1996.

种的特征与属同。 花期 4～5 月,果期 6～7 月。 产于龙胜、临桂、金秀、上思、融水、上林等地;生长于海拔 100～1 000 m 的山坡草地和灌木丛边。分布于安徽、福建、广东、湖南、江苏、江西、台湾和浙江,日本亦有。

3. 点地梅属 Androsace L.

一年生或多年生草本。叶基生或簇生于根状茎或根出条端,形成莲座状叶丛,极少互生于直立的茎上。花组成伞形花序生于花葶端,很少单生而无花葶;花萼钟状至杯状,5 浅裂至深裂;花冠白色、淡紫色、粉红色或深红色,少有黄色,筒部短,通常呈坛状,短于花萼或约与花萼等长;雄蕊 5 枚,花丝贴生于花冠筒上;子房上位,花柱不伸出冠筒。蒴果近球形,5 瓣裂。本属与**报春花属**(*Primula* L.)极相似,其主要区别在于花同型,冠筒短于花萼,筒口收缩。 全属约有 100 种,主要分布于北温带和高山区。我国有 73 种,主产于西南、西北地区;广西有 2 种。

分 种 检 索 表

1. 叶片卵圆形至心状圆形,直径 5～25 mm,不呈羽裂状,两面被贴伏的短柔毛;花冠白色 ………………………………………… 1. **点地梅** A. umbellata (Lour.) Merr.
1. 叶片椭圆形至椭圆状倒卵形,长 3～13 cm,具不规则的波状浅圆齿,近基部有时羽状深裂,两面疏被小刚毛或近无毛;花冠淡紫色 ………………………… 2. **异叶点地梅** A. runcinata Hand.-Mazz.

1. 点地梅(拉汉种子植物名称)

Androsace umbellata (Lour.) Merr., Philip. J. Sci. **15**: 237. 1919;海南植物志 **3**: 437. 1974;中国高等植物图鉴 **3**: 268. 图 4489. 1974;东北草本植物志 **7**: 25,图版 11. 1981;中国植物志 **59**(1): 157,图版 40: 4. 1989;Fl. China **15**: 88. 1996. ——*A. saxifragaefolia* Bunge, Mem. Acad. St. Petersb. **2**: 127. 1833. ——*Drosera umbellata* Lour., Fl. Cochinch. 186. 1790. ——*Primula minutiflora* G. Forr., Not. Roy. Bot. Gard. Edinb. **4**: 219. 1908. ——*P. umbellata* (Lour.) Bentv., Fl. Malesiana 1, ser. 1, **6**: 191. 1962.

矮小草本。叶全部基生;叶片卵圆形至心状圆形,直径 5～25 mm,两面均被贴伏的短柔毛;叶柄长 1～4 cm,被开展的柔毛。花葶直立,高 5～12 cm;伞形花序顶生,高 4～15 cm,被白色短柔毛,具 4～15 朵花;花萼裂片卵形,果时增大,呈星状展开;花冠白色,直径 4～6 mm,筒部长约 2 mm,短于花萼。蒴果近球形,直径 2.5～3 mm,果皮白色。 花期 3～4 月,果期 5～6 月。 产于东兰、柳城、扶绥、靖西、那坡、南丹、天峨、凤山、环江、都安、忻城等地;生长于海拔 100～1 500 m 的山坡草地、田边和路旁。广泛分布于我国南北各地,朝鲜、日本、印度、越南、缅甸、巴基斯坦、菲律宾、俄罗斯东部等亦有。 全草可入药,有清凉解毒、消肿止痛的功效。

2. **异叶点地梅**

Androsace runcinata Hand.-Mazz., Notes Roy. Bot. Gard. Edinburgh. **16**:161. 1931;中国植物志 **59**(1):162,图版 42:2~4. 1989;Fl. China **15**:90. 1996;广西师范大学学报(自然科学版) **34**(2):149. 2016.——*A. diversifolia* C. Y. Wu,云南热带亚热带植物区系报告 **1**:33. 图版 8,1965.

多年生草本。叶基生;叶片椭圆形至椭圆状倒卵形,长 3~13 cm,宽 2~5 cm,具不规则的波状浅圆齿,近基部有时羽状深裂,腹面疏被小刚毛,背面除中肋被小刚毛外,其余部分近无毛;叶柄扁平,具窄翅,长为叶片长的 1/2。花葶 1~3 枚,高 10~20 cm,疏被长柔毛;伞形花序有花 8~12 朵;苞片线状钻形;花萼倒圆锥形,微具 5 棱,裂片三角形;花冠淡紫红色,裂片长圆形,全缘或先端微凹。蒴果短于萼筒。 花期 4~5 月。 产于乐业;生于石灰岩天坑或洞穴。分布于云南东南部、贵州和湖南西部,模式标本采自贵州龙里。

4. 报春花属 Primula L.

叶全部基生,成莲座状。花 5 基数,通常有长柱花和短柱花两型,在花葶端排成伞形花序,很少成总状花序或花单生;花冠筒明显长于花萼,喉部不收缩,裂片全缘、具齿或 2 裂,在花蕾中覆瓦状排列;子房上位。蒴果球形至筒状,顶端短瓣开裂或不规则开裂,稀为帽状盖裂。 本属约有 500 种,大部分分布于北半球温带和高山区,少数种类分布于南半球,沿喜马拉雅山两侧至云南、四川西部是本属的现代分布中心。我国约有 300 种;广西已知有 5 种 1 变种。 本属植物花美丽,可栽培供观赏。

分种检索表

1. 花葶、花萼被白粉;伞形花序 1~6 个轮叠生于花葶上 ………… 1. **报春花** P. malacoides Franch.
1. 全株无粉;伞形花序生于花葶端。
  2. 叶片两面无毛,质地较厚;花萼钟状,分裂达全长的 1/2~2/3 ………… 2. **厚叶贵州报春**(变种)P. kweichouensis W. W. Smith var. guangxiensis D. Fang
  2. 叶片被毛。
    3. 叶片长不到 4 cm,宽小于 2.5 cm;花萼钟状,分裂近达中部,裂片狭三角形 ………… 3. **光萼报春** P. levicalyx C. M. Hu et Z. R. Xu
    3. 叶片通常长 5 cm 以上,宽大于 2.5 cm。
      4. 花萼裂片卵形、阔卵形或阔三角形,非披针形;花葶高通常 10 cm 以上。
        5. 叶片卵形至卵状披针形,叶腹面散生贴伏的小刺毛,先端锐尖 ………… 4. **广西报春** P. apicicallosa D. Fang
        5. 叶片卵圆形、椭圆形或矩圆形,叶腹面近于无毛或被毛呈小刚毛状或为多细胞柔毛,先端圆形 ………… 5. **鄂报春** P. obconica Hance
      4. 花萼裂片披针形,分裂达中部;花葶高 2.5~8 cm ………… 6. **广南报春** P. wangii Chen et C. M. Hu

1. **报春花**(植物名实图考) 图版 96:1~2

Primula malacoides Franch., Bull. Soc. Bot. France **33**:64. 1886;中国高等植物图鉴 **3**:247,图 4448. 1974;云南种子植物名录 **2**:1504. 1984;中国植物志 **59**(2):9. 1989;Fl. China **15**:119. 1996.——*P. delicata* Petitm., Le Monde des Plantes **10**:7. 1908.——*P. forbesii* Franch. subsp. *delicata* (Petitm.) W. W. Smith et Forr., ibid. **16**:26. 1928.——*P. malacoides* Franch. subsp. *pseudomalacoides* (Stewart) W. W. Smith et Forr., ibid. **16**:26. 1928.——*P. pseudomalacoides* Stewart, Not. Roy. Bot. Gard. Edinb. **9**:36. 1915.

二年生草本;无明显的根状茎。叶多数簇生;叶片卵形至椭圆形或矩圆形,长 3~10 cm,宽 2~8 cm;叶柄长 2~15 cm,具狭翅,被多细胞柔毛。花葶 1 枚至多枚自叶丛中抽出,高 10~40 cm;伞形花序被乳白色粉,1~6 轮,每轮 4~20 朵花;花长 1.5~4 cm;花萼钟状,长 3~7 mm,通常被乳白色粉;花冠粉红色,

图版 96　1～2. **报春花** Primula malacoides Franch.　1. 植株；2. 花萼放大。　3～4. **鄂报春** P. obconica Hance　3. 叶片；4. 花萼放大。　5～6. **水茴草** Samolus valerandi L.　5. 植株；6. 花放大。　（邓晶发绘）

淡蓝紫色或近白色；长花柱花冠筒约与花萼等长；短花柱花冠筒长于花萼约 0.5 倍。蒴果球形，直径约 3 mm。 花期 2～5 月，果期 3～6 月。 产于隆林；生于潮湿旷地、沟边和林缘。分布于云南、贵州，缅甸北部亦产。 本种已广泛栽培于世界各地，为著名花卉。

2. **厚叶贵州报春**（变种）

Primula kweichouensis W. W. Smith var. **guangxiensis** D. Fang, J. Trop. Subtrop. Bot. **6**(1): 51. 1998.

多年生草本。叶片倒卵状楔形至阔椭圆形，长 1～4.5 cm，宽 1～2.5 cm，先端圆形，有时顶端微凹入，基部阔楔形或圆形，质地厚，两面无毛，边缘有疏齿。花葶高 2～4 cm；伞形花序 2～3 朵花；花梗长 7～15 mm；花萼钟状，分裂达全长的 1/2～2/3，裂片披针形或三角状披针形，先端锐尖；花冠淡红色，冠筒狭管状，裂片倒卵形，先端具凹缺。 本变种为广西特有，产于那坡；生于海拔约 1 600 m 的石山密林下。该变种与原变种以及变种**多脉贵州报春**（*P. kweichouensis* W. W. Smith var. *venulosa* C. M. Hu）的主要区别在于叶片质地较厚，边缘有疏齿，叶背无毛。

3. **光萼报春**

Primula levicalyx C. M. Hu et Z. R. Xu, Acta Phytotax. Sin. **26**: 309. 1988；中国植物志 **59**(2): 64. 1989；Fl. China **15**: 135. 1996.

多年生草本；根状茎粗短。叶多数簇生；叶片矩圆形至阔卵圆形，长 1.5～3.5 cm，宽 8～15 mm，先端圆形，具胼胝质小尖头，基部心形，稀近圆形，边缘有稀疏具胼胝质尖头的小齿，叶腹面被长短不一的多细胞柔毛，叶背面密被较短的腺毛状柔毛；叶柄长 2～5 cm，密被多细胞柔毛。花葶高 2.5～5.5 cm；伞形花序顶生，具 2～6 朵花；花梗长 4～10 mm，无毛，疏被短柄腺体；花萼钟状，分裂近达中部，裂片狭三角形；花冠粉红色，裂片倒卵形，先端深 2 裂。 花期 4 月。 产于环江；生于石灰岩石缝中。分布于贵州。 本种与**贵州报春**（*P. kweichouensis* W. W. Smith）近缘，但花萼、花梗光滑无毛，叶片两面被柔毛，可以区别。

4. **广西报春**

Primula apicicallosa D. Fang, J. Trop. Subtrop. Bot. **6**(1): 49～50, f. 1. 1998.

多年生草本；全株无粉。叶 3～6 片基生；叶片卵形至卵状披针形，长 5～11 cm，宽 2.5～5.5 cm，基部浅心形，叶缘圆齿端有胼胝质短尖头，叶腹面疏被贴伏的小刺毛，叶背面沿中脉和侧脉密被、小脉疏被短柔毛，侧脉每边 6～8 条；叶柄长 2～7 cm，密被淡锈色多细胞柔毛。花葶长 12～14 cm；伞形花序 1 轮，有花 4～7 朵；花同型；花萼钟状，分裂至全长的 1/4，裂片卵形至阔卵形；花冠淡紫红色，裂片倒卵形，2 裂；子房球形，花柱长与花丝顶端等高。 花期 3 月。 本种为广西特有种，产于那坡；生于海拔 1 250 m 的石灰岩石山林下崖壁上。 该种与**鄂报春**（*P. obconica* Hance）近缘，但叶片卵形至卵状披针形，表面散生贴伏的小刺毛，先端锐尖，可以区别。

5. **鄂报春**（中国高等植物图鉴） 图版 96: 3～4

Primula obconica Hance, Journ. Bot. **18**: 234. 1880；中国高等植物图鉴 **3**: 254. 1974；秦岭植物志 **1**(4): 32. 1983；云南种子植物名录 **2**: 1506. 1984；广东植物志 **1**: 554. 1987；中国植物志 **59**(2): 21. 1989；Fl. China **15**: 122～123. 1996. ——*P. poculiformis* Hook. f., Bot. Mag. t. 6582. 1881. ——*P. petitmengini* Bonati, Bull. Soc. Bot. France **9**: 466. 1949. ——*P. bonatii* Knuth, Fedde, Repert. Sp. Nov. **8**: 398. 1910. ——*P. obconica* Hance subsp. *petitmengini* (Bonati) W. W. Smith et Forr., Not. Roy. Bot. Gard. Edinb. **16**: 33. 1928.

多年生草本。叶片卵圆形、椭圆形或矩圆形，长 3～17 cm，宽 2.5～11 cm，叶腹面近于无毛或被毛呈小刚毛状或为多细胞柔毛，叶背面沿叶脉被多细胞柔毛，其余部分无毛或疏被柔毛；叶柄长 3～14 cm，被白色或褐色的多细胞柔毛，基部增宽，多呈鞘状。花葶 1 枚至多枚自叶丛中抽出，高 6～28 cm；伞形花序 2～13 朵花；花萼杯状或阔钟状，具 5 脉，5 浅裂；花冠玫瑰红色，稀白色，冠筒长于花萼的 0.5～1 倍；长花柱花，花柱长近达冠筒口；短花柱花，花柱长 2～2.5 mm。蒴果球形，直径约 3.5 mm。 花期 3～6 月。产于桂北；生于海拔 550～2 000 m 的林缘、水沟边和湿润岩石上。分布于云南、四川、贵州、湖北、湖南、广东、江西。本种已广泛栽培于世界各地，为常见的盆栽花卉，其主要的识别特征为花萼杯状，直径常大于长度，顶端仅具阔三角形的浅齿。

6. **广南报春**

Primula wangii Chen et C. M. Hu, Fl. Reipubl. Popularis Sin. **59**(2):291. 1990；中国植物志 **59**(2):64，图版 15:6～7. 1989；Fl. China **15**:136. 1996.

多年生草本；具粗短的根状茎。叶片阔矩圆形至近圆形，长 3～6.5 cm，宽 2.5～5 cm，先端圆形，有时微凹入，基部心形或近圆形，两侧有时略不对称，叶腹面无毛或沿下陷的中肋被极稀疏的柔毛，叶背面沿叶脉被铁锈色多细胞柔毛；叶柄长 2.5～8 cm，通常与叶片近等长，密被铁锈色多细胞柔毛。花葶纤细，高 2.5～8 cm，果期高可达 12 cm；伞形花序 3～5 朵花，极少出现第二轮花序；花萼狭钟状，分裂达中部，裂片披针形，先端锐尖；花冠粉红色，裂片倒卵形，先端深 2 裂。蒴果筒状，长约 8 mm，稍长于宿存花萼。　花期 3 月。　产于凤山；生于石灰岩石山上。分布于云南东南部，模式标本采自云南广南。　本种与**广东报春**(*P. kwangtungensis* W. W. Smith)相似，但叶柄细长，叶片基部通常心形，花萼分裂近达中部，蒴果长于宿存花萼，可以区别；该种与**鄂报春**(*P. obconica* Hance)也较近似，但花萼窄钟状，分裂达中部，裂片披针形，易于区分。

5. 水茴草属　Samolus L.

一年生或多年生草本；茎直立。叶互生，有时具莲座状丛生的基生叶；叶片全缘。花小，排成顶生总状花序或伞房花序；苞片常生长于花梗中部；花萼 5 枚，筒部与子房下部连合；花冠白色，近钟状，5 裂；雄蕊 5 枚；退化雄蕊 5 枚，与花冠裂片互生；子房半下位。蒴果球形，先端 5 裂。本属是报春花科中唯一半下位子房的属，极易区别。　本属约有 10 种，广泛分布于全球，但主产于南半球。我国仅有 1 种；广西亦有。

水茴草(拉汉种子植物名称)　图版 96:5～6

Samolus valerandi L., Sp. Pl. 1. 171. 1753；中国高等植物图鉴 3:287，图 4527. 1974；云南种子植物名录 2:1516. 1984；中国植物志 **59**(2):288，图版:6～7. 1989；Fl. China **15**:188. 1996.

一年生草本；全体无毛；茎直立，高 10～40 cm，上部分枝。基生叶片倒卵形或长椭圆形，长 1.2～6.5 cm；茎生叶较小，互生，先端钝或具小突尖头。总状花序通常有花 10～20 朵；花小，白色，直径 2～3 mm；苞片着生于花梗中部。蒴果球形，直径 2～3 mm。　花期 6 月。　产于临桂、德保、那坡等地；生于海拔 100～1 300 m 的溪旁和水田边。分布于云南、贵州、湖南和广东，世界广泛分布，五大洲亦有分布。

241. 白花丹科　PLUMBAGINACEAE*

小灌木或多年生草本，有时上部蔓状而攀缘。叶互生或基生；下部通常渐狭成柄；叶柄基部扩张或抱茎；无托叶。花两性，整齐，排成穗状、伞房状或圆锥状；花萼筒状或漏斗状，有 5 条脉棱，花萼裂片 5 枚，有时具间生小裂片；花冠较花萼长，由 5 枚花瓣或多或少联合而成；雄蕊 5 枚，与花冠裂片对生，下位，或着生于花冠基部；雌蕊 1 枚，由 5 个心皮结合而成；子房上位，1 室，有胚珠 1 颗；花柱 5 枚，分离或基部连合。蒴果包藏于萼筒内，开裂；种子具薄层粉质胚乳。　本科有 25 属约 440 种，广泛分布于全世界，主要分布于地中海区域和亚洲中部，南半球最少。我国有 7 属约 46 种，分布于西南、西北、河南、华北、东北和沿海各地，主要产于新疆；广

* 编著者：林春蕊。

西有 2 属 3 种，一般喜生于日光充足、蒸发量大、空气干燥、土壤排水良好而富含钙质的地方。

分属检索表

1. 叶互生；花萼上有具柄的腺体；花柱 1 枚 ………………………………………………………… 1. **白花丹属** Plumbago Linn.
1. 叶基生；花萼上无腺体；花柱 5 枚，分离 ……………………………………………………………… 2. **补血草属** Limonium Mill.

1. 白花丹属 Plumbago Linn.

多年生草本或半灌木。叶互生；叶柄基部常具耳，半抱茎。穗状花序顶生；花萼管状，具 5 条脉棱，沿脉两侧为草质，棱间(除基部)膜质，棱上具有柄的腺体；花冠高脚碟状，白色或红色；雄蕊 5 枚；花柱 1 枚，先端为 5 枚细长的柱头。蒴果膜质，通常沿基部不规则环状破裂，然后再向上沿棱裂成顶端相连或分离的 5 瓣。 本属约有 17 种，主要分布于热带。我国有 2 种，分布于华南和西南部；广西有 2 种。

分种检索表

1. 半灌木；花白色或微带蓝色，花冠筒长约 2 cm；花柱无毛 ……………………………………… 1. **白花丹** P. zeylanica Linn.
1. 多年生草本；花红色或紫红色，花冠筒长 2.5～3 cm；花柱下部有毛 ……………………………… 2. **紫花丹** P. indica Linn.

1. **白花丹**(中国植物志) 火灵丹(岑溪) 破骨丹(桂平) 谢三娘(陆川)

Plumbago zeylanica Linn.，Sp. Pl. 151. 1753；侯宽昭，广州植物志 561. 1956；海南植物志 **3**：438. 1974；中国高等植物图鉴 **3**：292，图 4537. 1974；云南植物志 **1**：387. 1979；中国植物志 **60**(1)：4. 1987；Fl. China **15**：191. 1996. ——*Thela alba* Lour.，Fl. Cochinch. 119. 1790.

常绿半灌木。叶片卵形或卵状长圆形，长 3.5～8 cm，宽 2～5 cm，先端急尖，基部渐狭而成一短柄；叶柄基部扩大成耳形而抱茎，但耳形部分易脱落。花序轴具腺体；花白色或微带蓝白色。 花期 10 月至翌年 3 月，果期 12 月至翌年 4 月。 产于广西各地；生于村庄附近、路旁灌木丛和杂木林中，也有栽培。分布于云南、四川、贵州(南部)、广东、海南、福建、台湾，南亚和东南亚亦有。 民间用根、茎、叶治疗跌打损伤、腰腿扭伤、风湿骨痛，鲜叶外敷治疮疖、毒蛇咬伤。其液接触皮肤时间过长会引起红肿、脱皮，误食会引致呕吐、消化道出血、呼吸及循环系统衰竭。

2. **紫花丹** 谢三娘(北流) 图版 97：1～4

Plumbago indica Linn. in Stickm. Herb. Amb. 24. 1754；et Amoen. Acad. **4**：133. 1759；侯宽昭于广州植物志 561. 1956；海南植物志 **3**：439. 1974；中国高等植物图鉴 **3**：293，图 4539. 1974；云南植物志 **1**：439. 1979；中国植物志 **60**(1)：5. 1987；Fl. China **15**：191. 1996. ——*P. rosea* Linn.，Sp. Pl. ed. 2. 215. 1762；Forbes et Hemsl. in Lourn. Linn. Soc. Bot. **26**：36. 1889. ——*P. coccinea* Salisb.，Prodr. Stirp. 122. 1796；Boiss. in DC. Prodr. **12**：693. 1848. ——*P. rosea* Linn. var. *coccinea* (Lour.) Hook. in Bot. Mag. **89**：t. 5363. 1863. ——*Thela coccinea* Lour.，Fl. Cochinch. 119. 1790.

本种接近**白花丹**(*P. zeylanica* Linn.)，区别是本种为多年生草本；叶片长圆形或椭圆形，少有倒卵形，长 6～12.5 cm，宽 2～5 cm，先端急尖或钝，基部阔楔形；叶柄基部抱茎，但不为耳形；花序轴无腺体；花紫色或紫红色。 产于陆川、北流、贵港；生于村旁或灌木丛中。分布于广东、海南和云南，我国南方各地也有栽培；广泛分布于亚洲热带地区，现已被广泛栽培。 全草可供药用，功效与**白花丹**相似。

2. 补血草属 Limonium Mill.

多年生草本。叶基生，少有互生。花伞房状或圆锥状；花萼漏斗状、倒圆锥状或管状，干膜质，具 5 脉，

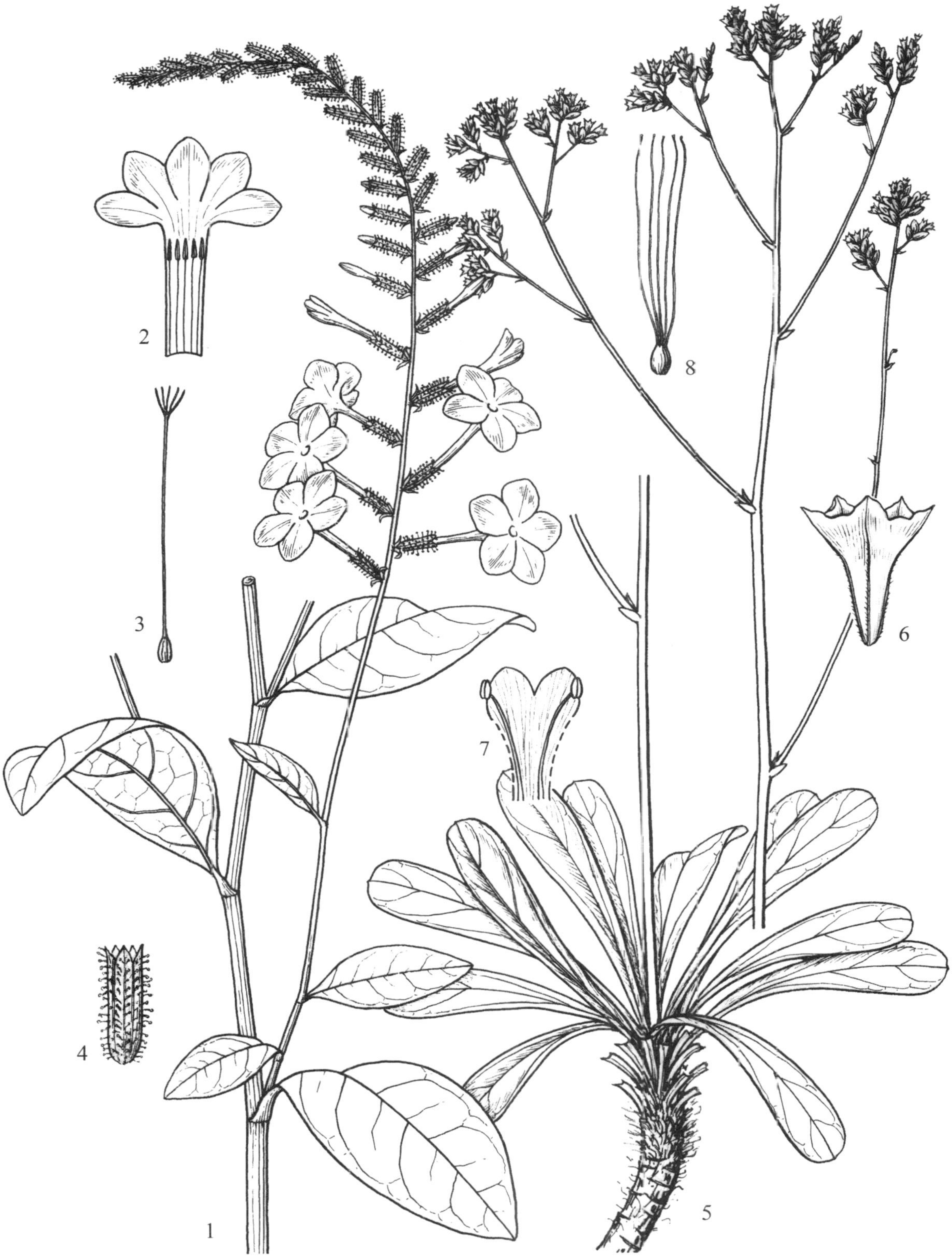

图版 97　1～4. **紫花丹** Plumbago indica Linn.　1. 花枝一段；2. 花冠展开示雄蕊；3. 雌蕊；4. 花萼。　5～8. **补血草** Limonium sinense (Girard) Kuntze　5. 植株；6. 花萼；7. 花冠展开一部分；8. 雌蕊。　（廖信佩绘）

先端5枚裂片，有时具间生小裂片；花冠由5枚花瓣基部联合而成；雄蕊5枚，着生于花冠基部；花柱5枚，分离，柱头丝状圆柱形或圆柱形。蒴果倒卵圆形。　本属约有300种，分布于全世界，主要产于欧亚大陆的地中海沿岸；多生于海岸和盐性草原地区。我国有22种，分布于东北、华北、西北和滨海各地，及西藏（西部）、河南（北部、中部），主要产于新疆；广西有1种。

补血草　碱水参（防城）　图版97：5～8

Limonium sinense (Girard) Kuntze, Revis. Gen. Pl. **2**: 396. 1891；海南植物志**3**：439. 1974；中国高等植物图鉴**3**：290，图4533. 1974；中国植物志**60**(1)：30. 1987；Fl. China **15**: 200. 1996. ——*Statice sinensis* Girard in Ann. Sci. Nat. Ⅲ. **2**: 329. 1844. ——*S. fortunei* Lindl. in Bot. Reg. **31**: t. 63. 1845. ——*S. bicolor* auct. non Bunge, N. Gist Gee in 科学 **6**: 321. 1921；裴鉴等于江苏南部种子植物手册 574. 图927. 1959. ——*S. japonica* auct. non Sieb. et Zucc., Kom. in Act. Hort. Petrop. **25**: 242. 1907.

多年生草本，高15～60 cm；根肉质，圆柱形。叶片倒卵状披针形或匙形，连叶柄长4～15 cm，宽1～3 cm，先端圆钝和微凹，有小突尖，中部以下渐狭下延形成具翅的柄；叶柄基部鞘状。花2～3朵为伞房状或圆锥状；花萼长6～7 mm，漏斗状，下半部或全部沿脉被长毛，萼檐白色；花冠淡黄色，约与花萼等长；雄蕊与花冠裂片对生；花柱5枚，分离，子房长圆形，具明显5棱。　花期2～5月，果期4～7月。　产于防城港、钦州、北海；生于海边沙滩或盐碱地。分布于福建、广东、海南、河北、江苏、辽宁、山东、浙江及台湾，日本、越南亦有。　根或全草有清热、祛湿、止血的功效。

242. 车前科　PLANTAGINACEAE*

一年生或多年生草本。叶通常基生，单叶；叶柄基部常呈鞘状；无托叶。花茎腋生，花小，两性，辐射对称，组成穗状或头状花序，生于花茎上；苞片1枚；花萼4裂，宿存；花冠合瓣，3～4裂；雄蕊4枚，有时1枚或2枚不发育，生于花冠筒上，并与裂片互生，下垂；子房上位，1～4室，每室有胚珠1颗至多颗，有单生的花柱；胚珠生于中轴胎座或基底胎座上。蒴果周裂，膜质，稀为骨质的坚果；种子1粒或多粒。　全球有3属，约有200种，广泛分布于全世界。我国有1属20种，分布于南北各地；广西有3种1亚种。　本科大部分植物的种子和全草可作药用。

车前属　Plantago L.

一年生或多年生草本。叶通常基生；叶脉通常近平行。花小，两性或杂性，排成穗状花序生于花茎上；花萼裂片4枚，宿存；花冠筒状或在喉部收缩，与花萼等长或稀比花萼长，干膜质，花冠裂片4枚，相等，开展或反折；雄蕊4枚，着生于冠筒上，常伸出花冠外，花药"丁"字着生；子房2～4室，上位；胚珠单生或数颗。蒴果膜质，在中部或近基部周裂；种子有棱，1粒至多粒，通常为压扁状。　全球有190余种，广泛分布于全世界。我国约有20种；广西现知有3种1亚种。

分种检索表

1. 地上茎不存在；根茎短而直立；叶螺旋状互生，紧缩成莲座状；叶片宽卵形至宽椭圆形；穗状花序细圆柱状，紧密或稀疏；花序梗较长，花葶状；花冠筒无横皱；种子腹面稍隆起或近平坦；子叶背腹向排列。

---

* 编著者：罗金裕、林春蕊。

2. 花有短梗；苞片与萼片多少分离；花药新鲜时白色；花茎高 10～38(71)cm，粗 1～3.5 mm。

3. 叶脉 5～7 条；穗状花序较密或上部较下部密；萼片背面中央的龙骨状突起(指萼片中脉，以下同)不达顶端，多少有 1 狭革质或膜质的边缘……………………………………………………………… 1a. **车前** P. asiatica L. subsp. asiatica

3. 叶脉 3～5 条；穗状花序较稀疏；萼片背面中央龙骨状突起直达顶端，常延伸为 1 小尖头 ……………………………………………………………………………………………… 1b. **疏花车前** P. asiatica L. subsp. erosa (Wall.) Z. Y. Li

2. 花无梗；苞片与萼片不分离；花药新鲜时常淡紫色；花茎高 13～65(110)cm ………………………… 2. **大车前** P. major L.

1. 地上茎发达，多分枝；无根状茎；全株散生短腺毛，具直根；叶对生，或兼三叶轮生；叶片线形或线状披针形；穗状花序生于叶腋，短圆柱状至卵球形；具较短的花序梗；花冠筒有横皱；种子腹面内凹成船形，边缘内卷；子叶左右向排列 ………………………………………………………………………………………… 3. **对叶车前** P. arenaria Waldst. et Kit.

1. 车前(神农本草经)

Plantago asiatica L., Sp. Pl. 113. 1753；中国高等植物图鉴 4：180，图 5774. 1975；中国车前研究 13，图 2. 1993；中国植物志 70：325. 2002；Fl. China 19：497. 2011. —— *P. major* L. var. *asiatica* (L.) Decne in DC., Prodr. 13(1)：694. 1850.

1a. 车前(原亚种)　图版 98：1～5

Plantago asiatica L. subsp. asiatica

多年生草本，高 10～38(71)cm；有须根。叶基生；叶片卵形至椭圆形，长 3～8 cm，宽 1.5～7 cm，先端圆或钝圆，基部宽楔形，边缘波状，有疏离锯齿或小裂片状齿，两面无毛或有毛；叶脉 5～7 条；叶柄长 2～8 cm，宽 3～8 mm。花茎多条，高 10～35 cm，粗 1～3.5 mm，穗状花序生于花茎上部，占全长的 1/3～1/2，细圆柱状，长 3～40 cm；花有短梗；花萼与苞片多分离，萼片背面中央有 1 龙骨状突起，不达顶端，具狭革质或膜质的边缘。蒴果于基部上方周裂；种子 4～9 粒。　花期 4～10 月，果期 6～11 月。　产于贺州、藤县、苍梧、陆川、博白、贵港、桂平、平南、金秀、忻城、南丹、马山、武鸣、南宁等地；生于路边、村旁、山谷、草地。分布于内蒙古、辽宁、吉林、黑龙江、新疆、甘肃、山西、陕西、山东、河北、河南、湖北、江西、江苏、安徽、浙江、福建、广东、湖南、贵州、云南、四川等地，俄罗斯、日本、印度尼西亚亦有。　种子有利水通淋、清肝明目的功效，用于治疗小便不通、水肿等，国外主要作为容积性泻药及引产药。全草有清热解毒、利尿的功效，用于治疗尿路感染、暑湿泄泻、痰多咳嗽、热毒痈肿等。

1b. 疏花车前(亚种)

Plantago asiatica L. subsp. erosa (Wall.) Z. Y. Li 于中国植物志 70：328. 2002；Fl. China 19：498. 2011. ——*P. erosa* Wall. in Roxb. Fl. Ind. ed. Carey, 1：423. 1820；郑太坤等于中国中药杂志 15(7)：6～9. 1990.

本亚种接近于原亚种，不同点是叶脉 3～5 条，穗状花序较稀疏，萼片背面中央龙骨状突起直达顶端，同时延伸为 1 小尖头等。　花期 4～9 月，果期 5～11 月。　产于金秀、岑溪、王林、武鸣、田林等地；分布于云南等地。　用途同**车前**。

2. 大车前　图版 98：6～8

Plantago major L., Sp. Pl. 112. 1753；中国高等植物图鉴 4：180，图 5773. 1975；中国植物志 70：324～325. 2002；Fl. China 19：497. 2011. ——*P. major* L. var. *sinuata* (Lam.) Decne. in DC., Prodr. 13(1)：694. 1852.

本种接近**车前**(*P. asiatica* L.)，其不同点是前者花无梗，苞片与花萼不分离，花药新鲜时常淡紫色，蒴果于中部或稍低处开裂，上果盖长宽相等或长不及宽，种子数量多而且较小等。　花果期 6～9 月。产于藤县、龙州、南宁(栽培)等地；生于山谷、林边、沟旁、草地、村旁和空旷地、田埂上。分布于我国大部分地区，广泛分布于欧洲和亚洲，在世界各地归化。　用途同**车前**。

3. 对叶车前(中国植物志)

Plantago arenaria Waldst. et Kit., Pl. Rar. Hung. 1：t. 51. 1802；Decne. in DC., Prodr. 13(1)：735.

图版 98　1～5. **车前** Plantago asiatica L. subsp. asiatica　1. 植株；2. 花序一节；3. 萼片；4. 蒴果；5. 种子。　6～8. **大车前** P. major L.　6. 植株；7. 花序一节；8. 萼片。　（辛茂芳绘）

1852;Rahn in Bot. Journ. Linn. Soc. **120**:183. 1996;中国植物志 **70**:343～344. 2002;Fl. China **19**:503. 2011. —— *P. indica* L., Syst. Nat. ed. 10, **2**:896. 1759;Pilger in Engl., Pflanzenr. **102**(4,269):418. 1937;中国车前研究 42,图 43. 1993, nom. illegit.

一年生或二年生草本,高(10)20～60 cm;具直根;无根状茎,茎、叶及花序被白色短腺毛。叶对生,有时兼有 3 叶轮生;叶片线形至线状披针形,长 3～6(8)cm,宽 1～4 mm,先端渐尖,边缘全缘;叶脉 3 条或仅中脉明显;基部无柄。花序生于茎中部以上叶腋;花序梗长 2～8 cm;穗状花序卵球形至椭圆球形,长 0.7～2 cm;花冠筒略长于萼片,具横皱,裂片狭卵形,于花后反折;花药椭圆形,淡黄色。蒴果椭圆形;种子 2 粒。　花期 7～8 月,果期 8～10 月。　南宁有栽培。我国辽宁、河北、江苏、浙江、四川、新疆、西藏有栽培或逸生。原产于欧洲、北非、亚洲西南部及伊朗、哈萨克斯坦、俄罗斯(西西伯利亚)及高加索地区;巴基斯坦、印度、日本、澳大利亚、美国等国有栽培或归化。

243. 桔梗科　CAMPANULACEAE*

直立或缠绕草本,很少半灌木;通常具乳汁;有时主根肥厚。单叶互生、对生,稀轮生;叶片全缘或有锯齿,稀浅裂;无托叶。花两性,辐射状对称,通常 5 数,组成聚伞花序或由此演变为圆锥花序、假总状花序、头状花序,有时花单生。花萼(3)5(6)裂,裂片宿存,镊合状排列,萼筒全部或仅部分贴生于子房;花冠钟状、漏斗状、管状或辐状,5 裂,裂片在花蕾中镊合状排列;雄蕊与花冠裂片同数,且与其互生,通常与花冠分离,或贴生在花冠筒下部,彼此间完全分离,或借助于花丝基部的长绒毛而在下部黏合成筒,花丝基部常扩大成片状,边缘多数密生绒毛,花药内向;无花盘或有筒状花盘,围绕花柱基部;子房下位或半下位,稀上位,2～5(6)室,胚珠多颗,生于中轴胎座上,花柱单一,常有毛,柱头 2～5(6)裂,裂片常反卷曲。果为顶端瓣裂或侧面孔裂的蒴果,或为不规则撕裂或不裂的干果,少为浆果;种子多粒,细小,有或无棱,平滑或具细网纹,胚直,具胚乳。　全球约有 50 属 1 000 种以上,分布于温带和亚热带地区,少数见于热带地区。我国有 14 属约 140 种,各地均有分布,以西南的种类最丰富;广西现知有 10 属 14 种 3 亚种。　本科植物多可供药用,其中党参、桔梗、沙参为著名中药,有些种类可作庭园观赏植物。

分属检索表

1. 果为在顶端(花冠着生处以上部分)瓣裂的蒴果,或为不裂的浆果;子房下位,或至少对花冠而言是下位、半下位,对花萼而言则是上位、半上位;柱头裂片较短而不卷曲。
　2. 果为蒴果,(2)3～5 室,子房和果实顶端圆锥状渐尖。
　　3. 柱头裂片宽,卵形或长圆形;茎直立、蔓生或缠绕 ………………………… 1. **党参属** Codonopsis Wall.
　　3. 柱头裂片窄,条形;茎直立或蔓生。
　　　4. 高大草本;叶轮生或对生,少互生;花冠大,阔钟状;子房 5 室;蒴果的裂瓣与宿存的花萼裂片对生 ……………………………………………… 2. **桔梗属** Platycodon A. DC.
　　　4. 小草本;叶互生;花冠小,钟状;子房 2～5 室(国产种 3 室);蒴果的裂瓣与宿存的花萼裂片互生 ……………………………………………… 3. **蓝花参属** Wahlenbergia Schrad. ex Roth
　2. 果为浆果,(3)4～6 室,子房和果实顶端平截形。
　　5. 缠绕藤本;花萼裂片卵状三角形或卵状披针形,全缘 ………………………… 4. **金钱豹属** Campanumoea Bl.
　　5. 直立草本;花萼裂片线形或线状披针形,罕有全缘 ………………………… 5. **轮钟花属** Cyclocodon Griff.
1. 果为在侧面(宿存的花萼裂片着生处之下)的茎部或中、上部孔裂的蒴果,或在侧面不规则撕裂或孔裂的干果;子房完全

* 编著者:高成芝、林春蕊。

下位;柱头裂片狭长而反卷。

6. 果为规则孔裂的蒴果,果皮薄壳质;绝大多数为多年生草本,具胡萝卜状肉质根。

7. 花冠钟状,5 浅裂或裂至中部,裂片宽;花单生或几朵至多数组成聚伞花序、聚伞圆锥花序、假总状花序或头状花序。

8. 无花盘;子房 3～5 室;蒴果在侧面的顶端或基部孔裂 …………………………………… 6. **风铃草属** Campanula L.

8. 有环状或筒状花盘围绕花柱基部;子房 3 室;蒴果均在基部孔裂 ………………… 7. **沙参属** Adenophora Fisch.

7. 花冠辐状,5 深裂达基部,呈离瓣花状,裂片狭窄;花序为断续的穗状花序 ……………………………………………………………………………………………………… 8. **牧根草属** Asyneuma Griseb. et Schenk

6. 果为干果,果皮膜质,不规则撕裂、不规则孔裂或不开裂;一年生或多年生草本,无胡萝卜状根。

9. 花单朵生于叶腋,具长的丝状花梗;多年生草本,具根状茎;种子平滑 ……………………………………………………………………………………………… 9. **袋果草属** Peracarpa Hook. f. et Thoms.

9. 花 1～3 朵生于极端缩短的侧生分枝上,无花梗;一年生匍匐草本;种子表面具细网纹 ……………………………………………………………………………………… 10. **同钟花属** Homocodon D. Y. Hong

1. 党参属 Codonopsis Wall.

多年生直立或缠绕草本,有乳汁;根常肥大,肉质,圆柱状、纺锤状、块状或念珠状等。叶互生、对生或假轮生。花单生于主茎或侧枝顶端,或与叶对生,稀腋生。萼筒与子房贴生,常有 10 条明显的辐射状脉,5 裂;花冠钟状、漏斗状或管状,5 浅裂或 5 全裂而呈辐状,颜色多种;雄蕊 5 枚,花丝中部以下扩大,无毛或被毛,花药长圆形;子房上位、半下位或下位,3 室,每室有胚珠多颗,柱头 3 裂而宽阔。蒴果半球形或倒圆锥形,成熟后先端室背 3 瓣裂;种子细小,有翅或无翅。 本属全球约有 42 种,分布于亚洲东部、南部和中部;我国约有 40 种,遍布于全国,但主产于西南各地;广西现知有 3 种。 本属大多数种类的根可供药用,有补中益气、止咳祛痰和生津催乳的功效。据近年的研究,尚有升血糖、增加红细胞及血红蛋白、扩张外周血管、降低血压、抗疲劳和抗高温等作用,临床上用于治疗神经症,对血液与造血系统疾病有一定疗效。

分 种 检 索 表

1. 茎缠绕;乳汁无特异臭气;花萼无毛,裂片全缘。

2. 根常肥大呈纺锤形;叶 2～4 枚簇生于短侧枝末端呈假轮生状,多无毛;种子有翅 ……………………………………………………………………………………… 1. **羊乳** C. lanceolata (Sieb. et Zucc.) Trautv.

2. 根常呈长圆柱形;叶互生或近对生,被疏或密的伏柔毛;种子无翅 ………………… 2. **党参** C. pilosula (Franch.) Nannf.

1. 茎蔓生;乳汁有特异臭气;花萼密被长柔毛,裂片边缘有波状疏齿 ………………………… 3. **管花党参** C. tubulosa Kom.

1. 羊乳(别录) 奶参(桂林、全州、富川、昭平) 图版 99:1～3

Codonopsis lanceolata (Sieb. et Zucc.) Trautv., Act. Hort. Pétrop. **6**:46. 1879; Chipp, Journ. Linn. Soc. Bot. **38**:379～380. 1908; Tsoong, Contr. Inst. Bot. Nat. Acad. Peiping **3**(3):95～97. 1935; 中国高等植物图鉴 **4**:384. 1975; 中国植物志 **73**(2):37. 1983; Fl. China **19**:515. 2011. —— *Campanumoea lanceolata* Sieb. et Zucc., Fl. Jap. **1**:174. 1835.

草质缠绕藤本;根通常肥大呈纺锤形,有少数细小侧根,长 6～15 cm,直径 2～6 cm,表面灰棕色,皱缩不平,上部有多数密集的环纹;茎无毛,直径 2～4 mm,有多数短分枝。在主茎上的叶互生;叶片小,披针形或菱状狭卵形;在小枝顶端的叶 2～4 片近对生或轮生,有短柄,叶片菱状卵形、狭卵形至椭圆形,长 2～7 cm,宽 1～3 cm,先端急尖或钝,基部楔形,腹面绿色,背面灰绿色。花单朵,有时 2 朵生于小枝顶端;花萼贴生于子房中部,裂片卵状三角形至广披针形,长 1.2～2.3 cm,宽 5～9 mm,全缘;花冠阔钟状,黄绿色或紫色,长 2～4 cm,直径 2～3.5 cm,浅裂,裂片三角形,外反;雄蕊 5 枚,花丝下部稍扩大;子房半下位。蒴果下部半球形,上部有喙,直径 1.2～2.5 cm,先端 3 瓣裂;种子多粒,卵形,连翅长 4～5 mm。 花果期 7～10 月。 产于龙胜、资源、全州、灌阳、兴安、灵川、临桂、永福、荔浦、金秀、富川、钟山、贺州、昭平、苍

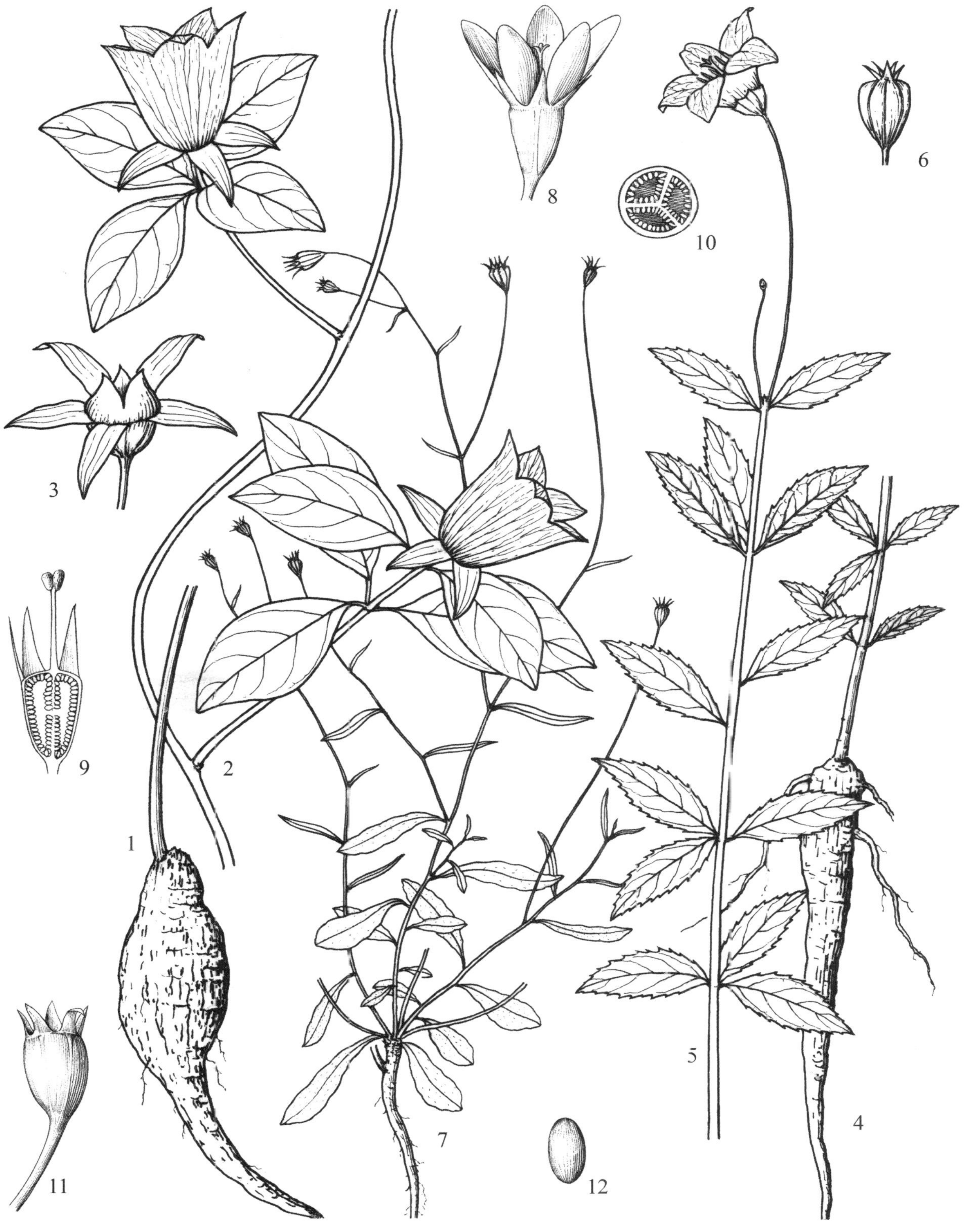

图版 99　1～3. **羊乳** Codonopsis lanceolata (Sieb. et Zucc.) Trautv.　1. 根；2. 带花的一段茎；3. 果。　4～6. **桔梗** Platycodon grandiflorus (Jacq.) A. DC.　4. 根；5. 植株上部；6. 果。　7～12. **蓝花参** Wahlenbergia marginata (Thunb.) A. DC.　7. 植株；8. 花放大；9. 子房纵切；10. 子房横切；11. 果放大；12. 种子放大。　(1～7 廖信佩绘，3～12 邹贤桂绘)

梧、岑溪、桂平、容县;生于山地林下、石山草丛中或沟边阴湿处。分布于东北、华北、华东和中南各地,俄罗斯远东地区、朝鲜、日本亦有。 根具有补血通乳、清热解毒的功效,用于治病后体虚、乳汁不足、疮疡肿毒、乳腺炎等。

2. **党参**(本经)

Codonopsis pilosula (Franch.) Nannf., Act. Hort. Goth. **5**:29. 1929; Tsoong, Contr. Inst. Bot. Nat. Acad. Peiping **3**(3):101. 1935;中国高等植物图鉴 **4**:378. 1975;中国植物志 **73**(2):40. 1983;Fl. China **19**:516. 2011. ——*C. tangshen* auct. non Oliv.; Kom., Act. Hort. Pétrop. **29**:104. 1908.

草质缠绕藤本;根肉质,胡萝卜状圆柱形,中下部略有分枝,长 10~30 cm,直径 1~3 cm,表面灰黄色,有纵纹及散生的横长皮孔,上端 5~10 cm 部分有细密环纹;茎长 1~2 m,直径 2~3 mm,有多数分枝。在主茎及侧枝上的叶互生,在小枝上的近对生;叶片卵形或狭卵形,长 1.5~6.5 cm,宽 0.7~5 cm,先端钝、稀急尖,基部圆形或近心形,边缘具波状浅钝齿,腹面绿色,背面灰绿色,两面被疏或密的短伏毛,以背面较多;叶柄长 0.5~2.5 cm。花单生于分枝顶端,与叶互生或近对生;花萼贴生于子房中部,裂片广披针形或狭长圆形,长 1~1.5 cm,宽 4~6 mm,全缘;花冠阔钟状,黄绿色,长 1.5~2 cm,5 浅裂,裂片正三角形;雄蕊 5 枚;子房半下位,柱头有毛。蒴果下部半球形,上部短圆锥状;种子多粒,无翅。 花果期 4~10 月。 南宁、桂林等地有引种栽培。分布于东北三省、河北、山西、内蒙古、陕西、甘肃、宁夏、青海、河南、四川等地,朝鲜、蒙古及俄罗斯等亦有。 根有益气补脾、生津的功效,用于治气短心悸、体倦乏力、津亏口渴、食少便溏等。

3. **管花党参**(中国高等植物图鉴)

Codonopsis tubulosa Kom., Act. Hort. Pétrop. **29**:112. 1908; Tsoong, Contr. Inst. Bot. Nat. Acad. Peiping **3**(3):103. 1935;中国高等植物图鉴 **4**:378. 1975;中国植物志 **73**(2):48. 1983;Fl. China **19**:518. 2011.

蔓生草本;根近圆柱形,中下部略有分枝,长 5~20 cm,直径 0.5~2 cm,表面灰黄色;茎长 50~80 cm,疏生短柔毛。叶对生,或在茎顶趋于互生;叶片卵形、卵状披针形或狭卵形,长 2.2~8 cm,宽 0.7~4 cm,先端急尖或钝,基部楔形至阔楔形,边缘具波状锯齿,两面被白色柔毛,以背面较密;叶柄长 2~10 mm,被柔毛。花生于茎或分枝顶端;花萼贴生于子房中部,密被长柔毛,裂片阔卵形至卵状三角形,长约 1.2 cm,宽约 6 mm,边缘有波状疏齿;花冠管状,黄绿色,长 2~3.5 cm,直径 0.5~1.5 cm,5 浅裂,裂片三角形;雄蕊 5 枚,花丝被毛;子房半下位,花柱和柱头有毛。蒴果下部半球形,上部圆锥状,顶端 3 瓣裂;种子卵形,棕黄色。 花果期 7~10 月。 仅在全州发现;生于山地草丛中。分布于四川、贵州、云南的部分地区,缅甸亦有。 根可作商品药材。

2. 桔梗属 Platycodon A. DC.

多年生直立草本;有乳汁;根胡萝卜状。叶轮生、对生或互生。花单朵顶生或多数生于枝顶叶腋的小枝顶端,呈假总状花序;花萼与子房贴生,5 浅裂;花冠漏斗状钟形,5 裂;雄蕊 5 枚,离生,花丝基部扩大成阔片状,内面被柔毛;子房半下位,5 室,柱头 5 裂,裂片条形。蒴果在顶端室背 5 瓣裂,裂瓣与宿存的花萼裂片对生。种子多粒,黑色,长圆形,一侧具棱。 单种属,分布于亚洲东部。我国华南、华中、华东、华北及东北地区广泛分布;广西亦有。

桔梗(本经) 兰花根(恭城) 图版 99:4~6

Platycodon grandiflorus (Jacq.) A. DC., Monogr. Camp. 125. 1830;中国高等植物图鉴 **4**:374. 1975;中国植物志 **73**(2):77. 1983;Fl. China **19**:529. 2011. ——*Campanula grandiflora* Jacq., Hort. Bot. Vindob. **3**:4. 1776.

茎高 30～100 cm，无毛，通常不分枝。叶无柄或有极短的柄；叶片卵形、狭椭圆形至披针形，长 2～7 cm，宽 0.5～3 cm，先端急尖，基部楔形至阔楔形，稀圆钝，腹面绿色，背面粉绿色，边缘具尖锯齿。花萼裂片狭三角形或齿状；花冠大，长 1.7～3 cm，蓝色或紫色，分裂至中部。蒴果球状倒圆锥形或倒卵形。花期 7～9 月。　产于凌云、天峨、南丹、三江、龙胜、资源、全州、兴安、桂林、恭城、富川、钟山、昭平、蒙山、金秀、平南、北流、灵山、宾阳、邕宁；生于山坡阳处、草丛中及石山上。　根为常用中药，有宣肺祛痰、利咽排脓的功效，用于治痰多咳嗽、咽喉肿痛、肺脓疡、痈疮肿毒。

3. 蓝花参属　Wahlenbergia Schrad. ex Roth

一年生或多年生草本。叶互生，很少对生。花顶生或腋生，具花梗；花萼 3～5 裂；花冠钟状或近辐状，3～5 裂；雄蕊与花冠分离，花丝基部常扩大，被缘毛；子房下位，2～5 室，花柱细长，柱头 2～5 裂。蒴果 2～5 室，顶部室背开裂；种子多粒，细小。　本属约有 200 种，主产于南半球。我国有 2 种；广西有 1 种。

蓝花参（滇南本草）　清明草（桂平）　图版 99：7～12

Wahlenbergia marginata (Thunb.) A. DC., Monogr. Campan. 143. 1830; Merr. et Chun in Sunyatsenia **2**: 328. 1935；海南植物志 **3**：444. 1974；中国高等植物图鉴 **4**：375. 1975；中国植物志 **73**(2)：29. 1983；Fl. China **19**: 529. 2011. ——*Campanula marginata* Thunb., Fl. Jap. 89. 1784.

多年生蔓生小草本；根细长，长达 10 cm；茎自基部多分枝，长 10～35 cm。叶互生，无柄；下部叶片呈匙形至倒披针形，上部叶片呈条形或狭椭圆形，长 0.8～3 cm，宽 2～8 mm，先端急尖或钝，基部楔形，边缘浅波状，具疏细齿或全缘。花序生于茎或分枝顶端，有花 1 朵至数朵；花梗细长而伸直，长 1.5～5(8)cm；花萼 5 裂，裂片狭三角形至三角状钻形，长 2～3 mm；花冠钟状，蓝色，长 4～6 mm，分裂达 2/3；雄蕊 5 枚；子房下位，3 室，柱头 3 裂，有毛。蒴果倒圆锥形，有 10 条不甚明显的纵肋，长 4～6 mm，直径 3～5 mm，顶部 3 瓣裂；种子长圆形，黄色。　花果期 2～5 月。　产于天峨、环江、罗城、全州、兴安、桂林、平乐、融水、柳州、金秀、桂平、北海、上思、扶绥、横县、武鸣、田阳、隆林；生于田边、路旁，山坡草丛中或沟边。分布于长江以南各省份，亚洲的热带和亚热带地区广泛分布。　全草可用于治小儿疳积、自汗盗汗、白带多、咳嗽痰多等。

4. 金钱豹属　Campanumoea Bl.

多年生缠绕草本；主根常粗厚。叶通常对生，稀互生。花单朵腋生或与叶对生，或排成聚伞花序；花萼与子房贴生或不贴生；花冠阔钟状，5(6)裂；雄蕊 5 枚；子房下位、半下位或上位，3～6 室，柱头 3～6 裂，稀 3 裂。浆果球形，顶部平钝；有多粒细小种子。　全球共有 2 种，分布于亚洲的热带和亚热带地区，从不丹和印度东部到日本和巴布亚新几内亚。我国全产；广西有 1 种 1 亚种。

金钱豹（植物名实图考）　桂党参（广西植物名录）　土党参（隆林、平果、桂平、金秀、贺州）

Campanumoea javanica Bl., Bijdr. 727. 1826; Tsoong, Contr. Inst. Bot. Nat. Acad. Peiping **3**(3): 110. 1935；中国高等植物图鉴 **4**：384. 1975；中国植物志 **73**(2)：70. 1983；Fl. China **19**: 526. 2011. ——*C. labordei* H. Lévl., Bull. Soc. Agr. Sci. Arts Sarthe **39**: 323. 1904. ——*Codonopsis javanica* (Bl.) Hook. f., Ill. Himal. Pl. 116. 1855.

缠绕草质藤本；有乳汁；具粗的肉质根；茎无毛，多分枝。叶对生；有长柄；叶片心形至心状卵形，长 3～9 cm，宽 1.5～7 cm，边缘具浅钝齿。花单生于叶腋，无毛；花萼与子房分离，5 裂至近基部，裂片三角状披针形至披针形，长 1～1.5 cm；花冠上位，钟状，白色或淡黄绿色，内面紫色，5 裂至中部；雄蕊 5 枚；子房 5 室，柱头 4～5 裂，有毛。浆果近球形，紫红色；种子有网纹。

a. **金钱豹**(原亚种) 大花金钱豹(云南热带亚热带植物区系研究报告)

Campanumoea javanica Bl. subsp. **javanica**

花冠大,长 1.5~3 cm。浆果直径 1.2~2 cm。 花期 7~11 月。 产于龙胜、资源、全州、兴安、灵川、临桂、阳朔、恭城、钟山、贺州、昭平、藤县、岑溪、平南、桂平、容县、玉林、陆川、博白、马山、上林、武鸣、宁明、龙州、隆安、平果、德保、靖西、那坡、百色、田林、隆林、乐业、凌云、巴马、天峨、金秀、象州;生于山坡或丛林中。分布于云南、贵州、广东,印度、不丹至印度尼西亚亦有。 根可用于治体倦乏力、肺虚咳嗽、脾虚腹泻、乳汁稀少等。

b. **小花金钱豹**(亚种)

Campanumoea javanica Bl. subsp. **japonica** (Makino) Hong 于中国植物志 **73**(2):71. 1983;Fl. China **19**:527. 2011.——*C. javanica* var. *japonica* Makino, Bot. Mag. Tokyo **22**:155. 1905;中国高等植物图鉴 **4**:384. 1975.

花冠较小,长 1~1.3 cm。浆果直径 1~1.2(1.5)cm。 花期 7~9 月。 产于龙胜、全州、临桂、融水、南丹、天峨;生于山坡或丛林中。分布于四川、贵州、湖北、湖南、广东、江西、福建、浙江、安徽、台湾,日本亦有。

5. 轮钟花属 Cyclocodon Griffi.

一年生或多年生直立草本;茎常分枝。叶对生。花单朵腋生或顶生,或排成少花的聚伞花序;小苞片丝状或呈薄片,或缺;花萼与子房贴生或不贴生,4~6 裂;花冠管状,4~6 裂;雄蕊与花冠裂片同数;子房下位或半下位,3~6 室,柱头 3~6 裂。浆果球形;有多粒细小种子。 全球共有 3 种,分布于印度至日本、菲律宾和巴布亚新几内亚。我国有 3 种;广西有 1 种。

轮钟花 长叶轮钟草(云南热带亚热带植物区系研究报告) 皮罗盖(富川) 蜘蛛果(乐业) 图版 100:1~3

Cyclocodon lancifolius (Roxb.) Kurz, Flora **55**:303. 1872;Fl. China **19**:527. 2011.——*Campanula lancifolia* Roxb., Fl. Ind. **1**:505. 1820.——*Campanumoea lancifolia* (Roxb.) Merr., Enum. Philip. Pl. **3**:587. 1923;海南植物志 **3**:443. 1974;中国高等植物图鉴 **4**:384. 1975;中国植物志 **73**(2):72. 1983.——*Codonopsis lancifolia* (Roxb.) Moeliono in Fl. Malesiana ser. 1, **6**:120. 1960.

直立或披散草本,高 1~2 m;茎中空,多分枝。叶对生;叶片膜质,长卵形至卵状披针形,长 5~13 cm,宽 1.5~6 cm,先端长渐尖或尾尖,基部阔楔形至钝圆,边缘具细尖齿或圆齿;叶柄长 3~10 mm。花单朵,顶生兼腋生,有时 3 朵组成聚伞花序;花梗长 1~8(12)cm,具线形的小苞片 2 枚;花萼贴生于子房下部,裂片 4~7 枚,丝状或条形,边缘有分枝状细长齿;花冠白色或粉红色,5~6 裂至中部,裂片卵状三角形;雄蕊 5~6 枚,花丝扁平,基部增宽;子房半下位,(4)5~6 室,柱头(4)5~6 裂。浆果近球形,直径 1~1.5 cm;种子极多粒,扁圆形,黄色。 花期 7~10 月。 产于浦北、防城、宁明、龙州、天等、隆安、平果、田东、靖西、那坡、隆林、乐业、凌云、天峨、南丹、凤山、东兰、巴马、环江、宜州、龙胜、资源、兴安、临桂、永福、恭城、平乐、荔浦、融水、金秀、富川、钟山、贺州、昭平、苍梧、藤县、平南、桂平、岑溪、北流;生于山谷林中、水旁或灌木丛中。分布于云南、四川、贵州、湖北、湖南、广东、福建、台湾等地,印度尼西亚、菲律宾、越南、柬埔寨、缅甸、印度广泛分布。 根可用于治气虚乏力、咳嗽、风湿痹痛等。

6. 风铃草属 Campanula L.

通常为多年生,少一年生草本。叶互生,有时基生叶呈莲座状。花单朵顶生或多朵组成聚伞花序或聚

图版 100　1～3. **轮钟花** Cyclocodon lancifolius (Roxb.) Kurz　1. 果枝一段；2. 花；3. 雄蕊。　4～8. **球果牧根草** Asyneuma chinense Hong　4. 根；5. 植株上部；6. 花；7. 雄蕊；8. 果。　（廖信佩绘）

伞圆锥花序,有时花梗退化而呈头状花序;萼筒与子房贴生,裂片5枚,有时裂片间有附属物;花冠钟状、漏斗状或管状钟形,有时近辐状,5裂;雄蕊5枚,花丝基部扩大成片状,花药长棒状;子房下位,3～5室,无花盘,柱头3～5裂。蒴果在顶侧或基部孔裂;种子多粒,极小。 全球有200多种,分布于北温带,主产于欧亚大陆北部。我国约有20种,大部分产于西南部,北部少见;广西现知有3种。

分 种 检 索 表

1. 一年生草本;花期常有莲座状的基生叶;每一侧枝都有复聚伞花序 ……… 1. **一年生风铃草** C. dimorphantha Schweinf.
1. 多年生草本;花期无宿存基生叶;侧枝上有单聚伞花序或仅单花。
  2. 花萼筒部密被毛;侧枝上单花或成单花序;花萼裂片宽,狭三角形至近正三角形,裂片间弯缺急尖 …………………………………………………………… 2. **西南风铃草** C. colorata Wall.
  2. 花萼筒部几乎无毛;侧枝上有多数花;花萼裂片狭窄,钻状,裂片间弯缺平钝 ……………………………………………………… 3. **澜沧风铃草** C. mekongensis Diels ex C. Y. Wu

1. 一年生风铃草

Campanula dimorphantha Schweinf., Beitr. Fl. Aethiop. 140. 1867.; Fl. China **19**:534. 2011.——*C. canescens* Wall. ex A. DC. in DC., Prodr. **7**:473. 1839; Wall., Cat. 1289. 1828, nom. nud.;中国植物志 **73**(2):89. 1983.

一年生草本;茎直立,单生或自基部分枝而呈丛生状;全体被刚毛。聚伞花序复出,组成顶生圆锥花序;花梗长度不等,聚伞花序顶端的花具较长花梗,下部的花具极短花梗;花萼筒半圆状倒锥形,基部急尖,裂片狭三角形;花冠紫色或蓝紫色,钟状,外被刚毛,内面无毛,裂至1/3;花柱内藏。 花果期3～4月。 仅见于乐业;生于山坡草丛中。分布于台湾、广东、云南、四川、陕西、贵州,阿富汗至斯里兰卡亦有。

2. 西南风铃草(中国高等植物图鉴) 图版101:1～2

Campanula colorata Wall. in Roxb., Fl. Ind. ed. Garey **2**:101. 1824;中国高等植物图鉴 **4**:386. 1975;中国植物志 **73**(2):86. 1983; Fl. China **19**:533. 2011.——*C. microcarpa* C. Y. Wu,吴征镒和李锡文于云南热带亚热带植物区系研究报告,第一集:60. 1965.

多年生草本;根比茎稍粗,有少数分枝;茎2枝至多枝丛生于同一茎基上,或为单生,长15～50 cm,被开展的糙毛。叶无柄;叶片椭圆形或菱状椭圆形,长达2.5 cm,宽达8 mm,先端急尖,基部楔形至阔楔形,近全缘,两面被短糙伏毛,背面尤密。花生于主茎及分枝顶端,下垂,有时2～3朵组成聚伞花序;花萼密被糙毛,裂片狭三角形,长约4 mm,宽约2 mm;花冠紫色,狭钟状,长7～10 mm;子房下位,花柱内藏,柱头3裂。蒴果倒圆锥状,基部孔裂。 花期5～9月。 仅见于隆林;生于山坡草丛中。分布于西藏、四川、云南、贵州,阿富汗至老挝亦有。

3. 澜沧风铃草(云南热带亚热带植物区系研究报告)

Campanula mekongensis Diels ex C. Y. Wu,吴征镒和李锡文于云南热带亚热带植物区系研究报告,第一集:58. 1965;中国植物志 **73**(2):88. 1983; Fl. China **19**:535. 2011.

多年生草本;根肥厚木质;茎多枝自根发出,高20～30 cm,被白色细柔毛。叶无柄;叶片卵状椭圆形或长椭圆形,长1～3 cm,宽5～12 mm,先端钝,基部渐狭,全缘或有波状齿或有硬尖锯齿,腹面疏生硬毛,背面仅脉上有硬毛或全面有硬毛。花生于枝顶,有时呈聚伞花序;花梗细长;花萼仅脉上有几根毛,裂片钻状,长4 mm,宽不足1 mm;花冠蓝色或白色,钟状,长约8 mm;花柱稍稍短于花冠。蒴果倒卵圆状或倒卵状锥形。 花期1～3月。 仅见于天峨;生于低海拔的河边砂地草丛和灌木丛中,以及水边阴处石上。分布于云南。

7. 沙参属 Adenophora Fisch.

多年生草本;有白色乳汁;根胡萝卜状,分叉或不分叉。叶大多互生,少数轮生。花蓝色或白色,排成聚伞花

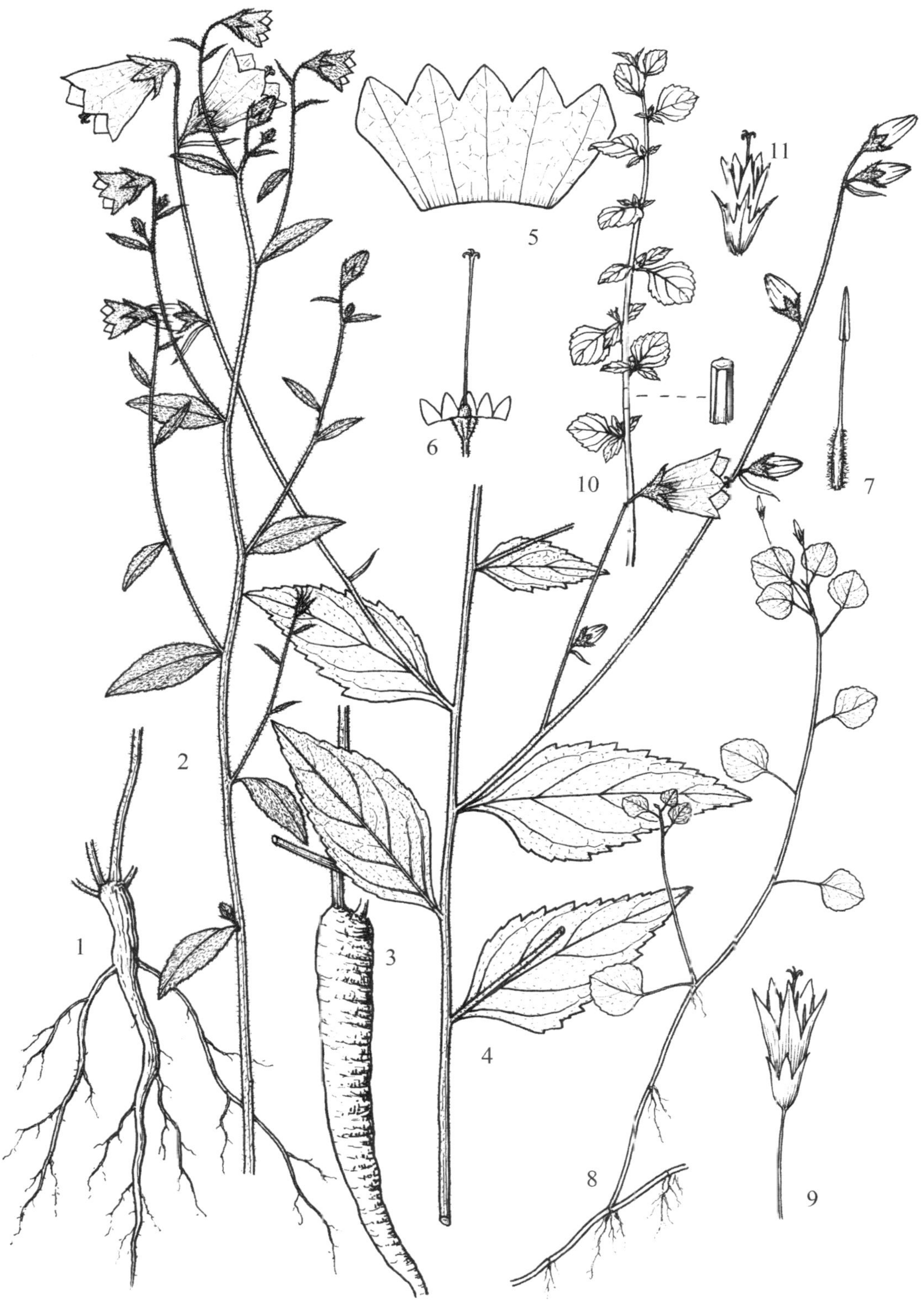

图版 101　1～2. **西南风铃草** *Campanula colorata* Wall.　1. 根；2. 植株上部。　3～7. **杏叶沙参** *Adenophora petiolata* Pax et K. Hoffm. subsp. *hunanensis* (Nannf.) D. Y. Hong et S. Ge　3. 根；4. 植株一段；5. 花冠展开；6. 花萼、雌蕊及花盘；7. 雄蕊。　8～9. **袋果草** *Peracarpa carnosa* (Wall.) Hook. f. et Thoms.　8. 植株；9. 花。　10～11. **同钟花** *Homocodon brevipes* (Hemsl.) D. Y. Hong　10. 植株上部；11. 花。　(廖信佩绘)

序(有时退化为单花,呈假总状花序),或再集成圆锥花序;萼筒与子房贴生,倒卵形、倒卵状圆锥形、倒圆锥形或近球形,花萼裂片5枚,全缘或具齿;花冠钟状、漏斗状或近筒状,5浅裂;雄蕊5枚,离生,花丝下部扩大成片状,边缘密生长绒毛,围成筒状包着花盘;花盘筒状或环状,围绕花柱基部;子房下位,3室,胚珠多颗,花柱比花冠短或长,柱头3裂,裂片狭长而卷曲。蒴果在基部3孔裂;种子椭圆状,具棱。　全球约有45种,主产于亚洲东部,尤以我国东部的种类最为丰富,其次是朝鲜、日本、蒙古和俄罗斯远东地区。我国约有38种,主要分布在四川至东北一带;广西现知有1种2亚种。　本属多种植物的根可供药用,花美丽可供观赏。

分种检索表

1. 叶轮生,花序分枝也多轮生;花冠细小,近筒状;花柱强烈伸出花冠,长为花冠的2倍多;花萼裂片狭小,钻状;花盘细管状,长2~4 mm …………………………………………………… 1. **轮叶沙参 A. tetraphylla** (Thunb.) Fisch.
1. 茎生叶完全互生,花序分枝不为轮生;花冠较大,钟状;花柱与花冠近等长或稍超出;花萼裂片条状披针形、长卵形或卵形;花盘短筒状,长2.5 mm以下。
   2. 茎生叶至少下部具柄;花序分枝长,几乎平展或弓曲向上,常组成大而疏散的圆锥花序,极少分枝很短或长而几乎直立,组成窄圆锥花序 … 2b. **杏叶沙参 A. petiolata** Pax et K. Hoffm. subsp. **hunanensis** (Nannf.) D. Y. Hong et S. Ge
   2. 茎生叶无柄,或仅下部的叶有极短而带翅的柄;花序为不分枝的假总状花序或有短分枝的狭圆锥花序 ……………………………………………………………………………… 3b. **无柄沙参 A. stricta** Miq. subsp. **sessilifolia** D. Y. Hong

1. 轮叶沙参(东北植物检索表)　南沙参(南宁、武鸣、隆林、罗城、富川)

Adenophora tetraphylla (Thunb.) Fisch., Mem. Soc. Nat. Mosc. **6**: 167. 1823;中国高等植物图鉴 **4**: 388. 1975;中国植物志 **73**(2): 138. 1983;Fl. China **19**: 550. 2011. ——*A. verticillata* Fisch., l. c. 167. ——*A. triphylla* (Thunb.) A. DC., Monogr. Camp. 365. 1830. ——*A. obtusifolia* Merr., Synyatsenia **1**: 82. 1930. ——*Campanula tetraphylla* Thunb., Fl. Jap. 87. 1784.

多年生草本;根胡萝卜状,黄褐色,有横纹;茎长35~90 cm,不分枝,无毛或近无毛。茎生叶3~6片轮生,无柄或有不明显的叶柄;叶片条状披针形、卵状椭圆形至椭圆形,长2~11 cm,宽0.5~3 cm,边缘有锯齿,两面疏生短柔毛。花序狭圆锥状,分枝大多轮生;花萼无毛,萼筒倒圆锥形,裂片钻状,长2~3 mm;花冠筒状至筒状狭钟形,蓝色或蓝紫色,长7~11 mm,5浅裂;花盘细管状,长2~4 mm;花柱长约2 cm。蒴果卵圆球形至球状圆锥形,直径4~5 mm;种子黄棕色,长约1 mm。　花期3~9月。　产于横县、南宁、马山、隆林、乐业、罗城、柳城、柳州、金秀、融水、资源、全州、富川、蒙山、容县、北流;多生于山坡草丛中。分布于东北、华东、西南各地和内蒙古、河北、山西、山东,朝鲜、日本、越南和俄罗斯等亦有。　根有祛痰止咳的功效,用于治咳嗽黏痰、口燥咽干等。

2. 秦岭沙参

Adenophora petiolata Pax et K. Hoffm., Repert. Spec. Nov. Regni Veg. Beih. **12**: 499. 1922;Fl. China **19**: 540. 2011.

茎高60~120 cm,不分枝,无毛或疏生白色毛。茎生叶通常具长柄,上部的具短柄或近无柄,柄长可达8 cm;叶片卵形,最下部的有时为楔状卵形,长3~15 cm,宽2~5 cm,先端急尖至渐尖,基部楔形或近平截而突然变窄,沿叶柄下延,边缘具疏锯齿,两面被疏或密的短硬毛。花序分枝长,几乎平展或弓曲向上,常组成大而疏散的圆锥花序,极少分枝很短或长而几乎直立,组成窄圆锥花序;花梗长2~3(5)mm,花序梗和花梗被短毛或近无毛;花萼筒倒圆锥形,裂片卵形、卵状披针形至线状披针形,长4~9 mm,宽1.5~4 mm,基部重叠或不重叠;花冠钟状,蓝色、紫色或白色,长1.5~2.7 cm,裂片长5~11 cm,宽7~9 cm;花盘短筒状,长1~2.5 mm,顶端被毛或无毛;花柱略长于花冠。

2a. 秦岭沙参(原亚种)

Adenophora petiolata Pax et K. Hoffm. subsp. **petiolata**

分布于甘肃、陕西、河南、山西。广西不产。

2b. **杏叶沙参**(亚种)(救荒本草)　土沙参(灵川)　沙参(三江、资源、全州、恭城)　图版101:3～7

Adenophora petiolata Pax et K. Hoffm. subsp. hunanensis (Nannf.) D. Y. Hong et S. Ge, Novon **20**: 427. 2010; Fl. China **19**: 540. 2011.——*A. hunanensis* Nannf. in Hand.-Mazz., Symb. Sin. **7**: 1070. 1936; 中国高等植物图鉴 **4**: 389. 1975; 中国植物志 **73**(2): 117. 1983.

本亚种茎生叶大多有柄,至少茎下部有柄,罕见无柄;叶片厚,纸质。花序梗及花的各部通常有短毛;花萼裂片卵形至长卵形,宽1.5～4 mm,基部重叠;花盘被毛或少无毛;花冠长1.5～2 cm,花冠裂片三角状卵圆形,宽大于长,长5～7 mm。　花期7～11月。　产于武鸣、马山、南丹、三江、龙胜、资源、全州、灵川、桂林、阳朔、恭城、富川、钟山、金秀;生于山坡草地或林缘。分布于广东、贵州、湖南、湖北、江西、山西、陕西、河南、河北。　根可供药用。

3. **沙参**(神农本草经)

Adenophora stricta Miq., Ann. Mus. Bot. Lugd.-Bat. **2**: 192. 1866; 江苏南部种子植物手册, 783. 1959; 中国植物志 **73**(2): 104. 1983; Fl. China **19**: 541. 2011.——*A. axilliflora* Borb., Magyar Bot. Lap. 3: 192. 1904; Nannf. in Hand.-Mazz., Symb. Sin. **7**: 1072. 1936; 中国高等植物图鉴 **4**: 390. 1975.

茎高40～80 cm,多不分枝,常被短梗毛或柔毛。基生叶心形,大而具长柄;茎生叶无柄或下部的叶有带翅的短柄;叶片椭圆形或狭卵形,稀卵形,长2～9 cm,宽1～4 cm,先端急尖或短渐尖,基部阔楔形或楔形,少圆形,边缘有不整齐的锯齿,两面疏生短毛。花序常为不分枝的假总状花序或有短分枝的狭圆锥花序;花梗长2～5 mm;花萼有短毛,裂片条状披针形,长5～7 mm,宽约1 mm;花冠蓝色或紫色,阔钟状,长1.2～1.8 cm;花盘短筒状,长1～1.5 mm,无毛;花柱略长于花冠。蒴果椭圆状球形。　花期8～10月。根可供药用。

3a. **沙参**(原亚种)

Adenophora stricta Miq. subsp. stricta

分布于江苏、安徽、浙江、江西、湖南,日本亦有。广西不产。

3b. **无柄沙参**(亚种)(中国植物志)

Adenophora stricta Miq. subsp. sessilifolia D. Y. Hong, 中国植物志 **73**(2): 185 et 105. 1983; Fl. China **19**: 542. 2011.

本亚种茎叶被短毛;花萼多被短硬毛或粒状毛,稀无毛;花冠外面无毛。　产于桂林、恭城、富川、钟山、贵港、隆林;生于山坡或林缘草地。分布于云南、四川、贵州、湖南、湖北、河南、陕西、甘肃等地。

8. 牧根草属　Asyneuma Griseb. et Schenk

多年生草本;根胡萝卜状。叶互生。花几朵簇生于总苞片腋内,组成有间隔的长穗状花序;花梗极短,基部有1对条形的小苞片;花萼5裂,裂片条形;花冠5裂至基部,呈离瓣花状,裂片条形;雄蕊5枚,花丝基部扩大,边缘密生绒毛;子房下位,3室,花柱几与花冠等长,上部被毛,柱头3裂,裂片条形,反卷。蒴果约在中部3孔裂;种子卵状椭圆形至卵状长圆形,有或无棱。　全球有近20种,分布于欧亚温带地区,主产于地中海地区。我国有3种,产于西南和东北;广西有1种。

球果牧根草　兰花参(马山)　止咳草(金秀)　图版100:4～8

Asyneuma chinense Hong 于中国植物志 **73**(2): 188. 1983; Fl. China **19**: 554. 2011.——*A. fulgens* auct. non Wall., Nannf. in Hand.-Mazz., Symb. Sin. **7**(4): 1076. 1936; 中国高等植物图鉴 **4**: 385. 1975.

根胡萝卜状,长5～8 cm;茎直立,高30～80 cm,通常不分枝,多少被毛,稀无毛。茎下部叶有长达5.5 cm的柄,上部的近无柄或无柄;叶片卵形或狭椭圆形,稀卵状披针形,长2～6 cm,宽0.8～3 cm,先端急尖或钝,稀渐尖,基部楔形至圆形,下延至叶柄呈狭翅,边缘具细锯齿,两面疏生白色短硬毛,有时毛较密。穗状花序长达 30 cm，少花，每枚总苞片腋间有花 1～4 朵；花萼裂片条形，长 5～10 mm；花冠淡蓝色、蓝色或紫色，与花萼近等长或稍短，5 裂至近基部，裂片条形；花柱稍短于花冠。蒴果球形，直径 5～6 mm，基部平钝或稍凹入，下部最宽，有 3 条纵而宽的沟槽，在中部 3 孔裂；种子棕黄色。 花果期 4～9 月。

产于临桂、平乐、柳州、金秀、武鸣、马山、都安、德保、那坡、隆林、乐业；生于山坡草地、林缘或林中。分布于云南、四川、贵州、湖北。

9. 袋果草属 Peracarpa Hook. f. et Thoms.

柔弱匍匐草本；具细长的根状茎。叶互生。花小，单朵腋生；花梗细长，丝状；花萼 5 裂，裂片小；花冠漏斗状钟形，5 裂至中部或略过半；雄蕊与花冠分离；子房下位，3 室，柱头 3 裂，裂片狭长而反卷。干果，果皮膜质，不开裂或有时基部不规则撕裂；种子数粒至数十粒，椭圆状，平滑。 本属有 1～3 种，分布于喜马拉雅地区至日本及亚洲东部地区。我国有 1 种，产于西南经中部至东南部各地；广西亦有。

袋果草(中国高等植物图鉴) 图版 101：8～9

Peracarpa carnosa (Wall.) Hook. et Thoms., Journ. Linn. Soc. Bot. **2**: 26. 1858; Nannf. in Hand.-Mazz., Symb. Sin. **7**(4): 1076. 1936; 中国高等植物图鉴 **4**: 395. 1975; 中国植物志 **73**(2): 142. 1983; Fl. China **19**: 551. 2011. —— *Campanula carnosa* Wall. in Roxb., Fl. Ind. ed. Carey **2**: 102. 1824.

小草本；茎肉质，直径约 1 mm，长 5～15 cm，无毛。叶互生，茎中部以上较密；叶片膜质，卵圆形，长、宽均为 6～12 mm，先端钝，基部平截或稍带心形，腹面疏生短伏毛，背面无毛，边缘具浅波状齿和短硬毛；叶柄长 3～7(13)mm。花小，长约 5 mm，单生于茎顶端叶腋；花梗长(1)1.5～2 cm 或更长；花萼裂片三角形至条状披针形；花冠白色，有紫色条纹，裂片广披针形，深裂稍过中部；柱头有毛。果倒卵形。 花期 4 月。 产于德保、融水；生于海拔约 1 500 m 的山坡石壁或老树上。分布于西藏、云南、四川、贵州、湖北、江苏、浙江、台湾，尼泊尔、不丹、印度、泰国、菲律宾、日本和俄罗斯远东地区亦有。

10. 同钟花属 Homocodon D. Y. Hong

一年生匍匐草本。叶互生。花 1～3 朵顶生于极端缩短而带叶的侧生分枝上；无梗；花萼上位，有 5 条棱，裂片 5 枚，有 1 对细长齿；花冠小，管状钟形，5 裂至中部或略过中部；雄蕊 5 枚，花丝基部稍扩大，疏生缘毛；子房下位，3 室，花柱长，柱头 3 裂，裂片条形，反卷曲。果为干果，在基部不规则撕裂、不规则孔裂或不开裂；种子椭圆形，无棱，表面具细网纹。 本属有 2 种，产于我国西南部；广西有 1 种。

同钟花(植物分类学报) 图版 101：10～11

Homocodon brevipes (Hemsl.) D. Y. Hong 于植物分类学报 **18**(4): 474. 1980; 中国植物志 **73**(2): 144. 1983; Fl. China **19**: 552. 2011. —— *Wahlenbergia brevipes* Hemsl. in Hook. Icon, Pl. **28**: t. 2768, 1903. —— *Heterocodon brevipes* (Hemsl.) Hand.-Mazz. et Nannf. in Hand.-Mazz., Symb. Sin. **7**(4): 1075. 1936; 中国高等植物图鉴 **4**: 394. 1975.

一年生匍匐草本；无根状茎；茎长 10～50 cm，具 3 条纵翅，短枝自叶腋生出，具 2～4 片叶和 1～2 朵花。叶互生；叶片三角状卵形至卵圆形，先端急尖或钝，基部阔楔形至近平截，略下延至叶柄，长、宽均为 6～13 mm，边缘具尖锯齿，两面疏生白色短毛；叶柄长 2～8 mm。花小，长约 5 mm；花萼裂片狭三角形，每侧有 1 狭长齿；花冠白色或浅蓝色，管状钟形，5 深裂略过半；花柱稍长于花冠。蒴果卵圆形，果皮薄，有数粒棕褐色种子。 花果期 8～9 月。 仅见于隆林；生于山坡路旁。分布于贵州西南部、四川西部、云南。

243A. 五膜草科 PENTAPHRAGMATACEAE*

多年生草本，肉质；幼嫩部分常被多细胞星状毛；根状茎有时木质化，生不定根；茎短。叶互生；基部叶常不对称。花两性，罕为单性，具短梗或几无梗，排成腋生、蝎尾状的聚伞花序；苞片明显，膜质；花萼筒部钟状或管状，裂片5枚，通常白色，不等大，常2枚较宽，3枚较狭窄，宿存；花冠白色，稍肉质或软骨质，着生于萼筒上部，5裂过半或完全离生；雄蕊5枚，与花冠裂片互生，花丝短，着生于花冠筒下部，花药内向；子房下位，2室，胚珠多颗，花柱短，柱头头状或圆锥状，不分裂，具5条肋或无肋。浆果；种子多粒，小，种皮具网纹。 本科仅有1属约30种，分布于东南亚。我国有2种，产于广东、广西和云南；广西现知有1种。

五膜草属 Pentaphragma Wall. ex G. Don

属的特征参阅本科。

直序五膜草（中国高等植物图鉴） 图版 102:1～2

Pentaphragma spicatum Merr. in Philip. Journ. Sc. **21**:511. 1922; Tsoong, Contr. Inst. Bot. Nat. Acad. Peiping **3**(3):111. 1935; 海南植物志 **3**:442. 1974; 中国高等植物图鉴 **4**:399. 1975; 中国植物志 **73**(2):175. 1983; Fl. China **19**:564. 2011.

多年生肉质草本；根状茎斜走，长而粗壮，木质化，生须状根；茎短；幼嫩部分、叶柄、叶背面、花序轴、苞片、花萼背面均有腺毛，并混生有星状毛。叶片卵圆形、卵形或斜椭圆形，长8～20 cm，宽4.5～11 cm，先端圆或钝，基部不对称，边全缘或有波状齿；叶柄粗壮，长3～8 cm。蝎尾状聚伞花序通常单生于茎上部叶腋，长4～6 cm，花密集；苞片倒卵状长圆形，每枚苞片腋内有花1朵；花梗长1～2 mm；花全长约1.5 cm；花萼筒部钟状，裂片5枚，不等大，均具3脉；花冠长于花萼，白色，5深裂过半，裂片条状披针形，长约6 mm，先端稍内弯；花药长圆形，药隔稍突起；柱头圆锥状，无肋。浆果长圆形，长约8 mm；种子卵圆形，黄褐色，具明显网纹。 花期5～7月，果期10月至翌年4月。 产于防城、上思、宁明、龙州、大新、隆安、那坡、凌云、天峨、东兰、河池、金秀、平南；生于山谷林下、水沟边或湿润的石壁上。广东、海南亦有分布。本种为我国特有。

243B. 尖瓣花科 SPHENOCLEACEAE**

一年生草本。单叶互生；无托叶。花小，整齐，两性；无梗，有1枚苞片和2枚小苞片；聚合而成一稠密的穗状花序；花萼5裂，宿存；花冠管状，5裂至中部，裂片覆瓦状排列；雄蕊5枚，着生在花冠筒基部，与花冠裂片互生，花丝极短，花药2室；子房几乎全下位，2室，胚珠多颗，生于中轴胎座上，花柱短，柱头不明显2裂。果为膜质，帽状盖裂的蒴果；种子多粒，细小。 本科仅有1属1种，广泛分布于热带地区。我国台湾、福建、广东、广西、云南等地有分布。

---

* 编著者：高成芝、林春蕊。

** 编著者：高成芝、林春蕊。

图版 102　1～2. **直序五膜草** Pentaphragma spicatum Merr.　1. 植株；2. 花放大。　3～4. **尖瓣花** Sphenoclea zeylanica Gaertn.　3. 植株上部；4. 果放大。　（廖信佩绘）

尖瓣花属　Sphenoclea Gaertn.

参阅本科的特征。

尖瓣花(海南植物志)　水空菜(玉林)　蟾蜍草(北海)　图版 102:3～4

Sphenoclea zeylanica Gaertn., Fruct. et Sem. Pl. **1**:113. pl. 24. 1788; Merr. in Lingnan Sc. Journ. **9**: 44. 1930;海南植物志 **3**:441. 1974;中国高等植物图鉴 **4**:398. 1975;中国植物志 **73**(2):176. 1983; Fl. China **19**:504. 2011.

一年生湿生草本,高 20～60 cm;全株无毛;茎直立,中空,多分枝。叶片薄纸质,长椭圆形至长椭圆状披针形,长 2.5～8.5 cm,宽 0.6～2.2 cm,先端急尖或钝,基部楔形,全缘,腹面绿色,背面灰绿色;叶柄长 5～10 mm。穗状花序与叶对生或顶生,长 1～4 cm;花序梗长达 4.5 cm;花小,长约 2 mm;花萼裂片阔卵形;花冠白色。蒴果球形,直径约 4 mm;种子长圆形,棕黄色。　花期几全年。　产于防城、北海、玉林;生于稻田或潮湿处,为常见的稻田杂草之一。　全草可外用于治疮疡肿毒。

244. 半边莲科　LOBELIACEAE*

一年生或多年生草本、半灌木或灌木;常具乳汁,多有剧毒。单叶互生,极少对生或轮生;无托叶;羽状脉。花单生叶腋,顶生总状花序或总状花序排列成圆锥状;花通常两性,两侧对称,5 数;花萼筒多少与子房合生,裂片相等或不等长,多数果期宿存;花冠合瓣,冠筒全缘或一侧开裂几达基部,檐部多二唇形,或近二唇形,裂片不等或近相等,上唇 2 裂片纵裂至基部,下唇 3 齿裂至 3 深裂;雄蕊 5 枚,与花冠裂片互生,通常与花冠分离,或着生花冠基部;花丝分离或多少合生,通常基部分离顶端连合;花药合生成管,2 室,内向纵裂,顶端常具髯毛或笔毛状毛;子房下位,少半下位或上位,通常 2 室,极少 1 室,中轴胎座,极少侧膜胎座,胚珠倒生,多颗;花柱 1 枚,柱头 2 裂。浆果或为不同方式开裂的蒴果,极少为不开裂的干果。种子小,椭圆状、矩圆状或三棱状,少数压扁状或有翅,无毛,表面平滑或有蜂窝状纹饰。　全球约有 25 属 1 000 余种,主要分布于热带和亚热带地区。我国有 1 属。

1. 半边莲属　Lobelia L.

草本或半灌木。叶互生,排成 2 行或螺旋状。花单生于叶腋或为顶生的总状花序;花通常两性;小苞片有或无;花萼筒陀螺状、卵状或浅钟状,裂片 5 枚,等长或近等长;花冠裂片 5 枚,两侧对称,不规则分裂,背面常纵裂至基部或近基部,檐部二唇形,上唇 2 裂片通常较短,下唇 3 裂片较长;雄蕊 5 枚;花丝狭线形,基部分离,中部以上合生包围花柱;花药合生成管状,多为灰蓝色,顶端或仅下方 2 枚顶端生髯毛。蒴果或浆果,极少为不开裂的干果。　全属约有 350 种,分布于各大陆的热带和亚热带地区,特别是非洲和美洲。我国有 24 种,主产于长江流域以南各地;广西现知有 12 种 1 变种。

分　种　检　索　表

1. 果为蒴果。

---

* 编著者:高成芝、林春蕊。

2. 矮小草本，茎平卧或直立；花冠二唇形或所有裂片排成一个平面。

3. 花冠二唇形，上唇 2 裂片明显小，直立或下弯，下唇 3 裂片大而平展。

4. 5 枚花药顶端均生髯毛。

5. 茎平卧，肉质，四棱形，节上生根；叶具柄，叶片卵形至长圆状卵形，长 1～3 cm，宽 8～25 mm ………………………………………………………………………………………… 1. **卵叶半边莲** L. zeylanica L.

5. 茎直立或上升，节上不生根；叶无柄，叶片卵形至卵状披针形 ………………… 2. **短柄半边莲** L. alsinoides Lam.

4. 仅下方 2 枚花药顶端生髯毛；茎有较宽的翅 ………………………… 3. **翅茎半边莲** L. heyneana Roem. et Schult.

3. 花冠所有裂片平展在下方，呈一个平面，裂片几乎同形；茎平卧，节上生根 …………… 4. **半边莲** L. chinensis Lour.

2. 半灌木或粗壮草本；花冠单唇形或二唇形。

6. 叶无柄，在茎的中上部密生；叶片披针形至条状披针形，长 2.5～5.5 cm，宽 3～16 mm；花冠长 2.5～3 cm ……………………………………………………………………………………………… 5. **山梗菜** L. sessilifolia Lamb.

6. 叶有柄或无柄，茎生叶均匀排列。

7. 花萼裂片全缘，或仅有不易察觉的小齿，一般长超过 11 mm。

8. 多年生草本；叶片镰状卵形至镰状披针形；花朝多个方向，花梗长 3～5 mm；花冠淡红色；蒴果近球状，上举，直径 5～6 mm ……………………………………………………………… 6. **线萼山梗菜** L. melliana E. Wimm.

8. 半灌木，茎下部叶矩圆形，中部以上的长披针形，长可达 25 cm；花偏向于花序轴一侧，花梗长(5)8～24 mm，向后弓曲；花冠紫蓝色、粉红或白色；蒴果矩圆状或近球状，向后倒垂或向后弓曲。

9. 圆锥花序；花冠白色或粉红色或略带蓝色；花梗长 1～2.4 cm；蒴果近球状，直径 6～8 mm ………………………………………………………………………………………… 7. **塔花山梗菜** L. pyramidalis Wall.

9. 总状花序；花冠蓝紫色；花梗长 5～8 mm；蒴果矩圆状，长 1～1.2 cm，宽 5～7 mm。

10. 花萼裂片全缘；小枝、叶脉、花梗、花萼及花冠筒外均无毛；小苞片着生于花萼筒的基部；种子表面有蜂窝状纹饰 ……………………………………………………… 8. **西南山梗菜** L. seguinii H. Lévl. et Van.

10. 花萼裂片有稀疏的小齿；在小枝、叶脉、花梗和花萼上均有细小而较密的微刺毛；小苞片不着生于花萼筒的基部；种子表面光滑而具色淡的边缘 ……………………………… 9. **微齿山梗菜** L. doniana Skottsb.

7. 花萼裂片边缘有齿，常短于 12 mm；花梗长 3～5 mm；花冠紫红色；蒴果近球状，直径 6～10 mm ………………………………………………………………………………………… 10. **江南山梗菜** L. davidii Franch.

1. 果为浆果。

11. 平卧草本，节上生根；叶片卵形至近圆形 ………………………………… 11. **铜锤玉带草** L. nummularia Lam.

11. 直立大草本；叶片椭圆状披针形至卵状椭圆形，先端尾状渐尖 …………… 12. **山紫锤草** L. montana Reinw. ex Blum.

1. 卵叶半边莲 图版 103：1～4

Lobelia zeylanica L. in Sp. Pl. **2**：932. 1753, p. p.；海南植物志 **3**：445. 1974；中国高等植物图鉴 **4**：395，图 6204. 1975；中国植物志 **73**(2)：148. 1983；Fl. China **19**：557. 2011. —— *L. suculenta* Blume in Bijdr. Fl. Ind. 728. 1825；云南植物志 **2**：525. 1979. ——*L. succulenta* Blume var. *lobbiana* E. Wimm. in Ann. Nat. Mus. Wien **56**：361. 1948. ——*L. zeylanica* L. var. *lobbiana* (Hook. f. et Thoms.) Lian，中国植物志 **73**(2)：149. 1983. ——*L. lobbiana* Hook. f. et Thoms. in Journ. Linn. Soc. Bot. **2**：28. 1858.

匍匐草本；有乳汁，长达 50 cm；茎肉质四棱形，节上生根，无毛或被短柔毛。叶互生，螺旋状排列；叶片三角状阔卵形至长圆状卵形，长 1～3 cm，宽 8～25 mm，顶端急尖或钝，基部截形，浅心形或宽楔形，边缘具小锯齿至浅齿，腹面变近无毛，背面沿叶脉疏生短柔毛；叶柄长 5～12 mm，被短柔毛。花单生叶腋；花梗长 10～25 mm，疏生短柔毛，基部具 2 枚小苞片，长 2～3 mm；花萼钟状，外面疏生短毛，裂片披针状线形，长 3～5 mm，宽 1～2 mm，被短柔毛；花冠淡紫色或白色，长 5～11 mm，背面裂至基部，无毛，裂片 5 枚，近二唇形，上唇 2 枚裂片线形，下唇 3 浅裂，裂片圆形至倒卵形，具小尖头；雄蕊 5 枚，上部合生成筒；花药管长 1.5～2.5 mm，背部生短柔毛，顶端均具髯毛；子房下位，2 室。蒴果椭圆形至长圆形，长 5～7 mm，宽 4～5 mm，通常被柔毛，具脉纹；种子三棱状，红褐色。 花果期全年。 产于广西各地；生于山谷沟边、湿润的疏林下或水田边。分布于广东、云南、福建、台湾，印度、尼泊尔、泰国、斯里兰卡、巴布亚新几内

图版 103　1～4. **卵叶半边莲** Lobelia zeylanica L.　1. 植株上部；2. 花冠纵剖；3. 花萼及雌蕊；4. 果。　5～6. **假半边莲** L. alsinoides Lam. subsp. hancei (H. Hara) Lam.　5. 植株上部；6. 花。　7～9. **西南山梗菜** L. seguinii H. Lévl. et Van.　7. 茎叶一段；8. 花序一部分；9. 果。　10～12. **江南山梗菜** L. davidii Franch.　10. 植株上部；11. 花冠纵剖；12. 花萼及雌蕊。（廖信佩绘）

亚亦有。 全草可用于治毒蛇咬伤，血吸虫病。

2. **短柄半边莲**

Lobelia alsinoides Lam.，Dict. Bot. **3**：588. 1791；Fl. China **19**：557. 2011.

2a. **短柄半边莲**（原亚种）

Lobelia alsinoides Lam. subsp. **alsinoides**

一年生草本，高10～30 cm；茎平卧至斜升，分枝少而较强壮，无毛，有角棱。叶螺旋状排列，稀疏；叶片近圆形或阔卵形，长1～1.8 cm，宽0.8～1.8 cm，两面粗糙但无毛，边缘具浅圆锯齿，顶端钝圆或急尖，基部浅心形；叶柄长1～3 mm，无毛。花单生于叶状苞片腋间，呈稀疏的总状花序式；花梗长（1.5）2～2.7 cm，无毛，基部有长约3 mm小苞片2枚；花萼筒长2～3 mm，无毛，裂片条状披针形，花期稍长于筒，果期相对变短，全缘；花冠淡蓝色，长4～5 mm，二唇形，上唇裂片矩圆状倒披针形，直立，下唇裂片矩圆状椭圆形，伸展；雄蕊自花丝中部以上连合，花丝筒部无毛，花药管长1 mm，背部无毛，顶端全部生髯毛。蒴果矩圆形，长约5 mm，宽3～4 mm；种子多粒，微小，暗棕色，三棱状。 花果期全年。 产于广西各地；生于海拔800 m以下的水田、水沟边或林间潮湿草地。分布于云南、广东、台湾和西藏，印度半岛地区、斯里兰卡、中南半岛地区至印度尼西亚、菲律宾亦有。

2b. **假半边莲**（亚种） 图版103：5～6

Lobelia alsinoides Lam. subsp. **hancei** (H. Hara) Lam.，Bot. Bull. Acad. Sin. **33**：286. 1992；Fl. China **19**：558. 2011. ——*L. hancei* Hara in Journ. Jap. Bot. **17**：23. 1941；中国高等植物图鉴 **4**：396. 1975；中国植物志 **73**(2)：152. 1983. ——*L. chinensis* Hance in Journ. Linn. Soc. Bot. **13**：110. 1873，non Lour. 1790.

与原亚种不同之处在于本亚种的叶片卵形至卵状披针形，长大于宽，边缘无明显牙齿。 花果期4～9月。 产于邕宁、上思；生于田边、沟边潮湿草地。分布于广东、云南和台湾，东南亚地区、巴布亚新几内及日本亦有。 全草用于治蛇伤。

3. **翅茎半边莲**

Lobelia heyneana Roem. et Schult.，Syst. Veg. **5**：50. 1819；Moeliono et Tuyn，in Fl. Males. eer. 1，6(1)：129. 1960；Fl. China **19**：556. 2011. ——*L. trialata* Ham. ex D. Don，Prodr. Fl. Nepal. 157. 1825. ——*L. trialata* Ham. ex D. Don var. *asiatica* Chiov. in Result. Scientif Miss. Stefanini-Paoli Somal. Ital. **1**：109. 1916.

一年生草本，高10～50(60)cm；茎直立，三棱状，具翅，无毛，多分枝。叶片阔三角状卵形，在茎下部的大，向上渐小，变窄呈椭圆形，长8～25 mm，宽4～25 mm，腹面疏生短柔毛，背面无毛，边缘具齿，顶端圆钝或锐尖，基部平截或浅心形，常下延成翅；柄长1～4 mm，具翅。花单生上部苞片腋间，常形成顶生总状花序；苞片叶状，较短于花梗；花梗长1～1.5(2)cm，基部有小苞片(1)2枚；小苞片钻状，长不及1 mm，易脱落；花萼钟状，长1～2 mm，花期裂片长于萼筒，花后筒部渐长于裂片；花冠淡紫色，长3～5 mm，花冠内疏生短柔毛，二唇形，上唇裂片条形，直立，长不足1 mm，下唇裂片椭圆形至近圆形，平展，长约2 mm，花丝中部以上连合成筒，花药管长约1 mm，下边2枚花药顶端生髯毛。蒴果矩圆状或倒卵状矩圆形，长4～5 mm，宽2～4 mm；种子淡红棕色，稍压扁状，椭圆形，表面光滑。 花果期全年。 产于广西各地；生于海拔500～2 000 m的潮湿地。分布于云南和台湾。尼泊尔、印度、斯里兰卡至东南亚地区、巴布亚新几内亚、非洲热带地区亦有。

4. **半边莲**

Lobelia chinensis Lour. in Fl. Cochinch. **2**：514. 1790；海南植物志 **3**：445，图847. 1974；中国高等植物图鉴 **4**：396，图6205. 1975；中国植物志 **73**(2)：154. 1983；Fl. China **19**：556. 2011. ——*L. erinus* Thunb. in Fl. Jap. 325. 1784，non Linn. 1771. ——*L. radicans* Thunb. in Trans. Linn. Soc. Bot. **2**：330. 1794.

一年生匍匐或披散矮小草本，高5～25 cm；无毛；茎细弱，节上生根，少分枝，无毛，稍具2条纵棱。叶互生，无柄或近无柄；叶片长椭圆形至披针形或条形，长7～27 mm，宽2～5 mm，先端急尖，基部圆形至阔楔形，全缘或近顶部有浅锯齿，两面无毛；侧脉不明显。花通常单生于分枝的上部叶腋；花梗细长，长1.5～3 cm，无小苞片或有小苞片；花萼筒倒圆锥状，长5～7 mm，无毛，裂片披针形，长2～4 mm；花冠淡紫色、粉红色或白色，长10～15 mm，背部裂至基部，喉部被白色柔毛；裂片5枚，平展于下方，两侧裂片披针形，稍开展，较长，中间3枚裂片椭圆状披针形，顶端长渐尖，稍反卷；雄蕊5枚，长约8 mm，花丝中部以上连合，前面2枚雄蕊的花丝稍宽，基部密被毛，花药筒长约2 mm，背部无毛或疏生柔毛，下方2枚花药的顶端具1条刺毛和数条毛。蒴果倒圆锥形，长5～7 mm；种子椭圆形，褐色，平滑。 花期5～12月。 产于广西各地；生于水沟边、田埂、庭园等湿润草地。分布于长江中、下游及以南各地，印度以东的亚洲各国亦有。全草凉血解毒，利尿消肿；用于治毒蛇咬伤、肝炎、肝硬化腹水、肾炎水肿、痈疮肿毒等。

5. 山梗菜

Lobelia sessilifolia Lamb. in Trans. Linn. Soc. Bot. **10**:260. t. 6,f. 2,1811. non Willd; Tsoong, Contr. Inst. Bot. Nat. Acad. Peiping **3**(3):115. 1935; E. Wimm., Pfl. R. Heft. **107**:647. 1953; 中国高等植物图鉴 **4**:397, 图 6207. 1975; 中国植物志 **73**(2):155. 1983; Fl. China **19**:561. 2011.

多年生草本，高60～120 cm；茎无毛，圆柱状，通常不分枝。叶螺旋状排列，在茎的中部较密集，无柄；叶片卵状披针形至条状披针形，长2.5～5.5 cm，宽3～16 mm，边缘有细锯齿，顶端渐尖，基部近圆形至阔楔形，两面无毛。总状花序顶生，长8～35 cm，无毛；苞片叶状，狭披针形，比较短；花梗长5～12 mm；花萼筒杯状钟形，无毛，裂片5枚，三角状披针形，长5～7 mm，宽约2 mm，全缘，无毛；花冠蓝紫色，长2.5～3.5 mm，近二唇形，外面无毛，内面被长柔毛，上唇2裂片长匙形，长1.5～2 cm，宽3～4 mm，下唇3裂片椭圆形，长约1.5 cm，宽4～5 mm；雄蕊5枚，在基部以上连合成筒，花丝筒无毛；花药管长3～4 mm，仅下方2枚花药顶端生笔毛状髯毛。蒴果倒卵状，长8～10 mm，宽5～7 mm；种子近半圆状，棕红色，长约1.5 mm，表面光滑。 花果期7～9月。 产于桂北地区；生于沼泽或山坡湿润草地。分布于云南、浙江、台湾、山东、河北、辽宁、吉林和黑龙江，朝鲜、日本、俄罗斯等亦有。 全草可药用，有小毒，用于作利尿、催吐、泻下剂及治蛇伤。

6. 线萼山梗菜

Lobelia melliana E. Wimm., Akad. Anz. Wien **14**:4. 1924; Merr., Lingnan Sci. journ. **7**:324. 1929; Chun, Sunyatsenia **2**:35. 1934; 吴征镒和李锡文于云南热带亚热带植物区系研究报告，第一集:91. 1965; 中国高等植物图鉴 **4**:396. 1975; Fl. China **19**:558. 2011.

多年生草本，高80～150 cm；茎无毛。叶螺旋状排列；叶片多镰状卵形至镰状披针形，长6～15 cm，宽1.5～4 mm，光滑无毛，先端长尾状渐尖，基部宽楔形，边缘具睫毛状小齿；有短柄或近无柄。总状花序生主茎和分枝顶端，长15～40 cm；花稀疏，朝向各方；下部花的苞片与叶同形，向上变狭至条形，长于花，具睫毛状小齿；花梗长3～5 mm；花萼筒半椭圆状，无毛，裂片窄条形，长13～21 mm，宽不足1 mm，全缘，果期外展；花冠淡红色，长12～17 m，近二唇形，上唇裂片条状披针形，上升，约与花冠筒等长，内面生长柔毛，下唇裂片披针状椭圆形，约为花冠筒长的2/3，内面亦密生长柔毛；雄蕊基部密生柔毛，在基部以上连合成筒，花丝筒无毛，花药管长约4 mm，仅下方2枚花药顶端生笔毛状髯毛。蒴果近球形，上举，直径5～6 mm，无毛；种子矩圆状，稍压扁状，长约0.6 mm，表面有蜂窝状纹饰。 花果期8～10月。 产于田林、那坡、隆林、凌云；生于海拔1 000 m以下的沟谷、路旁、水沟边或林中潮湿地。分布于广东、福建、江西、湖南、浙江。 根、叶或带花全草可入药，性味功效与**山梗菜**(*L. sessilifolia* Lamb.)相同。

7. 塔花山梗菜

Lobelia pyramidalis Wall. in Act. Soc. Asiat. **13**:376. 1820; idem in Roxb., Fl. Ind. ed. Carey **2**:113. 1824 et Pl. Asiat. Rer. **2**:42. 1831; 中国植物志 **73**(2):159. 1983; Fl. China **19**:559. 2011. ——*L. wallichiana* Hook. f. et Thoms. in Journ. Linn. Soc. Bot. **2**:29. 1858.

灌木状草本，高1～3 m；茎中空，上部多分枝。叶互生，螺旋状排列，近革质；茎中部以上叶片长披针形，长10～25 cm，宽2～3 cm，先端长渐尖，基部阔楔形，边缘具细齿，两面无毛，近无柄；茎下部叶片长圆形，长可达 25 cm。总状花序生茎和分枝顶端，形成圆锥状；花序轴通常披毛，花密集，偏生花梗一侧；花梗长 1～2.4 cm，弓曲；苞片条形，常短于花，全缘；花萼筒近球形，长 5～7 mm，宽 6～7 mm，裂片 5 枚，披针状条形，长 13～27 mm，宽 1～3 mm，外面无毛；花冠筒内密生柔毛，近二唇形，上唇裂片条形，长约 16 mm，下唇裂片卵状披针形，长约 9 mm；雄蕊 5 枚，基部以上连合成筒；花药管长约 6 mm，被长柔毛，下方 2 枚花药顶端生笔毛状髯毛。蒴果近球状，直径 6～8 mm，无毛；果梗向后弓曲而常倒垂；种子多粒，矩圆状，黄褐色，边缘淡白色。 花果期 1～5 月。 产于那坡、靖西、德保；生于山坡、草地、灌木丛或路旁。分布于云南、贵州、西藏，尼泊尔、不丹、印度、中南半岛地区亦有。 本种近**西南山梗菜**（*L. seguinii* H. Lévl. et Vant.），但前者花冠白色或粉红色，花萼筒近球形，蒴果近球状，易于区别。

8. **西南山梗菜** 图版 103：7～9

Lobelia seguinii H. Lévl. et Van. in Fedde, Pep. Sp. Nov. **12**: 186. 1913; E. Wimm., Sitz. Akad. Wiss. Wien **61**: 111. 1924 et in Hand.-Mazz., Symb. Sin. **7**: 1084. 1936；中国高等植物图鉴 **4**：396，图 6206. 1975；中国植物志 **73**(2)：158. 1983；Fl. China **19**: 559. 2011.

半灌木状草本，高 1～4 m；具白色乳汁；茎无毛，多分枝。叶螺旋状排列，纸质；茎中部以上叶有短柄或无柄；叶片披针形或狭披针形，长 7～20 cm，宽 1.2～3.5 cm，先端渐狭成短柄或无柄，边缘具硬质重细齿或锯齿，两面无毛，腹面暗绿色，背面淡绿色；茎下部叶具长柄；叶片长圆形，长达 25 cm，宽约 3.5 cm，叶柄长 2～6 cm。总状花序顶生，长 10～20 cm，花密集而偏向花序轴一侧，通常稍下弯；花序下部的数枚苞片披针形，长于花；花序上部苞片变窄成条形，短于花；花梗长 5～8 mm，先端具 2 枚长约 2 mm 的小苞片，花萼筒倒锥状，长 5～9 mm，裂片 5 枚，线状披针形，长 10～25 mm，全缘，无毛；花冠蓝紫色或紫红色，长 2.5～3.5 cm，外面无毛，喉部密被短柔毛，近唇形，上唇 2 裂片长条形，长约 17 mm，宽 1～2 mm，下唇 3 裂片卵状披针形，长约 1.3 mm；雄蕊 5 枚，花丝长 12～15 mm，连合成筒；花药管浅蓝灰色，长约 6 mm，基部有数丛短毛，下方 2 枚花药顶端生髯毛。蒴果长圆形，倒垂，长 1～1.2 cm，宽 5～7 mm，无毛；种子长圆形，黄褐色，表面蜂窝状纹饰。 花果期 8～10 月。 产于靖西、那坡、百色、田林、隆林、天峨、凤山、南丹、河池等地；生于山坡疏林或林缘、溪沟旁、路边灌木丛中。分布于云南、贵州、四川、湖北等地。 全草有剧毒，可用于消炎、止痛、解毒和杀虫，外用可治皮肤瘙痒、痈疮肿毒、跌打损伤、毒蛇咬伤。

9. **微齿山梗菜**

Lobelia doniana Skottsb., Acta Horti. Gothob. **4**: 19. 1928; Fl. China **19**: 559. 2011. —— *L. sequinii* var. *doniana* (Skottsb.) E. Wi mm., Pfl. R. Heft **107**: 651 1953.

本种近于**西南山梗菜**（*L. seguinii* H. Lévl. et Vant.），从叶形至花部构造都很相似，但本种花萼裂片有稀疏的小齿，花梗和花萼常被细小而较密的微糙毛，小苞片不着生于花托基部，种子表面光滑而具色淡的边缘。 花期 9～10 月，果期 10～11 月。 产于那坡、靖西、德保；生于山坡、草地或林中。分布于云南、西藏和台湾，尼泊尔、印度亦有。

10. **江南山梗菜** 图版 103：10～12

Lobelia davidii Franch. in Nouv. Arch. Mus. Nat. Paris 2. **6**: 82. 1883; idem Pl. David. **1**: 191. 1884；中国高等植物图鉴 **4**：397，图 6208. 1975；中国植物志 **73**(2)：165. 1983；Fl. China **19**: 561. 2011. —— *L. davidii* Franch. var. *kwangsiensis* (E. Wimm.) Lian，中国植物志 **73**(2)：166. 1983. —— *L. kwangsiensis* E. Wimm. in Ann. Nat. Mus. Wien **56**: 367 1948; idem Pfl. R. Heft **107**: 656. 1953.

多年生草本，高可达 1.8 m；有白色乳汁；茎直立，无毛或有极短的倒生糙毛。叶互生，螺旋状排列；茎下部叶片狭椭圆形，长 7～15 cm，宽 3～5 cm，先端锐尖，基部渐狭，边缘具细齿；茎上部叶片卵状椭圆形至卵状披针形，边缘具不规则重锯齿或者波状而具细齿。总状花序顶生，花密集，长 10～50 cm，被短柔毛；苞片叶状披针形，下部的较花长；花梗长 5 mm，具 2 枚小苞片；花萼筒与花梗微被短柔毛，裂片线形，长 7～12 mm，边缘具硬质小齿；花冠紫红色，长 2～2.5 cm，冠筒内被长柔毛，裂片 5 枚，无毛，上唇 2 裂片线形，下唇 3 裂片；雄蕊合生；花丝长 14 mm；花药管蓝色，具疏长毛，下方 2 枚花蕊顶端生髯毛。蒴果近球形，直径 6～10 mm。种子椭圆形，稍两侧压扁状，黄褐色。　花期 8～10 月。　产于全州、融水；生于山地林边、路边灌木丛或汔边草坡较阴湿处。分布于福建、江西、浙江、安徽、湖南、湖北、四川、贵州、云南、广东等地。　全草可外用治蛇虫咬伤、痈疮肿毒、灭蛆。

11．**铜锤玉带草**（植物名实图考）　广西铜锤草　图 104：1～3

Lobelia nummularia Lam. in Dict. **3**：589. 1789；Fl. China **19**：556. 2011. ——*Pratia nummularia* (Lam.) A. Br. et Aschers. in Ind. Sem. Hort. Berol. Append. 6. 1861；海南植物志 **3**：446. 1974；中国植物志 **73**(2)：168. 1983. ——*P. wollastonii* S. Moore in Trans Linn. Soc. Bot. **9**：89. 1916. ；Tsoong，Centr. Inst. Bot. Nat. Acad. Peiping **3**(3)：118. f. 17c，1935；E. Wimm.，Pfl. R. Heft **106**：111. 1943；中国植物志 **73**(2)：169. 1983. ——*P. begonifolia* (Wall.) Lindl. in Bot. Reg. Tab. 1373. 1830. ——*Lobelia angulata* Forst.，Fl. Ins. Austr. 58. 1786.

多年生匍匐草本；有白色乳汁；茎细弱，节上生根，长可达 60 cm，疏被短柔毛。叶互生，具柄；叶片卵圆形或近圆形至心形，长 0.7～2.6 cm，宽 0.5～2.7 cm，先端钝圆或急尖，基部斜心形或近圆形，边缘具细齿，两面沿叶脉疏被柔毛；叶脉掌状至掌状羽脉；叶柄长 2～14 mm。花单生于叶腋；花梗长 0.7～3.5 cm，无毛；花萼筒坛状，长 2～4 mm，宽 2～3 mm，裂片 5 枚，线状披针形，长 2.5～6 mm，每边疏生 2～3 枚小齿；花冠白带紫红色或淡紫色，长 6～10 mm，花冠筒外面无毛，内面被柔毛，檐部二唇形，上唇 2 裂片条状披针形，下唇 3 裂片卵状披针形，稍反卷；雄蕊 5 枚；花丝中部以上连合，无毛；花药管浅蓝灰色，背部被灰白色短柔毛，下方 2 枚雄蕊的花药顶端具髯毛。浆果椭圆状球形，成熟时紫红色，长 0.7～1.5 cm；种子多粒，阔卵形，稍压扁状，表面稍有细网纹。　花果期几乎全年。　产于广西各地；生于山谷沟溪边、路旁、田边草地阴湿地处或石隙地。分布于我国西南、华南、华东各地及湖南、湖北、台湾和西藏，印度、尼泊尔、马来西亚、越南、老挝、泰国、缅甸、澳大利亚及南美洲亦有。　全草可消炎解毒，用于治咳嗽、风湿性肌炎、筋骨痛、跌打损伤、内伤出血、痈疮肿毒、目翳，有小毒。

12．**山紫锤草**　图 104：4～5

Lobelia montana Reinw. ex Blume in Bijdr. 728. 1826；Fl. China **19**：562. 2011. —— *Pratia montana* (Reinw. ex Blume) Hassk. in Flora **25**：2. 1842，Beibl. 1，p. 23；idem Cat. Hort. Bogor. 106. 1844；中国高等植物图鉴 **4**：398. 1975；中国植物志 **73**(2)：171. 1983.

多年生直立草本，高达 1 m；根状茎肉质，块状膨大，生多数纤维根；茎圆柱状，中空，无毛，单一或分枝。叶互生，纸质；叶片椭圆状披针形或卵状椭圆形，长 7～15 cm，宽 2.5～4.5 cm，先端尾状渐尖，基部阔楔形或近圆形，边缘微波状而具圆齿或小齿，齿端具腺齿，腹面绿色，背面苍白色；叶柄长 5～20 mm。花单生于叶腋；花梗长 13～26 mm，无毛；花萼筒半球形，长 4～5 mm，锐尖，全缘；花冠蓝紫色或具紫色条纹至白色，长 15～25 mm，外面无毛，内面被柔毛，冠檐近二唇形，上唇 2 裂片纵裂近基部，裂片条状披针形，长约 16 mm，近直立，下唇 3 裂片披针形，长约 8 mm，反折；雄蕊 5 枚，花丝无毛；花药管长约 5 mm，背面被疏柔毛，下方 2 枚花药的顶端具髯毛。浆果球形，红色、紫蓝色或黑色，直径 1～1.5 cm；种子多粒，扁卵形，长约 0.6 mm，淡褐色，表面有微小疣突。　花期 7～8 月。　仅产于那坡；生于湿润的常绿阔叶林、林缘或潮湿山谷。分布于云南、西藏，印度尼西亚、印度、尼泊尔、越南及马来西亚亦有。

245．草海桐科　GOODENIACEAE*

草本、半灌木或灌木；无乳汁。单叶互生，稀对生；无托叶。花两性，两侧对称，通常排列为聚伞花序，

---

* 编著者：沙文兰、林春蕊。

图版 104　1～3. 铜锤玉带草 Lobelia nummularia Lam.　1. 植株；2. 花；3. 果。　4～5. 山紫锤草 L. montana Reinw. ex Blume　4. 花枝；5. 果。（廖信佩绘）

或花单生而有时集成总状花序；萼筒常与子房贴生，很少分离，萼檐5裂；花冠合瓣，一侧分裂近基部，裂片5枚；雄蕊5枚，通常与花冠分离，花药基部着生，分离，稀少侧向联成管状，2室，纵裂；子房下位，2室或不完全2室，或仅1室，花柱单一或在顶部2～3裂，柱头顶端扩大成1杯状体，杯的口沿常有缘毛。果为蒴果，有时为核果或坚果；种子小而扁，1粒至多粒，具胚乳。　本科有14属约300种，主要分布于澳大利亚，少数分布于东南亚各国、巴布亚新几内亚。我国有2属3种，产于广东、福建、台湾；广西亦有。

分属检索表

1. 半灌木或灌木；花柱不分裂；果为核果 ………………………………… 1. **草海桐属** Scaevola L.
1. 草本；花柱3裂；果为蒴果 ……………………………………………… 2. **离根香属** Goodenia Smith

1. 草海桐属　Scaevola L.

半灌木或灌木。叶互生，螺旋状排列，少有对生。花常为5数，很少多于或少于此数，单生叶腋或排成短的聚伞花序，有对生的苞片和小苞片；萼筒与子房贴生，萼裂片极短；有时缺，花冠后面纵缝开裂至近基部，裂片5枚，近相等或上部2枚略短；子房1～2室，柱头2裂。核果常为肉质，内果皮坚硬，每室有种子1粒。本属约有80种，主要分布于澳大利亚、东南亚岛屿上和其他热带海岸。我国南部沿海有2种；广西亦有。

分种检索表

1. 灌木；叶片倒卵形或匙形，长10～20 cm，宽3.3～8 cm；核果球形或近卵形 ……………… 1. **草海桐** S. sericea Vahl
1. 半灌木；叶片条状匙形，长1～2.7 cm，宽1.8～4 mm；核果椭圆形 ………………… 2 **小草海桐** S. hainanensis Hance

1. 草海桐（海南植物志）　图版105：1～3

Scaevola sericea Vahl，Symb. Bot. **2**：37. 1791；P. W. Leenh. in Fl. Males. ser. 1，**5**(3)：339. 1957；Li Hui lin，Woody Flora of Taiwan 899. 1963；海南植物志 **3**：447. 1974；中国高等植物图鉴 **4**：399，图6212. 1975；中国植物志 **73**(2)：178. 1983；Fl. China **19**：568. 2011. —— *S. lobelia* Murr.，Syst. Veg. ed. 13. 178. 1774. p. p.，nom. illeg.；Benth.，Fl. Hongk. 198. 1861.

本种主要特征是茎平滑无毛，幼嫩时多少被丝质柔毛；叶腋里密生1簇白色毛。叶片倒卵形或匙形，长10～20 cm，宽3.3～8 cm，先端钝至圆形或微凹，基部楔形，边全缘或波状，密被长柔毛或稀疏短毛。聚伞花序腋生；萼筒长3～5 mm，无毛或被柔软丝质毛，裂片5枚，条状披针形，长约2.5 mm；花冠白色或淡黄色，长2～2.2 cm，外面无毛或有毛，冠筒长1～1.2 cm，内面被长柔毛，后方开裂至基部，裂片披针形，边缘有膜质、狭窄皱折的翅；花丝长1～1.5 cm；子房下位，2室，花柱下部被柔毛。核果球形或近卵形，有2条径向沟槽，将果分为2片，每片有4条棱。　花果期4～12月。　产于防城、钦州；生于海岸岩石裂缝及海滩砾石砂地上。分布于广东、福建、台湾，日本、东南亚各国、马达加斯加、大洋洲热带各国、密克罗尼西亚、以及美国(夏威夷)亦有。

2. 小草海桐　图版105：4

Scaevola hainanensis Hance in Journ. Bot. **7**：229. 1878；海南植物志 **3**：448. 1974；中国高等植物图鉴 **4**：400，图6213. 1975；中国植物志 **73**(2)：179. 1983；Fl. China **19**：569. 2011.

本种主要特征是老枝细长、无毛；小枝短而多，被糙伏毛；叶腋有1簇长绒毛。叶片线状匙形，长1～2.7 cm，宽1.6～5 mm，先端钝或近圆形，脉不明显。花单生于茎或分枝上部叶腋；萼筒长约4 mm，无毛，顶端波状5浅裂；花冠淡蓝色，长8～10 mm，后方开裂至基部，其余裂至中部，外面无毛，内面被毛，裂片5枚，长椭圆形，有宽的膜质翅；花柱中部以下被柔毛。核果椭圆形。　花果期3～12月。　产于东兴、防城、钦州；生于海滩沙地。分布于广东、福建和台湾，越南亦有。

图版 105 1～3. **草海桐** Scaevola sericea Vahl 1. 花枝；2. 花；3. 果。 4. **小草海桐** S. hainanensis Hance 4. 花枝。 5. **离根香** Goodenia pilosa (R. Brown) Carolin subsp. chinensis (Benth.) D. G. Howarth et D. Y. Hong 5. 花枝。 （何顺清绘）

2. 离根香属　Goodenia Smith

一年生草本，直立或铺散。叶互生。花单生于叶腋，无苞片和小苞片；萼筒与子房贴生，檐部5裂，花冠后方开裂近基部，裂片5枚，每边具宽翅；雄蕊5枚，离生；子房下位，不完全2室，花柱从中部起有2～3个分枝，口沿有缘毛环。蒴果分裂为2果瓣；种子扁平，边缘稍加厚。　本属有180种，分布于东亚、东南亚各国及澳大利亚。我国有1种；分布于福建、广东、广西、海南。

离根香　山胡谷(防城)　图版105:5

Goodenia pilosa (R. Brown) Carolin subsp. **chinensis** (Benth.) D. G. Howarth et D. Y. Hong in Fl. China **19**:566. 2011. ——*Calogyne chinensis* Benth., J. Proc. Linn. Soc., Bot. **5**:78. 1860. ——*C. pilosa* R. Brown subsp. *chinensis* (Benth.) H. S. Kiu in Guihaia **9**(3):194. 1989.

小草本，高约15 cm；具浓肉桂香气；茎直立或斜升，有分枝或茎多枝丛生，疏生短毛。基生叶窄长圆形或条形，长1.5～5.5 cm，宽2～10 mm，先端钝或稍尖，基部长楔形，两面近无毛，边缘有疏齿，被短糙毛，柄长0.7～1.2 cm；茎生叶稍小，叶片长1～3 cm，宽1.5～5 mm，近无柄。花单生叶腋；花梗纤细，长3～15 mm，果时长达2 cm；萼筒短，长约1.5 mm，被白色糙毛，裂片5枚，狭披针形，长约4 mm，宽约0.8 mm，边缘被白色糙毛；花冠淡紫色或黄色，长约8 mm，外面被毛，筒短，长约1 mm，上部5裂；雄蕊5枚，长约3 mm，花药长约0.8 mm，有短尖。蒴果卵球形，直径3 mm，有种子5粒；种子卵状，长4 mm，直径2 mm。　花果期11月至翌年3月。　产于防城、钦州、合浦；生于山坡草地、海岸沙地。分布于福建、广东、海南，越南亦有。　全草有祛风散寒、行气止痛、活血化瘀的功效，用于治胃痛、腹痛、腹泻、风湿骨痛、跌打损伤。

246. 花柱草科　STYLIDIACEAE*

草本，稀为小灌木。叶互生、对生或簇生于茎上，或基生而呈莲座状；叶片小，常为禾叶状；托叶不存在或退化呈鳞片状。花两性或由于败育而为单性，两侧对称，稀辐射状对称，排成总状花序、聚伞花序或疏的穗状花序；萼筒与子房贴生，5裂，二唇形；花冠合瓣，5(6)裂不相等，其中1枚呈唇片；雄蕊2枚，生于两侧，花丝与花柱连合成合蕊柱，具感应性；子房下位，2室或在基部1室，每室有胚珠多颗。果实为蒴果；种子小，多粒。　全科有5属约150种，主要分布于澳大利亚。我国有1属2种；广西亦有产。

花柱草属　Stylidium Swartz ex Willd.

一年生或多年生小草本；常被腺毛。叶为单叶；全缘。花两性，多为聚伞花序，顶生；花萼和花冠5数，二唇形；萼檐常有2枚裂片联合为1枚2浅裂的裂片；花冠5裂，裂片彼此分离或其中4枚部分联合成2对，另1枚小而外弯；常有由喉部的腺体状附属物组成的副花冠；花药2室，外向，无柄；合蕊柱常膝曲而伸出花冠外。蒴果细长，2瓣裂；种子小。　本属约有120种，主要分布于澳大利亚，亚洲有4个特有种。我国约有2种，产于福建、广东、海南和云南；广西有2种。

---

* 编著者：林春蕊。

分种检索表

1\. 叶茎生，无柄；叶片矩圆状倒卵形至倒披针形 …………………… 1. **狭叶花柱草** S. tenellum Swartz
1\. 叶基生，有短柄；叶片圆卵形、卵形或倒卵形 …………………… 2. **花柱草** S. uliginosum Swartz

1. **狭叶花柱草**(中国高等植物图鉴)

Stylidium tenellum Swartz, Mag. Ges. Naturf. Fr. Berlin **1**:51. t. 2, f. 3. 1807; A. DC. in DC., Prodr. **7**: 336. 1839; Danguy, in Lecte Fl. Gen. Indo-Chin. **3**:664. f. 73:1～3. 1924; 吴征镒和李锡文于云南热带亚热带植物区系研究报告，第一集：97，1965；中国高等植物图鉴 **4**:401. 1975；中国植物志 **73**(2)：181. 1983；Fl. China **19**:566. 2011.

一年生直立草本，高 5～20 cm；茎纤细，单生或稀两叉分枝，无毛。叶互生，星散，无柄或近于无柄；叶片矩圆状倒卵形至倒披针形，长 6～10 mm，基部楔形，顶端钝，全缘，上部的较小，逐渐过渡为条状的苞片；有 3 条不明显的平行弧状脉，无毛。花单朵顶生，或由 2～3 朵组成穗状花序，或花序近于两歧分枝。花小，无梗；花萼有腺毛或无毛，筒部长约 1 cm；花冠白色或粉紫色，长约 2 mm，筒部稍长于花萼裂片，裂片分离，后方的 2 裂，前方的小得多，唇片很小，钻状，喉部附属物很小但可见。蒴果细柱状，长约 2 cm。花果期 10 月。　产于防城；生于草地。分布于云南、广东、福建(南部)，缅甸、越南、老挝、柬埔寨、马来西亚、印度尼西亚的苏门答腊亦有。

2. **花柱草**(海南植物志)　红口锁(北流)　图版 106:1～3

Stylidium uliginosum Swartz, Mag. Ges. Naturf. Fr. Berlin **1**:52. t. 2, f. 4. 1807; Mildbraed in Engl. Pflanzenr. **35**(Ⅳ. 278)：37. 1908；海南植物志 **3**:449，图 850. 1974；中国植物志 **73**(2)：181. 1983；广西植物 **5**(2)：100. 1985；Fl. China **19**:566. 2011.

一年生小草本，高 7～22 cm。叶基生，莲座状；叶片圆卵形、卵形或倒卵形，长 2～8 mm，宽 2～5 mm，先端圆钝或浑圆，全缘，无毛；叶柄长 1～3 mm。花序上部疏被短柔毛；花小，无梗；花萼 5 裂，其中 2 枚裂片近合生；花冠白色，长约 2 mm，檐部长于筒部，基部具附属物；雄蕊 2 枚，合蕊柱长约 3.5 mm；子房下位，长 4～6 mm。蒴果长约 8 mm。　花果期 10～11 月。　产于北流、上思、防城；生于草地或岩石缝隙。分布于广东和海南，越南、老挝、柬埔寨、泰国、印度、斯里兰卡和澳大利亚亦有。　民间用全草治咽喉肿痛。

247. 花荵科　POLEMONIACEAE*

一年生或多年生草本，少为灌木或藤本，常利用叶卷须攀缘。叶互生或对生；全缘，分裂或羽状复叶；无托叶。花通常颜色鲜艳，排成聚伞花序、圆锥状花序或头状花序，稀单生于叶腋，两性，整齐或稍两侧对称；花萼钟状或管状，5 裂，宿存，裂片覆瓦状或镊合状形成 5 翅；花冠合瓣，高脚碟状、漏斗状、钟状，裂片在芽时扭曲，花开后开展；雄蕊 5 枚，常以不同高度着生于花冠筒上，与花冠裂片互生；花丝基部常扩大并被毛；花药 2 室，纵裂；花盘显著；子房上位，3 室，稀 2～5 室；花柱 1 枚，顶端分裂成为 3 枚具乳头状突起的柱头；中轴胎座，每室有胚珠 1 颗至多颗。蒴果，通常室背开裂；种子有各种形状，具棱、具锐角或有翅，外种皮在潮湿时变黏；胚乳肉质或软骨质，胚直。　全球有 15 属约 300 种，主产于北美洲，很少种类产于欧洲和亚洲；我国引入栽培的共有 3 属 6 种；广西现知有 1 属 2 种。　本科多种植物常栽培作庭园观赏用。

---

* 编著者：高成芝、林春蕊。

图版 106　1～3. 花柱草 Stylidium uliginosum Swartz　1. 带花植株；2. 花；3. 花冠展开示幼果。　4～7. 小天蓝绣球 Phlox drummondii Hook.　4. 植株下部；5. 植株上部；6. 花冠展开示雄蕊；7. 花萼及雌蕊。（廖信佩绘）

天蓝绣球属 Phlox Linn.

多年生，少一年生草本，有时基部木质化。叶对生或上部的有时互生；全缘。花通常美丽，蓝色、紫色或红色，排成顶生的聚伞花序或圆锥花序；花萼管状或钟状，有5条肋，裂片急尖、渐尖或钻状；花冠高脚碟状，裂片卵形、圆形或倒心形；雄蕊着生于花冠筒内的位置，高低不等，花丝短，内藏；子房3室，每室有胚珠1～2颗。蒴果卵球形，3瓣裂；种子无翅，也无黏液层。 全球约有66种，产于北美洲各国和墨西哥，有1种产于亚洲东北部。我国引入栽培的有3种，南北各地区有栽培；广西有2种，为常见栽培花卉。

分 种 检 索 表

1. 一年生草本；上部叶通常互生；少花排成聚伞花序 ………………………………… 1. **小天蓝绣球** Ph. drummondii Hook.
1. 多年生草本；叶对生；多花排成密集的伞房状圆锥花序 ………………………………… 2. **天蓝绣球** Ph. paniculata Linn.

1. **小天蓝绣球**（中国高等植物图鉴） 桔梗石竹 福禄考（广西植物名录） 图版106：4～7

Phlox drummondii Hook. in Curtis's Bot. Mag. **62**：t. 3441. 1835；Brand in Engl. Pflanzenr. **4**：70. 1907；中国高等植物图鉴 **3**：542. 1974；中国植物志 **64**(1)：159. 1979.

一年生草本，高15～45 cm；茎直立，单一或分枝，被多细胞毛。下部叶对生，上部叶互生；叶片阔卵形、长圆形或披针形，长2～7.5 cm，先端急尖，基部渐狭或稍抱茎，全缘，具缘毛，腹面及背面脉上有柔毛；无叶柄。聚伞花序顶生，被短柔毛；花萼筒状，裂片披针状钻形，长2～4 mm，外面被柔毛；花冠高脚碟状，直径1～2 cm，粉红、白、黄、紫等色，裂片倒卵状圆形；雄蕊5枚，着生于花冠筒内；子房上位，花柱顶端分裂为3枚条形的柱头。蒴果椭圆形，长约5 mm，下有宿存花萼；种子长圆形，长约2 mm，褐色。 广西各地有栽培。原产于墨西哥。

2. **天蓝绣球**（中国高等植物图鉴）

Phlox paniculata Linn.，Sp. Pl. 151. 1753；Brand in Engl. Pflanzenr. **4**：59. 1907；中国高等植物图鉴 **3**：543. 1974；中国植物志 **64**(1)：159. 1979.

多年生草本，高60～100 cm；茎直立，粗壮，无毛或上部散生柔毛。叶交互对生，有时3叶轮生；叶片长圆状披针形至卵状披针形，长7.5～12 cm，宽1.5～3.5 cm，先端渐尖，基部楔形，全缘，两面疏生短柔毛；叶柄极短或上部叶无柄。多花密集成顶生伞房状圆锥花序；花萼筒状，裂片钻状；花冠高脚碟状，淡红、红、紫、蓝紫或白色，花冠筒长达3 cm，有柔毛，裂片倒卵形；雄蕊与花冠等长或稍长。蒴果卵形，三瓣裂，有多粒种子；种子卵球形，黑色或褐色，有粗糙皱纹。 广西各地有栽培。原产于北美洲。

248. 田基麻科 HYDROPHYLLACEAE*

一年生或多年生草本，或为半灌木；直立或平卧，有时丛生；毛被各式，有时具刺。叶片全缘或羽裂，稀掌状裂；无托叶；互生或对生，常形成基生莲座式。花小或显著，通常组成直立的、多花的二歧蝎尾状聚伞花序，或聚伞花序、头状花序或单生等；花两性，辐射对称，通常5数；萼片于基部连合，覆瓦状排列；花冠合瓣，辐状、钟状或短漏斗状，5裂，裂片通常宽而伸展，覆瓦状排列，花冠筒内通常有具褶的或鳞片状的附属物，成对位于雄蕊之间或其前方；雄蕊5枚，稀4枚或多数（非洲南部的Codon属），着生花冠筒基部与花

---

* 编著者：刘静。

冠裂片互生，花丝丝状，等长或不等长，基部常扩大，花药2室，"丁"字着生，内向纵裂；子房上位，1室或2室，胚珠多数少至2颗，花柱1枚或2枚，前者在上部多少深裂，柱头头状或少有丝状。蒴果室背或室间开裂，2瓣(少有4瓣或不规则碎裂)裂开；种子与胚珠同数或较少，通常多皱纹，具网纹、凹穴或泡状突起。

本科有18～22属约300种，除大洋洲外世界各地均有，主产于美洲。我国有1属1种。

田基麻属　Hydrolea Linn.

一年生或多年生草本或半灌木；具腺毛或无毛，有时具针刺。叶互生；不分裂，全缘。花蓝色，组成聚伞花序或短总状花序；花萼裂片披针形；花冠钟状或辐状，5裂；雄蕊着生于花冠基部，花丝等长，基部常扩大，花药箭形或戟形；子房2室，胚珠每室多颗，花柱2枚，柱头头状。蒴果果皮薄，2瓣或4瓣裂，或不整齐碎裂，胎座仍留存；种子多粒，很小，有不规则的纵皱纹。　本属约有20种，分布于美洲、非洲、亚洲的热带地区和澳大利亚。我国有1种；广西亦有。

田基麻　假芹菜(广州)　图版107:1～5

Hydrolea zeylanica (Linn.) Vahl, Symb. Bot. **2**:46. 1791; Hance in Journ. Bot. Brit. et For. **16**:230. 1878; C. B. Clarke in Hook. f. Fl. Brit. Ind. **4**:133. 1883; Hemsl. in Journ. Linn. Soc. **26**:142. 1890; Hu in Contr. Biol. Lab. Sci. Chin. **5**(5):57. 1929；侯宽昭等于广州植物志：565. 1956；吴征镒、李锡文于云南热带亚热带植物区系研究报告 **1**:98. 1965；中国高等植物图鉴 **3**:544，图5042. 1974；海南植物志 **3**:450. 图851. 1974.——*Nama zeylanica* Linn. in Sp. Pl. 226. 1753.

一年生草本；茎直立或平卧，长10～60(100)cm，分枝，无毛或上部多少被腺毛。叶片披针形或披针状椭圆形，长3～10 cm，宽0.5～2.5 cm，顶端骤尖或渐尖，基部渐狭，全缘，两面无毛；叶柄长2～3 mm。花着生在侧枝上呈顶生短的总状花序，有腺毛；花梗长1～3 mm，花后延长；花萼分裂至近基部，裂片披针形，长3～6 mm；花冠蓝色，长3～5 mm，裂片卵形。蒴果卵形，长5 mm，为宿存萼片包被，室间开裂；种子长圆形，微小，黄褐色，微有棱。　产南宁、宁明、龙州；生于海拔1 000 m以下的田野润湿处、池沼边、稻田内或水沟边疏林下。分布于台湾、海南、福建、广东、云南等地，印度、印度尼西亚、马来西亚、尼泊尔、菲律宾、斯里兰卡、澳大利亚、非洲和亚洲西南部国家亦有。

249. 紫草科　BORAGINACEAE*

草本、灌木或乔木。单叶互生，少对生；无托叶。花序为聚伞花序或镰状聚伞花序，极少花单生；花两性，辐射对称，少为左右对称；花萼具5枚基部至中部合生的萼片；花冠钟状、筒状、漏斗状或高脚碟状，檐部5裂，裂片在蕾时覆瓦状排列，少为旋转状；雄蕊5枚，着生于花冠筒部，极少着生于喉部，内藏，极少伸出花冠外，花药纵裂，基部背着；雌蕊由2个心皮组成，子房2室，花柱顶生或生于子房裂瓣之间的雌蕊基上；雌蕊基果期平或不同程度升高呈金字塔形至锥形；蜜腺在花冠筒内面基部环状排列，或在子房下的花盘上。核果含1～4粒种子，或为子房4(2)裂瓣形成的4(2)个小坚果；果皮多汁或大多干燥，常具各种附属物。　本科约有156属2 500种，分布于世界温带和热带地区，地中海地区为其分布中心。我国有47属294种，全国各地均有分布，但以西南部地区最为丰富；广西有15属26种2变种。

---

* 编著者：文和群、蒙涛。

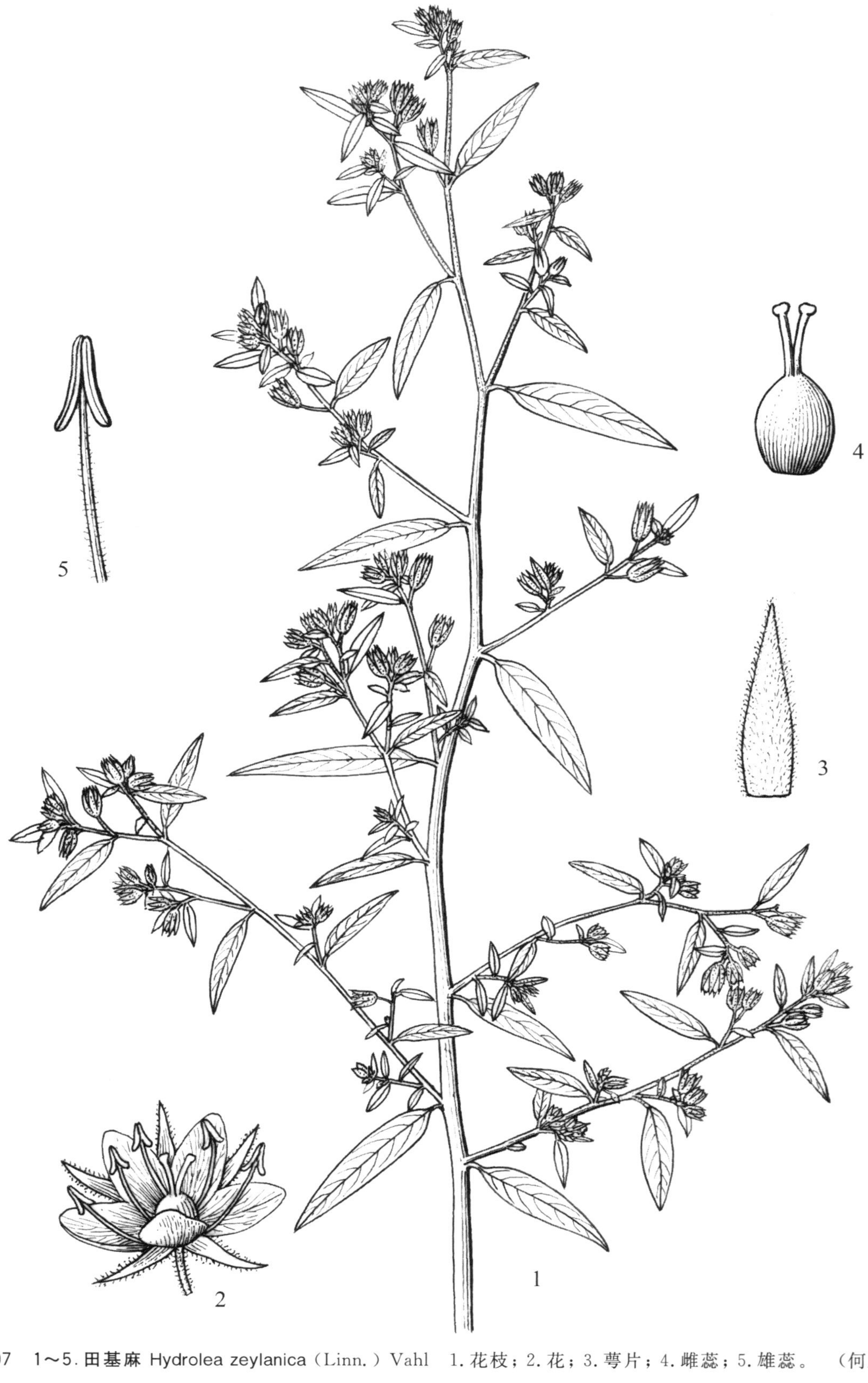

图版 107 1～5. 田基麻 Hydrolea zeylanica (Linn.) Vahl 1. 花枝；2. 花；3. 萼片；4. 雌蕊；5. 雄蕊。（何顺清绘）

分属检索表

1. 子房不分裂；花柱自子房顶端生出。
  2. 花柱 2 次 2 裂；柱头 4 枚；核果具 1 核；子叶具褶 ………………………………………… 1. **破布木属** Cordia L.
  2. 花柱 2 裂或不分裂；柱头 1～2 枚；核果通常 2 个或 4 个分核；子叶无褶。
    3. 花柱通常 2 裂；柱头 2 枚，头状、近盾状或延长，其下方非环状膨大。
      4. 花柱不分裂；柱头 2 枚浅裂，近盾状 ……………………………………………… 2. **轮冠木属** Rotula Lour.
      4. 花柱 2 裂；柱头 2 枚。
        5. 花柱 2 裂至中部以下；内果皮不分裂；叶腹面密生白色斑点 ………………… 3. **基及树属** Carmona Cavanilles
        5. 花柱 2 裂不达中部；内果皮分裂为 2 个具 2 粒种子或 4 个具 1 粒种子的分核；叶腹面无白色斑点 …………………………………………………………………………………… 4. **厚壳树属** Ehretia P. Browne
    3. 花柱不分裂或不存在；柱头 1 枚，圆锥形，其下方环状膨大，具柱头组织。
      6. 草本或半灌木；果实干燥，成熟时无明显分化的中果皮 …………………………… 5. **天芥菜属** Heliotropium L.
      6. 攀缘灌木；果实具多水分及多胶质的中果皮 ………………………………………… 6. **紫丹属** Tournefortia L.
1. 子房(2)4 裂，花柱自子房裂片间的基部生出。
  7. 小坚果着生面内凹并有脐状组织，周围有环状突起；花冠檐部浅裂，裂片牙齿状 ………… 7. **聚合草属** Symphytum L.
  7. 小坚果着生面不内凹，无脐状组织和环状突起。
    8. 花药先端具小尖头；小坚果桃状，平滑而带乳白色 ……………………………………… 8. **紫草属** Lithospermum L.
    8. 花药先端无小尖头；小坚果非桃状。
      9. 花柱不伸出花冠外；药隔不外伸，非螺旋状扭转。
        10. 小坚果有锚状刺；花冠檐部与筒部近等长或比筒部长；雄蕊和花柱内藏 ……… 9. **琉璃草属** Cynoglossum L.
        10. 小坚果无锚状刺。
          11. 小坚果四面体形或双凸镜状。
            12. 小坚果背面有膜质的皿状突起；花萼果期稍微增大，不包围果实 …………………………………………………………………………………… 10. **皿果草属** Omphalotrigonotis W. T. Wang
            12. 小坚果无膜质的皿状突起；花萼果期不增大或稍增大 ………………………… 11. **附地菜属** Trigonotis Steven
          11. 小坚果非四面体形和双凸镜状。
            13. 雄蕊伸出花冠外 ……………………………………………………… 12. **长蕊斑种草属** Antiotrema Hand.-Mazz.
            13. 雄蕊内藏。
              14. 小坚果碗状突起 2 层，外层突起的边缘具齿 ……………………… 13. **盾果草属** Thyrocarpus Hance
              14. 小坚果背面具密的疣状突起，环状凹陷位于果的腹面 ………… 14. **斑种草属** Bothriospermum Bunge
      9. 花柱伸出花冠外；药隔外伸且呈螺旋状扭转 ………………………………………… 15. **毛束草属** Trichodesma R. Brown

1. 破布木属　Cordia L.

灌木或乔木。叶互生，少对生；全缘或具锯齿。聚伞花序无苞，呈伞房状排列；花两性，常有异长花柱，或花柱及柱头非常退化或完全不发育；花萼筒状或钟状，花后增大，宿存；花冠白色、黄色或橙红色，钟状或漏斗状，通常 5 裂；花丝基部被毛；子房 4 室，无毛。核果卵球形、圆球形或椭圆形，具 1～4 粒种子。　本属约有 325 种，主要分布于美洲热带地区，少数分布于非洲和亚洲地区。我国有 5 种，产于西南、华南地区及台湾，尤以海南岛分布普遍；广西有 2 种。

分种检索表

1. 叶背无毛或叶脉及脉腋间被毛；花序生于具叶的侧枝顶端；核果直径 10～15 mm …… 1. **破布木** C. dichotoma G. Forst.
1. 叶背密生绒毛；花序顶生及侧生，侧生花序生腋外；核果直径 5～8 mm ………… 2. **二叉破布木** C. furcans I. M. Johnst.

1. **破布木**(中国树木分类学)　图版 108:1

Cordia dichotoma G. Forst. ,Fl. Ins. Austr. 18. 1786;广州植物志 566. 1956;中国高等植物图鉴 **3**:545,图 5043. 1974;海南植物志 **3**:452,图 852. 1974;中国植物志 **64**(2):9,图版 1:8～12. 1989;Fl. China **16**:333. 1995. ——*Verronia sinensis* Lour. ,Fl. Cochinch. 138. 1790.

灌木或小乔木,高 3～8 m。叶片长 6～13 cm,宽 4～9 cm,边缘通常具微波状或波状牙齿,稀全缘,两面疏生短柔毛或无毛;叶柄长 2～5 cm。聚伞花序生具叶的侧枝顶端,二叉状稀疏分枝,呈伞房状,宽 5～8 cm;花无梗,二型;花萼 5 裂,裂片不等大;花冠白色,与花萼略等长,裂片比筒部长;退化雌蕊圆球形;柱头匙形。核果近球形,黄色或带红色,直径 10～15 mm,被宿存的花萼承托。　花期 2～4 月,果期 6～8 月。　产于梧州;生于山坡疏林以及山谷溪边。分布于福建、广东、贵州、台湾、西藏和云南,柬埔寨、印度北部、印度尼西亚、日本、老挝、缅甸、马来西亚、巴基斯坦、泰国、越南、澳大利亚(东北部)以及克什米尔地区、太平洋诸岛亦有。

本种木材可供建筑及农具用材;果实富含脂肪,可榨油;果入药,有祛痰利尿的功效。

2. **二叉破布木**(海南植物志)　图版 108:2

Cordia furcans I. M. Johnst. ,Journ. Arn. Arb. **32**:5. 1951;海南植物志 **3**:451. 1974;中国植物志 **64**(2):9,图版 1:4～7. 1989;Fl. China **16**:332. 1995.

乔木,高 5～15 m。叶片长 5～15 cm,宽 4～12 cm,通常全缘,稀具不明显钝齿,叶腹面被硬毛,叶背面密生淡黄色短绒毛,稀近无毛;叶柄长 3～6 cm。聚伞花序顶生,或侧生花序生于叶腋外,直径 8～10 cm;花 4～5 数,无梗或近无梗,二型;花萼不规则浅裂;花冠白色,冠筒喉部有白色长毛;柱头匙形,子房圆球形。核果红色或淡红色,椭圆形,直径 5～8 mm,无毛或稍有毛,被不规则浅裂的杯状宿萼承托。花期 11 月,果期翌年 1 月。　产于凌云、百色、田阳、那坡、龙州、崇左、隆安等地;生于海拔 100～1 200 m 的山坡疏林、林缘或路旁。分布于海南和云南,印度、缅甸、泰国和越南亦有。模式标本采自云南元江。

2. 轮冠木属　Rotula Lour.

灌木;分枝细直,无毛或被绢丝状毛。叶互生,在节上多簇生;叶片线状长圆形、长圆形或倒披针形,全缘或具不明显牙齿。花集为顶生的稀疏聚伞花序;花萼 5 裂,裂片披针形,在芽时覆瓦状排列;花冠紫红色或粉红色,近钟形,具短筒,5 裂,裂片花蕾时覆瓦状排列;雄蕊 5 枚,内藏或伸出,花丝无毛;子房卵球形或长圆形,4 室,每室具 1 颗胚珠,花柱不分裂,柱头稍 2 裂,近盾状。核果红色,浆果状,内果皮开裂为 4 个具单种子的分核;种子长圆形,无胚乳。　本属有 3 种,分布于巴西、非洲国家及亚洲的热带地区。我国有 1 种;广西亦有。

轮冠木(中国种子植物科属辞典)

Rotula aquatica Lour. ,Fl. Cochinch. **1**:121. 1790;云南热带亚热带植物区系研究报告 **1**:99. 1965;中国植物志 **64**(2):20. 1989;Fl. China **16**:337. 1995. ——*Ehretia viminea* Wall. ex DC. ,Prodr. **9**:509. 1845. ——*Caemona viminea* (Wall.) G. Don,Gen. Syst. **4**:391. 1837. ——*Rhabdia viminea* Wall. rx Dalz. ,Icon. pl. **5**:823. 1852.

灌木;茎灰色或黑灰色,无毛。叶片长圆形或倒披针形,长 0.5～2.5 cm,宽 2～10 mm,两面均被糙伏毛,先端具短尖,全缘;叶柄长 0.5～4 mm 或近无柄。果黄色或棕红色,直径约 4 mm。　产于南宁;生于多石溪边或岩石缝中。分布于贵州和云南,印度、印度尼西亚、马来西亚、缅甸、菲律宾、泰国和越南亦有。

3. 基及树属　Carmona Cavanilles

常绿灌木。叶片两面均粗糙,叶腹面通常具白色小斑点,叶缘具粗齿;通常在当年生枝条上互生,在短

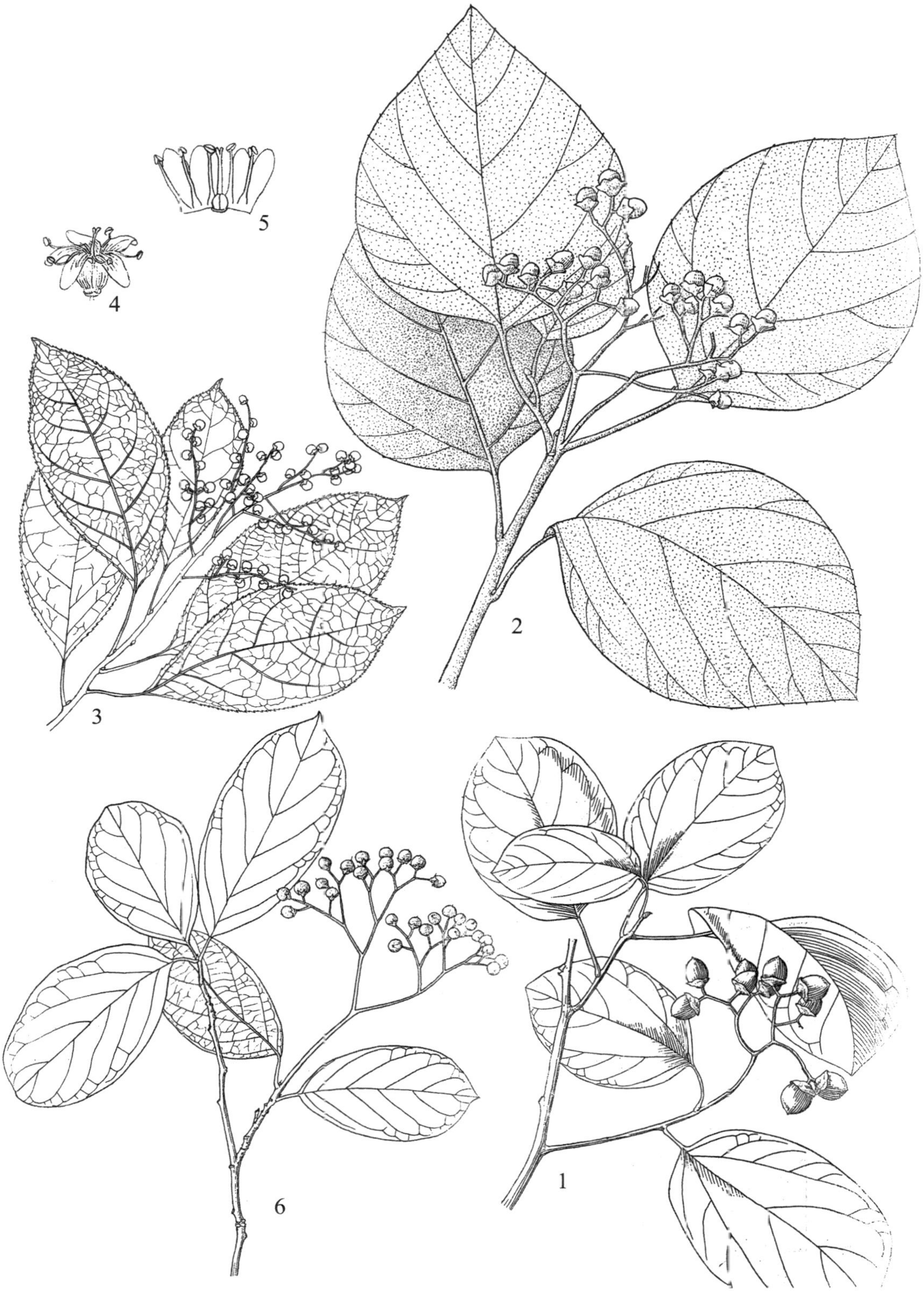

图版 108　1. **破布木** Cordia dichotoma G. Forst.　1. 果枝。　2. **二叉破布木** C. furcans I. M. Johnst.　2. 果枝。　3～5. **厚壳树** Ehretia acuminata R. Brown　3. 具枝；4. 花；5. 花的纵剖面。　6. **上思厚壳树** E. tsangii Johnst.　6. 果枝。（刘宗汉绘）

枝上簇生。花着生于叶腋，通常 2～6 朵集为疏松团伞花序；花萼 5 裂；花冠白色，具短筒及平展的裂片；雄蕊 5 枚，花药伸出；花柱 2 裂几达基部，约与花冠等长，柱头 2 枚，近头状。核果近球形，红色或黄色，先端有宿存的喙状花柱，内果皮成熟时不分裂；具 4 粒种子。　本属仅有 1 种，分布于印度尼西亚、日本和澳大利亚。我国广西亦有。

基及树（中国种子植物科属辞典）

Carmona microphylla（Lam.）G. Don，Gen. Syst. **4**：391. 1837；中国高等植物图鉴 **3**：457，图 5047. 1974；海南植物志 **3**：453. 1974；中国植物志 **64**（2）：21. 1989；Fl. China **16**：337. 1995. ——*C. heterophylla* Cav.，Icon. **5**：22. pl. 438. 1799. ——*Ehretia microphylla* Lam.，Encycl. Meth. **1**：425. 1783. ——*E. buxifolia* Roxb.，Pl. Corom. **1**：42. pl. 57. 1795.

常绿灌木，高 1～3 m；多分枝。叶片革质，倒卵形或匙形，长 1.5～3.5 cm，宽 1～2 cm，叶腹面有短硬毛或斑点，叶背面近无毛。团伞花序开展，宽 5～15 mm；花序梗长 1～1.5 cm，被毛；花梗极短或近无梗；花萼深裂至近基部；花冠白色或稍带红色，钟状，裂片较筒部长；花丝着生于花冠筒近基部，花药伸出；花柱长 4～6 mm，无毛。核果直径 3～4 mm，内果皮圆球形，具网纹，先端有短喙。　产于北海（涠洲岛），广西各地均有栽培；生于低海拔平原、丘陵及空旷灌木丛处。分布于海南、台湾和广东南部，印度尼西亚、日本和澳大利亚亦有。　本种形态优美，适于作盆景。

4. 厚壳树属　Ehretia P. Browne

灌木或乔木。叶互生；全缘或具锯齿。聚伞花序呈伞房状或圆锥状；花萼 5 裂；花冠筒状或筒状钟形，白色或淡黄色，5 裂；花药卵形或长圆形，花丝通常伸出花冠外；子房圆球形，2 室，每室含 2 颗胚珠，花柱中部以上 2 裂。核果近圆球形，黄色、橘红色或淡红色，无毛，内果皮成熟时分裂为 2 个具 2 粒种子或 4 个具 1 粒种子的分核。　本属约有 50 种，主要分布于非洲、亚洲南部，美洲有极少量分布。我国有 14 种，主产于长江以南各地；广西有 5 种 1 变种。

分 种 检 索 表

1. 叶片边缘具锯齿；内果皮成熟时分裂为 2 个具 2 粒种子的分核。
  2. 叶片边缘具齿尖向上内弯的锯齿；花冠裂片比筒部长；核果直径 3～4 mm ………… 1. **厚壳树 E. acuminata** R. Brown
  2. 叶片边缘具开展的锯齿；花冠裂片比筒部短；核果直径 10～15 mm。
    3. 叶背密生短柔毛，无光泽 …………………………………………………………… 2. **粗糠树 E. dicksonii** Hance
    3. 叶背无毛，通常具光泽 ……………… 3. **光叶糙毛厚壳树 E. macrophylla** Wall. var. **glabrescens**（Nakai）Y. L. Liu
1. 叶片全缘；内果皮成熟时分裂为 4 个具 1 粒种子的分核。
  4. 灌木；幼枝被黄褐色绵毛和白色硬毛；聚伞花序圆锥状，密被黄褐色绵毛和白色硬毛，花密集 ……………………………………………………………………………… 4. **密花厚壳树 E. densiflora** F. N. Wei et H. Q. Wen
  4. 小乔木或乔木；幼枝无毛；聚伞花序伞房状。
    5. 聚伞花序生于侧枝顶端，无毛或疏生短柔毛；核果直径 8～15 cm ……………………………………………………………………………… 5. **长花厚壳树 E. longiflora** Champ. ex Benth.
    5. 聚伞花序顶生及侧生，被短柔毛；核果直径约 5 mm ……………………………… 6. **上思厚壳树 E. tsangii** Johnst.

1. 厚壳树（江苏南部种子植物手册）　图版 108：3～5

Ehretia acuminata R. Brown，Prodr. 147. 1810；Fl. China **16**：334. 1995. ——*E. thyrsiflora*（Sieb. et Zucc.）Nakai，Trees et Shrub. Ind. Jap. **1**：327. pl. 179. 1922；中国植物志 **64**（2）：12. 1989. ——*E. argyi* H. Lévl.，Repert. Sp. Nov. **11**：67. 1912. ——*E. taiwaniana* Nakai，Journ. Arn. Arb. **5**：38. 1924. ——*E.*

acuminata R. Brown var. *grandifolia* Pamp., Nouv. Giorn. Bot. Ital. ser. 2. 17: 699. 1929. ——*E. acuminata* B. Brown var. *obovata* (Lindl.) Johnst., Journ. Arn. Arb. 32: 21. 1951. ——*E. kantonensis* Masam., Tran. Nat. Hist. Soc. Formosa 30: 60. 1940. ——*Cordia thyrsiflora* Sieb. et Zucc., Abh. Bayer. Akad. Wiss. Math. Phys. Cl. 4(3): 150. Pl. 3. 1846.

落叶乔木；树皮条裂；小枝无毛，有明显的皮孔。叶片椭圆形、倒卵形或长圆状倒卵形，长 5～13 cm，宽 4～6 cm，边缘有整齐的锯齿，齿端向上而内弯，无毛或被稀疏柔毛；叶柄长 1.5～2.5 cm，无毛。聚伞花序圆锥状，长 8～15 cm，宽 5～8 cm；花萼裂片卵形，具缘毛；花冠白色，钟状，裂片较筒部长；雄蕊伸出花冠外，花丝着生于花冠筒基部以上 0.5～1 mm 处。核果黄色或橘黄色，直径 3～4 mm；核成熟时分裂为 2 个具 2 粒种子的分核。　产于南宁、横县、桂林、阳朔、全州、兴安、梧州、陆川、靖西、田林、隆林、金秀和龙州等地；生于丘陵、平原疏林、山坡灌木丛及山谷密林。分布于广东、贵州、云南、四川、河南、湖南、江苏、江西、山东、台湾和浙江，不丹、印度、印度尼西亚、日本、越南和澳大利亚亦有。　本种木材供建筑及家具用；树皮作染料；嫩芽可供食用；枝叶入药，有清热解暑、祛腐生肌、收敛的功效，可用于跌打损伤、肠炎、腹泻等；亦作行道树，可供观赏。

2. **粗糠树**（中国树木分类学）　破布子（中国中部植物）　云南厚壳树

Ehretia dicksonii Hance, Ann. Sci. Nat. Bot. ser. 4, 18: 224. 1862; Fl. China 16: 334. 1995. ——*E. macrophylla* var. *tomentosa* Gagnep. et Cour., Fl. Gen. Indo-Chine 4: 212. 1924. ——*E. dicksonii* var. *tomentosa* Nakai, J. Arnold Arbor. 5: 41. 1924.

落叶乔木；树皮灰褐色，纵裂；小枝均被柔毛。叶片宽椭圆形、椭圆形、卵形或倒卵形，长 8～25 cm，宽 5～15 cm，边缘具开展的锯齿，叶腹面密生具基盘的短硬毛，极粗糙，叶背面密生短柔毛；叶柄长 1～4 cm，被柔毛。聚伞花序伞房状或圆锥状，顶生，宽 6～9 cm；花无梗或近无梗；苞片线形，长约 5 mm，被柔毛；花萼裂至近中部；花冠白色至淡黄色，筒状钟形，长 8～10 mm，裂片比筒部短；雄蕊伸出花冠外，花丝着生于花冠筒基部以上 3.5～5.5 mm 处。核果黄色，近球形，直径 10～15 mm，内果皮成熟时分裂为 2 个具 2 粒种子的分核。花期 3～5 月，果期 6～7 月。　产于融水、临桂、容县、田阳、平果、凌云、隆林、南丹、罗城、环江和扶绥；生于山坡疏林及土质肥沃的山脚阴湿处。分布于福建、甘肃南部、广东、贵州、四川、云南、海南、河南、湖南、江苏、江西、青海南部、陕西、台湾和浙江，不丹、日本、尼泊尔和越南亦有。

3. **光叶糙毛厚壳树**　光叶粗糠树（中国高等植物图鉴）

Ehretia macrophylla Wall. var. **glabrescens** (Nakai) Y. L. Liu, Bull. Bot. Lab. N. E. Forest. Inst., Harbin 9: 71. 1980; 中国植物志 64(2): 15. 1989; Fl. China 16: 334. 1995. ——*E. dicksonii* Hance var. *glabrescens* Nakai, Journ. Arn. Arb. 5: 40. 1924.

本变种与**粗糠树**（*E. dicksonii* Hance）非常相似，唯叶背面无毛，具光泽（稀无光泽）可以区别。　产于临桂、都安；生于丘陵、山坡灌木丛及山谷密林。分布于贵州、湖北、四川和西藏，模式标本采自湖北宜昌附近。

4. **密花厚壳树**

Ehretia densiflora F. N. Wei et H. Q. Wen, Guihaia 11: 216. 1991; Fl. China 16: 335. 1995.

灌木；幼枝被黄褐色绵毛和白色硬毛。叶全缘，叶片椭圆形，长 5～11 cm，宽 2.5～5 cm，幼时背面被黄褐色绵毛，老叶两面无毛；叶腹面中、侧脉凹陷，叶背面明显突起；侧脉每边通常 4 条，近边缘处网结；叶柄长 0.5～1 cm，具凹槽及疏被小硬毛。聚伞花序圆锥状，顶生，长 2～3 cm，密被黄褐色绵毛和白色硬毛；花密集，近无柄；苞片披针形，长 4～5 mm，花萼 5 深裂，裂片外面密被黄褐色绵毛和白色硬毛，内面被黄褐色绵毛；花冠白色，管状；雄蕊 5 枚，着生于花冠筒中部；花柱 1 枚，柱头 2 裂。核果直径约 3 mm；种子 4 粒。　花期 6～7 月。　本种为广西特有种，产于阳朔；生于石灰岩石山林下。

5. **长花厚壳树**（中国高等植物图鉴）

Ehretia longiflora Champ. ex Benth., Journ. Bot. Kew Gard. Misc. 5: 58. 1853; 中国高等植物图鉴 3: 456，图 5046. 1974; 海南植物志 3: 455. 1974; 中国植物志 64(2): 18. 1989; Fl. China 16: 336. 1995. ——*E.*

glaucescens Hayata, Icon. Pl. Form. **3**:153. 1913.

乔木，高 5～10 m；树皮片状剥落；小枝无毛。叶片椭圆形、长圆形或长圆状倒披针形，长 8～12 cm，宽 3.5～5 cm，全缘，无毛；侧脉 4～7 对；叶柄长 1～2 cm，无毛。聚伞花序伞房状，生于侧枝顶端，宽 3～6 cm，无毛或疏生短柔毛；花萼无毛；花冠白色，筒状钟形，长 10～11 mm，裂片明显比筒部短；花丝长 8～10 mm，着生于花冠筒基部以上 3.5～5 mm 处。核果淡黄色或红色，直径 8～15 mm，核具棱，分裂成 4 个具单种子的分核。 花期 4 月，果期 6～7 月。 产于横县、融水、永福、北流、百色、田阳、靖西、凌云、隆林、贺州、金秀、扶绥和龙州等地；生于海拔 300～900 m 的山地路边、山坡疏林及湿润的山谷密林。分布于福建、台湾、香港、广东及其沿岸岛屿，越南亦有，模式标本采自香港。 嫩叶可代茶用。

6. **上思厚壳树**（广西植物名录） 图版 108:6

Ehretia tsangii Johnst., Journ. Arn. Arb. **32**:104. 1951；中国植物志 **64**(2):16. 1989；Fl. China **16**:335. 1995.

小乔木或乔木，高可达 15 m；小枝无毛。叶片椭圆形或长圆状椭圆形，长 5～12 cm，宽 3～6 cm，全缘，无毛，叶背仅脉腋间具柔毛；侧脉 5～6 对。聚伞花序伞房状，顶生及侧生，宽 3～8 cm；花萼裂片卵形，有缘毛；花冠白色，筒状钟形，长 7～8.5 mm，裂片反卷，比筒部短；花丝着生于花冠筒基部以上 3～4 mm 处；花柱无毛，长 5～6 mm。核果黄色，直径约 5 mm，内果皮成熟时分裂为 4 个具单种子的分核。 花期 3 月，果期 4～5 月。 产于武鸣、上思、田林、龙州、柳州、崇左、扶绥等地；生于海拔 200～500 m 的山地、山谷、林中。分布于贵州南部和云南东南部。

5. 天芥菜属 Heliotropium L.

一年生或多年生草本，少为半灌木。叶互生，少对生。花集为顶生的镰状聚伞花序，稀腋生；花序单一或分枝；花萼 5 裂，裂片线形或披针形；花冠通常白色或淡蓝紫色，稀黄色，圆筒形或漏斗形，外面被糙伏毛，裂片 5 枚，圆形，或极少为线形，向下反折，在芽时镊合状或覆瓦状排列；雄蕊 5 枚，内藏，花丝着生于花冠筒上；子房完全或不完全 4 裂。核果干燥，成熟时没有明显分化的中果皮，开裂为 4 个含单种子或 2 个含双种子的分核。 本属约有 250 种，广泛分布于世界热带及温带地区。我国有 10 种；广西有 1 种。

大尾摇（广州植物志）

Heliotropium indicum L., Sp. Pl. **1**:130. 1753；广州植物志 568，图 303. 1956；中国高等植物图鉴 **3**:548，图 5050. 1974；海南植物志 **3**:457，图 855. 1974；中国植物志 **64**(2):29. 1989；Fl. China **16**:341. 1995.

一年生草本，高 20～50 cm；茎直立，多分枝，被开展的糙伏毛。叶互生或近对生；叶片长 3～9 cm，宽 2～4 cm，基部圆形或截形，下延至叶柄呈翅状，叶缘微波状或波状，两面均被短柔毛或糙伏毛，有时硬毛稀疏散生；侧脉 5～7 对，叶腹面凹陷，叶背面突起，被开展的硬毛及糙伏毛；叶柄长 2～5 cm。镰状聚伞花序长 5～15 cm，单一；花密集，无梗，呈 2 列排列于花序轴的一侧；萼片披针形，被糙伏毛；花冠浅蓝色或蓝紫色，高脚碟状，檐部裂片近圆形；花药着生于花冠筒基部以上 1 mm 处。核果无毛或近无毛，具肋棱，长 3～3.5 mm，深 2 裂，每裂瓣又分裂为 2 个具单种子的分核。 花果期 4～10 月。 产于南宁、横县、梧州、北海、博白、宁明等地；生于海拔 700 m 以下的丘陵、路边、河沿及空旷的荒草地。分布于云南西南部、台湾、福建、海南及南海诸岛，柬埔寨、缅甸、泰国、越南、日本、印度尼西亚、老挝、马来西亚、非洲各国、美洲各国以及太平洋诸岛均有分布。 全草可入药，有排脓止疼、消肿解毒的功效，可用于治肺炎、多发性疖肿、睾丸炎、口腔糜烂等。

6. 紫丹属　Tournefortia L.

攀缘状灌木，极少为乔木。叶互生；全缘。花集为顶生及腋生的聚伞花序，聚伞花序呈伞房状排列；花萼5裂或4裂，裂片线形、披针形或披针状卵形，覆瓦状排列；花冠白色或淡绿色，圆柱形，筒部裂片5枚或4枚，覆瓦状或镊合状，喉部无附属物；雄蕊5枚或4枚，内藏，花丝着生于花冠筒上；花盘稍凸或有时近杯状；子房4室，每室有1颗悬垂的胚珠，柱头单一或稍2裂。核果具多水分及多胶质的中果皮，内果皮成熟时分裂为2个具2粒种子或4个具单种子的分核。　本属约有150种，分布于热带或亚热带地区。我国有4种；广西有1种。

紫丹（广州植物志）

Tournefortia montana Lour.，Fl. Cochinch. **1**：122. 1790；广州植物志 565，图 302. 1956；海南植物志 **3**：458，图 856. 1974；中国植物志 **64**(2)：31. 1989；Fl. China **16**：341. 1995. ——*T. sampsonii* Hance，Journ. Bot. **6**：330. 1868. ——*T. boniana* Gagnep.，Not. Syst. **3**：33. 1914. ——*T. gaudichandii* Gagnep.，Not. Syst. **3**：34. 1914. ——*T. brachyantha* Merr. et Chun，Sunyatsenia **2**：314. f. 43. 1935.

攀缘灌木，高1～2 m；小枝具毛。叶片披针形或卵状披针形，鲜叶揉之有特殊气味，干后变黑，长8～14 cm，宽1.5～4 cm，两面均被稀疏糙伏毛；叶柄长5～10 mm。镰状聚伞花序生具叶枝条顶端，被糙伏毛，长2～15 cm，宽4～10 cm；花无梗，着生花序分枝的一侧；花萼裂至中部或中部稍下，被糙伏毛。核果近圆球形，直径约5 mm，成熟时内果皮分裂为2个各含2粒种子的分核，但通常有1粒种子不育。　产于邕宁、扶绥、龙州、宁明和崇左；生于疏林、密林下或林缘。分布于云南、广东，越南亦有。

7. 聚合草属　Symphytum L.

多年生草本；有硬毛或糙伏毛。镰状聚伞花序在茎的上部集呈圆锥状；花萼5枚，深裂至1/2或近基部，裂片不等长，果期稍增大；花冠淡紫红色至白色，稀为黄色，筒状钟形，檐部5浅裂，裂片先端有时外卷，喉部具5个披针形附属物，附属物边缘有乳头状腺体；雄蕊5枚，着生于喉部，不超出花冠檐；子房4裂，花柱丝形，通常伸出花冠外；雌蕊基平。小坚果卵形，或稍偏斜，通常有疣点和网状皱纹。　本属约有20种，分布于亚洲和欧洲，现在世界各地均有栽培。我国有1种；广西亦有。

聚合草

Symphytum officinale L.，Sp. Pl. **1**：136. 1753；中国植物志 **64**(2)：72. 1989；Fl. China **16**：359. 1995.

多年生草本，高30～90 cm；全株被向下稍弧曲的硬毛和短伏毛。基生叶通常50～80片，最多可达200片；具长柄；叶片带状披针形、卵状披针形至卵形，长30～60 cm，宽10～20 cm，稍肉质；茎中部和上部叶较小，无柄，基部下延。花萼深裂至近基部；花冠淡紫色、紫红色至黄白色，长14～15 mm，裂片先端外卷，喉部附属物披针形，不伸出花冠檐；子房通常不育，偶尔个别花内成熟1个小坚果。小坚果歪卵形，黑色，长3～4 mm。　花期5～10月。　广西各地均有栽培；原产于俄罗斯欧洲地区及高加索地区，生于山林地带，为典型的中生植物。　我国于1963年作为家畜饲料植物引进，现在广泛栽培。

8. 紫草属　Lithospermum L.

一年生至多年生草本；被短糙伏毛。叶互生。花单生叶腋或构成有苞片的顶生镰状聚伞花序；花萼5枚，深裂至基部，裂片果期稍增大；花冠高脚碟状或漏斗状，喉部具附属物，若无附属物则在附属物的位置上有5条向筒部延伸的毛带或纵褶，檐部5浅裂；雄蕊5枚，内藏，花药长圆状线形，有小尖头；子房4裂，花柱丝形，不伸出花冠筒；雌蕊基平。小坚果卵形，平滑或有疣状突起，着生面在腹面基部。 本属约有50种，分布于美洲、非洲、欧洲及亚洲。我国有5种；广西有1种。

紫草（神农本草经）

Lithospermum erythrorhizon Sieb. et Zucc.，Abh. Bayer, Akad. Wiss. **4**（3）：149. 1846；东北植物检索表 304. 1959；中国高等植物图鉴 **3**：551，图 5056. 1974；植物分类学报 **20**(3)：324. 1982；中国植物志 **64**(2)：35，图版 4：6～10. 1989；Fl. China **16**：343. 1995.——*L. officinale* L. subsp. *erythrorhizon*（Sieb. et Zucc.）Hand.-Mazz.，Symb. Sin. **7**：817. 1936.

多年生草本；茎直立，高40～90 cm，有贴伏和开展的短糙伏毛。叶无柄；叶片卵状披针形至宽披针形，长3～8 cm，宽7～17 mm，两面均有短糙伏毛，脉在叶背突起，沿脉有较密的糙伏毛。花序生茎和枝上部，长2～6 cm，果期延长；花萼裂片线形，果期可增大1倍以上，背面有短糙伏毛；花冠白色，檐部与筒部近等长，喉部附属物半球形，无毛；雄蕊着生于花冠筒中部稍上。小坚果卵球形，乳白色或带淡黄褐色，长约3.5 mm，腹面中线凹陷呈纵沟。 花果期6～9月。 产于桂东北和桂西北；生于山坡草地。分布于甘肃东南部、贵州、河北、河南、湖南、湖北、江西、辽宁、陕西、山东、山西和四川，日本、朝鲜和俄罗斯东部亦有。 根含紫草素，可入药，可用于麻疹不透、便秘、腮腺炎、斑疹等症；外用可治烧烫伤。

9. 琉璃草属 Cynoglossum L.

一年生至多年生草本。单叶，基生或兼有茎生；全缘；基生叶及茎下部叶具长柄。镰状聚伞花序顶生及腋生，聚为紧密或开展的圆锥状花序；花梗果期下弯或稍增长；花萼5裂，深裂至基部，果期增大，向后反折或呈星状展开；花冠通常蓝色，钟状、筒状或漏斗状，5裂，筒部短，不超过花萼，喉部有5个梯形或半月形的附属物；雄蕊5枚，内藏，着生花冠筒中部或中部以上；花柱内藏，子房4裂，胚珠倒生；雌蕊基金字塔形或金字塔状圆锥形。小坚果4个，有锚状刺。 本属有75种，广泛分布于世界各地，主要分布于非洲、亚洲和欧洲。我国有12种，主产于云南、贵州、四川及西藏；广西有2种。

分种检索表

1. 茎密被伏黄褐色糙伏毛；叶两面密生贴伏的伏毛；花冠长3.5～4.5 mm，喉部有5个梯形附属物 …………………………………………………………………………………………… 1. **琉璃草** C. furcatum Wall.
1. 茎基部密生具基盘的硬毛；叶腹面被具基盘的硬毛及稠密的伏毛；花冠长1.5～2.5 mm，喉部有5个半月形附属物 ………………………………………………………………………………………… 2. **小花琉璃草** C. lanceolatum Forsk.

1. 琉璃草（中国高等植物图鉴）

Cynoglossum furcatum Wall.，Fl. Ind. **2**：6. 1824；Fl. China **16**：423. 1995.

直立草本，通常高40～60 cm；茎密被伏黄褐色糙伏毛。基生叶及茎下部叶具柄，长12～20 cm(含叶柄)，宽3～5 cm，两面密生贴伏的伏毛；茎上部叶无柄，密被伏毛。花序顶生及腋生，分枝钝角叉状分开；花梗长1～2 mm，密生贴伏的糙伏毛；花萼果期稍增大，裂片外面密伏短糙毛；花冠蓝色，漏斗状，长3.5～4.5 mm，喉部有5个梯形附属物；花丝着生于花冠筒上1/3处；花柱略四棱形，较花萼稍短。小坚果卵球形，长2～3 mm，直径1.5～2.5 mm，密生锚状刺。 花果期5～10月。 产于全州、龙胜、凌云、田林和隆林；生于林间草地、向阳山坡及路旁。分布于广东、福建、甘肃南部、贵州、海南、河南、湖南、江苏、江西、陕西、四川、台湾、浙江和云南，阿富汗、印度、日本、马来西亚、巴基斯坦、菲律宾、泰国和越南亦有。 根、叶可入药，可用于治跌打损伤、毒蛇咬伤、疮疖痈肿以及痢疾、黄疸、尿痛、肺结核、咳嗽等。

2. 小花琉璃草(中国高等植物图鉴)

Cynoglossum lanceolatum Forsk.，Fl. Aegypt.-Arab. 41. 1775；中国高等植物图鉴 **3**：570，图 5103. 1974；中国植物志 **64**(2)：227. 1989；Fl. China **16**：424. 1995.——*C. micranthum* Desf.，Tab. Ecale Bot. ed. 1. 220. 1804.——*C. micranthum* Poiret，Encycl. Suppl. **2**：431. 1811.——*C. canescens* Willd.，Enum. 180. 1809.——*C. racemosum* Roxb.，Hort. Beng. 13. 1814.——*C. hirsutum* Thunb.，Prodr. Pl. Cap. 34. 1794.

多年生草本，高 20～90 cm；茎直立，基部密生具基盘的硬毛。基生叶及茎下部叶具柄，长 8～14 cm，宽约 3 cm，叶腹面被具基盘的硬毛及稠密的伏毛，叶背面密生短柔毛；茎中部叶无柄或具短柄。花序顶生及腋生，分枝钝角叉状分开；花梗果期几不增长；花萼果期稍增大，裂片外面密生短伏毛；花冠淡蓝色，长 1.5～2.5 mm，喉部有 5 个半月形附属物；花柱四棱形，果期花萼较为短。小坚果卵球形，长 2～2.5 mm，密生长短不等的锚状刺，边缘锚状刺基部不连合。　花果期 4～9 月。　产于柳州、融水、靖西、凌云、隆林和凤山；生于山坡草地或路旁。分布于福建、甘肃南部、广东、贵州、云南、海南、河南、湖南、江苏、江西、陕西、四川、台湾和浙江，柬埔寨、菲律宾、斯里兰卡、泰国北部及非洲各国亦产。　全草可入药，有利尿消肿、清热解毒、活血的功效；可用于治急性肾炎、月经不调、痈肿疮毒及毒蛇咬伤等。

10. 皿果草属　Omphalotrigonotis W. T. Wang

一年生草本。叶互生；叶片椭圆状卵形，有短糙伏毛。镰状聚伞花序不具苞片；花梗短；花萼 5 枚，深裂至基部，裂片果期稍增大；花冠无毛，钟状，筒部与檐部近等长，喉部具附属物；雄蕊 5 枚，着生于花冠筒中部稍上，内藏；子房 4 裂，花柱着生于子房裂片间，不伸出花冠；雌蕊基平。小坚果四面体形，背面具皿状突起。本属的小坚果背面有皿状突起，是与近缘的**附地菜属**(*Trigonotis* Steven)的不同之处。　本属有 2 种，均为我国特有，分布于长江下游；广西有 1 种。

皿果草(中国高等植物图鉴)

Omphalotrigonotis cupulifera (Johnst.) W. T. Wang，植物研究 4 (2)：11. 1984；中国高等植物图鉴 **3**：562，图 5078. 1974；中国植物志 **64**(2)：109，图版 17：6～7. 1989；Fl. China **16**：374. 1995.——*Trigonotis cupulifera* Johnst.，Journ. Arn. Arb. **33**：69. 1952.

茎单一，少有分枝，高 20～40 cm，疏生短糙伏毛。叶片长 1.5～4 cm，宽 1～2.3 cm，先端具小尖头，两面均被短伏毛；叶柄长 0.5～4 cm。镰状聚伞花序果期长可达 18 cm；花梗长 1～3.5 mm；花萼裂片两面被毛；花冠淡蓝色或淡紫红色，无毛，喉部附属物半月形。小坚果淡黄褐色，长 0.8～1 mm，背面的皿状突起直径约 1.5 mm，高约 0.8 mm。　花果期 5～7 月。　产于兴安；生于田边、灌木丛、林缘、山坡或林下阴湿处。分布于湖南、江西、安徽和浙江，模式标本采自江西临川。

11. 附地菜属　Trigonotis Steven

一年生、二年生或多年生草本；茎直立或铺散，通常被糙毛或柔毛，稀无毛。单叶互生。镰状聚伞花序单一或二歧式分枝，无苞片或下部的花梗具苞片；花萼 5 裂或 5 深裂；花冠蓝色或白色，花筒通常较花萼短，裂片 5 枚，覆瓦状排列，喉部附属物 5 枚，半月形或梯形；雄蕊 5 枚，内藏；子房深 4 裂，花柱线形，通常短于花冠筒，柱头头状；雌蕊基平坦。小坚果 4 个，半球状四面体形、倒三棱锥状四面体形或斜三棱锥状四面体形，无毛或被短柔毛，稀具瘤状突起。　本属约有 58 种，分布于亚洲以及欧洲东部。我国有 39 种，主要分布于云南及四川；广西有 5 种 1 变种。

分 种 检 索 表

1. 花冠白色，有时兼有淡蓝色。
  2. 茎被糙毛；基生叶叶片长 7～20 cm，宽 3～4 cm，两面疏被糙伏毛 …………… 1. **富宁附地菜** **T. funingensis** H. Chuang
  2. 茎密被开展的短柔毛；基生叶叶片长 2～3.5 cm，宽 1～2.2 cm，叶腹面被稀疏短柔毛，叶背面被较密的短柔毛 ……………… 2. **南丹附地菜** **T. nandanensis** C. J. Wang
1. 花冠非白色。
  3. 花冠檐部直径不到 3 mm。
    4. 小坚果倒圆锥状四面体形；花冠檐部裂片卵状四方形；花萼裂片狭长圆形 ……………… 3. **乐业附地菜** **T. leyeensis** W. T. Wang
    4. 小坚果斜三棱锥状四面体形；花冠檐部裂片倒卵形；花萼裂片卵形 ……………… 4. **附地菜** **T. peduncularis** (Trev.) Benth. ex Baker et S. Moore
  3. 花冠檐部直径通常 4 mm 及以上。
    5. 小坚果半球状四面体形，成熟后黑色，有小颗粒状突起；花萼檐部裂片近圆形 ……………… 5. **瘤果附地菜** **T. macrophylla** Vaniot var. **verrucosa** I. M. Johnston
    5. 小坚果斜三棱锥状四面体形，光滑无毛；花萼檐部裂片宽卵形 ……………… 6. **毛脉附地菜** **T. microcarpa** (A. DC.) Benth. ex C. B. Clarke

1. 富宁附地菜（云南植物研究）

Trigonotis funingensis H. Chuang, Acta Bot. Yunnan. **5**(1): 62. 1983; 中国植物志 **64**(2): 105. 1989; Fl. China **16**: 373. 1995.

多年生草本；茎直立，高 20～25 cm，被糙毛。基生叶 2～3 片，具长 4～8 cm 的长柄；叶片长椭圆形或狭卵形，长 7～20 cm，宽 3～4 cm，先端圆具小尖头，基部圆或微心形，两面疏被糙伏毛。花序 2～3 个簇生于茎顶或分枝的先端；花梗密被糙毛；花萼 5 深裂，裂片倒披针形，花冠白色或淡蓝色，檐部直径约 5 mm，檐部裂片倒卵形或近圆形。 产于那坡；生于海拔约 1 000 m 的林下。分布于云南。 本种与**西南附地菜**[*T. cavaleriei* (H. Lévl.) Hand.-Mazz.]相近似，但花萼 5 深裂，裂片倒披针形；叶先端圆具小尖头；花序 2～3 个簇生而不同于后者。

2. 南丹附地菜

Trigonotis nandanensis C. J. Wang, Acta Bot. Yunnan **4**(1): 38～39. 1982; 中国植物志 **64**(2): 89, 图版 14: 1～5. 1989; Fl. China **16**: 366. 1995.

多年生草本；茎直立，高 20～25 cm，密被开展的短柔毛。基生叶片卵形至长圆状卵形，长 2～3.5 cm，宽 1～2.2 cm，先端具短尖头，基部圆或微心形，叶腹面被稀疏短柔毛，叶背面被较密的短柔毛；叶柄长达 7 cm，密被短柔毛；茎生叶叶柄长 1.5～3 cm。花序生于枝顶，长约 10 cm，除基部有 1～2 枚叶状苞片外，其余部分无苞片；花萼裂片倒披针形，被白色柔毛；花冠白色，檐部直径 4～5 mm，喉部附属物 5 个；花柱长，伸出小坚果之上约 0.5 mm。小坚果 4 个，半球状四面体形，长约 1.3 mm，成熟后暗褐色，具刺状小瘤突。 产于南丹；生于石质山地潮湿处。分布于广东。

3. 乐业附地菜

Trigonotis leyeensis W. T. Wang, Acta Phytotax. Sin. **31**: 65. 1993; Fl. China **16**: 367. 1995.

茎多分枝，高约 55 cm，被开展短糙硬毛，具叶 8 片。基生叶 1 片，具长柄；叶片狭卵形，长约 4.8 cm，宽约 2.5 cm，先端具短尖头，全缘，两面被糙伏毛；侧脉每边约 3 条；叶柄长约 4.3 cm，疏被开展糙硬毛；上部茎生叶渐变小，长圆形，具短柄。镰状聚伞花序成对生于茎或分枝顶端，长 8～24 cm；花梗长 0.8～2 mm，被短糙伏毛；花萼裂片 5 枚，深裂达基部，裂片狭长圆形；花冠蓝色，无毛，檐部直径约 1.6 mm，裂片卵状四方形，喉部附属物 5 个，新月形；雄蕊 5 枚，内藏，花丝与花药近等长；雌蕊内藏。小坚果倒圆锥状四面体形，长约 1 mm，黑色，无毛。　产于乐业；生于海拔约 1 000 m 的林缘。　本种为广西特有种，与**西南附地菜**[*T. cavaleriei* (H. Lévl.) Hand. -Mazz.]相似，但后者的茎具叶 5～6 片，叶片较大，长达 10 cm；花梗比本种长 2～2.5 倍，花较大，花冠檐部直径 5～6 mm，筒长 2 mm，可以区别。

4. **附地菜**（植物名实图考）

Trigonotis peduncularis (Trev.) Benth. ex Baker et S. Moore, J. Linn, Soc. Bot. **17**: 384. 1879；东北植物检索表 306. 1959；江苏南部种子植物手册 618. 1959；中国高等植物图鉴 **3**: 560，图 5073. 1974；中国植物志 **64(2)**: 104，图版 15: 1～5. 1989；Fl. China **16**: 372. 1995. ——*T. clavata* Stev., Bull. Soc. Nat. Mosc. 24. 1: 603. 1851. ——*Myosotis peduncularis* Trev., Ges. Naturf. Fr. Ber. Mag. **7**: 147, pl. 2. f. 6～9. 1813. ——*M. chinensis* DC., Prodr. **10**: 106. 1846. ——*Eritrichium pedunculare* DC., l. c. **10**: 128. 1846. ——*E. japonicum* Miq., Ann. Mus. Bot. Lugd. -Batav. **2**: 96. 1865.

一年生或二年生草本；茎通常多条丛生，高 5～30 cm，被短糙伏毛。基生叶呈莲座状，有叶柄，叶片匙形，长 2～5 cm，两面被糙伏毛；茎上部叶片长圆形或椭圆形，无叶柄或具短柄。花序生茎顶，长 5～20 cm，只在基部具 2～3 枚叶状苞片；花萼裂片卵形；花冠淡蓝色或粉色，檐部直径 1.5～2.5 mm，裂片倒卵形，喉部附属 5 个。小坚果 4 个，斜三棱锥状四面体形，长 0.8～1 mm，有短毛或平滑无毛。　早春开花，花期甚长。　产于柳州和龙胜；生于平原、丘陵草地、林缘、田间及荒地。分布于福建、甘肃、黑龙江、江西、吉林、辽宁、内蒙古、新疆、西藏和云南，欧洲东部和亚洲温带地区亦产。　全草可入药，有温中健胃、消肿止痛、止血的功效；嫩叶可供食用；花美观可用以点缀花园。

5. **瘤果附地菜**（变种）

Trigonotis macrophylla Vaniot var. **verrucosa** I. M. Johnston, J. Arnold Arbor. **18**: 4. 1937；中国植物志 **64(2)**: 89，图版 10: 11～12. 1989；Fl. China **16**: 366. 1995.

多年生草本；茎高约 35 cm，疏生短伏毛或近无毛。叶片宽卵形，长 3.5～9 cm，宽 2.5～6.5 cm，两面疏生糙伏毛；叶柄长达 5 cm。花序自茎上方叶腋抽出，多分枝，被糙伏毛，果期长达 19 cm；花梗果期长达 4 mm；花萼深裂至基部，裂片长圆形，先端具短尖，长约 2 mm；花冠淡紫色，长、宽均约 2 mm，檐部直径约 4 mm，裂片近圆形，长约 2 mm。小坚果 4 个，半球状四面体形，成熟后黑色，有小颗粒状突起。　产于融水、全州、龙胜、那坡、罗城和凌云；生于山坡草地、山谷潮湿地、林下或林缘。分布于广东、贵州，模式标本采自广西罗城。　全草可入药，民间用以治疗风湿和疝气。

6. **毛脉附地菜**（中国高等植物图鉴）

Trigonotis microcarpa (A. DC.) Benth. ex C. B. Clarke, Fl. Brit. India 4(10): 172. 1883；中国高等植物图鉴 **3**: 559，图 5071. 1974；中国植物志 **64(2)**: 101，图版 11: 15～16. 1989；Fl. China **16**: 371. 1995. ——*T. peduncularis* var. *microcarpa* (DC.) Brand, Engler, Pflanzenr. Ⅳ. **252**: 197. 1931. ——*Myosotis microcarpa* Wall., Cat. 928. 1828. ——*Eritrichium microcarpa* DC., Prodr. **10**: 123. 1846.

多年生草本；茎直立或斜升，高 20～60 cm，有短伏毛。叶片卵形或长圆形，长 1.5～5 cm，宽 0.5～2 cm，先端有小尖头，两面有糙伏毛；叶脉显著隆起，侧脉每侧 3 条，下方一对由叶基发出呈弧形前伸；基生叶和茎下部叶的叶柄长达 3 cm，上部叶之柄极短。花序细弱，在基部有 2～4 枚苞片，结果时长达 18 cm，被短伏毛；花萼 5 深裂；花冠蓝紫色，筒部长约 2 mm，檐部直径 4～5 mm，喉部附属物 5 个。小坚果 4 个，斜三棱锥状四面体形，长 0.8～1 mm，深褐色，无毛，背面突起呈卵形，具 3 锐棱。　产于凌云；生于山地草坡、灌木丛、林缘及溪谷边。分布于云南、贵州西南部、西藏南部和东南部，不丹、印度、日本、哈萨克斯坦、尼泊尔和俄罗斯亦有。

12. 长蕊斑种草属　Antiotrema Hand. -Mazz.

多年生草本；具莲座状的基生叶和直立有叶的茎；有短柔毛或硬毛。镰状聚伞花序集为顶生圆锥状花序;花具短梗,无苞片;花萼5裂,果期稍增大;花冠漏斗状,淡蓝色或淡紫红色,檐部裂片圆形,比筒部短2倍以上,附属物长圆形,有乳头状突起,着生于花冠筒中部之下;雄蕊5枚,等长,伸出,花药长圆形;雌蕊基平坦。小坚果半卵形,背面凸,有疣状突起,腹面有2层纵长的环状突起;宿存花柱超出小坚果约2倍。本属仅有1种,分布于我国西南部;广西亦有。

长蕊斑种草(中国高等植物图鉴)

Antiotrema dunnianum(Diels) Hand.-Mazz., Anzeig. Akad. Wiss. Wien. Math.-Nat. Kl. **57**:240. 1920;中国高等植物图鉴 **3**:572,图 5097. 1974;中国植物志 **64**(2):219,图版 41:4~6. 1989;Fl. China **16**:420. 1995. ——*Cynoglossum dunnianum* Diels, Not. Bot. Gard. Edinb. **5**:168. 1912. ——*C. cavaleriei* H. Lévl., Repert. Sp. Nov. **12**:534. 1913. ——*Henryettena mirabilis* Brand, Repert. Sp. Nov. **26**:171. 1929.

多年生草本,高10~30 cm;密生短柔毛。基生叶片匙形至狭椭圆形,长3~18 cm,宽1~5 cm,两面密生具基盘的短硬毛;茎生叶较小,叶片倒披针形至狭卵状长圆形。花序顶生,花多数;花梗长2~3 mm,花序轴、花梗及花萼都密生短柔毛;花萼长3.5~4 mm,果期稍增大;花冠蓝色或紫红色,长4.5~7 mm,无毛,檐部裂片比筒部短2~2.5倍,附属物梯形,长1~1.4 mm,边缘有乳头状突起;雄蕊5枚;子房4裂,通常1~3个发育。小坚果长2.2~2.5 mm,淡褐色至黑褐色,密生疣状突起;种子狭卵形,背腹扁。 花期5~6月,果期7~8月。 产于隆林;生于山坡草地、针阔混交林下、灌木丛、林缘或路边。分布于贵州、四川和云南,模式标本采自云南洱源。 根、叶可用于治跌打损伤、红肿,捣烂敷患处。

13. 盾果草属 Thyrocarpus Hance

一年生草本。叶互生。镰状聚伞花序具苞片;花萼5枚,深裂至基部,果期稍增大;花冠钟状,檐部5裂,喉部具5个宽线形或锥形附属物;雄蕊着生花冠筒中部,内藏;子房4裂,花柱不伸出花冠外,柱头柱状;雌蕊基圆锥状。小坚果卵形,密生疣状突起,背面有2层突起,内层突起碗状,外层角质,有篦状牙齿;种子卵形,背腹扁。 本属约有3种,分布于越南。我国有2种;广西有1种。

盾果草(中国高等植物图鉴)

Thyrocarpus sampsonii Hance, Ann. Sci. Nat., Bot., sér. 4, **18**:225. 1862;中国高等植物图鉴 **3**:576. 图 5106. 1974;中国植物志 **64**(2):232. 1989;Fl. China **16**:427. 1995. ——*Bothriospermum tenellum* var. *majasculum* Hayata, Journ. Coll. Sci. Univ. Tokyo **30**(1):205. 1911. ——*B. majasculum* (Hayata) Suzuki, Ann. Rep. Bot. Gard. Taihoku Univ. **1**:169. 1931.

茎直立或斜升,高20~45 cm,被开展的长硬毛和短糙毛。基生叶丛生,叶片匙形,长3.5~19 cm,宽1~5 cm,全缘或具疏细锯齿,两面都有具基盘的长硬毛和短糙毛;茎生叶无柄,叶片狭长圆形或倒披针形。花序长7~20 cm;苞片狭卵形至披针形,花着生于苞腋或腋外;花萼裂片狭椭圆形,背面和边缘有开展的长硬毛,腹面稍有短伏毛;花冠淡蓝色或白色,显著比花萼长,筒部比檐部短2.5倍,喉部附属物线形;雄蕊5枚,着生花冠筒中部。小坚果4个,黑褐色,长约2 mm。 花果期5~7月。 产于柳州、融安、临桂、永福、恭城、隆林、河池和都安等地;生于山坡草丛或灌木丛。分布于安徽、广东、贵州、云南、四川、河南、湖北、湖南、江苏、江西、台湾和浙江,越南亦有产。 全草可入药,可用于治咽喉痛;研末用桐油调和,外敷能治乳痛、疔疮。

14. 斑种草属 Bothriospermum Bunge

一年生或二年生草本;茎直立或伏卧,被伏毛及硬毛,硬毛基部具基盘。叶互生,形状各异。花小,蓝色或白色，排列为具苞片的镰状聚伞花序；花萼5裂，裂片披针形，果期通常不增大；花冠辐状，冠筒喉部具5个鳞片状附属物，裂片5枚，在芽中覆瓦状排列，开放时呈辐射状展开；雄蕊5枚，着生花冠筒部，内藏；子房4裂，花柱短，不及子房裂片，柱头头状，雌蕊基平。小坚果4个，背面具瘤状突起，腹面具环状凹陷；种子通常不弯曲。　本属约有5种，广泛分布于亚洲热带及温带。我国有5种，分布于全国各地；广西有2种。

分种检索表

1. 茎被开展的硬毛及伏毛；花冠长3～4 mm；喉部附属物高约0.8 mm ……………… 1. **多苞斑种草** B. secundum Maxim.
1. 茎被向上贴伏的糙伏毛；花冠长1.5～1.8 mm；喉部附属物高约0.2 mm …………………………………………………………………………………………………… 2. **柔弱斑种草** B. zeylanicum (J. Jacq.) Druce

1. **多苞斑种草**（江苏南部种子植物手册）

Bothriospermum secundum Maxim., Mem. Acad. Sci. St. Petersb. **9**: 202. 1859；江苏南部种子植物手册620，图1005. 1959；中国高等植物图鉴 **3**: 571. 1974；江苏植物志，下册：677，图1843. 1982；中国植物志 **64**(2): 217. 1989；Fl. China **16**: 419. 1995.

一年生至二年生草本，高25～40 cm；茎基部分枝，单一或数条丛生，被向上开展的硬毛及伏毛。基生叶具柄，叶片倒卵状长圆形，长2～5 cm；茎生叶无柄，叶片长圆形或卵状披针形，长2～4 cm，宽0.5～1 cm，两面均被基部具基盘的硬毛及短硬毛。花序生茎顶及腋生枝条顶端，长10～20 cm；苞片长0.5～1.5 cm，宽0.3～0.5 mm，被硬毛及短伏毛；花梗下垂，长2～3 mm；花萼长2.5～3 mm，深裂至基部；花冠蓝色至淡蓝色，长3～4 mm，檐部裂片圆形，喉部附属物梯形；花柱约为花萼的1/3，柱头头状。小坚果长约2 mm，卵状椭圆形，密生疣状突起，腹面有纵椭圆形的环状凹陷。　花期5～7月。　产于隆林；生于山坡、路边、河床、林缘和灌木丛的阴湿处。分布于河北、黑龙江、江苏、吉林、辽宁、陕西、山东、山西和云南，模式标本采自北京。

2. **柔弱斑种草**（广州植物志）

Bothriospermum zeylanicum (J. Jacq.) Druce, Bot. Exch. Cl. Brit. Isles **4**: 610. 1917; Fl. China **16**: 420. 1995. ——*B. asperugoides* Sieb. et Zucc., Abh. Akad. Muensh. **4**(3): 150. 1846. ——*B. tenellum* (Hornem.) Fisch. et Mey., Ind. Sem. Hort. Petrop. **1**: 24. 1835；中国植物志 **64**(2): 218. 1989. ——*B. tenellum* (Hornem.) Fisch. et Mey. var. *asperugoides* (Sieb. et Zucc.) Maxim., Bull. Acad. sci. St. Petersb. **17**: 455. 1872. ——*Anchusa tenellum* Hornem., Hort. Bot. Hafn. **1**: 176. 1813. ——*A. zeylanica* Jacq. f., Eclog. Pl. **1**: 47. pl. 29. 1812.

一年生草本；茎细弱，丛生，高15～30 cm，被向上贴伏的糙伏毛。叶片长1～2.5 cm，宽0.5～1 cm，先端具小尖头，两面被向上贴伏的糙伏毛或短硬毛。花序柔弱，长10～20 cm；苞片长0.5～1 cm，宽3～8 mm，被伏毛或硬毛；花萼长1～1.5 mm，果期增大，长约3 mm，外面密生向上的伏毛，深裂至近基部；花冠蓝色或淡蓝色，长1.5～1.8 mm，檐部裂片圆形，长宽约1 mm，喉部有5个梯形的附属物；花柱圆柱形，约为花萼的1/3或不及。小坚果肾形，长1～1.2 mm，腹面具纵椭圆形的环状凹陷。　花果期2～10月。　产于横县、柳州、恭城、阳朔、临桂、合浦、百色、凌云、隆林、巴马、凤山、扶绥和隆安等地；生于田间草丛、山坡草地、路边或溪边阴湿处。分布于福建、广东、贵州、海南、河北、黑龙江、湖南、江西、吉林、辽宁、内蒙古、宁夏、陕西、山东、山西、四川、台湾、浙江和云南，阿富汗、印度、印度尼西亚、日本、哈萨克斯坦、朝鲜、吉尔吉斯斯坦、巴基斯坦、俄罗斯、塔吉克斯坦、乌兹别克斯坦以及越南亦有。　本种与**多苞斑种草**（*Bothriospermum secundum* Maxim.）相似，但后者茎具开展的硬毛及伏毛；苞片多数，与花依次排列，各偏于一侧而与本种相区别。

15. 毛束草属 Trichodesma R. Brown

多年生草本或半灌木；具短糙硬毛或无毛。叶互生或对生；全缘。聚伞花序顶生，总状或圆锥状；花萼5裂，基部具5棱或翅，有时呈耳状延伸，裂片果时增大；花冠宽筒形，内部常有绒毛，檐部5裂，裂片先端尾状渐尖；雄蕊5枚，着生于花冠筒下部；花药长圆状线形或披针形，药隔芒状伸长，先端螺旋状扭转，背面具卷毛；子房4裂，花柱伸出冠筒喉部，柱头不明显。小坚果扁状，背面边缘突出呈碗状，具齿。 本属约有40种，分布于非洲、大洋洲和亚洲的热带地区。我国有1种；广西亦有。

毛束草

Trichodesma calycosum Coll. et Hemsl., Journ. Linn. Soc. Bot. **28**: 92. 1890；中国植物志 **64**(2): 210. 1989; Fl. China **20～21**: 415. 2011. ——*T. calcareum* W. G. Craib, Bull. Misc. Inform. Kew **1914**(1): 8～9. 1914. ——*T. hemsleyanum* H. Lévl., Repert. Spec. Nov. Regni Veg. **9**: 327. 1911. ——*T. sinicum* Brand, Repert. Spec. Nov. Regni Veg. **12**: 504 1913. ——*Lacaitaea calycosa* (Collett et Hemsl.) Brand, Repert. Spec. Nov. Regni Veg. **13**: 81. 1914.

半灌木，高1～2.5 m；枝略呈四棱形，无毛。叶对生；叶片椭圆形或阔椭圆形，长10～28 cm，宽4～8 cm，两面被短糙伏毛，全缘。圆锥状聚伞花序顶生，密生锈色短糙毛；苞片卵状披针形至披针形，几无柄；花萼钟状，长约1.5 cm，外面被短伏毛，果期增大至直径约4 cm；花冠白色或略带粉红色，内面中下部密被绒毛，基部和上部无毛，喉部有10个疣状附属物；雄蕊5枚，花药背面密生卷柔毛，芒状药隔伸出花冠并螺旋状扭转。小坚果宽卵形，背面碗状，边缘具不整齐钝齿；种子扁平状，圆形。 花期1～3月。 产于隆林、乐业；生于山坡草地、灌木丛或林下。分布于贵州、云南和台湾，老挝、印度、缅甸及泰国亦有。

250. 茄科 SOLANACEAE*

草本或灌木，有时为小乔木。叶互生或二叶双生；全缘，不分裂或分裂；或为羽状复叶；无托叶。花为顶生、腋生、腋上生或腋外花的聚伞花序或总状花序，两性稀杂性，辐射对称；花萼通常5裂或顶部截平，少有4裂、6裂或10裂，结果时通常增大而宿存；花冠合瓣，有辐状、漏斗状、高脚碟状、钟状或坛状，裂片5枚，常折叠；雄蕊与花冠裂片同数而互生，着生于花冠筒上，花药分离或贴合，药室2室，纵缝或顶孔开裂；子房上位，2室，有时1室或为假隔膜而分为3～5室，花柱细瘦，柱头头状或2浅裂。果为多汁浆果或干浆果，或为蒴果，有种子多粒；种子圆盘形或肾脏形，有肉质而丰富的胚乳，胚直或弯曲。 本科约有80属3 000种，广泛分布于世界的温带及热带地区；我国有24属105种35变种；广西有17属50种4变种。本科部分种为有毒植物，有些种可供食用、药用和工业原料，少数种可作观赏植物。

分属检索表

1. 灌木或小乔木。
  2. 蒴果，不开裂 ………………………………………………………… 1. **番茉莉属** Brunfelsia L.
  2. 浆果。
    3. 花单生于叶腋或2朵同叶簇生；花冠紫色，漏斗状 …………………… 4. **枸杞属** Lycium L.
    3. 花为聚伞花序；花冠辐状或狭长筒状。

* 编著者：沙文兰、唐赛春。

4. 果实仅有1粒至少数种子;花冠狭长筒状 ……………………………… 15. **夜香树属** Cestrum L.

4. 果实具多粒种子;花冠辐状。

5. 花药顶孔开裂;花柱圆柱形,柱头钝圆,有时2浅裂 ……………………………… 11. **茄属** Solanum L.

5. 花药纵缝开裂;花柱粗壮而呈倒锥形或伸长而呈丝状;柱头扩大或增粗,截形,2浅裂 ……………………………… 2. **树番茄属** Cyphomandra Sendtn.

1. 一年生或多年生草本,稀半灌木。

6. 花药围绕花柱而靠合。

7. 直立灌木或半灌木,少有草本;单叶,上部叶常假双生,花萼具5齿或10齿 ……………………………… 12. **红丝线属** Lycianthes (Dunal) Hassl.

7. 一年生或多年生草本;叶为羽状复叶,花萼5～6枚裂片 ……………………………… 13. **番茄属** Lycopersicon Mill.

6. 花药分离,纵裂。

8. 浆果,肉质或干燥,不开裂。

9. 花萼在花后显著增大,完全包围果实。

10. 花1～3朵簇生;花冠5中裂;宿萼基部平截或圆,有纵向10条棱脊及乳凸的10条纵肋,纵肋为具粗齿的翅状或脉状 ……………………………… 7. **地海椒属** Physaliastrum Makino

10. 花单生于叶腋或枝腋;花冠5浅裂或不明显的五角形。

11. 花冠白或黄色;柱头不明显2浅裂 ……………………………… 8. **酸浆属** Physalis L.

11. 花冠浅蓝色;柱头不明显3～5浅裂 ……………………………… 3. **假酸浆属** Nicandra Adans.

9. 花萼在花后不显著增大,不包围果实而仅在果实基部宿存。

12. 花萼皿状,顶端平截而近全缘 ……………………………… 10. **龙珠属** Tubocapsicum (Wettst.) Makino

12. 花萼具5枚齿或深裂片。

13. 花萼具5枚极短的齿;花冠辐射状,白色、浅蓝白色 ……………………………… 9. **辣椒属** Capsicum L.

13. 花萼5深裂;花冠筒状钟形,紫色 ……………………………… 5. **颠茄属** Atropa L.

8. 蒴果,瓣裂或盖裂。

14. 花冠漏斗状或钟状;蒴果盖裂 ……………………………… 6. **天仙子属** Hyoscyamus L.

14. 花冠长漏斗状或高脚碟状或筒状、漏斗状;蒴果瓣裂。

15. 果实通常有坚硬的针刺或乳头状突起,4瓣裂 ……………………………… 14. **曼陀罗属** Datura L.

15. 果实无刺,2瓣裂。

16. 花序圆锥状;花冠粉红色,长筒状、漏斗状 ……………………………… 16. **烟草属** Nicotiana L.

16. 花单生于叶腋;花冠白色或紫堇色,漏斗状 ……………………………… 17. **碧冬茄属** Petunia Juss.

1. 番茉莉属　Brunfelsia L.

灌木或小乔木。叶互生,单叶;全缘,通常光亮。花顶生或腋生,单生或组成疏松或密集的聚伞花序或退化为单花;花大、美丽、极芳香;萼筒状或钟状,5齿或5深裂;花冠高脚碟状或漏斗状,花冠筒细长,直或弯曲,或有少数膨胀,冠檐广展,不整齐,5裂,裂片宽而钝,覆瓦状排列;雄蕊4枚,两两成对,插生在花冠筒上,内藏,花丝厚,药室极叉开而后汇合成一室;花盘不明显;子房无柄,2室,花柱先端内弯,柱头宽扁,2片裂,内面具多数乳头,胚珠多颗。蒴果近球形,革质或肉质,不开裂;种子具皱纹。　本属约有20种,产于美洲热带地区、澳大利亚及西印度群岛。我国有引种栽培2种;广西有1种。

鸳鸯茉莉

Brunfelsia acuminata (Pohl) Benh., Prodr. 10:199. 1846.

多年生常绿灌木;植株高70～150 cm,多分枝;茎深褐色,周皮纵裂。叶互生;叶片长披针形,长5～7 cm,宽1.7～2.5 cm,纸质,腹面绿色,背面黄绿色,叶缘略波皱。花单生或2～3朵簇生于叶腋,高脚碟状;花冠5裂,初开时蓝色,后转为白色;芳香。　花期5～6月和10～11月。　广西各地有栽培。华南地区广泛栽培,原产于美洲热带地区。

2. 树番茄属 Cyphomandra Sendtn.

小乔木或无刺灌木。叶全缘,具3浅裂或羽状深裂。花序总状式、蝎尾式或伞房式聚伞花序;花萼辐状,5中裂,果时不增大;花冠近辐状,筒部短,5深裂,裂片在花蕾中镊合状排列;雄蕊5枚,插生于冠筒喉部,花丝极短,基部常靠合,药室平行,纵缝开裂;花盘环状,全缘或有缺刻状齿或齿不明显;子房2室,胎座固着于隔膜上,胚珠多颗,花柱粗壮而呈倒锥形或伸长而呈丝状,柱头扩大或增粗,截形,2浅裂。浆果卵珠形、长圆状或球状,多汁,较大;种子扁压,胚近周边生,极弯曲或近螺旋形,子叶半棒状。 本属约有25种,主要分布于南美洲。我国有栽培1种,广西亦有。

树番茄

Cyphomandra betacea (Cav.) Sendtn., Flora **28**:172. 1845.

小乔木或有时为灌木,高达3 m;枝粗壮,密被短柔毛。叶片卵状心形,长5~15 cm,宽5~10 cm,先端短渐尖或急尖,基部稍偏斜作深弯缺,弯缺的2角常靠合而呈心形,全缘或微波状,叶腹面深绿,背面淡绿,被短柔毛;侧脉每边5~7条;叶柄长3~7 cm,被短柔毛。蝎尾式聚伞花序,2~3歧分枝,近腋生或腋外生;花梗长1~2 cm,被短柔毛;花萼辐射状,直径约6 mm,被短柔毛,5浅裂,裂片三角形,先端急尖;花冠辐状,粉红色,直径1.5~2 cm,5深裂,裂片披针形;雄蕊5枚,靠合,花丝长约1 mm,花药长圆形,长约6 mm;子房卵形,直径约1.5 mm,花柱圆柱形,较雄蕊稍长,柱头不明显膨大。果梗粗壮,长3~5 cm;果卵形多汁,长5~7 cm,表面光滑,橘黄色或带红色;种子多粒,圆盘形,直径约4 mm,周围有狭翅。 南宁、百色等地有栽培。云南、西藏等有栽培,原产于南美洲,现在热带及亚热带各地区均有栽培。 果味如番茄,可食,用作蔬菜及水果。

3. 假酸浆属 Nicandra Adans.

一年生直立草本;多分枝。叶互生;具柄;叶缘具圆缺的粗齿或浅裂。花大型,单独腋生,浅蓝色;花柄下弯;花萼球状,5深裂,裂片基部心状箭形,在花蕾中外向镊合状排列;果时极度膨大,具显著的翅状5棱,干膜质,网脉明显;花冠宽钟状,檐部有折襞,不明显的5浅裂,裂片在花蕾中呈不明显的覆瓦状排列;雄蕊5枚,等长,插生于花冠筒基部,短于花冠,花丝丝状,基部扩张,花药椭圆形,药室并行,纵裂;子房3~5室,中轴胎座,胚珠多数,花柱丝状,柱头近球形,3~5浅裂。浆果圆形,包闭于宿萼之内,远比花萼小;种子压扁状,肾状圆盘形,具多数小凹穴;胚极弯曲,近周边生,子叶半圆棒形。 本属仅有1种,原产于秘鲁,我国有栽培或逸为野生,广西亦有。

假酸浆 凉粉草

Nicandra physalodes (Linnaeus) Gaertner, Fruct. Sem. Pl. **2**:237. 1791; Fl. China **17**:301. 1994.——*Atropa physalodes* Linnaeus, Sp. Pl. **1**:181. 1753.

直立一年生草本;茎有条纹,无毛,高0.4~1.5 m。叶片卵形至椭圆形,长4~12 cm,宽2~8 cm,顶端急尖至短渐尖,基部楔形,边具圆缺状粗齿或浅裂,腹面被疏毛;叶柄长为叶片长的1/4~1/3。花单生于小枝腋内而与叶对生,俯垂;花梗较叶柄长;花萼球形,果时呈极度膨大,直径2.5~3.5 cm,5深裂,裂片顶端尖锐,基部心状箭形有尖锐的耳片,疏松包闭于果实之外;花冠阔钟状,浅蓝色,直径约4 cm,檐部有折襞,具不明显的5浅裂。浆果球状,直径1.5~2 cm,黄色;种子多粒,肾状圆盘形,淡褐色,直径约1 mm。 广西各地有栽培或逸为野生。全国均有栽培,也有逸为野生,原产于秘鲁。 全草可入药,有镇静、祛痰、清热、解毒、利尿之效；种子可作水晶凉粉，为夏季的清凉饮品。

4. 枸杞属 Lycium L.

灌木，具刺。叶互生或簇生，边全缘，具短柄。花单生于叶腋或簇生于侧枝上；萼钟状具不等大的3～5齿或裂片，宿存，花后不增大；花冠漏斗状，少有筒状，裂片5枚；雄蕊5枚，着生于花冠筒上，花丝近基部通常有1圈绒毛；子房2室。浆果长圆形或卵圆形，通常红色；种子多粒或少粒，扁平状。　本属约有80种，主要分布于南美洲，少数在欧亚大陆温带地区。我国有7种3变种，主要分布于北部；广西有1种。

枸杞（神农本草经）　枸杞菜　图版109：1～2

Lycium chinense Mill., Gard. Dict. ed. 8, no 5. 1768；中国高等植物图鉴 3：708，图 5370. 1974；中国植物志 67（1）：15. 1978；Fl. China 17：303. 1994. ——*L. trewianum* Roemer et Schultes, Syst. Veg. 4：693. 1819. ——*L. megistocarpum* Dunal var. *ovatum* Dunal, in DC. Prodr. 13（1）：510. 1852. ——*L. rhombifolium* Dip. in Dosch et Scriba, Excurs Grossb. Hess. ed. 3：218. 1888.

本种主要特征是枝条浅灰色，有纵条纹；棘刺长0.2～2 cm；叶片卵形、卵状菱形、长椭圆形或卵状披针形，长1～5 cm，宽0.5～2 cm，先端急尖，基部楔形；花萼通常3裂或有时4～5齿裂，裂片多少有缘毛；花冠淡紫色，筒部短于或近等于檐部裂片，裂片边缘有缘毛；果实红色，卵状，栽培而为长矩圆状或长椭圆状，甜而后微苦；种子扁肾脏形，长2.5～3 mm。　花果期6～11月。　广西各地常栽培。分布于东北三省、河北、陕西、甘肃南部以及西南、华中、华南和华东各地，朝鲜、日本、欧洲有栽培或逸为野生。　嫩枝叶可作蔬菜食用；根皮（中药称地骨皮）用于治阴虚潮热、盗汗、心烦、口渴、咳嗽、咯血；果实用于治目昏、眩晕、虚劳咳嗽、腰膝酸软。

5. 颠茄属 Atropa L.

多年生草本或因栽培为一年生。叶互生或在枝上部大小不等的2叶双生。花单生于叶腋；花萼宽钟状，5深裂，裂片果时稍增大，叶状向外开展；花冠筒状钟形，紫色，檐部狭窄，裂片宽而短；雄蕊5枚，着生于花冠筒基部，等长，花丝下部粗壮而内曲，花药纵裂；花盘明显；子房2室，柱头2浅裂。浆果球形，多汁；有种子多粒。　本属约有4种，分布于欧洲至亚洲中部。我国有栽培1种；广西亦有栽培。

颠茄（中国药用植物志）　图版110：1～5

Atropa belladonna L., Sp. Pl. 181. 1753；裴鉴等，中国药用植物志 3：图 137. 1953；中国高等植物图鉴 3：709，图 5372. 1974；中国植物志 67（1）：19. 1978. ——*A. acuminata* Royle ex Lindl. in Journ. Hort. Soc. Lond. 1：306. 1846.

本种特征是根粗壮，圆柱形；嫩枝多腺毛，老时脱落；叶片卵形、卵状椭圆形或椭圆形，长5～25 cm，宽3～12 cm，两面沿脉有柔毛；花俯垂，单生于叶腋；花梗有腺毛；花萼钟状，长约为花冠的1/2，两面均有柔毛；花冠淡紫色，长2～3 cm，直径约1.5 cm，外面被腺毛，直径1.5～2 cm，成熟时紫黑色，有光泽；种子扁状肾脏形，褐色。　花期5～8月，果期6～9月。　桂林、南宁等地有栽培。我国河北、山东、江苏、四川有引种栽培，原产于欧洲中部、西部和南部。　根和叶含有莨菪碱（hyoscyamine）、阿托品（atropine）、东莨菪碱（scopolamine）、颠茄碱（belladonin）等，为抗胆碱药，有镇痉、镇痛、抑制腺体分泌以及扩大瞳孔的作用。

图版 109 1～2.**枸杞** Lycium chinense Mill. 1.花枝；2.花。 3～4.**天仙子** Hyoscyamus niger L. 3.花果枝；4.花。 5.**广西地海椒** Physaliastrum chamaesarachoides（Makino）Makino 5.果枝。 （辛茂芳绘）

图版 110　1～5.颠茄 Atropa belladonna L.　1.花枝；2.花冠展开；3.雄蕊；4.雌蕊；5.果。　6.辣椒 Capsicum annuum L.　6.花果枝。（李素芬绘）

6. 天仙子属 Hyoscyamus L.

一年生或多年生草本。叶互生;有粗齿或为羽状分裂,少有全缘。花在茎上端的单生于苞状叶腋内而聚集成蝎尾式总状花序,通常偏一侧,在下部单独腋生;萼 5 浅裂,花后增大,果时包围蒴果并超过蒴果,有明显的纵肋,裂片张开,顶端呈硬针刺;花冠钟状或漏斗状,黄色或黄绿色而脉纹紫色;雄蕊 5 枚,着生于冠筒近中部;柱头 2 浅裂。蒴果盖裂;种子肾形,稍扁,有多数网状凹穴。 本属约有 6 种,分布于地中海区域至亚洲东部;我国有 3 种,分布于北部和西南部;广西有栽培 1 种。

天仙子(中国植物志) 莨菪(神农本草经) 图版 109:3~4

Hyoscyamus niger L. ,Sp. Pl. 179. 1753;裴鉴等,中国药用植物志 **4**:187. 1956;中国高等植物图鉴 **3**:713,图 5380. 1974;中国植物志 **67** (1):31. 1978;Fl. China **17**:307. 1994.——*H. nigerbiennis* Corr. in Ber. Deutsch. Bot. Gesellsch. **22**:518. 1904.

二年生草本;全体被黏性腺毛;根粗壮而肉质;一年生的茎极短,基部发出莲座状叶丛。卵状披针形或长矩圆形,边有粗齿或羽状浅裂;翌年春茎伸长而分枝,茎生叶叶片长卵形或椭圆形,无柄,基部半抱茎或宽楔形,边缘羽状浅裂或深裂,两面除有黏性腺毛外,沿叶脉有柔毛。萼筒状钟形,有细腺毛和长柔毛,花后增大为坛状;花冠黄色而脉纹紫堇色,长约为花萼的 1 倍;雄蕊伸出花冠。蒴果长卵形,包藏于宿存花萼内。 花期 5~7 月,果期 6~8 月。 广西零星有栽培。分布于华北、西北及西南,华东有栽培或逸为野生,蒙古、欧洲各国、印度也有。 根、叶、种子含莨菪碱(hyoscyamine)和东莨菪碱(scopolamine),有镇痉、止痛、止咳平喘的功效。

7. 地海椒属 Physaliastrum Makino

灌木或多年生草本;茎上部常多回交互不等的二歧分枝。叶互生,具柄;全缘或有少数粗齿。花 1~3 朵簇生于枝腋内;花梗长而纤细;萼坛状近球形,萼齿 5 枚,极短,大小相等,花后增大完全包着浆果,萼筒具 10 条纵棱及 10 条纵肋,纵肋脉状或呈具粗齿的翅状;花冠钟状辐形,外面无毛,内面在雄蕊着生处具 1 环毛,5 中裂;雄蕊 5 枚,着生于花冠筒中部以下,花丝丝状,无毛;子房 2 室,花柱粗丝状,柱头平头状,不明显 2 浅裂。浆果球形,肉质多汁,完全为膜质萼所包围;种子圆盘状肾形,两侧压扁状,表面有很多网状小窝孔。 本属有 3 种,产于亚洲东部;我国有 2 种,分布于湖北、四川、贵州;广西有 1 种。

广西地海椒(中国植物志) 图版 109:5

Physaliastrum chamaesarachoides (Makino) Makino in J. Jap. Bot. **5**:24. 1928;Fl. China **17**:310. 1994.——*Archiphysalis kwangsiensis* Kuang 植物分类学报 **11** (1):61. Pl. 9,f. 7~9. 1966;中国植物志 **67** (1):50. 1978.

灌木;茎疏二歧分枝,具纵条状棱。叶片卵形,连叶柄长 3~7 cm,宽 3~15 cm,先端短渐尖,基部歪斜,圆形或阔楔形,渐变狭而呈长 0.5~1 cm 的叶柄,边缘波状,两面近无毛;侧脉约 5 对。花萼在果时增大,长约 2 cm,直径约 1.5 cm,具 10 纵向的翅,翅具三角形齿,基部圆,顶端逐渐缢缩,顶口张开。浆果球形,单个或 2 个近簇生,远较果萼为小;种子浅黄色。 产于贺州(姑婆山)、金秀;生于林下。分布于江西。

8. 酸浆属 Physalis L.

一年生或多年生草本;无毛或被柔毛。叶互生或在枝上端大小不等的二叶双生;全缘或为不规则的深波状齿，稀羽状深裂。花单生叶腋或枝腋；花萼钟状，5浅裂或中裂，果时增大，远较浆果为大，完全包围浆果，具10条纵肋，5棱或10棱，膜质或革质；花冠辐状或辐状钟形，白色或黄色，5浅裂或仅五角形；雄蕊5枚，着生于花冠近基部，花丝基部扩大；柱头不明显2浅裂。浆果球形，多汁，无毛；种子扁平状，盘形或肾脏形，有网状小窝状。　本属约有120种，大多数分布于美洲热带及温带地区，少数在欧亚大陆及东南亚地区。我国有5种2变种，南北均产；广西有3种1变种。

分种检索表

1. 花冠辐状，白色；花药黄色；果成熟时果萼革质或薄革质，橙色至火红色 ………………………… 1. **酸浆** Ph. alkekengi L.
  2. 花梗及花萼密生柔毛；果成熟后果梗及果萼的毛被亦存而不脱落 ……………… 1a. **酸浆** Ph. alkekengi L. var. alkekengi
  2. 花梗几乎无毛或仅有稀疏毛；花萼除裂片毛较密外而筒部稀疏；果成熟后果梗及果萼光滑无毛 ……………………………………………………………………… 1b. **挂金灯** Ph. alkekengi var. francheti (Mast.) Makino
1. 花冠辐状钟形，淡黄色或黄色；果成熟时具萼薄革质，草绿色或绿色。
  3. 花萼裂片三角形，长2.5～3 mm；花冠及花药均为黄色 ………………………………… 2. **毛苦蘵** Ph. minima L.
  3. 花萼裂片披针形，长4～5 mm；冠筒喉部常紫色，花药紫色 ………………………………… 3. **苦蘵** Ph. angulata L.

1. 酸浆

Physalis alkekengi L., Sp. Pl. 183. 1753; Hemsl. in Journ. Linn. Soc. Bot. **26**: 173. 1890. p. p.; Hand.-Mzt., Symb. Sin. **7**: 826. 1936, p. p; Fl. China **17**: 311. 1994. ——*Ph. alkekengi* L. var. *orientalis* Pamp. in Giorn. Bot. Ital. ser. **18**: 136. 1911. ——*Ph. kansuensis* Pojark. in Not. Syst. Inst. Bot. Komar. **16**: 329. 1954.

1a. 酸浆（原变种）

Physalis alkekengi L. var. alkekengi

多年生草本；基部常匍匐生根；茎高40～80 cm，基部略带木质，分枝稀疏或不分枝，茎节不甚膨大，常被有柔毛，尤其以幼嫩部分较密。叶片长5～15 cm，宽2～8 cm，长卵形至阔卵形，有时菱状卵形，顶端渐尖，基部不对称狭楔形、下延至叶柄，全缘而波状或者有粗牙齿，有时每边具少数不等大的三角形大齿，两面被有柔毛，沿叶脉较密，腹面的毛常不脱落，沿叶脉也有短硬毛；叶柄长1～3 cm。花梗长6～16 mm，开花时直立，后来向下弯曲，密生柔毛而果时也不脱落；花萼阔钟状，长约6 mm，密生柔毛，萼齿三角形，边缘有硬毛；花冠辐状，白色，直径15～20 mm，裂片开展，阔而短，顶端骤然狭窄成三角形尖头，外面有短柔毛，边缘有缘毛；雄蕊及花柱均较花冠为短；果梗长2～3 cm，多少被宿存柔毛；果萼卵状，长2.5～4 cm，直径2～3.5 cm，薄革质，网脉显著，有10条纵肋，橙色或火红色，被宿存的柔毛，顶端闭合，基部凹陷。浆果球状，橙红色，直径10～15 mm，柔软多汁；种子肾脏形，淡黄色，长约2 mm。　花期5～9月，果期6～10月。　产于那坡；常生长于空旷地或山坡。分布于甘肃、陕西、河南、湖北、四川、贵州和云南。

1b. 挂金灯（变种）（中国植物志）　红灯笼泡（三江）　图版111：1～3

Physalis alkekengi L. var. francheti (Mast.) Makino in Bot. Mag. Tokyo **22**: 34. 1908；中国高等植物图鉴 **3**: 716，图 5386. 1974；中国植物志 **67** (1): 54. 1978；Fl. China **17**: 311. 1994. ——*Ph. francheti* Mast. in Gard. Chron ser. 3. **16**: 434. 1894. ——*Ph. francheti* Mast. var. *bunyardii* Makino in Journ. Jap. Bot. **3**: 27. 1926. ——*Ph. szechuensis* Pojark. in Nat. Syst. Inst. Bot. Komar. **16**: 330. 1954. ——*Ph. praetermissa* Pojark. l. c. 322.

本变种主要特征是植株高15～80 cm；叶片卵形至阔卵形，长4～13 cm，宽2～8 cm，边全缘，波状或具不规则粗齿，被短毛；花萼钟状，疏被柔毛，裂片三角形，边缘密被毛；花冠白色，辐状，直径1.5～2 cm，外面被短柔毛；浆果球形，成熟时橙红色，包藏于增大的宿萼内；宿萼卵形，长2～4.5 cm，橙红色。　花期4～6月，果期6～10月。　产于龙胜、全州、兴安、三江、那坡、隆林、天峨；生于山坡草地、田野、路旁或沟边。除西藏外，我国各地均有分布，朝鲜、日本亦有。　全草或带宿萼的浆果可入药，用于治咽喉肿痛、小便不利、肺热咳嗽。

图版 111 1～3. **掛金灯** Physalis alkekengi L. var. francheti (Mast.) Makino 1. 花枝；2. 花冠展开；3. 果。 4. **毛苦蘵** Ph. minima L. 4. 花果枝。 5～6. **苦蘵** Ph. angulata L. 5. 花果枝；6. 花冠展开。（何顺清绘，2、6 摹自《中国植物志》）

2. **毛苦蘵**（中国植物志）　灯笼草（凌云、隆林、柳江）　图版 111:4

Physalis minima L., Sp. Pl. 183. 1753; Hand.-Mzt., Symb. Sin. **7**: 827. 1936; 海南植物志 **3**: 468. 1974; 中国植物志 **67** (1): 56. 1978; Fl. China **17**: 312. 1994. ——*Ph. angulata* L. var. *villosa* Bonati in Gagn., Fl. Gen. Indo-Chine **4**: 335. 1915; 中国植物志 **67** (1): 58. 1978.

本种的主要特征是枝被短柔毛；叶片卵形或卵状披针形，长 2～4.5 cm，宽 1.5～2.5 cm，先端渐尖，基部阔楔形，歪斜，边全缘或波状或有少数粗齿，两面沿脉上有柔毛；花萼外面有短柔毛，裂片三角形，缘毛密；花冠黄白色或白色；花药黄色；浆果球形，直径约 6 mm，包藏于宿萼内；宿萼直径 1～1.5 cm，绿色。花果期夏秋。　产于南宁、百色、凌云、隆林、南丹、贵港、柳江、临桂；生于园地、山坡。分布于云南、广东及四川。　全草可用于治咽喉肿痛、感冒发热、咳嗽。

3. **苦蘵**（本草纲目）　图版 111:5～6

Physalis angulata L., Sp. Pl. 183. 1753; 中国植物志 **67** (1): 56. 1978; Fl. China **17**: 312. 1994. ——*Ph. esquirolii* H. Lévl. et Vant. in Bull. Soc. Bot. France **55**: 208. 1908.

一年生草本；被疏短柔毛或近无毛；多分枝。叶片卵形或卵状椭圆形，长 3～6 cm，宽 1.5～4 cm，边近全缘或为不等大的齿，两面近无毛。花萼 5 中裂，裂片披针形，具缘毛；花冠浅黄色，喉部常有紫色斑纹；花药蓝紫色或有时黄色。浆果球形，淡绿色，包藏于宿萼内；宿萼薄纸质，直径 1.5～2.5 cm，成熟后草绿色。花果期 5～12 月。　产于靖西、凤山、岑溪、昭平、龙州、临桂；生于村庄路旁及山坡疏林下、山谷林下。分布于华东、华中、华南及西南地区，日本、印度、澳大利亚和美洲地区亦有。　全草可用于治感冒、肺热咳嗽、咽喉肿痛、小便不利、血尿。

9. 辣椒属　Capsicum L.

一年生或多年生，草本或灌木；多分枝。叶全缘或浅波状。花单生、双生或多数簇生于枝腋或近叶腋；花梗直立或俯垂；花萼阔钟状至杯状，有小齿 5 枚，果时稍增大，宿存；花冠辐状，5 中裂；雄蕊 5 枚，通常浅蓝色，着生于花冠筒近基部；子房 2 室，稀 3 室，柱头不明显 2 裂，稀 3 裂。浆果无汁，形状、大小及色泽变化很大，果皮肉质或近革质，常有辛辣味；种子扁状圆盘形。　本属约有 25 种，主要分布于南美洲，现各温带至热带地区均有栽培。我国栽培或野生有 2 种；广西有 1 种。

辣椒　图版 110:6

Capsicum annuum L., Sp. Pl. 188. 1753; 中国植物志 **67** (1): 62. 1978; Fl. China **17**: 313. 1994. ——*C. longum* DC., Cat. Hort. Monosp. 860. 1813. ——*C. frutescens* L. var. *longum* Bailey, Man. Cult. Pl. 783. 1949. ——*C. annuum* L. var. *grossum* (L.) Sendt. in Martius Fl. Brasil. **10**: 157. 1846; 中国植物志 **67** (1): 62. 1978. ——*C. grossum* L., Mant. Pl. 47. 1767. ——*C. frutescens* L. var. *grossum* Bailey, Man. Cult. Pl. 783. 1949. ——*C. annuum* L. var. *conoides* (Mill.) Irish, Miss. Bot. Gard. **65**. 1898; 中国植物志 **67** (1): 62. 1978. ——*C. conoides* Mill., Gard. Dict. ed. 8, no **8**. 1768. ——*C. frutescens* L. var. *conoides* Bailey, Man. Cult. Pl. 783. 1949. ——*C. annuum* L. var. *fasciculatum* (Sturt.) Irish. Miss. Bot. Gard. **68**. 1898; 中国植物志 **67** (1): 63. 1978——*C. fasciculatum* Sturt. in Bull. Torr. Bot. Culb. **15**: 15. 1888. ——*C. frutescens* L. var. *fasciculatum* Bailey, Man. Cult. Pl. 783. 1949.

植株高 0.5～1 m，多分枝，无毛或被微柔毛，基部稍木质化。叶在枝顶端为双生或簇生状；叶片卵形或卵状披针形，长 4～10 cm，宽 1.5～4 cm，先端渐尖，基部偏斜，楔形，边全缘或略为波状。花 1～3 朵腋生，俯垂；花萼杯状，具不明显的 5 浅齿；花冠白色，裂片卵形。果梗粗壮；果实长指状，先端尖而稍弯，成熟时红色、紫红色或橙色，味辣；种子扁肾形，淡黄色。　花果期 5～11 月。广西各地有栽培。我国各地均有栽培，原产于南美洲。　果实含辣椒碱（capsaicine）、辣椒黄素（capsanthin）、茄碱（solanine）及维生素 C，可作蔬菜和调味品，还有温中散寒、活血消肿的功效;种子油亦可食用。由于长期人工栽培、杂交育种,现有数十个品种。

10. 龙珠属 Tubocapsicum (Wettst.) Makino

多年生草本。叶互生或在枝上大小不等2叶对生。花2朵至多数簇生于叶腋或枝腋;花梗俯垂,细长;花萼皿状,顶端平截而近全缘,果时稍增大;花冠阔钟状,黄色,裂片5枚,外弯;雄蕊着生于花冠中部;子房2室,柱头头状。浆果球状,红色,俯垂,多浆汁;种子近扁状圆形。 本属1种,分布于朝鲜和日本。我国产有;广西亦有。

龙珠(中国植物志) 木参(桂平) 图版112:1~4

Tubocapsicum anomalum (Franch. et Sav.) Makino in Bot. Mag. Tokyo **22**:19. 1908;中国高等植物图鉴 **3**:718,图5389. 1974;中国植物志 **67** (1):64. 1978;Fl. China **17**:314. 1994. ——*Capsicum anomalum* Franch. et Sav., Enum. Pl. Jap. **2**:452. 1879. ——*Solanum anodontum* H. Lévl. et Vant. in Le Monde Pl. **10**:37. 1908.

植株无毛,高达1.5 m。叶片薄纸质,椭圆形,卵状或卵状披针形,长4.5~18 cm,宽2~8 cm,先端渐尖,基部斜楔形,下延至叶柄呈狭翅,稀有近圆形;侧脉5~8对;叶柄长0.5~2 cm。花2~6朵簇生,俯垂;花梗长1~2 cm,顶端增大;花萼皿状,长约2 mm,直径约3 mm,果时稍增大而宿存;花冠浅黄色,长5~6 mm,裂片卵状三角形,有短缘毛,向外反卷;雄蕊伸出花冠。浆果成熟时红色,直径8~12 mm。 花期7~9月,果期8~10月。 产于那坡、南丹、环江、金秀、资源、贺州、桂平;生于山坡林下或山谷。分布于浙江、江西、福建、台湾、广东、贵州和云南,朝鲜和日本亦有。 全草可用于治头痛、肾炎、疮疡肿毒。

11. 茄属 Solanum L.

草本或灌木,有时为小乔木;有刺或无刺,被毛或无毛。叶互生,稀双生,单叶,少有复叶;叶片全缘、波状或分裂。花为顶生、腋生、假腋生、腋外生、侧生或对叶生的聚伞花序;花两性;花萼5裂,少有4裂,稀在果时增大,但不包被果实;花冠辐状,星形或漏斗状辐形,白色、蓝紫色,有时为红紫色或黄色,5浅裂,少4浅裂,半裂、深裂或几不裂;雄蕊5枚,少4枚,着生于冠筒喉部,花丝短,无毛或内侧具长毛,花药通常贴合成圆锥体,顶孔开裂;子房2室,花柱圆柱形,柱头钝圆,有时2浅裂。浆果球形,有时为扁圆形或梨形,黑色、黄色、橙色或红色;种子多粒,卵形或肾形,外面具网纹。 本属约有1 200种,分布于全世界热带及亚热带地区,少数分布于温带地区。我国有41种;广西有24种1变种。

分种检索表

1. 植株无刺;花药较短而厚,顶孔大。
  2. 无地下块茎;叶片不分裂或仅自基部3~5裂。
    3. 草本至草质藤本或灌木;浆果小,直径最大不超过1 cm。
      4. 直立草本或灌木状。
        5. 直立草本;花序伞状或短的蝎尾状。
          6. 植株粗壮;短的蝎尾状花序通常着生4~10朵花;果及种子较大 ………………………… 3. **龙葵** S. nigrum L.
          6. 植株纤细;花序近伞状,通常着生1~6朵花;果及种子均较小 …………… 4. **少花龙葵** S. americanum Miller
        5. 半灌木;花序为聚伞式圆锥花序 ……………………………………………………… 5. **木龙葵** S. scabrum Miller.
      4. 草质藤本或蔓生灌木。
        7. 叶有少数在基部(2)3~5裂;植株被柔毛。
          8. 植株近无毛或被稀疏的短柔毛。
            9. 叶片三角状披针形或卵状披针形,稀自基部3浅裂,中裂片边缘不具波状齿或浅齿 ……………………

图版 112　1～4. 龙珠 Tubocapsicum anomalum (Franch. et Sav.) Makino　1. 果枝；2. 雄蕊腹面；3. 雄蕊背面；4. 果。
5～8. 假烟叶树 Solanum erianthum D. Don　5. 果枝；6. 果；7. 叶背面毛；8. 叶腹面毛。（邹贤桂绘）

……………………………………………………………………………… 6. **野海茄** S. japonense Nakai

9. 叶片戟形，中裂片边缘有时具不规则波状齿或浅齿 ……………………… 7. **欧白英** S. dulcamara L.

8. 茎叶均被多节的长柔毛；叶全缘至基部 3～5 裂 ……………………………… 8. **白英** S. lyratum Thunb.

7. 叶不分裂；植株无毛 ……………………………………………………… 9. **海桐叶白英** S. pittosporifolium Hemsl.

3. 灌木或小乔木；浆果较大，直径 1.2～2.5 cm。

10. 小乔木；密被白色头状簇绒毛 ……………………………………………… 1. **假烟叶树** S. erianthum D. Don.

10. 灌木；无毛或幼枝被树枝状簇绒毛。

11. 花序及果序螺旋状；植株全无毛 ……………………………………………… 2. **旋花茄** S. spirale Roxb.

11. 花及果多单生；无毛或幼枝及叶背面沿脉被树枝状簇绒毛。

12. 植株全无毛 ……………………………………… 10a. **珊瑚樱** S. pseudocapsicum L. var. pseudocapsicum

12. 幼枝和叶背面沿脉被树枝状簇绒毛 ……… 10b. **珊瑚豆** S. pseudocapsicum L. var. diflorum (Vell.) Bittem

2. 有地下块茎；叶为奇数羽状复叶；小叶具柄，大小相间 ……………………………… 11. **阳芋** S. tuberosum L.

1. 植株有刺；花药长并在顶端延长，顶孔细小。

13. 茎、枝无毛或被具节的纤毛、柔毛、硬毛或腺毛（仅喀西茄 S. aculeatissimum Jacqu. 的叶背面有不明显的稀疏的星状毛）；茎上有直而尖锐的皮刺；聚伞花序短而少花。

14. 花紫色；果实倒梨形，基部有 5 个乳头状突起 ……………………………… 15. **乳茄** S. mammosum L.

14. 花白色或绿色；果实球形至扁球形。

15. 果实扁球形，成熟时橙红色 ………………………………………………… 17. **牛茄子** S. capsicoides Allioni

15. 果实球形，成熟时浅黄色。

16. 叶片 5～7 裂；花梗长 10 mm ……………………………………………… 19. **喀西茄** S. aculeatissimum Jacqu.

16. 叶片 3～5 裂；花梗长 4～6 mm ………………………………………………… 20. **毛果茄** S. viarum Dunal

13. 植株被星状绒毛及少数不等长分枝的星状毛；茎、枝具直刺或基部扁宽的弯刺；花序各式。

17. 果序蝎尾状或聚伞状；果圆形，较小，直径最大不超过 2.5 cm。

18. 聚伞花序或聚伞式圆锥花序。

19. 花冠白色；花梗及萼外面被星状毛及腺毛；果成熟时黄色；皮刺长 5 mm 以上 …… 12. **水茄** S. torvum Swartz

19. 花冠紫色；花梗及萼外面被星状毛而无腺毛；果成熟时呈红色；茎上皮刺短，长 3 mm 以下 ……………………………………………………………………………… 13. **山茄** S. macaonense Dunal

18. 蝎尾状花序。

20. 灌木；花紫色或淡红色；叶近全缘或 5～7 深裂或浅裂。

21. 花淡红色，4 数。 ………………………………………………… 14. **海南茄** S. procumbens Lour.

21. 花紫色，5 数。

22. 叶近全缘 ……………………………………………………………… 16. **疏刺茄** S. nienkui Merr. et Chun

22. 叶 5～7 裂 ………………………………………………………………… 18. **刺天茄** S. violaceum Ortega

20. 直立草本至半灌木；花白色。

23. 茎上具长 1～8 mm 的直刺；果被星状硬毛，不为宿萼所包围 ……………… 21. **毛茄** S. lasiocarpum Dunal

23. 茎上具长 2～3 mm 的细直刺；果大部分为膜质宿萼所包围，外面被细小而弯曲的刺 ……………………………………………………… 22. **膜萼茄** S. griffithii (Prain) C. Y. Wu et S. C. Huang

17. 果单生，球形或各种形状，直径最小在 2 cm 以上。

24. 叶片两面沿中脉和侧脉具基部宽扁的皮刺；果球形，成熟时黄色 ……………… 23. **野茄** S. undatum Lam.

24. 叶片两面沿中脉和侧脉不具皮刺；果形状大小差异极大，成熟时紫色、深紫色或淡青色 ……………………………………………………………………………… 24. **茄** S. melongena L.

1. **假烟叶树**（中国植物志） 野烟叶（邕宁、凌云、乐业、柳江、桂林） 图版 112：5～8

Solanum erianthum D. Don in Prodr. Fl. Nepal. **96**. 1825；Fl. China **17**：316. 1994.

灌木或小乔木；小枝密被白色具柄头状簇绒毛。叶片卵状长圆形，长 6.5～29 cm，宽 3～12.5 cm，两面被具短柄的不等长分枝的簇绒毛，但背面毛被较腹面厚，全缘或稍呈波状；侧脉每边 7～9 条；叶柄粗壮，长 1.5～5.5 cm。聚伞花序形成顶生圆锥状；萼钟状，5 中裂，果时宿存；花冠白色，直径约 1.5 cm，深 5 裂，裂片长圆形，长 6～7 mm，宽 3～4 mm；雄蕊 5 枚；子房卵形，密被硬毛状簇绒毛，花柱长 4～6 mm，柱头头状。浆果球形，成熟时黄褐色，初时具星状簇绒毛，后渐脱落；种子扁平状。　几乎全年开花结果。产于广西各地；生于海拔 300～2 100 m 的山坡、荒地灌木丛中。分布于四川、贵州、云南、广东、福建和台湾，原产于南美洲，现广泛分布于大洋洲和亚洲的热带地区。　全株用于治风湿、跌打肿痛，外用治湿疹、痈疮肿毒、皮炎；茎、叶含澳洲茄碱(solasonine)，有毒，以果实最毒。

2. **旋花茄**（中国植物志）　图版 113：1

Solanum spirale Roxb., Hort. Beng. **16**. 1814, nom. nud., et in Fl. Ind. ed. Carey et Wall. **2**: 247. 1824, et in Fl. Ind. ed. Carey, **1**: 566. 1832; Dunal in DC. Prodr. **13** (1): 146. 1852; 中国高等植物图鉴 **3**: 719, 图 5391. 1974; 中国植物志 **67** (1): 73. 1978; Fl. China **17**: 317. 1994.

本种主要特征是植株光滑无毛；叶大，叶片椭圆状披针形，长 7.5～20 cm，宽 2～8.5 cm，先端急尖，基部长楔形下延成叶柄，全缘或略波状，侧脉每边 5～8 条；叶柄长 1～3 cm；聚伞花序螺旋状，对叶生或腋外生；花白色；浆果球形，橘黄色。　花期夏秋，果期冬春。　产于南丹、河池、东兰、凤山、隆林、田林、田东、平果、那坡、武鸣；生于海拔 500～1 900 m 的山地、山谷或林下。分布于云南、湖南，印度、孟加拉国、缅甸及越南亦有。　叶可用于治咳嗽、疮疡肿毒；外用可治皮肤过敏。

3. **龙葵**（中国植物志）　图版 113：2～4

Solanum nigrum L., Sp. Pl. ed. **1**: 186. 1753, ed. **2**: 266. 1762; Hand.-Mzt., Symb. Sin. **7**: 827. 1936; Ohwi, Fl. Japon. 709. 1965; 中国高等植物图鉴 **3**: 719, 图 5392. 1974; 中国植物志 **67** (1): 76. 1978; Fl. China **17**: 318. 1994.

一年生草本，高 25～100 cm；茎棱形，疏被柔毛。叶片卵形，长 4～10 cm，宽 2～7 cm，全缘或具粗齿，基部楔形，下延，顶端钝；叶柄长 2～5 cm。蝎尾状花序生于腋外，聚伞状；花序梗长 2～4 cm；花梗长 0.8～1.2 cm；萼片杯状，长 2～3 mm，宽 2～3 mm；花冠白色，裂片卵形至长圆形，长 4～5 mm，宽 3～3.5 mm，背面被毛；花丝长 1～1.5 mm，花药长圆形，长 2.5～3.5 mm；花柱 5～6 mm。果梗强烈下弯；浆果深黑色，球形，直径 8～10 mm；种子平圆状，直径约 2 mm。　花期 5～8 月，果期～11 月。　产于广西各地；生于田边、路旁及荒地。分布于全国各地，欧洲、亚洲、美洲的温带及热带地区亦有。　全草有清热解毒、利水消肿的功效，用于治尿路感染、小便不利、疮疡肿毒；有小毒。

4. **少花龙葵**

Solanum americanum Miller in Gard. Dict. ed. **8**, no. 5. 1768; Fl. China **17**: 317. 1994. ——*S. photeinocarpum* Nakamura et Odashima in Jour. Soc. Trop. Agric. Taiwan **8**: 54. 1936; Ohwi, Fl. Jap. 1028. 1956, cf. 709. 1965; 中国植物志 **67** (1): 77. 1978. ——*S. nigrum* L. var. *pauciflorum* Liou in Contr. Inst. Bot. Nat. Acad. Peiping **3**: 454. 1935.

纤弱草本，高约 1 m。叶片薄，卵形至卵状长椭圆形，长 4～8 cm，宽 2～4 cm，先端渐尖，基部楔形，下延至叶柄而呈叶缘翅，近全缘，波状或有不规则的粗齿，两面均具疏柔毛，有时背面近于无毛；叶柄纤细，长 1～2 cm，具疏柔毛。花序近伞形，腋外生，稀疏，纤细，具微柔毛，常着生 1～6 朵花；花序梗长 1～2 cm；花梗长 5～8 mm；花小，直径约 7 mm；萼直径约 2 mm，5 裂达中部，萼片卵形，先端钝、长约 1 mm，具缘毛；花冠白色，筒部隐于萼内，长不及 1 mm，冠檐长约 3.5 mm，5 裂，裂片卵状披针形，长约 2.5 mm；雄蕊 5 枚，着生于冠筒喉部，花丝极短，花药长圆形，长约 1.5 mm，为花丝长度的 3～4 倍，顶孔向内；子房近圆形，直径不及 1 mm，花柱纤细，长约 2 mm，中部以下具白色绒毛，柱头头状。浆果球形，直径 5～8 mm，幼时绿色，成熟后黑色；种子近卵形，两侧压扁状，直径 1～1.5 mm，外面具细网纹。　几全年均开花结果。产于广西各地；生于山坡疏林。分布于云南南部、江西、湖南、广东、台湾，马来群岛地区亦有。　叶可供蔬食；药用功效与**龙葵**(*S. nigrum* L.)基本相同而无毒，主治感冒、发热、头痛、喉痛、咳嗽、失眠、高血压、鼻窦炎、疝气、小儿惊风、毒蛇咬伤、疮痈肿毒等。

图版 113　1. **旋花茄** Solanum spirale Roxb.　1. 果枝。　2～4. **龙葵** S. nigrum L.　2. 植株上部；3. 花；4. 花冠展开。
5. **珊瑚樱** S. pseudocapsicum L. var. pseudocapsicum　5. 果枝。（何顺清绘）

5. **木龙葵**(中国植物志)

Solanum scabrum Miller in Gard. Dict. ed. 8, no. 6. 1768; Fl. China 17: 318 1994.

半灌木;分枝扁或四棱形,枝沿棱角下延成狭翅,翅上具齿。叶片卵形至菱状卵形,长1.5～3.5 cm,宽1～1.5 cm,两面无毛或具短柔毛,边缘浅波状,有缘毛;侧脉每边3～4条;叶柄具狭翅,长4～7 mm。伞状聚伞花序腋外生;花小,白色,有时为红色;萼杯状,外面被微柔毛,萼齿三角状卵形;花冠筒长不到1 mm,裂片卵形,花药2.5 mm,长椭圆形;花柱约3 mm,具毛。果梗下弯,果萼反卷;浆果紫黑色,略带光泽,球状,直径5～10 mm。　全年开花结果。　产于那坡、隆林。分布于广东、贵州、湖南、江西、四川、台湾、西藏、云南,浙江亦有栽培。

6. **野海茄**(中国植物志)

Solanum japonense Nakai, Sylvat. Koreana 14: 58. 1923; 中国高等植物图鉴 3: 721, 图 5395. 1974; 中国植物志 67 (1): 87. 1978; Fl. China 17: 319. 1994. ——*S. dulcamara* L. var. *heterophyllum* Makino in Bot. Mag. Tokyo 24: 19. 1910. ——*S. nipponense* Makino in Journ. Jap. Bot. 3: 20. 1926, et Illustr. Fl. Jap. 156, f. 468. 1953.

草质藤本。叶片卵状披针形或三角状宽披针形,长3～8.5 cm,宽2～5 cm,先端长渐尖,基部圆或楔形,边缘波状,有时3～5裂,两面无毛或疏被柔毛。花冠紫色,5数,基部有5个绿色的斑点。浆果球形,熟时红色;种子肾形。　花期7～8月,果期8～10月。　产于田林、龙胜;生于路旁、荒坡、水边或疏林下。分布于东北、青海、新疆、陕西、河北、河南、浙江、安徽、湖南、四川、云南、广东。　全草可用于治风湿关节痛、经闭。

7. **欧白英**

Solanum dulcamara L., Sp. Pl. ed. 1. 185. 1753; Dunal in DC. Prodr. 13 (1): 78. 1852; C. B. Clarke in Hook. f. Fl. Brit. Ind. 4: 229. 1883; Bitter in Hegi, Illustr. Fl. Mitt. -Europ. 5 (4): 2589-2591, f. 232. 1927; Hand. -Mzt. Symb. Sin. 7: 827. 1936; Fl. China 17: 318. 1994.

无刺草质藤本;无毛或被稀疏的短柔毛;小枝干时灰绿色,具细条纹。叶片戟形,长3～7.5 cm,宽1.5～4 cm,先端渐尖,基部戟形,齿裂或3～5羽状深裂,中裂片较长,其边缘有时具不规则的波状齿或浅裂,两面均被稀疏的短柔毛;中脉明显,侧脉每边4～7条,纤细;叶柄长1～2 cm。聚伞花序腋外生,多花;花序梗长1～2 cm,花梗长0.8～1 cm,被稀疏短柔毛;萼杯状,直径约2.5 mm,5裂,裂片三角形,端钝;花冠紫色,直径约1 cm,花冠筒隐于萼内,长不到1 mm,冠檐长约6.5 mm,5裂,裂片椭圆状披针形,长约5 mm;花丝短,长约0.5 mm,花药长约2.5 mm,顶孔略向内;子房卵形,直径约1 mm,花柱纤细,丝状,长约5.5 mm,柱头小,头状。浆果球状或卵状,直径6～8 mm,成熟后红色;种子扁平状,近圆形,直径约1.5～2 mm。　花期夏季,果熟期秋季。　产于龙胜、田林。分布于云南西北部及四川西南部,欧洲、安纳托利亚地区、高加索地区、西伯利亚直到里海、咸海地区及向东至喜马拉雅地区亦有。

8. **白英**(植物名实图考)　苦茄　千年不烂心　图版114: 1～3

Solanum lyratum Thunb., Fl. Japon. 92. 1784 et Icon. Pl. Japon. 5. f. 2. 1805; 中国高等植物图鉴 3: 720, 图 5394. 1974. 中国植物志 67 (1): 86. 1978; Fl. China 17: 319. 1994. ——*S. cathayanum* C. Y. Wu et S. C. Huang 中国植物志 67 (1): 84. 1978. ——*S. dulcamara* L. var. *chinense* Dunal in DC. Prodr. 13 (1): 79. 1852; Hand-Mzt., Symb. Sin. 7: 827. 1936. ——*S. dulcamara* L. var. *pubescens* Blume, Bijdr. 698. 1825; Rehd. in Jour. Arn. Arb. 8: 195. 1927; Hand. -Mzt. Symb. Sin. 7: 827. 1936.

草质藤本;多分枝,高0.5～3 m,被绒毛。叶片椭圆形或琴形,长3～11 cm,宽2～6 cm,基部心形或戟形,全缘或3～5裂,顶端锐尖;叶柄长1～3 cm。花序腋生、腋外生或顶生,少花或圆锥状花序多花;花序轴2～4 cm,有绒毛;花梗长0.8～1.5 cm,被绒毛;萼疏被毛,裂片圆形;花冠蓝紫色或白色,裂片椭圆形至披针形,长约4 mm,宽约2 mm,通常反卷,顶端被毛;花丝长0.8～1 mm;花药分裂,椭圆形,长2.8 mm,宽3.2 mm;花柱无毛,长6～8 mm。果梗疏被柔毛,通常弯曲。浆果红色或黑红色,球形,直径

图版 114 1～3. **白英** Solanum lyratum Thunb. 1. 花枝；2. 果枝；3. 叶一部分放大，示毛被。 4～5. **海桐叶白英** S. pittosporifolium Hemsl. 4. 果枝；5. 叶一部分放大，示毛被。 （何顺清绘）

7～9 mm；种子平圆状，直径约 1.5 mm，网状。　花期 6～10 月，果期 10～11 月。　产于岑溪、蒙山、贺州、恭城、灌阳、全州、宁明、大新、凌云、田林、灵川、柳江、忻城、钟山、平南、贵港、北流、灵山、隆安、平果、德保、靖西；生于山谷草地、路旁或田边。分布于甘肃、陕西、山西、河南、山东、江苏、浙江、安徽、江西、福建、台湾、广东、湖南、湖北、四川、云南等地，日本、朝鲜、中南半岛地区亦有。　全草可用于治小儿惊风、感冒发热。

9. **海桐叶白英**（中国植物志）　图版 114：4～5

Solanum pittosporifolium Hemsl. in Journ. Linn. Soc. Bot. **26**：171. 1890；Merr. in Lingnan Sci. Journ. **16** (2)：177. 1937；中国高等植物图鉴 **3**：721，图 5396. 1974；中国植物志 **67** (1)：88. 1978；Fl. China **17**：320. 1994.

无刺蔓生灌木；植株光滑无毛；小枝具棱角。叶片披针形至卵状披针形，长 3～11 cm，宽 1～3.5 cm，先端长渐尖，基部圆形，有时稍偏斜，全缘，两面无毛。花冠白色或紫色，基部有斑点，裂片边缘具缘毛，开放时向外反折。浆果球形，成熟时红色；种子扁平状。　花期 6～8 月，果期 9～12 月。　产于河池、南丹、凌云、全州、灌阳、贺州、融水、金秀；生于林下。分布于河北、安徽、浙江、江西、湖南、四川、贵州、云南、广东。

10. **珊瑚樱**

Solanum pseudocapsicum L.，Sp. Pl. ed. **1**. 184. 1753，et ed. 2：263. 1762；Hand.-Mzt.，Symb. Sin. **7**：827. 1936，p. p.；中国高等植物图鉴 **3**：720，图 5393. 1974；中国植物志 **67** (1)：80. 1978；Fl. China **17**：318. 1994.

灌木。叶片狭长椭圆形至披针形，长 1～6 cm，宽 0.5～1.5 cm，被毛或无，基部楔形，下延，边全缘或波状，顶端急尖或钝。花序与叶对生或生于腋外，单生或极少成对或短总状；花序轴短或无柄；花梗 3～4 mm；花萼绿色，直径约 4 mm，明显具裂片，裂片长约 1.5 mm；花冠白色或紫红色，直径 0.5～1.5 cm，中部分裂；花丝不到 1 mm，花药约 2 mm；花柱约 2 mm。果梗长约 1 cm，顶端膨大。浆果橘红色，肉质，直径 1.2～1.5(5)cm；种子扁圆状，直径 2～3 mm。

10a. **珊瑚樱**（原变种）　图版 113：5

Solanum pseudocapsicum L. var. pseudocapsicum

本种和珊瑚豆的主要区别：全株光滑无毛；萼裂片长约 1.5 mm；花冠裂片长约 3.5 mm，宽约 2 mm，花柱短，长约 2 mm；浆果橙红色，直径 1～1.5 cm。　南宁、凌云等地有栽培。安徽、江西、广东亦有栽培，原产于南美洲。　根可用于治肾炎、疮疡肿毒；全株有毒。

10b. **珊瑚豆**（变种）（中国植物志）

Solanum pseudocapsicum L. var. diflorum (Vell.) Bitter in Engl. Bot. Jahrb. **54**：498. 1917；中国植物志 **67** (1)：80. 1978；Fl. China **17**：318. 1994.——*S. capsicastrum* Link. ex Schau in Otto et Dietr. Allg. Gartenz. **1**：228. 1833.——*S. diflorum* Vell.，Enum. Fl. Flum. **2**：f. 102. 1827.——*S. dunnianum* H. Lévl. in Fedde，Rep. Sp. Nov. **9**：324. 1911.

本变种与原变种的不同在于幼枝和叶背面沿脉常有树枝状簇绒毛；花大；花萼片长约 5 mm；花冠裂片长 4～6 mm，宽约 4 mm；花柱长 4～6 mm；浆果红色或橘黄色，直径 1～2 cm。　花期 4～7 月，果期 8～12 月。　产于环江；生于路旁、田边、水沟边或丛林中。河北、陕西、四川、云南、广东、湖南、江西等地区有栽培，有时归化为野生种，原产于巴西。　全株可用于治风湿、水肿。果色鲜艳，可供观赏。

11. **阳芋**（植物名实图考）　马铃薯

Solanum tuberosum L.，Sp. Pl. ed. **1**. 185. 1753；中国高等植物图鉴 **3**：722，图 5398. 1974；中国植物志 **67** (1)：94. 1978；Fl. China **17**：320. 1994.

一年生草本；无毛或被疏毛；地下茎块状，扁圆形至长圆形。奇数羽状复叶，小叶 5～8 对，常大小相间，两面均被白色疏柔毛，具短柄。伞房花序顶生，后侧生；花萼钟状，5 裂，裂片披针形，先端长渐尖，外面被疏柔毛；花冠白色或蓝紫色，辐状，直径约 2.5 cm，5 浅裂，裂片三角形；雄蕊 5 枚；子房卵圆形，无毛。浆果圆球形，光滑。　花期夏季。　全国各地均有栽培。原产于美洲热带地区，现广泛种植于全世界温带地区。　块茎含淀粉，可供食用，并为淀粉工业的主要原料；刚抽出的芽条及果实中有丰富的龙葵碱，为提取龙葵碱的原料。

12. **水茄**(中国植物志) 图版 115:1~3

Solanum torvum Swartz in Prodr. Fl. Ind. Occ. 47. 1788, et Fl. Ind. Occ. **1**:456. 1787;中国高等植物图鉴 **3**:723,图 5399. 1974;海南植物志 **3**:463. 1974;中国植物志 **67** (1):95. 1978;Fl. China **17**:321. 1994.

灌木,高 1~2 m;小枝、叶、叶柄及花序柄均被具柄或无柄的淡褐色星状毛;小枝疏生基部宽扁的淡黄色皮刺。叶单生或双生;叶片卵形至椭圆形,长 6~15 cm,宽 4~10 cm,先端尖,基部心形或楔形,两侧不对称,边缘 5~7 裂或为波状,两面均被星状毛,下面较密;侧脉每边 4~5 条,有刺或无刺。伞房花序腋外生;花梗长 5~10 mm,被腺毛及星状毛;萼杯状,外面被星状毛及腺毛;花冠白色,辐射状,外面被星状毛。浆果球形,黄色,无毛,直径 1~1.5 cm,宿萼外面被稀疏的星状毛。 花果期几全年。 产于隆林、乐业、那坡、田东、宁明、龙州、南宁、玉林、岑溪、梧州、天峨、东兰、都安等地;生于路旁、荒地及村庄附近。分布于云南、广东、台湾,普遍见于印度热带地区,东至缅甸、泰国,南至菲律宾、马来西亚,美洲热带地区亦有。根可用于治牙痛、风湿;外用可治疮疡肿毒。

13. **山茄**(中国植物志)

Solanum macaonense Dunal in DC. Prodr13 (1):264. 1852;海南植物志 **3**:463. 1974;中国植物志 **67** (1):96. 1978;Fl. China **17**:321. 1994. ——*S. torvum* Hemsl. in Journ, Linn. Soc. Bot. **26**:172. 1890, p. p. quoad syn. s. m. Dunal.

草本至半灌木;小枝、叶背面、叶柄、花序梗均被分枝多具短柄的星状长硬毛;小枝具长 1~2.5 mm 的皮刺,皮刺先端尖或稍弯曲,基部宽扁。叶单生或双生;叶片卵状椭圆形,长 10~15 cm,宽 4.5~8.5 cm,先端尖或渐尖,基部圆形或楔形,不对称,边近全缘或为 6~7 波状裂,腹面疏被无柄星状绒毛或近无毛,常有脱毛后的小窝;叶柄长 2~3 cm。二歧伞房状聚伞花序;花梗长 6~10 mm,被星状毛;萼近钟状,外面被星状毛;花冠紫色,辐状,外面被星状毛。浆果球形,红色,直径 6~8 mm。 全年开花结果。 产于上思;生于旷野荒地及灌木丛中。分布于广东及海南。

14. **海南茄**(海南植物志) 图版 115:4~6

Solanum procumbens Lour. in Fl. Cochinch. **1**:132. 1790;Merr. in Trans. Amer. Philos. Soc. n. s. **24** (2):348. 1935;海南植物志 **3**:464. 1974;中国植物志 **67** (1):97. 1978;Fl. China **17**:321. 1994. ——*S. hainanense* Hance in Journ. Bot. **5**:331. 1868;Hemsl. in Journ. Linn. Soc. Bot. **26**:170 1890;Merr. in Lingnan Sci. Journ. **5**:164. 1927.

本种主要特征是多分枝灌木;小枝具黄棕色基部宽扁的倒钩刺;嫩枝、叶背面、叶柄及花序梗均被分枝多、无柄或具短柄的星状短绒毛及小钩刺;花 4 基数;花冠淡红色;浆果球形,宿存萼裂片向外反折。 花期春夏间,果期秋冬季。 产于北海、合浦;生于灌木丛中或林下,海拔 300 m 左右。分布于广东、海南,越南、老挝亦有。 叶可用于治乳腺炎。

15. **乳茄**(中国植物志) 五角丁茄(南宁)

Solanum mammosum L. in Sp. Pl. ed. **1**. 187. 1753, et ed. 2. 267. 1762;海南植物志 **3**:465. 1974;中国植物志 **67** (1):106. 1978;Fl. China **17**:323. 1994.

本种主要特征是小枝、茎、叶柄被具节的长柔毛、腺毛及扁刺;刺长 5~15 mm,钻形,直或略弯,先端尖,基部扁,淡紫色,宽 3~5 mm;叶片卵形,长宽几相等,为 5~10 cm,通常 5 裂,有时 3~7 裂,先端尖或钝,基部微凹,两面密被长柔毛及短柔毛,中脉和侧脉有长 5~10 mm 的细长刺。花冠紫堇色,外面被长柔毛,边膜质具缘毛;浆果倒梨状,长 4.5~5.5 cm,具 5 个乳状突起;种子近圆形压扁状,黑褐色,直径约 3 mm。 花果期夏秋间。 广西各地均有栽培。广东、云南亦有栽培,原产于南美洲。 全草、果实可用于治胃脘痛;有毒。

16. **疏刺茄**

Solanum nienkui Merr. et Chun in Sunyatsenia **2**:318, f. 44. 1935;Fl. China **17**:321. 1994.

直立灌木,高0.5~1m;茎光滑,木质;嫩枝常被星状短柔毛,无刺或具长约1 mm的小钩刺,渐老则

图版 115　1～3. **水茄** Solanum torvum Swartz　1. 花果枝；2. 花；3. 刺。　4～6. **海南茄** S. procumbens Lour.　4. 花果枝；5. 花；6. 刺。　（辛茂芳绘）

逐渐光滑。叶片卵形至长圆状卵形，长 3～7 cm，宽 1.5～3.5 cm，先端尖或钝，基部圆形或楔形，两侧不相等，边缘近波状，腹面绿色，被 5～7 分枝粗短的或近无柄的星状毛，背面淡绿，密被 7～9 分枝细长具柄而互相交织的星状短柔毛；中脉在腹面略下凹，有时具有极小的钩刺，侧脉每边 4～5 条，在两面均明显；叶柄长 1.5～2 cm，密被与叶背面相似的星状毛，无刺或具极小的钩刺。蝎尾状花序顶生或腋外生，长 3～6 cm；花梗长约 1 cm，毛被与叶背面的相似；花萼钟状，直径约 6 mm，外面密被具短柄分枝多的星状短柔毛，端 5 裂，裂片长圆状卵形，长 1.5～2 mm，先端渐尖；花冠蓝紫色，辐状，直径约 1.3 cm，外面被星状毛，花冠筒长约 1.5 mm，冠檐长约 10 mm，先端 5 裂，裂片三角形，长约 5 mm，宽约 4 mm，先端尖，通常 3 长 2 短，长的连花丝长约 7 mm；花药黄色，长约 6 mm，先端延长，渐尖，花丝长约为花药长度的 1/6；子房长圆形，光滑，花柱纤长，丝状，长约 7 mm，柱头小，先端浅 2 裂。浆果圆球形，直径约 1 cm，光滑；果梗长约 1.2 cm，被星状毛，上端膨大；种子扁状，近肾形，直径 1.5～2 mm，外面具网纹。　花期 6～12 月。　产于北海。分布于海南。

17. **牛茄子**　图版 116:1～3

Solanum capsicoides Allioni in Mélanges Philos. Math. Soc. Roy. Turin **5**: 64. 1773; Fl. China **17**: 323. 1994. ——*S. bodinieri* H. Lévl. et Vaniot, Bull. Soc. Bot. France **55**: 206, 1908. ——*S. ciliatum* Lamarck, Tabl. Encycl. 2: 21, 1794.

直立草本至半灌木，高 30～60(100)cm；植株除茎外均被具节的纤毛及淡黄色直刺，枝无毛或被极稀疏的纤毛，直刺长 1～5 mm，纤毛长 3～5 mm。叶片阔卵形，长 5～10 cm，宽 4～11 cm，先端短尖至渐尖，基部心形，边 5～7 浅裂或深裂至中部，裂片三角形或卵形，边缘浅波状，腹面被稀疏的纤毛，背面纤毛在脉上分布于稀疏，在边缘较浓密；侧脉与裂片数相等，位于每一裂片的中部脉上具直刺；叶柄粗壮，长 2～5 cm，具纤毛及较长大的直刺。聚伞花序腋外生，短而少花，长约 2 cm，1～4 朵花；花梗具细直刺；萼长约 5 mm，直径约 8 mm，外面具直刺及纤毛；花冠白色，筒部隐于萼内，长约 2.5 mm，檐部裂片披针形，长约 1.1 cm，宽约 4 mm，端尖；花丝长约 2.5 mm，花药长为花丝的 2.4 倍；子房球形，无毛，花柱长于花药而短于花冠裂片，无毛，柱头头状。浆果近球形，直径约 3.5 cm，初为绿白色，成熟后橙红色；果梗长 2～2.5 cm，具细直刺；种子干后扁而薄，边缘刺状，直径约 4 mm。　花期 6～8 月，果期 8～10 月。　产于南宁、宾阳、上林、马山、南丹、金秀、玉林、平南、岑溪；生于路旁、荒地、疏林或灌木丛中。分布于福建、广东、贵州、海南、湖南、江苏、江西、四川、云南、浙江、台湾，原产于巴西，现为温带地区广泛分布的杂草。　果有毒，但色彩鲜艳，可供观赏；所含龙葵碱，可作药用。

18. **刺天茄**　图版 116:4～6

Solanum violaceum Ortega, Nov. Pl. Desc. Dec. 56. 1798; Fl. China **17**: 322. 1994. ——*S. chinense* Dunal in DC. Prodr. **13** (1): 373. 1852.

灌木，多分枝，高 0.5～1.5 m；小枝、叶背面、花梗、花序均密被分枝的具柄星状绒毛。叶片卵形，长 3.5～10.5 cm，宽 2.5～7 cm，先端钝，基部楔形，不相等，边 5～7 深裂或为波状浅圆齿，腹面被具短柄的分枝星状短绒毛，背面密被星状长绒毛，中脉及侧脉在两面具皮刺；叶柄长 2～4 cm，密被星状毛及皮刺。蝎尾状花序腋外生；萼杯状，裂片卵形，外面密被星状绒毛及细直刺，内面仅先端被星状毛；花冠蓝紫色，少有白色，辐状，深 5 裂，裂片卵形，外面密被具柄或无柄星状毛，内面上部疏被无柄星状绒毛。浆果球形，成熟时橙红色，有光泽，直径约 1 cm，宿存萼反卷。　全年开花结果。　产于广西各地；生于路边、荒地或林下。分布于四川、贵州、云南、广东、福建、台湾，印度、缅甸、中南半岛地区、马来半岛、菲律宾亦有。　全草可用于治感冒、胃脘痛、疝气；根含龙葵碱及水解龙葵碱；有小毒。入药有散瘀消肿，消炎止痛的功效。

19. **喀西茄**（中国植物志）

Solanum aculeatissimum Jacqu. in Collectanea **1**: 100. 1787; Fl. China **17**: 323. 1994. ——*S. khasianum* C. B. Clarke in Hook. f. Fl. Brit. Ind. **4**: 234. 1883; Prain in Journ. Asiat. Soc. Beng. **65** (2): 542. 1896; 中国植物志 **67** (1): 108. 1978.

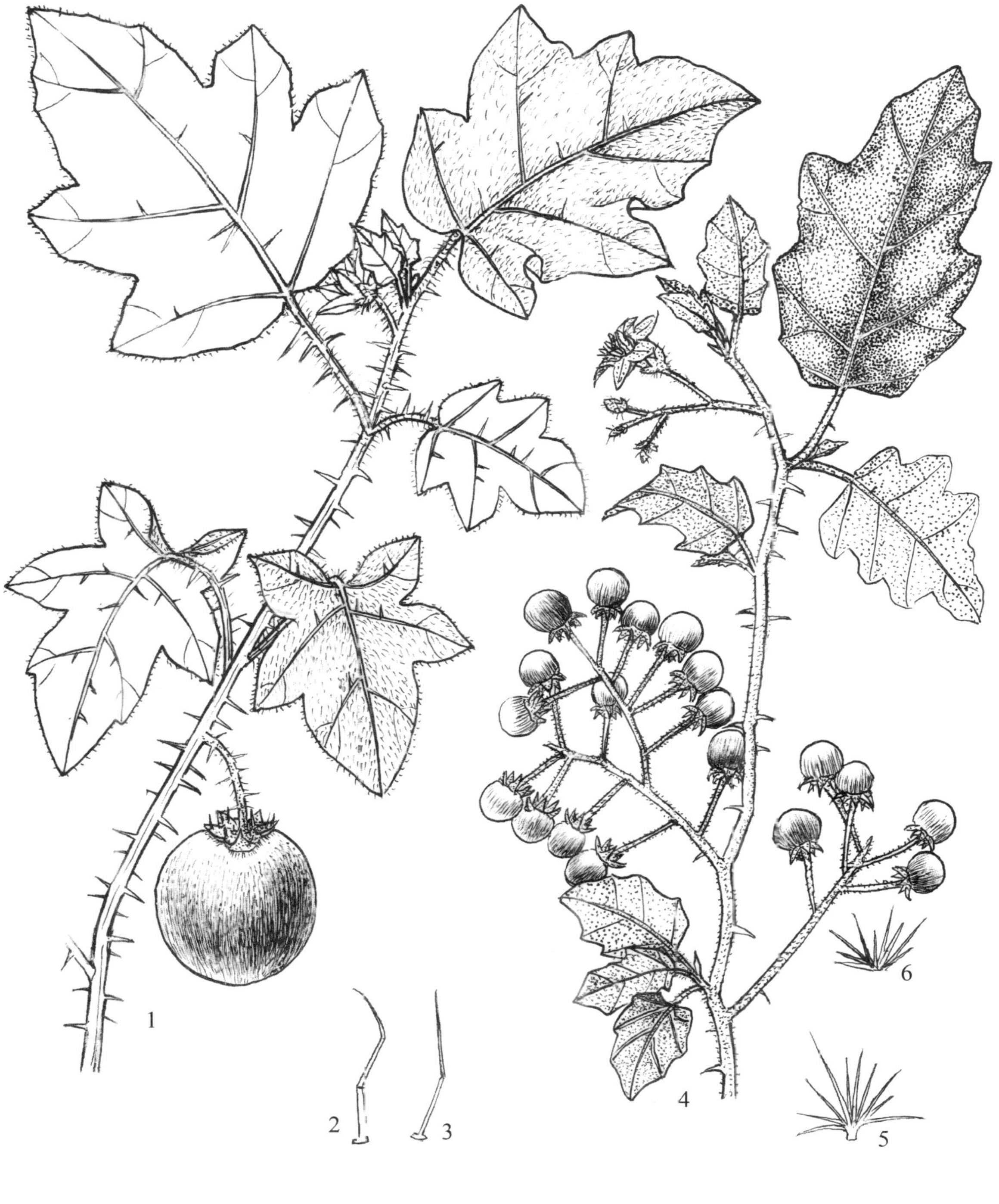

图版 116　1～3. **牛茄子** Solanum capsicoides Allioni　1. 花果枝；2～3. 叶面毛放大。　4～6. **刺天茄** S. violaceum Ortega　4. 花果枝；5～6. 小枝、叶背面、花序被的毛放大。　（辛茂芳绘）

本种主要特征是茎、枝、叶及花梗多混生具节的长硬毛、短硬毛、腺毛及基部宽扁的直刺；叶片阔卵形，长宽约相等，长 6～12 cm，先端渐尖，基部戟形，5～7 深裂，中脉及侧脉散生长 5～15 mm 的基部宽扁的直刺；花冠筒淡黄色，隐于萼内，冠檐白色，5 裂，开放时先端反折；浆果球形，直径 2～2.5 cm，初时绿白色，具绿色花纹，成熟时浅黄色，宿萼上具纤毛及细直刺。 花期春夏季，果期冬季。 产于那坡、融水、梧州、田东、田阳、平果、宁明、百色、博白、贵港、乐业、龙州、隆林；生于沟边、路旁灌木丛、荒地、草坡或疏林中。分布于云南、福建、贵州、湖南、江西、四川、西藏、浙江，现广泛分布于非洲和亚洲热带地区，原产于巴西。

20. 毛果茄

Solanum viarum Dunal in A. de Candolle, Prodr. **13** (1): 240. 1852; Fl. China **17**: 323. 1994.

直立草本至半灌木，高 0.5～2 m。茎和小枝圆柱状，均匀密被柔毛；刺略弯，长 2～5 mm。叶片阔卵形，长 6～13 cm，宽 6～12 cm，粗糙，有刺，叶两面均有毛，3～5 裂，裂片先端钝；叶柄粗壮，长 3～7 cm，具扁平的直刺，刺长 0.3～1.8 cm。花序具花 1～5 朵；花两性，只有基部 1 朵能育；花梗长 4～6 mm；花萼钟状，长 10 mm，宽 7 mm，裂片椭圆状披针形，被毛，有时背面有刺；花冠白色或绿色，裂片披针形，长 2.5 mm，宽 10 mm，被与花萼一样的毛；花丝长 1～1.5 mm，花药披针形；子房被微柔毛，花柱长约 8 mm，无毛。浆果浅黄色，球形，直径 2～3 cm。种子褐色，扁平状，直径 2～2.8 mm。 花期 6～8 月，果期 7～10 月。 产于那坡。分布于云南、西藏。

21. 毛茄 图版 117：1～2

Solanum lasiocarpum Dunal in Hist. Nat. Solanum. 222. 1813; Fl. China **17**: 323. 1994. ——*S. lasiocarpum* Dunal var. *velutinum* Callery et Gaudich., Voy. Bonite 1836～37; Dunal in DC. Prodr. **13** (1): 1852; C. B. Clarke in Hook. f. Fl. Brit. Ind. **4**: 233. Pro syn. ——*S. immane* Hance in Ann. Bot. Syst. **3**: 165. 1852～53.

本种的特征是小枝、叶、花序及果实均密被淡黄色具节的长硬毛及分枝不等长具柄的星状毛以及直刺；直刺淡黄棕色，长 2～10 mm，基部宽扁；叶片大而厚，卵形，长 9～21 cm，宽 7～21 cm，先端急尖，基部戟形不相等，边有 5～11 个三角形浅裂，腹面被长硬毛及无柄星状毛，背面被具柄星状毛，两面中脉及侧脉上均着生稀疏细直刺；萼杯状，外面密被具柄星状毛；花冠白色，外面被具柄或无柄星状毛；雄蕊近无柄；子房中部以上被星状硬毛；浆果球形，直径约 2 cm，密被淡黄棕色分枝不等长的具节的星状硬毛。 花期 7～10 月，果期 11～12 月。 产于龙州、武鸣；生于海拔 220～1 000 m 的荒地、灌木丛中或路旁疏林。分布于云南、广东和台湾，印度、越南、老挝、柬埔寨、印度尼西亚的爪哇及菲律宾也有。 全株可用于治疝气、跌打损伤。

22. 膜萼茄（中国植物志） 图版 117：3～5

Solanum griffithii (Prain) C. Y. Wu et S. C. Huang 于植物分类学报 **16** (2): 75. 1978; 中国植物志 **67** (1): 112. 1978; Fl. China **17**: 324. 1994. ——*S. barbisetum* Nees var. *griffithii* Prain in Journ. Asiat. Soc. Beng **65** (2): 541. 1896; Potting. et Prain in Rec. Bot. Surv. Ind. **1**: 253. 1896.

本种小枝、叶、叶柄及花梗均密被具短柄及有分枝星状毛和细直刺；刺长 2～3(5)mm，淡黄棕色。叶片卵形或卵叶椭圆形，长 5.5～15 cm，宽 3～10 cm，先端急尖，基部钝或楔形，不相等，边有 6～8 个三角状浅裂或波状，两面被具短柄及分枝星状毛，背面毛被较密。花萼近钟状，外面密被分枝星状毛及硬毛状细直刺，裂片线形，内外均被星状毛；花冠白色，近阔钟状，裂片披针形，外面被星状毛。浆果球形，外绝大部分为膜质宿萼所包，萼外面有星状毛和细刺。 花果期 4～10 月。 产于百色、凌云、平果；生于海拔 260～900 m 的山谷阴处、路旁及石灰山上。分布于云南，印度及缅甸亦有。

23. 野茄（中国植物志） 黄刺茄 图版 117：6～7

Solanum undatum Lam. in Tab. Encycl. **2**: 22. 1793; Fl. China **17**: 325. 1994. ——*S. cumingii* Dunal, Prodr. **13** (1): 363, 1852.

本种特征是小枝密被星状毛（老时渐脱落）及皮刺；刺长2～5 mm，基部宽约3 mm；叶片卵形至卵状椭

图版 117　1～2. **毛茄** Solanum lasiocarpum Dunal　1. 果枝；2. 花。　3～5. **摸萼茄** S. griffithii (Prain) C. Y. Wu et S. C. Huang　3. 花果枝；4. 花；5. 叶背一部分放大，示毛被。　6～7. **野茄** S. undatum Lam　6. 花枝；7. 果枝。（何顺清绘）

圆形，长 3.5～7 cm，宽 2～5 cm，边缘通常有 5 枚浅波状圆齿，两面均被分枝星状绒毛，中脉在两面均具细直刺；萼钟状，外面密被星状绒毛及细直刺，内面仅裂片先端被星状绒毛；花冠蓝紫色，辐射状，星形，外面在裂片中央部分被星状绒毛，内面仅上部被较稀疏星状绒毛；浆果球形，直径 2～3 cm，成熟时黄色，无毛。

产于武鸣、宁明、龙州；生于海拔 100～1 100 m 的灌木丛，村边半阴处。分布于云南、广东、海南、台湾，埃及、阿拉伯至印度北部、越南、马来西亚、新加坡亦有。

24. **茄**（开宝本草）

Solanum melongena L.，Sp. Pl. ed. **1**. 186. 1753；中国高等植物图鉴 **3**：725，图 5404. 1974；中国植物志 **67**（1）：118. 1978；Fl. China **17**：325. 1994. ——*S. esculentum* Dunal in DC. Prodr. **13**（1）：355. 1852. France **55**：207. 1908. ——*S. melongena* L. var. *esculentum*（Dunal）Nees in Trans. Linn. Soc. **17**：49. 1837. ——*S. melongena* L. var. *serpentinum* L. H. Bailey，Stand. Cycl. Hort. **3**：3182. 1929～30. ——*S. melongena* L. var. *depressum* L. H. Bailey，l. c. **3**：3182. 1929～30.

直立分枝草本或半灌木；小枝、叶柄及花梗均被分枝平贴或具短柄的星状毛。叶片大，卵形或长圆状卵形，边缘浅波状或为深波状圆裂，两面均被平贴星状毛，背面较密。花的颜色及各部数目以及果的形状及大小因长期栽培变异极大，一般花为白色或紫色，5～6(7)数。果有长形或圆形，颜色有紫、红、淡青及白色等。

原产于亚洲热带地区，我国各地均有栽培。 根可用于治风湿骨痛、痢疾、水肿、便血；外用可治冻疮。

一般栽培供食用的果长柱形至圆形的名为 var. *esculentum* Nees，果狭长而略弯的名为 var. *serpentinum* Bailey。

12. 红丝线属 Lycianthes（Dunal）Hassl.

直立灌木或半灌木，稀为草本；有时茎匍匐，在节上生不定根；小枝被多细胞的单毛或 2 至多分枝的树枝状毛。单叶，常假双生，大小不相等；全缘。花 1～7 朵着生于叶腋，萼杯形；萼筒边缘截形，具 10 枚齿，有时为 5 枚齿或近无齿，齿钻状线形，等长或稍不等长；花冠辐状或星状，白色或紫蓝色，5 中裂；雄蕊 5 枚，着生于冠筒喉部，花丝短，花药顶孔开裂；子房近卵形，花柱单一，柱头钝圆。浆果小，球状，红色或红紫色；种子多粒，三角形至三角状肾形，表面具网纹。 本属约有 180 种，主要分布于中南美洲，东亚有 10 种，新加坡及印度尼西亚的爪哇有 2 种。我国有 10 种；广西有 6 种 2 变种。

分 种 检 索 表

1. 多年生草本，具匍匐茎，节上生出不定根；花单生，少为 2 朵 ………… 2. **单花红丝线** L. lysimachioides（Wall.）Bitter
  2. 植株疏被毛或无毛；大叶叶柄长 0.8～3 cm，小叶叶柄长 0.5～2 cm ……………………………………………………………… 2a. **单花红丝线** L. lysimachioides（Wall.）Bitter var. lysimachioides
  2. 植株密被多节的毛；大叶叶柄长 5～7 mm，小叶叶柄长 2～3 cm ……………………………………………………… 2b. **茎根红丝线** L. lysimachioides（Wall.）Bitter var. caulorhiza（Dunal）Bitter
1. 直立灌木或半灌木，不具匍匐茎，节上无不定根。
  3. 花萼通常无齿，有时具 1 枚齿；植株被微柔毛或无毛 ………………………… 3. **缺齿红丝线** L. laevis（Dunal）Bitter
  3. 花萼 5～10 枚齿；植株被微柔毛。
    4. 小枝、叶柄、花梗及萼的外面密被淡黄色的单毛及 1～2 分枝或树枝状分枝的毛 ……………………………………………………… 1. **红丝线** L. biflora（Lour.）Bitter
      5. 花梗长约 5 mm；花药在内面被微柔毛 ………………………… 1a. **红丝线** L. biflora（Lour.）Bitter var. biflora
      5. 花梗长 8～10 mm；花药内面近无毛……………… 1b. **密毛红丝线** L. biflora（Lour.）Bitter var. subtusochracea Bitter
    4. 小枝、叶柄、花梗及萼仅被单毛；花冠紫色至紫蓝色。
      6. 果萼 10 枚齿，齿长 0.5～1 mm …………… 4. **截齿红丝线** L. neesiana（Wallich ex Nees）D'Arcy et Z. Y. Zhang
      6. 果萼齿长大多超过 1.5 mm。
        7. 叶片除叶脉处外无毛；梗及花萼的外面密被淡黄色具节的长柔毛 ……………………………………………

………………………………………………………… 5. **滇红丝线** L. yunnanensis (Bitter) C. Y. Wu et S. C. Huang

7. 叶片永久被柔毛；花梗及花萼被短柔毛 ………… 6. **鄂红丝线** L. hupehensis (Bitter) C. Y. Wu et S. C. Huang

1. **红丝线**（植物名实图考）　图版 118：1～6

Lycianthes biflora (Lour.) Bitter in Abh. Naturw. Ver. Bremem **25**：461. 1919；中国高等植物图鉴 **3**：726，图 5405. 1974；中国植物志 **67** (1)：122. 1978；Fl. China **17**：326. 1994. ——*Solanum biflorum* Lour.，Fl. Cochin. **1**：129. 1790，et 159. 1793. ——*S. decemdentatum* Roxb.，Hort. Beng. **16**. 1814，et Fl. Ind. **2**：247. 1824；Benth. Fl. Hongk. 242. 1861；Warb. in Engl. Bot. Jahrb. **13**：415. 1891. ——*S. decemfidum* Nees in Trans. Linn. Soc. **17**：43. 1837. ——*S. calleryanum* Dunal in DC. Prodr. **13** (1)：178. 1852.

1a. **红丝线（原变种）**

Lycianthes biflora (Lour.) Bitter var. **biflora**

灌木或半灌木；小枝、叶下面、叶柄、花梗及萼的外面密被淡黄色的单毛及 1～2 分枝或树枝状分枝的绒毛。叶互生，上部常呈假双生，大小不等；叶片卵形或椭圆状卵形，长 7～13 cm，宽 3.5～7 cm，先端渐尖，基部楔形渐窄至叶柄而成窄翅，全缘。花通常 2～3 朵，少 4～5 朵着生于叶腋；花梗长约 5 mm；萼杯状，萼齿 10 枚，钻状线形；花淡紫色或白色，深 5 裂，花药在内面被微柔毛。浆果球形，直径 6～8 mm，成熟时绯红色，宿萼盘形；种子淡黄色卵形或近三角形，表面具突起的网纹。　花期 5～8 月，果期 7～11 月。　产于广西各地；生于荒野阴湿地、林下、路旁、水边及山谷中。分布于云南、四川南部、广东、海南、江西、福建、台湾，印度、马来西亚、印度尼西亚的爪哇、日本的琉球群岛亦有。　全株可用于治感冒、咳嗽、疟疾。

1b. **密毛红丝线**（变种）

Lycianthes biflora (Lour.) Bitter var. **subtusochracea** Bitter，Abh. Naturwiss. Vereine Bremen **24**：466. 1920；Fl. China **17**：326. 1994.

植株绿色；叶背面、叶柄、花梗与萼外面均密被分枝的赫黄色如尘污的绒毛。通常 3～4 朵花聚生于叶腋内；花梗较长，8～10 mm；萼齿在开花时长 3～4 mm；花冠白色；花药内面近无毛。　花期夏末秋初，果期秋冬季。　产于平果、乐业、东兰。分布于云南。

2. **单花红丝线**（中国植物志）

Lycianthes lysimachioides (Wall.) Bitter in Abh. Naturw. Ver. Bremen **25**：491. 1919；Hand.-Mzt.，Symb. Sin. **7**：828. 1936；中国植物志 **67** (1)：133. 1978；云南植物志 **2**：599. 1979；Fl. China **17**：328. 1994. ——*Solanum lysimachioides* Wall.，Catal. n. 2609. 1828；Wall. in Roxb. Fl. Ind. Orient. **2**：257. 1824，(excl. synon. *S. biflorum* Lour.) ——*S. macrodon* Wall. var. *lysimachioides* C. B. Clarke in Hook. f. Fl. Brit. Ind. **4**：232. 1883.

多年生草本，高达 1.5 m；茎基部匍匐，从节上生出不定根；茎上被膜质、透明、具节而开展的柔毛。叶假双生，大小不相等或近相等，大叶叶柄长 0.8～3 cm，小叶叶柄长 2～3 mm；大叶叶片卵形、椭圆形至卵状倒披针形，长 3～7 cm，宽 2.5～7.5 cm，两面被毛或背面无毛，基部楔形、圆形或心形，顶端锐尖或急尖；小叶叶片长 2～4.5 cm，宽 1.2～2.8 cm。花序 1 朵生于叶腋；花萼杯状或钟状；花冠白色、粉红色或淡紫色，直径 1.8 cm，裂片披针形，顶端通常反卷，背面被柔毛；花丝长约 1 mm，无毛，花约长 1.5 mm，宽 2 mm；子房无毛，花柱纤细，约 8 mm。果梗长 0.5～1.5 cm。浆果红色，球形，直径约 8 mm；种子卵状三角形，直径 1.5～2 mm，细网状。

2a. **单花红丝线**（原变种）　图版 118：7

Lycianthes lysimachioides (Wall.) Bitter var. **lysimachioides**

草本；植株疏被毛或无毛。大叶叶柄长 0.8～3 cm，小叶叶柄长 0.5～2 cm；大叶片卵形、椭圆形至卵状披针形，长 4.5～7 cm，宽 2～3.5 cm；小叶片长 2～4.5 cm，宽 1.2～2.8 cm，两种叶片的先端渐尖或急尖，基部楔形下延至叶柄而成窄翅；花冠白色至淡紫色，深 5 裂。浆果球形，红色。　产于全州、贺州、乐业；生于

图版 118　1～6. **红丝线** Lycianthes biflora (Lour.) Bitter　1. 果枝；2. 叶面一部分放大；3. 叶背一部分放大；4. 花；5. 花冠内面放大；6. 子房放大。　7. **单花红丝线** L. lysimachioides (Wall.) Bitter　7. 果枝。（何顺清绘）

林下或路旁。分布于湖北、四川、贵州、云南、台湾,印度、尼泊尔亦有。

2b. **茎根红丝线**(变种)(中国植物志)

Lycianthes lysimachioides (Wall.) Bitter var. caulorhiza (Dunal) Bitter in Ahb. Naturw. Ver. Bremn 25:493. 1919;海南植物志 3:467. 1974;中国植物志 67 (1):134. 1978;云南植物志 2:599. 1979;Fl. China 17:328. 1994.——*Solanum caulorrhizum* Dunal in DC. Prodr. 13 (1):181. 1852.——*S. debilissimum* Merr. in Philipp. Journ. Sci. 23:265. 1923.

本变种与原变种不同在于植株密被多节的毛;大叶叶柄长 5~7 mm,小叶叶柄长 2~3 cm。　花期 5~8 月。　产于全州、乐业;生于溪旁或林下。分布于云南、贵州、广东,印度尼西亚的爪哇亦有。

3. **缺齿红丝线**

Lycianthes laevis (Dunal) Bitter, Abh. Naturwiss. Vereine Bremen 24:484. 1920; Fl. China 17:327. 1994. ——*Solanum laeve* Dunal in Poiret, Encycl. suppl. 3:751. 1813.

灌木,高 1~2 m;无毛或被单微毛;茎被柔毛。叶假双生,不等;大叶膜质;叶柄长 5~10 mm;叶片椭圆形,长 10~20 cm,宽 4~8 cm,腹面无毛或疏被柔毛,背面无毛,沿脉处有微柔毛,基部楔形,边全缘,顶端锐尖;小叶叶柄长 3~5 mm,叶片形似大叶,长 3~8 cm,宽 1.5~3.5 cm。花序 2~7 朵簇生于叶腋;花梗长 5~10 mm,被微柔毛;花萼杯状,长 2~3 mm,宽 2~3 mm,顶端全缘、无齿,有时具齿 1 枚;花冠紫色或白色顶端带紫,长约 8 mm,裂片披针形至椭圆形,无毛;花丝长约 0.5 mm,花药长椭圆形;花柱纤细,长 7~8 mm。浆果球形,直径 5~6 mm,无毛;种子卵形、平圆形,长约 1.5 mm,宽约 1 mm。　花期 8~10 月,果期 10~12 月。　产于桂东北。分布于海南、云南,印度尼西亚亦有。

4. **截齿红丝线**　疏齿红丝线

Lycianthes neesiana (Wallich ex Nees) D'Arcy et Z. Y. Zhang in Novon 2:126. 1992; Fl. China 17:327. 1994.——*L. subtruncata* (Wall.) Bitter var. *remotidens* Bitter in Abh. Naturw. Ver. Bremen 25:479. 1919;中国植物志 67 (1):132. 1978;云南植物志 2:597. 1979.

灌木,高 1~2 m;植株被单毛,后变无毛;小枝单一或叉状分枝。叶假双生,大小不相等;大叶片长 8~16 cm,宽 4~6 cm,小叶片长 3.5~8.5 cm,宽 2~4 cm,两面尤在脉上被极小的尖毛。花序单生或 2~9 朵花簇生于叶腋;花梗长 8~10 mm,无毛或密被柔毛;花萼杯状,长约 2.5 mm,宽约 3 mm,具齿 1~10 枚;花冠蓝色、白色或紫色,裂片阔披针形,长 4~5 mm,宽 1.5~2 mm;花丝长约 1 mm,无毛,花药长约 3 mm,宽约 1 mm;花柱长约 8 mm。果梗长 0.8~2.5 cm;果萼杯状,直径 3~3.5 mm,具齿 10 枚,锥形,不相等;浆果红色或橙色,球形,直径 5~6(8)mm;种子淡黄色,三角状肾形或平圆形,直径约 1.2 mm,细网状。　果期冬季。　产于临桂;生于路旁、溪边、林下阴湿地及山谷中。分布于云南、湖南、广东、福建,印度、印度尼西亚、泰国亦有。

5. **滇红丝线**(中国植物志)

Lycianthes yunnanensis (Bitter) C. Y. Wu et S. C. Huang 于植物分类学报 16 (2):77. 1978;中国植物志 67 (1):125. 1978;云南植物志 2:594. 1979; Fl. China 17:327. 1994.——*L. biflora* (Lour.) Bitter subsp. *yunnanensis* Bitter in Fedde Repert. 18:319. 1922.

灌木;小枝、叶柄、花梗及花萼的外面密被淡黄色具节的长柔毛。上部叶常假双生,大小不相等;大叶片长椭圆形,长 8~14 cm,宽 3~5.5 cm,先端渐尖至急尖,基部楔形下延至叶柄而成窄翅;小叶片近卵形,长 3~7 cm,宽 1.5~3 cm,两种叶片腹面均密被具节的淡黄色硬毛,在背面沿叶脉上密被淡黄色的短单毛。花 4~6 朵,少 2~4 朵着生于叶腋;花梗长 1~1.3 cm;萼杯状,萼齿 10 枚,钻状线形,长约 3 mm;花紫色,深 5 裂。浆果球状,在熟时紫红色,直径 0.8~1 cm;种子淡黄色,呈不规则的三角状肾形。　花期秋末,果期冬季。　产于融水;生于坡地、林边及林下。分布于云南。

6. **鄂红丝线**

Lycianthes hupehensis (Bitter) C. Y. Wu et S. C. Huang 于植物分类学报 16 (2):77. 1978; Fl. China

17:326. 1994. ——*L. biflora* subsp. *hupehensis* Bitter in Abh. Naturwiss. Vereine Bremen 24:466. 1920.

灌木或半灌木，高 1～2 m，植株被短柔毛。叶假双生，大小不等，叶柄长 5～10 mm；大叶片椭圆形至披针形，长 7～10 cm，宽 3～5 cm，腹面疏被柔毛，背面密被柔毛，两面颜色不同，基部楔形，顶端急尖；小叶片卵形，长 3～4 cm，宽 1.5～2.5 cm，基部圆，下延，顶端钝。花序 2～4 朵簇生于叶腋；花梗长 1～1.5 cm；花萼杯状，具齿 10 枚，齿线状钻形，长 1.5～2 mm，被微柔毛；花冠紫蓝色，长 8～9 mm，裂片披针形，长 6 mm，宽 2.5 mm；花丝长约 0.5 mm，花药长椭圆形至卵形，长约 3 mm，有时被微毛。子房无毛；花柱 8～10 mm，被柔毛。果梗长 1.2～1.6 cm；浆果红色，直径 6～8 mm，有尖头；种子淡黄色，近三角形。花期 5～8 月，果期 9～11 月。 产于融水。分布于福建、广东、贵州、湖北、湖南、云南、四川。

13. 番茄属 Lycoperiscon Mill.

一年生或多年生草本。叶互生；羽状复叶；小叶大小不相等，有齿或分裂。花黄色，数朵排成圆锥式聚伞花序，生于叶腋外；花萼 5～6 裂片，果时不增大或稍增大；花冠 5～6 裂；雄蕊着生于冠筒喉部，花丝极短，花药靠合成圆锥状，纵裂。浆果多汁，扁球状或球状；种子扁圆形。 本属有 6 种，产于南美洲，世界各地广泛栽培。我国有栽培 1 种。

番茄 西红柿

Lycoperiscon esculentum Mill.，Gard. Dict. ed. 8，no 2. 1768；中国高等植物图鉴 3:727，图 5407. 1974；海南植物志 3:467. 1974；中国植物志 67（1）:137. 1978；Fl. China 17:329. 1994. ——*Solanum lycopersicum* L.，Sp. Pl. 185. 1753.

植株揉之有强烈气味，被柔毛及腺毛；茎直立或披散。叶为羽状复叶或羽状深裂，小叶片极不规则，大小不等，通常 5～9 片，具柄，长圆形或卵形，先端渐侧不对称，边缘为不规则的齿裂或分裂。花冠黄色。浆果球形、扁球形或长圆形，未成熟时绿色，成熟时红色、粉红色或橘黄色，光滑。 花果期夏秋季。 全国大部分地区有栽培，原产于南美洲。 果实含有丰富的维生素 A、B、C，可作食蔬或水果。

14. 曼陀罗属 Datura L.

草本、半灌木、灌木或小乔木。叶不分裂或具浅弯缺或浅裂。花大，单生于枝叉间或叶腋；花萼长筒状，5 浅裂或稀同时在一侧深裂，果时基部宿存，也有自基部完全脱落或仅部分脱落；花冠长漏斗状或高脚碟状，5 浅裂；雄蕊 5 枚；子房 2 室或由假隔膜再分成不完全 4 室。蒴果直立或下垂，有刺或平滑，瓣裂或不开裂而为浆果状；种子多粒，近肾形，扁平状，黑褐色或褐色。 本属约有 16 种，主要分布于热带和亚热带地区，少数分布于温带。我国有 3 种，野生或栽培；广西亦有。

分 种 检 索 表

1. 果实直立生，表面多针刺或稀无刺，成熟后呈规则 4 瓣裂；花冠长 6～10 cm ……………… 1. **曼陀罗** D. stramonium L.
1. 果实斜升至横向生，表面针刺短而粗壮，成熟后呈不规则 4 瓣裂；花冠长 14～20 cm；种子褐色。
  2. 植株无毛；蒴果疏生短刺 ……………………………………………………… 2. **洋金花** D. metel L.
  2. 植株被毛；蒴果密被灰白色柔毛 …………………………………………… 3. **毛曼陀罗** D. inoxia Miller

1. 曼陀罗（本草纲目） 图版 119:1～2

Datura stramonium L.，Sp. Pl. 179. 1753；中国高等植物图鉴 3:728，图 5409. 1974；中国植物志 67（1）:144. 1978；Fl. China 17:330. 1994. ——*D. tatula* L.，Sp. Pl. ed. 2. 256. 1762. ——*D. inermis* Jacq.，

图版 119　1～2.**曼陀罗** Datura stramonium L.　1.果枝；2.种子。　3～6.**洋金花** D. metel L.　3.花枝；4.雌蕊；5.雄蕊；6.果。　7～8.**毛曼陀罗** D. inoxia Miller　7.花枝；8.果。（邹贤桂绘）

Hort. Vindob. **3**: 44. 1776. ——*D. laevis* L. f., Suppl. Pl. 146. 1781. ——*D. stramonium* var. *tatula* Turr., North. Mid. U. S. 232. 1824; Dunal in DC. Prodr. **13** (1): 540. 1852.

植株幼嫩部分被短柔毛或近无毛；茎淡绿色或带紫色，下部木质化。叶片广卵形，长 8～17 cm，宽 4～12 cm，先端渐尖，基部不对称楔形，边缘有不规则波状浅裂或波状齿；侧脉每边 3～5 条，直达裂片顶端。花直立，有短梗，单生于枝叉或叶腋；花萼筒长 3.5～5 cm，5 浅裂，裂片长约 1 cm，花冠上部白色或淡紫色，下半部带绿色，长 6～10 cm，先端 5 浅裂，裂片有短尖头。蒴果卵形，长 3～4.5 cm，直径 2～4 cm，表面有针刺或无刺，呈规则 4 瓣裂；种子卵圆形，长约 4 mm。 产于桂西南；生于路边、草地或住宅旁。分布于全国各地，全世界温带、热带地区亦有。 全株有毒，含莨菪碱，有镇静、镇痉、止痛、麻醉的功效。

2. **洋金花**（中国高等植物图鉴） 白花曼陀罗 图版 119：3～6

Datura metel L., Sp. Pl. 179. 1753; 中国植物志 **67** (1): 147. 1978; Fl. China **17**: 330. 1994. ——*D. fastuosa* L., Syst. Nat. ed. 10. **2**: 932. 1759. ——*D. cornucopaea* Hort. ex W. W., Gandin. **46**: 224., Pl. 978. 1894. ——*D. fastuosa* L. var. *alba* C. B. Clarke in Hook. f., Fl. Brit. Ind. **4**: 243. 1885.

本种主要特征是植株近无毛；花大；花萼筒长 4～7 cm，5 浅裂，裂片长约 1.5 cm；花冠长 15～18 cm；蒴果近球形或扁球状，疏生短刺，直径约 3 cm，呈不规则 4 瓣裂；种子淡褐色，长约 3 mm。 产于东兰、那坡、上林、武鸣、北流、岑溪、昭平；常生于向阳的山坡草地或住宅旁。在江苏、浙江、福建、台湾、广东、云南和贵州有野生，其他省份有栽培。 叶和花含莨菪碱和东莨菪碱，花为中药的"洋金花"，作麻醉剂；全株有毒，以种子最毒。 与在栽培类型中出现的**重瓣曼陀罗**（*D. fastuosa* L.）是同一个自然种。

3. **毛曼陀罗** 图版 119：7～8

Datura inoxia Miller in Gard. Dict. ed. 8, no. **5**. 1768; Fl. China **17**: 330. 1994.

直立草本，高 1～2 m；植株密被柔毛或腺毛。叶柄长 3～5 cm；叶片阔卵形，长 10～18 cm，宽 4～15 cm，膜质或革质，被绒毛，基部圆或钝，不对称，边近全缘、波状或具不规则齿，顶端急尖；叶脉 7～10 对。花直立；花梗长 1～5 cm；花萼圆柱头，长 8～10 cm，宽 2～3 cm，裂片狭三角形，有时不等；花冠绿色，顶端白色；花丝长约 5.5 cm，花药长 1～1.7 cm。蒴果下弯，球形或卵圆形，直径 3～4 cm，密被纤细、近相等的刺，顶端呈不规则开裂，被宿存萼包裹；种子多粒，灰色，直径 3～5 mm。 花果期 6～9 月。 产于桂林、宁明；生于或栽培于路边、村旁。分布于河北、河南、江苏、山东、新疆，原产于美洲。

15. 夜香树属 Cestrum L.

灌木或小乔木；有长硬毛或星状毛或无毛。叶互生；全缘。花为圆锥状或聚伞花序，顶生或腋生，有时簇生于叶腋；花萼钟状或近筒状，有 5 枚齿或 5 浅裂；花冠长筒状，近漏斗状或高脚碟状，先端 5 浅裂；雄蕊 5 枚，贴生在花冠筒中部，花丝基部常有长柔毛或有齿状小附属物；子房 2 室；花柱丝状；柱头盾状，全缘或具不明显的 2 浅裂。浆果球状或长圆状。 本属约有 160 种，主要分布于南美洲。我国引入栽培有 2 种；广西亦有。

分种检索表

1. 花冠红色、紫色或粉红色，喉部明显狭窄；茎明显被毛 ……………………… 1. **红花夜来香** C. elegans (Brongniart) Schl.
1. 花冠绿白色或黄绿色 ……………………………………………………………………………… 2. **夜香树** C. nocturnum L.

1. **红花夜来香** 毛茎夜香树

Cestrum elegans (Brongniart) Schl., Linnaea **19**: 261. 1847; Fl. China **17**: 331. 1994.

灌木；茎明显被毛。叶柄长 6～12 mm；叶片卵形或椭圆形，长约 8 cm，宽约 3 cm。花序直立，顶生或腋生，排列成总状、圆锥状；苞片卵形，微被绒毛；花无气味；花梗长约 1 mm；花萼无毛，齿约 3 mm，有纤毛；花冠红色、粉红色或紫色，喉部明显狭窄，裂片三角形；花丝无毛，无附属物。浆果深红色，球形，直径

0.8～1.3 cm；果萼不裂；种子约 8 粒。　桂林植物园有栽培。云南栽培作观赏植物，原产于墨西哥。

2. **夜香树**（中国高等植物图鉴）　夜来香　图版 120：1～3

Cestrum nocturnum L.，Sp. Pl. 191. 1753；中国高等植物图鉴 **3**：729，图 5412. 1974；中国植物志 **67** (1)：149. 1978；Fl. China **17**：331. 1994.

近攀缘状灌木；枝条细长而下垂，高 2～3 m，无毛。叶片长圆状披针形，长 6～15 cm，宽 2～4.5 cm，先端渐尖，基部近圆形或阔楔形，全缘；侧脉 6～7 对。伞房式聚伞花序腋生或顶生；花绿白色或黄绿色，萼钟状，长约 3 mm，5 浅裂；花冠高脚碟状，长约 2 cm，裂片 5 枚，卵形，长约 4 mm；雄蕊及花柱伸达冠筒喉部，花丝基部有一齿状附属物。　南宁、桂林有栽培。云南、广东和福建亦有栽培，原产于南美洲，现广泛栽培于全世界热带地区。　花晚间极香，可作园林绿化树种；叶外用可治乳腺炎、痈疮肿毒。

16. 烟草属　Nicotiana L.

一年生或多年生，草本或半灌木；常被腺毛，有强烈气味。叶全缘，稀有波状；无柄或基部渐狭而近无柄。花为圆锥式或总状式聚伞花序，顶生，或者单生于叶腋；萼筒状钟形，5 裂；花冠漏斗状，筒部伸长或稍宽，冠檐 5 裂，裂片稍偏斜；雄蕊 5 枚，着生于花冠筒中部以下，内藏或伸出；子房 2 室；柱头 2 裂。蒴果 2 裂至中部或近基部；种子多粒，略扁。　本属约有 95 种，分布于南美洲、北美洲和大洋洲。我国栽培有 3 种；广西栽培有 1 种。

烟草（食用本草）

Nicotiana tabacum L.，Sp. Pl. 180. 1753；中国高等植物图鉴 **3**：730，图 5413. 1974；中国植物志 **67** (1)：152. 1978；Fl. China **17**：332. 1994. ——*N. chinensis* Fisch. ex Lehm.，Gen Nicot. **18**. 1818；Dunal in DC. Prodr. **13** (1)：559. 1852.

一年生草本；被腺毛；茎被柔毛，基部木质化。叶片长圆状披针形、披针形或卵形，长 10～30(70)cm，宽 8～15(30)cm，先端渐尖，基部渐狭而半抱茎；柄不明显或呈翅状。圆锥花序顶生，多花；萼筒状钟形，长约 2 cm，裂片三角形，大小不等；花冠漏斗状，粉红色，长 3～5 cm，裂片先端急尖；雄蕊 5 枚，1 枚较短，内藏，花丝基部有毛。蒴果与宿萼近等长，卵形，熟时 2 瓣裂。　花期春夏季，果期夏秋季。　原产于南美洲，我国各地均有栽培。　叶为制卷烟原料。全草含烟碱(尼古丁 nicotine)，以叶中含量最多，有毒。叶有散瘀消肿、杀虫解毒的功效；可用于治关节疼痛、腰痛、疮疡肿毒、外伤出血、疥癣。全株可作农业杀虫剂。

17. 碧冬茄属　Petunia Juss.

草本；有分枝，常有腺毛。叶互生；全缘。花萼 5 深裂；花冠漏斗状或高脚碟状；雄蕊 5 枚，着生于花冠筒中部或下部，其中 4 枚长 1 枚短，稀不育或退化；子房 2 室，柱头不明显 2 裂。蒴果 2 瓣裂。　本属约有 3 种，主要分布于南美洲。我国栽培有 1 种。

碧冬茄（中国植物志）　图版 120：4

Petunia hybrida (J. D. Hooker) Vilmorin，Fl. Pleine Terre ed. **1**. 615. 1863；中国高等植物图鉴 **3**：730，图 5414. 1974；中国植物志 **67** (1)：154. 1978；Fl. China **17**：330. 1994.

一年生草本；被腺毛。叶片卵形，长 3～8 cm，宽 1.5～4.5 cm，先端急尖，基部阔楔形或楔形，全缘；无柄或具短柄。花单生；漏斗状，白色至紫堇色，长 5～7 cm；雄蕊 4 枚长 1 枚短。蒴果圆锥状，2 瓣裂。　花期夏季。　在南宁、柳州、桂林等地的公园常作栽培观赏。我国各城市普遍有栽培，有时逸生，原产于南美洲。　花美丽，可作观赏用。

图版 120　1～3. **夜香树** Cestrum nocturnum L.　1. 花枝；2. 花冠展开示雄蕊着生；3. 雌蕊。　4. **碧冬茄** Petunia hybrida (J. D. Hooker) Vilmorin　4. 花枝。（邹贤桂绘）

251. 旋花科 CONVOLVULACEAE*

草本、半灌木、灌木，稀为小乔木或稀为寄生草本；被各式单毛或分叉的毛；植物体有乳汁；有些种类地下有肉质的块根；茎缠绕或攀缘，有时平卧或匍匐，稀直立。叶互生，螺旋排列，寄生种类无叶或退化成小鳞片，通常为单叶；全缘，掌状或羽状分裂或全裂，基部心形或戟形；无托叶；有叶柄。花单生于叶腋，或少花至多花组成腋生聚伞花序，有时总状、圆锥状、伞形或头状，极少为二歧蝎尾状聚伞花序；通常苞片成对，很小，叶状或总苞状；花整齐，两性，5数；花萼离生或仅基部连合；外萼片比内萼片大，宿存，有些种类在果期增大；花冠合瓣，大而艳丽，漏斗状、钟状、高脚碟状、筒状或坛状，冠檐近全缘或5浅裂至深裂，稀每裂片又有2小裂片，花蕾期旋转折扇状或镊合状至内向镊合状，花冠外常有5条明显的被毛或无毛的瓣中带；雄蕊4～5枚，与花冠裂片互生，着生于花冠筒基部或中部稍下，花丝丝状，花药2室，内向开裂或侧向纵长开裂；花粉粒无刺或有刺；在菟丝子属中，花冠筒内雄蕊之下有流苏状鳞片；花盘环状或杯状；子房上位，通常为2个心皮组成，1～2室，或因有发育的假隔膜而为4室，稀3室，心皮合生，极少深2裂；中轴胎座，每室有2颗倒生无柄胚珠，子房4室时每室1颗胚珠；花柱1～2枚，或几无花柱，柱头各式。干时室背开裂、周裂、盖裂或不规则破裂，或为不开裂的肉质浆果，或果皮干燥坚硬呈坚果状；种子1～4粒，很少6粒或10粒，为3棱形，种皮光滑或有各式毛；胚乳小，肉质至软骨质；胚大，褶叠或皱褶状，在菟丝子属的胚条状螺蜷，无子叶或退化为小鳞片状。　全球约有58属1 650种以上，广泛分布于热带、亚热带和温带，主要分布于美洲和亚洲的热带、亚热带地区。我国有20属约129种，南北均有，但大部分属种产于西南和华南。广西有16属56种4亚种5变种1杂交种。有些种类可供食菜，例如番薯是主要的粮食作物之一、蕹菜为著名栽培蔬菜。有些种类可供药用，有些种类栽培作园篱、棚架供观赏，此外有些种类为田间杂草。

分属检索表

1. 非寄生植物，具营养叶；花显著。
  2. 花粉粒无小刺。
    3. 子房分裂为2室；花柱2枚，基生，着生于离生心皮之间；匍匐小草本；叶片小型，心形、肾形或圆形 ………………………………………… 1. **马蹄金属** Dichondra J. R. et G. Forst.
    3. 子房不分裂；花柱1枚或2枚，顶生。
      4. 花柱几无，柱头半球形或圆锥形，贴生于子房；花冠深5裂，每裂片有2枚质地较薄的小裂片；肉质浆果；具1粒种子；木质大藤本或攀缘灌木，稀为小乔木 ……………………… 2. **丁公藤属** Erycibe Roxb.
      4. 花柱明显，柱头各式；花冠近全缘或5裂，裂片全缘。
        5. 全部萼片或3枚外萼片在结果时极增大成翅状，与果一起脱落。
          6. 苞片叶状或小而钻状或缺 ……………… 3. **飞蛾藤属** Dinetus Buchanan-Hamilton ex Sweet
          6. 苞片3枚，萼片状 ……………………………… 4. **三翅藤属** Tridynamia Gagnepain
        5. 萼片于果期不增大或稍增大，不呈翅状，果开裂后，萼宿存于果梗。
          7. 花柱2枚，每1花柱先端2尖裂，具圆柱状或棒状的柱头；苞片于果期不明显增大；直立或平卧草本，茎不缠绕 ……………………………… 5. **土丁桂属** Evolvulus Linn.
          7. 花柱1枚。
            8. 花萼包于2枚大苞片内；柱头长圆形或椭圆形，扁平状 ………… 6. **打碗花属** Calystegia R. Br.
            8. 花萼不包于苞片内；柱头卵状长圆形。

---

* 编著者：黄德爱、唐赛春。

9. 外萼片比内萼片显著长而宽，锐尖或渐尖；花冠外瓣中带被长柔毛；子房被长柔毛 ……………………………………………………………………………… 7. **猪菜藤属** Hewittia Wight et Arnott

9. 萼片近相等，或外萼片稍大或稍短小，钝、锐尖或具小尖头，稀渐尖。

10. 柱头2枚，条形、长圆形或棒状；聚伞花序组成伞形或头状花序，花多或少，柱头裂片不弯；种子无毛，背部边缘有狭翅 …………………………………………………… 8. **小牵牛属** Jacquemontia Choisy

10. 柱头1枚，头状或2裂，裂片球形。

11. 蒴果成熟时于中部或上部横裂；茎、叶柄及花序梗通常有翅 … 9. **盒果藤属** Operculina S. Manso

11. 蒴果成熟时4瓣裂，或呈不规则开裂，但不为横裂，各部无翅。

12. 花药旋扭 ……………………………………………………… 10. **鱼黄草属** Merremia Dennst.

12. 花药不扭曲 ………………………………………… 11. **地旋花属** Xenostegia D. F. Austin et Staples

2. 花粉粒有刺。

13. 花冠通常较短小，呈圆管状、坛状或钟状；冠檐短，5齿裂或5浅裂，不开展。

14. 花密集为无梗或具短花序梗的聚伞花序；蒴果4瓣裂 ………………………… 12. **鳞蕊藤属** Lepistemon Blume.

14. 花单生于叶腋；浆果不开裂 ……………………………………………………… 13. **苞叶藤属** Blinkworthia Choisy

13. 花冠通常较大，呈漏斗状、钟状或高脚碟状；冠檐开展。

15. 果为浆果状，不开裂，果皮肉质或革质，紫色、红色或黄色；花冠外瓣中带通常被毛，茎、叶也常被绢毛或绒毛；木质藤本 ……………………………………………………………… 14. **银背藤属** Argyreia Lour.

15. 蒴果，通常4瓣裂；花冠外瓣中带通常无毛；缠绕草本或攀缘半灌木 ………………… 15. **番薯属** Ipomoea Linn.

1. 寄生植物，无叶，具吸器；花小；花冠筒部内面雄蕊下有5个流苏状的鳞片 ………………… 16. **菟丝子属** Cuscuta Linn.

1. 马蹄金属　Dichondra J. R. et G. Forst.

多年生匍匐草本；无毛或被柔毛。叶有柄；叶片心形至肾形，全缘。花小，单生于叶腋；苞片小；萼片5枚，基部几不联合，近等长，卵形至匙形；花冠钟形，微小，深5裂，比萼片短小，裂片内向镊合状，或近覆瓦状排列；雄蕊比花冠短，花丝丝状，花药小；花粉粒平滑；花盘小，杯状。子房深2裂，2室，每室2颗胚珠；花柱2枚，着生于子房基部，丝状，柱头头状。蒴果2裂，裂片近球形，通常各具1粒种子；种子近球形。全球约有14种，较多种类分布于美洲，2种分布于新西兰，1种分布于澳大利亚，1种广泛分布于热带、亚热带地区。我国有1种；广西亦有。

马蹄金(通称)　金挖耳(靖西)　金钱草　黄疸草　小金钱草　小马蹄金　图版121：1～4

Dichondra micrantha Urban in Symb. Antill. **9**：243. 1924；台湾植物志 **4**：353，图版 1036. 1978；Fl. China **16**：275. 1995. ——*Sipthorpia evolvulacea* Linn. in f. Suppl. 288. 1781. ——*Steripha reniformia* Gaertn.，Fruct. **2**：81，t. 94. 1788. ——*Dichondra evolulacea* Britton in Mem. Torr. Bot. Club. **5**：268. 1894. ——*D. repens* Forst. in Char. Gen. Pl. 40，t. 20. 1776；中国植物志 **64** (1)：8，图版 1：1～4 1979；贵州植物志 **6**：332，图版 93：1～3. 1989.

多年生匍匐草本；茎纤细，长达0.6 m，被灰色短柔毛，于节上生根。叶片心形至肾形，长6～22 mm，宽8～26 mm，先端微缺，基部宽心形，多少7脉，叶两面被柔毛，或无毛，但幼叶有毛，全缘；叶柄长(0.7)3～5 cm。花单生于叶腋，花柄长2～9 mm；萼片匙形，长约2.5 mm，宽约1 mm，背面及边缘被绢毛，明显具脉；花冠钟状，长与花萼相似，黄色，深5裂，裂片长圆状披针形，无毛；雄蕊5枚，着生于花冠2裂片弯缺处，花丝短于花冠；子房被疏柔毛，2室，每室2颗胚珠，花柱2枚，柱头头状。蒴果近球形，直径1.5～2 mm，熟时开裂，膜质，被柔毛；种子1～2粒，细小，球形或稍三棱形，褐色，无毛。　花期5～6月，果期8～9月。　产于广西各地；生于山坡草地、路旁或沟边。分布于我国长江以南各地及台湾、海南，广泛分布于热带、亚热带地区。

全草可供药用，有清热利尿、行气止痛、消炎解毒、杀虫、接骨的功能。可治急慢性肝炎、黄疸型肝炎、胆囊炎、肾炎、泌尿系统感染、扁桃体炎、口腔炎及痈疮疔毒、毒蛇咬伤、乳痈、疟疾、肺出血等；亦可铺盖草坪。

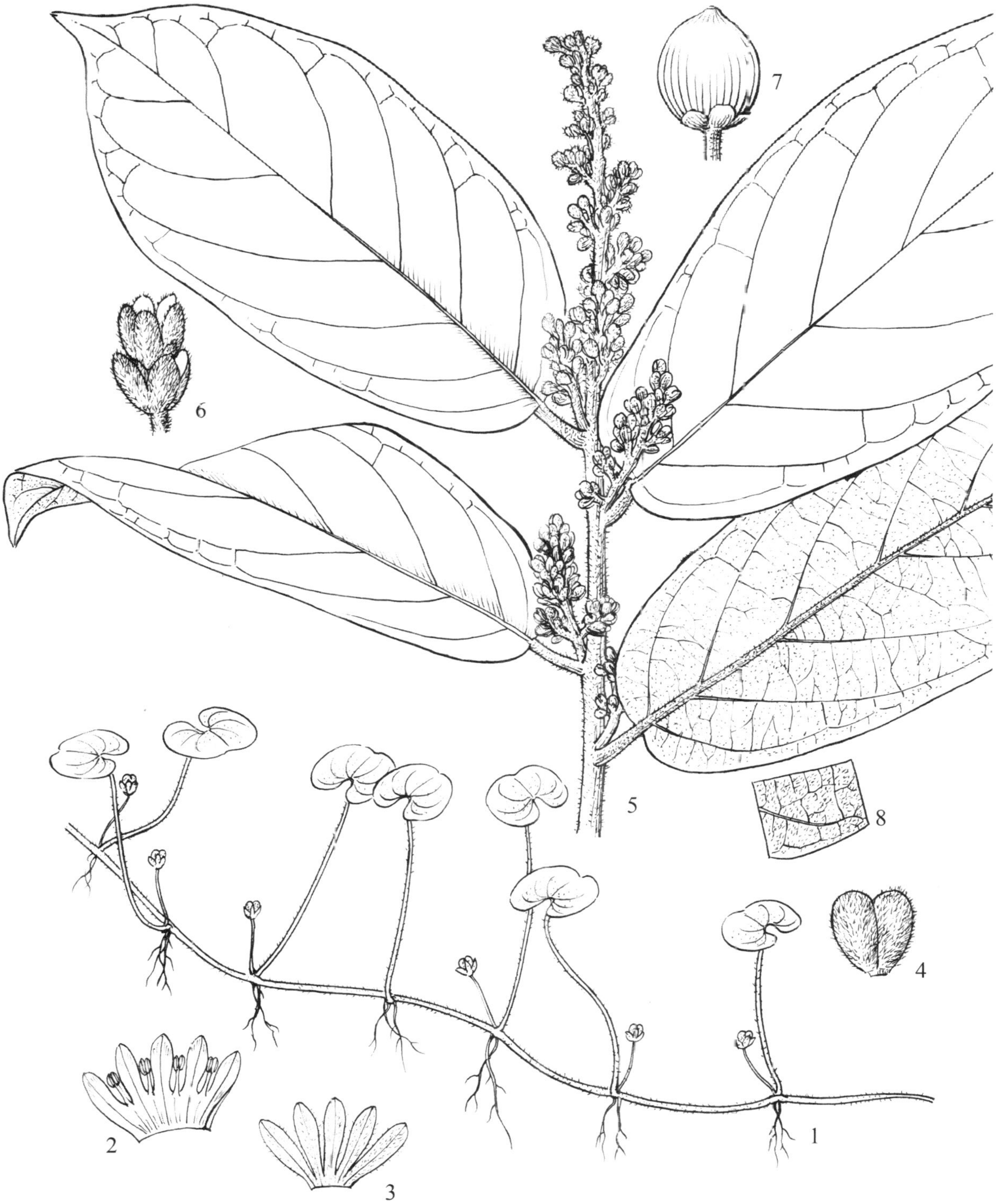

图版 121　1～4. 马蹄金 Dichondra micrantha Urban　1. 果枝；2. 花冠展开示雄蕊；3. 萼片；4. 雄蕊。　**5～8. 毛叶丁公藤 Erycibe hainanensis** Merr.　5. 花枝；6. 花放大；7. 果；8. 叶背面一部分毛放大。（林文宏绘）

2. 丁公藤属* Erycibe Roxb.

木质高大藤本或攀缘灌木，稀为小乔木；无毛或被绒毛，毛为单毛或有时叉状分枝。叶片卵形或狭长圆形，先端渐尖，全缘，革质；具短柄。花序总状或圆锥状，顶生或腋生；苞片小，早落；花小，芳香；萼片5枚，几相等，圆形或椭圆形，革质，宿存；花冠白色或黄色，钟状，深5裂，裂片呈倒三角形外面被毛的瓣中带和2枚较薄的小裂片；雄蕊5枚，着生于花冠基部稍上，花丝短，花药先端钝或渐尖，基部心形，有时两端截形至微凹；花粉粒无刺；花盘不明显；子房1室，具4颗胚珠；花柱顶生，很短至无花柱，柱头大或小，圆锥状，具5～10条直或稍扭曲的棱纹。浆果带肉质，光滑无毛或有糠秕或被毛；具种子1粒。　全球约有67种，分布于亚洲热带地区，日本南部和琉球群岛、中南半岛地区、印度、斯里兰卡、马来西亚、菲律宾北部均有分布。我国有10种，主要分布于台湾、海南、广东和云南；广西现知有5种。

分种检索表

1. 小枝和叶背面被锈色或密被深褐色柔毛；叶片椭圆形至长圆状椭圆形，长15～18 cm，宽6～8 cm，先端渐尖，基部钝或稍圆形，腹面无毛，有微小斑点 ………… 1. **毛叶丁公藤** E. hainanensis Merr.
1. 小枝无毛或稍被密柔毛，叶两面无毛或几无毛。
  2. 圆锥花序疏散，通常顶生，有时腋生，多花；花序轴伸长，长7～20 cm；花冠裂片有小锯齿 ………… 2. **锥序丁公藤** E. subspicata Wall. ex G. Don
  2. 总状花序或圆锥状花序，顶生和腋生，花较少；花序较短，长2～7 cm。
    3. 叶片革质或厚革质。
      4. 叶片卵状椭圆形至长圆状椭圆形，先端骤然渐尖；花冠小裂片边缘啮蚀状；浆果球形 ………… 3. **光叶丁公藤** E. schmidtii Craib
      4. 叶片椭圆形或倒长卵形，先端钝圆或钝；花冠小裂片边缘波状；浆果卵状椭圆形 … 4. **丁公藤** E. obtusifolia Benth.
    3. 叶片纸质，椭圆形或长圆状椭圆形，先端骤尖 ………… 5. **瑶山丁公藤** E. sinii How

1. 毛叶丁公藤（海南植物志）　海南麻辣子藤（中国高等植物图鉴）　图版121:5～8

Erycibe hainanensis Merr. in Philip. Journ. Sci. **21**:353. 1922; id. Lingnan Sci. Journ. **5**:153. 1927; Masamune, Fl. Kainant. 272. 1943; How in Sunyatsenia **6** (3～4):223. 1946, descr. add.; Hoogl. in Blumea **7** (2):349. 1953; 海南植物志 **3**:476. 1974; 中国高等植物图鉴 **3**:542, 图5037. 1974; 中国植物志 **64** (1):15. 1979; Fl. China **16**:278. 1995. ——*E. bachnaense* Gagn. in Not. Syst, **14**:27. 1950.

本种为攀缘灌木，高约10 m；茎粗壮，直径约5 mm。叶片纸质至近革质，长圆状椭圆形，长15～18 cm，宽6～8 cm，先端渐尖，基部钝或圆形，腹面无毛，有微小斑点。其主要特点是小枝和叶背面被锈色或被深褐色柔毛。　花期5～9月，果期10～12月。　产于钦州、防城；生于海拔170～1 100 m的林中，攀缘于大树上。分布于海南，越南北部亦有。　据《植物学报》31(8):616～619. 1989. 王朴等的毛叶丁公藤化学成分研究，知悉本种的茎中共分离得5个单体：其中两个即东莨菪素(scopoletin)、东莨菪苷(scopolin)，另3个为莨菪烷生物碱即包公藤甲素(baogongteng A)、包公藤丙素(baogongteng C)、凹脉丁公藤碱(erycibelline)。衍生物(4m, 5m, 5ma)为新的莨菪化合物。

2. 锥序丁公藤

Erycibe subspicata Wall. ex G. Don, Gen. Hist. **4**:392. 1838. Dunn in Journ. Linn. Soc. Bot. **39**:446.

---

* 本属又名：**麻辣仔属**［植物分类学报 2(4):356. 1954；种子植物名称，1954；拉汉种子植物名称，第二版，1974；中国植物科属检索表］；**麻辣仔藤属**［云南热带亚热带植物区系研究报告(第一集)1965］；**伊立基藤属**（台湾植物志，1978）。

1911；Merr. in Journ. Arn, Arb. **23**：192. 1942；How in Sunnyatsenia **6**：226. 1946；Kerr in Fl. Siam. En. **3**：98. 1951；Hoogl. in Blumea **7** (2)：357. 1953；云南植物志 **2**：620，图版 176：2～6. 1979；中国植物志 **64** (1)：16，图版 3：2～6. 1979；Fl. China **16**：278. 1995. ——*E. paniculata* Roxb. var. *subspicata* (Wall. ex G. Don) Choisy in Ann. Sci. Nat. Bot. **1**：223. 1834.

攀缘灌木，高 3～6 m；小枝有细棱，被锈色短柔毛（单毛或分叉毛）。叶片革质或薄革质，长圆形、披针状长圆形或椭圆形，长 7～18 cm，宽 2.5～5.5 cm，先端骤尖偶有长渐尖，基部楔形或稍圆，腹面无毛，背面疏被锈色分枝短柔毛；侧脉每边 6～7 条。花序圆锥状，顶生或有时腋生，长 7～20 cm，密被锈色短柔毛，序轴具棱；花梗长约 4 mm，密被锈色短柔毛；花萼椭圆形或近圆形，内凹，长 3～3.5 mm，外面密被锈色短柔毛，内面无毛，外面 2 枚与内面 3 枚形状大小近相等；花冠白色，芳香，长约 9 mm，深 5 裂，每裂片具卵状三角形被锈色绢毛的瓣中带，2 枚小裂片近半圆形，边缘具齿；花丝扁平，长约 1 mm，花药圆锥状；子房 1 室，4 颗胚珠，柱头冠状，直径与子房相等。瘦果椭圆形，长约 1.5 cm，直径约 9 mm。 产于龙州；生于海拔 320～1 200 m 的沟谷密林中。分布于云南南部、东南部，印度东北部、不丹、缅甸、泰国也有分布。

3. **光叶丁公藤** 丁公藤（海南植物志）

Erycibe schmidtii Craib in Bot. Tidsskr. **32**：352. 1916；Kerr in Fl. Siam. En. **3**：98. 1951；Hongl. in Blumea **7** (2)：355. 1953；云南植物志 **2**：619. 1979；中国植物志 **64** (1)：21，图版 4：1～4 1979；Fl. China **16**：279. 1995. ——*E. laevigata* auct. non Wall. ex Choisy：C. B. Clarke in Hook. f. Brit. Ind. **4**：181. 1883；Dunn. in Journ. Linn. Soc. Bot. **39**：446. 1911. ——*E. semipilosa* Gagn. in Not. Syst. **14**：28. 1950. ——*E. obtusifolia* auct. non Benth.：Hoogl. in Blumea **7** (2)：352. 1953，p. p.；海南植物志 **3**：477. 1974. p. p.

高大攀缘灌木；小枝无毛或贴生微柔毛。叶片革质，卵状椭圆形，长 7～12 cm，宽 2.5～6 cm，先端骤然渐尖，基部宽楔形或稍钝圆，两面无毛；侧脉每边 5～6 条；叶柄长 1～2 cm。聚伞花序呈圆锥状，腋生和顶生，长 2～7 cm，密被锈色短柔毛，间有 2 叉状毛；花梗长 2～5 mm；萼片近圆形，长约 3 mm，外萼片稍密被锈色短柔毛，内萼片毛较密，被缘毛；花冠白色，芳香，长约 8 mm，深 5 裂，瓣中带密被黄褐色绢毛，小裂片长圆形，边缘啮蚀状；花丝长约 1 mm，花药圆锥状，长 1.8～2 mm；雌蕊长约 2 mm，子房圆柱形，柱头冠状，边缘有小裂片。浆果球形，直径约 1.5 cm。 花期 6～8 月，果期 8～10 月。 产于上思、武鸣、金秀、平南；常生于海拔 250～1 200 m 的山谷密林或疏林中，攀生于乔木上。分布于海南、广东及云南东南部。药效与丁公藤（*E. obtusifolia* Benth.）相同。

4. **丁公藤**（南史） 麻辣子 麻辣子藤

Erycibe obtusifolia Benth.，Fl. Hongk. 236. 1861；Forb. et Hemsl. in Journ. Linn. Soc. Bot. **26**：156. 1890；Dunn et Tuch. in Kew Bull. Add. ser. **10**：178. 1912；Merr. in Lingnan Sci Journ. **11**：55. 1932；Hand.-Mazz. in Beih. Bot. Centralbl. **56**：451. 1937；Masamune，Fl. Kainant. 272. 1943；How in Sunyatsenia **6**：225. 1946；Hoogl. in Blumea **7** (2)：352. 1953，p. p.；海南植物志 **3**：477. 1974，p. p.；中国植物志 **64** (1)：20，图版 4：5～6. 1979；Fl. China **16**：279. 1995.

高大木质藤本，长约 12 mm；小枝无毛。叶片革质，椭圆形或倒长卵形，长 6.5～9 cm，宽 2.5～4 cm，先端钝或钝圆，基部渐狭成楔形，两面无毛；侧脉每边 4～5 条；叶柄长 0.8～1.2 cm，无毛。聚伞花序腋生，腋生的花少至多数，顶生的排列成总状，长约为叶长的 1/2，花序轴、花序梗被淡褐色柔毛；花梗长 4～6 mm；花萼球形，萼片近圆形，长 3 mm，外面被淡褐色柔毛和有缘毛，毛不分叉；花冠白色，长 1 cm，小裂片长圆形，全缘或浅波状，无齿；雄蕊不等长，花丝长达 1.5 mm，花药与花丝近等长，先端渐尖，花丝之间有鳞片；子房圆柱形；柱头圆锥状贴着子房，两者近等长。浆果卵状椭圆形，长约 1.4 cm。 花期 6～8 月。 产于钦州；常生于山谷湿润密林中或路旁灌木丛。分布于海南、广东中部及沿海地区，越南北部亦有。 用茎切片作风湿酒（冯了性药酒）的原料，治风湿有特效。

5. **瑶山丁公藤** 瑶山麻辣子（广西植物名录）

Erycibe sinii How in Sunyatsenia **6**：226. 1946；Hoogl. in **7** (2)：358. 1953；中国植物志 **64** (1)：21，图

版 **5**:5～4. 1979;Fl. China **16**:280. 1995.

攀缘灌木;一年生枝条无毛,当年生枝条贴生疏柔毛。叶片纸质,椭圆形或长圆状椭圆形,长 6～9 cm,宽 2.5～4.3 cm,先端骤尖,基部楔形,不等,叶腹面无毛,背面略被小粗伏毛及小斑点,近于苍白色;侧脉每边 5～7 条,在腹面不明显,在背面稍突起;叶柄细。花序顶生和腋生,为单生的总状或圆锥状,密被贴生的黄色短柔毛,顶生的延伸成狭圆锥状花序,长 8～10 cm,多花,腋生总状花序简单,长 2～3 cm,少花;花梗长 2 mm;小苞片条状披针形,锐尖;萼片圆,宽 2～3 mm,密被贴生的褐色绢毛;花冠长约 7.5 mm,小裂片小圆状卵形,长约 3 mm,具脉,边缘具细圆齿;花药卵状长圆形,先端骤然渐尖,收缩成 1 mm 长,花丝短,基部扩大;子房球形;柱头头状,具 5 沟槽。果未见。　花期 6 月。　本种为广西特有,产于金秀。

3. 飞蛾藤属　Dinetus Buchanan-Hamilton ex Sweet

藤本,木质或草质,或攀缘灌木。叶具柄;叶片卵形,大多数基部心形,掌状脉,稀羽状,全缘,稀分裂,草质。总状或圆锥花序,稀单花;苞片叶状或小而钻状或缺;萼片 5 枚,相等或不相等,在果时 3 枚外萼片或全部增大,匙形或长圆形,与果一起脱落;花冠整齐,白色,淡红色,稀淡紫色,小或中等大,钟形或漏斗形,稀较大,漏斗状或高脚碟状,冠檐近全缘或 5 裂;雄蕊及花柱内藏,稀伸出;雄蕊 5 枚,花丝丝状,着生于花冠筒近基部,无毛,或在基部具腺体或短柔毛,花药长圆形至条形,花粉粒无刺;花盘环状或缺;子房大多无毛,1 室,2 颗胚珠,或 1～2 室,2～4 颗胚珠,花柱 1 枚,单 1 尖裂或具不等长 2 尖裂;柱头圆球状,2 裂,单生。蒴果小,近球形至长圆形,2 瓣或不开裂。种子通常 1 粒,球形,无毛。　全球约有 8 种,主要分布于亚洲热带及亚热带地区。我国有 6 种,主产于云南,有些种类分布于长江以南各地,其中 1 种分布于陕西、甘肃;广西产有 2 种。

分种检索表

1. 果椭圆形,顶端急尖或有尖头 ······ 1. **飞蛾藤** D. racemosus (Roxb.) Sweet
1. 果阔倒卵球形至偏棱形,顶端平截或凹 ······ 2. **毛果飞蛾藤** D. truncatus (Kurz) Staples

1. 飞蛾藤　小元宝　图版 122:1～5

Dinetus racemosus (Roxb.) Sweet, Brit. Fl. Gard. **2**: pl. 127. 1825; Fl. China **16**: 284. 1995.——*Porana racemosa* Roxb., Hort. Beng. **13**. 1814, nom. nud.; id. Fl. Ind. ed. Carey et Wall. **2**: 41. 1824; ed. 2. **1**: 466. 1832; Choisyin DC. Prodr. **9**: 436. 1845; Wight. Icon. Pl. Ind. Orient. **4**: t. 1376. 1848; C. B. Clarke in Hook. f. Fl. Brit. Ind. **4**: 222. 1883; Forb. et Hemsl. in Journ. Linn. Soc. Bot. **26**: 166. 1890.——*P. gagnepainiana* H. Lévl., Cat. Pl. Yunnan 58. 1916.——*Dinetus racemosa* Ham. ex Sweet Brit. in Fl. Grad. **2**: t. 127. 1825.

草质藤本;茎缠绕,圆柱形,高达 10 m,幼时多少被黄色硬毛,后来具小瘤,或无毛。叶互生;叶片卵形或宽卵形,长 3.5～10 cm,宽 2～8 cm,先端渐尖,具锐尖的尖头,基部深心形,两面被紧贴疏柔毛,背面较密;掌状脉基出脉 7～9 条;叶柄比叶片短或与叶片等长。圆锥花序腋生,有 1 朵至多朵花;苞片叶状,小苞片钻形;花梗较萼片长,长 3～6 mm;萼片 5 枚,裂片小,等大,披针形,长 1.5～2.5 mm,被丝质疏柔毛,果时全部增大,长可达 18 mm,宽 3～4 mm,具纵脉 3 条;花冠漏斗状,长约 1 cm,白色,管部黄色,先端 5 裂至中部,裂片长圆形,无毛;雄蕊内藏;花丝比花药短,着生于管内不同水平面;子房无毛,花柱 1 枚,比子房长,柱头棒状,2 裂。蒴果卵形,直径 7～8 mm,无毛;种子 1 粒,卵形,长约 6 mm,黑褐色。　花期 9～10 月,果期 10～11 月。　产于平果、那坡、百色、凌云、凤山、隆林、天峨、南丹、富川、龙胜、昭平、钟山、金秀;生于海拔 850～1 200 m 的山地灌木丛中。分布于浙江、广东、湖北、四川、贵州、云南,印度西北部、尼泊尔、越南、泰国及印度尼西亚亦有。　全草可作药用,有暖胃、补血、祛瘀之效。可治无名肿毒、劳伤疼痛、高烧。

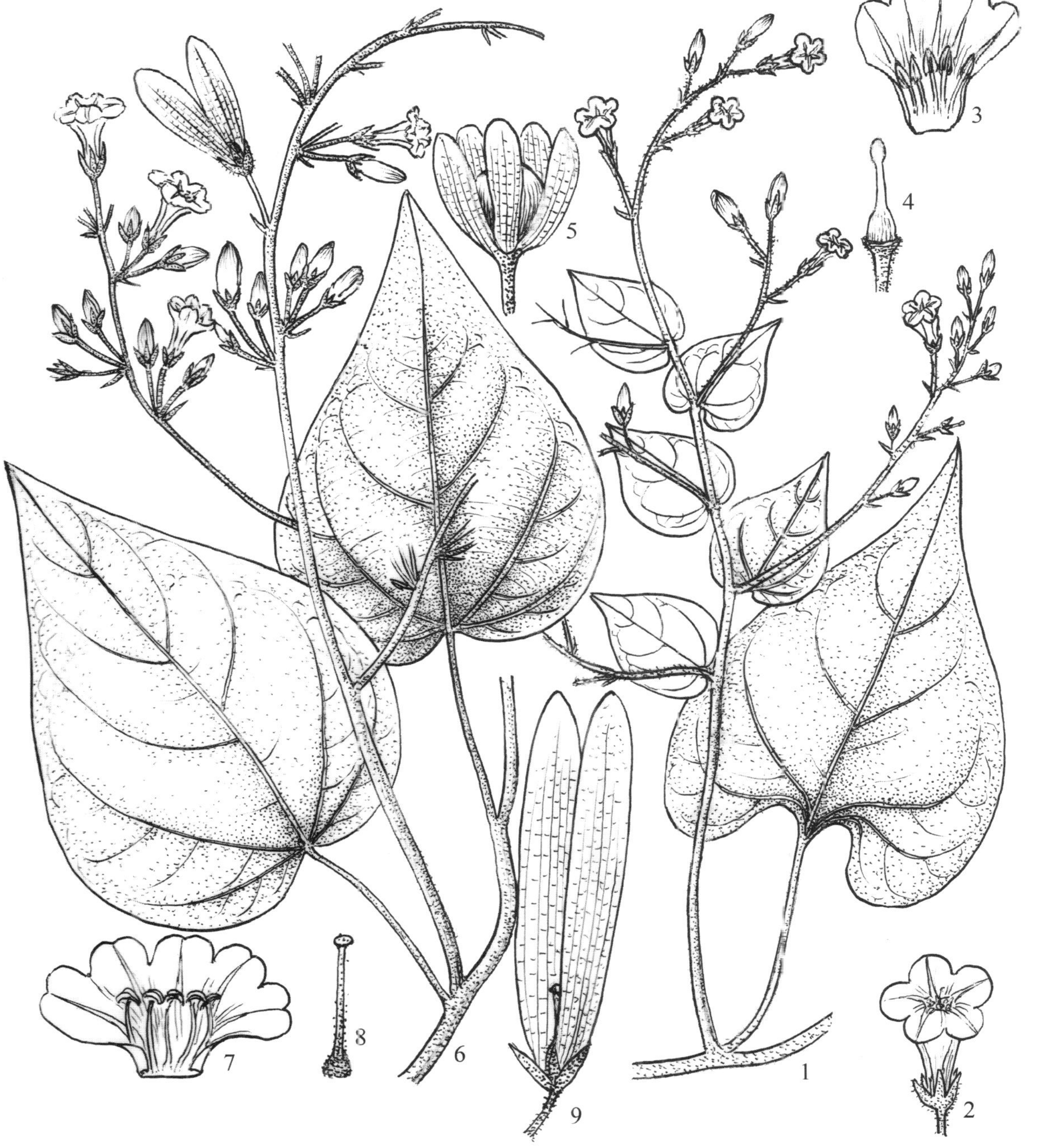

图版 122　1～5. 飞蛾藤 Dinetus racemosus (Roxb.) Sweet　1. 花枝；2. 花；3. 花冠；4. 雌蕊；5. 果。　**6～9. 大果三翅藤** Tridynamia sinensis (Hemsley) Staples　6. 花果枝；7. 花冠展开；8. 雌蕊；9. 果。（辛茂芳绘）

2. 毛果飞蛾藤

Dinetus truncatus (Kurz) Staples, Novon **3**: 200. 1993; Fl. China **16**: 284. 1995. ——*Porana truncata* Kurz, J. Bot. **11**: 136. 1873.

草质藤本；被黄色微毛；茎疏被丝毛，后变无毛。叶柄长 3.8～6.4 cm；叶片阔卵形至心形，长 8.3～9.5 cm，宽 5.6～6.9 cm，腹面无毛或疏被毛，背面叶脉处具丝毛或单毛。花序为松散的总状或圆锥状，长 15～23 cm；苞片心形；花梗下弯。果萼伸展，萼片紫黑色至褐色，狭椭圆形至长椭圆形，相等，无毛或疏被柔毛，顶端钝或圆，具尖头。果倒卵球形至偏棱形，直径 5～7 mm，密被细丝毛。 果期 10～12 月。 产于龙胜、百色、平果、那坡、凌云、隆林、昭平、富川、钟山、南丹、天峨、凤山、金秀。分布于安徽、广东、江西、云南，马来西亚、泰国亦有。

4. 三翅藤属 Tridynamia Gagnepain

藤本；植株被毛，后变无毛。叶单生；具柄；叶片心形，硬纸质或革质，背面密被绒毛或无毛；叶脉鸟足状。花序腋生（或顶生），具苞片，总状或圆锥状；小苞片 3 枚，萼片状；花艳丽，簇生；萼片离生，5 枚，不相等增大，内萼片略增大；花冠白色或蓝紫色，钟状至阔漏斗状，长 1～3.5(5.5)cm，5 裂，外面顶端被柔毛，内面无毛；雄蕊内藏或外露，花丝基部被毛或无毛，花药箭形；雌蕊内藏或外露，子房 1 室，胚珠 4 颗，花柱 1 枚，丝状，柱头 2 裂，具皱纹。果紧包于花萼内，果皮不裂，顶端具尖头。种子 1 粒，无毛。 本属有 4 种，分布于印度、老挝、马来西亚、泰国、越南。我国有 2 种 1 变种；广西亦有。

分 种 检 索 表

1. 植株被白色至黄色的毛；花冠白色；3 枚外萼片在果时增大………………… 1. **大花三翅藤 T. megalantha** (Merrill) Staples
1. 植株被锈色或暗黄色绒毛；花冠蓝紫色、淡蓝色或玫瑰色，极少白色；2 枚外萼片在果时增大 …… 2. **大果三翅藤 T. sinensis** (Hemsley) Staples
  2. 植株被柔毛；叶片宽卵形、椭圆形，长 8.5～13.2 cm，宽 6.1～10 cm，叶腹面疏被、背面密被污黄色或锈色短柔毛 ………………………………………………………………… 2a. **大果三翅藤 T. sinensis** (Hemsley) Staples var. **sinensis**
  2. 植株无毛或疏被柔毛；叶片狭卵形至椭圆状卵形，长 4.4～14.2 cm，宽 1.9～9.2 cm，下面无毛或沿脉处疏被绒毛 ……………………………… 2b. **近无毛三翅藤 T. sinensis** (Hemsley) Staples var. **delavayi** (Gagnep. et Courchet) Staples

1. 大花三翅藤 知列藤（天等）

Tridynamia megalantha (Merrill) Staples in Novon **3**: 201. 1993; Fl. China **16**: 282. 1995. ——*Porana megalathe* Mell. in Lingnan Sci. Journ. **14**: 53, t. 18. 1935. ——*P. spectabilis* Kurz var. *megalantha* (Merrill) How. 海南植物志 **3**: 475, 图 867. 1974; 中国植物志 **46** (1): 32. 1979.

木质藤本；被白色至黄色的毛。叶柄长 1.2～4(7)cm；叶片卵形，椭圆形或圆形，长 7.8～15(19.7)cm，宽 5～9(12.5)cm，背面被绒毛，腹面被绒毛至近无毛，基部心形。苞片卵形，小苞片不等；花梗长 7～10 mm；花长 3～4.5(5)cm；萼片狭长椭圆形至线形，不等长，3 枚外萼片长 7～8 mm，被绒毛，在果时伸长，抱紧，末端扁平，翅状，内轮 2 枚较小，果时褐色，长椭圆形，被绒毛，粗网状；花冠白色，阔漏斗状，张开时直径达 2.7～4.6 cm，5 浅裂；雄蕊不等，长 1.1～1.7 cm；雌蕊内藏，子房，无毛，花柱基部被毛。果倒卵形至椭圆形，纤细，长约 10 mm，宽约 6 mm，被毛；种子深褐色，长 8～10 mm，宽 5～6 mm，具皱纹。 花期全年，7～8 月为高峰期；果期全年，7～9 月和 1～3 月为高峰期。 产于邕宁、武鸣、隆安、龙州、宁明、德保、田东、河池、环江、罗城、鹿寨、来宾、东兰、靖西、天等、隆林、天峨；生于山地疏林或灌木丛中。分布于广东、海南、云南，印度、老挝、越南、泰国、马来西亚亦有。 全株可作药用。

2. 大果三翅藤 图版 122：6～9

Tridynamia sinensis (Hemsley) Staples, Novon **3**: 201. 1993; Fl. China **16**: 282. 1995. ——*Porana* *sinensis* Hemsley in F. B. Forbes et Hemsley, J. Linn. Soc., Bot. **26**: 197. 1890.

木质藤本；幼枝被短柔毛；老枝圆柱形，暗褐色，近无毛。叶片宽卵形，纸质，长 5～10 cm，宽 4～6.5 cm，先端锐尖或骤尖，基部心形，叶腹面疏被、背面密被污黄色或锈色短柔毛；掌状脉基出，5 条，在叶腹面稍突出，在背面突出，侧脉 1～2 对；叶柄腹面具槽，稍扁，长 2～2.5 cm。花淡蓝色或紫色，2～3 朵沿序轴簇生，组成腋生单一的总状花序，有时长达 30 cm；无苞片；花柄较花短，长 5～6 mm，密被污黄色绒毛，先端具 2～3 枚小苞片；卵形，锐尖，长 3 mm；萼片被污黄色绒毛，极不相等，外面 2 枚较大，长圆形，钝，内面 3 枚较短，卵形；花冠宽漏斗状，长 1.5～2 cm，张开时宽达 2.5 cm，管短，长约 8 mm，冠檐浅裂，外面被短柔毛；雄蕊近等长，无毛，较花冠短，着生于管中部以下，花丝丝状，花药箭形；子房中部以上被疏长柔毛，1 室，胚珠 4 颗，花柱下半部被疏柔毛，柱头头状，2 浅裂。蒴果球形，成熟时 2 枚外萼片极增大，长圆形，长 6.5～7 cm，宽 1.2～1.5 cm，先端圆形，基部稍缢缩，两面疏被短柔毛，具 5 条明显平行纵贯的脉，3 枚较小的内萼片近等长，几不增大，先端近锐尖，被短柔毛，微具小齿；种子 1 粒，黄褐色，压扁状，不规则近圆形。

2a. 大果三翅藤(原变种)

Tridynamia sinensis (Hemsley) Staples var. **sinensis**

藤本；被柔毛。叶片宽卵形、椭圆形，长 8.5～13.2 cm，宽 6.1～10 cm，叶腹面疏被、背面密被污黄色或锈色短柔毛，腹面无毛，基部心形或浅心形。花冠蓝紫色、浅蓝色至白色；花冠筒 8～10 mm，直径 1.9～3 cm；雄蕊近等长，无毛，较花冠短，着生于管中部以下，花丝丝状，花药箭形；子房中部以上被疏长柔毛，1 室，4 颗胚珠，花柱下半部被疏柔毛，柱头头状，2 浅裂。蒴果球形。　花期 4～9 月，果期 5～12 月。　产于南丹、凌云、平果、永福。分布于广东、湖南、湖北、四川、贵州、云南及甘肃。

2b. 近无毛三翅藤(变种)

Tridynamia sinensis (Hemsley) Staples var. **delavayi** (Gagnep. et Courchet) Staples, Novon **3**: 201. 1993; Fl. China **16**: 282. 1995. ——*Porana delavayi* Gagnepain et Courchet in Notul. Syst. (Paris) **3**: 153. 1915.

藤本；无毛或疏被柔毛。叶片狭卵形至椭圆状卵形，长(4.4)8～14.2 cm，宽(1.9)4.1～9.2 cm，背面无毛或沿脉处疏被绒毛，腹面无毛，基部圆形至凹，极少平截至狭心形，顶端狭渐尖。花冠紫色，深蓝色或紫色而喉部带白色(极少淡粉红色)；花冠筒长 6～9(10)mm，直径 1～2(2.7)cm，近全缘至 5 裂；雄蕊外露，等长或不等长，7～12 mm。　花期 4～10 月，果期 6～12 月。　产于桂林、南丹、乐业、凌云。分布于甘肃、贵州、湖北、湖南、陕西、四川、云南。　与原变种不同在于茎及叶近无毛。

5. 土丁桂属　Evolvulus Linn.

一年生或多年生草本，半灌木或灌木；茎直立、平卧或斜升，但不缠绕，被丝毛至柔毛。叶小，互生；全缘。聚伞花序腋生，具花序梗，有花 1 朵至多朵，密聚于茎、枝之顶排列成穗状花序或头状花序；花小，有柄或无柄；萼片 5 枚，小，等长或近等长，果时不增大；花冠小，辐状、漏斗状、钟状或高脚碟状，紫色、蓝色或白色，稀黄色，冠檐近全缘或 5 浅裂，瓣中带外被疏毛；雄蕊 5 枚，内藏或伸出，大多数着生于花冠筒中部，或少着生基部，花丝贴生于花冠筒上，丝状，无毛，花药卵形；花粉粒无刺；花盘杯状或缺；子房 2 室，每室具 2 颗胚珠，少为 1 室，具 4 颗胚珠，花柱 2 枚，顶生，丝状，分离或基部合生，每 1 枚花柱各 2 裂，柱头细长，条状或近棒状。蒴果球形或卵形，2～4 瓣裂；种子 1～4 粒，光滑或有小瘤体，无毛。　全球约有 98 种，分布于全世界热带和亚热带地区，主要分布于美洲，东半球有 2 种。我国有 1 种 1 变种；广西亦有。

土丁桂(广西、广东)　毛辣花　白鸽草　白头妹　银花草　暴臭蛇　烟油花

Evolvulus alsinoides (L.) L., Sp. Pl. ed. 2, 392. 1762; Choisy in DC. Prodr. **9**: 447. 1845; Dunn. et Tutch. in Kew Bull. add. ser. **10**: 181. 1912; 中国高等植物图鉴 **3**: 524, 图 5002. 1974; Fl. China **16**: 276. 1995. ——*Convolvulus alsinoides* Linn., Sp. Pl. 157. 1753; ——*C. linifolius* Linn., Amoen. Acad. **4**:

306. 1759.——*Evolvulus hirsutus* Lam.，Encycl. **3**：538. 1978～91 et Ⅲ. t. 216. 1791.——*E. chinensis* Choisy in DC. Prodr. **9**：447. 1845.

a. **土丁桂**（原变种） 图版 123：1～8

Evolvulus alsinoides（L.）L. var. **alsinoides**

一年生纤细草本；全株被毛；茎高 25～50 cm，茎多少分枝，直立或斜升。叶互生；叶片长圆形或椭圆形，长 1～2 cm，宽 4～9 mm，先端钝或急尖，具小短尖，基部圆形；侧脉每边 3 条。花序梗纤细，长 2.5～3.5 mm；花 1 朵至数朵组成聚伞花序；花梗纤细，长 2.5～4 mm；苞片条形，长 1.5～3 mm；萼片披针形，长 2.5～3 mm；花冠辐状，白色、浅蓝，有时淡紫色，直径 5～10 mm；雄蕊 5 枚，内藏，花丝贴生于花冠筒的基部，花药长圆状卵形；子房圆形，无毛，花柱 2 枚，叉状，近基部稍合生，每 1 花柱 2 尖裂，柱头圆形。蒴果球形，无毛，4 瓣裂；种子 4 粒，黑色。 花期 5～9 月，果期 9～11 月。 产于桂东南、桂东北、桂中、桂南、桂西南、桂西北；生于海拔 300～1 200 m 的草坡、灌木丛及路边。分布于长江以南各地，东非地区、马达加斯加、印度、中南半岛地区、马来西亚、菲律宾亦有。 全草可入药，可治支气管哮喘、咳嗽、跌打内伤、腰腿痛、头晕目眩、泌尿系统感染、血尿、蛇伤、眼膜炎等。

b. **银丝草**（变种）（海南） 白头妹（宁明）

Evolvulus alsinoides（L.）Linn. var. **decumbens**（R. Br.）Ooststr. in Med. Bot. Mus. Herb. Utrecht**14**：26. 1934 et in Males. ser. 1，**4**（4）：396. 1953；Hand.-Mazz. Symb. Sin. **7**：808. 1936；海南植物志 **3**：474 1974；中国植物志 **64**（1）：12. 1979；Fl. China **16**：276. 1995.——*E. decumbens* R. Br.，Prodr. Fl. Nov. Holl. 489. 1810.

与原变种主要不同在于本变种茎纤细，被贴生柔毛，有时混生有开展的淡黄色或灰白色柔毛；叶片披针形至条形，长 5～13 mm，宽 3～4 mm，先端锐尖或渐尖，基部圆形，或渐狭，两面被贴生疏柔毛；基部的叶有时宽而钝头。 花期 9～11 月。 产于贵港、横县、宁明、北海、田东、来宾、阳朔；生于低海拔沿海沙壤土或干燥的旷野。分布于广东、江西、湖南、云南，越南、马来西亚、菲律宾、巴布亚新几内亚岛、大洋洲各国及太平洋诸岛也有分布。 药用功效与原变种相同。

6. 打碗花属 Calystegia R. Br.

多年生草本；通常无毛，有时被短柔毛；茎缠绕或平卧。叶片箭形或戟形，具圆形、有角或分裂的基裂片。花腋生、单生或稀为少花的聚伞花序；苞片 2 枚，叶状、卵状或椭圆形，常包着花萼，宿存；萼片 5 枚，几相等，卵形至长圆形，锐尖或钝，革质，宿存；花冠钟状或漏斗状，白色、淡红色或紫色，外面具 5 条明显的瓣中带，冠檐近全缘或不明显 5 裂；雄蕊和雌蕊比花冠短；雄蕊 5 枚，贴生于花冠筒，花丝近等长，基部扩大；花粉粒球形，平滑；花盘环状；子房 1 室或不完全的 2 室；胚珠 4 颗；花柱 1 枚，柱头 2 裂，长圆形或椭圆形，扁平。蒴果卵形或球形，1 室，4 瓣裂；种子 4 粒，黑褐色表面光滑或具小疣。 本属约有 25 种，分布于东、西两半球的温带和亚热带地区。我国有 6 种，南北均产；广西有 1 种 2 亚种。

分种检索表

1. 花冠长 4～7 cm；植株伸长，达数米。
   2. 苞片宽卵形，顶端锐尖 …………………………… 1. **欧旋花 C. sepium**（L.）R. Brown subsp. **spectabilis** Brummitt
   2. 苞片囊状，顶端急尖或钝 ………………………… 2. **鼓子花 C. silvatica**（Ki.）Grisebach subsp. **orientalis** Brummitt
1. 花冠长 2～4 cm；植物矮小，仅高 8～30 cm ……………………………………………… 3. **打碗花 C. hederacea** Wall.

1. **欧旋花**（亚种）（植物名实图考） 地节花（隆林） 图版 123：9～15

Calystegia sepium（L.）R. Brown subsp. **spectabilis** Brummitt，J. Linn. Soc. Bot. **64**：73. 1971；Fl.

图版 123　1～8. 土丁桂 Evolvulus alsinoides（L.）L. var. alsinoides　1. 植株；2. 花；3. 花萼；4. 苞片；5. 花冠展开；6. 雄蕊；7. 雌蕊；8. 蒴果。　9～15. 欧旋花 Calystegia sepium（L.）R. Brown subsp. spectabilis Brummitt　9. 花枝；10. 花冠纵剖；11. 苞片；12. 花萼；13. 雄蕊；14. 雌蕊；15. 蒴果。（辛茂芳绘）

China **16**:288. 1995. ——*C. sepium* (Linn.) Brown var. *integrifolia* Liou et Ling in Contr. Lab. Bot. Acad. Peiping **1**:24,t. **6**:1. 1931.

多年生草本;全株无毛;茎缠绕或匍匐,有棱,有分枝。叶互生;叶片三角状卵形,基部戟形或心形,全缘或基部两侧各具2～3枚浅裂片;叶柄长3～5 cm。花腋生,1朵;花梗稍长于叶,长达10 cm,有棱;苞片2枚,宽卵形,长1.5～2.5 cm,顶端锐尖;萼下部合生,上部萼片5枚,卵状披针形;花冠白色、淡红色或紫色,漏斗形,长4～6 cm,冠檐5浅裂;雄蕊5枚;子房2室,花柱较长,柱头2裂。蒴果球形,长约1 cm,为增大的宿存的苞片所包裹;种子黑褐色,卵状三棱形,长4 mm,表面有小疣。 花期6～7月,果期7～8月。 产于临桂、桂林、兴安、凌云、乐业、隆林、资源;生于海拔140～1 000 m的山坡林缘、路旁草丛、田园间杂草。分布遍及全国,北美洲各国、俄罗斯(西伯利亚、阿尔泰地区)、朝鲜、日本、印度尼西亚(爪哇)、澳大利亚、新西兰亦有。全草可作药用,治胃脘痛。根可治白浊、疝气、疥疮等;亦可作公园、庭院、厂区垂直绿化植物。

2. **鼓子花**(亚种)

Calystegia silvatica (Ki.) Grisebach subsp. **orientalis** Brummitt, Kew Bull. **35**:332. 1980; Fl. China **16**:288. 1995.

草本;茎缠绕;全株无毛。叶片三角状卵形或宽卵形,长4～10(15)cm,宽2～6(10)cm,顶端渐尖或锐尖,基部戟形或心形,全缘或基部稍伸展为具2～3枚大齿缺的裂片;叶柄长2～8 cm。花腋生,1朵,有时成对腋生,花芽干后黑色;花梗长达10 cm;苞片有时相互重叠,囊状,顶端急尖或钝;花冠白色,极少粉红色,长4.3～6(7.2)cm;雄蕊长2.3～3.3 cm,花药长(2.5)3～5(5.5)mm。 产于桂林、兴安、隆林、凌云、乐业。分布于贵州、湖北、湖南、江苏、江西、四川、云南、浙江。

3. **打碗花** 盘肠参 铺地参(滇南本草) 图版124:1～5

Calystegia hederacea Wall., Cat. n. 1328. 1828, nom. nud., ex Roxb. Fl. Ind. ed. Carey et Wall. **2**:94. 1824;中国高等植物图鉴 **3**:525,图5004. 1974;云南植物志 **2**:638. 1979;中国植物志 **64** (1):47. 1979;贵州植物志 **6**:339,图版 **94**:4. 1989; Fl. China **16**:287. 1995. ——*Convolvulus japonicus* Thunb., Fl. Jap. 85. 1784. ——*C. calystegioides* Choisy in DC. Prodr. **9**:313. 1845. ——*Calystegia hederacea* Wall. var. *elongata* Liou et Ling, l. c. **1**:25,图版 **8**:2. 1931.

一年生草本;全体无毛;植株矮小,仅高8～30 cm,基部分枝;茎细,平卧,有时缠绕,有细棱。叶互生;基部叶近全缘,叶片近椭圆形,长1.5～4.5 cm,宽2～3 cm,先端圆,基部心形或戟形;上部叶片三角状戟形,侧裂片开展,通常2裂,中裂片披针形或卵状三角形,先端钝尖,基部心形;叶柄长1～5 cm。花腋生,小,1朵;花梗比叶长,长3～6 cm,有棱角;苞片2枚,宽卵形,长0.8～1.6 cm,先端钝,包住花萼;萼片5枚,长圆形,稍短于苞片;花冠漏斗状,淡紫色或淡红色,长2～4 cm,冠檐近截形或微裂;雄蕊5枚,花丝基部扩大,有细鳞毛;雌蕊比雄蕊长,无毛,子房2室,柱头2裂。蒴果卵圆形,长约1 cm;种子三棱状卵圆形,长约5 mm,表面有小疣。 花期5～7月,果期6～9月。 产于广西各地;生于山坡、路旁或草丛中,为田园和荒地常见的杂草。分布于我国南北大部分地区,东非的热带地区(埃塞俄比亚)和亚洲(南部、东部)至马来西亚亦有。全草可入药,可调经活血、滋阴补虚。

7. 猪菜藤属* Hewittia Wight et Arnott

缠绕或平卧草本;全体被短柔毛。叶片心形,全缘或稍裂;具叶柄。花序腋生,花1朵至多数排成聚伞花序;苞片2枚,长圆形或条状披针形,先端渐尖;萼片5枚,革质,外面3枚较大,卵形,在果时增大,内面的2枚很小;花冠辐射对称,钟状或漏斗状,冠檐具折,浅5裂;雄蕊内藏,花丝基部扩大,花药短,长圆形;花

* 本属又称吊钟藤属 (《台湾植物志》)。

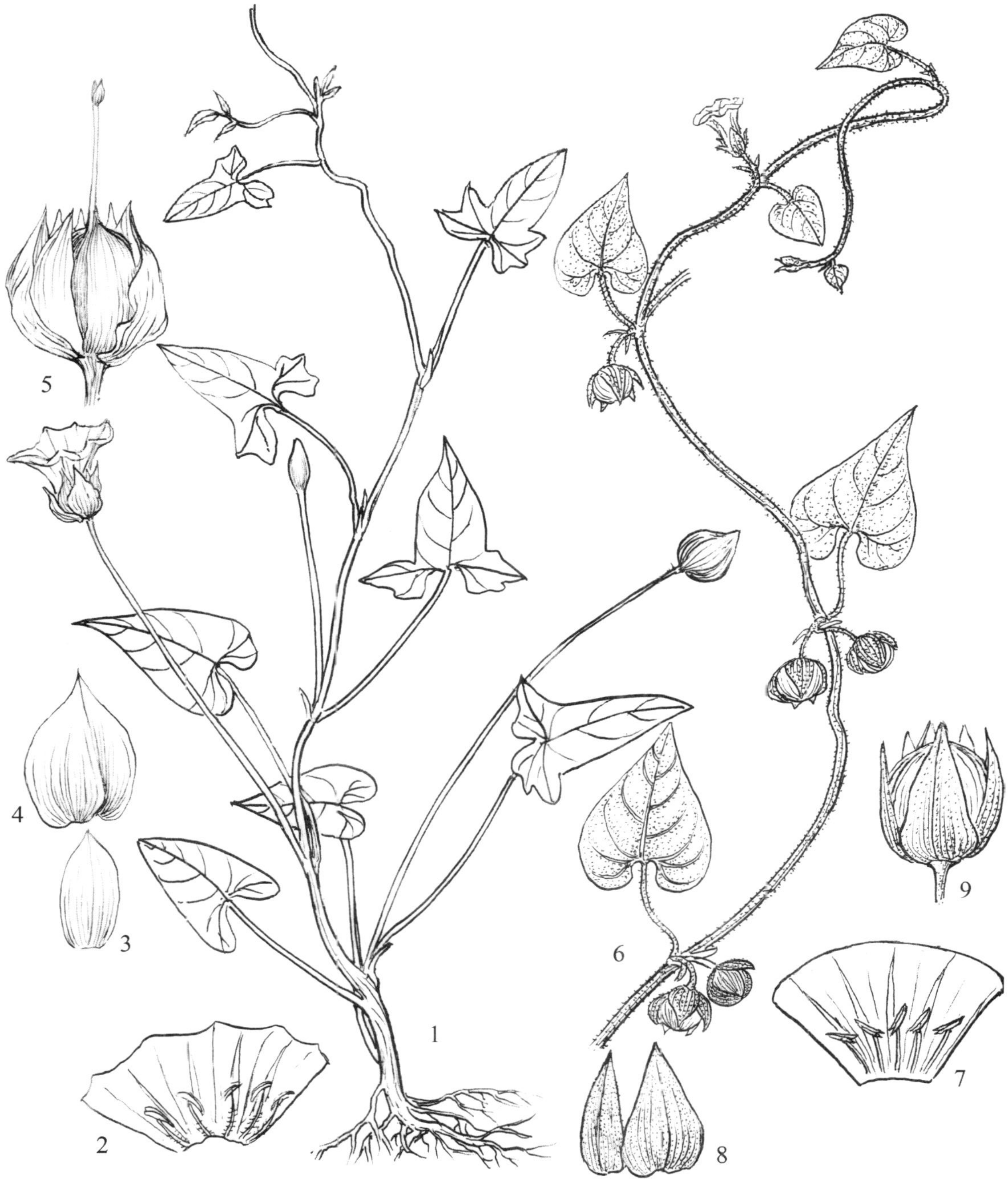

图版 124　1～5. **打碗花** Calystegia hederacea Wall.　1. 花枝；2. 花冠展开；3. 花萼片；4. 苞片；5. 果。　6～9. **毛牵牛** Ipomoea biflora (L.) Pers.　6. 花果枝；7. 花冠展开；8. 花萼；9. 果。（辛茂芳绘）

粉粒无刺；花盘环状；子房被毛，1 室或上部不完全 2 室，具胚珠 4 颗；花柱 1 枚，丝状，柱头 2 裂，裂片卵状长圆形。蒴果球形，4 瓣裂；种子 4 粒或较少，暗黑色，无毛。 全球仅有 1 种，分布于东半球热带地区；台湾、海南、广东、云南和广西亦有。

猪菜藤（海南植物志） 野薯藤 细样猪菜藤（海南） 图版 125：1～3

Hewittia malabarica（L.）Suresh，An Interpretation of Van Rheede's Hortus Malabaricus. 88. 1988；Fl. China **16**：285. 1995. ——*H. sublobata*（Linn. f.）O. Ktze.，Rev. Gen. Pl. **2**：441. 1891；云南植物志 **2**：635，图版 181：1～2. 1979；中国植物志 **64**（1）：43，图版 10：1～2. 1979. ——*Convolvulus sublobatus* Linn. f.，Suppl. Pl. 135. 1781. ——*C. bracteatus* Vahl，Symb. Bot. **3**：25. 1794. ——*Shutereia sublobata*（L. f.）House in Bull. Torr. Club **33**：318. 1906；Coststr. in Blumea **3**：286. 1934.

多年生缠绕或平卧草本；全体被短柔毛；茎纤细，长 1～2 m，直径 1.5～3 mm，有细棱，有时节上生根。叶互生；叶片卵形，长 3～6 cm，宽 3～4.5 cm，先端短尖，基部心形、戟形，全缘或稍 3 裂，两面均被短柔毛，有时两面有黄色小腺点；侧脉每边 5 条；叶柄长 1～2.5 cm。花单生于叶腋，花序梗长 1.5～5 cm；苞片 2 枚，披针形，长 7～8 mm；花梗短，长 2～4 mm；萼片 5 枚，不等大，外面萼片 2 枚较大，卵形，渐尖，在果时增大，内萼片 3 枚较短小；花冠淡黄色，漏斗状，长 1.5～2 cm，外面有 5 条密被长柔毛的瓣中带，冠檐裂片三角形；雄蕊 5 枚，着生于花冠筒部，花丝长，无毛；子房 1 室，密被长柔毛，花柱长，柱头头状。蒴果球形；种子 1～4 粒。 产于钦州；生于海拔 40～550 m 的平地沙土或灌木丛阳处。分布于台湾、海南、云南东南部、广东及其沿岸岛屿及云南东南部，非洲热带地区和亚洲亦有。 全株可作猪饲料。

8. 小牵牛属 Jacquemontia Choisy

缠绕或平卧稀直立草本或木质藤本；被柔毛或无毛。叶具柄；叶片通常心形，全缘，稀具齿或浅裂。花小，腋生，常排成伞状聚伞花序或为有叶状总苞片的头状花序；萼片 5 枚，通常外面的较宽大；花冠漏斗状或钟状，蓝色、淡紫色、粉红色，稀白色，外面具 5 条明显的瓣中带，冠檐 5 枚齿或近全缘；雄蕊及花柱内藏，雄蕊 5 枚，花丝贴生于花冠基部，花药长椭圆形；花粉粒无刺；子房 2 室，每室 2 颗胚珠，花柱丝状，先端 2 尖裂，柱头裂片大多椭圆形、长圆形或扁平状，稀条形或球形，花盘小或无。蒴果球形，2 室，4 瓣或 8 瓣裂；种子 4 粒或较少，背部边缘通常具 1 狭的干膜质的翅。 全球约有 120 种，主产于美洲热带及亚热带地区，少数产于东半球热带、亚热带地区。我国有 2 种，分布于台湾、广东、云南；广西亦有。

分 种 检 索 表

1. 花梗长 1～4 cm；花冠淡蓝色、淡紫色或白色、粉红色 ………………………… 1. **小牵牛** J. paniculata（Burm. f.）Hall. f
1. 花梗长 5～10 cm；花冠蓝色 ……………………………………………… 2. **苞叶小牵牛** J. tamnifolia（Linnaeus）Grisebach

1. **小牵牛**（海南植物志） 假牵牛（中国高等植物图鉴） 娥房藤（台湾植物志） 图版 125：4～7

Jacquemontia paniculata（Burm. f.）Hall. f. in Engl. Bot. Jahrb. **16**：541. 1893；中国高等植物图鉴 **3**：529，图 5011. 1974；中国植物志 **64**（1）：45，图版 1：5～6. 1979；Fl. China **16**：285. 1995. ——*J. violacea* Choisy in DC. Prodr. **9**：397. 1845；Benth. Fl. Hongk. 239. 1861. ——*Ipomoea paniculata* Burm. f. in Fl. Ind. 50. t. 21. f. 3. 1768. ——*Convolvulus parviflorus* Vahl，Symb. Bot. **3**：29. 1794.

一年生缠绕草本，长达 2 m；茎圆柱形，细长，幼枝被短柔毛。叶互生；全缘；叶片卵形或卵状长圆形，长 4～5 cm，宽 2～4 cm，先端急尖，基部心形，腹面近无毛，背面被疏柔毛；侧脉 5～8 对；叶柄细长，长 1～4 cm，被短柔毛。花为少数至多数组成疏至密的聚伞花序腋生；花序梗长 1～4 cm；花梗丝状，长 3～5 mm；苞片小，

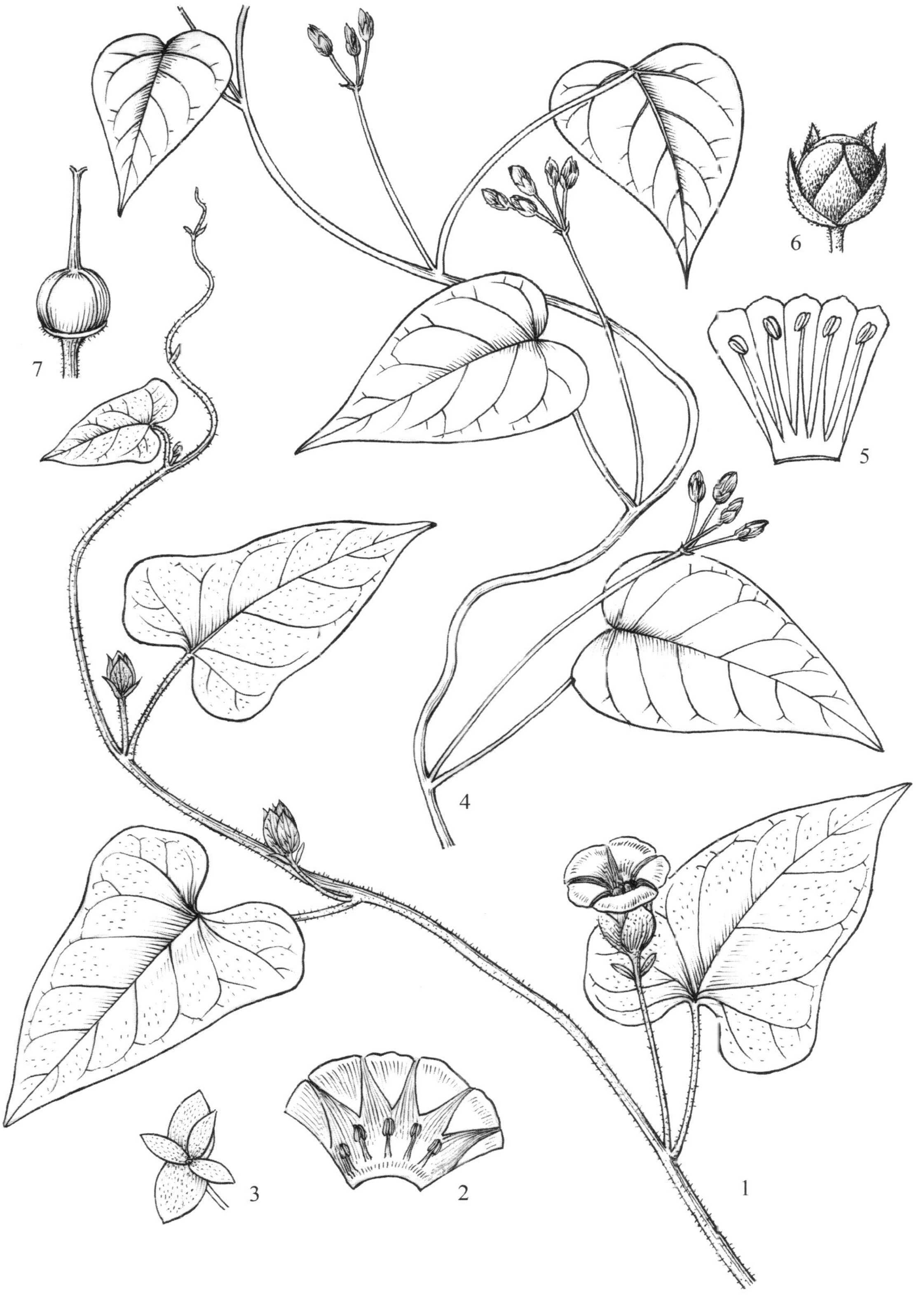

图版 125　1～3. 猪菜藤 Hewittia malabarica (L.) Suresh　1. 植株一部分；2. 花冠展开；3. 萼片。　4～7. 小牵牛 Jacquemontia paniculata (Burm. f.) Hall. f.　4. 花枝；5. 花冠展开；6. 果；7. 雌蕊。（林文宏绘）

钻形;花萼5深裂,外面3枚萼片卵形,长5~7 mm,宽4 mm,内面2枚萼片较小;花冠漏斗状,长8~10 mm,淡蓝色、淡紫色或白色、粉红色,5浅裂,无毛;雄蕊5枚,花丝基部膨大,被毛;子房2室,柱头2裂,裂片条形。蒴果球形,直径3~4 mm,4瓣裂;种子1~4粒,长约2 mm,黄褐色至紫黑色。 花期4~10月,果期5~11月。 产于龙州、桂林;生于海拔330~600 m较干旱的灌木丛、草坡或路旁。分布于台湾、广东、云南(红河河谷),东非各国、马达加斯加、东南亚各国、中南半岛地区、大洋洲热带地区亦有。

2. 苞叶小牵牛 头花小牵牛

Jacquemontia tamnifolia (Linnaeus) Grisebach, Fl. B rit. W. I. 474. 1862;中国外来入侵植物调研报告Ⅱ:751. 2014

一年生草本。叶片卵形至阔卵形。聚伞花序,花序梗长5~10 cm,分枝短;苞片叶状,长1.5~2.5 cm,宿存;花冠蓝色,长约1 cm;花粉粒无刺;柱头2短裂。蒴果球形,直径约5 mm。 花果期8~11月。 产于南宁、桂林、隆安、钟山。原产于美洲。

9. 盒果藤属 Operculina S. Manso

大型缠绕草本;茎、叶柄和花序梗常有翅。叶具柄;全缘或掌状分裂,基部心形。花大,腋生,为1朵至多数花排成聚伞花序;苞片大,早落;花萼大,萼片5枚,通常一侧肿胀,在果时增大;花冠钟状,漏斗状,白色、黄色或粉红色,无毛或外面具被毛的瓣中带;雄蕊5枚,内藏或伸出,花丝贴生于花冠筒、花药,呈纵向螺旋扭曲;花粉粒平滑,椭圆形;花盘环状或退化;子房2室,每室2颗胚珠,花柱单一,丝状,内藏,柱头2裂,裂片球形。蒴果大,包藏于增大的花萼内,成熟时于中部或上部横裂,上半部脱落;种子4粒或较少,大,三棱状或球形,无毛或边缘具疏柔毛,暗黑色。 全球有25种。我国有1种;广西亦有。

盒果藤 宽筋藤(南宁) 松盘藤 软筋藤 红薯藤(广西) 图版126:1~2

Operculina turpethum (L.) S. Manso, Subst. Bras. 16. 1836;云南植物志 **2**:653. 1979;中国植物志 **64**(1):80. 1979; Fl. China **16**:300. 1995.——*Convolvulus turpethum* Linn., Sp. Pl. 35. 1753, et ed. 2, 221. 1762; Sims in Curtis's Bot. Mag. **46**:2093. 1819.——*Ipomoea turpethum* (L.) R. Br. Prodr. Fl. Nov. Holl. 485. 1810.

多年生缠绕草本;根肉质多分枝;茎淡红色,圆柱状,有时扭曲,具3~5条薄翅,被短柔毛或无毛;幼茎有时毛较密。叶片纸质,形状多变,心状圆形、宽卵形,卵状长圆形,叶形大的长5~15 cm,宽4~14 cm,叶形小的长4.5~5 cm,宽2~3 cm,先端钝或锐尖,具小凸尖,基部心形、截形或楔形,全缘或有1~2枚不明显的浅裂,腹面被小刚毛,背面被短柔毛;侧脉6对;叶柄长2~10 cm,有时有翅。聚伞花序腋生,花序梗长1.5~2 cm,通常有花1朵至多数花;苞片显著,长1~2.5 cm;花梗粗壮,长达2.5 cm;萼片卵形至宽卵形,外面2枚萼片长1.5~2 cm,外面被短柔毛,内面无毛,内面3枚萼片稍短无毛,在果时萼片增大,长2.5~3 cm;花冠白色、粉红色,宽漏斗状,长约4.5 cm,冠檐5浅裂,无毛;雄蕊内藏;花柱内藏。蒴果扁球形,直径1~1.5 cm;种子4粒,卵状三棱形,直径6 mm,暗黑色,无毛。 花期10月至翌年4月。 产于邕宁、龙州、宁明、百色、巴马;生于海拔500 m的溪边、山谷路旁灌木丛或村庄附近。分布于台湾、海南、广东及其沿海岛屿、云南南部,东非各国、马斯克林群岛、塞舌耳群岛、亚洲热带地区、大洋洲热带地区及波利尼西亚地区、西印度群岛亦有。 叶可用于治风湿骨痛。根缓下可治热病、水肿。

10. 鱼黄草属 Merremia Dennst

草本或灌木;茎通常缠绕,有时匍匐或直立。叶具柄;叶形多样,全缘或具齿,浅裂或掌状分裂或鸟足状深裂,或呈掌状复叶。花腋生,单生或少数至多数花具各式分枝的聚伞花序;苞片小;萼片5枚,近等大

图版 126　1～2. **盒果藤** Operculina turpethum (L.) S. Manso　1. 花枝；2. 果。　3～7. **地旋花** Xenostegia tridentata (Linnaeus) D. F. Austin et Staples　3. 果枝；4. 花萼；5. 花冠；6. 花萼与雌蕊；7. 雄蕊。（辛茂芳绘）

或外面2枚稍短，椭圆形至披针形，先端锐尖至渐尖或卵形至圆形，先端钝头或微缺，具小短尖头，有些种在果时增大；花冠漏斗状或钟状，白色、黄色或橙红色，有5条明显纵脉的瓣中带，冠檐5浅裂；雄蕊5枚，内藏，花丝不等，基部常稍宽，花药旋扭状；花粉粒无刺；子房2室或4室，少为不完全的2室，有胚珠4颗；花柱1枚，柱头2裂，头状；花盘杯状。蒴果4瓣裂或多少呈不规则开裂1～4室；种子4粒或较少，无毛，被短柔毛或长柔毛，在角隅上的毛显著。 全球约有80种，广泛分布于热带地区。我国有16种，主要分布于台湾、海南、广东、云南；广西有9种1亚种1变种。

分种检索表

1. 叶片掌状为(3)5(7)裂或掌状复叶。
 2. 叶片掌状分裂近达中部，裂片边缘有粗齿；花冠黄色，长达5.5 cm …… 1. **掌叶鱼黄草** M. vitifolia (Brum. f.) Hall. f.
 2. 叶片掌状复叶，具小叶5枚，边缘全缘；花冠白色，长达4 cm …………… 2. **指叶山猪菜** M. quinata (R. Br.) Ooststr.
1. 叶片不为掌状分裂，边缘全缘或有不规则的粗齿或锐裂齿，有时3裂。
 3. 花小；花冠长不超过1 cm；萼片先端截形，具明显外倾的凸尖；茎、叶柄、花序散生小疣状突起；叶片心状卵形，有时3裂，通常有不规则的裂齿 ………………………………………………… 3. **鱼黄草** M. hederacea (Burm. f.) Hall. f.
 3. 花较大；花冠长0.9～6 cm；萼片先端钝或微凹，或具钻状短小尖头，而无外倾的凸尖。
  4. 花冠外面无毛或仅瓣中带近冠檐具柔毛。
   5. 萼片渐尖，具钻状短尖头；花冠淡红色，长1.2～1.9 cm；叶片心状卵形，先端长渐尖或尾状渐尖 …………………………………………………………………… 4. **北鱼黄草** M. sibirica (L.) Hall. f.
   5. 萼片钝圆或微凹。
    6. 花较小；花冠长0.9～1.8(2.2)cm。
     7. 叶形多样，条形、长圆状披针形、卵状长圆形或卵形；萼片长3～6 mm，外面无疣状突起 …………………………………………………………………… 5. **毛鱼黄草** M. hirta (L.) Merr.
     7. 叶片心形或卵形；萼片长5～7 mm，外面具小疣状突起 …………… 6. **疣萼鱼黄草** M. verruculosa S. Y. Liu
    6. 花较大；花冠长2.5～6 cm。
     8. 茎、叶以至外萼片明显被毛；花冠白色，有时黄色或淡红色；种子密被淡褐色长硬毛。
      9. 叶形及大小有变化，通常为卵状长圆形，基部心形 …………… 7. **伞花鱼黄草** M. umbellata (L.) Hall. f.
      9. 叶片椭圆形或卵状披针形，先端锐尖或近圆形，先端具短尖头，基部近圆形、浅心形或阔楔形 …………………………………………………………… 8. **丘陵鱼黄草** M. collina S. Y. Liu
     8. 茎、叶以至外萼片近于无毛；叶片基部心形，边缘浅波状；花冠淡红色；种子无毛 …………………………………………………… 9. **长梗山土瓜** M. longipedunculata (C. Y. Wu) R. C. Fang
  4. 花冠外面密被锈黄色绢毛；花序多花，呈伞房状聚伞花序；叶片近心状圆形，偶有心状卵形，长9.5～15.5 cm …………………………………………………………………… 10. **金钟藤** M. boisiana (Gagn.) Ooststr.

1. 掌叶鱼黄草 葡萄叶鱼黄草(广西植物名录) 黄花牵牛(那坡)

Merremia vitifolia (Burm. f.) Hall. f. in Engl. Bot. Jahrb. **16**: 552. 1893; Merr. in Philip. Journ. Sci. Bot. **19**: 374. 1921; 云南植物志 **2**: 645, 图版182: 5～7 1979; 中国植物志 **64** (1): 68, 图版14: 5～7. 1979; Fl. China **16**: 295. 1995. ——*Convolvulus vitifolius* Burm. f. Fl. Ind. 45. t. 18. f. 1. 1768. ——*Ipomoea vitifolia* (Burm. f.) Blume, Bijdr. 709. 1825.

缠绕或平卧草本；茎圆柱形，嫩时被黄白色的长硬毛。叶片近圆形，长4～14 cm，宽4～14.5 cm，基部心形，掌状5～7裂，裂片阔三角形或卵状披针形，先端渐尖，基部有时稍收缩或不收缩，边缘具粗齿或近全缘，两面疏被或密被黄白色的长硬毛；叶柄长1～3 cm，被黄白色的长硬毛。聚伞花序腋生，有花1～5朵至多朵，花序与叶近等长或比叶长；花序梗长1.5～5 cm，被黄白色长硬毛；苞片小，钻形，长1.5～2 mm；花梗长1～1.6 cm，先端增粗；萼片5枚，卵状长圆形，长1.5～1.8 cm，先端钝，具小尖头，外萼片2枚较短，外面被硬毛，内萼片3枚稍长，外面无毛，萼片在果时增大；花冠黄色，漏斗状，长约5 cm，冠檐具5浅裂，具5条显著纵脉的瓣中带；雄蕊长1.1 cm，花药螺旋状扭曲；子房无毛。蒴果近球形，直径约1 cm，4瓣裂；种子4粒或较少，三棱状卵形，高约7 mm，黑褐色，无毛。 花期1～4月，果期5～10月。 产于田阳；生于海拔 90～500 m 的路旁灌木丛或林中。分布于广东、云南南部至东南部，印度、斯里兰卡、缅甸、越南、马来西亚、印度尼西亚亦有。　可用于治尿道炎、胃脘痛。

2. **指叶山猪菜**（海南植物志）　掌叶姬旋花（台湾植物志）

Merremia quinata（R. Br.）Ooststr. in Fl. Males. ser. 1, 4（4）：447. 1953；海南植物志 **3**：482. 1974；台湾植物志 **4**：384. 1978；云南植物志 **2**：645. 1979；中国植物志 **64**（1）：66，图版 16：1. 1979；Fl. China **16**：294. 1995. ——*Ipomoea quinata* R. Br.，Prodr. Fl. Nov. Holl. 486. 1810. ——*I. pentadactylis* Choisy in Mèm. Soc. Phys. Genève **6**：471. 1833.

多年生缠绕草本；茎细长，被淡黄色开展的长硬毛。叶掌状复叶，具小叶 5 枚；叶片条状披针形至狭长圆形，长 1.5～4 cm，宽 0.5～1 cm，先端钝或钝尖，具小短尖头，基部渐狭，全缘，两面无毛，有时背面沿脉及叶缘疏被长硬毛；叶柄长 1～2.5 cm，无毛或被黄色长硬毛。花序腋生；花序梗长 1.5～2.5 cm，无毛，有花 1～2 朵；花梗长 5～6 mm；苞片卵状三角形，长 2～3 mm；萼片卵形至卵状长圆形，不等大，无毛，外萼片 2 枚，卵形，长 8～10 mm，先端钝，内萼片 3 枚，长圆形，长 11～15 mm；花冠白色或淡黄色，漏斗状，长 3～4 cm，冠檐 5 浅裂，瓣中带具 5 条显著纵脉；雄蕊 5 枚，内藏，花丝着生于花冠基部以上；子房 2 室，无毛。蒴果卵球形，长约 10 mm；种子长圆形，长 4 mm，被淡黄色柔毛。　花期 3～4 月。　产于田阳、那坡；常生于山坡阳处。分布于台湾、海南、云南，亚洲东南部至太平洋北部亦有。

3. **鱼黄草**（中国高等植物图鉴）　蛤仔藤　犁头网　百仔

Merremia hederacea（Burm. f.）Hall. f. in Engl. Bot. Jahrb. **18**：118. 1894；中国高等植物图鉴 **3**：533，图 5020. 1974；海南植物志 **3**：480. 1974；云南植物志 **2**：642. 1979；中国植物志 **64**（1）：61. 1979；Fl. China **16**：293. 1995. ——*Evolvulus hederaceus* Burm. f. in Fl. Ind. 77. t. 30. f. 2. 1768. ——*Ipomoea chryseides* Ker-Gawl. in Bot. Reg. 4, t. 207. 1818. ——*I. zebrine* Choisy in DC. Prodr. **9**：382. 1845. ——*Merremia chryseides*（Ker-Gawl.）Hall. f. in Engl. Bot. Jahrb. **16**：552. 1893. ——*Lepistemon glaber* Hand.-Mazz. in Sinensia **5**：7. 1934.

多年生缠绕草本，有时匍匐；茎细长，具细棱，无毛或疏生长硬毛，有时具小瘤体。叶片卵形，长 1.5～6.5 cm，宽 1～3.5 cm，先端长渐尖，具小短尖头，基部心形，全缘或有疏齿，有时 3 浅裂或深裂；叶柄长 1～4 cm，无毛或被短柔毛，具小瘤体。聚伞花序腋生，有花 3～5 朵，有时仅有 1 朵花发育；花序梗长 1～5 cm，无毛或有时有小瘤体；苞片小，狭倒卵形，早落；花梗长 2～5 mm，具小瘤体；萼片 5 枚，倒卵形，外萼片 2 枚，长约 3.5 mm，先端截形，并具有外向凸尖，内萼片 3 枚，长约 5 mm；花冠黄色，钟状，长 8 mm，冠檐 5 浅裂，瓣中带具 5 条显著的纵脉；雄蕊 5 枚，花丝下部扩大；子房球形，柱头球形。蒴果宽圆锥形或扁球形，长 5～6 mm，稍有 4 棱，4 瓣裂；果瓣有网状皱纹；种子 4 粒，卵状三角形，长 3.5 mm，被短柔毛，种脐被短柔毛。　花期 11 月至翌年 3 月。　产于南宁、宁明、龙州、田东、百色、上林、梧州、平乐、桂林；常生于海拔 130～700 m 的灌木丛或路旁草丛中。分布于台湾、海南、广东、云南南部和东南部，非洲东部、亚洲东南部、太平洋中各岛屿、大洋洲北部亦有。　全草可清热解毒、利咽明目；可治感冒、扁桃体炎、咽喉炎；外用可治疮疥。

4. **北鱼黄草**　西伯利亚鱼黄草（中国高等植物图鉴）

Merremia sibirica（L.）Hall. f. in Engl. Bot. Jahrb. **16**：552. 1893；云南植物志 **2**：644. 1979；中国植物志 **64**（1）：69，图版 15：2 1979；Fl. China **16**：295. 1995. ——*Convolvulus sibiricus* Linn.，Mant. Pl. **2**：203. 1771. ——*Ipomoea sibirica*（L.）Pers.，Syn. Pl. **1**：183. 1805.

多年生缠绕草本；全体被毛或近无毛；茎圆柱形，具细棱，多分枝。叶互生；叶片卵状心形，长 2.5～12 cm，宽 1.5～7.5 cm，先端尾状渐尖，基部心形，全缘或稍波状；侧脉 7～9 对；叶柄长 2～7 cm；有假托叶。聚伞花序腋生，有 1 朵至多数花，花后下垂；花序梗长 1～6.5 cm，具棱或翅；苞片 2 枚，小，条形；花梗长 3～10 mm；萼片 5 枚，卵圆形，长约 5 mm，先端具小短尖头，无毛；花冠淡红色，钟形，长 1.2～1.9 cm，先端 5 浅裂，冠檐具三角形裂片，无毛；雄蕊 5 枚，不等长，长约为花冠的 1/2，花丝基部有小鳞毛，花药不扭曲；子房 2 室，每室有 2 颗胚珠，柱头头状，2 裂。蒴果近球形，高 5～10 mm，4 瓣裂，无毛；种子 4 粒或较少，三棱状椭圆形，长 7～8 mm，宽 6～6.5 mm，先端圆，表面有黄褐色斑，无毛。 产于西林、隆林；生于海拔 600～1 200 m 的路边、田边、草丛中。分布于我国长江流域各地至东北各地，俄罗斯(东西伯利亚)、蒙古、印度亦有。 全草可治劳伤疼痛、下肢肿痛及疔疮。生于田边杂草中，常混杂在秋播作物种子中。

5. **毛鱼黄草** 毛茉栾藤(广州植物志) 毛山猪菜(海南植物志) 万丈丝(玉林) 图版 127:1～4

Merremia hirta (L.) Merr. in Philip. Journ. Sci. Bot. **7**:224. 1912；中国植物志 **64** (1):63，图版 **14**:2～4 1979；Fl. China **16**:294. 1995. ——*Convolvulus hirtus* L., Sp. Pl. 159. 1753, et ed. **2**:226. 1762. ——*Ipomoea linifolia* Bl., Bijdr. 712. 1825. ——*I. philippinensis* Choisy in Mem Soc. Phys. Geneve **6**:475. 1833. ——*Lepistemon decurrens* Hand.-Mazz. in Sinensia **5**: 6. 1934. ——*Merremia decurrens* (Hand.-Mazz.) Kiu，海南植物志 **3**:586. 1974.

一年生缠绕状或匍匐状草本，长达 2 m；无毛或稍被毛。叶互生；叶片形状多样，条形、条状披针形、长圆状披针形、卵状长圆形或卵形，长 2～6 cm，宽 0.5～2.5 cm，先端锐尖或钝或微凹，具小短尖头，基部圆形、截平、戟形或心形，两面疏被长硬毛，有时腹面近无毛，全缘；叶柄长约 1 cm。聚伞花序腋生，有花 1 朵或 5 朵，有时达 7 朵生于一花序柄上；花序梗长 1～2.5 cm，下部被开展长柔毛；苞片卵形，长 1～2 mm，无毛，宿存；花梗长约 1 cm，无毛；萼片不等大，外萼片 2 枚，椭圆形，长 3～4 mm，先端钝，内萼片 3 枚，卵圆形或长圆形，长 4.5～6 mm，先端钝；花冠淡黄色，漏斗状，长 1.5～2 cm，冠檐 5 浅裂，瓣中带具 5 条明显纵脉；雄蕊 5 枚，内藏，花丝基部扩大，有毛；子房 2 室，无毛。蒴果球形或卵形，直径 5～6 mm，1 室，4 瓣裂；种子 4 粒或较少，三棱状椭圆形，长 3 mm，黑褐色，无毛或边角上和种脐上被卷曲毛。 花期 10～11 月。 产于梧州、南宁、那坡；常见生于海拔 260～1 000 m 的空旷草地上。分布于台湾、海南、广东、云南东南部，印度东北部、泰国、马来西亚、大洋洲北部地区亦有。

6. **疣萼鱼黄草**(植物研究)

Merremia verruculosa S. Y. Liu，植物研究 **7** (2):133，图版 1:1～4. 1987；Fl. China **16**:298. 1995.

缠绕草本，长约 2 m；茎纤细，圆柱形，无毛；腋芽及分枝下部密被灰白色短柔毛。叶片卵状心形，长 1.5～5 cm，宽 1～3.5 cm，先端短渐尖，具小短尖头，基部心形，腹面疏被微柔毛，在边缘较密；侧脉每边 6～8 条；叶柄长 3～8 mm，腹面被短柔毛。聚伞花序腋生，有花 1～4 朵；花序梗纤细，长 1～2.2 cm，下部密被微柔毛；苞片小，卵形，无毛；花梗长 5～7 mm；萼片不等大，外萼片 2 枚较小而稍厚，长 5～7 mm，长圆形或卵状长圆形，先端钝圆或圆，外面连同花梗具小疣状突起，内萼片 3 枚较大，长圆形或倒卵状长圆形，先端凹缺；花冠黄色，漏斗状，长 1.8～2.2 cm，具 5 条明显纵脉的瓣中带；雄蕊 5 枚，内藏，着生于花冠筒基部，花丝近等长，基部扩大，花药螺旋状扭曲；花盘环状；子房卵球形，2 室，每室 2 颗胚珠；花柱纤细，柱头头状，2 裂。 花期 9～10 月。 产于邕宁；生于海拔 120 m 的丘陵、灌木丛中。

7. **伞花鱼黄草** 伞花茉栾藤(广州植物志) 毛姬旋花(台湾植物志)

Merremia umbellata (L.) Hall. f. in Engl. Bot. Gahrb. **16**: 552. 1893；中国植物志 **64** (1): 72. 1979. ——*Convolvulus umbellatus* L., Sp. Pl. 155. 1753. ——*C. cymosus* Desr. in Lam. Encycl. **3**:556. 1789. ——*Ipomoea cymosus* (Desr.) Roem. et Schult. in Syst. Veg. **4**:241. 1819.

7a. **伞花鱼黄草**(原亚种)

Merremia umbellata (L.) Hall. f. subsp. **umbellata**

本原亚种的特征是茎较粗壮；叶大；花序梗较长，通常具多花；花较大；萼片长 7～10 mm；花冠通常黄色；蒴果近球形而不为卵状圆锥形；种子具短柔毛或短绒毛，仅边缘具稍长的毛。 分布于美洲(墨西哥至巴拉圭、西印度群岛)和非洲西部热带地区。我国不产。

7b. **山猪菜**(亚种)(海南) 野薯藤 土瓜藤 图版 127:5～10

Merremia umbellata (L.) Hall. f. subsp. **orientalis** (Hall. f.) Ooststr. in Fl. Males. ser. 1, 4 (4):449. f. 24 b. 1953；海南植物志 **3**:483，图 872. 1974；云南植物志 **2**:649. 1979；中国植物志 **64** (1):72，图版 16:3～5. 1979；Fl. China **16**:297. 1995. ——*M. umbellata* auct. non (L.) Hall. f.: Merr., Lingnan Sci. Journ.

图版 127　1～4. **毛鱼黄草** Merremia hirta (L.) Merr.　1. 花枝；2～3. 两种不同形态的叶；4. 茎的一部分，示毛被。　5～10. **山猪菜** M. umbellata (L.) Hall. f. subsp. orientalis (Hall. f.) Ooststr.　5. 花枝；6. 花冠展开；7. 雌蕊；8. 雄蕊；9. 果；10. 种子。　（邹贤桂绘）

5:154. 1927; Hand. -Mazz. Symb. Sin. **7**:812. 1936; 中国高等植物图鉴 **3**:534, 图 5022. 1974.

缠绕草本;全株被毛;茎圆柱形,有细长纹。叶互生;叶片形状多样,卵形、卵状长圆形或长圆状披针形,长 3.5~13 cm,宽 1.5~10 cm,先端渐尖,具小短尖头,基部心形,全缘或近全缘;侧脉每边 6~7 条;叶柄长 1~10 cm。聚伞花序腋生,有少花至多花;花序梗长 2~12 cm;苞片小,披针形,早落;花梗长 1~3 cm;萼片 5 枚,不等大,外萼片 2 枚宽椭圆形,长 0.8~14 cm,先端圆或微凹,具小短尖头,内萼片 3 枚稍长;花冠白色、黄色或淡红色,漏斗形,长 3~5 cm,具 5 条明显纵脉的瓣中带,冠檐 5 浅裂;雄蕊 5 枚,内藏,花药不扭转;子房 2 室。蒴果圆锥状球形,长 1~13 mm,直径约 10 mm,4 瓣裂;种子 2~4 粒,长约 5 mm,黑褐色,被淡褐色长硬毛。 花期几全年。 产于浦北、防城、上思、龙州、邕宁、百色、那坡、都安;生于路旁、山谷疏林或杂草灌木丛中。分布于海南、广东及其沿岸岛屿、云南,非洲东南部、亚洲东南部亦有。 根可入药,敷疮毒。

8. **丘陵鱼黄草**(广西植物)

Merremia collina S. Y. Liu, 广西植物 **4** (3):199, 图 1~6. 1984; Fl. China **16**:296. 1995.

缠绕或匍匐草本;茎细长,密被长硬毛。叶片椭圆形或卵状披针形,长 1.8~5 cm,宽 0.8~2.5 cm,先端锐尖或近圆形,具短尖头,基部近圆、浅心形或阔楔形,两面疏被长硬毛,通常背面脉上较宽,边缘密被长硬毛;侧脉每边 3~6 条;叶柄长 3~8 mm,密被长硬毛。聚伞花序腋生,仅 1 朵花能育;花序梗长约 5 mm;苞片条形,小,长 2~3 mm;花蕾狭卵形,先端长渐尖;萼片披针形,近等长,长 10~15 mm,先端渐尖,外面密或疏被长硬毛,或有时无毛;花冠漏斗状,浅黄色,长约 3 cm,具 5 条明显纵脉的瓣中带,冠檐 5 浅裂,稀为 5 深裂;雄蕊 5 枚,内藏,花丝不等长,基部扩大,内侧有鳞片状的、边缘具流苏状附属体,花药螺旋状扭曲;花盘环状;子房无毛,2 室;柱头 2 枚,头状。蒴果卵形或圆球形,高约 1 cm;种子 1~4 粒,三棱状卵形,无毛。 花期 9~10 月,果期 10~11 月。 产于邕宁;常生于海拔 120 m 的丘陵、灌木丛中。

9. **长梗山土瓜**(云南热带亚热带植物区系研究报告) 长梗鱼黄草

Merremia longipedunculata (C. Y. Wu) R. C. Fang 云南植物志 **2**:647. 1979; 中国植物志 **64** (1):77, 图版 16:2 1979; 贵州植物志 **6**:343, 图版 95:3 1989; Fl. China **16**:298. 1995. ——*Ipomoea longipedunculata* C. Y. Wu, 云南热带亚热带植物区系研究报告 **1**:117, 图版 35:1 1965; 中国植物志 **64** (1):77. 1979.

攀缘植物,高达 1.7 m;茎柔弱,无毛。叶片心形,下部茎生叶较大,长达 15 cm,宽约 14 cm,顶部茎生叶较小,长 5~6 cm,宽 4~5 cm;侧脉每边 5~17 条;叶柄细弱,与叶片等长或比叶片长,无毛。聚伞花序腋生,无毛;花序梗长 6~12 cm,二歧分枝,着生 6~17 朵花,花粉粒无刺;苞片和小苞片小,长约 2.5 mm,宿存;花梗长 1.5~3 cm;萼片椭圆形,外萼片较小,内萼片较大;花冠白色或淡红色,漏斗状,长 2~2.5 cm,冠檐裂片近锐尖;雄蕊内藏,花丝基部稍扩大,花粉粒无刺,花药长圆形,长 3 mm;花柱丝状,长 1~2.5 cm;柱头头状,2 裂;子房无毛,花盘环状。蒴果近球形,高约 1.2 cm,2 室,4 瓣裂;种子长 5~6 mm,黑色,无毛。 花期 9~10 月,果期 10~12 月。 产于桂西北。云南南部至西南部有分布。

10. **金钟藤** 多花山猪菜(海南植物志)

Merremia boisiana (Gagn.) Ooststr. in Blumea **3**:343. 1939; 云南植物志 **2**:651, 图版 183:4~5. 1979; 中国植物志 **64** (1):78, 图版 17:5~6. 1979; Fl. China **16**:298. 1995. ——*Ipomoea boisiana* Gagn. in Lecte. Not. Syst. 141. 1915. ——*I. staphylina* auct. non Roem. et Schult.: Groff, Ding et Groff in Lingnan Agr. Rev. **2**:132. 1924.

10a. **金钟藤**(原变种)

Merremia boisiana (Gagn.) Ooststr. var. **boisiana**

大型缠绕草本或半灌木;茎圆柱形,具不明显的细棱,无毛,幼枝中空。叶片近圆形,偶为卵形,长 9.5~15.5 cm,宽 7~14 cm,先端渐尖或骤尖,基部心形,两面近无毛;侧脉 7~10 对;叶柄长 4.5~12 cm,无毛或近上部被微柔毛。花序腋生,为多花的伞房聚伞花序,有时为复伞房状聚伞花序;总花序梗长 5~24(35)cm,被锈黄色短柔毛;苞片狭三角形,长 1.5~2 mm,外面被锈黄色短柔毛,早落;花梗长 1~2 cm,结果时增大,被锈黄色短柔毛；外萼片卵形，长约 7 mm，外面被锈黄色绢毛，内萼片近圆形，长约 8 mm，果时稍增大；花冠黄色，漏斗状，长 1.5～2.5 cm，瓣中带中部以上被锈黄色绢毛，冠檐浅圆裂；雄蕊内藏，花药稍扭曲；子房圆锥状，无毛。蒴果卵状圆锥形，长约 1 cm，4 瓣裂，褐色；种子三棱状宽卵形，长约 5 mm，沿棱密被褐色糠秕状毛。花期 4～11 月，果期 11 月至翌年 1 月。　产于武鸣、龙州、靖西；生于海拔 120～680 m 的疏林湿润处或次生杂木林。分布于海南、云南东南部，越南、老挝和印度尼西亚亦有。

10b. 黄毛金钟藤（变种）

Merremia boisiana（Gagn.）Ooststr. var. **fulvopilosa**（Gagn.）Ooststr. in Blumea **3**:344. 1939；云南植物志 **2**:653. 1979；中国植物志 **64**（1）:79. 1979；Fl. China **16**:299. 1995. ——*Ipomoea boisiana* Gagn. in Lecomte. Not. Syst. **3**:142. 1914. ——*I. boisiana* Gagn. var. *rufopilosa* Gagn. in Lecomte Fl. Gagnep. Indo-Chine **4**:263. 1915. ——*Merremia boisiana*（Gagn.）Ooststr. var. *rufopolosa*（Gagn.）C. Y. Wu，云南热带亚热带植物区系研究报告 **1**:113. 1965.

与原变种不同在于本变种的小枝、叶片背面、花序梗、花梗均被灰黄色绒毛，尤其是叶片背面毛被成熟时也不脱落；花序梗较短；花较大；萼片宽卵形，长 1～1.3 cm，先端锐尖成一小短尖头；花冠长可达 3.2 cm。　产于桂西南；生于海拔 450～1 300 m 的热带雨林林缘、山谷阴处、河谷低丘或向阳疏林。分布于云南东南部，越南亦有。

11. 地旋花属　Xenostegia D.F. Austin et Staples

多年生草本；匍匐或缠绕。叶片线形、长圆状线形、长圆状披针形或倒披针形，基部戟形，有时抱茎，全缘，全缘或有锯齿，先端渐尖或微凹，具小尖头或三齿。花序腋生，聚伞状，具花 1～3 朵；萼片长圆形或长圆状卵形，相等或不相等，顶端尖或钝，内面 3 枚较狭，果期增大；花冠浅黄色或白色，通常中部紫色，宽漏斗状或钟状；花药不扭曲；花药球形，具散孔，无刺；雌蕊内藏，子房 2 室，具胚珠 4 颗，花柱丝状，柱头头状 2 裂。蒴果 4 瓣裂，无毛或顶端被毛；种子 1～4 粒，褐色或黑色，卵圆形。　全球约有 2 种，分布于亚洲热带地区、非洲地区、澳大利亚。我国产 1 种，广西亦产。

地旋花　凉粉草　飞洋草　山茑萝藤　图版 126:3～7

Xenostegia tridentata（L.）D. F. Austin et Staples，Brittonia **32**:533. 1980；Fl. China **16**:300. 1995. ——*Convolvulus tridentatus* L.，Sp. Pl. 157. 1753. ——*Evolvulus tridentatus*（L.）L.，l. c.，et ed. 2，392. 1762. ——*Ipomoea tridentata*（L.）Roth in Roem. Arch. Bot. **1**（2）:38. 1789. ——*Merremia tridentata*（L.）Hall. f. in Engl. Bot. Johrb. **16**:552. 1893. ——*M. tridentata*（L.）Hall. f. subsp. *hastata*（Hall. f.）Ooststr. in Blumea **3**:317，f. 20. 1939；中国植物志 **64**（1）:65，图版 14:1. 1979.

缠绕草本，有时平卧；茎细长，具细棱或狭翅；幼枝被短柔毛，后变无毛。叶片条形或条状披针形，长 2～7 cm，宽 1～1.4 cm，先端渐尖，具小短尖头，基部戟形，有时抱茎，全缘，或仅于基部扩大部分疏生锐齿，两面近无毛；叶柄长 1～3 mm 或无柄。聚伞花序腋生，有花 1～3 朵；花序梗细长，长 1.5～6 cm，基部被短毛；苞片小，钻形；花梗长 7～9 mm；萼片 5 枚，卵状披针形，长 7～9 mm，先端渐尖，等长或外萼片稍短，无毛；花冠白色或黄色，漏斗状，长 1.5～1.8 cm，无毛；花丝着生于花冠基部，花丝基部稍宽，被疏柔毛，花药不扭曲；子房无毛。蒴果球形或卵形，长约 7 mm，4 瓣裂；种子 4 粒，卵圆形，长 3～4 mm，暗黑色，无毛。花期几全年。　产于玉林和防城（板八）；生于海拔 40～250 m 的旷野沙地、路旁或疏林中。分布于台湾、广东、云南南部和东南部；非洲东部，亚洲自印度、斯里兰卡、马来西亚至大洋洲北部亦有。

12. 鳞蕊藤属* Lepistemon Blume.

多年生缠绕草本；被毛。叶有柄；叶片卵形至圆形，基部心形，全缘或3～5裂，草质。花为腋生密集多花的、无柄或有短柄的聚伞花序；苞片小，早落；萼片5枚，近等长，草质或近革质，锐尖或钝，被毛或无毛；花冠整齐，稍小，坛状，淡黄色或白色，冠檐5浅裂，瓣中带外面被毛；雄蕊及花柱内藏；雄蕊着生于花冠近基部，一部分膨大而凹形的鳞片背面，拱覆着子房；花药长椭圆形至条形；花粉粒球形，具细刺；花盘大，环状或杯状；子房无毛或被毛，2室，每室有2颗胚珠；花柱1枚，很短；柱头头状，2裂。蒴果球形，成熟时通常4瓣裂或不开裂；种子4粒或较少，无毛或被微柔毛。 本属约有10种，分布于非洲、亚洲、大洋洲北部的热带地区。我国有2种；广西有1种。

裂叶鳞蕊藤 图版128:1～3

Lepistemon lobatum Pilger in Notizbl. Bot. Gart. Berlin **9**:1029. 1926, sphalm. ut "L. lobatus"; Chun in Sunyatsenia **4**:267. 1940；中国植物志 **64** (1):116，图版24:6～8. 1979；Fl. China **16**:313. 1995.

多年生缠绕草本；茎多少被灰白色硬毛状疏柔毛。叶片宽卵形，长5～8 cm，宽4～8 cm，先端长渐尖或尾状渐尖，基部深心形，边缘3～5波状浅裂或深裂，裂片近三角形或多角浅裂，两面疏被柔毛或近无毛；叶柄纤细，长5～10 cm。聚伞花序腋生，有花数朵；花序梗长约1 cm；苞片早落，花柄纤细，花柄和花序梗均疏被硬毛状疏柔毛；萼片卵形或卵状披针形，长5～7 mm，宽4～5 mm，内萼片稍狭，近无毛；花冠坛状，白绿色或淡黄色，长2～2.2 cm，冠檐下部，花丝长约3 mm，花药长2 mm；子房为环状花盘包围，花盘高约1 mm；花柱短，长1.5～2 mm；柱头大，头状，稍2裂。蒴果卵形，长6～7 mm，无毛，4瓣裂，具宿存萼片；种子4粒，近卵形，长约4 mm，黑褐色，疏被淡黄褐色长柔毛，种脐圆形，在腹面基部凹下。 产于昭平、博白、龙州、大新；生于山谷疏林或枫树林中、水沟旁。分布于浙江、福建、海南、广东(清远、英德、连南)。

13. 苞叶藤属 Blinkworthia Choisy

攀缘小灌木；茎伸长，有分枝，被长柔毛或粗伏毛。叶片条形或椭圆形，背面被丝毛或粗伏毛。花序柄腋生，短，有花1朵；萼下具苞片3枚，近叶状；萼片卵状长圆形，近等长，革质，结果时稍增大；花冠圆柱状至坛状或钟状，冠檐5齿裂；雄蕊内藏，花丝基部逐渐扩大；子房圆锥状，无毛，花柱丝状，柱头头状，2裂。浆果为宿萼包围，无毛；种子1粒，无毛。 全球有2种，我国有1种，广西产之，缅甸亦有分布；另1种分布于缅甸和泰国北部。

苞叶藤 马铃铛(田东) 图版128:4～5

Blinkworthia convolvuloides Prain in Journ. Asiat. Soc. Bot. Beng. **83** (2):91. 1894；云南植物志 **2**:671. 1979；中国植物志 **64** (1):117. 1979；Fl. China **16**:313. 1995.——*B. discostigma* Hand.-Mazz. in Sinensia **2**:6. 1931；中国高等植物图鉴 **3**:541，图5036. 1974；中国植物志 **64** (1):117. 1979.

攀缘小灌木，高达2 m；全株密被淡黄色粗硬毛；茎圆柱形；分枝细，直径3～5 mm，先端缠绕。叶互生，叶片长圆形，长3～4 cm，宽1～1.5 cm，先端钝，具小短尖头，基部近圆形，全缘，腹面无毛，背面被淡黄色粗硬毛；叶柄长约5 mm。花单生于叶腋；花梗长7～10 mm，下弯，中部具苞片3枚；萼片5枚，近圆形，长约8 mm，先端钝圆，基部近心形，被毛；花冠黄白色或淡绿色，钟形，长2～2.5 cm，中部以上具明显5条纵脉的

---

* 本属又名鳞丝藤属 (《海南植物志》)。

图版 128　1～3. **裂叶鳞蕊藤** Lepistemon lobatum Pilger　1. 花枝；2. 果；3. 种子。　4～5. **苞叶藤** Blinkworthia convolvuloides Prain　4. 花枝；5. 果。（辛茂芳绘）

瓣中带;雄蕊5枚,花丝短,向基部渐扩大,花药长圆形,基部心形,纵裂;花盘环状;子房圆锥状,花柱细长,柱头头状。浆果卵圆形,直径约1 cm,为宿萼所包围,无毛;种子1粒,卵形,无毛。 产于田东、田阳、百色、西林、隆林、田林;生于低海拔干热河谷的山坡草地灌木丛及稀树乔木林。分布于云南南部,缅甸亦有。根、叶入药,治胃脘痛。

14. 银背藤属 Argyreia Lour.

攀缘灌木或藤本;叶具柄,单叶;叶片形状多样,全缘,腹面常被银白色丝状毛或无毛。花序腋生,少花至多花,组成聚伞花序或密集成头状;苞片宿存或早落;花大或小;萼片5枚,形状多样,外面被毛,内面无毛,宿存,于果时常增大;花冠钟状或漏斗状,白色、红色、淡红色或紫色,冠檐近全缘或深5裂,瓣中带外面被毛;雄蕊5枚,内藏或外伸,着生于花冠的基部,花丝丝状,基部扩大;花粉粒球形,具细刺;花盘环状或杯状,全缘或5浅裂;子房2~4室;胚珠4颗,无毛或被毛;花柱1枚,丝状,柱头头状,2裂,稀柱头2枚,头状。浆果球形或椭圆形,红色、橙色、紫色或黄色;种子4粒或较少,无毛,种脐上有时被疏柔毛。 全球约有90种,主产于亚洲热带地区,1种产于大洋洲北部。我国有21种,主产于云南、贵州和广东;广西现知有5种1变种。

分 种 检 索 表

1. 花冠冠檐全缘或浅裂;雄蕊内藏。
  2. 苞片早落,小,稀大;幼枝密被短柔毛;老枝无毛,具皱纹,淡褐色;叶腹面被疏柔毛,呈灰白色;萼片卵形 …………………………………………………… 1. **银背藤** A. mollis (N. L. Burman) Choisy
  2. 苞片宿存,大,稀小。
    3. 苞片卵形或卵状长圆形,钝或锐尖,外面被绒毛或疏毛 ………………………… 2. **东京银背藤** A. pierreana Bois
    3. 苞片卵形或卵状披针形,锐尖或渐尖;幼枝、叶、花梗,萼片均被黄色开展长硬毛;萼片披针形或卵状长圆形至长圆形,渐尖 ………………………… 3. **头花银背藤** A. capitiformis (Poiret) van Ooststroom
1. 花冠冠檐5深裂,雄蕊外伸。
  4. 花序头状;苞片倒卵形至匙形或圆形、截形,外面被白色、灰色或淡褐色绒毛、宿存;花无柄或近无柄;茎、叶及花序均密被白色或灰色绒毛 ………………………… 4. **聚花白鹤藤** A. osyrensis (Roth) Choisy
  4. 花序不为头状;苞片大多早落,花具柄。
    5. 幼枝、叶背、花序均密被银色绢毛;聚伞花序花序梗长3.5~7(8)cm,有棱角,或侧扁;花冠长达28 mm,裂片长圆形,长达15 cm ………………………… 5. **白鹤藤** A. acuta Lour.
    5. 幼枝、叶背、花序均密被污黄色毡状绒毛;聚伞花序平顶状,多花,花序梗长2.5~3.5 cm;花冠长约20 mm,5深裂几达中部 ………………………… 6. **黄伞白鹤藤** A. fulvocymosa C. Y. Wu

1. **银背藤** 白底丝绸 白背绸缎 白鹤藤 一匹绸 白面水鸡 图版129:1~3

Argyreia mollis (N. L. Burman) Choisy, Mem. Soc. Phys. Genève. **6**:421. 1833; Fl. China **16**:315. 1995.——*A. obtecta* (Wall.) C. B. Clarke in Hook. f. Fl. Brit. Ind. **4**:186. 1883.——*A. championii* Benth., Fl. Hongk. 236. 1861.——*Lettsomia championii* (Benth.) Benth. et Hook. f. in Gen. Pl. **2**:156. 1890, comb. nud.; Forb. et Hemsl. in Journ. Linn. Soc. Bot. **26**:156. 1890; Dunn et Tutch. in Kew Bull. Misc. Inf. add. ser. **10**:175. 1912.

缠绕藤本;幼茎密被黄色紧贴丝状柔毛。叶互生,叶片长圆形至椭圆形,长6~11 cm,宽2.5~7 cm,先端短渐尖,基部宽楔形或圆,腹面疏生紧贴柔毛,背面密被淡黄色绢毛;侧脉7~11对;叶柄长2~4 cm,被短柔毛。聚伞花序腋生,有花5~7朵;花序梗长1.5~3 cm,密被淡黄色丝状柔毛;苞片2枚,早落;花梗短,长约3 mm;萼片5枚,卵形,先端圆,外面被紧贴柔毛,外萼片3枚,长8~9 mm,内萼片2枚,较短;花冠淡红色或淡紫色,漏斗状,长4~8 cm,冠檐近全缘或浅裂,外面疏被柔毛,内面无毛;雄蕊5枚,内藏,

图版 129　1～3. 银背藤 Argyreia mollis (N. L. Burman) Choisy　1. 花枝；2. 花冠展开；3. 果。　4～7. 头花银背藤 A. capitiformis (Poiret) van Ooststroom　4. 花枝；5. 外花萼；6. 内花萼；7. 花冠展开。（辛茂芳绘）

花丝丝状，长 25 mm，基部内侧密生毛，花药长圆形，长 3.5 mm；花盘环状；子房 4 室，无毛，花柱条形，长 32 mm，柱头头状。浆果近球形，直径约 1 cm，4 室，每室有种子 1 粒。　花期 9～11 月，果期 11～12 月。

产于桂东、桂西南；生于沟谷密林中。分布于海南、广东及其沿岸岛屿，印度、印度尼西亚、老挝、马来西亚、泰国、缅甸、越南亦有。　全草可入药，治跌打损伤、内伤出血、血崩和白带异常。

2. 东京银背藤　白花银背藤　葛藤　旋花藤　牛白藤

Argyreia pierreana Bois in Rev. Hort. **78**: 560. f. 2089. 1906；中国植物志 **64** (1): 128. 1979；Fl. China **16**: 317. 1995. ——*A. seguinii* (H. Lévl.) Van. ex H. Lévl. Fl. Kouy-tcheou 113. 1914 et Chine Revue 18. 1916；中国植物志 **64** (1): 126. 1979

木质藤本；茎、分枝圆柱形；幼枝被长柔毛，后渐变无毛。叶互生；叶片卵形或长卵形，长 10～20 cm，宽 8～12 cm，先端锐尖，基部近圆形至楔形，少为略呈心形，腹面无毛，背面被白色绒毛；侧脉 10～15 对；叶柄长 5～12 cm，被黄色长柔毛。花序为密集头状花序，宽 5～6 cm；花序梗长 2～5 cm，密被黄色长柔毛；苞片形如总苞状，卵形，长 35 mm，外面被黄色短柔毛，内面红色，内面苞片很小，次级花序梗长 7 mm，粗壮，花梗与次级花序梗等长；萼片 5 枚，卵形，钝，玫瑰红色，外面被白色短柔毛，外萼片 3 枚，长 15～17 mm，宽 8 mm，内萼片 2 枚较小，长 8 mm，宽 3 mm；花冠漏斗状，白色、紫红色或淡红色，长 5～7 cm，冠檐直径 3～4 cm，外面被白色长柔毛；雄蕊 5 枚，内藏；子房 2 室，每室 2 颗胚珠；柱头头状 2 裂。浆果球形，红色，直径 8～10 mm，为增大的萼片所包围；种子 4 粒，卵状三角形，长 5 mm，子叶平行，具皱纹。　产于百色、邕宁、扶绥、宁明、龙州、靖西、那坡、凌云、桂林；常生于海拔 200～600(1 400) m 的路边灌木丛中。分布于贵州、云南东南部，越南北部和老挝亦有。　根状茎用于治咳嗽；茎、叶用于治风湿骨痛，乳腺炎。

3. 头花银背藤　硬毛白鹤藤(海南植物志)　图版 129: 4～7

Argyreia capitiformis (Poiret) van Ooststroom, Fl. Malesiana, ser. 1, 6 (6): 941. 1972；Fl. China **16**: 317. 1995. ——*A. capitata* (Vahl.) Arn. ex Choisy in Mem. Soc. Phys. Genéve **6**: 423. 1833 et DC. Prodr. **9**: 332. 1845. ——*A. rufohirsuta* H. Lévl. in Fedde, Rep., Sp. Nov. **9**: 452. 1911, e. desr.；中国植物志 **64** (1): 130. 1979. ——*Convolvulus capitata* Vahl, Symb. Bot. **3**: 184. 1794.

木质藤本；茎长达 15 m，直径达 5 mm；全株密被开展的黄褐色长硬毛；茎、分枝圆柱形，干时具条纹。叶互生；叶片卵形至近圆形，长 7.5～18 cm，宽 4～13 cm，先端锐尖或渐尖，基部心形，两面密被黄色长硬毛；侧脉 13～15 对；叶柄长 3～5 cm，被开展的长硬毛。头状聚伞花序腋生；花序梗长 3～25 cm，被开展的黄褐色长硬毛；苞片如总苞状，椭圆形至狭披针形，长 15～25 mm，外面被黄色长硬毛，次级花序梗长 15 mm，具 2～3 朵花；花梗短；萼片 5 枚，披针形，外萼片 3 枚，长 15～17 mm，内萼片 2 枚较短，长 10～12 mm，被长硬毛；花冠漏斗状，紫红色或淡紫色，长约 5 cm，外面被长硬毛，冠檐全缘或浅裂；雄蕊 5 枚，内藏；子房 2 室，每室 2 颗胚珠；花柱长 30 mm，基部具关节；柱头头状，2 裂。蒴果球形，直径约 8 mm，橙红色，无毛；种子 1～4 颗，卵状三角形，种脐肾形。　花期 7～10 月，果期 9～10 月。　产于百色、防城、扶绥、龙州、那坡、隆林；常生于海拔 125～155 m 的沟谷密林、疏林或灌木丛中。分布于海南、广东及其沿岸岛屿、贵州、云南南部，印度、缅甸、中南半岛地区至印度尼西亚亦有。　叶可药用，用于生肌、愈合伤口。

4. 聚花白鹤藤

Argyreia osyrensis (Roth) Choisy in DC. Prodr. **9**: 334. 1845；中国植物志 **64** (1): 137，图版 29: 1 1979；Fl. China **16**: 319. 1995. ——*Ipomoea osyrensis* Roth, Nov. Pl. Sp, 117. 1821. ——*Lettsomia aggregata* Roxb. var. *osyrensis* (Roth) C. B. Clarke in Hook. f. Fl. Brit. Ind. **4**: 192. 1883. ——*Argyreia aggregata* (Roxb.) Choisy var. *osyrensis* (Roth) Gagn. et Courch. in Lecomte. Fl. Gén. Indo-Chine **4**: 280. 1915.

4a. 聚花白鹤藤(原变种)

Argyreia osyrensis (Roth) Choisy var. **osyrensis**

广西不产。分布于海南南部海边海拔约 30 m 的林下或灌木丛中；印度、斯里兰卡、缅甸、中南半岛南地区至印度尼西亚的苏门答腊岛北部。

4b. 灰毛白鹤藤（变种）　灰毛聚花白鹤藤（云南植物志）

Argyreia osyrensis (Roth) Choisy var. cinerea Hand.-Mazz. in Oestera. Bot. Zeitschr. **87**:124. 1938；中国植物志 64 (1):139. 1979；Fl. China **16**:320. 1995. ——*Lettsomia bella* auct. non C. B. Clarke: Dunn in Journ. Linn. Soc. Bot. **39**:463. 1911. ——*Argyreia aggregata* (Roxb.) Choisy var. *osyrensis* (Roth) Gagn. et Courch. in Lecomte Fl. Gén. Indo-Chine **4**:280. 1915. p. p., quoad Pl. Yunnan.

与原变种聚花白鹤藤不同在于本变种有较大的叶，长 6～12 cm，宽 3.5～11 cm，叶片腹面密被具瘤状基部的俯伏灰长柔毛，背面被极密卷曲的灰柔毛；侧脉较多，每边 11～14 条；叶柄、苞片外面、2 枚外萼片和 3 枚内萼片的外面均密被灰色卷曲柔毛；花序梗被灰色卷曲柔毛。　产于隆林；生于海拔 220～1 600 m 的疏林灌木丛中。分布于云南南部至东南部。　根、叶用于治子宫脱垂、脱肛、喘咳。

5. 白鹤藤　一匹绸　女苑　白面水鸡　绸缎藤　绸缎木叶　图版 130:1～2

Argyreia acuta Lour., Fl. Cochinch. 135. 1790 et ed. 2 22, 166. 1793；中国植物志 64 (1):135. 1979；Fl. China **16**:320. 1995. ——*A. festiva* Wall., Pl. Asiat. Rar. **1**:68. t. 76. 1830. ——*Lettsomia* festiva (Wall.) Benth. et Hook. f., Gen. Pl. **2**:870. 1876, comb. nud. ——*L. chalmersii* Hance in Journ. Bot. Brit. et For. **16**:230. 1878；Forb. et Hemsl. in Journ. Linn. Soc. Bot. **26**:156. 1890.

缠绕藤本，长 3～5 m；茎圆柱形，直径约 1 cm，多分枝；幼枝圆柱形，被银白色绢毛，后变无毛。叶互生；叶片卵形至椭圆形，长 5～11 cm，宽 3～9 cm，先端锐尖或钝，基部圆形或微心形，腹面无毛，背面密被银白色、紧贴的绢毛，全缘；侧脉每边 7～9 条；叶柄长 2～5 cm，被银白色绢毛。聚伞花序腋生或顶生，花多朵；花序梗长 2.5～7 cm，密被银白色绢毛；苞片卵形，长 8～12 mm，早落；花梗长约 4 mm；萼片 5 枚，长卵形，外萼片 3 枚卵形，长 9～12 mm，内萼片 2 枚较小，长 6～7 mm，外面均被银白色紧贴的绢毛；花冠白色，漏斗状，长约 2.8 cm，外面被银白色绢毛，冠檐 5 深裂，裂片长圆形，长约 1.5 cm，先端微缺，纵带外面被银白色紧贴的绢毛，两侧的狭翅无毛；雄蕊 5 枚，伸出，花丝长约 1.7 cm，基部扩大，被毛，花药长 4 mm；子房 2 室，每室 2 颗胚珠，花柱长 2 cm，柱头头状，2 裂。浆果球形，直径约 8 mm，为增大的宿萼所包围；种子 2～4 粒，卵状三角形，长约 5 mm，种脐基生，心形。　花期 6～9 月。　产于桂东、桂东南、桂南；生于疏林下，或路边灌木丛、河边。分布于海南、广东，印度东部、越南、老挝亦有。　全株入药，治咳嗽、肾炎水肿、筋络不舒；外用治梅毒。

6. 黄伞白鹤藤

Argyreia fulvocymosa C. Y. Wu，云南热带亚热带植物区系研究报告 **1**:135. 图版 38:2. 1965；云南植物志 **2**:685. 1979；中国植物志 64 (1):139. 1979；Fl. China **16**:320. 1995.

攀缘灌木；幼枝圆柱形，密被污黄色毡状毛。叶互生；叶片宽卵圆形至近圆形，长 12～15 cm，宽 10～15 cm，先端骤锐尖，基部浅心形，腹面密被具瘤状基部的微硬毛，微皱，背面被极密污黄色毡状绒毛；侧脉每边 4～12 条；叶柄长 5～9 cm，毛被同叶背。花序腋生，为平顶状聚伞花序，多花；花序梗被极密污黄色毡状绒毛，具棱角，一级长 2.5～3.5 cm，二至四级长约 1 cm，毛被同花序梗；萼片宽卵形，长约 5 mm，外面被极密污黄色毡状绒毛，内面无毛，外萼片稍大；花冠白色，漏斗形，长约 20 mm，冠檐 5 深裂，外面于瓣中带上部密被污黄色丝状疏柔毛；雄蕊 5 枚及花柱稍超出花冠，花丝基部扩大且被污黄色具腺疏柔毛；花盘杯状，高约 1 mm；子房无毛，长约 1.5 mm，花柱丝状，柱头头状。浆果卵球形，为增大的宿萼所包围；种子 4 粒，卵状三棱形，黑色，无毛；种脐基生腹面，圆形，下陷。　产于桂西南；常生于海拔 740～940 m 的草坡或竹林下。分布于云南东南部。

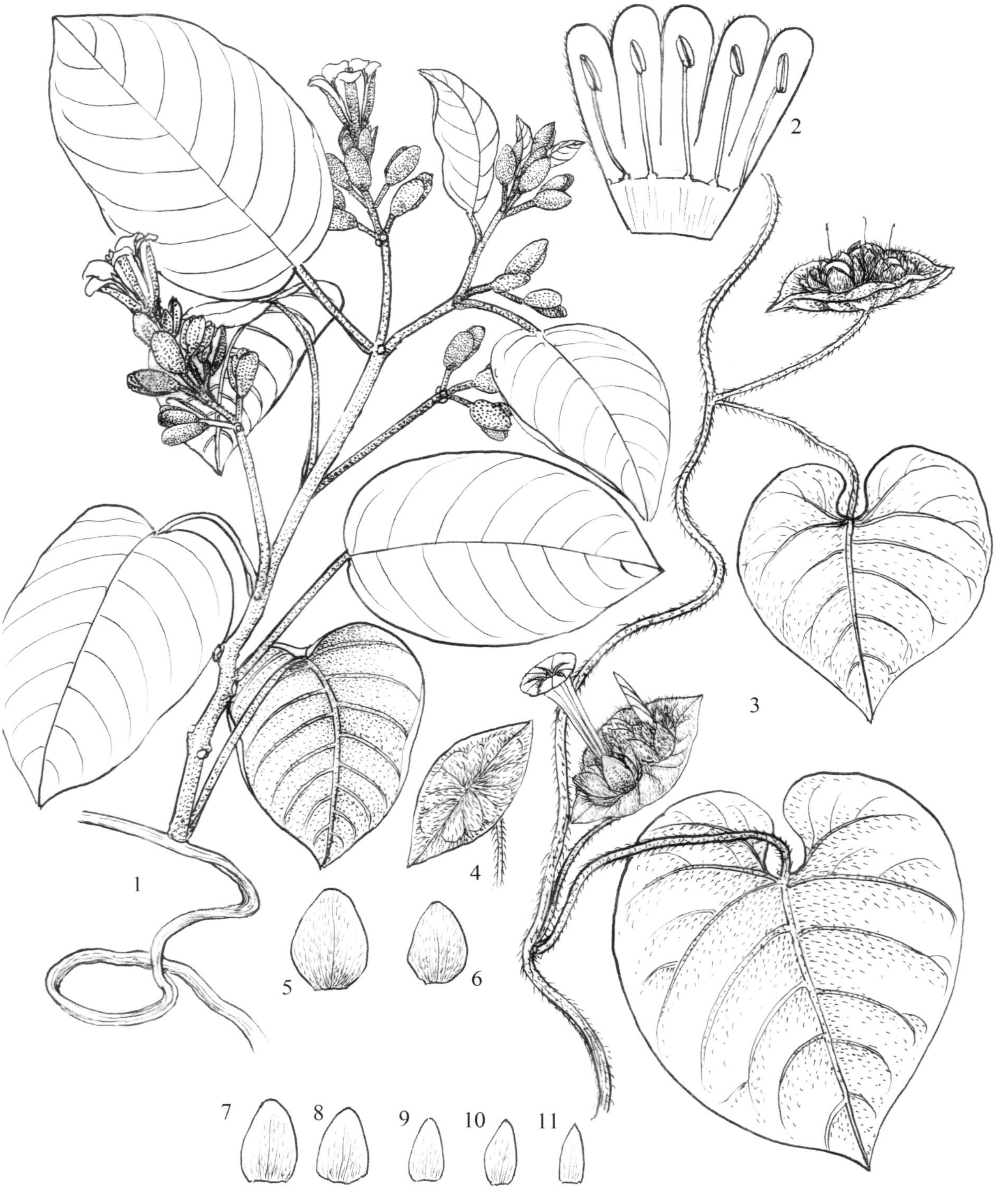

图版 130 1～2. **白鹤藤** Argyreia acuta Lour. 1. 花枝；2. 花冠展开。 3～11. **帽苞薯藤** Ipomoea pileata Roxb. 3. 植株部分；4. 总苞片；5～6. 苞片；7～11. 萼片。（辛茂芳绘）

15. 番薯属　Ipomoea Linn.

草本或灌木；茎缠绕、平卧、匍匐、直立或浮生于水面。叶形多样，全缘、浅裂或掌状各种分裂；通常具柄。花腋生，单生，少或多数组成聚伞花序，或密集具总苞的头状花序；苞片各式；花通常大或小，颜色多样；萼片5枚，通常钝，等长或不等长的内面3枚(少有外面的)稍长，无毛或被毛，结果时多少增大，宿存；花冠整齐，漏斗状、钟状或高脚碟状，冠檐浅或深5裂，瓣中带为2条明显的纵脉相间；雄蕊5枚，内藏，不等长，着生于花冠筒的近基部，花丝丝状，常于基部扩大，稍被毛，花药卵形至条形；花粉粒球形，有刺；雌蕊比雄蕊稍长或等长，子房2～4室，每室有1颗胚珠，花柱1枚，条形，内藏，柱头头状，裂成2球形。蒴果球形或卵形，果皮膜质，通常4瓣裂；具种子4粒或较少，三棱状椭圆形，被短毛或长绢毛。　全球约有500种，广泛分布于热带、亚热带和温带地区。我国约29种，南北均有，多数种主要分布于华南和西南；广西现知有21种1变种和1个杂交种。

分种检索表

1. 花冠漏斗状或钟状(**帽苞薯藤** I. pileata 除外)；雄蕊和花柱内藏；种子无毛或被短毛或长绢毛。
2. 萼片钝至锐尖；子房2室或4室，有4颗胚珠。
3. 叶分裂。
4. 叶掌状深裂。
5. 叶裂缺圆形。
6. 叶被硬毛；花密集呈头状；总苞叶状 ………………………… 1. **虎掌藤** I. pes-tigridis L.
6. 叶无毛或全缘；花序不呈头状排列。
7. 叶纸质，长7～18 cm，裂片先端渐尖或急尖；花冠漏斗状，淡红色或紫红色 ……………………………… 2. **七爪龙** I. mauritiana Jacquin
7. 叶稍肉质，长3 cm以下，裂片先端钝；花冠漏斗状，白色 ……… 3. **海滩牵牛** I. imperati (Vahl) Grisebach
5. 叶裂缺狭楔形(栽培植物) ………………………… 4. **红薯** I. batatas (L.) Lam.
4. 叶掌状全裂；茎常有小瘤状；花冠漏斗状，淡紫色 ………………… 5. **五爪金龙** I. cairica (L.) Sweet
8. 叶中部裂片长4～5 cm，宽2～2.5 cm；花冠长5～7 cm ……… 5a. **五爪金龙** I. cairica (L.) Sweet var. cairica
8. 叶中部裂片长2.5～3.3 cm，宽0.5～1 cm；花冠长2.5～3.5 cm ……………………… 5b. **纤细五爪金龙** I. cairica (L.) Sweet var. gracillima (Collett et Hemsl.) C. Y. Wu
3. 叶不分裂或仅先端2裂，或具角状裂片。
9. 叶先端急尖或渐尖。
10. 萼片外面被毛各不相同。
11. 萼片外面被广展的粗毛或睫毛，外面3枚萼片阔心状披针形，长6～7 mm，内面2枚萼片狭披针形 ……………………………… 6. **毛牵牛** I. biflora (L.) Pers.
11. 萼片外面被绢质柔毛或被极短的柔毛，外面3枚萼片椭圆状匙形，长1.2 cm，内面2枚萼片披针形。
12. 花密集呈头状花序，总苞近帽状；草本；花冠高脚碟状，淡紫色或淡红色，有时白色，长2.5～3 cm ……………………………… 7. **帽苞薯藤** I. pileata Roxb.
12. 花多朵组成聚伞花序，无帽状总苞。
13. 灌木；花冠长7～9 cm，内面中央至基部深紫色 ……………………………… 8. **树牵牛** I. carnea Jacquin subsp. fistulosa (Martius ex Choisy) D. F. Austin
13. 草本；花冠长1.5～2 cm。
14. 花冠白色或淡黄色 ………………………… 9. **紫心牵牛** I. obscura (L.) Ker-Gawl.
14. 花冠淡红色或淡紫红色 ………………………… 10. **三裂叶薯** I. triloba L.
10. 萼片外面无毛，有时具小瘤体。
15. 茎缠绕(野生植物)。
16. 花冠阔漏斗状，淡紫色或白色，长约2 cm；种子先端有束长绢毛 ……………………

……………………………………………………………… 11. **野番薯** I. sumatrana (Miquel) van Ooststroom

16. 花冠高脚碟状，白色，长 9 cm 以上；种子密被短绒毛和着生于狭脊骨长 3～6 mm 的绢毛 ………………………………………………………………………………………… 12. **长管牵牛** I. violacea L.

15. 茎平卧、匍匐或上升(栽培植物)。

17. 陆生、蔓状藤本，茎实心，具块根 ………………………………………… 4. **番薯** I. batatas (L.) Lam.

17. 陆生或水生草本，茎节间中空，无块根 ……………………………………… 13. **蕹菜** I. aquatica Forssk.

9. 叶先端微凹或 2 裂。

18. 叶片形多样，卵形、长圆形、条形或披针形，长 1.5～3 cm，宽 0.8～1.2 cm；侧脉每边 4～5 条；花冠白色 ……………………………………………………………… 3. **海滩牵牛** I. imperati (Vahl) Grisebach.

18. 叶片近圆形、卵形、肾形、长圆形或椭圆形，长 3～10 cm，宽 3～10.5 cm；侧脉每边 8～10 条；花冠淡红色或紫红色 ……………………………………………………………… 14. **厚藤** I. pes-caprea (L.) R. Br.

2. 萼片先端长而狭的渐尖，被硬毛或贴生柔毛；子房 3 室，有 6 颗胚珠。

19. 叶为 3 裂；外萼片条状披针形，长 2～2.5 cm …………………………………… 15. **牵牛** I. nil (L.) Roth

19. 叶为全缘，偶有 3 裂；外萼片长椭圆形，渐尖，长 1～1.5 cm ………………… 16. **圆叶牵牛** I. purpurea (L.) Roth

1. 花冠高脚碟状；雄蕊和花柱多少伸出；种子无毛，或稀被柔毛或绵毛

20. 萼片先端有长芒状或角状尖头，少有钝；子房 2 室，每室有胚珠 2 颗。

21. 种子密被灰褐色长绵毛 …………………………………………………… 17. **夜牵牛** I. aculeata Blume

21. 种子无毛。

22. 花冠白色，较大，花冠筒长 7～12 cm，管上部不扩张或微扩张，冠檐近辐状，为浅的 5 圆浅裂；花萼的芒平展 ……………………………………………………………………… 18. **月光花** I. alba L.

22. 花冠紫色，较小，花冠筒长 2～3 cm，管上部宽展，冠檐近漏斗状，为三角形的裂片 ……………………………………………………………………………… 19. **丁香茄** I. turbinata Lag.

20. 萼片先端稍下延有小芒尖；子房 4 室，每室有胚珠 1 颗。

23. 叶片卵形或长圆形，羽状深裂达中脉，裂片条形，平展，叶脉羽状；叶基常具托叶；花冠高脚碟状，冠檐 5 浅裂 ………………………………………………………………………… 20. **茑萝** I. quamoclit L.

23. 叶片卵状心形，全缘或深裂；叶脉掌状；花冠高脚碟状，冠檐 5 深裂。

24. 叶全缘或边缘为多角形；花冠较小，长 8～25 mm ……………………… 21. **橙红茑萝** I. hederifolia L.

24. 叶掌状深裂，裂片披针形，先端细长而尖，下部 2 裂片各 2 裂；花冠较大，长 3～5 cm ……………………………………………………………… 22. **掌叶茑萝** I. × sloteri van Ooststroom

1．**虎掌藤**　虎脚牵牛(海南植物志)　九爪藤(台湾植物志)

Ipomoea pes-tigridis L., Sp. Pl. 162. 1753, et ed. 2. 230. 1762; Choisy in DC. Prodr. **9**: 363. 1845; 台湾植物志 **4**: 371, 图版 1044: 1～7. 1978; 海南植物志 **3**: 486. 1974; 云南植物志 **2**: 656, 图版 184: 5. 1979; 中国植物志 **64** (1): 87, 图版 18: 5. 1979; Fl. China **16**: 306. 1995. ——*I. hepaticaefolia* L., l. c. 161. 1753, et ed. 2, 230. 176. ——*Convolvulus pestigridis* Spreng., Syst. Veg. **1**: 592. 1825.

一年生草本；全体被开展的灰白至淡黄色长硬毛；茎纤细或粗壮，具细棱，缠绕或匍匐生根，长达 2.4 m。叶片圆形或扁椭圆形，长 2～10 cm，宽 3～13 cm，掌状深裂，裂片通常 5～7 枚，稀 3 枚或 9 枚，狭卵形或长卵形，先端钝圆，渐尖，有小短尖头，基部最狭处宽约 1 cm，裂缺圆，它与**七爪龙**(*I. mauritiana* Jacquin)相近，不同在于本种叶两面被硬毛；苞片宿存；花梗极短；萼片 5 枚，卵状披针形，外萼片较长；花冠白色、淡红色或喉部深紫色，漏斗状，长 3.5～5 cm。蒴果褐色，卵球形，高 7 mm，2 室，4 瓣裂；种子 4 粒，椭圆形，长 4 mm，暗黑色，被灰白色短绒毛。　花期 6～11 月。　产于龙州(响水)一带；常生于海拔 100～400 m 的山地、旷野、河谷灌木丛、路旁。分布于台湾、海南、广东和云南南部，非洲东部地区、马达加斯加岛、亚洲热带地区和中南太平洋的波利尼西亚亦有。

2．**七爪龙**(广州)　五爪龙　野牵牛(广西)　五爪薯　图版 131：1～3

Ipomoea mauritiana Jacquin in Collectanea **4**: 216. 1791; Fl. China **16**: 310. 1995.

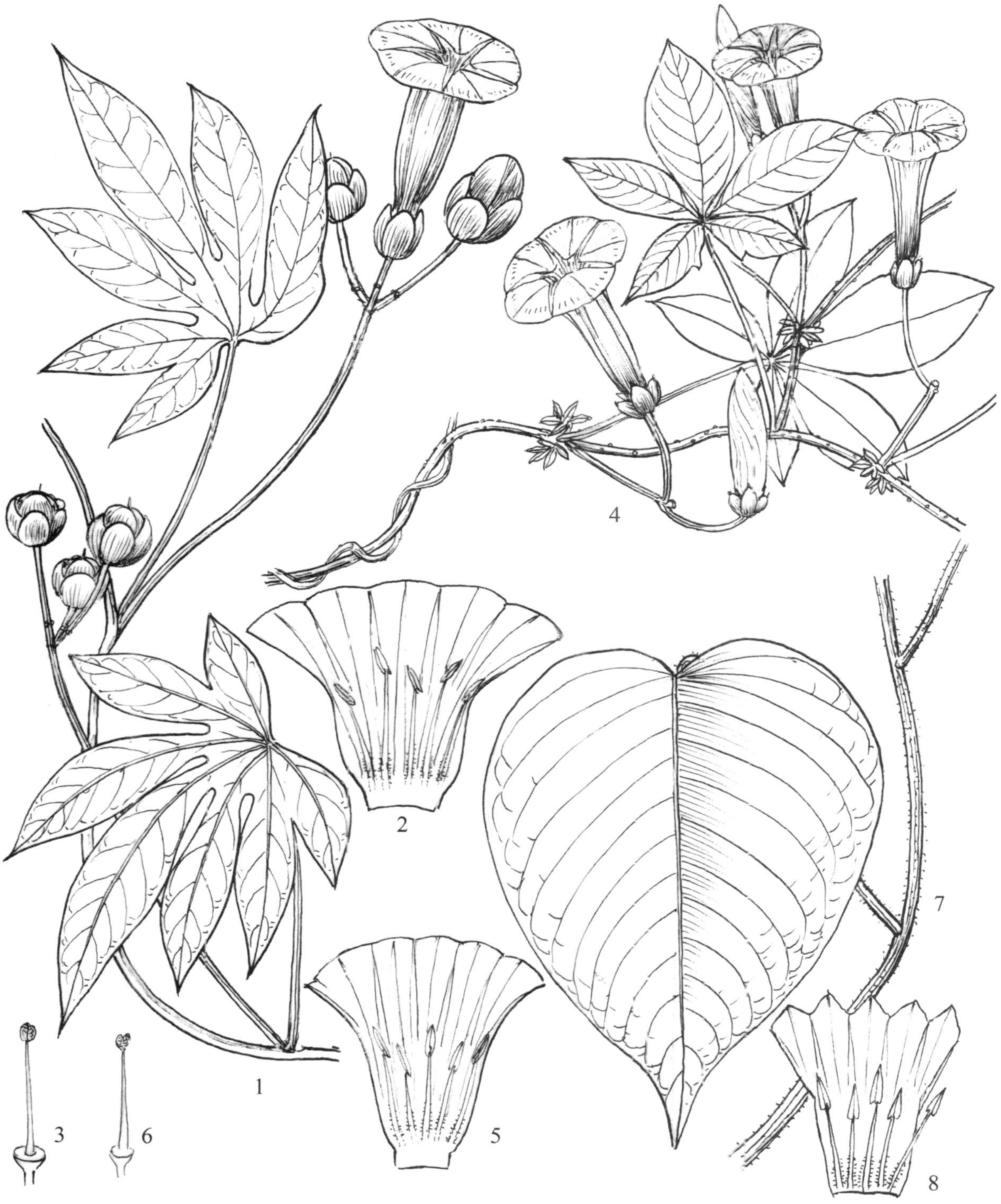

图版 131　1～3. **七爪龙** Ipomoea mauritiana Jacquin　1. 花果枝；2. 花冠纵剖；3. 雌蕊。　4～6. **五爪金龙** I. cairica (L.) Sweet　4. 花枝；5. 花冠展开示雄蕊着生位置；6. 雌蕊。　7～8. **野番薯** I. sumatrana (Miquel) van Ooststroom　7. 植株一部分；8. 花冠展开示雄蕊。（辛茂芳绘）

多年生草质藤本；全株无毛；具肉质块根；茎缠绕，有时平卧，圆柱形，有细棱。叶片圆形，长 7～18 cm，宽 6～16 cm，掌状分裂至中部以下，但未至基部，裂片 5～7 枚，全缘或不规波状，先端渐尖或锐尖，具小短尖头，裂缺狭而圆近于**虎掌藤**（*I. pes-tigridis* Linn.），不同在于本种叶腹、背两面无毛；苞片早落；花梗长 1～2.5 cm；萼片 5 枚，外萼片长圆形，长 7～9 mm，内萼片宽卵形，长约 10 mm；花冠淡红色或紫红色，漏斗状，长 5～6 cm。蒴果卵球形，高 1.2 cm，2 室，4 瓣裂；种子 4 粒，长约 6 mm，棱角处被长绢毛，长约 12 mm，易脱落。 花期 5～9 月，果期 9～11 月。 产于陆川、博白、北流、玉林、平南、邕宁、防城、扶绥、龙州；生于海拔 280～1 020 m 的山地疏林或溪边灌木丛或海滩边矮林。分布于台湾、海南、广东及其沿岸岛屿、云南南部，全球各热带海岸亦有。 花美丽，不常见，植株栽培除供观赏外，其块根、叶外用可治淋巴结结核、乳腺炎、疮疡肿毒。又据海南植物志记载，冬季挖取的块根含淀粉量达 20%，晒干磨粉可作健胃剂或糕点的原料；此外茎叶可作猪饲料。

3. **海滩牵牛**（海南植物志） 假厚藤 厚叶牵牛（台湾植物志）

Ipomoea imperati（Vahl）Grisebach in Cat. Pl. Cub. 203. 1866. ——*Convolvulus littoralis* Linn.，Syst. ed，10. 924. 1759；Fl. China **16**：308. 1995. ——*Ipomoea littoralis*（Linn.）Boiss.，Fl. Orient. **4**：112. 1879，non Blume 1825. ——*I. stolonifera*（Cyr.）J. F. Gmel.，Syst. Nat. ed. 13. **2**：345. 1791；中国植物志 **64**（1）：95，图版 20：2～3. 1979.

多年生草本；全株无毛；茎平卧，节上生根。叶肉质，干后厚纸质。本种与**厚藤**［*I. pes-carprae*（Linn.）Sweet］相近，区别在于本种的叶形多样，卵形至长圆形、披针形或条形，长 1.5～2.5 cm，宽 0.8～2 cm，全缘或波状，中部常收缩，或 3～5 裂，中央裂片最大，卵形至长圆形，侧裂片较小；侧脉每边 4～5 条，纤细，两面均稍下陷，网脉不明显；叶柄较短，长 0.5～4.5 cm；聚伞花序腋生，通常具花 1 朵，或有时 2～3 朵；花序梗较短，长约 2 cm；花梗也较短，长 0.6～1.5 cm；花冠白色，漏斗状，长 3.5～4 cm；蒴果近球形，较小，直径约 1 cm；种子被短绒毛，棱角上有长毛。 花期 10～12 月。 产于北海；生于沿海沙滩或沙丘上，水旁向阳处。分布于台湾、福建、广东、海南，广泛分布于世界热带、亚热带沿海地区。

4. **番薯** 红薯 甘薯 白薯 地瓜 图版 132：1～4

Ipomoea batatas（L.）Lam.，Tabl. Encycl. **2**：465. 1793；中国高等植物图鉴 **3**：531，图 5015. 1974；海南植物志 **2**：658. 1979；中国植物志 **64**（1）：89. 1979；贵州植物志 **6**：344，图版 96：2～4. 1989；Fl. China **16**：306. 1995. ——*Convolvulus batatas* Linn.，Sp. Pl. 154. 1753. ——*C. edulis* Thunb.，Fl. Japan 84. 1874. ——*Ipomoea batatas* Lam. var. *edulis*（Thunb.）Makino in Bot. Mag. Tokyo **21**：136. 1907.

多年生草质藤本；全株无毛或被柔毛；有乳汁；有块根，其皮有白、红、黄或紫斑色，其肉质有白、淡黄或黄色，均为不同品种，形状有圆形、椭圆形或长圆形；茎粗壮，圆柱形，近地面节易生不定根，绿色或紫红色，顶生嫩叶有绿色和紫红色，亦为不同品种。叶片通常阔卵形或心状卵形，全缘或掌状分裂；具掌状脉；叶柄较叶片短或等长，有毛。聚伞花序腋生，有花 1 朵至数朵；花序梗与叶柄同长；苞片小，早落；花梗略与萼片同长；花冠稍小，紫色或白色，漏斗状或钟状，长 3～4 cm；雌蕊较长于雄蕊，子房 2 室，每室 2 颗胚珠。蒴果卵形；种子 4 粒，卵圆形，无毛。 花期 9～12 月。 广西各地多有栽培，陆川、博白一带能冬种。我国各地均有栽培，能适应贫瘠的土壤。原产于美洲热带地区，亦广栽于全球热带、亚热带地区。 红薯为我国主要杂粮之一。块根富含淀粉和糖分，除食用外，可加工制成淀粉，供制红薯粉丝或作酿造和饴糖的原料；嫩叶可作蔬食；块根、茎、叶是优良的饲料。茎、叶还可药用，生津润燥，清热解毒。

5. **五爪金龙** 上竹龙 五爪龙 黑牵牛 牵牛藤 揹上瓜藤 图版 131：4～6

Ipomoea cairica（L.）Sweet，Hort. Brit. ed. 1. 287. 1827；广州植物志 586，图 312. 1956；海南植物志 **3**：489，图 874. 1974；台湾植物志 **4**：364. 1978；云南植物志 **2**：660. 1979；中国植物志 **64**（1）：97. 1979；Fl. China **16**：309. 1995. ——*Convolvulus cairicus* Linn. in Syst. ed. 10. 922. 1759. ——*Ipomoea palmata* Forsk. in Fl. Aegypt. Arab. 43. 1775；Choisy in DC. Prodr. **9**：386. 1845.

多年生缠绕草本；全株无毛；老时根上具块根；茎细长，有细棱，有时有小疣状突起。叶掌状5深裂或

图版 132　1～4. **红薯** *Ipomoea batatas*（L.）Lam.　1. 植株一部分；2. 花冠展开；3. 雄蕊放大；4. 块根。　5～6. **厚藤** *I. pes-caprae*（L.）R. Br.　5. 花枝；6. 果。（辛茂芳绘）

全裂,裂片卵状披针形、卵形或椭圆形,中裂片较大,两侧裂片稍小,顶端渐尖或稍钝,具小短尖头,基部楔形渐狭,全缘或呈不规则微波状,基部1对裂片通常再2裂;叶柄长2～8 cm,基部具小的掌状5裂的假托叶(腋生短枝的叶片)。聚伞花序腋生,花序梗长2～8 cm,具1～3朵花,或偶有3朵以上;苞片及小苞片均小,鳞片状,早落;花梗长0.5～2 cm,有时具小疣状突起;萼片稍不等长,外方2枚较短,卵形,长5～6 mm,外面有时有小疣状突起,内萼片稍宽,长7～9 mm,萼片边缘干膜质,顶端钝圆或具不明显的小短尖头;花冠紫红色、紫色或淡红色,偶有白色,漏斗状,长5～7 cm;雄蕊不等长,花丝基部稍扩大下延贴生于花冠筒基部以上,被毛;子房无毛,花柱纤细,长于雄蕊,柱头2球形。蒴果近球形,高约1 cm,2室,4瓣裂;种子黑色,长约5 mm,边缘被褐色柔毛。

5a. **五爪金龙**(原变种)

Ipomoea cairica (L.) Sweet var. **cairica**

叶掌状5深裂或全裂,裂片卵状披针形、卵形或椭圆形,中裂片较大,长4～5 cm,宽2～2.5 cm。花冠紫红色、紫色或淡红色,偶有白色,漏斗状,长5～7 cm。 产于苍梧、梧州、贵港、北流、合浦、百色、柳州;生于海拔90～610 m的空旷平地或山谷路边灌木丛向阳处。分布于台湾、福建、海南、广东及其沿岸岛屿、云南南部,非洲地区、东地中海沿岸和亚洲热带地区亦有,现广为栽培或归化于全球热带地区。 叶可治痈疮,果可治跌打损伤;块根亦可供药用,外敷热毒疮,能清热解毒。常见栽培花卉。

5b. **纤细五爪金龙**(变种)

Ipomoea cairica (L.) Sweet var. **gracillima** (Collett et Hemsl.) C. Y. Wu, Rep. Stud. Pl. Trop. Subtrop. Yunnan **1**:120. 1965; Fl. China **16**:309. 1995.

与原变种不同在于茎较纤细;叶较小而裂片较狭,中裂片长2.5～3.3 cm,宽0.5～1 cm;花较小,长2.5～3.5 cm。产于柳州、梧州、苍梧、合浦、贵港、北流、百色。分布于云南,缅甸亦有。

6. **毛牵牛**(广州植物志) 篱番薯(广西植物名录、中国植物志误称) 图版124:6～9

Ipomoea biflora (L.) Pers. in Syn. Pl. **1**:183. 1805; Fl. China **16**:304. 1995. ——*I. sinensis* (Desr.) Choisy in Mem Soc. Phys. Genéve **6**:469. 1833. ——*Convolvulus sinensis* Desr. in Lam., Encycl. **3** (2): 557. 1791. ——*Ipomoea hardwickii* Hemsl. ex Forb. et Hemsl. in Journ. Linn. Soc. **26**:160. 1890, non est *Convolvulus hardwickii* Spreng. in Syst Veg. **4**(2):60. 1827, nom. illeg. 云南热带亚热带植物区系研究报告 **1**:107. 1965;中国植物志 **64** (1):41,图版10:3. 1979;贵州植物志 **6**:336,图版94:1～2. 1989.

一年生草本;茎多分枝,平卧或缠绕,长达2.5 cm,被疏柔毛。叶片卵形至长圆状卵形,稀为菱形,长5～10 cm,宽2.5～6 cm,先端钝至钝状锐尖,基部宽心形,有时近戟形,被短柔毛至无毛;侧脉每边6～7条。本种主要特点是萼片5枚,结果时增大,外面3枚萼片具广展的粗毛或睫毛,卵状心形、卵状三角形、心形或近戟形,长2～5 mm,基部宽2～6 mm,狭披针形,长8～10 mm,宽4～5 mm,内面2枚萼片披针形,长6.5 mm,基部宽2 mm;花冠通常白色,中央紫色、淡红色,具绿色细条纹或纯白色,漏斗状,长1.3～2.2 cm,被短柔毛,冠檐稍裂或浅裂,裂片圆,瓣中带被短柔毛。蒴果球形,直径6～10 mm,顶部有宿存硬化的花柱基部;种子4粒,卵状三棱形,高2.7～3 mm,被短柔毛。 花果期秋冬间。 产于昭平、贺州、富川、北海、防城、宁明、那坡、凌云、凤山、天峨、金秀、平南;常生于海拔150～1 000 m的山坡、山谷或林下。分布于台湾、福建、江西、湖南、广东及其沿海岛屿、云南、贵州,非洲、亚洲热带地区亦有。 茎、叶可治小儿疳积;种子治跌打损伤、蛇伤。 篱番薯之名是广西植物名录2:673. 1971.将茎上有篱的种类错误地识为本种,中国植物志46(1):41. 1979进一步错误认为是**心萼薯**[*Aniseia biflora* (Linn.) Choisy.]。

7. **帽苞薯藤**(云南热带亚热带植物区系研究报告) 盘苞牵牛(海南植物志) 图版130:3～11

Ipomoea pileata Roxb., Fl. Ind. ed. Carey et Wall. **2**:94. 1824; ed. 2. **2**:504. 1832; Forb. et Hemsl. in Journ. Linn. Soc. Bot. **26**:162. 1890;海南植物志 **3**:485. 1974;云南植物志 **2**:656,图版184:4. 1979;中国植物志 **64** (1):88. 1979; Fl. China **16**:306. 1995. ——*Convolvulus pileatus* (Roxb.) Spreng., Syst. Veg. **4**: 61. 1827.

一年生草本；茎纤细，缠绕，被倒生短柔毛。叶片卵状心形，长 3.5～9 cm，宽 2.5～7.5 cm，先端锐尖或渐尖，基部深心形，两面被紧贴柔毛；叶柄长约 7 cm，被倒生柔毛。头状花序腋生，有少至多花包在大叶质船形被短柔毛的总苞内；总苞近帽状，宽 2～5.5 cm；花序梗长 1～5 cm；内面苞片卵形，钝，长达 1.7 cm，宽达 1.2 cm，基部被长柔毛；花冠淡红色或淡紫色，中央深紫色，或有时为白色，高脚碟状，管长约 2.5 cm，在基部宽 1.2～2 mm，冠檐长约 1 cm，宽约 1.5 cm。蒴果卵形，长约 6 mm，无毛；种子卵形或近三角形，长 3.5～4 mm，暗黑色，种脐周围被短柔毛。　花期 8～12 月。　产于邕宁、宁明、那坡、百色、巴马；常生于海拔 100～1 000 m 的林缘、山谷、路旁向阳处。分布于海南、广东及其沿岸岛屿和云南，遍及非洲和亚洲热带地区。　本种与产于非洲**总苞牵牛**（*Ipomoea involucrata* Beauv.）相似，不同在于总苞牵牛的萼片为卵状披针形，长约 1.5 cm，宽约 0.4 cm；花冠长 2～5.5 cm，宽 2～5 cm。

8. **树牵牛**（海南植物志）

Ipomoea carnea Jacquin subsp. **fistulosa**（Martius ex Choisy）D. F. Austin inTaxon **26**:237. 1977；Fl. China **16**:311. 1995. ——*I. fistulosa* Mart. ex Choisy in DC. Prodr. **9**:349. 1845；海南植物志 **3**:490. 1974；中国植物志 **64**（1）:101. 1 1979. ——*Batatas crassicaulis* Benth.，Bot. Voy. Sulph. 134. 1845. ——*Ipomoea crassicaulis*（Benth.）Rob. in Proc. Amer. Acad. **51**:530. 1916；台湾植物志 **4**:364. 1978.

灌木，高 1～3 m；小枝粗壮，具散生皮孔，密被微柔毛，实心或中空，有白色乳汁。叶片宽卵形或卵状长圆形，长 6～25 cm，宽 4～17 cm，先端渐尖，具小短尖头，基部心形或截形，全缘，两面密被微柔毛，老时腹面近无毛，背面有微柔毛，背面近基部于中脉两侧各有 1 枚腺体；侧脉每边 7～9 条，第三次脉稍平行连结；叶柄长 1.5～2.5 cm。聚伞花序腋生或顶生，有花数朵至多朵；花冠淡红色，中央至基部深紫色，漏斗状，长 7～9 cm，花冠管基部收缩，花管和瓣中带外面稍被柔毛；雄蕊和花柱内藏，雄蕊花丝不等长。蒴果球形，长 1.5～2 cm，4 瓣裂；种子 4 粒，被绢质柔毛。　花期 4～7 月。　南宁有栽培。台湾、海南也有栽培，原产于美洲热带地区，即分布于墨西哥、美国东南部的佛罗里达半岛、巴西、大安的列斯群岛至南美中部。　栽培花卉。　本种生长在阳光充足的地方为灌木，在荫蔽的环境，茎缠绕呈藤本状。

9. **紫心牵牛**（海南植物志）　野牵牛（台湾植物志）　小心叶薯

Ipomoea obscura（L.）Ker-Gawl. in Bot. Reg. **3**:t. 239. 1817；Forb. et Hemsl. in Journ. Linn. Soc. Bot. **26**:161. 1890；海南植物志 **3**:487. 1974；台湾植物志 **4**:369. 1978；中国植物志 **64**（1）:92，图版 21:1. 1979；Fl. China **16**:307. 1995. ——*I. fragilis* Choisy in DC. Prodr. **9**:372. 1845. ——*I. acutiflora* A. Rich.，Tent. Fl. Abyss. **2**:71. 1851. ——*I. saltiana* Rendle in Journ. Bot. **32**:178. 1894.

多年生草本；茎平卧或缠绕，长达 1.2 m，被疏柔毛或近无毛。叶片卵形或卵状心形，长 3～9 cm，宽 1.5～7.5 cm，先端渐尖，具小短尖头，基部心形，两面被短柔毛，后近无毛，有时边缘具缘毛；侧脉每边 5～7 条；叶柄长 1.5～3.5 cm，被短柔毛。聚伞花序腋生，具花 1～3 朵；花序梗纤细，长 1.5～4 cm；花梗长 1～2 cm，近无毛，结果时顶端增大；萼片于果熟时反折；花冠漏斗状，长 1.5～1.8 cm，白色或淡黄色，有 5 条深暗褐色的瓣中带，花冠基部深紫色；雄蕊和花柱内藏。蒴果近球形，直径 8～12 mm，先端有宿存的花柱，无毛，2 室，4 瓣裂；种子 4 粒，卵形，长 4～5 mm，宽 2～3 mm，被紧贴灰褐色短绒毛。　花期 6～12 月。　产于北海的涠洲岛；生于海拔 100～580 m 的旷野沙地、海边疏林或灌木丛中。分布于台湾、海南、广东、西沙群岛的永兴岛、云南，亦广泛分布于非洲地区、马达加斯加、马斯克林群岛、塞舌尔群岛和亚洲热带地区。

10. **三裂叶薯**　小花假番薯

Ipomoea triloba L.，Sp. Pl. **1**:161. 1753；Fl. China **16**:307. 1995. ——*Convolvulus triloba*（L.）Desr. in Lam. Encycl. **3**:564. 1789. ——*Ipomoea blancoi* Choisy in DC. Prodr. **9**:389. 1845.

草本；茎缠绕或有时平卧，无毛或散生毛，且主要在节上。叶片宽卵形至圆形，长 2.5～7 cm，宽 2～6 cm，全缘或有粗齿或深 3 裂，基部心形，两面无毛或散生疏柔毛；叶柄长 2.5～6 cm，无毛或有时有小疣。花序腋生；花序梗短于或长于叶柄，长 2.5～5.5 cm，较叶柄粗壮，无毛，明显有棱角，顶端具小疣，1 朵花或少数花至数朵花呈伞状聚伞花序；花梗多少具棱，有小瘤突，无毛，长 5～7 mm；苞片小，披针状长圆形；萼片近相等或稍不等，长 5～8 mm，外萼片稍短或近等长，长圆形，钝或锐尖，具小短尖头，背部散生疏柔毛，边缘明显有缘毛，内萼片有时稍宽，椭圆状长圆形，锐尖，具小短尖头，无毛或散生毛；花冠漏斗状，长约 1.5 cm，无毛，淡红色或淡紫红色，冠檐裂片短而钝，有小短尖头；雄蕊内藏，花丝基部有毛；子房有毛。蒴果近球形，高 5～6 mm，具花柱基形成的细尖，被细刚毛，2 室，4 瓣裂；种子 4 粒或较少，长 3.5 mm，无毛。 全广西有分布。产于广东及其沿岸岛屿、台湾高雄，原产于美洲热带地区，现已成为热带地区的杂草。

11. **野番薯** 海南薯（海南植物志） 圆萼牵牛（台湾植物志） 图版 131：7～8

Ipomoea sumatrana (Miquel) van Ooststroom in Blumea **3**:571. 1940；Fl. China **16**:310. 1995.——*I. staphylina* Roem. et Schult., Syst. Veg. **4**:249. 1819；中国植物志 **64** (1):99，图版 21:2～3. 1979.——*I. rotundisepala* Hayata in Journ. Coll. Sci. Univ. Tokyo 30 (1):206. 1911. (Mat. Fl. Form.)

木质藤本；具块根；茎缠绕，无毛，具小瘤体。叶片宽卵形或长圆形，长 8～16 cm，宽 7～13 cm，先端锐尖或短渐尖，基部心形或近截平，全缘，腹面近无毛，背面被短柔毛；侧脉 9～10 对；叶柄粗，长 4.5～10 cm，被疏柔毛。聚伞花序腋生或排列成头状，多花；花序梗长 2～6 cm；苞片小，早落；花梗长 4～10 mm；萼片 5 枚，几等长，长约 5 mm，外萼片 3 枚，卵形，内萼片 2 枚，阔卵形；花冠淡紫色或白色，中央紫红色，阔漏斗状，长约 2 cm，管状，向上部扩大，直径 10 mm；雄蕊和花柱内藏。蒴果卵形，长 1 cm，先端具宿存的花柱基部，4 瓣裂；种子 4 粒，黑褐色，长 4 mm，先端有一簇比种子长约 2 倍的绢毛。 花期 10～12 月。 产于博白、防城、龙州、武鸣；常生于海拔 100～850 m 的灌木丛。分布于台湾、海南、云南南部，非洲东部热带大陆、马达加斯加和亚洲东南部的印度、老挝、越南、柬埔寨亦有。 块根可供食用，其淀粉含量少。

12. **长管牵牛**（海南植物志） 圆萼天茄儿（台湾植物志） 管花薯（中国植物志）

Ipomoea violacea L. in Sp. Pl. **1**:161. 1753；Fl. China **16**:311. 1995.——*I. tuba* (Schl.) G. Don in Gen. Syst. **4**:271. 1838；海南植物志 **3**:490. 1974；中国植物志 **64** (1):101. 1979.——*I. glaberrima* Hook. in Hook., Journ. Bot. **1**:357. 1834.

多年生草本；全株无毛；茎缠绕或平卧，圆柱状或常有纵向皱纹，平滑，干后淡黄褐色，有散生黄白色长形皮孔呈小瘤状。叶片薄纸质，圆形至卵形，长 5～14 cm，先端渐尖或具短尖头，基部深心形；侧脉每边 7～8 条，三级脉稍平行连结，干时网脉透明；叶柄长 3.5～6(16)cm。花腋生，通常单生，很少有少数花成聚伞花序；花序梗长 1～7(12)cm；花梗长 1.5～3 cm，在果时增粗和呈棍棒状；萼片在果时变薄革质，椭圆形，近等长，长 1.6～2 cm，宽 1.1～1.2 cm，先端钝，边缘透明，成熟时反折；花冠夜间开放，暗白色至淡白色、淡黄绿色，具绿色的瓣中带，高脚碟状或极狭漏斗状，管圆筒状，长 9～12 cm，直径 0.7 cm，冠檐长 2～4 cm，直径 5～6(10)cm。蒴果近球形，直径约 2 cm，2 室，4 瓣裂；种子 4 粒，暗黑色，近三棱形，长约 1 cm，密被短绒毛和着生于狭脊具长 3～6 mm 的绢毛。 花期 4～10 月。 产于北海的涠洲岛；生于海滩或沿海的台地灌木丛中，少见。分布于海南（崖县）、广东海边及其沿岸岛屿至西沙群岛的永兴岛，非洲西部加纳至马斯克林群岛和塞舌尔群岛、亚洲热带地区至波利尼西亚、美洲热带地区佛罗里达半岛至维尔京群岛亦有。

13. **蕹菜** 空心菜 通菜

Ipomoea aquatica Forssk., Fl. Aegypt.-Arab. 44. 1775；中国高等植物图鉴 **3**:533，图 5019. 1974；海南植物志 **3**:488. 1974；云南植物志 **2**:659. 1979；中国植物志 **64** (1):94. 1979；贵州植物志 **6**:344，图版 96:1. 1989；Fl. China **16**:306. 1995.

草本；茎匍匐或漂浮于水面，圆柱形，半肉质，长 0.5～3 cm，有条纹，节间中空，节下生根，无毛。叶片形多样，卵状三角形、长卵形、长卵状披针形或披针形，长 3～16 cm，宽 1～8 cm，先端锐尖或渐尖，具小短尖头，基部心形、戟形或箭形，稀为截形，全缘或波状，有时基部有少数粗齿，两面近无毛；叶脉羽状，基部掌状；叶柄长 3～14 cm，无毛。聚伞花序腋生；花序梗长 1.5～9 cm，具 1 朵至多朵花，基部被柔毛；苞片 2 枚，小鳞片状；花梗长 1.5～5 cm，无毛；小苞片 2 枚，开花后下垂；萼片 5 枚，卵形，稍不等长；花冠白色、淡红色或紫红色，漏斗状，长3.5～5 cm；雄蕊5枚，不等长，花丝基部膨大而有小鳞毛；雌蕊比雄蕊长，无毛，子房2室，每室有2颗胚珠；柱头头状，2裂。蒴果卵球形，直径约1 cm，无毛；种子卵圆形，密被柔毛。花果期9～11月。　为常见栽培蔬菜，避霜小环境，植株冬不枯死。我国中部及南部有栽培，亚洲热带地区、非洲、大洋洲也有。　除供蔬食和作饲料外，药用内服可解饮食中毒，外敷治骨折、腹水及无名肿毒。

蕹菜品种多样，分为水蕹菜（又称"小叶种"或"大蕹菜"）、旱蕹菜（又称"大叶种"或"小蕹菜"）、白花种（植株绿色，花白色）、紫花种（植株各部略带紫色，花淡紫色）。

14．**厚藤**（海南）　马鞍藤　图版132：5～6

Ipomoea pes-caprae (L.) R. Br. in Tuckey, Narrt. Exped. Congo 477. (Mar. 1918)；中国高等植物图鉴 **3**：532，图 5018. 1974；海南植物志 **3**：488. 1974；中国植物志 **64** (1)：96. 1979；Fl. China **16**：308. 1995. ——*I. biloba* Forsk. Fl. Aegypt. -Arab. 44. 1775.

多年生草本；全株无毛；茎平卧，有时缠绕，节上生根，长3～30 m。叶肉质，干后厚纸质。本种与**海滩牵牛**[*I. imperati* (Vahl) Grisebach]相近，区别在于本种的叶片近圆形、卵形、肾形、长圆形或椭圆形，长3～10 cm，宽3～10.5 cm，先端通常明显微凹或2裂，裂片通常圆，裂缺浅或深，基部近圆形、楔形或截平至浅心形，于背近基部中脉两侧各有1枚腺体；侧脉每边8～10条；叶柄长4.5～17 cm；多歧聚伞花序腋生，有花1朵至多朵，花序梗长4～14 cm；花梗长1.2～4.5 cm；花冠淡红色或紫红色，中间深紫色，长3～5.5 cm，先端5浅裂；蒴果球形，直径1.2～1.8 cm；种子三棱状圆形，长6～10 mm，密被黑褐色绒毛。花期几全年，以夏秋季最盛。　产于合浦、钦州、防城；常生于海滨沙滩、树边、路旁灌木丛中向阳处。分布于浙江、福建、台湾、海南、广东等地及其附近岛屿，亦广泛分布于全球热带沿海地区。　茎、叶可作猪饲料、绿肥，也见有栽培的；植株可作海滩固沙或海堤覆盖植物；全草可药用，有祛风除湿、拔毒消肿之效，可治风湿腰腿痛、腰肌劳损、疮节肿痛等。

15．**牵牛**　裂叶牵牛（中国高等植物图鉴）　喇叭花　图版133：1～3

Ipomoea nil (L.) Roth, Catal. Bot. **1**：36. 1797；Fl. China **16**：305. 1995. ——*Convolvulus nil* L., Sp. Pl. ed. 2. **1**：219. 1762.

一年生草本；全体被开展的长硬毛；茎缠绕，多分枝。叶互生；叶片近圆形或宽卵状心形，常3裂，偶5裂，长4～15 cm，宽4.5～14 cm，先端渐尖，基部心形，中裂片卵圆形，先端渐尖，侧裂片较短，三角形，裂口通常圆；叶柄长5～15 cm。花腋生，有花1～3朵着生于花序梗顶端，花序梗长1.5～18 cm；苞片条形；花梗长2～7 mm；小苞片条形；萼片5枚，条状披针形，长2～2.5 cm，先端尾尖，外萼片3枚，内萼片2枚，稍狭；花冠漏斗状，长5～8 cm，蓝紫色或紫红色，冠檐5浅裂；雄蕊5枚，不等长，长约为花冠的1/2；子房3室，每室有胚珠2颗，柱头头状2裂或3裂。蒴果球形，直径1～12 cm，3瓣裂；种子5～6粒，卵状三棱形，长约6 mm，黑褐色。　花果期6～9月。　广西各地栽培或野生；生长于海拔100～200 m的山地灌木丛、路边、园边。分布于我国南北各地，原产于美洲热带地区。　栽培供观赏；其种子称"牵牛子"或"丑牛子"，也有根据种子的颜色命名，黑色的"黑丑"，土黄色的"白丑"；有小毒，泻湿热，利大小便。农作物杂草。

16．**圆叶牵牛**（中国高等植物图鉴）　紫花牵牛（广州植物志）　牵牛花　喇叭花　图版133：4～6

Ipomoea purpurea (L.) Roth in Bot. Abh. 27. 1787；Fl. China **16**：305. 1995. ——*Convolvulus purpureus* L. in Sp. Pl. ed. 2. **1**：219. 1762.

一年生草本；全体被开展的长硬毛；茎缠绕，多分枝。叶片圆心形或宽卵状心形，长4～19 cm，宽3.5～17 cm，先端锐尖，基部心形，全缘，偶有3裂；叶柄长4～12 cm。花腋生，1～5朵着生于花序梗顶端而聚伞花序，花序梗与叶柄近等长；苞片条形，长6～7 mm；花梗长约1.5 cm，果时上部增大；萼片5枚，近等长，外萼片3枚，长椭圆形，渐尖，内萼片2枚，条状披针形；花冠漏斗状，紫色、淡红色或白色，长4～5 cm，冠檐5浅裂；雄蕊5枚，不等长，花丝基部有毛；子房无毛，3室，每室有胚珠2颗，柱头头状，3裂。蒴果球形，直径约10 mm，3瓣裂；种子倒卵状三棱形，长4.5～6.5 mm，宽3.3～5 mm，黑褐色，表面糠秕状。花期6～10月，果期7～11月。　广西各城镇有栽培或逸为野生。我国台湾、海南及其他沿岸岛屿、内蒙古

图版 133 1～3. **牵牛** Ipomoea nil（L.）Roth 1. 植株一部分；2. 外萼片；3. 花冠展开。 4～6. **圆叶牵牛** I. purpurea（L.）Roth 4. 植株一部分；5. 外萼片；6. 花冠展开。（辛茂芳绘）

有栽培，原产于南美洲热带地区。种子入药，药材名为“牵牛子”“二丑”，有小毒，含泻下成分约2%。为锈病、叶斑病病源植物。农作物杂草。

17. **夜牵牛**（海南植物志）

Ipomoea aculeata Blume, Bijdr. 715. 1825; Van Ooststr. In Blumea **3**: 572. 1940; 中国植物志 **64**（1）: 102, pl. 20. 1. 1979; Fl. China **16**: 312. 1995.

藤本；茎缠绕或有时平卧，幼时被短柔毛，老茎木质化，圆柱形或有棱，灰白色或淡黄色，常具稍弯的小皮刺，茎节通常增粗。叶片干后薄纸质，卵形至圆心形，长5～14 cm，宽3～10 cm，顶端长渐尖，具小短尖头，基部心形，全缘或浅波状，或有1～2个锐尖角，两面被短柔毛，有时近于无毛；侧脉5～6对；叶柄细长，长3～8(10)cm，有时有几枚小尖刺。聚伞花序腋生，1朵至数朵花；花序梗短而粗壮，长4～15 mm，被短柔毛；花梗长1.5～2 cm，圆柱形或有棱上稍增粗，近无毛，花蕾时弯曲，花开时伸直，而后弯曲，结果时棒状；萼片薄革质，宽椭圆形至圆形，顶端圆，具小短尖头，外萼片长1.5～2 cm，有时疏被短柔毛，内萼片稍短，边缘较薄；花冠高脚碟状，白色，外面绿色，瓣中带脉纹稍带紫色，夜间开放，有香气；雄蕊和花柱稍伸出；花丝长约2 cm，着生于花冠筒的喉部，基部被毛；子房无毛。蒴果包藏于宿萼内，卵球形，具小尖头，2室，4瓣裂；种子4粒，长6～8 mm，密被灰褐色长绵毛。 产于北海的涠洲岛。分布于海南，马来西亚和印度尼西亚亦有。

18. **月光花** 天茄儿 图版134：1～4

Ipomoea alba L., Sp. Pl. **1**: 161. 1753; Ooststr. in Blumea **3**: 547. 1940 et in Fl. Males. ser. 1. **4**（4）: 480. f. 53. 1953; Fl. China **16**: 308. 1995. ——*Calonyction aculeatum*（L.）House in Bull. Torr. Bot. Club. **31**: 590. 1904; 中国植物志 **64**（1）: 106. 1979. ——*C. aculeatum* L., Sp. Pl. 155. 1753.

一年生草质、缠绕大藤本，长达10 m；有乳汁；茎圆柱形，近平滑或具软刺。叶互生；叶片卵状心形，长10～20 cm，宽9～16 cm，先端渐尖，基部心形，全缘或有角3分裂；叶柄长5～12 cm。聚伞花序腋生，有1朵至多朵排列成总状；花序梗花后粗壮，伸长，长达24 cm；花梗长约1.5 cm；萼片5枚，卵形，长达2 cm，先端具长芒尖，外萼片3枚芒较长，内萼片2枚芒较短或无；花冠高脚碟状，白色，瓣中带有淡绿色的褶纹，管长7～12 cm，宽约5 mm，冠檐5浅裂，扩展，直径达12 cm；雄蕊5枚，伸出，花丝着生于管，花药大，基部箭形，淡黄色；花盘杯状；子房2室，花柱条形，柱头头状。蒴果卵形，长3 cm，4裂，基部被增大的宿萼所包围；具种子4粒，椭圆形，长约1 cm，黑褐色。 花果期11月。 广西有栽培。我国大部分地区有栽培，原产于热带美洲，现广泛分布于全世界热带地区。 栽培除供观赏外，嫁接于番薯，可增产。嫩叶及花可作蔬菜。

19. **丁香茄** 天茄（救荒本草） 跌打豆（忻城） 华佗豆

Ipomoea turbinata Lag., Gen. Pl. 10. 1816; Fl. China **16**: 310. 1995. ——*Calonyction muricatum*（Linn.）G. Don., Syst. **4**: 264. 1838; 中国植物志 **64**（1）: 108, 图版 **22**: 3～4. 1979. ——*Convolvulus muricatus* Linn., Mant. Pl. **1**: 44. 1767. ——*Ipomoea muricata*（Linn.）Jacq., Hort. Schoenbr. **3**: 40. f. 323. 1798, non Cav. 1799; C. B. Clarke in Hook. f. Fl. Brit. Ind. **4**: 197. 1883.

一年生草本；茎缠绕，具有多的硬小瘤状突起。叶片卵形或圆形，长7～18 cm，宽6.5～15 cm，先端渐尖，基部心形，全缘；叶柄长4～12 cm，光滑或粗糙。花序单一或呈腋生少花卷曲状；花序梗长3～6 cm，粗糙；花梗长1～2 cm，光滑，在果时变粗；萼片近相等，卵形至长圆形，外面萼片3枚，长6～7 mm，有长芒，长4～6 mm，内面萼片2枚，长7～8 mm，有颇为短的芒；花冠夜间开放，淡白带蓝至紫色，长5～7.5 cm，瓣中带薄，多脉，管狭和圆筒状，长3～6 cm，冠檐漏斗状或盘状，裂片三角形。蒴果卵球形，长1.8～2 cm；种子4粒，卵状三棱形，长约1 cm，宽约5 mm，侧面扁平，背面弯拱，暗黑色，无毛。 花果期9～11月。 产于恭城、柳城、忻城、都安、环江、田东、贵港、桂平、桂林、南宁、隆林；野生或栽培，常生于海拔500～1 200 m的村旁荒芜地或灌木丛。云南南部有野生，河南、湖北、湖南有栽培，墨西哥至南美洲的哥伦比亚及巴西、大小安的列斯群岛、印度、缅甸、越南、日本、菲律宾亦有栽培。 嫩叶可作蔬菜，幼果可入药，叶用于治胃脘痛，种子外用治跌打损伤，在菲律宾种子作蛇药和泻药。

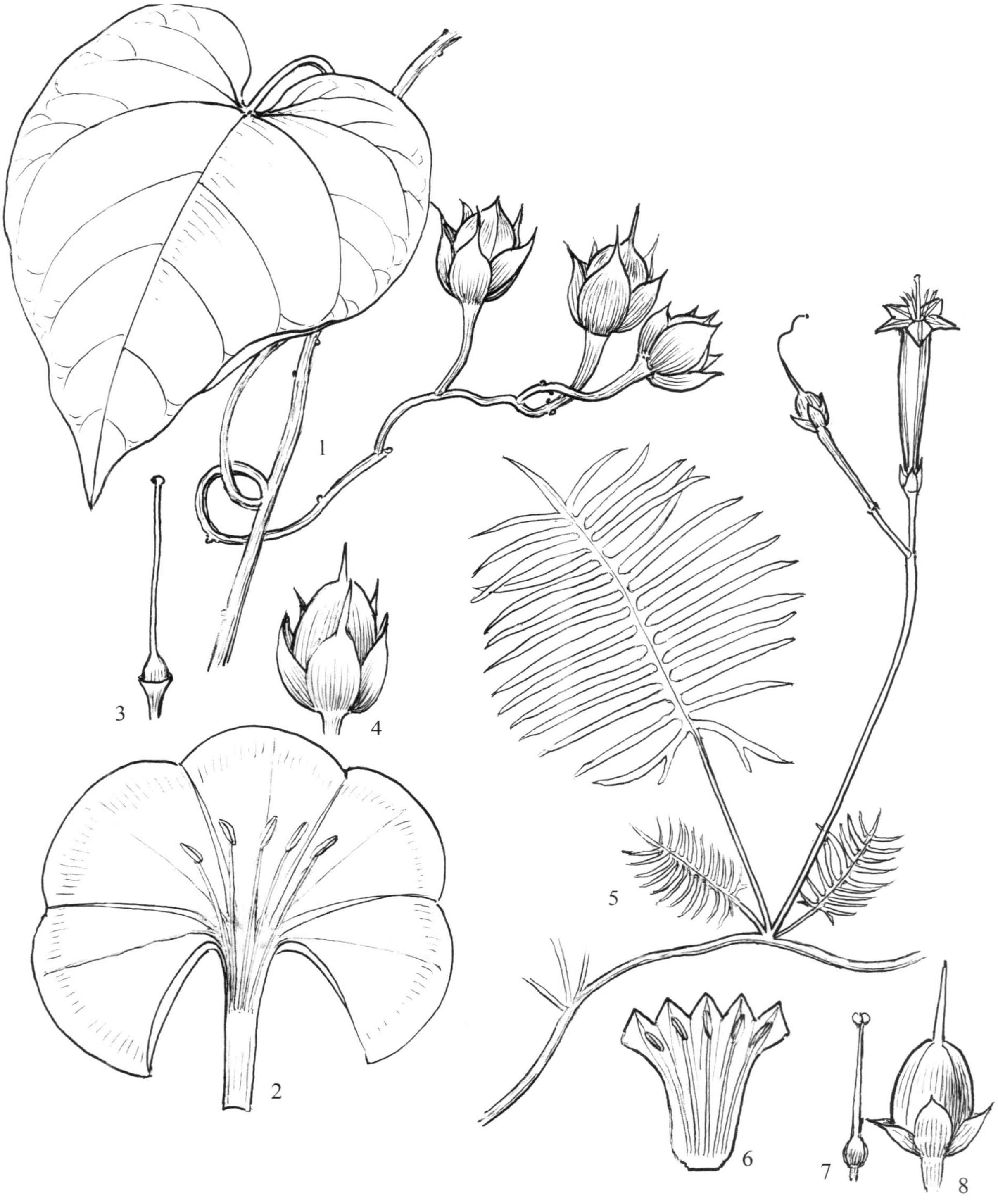

图版 134　1～4. 月光花 Ipomoea alba L.　1. 植株；2. 花冠展开示雄蕊；3. 雌蕊放大；4. 果。　**5～8. 茑萝** I. quamoclit L.
5. 花果枝；6. 花冠展开示雄蕊；7. 雌蕊；8. 成熟果。　（辛茂芳绘）

20. **茑萝**　茑萝松(植物名实图考)　金丝线　图版 134:5～8

Ipomoea quamoclit L.,Sp. Pl. ed. 2. 227. 1762;C. B. Carke in Hook. f. Fl. Brit. Ind. **4**:199. 1883. ——*Convolvulus quamoclit* Spreng.,Syst. **1**:591. 1825. ——*Quamoclit vulgaris* Chorisy in Mem. Soc. Phys. Genéve **6**:434. 1833 et in DC. Prodr. **9**:337. 1845;中国植物志 **64** (1):110,图版 23:1. 1979;贵州植物志 **6**:353,图版 99:1. 1989. ——*Convolvulus pennatus* Desr. in Lam. Encycl. **3**:567. 1791.

一年生草本;无毛;茎缠绕,纤细。叶互生;叶片卵形或长圆形,长 10～23 cm,宽 1～6 cm,羽状深裂达中脉,裂片每边 10～18 枚,条形,先端锐尖;叶柄长 1～4 cm;基部常具托叶与叶同形。花序腋生,花疏排成聚伞花序;花序梗比叶长,长 1.5～10 cm,有苞片 2 枚;花梗长 9～20 mm,于中下部有小苞片 2 枚;萼片 5 枚,椭圆形,不等长,外面 1 枚稍短,长约 5 mm,先端具短芒尖;花冠高脚碟状,深红色,长约 2.5 cm,冠筒基部细,上部膨大,顶端开展,冠檐 5 浅裂,直径约 2 cm;雄蕊 5 枚,花丝及花柱外伸,花丝基部稍膨大,具小鳞毛;子房 4 室,柱头头状,2 裂。蒴果卵圆形,长约 8 mm,4 瓣裂,黑褐色。　花期 7～9 月,果期 8～10 月。　广西有栽培。我国各地庭园广泛栽培,原产于热带美洲,广泛分布于全球温带和热带地区。　观赏植物。

21. **橙红茑萝**(中国北部植物图志)

Ipomoea hederifolia L.,Syst. Nat. ed. 10,**2**:295. 1759;马金双,中国入侵植物名录 134. 2013.

一年生草本;无毛;茎缠绕,多分枝。叶片卵状心形,长 3～5 cm,宽 2.5～4 cm,先端骤尖,基部心形,全缘或有时多角形;叶脉掌状;叶柄与叶片近等长。聚伞花序腋生,有 3～6 朵花;花序梗比叶柄长;苞片 2 枚;花梗长约 1 cm;小苞片 2 枚;萼片 5 枚,不等长,卵状长圆形,先端具长芒尖;花冠高脚碟状,橙红色,喉部带黄色,长 8～25 mm,花冠筒细长,于喉部骤然开展,冠檐 5 深裂;雄蕊 5 枚,伸出花冠外,稍不等长,花丝基部膨大,有小鳞毛,花药小;雌蕊比雄蕊稍长,子房 4 室,每室有胚珠 1 颗,花柱丝状,柱头头状,2 裂。蒴果小,球形,长约 5 mm;种子 1～4 粒,卵圆形或球形,长 3～3.5 mm。　花期 7～9 月,果期 8～10 月。　广西常见栽培,浦北逸为野生。我国各地庭园有栽培,原产于南美洲。　观赏植物。有微毒,种子含泻下成分 2%左右,有毒成分为牵牛碱。

22. **掌叶茑萝**(拉汉种子植物名称)　槭叶茑萝(中国高等植物图鉴)　杂种茑萝

Ipomoea × sloteri (House) van Ooststroom, Fl. Malesiana Ser. I: Spermatophyta **4** (4): 483. 1953. ——*Quamoclit* ×*sloteri* House,Bailey in Gent. Herb. **1**:128. f. 60. 1923;中国高等植物图鉴 **3**:537,图 5028. 1974;中国植物志 **64** (1):112. 1979;贵州植物志 **6**:353,图版 99:2～4. 1989.

一年生草本;全体无毛;茎缠绕,多分枝。叶互生;叶片掌状深裂,长 5～10 cm,裂片披针形,先端长锐尖,基部裂片各 2 裂;叶柄与叶片近等长;托叶长 1 cm,与叶同形。聚伞花序腋生,有 1～3 朵花;花序梗粗壮,长 10～20 cm,有苞片 2 枚;花梗中部有小苞片 2 枚,长约 2 mm;萼片 5 枚,不相等,卵圆形至近圆形,先端具短芒尖;花冠高脚碟状,红色,长 3～5 cm,管基部狭,冠檐 5 深裂,开展;雄蕊 5 枚,不等长,花丝基部膨大,有小鳞毛,花药小;雌蕊比雄蕊稍长,子房 4 室,每室有胚珠 1 颗,柱头头状,2 裂。蒴果圆锥形或球形;种子 1～4 粒,有微柔毛。　花期 6～8 月,果期 8～10 月。　广西有栽培。我国各地庭园也有栽培,原产于南美洲。　本种系杂交种[*Ipomoea coccinea* (L.) Moench. ×*I. quamoclit* L.]。

16. 菟丝子属　Cuscuta Linn.

一年生或少为多年生寄生草本;无根;全体无毛;通常寄生于一年生少为多年生植物寄主上;茎缠绕,细长,条形,黄色或淡红色,供助吸器固着寄主。叶退化成小的鳞片。花小,白色或淡红色,无柄或有短梗,为穗状、总状或簇生呈头状花序;苞片小或无;萼片 4～5 枚,近等大,基部多少连合;花冠合生成管状、壶状、球形或钟状,裂片 4～5 枚,冠内近基部有 5 枚流苏状鳞片;雄蕊 4～5 枚,着生于冠筒喉部或花冠裂片相邻处,稍微外伸,花丝短,花药内向;花粉粒椭圆形,无刺;子房上位,2 室,每室具胚珠 2 颗,花柱 2 枚,分离或多少连合。蒴果球形或卵形,有时稍肉质,周裂或不规则破裂;种子 1～4 粒,近圆形或有角,无毛。　全球约有 170 种,分布于全世界热带、温带，主产于美洲。我国有11种；广西有3种。　本属种类对寄主有危害。有些种类的种子或全草可入药。

分种检索表

1. 茎纤细，直径约1 mm；花柱2枚，柱头头状；花簇生排成小伞形或小团伞花序。
   2. 雄蕊着生于花冠裂片之间弯缺处；蒴果成熟时下半部被宿存花冠所包住 ………… 1. **南方菟丝子** C. australis R. Br.
   2. 雄蕊着生于花冠裂片之间稍下处；蒴果成熟时被宿存花冠全部包住 …………………… 2. **菟丝子** C. chinensis Lam.
1. 茎较粗壮，直径达2 mm；花柱合生为1枚，柱头2裂；花密生排成短穗状花序 ………… 3. **金灯藤** C. japonica Choisy

1. **南方菟丝子**　黄丝线(南丹)　露水藤(南宁)

Cuscuta australis R. Br., Prodr. Fl. Nov. Holl. **1**:491. 1810; Choisy in DC. Prodr. **9**:458. 1845; Yuncker in Mem. Torr. Bot. Club **18**:124. fl. 1932; 中国高等植物图鉴 **3**:522，图 4997. 1974；云南植物志 **2**:687. 1979；中国植物志 **64** (1):144，图版 32:1～3. 1979；Fl. China **16**:322. 1995. ——*C. obtusiflora* Kunth var. *australis* Engelm. in Trans. Acad. Sci. St. Louis **1**:492. 1859. ——*C. hygrophilae* Pears. in Hook. Icom. Pl. 28. t., 2704. 1901; Gagnep. et Courch. in Lecomte. Fl. Gén. Indo-Chine **4**:311. 1915. ——*C. kawakamii* Hayata, Ico. Pl. Formos. **5**:125. 1915.

一年生寄生草本；无毛；茎黄绿色至橙黄或金黄色，颇纤细，直径达0.5 mm，左旋。无叶。花序于茎侧生，花疏或密簇生排成小伞形或小团伞花序，花序梗近无；苞片和小苞片均小，呈鳞片状；花梗比花冠短；花萼杯状，基部连合，裂片3～5枚，长圆形或近圆形，不等大，长0.8～1.8 mm，先端圆形；花冠乳白色或淡黄色，杯状，长约2 mm，直径约3 mm，裂片卵圆形，先端钝圆或有时钝三角形，约与花冠筒等长，直立宿存；雄蕊短，长达1 mm，着生于花冠裂片之间弯缺处；花药卵圆形，花丝通常很短；鳞片5枚，边缘短流苏状，着生近于花丝的基部或花冠筒基部或雄蕊下；子房扁球形，直径约3 mm，花柱2枚，长0.5～1 mm，略叉形，柱头头状。蒴果扁球形，直径约3 mm，开裂，基部不裂，干时淡红褐色；种子4粒，卵形，长1.25 mm，淡褐色。　花期8～9月，果期9～10月。　产于桂西南至桂西北；常寄生于田边、路旁的豆科、菊科、马鞭草科、亚麻科等草本或小灌木上。分布于吉林、辽宁、河北、陕西、甘肃、宁夏、新疆、山东、江苏、安徽、浙江、江西、湖北、湖南、四川、云南、广东、台湾，广泛分布于非洲东部、中部、西部至南部大陆以及马达加斯加经亚洲中部、南部、东部地区至大洋洲地区。　种子可入药，功效与**菟丝子**(*C. chinensis* Lam.)同。

2. **菟丝子**(本草纲目)　中国菟丝子(中国北部植物图志)　图版 135:1～4

Cuscuta chinensis Lam., Encycl. **2**:229. 1786; choisy in DC. Prodr **9**:457. 1845; Engelm. in Trans. Acad. Sci. St. Louis **1**:479. 1859; Hance in Journ. Linn. Soc. Bot. **13**:83. 1872; Franch. Pl. David. 219. 1884 et in Mem. Soc. Sci. Nat. Cherb. **24**:237. 1880；中国高等植物图鉴 **3**:521，图 4996. 1974；云南植物志 **2**:687，图版 192:4～7. 1979；中国植物志 **64** (1):145，图版 31:4～7. 1979；Fl. China **16**:323. 1995.

一年生寄生草本；无毛；茎黄色，纤细，直径约1 mm，左旋。无叶。花序于茎侧生，花稀或密簇生排成小伞形或小团伞花序，花序梗近无；苞片和小苞片均小，呈鳞片状；花梗比花冠短；花萼杯状，中部以下连合，裂片5枚，三角形，近等大长约1.5 mm，先端钝；花冠白色，钟形，长约3 mm，5裂，裂片三角状卵形，先端锐尖或钝，开花后向外反折，宿存；雄蕊5枚，着生于花冠裂片之间弯缺稍下处；鳞片5枚，边缘长流苏状，着生于花冠筒基部或雄蕊下；子房近球形，2室，每室2颗胚珠，花柱2枚，柱头头状。蒴果球形，直径约3 mm，成熟时被宿存的花冠全部包住，整齐的周裂；种子2～4粒，卵形，长约1 mm，淡褐色。　花期6～9月，果期8～10月。　产于隆林、西林、天峨、河池、百色、南宁、龙州、贺州、贵港、桂林；生于海拔200～1 000 m的田边、山坡、路边灌木丛或海边沙丘上，常寄生于豆科、菊科、藜科等多种草本植物上。分布于全国各地，伊朗、阿富汗、俄罗斯(远东地区)、朝鲜、日本、斯里兰卡、马达加斯加、澳大利亚亦有。　种子含脂肪油及淀粉；种子又可药用，为滋养性强壮收敛药，可治阳痿、遗精、遗尿、视力减退。寄生于大豆、胡麻、苎麻、花生、马铃薯等，对作物有危害。

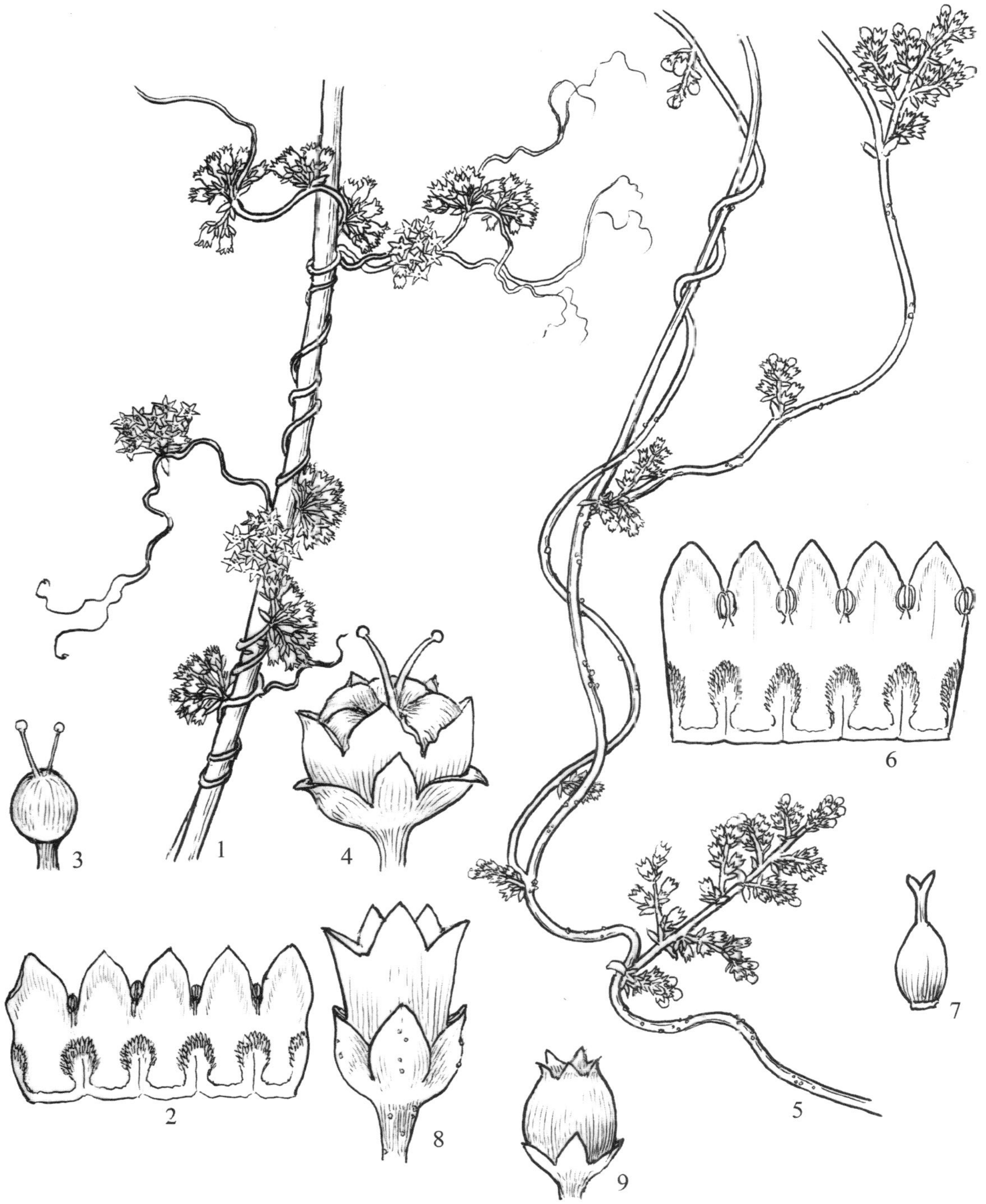

图版 135　1～4. **菟丝子** *Cuscuta chinensis* Lam.　1. 花枝；2. 花冠展开示雄蕊；3. 雌蕊；4. 果。　5～9. **金灯藤** *C. japonica* Choisy　5. 花枝；6. 花冠展开示雄蕊；7. 雌蕊；8. 花；9. 果。　（辛茂芳绘）

3. **金灯藤**（植物名实图考） 菟丝子 图版 135:5～9

Cuscuta japonica Choisy in Zoll. Syst. Verz. Ind. Arch. Pflanz. **2**:134. 1854; Engelm. in Tran. Acad. Sci. St. Louis **1**:517. 1859; Benth. Fl. Hongk. 24. 1861; Dunn et Tutch. in Kew Bull. add. ser. **10**:182. 1912; 中国植物志 **64** (1):147, 图版 31:8～11. 1979; Fl. China **16**:323. 1995. ——*C. japonica* Choisy var. *thyrsoidea* Engelm. in Trans. Acad. Sc. St. Louis **1**:517. 1859; Hand. -Mazz. Symb. Sin. **7**:817. 1936.

一年生寄生草本；无毛；茎较粗壮，肉质，直径达 2 mm，黄色，常带紫红色瘤状斑点，多分枝，左旋。无叶。花序于茎侧生，基部多分枝；花几无梗，花密生排成短穗状花序，长达 3 cm；苞片和小苞片鳞片状，卵圆形，长约 2 mm，先端尖；花萼碗状，长约 2 mm，5 裂几达基部，裂片卵圆形，先端尖，背面常有紫红色瘤状突起；花冠钟状，绿白色或淡红色，长 3～5 mm，先端 5 浅裂，裂片卵状三角形，钝，直立或稍反折，为花冠筒的 2/5～1/2 倍；雄蕊 5 枚，着生于冠筒喉部裂片之间，花药卵圆形，黄色，花丝极短；鳞片 5 枚，长圆形，边缘流苏状，着生于花冠筒基部，伸长至冠筒中部或中部以上；子房球形，2 室，每室有 2 颗胚珠，花柱合生为 1 枚，柱头 2 裂。蒴果卵圆形，长约 5 mm，近基部周裂；具种子 1～2 粒，光滑，长 2～2.5 mm，褐色。花期 6～8 月，果期 8～10 月。 产于广西各地；常生于山坡、路旁、水沟边，寄生于多种草本和木本植物上。分布于我国南北各地，越南、朝鲜、俄罗斯、日本等国亦有。 种子可药用，功效与**菟丝子**(*C. chinensis* Lam.)同；此外茎煎出液作粉刷灰浆的糊料。寄生对寄主有危害。

252. 玄参科 SCROPHULARIACEAE*

草本，少有灌木或乔木。叶对生、互生或轮生，稀上部互生下部对生；全缘或有裂齿；无托叶。花序总状、穗状或聚伞状，常组成圆锥花序；花两性，左右对称；萼 5 裂，稀 2 或 4 裂；花冠合瓣，4～5 裂，多少呈二唇形；雄蕊通常 4 枚，2 长 2 短，少有 2～5 枚，花药 1～2 室，药室分离或多少汇合；花盘环状、杯状或小而似腺；子房上位，2 室，胚珠多数，稀少数，着生于中轴胎座上，花柱简单，柱头头状或 2 裂。果为蒴果，罕有浆果；种子小而多，表面有时具棱、翅或网纹，胚伸直或稍弯，胚乳肉质或缺少。 本科约有 220 属 4500 种以上，广泛分布于全世界，以北温带最多。我国有 61 属 681 种，全国皆产，主产于西南地区；广西有 40 属 99 种 6 变种 5 亚种。 本科部分种类可供观赏、材用和药用，如苦玄参、地黄、白花泡桐等。

分 属 检 索 表

1. 木本；幼茎叶常具星状毛；花萼革质，密被星状毛。
  2. 乔木；叶较大，阔心形或卵形；花大，常组成圆锥花序；花萼规则 5 裂；花冠上下唇近等长，冠筒较长 …………………………………………………………………………………………… 1. **泡桐属** Paulownia Sieb. et Zucc.
  2. 直立或攀缘灌木；叶较小，卵状椭圆形、椭圆形、矩圆形或矩圆状卵形，或退化成鳞片状；花较小，单生或组成总状、聚伞状花序。
    3. 直立或攀缘灌木；叶对生；茎无棱；花单生或组成总状花序；花萼规则 5 裂或不规则 4～7 裂；花冠唇明显长于下唇 ………………………………………………………………………… 2. **来江藤属** Brandisia Hook. f. et Thoms.
    3. 直立灌木；叶对生或轮生，生于枝上的通常退化成小鳞片；茎有 4 条棱；枝纤细，轮生，下垂；二歧状聚伞花序；花萼 5 深裂；花冠上下唇近等长 ………………………………………………………… 3. **炮仗竹属** Russelia Jacq.
1. 草本，有时基部木质化；茎叶无星状毛；花萼纸质或膜质，无星状毛。
  4. 叶背具油腺点；花萼下有 1 对小苞片；蒴果熟时 4 爿裂。
    5. 陆生草本；总状花序或为头状花序；花萼从基部分裂；前方 1 对雄蕊的 2 个药室至少有 1 室不育；花柱上部扩张成

* 编著者：李光照、董莉娜。

翅状 ………………………………………………………………………………………… 4. **毛麝香属** Adenosma R. Br.

5. 水生或湿生草本；花单生于叶腋或为腋生或顶生总状花序；花萼从中部分裂；前方 1 对雄蕊的 2 个药室均能育；花柱上部不扩张成翅状 ……………………………………………………………………… 5. **石龙尾属** Limnophila R. Br.

4. 叶背无油腺点；花萼下小苞片有或无；蒴果 2 爿或 4 爿裂。

6. 花冠假面状，下唇隆起，多少封闭喉部，基部囊状或有距；蒴果顶端孔裂或不规则开裂。

7. 叶对生或上部互生；花排成顶生总状花序或单生于叶腋内；花冠基部囊状或一侧肿胀；蒴果顶端孔裂 ………………………………………………………………………………………… 6. **金鱼草属** Antirrhinum L.

7. 叶互生或轮生；花排成总状或穗状花序，稀头状花序；花冠有长距 ………………… 7. **柳穿鱼属** Linaria Mill.

6. 花冠不呈假面状，基部无距，通常不呈囊状肿胀(**荷包花属** *Calceolaria* L. 的花冠扩展成荷包状)；蒴果不裂或 2～4 爿规则开裂。

8. 花冠下唇扩展成典型的荷包状，黄色，有多数棕色斑点；雄蕊 2 枚稀 3 枚；顶生聚伞花序 ………………………………………………………………………………………… 8. **荷包花属** Calceolaria L.

8. 花冠下唇不扩展成荷包状；雄蕊 2 或 4 枚；花序为其他形式的花序。

9. 萼片完全分离，极不等宽，覆瓦状排列，最外面的圆形或卵状披针形，内面的渐变成条形；蒴果包于宿存的萼片内。

10. 萼片 4 枚，后方 1 枚心形，前方 1 枚卵形，内 2 枚条形；花组成腋生总状花序；茎至少下部铺地 ………………………………………………………………………………………… 9. **苦玄参属** Picria Lour.

10. 萼片 5 枚，最外 1 枚不为心形；花组成顶生总状花序或单生于叶腋；茎直立铺地 ………………………………………………………………………………………… 10. **假马齿苋属** Bacopa Aubl.

9. 萼片合生或几乎完全分离，等宽或近等宽，至少在花开后不为覆瓦状排列。

11. 叶同型；果为干燥的蒴果。

12. 叶有长柄，叶片羽状裂；茎纤细，匍匐；花生于叶腋，不集成花序；蒴果包于宿存萼片内；种子密生长毛 ………………………………………………………………………………………… 11. **幌菊属** Ellisiophyllum Maxim.

12. 无上述特征的结合；蒴果不包于宿存萼片内；种子无毛。

13. 直立草本，常有粗壮的根茎；能育雄蕊 4～5 枚；花药肾形，横生，汇合成 1 室。

14. 叶对生或稀为上部互生；花冠通常二唇形；雄蕊 4 枚，另有 1 枚退化雄蕊位于花冠上唇中央；花丝无毛 ……………………………………………………………………… 12. **玄参属** Scrophularia L.

14. 叶互生，基生叶常呈莲座状；花冠呈辐状，几无冠筒；雄蕊 4～5 枚，无退化雄蕊；花丝通常具绵毛 ………………………………………………………………………………………… 13. **毛蕊花属** Verbascum L.

13. 直立或铺地草本，很少具粗壮的根茎；能育雄蕊 2、4 或 5 枚；花药不横生，不汇合成 1 室。

15. 花冠辐状或近辐状，冠筒几无、短或明显。

16. 雄蕊 4 枚；蒴果球形或卵圆形。

17. 花冠筒几无，喉部无囊；植物体无腺毛；茎多分枝，有明显的纵棱 ………………………………………………………………………………………… 14. **野甘草属** Scoparia L.

17. 花冠筒短，喉部有囊 1～2 个；植株体被腺毛；茎少分枝，无纵棱 ………………………………………………………………………… 15. **香彩雀属** Angelonia Humb. et Bonpl.

16. 雄蕊 2 枚；蒴果顶部凹入，室背开裂；种子圆形、瓜子形或卵形；植物体有时被柔毛、绵毛或腺毛。

18. 总状花序顶生，长而密穗状；苞片小而狭窄；蒴果近球形，稍扁；花冠筒明显，檐部稍二唇形；茎高达 30 cm 以上 ……………………………… 16. **穗花属** Pseudolysimachion (W. D. J. Koch) Opiz

18. 总状花序腋生或顶生，常短而疏散，如为顶生总状花序，则下部的苞片与叶同形；蒴果通常强烈压扁；花冠筒短，檐部近于辐状；茎高不超过 25 cm ……………… 17. **婆婆纳属** Veronica L.

15. 花冠不为辐状，冠筒明显。

19. 雄蕊 2 枚，无退化雄蕊；花冠裂片 4 枚，辐射对称，多少二唇形，筒部明显；花密集呈穗状、头状或总状花序；蒴果卵圆状至卵状，稍侧扁，有 2 条沟纹，4 爿裂 ………………………………………………………………………… 18. **腹水草属** Veronicastrum Heist. ex Fabric.

19. 雄蕊 4 枚，如 2 枚则另有 2 枚退化雄蕊；花冠明显唇形，上唇 2 裂，下唇 3 裂或全缘，或檐部 5 裂近辐状；花集成总状或穗状花序。

20. 花冠上唇多少为盔状或狭长的倒舟状；全部雄蕊的花药靠拢在一起，位于盔下；药室基部常有凸尖或距。

21. 蒴果有种子1～4粒，种子大而平滑；花冠上唇有须毛；苞片有齿，稀全缘；半寄生植物 ………………………………………………………… 19. **山罗花属** Melampyrum L.

21. 蒴果有种子多粒，种子小而具饰纹；花冠上唇无须毛；苞片通常全缘；有时为半寄生或半腐生植物。

22. 花萼下无小苞片。

23. 花萼4裂；苞叶比营养叶大；蒴果顶端圆钝且微凹 ………… 20. **小米草属** Euphrasia L.

23. 花萼5裂；苞叶无或较营养叶小；蒴果顶端尖锐或平而微凹。

24. 花冠上唇向外翻卷；花萼均等5裂；植株体通常被腺毛 ………………………………………………………… 21. **松蒿属** Phtheirospermum Bunge

24. 花冠上唇不向外翻卷，但常延长成喙状；花萼在前方深裂，有2～5齿；植物体通常无毛或被其他柔毛 ………………………………… 22. **马先蒿属** Pedicularis L.

22. 花萼下有1对小苞片。

25. 茎多数而丛生，基部着生鳞片状叶 ………………… 23. **鹿茸草属** Monochasma Maxim.

25. 茎通常非丛生状，基部着生寻常叶。

26. 茎有4条棱，沿棱有狭翅，或为圆柱形；叶无柄，或为条状披针形而全缘；花萼钟形而大，有5条主脉 ……………………………………… 24. **翅茎草属** Pterygiella Oliv.

26. 茎圆柱形；叶片为广卵形或长卵形而羽状分裂；花萼筒形而狭长，有主脉10条 ………………………………………………………… 25. **阴行草属** Siphonostegia Benth.

20. 花冠上唇伸直或向后翻卷，绝不为盔状；花药成对靠拢或部分靠拢；药室基部常钝，或稀有凸尖。

27. 寄生或半寄生植物；花冠近辐状；花萼下或花梗上有1对小苞片。

28. 花冠高脚碟状；花药1室，另1室败育。

29. 花无梗，单生于叶腋，组成疏穗状花序；花冠筒顶部向下弯；叶窄而全缘，甚少具齿，有时退化呈鳞片状 ………………………………………… 26. **独脚金属** Striga Lour.

29. 花无梗，集成顶生穗状花序；花冠筒伸直；叶下部的宽而有齿，上部的狭窄而全缘 ………………………………………………………………… 27. **黑草属** Buchnera L.

28. 花冠不为高脚碟状；花药2室或1室。

30. 花萼佛焰苞状，一侧深裂，全缘或具3～5浅齿；花冠筒状，5裂，稍二唇形；雄蕊4枚，2强，花丝常有毛；花药2室，药室横置，有距或凸尖，1室完全，另1室退化而狭长；多为一年生草本 ………………………………………… 28. **胡麻草属** Centranthera R. Br.

30. 花萼钟状或矩圆形，均等5裂或具翅。

31. 花冠筒长为花冠的1/2；花药2室，1室完全，另1室退化而狭窄；蒴果室背2爿裂；多分枝，一年生草本；花序由总状组合成圆锥状；叶线形 ………………………………………………………… 29. **短冠草属** Sopubia Buch.-Ham. ex D. Don

31. 花冠筒长为花冠的1/2以上；花药2室，完全发育；蒴果室背开裂；少分枝，一年生草本；花单生于苞腋内，集成顶生穗状或总状花序；叶卵形或卵状披针形 ………………………………………………………… 30. **黑蒴属** Alectra Thunb.

27. 自生植物；花冠明显二唇形；花萼下和花梗上无小苞片。

32. 花萼有明显的翅或棱，萼齿浅裂。

33. 一年生匍匐草本；萼有3翅，萼齿3枚；萼宿果室间开裂；雄蕊4枚，2强，前方1对花丝各有1枚丝状附属物 ………………………………… 31. **三翅萼属** Legazpia Blanco

33. 一年生至多年生直立或匍匐草本；萼有5翅或5棱，萼齿5枚。

34. 花萼有5棱，先端平截或斜截，果期膨大呈囊状；花丝无附属物；花冠二唇形，冠筒筒状，上部稍膨大 …………………………………………………… 32. **沟酸浆属** Mimulus L.

34. 花萼有5翅或5棱，先端不为截形，果期不膨大；花丝有附属物。

35. 花萼具5翅，稀具5棱，多少唇形；蒴果隔膜不宿存；叶对生，具齿 ……………………………………………………………… 33. **蝴蝶草属** Torenia L.

35. 花萼具5棱，不呈唇形；蒴果隔膜宿存；叶对生，常有齿，稀全缘 ……………………………………………………………… 34. **母草属** Lindernia All.（部分）

32. 花萼无明显的棱或无翅。萼齿5深裂。

36. 能育雄蕊2枚，另2枚退化；生于水边或低湿地。

37. 叶无柄，全缘，肉质，有时退化呈鳞片状；茎直立，肉质，基部多分枝；蒴果球形或卵圆形 ……………………………………… 35. **虻眼属** Dopatricum Buch.-Ham. ex Benth.

37. 叶通常具柄，稀无柄，有齿或稀全缘，纸质；茎直立，倾卧或匍匐，节部常有不定根；蒴果常条状披针形，稀卵球形 ……………………… 34. **母草属** Lindernia All.（部分）

36. 能育雄蕊4枚；陆生草本（**母草属** *Lindernia* All. 生水边或低湿地）。

38. 花冠大，长超过3 cm；叶具腺毛；基生叶莲座状，茎生叶互生。

39. 花萼深裂几达基部，裂片宽；花冠不明显的二唇形，上唇极短，下唇中裂片最长，仅先端被柔毛；蒴果室间开裂 ……………………………… 36. **毛地黄属** Digitalis L.

39. 花萼基部具长筒，上部浅裂，裂片较狭窄；花冠上下唇近等长；蒴果有宿萼，室背开裂 ……………………………… 37. **地黄属** Rehmannia Libosch. ex Fisch. et Mey.

38. 花冠小，长一般不超过2 cm；叶通常不具腺毛（**钟萼草属** *Lindenbergia* Lehm. 部分种类有腺毛），全部茎生或兼有莲座状基生，通常对生或至少下部的对生。

40. 花萼钟状，裂至1/2左右；花丝无附属物；蒴果矩圆形、卵圆形或卵状球形。

41. 茎叶无毛或被柔毛，基生叶常莲座状，茎生叶对生或上部的有时互生；药室顶端合泷 ……………………………………………… 38. **通泉草属** Mazus Lour.

41. 茎叶被腺毛，叶全为茎生叶，对生；药室分离 ……………………………………………………………… 39. **钟萼草属** Lindenbergia Lehm.

40. 花萼5齿裂，深裂至基部，稀裂至1/2；花丝有附属物；蒴果多为圆柱形、条形、椭圆形、稀卵圆形或球形 ………………………… 34. **母草属** Lindernia All.（部分）

11. 叶强烈二型，生于主茎上的近圆形；生于分枝上的针状而簇生，密集；果近肉质；植株全体被柔毛；主茎上常生有不定根 ……………………………… 40. **鞭打绣球属** Hemiphragma Wall.

1. 泡桐属　Paulownia Sieb. et Zucc.

落叶乔木，但在热带为常绿乔木；树皮灰色至褐色，幼时平滑而有明显皮孔，老时纵裂；树冠多呈圆锥状、圆柱状或伞状；枝对生，通常无顶芽，除老枝外均被各种类型的毛；大多数种类顶芽越冬枯萎而呈假二叉分枝，仅白花泡桐有时顶芽不死而呈单分枝。叶对生；叶片大而有长柄，幼时偶有3枚轮生，基部心形，全缘或3～5浅裂。花3(1)～5(8)朵组成小聚伞花序，再组成圆锥花序；叶状总苞和苞片在冬季与叶同时脱落；萼5深裂，裂片稍不等，后方1枚较大；花冠二唇形，具长管，冠筒通常在离基部5～6 mm处向前弓曲，曲处以上突然扩大，腹部有2条纵褶（但白花泡桐无纵褶）；雄蕊4枚，2强，花丝在近基部处扭卷；子房上位，2室，胚珠多数。蒴果木质，室背2爿裂或不完全4爿裂；种子细小，极多数，蝴蝶状，具膜质翅。本属共有7种，分布于亚洲东部；我国全产，除白花泡桐在越南和老挝也有自然分布外，其余6种均为我国特有种；广西现知连栽培的有7种1变种。　本属绝大多数种类为速生树种，除园庭观赏外，主要作材用，花、叶亦作猪、羊饲料或药用。

分种检索表

1. 花序狭圆锥形或圆柱形，长一般不超过0.5 m，其侧枝的长度不及中央主枝之半；小聚伞花序的花序梗明显且与花梗近等长。

2. 花序圆柱形;花冠白色或浅紫色,长 8～12 cm,基部向前稍弓曲,曲处以上逐渐向上扩大,腹部无明显纵褶;花萼长 2～2.5 cm,花后迅速脱毛;果长圆形至长圆状椭圆形,长 6～10 cm,直径 3.5～4 cm;果皮厚 3～6 mm;叶片长卵状心形 ………………………………………………………………………… 1. **白花泡桐 P. fortunei** (Seem.) Hemsl.

2. 花序狭圆锥形;花冠紫色或浅紫色,长 5～10 cm,基部向前强烈弓曲,曲处以上突然膨大,腹部有 2 条明显纵褶;花萼长不超过 2 cm,花后不脱毛或脱毛;果卵圆形至卵状椭圆形,长 3～5.5 cm;果皮厚不超过 2 mm;叶片心状卵形或长卵状心形。

3. 叶背面被星状毛或树枝毛;萼齿短于萼筒,萼裂至 1/3～1/5,部分脱毛;果卵形、卵状椭圆形或椭圆形,幼时被绒毛。

4. 叶片卵状心形,长宽近等或长稍过于宽;花冠漏斗状钟形,紫色至粉白色,长 7～9.5 cm,顶端直径 4～5 cm;蒴果卵形或卵状椭圆形,长 3.5～5 cm ……………………………………………… 2. **兰考泡桐 P. elongata** S. Y. Hu

4. 叶片长卵状心形,长约为宽的 2 倍;花冠管状漏斗形,淡紫色,长 7～8 cm,顶端直径不超过 3.5 cm;蒴果椭圆形,长 4.5～5.5 cm ……………………………………………… 3. **楸叶泡桐 P. catalpifolia** T. Gong ex D. Y. Hong

3. 叶背面被黏质腺毛或树枝状毛;萼齿长于萼筒或与萼筒等长,萼裂至 1/2;毛不脱落;果卵圆形,幼时被黏质腺毛。

5. 成熟叶片背面密被有长柄或丝状分枝毛 ……………… 4a. **毛泡桐 P. tomentosa** (Thunb.) Steud. var. **tomentosa**

5. 成熟叶片背面无毛或有极稀的毛 ………………………………………………………………………………… 4b. **光泡桐 P. tomentosa** (Thunb.) Steud. var. **tsinlingensis** (Pai) Gong Tong

1. 花序为宽大的圆锥形,长可达 1 m,其侧枝的长度超过中央主枝之半或略短于中央主枝;小聚伞花序的花序梗不明显或远短于花梗。

6. 小聚伞花序的花序梗长 5～7 mm,较花梗短得多;萼裂至 1/3～2/5 处,毛渐脱落或稀不脱落;花冠紫色,腹部稍白色且有两条明显的纵褶,管状钟形;果椭圆形,长约 4 cm,幼时有星状毛 ……………………………………………………………………………… 5. **南方泡桐 P. taiwaniana** T. W. Hu et H. J. Chang

6. 小聚伞花序的花序梗缺或位于下部者有极短花序梗;萼裂至 1/2 或更深处,毛不脱落。

7. 叶两面有黏质腺毛,老时渐脱落;花冠淡紫色或蓝紫色,长 3～5 cm;萼在果期明显向外反折;果实卵圆形,长 2.5～4 cm;种子连翅长 3～4 mm ……………………………………………… 6. **台湾泡桐 P. kawakamii** Ito

7. 叶两面被星状绒毛,老时不脱落或脱落;花冠白色有紫色条纹或紫色,长 5.5～7.5 cm;萼齿在果期不向外反折;果实椭圆形或卵状椭圆形,长 3～4.5 cm;种子连翅长 5～6 mm ……………… 7. **川泡桐 P. fargesii** Franch.

1. **白花泡桐**(中国植物志) 泡桐(本草纲目) 白桐 饭桐子 通条木 图版 136:1～5

Paulownia fortunei (Seem.) Hemsl. in Gard. Chron. ser. Ⅲ. 7:448,1890. et Journ. Linn. Soc. Bot. **26**:180,1890;广西植物名录 **2**:682,1971;中国高等植物图鉴 **4**:12,图 5438,1975;中国植物志 **67**(2):39,图 13,1979;Fl. China **18**:9. 1998. ——*Campsis fortunei* Seem. in J. Bot. **5**:373,1867. ——*Paulownia duclouxii* Dode,Bull. Soc. Dendr. France 162,1908. ——*P. mikado* Ito,Journ. Hort. Soc. Jap. Ⅻ. 1:5. 1910.

乔木,高可达 30 m;主干明显通直;树皮褐色。本种最明显的特征是幼枝、叶、叶柄、花序轴、花的各部分和幼果均被褐黄色星状绒毛,但叶柄、花梗和叶的腹面渐变无毛;叶片较长,长达 21 cm,宽约 10 cm;叶柄长达 12 cm。圆锥花序较狭小,长约 25 cm;小聚伞花序有 3～8 朵;花序梗与花梗近等长;花萼浅裂至 1/4,脱毛,倒圆锥形,长 2～2.5 cm;花冠白色或紫色,长 8～12 cm,腹部皱褶不明显,内部密布紫色细斑块,近基部向前弓曲。蒴果长 6～10 cm。花萼、花和果均是本属最大的。 花期 3～4 月,果期 8～9 月。

产于广西各地,野生或栽培;常生于低海拔的山谷、山坡、荒地或路旁疏林中。分布于长江以南、四川和云南以东各地,山东、河北、河南、陕西有引种,越南、老挝亦有。 本种为速生优良树种,在适宜条件下十年生胸径可达 40～50 cm,材质轻软、不易传热、不变形或开裂、耐酸性强,多用作高级家具、乐器、箱柜、工艺品及模型用材;在春天繁花满树,夏天绿叶浓荫,适宜作园庭或行道绿化树种;幼枝和叶可作绿肥;花、叶可作猪饲料;根入药可治风湿,茎皮可治跌打损伤,叶外用可治骨折。

2. **兰考泡桐**(河南)

Paulownia elongata S. Y. Hu in Quart. Journ. Taiw. Mus. **12**:no 1 et 2. 1959,p. p. excl. specim. Shantung;植物分类学报 **14**(2):42,pl. 3. f. 2. 1976,中国植物志 **67**(2):35,图 11,1979;Fl. China **18**:9. 1998.

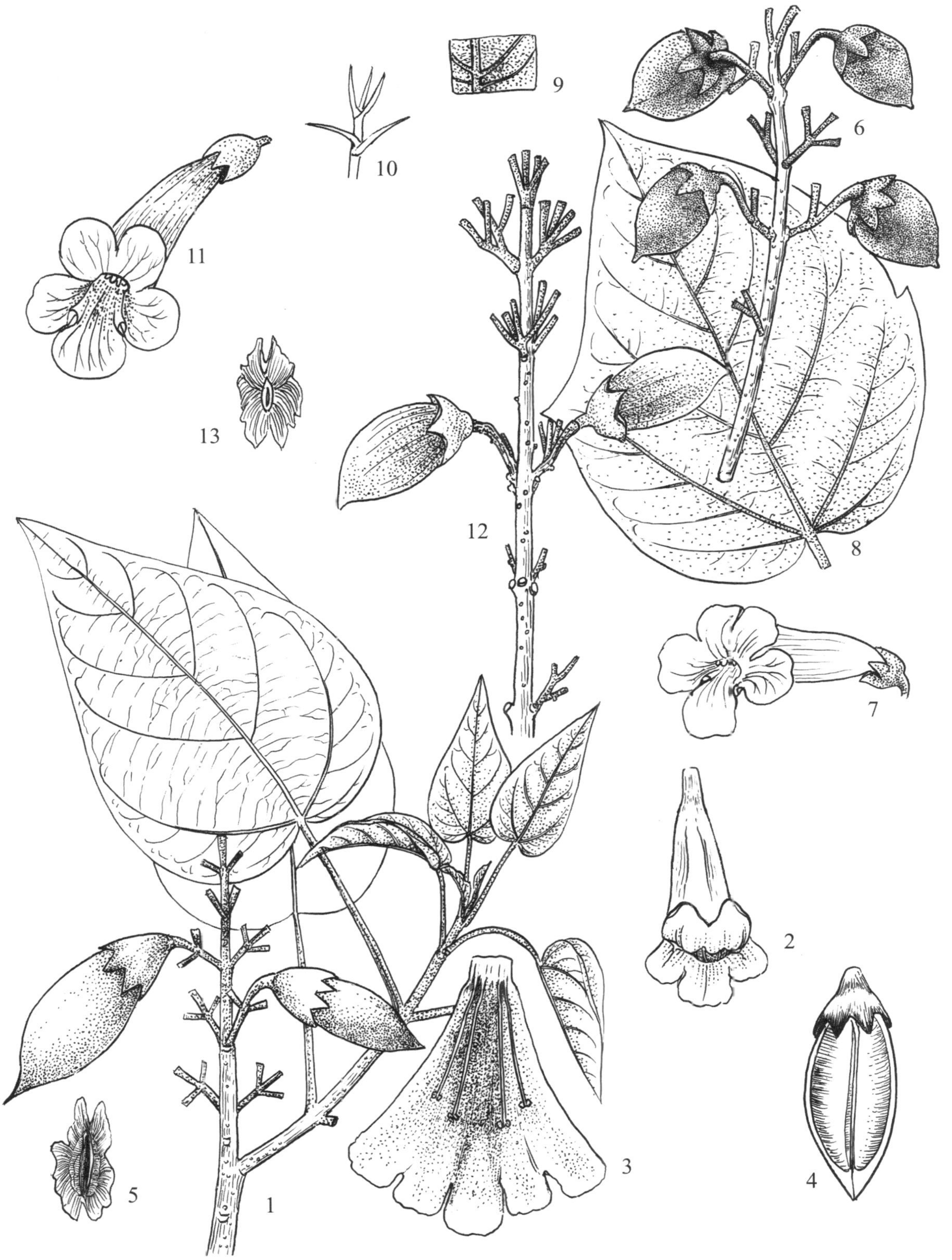

图版 136　1～5. 白花泡桐 Paulownia fortunei (Seem.) Hemsl.　1. 果枝；2. 花；3. 花解剖面；4. 果实纵剖与宿萼；5. 种子。　6～10. 毛泡桐 P. tomentosa (Thunb.) Steud.　6. 果枝；7. 花；8. 叶片背面；9. 叶背面放大；10. 叶背面的树枝状柔毛。　11～13. 南方泡桐 P. taiwaniana T. W. Hu et H. J. Chang　11. 花；12. 果枝；13. 种子。　（辛茂芳绘）

本种树高可达 10 m 以上，全体被星状绒毛，与**楸叶泡桐**（*P. catalpifolia* T. Gong ex D. Y. Hong）相似，但本种叶形较宽，卵状心形，长达 34 cm，长宽近相等或长稍过于宽；花冠漏斗状钟形，较宽，顶端直径 4～5 cm。果实卵形，长 3.5～5 cm，顶端具长 4～5 mm 的喙，两者可以区分。 原产于河南，现桂林市郊有引种；河北、河南、山东、山西、陕西、湖北、安徽、江苏有栽培。 本种树干形好，生长快，生根较深，适于农桐间作。其他用途同**白花泡桐**[*P. fortunei* (Seem.) Hemsl.]。

3. **楸叶泡桐**（植物分类学报） 山东泡桐

Paulownia catalpifolia T. Gong ex D. Y. Hong, Novon 7:366. 1998；中国植物志 **67**(2):37，图 12，1979；Fl. China **18**:9. 1998.

本种近似于**兰考泡桐**（*P. elongata* S. Y. Hu），稍似**白花泡桐**[*P. fortunei* (Seem.) Hemsl.]。与**兰考泡桐**区别在于本种主干直，树冠较密；叶片长卵状心形，长几为宽的 2 倍；花冠较细瘦，管状漏斗形，长 7～8 cm，顶端直径不超过 3.5 cm；果实椭圆形，长 4.5～5.5 cm。与**白花泡桐**区别在于本种果实明显较小；花冠近基部明显向前弓曲，腹部有 2 条纵褶，而**白花泡桐**的花的基部以上不骤然膨大，而是向上逐渐扩大，稍向前弯曲，腹部无明显纵褶；果实较大。 桂林市郊有引种。原产于我国太行山地区及华北一带，分布于河北、河南、山东、山西、陕西等地。 本种树干通直，材质优良，具耐干旱、耐瘠薄土壤的特性，适合在较旱瘠的丘陵地区发展。其用途似**白花泡桐**。

4. **毛泡桐**（东北木本植物图志） 图版 136:6～10

Paulownia tomentosa (Thunb.) Steud. in Nomencl. Bot. **2**: 278. 1841；中国植物志，**67**(2):33，图 10，1979；东北木本植物图志，429，图版 157:393. 1955；中国高等植物图鉴 **4**:12，图 5437. 1975；Fl. China **18**: 9. 1998.

4a. **毛泡桐**（原变种）

Paulownia tomentosa (Thunb.) Steud. var. **tomentosa**——*Bignonia tomentosa* Thunberg in Murray, Syst. Veg. ed. 14, 563. 1784.——*Incarvillea tomentosa* (Thunb.) Spreng. in Syst. Veg. **2**: 836. 1825.——*Paulownia grandifolia* Hort. ex Wettst. in Pflanzenf. Ⅳ. **35**: 67. 1891. in obs.——*P. imperialis* Sieb. et Zucc. in Fl. Jap. **1**:27. t. 10. 1835.——*P. imperialis* var. *lanata* Dode. in Bull. Soc. Dendr. France 160. 1908.——*P. recurva* Rehd. in Sarg. Pl. Wils. **1**:577. 1913.——*P. tomentosa* var. *japonica* Elwes in Gard. Chron. Ser. Ⅲ. **69**:273. 1921.——*P. tomentosa* var. *lanata* (Dode) C. K. Schneider in Ⅲ. Handb. Laubh. **2**:618. 1911.

树高约 20 m，干通直；幼枝、幼果和叶柄被黏质短腺毛。叶片心形，长 15～40 cm，腹面多少具星状毛，背面具有柄的树枝状毛，幼叶背面的毛常不分枝。本种最突出的特征是聚伞花序有明显的花序梗；花萼深裂过半且不脱毛；蒴果卵圆形，长 3～4 cm，通常结果甚多。 桂林市郊有引种。原产于我国，分布于辽宁、河北、河南、江苏、山东、安徽、湖北、江西，野生或栽培，朝鲜、日本、北美洲和欧洲也有栽培。 本种材质优良，速生，耐旱瘠，耐盐碱，宜在较寒冷和干旱地区种植。其用途似**白花泡桐**[*P. fortunei* (Seem.) Hemsl.]

4b. **光泡桐**（变种）（植物分类学报）

Paulownia tomentosa (Thunb.) Steud. var. **tsinlingensis** (Pai) Gong Tong 于植物分类学报 **14**(2): 43. 1976.——*P. fortunei* (Seemann) Hemsley var. *tsinlingensis* Pai in Contr. Inst. Bot. Nat. Acad. Peiping **3**:59. 1935.——*P. glabrata* Rehd. in Sarg. Pl. Wils. **1**:575. 1913.

本变种与原变种**毛泡桐**[*P. tomentosa* (Thunb.) Steud. var. *tomentosa*]的区别在于本变种的成熟叶基部心圆形至浅心形，背面被毛极稀疏或无毛。 桂林市郊有引种。分布于甘肃、陕西、山西、河北、河南、山东、湖北和四川，栽培或野生。

5. **南方泡桐**（植物分类学报） 图版 136:11～13

Paulownia taiwaniana T. W. Hu et H. J. Chang in Taiwania **20**(2):166. 1975；Fl. China **18**: 10. 1998.——*P. australis* Gong Tong 于植物分类学报 **14**(2):43，f. 3. 1976；中国植物志 **67**(2):44，图 16.

1979.

本种相似于**台湾泡桐**(*P. kawakamii* Ito)和**白花泡桐**[*P. fortunei* (Seem.) Hemsl.]。与**台湾泡桐**区别在于本种的花萼浅裂达1/3～2/5,花与果较大且形状不同,花冠长5～7 cm,腹面具2条明显的纵褶,蒴果椭圆形,长约4 cm;与**白花泡桐**区别在于本种的花果小得多,花冠紫色,腹部稍带白色并有2条明显的纵褶,同时花序呈宽大的圆锥形花序。本种的小聚伞花序花序梗的长度介于**台湾泡桐**和**白花泡桐**之间。 产于灵川潮田七分山和金秀六巷一带山坡,桂林市郊及蒙山县有栽培。分布于福建、湖南、浙江和广东。

6. **台湾泡桐**(中国植物志) 华东泡桐(中国高等植物图鉴) 图版137:1～3

Paulownia kawakamii Ito in Ic. Pl. Jap. Ser. 4. **1**:1. t. 15～16. 1912;中国植物志 **67**(2):39,图14. 1979;中国高等植物图鉴 **4**:13. 1975;Fl. China,**18**:10. 1998——*P. thyrsoidea* Rehd. in Sarg. Pl. Wils. **1**:576. 1913, p. p. ——*P. viscosa* Hand. -Mazz. in Sinensia **5**:7. 1934. ——*P. rehderiana* Hand. -Mazz. in Anzeig. Akad. Wiss. Wien. Math. -Naturw. Kl. **58**:153. 1921.

落叶小乔木,高6～10 m;小枝有明显皮孔和绒毛。叶片心形,长可达45 cm,全缘或有角或2～3裂,两面与叶柄密被腺质黏毛。花序宽圆锥形,长可达1m,侧枝发达几与中央主枝等长或稍短。本种最大的特征是花萼深裂至1/2以上并在果期明显反卷;花冠小,筒部长仅2～3 cm;果实小而果壳很薄。 花期3～5月,果期8～9月。 产于资源、兴安、全州、龙胜、恭城、临桂、融水、金秀、荔浦、富川、蒙山、罗城、南丹等县;常见于海拔400～1 500 m的山坡向阳处或路边林缘。分布于台湾、福建、浙江、江西、湖北、湖南、广东和贵州。 本种花朵美丽,可作庭园观赏树种,但因主干较低,不甚适宜造林。

7. **川泡桐**(中国高等植物图鉴) 图版137:4～6

Paulownia fargesii Franch. in Bull. Mus. Hist. Nat. (Paris) **2**:280. 1896;中国植物志 **67**(2):41,图15. 1979;中国高等植物图鉴 **4**:13,图5439. 1975;Fl. China **18**:10. 1998.

本种与**台湾泡桐**(*P. kawakamii* Ito)相似,但本种植株较高大,高可达20 m;叶片和叶柄不具腺毛,不黏手,只被星状绒毛或甚至变作无毛;花冠较大,长达5.5～7.5 cm;花萼裂片在果期通常不反折;果实以中部最宽;种子较长,连翅长可达5～6 mm。 花果期同**台湾泡桐**。 桂林市郊有栽培。分布于云南、四川、贵州、湖北、湖南等地;栽培或野生。 除供庭园观赏外,也能作为造林树种,尤其是作行道树。

2. 来江藤属 Brandisia Hook. f. et Thoms.

直立或攀缘状灌木,罕有寄生;常具星状绒毛。叶对生或近对生;有短柄。花腋生,单朵或成双,少有多朵排成总状花序;花梗具苞片2枚;萼钟状,5(4～7)齿裂,被星状绒毛;花冠稍漏斗状,二唇形,略内弯;雄蕊4枚,2强,生于花冠筒基部,多少伸出或包于花冠内,花丝无毛,花药2室,圆形,有长毛;子房2室,内含条状长圆形胚珠,柱头简单。蒴果卵圆形,室背开裂;种子线形,有膜质而延长的翅。 本属约有11种,分布于缅甸。我国产8种,分布于长江流域南部地区;广西有4种,主产于桂中和桂西北。

分种检索表

1. 花1～2朵生于叶腋;花冠的下唇与上唇等长或稍短;植物体的星状绒毛经久不落。
   2. 花萼裂至1/3或1/2处形成上下两唇,萼齿不整齐;花冠紫红色 …………… 1. **广西来江藤** B. kwangsiensis H. L. Li
   2. 花萼不呈二唇形,萼齿整齐;花冠橙红色或黄色。
      3. 植株被锈黄色绒毛;叶片卵状披针形,较狭,长2～10 cm,宽1～3.5 cm;萼齿三角状卵形或宽卵形,先端有短尖头 ………………………………………………………………… 2. **来江藤** B. hancei J. D. Hook
      3. 植株被灰褐色带浅黄绿色绒毛;叶片卵圆形、卵状长圆形或宽卵状披针形,较宽,长2～11.5 cm,宽1～6 cm;萼齿狭三角状卵形,先端有长尖头 …………………………………………… 3. **岭南来江藤** B. swinglei Merr.
1. 花多数并组成茎生的总状花序;花冠的上唇较下唇长2倍以上;植物体的星状绒毛迅速脱落成无毛或近无毛状态 …… ……………………………………………………………… 4. **茎花来江藤** B. cauliflora Tsoong et Lu

图版 137 1～3. **台湾泡桐** Paulownia kawakamii Ito 1. 花枝；2. 叶片；3. 果。 4～6. **川泡桐** P. fargesii Franch. 4. 叶片；5. 果；6. 花。（辛茂芳绘）

1. **广西来江藤**(中国高等植物图鉴)　图版 138:1~3

Brandisia kwangsiensis H. L. Li in Journ. Arn. Arb. **28**:133. 1947;中国植物志 **67**(2):24,图 6. 1979;中国高等植物图鉴 **4**:11,图 5435. 1975;Fl. China **18**:7. 1998.

藤状灌木,高 1 m 余;全体被锈色星状绒毛,枝与叶腹面毛渐脱落。叶片卵圆形或卵状矩圆形,长 3~12 cm,宽 1~5 cm,全缘,先端有锐尖头或短凸尖;叶柄长 2~8 mm,密被绒毛。苞片和花萼被锈色星状绒毛;花萼钟状,长约 1 cm,外有 10 脉,裂至 1/3 或 1/2 处成二唇形,这是本种与广西其他种最大的区别;花冠深紫红色,长约 2.5 cm,外被星状绒毛,向前稍弓曲,上唇 2 深裂,裂片卵圆形,下唇短得多,3 裂,裂片舌状;雄蕊 4 枚,略 2 强;子房被绒毛。蒴果卵圆形,长约 1 cm,包于宿萼内,密生星状绒毛。　花期 7~11 月,果期 10~11 月。　产于隆林、天峨、南丹、环江、那坡;生于海拔 900~2 000 m 的灌木丛中或山坡疏林下。分布于贵州、云南。

2. **来江藤**(中国高等植物图鉴)　图版 138:4~7

Brandisia hancei J. D. Hook. in Fl. Brit. Ind. **4**:257. 1884. in nota;Rehd. in Sarg. Pl. Wils. **1**:573. 1913,p. p. excl. Henry no. 9013;中国植物志 **67**(2):20,图 4. 1979;中国高等植物图鉴 **4**:10,图 5434. 1975;Fl. China **18**:6. 1998. ——*B. laetevirens* Rehd. in Sarg. Pl. Wils. **1**:573. 1913.

直立灌木,高 2~3 m;全体被锈色星状绒毛,枝和叶腹面的毛渐脱落成无毛。叶片卵状披针形,先端有锐尖头,基部近心形,全缘或罕有锯齿;叶柄长 2~5 mm。花单生于叶腋;花梗中上部有 1 对披针形小苞片;花萼宽钟状,内部密生绢毛,长约 1 cm,有 10 脉;花冠橙红色,长约 2 cm,外被星状绒毛,上唇宽大,顶端凹而上翘,下唇较短,3 裂,裂片舌状。蒴果卵圆形,略扁,有星状绒毛。　花期 11 月至翌年 2 月,果期 3~4 月。　产于凌云、乐业、那坡、都安、天峨、隆林、南丹等县;常生于海拔 600~1 500 m 的山地灌木丛中,石灰岩山亦有。分布于我国西南、华中和华南地区。

3. **岭南来江藤**(中国高等植物图鉴)　广东来江藤(广西植物名录)　图版 138:8~9

Brandisia swinglei Merr. in Philip. Journ. Sci. Bot. **13**:157. 1918;Li in Journ. Arn. Arb. **28**:133. 1947;中国植物志 **67**(2):20. 1979;中国高等植物图鉴 **4**:10. 1975;Fl. China **18**:6. 1998.

本种稍似**来江藤**(*B. hancei* J. D. Hook.),但植株略带蔓性;全体被灰褐色至浅黄绿色星状绒毛;叶片较宽大,长可达 11.5 cm,宽可达 6 cm,且常呈卵圆形或卵状长圆形;花除单生于叶腋外,尚有成双腋生的;萼钟形,长达 1.5 cm,萼齿狭三角状卵形,先端渐狭成长尖头;花冠黄色,长约 2.5 cm,上唇 2 裂,顶端不上翘;蒴果长约 1 cm,短于萼裂片。　产于金秀、象州、贺州、那坡,以金秀较普遍;常生于海拔 600~1 100 m 山坡疏林缘、坡地或石壁。分布于广东、湖南。　据大瑶山民间记载,叶外用可治梅毒病。

4. **茎花来江藤**(中国植物志)　图版 138:10~11

Brandisia cauliflora Tsoong et Lu 于中国植物志 **67**(2):394. 28,图 9. 1979;Fl. China **18**:8. 1998.

本种与广西上述同属其他任何种区别的特征是藤状灌木;枝具显著突起的皮孔;叶片披针形,长 5~10 cm,宽 1~2.5 cm,先端长渐尖,基部楔形;老叶与叶柄无毛;总状花序直接生于主茎上,长约 6 cm,主茎的侧枝不长花;花序轴、苞片、花梗和花萼均无毛;花成对着生于苞腋内;花萼 5 浅裂,萼齿三角形;花冠鲜红色;蒴果卵球形,有锐尖头,无毛。　花期夏季,果期秋季。　本种为广西特有种,产于靖西南部、天等(福新)、龙州(响水、武德);生于低山林下灌木丛中。

3. 炮仗竹属　Russelia Jacq.

灌木;枝有棱角。叶对生或轮生,生于枝上部的常退化成鳞片。花红色,单生或排成二歧聚伞花序,有苞片;萼 5 裂;花冠筒圆柱形,先端稍呈二唇形,裂片圆形;雄蕊 4 枚,两两成对,内藏。蒴果近球形。　本属约有 40 种,分布于热带美洲。我国引入栽培 2 种;广西亦有。

图版 138 1～3. 广西来江藤 Brandisia kwangsiensis H. L. Li 1. 花枝；2. 花；3. 果实及萼。 4～7. 来江藤 B. hancei J. D. Hook. 4. 花枝；5. 花；6. 花冠纵剖面；7. 果实。 8～9. 岭南来江藤 B. swinglei Merr. 8. 花枝；9. 果实及萼。 10～11. 茎花来江藤 B. cauliflora Tsoong et Lu 10. 枝叶；11. 果枝。 （林文宏绘）

分种检索表

1. 下部的叶散生；长圆状卵形，长 1～1.5 cm，上部的叶退化成鳞片状；花梗长约 1 cm；花冠长可达 2 cm ……………… 1. **炮仗竹** R. equisetiformis Schlecht et Cham.
1. 叶对生或轮生；叶片卵圆形，不退化成鳞片状，长 1.5～4 cm；花梗长约 3 mm；花冠长 8～12 mm ……………… 2. **匍茎炮仗竹** R. sarmentosa Jacq.

1. 炮仗竹（华北经济植物志要） 吉祥草 图版 139：1～2

Russelia equisetiformis Schlecht et Cham. in Linnaea **6**：377. 1831；广州植物志 592. 1956；中国高等植物图鉴 4：9，图 5431. 1975. ——*R. juncea* Zucc. in Flora **15**（2，Beibl.）：99. 1832.

直立、木贼状灌木，高约 1 m；全体无毛；茎方形，多分枝；枝纤细，轮生，上部下垂。下部叶散生；叶片长圆形至长圆状卵形，长 1～1.5 cm；上部叶轮生，常退化成鳞片状。聚伞圆锥花序狭长，小聚伞花序有花 1～3 朵，花序梗长约 3 cm；苞片钻形；萼 5 裂，裂片三角状卵形；花冠鲜红色，圆筒形，向上稍扩大，长 2～2.5 cm，呈不明显的二唇形，5 裂，裂片长圆状卵形；雄蕊 4 枚，内藏。蒴果球形，室间开裂。 广西、广东、福建等地有栽培；原产于墨西哥。 可作为园庭观赏花卉；全株可入药，可治骨折。

2. 匍茎炮仗竹

Russelia sarmentosa Jacq. in Enum. Syst. Pl. 25. 1760；Select. Strip. Amer. Hist. 178. 1760；L. H. Bailey in Mannual. of Cultivated Plants 899. 1949.

本种与**炮仗竹**（*R. equisetiformis* Schlecht. et Cham.）的区别，主要在于有明显正常而不退化的叶片及较小型的花。本种的特征是蔓状灌木，高可达 1 m；茎明显具纵棱；叶片全部正常发育对生或三叶轮生，卵形至阔卵形，长 1.5～4 cm，宽 1.5～3.5 cm，先端渐尖，基部钝，边缘具粗齿；叶柄长仅 2 mm。圆锥花序长 10～20 cm，由多数聚伞花序组成，每个聚伞花序又由数个小总状花序组成，而每个小总状花序有花数朵至 20 余朵；苞片叶状，小苞片披针形；萼 5 深裂，裂片三角状钻形，长约 2 mm；花冠红色，长约 1 cm，筒部长 8 mm，稍二唇形，上唇 2 裂，下唇 3 裂；雄蕊 4 枚，内藏；蒴果近球形，具宿萼及宿存花柱。 桂林雁山在 20 世纪 60 年代曾有引种。广州有栽培；原产于美洲热带地区。 可作为园林观赏花卉。

4. 毛麝香属 Adenosma R. Br.

一年生直立或匍匐草本；有香气，被长柔毛和腺毛，干后变黑色。叶对生；叶片有齿缺和腺点。花单生于上部叶腋，常组成总状、头状或穗状花序；花梗短，常有小苞片 2 枚；萼齿 5 枚，后方 1 枚较大；花冠圆筒形，裂片呈二唇形，上唇直立，先端全缘或凹缺，下唇伸展，3 裂；雄蕊 4 枚，内藏，药室分离，前方 1 对花药的 2 药室中有 1 室或 2 室不育，后方 1 对花药的 2 药室均发育或只 1 室发育；花柱先端扩大，全缘或 2 裂。蒴果卵形或椭圆形，室背与室间均 4 爿开裂；种子细小，多数。 本属约有 15 种，分布于亚洲东部和大洋洲。我国有 4 种；广西产 3 种。 本属植物多作药用，也供提取芳香油。

分种检索表

1. 花密集并组成顶生的头状或圆柱形穗状花序 ……………… 1. **球花毛麝香** A. indianum（Lour.）Merr.
1. 花单生于叶腋并组成疏散、顶生、有叶的总状花序。
   2. 花冠下唇裂片全缘或微凹；植株粗壮，高可达 100 m；叶片披针状卵形或宽卵形，长 2～10 cm，宽 1～5 cm，边缘具不整齐的锯齿，有时为重锯齿 ……………… 2. **毛麝香** A. glutinosum（L.）Druce
   2. 花冠下唇裂片有较深的缺凹或 2 浅裂；植株纤弱，高在 35 cm 以下；叶片卵形至卵圆形，较小，长在 2 cm 以下，边缘具不整齐的圆锯齿 ……………… 3. **凹裂毛麝香** A. retus lobum P. C. Tsoong et T. L. Chin

图版 139 1～2. **炮仗竹** Russelia equisetiformis Schlecht et Cham. 1. 花枝；2. 花放大。 3～7. **球花毛麝香** Adenosma indianum (Lour.) Merr. 3. 根；4. 花萼纵剖面及小苞片；5. 花枝；6. 花冠纵剖面及雄蕊；7. 叶背放大。 8～10. **毛麝香** A. glutinosum (L.) Druce 8. 花枝；9. 花冠纵剖及雄蕊；10. 果。 11～14. **凹裂毛麝香** A. retusilobum P. C. Tsoong et T. L. Chin 11. 植株；12. 花萼纵剖面及小苞片；13. 雌蕊；14. 花冠纵剖面及雄蕊。 （林文宏绘）

1. **球花毛麝香**(广州植物志)　大头陈(防城、贺州)　图版 139:3～7

Adenosma indianum (Lour.) Merr. in Trans. Amer. Phil. Soc. n. s. **24**(2):351. 1935;中国高等植物图鉴 **4**:21,图 5455. 1975;中国植物志 **67**(2):102. 1979;海南植物志 **3**:501. 1974;Fl. China **18**:26. 1998. ——*Manulea indiana* Lour. in Fl. Cochinch. 386. 1790. ——*Adenosma capitatum* (Benth.) Benth. ex Hance in Journ. Linn. Soc. Bot. **13**:114. 1872; Hook. f. in Fl. Brit. Ind. **4**:264. 1884;白荫元,北研丛刊 **2**:191. 1934. ——*Pterostigma capitatum* Benth. in Scroph. Ind. 21. 1835 et in DC. Prodr. **10**:380. 1846, et Fl. Hongk. 248. 1861.

一年生直立草本,高 20～60 cm;密被白色多细胞长柔毛。叶片卵形或长圆形,长 1～4.5 cm,宽 5～20 mm,边缘有锯齿或重锯齿,两面有白色长柔毛,背面密被油腺点;叶柄长 2～5 mm。本种最明显的特征是无花梗,且排成球形或圆柱形紧密的穗状花序;花序长 1～3 cm;苞片披针形,向上渐变小;花萼下 2 枚小苞片丝状;萼 5 裂,裂片狭披针形;花冠蓝紫色,长约 6 mm,上唇直立,卵圆形,顶端微凹,下唇 3 裂,裂片近圆形,大小彼此近等;前面 1 对雄蕊略长,花药仅 1 室发育,后面 1 对的花药 1 室发育,另 1 室不育,小而中空。蒴果卵状锥形,长约 3 mm;种子多数,黄色。　花果期 9～11 月。　产于防城港、钦州、北流、贵港、玉林、博白、藤县、昭平、贺州、钟山、金秀、恭城、灵川、全州、兴安、鹿寨、柳州、桂林、南宁、百色、田东、东兰等地,生于山坡、沟边。分布于广东、海南、云南,印度、斯里兰卡和马来西亚亦有。　全草可入药,用于疏风解表,治风寒感冒、咳嗽、头痛,外用治乳痈初起、湿疹。

2. **毛麝香**(广州植物志)　土茵陈　痧虫药(贺州)　图版 139:8～10

Adenosma glutinosum (L.) Druce in Bot. Exch. Club Brit. Isles Rep. **3**:413. 1914;中国植物志 **67**(2):99,图版 7:1～4. 1979;中国高等植物图鉴 **4**:20,图 5454. 1975;海南植物志 **3**:500. 1974;Fl. China **18**:26. 1998. ——*Gerardia glutinosa* L. in Sp. Pl. **2**:611. 1753. ——*Adenosma caeruleum* R. Br. in Prodr. 443. 1810;白荫元,北研丛刊 **2**:191. 1934. ——*A. glutinosum* (L.) Druce var. *caeruleum* (R. Br.) P. C. Tsoong,海南植物志 **3**:501. 1974. ——*Digitalis sinensis* Lour. in Fl. Cochinch. 378. 1790. ——*Pterostigma grandiflorum* Benth. in DC. Prodr. **10**:380. 1846, et Fl. Hongk. 247. 1861.

多年生直立草本,高 30～70(100)cm;全体密被多细胞腺毛和长柔毛;分枝稀少。在广西的同属植物中,以本种的叶较大,最大者长可达 10 cm,宽可达 5 cm,一般长 5 cm,宽 2.5 cm;叶背面与苞片、小苞片及萼片均有黄色油腺点。花单生于叶腋,在茎、枝上部集成疏花而狭长的总状花序;花梗长 5～10 mm,顶端有 1 对小苞片;萼 5 深裂,狭披针形,长 6～12 mm;花冠紫红色,长 1～2.5 cm,上唇直立,卵圆形,顶端全缘或微凹,下唇 3 裂;前方 2 枚雄蕊仅 1 药室发育,后方 2 枚雄蕊的药室均发育。蒴果卵状锥形,先端有短喙,长 0.5～1 cm;种子长圆形,棕褐色。　花果期 7～10 月。　产于广西各地,以桂南和桂东南较常见;生于荒山坡、路边或疏林下润湿处。分布于广东、福建、江西南部,印度、越南、马来西亚及大洋洲地区亦有。　叶含芳香油;全草可入药,用于感冒、荨麻疹、风湿等,外用可治香港脚。

3. **凹裂毛麝香**(中国植物志)　山薄荷(岑溪)　图版 139:11～14

Adenosma retusilobum P. C. Tsoong et T. L. Chin 于中国植物志 **67**(2):396. 图版 7:10～13. 1979; Fl. China **18**:26. 1998.

小草本,高在 35 cm 以下;上部略分枝,茎被白色伸展的长柔毛。叶卵形至卵圆形,长在 2 cm 以下,先端圆钝至微尖,边缘具不整齐的圆齿,腹面有平伏的白色长柔毛,背面较稀并有黄色腺体。总状花序顶生,有长柔毛;苞片叶状,向上渐变小;小苞片条形;萼 5 深裂,裂片条状披针形,不等长;花冠长约 4.5 mm,淡紫色,上唇卵状长圆形,先端凹缺,下唇 2 裂,裂片稍呈长圆形,顶端均深凹缺,这是本种区别于其他种最显著的特征之一;后方 1 对花药 2 室中仅 1 室发育,另 1 室小而中空,前方 1 对花药的 2 室中亦只 1 室发育,但较后方的那 1 对为小。蒴果卵圆形,长约 2 mm。因笔者尚未看见标本,上述特征系从有关记载整理而成。　产于梧州、昭平、金秀、岑溪;生于溪边荒地上。分布于云南。　全草可入药,可治跌打损伤。

5. 石龙尾属 Limnophila R. Br.

一年生至多年生水生或沼生草本；揉搓后常有香气；茎单或多分枝，直立、平卧或匍匐。水生种类的叶常有气生叶和沉水叶之分，前者无柄或有柄，对生或轮生，开裂或不开裂，具锯齿；后者轮生，叶片羽状撕裂或毛发状多裂。花单生于叶腋或组成总状花序或穗状花序；萼筒状，萼齿5枚，近等大或后方1枚较大，萼脉5条，突起或不明显；花冠筒状或漏斗状，5裂，裂片二唇形，上唇全缘或2裂，下唇3裂；雄蕊4枚，内藏；子房无毛。蒴果为宿萼所包，室间开裂；种子小而多。 本属约有40种，分布于东半球热带、亚热带地区。我国有10种；广西有7种。

分种检索表

1. 叶全部为气生叶。
  2. 叶全缘或具不明显锯齿，3～7脉并行，无柄而抱茎……………………………………………………… 1. **抱茎石龙尾** L. connata (Buch.-Ham. ex D. Don) Hand.-Mazz.
  2. 叶具各种明显的锯齿，羽状脉或只有明显的主脉，无柄或有柄，稍抱茎或不抱茎。
    3. 叶对生，叶片卵形、菱状卵形或椭圆形，长3～9 cm，宽1～5 cm；花萼在果熟期平滑并有5条突起的纵脉…………………………………… 2. **大叶石龙尾** L. rugosa (Roth) Merr.
    3. 叶对生或3～4片轮生，叶片卵状披针形、披针形至条状披针形，长1～5.5 cm，宽0.2～1.5 cm，边缘具锯齿或细锯齿；花萼在果熟期有多数突起的条纹。
      4. 叶片狭椭圆形至披针状椭圆形，边缘具小锯齿；花梗长0.5～20 mm，与花萼无毛或有腺点。
        5. 花梗长0.5～3 mm …………………………… 3. **匍匐石龙尾** L. repens (Benth.) Benth.
        5. 花梗长5～20 mm …………………………… 4. **紫苏草** L. aromatica (Lam.) Merr.
      4. 叶片卵状披针形至条状披针形，罕有匙形，边缘有锯齿；花梗长3～15 mm，与花萼被多细胞长柔毛 ………………………… 5. **中华石龙尾** L. chinensis (Osbeck) Merr.
1. 叶兼有气生叶和沉水叶，前者开裂或不分裂而具锯齿，后者羽状全裂，形似毛发状。
  6. 气生叶全部轮生，多数开裂；茎被短柔毛；花无梗或少有长约1.5 mm的梗，单生于气生叶和沉水叶的叶腋 ………………………… 6. **石龙尾** L. sessiliflora (Vahl) Blume
  6. 气生叶轮生或对生，少数开裂；茎无毛，但具腺；花具长2～10 mm的细梗，单生于气生叶的叶腋 ………………………… 7. **有梗石龙尾** L. indica (L.) Druce

1. 抱茎石龙尾（中国植物志） 图版140：1～3

Limnophila connata (Buch.-Ham. ex D. Don) Hand.-Mazz. in Symb. Sin. 7: 837. 1936；中国植物志 **67**(2): 107. 1979; Fl. China **18**: 28. 1998. ——*Cybbantera connata* Buch.-Ham. ex D. Don in Prodr. Fl. Nepal. 87. 1825. ——*Limnophila connata* (Buch.-Ham.) Pennell in Acad. Nat. Sci. Philad. Monogr. **5**: 26. 1943. ——*L. hypericifolia* (Benth.) Benth. in DC. Prodr. **10**: 386. 1846. ——*Stemodia hypericifolia* Benth. in Sketch Veg. Swan R. 17, sub pl. 1470. 1832.

湿生草本，高30～60 cm；无毛；茎直立或斜向上，下部节上有时具不定根，顶部被极短的腺毛，分枝简单或多数。本种最明显的特点是叶无柄；抱茎，具3～7平行脉，全缘或有不明显的细锯齿，卵状披针形，长2～4 cm，宽3～20 mm；幼枝的叶常3～5片轮生。花几无梗，组成顶生而疏松的穗状花序；小苞片2枚，条形；萼筒状，长约6 mm，被极短的腺毛；花冠蓝色或紫色，长1～1.5 cm，筒状，先端扩大，内面被长柔毛，外侧有时被短毛；花柱顶端两侧各有1耳状突起。蒴果近球形，具2突起的棱，长约3.5 mm，顶部开裂。

花果期9～12月。 产于临桂、柳州、钟山、富川等地；生于水旁、溪边或湿地。分布于广东、福建、江西、湖南、云南、贵州等地，印度、尼泊尔、缅甸亦有。

图版 140　1～3. **抱茎石龙尾** Limnophila connata (Buch. -Ham. ex D. Don) Hand. -Mazz.　1. 花果枝；2. 花冠及雄蕊；3. 柱头放大。　4～6. **大叶石龙尾** L. rugosa (Roth) Merr.　4. 花枝；5. 根；6. 花冠与雄蕊。　7～11. **中华石龙尾** L. chinensis (Osbeck) Merr.　7. 花果枝；8. 花萼及苞片；9. 雌蕊；10. 花冠与雄蕊；11. 根。（辛茂芳绘）

2. **大叶石龙尾**(海南植物志) 水八角 图版 140:4～6

Limnophila rugosa (Roth) Merr. in Interpr. Rumph. Herb. Amb. 466. 1917;中国高等植物图鉴 **4**:22,图 5457. 1975;中国植物志 **67**(2):107,图 38. 1979;海南植物志 **3**:502. 1974;Fl. China **18**:28. 1998. ——*Herpestis rugosa* Roth in Nov. Pl. Sp. 290. 1821.

多年生草本,高 20～50 cm;根茎横走并具多数不定根;茎粗壮,无毛,略方形,通常不分枝。叶片在广西同属的种类中最大,卵形、菱状卵形或椭圆形,长 3～9 cm,宽 1～5 cm,边缘具圆锥齿,腹面粗糙,常有泡状突起,背面密布圆形油腺点,脉上有短硬毛;侧脉每边 8～10 条;基部渐狭成带翅的柄。花无梗和小苞片,3～10 朵集成腋生头状花序;花序梗长 3～15 mm;苞片叶状,由外至内渐小;萼长约 7 mm,外面有腺点,齿边有缘毛;花冠长为萼长的 2 倍,蓝色或紫红色,内面被柔毛,上唇顶端凹缺,下唇 3 裂。蒴果卵形,长约 5 mm。 花果期 8～11 月。 产于临桂、柳州、武鸣、玉林、东兰等地;常生于山谷、水边或湿地之草丛中。分布于广东、海南、台湾、福建、湖南和云南等地,印度、越南、印度尼西亚、菲律宾等国亦有。 全草可入药,治口腔炎、小儿疳积、风湿、胃寒痛,外用治疮疖、蜈蚣咬伤;也用于提取芳香油或作调香原料。

3. **匍匐石龙尾**(中国植物志)

Limnophila repens (Benth.) Benth. in DC. Prodr. **10**:387. 1846;中国植物志 **67**(2):112,图版 9:3～4. 1979;Fl. China **18**:29. 1998. ——*Stemodia repens* Benth. in Lindley, Bot. Reg. **17**: ad t. 1470. sp. 11. 1832.

直立或基部匍匐草本,高 20～45 cm;分枝简单或多数,幼茎与苞片、小苞片及花梗同被短硬毛或有时无毛。叶无柄;对生;叶片狭椭圆形、条状椭圆形或披针状椭圆形,长 5～40 mm,宽 3～14 mm,基部渐狭,略抱茎。花单生或组成总状花序生于叶腋;花梗长在 4 mm 以下;萼长约 5 mm,无毛或被短硬毛,在果熟期有凸出的条纹,萼齿披针形,具缘毛;花冠紫红色或蓝色,长约 8 mm,内面被白柔毛。蒴果卵球形,长约 4 mm。 产于桂林(良丰)、东兴(江平);生于溪边或水旁湿地。分布于海南岛,南亚、东南亚地区亦有。

4. **紫苏草**(广州植物志) 麻省草 双漫草 马上消(苍梧)

Limnophila aromatica (Lam.) Merr. in Interpr. Rumph. Herb. Amb. 466. 1917; Ohwi in Fl. Jap. 1035, 1953;广州植物志 596. 1956;海南植物志 **3**:502. 1974;中国植物志 **67**(2):110,图版 9:5～6. 1979;Fl. China **18**:28. 1998. ——*Ambulia aromatica* Lam. in Encycl. **1**:128. 1783. ——*Limnophila punctata* Bl. in Bijdr. Fl. Ned. Ind. **14**:750. 1826; Benth. in DC. Prodr. **10**:388. 1846, et Fl. Hongk. 248. 1861. ——*L. gratissima* Bl. in Bijdr. Fl. Ned. Ind. **14**:749. 1826; Hook. f. in Fl. Brit. Ind. **4**:268. 1884. ——*L. punctata* Bl. var. *subracemosa* Benth. in Prodr. **10**:388. 1846. ——*L. aromaticoides* Yang et Yen in Bot. Bull. Acad. Sin. **38**:285～295. 1997.

一年生至多年生草本,高可达 50(70)cm;基部倾卧,节部常生根。叶无柄,对生或稀 3 枚轮生;叶片卵状披针形或椭圆披针形,长 1～5 cm,宽 0.3～15 cm,边缘有细齿;羽状脉 2～3 对;基部稍抱茎。花组成顶生或腋生的总状花序,或单生于叶腋;花梗长 5～20 mm;小苞片条状披针形,长约 2 mm;萼 5 深裂,无毛或有腺体,裂片三角披针形;花冠长约 12 mm,白色、紫色或粉红色,内面有白柔毛。蒴果卵球形,长约 6 mm。 花果期 3～9 月。 产于防城、平南、金秀、苍梧、贺州;生于田边、旷野的湿地。分布于广东、台湾、江西、福建。 全草可入药,用于治蛇伤、咳嗽和跌打损伤。

5. **中华石龙尾**(海南植物志) 图版 140:7～11

Limnophila chinensis (Osbeck) Merr. in Amer. J. Bot. **3**:581. 1916; Merr. et Chun in Sunyatsenia **2**:320. 1935;中国植物志 **67**(2):111,图 39. 1979;中国高等植物图鉴 **4**:21,图 5456. 1975;海南植物志 **3**:503. 1974; Fl. China **18**:29. 1998. ——*Columnea chinensis* Osb. in Dagb. Ostind. Resa 230. 1757. ——*Limnophila chevalieri* Bonati in Bull. Soc. Bot. Genéve **15**:110. 1932. ——*L. hirsuta* (Heyne ex Benth.) Benth. in Prodr. **10**:388. 1846. ——*Stemodia hirsuta* Heyne ex Benth. in Scroph. Ind. 24. 1835.

草本,高 10～45 cm;茎直立,有时下部卧地且节上生不定根,与花梗、花萼被多细胞长柔毛或近无毛。

叶对生或3～4枚轮生;叶片椭圆形至线状披针形,罕有匙形,长5～50 mm,宽2～15 mm,顶端圆钝,基部渐狭且略抱茎,腹面近无毛,背面中脉被疏毛,有腺点。花单生于叶腋或在茎和枝顶组成总状花序;花梗长3～15 mm;小苞片长约2 mm;萼长约6 mm,深裂过半,裂片披针形尾状渐尖;花冠紫红色或蓝色,长10～14 mm。蒴果椭圆形,长约5 mm,略扁。　花果期9月至翌年5月。　产于贵港、平南、玉林、上思、金秀、柳州、南宁和贺州;生于山谷水旁、田边或林下湿地。分布于广东、海南、云南等地;印度、越南、印度尼西亚、斯里兰卡至澳大利亚亦有。　全草入药,用于水肿、风疹、小儿疳积。

6. **石龙尾**(江苏南部种子植物手册)　图版141:1～5

Limnophila sessiliflora (Vahl) Blume in Bijdr. Fl. Ned. Ind. **14**:749. 1826; Hook. f. in Fl. Brit, Ind. **4**: 270. 1884;中国高等植物图鉴**4**:22,图5458. 1975;中国植物志**67**(2):10,图版8:1～3. 1979; Fl. China **18**: 27. 1998. ——*Hottonia sessiliflora* Vahl in Symb. Bot. **2**:35～36. 1791. ——*Limnophila taoyuanensis* Yang et Yen in Bot. Bull. Acad. Sin. **38**:285～295. 1997. ——*Ambulia sessiliflora* (Vahl) Baill. ex Wettst. in Nat. Pflanzenfam. 4(3b):73. 1891.

多年生两栖草本;茎常丛生,高5～40 cm,上部多少被多细胞柔毛。叶分气生叶和沉水叶,均5～8片轮生;气生叶长卵形至披针形,长1～2.5 cm,开裂或具圆齿,有脉1～3条,背面有腺点;沉水叶全裂,长5～20 mm,裂片丝状。花无梗或近无梗,单生于叶腋;萼钟状,长约6 mm,被疏毛,具腺点,萼齿5裂,三角状钻形;花冠紫红色,筒状,长约1 cm,内面有疏毛。蒴果近球形,两侧略扁。　花果期7～12月。　产于临桂、柳州、龙州、德保;生于溪边、水塘、沼泽、田边湿处。分布于广东、湖南、江西、福建、台湾、浙江、江苏、安徽、辽宁、河南、四川、云南、贵州等地,朝鲜、日本、不丹、印度、尼泊尔、越南、马来西亚及印度尼西亚亦有。　全草可入药,用于治疮疡肿毒。

7. **有梗石龙尾**(中国植物志)　印度石龙尾(海南植物志)　轮叶石龙尾(中国高等植物图鉴)

Limnophila indica (L.) Druce in Rep. Bot. Exch. Club. Brit. Isles **3**:420. 1913 publ. 1914; Merr. in Lingnan Sci. Journ. **5**:165, 1927;海南植物志**3**:503, 1974;中国植物志**67**(2):106,图版8:4～5, 1979; Fl. China **18**:28. 1998. ——*Hottonia indica* L. in Sp. Pl. ed. 2:208. 1762. ——*Limnophila gratioloides* R. Br. in Prodr. Fl. Nov. Holl. 442. 1810; Hook. f. in Fl. Brit. Ind. **4**:271, 1884; Bonati in Lecomte, Fl. Gén. Indo-Chine **4**:382. 1927.

多年生草本;沉水叶茎分枝,无毛;气生茎简单或分枝,无毛,但有腺体。本种的沉水叶与**石龙尾**[*L. sessiliflora* (Vahl) Blume]的沉水叶同型,但气生叶除轮生外,常伴有对生叶,且分裂叶较少。沉水叶长1.5～2.5 cm,气生叶长0.4～2 cm,常有细锯齿。此外,本种的花只生在茎顶气生叶的叶腋,单生或组成短总状花序,具有较长(2～10 mm)的梗,也有别于**石龙尾**。　本种的花萼长3～5 mm,被腺;花冠淡紫色、红色或白色,长8～12 mm;蒴果近球形,长约3 mm,与宿萼近等长。　仅见于邕宁;生于水沟中或湿地。分布于云南、广东和台湾,日本、东南亚各国、南亚各国和非洲各国亦有。

6. 金鱼草属　Antirrhinum L.

一年生或多年生草本。叶全缘或分裂,下部的对生,上部的互生。花单生于叶腋并组成总状花序;萼5深裂;花冠基部囊状或一侧肿胀,上唇直立,全缘或凹入,下唇扩展,3裂;雄蕊4枚,药室分离。蒴果卵形或球形,顶部以下孔裂。　本属约有45种,分布于北温带,以美洲为多。我国引进栽培的仅1种;广西亦有。

金鱼草(日本名)　龙头花　洋彩雀(广州)　图版141:6～8

Antirrhinum majus L. in Sp. Pl. 617. 1753;中国高等植物图鉴**4**:32,图5477. 1975;广州植物志593. 1956.

多年生直立草本,高30～80 cm;茎基部有时木质化和分枝,中部有腺毛。叶长圆状披针形或披针形,长4～6 cm,宽1～2 cm,全缘,先端圆钝而有小锐尖头,基部下延渐狭成柄;柄长约6 mm。总状花序密被腺

图版 141　1～5. **石龙尾** Limnophila sessiliflora (Vahl) Blume　1～2. 植株；3. 花萼；4. 花冠展开，示雄蕊；5. 雌蕊的上部。6～8. **金鱼草** Antirrhinum majus L.　6. 花枝；7. 花；8. 果。　(辛茂芳绘)

毛，顶生；花梗长 5～7 mm，与苞片、花萼同被棕色腺毛；萼 5 深裂，裂片卵形；花冠假面状，长 3～5 cm，有红色、橙红色、紫色至白色等多种色彩，上唇直立，宽大，2 裂，下唇 3 浅裂，在中部向上唇隆起并封闭喉部；雄蕊 4 枚，2 强。蒴果卵形，长约 15 mm，被腺毛，顶端孔裂。　花期全年。　广西各市均有栽培。我国其他大部分城市亦有栽培，原产于地中海沿岸。　园林花卉，花美丽、花期长，可供切花用，亦用于花坛布置。

7. 柳穿鱼属　Linaria Mill.

一年生或多年生草本。叶对生、轮生或上部的互生；全缘或有齿裂。花序穗状、总状或罕为头状；萼 5 裂，几达基部；花冠具各种颜色，冠筒筒状，基部有距，裂片二唇形，上唇直立，2 裂，下唇顶部 3 裂，中央向上唇隆起，几乎封住喉部，使花冠呈假面状；雄蕊 4 枚，前面 1 对较长，药室并行，裂后叉开；柱头常有微裂。蒴果卵状或球形，近顶端不规则孔裂。　本属约有 100 种，分布于北温带，主产于欧洲和亚洲。我国有 10 种；广西栽培 1 亚种。

柳穿鱼（通名）

Linaria vulgaris Mill. in Gard. Dict. ed. 8, l. 1768；中国植物志 **67**(2)：206. 1979；中国高等植物图鉴 **4**：32，图 5478. 1975；Fl. China **18**：54. 1998. ——*Antirrhinum linaria* L. in Sp. Pl. 616. 1753. ——*Linaria linaria* (L.) Wettst. in Pflanzenfam. Ⅳ，3b：59. 1891.

本种含**新疆柳穿鱼**[*L. vulgaris* subsp. *acutiloba* (Fisch. ex Rchb.) Hong]和**柳穿鱼**[*L. vulgaris* subsp. *chinensis* (Debeaux) Hong]2 亚种，前者产于我国新疆和俄罗斯等国，广西仅栽培有后者。

a. **柳穿鱼**（亚种）

Linaria vulgaris Mill. subsp. **chinensis** (Debeaux) Hong 于中国植物志 **67**(2)：400，206. 1979. ——*L. vulgaris* Mill. var. *chinensis* Debeaux in Act. Soc. Linn. Bordeaux **31**：103. 1876.

多年生草本，高 20～70 cm；茎常分枝。叶多数，互生，下部的有时轮生；叶片条形至条状披针形，长 2～7 cm，宽 2～6 mm，全缘，具单脉或罕有 3 脉，无毛。总状花序顶生，有时被短腺毛；萼 5 深裂，裂片披针形，长约 4 mm，宽 1～1.5 mm；花冠黄色，连距长 1.5～1.8 cm，距长 1～1.5 cm，上唇直立，卵形，下唇在喉部向上隆起，使花冠呈假面状，顶端 3 裂，侧裂片卵圆形，宽 3～4 mm，中裂片舌状。蒴果卵圆形，长约 8 mm；种子盘状，有宽翅，中央有瘤状凸。　花期 5～9 月。　广西各地庭园常见栽培。分布于东北、华北各地及河南、山东、江苏、陕西、甘肃。　园林花卉，花美丽；全草可入药，可治风湿性心脏病。

8. 荷包花属　Calceolaria L.

草本或灌木。叶对生或轮生；叶片羽状分裂或不裂。聚伞花序顶生，常作不规则的排列；花黄色或紫色，常具斑点；花萼 4 深裂；花冠二唇形，上唇小而直立，下唇扩展成荷包状；雄蕊 2 枚或稀 3 枚；花柱短，柱头不明显的 2 裂。蒴果具多数种子。　本属约有 300 种，主产于美洲。我国引入栽培有**荷包花**（*C. crenatifolia* Cav.）；广西亦有种植。

荷包花（江苏植物志）　蒲包花（江苏南部种子植物手册）

Calceolaria crenatifolia Cav. in Ic. **5**：28. t. 446；江苏南部种子植物手册 674. 图 1087，1959；江苏植物志（下册）758. 图 199，1982.

一年生草本，高可达 80 cm；近于无毛。叶互生或对生；基生叶片卵形或宽卵形，长 6～15 cm，宽 4～12 cm，边缘有波状锯齿或细锯齿，先端钝，基部楔形并不延成带翅的长柄；茎生叶形似基生叶，由下而上渐变小、变成无柄。聚伞花序顶生，有花 10 余朵至数 10 朵；花有长柄；花萼深 4 裂，裂片宽卵形；花冠黄色，上唇较小,下唇膨大或荷包状,有多数大小不等的棕色斑点;雄蕊 2 枚或稀 3 枚;花柱短,先端微 2 裂或不裂。蒴果近球形,顶端室间开裂;种子多数,细小。 广西各地庭园常见栽培。我国其他大城市也有引种,常植于温室;原产于智利。 园林花卉,花色鲜艳,株型美丽。

9. 苦玄参属 Picria Lour.

匍匐或披散状草本。叶对生;叶片卵形,有波状锯齿。短总状花序开始顶生,随后因茎枝伸长而变为腋生;萼 4 裂,裂片伸张,平坦,前后 2 枚较大,基部心形,均全缘或前面 1 枚先端 2 浅裂,两侧 2 枚极狭窄;花冠筒短圆筒形,裂片二唇形,上唇基部宽,顶端凹缺,下唇 3 裂;雄蕊 4 枚,上唇的 2 枚发育,内藏,下唇的 2 枚退化成棍棒状;胚珠每室多数。蒴果包藏于萼内,室间开裂;种子小而多,表面有蜂窝状孔纹。 本属共有 2 种,分布于亚洲东部和南部。我国产 1 种;广西亦有。

苦玄参(海南植物志) 苦草 蛇总管(梧州地区) 图版 142:1~5

Picria felterrae Lour. in Fl. Cochinch. 392. 1970;海南植物志 **3**:504,图 886. 1974;中国植物志 **67**(2):115,图 41. 1979;中国高等植物图鉴 **4**:25,图 5463. 1975;Fl. China **18**:31. 1998. ——*Curanga amara* Juss. in Ann. Mus. Paris **9**:319. 1867;Hook. f. in Fl. Brit. Ind. **4**:275. 1885. ——*C. felterrae* (Lour.) Merr. in Interpr. Herb. Amboin. 467. 1917,et in Lingnan Sci. Journ. **5**:166. 1927.

一年生草本,高 40~90 cm;茎基部匍匐或倾卧,节上生根;枝分叉,节膨大。叶片卵形,纸质,长 2~5 cm,宽 1.5~3 cm,基部略不对称,顶端锐尖,边缘具钝锯齿,幼叶两面被短糙毛,后逐渐脱落成无毛或近无毛;叶柄长 5~15 mm。花序长 8~10 cm,有花 3~8 朵;花序梗与花梗均纤细,花梗长约 1 cm;前后两萼片在果期可增长至 13 mm,宽可达 1 cm,有明显的脉纹,两侧裂片近线形;花红棕色或白色,长约 13 mm,管部长 6.5 mm,上唇直立,长 4.5 mm,下唇长 6.5 mm;雄蕊 4 枚,上唇 2 枚发育,下唇 2 枚退化,花丝贴生,贴生处有柔毛。蒴果卵形,长约 6 mm,室间 2 裂,包于萼内。 花果期 3~10 月。 产于龙州、苍梧、梧州、平果、东兰、武鸣、忻城,常生于海拔 600~1 000 m 的田边、溪边或疏林下湿地。分布于广东、海南、云南、贵州,印度至菲律宾亦有。 全草可入药,用于咽喉炎、肺炎、淋巴结炎、白喉、疔疮、瘰疬、蛇伤等。

10. 假马齿苋属 Bacopa Aubl.

直立或匍匐草本。叶对生;全缘或有齿缺。花单生于叶腋或于枝端组成总状花序;萼片 5 枚,分离,有时后方 1 枚最宽大,前方 1 枚次之,侧面 3 枚狭小而包裹;花冠二唇形,上唇微凹或 2 裂,下唇 3 裂;雄蕊 4 枚,内藏。蒴果卵形或球形,室背开裂;种子细小而多数。 本属有 60 余种,主产于美洲,分布于热带、亚热带。我国产 2 种;广西均产。

分种检索表

1. 茎匍匐生根;花有明显之梗;柱头头状 ……………… 1. **假马齿苋** B. monnieri (L.) Pennell
1. 茎直立;花几无梗;柱头 2 裂 ……………… 2. **麦花草** B. floribunda (R. Br.) Wettst.

1. **假马齿苋**(广州植物志) 细种过塘蛇(防城)

Bacopa monnieri (L.) Pennell in Proc. Acad. Nat. Sci. Philad **98**:94,1946;云南种子植物手册(上册),1584,1984. ——*B. monnieria* (L.) Wettst. in Pflanzenfam. **4**(3b):77,1895;广州植物志,594. 1965;中国植物志 **67**(2):87,图 33,1979. ——*Lysimachia monnieri* L. in Cent. Pl. Ⅱ 9. 1756.

无毛匍匐草本;稍肉质;茎基部的节生根;全株形似**马齿苋**(*Portulaca oleracea* L.)。叶对生;无柄,

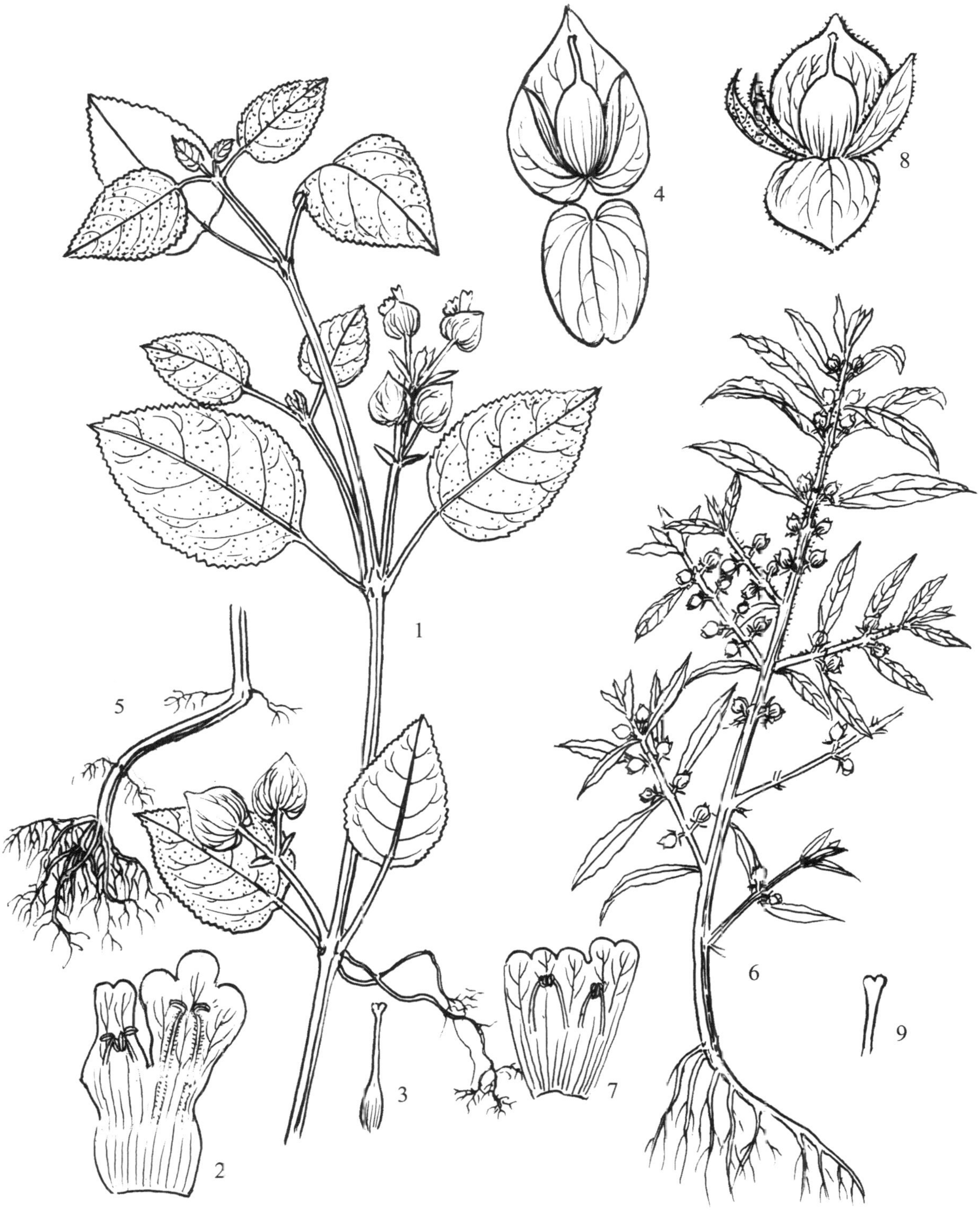

图版 142　1～5. **苦玄参** Picria felterrae Lour.　1. 苦果枝；2. 花冠与雄蕊；3. 雌蕊；4. 萼片与果实；5. 根。　6～9. **麦花草** Bacopa floribunda (R. Br.) Wettst.　6. 植株；7. 花冠及雄蕊；8. 萼片与果实；9. 柱头。（辛茂芳绘）

叶片长圆状倒披针形，长 8～20 mm，宽 4～6 mm，先端圆钝，基部有基出 5 脉，边缘全缘，极少有齿。花单生于叶腋；花梗长 5～35 mm；萼下有小苞片 1 对；萼片 5 枚，前后 2 枚卵状披针形，其余 3 枚披针形，长约 5 mm；花冠钟状，白色、蓝色或紫色，长 8～10 mm，稍二唇形，上唇 2 裂，下唇 3 裂；雄蕊 4 枚，2 强；柱头头柱。蒴果长卵形，短于花萼，室间 4 爿开裂；种子椭圆形，黄棕色，表面有纵棱。 花果期 5～10 月。 产于梧州、防城、东兴等地，常生于水田、湿地或沙滩。分布于福建、台湾、广东、云南，全球热带地区广泛分布。 全草可用于治痢疾、目赤肿痛、疮疡肿毒。

2. **麦花草**（海南植物志） 多花假马齿苋 图版 142：6～9

Bacopa floribunda (R. Br.) Wettst. in Engler et Prantl, Nat. Pflanzenfam. **4**(3b): 77. 1895; Merr. in Lingnan Sci. Journ. **6**: 285. 1928；中国植物志 **67**(2)：87，图 32. 1979；海南植物志 **3**：198，图 882. 1974；Fl. China **18**: 22. 1998. ——*Herpestis floribunda* R. Br. in Prodr. 442. 1810. ——*Mella floribunda* (R. Br.) Pennell. in J. Arnold Arbor. **24**: 248. 1943.

一年生直立草本，高可达 35 cm；老茎略方形，不分枝或上部多分枝。叶片披针形至条状，不明显锯齿，无毛。花梗长约 2 mm，被短硬毛；小苞片 2 枚，丝状；萼片 5 枚，前方 1 枚卵形，后方 1 枚圆形，长约 6 mm，其余 3 枚卵形至披针形；花冠白色，长约 6 mm，上唇 2 裂，下唇 3 裂；雄蕊 4 枚，2 强；柱头 2 裂。蒴果球形，直径约 4 mm，包于扩大的萼片内，室背 4 爿裂；种子椭圆状锥形，长约 3 mm，有条纹。 花果期 8 月至翌年 1 月。 产于贺州、上思，生于田边或湿地的草丛中；分布于福建、海南；印度、越南、斯里兰卡至大洋洲各国亦有。

11. 幌菊属 Ellisiophyllum Maxim.

匍匐、纤细草本；茎节常生有不定根。叶有长柄，互生；被疏生柔毛，叶片羽状深裂。花单朵生于叶腋，有细长的花梗；苞片细小，钻形；花萼 5 裂，钟状，外侧密被柔毛；花冠漏斗状，5 裂，裂片近等，有脉 3 条；雄蕊 4 枚，等大，着生于冠筒喉部，花药狭箭形，2 室；子房 2 室，柱头浅 2 裂。蒴果圆球形，包藏于宿萼内。

本属仅有**幌菊**[*E. pinnatum* (Wall. ex Benth.) Makino]1 种，分布于东亚及南亚。我国的东部、西南至西北均有分布；广西亦有。

幌菊（日本名） 图版 143：1～4

Ellisiophyllum pinnatum (Wall. ex Benth.) Makino in Bot. Mag. (Tokyo) **20**: 91. 1906；中国高等植物图鉴 **4**：34，图 5482，1975；中国植物志 **67**(2)：225，图版 28：1～4，1979；Fl. China **18**: 60. 1998. ——*Mazus pinnatus* Wall. in Numer. List 3915. 1831. ——*Ourisia pinnata* Wall. ex Benth. in Scroph. Ind. 47. 1835. ——*Moseleya pinnata* (Wall. ex Benth.) Hemsl. in Hook. IC. Pl. 26, t. 2592. 1898. ——*Ellisiophyllum reptans* Maxim. in Bull. Acad. St. Petersb. **16**: 223. 1871; Franch. et Sav. Enum. Pl. Jap. **1**: 329. 1875. ——*Hornemannia pinnata* (Wall. ex Benth.) Benth. in Prodr. **10**: 428. 1846. ——*Sibthorpia pinnata* (Wall. ex Benth.) Benth. in Fl. Brit. India **4**: 288. 1884.

多年生纤弱、匍匐草本；除花冠外全体被短柔毛；茎纤细、蔓延，长可达 1 m，节间长 2～4 cm，节部稍膨大，常生有不定根。单叶互生于节上；有长 2～6 cm 的柄；叶片轮廓卵形或长圆状卵形，纸质，长 2～5 cm，宽 1.6～4.5 cm，常 5～9 深裂至近中肋，罕有浅裂而具大圆齿。花单生于叶腋，具与叶柄近等长的花梗，花梗在果期卷曲；苞片钻状三角形，细小；花萼钟形，长约 6 mm，5 裂至中部，裂片长椭圆形；花冠漏斗状，白色，长约 1 cm，筒部长约 5 mm，内侧密生短柔毛，先端 5 裂，裂片等大，近匙形；雄蕊 4 枚，生于冠筒喉部，等大，花药狭箭形，2 室；花柱稍短于花冠，柱头 2 裂。蒴果圆球形，包藏于宿萼内，直径约 5 mm；种子扁圆形，直径约 1.5 mm。 花果期 5～9 月。 产于田林、乐业；生于海拔 1 500～2 000 m 的疏林下、草地或沟边。分布于我国的云南、四川、贵州、西藏、甘肃、河北、江西和台湾，印度、不丹、日本和菲律宾亦有。

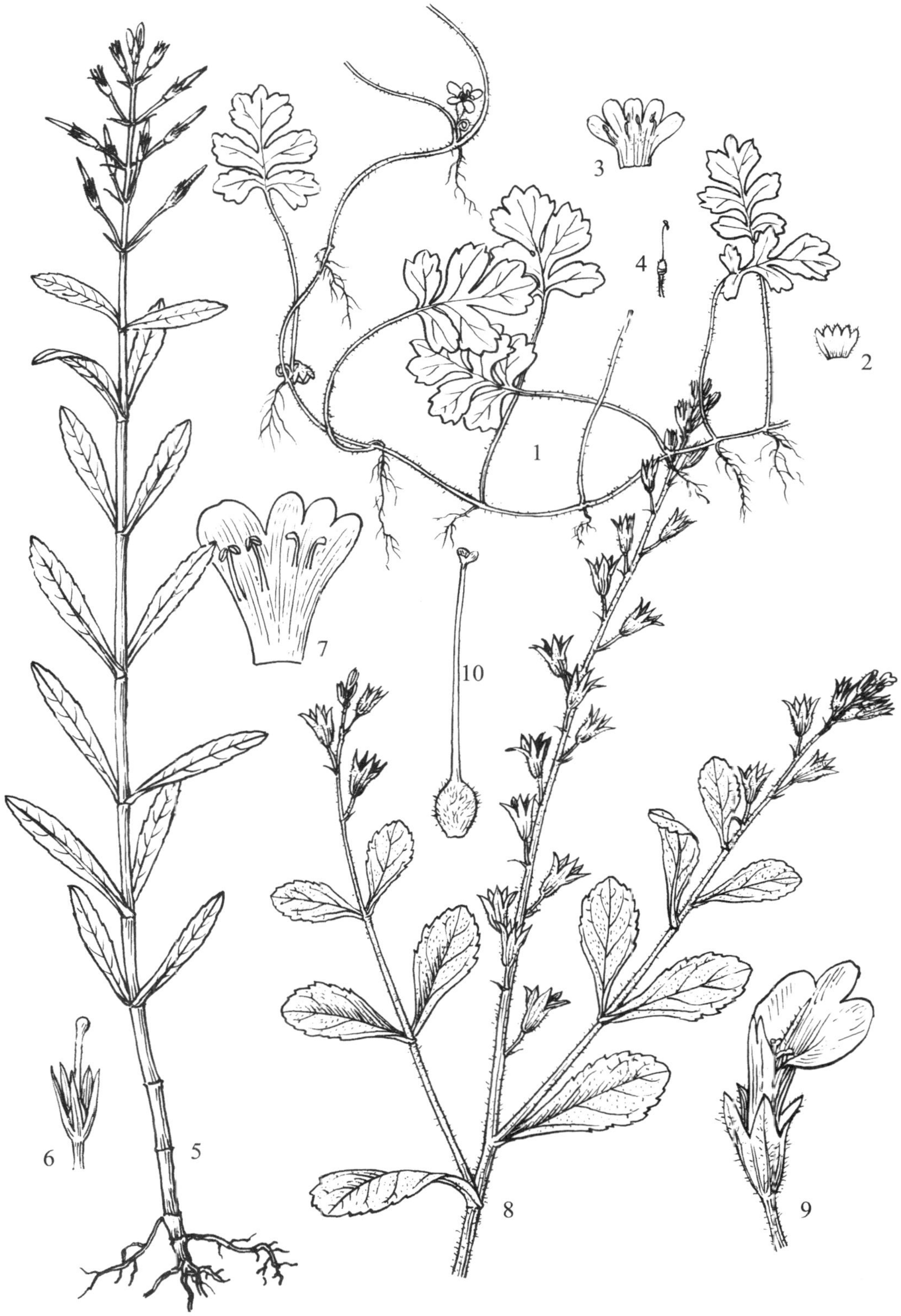

图版 143　1～4. **幌菊** Ellisiophyllum pinnatum (Wall. ex Benth.) Makino　1. 植株；2. 花萼；3. 花冠剖开及雄蕊；4. 雌蕊。　5～7. **泥花草** Lindernia antipoda (L.) Alston　5. 植株；6. 花除去花冠；7. 花冠展开示雄蕊。　8～10. **毛果通泉草** Mazus spicatus Vant.　8. 果枝；9. 花放大；10. 雌蕊。（林文宏绘，7～10 林文宏摹绘）

12. 玄参属　Scrophularia L.

多年生草本或半灌木状草本。叶对生或上部的互生。花组成聚伞花序，后复组成聚伞圆锥花序、穗状花序或罕有近头状花序；萼5裂；花冠常二唇形，上唇常2裂，下唇常3裂，中裂片外反，其余4裂片近直立；雄蕊4枚，稍2强，内藏或伸出花冠之外，第5枚退化或缺；花丝基部贴生于花冠筒，花药合成1室，横生于花丝顶端；花盘偏斜；子房2室，胚珠多数。蒴果卵状，有短尖喙，4爿裂；种子细小，多数。　本属有200种以上，分布于北温带地区，主产于地中海，少数在美洲。我国有36种；广西仅栽培2种。

分种检索表

1. 聚伞花序疏散展开并组成圆锥状，直径在4 cm以上；花序与花梗有明显的腺毛；蒴果卵圆形，长约9 mm，宽约7 mm …………………………………………………………………………… 1. **玄参** S. ningpoensis Hemsl.
1. 聚伞花序紧缩成穗状，直径一般不超过4 cm；花序与花梗通常无毛；蒴果卵状椭圆形，长4～6 mm …………………………………………………………………………… 2. **北玄参** S. buergeriana Miq.

1. **玄参**(神农本草经)　浙玄参　元参　图版144:1～5

Scrophularia ningpoensis Hemsl. in Journ. Linn. Soc. Bot. **26**:178. 1890；中国高等植物图鉴 **4**:6，图 5426. 1975；中国植物志 **67**(2):55，图 19. 1979；Fl. China **18**:14. 1998.——*S. microdonta* Franch. in Bull. Soc. Bot. France **47**:11. 1900.——*S. silvestrii* Bonati et Pamp. in Nuovo Giorn. Bot. Ital. n. s.，**18**:179. 1911.

多年生草本，高可达1 m；支根数条，纺锤形，粗可达3 cm；茎方形，有浅槽，有时具狭翅和白色卷毛。茎下部的叶对生，叶片柄长达4.5 cm；上部的叶互生，柄较短；叶片卵形、卵状披针形至披针形，基部楔形、圆形或近心形，边缘具细锯齿，长7～20(35)cm，宽3.5～12(18)cm。聚伞花序组成的圆锥花序大型、疏散、开展，与花梗同被显著的腺毛；花梗长1～3 cm；萼5裂，裂片卵圆形，外被腺毛；花冠暗紫色，长约5 mm，管部壶状，先端5裂，上唇较长；雄蕊4枚，2强，退化雄蕊近圆形；子房2室，花柱长约3 mm。蒴果卵形，长约9 mm，具宿萼。　花期6～10月，果期9～11月。　产于桂林、南宁、天峨、金秀、平南、北流、贵港、全州、宾阳、苍梧、恭城、昭平、岑溪、桂平、凌云、马山、富川；常见于栽培，亦见于逸为野生的。分布于河北、河南、山西、陕西、湖北、安徽、江苏、浙江、福建、江西、湖南、广东、贵州、四川。　根可滋阴降火、润燥生津、消肿解毒，治热病阴伤、口渴便秘、发斑、咽喉肿痛、痈肿、淋巴结核。

2. **北玄参**(中药志)　图版144:6～10

Scrophularia buergeriana Miq. in Ann. Mus. Bot. Lugduno-Batavum **2**:116. 1865；中国高等植物图鉴 **4**:5，图 5423，1975；中国植物志 **67**(2):72，图 27. 1979；Fl. China **18**:18. 1998.——*S. oldhami* Oliv. in Journ. Linn. Soc. Bot. **9**:167. 1867.

多年生大草本，高约1～1.5m；根纺锤形或伸长如肉质结节；茎方形，有狭翅。叶对生，上部的有时互生；卵形至长卵形，长5～12 cm，边缘有锐锯齿；下部的叶柄长可达5 cm。　花期6～7月，果期8～9月。桂林、柳州、南宁等地有栽培。分布于东北各省、河北、河南、山东，朝鲜、日本亦有。　药用功能参阅**玄参**(*S. ningpoensis* Hemsl.)。　本种与**玄参**的主要区别在于聚伞花序紧缩呈穗状，长达50 cm，宽约2 cm，偶有4 cm；花冠黄绿色，长5～6 mm；蒴果偏小，卵圆形，尖头，长4～6 mm。

13. 毛蕊花属　Verbascum L.

草本或罕为半灌木；主根粗壮。叶常为单叶互生，基生叶常莲座状。花排成顶生穗状、总状或圆锥状花序；萼5深裂；花冠辐状，管部缺或极短，5裂，裂片稍不等；雄蕊4枚或5枚，全部花丝或仅后面3枚具须

图版 144　1～5. **玄参** Scrophularia ningpoensis Hemsl.　1. 果枝；2. 枝叶；3. 花冠及雄蕊；4. 根；5. 果。　6～10. **北玄参** S. buergeriana Miq.　6. 果枝；7. 枝叶；8. 花冠及雄蕊；9. 根；10. 果实。　11～13. **野甘草** Scoparia dulcis L.　11. 果枝；12. 花；13. 果。（辛茂芳绘）

毛,花药汇合成1室,位于前方的2枚肾形,位于后方2～3枚横生;子房2室,每室胚珠多数。蒴果,室间2爿裂开;种子多数,有6～8条纵棱和沟,在棱面上有细横槽。 本属约有300种,分布于北温带。我国有6种;广西仅1种。

琴叶毛蕊花(中国高等植物图鉴) 白花阿生草 华白草 阿生草(广西植物名录)

Verbascum chinense (L.) Santapau in Fl. Purandhar 90. 1958;云南种子植物名录(下册),1628,1984;Fl. China **18**:5. 1998.——*Scropularia chinensis* L. in Mant. Pl. **2**:250. 1771.——*Verbascum coromandelianum* (Vahl) O. Kuntze in Rev. Gen. Pl. **1**:468. 1891;中国植物志 **67**(2):15,图2. 1979;中国高等植物图鉴 **4**:2,图5417,1975.——*Celsia coromandeliana* Vahl in Symb. Bot. **3**:79. 1794;Bonati in Fl. Indo-Gén **4**:315. 1927.——*Verbascum sinense* H. Lévl. et Giraud. in Repert. Spec. Nov. Regni Veg. **12**:285. 1913.

一年生或二年生草本,高50～100 cm;茎在上部常分枝,被柔毛。基生叶片琴状全裂,长5～9.5 cm,宽2～4 cm,裂片3～5枚,具三角形锯齿或重锯齿,叶柄长3～8 cm;下部茎生叶似基生叶;上部的椭圆形、卵形或三角状卵形,由下到上渐小,有短柄或无柄。总状花序单生或有分枝而呈圆锥状,长可达22 cm,花序轴、苞片及花萼被腺毛;花梗长5～10 mm;花萼裂片仅基部合生,长约4 mm,长圆形;花冠黄色,直径约1 cm;雄蕊4枚,2强,花萼均为肾形。蒴果卵球形,长约7 mm。 花果期3～11月。 产于南宁、田阳、天峨、凤山、东兰、忻城、横县等地;生于海拔130～1 200 m溪边或水旁湿地。分布于云南、四川,印度、阿富汗亦有。

14. 野甘草属 Scoparia L.

草本或半灌木。叶对生或轮生;叶片全缘或有齿,常有腺点。花小,有细梗,单朵或成对生于叶腋;萼4～5枚,裂片覆瓦状排列;花冠近辐状,几无管,喉部有毛,裂片4枚,近相等,覆瓦状;雄蕊4枚,近等长,药室分离;子房球形,含胚珠多数,花柱稍膨大。蒴果球形或卵圆形,室间开裂,果爿边缘内卷;种子小,有棱角,具蜂窝状孔纹。 本属约有20种,分布于墨西哥和南美洲各国。我国仅产1种,即**野甘草**(*S. dulcis* L.);广西亦有分布。

野甘草(广州植物志) 土甘草 假甘草(藤县) 痱子草(临桂) 冰糖草 图版144:11～13

Scoparia dulcis L. in Sp. Pl. 116. 1753;Hook. f. in Fl. Brit. Ind. **4**:289. 1885;Bonati, in Leconte, Fl. Indo-Chine **4**:439. f. 47. 1～3. 1927;海南植物志 **3**:497,图880. 1974;广州植物志 590. 1956;中国高等植物图鉴 **4**:35,图5484. 1975;中国植物志 **67**(2):85,图31. 1979;Fl. China **18**:22. 1998.

直立草本或半灌木,高可达1 m;茎多分枝,无毛,枝有棱或狭翅。叶对生及轮生;叶片菱状卵形至菱状披针形,长10～35 mm,宽5～20 mm,顶端钝或短尖,基部渐狭下延成柄,由下往上渐小,中部以上边缘具齿或缺刻,有时带重锯齿,两面无毛。花单朵或数朵生于叶腋,具丝状长梗,果期梗长达1 cm;萼4裂,裂片离生,卵状长圆形,长约2 mm;花冠白色,管极短,喉部密生柔毛,4裂,上方1枚稍大,长方卵形,长3 mm,边缘具细齿;雄蕊4枚,近等长,花药箭形。蒴果卵状球形,直径2～3 mm,室间室背均裂,果爿壁薄,边缘内卷,中轴胎座宿存。 产于钦州、合浦、藤县、岑溪、博白、贵港、桂平、北流、平南、南宁、梧州、苍梧、金秀、昭平和临桂;生于荒地、村旁、路边或罕见于山坡。分布于广东、云南、海南、福建,原产于美洲热带地区,现全球热带地区均有分布。 全草可入药,治感冒风热、肠炎、细菌性痢疾、小便不利及预防中暑和流行性结膜炎,外用治痱子及皮肤湿疹。

15. 香彩雀属 Angelonia Humb. et Bonpl.

草本或半灌木。叶对生或上部的互生。花蓝色，生于叶腋或枝顶；花萼5深裂至5齿裂；花冠筒短，上唇2裂，下唇3裂，喉部一侧肿胀，在下部末端呈2齿状隆起；雄蕊4枚，花丝短。蒴果球形或椭圆形，室背2爿开裂，稀不裂。　本属约有25种，分布于美洲热带地区，尤以巴西为多，常栽培于温室或户外气候温暖之处。我国现知引入栽培的仅**香彩雀**(*A. salicariifolia* Bonpl.)1种；广西亦有。

香彩雀(中国高等植物图鉴)

Angelonia salicariifolia Bonpl. in Pl. Aequin. ii. **2**: t. 108. 1812; L. H. Bailey in Mannal of Cultivated Plants. 900. 1949；中国高等植物图鉴 **4**:33，图 5480. 1975.

一年生直立草本；全株被棕褐色腺毛，高30～80 cm；茎不分枝或甚少分枝。叶对生，上部有时互生；叶片条状披针形，长1.5～8 cm，宽5～12 mm，先端锐尖，基部渐狭而无柄；腹面叶脉不明显，侧脉4～6对，边缘具尖而向叶顶端弯曲的疏齿。花单生于叶腋；花梗细长，长10～17 mm；花萼5深裂至基部，长约3 mm，裂片卵状披针形；花冠紫蓝色，长1～1.2 cm，冠筒短，喉部有囊1对，先端稍二唇形，上唇宽大，2裂，下唇3裂，裂片近圆形；雄蕊4枚，花丝极短。蒴果球形，直径约4 mm。　桂林雁山有栽培。海南有引种，原产于美洲热带地区。　常作盆栽观赏花卉。

16. 穗花属 Pseudolysimachion (W. D. J. Koch) Opiz

多年生草本；根无毛，根状茎较长；茎单生或簇生，基部有时木质化。叶对生或轮生，稀互生。花序顶生，呈密的总状花序，或为穗状花序；苞片小，狭窄；花萼4裂，裂片近相等；花冠4裂，筒长不及花冠的1/3，边缘被长柔毛，檐部稍两侧对称，上唇最宽；雄蕊2枚，花丝着生于花冠上唇筒部，药室顶端靠合；花柱宿存，柱头头状。蒴果近球形，稍侧压扁，顶端圆钝，微凹，室背开裂；种子多数，扁平，光滑。　本属约有20种，产于亚洲及欧洲。我国约10种；广西产1种。

细叶穗花(Flora of China)

Pseudolysimachion linariifolium (Pall. ex Link) Holub in Folia Geobot. Phytotax. **2**:424. 1967; Fl. China **18**:67. 1998.

a. **细叶穗花**(原亚种)

Pseudolysimachion linariifolium (Pall. ex Link) Holub subsp. **linarriifolium**——*Veronica linariifolia* Pall. ex Link in Jahrb. Gewächsk. **1**(3): 35. 1820. ——*V. angustifolia* Fisch. ex Link in Enum. Hort. Berol. Alt. **1**:19. 1821

产于东北、内蒙古。广西不产。

b. **水蔓菁**(救荒本草)　图版 145:1～3

Pseudolysimachion linariifolium (Pall. ex Link) Holub subsp. **dilatatum** (Nakai et Kitagawa) D. Y. Hong in Novon **6**:23. 1996; Fl. China **18**:67. 1998. ——*Veronica angustifolia* Fischer var. *dilatata* Nakai et Kitag. in Rep. Exped. Manchoukuo sect. **4**(1): 54. 1934. ——*Pseudolysimachion galactites* (Hance) Holub. in Folia Geobot. Phytotax. **2**(4): 424. 1967. ——*Veronica galactites* Hance in Ann. Sci. Nat., Bot. sér. **5**:232. 1866. ——*V. jeholensis* Nakai in J. Jap. Bot. **19**(6): 162. 1943. ——*V. linariifolia* Pallas ex Link var. *dilatata* (Nakai et Kitag.) Nakai et Kitagawa in Rep. First Sci. Exped. Manchoukuo **4**:45, 93. 1936. ——*V. linariifolia* subsp. *dilatata* (Nakai et Kitag.) D. Y. Hong 于中国植物志 **67**(2):265, 402,

图版 145　1～3. **水蔓菁** Pseudolysimachion linariifolium (Pall. ex Link) Holub subsp. dilatatum (Nakai et Kitagawa) D. Y. Hong　1～2. 植株和花序；3. 花冠纵剖。　4～5. **婆婆纳** Veronica polita Fries　4. 植株；5. 果。　6～8. **蚊母草** V. peregrina L.　6. 植株；7. 花；8. 种子。　9～10. **水苦荬** V. undulata Wall. ex Jack　9. 茎一段；10. 蒴果和宿存的花萼及花柱。（林文宏绘）

图 72. 1979. ——*V. linariifolia* var. *jeholensis* (Nakai) Kitag. in Neolin. Fl. Manshur. 573. 1979.

多年生直立草本;不分枝或少有 2 分枝,具短根茎,茎有白色卷曲柔毛。叶对生或至少下部的对生;叶片宽条形至卵圆形,长 2～6 cm,宽 0.5～2 cm,由茎的基部向上渐小,中部以上边缘具三角齿,两面无毛或被微毛。总状花序单枝或数枝向上伸出,长穗状,长短不一,最长可达 30 cm;花梗长约 3 mm,被柔毛;花冠蓝色或白色,裂片 4 枚,卵圆形;花丝明显伸出冠外,花药卵形。蒴果近圆形,稍扁,直径约 3 mm。　花期 6～9 月,果期 11 月。　产于桂林、鹿寨、柳州、来宾、武宣、南宁;生于山谷、田边、缓坡草地。分布于陕西、山西和河北以南及甘肃至云南以东各地。　幼嫩苗、叶可作蔬菜;全草可入药,可治支气管炎、肺脓疡、尿路感染、疮疡肿毒等。

17. 婆婆纳属　Veronica L.

草本或有时为半灌木。叶对生,少有互生或轮生。花组成总状、穗状花序,顶生或腋生,罕有单生或近头状花序的;萼 4～5 深裂,稀 3 裂,若 5 裂则近轴面 1 枚较小;花冠近辐状,冠筒极短或占总长的 1/2～2/3,裂片 4 枚,前方 1 枚最窄,后面 1 枚最宽,有时略二唇形;雄蕊 2 枚,突出,药室顶端汇合;子房 2 室,每室胚珠多数,花柱宿存。蒴果压扁或两面肿胀,有 2 槽,室背 2 裂;每室有种子 1 至多粒。　本属约有 250 种,分布于全球,主产于欧亚大陆。我国有 53 种,分布于各地;广西现知 7 种。

分种检索表

1. 总状花序顶生,花梗上无小苞片。
  2. 叶片心形至卵状心形,每边有 2～4 个深刻的钝齿,两面被白色长柔毛。
    3. 花梗长于苞片,长 6～20 mm;蒴果具显著网脉,凹口张开角大于 90°,宿存花柱明显伸出蒴果凹口外 ………………………… 1. **阿拉伯婆婆纳** V. persica Poir.
    3. 花梗短于苞片,长 5～10 mm;蒴果无网脉,凹口张开角近于 90°,宿存花柱与蒴果凹口齐平或稍超出 ………………………… 2. **婆婆纳** V. polita Fries
  2. 叶片倒披针形至长圆形,全缘或有时中部以上有三角状齿,两面无毛或被柔毛;花梗长不超过 2 mm;种子两面鼓胀,长圆形,极细小 ………………………… 3. **蚊母草** V. peregrina L.
1. 总状花序侧生于叶腋,花梗中部或基部有 1 枚小苞片。
  4. 水生或沼生植物;茎粗壮,稍肉质,高可达 80 cm;花序明显腋生;花梗挺直,横叉开,几与花序轴成直角;叶无柄,上部的半抱茎,长椭圆形至条状披针形,长 2～7 cm ………………………… 4. **水苦荬** V. undulata Wall ex Jack
  4. 陆生植物;茎纤细,高一般不超过 30 cm;花序明显腋生或生于茎顶叶腋而呈假顶生状态;花梗不叉开,与花序轴成锐角;叶具柄,不抱茎,卵形、长卵形至卵状三角形,长 1～5 cm。
    5. 植物体被明显的多细胞柔毛;茎分枝多数或不分枝;蒴果倒心形,基部成角小于 90°。
      6. 植株高 20～60 cm,不分枝;花序长 10～20 cm;花柱长约 4 mm;蒴果较大,长约 5 mm,宽约 6 mm ………………………… 5. **疏花婆婆纳** V. laxa Benth.
      6. 植株高 10～30 cm,多分枝;花序长 5～10 cm;花柱长 0.3～0.5 mm;蒴果较小,长约 3 mm,宽约 4 mm ………………………… 6. **多枝婆婆纳** V. javanica Bl.
    5. 植物体几无毛或被极稀疏的细柔毛;茎不分枝或少有分枝,并常有走茎;蒴果折扇状菱形,长约 5 mm,宽约 10 mm,基部成角状大于 120°,疏生多细胞腺质硬睫毛 ………………………… 7. **华中婆婆纳** V. henryi T. Yamazaki

1. 阿拉伯婆婆纳(中国高等植物图鉴)　波斯婆婆纳(江苏南部种子植物手册)

Veronica persica Poir. in Dict. Encycl. Meth. Bot. **8**:542. 1808;江苏南部种子植物手册,686,图 1108,1959;中国植物志 **67**(2):285,图版 32:6～7. 1979;Fl. China **18**:74. 1998. ——*V. tournefortii* C. C. Gmel. in Fl. Bed. **1**:39,1805,non Villars. 1779 et 1786,nec. F. W. Schmidt,1793.

铺散草本,高可达 40 cm;茎多分枝;全体被多细胞柔毛。本种似**婆婆纳**(*V. polita* Fries),但本种的叶片呈卵形或圆形，较大，长 6～20 mm，宽 5～18 mm；花梗明显长于苞片，有的长过 1 倍；蒴果顶端开口角度达 120°，且花柱伸出果外；种子背面有深横纹而不同。 花期 4 月。 产于南丹、金秀、田林等县；生于海拔 600～1 300m 的山坡路边和荒野草地。分布于云南、贵州、西藏、新疆及华东、华中地区等地，原产于欧洲及西亚一带。

2. **婆婆纳**（救荒本草） 图版 145：4～5

Veronica polita Fries in Novit. Fl. Suec. **5**：63. 1817；Fl. China **18**：74. 1998. ——*V. didyma* Tenore in Napol. Prodr. 6. 1811；中国植物志 **67**(2)：284，图 76. 1979. ——*V. didyma* Tenore var. *lilacina* Yamazaki，Journ. Fac. Sci. Univ. Tokyo，sect. 3. **7**：150. 1957.

一年生铺散草本；全体或多或少被柔毛，高 10～25 cm。叶片心形至卵形，长 5～10 cm。总状花序伸长；苞片叶状，互生或下部的有时对生；花梗纤细，长约 7 mm；萼裂片 4 枚，卵形，有三出脉和疏毛；花冠淡紫色、蓝色或白色，直径约 5 mm，裂片 4 枚，圆形至卵形；雄蕊 2 枚，略短于花冠。蒴果圆球形，先端凹，被腺毛，宽过于长，宿存花柱与凹口齐平或稍长；种子长圆形，长约 1.5 mm。 花期 3～4 月。 产于柳州、柳城、金秀、资源、阳朔、桂林等地；生于路边、田边或菜地。分布于我国华东、华中、西南及西北地区，广泛分布于欧亚大陆。 茎叶味甜，可食。

3. **蚊母草**（本草纲目） 侧桃草（阳朔） 图版 145：6～8

Veronica peregrina L. in Sp. Pl. 14，1753；Benth. in DC. Prodr. **10**：482. 1846；中国植物志 **67**(2)：280，图版 33：7～12，1979；中国高等植物图鉴 **4**：38，图版 5490. 1975；Fl. China **18**：73. 1998.

一年生小草本，高 10～20 cm；披散状；全体无毛或疏被柔毛。叶无柄，对生；叶片倒披针形至长圆形，长 1～2 cm，宽 2～5 mm，全缘或中上部有三角状疏锯齿。总状花序长而多花；苞片与叶同形而略小；花梗长 1～2 mm；花萼 4 裂，裂片狭披针形；花冠淡紫色或白色，长约 2 mm；雄蕊短于花冠。蒴果扁圆形，先端凹，宽过于长，宿存花柱不超过凹口；种子长圆形，无毛，扁平。 花期 3～5 月。 产于桂林、阳朔等地；常生于田边、路旁的潮湿草地。分布于我国东北、华东、华中至西南地区。 全草可入药，用于吐血、胃脘痛、跌打损伤等。

4. **水苦荬**（植物学大辞典） 水莴苣（救荒本草） 水菠菜 图版 145：9～10

Veronica undulata Wall. ex Jack in Roxburgh，Fl. Ind. **1**：147. 1820；中国植物志 **67**(2)：321，图版 39：4～5，1979；中国高等植物图鉴 **4**：733，1975；Fl. China **18**：83. 1998. ——*V. anagallis-aquatica* L. subsp. *undulata* (Wallich ex Jack) Elenevskii in Bjull. Moskovsk. Obac. Isp. Prir.，Otd. Biol. **82**(1)：153. 1977.

一年生或多年生草本；全体无毛或于花序轴、花梗、花萼和蒴果有少许腺毛；茎直立或有时基部略倾斜，高 20～80 cm。叶对生；叶片长圆状卵圆形至条状披针形，长 2～7 cm，宽 8～15 mm，全缘或具尖锯齿至波状齿；无柄。总状花序腋生，多花，长 5～15 cm；苞片椭圆形，细小，互生；花梗在果期挺直，横叉开，与花序轴几成直角；萼裂片 4 枚，狭椭圆形；花冠淡紫色或白色，直径约 5 mm，裂片宽卵形；雄蕊 2 枚，短于花冠，花柱长 1～1.5 mm。蒴果近圆形、先端微凹；种子多数，长圆形，细小，扁平。 产于凌云、乐业、天峨、那坡、隆安、田阳、东兰、德保、罗城、横县、临桂等县；生于溪边、水田旁或江边沙地。分布于我国除青海、西藏、宁夏、内蒙古以外的其他地区。 幼苗及叶可作蔬菜或饲料；全草可入药，治疮疡肿毒、蛇头疔、水肿等。

5. **疏花婆婆纳**（中国高等植物图鉴）

Veronica laxa Benth. in Scroph. Ind. 45. 1835 et in DC. Prodr. **10**：474. 1846；中国高等植物图鉴 **4**：42，图 5497. 1975；中国植物志 **67**(2)：299，图 80，1979；Fl. China **18**：78. 1998.

直立或倾升草本，高 20～60 cm；全体被多细胞白色柔毛。本种与**多枝婆婆纳**（*V. javanica* Bl.）和**华中婆婆纳**（*V. henryi* Yamazaki）接近，但植株较高较粗壮，高者可达 60 cm 以上；茎不分枝；花柱较长；蒴果也较大；此外，叶片也较大，长可达 5 cm，宽可达 3 cm，卵形，边缘有粗锯齿和重锯齿；总状花序成对或单枝侧生于茎中上部叶腋，长可达 20 cm；苞片条状披针形，明显较花梗长；花较大，直径可达 6～10 mm 等特点也较明显。 产于那坡；生于石灰岩石山脚草地。分布于我国华西南地区和湖南、湖北、甘肃、陕西，印度亦有。

6. **多枝婆婆纳**(中国高等植物图鉴)

Veronica javanica Bl. in Bijdr. Fl. Ned. 742. 1826;67(2):301,图 36:3～4. 1979;中国高等植物图鉴,4:731. 1975;Fl. China 18:78. 1998. ——*V. murorum* Maxim. in Bull. Acad. Imp. Sci. St. Petersb. 27(4):508,1882.

一年生或二年生被毛草本,高 10～30 cm;茎基部多分枝,主茎直立,侧枝侧向上伸展。叶片卵形至三角状卵形,长 1～4 cm,宽 0.6～3 cm;叶柄长 1～7 mm。总状花序长短不一,长 1～10 cm;苞片条形至倒披针形,长约 5 mm;花梗远短于苞片;萼裂片条状长椭圆形,长 2～5 mm;花冠紫红色或白色,裂片长约 2 mm;雄药长约 1 mm。蒴果倒心形,顶端有凹口,基部有睫毛;花柱长约 0.4 mm;种子多数,卵形,扁平状,长约 0.5 mm。 产于桂东北地区;生于路边、山坡和溪边的潮湿草地中。分布于四川、贵州、云南、西藏、湖南、江西、福建、台湾、浙江、陕西等地,非洲和亚洲南部广泛分布。

7. **华中婆婆纳**(中国高等植物图鉴)

Veronica henryi T. Yamazaki in Journ. Jap. Bot. 31:296,1956 et Journ. Fac. Sci. Univ. Tokyo,sect. 3,7:157. 1957;中国植物志 67(2):312,图 37:1～2,1979;中国高等植物图鉴 4:732,1975. ——*V. cana* Wall. ex Benth. subsp. *henryi* (T. Yamazaki) Elenevskii in Byull. Moskovsk. Obac. Isp. Prir. ,Otd. Biol. 82(1):153. 1977.

植株高 10～25 cm;茎直立或基部匍匐,匍匐部分的节着地生根,分枝或否。叶 4～6 对,常聚于茎上端;叶片卵形至长卵形,长 1.5～5 cm,宽 1～3 cm,基部楔形或钝,先端急尖,边缘有齿尖指向叶顶的小锯齿,两面有短柔毛或无毛。总状花序生于茎上部叶腋,1～4 对,长 2～5 cm,具花数朵;苞片条状披针形;花梗长 1～2 mm;萼片条状披针形,长 3～4 mm;花冠淡红色或白色,直径约 1 cm;雄蕊稍短于花冠。蒴果折扇状菱形,长约 5 mm,宽约 10 mm,基部成 120°以上的角,上缘有睫毛和凹口,口中有长 2～3 mm 的花柱。 产于南丹(芒场);生于海拔 600～1 200 m 的湿润草地,南宁和柳州亦有引种。分布于江西、湖北、湖南、四川、贵州、云南。

18. 腹水草属 Veronicastrum Heist. ex Fabric.

多年生具根茎草本;茎直立或弯弓而顶端着地生根。叶互生、对生或多片轮生;叶片长椭圆形或阔披针形,有锯齿。花密集,排成腋生或顶生的穗状花序;萼 4～5 深裂;花冠筒伸直或稍弓曲,常内面密生 1 圈柔毛,檐部 4 裂,辐射对称或近二唇形;雄蕊 2 枚,伸出花冠,花丝下部常被柔毛,药室并连而不汇合;柱头小。蒴果卵形,4 爿裂;种子多数,有网纹。 本属约有 20 种,分布于北美和东亚。我国有 13 种,产于西北各地;广西有 2 种 2 亚种。

分种检索表

1. 茎直立,明显具翅;花序顶生;花冠筒较短,长宽近等 ……………………… 1. **四方麻** V. caulopterum (Hance) T. Yamazaki

1. 茎弓曲或直立,无翅或有时具狭棱;花序腋生或同时兼有顶生;花冠筒较长,长过于宽。

  2. 植株粗壮;茎直立,仅上部节处多少呈折由;叶片革质而宽大,常呈卵圆形,长 15～27 cm,宽 7～11 cm;苞片宽,卵圆形或卵状披针形;花冠筒内壁无毛 ……… 2b. **大叶腹水草** V. robustum (Diels) Hong subsp. grandifolium Chin et Hong

  2. 植株较细瘦;茎弓状弯曲,先端着地生根,或茎直立而上部略下弯;叶片卵状披针形,长 7～20 cm,宽 2～9 cm;苞片狭,披针形或钻形;花冠筒内壁密生 1 圈柔毛。

    3. 穗状花序较长,长 5 cm 以上;子房及幼果被毛;花序轴、苞片和萼裂片密被头状腺毛或短硬毛;茎稍直立,少呈蔓状 ……………………………………………………………… 3. **长穗腹水草** V. longispicatum (Merr.) T. Yamazaki

    3. 穗状花序较短,长 1.5～5 cm;子房及幼果无毛;花序轴、苞片和萼裂片无毛 ……………………………………………… 4b. **腹水草** V. stenostachyum (Hemsl.) T. Yamazaki subsp. plukenetii (T. Yamazaki) Hong

1. **四方麻**(植物名实图考) 假金鸡尾 图版 146:1～3

Veronicastrum caulopterum (Hance) T. Yamazaki in Journ. Fac. Sci. Univ. Tokyo, sect. 3, Bot. **7**:127. 1957;中国植物志 **67**(2):245,图 68,1979;中国高等植物图鉴 **4**:44,图 5502,1975;Fl. China **18**:65. 1998.——*Calorhabdos cauloptera* Hance in Tirm. Journ. Bot. **15**:298. 1877.——*Veronica martini* H. Lévl. in Bull. Soc. Agric. Sarth repr. 10. 1904.

直立、无毛草本;茎多分枝,具宽达 1 mm 的翅 4 条。叶互生;有短柄;叶片长圆形至卵状披针形,长 3～10 cm,宽 1～4 cm,边缘有具小尖头的锯齿。顶生穗状花序长尾状,长可达 23 cm;苞片披针形;花密集,花梗长不超过 1 mm;萼 5 深裂,裂片披针形,长约 1.5 mm;花冠钟状,紫红色,长约 4 mm,筒部长约 2 mm,檐部 4 裂,后方 1 枚裂片较前面 3 枚的宽 1 倍,筒内上部有 1 圈柔毛;雄蕊 2 枚,伸出。蒴果卵球形,长 2～3.5 mm。 花期 8～11 月。 产于桂林、全州、平乐、阳朔、融水、钟山、昭平、富川、田林、南宁、那坡等地;生于山谷草丛、山脚或山坡疏林下及路旁灌木丛中。分布于江西、湖北、湖南、广东、云南、贵州。全草可用于解毒消肿,用于治疗腮腺炎、咽喉炎、结膜炎;外用治水田皮炎、跌打损伤。

2. **粗壮腹水草**(中国高等植物图鉴)

Veronicastrum robustum (Diels) Hong 于中国植物志 **67**(2):244,402. 1979;Fl. China **18**:64. 1998.

2a. **粗壮腹水草**(原亚种)

Veronicastrum robustum (Diels) Hong subsp. **robustum** 于中国植物志 **67**(2):244,图 19:1～2, 1979.——*Calorhabdos robusta* Diels in Notizbl. Bot. Gart. Mus. Berlin-Dahlem, **9**:1031. 1927.

本种叶片腹面有光泽,中脉下半段倒生短曲毛,边缘具细尖齿,长卵形至披针形。 产于江西和福建;广西不产。

2b. **大叶腹水草**(亚种)(中国植物志) 图版 146:4～5

Veronicastrum robustum (Diels) Hong subsp. **grandifolium** Chin et Hong 于中国植物志 **67**(2):244, 402. 1979.

根茎短;茎粗壮,直立,圆柱形,无棱也无毛,仅上部节处稍弯;叶片大形,腹面浅绿色,无光泽,常卵圆形而基部心形,少为披针形而基部平截至圆钝,边缘多为三角状粗锯齿;边脉联结,中、侧脉明显于叶背面突起,这些特征使它明显区别于**粗壮腹水草**(原亚种)(*V. robustum* subsp. *robustum*)。花序腋生,上升、横展或多少下垂,有时 2～3 个簇生于叶腋,长 2～6 cm;苞片长 1.5～5 mm,有短睫毛;萼裂片披针形,有短睫毛;花冠紫色或白色,长 5～7 cm,裂片狭三角形。蒴果长 2.5～3 mm;种子长圆形,黑色。 产于临桂、资源、全州、龙胜、三江;生于山谷灌木丛和疏林下湿润处。分布于湖南西南部。

3. **长穗腹水草**(中国高等植物图鉴) 图版 146:6～7

Veronicastrum longispicatum (Merr.) T. Yamazaki in Journ. Fac. Sci. Univ. Tokyo, sect. 3, Bot. **7**: 128, 1957;中国植物志 **67**(2):232, 1979;中国高等植物图鉴, **4**:734, 1975;Fl. China **18**:62. 1998.——*Botryopleuron longispicatum* Merr. in Philip. Journ. Sci. **21**:509. 1922.

直立草本,高约 1 m;茎弓下弯,先端着地生根。叶有短柄;叶片卵状披针形,长 8～18 cm,宽 3～9 cm,先端尾状渐尖至渐尖,基部钝或楔形,边缘具三角状锯齿。花序腋生,长 5～10 cm,少有 5 cm 以下的,这是本种区别于本属其他种类的主要特征。此外,本种的苞片钻形,远短于花冠;花冠紫色或白色,稍前弯,长约 5 mm;雄蕊明显突出于花冠外,花丝下部有毛;子房被腺毛;蒴果卵形,长约 3 mm;种子卵球形等特征也较明显。 产于资源、全州、融水等县;生于海拔 600～1 000 m 山谷疏林下或沟边灌木丛中,尤以湿处常见。分布于湖南、广东。

4. **腹水草**(通名)

Veronicastrum stenostachyum (Hemsl.) T. Yamazaki in Journ. Fac. Sci. Univ. Tokyo, Sect. 3, Bot. **7**: 128. 1957;Fl. China **18**:63. 1998.——*Botryopleuron stenostachyum* Hemsl. in Hook. Icon. Pl. sub. Tab. 2760. 1900.

图版 146　1～3. 四方麻 Veronicastrum caulopterum (Hance) T. Yamazaki　1. 花枝；2. 花和苞片；3. 果实和苞片。4～5. 大叶腹水草 V. robustum (Diels) Hong subsp. grandifolium Chin et Hong　4. 果枝；5. 果实和苞片。　6～7. 长穗腹水草 V. longispicatum (Merr.) T. Yamazaki　6. 花枝；7. 花和苞片。　8～10. 腹水草 V. stenostachyum (Hemsl.) T. Yamazaki subsp. plukenetii (T. Yamazaki) Hong　8. 花枝；9. 花与苞片；10. 花解剖。　(辛茂芳绘)

4a. **细穗腹水草**(原亚种)

Veronicastrum stenostachyum (Hemsl.) T. Yamazaki subsp. stenostachyum. J. Fac. Sci. Univ. Tokyo. Sect. 3, 7: 128. 1957. ——*Calorhabdos stenostachya* Hemsl. in F. B. Forbes et Hemsley, Journ Linn. Soc., Bot. 26: 196. 1890. ——*C. venosa* Hemsl. in Journ. Linn. Soc. Bot. 26: 197, 1890. ——*C. fargesii* Franch. in Bull. Soc. Bot. France 47: 16. 1900.

分布于四川、陕西、湖北、湖南和贵州等地，广西不产。

4b. **腹水草**(亚种) 仙人搭桥(桂林) 图版 146:8~10

Veronicastrum stenostachyum (Hemsl.) T. Yamazaki subsp. plukenetii (T. Yamazaki) Hong 于中国植物志 67(2):236,图 64,1979;中国高等植物图鉴 4:47,图 5507,1975. ,nom;Fl. China 18:63. 1998. ——*V. plukenetii* (T. Yamazaki) T. Yamazaki in Journ. Fac. Sci. Univ. Tokyo, sect. 3, 7: 129. 1957. ——*Botryopleuron plukenetii* T. Yamazaki in Journ. Jap. Bot. 27: 66. 1952.

多年生蔓状草本；根密生黄色短绒毛；茎弓曲，圆形，长 1 m 以上，先端落地的节部生根，多少被黄色卷曲柔毛。叶片长卵形至卵状披针形，长 8~16 cm，宽 3~6 cm，先端长渐尖，基部圆形至宽楔形，边缘有斜三角状并具小硬尖头的锯齿。穗状花序腋生，长 1.5~5 cm，直径 1.5~2 cm；花萼及苞片均钻形，具睫毛或否；花冠筒状，白色或淡紫色，长约 5 mm，檐部裂片近正三角形，长约 1 mm，冠筒内上部有 1 圈白色柔毛；花丝中部以下具柔毛。蒴果卵形，长约 3 mm，熟时 4 爿裂。 花期 6~7 月。 产于金秀及桂北地区，桂林有引种；生于林缘草地湿处或倒挂于岩石上。分布于江西、福建、湖南、湖北及贵州等地。 全草药用可治血吸虫病。

19. 山罗花属 Melampyrum L.

一年生、直立、半寄生草本。叶对生；全缘或有时基部分裂；苞片与叶同形，有尖齿或刺毛状尖齿。花腋生或偏于稠密的穗状花序之一侧；花萼钟状，萼齿 4 裂；花冠管状，檐部二唇形，上唇直立而短，下唇较长而 3 裂，基部有二隆起体；雄蕊 4 枚，2 强，花药靠拢，伸至盔下，药室等大，基部有锥状突尖，开裂后沿裂缝有须毛；子房每室有胚珠 2 颗。蒴果卵形，压扁状，室背开裂，有长圆形种子 1~4 粒。 本属约有 20 种，分布于北温带。我国有 3 种；广西仅 1 种。

山罗花 图版 147:1~5

Melampyrum roseum Maxim. in Prim. Fl. Amur. 210. 1859; Beauv. Mem. Soc. Phys. Hist. Nat. Geneve, 38: 544. 1916 Yamazaki in Journ. Jap. Bot. 29: 104. 1954;中国植物志 67(2):365,图 98,1979;中国高等植物图鉴 4:57,图 5527,1975. p. p.; Fl. China 18:96. 1998.

直立草本，高可达 80 cm；全体被鳞片状短毛；茎分枝，稍四棱形。叶对生；叶片卵状披针形，长 2~8 cm，宽 1~3 cm，全缘，先端渐尖，基部圆钝或楔形；叶柄长 3~5 mm。苞片与叶同形，基部具尖齿或整个边缘有刺状尖齿，先端急尖至长渐尖；萼齿长三角形至钻状三角形，长约 4 mm；花冠紫色或紫红色，长 1.5~2 cm，冠筒长 7~10 mm，檐部 2 唇部，上唇内面密被须毛。蒴果卵形，长约 1 cm，有鳞片状毛；种子黑色，长约 3 mm。 产于全州；生于海拔 1 900 m 左右的山坡草丛中。分布于东北、河北、山西、陕西、甘肃、河南、湖北、湖南及华东各地；日本、朝鲜和俄罗斯亦有。

20. 小米草属 Euphrasia L.

一年生或多年生草本。叶对生；一般在茎下部的较小，在上部的较大；苞叶对生，常较叶大，与叶片同具齿或有时撕裂状。穗状花序顶生；花无小苞片；花萼管状或钟状，裂片4枚；花冠二唇形，上唇直立，2裂，

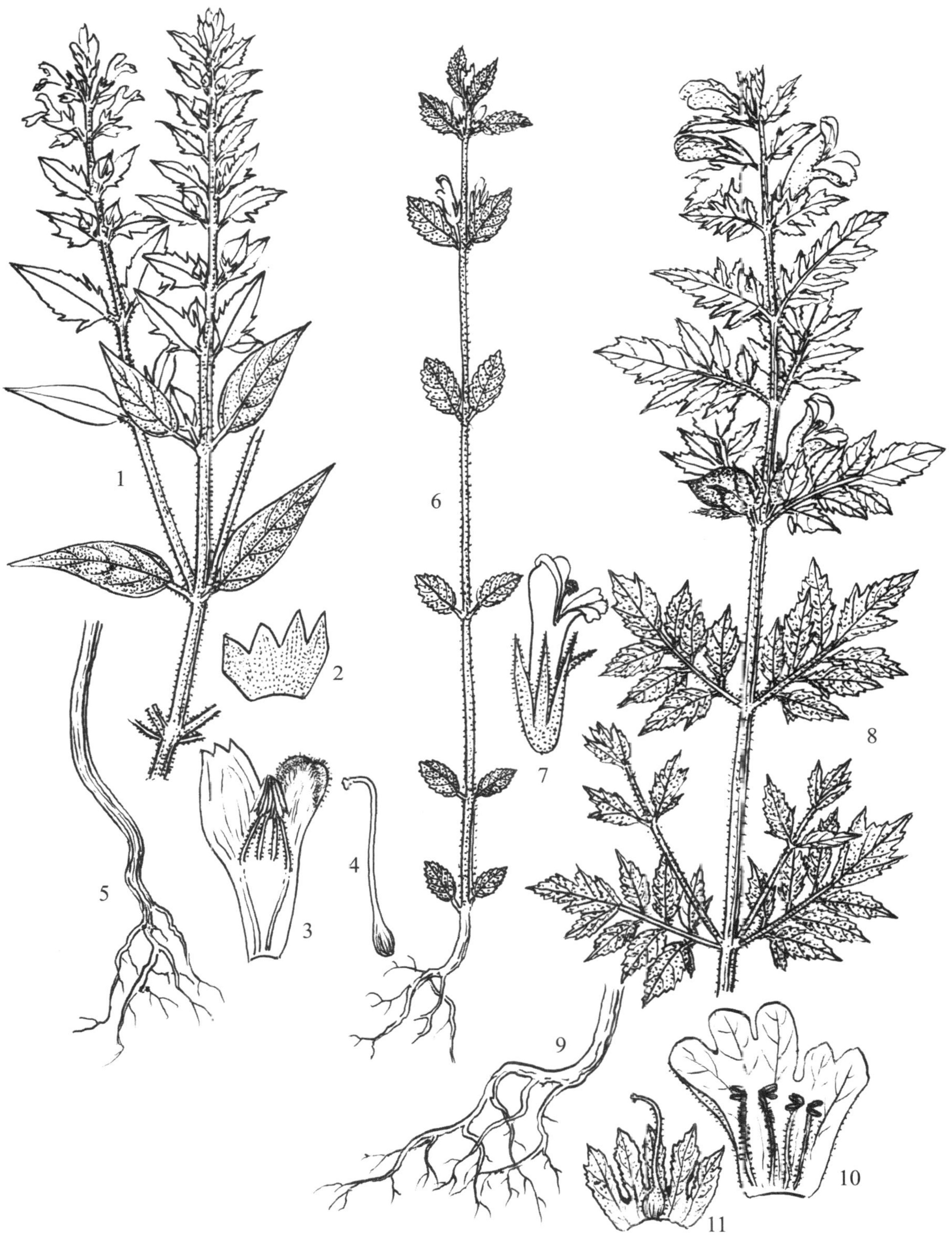

图版 147　1～5. **山罗花** Melampyrum roseum Maxim.　1. 花枝；2. 花萼剖开；3. 花冠和雄蕊；4. 雌蕊；5. 根。　6～7. **短腺小米草** Euphrasia regelii Wettst.　6. 植株；7. 花。　8～11. **松蒿** Phtheirospermum japonicum (Thunb.) Kanitz.　8. 花果枝；9. 根；10. 花瓣与雄蕊；11. 花萼与雌蕊。（辛茂芳绘）

下唇稍大,3 裂,裂片钝头或有缺刻;雄蕊 4 枚,两两成对,药室背部有芒尖或距;柱头稍扩大,全缘或 2 裂。蒴果长圆形,多少压扁状,有 2 槽,室背 2 裂;种子多数,椭圆形,具多数纵翅,翅上有细横纹。 本属多为半寄生植物。本属约有 200 种,广泛分布于全球各地。我国产 11 种;广西现知 1 种。

短腺小米草(中国高等植物图鉴) 图版 147:6～7

Euphrasia regelii Wettst. in Monogr. Gatt. Euphr. 81, t. 3. f. 111～119, t. 11, f. 6. 1896; Li in Notullae Naturae Acad. Nat. Sci. Philad. **254**:3. 1953;中国植物志 **67**(2):375. 1979;中国高等植物图鉴 **4**:58. 1975; Fl. China **18**:98. 1998.

直立草本,茎高 10～35 cm;分枝或否,被白色柔毛;干后全体几变黑色。叶片与苞片同形,生于茎下部的楔状卵形,长 0.5～1.2 cm,宽 3～6 mm,具 2～3 枚锯齿,先端钝;生于茎中部的稍大,卵形至卵圆形,长 0.6～1.5 cm,宽 3～12 mm,每边有锯齿 6～7 枚,齿急尖、渐尖或芒状,并被有刚毛及头状短腺毛。花序腋生,在花期长 5～10 mm,在果期可伸长至 15 cm;花萼管状,长约 5 mm,在果期可延长到 8 mm,裂片披针状,与叶被同类的毛;花冠白色,上唇紫色,背面长 5～10 mm,被白色柔毛;下唇较长,裂片凹缺,中裂片宽达 3 mm。蒴果长圆形,长 4～8 mm,宽 2～3 mm。 花期 5～8 月。 产于昭平县;生于山坡草地上。分布于我国西北地区及山西、内蒙古、河北、湖北、四川、云南等地。

21. 松蒿属 Phtheirospermum Bunge

一年生或多年生、被黏质腺毛的草本。叶对生;1～3 回羽状分裂;小叶片卵形、长圆形或条形。花单生于上部叶腋,组成稀疏的总状花序,无小苞片;萼钟状,5 裂,萼齿全缘或羽状分裂;花冠筒阔,二唇形,上唇直立,背折,2 裂,下唇较长而平展,3 裂;雄蕊 4 枚,2 强,前方 1 对较长,花药无毛或疏被棉毛,基部有小突尖;子房长卵形,柱头匙状,浅 2 裂。蒴果压扁状,具喙,室背开裂,裂片全缘;种子表皮有网纹。 本属约有 3 种,分布于亚洲东部。我国有 2 种;广西有 1 种。

松蒿(江苏南部种子植物手册) 图版 147:8～11

Phtheirospermum japonicum (Thunb.) Kanitz. in Anthoph. Jap. 12. 1878;中国植物志 **67**(2):370,图版 45:1～4,1979;中国高等植物图鉴 **4**:57,图 5528. 1975; Fl. China **18**:98. 1998. ——*Ph. chinense* Bunge in Fisch. et Mey. Ind. Sem. Hort. Petrop. **1**:35. 1835; Benth. in DC. Prodr. **10**:539. 1846. ——*Gerardia japonica* Thunb. in Murray, Syst. Veg. Ed 14, 553. 1784.

一年生直立草本,高 20～100 cm;被白色柔毛;茎多分枝。叶片长三角状卵形,长 1～6 cm,宽 7～30 mm,近基部的羽状全裂,向上渐变为深裂或浅裂,小裂片长卵形或卵圆形,边缘有重锯齿。穗状花序稀疏,顶生;花萼钟状,长约 6 mm,果期增大,5 深裂,裂片叶状,长 2～6 mm,宽 1～3 mm,先端锐尖;花冠紫红色,长 15～20 mm,外被柔毛,二唇形,上唇略呈盔状,浅 2 裂,裂片三角状卵形,下唇 3 裂,有 2 条横的大皱褶,上有白色长柔毛,裂片先端圆钝;雄蕊 4 枚,花丝基部被疏长柔毛,药室基部延成短芒状;花柱被疏柔毛。蒴果卵状圆锥形,长约 1 cm,室背 2 裂;种子卵圆形,扁平状,长约 1.2 mm,小而多数。 产于桂林(大埠、临桂)、容县、昭平、钟山、蒙山、宜山和南丹;生于海拔 1 900 m 以下山谷或山坡灌木丛下,尤以阴湿处常见。分布于我国新疆、青海两省以外的其他地区,日本、朝鲜和俄罗斯等亦有。 全草可用于治传染性肝炎和水肿。

22. 马先蒿属 Pedicularis L.

多年生或稀为一年生草本;常为半寄生或半腐生。叶互生、对生或数片轮生;叶片羽状分裂或少有全缘。总状花序或穗状花序顶生；花萼管状或多少坛状，2～5齿裂；花冠二唇形，二唇盔状，下唇3裂，裂片形状及其开裂深度变化很大；雄蕊4枚，2强，雄蕊包藏于盔瓣中，两两相对，药室分离，相等而平行，基部有时有尖刺；子房2室，胚珠4颗或多数，横生。蒴果多少卵圆形，室背开裂，常有喙；种子多式，种皮有网状或蜂窝状孔纹或多数条纹。　本属有600种以上，广泛分布于北半球，尤以北极及近北极地区较多。我国有352种，主产于西南地区，分布于各地；广西有2种1亚种，分布于桂东北、桂中和桂东。

分种检索表

1. 植株由基部发出多数分枝。
   2. 根多少肉质，有时呈纺锤状膨大；茎弯曲上升或倾斜向上；叶互生，叶柄长在5 mm左右；全体密被柔毛 ………………………………………………………………………… 1. **亨氏马先蒿** P. henryi Maxim.
   2. 根纤维状，细长，非肉质；茎直立上升；叶假对生，叶柄长1～2.5 cm；植株一般仅在花序和叶部疏披短柔毛 ……………………………………………………………… 2. **江西马先蒿** P. kiangsiensis P. C. Tsoong et S. H. Cheng
1. 植株的基部无分枝；茎常单一而仅在上部发出多数分枝；叶互生或有时中、下部的对生，叶柄长2～12 mm；花冠自基部起向右扭旋呈回顾之状……… 3b. **粗茎返顾马先蒿** P. resupinata L. subsp. crassicaulis (Vaniot ex Bonati) P. C. Tsoong

1. **亨氏马先蒿**(中国植物志)　江南马先蒿　西南马先蒿(广西植物名录)　图版148:1～5

Pedicularis henryi Maxim. in Bull. Acad. Imp. Sci. Saint-Pétersb. **32**: 530, f. 54 1888; Forbes et Hemsl. in Journ. Linn. Soc. Bot. **26**:209, 1890；中国植物志 **68**:131，图版26:6～11，1963；中国高等植物图鉴 **4**:72，图5557，1975；Fl. China **18**:144. 1998.

多年生披散状草本，高15～45 cm；根丛生，其中有的常呈纺锤形肉质膨大；茎常3～7条丛生，基部多少倾卧，上部弯曲上升，密被锈褐色污毛。叶互生；叶片长圆披针形至条状披针形，长1.5～4 cm，宽5～12 mm，羽状深裂或全裂，裂片6～8(12)，常反卷，边缘具白色胼胝质齿；叶柄长5 mm。花生于茎枝的叶腋，常组成长的总状花序；花梗长3～5 mm，密被短毛；花萼略呈圆筒形，先端3～5裂，裂片边缘有反卷的小齿；花冠浅紫色，长18～23 mm，中部向前弓曲，盔部镰状弓曲，先端向前下方渐狭成短喙，喙端2浅裂，下唇3裂，中裂片圆形，侧裂片斜椭圆形；雄蕊2对，密被长柔毛；花柱略伸出。蒴果斜披针状卵形，长约15 mm，宽约4.5 mm；种子卵形而尖，长约1 mm。　花期4～7月。　产于资源、兴安、龙胜、全州和金秀等县；生于海拔400～2 000 m的山坡草丛、林缘或空旷处。分布于我国长江以南各地，为我国的特有种。植株及花颇美丽，可考虑作观赏花卉。

2. **江西马先蒿**(中国植物志)　图版148:6～8

Pedicularis kiangsiensis P. C. Tsoong et S. H. Cheng 于中国植物志 **68**:401. 119，图版23:1～3，1963；Fl. China **18**:140. 1998.

多年生草本，高达70 cm以上。本种与**亨氏马先蒿**(*P. henryi* Maxim.)的主要区别在于茎明显直立向上，紫褐色，仅在2条浅纵槽上被毛；叶假对生；叶片长卵形至披针状长圆形，长1.5～3 cm，宽1～2 cm，一般在中下部的边缘作羽状深裂，上部呈缺刻状分裂；花序为短总状花序，生于主茎和侧枝的顶端；花萼狭卵形，被腺毛，先端有刺状尖；花冠长约12 mm，盔部略作镰状弯曲，其先端有须状尖齿1对，下唇的中裂片多少凸出于侧裂片之前；2对雄蕊的花丝均无毛。　花期9～10月。　产于兴安、资源；生于海拔1 000～2 000 m的山谷林下或溪旁湿地。分布于江西武功山，为我国特有种。

3. **返顾马先蒿**(中国植物志)

Pedicularis resupinata L. in Sp. Pl. ed. **2**:608, 1753；中国植物志 **68**:120. 1963.

3a. **返顾马先蒿**(原亚种)

Pedicularis resupinata L. subsp. **resupinata**

本种广西不产，但广泛分布于我国东北、内蒙古、山东、河北、山西、陕西、安徽、甘肃、四川和贵州等地。

图版 148 1～5. **亨氏马先蒿** Pedicularis henryi Maxim. 1. 花枝；2. 花；3. 果实；4. 下唇；5. 萼展开。 6～8. **江西马先蒿** P. kiangsiensis P. C. Tsoong et S. H. Cheng 6. 花枝；7. 花；8. 下唇。 9～10. **粗茎返顾马先蒿** P. resupinata L. subsp. crassicaulis (Vaniot ex Bonati) P. C. Tsoong 9. 花枝；10. 花。 （林文宏绘）

3b. **粗茎返顾马先蒿**(亚种)　返顾马先蒿粗茎亚种(中国植物志)　图版 148:9～10

Pedicularis resupinata L. subsp. crassicaulis (Vaniot ex Bonati) P. C. Tsoong 于中国植物志 **68**:121, 1963.——*P. crassicaulis* Vaniot ex Bonati in Bull. Acad. Géogr. Bot. **13**:241, 1904.——*P. resupinata* Linn. var. *crassicaulis* (Vaniot) Bonati ex Limpr. in Repert. Sp. Nov. **23**:330, 1927; Li in Proc. Acad. Nat. Sci. Philad. CI:52, 1949.

本亚种稍似**亨氏马先蒿**(*P. henryi* Maxim.),区别点在于本种植株全体被毛,直立,高有时可达 80 cm,干时不变颜色;茎方形,有棱,粗壮,几无毛,常单生;叶柄较短,长 2～12 mm;叶片卵形至长圆状披针形,长 2.5～5.5 cm,宽 1～2 cm,边缘有钝圆的重锯齿,齿尖有胼胝质尖头;花单生于主茎或侧枝上部的叶腋中,组成稍长的总状花序;花萼长 6～9 mm,长卵圆形,前方深裂,2 齿;花冠淡紫红色,长 20～25 mm,筒部长 12～15 mm,自基部即向右扭转,使下唇与盔部呈回顾状,盔的上部作二次弓曲,顶部渐狭成短喙状,喙的先端多少截形;花丝前面 1 对有毛;柱头伸出于喙端;蒴果斜长圆披针形,长约 15 mm。　花期 7～9 月,果期 8～10 月。　产于兴安、资源、全州(东山)、灵川(大境)、恭城(三江);散生于海拔 1 000～1 200 m 的山坡向阳处的草丛中。分布于我国湖北、四川和贵州。

23. 鹿茸草属　Monochasma Maxim.

纤细草本;茎多数,丛生,基部倾斜或弯曲上升。叶对生;无柄;下部常鳞片状,上部的线状披针形。花单生于叶腋内,有短梗和小苞片 2 枚;萼筒状,有主肋 9 条,4～5 裂,裂齿线披针形;花冠二唇形,上唇略盔状,2 裂,下唇 3 裂,中裂片较长;雄蕊 4 枚,2 强,前方 1 对较长,露出于花冠口或内藏,花药背着,2 室,分离,下端有 1 小尖;子房不完全 2 室,具胚珠多数。蒴果卵形,内藏于膨大的萼内,沿背缝线开裂,每爿中部有 2 个互相分离的胎座和 1 个不完全的隔膜;种子多数,细小,常有刺毛。　本属有 3 种,分布于亚洲东部。我国有 3 种,产于西南部至东部;广西有 2 种。

分 种 检 索 表

1. 花仅 1 朵,生于茎顶或近茎顶;萼齿 5 枚;叶在茎上下部均匀密生 ………………… 1. **单花鹿茸草** M. monantha Hemsl.
1. 花数朵,生于叶腋;萼齿 4 枚;叶在茎上下部分布不均匀,由下而上渐稀疏 …… 2. **鹿茸草** M. sheareri Maxim. ex Franch. et Savat.

1. **单花鹿茸草**(中国植物志)

Monochasma monantha Hemsl. in Journ. Linn. Soc. Bot. **26**:203, 1889; 中国植物志 **68**:387. 1963.

半灌木状草本;茎多,直立或弯曲上升,高约 15～20 cm。叶对生,极密;叶片线状披针形,长 6～13 cm,密被绒毛。花仅 1 朵,顶生或假顶生,长 1.5～2 cm,直立,有极短的花梗;萼 5 齿裂,裂片近相等;花冠筒向上渐扩大,裂片长圆状圆形,开展;雄蕊微露出于花冠外。　产于富川;生于山坡阳处杂草中。分布于广东北江。　全草可用于治疗传染性肝炎。

2. **鹿茸草**(中国种子植物手册)

Monochasma sheareri Maxim. ex Franch. et Savat. in Enum. Pl. Jap. **2**:458. 1876, et in Bill. Soc. Nat. Mosc. 1879, p. 39; 中国植物志 **48**:389, 图版 92:1～4. 1963; 中国高等植物图鉴 **4**:97, 图 5608, 1975; Fl. China **18**:213. 1998.——*Bungea sheareri* S. Moore in Journ. Bot. **13**:299. 1875, et 138. 1878.

披散草本,高约 35 cm;下部有少量绵毛,上部有短毛或几无毛;主根短而木质化,常有多条支根;茎多数而丛生,纤弱,有沟纹。叶对生;无柄;下部的密集,由下往上渐稀疏;叶片长短不一,在茎基部的呈鳞片状,长仅 2 mm,在中部的和上部的条形或条状披针形,长 1～2.5 mm,宽约 2 mm。花单生于中上部的叶腋,组成稀疏的总状花序;花梗长 5～8 mm;小苞片 2 枚;花萼筒状,有 4 齿,齿长 8～10 mm,条状披针形,花开后，萼筒增大，齿增长并超过花冠，此时萼齿长可达 20 mm；花冠淡紫色，上唇浅 2 裂，裂片具钝头和小凸尖，长不超过 1 mm，下唇伸张，有缘毛，3 深裂，裂片披针状长圆形；雄蕊 4 枚，2 强，前方 1 对药室基部有 1 小凸尖；子房长卵形。蒴果为宿萼所包，长 6～8 mm，直径 3～5 mm，有 4 纵沟；种子椭圆形，多数，长约 1.5 mm。 花果期 3～4 月。 仅见于桂林市雁山一带；常生于近山顶疏林下阴湿肥沃处。分布于山东、安徽、浙江、湖北、江西等地。

24. 翅茎草属 Pterygiella Oliv.

一年生草本；主根缩短，侧根多数；茎基部木质化，圆柱形或具 4 条棱，沿棱有狭翅。叶对生；无柄；全缘，多少被毛。总状花序生于茎枝顶端；花对生，稀疏，具小苞片 1 对；萼钟形，5 裂，具 10 脉；花冠二唇形，上唇 2 浅裂，略呈盔状，下唇 3 裂，裂片圆形；雄蕊 4 枚，2 强，着生于花冠筒的中下部，花药 2 室平行，下端有短尖刺，有时有毛；子房 2 室，胚珠多数，柱头不等的 2 裂。蒴果包藏宿萼内；种子细小，多数，外皮有网纹，在纵横纹交叉处各生钩状毛 1 条。 本属有 3 种，产于我国西南部与中部；广西产 1 种。

杜氏翅茎草(中国植物志) 疏花翅茎草(中国高等植物图鉴) 图版 149:1～3

Pterygiella duclouxii Franch. in Bull. Soc. Bot. France **47**:22,1900; Hand.-Mazz. in Sumb. Sin. **7**:781,1936; 中国植物志 **68**:380,图版 89:6,1963;中国高等植物图鉴 **4**:95,图 5603,1975;Fl. China **18**:210. 1998.

一年生草本，高 20～50 cm；全体无毛；茎丛生或单条，实心，基部近木质，四棱形，沿角有 4 条狭翅。叶交互对生；无柄；基部的早枯，叶片长或条状披针形，长 15～45 mm，全缘；主脉明显，侧脉每边 3～4 条，在叶腹面隐约，在叶背面明显。总状花序生于茎枝上部，约占茎长的 1/4～1/2；花对生，稀疏；苞片叶状；花梗约 3 mm，有小苞片 1 对常早落；萼钟状，略唇形，长约 15 mm，有主脉 5 条，萼齿 5 片，卵状三角形，全缘；花冠黄色，长约 15 mm，管部长 8～10 mm，向上渐扩大，上唇略盔状，先端略凹，下唇 3 裂，中裂片凸出，密被白色长毛；雄蕊 4 枚，2 强，前方 1 对花丝中部有短毛，花药 2 室，背着，药室平行，下端有 1 短刺尖；子房卵圆形，密被长硬毛。蒴果短卵圆形，长 8～10 mm，包藏于宿存萼内，花柱常宿存，密被短毛；种子黑色，细小，肾形。 花期 7～10 月，果期 9～11 月。 产于田林、百色、乐业、凌云、隆林、南丹、宜州等地；生于海拔 300～1 000 m 的林缘、山坡或路旁草地。分布于云南、贵州和四川。

25. 阴行草属 Siphonostegia Benth.

一年生草本；全体被短毛或腺毛；茎基部多少木质化，上部多分枝。叶对生或上部的假对生；无柄或有短柄；叶片全缘或羽状分裂。总状花序生于茎枝顶端；花对生，稀疏，有小苞片 2 枚；萼筒状而长，具 10～11 脉，5 裂，裂片披针形；花冠二唇形，管部细长或稍肿胀，上唇直立、盔状、全缘，下唇 3 裂，裂片近相等；雄蕊 4 枚，2 强，花药 2 室，背着，药室平行；子房 2 室，中轴胎座，胚珠多数。蒴果包藏于宿存的萼筒内，长椭圆状线形，室裂；种子多数，种皮的一侧有 1 条多少龙骨状而肉质的厚翅，翅的顶端常向后卷曲。 本属有 4 种，分布于东亚和中亚。我国产 2 种，主要分布于西南至东北地区；广西产 1 种。

阴行草(植物名实图考) 茵陈草(全州、兴安、资源) 图版 149:4～6

Siphonostegia chinensis Benth. in Hook. et Arn. Bot. Beech. Voy. 203. 1837. et in DC. Prodr. **10**:538, 1846; Hance in Journ. Linnn. Soc. Bot. **13**:115,1873;中国植物志 **68**:384,图版 91:1～2,1965;中国高等植物图鉴 **4**:96,图 5605,1973;Fl. China **18**:211. 1998.

一年生直立草本，高 30～80 cm；全体密被锈褐色短毛；主根不发达，侧根多数；茎基部木质化，上部多分枝，略有棱角。叶对生，全部为茎出，下部的早枯，上部的繁茂；叶片广卵形，长10～55 mm，宽8～

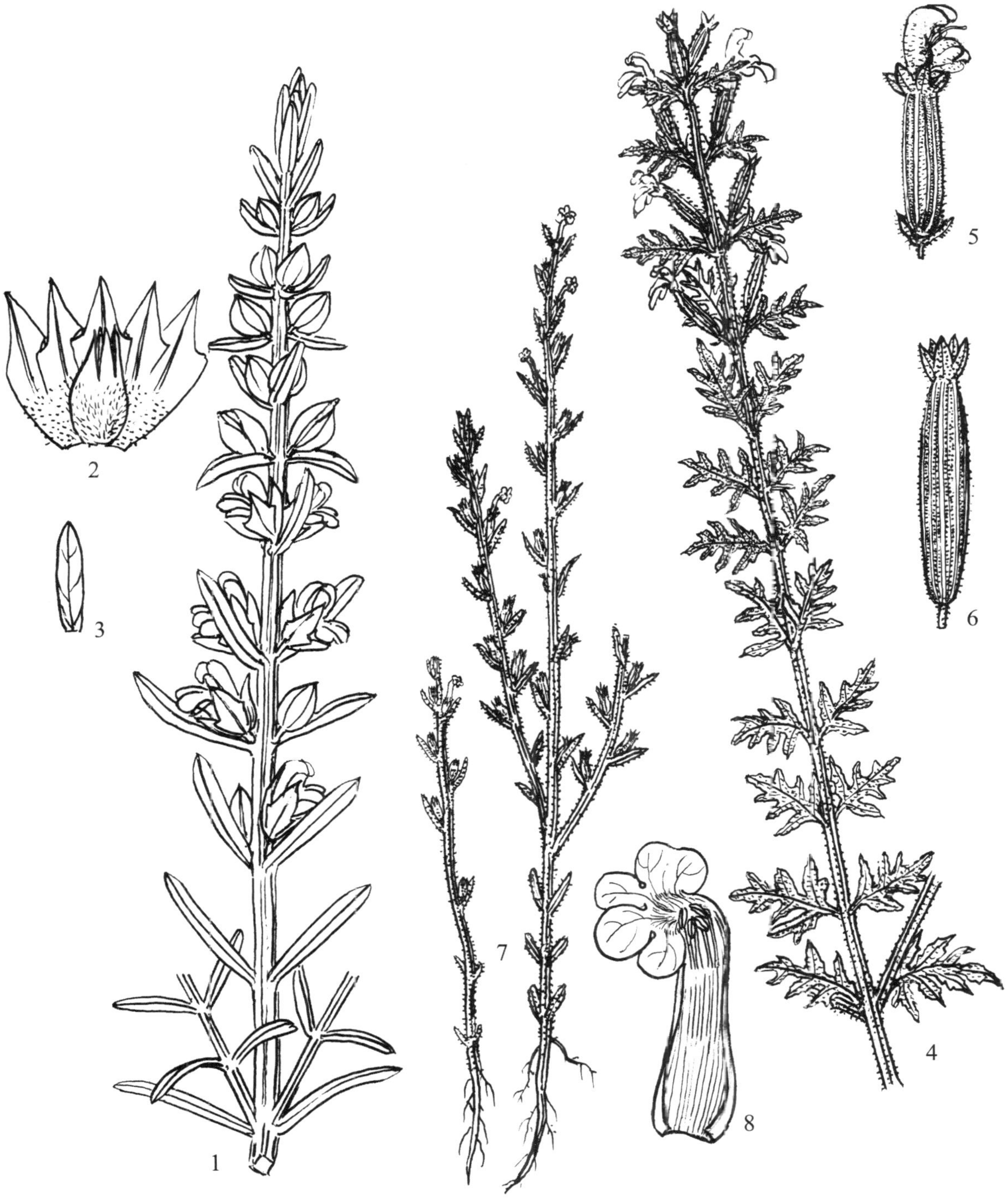

图版 149 1～3. 杜氏翅茎草 Pterygiella duclouxii Franch. 1. 花枝；2. 果和萼片；3. 苞片。 4～6. 阴行草 Siphonostegia chinensis Benth. 4. 花果枝；5. 花；6. 果。 7～8. 独脚金 Striga asiatica (Linn.) O. Kuntze 7. 植株；8. 花解剖。 (辛茂芳绘)

60 mm，二回羽状全裂，裂片 3 对，条形或条状披针形，先端锐尖。花对生于茎的上部，组成稀疏的总状花序；花梗长 2～3 mm，有小苞片 1 对；萼筒长 10～15 mm，往两端稍紧缩，有显著凸脉 10 条，先端 5 裂，裂齿长为筒长的 1/4～1/3；花冠长 2.2～2.5 cm，上唇镰状弓曲，红紫色，先端截形，下唇黄色，先端 3 裂，外面密被长毛，内面被短毛，筒部伸直，长约 13 mm；雄蕊 4 枚，2 强，2 对花丝下部被毛；子房长卵形，柱头头状。蒴果披针状长圆形，顶端稍偏斜，长约 15 mm，直径约 3 mm，包藏于有 10 条纵沟和棱的萼筒内，2 爿开裂；种子多数细小，黑色。　花期 6～7 月，果期 8 月。　产于资源、兴安、全州、永福、灌阳、恭城、罗城、隆林、宜山、环山、邕宁、龙州、宁明、扶绥、武鸣及桂林；生于海拔 200～1 200 m 山坡草地或稀疏灌木丛中。分布于我国各地；东欧、中亚及北亚地区，朝鲜和日本亦有。　全草可用于治疗黄疸型肝炎、尿路结石、小便不利等。

26. 独脚金属　Striga Lour.

矮小草本；常寄生于其他植物的根上。下部的叶对生，上部的互生；叶片有时退化为鳞片状。花无梗，组成顶生的穗状花序或单生于叶腋，常有 1 对小苞片；花萼管状，具 5～15 条纵棱，5 裂；花冠高脚碟状，冠筒在中部以上弯曲，檐部稍二唇形，上唇短，微凹，下唇 3 裂；雄蕊 4 枚，2 强，内藏，花药 1 室；柱头棒状。蒴果长圆状，室背开裂；种子多数，种皮有网纹。　本属约有 20 种，分布于亚洲、非洲和大洋洲的热带、亚热带地区。我国有 3 种，产于西南和南部；广西有 2 种。

分种检索表

1. 植株高常在 20 cm 以下；花较小，花冠筒长在 1.5 cm 以下；花萼长在 1 cm 以下，具纵棱 10 条 ……………………………………………………………………………… 1. **独脚金** S. asiatica (Linn.) O. Kuntze
1. 植株高常在 20 cm 以上；花较大，花冠筒长约 2 cm；花萼长在 1 cm 以上，具纵棱 15 条 ……………………………………………………………………………… 2. **大独脚金** S. masuria (Ham. ex Benth.) Benth.

1. **独脚金**（岭南科学杂志）　疳积草　图版 149：7～8

Striga asiatica (Linn.) O. Kuntze in Rev. Gen. Pl. 466，1891；广州植物志 594，图 316，1956；中国植物志 **67**(2)：359，图 95，1979；中国高等植物图鉴 **4**：56，图 5525，1975；Fl. China **18**：93. 1998. ——*Buchnera asiatica* L. in Sp. Pl. **2**：630. 1753. ——*Striga lutea* Lour. in Fl. Cochinch. 22，1970. ——*S. asiatica* var. *humilis* (Benth.) D. Y. Hong 于中国植物志 **67**(2)：359，405. 1979. ——*S. hirsuta* var. *humilis* Benth. in Prodr. **10**：503. 1846.

一年生半寄生草本，高一般在 20 cm 以下，稀可达 30 cm；全体被刚毛；茎单生或少有分枝。下部的叶对生，上部的互生；叶片条状披针形，有时为鳞形，长约 1 cm。花单生于叶腋或组成顶生稀疏的穗状花序；花萼长 4～8 mm，有棱 10 条，5 深裂到中部，裂片钻形；花冠黄色或罕为红色或白色，长 1～1.5 cm，筒部顶端急剧弯曲，上唇短 2 裂，下唇 3 裂；雄蕊 4 枚，2 强，内藏；花药 1 室。蒴果卵状，包于宿存的萼内，室背开裂；种子多数，细小，黄色，具网纹。　花期 4～10 月。　产于广西各地，以桂北和桂中较常见；生于丘陵或平原的草坡、牧地或田边、荒地。分布于云南、贵州、广东、湖南、江西、福建、台湾；亚洲热带和非洲热带地区广泛分布。　全草可用于治小儿疳积、肝炎、结膜炎。

2. **大独脚金**（海南植物志）

Striga masuria (Ham. ex Benth.) Benth. in Hook. Comp. Bot. Mag. **1**：364. 1836；中国植物志 **67**(2)：359，1979；海南植物志 **4**：514，1974；Fl. China **18**：93. 1998. ——*Buchnera masuria* Buch.-Ham. ex Benth. in Scroph. Ind. 41. 1835.

多年生直立草本，高 20～60 cm；全体被刚毛；茎方形，不分枝或少数分枝。叶无柄，叶片线形，长 2～

3.5 cm，宽约 2 mm。花单生或有时在茎顶端集成穗状花序；小苞片线形，长约 2 mm；萼筒状，在花期长约 1 cm，在果期增大，长 1.5 cm，具棱 15 条；花冠黄色或红色，罕有白色，筒部长约 2 cm，有纵脉 10 条，上唇倒心形，先端凹缺，下唇 3 裂至基部，裂片近相等。蒴果卵圆形，长约 6 mm。　花期 4～8 月，果期 6～9 月。　产于扶绥、隆林、河池、宜州、上林、崇左、柳州、南宁、田东、横县、全州、桂林；生于山坡草地或山地路旁。分布于云南、四川、贵州、广东、湖南、福建、江苏和台湾，印度、缅甸和菲律宾亦有。　全草可治小儿疳积、肝炎、结膜炎。

27. 黑草属　Buchnera L.

一年生直立草本；全体粗糙，干时变黑色；多为寄生。下部叶对生，叶片卵形或倒卵形，常有齿；上部叶条形，全缘。花单生于苞腋，组成稀疏而近四棱形的穗状花序，无柄，有小苞片 2 枚；萼筒状，5 裂，有 10 脉；花冠纤细，伸直或略向前弯曲，5 裂，裂片近相等；雄蕊 4 枚，内藏，花药 1 室；花柱上部棍棒增大，柱头全缘或具缺刻。蒴果长圆形，室背开裂，裂片全缘；种子多数，种皮具网纹或条纹。　本属约有 60 种，主要分布于热带和亚热带。我国有 1 种，产于中南部；广西亦有。

黑草（中国高等植物图鉴）　鬼羽箭　坡饼（海南植物志）　图版 150：1～3

Buchnera cruciata Buch.-Ham. ex D. Don in D. Don Prodr. Fl. Nepal. 91. 1825；Merr. in Lingnan Sci. Journ. **5**：116. 1927；中国植物志 **67**(2)：356，图 94，1979；广州植物志 592. 1956；海南植物志 3：513. 1974；中国高等植物图鉴 **4**：55，图 5524，1975；Fl. China **18**：93. 1998. ——*B. stricta* Benth. in Hook. Comp. Bot. Mag. **1**：367. 1836. ——*B. densiflora* Hook. et Arn. in Bot. Beechey Voy. 203. 1837.

一年生直立草本，高 10～60 cm；全体被弯曲短毛，干时变黑色；茎圆柱形，不分枝或有时上部分枝。基生叶铺地，叶片排成莲座状，倒卵形，无明显的柄，长 2～3 cm，宽 1～1.7 cm；茎生叶下部的对生，上部的有时互生，条状长圆形，无柄，长 1.5～4.5 cm，宽 3～5 mm，全缘或偶有数枚锯齿。穗状花序顶生，略四棱形，长 2～5 cm；花密集无梗；苞片披针形，长约 5 mm；花萼下有 1 对小苞片；花萼长 4.5 mm，5 裂，裂齿狭三角形；花冠紫蓝色，狭筒状，长 6～8 mm，喉部收缩，裂片 5 枚，倒卵形，近相等；雄蕊 4 枚，内藏，花药 1 室，先端具短尖；子房卵形，长约 2.5 mm。蒴果近圆柱状，长约 5 mm；种子多数，椭圆形，具条纹。　花果期全年。　产于广西各地，以柳州以南地区较多；常生于山坡草地或荒芜地的向阳处以及路旁草地。分布于广东、云南、湖南、江西、福建，印度、马来西亚、印度尼西亚亦有。　全草可清热解暑，治流行性感冒、胃脘痛、小儿惊风、癫痫等；外用治疮疖、无名肿毒。作兽药可治猪丹毒及牛、猪跌打、风湿。

28. 胡麻草属　Centranthera R. Br.

一年生直立草本。叶对生或罕有互生；叶片线形至长圆形，全缘或有疏齿。花小，单生于叶腋，具小苞片 2 枚；萼佛焰苞状，常一侧开裂，先端钝或有 3～5 齿；花冠筒状，向上逐渐扩大或喉部以下，多少膨胀，花冠裂片 5 枚，呈二唇形，大小几相等，直立或开展；雄蕊 4 枚，2 强；花药背着，药室横置，有距，1 室完全，另 1 室较小或狭而中空。蒴果室背开裂；种子多数，种皮有螺纹或网纹。　本属有 9 种，分布于印度、马来西亚和大洋洲地区。我国有 3 种；广西现知 3 种 1 变种，常为路旁或山坡杂草。

分 种 检 索 表

1. 叶较大，卵形至长圆形，长 2～5 cm，宽 1～2.6 cm，背面有明显三出脉，上部边缘有锯齿 ……………………………………………………………………………… 1. 大花胡麻草 C. grandiflora Benth.
1. 叶较小，长圆状线形至线状披针形，长 1～3(5)cm，宽 2～5 mm，背面有 1 明显中脉，边缘无锯齿。

图版 150 1～3. **黑草** Buchnera cruciata Buch.-Ham. ex D. Don 1. 植株下部；2. 植株上部及花序；3. 花。 4～5. **大花胡麻草** Centranthera grandiflora Benth. 4. 花枝；5. 花。 6～7. **胡麻草** C. cochinchinensis (Lour.) Merr. var. cochinchinensis 6. 花枝；7. 花冠纵剖及雄蕊。 8～9. **矮胡麻草** C. tranquebarica (Spreng.) Merr. 8. 植株；9. 花冠纵剖面及雄蕊。（林文宏绘）

2. 茎在中、上部分枝，高 25～60 cm；分枝伸直，较稀疏；叶通常长 20～30 mm，宽 3～5 mm；苞片线状披针形，长不超过花冠 ……………………………………………… 2. **胡麻草** C. cochinchinensis (Lour.) Merr.

2. 茎在基部分枝，高 5～20 cm；分枝匍匐而后上升，密集而成丛；叶通常长 8～25 mm，宽 2～3 mm；苞片线状披针形，长超过花冠 ……………………………………………… 3. **矮胡麻草** C. tranquebarica (Spreng.) Merr.

1. **大花胡麻草**（中国高等植物图鉴）　图版 150：4～5

Centranthera grandiflora Benth. in Wall. Cat. no. 3880. 1830. nom. Nud.，Scroph. Ind. 50. 1835，et in DC. Prodr. **10**：525. 1846；Hook. f. Fl. Brit. Ind. **4**：301. 1884. p. p.；中国植物志 **67**(2)：345，1979；中国高等植物图鉴 4：54，图 5522. 1975；Fl. China **18**：90. 1998. ——*Razumovia grandiflora* (Benth.) Merr. in Bull. Torr. Bot. Club. **64**：590. 1937.

直立粗大草本，高可达 80 cm；全体被刚毛，毛着生于小瘤体上；茎单一或上部分枝，基部圆柱形，上部略方形。叶无柄；对生或上部的有时互生；叶片卵圆形至矩圆形，长 2～5 cm，宽 1～2.6 cm，边缘的上部具疏齿，两面被硬毛，背面有 3 条隆起而并行的纵脉。总状花序顶生，花排列疏松；苞片叶状；小苞片钻状；花梗长 4～6 mm；花萼佛焰苞状，前面开裂，长 1.5～2 cm，先端有尾尖；花冠黄色，长 3.5～4.3 cm，筒部由下向上渐扩大，稍弯，先端 5 裂，裂片近等大；雄蕊 4 枚，2 强。蒴果卵球形，长约 1 cm，为宿萼所包，室背 2 裂；种子锥状，小而多，有稍扭曲的雕纹。　花期 8～10 月。　产于天峨、百色、凤山；生于海拔 800～1 000 m 的山坡、路旁、空旷处。分布于贵州、云南，印度、越南、缅甸亦有。

2. **胡麻草**（海南植物志）　大胡麻草（广州植物志）

Centranthera cochinchinensis (Lour.) Merr. in Trans. Amer. Philos. Soc. n. ser. **24**(2)：353. 1935 et in 150th Anniv. Vol. Bot. Gard. Calcutta 56. 1942；海南植物志 **3**：512. 1974；中国植物志 **67**(2)：348. 1979；中国高等植物图鉴 **4**：545，图 5521. 1975；Fl. China **18**：90～91. 1998. ——*C. hispida* auct. non R. Brown：Benth. in Journ. Bot. **5**：131. 1853 et Fl. Hongk. 254. 1861；Bonati in Lecomte，Fl. Gén. Indo-Chine **4**：448. 1927. ——*C. brunoniana* auct. non. Wall.：Hemsl. in Journ. Linn. Soc. Bot. **26**：201. 1890；广州植物志 592. 1956.

2a. **胡麻草**（原变种）　黄脚疳（柳州）　五寸草（钟山）　图版 150：6～7

Centranthera cochinchinensis (Lour.) Merr. var. **cochinchinensis**，Trans. Amer. Philos. Soc. n. s. 24 (2)：39，353. 1935；中国植物志 **67**(2)：348，图版 43：5～8. 1979. ——*Digitalis cochinchinensis* Lour. in Fl. Cochinch. 378. 1790. ed. 2. 459. 1793. ——*Razumovia cochinchinensis* (Lour.) Merr. in Bull. Torr. Club **64**：594. 1937. ——*R. longiflora* Merr. in Bull. Torr. Bot. Club. **64**：593. 1937. ——*Centranthera longiflora* (Merr.) Merr. in 150th Anniv. Vol. Bot. Gard. Calcutta，56. 1942. ——*C. cochinchinensis* var. *longiflora* (Merr.) P. C. Tsoong 于中国植物志 **67**(2)：348. 1979.

直立刚硬草本；全体被刚毛和鳞片。本种与**大花胡麻草**（*C. grandiflora* Benth.）主要区别在于植株较矮，高一般在 60 cm 以下；茎较细瘦；叶较细狭，长 20～30 mm，宽 3～5 mm，边缘全缘，背面仅有主脉 1 条；花较小；花冠 3.5～4 cm，白色带红色，并有黄色条纹；花冠筒长只有 15～22 mm；蒴果也较小，卵状椭圆形，长 6～8 mm；种子具螺旋状条纹。　花果期 6～7 月。　产于南宁（茅桥、武鸣）、柳州（沙塘、长塘）、桂林（雁山、大埠）、昭平、马山、宜山、南丹、靖西、北流；生于荒坡、路边的草地。分布于我国长江以南各地，中南半岛地区、印度、大洋洲各国及日本亦有。　全草可治小儿疳积。

2b. **中南胡麻草**

Centranthera cochinchinensis (Lour.) Merr. var. **luted** (H. Hara) H. Hara.

该变种与原变种不同在于植株纤细；花萼长 8～10 mm，直径 3～4 mm；花冠全黄色或带粉红色的檐部，长 1.5～2.5 cm。　产于邕宁、武鸣、柳州、钟山、宜州；生于荒坡、路边。分布于安徽、福建、广东、海南、湖南、江苏、四川、西藏、云南，日本、韩国、中南半岛亦有。

3. **矮胡麻草**(广州植物志) 图版 150:8～9

Centranthera tranquebarica (Spreng.) Merr. in Sunyatsenia **5**:182. 1940;广州植物志 591. 1956;海南植物志 **3**:512. 1974;中国植物志 **67**(2):346,图版 43:1～4. 1979;Fl. China **18**:90. 1998. ——*C. humifusa* Wall. in Cat. no. 3883. 1830. nom. nod. ex Benth. Scroph. Ind. 50. 1835, et in DC. Prodr. **10**:525. 1846; Hook. f. Fl. Brit. Ind. **4**:301. 1884; Boniti in Lecomte, Fl. Gén. Indo-Chine **4**:447. 1927. ——*Razumovia tranquebarica* Spreng. in Fl. Hal. Mant. 45. 1807.

本种与**胡麻草**[*Centranthera cochinchinensis* (Lour.) Merr.]相似,但植株为矮小丛生草本;茎自基部即开始成丛分枝,高一般在 20 cm 以下,较纤弱;叶线状披针形,长 8～25 mm,宽 2～3 mm,两面有粗糙的鳞片状突起;苞片线状披针形,长超过花冠;花冠黄色,长约 9 mm,有褐色条纹,喉部有多数黑色细点;子房长圆形,长约 3 mm;同时本种的蒴果亦较小,近球形,长 4～5 mm,宽约 4 mm,与宿萼等长。 花期 7～10 月,果期 9～10 月。 产于合浦县营盘一带;生于旷野、路边或沙地。分布于广东、海南,中南半岛地区、印度、印度尼西亚、斯里兰卡等地亦有。

29. 短冠草属 Sopubia Buch.-Ham. ex D. Don

常一年生直立草本;而多分枝。叶对生或上部的有时互生;叶片全缘或撕裂状。花生于茎的上部,组成总状或穗状花序,再复组成圆锥花序;花有苞片;萼钟状,5 裂;花冠筒较长或极短,5 裂,裂片广展,近相等;雄蕊 4 枚,2 强,花药 1 室发育,另 1 室退化成柄状而中空;子房 2 室,每室含胚珠多数。蒴果卵形或长圆形,室背开裂,裂爿自胎座柱分离;种子多数,有松散的种皮。 本属约有 40 种,分布于印度、马来西亚、泰国、新加坡、大洋洲和非洲热带地区。我国有 2～3 种;广西现知 2 种。

分种检索表

1. 蒴果有短硬毛,较宿萼长约 1/2;花冠筒长约 7 mm;植物体被短硬毛;叶不分裂 ……… 1. **坚挺短冠草** S. stricta G. Don
1. 蒴果无毛,较宿萼短或等长;花冠筒长约 3 mm;植物体被稀而短的柔毛;叶上部的不裂,下部的有时 3 裂 ………………………………………………………………………………… 2. **短冠草** S. trifida Buch.-Ham. ex D. Don

1. **坚挺短冠草**(中国植物志)

Sopubia stricta G. Don, Syst. **4**:559, 1838; Benth. in DC. Prodr. **10**:552, 1846; Hook. f. in Fl. Brit. Ind. 302, 1884;中国植物志 **67**(2):356, 1979.

一年生直立草本,高 40～80 cm;茎单一或有时上部有分枝,被短卷毛或短硬毛。叶下部的对生,上部的互生;叶片条形,长 2～5 cm,宽 1.5 mm,由下而上渐变短,中脉在背面突起,边缘反卷,腹面短硬毛,背面仅中脉有毛。穗状的总状花序生于枝顶,有花 16～20 余朵;苞片叶状;花梗长约 2 mm,有小苞片 2 枚;萼钟形,有 10 脉,萼齿 5 枚,三角形,外侧被短粗毛;花冠淡紫色,长约 10 mm,管部长约 7 mm,先端裂片 5 枚,宽倒卵形,近等大;雄蕊 4 枚,2 强,不伸出花冠外;花柱有短粗毛;子房近球形,有短粗毛;柱头 2 个,近舌状。蒴果近球形,长约 6 mm,外侧被短粗毛,室背开裂;种子长圆形,多数,细小。 仅见于隆林县、邕宁(三塘);生于海拔 500 m 的山坡草地。分布于江苏、浙江和湖南,印度、缅甸、马来西亚、老挝亦有。

2. **短冠草**(中国高等植物图鉴) 图版 16:1～6

Sopubia trifida Buch.-Ham. ex D. Don in Prodr. Fl. Nepal. 88. 1825; Hook. f. in Fl. Brit. Ind. **4**:302. 1885; Bonati in Lecomte, Fl. Gén. Indo-Chine **4**:452. 1927; Hand.-Mazz. in Symb. Sin. **7**:269. 1936;中国植物志 **67**(2):354,图版 44:5～9. 1979;中国高等植物图鉴 **4**:55,图 5523. 1975; Fl. China **18**:92. 1998.

一年生直立草本,高可达 90 cm;茎的上部有多数分枝,枝互生或有时 3 条轮生,具条纹、棱角及柔毛。叶线形,下部的对生,3全裂,上部的有时互生而不裂,长3～5 cm,宽约1.5 mm,腹面被短硬毛,背面

图版 151　1～6. **短冠草** Sopubia trifida Buch. -Ham. ex D. Don　1. 果枝；2. 花冠与雄蕊；3. 果与苞片；4. 下部叶；5. 上部叶；6. 种子。　7～10. **黑蒴** Alectra avensis (Benth.) Merr.　7. 花果枝；8. 花冠与雄蕊；9. 果与苞片；10. 种子。11～12. **尼泊尔沟酸浆** Mimulus tenellus Bunge var. nepalensis (Benth.) Tsoong　11. 植株；12. 幼果与萼片。（辛茂芳绘）

仅中肋有毛，边沿常反卷。总状花序组成圆锥花序；小苞片 2 枚，似叶状；花梗长约 2 mm；萼钟形，宿存，具 10 脉，5 裂，裂齿三角形，内部有绵毛；花冠黄色，长约 1 cm，有短管，管长约 3 mm，先端 5 裂，裂片阔倒卵，近相等；雄蕊 4 枚，2 强，花丝生于花冠筒的上部；花柱宿存，子房 2 室。蒴果卵球形，与萼等长，顶端深裂达果长的 2/5；种子多数，细小，长圆形，略弯。 产于隆林、金秀、藤县、南丹、贺州、宁明、环江、武鸣、全州和龙胜等县；生于海拔 800～1 100 m 的空旷草坡、荒地尤其砂质草坡上。分布于广东、湖南、江西、云南、贵州、四川等地，印度至菲律宾及非洲各国亦有。

30. 黑蒴属 Alectra Thunb.

粗糙草本；干后常变黑色。叶对生或上部的有时互生；无柄；叶片全缘或有锯齿。花单生于苞腋内，组成顶生的穗状或总状花序；小苞片 2 枚，对生；萼钟状，果期渐膨大，裂片 5 枚，镊合状排列；花冠近钟形，管部粗，较萼短或稍伸出，裂片 5 枚，阔展，覆瓦状排列；雄蕊 4 枚，2 强或近相等；药室并排，分离，基部有短尖；胚珠每室极多数。蒴果藏于宿存萼内，室背开裂，裂片全缘或 2 裂；种子细小，极多。 本属约有 30 种，分布于除大洋洲外的全热带地区。我国有 1 种；广西亦有。

黑蒴（中国高等植物图鉴） 图版 151：7～10

Alectra avensis (Benth.) Merr., Philip. Journ. Sci., **12**: 109. 1917; Fl. China **18**: 91. 1998. ——*Melasma arvense* (Benth.) Hand.-Mazz. in Symb. Sin. **7**: 843. 1936; Yamazaki in Journ. Jap. Bot. **25**: 213. 1950; 中国高等植物图鉴 **4**: 53，图 5520. 1975；中国植物志 **67**(2)：350，图 92. 1979. ——*Glossostylis avensis* Benth. in Scroph. Ind. 49. 1835. ——*Micrargeria formosana* (Hayata) Hayata in Icon. Pl. Formos. **5**: 126. f. 45. 1915. ——*Sopubia formosana* Hayata in J. Coll. Sci. Imp. Univ. Tokyo **25**(19): 175～176. 1908.

一年生坚挺、粗糙、直立草本；茎高 15～45 cm，有时有少数分枝；全体被柔毛；干后变黑色。叶对生或有时上部的互生；无柄或近无柄；叶片卵状披针形，长 2～3 cm，宽 0.8～1.2 cm，先端圆钝或渐尖，基部楔形，有明显的三出脉，边缘的中部有 2～6 对大小多变深锯齿，两面被柔毛，背面有时有刺毛。花几无梗，在枝的上部集生成总状花序，有线形小苞片；花萼钟状，长约 6 mm，花后膨大，被长柔毛，萼齿三角形，先端渐尖；花冠黄色，长 6～8 mm，筒部宽钟状，包于萼内，裂片 5 枚，其中前方 1 枚稍大；雄蕊 4 枚，2 强，生于花冠筒中部以下；药室基部有短尖；花柱长，柱头舌状。蒴果圆形，无毛，直径 6 mm，包于宿存的萼内，室背 2 裂；种子圆柱形，极多数，长约 1 mm，包于杯状的网膜中。 花果期 8～11 月。 产于田林（浪平）、天峨（三堡）、凌云（玉洪）、崇左（扶绥）、南丹（车河、瑶寨）、蒙山、金秀、全州（绍水）、昭平、隆林、浦北；生于海拔 700 m 以上的山坡草地、路边或疏林下。分布于云南、广东、台湾，印度至菲律宾亦有。

31. 三翅萼属 Legazpia Blanco

匍匐草本；下部的节常生根。叶对生；有长柄；叶片边缘有细齿。伞形花序腋生，有花序梗，有时具 2 枚小苞片；花萼宿存，具 3 枚半圆形的宽翅，萼的顶端具 3 枚小齿；花冠小，裂片成二唇形；雄蕊 4 枚，2 强，前方 1 对花丝各有 1 枚丝状附属物；药室呈直线叉开。萼宿存，蒴果室间开裂。 本属原置于**蝴蝶草属**（*Torenia* L.）内，现仍有些学者不主张成为独立的属。本属与**蝴蝶草属**最主要的区别在于本属的花萼有 3 枚半圆形的宽翅。

三翅萼（中国高等植物图鉴）

Legazpia polygonoides (Benth.) Yamazaki in Journ. Jap. Bot. **30**: 359. 1955；中国高等植物图鉴 **4**: 25，图 5464. 1975；中国植物志 **67**(2)：117，图版 10：1～4. 1979；Fl. China **18**: 31. 1998. ——*Torenia polygonoides* Benth. in Soroph. Ind 36. 1835.

一年生匍匐草本；有时疏生短硬毛；茎伸长，分枝细弱，下部的节上生根。叶对生；有长约 8 mm 的柄；叶片卵状椭圆形至卵圆状菱形，长 1～2 cm，宽 1～1.5 cm，先端短尖，边缘上半部有锯齿，两面无毛。伞形花序腋生；花序梗长约 2 mm，顶端有花 1～4 朵；总苞片长约 5 mm；花萼近圆形，完全结合，长约 9 mm，具 3 枚半圆形的宽翅，翅宽达 4 mm，基部下延成耳，耳与花梗分离；花冠白色或蓝紫色，略比萼长，二唇形，上唇全缘，先端圆钝，下唇 3 裂；花丝贴生处有毛；雄蕊 4 枚，2 强，药室叉开，呈直线。蒴果长卵形，光滑，长约 8 mm，包于萼内。　花期 7～8 月。　本种的标本在广西未见到，上述形态特征系据有关记载写成；据记载，本种常生于路旁、山谷的阴湿草地。分布于广东，缅甸至太平洋的密克罗尼西亚群岛亦产。

32. 沟酸浆属　Mimulus L.

一年生至多年生直立或匍匐草本；常有黏质或腺毛；茎圆柱形或方形而有窄翅。叶对生；叶片全缘或具齿。花美丽，单生于叶腋或组成顶生的总状花序；萼筒状或钟状，有 5 肋及 5 裂齿，果期有时膨大成囊泡状；花冠筒状，上部稍膨大，二唇形，上唇 2 裂，下唇 3 裂；雄蕊 4 枚，2 强，着生于花冠筒内，内藏；子房 2 室，每室胚珠多数，柱头扁平，分离成相等或不等的 2 瓣。蒴果常长椭圆形或线形，包于宿存的花萼内或伸出；种子细小而多数，种皮平滑或有网纹。　本属约有 150 种，全球广泛分布，以美洲西北部最多。我国有 5 种 4 变种；广西现知只有 1 变种。

沟酸浆(中国高等植物图鉴)

Mimulus tenellus Bunge in Mem. Sov. Etrang. Acad. Sci. St. Pétersb. 2p. 123. 1833；中国高等植物图鉴 **4**：13，图 544. 1975；中国植物志 **67**(2)：168. 1979；Fl. China **18**：43. 1998.

a. **沟酸浆**(原变种)

Mimulus tenellus Bunge var. **tenellus**

本变种广西不产。分布于我国秦岭、淮河以北及陕西以东各地。

b. **尼泊尔沟酸浆**(变种)(中国高等植物图鉴)　图版 151：11～12

Mimulus tenellus Bunge var. **nepalensis** (Benth.) Tsoong 于中国植物志 **67**(2)：171. 1979；Fl. China **18**：44. 1998. ——*M. assamicus* Griff. in Madras J. Lit. Sci. **4**：375. 1836. ——*M. formosanus* Hayata in Icon. Pl. Formos. **9**：79. 1920. ——*M. nepalensis* Benth.，Scroph. Ind. 29. 1835. ——*M. tenellus* Bunge subsp. *nepalensis* (Benth.) D. Y. Hong ex H. P. Yang 于中国高等植物图鉴 **4**：13. 1975.

多年生近直立草本；全体无毛；茎高 10～40 cm，最下部节上有时生根，略方形，有窄翅。叶对生；叶片卵形，长 1～3 cm，宽 6～12 mm，边缘有疏齿；叶脉羽状；上部的叶几无柄。花单生于叶腋；花梗与叶近等长；萼筒状钟形，有 5 棱，口部平截而有 5 齿；花冠黄色，略二唇形，裂片全缘；雄蕊 4 枚，2 强。蒴果椭圆形，较萼短；种子卵圆形，具细微的乳头状突起。　花果期 4～8 月。　产于兴安、资源、融水、龙胜、那坡、隆林；生于海拔 700～1 200 m 的山谷沟边及林下湿地。分布于我国秦岭淮河以南各地，印度、尼泊尔和日本亦有。　本种与原变种**沟酸浆**(*M. tenellus* Bunge var. *tenellus*)的主要区别在于本种的植株高大，近直立；花梗与叶近等长；花萼较大，长 1 cm 以上。

33. 蝴蝶草属　Torenia L.

无毛或被毛草本。叶对生；全缘或具齿。花单生于叶腋或数朵组成顶生总状花序或伞形花序，有花梗，无小苞片；萼筒状，有 3～5 棱(或翅)，萼齿 3～5 枚；花冠较大，冠筒圆柱状或上部扩大，二唇形，上唇直立，先端微凹或 2 裂，稀全缘，下唇开展，3 裂；雄蕊 4 枚，均发育，后方 1 对内藏，花丝线状，前方 1 对生于喉部，花丝长而弯拱，基部有各式附属物，花药成对靠合，药室顶部常汇合；花柱顶端二片状；胚珠多数。蒴果包于宿萼内，长圆形，室间开裂；种子多数，表面有皱纹。 本属约有50种，分布于亚洲和非洲热带地区。我国现有10种，分布于长江以南和台湾等地；广西现知8种。

分种检索表

1. 花萼有翅；翅宽在花期超过1 mm。
  2. 花丝有附属物。
    3. 花冠超出萼齿的部分长4～10 mm；前方1对花丝各具1枚长1～2 mm的线状附属物 …………………… 1. **光叶蓝猪耳** T. asiatica L.
    3. 花冠超出萼齿的部分长11～21 mm；前方1对花丝各具1枚长2～4 mm的线状附属物 …………………… 2. **同色蓝猪耳** T. concolor Lindl.
  2. 花丝无附属物。
    4. 花通常组成总状花序；花冠较长，长2.5～4 cm，其超出萼齿部分长10～23 mm；多为栽培植物 …………………… 3. **蓝猪耳** T. fournieri Linden. ex Fourn.
    4. 花通常组成伞形花序；花冠较短，长1.5～2.2 cm，其超出萼齿部分长2～7 mm；野生植物 …………………… 4. **紫萼蝴蝶草** T. violacea (Azaola ex Blanco) Pennell
1. 花萼有棱或狭翅；翅宽在花期不超过1 mm。
  5. 全体密被硬毛 …………………… 5. **毛叶蝴蝶草** T. benthamiana Hance
  5. 全体疏被柔毛。
    6. 花序为二歧状聚伞花序 …………………… 6. **二花蓝猪耳** T. biniflora T. L. Chin et D. Y. Hong
    6. 花序不为二歧状聚伞花序。
      7. 总状花序顶生，通常有花5～13朵；花冠黄色；叶片卵形或椭圆形，长3～5 cm，宽1～3 cm …………………… 7. **黄花蓝猪耳** T. flava Buch.-Ham. ex Benth.
      7. 伞形花序在分枝顶部腋生，通常有花2～5朵；花冠蓝色；叶片卵形或卵状披针形，长1～2 cm，宽0.8～1.5 cm …………………… 8. **小花蓝猪耳** T. parviflora Buch.-Ham. ex Benth.

1. **光叶蓝猪耳**(广西植物名录) 光蝴蝶草(海南植物志) 光叶翼萼(广州植物志) 四方草(北流) 图版152:1～2

Torenia asiatica L. in Sp. Pl. **2**:619. 1753; Fl. China **18**:41. 1998. ——*T. glabra* Osbeck in Dagbok Ostind. Resa. 210. 1757; Yamazaki in Journ. Jap. Bot. **30**:362. 1955; 广州植物志 601. 1956; 海南植物志 **3**:510. 1974; 中国高等植物图鉴 **4**:27, 图 5468. 1975; 中国植物志 **67**(2):161, 图 44. 1979.

多年生披散或匍匐草本；节部生根；全体近无毛或疏被短硬毛；枝多而细，茎稍四方形。叶对生；叶柄长4～10 mm；叶片卵形至卵状三角形，长1.5～3 cm，宽1～2 cm，基部圆钝或截形，先端急尖，边缘有带短尖的圆锯齿。花单生于叶腋或1～4朵在顶集成伞形花序；花苞丝状；花梗长0.5～2 cm；萼筒状，稍向前弯曲，外侧具5翅，在花期长1～1.5 cm，果期长可达2 cm，前半部2深裂，先端具5枚小尖齿；花冠紫红色或蓝色，长1.8～2.5 cm，其超出萼齿部分长4～10 mm，上唇全缘或微凹，下唇3裂；前方1对花丝的附属物长1～2 mm。蒴果长约1.5 cm，包于萼内；种子黄色，有格状纹饰。 花果期4～9月。 产于金秀、融水、三江、荔浦、桂林、全州、环江、罗城、都安、凌云、田林、乐业、那坡、来宾、龙州；生于海拔300～1 500 m的山坡疏林下、山谷或路旁潮湿草地。分布于广东、海南、福建、江西、浙江、湖南、湖北、四川、云南、贵州和西藏，东南亚至南亚亦有。 全草可治痢疾、肠胃炎、小便不利、消化不良，外用治疮疡肿毒。

2. **同色蓝猪耳**(广西植物名录) 灯笼草

Torenia concolor Lindl. in Bot. Reg. **32**:t. 62. 1846; Hook. f. in Bot. Mag. t. 6797. A. 1855; Bonati in Lecomte: Fl. Gén. Indo-Chine **4**:393. 1927; 中国植物志 **67**(2):163. 1979; Fl. China **18**:42. 1998. ——*T. concolor* Lindl. var. *formosana* T. Yamaz. in Journ. Jap. Bot. **30**(12):363. 1955. ——*T. radicans* Vaniot in Bull. Acad. Int. Géogr. Bot. **15**:88. 1905. ——*T. rubens* Benth. ex Maxim. in Prodr. **10**:410. 1846.

图版 152　1～2. **光叶蓝猪耳** Torenia asiatica L.　1. 花枝；2. 花冠与雄蕊。　3～5. **紫萼蝴蝶草** T. violacea (Azaola ex Blanco) Pennell　3. 花果枝；4. 花冠与雄蕊；5. 果。　6～8. **毛叶蝴蝶草** T. benthamiana Hance　6. 花果枝；7. 花冠与雄蕊；8. 果。　（辛茂芳绘）

本种极似**光叶蓝猪耳**(*T. asiatica* L.)。但本种的花冠较长,长 2.5～4 cm,其超出萼齿部分长 11～21 mm;前方 1 对花丝的附属物长 2～4 mm 而与之区别;此外,本种的花梗也明显较长,长可达 2～3.5 cm。 花果期 5～12 月。 产于融水、永福、金秀、贺州、桂平、平南、贵港、大新、南宁、龙州、巴马、都安、百色、凌云、乐业、田东、田林、河池、隆安、扶绥;生于山谷、路旁或疏林下阴湿草地。分布于广东、贵州、台湾。 用途同**光叶蓝猪耳**。

3. **蓝猪耳**(广州植物志)

Torenia fournieri Linden. ex Fourn. in Illustr. Hortic. **23**:129. t. 249. 1876;Bonati in Lecomte: Fl. Gén. Indo-Chine **4**:406. 1927;Hook. f. in Bot. Mag. 110:t. 5747. 1884;广州植物志 600,图 319. 1956;中国植物志 **67**(2):159. 1979;中国高等植物图鉴 **4**:26. 1975;Fl. China **18**:41. 1998.

直立草本。高可达 50 cm;茎四方形,中上部分枝,节间长可达 10 cm,几无毛。叶对生;具长 1～2 cm 的柄;叶片心状卵形,长 3～5 cm,宽 1.5～2.5 cm,纸质,基部楔形、稍心形或圆钝,先端短渐尖,边缘有锯齿。总状花序生于枝顶,有花 3～5 朵;花稀疏排列,花梗长 1～2 cm;花萼有阔翅 5 枚,长约 1.5 cm,翅缘有睫毛;花冠筒淡紫色,背部淡黄色,上唇浅蓝色,不显著的 2 裂,下唇紫蓝色,3 裂,中间的 1 裂片有黄斑;花丝无附属物。蒴果长椭圆形,长约 1.2 cm,宽约 0.5 mm;种子近球形,细小,表面有凹窝。 花果期 6～12 月。原产于越南,桂林市有栽培;广东、云南有栽培或偶有逸为野生的。 花美丽,为优美的观赏花卉。

4. **紫萼蝴蝶草**(中国植物志) 紫色翼萼(中国高等植物图鉴) 总梗蓝猪耳(广西植物名录) 图版 152:3～5

Torenia violacea (Azaola ex Blanco) Pennell in Journ. Arn. Arb. **24**:225. 1943;Yamazaki in Journ. Jap. Bot. **30**:361. 1955;中国高等植物图鉴 **4**:26,图 5466. 1975;中国植物志 **67**(2):160,图版 10:5～8. 1979;Fl. China **18**:41. 1998. ——*Mimulus violaceus* Azaola ex Blanco in Fl. Filip. ed. 2. 357. 1845. ——*Torenia peduncularis* Benth. in Wall. Cat. no. 3956. 1831. nom. nud. ex Hook. f. in Fl. Brit. Ind. **4**:276. 1884;Bonati in Lecomte: Fl. Gén. Indo-Chine **4**:394. 1927. ——*T. violacea* var. *chinensis* Yamazaki in Journ. Jap. Bot. **30**(12):362. 1955. ——*T. exappendiculata* Regel in Trudy Imp. S.-Peterburgsk. Bot. Sada **5**:271. 1877.

本种略似**蓝猪耳**(*T. fournieri* Linden. ex Fourn.),但与**蓝猪耳**不同点在于本种为野生种;花冠较短,长 1.5～2.2 cm,淡黄色或白色,其超出萼齿部分长只有 2～7 mm;花序为顶生或侧生的伞形花序,无花序梗,花序有花 2～4 朵,侧生的有时常退化成单朵;花萼长卵形,果期常变为紫红色。 产于兴安、资源、全州、龙胜、灌阳、恭城、平乐、灵川、贺州、昭平、苍梧、鹿寨、金秀、天峨、平果、巴马、上林、来宾、融安;生于山野沟边、路旁或疏林下阴湿草地。分布于我国华东、华南、西南、华中地区。 全草可治小儿疳积、结膜炎、肠胃炎。

5. **毛叶蝴蝶草** 毛叶蓝猪耳 粗毛蝴蝶草(海南植物志) 图版 152:6～8

Torenia benthamiana Hance in Ann. Sci. Nat. Bot. 4 ser. **18**:226. 1862;中国高等植物图鉴 **4**:27,图 5467. 1975;海南植物志 **3**:510. 1974;中国植物志 **67**(2):154,图 42. 1979;Fl. China **18**:40. 1998. ——*T. nantoensis* Hayt. in Ic. Pl. Form. **9**:81. 1920.

一年生匍匐草本;全体密被硬毛;茎多分枝,四方形,下部的节上常生根。叶有长 0.5～1 cm 的梗;叶片卵形至卵心形,长 1～1.2 cm,宽 1～1.8 cm,边缘具锯齿 6～8 枚。花常 3 朵组成伞形花序,稀有单生于叶腋或 5 朵组成总状花序;花梗长约 2 cm;花萼筒状,有 5 棱,长约 1 cm,果期可长达 1.5 cm,萼齿 2 裂,小裂齿 5 枚,大小近等;花冠紫色或紫蓝色,长约 1.2 cm,上唇微凹,下唇 3 裂;前面 1 对花丝有长约 2 mm 的附属物;柱头 2 裂。蒴果长椭圆形,长约 1 cm,宽 2～3 mm,包于萼内;种子球形,黄色。 花果期 8 月至翌年 5 月。 产于苍梧(大坡、铜锣山)、平南(六陈)、容县(黎村)、岑溪(水汶)、北流(龙湾)、恭城(立新);生于山坡、路旁之湿地或溪旁。分布于海南、广东、台湾、福建。

6．**二花蓝猪耳**　二花蝴蝶草(中国植物志)

Torenia biniflora T. L. Chin et D. Y. Hong 于中国植物志 **67**(2)：399. 154，图 43. 1979.

一年生匍匐或上升草本；全体被疏短硬毛；茎长可达 50 cm，简单或基部分枝。叶有 6～10 mm 的柄；叶片卵形，长 2～4 cm，宽 1～2.5 cm，基部圆钝或阔楔形，先端急尖或短渐尖，边缘有粗锯齿。花序因顶端 1 朵花不发育而成二歧状，着生于中、下部叶腋，发育的花通常为 2 朵，稀有 4 朵，这是本种不同于其他国产种类的主要特征。此外，本种的苞片条形，长 3 mm；萼筒状，长约 1 cm，果期长 1.2 cm，有 5 翅，翅宽 0.5～1 mm；萼齿 5 枚，狭披针形，长 3～4 mm；花冠黄色，长约 11 mm；前方 2 枚花丝基部各有长约 3 mm 的棒状附属物；花柱顶端具 2 裂片；除萼的外侧被短毛外，花的其他部分均无毛。蒴果长椭圆形，长约 7 mm。　花果期 7～10 月。　产于靖西、金秀(古陈)、贺州(大桂山)；生于路旁、林下的潮湿草地上。分布于广东。

7．**黄花蓝猪耳**(广西植物名录)　黄蝴蝶草(海南植物志)　黄花翼萼(广州植物志)　泡卜儿(岑溪)

Torenia flava Buch.-Ham. ex Benth. in Scroph. Ind. 38. 1835. et in Fl. Hongk. 250. 1861；Hook. f. in Bot. Mag. **109**：t. 6700. 1883；Bonati in Lecomte：Fl. Gén. Indo-Chin **4**：405. 1927；Matsumura et Hayata in Enum. Pl. Formosan 278. 1906；广州植物志 600. 1956；海南植物志 **3**：510. 1974；中国植物志 **67**(2)：157，图版 19：1～2. 1979；Fl. China **18**：40. 1998. ——*T. hokutensis* Hayata in Ic. Pl. Formosan **9**：81. 1920.

直立草本，高可达 40 cm；全株被柔毛；分枝和二级分枝均对生，茎具 4 条棱，节部稍膨大。叶片卵形或椭圆形，长 3～5 cm，宽 1～3 cm，基部阔楔形，先端短渐尖，边缘有锐尖；下部的叶具长约 10 mm 的柄，上部的叶几无柄。总状花序顶生，长 10～20 cm，有花数朵至 10 余朵；花梗长 5～7 mm，果期增粗；苞片狭卵形，长约 7 mm；萼狭筒状，具明显的 5 棱，二唇形，果期长达 1.5 cm，小萼齿 5 枚，狭披针形；花冠筒长约 1.2 cm，冠裂片 4 枚，黄色，上唇全缘或微凹，下唇 3 枚近圆形；前方 1 对花丝之附属物长约 1 mm。蒴果长圆形，长约 1 cm；种子多数，细小，近圆形。　花果期 5～12 月。　产于柳州(沙塘)、金秀(六巷)、来宾、龙州(彬桥)、桂林、东兴(滩散)；常生长在山坡、旷野或林下、溪旁草地。分布于广东、海南和台湾，印度、缅甸、越南、老挝、柬埔寨、泰国、马来西亚和印度尼西亚亦有。　全草可治阴囊肿大。

8．**小花蓝猪耳**　小花翼萼(广州植物志)

Torenia parviflora Buch.-Ham. ex Benth. in Scroph. Ind. 39. 1835，et in DC. Prodr. **10**：410. 1846；Hook. f. in Fl. Brit. Ind. **4**：278. 1884；中国植物志 **67**(2)：159. 1979；广州植物志 600. 1956；Fl. China **18**：41. 1998.

直立或铺散草本，高 10～25 cm；全体被柔毛；茎自基部分枝，枝下部的节常生根。叶对生；具长约 5 mm 的柄；叶片卵形至卵状披针形，长 1～2 cm，宽 0.8～1.5 cm，基部宽楔形，先端急尖，边缘有锯齿。在分枝顶部腋生的伞形花序有花 2～5 朵；花冠蓝色，长 8～12 mm；前方 1 对花丝各有 1 枚齿状附属物。宿萼具 5 棱，长约 6 mm。　产于十万大山地区；生于山坡、林下或山谷潮湿草地。分布于印度、印度尼西亚及非洲和美洲的热带地区。

34．母草属　Lindernia All.

一年生矮小草本；直立、匍匐或倾卧。叶对生；叶片全缘或有齿；有柄或无柄；叶脉羽状或掌状。花在叶腋中对生或稀有单生，或在茎顶排成总状花序，稀为大型圆锥花序，有时因花序柄缩短而成伞型花序；萼具 5 齿；花冠紫色、蓝色或白色，冠筒圆柱形，先端二唇形，上唇直立、微 2 裂，下唇较大、伸展、3 裂；雄蕊 4 枚，全育，稀有前方 1 对退化而无花药，花药贴连或下方药室顶端具刺尖或距；柱头膨大，常二片状。蒴果形状多样，膜裂，内含多数而细小的种子。　本属约有 70 种，主要分布于亚洲热带和亚热带地区，美洲和欧洲亦有。我国有 29 种，产于西南至东北各地；广西有 19 种，分布于广西各地，多数种为田间杂草，少数供药用。

分种检索表

1. 前方1对雄蕊不育或退化，后方1对雄蕊能育。
  2. 退化雄蕊不裂。
    3. 叶片基部楔形，并下延半抱茎，边缘有浅而不整齐的锯齿。
      4. 茎匍匐；叶片长圆形、长圆状披针形或条状披针形，宽0.6～1.2 cm；花在茎顶组成疏总状花序；果梗不反折；种子三棱状卵形 ………………………………………………………… 1. **泥花草** *L. antipoda* (L.) Alston
      4. 茎直立；叶片狭条形，宽约2 mm；花少数，与叶对生；果梗反折；种子长圆形 ………………………………………………………………………………………… 2. **细叶母草** *L. tenuifolia* (Colsm.) Alston
    3. 叶片基部楔形，但不下延抱茎，边缘有明显、整齐或带芒的锐锯齿。
      5. 叶有明显的柄，叶缘的锯齿无芒状刺尖 ………………………………… 3. **旱田草** *L. ruellioides* (Colsm.) Pennell
      5. 叶无柄，叶缘的锯齿有芒状刺尖 …………………………………………… 4. **刺齿泥花草** *L. ciliata* (Colsm.) Pennell
  2. 退化雄蕊开裂。
    6. 无毛草本；叶无柄，多少抱茎，具三出脉；蒴果长卵圆形，较宿萼长1倍 ………………………………………………………………………………………… 5. **尖果母草** *L. hyssopioides* (L.) Haines
    6. 被毛草本；叶有短柄或无柄，不抱茎，具羽状脉。
      7. 植株高一般不超过10 cm；叶片卵状长椭圆形，长1～1.8 cm，宽5～12 mm，边缘具浅锯齿4～6对；萼齿披针形，长5 mm；前方1对雄蕊花丝有距状附属物，花药退化 ………………… 6. **柔弱母草** *L. delicatula* Tsoong et Ku
      7. 植株高可达20 cm；叶片卵状三角形，长1.5～2.8 cm，宽5～14 mm，边缘具浅钝齿6～9对；萼齿条状针形，长10 mm；前方1对雄蕊花丝无附属物，花药不发达，呈点状 ……… 7. **坚挺母草** *L. stricta* P. C. Tsoong et T. C. Ku
1. 前方1对雄蕊和后方1对雄蕊均能育。
  8. 萼浅裂或半裂。
    9. 萼浅裂；蒴果椭圆形，与萼近等长；叶片三角状卵形或宽卵形；花只有1种类型 ………………………………………………………………………………………… 8. **母草** *L. crustacea* (L.) F. Muell
    9. 萼半裂；蒴果长椭圆形，比萼长2倍；叶片宽卵形至圆形；花有二种类型，即无梗早结实类型、有长梗晚结实类型…… …………………………………………………………………………… 9. **宽叶母草** *L. nummularifolia* (D. Don) Wettst.
  8. 萼深裂，仅基部联合。
    10. 叶片从基部分出3～5条平行脉；叶片边全缘或罕有细圆齿 ………… 10. **陌上菜** *L. procumbens* (Krock.) Borbas
    10. 叶具羽状脉。
      11. 蒴果比宿萼长1倍以上。
        12. 叶片条状披针形，长1～4 cm，宽2～8 mm；蒴果条形，长约14 mm，比萼长约2倍 ………………………………………………………………………………………… 11. **狭叶母草** *L. micrantha* D. Don
        12. 叶片卵状或三角状卵形，基部截形或近心形，长4～20 mm，宽7～12 mm；蒴果比宿萼长2倍，条状披针形 … …………………………………………………………………………… 12. **长蒴母草** *L. anagallis* (Burm. f.) Pennell
      11. 蒴果与宿萼近等长。
        13. 蒴果椭圆形或卵状长圆形；前方1对雄蕊花丝基部的附属体棍棒状或丝状。
          14. 圆锥花序，由腋生的总状花序组成，具多数花；茎方形，有长硬毛；蒴果椭圆形；前方1对雄蕊花丝基部的附属体棍棒状 ……………………………………………………… 13. **荨麻叶母草** *L. elata* (Benth.) Wettst.
          14. 总状花序，由少数生于枝顶叶腋的花组成。
            15. 植株被疏刺毛；叶片较小，阔卵形，长4～13 mm，宽3～4 mm；叶柄长约3 mm；花冠长7～8 mm ……… ………………………………………………………………… 14. **刺毛母草** *L. setulosa* (Maxim.) Tuyama ex Hara
            15. 植株被微毛或近无毛；叶片较大，三角状卵形，长2～3.5 cm，宽1～2 cm；叶柄长5～10 mm；花冠长10～12 mm ………………………………………………………… 15. **瑶山母草** *L. yaoshanensis* P. C. Tsoong
        13. 蒴果卵圆形、卵状椭圆形或球形；前方1对雄蕊花丝基部的附属体肾形或膝状弯曲，不甚明显。
          16. 花序梗和花梗有腺毛；萼齿不等大，后方1枚较长 ………………… 16. **大叶母草** *L. megaphylla* P. C. Tsoong
          16. 花序梗和花梗无腺毛；萼齿等大。

17. 叶片长宽几相等,卵形或近圆形,边缘有浅波齿,反卷;蒴果卵球形,与萼近等长;短总状花序有花3~5朵;花冠长约9 mm ………………………………………… 17. **细茎母草** L. pusilla (Willd.) Boldingh

17. 叶片长于宽,倒卵状长圆形或长圆形,边缘有明显锯齿,不反卷;蒴果球形、近球形或长卵圆形。

18. 植物体长有蔓;叶同型;萼在果期长5~8 mm ………………… 18. **红骨草** L. mollis (Benth.) Wettst.

18. 植物体不长蔓,但常铺散倾卧;叶大而有柄,上部的叶渐变小变圆;萼在果期长约3 mm ……………………………………………………………… 19. **粘毛母草** L. viscosa (Hornem.) Merr.

1. **泥花草**(广州植物志)　水辣椒(玉林、岑溪)　图版143:5~7

Lindernia antipoda (L.) Alston in Trim. Handb. Fl. Ceyl. 6. Suppl. 214. 1931; Philcox, Kew Bull. **17**: 484. 1964, et **22**: 57. p. 11. f. 5~8. 1968; 海南植物志 **3**: 508, 图 888. 1974; 中国植物志 **67**(2): 145. 1979; Fl. China **18**: 38. 1998. ——*Ruellia antipoda* L. in Sp. Pl. 635. 1753. ——*Ilysanthes antipoda* (L.) Merr. in Interp. Rumph. Herb. Amb. 467. 1917. excl. Reullia anagallide; 广州植物志 502. 1956. ——*Vandellia veronicifolia* (Retz.) Haines in Bot. Bihar et Orissa **4**: 633. 1922. ——*Bonnaya antipoda* (L.) Druce in Rep. Bot. Exch. Cl. Brit. Isles **3**: 415. 1914. ——*B. veronicifolia* (Retz.) Spreng. in Syst. Veg. **1**: 41. 1824. ——*Lindernia veronicifolia* (Retz.) F. Muell. in Fragm. Pl. Filip. **6**: 101. 1867.

一年生无毛草本。高10~30 cm;根须状丛生。茎幼时近直立,长大后基部常匍匐,节部常生根,弯曲上升。叶对生;叶片长圆形、长圆状披针形或狭倒披针形,长0.8~4.5 cm,宽0.6~1.2 cm,先端钝或罕有急尖,基部下延渐狭成柄,略抱茎,边缘有少数不明显的小锯齿;羽状脉隐约可见。总状花序长10~20 cm,有花数朵至20朵;苞片钻形;花梗长0.8~1.5 cm,有条纹;萼5深裂至基部,裂片长状披针形;花冠紫色或白色,长约1 cm,管部长约7 mm,上唇近圆形,先端浅2裂,下唇3裂,与上唇近等长;后方1对雄蕊能育,前方1对雄蕊退化,无花药,花丝弯曲,顶端略膨大。蒴果条形,先端渐尖,长为宿萼的2~2.5倍;种子三棱状卵形,褐色。　花果期春季到秋季。　产于兴安、龙胜、柳州、融水、三江、贵港、平南、北流、玉林、环江、梧州、蒙山、钟山、岑溪、龙州、百色、隆林等地;常见于田边和潮湿草地,有时河边、沙地亦有生长。分布于我国华东、华中、中南至西南各地,印度、中南半岛地区至澳大利亚亦有。　全草可入药,治肺热咳嗽、咽喉炎、扭伤等。

2. **细叶母草**(中国植物志)　线叶泥花草(广州植物志)

Lindernia tenuifolia (Colsm.) Alston in Trim. Fl. Ceyl. 6. (suppl): 214. 1931; Philcox in Kew Bull. **22**: 62. p. 11. f. 9~12. 1968; 中国植物志 **67**(2): 144. 1979; Fl. China **18**: 37. 1998. ——*Ilysanthes tenuifolia* (Colsm.) Urban in Bericht. Deutch. Bot. Ges. **2**: 435. 1884; 广州植物志 603. 1956. ——*Bonnaya tenuifolia* (Colsmann) Spreng. in Syst. Veg. **1**: 42. 1842. ——*Vandellia tenuifolia* (Colsm.) Haines in Bot. Bihar Orissa **4**: 634. 1922.

一年生无毛小草本,高约12 cm;多分枝。叶无柄,抱茎;叶片条形,长1~2.5 cm,宽2~3 mm,全缘或有极稀而不明显的细锯齿;具明显的中脉。花少数,花梗长5~10 mm;萼5裂,仅基部联合;花冠紫红色,上唇浅2裂,下唇3裂;能育雄蕊2枚,前方2枚退化。蒴果圆柱形,长12~15 mm。本种似**泥花草**[*Lindernia antipoda* (L.) Alston],但本种茎直立、丛生,不匍匐,高一般不超过15 cm;叶狭条形;花萼长约2 mm;花与叶对生,在茎顶组成总状花序;果梗反折。　产于东兴(江平);生于田野草地。分布于台湾、广东,缅甸、老挝、越南、柬埔寨、马来西亚、菲律宾、印度尼西亚亦有。

3. **旱田草**(广州植物志)　锯齿草(蒙山)　五月莲(平果)　车轮草(金秀)　图版153:1~2

Lindernia ruellioides (Colsm.) Pennell in Brittonia **2**: 182. 1936; Philcox, Kew Bull. **17**: 484. 1964, et **22**: 54. p. 11. f. 1~4. 1968; 海南植物志 **3**: 509. 1974; 中国高等植物图鉴 **4**: 29, 图 5472. 1975; 中国植物志 **67**(2): 146, 图版 16: 1~2. 1979; Fl. China **18**: 38. 1998. ——*Gratiola ruellioides* Colsm. in Prodr. Desc. Grat. 12. 1793. ——*Bonnaya reptans* (Roxb.) Spreng. in Syst. Veg. **1**: 41. 1824; Hook. f. Fl. Brit. Ind. **4**: 284. 1884. ——*Ilysanthes*

图版 153　1～2. 旱田草 Lindernia ruellioides (Colsm.) Pennell　1. 植株；2. 花解剖。　3. 刺齿泥花草 L. ciliata (Colsm.) Pennell　3. 植株。　4～7. 母草 L. crustacea (L.) F. Muell　4. 植株；5. 花解剖；6. 雌蕊；7. 花萼展开。　(林文宏绘)

tenuifolia (Colsm.) Urb. in Ber. Deutsch. Bot. Ges. **2**:435. 1884. ——*Gratiola reptans* Roxb. in Fl. Ind. **1**:140. 1820. ——*Ilysanthes ruellioides* (Colsm.) Kuntze in Rev. Gen. Pl. **2**:162. 1891.

一年生草本，高5～10 cm。本种与**泥花草**[*Lindernia antipoda* (L.) Aislon]近似，但本种主茎很少直立，多分枝成长达10～30 cm的蔓，节上生根；叶柄长3～20 mm，且不抱茎；叶片较宽大，卵状长圆形、圆形或长圆形，长1.5～4 cm，宽1～2 cm，边缘有明显、稠密、尖锐、整齐的锯齿；总状花序有花2～10朵；苞片披针状条形；花冠紫红色，长10～14 mm，冠筒长7～9 mm；蒴果比宿萼长约2倍；种子椭圆形，褐色。花期6～11月，果期7～12月。　产于恭城、灵川、平乐、柳州、金秀、融水、忻城、凤山、田林、西林、平果、东兰、天峨、乐业、南丹、罗城、那坡、蒙山、隆林、藤县、岑溪、梧州、苍梧、玉林、博白、平南、北流、南宁、宁明、上思、龙州等地；生于草地、溪边、林下、路边和山坡坡脚湿地。分布于台湾、福建、江西、广东、湖南、湖北、四川、贵州、云南和西藏，印度至印度尼西亚、菲律宾亦有。　全草可入药，治口腔炎、痢疾、小儿疳积。

4. **刺齿泥花草**(海南植物志)　五月莲(来宾)　齿叶泥花草(广州植物志)　图版153:3

Lindernia ciliata (Colsm.) Pennell in Brittonia **2**: 182. 1936, et Journ. Arn. Arb. **24**: 253. 1943; Philcox, Kew Bull. **22**:51. P. 10. f. 12～15. 1968; 海南植物志 **3**:508. 1974; 中国植物志 **67**(2):146, 图版16:3～4. 1979; Fl. China **18**: 38. 1998. ——*Gratiola ciliata* Colsm. in Prodr. Desc. Grat. 14. 1793. ——*Bonnaya brachiata* Link. et Otto in Ic. Pl. Select. 25. t. 11. 1820; Hook. f. Brit. Ind. **4**:284. 1884. ——*Gratiola serrata* Roxb. in Fl. Ind. **1**:139. 1820. ——*Ilysanthes serrata* (Roxb.) Urban in Bericht. Deutsch. Bot. Ges. **2**:436. 1884; Merr. et Metcalf, Linngn. Sci. Journ. **16**:399. 1937; 广州植物志 602. 1956. ——*Vandellia ciliata* (Colsm.) T. Yamaz. Journ. Jap. Bot. **30**:176. 1955.

本种甚似**旱田草**[*Lindernia ruellioides* (Colsm.) Pennell]，但本种叶无柄或只有极短而抱茎的柄；叶片边缘有细密而带芒刺的锯齿；总状花序一般具有较少的花；花冠浅紫色或白色，较小，长约7 mm，冠筒长约4.5 mm；蒴果条形，较细长，长约为宿萼的3倍；种子多数，呈不整齐的三棱形。　花果期6～12月。　产于防城港、南宁、百色、龙州、上思、来宾、贵港、玉林、北流、忻城等地；生于路边、林下、稻田或荒野潮湿的草地。分布于台湾、福建、广东、云南、西藏，印度、缅甸、斯里兰卡、泰国、老挝、马来西亚、柬埔寨、越南、印度尼西亚、菲律宾、澳大利亚亦有。　全草可入药，治急性关节炎。

5. **尖果母草**(中国高等植物图鉴)　短果泥花草(海南植物志)

Lindernia hyssopioides (L.) Haines in Bot. Bihar et Orissa **4**:666. 1922; Philcox, Kew Bull. **22**:50. p. 10. f. 8～11. 1968; 海南植物志 **3**:509. 1974; 中国植物志 **67**(2):150, 图版11:5～7. 1979; Fl. China **18**:39. 1998. ——*Gratiola hyssopioides* L. in Mant. 174. 1767. ——*Ilysanthes hyssopioides* (L.) Benth. in DC. Prodr. **10**:419. 1846; Hook. f. Fl. Brit. Ind. **4**:283. 1884; Bonati in Lecomte in Fl. Gén. Indo-Chine **4**:430. 1927. ——*Bonnaya hyssopioides* (L.) Benth. in Wall. Cat. No. 3866. 1831. nom. nud., et Scroph. Ind. 34. 1835.

纤弱草本；直立或弯曲上升，茎简单或有分枝，高15～30 cm；全体无毛。本种在广西同属植物中最大特征为叶为披针形，长5～15 mm，宽约4 mm，基部具三出脉，边缘有小钝齿2～3对；花在上部叶腋中长出，有细而长5～25 mm的花梗；萼5裂，裂片条状披针形，仅基部联合；花冠红色、紫色或白色，长约1 cm，上唇2深裂，裂片狭三角状卵形，下唇3裂，裂片近相等；雄蕊4枚，前方1对退化成极短而开裂的花丝状；花柱短，顶端裂成2片状。蒴果卵圆形，长约5 mm。　花期5～11月，果期8～12月。　仅见于东兴的万尾岛；生于沙土湿地处。分布于云南、海南；印度至印度尼西亚亦有。

6. **柔弱母草**(中国植物志)

Lindernia delicatula Tsoong et Ku 于中国植物志 **67**(2):398. 152, 图版18:4～6. 1979.

一年生矮小草本，高约10 cm；根须状；茎直立，枝常以45°角分出，与茎密被硬毛。叶对生；无柄或有极短而带翅的柄；叶片长卵形或卵状长椭圆形，长1～1.8 cm，宽5～12 mm，先端急尖或圆钝，基部圆形至宽楔形，边缘有4～6对浅锯齿，两面均被毛。短总状花序，由少数单生于枝上部叶腋的花组成；花梗有毛，长达2 cm；苞片卵形；萼仅基部联合，齿5枚，披针形，长约5 mm，密生长硬毛；花冠蓝紫色，长约10 cm，上唇微2裂,下唇3裂,半圆形;后方1对雄蕊能育,前方1对雄蕊退化,花丝有长圆状附属体;子房无毛,柱头片状。蒴果长卵圆形,短于宿萼;种子卵球形,多数,褐色。 广西特有种,仅见于龙州;常生于山坡。

7. **坚挺母草**(中国植物志)

Lindernia stricta P. C. Tsoong et T. C. Ku 于中国植物志 **67**(2):397. 140. 图版 18:1~3. 1979;Fl. China **18**:37. 1998.

草本,高14~20 cm;全株被疏硬毛;根须状;茎坚挺而直立,老枝常木质化,茎棱狭翅状。叶无柄或有短柄;叶片三角状卵形至卵状披针形,长1.5~2.8 cm,5~14 mm,先端短尖,基部宽楔形,边缘具小锯齿。花单生于叶腋并在枝顶形成短总状花序;花梗长1.5~2.5 cm;萼基部联合,齿5枚,条状披针形,长约1 cm,先端尾状渐尖;花冠长约8 mm,上唇卵圆形,不裂,下唇3裂,裂片圆钝;前方1对雄蕊花药不发达,点状,后方1对雄蕊花药发育,药隔近端处有透明之翅。蒴果长圆状卵形,较宿萼短约1/3;种子多数,球形,褐色。 广西特有种,产于兴安、贵港、贺州(大桂山);生于山谷或路边阴湿草地。

8. **母草**(植物名实图考) 小四方草(防城) 四方草(北流) 图版153:4~7

Lindernia crustacea (L.) F. Muell in Syst. Cens. Austral. Pl. **1**:97. 1882;广州植物志 598,图 318. 1956;海南植物志 **3**:507,图 887. 1974;中国高等植物图鉴 **4**:30,图 5473. 1975;中国植物志 **67**(2):129,图版 12:1~2. 1979;Fl. China **18**:34. 1998. ——*Carparia crustacea* L. in Mant **1**:87. 1767. ——*Vandellia crustacea* (L.) Benth. in Scroph. Ind. 35. 1835;Yamaz. Jour. Jap. Bot. **30**:78. 1955. ——*V. bodinieri* H. Lévl. in Bull. Soc. Agric. Sarthe repr. 9. 1904.

一年生矮小草本,高10~20 cm;无毛或疏被短毛;分枝多,铺散成丛,弯曲上升;茎有沟纹,略方形。叶对生;有短柄;叶片卵形三角状卵形,长10~20 mm,宽5~10 mm,先端钝或短尖,基部近圆形或宽楔形,边缘有浅锯齿。花单生于叶腋,在茎顶组成短总状花序;花梗长1~3 cm;花萼坛状,长约5 mm,明显5裂,裂齿三角状卵形;花冠紫色,长约7 mm,上唇直立,2浅裂,下唇3裂,中裂片较大;雄蕊4枚,全育,2强。蒴果椭圆形,与宿萼近等长;种子近球形,有整齐明显的瘤状突起。 花果期6~10月。 产于桂林、永福、罗城、来宾、富川、贺州、昭平、金秀、苍梧、南宁、上林、贵港、北流、玉林、博白、合浦、防城港等地;常生于田边、溪边和路边的低湿草地。分布于江苏、浙江、台湾、福建、安徽、湖北、湖南、江西、海南、云南、四川、贵州、河南等地,广泛分布于全球热带、亚热带地区。 全草可入药,治乳痈、跌打损伤、消化不良、痢疾等。

9. **宽叶母草**(中国植物志) 圆叶母草(中国高等植物图鉴) 铜钱叶母草(广西植物名录)

Lindernia nummularifolia (D. Don) Wettst. in Pflanzenfam. 4(3b):79. 1895;Li,Taiwania **1**:163. 1950;中国高等植物图鉴 **4**:30,图 5474. 1975;中国植物志 **67**(2):126,图版 11:1~4. 1979;Fl. China **18**:33. 1998. ——*Vandellia nummularifolia* D. Don in Prodr. Fl. Nep. 86. 1825;Hook. f. Fl. Brit. Ind. **4**:282. 1885. ——*V. sessilifolia* Benth. in Scroph. Ind. 37. 1835,et in DC. Prodr. **10**:416. 1846. ——*Lindernia sessilifolia* (Benth.) Wettst. in Pflanzengam. IV. 3B:79. 1891.

一年生草本,高约15 cm。本种似**母草**[*L. crustacea* (L.) F. Muell.],但茎方形,棱上被短毛;叶片圆形至卵圆形,长5~12 mm,宽4~8 mm,先端圆钝,基部宽楔形或心形;基出侧脉2~3对;花序为顶生或腋生的亚伞形花序;花同时出现两种类型:一种生于花序中部的,具极短的花梗或无梗,闭花受精,先期结实;另一种生于花序外方,具长梗,花期甚晚,开放于短梗花种子成熟之后,时常败育;前方1对花丝的附属物齿状;蒴果比宿萼长约2倍;种子棕褐色。 产于融水和隆林(金钟山);生于海拔1 800 m以下的田边、沟旁及路边潮湿草地。分布于甘肃、陕西、浙江、湖南、湖北、四川、西藏、云南和贵州,印度、尼泊尔亦有。 全草可入药,外用治蜂类蜇伤。

10. **陌上菜**(植物学大辞典) 对坐神仙草(环江) 图版154:1~3

Lindernia procumbens (Krock.) Borbas in Bekesm. Fl. 80. 1881;Fl. China **18**:34. 1998. ——*L. procumbens* (Krock.) Philcox in Taxon **14**:30. 1965 et Kew Bull. **22**:29. 1968 excl. f. ;中国高等植物图鉴 **4**:

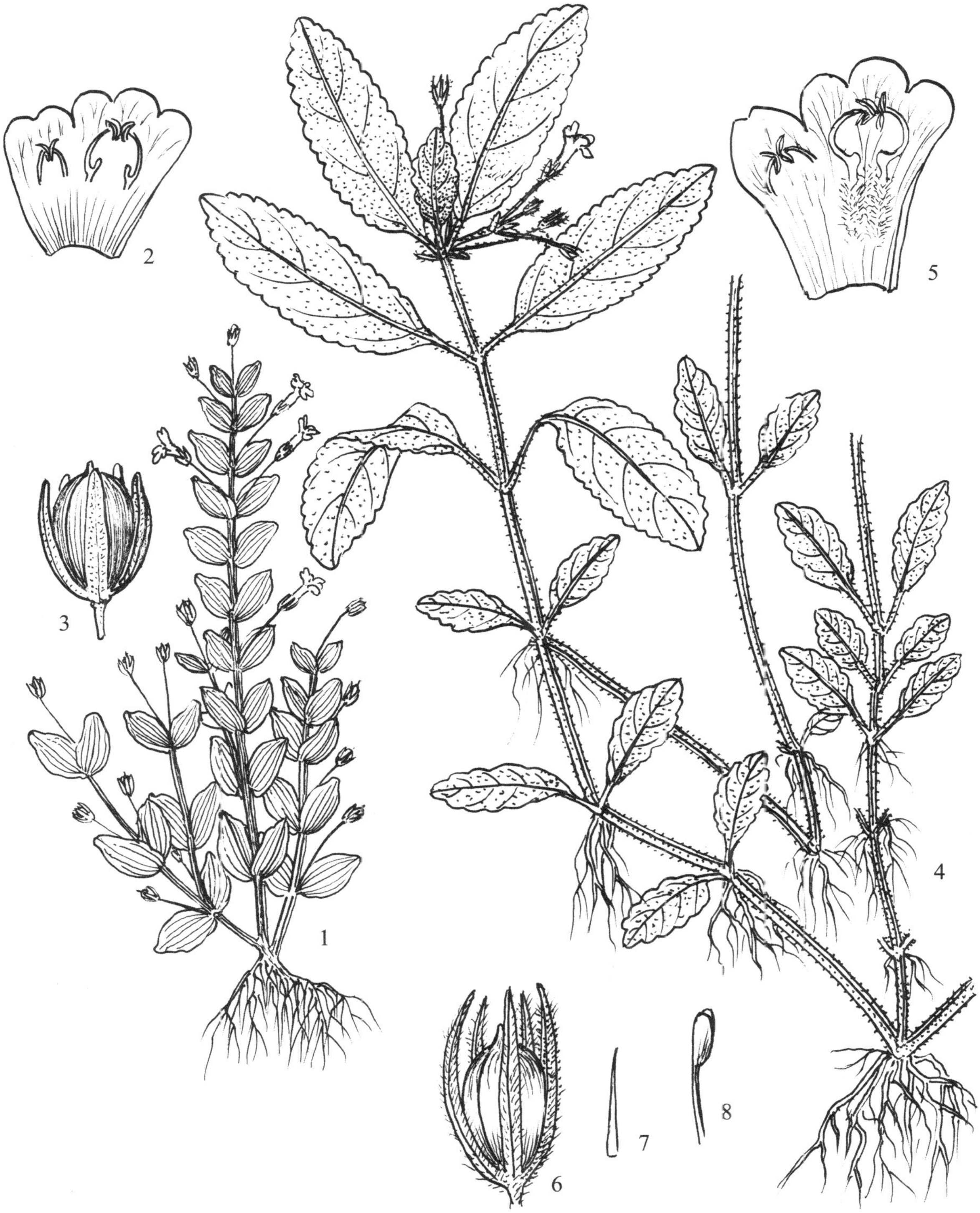

图版 154　1～3. 陌上菜 Lindernia procumbens (Krock.) Borbas　1. 植株；2. 花冠与雄蕊；3. 果实。　4～8. 红骨草 L. mollis (Benth.) Wettst.　4. 植株；5. 花冠与雄蕊；6. 果；7. 毛放大；8. 柱头放大。（辛茂芳绘）

28,图 5469. 1975;中国植物志 67(2):131. 1979. ——*Anagalloides procumbens* Krock. in Fl. Siles. 2. 1: 398. t. 26. 1970. ——*Lindernia pyxidaria* L. in Mant. 2:252. 1771. nom. illegrit. p. p. ,quoad spec. excl. syn. ; Yamaz. Journ. Jap. Bot. 30: 171. 1955; 广州植物志 599. 1956. ——*Vandellia erecta* Benth. in Scroph. Ind. 36. 1835. pro. maj. parge, excl. Wall. Cat. No. 3943 et 3947, p. p. ——*Lindernia erecta* (Benth.) Bonati in Lecomte, Fl. Gén. Indo-Chine 4:420. 1927.

直立丛生无毛草本,高约 15 cm;叶对生;无柄;叶片椭圆形至长圆形,长 1～2.5 cm,宽 6～12 mm,先端钝,边缘全缘或有不明显的钝齿,自叶基发出 3～5 条平行叶脉。花单生于叶腋;花梗长 1～2 cm,纤细;花萼 5 深裂,仅基部联合,萼齿 5 枚,条状披针形,长约 4 mm;花冠红色或紫色,长 5～7 mm,上唇直立,2 浅裂,下唇开展,3 裂;雄蕊 4 枚,全育,前方 1 对雄蕊的附属体腺形而短小;柱头 2 裂。蒴果卵圆形,室间 2 裂;种子多数,有格纹。 花期 7～9 月,果期 9～11 月。 产于环江(明伦、下南)、东兰、北流;生于水边或潮湿草地。分布于我国东北、华东、中南、西南各地区及陕西、河北,欧洲南部至日本、马来西亚亦有。 全草可入药,治血尿。

11. **狭叶母草**(海南植物志)

Lindernia micrantha D. Don in Prod. Fl. Nep. 85. 1825; Fl. China 18:37. 1998. ——*L. angustifolia* (Benth.) Wettst. in Pflanzenfam. 4(3b):79. 1891; Merr. Lingn. Sci. Journ. 6:286. 1928;海南植物志 3: 507. 1974;中国植物志 67(2):141,图版 15:1～9. 1979. ——*Vandellia angustifolia* Benth. in Scroph. Ind. 37. 1835; Hook f. Fl. Brit. Ind. 4:252. 1884; Yamaz. Jap. Bot. 30:175. 1955.

一年生多分枝草本,高约 40 cm;下部常弯曲上升;根须状,多数;茎有条纹,无毛。叶几无柄;叶片条状披针形,长 1～4 cm,宽 2～8 mm,顶端圆钝,基部楔形成极短的狭翅,全缘或有少数细圆齿;基出叶脉 3～5 条,中脉较宽,两边的 1～2 条较细。花单生于叶腋,具长 3～3.5 cm 的花梗;萼仅基部联合,齿 5 枚,狭披针形,长约 2.5 mm;花冠紫色或白色,长约 6.5 mm,上唇圆形,先端微 2 裂,下唇 3 裂,开展;雄蕊 4 枚,全育,前方 2 枚雄蕊的附属物丝状。蒴果比宿萼长约 2 倍;种子长圆形,有蜂窝状孔纹。 花果期 5～11 月。 产于环江、桂林、柳州、金秀(大瑶山)、贺州;生于田边、沟边或低处湿地。分布于安徽、河南、浙江、江西、湖北、湖南、福建、江苏、云南、贵州等地,日本、朝鲜、马来西亚、老挝、越南、柬埔寨、泰国、缅甸、印度、尼泊尔、斯里兰卡和印度尼西亚亦有分布。 全草可入药,治痢疾、胃肠炎、跌打损伤。

12. **长蒴母草**(广州植物志) 长果母草(中国高等植物图鉴) 四方草(容县、博白、马山)

Lindernia anagallis (Burm. f.) Pennell in Journ. Arn. Arb. 24:252. 1943; Philcox, Kew Bull. 17:484. 1964, et 22:45. p. 10. f. 1～7. 1968;海南植物志 3:506. 1974;中国高等植物图鉴 4:29. 图 5471. 1975;中国植物志 67(2):143,图版 15:1～4. 1979; Fl. China 18:37. 1998. ——*Ruellia anagallis* Burm. f. in Fl. Ind. 135. 1768. ——*Gratiola cordifolia* Colsm. in Prodr. Descr. Gratiol. 15. 1793. ——*Vandellia cordifolia* (Colsm.) G. Don, Gen. Syst. 4:549. 1838; Yamaz. Journ. Jap. Bot. 30:175. 1955. ——*Lindernia cordifolia* (Colsm.) Merr. in Enum. Born. Pl. 524. 1912; Pennell, Arn. Arb. 24:252. 1943;广州植物志 598. 1956. ——*Vandellia anagallis* (Burm. f.) Yamaz. in Journ. Jap. Bot. 30:176. 1955. p. p. excl. syn.

一年生草本,高可达 40 cm;全体近无毛;茎方形,基部长出长约 15～30 cm 的匍匐茎,节上生根。叶仅下部者有短柄;叶片卵状三角形至卵心形,长 4～20 mm,宽 7～12 mm,边缘具圆齿。花单生于叶腋;花梗长 1～2 cm;萼齿 5 枚,仅基部联合,狭披针形;花冠白色或紫色,长 8～12 mm,上唇直立,卵形,2 浅裂,下唇 3 裂,开展;雄蕊 4 枚,全育,前方 1 对雄蕊有短棒状附属物。蒴果条状披针形,比宿萼长 2 倍,这是本种明显的特点;种子卵圆形,有瘤状突起。 花期 4～9 月,果期 6～11 月。 产于柳州、玉林、苍梧、贺州、容县、贵港、平南、灵山、合浦、浦北、博白、陆川、南宁、龙州、上思、马山、百色、凤山、南丹、罗城、隆林、隆安等地。分布于福建、台湾、江西、湖南、广东、四川、云南和贵州。 全草可入药,治乳痈、腮腺炎、跌打损伤。

13. **荨麻叶母草**(中国高等植物图鉴) 高母草(云南)

Lindernia elata (Behth.) Wettst. in Engl. et Prantl. Natiirl. Pflanzenfam. 4(3b.):73. 1891;云南种子

植物名录,1593. 1984;Fl. China **18**:36. 1998. ——*Vandellia elata* Benth. in Scroph. Ind. 36. 1835. ——*Lindernia urticifolia* (Hance) Bonati in Lecomte,Fl. Gén. Indo-Chine **4**:421. 1912;Philcox,Kew Bull. **22**:31. p. 2. f. 9~12. 1968;中国植物志 **67**(2):135. 1 979. ——*Vandellia urticifolia* Hance in Journ. Bot. **6**:301. 1868;Yamaz. in Journ. Jap. Bot. **30**:174. 1955.

一年生多分枝草本,高可达 40 cm;茎枝方形,有明显的棱和长硬毛,老时基部木质化。叶具长 5~14 mm 的柄;叶片三角状卵形,长与宽均为 1~2.2 cm,先端急尖,基部楔形或截形,并下延成狭翅,边缘有锐锯齿,两面有长硬毛。总状花序腋生,再集成圆锥花序;花梗长 2~7 mm;苞片狭披针形;萼仅基部联合,齿 5 枚,条状披针形,被伸展的毛;花冠紫色或蓝色,长约 4 mm,冠筒长约 1 mm,上唇有浅裂,下唇 3 裂,较上唇长 1 倍;雄蕊 4 枚,全育,前方 1 对雄蕊有棒状附属体。蒴果椭圆形、短于宿萼。种子多数,微小,具棱。　产于贺州(大桂山)、苍梧、昭平、平南(城厢)、巴马(凤凰)、金秀(长垌);生于稻田边或潮湿草地。分布于云南、广东、福建,越南、马来西亚、印度尼西亚亦有。

14. **刺毛母草**(中国高等植物图鉴)

Lindernia setulosa (Maxim.) Tuyama ex Hara in Journ. Jap. Bot. **19**:207. 1943;中国植物志 **67**(2):136,图版 14:1~4. 1979. ——*Torenia setulosa* Maxim. in Bull. Acad. St. Pétersb. **31**:72. 1886. ——*Vandellia setulosa* (Maxim.) Yamaz. in Journ. Jap. Bot. **30**:174. 1955.

一年生多分枝草本;根须根状;茎多数倾卧,多少蔓生,少数近直立,稍方形,棱稍翅状,有疏刺毛或近无毛。叶柄长约 3 mm;叶片宽卵形,长 4~13 mm,宽 3~4 mm,先端稍钝或微尖,基部宽楔形,边缘具钝锯齿,齿端有突尖,腹面有平贴的粗毛,背面无毛或沿脉有毛。花单生于叶腋,形成疏总状花序;花梗纤细,长 1~2 cm;萼仅基部联合,齿 5 枚,条形,长约 5 mm,中肋明显,与边缘有硬毛;花冠白色或淡紫色,较萼稍长,长约 7 mm,上唇卵形,稍 2 裂,下唇较长,3 裂,伸展;雄蕊 4 枚,全育。蒴果稍短于宿萼,纺锤状椭圆形。　花期 5~8 月,果期 7~11 月。　产于博白县;生于路边、山谷或林下潮湿草地。分布于四川、贵州、江西、福建、浙江、广东等地,日本亦有。

15. **瑶山母草**(中国植物志)

Lindernia yaoshanensis P. C. Tsoong 于中国植物志 **67**(2):396,136,图版 13:1~2. 1979;Fl. China **18**:36. 1998.

本种为多分枝草本,高可达 50 cm;茎近直立或匍匐上升。其叶片稍似**荨麻叶母草**[*L. elata* (Benth.) Wettst.]的叶,但本种叶柄长 5~10 mm,叶较大,叶片长三角形至三角状卵形,长 2~3.5 cm,宽 1~2 cm,先端锐尖,两面被贴伏柔毛,上面较密。其花序为含花 3~5 朵的短总状花序,略近**刺毛母草**[*L. setulosa* (Maxim.) Tuyama ex Hara],但本种花梗稍粗,长 2~8 mm;萼长约 9 mm,沿中脉有粗毛;花冠长 10~12 mm,上唇有浅缺,长 3.5 mm,下唇长 6.5 mm,3 裂;雄蕊 4 枚,全育,前方 1 对雄蕊有棒状附属体;子房无毛,柱头片状。　广西特有种,产于金秀;生于近山沟的坡边潮湿草地。

16. **大叶母草**(植物分类学报)

Lindernia megaphylla P. C. Tsoong 于植物分类学报 **8**(1):67. 1959;中国植物志 **67**(2):132,图版 13:3~4. 1979;Fl. China **18**:35. 1998.

一年生高大草本,高 30~40 cm;茎分枝,有细毛,节部膨大。本种在广西同属植物中,叶片显著较大,长 8 cm 以上,宽可达 4 cm,长圆形至卵状长圆形,先端急尖,基部宽楔形,腹面有细而疏的瘤毛状突起;此外,本种的叶柄长可达 2 cm 以上,基部有下延之翅;花序长达 10 cm,有腺毛;花冠白色,长约 1 cm,上唇全缘,三角状卵形,下唇 3 裂,中裂片较长;能育雄蕊 4 枚,前部 2 枚花丝基部的附属物肾状等特征亦较突出。　产于隆安(屏山)、来宾(溯新);生于山谷或林下草本。为我国特有种,见于海南岛。

17. **细茎母草**(海南植物志)

Lindernia pusilla (Willd.) Boldingh in Zakfl. Landbouwstr. Java. 165. 1916;Philcox in Kew Bull. **22**:41. p. 9. f. 6~9. 1968;海南植物志 **3**:505. 1974;中国植物志 **67**(2):133. 1979;Fl. China **18**:35. 1998. ——

Gratiola pusilla Willd. in Sp. Pl. **1**:105. 1797. ——*Lindernia hirta* (Cham. et Schlechtend) Pennell in Jaurn. Arn. Arb, **24**:250. 1943. ——*L. stellarifolia* Hayata in Icon. Pl. Formosan. **9**:77～78. 1920. ——*Torenia hirta* Cham. et Schltdl. in Linnaea **2**:571～572. 1827. ——*Vandellia hirta* (Cham. et Schlechtend) T. Yamaz. in Journ. Jap. Bot. **30**:174. 1955.

一年生纤弱草本;半直立或铺散状,长可达 30 cm;茎有沟棱,无毛或有疏毛,节部有密毛。下部的叶有短柄,上部的无柄,叶片卵状心形,长宽近等,先端急尖或钝,基部楔形至近心形,边缘全缘或有不明显的细齿,两面有贴伏的粗毛;叶脉于腹面下陷,于背面突出。花对生于叶腋,在茎上端集成伞状缩短的总状花序,有花 3～5 朵;花梗细,长 8～15 mm;萼仅基部联合,齿 5 枚,狭披针形,外有粗毛;花冠长约 9 mm,紫色,上唇直立,微缺,下唇向前伸展,长达 5.5 mm;雄蕊 4 枚,全育,前方 1 对雄蕊花丝基部呈膝状弯曲。蒴果卵球形,与宿萼近等长;种子长圆形,多数,表面有瘤状突起。 花期 5～9 月,果期 9～11 月。 产于贺州(大桂山)、金秀(大樟);生于海拔 1 500 m 以下田边、沟边或林下湿地。分布于海南、云南、台湾,非洲各国、印度、马来西亚亦有。

18. **红骨草**(岭南科学杂志) 图版 154:4～8

Lindernia mollis (Benth.) Wettst. in Engler et Prantl, Nat. Pflanzenfam. **4**(3b):79. 1895; Fl. China **18**:35. 1998. ——*L. montana* (Bl.) Koord. in Exk. Fl. Java **3**:178. 1912; Philcox in Kew Bull. **22**:44. p. 9. f. 10～13. 1968;海南植物志 **3**:505. 1974;中国高等植物图鉴 **4**:28,图 5470. 1975;中国植物志 **67**(2):134,图版 17:3～5. 1979. ——*Diceros montanus* Bl. in Bijdr. 752. 1826. ——*Vandellia mollis* Benth. in Scroph. Ind. 37. 1835; Yamaz. in Journ. Jap. Bot. **30**:174. 1955. ——*V. montana* (Bl.) Benth. in DC. Prodr. **10**:415. 1846.

一年生匍匐草本;全体有绢色闪光的细刺毛;茎长达 40 cm,具少数分枝,匐枝的茎节常生根。叶柄长可达 10 mm 或有时近无柄;叶片椭圆形至卵形,长 2～6 cm,宽 1～2.5 cm,先端急尖或钝,基部宽楔形,边缘有浅圆形或不规则的锯齿。短总状花序腋生或顶生,有花可达 10 朵,有时也有单花;花梗长者达 2.5 cm;花萼仅基部联合,长 5～7 mm,齿 5 枚,条状披针形;花冠紫色或黄白色,长 8～10 mm,上唇直立,2 浅裂,下唇 3 裂,开展;雄蕊 4 枚,全育,前方 1 对雄蕊花丝的附属体齿状。蒴果长卵形,稍短于宿萼;种子有格状瘤突。 花果期 7～11 月。 产于北流、博白、玉林、桂平、金秀、南丹;生于海拔 1 500 m 以下的荒野田边、溪边、山谷或疏林下潮湿草地。分布于云南、广东、江西、福建等地,印度及印度尼西亚亦有。全草可入药,治乳痈、跌打损伤。

19. **粘毛母草**(海南植物志)

Lindernia viscosa (Hornem.) Merr. in Sp. Blanc. **14**:4. 1918; Philcox in Kew Bull. **22**:38. p. 9. f. 1～5. 1968; Li in Quart. Journ. Taiwan Museum. **14**:4. 1961;海南植物志 **3**:506. 1974;中国植物志 **67**(2):133. 1979; Fl. China **18**:35. 1998. ——*Gratiola viscosa* Hornem. in Enum. Pl. Hort. Hafn. 19. 1807. ——*Hornemannia viscosa* (Hornem.) Willd. in Enum. Pl. 653. 1809. ——*Lindernia cruciformis* Hayata in Ic. Pl. Formos. **9**:78. 1920. ——*Vandellia viscosa* (Hornem.) Merr. in Philipp. J. Sci. **7**:246. 1912.

直立铺散草本;本种略似**红骨草**[*Lindernia mollis* (Benth.) Wettst.],但本种不长蔓,分枝有时繁多,茎密被伸展的粗毛,有条纹;下部的叶卵状矩圆形,长可达 5 cm,宽可达 3.5 cm,先端圆钝,边缘有浅波状齿,两面疏被粗毛,基部常下延成狭翅状柄;上部的叶心形至卵心形,较小而无柄;总状花序稀疏,有花 6～10 朵;花序梗和花梗疏被粗毛;萼长仅 3 mm,外被粗毛;花冠长 5～6 mm,白色;蒴果球形,与宿萼近等长;种子小,椭圆状长方形。 产于防城港、上思、金秀等地;生于海拔 1 000 m 左右的林下或岩石边。分布于云南、广东、江西,缅甸、泰国、越南、菲律宾、印度尼西亚、巴布亚新几内亚亦有。

35. 虻眼属 Dopatricum Buch.-Ham. ex Benth.

一年生直立纤弱草本；有时倾卧或有分枝。叶对生；肉质，全缘，有时退化成鳞片状，由下而上渐变小。花小，单生于叶腋内或组成疏散的总状花序，有梗或无梗；萼深 5 裂；花冠筒上部扩大，二唇形，上唇 2 裂，下唇 3 裂；后方 2 枚雄蕊能育，花丝丝状，药室并行，分离而相等，前方 2 枚雄蕊退化，极小。蒴果小，球形，室背开裂；种子细小，多数，有结节或网脉。　本属约有 10 种，分布于非洲、亚洲及大洋洲的热带地区。我国仅有 1 种；广西亦产。

虻眼（日本名）（广州植物志）

Dopatricum junceum (Roxb.) Buch.-Ham. ex Benth. in Scroph. Ind. 31. 1835; Bonati in Lecomte Fl. Gén. Indo-Chine **4**:360. 1927; Hook. f. in Brit. Ind. **4**:274. 1885；广州植物志 603. 1956；海南植物志 **3**:499，图 883. 1974；中国高等植物图鉴 **4**:24，图 5462. 1975；中国植物志 **67**(2)：92，图 35. 1979. ——*Gratiola juncea* Roxb. in Fl. Coromad. **2**:16, t. 129. 1798.

一年生直立无毛草本；稍肉质，高 10～30(50)cm；根须状丛生；茎自基部多分枝，纤细，有纵纹。叶对生；叶片长圆形或宽条形，长 1～2 cm，先端急尖或微钝，基部长渐尖，边缘全缘，自下而上渐小且远离。花单生于叶腋；花梗纤细，由下而上渐变长，上部者长可达 10 mm；无小苞片；萼钟状，长约 2 mm，具 5 齿；花冠淡红色或白色，比萼长 2 倍，上唇短而直立，2 裂，下唇 3 裂，开展；雄蕊 4 枚，后面 2 枚发育，药室并行，前面 2 枚退化而小。蒴果球形，直径 2 mm，室背开裂；种子细小，卵状长圆形，有网状饰纹。　本种记载广西南部有产，编者未见到标本，其形态特征系根据有关资料写成；常生于稻田及潮湿草地。分布于陕西、河南、江西、江苏、云南、广东、台湾等地，印度至日本、南至大洋洲各国均有。

36. 毛地黄属 Digitalis L.

草本；茎简单或基部有少数分枝。叶互生，下部的常密集而伸长；全缘或具锯齿。花组成顶生偏向一侧的总状花序，下垂；萼 5 裂；花冠倾斜，紫色、黄色或白色，筒部一侧膨大成长钟形，常在子房以上处收缩，先端不明显的二唇形；雄蕊 4 枚，2 强，内藏，花药成对靠近，药室叉开，顶部汇合；子房 2 室，胚珠多数。蒴果卵圆形，室间开裂；种子多数，细小。　本属约有 25 种，分布于欧洲和亚洲。我国引入栽培的仅**毛地黄**（*D. purpurea* L.）1 种；广西亦有种植。

毛地黄（中国高等植物图鉴）　洋地黄（江苏南部种子植物手册）

Digitalis purpurea L. in Sp. Pl. **2**:622. 1753; Benth. in DC. Prodr. **10**:451. 1846；江苏南部种子植物手册 684. 1959；中国高等植物图鉴 **4**:52，图 5518. 1975；江苏植物志（下册）753，图 1978，1982；中国植物志 **67**(2)：212. 1979；Fl. China **18**:56. 1998.

多年生草本，高可达 1.2 m；全体被白色短毛和腺毛；茎直立，不分枝或偶有数条分枝。叶互生；基生叶常密集成莲座状，叶片卵形至长椭圆形，长 6～16 cm，宽 3.5～6 cm，先端钝或短尖，边缘具圆钝锯齿，基部楔形，背面叶脉明显，下部具长 10～15 cm 并有狭翅的柄；茎生叶与基生叶同型，向上渐小，叶柄逐渐缩至无柄而成为苞片。总状花序顶生；花生于苞腋，长 3～5 cm；萼钟状，5 深裂至近基部，裂片长圆状卵形，不等大；花冠钟状稍扁，紫红色，内部白色并有多数深紫色斑点，长 3～4.5 cm，先端稍二唇形，被白色柔毛，上唇 2 浅裂，下唇 3 浅裂，中裂片较长；雄蕊 4 枚，2 强；柱头 2 裂。蒴果卵形，长约 1.5 cm，先端尖，密被腺毛；种子短棒状，被微细的柔毛。　花期 4～6 月。　南宁等地有栽培。我国各地有引种，原产于欧洲西部。　叶可入药，有强心和利尿作用；花大而美丽，亦可种作庭园观赏用。

37. 地黄属 Rehmannia Libosch. ex Fisch. et Mey.

多年生草本;具根茎和多细胞长柔毛及腺毛;茎直立,简单或自基部有少数分枝。叶互生,常有基生和茎生之分;叶片倒卵形至长椭圆形,有粗齿或浅裂。花有短柄,单生于叶腋或在茎顶排成总状花序;萼钟状,顶部5裂,裂齿不等长,通常后面1枚最长,全缘或再分裂;花冠略二唇形,稍弯,管部一侧肿胀,裂片常5枚;雄蕊4枚,2强,有时5枚,但1枚较小,内藏;花丝弯曲,基部常有毛,花药两两相黏,药室2个;子房基部托生1环状或浅环状花盘;胚珠多数。蒴果室背开裂,有宿萼;种子小,有网眼。 本属有6种,全部产于我国,从西北、西南、中部到北部均有分布;广西栽培的仅有地黄1种,其根茎可作中药用。

地黄 生地 怀庆地黄 图版155:1~3

Rehmannia glutinosa (Gaert.) Libosch. ex Fisch. et Mey. in Ind. Sem. Hort. Peterop. **1**:36. 1835; Benth. in DC. Prodr. **9**:275. 1845;裴鉴,周太炎于中国药用植物志139. 1953;中药志 **1**:197. 1957;中国高等植物图鉴 **4**:51. 图5515. 1975;中国植物志 **67**(2):214. 图59. 1979;Fl. China **18**:57. 1998. ——*Digitalis glutinosa* Gaertn. in Nov. Co mm. Acad. Petrop. **14**:544. t. 20. 1770. ——*Rehmannia chinensis* Libosch. ex Fisch. et Mey. in Index Sem. Hort. Petrop. **1**:36. 1835. ——*R. glutinosa* Libosch. var. *huechingensis* Chao et Schih 于药物学报 **1**:41. 1957. ——*R. glutinosa* Libosch. f. *huechingensis* (Chao et Schih) Hsiao 于中药志 **1**:197. 1959. ——*R. glutinosa* f. *purpurea* Matsuda. in Bot. Mag. Tokyo **32**:141. 1918.

多年生草本,高可达30 cm;全株被灰白色长柔毛和腺毛;根茎肉质肥厚,鲜时黄色,直径2~5 cm;茎紫红色。基生叶在茎基部排成莲座状,向上渐缩小而在茎上互生;叶片倒卵形至长椭圆形,长2~12 cm,宽1.5~6 cm,先端钝,基部渐狭下延成长柄,边缘有不整齐钝齿或牙齿,腹面绿色,叶脉凹陷,背面紫红色,叶脉隆起。总状花序生于茎顶,有叶状苞片;花梗长5~30 mm;萼钟形,长约1.5 cm,5裂,裂齿略三角形,长约5 mm,宽约3 mm,有时前方2齿又各裂成2细齿;花冠筒状,稍弯,长3~4 cm,外面紫红色,内面杂以黄色,并有紫色纹,先端5裂,略呈二唇形;雄蕊4枚,2强,生于花冠筒近基部处,药室矩圆形,基部叉开;子房卵形,2室,花柱单一,柱头膨大。蒴果卵形或卵圆形,长1~1.5 cm,先端有宿存花柱;种子多数。 花期4~7月,果期5~8月。 广西各地均有栽培。分布于辽宁、河北、河南、山东、山西、内蒙古、安徽、江苏、浙江、湖北、湖南、四川等地。 本种的根茎即为中药地黄,其鲜根茎用火烘至八成干时即为生地黄,生地黄经黄酒伴蒸即成熟地黄。生地黄有降低血糖的作用及凉血、止血、养阴清热等功效,常用于治高热、吐血、衄血、口舌生疮、小便短赤等;熟地黄有滋阴补血之效,治体虚、神经衰弱、贫血、腰痛、遗精、头晕耳鸣等。地黄中最著名的是河南的怀庆地黄,其根茎较肥大,呈块状、圆锥形或纺锤形,直径可达5.5 cm。

38. 通泉草属 Mazus Lour.

矮小草本;茎直立或倾卧,贴地的节部常生不定根。叶以基生为主,常作莲座状着生或互生,茎上部的互生;多数边缘有锯齿,稀全缘或羽裂。花小,排成顶生的总状花序,有苞片;花萼钟形,5裂;花冠二唇形,上唇直立,2裂,下唇扩展,3裂;雄蕊4枚,2强,着生于花冠筒筒上,药室极叉形;柱头2片状。蒴果被宿存的花萼所包,室背开裂;种子多数而细小。 本属约有35种,分布于北起俄罗斯、蒙古、朝鲜、日本,南到越南、印度、菲律宾、印度尼西亚、马来西亚、澳大利亚和新西兰。我国有25种,分布于我国绝大多数地区;广西现知5种2变种。

分种检索表

1. 植株全体被多细胞长柔毛;子房和蒴果被长硬毛;茎老时多少呈木质化 ………………… 1. **毛果通泉草** M. spicatus Vant.

图版 155　1～3. 地黄 Rehmannia glutinosa (Gaert.) Libosch. ex Fisch. et Mey.　1. 植株；2. 花冠展开示雄蕊；3. 雌蕊。　4～5. 通泉草 Mazus pumilus (Burm. f.) Steenis var. pumilus　4. 植株；5. 花。　6～8. 钟萼草 Lindenbergia philippensis (Cham.) Benth.　6. 花枝；7. 花冠展开示雄蕊；8. 花萼与雌蕊。（林文宏绘）

1. 植株被柔毛或不被毛;子房和蒴果无毛;茎完全草质。
  2. 茎直立,高一般在 10 cm 以下;叶几乎为基生叶,常排成莲座状,基部渐狭成有翅的柄;花茎 1 枝至数枝,无叶,直立,有花数朵;植株疏被白色柔毛;花梗和花萼被腺毛。
    3. 花冠大,长 2～2.5 cm,花冠裂片顶端有流苏状细齿 …… 2. **美丽通泉草** M. pulchellus Hemsl. ex Forbes et Hemsl.
    3. 花冠小,长不超过 2 cm,花冠裂片顶端无流苏状细齿 …………………… 3. **低矮通泉草** M. humilis Hand.-Mazz.
  2. 茎倾卧、匍匐或有时直立,高 5～30 cm;叶除基生外,常有多数茎生叶;花茎 1～10 余枝,有茎生叶,常倾卧上升,少有直立。
    4. 植株无匍匐茎,常倾卧生长,若有匍匐状的短枝时,也不比主茎长多少;花萼在果期增大。
      5. 花萼在结果时增大一般不足 1 倍,直径常在 1 cm 以下。
        6. 茎分枝 1～5 枝或稍多;花序伸长或不伸长,通常有花 3～20 朵 …………………………………………………………………………………… 4a. **通泉草** M. pumilus (Burm. f.) Steenis var. pumilus
        6. 茎分枝极多数,常在 4 枝以上;花序伸长,花常在 10 朵以上,有时多达 30 余朵 ……………… 4b. **多枝通泉草** M. pumilus (Burm. f.) Steenis var. delavayi (Bonati) T. L. Chin ex D. Y. Hong
      5. 花萼在结果时常增大 1 倍以上,直径有时可达 2 cm ……………………………………… 4c. **大萼通泉草** M. pumilus (Burm. f.) Steenis var. macrocalyx (Bonati) Yamazaki
    4. 植株有明显的匍匐茎,且较主茎长很多;花萼在结果时不增大,长 7～10 mm ……………………………………………… 5. **匍匐通泉草** M. miquelii Makino

1. 毛果通泉草(中国高等植物图鉴) 图版 143:8～10

Mazus spicatus Vant. in Bull. Acad. Georg. Bot. **15**:85. 1905;中国高等植物图鉴 **4**:15,图 5443. 1975;中国植物志 **67**(2):177,图 48. 1979;Fl. China **18**:46. 1998.——*M. angusticalyx* P. C. Tsoong in Kew. Bull. **3**:444. 1954;植物分类学报 **3**:419. 1955.——*M. bodinieri* Bonati in Bull. Herb. Boiss. **2**(8):530. 1908.

多年生直立草本;全体被多细胞白色长柔毛,高 15～32 cm;茎通常具多分枝,坚挺,并多少木质化,着地部分有时生有不定根;主根缩短,侧根和须根多数。基生叶少数而早枯,茎生叶对生或互生;叶片倒卵形或倒卵状匙形,基部渐狭成柄,连柄长 1.5～4.5 cm,宽 0.8～2 cm,边缘有齿状缺刻。总状花序生于茎顶和分枝顶部,长 5～20 cm;花排列稀疏;苞片钻形;花梗长约 3 mm;花萼钟形,5 齿裂,齿叶与筒部等长,三角状披针形,先端急尖,有 10 脉;花冠紫红色或白色,长约 1 cm,5 裂,上唇裂片 2 枚,狭尖,下唇裂片 3 枚,侧裂片圆形、中裂片卵圆形稍突出;雄蕊 4 枚,2 强;子房有长硬毛。蒴果卵球形,被长硬毛。 花期 4～5 月。 产于田林(老山)、乐业(雅长)等地;常见于海拔 1 000 m 以上的山坡、路旁的草地。分布于四川、贵州、湖北、湖南、陕西。

2. 美丽通泉草

Mazus pulchellus Hemsl. ex Forbes et Hemsl. in Jour. Linn. Soc. Bot. **26**:182. 1890;Li, Brittonia **8**(1):34. 1954;中国植物志 **67**(2):180,图版 21:5～9.

多年生草本,高约 20 cm;幼时密被白色或锈色短柔毛,后变无毛;根状茎短缩,须根纤细,簇生;花茎 1～5 条,草质,直立或上升,简单或有少数分枝,无叶。叶全为基生,莲座状;叶片倒卵状匙形至矩圆状匙形,质地较薄,薄纸质至纸质,长可达 20 cm,顶端圆形,基部渐狭窄成有翅的柄,边缘有缺刻状锯齿、重锯齿至不整齐的羽裂。总状花序,多花,花疏稀;花梗长而纤细,下部的长达 4 cm,上部的也长于萼;苞片窄披针形,长 2～5 mm;花萼钟状,长 5～7 mm,萼齿远较萼筒短,长卵形,顶端锐尖;花冠红色、紫色或深紫堇色,长 2～2.5 cm,上唇直立而短,2 裂,裂片近圆形,端截形,上有流苏状细齿,下唇 3 裂,中裂较小稍突出,裂片顶端均多少有流苏状细齿;子房无毛。蒴果卵圆形。 花果期 3～6 月。 产于靖西、那坡、乐业;生于阴湿的岩缝或岩洞中。分布于湖北(西部)、四川(东南部)及云南(东南部)。

3. 低矮通泉草(中国高等植物图鉴)

Mazus humilis Hand.-Mazz. in Akad. Wiss. Wien, Math.-Naturwiss. Kl. **58**:4. 1926;中国高等植物图鉴 **4**:16,图 5445. 1975;中国植物志 **67**(2):182,图版 22:5～8. 1979;Fl. China **18**:47. 1998.

与广西同属种类比较，本种植株明显的矮小，高一般 6～9 cm；茎常不分枝；全体疏被白色柔毛；根状茎缩短，须根细而多数；叶片几为莲座状基生叶；倒卵状匙形，纸质，长 1.5～6 cm，宽 0.8～2 cm，先端圆钝，基部下延成有翅的柄，边缘具不规则粗齿和浅裂；花葶 1 枝至数枝，无叶，长 2.5～7 cm；花梗长 1～2.5 cm，与花萼同被腺毛；花萼漏斗状，萼齿与萼筒等长，长圆披针形，钝头；花冠白色或带有紫斑，长约 1 cm，上唇直立，2 浅裂，裂片长圆形，下唇 3 裂，裂片近圆形，中裂片狭小而略突出。蒴果球形，藏于萼内。产于那坡（百都）、龙州；生于海拔 1 000 m 的山坡湿润草地。分布于云南西北部和四川西南部。

4．**通泉草**（广州植物志）

Mazus pumilus (Burm. f.) Steenis in Nova Guinea, n. s. **9**: 31. 1958；云南种子植物名录（下册）1597. 1984；Fl. China **18**: 49. 1998.

4a．**通泉草**（原变种）　白花草（柳江）　图版 155：4～5

Mazus pumilus (Burm. f.) Steenis var. **pumilus** in Nova Guinea, n. s. **9**: 31. 1958. ——*Lobelia pumila* Burm. f. in Fl. Ind. 186. t. 60. F. 3. 1768. ——*Mazus japonicus* (Thunb.) Kuntze in Rev. Gen. **2**: 462. 1891; Ohwi in Fl. Jap. 1036. 1956；广州植物志 597. 图 317. 1956；中国高等植物图鉴 **4**: 17. 图 5448. 1975；中国植物志 **67**(2): 187. 1979. ——*Lindernia japonica* Thunb. in Fl. Jap. 253. 1784. ——*Mazus rugosus* Lour. in Fl. Cochinch. 385. 1790. ——*Hornemannia bicolor* Willd. in Enum. Hort. Berol. Alt. 654. 1809. ——*Mazus vandellioides* Hance ex Hemsl. in Ann. Bot. Syst. **3**: 193. 1852. ——*Tittmannia obovata* Bunge in Enum. Pl. China Bor. 49. 1833. ——*Vandellia obovata* Walp. in Rep. **3**: 294. 1844.

一年生直立或倾卧草本，高 3～20 cm，稀达 30 cm；茎少分枝或不分枝，无毛或疏生短柔毛。基生叶多数，常排成莲座状或早落，叶片倒卵状匙形或倒卵状披针形，长 2～6 cm，先端钝或圆，有不明显疏锯齿，基部楔下延成带翅的柄，边缘具不规则的粗齿或基部有 1～2 对浅羽裂；茎生叶对生或互生，与基生叶同型，但由下向上渐变小。总状花序疏生于茎、枝顶端，轴部常呈“之”字状弯曲，有花数至 10 余朵；花梗长约 1 cm；萼钟状，5 裂，裂齿三角状披针形；花冠紫色、淡紫色或白色，长约 1 cm，喉部有黄色斑点，上唇直立，裂片卵状三角形，下唇阔大，3 裂；子房无毛。蒴果球形，长 3～5 mm，藏于宿萼内；种子小而多，有不规则网纹。　花果期 4～10 月。　产于龙胜、桂林、永福、融水、金秀、柳州、东兰、凤山、百色、靖西、凌云、南宁、上思等地；常生于田边、沟旁、路边、林缘或湿润的草坡。分布于我国除内蒙古、宁夏、青海和新疆以外的其他各地，东欧、中亚、北亚各国及日本、朝鲜、菲律宾等亦有。　全草可清热解毒，治脓疱疮、无名肿毒、烫伤，也可作猪饲料。

4b．**多枝通泉草**（变种）（云南种子植物名录）

Mazus pumilus (Burm. f.) Steenis var. **delavayi** (Bonati) T. L. Chin ex D. Y. Hong in Novon **6**: 374. 1996; Fl. China **18**: 49. 1998. ——*M. japonicus* (Thunb.) O. Kuntze var. *delavayi* (Bonati) P. C. Tsoong 于中国植物志 **67**(2): 189. 图版 25: 3. 1979. ——*M. delavayi* Bonati in Bull. Herb. Boiss. **2**(8): 530. 1908.

本变种与原变种**通泉草**（*M. pumilus* var. *pumilus*）的区别在于本种的茎和分枝较多，常 4 枝以上，茎上的小分枝常 3～5 条；同时花序伸长，花多达 10～20 朵。　花期 4 月。　产于天峨、那坡；生于海拔 1 200 m 以下阳处湿润草地。分布于云南、四川，印度及喜马拉雅地区亦有。

4c．**大萼通泉草**（变种）（云南种子植物名录）

Mazus pumilus (Burm. f.) Steenis var. **macrocalyx** (Bonati) Yamazaki. in Journ. Jap. Bot. **55**(1): 11. 1980. ——*M. macrocalyx* Bonati in Bull. Herb. Boiss. ser. **2**: 529. 1908. ——*M. japonicus* (Thunb.) Kuntze var. *macrocalyx* (Bonati) P. C. Tsoong，中国植物志 **67**(2): 191，图版 25: 4～5. 1979.

本变种与原变种**通泉草**（*M. pumilus* var. *pumilus*）形态近似，但这两者的花萼明显不同：本变种的花萼在结果时增大约 1 倍以上，直径可达 2 cm；此外，本种的茎简单，常不分枝；基生叶柄常与叶等长或较长。　产于南宁等地；生长环境与**通泉草**同。分布于四川、云南、陕西、广东及台湾。　用途同**通泉草**。

5．**匍茎通泉草**（中国高等植物图鉴）

Mazus miquelii Makino in Bot Mag. Tokyo **26**: 162. 1902; Ohwi in Fl. Jap. 1036. 1956；江苏南部种子

植物手册 680,图 1097. 1959;中国高等植物图鉴 **4**:18,图 5449. 1975;中国植物志 **67**(2):192,图 50. 1979;Fl. China **18**:50. 1998. ——*M. japonicus* Bonati in Bull. Herb. Boiss. **2**(8):536. 1908. non Kuntze. ——*M. miquelii* Makino var. *stolonifer* Nakai in Bot. Mag. Tokyo **98**:784. 1934. ——*M. fargesii* Bonati in Bull. Herb. Boissier, ser. 2, **8**(3):532. 1908. ——*M. rugosus* Loureiro var. *stolonifer* Maxim. in Mélanges Biol. Bull. Phys-Math. Acad. Imp. Sci. Saint-Pétersbourg **9**:403. 1874. ——*M. stolonifer* (Maxim.) Makino in Iinuma, Somoku-Dzusetsu, ed. 3, **11** (fasc. 3):868, pl. 69. 1912.

本种与上述同属种类不同特征主要是有明显长于主茎(高 10～15 cm)的匍匐茎(15～20 cm)和果期不明显增大的花萼。此外,本种的下列特征亦较突出:植株为多年生草本;须根多;匍匐茎贴地的节部常生不定根;基生叶排成莲座状,倒卵状匙形,连柄长 3～7 cm;茎生叶在主茎上的常互生,在匍匐茎上的多对生,与基生叶同型偏小,连柄长 1.5～4 cm,宽在 2 cm 以内;花梗在下部的长可达 2 cm,越向上越短;花萼钟形,长 7～10 mm,萼齿披针状三角形;花冠长 1.5～2 cm,上唇直立,短而深 2 裂,下唇中裂片小而突出;蒴果球形等。 产于灵川(潮田);生于湿润的山谷或路边。分布于安徽、浙江、江苏、山西、湖南、福建和台湾。

39. 钟萼草属 Lindenbergia Lehm.

一年生或多年生草本;直立或倾卧而下部节上生根,多分枝,被毛。叶对生或上部的互生;有锯齿和短柄。花有叶状苞片,排成顶生的穗状花序或总状花序;萼钟形,5 裂;花冠筒圆筒形,先端二唇形,阔而短,下唇 3 裂;雄蕊 4 枚,2 强,内藏,花丝无毛,药室分离,常有短柄。蒴果包于宿萼之内,有宿存的花柱,室裂,有 2 沟纹;种子极小,多数,半陷于肉质的胎座上。 本属约有 12 种,分布于亚洲和非洲热带地区,尤其印度。我国约有 3 种,产于中南和西南;广西现知 2 种。

分 种 检 索 表

1. 植物体粗壮,坚挺,直立,大部分木质化;花序为稠密的总状花序,有时仅基部的花间断排列;萼齿钻状三角形,尖锐;花冠长约 1.5 cm ………………………………………………………… 1. **钟萼草 L. philippensis** (Cham.) Benth.
1. 植物体纤弱,常倾斜上升,仅基部木质化;花单生于叶腋,组成稀疏的总状花序;萼齿长圆状卵形;花冠长约 9 mm ……………………………………………………………………… 2. **野地钟萼草 L. muraria** (Roxburgh ex D. Don) Brühl

1. **钟萼草**(中国高等植物图鉴) 茸草(天等) 墙隙菱登草(广州植物志) 图版 155:6～8

Lindenbergia philippensis (Cham.) Benth. in Scroph Ind. 22. 1835. et in DC. Prodr. **10**:377. 1846; Bonati in Lecomte Fl. Gén. Indo-Chine **4**:363. t. 42. f. 10～14. 1927;广州植物志 595. 1956;中国高等植物图鉴 **4**:20,图 5453. 1975;中国植物志 **67**(2):97,图 37. 1979;Fl. China **18**:25. 1998. ——*Stemodia philippensis* Chamisso et Schlechtendal in Linnaea **3**:5. 1828. ——*Lindenbergia melvillei* S. Moore in Journ. Bot. **43**:144. 1905. ——*L. philippensis* Benth. var. *ramosissima* Bonati in Lecomte Fl. Gén. Indo-Chine **4**:363. 1927.

多年生粗壮、坚挺、直立草本;全体被多细胞腺毛,高 30～100 cm;根及茎下部木质化;茎分枝稍多。叶对生或上部的互生;叶片卵形至卵状披针形,长 2～8 cm,宽 1～3 cm,两端渐尖,边缘有尖锯齿;叶柄长 6～10 mm。花近于无梗,集成顶生稠密的穗状总状花序,长可达 20 cm,仅基部有时间断排列;苞片狭披针形,长约 1 cm;萼钟状,5 裂,裂齿钻状三角形,与萼筒等长;花冠黄色,外侧有紫斑,长 1～1.5 cm,上唇短,先端近于平截,下唇 3 裂;雄蕊 4 枚,2 强,药室分离;子房顶端及花柱基部被毛。蒴果长卵形,长约 5 mm,被棕色粗毛,先端长尖;种子黄色,小而粗糙。 花果期 11 月至翌年 3 月。 产于凤山、天等、隆林、东兰、那坡、隆安(屏山);生于山坡石岩缝或墙缝中。分布于云南、贵州、广东、湖北、湖南,印度、缅甸、泰国、菲律宾亦有。 叶外用可治骨髓炎。

2. **野地钟萼草**(中国高等植物图鉴) 图版 156:1～10

Lindenbergia muraria (Roxburgh ex D. Don) Brühl in J. Dept. Sci. Calcutta Univ. **2**:26. 1920;Fl. China **18**:25. 1998.——*Stemodia muraia* Roxburgh ex D. Don in Prodr. Fl. Nepal 89. 1825.

一年生柔弱倾卧草本,有时弯曲上升,高 10～40 cm;全体疏被柔毛;茎下半部木质化。叶柄细弱,长 1～1.5 cm;叶片卵形,纸质,长 2.5～5 cm,基部楔形,先端急尖或钝,边缘具粗齿。花单生于叶腋,组成疏生的总状花序生于茎顶或分枝顶;花梗长 1～5 mm;花萼长约 5 mm,萼齿 5 裂,裂片长圆状卵形,先端钝或有短尖;花冠黄色,长 8～9 mm,筒部稍长于萼,先端二唇形,上唇截形,先端微凹,下唇 3 裂,裂片长圆形,近于相等;雄蕊 4 枚,花药圆形;子房及花柱基部密生长纤毛,柱头无毛。蒴果卵圆形,包于宿萼之内,密生柔毛,长约 5 mm,花柱常宿存;种子黄色,圆柱形,细小。 花期 7～9 月,果期 10 月。 产于桂林(普陀山、独秀峰)、贺州、昭平(樟木)、容县(石寨)、靖西、那坡等地;生于土山或石灰岩石山山坡、洞穴、路旁或河边草地上。分布于我国的华南和西南各地,越南、缅甸、阿富汗和斯里兰卡亦有。 全草可治疮疡肿毒。

40. 鞭打绣球属 Hemiphragma Wall.

被毛披散状匍匐草本;茎纤细,节部常生有须状不定根。叶明显二型:生于主茎上的对生,有短柄,圆形或近圆形,有圆齿;生于分枝上的簇生、针状而稠密。花近无梗,单生于叶腋;萼 5 深裂至基部,裂片狭窄;花冠玫瑰红色或白色,具短管,辐射对称,裂片 5 枚,圆形,近等;雄蕊 4 枚,生于冠筒基部,花药箭形,药室顶端结合;雌蕊短小,柱头钻状或 2 裂。种子细小,多数,卵形,光滑。 本属仅有 1 种,分布于亚洲热带地区。我国亦产;广西仅产 1 变种。

鞭打绣球(植物名实图考)

Hemiphragma heterophyllum Wall. in Trans. Linn. Soc. **13**:612. 1822;Benth. in DC. Prodr. **10**:429. 1846;Hook. f. in Fl. Brit. Ind. **4**:289. 1855;Hand.-Mazz. Symb. Sin. **7**:838. 1936;中国高等植物图鉴 **4**:34,图 5481,1975;中国植物志 **67**(2):222,图 61,1979;云南种子植物名录(下册)1587. 1984;Fl. China **18**:59. 1998.

a. **鞭打绣球**(原变种)

Hemiphragma heterophyllum Wall. var. **heterophyllum**

广西未发现。

b. **齿叶鞭打绣球**(变种) 图版 156:11～18

Hemiphragma heterophyllum Wall. var. **dentatum** (Elmer) T. Yamaz. in Journ. Jap. Bot. **25**:212. 1950;H. L. Li in Fl. Taiwan **4**:566. pl. 4408. 1978;中国植物志 **67**(2):224. 1979;Fl. China **18**:60. 1998.——*Nertera dentata* Elmer in Leafl. Philipp. Bot. **1**:15. 1906.——*Logania dentata* (Elmer) Hayata in J. Coll. Sci. Imp. Univ. Tokyo **25**(19):162. 1908.

多年生披散有毛匍匐草本;茎纤细,长 30～70 cm,节部长有须状不定根。叶典型的二型:茎生叶圆形或卵形,对生,长 6～11 mm,宽 5～8 mm,质地较厚,边缘具锯齿 3～5 对,齿端略具微尖头;小枝上的叶,除具有类似主茎上圆形或卵形的对生小叶外,还具有多数、密集、簇生的针形叶,针形叶长 1～2 mm,宽约 0.2 mm,无柄,略弯。花单生于叶腋,具短梗,白色至玫红色,辐射对称,长约 5 mm,花冠 5 裂,裂片长圆形或圆形,近等;雄蕊 4 枚,内藏,生于花冠筒基部;子房短小,花柱长约 1 mm,柱头钻状或 2 叉裂。果实卵球形,红色,肉质,有光泽,先端具短尖的宿存花柱,直径约 5 mm,长约 7 mm;种子卵形,棕黄色。 产于兴安县猫儿山;生长于海拔 1 700 m 左右的山坡草地或路旁石缝中。分布于台湾新高山,菲律宾亦有。

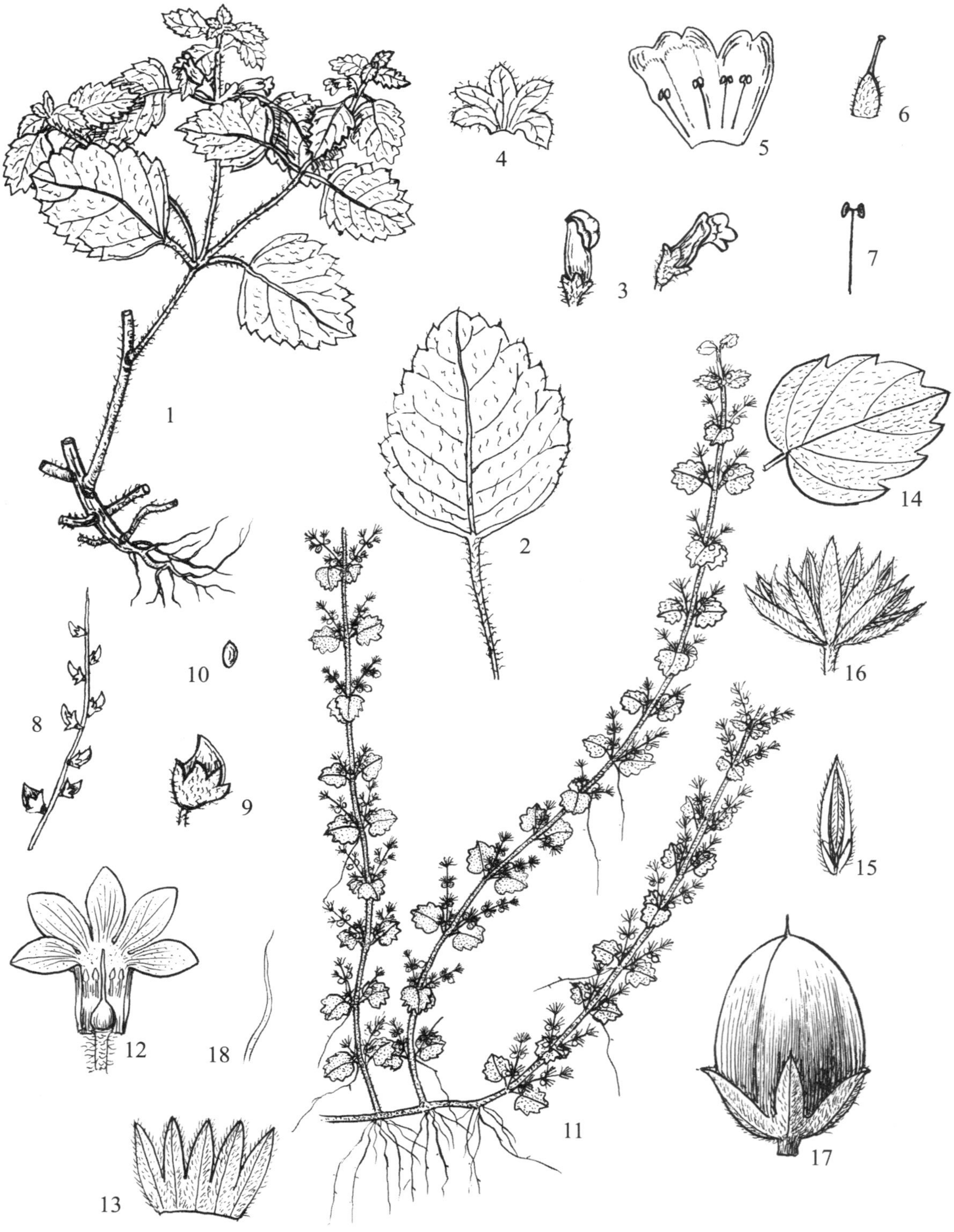

图版 156　1～10. **野地钟萼草 *Lindenbergia muraria*** (Roxburgh ex D. Don) Brühl　1. 花枝；2. 叶片；3. 花朵；4. 花萼剖开(腹面)；5. 花瓣展开；6. 雌蕊；7. 雄蕊；8. 果序；9. 蒴果；10. 种子。　11～18. **齿叶鞭打绣球 *Hemiphragma heterophyllum*** Wall. var. ***dentatum*** (Elmer) T. Yamaz.　11. 植株；12. 花解剖示雄蕊、雌蕊；13. 花萼；14～15. 叶片；16. 叶簇生；17. 果；18. 毛。　(1～10 李光照绘，11～18 辛茂芳绘)

253. 列当科 OROBANCHACEAE*

一年生至多年生肉质寄生草本;常无叶绿素,以吸根寄生于其他植物的根部;茎不分枝或少数种有分枝。叶片鳞片状,在茎上螺旋状排列或在茎基部密集成覆瓦状。花多数,在茎端簇生成近头状花序、穗状花序,亦有数朵组成总状花序或单朵生于茎端;苞片1枚,与叶同型;小苞片2枚或无;花梗或长或短或近无;两性花,左右对称,雌蕊常先熟,由昆虫传粉;花萼筒状、钟状或杯状,顶端4~5(6)裂或作各式劈裂,或萼片3枚,离生,或花萼不存在;花冠筒状或漏斗状,弯曲,上部偏斜或2唇形,上唇顶端微凹或2浅裂,下唇顶端3裂;雄蕊4枚,2强,第5枚退化或缺,花药常2室发育,平行,纵裂,或仅1室发育,另1室退化成距、距状物或不存在;雌蕊由2~3枚合生心皮组成,子房上位,1室或罕有不完全的2室,有侧膜胎座2~6个,胚珠多数,倒生,花柱细长,柱头膨大成盾状、圆盘状或2~4浅裂。蒴果,室背2(3)瓣开裂;种子细小,表面有凹点或纹饰。　本科有15属约150余种,主产于北温带,少数产于非洲、大洋洲和美洲。我国有9属40种3变种,主产于西部;广西有3属4种。

分属检索表

1. 花萼筒状,顶端4~5浅裂。
   2. 花药2室均发育、等大;花萼顶端5浅裂;叶片近圆形至长圆形 …………… 1. **蕉寄生属** Gleadovia Gamble et Prain
   2. 花药1室发育,另1室退化成距状物;花萼顶端4枚或5枚浅裂;叶片呈鳞片状 …… 2. **假野菰属** Christisonia Gardn.
1. 花萼佛焰苞状,一侧开裂至近基部,顶端急尖或钝圆 ……………………………………………… 3. **野菰属** Aeginetia L.

1. 蕉寄生属 Gleadovia Gamble et Prain

肉质寄生草本;茎单一,不分枝。叶片鳞片状,螺旋着生于茎上。花数朵簇生于茎顶,组成近头状或伞房状花序,具苞片1枚;小苞片2枚;有花梗;花萼筒状钟形,先端扩大并具5枚等大的裂片;花冠二唇形,上唇大,龙骨状,先端全缘、微凹或2浅裂,下唇小,3裂;冠筒筒状,稍弯;雄蕊4枚,全育,花药基部具小尖头,顶端伸长呈圆锥状;子房1室,侧膜胎座2个,横切面成"T"字形,花柱伸长,柱头膨大,盘状,2浅裂。蒴果卵球形,具多数种子。　本属有2种,产于喜马拉雅西北和我国西南地区。我国全产;广西仅有1种。

蕉寄生(植物研究)　石腊竹(临桂)

Gleadovia ruborum Gamble et Prain in Journ. Asiat. Soc. Bengla. **69**(2):489, 1900;G. Beck in Engler, Pflanzenr. IV. **261** (Heft 96):307, fig. 19. 1930;Z. Y. Zang in Bull. Bot. Res. **6**(1):88, fig. 1(1~7). 1986;中国植物志 **69**:90,图版 24:1~7, 1990;Fl. China **18**:241. 1998.——*G. yunnanense* Hu in Sunyatsenia **4**(1~2):4, pl. 2. 1939.

植株高10~15 cm;茎粗1~1.6 cm;全体露生于地上。叶在茎基部的近圆形,向上渐变成长圆形,长1~1.5 cm,宽0.8~1.3 cm,两面无毛。花3~9朵簇生于茎端,组成近头状花序;花梗长1~2.5 cm;苞片1枚,长圆状卵形,长1.5~2 cm,宽5~8 mm;小苞片2枚,生于花梗的近中部,匙形,长1.5~2 cm,宽5~8 mm;萼筒状钟形,由下而上呈漏斗状扩大,长2~3.2 cm,口径1.5~1.8 cm,先端5裂,裂片长三角形,近等大;花冠长5~7 cm,玫红色或稀白色、有香气,筒部稍弯,由下向上明显扩大,先端2唇形,上唇微凹或浅2裂,较大,下唇较小,3裂,裂片长圆披针形;雄蕊4枚,均育,花丝长2~3 cm,基部密被长柔毛,花药

* 编著者:李光照、林春蕊。

基部和顶端有小尖头；子房卵球形，花柱长 3～5 cm，柱头 2 浅裂。蒴果卵球形。 花期 4～8 月。 产于临桂、龙胜(花坪林区)；生于林下湿润处或灌丛中。分布于云南、四川和湖南。

2. 假野菰属 Christisonia Gardn.

肉质寄生小草本；常数株相连；茎短，不分枝。叶片鳞片状，在茎的基部螺旋着生。花在茎端簇生成总状或穗状花序；小苞片存在或缺；花萼管状，4～5 裂；花冠筒长，肿胀或漏斗状，白色、黄色或紫红色，先端 5 裂，裂片近等大，圆形；雄蕊 4 枚，花药 1 室发育，另 1 室退化成距或距状物，稀 2 室发育；子房 1 室，侧膜胎座 2 个，横切面成 2 个"T"字形，柱头盘状，浅 2 裂。蒴果近球形或卵形，室背开裂；种子多数，细小。 本属有 16 种，分布于亚洲热带地区。我国仅有 1 种，分布于南部和西南部；广西亦产。

假野菰(中国高等植物图鉴) 图版 157：1

Christisonia hookeri Clarke in Hook. f. ,Fl. Brit. Ind. **4**:321. 1884；G. Beck in Engler, Pflanzenr. IV. **261**(Heft 96):314, fig. 20(E～F). 1930；Z. Y. Zhang in Acta Phytotax. Sin. **24**(4):301, fig. 1(9～15). 1986；中国植物志 **69**:82，图版 22:9～15, 1990；Fl. China **18**:242. 1998.——*C. sinensis* G. Beck, Engler, Pflanzenr. Ⅳ. **261**(Heft 96):314, fig. 20(G～J). 1930；海南植物志 **3**:515. 1974；中国高等植物图鉴 **4**:109，图 5632. 1975.——*Gleadovia lepoense* Hu in Sunyatsenia **4**(1～2):6, pl. 3. 1939.——*G. kwangtungense* Hu, l. c. 7, pl. l. 1939.

肉质寄生小草本，高 4～8 cm；常数株簇生；茎短，长 1～2 cm，不分枝。叶片鳞片状，卵形，螺旋状疏生于茎上。花 2 朵至数朵生于茎顶；花梗极短或近无梗；苞片卵形或长圆形，长 8～10 mm，宽 5～6 mm；花萼筒状，长 1～2 cm，先端不规则的 5 浅裂，稀 4 浅裂，裂片三角形，不等大；花冠筒状，稍弯，长 3～7 cm，白色或淡紫色，先端 5 裂，裂片圆形；雄蕊 4 枚，着生于冠筒的近基部，花丝长约 1 cm，上方 2 枚雄蕊 1 室发育，卵球形，下方 2 枚雄蕊 1 室发育，另 1 室退化成距状物，距状物长约 5 mm，先端有小尖头；子房卵形，1 室，胎座 2 个，花柱长 2.5～4 cm，柱头盘状膨大。蒴果卵形；种子小而多数。 花期 5～8 月。 产于兴安、资源(猫儿山)、龙州(大青山)；生于林下阴湿处。分布于广东、海南、贵州、云南，斯里兰卡亦有。

3. 野菰属 Aeginetia L.

寄生草本；茎极短，分枝或不分枝。叶片鳞片状，疏生于茎的近基部。花葶夏季抽出，单生或丛生，顶端着生 1 大型淡紫色的花；花有长梗，无苞片，直立；花萼佛焰苞状，1 侧裂至基部，先顶急尖或圆钝；花冠筒状或钟状，稍弯，不明显二唇形，5 裂；雄蕊 4 枚，2 强；花药 2 室，仅 1 室发育；下方 1 对雄蕊的药隔基部延长成距状物；子房 1 室或罕有不完全的 2 室，侧膜胎座 2～4 个，横切面多分枝，柱头盾状，肉质。蒴果 2 瓣开裂；种子小而多数。 本属有 4 种，产于亚洲东部和东南部。我国有 3 种，产于华东、华南和西南地区；广西有 2 种。

分 种 检 索 表

1. 花梗长 10～40 cm 以上；子房 1 室，侧膜胎座 4 个；花常单生于茎的上部，排列疏松 ………………… 1. **野菰** A. indica L.
1. 花梗长 2～4 cm；子房 1 室或不完全的 2 室，侧膜胎座 2 个；花数朵簇生于茎顶，排列紧密 ……………………………………………………………………………………………… 2. **短梗野菰** A. acaulis (Roxb.) Walp.

1. **野菰**(海南植物志) 僧帽花(中国高等植物图鉴) 烟斗草(龙胜) 无叶莲(贺州) 图版 157：2～7

Aeginetia indica L. , Sp. Pl. 632. 1753；Hook. f. in Fl. Brit. ind. **4**:320. 1884；G. Beck in Engler, Pflanzenr. Ⅳ. **261** (Heft 96):17, fig. 3(A～D). 1930；海南植物志 **3**:516，图 894. 1974；中国高等植物图鉴

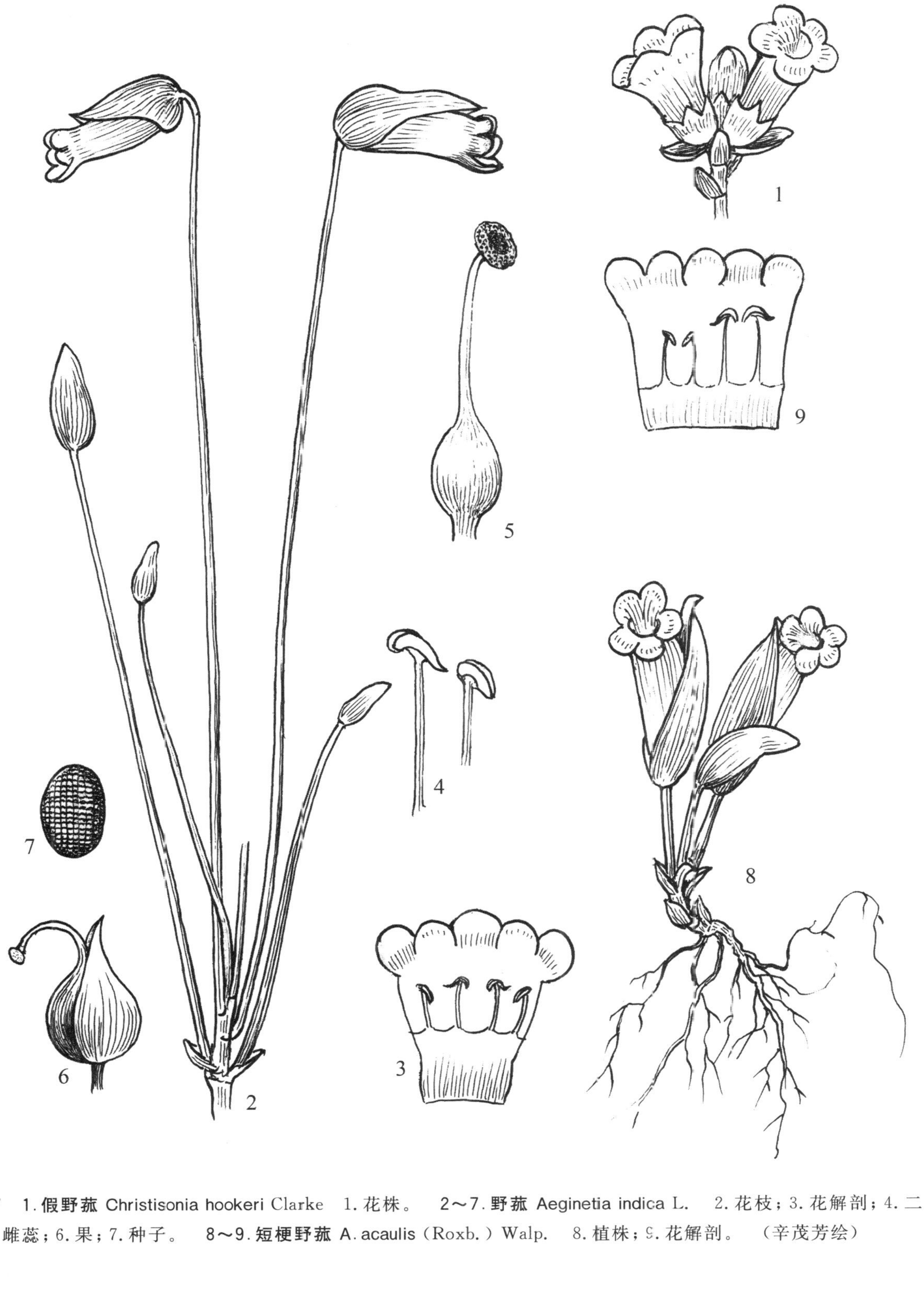

图版 157　1. **假野菰** Christisonia hookeri Clarke　1. 花株。　2～7. **野菰** Aeginetia indica L.　2. 花枝；3. 花解剖；4. 二种雄蕊；5. 雌蕊；6. 果；7. 种子。　8～9. **短梗野菰** A. acaulis (Roxb.) Walp.　8. 植株；9. 花解剖。（辛茂芳绘）

4:109,图 5631. 1975;中国植物志 **69**:77,图版 21:1～8. 1990;Fl. China **18**:239. 1998.—— *Orobanche aeginetia* L., Sp. Pl. ed. 2,883. 1763.—— *Aeginetia japonica* Sieb. et Zucc., Fl. Japon. **1**:17. 1826～35.—— *Phelipaea indica* Spreng. ex Steud., Nomencl. ed 2,318. 1843.

一年生寄生草本,高 10～40(45)cm;全体几无毛,茎自基部分枝或不分枝,黄褐色或紫红色。叶片鳞片状或卵状披针形,疏生于茎的基部,长 5～10 mm,宽 3～4 mm。花紫色,单生于茎的中上部,排列疏松,稍俯垂;花梗粗而长,直立,长 8～40 cm,直径 3 mm。花萼佛焰苞状,1 侧开裂至近基部,长 1.5～5 cm,紫红色或黄白色,先端急尖;花冠稍二唇形,长 3～6 cm,筒部宽,稍弯曲,先端 5 浅裂,裂片近圆形,全缘;雄蕊 4 枚,内藏,生于冠筒的近基部,花药成对黏合,仅 1 室发育,下方 1 对雄蕊的药隔基部延长成距;子房 1 室,心皮 2 个,胎座 4 个,横切面分枝极多,花柱无毛,柱头盾状膨大。蒴果圆锥状,长 2～3 cm,2 瓣开裂;种子小而多,黄色。　花期 4～9 月,果期 8～10 月。　产于贺州、钟山、昭平、岑溪、北流、平南、金秀、灵川、桂林(尧山)、临桂、灌阳、龙胜、兴安、资源、龙胜、武明、上思、上林、南丹、马山、隆林、三江、融水等地;寄生于海拔 200～1 500 m 的禾本科**芒属**(*Miscanthus* Anderss.)和**甘蔗属**(*Saccharum* L.)的根上。　全草可用于治疗疮疡肿毒、骨髓炎、跌打损伤、咽喉炎、尿路感染。

2. **短梗野菰**(中国植物志)　图版 157:8～9

Aeginetia acaulis (Roxb.) Walp. in Repert. Bot. Syst. **3**:481. 1844;中国植物志 **69**:78,图版 21:9～11, 1990; Fl. China **18**: 240. 1998.—— *Orobanche acaulis* Roxb. in Pl. Coromand. **3**: 89, pl. 292. 1819.—— *O. pedunculata* Roxb. in Hort. Beng. **45**. 1814, nom. und.; et Fl. Ind. **3**:29. 1832.—— *Aeginetia pedunculata* (Roxb.) Wall. in Pl. As. Rar. **10**:13, tab. 219. 1831; Hook. f. in Fl. Brit. Ind. **4**:320. 1884, excl. syn. part.; G. Beck in Engler, Pflanzenr. Ⅳ. **261**(Heft 96):20, fig. 3(E). 1930.

矮小寄生草本,高 8～12 cm。本种与**野菰**(*A. indica* L.)明显区别特征是茎很短,长 2～5 cm,不分枝;花梗长仅有 2～4 cm,远较**野菰**的梗短;花数朵密集聚生于茎顶端;花冠筒长 4～5 cm,先端裂片的边缘具小圆齿;子房 1 室或因胎座联合而成不完全的 2 室,侧膜胎座 2 个。　花期 4～6 月,果期 6～8 月。　产于隆林、河池;生于海拔约 900 m 的林下阴处。分布于贵州(安龙),喜马拉雅地区、中南半岛地区、印度尼西亚、菲律宾等亦有。

254. 狸藻科　LENTIBULARIACEAE*

一年生或多年生、陆生或水生草本;茎和分枝常变态成根状茎、匍匐枝、假根或叶器。广西所产的属、种均无真叶,而具叶器和捕虫囊。花单生或组成总状花序;花萼 2～5 裂,花后扩大,宿存;花冠 2 唇形,基部有距,上唇全缘或 2～3 裂,下唇全缘或 2～6 裂,裂片覆瓦状排列;雄蕊 2 枚,生于花冠下前方基部;子房上位,1 室,胚珠 2 颗至多颗,花柱短或不存在,柱头 2 裂。蒴果球形、卵球形或椭圆状球形,室背开裂或周裂;种子细小,多数,形状各样。　本科有 3 属约 290 种,广布于世界各地,主要分布于热带地区。我国有 2 属 27 种,南北各地均产;广西有 1 属 13 种 1 亚种。

狸藻属　Utricularia L.

一年生或多年生草本;植株常水生、沼生或附生;无真正的根和叶,具茎变态成的假根和叶器;叶器全缘或裂成丝状或毛发状,无腺毛;具有球形或扁球形的捕虫囊;花常数朵至多朵组成总状花序,罕有单生;冠筒喉部多少隆起成闭合状;花萼深 2 裂。　本属约有 220 种,多数分布于亚洲、非洲、美洲、大洋洲热带地区,少数分布于北温带地区。我国有 26 种,多数种类产于长江以南各地;广西现知有 13 种 1 亚种。

---

* 编著者:李光照、黄俞淞、吴双。

分种检索表

1. 水生草本；叶器1回至多回分裂，末回裂片丝状或毛发状，在花期宿存；花无小苞片。
  2. 叶器1～2回二歧状深裂，长5～15 mm；花冠长6～8 mm；蒴果室背开裂；种子双凸镜状，无角，环生宽翅 …………………… 1. **少花狸藻** U. gibba L.
  2. 叶器1～4回二歧状深裂，长15～60 mm；花冠长12～15 mm；蒴果周裂；种子压扁状，有棱角或狭翅。
    3. 花序梗具1～4枚鳞片；苞片基部耳状；花柱与子房近等长；种皮表面具粗网纹突起；枝端常有冬芽 …………………… 2. **南方狸藻** U. australis R. Br.
    3. 花序梗无鳞片；苞片基部平截状；花柱长约为子房的1/2；种皮表面具细纹状突起；枝端无冬芽 …………………… 3. **黄花狸藻** U. aurea Lour.
1. 沼生或附生草本；叶器圆形、线形或匙形，不分裂，在花期宿存或脱落；花有小苞片。
  4. 花冠黄色。
    5. 捕虫囊口基生。
      6. 捕虫囊下唇无附属物；果梗反折；萼片顶端钝 …………………… 4. **挖耳草** U. bifida L.
      6. 捕虫囊下唇具1短柄状附属物；果梗直立或开展；萼片顶端具细尖头 …………………… 5. **尖萼挖耳草** U. scardens Benj. subsp. firmula (Oliver) Z. Yu Li
    5. 捕虫囊口侧生；花序长1.5～2.5 cm；花序梗无鳞片 …………………… 6. **合苞挖耳草** U. peranomala P. Taylor
  4. 花冠粉红色、淡紫色或白色。
    7. 苞片基部着生；捕虫囊口基生或侧生，上唇具不分枝的钻形附属物。
      8. 捕虫囊口侧生，上唇具1条附属物。
        9. 花序、花萼密被多细胞毛 …………………… 7. **毛挖耳草** U. hirta Klein ex Link
        9. 花序、花萼无毛。
          10. 叶器狭倒卵状匙形；附属器钻状；花冠上唇狭长圆形；蒴果斜长卵状球形 …………………… 8. **斜果挖耳草** U. minutissima Vahl
          10. 叶器狭倒卵形楔形；附属器喙状；花冠上唇倒卵形楔形；蒴果球形或椭圆形 …………………… 9. **钩突挖耳草** U. warburgii K. I. Goebel
      8. 捕虫囊口基生，上唇具2条不分枝的钻形附属物 …………………… 10. **禾叶挖耳草** U. graminifolia Vahl
    7. 苞片中部着生；捕虫囊口顶生或侧生，上唇具1龙骨状长有腺毛的喙或2条分叉并生有腺毛的附属物，或2条密生细刚毛的附属物。
      11. 捕虫囊口顶生，上唇具1龙骨状而密生腺毛的喙状附属物；花梗长一般不超过1 mm …………………… 11. **短梗挖耳草** U. caerulea L.
      11. 捕虫囊口侧生，上唇具2条分枝或不分枝、长有腺毛或刚毛的附属物。
        12. 捕虫囊上唇2条分枝的附属物具腺毛，捕虫囊柄短于捕虫囊；有小苞片；种子表皮有倒钩毛。
          13. 花冠下唇近圆形，先端3～5浅裂；距短于或等长于花冠下唇 …………………… 12. **圆叶挖耳草** U. striatula Smith
          13. 花冠下唇4裂，下唇4裂，侧裂片比中裂片小得多；距明显长于花冠下唇 …………………… 13. **叉状挖耳草** U. furcellata Oliver
        12. 捕虫囊口2条不分枝的附属物具刚毛；捕虫囊柄长为捕虫囊长的2～3倍；无小苞片；种子无倒钩毛 …………………… 14. **长梗挖耳草** U. limosa R. Brown

1. 少花狸藻（海南植物志）　小狸藻　环翅狸藻（广西植物名录）

Utricularia gibba L., Sp. Pl. **1**:18. 1753; Fl. China **19**:489. 2011.——*U. exoleta* R. Br., Prodr Nov. Holl. **1810**:430. 1810；中国植物志 **69**:598，图版 164:8～10. 1990.——*U. gibba* L. subsp. *exoleta* (R. Br.) P. Taylor, Mitt. Bot. Staatssamml. Munchen **4**: 101. 1961.——*U. diantha* Roxb. ex Roem. et Schult., Mant. Pl. **1**: 169. 1822.——*U. khasiana* J. Joseph et Mani, Bull. Bot. Surv. India **25**: 192 1983.——*U. nagurai* Makino, Bot. Mag. (Tokyo) **27**:59. 1913.——*U. pterosperma* Edgeworth, Proc.

Linn. Soc. Lond. **1**: 352. 1847. ——*U. biflora* Lam., Tabl. Encycl. **1**: 50. 1791. ——*Vesiculina gibba* (Linnaeus) Rafinesque, Fl. Tellur. **4**: 109. 1838.

半固着水生草本；具少数丝状分枝的假根；匍匐枝丝状，多分枝，长可达 20 cm。叶器多数，1～2 回二歧状深裂，末回裂片毛发状，有时疏生细刚毛；捕虫囊斜卵状球形，多数，侧扁，有短柄，长约 1.2 mm，囊口侧生，边缘有时具小刚毛，上唇有 2 条细长多分枝刚毛状附属物，下唇无附属物。花序长 3～12 cm，直立，中部以上疏生 1～3 朵花；花序梗有 1 枚鳞片；苞片半圆形，抱茎，长约 1 mm；小苞片不存在；花梗丝状，长 1～2 mm；花萼 2 裂达基部，裂片近圆形，长 1～2 mm；花冠黄色，二唇形，长 6～8 mm，上唇宽卵形，宽 3～4 mm，先端圆形或截形，下唇形似上唇，喉部呈囊状隆起，距筒状，基部圆锥菜，较下唇稍长；雄蕊 2 枚，无毛，花丝线形，弯曲，药室汇合；雌蕊无毛，子房球形，柱头下唇半圆形，上唇钝形。蒴果球形，直径 3 mm，室背开裂；种子双凸镜状，环生宽约 1 mm 的翅，种皮具细网状纹饰。 花期 6～11 月，果期 7～12 月。产于邕宁；生于浅水湖泊、池塘中。分布于江苏、浙江、安徽、福建、台湾、湖北、湖南、广东、海南、四川、云南，非洲各国、印度、孟加拉国、斯里兰卡、中南半岛地区、马来西亚、印度尼西亚、菲律宾、日本及澳大利亚亦有。

2. **南方狸藻**(植物研究) 图版 158:1～5

Utricularia australis R. Br., Prodr. Fl. Nov. Holl. 430. 1810；中国植物志 **69**: 604，图版 165: 8～12. 1990；Fl. China **19**: 490. 2011. ——*U. japonica* Makino, Bot. Mag. Tokyo **28**: 28, fig. 3. 1914. ——*U. vulgaris* L. var. *tenuicaulis* (Miki) Kou, Biol. Bull. Taiwan Normal Univ. **3**: 24, fig. 3. 1968. ——*U. tenuicaulis* Miki, Bot. Mag. Tokyo **49**: 847. 1935. ——*U. neglecta* Lehmann, Nov. Stirp. Pug. **1**: 38. 1828. ——*U. sacciformis* Benjamin, Linnaea **20**: 302. 1847. ——*U. siakujiensis* Nakajima ex H. Hara, Enum. Spermatoph. Jap. **1**: 293. 1948.

水生草本；假根丝状，2～4 条，长 1～2 cm；匍匐枝圆柱形，长 10～50 cm，多分枝。叶器互生，先 2 裂至基部，后再 2～4 回歧状深裂；末回裂片毛发状，顶端及边缘有小刚毛；捕虫囊侧生于叶器的裂片上，稍扁，斜卵球形，长 1～2.5 mm，口部边缘有小刚毛，上唇有 2 条分枝或不分枝的刚毛状附属物，下唇无附属物。总状花序直立，长 5～25 cm，有花 3～8 朵；花序梗圆柱形，粗约 2 mm，有 1～3 枚与苞片同型的鳞片；苞片近圆形，长 2～5 mm，先端圆形或 3 浅裂，基部耳状；花梗丝状，长约 2～2.5 cm，在花期直立，花期后下弯；花萼 2 深裂，裂片长圆形，近等大，长约 3 mm；花冠黄色，长 12～15 mm，上唇卵形或近圆形，下唇横椭圆形，远较上唇大，喉部呈浅囊状隆起，距圆锥状，顶端钝，略弯；雄蕊 2 枚，无毛，花丝线形，弯曲，药室汇合；子房球形；花柱与子房近等长；柱头下唇半圆形，边缘流苏状，上唇正三角形，较小。蒴果球形，直径 3～4 mm，具宿存的花柱；种子压扁状，直径约 0.6 mm，边缘具 6 角，细网状突起。 花期 6～11 月，果期 7～12 月。 产于桂林（雁山）、贵港；生于池塘、稻田或湖泊、小溪中。分布于我国华东、华中、华南和西南各地，欧洲、非洲各国及印度、斯里兰卡、中南半岛地区、马来西亚、印度尼西亚、菲律宾、日本和澳大利亚亦产。

3. **黄花狸藻**(广州植物志) 水上一支黄花 狸藻 黄花挖耳草 图版 158:6～9

Utricularia aurea Lour., Fl. Cochinch. 26. 1790；广州植物志 604，图 321. 1956；海南植物志 **3**: 517. 1974；中国高等植物图鉴 **4**: 148，图 5710. 1975；中国植物志 **69**: 604，图版 165: 1～7. 1990；Fl. China **19**: 491. 2011. ——*U. flexuosa* Vahl, Enum. Pl. **1**: 198. 1804. ——*U. vulgaris* L. var. *pilosa* Makino, Bot. Mag. Tokyo **9**: 111. 1895. ——*U. pilosa* (Makino) Makino, Bot. Mag. Tokyo **11**: 70. 1897. ——*U. confervifolia* Jackson ex D. Don, Prodr. Fl. Nepal. 84. 1825. ——*U. extensa* Hance, Ann. Bot. Syst. **3**: 3. 1852.

本种外形似**南方狸藻**(*U. australis* R. Br.)，但叶器 3～4 深裂达基部，裂片在枝上呈轮生状；匍匐枝先端无冬芽；花序梗无鳞片；苞片基部平截状；果梗增粗并反折；花萼长 3～4 mm，在果期显著增大，长可达 9 mm，开展或反折；宿存花柱增粗并延长成喙；种子较大，直径达 8～20 mm，具 5～6 角，角上有极狭的棱翅。 花期 6～11 月，果期 7～12 月。 产于南宁、贵港、藤县、浦北、百色、钦州、龙州、阳朔；生于水塘、稻田、河溪之水中。分布于安徽、江苏、浙江、江西、福建、台湾、山东、湖北、湖南、广东、海南、贵州和云南，

图版 158　1～5. 南方狸藻 Utricularia australis R. Br.　1. 有花植株；2. 鳞片；3. 苞片；4. 花；5. 捕虫囊。　**6～9. 黄花狸藻 U. aurea** Lour.　6. 有花植株；7. 花；8. 苞片；9. 捕虫囊。（辛茂芳绘）

印度、尼泊尔、巴基斯坦、泰国、越南、柬埔寨、老挝、印度尼西亚、孟加拉国、斯里兰卡、巴布亚新几内亚、菲律宾、澳大利亚、朝鲜和日本亦有。

4. **挖耳草**(华东水生维管束植物) 二裂狸藻(广西植物名录) 金耳挖 图版159:1~6

Utricularia bifida L., Sp. Pl. **1**:18. 1753; Merr. in Lingnan Sci. Journ. **5**:167. 1927;广州植物志604. 1956;广西植物名录**2**:687. 1971;中国高等植物图鉴**4**:150, 图5713. 1976;中国植物志**69**:588, 图版162:4~10. 1990; Fl. China **19**:484. 2011. ——*U. wallichiana* Benj., Bot. Zeit. **3**:213. 1845. ——*U. alata* Benjamin, Bot. Zeitung (Berlin) **3**:212. 1845. ——*U. recurva* Loureiro, Fl. Cochinch. **1**:26. 1790. ——*U. humilis* Vahl, Enum. Pl. **1**:203. 1804. ——*Philydrum cavaleriei* H. Lévl., Bull. Herb. Boiss. ser. 2, **6**: 506. 1906.

纤细、直立、一年生陆生草本;假根少数,丝状分枝。叶器线状匙形,生于匍匐枝上,长10~20 mm,宽1~4 mm,膜质,于花前期凋萎或花期宿存;捕虫囊生于叶器和匍匐枝上,扁球形,长约1 mm,囊口基生,上唇有2条钻形附属物,下唇无附属物。花葶高5~30 cm,具数朵至10余朵疏离排列的花;花序梗圆柱形,下半部有鳞片1~5枚;苞片形似鳞片,宽卵状长圆形,长约1 mm;小苞片线状披针形,长约0.5 mm;花梗纤细,长2~4 mm,果时下弯;花萼2深裂达基部,裂片阔卵形,先端钝,基部下延,于果期增大并包着蒴果;花冠黄色,长约8 mm,上唇长卵形,先端圆形,长约4 mm,下唇近圆形,先端圆形或2~3浅裂,长约3.5 mm,喉部呈浅囊状隆起;距长约4 mm,向上弯;雄蕊2枚,长约1 mm,药室顶端汇合;子房卵球形,花柱粗短,柱头下唇开裂。蒴果扁球形,长约3 mm,室背开裂;种子多数,卵球形,长约0.5 mm,种皮具网状突起。 花期6~12月,果期7月至翌年1月。 产于钦州、灵山、平南、南宁、昭平、钟山、柳州、容县、上思、贺州、防城、东兴、富川和桂林(雁山、临桂);生于沼泽、田边或沟边湿地。分布于山东、江苏、安徽、江西、浙江、福建、台湾、河南、湖北、湖南、广东、海南、四川、云南,印度、斯里兰卡、孟加拉国、中南半岛地区、马来西亚、菲律宾、印度尼西亚、日本和澳大利亚亦有。

5. **尖萼挖耳草**(亚种)

Utricularia scandens Benj. subsp. **firmula** (Oliver) Z. Yu Li, Bull. Bot. Res., Harbin **8**(2):29. 1988; 中国植物志**69**:590. 1990; Fl. China **19**:485. 2011. ——*U. wallichiana* var. *firmula* Oliver, J. Proc. Linn. Soc., Bot. **3**:182~183. 1859. ——*U. recta* P. Taylor, Kew Bull. **41**:10. 1986. ——*U. scandens* var. *firmula* (Oliver) Subramanyam et Banerjee; Bull. Bot. Surv. India**10**:106. 1968.

一年生陆生小草本。叶器长于匍匐枝上,线形,长0.6~1 cm,宽约1 mm,1脉,无毛;捕虫囊生于匍匐枝和叶器上,球形,长0.6~1 mm;囊口基生,上唇具2条向下弯曲的钻形附属物,下唇具1顶端截形或2浅裂的短柄状附属物。花序长1.5~19 cm,直立或半缠绕,上部具1~4朵花;鳞片与苞片相似;苞片基部着生,长1~1.5 mm;小苞片约与苞片等长;花梗丝状,具狭翅,约与花萼等长;花萼2裂达基部,裂片近相等,卵形或宽卵形,无毛。花冠黄色,长5~10 mm,无毛,上唇长圆形,常短于上方萼片,下唇较大,近圆形,距钻形,较下唇长;雌蕊无毛;子房卵球形;柱头两唇均半圆形,上唇较小。蒴果长圆状卵球形,长2~2.5 mm,室背开裂;种子卵球形,长0.4~0.45 mm。 花期7~9月,果期8~10月。 产于武鸣、上林、宾阳;生于水田、沼泽或沟边湿草地。分布于广东、贵州和云南,不丹、印度北部和东北部、缅甸和尼泊尔亦产。 本亚种近似**挖耳草**(*U. bifida* L.),但捕虫囊下唇具1短柄状附属物;果梗直立或开展;萼片顶端具细尖头;种皮网格规则而区别于后者。

6. **合苞挖耳草**

Utricularia peranomala P. Taylor, Kew Bull. **41**:12. 1986; Fl. China **19**:486. 2011.

一年生草本;匍匐枝丝状,不分枝或稀疏的分枝。捕虫囊散生于匍匐枝和侧生于叶器上,卵形,长约1 mm,囊口侧生,上唇具2条不分枝的钻形附属物。叶器少数,狭倒卵形或线形,长8~10 mm,宽1~1.5 mm,膜质,无毛,具羽状脉,全缘,顶端钝圆。花序直立,长1.5~2.5 cm,具1~2朵花,无毛;花序梗圆柱形,粗约0.3 mm,无鳞片;苞片基生,阔卵形,长约0.5 mm,顶端钝圆;花梗长2~7 mm,丝状;小苞片

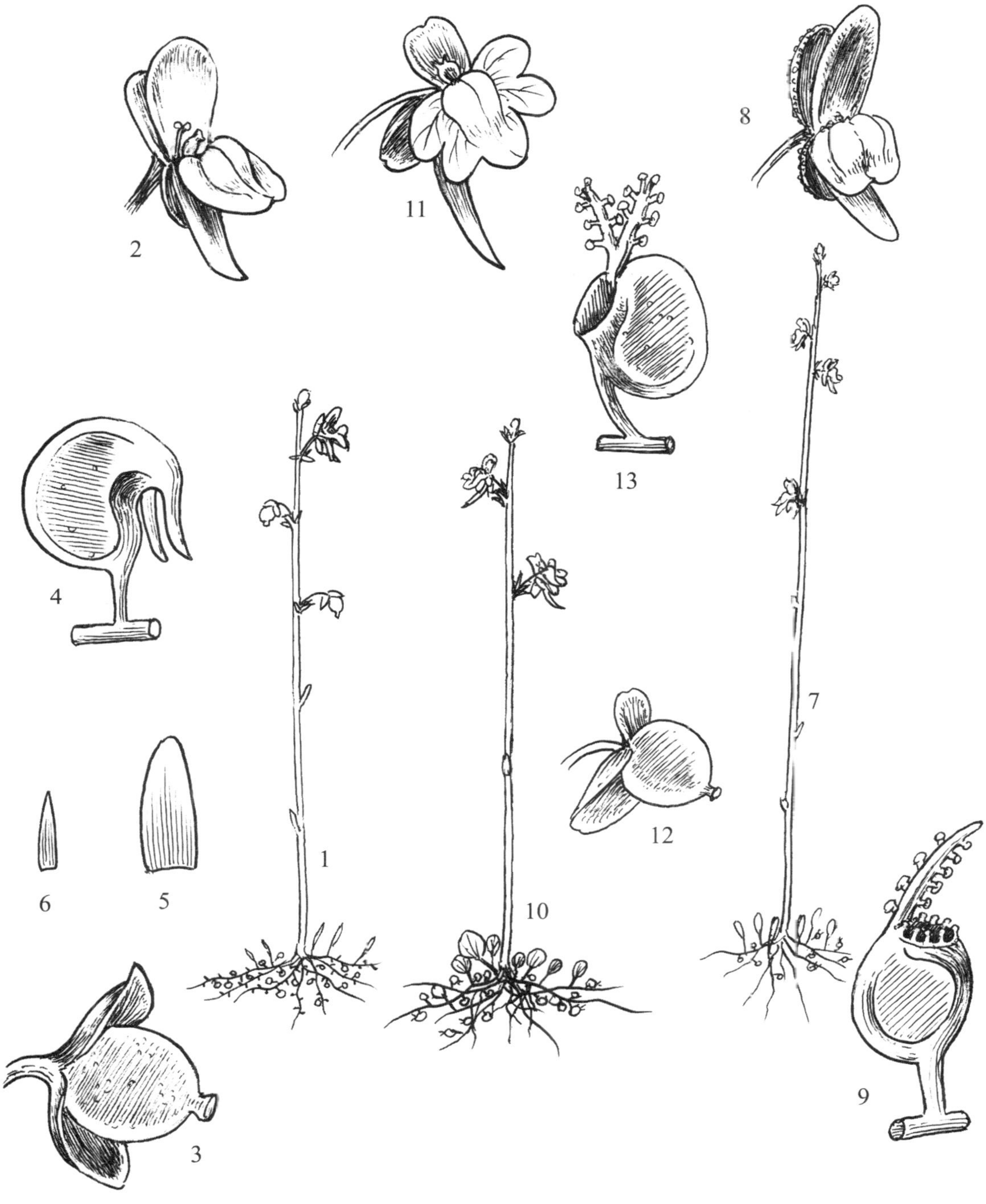

图版 159　1～6. **挖耳草** Utricularia bifida L.　1. 有花植株；2. 花；3. 果；4. 捕虫囊；5. 苞片；6. 小苞片。　7～9. **短梗挖耳草** U. caerulea L.　7. 有花植株；8. 花；9. 捕虫囊。　10～13. **圆叶挖耳草** U. striatula Smith.　10. 植株；11. 花；12. 果；13. 捕虫囊。（辛茂芳绘）

基生，椭圆形，顶端钝圆；上方萼片长于下方萼片；花冠黄色，长 4～6 mm，上唇阔扇形至横椭圆形，顶端钝圆或微凹，距圆锥状钻形，较下唇略长；花丝长约 0.6 mm，稍弯曲；子房球形；柱头下唇圆形，上唇椭圆形。蒴果球形，直径约 2.5 mm。　花期 7～8 月，果期 8 月。　产于兴安、资源、融水；生于潮湿的岩面上。本种为广西特有种。

7. 毛挖耳草

Utricularia hirta Klein ex Link, Jahrb. Gewächsk. **1**(3): 55. 1820; Fl. China **19**: 483. 2011. ——*U. hirta* Klein var. *elongata* Pellegrin, Fl. Indo-Chine **4**: 479. 1930. ——*U. tayloriana* J. Joseph et Mani, Bull. Bot. Surv. India **24**: 109. 1983.

多年生陆生小草本；匍匐枝少分枝。叶器长于匍匐枝上，狭倒卵形，长 0.8～1.5 cm，宽 0.3～0.5 mm，1 脉，全缘，无毛；捕虫囊生于假根、匍匐枝和叶器上，卵形，长约 0.2 mm，囊口侧生。花序长 5～15 cm，上部具 1～6 朵花，密被多细胞毛；鳞片与苞片相似；苞片基部着生，长 0.1～1 mm；花梗丝状，比苞片长；小苞片钻形，与苞片等长；花萼裂片近相等，密被毛；花冠紫色或白色，长 4～8 mm，下唇近圆形，下唇椭圆形，距钻形，较下唇长得多；子房卵形，柱头下唇近圆形，上唇较小，三角形。蒴果斜卵形，长 1.5～2 mm；种子卵球形，直径约 0.2 mm。　花期 9～11 月，果期 11 月至翌年 2 月。　产于南宁、防城；生于阴湿的草地或岩石上。分布于我国南部沿海地区，孟加拉国、柬埔寨、印度、老挝、马来西亚、斯里兰卡、泰国和越南亦产。

8. 斜果挖耳草（植物研究）

Utricularia minutissima Vahl, Enum. Pl. **1**: 204. 1804; 植物研究 **8**(2): 21. 1988; 中国植物志 **69**: 593. 1990; Fl. China **19**: 482. 2011. ——*U. nippnica* Makino, Bot. Mag. Tokyo **20**: 95. 1906. ——*U. brevilabris* Lace, Bull. Misc. Inform. Kew **1915**: 404. 1915. ——*U. brevilabris* Lace var. *parviflora* Pellegrin, Fl. Indo-Chine **4**: 481. 1930. ——*U. evrardii* Pellegrin, Fl. Indo-Chine **4**: 476. 1930. ——*U. lilliput* Pellegrin, Bull. Mus. Hist. Nat. (Paris) **26**: 181. 1920. ——*U. nigricaulis* Ridley, J. Linn. Soc. Bot. **38**: 317. 1908. ——*U. siamensis* Ostenfeld, Repert. Spec. Nov. Regni Veg. **2**: 68. 1906.

陆生小草本；假根丝状，少数；匍匐枝有稀疏的分枝。叶器少数，生于匍匐枝上，狭倒卵状匙形，长 5～15 mm，宽 0.5～2 mm，先端钝，常于花前凋萎；捕虫囊多数，宽卵球形，生于叶器或匍匐枝上，侧扁，囊口侧生，上唇具 1 钻状附属物，下唇具成排顶生偏斜腺头的齿状突起。花葶直立，高 3～12 cm，具花数朵至 10 余朵；花序梗丝状，具少数鳞片；苞片形似鳞片，基部着生，狭卵形，长约 1 mm；小苞片形似苞片；花梗丝状，直立，长约 1 mm；花萼 2 裂至基部，裂片宽卵形，长 1～2 mm，上唇先端钝，下唇先端微凹；花冠淡紫色或白色，长 3～7 mm，上唇狭长圆形，先端圆形或微凹，下唇近圆形，较大，先端 3 浅裂，喉部呈囊状隆起，距钻形，伸直，先端钝；雄蕊 2 枚，花丝线形，2 个药室汇合；子房卵球形，花柱粗短，柱头下唇半圆形，上唇正三角形。蒴果斜长卵状球形，长 1.5～2 mm，室背开裂；种子近球形，长约 0.2 mm。　花期 9～11 月，果期 10～12 月。　产于桂林；生于潮湿砂地或沼泽边湿地上。分布于江苏南部、江西、福建、广东南部，分布于印度、孟加拉国、斯里兰卡、中南半岛诸国、马来西亚、印度尼西亚、巴布亚新几内亚、菲律宾、澳大利亚和日本。

9. 钩突挖耳草

Utricularia warburgii K. I. Goebel, Ann. Jard. Bot. Buitenzorg **9**: 64. 1890; Fl. China **19**: 483. 2011.

一年生陆生植物。叶器多数，从花序梗基部和匍匐茎节点长出，狭倒卵形楔形，无毛，长 1～1.5 cm，宽 1.2～1.5 mm，膜质；叶脉 1 条；全缘；捕虫囊长在匍匐茎和叶器上，卵球形，0.5～1 mm，囊口侧生，边缘具多数具柄腺体，附属物 1 个，背部着生，狭长圆状倒卵形，喙状。花序直立，高 5～17 cm，有花 1～6 朵，无毛；花序梗圆柱状，粗 0.3～0.4 mm；苞片与鳞片相似，基部着生，卵形，长约 1.3 mm，边缘具细齿；花梗长 0.7～1 mm；小苞片椭圆形，稍短于苞片；花萼裂片相等，长 2～3 mm，无毛，下唇椭圆形，先端微凹，上唇阔卵形；花冠淡蓝紫色，长 6～8 mm，距钻形，稍长于下唇；上唇倒卵形楔形，先端微凹。花丝长约

1 mm；子房卵球形，柱头下唇半圆，上唇三角形。蒴果球状或椭圆形，直径 1.8～2.2 mm；种子倒卵球形。

花期 5～9 月，果期 7～10 月。　产于南宁；生于潮湿草地或岩石上。分布于安徽、福建、江苏、江西、重庆和浙江。

10. 禾叶挖耳草

Utricularia graminifolia Vahl, Enum. Pl. 1:195. 1804；中国植物志 69:590，图版 162:16～17. 1990；Fl. China 19:484. 2011. ——*U. caerulea* Linnaeus var. *graminifolia* (Vahl) F. K. Bhattacharyya, Bull. Bot. Soc. Bengal 30: 76. 1976. ——*U. conferta* Wight, Hooker's J. Bot. Kew Gard. Misc. 1: 372. 1849. ——*U. equiseticaulis* Blatter et McCann, J. Bombay Nat. Hist. Soc. 10:122. 1931. —— *U. parviflora* Buchanan-Hamilton ex Smith, Exot. Bot. 2: 120, sub. t. 119. 1808. ——*U. pedicellata* Wight, Hooker's J. Bot. Kew Gard. Misc. 1: 373. 1849. ——*U. purpurascens* Graham, Cat. Pl. Bombay 165. 1839. ——*U. subrecta* Lace, Bull. Misc. Inform. Kew 1915: 405. 1915. ——*U. uliginoides* Wight, Hooker's J. Bot. Kew Gard. Misc. 1:372. 1849.

陆生小草本；假根丝状，具多数分枝。叶器生于匍匐枝上，线形或线状倒披针形，全缘，长 4～20 mm，宽 0.8～3 mm，具 3 脉，无毛；捕虫囊散生于匍匐枝和侧生于叶器上，球形，长 0.5～1.3 mm，囊口基生，上唇具 2 条不分枝的钻形附属物。花序直立，长 2.5～30 cm，无毛，具 1～6 朵疏离的花；花序梗具 1～3 枚鳞片；苞片与鳞片同形，基部着生，长 2～2.5 mm，具 3(5)脉；小苞片较苞片钻形，具 1 脉；花梗上部具翅；花萼 2 裂达基部，上唇略大于下唇；花冠淡蓝色至紫红色，长 7～13 mm，上唇狭长圆形，略长于上方萼片，下唇较大，长 5～7 mm，距狭圆锥状钻形，较下唇长并与其成锐角或直角叉开；雄蕊和雌蕊均无毛；柱头下唇半圆形，上唇消失呈截形。蒴果长球形，长 2～3 mm；种子椭球形。　花期 5～12 月，果期 6 月至次年 1 月。　产于南宁；生于潮湿石壁或草地上。分布于福建、广东和云南，印度、缅甸、斯里兰卡和泰国亦有。

11. 短梗挖耳草（植物研究）　密花狸藻（广州植物志）　图版 159:7～9

Utricularia caerulea L., Sp. Pl. 1:18. 1753；植物研究 8(2):31. 1988；中国植物志 69:593，图版 163:8～11. 1990；Fl. China 19:483. 2011. ——*U. racemosa* Wall. ex Walp., Nov. Actorum Acad. Caes. Lecp.-Carol. Nat. Cur. 19(Suppl. 1): 401. 1843. ——*U. filicaulis* Wall. ex A. DC. Prodr. 8: 21. 1844. ——*U. filicaulis* var. *papillosa* Pellegrin, Fl. Indo-Chine 4:486. 1930. ——*U. racemosa* Wall. ex Walp. var. *filicaulis* (Wall. ex A. DC.) Clarke in Hook. f. Fl. Brit. Ind. 4:333. 1884. ——*U. cavaleriei* Stapf, Bull. Misc. Inform. Kew 1910(6): 195～196. 1910. ——*U. albina* Ridley, Fl. Malay. Penin. 2:493. 1923. ——*U. caerulea* var. *filicaulis* (Wallich ex A. Candolle) Haines, Bot. Bihar Orissa 645. 1922. ——*U. capillaris* D. Don, rodr. Fl. Nepal. 85. 1825. ——*U. kerrii* Craib, Bull. Misc. Inform. Kew 1911: 429. 1911. ——*U. nivea* Vahl, Enum. Pl. 1: 203. 1804. ——*U. obtusiloba* Benjamin, Linnaea 20: 312. 1847. ——*U. ophirensis* Ridley, J. Bot. 33:10. 1895. ——*U. rosea* Edgeworth, Proc. Linn. Soc. Lond. 1: 352. 1847. ——*U. roseopurpurea* Stapf ex Gamble, Fl. Madras 2:983. 1924. ——*U. sampathii* Subramanyam et Yoganarasimhan, J. Indian Bot. Soc. 60:123, f. 1～42. 1981. ——*U. sootepensis* Craib, Bull. Misc. Inform. Kew 1911:430. 1911. ——*U. squamosa* Benjamin, Bot. Zeitung (Berlin) 3:212. 1845.

陆生纤细草本；假根和匍匐枝丝状，分枝或不分枝。叶器狭倒卵匙形，长 5～8 mm，宽 1～1.2 mm，莲座状或于匍匐枝上散生，先端圆形，无毛；捕虫囊生于匍匐枝或叶器侧，卵球形，长约 1 mm，侧扁，有短柄；囊口顶生，上唇有一龙骨状的、生有腺毛的喙，下唇无附属物，喙与囊体近等长。花序直立，长 5～30(40)cm，中部以上疏 3(1)～10(15)朵花；花序梗丝状，有鳞片；苞片长圆披针形，两端渐尖或先端有时钝；小苞片形似苞片；花梗长约 1 mm；花萼 2 裂达基部，上唇较大，长 2～3 mm，下唇较短；花冠紫红色、粉红色或白色，边距长 6～10 mm，上唇卵状长圆形，下唇较大，近圆形，喉部隆起，距狭圆锥状，较下萼长；雄蕊 2 枚，无毛，花丝长约 1 mm，药室汇合；子房球形，花柱短，柱头下唇圆形，上唇呈小正三角形。种子多数，甚细小，长球形。 花期6月至翌年春季，果期7月至翌年春季。 产于桂东；生于潮湿草地或沼泽地上。分布于山东、江苏、浙江、安徽、江西、福建、台湾、广东、海南、贵州和云南，印度、孟加拉国、斯里兰卡、中南半岛诸国、印度尼西亚、马来西亚、菲律宾、日本、朝鲜和澳大利亚也有。

12. **圆叶挖耳草**(台湾植物志) 圆叶狸藻(海南植物志) 图版159:10～13

Utricularia striatula Smith, Rees, Cycl. **37**: n. 17. 1818；海南植物志 **3**: 517. 1974；中国植物志 **69**: 595, 图版 163: 1～5. 1990；Fl. China **19**: 488. 2011. ——*U. anthropophora* Ridley, J. Fed. Malay States Mus. **6**: 165. 1915. ——*U. harlandii* Oliv. ex Benth. Fl. Hongk. 257. 1861. ——*U. multicaulis* Oliv., Journ. Linn. Soc. Bot. **3**: 188. 1859. ——*U. orbiculata* Wall. ex A. DC., Prodr. **8**: 18. 1844. ——*U. rosulata* Benjamin, Linnaea **20**: 310. 1847. ——*U. taikankoensis* Yamamoto, J. Soc. Trop. Agric. **3**: 241. 1931. ——*Meloneura striatula* (Smith) Barnhart, New York Bot. Gard. **6**: 50. 1916.

本种稍似**短梗挖耳草**(*Utricularia caerulea* L.)，但本种叶器倒卵形或圆形，有细长的假叶柄，有2分叉的脉；捕虫囊口侧生，先端有2分叉并具腺毛的附属物，下唇无附属物；花序较短，一般长2～15 cm，有花1～10朵；花梗较长，长2～6 mm；花冠上唇细小，半圆形，有2齿，远较上方萼片短，下唇近圆形，先端3～5浅裂；距钻状筒形，弯曲，长1～4 mm；蒴果斜倒卵球形；种子梨状球形，脐部突出，表面有纵褶和倒钩毛，易于区别。 产于龙胜、全州、上思、金秀、桂林、柳州等地；多见于潮湿的石头表面或树皮上，与苔藓混生。分布于安徽、浙江、江西、福建、台湾、湖南、广东、四川、贵州、云南和西藏，印度、斯里兰卡、马来西亚、印度尼西亚、菲律宾以及非洲热带地区均有分布。

13. **叉状挖耳草**

Utricularia furcellata Oliver, Journ. Linn. Soc. Bot. **3**: 189. 1859；云南植物研究，**30**(2): 146. 2008.

叶状器莲座状着生，近圆形；捕虫囊的囊口侧生。花序轴无鳞片，苞片和小苞片中部着生；花冠淡紫色或白色，二唇形，上唇近方形，先端浅2裂，下唇基部中央具一黄色斑块，4裂，中裂片比侧裂片大；距近锥形，明显长于花冠下唇；子房球形，柱头下唇退化，下唇圆环状。蒴果顶端具纵向龙骨状突起，成熟时在突起处开裂；种子倒卵形，顶端表面密被倒钩毛。 产于金秀；附生于岩石上。分布于云南；印度亦产。本种与**圆叶挖耳草**(*U. striatula* Smith.)相近，但本种花冠下唇4裂，距明显长于花冠下唇而易于区别。

14. **长梗挖耳草**(植物研究)

Utricularia limosa R. Brown, Prodr. 432. 1810；中国植物志 **69**: 597, 图版 163: 12～15. 1990；Fl. China **19**: 488. 2011. ——*U. verticillata* Benj., Linnaea **20**: 312. 1847. ——*Nelipus limosa* (R. Brown) Rafinesque, Fl. Tellur. **4**: 109. 1836.

本种似**短梗挖耳草**(*Utricularia caerulea* L.)和**圆叶挖耳草**(*U. striatula* J. Smith.)，区别在于本种的捕虫囊口侧生，上唇有2条不分枝且具刚毛的附属物，下唇无附属物；花梗较长，长2～6 mm；花冠下唇2深裂达基部。与后者区别在于叶器狭线形，长1.5～2.5 cm；无小苞片；捕虫囊口上唇的2条附属物具刚毛，囊柄较长，长为囊的2～3倍；花冠宽卵形，明显较长，长为上方萼片的2倍，先端圆形，不裂，下唇2深裂，裂片长圆形，喉部形成2个浅囊；种子具网状突起，无钩毛。 产于南宁、邕宁、武鸣、柳州、桂林、临桂、上思、防城、钦州、灵山、平南、容县、昭平、富川和贺州等地；生于潮湿草地或田沟边湿处。分布于广东、海南，中南半岛诸国、泰国、马来西亚、印度尼西亚和澳大利亚亦有。

256. 苦苣苔科 GESNERIACEAE*

多年生草本；常具根状茎，少数为一年生草本、半灌木或灌木；具或不具地上茎。叶为单叶，稀为复叶，

* 编著者：王文采、潘开玉、许为斌。

对生或轮生,或基生成簇,少有互生,不分裂,少有分裂;无托叶。花序通常为双花聚伞花序(有 2 朵顶生花),或为单歧聚伞花序;通常有 2 苞片;花两性,通常左右对称,少有辐射对称;花萼 5(4)全裂,有时深裂或浅裂,辐射对称,少有左右对称;花冠紫色、白色或黄色,合瓣,通常二唇形,少有辐状或钟状;雄蕊(4)5 枚,与花冠筒多少愈合,通常有 1 或 3 枚退化,少有全部能育,花丝通常狭线形,有时中部变宽或膝状弯曲,花药分生或连着少有合生,2 药室平行,略叉开或极叉开,通常顶端不汇或汇通,纵裂,少有孔裂;花盘环状或杯状,少有不存在;雌蕊由 2 枚心皮构成,子房上位或下位(南美洲),子房 1 室,有(1)2 侧膜胎座,少有二室,具中轴胎座,胚珠多颗,花柱 1 条,柱头 2 或 1 枚。果实通常为蒴果,少有为浆果。种子小,椭圆形或纺锤形,偶尔在两端具突出的附属物,有或无胚乳,胚直,2 枚子叶等大或不等大。 约 150 属,3 700 余种,其中**苦苣苔亚科** Didymocarpoideae(子房上位;2 枚子叶不等大)主产于亚洲、美洲、南欧,少数产于大洋洲及南美洲北部,**大岩桐亚科** Gesnerioideae(多为子房下位;2 枚子叶等大)主产于南美洲热带地区,少数产于大洋洲;新增的 Sanangoideae 亚科仅包含 1 个分布于秘鲁和厄瓜多尔等地的单型属 *Sanango*。根据最新的分类系统,我国有 44 属,约 671 种,广布于西藏南部、云南、华南至河北和辽宁西南,多数属、种产于云南、贵州、广西、广东等热带、亚热带地区;广西产 32 属(其中有 2 个本区特有属),约 233 种,19 变种。 苦苣苔科有许多观赏植物,著名的**大岩桐属**(*Sinningia*),**非洲堇属**(*Saintpaulia*),**好望角苣苔属**(*Streptocarpus*),**欧洲苣苔属**(*Ramonda*)等,在我国引种的不多,只有唇柱苣苔属、芒毛苣苔属、半蒴苣苔属等属的一些种在南宁、广州、杭州等城市引种作观赏用;本科的一些植物,如吊石苣苔、蚂蝗七、红药、牛耳朵、降龙草等,在民间供药用,《广西药用植物名录》(1986)就记载广西本科药用植物共 19 属约 47 种。

近年来,中国苦苣苔科植物研究经历了快速发展的时期,不管是在系统发育方面还是在物种多样性方面都发表了大量的研究成果。目前我国苦苣苔科植物较先前出版的《中国植物志》(69 卷)和《Flora of China》(*Volume* 18)不同主要反映在两个方面,一方面是物种数量的剧增,从《Flora of China》收录的 56 属 422 种,随着大量新类群的不断发现,到目前我国苦苣苔科植物共有 44 属 671 种;另一方面就是分类系统发生了较大的变动,产生了几个广义的大属。例如马铃苣苔属将直瓣苣苔属、四数苣苔属、全唇苣苔属、金盏苣苔属、瑶山苣苔属、后蕊苣苔属、弥勒苣苔属、短檐苣苔属、辐花苣苔属等多个属或者部分属内的物种一起合并形成广义的马铃苣苔属。传统的唇柱苣苔属被拆分为汉克苣苔属、钩序苣苔属等几个属,单型的报春苣苔属将唇柱苣苔属中的唇柱苣苔组、小花苣苔属、文采苣苔属等几个属或者部分属内的物种一起合并形成较大的广义的报春苣苔属。石山苣苔属将朱红苣苔属、长檐苣苔属、细筒苣苔属、方鼎苣苔属、世纬苣苔属、长蒴苣苔属等多个属或者部分属内的物种一起合并形成广义的石山苣苔属。粗筒苣苔属被撤销,建立了光叶苣苔属,并将部分种类转入紫花苣苔属和马铃苣苔属。另外还有一些小属的归并,例如将单座苣苔属并入半蒴苣苔属,将唇萼苣苔属并入蛛毛苣苔属,密序苣苔属并入汉克苣苔属。为了紧跟最新的研究成果,更好地反映我国苦苣苔科植物的系统关系,本志在编写过程中采用了最新修订的苦苣苔科植物新分类系统进行编排。由于采用了新的分类系统,广西的一些属在概念和分类上发生了变化,产生一些名称的改变,但考虑到中文名称的稳定和使用习惯,这些拉丁学名的改变并没有导致中文名称的全部相应的改变,为了尽量减少中文名称的变动,本志只对部分新成立的属内物种进行了中文名称的改变。

分属检索表

1. 子房长圆形或线形,少有卵球形,顶端渐变细成花柱;花序聚伞状;叶在地上茎不存在时全部基生,如地上茎存在时对生或轮生,少有互生。
  2. 果实为开裂的蒴果。
    3. 种子无附属物(族 1. 长蒴苣苔族 Trib. Didymocarpeae Endl.)。
      4. 能育雄蕊 4 枚。
        5. 雄蕊分生。
          6. 无地上茎;花冠筒通常比檐部长;花药 2 药室不汇通,以纵缝开裂 ……… 1. **马铃苣苔属** Oreocharis Benth.
          6. 有地上茎;花冠筒比檐部短;花药 2 室汇通,孔裂 ……………………………… 2. **短筒苣苔属** Boeica Clarke

5. 雄蕊花药连着。

7. 4 枚雄蕊的花药成对连着。

8. 花冠筒状，筒部下(前)侧不膨大，上下近等粗。

9. 花冠下唇内面无毛或散生短柔毛；柱头 2 枚。

10. 花冠上唇与下唇近等长，裂片近圆形；苞片披针状线形，外面密被长柔毛；花丝被腺状柔毛 ……………………………………………………………… 1. **马铃苣苔属** Oreocharis Benth.(金盏苣苔类)

10. 花冠上唇明显短于下唇，裂片长圆形；无苞片；花丝无毛 ……………………………………………………………… 1. **马铃苣苔属** Oreocharis Benth.(直瓣苣苔类)

9. 花冠下唇内面密被髯毛；柱头 1 枚 …………………………… 3. **珊瑚苣苔属** Corallodiscus Batal.

8. 花冠粗筒状，筒部下(前)侧膨大，或为筒状漏斗形；柱头 2 枚。

11. 花冠粗筒状，下侧膨大 ……………………… 4. **光叶苣苔属** Glabrella Mich. Möller et W. H. Chen

11. 花冠漏斗形，下侧不膨大，下部由宽变细成细筒状 ……………………… 5. **漏斗苣苔属** Raphiocarpus Chun

7. 4 枚雄蕊的花药共同连着；花药 2 药室汇通；柱头 1 枚；无地上茎 ……… 6. **横蒴苣苔属** Beccarinda Kuntze

4. 能育雄蕊 2 枚。

12. 上(后)方 2 枚雄蕊能育；花冠上唇 2 裂，下唇 3 裂；花药 2 室平行，顶端汇通；柱头 2 或 1 枚 ……………………………………………………………… 1. **马铃苣苔属** Oreocharis Benth.(后蕊苣苔类)

12. 下(前)方 2 枚雄蕊能育。

13. 花序苞片 6 片或更多，形成 1 总苞；花冠上唇 4 裂，下唇不分裂；无地上茎，叶均基生；花药 2 室极叉开，汇通；柱头 1 枚 ……………………………… 17. **石山苣苔属** Petrocodon Hance(朱红苣苔类)

13. 花序苞片(1)2(3)；花冠上唇 2 裂，少有不分裂，下唇 3 裂。

14. 花药 2 室平行，顶端有汇通，少有汇通。

15. 花序 2 苞片大，合生成坛状总苞；花冠内面基部之上有 1 条毛环(除毛果半蒴苣苔外)；子房有中轴胎座，2 室，其中 1 室不育；地上茎存在，叶对生；柱头 1 枚 …………… 7. **半蒴苣苔属** Hemiboea Clarke

15. 花序 2 苞片较小，分生；花冠内面无毛环；子房通常 1 室，有侧膜胎座，只在异片苣苔属 2 室，有中轴胎座，此时 2 室均能育。

16. 地上茎不存在，叶均基生；花冠筒比檐部或近等长；雄蕊贴生于花冠筒近基部处。

17. 雄蕊伸出，分生，花药背着；花盘存在；子房和蒴果均为线形，侧膜胎座不分裂；柱头 2 枚 ……………………………………………………………… 1. **马铃苣苔属** Oreocharis Benth.(瑶山苣苔类)

17. 雄蕊内藏，花药连着，底着；花盘不存在；子房卵球形或椭圆球形，侧膜胎座 2 裂；柱头 1 枚 ……………………………………………………………… 8. **石蝴蝶属** Petrocosmea Oliv.

16. 地上茎存在，叶对生；花冠筒比檐部长 2 倍或更多；雄蕊贴生于花冠筒中部。

18. 花萼 5 深裂或 5 浅裂，有 1 萼筒；柱头 2 枚，不等大。

19. 花萼 5 浅裂；花丝全长等宽；子房 1 室，有 2 侧膜胎座 ……………………………………………………………… 9. **异裂苣苔属** Pseudochirita W. T. Wang

19. 花萼 5 深裂；花丝中部最宽，向上、下两端渐变狭；子房 2 室，有中轴胎座 ……………………………………………………………… 10. **异片苣苔属** Allostigma W. T. Wang

18. 花萼 5 裂达基部，无萼筒。

20. 柱头 2 枚，有 2 侧膜胎座 ………………………… 11. **双片苣苔属** Didymostigma W. T. Wang

20. 柱头 1 枚，有 1 侧膜胎座 ……………………… 7. **半蒴苣苔属** Hemiboea Clarke(单座苣苔类)

14. 花药 2 室极叉开，顶端汇通。

21. 蒴果直；花盘存在(除蛛毛苣苔属外)。

22. 花冠裂片三角形，顶端尖；柱头 2 枚；地上茎不存在 ……………………………………………………………… 17. **石山苣苔属** Petrocodon Hance(细筒苣苔类)

22. 花冠裂片卵形或卵圆形，顶端圆形；柱头 1 枚。

23. 柱头自花柱顶端下(前)方生出，片状，倒梯形、线形或卵形，不分裂或 2 裂。

24. 花序梗不与叶柄贴生；花药以整个腹面连着；多年生草本，具根状茎或者地上茎。

25. 花萼5裂至基部,无萼筒。

26. 无地上茎;叶簇生于根状茎顶端。

27. 子房和蒴果均为线形,蒴果通常比宿存花萼长数倍;地上茎不存在或存在 …………………………………………………………………………… 12. **报春苣苔属** Primulina Hance

27. 子房卵球形,蒴果长椭圆球形,与宿存花萼近等长;地上茎不存在 …………………………………………………… 12. **报春苣苔属** Primulina Hance(小花苣苔类)

26. 地上茎存在;叶互生 ……………… 13. **奇柱苣苔属** Deinostigma W. T. Wang et Z. Y. Li

25. 花萼5裂不达基部,有萼筒 ……………………………… 14. **汉克苣苔属** Henckelia Spreng.

24. 花序梗与叶柄愈合;花药以药隔顶端突起相连着;一年生草本 …………………………………………………………… 15. **钩序苣苔属** Microchirita (C. B. Clarke) Y. Z. Wang

23. 柱头生于花柱顶端,扁球形或盘形。

28. 花冠上唇不分裂;地上茎不存在 ……………………… 16. **圆唇苣苔属** Gyrocheilos W. T. Wang

28. 花冠上唇2裂。

29. 花冠近坛状,白色,檐部短,不明显二唇形;地上茎不存在 ……………………………………………………………… 17. **石山苣苔属** Petrocodon Hance

29. 花冠筒状、钟状或近高脚碟状,檐部明显二唇形。

30. 花冠筒状或钟状,檐部斜上展,比筒部短;蒴果线形或披针形,比宿存花萼长2倍以上;地上茎存在或不存在。

31. 叶背面无毡毛;花冠筒状;花盘存在 ……………… 18. **长蒴苣苔属** Didymocarpus Wall.

31. 叶背面密被毡毛;花冠钟状;花盘不存在 …………………………………………………… 19. **蛛毛苣苔属** Paraboea (Clarke) Ridley

30. 花冠近高脚碟状,檐部与筒部近等长,近水平开展;蒴果长椭圆球形,与宿存花萼近等长;地上茎不存在 ………………………… 17. **石山苣苔属** Petrocodon Hance(长檐苣苔类)

21. 蒴果螺旋状扭曲;花盘不存在。

32. 花冠上唇比下唇稍短,下唇内面不被髯毛。

33. 叶片背面密被锈色或褐色蛛丝状毡毛

34. 花药顶端汇合;子房光滑无毛或者被短柔毛 ……… 19. **蛛毛苣苔属** Paraboea (Clarke) Ridley

34. 花药直,不联合;子房被白色的蜡质白粉 ……………… 20. **米氏苣苔属** Middletonia C. Puglisi

33. 叶被白色柔毛,无毡毛 ……………………………………… 21. **羚角苣苔属** Dorcoceras Bunge

32. 花冠上唇极短,几与花冠筒口截平,下唇内面被髯毛 …………………………………………………… 22. **喜鹊苣苔属** Ornithoboea Parish ex Clarke

3. 种子两端有钻形或毛状附属物(族2. 芒毛苣苔族 Trib. Trichosporeae Fritsch)。

35. 能育雄蕊4枚。

36. 叶的侧脉明显;花冠紫色、黄色或白色;雄蕊内藏;叶对生。

37. 花序苞片大,形成球状总苞;花冠筒内面下方有2条弧形突起;花柱比子房短;柱头1枚;种子附属物长0.1~0.2 mm,钻形或近毛状;小灌木或亚灌木 ……………………… 23. **大苞苣苔属** Anna Pellegr.

37. 花序苞片小,不形成总苞;花冠内面下方无突起;花柱比子房长;柱头2枚;种子附属物较长,长0.4~0.8 mm,毛状;亚灌木 …………………………………… 24. **紫花苣苔属** Loxostigma Clarke

36. 叶的侧脉通常不明显;花冠橙红色;雄蕊伸出;柱头1枚;附生小灌木;叶对生或轮生 …………………………………………………………………… 25. **芒毛苣苔属** Aeschynanthus Jack

35. 能育雄蕊2枚,内藏;柱头1枚;小灌木或亚灌;叶对生或轮生 ……………… 26. **吊石苣苔属** Lysionotus D. Don

2. 果实常肉质,不开裂;花冠钟状筒形;能育雄蕊4枚,分生;亚灌木;叶对生(族3. 浆果苣苔族 Trib. Cyrtandreae Bl.) …………………………………………………………………… 27. **线柱苣苔属** Rhynchotechum Bl.

1. 子房球形或卵球形,顶端突然收狭形成花柱;花序聚伞状,或为单歧聚伞花序,有时形状似总状花序,此时,花不生于苞片腋部;叶或对生,此时同1对叶常极不等大,或互生,基部常极偏斜(族4. 尖舌苣苔族 Trib. Klugieae Fritsch)。

38. 花萼5浅裂,裂片之间有纵褶;能育雄蕊4枚;叶对生。

39. 同1对叶近等大；花冠上唇比下唇短约2倍；雄蕊分生，花药2药室近平行；花盘存在 …………………………………………………………………………………… 28. **圆果苣苔属** Gyrogyne W. T. Wang

39. 同1对叶极不等大；花冠上唇与下唇近等长；4枚雄蕊的花药共同合生，花药2药室稍叉开；花盘不存在 ………………………………………………………………………………………… 29. **十字苣苔属** Stauranthera Benth.

38. 花萼或5裂达基部，或5浅裂，在裂片之间无纵褶。

40. 花萼5裂达基部，无萼筒，有多条分泌沟；能育雄蕊4枚，花药共同连着；子房2室，有中轴胎座；叶对生，同1对叶极不等大；花序无苞片 …………………………………………………… 30. **异叶苣苔属** Whytockia W. W. Smith

40. 花萼5浅裂，有1萼筒，无分泌沟；能育雄蕊2枚；子房1室，有2侧膜胎座。

41. 叶均互生，基部极斜；花序狭长，似总状花序，有苞片；下(前)方2雄蕊能育(广西种)；蒴果纵裂 …………………………………………………………………………………… 31. **尖舌苣苔属** Rhynchoglossum Bl.

41. 茎下部叶互生，上部叶对生，近等大；花序为蝎尾状聚伞花序，只基部有1枚苞片；上(后)方2枚雄蕊能育；蒴果周裂 ……………………………………………………………………… 32. **盾座苣苔属** Epithema Bl.

1. 马铃苣苔属 Oreocharis Benth.

多年生草本；有短根状茎。叶全部基生；具柄，稀近无柄。聚伞花序不分枝或具2～3次分枝；苞片2枚；花萼5裂达基部；花冠筒钟状、钟状筒形、细筒形、稀粗筒形，喉部收缩或不收缩，檐部二唇形，上唇2(4)裂，下唇3(1)裂；雄蕊4或者2枚，分生或者合生，花药宽长圆形，2药室平行，顶端不汇通。花盘环状；雌蕊无毛，稀被腺状柔毛，子房长圆形，1室，2侧膜胎座，柱头2或1枚。根据最新的分子系统学研究结果，**瑶山苣苔属**（*Dayaoshania* W. T. Wang）、**后蕊苣苔属**（*Opithandra* Burtt）、**直瓣苣苔属**（*Ancylostemon* Craib）、**金盏苣苔属**（*Isometrum* Craib）、**粗筒苣苔属**（*Briggsia* Craib）的部分物种都被并入马铃苣苔属，从而形成广义的马铃苣苔属。 本属分布西自西藏，向东分布至福建(南平)，北自甘肃南部，向南至越南、泰国、缅甸。我国有122种，分布于西藏、四川、云南、贵州、广东、福建、江西、湖南、湖北及甘肃南部；广西有16种，2变种。

分 种 检 索 表

1. 能育雄蕊4枚。

2. 雄蕊分生。

3. 花冠筒细筒状，喉部收缩，基部稍膨大，筒部与檐部等长或稍长，花冠裂片长，长圆形或长圆状披针形。

4. 花序梗及花梗被绢状绵毛；叶边缘具浅钝齿或近全缘。

5. 叶片腹面被疏短柔毛，背面脉上密被淡褐色绢状绵毛；花冠上唇2裂至中部之下 ………………………………………………………………… 1. **长瓣马铃苣苔** O. auricula (S. Moore) Clarke

5. 叶片两面被淡褐色绢状长柔毛；花冠上唇2裂至中部 ……… 2. **绢毛马铃苣苔** O. sericea (H. Lévl.) H. Lévl.

4. 花序梗及花梗被腺状柔毛；叶边缘具整齐的牙齿。

6. 花冠淡紫色；上下雄蕊近同形 …………………………… 3. **大齿马铃苣苔** O. magnidens Chun ex K. Y. Pan

6. 花冠蓝紫色；上下雄蕊异形 ……………………… 4. **异蕊马铃苣苔** O. ×heterandra D. Fang et D. H. Qin

3. 花冠细筒状或粗筒状，喉部不收缩，基部不膨大，筒部为檐部的1～5倍，花冠裂片较短，近圆形。

7. 花冠筒直；子房线形，仅基部被花盘包围。

8. 叶片两面被贴伏长柔毛，近全缘；花序梗及花萼外面均被长柔毛 ………………………………………………………………… 5. **紫花马铃苣苔** O. argyreia Chun ex K. Y. Pan

8. 叶片腹面被短柔毛，背面(至少在脉上)被锈色绢状绵毛。

9. 叶片背面仅在脉上被锈色绢状绵毛，其余部分被短柔毛；花冠长13～14 mm，紫红色；雄蕊内藏 …………………………………………………… 6. **湘桂马铃苣苔** O. xiangguiensis W. T. Wang et K. Y. Pan

9. 叶片背面密被锈色绢状绵毛；花冠较短，长8～10 mm，淡紫色；雄蕊与花冠筒等长或伸出花冠外 …………………………………………………………………………… 7. **大叶石上莲** O. benthamii Clarke

7. 花冠筒弯曲；子房椭球形，被花盘全部包围 ………………… 8. **弯管马铃苣苔** O. curvituba J. J. Wei et W. B. Xu

2. 雄蕊合生。

10. 花冠上唇 2 裂，下唇 3 裂，花冠紫红色或蓝紫色。

11. 花冠筒状，紫红色，花冠裂片近圆形 ……………………………………………… 9. **龙胜金盏苣苔** O. lungshengensis (W. T. Wang) Mich. Möller et A. Weber

11. 花冠粗筒状，蓝紫色，花冠裂片长圆形。

12. 叶两面被淡褐色贴伏短柔毛 …………… 10. **广西粗筒苣苔** O. stewardii (Chun) Mich. Möller et A. Weber

12. 叶两面被淡褐色贴伏长柔毛和短柔毛 ……………………………………………… 11. **融安直瓣苣苔** O. ronganensis (K. Y. Pan) Mich. Möller et A. Weber

10. 花冠上唇 4 裂，下唇不分裂，花冠黄色 ……… 12. **弥勒苣苔** O. mileensis (W. T. Wang) Mich. Möller et A. Weber

1. 能育雄蕊 2 枚。

13. 上方(后方)2 枚雄蕊能育。

14. 花冠裂片全缘；叶背全部密被绵毛 ………… 13. **毡毛后蕊苣苔** O. sinohenryi (Chun) Mich. Möller et A. Weber

14. 花冠裂片边缘撕裂状；叶背被长短柔毛 ……………………………………………… 14. **裂檐后蕊苣苔** O. pumila (W. T. Wang) Mich. Möller et A. Weber

13. 下方(前方)2 枚雄蕊能育。

15. 叶宽椭圆形、卵圆形或近圆形，叶缘近全缘；花序具 1～2 朵花 ……………………………………………… 15. **瑶山苣苔** O. cotinifolia (W. T. Wang) Mich. Möller et A. Weber

15. 叶卵形至椭圆形，叶缘具明显的锯齿；花序 1～4 回分枝，花多数 ……………………………………………… 16. **齿叶瑶山苣苔** O. dayaoshanioides Yan Liu et W. B. Xu

1. 长瓣马铃苣苔(中国高等植物图鉴) 图版 160：1～3

Oreocharis auricula (S. Moore) Clarke in A. DC. Monogr. Phan. **5**：64， tab. 6. 1883；Hand.-Mazz. Symb. Sin. **7**：877. 1936；中国高等植物图鉴 **4**：124，图 5661. 1975；潘开玉于植物分类学报 **25**(4)：275. 1987. ——*Didymocarpus auricula* S. Moore in Journ. Bot. **13**：229. 1875.

多年生草本。叶片长圆状椭圆形，长 2～8.5 cm，宽 1～5 cm，先端微尖或钝，基部圆形、稍心形或近楔形，边缘具钝齿至近全缘，腹面被贴伏短柔毛，背面被淡褐色绢状绵毛至近无毛；侧脉每边 7～9 条，背面被绢状绵毛。聚伞花序 2 次分枝；花冠筒细筒形，喉部收缩，檐部 5 裂片近相等。 花期 6～8 月，果期 8～10 月。 产于资源、全州、兴安、龙胜、临桂、融水、罗城；生于山坡石上或山地疏林中，海拔 950～1 600 m。分布于广东、江西、湖南、贵州及四川。

2. 绢毛马铃苣苔(植物分类学报) 图版 160：4～6

Oreocharis sericea (H. Lévl.) H. Lévl. in Repert. Sp. Nov. **9**：329. 1911；et Fl. Kouy－Tchéou 185. 1914；Hand.-Mazz. Symb. Sin. **7**：877. 1936；Lauener et Burtt in Not. Bot. Gard. Edinb. **38**(3)：470. 1980；潘开玉于植物分类学报 **25**(4)：276. 1987. ——*Didymocarpus sericeus* H. Lévl. in Compt. Rend. Assoc. France **34**：427. 1906. ——*Chirita sericea* (H. Lévl.) H. Lévl. et Van. in l. c. 428. 1906.

多年生草本。叶片长圆状椭圆形、椭圆形或宽椭圆形，长 2～10 cm，宽 1.5～5 cm，先端锐尖，基部近圆形，两面被淡褐色绢状柔毛，有时脱落至近无毛，侧脉每边 7～10 条，腹面密被淡褐色绢状柔毛。聚伞花序 2～3 次分枝。花冠紫色、紫红色，长 1.6～2 cm，喉部收缩，上唇 2 裂至中部，稀裂至中部之下。 花期 6～7 月，果期 8～10 月。 产于资源、全州、兴安、金秀、贺州、金秀、龙胜、融水、马山；生于山地林中岩石上，海拔 700～1 600 m。分布于广东西北部、福建、江西、安徽、湖北、湖南及贵州。

3. 大齿马铃苣苔(植物分类学报) 图版 160：7～9

Oreocharis magnidens Chun ex K. Y. Pan，植物分类学报 **25**(4)：276. 1987.

多年生草本。叶片长椭圆形，长 4～15 cm，宽 3～7 cm，先端钝，基部楔形，边缘具整齐的牙齿，腹面被长柔毛，背面除脉上密被锈色绢状绵毛外，通常无毛。聚伞花序 2 次分枝；花冠白色、淡紫色，喉部收缩。

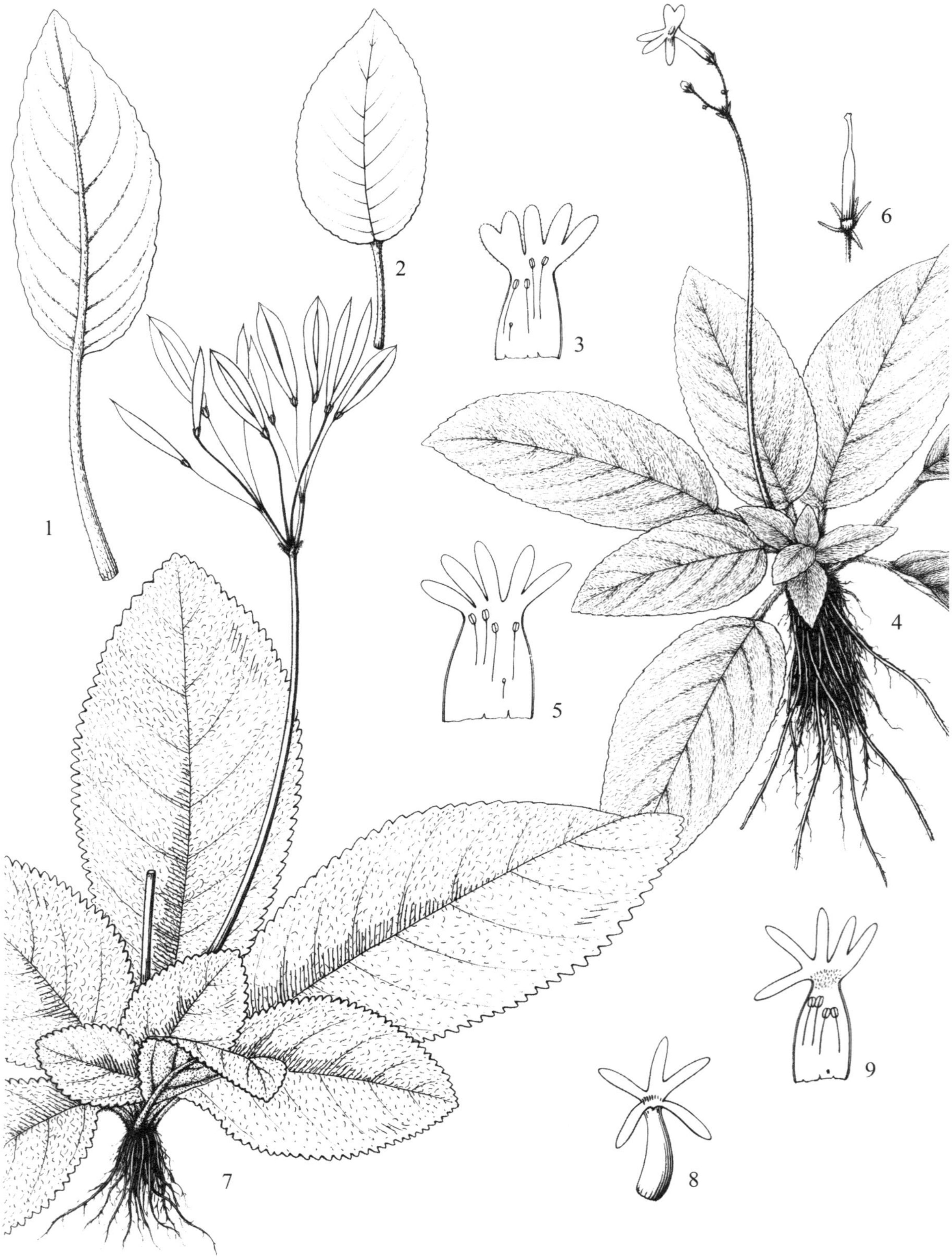

图版 160 1～3. **长瓣马铃苣苔** Oreocharis auricula (S. Moore) Clarke 1. 叶片背面；2. 叶片腹面；3. 花冠展开。 4～6. **绢毛马铃苣苔** O. sericea (H. Lévl.) H. Lévl. 4. 植株；5. 花冠展开；6. 花萼及雌蕊。 7～9. **大齿马铃苣苔** O. magnidens Chun ex K. Y. Pan 7. 植株；8. 花冠外形；9. 花冠展开。 （吴彰桦绘）

花期 7～8 月，果期 9～10 月。 产于象州、金秀；生于山坡及林下岩石上，海拔 1 100～1 600 m。分布于广东和江西。

4. **异蕊马铃苣苔**

Oreocharis ×heterandra D. Fang et D. H. Qin 于植物分类学报 32(6)：563，图 1：4～6. 1994.

多年生草本。叶片宽椭圆状卵形或宽椭圆形，长 7～10.5 cm，宽 4.5～6 cm，先端钝或急尖，基部宽楔形或近圆形，边缘有浅齿；侧脉每边 6～8 条；叶柄长 1～4 cm。聚伞花序有 5～9 朵花；花序梗长 6～13.5 cm；苞片狭披针形，长 5～8 mm；花冠蓝紫色，长 2.5 cm，外面疏被短腺毛，上唇与下唇等长；上雄蕊与下雄蕊异形，上雄蕊花丝两侧稍扩大，下雄蕊花丝两侧楔状扩大；雌蕊无毛，柱头 1，盘状。 花期 10 月。 广西特有，产于金秀（圣堂山）；生于山坡阴处石上，海拔 1 300 m。 本种为 1 天然杂交种，亲本是**紫花马铃苣苔**（*O. argyreia* Chun ex K. Y. Pan）和**大齿马铃苣苔**（*O. magnidens* Chun ex K. Y. Pan），这 2 种和异蕊马铃苣苔的生境完全重叠，有时可见 3 种生于一个小居群中。

5. **紫花马铃苣苔**（植物分类学报）

Oreocharis argyreia Chun ex K. Y. Pan，植物分类学报 25(4)：283. 1987.

5a. **紫花马铃苣苔**（原变种） 图版 161：1～3

Oreocharis argyreia Chun ex K. Y. Pan var. argyreia

多年生草本。叶片狭椭圆形，长 5.5～13 cm，宽 2.7～6.5 cm，近全缘，两面被贴伏长柔毛。聚伞花序 2～3 次分枝。花冠钟状细筒形，蓝紫色，檐部较短，长为筒部的 1/5～1/7，全部裂片近圆形，长 2～3 mm。 花期 6～10 月，果期 10～12 月。 产于象州、金秀、昭平、马山、上林、上思、靖西；生于山坡林下岩石上，海拔 600～1 700 m。分布于广东。

5b. **窄叶马铃苣苔**（植物分类学报）（变种）

Oreocharis argyeia Chun ex K. Y. Pan var. angustifolia K. Y. Pan，植物分类学报 25(4)：285. 1987.

本变种与原变种的不同在于叶狭窄，线状披针形，长为宽的 3～4 倍，长 3.7～9.5 cm，宽 0.8～2.4 cm。子房被柔毛。 花期 6～10 月。 产于金秀、蒙山、上思、昭平；生于山池岩石上，海拔约 600 m。

6. **湘桂马铃苣苔**（植物分类学报） 图版 161：4～8

Oreocharis xiangguiensis W. T. Wang et K. Y. Pan，植物分类学报 25(4)：285. 1987.

多年生草本。叶片长圆状椭圆形，长 5～11 cm，宽 2.5～5 cm，边缘具细圆齿，两面被短柔毛。聚伞花序 2～3 次分枝，花序梗、花梗及花萼外面密被褐色绢状绵毛。花冠紫红色，向上稍扩大，筒长 9 mm，为檐部的 3 倍。 花期 8～9 月，果期 9～10 月。 产于资源、全州、灌阳、兴安、临桂、龙胜、永福、鹿寨、金秀；生于山坡阴湿岩石上，海拔约 800～1 000 m。分布于湖南南部。

7. **大叶石上莲**（中国高等植物图鉴）

Oreocharis benthamii Clarke in A. DC. Monogr. Phan. 5：64，tab. 5. 1883；中国高等植物图鉴 4：126，图 5665. 1975；潘开玉于植物分类学报 25(4)：288. 1987. ——*Didymocarpus oreocharis* Hance in Ann. Sci. Nat. 5. ser.，5：230. 1866.

7a. **大叶石上莲**（原变种）

Oreocharis benthamii Clarke var. benthamii

多年生草本。叶片椭圆形或卵状椭圆形，长 6～12 cm，宽 3～8 cm，腹面密被短柔毛，背面被褐色绵毛，侧脉每边 6～8 条，不明显成网状。 花期 7～8 月，果期 8～10 月。 产于兴安、龙胜、临桂、贺州、平南、陆川、博白；生于山坡溪边岩石上，海拔 200～1 400 m。分布于广东、香港、福建、江西东南部及湖南南部。 全草可药用，治疗跌打损伤等症。

7b. **石上莲**（中国高等植物图鉴）（变种）

Oreocharis benthamii Clarke var. reticulata Dunn in Journ. Linn. Soc. Bot. 38：362. 1908；中国高等植物图鉴 4：126. 1975；潘开玉于植物分类学报. 25(4)：289. 1987.

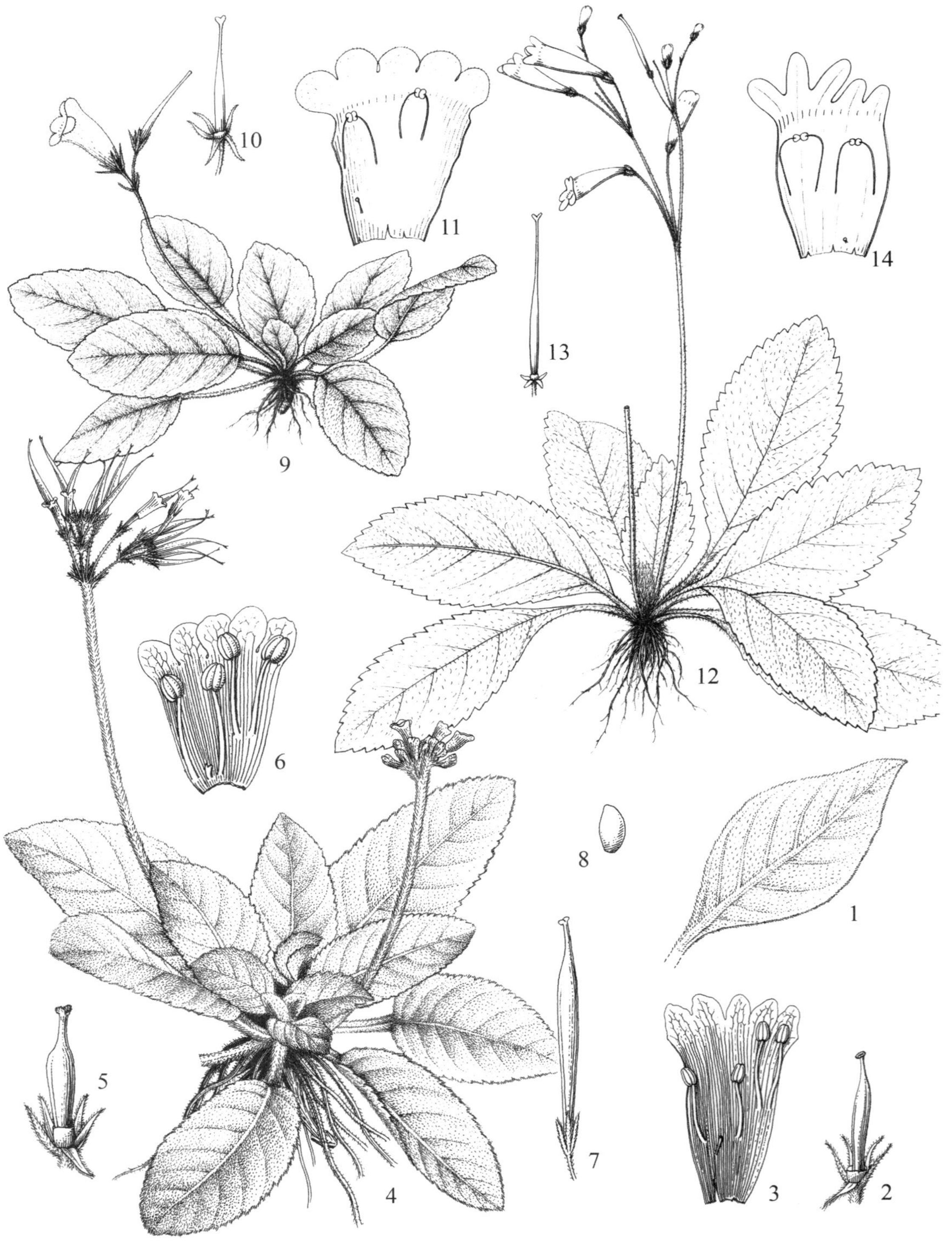

图版 161 1～3. **紫花马铃苣苔** Oreocharis argyreia Chun ex K. Y. Pan var. argyreia 1. 叶片；2. 花萼及雌蕊；3. 花冠打开。4～8. **湘桂马铃苣苔** O. xiangguiensis W. T. Wang et K. Y. Pan 4. 植株；5. 花萼及雌蕊；6. 花冠展开；7. 蒴果；8. 种子。9～11. **龙胜金盏苣苔** O. lungshengensis (W. T. Wang) Mich. möller et A. Weber 9. 植株；10. 花萼及雌蕊；11. 花冠展开。12～14. **融安直瓣苣苔** O. ronganensis (K. Y. Pan) Mich. möller et A. Weber 12. 植株；13. 花萼及雌蕊；14. 花冠展开。
(1～8 冀朝祯绘，9～14 吴彰桦绘)

本变种与原变种的不同在于叶片背面被短柔毛；叶脉在背面隆起，并结成网状。 产于象州、苍梧、金秀、靖西；生于山地岩石上，海拔 340～1 000 m。分布于广东。 全草可药用，治刀伤出血。

8. **弯管马铃苣苔** 图版 162：1～6

Oreocharis curvituba J. J. Wei et W. B. Xu, Phytotaxa **280**：190. 2016.

多年生草本；根状茎长 0.5～2 cm。叶片卵形至椭圆形，长 3.5～10 cm，宽 2～5 cm，边缘齿状，叶面泡状，被长柔毛；侧脉 4～7 条。聚伞花序腋生，2～5 朵花；苞片 2 枚，披针状线型，长约 3 mm。花萼 5 裂达基部，卵状三角形，长 2～2.2 mm；花冠长 1.1～1.3 cm，花冠筒漏斗状，稍弯曲，上唇 2 裂，下唇 3 裂。雄蕊 2 枚，退化雄蕊 1 枚；花盘杯状；雌蕊仅长 2～2.3 m，被杯状花盘包着，柱头 2 枚。 花期 8～9 月，果期 9～10 月。 产于灌阳；生于山坡林下石壁上，海拔 800～1 000 m。该种模式标本采自广西和湖南交界的千家峒自然保护区，可能在湖南也有分布。

9. **龙胜金盏苣苔** 图版 161：9～11

Oreocharis lungshengensis (W. T. Wang) Mich. Möller et A. Weber, Phytotaxa **23**：23. 2011. —— *Opithandra lungshengense* W. T. Wang in Acta Phytotax. Sin. **13**(2)：102, pl. 15, fig. 8. 1975. —— *Isometrum lungshengense* (W. T. Wang) W. T. Wang et K. Y. Pan，中国植物志 **69**：187，图版 46：6～8，1990.

叶片椭圆状卵形或卵形，长(2)4.2～8.7 cm，宽(1.2)3～5.7 cm，顶端微尖或钝，基部浅心形，边缘具浅钝齿，腹面被白色贴伏长柔毛，毛长 1.5～3.2 mm；叶柄长 1～8 cm，密被白色柔毛。聚伞花序具 2～4 朵花；花萼长约 7 mm，被白色长柔毛，裂片披针状线形；花冠筒状，粉红色或紫红色，长 2.7～3.7 cm，筒长 2.3～3 cm，直径 7～11 mm，檐部稍二唇形，上唇 2 浅裂，下唇 3 裂，全部裂片圆形；花丝被腺状柔毛，花药连着，药室不汇合；子房上部及花丝被疏柔毛。 花期 9～10 月。 广西特有，产于龙胜、临桂、灵川；生于山坡林下，海拔 700～1 430 m。

10. **广西粗筒苣苔**

Oreocharis stewardii (Chun) Mich. Möller et A. Weber, Phytotaxa **23**：27. 2011. —— *Briggsia stewardii* Chun in Sunyatsenia **6**：303. 1946.

多年生草本。叶片倒卵状长圆形，长 5～15 cm，宽 2.5～5 cm，边缘具粗钝齿，两面被淡黄色贴伏短柔毛和长柔毛；近无柄。花药 2 药室顶端汇通。雌蕊无毛。 花期 9 月。 广西特有，产于三江；生于林下阴湿处。

11. **融安直瓣苣苔**(植物分类学报)图版 161：12～14

Oreocharis ronganensis (K. Y. Pan) Mich. Möller et A. Weber, Phytotaxa **23**：25. 2011. —— *Ancylostemon rongangensis* K. Y. Pan，植物分类学报，**26**(6)：436，图 6. 1988.

多年生草本。叶片狭椭圆形、椭圆形，长 2.5～7.5 cm，宽 1.8～4.2 cm，先端钝，基部楔形，边缘具浅钝齿，两面均被贴伏长柔毛和短柔毛。聚伞花序 2 次分枝；无苞片；花萼 5 裂达基部，裂片长圆状披针形；花冠粉红色，长 2.8～3 cm。 花期 7 月。 广西特有，产于融安；生于山谷岩石上。

12. **弥勒苣苔**

Oreocharis mileensis (W. T. Wang) Mich. Möller et A. Weber, Phytotaxa **23**：23. 2011. —— *Paraisometrum mileense* W. T. Wang, Novon. **7**(4)：434, f. 2. 1997.

多年生草本。叶柄长 0.2～4.2 cm，具褐色绵毛；叶片椭圆形或长椭圆形，长 2～4.8 cm，宽 1.2～1.8 cm，腹面密被贴伏的白色柔毛，背面被褐色绵毛，边缘具钝齿，顶端钝或圆形。聚伞花序腋生；苞片 2 枚，对生，线状披针形；花萼 5 深裂至基部，裂片线状披针形；花冠二唇形，黄色，长 1.6～1.8 cm，筒漏斗状筒形，上唇长 4 浅裂，裂片三角状，中间 2 裂片较小，下唇不分裂，三角状卵形；能育雄蕊 4 枚，内藏，花药扁球形，顶端成对连着，药室平行；退化雄蕊 1 枚；花盘环状；子房线形，长约 9 mm，1 室，侧膜胎座 2 枚，柱头 1 枚，扁头状。蒴果长圆形，披针形至长圆状披针形；种子两端无附属物。 花期 8 月。 产于隆林；生于

图版 162　1～6. **弯管马铃苣苔** Oreocharis curvituba J. J. Wei et W. B. Xu　1. 植株；2. 花冠展开；3. 花盘及雌蕊；4. 雄蕊；5. 花萼；6. 叶片局部放大。　7～11. **齿叶瑶山苣苔** O. dayaoshanioides Yan Liu et W. B. Xu　7. 植株；8. 花冠展开；9. 蒴果；10. 花萼及雌蕊；11. 子房横切。　(1～6 林文宏绘，7～11 何顺清绘)

石灰岩石山近山顶林下石壁上，海拔 1 000～1 200 m。分布于云南和贵州。

13. **毡毛后蕊苣苔**　图版 163：1～3

Oreocharis sinohenryi (Chun) Mich. Möller et A. Weber, Phytotaxa **23**：26. 2011. ——*Didymocarpus sinohenryi* Chun in Sunyatsenia **6**：290. 1946. ——*Opithandra sinohenryi* (Chun) Burtt in Not. Bot. Gard. Edinb. **22**(4)：302. 1958；中国植物志 **69**：261. 1990.

多年生草本。叶片纸质，长圆形或狭倒卵形，长 7.5～13 cm，宽 2.2～7.2 cm，边缘有不明显小齿，腹面被短绒毛，背面被褐色绵毛；叶柄长达 4.5 cm，被绵毛。花序约有 10 朵花；苞片线形，长 1～1.7 cm，被绵毛；花冠粉红色，长约 2 cm；雄蕊无毛，花药长圆形，长约 1.5 mm。　花期 7～8 月。　产于东兴、上思；生于山谷溪边林中石上，海拔约 500～600 m。

14. **裂檐后蕊苣苔**　裂檐苣苔　图版 163：4～9

Oreocharis pumila (W. T. Wang) Mich. Möller et A. Weber, Phytotaxa **23**：25. 2011. ——*Schistolobos pumilus* W. T. Wang，植物学集刊 **1**：17，图 2. 1983；中国植物志 **69**：270. 1990. ——*Opithandra pumila* (W. T. Wang) W. T. Wang，广西植物 **12**(4)：293. 1992.

多年生草本。叶片纸质，椭圆状卵形或椭圆形，长 1.8～4 cm，宽 1.1～2.2 cm，边缘有小牙齿或不明显小钝齿，两面被柔毛；叶柄长 0.8～2.5 cm。花序约有 3 朵花；苞片线形，长约 3 mm；花萼长约 2.5 mm；花冠淡紫色，长约 1.5 cm，筒长约 12 mm，口部直径约 3 mm；雄蕊无毛，花药近肾形，长 8 mm。雌蕊长约 1 cm，无毛。　花期 4～5 月。　产于大新；生于山谷林中石上，海拔 740～910 m。

15. **瑶山苣苔**　图版 164：1～7

Oreocharis cotinifolia (W. T. Wang) Mich. Möller et A. Weber, Phytotaxa **23**：19. 2011. ——*Dayaoshania cotinifolia* W. T. Wang，植物分类学报 **21**(3)：320，图 1：1～6. 1983；中国植物志 **69**：271. 1990.

叶片纸质，宽椭圆形、圆卵形或近圆形，长 2.5～5.5 cm，两面被短柔毛，叶缘近全缘；叶柄长达 6 cm。花序具 1～2 朵花；苞片长达 9 mm。花萼长 5～8 mm。花冠淡紫色或白色，长 1.3～1.9 cm，筒部长 7～9 mm，口部直径 5～9 mm。花药暗紫色，长圆形，长 2～3 mm。　花期 9 月。　广西特有，仅产于金秀；生于山谷林下，海拔 860～1 200 m。

16. **齿叶瑶山苣苔**　图版 162：7～11

Oreocharis dayaoshanioides Yan Liu et W. B. Xu, Bot. Stud. **53**：396. 2012.

多年生草本；根状茎不明显。叶基生，具叶柄；叶纸质，卵形至椭圆形，长 3～8 cm，宽 2.5～5.5 cm，叶缘具明显的锯齿，侧脉 4～6 条，叶面被长柔毛。聚伞花序腋生，1～4 回分枝，花多数。苞片 2 枚，对生，线形；花萼 5 裂达基部；花冠淡红色，长 1.4～1.6 cm，二唇形，花冠檐部上唇 2 裂，裂片宽卵形至圆形，下唇 3 裂；雄蕊 2 枚，稀 1 或 3 枚；退化雄蕊缺或 2 枚；花盘环状；雌蕊线形，无毛，柱头头状。蒴果线形，长约 2 cm。　花期 3～4 月，果期 4～5 月。　广西特有，产于梧州；生于山谷溪边潮湿石壁上，海拔 50～100 m。

2. 短筒苣苔属　Boeica Clarke

多年生草本或半灌木；具直立的地上茎，有时具匍匐茎，稀无茎。叶互生；具柄。聚伞花序多次分枝似圆锥状或不分枝；苞片小，2 枚；花萼 5 裂至近基部；花冠钟状，白色、粉红色或蓝紫色，檐部稍二唇形，稍长于筒部；雄蕊 4 枚，分生，花丝极短，花药大，宽卵圆形，药室纵裂，孔裂或横裂，顶端汇通；子房卵球形，被毛或近无毛，花柱上部弯曲或直立，柱头小，头状。　约 12 种，分布于缅甸、不丹、印度北部和越南北部。我国约 7 种，分布于西藏、云南、香港；广西有 1 种。

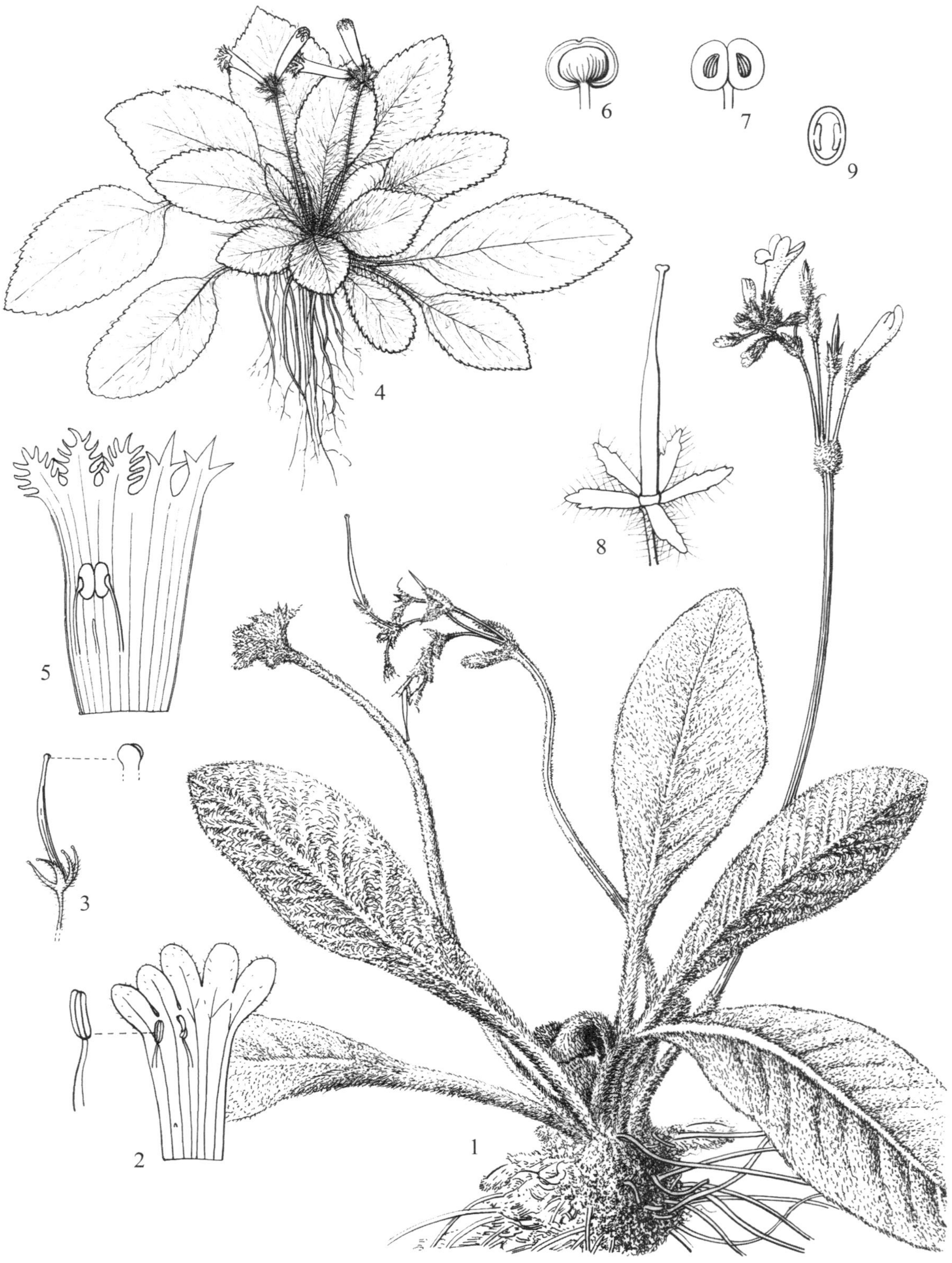

图版 163　1～3. **毡毛后蕊苣苔** Oreocharis sinohenryi (Chun) Mich. Möller et A. Weber　1. 植株；2. 花冠展开；3. 花萼和雌蕊。　4～9. **裂檐后蕊苣苔** O. pumila (W. T. Wang) Mich. Möller et A. Weber　4. 植株；5. 花冠展开；6. 花药背面观；7. 花药腹面观；8. 花萼及雌蕊；9. 子房纵切面。　(刘春荣绘)

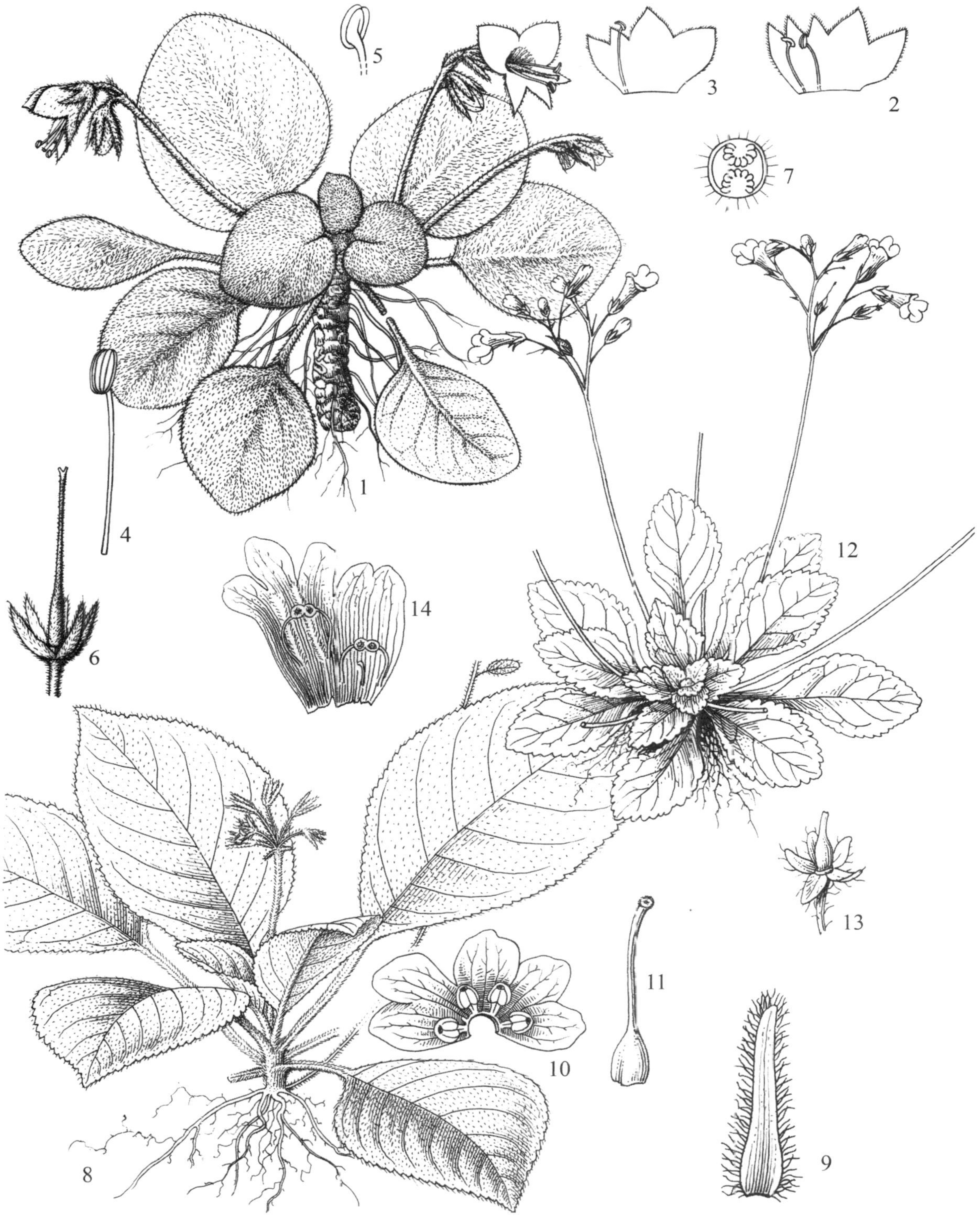

图版 164　1～7. **瑶山苣苔** Oreocharis cotinifolia (W. T. Wang) Mich. Möller et A. Weber　1. 植株；2～3. 花冠展开；4. 雄蕊；5. 花药背面观；6. 花萼和雌蕊；7. 子房横切面。　8～11. **匍茎短筒苣苔** Boeica stolonifera K. Y. Pan　8. 植株；9. 萼片；10. 花冠展开；11. 雌蕊。　12～14. **珊瑚苣苔** Corallodiscus cordatulus (Craib) Burtt　12. 植株；13. 花萼及雌蕊；14. 花冠展开。　(1～7 刘春荣绘，8～14 冀朝祯绘)

匍茎短筒苣苔（植物分类学报） 图版 164:8～11

Boeica stolonifera K. Y. Pan，植物分类学报 **26**（6）：439. 1988；中国植物志 **69**：256. 1990.

多年生草本；茎极短，长 0.5～2 cm；匍匐茎长达 10～13 cm。叶片在茎顶端集生，宽椭圆形，长 4.5～10 cm，宽 2.8～5.5 cm，先端锐尖，边缘具细锯齿。花序梗及花梗密被褐色或紫色长柔毛；花冠淡蓝色，长约 4.5 mm，筒部极短，长 1～1.5 cm；花药孔裂。 花期 5～7 月，果期 7～8 月。 产于平南、防城、东兴；生于山谷、溪边密林中，海拔 200～900 m。分布于越南北部。

3. 珊瑚苣苔属 Corallodiscus Batal.

多年生草本。叶全部基生。聚伞花序 2～3 次分枝，稀不分枝或多次分枝；苞片不存在；花萼 5 裂达基部；花冠筒状，淡紫色、紫蓝色，内面下唇一侧具髯毛和 2 条带状斑纹，稀斑纹不明显，二唇形，上唇 2 浅裂，下唇 3 裂至中部，稀 3 深裂；雄蕊 4 枚，花丝无毛，有时螺旋状卷曲，花药小，长圆形，长不及 1 mm，顶端成对连着，2 药室汇通，基部极叉开；雌蕊无毛，子房长圆形，柱头 1 微凹。 约 5 种，分布于不丹、尼泊尔和印度北部。我国有 3 种，分布于西南各省、青海、甘肃、陕西、湖北、湖南、河南、山西及河北等地；广西有 1 种。

珊瑚苣苔（中国高等植物图鉴） 图版 164：12～14

Corallodiscus cordatulus（Craib）Burtt in Gard. Chron Ⅲ，**122**（3180）：212. 1947；中国高等植物图鉴 **4**：131，图 5676. 1975. ——*Didissandra cordatula* Craib in Not. Bot. Gard. Edinb. **11**：242，258，260. 1919. ——*D. labordei* Craib in l. c. 245，259，261. 1919. ——*Corallodiscus labordei*（Craib）Burtt in Gard. Chron Ⅲ，**122**（3180）：212. 1947.

叶片卵形或长圆形，长 2～4 cm，宽 1～2.2 cm，先端圆形，基部楔形，腹面平展，有时具不明显的皱褶，稀呈泡状，疏被淡褐色长柔毛至无毛，背面多为紫红色，近无毛，仅脉上密被锈色绵毛。 花期 6～8 月，果期 7～9 月。 产于隆林；生于山谷岩石上，海拔 1 300 m。分布于北京、重庆、广东、贵州、河北、河南、湖北、湖南、山西、陕西、四川、西藏、云南，不丹、印度、尼泊尔也有分布。

4. 光叶苣苔属 Glabrella Mich. Möller et W. H. Chen

多年生草本；根状茎短，仅长 5～6 cm。叶片和叶柄光滑无毛，叶基部楔形到稍盾状。聚伞花序；苞片 2 枚；花萼 5 裂至近基部，稀裂至中部；花冠中等大小，粗筒状，下侧膨大，无斑点或有紫色或紫红色斑纹，二唇形，上唇 2 裂，下唇 3 裂；雄蕊 4 枚，花药卵圆形或肾形，顶端成对连，2 药室顶端不汇通或汇通；雌蕊无毛，子房长圆形，柱头 2 枚，相等。 本属的 3 个种以前被置于**粗筒苣苔属**（*Briggsia* Craib），根据最新的分子系统学研究结果，本属的 3 个种单独形成 1 个自然的属，共有 3 种，中国特有属，分布于云南、重庆、贵州、四川等地；广西产 2 种。

分 种 检 索 表

1. 叶片椭圆形、披针状椭圆形或近圆形，长 5～12 cm，宽 3～7.2 cm，全缘；花冠内面无斑纹 ……………………………………………………………… 1. **盾叶光叶苣苔** G. longipes（Hemsl. ex Oliv.）Mich. Möller et W. H. Chen
1. 叶片狭倒卵形、倒卵形或椭圆形，较小，长 2～10 cm，宽 1～6 cm，边缘具波状牙齿或小牙齿；花冠内面具紫褐色斑纹 …………………………………………………………………… 2. **革叶光叶苣苔** G. mihieri（Franch.）Mich. Möller et W. H. Chen

1. 盾叶光叶苣苔 盾叶粗筒苣苔（中国高等植物图鉴） 图版 165：1～3

Glabrella longipes（Hemsl. ex Oliv.）Mich. Möller et W. H. Chen，Gardens' Bulletin Singapore **66**

图版 165　1～3. **盾叶光叶苣苔** Glabrella longipes (Hemsl. ex Oliv.) Mich. Möller et W. H. Chen　1. 植株；2. 花冠展开；3. 花萼及雌蕊。　4～6. **革叶光叶苣苔** G. mihieri (Franch.) Mich. Möller et W. H. Chen　4. 植株；5. 花冠展开；6. 花萼及雌蕊。（冀朝祯绘）

(2):198. 2014. ——*Didissandra longipes* Hemsl. ex Oliv. in Hook. Icon. Pl. **4**:pl. 2379. 1895;Hemsl. in Kew Bull. **1895**:114. 1895. ——*Briggsia longipes* (Hemsl.) Craib in Not. Bot. Gard. Edinb. **11**:262. 1919;中国高等植物图鉴 **4**:127. 1975.

多年生草本。叶全部基生;叶片椭圆形、披针状椭圆形或近圆形,长5~12 cm,宽3~7.2 cm;叶柄盾状着生,长3.2~9 cm。花药2药室顶端不汇通。雌蕊被柔毛。 花期9~10月,果期11~12月。 产于隆林、百色;生于山坡、山谷及密林中岩石上,海拔约1 300 m。分布于云南(东南部)、贵州(西南部)。

2. **革叶光叶苣苔** 革叶粗筒苣苔(中国高等植物图鉴) 图版165:4~6

Glabrella mihieri (Franch.) Mich. Möller et W. H. Chen, Gardens' Bulletin Singapore **66**(2):199. 2014. ——*Didissandra mihieri* Franch. in Bull. Soc. Linn. Paris, **1**:450. 1885. ——*Briggsia mihieri* (Franch.) Craib in Not. Bot. Gard. Edinb. **11**:262. 1919;中国高等植物图鉴 **4**:127,图5667. 1975;Lauener et Burtt in l. c. **38**(3):464. 1980. ——*Didymocarpus mihieri* H. Lévl. in Compt. Rehd. Assoc. France **34**:427. 1906. ——*Didissandra fritschii* H. Lévl. et Van in l. c. 425. ——*Didymocarpus fritschii* H. Lévl. in l. c. 428. ——*Briggsia fritschii* (H. Lévl.) Craib in Nat. Bot. Gard. Edinb. **11**:262. 1919;Lauener et Burtt in l. c. **38**(3):464. 1980.

多年生草本;叶片革质,狭倒卵形、倒卵形或椭圆形,长1~10 cm,宽1~6 cm,边缘具波状牙齿或小牙齿,两面无毛。花药2药室顶端不汇通。雌蕊无毛。 花期9~10月,果期11~12月。 产于隆林;生于石灰岩山坡潮湿岩石上,海拔700~1 000 m。分布于四川(南部)、重庆、贵州、湖南。

5. 漏斗苣苔属 Raphiocarpus Chun

多年生草本,稀为灌木;具匍匐茎;茎分枝或不分枝。叶1~4对,密集于茎顶端或数对散生;每对不等大,基部偏斜。聚伞花序1~3次分枝;苞片2枚或不存在;花萼5裂至近基部,稀深裂;花冠较大,筒状漏斗形,白色、紫色、紫蓝色、橙红色,筒长为檐部长的4~5倍,二唇形,上唇2裂,下唇3裂;雄蕊4枚,内藏,花丝无毛或被腺状柔毛,花药狭长圆形,中部缢缩,或椭圆形,顶端成对连着或腹面连着,2药室不汇通或汇通。雌蕊无毛或被腺状柔毛或被微柔毛,子房线形,柱头2,等大或不等大。 本属约10种,分布于我国南部、西南部及越南。我国约有6种,分布于广东、贵州、云南和四川(西南部);广西产4种。

分种检索表

1. 亚灌木,花冠白色或淡黄色。
  2. 花萼5裂达基部,花冠白色 …………………… 1. **无毛漏斗苣苔** R. sinicus Chun
  2. 花萼2/3以下合生,花冠淡黄色,茎和叶被毛 …………………… 2. **合萼漏斗苣苔** R. petelotii (Pellegr.) B. L. Burtt
1. 多年生草本,被柔毛;花较大,长3~7 cm,紫色、紫蓝色或橙红色,外面被柔毛或腺状短柔毛。
  3. 花1~3朵,橙红色,外面被短柔毛;雌蕊无毛 …………………… 3. **长筒漏斗苣苔** R. macrosiphon (Hance) B. L. Burtt
  3. 花3~10朵,淡紫色,外面被腺状柔毛;雌蕊被柔毛和腺状短柔毛 …………………… 4. **大苞漏斗苣苔** R. begoniifolia (H. Lévl.) B. L. Burtt

1. **无毛漏斗苣苔**(植物分类学报) 图版166:1~5

Raphiocarpus sinicus Chun in Sunyatsenia **6**:275, fig. 32, pl. 44. 1946. ——*Didissandra sinica* (Chun) W. T. Wang,植物分类学报 **13**(3):87. 1975 et in Phytologia **45**(5):362. 1980.

茎高1~1.5 m,近无毛;分枝圆柱形,直径2~3 mm,淡灰色。叶片椭圆形或椭圆状长圆形,长5~17 cm,宽1.4~5.5 cm,先端短尾状或尾状渐尖。花1~5朵,聚集于分枝近顶端;花丝具腺状短柔毛,花药2药室不汇通。 花期7~8月,果期9~10月。 产于上思、防城、东兴、龙州、宁明;生于山地密林中

图版 166　1～5. **无毛漏斗苣苔** Raphiocarpus sinicus Chun　1. 花枝；2. 花冠展开；3. 花萼及雌蕊；4、5. 雄蕊。　6～7. **毛果半蒴苣苔** Hemiboea flaccida Chun ex Z. Y. Li　6. 叶；7. 蒴果。　8～11. **长萼半蒴苣苔** H. longisepala Z. Y. Li　8. 植株；9. 花冠纵剖；10. 雄蕊；11. 苞片。　12～13. **小花半蒴苣苔** H. parviflora Z. Y. Li　12. 植株；13. 花冠纵剖。（1～5 何顺清绘，6～13 刘春荣绘）

及山坡、山谷潮湿地，海拔 400～1 300 m。分布于越南北部。

2. **合萼漏斗苣苔**

Raphiocarpus petelotii (Pellegr.) B. L. Burtt, Beitr. Biol. Pflanze. **70**:174. 1998.——*Didissandra petelotii* Pellegr., Fl. Gen. Indo-Chine **4**:511. 1930.

半灌木；茎高 20～30 cm。叶片长圆状披针形至卵形，稍偏斜，长 4.5～12 cm，宽 2～5.5 cm，两面密被长柔毛。花序近枝顶腋生；苞片线状披针形；花萼 2/3 以下合生；花冠淡黄色，檐部稍二唇形；雄蕊 4 枚，二强；柱头 2，不分裂。 花期 1 月。 产于靖西、那坡；生于山坡林下，海拔 500～650 m。分布于越南。

3. **长筒漏斗苣苔**(植物分类学报) 图版 167:1～4

Raphiocarpus macrosiphon (Hance) B. L. Burtt, Beitr. Biol. Pflonze **70**:174. 1998.——*Didissandra macrosiphon* (Hance) W. T. Wang, 植物分类学报 **13**(3):98. 1975 et in Phytologia **45**(5):374. 1980.——*Chirita macrosiphon* Hance in Ann. Sci. Nat. ser. 5, **5**:231. 1866; Clarke in A. DC. Monogr. Phan. **5**:131. 1883.

多年生草本；茎高 8～13 cm，不分枝。叶通常 4 枚，大小不等，多集生于茎顶端；叶片卵状椭圆形，通常长 5～12 cm，宽 3～8 cm，先端急尖。花冠橙红色，长 6～7 cm，中部之下突然变细成细筒状；花药 2 药室顶端汇通；雌蕊无毛。 花期 7～8 月，果期 9～10 月。 产于苍梧、岑溪、陆川、博白；生于山谷、溪边密林中岩石上，海拔 200～800 m。分布于广东西南部。 全草可入药，有清热消肿的功效。

4. **大苞漏斗苣苔** 图版 167:5～9

Raphiocarpus begoniifolia (H. Lévl.) B. L. Burtt, Beitr. Biol. Pflonze **70**:173. 1998.——*Didissandra begoniifolia* H. Lévl. in Repert. Sp. Nov. **11**:495. 1913; B. L. Burtt in Not. Bot. Gard. Edinb. **23**(2):100. 1960; Lauener et B. L. Burtt in l. c. **38**(3):467. 1980.——*Chirita chlamyalata* W. W. Smith in l. c. **10**:170. 1918.——*Loxostigma begoniifolium* (H. Lévl.) Anthony in l. c. **18**:199. 1934.

茎高 14～28 cm，不分枝。叶 2～4 对，每对稍不等大；叶片卵形，长 7.5～13 cm，宽 4～7 cm。先端锐尖，有时尾尖。聚伞花序具 3～10 朵花，花蕾期由 1 扁球形苞片所包着；花冠淡紫色、紫色，长 3～5 cm。花丝扁平，两边具膜质鳞片；雌蕊被疏柔毛和腺状短柔毛，柱头顶端凹陷。 花期 8～9 月，果期 9～10 月。 产于隆林、那坡；生于山谷密林中。分布于云南(东南部)、贵州、湖北(西部)。

6. 横蒴苣苔属 Beccarinda Kuntze

多年生草本；稀小灌木，具根状茎。茎不分枝。叶基生或茎生，被柔毛。聚伞花序伞状，有 1～5 朵花，花梗近等长；苞片 2 枚，近圆形或卵圆形。花萼 5 裂至基部。花冠钟状，长 0.8～1.8 cm，筒较短，二唇形，上唇 2 裂，下唇 3 裂。雄蕊 4 枚，无毛，花药宽卵形，全部连着，2 药室平行，顶端汇通，横裂。雌蕊无毛，稀被疏柔毛，柱头 1，头状。蒴果狭长圆形，无毛，偏斜，顶端具较长的尖头。 约 7 种，分布于我国西南至华南，缅甸及越南北部。我国有 6 种，分布于福建、广东(西部)、广西、贵州、云南(东南部)及四川(南部)；广西有 2 种。

分种检索表

1. 植株较高大；花序梗长 10～15 cm；叶片卵形或卵圆形，长 3.5～7 cm，宽 2.5～6.5 cm，边缘具粗圆齿，雌蕊无毛 ……………… 1. **横蒴苣苔** B. tokinensis (Pellegr.) Burtt
1. 植株矮小；花序梗长 2～4 cm；叶片椭圆形或卵形，长 1～3.5 cm，宽 0.6～2 cm，边缘浅圆齿；雌蕊被疏柔毛 ……………… 2. **小横蒴苣苔** B. minima K. Y. Pan

1. **横蒴苣苔**(中国高等植物图鉴)

Beccarinda tonkinensis (Pellegr.) Burtt in Not. Bot. Gard. Edinb. **22**:64. 1955；海南植物志 **3**:522，图

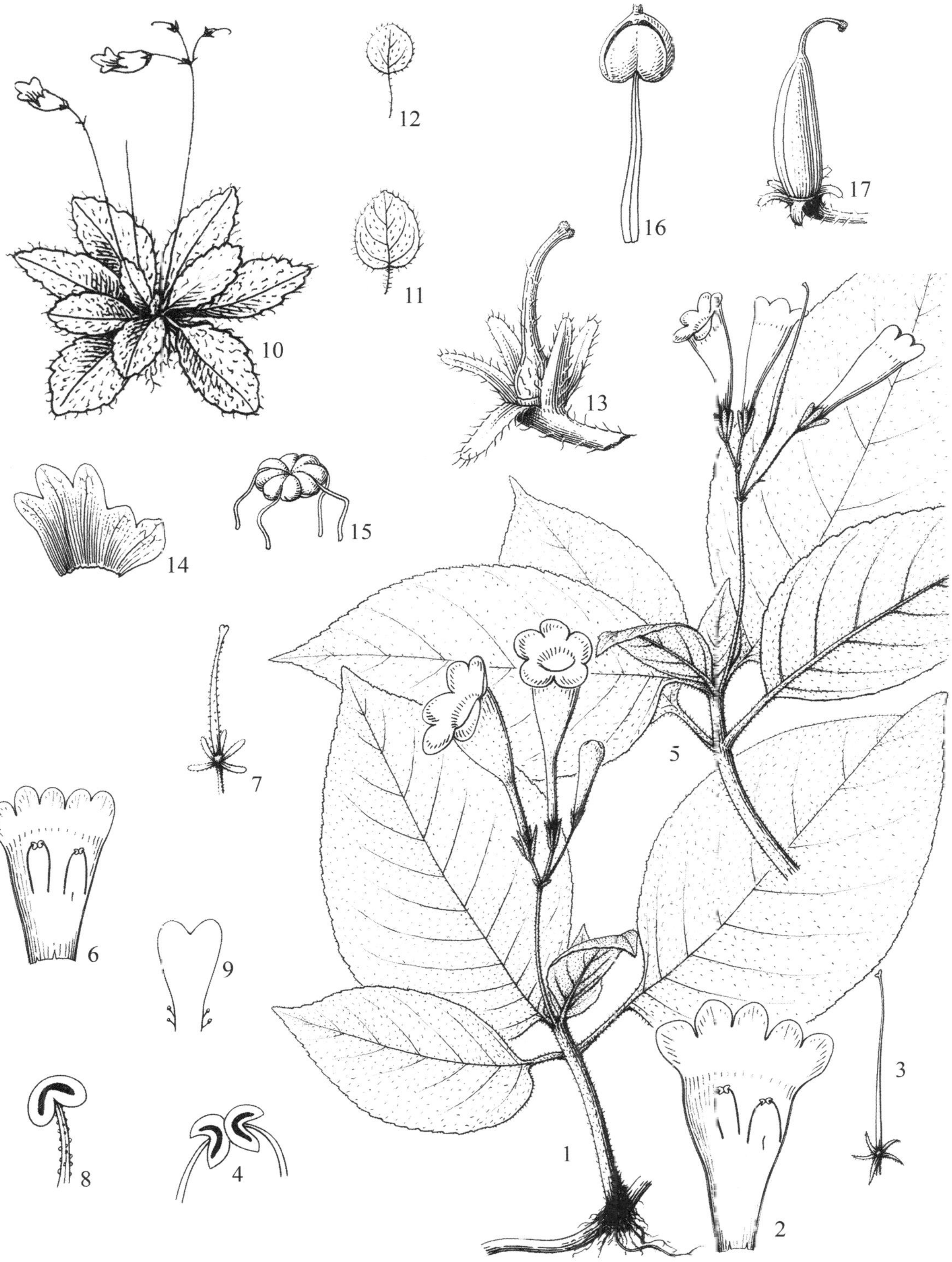

图版 167　1～4. 长筒漏斗苣苔 Raphiocarpus macrosiphon (Hance) B. L. Burtt　1. 植株；2. 花冠展开；3. 花萼及雌蕊；4. 雄蕊。　**5～9. 大苞漏斗苣苔** R. begoniifolia (H. Lévl.) B. L. Burtt　5. 植株；6. 花冠展开；7. 花萼及雌蕊；8. 雄蕊；9. 柱头。**10～17. 小横蒴苣苔** Beccarinda minima K. Y. Pan　10. 植株全形；11、12. 叶片；13. 花萼及雌蕊；14. 花冠展开；15、16. 雄蕊；17. 蒴果。　(1～9 吴彰桦绘，10～17 冀朝祯绘)

899. 1974；中国高等植物图鉴 **4**：132，图 5678. 1975；李锡文于植物研究 3(2)：16. 1983.——*Slackia tonkinensis* Pellegr. *in* Bull. Soc. Bot. France **73**：428. 1926 et in Lecomte. Fl. Gén. Indo-Chine **4**：518，fig. 59. 1930；Chun in Sunyatsenia **6**：287. 1946.——*S. sinensis* Chun in l. c. 285.——*Beccarinda sinensis* (Chun) Burtt in Not. Bot. Gard. Edinb. **22**：63. 1955；李锡文于植物研究 3(2)：16. 1983.

多年生无茎草本；根状茎长达 6 cm。叶基部心形，两面被淡褐色或灰白色长柔毛。聚伞花序具 1～5 朵花；苞片近圆形，长 4～5 mm。　花期 4～6 月，果期 5～9 月。　产于乐业、凌云、防城、上思、钦州、武鸣、马山、上林、田林、金秀、平南、桂平、罗城、环江、那坡；生于山沟及山坡溪谷岩石上，海拔 600～1 500 m。分布于贵州、云南(东南部)、四川(南部)，越南(北部)亦有。

2. **小横蒴苣苔**(植物分类学报)　图版 167：10～17

Beccarinda minima K. Y. Pan，植物分类学报 **26** (6)：437，图 7. 1988；中国植物志 **69**：250. 1990.

多年生草本；根状茎长达 1.5 cm。叶片基部圆形或稍心形，长 1～3.5 cm，宽 0.6～2.2 cm，两面被较密的长柔毛。聚伞花序具 1～3 朵花；苞片卵形，长约 1 mm。　花期 5～7 月，果期 7～8 月。　广西特有，产于金秀、象州；生于山坡、山谷砂岩石壁上，海拔 400～1 200 m。

7. 半蒴苣苔属　Hemiboea Clarke

多年生草本；茎上升，基部具匍匐枝。叶对生。花序二歧聚伞状或合轴式单歧聚伞状，有时简化为单花；总苞近球形，顶端常具尖头，开放时呈船形、碗形或坛状；花冠漏斗状筒形，上唇 2 裂，下唇 3 裂，内面基部上方有时具 1 毛环；能育雄蕊 2 枚，2 个药室平行，开裂时顶端不汇通，1 对花药以顶端或腹面连着；退化雄蕊 3 枚或 2 枚；子房条形，2 室，1 室发育，另 1 室退化成小的空腔，2 室平行，于子房上方汇通成 1 室，柱头截形或头状。蒴果条状披针形、长椭圆状披针形或条形，成熟时多少弧曲并沿发育 1 室背缝开裂，形似蓇葖果；种子多数，小，无毛，具 6 条纵棱和网状突起。　根据最新的苦苣苔科植物分子系统学研究结果，**单座苣苔属** (*Metabriggsia* W. T. Wang)也被并入该属。目前该属共 39 种，我国均产，分布于秦岭以南各省区(西藏除外)，其中 5 种亦见于越南北部和日本南部；广西有 19 种，3 变种。　大多数种供药用；半蒴苣苔的叶可作蔬菜；花美丽，可供观赏。

分种检索表

1. 花序苞片大，合生成球形总苞；花冠内面基部之上有 1 毛环；子房有中轴胎座，2 室，下室的胎座退化(半蒴苣苔类)。
  2. 萼片分生或仅上方萼片的基部合生。
    3. 花萼、子房和蒴果散生腺状短柔毛。
      4. 茎具 3～6 节，密被短柔毛和柔毛；侧脉每边 5～8 条；花冠筒内面无毛；花药狭长圆形，以顶端连着 …………………… 1. **毛果半蒴苣苔** H. flaccida Chun ex Z. Y. Li
      4. 茎具 10～15 节，上部疏生开展的腺状短柔毛，下部变无毛；侧脉每边 8～10 条；花冠筒内具 1 毛环；花药近圆形，以腹面连着 …………………… 2. **弄岗半蒴苣苔** H. longgangensis Z. Y. Li
    3. 花萼、子房和蒴果无毛。
      5. 花冠外面无毛。
        6. 总苞红色 …………………… 3. **红苞半蒴苣苔** H. rubribracteata Z. Y. Li et Yan Liu
        6. 总苞绿色或绿白色。
          7. 花冠白色；萼片长 19～20 mm …………………… 4. **长萼半蒴苣苔** H. longisepala Z. Y. Li
          7. 花冠淡紫色至白色；萼片长 8～12 mm …………………… 5. **拟大苞半蒴苣苔** H. pseudomagnibracteata B. Pan et W. H. Wu
      5. 花冠外面具短柔毛或腺状短柔毛。
        8. 总苞三棱锥形；花冠鲜黄色 …………………… 6. **中越半蒴苣苔** H. sinovietnamica W. B. Xu et X. Y. Zhuang

8. 总苞近球形;花冠淡黄色、白色、紫红色等,绝非鲜黄色。
9. 总苞无毛;茎、叶无毛或疏生短柔毛。
10. 总苞干时草质至坚纸质;叶多少具蠕虫状石细胞。
11. 蠕虫状石细胞局限于叶维管束周围,仅于叶主脉表面形成蠕虫状或疣状突起或不形成突起。
12. 侧脉每边 6~14 条;花序梗长 0.5~6.5 cm,每花序具 3~12 朵花 ………………………………………………………………………… 7. **贵州半蒴苣苔** H. cavaleriei Lévl.
12. 侧脉每边 4~6 条;花序梗长 0.2~1.2 cm,每花序具 1~3 朵花 ………………………………………………………………………… 8. **纤细半蒴苣苔** H. gracilis Franch.
11. 蠕虫状石细胞散生于叶肉中,在叶片两面形成大量肉眼可见的蠕虫状突起;侧脉每边 5~7 条 ………………………………………………………………………… 9. **半蒴苣苔** H. subcapitata Clarke
10. 总苞干时厚革质;星状石细胞分散于叶肉中,在叶片两面可见密集的星状皱纹。
13. 叶椭圆形至卵形,长 7~17 cm,宽 3~9.5 cm ………………………………………………… 10. **龙州半蒴苣苔** H. lungzhouensis W. T. Wang ex Z. Y. Li
13. 叶狭披针形至披针形,长 10.5~16.5 cm,宽 1.5~4.4 cm ………………………………………………… 11. **披针叶半蒴苣苔** H. angustifolia F. Wen et Y. G. Wei
9. 总苞外面被柔毛;茎、叶密被短柔毛。
14. 茎多达 10 节;匍匐枝少数(1~3 条),粗 2.5~4 mm;叶柄具窄翅,合生;叶片顶端急尖 ………………………………………………………… 12. **小花兰蒴苣苔** H. parviflora Z. Y. Li
14. 茎仅具 2~4 节;匍匐枝通常多数,细长,粗 0.5~1.8 mm;叶柄无翅,分生;叶片顶端圆钝 ………………………………………………………… 13. **短茎半蒴苣苔** H. subacaulis Hand.-Mazz.
2. 萼片合生达中部(有时 1/3)以上。
15. 花冠黄色;花萼 1/3 合生 ……………………………… 14. **黄花半蒴苣苔** H. lutea F. Wen, G. Y. Liang et Y. G. Wei
15. 花冠白色,黄白色或者紫色,绝非黄色;花萼中部以上合生。
16. 花冠长 3.7~4.5 cm,外面散生腺状短柔毛 ……………………………………………… 15. **大苞半蒴苣苔** H. magnibracteata Y. G. Wei et H. Q. Wen
16. 花冠长 1.5~1.8 cm,隐蔽于坛状总苞中;花柱短于子房;蒴果长 1(1.5)mm。
17. 花冠黄白色 ……………………………………………… 16. **华南半蒴苣苔** H. follicularis Clarke
17. 花冠紫色 ……………………………………………… 17. **紫花半蒴苣苔** H. purpurea Yan Liu et W. B. Xu
1. 花序苞片 2 枚,小,分生;花冠内面无毛环;子房通常有侧膜胎座,1 室(单座苣苔类)。
18. 叶卵形,中部之下最宽,基部斜圆形,背面不呈紫色,侧脉与中脉成钝角或直角展出;退化雄蕊 3 枚 ……………………………………………… 18. **单座苣苔** H. ovalifolia (W. T. Wang) A. Weber et Mich. Möller
18. 叶椭圆形或长圆形,在中部最宽,基部宽楔形或楔形,背面呈紫色,侧脉与中脉成 45°角展出;退化雄蕊 2 枚 ……………………………………………… 19. **紫叶单座苣苔** H. purpureotincta (W. T. Wang) A. Weber et Mich. Möller

1. **毛果半蒴苣苔**(植物分类学报)　图版 166:6~7

Hemiboea flaccida Chun ex Z. Y. Li in Acta Phytotax. Sin. **21**(2):210, pl. 3, fig. 6~7. 1983.

本种略似**小花半蒴苣苔**(*H. parviflora* Z. Y. Li),但花较大,长 3~3.4 cm;子房和蒴果疏被腺状短柔毛;茎仅具 3~6 节;叶柄无翅,分生,容易区别。　花期 8~10 月,果期 9~11 月。　产于隆林、那坡;生于林中阴处石上,海拔 700~1 400 m。分布于贵州南部。

2. **弄岗半蒴苣苔**(植物分类学报)

Hemiboea longgangensis Z. Y. Li in Acta Phytotax. Sin. **21**(2):211. 1983.

本种接近**毛果半蒴苣苔**(*H. flaccida* Chun ex Z. Y. Li),不同在于茎上部疏生开展的腺状短柔毛,下部变无毛,具 10~15 节;叶片较狭,宽仅 2~4 cm (后者宽 4~14 cm);侧脉较多,每侧 8~12 条;花冠筒内面具 1 毛环;花药近圆形,以腹面连着。　花期 9~10 月,果期 11 月。　产于龙州;生于石灰岩山坡林下石上,海拔约 130 m。

3. **红苞半蒴苣苔** 图版 168:1~5

Hemiboea rubribracteata Z. Y. Li et Yan Liu, Acta Phytotax. Sin. **42**(6):537. 2004.

多年生草本或半灌木;茎近圆柱形,高 0.4~1.5 m,粗壮,粗 1~1.3 cm。叶对生;叶片长圆状披针形或卵状披针形,长 4~18 cm,宽 3~10 cm;侧脉 6~15 条。聚伞花序腋生或假顶生;总苞近球形,红色;花萼线形或长圆形,白色、粉红色或淡紫色;花冠白色,长 3.5~5.5 cm,外面无毛,内部疏被短柔毛和腺状短柔毛,上唇 2 深裂,下唇 3 中裂;雄蕊 2 枚;退化雄蕊 3 枚;雌蕊长 2~2.8 cm,无毛,柱头近截形。 花期 6~10 月,果期 8~12 月。 产于靖西、隆安、大新、龙州;生于石灰岩山坡林下,海拔 300~600 m。

4. **长萼半蒴苣苔**(植物分类学报) 图版 166:8~11

Hemiboea longisepala Z. Y. Li in Acta Phytotax. Sin. **21**(2):204~205, pl. 1, fig. 4~7. 1983.

本种接近**贵州半蒴苣苔**(*H. cavaleriei* H. Lévl.),不同在于花冠外面无毛,萼片长 19~20 mm,茎近圆柱形,干时稻秆色,无紫色斑点。 花期 9~10 月。 产于东兴;生于山谷阴处。 本种花冠外面无毛又与特产台湾的**台湾半蒴苣苔**[*H. bicornuta* (Hayata) Ohwi] 相似,但后者的茎具 4 钝棱,散生紫色斑点,萼片长 9~10 mm;花药长 3 mm,以顶端连着。

5. **拟大苞半蒴苣苔** 图版 168:6~11

Hemiboea pseudomagnibracteata B. Pan et W. H. Wu, Taiwania **57**(2):188. 2012.

本种在植株形态上与**大苞半蒴苣苔**(*H. magnibracteata* Y. G. Wei et H. Q. Wen)非常相近,但不同在于本种叶片长圆状椭圆形至倒卵形,顶端渐尖;花萼长 8~12 mm,5 裂达基部,裂片相等,线状披针形;花冠外面白色至淡粉红色,具褐色斑点,光滑无毛,内面白色至淡粉红色,具褐色斑点。 花期 8~9 月,果期 9~11 月。 产于天峨、乐业;生于石灰岩山坡林下,海拔 500~800 m。

6. **中越半蒴苣苔** 图版 168:12~16

Hemiboea sinovietnamica W. B. Xu et X. Y. Zhuang, Nord. J. Bot. **30**:691. 2012.

多年生草本;茎高 25~45 cm,光滑无毛。叶对生;叶片椭圆形至椭圆状披针形,长 8~17.5 cm,宽 2.5~8 cm,两面光滑无毛,侧脉 7~10 条,在叶面下陷。聚伞花序假顶生;总苞三棱形,光滑无毛;花萼 5 裂达近基部;花冠淡黄色,长 3.5~5 cm,花冠筒基部 5~6 mm 处有 1 圈毛环,明显二唇形,上唇 2 裂,下唇 3 裂;雄蕊 2 枚;退化雄蕊 3 枚,不等大;雌蕊线形,长 2 cm,光滑无毛,柱头截平。蒴果长 2~2.5 cm。 花期 10~11 月,果期 11~12 月。 产于靖西;生于石灰岩山坡林下,海拔 400~600 m。该种的模式标本采自中越边境的靖西(邦亮自然保护区),越南北部石灰岩地区也有分布。

7. **贵州半蒴苣苔**(中国高等植物图鉴) 水松萝(贵港) 翠子菜(资源) 山金花菜(富川)

Hemiboea cavaleriei H. Lévl. in Repert. Sp. Nov. **9**:328. 1911; Fl. Kouy-Tchéou 183. 1914. 中国高等植物图鉴 **4**:135. 1975.

7a. **贵州半蒴苣苔**(原变种)

Hemiboea cavaleriei H. Lévl. var. **cavaleriei**

本原变种的主要特点:叶片长圆状披针形或卵状披针形,上面常疏生短柔毛,干时草质或纸质,边缘具多数锯齿、浅波状钝齿或小牙齿;侧脉每边 6~14 条。萼片卵状三角形至椭圆状披针形,长 4.5~7.5 mm,宽 1.8~2.5 mm;花药卵状长圆形,以顶端或腹面上方连着;退化雄蕊 3 枚。 花期 8~10 月,果期 10~12 月。 产于龙胜、全州、兴安、荔浦、贺州、资源、平乐、富川、岑溪、蒙山、桂林、金秀、阳朔、容县、苍梧、象州、浦北、龙州、昭平;生于山谷林下或沟边阴处,海拔 250~1 500 m。分布于云南(东南部)、四川、贵州、湖南、江西(南部)、广东、福建;越南北部亦有。 全草可药用,具清热解毒的功效;全草捣烂外敷治疗痈,研粉调麻油外敷治烫伤;全草还可以作猪饲料。

7b. **疏脉半蒴苣苔**(植物分类学报)(变种)

Hemiboea cavaleriei H. Lévl. var. **paucinervis** W. T. Wang et Z. Y. Li in Acta Phytotax. Sin. **21**(2):203, pl.

图版 168　1～5. **红苞半蒴苣苔** Hemiboea rubr bracteata Z. Y. Li et Yan Liu　1. 花枝；2. 花冠展开；3. 花萼；4. 花萼及雌蕊；5. 雌蕊。　6～11. **拟大苞半蒴苣苔** H. pseudomagnibracteata B. Pan et W. H. Wu　6. 花枝；7. 花冠展开；8. 花萼及雌蕊；9. 雄蕊；10. 柱头；11. 子房横切。　12～16. **中越半蒴苣苔** H. sinovietnamica W. B. Xu et X. Y. Zhuang　12. 花枝；13. 花冠展开；14. 花萼及雌蕊；15. 蒴果；16. 雄蕊。　（1～5 何顺清绘，6～16 朱运喜绘）

1, fig. 1～3. 1983. ——*H. flava* C. Y. Wu ex H. W. Li in Bull. Bot. Res. **3**(2):29, photo. 15. 1983.

本变种与原变种区别在于:叶片全缘或具少数锯齿,干时厚纸质,稀纸质,两面通常无毛;侧脉每边4～8(9)条;萼片长圆状披针形或条状披针形,长 8～12 mm,宽 2～3 mm;花药近圆形,以腹面上方连着或腹面完全连着;退化雄蕊 2 枚,稀为 3 枚。 花期 8～9 月。 产于龙州、那坡、南丹、河池、靖西、天峨、乐业、凤山、东兰、凌云、隆林、蒙山、融水、三江、宜州、龙胜、环江;生于山谷林下阴处,海拔 250～1 600 m。分布于云南东南部、贵州南部,越南北部亦有。 全草可药用,茎叶捣烂外敷治疱疹、湿疹。

8. **纤细半蒴苣苔**(植物分类学报)

Hemiboea gracilis Franch., Bull. Soc. Linn. Paris, **1899**:124. 1899.

多年生草本;茎上升,细弱,通常不分枝,具 3～5 节。叶对生;叶片稍肉质,倒卵状披针形、卵状披针形或椭圆状披针形,长 3～15 cm,宽 1.2～5 cm,通常不对称;侧脉每侧 4～6 条;叶柄长 2～4 cm,无毛。聚伞花序假顶生或腋生,具 1～3 朵花;总苞球形,顶端具细长尖头,无毛,开放后呈船形;萼片 5 枚,线状披针形至长椭圆状披针形,无毛;花冠粉红色,具紫色斑点,长 3～3.8 cm,外面疏生腺状短柔毛,内面基部上方 4～5 mm 处有 1 毛环,上唇 2 浅裂,下唇长 3 浅裂;雄蕊 2 枚,狭线形,花药长圆形;退化雄蕊 2 枚,顶端小头状;雌蕊长 2～2.5 cm,无毛,子房线形,柱头头状。蒴果线状披针形,长 1.7～2.5 cm,无毛。 花期 8～10 月,果期 10～11 月。 产于融水、龙胜;生于山坡林下,海拔 600～800 m。分布于江西(西部)、湖北(西部)、湖南、四川和贵州。

9. **半蒴苣苔**(中国高等植物图鉴) 降龙草(中国高等植物图鉴) 马拐菜(兴安) 牛耳朵(全州)

Hemiboea subcapitata Clarke in Hook. Icon. Pl. **18**: t. 1798. 1888; Hand.-Mazz. Symb. Sin. **7**: 887. 1936;中国高等植物图鉴 **4**:135, 图 5683. 1975. ——*H. subcapitata* Clarke var. *denticulata* W. T. Wang ex Z. Y. Li in Acta Phytotax. Sin. **21**(2):208. 1983. ——*H. henryi* Clarke in Hook. Icon. Pl. 18:pl. 1798. 1888;中国高等植物图鉴 **4**:134,图 5682. 1975. ——*H. henryi* Clarke var. *major* Diels in Bot. Jahrb. **29**: 576. 1900. ——*H. marmorata* H. Lévl. in Repert. Sp. Nov. **9**: 454. 1911; Fl. Kouy-Tchéou 183. 1914. ——*Didymocarpus hwaianus* S. Y. Hu in Journ. Arn. Arb. **61**(1):88. 1980.

9a. **半蒴苣苔**(原变种) 图版 169:1～8

Hemiboea subcapitata Clarke var. **subcapitata**

多年生草本;茎高 10～40 cm,肉质,无毛或疏生白色短柔毛。叶对生;叶片稍肉质,椭圆形、卵状披针形或倒卵状披针形,长 3～22 cm,宽 1.4～8 cm,全缘或中部以上具浅钝齿;侧脉每侧 5～6 条。聚伞花序腋生或假顶生,具(1)3～10 余朵花;花序梗长 2～4(13)cm,无毛;总苞球形,直径 1.5～2.2 cm;萼片 5 枚,长椭圆形,干时膜质;花冠白色,具紫斑,长 3.5～4.2 cm,花冠筒长 2.8～3.5 cm,内面基部上方 5～6 mm 处有 1 毛环,上唇 2 浅裂,下唇 3 浅裂;雄蕊 2 枚,花丝长 8～13 mm,花药椭圆形,顶端连着;退化雄蕊 3 枚。雌蕊长 3.2～3.5 cm,无毛。蒴果线状披针形,多少弯曲,长 1.5～2.2 cm,无毛。 花期 8～10 月,果期 10～12 月。 产于全州、融水、龙胜、灵川、资源、兴安、桂林、金秀、荔浦、东兰、那坡、阳朔;生于林缘沟旁和阴湿岩石上,海拔 350～1 500 m。分布于贵州、四川、甘肃、陕西、河南南部、湖北、湖南、江西、福建、浙江、江苏、安徽。 全草可药用,治疗疮肿毒及蛇咬伤;全草煎水服治麻疹、喉痛,外敷治烫火伤;全草还有凉血止咳的功效;叶可作蔬菜。全草还可作猪饲料。

9b. **翅茎半蒴苣苔**(变种)

Hemiboea subcapitata Clarke var. **pterocaulis** Z. Y. Li, Acta Phytotax. Sin. **42**(3):261. 2004.

该变种和原变种的不同在于茎具四纵棱,棱上有狭翅。 花期 5 月。 产于桂林、阳朔、永福、全州、灵川;生于石灰岩山坡林下,海拔 100～300 m。

10. **龙州半蒴苣苔**(植物分类学报)

Hemiboea lungzhouensis W. T. Wang ex Z. Y. Li in Acta Phytotax. Sin. **21**(2):207. 1983.

本种外形略似**疏脉半蒴苣苔**(*H. cavaleriei* H. Lévl. var. *paucinervis* W. T. Wang et Z. Y. Li),不同

图版 169　1～8. **半蒴苣苔** Hemiboea subcapitata Clarke var. subcapitata　1. 植株；2. 花萼；3. 花冠纵剖；4. 雌蕊；5. 蒴果；6. 植株；7. 花萼及雌蕊；8. 花冠纵剖。　9～11. **华南半蒴苣苔** H. follicularis Clarke var. follicularis.　9. 植株；10. 花萼及雌蕊；11. 花冠纵剖。（刘春荣绘）

在于植株较粗壮;叶片肉质,在叶片两面肉眼可见由散生的星状石细胞形成的星状突起,叶柄近圆柱形,总苞干时厚革质。 花期 10~12,果期 11 月至次年春。 产于龙州、大新、隆安、靖西;生于石灰岩山坡林下石上,海拔 200~600 m。

11. **披针叶半蒴苣苔**

Hemiboea angustifolia F. Wen et Y. G. Wei, Phytotaxa **30**:53. 2011.

多年生草本或半灌木,高 40~80 cm。叶对生;叶片狭披针形到披针形,长 10.5~16.5 cm,宽 1.5~4.4 cm,边缘全缘;侧脉 5~7 条。聚伞花序假顶生或顶生;总苞近半球形或心形。花萼白色至淡绿色,5 裂达基部;花冠灰白色至白色,长 4.8~5.4 cm,花冠筒基部 8~8.5 mm 处有 1 圈毛环,檐部明显二唇形,上唇 2 裂,下唇 3 裂;雄蕊 2 枚,花丝线形,光滑无毛;退化雄蕊 2 枚;雌蕊长 2.5~2.7 cm,光滑无毛,线形,柱头头状。蒴果线形,长 3~3.5 cm,稍弯曲。 花期 10~11 月,果期 11~12 月。 产于大新;生于石灰岩山坡林下,海拔 100~200 m。

12. **小花半蒴苣苔**(植物分类学报) 图版 166:12~13

Hemiboea parviflora Z. Y. Li in Acta Phytotax. Sin. **21**(2):210, pl. 3, fig, 4~5. 1983.

本种总苞外面密被柔毛,近似**短茎半蒴苣苔**(*H. subaculis* Hand.-Mazz.),但茎较高大,多达 10 节,匍匐枝粗短,叶柄具窄翅,合生,侧脉每边 5~9 条,叶片顶端急尖,萼片均分生,容易区别。 花期 9~10 月。 产于龙州、崇左;生于石灰岩山谷林下,海拔 200~560 m。 民间可供药用。

13. **短茎半蒴苣苔**(植物分类学报)

Hemiboea subacaulis Hand.-Mazz. in Anz. Akad. Wiss. Wien., Math.-Nat. Kl. **62**:66. 1925;Symb. Sin. **7**:887. 1936.——*Chirita subacaulis* (Hand.-Mazz.) Burtt in Not. Bot. Gard. Edinb. **23**:99. 1960.

本种的茎低矮,仅具 2~4 节,与叶密被柔毛;匍匐枝通常多数,细长,粗 0.5~1.8 mm;叶片无石细胞,顶端圆钝;上方萼片基部合生,容易区别于本属其他种。 花期 9~10 月,果期 10~12 月。 产于全州;生于山沟石壁上,海拔 80~600 m。分布于湖南、贵州(东部)。 全草煎水服,可治过敏性皮炎。

14. **黄花半蒴苣苔**

Hemiboea lutea F. Wen, G. Y. Liang et Y. G. Wei, Nord. J. Bot. **31**:720. 2013.

本种在植株形态上极接近**贵州半蒴苣苔**(*H. cavaleriei* H. Lévl),但不同在于叶柄短,有时不存在;叶片腹面光滑无毛;聚伞花序假顶生或顶生,有时腋生,花序梗长 6~10 cm,总苞不规则,半球形或三角状球形,花萼 5 裂达中下部,1/3 合生,裂片不等大,三角形到斜三角形。花冠黄色,长 5~7 cm,退化雄蕊 3 枚,不等大;花盘高 2.5~3 mm;雌蕊长 3.5~3.7 cm,柱头头状。蒴果线形,长 3~3.5 cm,稍弯曲。 花期 10~11 月,果期 11~12 月。 广西特有,产于阳朔;生于山坡林下,海拔约 300 m。

15. **大苞半蒴苣苔**

Hemiboea magnibracteata Y. G. Wei et H. Q. Wen, Guihaia **15**(3):216. 1995.

多年生草本;茎高 30~60 cm,不分枝,具 4 钝棱。叶 2~4 对生于茎的顶端,叶片稍肉质,干后厚纸质,阔椭圆形至倒卵形,长 8~24 cm,宽 4~11 cm,侧脉 4~6 条,叶柄长 1~3 cm。聚伞花序假顶生;总苞近球形,光滑无毛;花萼钟状,长 2~2.5 cm,中部以上合生,裂片 5 枚,三角形。花冠白色,长约 4.5 cm,上唇 2 深裂,下唇 3 深裂;雄蕊 2 枚,无毛;退化雄蕊 2~3 枚;雌蕊无毛,长约 2.5 cm,柱头近截形。蒴果线状披针形,弯曲,长 2~2.5 cm。 花期 8~9 月,果期 9~11 月。 产于环江、罗城;生于石灰岩山坡林下,海拔 300~700 m。分布于贵州。

16. **华南半蒴苣苔**(中国高等植物图鉴) 山竭(融安) 水桐(钟山) 大降龙草(金秀)

Hemiboea follicularis Clarke in Hook. Icon. Pl. **18**: pl. 1798. 1888; 中国高等植物图鉴 **4**: 135. 1975.——*H. esquirolii* H. Lévl. in Repert. Sp. Nov. **9**:329. 1911;Fl. Kouy-Tchéou 183. 1914.

16a. **华南半蒴苣苔**(原变种) 图版 169:9~11

Hemiboea follicularis Clarke var. **follicularis**

本种的叶片两面无毛,顶端渐尖;花小,多数,7~20 余朵排列成二歧聚伞花序或合轴式单歧聚伞花序;萼片合生达中部以上,萼筒钟状,檐部二唇形;花冠绿白色,长 1.5~1.8 cm,外面无毛,隐蔽于坛状总苞中;雌蕊长 0.9 cm,柱头长于子房;蒴果小,长 1(1.5) cm,种皮的网脊具多数翅状突起,网格的底面凹陷,密生小疣,容易区别于司属其他种。 花期 6~8,果期 9~11 月。 产于融安、桂林、临桂、环江、崇左、金秀、上思、钟山、贺州、东兰、南丹、龙州、大新;生于林缘沟旁和阴湿的岩壁上,海拔 240~1 500 m。分布于广东(北部)和贵州。 全草可入药,治咳嗽、肺炎、跌打损伤、骨折等。

16b. **卷瓣半蒴苣苔**(变种) 图版 170:1~6

Hemiboea follicularis Clarke var. **retroflexa** Yan Liu et Y. S. Huang, Taiwania **56**(3):240. 2011.

本变种和原变种的不同在于茎四棱形;花冠黄绿色,具紫色条纹或斑点,花冠内部只具半圈毛环,唇瓣反卷。 花期 6~7 月。 产于环江、龙州;生于石灰岩山坡林下,海拔 200~400 m。

17. **紫花半蒴苣苔** 图版 170:7~14

Hemiboea purpurea Yan Liu et W. B. Xu, Nord. J. Bot. **28**:313. 2010.

多年生草本,高 20~40 cm。叶对生;叶柄长 1~5 cm,叶片椭圆状披针形至卵状披针形,长 3~10 cm,宽 2~5 cm,两面光滑无毛,侧脉 4~7 条。聚伞花序假顶生;总苞半球形;花萼 5 裂达中部,裂片三角形;花冠紫色,长 2~2.5 cm,外面光滑无毛,内部具腺状短柔毛,明显二唇形;雄蕊 2 枚,花药椭圆形;退化雄蕊 3 枚,不等大。雌蕊长 9 mm,光滑无毛,柱头头状。蒴果线形,长 1.2~1.5 cm,稍弯曲。 花期 6~7 月,果期 7~9 月。 广西特有,产于融水;生于石灰岩山脚林下石壁上,海拔 100~200 m。

18. **单座苣苔** 图版 171:1~7

Hemiboea ovalifolia (W. T. Wang) A. Weber et Mich. Möller, Phytotaxa **23**: 43. 2011.——*Metabriggsia ovalifolia* W. T. Wang,广西植物 **3**(1):2. 1983;中国植物志 **69**:279. 1990.

多年生草本;茎高 20~40 cm。叶片草质,长 5~25 cm,两面被贴伏短柔毛;叶柄长 0.3~7 cm。花序腋生,具 5~12 朵花;花萼长 9~10 mm;花冠白色,长约 3.6 mm,筒长 2.7 cm。雄蕊无毛,花药长 3.5 mm。 花期 9~10 月,果期 10~11 月。 产于那坡、靖西、乐业、隆林、环江、凤山;生于石山山坡林下,海拔 500~1 100 m。分布于贵州,越南北部亦有。 全草可作猪饲料。

19. **紫叶单座苣苔**

Hemiboea purpureotincta (W. T. Wang) A. Weber et Mich. Möller, Phytotaxa **23**: 43. 2011.——*Metabriggsia purpureotincta* W. T. Wang,广西植物 **3**(1):3. 1983;中国植物志 **69**:281. 1990.

茎高 13~32 cm。叶片草质,长 8~23.5 cm,基部常稍斜,宽楔形或楔形;叶柄长 0.5~7 cm。花序腋生,约有 4 朵花;总苞近球形,直径约 1.2 cm,早落;花萼长 8~9 mm;花冠白色,长约 2.7 cm,筒长 2.1 cm。雄蕊无毛,长约 1.1 cm;雌蕊长约 1.6 cm,疏被短柔毛。 花期 9 月。 产于南丹;生于山坡林下阴处。

8. 石蝴碟属 Petrocosmea Oliv.

多年生无茎草本。叶均基生,具羽状脉。聚伞花序腋生,有少数花;花萼 5 全裂或深裂;花冠二唇形,檐部比筒部长,上唇 2 裂,下唇 3 裂;能育雄蕊 2 枚,位于下(前)方,花药底着,2 药室平行,顶端不汇通或汇通;花盘不存在;子房卵球形,1 室,侧膜胎座 2 裂,内伸,2 裂片极叉开;柱头 1 枚。蒴果长椭圆球形。自印度(东北部)到越南均有分布。我国有 39 种,分布于云南、四川、陕西南部、湖北、贵州和广西;广西有 1 种。另外相关文献中记载了**小石蝴蝶**(*P. minor* Hemsl.),**滇黔石蝴蝶**[*P. martinii* (H. Lévl.) H. Lévl.]、**蒙自石蝴蝶**(*P. iodioides* Hemsl.)等在广西均产,但是根据最新的研究结果,广西的这些物种均为鉴定错误,目前广西该属的研究正在开展中,资料有待进一步更新。

图版 170 1～6. **卷瓣半蒴苣苔** **Hemiboea follicularis** Clarke var. **retroflexa** Yan Liu et Y. S. Huang 1. 花枝；2. 花冠展开；3. 花萼展开；4. 花；5. 雌蕊；6. 柱头。 7～14. **紫花半蒴苣苔** **H. purpurea** Yan Liu et W. B. Xu 7. 花枝；8. 花冠展开；9. 花萼展开；10. 花；11. 雌蕊；12、13. 柱头；14. 雄蕊。 (何顺清绘)

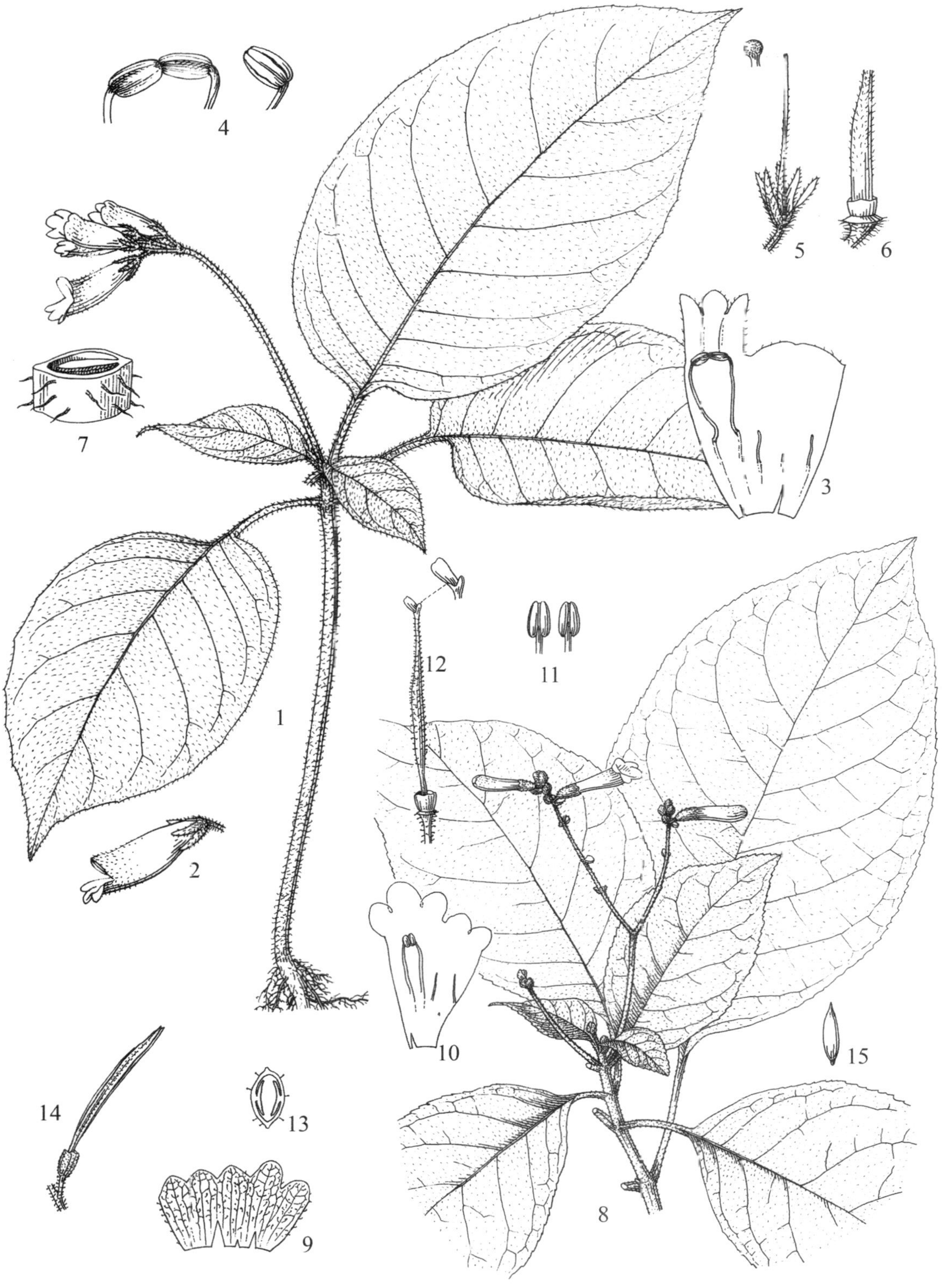

图版 171 1～7. **单座苣苔** Hemiboea ovalifolia (W. T. Wang) A. Weber et Mich. Möller 1. 植株；2. 花；3. 花冠展开；4. 花药；5. 花萼和雌蕊；6. 花盘和子房；7. 子房横切面。 8～15. **异裂苣苔** Pseudochirita guangxiensis (S. Z. Huang) W. T. Wang var. guangxiensis 8. 开花植株上部；9. 花萼展开；10. 花冠展开；11. 花药；12. 花盘和雌蕊；13. 子房横切面；14. 宿存花萼和蒴果；15. 种子。 (冯晋庸绘)

环江石蝴蝶 图版 172:1~5

Petrocosmea huanjiangensis Yan Liu et W. B. Xu, Novon **21**(3):385. 2011.

多年生草本;根状茎不明显。叶基生;具长柄;叶片卵形、阔卵形至近圆形,长 1.5~3.5 cm,宽 1.5~2.5 cm,基部盾状着生。聚伞花序腋生,具 1~3 朵花;苞片 2 枚,线形或者线状披针形;花萼 5 裂达基部;花冠紫蓝色,长 1.3~2 cm,花冠二唇形,上唇不明显 2 裂,下唇 3 裂;雄蕊 2 枚,花丝长 6~7.2 mm,密被髯毛;退化雄蕊 3 枚;雌蕊 8~13 mm,柱头头状。 花期 5~6 月。 产于环江;生于石灰岩山坡林下潮湿石壁上,海拔约 600 m。该种的模式标本采自广西和贵州交界的环江(木论自然保护区),贵州可能也有分布。

9. 异裂苣苔属 Pseudochirita W. T. Wang

多年生具茎草本;密被短绒毛。叶对生;同 1 对叶不等大。聚伞花序腋生。花萼钟状,5 浅裂。花冠筒状,檐部二唇形,上唇 2 裂,下唇 3 裂;能育雄蕊 2 枚,位于下(前)方,花丝线形,等宽,花药基着,长圆形,顶端连着,2 药室平行,顶端不汇通;药隔不隆起;花盘杯状;雌蕊内藏,子房线形,1 室,侧膜胎座内伸并极叉开,裂片极叉开;柱头 2 枚,不等大。 目前有 1 种 1 变种,广西均产。

异裂苣苔(植物学集刊)

Pseudochirita guangxiensis (S. Z. Huang) W. T. Wang,植物学集刊 **1**:22,图 3. 1983;中国植物志 **69**:275. 1990. ——*Chirita guangxiensis* S. Z. Huang, 云南植物志 **2** (1):102,图版 1. 1980.

a. **异裂苣苔**(原变种) 图版 171:8~15

Pseudochirita guangxiensis (S. Z. Huang) W. T. Wang var. guangxiensis

茎高 0.5~1 m。叶片草质,两侧不相等,椭圆形或椭圆状卵形,长 11~27 cm,宽 6~16 cm,边缘有小牙齿;叶柄长 1~6 cm。花序约有 10 朵花;苞片宽卵形,长达 1.5 cm。花萼长 9~11 mm,外面密被短腺毛;花冠白色,长 3.2~4.3 cm,筒长 2.5~3 cm。花药长圆形,长约 3 mm,无毛。雌蕊长 2.4~2.9 cm,子房有短腺毛,小柱头狭卵形,长约 1 cm,大柱头倒梯形,长约 2.5 mm。蒴果线形,长 3~4.5 cm。 花期 8~9 月。 产于龙州、靖西、大新、东兰、忻城、上林、来宾、融水;生于石山林下阴处,海拔 200~600 m。分布于越南北部。

b. **粉绿异裂苣苔**(变种)

Pseudochirita guangxiensis (S. Z. Huang) W. T. Wang var. glauca Y. G. Wei et Yan Liu, Acta Phytotax. Sin. **42**(6):555. 2004.

与原变种的主要区别在于茎苍白色;叶粉绿色,叶近全缘或有不明显的钝锯齿,茎、叶面、叶背密被近贴伏的绒毛,花冠外疏被腺毛。 花期 8~9 月。 产于都安、靖西、大新、平果、天等;生于石灰岩山坡林下,海拔 200~550 m。

10. 异片苣苔属 Allostigma W. T. Wang

本属和**异裂苣苔属**(*Pseudochirita* W. T. Wang)接近,但植株被柔毛,不被绒毛;花萼 5 深裂近基部,花丝不等宽,中部最宽,向两端变狭,药隔背面隆起;子房 2 室,具中轴胎座,柱头 2 枚,不等大。蒴果线形,不扭曲,果瓣 2;种子小,椭圆形,无附属物,可以区别。 本属仅 1 种,特产广西。

异片苣苔 图版 172:6~12

Allostigma guangxiense W. T. Wang,植物分类学报 **22** (3):187,图 1. 1984;中国植物志 **69**:277. 1990.

茎高约 42 cm。叶片草质,两侧不对称,卵形或椭圆形,长 6.5~15 cm,宽 5~8 cm,基部斜,宽侧耳

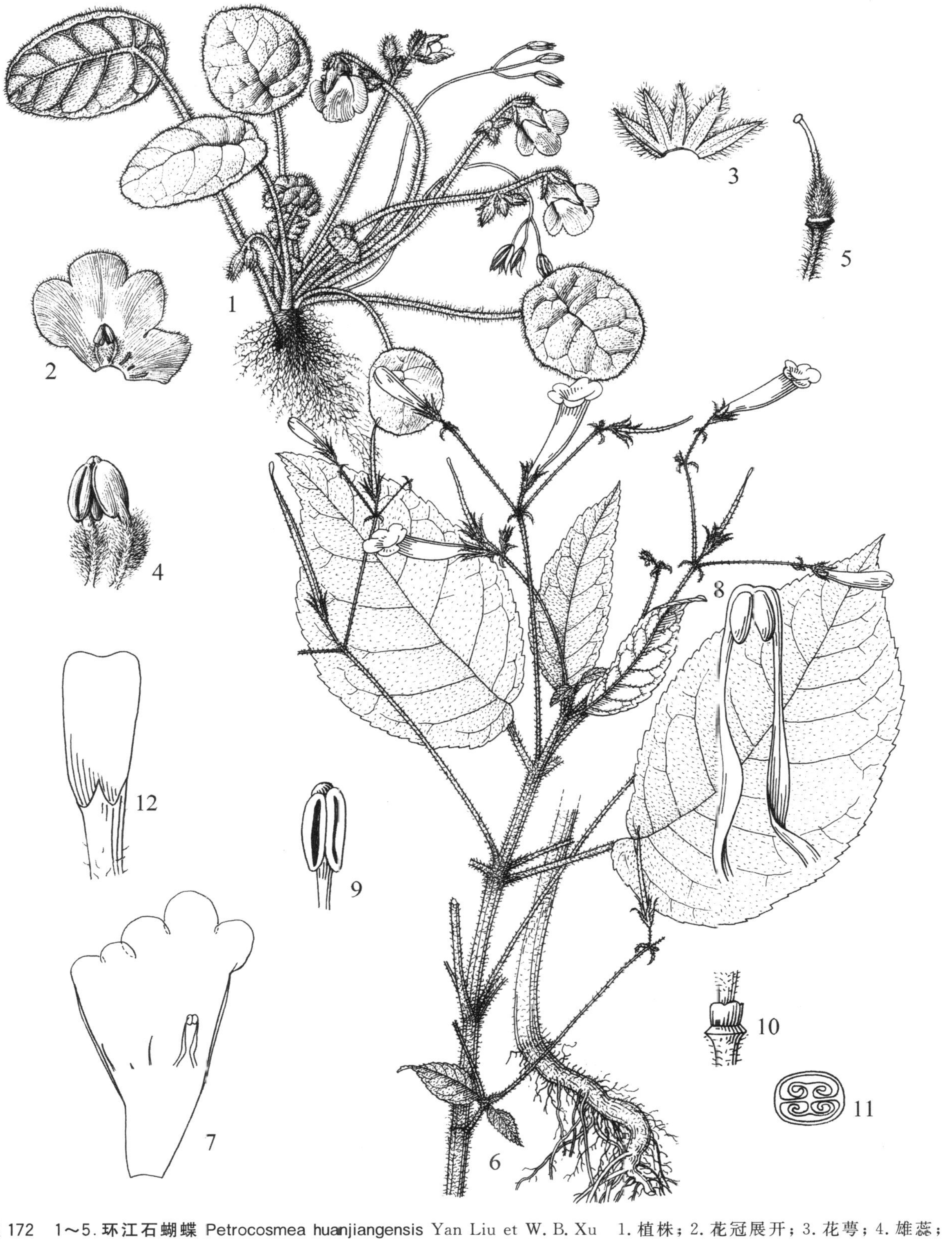

图版 172 1～5. **环江石蝴蝶** Petrocosmea huanjiangensis Yan Liu et W. B. Xu 1. 植株；2. 花冠展开；3. 花萼；4. 雄蕊；5. 雌蕊。 6～12. **异片苣苔** Allostigma guangxiense W. T. Wang 6. 开花植株；7. 花冠展开；8. 雄蕊；9. 花药；10. 花盘和雌蕊基部；11. 子房横切面；12. 二柱头。（1～5 何顺清绘，6～12 冯晋庸绘）

形，狭侧宽楔形，边缘有小钝齿；叶柄长 1～4.5 cm。花序腋生，有 3～5 朵花；苞片线形，长 3～5.5 mm；花萼长约 11 mm；花冠筒状，长约 3.8 cm，筒长约 2.7 cm；雄蕊无毛，花药长 2 mm；雌蕊长 2.8 cm，子房被短柔毛。　花果期 9～10 月。　产于大新；生于石灰岩山坡林下。

11. 双片苣苔属 Didymostigma W. T. Wang

一年生草本；有地上茎。叶在茎上对生；有柄；叶片卵形或椭圆形；叶脉羽状。聚伞花序腋生，具梗；苞片对生；花萼 5 裂达基部；花冠紫色，筒细漏斗状，檐部比筒短，二唇形，上唇 2 裂，下唇 3 裂；下方 2 枚雄蕊能育，花药 2 室平行；退化雄蕊 3 枚或 2 枚；花盘环状。雌蕊内藏，子房线形，有 2 侧膜胎座，柱头 2 枚，等大。蒴果线形，2 裂。　本属与**异片苣苔属**(*Allostigma* W. T. Wang)相近，但在后者，雌蕊的 2 枚柱头极不等大，花丝的下部与上部不等宽；本属也与**汉克苣苔属**（*Henckelia* Spreng).的一些种类在植物形态上相似，但在后者，雌蕊有 1 枚柱头。本属原仅知**双片苣苔**［*Didymostigma. obtusum* （Clarke） W. T. Wang］1 种，分布于广东和福建南部，**光叶双片苣苔**(*Didymostigma leiophyllum* D. Fang et X. H. Lu)在西林被发现，说明本属也分布于广西。

光叶双片苣苔

Didymostigma leiophyllum D. Fang et X. H. Lu 于植物分类学报 32(6)：565. 1994.

本种与**双片苣苔**［*D. obtusum* （Clarke） W. T. Wang］的区别在于：叶长圆状椭圆形或椭圆形，两面无毛；苞片卵形；花萼较短，长约 5 mm；花药心形，背着，药隔有附属物；退化雄蕊 3 枚；雌蕊无毛，有柄。茎高 7～12 cm，无毛或近无毛。叶片长 3～15 cm，宽 1.5～4 cm，先端急尖，基部宽楔形或楔形，边缘有锯齿或波状齿，侧脉每边 5～9 条；叶柄长 4～22 mm。聚伞花序有 2 朵花；苞片长 6.5 mm，宽 3.5 mm，无毛；花冠长约 4 cm，花冠筒长 3 cm，口部直径 13 mm，上唇长 5 mm，下唇长 10 mm；雌蕊长约 1.8 cm，柄长 5 mm，柱头长 1 mm。　花期 9 月。　产于西林；生于山坡林中石上。

12. 报春苣苔属 Primulina Hance

多年生草本植物；无地上茎或根状茎明显。叶多为单叶，不分裂，稀为羽状分裂或羽状复叶。聚伞花序腋生；苞片 2 枚，稀 3 枚或 1 枚，稀合生；花萼 5 分裂或 5 深裂；花冠高脚碟状、近筒状、斜钟状等，多数檐部二唇形，上唇 2 裂，下唇 3 裂；能育雄蕊 2 枚，位于下(前)方，花丝常中部宽，向两端变狭，中部之下常膝状弯曲；花药通常腹面连着，背着，2 药室极叉开，汇通；花盘环状；雌蕊子房线形，1 室，具 2 侧膜胎座，稀 2 室，具中轴胎座，同时下室不育；柱头 1 枚，片状，不分裂或 2 裂。蒴果线形。　根据最新分子系统学研究结果，单型的**报春苣苔属**(*Primulina* Hance)将**唇柱苣苔属**(*Chirita* Buch.-Ham. ex D. Don)中的**唇柱苣苔组**(Sect. *Gibbosaccus*)、**小花苣苔属**(*Chiritopsis* W. T. Wang)、**文采苣苔属**(*Wentsaiboea* D. Fang et D. H. Qin)等几个属或者属内的部分物种一起合并形成广义报春苣苔属，该属是目前我国苦苣苔科植物最大的属。报春苣苔属约有 200 种，主产中国和中南半岛(北部)。我国产 180 种，分布于南部和西南部，广东和广西的石灰岩地区是该属的现代分布中心和多样化中心；广西是本属分布最多的省份，共有 104 种 7 变种。由于本属收录的种类多，分类系统变化较大，为便于使用，考虑检索表的实用性，本志在编写时按照形态特征将其分为 8 类，由于分成的 8 类纯属人为的分类，不能反映本属的属下分类系统，故不将其作为组来处理。

分 类 检 索 表

1. 花冠高脚碟状，檐部近平展 …………………………………………………………… 1. **报春苣苔类**
1. 花冠筒状、细筒状、斜钟状，檐部二唇形。

2. 花冠斜钟状;柱头头状 …………………………………………………………………………………… 2. **文采苣苔类**
2. 花冠筒状或细筒状;柱头片状。
3. 花较小;花冠筒长不超过 1.5 cm,直径不超过 3 mm,子房椭球形 ………………………………… 3. **小花苣苔类**
3. 花较大;花冠筒长超过 1.5 cm,直径超过 5 mm,子房线形。
4. 叶分裂或为复叶…………………………………………………………………………………… 4. **羽裂唇柱苣苔类**
4. 叶为单叶,不分裂。
5. 叶革质,棒状,线形,不呈典型的扁平状,有时边缘有刺状小齿………………………………… 5. **条叶唇柱苣苔类**
5. 叶草质、纸质或革质,卵形、椭圆形或长圆形等,叶片扁平,边缘无刺状小齿。
6. 花萼裂片边缘有小齿………………………………………………………………………………… 6. **齿萼唇柱苣苔类**
6. 花萼裂片边缘全缘。
7. 苞片卵形、狭卵形、卵圆形或近圆形,宽均在 5 mm 以上 ………………………………… 7. **阔苞唇柱苣苔类**
7. 苞片线形、线状披针形或披针形,宽 1~3 mm ……………………………………………… 8. **线苞唇柱苣苔类**

1. 报春苣苔类

报春苣苔类主要特征是花冠高脚碟状,檐部近平展,明显区别于本属其他类群,仅有 1 种。

1. 报春苣苔

Primulina tabacum Hance, J. Bot. **21**(6):169. 1883;中国植物志 **69**:331. 1990. ——*Primulina sinensis* Hook. f., Bot. Mag., pl. 7117. 1890.

多年生草本;有菸草气味。叶均基生,具长或短柄;叶片圆卵形或正三角形,长 5~10 cm,两面均被短柔毛,背面还有腺毛;侧脉约 3 条,叶柄长 2.5~14 cm。聚伞花序伞状,1~2 回分枝,具 3~9 朵花,被短柔毛和短腺毛;苞片对生,狭长圆形或线状披针形;花萼 5 深裂,两面被短柔毛,裂片狭披针形或条状披针形,顶端有腺体;花冠紫色,外面和内面均被短柔毛;筒细筒状,长约 9 mm,不明显二唇形,上唇 2 深裂,裂片狭倒卵形,下唇 3 深裂,裂片也为狭倒卵形;雄蕊 2 枚,无毛,花丝着生于距花冠基部约 1 mm 处;退化雄蕊 3 枚。花盘由 2 个近方形腺体组成;雌蕊长约 2.6 mm,柱头长约 0.6 mm,2 浅裂。蒴果长椭圆球形,长 3.2~6 mm;种子暗紫色,狭椭圆球形。 花期 8~10 月,果期 9~11 月。 产于贺州;生于石灰岩洞口处石壁上或半遮蔽的潮湿石壁上,海拔 100~200 m。分布于广东(北部)、湖南(南部)。

2. 文采苣苔类

文采苣苔类主要特征是花冠斜钟状;柱头头状,共有 4 种,分布于广东和广西,广西产 3 种。

分种检索表

1. 叶片纸质至薄纸质,干后膜质,肾形,基部深心形 ……… 2. **文采苣苔** P. renifolia (D. Fang et D. H. Qin) J. M. Li et Y. Z. Wang
1. 叶片稍肉质,干后纸质或厚纸质,椭圆形、圆卵形至圆形,基部不为深心形。
2. 叶片椭圆形、阔卵形至近圆形,基部楔形至近圆形 …………………………………………………………………………… 3. **罗城文采苣苔** P. luochengensis (Yan Liu et W. B. Xu) Mich. Möller et A. Weber
2. 叶片圆卵形或近圆形,基部圆形至浅心形 ………………………………………………………………………………… 4. **密毛小花苣苔** P. mollifolia (D. Fang et W. T. Wang) J. M. Li et Y. Z. Wang

2. 文采苣苔

Primulina renifolia (D. Fang et D. H. Qin) J. M. Li et Y. Z. Wang, J. Syst. Evol. **49**:62. 2011. ——

Wentsaiboea renifolia D. Fang et D. H. Qin, Acta Phytotax. Sin. **42**(6):534. 2004.

多年生草本。叶9～22枚，均基生，具长柄；叶片纸质到薄纸质，肾形，长0.5～2.5 cm，宽0.7～3.6 cm，基部深心形，边缘近全缘，腹面绿色，背面紫色，掌状脉3～5条。花莛5～13条，纤细，高2.5～11.5 cm，与花梗和苞片被开展的白色短柔毛和腺状微柔毛；聚伞花序1～3回分枝，每花序具3～13朵花；苞片对生，线状披针形。花萼宽钟状，5裂达基部，线状披针形；花冠斜钟状，长9～10 mm，外面散生腺状微柔毛，花冠筒白色，长约4 mm，下方肿胀，檐部二唇形，淡紫色，上唇2裂，下唇3裂，内面具紫色条纹；雄蕊2枚，花丝长约2.5 mm，弧曲，基部被腺状微柔毛，花药肾形；退化雄蕊2枚；雌蕊长约6 mm，子房狭卵球形，长约1.5 mm，密被开展的腺状微柔毛，柱头斜马蹄形。 花期4～5月。 广西特有，产于都安；生于石灰岩洞口潮湿石壁上，海拔200～300 m。

3. **罗城文采苣苔** 图版173:1～6

Primulina luochengensis (Yan Liu et W. B. Xu) Mich. Möller et A. Weber, Taxon **60**(3): 783. 2011.——*Wentsaiboea luochengensis* Yan Liu et W. B. Xu, Nordic J. Bot. **28**:743. 2010.

多年生草本。叶均基生；叶片稍肉质，椭圆形、阔卵形到近圆形，长1.5～4 cm，宽1～2.5 cm，基部楔形到近圆形，边缘近全缘，两面被短柔毛；侧脉每边2～3条。花莛4～12条，高4～8 cm，与花梗和苞片被开展白色短柔毛和腺状微柔毛；聚伞花序1～2回分枝，每花序具3～10朵花；苞片对生，线形；花萼5裂达基部，线状披针形；花冠斜钟状，长8～9 mm，外面疏被短柔毛，花冠筒白色，斜钟状，长约5～6 mm，下方肿胀，檐部二唇形，淡蓝紫色，上唇2裂，下唇3裂，内面具紫色条纹；雄蕊2枚，花丝长约3 mm，弧曲，基部疏被微柔毛，花药肾形；退化雄蕊3枚，不等大；雌蕊长5～7 mm，子房狭卵球形，长约1.5 mm，疏被微柔毛，柱头近马蹄形或心形。 花期3～5月。 广西特有，产于罗城；生于石灰岩洞口潮湿石壁上，海拔约300 m。

4. **密毛小花苣苔** 图版174:1～5

Primulina mollifolia (D. Fang et W. T. Wang) J. M. Li et Y. Z. Wang, J. Syst. Evol. **49**:61. 2011.——*Chiritopsis mollifolia* W. T. Wang, 广西植物 **6**(1～2): 6. pl. 3, fig. 1～4. 1986; 中国植物志 **69**: 410. 1990.

多年生草本。叶基生；叶片稍肉质，干后纸质，长2～4.8 cm，宽2～4.5 cm，边缘有小钝齿；叶柄长2.6～13.5 cm。花序有7～20朵花；苞片线形，长3～5 mm；花萼长3.5 mm，果期长4～5 mm。蒴果长椭圆球形。 花期4～5月。 广西特有，产于宜州；生于石山阴处石壁上或洞口石壁上，海拔约260 m。

3. 小花苣苔类

小花苣苔类主要特征是花较小，花冠筒长不超过1.5 cm，粗不超过3 mm，子房椭球形，蒴果长卵球形或椭圆形，与宿存花萼等长或较短。约15种；广西产10种2变种。

分种检索表

1. 叶不分裂。
  2. 叶基部心形或圆形。
    3. 叶近圆形或宽卵形，两面被极密的短柔毛，干后厚纸质 ………………………………………… 5. **假密毛小花苣苔** P. pseudomollifolia W. B. Xu et Yan Liu
    3. 叶心形，两面稍密被短柔毛，干后薄纸质至膜质 ………………………………………… 6. **心叶小花苣苔** P. cordifolia (D. Fang et W. T. Wang) Y. Z. Wang
  2. 叶基部楔形或阔楔形。
    4. 叶稍大型，长超过5 cm，草质，干后膜质到薄纸质。
      5. 上下唇近等长 …………………………… 7. **小花苣苔** P. repanda (W. T. Wang) Y. Z. Wang

图版 173　1～6. **罗城文采苣苔** Primulina luochengensis (Yan Liu et W. B. Xu) Mich. Möller et A. Weber　1. 植株；2. 花冠展开；3、4. 花萼及雌蕊；5. 柱头；6. 雄蕊。　7～13. **假密毛小花苣苔** P. pseudomollifolia W. B. Xu et Yan Liu　7. 植株；8. 花；9. 花冠展开；10、11. 花萼及雌蕊；12. 柱头；13. 雄蕊。（何顺清绘）

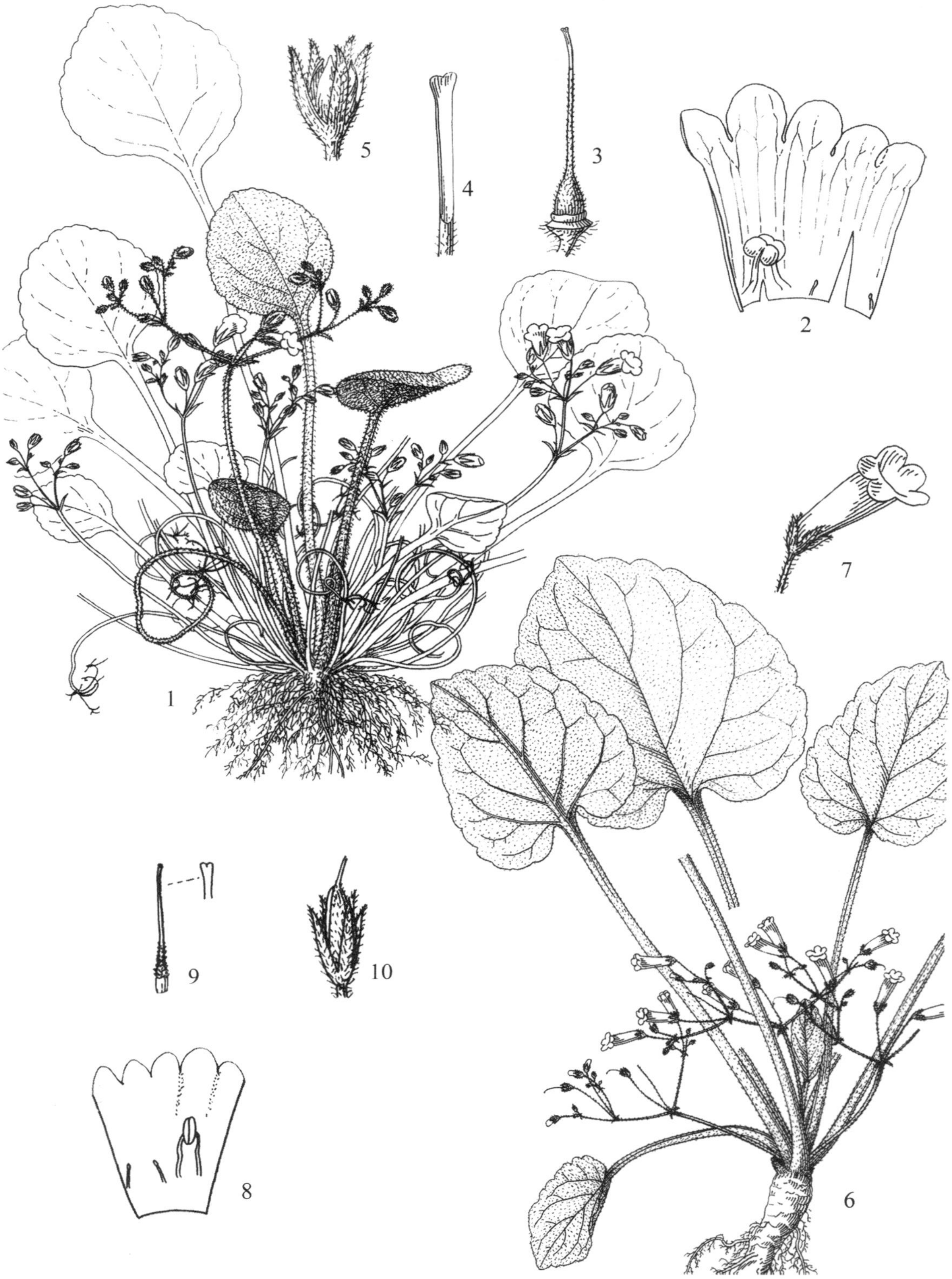

图版 174 1～5. **密毛小花苣苔** Primulina mollifolia (D. Fang et W. T. Wang) J. M. Li et Y. Z. Wang 1. 开花植株；2. 花冠展开；3. 花盘和雌蕊；4. 柱头；5. 宿存花萼和蒴果。 6～7. **心叶小花苣苔** P. cordifolia (D. Fang et W. T. Wang) Y. Z. Wang 6. 植株；7. 花。 8～10. **小花苣苔** P. repanda (W. T. Wang) Y. Z. Wang var. repanda 8. 花冠展开；9. 花盘和雌蕊；10. 宿存花萼和蒴果。 (冯晋庸绘)

5. 下唇比上唇长 3 倍以上……8. **灵川小花苣苔** P. lingchuanensis (Yan Liu et Y. G. Wei) Mich. Möller et A. Weber

4. 叶小型,长不超过 5 cm,稍肉质,干后厚纸质。

6. 聚伞花序 1 回分枝,每花序具 1～3 朵花 ……………………………… 9. **靖西小花苣苔** P. jingxiensis (Yan Liu, W. B. Xu et H. S. Gao) W. B. Xu et K. F. Chung

6. 聚伞花序 1～3 回分枝,每花序具 5～25 朵花 ……………………………… 10. **龙州小花苣苔** P. longzhouensis (B. Pan et W. H. Wu) W. B. Xu et K. F. Chung

1. 叶多少分裂。

7. 叶小型,长和宽均不超过 10 cm。

8. 叶片轮廓卵形,羽状深裂,基部楔形到阔楔形 ……………………………… 11. **羽裂小花苣苔** P. bipinnatifida (W. T. Wang) Y. Z. Wang et J. M. Li

8. 叶片轮廓肾形到扁圆形,基部心形到深心形 ………………… 12. **多裂小花苣苔** P. multifida B. Pan et K. F. Chung

7. 叶大型,长和宽均超过 10 cm。

9. 花冠长 11～13 mm,紫红色;植株有紫色腺体 ……………………………… 13. **紫腺小花苣苔** P. glandulosa (D. Fang, L. Zeng et D. H. Qin) Y. Z. Wang

9. 花冠长 3～5 mm,白色;植株无紫色腺体 ……………………………… 14. **贺州小花苣苔** P. hezhouensis (W. H. Wu et W. B. Xu) W. B. Xu et K. F. Chung

5. **假密毛小花苣苔** 图版 173:7～13

Primulina pseudomollifolia W. B. Xu et Yan Liu, Bot. Stud. **53**:167. 2012.

多年生草本。叶 10～15 枚,均基生,具长柄;叶片肉质,卵形、阔卵形、椭圆形或近圆形,长 2～4.5 cm,宽 1.5～3 cm,两面均密被白色柔毛;侧脉每边 2～3 条。花葶 5～10 条,纤细,高 6～15 cm,与花梗被开展的柔毛;聚伞花序 2～4 回分枝,每花序具 4～30 朵花;苞片对生,披针形,被短柔毛;花萼 5 裂达基部,披针状线形;花冠白色,长 12～14 mm,外面被短柔毛,筒粗筒状,檐部二唇形,上唇 2 裂达中下部,下唇 3 裂达中下部,内面之间各具一条紫色条纹;雄蕊 2 枚,花丝长 5～6 mm,钻形,近中部处膝状弯曲;退化雄蕊 2 枚;子房长卵球形,长 3～4 mm,密被短柔毛,柱头 2 深裂。蒴果长椭球形,长 7～8 mm,密被短柔毛。 花期 7～9 月,果期 9～10 月。 广西特有,产于融水;生于石灰岩洞口潮湿石壁上,海拔 100～200 m。

6. **心叶小花苣苔** 图版 174:6～7

Primulina cordifolia (D. Fang et W. T. Wang) Y. Z. Wang, J. Syst. Evol. **49**:61. 2011. ——*Chiritopsis cordifolia* D. Fang et W. T. Wang,植物研究 **2**(4):54. 1982;中国植物志 **69**:412. 1990.

叶片草质,心状卵形或心形,长 4～8.5 cm,宽 3～9 cm,边缘有浅钝齿或钝牙齿;叶柄扁,长 5.5～16.5 cm。花序有 8～18 朵花;苞片线形,长 2～3 mm;花萼长 3.5～4 mm。 花期 6～7 月。 广西特有,产于柳江;生于石山陡崖上。 全草在民间供药用,可治烫伤、疮疖及跌打损伤等。

7. **小花苣苔**

Primulina repanda (W. T. Wang) Y. Z. Wang, J. Syst. Evol. **49**:62. 2011. ——*Chiritopsis repanda* W. T. Wang,植物研究 **1**(3):23,图版 1:1～5. 12～13,图版 3:1. 1981;中国植物志 **69**:412. 1990.

7a. **小花苣苔**(原变种) 图版 174:8～10

Primulina repanda (W. T. Wang) Y. Z. Wang var. repanda

多年生草本。叶基生;叶片纸质,椭圆形或宽卵形,长 3.5～9.5 cm,宽 2.5～4.2 cm,基部渐狭,边缘浅波状或有钝齿,两面被短柔毛;叶柄扁,长 3.5～11.5 cm。花序 2～3 回分枝,有多数花;苞片披针状线形,长约 4 mm;花萼长 3.5 mm,果期长 6～7 mm。蒴果长卵球形,长约 4.5 mm。 花期 7～9 月,果期 8～10 月。 产于天峨;生于石灰岩山坡遮阴的石壁或者洞口阴处,海拔约 500 m。

7b. **桂林小花苣苔**(变种)

Primulina repanda (W. T. Wang) Y. Z. Wang var. guilinensis (W. T. Wang) Mich. Möller et A. Weber, Taxon 60(3):784. 2011. ——*Chiritopsis repanda* var. *guilinensis* W. T. Wang,广西植物 14(4):199. 1992.

本变种和原变种的区别:叶片基部偏斜,宽楔形、圆形至浅心形,不下延。 花期 7~8 月,果期 8~9 月。 产于桂林、全州、恭城;生于石山阴处岩石上或洞口阴处石壁上。分布于湖南南部。

8. **灵川小花苣苔** 图版 175:1~6

Primulina lingchuanensis (Yan Liu et Y. G. Wei) Mich. Möller et A. Weber, Taxon 60(3):783. 2011. ——*Chiritopsis lingchuanensis* Yan Liu et Y. G. Wei, Acta Phytotax. Sin. 44(3):340. 2006.

多年生小草本。叶均基生;具长柄;叶片薄草质,卵形、狭卵形或近椭圆形,长 1.5~5.5 cm,宽 0.8~3 cm,有时两侧不对称,边缘浅波状,有少数浅波状钝齿,两面均被稍密的短柔毛;侧脉每边 2~3 条。花葶 3~10 条,聚伞花序 1 回或 2 回分枝,每花序具 2~12 朵花;苞片对生,披针形,长 2.5~5 mm;花萼 5 裂达基部,裂片披针状条形;花冠白色,长 13~16 mm,外面密被短柔毛,筒粗筒状,檐部二唇形,上唇 2 裂达基部,下唇 3 中裂,内面之间各具 1 条淡紫色条纹;雄蕊 2 枚,花丝长 8~11 mm,钻形,近中部处膝状弯曲;退化雄蕊 3 枚;子房卵球形,长 2~3 mm,柱头 2 浅裂。蒴果长卵形,长 6~7 mm,密被短柔毛。 花期 6~9 月,果期 7~10 月。 广西特有,产于灵川;生于石灰岩洞口潮湿石壁上,海拔 300~400 m。

9. **靖西小花苣苔** 图版 175:7~11

Primulina jingxiensis (Yan Liu, W. B. Xu et H. S. Gao) W. B. Xu et K. F. Chung, Phytotaxa 64:3. 2012. ——*Chiritopsis jingxiensis* Yan Liu, W. B. Xu et H. S. Gao, Novon 19:559. 2009.

多年生小草本;叶均基生;叶片肉质,倒卵形、椭圆形或近圆形,长 10~20 mm,宽 5~10 mm,边缘近全缘,两面均被稍密的长柔毛;侧脉不明显。花葶 2~5 条,高 3~6 cm,与花梗被短柔毛;聚伞花序 1 回分枝,每花序具 1~3 朵花;苞片对生,披针状线形,长 1~2 mm;花萼 5 裂达基部,狭披针状线形;花冠淡紫色,长 10~13 mm,外面被短柔毛,筒粗筒状,檐部二唇形,白色,上唇 2 裂达基部,下唇 3 裂达中部,内面之间各具一条淡黄色条纹;雄蕊 2 枚,花丝长 3~4 mm,钻形,近中部处稍弯曲;退化雄蕊 2 枚,顶端呈头状,无毛;子房长卵球形,长 2~3 mm,被微柔毛,柱头 2 裂。蒴果长椭球形,长 6~8 mm。 花期 7~9 月,果期 8~10 月。 产于靖西、那坡;生于石灰岩洞口潮湿石壁上,海拔 800~900 m。该种的模式标本采自靖西,越南北部可能也有分布。

10. **龙州小花苣苔** 图版 175:12~17

Primulina longzhouensis (B. Pan et W. H. Wu) W. B. Xu et K. F. Chung, Phytotaxa 64:4. 2012. ——*Chiritopsis longzhouensis* B. Pan et W. H. Wu, Taiwania 55(4):370. 2010.

本种在花冠形状上与**靖西小花苣苔**[*Primulina jingxiensis* (Yan Liu, W. B. Xu et H. S. Gao) W. B. Xu et K. F. Chung]较相近,但不同在于叶片两面被贴伏柔毛,长 2~4 cm,宽 1.3~2.5 cm;聚伞花序 5~10 条,1~3 回分枝,每花序有 5~25 朵花,花丝在距基部 1 mm 处膝状弯曲,疏被腺状柔毛;退化雄蕊 3 枚。 花期 11~12 月。 产于龙州;生于石灰岩山坡林下潮湿石壁上,海拔约 400 m。该种的模式标本采自龙州,越南北部可能也有分布。

11. **羽裂小花苣苔** 白疔芋(临桂) 图版 176:1~6

Primulina bipinnatifida (W. T. Wang) Y. Z. Wang et J. M. Li, J. Syst. Evol. 49:60. 2011. ——*Chiritopsis bipinnatifida* W. T. Wang,植物研究 1(3):26,图版 1:9~11,图版 4:1. 1984;中国植物志 69:416. 1990.

多年生草本。叶基生;叶片草质,轮廓卵形或菱形,长 4~6 cm,宽 2~4 cm,羽状深裂,两面被疏柔毛;叶柄长 2~6.5 cm。花序具 5~7 朵花;苞片披针形,长约 4.5 mm;花萼长约 5 mm。 花期 6~8 月,果期 7~9 月。 产于临桂、阳朔、荔浦、苍梧;生于石山阴处石上或者洞口阴处石壁上,海拔 100~300 m。全草可供药用。

12. **多裂小花苣苔** 图版 176:7~13

Primulina multifida B. Pan et K. F. Chung, Bot. Stud. 53:167. 2012.

图版 175　1～6. 灵川小花苣苔 Primulina lingchuanensis (Yan Liu et Y. G. Wei) Mich. Möller et A. Weber　1. 植株；2. 花冠展开；3. 蒴果；4. 花萼及雌蕊；5. 雌蕊；6. 雄蕊。　**7～11. 靖西小花苣苔** P. jingxiensis (Yan Liu, W. B. Xu et H. S. Gao) W. B. Xu et K. F. Chung　7. 植株；8. 花冠展开；9. 花萼及雌蕊；10. 蒴果；11. 雄蕊。　**12～17. 龙州小花苣苔** P. longzhouensis (B. Pan et W. H. Wu) W. B. Xu et K. F. Chung　12. 植株；13. 花冠展开；14. 蒴果；15. 花萼及雌蕊；16. 雄蕊；17. 柱头。　(1～11 何顺清绘，12～17 朱运喜绘)

图版 176 1～6. **羽裂小花苣苔** *Primulina bipinnatifida* (W. T. Wang) Y. Z. Wang et J. M. Li 1. 植株；2. 花萼展开；3. 花冠展开；4. 花药；5. 花盘和雌蕊；6. 子房。 7～13. **多裂小花苣苔** *P. multifida* B. Pan et K. F. Chung 7. 植株；8、9. 花；10. 花冠展开；11. 花盘及雌蕊；12. 花萼及雌蕊；13. 雄蕊。 14～21. **贺州小花苣苔** *P. hezhouensis* (W. H. Wu et W. B. Xu) W. B. Xu et K. F. Chung 14. 植株；15. 花序；16. 花冠展开；17. 花萼及雌蕊；18. 蒴果；19. 柱头；20. 种子；21. 子房横切。(1～6 冯晋庸绘，7～13 何顺清绘，14 ～21 朱运喜绘)

多年生草本。叶基生；具长叶柄；叶片肾形到扁圆形，长 3～5 cm，宽 5～8 cm，基部心形至深心形，边缘多裂，两面被短柔毛和腺毛；掌状脉 3～5。聚伞花序腋生，1～3 回分枝，具 4～15 朵花；花序梗长 7～18 cm；苞片对生，卵形到阔卵形。外面被短柔毛和腺毛；花萼 5 裂达基部；花冠白色，长 8～12 mm，檐部明显二唇形，上唇 2 裂，下唇 3 裂；雄蕊 2 枚，花丝线形，基部膝状弯曲；退化雄蕊 3 枚，不等大；雌蕊长 6～9 mm，被腺毛。蒴果狭椭球形，长 4～6 mm。　花期 6～8 月，果期 7～10 月。　广西特有，产于荔浦、阳朔；生于石灰岩洞口潮湿石壁上，海拔 100～200 m。

13. 紫腺小花苣苔

Primulina glandulosa (D. Fang, L. Zeng et D. H. Qin) Y. Z. Wang, J. Syst. Evol. **49**: 61. 2011. ——*Chiritopsis glandulosa* D. Fang, L. Zeng et D. H. Qin 于植物分类学报 **31**(5): 470，图 1: 5～8. 1993.

13a. 紫腺小花苣苔（原变种）

Primulina glandulosa (D. Fang, L. Zeng et D. H. Qin) Y. Z. Wang var. **glandulosa**

叶 8～16 枚，均基生；叶片肾形或心状圆形，长 3～12 cm，宽 3～16.3 cm，草质，先端圆形或钝，基部心形，边缘 8～16 浅裂，裂片宽卵形，两面被短腺毛和紫色腺鳞；叶柄长 7～33 cm。聚伞花序具 7 至多朵花；花序梗长 7～18 cm；苞片倒卵形或长圆形，长 4～18 mm；花萼长 3～8 mm；花冠白色，长 11～13 mm，筒粗筒状，长 7～8 mm，上唇长 1.5 mm，下唇长 3～4 mm；花药长 1.5 mm，被短柔毛；退化雄蕊(2)3 枚，稀不存在；花盘被短腺毛。　花期 6 月。　产于平乐、苍梧；生于石灰岩洞口石壁或山坡遮阴处潮湿石壁上，海拔 200～250 m。　本种与特产广东北部的**浅裂小花苣苔** [*P. lobulata* (W. T. Wang) Mich. Möller et A. Weber] 相近，但后者的叶片较小，长达 3 cm，宽达 3.8 cm，心状圆形或心形；花冠较小，长 7.8 mm；雄蕊和花盘无毛；植株无短腺毛和紫色腺鳞，可以区别。

13b. 阳朔小花苣苔（变种）

Primulina glandulosa (D. Fang, L. Zeng et D. H. Qin) Y. Z. Wang var. **yangshuoensis** (Fang Wen, Yue Wang et Q. X. Zhang) Mich. Möller et A. Weber, Taxon **60**(3): 782. 2011. ——*Chiritopsis glandulosa* var. *yangshuoensis* Fang Wen, Yue Wang et Q. X. Zhang, Guihaia, **28**(3): 291. 2008.

本变种与原变种的主要区别在于叶较小，叶腹面中脉与侧脉多具银白色脉纹，叶柄、花序梗、花梗、苞片和花萼不具紫色腺体。　花期 6～7 月，晚于原变种花期。　广西特有，产于阳朔；生于石灰岩山坡潮湿石壁上，海拔 100～150 m。

14. 贺州小花苣苔　图版 176: 14～21

Primulina hezhouensis (W. H. Wu et W. B. Xu) W. B. Xu et K. F. Chung, Phytotaxa **64**: 3. 2012. ——*Chiritopsis hezhouensis* W. H. Wu et W. B. Xu, Taiwania, **56**(2): 132. 2011.

多年生草本。叶基生；具长柄；叶片草质，干后膜质，阔三角状卵形，长 7～13 cm，宽 6～12 cm，两面被腺状短柔毛；侧脉 3～4 条。聚伞花序腋生，1～4 回分枝，花密集；花序梗长 8～20 cm，和花梗被腺状短柔毛；苞片对生，被贴伏腺状短柔毛；花萼 5 裂达基部，长 2.5～3 mm，宽约 1 mm。花冠白色，长约 3～5 mm，无毛，在口部缢缩，檐部反折，不明显二唇形；雄蕊 2 枚，花丝长 3～3.5 mm，中部膝状弯曲，退化雄蕊 3 枚，不等大；雌蕊长约 4 mm，柱头 2 裂。蒴果椭球形，长 4～5 mm；种子椭球形。　花期 6～7 月，果期 7～9 月。　广西特有，产于贺州；生于石灰岩洞口潮湿石壁上，海拔 100～200 m。

4. 羽裂唇柱苣苔类

羽裂唇柱苣苔类主要特征是叶分裂或为复叶，明显区别于本属其他类群，广西产 3 种。

分种检索表

1. 叶羽状分裂 …………………………………………… 15. **羽裂唇柱苣苔 P. pinnatifida** (Hand.-Mazz.) Y. Z. Wang

1. 叶为羽状复叶。
  2. 顶端羽片长圆形，侧 3 羽片长圆形至长圆状披针形 ………… 16. **复叶唇柱苣苔** P. pinnata (W. T. Wang) Y. Z. Wang
  2. 顶端羽片卵状心形，侧羽片阔卵形至圆形…………………… 17. **碎米荠叶报春苣苔** P. cardaminifolia Yan Liu et W. B. Xu

15. 羽裂唇柱苣苔 石岩菜(钟山) 图版 177:1～6

Primulina pinnatifida (Hand.-Mazz.) Y. Z. Wang, J. Syst. Evol. **49**:62. 2011.——*Didymocarpus pinnatifidus* Hand.-Mazz., Sinensia **5**(1～2):8. 1934.——*Chirita pinnatifida* (Hand.-Mazz.) Burtt in Not. Bot. Bard. Edinb. **23**:99. 1960;中国高等植物图鉴 **4**:137,图 5688. 1975.

多年生草本。叶片草质，长圆形或披针形，长 3～18 cm，宽 1.5～7 cm，不规则羽状浅裂，两面疏被短伏毛；叶柄扁，长 2～10 cm。花序具 1～4 朵花；苞片长圆形或卵形，长 5～14 mm；花萼长 4～7 mm；花冠紫色，长 3.2～4.5 cm。 花期 5～9 月。 产于钟山、象州、金秀、桂林、全州、兴安、资源、罗城、环江、融安、融水、凌云、田林；生于山谷林下或溪边石上，海拔 500～1 500 m。分布于贵州(东南部)、湖南(南部)、广东(北部)、江西、福建(西部)、浙江(西部)。 全草在民间可供药用，治疗跌打损伤等。

16. 复叶唇柱苣苔 图版 177:7～11

Primulina pinnata (W. T. Wang) Y. Z. Wang, J. Syst. Evol. **49**:62. 2011.——*Chirita pinnata* W. T. Wang，植物研究 4(1):25，图版 1:10～13. 1984；中国植物志 **69**:384. 1990.

多年生草本。叶基生；叶片纸质，长 4.2～11 cm，宽 2～5 cm，侧生小叶 3～5 对，长圆形或长圆状披针形，长 0.4～2 cm，腹面被伏柔毛；叶柄长 1.5～5 cm。花序具 1 朵花；苞片狭长圆形，长 5～7 mm。花萼长 5 mm；花冠长 4.2 cm。 花果期 5～9 月。 广西特有，产于融水(九万山)；生于山谷阴处石上，海拔约 700～1 000 m。

17. 碎米荠叶报春苣苔 图版 178:1～5

Primulina cardaminifolia Yan Liu et W. B. Xu, Bot. Stud. **54**:19. 2013.

多年生草本。叶基生；具长柄；羽状复叶，顶生小叶叶片卵状心形，长 3～7 cm，宽 3～6.5 cm，侧生小叶 1～2 对，阔卵形至近圆形，两面密被短柔毛。聚伞花序腋生，1～3 回分枝，每花序具 3～10 朵花；花萼 5 裂达基部，裂片线状披针形，边缘全缘，顶端渐尖；花冠白色至淡蓝紫色，长 3.2～3.5 cm，檐部明显二唇形，上唇 2 裂，下唇 3 裂；雄蕊 2 枚，花丝线形，基部以上扭曲；退化雄蕊 2 枚；雌蕊长 2.5～2.8 cm，柱头倒梯形，顶端 2 裂。 花期 6～7 月。 广西特有，产于来宾；生于山谷林下潮湿石壁上，海拔 200～300 m。

在广义报春苣苔属中羽状复叶的种类极少见，目前在我国仅**碎米荠叶报春苣苔与复叶唇柱苣苔**[*Primulina pinnata* (W. T. Wang) Y. Z. Wang]两种。

5. 条叶唇柱苣苔类

条叶唇柱苣苔类叶革质，棒状，线形，不呈典型的扁平状，有时边缘有刺状小齿。 该类主产于广西的西南部石灰岩地区，广西产 9 种。

分 种 检 索 表

1. 叶无毛，革质，多基生，披针状线形，边缘有刺状小齿。
  2. 花萼小，长约 1.5 mm，裂片三角形；花冠小，长 1.3 cm；子房无毛；叶均基生 ……………………………………………………… 18. **刺齿唇柱苣苔** P. spinulosa (D. Fang et W. T. Wang) Y. Z. Wang
  2. 花萼长 4 mm 以上，裂片披针状线形；花冠长 2 cm 以上；子房有毛。
    3. 花序具 5～7 朵花；苞片长 0.9～1.5 cm；花萼长 4～5 mm；花冠淡紫色，长 2～2.6 cm，外面无腺毛，筒细漏斗状，长 1.4 cm；退化雄蕊 2 枚，长 5 mm；叶交互对生或 4 枚轮生 ……………………………………………… 19. **条叶唇柱苣苔** P. ophiopogoides (D. Fang et W. T. Wang) Y. Z. Wang

图版 177 1～6. **羽裂唇柱苣苔** Primulina pinnatifida (Hand.-Mazz.) Y. Z. Wang 1. 植株；2. 花萼的裂片；3. 雄蕊；4. 花盘和雌蕊；5. 子房横切面；6. 果序。 7～11. **复叶唇柱苣苔** P. pinnata (W. T. Wang) Y. Z. Wang 7. 植株；8. 花冠展开；9. 花药；10. 花盘和雌蕊；11. 子房横切面。 （冯晋庸绘）

图版 178　1～5. **碎米荠叶报春苣苔** Primulina cardaminifolia Yan Liu et W. B. Xu　1. 植株；2. 花冠展开；3. 花萼及雌蕊；4. 雄蕊；5. 柱头。　6. **刺齿唇柱苣苔** P. spinulosa (D. Fang et W. T. Wang) Y. Z. Wang　6. 植株。　7～9. **条叶唇柱苣苔** P. ophiopogoides (D. Fang et W. T. Wang) Y. Z. Wang　7. 叶；8. 花序；9. 花冠展开。　(1～5 林文宏绘，6～9 冯晋庸绘)

3. 花序有 2～3 朵花；苞片长 3～3.5 cm；花萼长 10～12 mm；花冠蓝紫色，长 4.5～5 cm；退化雄蕊 3 枚，侧生 2 枚，长 9 mm；叶常 4 枚轮生 ………………………… 20. **文采唇柱苣苔** P. wentsaii (D. Fang et L. Zeng) Y. Z. Wang

1. 叶多少被毛，肉质，线形或长圆状线形，边缘无刺齿。

4. 叶为镰形或线状长圆形，叶多少扁平状。

5. 叶为长圆状线形；根状茎粗壮 …………………… 21. **粗根报春苣苔** P crassirhizoma F. Wen, B. Zhao et X. Hong

5. 叶为镰形；根状茎延长不粗壮 ………………………………… 22. **肥牛草** P. hedyotidea (Chun) Y. Z. Wang

4. 叶为线形，不呈扁平状。

6. 叶顶端钝至圆形，长不超过 10 cm。

7. 花萼长 25～30 mm，宽 2.5～3 mm ………… 23. **线萼报春苣苔** P. linearicalyx F. Wen, B. D. Lai et Y. G. Wei

7. 花萼长 5～6 mm，宽约 1 mm ……………… 24. **拟线叶报春苣苔** P pseudolinearifolia W. B. Xu et K. F. Chung

6. 叶顶端急尖或渐尖，长超过 10 cm。

8. 根状茎顶部节间长 0.4～2 cm；叶宽 1.5～2.9 cm；苞片长 1.2～2 cm，宽 3～6 mm；花萼裂片狭线形，长约 8 mm；花冠长 3.4 cm，外面无毛；退化雄蕊 3 枚，无毛 ……………………………………………………………………………………………… 25. **弄岗唇柱苣苔** P. longgangensis (W. T. Wang) Yan Liu et Y. Z. Wang

8. 根状茎顶部节间极短；叶宽 4～8 mm；苞片长 4～6 mm，宽 1.6～2.1 mm；花萼裂片狭披针形，长 3.2～4 mm；花冠长 2.4 cm，外面有毛；退化雄蕊 2 枚，有毛 ……… 26. **线叶唇柱苣苔** P. linearifolia (W. T. Wang) Y. Z. Wang

18. 刺齿唇柱苣苔 山芭蕉（扶绥） 图版 178:6

Primulina spinulosa (D. Fang et W. T. Wang) Y. Z. Wang, J. Syst. Evol. 49:62. 2011. ——*Chirita spinulosa* D. Fang et W. T. Wang，植物研究 1(4):67，照片 12. 1981；中国植物志 69:390. 1990.

多年生草本；根状茎粗壮。叶均基生；叶片无柄，革质，线状披针形，长 6～11 cm，宽 8～12 mm，边缘有小刺齿，无毛。花序约有 9 朵花；苞片狭三角形，长 2～2.5 mm。花萼长 1.5 mm。花冠蓝紫色，长 1.3 cm。 花期 11 月。 产于扶绥、崇左；生于石灰岩峭壁石缝中，海拔 100～300 m。 根状茎可入药，治风湿骨疼等。

19. 条叶唇柱苣苔 耳羊（扶绥） 图版 178:7～9

Primulina ophiopogoides (D. Fang et W. T. Wang) Y. Z. Wang, J. Syst. Evol. 49:62. 2011. —— *Chirita ophiopogoides* D. Fang et W. T. Wang，植物研究 1(4):68，照片 13. 1981；中国植物志 69:392. 1990.

本种极近**刺齿唇柱苣苔** [*Primulina spinulosa* (D. Fang et W. T. Wang) Y. Z. Wang]，但叶在根状茎分枝上交互对生或 2 对近轮生；花萼较长，长 4～5 mm，裂片披针状线形；花较大，花冠长 2～2.6 cm，可以区别。叶片无柄，革质，披针状线形，长 4.5～11 cm，宽 4～8 mm，边缘有小刺齿，无毛。花序具 5～7 朵花；苞片线形，长 9～13 mm。 花期 3～4 月。 广西特有，产于扶绥；生于石山陡崖石缝中，海拔 160～400 m。 根状茎可入药，治风湿骨疼等。

20. 文采唇柱苣苔

Primulina wentsaii (D. Fang et L. Zeng) Y. Z. Wang, J. Syst. Evol. 49:62. 2011. ——*Chirita wentsaii* D. Fang et L. Zeng 于植物分类学报 31(5):466，图 2:1～3. 1993.

多年生草本；根状茎粗壮，顶端有分枝。叶在根状茎顶端通常 4 枚轮生，无柄；叶片披针状线形，长 4.5～9 cm，宽 4～15 mm，革质，无毛，边缘有稀疏小刺齿；叶脉不明显。聚伞花序有 2～3 朵花；花序梗长 6～10 cm，具短柔毛和短腺毛；苞片狭线形，长 3～3.5 cm，宽 2～2.4 mm；花萼长 1～1.2 cm；花冠蓝紫色，长 4.5～5 cm，外面疏被短腺毛和短柔毛，筒长 3～3.5 cm，口部直径 1.2 cm，上唇长 1 cm，下唇长 1.5 cm；花药长 3 mm，被短腺毛；退化雄蕊 3 枚，侧生的长 9 mm，中央 1 枚长 0.8 mm；雌蕊长约 2.6 cm，密被短腺毛和短柔毛。 花期 5 月。 产于龙州、宁明；生于石灰岩石山岩壁上，海拔 300～400 m。 本种与**条叶唇柱苣苔** [*Primulina ophiopogoides* (D. Fang et W. T. Wang) Y. Z. Wang] 在亲缘关系上极为相近，但后者的聚伞花序具5～7朵花；苞片较小，长9～15 mm，花萼较小，长4～5 mm。花冠较小，长2.5～2.6 cm，淡紫色，外面无短腺毛，筒部细漏斗状，长约1.4 cm，退化雄蕊2枚，长5 mm，雌蕊较小，长1.5 cm，可以区别。本种和**条叶唇柱苣苔**［*P. ophiopogoides*（D. Fang et W. T. Wang）Y. Z. Wang］，**刺齿唇柱苣苔**［*P. spinulosa*（D. Fang et W. T. Wang）Y. Z. Wang］的叶均呈条形，革质，无毛，边缘有小刺齿，形成该属中一个体态独特的自然群。

21. 粗根报春苣苔

Primulina crassirhizoma F. Wen, B. Zhao et X. Hong, Bangladesh J. Plant Taxon. **20**(2): 130. 2013.

多年生草本；根状茎明显，斜升，不分枝，长达30 cm，粗1～1.5 cm，或过之。叶聚生于根状茎的顶端；叶片革质，长椭圆形至长倒椭圆形，长8～12 cm，宽2.2～3 cm，疏被贴伏的糙毛，边缘反卷；侧脉6～8条。聚伞花序腋生，3～16朵花；花序梗长9～16 cm，被紫黑色的腺状短柔毛；苞片线状披针形，长5～8 mm；花萼5裂达近基部，裂片狭三角形；花冠长约3.5 cm，蓝紫色至淡紫色，檐部明显二唇形，上唇2裂达基部，下唇3裂过中下部；雄蕊2枚，花丝膝状弯曲；退化雄蕊3枚，不等大；雌蕊长约2 cm，被腺状微柔毛，柱头倒梯形，顶端2裂。蒴果线形，长4～5.5 cm。 花期11～12月，果期次年1～2月。 产于靖西；生于石灰岩洞口石壁上或石灰岩山坡林下石缝中，海拔500～800 m。越南北部可能也有分布。

22. 肥牛草（广西植物名录）

Primulina hedyotidea（Chun）Y. Z. Wang, J. Syst. Evol. **49**: 61. 2011. ——*Didymocarpus hedyotideus* Chun in Sunyatsenia **6**: 290. 1946. ——*Chirita hedyotidea*（Chun）W. T. Wang，植物研究 **1**(4): 65. 1981 et **5**(3): 65. 1985；中国植物志 **69**: 390，图版91，图6～7. 1991.

多年生草本；具有长的根状茎。叶片近无柄，革质，长圆状披针形，长6.5～10 cm，宽0.9～2.4 cm，全缘，两面密被短伏毛。花序具多数花；苞片狭椭圆形，长3～4 mm；花萼长1.5 mm，5裂至中部；花冠紫色，长1.2～1.4 cm，筒长7 mm，口部直径4 mm。 花期9～10月。 产于龙州、宁明、凭祥；生于石山阴处石上或陡崖上，海拔160～300 m。越南北部可能也有分布。

23. 线萼报春苣苔

Primulina linearicalyx F. Wen, B. D. Lai et Y. G. Wei, Phytotaxa **269**: 42. 2016.

多年生草本；根状茎长3～10 cm。叶近无柄，聚生于根状茎顶端。片肉质，线状长圆形或线状披针形，长3.5～7.5 cm，宽1～1.3 cm，两面被贴伏的短柔毛，侧脉3～5条。聚伞花序腋生，具1～3朵花；花序梗长4～5 cm，疏被腺毛和柔毛；苞片对生，披针形至阔披针形，长8～11 mm，宽4～5 mm；花萼5裂达基部，裂片线状披针形至线形，长25～30 mm，宽2.5～3 mm，外面被棕紫色的腺毛；花冠淡紫红色，长约3.5～4 cm，喉部具2条黄色导线，花冠筒白色，长2～2.5 cm，檐部淡紫色，明显二唇形，上唇2裂，下唇3裂；雄蕊2枚，花丝线型，长约15 mm，近中部稍膝状弯曲；退化雄蕊2枚；雌蕊长3.5～5 cm，密被腺毛，柱头倒梯形，顶端2裂。蒴果线形，长5～6 cm。 花期10～11月，果期12月。 广西特有，产于武鸣、上林；生于石灰岩山坡阴处石壁上，海拔100～200 m。

24. 拟线叶报春苣苔 罗城唇柱苣苔 图版179：1～5

Primulina pseudolinearifolia W. B. Xu et K. F. Chung, Phytotaxa **64**: 4. 2012. ——*Chirita luochengensis* Yan Liu et W. B. Xu, Brittonia **63**(2): 314. 2011.

多年生草本；根状茎长4～10 cm，顶端有时分枝。叶近无柄，聚生于根状茎顶端；叶片革质，线形，长3～9 cm，宽0.8～1.5 cm，两面被贴伏的短柔毛；侧脉3～4条。聚伞花序腋生，1～3回分枝，具4～12朵花；花序梗长4～8 cm，疏被腺毛和柔毛；苞片对生，线状披针形，长4～6 mm，宽1～1.5 mm；花萼5裂达基部，裂片线状披针形；花冠白色至淡紫色，长3～4.2 cm，花冠筒白色，长2～2.5 cm，檐部淡紫色，明显二唇形，上唇2裂，下唇3裂；雄蕊2枚，花丝线形，长约10～12 mm，近中部稍膝状弯曲；退化雄蕊3枚，不等大；雌蕊长2.5～3 cm，被腺毛，柱头倒梯形，顶端2裂。 花期4～5月。 广西特有，产于罗城；生于石灰岩山坡阴处潮湿石壁上，海拔300～400 m。

图版 179 1～5. 拟线叶报春苣苔 *Primulina pseudolinearifolia* W. B. Xu et K. F. Chung 1. 植株；2. 花冠展开；3. 花萼及雌蕊；4. 柱头；5. 雄蕊。 6～8. 菱叶唇柱苣苔 *P. subrhomboidea* (W. T. Wang) Y. Z. Wang 6. 基生叶；7. 花序；8. 柱头。 9～10. 硬叶唇柱苣苔 *P. sclerophylla* (W. T. Wang) Yan Liu 9. 植株；10. 柱头。 11～13. 桂林唇柱苣苔 *P. gueilinensis* (W. T. Wang) Y. Z. Wang et Yan Liu 11. 基生叶；12. 花；13. 柱头。 (冯晋庸绘)

25．弄岗唇柱苣苔 红药（天等） 图版 180：1～3

Primulina longgangensis (W. T. Wang) Yan Liu et Y. Z. Wang, J. Syst. Evol. **49**: 61. 2011. ——*Chirita longgangensis* W. T. Wang，广西植物 **2**(4)：171. 1982；中国植物志 **69**：380. 1990. ——*Chirita longgangensis* var. *hongyao* S. Z. Huang，广西植物 **2**(4)：173，图 1982；中国植物志 **6**：380. 1990.

多年生草本；根状茎明显。叶片无柄，纸质或革质，长圆状线形，长 9～16 cm，宽 1.5～2.9 cm，全缘，两面密被贴伏短柔毛。花序具多数花；苞片披针形，长 1.2～2 cm，宽 3～6 mm；花萼长 8 mm；花冠白色，有紫纹，长 3.4 cm。 花期 10～12 月。 产于龙州、天等；生于石山阴处石缝中，或石山林边石上，海拔 250～320 m。越南北部可能亦有。 根状茎在民间可供药用，治跌打损伤；全株供药用，有温补养血的功效，为天等县生产的成药“桂花膏”的原料之一。

26．线叶唇柱苣苔 石上莲（南宁） 土胡连（邕宁） 红接骨（隆安） 图版 180：4～6

Primulina linearifolia (W. T. Wang) Y. Z. Wang, J. Syst. Evol. **49**: 61. 2011. ——*Chirita linearifolia* W. T. Wang，植物研究 **2**(2)：136，照片 3. 1982；中国植物志 **69**：382. 1990.

多年生草本；根状茎明显。叶片无柄，革质，线形，长 3～8.3 cm，宽 4～8 mm，全缘，两面密被贴伏柔毛。花序有 4～7 朵花；苞片狭卵形或披针形，长 4～6 mm；花萼长 3.2～4 mm；花冠白色，长约 2.4 cm。 花期 4～5 月。 产于南宁、大新、隆安；生于石灰岩山石上。 根状茎可供药用，有清热解毒之效。

6．齿萼唇柱苣苔类

齿萼唇柱苣苔类叶草质、纸质或薄革质，卵形、椭圆形或长圆形等，叶片扁平，花萼裂片边缘有小齿，可以区别于其他类群。 广西产 7 种，1 变种。

分 种 检 索 表

1. 叶革质，边缘波状。
  2. 花序 2 回分枝，具 7～11 朵花，花序梗长 12 cm ………… 27. **荔波唇柱苣苔** P. liboensis (W. T. Wang et D. Y. Chen) Mich. Möller et A. Weber
  2. 花序 1 回分枝，具 1～3 朵花，花序梗长 5.5～8 cm ………… 28. **菱叶唇柱苣苔** P. subrhomboidea (W. T. Wang) Y. Z. Wang
1. 叶草质或纸质，边缘有齿。
  3. 花梗长 0.5～3.8 cm，花稀疏；花萼裂片长 5～11 mm，顶端不渐狭。
    4. 叶片宽 1.5～3.3 cm；花序具 1～3 朵花；花冠长 2.3～2.7 cm ………… 29. **九万山唇柱苣苔** P. jiuwanshanica (W. T. Wang) Y. Z. Wang
    4. 叶片宽 1.9～16.5 cm；花序具 4～15 朵花或更多；花冠长 2.5～6.8 cm。
      5. 花冠长 2.5～3.4 cm；雌蕊长 2.1 cm；叶柄长 5～25 cm ………… 30. **粗齿唇柱苣苔** P. macrodonta (D. Fang et D. H. Qin) Mich. Möller et A. Weber
      5. 花冠长 3.5～6.8 cm；雌蕊长 2.5～3.7 cm；叶柄长 0.8～10 cm。
        6. 叶两面密被贴伏毛，叶缘全缘 ………… 31. **百寿唇柱苣苔** P. baishouensis (Y. G. Wei, H. Q. Wen et S. H. Zhong) Y. Z. Wang
        6. 叶背面疏被短柔毛，叶缘有锯齿 ………… 32. **蚂蝗七** P. fimbrisepala (Hand.-Mazz.) Y. Z. Wang
  3. 花梗长 0.5 cm，花密集；花萼裂片长 12～17 mm，顶端长渐狭 ………… 33. **齿萼唇柱苣苔** P. verecunda (Chun) Mich. Möller et A. Weber

27．荔波唇柱苣苔

Primulina liboensis (W. T. Wang et D. Y. Chen) Mich. Möller et A. Weber, Taxon **60**(3): 783. 2011. ——*Chirita liboensis* W. T. Wang et D. Y. Chen, Bull. Bot. Res. **5**(3): 56～57, pl. 3, f. 1～3. 1985.

图版 180　1～3. **弄岗唇柱苣苔** Primulina longgangensis (W. T. Wang) Yan Liu et Y. Z. Wang　1. 植株；2. 花冠打开；3. 花萼和雌蕊。　4～6. **线叶唇柱苣苔** P. linearifolia (W. T. Wang) Y. Z. Wang　4. 植株；5. 花冠打开；6. 花萼和雌蕊。（刘春荣绘）

多年生草本。叶基生;具短柄或长柄。叶片干时革质或薄革质,椭圆形,长 4～10 cm,宽 2～4.5 cm,边缘全缘或浅波状,两面疏被短柔毛;侧脉每侧 3～4 条。花序 2 回分枝,每花序有 7～11 朵花;花序梗长 12 cm,被紫色短柔毛;苞片对生,线状卵形,长 1.3～2 cm,宽 3.5～5 mm,被短柔毛;花萼 5 裂达基部,裂片披针状线形,外面被淡紫色短柔毛;花冠蓝紫色,长约 2.7 cm,外面上部及内面檐部被短柔毛;筒漏斗状筒形,上唇 2 深裂,下唇 3 裂至中部;雄蕊 2 枚,花丝,长 10 mm,中部之下稍膝状弯曲,花药背面疏被髯毛;退化雄蕊 2 枚;雌蕊长 1.9 cm,柱头 2 浅裂,裂片三角形。 花期 5 月。 产于环江;生于石灰岩山坡林下石上,海拔 300～600 m。分布于贵州。

28. 菱叶唇柱苣苔 图版 179:6～8

Primulina subrhomboidea (W. T. Wang) Y. Z. Wang, J. Syst. Evol. **49**:62. 2011 .——*Chirita subrhomboidea* W. T. Wang,植物研究 **1**(4):47,照片 5, 1981;中国植物志 **69**:376. 1990.

多年生草本。叶片革质,菱状卵形、椭圆形或匙形,长 3～7 cm,宽 1.5～3.7 cm,顶端圆形或钝,边缘浅波状或全缘,两面被疏毛;叶柄长达 2.5 cm。花序具 1～3 朵花;苞片狭卵形或三角形,长 4～6 mm;花萼紫色,长 6～7 mm;花冠紫色,长约 4.5 cm。 花期 3～4 月。 广西特有,产于桂林、阳朔;生于石灰岩山坡石壁上,海拔 200～400 m。

29. 九万山唇柱苣苔

Primulina jiuwanshanica (W. T. Wang) Y. Z. Wang, J. Syst. Evol. **49**:61. 2011. ——*Chirita jiuwanshanica* W. T. Wang,广西植物 **12**(4):294,图 1:4～6. 1992.

多年生草本。叶片纸质,椭圆形,长 3～4.8 cm,宽 1.5～3 cm,边缘有浅钝齿,沿脉呈白色斑纹,两面被柔毛;叶柄长 0.7～1.1 cm。花序有 2 朵花;苞片长约 8 mm;花萼裂片披针状线形,边缘每侧有 1～2 小齿;花冠紫蓝色,筒长 2 cm,檐部长 7 mm。 花期 7 月。 产于融水九万山;生于山谷、路边、灌丛下石上,海拔约 650 m。

30. 粗齿唇柱苣苔 南瓜七(灵川)

Primulina macrodonta (D. Fang et D. H. Qin) Mich. Möller et A. Weber, Taxon **60**(3):783. 2011. ——*Chirita macrodonta* D. Fang et D. H. Qin 于植物分类学报 **32**(6):566,图 2:4～7. 1994.

多年生草本。叶基生;叶片宽心形、圆心形或心状卵形,长 4.5～15 cm,宽 5～16.5 cm,先端急尖,基部心形;侧脉每边 2～3 条;叶柄长 5～25 cm。聚伞花序有 4～15 朵花;花序梗长 8～23 cm;苞片披针形,长 4～10 mm,先端常有 3～5 条小齿;花萼长 8～12 mm;花冠白色或带紫色,长 2.5～3.4 cm,筒长 1.7～2.5 cm,上唇长 6 mm,下唇长 10～12 mm。 花期 7 月。 广西特有,产于灵川;生于石灰山林中,海拔约 200 m。

本种与**心叶唇柱苣苔**(*Primulina cordata* Mich. Möller et A. Weber)接近,但叶较大,边缘具重牙齿,两面被长柔毛;花序梗较长;花冠较小而区别。

31. 百寿唇柱苣苔

Primulina baishouensis (Y. G. Wei, H. Q. Wen et S. H. Zhong) Y. Z. Wang, J. Syst. Evol. **49**:60. 2011. —— *Chirita baishouensis* Y. G. Wei, H. Q. Wen et S. H. Zhong, Acta Phytotax. Sin. **38**(3):299. 2000.

多年生草本;根状茎不明显。叶基生;叶片草质,椭圆形至卵状椭圆形,长 3～10 cm,宽 1.5～4.8 cm,边缘全缘,有时有不明显的小钝齿,两面被贴伏的短柔毛;侧脉每侧 3～5 条。聚伞花序腋生,具 1～4 朵花;花序梗长 6～17 cm;苞片 2(3)枚,大,狭披针形,长 0.7～2.2 cm,宽 1～3 mm,边缘全缘,两面被贴伏的短柔毛;花萼 5 裂达基部,裂片披针状,外面被短柔毛;花冠淡蓝紫色,内部有 4 条紫色条纹,长 3.7～6.8 cm,花冠筒长 2.4～3.7 cm,檐部明显二唇形,上唇 2 全裂,下唇 3 半裂;雄蕊 2 枚,花丝长 10～14 mm,中部之下膝状弯曲,花药密被髯毛;退化雄蕊 2 枚;雌蕊长 2.5～3.7 cm,密被贴伏的柔毛,柱头 2 裂,裂片三角形。 花期 3～4 月。 广西特有,产于永福、临桂;生于石灰岩山脚潮湿石壁上,海拔 100～200 m。

32. **蚂蝗七**(临桂)　红蚂蝗七(兴安)

Primulina fimbrisepala (Hand.-Mazz.) Y. Z. Wang, J. Syst. Evol. **49**: 6[illegible]. 2011.——*Chirita fimbrisepala* Hand.-Mazz. in Anz. Akad. Wiss. Wien Math.-Nat. Kl. **62**: 65. 1925; Wood in Not. Bot. Gard. Edinb. **33**(1): 144. 1974; 中国高等植物图鉴 **4**: 137, 图 5687. 1975; 中国植物志 **69**: 362. 1990. ——*Didymocarpus fimbrisepalus* (Hand.-Mazz.) Hand.-Mazz. Symb. Sin. **7**: 882. 1936.

32a. **蚂蝗七**(原变种)

Primulina fimbrisepala (Hand.-Mazz.) Y. Z. Wang var. fimbrisepala

多年生草本。叶基生;叶片草质,卵形、宽卵形或近圆形,长 4～10 cm,宽 3.5～11 cm,边缘有小齿,腹面稍密被短柔毛,背面被疏柔毛;叶柄长 2～8.5 cm。花序有 1～5 朵花;苞片狭卵形至狭三角形,长 5～11 mm;花萼长 7～11 mm;花冠紫色,长 4.2～6.4 cm。　花期 3～4 月,果期 4～6 月。　产于那坡、临桂、兴安、龙胜、罗城、环江、融水、融安、金秀;生于山谷溪边石上,海拔 400～900 m。分布于贵州(南部)、广东(北部)、湖南、江西、福建。　根状茎可入药,治小儿疳积、胃痛、跌打损伤等;也可供观赏。

32b. **密毛蚂蝗七**(变种)　石蚂蝗(上思)

Primulina fimbrisepala (Hand.-Mazz.) Y. Z. Wang var. mollis (W. T. Wang) Mich. Möller et A. Weber, Taxon **60**(3): 782. 2011.——*Chirita fimbrisepala* var. *mollis* W. T. Wang, 植物研究 **2**(4): 50. 1982; 中国植物志 **69**: 363. 1990.

本变种叶背面密被短绒毛,毛被遮盖整个叶的下面而与原变种不同。　产于上思、防城;生于山谷林中石上,海拔 760～950 m。

33. **齿萼唇柱苣苔**

Primulina verecunda (Chun) Mich. Möller et A. Weber, Taxon **60**(3): 785. 2011.——*Didymocarpus verecundus* Chun, Sunyatsenia **6**: 297. 1946.——*Chirita verecunda* (Chun) W. T. Wang, 植物研究 **1**(4): 50. 1981; 中国植物志 **69**: 363. 1990.

本种极近**蚂蝗七**[*Primulina fimbrisepala* (Hand.-Mazz.) Y. Z. Wang],但花梗短,花密集;花萼裂片较长,先端长渐狭,可以区别。　花期 12 月。　产于金秀、荔浦、蒙山;生于林下或溪边石上,海拔约 1 000 m。

7. 阔苞唇柱苣苔类

阔苞唇柱苣苔类叶草质、纸质或革质,卵形、椭圆形或长圆形等,叶片扁平;花萼裂片边缘全缘,苞片卵形、狭卵形、卵圆形或近圆形,宽均在 5 mm 以上。　广西产 29 种,3 变种。

分 种 检 索 表

1. 苞片卵圆形或近圆形,宽一般都超过 2 cm(拟粉花报春苣苔例外)。
  2. 花冠蓝紫色、白色、粉红色,绝非黄色。
    3. 叶边缘具有锯齿或者圆齿。
      4. 叶宽卵形,基部心形 ……………………………… 34. **北流报春苣苔** P. beiliuensis B. Pan et S. X. Huang
      4. 叶椭圆形至卵形,基部偏斜 ………… 35. **隆林唇柱苣苔** P. lunglinensis (W. T. Wang) Mich. Möller et A. Weber
    3. 叶边缘全缘。
      5. 花冠蓝紫色。
        6. 花萼顶端渐尖,5 枚等大 ……………………………… 36. **牛耳朵** P. eburnea (Hance) Y. Z. Wang
        6. 花萼顶端钝,5 枚不等大 ………………… 37. **褐纹报春苣苔** P. glandaceistriata X. X. Zhu, F. Wen et H. Sun
      5. 花冠白色至粉红色 ……………………… 38. **拟粉花报春苣苔** P. pseudoroseoalba J. Li, F. Wen et L. J. Yan
  2. 花冠黄色或淡黄色。

7. 叶片腹面呈泡状突起 ……………… 39. **癞叶唇柱苣苔** P. leprosa (Yan Liu et W. B. Xu) W. B. Xu et K. F. Chung

7. 叶片腹面平,不呈泡状突起。

8. 花冠淡黄色带淡紫白色;叶缘具锯齿 …………………………………………………………………………………… 40. **龙州唇柱苣苔** P. lungzhouensis (W. T. Wang) Mich. Möller et A. Weber

8. 花冠鲜黄色;叶边缘近全缘 ………… 41. **黄花牛耳朵** P. lutea (Yan Liu et Y. G. Wei) Mich. Möller et A. Weber

1. 苞片卵形、长卵形或阔披针形,宽一般都小于 2 cm。

9. 叶片革质。

10. 叶片长圆形、披针形或长圆状披针形,腹面具斑纹。

11. 叶片顶端圆钝。

12. 叶片上面近无毛 …………………… 42. **微斑唇柱苣苔** P. minutimaculata (D. Fang et W. T. Wang) Y. Z. Wang

12. 叶片上面密被紫色毛 …………… 43. **永福唇柱苣苔** P. yungfuensis (W. T. Wang) Mich. Möller et A. Weber

11. 叶片顶端急尖。

13. 花冠筒白色至粉红色,檐部蓝紫色 ………………… 44. **德保报春苣苔** P. debaoensis Neng Jiang et Hong Li

13. 花冠紫色,檐部黄色 ……………………………………… 45. **异色报春苣苔** P. heterochroa F. Wen et B. D. Lai

10. 叶片卵形、长卵形、卵圆形或近圆形,腹面绿色,不具有斑纹。

14. 叶型较大,长超过 10 cm。

15. 叶片倒卵状披针形,厚肉质,不明显扁平状 ………… 46. **凤山报春苣苔** P. fengshanensis F. Wen et Y. Wang

15. 叶片长椭圆形或狭椭圆状卵形,明显扁平状 …………………………………………………………………………………… 47. **紫纹唇柱苣苔** P. pseudoeburnea (D. Fang et W. T. Wang) Mich. Möller et A. Weber

14. 叶型较小,长一般都不超过 10 cm。

16. 苞片 2 枚,对生。

17. 叶腹面密被毛或腺状毛。

18. 叶两面密被开展的长柔毛,花丝无黑丝腺状短柔毛 …………………………………………………………………… 48. **贵港报春苣苔** P. guigangensis L. Wu et Q. Zhang

18. 叶两面密被贴伏短柔毛,花丝被黑丝腺状短柔毛 …………………………………………………………………… 49. **黑腺唇柱苣苔** P. atroglandulosa (W. T. Wang) Mich. Möller et A. Weber

17. 叶腹面近无毛,或疏被贴伏毛。

19. 植株不具匍匐茎;花冠淡紫红色 …………………………………………………………………… 50. **宁明唇柱苣苔** P. ningmingensis (Yan Liu et W. H. Wu) W. B. Xu et K. F. Chung

19. 植株具匍匐茎;花冠蓝紫色 ……… 51. **小叶唇柱苣苔** P. parvifolia (W. T. Wang) Y. Z. Wang et J. M. Li

16. 苞片 1 枚,苞片佛焰苞状 ……… 52. **焰苞唇柱苣苔** P. spadiciformis (W. T. Wang) Mich. Möller et A. Weber

9. 叶片草质或纸质。

20. 叶型较大,长超过 10 cm。

21. 叶边缘具锯齿或细锯齿,不为波状或近全缘。

22. 叶片长和宽均不超过 15 cm,宽 3 cm …………… 53. **光叶唇柱苣苔** P. leiophylla (W. T. Wang) Y. Z. Wang

22. 叶片长和宽均超过 15 cm,有时可达 30 cm …… 54. **巨叶报春苣苔** P. gigantea F. Wen, B. Pan et W. H. Luo

21. 叶边缘波状或近全缘,不具锯齿或细锯齿。

23. 叶两面密被贴伏的短柔毛;花丝紫黑色 …………… 55. **黑丝报春苣苔** P. melanofilamenta Ying Liu et F. Wen

23. 叶两面密被腺状柔毛;花丝密被腺毛 …………………………………………………………………… 56. **假烟叶唇柱苣苔** P. pseudoheterotricha (T. J. Zhou, B. Pan et W. B. Xu) Mich. Möller et A. Weber

20. 叶型较小,长不超过 10 cm。

24. 叶边缘具锯齿或细锯齿,不为波状。

25. 苞片 2 枚。

26. 花冠长超过 30 mm,花冠筒不为细筒状。

27. 叶卵形或卵状长圆形;花有香味 ………………… 57. **香花报春苣苔** P. linglingensis (W. T. Wang) Mich. Möller et A. Weber var. fragrans F. Wen, Y. Z. Ge et B. Pan

27. 叶菱状卵形或者近菱形；花无香味…………58. **莨山唇柱苣苔** P. langshanica (W. T. Wang) Y. Z. Wang

26. 花冠长不超过 20 mm，花冠筒纤细的细筒状……………………………………………………………59. **博白报春苣苔** P. bobaiensis Q. K. Li, Q. Zhang et W. L. Li

25. 苞片 3 枚 …………………………60. **三苞唇柱苣苔** P. tribracteata (W. T. Wang) Mich. Möller et A. Weber

24. 叶边缘波状，不具有明显的锯齿，有时近全缘。

28. 叶两面密被长或短的柔毛 ……………………61. **紫花报春苣苔** P. purpurea F. Wen, Bo Zhao et Y. G. Wei

28. 叶两面被贴伏的短柔毛或者近无毛。

29. 花冠长 3.5～4 cm；花药无毛 ……………………62. **唇柱苣苔** P. dryas (Dunn) Mich. Möller et A. Weber

29. 花冠长 4.5～6 cm；花药背面密被髯毛 ……………………………………………………63. **大根唇柱苣苔** P. macrorhiza (D. Fang et D. H. Qin) Mich. Möller et A. Weber

34. **北流报春苣苔** 图版 181：1～4

Primulina beiliuensis B. Pan et S. X. Huang, Guihaia 33(5)：594. 2013.

多年生草本。叶基生；具长叶柄；叶片稍肉质，阔卵形至近心形，长 4.5～9 cm，宽 4.5～7.5 cm，基部宽楔形到心型，边缘具钝齿；侧脉 3～4 条。聚伞花序腋生，2～5 朵花；苞片 2 枚，大，阔卵形到圆卵形，长 3.5～4.5 cm，宽 2.5～3 cm，边缘具浅钝齿，外面被紫色短柔毛；花萼 5 裂达基部，外面被紫色短柔毛；花冠蓝紫色，长 3～4 cm，檐部明显二唇形，上唇 2 裂，下唇 3 裂；雄蕊 2 枚，花丝中部膝状弯曲，上部黄色，花药被白色髯毛；退化雄蕊 3 枚。雌蕊长 2.5～3.2 cm，柱头倒梯形，2 裂。 花期 3～4 月。 广西特有，产于北流；生于石灰岩山脚潮湿石壁上，海拔 100～200 m。

35. **隆林唇柱苣苔**

Primulina lunglinensis (W. T. Wang) Mich. Möller et A. Weber, Taxon 60(3)：783. 2011. ——*Chirita lunglinensis* W. T. Wang，植物研究 1(4)：53，图 9. 1981；中国植物志 69：355. 1990.

35a. **隆林唇柱苣苔**（原变种） 图版 182：1

Primulina lunglinensis (W. T. Wang) Mich. Möller et A. Weber var. lunglinensis

本种近**牛耳朵**［*P. eburnea* (Hance) Y. Z. Wang］，但叶边缘有浅钝齿或小牙齿，花冠白色，较小，可以区别。叶片纸质，椭圆状卵形、椭圆形或卵形，长 2.6～12 cm，宽 1.6～11 cm，顶端钝或微钝。花序有 2～8 朵花；苞片长 1～3.8 cm，宽 0.9～2.7 cm；花萼长 3～9 mm，裂片狭披针形，先端尖。 花期 6 月。 产于隆林；生于山谷中或山坡林边石上，海拔 330～520 m。分布于贵州南部。

35b. **钝萼唇柱苣苔**（变种）

Primulina lunglinensis (W. T. Wang) Mich. Möller et A. Weber var. amblyosepala (W. T. Wang) Mich. Möller et A. Weber, Taxon 60(3)：783. 2011. ——*Chirita lunglinensis* var. *amblyosepala* W. T. Wang，植物研究 2(4)：48. 1982；中国植物志 69：357. 1990.

本变种和原变种的区别在于苞片较小，长 6～9 mm，宽 4～4.5 mm，全缘；花萼裂片先端微钝。 特产于罗城；生于山谷溪边陡崖上，海拔约 800 m。

36. **牛耳朵**（广西） 岩白菜（柳江） 石虎耳（柳州） 石三七（贵港）

Primulina eburnea (Hance) Y. Z. Wang, J. Syst. Evol. 49：61. 2011. ——*Chirita eburnea* Hance in Journ. Bot. 21：168. 1883；Wood in Not. Bot. Gard. Edinb. 33(1)：1974；中国高等植物图鉴 4：136，图 5688. 1975；中国植物志 69：354. 1990. ——*Didymocarpus eburneus* (Hance) H. Lévl., Compt. Rend. Hebd. Séances Acad. Sci. 34：427. 1906.

多年生草本。叶基生；叶片纸质，卵形或狭卵形，长达 17 cm，宽达 9 cm，顶端微尖或钝，全丝，两面均被贴伏短柔毛；叶柄扁，长达 8 cm。花序有 2～13 朵花；苞片大，卵形，长约 3.5 cm；花萼长约 1 cm；花冠紫色，长 3～4.5 cm。 花期 4～5 月。 产于桂林、平乐、阳朔、兴安、全州、贵港、宾阳、柳州、柳江、鹿寨、南丹等地；生于石山林中石上或沟边林下，海拔 100～600 m。分布于广东(北部)、湖南(南部)、贵州、四川

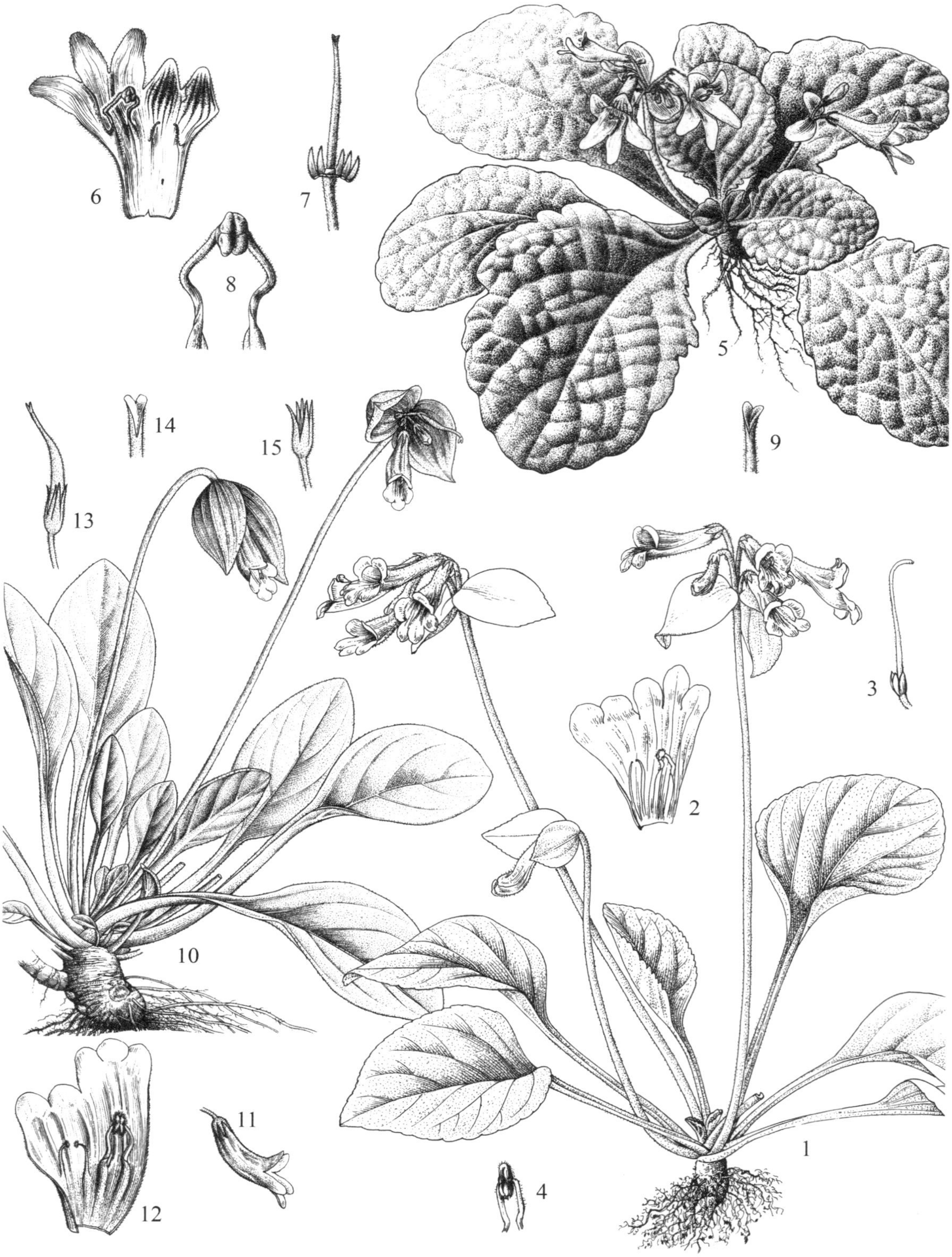

图版 181　**1～4. 北流报春苣苔** *Primulina beiliuensis* B. Pan et S. X. Huang　1. 植株；2. 花冠展开；3. 花萼及雌蕊；4. 雄蕊。**5～9. 癞叶唇柱苣苔** *P. leprosa* (Yan Liu et W. B. Xu) W. B. Xu et K. F. Chung　5. 植株；6. 花冠展开；7. 花萼及雌蕊；8. 雄蕊；9. 柱头。　**10～15. 黄花牛耳朵** *P. lutea* (Yan Liu et Y. G. Wei) Mich. Möller et A. Weber　10. 植株；11. 花；12. 花冠展开；13. 花萼及雌蕊；14. 柱头；15. 花萼。　(1～4 林文宏绘，5～9 朱运喜绘，10～15 何顺清绘)

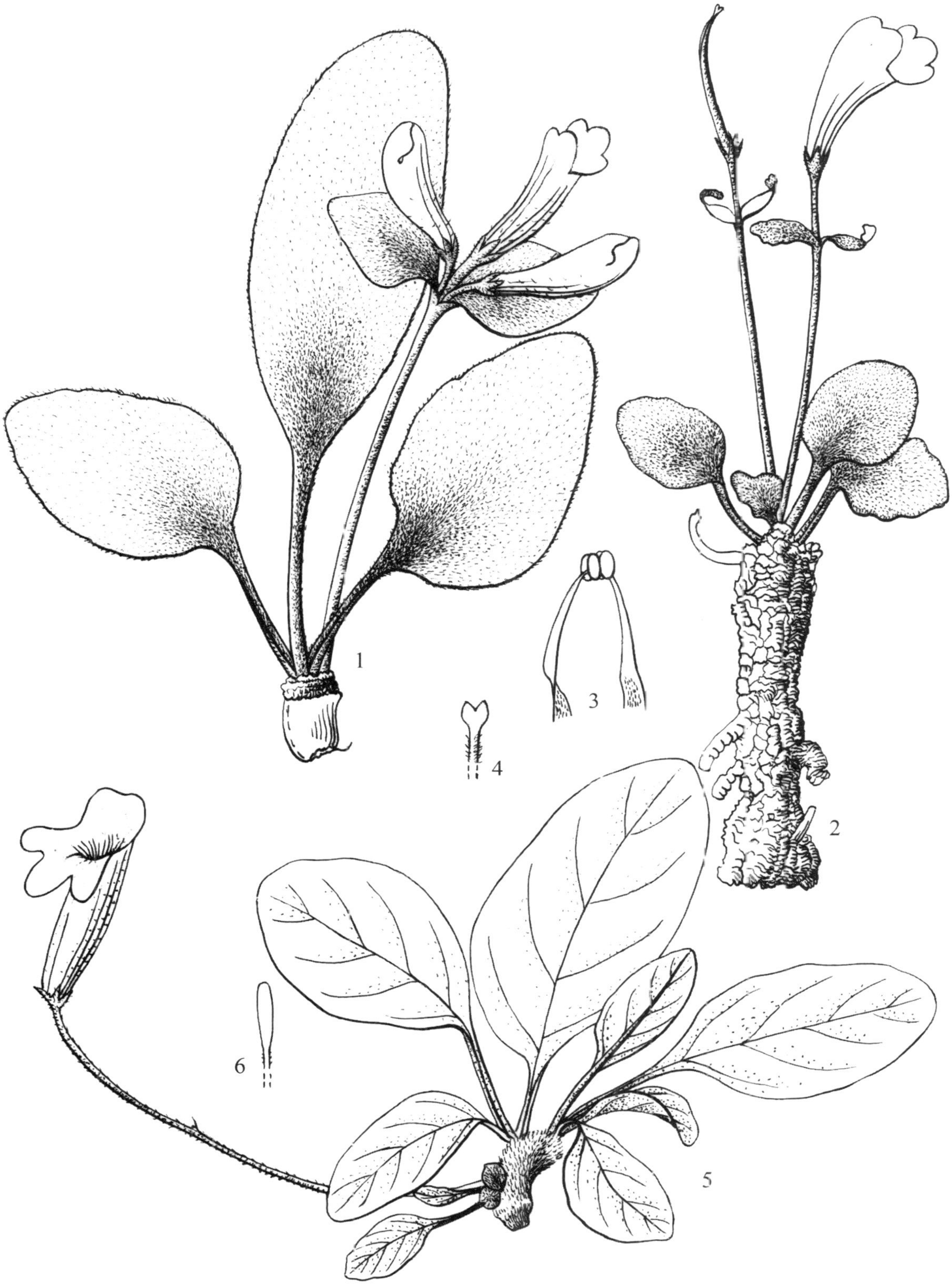

图版 182　1. 隆林唇柱苣苔 Primulina lunglinensis (W. T. Wang) Mich. Möller et A. Weber var. lunglinensis 植株。　2～4. 小叶唇柱苣苔 P. parvifolia (W. T. Wang) Y. Z. Wang et J. M. Li　2. 植株；3. 雄蕊；4. 柱头。　5～6. 薄叶唇柱苣苔 P. tenuifolia (W. T. Wang) Y. Z. Wang　5. 植株；6. 柱头。　（刘春荣绘）

(南部)、湖北(西部)。 全草可供药用,治咳嗽、高血压等;也可供观赏。

37. 褐纹报春苣苔

Primulina glandaceistriata X. X. Zhu, F. Wen et H. Sun, Phytotaxa **188**(1):49. 2014.

多年生草本;根状茎不明显。叶基生;叶片稍肉质,卵形到近圆形,长 6.5~9.5 cm,宽 5~7 cm,两面被疏的紫色糙毛,边缘全缘到不明显锯齿状;侧脉 3~4 条。聚伞花序腋生,2 回分枝,具 4~10 朵花;花序梗长 7.5~9.5 cm,被开展的紫色柔毛;苞片 2 枚,紫红色,卵形、近圆形或船形,长 25~45 mm,宽 20~35 mm,外面被紫色开展的柔毛;花萼 5 裂达基部,阔披针形,长 3 mm;花冠淡紫色至蓝紫色,长约 5 cm,散生紫色斑点和 2 条明显的棕色条纹,花冠筒长 2~2.7 cm,檐部明显二唇形,上唇 2 裂,下唇 3 裂;雄蕊 2 枚,花丝长约 13 mm,疏被腺毛;退化雄蕊 2 枚;雌蕊长 3~3.2 cm,密被微柔毛和腺状短柔毛,柱头倒梯形,2 裂。蒴果线形,长约 4.5 cm。 花期 5~6 月。 广西特有,产于灵川;生于山坡常绿阔叶林下石壁上,海拔 400~500 m。

38. 拟粉花报春苣苔

Primulina pseudoroseoalba J. Li, F. Wen et L. J. Yan, Ann. Bot. Fennici **51**:86. 2014.

多年生草本;根状茎不明显。叶基生;叶片草质,阔卵形到椭圆形,稍不对称,长 10~24 cm,宽 9~14 cm,边缘全缘,叶腹面密被短的柔毛,背面无毛;侧脉每边 4 条。聚伞花序腋生,2~10 朵花;花序梗长 3.3~4.2 cm,密被腺状微柔毛,苞片对生,卵形,长 1.5~2 cm,宽 8~12 mm;花萼 5 裂达基部,裂片线状披针形。花冠白色到淡紫红色,长 3.5~4.5 cm;花冠筒长 2.5~3 cm,檐部明显二唇形,淡紫色,上唇 2 裂达基部,下唇 3 裂达中部。雄蕊 2 枚,花丝线形,长约 11 mm,基部膝状弯曲,退化雄蕊 2 枚。雌蕊长 2.2~2.5 cm,密被腺状微柔毛和微柔毛。蒴果线形,稍弯曲,长 4.5~5 cm;种子棕色,长约 0.3 mm。 花期 5~6 月,果期 7~8 月。 广西特有,产于兴安;生于石灰岩山坡洞口潮湿石壁上,海拔 400~500 m。

39. 癞叶唇柱苣苔 图版 181:5~9

Primulina leprosa (Yan Liu et W. B. Xu) W. B. Xu et K. F. Chung, Phytotaxa **64**:4. 2012. ——*Chirita leprosa* Yan Liu et W. B. Xu, Nord. J. Bot. **28**:705. 2010

多年生草本。叶基生;莲座状。叶片稍肉质,椭圆形至阔椭圆形,长 6~13 cm,宽 4~8 cm,叶上面明显的泡状突起,两面被贴伏被柔毛,侧脉 4~5 条。聚伞花序腋生,1~2 回分枝,具 3~10 朵花;花序梗长 4.5~7 cm;苞片 2 枚,阔卵形,长 20~25 mm,宽 12~20 mm,外面被贴伏的紫色短柔毛;花萼 5 裂达基部;花冠白色到淡黄色,长约 3.5 cm,外面被腺毛,檐部明显二唇形,淡黄色,上唇 2 裂,下唇 3 裂;雄蕊 2 枚,花丝线形,长 9 mm,近中部膝状弯曲;退化雄蕊 3 枚,不等大。雌蕊长约 2.3 cm,被腺状短柔毛,柱头倒梯形,顶端 2 裂。 花期 10~11 月。 广西特有,产于马山;生于石灰岩洞口潮湿石壁上,海拔 200~300 m。

40. 龙州唇柱苣苔

Primulina lungzhouensis (W. T. Wang) Mich. Möller et A. Weber, Taxon **60**(3):783. 2011. ——*Chirita lungzhouensis* W. T. Wang,植物研究 **1**(4):56,照片 9. 1981;中国植物志 **69**:357,图版 97,图 3~6. 1990.

多年生草本。叶基生;叶片草质,椭圆形或椭圆状卵形,长 8~18 cm,宽 4.5~10 cm,顶端策尖,边缘有牙齿,两面疏被短伏毛;叶柄扁,长 4~6 cm。花序具 5~7 朵花;苞片三角状卵形,长 2.5~3.8 cm,宽 2.2~2.8 cm;花萼长 7~8.5 mm;花冠长 4.8 cm,淡黄色有紫色条纹。 花期 4~5 月。 产于龙州;生于石灰岩山坡林下石上。越南北部可能也有分布。

41. 黄花牛耳朵 图版 181:10~15

Primulina lutea (Yan Liu et Y. G. Wei) Mich. Möller et A. Weber, Taxon **60**(3):783. 2011. ——*Chirita lutea* Yan Liu et Y. G. Wei, J. Wuhan Bot. Res. **22**(5):391. 2004.

多年生草本。叶片均基生；具短或长柄；叶片肉质，卵形或狭卵形，长 4～20 cm，宽 2～8 cm，边缘全缘，两面均被贴伏的短柔毛；侧脉每侧 4～5 条。聚伞花序 1～5 条，高 10～25 cm，不分枝，密被贴伏短柔毛，每花序具 2～15 朵花；苞片 2 枚对生，等大，卵形或宽卵形，长 3～6 cm，宽 2～4 cm，边缘全缘，两面密被短柔毛，外面常有紫色斑块，里面具 7～11 条明显突出的脉。花萼 5 裂达基部，裂片狭披针形；花冠黄色，长 3～4 cm，外面被短腺毛和短柔毛，内面疏被短柔毛，上唇 2 深裂，下唇 3 深裂；雄蕊 2 枚，花丝长 8～11 mm，膝状弯曲，花药长约 5 mm，背部密被白色绵毛；退化雄蕊 2 枚，顶端头状，也密被白色绵毛；雌蕊长 2～3 cm，密被短腺毛和短柔毛，柱顶端头 2 裂。蒴果线形，长 4～6 cm。 花期 6～7 月，果期 7～9 月。 产于苍梧、贺州、钟山；生于石灰岩洞口潮湿石壁上，海拔 100～200 m。分布于广东西部。

42. **微斑唇柱苣苔** 上石蚂蝗（天等）

Primulina minutimaculata（D. Fang et W. T. Wang）Y. Z. Wang, J. Syst. Evol. **49**：61. 2011.——*Chirita minutimaculata* D. Fang et W. T. Wang，植物研究 **1**(4)：55，照片 8. 1981；中国植物志 **69**：358. 1990.

多年生草本。叶片革质，长椭圆形或长圆形，长 6～13 cm，宽 2～5.4 cm，全缘，两面疏被短伏毛，背面有密集小紫斑；叶柄扁，长 1.5～5 cm，宽 0.8～1.2 cm。花萼长约 5.5 cm。 花期 4～5 月。 产于龙州、天等；生于石山林中石上。越南北部也有分布。

43. **永福唇柱苣苔**

Primulina yungfuensis（W. T. Wang）Mich. Möller et A. Weber，Taxon **60**(3)：785. 2011.——*Chirita yungfuensis* W. T. Wang，广西植物 **7**(2)：125. 1987；中国植物志 **69**：377. 1990.

多年生草本。叶基生；叶片革质，椭圆形或卵形，长 2.3～3.2 cm，宽 1.7～2.4 cm，顶端钝，边缘有浅齿，两面被紫色毛，背面紫色；叶柄扁，长 1～3 cm。花序具 2～4 朵花；苞片卵形或狭卵形，长 0.7～1.2 cm，宽 5～7 mm，背面有紫色柔毛；花萼长 7 mm；花冠淡紫色，长 3.8～4.6 cm。 花期 4～5 月。 产于永福、临桂；生于石灰岩山坡林下石壁上，海拔 100～300 m。

44. **德保报春苣苔**

Primulina debaoensis Neng Jiang et Hong Li，Nord. J. Bot. **31**：631. 2013.

多年生草本；根状茎不明显。叶基生；叶片稍肉质，倒披针状椭圆形至倒披针形，长 7～13 cm，宽 1.8～3.5 cm，两面无毛或疏被贴伏糙毛，边缘不规则齿状至波状；侧脉 3～5 对。聚伞花序腋生，1～2 回分枝，具 5～9 朵花；花序梗长 6～10 cm，疏被紫色的毛；苞片 2 枚，卵形至椭圆形，长 14～18 mm，外面被紫色糙毛；花萼 5 裂达基部，线状披针形，长 6.5～7.5 mm；花冠粉红色至淡紫色，长约 2.5～3.5 cm，喉部有 2 条棕紫色的线，外面被开展的短柔毛，檐部明显二唇形，上唇 2 裂，下唇 3 裂；雄蕊 2 枚，花丝长约 12 mm，光滑无毛，近基部膝状弯曲；退化雄蕊 2 枚；雌蕊长 2.5～3 cm，柱头倒梯形，顶端 2 裂。蒴果线形，长 5～6 cm。 花期 6～7 月，果期 8～9 月。 广西特有，产于德保；生于石灰岩洞口潮湿石壁上或石灰岩山坡林下石壁上，海拔约 800 m。

45. **异色报春苣苔**

Primulina heterochroa F. Wen et B. D. Lai，Willdenowia，**45**：46. 2015.

多年生草本；根状茎不明显。叶基生；叶片稍肉质，干后革质，狭长圆形至长圆状椭圆形，长 6～10 cm，宽 3.5～4 cm，腹面暗绿色沿脉有白纹，两面被贴伏的短柔毛，边缘全缘，侧脉 4～5 条。聚伞花序腋生，具 3～5 朵花，或更多；花序梗长 8～15 侧脉，连同花萼和苞片密被开展的红紫色柔毛和腺毛；苞片 2 枚，稍菱形到阔披针形，长 12～15 mm；花萼 5 裂达基部，披针形；花冠长约 3 cm，外面红紫色至紫棕色，喉部 2 条黄色的导线，密被红紫色的短柔毛，檐部明显二唇形，檐部内部黄色，上唇 2 裂，下唇 3 裂；雄蕊 2 枚，花丝暗紫色，长约 6 mm，膝状弯曲，无毛，花药肾形；退化雄蕊 3 枚，不等大；雌蕊长约 2.2 cm，密被涪紫色的短柔毛和腺毛，柱头 2 裂。 花期 7～8 月。 产于凭祥；生于石灰岩山坡林下石壁上，海拔 100～

200 m。该种的模式标本采自中越边境石灰岩地区，越南北部可能有分布。

46. 凤山报春苣苔

Primulina fengshanensis F. Wen et Y. Wang, Ann. Bot. Fennici **49**:103. 2012.

多年生草本；根状茎长 3～10 cm。叶片肉质，倒卵状椭圆形至倒卵状披针形，长 4～15 cm，宽 2～3 cm，两面密被贴伏的短柔毛，边缘全缘；侧脉 3 条。聚伞花序腋生，具 10～20 朵花；花序梗长 15～50 cm，被贴伏的短柔毛和腺状毛；苞片 4 枚，大的 1 对，长圆状披针形，长 12～14 mm，宽 4.2～4.5 mm，小的 1 对，长 9～10 mm，宽 1.2～2 mm，外面密被贴伏的短柔毛；花萼 5 裂达基部，狭披针形，长 25～32 mm；花冠紫红色到紫色，长约 2.5～4 cm，外面被腺状短柔毛，花冠筒长 2～3 cm，檐部明显二唇形，上唇 2 裂，下唇 3 裂；雄蕊 2 枚，花丝长 8～9 mm，光滑无毛，膝状弯曲；退化雄蕊 2 枚；雌蕊长 1.5～1.9 cm，密被腺状短柔毛，柱头长 1.2～1.5 mm，2 裂。蒴果线形，长 3～4 cm，花柱宿存。 花期 9～10 月，果期 12 月～次年 1 月。 广西特有，产于凤山；生于石灰岩洞口潮湿石壁上，海拔 500～600 m。

47. 紫纹唇柱苣苔

Primulina pseudoeburnea (D. Fang et W. T. Wang) Mich. Möller et A. Weber, Taxon **60**(3):784. 2011.——*Chirita pseudoeburnea* D. Fang et W. T. Wang，植物研究 **1**(4):54，照片 7. 1981；中国植物志 **69**:358. 1990.

多年生草本。叶片革质，长椭圆形或狭椭圆状卵形，长 2.5～11 cm，宽 1.2～4.4 cm，全缘，两面被贴伏短柔毛；叶柄扁，长 1.5～4.5 cm。花序约具 5 朵花；苞片革质，狭披针形，长 1.5～1.8 cm，宽 5～7 mm。花冠紫色，长约 3 cm。 花期 5～6 月。 广西特有，产于田东；生于石灰岩林下石上。

48. 贵港报春苣苔 图版 183:1～4

Primulina guigangensis L. Wu et Q. Zhang, Phytotaxa **38**:19. 2012.

多年生草本；根状茎不明显。叶基生；叶片稍肉质，卵形至椭圆形，长 3～7 cm，宽 2～6 cm，腹面被紫色短柔毛和长柔毛，背面被短柔毛，边缘波状；侧脉 3 条。聚伞花序腋生，具 2～6 朵花；花序梗被紫色长柔毛，长 8～15 cm；苞片 2 枚，狭卵形至椭圆形，长 7～13 mm；花萼 5 裂达基部，线状披针形，长 4.5～7 mm，外面被腺状微柔毛；花冠粉紫红色，长 2.8～3.5 cm，外面被腺毛，檐部明显二唇形，上唇 2 裂，下唇 3 裂；雄蕊 2 枚，花丝长 10 mm，密被腺状微柔毛；退化雄蕊 2 枚；雌蕊长约 2.2 cm，密被微柔毛，柱头长椭圆形，2 裂。蒴果线形，长约 4 cm。 花期 9～11 月，果期 10～12 月。 广西特有，产于贵港；生于石灰岩山坡林下石壁上，海拔 100～200 m。

49. 黑腺唇柱苣苔

Primulina atroglandulosa (W. T. Wang) Mich. Möller et A. Weber, Taxon **60**(3):781. 2011.——*Chirita atroglandulosa* W. T. Wang, Novon. **7**(4):423～424. 1997.

多年生草本；根状茎不明显。叶基生；叶片草质，狭椭圆形或狭卵形，长 2～7.5 cm，宽 0.8～2.8 cm，边缘近全缘或波状，两面被贴伏的短柔毛；侧脉每侧约 3 条。聚伞花序腋生，2 回分枝，约具 5 朵花，花序梗长 12～13 cm；苞片 2 枚，大，卵形至狭卵形，长 6.5～7 mm，宽 2.5～3 mm，两面被贴伏的短柔毛。花萼 5 裂达基部，裂片狭三角状披针形，外面被短柔毛；花冠长约 3 cm，花冠筒长 2 cm，檐部明显二唇形，上唇 2 浅裂，下唇 3 浅裂至中裂；雄蕊 2 枚，花丝长 9 mm，近中部膝状弯曲，中部之下有黑色的腺状短柔毛，花药无毛；退化雄蕊 2 枚；雌蕊长 1.5 cm，密被贴伏的柔毛，柱头狭长圆形，顶端微凹。 产于龙州；生于石灰岩林下石壁上，海拔 200～400 m。越南北部可能有分布。

50. 宁明唇柱苣苔 图版 184:1～4

Primulina ningmingensis (Yan Liu et W. H. Wu) W. B. Xu et K. F. Chung, Phytotaxa **64**:4. 2012.——*Chirita ningmingensis* Yan Liu et W. H. Wu, Ann. Bot. Fennici **48**:422. 2011。

多年生草本；叶具柄。叶片稍肉质，卵形、阔椭圆形至近圆形，长 4～9 cm，宽 3～7 cm，两面被贴伏的短柔毛；侧脉 3～5 条。聚伞花序腋生，1～2 回分枝，具 8～20 朵花；花序梗长 4～11 cm，被腺毛；苞

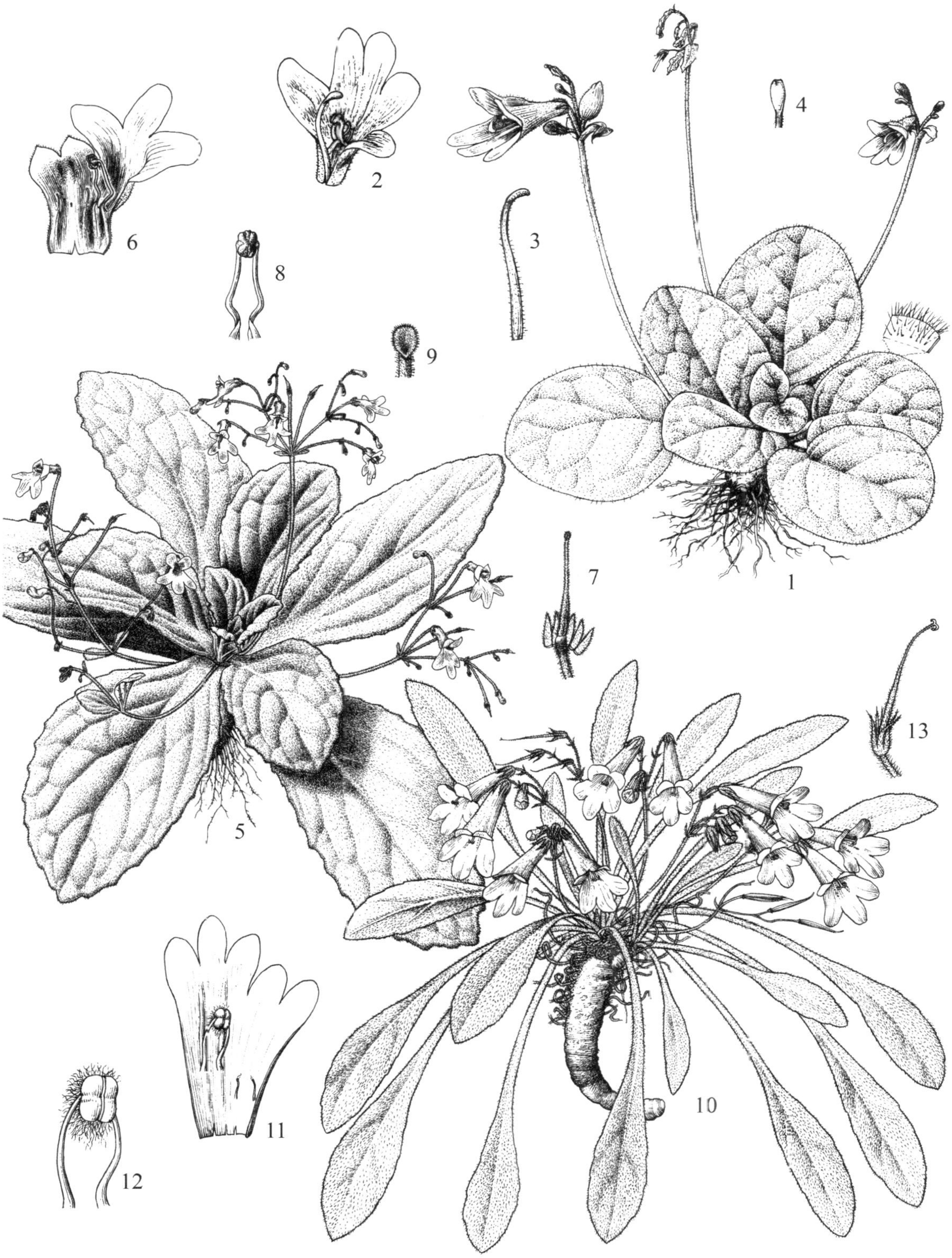

图版 183 1～4. **贵港报春苣苔** Primulina guigangensis L. Wu et Q. Zhang 1. 植株；2. 花冠展开；3. 雌蕊；4. 柱头。 5～9. **博白报春苣苔** P. bobaiensis Q. K. Li, Q. Zhang et W. L. Li 5. 植株；6. 花冠展开；7. 花萼及雌蕊；8. 雄蕊；9. 柱头。 10～13. **融水报春苣苔** P. rongshuiensis (Yan Liu et Y. S. Huang) W. B. Xu et K. F. Chung 10. 植株；11. 花冠展开；12. 雄蕊；13. 花萼及雌蕊。 （1～4 林文宏绘，5～9 朱运喜绘，10～13 何顺清绘）

图版 184 1～4. **宁明唇柱苣苔** Primulina ningmingensis (Yan Liu et W. H. Wu) W. B. Xu et K. F. Chung 1. 植株；2. 花冠展开；3. 花萼及雌蕊；4. 柱头。 5～10. **假烟叶唇柱苣苔** P. pseudoheterotricha (T. J. Zhou, B. Pan et W. B. Xu) Mich. Möller et A. Weber 5. 植株；6. 花冠展开；7. 花萼及雌蕊；8～9. 雄蕊；10. 柱头。 （1～4 何顺清绘，5～10 朱运喜绘）

片对生，阔披针形，长 8～25 mm，宽 4～11 mm，外面被腺毛；花萼 5 裂达基部，裂片线状披针形，外面被腺毛；花冠淡紫红色，长 3～3.5 cm，外面被腺毛，檐部明显二唇形，上唇 2 裂，下唇 3 裂；雄蕊 2 枚，花丝线形，长约 6 mm，近中部扭曲，被腺状微柔毛；退化雄蕊 3 枚，不等大；雌蕊长 2.2～2.5 cm，被腺毛，柱头心形，顶端 2 裂。 花期 8～9 月。 产于宁明；生于石灰岩洞口或石灰岩山坡林下石壁上，海拔 200～300 m。

51. 小叶唇柱苣苔 胡连（贵港） 图版 182：2～4

Primulina parvifolia（W. T. Wang）Y. Z. Wang et J. M. Li, J. Syst. Evol. **49**：62. 2011. ——*Chirita parvifolia* W. T. Wang，植物研究 **1**(4)：50，图 6～8. 1981；中国植物志 **69**：377. 1990.

多年生草本；具有匍匐的横走茎。叶片革质，宽椭圆形，长 1.7～3 cm，宽 1.3～1.9 cm，两端圆形，全缘，两面密被贴伏短柔毛；叶柄扁，长 1～1.4 cm。花序具 1 朵花；苞片倒卵形或椭圆形，长 8～11 mm；花萼长 5～6 mm；花冠紫红色，长 2.7 cm。 花期 10 月。 产于贵港、兴业；生于石灰岩山坡石上。 根状茎可供药用，治小儿疳积，可健脾。

52. 焰苞唇柱苣苔

Primulina spadiciformis（W. T. Wang）Mich. Möller et A. Weber, Taxon **60**(3)：784. 2011. ——*Chirita spadiciformis* W. T. Wang，植物研究 **5**(3)：49，图版 4：1. 1985；中国植物志 **69**：368，图版 108，图 1. 1990.

多年生草本。叶片纸质，椭圆形，长 1.5～8.2 cm，宽 1～4.4 cm，先端钝，边缘有浅波状钝齿，两面密被短柔毛；叶柄扁，长 1～9 cm。花序具 2 朵花；花萼长 5 mm；花冠淡蓝色，长 3 cm。 花期 8 月。 可能产于武鸣（大明山）。模式标本采自栽培植物。

53. 光叶唇柱苣苔

Primulina leiophylla（W. T. Wang）Y. Z. Wang, J. Syst. Evol. **49**：61. 2011. ——*Chirita leiophylla* W. T. Wang，广西植物 **6**(3)：159，fig. 1：4～7. 1986；中国植物志 **69**：361，图版 99，图 4～7. 1990.

多年生草本；根状茎不明显。叶片薄纸质，椭圆形或长圆形，长约 12 cm，宽 4.7～7.2 mm，顶端微尖，两面疏被短柔毛；叶柄扁，长 1～2.5 cm。花序具 2 朵花；苞片椭圆形，长 8～9 mm；花萼长 6 mm；花冠紫白色，长 3.5 cm。 花期 6 月。 产于龙州；生于石灰岩山坡杂木林中。

54. 巨叶报春苣苔

Primulina gigantea F. Wen, B. Pan et W. H. Luo, Ann. Bot. Fennici **53**：426. 2016.

多年生草本；根状茎不明显。叶基生；叶片稍肉质，卵状椭圆形、椭圆形至近圆形，长 25～40 cm，宽 16～30 cm，两面被疏的糙毛，边缘波状至锯齿状；侧脉 4～5 条。聚伞花序腋生，1～2 回分枝，具 2～8 朵花；花序梗长 30～40 cm，被开展的紫色柔毛；苞片 2 枚，披针形，长约 50 mm，宽约 20 mm，外面被柔毛。花萼 5 裂达基部，披针形，长 10～15 mm；花冠粉红紫色至粉白色，长约 7 cm，内部有 2 条明显的暗紫色条纹，花冠筒长约 2.5 cm，檐部明显二唇形，上唇 2 裂，下唇 3 裂；雄蕊 2 枚，花丝长约 12 mm，疏被短柔毛，中部膝状弯曲；退化雄蕊 3 枚，不等大；雌蕊长 3.5～4 cm，密被短柔毛和腺状柔毛，柱头倒梯形，2 裂。 花期 7～9 月。 产于灌阳；生于石灰岩山坡潮湿石壁上，海拔 200～500 m。模式标本采自湘桂交界的灌阳县，湖南南部可能有分布。

55. 黑丝报春苣苔

Primulina melanofilamenta Ying Liu et F. Wen, Nord. J. Bot. **34**：38. 2016.

多年生草本；根状茎明显。叶片草质到稍肉质，卵形至狭卵形，长 6.5～20 cm，宽 3.5～7.5 cm，两面被贴伏的短柔毛；侧脉每边 4～6 条。聚伞花序腋生，每个花葶具 3～8 朵花；花序梗长 10～15 cm，被开展的短柔毛；苞片对生，狭卵形到阔披针形，长 1.5～2.5 cm，宽 0.7～0.9 cm；花萼 5 裂达基部，裂片披针形，外面被微柔毛和腺毛；花冠白色至淡紫红色，长 3.5～4 cm，外面被短柔毛和疏的腺毛，檐部明显二唇形，上唇 2 裂，下唇 3 裂；雄蕊 2 枚，花丝线型，长约 1.5 mm，紫黑色，稍弯曲，花药肾形，背有白色髯毛；退化雄蕊2枚；雌蕊长2.5～4 cm，密被微柔毛和腺毛，柱头顶端2深裂。蒴果线形，长5～8 cm，密被柔毛和腺毛。 花期9～10月，果期11～12月。 广西特有，产于兴安；生于石灰岩山坡林下石壁上，海拔100～200 m。

56. 假烟叶唇柱苣苔 图版184：5～10

Primulina pseudoheterotricha (T. J. Zhou, B. Pan et W. B. Xu) Mich. Möller et A. Weber, Taxon **60** (3)：784. 2011. ——*Chirita pseudoheterotricha* T. J. Zhou, B. Pan et W. B. Xu, J. Trop. Subtrop. Bot. **17** (6)：596. 2009.

多年生草本；根状茎长5～20 cm，节间明显，叶聚生于根状茎顶端。叶片草质，椭圆形、卵形到阔卵形，长5～18 cm，宽3～12 cm，两面密被腺毛；侧脉3～4条。聚伞花序腋生，1～3回分枝，具5～15朵花；花序梗长8～20 cm，密被腺毛；苞片对生，阔披针形，长20～25 mm，宽6～9 mm；花萼5裂达基部，裂片线状披针形；花冠蓝紫色至紫红色，长约3.5 cm，檐部明显二唇形，上唇2深裂，下唇3深裂；雄蕊2枚，花丝线形，长约11 mm，近中部扭曲，密被紫色腺状微柔毛；退化雄蕊3枚，不等大；雌蕊长2.2～2.5 cm，被腺毛，柱头倒梯形，顶端2裂。 花期7～8月。 产于钟山；生于石灰岩山坡阴处潮湿石壁上，海拔100～200 m。

57. 香花报春苣苔（变种）

Primulina linglingensis (W. T. Wang) Mich. Möller et A. Weber var. **fragrans** F. Wen, Y. Z. Ge et B. Pan, Telopea **18**：221. 2015.

本变种和原变种**零陵唇柱苣苔**[*P. linglingensis* (W. T. Wang) Mich. Möller et A. Weber]不同在于叶片近对称，卵状长圆形或菱形，长2.8～9 cm，宽1.5～6.5 cm，两面被紫色和白色的长柔毛，花葶具2～8朵花；花序梗长6～11 cm，密被腺毛和柔毛；苞片狭卵形，长5～10 mm；花萼裂片狭披针形，长4～9 mm；花冠通常2色，上唇淡紫色至粉红色，下唇红紫色至紫色，花冠筒漏斗状；花丝长13 mm，中部膝状弯曲；退化雄蕊2枚，光滑无毛；雌蕊密被柔毛和腺毛。 花期3～4月，果期7～10月。 产于全州；生于石灰岩洞口潮湿石壁上，海拔100～200 m。湖南南部可能有分布。

58. 莨山唇柱苣苔

Primulina langshanica (W. T. Wang) Y. Z. Wang, J. Syst. Evol. **49**：61. 2011. ——*Chirita langshanica* W. T. Wang, Guihaia **12**(4)：293. 1992.

多年生草本；根状茎不明显。叶基生；叶具长柄。叶片草质，菱状卵形或近菱形，长4.8～10 cm，宽3.8～7 cm，边缘有粗牙齿，腹面被2种毛，背面被贴伏的短柔毛，具3出脉；侧脉1～2对。聚伞花序腋生，2～3回分枝，具10～16朵花；花序梗长16.5～17.4 cm；苞片2枚，长圆状条形，长20～25 mm，外面被短柔毛；花萼5裂达基部；花冠淡蓝紫色，长约4.4 cm，外面被短柔毛，檐部明显二唇形，上唇2裂达基部，下唇3裂达中部。雄蕊2枚，花丝线形，长5 mm；退化雄蕊2枚；雌蕊长约3 cm，被短柔毛，柱头条形，顶端2浅裂。 花期9～10月。 产于资源；生于山坡林下石上，海拔300～800 m。分布于湖南南部。

59. 博白报春苣苔 图版183：5～9

Primulina bobaiensis Q. K. Li, Q. Zhang et W. L. Li, Guihaia **35**(2)：148. 2015.

多年生草本。叶基生；叶柄扁。叶片草质，卵形至椭圆形，长4～12 cm，宽2～6 cm，基部楔形，边缘具钝齿；侧脉3～6条。聚伞花序腋生，1～3回分枝，具5～12朵花；苞片2枚对生，倒披针形，长8～22 mm，宽4～9 mm，边缘波状，两面被短柔毛；花萼5裂达基部，外面被短柔毛；花冠深紫罗兰色，长16～18 mm，檐部明显二唇形，上唇2裂达中部，下唇3裂；雄蕊2枚，花丝线型，紫色，中部以下膝状弯曲，花药肾形，光滑无毛；退化雄蕊3枚；雌蕊长12～15 mm，柱头倒卵形，不裂。 花期9～10月。 广西特有，产于博白；生于丹霞地貌潮湿石壁上，海拔100～200 m。

60. 三苞唇柱苣苔

Primulina tribracteata (W. T. Wang) Mich. Möller et A. Weber, Taxon 60(3): 785. 2011. ——*Chirita tribracteata* W. T. Wang, 植物研究 1(4): 58, 照片 10. 1981; 中国植物志 69: 362, 图版 97, 图 7~8. 1990.

60a. 三苞唇柱苣苔(原变种)

Primulina tribracteata (W. T. Wang) Mich. Möller et A. Weber var. tribracteata

多年生草本。叶基生;叶片草质,椭圆形或倒卵形,长 8~10 cm,宽 5~7.4 cm,顶端钝或圆形,边缘有浅钝齿,两面被疏柔毛;叶柄扁,长 2~4.5 cm。花序约具 7 朵花;苞片 3 枚,轮生,椭圆形,长 0.9~1.3 cm,宽 3~7.5 mm;花萼长 7~10 mm;花冠蓝色,长 3.6~4 cm。 花期 5~6 月。 产于凤山;生于石山岩洞中稍阴处石上,海拔 300~500 m。

60b. 光华唇柱苣苔(变种)

Primulina tribracteata (W. T. Wang) Mich. Möller et A. Weber var. zhuana (Z. Y. Li, Q. Xing et Y. B. Li) Mich. Möller et A. Weber, Taxon 60(3): 785. 2011. ——*Chirita tribracteata* var. *zhuana* Z. Y. Li, Q. Xing et Y. B. Li, Acta Phytotax. Sin. 44(6): 649. 2006.

本变种与原变种区别在于叶较大,叶片长 12~20 cm,宽 10~15 cm,干时革质,边缘具圆齿或牙齿;叶柄具宽翅,宽 1~2 cm;苞片宽倒卵形或倒披针形,长 1.7~5 cm,宽 0.5~4.2 cm,中部以上具锯齿;花冠淡紫色,喉部有黄色纵纹。而原变种叶片长(1.8)8~15 cm,宽(1.4)5~11 cm,较薄,干时纸质,边缘浅波状或具浅钝齿;叶柄无翅,宽 3~5 mm;苞片椭圆形或长椭圆形,长 0.9~1.3 cm,宽 0.3~0.8 cm,边缘全缘;花冠蓝紫色,喉部无黄色纵纹。 花期 4~5 月。 广西特有,产于柳江;生于潮湿沟谷石灰岩崖壁上,海拔约 450 m。

61. 紫花报春苣苔

Primulina purpurea F. Wen, Bo Zhao et Y. G. Wei, Bangladesh J. Plant Taxon. 19(2): 167. 2012.

多年生草本;根状茎不明显,叶基生;叶片草质,稍肉质,阔卵形至椭圆形,不对称,但不为镰形,长 3.5~7 cm,宽 2~3.5 cm,边缘全缘,叶腹面密被长和短的柔毛,背面密被短柔毛;侧脉每边 5 条。聚伞花序腋生,具 9~12 朵花;花序梗长 9~12.5 cm,密被长柔毛和腺状短柔毛;苞片对生,阔披针形到狭卵形,长 4.5~9 mm,宽 2.5~5 mm;花萼 5 裂达基部,裂片线状披针形。花冠紫色至紫红色,长 2.5~3 cm,喉部具 2 条黄色导线,檐部明显二唇形,淡紫色,上唇 2 裂达中部,下唇 3 裂达基部;雄蕊 2 枚,花丝线形,长约 9 mm,花药长约 2.2 mm;退化雄蕊 3 枚,不等大;雌蕊长 2.4~2.7 cm,密被腺状微柔毛和微柔毛,柱头倒梯形,顶端 2 裂。蒴果线形,长 4.5~5 cm。 花期 4~5 月,果期 7~8 月。 广西特有,产于钟山;生于石灰岩山坡半阴的石壁上,海拔 100~200 m。

62. 唇柱苣苔

Primulina dryas (Dunn) Mich. Möller et A. Weber, Taxon 60(3): 782. 2011. ——*Chirita dryas* Dunn, Bull. Misc. Inform. Kew, Addit. Ser. 10: 195. 1912. ——*Chirita sinensis* Lindl., Edwards's Bot. Reg. 30: pl. 59. 1844. ——*Roettlera sinensis* (Lindl.) Kuntze, Revis. Gen. Pl. 477. 1891. ——*Didymocarpus sinensis* (Lindl.) H. Lévl., Compt. Rend. Hebd. Séances Acad. Sci. 34: 427. 1906. ——*Primulina sinensis* (Lindl.) Y. Z. Wang, J. Syst. Evol. 49: 62. 2011. ——*Chirita sinensis* var. *angustifolia* Dunn, J. Bot. 45(539): 403. 1907. ——*Chirita sinensis* var. *bodinieri* H. Lévl., Repert. Spec. Nov. Regni Veg. 9 (214~216): 328. 1911.

多年生草本。叶均基生;叶片草质,椭圆状卵形或近椭圆形,长 5~10 cm,宽 3.5~4.8 cm,边缘波状或有浅钝齿,两面被贴伏柔毛;侧脉约 4 对。每花序具 1~3 朵花;花序梗长约 14 cm;苞片对生,卵形或狭卵形,长 1~3 cm,宽 0.4~1.6 cm;花萼长 4~5 mm,5 裂达基部;花冠白色或带淡紫色,下唇内有 2 黄色纵条,上唇带暗紫色,长 3.5~4 cm,花冠筒长 1.8~2.5 cm。雄蕊 2 枚,花丝长约 14 mm,在中部之下膝状弯曲,花药无毛;退化雄蕊长约 6 mm,被短柔毛;雌蕊长 2.2~2.5 cm,子房和花柱密被短柔毛,2 浅裂。蒴果长约 4 cm。 产于苍梧、金秀;生于山坡林下石上,海拔 300~800 m。分布于广东、海南、香港。

63. **大根唇柱苣苔** 猪脚莲(武鸣)

Primulina macrorhiza (D. Fang et D. H. Qin) Mich. Möller et A. Weber, Taxon 60 (3): 783. 2011. —— *Chirita macrorhiza* D. Fang et D. H. Qin 于植物分类学报 32(6):568,图 2:1~3. 1994.

叶为基生;叶片卵形,稀椭圆形或宽卵形,长 2.5~9.5 cm,宽 1.5~6.5 cm,基部宽楔形至圆形,边缘有疏锯齿;侧脉每边 3~5 条;叶柄长 2.5~7.5 cm。聚伞花序具 1~6 朵花;花序梗长 8~31.5 cm;苞片近长圆形,长 5~16 mm;花萼长 6~11 mm;花冠除裂片为淡紫色外余为白色,长 4.5~6 cm,筒长 2.5~3 cm,上唇长 10~15 mm,下唇长 20~30 mm;花药长 4 mm,背面密被髯毛;退化雄蕊 3 枚;雌蕊长 3.3 cm,密被淡紫色短柔毛和短腺毛。 花期 4 月。 广西特有,产于武鸣;生于石灰岩山坡林下石壁上,海拔约 200 m。 本种近似**零陵唇柱苣苔**[*Primulina linglingensis* (W. T. Wang) Mich. Möller et A. Weber],但叶片常为卵形,先端急尖;花序梗较长,被短柔毛;花冠稍大,可以区别。

8. 线苞唇柱苣苔类

线苞唇柱苣苔类主要特征是叶片草质、纸质或革质,卵形、椭圆形或长圆形等,叶片扁平;花萼裂片边缘全缘;苞片线形、线状披针形或披针形,宽 1~3 mm。 广西产 42 种。

分种检索表

1. 叶片革质。
 2. 叶片较大,长一般超过 8 cm。
  3. 叶片宽卵形、宽椭圆形;叶柄不明显,短于叶片。
   4. 叶片上面不平,具有明显的泡状突起 ………………………… 64. **泡叶报春苣苔** P. bullata S. N. Lu et Fang Wen
   4. 叶片上面平坦,不具明显的泡状突起 ……………………………… 65. **短毛唇柱苣苔** P. brachytricha (W. T. Wang et D. Y. Chen) R. B. Mao et Y. Z. Wang
  3. 叶片狭卵形、狭椭圆形、狭长圆形;叶柄明显,有时长度超过叶片。
   5. 叶片边缘具明显的浅钝齿。
    6. 花冠蓝紫色至淡紫色;叶质地较厚。
     7. 苞片长 7~12 mm,宽 2~3 mm;花丝无毛 ……… 66. **都安报春苣苔** P. duanensis Fang Wen et S. L. Huang
     7. 苞片长 1.4 mm,宽 1 mm;花丝被腺状微柔毛 … 67. **硬叶唇柱苣苔** P. sclerophylla (W. T. Wang) Yan Liu
    6. 花冠粉红色;叶质地较薄…… 68. **天等报春苣苔** P. tiandengensis (F. Wen et H. Tang) F. Wen et K. F. Chung
   5. 叶边缘全缘或者不明显的波状。
    8. 叶片倒披针形至长圆形,沿侧脉没有白色斑纹 ……………………… 69. **融水报春苣苔** P. rongshuiensis (Yan Liu et Y. S. Huang) W. B. Xu et K. F. Chung
    8. 叶片狭椭圆形,沿侧脉有白色斑纹 ……………………………… 70. **尖萼唇柱苣苔** P. pungentisepala (W. T. Wang) Mich. Möller et A. Weber
 2. 叶片较小,长不超过 6 cm。
  9. 叶片宽卵形、阔椭圆形至近圆形,基部宽楔形到圆形。
   10. 叶片两面被短柔毛或贴伏的短柔毛。
    11. 花冠筒基部不具明显膨大的囊状。
     12. 花序梗、苞片和花萼被紫色的短柔毛和腺毛。
      13. 花序梗长 9~11.5 cm;花萼长约 3 mm ……………………………… 71. **短头唇柱苣苔** P. brachystigma (W. T. Wang) Mich. Möller et A. Weber
      13. 花序梗长 4~4.5 cm;花萼长约 7 mm ……………………………… 72. **王氏唇柱苣苔** P. wangiana (Z. Y. Li) Mich. Möller et A. Weber
     12. 花序梗、苞片和花萼被白色的短柔毛 ……… 73. **石蝴蝶状报春苣苔** P. petrocosmeoides B. Pan et F. Wen

11. 花冠筒基部具有明显膨大的囊状 ………………… 74. **囊筒报春苣苔** P. carinata Y. G. Wei, F. Wen et H. Z. Lv

10. 叶片两面密被长柔毛 ………………………………… 75. **阳朔报春苣苔** P. yangshuoensis Y. G. Wei et Fang Wen

9. 叶片卵形、狭卵形至狭椭圆形，基部楔形。

14. 花冠长不超过 2 cm。

15. 花冠筒斜钟状，白色 …… 76. **融安唇柱苣苔** P. ronganensis (D. Fang et Y. G. Wei) Mich. Möller et A. Weber

15. 花冠筒细筒状，淡紫色 ……………………………… 77. **中越报春苣苔** P. sinovietnamica W. H. Wu et Q. Zhang

14. 花冠长超过 4 cm ………………… 78. **紫萼唇柱苣苔** P. atropurpurea (W. T. Wang) Mich. Möller et A. Weber

1. 叶片草质。

16. 叶基部心形。

17. 叶片边缘波状牙齿或者波状浅齿，两面密被贴伏柔毛或短柔毛。

18. 叶片宽椭圆形，长达 15.5 cm，宽达 14 cm；花冠长 2.8 cm；柱头不分裂 ……………………………………… 79. **芥状唇柱苣苔** P. brassicoides (W. T. Wang) Mich. Möller et A. Weber

18. 叶片心形，长和宽均达 6.8 cm；花冠长 4～4.5 cm；柱头 2 裂 ……………………………………… 80. **心叶唇柱苣苔** P. cordata Mich. Möller et A. Weber

17. 叶片边缘具重锯齿，两面密被长柔毛 ……………………………………… 81. **桂海报春苣苔** P. guihaiensis (Y. G. Wei, B. Pan et W. X. Tang) Mich. Möller et A. Weber

16. 叶基部楔形、宽楔形或圆形。

19. 花较小，花冠长达 1.5～3 cm。

20. 植株具有匍匐茎。

21. 花冠长 2～3 cm；花药被长柔毛，花丝直 ……………………………………… 82. **河池唇柱苣苔** P. hochiensis (Chang Chun Huang et X. X. Chen) Mich. Möller et A. Weber

21. 花冠长 1.7～2 cm；花药无毛，花丝膝状弯曲 ……………………………………… 83. **匍茎报春苣苔** P. diffusa X. Hong, F. Wen et S. B. Zhou

20. 植株不具有匍匐茎。

22. 叶片边缘有钝齿、圆齿或者锯齿。

23. 叶柄较短，长不超过 5 cm；叶边缘锯齿不明显。

24. 叶片边缘有稀疏钝齿；花冠长约 1.7 cm，内面无毛；柱头长圆形 ……………………………………… 84. **疏花唇柱苣苔** P. laxiflora (W. T. Wang) Y. Z. Wang

24. 叶片边缘有密的浅圆齿；花冠长约 2.1 cm，内面上唇之下有毛；柱头倒梯形 ……………………………………… 85. **多花唇柱苣苔** P. floribunda (W. T. Wang) Mich. Möller et A. Weber

23. 叶柄长 6～15 cm，叶边缘锯齿明显 ……… 86. **恭城报春苣苔** P. gongchengensis Y. S. Huang et Yan Liu

22. 叶片边缘全缘。

25. 叶片面密被长柔毛或者柔毛。

26. 叶片两面密被长柔毛，花冠白色带粉红色 ……………………………………… 87. **药用唇柱苣苔** P. medica (D. Fang ex W. T. Wang) Y. Z. Wang

26. 叶片两面密被柔毛，花冠紫红色 ……………………………………… 88. **漓江报春苣苔** P. lijiangensis (B. Pan et W. B. Xu) W. B. Xu et K. F. Chung

25. 叶片面被贴伏微柔毛或者疏被短柔毛。

27. 花冠白色至淡粉红色 ……………………………………… 89. **莲座状报春苣苔** P. rosulata (F. Wen et Y. G. Wei) Z. L. Ning et X. Y. Zhuang

27. 花冠紫红色 ………………………… 90. **钟氏报春苣苔** P. tsoongii H. L. Liang, Bo Zhao et Fang Wen

19. 花较大，花冠长达 3.3～6 cm。

28. 苞片 1 枚。

29. 叶片膜质，斜椭圆形；柱头不分裂 ………………… 91. **薄叶唇柱苣苔** P. tenuifolia (W. T. Wang) Y. Z. Wang

29. 叶片草质，倒披针形；柱头 2 裂 ………………………………… 92. **龙氏唇柱苣苔** P. longii (Z. Y. Li) Z. Y. Li

28. 苞片 2 枚。

30. 叶片较大,长一般都超过 10 cm。
31. 花冠钟状;柱头不分裂 ………………… 93. **钟冠唇柱苣苔** P. swinglei (Merr.) Mich. Möller et A. Weber
31. 花冠漏斗状筒形;柱头 2 裂。
32. 花冠长 4~6 cm,叶腹面只有一种毛。
33. 花萼长 5~10 mm。
34. 叶片面被短柔毛;花药被短柔毛;退化雄蕊 2 枚 ……………………………………………………… 94. **桂林唇柱苣苔** P. gueilinensis (W. T. Wang) Y. Z. Wang et Yan Liu
34. 叶片面被长柔毛;花药无毛;退化雄蕊 3 枚 ……………………………………………………… 95. **鹿寨唇柱苣苔** P. luzhaiensis (Yan Liu, Y. S. Huang et W. B. Xu) Mich. Möller et A. Weber
33. 花萼长 1.5~2.5 cm ……………………………………………………… 96. **长萼报春苣苔** P. longicalyx (J. M. Li et Y. Z. Wang) Mich. Möller et A. Weber
32. 花冠长 2.3~3.3 cm;叶腹面有长和短的两种毛。
35. 叶片卵形;花序有 3~4 朵花;花冠粉红色 ……… 97. **桂粤唇柱苣苔** P. fordii (Hemsl.) Y. Z. Wang
35. 叶片椭圆形到长圆形;花序 1~3 回分枝,具 6~15 朵花,花冠淡紫红色 ……………………… 98. **南丹唇柱苣苔** P. nandanensis (S. X. Huang, Y. G. Wei et W. H. Luo) Mich. Möller et A. Weber
30. 叶片较小,长一般都不超过 10 cm。
36. 叶片阔卵形、阔椭圆形或近圆形,叶基部宽楔形或者圆形。
37. 花序梗、花萼和苞片均被白色短柔毛或腺毛 ……………………………………………………… 99. **那坡唇柱苣苔** P. napoensis (Z. Y. Li) Mich. Möller et A. Weber
37. 花序梗、花萼和苞片均被紫色腺状毛 ……………………………………………………… 100. **变色唇柱苣苔** P. varicolor (D. Fang et D. H. Qin) Y. Z. Wang
36. 叶片披针形、狭长圆形或狭椭圆形,叶基部楔形或者渐狭。
38. 叶片边缘全缘。
39. 叶片两面被贴伏的短柔毛。
40. 叶片倒披针形;每花序具 1 朵花 ……… 101. **寿城唇柱苣苔** P. shouchengensis (Z. Y. Li) Z. Y. Li
40. 叶片卵形至长圆状卵形;每花序具 2~4 朵花 ……………………………………………………… 102. **桂中报春苣苔** P. guizhongensis Bo Zhao, B. Pan et F. Wen
39. 叶片两面密被白色绒毛 ……………………… 103. **韦氏报春苣苔** P. weii Mich. Möller et A. Weber
38. 叶片边缘具钝齿或者明显的锯齿。
41. 花冠淡紫红色,长 3~3.8 cm …… 104. **柳江唇柱苣苔** P. liujiangensis (D. Fang et D. H. Qin) Yan Liu
41. 花冠粉红色至蓝紫色,长 3.8~4.5 cm ……………………………………………………… 105. **李氏报春苣苔** P. leeii (F. Wen, Yue Wang et Q. X. Zhang) Mich. Möller et A. Weber

64. 泡叶报春苣苔

Primulina bullata S. N. Lu et Fang Wen, Guihaia **33**(1): 45. 2013.

多年生草本。叶莲座状着生;叶片斜宽卵形,宽椭圆形至长圆状卵形,长 5~13.5 cm,宽 3.5~9.5 cm,两面均具直立柔毛,叶上面呈显著泡状。聚伞花序腋生,2~9 条,1~2 回分枝,具较多花序;花序梗纤细,长 4~15 cm;苞片对生,线形或线状披针形,长约 7 mm,宽约 1 mm;花冠较大,长 4.2~5.3 cm,粉紫色,外面被紫红色的糙毛,檐部明显二唇形;雄蕊 2 枚,退化雄蕊 3 枚,不等大;雌蕊长 2.8~2.9 cm,柱头倒梯形,顶端 2 裂。 花期 10~11 月。 广西特有,产于靖西;生于石灰岩洞口石壁上或石灰岩山坡林下潮湿石壁上,海拔 500~600 m。

65. 短毛唇柱苣苔

Primulina brachytricha (W. T. Wang et D. Y. Chen) R. B. Mao et Y. Z. Wang, J. Syst. Evol. **49**: 60. 2011. ——*Chirita brachytricha* W. T. Wang, Bull. Bot. Res. **5**(3): 54. 1985.

多年生草本;叶无柄或具短柄。叶片草质,宽卵形或卵形,长 2~8.5 cm,宽 2~6.6 cm,边缘有浅钝齿或浅波状，两面疏被短柔毛；侧脉每侧约 4 条。花序 2 回分枝，每花序有 3～6 朵花；花序梗长 7～9 cm，密被紫色短柔毛；苞片对生，线形或线状卵形，长 5～8 mm；花萼 5 裂达基部，裂片三角状线形；花冠紫色，长约 3.2 cm，外面被短柔毛，花冠筒漏斗状筒形，上唇 2 裂近基部，下唇 3 裂近中部。雄蕊 2 枚，花丝长 12 mm，在中部之下稍膝状弯曲，花药长 3.5 mm，背面有少数髯毛；退化雄蕊 2 枚。雌蕊长约 2.6 cm，与花柱被开展柔毛，2 浅裂。 花期 5 月。 产于环江；生于石灰岩山坡林下石上，海拔 400～600 m。分布于贵州。

66. **都安报春苣苔**

Primulina duanensis Fang Wen et S. L. Huang, Nord. J. Bot. **33**: 209. 2015.

多年生草本；根状茎长 1～8 cm。叶片稍肉质，狭卵形到卵形，稀椭圆形，长 2～8 cm，宽 1～4 cm，两面密被贴伏的短柔毛，边缘不规则波状；侧脉 3～5 条。聚伞花序腋生，具 1～3 朵花，花序梗长 8～15 cm，被红色的柔毛；苞片 2 枚，阔披针形，长 5～12 mm，两面被短柔毛。花萼 5 裂达基部，线形，长约 5 mm；花冠蓝紫色，长约 4.5～5.5 cm，喉部有 2 条黄色的导线，外面被紫红色的糙毛，花冠筒长 2.3～2.6 cm，檐部明显二唇形，上唇 2 裂，下唇 3 裂；雄蕊 2 枚，花丝长约 13 mm，光滑无毛，近基部膝状弯曲；退化雄蕊 2 枚；雌蕊长 2.4～3 cm，柱头长 3～4 mm，2 裂。蒴果线形，长 5～6 cm。 花期 3～4 月，果期 5～6 月。 广西特有，产于都安；生于石灰岩洞口潮湿石壁上或石灰岩山坡林下石壁上，海拔 100～400 m。

67. **硬叶唇柱苣苔** 图版 179：9～10

Primulina sclerophylla (W. T. Wang) Yan Liu, J. Syst. Evol. **49**: 62. 2011. ——*Chirita sclerophylla* W. T. Wang，植物研究 **1**(4)：46，照片 4. 1981；中国植物志 **69**：372. 1990.

多年生草本。叶基生；叶片革质，椭圆形或卵形，长 7.5～10 cm，宽 4.2～5.2 cm，顶端钝，边缘有浅钝齿；叶柄扁，长 1.2～5.5 cm。花序有 5 朵花；苞片线状披针形，长约 14 mm；花萼长 4～6.5 mm；花冠蓝紫色或淡紫色，长 3.7～4.6 cm。 花期 4～5 月。 产于都安、宜州；生于石山阴处石崖上，海拔约 230 m。

68. **天等报春苣苔**

Primulina tiandengensis (F. Wen et H. Tang) F. Wen et K. F. Chung, Phytotaxa **64**: 4. 2012. ——*Chirita tiandengensis* F. Wen et H. Tang, Nord. J. Bot. **29**: 233. 2011.

多年生草本。叶基生；叶片厚纸质至薄革质，卵状披针形，两侧不对称，长 4～10 cm，宽 2～4.5 cm，两面疏被糙毛；侧脉 3～6 条。聚伞花序腋生，1～3 回分枝，具 5～8 朵花；花序梗长 9～14.5 cm；苞片 2 枚，狭披针形，长 6～8 mm，外面被柔毛；花萼 5 裂达基部，狭披针形；花冠粉红色，长 3.8～4.6 cm，外面被短柔毛，檐部明显二唇形，上唇 2 裂，下唇 3 裂；雄蕊 2 枚，花丝线形，长 11～12 mm；退化雄蕊 2 枚，顶端小头状；雌蕊长 3～4 cm，柱头顶端 2 深裂，裂片线状披针形。蒴果线形，长约 5 cm，柱头宿存。 花期 4～5 月，果期 8～9 月。 广西特有，产于天等；生于石灰岩山坡林下，海拔 400～500 m。

69. **融水报春苣苔** 图版 183：10～13

Primulina rongshuiensis (Yan Liu et Y. S. Huang) W. B. Xu et K. F. Chung, Phytotaxa **64**: 4. 2012. ——*Chirita rongshuiensis* Yan Liu et Y. S. Huang, Taiwania **56**(1): 54. 2011.

多年生草本。叶聚生于根状茎顶端。叶片稍肉质，倒披针形到长圆形，叶腹面被贴伏的糙毛，背面被短柔毛；侧脉 3～5 对。聚伞花序腋生，1～2 回分枝，具 3～9 朵花；花序梗长 3～7 cm；花萼 5 裂达基部，裂片线状披针形；花冠白色至淡紫色，长约 3～3.5 cm，花冠筒白色；檐部明显二唇形，淡紫色，上唇 2 裂，下唇 3 裂；雄蕊 2 枚，花丝线形，长 8～10 mm，近中下部膝状弯曲；退化雄蕊 2 枚；雌蕊长 2.8～3.4 cm，被短柔毛，柱头顶端 2 裂。 花期 6～7 月。 广西特有，产于融水；生于石灰岩洞口潮湿石壁上，海拔 100～200 m。

70. **尖萼唇柱苣苔**

Primulina pungentisepala (W. T. Wang) Mich. Möller et A. Weber, Taxon **60**(3): 784. 2011. ——*Chirita pungentisepala* W. T. Wang, Novon. 7(4): 425. 1997.

多年生草本；根状茎不明显。叶基生；叶片稍肉质，干后革质，狭椭圆形，长 3.5～8.5 cm，宽 1～2.5 cm，上面密被贴生的疏柔毛，沿侧脉有白色斑纹，下面密被短柔毛，边缘全缘，侧脉每边 4～5 条。聚伞花序腋生，1～2回分枝，具3～15朵花，花序梗长5～16 cm，被开展的短柔毛和腺状短柔毛；苞片对生，线状三角形，长5～13 mm，被短柔毛。花萼5裂达近基部，裂片狭三角状披针形；花冠白色至淡蓝紫色，长约3.5 cm，檐部明显二唇形，上唇2浅裂，下唇3浅裂。雄蕊2枚，花丝长约13 mm，中部之上弓曲；退化雄蕊2枚；雌蕊长约22 mm，密被腺状短柔毛，柱头近长圆形，顶端2浅裂。 花期3～4月，果期5～6月。

产于龙州；生于石灰岩山坡林下石缝中，海拔200～400 m。越南北部可能有分布。

71. 短头唇柱苣苔 红花根(河池)

Primulina brachystigma (W. T. Wang) Mich. Möller et A. Weber, Taxon **60**(3): 781. 2011.——*Chirita brachystigma* W. T. Wang，植物研究 **4**(1):22. 1984；中国植物志 **69**:342. 1990.

多年生草本。叶片革质，圆卵形或卵形，长1.2～3 cm，宽1.8～1.9 cm，顶端圆形或钝，两面被短伏毛；叶柄扁，长1～5 mm；花序具1～2朵花，与花萼有紫色柔毛；花冠长约3.4 cm，筒长约2.2 cm，口部直径约0.8 cm；雌蕊线形，柱头小。 花期4～5月。 广西特有，产于河池；生于山谷阴处。

72. 王氏唇柱苣苔

Primulina wangiana (Z. Y. Li) Mich. Möller et A. Weber, Taxon **60**(3): 785. 2011.——*Chirita wangiana* Z. Y. Li，Novon **7**(4):428. 1997.

多年生草本；根状茎不明显。叶多枚基生。叶片稍肉质，卵形或近圆形，长2～4 cm，宽1.4～3.5 cm，腹面深绿色，背面紫色，两面被贴伏的短柔毛，侧脉每边3～4条。聚伞花序腋生，具1～3朵花；花序梗长4～4.5 cm，被紫色短柔毛和腺状短柔毛，苞片2枚，线形，长3～4 mm，外面被紫色腺状毛；花萼5裂达基部，线状披针形，长约3 mm，外面被短柔毛。花冠白色，长约3.5 cm，花冠筒长2.5 cm，檐部明显二唇形，内部淡紫色，上唇2浅裂，下唇3浅裂。雄蕊2枚，花丝线形，长约14 mm，基部之上膝状弯曲，花药无毛；退化雄蕊2枚；雌蕊长约27 mm，密被短柔毛和腺状短柔毛，柱头倒梯形，顶端2浅裂。 花期7月，果期9～10月。 广西特有，产于融安；生于石灰岩山坡潮湿石壁上，海拔100～300 m。

73. 石蝴蝶状报春苣苔 图版185:1～7

Primulina petrocosmeoides B. Pan et F. Wen, Nord. J. Bot. **32**:844. 2014.

多年生草本；根状茎不明显。叶8～22枚，基生莲座状。叶片稍肉质，卵形、阔卵形、阔椭圆形至近圆形，长2～2.5 cm，宽0.8～1 cm，边缘全缘，叶两面密被短柔毛，侧脉每边2～3条，不明显。聚伞花序腋生，具2～6朵花；花序梗长5～12 cm，密被短柔毛；苞片对生，狭披针形，长2～2.5 mm；花萼5裂达基部，裂片披针形；花冠蓝紫色，长约1.2～1.5 cm，檐部明显二唇形，淡紫色，上唇2裂过中部，下唇3裂过中部；雄蕊2枚，花丝线形，紫色，长约9 mm，中部膝状弯曲，花药黄色，长约3.5 mm；退化雄蕊3枚，不等大；雌蕊长1.2～2 cm，密被腺状微柔毛和微柔毛，柱头顶端2裂。蒴果线形，长1～1.3 cm。 花期11～12月，果期翌年1～2月。 广西特有，产于靖西；生于石灰岩山谷潮湿的石壁上，海拔800～1 000 m。

74. 囊筒报春苣苔

Primulina carinata Y. G. Wei, F. Wen et H. Z. Lv, Novon **23**:381. 2014.

多年生草本。叶片稍肉质至薄革质，卵圆形至阔椭圆形，长4～5 cm，宽3～4 cm，两面密被贴伏微柔毛，基部圆形，边缘全缘；侧脉3～5条。聚伞花序腋生，1～2回分枝，具6～12朵花；苞片2枚对生，钻形或披针形，长4～5 mm，宽1～1.5 mm，边缘全缘，被贴伏微柔毛；花萼5裂达近基部，外面被微柔毛；花冠蓝紫色至紫红色，长20～27 mm，花冠筒长8～11 mm，基部形成明显的囊状，檐部明显二唇形，上唇2裂达基部，下唇3裂过中部；雄蕊2枚，花丝线形，基部以下膝状弯曲；退化雄蕊3枚，不等大；雌蕊长15～17 mm，密被腺状微柔毛，柱头倒梯形，不裂。 花期8～9月，果期10～11月。 广西特有，产于武鸣；生于石灰岩陡峭石壁上，海拔100～200 m。

75. 阳朔报春苣苔

Primulina yangshuoensis Y. G. Wei et Fang Wen, Taiwania **57**(1):56. 2012.

多年生草本。叶10～14枚，莲座状基生；叶片阔卵形、近圆形或圆形，两侧稍不对称，长3.5～

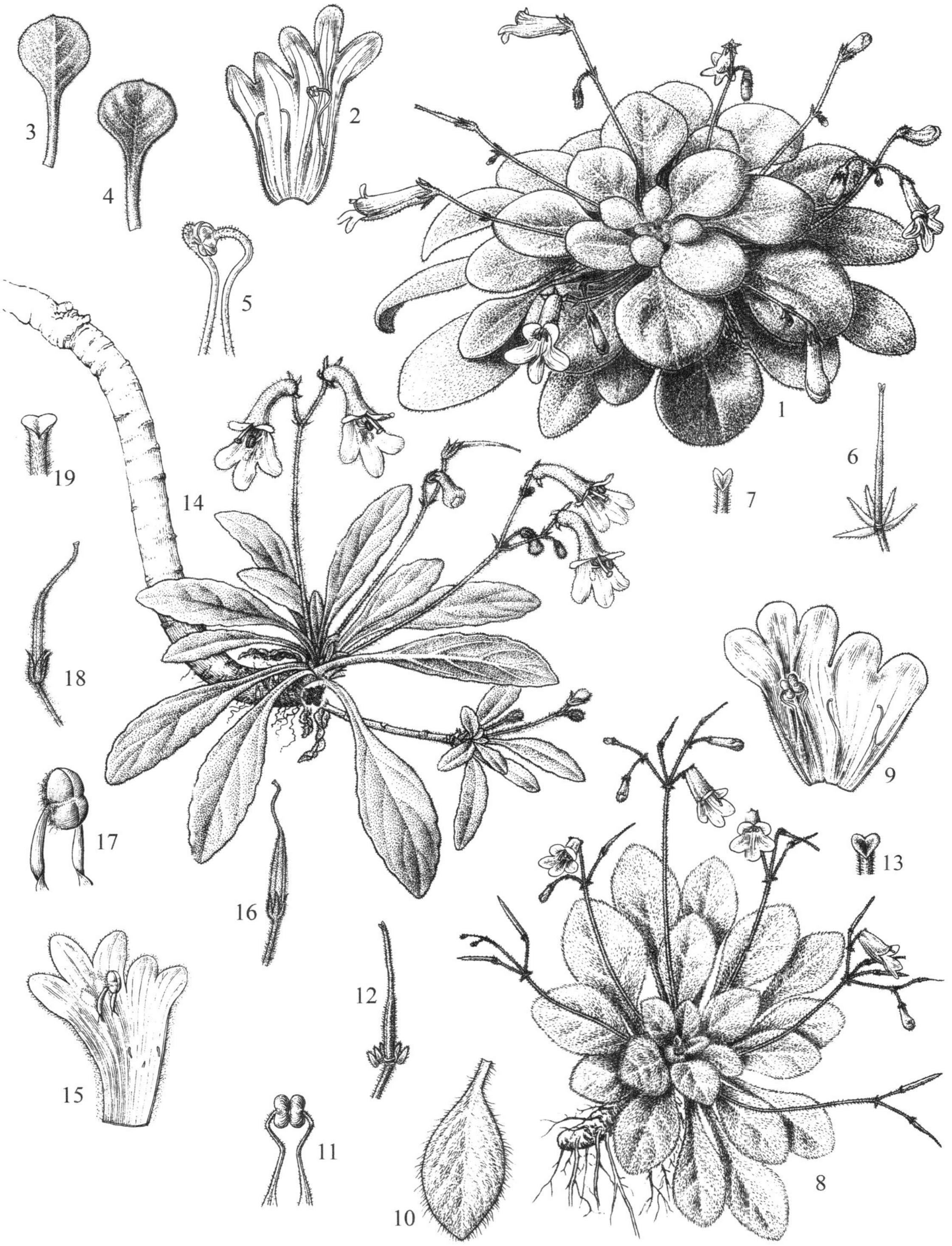

图版 185　1～7. 石蝴蝶状报春苣苔 Primulina petrocosmeoides B. Pan et F. Wen　1. 植株；2. 花冠展开；3. 叶背面；4. 叶腹面；5. 雄蕊；6. 花萼及雌蕊；7. 柱头。　8～13. 中越报春苣苔 P. sinovietnamica W. H. Wu et Q. Zhang　8. 植株；9. 花冠展开；10. 叶片；11. 雄蕊；12. 花萼及雌蕊；13. 柱头。　14～19. 河池唇柱苣苔 P. hochiensis (Chang Chun Huang et X. X. Chen) Mich. Möller et A. Weber　14. 植株；15. 花冠展开；16. 蒴果；17. 雄蕊；18. 花萼及雌蕊；19. 柱头。
(1～13 朱运喜绘，14～19 何顺清绘)

6.5 cm,宽 2～4.5 cm,两面被长柔毛;侧脉每边 2～3 条。聚伞花序腋生,具 1～4 朵花;花序梗长 8～9 cm;苞片 2 枚,狭披针形,长 1～2 mm,外面被柔毛;花萼 5 裂达基部,狭披针形或线形;花冠蓝色至蓝紫色,长 2～3 cm,外面被短柔毛,檐部明显二唇形,上唇 2 裂过中部,下唇 3 裂过中部;雄蕊 2 枚,花丝线形,长 9～10 mm,花药肾形;退化雄蕊 3 枚,不等大。雌蕊长 4.5～4.9 mm,柱头倒梯形,顶端 2 浅裂。蒴果线形。 花期 10～11 月。 广西特有,产于阳朔;生于石灰岩山坡潮湿石壁上,海拔 100～150 m。

76. 融安唇柱苣苔

Primulina ronganensis (D. Fang et Y. G. Wei) Mich. Möller et A. Weber, Taxon **60** (3): 784. 2011. ——*Chirita ronganensis* D. Fang et Y. G. Wei, Acta Phytotax. Sin. **39**(5): 467. 2001.

多年生草本;根状茎不明显。叶多枚基生;叶片稍肉质,狭卵形至卵形,稀椭圆形,长 3.5～5 cm,宽 1.5～2.5 cm,两面疏被短柔毛,边缘不规则的浅钝齿;侧脉每边 3～4 条。聚伞花序腋生,1～2 回分枝,具 4～13 朵花,花序梗长 4～6.5 cm,疏被柔毛;苞片 2(3)枚,线形,长 4～7 mm,两面疏被短柔毛;花萼 5 裂达基部,狭三角形,长 3.5～5 mm,外面被短柔毛;花冠白色,长 1.3～1.8 cm,花冠筒长 6～8 mm,檐部明显二唇形,内部淡紫色,上唇 2 全裂,下唇 3 半裂。雄蕊 2 枚,花丝线形,长约 4 mm,近中部膝状弯曲,花药背部散生小髯毛;退化雄蕊 2 枚;雌蕊长 12～15 mm,密被腺状短柔毛,柱头顶端 2 浅裂。蒴果线形,长 1～1.5 cm。 花期 4 月,果期 5～7 月。 广西特有,产于融安;生于石灰岩山坡潮湿石壁上,海拔 100～300 m。

77. 中越报春苣苔 图版 185:8～13

Primulina sinovietnamica W. H. Wu et Q. Zhang, Phytotaxa **60**: 36. 2012.

多年生草本;根状茎不明显。叶基生;叶片稍肉质,干后革质,椭圆形、卵形或倒披针形,长 1.8～5 cm,宽 0.8～3 cm,两面被贴伏的紫色长柔毛,边缘全缘;侧脉每边 2～4 条。聚伞花序腋生,1～2 回分枝,具 7～22 朵花;花序梗长 4～10 cm,散生紫色长柔毛;苞片对生,披针形,长 1.5～2.5 mm,被贴伏的紫色长柔毛;花萼 5 裂达近基部,裂片线状披针形;花冠淡紫色,长 1.2～1.8 cm,檐部明显二唇形,上唇 2 裂达基部,下唇 3 裂过中下部;雄蕊 2 枚,花丝长约 6 mm,紫色,基部之上强烈膝状弯曲;退化雄蕊 3 枚,不等大;雌蕊长 10～14 mm,被腺状微柔毛和微柔毛,柱头心形,顶端 2 裂。蒴果线形,长 1.3～2 cm。 花期 9～10 月,果期翌年 10～12 月。 产于龙州;生于石灰岩山坡林下石缝中,海拔 200～600 m。越南北部也有分布。

78. 紫萼唇柱苣苔 图版 186:1～2

Primulina atropurpurea (W. T. Wang) Mich. Möller et A. Weber, Taxon **60** (3): 781. 2011. ——*Chirita atropurpurea* W. T. Wang, 植物研究 **1**(4): 60, 图 12～13. 1981; 中国植物志 **69**: 344, 图版 92, 图 6～7. 1990.

多年生草本。叶基生;叶片革质,狭卵形或卵形,长 2.2～4 cm,宽 1.3～2 cm,顶端微钝,两面被短伏毛,全缘;叶柄长 0.6～1.4 cm,与花序均被紫色柔毛。花序具 2 朵花;苞片狭卵形,4～5 mm,与花萼均呈暗紫色;花冠紫色,长约 4 cm。 花期 2 月。 广西特有,产于桂林;生于石山上。

79. 芥状唇柱苣苔

Primulina brassicoides (W. T. Wang) Mich. Möller et A. Weber, Taxon **60**(3): 781. 2011. ——*Chirita brassicoides* W. T. Wang, 植物研究 **1**(4): 63, 照片 11. 1981; 中国植物志 **69**: 344. 1990.

多年生草本。叶基生;叶片革质,长 7～15.5 cm,宽 5～14 cm,顶端策尖,基部浅心形,边缘有波状牙齿,两面被密被贴伏柔毛;叶柄扁,长 1.5～6 cm。花序长约 20 cm,3 回分枝;苞片线形,长 1～1.5 cm;花萼长约 10 mm;花冠淡紫色,长约 2.8 cm。 花期 6 月。 产于龙州;生于石灰岩山坡林下石上。

80. 心叶唇柱苣苔

Primulina cordata Mich. Möller et A. Weber, Taxon **60**(3): 781. 2011. ——*Chirita cordifolia* W. T. Wang, 植物研究 **1**(4): 51, 照片 6. 1981; 中国植物志 **69**: 378. 1990.

多年生草本。叶基生;叶片草质,心形或心状卵形,长和宽均为 2～6.8 cm,先端急尖,边缘有波状浅齿,两面被短柔毛;叶柄长 3～17.5 cm。花序有 1 朵花;苞片线状披针形,长 6～9 mm;花萼长约 1.3 cm;

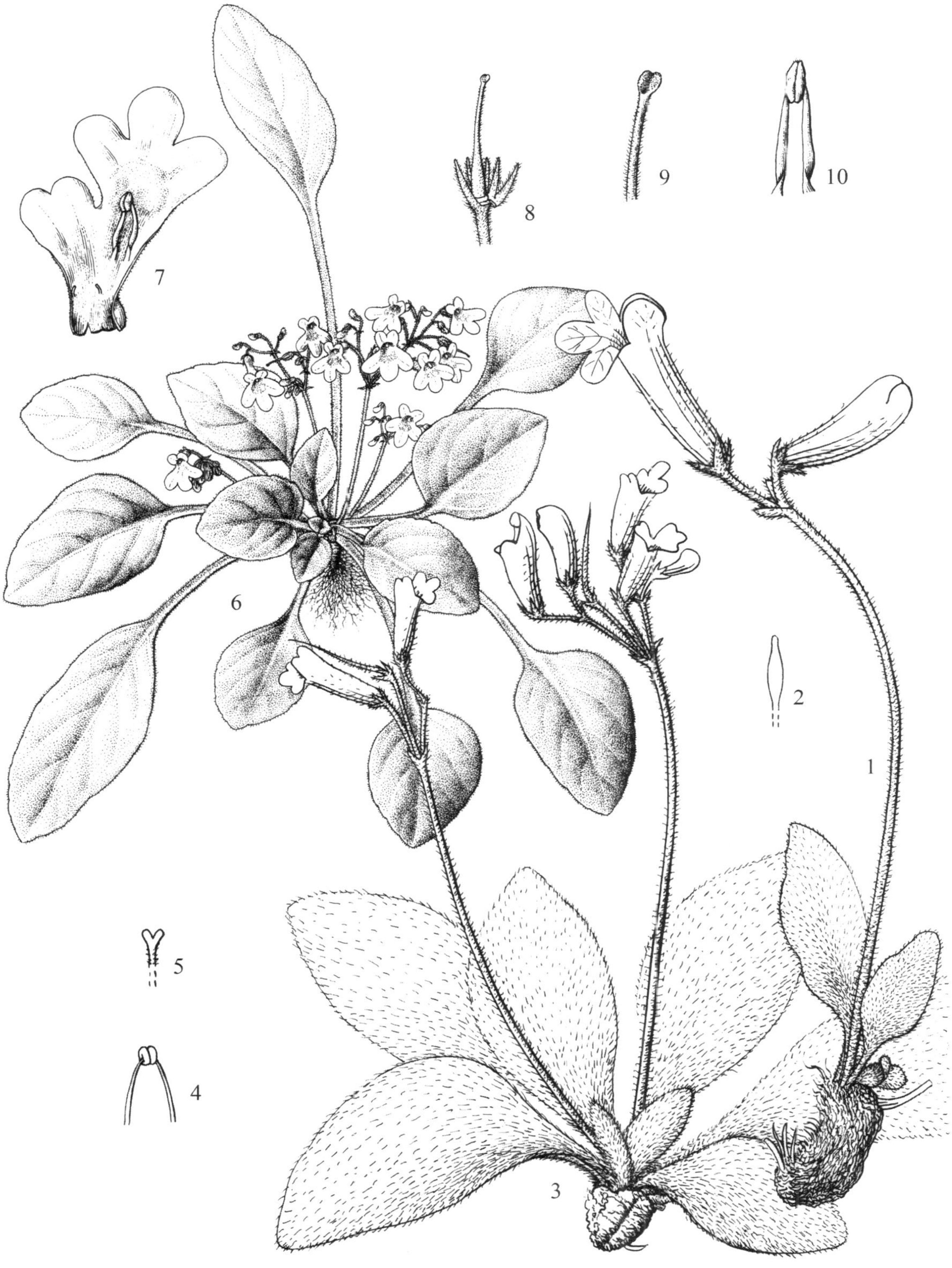

图版 186　1～2. **紫萼唇柱苣苔** *Primulina atropurpurea*（W. T. Wang）Mich. Möller et A. Weber　1. 植株；2. 柱头。　3～5. **药用唇柱苣苔** *P. medica*（D. Fang ex W. T. Wang）Y. Z. Wang　3. 植株；4. 雄蕊；5. 柱头。　6～10. **钟氏报春苣苔** *P. tsoongii* H. L. Liang, Bo Zhao et Fang Wen　6. 植株；7. 花冠展开；8. 花萼及雌蕊；9. 柱头；10. 雄蕊。　（1～5 刘春荣绘，6～10 何顺清绘）

花冠粉红色，长 4～4.5 cm。 花期 6～7 月。 广西特有，产于阳朔；生于石灰岩山下阴处，海拔 200 m。

81. **桂海报春苣苔**

Primulina guihaiensis (Y. G. Wei, B. Pan et W. X. Tang) Mich. Möller et A. Weber, Taxon **60**(3): 782. 2011. ——*Chirita guihaiensis* Y. G. Wei, B. Pan et W. X. Tang, Nord. J. Bot. **25**: 296. 2007.

多年生草本。叶基生；具叶柄；叶片阔椭圆形至阔椭圆状卵形，长 7～11 cm，宽 5～8.5 cm，两面被柔毛；侧脉 5～6 条。聚伞花序腋生，1～3 回分枝，具 10～15 朵花；花序梗长 8～12 cm；苞片 2 枚，披针状长圆形，长 10～11 mm，外面被柔毛；花萼 5 裂达基部，花冠蓝紫色至紫红色，长 3.2～4 cm，外面被柔毛，檐部明显二唇形，上唇 2 裂，下唇 3 裂；雄蕊 2 枚，花丝线形，长 10 mm；退化雄蕊 2 枚；雌蕊长 3～4 cm，柱头线状披针形，顶端 2 裂。 花期 4～5 月。 广西特有，产于桂林、灵川、阳朔；生于石灰岩洞口潮湿石壁上或石灰岩山坡林下石上，海拔 100～200 m。

82. **河池唇柱苣苔** 图版 185：14～19

Primulina hochiensis (Chang Chun Huang et X. X. Chen) Mich. Möller et A. Weber, Taxon **60**(3): 782. 2011. ——*Chirita hochiensis* Chang Chun Huang et X. X. Chen 于华南植物学报，试刊 **1**: 14, cum pl. 1992.

多年生草本；根状茎圆柱形。基生叶 6～12；叶片厚纸质，狭卵形或狭椭圆形，长 2～5.5 cm，宽 1.3～3 cm，全缘，两面密被短柔毛；侧脉每侧 3～4 条；叶柄长 1～3.5 cm。花序 1～5 条，每条花序具 1～4 朵花；花序梗长 4～7 cm，被腺状柔毛；苞片 2 枚，对生，线状披针形，长 3～4 mm；花梗长 7～23 mm；花萼长 4～7 mm；花冠紫色，长 2～3 cm，外面有腺毛，筒长 13～18 mm，口部直径 6 mm，上唇长 3～5 mm，下唇长 4～7 mm；雄蕊着生于花冠筒中部之上，花丝狭线形，有短腺毛，花药背面有毛；雌蕊长 1.5～2 cm，被腺毛，柱头舌状，长 1 mm，顶端微凹。 花期 9～10 月，果期 11～12 月。 广西特有，产于河池；生于石灰岩山石壁上，海拔 600 m。

83. **匍茎报春苣苔**

Primulina diffusa X. Hong, F. Wen et S. B. Zhou, Ann. Bot. Fennici **51**: 213. 2014.

多年生草本；根状茎长 2～4 cm；具匍匐茎。叶片草质，卵状椭圆形至近圆形，长 1.8～4 cm，宽 1.5～2 cm，两面密被长柔毛，边缘全缘；侧脉每侧 3～4 条。聚伞花序腋生，不分枝，单花；花序梗长 3～6 cm，密被短柔毛和腺毛；苞片 2 枚，狭椭圆形到钻形，长 2～2.5 mm，两面被短柔毛；花萼 5 裂达基部，椭圆形，长 2～2.5 mm；花冠蓝紫色至粉红色，长 1.7～2 cm，喉部有 2 个黄色椭圆形点，外面被短柔毛和腺毛，花冠筒长约 1 cm，檐部明显二唇形，上唇 2 裂，下唇 3 裂；雄蕊 2 枚，花丝长约 8 mm，紫色，近中部膝状弯曲，花药肾形，黄色；退化雄蕊 2 枚；雌蕊长 1.5 cm，被微柔毛和腺毛，柱头倒梯形，顶端 2 裂，蒴果线形，长 1.8～2.2 cm。 花期 11～12 月。 产于大新；生于石灰岩山坡林下石壁上，海拔 100～300 m。越南北部可能有分布。

84. **疏花唇柱苣苔**

Primulina laxiflora (W. T. Wang) Y. Z. Wang, J. Syst. Evol. **49**: 61. 2011. ——*Chirita laxiflora* W. T. Wang，植物研究 4(1)：21，图版 3：1～2. 1984；中国植物志 **69**：349，图版 94，图 1～3.

多年生草本。叶基生；叶片草质，斜椭圆形，长 6～9.6 cm，宽 4～6.5 cm，顶端微尖，边缘有小钝齿，两面密被短柔毛；叶柄扁，长 2～5 cm。花序有 7～10 朵花；苞片狭披针形，长 3～4 mm；花萼长约 4.5 mm；花冠紫色，长约 1.7 cm，筒长 1.2 cm，口部直径 6 mm。 花期 5～6 月。 产于凌云、龙州；生于石山岩石上。

85. **多花唇柱苣苔**

Primulina floribunda (W. T. Wang) Mich. Möller et A. Weber, Taxon **60**(3): 782. 2011. ——*Chirita floribunda* W. T. Wang，植物研究 4(1)：23. 1984；中国植物志 **69**：352. 1990.

多年生草本。叶基生；叶片纸质，狭椭圆形或长圆形，长 8.5～14 cm，宽 3.8～7 cm，顶端微钝，边缘有圆钝齿，两面有贴伏短柔毛；叶柄扁，长 1.2～5.2 cm。花序具 8～15 朵花；苞片披针状线形，长 6～8 mm；花萼长 4.8 mm。花冠紫色，长约 2.1 cm，筒长 1.2 cm，口部直径 4～6 mm。 花期 6 月。 可能产于金秀。模式标本为栽培植物。

86. **恭城报春苣苔** 图版 187:1～6

Primulina gongchengensis Y. S. Huang et Yan Liu, Ann. Bot. Fennici **49**:108. 2012.

多年生草本;根状茎不明显。叶基生;叶片草质,菱状卵形至椭圆形,长 6～20 cm,宽 3～10 cm,两面密被腺状短柔毛,边缘波状至锯齿状;侧脉 2～3 条。聚伞花序腋生,1～3 回分枝,具 10～20 朵花;花序梗长 6～25 cm,连同苞片和花萼密被腺状短柔毛;苞片 2 枚,线形,长 10～20 mm;花萼 5 裂达基部,线状披针形,长 10～15 mm;花冠紫红色,长 2.2～2.8 cm,外面被腺毛,花冠筒细筒状,檐部明显二唇形,上唇 2 裂,下唇 3 裂;雄蕊 2 枚,花丝长 8 mm,中部弯曲;退化雄蕊 3 枚,不等大;雌蕊长 1.5～1.7 cm,密被腺状短柔毛,柱头倒梯形,2 裂。 花期 6～8 月。 广西特有,产于恭城;生于石灰岩山坡林下石壁上,海拔 100～200 m。

87. **药用唇柱苣苔** 牛耳朵(平乐) 图版 186:3～5

Primulina medica (D. Fang ex W. T. Wang) Y. Z. Wang, J. Syst. Evol. **49**:61. 2011. ——*Chirita medica* D. Fang ex W. T. Wang, 植物研究 1(4):64, 图 3～5. 1981; 中国植物志 69:352. 1990.

多年生草本。叶莲座状基生;叶片纸质或草质,狭卵形或椭圆形,长 3.5～7 cm,宽 2～3.5 cm,顶端微尖,边缘全缘或浅波状,两面密被长柔毛;叶柄扁,长 0.5～2.5 cm。花序有 3～7 朵花;苞片披针状线形,长 4～7 mm;花萼长 3.5～4 mm;花冠白色带粉红色,长 1.7～2.1 cm,筒长 1.3～1.5 cm,口部直径 5～6 mm。 花期 3～4 月。 广西特有,产于平乐;生于石山石缝中或者洞口阴湿处,海拔 200～300 m。根状茎民间供药用,可治痢疾。

88. **漓江报春苣苔** 图版 187:7～11

Primulina lijiangensis (B. Pan et W. B. Xu) W. B. Xu et K. F. Chung, Phytotaxa **64**:4. 2012. ——*Chirita lijiangensis* B. Pan et W. B. Xu, Ann. Bot. Fennici **48**:188. 2011.

多年生草本;根状茎明显。叶聚生于根状茎的顶端;叶片草质,菱状卵形至椭圆形,长 6～30 cm,宽 3～15 cm,基部楔形至阔楔形,边缘具钝齿或波状;侧脉 5～7 条。聚伞花序腋生,1～3 回分枝,具 10～20 朵花;苞片 2 枚对生,线形,长 10～20 mm,宽 2～3.5 mm,边缘全缘,两面被柔毛;花萼 5 裂达基部,外面密被柔毛;花冠紫红色,长 22～28 mm,花冠筒纤细,基部肿胀,檐部明显二唇形,上唇 2 裂过中部,下唇 3 裂;雄蕊 2 枚,花丝线形,紫色,基部扭曲,花药椭圆形或肾形,光滑无毛;退化雄蕊 3 枚,不等大;雌蕊长 15～18 mm,柱头倒梯形,稍裂。 花期 7～8 月。 广西特有,产于阳朔;生于石灰岩潮湿石壁上,海拔 100～200 m。

89. **莲座状报春苣苔**

Primulina rosulata (F. Wen et Y. G. Wei) Z. L. Ning et X. Y. Zhuang, Willdenowia **46**(3):401. 2016. ——*P. hochiensis* var. *rosulata* F. Wen et Y. G. Wei, Phytotaxa **54**:37. 2012.

多年生草本;根状茎不明显;不具匍匐茎。叶基生。叶片稍肉质,椭圆形至稍卵形,长 3.5～6 cm,宽 2.5～4 cm,两面密被贴伏的微柔毛;侧脉每边 4～5 条。聚伞花序腋生,具 2～4 朵花;花序梗长 3～9.5 cm,密被开展的微柔毛;苞片 2 枚,线形,长 4～5 mm,外面被微柔毛;花萼紫色,5 裂达基部,披针状线形,长约 7～7.5 mm,外面被短柔毛;花冠白色至淡粉红色,长 2.6～3.6 cm,喉部具有明显的 2 个黄斑,花冠筒长约 10 mm,檐部明显二唇形,上唇 2 裂达基部,下唇 3 裂过中部;雄蕊 2 枚,花丝线形,长约 6 mm,基部膝状弯曲,花药肾形,紫色到暗紫色;退化雄蕊 3 枚,不等大;雌蕊长 9.2～9.7 mm,柱头倒梯形,顶端 2 裂。蒴果线形,长 18～22 mm。 花期 7～8 月。 广西特有,产于平乐;生于石灰岩山坡潮湿石壁上或洞口石壁上,海拔 100～200 m。

90. **钟氏报春苣苔** 图版 186:6～10

Primulina tsoongii H. L. Liang, Bo Zhao et Fang Wen, Nord. J. Bot. **32**:75. 2014.

多年生草本;根状茎不明显。叶基生;叶片稍肉质,卵形、阔倒披针形,长 4～6 cm,宽 2.5～3.5 cm,腹面绿色或紫绿色,疏被长毛,成熟后变少;侧脉每边约 3 条。聚伞花序腋生,具 6～12 朵花;花序梗长 2.5～4.5 cm,被开展的柔毛;苞片 2 枚,披针状钻形,长 3.5～4 mm,外面被短柔毛;花萼 5 裂达基部,狭

图版 187　1～6. **恭城报春苣苔** *Primulina gongchengensis* Y. S. Huang et Yan Liu　1. 植株；2. 花冠展开；3. 花；4. 花萼及雌蕊；5. 雄蕊；6. 柱头。　7～11. **漓江报春苣苔** *P. lijiangensis* (B. Pan et W. B. Xu) W. B. Xu et K. F. Chung　7. 植株；8. 花冠展开；9. 花萼及雌蕊；10. 雄蕊；11. 柱头。　（朱运喜绘）

线形，长约4.5 mm，外面被长柔毛；花冠淡紫色，长1.8～2 cm，喉部具有明显的2个黄斑，花冠筒长10～11 mm，檐部明显二唇形，上唇2裂达基部，下唇3裂过中部；雄蕊2枚，花丝线形，长约4.5 mm，基部膝状弯曲，花药肾形，退化雄蕊3枚，不等大；雌蕊长9.2～9.7 mm，柱头舌状，顶端不裂。蒴果线形，长8～10 mm。　花期7～8月，果期9～10月。　广西特有，产于恭城；生于石灰岩山坡潮湿石壁上或洞口石壁上，海拔100～200 m。

91. **薄叶唇柱苣苔**　图版182：5～6

Primulina tenuifolia (W. T. Wang) Y. Z. Wang, J. Syst. Evol. **49**：62. 2011. ——*Chirita tenuifolia* W. T. Wang，植物研究 **1**(4)：61，图1～2. 1981；中国植物志 **69**：347. 1990.

多年生草本。叶基生；叶片干时膜质，斜椭圆形，长2.2～5 cm，宽1.1～3 cm，顶端钝或微钝，边缘有少数小齿，两面疏被短伏毛；叶柄扁，长0.3～2 cm。花序具1朵花；花萼长约4.8 cm；花冠淡紫色，长约2.8 cm。　花期8月。　广西特有，产于东兰；生于石山上。

92. **龙氏唇柱苣苔**

Primulina longii (Z. Y. Li) Z. Y. Li, J. Syst. Evol. **49**：61. 2011. ——*Chirita longii* Z. Y. Li, Novon **12**(4)：492. 2002.

多年生草本；根状茎不明显。叶聚生于根状茎顶端；叶片草质，倒披针形，长1.5～9 cm，宽4～40 mm，两面被贴伏的白色短柔毛，边缘全缘或波状；侧脉每边约3条。聚伞花序腋生，每花序具1朵花；花序梗长1.2～2.3 cm，密被短柔毛；苞片2(1)枚，线形，长3～3.5 mm，两面密被短柔毛；花萼5裂达基部，线形，长8～12 mm，外面被短柔毛；花冠淡蓝紫色，长约4.3 cm，花冠筒长约27 mm，檐部明显二唇形，上唇2裂，下唇3裂；雄蕊2枚，花丝线形，长约12 mm，基部上方膝状弯曲，花药椭圆形，无毛；退化雄蕊2枚；雌蕊长约23 mm，密被微柔毛，柱头倒梯形，顶端2裂。　花期1～2月。　广西特有，产于融安；生于石灰岩山坡遮阴的潮湿石壁上，海拔200～400 m。

93. **钟冠唇柱苣苔**　肥知母　白芨药(武鸣)

Primulina swinglei (Merr.) Mich. Möller et A. Weber, Taxon **60**(3)：785. 2011. ——*Didymocarpus swinglei* Merr. in Philipp. Journ. Sci. Bot. **13**：156. 1918. ——*Chirita swinglei* (Merr.) W. T. Wang，植物研究 **1**(4)：62. 1981；中国植物志 **69**：340，图版91，图3～5. 1990.

多年生草本。叶片草质，椭圆形或椭圆状卵形，长6～13 cm，宽4～9 cm，边缘有波状小齿或牙齿，两面被短伏毛；叶柄扁，长0.8～5 cm。花序具3～6朵花；苞片线形，长2～6 mm；花萼长6～10 mm；花冠淡蓝色或紫色，长2.8～4.2 cm。　花期5～9月。　产于防城、钦州、玉林、容县、灵山、武鸣、上林；生于山谷林中、溪边石上或陡崖上，海拔150～500 m。分布于广东，越南北部也有。

94. **桂林唇柱苣苔**　图版179：11～13

Primulina gueilinensis (W. T. Wang) Y. Z. Wang et Yan Liu, J. Syst. Evol. **49**：61. 2011. ——*Chirita gueilinensis* W. T. Wang，植物研究 **1**(4)：43，照片2. 1981；中国植物志 **69**：367. 1990.

多年生草本。叶基生；叶片纸质，狭椭圆形，长2.5～7.5 cm，宽1.4～4 cm，边缘有浅钝齿，两面密被短柔毛；叶柄扁，长0.5～4 cm。花序具1～5朵花；苞片线形或长圆形，长2～4 mm；花萼长5～7 mm；花冠紫色，长4～6 cm。　花期3～4月。　产于桂林、灵川、桂平；生于石灰岩山坡林下，海拔达100～300 m。分布于广东西部。　根状茎在民间供药用，治疗咳嗽、跌打损伤等。

95. **鹿寨唇柱苣苔**　图版188：1～5

Primulina luzhaiensis (Yan Liu, Y. S. Huang et W. B. Xu) Mich. Möller et A. Weber, Taxon **60**(3)：783. 2011. ——*Chirita luzhaiensis* Yan Liu, Y. S. Huang et W. B. Xu, J. Trop. Subtrop. Bot. **18**(2)：137. 2010.

多年生草本。叶片均基生；叶片草质，狭椭圆形到椭圆状菱形，长8～20 cm，宽2.5～8 cm，边缘波状，上面密被长柔毛和短柔毛，长柔毛长4～8 mm，背面被短柔毛；侧脉每侧4～6条。聚伞花序腋生，2～3回分枝，密被长柔毛，每花序具1～10朵花；苞片2枚对生，线状披针形，长2～8 mm，边缘全缘，外密被长柔

图版 188 1～5. **鹿寨唇柱苣苔** Primulina luzhaiensis (Yan Liu, Y. S. Huang et W. B. Xu) Mich. Möller et A. Weber 1. 植株；2. 花冠展开；3. 雄蕊；4. 柱头；5. 花萼及雌蕊。 6～10. **南丹唇柱苣苔** P. nandanensis (S. X. Huang, Y. G. Wei et W. H. Luo) Mich. Möller et A. Weber 6. 植株；7. 花冠展开；8. 花萼及雌蕊；9. 雄蕊；10. 柱头。 （何顺清绘）

毛;花萼 5 裂达基部,裂片狭披针形;花冠蓝紫色,长 3.5～6 cm,外面被短柔毛,檐部明显二唇形,上唇 2 裂,下唇 3 裂;雄蕊 2 枚,花丝长 11～14 mm,近基部膝状弯曲,花药长 3～5 mm,光滑无毛;退化雄蕊 3 枚,不等大;雌蕊长 2～3 cm,被短柔毛,柱头顶端 2 裂。 花期 12 月至翌年 1 月。 广西特有,产于鹿寨;生于石灰岩洞口潮湿石壁上,海拔 150～300 m。

96. 长萼报春苣苔

Primulina longicalyx (J. M. Li et Y. Z. Wang) Mich. Möller et A. Weber, Taxon **60** (3): 783. 2011. ——*Chirita longicalyx* J. M. Li et Y. Z. Wang, Ann. Bot. Fennici **45**(3):212. 2008.

多年生草本;根状茎不明显。叶聚生于根状茎的顶端;叶片草质,卵形至椭圆形,或倒披针形,长 8～25 cm,宽 3.5～8 cm,基部楔形或渐狭,边缘不明显的小锯齿或波状,两面密被短柔毛;侧脉 4～6 条。聚伞花序腋生,具 5～12 朵花。苞片 2 枚对生,披针形,长 25～30 mm,宽 1.5 mm,边缘全缘,被短柔毛;花萼 5 裂达基部,狭披针形,长 15～25 mm,宽 1.5 mm,外面密被柔毛;花冠淡蓝紫色,长 5～5.6 cm,花冠筒长 3.8～4 cm,檐部明显二唇形,上唇 2 裂,下唇 3 裂;雄蕊 2 枚,花丝线形,长 1.4 cm,膝状弯曲,花药密被髯毛;退化雄蕊 3 枚,不等大;雌蕊长 39～43 mm,密被腺毛,柱头 2 裂。蒴果直或稍弯曲,长 2.2～2.8 cm,密被柔毛。 花期 4～5 月。 广西特有,产于桂林;生于石灰岩潮湿石壁上,海拔 100～200 m。

97. 桂粤唇柱苣苔

Primulina fordii (Hemsl.) Y. Z. Wang, J. Syst. Evol. **49**:61. 2011. ——*Didymocarpus fordii* Hemsl. in Journ. Linn. Soc. Bot. **26**:229. 1890. ——*Chirita fordii* (Hemsl.) Wood in Not. Bot. Gard. Edinb. **33** (1):142. 1974;王文采,植物研究 **1**(4):48. 1981;于中国植物志 **69**:369,图版 98,图 4～6. 1990.

多年生草本。叶基生;叶片草质,卵形,长 7～11 cm,宽 5～7 m,顶端钝或微尖,边缘有不明显钝齿,两面被柔毛;叶柄扁,长 2.5～5 cm。花序具 3～4 朵花;苞片线形或狭三角形,长 3～5 mm;花萼长 3.5～5 mm;花冠粉红色,长 2.3～3.3 cm。 花期 8～10 月。 产于苍梧;生于石山阴处,海拔 400 m。分布于广东北部。

98. 南丹唇柱苣苔 图版 188:6～10

Primulina nandanensis (S. X. Huang, Y. G. Wei et W. H. Luo) Mich. Möller et A. Weber, Taxon **60**(3): 783. 2011. ——*Chirita nandanensis* S. X. Huang, Y. G. Wei et W. H. Luo, Ann. Bot. Fennici **47**:139. 2010.

多年生草本。叶片草质,椭圆形至长圆形,长 3～15 cm,宽 1.5～6 cm,两面密被长柔毛;侧脉每边 3～5 条。聚伞花序腋生,1～3 回分枝,具 6～15 朵花;花序梗长 5～10 cm,密被长柔毛;苞片对生,狭披针形,长约 6 mm,宽约 1 mm,外面被长柔毛;花萼 5 裂达基部,裂片披针形,外面被长柔毛;花冠淡紫红色,长 2～3.2 cm,外面被短柔毛,檐部明显二唇形,上唇 2 裂,下唇 3 裂。雄蕊 2 枚,花丝线形,长 8～10 mm,光滑无毛;退化雄蕊 2 枚;雌蕊长约 2 cm,被短柔毛,柱头顶端 2 深裂,裂片狭披针形,长约 4 mm。 花期 5 月。 产于南丹、环江;生于石灰岩洞口潮湿石壁上,海拔 300～600 m。

99. 那坡唇柱苣苔

Primulina napoensis (Z. Y. Li) Mich. Möller et A. Weber, Taxon **60**(3):784. 2011. ——*Chirita napoensis* Z. Y. Li, Novon 7(4):424. 1997.

多年生草本。叶基生;叶片厚纸质,宽椭圆形至宽长圆形,长 2.5～4.2 cm,宽 1～3 cm,两面密被贴伏的短柔毛,边缘全缘或波状圆齿;侧脉 3～4 对。聚伞花序腋生,具 1～2 朵花;花序梗长 2.5～6.5 cm;苞片 2 枚,狭长圆形,长 1.5～3.5 mm,外面被短柔毛;花萼 5 裂达基部,线状披针形;花冠蓝紫色,长约 3.4 cm,外面被短柔毛和腺状短柔毛,檐部明显二唇形,上唇 2 深裂,下唇 3 浅裂;雄蕊 2 枚,花丝线形,长 4 mm,基部之上膝状弯曲;退化雄蕊 2 枚;雌蕊长约 1.3 cm,密被短柔毛,柱头狭长圆形,全缘。 花期 4～5 月,果期 5～7 月。 产于那坡;生于石灰岩山坡林下,海拔 500～800 m。越南北部可能有分布。

100. 变色唇柱苣苔

Primulina varicolor (D. Fang et D. H. Qin) Y. Z. Wang, J. Syst. Evol. **49**:62. 2011. ——*Chirita varicolor* D. Fang et D. H. Qin, Acta Phytotax. Sin. **37**(6):591, pl. 1, f. 1～2. 1999.

多年生草本；根状茎不明显。叶基生；叶片稍肉质，阔卵形、椭圆形、稀卵形或近圆形，长1.5～11 cm，宽0.9～6.5 cm，边缘浅钝齿或波状，两面被糙伏毛和散生的贴伏短柔毛；侧脉每边2～4条。聚伞花序腋生，具1～5朵花；花序梗连同花梗被紫色腺状短柔毛和开展的长柔毛；苞片2枚，椭圆形或长椭圆形，长2～5 mm，外面被紫色短腺状毛；花萼5裂达基部，长圆状披针形，长4～6 mm，外面被紫色短腺状毛；花冠紫红色至白色，长3.5～4 cm，花冠筒长2.7 cm，檐部明显二唇形，上唇2裂，下唇3裂；雄蕊2枚，花丝下部膝状弯曲，花药近无毛，退化雄蕊2枚。雌蕊密被腺状短柔毛，柱头长圆形，顶端2浅裂。 花期7月。 产于那坡；生于石灰岩山坡林下石壁上，海拔约1 000 m。越南北部可能有分布。

101. **寿城唇柱苣苔**

Primulina shouchengensis (Z. Y. Li) Z. Y. Li, J. Syst. Evol. **49**:62. 2011. ——*Chirita shouchengensis* Z. Y. Li, Novon 7(4):426. 1997.

多年生草本；根状茎不明显。叶聚生于根状茎顶端；叶片草质，倒披针形，长3～6 cm，宽5～25 mm，叶腹面被白色微柔毛，背面被贴伏的白色短柔毛，边缘全缘；侧脉每边2～3条。聚伞花序腋生，每花序具1朵花；花序梗长0.9～2 cm，密被短柔毛；苞片2枚，线状长圆形，长4～6 mm，两面密被短柔毛；花萼5裂达基部，线状披针形，长约10～12 mm，外面被短柔毛；花冠蓝紫色，长约4.5 cm，花冠筒长约33 mm，檐部明显二唇形，上唇2浅裂，下唇3浅裂；雄蕊2枚，花丝线形，长约11 mm，基部上方膝状弯曲，花药椭圆形，被棉毛，退化雄蕊2枚。雌蕊长约35 mm，柱头顶端2深裂。 花期4～5月。 广西特有，产于永福、融安；生于石灰岩洞口潮湿石壁上或山坡遮阴的潮湿石壁上，海拔100～300 m。

102. **桂中报春苣苔**

Primulina guizhongensis Bo Zhao, B. Pan et F. Wen, Phytotaxa **109**:32. 2013.

多年生草本；根状茎不明显。叶基生；叶片纸质，卵形至长圆状卵形，长5.5～10.5 cm，宽2.1～4.5 cm，两面被贴伏的短柔毛，边缘全缘；侧脉3～4条。聚伞花序腋生，具2～4朵花；花序梗纤细，长5.5～10 cm。苞片2枚，线状披针形，长8～12 mm；花萼5裂达基部，线状披针形，长11～15 mm；花冠蓝紫色，长4～4.8 cm，檐部明显二唇形，上唇2裂，下唇3裂；雄蕊2枚，花丝长10 mm，近中部膝状弯曲，无毛，花药肾形；退化雄蕊3枚，不等大；雌蕊长4.2～4.5 cm，密被腺状微柔毛和微柔毛，柱头倒梯形，2裂，裂片狭三角形。 花期10月。 广西特有，产于柳江；生于石灰岩洞口潮湿石壁上或山坡林下石壁上，海拔100～200 m。

103. **韦氏报春苣苔** 软叶唇柱苣苔

Primulina weii Mich. Möller et A. Weber, Taxon **60**(3):785. 2011. ——*Chirita mollifolia* D. Fang, Y. G. Wei et J. Murata, Acta Phytotax. Sin. **37**(6):592. 1999.

多年生草本。叶基生；叶片披针形，狭长圆形或椭圆形，长2～7 cm，宽1～2 cm，两面被绒毛，边缘全缘，侧脉每边3～4条。聚伞花序腋生，具1～4朵花；花序梗连同苞片和花梗被绒毛；苞片2枚，狭长圆形，长约2 mm；花萼5裂达基部，三角状披针形或线形；花冠紫红色，长4～4.4 cm，外面被短柔毛和腺毛，檐部明显二唇形，上唇2裂，下唇3裂；雄蕊2枚，花丝线形，下部膝状弯曲，花药无毛；退化雄蕊2枚；雌蕊被短绒毛，柱头顶端2浅裂。 花期9～10月，果期10～11月。 产于那坡；生于石灰岩洞口潮湿石壁上，海拔600～900 m。越南北部可能有分布。

104. **柳江唇柱苣苔**

Primulina liujiangensis (D. Fang et D. H. Qin) Yan Liu, J. Syst. Evol. **49**:61. 2011. ——*Chirita liujiangensis* D. Fang et D. H. Qin 于植物分类学报 **32**(6):569, 图2:8～10. 1994.

多年生草本。叶均基生；叶片卵形，稀椭圆形，长2～8 cm，宽1～6 cm，先端钝，基部圆形、宽楔形或斜宽楔形，边缘具钝齿，两面被长1～7 mm的柔毛；侧脉每边3～5条；叶柄长0.5～4 cm。聚伞花序具2～3朵花；花序梗长3～14 cm，与花梗均被长柔毛和短腺毛；苞片线形，长3～6 mm；花萼长4～6 mm；花冠淡紫红色，长3～3.8 cm，筒长2.4 cm，上唇长7 mm，下唇长12 mm；花药长3 mm，背部被短柔毛；雌蕊长

2.4 cm，花柱长 5 mm。　花期 6 月。　广西特有，产于柳江；生于石灰山林中。

本种体态与**九万山唇柱苣苔**［*Primulina jiuwanshanica* (W. T. Wang) Y. Z. Wang］相似，但后者的叶片两面被长 0.2～2 mm 的柔毛；苞片卵形或狭椭圆形；花萼裂片边缘每侧有 1～2 小齿；花冠檐部长 3.5～7 mm；花药顶端被糙伏毛；子房长 10 mm，花柱长 16 mm，可以区别。

105. 李氏报春苣苔

Primulina leeii (F. Wen, Yue Wang et Q. X. Zhang) Mich. Möller et A. Weber, Taxon **60**(3): 783. 2011. ——*Chirita leeii* F. Wen, Yue Wang et Q. X. Zhang, Guihaia **29**(6): 719. 2009.

多年生草本。叶基生；叶片纸质，长卵状椭圆形或狭椭圆形，长 4.5～9 cm，宽 1.8～4.5 cm，两面被贴伏的短柔毛，边缘具锯齿；侧脉 4～5 条。聚伞花序腋生，具 2 朵花，或 1～3 朵花，或更多；苞片 2 枚，狭披针形或线形，长 5～9 mm；花萼 5 裂达基部，线状披针形；花冠粉红色到蓝紫色，长 3.8～4.5 cm，上唇 2 裂，下唇 3 裂；雄蕊 2 枚，花丝膝状弯曲，无毛，花药背部密被紫色髯毛；退化雄蕊 3 枚，不等大；雌蕊长 2.7～3 cm，柱头 2 裂，裂片狭三角形。　花期 3～4 月。　广西特有，产于柳州；生于石灰岩洞口潮湿石壁上，海拔 100～200 m。

13. 奇柱苣苔属 Deinostigma W. T. Wang et Z. Y. Li

多年生草本；叶片直立茎明显。单叶互生，有时聚集于茎的顶端；具叶柄。聚伞花序腋生；花梗具钩状毛。花萼裂达基部，花冠白色、紫色、蓝色或交叉，上唇 2 裂，下唇 3 裂，裂片顶端圆形；雄蕊 2 枚；退化雄蕊 3 枚。花盘齿状或不存在。子房梭形，柱头下半部分发育。果实直或镰形；种子多数，两端不具附属物。

本属 7 种，分布于中国南部至越南，老挝可能也有分布。我国有 2 种，这 2 种均是从**唇柱苣苔属**（*Chirita* Buch.-Ham. ex D. Don）转入本属。2 种广西均产。

分 种 检 索 表

1. 叶片基部不为浅盾形；花序通常 1 回分枝，具 2～5 朵花；子房 1 室；蒴果直，长 2.5～3.6 cm ………………………………………………………………… 1. **多痕奇柱苣苔 D. cicatricosa** (W. T. Wang) D. J. Middleton et Mich. Möller
1. 叶片基部常为浅盾形；花序 2～5 回分枝，具 2～11 朵花；子房 2 室，仅 1 室能育；蒴果稍弯曲，长 1.5～2 cm ……………………………………………………… 2. **弯果奇柱苣苔 D. cyrtocarpa** (D. Fang et L. Zeng) Mich. Möller et H. J. Atkins

1. 多痕奇柱苣苔　多痕唇柱苣苔

Deinostigma cicatricosa (W. T. Wang) D. J. Middleton et Mich. Möller, Gardens' Bulletin Singapore **68**(1): 155. 2016. ——*Chirita cicatricosa* W. T. Wang, 植物研究 **1**(4): 69. 1981. ——*Chirita minutihamata* Wood in Not. Bot. Gard. Ednib. **31**: 370. 1972. et **33**(1): 149. 1974; 中国植物志 **69**: 393. 1990. ——*Primulina minutihamata* (Wood) Mich. Möller et A. Weber, Taxon **60**(3): 783. 2011.

多年生草本；直立茎明显；当年生枝被开展的柔毛。叶互生；叶片草质，狭卵形或椭圆形，长 1.5～8.5 cm，宽 1.4～4.2 cm，边缘有小齿，两面被疏柔毛；叶柄长 0.5～5.5 cm。花序腋生，具 1 朵花；苞片对生，宽披针形，长约 5 mm；花萼长 8 mm；花冠紫蓝色，长约 2.5 cm。　花期 10 月。　产于东兴、防城；生于山地疏林中。分布于越南。

2. 弯果奇柱苣苔　弯果唇柱苣苔

Deinostigma cyrtocarpa (D. Fang et L. Zeng) Mich. Möller et H. J. Atkins, Gardens' Bulletin Singapore **68**(1): 156. 2016. ——*Chirita cyrtocarpa* D. Fang et L. Zeng, Acta Phytotax. Sin. **31**(5): 468. 1993. —— *Primulina cyrtocarpa* (D. Fang et L. Zeng) Mich. Möller et A. Weber, Taxon **60**: 781. 2011.

多年生草本；根状茎圆柱形，长达 112 cm，粗达 7 mm；茎长 32～61 cm，与叶柄、花序梗被短柔毛和腺毛。叶互生；叶片狭卵形或椭圆形，稀宽卵形，长 3～15 cm，宽 1.5～6 cm，草质，先端渐尖，基部圆形、心形或宽楔形，常盾状，边缘有锯齿，两面被柔毛；侧脉每边(4)5～7 条；叶柄长 1～11 cm。聚伞花序具 2～11 朵花；花序梗长 5.5～11 cm；苞片卵形、披针形或长椭圆形，长 6～14 mm；花萼长 5～8 mm；花冠暗紫色，长 3.3～5.5 cm，外面被短腺毛和疏柔毛，筒细漏斗状，长 3 cm，上唇长 4～6 mm，下唇长 10～15 mm；花药长 3.5 mm，被白绵毛；退化雄蕊 2 枚，长 7～10 mm，先端变粗，有绵毛。雌蕊长 3～4 cm，被短腺毛，子房 2 室，只 1 室发育。蒴果线状披针形，长 1.5～2 cm，基部粗 2～3 mm，稍弯曲。 花期 5～6 月，果期 7～8 月。 广西特有，产于贺州(大桂山)；生于山谷林下石上，海拔 130～240 m。 本种与**多痕奇柱苣苔**[*Deinostigma cicatricosa* (W. T. Wang) D. J. Middleton et Mich. Möller]极为相近，但后者的聚伞花序通常 1 回分枝，具 1～5 朵花；子房 1 室，有 2 侧膜胎座；蒴果较长，长 2.5～3 cm，近直生，可以区别。

14. 汉克苣苔属 Henckelia Spreng.

多年生或一年生草本；直立茎有或无，稀匍匐茎。叶对生、互生或轮生，有时聚集于茎的顶端；具叶柄。花序腋生，苞片对生或轮生。花萼 5 裂到基部，或者不完全裂形成花萼筒；花冠漏斗状，稀管状，上唇 2 裂，下唇 3 裂，花冠颜色多种，常在喉部有黄色斑点。雄蕊 2 枚；花盘环状或 5 裂；子房具短柄，柱头二唇形，上唇不发育，下唇顶端 2 裂或不分裂。蒴果裂成 2 瓣，花萼宿存或不宿存；种子微小，椭球状。 本属分布于斯里兰卡、印度(南部和东北部)、尼泊尔、不丹、越南(北部)、泰国(北部)、老挝(北部)，约 56 种。中国有 22 种，这些类群是根据最新的分子系统研究结果从原来的**唇柱苣苔属**(*Chirita* Buch.-Ham. ex D. Don)的**麻叶唇柱苣苔组**(Sect. *Chirita*)转入本属；广西产 3 种。

分种检索表

1. 叶基生 …………………………………… 1. **角萼汉克苣苔** H. ceratoscyphus(B. L. Burtt) D. J. Middleton et Mich. Möller
1. 叶茎生。
  2. 叶无紫斑；花萼外面无毛 …………………… 2. **光萼汉克苣苔** H. anachoreta(Hance) D. J. Middleton et Mich. Möller
  2. 叶有紫斑；花萼外面被柔毛 ………………………………………… 3. **斑叶汉克苣苔** H. pumila(D. Don) A. Dietr.

1. 角萼汉克苣苔 角萼唇柱苣苔

Henckelia ceratoscyphus (B. L. Burtt) D. J. Middleton et Mich. Möller, Taxon **60**(3): 775. 2011.——*Chirita ceratoscyphus* B. L. Burtt in Not. Bot. Gord. Edinb. **21**(4): 212. 1954；中国植物志 **69**: 397. 1990.——*Ceratoscyphus caeruleus* Chun in Sunyatsenia **6**: 278. 1946.

多年生草本。叶均基生；叶片草质或纸质，狭椭圆形，长 3～18 cm，宽 1.5～5.5 cm，边缘有小锯齿，两面被柔毛；叶柄长达 5 cm。花萼长 1.1～1.5 cm，5 裂超过中部，裂片披针状线形，上部中空呈角状。花冠紫色或蓝色，长 4.5 cm。 花期 4～6 月。 产于上思、宁明；生于山谷溪边阴处，海拔约 600 m。越南北部亦有。

2. 光萼汉克苣苔 光萼唇柱苣苔

Henckelia anachoreta (Hance) D. J. Middleton et Mich. Möller, Taxon **60**(3): 774. 2011.—— *Chirita anachoreta* Hance in Ann. Sci. Nat. ser. 5, **5**: 231. 1866; Wood in Not. Bot Gard. Edinb. **33**(1): 164. 1974；植物研究 **5**(3): 72. 1985；于中国植物志 **69**: 400，图版 106，图 3～5. 1990.

一年生草本；茎高 6～40 cm，有疏柔毛。叶对生；叶片草质，狭卵形或椭圆形，长 3～13 cm，宽 1.5～7.5 cm，边缘有小牙齿，两面被疏柔毛或腹面近无毛；叶柄长 0.2～4 cm。花序腋生，具 2～3 朵花；苞片长 5～8 mm；花萼长 1.2～1.5 cm，5 裂片中部，边缘有睫毛；花冠白色或淡紫色，长 3.4～4.6 cm。 花期 7～10 月，果期 9～12 月。 产于东兴、防城、那坡、宁明、上林、桂平、象州、金秀、蒙山、永福、恭城、临桂、三江、田林、南丹、凌云；生于山谷林下石上或溪边石上，海拔 600～1 000 m。分布于台湾、广东、湖南（南部）、云南，越南、老挝、缅甸、泰国也有分布。

3. **斑叶汉克苣苔** 斑叶唇柱苣苔

Henckelia pumila (D. Don) A. Dietr., Sp. Pl., ed. 6, **1**:574. 1831. ——*Chirita pumila* D. Don, Prodr. Fl. Nep. 90. 1825; Wood in Not. Bot. Gard. Edinb. **33**(1): 161. 1974; 中国高等植物图鉴 **4**: 135, 图 5684. 1975; 中国植物志 **69**: 403. 1990.

一年生草本；茎高约 30 cm，被柔毛。叶对生；叶片草质，卵形或斜椭圆形，长 2～12 cm，宽 1.2～5.5 cm，边缘有小牙齿，叶面有紫斑。花序具 2～7 朵花；花萼长约 1.5 cm，5 裂至中部，裂片顶部钻状渐尖，向外弯，被短柔毛。花冠淡紫色，长约 4 cm。 花期 7～9 月。 产于田林、天峨；生于土山山坡林下阴处。分布于西藏（东南部）、云南、贵州（西南部），越南（北部）、泰国、缅甸（北部）、不丹、尼泊尔、印度（北部）亦有。

15. 钩序苣苔属 Microchirita (C. B. Clarke) Y. Z. Wang

一年生或一次性结实草本，稀多年生草本。花序梗与叶柄愈合，花萼 5 裂达基部；前面 2 枚雄蕊发育，后面 3 枚退化雄蕊，花药以药隔顶端突起相连着；柱头背腹面偏斜，2 深裂。 本属约 18 种，分布于越南、泰国、马来西亚和印度尼西亚。中国有 3 种；广西产 1 种。本属以前作为**唇柱苣苔属**（*Chirita* Buch.-Ham. ex D. Don）的**钩序唇柱苣苔组**（Sect. *Microchirita*）处理，根据最新的分子系统学研究结果，将该组提升为一个独立的属。

钩序苣苔 钩序唇柱苣苔 肺叶 半边叶（天等） 丢了棒（大新） 图版 189：1～6

Microchirita hamosa (R. Br.) Y. Z. Wang, J. Syst. Evol. **49**: 60. 2011. ——*Chirita hamosa* R. Br. in Benn. et Br. Pl. Jav. 117. 1840; Wood in Not. Bot. Gard. Edinb. **33**(1): 191. 1974; 王文采，植物研究 **5**(3): 75. 1985; 中国植物志 **69**: 407. 1990.

一年生草本；茎高 5～36 cm，有 1～7 叶，下部叶互生，上部叶对生；叶片草质，卵形或椭圆状卵形，长 1.5～13 cm，宽 1～11 cm，全缘，两面有短柔毛；叶柄极短或长达 7 cm。花序具 1～10 朵花；无苞片；花萼长 4.5～7 cm，5 裂达基部；花冠白色，喉部黄色，长 1.2～1.9 cm。 花期 7～10 月。 产于龙州、北流、南宁、大新、天等、靖西、那坡、百色、凌云、东兰、环江；生于石山林中，山谷沟边石上或陡崖上，海拔 330～730 m。分布于云南（南部），越南（北部）、老挝、马来西亚、泰国、缅甸、孟加拉国、印度亦有。

16. 圆唇苣苔属 Gyrocheilos W. T. Wang

本属极近**长蒴苣苔属**（*Didymocarpus* Wall.），主要区别特征为本属花冠上唇不分裂，下唇 3 深裂。叶均基生；花冠筒粗筒状，与檐部近等长。 我国有 4 种，2 变种，分布于广西、广东和贵州；广西产 3 种，2 变种。

分种检索表

1. 花萼外面无毛或顶端有少数毛。
   2. 叶片多为肾形，顶端圆形；叶柄被开展的毛；退化雄蕊贴生于距花冠筒基部 2.5 mm 处 …………………………………… 1. **圆唇苣苔** G. chorisepalum W. T. Wang
   2. 叶片心状卵形，顶端急尖；叶柄的毛反曲；退化雄蕊贴生于花冠筒基部 3～5 mm 处 …………………………………… 2. **稀裂圆唇苣苔** G. retrotrichum W. T. Wang var. oligolobum W. T. Wang
1. 花萼外表面被柔毛；叶多为宽卵形，先端急尖 ………………………… 3. **毛萼圆唇苣苔** G. lasiocalyx W. T. Wang

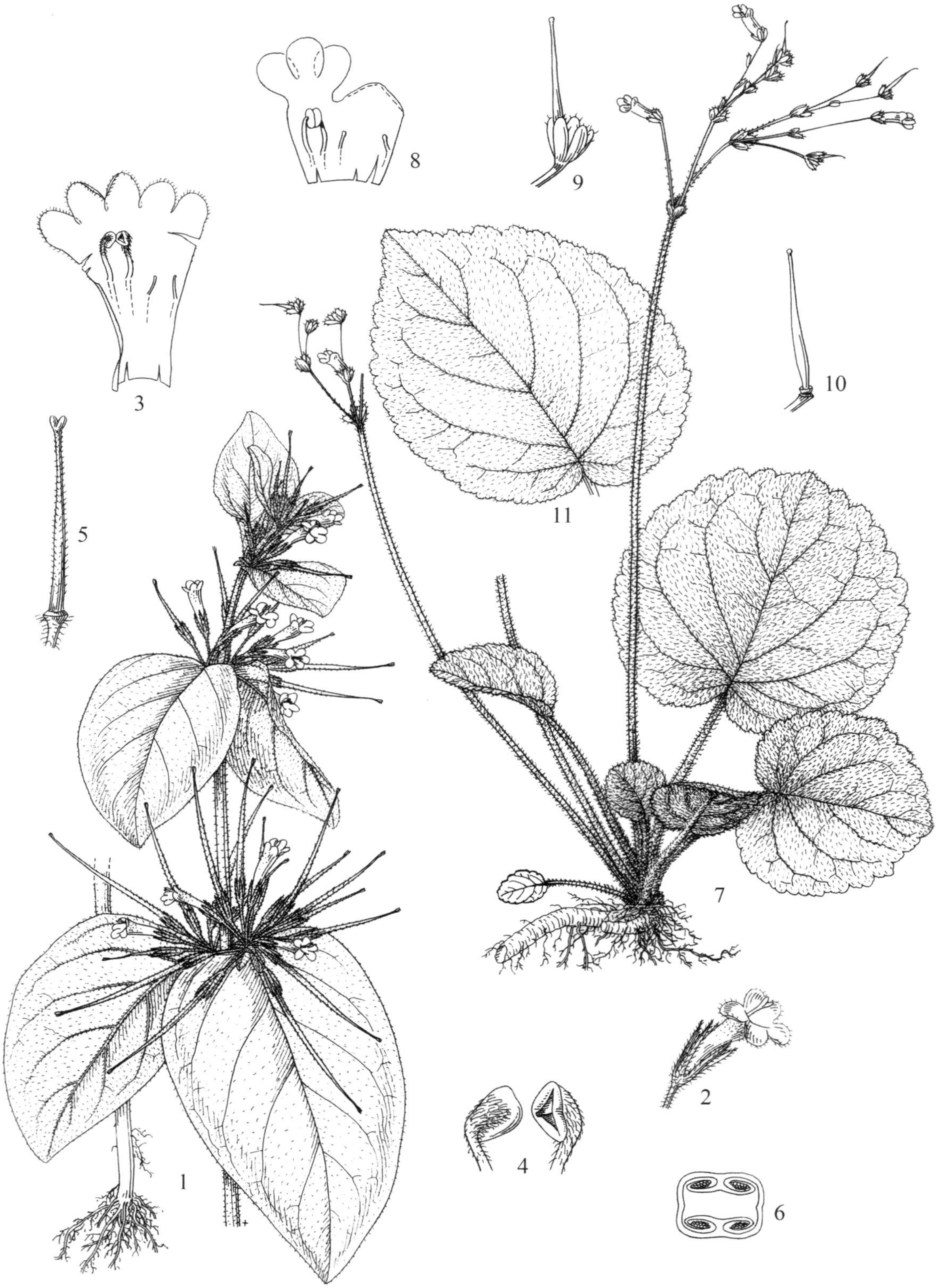

图版 189 1～6. 钩序苣苔 Microchirita hamosa (R. Br.) Y. Z. Wang 1. 植株；2. 花；3. 花冠展开；4. 花药；5. 雌蕊；6. 子房横切面。 7～10. 圆唇苣苔 Gyrocheilos chorisepalum W. T. Wang var. chorisepalum 7. 植株；8. 花冠展开；9. 花萼和雌蕊；10. 雌蕊。 11. 稀裂圆唇苣苔 G. retrotrichum W. T. Wang var. oligolobum W. T. Wang 11. 叶。 （冯晋庸绘）

1. **圆唇苣苔**

Gyrocheilos chorisepalum W. T. Wang，植物研究 1(3)：31，图版 2：1～5，图 4：2. 1981；中国植物志 69：452. 1990.

1a. **圆唇苣苔**（原变种）　图版 189：7～10

Gyrocheilos chorisepalum W. T. Wang var. chorisepalum

多年生草本。叶片革质或纸质，近圆形或肾形，长 3～6 cm，宽 3～8 cm，边缘有重牙齿；掌状脉 5～7 条；叶柄长 3～8 cm。花序有 5 至多数花；苞片卵形，长 4～6 mm；花萼长 3～4 mm，5 裂达基部；花冠淡红色，长约 12 mm，筒长 6 mm，口部直径 4 mm。蒴果线形，长 2～3 cm，无毛。　花期 4～5 月，果期 7 月。　产于武鸣、上林、马山；生于山谷溪边石上或陡崖阴湿处，海拔 600～700 m。

1b. **北流圆唇苣苔**（变种）

Gyrocheilos chorisepalum W. T. Wang var. synsepalum W. T. Wang，植物研究 2(2)：135. 1982；中国植物志 69：452. 1990.

本变种与原变种的区别在于花萼 4 深裂至距基部 1～1.5 mm 处，较大的裂片顶端 2～3 浅裂。　产于北流；生于山地石上。分布于广东西部。

2. **稀裂圆唇苣苔**（变种）　图版 189：11

Gyrocheilos retrotrichum W. T. Wang var. oligolobum W. T. Wang，植物研究 1(3)：35，图版 2：11. 1981；中国植物志 69：454. 1990.

多年生草本；叶片纸质，心状卵形，长 6～14 cm，宽 4.2～11.5 cm，边缘有重牙齿；叶柄长 3～7.5 cm。花序与叶近等长，有多朵花；花萼长约 5 mm，4～2 深裂至距基部约 1 mm 处；花冠紫红色，长约 1 cm。花期 4～7 月，果期 5～9 月。　产于罗城、环江、融水；生于山谷阴处石上，海拔 480～900 m。分布于贵州东南部。

3. **毛萼圆唇苣苔**

Gyrocheilos lasiocalyx W. T. Wang，植物研究 2(2)：135. 1982；中国植物志 69：452. 1990.

多年生草本。叶片草质，卵形或宽卵形，长 3～6.7 cm，宽 2.5～7.5 cm，边缘有重牙齿，腹面被短和长的两种毛；叶柄长 1.5～8.5 cm。花序有少数或多数花；花萼 5 裂达基部；花冠红色，长 10 mm，无毛；退化雄蕊贴生于距花冠筒基部 1.5 mm 处。　花期 4～5 月，果期 7 月。　产于桂平、象州；生于山坡阴处石上，海拔约 1 300 m。

17. 石山苣苔属　Petrocodon Hance

多年生草本。叶均基生；具羽状脉。聚伞花序腋生；花小；花萼 6 裂至基部；花冠近坛形、筒状或者细筒状，檐部近辐射对称到明显二唇形，上唇 2(4)裂，下唇 3(1)裂；能育雄蕊 2 枚，位于下方，花药 2 药室极叉开，顶端汇通；柱头 2 或者 1 枚，子房及蒴果均为线形，稀为椭球形。　根据最新的分子系统学研究结果，**细筒苣苔属**（*Lagarosolen* W. T. Wang）、**长檐苣苔属**（*Dolicholoma* D. Fang et W. T. Wang）、**朱红苣苔属**（*Calcareoboea* C. Y. Wu ex H. W. Li）、**长蒴苣苔属**（*Didymocarpus* Wall.）的部分种，还有**文采苣苔属**（*Wentsaiboea* D. Fang et D. H. Qin）的**天等文采苣苔**（*W. tiandengensis* Yan Liu et B. Pan）均被合并入石山苣苔属从而形成广义的石山苣苔属。　本属共有 31 种，分布于我国中部、南部、西南部至中南半岛北部。广西为该属主要分布中心之一，共有 20 种。

分 种 检 索 表

1. 花冠筒钟状或者斜钟状。
　2. 花冠筒钟状，白色。

3. 聚伞花序 1～2 回分枝，每花序具 4～11 朵花，花序梗较短。

4. 叶柄被短柔毛和糙毛 ………………………………………………………… 1. **石山苣苔** P. dealbatus Hance

4. 叶柄密被锈色毛 ………………………………………………………… 2. **锈色石山苣苔** P. ferrugineus Y. G. Wei

3. 聚伞花序 2～6 回分枝，每花序具 30～65 朵花，花序梗较长……… 3. **多花石山苣苔** P. multiflorus F. Wen et Y. S. Jiang

2. 花冠筒斜钟状，淡紫色 …………… 4. **天等石山苣苔** P. tiandengensis (Yan Liu et B. Pan) A. Weber et Mich. Möller

1. 花冠筒状或者细筒状。

5. 柱头 1 枚。

6. 花冠上唇 2 裂，下唇 3 裂。

7. 叶片较大，檐部较短，花冠筒明显长于檐部。

8. 叶片被贴伏短柔毛；花萼、花冠外面及雌蕊近毛 …… 5. **东南长蒴苣苔** P. hancei (Hemsl.) A. Weber et Mich. Möller

8. 叶片密被白色绵毛；花萼、花冠外面及雌蕊均被毛 ……………………………………………………………………………… 6. **绵毛长蒴苣苔** P. niveolanosus (D. Fang et W. T. Wang) A. Weber et Mich. Möller

7. 叶小型，檐部较大，较花冠筒稍长 ……………………………………………………………………………………… 7. **长檐苣苔** P. jasminiflorus (D. Fang et W. T. Wang) A. Weber et Mich. Möller

6. 花冠上唇 4 裂，下唇不裂 ………………………… 8. **朱红苣苔** P. coccineus (C. Y. Wu ex H. W. Li) Y. Z. Wang

5. 柱头 2 枚。

9. 花冠檐部近辐射对称，不为典型的二唇形。

10. 叶片型较小，长 2.5～6 cm；每花序具 1～5 朵花 ……………………………………………………………………… 9. **广西石山苣苔** P. guangxiensis (Yan Liu et W. B. Xu) W. B. Xu et K. F. Chung

10. 叶片型较大，长 4～11 cm；每花序具 5～20 朵花 ……… 10. **丽花石山苣苔** P. pulchriflorus Y. B. Lu et Q. Zhang

9. 花冠檐部二唇形，不为辐射对称。

11. 花冠檐部裂片长圆形、倒卵形或倒卵状长圆形，先端钝圆。

12. 叶片小型，有时盾状；聚伞花序仅具 1 朵花 … 11. **方鼎苣苔** P. fangianus (Y. G. Wei) J. M. Li et Y. Z. Wang

12. 叶片较大，绝非盾状；聚伞花序具 5～20 朵花 ……………………………………………………………………………… 12. **陆氏细筒苣苔** P. lui (Yan Liu et W. B. Xu) A. Weber et Mich. Möller

11. 花冠檐部裂片三角形或狭三角形，先端尖。

13. 叶片草质；花冠檐部裂片狭三角形，先端尖或渐尖。

14. 叶片边缘具圆锯齿。

15. 花冠檐部裂片狭披针状三角形，向后强烈反卷 ……………………………………………………………… 13. **河池细筒苣苔** P. hechiensis (Y. G. Wei, Yan Liu et F. Wen) Y. G. Wei et Mich. Möller

15. 花冠檐部裂片卵形，不向后强烈反卷 ……………………………………………………………… 14. **靖西细筒苣苔** P. jingxiensis (Yan Liu, H. S. Gao et W. B. Xu) A. Weber et Mich. Möller

14. 叶片边缘全缘 ……… 15. **全缘叶细筒苣苔** P. integrifolius (D. Fang et L. Zeng) A. Weber et Mich. Möller

13. 叶片革质或者薄革质；花冠檐部裂片三角形，先端急尖或稍钝。

16. 叶片型较小，长 2～5 cm；每花序花少数。

17. 花冠紫红色；叶疏被贴伏短毛 …………………… 16. **疏花石山苣苔** P. laxicymosus W. B. Xu et Yan Liu

17. 花冠白色；叶密被棕色长柔毛 ……………… 17. **长毛石山苣苔** P. villosus X. Hong, F. Wen et S. B. Zhou

16. 叶片型较大，长 5～20 cm；每花序花多数。

18. 叶片边缘锯齿状或者细锯齿状。

19. 叶片卵形、阔卵形至椭圆形，薄革质 ……… 18. **弄岗石山苣苔** P. longgangensis W. H. Wu et W. B. Xu

19. 叶片长圆形，革质 ………………… 19. **近革叶石山苣苔** P. pseudocoriaceifolius Yan Liu et W. B. Xu

18. 叶片边缘全缘 ……………… 20. **革叶细筒苣苔** P. coriaceifolius (Y. G. Wei) Y. G. Wei et Mich. Möller

1. 石山苣苔

Petrocodon dealbatus Hance in Journ. Bot. 21:167. 1883；中国高等植物图鉴 4:141，图 5696. 1975；中国植物志 69:418. 1990.

多年生草本。叶基生;叶片纸质或薄革质,椭圆形或长圆形,长达 16 cm,宽达 6.8 cm,边缘近全缘,干时常变黑色;叶柄长达 11 cm。花序具 4～11 朵花;苞片线形,长 3～7 mm;花萼长 2～5 mm;花冠白色,长 5.5～8 mm。蒴果长约 2 cm,无毛。 花期 6～9 月。 产于桂林、罗城、环江、南丹、天峨;生于石山林下石上,海拔 200～600 m。分布于广东(北部)、湖南、贵州、湖北(西部)。

2. 锈色石山苣苔

Petrocodon ferrugineus Y. G. Wei, Novon **17**(1):135. 2007.

多年生草本。叶片椭圆形到长圆形,厚纸质,长 3～6 cm,宽 1.8～2.5 cm,两面均被柔毛,通常叶背的毛为紫色或锈色。聚伞花序腋生,具 4～11 朵花;花序梗密被锈色柔毛;苞片 2 枚,狭披针形至线形;花萼 5 裂达基部,外面密被锈色柔毛。花冠白色,钟形,长 4～5 mm,外面疏被紫红色的柔毛;雄蕊 2 枚;退化雄蕊 2 枚;雌蕊线形,长 6～7 mm,外露,柱头小头状。蒴果线形,长 5～20 mm,4 瓣裂。 花期 7～8 月,果期 8～10 月。 广西特有,产于忻城;生于石灰岩山坡林下石壁上,海拔约 250 m。

3. 多花石山苣苔

Petrocodon multiflorus F. Wen et Y. S. Jiang, Nord. J. Bot. **29**:57. 2011.

多年生草本。叶片革质到近革质,稍斜,椭圆状卵形或长圆形,长 4～8 cm,宽 3～6.5 cm,边缘近全缘,贴伏的短柔毛和糙毛;侧脉 6～8 条;叶柄长 4～7.6 cm。聚伞花序腋生,2～4 回分枝,具 15～36 朵花;花序梗长 10～16.5 cm;苞片 2 枚,线状披针形;花萼 5 裂达基部,裂片线状披针形;花冠白色,钟状或坛状钟形,不明显两侧对称;雄蕊 2 枚,花丝分生;退化雄蕊 2 枚;雌蕊长 4.2～4.3 cm,光滑无毛,柱头小头状。蒴果线形。 花期 4～6 月,果期 7～9 月。 产于贺州、苍梧;生于石山石壁上,海拔 100～300 m。分布于广东西部。

4. 天等石山苣苔 天等文采苣苔 图版 190:1～6

Petrocodon tiandengensis (Yan Liu et B. Pan) A. Weber et Mich. Möller, Phytotaxa **23**:60. 2011. ——*Wentsaiboea tiandengensis* Yan Liu et B. Pan, Nord. J. Bot. **28**:739. 2010.

多年生草本;具长叶柄。叶片草质,心形到阔卵形,长 3～5.5 cm,宽 3～4.5 cm,边缘粗齿状至波状,基部心形到深心形,两面被短柔毛;侧脉 3～5 条。聚伞花序腋生,1～3 回分枝,具 3～12 朵花;花序梗长 4～7 cm;苞片 2 枚,狭披针形;花萼 5 裂达基部,裂片线状三角形;花冠斜钟状,外面疏被腺毛,长 10～13 mm,檐部明显二唇形,上唇 2 裂,下唇 3 裂;雄蕊 2 枚;退化雄蕊 3 枚,不等大;雌蕊长 6～12 mm,被腺状微柔毛,柱头倒梯形。成熟蒴果未见。 花期 5～6 月。 广西特有,产于天等;生于石灰岩洞口潮湿石壁上,海拔约 400 m。

5. 东南长蒴苣苔

Petrocodon hancei (Hemsl.) A. Weber et Mich. Möller, Phytotaxa **23**:59. 2011. ——*Didymocarpus hancei* Hemsl., J. Linn. Soc. Bot., **26**:229. 1890.

多年生草本。叶均基生;有柄;叶片纸质,长圆形或长圆状椭圆形,长 2.2～10 cm,宽 1～3.6 cm,两面均被短伏毛,在下面沿脉毛较密;侧脉每侧 5～7 条;叶柄长 1.8～8 cm,粗壮。聚伞花序伞状,2～3 回分枝,每花序具 4 至多数花;苞片对生,线形;花萼 5 裂达基部,裂片狭线形;花冠长 1.5～2 cm,筒狭钟状,上唇 2 裂至中部,裂片斜扁三角形,下唇 3 裂至中部,裂片卵形;雄蕊无毛;退化雄蕊 2 枚;雌蕊长约 1.6 cm,疏被小腺体,子房长约 5.5 cm,无柄,柱头扁球形。蒴果线形,长 2～3.4 cm,无毛;种子狭椭圆形或纺锤形。 花期 4～5 月。 产于资源、全州、灌阳;生于山坡潮湿石壁上,海拔 200～800 m。分布于福建、广东、湖南、江西。

6. 绵毛长蒴苣苔 图版 191:1

Petrocodon niveolanosus (D. Fang et W. T. Wang) A. Weber et Mich. Möller, Phytotaxa **23**:60. 2011. ——*Didymocarpus niveolanosus* D. Fang et W. T. Wang, 植物研究 2(2):133. 1982; 中国植物志 **69**:445. 1990.

图版 190 1～6. **天等石山苣苔** Petrocodon tiandengensis（Yan Liu et B. Pan）A. Weber et Mich. Möller 1. 植株；2. 花冠展开；3. 花；4. 花萼及雌蕊；5. 柱头；6. 蒴果。 7～11. **广西石山苣苔** P. guangxiensis（Yan Liu et W. B. Xu）W. B. Xu et K. F. Chung 7. 植株；8. 花冠；9. 花冠展开；10. 花萼及雌蕊；11. 雄蕊。 12～16. **丽花石山苣苔** P. pulchriflorus Y. B. Lu et Q. Zhang 12. 植株；13. 花冠展开；14. 花萼；15. 雌蕊；16. 雄蕊。 （1～6 朱运喜绘，7～11 何顺清绘，12～16 林文宏绘）

图版 191　1. 绵毛长蒴苣苔 Petrocodon niveolanosus (D. Fang et W. T. Wang) A. Weber et Mich. Möller　1. 开花植株。2～3. 短萼长蒴苣苔 Didymocarpus glandulosus (W. W. Smith) W. T. Wang var. minor (W. T. Wang) W. T. Wang　2. 开花植株；3. 花萼展开。　（刘春荣绘）

多年生草本。叶基生；叶片纸质，狭卵形，长 3.4～4.6 cm，宽 1.7～2 cm，边缘有不明显波状浅锯齿，两面被白色绵毛；叶柄长约 1 cm。花序具 7～12 朵花；苞片狭三角形或线形，长 3～3.5 mm，密被长柔毛；花萼长 2～2.5 mm，5 裂至基部；花冠粉红色至白色，长约 1.8 cm，筒长 1.1 cm。 花期 7 月。 产于隆林、那坡；生于山谷阴处石上或石灰岩洞口石壁上，海拔 600～800 m。分布于贵州西南部。

7. **长檐苣苔** 图版 192：1～7

Petrocodon jasminiflorus（D. Fang et W. T. Wang）A. Weber et Mich. Möller，Phytotaxa **23**：60. 2011. ——*Dolicholoma jasminiflorum* D. Fang et W. T. Wang，植物学集刊 **1**：19，图 2. 1983；中国植物志 **69**：454. 1990.

多年生草本。叶基生；叶片草质或纸质，狭卵形或椭圆形，长 1.1～2.3 cm，宽 0.7～1.3 cm，边缘有小腺体，两面被疏柔毛；叶柄长 1～4 cm。花序具 1～4 朵花；苞片线形，长 1.5～2 mm；花萼长约 4 mm，5 裂达基部，花冠淡紫色，长 1.5～1.7 cm，筒细筒状，长 7～8.5 mm，口部直径 1.2 mm。蒴果长 5.5～6 mm。 花期 4 月。 产于那坡；生于石山阴处陡崖上，海拔 800～1 000 m。

8. **朱红苣苔** 图版 192：8～13

Petrocodon coccineus（C. Y. Wu ex H. W. Li）Y. Z. Wang，J. Syst. Evol. **49**(1)：60. 2011. ——*Calcareoboea coccinea* C. Y. Wu ex H. W. Li，云南植物研究 **4**(3)：241，图 1. 1982；王文采，植物研究 **4**(1)：14. 1984；于中国植物志 **69**：457. 1990.

多年生草本。叶基生；叶片革质或坚纸质，椭圆状卵形或长圆形，长 4.5～9.5 cm，宽 2～4.2 cm，边缘有小齿，两面稍密被短柔毛；叶柄长 3～14.5 cm。花序具 9～11 朵花；苞片狭卵形或披针形，长 1～1.7 cm；花萼长 3～7 mm，5 裂达基部；花冠朱红色，长 1.9～2.5 cm，筒长 1.5～2.1 cm。子房和蒴果均为线形，无毛。 花期 4～6 月。 产于宜州、凤山、环江、靖西、那坡、乐业；生于石山林中石上，海拔 400～1 200 m。分布于贵州西南部、云南东南部。 民间用全草入药，治疗咳嗽、吐血、胃脘疼、月经不调。

9. **广西石山苣苔** 广西报春苣苔 图版 190：7～11

Petrocodon guangxiensis（Yan Liu et W. B. Xu）W. B. Xu et K. F. Chung，Syst. Bot. **39**(3)：966. 2014. ——*Primulina guangxiensis* Yan Liu et W. B. Xu，Nord. J. Bot. **29**：682. 2011.

多年生草本。叶基生；具叶柄；叶片草质，斜卵形至斜椭圆状卵形，长 2.5～6 cm，宽 1.3～4.3 cm，两面被短柔毛，边缘全缘或浅波状；侧脉 3～5 条。聚伞花序腋生，1～2 回分枝，具 1～5 朵花；苞片 2 枚，线形；花冠淡紫红色，长 2.2～3 cm，花冠筒漏斗形，基部膨大，檐部近辐射对称或极不明显二唇形，展开，5 裂达基本；雄蕊 2 枚；退化雄蕊 3 枚，不等大；雌蕊长 5～6 mm，柱头 1 枚，倒心形，顶端 2 裂。蒴果椭球形，长 5～8 mm。 花期 4～5 月，果期 6～7 月。 广西特有，产于凤山；生于石灰岩山坡洞口潮湿石壁上，海拔 600 m。

10. **丽花石山苣苔** 图版 190：12～16

Petrocodon pulchriflorus Y. B. Lu et Q. Zhang，Phytotaxa **291**：83. 2017.

多年生草本。叶基生；具长叶柄。叶片草质，卵形至阔卵形，长 4～11 cm，宽 3～10 cm，边缘粗锯齿，叶背淡红色到红色，密被短柔毛；侧脉 5～7 条；叶柄长 3～11 cm。花萼 5 裂达基部，裂片线状披针形，长 9～12 mm；花冠蓝紫色，长 1.8～2.5 cm，喉部有黄色的环，近辐射对称或不明显两侧对称，花冠筒漏斗状，基部膨大，外面密被短柔毛；雄蕊 2 枚，花丝长 4 mm；退化雄蕊 3 枚，不等大；雌蕊长 10～12 mm，密被短柔毛，柱头 2 裂。蒴果未见。 花期 3～4 月。 广西特有，产于天等；生于石灰岩山脚洞口潮湿石壁上，海拔 450～600 m。

11. **方鼎苣苔**

Petrocodon fangianus（Y. G. Wei）J. M. Li et Y. Z. Wang，J. Syst. Evol. **49**(1)：60. 2011. —— *Paralagarosolen fangianum* Y. G. Wei，Acta Phytotax. Sin. **42**(6)：529. 2004.

多年生小草本；无茎。叶基生；叶片厚纸质或薄革质，椭圆形或宽椭圆形，稀卵状椭圆形或倒卵状椭圆

图版 192 1～7. **长檐苣苔** Petrocodon jasminiflorus (D. Fang et W. T. Wang) A. Weber et Mich. Möller 1. 结果植株；2. 种子；3. 开花植株；4. 花冠打开；5. 花药；6. 花萼、花盘和雌蕊；7. 子房横切面。 8～13. **朱红苣苔** P. coccineus (C. Y. Wu ex H. W. Li) Y. Z. Wang 8. 植株；9. 花；10. 花冠展开；11. 花药；12. 花盘和雌蕊；13. 蒴果。 (1～7 刘春荣绘，8～13 冯晋庸绘)

形，长 1～2.4 cm，宽 5～13 mm，基部钝至急尖，有时盾状，边缘全缘，背面浅褐色稀带绿色，密布腺体，侧脉每边 3～5 条。聚伞花序腋生，具 1 朵花，苞片 2 枚，披针状线形，长 1.5 mm。花萼钟状，5 深裂，具 3 脉；花冠蓝紫色，近高脚碟状，长 35～37 mm，外面散生腺状微毛，筒部细筒状，上唇 2 深裂，裂片长圆形，3 深裂，裂片倒卵形或倒卵状长圆形。雄蕊 2 枚，花丝直，近线形，花药近背着，宽椭圆球形，退化雄蕊 2 枚。雌蕊长 28 mm，内藏，柱头 2 裂，等大，宽卵形。蒴果卵状椭圆球形，长 4 mm，成熟时 4 瓣裂，不旋扭。种子椭圆球形，长 0.5～0.9 mm，具密集的小瘤突，无附属物。 花期 10～11 月。 广西特有，产于那坡；生于石灰岩山坡林下石壁上，海拔 1 000～1 100 m。

12. **陆氏细筒苣苔** 图版 193：1～7

Petrocodon lui (Yan Liu et W. B. Xu) A. Weber et Mich. Möller，Phytotaxa **23**：60. 2011. ——*Lagarosolen lui* Yan Liu et W. B. Xu，J. Wuhan Bot. Res. **28**(1)：7. 2010.

本种与**靖西细筒苣苔**［*Petrocodon jingxiensis* (Yan Liu，H. S. Gao et W. B. Xu) A. Weber et Mich. Möller］在叶型上较相近，但不同在于叶片腹面光滑无毛或疏被微柔毛，背面被微柔毛；聚伞花序 1～2 回分枝；花序梗长 4～8 cm；花冠裂片长圆形、倒卵形至近圆形，顶端圆钝；花丝长 2.5～3.5 mm。 花期 1～3 月。 广西特有，产于靖西；生于石灰岩洞口或石灰岩峡谷潮湿石壁上，海拔 550～800 m。

13. **河池细筒苣苔**

Petrocodon hechiensis (Y. G. Wei，Yan Liu et F. Wen) Y. G. Wei et Mich. Möller，Phytotaxa **23**：60. 2011. ——*Lagarosolen hechiensis* Y. G. Wei，Yan Liu et F. Wen，Ann. Bot. Fennici **45**：299. 2008.

多年生草本。叶基生；叶片厚纸质，两侧稍不对称，卵形到阔卵形，长 3.5～20 cm，宽 3.8～15 cm，边缘具圆锯齿，两面被糙伏毛，侧脉 6～7 条。聚伞花序腋生，2～3 回分枝，具 10～20 朵花；花冠白色，长 1.4～1.6 cm，外面被柔毛，花冠筒细筒状，檐部明显二唇形，上唇 2 裂，下唇 3 裂；雄蕊 2 枚；退化雄蕊 3 枚，不等大；雌蕊长 1.7 cm，柱头 2 裂。 花期 9 月。 广西特有，产于河池；生于石灰岩石山崖壁上，海拔 200～300 m。

14. **靖西细筒苣苔** 图版 193：8～12

Petrocodon jingxiensis (Yan Liu，H. S. Gao et W. B. Xu) A. Weber et Mich. Möller，Phytotaxa **23**：60. 2011. ——*Lagarosolen jingxiensis* Yan Liu，H. S. Gao et W. B. Xu，Journal of Tropical and Subtropical Botany，**16**(3)：274. 2008.

多年生草本。叶基生；具长柄；叶片长 3.5～7 cm，宽 2.5～6 cm，边缘具圆齿，两面密被白色短柔毛，侧脉 4～6 条。聚伞花序腋生，多花；苞片线形或狭披针形，长 4～8 mm，宽 0.5～1 mm；花冠淡紫红色，花冠筒纤细，檐部明显二唇形，花冠檐部裂片卵形，内面具 2 条淡黄色条纹；雄蕊 2 枚，花丝较长，约 6～7 mm；退化雄蕊 3 枚。蒴果线形，长 10～15 mm。 花期 7～9 月，果期 8～10 月。 广西特有，产于靖西；生于石灰岩洞口潮湿石壁上，海拔 700～850 m。

15. **全缘叶细筒苣苔**

Petrocodon integrifolius (D. Fang et L. Zeng) A. Weber et Mich. Möller，Phytotaxa **23**：60. 2011. ——*Lagarosolen integrifolius* D. Fang et L. Zeng 于植物分类学报 **31**(5)：463，图 1：1～4. 1993.

多年生草本。叶基生；叶片草质，叶 4～14 枚；叶片卵形、宽卵形、近圆形或近心形，长 3～13 cm，宽 2～10.5 cm，草质，基部近圆形或浅心形，全缘，两面有短柔毛；侧脉每边 4～7 条；叶柄长 2～8.5 cm，和花序梗、花梗均被短柔毛。聚伞花序有(1)4～17 朵花；花序梗长 3～6 cm；苞片长圆形，长 3～8 mm；花萼长 (4)7～11 mm；花冠长 2.5～2.7 cm，筒细筒状，长 1.5～1.6 cm，上唇长 9 mm，下唇长 12 mm；花药长 2 mm；雌蕊长约 1.6 cm，柱头 2 裂，长 0.5 mm。蒴果线形，长 0.9～1.5 cm。 花期 5～6 月。 产于龙州；生于石灰岩山坡林下石上，海拔 530 m。越南北部可能有分布。

16. **疏花石山苣苔** 图版 193：13～18

Petrocodon laxicymosus W. B. Xu et Yan Liu，Syst. Bot. **39**(3)：967. 2014.

图版 193　1～7. 陆氏细筒苣苔 Petrocodon lui（Yan Liu et W. B. Xu）A. Weber et Mich. Möller　1. 植株；2. 花冠展开；3. 蒴果；4. 花冠；5. 雄蕊；6. 花萼及雌蕊；7. 柱头。　**8～12. 靖西细筒苣苔** P. jingxiensis（Yan Liu，H. S. Gao et W. B. Xu）A. Weber et Mich. Möller　8. 植株；9. 花冠展开；10. 花萼及雌蕊；11. 蒴果；12. 雄蕊。　**13～18. 疏花石山苣苔** P. laxicymosus W. B. Xu et Yan Liu　13. 植株；14. 花冠展开；15. 蒴果；16. 花萼及雌蕊；17. 雄蕊；18. 柱头。（1～7 朱运喜绘，8～12 何顺清绘，13～18 林文宏绘）

多年生草本。叶基生；叶片薄革质，椭圆形，长 2～5 cm，宽 1.5～2.3 cm；侧脉 3～5 条。花序腋生，1～2 回分枝，花稀疏，仅 1～5 朵花。花萼 5 裂达基部；花冠淡紫红色，长 2～3 cm，花冠筒纤细，檐部明显二唇形；雄蕊 2 枚，花丝直；退化雄蕊 3 枚；雌蕊长 16～20 mm，柱头 2 枚，阔卵形。蒴果线形，长 2～4 cm。 花期 7～8 月，果期 8～10 月。 广西特有，产于靖西；生于石灰岩山坡林下潮湿石壁上，海拔 600～1 100 m。

17. **长毛石山苣苔**

Petrocodon villosus X. Hong, F. Wen et S. B. Zhou, Blumea **59**: 33. 2014.

本种和**锈色石山苣苔**（*P. ferrugineus* Y. G. Wei）在形态上较相近，但不同在于本种叶片椭圆状卵形至长圆形，长 4～4.5 cm，2.6～3 cm，腹面疏被糙毛或光滑无毛，叶背淡紫色至赤褐色，密被棕色的长柔毛；叶柄长 2～3 cm，被褐色的硬毛；苞片长 2.5 mm，宽 0.5 mm；花萼长 2.5 mm，外面被短柔毛，内面光滑无毛；花冠白色，长 1～1.2 cm，花冠筒漏斗状，外面疏被微柔毛，花冠檐部明显二唇形，上唇 2 裂，下唇 3 裂；雄蕊 2 枚，花丝直，散生腺状微柔毛，着生于花冠筒基部之上 4 mm 处；退化雄蕊 2 枚，顶端小头状，着生于花冠筒基部之上 2 mm 处；花盘高 1～2 mm；柱头 2 枚，裂片卵状。 花期 10～11 月。 广西特有，产于德保；生于石灰岩洞口潮湿石壁上，海拔 100～200 m。

18. **弄岗石山苣苔** 图版 194：1～5

Petrocodon longgangensis W. H. Wu et W. B. Xu, Syst. Bot. **39**(3): 970. 2014.

多年生草本。叶基生；叶片纸质，卵形、阔卵形至椭圆形，长 7～15 cm，宽 4～8.5 cm；侧脉 5～8 条。花序腋生 1～3 回分枝，具 10～15 朵花；苞片小，线状披针形；花冠淡紫红色，长 10～12 mm，花冠筒纤细，花冠檐部明显二唇形，上唇 2 裂，下唇 3 裂；雄蕊 2 枚，花丝直，退化雄蕊 3 枚，不等大；雌蕊长 5～8.5 mm，柱头 2 枚。蒴果线形，长 3～4.5 cm。 花期 10～11 月，果期 11～12 月。 广西特有，产于龙州；生于石灰岩山坡林下潮湿石壁上，海拔 300～400 m。

19. **近革叶石山苣苔** 图版 194：6～10

Petrocodon pseudocoriaceifolius Yan Liu et W. B. Xu, Syst. Bot. **39**(3): 970. 2014.

多年生草本。叶基生；叶片革质，长圆形，长 10～18 cm，宽 4～6 cm，边缘细锯齿，两面被贴伏的紫色短柔毛；侧脉 5～8 条。花序腋生，2～3 回分枝，具 10～25 朵花；花萼 5 裂达基部，裂片狭披针形到线形；花冠淡紫红色，长 20～25 mm，檐部明显二唇形，上唇 2 裂，下唇 3 裂；雄蕊 2 枚，花丝直；退化雄蕊 3 枚，不等大，顶端头状。雌蕊长 13～19 mm，被紫色微柔毛。蒴果未见。 花期 4～5 月。 广西特有，产于罗城；生于石灰岩山坡林下，海拔 300～600 m。

20. **革叶细筒苣苔**

Petrocodon coriaceifolius (Y. G. Wei) Y. G. Wei et Mich. Möller, Phytotaxa **23**: 59. 2011. ——*Lagarosolen coriaceifolium* Y. G. Wei, Kew Bull. **61**(2): 273. 2006.

多年生草本。叶片革质，卵状椭圆形至卵状长圆形，长 2.5～8.5 cm，宽 1.7～4.5 cm，边缘全缘，两面被贴伏白色短柔毛，叶背有紫色腺体；侧脉 6～7 条。聚伞花序腋生，1～3 回分枝，具 7～14 朵花；苞片 2 枚，狭披针形；花萼 5 裂达基部，裂片线状披针形。花冠淡紫红色，长 1.8～3 cm，檐部明显二唇形，裂片阔卵形。雄蕊 2 枚，花丝线形，花药肾形，退化雄蕊 3 枚。雌蕊长约 1.6 cm，柱头 2 枚，卵形。 花期 4～5 月。 产于灌阳、恭城、阳朔；生于石灰岩山坡林下石壁上或洞口石壁上，海拔 150～300 m。分布于湖南南部。

18. 长蒴苣苔属 Didymocarpus Wall.

本属与原来定义的**唇柱苣苔属**（*Chirita* Buch.-Ham. ex D. Don）接近，主要区别特征为柱头呈扁球形、盘状或截形。多年生草本；有或无地上茎。花丝狭线形，不膝状弯曲。 约有 180 种，多数分布于亚洲热带地区，少数分布于非洲和澳大利亚。我国有 31 种，自西南、华南分布至湖南、四川；广西有 1 变种。

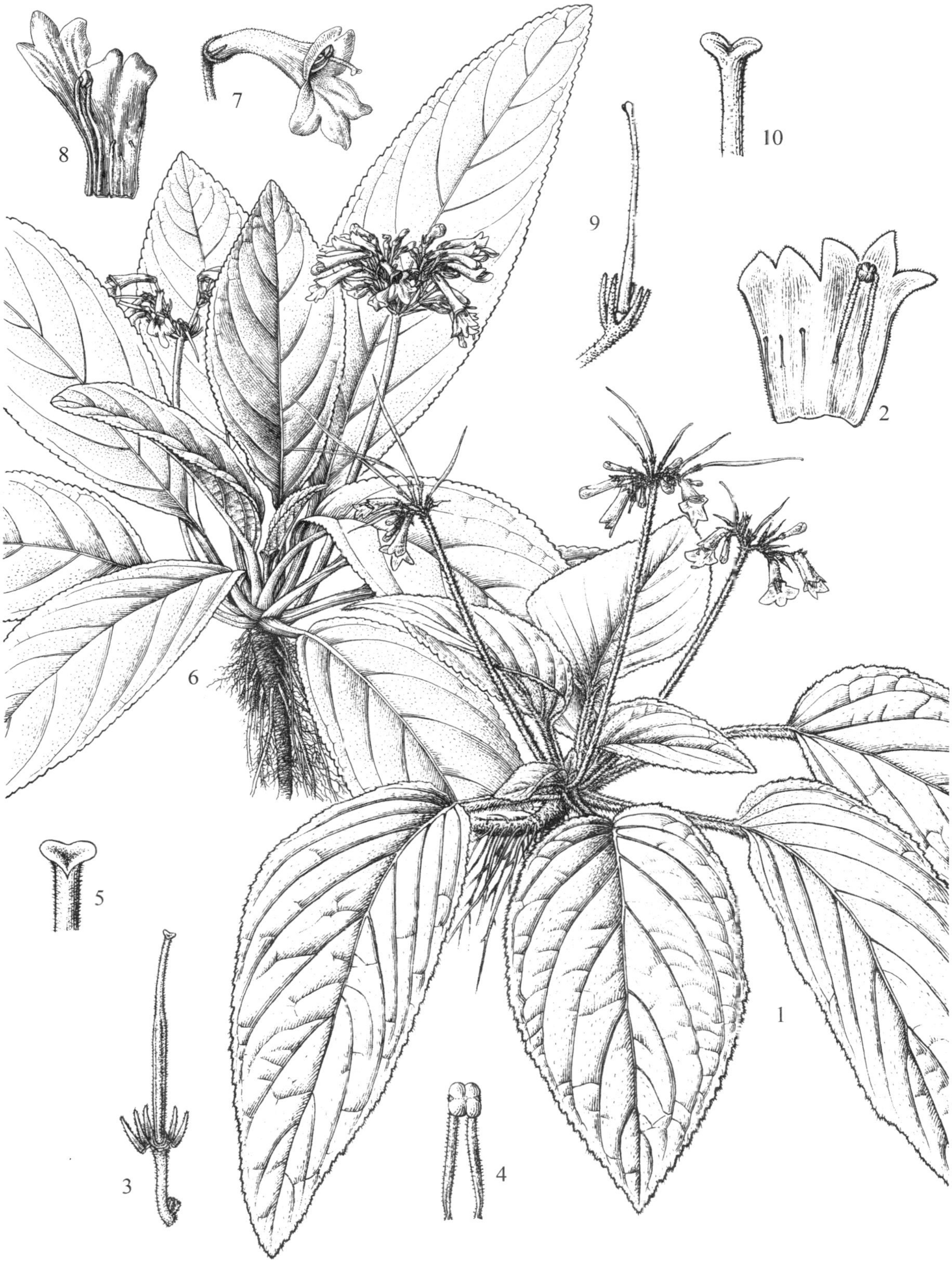

图版 194　1～5. **弄岗石山苣苔** Petrocodon longgangensis W. H. Wu et W. B. Xu　1. 植株；2. 花冠展开；3. 花萼及雌蕊；4. 雄蕊；5. 柱头。　6～10. **近革叶石山苣苔** P. pseudocoriaceifolius Yan Liu et W. B. Xu　6. 植株；7. 花；8. 花冠展开；9. 花萼及雌蕊；10. 柱头。（1～5 何顺清绘，6～10 朱运喜绘）

短萼长蒴苣苔(变种) 图版 191:2～3

Didymocarpus glandulosus (W. W. Smith) W. T. Wang var. minor (W. T. Wang) W. T. Wang,云南植物研究 6(1):17. 1984.——*D. silvarum* W. W. Smith var. *minor* W. T. Wang,植物研究 2(2):130. 1982.

多年生草本;茎高 20～28 cm。叶片草质,卵形长 2.5～6 cm,宽 1.6～3.4 cm,边缘有小牙齿;叶柄长 0.2～2 cm。花序生于茎顶部叶腋,近无毛;苞片卵形,长 2 mm,紫色,无毛;花萼长 1.5 mm,5 裂至基部;花冠紫红色,长约 1.5 cm,筒长 1 cm。蒴果长 1.8 cm。 花期 7～8 月,果期 8～9 月。 产于凌云、天峨、环江、融水;生于山谷林中石上,海拔 800～1 000 m。

19. 蛛毛苣苔属 Paraboea(Clarke)Ridley

多年生草本;根状茎木质化,稀为半灌木;植株幼时被蛛丝状绵毛。叶对生;叶片有时螺旋状排列,腹面被蛛丝状绵毛,后变无毛,背面通常密被交织的毡毛。聚伞花序腋生或组成顶生圆锥状聚伞花序;苞片 1～2 枚;花萼 5 裂达基部;花冠斜钟形,白色、蓝色或紫色,稍二唇形或二唇形;雄蕊 2 枚,花药狭长圆形,稀椭圆形,两端钝或尖,顶端连着,药室汇通,基部极叉开;退化雄蕊 3 枚;子房卵圆形或长圆形,柱头小,头状。蒴果通常线形,不扭曲或螺旋状扭曲。 根据最新的分子系统学研究结果,**唇萼苣苔属**(*Trisepalum* Clarke)被合并到本属。本属约 130 种,分布于我国及不丹至印度尼西亚和菲律宾。我国约有 30 种,分布于广东、广西、海南、湖南、云南、贵州、四川及湖北;广西有 18 种。

分 种 检 索 表

1. 花萼非二唇形,5 裂片近相等。
 2. 直立草本或半灌木;叶对生;节间多少明显。
  3. 叶腹面被短糙伏毛。
   4. 花序为顶生的大型聚伞花序;花萼棒状,干后革质,顶端圆钝 ………………………………………………………………………………………… 1. **棒萼蛛毛苣苔** P. clavisepala D. Fang et D. H. Qin
   4. 花序为假伞形花序,花萼线状披针形,顶端尖。
    5. 植株矮小;节间不明显;花序腋生 ………………………… 2. **锈色蛛毛苣苔** P. rufescens (Franch.) Burtt
    5. 植株较高大;节间明显延长;花序假顶生的聚伞花序 …………… 3. **伞花蛛毛苣苔** P. umbellata (Drake) Burtt
  3. 叶腹面被灰白色绵毛或近无毛。
   6. 聚伞花序无毛。
    7. 聚伞花序伞状,顶生和成对腋生,组成圆锥花序;花冠小,长 4～6 mm,白色;花萼裂片小,长圆形,绿色 ……………………………………………………………………………… 4. **锥序蛛毛苣苔** P. swinhoei (Hance) Burtt
    7. 聚伞花序顶生和近顶腋生,呈伞状;花冠较大,长 1.5～2 cm,紫蓝色;花萼裂片大,倒披针状匙形,带紫红色 ……………………………………………………………………………… 5. **蛛毛苣苔** P. sinensis (Oliv.) Burtt
   6. 聚伞花序被腺状短柔毛。
    8. 植株较高大,花冠白色;花丝中部膨大,无毛 ………… 6. **白花蛛毛苣苔** P. glutinosa (Hand.-Mazz.) K. Y. Pan
    8. 植株较矮小,花冠淡紫色;花丝膝状弯曲,关节处具一撮橘红色髯毛 …………………………………………………………………………………… 7. **髯丝蛛毛苣苔** P. martinii (H. Lévl.) Burtt
 2. 多年生草本;节间不明显;根状茎木质化;叶基生或密集于根状茎顶端。
  9. 蒴果直,不呈螺旋状扭曲。
   10. 叶莲座状着生,贴伏于地面;花萼顶端圆钝。
    11. 叶片较大,长 11～36 cm;花萼 3 枚 ………………… 8. **三萼蛛毛苣苔** P. trisepala W. H. Chen et Y. M. Shui
    11. 叶片较小,长 4～16 cm;花萼 5 枚 ……………………………… 9. **垂花蛛毛苣苔** P. nutans D. Fang et D. H. Qin
   10. 叶基生;非莲座状;花萼顶端尖。
    12. 叶片较小;多数,极密集,螺旋状排列于根状茎的顶端 ………………………………………………………

………………………………………………………… 10. **密叶蛛毛苣苔** **P. velutina** (W. T. Wang et C. Z. Gao) Burtt

12. 叶片较大;叶疏生于根状茎顶端。

13. 叶片非盾状着生;花冠外面被蛛丝状毛;花丝上部极度增粗 ……………………………………………………………………………………………………… 11. **粗丝蛛毛苣苔** **P. crassifila** W. B. Xu et J. Guo

13. 叶片有时盾状着生;花冠外面无毛;花丝上部稍增粗…… 12. **盾叶蛛毛苣苔** **P. peltifolia** D. Fang et L. Zeng

9. 蒴果多少呈螺旋状扭曲。

14. 花序梗、苞片和花萼光滑无毛。

15. 叶片倒卵状椭圆形或椭圆形;具叶柄;苞片 2 枚 ………… 13. **桂林蛛毛苣苔** **P. guilinensis** L. Xu et Y. G. Wei

15. 叶片狭倒披针形;叶柄不明显;苞片 3 枚 …………… 14. **三苞蛛毛苣苔** **P. tribracteata** D. Fang et W. Y. Rao

14. 花序梗、苞片和花萼被毡毛或绒毛。

16. 开花时花萼反折,不紧贴花冠。

17. 叶片线状倒披针形,长宽比达 4～10 倍 …………… 15. **细叶蛛毛苣苔** **P. angustifolia** Yan Liu et W. B. Xu

17. 叶片倒披针形至狭倒卵状椭圆形,长宽比达 2～3.5 倍 …… 16. **网脉蛛毛苣苔** **P. dictyoneura** (Hance) Burtt

16. 开花时花萼不反折,紧贴花冠 …………… 17. **四苞蛛毛苣苔** **P. tetrabracteata** F. Wen, X. Hong et Y. G. Wei

1. 花萼二唇形,上唇 3 浅裂,下唇 2 裂达基部 ……………………………… 18. **唇萼苣苔** **P. birmanica** (Craib) C. Puglisi

1. 棒萼蛛毛苣苔

Paraboea clavisepala D. Fang et D. H. Qin, Acta Phytotax. Sin. **33**(6):602. 1995.

本种接近**锈色蛛毛苣苔** [*P. rufescens* (Franch.) Burtt],但植株较高大。叶片长圆形或长椭圆形,长 9～30 cm,宽 5～10 cm,腹面被柔毛,叶背被褐色毡毛;侧脉 11～14 条。聚伞花序开展,不为假三伞形;花萼肥厚,绿色,棒状,干时革质,匙形或长圆形,无毛;花冠白色带淡紫红色,长约 1.8 cm。蒴果长线型,强烈扭曲。 花期 6～7 月,果期 7～9 月。 产于那坡;生于石灰岩山坡林下,海拔 600～800 m。越南北部可能有分布。

2. 锈色蛛毛苣苔 图版 195:1～5

Paraboea rufescens (Franch.) Burtt in Not. Bot. Gard. Edinb. **38** (3): 471. 1980 et **41** (3): 436. 1984. ——*P. tomentosa* Barntee in Dansk Bot. Arkiv. **20**: 202. 1962. ——*Boea rufescens* Franch. in Bull. Soc. Linn. Paris, **1**: 449. 1885; 中国高等植物图鉴 **4**: 145, 图 5704. 1975. ——*Phylloboea henryi* Duthie ex Beddome in Journ. Roy. Hort. Soc. **33**: 96. 1908. ——*Dorcoceras rufescens* (Franch.) Schlechter in Bot. Jahrb. **58**: 259. 1923.

多年生草本;茎极短,长 2～10 cm,密被锈色毡毛。叶对生,密集于茎近顶端;叶片长圆形或狭椭圆形,长 3～13 cm,宽 2～5.5 cm,边缘密生小钝齿,腹面密被短糙毛,背面和叶柄密被锈色或灰色毡毛。 花期 6～9 月,果期 7～10 月。 产于凤山、东兰、百色、田东、马山、南丹、桂平、上林、凌云、乐业、隆林;生于山顶岩石上及疏林中,海拔约 800 m。分布于云南、贵州;越南及泰国(北部)亦有。

3. 伞花蛛毛苣苔 图版 195:6

Paraboea umbellata (Drake) Burtt in Not. Bot. Gard. Edinb. **41**(3): 440. 1984. ——*P. rufescens* var. *umbellata* (Drake) K. Y. Pan, 中国植物志 **69**: 467. 1990. ——*Boea umbellata* Drake in Bull. Soc. Philom. Paris, ser. 8, **2**: 129. 1890.

本种极接近**锈色蛛毛苣苔**[*Paraboea rufescens* (Franch.) Burtt],特别是没有开花的植株,但是该种的植株较高大,茎高 20～30 cm,节间长,叶疏离;另外最重要的不同在于该种的花序为假顶生的聚伞花序,为一次性结实,而锈色蛛毛苣苔为腋生的聚伞花序,多次结实。 花期 6～9 月,果期 7～10 月。 产于龙州、宁明、扶绥、南宁、靖西、那坡、天等、宾阳、上林;生于山坡、路旁、疏林阴湿处及岩石上,海拔 100～1 000 m。分布于越南北部。

图版 195 1～5. 锈色蛛毛苣苔 Paraboea rufescens (Franch.) Burtt 1. 植株；2. 叶片；3. 花；4. 花冠展开；5. 叶片放大。 6. 伞花蛛毛苣苔 P. umbellata (Drake) Burtt 6. 植株。 7～12. 粗丝蛛毛苣苔 P. crassifila W. B. Xu et J. Guo 7. 植株；8. 花冠展开；9. 花萼及雌蕊；10. 蒴果；11～12. 雄蕊。 （林文宏绘）

4. **锥序蛛毛苣苔** 图版 196:1～3

Paraboea swinhoei (Hance) Burtt in Not. Bot. Gard. Edinb. **41**(3):439. 1984. ——*Boea swinhoei* Hance in Ann. Sci. Nat. ser. 5(6):231. 1866; Clarke in A. DC. Monogr. Phan. 5:142. 1883; 中国高等植物图鉴 4:145. 1975; 台湾植物志 4:667, pl. 1149. 1978.

小灌木。高 30～60 cm。叶对生；叶片长圆状披针形或披针形，长 4～14 cm，宽 2～4 cm。聚伞花序伞状，组成圆锥状，顶生或成对腋生。 花期 6～7 月，果期 7～9 月。 产于龙州、都安、天峨、河池、马山、融安、天等、罗城、大新、南丹、德保、凌云、乐业；生于山坡疏林中岩石上，海拔 300～800 m。分布于台湾、贵州；泰国、菲律宾和越南北部亦有。

5. **蛛毛苣苔** 图版 196:4～6

Paraboea sinensis (Oliv.) Burtt in Not. Bot. Gard. Edinb. **38**(3):471. 1980 et **41**(3):438. 1984. ——*Phylloboea sinensis* Oliv. in Hook. Icon. Pl. **8**: pl. 1721. 1887. ——*Boea chaffanjoni* H. Lévl. in Repert. Sp. Nov. **9**:330. 1919. ——*B. macrophylla* Drake in Bull. Soc. Philom. Paris, ser. 8, **2**:130. 1890; Pellegr. in Lecomte, Fl. Gén. Indo-Chine **4**: 544. 1930. ——*Chlamydoboea sinensis* (Oliv.) Stapf in Kew Bull. **1913**:355. 1913; Pellegr. in Lecomte, Fl. Gen. Indo-Chine **4**:552. 1930; 中国高等植物图鉴 4:145, 图 5703. 1975. ——*Chlamydoboea sinensis* (Oliv.) Stapf f. *macrophylla* Stapf in Kew Bull. **1913**: 355. 1913. ——*C. sinensis* (Oliv.) Stapf f. *macra* Stapf in l. c.

小灌木；茎常弯曲，高达 30 cm，幼枝被褐色毡毛，节间短。叶对生；叶片长圆形，长圆状倒披针形或披针形，长 5.5～25 cm，宽 2.4～9 cm，先端短尖，幼时腹面被灰白色或淡褐色绵毛，后变近无毛，背面密被淡褐色毡毛。聚伞花序伞状，成对腋生；苞片大，圆卵形，长 1～1.5 cm，宽 8～12 mm；花萼绿白色，常带紫色，裂片倒披针状匙形，长 8～13 mm，宽 4～6 mm，先端圆形；花丝上部膨大似囊状，下部弯曲变细而扁平，长约 9 mm。 花期 5～7 月，果期 6～8 月。 产于罗城、环江、那坡、龙州、南丹、凤山、乐业、隆林；生于山谷疏林中岩石上及石缝中，海拔 500～1 400 m。分布于云南、贵州、四川(东南部)和湖北(西部)；缅甸、泰国、越南亦有。

6. **白花蛛毛苣苔**

Paraboea glutinosa (Hand.-Mazz.) K. Y. Pan, Novon. **7**(4): 431. 1997. ——*Boea glutinosa* Hand.-Mazz. in Sinensia **7**:620. 1936.

多年生草本；茎圆柱形，高达 40 cm，被灰褐色蛛丝状绵毛。叶对生；叶片狭长圆形，长 5.5～14 cm，宽 1.7～4.5 cm，腹面被灰白色蛛丝状绵毛，背面密被淡褐色毡毛。二歧聚伞花序呈伞状；花冠白色，长 1.1～1.3 cm。 花期 6～8 月，果期 8～9 月。 产于南丹、罗城、凌云、凤山、都安、靖西、龙州、百色、乐业；生于山坡路旁石山及疏林中，海拔 400～900 m。分布于贵州。

7. **髯丝蛛毛苣苔** 图版 197:1～3

Paraboea martinii (H. Lévl.) Burtt in Not. Bot. Gard. Edinb. **38**(3):470 1980. et **41**(3):432. 1984. ——*Didymocarpus marinii* H. Lévl. in Copt. Rehd. Assoc. France **34**:426. 1906. ——*Boea martinii* (H. Lévl.) H. Lévl. Fl. Kouy-Tchéou 189. 1914. ——*Paraboea barbatipes* K. Y. Pan, 植物分类学报 **26**(6):441. 1988.

多年生草本。茎生叶小，苞片状，长 0.8～1.5 cm，宽 4～6 mm；正常叶集生于根状茎近顶端，3～4 枚，叶片卵状椭圆形，长 6～14 cm，宽 3～7.5 cm，腹面无毛，背面密被灰褐色毡毛。 花期 4～5 月，果期 6～7 月。 产于隆林、那坡；生于山坡林中石灰岩上，海拔 1 200～1 300 m。分布于贵州及云南(东南部)。

8. **三萼蛛毛苣苔** 图版 198:1～4

Paraboea trisepala W. H. Chen et Y. M. Shui, Bot. J. Linn. Soc. **158**:683. 2008.

多年生草本。叶片莲座状基生，薄革质，倒卵形，长 11～26 cm，宽 1～5.6 cm，先端圆钝，边缘有圆齿或近全缘，背面被灰白色毡毛；侧脉 11～14 条。聚伞花序腋生，连同苞片、花萼光滑无毛；花萼 3 枚，不等大，上面 1 枚倒卵形，下面 2 枚倒卵状线形；花冠蓝紫色，光滑无毛；雄蕊 2 枚；退化雄蕊 2 枚；雌蕊被微柔

图版 196　1～3. 锥序蛛毛苣苔 Paraboea swinhoei (Hance) Burtt　1. 植株；2. 花冠外形；3. 花冠展开。　4～6. 蛛毛苣苔 P. sinensis (Oliv.) Burtt　4. 花序；5. 萼片；6. 花冠展开。　7～12. 密叶蛛毛苣苔 P. velutina (W. T. Wang et C. Z. Gao) Burtt　7. 植株；8. 叶片；9. 花序；10. 花萼；11. 花冠展开；12. 蒴果。　(1～6 吴彰桦绘，7～12 冀朝祯绘)

图版 197　1～3. **髯丝蛛毛苣苔** **Paraboea martinii** (H. Lévl.) Burtt　1. 植株；2. 花冠展开；3. 花萼及雌蕊。　4～7. **小花米氏苣苔** **Middletonia multiflora** (R. Br.) C. Puglisi　4. 果序；5. 花；6. 雄蕊；7. 花萼及雌蕊。　8～11. **地胆羚角苣苔** **Dorcoceras philippense** (Clarke) Schlechter　8. 植株；9. 花冠展开；10. 雄蕊；11. 花萼及雌蕊。　12～14. **羚角苣苔** **D. hygrometrica** Bunge　12. 叶片；13. 花萼及雌蕊；14. 花冠展开。　（吴彰桦绘）

图版 198 1～4. 三萼蛛毛苣苔 Paraboea trisepala W. H. Chen et Y. M. Shui 1. 植株；2. 花冠展开；3. 雄蕊；4. 花萼及雌蕊。 5～8. 细叶蛛毛苣苔 P. angustifolia Yan Liu et W. B. Xu 5. 植株；6. 花序；7. 花冠展开；8. 花萼及雌蕊。（1～4 何顺清绘，5 朱运喜绘，6～8 林文宏绘）

毛，长6～10 mm，柱头小头状。蒴果线形，不扭曲。 花期5～7月，果期8～10月。 产于靖西、德保；生于石灰岩峡谷潮湿石壁上或岩洞口潮湿石壁上，海拔400～800 m。分布于越南北部。 本种有花萼裂片3枚，为国产蛛毛苣苔属中仅有，在整个蛛毛苣苔属中也极为罕见，推测上面的1枚大萼片可能是原来的3枚萼片合生而形成的。

9. 垂花蛛毛苣苔

Paraboea nutans D. Fang et D. H. Qin，Acta Phytotax. Sin. **33**(6)：604. 1995.

多年生草本。叶片莲座状基生，薄革质，倒卵形，先端圆钝，边缘有圆齿或近全缘，背面被灰白色至淡褐色的毡毛；侧脉7～11条。聚伞花序腋生，连同苞片、花萼被绒毛。花俯垂，花冠紫蓝色，长约1 cm，雄蕊2枚，退化雄蕊3枚。果序短于叶，果实线形，4瓣裂，不扭曲。 花期6～7月，果期7～9月。 产于那坡；生于石灰岩山坡林下潮湿石壁上，海拔600～800 m。越南北部可能有分布。

10. 密叶蛛毛苣苔 密叶苣苔 图版196：7～12

Paraboea velutina (W. T. Wang et C. Z. Gao) Burtt in Not. Bot. Gard. Edinb. **41**(3)：440. 1984.——*Buxiphyllum velutinum* W. T. Wang et C. Z. Gao，植物研究 **1**(3)：37，fig. 6. 1981.

多年生矮小草本；茎高约7 cm，由基部分枝，枝条长3.5～6 cm，被褐色或灰白色短绒毛。叶片纸质，倒披针形，稀匙形，长0.9～2.3 cm，宽4～10 mm，腹面被蛛丝状柔毛，后变无毛，背面被灰白色短绒毛；细脉明显网结。 花期5～6月，果期7～8月。 广西特有，产于凤山；生于岩溶洞穴洞口阴湿岩石上，海拔300～500 m。

11. 粗丝蛛毛苣苔 图版195：7～12

Paraboea crassifila W. B. Xu et J. Guo，Tawania **61**：8. 2016.

多年生草本；根状茎明显，稀顶端分枝。叶片倒卵形、狭倒卵形，稀椭圆形，长5～13.5 cm，宽2.1～5.2 cm。花序腋生，花序梗长7～12 cm，连同苞片和花萼外面被灰色萼毡毛。花冠蓝紫色，外面被蛛丝状的毛，花冠长1.2～1.8 cm；雄蕊2枚，花丝顶端急增粗，呈三角形，明显有别于国内该属的其他种，退化雄蕊3枚。雌蕊光滑无毛，柱头小头状。蒴果线形，长3.2～4.8 cm，不扭曲，裂开的果瓣稍扭曲。 花期3～4月，果期5～6月。 产于容县；生于丹霞地貌潮湿石壁上，海拔300～500 m。

12. 盾叶蛛毛苣苔

Paraboea peltifolia D. Fang et L. Zeng，Acta Phytotax. Sin. **33**(6)：606. 1995.

多年生草本。叶螺旋状排列；叶片倒卵形、倒披针形、匙形至近提琴形，长6～33.5 cm，宽3～14 cm，基部盾状耳形、浅心形、截平，边缘具不规则的圆齿状锯齿，背面被灰白色至淡褐色的毡毛，侧脉11～18条。聚伞花序腋生；花萼二唇形，外面被毡毛；花冠白色至淡紫红色。果实线形，4瓣裂，不扭曲。 花期3～4月，果期5～6月。 广西特有，产于马山；生于石灰岩山脚岩洞口潮湿石壁上，海拔200～400 m。

13. 桂林蛛毛苣苔

Paraboea guilinensis L. Xu et Y. G. Wei，Acta Phytotax. Sin. **42**(4)：380. 2004.

多年生草本；根状茎明显。叶基生或聚集于根状茎的顶端，具柄。叶片革质，倒卵状椭圆形或椭圆形，长2.5～6 cm，宽1.5～4 cm，叶背被褐色毡毛；侧脉5～6条。叶柄长1.4～4 cm。聚伞花序腋生；花序梗纤细，连同花萼光滑无毛；花冠蓝紫色，长约1.5 cm；雌蕊光滑无毛，柱头扁头状。蒴果线形，4瓣裂，果瓣开裂后稍扭曲。 花期4～5月，果期5～7月。 产于桂林、恭城、灵川、阳朔、荔浦；生于石灰岩山坡林下石壁上，海拔100～300 m。

14. 三苞蛛毛苣苔

Paraboea tribracteata D. Fang et W. Y. Rao，Acta Phytotax. Sin. **33**(6)：607. 1995.

多年生草本。叶基生；叶片狭倒披针形，长9～15 cm，宽1.7～3 cm，叶背被褐色毡毛。聚伞花序腋生，光滑无毛；苞片3枚，卵形，光滑无毛；花萼线形，紧贴花冠不反折；花冠淡红色。蒴果线形，不旋扭。 花期4～5月，果期6～8月。 产于环江，融安；生于石灰岩山脊和山顶林下，海拔400～800 m。分布于贵州。 本种植株形态和**网脉蛛毛苣苔**[*P. dictyoneura*(Hance)Burtt]较接近,但不同在于本种苞片3枚,连同花萼和花序均光滑无毛;花冠淡红色;花萼紧贴花冠,不反折。

15. 细叶蛛毛苣苔 图版198:5~8

Paraboea angustifolia Yan Liu et W. B. Xu, Phytotaxa **62**:40. 2012.

本种与**网脉蛛毛苣苔**[*P. dictyoneura*(Hance)Burtt]在花冠形态上较相似,但不同在于叶片线状倒披针形,长8~30 cm,宽1.5~3 cm,叶片的长度和宽度的比例为4~10倍。花序梗长3~7 cm,较叶短,连同苞片和花萼均被毡毛;花冠白色至淡紫红色,长1.5~2 cm;雌蕊光滑无毛,柱头小头状;蒴果线形,长4.5~6 cm,不扭曲。 花期4~5月,果期6~7月。 产于环江;生于石灰岩山坡林下潮湿石壁上,海拔600~800 m。本种采自广西和贵州交界的石灰岩地区,贵州的荔波可能也有分布。

16. 网脉蛛毛苣苔

Paraboea dictyoneura (Hance) Burtt in Not. Bot. Gard. Edinb. **41**(3):427. 1984. ——*Boea dictyoneura* Hance in Journ. Bot. **21**:169. 1883;中国高等植物图鉴 **4**:146. 1975. ——*B. hancei* Clarke in A. DC. Monogr. Phan. **5**:144. 1883.

多年生草本。叶全部基生;叶片长圆形,狭长圆形,长7~14 cm,宽1.2~4.5 cm,脉在背面隆起并网结。花萼5裂达基部,线状披针形,向后反折,不紧贴花冠;花冠白色到淡紫色,外面无毛,长1.2~1.5 cm;花丝上部膨大,下部渐狭。 花期4~5月,果期5~6月。 产于桂林、永福、灵川;生于山地疏林岩石上,海拔320~620 m。分布于广东、湖南。

17. 四苞蛛毛苣苔

Paraboea tetrabracteata F. Wen, X. Hong et Y. G. Wei, Phytotaxa **131**(1):1. 2013.

多年生草本;根状茎明显。叶聚集于根状茎的顶端;叶片薄革质到厚纸质,长椭圆形、卵形至长圆形,长6~15 cm,宽2~5 cm。聚伞花序腋生;花序梗长4~9 cm,连同苞片和花萼均被褐色绒毛;苞片4枚,狭卵形,长8~9 mm,宽3~5 mm;花萼5裂,裂片线状披针形,长4~5 mm,宽1.3~1.5 mm,不反折;花冠白色至淡紫红色,长13~15 mm;雄蕊2枚;退化雄蕊2枚;雌蕊长约9 mm,柱头小头状。蒴果线形,光滑无毛,长2~2.5 cm,稍弯,不扭曲。 花期1~4月,果期3~7月。 产于北流、玉林、博白;生于石灰岩山坡石壁上或丹霞地貌潮湿石壁上,海拔100~300 m。分布于广东、海南。 该种在植株形态上和**网脉蛛毛苣苔**[*P. dictyoneura* (Hance) Burtt]非常相似,在没开花的情况下很难区分,以前一些采自粤西和海南的标本都被错误定为网脉蛛毛苣苔;采自越南北部的定为网脉蛛毛苣苔的标本可能也是本种。

18. 唇萼苣苔

Paraboea birmanica (Craib) C. Puglisi, Taxon **60**(6):1699. 2011. ——*Boea birmanica* Craib, Bull. Misc. Inform. Kew **1913**(3):114. 1913. ——*Dichiloboea birmanica* (Craib) Stapf, Bull. Misc. Inform. Kew. **1913**(9):357. 1913. ——*Trisepalum birmanicum* (Craib) Burtt, Notes Roy. Bot. Gard. Edinburgh. **41**(3):446. 1984.

多年生草本;茎高15~30 cm,密被灰白色蛛丝状绵毛。叶对生;叶片长圆形、椭圆形,长2.5~5 cm,宽1.2~3 cm,边缘具细锯齿,腹面密被柔毛,偶见灰白色绵毛,下面密被淡褐色或灰白色绵毛。聚伞花序顶生和腋生;花序梗与花梗被蛛丝状绵毛;苞片2,倒卵形或倒卵状匙形,被绵毛;花萼二唇形,外面被绵毛,上唇顶端具3齿,下唇2裂至近基部,裂片等大;花冠粉红色,稀白色,长约7 mm,筒长4 mm,上唇3裂,下唇2裂;花盘高不及1 mm;雌蕊无毛,长约11 mm,子房椭圆形,柱头2枚,舌状。蒴果椭圆形,无毛,基部花萼宿存,螺旋状卷曲;种子卵形,长0.4~0.5 mm,表面具瘤状突起。 花期9月,果期10月。 产于靖西、那坡;生于石灰岩山坡林下,海拔600~1 200 m。分布于四川、云南,缅甸、泰国亦有。

20. 米氏苣苔属 Middletonia C. Puglisi

本属和**蛛毛苣苔属**[*Paraboea* (Clarke) Ridley]在植株形态上非常接近，该属植物为多年生草本；叶对生；叶片背被毡毛；花序腋生，多花；苞片不明显，花 5 基数；稍二唇形，雄蕊 2 枚，花药直，不联合，退化雄蕊 2 枚，子房被白色的蜡质白粉，柱头头状；蒴果线形，直或者扭曲；种子细小，压扁状。 该属是根据系统发育研究的结果从蛛毛苣苔属分离出来的。目前我国有 1 种，广西也产。

小花米氏苣苔 小花蛛毛苣苔 图版 197：4～7

Middletonia multiflora (R. Br.) C. Puglisi, Taxon 65(2): 287. 2016. ——*Boea multiflora* R. Br. in Bennett et al., Pl. Jav. Rav. 120. 1840. ——*B. thirion* H. Lévl. in Repert. Sp. Nov. **1**: 301. 1912. et Fl. Kouy-Chéou 181. 1914. ——*Paraboea multiflora* (R. Br.) Burtt in Notes Roy. Bot. Gard. Edinburgh **41** (3): 433. 1984. ——*P. thirionii* (H. Lévl.) Burtt in Not. Bot. Gard. Edinb. **38**(3): 471. 1980 et **41**(3): 439. 1984.

茎极短，不分枝。叶片卵形或卵状椭圆形，长 6～8.5 cm，宽 2.2～5.5 cm，边缘具不整齐锯齿或微波状。聚伞花序伞状或组成圆锥花序，具多数花；花冠小，白色，长 5～5.2 mm，子房被白色的蜡质白粉。花期 6～7 月，果期 8～9 月。 产于天峨、乐业；生于山谷、溪旁潮湿的石山地，海拔 300～500 m。分布于贵州。

21. 羚角苣苔属 Dorcoceras Bunge

无茎草本。叶对生，有时螺旋状排列；叶片被单细胞长柔毛，稀被短柔毛或腺状柔毛。聚伞花序伞状，腋生；苞片小，不明显；花萼 5 裂至基部；花冠斜钟状，白色、蓝色或紫色，5 裂近相等或二唇形，上唇 2 裂，下唇 3 裂；雄蕊 2 枚，花药顶端连着，2 药室汇通。蒴果螺旋状扭曲，外面被短柔毛。 该属以前被并入旋蒴苣苔属(*Boea* Commerson ex Lamarck)中，目前根据最新的分子系统学研究结果，该属为 1 自然的属，并入旋蒴苣苔属是不合适的，旋蒴苣苔属主要分布于印度尼西亚、巴布亚新几内亚、所罗门群岛以及澳大利亚(昆士兰)。羚角苣苔属共有 4 种，分布于中国、越南、缅甸、泰国、马来西亚、印度尼西亚。我国有 2 种，分布于中南、华东地区，以及河北、辽宁、山西、陕西、四川和贵州；广西 2 种均产。

分 种 检 索 表

1. 叶片倒卵形或椭圆状匙形，长为宽的 3 倍，长 3～8 cm，宽 1～3 cm；花萼裂片近等大 ……………………………………………………………………………… 1. **地胆羚角苣苔** D. philippense (Clarke) Schlechter
1. 叶片近圆形、圆卵形，长不及宽的 2 倍，长 1.8～7 cm，宽 1.2～5.5 cm；花萼裂片稍不等，上方 2 枚较下方 3 枚小 ……………………………………………………………………………… 2. **羚角苣苔** D. hygrometrica Bunge.

1. 地胆羚角苣苔 地胆旋蒴苣苔(海南植物志) 图版 197：8～11

Dorcoceras philippense (Clarke) Schlechter in Bot. Jahrb. **58**: 259. 1923. ——*Boea philippensis* Clarke in A. DC. Monogr. Phan. **5**: 146. 1883; Burtt in Not. Bot. Gard. Edinb. **41**(3): 418. 1984. ——*Boea poilanei* Pellegr. in Bull. Soc. Bot. France **73**: 424. 1926 et in Lecomte, Fl. Gé. Indo-Chine **4**: 549. 1930. ——*B. elephantopoides* Chun, 海南植物志 **3**: 588. 1974.

多年生草本。叶莲座状基生；叶片倒卵形或椭圆状匙形，长为宽的 3 倍，长 3～8 cm，宽 1～3 cm；花萼 5 裂近等大，与花梗及子房均被腺状柔毛。 花期 5～6 月，果期 6～7 月。 产于南丹、天峨、东兰、田林、隆林；生于山坡、路旁、密林阴处，海拔约900 m。分布于广东、湖南、贵州；越南至菲律宾也有。

2. **羚角苣苔** 旋蒴苣苔(中国植物志) 猫耳朵(中国高等植物图鉴) 图版197：12～14

Dorcoceras hygrometrica Bunge, Enum. Pl. Chin. Bor. 54. 1833. ——*Boea hygrometrica* (Bunge) R. Br. in Benn. Pl. Jav. Rar. 120. 1840; DC. Prodr. **9**: 271. 1845; Hook. f. in Curtis's Bot. Mag. **105**: t. 6468. 1879; Clarke in A. DC. Monogr. Phan. **5**: 145. 1883; 中国高等植物图鉴 **4**: 147, 图5707. 1975; Burtt. in Not. Bot. Gard. Edinb. **41**(3): 419. 1984.

多年生草本。叶莲座状基生；叶片近圆形、圆卵形，长不及宽的2倍，长1.8～7 cm，宽1.2～5.5 cm；花萼裂片稍不等，上方2枚较下方3枚小，花萼及花梗被褐色短柔毛和腺状柔毛，子房被短柔毛。 花期4～8月，果期5～9月。 产于马山、阳朔、南丹、东兰、田林、隆林、巴马；生于岩石上，海拔130～600 m。分布于浙江、福建、江西、广东、湖南、湖北、河南、山东、河北、辽宁、山西、陕西、四川。 全草可药用，治中耳炎、跌打损伤等。

22. 喜鹊苣苔属 Ornithoboea Parish ex Clarke

多年生有茎草本；植株被蛛线状绵毛或柔毛。叶对生；具柄；叶片全缘。聚伞花序1～2次分枝，顶生和腋生；苞片2枚或不明显；花萼5裂至近基部；花冠斜钟状，筒部短于檐部，檐部二唇形，上唇2裂，下唇3裂，内面具髯毛；雄蕊2枚，花丝不叉分或顶端关节处叉分成1不育枝和1能育枝，花药顶端连着，2药室汇通；子房卵球形，被毛。蒴果螺旋状扭曲。 本属约11种，分布于我国南部，以及越南、泰国至缅甸(东部)，向南至马来西亚。我国有6种，分布于广西东南部、贵州南部至云南西南部；广西产3种。

分种检索表

1. 花丝上部叉分成1不育枝和1可育枝；苞片长4～7 mm。
  2. 花冠下唇裂片长圆形，顶端不凹陷；退化雄蕊2枚 ………… 1. **滇桂喜鹊苣苔** O. wileana Craib
  2. 花冠下唇裂片顶端明显凹陷；退化雄蕊3枚 ………… 2. **雷氏喜鹊苣苔** O. lacei Craib
1. 花丝不分叉；苞片不明显或长2～4 mm ………… 3. **贵州喜鹊苣苔** O. feddei (H. Lévl.) B. L. Burtt

1. **滇桂喜鹊苣苔**

Ornithoboea wileana Craib in Kew Bull. **1916**: 268. 1916; Burtt in Not. Bot. Gard. Edinb. **22**: 298. 1958; 李锡文于植物研究 **3**(2): 45. 1983. ——*Brachiostemon macrocalyx* Hand.-Mazz. in Sinensia **5**: 9. 1934.

多年生草本；植株被淡褐色长柔毛，茎高20～40 cm。叶片卵形，长5～11 cm，宽2.5～11 cm，边缘具整齐粗圆齿，其上复有小齿，两面被贴伏柔毛。花冠淡紫色；花丝在上部关节处叉分，上方一侧分叉不育，顶端具腺体，下方一侧分叉能育，花药椭圆形，长约2 mm。 花期7～8月，果期9～10月。 产于那坡、凤山、龙州、靖西；生于山地疏林中岩石上，海拔300～800 m。分布于云南南部；泰国西北部也有。

2. **雷氏喜鹊苣苔**

Ornithoboea lacei Craib, Bull. Misc. Info. Kew. **1913**: 115. 1913.

多年生草本；根状茎长方形，茎高约27 cm，具腺毛。叶对生；叶片不对称，纸质或薄纸质，宽卵形，长3.5～8.7 cm，宽2.5～5.4 cm。聚伞花序，花序梗具腺毛；萼片近等大，长圆状倒披针形，长约7 mm，两面疏被柔毛；花冠筒长7 mm，顶端绵毛状，花冠下唇裂片稍不等长，中央1枚较小，且3枚下唇裂片先端均有明显凹陷，上唇裂片较短，顶端圆形，近等大；雄蕊2枚，花药较大；退化雄蕊3枚，极小，花丝上部叉分成1不育枝和1可育枝；子房长密被腺体。蒴果长约1.5 cm，被腺毛或黄色腺体。 花期8～9月。 产于那坡；生于洞口及洞内潮湿石灰岩石上。分布于缅甸。

3. **贵州喜鹊苣苔**

Ornithoboea feddei (H. Lévl.) B. L. Burtt, Notes Roy. Bot. Gard. Edinburgh. 22(4): 296. 1958. ——*Boea feddei* H. Lévl., Repert. Spec. Nov. Regni Veg. 9: 449. 1911. ——*Boea darrisii* H. Lévl., Repert. Spec. Nov. Regni Veg. 11: 494. 1913. ——*Ornithoboea darrisii* (H. Lévl.) Craib, Notes Roy. Bot. Gard. Edinburgh. 11(55): 252. 1919. ——*Sinoboea microcarpa* Chun, Sunyatsenia 6: 271. 1946.

多年生草本;茎高 10～30 cm。叶对生;每对叶不等大,具长柄;叶片纸质,宽卵形,长 3～10 cm,宽 2～5 cm;叶柄细,长 1.5～7.5 cm。聚伞花序伞状,顶生和腋生;苞片 2 枚,线形;花萼 5 裂至近基部,长圆状披针形,向外反折;花冠长约 9 mm,外面近无毛,内面及喉部边缘被髯毛,筒长约 4 mm,上唇 2 裂,为下唇的 1/2,裂片等大,下唇 3 裂至近中部,裂片相等,长圆形;雄蕊 2 枚,花丝直,不膨大,被微柔毛,退化雄蕊 2 枚,长约 1.2 mm。雌蕊被短柔毛,子房卵状锥形,花柱长约 2.5 mm,上部弯曲,柱头 1 枚,头状。蒴果长圆形,外面被短柔毛,螺旋状卷曲;种子小,多数,褐色。 花期 9 月。 产于隆林;生于石灰岩山坡洞口带,海拔 1 000～1 300 m。分布于贵州西南部。

23. 大苞苣苔属 Anna Pellegr.

半灌木;小枝有棱,幼时密被短柔毛,老时脱落至近无毛。叶对生;每对叶稍不等大。聚伞花序伞状,在叶腋对生;苞片扁球形,幼时包着花序,开花时早落;花萼 5 裂至近基部,裂片干时与花冠同色。花冠漏斗状筒形,白色或淡黄色,檐部二唇形,上唇 2 裂,下唇 3 裂,内面具 2 个弧形囊状突起;雄蕊 4 枚,花药成对连着,2 药室汇通。种子纺锤形,两端各具 1 条钻形附属物。 本属约 4 种,我国全产,分布于广西(西南部)、云南(东南部)、四川,越南北部也有分布。广西有 2 种。

分 种 检 索 表

1. 叶片两面近无毛,仅背面脉上疏被短柔毛;花序梗较长,长 8～10 cm ………………… 1. **大苞苣苔** A. submontana Pellegr.
1. 叶片两面被较宽的短柔毛,背面脉上更密集;花序梗较短,长 1.5～2 cm ……………………………………………………………… 2. **软叶大苞苣苔** A. mollifolia (W. T. Wang) W. T. Wang et K. Y. Pan

1. **大苞苣苔**(植物研究)

Anna submontana Pellegr. in Bull. Soc. Bot. France 77: 46. 1930; et in Lécomte, Fl. Gén. Indo-Chine 4: 506, fig. 58. 1930; 王文采等于植物研究 2(2): 145. 1982. ——*Tumidinodus purpureoruber* H. W. Li, 云南植物研究 5(2): 172. 1982.

小灌木,茎高 0.5～1 m;小枝具棱,幼时被褐色短柔毛,老时近无毛。叶片椭圆状披针形,一侧偏斜,长 11～18 cm,宽 5～8 cm。花丝丝状,弯曲。 花期 6～10 月,果期 9～12 月。 产于那坡;生于山坡水沟边阴处石灰岩上,海拔约 900 m。分布于云南东南部;越南北部亦有。

2. **软叶大苞苣苔**

Anna mollifolia (W. T. Wang) W. T. Wang et K. Y. Pan, 中国植物志 69: 487. 1990. ——*Lysionotus mollifolius* W. T. Wang, 广西植物 3(4): 262. 1983.

半灌木;茎高约 60 cm。叶片纸质,长椭圆形或长圆形,长 7～20 cm,宽 3.2～9 cm。花丝细,近中部扭曲;花柱无毛。 花期 8 月,果期 9 月。 产于那坡;偶见于林下石灰岩上,海拔 1 100～1 300 m。分布于云南东南部。

24. 紫花苣苔属 Loxostigma Clarke

草本或半灌木;根状茎匍匐或不存在;茎具棱,被柔毛。叶对生;每对不等大,叶片膜质或纸质。聚伞花序，2～4 回二歧式分枝；苞片小，全缘或具小齿；花萼 5 裂至基部；花冠粗筒状，白色、淡黄色、紫色、红白色，有时具紫色斑点，二唇形，上唇 2 裂，下唇 3 裂；雄蕊 4 枚，花药肾形，顶端成对连着，2 药室平行，顶端汇通；子房长圆形，柱头 2 枚。种子小，多数，两端各具 1 条毛状附属物。 根据最新旧世界苦苣苔科植物系统发育研究的结果，**粗筒苣苔属**(*Briggsia* Craib)的 4 个种也被并入本属，目前本属约 11 种，分布于我国及尼泊尔、不丹、印度、缅甸和越南北部。我国全产，分布于广西、贵州、云南及四川；广西产 7 种。

分 种 检 索 表

1. 花冠紫色、白色或淡黄色，花冠筒粗筒状，基部之上不突然收缩呈细筒状。
  2. 苞片及花萼裂片通常较狭，线形至披针形或卵伏长圆形，全缘。
    3. 聚伞花序伞状；叶两面均被柔毛；花萼及花梗均被长柔毛和腺状短柔毛。
      4. 花 2～4 朵，黄色或淡黄色；花梗较粗，长 10～15 mm；子房无毛，花柱被短柔毛 …………………………………………………………………………………… 1. **紫花苣苔** L. griffithii (Wight) C. B. Clarke
      4. 花 1～4 朵，红白色；花梗细，长 8～17 mm；雌蕊被较密的短柔毛 …………………………………………………………………………………… 2. **滇黔紫花苣苔** L. cavaleriei (H. Lévl. et Van.) Burtt
    3. 聚伞花序二歧式分枝；叶片除背面脉上被短柔毛外，两面均无毛；花萼及花梗被短柔毛。
      5. 每对叶明显不等；叶柄较长，长 0.5～3 cm；花冠外面白色，内面紫色 …………………………………………………………………………………… 3. **光叶紫花苣苔** L. glabrifolium D. Fang et K. Y. Pan
      5. 每对叶近等大；叶柄短，长 0.5～1.5 cm；花冠紫色 …………………………………………………………………………………… 4. **短柄紫花苣苔** L. brevipetiolatum W. T. Wang et K. Y. Pan
  2. 苞片及花萼裂片通常较宽大，卵圆形或卵状披针形，边缘具小齿 ……… 5. **齿萼紫花苣苔** L. fimbrisepalum K. Y. Pan
1. 花冠鲜黄色，花冠筒粗筒状，基部之上突然收缩呈细筒状。
  6. 花序梗紫色，纤细；下垂，苞片缺；子房密被腺毛 …………………………………………………………………………………… 6. **大明山粗筒苣苔** L. damingshanensis (L. Wu et B. Pan) Mich. Möller et H. Atkins
  6. 花序梗非紫色，较粗，不纤细下垂；苞片 2 枚；子房光滑无毛 …………………………………………………………………………………… 7. **东兴粗筒苣苔** L. dongxingensis (Chun ex K. Y. Pan) Mich. Möller et Y. M. Shui

1. 紫花苣苔

Loxostigma griffithii (Wight) C. B. Clarke, Monogr. Phan. **5**: 60. 1883. ——*Didymocarpus griffithii* Wight, Ill. Ind. Bot. **2**: 182, pl. 159. 1850. ——*Dichrotrichum griffithii* (Wight) C. B. Clarke, Commelyn. Cyrtandr. Bengal. 78. 1874.

半灌木；茎高 20～100 cm。叶对生；同 1 对叶不等大，叶片膜质，长椭圆形或狭卵形，长 4～19 cm，宽 1.8～9 cm；侧脉每边 7～12 条；叶柄长 0.5～5 cm。聚伞花序在茎上部腋生；花序梗长 2～10 cm，具 2～10 朵花；苞片小，线状披针形；花萼 5 裂至近基部，线状披针形或披针形，长 7～8 mm，被腺状短柔毛；花淡黄色，长 3～3.8 cm，外面疏被腺状短柔毛，具紫色斑纹，上部下方肿胀，上唇 2 裂，长约 5 mm，下唇 3 裂，长 8～10 mm；雄蕊 4 枚，花丝线形；退化雄蕊长 1.5 mm；雌蕊长约 2～2.2 cm，柱头 2，卵形，长 2 mm。蒴果线形，长 6.5～10 cm；种子多数，长约 1 mm，两端各具一条长 1.2～1.5 mm 的附属物。 花期 10 月，果期 11 月。 产于罗城；生于潮湿的林中树上或山坡岩石上，海拔约 650 m。分布于云南(西部、南部及东南部)、四川(西南部)及贵州；越南(北部)、缅甸、印度(东北部)、尼泊尔、不丹也有分布。

2. 滇黔紫花苣苔

Loxostigma cavaleriei (H. Lévl. et Van.) Burtt in Not. Bot. Gard. Edinb. **22**: 310. 1958, et **34**(1): 104. 1975；李锡文于植物研究 **3**(2): 3. 1983. ——*Didissandra cavaleriei* H. Lévl. et Van. in Compt. Rend. Assoc. France **34**: 425. 1906. ——*Didymocarpus cavaleriei* (H. Lévl. et Van.) H. Lévl. in l. c. **34**: 427. 1906, non *D. cavaleriei* H. Lévl. 1911. ——*Briggsia cavaleriei* (H. Lévl. et Van.) Craib in Not. Bot. Gard. Edinb. **11**: 263. 1919.

多年生草本；茎数条从根状茎节上生出，高 7～30 cm，有棱，被短柔毛，多不分枝。叶片膜质，狭椭圆形或长圆形，长 2～15 cm，宽 1～6.5 cm，边缘具细锯齿，偶具小牙齿。花冠白色，长 3.5～4 cm，内部具红色或紫色的斑纹。　花期 7～10 月，果期 10～11 月。　产于融水、那坡、环江、田林；生于林中树干上，海拔 650～1 400 m。分布于贵州及云南（东南部）。

3. 光叶紫花苣苔（植物研究）

Loxostigma glabrifolium D. Fang et K. Y. Pan，植物研究 **2**(2)：140. 1982；李锡文于植物研究 **3**(2)：5. 1983.

多年生草本；茎高 10～22 cm，不分枝，有棱，疏被短柔毛。叶片纸质，狭椭圆形或长椭圆形，长 7～23 cm，宽 3～8.5 cm，全缘或具不明显小齿。花冠白色，内部具紫色斑纹。　花期 10～11 月。　产于那坡、天峨、田林；生于林下石灰岩壁上或附生树上，海拔约 600～1 100 m。分布于云南（东南部）及贵州。

4. 短柄紫花苣苔

Loxostigma brevipetiolatum W. T. Wang et K. Y. Pan，Bull. Bot. Res. **2**(2)：142. 1982.

半灌木；有匍匐的根状茎；茎高约 45 cm，四棱形。叶对生；具短柄；叶片纸质，卵状长圆形，长 9～12 cm，宽 4～5 cm；侧脉每边 9～10 条。聚伞花序，具十余朵花；花序梗长 15～16 cm；苞片小，卵形，长 3～4 mm；花萼 5 裂至近基部，披针形；花冠紫色，长约 3.3 cm，外面被短柔毛，内面无毛，上部下方一侧肿胀，上唇 2 裂，下唇 3 裂至近中部；雄蕊 4 枚，花丝无毛，花药长 3 mm，药室顶端汇合；退化雄蕊长约 2 mm；子房长圆形，长约 7 mm，密被褐色短柔毛，花柱长约 1 cm，疏被短柔毛，柱头 2 枚，稍不等，长圆形，长约 2 mm。　花期 10 月。　产于百色；生于山坡林下。分布于云南东南部。

5. 齿萼紫花苣苔

Loxostigma fimbrisepalum K. Y. Pan，Bull. Bot. Res. **2**(2)：143. 1982.

亚灌木；茎高 60～100 cm，四棱形。叶对生；每对叶不等大，叶片膜质，长椭圆形，长 8～17 cm，宽 3.2～8 cm；侧脉每边 8～10 条。聚伞花序，2～4 次分枝，具 5～10 朵花；花序梗长 5～18 cm；花萼 5 裂至近基部，卵形，长 6～8 mm；花冠白色，具紫色斑点，长约 4.7 cm，外面疏被长柔毛，内面无毛，上部下方一侧肿胀，上唇 2 裂，下唇 3 裂；雄蕊 4 枚，无毛，花丝曲状弯曲，花药肾形，药室汇合；雌蕊无毛，长 2.2～2.5 cm，柱头 2 枚，等大，长圆形，长约 1.2 mm。蒴果线状长圆形，长 5～6 cm，黄褐色，无毛；种子小，长圆形，长 0.4 mm，淡褐色，两端具长 1.1～1.2 mm 的毛状附属物。　花期 9～11 月。　产于百色；生于密林石缝中及石灰岩上，海拔 1 000～1 300 m。分布于云南东南部。

6. 大明山粗筒苣苔　图版 199：1～5

Loxostigma damingshanensis (L. Wu et B. Pan) Mich. Möller et H. Atkins，Gardens' Bulletin Singapore **66**(2)：199. 2014. ——*Briggsia damingshanensis* L. Wu et B. Pan，Ann. Bot. Fennici **49**：79. 2012.

多年生草本；茎高 18～34 cm。叶对生；叶片柄长 0.6～2.6 cm；叶片椭圆状卵形，长 4.5～14 cm，宽 2.5～5.5 cm；侧脉 5～10 条。聚伞花序腋生，具 1～3 朵花；花序梗极纤细，疏被腺毛；苞片不明显；花萼 5 裂达基部；花冠狭钟状，黄色，长 4.8～6 cm，外面疏被腺毛，檐部明显二唇形，上唇 2 裂，下唇 3 裂；雄蕊 4 枚，花药球形；雌蕊长 2.7～3.3 cm，子房密被腺毛，柱头 2 枚，等大。　花期 8～9 月。　广西特有，产于武鸣、上林、马山；生于山坡常绿阔叶林下或沟谷溪边潮湿石壁上，海拔 800～1 200 m。

7. 东兴粗筒苣苔（植物分类学报）

Loxostigma dongxingensis (Chun ex K. Y. Pan) Mich. Möller et Y. M. Shui，Gardens' Bulletin Singapore **66**(2)：199. 2014. ——*Briggsia dongxingensis* Chun ex K. Y. Pan，植物分类学报 **26**(6)：451，图 2：1～4，1988.

多年生草本；茎高 20～60 cm，密被柔毛。叶片狭椭圆形，长 4.5～16 cm，宽 2.5～6.5 cm，先端渐尖或骤尖，边缘具细牙齿。聚伞花序近顶腋生，具 1～4 朵花；花冠黄色，长 4～5 cm，粗筒状，下方肿胀，檐部明显二唇形，上唇 2 裂，下唇 3 裂；雄蕊 4 枚；雌蕊长 2.7～3 cm，柱头 2 枚。　花期 8～10 月。　产于东

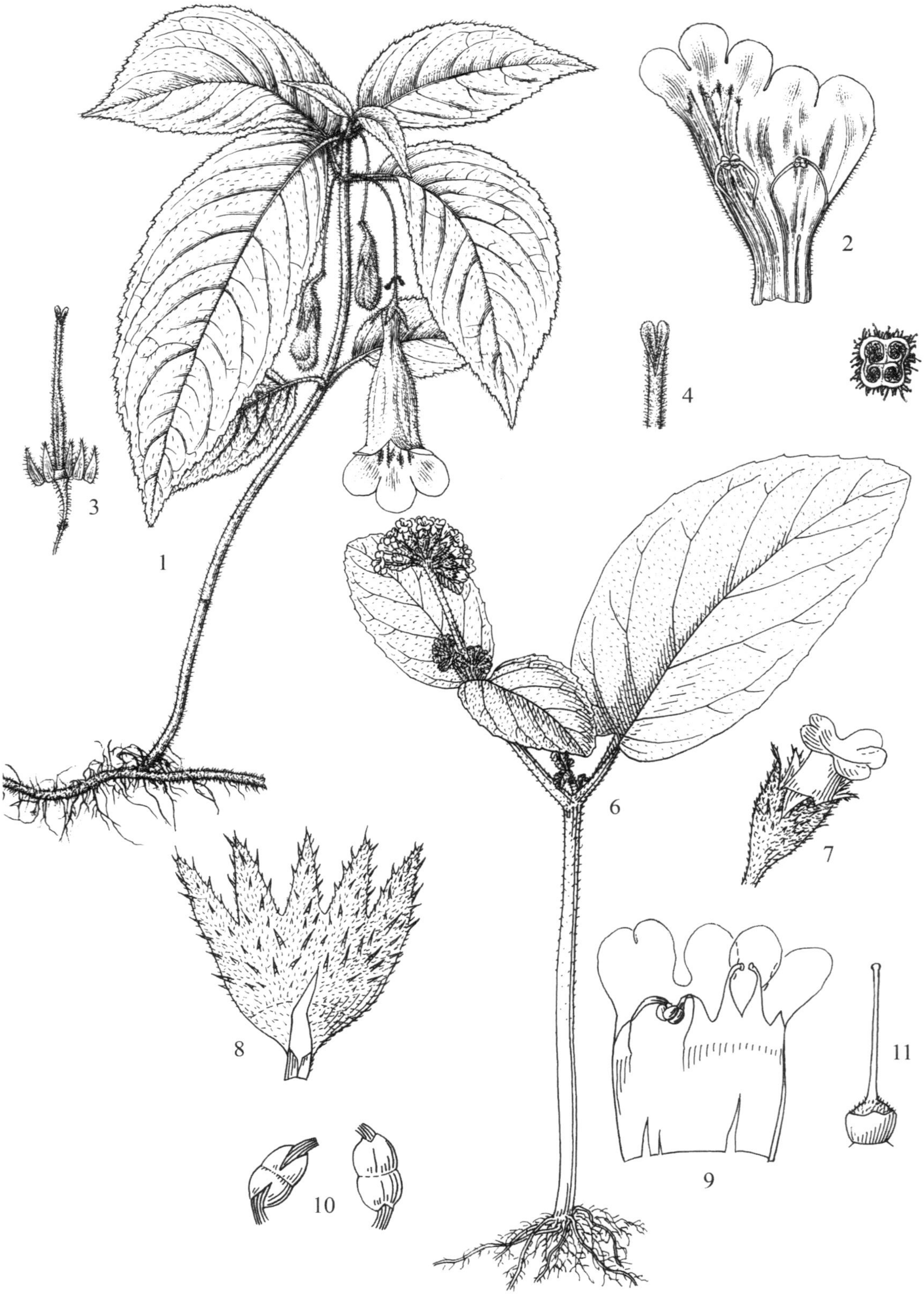

图版 199 1～5. **大明山粗筒苣苔** Loxostigma damingshanensis (L. Wu et B. Pan) Mich. Möller et H. Atkins 1. 植株；2. 花冠展开；3. 花萼及雌蕊；4. 柱头；5. 子房横切。 6～11. **盾座苣苔** Epithema carnosum (G. Don) Benth. 6. 开花植株；7. 花；8. 花萼展开；9. 花冠展开；10. 花药；11. 花盘和雌蕊。 (1～5 朱运喜绘，6～11 冯晋庸绘)

兴；生于溪旁密林中。分布于越南北部。

25. 芒毛苣苔属　Aeschynanthus Jack

附生小灌木。叶对生或轮生；叶脉不明显。花1～2朵腋生或组成腋生聚伞花序；花萼5裂达基部(广西种)，或5深裂至5浅裂；花冠筒状，檐部不明显或明显二唇形，上唇2裂，下唇3裂。能育雄蕊4枚，二强，常伸出，花药成对连着，长圆形，2药室平行，顶端不汇通；花盘环状；子房线形，1室，2侧膜胎座内伸，柱头扁球形。蒴果线形；种子在近种脐一端有1(广西种)、2或多条附属物，另一端有1条附属物。　约有140种，分布于亚洲南部及东南部热带地区。我国有34种，分布于西南、华南地区和台湾；广西有4种，2变种。

分种检索表

1. 花数朵组成有花序梗的聚伞花序。
  2. 花序苞片宽卵形，长3～9 mm，不呈红色；花萼裂片卵形，长7 mm以下，先端圆形；花冠长约2 cm ……………………………………………………………………………… 1. **芒毛苣苔** A. acuminatus Wall. ex A. DC.
  2. 花序苞片狭卵形，长约2 cm，红色；花萼裂片狭披针形，长1.2～1.5 cm，红色；花冠长3.2～3.5 cm ………………………………………………… 2. **黄棕芒毛苣苔** A. bracteatus Wall. ex A. DC var. orientalis W. T. Wang
1. 花单生于叶腋。
  3. 叶片革质，长2.2～7 cm，顶端微尖、微钝或短渐尖；花冠筒口部对称；种子的附属物毛状，长9～10 mm。
    4. 叶片长4～7.2 cm，宽2.2～3.9 cm；花萼和花冠外被短柔毛 ……………………………………………… 3a. **滇南芒毛苣苔** A. austroyunnanensis W. T. Wang var. austroyunnanensis
    4. 叶片长2.2～5.8 cm，宽1.4～3 cm；花萼和花冠外无毛或近无毛 ……………………… 3b. **广西芒毛苣苔** A. austroyunnanensis var. guangxiensis (Chun et W. T. Wang) W. T. Wang
  3. 叶片厚革质，长0.7～2 cm，顶端钝或圆形；花冠口部极斜；种子附属物扁，狭三角状线形，长0.5～0.8 mm ……………………………………………………………… 4. **黄杨叶芒毛苣苔** A. buxifolius Hemsl.

1. **芒毛苣苔**(中国高等植物图鉴)　石龙风(藤县)　石容(贺州)　小白背 白背风(金秀)　图版200：1～4

Aeschynanthus acuminatus Wall. ex A. DC. Prodr. **9**：263. 1845；Clarke in Hook. f. Fl. Brit. Ind. **4**：341. 1884；中国高等植物图鉴 **4**：116，图5645. 1975；中国植物志 **69**：502. 1990.

茎长约90 cm，无毛，枝条对生。叶对生；无毛，叶片薄纸质，长圆形或椭圆形，长4.5～9 cm，宽1.7～3 cm，全缘；叶柄长2～5 mm。花序具1～3朵花；花冠红色，筒长8～16 mm，口部直径5～6 mm。蒴果长6.5～9.8 cm；种子毛状附属物长1.5～4 mm。　花期9月至翌年3月，果期12月至翌年5月。　产于扶绥、东兴、上思、平南、金秀、藤县、昭平、贺州、融水、罗城；生于山谷沟边或林中，海拔300～800 m。分布于西藏(东南部)、云南、广东、台湾，不丹、印度(东北部)、泰国、越南北部亦有。

2. **黄棕芒毛苣苔**(变种)

Aeschynanthus bracteatus Wall. ex A. DC. var. orientalis W. T. Wang，植物研究 **2**(2)：147. 1982.

本变种和原变种不同在于茎无毛，有长分枝；叶对生；无毛，纸质，叶片椭圆形或倒卵状椭圆形，长6～10 cm，宽2.5～5 mm，全缘；叶柄长5～10 mm；花序具3～4朵花；无毛。蒴果长约18 cm，无毛。　产于凌云；生于山谷林中石崖上，海拔约1 500 m。分布于云南南部和东南部。

3. **滇南芒毛苣苔**

Aeschynanthus austroyunnanensis W. T. Wang，Acta Phytotax. Sin. **13**(2)：63. 1975.

图版 200 1～4. 芒毛苣苔 Aeschynanthus acuminatus Wall. ex A. DC. 1. 幼果枝；2. 花枝；3. 花冠展开；4. 种子。 5～7. 黄杨叶芒毛苣苔 A. buxifolius Hemsl. 5. 花枝；6. 具宿存花萼的蒴果；7. 种子。 （邹贤桂绘）

3a. **滇南芒毛苣苔**（原变种）

Aeschynanthus austroyunnanensis W. T. Wang var. austroyunnanensis

攀缘小灌木；茎长约 1 m，无毛，不分枝或有少数分枝。叶对生；叶片薄革质或坚纸质，椭圆形或狭椭圆形，长 4～7.2 cm，宽 2.2～3.9 cm。花 1～2 朵簇生于腋生的短枝上；花萼 5 裂近基部，裂片线状披针形；花冠红色，长 2.4～2.7 cm，筒细筒状，上唇 2 裂近基部，裂片狭卵形，下唇 3 深裂，裂片宽卵形；雄蕊稍伸出，花药长圆形，花盘环状，高约 0.6 mm，浅裂；雌蕊稍伸出，长 3.2 cm，子房线形，柱头近球形。蒴果近线形，长 18.5～26 cm，无毛；种子狭长圆形，长约 0.8 mm，每端各有 1 根毛，毛长 12～15 mm。　花期 10 月，果期 11 月。　产于龙州、大新、靖西、那坡；生于河边石上或林中，海拔 300～1 000 m。分布于云南南部。

3b. **广西芒毛苣苔**（变种）

Aeschynanthus austroyunnanensis var. guangxiensis (Chun ex W. T. Wang) W. T. Wang，中国植物志 **69**：513. 1990. ——*A. guangxiensis* Chun ex W. T. Wang，植物研究 **2**(2)：146. 1982.

本变种与原变种不同在于茎长达 3 m，无毛；叶对生；无毛，叶片草质，椭圆形或卵形，长 2.2～5 cm，宽 1.4～2.4 cm，全缘；叶柄长 2～5 mm；花萼长 5 mm；花冠长 2.1～2.3 cm；蒴果长 8～20 cm。　花期 6～8 月，果期 8～11 月。　产于大新、凌云、东兰、罗城；生于山谷林中树上或陡崖上，海拔 400～550 m。分布于贵州南部。　全株可供药用，治关节炎等。

4. **黄杨叶芒毛苣苔**（中国高等植物图鉴）　图版 200：5～7

Aeschynanthus buxifolius Hemsl. in Journ. Linn. Soc. Bot. **35**：515. 1903；中国高等植物图鉴 **4**：113，图 5464. 1974；中国植物志 **69**：517. 1990.

多年生草本；茎长 20～40 cm，无毛，叶对生或 3 枚轮生；叶片椭圆形或卵形，长 0.7～2 cm，宽 5～10 mm，全缘；叶柄长 2～3 mm。花萼长 3.5～5 mm，无毛；花冠紫红色，长约 2.8 cm。蒴果长 6.2～9.5 cm，无毛。　花期 6～11 月。　产于德保、凌云、环江、象州、荔浦；生于山谷林中树上，海拔 1 200～1 500 m。分布于云南中部至东南部和贵州西南部。

26. 吊石苣苔属　Lysionotus D. Don

本属与芒毛苣苔属（*Aeschynanthus* Jack）接近，但能育雄蕊 2 枚，内藏而不同。种子每端各有 1 条附属物。　本属约有 30 种，自印度北部、尼泊尔向东经中国、泰国及越南北部到日本南部均有分布。我国有 28 种，在秦岭以南各地广泛分布；广西有 10 种 1 变种。

分种检索表

1. 小灌木或半灌木；花萼 5 裂达或近基部。
　2. 叶的侧脉在背面隆起；花冠紫红色、黄色或者紫红色到黄色；种子附属物比种子短。
　　3. 花冠筒钟形。
　　　4. 花冠筒全部黄色，花序梗短，长 2～4 cm ……………… 1. **凤山吊石苣苔** L. fengshanensis Yan Liu et D. X. Nong
　　　4. 花冠筒紫红色至黄色，花序梗长，长 6～8 cm ……………………………………………… 2. **长梗吊石苣苔** L. longipedunculatus (W. T. Wang) W. T. Wang
　　3. 花冠筒为筒状。
　　　5. 叶片边缘小齿退化成腺体，近全缘；花冠内面无毛 ………………… 3. **长圆吊石苣苔** L. oblongifolius W. T. Wang
　　　5. 叶片边缘有多数小齿；花冠内面被短柔毛 ………………………… 4. **多齿吊石苣苔** L. denticulosus W. T. Wang
　2. 叶片的侧脉不明显，如多少明显时两面均平，不隆起；花冠淡紫色或白色；种子附属物与种子等长或比种子长。
　　6. 叶片数对密集茎顶端，坚纸质，无毛；茎被短柔毛；花冠白色；花药无附属物 ……………………………………………… 5. **龙胜吊石苣苔** L. heterophyllus Franch var. lasianthus W. T. Wang
　　6. 叶片在茎上等距排列。

7. 叶片纸质或草质,椭圆形或卵形,渐尖,与茎均无毛。

8. 叶 3 枚轮生;花冠白色稍带淡紫红色,长 1.7~2.1 cm;花药无附属物……… 6. **桂黔吊石苣苔** L. aeschynanthoides W. T. Wang

8. 叶对生或 3 枚轮生;花冠淡紫色,长 3~4 cm;花药有附属物……………… 7. **齿叶吊石苣苔** L. serratus D. Don

7. 叶片革质;花冠淡紫色或白色;花药有附属物。

9. 叶对生,狭椭圆形,长 5~10 cm,与茎均无毛;花萼长 9~12 mm,5 裂达基部……… 8. **广西吊石苣苔** L. kwangsiensis W. T. Wang

9. 叶 3 枚轮生或对生,叶片线形、椭圆形或披针形,叶柄及茎常有短伏毛,稀无毛;花萼长 3~4 mm,5 裂达或近基部……………………………………………………………………………… 9. **吊石苣苔** L. pauciflorus Maxim.

1. 攀缘灌木,茎长达 9 m,有木栓;花萼 5 浅裂,有长萼筒;叶对生,纸质,侧脉下面隆起;花序具 1 朵花;花药无附属物;种子附属物与种子等长或稍短 ……………………………………………… 10. **攀缘吊石苣苔** L. chingii Chun ex W. T. Wang

1. **凤山吊石苣苔** 图版 201:1~5

Lysionotus fengshanensis Yan Liu et D. X. Nong in Nord. J. Bot. **28**:720. 2010.

半灌木;茎高 80~150 cm。叶片长圆形或卵状长圆形,两侧稍不对称,长 8~19 cm,宽 6~8 cm。聚伞花序具 2~3 回分枝;花序梗长 2~4 cm;花萼 5 裂至近基部;花冠黄色,长约 2.5~3 cm,无毛,上唇 2 裂近中部,裂片圆形,下唇 3 裂至中部,裂片圆形;雄蕊 2 枚;退化雄蕊 3 枚;花盘环状,高约 1 mm,浅裂;雌蕊长 1.0~1.5 cm,无毛,子房线形,8~10 mm 长。蒴果线形,长 5~6.5 cm,无毛;种子纺锤形,长约 0.6 mm,两端的突起呈钻形。 花期 7~8 月,果期 9~10 月。 产于河池、巴马、凤山、环江;生于石灰岩山坡林下或者岩洞洞口,海拔 400~800 m。该种的植株形态接近**长梗吊石苣苔**[*L. longipedunculatus* (W. T. Wang) W. T. Wang],但不同在于该种的花序梗较短,花较大,黄色。

2. **长梗吊石苣苔**

Lysionotus longipedunculatus (W. T. Wang) W. T. Wang, Guihaia **3**(4):261. 1983.

半灌木;茎高 35~80 cm。叶片长椭圆形或矩圆状披针形,两侧稍不对称,长 4~17 cm,宽 1.6~5.5 cm。聚伞花序具长梗,2 回分枝;花序梗长 6~8 cm;花萼钟状,5 裂至或近基部;花冠黄色,檐部带紫色,长约 3 cm,无毛,筒长约 1.5 cm;上唇 2 裂近中部,裂片扁圆卵形,下唇 3 裂至中部,裂片圆卵形;雄蕊无毛;退化雄蕊 2 枚,狭线形;花盘环状,高约 1 mm,浅裂;雌蕊长约 1.1 cm,无毛,子房线形,花柱长约 2 mm,柱头漏斗状盘形。蒴果线形,长 2.8~3.2 cm,无毛;种子纺锤形,长 0.4~0.6 mm,两端的突起钻形。 花期 9~10 月。 产于靖西;生于石灰岩山坡林下,海拔 600~800 m。分布于云南(屏边),越南北部可能亦有。

3. **长圆吊石苣苔** 图版 201:6~14

Lysionotus oblongifolius W. T. Wang, 广西植物 **3**(4):263, 图版 2, 图 1~9. 1983; 中国植物志 **69**:533. 1990.

半灌木;茎高达 80 cm,上部密被贴伏锈色短柔毛。叶对生;叶片厚纸质,长圆形或倒卵状长圆形,长 9~20 cm,宽 2.5~8 cm;叶柄长 1~4 cm。花序具 4~7 朵花;花萼长 6~7 mm;花冠紫红色,长 1.9 cm。蒴果长 3~4 cm,无毛。 花期 9~10 月,果期 10~12 月。 产于那坡、靖西、大新、龙州、隆安;生于石山林下,海拔约 300~900 m。越南北部可能亦有。

4. **多齿吊石苣苔** 图版 201:15

Lysionotus denticulosus W. T. Wang, 广西植物 **3**(4):264, 图版 2, 图 10. 1983; 中国植物志 **69**:533. 1990.

本种近**长圆吊石苣苔**(*L. oblongifolius* W. T. Wang),但叶片草质,两面被柔毛,叶边缘有多数明显小牙齿;花冠内面被短柔毛而不同。 花期 9~11 月,果期 10~12 月。 产于那坡、南丹、天峨、乐业、环江、罗城;生于石灰岩山坡林中,海拔 500~1 200 m。分布于云南和贵州。

图版 201 1～5. 凤山吊石苣苔 Lysionotus fengshanensis Yan Liu et D. X. Nong 1. 花枝；2 花冠展开；3. 花萼及雌蕊；4. 雄蕊；5. 柱头。 6～14. 长圆吊石苣苔 L. oblongifolius W. T. Wang 6. 花枝；7. 花冠展开；8. 雄蕊；9. 花药；10. 花萼、花盘和雌蕊；11. 柱头；12. 子房横切面；13. 蒴果；14. 种子。 15. 多齿吊石苣苔 L. denticulosus W. T. Wang 15. 叶及腋生花序。（1～5 何顺清绘，6～15 刘春荣绘）

5. **龙胜吊石苣苔**(变种)

Lysionotus heterophyllus Franch. var. lasianthus W. T. Wang,广西植物 3(4):267. 1983;中国植物志 69:539. 1990.

附生小半灌木;茎顶部被贴伏短柔毛。叶对生,数对密集于茎顶端;叶片坚纸质,长圆形,长 2.5~5 cm,宽 1.2~2 cm,边缘上部有小齿,无毛;叶柄长 0.5~1.5 cm,有短伏毛。花萼长 3.5~5 mm;花冠白色,长约 3.5 cm,外面有短柔毛。 花期 6~7 月。 产于龙胜,兴安;生于山谷林中树上或水边,海拔 1 070~1 650 m。

6. **桂黔吊石苣苔**

Lysionotus aeschynanathoides W. T. Wang,广西植物 3(4):265,图版 4,图 7~9. 1983;中国植物志 69:536. 1990.

小灌木或半灌木;茎高达 1 m,无毛。叶 3 枚轮生;无毛,叶片坚纸质,椭圆形或椭圆状卵形,长 4.5~13 cm,宽 2.2~6 cm,全缘;叶柄长 0.2~2 cm。花序具 3~8 朵花,无毛;花萼长 8~9 mm;花冠白色稍带淡紫红色,长 1.7~2.1 cm。蒴果长 5.4~10 cm,无毛;种子附属物毛状,长 0.7~1.2 mm。 花期 6~8 月,果期 7~11 月。 产于那坡、靖西、上林、田林、河池;生于山地溪边石上或林中陡崖上,海拔 600~900 m。分布于云南(东南部)和贵州(西南部),越南(北部)亦有。

7. **齿叶吊石苣苔**

Lysionotus serratus D. Don in Edinb. Phil. Journ. 7:85. 1822;王文采,广西植物 3(4):276,图版 3,图 2~3. 1983;中国植物志 69:352. 1990.

半灌木;茎高 20~80 cm,无毛。叶 3 枚轮生或对生;无毛,叶片草质或纸质,椭圆状卵形或长椭圆形,长 4~14 cm,宽 2~4.8 cm,边缘有牙齿;叶柄长 0.6~1.6 cm。花序具 3~10 朵花,无毛;花冠淡蓝紫色或白色,长 3~4 cm。蒴果长 7~8 cm;种子附属物毛状,长 1~1.2 mm。 花期 7~9 月,果期 8~10 月。 产于乐业、隆林;生于石山山坡石缝中,海拔 800~1 200 m。分布于西藏(东南部)、云南、贵州(西南部),不丹、印度、缅甸、尼泊尔、泰国、越南亦有。

8. **广西吊石苣苔**

Lysionotus kwangsiensis W. T. Wang,植物分类学报 13(2):68,13(3):图版 15,图 5. 1975;中国植物志 69:548. 1990.

附生小灌木;茎长约 30 cm,无毛。叶对生;无毛,叶片革质,长圆形,长 5~10 cm,宽 1.5~4.5 cm,边缘有小齿;叶柄长 0.9~1.5 cm。花序具 1~2 朵花,无毛;花萼长 0.9~1.2 cm;花冠淡紫色,长约 4 cm。蒴果长 5~6 cm;种子附属物毛状,长 0.9~1.2 mm。 花期 7~9 月,果期 8~10 月。 产于融水、天峨;生于山谷林中树上或石上,海拔 1 360~1 600 m。

9. **吊石苣苔** 图版 202:1~3

Lysionotus pauciflorus Maxim. in Bull. Acad. Sci. St.-Pétersb. 19:534. 1874;海南植物志 3:521. 1974;中国高等植物图鉴 4:119,图 5632. 1975;中国植物志 69:550. 1990. ——*Aeschynanthus apicidens* Hance, J. Bot. 21(6):167. 1883. ——*Lysionotus carnosus* Hemsl., Gard. Chron. ser. 3, 28:349. 1900. ——*L. cavaleriei* H. Lévl., Repert. Spec. Nov. Regni Veg. 9(214~216):328. 1911. ——*L. warleyensis* E. Willm., Gard. Chron. ser. 3, 54:125. 1913. ——*L. hainanensis* Merr. et Chun, Sunyatsenia 2:321. 1935. ——*L. pauciflorus* var. *linearis* Rehder, J. Arnold Arbor. 18(3):246. 1937. ——*L. montanus* Kao et Devol, Taiwania 17(2):158. 1972. ——*L. pauciflorus* var. *latifolius* W. T. Wang, Guihaia 3(4):275. 1983. ——*L. pauciflorus* var. *lancifolius* W. T. Wang, Guihaia 3(4):276. 1983. ——*L. apicidens* (Hance) Yamazaki, Fl. Jap. (Iwatsuki et al., eds.) 69(2):115. 1994.

小灌木。叶 3 枚轮生或对生;具短柄,叶片革质,形态变化大,线形或狭长圆形、宽椭圆形、倒卵形、倒

图版 202　1～3. **吊石苣苔** Lysionotus pauciflorus Maxim.　1. 果枝；2. 花；3. 种子。　4～6. **攀缘吊石苣苔** L. chingii Chun ex W. T. Wang　4. 花枝；5. 蒴果；6. 种子。　（邹贤桂绘）

披针形，长2～5 cm，宽0.5～1.5 cm，边缘在中部以上有少数小牙齿或近全缘，无毛。花序具1～2朵花；花萼长3～4 mm；花冠白色或淡蓝紫色，长3.5～4.5 cm，无毛；花盘杯状，有尖齿。蒴果长5.5～9 cm；种子附属物毛状，长1.2～1.5 mm。 花期6～12月，果期8月～翌年1月。 产于广西各地；生于山地溪边石上或林中石上，海拔100～1 500 m。分布于秦岭以南各地，越南(北部)、日本亦有。 全草可供药用，治疗跌打损伤、咳血和咳嗽等，少数民族村民经常使用。

10. 攀缘吊石苣苔 图版202：4～6

Lysionotus chingii Chun ex W. T. Wang，广西植物 **3**(4)：279，图版4，图1～6. 1983；中国植物志 **69**：554. 1990.

茎无毛。叶对生；无毛，叶片纸质，椭圆形或长圆形，长4.5～12 cm，宽2.2～5 cm，边缘全缘或有不明显小齿；叶柄长0.6～2 cm。花序具1朵花，无毛；花萼钟状，长1.6～2 cm，5浅裂，无毛；花冠白色或带淡绿色，长约4 cm。蒴果长6.5～9 cm；种子附属物长0.3～0.5 mm。 花期7～10月，果期9～12月。 产于东兴、防城、龙州、凌云、乐业、南丹、环江；生于山谷林中石上或树上，或溪边石上，海拔600～1 200 m。分布于贵州、云南(东南部)，越南北部亦有。

27. 线柱苣苔属 Rhynchotechum Bl.

半灌木。叶对生，稀互生；叶片具羽状脉。聚伞花序腋生，常有多朵花；苞片小；花萼5裂达基部，宿存。花冠钟状粗筒形，檐部比筒长，不明显二唇形，上唇2裂，下唇3裂；能育雄蕊4枚，分生，花药近球形，2药室平行，顶端汇通；子房卵球形，有2侧膜胎座，花柱钻形，柱头小，扁球形。浆果近球形。 本属约有14种，分布于亚洲热带地区。我国有6种，分布于南部、西南部；广西有4种。

分种检索表

1. 茎、叶柄和花序分枝被贴伏的褐色绵毛。
  2. 叶片倒披针形或长椭圆形。
    3. 叶片多为倒披针形，先端短渐尖或渐尖，侧脉每侧13～26条；雄蕊着生于花冠筒基部，花药直径1.5 mm；子房及浆果无毛 …………………………………… 1. **线柱苣苔** Rh. ellipticum (Wall. ex D. F. N. Dietr.) A. DC.
    3. 叶片多为长椭圆形，先端渐狭，侧脉每侧12～15条；雄蕊着生于花冠筒中部，花药直径0.6～0.7 mm；子房及浆果被短毛 …………………………………… 2. **长梗线柱苣苔** Rh. longipes W. T. Wang
  2. 叶片多为椭圆形；子房及浆果被短毛 …………………………………… 3. **冠萼线柱苣苔** Rh. formosanum Hatusima
1. 茎、叶柄和花序分枝密被展开的淡黄色长毛；叶长圆形，每侧有侧脉13～18条 …………………………………… 4. **毛线柱苣苔** Rh. vestitum Wall. ex Clarke

1. 线柱苣苔

Rhynchotechum ellipticum (Wall. ex D. F. N. Dietr.) A. DC.，Prodr. (DC.) **9**：285. 1845. ——*Rh. latifolium* Hook. f. et Thomson ex C. B. Clarke，Commelyn. Cyrtandr. Bengal. Pl. 94. 1874. ——*Rh. obovatum* (Griff.) Burtt in Not. Bot. Gard. Edinb. **24**：38. 1962；海南植物志 **3**：528. 1974；中国高等植物图鉴 **4**：115，图5643. 1975. ——*Chiliandra obovata* Griff.，Notul. Pl. As. **4**：150. 1854. ——*Corysanthera elliptica* Wall. ex D. Dietr.，Syn. Pl. **3**：582. 1843.

半灌木；茎高0.7～1 m，不分枝。叶片纸质，倒披针形或长椭圆形，长15～30 cm，宽5～9 cm；叶柄长达4 cm。花序有多朵花；苞片狭披针形，长5～9 mm；花萼长约2.5 mm；花冠白色或带粉红色，长约3.7 mm，筒长1.5 mm。浆果白色，长5～6 mm。 花期6～10月。 产于扶绥、隆安、融水、罗城、隆林；生于山谷林下水边，海拔350～700 m。分布于云南(南部)、四川(南部)、贵州(西南部)、广东、福建(南部)，印度(东北部)、缅甸、越南(北部)亦有。

2. **长梗线柱苣苔** 图版 203:1～4

Rhynchotechum longipes W. T. Wang,广西植物 4(3):187,图 1. 1984;中国植物志 69:561. 1990.

半灌木;茎高约 35 cm。叶片纸质或草质,狭长圆形,长 10～19 cm,宽 3.5～5.8 cm,两端均渐狭,边缘有小齿;叶柄长 0.5～3 cm。花序直径 7～10 cm;花萼长 4.5～5.2 mm;花冠白色,筒长 1.3～1.8 mm,上唇长 1.5～2 mm。 花期 7 月。 产于宁明、上林;生于山谷溪边。

3. **冠萼线柱苣苔**(海南植物志)

Rhynchotechum formosanum Hatusima in Journ. Jap. Bot. 15:132, fig. 1. 1939;王文采于广西植物 4(3):185. 1984. ——*Rh. ellipticum* auct. non(Wall. ex D. F. N. Dietr.) A. DC:海南植物志 3:528,图 905. 1974.

半灌木;茎高 35～100 cm。叶片纸质,多为椭圆形,有时长圆形或狭倒卵形,长 13～26 cm,宽 6.5～12 cm,边缘有小齿;叶柄长 0.5～2.5 cm。花序直径 2～3.5 cm;花萼长 3～5 mm。花冠长 4～5 mm。 花期 7 月。 产于巴马、天等、隆安、龙州、宁明、上思、东兴、藤县;生于山谷溪边阴处石上。分布于云南东南部、海南、广东、台湾。

4. **毛线柱苣苔**(中国高等植物图鉴)

Rhynchotechum vestitum Wall. ex Clarke, Comm. Cyrt. Beng. t. 92. 1874;王文采于广西植物 4(3):188. 1984;同于中国植物志 69:563. 1990.

半灌木;茎高 1 m 左右。叶片纸质,长圆形或椭圆形,长 13～28 cm,宽 5.4～12 cm,顶端渐尖或短渐尖,边缘有小牙齿;叶柄长 1.5～6.5 cm。花序直径 2～4 cm;花萼长 4～4.8 mm;花冠淡红色,长约 6 mm。 花期 6～8 月,果期 10～11 月。 产于百色;生于山谷路边阴处。分布于西藏东南部、云南西部和南部,不丹、印度亦有。

28. 圆果苣苔属 Gyrogyne W. T. Wang

多年生草本;具短根状茎;茎直立。叶对生;每 1 对叶片稍不相等,卵形;具羽状脉。聚伞花序顶生;花萼 5 浅裂,在裂片之间有纵褶;花冠有短筒,檐部二唇形,上唇 2 裂,下唇 3 裂;能育雄蕊 4 枚,分生,花药 2 药室平行,基部稍叉形,顶端不汇通,药隔顶端突出;花盘环状;子房扁球形,1 室,侧膜胎座 2,自子房壁腹面伸向室中,花柱细长,柱头扁球形。 1 种,特产于广西。

圆果苣苔 图版 203:5～11

Gyrogyne subaequifolia W. T. Wang,植物研究 1(3):43,图版 7:1～7. 1981;中国植物志 69:565. 1990.

多年生草本;茎高 9.5～15.5 cm,不分枝,被短柔毛。叶片草质,卵形,长 4～8 cm,宽 3.4～5.8 cm,边缘有小牙齿,两面被疏柔毛;叶柄长 0.3～2.7 cm。花序约具 5 朵花;花萼直径 7 mm;花冠白色,长 10 mm,筒长 5 mm;雄蕊长约 2.4 mm;雌蕊无毛。 花期 6 月。 广西特有,产于百色;生于低山路边阴处。 本种的野生资源目前非常不清楚,相关人员多次前往模式产地调查均未再次发现野生居群,而且该种的模式产地的栖息地环境受到较大的人为干扰,有专家推测该种野外可能已灭绝。

29. 十字苣苔属 Stauranthera Benth.

本属接近**圆果苣苔属**(*Gyrogyne* W. T. Wang),但叶对生时,同 1 对叶中 1 枚极小;花冠钟状,檐部不明显二唇形;4 枚雄蕊的花药合生,2 药室顶端汇通;花盘不存在;2 侧膜胎座内伸,花柱短,可以区别。 本属约有 10 种,分布于亚洲南部和东南部热带地区。我国有 2 种,分布于云南(南部)和海南;广西有 1 种。

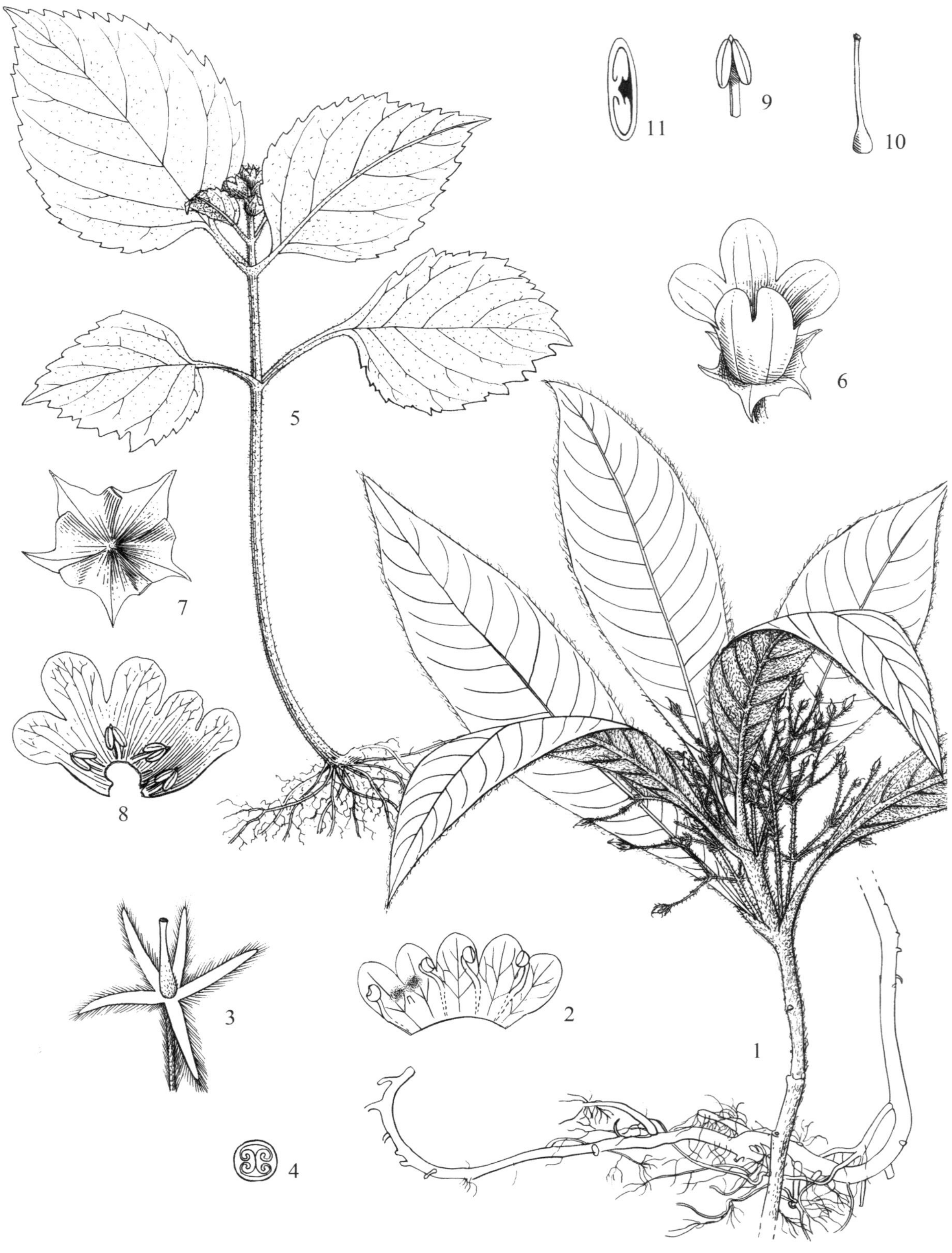

图版 203　1～4. **长梗线柱苣苔** Rhynchotechum longipes W. T. Wang　1. 结果植株；2. 花冠展开；3. 花萼和雌蕊；4. 子房横切面。　5～11. **圆果苣苔** Gyrogyne subaequifolia W. T. Wang　5. 开花植株；6. 花；7. 花萼；8. 花冠展开；9. 雄蕊；10. 雌蕊；11. 子房横切面。（1～4 刘春荣绘，5～11 冀朝祯绘）

十字苣苔(海南植物志)　图版 204:1～7

Stauranthera umbrosa (Griff.) Clarke, Comm. Cyrt. Berg. t. 89. 1874;海南植物志 **3**:527,图 904. 1974;李锡文于云南植物研究 **5**(2):174. 1938. ——*Cyananthus umbrosa* Griff., Notul. Pl. As. **4**:154. 1854.

茎高达 22 cm,被锈色短柔毛。正常叶具短柄,叶片草质,两侧不对称,长圆形或椭圆状倒卵形,长 8～25 cm,宽 3.5～10 cm,边缘有波状浅齿,背面有疏柔毛;叶柄长 0.5～2.3 cm;退化叶长 3～4 mm。花序长 5～10 cm;苞片线形,长 3～4 mm;花萼直径 7 mm;花冠白色或紫色,直径 10 mm;雄蕊长达 5 mm。花期 2～6 月。　产于龙州、百色;生于山谷溪边或林中,海拔 400～600 m。分布于云南(南部)、海南,越南、马来西亚、缅甸、印度也有分布。

30. 异叶苣苔属　Whytockia W. W. Smith

多年生草本;茎直立。叶对生;同 1 对叶片极不等大,正常叶狭卵形,两侧不对称;具羽状脉。聚伞花序有数朵花;无苞片;花萼 5 裂达基部,裂片有多条纵分泌沟;花冠筒状漏斗形,檐部二唇形,上唇 2 裂,下唇 3 裂;能育雄蕊 4 枚,2 强,花药共同连着,2 药室叉形,顶端汇通;雌蕊内藏,子房近球形,2 室,有中轴胎座,花柱细长,柱头 2 或 1 枚。蒴果近球形。　本属共有 9 种,特产于我国;广西有 1 种。

白花异叶苣苔　图版 204:8～13

Whytockia tsiangiana (Hand.-Mazz.) A. Weber in Not. Bot. Gard. Edinb. **40**(2):365. 1982;中国植物志 **69**:570. 1990. ——*Stauranthera tsiangiana* Hand.-Mazz. in Sinensia **5**:19. 1934.

茎高约 25 cm,上部被短柔毛。正常叶具短柄或近无柄,叶片草质,斜长圆形或卵状长圆形,长 3.2～8 cm,宽 1～3 cm,边缘有不明显小齿,两面疏被短柔毛;退化叶长 0.4～1.4 cm。花序具 2～5 朵花;花萼长约 3.2 mm,无毛;花冠白色,长约 1 cm;雄蕊长 2.5～4.5 mm;雌蕊长约 3 mm,柱头 1 枚。　花期 8～10 月。　产于龙胜、隆林、乐业;生于山谷沟边林下。分布于云南(东南部)、贵州、四川(南部)、湖南(西部)、湖北(西南部)。

31. 尖舌苣苔属　Rhynchoglossum Bl.

多年生或一年生草本;茎直立。叶互生;叶片偏斜;具羽状脉。花序假总状,有苞片,花偏向一侧;花萼 5 浅裂;花冠二唇形,上唇 2 裂,下唇 3 裂,偶尔不分裂;能育雄蕊 4 枚或 2 枚,花药成对连着,2 药室顶端汇通;花盘环状;子房卵球形,1 室,有 2 侧膜胎座,花柱细长,柱头近球形。蒴果椭圆球形。　约有 12 种,分布于亚洲南部及东南部热带地区,以及墨西哥和哥伦比亚。我国有 2 种,分布于南部和西南部;广西有 1 种。

尖舌苣苔

Rhynchoglossum obliquum Bl., Bijdr. Fl. Ned. Ind. **14**:741. 1826. ——*Rh. obliquum* Bl. var. *hologlossum* (Hayata) W. T. Wang, 植物研究 **4**(1):31. 1984;中国植物志 **69**:575. 1990. ——*Rh. hologlossum* Hayata, Ic. Pl. Formos. **5**:131. 1915.

一年生草本;茎高约 30 cm,被疏柔毛。叶片草质,狭卵形,长约 10 cm,全缘,腹面疏被短伏毛,背面无毛。花序有多朵花;苞片线形,长约 2.5 mm;花萼长约 5 mm;花冠紫色,长约 1 cm,上唇 2 裂,下唇不分裂;能育雄蕊 2 枚,位于下(前)方,长约 3 mm;雌蕊长约 6 mm,无毛。　花期 7～10 月。　产于靖西、那坡、田林、凌云、乐业、凤山、南丹、环江;生于石山林下或岩洞口石上,海拔 500～700 m。分布于贵州、四川、台湾、云南,柬埔寨、印度、印度尼西亚、马来西亚、缅甸、尼泊尔、菲律宾、斯里兰卡也有分布。

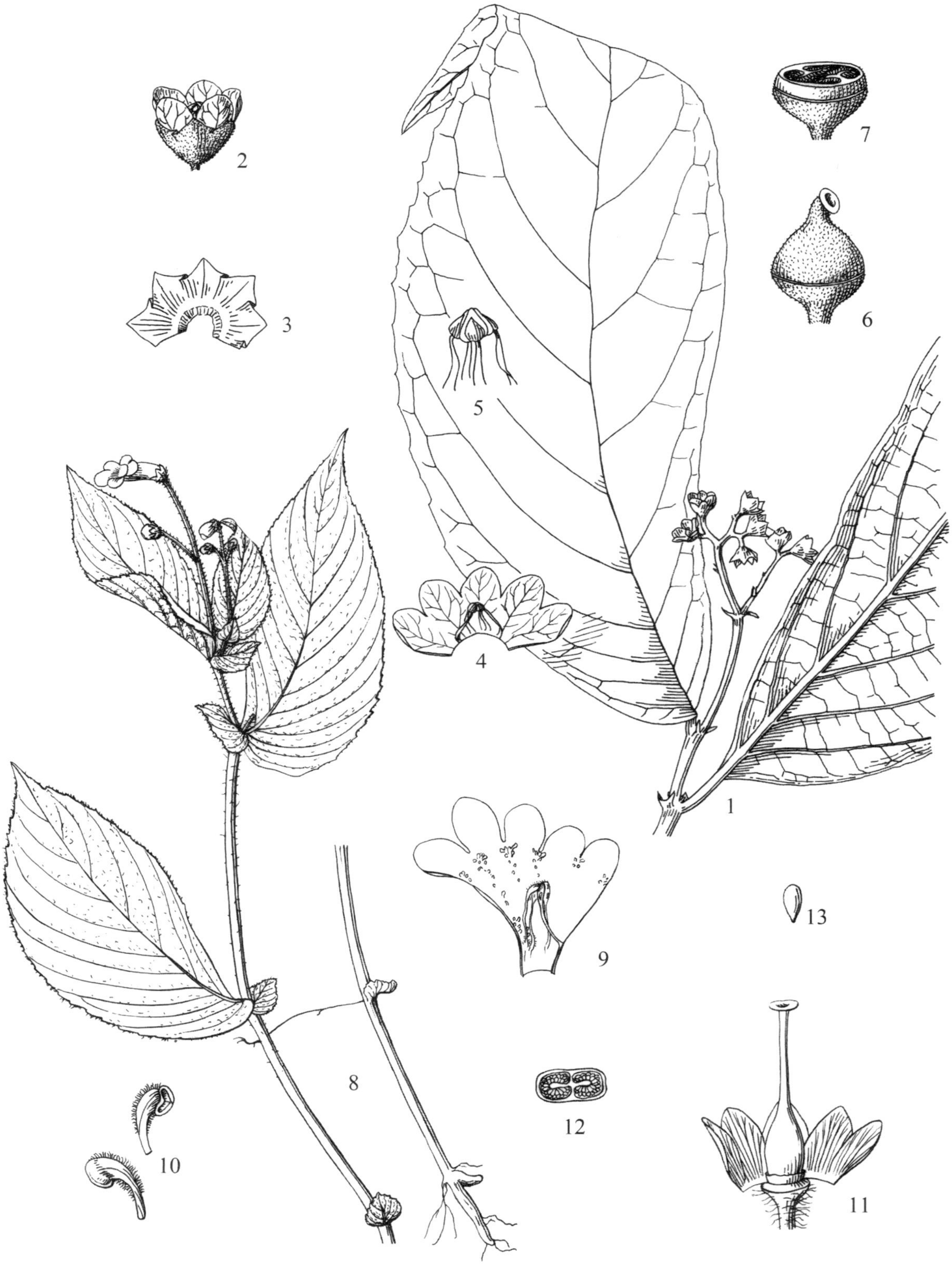

图版 204 1～7. **十字苣苔** Stauranthera umbrosa (Griff.) Clarke 1. 具花植株上部；2. 花；3. 花萼展开；4. 花冠展开；5. 雄蕊；6. 雌蕊；7. 子房横切面。 8～13. **白花异叶苣苔** Whytockia tsiangiana (Hand.-Mazz.) A. Weber 8. 开花植株；9. 花冠展开；10. 雄蕊；11. 花萼、花盘和雌蕊；12. 子房横切面；13. 种子。 (1～7 冯晋庸绘，8～13 刘春荣绘)

32. 盾座苣苔属　Epithema Bl.

肉质小草本；茎直立。叶1或少数，下部的互生，上部的常对生；叶片具羽状脉。蝎尾状聚伞花序腋生，有1船形大苞片；花小；花萼5裂。花冠二唇形，上唇2裂，下唇3裂；能育雄蕊2枚，位于上(后)方，花药连着，2药室极叉开，顶端汇通。花盘环状。子房卵球形，具2侧膜胎座。蒴果球形，周裂。　本属约有10种，分布于亚洲和非洲热带地区。我国有2种，分布于南部和西南部；广西产1种。

盾座苣苔　图版199：6～11

Epithema carnosum (G. Don) Benth., Scroph. Ind. 57. 1835; Clarke in Hook. f. Fl. Brit. Ind. **4**: 369. 1885；中国高等植物图鉴 **4**：120，图5654. 1975. ——*Aikinia carnosa* G. Don, Gen. Syst. **4**: 665. 1837.

茎高8～16 cm，被短柔毛。叶通常3片；叶片草质，椭圆状卵形或卵形，长3.5～12 cm，基部心形，边缘有波状小齿。花序直径1～1.5 cm；苞片兜状圆倒卵形，长约4 mm；花萼长约3.5 mm；花冠淡红色或白色，长约6 mm；雄蕊长约2 mm，无毛。蒴果球形，直径约2 mm。　花期6～9月。　产于来宾、东兰、南丹、环江；生于石灰岩山谷中石上或石灰岩阴处潮湿石壁上。分布于广东、贵州、云南，印度、不丹、尼泊尔、缅甸、泰国、老挝、越南也有分布。

257. 紫葳科　BIGNONIACEAE*

落叶或常绿乔木、灌木或木质藤本，稀为草本；有的种类老茎生花；稀有卷须或气生根。叶多为对生或有的轮生，稀互生；单叶或羽状复叶，稀掌状复叶，顶生小叶有时呈卷须状；叶梗基部或脉腋常有腺体；无托叶。花两性，通常大而艳丽，两侧对称或辐射对称，组成顶生、腋生或茎生花序，稀单生或簇生；常具苞片或小苞片；萼钟状或管状，或一边开裂成佛焰苞状，2～5裂或不裂；花冠钟状、管状或漏斗状，5裂，常呈二唇形，上唇2裂，下唇3裂，裂片蕾时覆瓦状或镊合状；雄蕊5枚，通常2～4枚发育，1枚或3枚退化，均生于冠筒上，与花冠裂片互生，药2室，纵裂；花盘杯状或环状；子房上位，1～2室，中轴胎座或侧膜胎座，花柱细长，柱头2裂。蒴果，室背或室间开裂，稀肉质不开裂；种子扁平，常具膜质翅，稀无翅或具束毛，无胚乳。约120属，650种，主要分布于热带亚热带地区，少数延至温带。我国有12属约36种，南北均产，主要分布于南方各地；另引入栽培15属18种；广西有14属21种1变种。　本科有些种类花大，色彩艳丽，花期长，宜作庭园绿化观赏用；有些种类为优良的用材树种；有些种类的树皮、根、花或种子可作药用。

分属检索表

1. 木质藤本。
   2. 落叶性，植株以气生根攀附他物；奇数羽状复叶，小叶7～9枚，叶缘具粗齿；花冠裂片蕾时覆瓦状排列；雄蕊内藏；蒴果成熟时室背开裂 ………………………………………… 1. **凌霄属** Campsis Lour.
   2. 常绿性，植株以卷须攀缘；指状复叶，小叶2～3枚，全缘；花冠裂片蕾时镊合状排列；雄蕊伸出花外；蒴果成熟时室间开裂 ………………………………………… 2. **炮仗花属** Pyrostegia Presl
1. 直立乔木或灌木。
   3. 叶为单叶或指状3小叶；种子无翅，或具束毛。
      4. 单叶对生或有时3叶轮生；花组成顶生花序；花萼二唇形或不规则2裂；发育雄蕊2枚；子房2室；蒴果长线形，果瓣

---

* 编著者：毛宗铮、韦春强。

2裂；种子两端具束毛 …………………………………………………………………… 3. **梓属** Catalpa Scopoli

4. 单叶或指状3小叶，簇生或互生；花单生或簇生于老茎或小枝上；花萼2～5深裂；发育雄蕊4枚，2强；子房1室；果近球形，不开裂；种子无束毛，无翅 ……………………………………………… 4. **炮弹果属** Crescentia Linn.

3. 叶为羽状复叶；种子无翅，或有膜质翅。

5. 叶为一回羽状复叶；子房1室；蒴果腊肠状，不开裂；种子无翅 ……………………………… 5. **吊灯树属** Kigelia DC.

5. 叶为一回或二回羽状复叶；子房2室；蒴果开裂；种子具膜质翅。

6. 花萼佛焰苞状。

7. 叶为一回羽状复叶；总状花顶生；蒴果长圆柱形，密被灰黄色长绒毛，若猫尾状 …………………………………………………………………………………… 6. **猫尾木属** Markhamia Seemann ex Baillon

7. 叶为二回羽状复叶；缩短的总状花序生于老干或短的侧枝上；蒴果细长，线形，无毛 ……………………………………………………………………………………… 7. **火烧花属** Mayodendron Kurz

6. 花萼钟形。

8. 蒴果卵状长圆形或近球形；圆锥花序顶生或腋生；花蓝色或青紫色；小叶细小，长不过15 mm，多数，通常15枚以上，全缘 ………………………………………………………………… 8. **蓝花楹属** Jacaranda Juss.

8. 蒴果细长，线形、圆柱形或披针形；总状花序或聚伞花序，或由总状花序或聚伞花序组成的圆锥花序，顶生稀腋生；花黄色、白色、紫色或橙红色；小叶通常(2)5～9(11)枚，较大，长20 mm以上，边缘具锯齿或全缘。

9. 灌木；一回羽状复叶，小叶边缘具粗锯齿。

10. 花纯黄色，芳香；由总状花序组成顶生圆锥花序，雄蕊及花柱内藏；小叶边缘除基部外全具锯齿 ……………………………………………………………………………… 9. **黄钟花属** Stenolobium D. Don

10. 花金黄色至橙红色；顶生总状花序，雄蕊及花柱伸出花冠之外；小叶边缘中上部具圆钝锯齿 ……………………………………………………………………………… 10. **硬骨凌霄属** Tecomaria Spach

9. 乔木；一回或二至三回羽状复叶，小叶全缘。

11. 发育雄蕊5枚；蒴果室间开裂；二至三回羽状复叶 ……………………… 11. **木蝴蝶属** Oroxylum Vent.

11. 发育雄蕊4枚；蒴果室背开裂；一至三回羽状复叶。

12. 花较大，花冠直径1.5～4 cm，花萼直径1～2 cm；蒴果隔膜厚而扁平 ……………………………………………………………………… 12. **厚膜树属** Fernandoa Welw. ex Seem.

12. 花较小，冠筒喉部及花萼直径均不足1 cm。

13. 花冠黄色或白色；胚珠排成2列至多列；蒴果隔膜扁圆柱形；种子微凹陷入隔膜中 ……………………………………………………………… 13. **菜豆树属** Radermachera Zoll. et Mor.

13. 花冠淡黄色或淡红色；胚珠排成1列；蒴果隔膜圆柱形；种子完全陷入隔膜中 ……………………………………………………………… 14. **羽叶楸属** Stereospermum Cham.

1. 凌霄属 Campsis Lour.

落叶木质藤本；节上有气生根赖以攀附。一回奇数羽状复叶，对生，有小叶7～9(11)枚；叶缘具粗齿。圆锥花序或聚伞花序顶生；橙红色或鲜红色；花萼管状钟形，5裂；花冠漏斗状钟形，中部以上扩大，5裂，裂片圆形，蕾时覆瓦状排列；雄蕊4枚，2强，内藏；子房2室，基部围以大花盘。蒴果细长，熟时室背开裂，与隔膜分离为2裂瓣；种子多数，扁平，具膜质翅2枚。 本属有2种，1种产于我国和日本，1种产于北美洲东部；广西2种均有栽培。

分种检索表

1. 叶片两面无毛；花橙红色，直径达8 cm；花萼分裂至中部，萼片较薄，披针形 ……………………………………………………………………… 1. **凌霄** C. grandiflora (Thunb.) K. Schum.

1. 叶片背面脉腋有柔毛；花鲜红色，直径约4 cm；花萼分裂仅达上部1/3，萼片较厚，三角形 ……………………………………………………………………… 2. **厚萼凌霄** C. radicans (Linn.) Seem.

1. **凌霄**(本草图经)　白狗肠　钻天蜈蚣　上树蜈蚣　大红花(全州)　飞天蜈蚣(临桂)　红花倒水莲(贺州、全州)　虫茶藤(龙胜)　藤茶(大苗山)　九牛转地(苍梧)　紫葳(神农本草经)　图版 205:1～3

Campsis grandiflora (Thunb.) K. Schum. in Engl. et Prantl, Nat. Pflanzenfam. **4**(3b):230. 1894;广州植物志 608. 1956;海南植物志 **3**:530,图 907. 1974;中国高等植物图鉴 **4**:104,图 5623. 1975;云南植物志 **2**:715,图版 198,图 1～3. 1979;中国植物志 **69**:33,图版 1,图 1～3. 1990;Fl. China **18**:220. 1998. ——*Bignonia grandiflora* Thunb. Fl. Jap. 253. 1784. ——*B. chinensis* Lam. Encycl. Mét. Bot. **1**:423. 1785. ——*Campsis chinensis* (Lam.) Voss, Vilm. Bumengart. **1**:801. 1896;中国树木分类学 1115. 1937. ——*Tecoma grandiflora* Loisel. Herb. Gen. Amat. **5**:286. 1821. ——*T. chinensis* K. Koch. Dendr. **2**:307. 1872.

藤本,长可达 10 m,一年生枝淡黄色,无毛,髓白色;叶痕半圆形;侧芽宽卵形,具 1～3 对芽鳞。小叶 7～9 片,对生;叶片两面无毛,通常顶端一枚最大,卵形或卵状披针形,长 2.5～7(9) cm,宽 1.5～3(5) cm,先端长渐尖,基部阔楔形,不对称,边缘具 3～7 对粗齿;叶轴长 4～14 cm,小叶柄长 5～10 mm。圆锥花序;花大,宽达 8 cm;花萼绿色,长约 3 cm,萼齿披针形,长约 1.5 cm;花冠外面橙红色;花柱长约 3 cm,柱头扁平,2 裂;雄蕊着生于花管中部,花药叉开,黄色。蒴果细长如豆荚,顶端钝;种子薄片状。花期 5～8 月,果期 10 月。　产于龙胜、兴安、全州、资源、桂林、融水、南丹、苍梧、贺州、南宁等地;生于山谷、沟边、路旁,各地庭园常有栽培。喜光,但幼苗早期宜稍荫蔽,成年植株也略耐荫,喜温暖湿润气候,不择土壤,在背风向阳的肥沃、湿润、排水良好的微酸性土上生长、开花最好,不耐寒,耐干旱,忌积水,萌芽、萌蘖力均强。分布于我国黄河流域、长江流域以南,日本、越南、印度等有栽培。　本种花大,鲜艳,花期长,攀缘能力强,为装饰花廊、花架等的良好植物。全株可供药用,花凉血、祛瘀、通经;根、茎、叶清热利湿、散瘀消肿,治肠胃炎、风湿骨痛、跌打损伤等。繁殖主要用扦插和压条,也可用分株和播种。

2. **厚萼凌霄**(广西植物名录)　美国凌霄(中国树木分类学)　图版 205:4～6

Campsis radicans (Linn.) Seem. in Jour. Bot. **5**:372. 1867;中国树木分类学 1116. 1937;江苏植物志(下册):765. 1982. ——*Bignonia radicans* Linn. Sp. Pl. 624. 1753. ——*Tecoma radicans* Juss., Gen. Pl. 139. 1789.

本种与凌霄[*Campsis grandiflora* (Thunb.) K. Schum.]的主要区别:小叶 9～11 枚,叶片背面脉腋具细柔毛;花较小,直径约 4 cm;花冠鲜红色;花萼长约 2 cm,裂齿长约为花萼长的 1/3(凌霄约为 1/2),萼齿三角形。　花期 7～10 月,果期 11～12 月。　桂林有栽培。南京、上海、武汉等地也有引种,原产于北美洲。　庭园绿化观赏植物。花可入药,功效同凌霄。

2. 炮仗花属　Pyrostegia Presl.

常绿木质藤本;以卷须攀缘。指状复叶,对生;有小叶 2～3 枚,顶生一枚有时变为线形 3 裂的卷须。顶生圆锥花序;花萼钟形或管形,截平或 5 齿裂;花冠管状漏斗形,稍弯,裂片长圆形,蕾时镊合状排列,边缘被白色细柔毛;雄蕊 4 枚,2 强,花药伸出花外;花盘杯状;子房线形,2 室。蒴果长线形,室间开裂,果瓣革质;种子椭圆形,具翅。　本属有 5 种,产于热带南美洲。我国引入 1 种,广西有栽培。

炮仗花(广州植物志)　图版 206:1～2

Pyrostegia venusta (Ker-Gawl.) Miers in Proc. Roy. Hort. Soc. **3**: 188. 1863;云南植物志 **2**: 639. 1979;中国植物 **69**: 3,图版 3,图 4～5. 1990. ——*Bignonia venusta* Ker-Gawl. in Bot. Reg. **3**: t. 249. 1818. ——*Pyrostegia ignea* (Vell.) Presl. in Bot. Bemerk. 93. 1844;广州植物志 606. 1956;海南植物志 **3**:530,图 906. 1974.

藤本,长达 8 m,具线状 3 裂卷须。小叶叶片卵圆形,长 4～10 cm,宽 3～5 cm,先端渐尖,基部近圆形,全缘,两面无毛;叶柄被短柔毛。花长 6～7 cm;花萼钟形,顶端 5 小齿;花冠橙红色,内面中部有 1 毛

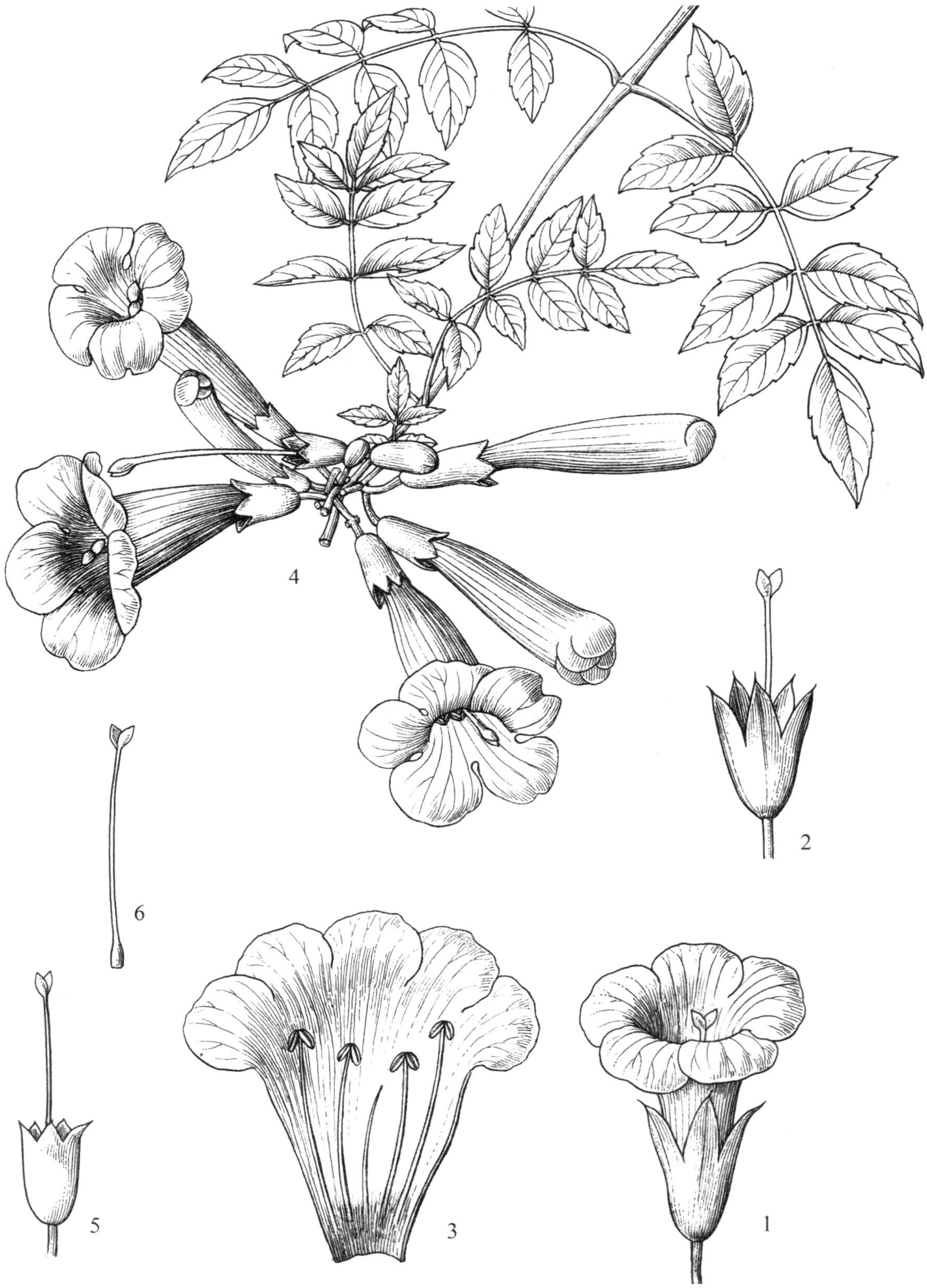

图版 205　1～3. **凌霄** Campsis grandiflora (Thunb.) K. Schum.　1. 花；2. 花去花冠，示花萼和花柱；3. 花冠展开，示雄蕊。4～6. **厚萼凌霄** C. radicans (Linn.) Seem.　4. 花枝；5. 花去花冠，示花萼和花柱；6. 雌蕊。（何顺清绘）

图版 206　1～2. **炮仗花** Pyrostegia venusta (Ker-Gawl.) Miers　1. 花枝；2. 雄蕊。　3～5. **硬骨凌霄** Tecomaria capensis (Thunb.) Spach　3. 花枝；4. 花冠展开；5. 雌蕊。　(何顺清绘)

环，裂片5枚；雄蕊着生于花冠中部，花药叉开；子房密被细柔毛，柱头舌状，扁平，伸出花外。 花期1～3月。 桂林、南宁、梧州等有栽培。广东（广州）、海南、云南等地也有引种，原产于巴西。喜向阳环境，也能耐半阴；土壤以肥沃、湿润酸性的沙质壤土为佳；不耐寒，冬季气温宜在13℃以上。 花序鲜艳美丽，成串下垂，状如鞭炮，为一优良观赏植物，宜配置阳台、花廊、花架、门亭、墙面及屋顶作攀缘绿化。可入药，茎叶清热利咽，用于咽喉肿痛；花润肺、止咳，用于肺结核、咳嗽、支气管炎、咽喉肿痛等。

3. 梓属 Catalpa Scopoli

落叶乔木或灌木。单叶对生或3叶轮生；叶片揉烂有臭味，全缘或3～5裂，背面脉腋常有紫黑色腺点；具长柄。花白色或黄色，组成顶生聚伞状圆锥花序或伞房花序；花萼二唇形或不规则开裂；花冠钟状，二唇形，上唇2裂，下唇3裂；发育雄蕊2枚，内藏，生于下唇，退化雄蕊3枚，生于上唇；花柱稍长于雄蕊，顶端2裂，子房2室，胚珠多数。蒴果细长，2瓣裂；种子2～4列，扁平，两端具束毛。 约13种，分布于北美和东亚。我国有4种，另引入栽培1种，主要分布于长江和黄河流域；广西引入的有3种。 生长快速，可作造林树种、行道树或庭园绿化观赏树种；木材纹理直，耐腐，可供建筑或家具用；树皮和种子可作药用。

分种检索表

1. 叶基部5～7出脉，顶端不裂或3～5浅裂；花冠淡黄色，长约2 cm，喉部内面有2条黄色条纹和紫色斑点 ………………………………………………………… 1. **梓树** C. ovata G. Don
1. 叶基部3出脉，顶端通常不裂或仅在幼树时有3浅裂；花冠白色或淡红色至淡紫色，长3 cm以上。
   2. 叶片卵形，不裂或幼树时3浅裂，长至20 cm；花冠淡红色至淡紫色，长约3.5 cm …………… 2. **灰楸** C. fargesii Bur.
   2. 叶片宽卵形，不裂，长达30 cm，腹面近无毛，背面密被白色柔毛；花冠白色，长4～5 cm，内面有2条黄色条纹和淡紫色斑点 ………………………………… 3. **白花梓树** C. speciosa (Wark. ex Barney) Engelm

1. **梓树**（神农本草经） 楸木（隆林） 图版207：1～3

Catalpa ovata G. Don, Gen. Syst. **4**: 230. 1837；中国树木分类学 1111. 1937；中国高等植物图鉴 **4**: 102，图5617. 1975；云南植物志 **2**: 703，图196，图1～3. 1979；中国植物志 **69**: 14，图版5，图1～3. 1990；Fl. China **18**: 215. 1998. ——*Bignonia catalpa* Thunb. in Fl. Jap. 251. 1784. (non Linn. 1753). ——*Catalpa kaempferi* Sieb. et Zucc. in Abh. Akad. Munch. IV. **3**: 142. 1846. ——*C. henryi* Dode in Bull. Soc. Dendr. France **1907**: 199. 1907.

乔木，高达16 m，胸径达50 cm。叶对生或3叶轮生；叶片宽卵形，长10～30 cm，宽7～25 cm，不裂或掌状3～5浅裂，基部微心形或宽圆形，两面微被毛；基出脉5～7条；叶柄长6～18 cm，基部有1～6个紫色腺点，嫩时被长柔毛。顶生圆锥花序；花冠淡黄色，长2～2.5 cm，内面有2条黄色条纹和紫色斑点。蒴果圆柱形，熟时黑色，长20～30 cm，直径5～9 mm，嫩时疏生白长毛；种子长椭圆形，长6～8 mm，宽3 mm，两端具长毛。 花期5～6月，果期9～11月。 产于广西各地或有栽培，“多栽培于村庄附近……野生者已不可见”（中国植物志）。分布于我国华北、华东、甘肃、陕西及长江流域，日本也有栽培。 喜光，耐寒，深根性，生长快，能耐轻盐碱土；对二氧化硫、氯气、烟尘等抗性较强，可作为有具类污染源地区的绿化树种，以及行道树、庭荫树种。木材纹理直，耐腐，可作建筑、家具、乐器等用材。古人制琴以泡桐属木材作面板，梓属木材做底板，谓之为“桐天梓地”。住者于宅旁植桑种梓，以为生养死葬之用，故称故乡为“桑梓”。2 100多年前长沙马王堆西汉古墓，其棺所用的木材经鉴定即为梓属木材，保存甚完好，无任何腐朽现象。可见其耐腐性强，古人已知其用。可入药，果实利尿，用于浮肿病；树皮清热解毒，用于腰肌劳损，外用治湿疹、皮肤瘙痒、疮疥；叶用于手脚火烂疮。嫩叶可食，亦可作猪饲料。栽培时用种子、分蘖或扦插繁殖。

图版 207　1～3. **梓树** Catalpa ovata G. Don　1. 花枝；2. 蒴果；3. 种子。　4～5. **灰楸** C. fargesii Bur.　4. 叶；5. 叶部分放大，示分枝毛。　6. **西南猫尾木** Markhamia stipulata（Wall.）Seemann ex K. Schumann var. stipulata　6. 花枝。　7～8. **毛叶猫尾木** M. stipulata（Wall.）Seemann ex K. Schumann var. kerrii Sprague　7. 蒴果；8. 1 对小叶。　（何顺清绘）

2. **灰楸**(中国树木分类学) 图版 207:4~5

Catalpa fargesii Bur. in Nouv. Arch. Mus. Hist. Nat. Paris, Sér 3, **6**: 195, t. 3 1894;中国树木分类学 1112. 1937;中国高等植物图鉴 **4**:103,图 5619. 1975;云南植物志 **2**:704,图版 196,图 4~5 1979;中国植物志 **69**:17,图版 5,图 4~5. 1990;Fl. China **18**:216. 1998. ——*C. vistita* Diels in Bot. Jahrb. **29**:577. 1901 —— *C. fargesii* Bur. f. *duclouxii* (Dode) Gilmour in Bot. Mag. **159**: t. 9458. 1936;云南植物志 **2**:704, 1979;中国植物志 **69**:18. 1990. ——*C. duclouxii* Dode in Bull. Soc. Dendr. France **1907**:201. 1907;陈嵘,中国树木分类学 1112. 1937. ——*C. sutchuenensis* Dode in Op. cit. 204. 1907.

乔木,高达 25 m。本种与**梓树**(*C. ovata* G. Don)的主要区别在于叶片卵形或三角状心形,基出脉 3 条,叶柄较短,长 3~10 cm;幼枝、叶下面、叶柄及花序均被分枝毛;顶生伞房花序,花冠淡红色或淡紫色,较长,达 3 cm 以上。蒴果较长,长 50~80 cm。 花期 3~5 月,果期 7~11 月。 产于乐业;生于山地海拔 950 m 处,南宁、钦州等地有栽培。分布于我国西北、华北、华中至西南等地区。 木材细韧,供建筑、家具、车船、乐器等用。可入药,果利尿;根皮治皮肤病及风湿关节痛。

3. **白花梓树**(广西植物名录) 黄金树(中国树木分类学) 美国楸树

Catalpa speciosa (Ward. ex Barney) Engelm. in Bot. Gaz. **5**:11880;中国树木分类学 1113. 1937;中国高等植物图鉴 **4**:103,图 5620. 1975;中国植物志 **69**:16. 1990. ——*C. bignonioides* var. *speciosa* Ward. ex Barney in Gard. Monthly **20**:312. 1878.

落叶乔木;高达 36 m,胸径达 50 cm。叶多为 3 叶轮生,也有对生;叶片宽卵形至卵状长圆形,长 15~30 cm,宽 10~20 cm,基部截形至浅心形;叶柄稍被毛,长 10~15 cm。蒴果长 20~50 cm。与上述两个种的区别:花白色。与**梓树**(*C. ovata* G. Don)的区别:树皮鳞片状开裂;叶片不裂,基出三脉;花冠较长,达 4~5 cm;蒴果较粗,径达 15 mm。与**灰楸**(*C. fargesii* Bur.)的区别:叶背面密被白色柔毛,不被分枝毛;顶生圆锥花序;蒴果较短,长 30~50 cm。 花期 5~6 月,果期 8~9 月。 南宁等地有栽培。我国于 1911 年引入,现广为栽培,原产于美国中部至东部。 宜作庭园绿化树种。

4. 炮弹果属* Crescentia Linn.

乔木或灌木。掌状复叶或单叶,簇生或互生。花着生于老茎或小枝上,单生或簇生;花萼 2~5 深裂;花冠钟状,喉部膨大,黄绿色或褐色,有褐色或紫褐色脉纹,檐部 5 裂;发育雄蕊 4 枚,2 强,内藏或稍外露;花盘环状;子房 1 室,侧膜胎座,胚珠多数。果实近球形,果皮坚硬,不开裂。种子无翅和长毛。 本属有 5 种,产于美洲热带地区。我国引入 2 种,广西、广东、云南、福建、台湾等有栽培;广西引入栽培 1 种。

十字架树(中国植物志) 叉叶树 三叉木

Crescentia alata H. B. et K. in Nov. Gen. Pl. **3**:158. 1819;中国植物志 **69**:58,图版 16. 1990. ——*C. trifolia* Blanco, Fl. Filip. 489. 1837. ——*Parmentiera alata* Mires in Trans. Linn. Soc. Bot. **126**:166. 1870.

灌木,高 3~6 m。指状复叶,簇生;小叶 3 片;叶片长倒披针形或倒匙形,先端浑圆或微凹,近无柄,侧生 2 小叶较短,长 1.5~6 cm,顶生小叶较长,长 5~8 cm;叶柄长 4~10 cm,两侧具叶状阔翅;两侧小叶平展或斜展,形似十字架或呈三叉状。花 1~2 朵生于老茎或小枝上;花萼淡紫色,2 裂达基部;花冠褐色,长 5~7 cm,有紫褐色脉纹,喉部膨大呈囊状,檐部 5 浅裂;雄蕊稍外露,花药叉开着生;花柱 2 裂,柱头薄片状。果近球形,直径 5~7 cm,光滑,不开裂。 南宁有栽培。广东、云南、福建、香港等地有引种,原产于墨西哥至哥斯达黎加。 可作庭园绿化观赏树种;果壳可作药用。

* 又名**葫芦树属**(中国植物志 69 卷)

5. 吊灯树属[*] Kigelia DC.

乔木。一回奇数羽状复叶,对生;花橙黄色或红色,排成圆锥花序,生于老茎或枝端,具长柄,下垂;花萼钟状,肉质,3～5齿裂,裂片不等大;花冠钟状漏斗形,裂片5枚,二唇形,下唇3裂,外弯,上唇2裂;雄蕊4枚,2强;花盘环状;子房1室,具多数胚珠。蒴果腊肠状,坚硬,不开裂,有长柄,悬垂;种子无翅。

本属约有10种,原产于非洲热带地区。我国引入1种,广西有栽培。

吊灯树(广州等)　腊肠树(台湾木本植物志),吊瓜树、羽叶垂花树(南宁)

Kigelia africana (Lam.) Benth. in Hook. Niger Fl. 463. 1849;中国植物志 **69**:60,图版17. 1990.——*Bignonia africana* Lam. in Encycl. 1:424. 1785.——*Kigelia pinnata* DC., Prodr. **9**:247. 1845.——*K. aethiopica* (Fenzl) Decne. in Deless. Ic. Sel. Pl. **5**:39, fig. 93. 1845.

乔木,高达20 m,胸径达1 m。一回羽状复叶对生或轮生;小叶7～9片;叶片长圆形,近革质,先端急尖,基部阔楔形,两边不等,全缘,上面无毛,下面被微柔毛。花序生于枝端,长可达1 m;花萼长4～5 cm,直径约2 cm,萼裂3～5片,三角形;花冠裂片展开,下唇3裂片较上唇2裂片大;雄蕊外露,花药叉开,药室纵裂;柱头2裂。蒴果圆柱形,长35～40 cm,直径约15 cm,下垂,不开裂;种子多数,藏于木质果肉中。

南宁、钦州等地有栽培。海南、广东(广州)、云南(西双版纳)、福建(厦门)、台湾等均有引种,原产于非洲热带地区及马达加斯加。　为良好的园林绿化观赏树种。果可食;树皮可入药,外用可治皮肤病。

6. 猫尾木属 Markhamia Seemann ex Baillon

常绿乔木。一回奇数羽状复叶对生。顶生总状花序;花大,黄色或黄白色;花萼密被长柔毛,开花时近轴一边开裂至基部,呈佛焰苞状;花冠筒钟形,5裂,裂片近等大;雄蕊4枚,2强,内藏,花药基部叉开;花盘杯状。蒴果长柱形,稍弯而扁,密被灰黄色长绒毛,形似猫尾,熟时开裂;种子长圆形,扁平,两端具膜质翅。

约12种,分布于非洲热带地区和亚洲。我国有1种1变种,产于海南、广东和云南;广西也产。

分变种检索表

1. 小叶两面密被柔毛,后渐脱落,老时两面近无毛;花萼和蒴果密被黄褐色绒毛 …………………………………………… a. **西南猫尾木** M. stipulata (Wall.) Seemann ex K. Schumann var. stipulata
1. 小叶上面无毛或有时两面被锈黄色毛,不脱落或脱落甚少;花萼和蒴果被绵毛 …………………………………………… b. **毛叶猫尾木** M. stipulata (Wall.) Seemann ex K. Schumann var. kerrii Sprague

西南猫尾木

Markhamia stipulata (Wall.) Seemann ex K. Schumann in Engler et Prantl, Nat. Pflanzenfam. 4 (3b):242. 1895;Fl. China **18**:224. 1998.——*Spathodea stipulata* Wall. Pl., Asiat. Rar. **3**:20. 1832.——*S. velutina* Kurz in Journ. As. Soc. Beng. **42**(2):90. 1873.

a. **西南猫尾木**(原变种)　图版207:6

Markhamia stipulata (Wall.) Seemann ex K. Schumann var. stipulata, Fl. China **18**:224. 1998.

乔木,高5～15 m;嫩枝、嫩叶及花序轴密被黄褐色短柔毛。奇数羽状复叶长达30～35 cm,小叶4～8对,叶片长椭圆形至椭圆状卵形,长12～23 cm,宽4～9 cm,顶端短渐尖或钝,基部阔楔形至近圆形,偏斜,

---

* 又名腊肠树属。

侧脉 8～10 对，两面近无毛，有时两面被稀疏黑色腺点，全缘。花序为顶生总状聚伞花序，被锈黄色柔毛，具花 4～10 朵；花梗长 2～6 cm；花萼佛焰苞状，长约 5.5 cm，直径约 4 cm，密被锈黄色绒毛；花冠长约 10 cm，筒红褐色，花冠直径达 10 cm，筒基部直径达 1～1.5 cm，裂片边缘具不规则的齿刻，具皱纹；雄蕊 4 枚，2 强，花丝紫色，着生于花冠筒上，花药"丁"字形着生，药室大，椭圆形；花盘环状；子房被毛，花柱纤细，柱头 2 裂，扁平。蒴果披针形，长达 36～70 cm，直径 2～4 cm；种子长椭圆形，连翅长 3.5～5 cm，宽 1～1.3 cm。 花期 9～12 月，果期翌年 2～3 月。 产于那坡、靖西、龙州；生于海拔 280～500 m 的山脚及石山山谷林中，土山和石灰岩山都能生长。分布于云南，越南、老挝、柬埔寨、泰国、缅甸亦有。 木材纹理直，结构均匀致密，具光泽，耐腐，适于作装修材、耐动材（如弓柄等）、木桨、家具等。

b. **毛叶猫尾木**（变种）（云南植物志） 图版 207：7～8

Markhamia stipulata (Wall.) Seemann ex K. Schumann var. **kerrii** Sprague, Bull. Misc. Inform. Kew **1919**：310. 1919. ——*Dolichandrone caudafelina* (Hance) Benth. et Hook. f. in Gen. Pl. **2**：1046. 1876；中国植物志 **69**：50，图版 14，图 3～4. 1990；Fl. China **18**：224. 1998. ——*Spathodea cauda-felina* Hance in Journ. Bot. **10**：257. 1872. ——*Markhamia cauda-felina* (Hance) Craib in Kew Bull. **1911**：433. 1911；广州植物志 610，图 324. 1956；中国高等植物图鉴 **4**：104，图 5622. 1975.

本变种与原变种的主要区别在于本变种的小叶上面无毛或有时两面被黄色锈毛，不脱落或脱落甚少，花萼和蒴果被绵毛。而原变种叶嫩时被黄褐色短柔毛，后渐脱落，老叶两面近无毛，花萼和蒴果密被黄褐色绒毛。 产于龙州、宁明，但笔者未见到该地标本。分布于云南南部，泰国亦有。

7. 火烧花属* Mayodendron Kurz

常绿乔木；三数二回羽状复叶，对生；小叶全缘。总状花序生于短侧枝或老干上；花橙黄色，花萼佛焰苞状，一边开裂，密被细柔毛；花冠坛状，裂片 5 枚，极短，近等大，反曲，冠筒基部收缩；雄蕊 4 枚，近等长，生于花冠筒近基部，花药叉开；花盘环状；子房长圆柱形，2 室，柱头 2 裂；柱头及花药稍外露。蒴果细长，线形，2 瓣裂；种子细小，多数，两端具白色膜质翅。 仅 1 种，分布于我国南部和西南部，以及缅甸、越南、老挝、印度。广西亦产。

1. **火烧花**（中国高等植物图鉴） 火花树 缅木

Mayodendron igneum (Kurz) Kurz in Prel. Pegu For. Rep. App. **D**：11875；中国高等植物图鉴 **4**：105，图 5624. 1975；云南植物志 **2**：724，图版 198，图 4～7. 1979；中国植物志 **69**：52，图版 15，图 7～10. 1990；Fl. China **18**：225. 1998. ——*Spathodea ignea* Kurz in Journ. Asiat. Soc. Beng. **40**(2)：77. 1871.

乔木，高 12 m。小叶长椭圆形至卵状披针形，长 6～12 cm，宽 2～4 cm，先端长渐尖，基部楔形，不等，无毛；侧生小叶柄长 5～10 mm，顶生小叶柄长 1.5～3 cm。花梗及花萼密被细柔毛，花萼长约 10 mm；花冠黄色，坛状，基部收缩，长约 7 cm，直径约 1.8 cm，顶端裂片 5 枚，反曲；雄蕊着生于花冠筒近基部，稍露出花冠外；子房长圆柱形，花柱细长，稍长于雄蕊。蒴果长线形，长 35～45 cm，直径约 6 mm，具木栓质隔膜，有宿存萼；种子卵圆形，扁平而薄，连翅长约 14 mm。 花期 3～6 月，果期 6～9 月。 产于隆林（乌冲）、田阳（那么）等地；在田阳生于海拔约 630 m 处。分布于云南、广东及台湾，越南、缅甸、老挝、印度亦有。 可作我国南部地区的行道树和庭园绿化树种；花可作蔬食。

* 又名**缅木属**（中国种子植物科属词典，第一版）

8. 蓝花楹属　Jacaranda Juss.

落叶乔木或灌木。二回稀一回羽状复叶，对生或互生；小叶叶片小，多数，全缘或有小齿。圆锥花序顶生或腋生；花蓝色或青紫色；萼钟状或管状，顶端平或5齿裂；花冠漏斗状，直或弯曲，上部5裂，稍呈二唇形；花盘厚，垫状；发育雄蕊4枚，2强，内藏，退化雄蕊与发育雄蕊近等长，棒状，顶端常具束毛；子房2室，柱头棒状，胚珠多数，每室1～2列。蒴果卵状长圆形或近球形，熟时室背开裂；种子小，具膜质翅。　约50种，产于美洲热带地区。广西引入栽培1种。

蓝花楹(广州)　鸡肝树(柳州)

Jacaranda mimosifolia D. Don in Bot. Reg. t. 631. 1822；中国植物志 69：56. 1990. ——*J. ovalifolia* R. Br. in Bot. Mag. t. 2327. 1822. ——*J. acutifolia* auct. non Humb. et Bonpl：van Steenis in Bull. Jard. Bot. Btzg. 3：10. 1928；广州植物志 609. 1956；海南植物志 3：533，图 910. 1974.

乔木。二回羽状复叶，羽片通常不过20对，每羽片有小叶14～24对；小叶叶片略被柔毛，长圆形，长6～15 mm，宽2～4 mm，先端急尖，基部宽楔形，稍偏斜，全缘，顶生1片小叶较大。顶生圆锥花序，长20～30 cm；萼筒顶端5裂；花冠蓝色，冠筒长而稍弯，上部膨大，裂片近圆形。蒴果木质，宽卵圆形，扁，长6.5 cm，宽5.5 cm；种子小，扁平，周围具翅。　花期4～6月，果期6～10月。　柳州、南宁、合浦、钦州、宁明等地有栽培。广州、海南、云南(西双版纳)、福建等地也有引种，原产于巴西、阿根廷、玻利维亚。　为庭园绿化观赏树种；木材可作家具等。

9. 黄钟花属　Stenolobium D. Don

灌木或小乔木。奇数羽状复叶或单叶，通常对生；小叶叶片具粗齿。顶生总状花序或圆锥花序；花黄色，芳香；花萼钟形，5齿裂；花冠漏斗状或钟形，基部收缩，内面有毛，5裂；雄蕊4枚，2强，内藏；子房2室，具多数胚珠。蒴果线形，熟时室背开裂；种子有膜质翅。　本属约24种，产于世界热带地区，主产美洲。我国引入1种；广西也有栽培。

黄钟花(广州植物志)

Stenolobium stans (Linn.) Seem. in Jour. Bot. 1：88. 1863；云南植物志 2：706. 1979；中国植物志 69：62，图版 15，图 4～6. 1990. ——*Bignonia stans* Linn.，Sp. Pl. 871. 1763. ——*Tecoma stans* (Linn.) H. B. et K. Nov. in Gen. et Sp. 3：144. 1818；广州植物志 610. 1956.

灌木或小乔木；一回羽状复叶，小叶3～7片；叶片卵形至披针形，无毛或背面被细柔毛，长4～10 cm，宽3～4 cm，先端渐尖，基部楔形，边缘具粗齿。花萼钟形，长约5 mm；花冠黄色，长4～5 cm，5裂，裂片边缘波状；子房圆柱形，花柱丝状，柱头2裂，内藏。　花期7月至翌年1月，果期翌年2～7月。　南宁有栽培。广东(广州)和云南(西双版纳)也有引种，原产于美洲大陆和西印度群岛。　花期长，色鲜艳，宜作庭园绿化观赏树。

10. 硬骨凌霄属　Tecomaria Spach

半攀缘状披散灌木。奇数羽状复叶，对生；小叶叶片边缘中上部具圆钝齿。总状花序，顶生；花萼绿色，钟形，5齿裂；花冠金黄色或橙红色至鲜红色，管状或漏斗状，稍弯曲，5裂，二唇形；雄蕊4枚，2强，花药叉开，下垂；花盘杯状；子房2室，花柱丝状；雄蕊及花柱伸出花冠外。蒴果扁线形。　约5种，原产于非洲热带地区、澳大利亚、秘鲁。我国引入 1 种；广西有栽培。

硬骨凌霄(广州植物志)　南非凌霄　四季凌霄　图版 206：3～5

Tecomaria capensis (Thunb.) Spach, Hist. Nat. Vég. Phan. **9**：137. 1840；广州植物志 607，图 323. 1956；海南植物志 **3**：531，图 908. 1974；云南植物志 **2**：760. 1979. ——*Bignonia capensis* Thunb. in Prodr. Pl. Cap. **2**：105. 1800. ——*Tecoma capensis* Lindl. in Bot. Reg. t. 1117. 1828.

常绿披散灌木，高 1～2 m；枝修长，常下垂，具多数突起的皮孔。一回奇数羽状复叶，小叶通常 5～9 片，有时为 3 或 11 片；叶片卵形至宽卵形，长 1～2.5(3) cm，宽 1～2 cm，先端渐尖或急尖，基部宽楔形，稍偏斜，两面无毛或背面脉腋有柔毛，中上部边缘具圆钝齿；侧生小叶近无柄。顶生总状花序通常有花数朵；花萼长约 5 mm，萼齿三角形；花冠黄色至红色，漏斗状，长 4～4.5 cm，稍弯，二唇形，上唇 2 浅裂，下唇 3 裂；雄蕊生于花冠筒基部，花丝丝状，长 4.5～5 cm；花柱长 6.0～6.5 cm，柱头微舌状，扁平。　花期 8～12 月。　桂林、南宁等有栽培。广州、海南、云南西双版纳等地也有引种，原产于南非(好望角)。喜温暖、湿润、阳光充足的环境，对土壤要求不严，以排水良好的沙壤土为好，忌积水，不耐寒、不耐荫。　花期长，色鲜艳，为良好的观赏植物，宜作庭院和园林绿化，也可盆栽培供阳台、屋顶绿化或布置室内及花坛；全株可药用，茎、叶散瘀消肿，用于骨折、风湿骨痛；花通经利尿，用于闭经、浮肿；根、叶用于肺结核、肺炎、支气管炎、扁桃体炎、哮喘、咽喉肿痛、跌打损伤等。萌发力强，常用扦插或压条繁殖。

11. 木蝴蝶属* Oroxylum Vent.

落叶乔木；无毛，甚少分枝。二至三回大型羽状复叶，对生；小叶叶片全缘。总状花序，直立顶生；花萼紫色，钟状，肉质，顶端截平或具不明显裂齿；花冠紫红色，钟形，肉质，裂片 5 枚，稍呈二唇形，裂片边缘波状，花蕾时覆瓦状排列；发育雄蕊 5 枚，稍外露，花丝细长，扁平，花药 2 室，叉开着生；花盘肉质，垫状；子房 2 室，花柱丝状，柱头扁平，舌状。蒴果带状，扁平，木质，成熟时室间开裂，隔膜木质，扁平；种子多数，扁圆形，周围具膜质翅。　约 2 种，分布于印度及东南亚。我国产 1 种，分布于东南部至西南部；广西也有。

木蝴蝶(本草纲目拾遗)　千张纸(植物名实图考)　千层纸(中国经济植物志)　棵黄价(壮名)　黄柏(邕宁)　图版 208：1～4

Oroxylum indicum (Linn.) Benth. ex Kurz, Forest Fl. Burma **2**：237. 1877；广州植物志 610. 1956；海南植物志 **3**：533，图 911. 1974；中国高等植物图鉴 **4**：103，图 5627. 1975；云南植物志 **2**：696，图版 194. 1～3. 1979；中国植物志 **69**：10，图版 4. 1～3. 1990；Fl. China **18**：215. 1998. ——*Bignonia indica* Linn., Sp. Pl. 625. 1753.

落叶乔木，高达 12 m。奇数二至三回羽状复叶，长 60～160 cm，着生于茎的近顶端；小羽片有小叶 3～9 枚，小叶对生；叶片卵形至椭圆形，长 5～14 cm，宽 4～9 cm，先端短渐尖，基部近圆形，稍偏斜，两面无毛，全缘；小叶柄长 5～8 mm。总状花序连花序梗长约 60 cm；花梗长 6～25 mm；花萼长约 4 cm，茎约 3 cm；花冠长约 9 cm，具恶臭；雄蕊生于花冠筒中部，稍伸出花冠外；花柱丝状，长约 7 cm，长于雌蕊。蒴果长 50～100 cm，宽 5～8 cm，厚约 1 cm；种子多数，连翅长 6～7 cm，宽 3～4 cm；周翅薄似纸，故有千层(张)纸之名，种子连翅拟白色蝴蝶，故又称木蝴蝶。　花期 6～8 月，果期 9～11 月。　产于桂南、桂西南至桂西北；生于海拔 140～1 000 m 的山坡、山谷阳处的疏林或灌木丛中，土山和石灰岩山均有生长。分布于云南、贵州、四川、广东、福建、江西和台湾；中南半岛诸国、印度、马来西亚、菲律宾、印度尼西亚等也

---

* 又名**千张纸属**(中国种子植物科属词典)

图版 208　1～4. **木蝴蝶** Oroxylum indicum (Linn.) Benth. ex Kurz　1. 羽片；2. 果；3. 花；4. 种子。　5～6. **广西厚膜树** Fernandoa guangxiensis D. D. Tao　5. 果枝；6. 果的横切面。　(何顺清绘)

有。 可入药,树皮清热利湿,用于治疗病毒性肝炎、膀胱炎、咽喉肿痛、湿疹、痈疮溃烂,有以其树皮代黄枸用;种子清肺热、利咽喉、止咳嗽,用于治疗急性咽喉炎、声音嘶哑、支气管炎、百日咳等症;木材轻软,供作火柴杆、盒用;叶可作绿肥。

12. 厚膜树属 Fernandoa Welw. ex Seem.

乔木。一回奇数羽状复叶,有小叶5~11(13)枚;小叶对生;从羽片基部向上渐次增大,全缘,两面光滑或背面微被星状柔毛,散生扁平状腺毛。聚伞状圆锥花序,顶生或腋生,无毛或被柔毛;花萼钟形,2~5齿裂;花冠漏斗状,顶端5裂,裂片近圆形;发育雄蕊4枚,2强,退化雄蕊1枚,花药2室,叉开,内藏;花盘环状;子房2室,伸长,具多数胚珠。蒴果长圆柱形,室背开裂成2瓣,隔膜厚,扁平,木栓质;种子多数,薄片状,具膜翅。 约14种,分布于非洲热带地区、马达加斯加、中南半岛诸国、印度、马来西亚。我国产1种;广西也产。

广西厚膜树(植物分类学报) 牛尾树 图版208:5~6

Fernandoa guangxiensis D. D. Tao,植物分类学报 24(2):147,图1.1986;中国植物志 69:21,图版6.1990.

乔木,高达15 m;幼枝具皮孔,无毛。羽状复叶对生,小叶9~11片,纸质,长圆形,长7~15.5 cm,宽3.5~8 cm,先端短渐尖,基部宽楔形或近圆形,偏斜,边全缘或微具疏浅齿,两面无毛,仅下脉腋间具微小的巢状毛穴;具短柄。聚伞状圆锥花序顶生,无毛;花辐射对称;花萼钟形,无毛,5裂,裂片三角形,长约5 mm,无毛;花冠白色,花冠筒长约5.5 cm,裂片5枚,长约2.2 cm;雄蕊花丝长约1.8 cm,着生于花冠基部以上约1/3处,药室纵裂;子房圆柱形,无柄,长约1.2 cm,被柔毛,花柱长约1.7 cm,柱头扁平,2裂,内藏。蒴果长达70 cm,直径约3 cm,近直立,黑褐色,具8~12条纵棱纹;隔膜厚8~10 mm;薄膜质种子两端具不整齐的膜翅。 花期8月,果期12月。 产于龙州、大新;生于山坡、山谷杂木林中。分布于云南南部。

13. 菜豆树属 Radermachera Zoll. et Mor.

落叶或半常绿乔木。一至三回羽状复叶,对生;小叶长椭圆形或卵形,对生,全缘;有柄。聚伞状圆锥花序顶生或腋生;花萼钟形,顶端截平或5浅裂;花冠漏斗形或钟形,黄色或白色,裂片5枚,稍呈二唇形,上唇2裂,下唇3裂,裂片圆形;发育雄蕊4枚,2强,有时第5枚退化,与花柱均不外露;花盘杯状,全缘,肉质;子房圆柱形,具多数胚珠,花柱细长,柱头片状。蒴果细长,圆柱状,具2棱,有时卷曲或旋扭,熟时室背开裂,隔膜木栓质,扁圆柱形;种子每室2至多列,扁平,两端具膜翅,微陷入隔膜中。 本属约40种,产亚洲热带地区。我国有7种,分布于南部至西南部;广西有5种。

分种检索表

1. 二回或二至三回羽状复叶。
   2. 二至三回羽状复叶;叶柄、叶轴、花序和小枝均无毛;小叶卵形至卵状披针形,先端渐尖而钝或尾尖;花白色至淡黄色,花冠钟状漏斗形,长6~7 cm;萼钟形,无斑点,长约3 cm,直径约1 cm,5齿裂;蒴果圆柱形,长达85 cm,直径约1 cm,皮孔不明显;种子连翅长约2 cm ………… 1. **菜豆树** R. sinica (Hance) Hemsl.
   2. 二回羽状复叶;叶柄、叶轴、花序和小枝均被短柔毛;小叶菱状卵形或菱状披针形,先端尾状渐尖;花白色,花冠狭管状,长3.5~4 cm;花萼圆锥状,密被小斑点,长1.5~1.8 cm,直径6~7 mm,3~4裂;蒴果近圆锥形,长20~40 cm,直径5~6 mm,具小斑点;种子连翅长7~12 mm ………… 2. **美叶菜豆树** R. frondosa Chun et How
1. 一回或一至二回羽状复叶。

3. 一回羽状复叶；花萼钟状，长 3～8 mm，5 齿裂或顶端近截形；花冠长 2.5～3.7 cm。

4. 花萼较小，长 3～5 mm；花冠淡黄色，长约 3 cm；小叶卵状椭圆形至卵形；侧生小叶柄长 1～2 cm；蒴果细，长 14～28 cm，直径约 6 mm；种子连翅长约 1 cm …………………… 3. **小萼菜豆树** R. microcalyx C. Y. Wu et W. C. Yin

4. 花萼较大，长 5～8 mm；花冠白色，长约 3.7 cm；小叶卵状长椭圆形；侧生小叶柄长约 6 mm；蒴果长 22～30 cm，直径约 8 mm；种子连翅长约 2 cm …………………………………… 4. **广西菜豆树** R. glandulosa (Bl.) Miq.

3. 一至二回羽状复叶；花萼圆筒形，长约 1.8 cm，3～5 齿裂；花冠淡黄色，长 3.5～5 cm；小叶长圆状卵形或卵形，长 4～10 cm，宽 2.5～4.5 cm；侧生小叶柄长 5～15 mm；蒴果长达 40 cm；种子连翅长 12 mm …………………………………………………………………… 5. **海南菜豆树** R. hainanensis Merr.

1. **菜豆树**(中国树木分类学)　牛尾树　牛尾木　豆角木　图版 209:1

Radermachera sinica (Hance) Hemsl. in Hook. f. Icon. Pl. 28 pl. 2728. 1902；中国高等植物图鉴 **4**：106，图 5625. 1975；云南植物志 **2**：713. 1979；中国植物志 **69**：30. 1990；Fl. China **18**：219. 1998. ——*Stereospermum sinicum* Hance in Journ. Bot. **20**：16. 1882；中国树木分类学 1114，图 1004. 1937. ——*Radermachera tonkinensis* Dop in Bull. Mus. Hist. Nat. Paris **32**：233. 1926.

落叶乔木，高达 17 m；全株无毛；幼枝密生白色皮孔，皮孔及叶痕隆起。二至三回奇数羽状复叶，萌生枝上常为二回羽叶，成年树上常为三回羽叶；植株(幼龄)下部常有二回羽叶，上部则为三回羽叶；同一总叶轴上，基部常为三回羽叶，中部为二回羽叶，顶部为单小叶；有小叶 3～13 片，第三回羽片有小叶 3～7 片；第二回羽片有小叶 7～13 片，稀 3～5 片；一、二回羽轴顶部常有小叶 5～7 片；总叶轴长约 30 cm(成年树)，可达 95～130 cm(幼树)；小叶卵形或卵状披针形，长 4～10 cm，宽 1.5～4 cm，顶生小叶较大，先端渐尖或尾状渐尖，基部阔楔形，偏斜；侧生小叶柄长 3～5 mm，顶生小叶柄长 1～2.5 cm。圆锥花序顶生；花萼钟状，绿色，长约 3 cm，直径约 1 cm，5 齿裂；花冠钟状漏斗形，白色至淡黄色，长 6～8 cm；雄蕊 4 枚，2 强，有退化雄蕊；子房 2 室，花柱细长，柱头片状，扁平。蒴果细长，圆柱形，长 50～85 cm，直径约 1 cm，下垂，2 裂，常旋扭；种子长圆形，连翅长约 2 cm，宽约 5 mm。　花期 6～7 月，果期 10～11 月。　产于桂林、阳朔、恭城、柳州、南宁、上林、宁明、龙州、大新、天等、隆安、都安、东兰、平南、防城等地；阳性树，喜光好温暖，根系发达，耐干热瘠薄，在湿润肥沃环境生长旺盛，石灰岩山地或酸性土均能适应，常见生于石灰岩石山疏林中。分布于云南、广东和台湾，不丹也有。　木材纹理直，结构细而均匀，宜作建筑、家具等用材。树干通直，叶花优美，果长下垂，形似豆角，宜作庭荫观赏树或行道树，也是石山绿化的优良树种；可入药，根、叶、果凉血消肿，接骨止痛，可治跌打损伤、蛇伤等症；花治痢疾。枝、叶和根又可治牛炭疽病。

2. **美叶菜豆树**(植物分类学报)　米黄必(大新)　个兰(都安)　图版 209:2～5

Radermachera frondosa Chun et How，植物分类学报 **7**(1)：75，图版 23. 1958；海南植物志 **3**：532. 1974；中国植物志 **69**：32. 1990. ——*R. sinica* auct. non (Hance) Hemsl.：Merr. in Lingnan Sci Journ. **6**：286. 1928.

乔木，高达 20 m；叶轴、叶柄、小叶柄、背面中脉、花梗均被短柔毛。二回奇数羽状复叶，长 30 cm 或过之；小叶 3～7 片；菱状卵形或菱状披针形，长 4～6 cm，宽 1.5～3 cm，顶生小叶较大，先端尾状长渐尖，基部阔楔形，稍偏斜，背面苍白，密被小斑点；侧生小叶柄长 3～6 mm，顶生小叶柄长约 15 mm。顶生圆锥花序，长约 30 cm；花萼圆锥状，长 1.5～1.8 cm，直径 7～8 mm，3～4 裂；花冠白色，狭管状，长 3.5～4 cm，直径 2～2.5 mm，裂片近圆形；发育雄蕊 4 枚，着生于花冠中部，花药黄色；子房圆柱状，柱头片状。蒴果圆柱形，长 20～40 cm，直径 5～6 mm，下垂，有小斑点；种子连翅长 7～12 mm。　花果期，据标本记录，广西花期多为 6～7 月，海南 2～12 月均有花果。　产于龙州、大新、上林、都安、东兰等地，南宁有栽培；生于石灰岩石山或土山的疏林或灌木丛中。分布于海南和广东。　木材可作建筑、家具等用。叶可作绿肥。本种近似**菜豆树**[*R. sinica* (Hance) Hemsl.]，但后者为二至三回羽状复叶，小叶先端长渐尖，全株无毛，花较大，花冠 6～7 cm；萼 5 齿裂，蒴果较长而粗，长 50～80 cm，直径约 1 cm。

图版 209 1. **菜豆树** Radermachera sinica (Hance) Hemsl. 1. 花。 2～5. **美叶菜豆树** R. frondosa Chun et How 2. 花枝；3. 花冠展开，示雄蕊；4. 蒴果；5. 种子放大。（何顺清绘）

3. **小萼菜豆树**(云南植物志)　图版 210:1～3

Radermachera microcalyx C. Y. Wu et W. C. Yin,云南植物志 2:711,图版 1971,图 1～4. 1979;中国植物志 69:27,图版 8,图 1～4. 1990;Fl. China 18:218. 1998.

乔木,高 15～20 m;小枝、叶轴、叶柄及小叶两面均无毛。一回羽状复叶,长 30～56 cm,小叶 5～7 片;卵形至卵状长椭圆形,长 8～26 cm,宽 3.5～9.5 cm,先端短尖或渐尖,基部宽楔形或近圆形,全缘,偏斜;侧生小叶柄长 1～2.5 cm,顶生小叶柄长 2～5.5 cm。顶生聚伞状圆锥花序;花萼钟状,小,长宽约 3～5 mm,萼齿 5 枚;花冠钟状漏斗形,淡黄色,花冠筒长约 2.5 cm,直径约 5 mm,裂片 5 枚,长约 1 cm;雄蕊及花柱内藏;花柱丝状,长约 2 cm,柱头 2 裂,扁平。蒴果圆柱形,下垂,长 14～23 cm,直径约 6 mm,2 瓣裂,果皮薄革质,隔膜木栓质;种子薄,椭圆形,长约 1.5 mm,两端具膜翅,连翅长约 1 cm。　花果期:几全年。　产于那坡、靖西、武鸣、田阳等地;生于石灰岩石山或土山山坡疏林中。分布于云南南部至东南部。

4. **广西菜豆树**(云南植物志)　大黄连(武鸣)　图版 210:4～5

Radermachera glandulosa (Bl.) Miq. in Ann. Mus. Bot. Lugd.-Bot. 3:250. 1867; Fl. China 18:218. 1998. ——*Spathodea glandulosa* Bl. Bijdr. 762. 1826. ——*Stereospermum glandulosum* Miq. in Fl. Ind. Bat. Suppl. 240:565. 1860. ——*Bignonia porteriana* Wall. ex A. DC. in Prodr. 9:1653. 1845.

乔木,高达 25 m,胸径达 40 cm 以上。本种近似**小萼菜豆树**(*Radermachera microcalyx* C. Y. Wu et W. C. Yin),亦为一回羽状复叶,但本种幼枝被毛;小叶 3～7 片;长椭圆形,侧生小叶柄较短,仅 3～6 mm;花冠白色,花萼较大,长 5～8 mm;蒴果稍粗,直径达 8 mm;种子较大,连翅长约 2 cm,与之相区别。　花期 7～9 月。　产于龙州、武鸣;生于海拔 150～670 m 的村旁、丘陵、山谷林中。分布于广东,泰国、老挝、缅甸、印度、马来西亚、印度尼西亚等也有。

5. **海南菜豆树**(海南植物志)　山杉

Radermachera hainanensis Merr. in Philip. Journ. Sci 21(4):353. 1922;海南植物志 3:532,图 909. 1974;中国植物志 69:31. 1990;Fl. China 18:219. 1998.

乔木,高达 25 m,胸径达 40 cm 以上;全株仅花冠筒内面被柔毛,余皆无毛;小枝具黄皮孔。一回至二回奇数羽状复叶,小叶 5～9 片,有时羽轴基部为一对具 3 小叶的小羽片,其上为单小叶;小叶纸质,长圆状卵形或卵形,长 4～12 cm,宽 2～5 cm,先端渐尖,基部宽楔形稀近圆形,稍偏斜。腋生或侧生总状花序或圆锥花序;花萼淡红色,筒状,长约 1.8 cm,3～5 裂;花冠淡黄色,钟状,长 3.5～5 cm,上部直径约 15 mm,5 裂。蒴果圆柱状,长 20～40 cm,直径约 6 mm,下垂;种子卵圆形,连翅长 10～12 mm。　花果期:第一次 6 月开花,8～9 月果熟;第二次 11 月至翌年 1 月开花,2～3 月果熟。　产于龙州(弄岗)、金秀(大瑶山)、靖西、隆林等地;南宁、柳州有栽培。阳性树,喜温热,适应性强,能耐干瘠,土山和石灰岩石山均有生长,见于山坡中下部及谷地林中,在石山上生长颇快,如在弄岗 28 年生,树高 21.6 m,胸径 22.3 cm;林下天然更新良好。分布于海南、广东和云南。　木材纹理直,结构细致而均匀,材质坚韧,易加工,干后少开裂,不变形,耐腐,不易受虫蛀,花纹美,材质可与杉木媲美,故有"山杉"之称,为建筑及家具等的良材,颇受产地群众喜爱;亦为石山绿化优良速生树种。

14. 羽叶楸属　Stereospermum Cham.

落叶乔木。一回(国产种)或二回奇数羽状复叶,对生;小叶全缘,对生,具柄。聚伞状圆锥花序,顶生;花萼钟形,开花时截头状或短裂;花冠管状,一侧肿胀,黄色或淡红色,裂片 5 枚,近等大,皱缩成撕裂状;雄蕊 4 枚,2 强,内藏,花药叉开着生;花盘垫状;子房无柄,胚珠多数,1 至多列。蒴果长柱形,略扁具四棱,室背开裂,隔膜木栓质,近圆柱形,种子脱落后留下凹陷的穴;种子两端具膜翅。　约 14 种,分布于亚洲热带地区和非洲。我国有 3 种,分布于云南和贵州;广西有 1 种,产于桂西和桂西南。

图版 210 1～3. 小萼菜豆树 Racermachera microcalyx C. Y. Wu et W. C. Yin 1. 羽状复叶；2. 果序；3. 种子。 4～5. 广西菜豆树 R. glandulosa (Bl.) Miq. 4. 小叶；5. 花序(花蕾期)。 (何顺清绘)

羽叶楸　咸沙木　广西羽叶楸(中国植物志)　毛羽叶楸(广西植物名录)　图版 211:1～3

Stereospermum colais (Buch.-Ham. ex Dillwyn) Mabberley in Taxon **27**:533. 1978;中国植物志 **69**: 24,图版 8,图 7～9. 1990;Fl. China **18**:217. 1998. ——*Bignonia colais* Buch.-Ham. ex Dillwyn, Rev. Hort. Mal. 6(26):28. 1839. ——*Stereospermum personatum* (Hassk.) Chatterjee in Bull. Bot. Soc. Beng. **2**:70. 1948. ——*S. tetragonum* DC. Prodr. **9**:210 1845;中国高等植物图鉴 **4**:106,图 5626. 1975;云南植物志 **2**:708. 1979;中国种子植物科属词典:467. 1982. ——*S. colais* var. *puberula* (Dop) D. D. Tao,中国植物志 **69**:25. 1990. ——*S. personatum* var. *puberula* Dop in Lecomte, Fl. Gén. Indo-Chine **4**:579. 1930.

落叶乔木,高 15 m 以上;树皮纵裂。一回羽状复叶,有小叶 7～11 片;小叶卵状椭圆形或长椭圆形,长 8～15 cm,宽 2～6 cm,先端长渐尖,基部宽楔形或近圆形,全缘,两面无毛;侧生小叶柄长约 1 cm,顶生小叶柄长约 2 cm。聚伞状圆锥花序花多而小;苞片及小苞片早落;花萼钟状,紫色,无毛,3～5 齿裂;花冠圆筒状,淡黄色,长约 2 cm,上部二唇形;花丝、花柱近等长,无毛,柱头 2 裂。蒴果镰状扁四棱柱形,长 30～70 cm,宽 1～1.5 cm,果皮厚,近木质,黑褐色;种子卵圆形,连翅长 2.5～2.8 cm。　花期 5～7 月,果期 9～11 月。　产于龙州、田林、百色、隆林、凌云、天峨等县,南宁有栽培;生于海拔 350～600 m 的石灰岩山地林中。分布于云南和贵州;中南半岛诸国、印度、斯里兰卡、马来西亚、印度尼西亚等也有分布。　材质硬重,结构略粗,材性优良,抗腐性强,少受虫蛀,宜作建筑、家具及室内装修用材;根、叶和花为解热药。

258. 胡麻科　PEDALIACEAE*

一年生或多年生草本,稀为灌木。叶对生或上部的互生;无托叶。花两性,稍两侧对称,单生于叶腋或组成顶生的总状花序,稀簇生;花萼 4～5 深裂;花冠管状,不明显的二唇形,常一侧膨大,5 裂,裂片覆瓦状排列;雄蕊 4 枚,2 长 2 短,着生在花冠的近基部,与花冠裂片互生;花盘下位,肉质;子房上位,稀下位,2～4 室,极少假 1 室,胚珠 1 颗或多颗。果为蒴果或不开裂而被以硬钩刺或翅;种子无胚乳;子叶扁平。　全球 18 属约 60 种,分布于亚洲、非洲和大洋洲的热带亚热带地区。我国有 2 属 3 种;广西现知 2 属 2 种。

分属检索表

1. 具 4 枚能育雄蕊;子房上位;蒴果 2～4 瓣开裂;陆生植物 …………………… 1. **胡麻属** Sesamum L.
1. 具 2 枚能育雄蕊;子房下位;蒴果不开裂;水生植物 …………………… 2. **茶菱属** Trapella Oliv.

1. 胡麻属　Sesamum L.

直立或匍匐草本;几乎全株密被白色、带黏液的短柔毛和具节的长毛。叶于下部的对生,其余的互生或近对生;叶片边全缘、有齿缺或分裂;花白色或淡紫色,常单生于叶腋;萼 5 裂;花冠二唇形,5 裂,裂片宽,展开,近轴的 2 枚常较短;2 强雄蕊,花药箭头状,背着,2 室;花盘略突起;子房 2 室,每室由 1 假隔膜分隔为 2,每个小室具多数呈 1 行排列、叠生的胚珠。蒴果长椭圆形,成熟时从顶部向下开裂;种子多数,有边或有翅。　全球约 30 种,分布于非洲热带地区和亚洲。我国有 1 种,全国各地有栽培;广西亦有栽培。

* 编著者:罗金裕、林春蕊。

图版 211 1～3. **羽叶楸 Stereospermum colais**（Buch.-Ham. ex Dillwyn）Mabberley 1. 果枝；2. 果隔膜；3. 种子。（何顺清绘）

图版 212 1～5. **芝麻** Sesamum indicum L. 1. 花枝；2. 果枝；3. 叶；4. 雌蕊；5. 雄蕊。（何顺清绘）

芝麻(通称) 胡麻(名医别录) 脂麻(本草衍义) 图版 212:1～5

Sesamum indicum L.,Sp. Pl. 634. 1753;Backer in Steenis,Fl. Malesiana ser. 1. **4**:217. 1951.;中国植物志 **69**:63,图版 18:6～7,1990;Fl. China **18**:226. 1998.—— *S. orientale* L.,Sp. Pl. 634. 1753;Merr. in Lingnan Sci. Journ. **5**:167. 1927.

一年生直立草本,高达 1.5 m;茎钝四棱柱形,具纵槽。叶片薄纹质,被柔毛或无毛,下部叶通常卵形至长圆状卵形,长 5～10 cm,宽 2.5～6 cm,先端急尖或稍钝,基部圆或钝,边缘 3 裂或掌状 3 深裂,具长 3～11 cm 的叶柄;上部叶卵形、长圆形、披针形至线形,长 5～10 cm,宽 0.6～3.5 cm,先端渐尖,基部急收狭或稍钝或楔形,边全缘或具缺刻,叶柄长 1～3 cm。花具短柄,基部两侧各有 1 个杯状腺体,单生,稀 2～3 朵簇生于叶腋;花萼常 5 深裂,裂片披针形,长 4～10 mm,宿存,果时增厚,外面密被长柔毛;花冠长 1.7～3.5 cm,稍呈二唇形,白色而常带有紫红色或黄色的彩晕;子房被柔毛,花柱无毛,柱头 2～3 裂。蒴果椭圆形,长 2～2.5 cm,多四棱或六、八棱,纵裂,被柔毛;种子多数,黑色、白色或淡黄色。 花期 6～8 月,果期 9～10 月。 广西各地和全国各地均有栽培。世界热带、亚热带和温带地区都有栽培。 种子榨油供食用,亦可制人造奶油,作香脂原料;入药可补肝益肾、养血润燥,用于肝肾亏虚,头晕,眼花,耳鸣,头发早白,肠燥便秘,病后脱发;韧皮纤维可制人造棉、绳索、麻袋;榨油后的油麸可作猪的精饲料、优良肥料。

2. 茶菱属 Trapella Oliv.

浮水植物。叶对生;浮水叶叶片三角状圆形至心形;沉水叶披针形。花单生于叶腋,果期花梗下弯;萼齿 5 枚,萼筒与子房合生;花冠漏斗状,二唇形;雄蕊 2 枚,内藏;子房下位,2 室,上室退化,下室有胚珠 2 颗。果实狭长,不开裂,有种子 1 粒;果顶端具锐尖的 3 长 2 短的钩状附属物。 本属有 2 种,分布于亚洲东部。我国有 1 种;广西亦有。

茶菱(江苏植物名录) 茶麦(临桂)

Trapella sinensis Oliv. in Hook. Icon. Pl. **14**:pl. 1595. 1887;Stapf in Englet u. Prantl,Nat. Pflanzenfam. **4**(3b):265. 1894;华东水生维管束植物,51,图 63. 1952;中国高等植物图鉴 **4**:108,图 5629. 1975;中国植物志 **69**:64,图版 18:8. 1990;Fl. China **18**:227. 1998.

多年生水生草本;根状茎横走;茎绿色,长达 60 cm。叶对生;叶片腹面无毛,背面淡紫红色;沉水叶三角状圆形至心形,长 1.5～3 cm,宽 2.2～3.5 cm,顶端钝尖,基部呈浅心形;叶柄长 1.5 cm。花单生于叶腋内,在茎上部叶腋多为闭锁花;花梗长 1～3 cm,花后增长;萼齿 5 枚,长约 2 mm,宿存;花冠漏斗状,淡红色,长 2～3 cm,直径 2～3.5 cm,裂片 5 枚,圆形,薄膜质,具细脉纹;雄蕊 2 枚,内藏,花丝长约 1 cm,药室 2,极叉开,纵裂;子房下位,2 室,上室退化,下室有胚珠 2 颗。蒴果狭长,不开裂,有种子 1 粒;果顶端有锐尖、3 长 2 短的钩状附属物,其中 3 枚长的附属物可达 7 cm,顶端卷曲成钩状,2 枚短的长 0.5～2 cm。 花期 6 月。 产于临桂;群生于海拔约 300 m 的池塘或湖泊中。分布于黑龙江、吉林、辽宁、河北、安徽、江苏、浙江、福建、湖南、湖北、江西,朝鲜、日本、俄罗斯(远东地区)也有分布。

259. 爵床科 ACANTHACEAE*

草本、灌木或藤本,稀为小乔木;枝条、叶、苞片、小苞片或花萼常具点状、针形或条纹的钟乳体,或无钟

* 编著者:方鼎、邓云飞。

乳体。无托叶；叶对生，稀互生；叶片边缘全缘或具齿，稀羽裂，具羽状脉或掌状脉。花两性，两侧对称，无梗或具梗，通常组成总状花序、穗状花序、聚伞花序或圆锥花序，稀单生或簇生；苞片1，通常大，有时有鲜艳颜色，有时无苞片；小苞片2枚或有时无；花萼5或4裂，稀多裂或环状而顶端截平，裂片镊合状排列或覆瓦状排列；花冠合瓣，具长或短的花冠筒，喉部多少扩大，檐部5裂，近整齐，或明显二唇形，上唇2裂，有时全缘，稀退化，下唇3裂，稀全缘，裂片旋转状排列、双盖覆瓦状排列或覆瓦状排列；能育雄蕊4或2枚，稀5枚，着生在花冠筒内壁，花丝分离或基部成对联合，或联合成薄膜状，花药背着，稀基着，1室，或2室，药室邻接或分离，等高或1大1小不等高，有时基部有芒状附属物，纵裂；不育雄蕊1～3枚或无；子房上位，2室，生于中轴胎座上，每室具2至多颗胚珠，胚珠常着生于珠柄钩上，或在**老鸦嘴属**（*Thunbergia* Retz.）和**叉柱花属**（*Staurogyne* Wall.）等少数属无珠柄钩，花柱单一，柱头通常2裂，裂片不等大。果实为室背开裂的蒴果，每室具1至多颗；种子扁或透镜形，光滑无毛或被毛，着生于珠柄钩上，或少数属无珠柄钩。　约230属2 500种以上，广泛分布于热带和亚热带地区。我国有60余属约310种，产于长江流域以南地区；广西有30属125种1亚种3变种1变型。　本科植物有不少种类可药用，许多种为花卉观赏植物。常见引种温室观赏植物有**麒麟吐珠**（*Justicia brandegeeana* Wasshausen et L. B. Sm.）、**珊瑚花**（*J. carnea* Lindl.）、**半边黄**（*Crosandra infundibuliformis* Ness）、**黄脉爵床**（*Sanchezia nobilis* Hook. f.）、**蓝花草**（*Ruellia brittoniana* Leonerd）等。

分属检索表

1. 胚珠和种子无珠柄钩承托。
  2. 直立草本；花萼裂；蒴果顶端无喙，每室具种子多数 …………………………………… 1. **叉柱花属** Staurogyne Wall.
  2. 藤本，稀灌木；花萼顶端截平或12～16齿裂；蒴果具剑状长喙，每室具种子2颗……… 2. **老鸦嘴属** Thunbergia Retz.
1. 胚珠和种子有珠柄钩承托。
  3. 红树林植物；无钟乳体；花冠单唇形，上唇退化；花药1室 ………………………………… 3. **老鼠簕属** Acanthus L.
  3. 非红树林植物；植物体具钟乳体；花冠整齐或多少二唇形；花药1室或2室。
    4. 花萼4裂，裂片两两相对，外面2枚较大，边缘具刺状齿，内面2枚较小；花冠二唇形，上唇裂片1枚，下唇4裂 ……………………………………………………………………………………… 4. **假杜鹃属** Barleria L.
    4. 花萼5裂，如为4裂时，裂片近等大；花冠近5等裂，或二唇形时，上唇2裂，下唇3裂。
      5. 花冠内面具2列支撑花柱的毛；雄蕊基部由薄膜相连而联合成一体 ……………… 5. **马蓝属** Strobilanthes Blume
      5. 花冠内面无支撑花柱的毛；雄蕊基部无薄膜相连，花丝离生或两两基部联合。
        6. 能育雄蕊4枚。
          7. 子房每室具胚珠3颗至多数；蒴果具种子6粒至多数。
            8. 花药基部具芒刺状附属物 ……………………… 6. **恋岩花属** Sinacanthus Y. F. Deng, D. Z. Li et E. Tripp
            8. 花药基部无芒刺状附属物。
              9. 茎缩短；叶基生，密集呈莲座状…………………… 7. **地皮消属** Pararuellia Bremek. et Nannenga-Bremek.
              9. 茎延长；叶茎生。
                10. 花1～3朵顶生或生于上部叶腋；小苞片短于花萼；花冠高脚碟形，具细长的花冠筒；花药蝴蝶形，具阔大的药隔 ……………………… 8. **飞来蓝属** *Pseudosiphonium* Y. F. Deng, D. Z. Li et E. Tripp.
                10. 花2至多朵簇生于叶腋；小苞片长于花萼；花冠漏斗形，花冠筒短；花药平行，药隔狭窄。
                  11. 花冠5裂，近辐射状；种子周围具膜状翅 ……………………… 9. **楠草属** Dipteracanthus Nees
                  11. 花冠明显二唇形；种子不具膜状翅 ……………………………… 10. **水蓑衣属** Hygrophila R. Br.
          7. 子房每室具胚珠2颗；蒴果具种子4粒。
            12. 花药基部具芒状附属物 …………………………………………… 11. **色萼花属** Chroesthes Benoist
            12. 花药基部无芒状附属物。
              13. 花萼异形，后裂片通常最大，前两裂片通常多少合生 ……………… 12. **鳞花草属** Lepidagathis Willd.
              13. 花萼同形，裂片近等大。

14. 花冠钟形，花冠筒短 …………………………………………………… 13. **十万错属** Asystasia Blume

14. 花冠高脚蝶形，具细长的花冠筒 ……………………………………… 14. **白接骨属** Asystasiella Lindau

6. 能育雄蕊 2 枚。

15. 子房每室具胚珠 3 颗至多数；蒴果具种子 6 粒至多数。

16. 匍匐草本；穗状花序顶生 …………………………………………… 10. **水蓑衣属** Hygrophila R. Br.

16. 直立草本或灌木；总状花序或圆锥花序。

17. 不育雄蕊 2 枚 ……………………………………………………… 15. **火焰花属** Phlogacanthus Nees

17. 无不育雄蕊。

18. 花药被须毛；蒴果压扁 ………………………………………… 16. **穿心莲属** Andrographsis Nees

18. 花药无须毛；蒴果圆筒状，不压扁 ………………………… 17. **裸柱草属** Gymnostachyum Nees

15. 子房每室具胚珠 2 颗；蒴果具种子 4 颗。

19. 花冠高脚蝶形，具细长的花冠筒。

20. 苞片大，长于花萼，具羽状脉，沿脉绿色，脉间白色 ………………… 18. **可爱花属** Eranthemum L.

20. 苞片小，短于花萼，具 1 脉，绿色 …………………………… 19. **山壳骨属** Pseuderanthemum Radlk.

19. 花冠钟形或喇叭形，花冠筒短。

21. 花药 1 室。

22. 苞片离生，线形 …………………………………………………… 20. **鳄嘴花属** Clinacanthus Nees

22. 苞片成对合生成管状 ……………………………………… 21. **枪刀药属** Hypoestes Soland. ex R. Br.

21. 花药 2 室。

23. 花排列成基部由 2～4 枚总苞状苞片承托的聚伞花序；花冠 180°扭转。

24. 药室线形；蒴果开裂时，胎座不从蒴底弹起 …………………… 22. **观音草属** Peristrophe Nees

24. 药室卵形；蒴果开裂时，胎座自蒴底弹起 ……………………… 23. **狗肝菜属** Dicliptera Juss.

23. 花序基部无总苞状苞片；花冠不为 180°扭转。

25. 不育雄蕊 2 枚。

26. 花冠钟形，稍二唇形，长 0.6～1 cm ……………………… 24. **钟花草属** Codonacanthus Nees

26. 花冠明显二唇形，长 1～1.5 cm …………………… 25. **秋英爵床属** Cosmianthemum Bremek.

25. 无不育雄蕊。

27. 药室通常不等高，下方 1 室基部具距状附属物。

28. 蒴果开裂时胎座从基部弹起 …………………………………… 26. **孩儿草属** Rungia Nees

28. 蒴果开裂时胎座不弹起 ……………………………………………… 27. **爵床属** Justicia L.

27. 药室基部无距状附属物。

29. 穗状花序；药室平行，等高或近等高 ………………… 28. **纤穗爵床属** Leptostachya Nees

29. 圆锥花序；药室明显 1 上 1 下。

30. 花序为顶生或腋生的紧缩的聚伞花序；花冠的上唇披针形；雄蕊着生于花冠喉口 ………………………………………………………………… 29. **白鹤灵芝属** Rhinacanthus Nees

30. 花序为顶生、展开的 2 歧聚伞花序，或退化而呈总状；花冠的上唇卵形；雄蕊着生于花冠筒上部 ………………………………………………………… 30. **叉序草属** Isoglossa Oerst.

1. 叉柱花属 Staurogyne Wall.

草本或半灌木。叶对生或有时上部的叶互生；通常具叶柄；叶片边缘通常全缘。花组成顶生或腋生的总状花序或穗状花序；苞片叶状或狭窄；小苞片 2 枚，与苞片相似或较小；花萼 5 深裂，裂片等大或不等大，1 或 3 脉；花冠近钟形，喉部扩大，檐部 5 裂，裂片覆瓦状排列，整齐或稍呈二唇形；能育雄蕊 4 枚，2 长 2 短，内藏或前雄蕊稍伸出，花药 2 室，药室等大，平排，稀 1 大 1 小，球形或卵形，有时基部有附属物；不育雄蕊小或无；花盘小，稍肉质；子房长圆形、卵圆形或卵形，胚珠每室多颗，排成 2 或 4 行，花柱线状，柱头 2 裂，通常前裂片较长，后裂片有时再 2 裂。蒴果顶端短尖；种子多数，细小，近球形，表面蜂窝状，无珠柄钩承托。 约 140 种，主要分布在亚洲热带地区，次为澳大利亚、非洲和南美洲。我国有 17 种，产于东南部至西南部地区；广西有 4 种。

分种检索表

1. 茎短，叶莲座状着生；叶片基部心形 ………………………………………… 1. **弯花叉柱花** S. chapaensis Benoist
1. 茎伸长，叶茎生；叶片基部楔形至渐狭。
  2. 茎外倾，下部匍匐生根；花无梗，排列成穗状花序 …………………………… 2. **瘦叉柱花** S. spatulata (Blume) Koord.
  2. 茎直立；花具明显的梗，排列成总状花序。
    3. 花冠大，长 3.5～4(5) cm ………………………………………… 3. **大花叉柱花** S. sesamoides (Hand.-Mazz.) Burtt
    3. 花冠小，长不超过 2 cm ………………………………………………………… 4. **短穗叉柱花** S. brachystachya Benoist

1. **弯花叉柱花**(植物研究) 叉柱花(广西植物名录) 红背菜(金秀)

Staurogyne chapaensis Benoist in Bull. Mus. Hist. Nat. 2(5): 172. 1933 et in Lecomte, Fl. Gén. Indo-Chine 4: 631, fig. 70: 7. 1935；广西植物名录(第二册)704. 1971；罗献瑞于植物研究 8(1): 1. 1988；中国植物志 70: 36. 2002；中国高等植物 10: 338，图 511. 2004；云南植物志 16: 641. 2006；广东植物志 9: 101. 2009；Fl. China 19: 374. 2011.

草本，高约 10 cm；茎短缩，被柔毛。叶呈莲座状；叶柄长 1～4.5 cm，被柔毛；叶片卵形或卵状矩圆形，长 2.5～7.5 cm，宽 2～3.5 cm，基部心形，边缘全缘或不明显波状，顶端钝，上面绿色，疏被柔毛，背面灰绿色，密被柔毛；侧脉 6～9 对，在腹面不明显，在背面稍隆起。总状花序腋生或顶生，长达 4 cm；花序轴被毛；苞片卵形或卵状长圆形，长 2.5～3.5 mm，宽 1～2.5 mm，外面沿脉被短柔毛，边缘被长柔毛，具 1 脉；小苞片着生于花梗上部，条状匙形，长约 5 mm，宽约 1.5 mm，顶端钝，外面被柔毛，边缘被睫毛；花梗长 1.5～7 cm，被柔毛；花萼裂片 5 枚，不等大，前裂片和后裂片线状匙形或匙形，长约 7 mm，两侧裂片线形，长约 4 mm，外面及边缘被毛；花冠淡蓝紫色，长 1.5 cm，从基部向上渐膨大，向一侧弯曲，裂片 5 枚，卵形，近等大；能育雄蕊 4 枚，长雄蕊花丝长约 3 mm，被毛，短雄蕊花丝长约 2 mm，无毛，药室不等大，基部具小附属物；子房椭圆形，长约 2 mm，疏被柔毛，花柱长约 6 mm，无毛，柱头 2 裂，前裂片大，后裂片小。蒴果长圆形，长约 6 mm，顶端尖。 花期 3～4 月。 产于三江、融水、罗城、平南、桂平、金秀和武鸣；常生于林下湿地上，海拔 350～870 m。分布于广东、湖南和云南，越南北部也有。

2. **瘦叉柱花**(海南植物志)

Staurogyne spathulata (Blume) Koord. in Exkurs.-Fl. Java 3: 11. 1912, "*spathulata*". ——*Adenosma spatulata* Blume, Bijdr. Fl. Ned. Ind. 14: 757. 1826, "*spatulatum*". ——*Ebermaiera spathulata* (Blume) Hassk. in Cat. Hort. Bogor. Alt. 147. 1844. ——*E. glauca* var. *spatulata* (Blume) C. B. Clarke, Fl. Brit. India 4: 396. 1884. ——*Staurogyne glauca* var. *spatulata* (Blume) C. B. Clarke, Bull. Herb. Boiss. 2(5): 716. 1905. ——*S. rivularis* Merr. in Philip. J. Sci. Bot. 7: 247. 1912 et in Lingnan Sci. J. 6: 331. 1928；海南植物志 3: 539. 1974；罗献瑞于植物研究 8(1): 1. 1988；中国植物志 70: 37. 2002；中国高等植物 10: 338，图 510. 2004；云南植物志 16: 643. 2006；广东植物志 9: 103. 2009；Fl. China 19: 374. 2011.

草本；茎细瘦而长，下部常匍匐生根，不分枝或下部有少数分枝，被腺毛。叶对生或上部叶近互生；叶片薄纸质，卵形或长圆状卵形，有时长圆形，长 1～6 cm，宽 0.5～1.5 cm 或稍过之，顶端圆或钝，基部楔尖或骤狭，全缘，嫩叶密被柔毛，老时渐变无毛或仅背面中脉上被疏柔毛，腹面常有粉状小凸点；侧脉纤细，每边 4～7 条；叶柄短或近无柄。穗状花序顶生，圆柱状，通常密花，长 5～10 cm，结果时长；花梗极短或近无梗；苞片叶状，倒卵形，具羽状脉，生于花序下部的长达 1.1 cm，上部的较小，顶端短尖或稍钝，被腺毛；小苞片线形，长6～7 mm；花萼亦被腺毛，后裂片线状披针形，长6～7 mm，短尖，有3脉，前裂片线形，长5～6 mm，侧裂片刚毛状，长4～4.5 mm；花冠红色，长9～10 mm，无毛；药室基部有附属物，不育雄蕊丝状。蒴果卵状长圆形，长约6 mm，无毛。 花期春季。 产于桂林，生水田边和河边，少见。分布于海南和云南，广泛分布于亚洲至大洋洲的热带地区。为水田杂草。

3. **大花叉柱花**(植物分类学报)

Staurogyne sesamoides (Hand.-Mazz.) Burtt in Notes Roy. Bot. Gard. Edinburgh **22**:310. 1958；罗献瑞于植物分类学报 **17**(4):84. 1979；中国植物志 **70**:35. 2002；中国高等植物 **10**:337. 图509. 2004；广东植物志 **9**:103. 2009；Fl. China **19**:373. 2011. ——*Loxostigma sesamoides* Hand.-Mazz. in Oest. Bot. Zeitschr. **85**:217. 1936. ——*Staurogyne dolishocalyx* F. Hossain in Notes Roy. Bot. Gard. Endinb. **31**:380. 1972.

直立草本，高约30 cm或过之；基部近木质。茎有沟槽，下部无毛或被短绒毛，上部被短绒毛，通常不分枝，有时下部有短而纤弱的分枝。叶对生；叶片草质，椭圆状披针形或披针形，长5～13 cm或稍过之，宽2～5 cm，顶端短尖，基部楔形或渐狭，全缘，上面无毛，下面脉上被短柔毛；叶柄长1.5～4.5 cm，被短绒毛。花序顶生或腋生，总状，不分枝，稍俯垂，花后伸长；花梗很短，但结果时可达5 mm；苞片狭披针形，渐尖，有3脉；小苞片生于花梗顶端，狭披针形，被短柔毛；萼裂片近等大或稍不等大，狭披针形，长渐尖，有3脉；花冠蓝色，长3.6～4(5) cm，近钟状，裂片近圆形，伸展；雄蕊4枚，花丝被硬毛，无不育雄蕊；柱头2裂；裂片近等大。蒴果狭椭圆状，顶端短尖，迟开裂；种子多数，细小，近球形而稍具棱角，表面蜂巢状。 花期3～5月。 产于大新、防城、上思、桂平、横县、金秀、龙州和平南等地；生于林下湿处，海拔400～800 m。分布于广东西部，越南北部也有。

4. **短穗叉柱花**(云南种子植物名录)

Staurogyne brachystachya Benoist in Bull. Mus. Hist. Nat. Paris Ⅱ, **5**:174. 1933, et in Lecomte, Fl. Gén. Indo-Chine **4**:629. 1935；云南种子植物名录(下册)1685. 1984；罗献瑞于植物研究 **8**(1):3. 1988；方鼎等于广西植物 **17**(1):26. 1997；中国植物志 **70**:38. 2002；云南植物志 **16**:643. 2006；Fl. China **19**:374. 2011.

直立草本，高30～80 cm；茎稍四棱形，具沟槽，被棕褐色柔毛，基部木质化。叶同对不等大；叶柄长0.5～2.3 cm，被棕褐色柔毛；叶片薄纸质，披针形，有时长卵形，长3～10.5 cm，宽1～2.3 cm，顶端急尖，基部狭楔形，渐狭，边缘稍波状，腹面绿色，无毛，背面灰白色，无毛或沿脉被锈色短柔毛；侧脉8～10对。总状花序腋生或顶生，具花2～7朵，长2～4 cm；花序轴和花梗无毛；苞片线状三角形，长3～5 mm，无毛；小苞片线形，长2～3 mm，无毛，具1脉；花萼长8～11 mm，5裂至近基部，裂片披针状线形，稍不等长，长8～9 mm，近无毛，具1脉；花冠白色，近钟状，长1.3～1.7 cm，外面无毛，裂片5枚，近圆形，长3 mm；雄蕊4枚，2强，花丝疏被微柔毛，前对长雄蕊长7～9 mm，后对短雄蕊长6～8 mm，药室基部具条状附属物；花柱无毛，花柱长约1 cm，无毛，柱头2裂。蒴果未见。 花期4月。 产于那坡；生于石山林中。分布于云南，越南北部也有。

2. 老鸦嘴属 Thunbergia Retz.

草质或木质藤本，稀直立灌木。叶对生；具柄。花大，腋生，单生或2朵并生，有时组成腋生或顶生的穗状花序；小苞片紧贴花萼，通常叶状，明显比萼大；萼小，藏于小苞片内，5～16齿裂，或环状而顶部截平；花冠筒短，喉部多少扩大，冠檐5裂，裂片近等大，旋转状排列；雄蕊4枚，2强，着生在冠筒内壁的近基部，通常内藏，花丝短，基部粗厚，花药2室，药室等大，平排，基部常有芒刺状附属物；花盘环状或垫状；子房稍肉质，2室，每室有2颗并生胚珠，花柱线形，柱头漏斗状，全缘或2裂。蒴果通常球形或背腹稍压扁，顶部有1坚硬的剑状长喙；种子每室2或1粒，球形或半球形，无珠柄钩承托。 本属有100余种，主要分布在非洲，次为亚洲热带。我国有约 10 种，产于南部和西南部；广西有 5 种，其中 2 种为引进栽培的观赏植物。

分种检索表

1. 直立灌木；叶具羽状脉 ………………………………………………… 1. **硬枝老鸦嘴** T. erecta (Benth.) T. Anderson
1. 攀缘或缠绕藤本；叶具掌状脉。
  2. 花常 1～2 朵腋生；花萼具 10～16 齿。
    3. 叶柄有翅；花黄色，喉部蓝紫色；蒴果被展开柔毛 ………………………… 2. **翼叶老鸦嘴** T. alata Bojer ex Sims.
    3. 叶柄无翅；花白色；蒴果无毛 ………………………………………………… 3. **碗花草** T. fragrans Roxb.
  2. 花常排列成总状花序；萼呈环状，顶端截平。
    4. 叶片两面被短柔毛；花冠长 4～8 cm，檐部蓝紫色 ………… 4. **大花老鸦嘴** T. grandiflora (Roxb. ex Rottl.) Roxb.
    4. 叶片两面无毛；花冠长约 2 cm，檐部裂片红色和黄色 ………………………… 5. **二色老鸦嘴** T. eberhardtii Benoist

1. 硬枝老鸦嘴(广州植物志)　直立山牵牛(中国植物志)　蓝吊钟(贵州植物志)

Thunbergia erecta (Benth.) T. Anderson. in J. Linn. Soc. Bot. **7**:18. 1861；广州植物志 619. 1956；海南植物志 **3**:542. 1974；中国植物志 **70**:24. 2002；贵州植物志 **10**:216. 2004；中国高等植物 **10**:333，图 501. 2004；云南植物志 **16**:633. 2006；Fl. Hong Kong **3**:161. 2009；广东植物志 **9**:97. 2009；深圳植物志 **3**:383，图 403. 2012. ——*Meyenia erecta* Benth. in Hook.，Niger. Fl. 473. 1849.

直立灌木，高 1～2 m，多分枝；茎四棱形，幼时疏被柔毛，后变无毛或仅节上被柔毛。叶柄长 2～5 mm，近无毛；叶片近革质或厚纸质，卵形或卵状披针形，有时近菱形，长 2.5～9 cm，宽 1～5 cm，基部楔形，顶端急尖或渐尖，边缘全缘，或顶端具 1～3 个锯齿，有时波状，两面被微柔毛或近无毛；侧脉 4～6 对，弧曲，在近边缘处网结。花单生，稀 2 朵并生，腋生；花梗长 1.5～2.5 cm，无毛；小苞片长圆形，长 1.5～2 cm，宽 7～8 mm，无毛；花萼具 12～15 齿，齿不等大，被腺毛；花冠长 5.5～6 cm，蓝紫色或有时淡紫色，花冠筒和喉部淡黄色或白色，外面无毛，基部部分圆筒形，长约 1 cm，直径约 4 mm，后向上逐渐扩大成钟形，至口部直径达 2.5～3 cm，5 裂，裂片近等大，长卵形，长约 1.5 cm，宽约 1 cm；雄蕊 4 枚，2 强，花丝无毛，长的 1 对长约 1.2 cm，短的 1 对长约 0.7 cm，花药长圆形，长约 4 mm，基部具短尖头；子房无毛，花柱长约 3.5 cm，近顶端被不明显的微毛，柱头内藏于花冠的中部，裂片极不相等，较上面的直立而略有角。蒴果下部球形，直径约 1.2 cm；喙长 1.7～2 cm，无毛。　花期 10 月至翌年 4 月。　广西南部地区有栽培。原产于非洲热带地区，现世界热带地区广泛栽培。

2. 翼叶老鸦嘴(广州常见经济植物)　翼叶山牵牛(中国高等植物图鉴)　黑眼花

Thunbergia alata Bojer ex Sims in Curtis Bot. Mag. **52**:t. 2591. 1825；广州植物志 618，图 328. 1956；中国高等植物图鉴 **4**:153. 1975；福建植物志 **5**:122. 1993；中国植物志 **70**:24. 2002；中国高等植物 **10**:334，图 502. 2004；Fl. Hong Kong **3**:162. 2009；广东植物志 **9**:98. 2009；Fl. China **19**:378. 2011；深圳植物志 **3**:385，图 406. 2012.

缠绕草质藤本；茎近四棱形，具沟槽，被倒向柔毛。叶柄具翼，长 1.5～3 cm，被疏柔毛；叶片卵状箭头形或卵状稍戟形，长 2～7.5 cm，宽 2～6 cm，顶端锐尖，基部箭形或稍戟形，边缘具 2～3 短齿或全缘，两面被稀疏柔毛间糙硬毛，背面稍密；掌状 5 出脉，主脉间具 1～2 横脉。花单生于叶腋；花梗长 2.5～3 cm，疏被倒向柔毛；小苞片卵形，长 1.5～1.8 cm，宽 1～1.4 cm，顶端急尖或渐尖，钝，具 5～7 脉，外面被近贴伏柔毛；花萼具 10 枚不等大的齿；花冠黄色，直径约 4 cm，花冠筒长 2～4 mm，喉部蓝紫色，长 1～1.5 cm，裂片倒卵形；花丝无毛，长约 4 mm；花药具短尖头，长 3.5 mm 和 4 mm，药室基部和缝部具髯毛；子房及花柱无毛，花柱长约 8 mm，柱头 2 裂，裂片对折，上方的直立，下方的开展，长分别约为 1.5 mm 和 2.5 mm，宽约 1.2 mm 和 2.0 mm。蒴果带有种子的部分直径约 1 cm，高约 0.7 cm，喙长 1.4 cm，果实被展开柔毛；种子 2 粒，背面具网纹。　花果期几全年。　原产于非洲热带，现热带地区常见栽培。我国南部各省引入栽培，于较大型的园圃常见；在广西沿海地区逸为野生。

3．**碗花草**(植物名实图考) 铁贯藤(植物名实图考) 海南老鸦嘴(海南植物志) 山牵牛[英拉汉植物名称(试用本)]

Thunbergia fragrans Roxb.，Fl. Corom. **1**：47，t. 67. 1795；Hand.-Mazz.，Symb. Sin. **7**：890. 1936；中国高等植物图鉴 **4**：153，图 5719. 1974；云南种子植物名录(下册)1688. 1984；中国植物志 **70**：30，图版 1：10～12. 2002；中国高等植物 **10**：336，图 507. 2004；贵州植物志 **10**：216，图版 60：1～3. 2004；云南植物志 **16**：638，图版 180：1～6. 2006；Fl. Hong Kong **3**：162. 2009；广东植物志 **9**：99. 2009；Fl. China **19**：378. 2011；深圳植物志 **3**：385，图 407. 2012.——*Th. hainanensis* C. Y. Wu et H. S. Lo 于海南植物志 **3**：591，544，图 918. 1974；云南植物志 **16**：638，图版 180：1～6. 2006.——*Th. fragrans* Roxb. subsp. *hainanensis* (C. Y. Wu et H. S. Lo)H. P. Tsui 于中国植物志 **70**：31. 2002.

缠绕或攀缘藤本；茎草质或下部为木质，具纵槽纹，被倒生硬毛。叶柄长 0.5～4.5 cm，被倒生硬毛；叶片纸质，长圆状卵形或长圆状披针形，长 4～14 cm，宽 3～7 cm，基部圆形，有时截形至近心形，顶端渐尖，边缘全缘、皱波状、有时在两侧近基部戟形、箭形或具 2～3 展开的裂片，两面初被柔毛或短柔毛，后渐稀疏，仅脉上被毛；具基出掌状脉 5 条。花单生于叶腋，花梗长 3～5.5 cm，粗壮，被倒生硬毛；小苞片宿存，卵形，长 1.5～2.5 cm，宽 0.8～1.5 cm，急尖，被疏柔毛或短毛；花萼具 10～16 枚大小不等的齿，无毛；花冠白色，外面被稀疏短硬毛，花冠筒长 4～7 mm，喉部长约 2 cm，5 裂，裂片倒卵形，长约 2.5 cm，宽约 2.3 cm，具 7～9 脉；雄蕊 4 枚，内藏，花丝无毛，花药披针形，基部稍叉开；子房无毛，花柱伸出，柱头漏斗状。蒴果无毛，干时褐色，直径 1 cm，高约 0.7 cm，喙长约 1.5 cm；种子平滑，种脐大。 花果期 6 月至翌年 2 月。 产于北海、博白、合浦、宁明、隆林、天峨；常生于灌木丛中或草地上。分布于广东、海南、台湾、四川、重庆、贵州和云南等地，印度、斯里兰卡、中南半岛诸国、印度尼西亚和菲律宾也有。

4．**大花老鸦嘴**(广州常见经济植物) 大花山牵牛(中国高等植物图鉴) 山牵牛(云南种子植物名录) 巢腺山牵牛(中国高等植物图鉴) 长黄毛山牵牛(植物分类学报)

Thunbergia grandiflora (Roxb. ex Rottl.) Roxb. in Lodd. Bot. Cab. t. 324. 1819，et in Bot. Reg. **6**：495. 1820；Bremek. in Verh. Ned. Akad. Wetensch. Afd. Naturk. Tweede Sect. **50**(4)：45. 1955；广州植物志 618，图 329. 1956；广西植物名录(第二册)705. 1971；海南植物志 **3**：543，图 917. 1974；中国高等植物图鉴 **4**：153，图 5720. 1675；罗献瑞于植物研究 1(4)：101. 1981；云南种子植物名录(下册)1688. 1984；福建植物志 **5**：122，图 127. 1993；中国植物志 **70**：26，图版 1：1～3. 2002；中国高等植物 **10**：334，图 504. 2004；云南植物志 **16**：636. 2006；Fl. Hong Kong **3**：163. fig，151. 2009；广东植物志 **9**：99，图 52. 2009；Fl. China **19**：377. 2011；深圳植物志 **3**：384，图 405. 2012.——*Th. chinensis* Merr.，Philip. J. Sci. **21**：510. 1922；Lingnan Sci. J. **5**：168. 1927；海南植物志 **3**：542. 1974；罗献瑞于植物研究 1(4)：101. 1981.——*Th. lacei* Gamble，Kew Bull. **1913**：116. 1913；云南种子植物名录(下册)1688. 1984；中国植物志 **70**：26. 2002；云南植物志 **16**：634. 2006.——*Th. adenophora* W. W. Smith in Notes Roy. Bot. Gard. Edinburgh **10**：74. 1919；中国高等植物图鉴 **4**：153. 1975；云南种子植物名录(下册)1687. 1984.

攀缘大藤本，长达 10 m；茎粗壮，上部草质，下部近木质；枝多数，有槽纹，被短柔毛。叶片纸质，阔卵形或三角状心形，长 5～10 cm 或过之，宽 4～8 cm 或过之，顶端短渐尖至短尖，基部心形，边缘有角，很少全缘，两面被短柔毛；掌状脉 5～7 条；叶柄长 2.5～6 cm。花单生或 2 朵并生于叶腋或组成顶生、多花、下垂的大型总状花序；花梗长 4～5 cm 或过之；小苞片长圆形或卵形，长 2.5～3 cm，被短柔毛，有多条直出平行脉；萼杯状，边缘截平；花冠淡蓝色，冠檐伸展，直径 4～6 cm，前裂片较大；花药裂口髯毛，药室基部有附属物；柱头深 2 裂，裂片近等大，对折。蒴果被柔毛，着生种子的部分直径 13～14 mm，喙长可达 35 mm；种子半球形，表面皱缩呈脑纹状。 花期秋季。 产于广西中部至南部各地；生于低海拔地区的灌木丛、山坡或林缘。分布于我国南部和西南部，印度和中南半岛也有。 本种花大而美丽，为常见栽培的观赏植物。根皮可入药，有消肿拔毒、排脓生肌之效。

5. **二色老鸦嘴**(海南植物志) 二色山牵牛(中国植物志)

Thunbergia eberhardtii Benoist in Bull. Mus. Hist. Nat. Paris **27**:543. 1921,et in Lecomte,Fl. Gén. Indo-Chine **4**:619. 1935;海南植物志 **3**:543. 1974;方鼎等于广西植物 **17**(1):26. 1997;中国植物志 **70**:28. 2002;广东植物志 **9**:100. 2009;Fl. China **19**:378. 2011.

草质藤本,或有时下部稍木质,长约 4 m;茎四棱柱形,仅节上被柔毛。叶片纸质或薄革质,阔卵形至卵形,长 5~10 cm,宽 3~7 cm,顶端短渐尖至急尖,基部心形,边缘近全缘或有稀疏粗齿,稀有角,两面无毛;掌状脉 5~7 条;叶柄长 3~4 cm。花具梗,组成顶生或近枝顶腋生、直立的总状花序;花序梗被柔毛;苞片披针形,边缘有齿;小苞片披针形或长圆状披针形,长 1~1.4 cm,被绒毛,有多条平行脉;萼环状而顶端截平;花冠长约 2 cm,花冠筒上部稍扩大,具倾斜的管口,裂片近等大,前裂片红色,后裂片黄色;雄蕊 4 枚,花药无毛,前雄蕊的花药 2 室均有附属物,后雄蕊则仅 1 室有附属物;子房被长柔毛,花柱稍伸出。蒴果球形,直径 1~1.5 cm,喙长约 1.6 cm,被稀疏长柔毛;种子半球形,表面脑纹状。 花期 9~10 月。

产于龙州和宜州;生于石山林中。分布于海南,越南北部也有。

3. 老鼠簕属 Acanthus L.

草本或灌木;近直立或缠绕,常稍肉质。叶对生;叶片羽状分裂或波状浅裂,有时有齿或有刺,稀全缘。花无梗,组成顶生穗状花序;苞片大,常有刺;小苞片较小或缺;萼裂片 4 枚,在外的 1 对较大,基部常软骨质,在内的 1 对较小;冠檐呈单唇形,上唇极退化,常不明显,下唇阔大,伸展,浅 3 裂,裂片覆瓦状排列;雄蕊 4 枚,2 长 2 短或有时近等长,着生在喉部,花丝粗厚,但顶端细而内弯,花药靠合,1 室,药室长圆形,被须毛;花盘常退化;子房每室有胚珠 2 颗,花柱短,柱头 2 裂。蒴果椭圆形或长圆形,栗褐色,有光泽;种子每室 2 颗,阔卵形或近圆形,两侧压扁,有疏松的种皮,珠柄钩粗壮。 本属约 50 种,分布于亚洲、非洲和地中海沿岸。我国有 4 或 5 种,产于西南部和南部;广西 2 种。

分种检索表

1. 花有 2 枚卵形小苞片;花冠长 3~4 cm;叶片顶端短尖 ………………………………………… 1. **老鼠簕** A. ilicifolius L.
1. 花无小苞片;花冠长约 2 cm 或稍过之;叶片顶端通常截平 ……………………………… 2. **小花老鼠簕** A. ebracteatus Vahl

1. **老鼠簕**(广州) 厦门老鼠簕(武夷科学) 莨艻花(亨利氏植物汉名录)

Acanthus ilicifolius L., Sp. Pl. 639. 1753;Hemsl. in J. Linn. Soc., Bot. **26**:242. 1890;C. B. Clarke in Hook. f. Fl. Brit. India **4**:481. 1884;Benoist in Fl. Gen. Indo-Chine **4**:697. 1935;广州植物志 620. 1956;广西植物名录(第二册)698. 1971;海南植物志 **3**:553,图 927. 1974;中国高等植物图鉴 **4**:166,图 5745. 1975;福建植物志 **5**:124,图 128. 1993;中国植物志 **70**:45,图版 4:1~7. 2002;中国高等植物 **10**:341,图 515. 2004;广东植物志 **9**:106. 2009;Fl. China **19**:379. 2011.——*Dilivaria ilicifolia*(L.) Juss., Gen. Pl. 103. 1789;Nees in Wall, Pl. As. Rar. **3**:98. 1832 et in DC. Prodr. **11**:268. 1847.——*Acanthus xiamenensis* R. T. Zhang 于武夷科学 **5**:237,图 1~3. 1985;福建植物志 **5**:124,图 129. 1993.——*A. ebracteatus* var. *xiamenensis* (R. T. Zhang) C. Y. Wu et C. C. Hu 于中国植物志 **70**:47. 2002.——*A. illicifolius* L. var. *xiamenensis* (R. T. Zhang) Y. F. Deng, N. H. Xia et H. B. Chen 于热带亚热带植物学报 **14**:530. 2006;广东植物志 **9**:107. 2009;Fl. Hong Kong **3**:165. 2009;广东植物志 **9**:107,图 55. 2009.

直立灌木,高 1~2 m;茎圆柱状,多分枝,无毛。叶柄极短,(0)2~5 mm,基部有时有 1 对托叶状的硬刺;叶片近革质,长圆形或长圆状披针形,长 6~14 cm,宽 2~4 cm,顶端急尖,边缘全缘或具刺状齿;侧脉 4~7 对,直伸齿端或在近边缘处网结。穗状花序顶生,长达 16.5 cm;苞片对生,阔卵形,长 5~7 mm,宽 6~8 mm,无毛,早落;小苞片卵形,长 3~4 mm,宽约 3 mm,革质,无毛;花萼裂片 4 枚,排列成两轮,两两交互对生，外面 1 对阔卵形，长 1～1.2 cm，顶端微凹，边缘干膜质，有时稍流苏状，内面 1 对卵形，长 0.8～1 cm，全缘；花冠白色，长 2.5～4 cm，花冠筒长约 7 mm，上唇极退化，下唇阔大，伸展，阔倒卵形，内面中央有宽 5～8 mm 的带状被毛区，3 浅裂，裂片长圆形，中裂片长约 2 mm，宽约 3 mm，侧裂片长约 2.5 cm，宽约 4 mm，无毛；雄蕊近等长，花丝近软骨质，长约 1.5 cm，无毛，花药长约 7 mm，密被丝状柔毛；子房顶部软骨质。蒴果长圆形，长 2.2～2.8 cm，无毛；种子心形，淡黄色，长 0.6～1.2 mm，宽 0.6～0.8 mm，无毛，表面具皱纹。　花期夏秋。　产于广西沿海地区；生于潮汐可达的海滨淤泥上，为红树林成分之一。分布于福建、广东和海南滨海地区，亚洲南部、东南部和澳大利亚均产。　全草可入药，有消肿、解毒和止痛的功效。

2. **小花老鼠簕**(海南植物志)

Acanthus ebracteatus Vahl in Symb. Bot. **2**:75, t. 40. 1791；海南植物志 **3**:554. 1974；方鼎等于广西植物 **17**(1):42. 1997；中国植物志 **70**:47，图版 4:8. 2002；中国高等植物 **10**:342，图 516. 2004；广东植物志 **9**:106. 2009；Fl. China **19**:379. 2011. ——*Dilivaria ebracteata* (Vahl) Pers. in Syn. Pl. **2**:179. 1806. ——*Acanthus ilicifolius* var. *ebracteatus* (Vahl) Benoist, Fl. Gen. Indo-Chine **4**:697. 1935.

直立灌木，高可达 1.5 m。托叶刺状；叶长圆形或倒卵状长圆形，长 5～12 cm，宽 3～5 cm，顶端平截，基部楔形，羽状分裂至羽状深裂，裂片常三角形，叶片近革质，两面无毛；中脉和侧脉粗壮，上面平或稍凹下，背面明显突起，侧脉 3～4 对；叶柄长约 5 mm。穗状花序顶生；苞片阔卵形至近圆形，长 6～7 mm，常在花开前脱落，无小苞片；萼片 4 枚，长 0.8～1.2 cm，宽 0.5～0.9 cm；花冠白色，长约 2.5 cm，花冠筒长约 3 mm，上唇退化，下唇长圆形，长约 2.2 cm，顶端 3 裂，内方上部两侧各有 1 被毛带；雄蕊 4 枚，近等长，花丝长约 8 mm，花药 1 室，长圆形，纵裂，裂缝两侧各有 1 列鬓毛；子房椭圆形，花柱线形，柱头 2 裂。蒴果椭圆形，长约 1.8 mm；种子长约 10 mm。　花期 10 月。　本种与**老鼠簕**(*A. illicifolius* L.)非常相似，地理分布和生境也基本相同。但根据上述分种检索表所提示的特点，很容易区别。

4. 假杜鹃属　Barleria L.

草本或半灌木；有时有刺。叶对生；叶片全缘。花大，近无梗，1 至数朵腋生或组成顶生穗状花序；萼裂片 4，两两成对，在外的 1 对较大；花冠筒通常长圆筒状，喉部扩大，直或多少内弯，冠檐伸展，5 裂，裂片稍不等大，双盖覆瓦状排列，整齐或略呈二唇形；发育雄蕊 4 或 2 枚，不育雄蕊 1 或 3 枚，均着生于冠筒的近中部，内藏或前雄蕊稍伸出，花药 2 室，药室邻接而平排，无附属物；子房每室有胚珠 2 颗，柱头浅 2 裂或全缘。蒴果卵形或长圆形，基部稍狭窄；种子每室 1～2 粒，卵形或近圆形，两侧压扁，被贴伏、波状皱曲的长毛。　约 230 种，主要分布在东半球热带地区，少数见于美洲热带。我国有 4 种，产南部和西南部；广西 1 种。

假杜鹃(广州植物志)　茗花(广州植物志)

Barleria cristata L. in Sp. Pl. 636. 1753；Sims in Curtis's Bot. Mag. **339**:t. 1615. 1814；Nees in Wall. Pl. As. Rar. **3**:92. 1832 et in Dc., Prodr. **11**:239. 1847；Fl. Hongk. 262. 1861；T. Anderson in J. Linn. Soc., Bot. **9**:490. 1867；C. B. Clarke in Fl. Brit. Ind. **4**:488. 1885；Forbes et Hemsl. in J. Linn. Soc., Bot. **26**:242. 1890；Dunn et Tutch. in Kew Bull. Add. Ser. **10**:199. 1912；Merr. in Lingn. Sci. J. **5**:169. 1927；Hand.-Mazz., Sym. Sin. 7:897. 1936；广州植物志:616，图 326. 1956；广西植物名录(第二册)700. 1971；海南植物志 **3**:553，图 926. 1974；中国高等植物图鉴 **4**:164，图 5742. 1975；云南种子植物名录(下册)1670. 1984；崔鸿宾于云南植物研究 **12**:271. 1990；安徽植物志 **3**:389，图 2152. 1991；福建植物志 **5**:125，图 130. 1993；中国植物志 **70**:63. 2002；中国高等植物 **10**:348，图 525. 2004；贵州植物志 **10**:223，图版 62:1～3. 2004；云南植物志 **16**:659. 2006；Fl. Hong Kong **3**:165, fig. 154. 2009；广东植物志 **9**:107，图 56. 2009；Fl. China **19**:468. 2011；深圳植物志 **3**:389，图 411. 2012.

灌木，高可达 2 m；嫩枝四棱形，被紧贴长柔毛，有长枝和短枝两种类型。叶柄长 0.3～1 cm，密被灰白色柔毛；长枝的叶片纸质，卵形、椭圆形至狭椭圆形，长 3.5～10 cm，宽 1.5～3.5 cm，基部狭楔形，稍下延，顶端渐尖，边缘全缘，上面密被针状钟乳体和散生的长柔毛，背面疏被紧贴长柔毛，侧脉 5～7 对；短枝上的叶与长枝叶同形，但较小，长 2～4 cm。花密集，常 2 至数朵簇生于叶腋或短枝的顶端；苞片叶状，无柄；小苞片条形或狭披针形，长 1～2.2 cm，宽 0.5～1.5 mm，顶端长渐尖，边缘全缘或具芒刺状齿，外面被柔毛，内面无毛，两面具条状钟乳体，具 3～7 脉；花萼裂片 4 枚，两两交互对生，外面两裂片同形，不等大，前面一枚稍大于后面 1 枚，狭椭圆形至披针形，长 1.2～2.5 cm，宽 0.5～1.3 cm，顶端渐尖，具芒刺状尖头，边缘具长芒状锯齿，外面被柔毛，内面无毛，具 7～9 脉，脉绿色，脉间部分淡绿白色，内面两裂片较小，长椭圆状条形或条状披针形，长 0.6～1.2 cm，宽约 2 mm，基部楔形，下延至叶柄，顶端渐尖，边缘全缘，干膜质，具睫毛，具 5～7 脉，外面疏被长柔毛，内面无毛；花冠蓝紫色或白色，有时白色具蓝色斑纹，长 4.5～6.5 cm，外面被短柔毛，后逐渐变稀疏，内面无毛，花冠筒基部部分圆筒状，长 1.6～2.2 cm，直径约 3 mm，后向上逐渐扩大，至口部直径达 1 cm，稍呈二唇形，檐部 5 裂，裂片长圆状椭圆形，长约 1.5 cm，宽约 1 cm；能育雄蕊 4 枚，2 强，长的雄蕊花丝长 4～5 cm，被柔毛，向基部尤密，花药药室并生，短的雄蕊花丝长 2～3 cm，花药药室叉开；不育雄蕊 1 枚，花丝疏被长柔毛；子房椭圆体形，无毛，花柱长 4～5 cm，无毛，柱头全缘，稍膨大。蒴果长圆体形，长 1.4～1.8 cm，两端急尖，无毛，黑色，稍有光泽；种子近圆形或卵形，长约 5 mm，宽约 4 mm，扁平，密被紧贴的短柔毛。　花期冬初。　产于广西中部、南部和西部；生于村边、路旁灌木丛或林缘等处。分布于我国南部和西南部，印度和中南半岛诸国亦有。

5. 马蓝属　Strobilanthes Blume

草本或灌木，稀为小乔木状，通常直立，有时高大。叶对生；叶片具等叶性或不等叶性。花通常蓝色或紫色，单生于对生的苞片腋中，无梗或有短梗，组成顶生或腋生、间断或连续的穗状花序或复穗状花序，有时紧缩呈头状；苞片或为叶状，覆瓦状叠生，或细小，比萼短；小苞片狭小或退化消失；萼 5 深裂或 5 全裂，裂片等大或不等大，有时二唇形；花冠大，冠筒下部圆筒状，直或内弯，向上扩大或钟形向喉部，檐部伸展，裂片 5 枚，卵形或圆形，等大或 2 后裂片大部合生，芽时旋转状排列；雄蕊 4 枚，2 强，稀 2 枚或 5 枚，不育雄蕊 1 枚，3 枚或不存在，均着生于喉部之底，内藏，花丝基部于后部靠合或其间有薄膜相连，花药背着，药室等大，平行，基部无附属物；花盘明显；花柱顶部线形，下弯，后裂片小齿状或退化消失；胚珠每子房室 2 至多颗。蒴果长圆形或线形，基部稍收缩，几乎自基部 2 室，每室有种子 2 至多粒；种子近圆形，压扁，珠柄钩短尖，很少近棒状。　约 400 种，分布于亚洲热带。我国有 118 种；广西产 38 种。

分种检索表

1. 雄蕊 2 枚；叶片边缘全缘 …………………………………………………… 1. **山一笼鸡** S. aprica (Hance) T. Anderson
1. 雄蕊 4 枚；叶片边缘具各种齿。
  2. 子房每室具胚珠多数。
    3. 花冠蓝紫色；花萼内面无毛；花药药隔在顶端伸长为短尖头 ………… 2. **尖药花** S. tomentosa (Nees) J. R. I. Wood
    3. 花冠黄色；花萼内面被毛；花药药隔在顶端不伸长为短尖头。
      4. 草本或半灌木，高 30～50 cm 或更高；叶柄长 4～10 cm；叶片卵形、椭圆形或近长圆形，长 1.5～11 cm，宽 1～4.5 cm ………………………………………………… 3. **黄球花** S. chinensis (Nees) J. R. I. Wood et Y. F. Deng
      4. 草本，高约 20 cm；叶柄长 2～3 mm；叶片披针形或椭圆状披针形，长约 3.5 cm，宽约 1 cm ………………………………… 4. **溪畔黄球花** S. fluviatilis (C. B. Clarke ex W. W. Sm.) Moylan et Y. F. Deng
  2. 子房和胚珠每室具胚珠 2 颗。
    5. 穗状花序短缩呈头状，花序梗长；苞片早落；长的 1 对雄蕊不等长，短的 1 对雄蕊花丝反折；花药球形。
      6. 花冠外面无毛 ……………………………………………… 5. **宁明马蓝** S. ningmingensis D. Fang et H. S. Lo

6. 花冠外面被毛。
7. 苞片外面被腺毛 ………………………………………… 6. **腺苞马蓝** S. glandibracteata D. Fang et H. S. Lo
7. 苞片外面无毛，或被毛但不为腺毛。
8. 苞片顶端渐尖；花萼外面被腺毛 ……………………………………………… 7. **两广马蓝** S. dimorphotricha Hance
8. 苞片顶端钝或急尖；花萼外面被短硬毛 ………………… 8. **卵苞马蓝** S. ovatibracteata H. S. Lo et D. Fang
5. 穗状花序伸长，花序梗长或短；苞片宿存，稀早落；长的 1 对雄蕊等长，短的 1 对雄蕊花丝不反折；花药矩圆形。
9. 苞片基部下延至花序轴呈翅状 ……………………………………………… 9. **延苞马蓝** S. pteroclada Benoist
9. 苞片基部不下延至花序轴。
10. 叶无柄，基部耳形，略抱茎。
11. 枝具狭翅，翅宽 0.5～2 mm；苞片顶端急尖，基部楔形 ………………… 10. **耳叶马蓝** S. auriculata Nees
11. 枝不具翅；苞片顶端微凹，基部心形 ………………………………………… 11. **凹苞马蓝** S. retusa D. Fang
10. 叶有柄，基部不为耳形，也不抱茎。
12. 枝具宽 1.5～4 mm 的翅 ………………………………………………… 12. **翅枝马蓝** S. pateriformis Lindau
12. 枝无翅。
13. 苞片早落。
14. 叶片纸质而柔软，干时黑色，钟乳体在背面不沿脉分布；苞片倒卵形 …………………………………………………………………………………………………… 13. **马蓝** S. cusia (Nees) O. Kuntze
14. 叶片厚纸质，干时非黑色，钟乳体在背面常沿脉分布；苞片椭圆形 ……………………………………………………………………………………………… 14. **截头马蓝** S. truncata D. Fang et H. S. Lo
13. 苞片宿存。
15. 苞片大，长 2～4 cm，边缘具齿 …………………………………………… 15. **长苞马蓝** S. echinata Nees
15. 苞片小，长不及 2 cm，边缘全缘。
16. 植株被红褐色毛 ………………………………………………………… 16. **红毛马蓝** S. hossei C. B. Clarke
16. 植株无毛，或被毛但不为红褐色。
17. 苞片彼此疏离，不呈覆瓦状排列；花彼此疏离。
18. 花冠外面被毛。
19. 花序常"之"字形曲折，无翅，每 1 节上常仅一侧花发育；苞片线形，狭；花萼裂片顶端急尖 ………………………………………………………… 17. **曲枝马蓝** S. dalzielii (W. W. Sm.) Benoist
19. 花序直，常具狭翅，每 1 节上的两侧花均发育；苞片倒披针形；花萼裂片顶端钝 ……………………………………………………………………………… 18. **桂越马蓝** S. bantonensis Lindau
18. 花冠外面无毛。
20. 叶片背面干后锈褐色 …………………………………… 19. **锈背马蓝** S. ferruginea D. Fang et H. S. Lo
20. 叶片背面干后绿色。
21. 叶片基部明显下延至叶柄呈翅状；穗状花序偏向一侧，常退化为 1～3 朵花 ……………………………………………………………………… 20. **翅柄马蓝** S. atropurpurea Nees
21. 叶片基部通常不下延至叶柄；穗状花序不偏向一侧，具多朵花。
22. 花萼 5 等裂至近基部。
23. 苞片等长于或长于花萼。
24. 花序常单生于叶腋；苞片长 1.7～2.5 cm，外面无黑色腺体；小苞片长 1.8～2 cm …………………………………………… 21. **尾苞马蓝** S. mucronatoproducta Lindau
24. 花序常 1～3 个腋生；苞片常 1.1～1.2 cm，外面具黑色无柄腺体；小苞片长 8～9 mm ………………………………………… 22. **异序马蓝** S. heteroclita D. Fang et H. S. Lo
23. 苞片短于花萼。
25. 叶片、苞片、小苞片和花萼被毛 ……………………… 23. **糯米香** S. tonkinensis Lindau
25. 叶片、苞片、小苞片和花萼无毛。
26. 苞片卵形，向外鼓胀呈 2 个突起 …………………………………………………

…………………………… 24. **湖南马蓝** S. bioculata Y. F. Deng et J. R. I. Wood

26. 苞片倒卵状匙形,在外面平,不鼓胀 ……………………………………………

…………………………… 25. **阳朔马蓝** S. pseudocollina K. J. He et D. H. Qin

22. 花萼明显二唇形,后方 3 裂片合生至 1/3 以上。

27. 苞片椭圆形,顶端钝圆 ………………………… 26. **串花马蓝** S. cystolithigera Lindau

27. 苞片狭三角形至线形,顶端急尖或渐尖。

28. 茎、叶、苞片和萼片被柔毛 ……………… 27. **广西马蓝** S. guangxiensis S. Z. Huang

28. 茎、叶、苞片和萼片无毛。

29. 苞片狭三角形 ……………… 28. **弄岗马蓝** S. longgangensis D. Fang et H. S. Lo

29. 苞片多少披针形 …………… 29. **龙州马蓝** S. longzhouensis H. S. Lo et D. Fang

17. 苞片彼此紧密叠生而呈覆瓦状排列;花密集呈短穗状,稀伸长。

30. 苞片具反折的短尖;花序红褐色 ………………………… 30. **折苞马蓝** S. brunnescens Benoist

30. 苞片顶端不反折;花序不为红褐色。

31. 矮小草本,常匍匐或外倾,高 20～50 cm;花冠长 1.5～2 cm。

32. 茎、叶、花序被白色粗毛;雄蕊伸出花冠外 …………… 31. **薄叶马蓝** S. labordei H. Lévl.

32. 茎、叶、花序无毛或疏被柔毛;雄蕊内藏 ……………………………………………

…………………………………… 32. **四子马蓝** S. tetrasperma(Champ. ex Benth.)Druce

31. 直立草本或亚灌木,通常高于 50 cm;花冠长于 2 cm。

33. 穗状花序伸长,圆柱状;长雄蕊伸出花冠外 ……………………………………………

……………………… 33. **顶头马蓝** S. affinis(Griff.)Terao ex J. R. I. Wood et J. Bennett

33. 穗状花序伸长或短缩呈短穗状。

34. 花冠外面无毛。

35. 叶片无毛;苞片卵形至阔倒卵形 …… 34. **密苞马蓝** S. compacta D. Fang et H. S. Lo

35. 叶片两面疏被糙伏毛;苞片椭圆形 …… 35. **糙毛马蓝** S. strigosa D. Fang et H. S. Lo

34. 花冠外面被毛。

36. 苞片长圆状披针形,最宽处在中部以下 ………… 36. **白头马蓝** S. esquirolii H. Lévl.

36. 苞片倒卵状匙形或倒卵状,最宽处在近顶端。

37. 花序被白色柔毛;苞片倒卵状匙形,顶端不反折 ………………………………

………………………… 37. **南岭马蓝** S. austrosinensis Y. F. Deng et J. R. I. Wood

37. 花序被褐色粗毛;苞片倒卵形,顶端稍反折 …… 38. **海南马蓝** S. anamitica O. Kuntze

1. 山一笼鸡(中国高等植物图鉴)　野古蓝(植物研究)　野格拉菲(广西植物名录)

Strobilanthes aprica (Hance) T. Anderson in Bentham, Fl. Hongk. 262. 1861; Hemsl., J. Linn. Soc., Bot. **26**: 239. 1890, "apricus"; Diels in Fede, Repert. **12**: 488. 1922; Benoist in H. Lecomte, Fl. Gen. Indo-Chine **4**: 666. 1935; Fl. Hong Kong **3**: 170, fig. 159. 2009; Fl. China **19**: 400. 2011; 深圳植物志 **3**: 315, 图 439. 2012. ——*Gutzlaffia aprica* Hance in Kew J. Bot. et Kew Gard. Misc. **1**: 142. 1849; Limpr. in Fedde, Repert. Sp. Nov. **12**: 108. 1922; S. Moore, J. Bot. **63**: 167. 1922; Merr., Sunyatsenia **1**: 168. 1933; Hand.-Mazz., Symb. Sin. **7**: 891. 1936; Bremek. in Verh. Kon. Ned. Akad. Wetensch., Afd. Natuurk., Tweede Sect. **41** (1): 154. 1944; 广西植物名录(第二册) 701. 1971; 中国高等植物图鉴 **4**: 157, 图 5728. 1975; L. A. Lauener, Not. Roy. Bot. Gard. Edinburgh **38** (3): 477. 1980; 罗献瑞于植物研究 **1** (4): 102. 1981; 云南种子植物名录(下册)1676. 1984; 崔鸿宾于云南植物研究 **12** (3): 272. 1990; 中国植物志 **70**: 101, 图版 13: 1～5. 2002; 贵州植物志 **10**: 231, 图版 65: 1. 2004; 中国高等植物 **10**: 359, 图 541. 2004; 云南植物志 **16**: 675, 图版 192: 1～5. 2006; 广东植物志 **9**: 115, 图 61. 2009. ——*Phlebophyllum apricum* (Hance) Benth. in Hook., J. Bot. et Kew Gard. Misc. **5**: 131. 1853.

多年生草本,高达 70 cm;根粗壮;茎四棱形,节明显,被白色倒生短糙毛。叶等大,叶柄长约 3 mm,被疏柔毛；叶片椭圆形至矩圆形，长 3～7 cm，顶端渐尖，边缘全缘，具睫毛，基部圆或阔楔形，两面均被糙毛或下面有绵毛；侧脉 5～6 对，在背面隆起。穗状花序头状，顶生和腋生，上部的近于无梗，下部的具长达 7 cm 的花序梗；苞片近革质，披针形，长 1.3～1.5 cm，被糙毛；小苞片线形，长约 1 mm，被糙毛，边缘具睫毛；花萼 5 深裂至近基部，裂片条形，有睫毛，稍短于苞片；花冠白色至淡紫色，长约 3.5 cm，花冠筒下部细筒状，上部膨大而一面肿胀，里面有 2 行柔毛，裂片 5 枚，几等大，近圆形，长约 5 mm；雄蕊 2 枚，外露，着生于花冠的喉部，花丝几无毛，花药椭圆形；子房狭长椭圆形，顶端被柔毛，花柱外露，弯曲，被短柔毛。蒴果纺锤形，长约 1 cm；种子 4 粒，近圆形，两面突起，被柔毛，后变近无毛，基区较大。 花期秋季。 产于富川、钟山、金秀、临桂、南宁和武鸣等地；生于海拔 2 200 m 以下干旱山地。分布于广东、江西、贵州、云南和四川，泰国、柬埔寨、老挝和越南也有。

2. **尖药花**（中国高等植物图鉴） 尖蕊花（中国种子植物科属词典） 图版 213：1～6

Strobilanthes tomentosa (Nees) J. R. I. Wood in Kew Bull. **64**：16. 2009；Fl. China **19**：389. 2011. ——*Aechmanthera tomentosa* Nees in Wall., Pl. Asiat. Rar. **3**：87. 1832；中国高等植物图鉴 **4**：158，图 5730. 1975；云南种子植物名录（下册）1686. 1984；中国植物志 **70**：88，图版 10：11～12. 2002；贵州植物志 **10**：228，图版 64：1～3. 2004；中国高等植物 **10**：356，图 536. 2004；云南植物志 16：670，图版 191：1～5. 2006.

直立灌木或半灌木；高达 1.5 m。茎四棱形，密被灰白色绒毛。叶同形，叶柄长 1～3 cm，被黄色多节腺毛；叶片椭圆形、长卵形或椭圆状矩圆形，长 4.5～13 cm，宽 2.8～5.5 cm，顶端长渐尖，边缘具不规则的圆齿，基部近圆形至心形，稍不等，上面密被黄白色毡毛，背面密被绵毛；侧脉约 9 对，在背面突起。聚伞花序排列成总状或圆锥花序，长达 30 cm；苞片条形，长 0.6～1.2 cm，外面被柔毛及腺毛；小苞片狭舌状，与花萼裂片长 5～7 mm；花萼长 0.8～1 cm，5 深裂至近基部，裂片稍不等长，线形，锐尖；花冠淡紫色，长约 2.5 cm，漏斗状钟形，直，外面无毛，内面近喉部有 2 列柔毛，5 裂，裂片近等大，长约 5 mm；雄蕊 4 枚，2 强，花丝基部有薄膜相连，在 2 枚短雄蕊基部之间有 1 枚退化雄蕊残迹，花药隔顶端有小尖头；子房 2 室，每室具胚珠 2 颗。蒴果长约 1 cm，被柔毛；种子 2～4(6)粒，被毛。 花期 9～10 月。 产于百色、田阳、隆林、天峨和凤山等地；生于草坡或疏林。分布于云南和贵州，老挝、缅甸、不丹、孟加拉国、印度、巴基斯坦、尼泊尔也有。

3. **黄球花**（海南植物志） 半柱花（广州植物志）

Strobilanthes chinensis (Nees) J. R. I. Wood et Y. F. Deng in Bot. J. Linn. Soc. **150**：388. 2006；Fl. China **19**：390. 2011. ——*Ruellia chinensis* Nees in DC. Prodr. **11**：147. 1847. ——*Hemigraphis chinensis* (Nees) T. Anderson ex Hemsl. in J. Linn. Soc., Bot. **26**：238. 1890；Merr. et Chun, Sunyatsenia **5**：184. 1940；中国高等植物图鉴 **4**：157，图 5727. 1975. ——*Sericocalyx chinensis* (Nees) Bremek. in Verh. Kon. Ned. Akad. Wetensch., Afd. Natuurk., Tweede Sect. **41**(1)：163. 1944；海南植物志 **3**：548，图 921. 1974；中国植物志 **70**：109，图 15：1～6. 2002；中国高等植物 **10**：362，图 544. 2004；广东植物志 **9**：115. 2009. ——*Hemigraphis procumbens* auct. non (Lour.) Merr.：Merr. et Chun in Sunyatsenia **5**：183. 1940；广州植物志 622. 1956.

草本或半灌木，高 30～50 cm，有时可达 1.5 m；茎基部常木质化，常匍匐生根，稀直立；嫩枝具 4 条棱，被硬毛。叶柄长 4～10 cm；叶片卵形、椭圆形或近长圆形，长 1.5～11 cm，宽 1～4.5 cm，顶端渐尖或急尖，边缘具细锯齿或牙齿，基部渐狭或稍下延，两面疏被刺毛，背面稍密，腹面钟乳体多为细成平行的线条，背面粗糙或稍粗糙，主脉在上面下陷，在背面突起，侧脉约 5 对，在背面突起。穗状花序短缩呈紧密的头状或稍伸长；苞片通常覆瓦状排列，卵形，长 1.5～2 cm，绿色，具基出 3 脉，被硬毛，顶端具线状尖头，长约为苞片的 1/3；小苞片与萼裂片等大，线形，长约 9 mm；花冠长约 2 cm，外面被短柔毛，内面被长柔毛；雄蕊 4 枚，2 强，内藏花丝无毛，长雄蕊花丝长约 6 mm，短雄蕊花丝长约 2 mm，花药线形，长约 4 mm；花柱被糙毛，子房被毛，2 室，每室具胚珠 4 颗。蒴果长约 1 cm，被短柔毛；种子每室 4 粒，阔卵形，干时淡黄色，无毛或边缘疏被毛。 花期冬季。 产于北流、钦州、博白、岑溪、平南、玉林、陆川、容县等地；生于林下或溪边湿地上。分布于海南和广东，越南、老挝、柬埔寨亦有。

图版 213　1～6. **尖药花** Strobilanthes tomentosa（Nees）J. R. I. Wood　1. 植株一部分；2. 部分花冠剖面示雄蕊；3. 花粉粒；4. 小苞片；5. 大苞片；6. 花萼。　7～15. **曲枝马蓝** S. dalziellii（W. W. Sm.）R. Ben　7. 植株的一部分；8. 茎的一部分；9. 苞片；10. 小苞片；11. 花冠展开；12. 部分雄蕊；13. 花粉粒；14. 蒴果；15. 种子。（林文宏绘，8～15 摹自 FOC 19 卷 296 页）

4. **溪畔黄球花**(云南植物名录) 岸生半柱花(中国高等植物图鉴)

Strobilanthes fluviatilis (C. B. Clarke ex W. W. Sm.) Moylan et Y. F. Deng, Bot. J. Linn. Soc. **150**: 389. 2006;Fl. China **19**:390. 2011. ——*Hemigraphis fluviatilis* C. B. Clarke ex W. W. Sm. in Not. Bot. Gard. Edinburgh **10**:182. 1918;中国高等植物图鉴 **4**:157. 1974. ——*Sericocalyx fluviatilis* (C. B. Clarke ex W. W. Sm.) Bremek. in Verh. Kon. Ned. Akad. Wetensch., Afd. Natuurk., Tweede Sect. **41**(1): 163. 1944;云南种子植物名录(下册)1685. 1984;中国植物志 **70**:111. 2002;贵州植物志 **10**:235. 2004;中国高等植物 **10**:362. 2004;云南植物志 **16**:681,图版 184:7～10. 2006.

草本,高达 20 cm,基部木质化;茎多分枝,密被白色或黄褐色糙伏毛或硬毛。叶柄长 2～3 mm,被糙伏毛和硬毛;上部叶密集,叶片长 3.5 cm,宽约 1 cm,披针形或椭圆状披针形,顶端略钝,边缘具圆锯齿,基部楔形,干时纸质,腹面深暗绿色,背面稍灰白色,两面密被白色糙伏毛和硬毛;侧脉 4～5 对,腹面不明显,在背面隆起。花通常排列成腋生或顶生的穗状花序,长约 2.5 cm;苞片和小苞片披针形至线形,长约 1 cm,被糙伏毛或硬毛;花萼长约 8 mm,被糙伏毛和硬毛,5 深裂至近基部,裂片线形,顶端急尖。花冠长约 1 cm,黄色,光滑无毛,基部圆柱形,向上逐渐扩大,5 裂,裂片圆形,直径约 2 mm;雄蕊 4 枚,花丝疏被长柔毛;子房长圆形,顶端密被白色长柔毛,花柱被长柔毛。蒴果长圆形;具种子约 8 粒。 产于乐业和天峨等地;生于河边石上。分布于云南和贵州;越南、老挝、缅甸和泰国也有。

5. **宁明马蓝**(广西植物) 宁明金足草(中国植物志) 图版 214:1～2

Strobilanthes ningmingensis D. Fang et H. S. Lo 于广西植物 **17**(1):39. 1997;Fl. China **19**:422. 2011. ——*Goldfussia ningmingensis* (D. Fang et H. S. Lo) C. Y. Wu ex C. C. Hu 于中国植物志 **70**:165. 2002.

半灌木,高超过 20 cm;枝方柱形,具沟,除节部外无毛。叶不等大,无毛;叶片卵形,小的长约 9～17 mm,大的长约 3～5.5 cm,顶端渐尖至急尖,基部近圆形,下延,边有浅锯齿,钟乳体在腹面密布,在背面沿脉排列;侧脉每边 4～6 条,有横脉;叶柄长 3～7 mm。头状花序腋生和顶生,具花 4 朵,不分枝;花序梗顶端稍增粗;苞片椭圆形,长 8～12 mm,急尖,疏被小缘毛,早落;萼 5 深裂,裂片长圆状椭圆形,后裂片长 7 mm,其余 4 枚长约 6 mm,几乎无毛或无毛;花冠蓝色,长约 4 cm,外面无毛或几乎无毛,裂片 5 枚,直径约 6 mm,微凹;雄蕊 2 强,内藏,花丝无毛,后对下弯,花药近球形;子房顶端和花柱基部被少许微腺毛,花柱连同柱头长约 3 cm。蒴果未见。 花期 12 月至翌年 1 月。 广西特有,仅产于宁明;生于石山,海拔约 280 m。

6. **腺苞马蓝**(广西植物) 腺苞金足草(中国种子植物数据库) 图版 214:3～5

Strobilanthes glandibracteata D. Fang et H. S. Lo 于广西植物 **17**(1):38. 1997;Fl. China **19**:423. 2011. ——*Goldfussia glandibracteata* (D. Fang et H. S. Lo) C. Y. Wu ex C. C. Hu 于中国植物志 **70**:164. 2002.

草本,高逾 40 cm;小枝具 2 沟,沟中常被短毛。同对叶不等大;叶片纸质至厚纸质,卵状椭圆形,稀狭卵形至披针形,小的长 2～3.5 cm,大的长 5.5～12.5 cm,顶端尾状渐尖,边有浅锯齿,两面脉上疏被短毛或无毛,侧脉每边 4～7 条,有横脉;叶柄短,疏被短毛。头状花序生于上部叶腋和枝端,单一稀 2～5 个排成圆锥状;花序梗顶端稍增粗,毛被同小枝;苞片椭圆形至卵状椭圆形,长 6～13 mm,顶端急尖或钝,外被分节腺毛,常早落;萼 5 裂近基部,裂片披针形至线形,后裂片长 8 mm,其余 4 枚长 6～7 mm,外面及边缘被分节短腺毛;花冠淡紫色,长约 3.5 cm,花时外面近无毛,裂片长 3 mm,顶端微凹;雄蕊 4 枚,内藏,花丝多少被毛,后对下弯,花药近球形;子房被锈色短腺毛。蒴果未见。 花期 10～12 月。 产于凌云;生于石山。

7. **两广马蓝**(广西植物) 球花马蓝(中国高等植物图鉴) 圆苞金足草(云南种子植物名录) 腺萼马蓝(台湾植物志) 土大黄(浙江植物志) 独山金足草(中国植物志) 叠苞马蓝(贵州植物志) 细穗马蓝(广西植物) 细穗金足草(云南种子植物名录) 贵州马蓝(贵州植物志) 异毛马蓝(峨眉山植物) 异毛金足草(广西植物名录)

Strobilanthes dimorphotricha Hance in J. Bot. **21**:355. 1883;Hemsl., J. Linn. Soc. **26**:240. 1890;广西

图版 214　1～2. **宁明马蓝** Strobilanthes ningmingensis D. Fang et H. S. Lo　1. 花枝；2. 苞片。　3～5. **腺苞马蓝** S. glandibracteata D. Fang et H. S. Lo　3. 花枝；4. 苞片；5. 花冠展开。　6～8. **卵苞马蓝** S. ovatibracteata H. S. Lo et D. Fang　6. 花枝；7. 苞片；8. 花冠展开。　（廖信佩绘）

植物名录(第二册)701. 1971;方鼎等于广西植物 17(1):28. 1997;J. R. I. Wood et R. Scotland,Kew Bull. 61:12. 2006;广东植物志 9:116,图 62. 2009;Fl. Hong Kong 3:170. 2009;Fl. China 19:423. 2011;深圳植物志 3:413,图 436. 2012. ——*Goldfussia dimorphotricha* (Hance) Bremek. in Bremek. in Verh. Nederl. Akad. Wetensch. ,Amst. ,Afd. Natuurk. ,Tweede Sect. 41(1):231. 1944. ——*Strobilanthes psilostachys* Clarke ex W. W. Smith in Notes Roy. Bot. Gard. Ednib. 10:198. 1918;方鼎等于广西植物 17(1):29. 1997;贵州植物志 10:259. 2004. ——*Goldfussia psilostachys*(Clarke ex W. W. Smith)Bremek. in Verh. Kon. Ned. Akad. Wetensch. , Afd. Natuurk. , Tweede Sect. 41(1):232. 1944;云南种子植物名录(下册)1675. 1984;中国植物志 70:168. 2002;贵州植物志 10:259. 2004;云南植物志 16:717. 2006. ——*Strobilanthes chaffonjonii* H. Lévl. in Fedde,Repert. Sp. Nov. 12:20. 1913;Fl. Louy-Tcheou 21. 1914;Bremek. in Verh. Kon. Ned. Akad. Wetensch. ,Afd. Natuurk. ,Tweede Sect. 41(1):272. 1944;贵州植物志 10:256. 2004. ——*Goldfussia chaffonjonii* (H. Lévl.)E. Hossain,Not. Roy. Bot. Gard. Edinburgh 32(2):406. 1973. ——*Strobilanthes equitans* H. Lévl. in Fedde,Repert. Sp. Nov. 12:20. 1913 et Fl. Kouy-Tcheou 21. 1914;Bremek. ,Verh. Kon. Ned. Akad. Wetensch. ,Afd. Natuurk. ,Tweede Sect. 41:274. 1944;贵州植物志 10:259. 2004. ——*Goldfussia equitans*(H. Lévl.)E. Hossain,Not. Roy. Bot. Gard. Edinburgh 32(2):406. 1973;C. C. Hu,Fl. Reip. Pop. Sin. 70:162. 2002. ——*Strobilanthes marchandii* H. Lévl. in Fedde,Repert. Sp. Nov. 12:19. 1913;Bremek. ,Verh. Kon. Ned. Akad. Wetensch. ,Afd. Natuurk. ,Tweede Sect. 41:280. 1944;E. Hossain,Not. Roy. Bot. Gard. Edinburgh 38(3):479. 1980. ——*Strobilanthes sequinii* H. Lévl. in Fedde,Repert. Sp. Nov. 12:19. 1913 et Fl. Kouy-Tcheou 21. 1914;Bremek. ,Verh. Kon. Ned. Akad. Wetensch. ,Afd. Natuurk. ,Tweede Sect. 41:284. 1944;贵州植物志 10:245. 2004. ——*Goldfusia sequinii* (H. Lévl.)C. Y. Wu et C. C. Hu 于中国植物志 70:169. 2002. ——*Goldfussia pentstemonoides* auct non Nees:C. F. Hsieh et T. C. Huang in Taiwania 19(1):21,1974;台湾植物志 4:634. 1978;云南种子植物名录(下册)1675. 1984;西藏植物志 4:411. 1985;中国植物志 70:166, pl. 24:1～4. 2002;中国高等植物 10:375,图 561. 2004;云南植物志 16:715,图版 16:1～8. 2006. ——*Strobilanthes pentstemonoides* auct. non(Nees)T. Anderson:Hemsl. ,J. Linn. Soc. 26:241. 1890;Hand.-Mazz. ,Symb. Sin. 7:895. 1936;中国高等植物图鉴 4:162,图 5738. 1975;福建植物志 5:131. 1993;湖北植物大全 507. 1993;浙江植物志 6:87,图 6～109. 1993;台湾植物志(第二版)4:584. 1998;湖北植物志 3:601,图 2395. 2002;贵州植物志 10:256. 2004.

多年生草本,高达 1.5 m;茎上部常“之”字形曲折,多分枝,具沟槽,沟内疏被短柔毛。同 1 节的叶不等大,同形;叶柄长 0.3～1.5 cm,被柔毛;叶片纸质,椭圆形、卵形至椭圆状披针形,大的叶片长 4～15 cm,宽 1.5～4.5 cm,小的叶片长 1.5～2.5 cm,宽 0.5～1.5 cm,基部楔形,下延至叶柄,有时不对称,边缘有锯齿,两面无毛或近无毛,顶端渐尖,有时背面脉上疏被短毛,腹面密布针状钟乳体;侧脉 5～7 对,在腹面平坦,在背面稍隆起。花排列在穗状花序梗顶端而极度短缩呈头状,近球形,常 1～3 个生于 1 花序梗上;花序梗长约 2.5 cm,无毛或被短柔毛;苞片卵形,外面的长 1.2～1.5 cm,顶端渐尖,无毛,早落;小苞片小,披针形,长约 5 mm,早落;花萼裂片 5 枚,条状披针形,长 7～9 mm,果时增大,长 1.5～1.7 cm,被腺毛;花冠漏斗状,淡紫红色,长 3～4 cm,稍弯曲,外面近无毛,内面有 2 行支撑花柱的短柔毛,花冠筒基部圆筒形,长约 5 mm,向上一面鼓胀或膨大,喉部直径约 1.5 cm,檐部 5 裂,裂片几等大,圆形,直径 5～6 mm,顶端微凹;雄蕊 4 枚,2 强,花丝基部有膜相连;长的 1 对雄蕊花丝不等长,长 5～7 mm,短的 1 对雄蕊花丝长约 1 mm,弯曲,花药球形,直径约 1 mm;子房疏被柔毛,2 室,每室有胚珠 2 颗,花柱长约 3.5 mm。蒴果棒状长圆形,长 1.4～1.8 cm,被腺毛,具种子 4 粒;种子双凸镜状,长和宽约 2.5 mm,被短微毛。 花期 10～11 月。 产于凤山、巴马、百色、田林、那坡、隆安、凌云、乐业、钟山、金秀、阳朔、融水(大苗山)和全州等地;生于石山林中,海拔 170～1 200 m。分布于浙江、福建、台湾、江西、广东、湖南、湖北、四川、贵州、云南等省,越南和印度也有。 全株可入药,有滋肾养阴、清热泻火之效,可用于治肝炎、风湿关节痛、蛇咬伤、咽喉肿痛、骨折等。　长期以来，本种被错误的鉴定为**圆苞马蓝**[*S. pentstemonoides* (Nees)T. Anderson(= *Goldfussia pentstemonoides* Nees)]。本种的苞片卵形，分布于中国、越南等地，而后者的苞片为圆形，分布于印度、不丹等地，在我国仅见于西藏。

8. **卵苞马蓝**(广西植物)　卵苞金足草(中国植物志)　图版 214:6～8

Strobilanthes ovatibracteata H. S. Lo et D. Fang 于广西植物 **17**(1):40. 1997; Fl. China **19**: 424. 2011. ——*Goldfussia ovatibracteata* (D. Fang et H. S. Lo) C. Y. Wu et C. C. Hu 于中国植物志 **70**: 166. 2002.

草本或半灌木，高达 2 m；枝被倒向短毛。叶同对不等大，具长达 1 cm 的柄；叶片卵状椭圆形，稀卵形，小的长 1～4 cm，大的长 3～10.5 cm，顶端急尖至渐尖，边有浅锯齿，叶脉两面被短毛，腹面密布钟乳体；侧脉每边 3～6 条。头状花序腋生和顶生，通常单一，有时 2～3(9)枚排成圆锥状；花序梗被倒向短毛，顶端稍增粗；苞片阔卵形，稀倒卵形，长 4～13 mm，顶端钝或急尖，外面和边缘疏被短毛，早落；花萼 5 深裂，稍不等大，裂片线形至披针形，长 6～7 mm，两面和边缘被短硬毛；花冠紫色，长 3.5～4.3 cm，外被短毛，裂片 5 枚，长 4 mm，顶端微凹；雄蕊 2 强，内藏，花丝无毛，后对下弯，花药近球形；子房顶端被短腺毛。蒴果未见。　花期 10 月。　产于十万大山、大明山和天峨等地；生于山谷林中，海拔 360～900 m。

9. **延苞马蓝**(广西植物)　延苞蓝(中国植物志)　图版 215:1

Strobilanthes pteroclada Benoist in Bull. Mus. Hist. Nat. **28**:187. 1922; Bremek., Verh. Ned. Akad. Wetensch. Afd. Naturk. Tweede Sect. **41**(1):283. 1944; 方鼎等于广西植物 **17**(1):30. 1997; 贵州植物志 **10**:244. 2004; Fl. China **19**:404. 2011. ——*Hymenochlaena pteroclada* (Benoist) C. Y. Wu et C. C. Hu 于中国植物志 **70**:193. 2002; 中国高等植物 **10**:381, 图 569. 2004; 云南植物志 **16**:731. 2006.

草本或半灌木；高约 1 m；茎四棱形，具沟槽，无毛。叶柄长 0.5～1.5(4) cm，稀无柄；叶片纸质，披针形至椭圆状卵形，长 7～20 cm，宽 4～10 cm，顶端渐尖，边缘具小而稀疏的牙齿，稀全缘，基部楔形，下延，两面无毛，腹面密布钟乳体；侧脉 5～10 对。穗状花序顶生或腋生；苞片干膜质，叶状，长圆形，长 2～3.5 cm，下延至节上，分离部分长约 3 cm，宽约 1.4 cm，顶端渐尖或急尖，边缘具疏齿，无毛；小苞片长约 7 mm，宽约 0.7 mm，矩圆形，急尖，无毛；花萼长约 9 mm，二唇形，上唇 3 裂，裂片长约 6 mm，下唇 2 裂，裂片长约 7 mm，裂片矩圆形，急尖，无毛；花冠长约 4 cm，外面无毛，内面具 2 列支撑花柱的柔毛，喉部白色，檐部蓝紫色，基部圆柱形，向上逐渐扩大成钟形 5 裂，裂片近等大，卵形，顶端钝；雄蕊 4 枚，2 强，内藏，花丝直，花药矩圆形；子房无毛，2 室，每室具胚珠 2 颗，花柱疏被柔毛。蒴果长达 1 cm，无毛；种子 4 粒，白色，无毛。　花期 4～5 月。　产于天峨、田林、百色、那坡、凭祥和龙州等地；生于石山林中，海拔达 820 m。分布于贵州和云南；越南也有。

10. **耳叶马蓝**(中国高等植物图鉴)　图版 216:1～6

Strobilanthes auriculata Nees in Wall. Pl. Asiat. Rar. **3**:69, tab. 295. 1832; 中国高等植物图鉴 **4**:159, 图 5732. 1975; Fl. China **19**: 399. 2011. ——*Perilepta auriculata* (Nees) Bremek. in Verh. Kon. Ned. Akad. Wetensch. Afd. Naturk. Tweede Sect. **41**(1):194. 1944; 云南种子植物名录(下册)1678. 1984; 中国植物志 **70**:116, 图版 17:1～6. 2002; 中国高等植物 **10**:364, 图 546. 2004; 云南植物志 **16**:685, 图版 196: 1～6. 2006.

灌木状草本，高达 1 m；多分枝；枝下部四棱形，光滑无毛，上部 3～4 棱，明显的粗糙。叶无柄；叶片椭圆状矩圆形至矩圆状披针形，长 5～12 cm，宽 3.5～4.5 cm，顶端急尖，边缘具细锯齿，基部渐狭，楔形，多少抱茎而具耳形，两面脉上有硬毛。穗状花序长 5～8 cm，顶生或腋生，圆柱状，被绒毛；花序轴四棱形，具沟槽；苞片覆瓦状排列，长 6～9 mm，倒卵状匙形，顶端略反卷，具短尖头，被绒毛；无小苞片；花萼长约 6～8 mm，二唇形，下唇 2 裂达基部，上唇 3 深裂，侧裂片长 4 mm，中裂片长 5 mm，全部为线形，被毛；花冠淡紫色，漏斗形，长约 2 cm，基部具细狭的花冠筒，向上逐渐扩大而略弯，外面疏被柔毛，里面有 2 列支撑花柱的柔毛，5 裂，稍 2 唇，上唇 2 裂，下唇 3 裂，裂片略不等长，长约 3 mm，顶端凹；雄蕊 4 枚，2 强，长花丝长

图版 215 1. **延苞马蓝** Strobilanthes pteroclada Benoist 1. 花枝。 2～5. **长苞马蓝** S. echinata Nees 2. 花枝；3. 苞片与萼裂片；4. 花冠剖面示雄蕊；5. 苞片。 （林文宏摹绘）

图版 216　1～6. **耳叶马蓝** *Strobilanthes auriculata* Nees Bremek.　1～2. 植株部分；3. 蒴果　4. 苞片；5. 花萼裂片；6. 花冠剖面示雄蕊。　7～12. **马蓝** *S. cusia*（Nees）O. Kuntze　7. 花枝；8. 花萼裂片；9. 花冠剖面及雄蕊和花柱；10. 果枝；11. 蒴果；12. 种子放大。（林文宏绘）

约 6 mm，短花丝长约 3 mm，花药矩圆形，长约 3 mm；子房无毛，每室具胚珠 2 颗。蒴果长约 8 mm，近棒形，扁；种子 4 粒。　花期 11～12 月。　产于田林和百色；生于路边，海拔 220～720 m。分布于云南，越南至印度也有。

11．**凹苞马蓝**（植物分类学报）　凹苞耳叶马蓝（中国植物志）

Strobilanthes retusa D. Fang 于植物分类学报 **38**（2）：187. 2000；Fl. China **19**：419. 2011. ——*Perilepta retusa*（D. Fang）C. Y. Wu et C. C. Hu 于中国植物志 **70**：1210. 2002.

草本，高 80 cm；干时除穗状花序外变黑色；茎自近基部分枝，锐四棱形，无毛，节间有狭翅，翅宽 0.5～2 mm。叶不等大，稀等大，无柄；叶片薄纸质或草质，椭圆形，有时菱状椭圆形、倒卵形或卵形，长 6.5～20.5 cm，宽 4～8.5 cm，边缘具钝齿，顶端骤短尖或渐尖，基部狭，稀宽楔形而下延成翅，基部耳形并抱茎，腹面散生小疏柔毛，密布钟乳体，背面沿中脉和侧脉散生小疏柔毛；侧脉 5～9 对，连同中脉在两面隆起。穗状花序腋生和顶生，长 2.5～3.5 cm，宽 2～2.5 cm；花序梗长 1～4 cm，无毛；苞片卵形，草质，绿色，长约 2.2 cm，宽约 1.5 cm，顶端微凹，基部心形，边缘波状而稍皱曲，外面散生小疏柔毛；小苞片椭圆形，草质，绿色，长 1.4～1.6 cm，宽约 0.7 cm，顶端钝或微凹，外面和边缘散生小疏柔毛，边缘皱曲；花萼长约 1.2 cm，果期伸长，长达 1.8 cm，稍二唇形，裂片 5 枚，倒披针形，宽 2.5 mm，外面和边缘散生小疏柔毛，边皱曲，前方 2 裂片长约 1 cm，基部稍合生，后方 3 裂片长约 1.2 cm，基部合生；花冠长约 4 cm，白色，后方中裂片具 2 条紫色条纹，弯曲，外面无毛，内面具 2 列支撑花柱的柔毛，5 裂，裂片近圆形，顶端微凹；雄蕊 4 枚，2 强，短花丝下部被疏柔毛；子房无毛，每室具胚珠 2 颗，花柱上部被微毛，柱头不等大，2 浅裂。种子 4 粒，扁豆状，密被柔毛。　花期秋季。　广西特有，仅见于环江；生于海拔 500～600 m 的溪旁。

12．**翅枝马蓝**（广西植物）　图版 217：1～2

Strobilanthes pateriformis Lindau，Bull. Herb. Boissier **5**：653. 1897；Benoist，Fl. Gen. Indo-Chine **4**：678. 1935；广东植物志 **9**：117. 2009；Fl. China **19**：401. 2011. ——*Pteroptychia pateriformis*（Lindau）Bremek.，Verh. Kon. Ned. Akad. Wetensch.，Afd. Natuurk.，Tweede Sect. **41**（1）：305. 1944. ——*Strobilanthes alatiramosa* H. S. Lo et D. Fang 于广西植物 **19**（1）：29. 1997. ——*Pteracanthus alatiramosus*（H. S. Lo et D. Fang）C. Y. Wu et C. C. Hu 于中国植物志 **70**：129. 2002；中国高等植物 **10**：370. 2004；云南植物志 **16**：691. 2006.

草本，高约 0.5 m；茎枝之字形曲折，上部节间有薄翅，翅宽 1.5～4 mm，近无毛或无毛。叶不等大；叶片长圆形或披针形，稀卵形，大的长 6～13(17) cm，小的长 2～6(8) cm，顶端渐尖或钝，边缘有浅齿或锯齿，基部楔形，下延至叶柄，无毛；侧脉 4～6 对。穗状花序腋生或顶生，长 3～10 cm，间断；苞片卵形或披针形，长 2.5～3 mm，顶端钝，无毛；小苞片匙状线形或线形，长 4～5 mm；花萼长约 8 mm，无毛，二唇形，上唇 3 深裂，侧裂片长约 5 mm，中裂片长约 5.5 mm，下唇 2 裂达基部，裂片匙状线形或线形；花冠淡紫色，长 3～4 cm，外面无毛，基部具长约 5 mm 的花冠筒，向上逐渐扩大成钟形，5 裂，裂片近等大，顶端 2 微凹；雄蕊 4 枚，2 强，内藏，长雄蕊花丝被小硬毛，长约 5 mm，短雄蕊花丝无毛，长 3～4 mm；花柱长约 2.5 mm，疏被腺质微柔毛。蒴果近纺锤形，长约 1.4 cm，顶端被腺毛；种子 4 粒，压扁，被伏毛。　花期 11 月。　产于上林、德保和那坡等地；生于石山林中，海拔 1 000～1 290 m。分布于云南和四川，越南也有。叶在民间可用于外敷治骨折。

13．**马蓝**（古籍，海南植物志）　板蓝（海南植物志）　图版 216：7～12

Strobilanthes cusia（Nees）O. Kuntze，Rav. Gen. Pl. **2**：499. 1891；Hand.-Mazz.，Symb. Sin. **7**：895. 1936；中国高等植物图鉴 **4**：160，图 5737. 1975；T. Yamazaki，Fl. Jap. **3**(a)：389，1993；浙江植物志 **6**：86，图 6～110. 1993；福建植物志 **5**：132，图 137. 1993；河南植物志 **3**：473. 图 2012：1～4. 1997；台湾植物志（第二版）4：678，图版 310. 1993；贵州植物志 **10**：242. 2004；广东植物志 **9**：119，图 63. 2009；Fl. Hong Kong **3**：171，fig. 160. 2009；Fl. China **19**：407. 2011；深圳植物志 **3**：414，图 438. 2012. ——*Goldfussia cusia* Nees in Wall. Pl. Asiat. Rar. **3**：88. 1832 et in DC，Prodr. **11**：175. 1847. ——*Baphicacanthus cusia*（Nees）Bre-

图版 217　1～2. **翅枝马蓝** Strobilanthes peteriformis Lindau　1. 花枝；2. 花萼展开。　3～6. **截头马蓝** S. truncata D. Fang et H. S. Lo　3. 花枝；4. 苞片；5. 花萼展开；6. 花冠展开。　7～9. **龙州马蓝** S. longzhouensis H. S. Lo et D. Fang　7. 花枝；8. 苞片；9. 花萼展开。（廖信佩绘）

mek. in Verh. Kon. Ned. Akad. Wetensch. ,Afd. Natuurk. ,Tweede Sect. **41**(1):190. 1944;广西植物名录(第二册)699. 1971;海南植物志 **3**:549,图 922. 1974;台湾植物志 **4**:623. 1978;云南种子植物名录(下册)1670. 1984;中国植物志 **70**:113. 2002;中国高等植物 **10**:363,图 545. 2004;乐昌植物志 **2**:372. 2005;云南植物志 **16**:682,图版 195:1～5. 2006. ——*Strobilanthes flaccidifolia* Nees in DC. Prodr. **11**:194. 1847; Hemsl. ,J. Linn. Soc. **26**:239. 1890. ——*Dipteracanthus calycinus* Champ. in Hook. Kew J. Bot. **5**:133. 1853. ——*Strobilanthes championii* T. Anderson in Benth. in Fl. Hongk. 261. et J. Linn. Soc. Bot. **9**:481. 1866. ——*Ruellia indigotica* Fortune in Risid in China 158. 1857.

多年生草本或半灌木;高约 1 m。茎直立或基部外倾,稍木质化,通常成对分枝,幼嫩部分和花序均被锈色鳞片状毛。叶等大,叶柄长 1.5～2 cm;叶片纸质,椭圆形或卵形,长 10～20 cm,宽 4～9 cm,顶端短渐尖,边缘有粗锯齿,基部楔形,稍下延,两面无毛,干时黑色;侧脉约 8 对,在两面突起。穗状花序长 10～30 cm,顶生或腋生;花序轴无毛;苞片叶状,长 1.5～2.5 cm,矩圆状倒卵形,顶端圆,基部狭,具短柄,最下部的长于花萼,向上逐渐变小,花后脱落;小苞片线形,长 2～3 mm,最下部的稍短于花萼,向上逐渐变小,早于苞片脱落;花萼 5 裂,不等长,二唇形,后面 3 枚基部合生部分长约 3 mm,前面 2 枚与后 3 枚合生部分长约 1 mm,其中后裂片长约 1.4 cm,匙形,其余的 4 枚裂片线形,长约 1 cm,均被短柔毛,果期增大,长可达 2.5 cm;花冠淡蓝紫色、玫瑰红色或白色,长 4.5～5 cm,稍弯曲,外面无毛,内面具 2 行支撑花柱的短柔毛,花冠筒基部部分圆柱形,长约 1.5 cm,中部以上逐渐扩大,口部直径 1～2 cm,5 裂,裂片近等大,倒心形;雄蕊 4 枚,2 强,内藏,长的 1 对长约 3 mm,短的 1 对长约 2 mm,花丝下半部分被柔毛,花药矩圆形;花柱线形,长约 3.5 cm,无毛,子房顶端被柔毛,每室具胚珠 2 颗,柱头不规则 2 裂。蒴果棒状,长 2～2.2 cm,无毛;种子 4 粒,卵形,长约 3.5 mm,具基区,近无毛。 花期 10 月至翌年 2 月。 广西各地均有;栽培或逸生于潮湿的林下、溪边。分布于广东、海南、台湾、云南、贵州、四川、福建、浙江等省区,亚洲热带和亚热带广泛分布。 本种原为栽培染料植物,原产地不明。根状茎及根为常用中药材南板蓝根,用于温病发斑、丹毒、流感、流脑。叶或茎叶经加工制得干燥粉末或团块为常用中药青黛,有清热解毒、凉血、定惊之效。

14. **截头马蓝**(广西植物) 图版 217:3～6

Strobilanthes truncata D. Fang et H. S. Lo 于广西植物 **17**(1):31. 1997;中国植物志 **70**:190. 2002;云南植物志 **16**:729. 2006;Fl. China **19**:4028. 2011.

草本,高达 3 m,除花序和花外无毛;茎近圆形,具沟槽。叶不等大;叶柄长 0.7～6 cm,无毛;叶片厚纸质,阔卵形,稀椭圆形、卵形至卵状椭圆形,大的长 10～19 cm,宽 4.5～11.5 cm,小的长 3.5～7 cm,宽 2～4 cm,顶端短渐尖或锐尖,边缘具锯齿,基部圆或阔楔形,钟乳体在背面常沿脉分布,无毛;侧脉 5～7 对,网脉明显。穗状花序腋生和顶生,长 3～26 cm,间断;花序稍具沟槽,沿槽被柔毛;花序梗长 0.5～5.5 cm,无毛;苞片椭圆形,长 3～5 mm,宽约 2 mm,顶端圆,边缘具睫毛,早落;小苞片近线形,长约 8 mm,宽 1～1.5 mm,顶端截平,有时近圆形,无毛,边缘具睫毛,顶端钝,宿存;花萼长 8～10 mm,二唇形,下唇 2 裂达基部,上唇 3 半裂,裂片长 5～6 mm,近线形,边缘具睫毛,外面被腺毛;花冠白色,无毛,长 3.5～5 cm,稍弯曲,基部具长 1～1.5 mm 的圆柱形花冠筒,向上逐渐扩大并一侧鼓胀,5 裂,裂片长 5～7 mm,微凹;雄蕊 4 枚,2 强,长雄蕊花丝长约 7 mm,微粗毛,短雄蕊花丝长约 3 mm,无毛,花药长 3～4 mm;花柱长约 2.7 cm,疏被短硬毛。蒴果纺锤形,长约 1.7 cm;种子 4 粒,密被柔毛。 花期 11～12 月。 产于那坡、龙州和凭祥等地;生于石山林中,海拔 350～1 300 m。分布于云南。

15. **长苞马蓝**(广西植物) 大苞马蓝(广西植物) 长苞蓝(中国植物志) 大苞蓝(中国植物志) 图版 215:2～5

Strobilanthes echinata Nees in Wall. Pl. As. Rar. **3**:85. 1832;广东植物志 **9**:120. 2009;Fl. China **19**:420. 2011. ——*Goldfussia echinata* (Nees) N. P. Balakr. , Fl. Jowai, **2**: 355. 1983. ——*Strobilanthes jugorum* Benoist in Bull. Soc. Bot. France **81**:601. 1934 et in Lecomte,Fl. Gén. Indo-Chine **4**: 671. 1935;

Bremek., Verh. Kon. Ned. Akad. Wetensch., Afd. Natuurk., Tweede Sect. **41**:278. 1944;方鼎等于广西植物 **17**(1):38. 1997.——*Tetraglochidium jugorum*(Benoist)Bremek. in Proc. K. Nederl. Akad. Wet., Ser. C, **60**:2. 1957;中国植物志 **70**:157,图版 23:1～4. 2002;中国高等植物 **10**:373,图 559. 2004;叶育石等于热带亚热带植物学报 **13**:178. 2005;云南植物志 **16**:711,图版 203:1～4. 2006.——*Strobilanthes gigantodes* auct. non Lindau:方鼎等于广西植物 **17**(1):38. 1997.——*Tetraglochidium gigantodes* auct. non(Lindau)C. Y. Wu et C. C. Hu:中国植物志 **70**:157. 2002;中国高等植物 **10**:373. 2004;云南植物志 **16**:711. 2006.

草本,高达 1.5 m;嫩枝四棱形,具沟槽,被毛或无毛。叶片不等大,小叶为大叶的一半大小,叶柄长 0.5～2.5 cm,小的叶片有时近无柄,疏被柔毛;叶片卵形,长 4～15 cm,宽 1.5～6 cm,椭圆形至披针形状卵形,顶端渐尖,边缘有圆齿,基部楔形,下延至叶,两面无毛或疏生柔毛,背面灰白色,上面具小而密线形钟乳体,侧脉每边 7～11 条。穗状花序腋生或生于短枝顶端,具花 4～8 朵,短缩,被下方的苞片全部或近全部所包;最下方 1 对苞片较叶小,无柄,等大或不等大,伸展或近直立,卵形、卵状长圆形或长圆形,自基部 3 出或多出脉,其余的羽脉,边缘具纤毛,外方的几全部叶状或具齿,自基部至顶部叶状,具齿的不孕,向内逐渐变小的能孕,宿存;小苞片披针形或披针状线形,顶端有齿牙,被毛,长 13～20 mm,宽 1～3.5 mm;花萼 5 裂,近等大,线形,在其下部有散毛,长约 11 mm,宽 1～12.5 mm;花冠堇色,自基部至喉部扩大,长 3.5～4 cm;雄蕊 4 枚,2 强,花丝光滑,花药直立,药室稍不等,展开,不育雄蕊小或不明显;子房光滑,2 室,每室具 2 颗胚珠,花柱基部具头状毛及刚毛状微毛,柱头伸长,扁,成 1 小齿牙。蒴果纺锤形,光滑,具 4 粒种子,珠柄钩全伏贴,顶端有时有 2～3 齿,种子棕色,几全被长硬毛状微毛。　花期 7～9 月。　产于防城(十万大山)、宁明等地;生于林中。分布于广东和云南,越南、老挝、柬埔寨和泰国也有。

16. 红毛马蓝(Flora of China)　泰北红毛蓝(中国植物志)　红毛蓝(中国植物志)　红毛紫云菜(云南种子植物名录)　锈毛马蓝(广西植物)　图版 218:1～3

Strobilanthes hossei C. B. Clarke in Engl., Bot. Jahrb. **41**:67. 1907;Benoist in H. Lecomte, Fl. Gen. Indo-Chine **4**:681. 1935;Fl. China **19**:395. 2011.——*Pyrrothrix hossei* (C. B. Clarke) C. Y. Wu et C. C. Hu 于中国植物志 **70**:155. 2002;云南植物志 **16**:709. 2006.——*Strobilanthes fulvihispida* D. Fang et H. S. Lo 于广西植物 **17**(1):37. 1997.——*Championella fulvihispida* (D. Fang et H. S. Lo) C. C. Hu et C. Y. Wu 于中国植物志 **70**:96. 2002.

草本,高 20～60 cm,稀达 1 m,多分枝;茎四棱形,被红色刚毛。叶柄长 1.5～2.5 cm,密被红褐刚毛;叶片膜质,卵形至卵状披针形,顶端渐尖,边缘具圆齿或细锯齿,基部宽楔形或近圆形,长 8～9 cm,宽 3.5～4 cm,被红褐色纤毛,上面深绿色,散生淡红色具节的泡状刚毛,背面灰色,被淡红色刚毛;侧脉 5～8 对,在上面稍下陷,在背面稍隆起。穗状花序顶生,长 2～8 cm,具花 3～8 朵;苞片线状匙形、披针形,顶端钝,密被红褐色刚毛,宿存;小苞片狭匙形,线形,长 7～9 mm;花萼长 8～13 mm,5 裂至近基部,裂片线状匙形、狭线形,长 7～9 mm,较短的 1 枚急尖,被淡红色绢毛,除上部较长的外被极密的金黄色至淡棕色腺状柔毛;花冠长 4～5 cm,基部具 1 长约 5 mm 的圆柱形花冠筒,向上逐渐扩大成钟状,外面被为微毛,里面有 2 列支撑花柱的长柔毛,5 裂,裂片圆形,直径 6～7 mm;发育雄蕊 4 枚,2 强,内藏,外方 2 花丝有白色纤毛,内方花丝光滑。蒴果长约 7 mm,纺锤形,顶端有小尖头,淡褐色,密被白色微柔毛;种子扁圆形,褐色顶端有小尖头,有棕色毛。　花期 11 月。　仅见于龙州;生于石山林中。分布于云南,缅甸、泰国、印度尼西亚、越南、马来西亚等国也有。

17. 曲枝马蓝(广东植物志)　曲枝假蓝(海南植物志)　清沙草(百色)　疏花叉花草(中国植物志)　叉花草(云南种子植物名录)　疏花马蓝(中国高等植物图鉴)　叉开紫云菜(广西植物名录)　图版 213:7～15

Strobilanthes dalzielii (W. W. Sm.) Benoist in Lecomte, Not. Syst. **5**:109. 1936 et Fl. Gen. Indo-Chine **4**:679. 1935;H. Terao, Acta Phytotax. Geobot. **32**(1～4):33. 1981;罗献瑞等于广西植物 **17**(1):

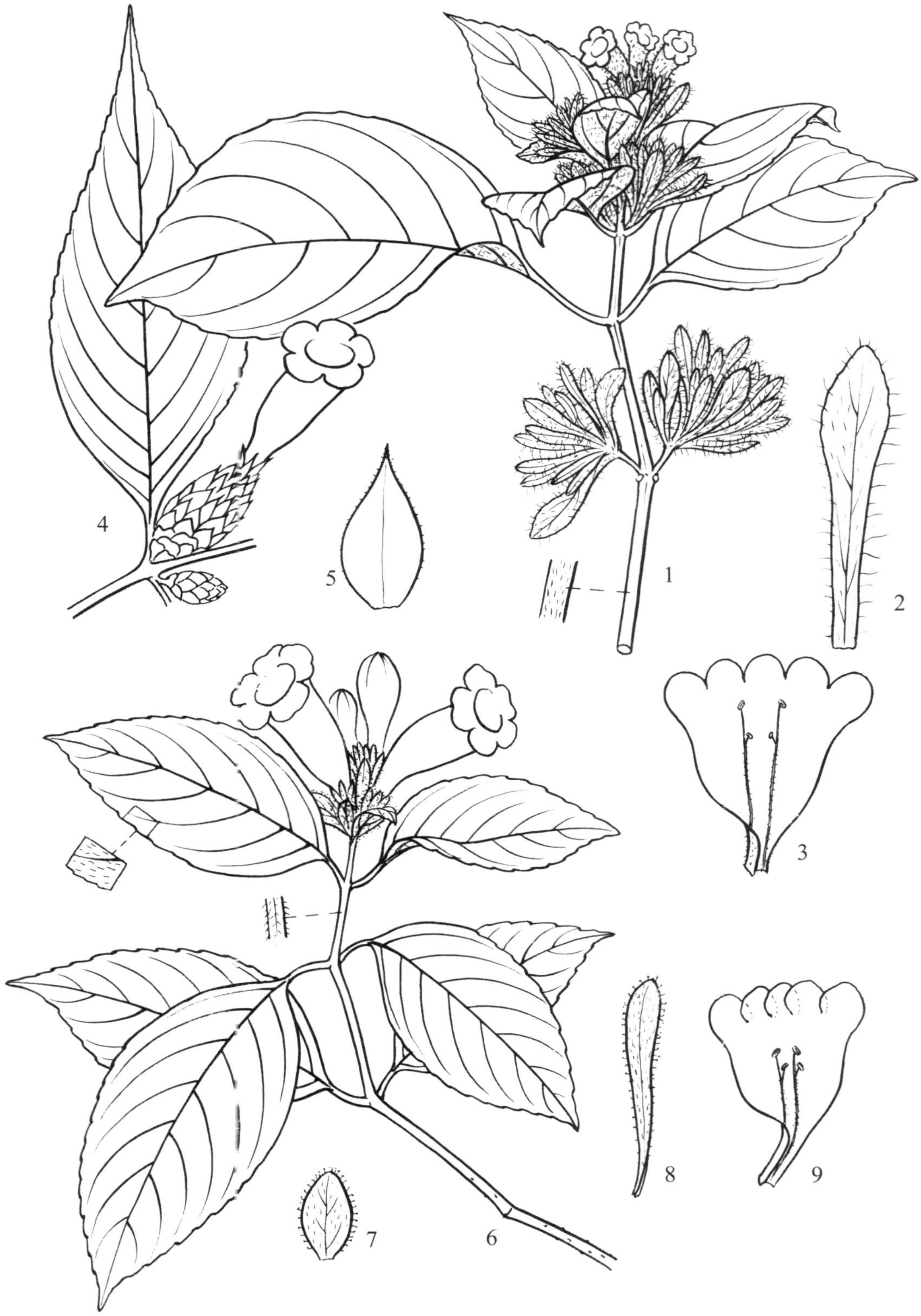

图版 218 1～3. **红毛马蓝** Strobilanthes hossei C. B. Clarke 1. 花枝；2. 苞片；3. 花冠展开。 4～5. **密苞马蓝** S. compacta D. Fang et H. S. Lo 4. 花枝；5. 苞片。 6～9. **糙毛马蓝** S. strigosa D. Fang et H. S. Lo 6. 花枝；7. 苞片；8. 裂片；9. 花冠展开。 （廖信佩绘）

28.1997;广东植物志 9:118.2009;Fl. Hong Kong 3:171.2009;Fl. China 19:401.2011;深圳植物志 3:413,图 437.2012.——*Acanthopale dalzielii* W. W. Sm. in Notes, Roy. Bot. Gard. Edinburgh 11:193.1919.——*Championella dalziellii* (W. W. Smith) Bremek. in Verh. Kon Ned. Akad. Wetensch., Afd. Natuurk., Tweede Sect. 41(1):150,1944.——*Pteroptychia dalzielii* (W. W. Smith) H. S. Lo 于海南植物志 3:547,592.1974. 云南种子植物名录(下册)1682.1984;中国植物志 70:194,图版 30:1~8.2002;中国高等植物 10:381. 图 570.2004;云南植物志 16:733,图版 209:1~8.2006.——*Strobilanthes dalzielii* (W. W. Smith) Benoist var. *inaequalis* Benoist, Not. Syst. 5:109.1935;广西植物名录(第二册)705.1971.——*Pteroptychia inaequalis* (Benoist) Bremek., Verh. Ned. Akad. Wetensch. Afd. Natuurk. Sect. 2, 41:305,1944.——*Strobilanthes divaricata* auct. non (Nees) T. Anderson:广西植物名录(第二册)705.1971;中国高等植物图鉴 4:161.图 5735.1975;福建植物志 5:131,图 136.1993;陈谦海于贵州科学 19(2):57.2001;贵州植物志 10:245.2004.——*Diflugossa divaricata* auct. non (Nees) Bremek.:云南种子植物名录(下册)1673.1984;中国植物志 70:172,图版 25:1~4.2002;中国高等植物 10:377,图 563.2004;云南植物志 16:719,图版 205:1~4.2006.

多年生草本,高 0.3~1 m;茎直立,枝常“之”字状曲折,具沟槽,被微柔或近无毛。同一节上的叶极不相等;叶柄长 1~3 mm,具沟,或上部的叶近无柄;叶片纸质或近膜质,卵形至卵状披针形,大的叶片长 5~13 cm,宽 2~5 cm,小的叶片长 1~5 cm,宽 0.5~2 cm,基部近圆形,或生于茎上部的叶片基部稍呈浅心形,边缘有锯齿,顶端渐尖或急尖,有时镰形,腹面深绿色,背面淡绿色,两面无毛或背面沿中脉和侧脉被微柔毛,腹面密布棒状钟乳体,背面稀疏;侧脉 3~5 对,在腹面稍突起,在背面隆起。穗状花序顶生或腋生,长 2~5 cm,具花 2~5 朵,花稀疏,在同一节上通常仅 1 朵花发育;花序轴纤细,常“之”字形曲折,被疏柔毛或近无毛;苞片叶状,条状披针形,绿色,长约 3 mm,宽约 1 mm,无毛,具 1 脉;小苞片条形,长约 5 mm,宽约 1 mm,无毛;花萼长约 1 cm,5 裂至近基部,裂片条形,基部或沿脉被柔毛或腺毛,余无毛;花冠淡紫色或白色,长 3.5~4.5 cm,外面密被白色绢毛,后变稀疏,内面被 2 行短柔毛,基部圆筒形部分长约 1 cm,直径约 2 mm,向上逐渐扩大,至口部直径达 1~1.5 cm,向一侧鼓胀,檐部 5 裂,裂片近圆形,直径 6~8 mm;雄蕊 4 枚,2 强,长雄蕊花丝长约 8 mm,短雄蕊花丝长约 5 mm,花药卵形,长约 2 mm;子房无毛,2 室,每室具 2 颗胚珠,花柱长约 3.2 cm,被疏柔毛。蒴果条状长圆形,长 1.2~1.8 cm,宽 3.5~4 mm,顶端急尖,无毛,内有种子 4 粒;种子卵形,长约 2 mm,宽约 2 mm,基区极小,基区以外密被紧贴、稍皱曲的长毛。 花期 10~11 月。 产于我国东部、南部至西部;生于石山林下或林缘的灌木丛中,海拔 300~1 300 m。分布于云南、贵州、海南、广东、湖南、江西、福建和台湾等地,越南(北部)、老挝和泰国也有。 全草可入药,具解毒、消肿之效。煎汤内服或外敷,用于跌打损伤、闪挫扭伤、瘀血肿痛、疥疮、疥癣、湿疹。 长期以来,本种被定为**疏花马蓝**[*Strobilanthes divaricata* (Nees) T. Anderson,即 *Goldfussia divaricata* Nees, *Diflugossa divaricata* (Nees) Bremek.],实际上后者产于尼泊尔、不丹、印度等地而不产于我国。

18. **桂越马蓝**(Flora of China)

Strobilanthes bantonensis Lindau, Bull. Herb. Boissier. 5:650.1897;Fl. China 19:401.2011;许涵等于热带生物学报 2(4):302.2011.

半灌木;直立或匍匐状,高 30~100 cm;茎曲折,光滑无毛。叶柄长 1~2 mm;叶片卵圆形至椭圆形,长 1~1.5 cm,宽 0.8~1.2 cm,基部楔形或心形,边缘具锯齿,顶端急尖;侧脉 4~5 条。穗状花序腋生或顶生,长 4~6 cm;花序轴密被腺状柔毛;苞片倒卵形或倒披针形,长 2~4 mm,宽 0.8~1.5 mm,密被腺状柔毛;小苞片线形,长约 8 mm,宽约 0.4 mm,密被腺状柔毛。花萼片 5 裂,大小不等,线形,长约 1.4 cm,宽约 0.7 mm,密被腺状柔毛。花冠蓝紫色或白色,长约 3.2 cm,外面在花芽时密被柔毛,内面光滑无毛,花冠筒基部圆柱形部分长约 8 mm,宽约 2 mm,后向一侧膨大并逐渐扩大,至冠檐处达 1.3 cm,冠檐 5 裂,裂片长圆形,长约 4 mm,宽约 6 mm;雄蕊 4 枚,2 强,内藏,短花丝长约 2 mm,光滑无毛,长花丝长约 5 mm,疏被粗毛;花药长圆形,长约 2 mm;子房光滑无毛,花柱长约 3 cm,疏被粗毛,柱头不等 2 裂。蒴果纺锤形,长1.6～1.7 cm,光滑无毛,具4颗种子;种子呈卵形,长约4 mm,宽约2.5 mm,被紧贴吸湿型柔毛。 果期4月。 产于罗城;生于林下。分布于海南,越南也有。

19. **锈背马蓝**(广西植物) 锈背耳叶马蓝(中国植物志) 图版219:1～4

Strobilanthes ferruginea D. Fang et H. S. Lo 于广西植物 **17**(1):30. 1997;Fl. China **19**:429. 2011.——*Perilepta ferruginea* (D. Fang et H. S. Lo) C. Y. Wu et C. C. Hu 于中国植物志 **70**:119. 2002.

灌木,高约2 m;茎具沟槽,无毛。叶不等大,叶柄长0.5～3 cm,具沟,无毛;叶片纸质,阔椭圆形至椭圆形,稀卵状椭圆形,大的长13～18 cm,宽6～9 cm,小的长4～7.5 cm,1.5～3.3 cm,顶端渐尖或尾尖,边缘上半部有疏浅钝齿,基部阔楔形,稀钝,腹面深绿色,背面干时多少呈锈色,无毛,两面密被线形钟乳体;中脉在两面隆起,侧脉6～12对,在背面隆起。穗状花序腋生,长1～2.5 cm,间断,具花3～1朵,每1节上常仅1朵花能孕;花序梗长2～4 mm;苞片椭圆形至长圆形,长3.5～4 mm,宽约2 mm,顶端钝,边缘具睫毛,两面密被钟乳体,具1脉,宿存;小苞片矩圆形或椭圆形,长约7 mm,宽约2.5 mm,顶端钝,边缘具睫毛,两面密被钟乳体;花萼长9 mm,二唇形,下唇2裂,上唇3裂,裂片长圆形,长约4 mm,两面密被钟乳体;花冠长3～3.5 cm,稍弯曲,外面无毛,喉部紫色,檐部白色,基部具长约6 mm的圆柱形花冠筒,向上逐渐扩大成钟形,5裂,裂片长约5 mm,顶端微凹;雄蕊4枚,2强,内藏,长雄蕊花丝长约8 mm,短雄蕊花丝长约2 mm,均疏被硬毛,花药矩圆形,长3～4.5 mm;子房无毛,每室具胚珠2颗,花柱长约1.8 cm,密被粗毛。蒴果未见。 广西特有,见于龙州、靖西和那坡;生于石灰岩山地林下。

20. **翅柄马蓝**(云南种子植物名录) 三花马蓝(中国高等植物图鉴)

Strobilanthes atropurpurea Nees in Wall., Pl. Asiat. Rar. **3**: 86. 1832; Nees in DC, Prodr. **11**: 195. 1847; C. B. Clarke in Hook. f., Fl. Brit. Ind. **4**: 472. 1885, "*autropurpureus*"; 广东植物志 **9**: 118. 2009; Fl. China **19**:408. 2011.——*Ruellia atropurpurea* Wall. in Cat. n. 2398. 1832, nom. nud.——*Ruellia alata* Wall. ex Nees in Wall. Pl. Asiat. Rar. **1**:26, t. 31. 1830, non *Strobilanthes alata* Blume, 1826.——*Pteracanthus alatus* (Wall. ex Nees) Bremek. in Verh. Kon. Ned. Akad. Wetensch., Afd. Natuurk., Tweede Sect. **41**(1):199. 1944;云南种子植物名录(下册)1681. 1984;西藏植物志 **4**:415,图180:1～4. 1985;中国植物志 **70**:129. 2002;中国高等植物 **10**:369,图554. 2004;云南植物志 **16**:692,图版198:1～5. 2006.——*Strobilanthes wallichii* Nees in Wall. Pl. Asiat. Rar. **3**:87. 1832; Nees in DC, Prodr. **11**: 193. 1847; T. Anderson, J. Linn. Soc. Bot. **9**:477. 1867; C. B. Clarke in Hook. f., Fl. Brit. Ind. **4**:471. 1885; Hemsl., J. Linn. Soc. **26**: 242. 1890; Hand.-Mazz., Symb. Sin. **7**: 895. 1936; Edinburgh J. Bot. **51**(2): 265. 1994;贵州植物志 **10**:250, pl. 71. 2004; Taiwania **54**:93. 2009.——*Strobilanthes triflora* Y. C. Tang 于中国高等植物图鉴 **4**:163,图5740. 1975, nom. invalid.;福建植物志 **5**:132. 1993;湖北植物志 **3**:602,图2397. 2002.

多年生草本,高达0.7 m;茎下部稍木质化,节上生根,多分枝,四棱形,无毛,或在棱上疏被柔毛。叶在同一节上不等大;叶柄长1～2.5 cm,被短柔毛或无毛;叶片卵形至椭圆状卵形,长4～8 cm,基部楔形,渐狭,在叶柄上下延呈翅状,边缘具4～6个圆锯齿,顶端长渐尖,上面无毛或疏被柔毛,密布细条状钟乳体,背面无毛;侧脉5～6对。穗状花序偏向一侧,呈"之"字形曲折,常1～3朵成紧缩的聚伞花序;苞片叶状,卵圆形或近心形,长1.5～2.3 cm;小苞片条形或匙形,长约5 mm,早落;花萼5深裂至基部,裂片条形,长约1～1.4 cm,果时增大长达2 cm;花冠淡紫色或蓝紫色,直,长2.5～3 cm,外面无毛,里面有2行短柔毛,基部具长约1.5 cm的花冠筒,稍弯曲后向上逐渐扩大,5裂,裂片几等大,圆形,直径约4 mm,顶端近截平或微凹;雄蕊4枚,2强,花丝基部有膜相连,长雄蕊的花丝长约5 mm,下部和膜的两侧边缘被柔毛,短雄蕊花丝长约2 mm,无毛;子房无毛,每室有胚珠2颗,花柱近顶端稍被毛。蒴果长约1.2 cm,近顶端有疏柔毛;种子卵形,长和宽2～3 mm,疏被微毛。 花期7～8月。 产于那坡、大明山、大苗山、资源和贺州等地;生于山谷、水旁和疏林下,海拔820～1 400 m。分布于云南、西藏、四川、湖北、湖南、广东、江西、浙江、福建和台湾等地,巴基斯坦、印度、尼泊尔、不丹和缅甸也有。

图版 219　1～4. **锈背马蓝** Strobilanthes ferruginea D. Fang et H. S. Lo　1. 花枝；2. 苞片；3. 花萼展开；4. 花冠展开。5～8. **异序马蓝** S. heteroclita D. Fang et H. S. Lo　5. 花枝；6. 苞片；7. 花萼展开；8. 花冠展开。（廖信佩绘）

21. **尾苞马蓝**(广西植物)

Strobilanthes mucronatoproducta Lindau in Bull. Herb. Boiss. **5**:650. 1897;Benoist in Lecomte, Fl. Gén. Indo-Chine **4**:675. 1935;方鼎等于广西植物 **17**(1):32. 1997,"*mucronato-producta*";中国植物志 **70**:187. 2002;中国高等植物 **10**:379,图 567. 2004;云南植物志 **16**:727. 2006;Fl. China **19**:417. 2011.

灌木,高达 3 m;茎基部木质化,近四棱形,幼时多少被短伏毛,后变无毛。叶近等大,叶柄被微柔毛;叶片长椭圆形,稀卵形至披针形,长 8.5~15 cm,宽 3.5~7 cm,顶端长渐尖,边缘有圆锯齿或全缘,基部圆或稍狭,上面光滑,具密线条状钟乳体,背面脉上有毛;侧脉 5~9 对。穗状花序顶生或生于下部叶腋中,长 2.5~9 cm,花密集;苞片长圆状披针形,长 1.7~2.5 mm,宽 6 mm,顶端尾状,被毛,宿存,最下 1 对有时叶状;小苞片披针状线形,长(18)20 mm,宽约 4 mm,被毛;花萼 5 裂几达基部,裂片披针状线形,等大,长 1.5~1.8 cm,宽约 2 mm,有毛;花冠紫色,长 3.5~4 cm,稍弯曲,基部部分圆柱形,直径 3 mm,向上逐渐扩大,至口部直径 1.3 cm,外面无毛,内面具 2 列支撑花柱的柔毛,5 裂,裂片矩圆形,长约 7 mm,宽约 7 mm,顶端圆钝;雄蕊 4 枚,2 强,花丝均疏被短柔毛;子房顶端被短硬毛,每室具胚珠 2 颗,花柱被短硬毛。蒴果未见。 花期 12 月。 广西特有,产于凭祥、龙州等地;生于海拔约 350 m 的石山林中。分布于云南,越南北部也有。

22. **异序马蓝**(广西植物) 图版 219:5~8

Strobilanthes heteroclita D. Fang et H. S. Lo 于广西植物 **17**(1):32. 1997;中国植物志 **70**:185. 2002;Fl. China **19**:417. 2011.

草本或半灌木;高约 50 cm;茎近四棱形,具沟槽,无毛。叶近等大或不等大,叶柄长 0.5~5 cm;叶片纸质,阔卵形、椭圆形或阔椭圆形,稀倒卵形,长 5.5~19 cm,宽 2.5~10 cm,顶端短尾尖,边缘具锯齿,基部圆或阔楔形,两面无毛,密被线形钟乳体;侧脉 7~10 对,在两面隆起。穗状花序长 1.5~6 cm,连续,生于上部叶腋或顶生,顶生的有时排成圆锥形;花序梗长 0~13 cm;苞片长圆状披针形,长 1.1~1.2 cm,宽 3~4 mm,外面密被棕褐色柔毛,两面具钟乳体,宿存;小苞片长约 8~9 mm,外面密被棕褐色柔毛,两面具钟乳体;花萼长约 1.2 cm,外面密被棕褐色柔毛,两面具钟乳体,5 深裂至基部,裂片近线形,前方 2 枚长约 1.1 cm,后方 3 枚长约 1 cm,中间 1 枚稍短;花冠紫色至浅蓝色,长 3.5~4 cm,外面无毛,基部圆柱形部分长约 1 cm,后向上逐渐扩大成钟形,5 裂,裂片长 6 mm,顶端钝;雄蕊 4 枚,2 强,内藏,长雄蕊花丝长约 7 mm,短雄蕊花丝长约 2 mm,均被疏柔毛;子房顶端具粗毛,每室具胚珠 2 颗;花柱长约 1.7 cm,被粗毛。蒴果纺锤形,长 1.5~2 cm,除顶端外无毛;种子 4 粒,密被贴伏柔毛。 花期 10~11 月。 广西特有,产于隆安;生于石山林中,海拔约 170 m。

23. **糯米香**(中国植物志)

Strobilanthes tonkinensis Lindau, Bull. Herb. Bois **5**:651. 1897;Fl. China **19**:406. 2011.——*Semnostachya menglaensis* T. P. Tsui 于中国植物志 **70**:151,349,图版 22:1~4. 2002;云南植物志 **16**:706,图版 202:1~4. 2006.

草本,高 0.5~1 m;枝四棱形,被短糙伏毛,后逐渐遍无毛,植株干时有糯香味。叶对生,常不等大,叶柄长达 2 cm,被短糙伏毛;叶片椭圆形、长椭圆形或卵形,长达 18.5 cm,宽达 6 cm,顶端急尖,边缘具疏圆锯齿,基部楔形下延或偶为圆形,两面疏被短糙状毛,脉上较密,腹面钟乳体明显,侧脉 5~6 对,弧曲。穗状花序顶生或腋生,花序轴被柔毛及腺毛;苞片线状匙形,长 10 mm,宽 2 mm,两面疏被短柔毛及白色小突起,边缘被柔毛及腺毛,具 1 脉,具纵向排列的钟乳体;小苞片线形,长约 5 mm,宽约 1 mm,两面被短柔毛,具纵向排列的钟乳体;萼片 5 裂,裂片近等大,线形,长约 12 mm,宽约 3 mm,两面被疏短柔毛;花冠粉红色或紫色,长约 3.2 cm,外面无毛,内面除具支撑花柱的 2 列毛外无毛,基部具长约 1 cm 的花冠筒,向上逐渐扩大,花冠 5 裂,裂片近圆形,直径约 5 mm;雄蕊 4 枚,2 强,长花丝被柔毛,短花丝无毛,花药椭圆形,长 3 mm;子房倒长卵圆形,长约 3 mm,径 1 mm,顶端被短腺毛;花柱无毛,长约 1.5 cm。蒴果圆柱形,长 1.4 cm,顶端急尖,被短腺毛;种子椭圆形,长 3 mm,宽 2 mm。 产于防城港和天等等地;生于林缘、路旁草地，有时栽培。分布于云南，越南、老挝、泰国等也有。

24. **湖南马蓝**(新宁植物)

Strobilanthes biocullata Y. F. Deng et J. R. I. Wood, Novon **20**:406. 2010; Fl. China **19**:415. 2011.

半灌木，高 0.8～2 m。茎幼时四棱形，老时近圆柱形，具沟槽，无毛。叶在同一节上不等大；叶柄长 1～5 cm，具沟槽，无毛；叶片长圆状椭圆形至椭圆形，小的叶片长 6～12 cm，宽 2～4 cm，大的叶片 13～26 cm，宽 4～8 cm，基部狭楔形，边缘具锯齿，顶端渐尖，两面无毛；侧脉 5～10 对，在两面隆起。穗状花序腋生，常单生，长(3)7～10 cm；花序轴无毛，花在花序轴上疏离；苞片卵形，长 3.5～5 mm，宽 2.5～3 mm，无毛，外面具 2 个突起，顶端长渐尖至具小尖头；小苞片卵状长圆形，长约 4 mm，宽约 2 mm，有时早落，无毛，顶端渐尖或具小尖头；花萼长 1～1.2 cm，幼时疏被柔毛，后变无毛，近 5 等裂至近基部，裂片黄褐色，披针形，顶端长渐尖；花冠蓝紫色，长 3.5～4 cm，外面无毛，内面具 2 列支撑花柱的长硬毛，基部具长 6～11 mm、宽约 3 mm 圆柱状花冠筒，后 90°弯曲并向上逐渐扩大，至口部直径约 2 cm，裂片卵形，高约 4 mm，宽约 7 mm，顶端凹；雄蕊 4 枚，内藏，长雄蕊花丝长约 1 cm，短雄蕊花丝长约 3 mm，均被柔毛，花药矩圆形，长约 3 mm；子房长约 3 mm，无毛，花柱长约 2.8 cm。蒴果棒状，长 1.5～2 cm，无毛；种子长和宽均约 3 mm，密被柔毛。 花期 10～12 月，果期 11 月至翌年 2 月。 产于临桂和兴安等地；生于海拔 300～600 m 的石灰岩山地溪边灌木丛。分布于广东和湖南。

25. **阳朔马蓝**(植物分类学报)

Strobilanthes pseudocollina K. J. He et D. H. Qin 于植物分类学报 **45**:701. 2007; Fl. China **19**: 414. 2011.

多年生草本，高约 50 cm，具分枝；茎直立有时上升，圆柱形，无毛，散生圆形皮孔。叶对生，常稍不等大，叶柄长 0.5～2.5 cm，无毛；叶片薄革质至革质，狭卵形，稀卵形或披针形，长 2.5～13 cm，宽 1.5～5.6 cm，顶端渐尖，稀长渐尖，边缘近全缘或疏具细圆齿，基部钝至急尖，常稍下延，无毛，两面密布钟乳体，侧脉 4～8 对，连同中脉在两面稍隆起。穗状花序顶生，稀腋生，长 1～11 cm，具花 2～8 朵，在花序轴上对生，基部 1～2 对常不孕；花序梗长 0.3～2 cm，无毛；苞片对生，近匙形，长 6～10 mm，宽 1.5～3 mm，具 1 中脉，革质，顶端钝或急尖，边缘近全缘，疏被睫毛，宿存，两面密被钟乳体；小苞片 2 枚，披针形，长约 4 mm，宽约 0.6 mm，被缘毛，两面密布钟乳体；花萼长 9～11 mm，5 深裂，裂片等大，条状披针形，长 8～10 mm，宽约 1 mm，边缘被睫毛，两面密被钟乳体。花冠紫色，长 4.5 cm，外面无毛，里面具 2 列支撑花柱的疏柔毛，花冠筒基部部分圆筒状，长约 1 cm，直径约 1.5 mm，向上部逐渐扩大成阔喇叭形，口部直径达 11 mm，5 裂，裂片矩圆形，长 7～8 mm，宽 8.5～9 mm，顶端微凹；雄蕊 4 枚，2 强，内藏，花丝直立，长的 1 对长约 6 mm，下部散生小硬毛，短的 1 对长约 3 mm，无毛，花药长约 2.5 mm；子房椭圆形，长约 2 mm，直径约 0.7 mm，无毛，花柱长约 3 cm，无毛。蒴果长 1～1.5 cm，无毛；种子 4 粒，扁卵形，长约 4 mm，宽约 2 mm，具吸湿的短毛。 花期 9～10 月，果期 11～12 月。 广西特有，见于阳朔；生于海拔 300 m 的石灰岩山坡、林下。

26. **串花马蓝**(广西植物) 多穗马蓝(广西植物) 图版 220:1～3

Strobilanthes cystolithigera Lindau, Bull. Herb. Boissier **5**:651. 1897; 广东植物志 **9**:120. 2009; Fl. China **19**:415. 2011. ——*S. myriostachya* D. Fang et H. S. Lo 于广西植物 **17**(1):35. 1997. ——*S. botryantha* D. Fang et H. S. Lo 于广西植物 **17**(1):35. 1997. ——*S. longispicata* auct. non Hayata: F. W. Xing et X. S. Qin 于华南农业大学学报(自然科学版)**24**(2):61. 2003.

半灌木，有时呈小乔木状，高 1.5～3.5 m；幼枝四棱形，具沟槽，无毛。同一节上的叶近等大，叶柄长 0.5～2 cm，具沟；叶片狭椭圆形至狭卵形、披针形，稀卵状椭圆形，长(2)4～17 cm，宽 1.5～4.5 cm，顶端尾状渐尖或渐尖，边缘近全缘或具疏浅钝齿，基部楔形，下延至叶柄，两面无毛，密被线形钟乳体；中脉在腹面凹陷，侧脉 4～6 对，在两面隆起。穗状花序腋生，单一或分枝，长 2～5(12) cm，具花(1)4～7 对，花在花序轴上稀疏，同 1 节上常仅 1 朵花发育；花序梗长 0.5～1.5 cm；苞片椭圆形，长 4～

图版 220 1～3. 串花马蓝 Strobilanthes cystolithigera Lindau 1～2. 花枝；3. 花萼展开。 4～7. 弄岗马蓝 S. longgangensis D. Fang et H. S. Lo 4. 花枝；5. 苞片；6. 花萼展开；7. 花冠展开。 （廖信佩绘）

6 mm，宽 3～4 mm，顶端钝或圆，边缘具睫毛，两面无毛，密被钟乳体，宿存；小苞片卵状披针形，长 5～8 mm，顶端钝，边缘具睫毛，两面无毛，密被钟乳体；花萼长 0.8～1 cm，二唇形，上唇 3 裂至中部，裂片三角形，长 4～5 mm，宽 3～4 mm，中间 1 枚稍狭，下唇 2 裂几达基部，裂片线状披针形；花冠紫色，长 3～5 cm，稍弯曲，外面无毛，基部圆柱形部分长约 1 cm，后向上逐渐扩大成钟形，5 裂，裂片矩圆形，长 4～6 mm，顶端凹缺；雄蕊 4 枚，2 强，内藏，长雄蕊花丝长约 7 mm，短雄蕊花丝长约 2 mm，花药长 3.5～4 mm；子房无毛，疏被硬毛，每室具胚珠 2 颗，花柱长约 2.8 cm，疏被硬毛，柱头无毛。蒴果纺锤形，长约 1.7 cm；种子 4 粒，卵形，长约 4 mm。　花期 10～11 月。　产于那坡；生于石山林中，海拔 900～1 200 m。分布于海南和云南，越南也有。

27. **广西马蓝**(广西植物)

Strobilanthes guangxiensis S. Z. Huang 于广西植物 **6**(3)：179，cum ic.，excl. fig. 2. 1986；方鼎等于广西植物 **17**(1)：32. 1997；Fl. China **19**：416. 2011. ——*Pteracanthus guangxiensis* (S. Z. Huang) C. Y. Wu et C. C. Hu 于中国植物志 **70**：141. 2002.

草本，高约 1 m。茎直立或上升，成对分枝，嫩部被短柔毛。叶对生，具不等叶性，同 1 节上的叶 1 大 1 小；叶片纸质，椭圆形，稀卵形，大的长 9～18 cm，小的长 3～9.5 cm，顶端渐尖，基部楔形，边全缘或稍呈波状，仅下面的和叶柄被短柔毛。穗状花序顶生和腋生，长 4～8 cm，花序轴扁，密被短柔毛；花序梗很短；苞片对生，披针形，长 1～1.3 cm，渐尖；小苞片长 1.1～1.6 cm，尾状渐尖；萼被短柔毛，长 10 mm，二唇形，下唇 2 裂几达基部，裂片线形，上唇 3 浅裂，裂片狭三角形，侧裂片长约 2 mm，中裂片长约 3 mm；花冠淡紫色，长 3.5～4 cm，内外均无毛，喉部明显扩大，钟形，冠檐伸展，5 裂，裂片长约 5 mm，顶端凹入或浅 2 裂；雄蕊 2 强，内藏；子房每室有胚珠 2 颗，花柱长 2.5～3 cm，被毛，柱头无毛。蒴果未见。　广西特有，产于柳江等地；生于山谷阴处。　本种为药用马蓝的伪品之一。

28. **弄岗马蓝**(广西植物)　弄岗耳叶马蓝(中国植物志)　假蓝靛(龙州)　图版 220：4～7

Strobilanthes longgangensis D. Fang et H. S. Lo 于广西植物 **17**(1)：33. 1997；Fl. China **19**：426. 2011. ——*Perilepta longgangensis* (D. Fang et H. S. Lo) C. Y. Wu et C. C. Hu 于中国植物志 **70**：119. 2002.

亚灌木，高达 40 cm；枝纤细，近四棱形，具沟槽，无毛。叶不等大，叶柄长 0.2～1.4 cm，无毛；叶片纸质，狭椭圆形，稀卵状椭圆形，大的长 6～11.5 cm，宽 2～3.5 cm，小的长(1.5)3～8.5 cm，宽(0.5)1～3 cm，顶端渐尖，边缘具浅锯齿，基部楔形，下延至叶柄，两面无毛，密被线状钟乳体；中脉在两面稍隆起，侧脉 4～6 对。穗状花序腋生，长 2～4 cm，不分枝，具花 1～5 对，花序轴上花疏离，同 1 节上常仅 1 朵可孕；花序梗长达 8 mm；苞片狭三角形，长 2～4 mm，顶端急尖，宿存，两面密被线状钟乳体；小苞片矩圆形，长约 5 mm；花萼长约 5 mm，二唇形，上唇 3 浅裂，下唇 2 裂，裂片宽约 2 mm，矩圆形，边缘具睫毛；花冠紫色，长约 2.5 cm，近直，外面无毛，内面具 2 列支撑花柱的柔毛，基部具长约 5 mm 的圆柱形花冠筒，后向上逐渐扩大成钟形，5 裂，裂片长约 4 mm，顶端凹缺；雄蕊 4 枚，2 强，内藏，长雄蕊花丝长约 6 mm，短雄蕊花丝长约 2 mm 被疏柔毛，花药长 2～2.5 mm；子房无毛，每室具胚珠 2 颗，花柱长约 1.2 cm，被硬毛，柱头无毛。蒴果未见。　花期 11～12 月。　广西特有，仅见于龙州；生于石灰岩山地灌木丛。

29. **龙州马蓝**(广西植物)　龙州耳叶马蓝(中国植物志)　图版 217：7～9

Strobilanthes longzhouensis H. S. Lo et D. Fang 于广西植物 **17**(1)：34. 1997；Fl. China **19**：414. 2011. ——*Perilepta longzhougensis* (D. Fang et H. S. Lo) C. Y. Wu et C. C. Hu 于中国植物志 **70**：120. 2002.

灌木，高 1.5～2 m；茎棕褐色，无毛。叶不等大或近等大，叶柄长 5～10 mm，无毛；叶片革质，卵形或披针状卵形，长 3～15.5 cm，宽 2.5～6 cm，顶端短渐尖或渐尖，边缘常具不明显小锯齿或浅波状，基部楔形，无毛；侧脉 5～7(9)对，在上面稍隆起，在背面隆起。穗状花序腋生，长 1.5～5 cm，花密集，同 1 节上常仅 1 朵花发育；苞片披针形，长 5～6 mm，被白色短柔毛，宿存；小苞片披针形，稍长于苞片，被白色短柔毛；花萼长约 8 mm，被白色柔毛，二唇形，上唇 3 深裂，下唇 2 裂至基部，裂片长约 6 mm，披针形，边缘具睫毛；花冠淡紫色，长 3～3.5 cm，外面无毛，内面具 2 列支撑花柱的柔毛，基部具长约 1 cm 的圆柱形部分，后稍弯曲，向上逐渐扩大成钟形，5 裂，裂片近等大，长约 5 mm，顶端凹；雄蕊 4 枚，2 强，内藏，长雄蕊花丝长约 7 mm，被长柔毛，短雄蕊花丝长约 2 mm，无毛，花药长 2～2.5 mm；子房无毛，每室具胚珠 2 颗，花柱长约 2.5 cm，中部以上被长柔毛。蒴果纺锤形，长 1.8～2 cm；种子 4 粒，密被长毛。 花期 11～12 月。 广西特有，产于凭祥、龙州和大新；生于石山林中。

30. **折苞马蓝**（植物分类学报） 折苞耳叶马蓝（中国植物志）

Strobilanthes brunnescens Benoist, Bull. Mus. Hist. Nat. Paris. **27**: 544, 1921; Fl. China **19**: 417. 2011. ——*S. refracta* D. Fang, Y. G. Wei et J. Murata 于植物分类学报 **38**(2): 185. 2000. ——*Perilepta refracta* (D. Fang, Y. G. Wei et J. Murata) C. Y. Wu et C. C. Hu 于中国植物志 **70**: 120. 2002.

半灌木；高 1～2 m；干时稍黑色；茎四棱形，被浅棕色伏微毛，节上较密。叶不等大，顶端的较大，叶柄长 0.5～2.5 cm，被浅棕色伏微毛；叶片纸质至厚纸质，卵形，稀倒卵状椭圆形，长 4.5～20.5 cm，宽 2.5～9.2 cm，顶端骤短尖，渐尖或稍钝，边缘近全缘或有不明显的小钝齿，基部宽或宽楔形而稍下延，腹面无毛，背面沿脉几无毛，两面密布钟乳体；侧脉 4～12 对，在背面稍隆起。穗状花序单生于多数叶腋，长 1.5～3 cm，宽 7～12 mm，连续，具花 4～8 对；几乎无花序梗；苞片厚纸质，匙状卵形，长约 11 mm，宽 6 mm，稍钝，外面多少被浅棕色贴伏的小硬毛，上部骤外折，具 1 朵花；小苞片长圆形，长 13 mm，宽 2 mm，外面和边缘被浅棕色小硬毛，顶端常反折；花萼稍二唇形，裂片线形，宽 1 mm，外面和边缘被浅棕色小硬毛，前方 2 裂片长 1 cm，基部稍合生，后方 3 裂片长 1.3 cm，基部极短的连接；花冠紫色，长约 4 cm，微弯，外面无毛，内面具 2 列支撑花柱的柔毛，5 裂，裂片顶端深微缺；雄蕊 4 枚，2 强，短花丝无毛；子房上部被小硬毛，柱头倒圆锥形。蒴果未见。 产于那坡；生于石灰岩山地林下。分布于云南，越南也有。

31. **薄叶马蓝**（广西植物） 贵阳黄猄草（中国种子植物数据库）

Strobilanthes labordei H. Lévl. in Fedde, Rep. Sp. Nov. **12**: 20. 1912; Bremek., Verh. Ned. Akad. Wet., Afd. Nat. 2. sect. 41, **1**: 278. 1944；方鼎等于广西植物 **17**(1): 38. 1997；贵州植物志 **10**: 246, 图版 70: 2～4. 2004；广东植物志 **9**: 121. 2009; Fl. China **19**: 392. 2011. ——*Acanthopale labordei* (H. Lévl.) Hand.-Mazz. in Sinensia **5**: 20. 1934. ——*Championella labordei* (H. Lévl.) E. Hossain in Notes Roy. Bot. Gard. Edinburgh **32**(3): 405. 1973; E. Hossain in L. A. Lauener, Not. Roy. Bot. Gard. Edinburgh **38**(3): 475. 1980；中国植物志 **70**: 91. 2002；中国高等植物 **10**: 358. 2004. ——*Strobilanthes debilis* Hemsl., J. Linn. Soc. Bot. **26**: 239. 1890; Merr., Lingnan Sci. Journ. **5**(1 et 2): 286. 1923. non *S. debilis* C. B. Clarke, 1885. ——*Acanthopale debilis* C. B. Clarke ex S. Moore, J. Soc. Bot. Bengal. **74**(2): 659. 1907; J. Bot. **63**: 167. 1925. ——*Championella debilis* (C. B. Clarke ex S. Moore) Bremek. in Verh. Kon. Ned. Akad. Wetensch., Afd. Naturk. Tweede sect. **41**(1): 150, 1944. ——*C. tetrasperma* auct. non (Champ. ex Benth.) Bremek.: 中国植物志 **70**: 94. 2002.

草本；茎匍匐，被白色长柔毛，多分枝，节上生根。叶在同一节上等大；叶柄长 0.5～1 cm，被白色粗毛；叶片膜质，卵形，长 1～4 cm，宽 1.5～2 cm，基部阔楔形或圆，顶端渐尖，边缘具疏圆齿，腹面绿色，有时具淡紫色斑块，背面灰白色，两面疏被白色长柔毛，侧脉 4～5 对。穗状花序顶生，短缩呈头状，长约 1 cm，密被多细胞具节白色柔毛；苞片叶状，长约 1 cm；小苞片线形，长约 5 mm；花萼长 5～7 mm，5 深裂至基部，裂片线状披针形，密被白色长硬毛；花冠淡蓝紫色，长 1.5～2 cm，外面被柔毛，内面除具 2 列支撑花柱的毛外无毛，基部具细筒状花冠筒，向上扩大，稍弯曲，裂片近等大，长圆形，长和宽均约 3 mm，顶端圆；雄蕊 4 枚，2 强，稍伸出花冠外，长雄蕊花丝长约 7 mm，短雄蕊花丝长约 3 mm，花药药室矩圆形，长约 1.8 mm；子房顶端被柔毛，花柱长约 1.2 mm，被柔毛。蒴果倒卵状长圆形，长 6～8 mm，顶端被柔毛；种子卵圆形，长和宽均约 2 mm，被微毛。 花期 7～9 月。 产于桂林、临桂、金秀、昭平等地；生于海拔 300～700 m 的林下、灌木丛、溪旁潮湿处。分布于四川、重庆、贵州、湖南、湖北、广东、福建、江西等地。

32. **四子马蓝**(中国高等植物图鉴)　黄猄草(海南植物志)

Strobilanthes tetrasperma (Champ. ex Benth.) Druce in Rep. Bot. Exch. Club Brit. Isles **1916**: 649. 1917;中国高等植物图鉴 **4**:163,图 5759. 1975;福建植物志 **5**:131. 1993;浙江植物志 **6**:89,图 6～114. 1993;罗献瑞等于广西植物 **17**(1):28. 1997;湖北植物志 **3**:602,图 2396. 2002;贵州植物志 **10**:249. 2004;广东植物志 **9**:121. 2009;Fl. Hong Kong **3**:172. 2009;Fl. China **19**:392. 2011;深圳植物志 **3**:416,图 440. 2012.——*Ruellia tetrasperma* Champ. ex Benth. in Hooker's J. Bot. Kew Gard. Misc. **5**:132. 1853.——*Championella tetrasperma* (Champ. ex Benth.) Bremek. in Verh. Kon. Ned. Akad. Wetensch., Afd. Natuurk., Tweede Sect. **41**(1):150. 1944;海南植物志 **3**:546. 1975;中国植物志 **70**:94, pl. 11:1～6. 2002;中国高等植物 **10**:357,图 537. 2004.——*Acanthopale tetrasperma* (Champ. ex. Benth.) Hand.-Mazz., Beih. Bot. Centralbl. **56**:454. 1937.——*Strobilanthes radicans* T. Anderson ex Benth., Fl. Hongk. 262. 1861, nom. illeg.; Hemsl., J. Linn. Soc. **26**:242. 1890.——*Acanthopale radicans* Clarke ex Benoist in Lecomte, Fl. Gen. Indo-Chine **4**:673. 1953.

多年生直立或匍匐草本,高 30～50 cm;茎四棱形,具沟槽,沿沟被倒向的柔毛,或近无毛。同一节上也等大;叶柄长 0.5～2.5 cm,具沟,疏被柔毛或近无毛;叶片纸质,卵形或近椭圆形,长 2～10 cm,宽 1～4 cm,基部渐狭或稍收缩,边缘全缘、波状或具圆齿,顶端急尖或钝,两面无毛,或背面基部沿脉疏被短柔毛,两面密被钟乳体,腹面尤密;侧脉 3～6 对,在腹面平坦,在背面稍隆起。穗状花序短而紧密,通常仅有花数朵;花序轴疏被柔毛;苞片叶状,倒卵形或匙形,具羽状脉,长 1～1.5 cm,宽 4～5 mm,两面疏被柔毛;小苞片条形,长 5～6 mm,宽约 1 mm,外面无毛或疏被柔毛,两面密布棒状钟乳体;花萼裂片 5 枚,条形,长 5～7 mm,宽约 1 mm,果期增大,被扩展的流苏状缘毛,两面密被钟乳体;花冠漏斗状,淡紫色或带蓝色,长 1.5～2 cm,外面被短柔毛,内面被长柔毛,花冠筒基部圆筒形,长约 5 mm,直径约 2 mm,向上逐渐扩大或鼓胀,至口部直径达 1.5 cm,檐部裂片 5 枚,长圆形,顶端微凹,长约 3 mm,被缘毛;雄蕊 4 枚,2 强,具 1 枚不育雄蕊;子房 2 室,花柱长约 1.5 cm,疏被白色柔毛,柱头 2 裂,裂片不等大。蒴果长圆形,长 0.7～1.0 cm,顶部被柔毛;种子卵形,长和宽均约 2 mm,表面疏被白色微柔毛。　花期 8～10 月,果期 10 月至翌年 2 月。　广西东北部和中部常见;生于林下阴处或潮湿草地。分布于福建、江西、湖南、湖北、贵州、重庆、四川、广东和海南等地,越南北部也有。　全草入药,具清热解表、消肿、解毒疗疮之效,可用于风热感冒、热毒斑疹、便血、小便不利、肿毒疔疮,外用治跌打损伤、红肿出血。

33. **顶头马蓝**(中国高等植物图鉴)　肖笼鸡(中国种子植物科属辞典修订版)　汗斑草(乐业)　图版 221:1～9

Strobilanthes affinis (Griff.) Terao ex J. R. I. Wood et J. R. Bennett, Kew Bull. **58**(1):134. 2003; Fl. China **19**:399. 2011.——*Adenosma affinis* Griff., Not. Pl. Asiat. **4**:133. 1854.——*Tarphochlamys affinis* (Griff.) Bremek. in Verh. Kon. Ned. Akad. Wetensch. Afd. Natuurk., Tweede Sect. **41**(1):157. 1944; L. A. Lauener, Not. Roy. Bot. Gard. Edinburgh **38**(3):479. 1980;云南种子植物名录(下册)1687. 1984;中国植物志 **70**:106,图版 14:1～6. 2002;中国高等植物 **10**:361. 图 543. 2004;云南植物志 **16**:680,图版 194:1～6. 2006.——*Strobilanthes affinis* (Griff.) Y. C. Tang 于中国高等植物图鉴 **4**:159,图 5731. 1975, nom. invalid.——*S. acrocephala* T. Anderson in J. Linn. Soc. Bot. **9**:473. 1867;贵州植物志 **10**:239,图版 67:1～3. 2004.

草本,高达 60 cm;茎四棱形,密被白色长柔毛。叶片在同一节上等大;叶柄长 0.5～1.5 cm,被柔毛;叶片卵形至卵状披针形,长 3～8 cm,宽 2～4.5 cm,基部近圆形,下延至叶柄,边缘具细锯齿,顶端急尖,两面疏被白色长柔毛,腹面深绿色,密被钟乳体;背面淡绿色,侧脉 5～7 对。穗状花序顶生或腋生,长 2.5～6 cm,花密集;花序梗长 0.5～2 cm,密被腺状柔毛;苞片彼此覆瓦状排列,阔倒卵形、菱形或椭圆形,长 6～7 cm,宽 3～4 cm,被腺状长柔毛,具 5 脉,边缘具睫毛,顶端有时稍反折;小苞片矩圆状线形,长约 5 mm,

图版 221 1～9. **顶头马蓝** *Strobilanthes affinis*（Griff.）Terash. ex J. R. I. Wood et J. R. Bennett. 1. 植株一部分；2. 茎基部；3. 花冠剖面示雌雄蕊；4. 花萼裂片；5. 花粉粒；6. 蒴果；7. 大苞片；8. 小苞片；9. 种子。 10～15. **云南山壳骨** *Pseuderanthemum crenulatum*（Wall. ex Lindl.）Radlk 10. 花枝；11. 花冠剖面示雄蕊；12. 花萼裂片；13. 开裂蒴果；14～15. 苞片。（林文宏绘，11～13 摹自 FOC 19 卷 348 页）

宽约1.2 mm，稍短于花萼，外面被腺状柔毛，边缘具睫毛；花萼长5～7 mm，5等裂至近基部，裂片线形，外面被腺状柔毛，其中1枚稍长于其他4枚裂片，具1脉，边缘具睫毛，顶端急尖；花冠蓝紫色，长约1.5 cm，外面被柔毛，内面具2列支撑花柱的柔毛，花冠筒基部圆柱形部分长约7 mm，直径约1 mm，后逐渐向口部扩大至7 mm，裂片近等大，矩圆形，长约3 mm，宽约3 mm；雄蕊4枚，伸出花冠外，长雄蕊花丝长约6 mm，短雄蕊花丝长约4 mm，均被粗毛，花药矩圆形，长约2 mm，宽约1.2 mm；子房被柔毛，花柱长约1.2 cm，被柔毛。蒴果矩圆形，长7～9 mm，被柔毛；种子卵形或近圆形，长约1.5 mm，宽约1.5 mm，被毛，后变近无毛。 花期8～10月。 产于桂林、富川、贺州、金秀、鹿寨、南丹、大新、荔浦、扶绥、龙州、隆林、乐业、西林和那坡等地；生于山地灌木丛、林缘和草地，海拔180～1 600 m。分布于广东、湖南、贵州、四川、云南等地；越南、缅甸和印度也有。 根或全草入药，具解毒、凉血、消肿止痛之效，可用于治时行感冒、流脑、乙脑、肺热咳嗽、丹毒、热毒发斑、神昏、吐血、蛇咬伤。

34. **密苞马蓝**（广西植物） 图版218：4～5

Strobilanthes compacta D. Fang et H. S. Lo于广西植物 **17**(1)：30. 1997；中国植物志 **70**：183. 2002.

半灌木，高约1 m；茎四棱形，无毛。叶不等大，叶柄长1～3 cm，具沟；叶片椭圆形至卵状椭圆形，长8.5～15 cm，宽3.5～7 cm，顶端渐尖，边缘具浅锯齿，基部楔形或削弱，干后腹面黑色，两面无毛，密被线形钟乳体；侧脉8～9对，在两面稍隆起。穗状花序腋生，长1.5～4 cm，通常呈椭圆形；花序梗几无；苞片紧密，覆瓦状排列，卵形至阔倒卵形，长0.8～1.2 cm，宽约0.8 cm，背面近无毛，顶端具尖头，边缘具睫毛，两面密被线状钟乳体，宿存；小苞片卵形，长约1 cm，宽约0.5 cm，边缘具睫毛，两面密被线状钟乳体；花萼等5裂至基部，裂片近披针形，长1.1～1.2 cm，具1脉，背面被贴伏的锈色微绒毛；花冠紫色，长3.5～4 cm，直，外面无毛，基部圆柱形部分长约1 cm，向上逐渐扩大成钟形，5裂，裂片长5 mm，顶端圆；雄蕊4枚，2强，内藏，长雄蕊花丝长约6 mm，短雄蕊花丝长约2.3 mm，疏被短柔毛，花药长约3 mm；子房顶端疏被短硬毛，每室具胚珠2颗；花柱长约2.5 cm，被短硬毛。蒴果纺锤形，长约1.5 cm，顶端疏被毛；种子4颗，密被贴伏长毛。 花期9月。 广西特有，产于永福；生于海拔约230 m的石山疏林中。

35. **糙毛马蓝**（广西植物） 图版218：6～9

Strobilanthes strigosa D. Fang et H. S. Lo于广西植物 **17**(1)：36. 1997；；Fl. China **19**：397. 2011

半灌木，高30～60 cm；茎近四棱形，具沟槽，被2列倒向短糙伏毛和硬毛，干时黑色。叶近等大，叶柄长0.5～1.2 cm，被糙伏毛和硬毛；叶片厚纸质，椭圆形或阔卵形，长3.5～8 cm，宽2～5 cm，顶端锐尖，边缘具锯齿，基部楔形或削弱，两面多少被糙伏毛，密布线状钟乳体，侧脉约7对，在两面稍隆起。短穗状花序顶生或生于枝梢叶腋，长2～3 cm，连续；无花序梗；苞片近叶状，椭圆形，长0.9～1 cm，顶端锐尖或钝圆，边缘被具节腺状缘毛，具羽状脉，宿存；小苞片倒披针形，长约9 mm，两面密布线状钟乳体，边缘均被具节腺状缘毛；花萼不等大的5裂几达基部，裂片卵状匙形，长约12 mm，宽约2 mm，边缘均被具节腺状缘毛；花冠紫红色，长4.5 cm，稍弯曲，外面无毛，基部具长约1.5 cm的匀柱形花冠筒，后向上逐渐扩大成钟形，5裂，裂片长约7 mm，顶端圆；雄蕊4枚，2强，内藏，长雄蕊花丝长约5 mm，被疏柔毛，短雄蕊花丝长约2.5 mm，无毛；子房被短硬毛，每室具胚珠2颗，花柱长约2.8 cm，疏被柔毛。蒴果未见。 广西特有，仅见于靖西；生于石山。

36. **白头马蓝**（贵州植物志） 异色红毛蓝（中国植物志） 异色紫云菜（云南种子植物名录） 册亨四苞蓝（贵州科学） 黔南马蓝（贵州植物志） 四苞蓝（中国种子植物科属词典·修订版）

Strobilanthes esquirolii H. Lévl. in Fedde, Repert. **12**：18. 1913 et Fl. Kouy-Tcheou 22. 1914；Bremek. in Verh. Ned. Akad. Wetensch. Afd. Naturk. Tweede Sect. **41**(1)：274 et 299. 1944；H. Terao in Acta Phytotax. Geobot. **31**：62. 1981；贵州植物志 **10**：252. pl. 72：1. 2004. ——*Tetragoga esquirolii* (H. Lévl.) E. Hossain in Not. Bot. Gard. Edinburgh **32**(2)：410, 1973, name only；陈谦海于贵州科学 **19**(1)：56. 2001；中国植物志 **70**：191. 2002, name only；中国高等植物 **10**：380. 2004. ——*Strobilanthes leucocephala* Craib in Kew Bull. **1914**：130. 1914；中国植物志 **70**：97. 2002；贵州植物志 **10**：253, pl. 72：2～6. 2004；中国高等植物

10:376. 2004;云南植物志 16:715. 2006. ——*S. heterochrous* Hand.-Mazz. in Oest. Bot. Reilsch. 87: 125. 1938;云南种子植物名录(下册)1686. 1984. ——*Pyrrothrix heterochroa* (Hand.-Mazz.) C. Y. Wu et C. C. Hu 于中国植物志 70:154. 2002;云南植物志 16:709. 2006. ——*Tetragoga angustiphylla* Q. H. Chen 于贵州科学 19(1):56. 2002. ——*Strobilanthes cycla* auct. non C. B. Clarke ex W. W. Smith:D. Fang et al,Guihaia 17(1):38. 1997.

草本,高 60 cm,多分枝;茎四棱形,密被倒生黄柔毛。叶柄约为叶片长的 1/4;叶片椭圆形或卵状披针形,长 4~8.5 cm,宽 1~2 cm,顶端渐尖,边缘具密而细锯齿,基部渐狭,上面干时淡棕色,被泡状糙伏毛,背面灰色,被绒毛状硬毛,钟乳体密,排列成细条纹状;侧脉 8~10 对,在上面下陷,在背面稍隆起。穗状花序顶生,长 2~8 cm,具花 8~10 朵,密集呈头状;花序轴被硬毛;苞片形状和大小多变,外面的叶状,里面的披针形,近于钝,被黄色绒毛;小苞片狭匙形,被白色绢毛;花萼 5 裂至基部,裂片长 7~9 mm,狭线形,急尖,被白色绢毛及金黄色至淡棕色腺状柔毛;花冠长约 2.5 cm,基部具长约 6 mm 的圆柱形花冠筒,向上扩大,至口部直径约 1 cm,5 裂,裂片小,圆形,堇色,外面密被白色微柔毛,内面具 2 列支撑花柱的硬毛状纤毛;雄蕊 4 枚,2 强,着生于冠筒中部,内藏,长花丝有白色纤毛,短花丝光滑,前者长为后者的两倍;子房密被白色柔毛,每室具胚珠 2 颗。蒴果成熟长约 7 mm,密被白色微柔毛;种子 4 粒。 花期秋季。 产于隆林;生于石灰岩山地林下。分布于贵州和云南,越南和泰国也有。

37. **南岭马蓝**(热带亚热带植物学报)

Strobilanthes austrosinensis Y. F. Deng et J. R. I. Wood 于热带亚热带植物学报 18(5):470,图 1. 2010;Fl. China 19:393. 2011.

多年生草本,高达 80 cm;茎四棱形,具沟槽,沿沟槽具 2 列白色柔毛,基部常匍匐,节部生根。叶在同 1 节上等大;叶柄长达 2 cm 或近无柄,被白色柔毛;叶片椭圆形或近圆形,长 2~8 cm,宽 1~4.5 cm,基部楔形,下延至叶柄,边缘中部以上具锯齿,顶端渐尖至钝,背面沿脉被柔毛,腹面被柔毛和长硬毛,基部尤密;侧脉 3~5 对,在腹面稍隆起,在背面明显隆起。穗状花序顶生,密集呈头状,长 1~2 cm,具花数朵;花序轴密被白色柔毛;苞片具短柄,叶状,阔倒卵状匙形,长 1.5~1.8 cm,宽 0.5~0.8 cm,外面密被白色多细胞柔毛,内面近无毛,边缘基部全缘,近顶端边缘具 1~3 对钝齿,顶端圆至钝;小苞片匙形,8~11 mm,宽 1~2.5 mm,外面近基部密被白色多细胞毛,内面被白色柔毛;花萼长 1~1.2 cm,5 裂至近基部,裂片长圆状披针形,外面被柔毛,内面近无毛,中脉隆起,边缘具睫毛,顶端钝;花冠蓝紫色,长 2.2~2.8 cm,烟斗状,直或稍弯曲,外面幼时被柔毛后变无毛,内面除具 2 列支撑花柱的毛外无毛,基部直径约 2 mm,口部直径约 1.5 mm,裂片卵状椭圆形,长和宽均约 5 mm;雄蕊 4 枚,内藏,长雄蕊花丝长约 8 mm,短雄蕊花丝长约 6 mm,均被柔毛,花药矩圆形,长约 1.2 mm;子房卵形,长约 2 mm,顶端被柔毛,花柱长约 1.5 cm,被柔毛,柱头 2 裂。蒴果长圆形,长约 9~10 mm,顶端和沿棱被柔毛;种子卵形,长约 2.5 mm,宽约 2 mm,表面密被柔毛,无毛。 花期 8~9 月,果期 9~11 月。 产于广西东部地区;生于海拔 200~600 m 的路旁、溪边或林下。分布于广东、江西和湖南。

38. **海南马蓝**(广东植物志) 海南黄猄草(海南植物志) 汗斑草(广西植物名录)

Strobilanthes anamitica O. Kuntze, Rev. Gen, 498. 1891;广东植物志 9:122. 2009;Fl. China 19: 396. 2011. ——*S. maclurei* Merr. in Philip. J. Sci. 21:354. 1922;广西植物名录(第二册)705. 1971. ——*Championella maclurei* (Merr.) C. Y. Wu et H. S. Lo 于海南植物志 3:92,592. 1974;中国植物志 70: 92. 2002;中国高等植物 10:367,图 538. 2004;云南植物志 16:673. 2006.

多年生草本,高 1.5~1 m;茎粗壮,常膝曲状弯曲,近直立或下部匍匐生根,仅嫩枝被疏硬毛。叶片纸质,卵形,长 5~13 cm,宽 2~5.5 cm,顶端渐尖或短渐尖,基部急尖或近圆形,边缘具圆齿,两面被硬毛;叶柄长 1~2 cm。穗状花序初时极紧密,呈头状,花后稍伸长;苞片倒卵形,长约 1 cm,两面被硬毛,具羽状脉;小苞片与花萼近等长,中部以上和边缘均被硬毛;花萼 5 裂至近基部,裂片长约 6 mm,被硬毛;花冠淡蓝色或白色,长约 3 cm,近无毛,裂片矩圆形,直径约 4 mm;雄蕊 4 枚,2 强。蒴果长约 7 mm,顶部被柔毛。 产于桂林、兴安、龙胜、金秀；生于林下。分布于海南和云南；越南也有分布。

6. 恋岩花属 Sinacanthus Y. F. Deng, D. Z. Li et E. Tripp

草本或灌木。叶对生，叶片同一节上的叶近等大或不等大。聚伞花序腋生，或多个结或顶生圆锥花序；花通常较大；花萼5深裂几达基部，裂片等大；花冠紫色，较少黄色，冠筒圆筒状，喉部扩大呈钟形，冠檐辐射对称，5裂，裂片近等大，旋转状排列；雄蕊4枚，2强，花丝基部成对合生，花药背着，药隔被毛，药室2，近平行，基部有芒刺状距或无距；子房2室，每室有胚珠4～8颗，花柱线状，柱头2裂，后裂片几消失。蒴果线状长圆形，有种子8～16粒；种子二侧强压扁，盘状，密被毛，毛吸水后伸展。 本属有4种，分布于越南北部和我国华南至西南喀斯特岩溶地区。我国有4种，广西均产。 本属植物原被置于 *Echinacanthus* Nees 中，但据最近的研究表明，中国与越南的种类与该属的模式 *E. attenuatus* Nees 区别明显，因而应为不同的新属。

分 种 检 索 表

1. 花冠黄色，花药基部每室具1个芒状附属物 …… 1. **黄花恋岩花** S. lofouensis (H. Lévl.) Y. F. Deng, D. Z. Li et E. Tripp
1. 花冠蓝紫色，花药基部每室具2个芒状附属物。
  2. 草本；网脉在下面明显突起；叶片上面密被糙伏毛，很少近无毛，下面至少在脉上被糙毛；叶柄通常长于叶片的1/2 …… 2. **长柄恋岩花** S. longipes (H. S. Lo et D. Fang) Y. F. Deng, D. Z. Li et E. Tripp
  2. 直立或披散灌木；网脉两面均不明显；叶片两面无毛或稀近无毛；叶柄通常短于叶片的1/2。
    3. 直立灌木 …… 3. **龙州恋岩花** S. longzhouensis (H. S. Lo) Y. F. Deng, D. Z. Li et E. Tripp
    3. 披散灌木 …… 4. **腺毛恋岩花** S. glandulosa Y. F. Deng

1. 黄花恋岩花（云南植物研究） 图版 222：1～4

Sinacanthus lofouensis（H. Lévl.）Y. F. Deng, D. Z. Li et E. Tripp, comb. nov. ——*Strobilanthes lofouensis* H. Lévl. in Rep. Sp. Nov. **12**：99. 1913. ——*Echinacanthus lofouensis*（H. Lévl.）J. R. I. Wood in Edinburgh J. Bot. **51**(2)：186. 1994；中国植物志 **70**：84. 2002；贵州植物志 **10**：223，图版 63：1～4. 2002；中国高等植物 **10**：3354，图 534. 2004；云南植物志 **16**：669. 2006；Fl. China **19**：433. 2011. ——*E. flaviflorus* H. S. Lo et D. Fang 于云南植物研究 7(2)：141，图 2. 1985.

灌木，高1～3 m；枝暗红，四棱形，棱上1行小瘤状突起，近无毛。叶柄长0.5～2 cm，被短硬毛；叶片纸质，近卵形、披针形或狭披针形，长(1)6～12 cm，宽0.8～1.5 cm，顶端尾状渐尖，基部阔楔形至钝圆，边缘全缘，腹面无毛，背面脉腋内簇生鬃毛，侧脉5～6对，网脉纤细，均在背面突起。聚伞花序腋生，有花1～3朵；苞片叶状，长1～1.5 cm，常脱落；萼长1.2～1.4 cm，结果时长达1.8 cm，裂片线形，两面被灰白色柔毛；花冠黄色，长约4 cm，外面被柔毛，冠檐裂片半圆形，长约5 mm；雄蕊4枚，花丝密被长柔毛，药室基部有1枚芒刺状的距，药隔密被长柔毛。蒴果长约1.5 cm，密被柔毛，有8～12粒种子。 花期4月。 产于靖西、上林、罗城、环江、天峨、巴马、凤山、宜州、都安、南丹；生于石灰岩山地林下。分布于贵州。

2. 长柄恋岩花（云南植物研究） 图版 222：5～8

Sinacanthus longipes (H. S. Lo et D. Fang) Y. F. Deng, D. Z. Li et E. Tripp, comb. nov. ——*Echinacanthus longipes* H. S. Lo et D. Fang 于云南植物研究 7(2)：138，图 1. 1985；J. R. I. Wood, Edinburgh J. Bot. **51**(2)：186. 1994；中国植物志 **70**：82，图版 10：5～7. 2002；邓云飞等于热带亚热带植物学报 **18**：40. 2010；Fl. China **19**：433. 2011.

多年生草本，高可达30 cm；茎通常缩短。叶常密聚；叶片纸质，长圆形至披针状长圆形，长3～11 cm，顶端短尖或钝圆，基部常稍偏斜，全缘或稍浅波状，腹面密被糙伏毛，很少近无毛，背面被糙硬毛，有时仅脉上被毛；侧脉每边5～7条，很少达9条；叶柄较长，被糙硬毛。聚伞花序腋生，有花1～5朵；花序梗长

图版 222　1～4. **黄花恋岩花** Sinacanthus lofouensis (H. Lévl.) Y. F. Deng, D. Z. Li et E. Tripp　1. 花枝；2. 花冠剖面示雄蕊；3. 花药与花丝；4. 开裂蒴果。　5～8. **长柄恋岩花** S. longipes (H. S. Lo et D. Fang) Y. F. Deng, D. Z. Li et E. Tripp　5. 植株；6. 花枝；7. 花冠剖面示雄蕊；8. 开裂蒴果。　(林文宏绘，1～4、7～8 摹自 FOC 19 卷 342 页)

0.5～10 cm，被糙硬毛；萼裂片线形，长 10～12 mm，结果时长达 17 mm，被白色长柔毛；花冠淡紫色，长 3.5～4 cm，喉部前方稍膨大，裂片扁圆形，长约 8 mm；雄蕊花药 2 室，药室稍不等大，基部均有 2 枚芒刺状的距，药隔被毛。蒴果线状长圆形，长约 11 mm，密被柔毛，有种子 12～16 粒。　花期 4 月。　产于那坡、靖西、宁明和龙州；生于石灰岩山地林下，海拔 800～1 200 m。分布于云南，越南北部也有。

3. **龙州恋岩花**（云南植物研究）

Sinacacanthus longzhouensis（H. S. Lo）Y. F. Deng，D. Z. Li et E. Tripp，comb. nov. ——*Echinacanthus longzhouensis* H. S. Lo 于云南植物研究 **7**(2)：140. 1985；J. R. I. Wood，Edinburgh J. Bot. **51**(2)：186. 1994；方鼎等于广西植物 **17**(1)：26. 1997；中国植物志 **70**：82. 2002；Fl. China **19**：433. 2011.

灌木，高 3 m；老枝圆柱形，有突起的皮孔，嫩枝方柱形，长 4.5～8.5 cm，顶端常短尖，全缘，两面无毛，或除中脉外近无毛；侧脉每边 6～7 条，网脉两面不明显；叶柄长 1～3.5 cm，被短柔毛。聚伞花序腋生，花序梗直，被短柔毛，长 1～1.5 cm，通常有 2 或 3 个分枝，每个分枝上有花 1～3 朵；苞片叶状，狭披针形，长 1～1.5 cm，被短柔毛；萼裂片线形，长 11～14 mm，果时达 20 mm，渐尖，外面被腺毛；花冠紫色，长约 3.5 cm，两面无毛；雄蕊花丝被疏柔毛，药室基部有 2 个苞刺距，药隔被长缘毛，顶端突出。蒴果线状长圆形，长 1.3～1.5 cm，密被柔毛，有种子 8 粒。　花期 7～8 月。　产于宁明和龙州；生于密林中石上，海拔 350～530 m。广东（阳春）也有分布。

4. **腺毛恋岩花**（新拟）

Sinacanthus glandulosa Y. F. Deng，sp. nov.

披散灌木；茎长达 1 m，被柔毛。叶柄长 0.5～1.5 cm，被柔毛；叶片椭圆形，长 2～5 cm，宽 0.8～2 cm，两面无毛，基部楔形至近圆形，边缘全缘，具睫毛，顶端急尖；侧脉 4～6 对。聚伞花序腋生，具花 1～3 朵；花序梗被短柔毛，长约 1 cm；苞片披针形，长 0.9～1.1 cm，被腺毛；花萼 5 裂至近基部，长约 1 cm，被腺毛；花冠蓝紫色，长约 3 cm，外面被腺毛，雄蕊花丝被疏柔毛，药室基部有 2 个芒状附属物，药隔被长缘毛，顶端突出。蒴果线状长圆形，长约 1 cm，密被柔毛，有种子 8 粒。　花期 9～10 月。　广西特产，产于融安、柳江、融水、宜州等地；生于林下石上，海拔 200～400 m。

7. 地皮消属　Pararuellia Bremek. et Nannenga-Bremek.

多年生草本；茎短，合轴式，基部节上常生纤维状根。叶基生，莲座状排列，具柄；叶片边缘常有不明显的圆齿且多少呈皱波状。花无梗，组成或顶生或有时腋生的穗状花序，稀仅花序轴的顶端生花而呈头状花序式；苞片大，对生，其内有花 1 至多朵；小苞片通常比萼短；萼 5 裂，裂片等大；花冠白色或淡蓝色，花冠筒圆筒状，喉部扩大，冠檐等大的 5 裂，裂片顶端圆或微缺，旋转状排列；雄蕊 4 枚，2 强，着生在喉部的近基部，后雄蕊的着生位置高于前雄蕊，花丝无毛，花药蝴蝶形，药隔宽阔，两端凹入；子房筒状，2 室，每室有胚珠 4～8 颗，柱头 2 裂，后裂片短或有时退化，前裂片扁平。蒴果圆筒状，自基部即着生种子；种子每室 4～8 粒，透镜状，被毛。　本属约 10 余种，分布于亚洲东南部。我国约有 4 或 5 种，产于西南部至南部；广西产 2 种。

分种检索表

1. 苞片心形至近圆形，通常仅内含 1 朵花 ………………………… 1. **海南地皮消** P. hainanensis C. Y. Wu et H. S. Lo
1. 苞片长圆形、椭圆形或卵形，通常内含多朵花 ……………………… 2. **罗甸地皮消** P. cavaleriei（H. Lévl.）E. Hossain

1. **海南地皮消**（中国植物志）　海南莲楠草（海南植物志）

Pararuellia hainanensis C. Y. Wu et H. S. Lo 于海南植物志 **3**：550，593，图 928. 1974；方鼎等于广西植物 **17**(1)：27. 1997；中国植物志 **70**：54，图版 5：12～17. 2002；广东植物志 **9**：111. 2009；Fl. China **19**：435. 2011.

多年生草本；茎极短。叶莲座状着生；叶柄长 0.5～1.5 cm；叶片倒卵形至倒卵状披针形，长 4.5～14 cm，宽 2.5～4.3 cm，顶端圆或有时钝，稀急尖，基部楔形，边缘皱波状，被缘毛，腹面被疏散长糙伏毛，背面被微柔毛，脉上被糙伏毛；侧脉 5～7 对。穗状花序长 4～15 cm，具花 2～5 对；总苞片心状卵形或近圆形，长 0.5～3(6.5) cm，宽 0.5～1.8(6.5) cm，具羽状脉，外面被糙伏毛，内面无毛；小苞片披针形，长 2.5～3 mm；宽 0.6 mm；花萼长 5～6 mm，裂片线状披针形，长 3 mm，外面被稀疏糙伏毛；花冠白色或蓝色，长 1.2～1.6 cm，外面被短柔毛，内面无毛，花冠筒细长，圆筒状，长 7 mm，直径 1 mm，喉部长 2.3 mm，直径 4 mm，冠檐二唇形，裂片近等大，长 2.5 mm，宽 2 mm；能育雄蕊 4 枚，花丝无毛，长花丝 1.8 mm，着生于喉的中下部，短花丝 1 mm，着生于喉的基部，花药蝴蝶形；子房长约 3 mm，无毛，每室具 4 颗胚珠；花柱长 16 mm，被白色微柔毛，柱头不等 2 裂，裂片下弯。蒴果狭圆柱状，长 1.4 cm，无毛；种子倒卵形，两侧压扁，长约 1 mm。　花期秋季。　产于百色和隆林等地；生于林下阴湿处或溪边石上。分布于海南和贵州。

2．**罗甸地皮消**（中国种子植物数据库）　贵州地皮消（贵州植物志）　滇地皮消（云南植物志）

Pararuellia cavaleriei (H. Lévl.) E. Hossain in Not. Bot. Gard. Edinb. **32**(2)：409. 1973；中国植物志 **70**：54. 2002；贵州植物志 **10**：219. 2004；中国高等植物 **10**：344，图 519. 2004；云南植物志 **16**：652. 2006；Fl. China **19**：435. 2011. ——*Ruellia cavaleriei* H. Lévl. in Fedde，Repert. Sp. Nov. **12**：21. 1913. ——*R. drimorphila* auct. non. (Diels) Hand.-Mazz.：Merr et Chun in Sunyatsenia **5**：185. 1940；广西植物名录（第二册）704. 1971.

多年草本；茎缩短，长约 1.5 cm。叶对生；成莲座丛状，叶柄长 0.7～2.7 cm；叶片倒披针形或匙形，长 4～12 cm，宽 1～3 cm，顶端圆或急尖，基部渐狭，下延，边缘啮蚀状，两面被稀疏糙伏毛，脉上较密钟乳体明显；侧脉 7～10 对。花组成头状复聚伞花序，在花茎上着生 1～2 节花序，花茎被稀疏糙伏毛；苞片叶状，长圆形、椭圆形或卵形，长(0.5)2～4 cm，宽(0.3)1～1.5 cm，顶端急尖，基部阔楔形，基部有长 0.5～2 cm 的短柄，侧脉 4～6 对，无毛，钟乳体明显，内含多朵花；小苞片三角状披针形，长 3.5 mm，宽 1 mm；花萼长 5 mm，除基部外疏被微小头状腺毛，裂片近等大，三角状披针形，长 3 mm，宽 0.7 mm；花冠紫色、淡蓝色、黄色及白色，外面被微柔毛，不久冠檐及喉部的毛脱落，花冠管状，长 10 mm，喉部长约 4 mm，冠檐 5 裂片近方形，顶端微凹，长、宽 6 mm；雄蕊 4 枚，着生于喉部下端，长花丝长 3 mm，短花丝长 1.5 mm，连同花药无毛；花粉粒圆球形，具蜂窝状纹饰；子房狭卵形，长 3 mm，直径 1 mm，无毛；花柱长 10 mm，花柱疏被白色短柔毛，柱头 2 裂。蒴果圆筒形，无毛，长 15 mm，直径 3 mm，内有种子 8～12 粒；种子宽卵形，长 1.4 mm，直径 1 mm，密被白色长毛。　产于罗城、乐业、南丹和天峨等地；生于 150～1 400 m 的草坡或疏林下。模式标本采自贵州罗甸。分布于贵州、重庆、湖北及云南。　本种与**海南地皮消**（*Pararuellia hainanensis* C. Y. Wu et H. S. Lo）的主要区别在于本种苞片内具多朵花。

8．飞来蓝属　Pseudosiphonium Y. F. Deng，D. Z. Li et E. Tripp

草本；茎直立，分枝或不分枝。叶具柄。花序总状或穗状，顶生，或花 1 至数朵腋生或顶生；苞片和小苞片狭，比萼短；萼 5 深裂达基部，裂片狭而长，极短尖；花冠黄色或橙黄色，少为白色或蓝紫色，漏斗状或高脚蝶状，管细长，向上扩大或漏斗状内弯的喉部，冠檐裂片近等大，通常椭圆形或倒卵形，顶端圆，伸展，芽中旋转状排列；雄蕊 4 枚，2 强，着生于喉部之底，外对比内对长，花药线状长圆形，基部箭形，顶端钝，无不育雄蕊；子房线形，每室有胚珠 10～20 颗，柱头后裂片比前裂片短一半，背腹扁平。蒴果圆柱状，自基部即有种子；种子压扁，有珠柄钩承托。　约 11 种，除下述 1 种外，全产于巴布亚新几内亚岛及其邻近地区。

飞来蓝（植物研究）　拟地皮消（中国高等植物图鉴）

Pseudosiphonium venustum (Hance) Y. F. Deng，D. Z. Li et E. Tripp，comb. nov. ——*Ruellia venusta*

Hance in J. Bot. **6**: 92. 1868; Forbes et Hemsl. in Journ. Linn. Soc. Bot. **26**: 238. 1891; Dunn et Tutch. in Kew Bull. add. ser. **10**: 197. 1912. ——*Leptosiphonium venustum* (Hance) E. Hossain in Notes Roy. Bot. Gard. Edinburgh **32**(3): 408. 1973; 中国高等植物图鉴 **4**: 155, 图 5723. 1975; 植物研究 **1**(4): 102. 1981; 福建植物志 **5**: 127, 图 133. 1993; 中国植物志 **70**: 58, 图版 6: 1～5. 2002; 中国高等植物 **10**: 345, 图 521. 2004; 广东植物志 **9**: 112, 图 59. 2009; Fl. China **19**: 436. 2011. ——*Ruellia seclusa* S. Moore in J. Bot. **14**: 208. 1876; Forbes et Hemsl. in Journ. Linn. Soc. Bot. **26**: 238. 1891.

直立草本，高达 60 cm；茎不分枝或极少分枝。叶柄长 3～8 mm；叶片矩圆状披针形、披针形至倒披针形，长 5～12 cm，宽 1.5～3 cm，基部楔形，下延，边缘略浅波状，顶端锐尖，两面无毛，侧脉 5～8 对。花单生于上部叶腋或数朵集生于枝顶成聚伞花序；苞片披针形，长 5～7 mm；小苞片近叶状，披针形至椭圆形，长 0.7～3 cm，宽 0.2～0.6 cm，外面无毛；花萼长 7～8 mm，5 深裂至中部以下，裂片狭披针形，外面疏被短柔毛，内面疏被腺状绒毛；花冠长 4～5.5 cm，高脚碟状，白色或淡紫色，基部花冠筒细长，长 2～3.5 cm，花冠 5 裂，裂片近等大，长 0.8～1.5 cm，宽 0.4～0.6 cm，边缘浅波状；雄蕊 4 枚，2 强，长雄蕊花丝长约 7 mm，短雄蕊花丝长约 4 mm，均无毛，花药药室长约 2 mm，药隔斧形；子房无毛，花柱长 3.5～4.5 cm，疏被短柔毛，柱头不等 2 裂。蒴果圆柱形，长 2.5～3 cm，无毛；种子两侧压扁，阔长圆形，长 2.5 mm，宽约 1.5 mm，边缘密被其余疏被短伏毛。 产于钟山；生于疏林下。分布于安徽、福建、江西、湖北、湖南和广东。

9. 楠草属 Dipteracanthus Nees

草本；基部常匍匐或外倾。叶片通常全缘。花梗或具短梗，腋生，单生或 3 朵成束；小苞片叶状；萼深 5 裂，裂片等大；花冠筒圆筒状，喉部扩大，冠檐 5 裂，裂片近等大，通常卵状近圆形，伸展，旋转状排列；雄蕊 4 枚，2 强，前雄蕊花丝稍长，花药长圆形，基部叉开呈箭形，药隔顶端有时具方形附属物；子房 2 室，每室有 3～8 颗胚珠，花柱通常被短硬毛，柱头前裂片退化，后裂片背腹扁平。蒴果棒状，下部坚实不育；种子每室 3～8 颗，边缘增厚且被毛，其余部分无毛或被疏柔毛，珠柄钩弯钩状，顶端齿状 2 裂。 本属约 15 种，分布在亚洲东南部和非洲东部。我国有 1 种，产于南部和西南部。

楠草（海南植物志） 匍匐消（中国高等植物图鉴） 芦利草（植物学名词审查本） 小苞爵床（广西植物名录）

Dipteracanthus repens (L.) Hassk. in Tijdschr. Nat. Gesch. **10**: 129. 1843; Bremek. in Verh. Ned. Akad. Wetensch. Afd. Naturk. Tweede Sect. **45**(1): 18. 1948; 广州植物志 621. 1956; 广西植物名录（第二册）705. 1971; 海南植物志 **3**: 549. 1974; 中国高等植物图鉴 **4**: 155. 1975; 云南种子植物名录（下册）1674. 1984; 中国植物志 **70**: 50, 图版 5: 1～5. 2002; 中国高等植物 **10**: 343, 图 518. 2004; 云南植物志 **16**: 651, 图版 185: 1～5. 2006; Fl. Hong Kong **3**: 168. 2009; 广东植物志 **9**: 110, 图 57. 2009; 深圳植物志 **3**: 396, 图 418. 2012. ——*Ruellia repens* Linn., Mant. 98. 1767; Benoist in H. Lecomte, Fl. Gen. Indo-Chine **4**: 649. 1935; Merr. in Lingnan Sci. J. **6**: 286. 1928 et Sunyatsenia **1**: 6, Pl. 13: 1. 1930; 广州植物志 621. 1956; Fl. China **19**: 436. 2011. ——*Dipteracanthus lanceolatus* Nees in Wall., Pl. As. Rar. **3**: 82. 1832 et in DC, Prodr. **11**: 124, 1847.

多年生披散草本，高 15～50 cm；茎近四棱形，基部常匍匐，节上生根，多分枝，无毛或幼时被微柔毛。叶柄长 3～5 mm；叶片薄纸质，卵形至披针形，长 1.5～4 cm，宽 0.8～2 cm，基部阔楔形至近圆形，顶端渐尖或短渐尖，有时钝，边缘全缘，两面散生透明、干时白色的疏柔毛；侧脉 4～5 对。花 1～3 朵簇生于叶腋；花梗长约 1 mm；小苞片叶状，卵形至卵状长圆形，长 8～10 mm；花萼 5 裂，裂片披针形，长约 5 mm，近无毛，边缘疏被睫毛；花冠钟状，白色、淡紫色或粉红色，长 1.2～2 cm，外面被短柔毛，花冠筒长约 5 mm，口部直径约 5 mm,裂片卵形,长约 3 mm,宽约 3 mm,顶端钝;雄蕊 4 枚,2 强,内藏,长雄蕊长约 5 mm,短雄蕊长约 2 mm,花丝无毛,花药长圆形,长约 1 mm;子房被柔毛,花柱长约 1 cm,柱头 2 裂,裂片不等大。蒴果长约 1.2 cm,基部具短柄,被柔毛,具种子 12～16 粒,彼此重叠;种子近球形,直径约 3 mm,被紧贴柔毛,边缘具膜质的翅。 花期早春。 产于广西东部至南部;生于路边或空旷草地上,海拔约 300 m。分布于云南、台湾、广东和海南等省区;亚洲东南部均有。

10. 水蓑衣属 Hygrophila R. Br.

多年生草本或半灌木;具点状或针状钟乳体;茎直立,有时基部向外倾,具 4 棱,无刺或稀具由小苞片特化而成的刺。叶对生;具短柄或无柄;叶片边缘全缘或浅波状,稀具不明显的锯齿。花无梗,多朵簇生于叶腋;苞片椭圆形或披针形;小苞片小;花萼管状,5 裂至中部以上,裂片等大或稍不等大;花冠筒稍阔,喉部常一侧膨大,花冠二唇形,上唇直立,内凹,2 裂,下唇稍伸展或近直立,顶端浅 3 裂,裂片在花芽时旋转状排列;雄蕊 4 枚,2 强,花丝基部常有下延的薄膜相连接,花药 2 室,药室平排,等大,基部无附属物或有时具不明显的短尖;子房长圆形,2 室,每室有胚珠 4 至多颗,花柱丝状,伸长,柱头 2 裂。蒴果条形或长圆筒形,具硬而弯曲的珠柄钩,具种子 8 至多数。种子近圆形或阔卵形,两侧压扁,被紧贴的吸湿性白色绒毛。 约 80 种,分布在热带和亚热带的沼泽地区。我国约有 6 种,产于东部至西南部各地;广西 3 种和 2 变种。

分种检索表

1. 穗状花序顶生;雄蕊 2 枚 ………………………………………………… 1. **小狮子草** H. polysperma (Roxb.) T. Anderson
1. 花簇生于叶腋;雄蕊 4 枚。
    2. 叶片两面无毛或近无毛 ……………………………………………………………… 2. **水蓑衣** H. ringens (L.) R. Br.
    2. 叶片两面被贴伏的硬毛 ……………………………………………………… 3. **小叶水蓑衣** H. erecta (Burm. f.) Hoch.

1. **小狮子草**(中国种子植物科属词典) 图版 223:1～3

Hygrophila polysperma (Roxb.) T. Anderson in J. Linn. Soc. Bot. **9**: 456. 1867; C. B. Clarke in Hook. f. Fl. Brist. Ind. **4**: 406. 1884; Merr. in Phil. Jour. Sci. **12**: 109. 1917; 中国植物志 **70**: 72. 2002; 中国高等植物 **10**: 350, 图 529. 2004; 云南植物志 **16**: 665. 2006; Fl. China **19**: 430. 2011. ——*Justicia polysperma* Roxb., Hort. Beng. 3. 1814 et Fl. Ind. **1**: 119. 1832. ——*Hemiadelphis polysperma* (Roxb.) Nees in Wall. Pl. Asiat. Rar. **3**: 80. 1832; 方鼎等于广西植物 **17**(1): 41. 1997; 广东植物志 **9**: 128. 2009.

一年生草本;茎匍匐,高约 10 cm,被微柔毛,不久变光滑。叶片长圆状披针形,长 0.6～2 cm,宽 0.4～1.5 cm,顶端钝,基部楔形,边缘波状,两面光滑无毛。穗状花序顶生,长约 1.5 cm;苞片卵形或倒卵形,长 5～8 mm,宽约 3 mm,顶端钝,两面被柔毛,覆瓦状排列;小苞片披针形,长 3～5 mm,宽约 1 mm,边缘被睫毛;花萼长约 6 mm,5 浅裂至中部,裂片不等大,线形,长约 3.5 mm,顶端渐尖;花冠长约 8 mm,白色,花冠筒长约 3.5 mm,檐部二唇形,上唇长圆状卵形,长约 1 mm,2 浅裂,下唇长约 2 mm,3 裂,裂片近等大,圆形,直径约 1 mm;雄蕊 2 枚,伸出花冠外,着生于花冠筒下部,花丝两侧有薄膜互相连接;花柱单一。蒴果线状长圆形,长约 8 mm,光滑;种子 14～30 粒,卵形,长约 1 mm,宽 0.5 mm,两面突起。 花期 11 月。 产于龙州、阳朔和桂林(雁山);生于水旁。分布于广东;斯里兰卡、印度等国也有。

2. **水蓑衣**(救荒本草) 柳叶水蓑衣(台湾植物志)

Hygrophila ringens (L.) R. Br., Prod. 479. 1810; Spreng., Syst. Veg. **2**: 828. 1825; Fl. Hong Kong **3**: 168. 2009; Fl. China **19**: 431. 2011; 深圳植物志 **3**: 394, 图 416. 2012. ——*Ruellia ringens* L., Sp. Pl. **2**: 635. 1753. ——*Dipteracanthus ringens* (L.) Abeyw., Ceylon Journ. Sci., Biol. Sci. **2**: 225. 1959. ——*Ruellia salicifolia* Vahl, Symb. Bot. **3**: 84. 1794. ——*Hygrophila salicifolia* (Vahl) Nees in Wall. Pl. Asiat.

图版 223　1～3. **小狮子草** Hygrophila polysperma T. Anderson　1. 植株；2. 苞片；3. 小苞片。　4. **矮裸柱草** Gymnostachyum subrosulatum H. S. Lo　4. 植株。　5～10. **叉序草** Isoglossa collina (T. Anderson) E. Hansen　5. 植株部分示果序；6. 花冠剖面示雄蕊；7. 雄蕊示药室和花丝；8. 雌蕊；9. 蒴果；10. 苞片。　（林文宏绘）

Rar. **3**:81. 1832;Merr. in Lingn. Sci. J. **5**:168. 1927;Hand. -Mazz. ,Symb. Sin. **7**:890. 1936;广州植物志 621. 1956;江苏南部种子植物手册 700,图 1130. 1959;广西植物名录(第二册)702. 1971;海南植物志 **3**:545,图 919. 1974;中国高等植物图鉴 **4**:154,图 5722. 1975;台湾植物志 **4**:640,图版 1138. 1978;江苏植物志(下册)774,图 2025. 1982;云南种子植物名录(下册)1677. 1984;安徽植物志 **3**:390,图 2154. 1991;福建植物志 **5**:126. 图 132. 1993;浙江植物志 **6**:79,图 6～102. 1993;河南植物志 **3**:470,图 2009. 1997;台湾植物志(第二版)**4**:661. 图版 302. 1998;中国植物志 **70**:69. 2002;湖北植物志 **3**:599,图 2392. 2002;贵州植物志 **10**:225. 2004;中国高等植物 **10**:349,图 527. 2004;贵州植物志 **10**:225. 2004;云南植物志 **16**:663,图版 188:1～8. 2006;广东植物志 **9**:113,图 113. 2009. ——*Justicia lancea* Thunb. ,Trans. Linn. Soc. **2**:338. 1794. ——*Hygrophila lancea*(Thunb.)Miq. ,Ann. Mus. Bot. Lugd. -Bat. **2**:123. 1865;台湾植物志 **4**:640. 1978;台湾植物志(第二版)**4**:660. 1998. ——*Ruellia quadrivalvis* Buch. -Ham. ,Trans. Linn. Soc. London **14**:291. 1825. ——*Hygrophila quardrivalvis* (Buch. -Ham.) Nees in Wall. ,Pl. As. Rar. **3**:81. 1832. ——*H. angustifolia* R. Br. ,Prodr. Fl. Nov. Holland. 479. 1810;Benoist,Bull. Soc. Bot. Fr. **60**:270. 1913. ——*H. salicifolia* var. *angustifolia*(R. Br.)Kuntze,Revis. Gen. Pl. 491. 1891.

2a. **水蓑衣(原变种)**

Hygrophila ringens (L). R. Br. var. ringens

直立草本,高可达 1 m;茎直立或基部外倾,四棱形,具沟槽,仅节上疏被柔毛,基部节上生根。叶柄长 0.5～1 cm,或近无柄,具 2 列多细胞的粗毛;叶片纸质,条形或披针状椭圆形,稀狭椭圆形,长 2～12 cm,宽 0.2～2 cm,基部渐狭至狭楔形,边缘全缘,顶端钝,两面无毛,有时在基部被多细胞的透明粗毛,密布针状钟乳体,侧脉 5～9 对,在上面稍明显,平坦或有时突起,在背面明显,稍突起。花 2～7 朵簇生于叶腋,有时假轮生;苞片卵形,长 6～7 mm,宽 3～3.5 mm,边缘具睫毛;小苞片披针形,长 4～5 mm,宽约 1 mm,边缘具睫毛;花萼长 0.8～1 cm,5 裂至中部,裂片稍不等大,条形,宽约 1 mm,渐尖,顶端被皱曲的长柔毛;花冠淡紫色或粉红色,长 0.7～1.2 cm,被柔毛,基部花冠筒圆筒形部分长 3～5 mm,向上逐渐扩大,二唇形,上唇长卵状三角形,长约 3.5 mm,宽约 2 mm,2 浅裂,下唇长圆形,长约 4 mm,宽约 3 mm,3 裂,裂片卵形,长约 1 mm,宽约 1 mm;雄蕊 4 枚,2 强,长雄蕊长约 3 mm,短雄蕊长约 1.5 mm;子房无毛,花柱长约 5 mm,无毛。蒴果比宿存花萼长 1/3～1/4,干时淡褐色,无毛;种子多数,近圆形,直径约 1 mm,扁,黑褐色,边缘黄白色,表面密被吸湿性白色长绒毛。 花期秋季。 产于广西各地;生于湿地或沟溪边。分布于我国长江以南各地;亚洲东南部至东部均有。 全草可入药,有健胃消食和清热消肿之效。

2b. **大花水蓑衣**(广州植物志)

Hygrophila ringens (L.) R. Rr var. megalantha(Merr.)Y. F. Deng,comb. nov. ——*H. megalantha* Merr. in Philip. J. Sci. Bot. **12**:110. 1917;广州植物志 621. 1956;中国植物志 **70**:71. 2002;中国高等植物 **10**:350,图 528. 2004;Fl. Hong Kong **3**:169. 2009;广东植物志 **9**:113. 2009. ——*H. salicifolia* (Vahl) Nees var. *megalantha*(Merr.)H. S. Lo et L. D. Chou 于广西植物 **16**:374. 1996.

本变种与原变种的区别是植物各部均较粗壮,花冠长达 2.5 cm,蒴果长 1.5 cm。 花期冬季。 广西仅一些药圃、园圃或种药场有栽培。分布于福建和广东,栽培或逸为野生。原产地为中南半岛。 本变种植物的种子在华南地区作"天仙子"入药,为避免与茄科植物**莨菪**(*Hyoscyamus niger* L.)混淆,故又称"南天仙子";入药以外用为主,少见配方内服,常用于治虫蛇咬伤和痈疮肿毒。

2c. **贵港水蓑衣**(变种)(广西植物) 娘勾根(贵港)

Hygrophila ringens (L.) R. Br var. longihirsuta (H. S. Lo et D. Fang) Y. F. Deng in Fl. China **19**:431. 2011. ——*H. salifolia* (Vahl) Nees var. *longihirsuta* H. S. Lo et D. Fang 于广西植物 **17**(1):41. 1997.

本变种茎粗壮,蒴果长 15～17 mm,与**大花水蓑衣**[*H. ringens* (L.)]相似,但以小苞片和宿存的萼裂片被锈色长硬毛,而与上述二变种相区别。 产于贵港;生于水旁或田边。

3. 小叶水蓑衣(海南植物志)

Hygrophila erecta (Burm. f.) Hoch. in Candollea **5**:230. 1934;海南植物志 **3**:546. 1974;方鼎等于广西植物 **17**(1):41. 1997;中国植物志 **70**:71. 2002;中国高等植物 **10**:351. 图 501. 2004;云南植物志 **16**:663. 2006;广东植物志 **9**:114. 2009;Fl. China **19**:431. 2011. ——*Ruellia erecta* Burm. f., Fl. Ind. 135, t. 41, f. 3. 1768.

多年生草本,长约 40～70 cm;茎、枝、叶片两面、苞片和花萼背面被白色具节硬毛;茎下部匍匐,上部和枝具沟。叶同对等大;叶片椭圆形至狭长圆状椭圆形,长 2～6(10) cm,宽 0.5～1.5 cm,两面及茎与枝的上部、苞片和花萼均密布白色钟乳体;侧脉每边 10～11 条;无叶柄。花簇生于茎和小枝上部叶腋,无花序梗;苞片长圆状披针形,长约 8 mm;花萼长约 7 mm,5 裂近基部,裂片线状披针形,和苞片被长缘毛;花冠淡紫色或白色,长约 15 mm,外被微毛;雄蕊 4 枚,2 强。蒴果长 8～9 mm,外面无毛。　花期 9～10 月。

产于贺州、柳州、钦州和宁明;生于沟边或湿地,海拔约 180 m。分布于海南,缅甸和印度也有。

11. 色萼花属　Chroesthes Benoist

灌木。叶片全缘,有柄,椭圆状披针形或披针形,同 1 节上的叶多少不等大或近等大。花序为多少间断、具短小分枝的聚伞圆锥花序;苞片和小苞片淡绿色,但常染淡蓝的色彩;花萼 5 裂,裂片不等大,基部合生,后裂片最大,2 前裂片通常比 2 侧裂片稍大;花冠下部圆筒状,上部扩大呈漏斗状,冠檐二唇形,裂片覆瓦状排列,上唇裂隙较下唇浅;雄蕊 4 枚,离生,后对雄蕊较前对稍短,着生于冠筒喉部,花药 2 室,药室平行,1 高 1 低,背部被柔毛,药室基部均具长而短尖的距;子房每室有胚珠 2 颗,花柱下部被柔毛。蒴果长圆状,下部不收缩成柄状;种子压扁,被淡褐色微柔毛。　3 种,分布于缅甸、中南半岛诸国和马来西亚;我国有 1 种,产于西南部。

色萼花(中国高等植物图鉴)　图版 224:1～6

Chroesthes lanceolato (T. Anderson) B. Hansen in Nordic J. Bot. **3**:209. 1983;中国植物志 **70**:202,图版 31:13～18. 2002;中国高等植物 **10**:384,图 575. 2004;云南植物志 **16**:737,图版 211:1～6. 2006;Fl. China **19**:472. 2011. ——*Asystasia lanceolata* T. Anderson in J. Linn. Soc., Bot. **9**:524. 1867;C. B. Clarke in Hook. f., Fl. Brit. India **4**:495. 1884. ——*A. silvicola* W. W. Sm. in Notes Roy. Bot. Gard. Edinburgh **10**:170. 1918. ——*Chroestes silvicola* (W. W. Sm.) E. Hassain in Not. Bot. Gard. Edinburgh **32**:405. 1973;云南种子植物名录(下册)1672. 1984. ——*C. pubiflora* Benoist in Bull. Mus. Hist. Nat. (Paris) **33**:107. 1927 et in H. Lecomte. Fl. Gen. Indo-Chine **4**:684. 1935;中国高等植物图鉴 **4**:165,图 5744. 1975;云南种子植物名录(下册) 1672. 1984. ——*C. racemiflora* Bremek. in Dansk Bot. Ark. **20**:73. 1961.

灌木,高 0.5～3 m;茎纤细,少分枝,圆柱形,无毛或被短柔毛,节间延长。叶不等大;叶柄长 1～2.5 cm;叶片倒披针形至披针形,长 10～16 cm,宽 3～4 cm,顶端渐尖,基部渐狭或楔形,边缘全缘,稍波状,两面无毛或背面沿脉被短柔毛,侧脉 5～9 对。聚伞圆锥花序穗状,长 3.5～8 cm,有枝或不分枝;花对生或 2～3 朵聚成聚伞花序;苞片长圆状披针形或阔披针形,长 3～9 mm,宽 1～3 mm,顶端短渐尖,被腺状短柔毛,中肋及侧脉明显;小苞片与苞片相似,较小,长 4～9 mm,宽 0.7～1.2 mm;花梗长 1～5 mm;花萼长 1～1.6 cm,外被腺毛,内被柔毛,后方裂片披针形较宽,两侧的线状披针形,前方的稍宽,宽 1～1.5 mm,明显具脉,前方 1 对裂片通常在其长 2/3 处多少联合;花冠二唇形,白色,带粉红色或紫色的斑点,长约 2.5 cm,外被长柔毛,冠筒狭处柱形,长约 9 mm,里面光滑,膨大处长 1.5 cm,里面光滑,后方 2 冠檐裂片在其一半处联合,前方 3 枚分离;雄蕊 4 枚,2 强,内藏,着生于花冠扩大部的基部,花丝长 1～1.2 cm,无毛,花药略白色,药室边缘和顶端有短毛,基部具距;子房顶端有毛,花柱长 2.5 cm,基部有微柔毛。蒴果 1.2～1.6 cm,具圆形,顶端稍被微柔毛或光滑;种子 4 粒,压扁,圆形,具短毛。　花期 3～5

图版 224 1～6. **色萼花** Chroesthes lanceolato (T. Anders.) B. Hansen 1. 植株部分；2. 小苞片放大；3. 花冠展开放大示雄蕊着生及柱状花筒；4. 雄蕊放大；5. 花萼裂片展开及雌蕊放大；6. 蒴果及种子。 7～12. **鸭嘴花** Justicia adhatoda L. 7. 植株部分；8. 苞片放大；9. 小苞片放大；10. 花冠展开，示雄蕊及喉部毛被；11. 子房及花萼；12. 蒴果。（朱运喜绘，6 摹自《中国植物志(70)》. 199 图版 31，12 摹自《中国植物志(70)》. 276 图版 43）

月。 产于横县、宾阳、邕宁、扶绥、平果、德保、那坡和百色等地；生于林中。分布于云南西南部和南部；缅甸、泰国、老挝和越南也有。 民间用全草治痢疾。

12. 鳞花草属 Lepidagathis Willd.

草本或小灌木。叶片通常全缘或有时圆齿。花无梗，组成顶生或腋生、单生或簇生、通常密花的穗状花序；苞片革质，比萼裂片大；小苞片小；花萼深5裂或2前裂片多少合生，裂片不等大；冠筒喉部常一侧扩大，檐部二唇形，上唇近直立或稍伸展，顶端微缺或浅2裂，下唇伸展，3裂，裂片双盖覆瓦状排列，近等大或中裂片稍大；雄蕊4枚，2强，着生在喉部，内藏，花丝短，花药2室，药室等大，1上1下或斜叠生，无附属物；子房每室有胚珠2颗，花柱线形，柱头不分裂或浅2裂。蒴果长圆形；种子每室2粒，偶有1数，近圆形，两侧压扁，有珠柄钩承托。 本属约80种，分布于热带地区；我国有6～7种；广西3种。

分种检索表

1. 花萼前面1对裂片中部以下合生 …………………………………………………… 1. **鳞花草** L. incurva D. Don
1. 花萼前面1对裂片深裂达基部。
  2. 叶片长椭圆形至长圆状椭圆形，边全缘 …………………………………… 2. **海南鳞花草** L. hainanensis H. S. Lo
  2. 叶片卵形，边具圆齿 …………………………………………………………… 3. **齿叶鳞花草** L fasciculata (Retz.) Nees

1. 鳞花草（植物学名词审查本）

Lepidagathis incurva D. Don in Prodr. Fl. Nepal. 119. 1825；Hand. -Mazz. ，Symb. Sin. 7：896. 1936；广州植物志 620. 1956；广西植物名录（第二册）703. 1971；海南植物志 3：552. 1974；中国高等植物图鉴 4：165，图 5743. 1975；云南种子植物名录（下册）1677. 1984；中国植物志 70：200，图版 31：1～3. 2002；中国高等植物 10：384，图 574. 2004；贵州植物志 10：260，图版 75：1～2. 2004；云南植物志 16：736，图版 210：1～5. 2006；Fl. Hong Kong 3：173，fig. 161. 2009；广东植物志 9：123. 2009；Fl. China 19：471. 2011；深圳植物志 3：401，图 423. 2012. ——*L. hyalina* Nees in Wall. Pl. Asiat. Rar. 3：95. 1832；T. Anderson in J. Linn. Soc. ，Bot. 9：498. 1867；C. B. Clarke in Hook. f. Fl. Brit. India 4：521. 1885；Hemsl. in J. Linn. Soc. ，Bot. 26：244. 1890；Merr. in Lingnan. Sci. J. 5：169. 1927.

草本，高 0.2～0.8 m；多分枝，茎四棱形，幼时被毛，后变无毛，节部被毛，密被点状钟乳体。叶柄长 1～4 cm，具沟槽，密布白色点状钟乳体；叶片纸质，卵形、长圆形、卵状披针形，长 2～10 cm，宽 1～5 cm，基部楔形，下延至叶柄两侧呈狭翅，顶端渐尖或急尖，边缘通常浅波状或具疏齿，上面绿色，有光泽，背面淡绿色，两面无毛，有时背面沿脉疏被短柔毛，两面均有稍粗的针状钟乳体，沿脉尤密；侧脉 4～8 条，弧曲，近叶缘网结，在上面平坦，在背面隆起，网脉在上面不明显，在背面明显。穗状花序顶生，卵形，长 1～3 cm，常 1～3 个簇生；花序梗长 1～3 mm，密被短柔毛；苞片淡黄白色，长圆状披针形，长 6～8 mm，宽 1.5～2 mm，顶端长渐尖，具刺状小尖头，背面密被短柔毛，边缘全缘，具长毛；小苞片长圆状披针形，长 6～7 mm，宽约 2 mm，顶端渐尖，背面密被短柔毛，边缘被长柔毛；花萼淡黄白色，长 7～9 mm，背面被柔毛，上部边缘被长毛，裂片 5 枚，顶端渐尖，具尖头，不等大，后裂片较大，条状披针形，长 7～8 mm，宽约 2 mm，淡黄白色，具 3 脉，前 2 裂片长约 8 mm，中部以下合生，侧裂片长约 6 mm，宽约 1 mm；花冠白色，具紫色条纹，长 0.7～1 mm，外面疏被柔毛，内面喉部密被白色、倒生长柔毛，基部部分圆筒形，长 4～5 mm，上唇直立，阔卵形，长约 3 mm，宽约 2 mm，不明显 2 裂，下唇长约 4 mm，宽约 3 mm，顶端 3 裂，裂片卵形，长约 1 mm，宽约 1 mm；雄蕊 4 枚，2 强，着生于花冠筒近中部，花丝丝状，长 2.5～3 mm，无毛，花药 2 室，药室邻接，斜叠生；子房卵状，长约 1 mm，顶端被长硬毛，花柱长约 8 mm，无毛。蒴果卵状长圆形，长约 6 mm，无毛，具 4 棱；种子 4 粒；种子卵状，黄褐色，长约 1 mm，宽约 1 mm，表面光滑。 花期春季。 广西中部以南地区常见；常生于近村的草地、灌木丛或河岸沙地上。分布于海南、广东和云南；印度和中南半岛诸国均有。 民间以全草治眼疾和皮肤湿疹。

2. **海南鳞花草**(海南植物志)

Lepidagathis hainanensis H. S. Lo 于海南植物志 **3**:552,598,图 925. 1974;方鼎等于广西植物 **17**(1): 41. 1997;中国植物志 **70**:198,图版 31:4～7. 2002;中国高等植物 **10**:383,图 573. 2004;广东植物志 **9**:123,图 64. 2009;Fl. China **19**:471. 2011.

多年生直立草本，高 25～30 cm 或过之；茎、枝纤细，方柱形，近无毛。叶片薄革质，长椭圆形至近长圆状椭圆形，顶端钝或圆，基部楔形，下延，同一节上的叶常极不等大，大的长 5～12 cm，宽 2～3.5 cm，小的通常长 1～2 cm，很少达 6 cm，背面被微柔毛；叶柄长达 1.5 cm，有时近无柄。穗状花序顶生或腋生，圆筒状，长达 6 cm；花序梗通常短；苞片狭披针形，长 8～10 mm，顶端芒尖，具 5～7 脉；萼被腺毛，深 5 裂，后裂片披针形，长 8～10 mm，侧裂片线形，长约 6 mm，2 前裂片线状披针形，长约 8 mm，深裂几达基部；花冠白色，长 9～10 mm；雄蕊 4 枚，药室等大。蒴果长圆状卵形，长约 6 mm，每室有 3 粒种子。 花期春季。 产于隆林和岑溪；生于林缘。分布于海南。

3. **齿叶鳞花草**(中国高等植物图鉴) 长花鳞花草(广西植物)

Lepidagathis fasciculata (Retz.) Nees in Wall. Pl. Asiat. Rar. **3**:95. 1832;DC, Prodr. **11**:260. 1847; T. Anderson in Journ. Linn. Soc. Bot. **9**:498. 1866;C. B. Clarke in Hook. f. Fl. Brit. India **4**:522. 1884;Benoist in Lecomte, Fl. Gén. Indo-Chine **4**:692. 1935;中国高等植物图鉴 **4**:165. 1975;云南种子植物名录(下册)1677. 1984;中国植物志 **70**:197. 2002;中国高等植物 **10**:382,图 571. 2004;云南植物志 **16**:734. 2006;广东植物志 **9**:123. 2009;Fl. China **19**:470. 2011. ——*Ruellia fasciculata* Retz. Obs. **4**:28. 1786. ——*Lepidagathis fasciculata* (Retz.) Nees var. *major* Clarke in Hook. f. Fl. Brit. Ind. **4**:523. 1885;方鼎等于广西植物 **17**(1):41. 1997.

草本，长 20～30 cm；茎铺散，和分枝多少被长柔毛。叶近等大，具柄；叶片卵形，长约 1～3 cm，顶端急尖，基部钝，边具圆齿，两面被疏毛，上面密布钟乳体。穗状花序单生于茎和分枝顶端，长圆形，长 1～3 cm；花序梗短；苞片常椭圆形，长 6～8 mm，绿色，顶端急尖，有 3～5 脉，边缘和两面被腺毛，每苞片具 1 朵花；小苞片倒披针形，长约 4.5 mm，绿色，边缘和上部被腺毛；花萼与苞片近等长，5 裂近基部，裂片倒披针形或近线形，绿色，毛被同小苞片；花冠白色，长约 14 mm，外面近无毛，管圆筒状，喉部钟状，上唇稍短于下唇，裂片不等大；雄蕊 2 强，花丝无毛，花药 2 室；子房近顶端密被短柔毛，花柱近无毛，柱头 2 裂，后裂片极短。 花期 3 月。 仅见于扶绥；生于石山。泰国、老挝、缅甸等国也有。 民间用全草外治毒疮。

13. 十万错属 Asystasia Blume

草本或半灌木。叶片全缘。花常美丽，单生或簇生于对生的苞片腋中，无梗或有短梗，组成顶生穗状花序、总状花序或圆锥花序；苞片和小苞片小；花萼 5 深裂或 5 全裂，裂片近相等，线形至近披针形；花冠筒直或内弯，冠筒通常短，喉部扩大呈钟形，檐部展开，裂片 5 枚，稍不等大，覆瓦状排列，2 后裂片在内方，前裂片在外方；雄蕊 4 枚，2 强，着生在喉部，花丝基部稍扩大，成对连接，花药 2 室，药室等大，近平行或 1 室高于另 1 室，基部常有微小的附属物；花盘环状或柄状；子房每室有胚珠 2 颗，花柱顶端钝或浅 2 裂。蒴果长圆形，下部柄状，实心，有 4 粒或更少的种子。 约 40 种，分布于东半球热带地区；我国有 2 或 3 种，产于西南部和南部偏西地区；广西 2 种。

分种检索表

1. 叶片较狭，狭卵形至卵状披针形 …………………………………………… 1. **十万错** A. nemorum Nees
1. 叶片较宽，卵形，长卵形 …………………………………………… 2. **宽叶十万错** A. gangetica (L.) T. Anderson

1. **十万错**(中国高等植物图鉴)　图版 225:1～4

Asystasia nemorum Nees in Wallich, Pl. Asiat. Rar. **3**: 90. 1832; Fl. China **19**: 438. 2011. ——*A. chelonoides* auct. non Nees: 中国高等植物图鉴 **4**: 169, 图 5751. 1975; 中国植物志 **70**: 215, 图版 33: 1～4. 2002; 中国高等植物 **10**: 389, 图 581. 2004; 云南植物志 **16**: 734, 图版 217: 1～4. 2006; 广东植物志 **9**: 125. 2009. ——*A. violacea* Dalzial ex C. B. Clarke in Hook f., Fl. Brit. India **4**: 494. 1884; Dunn et Tutch. in Kew Bull. Add. Ser. **10**: 199. 1912.

多年生草本,高达 1 m;茎分枝或不分枝,疏被短柔毛。叶片狭卵形或卵状披针形,长 6～12(18) cm,顶端渐尖或长渐尖,基部急尖,具浅波状圆齿,腹面边缘被微柔毛或光滑,钟乳体白色,粗大,明显。总状花序顶生和腋生,花单生于花序轴的一侧;花梗长 1～2 mm;苞片和小苞片微小,长 2～3 mm,疏生柔毛和腺毛;花萼裂片 5 枚,被短柔毛和腺毛;冠檐裂片 5 枚,略不等,短于花冠筒 3～4 倍;雄蕊 4 枚,2 强,药室不等高,基部有白色小尖头;子房和花柱下部有短柔毛。蒴果长 1.8～2.2 cm,上部具 4 粒种子,基部实心似细柄状;种子阔卵形或近圆形,压扁,表面有皱纹。　花期 10～11 月。　产于百色、平果、隆安、马山、邕宁、上思、贺州等地;生于林下,海拔 70～500 m。分布于广东和云南;东喜马拉雅其他国家、印度(东北)、缅甸、泰国、越南、老挝、柬埔寨等国广泛分布。

2. **宽叶十万错**(中国植物志)

Asystasia gangetica (L.) T. Anderson in Thwaites, Enum. Pl. Zeyl. 235. 1860; et in J. Linn. Soc., Bot. **9**: 525. 1867; Bremek. in Dansk Botanisk Arkiv. **20** (1): 78. 1961; 云南种子植物名录(下册) 1669. 1984; 中国植物志 **70**: 217. 2002; 中国高等植物 **10**: 390. 2004; 云南植物志 **16**: 752. 2006; Fl. Hong Kong **3**: 173. 2009; 广东植物志 **9**: 125. 2009; Fl. China **19**: 438. 2011. ——*Justicia gangetica* L., Amoena, Acad. **4**: 299. 1759. ——*Ruellia coromandeliana* Nees in Wall. Pl. AS. Rar. **3**: 89. 1832; Ridley, Fl. Malay. Pen. **2**: 586. 1923; Benoist in Fl. Gen. Indo-Chine **4**: 713. 1935.

多年生草本;外倾。叶具叶柄,叶片椭圆形,基部急尖、钝、圆或近心形,几全缘,长 3～12 cm,宽 1～4(6) cm,两面稀疏被短毛,腹面钟乳体点状。总状花序顶生;花序轴 4 棱,棱上被毛,较明显,花偏向一侧;苞片对生,三角形,长 5 mm,疏被短毛;小苞片 2 枚,似苞片,着生于花梗基部,长 2 mm;花梗长约 3 mm,无毛;花萼长 7 mm,5 深裂,仅基部结合,裂片披针形,线形,长 5～6 mm,被腺毛;花冠短,长约 2.5 cm,略二唇形,外面被疏柔毛;花冠筒基部圆柱状,长约 12 mm,上唇 2 裂,裂片三角状卵形,顶端略尖,长约 5 mm,下唇 3 裂,裂片长卵形,椭圆形,中裂片长约 9 mm,侧裂片 7 mm,中裂片两侧自喉部向下有 2 条褶襞直至花冠筒下部,褶襞密被白色柔毛,并有紫红色斑点;雄蕊 4 枚,花丝无毛,每边 1 长 1 短,在基部两两结合成对,花药紫色,背着,长圆形,2 室不等高,基部具短尖头;花柱长约 12 mm,基部被长柔毛,子房约长 3 mm,密被长柔毛,具杯状花盘;花盘多少钝圆,5 浅裂。蒴果长 3 cm,不育部分长 15 mm。产于龙州等地,为外来归化植物。原产于印度。

14. 白接骨属　Asystasiella Lindau

多年生草本或灌木。单叶对生,具柄;叶片边缘波状或具锯齿;具羽状脉。总状花序伸长或数个组成圆锥花序,顶生;苞片和小苞片小,短于花萼;花萼 5 裂,裂片等大;花冠基部具极狭长的花冠筒,在喉部突然扩大,一面鼓胀,檐部稍二唇形,上唇 2 裂,下唇 3 裂,裂片稍不等,展开,在花芽时覆瓦状排列;雄蕊 4 枚,着生于冠筒喉部,2 强,内藏,基部成对合生,花药 2 室,长圆形,药室等高或稍不等高,钝;子房 2 室,每室具胚珠 2 颗,花柱丝状,柱头头状。蒴果棍棒状,基部收缩成实心的短柄,内具种子 4 粒,具珠柄钩;种子圆形,扁,具瘤状突起并多有皱纹。　共 3 种,分布于旧大陆热带地区。我国有 1 种;广西亦产之。　本属与**十万错属**(*Asystasia* Blume)的主要区别是花冠筒细长,花粉有刺,其余特征相同或相似。

图版 225 1～4. **十万错** Asystasia nemorum Nees 1. 植株；2. 花冠剖面示雄蕊；3. 花药室及花丝；4. 蒴果。 5. **疏花穿心莲** Andrographis laxiflora (Blume) Lindau 5. 花枝。 （林文宏绘，摹自 FOC 19 卷 347 页）

白接骨(中国高等植物图鉴)　尼氏拟马偕花(台湾植物志)　假牛膝(广西植物名录)　小阿茜达(广西植物名录)

Asystasiella neesiana (Wall.) Lindau in Engl. et Prantl. Nat. Pflanzenfam. 4(3b):326. 1895;广西植物名录(第二册)699. 1971;台湾植物志 4:621,图版 1129. 1978;台湾植物志(第二版)4:649,图版 296. 1998;中国植物志 70:218,图版 34:1～4. 2002;中国高等植物 10:390,图 582. 2004;贵州植物志 10:267,图版 77:1～2. 2004;云南植物志 16:753,图版 218:1～4. 2006;广东植物志 9:124,图 65. 2009;深圳植物志 3:418,图 442. 2012. ——*Ruellia neesiana* Wall.,Pl. As. Rar. 1:73,t. 83. 1831. ——*Asystasia neesiana*(Wall.)Nees in Wall. Pl. As. Rar. 3:89. 1832 et in DC. Prodr. 11:164. 1847;Benoist in H. Lecomte, Fl. Gen. Indo-Chine 4:715,fig. 78. 1935;Fl. China 19:437. 2011. ——*A. chinensis* S. Moore in J. Bot. 13:228. 1875;Forbes et Hemsl. in Journ. Linn. Soc. Bot. 26:243. 1890;Hand.-Mazz. Symb. Sin. 7:897. 1936. ——*Asystasiella chinensis* (S. Moore)E. Hossain in Notes Roy. Bot. Gard. Edinburgh 32(3):405. 1973;中国高等植物图鉴 4:169,图 5752. 1975;江苏植物志(下册)773,图 2023. 1982;云南种子植物名录(下册)1669. 1984;安徽植物志 3:392,图 2156. 1991;福建植物志 5:134,图 138. 1993;浙江植物志 6:84,图 1～108. 1993;河南植物志 3:473,图 2012:5～8. 1997;湖北植物志 3:604,图 2399. 2002;贵州植物志 10:267,图版 77. 2004.

多年生草本,高达 1 m;具白色、富黏液的竹节状根状茎;茎略呈四棱形,具沟槽,沿沟被柔毛或近无毛。叶柄长 0.5～3.5 cm,无毛或疏被柔毛;叶片纸质,卵形或椭圆形,最上的卵状心形,长 5～25 cm,宽 2～11 cm,基部狭,下延至叶柄,边缘微波状至具浅齿,顶端尖或渐尖,侧脉 6～8 对,在两面突起,两面疏被柔毛。总状花序顶生,长 6～12 cm,不分枝或基部有分枝;花序轴疏被腺毛;苞片和小苞片披针形,长 1～2 mm,被腺毛;花萼 5 裂,裂片条状披针形,长约 6 mm,被腺毛;花冠长 5～6 cm,淡紫红色,外面疏生腺毛,花冠筒细长,长 3.5～4 cm,在喉部扩大成冠檐,冠檐二唇形,上唇 2 裂,裂片近圆形,直径约 7 mm,下唇 3 裂,裂片卵形,长约 6 mm,宽约 8 mm;雄蕊 4 枚,2 强,花丝无毛,长雄蕊的花丝长约 5 mm,短雄蕊的花丝长约 2 mm,着生于冠筒喉部,花药 2 室,药室等高;子房长圆形,顶端被毛,花柱丝状,长约 3.6 cm,无毛,柱头 2 裂,裂片不等大。蒴果长椭圆形,长 1.8～2.5 cm,上部具 4 粒种子,基部具长约 1 cm 的短柄;种子卵形,长约 4 mm,宽约 3 mm。　花期 8～9 月。　广西大部分地区有产;生于林下,海拔达 900 m。分布于江苏、浙江、安徽、江西、福建、广东、河南、湖北、重庆、四川、贵州、云南等省。老挝、印度尼西亚、马来西亚、泰国、印度、缅甸和越南也有。　全草可入药,有清热解毒、活血止血、利尿之功效,治外伤出血、骨折、扭伤、疖肿、腹水、糖尿病等。

15. 火焰花属　Phlogacanthus Nees

灌木或高大草本。叶片通常大而全缘。花具梗,组成顶生聚伞花序,有时聚伞花序再作总状或圆锥状排列,有苞片和小苞片;花萼 5 深裂,裂片狭窄;花冠筒圆筒状,喉部扩大,内弯,冠檐整齐或多少呈二唇形,5 裂,裂片卵形或长圆形,覆瓦状排列;雄蕊 2 枚,着生在冠筒的中部至近基部,内藏或伸出,花药 2 室,药室等大,平排,基部无附属物,不育雄蕊 2 枚;子房每室有胚珠 5～8 颗;柱头全缘,钝或短尖。蒴果每室有种子 5～8 粒;种子透镜状,阔卵形或近圆形,无毛或被短柔毛。　约 30 种,分布于印度、马来西亚。我国约有 4 种,产于南部和西南部;广西 3 种。

分种检索表

1. 花序腋生;雄蕊伸出花冠外 ………………………………………………… 1. **毛脉火焰花**　P. pubinervius T. Anderson.
1. 花序顶生;雄蕊不伸出花冠外。
    2. 聚伞花序组成顶生总状花序或圆锥花序;花数朵生于苞片腋中 ………………… 2. **广西火焰花**　P. colaniae Benoist

2. 穗状花序;花单生于苞片腋中 ……………………………………… 3. **糙叶火焰花** P. vitellinus (Roxb.) T. Anderson.

1. **毛脉火焰花**(中国高等植物图鉴) 毛脉烂爵床(广西植物名录)

Phlogacanthus pubinervius T. Anderson in J. Linn. Soc., Bot. **9**:508. 1867;C. B. Clarke in Hook. f. Fl. Brit. India **4**:513. 1884;H. Lévl., Cat. Pl. Yunnan:6. 1915;Rehd. in J. Arnold Arbor. **16**:315. 1935;广西植物名录(第二册)703. 1971;中国高等植物图鉴 **4**:168,图 5750. 1975;云南种子植物名录(下册)1680. 1984;中国植物志 **70**:210,图版 32:10~12. 2002;中国高等植物 **10**:387,图 579. 2004;贵州植物志 **10**:265. 2004;云南植物志 **16**:744,图版 214:1~4. 2006;Fl. China **19**:475. 2011.

灌木或小乔木状,高可达 5 m。叶片椭圆状长圆形或长圆形,有时卵状长圆形,长 7~18 cm,顶端渐尖或长渐尖,基部楔形或渐狭,边缘常多少具浅波状;侧脉 5~7 对。聚伞花序有花 1~4 朵,腋生;苞片小,早落;花萼 5 裂,披针形,长 7~8 mm,被微柔毛;花冠橙黄色,干时近红色,长约 18 mm,外面被微柔毛,花冠筒长约 13 mm,略下弯,冠檐近二唇形,上唇 2 裂,下唇 3 深裂;雄蕊 2,着生在花冠筒的近基部,明显伸出花冠之上,花药 2 室;退化雄蕊 2 枚。蒴果长 2.5~3 cm,有种子 10(8)粒。 花期 12 月至翌年 1 月。 产于环江、靖西和那坡;生于石山林下或灌木丛中,海拔 300~1 200 m。分布于云南和贵州,印度也有。

2. **广西火焰花**(广西植物) 山泽兰(大新) 图版 226:1

Phlogacanthus colaniae Benoist in Not. Syst. **5**(2):109. 1936 et in Lecomte Fl. Gén. Indo-Chine **4**:710. 1935;方鼎等于广西植物 **17**(1):42. 1997;中国植物志 **70**:210. 2002;中国高等植物 **10**:387. 2004;云南植物志 **16**:742. 2006. ——*Cystacanthus colaniae* (Benoist) Y. F. Deng in Fl. China **19**:477. 2011.

直立半灌木,稀为灌木;高 0.5~3 m;茎、枝圆柱形或不明显的方柱形,紫黑色,近无毛,老枝节部稍膨大。叶片纸质,卵形或椭圆形,长 8~26 cm,顶端短渐尖,基部楔形,边缘浅波状或近全缘,干时灰黑色,腹面近无毛或背面脉上疏被柔毛;侧脉每边 7~9 条;叶柄长 2~3.5 cm。聚伞花序有花数朵,排成顶生总状花序式或圆锥花序式;苞片长约 2~3 mm;小苞片线形,长 1~1.5 mm;萼裂片线形,长约 3 mm,基部增厚;花冠紫红色,长约 1.2 cm,外面疏被柔毛,冠筒圆筒状,顶部突然内弯,喉部扩大成钟状,与管近等长,冠檐近二唇形,略不相等有分裂;发育雄蕊 2 枚,插生在冠筒中部,花丝无毛,不育雄蕊 2 枚,微小。蒴果长 1.8~2 cm,无毛。 花期 8~10 月。 产于宁明、龙州、大新、天等和那坡;生于林中石上。分布于越南北部。 根可入药,民间用于治风湿和接骨。

3. **糙叶火焰花**(中国高等植物图鉴) 蛋黄烂爵床(广西植物名录)

Phlogacanthus vitellinus (Roxb.) T. Anderson. in J. Linn. Soc., Bot. **9**:507. 1867; Hand.-Mazz. Symb. Sin. **7**:897. 1936;广西植物名录(第二册)703. 1971;云南种子植物名录(下册)1680. 1984;中国植物志 **70**:209,图版 32:13~15. 2002;中国高等植物 **10**:386,图 577. 2004;云南植物志 **16**:742,图版 213:1~4. 2006. ——*Justicia vitellina* Roxb. in Fl. Ind. ed. Carey **1**: 115. 1824. ——*Endopogon vitellina* (Roxb.) Nees in DC, Prodr. **11**:723. 1847. ——*Cystacanthus vitellina* (Roxb.) Y. F. Deng in Fl. China **19**: 477. 2011. ——*Phlogacanthus asperulus* Nees in Wall. Pl. Asiat. Rar. **3**: 99. 1832; Benoist in Lecomte, Fl. Gén. Indo-Chine **4**:710. 1935;中国高等植物图鉴 **4**:167,图 5747. 1975.

直立半灌木;高约 1 m。叶片椭圆形,长 5~22 cm,宽 2.5~11 cm,基部楔形至宽楔形,全缘,背面脉上被微柔毛;叶柄长约 0.5~2 cm。穗状花序顶生和腋生,单一或分枝;花序轴密被微毛;苞片披针形至线形,被微毛,每苞内着花 1 朵;小苞片近线形,外被微毛;花萼 5 裂近基部,等大,裂片披针状三角形,长约 3.5~4 mm,外被微毛;花冠紫红色,长 10~12 mm,弯曲,外面密被微柔毛,檐部 5 裂,稍二唇形;发育雄蕊 2 枚,约与花冠等高;不育雄蕊 2 枚,颇小;子房无毛。蒴果未见。 花期 7~8 月。 产于天等;生于石山山谷林中。分布于云南,泰国、印度也有。 枝叶可入药,民间用于接骨。

图版 226　1. **广西火焰花** Phlogacanthus colaniae Benoist.　1. 花枝。　2～7. **中华孩儿草** Fungia chinensis Benth.　2. 花枝；3. 苞片；4. 小苞片；5. 花；6. 雄蕊；7. 开裂蒴果。　（林文宏绘，3～7 摹自 FOC 19 卷 351 页）

16. 穿心莲属 Andrographis Nees

草本或有时半灌木状;叶片全缘。花具梗,组成顶生或腋生、通常疏松、有时紫密的总状花序或圆锥花序,有苞片和小苞片,或有时后者缺;花萼深5裂,裂片等大,狭窄;花冠二唇形或稍呈二唇形,上唇2裂,下唇3裂,裂片覆瓦状排列;雄蕊2枚,伸出或内藏,花丝线形或中部及中部以下阔而扁,多少被毛,花药2室,药室等大或1大1小,基部无附属物,但有髯毛;子房每室有胚珠3至多颗,花柱细长,柱头齿状2裂。蒴果线状长圆形或线状椭圆形,种皮骨质,有珠柄钩承托。 约20种,分布于亚洲热带地区,以印度最多;我国有2种,1种野生1种栽培,广西均产。

分种检索表

1. 雄蕊内藏,药室等大;叶通常卵形,长约为宽的2倍 ……………………………… 1. **疏花穿心莲** A. laxiflora (Bl.) Lindau
1. 雄蕊伸出,药室1大1小;叶通常为披针形或狭披针形,长约为宽的3倍 …… 2. **穿心莲** A. paniculata (Burm. f.) Nees

1. **疏花穿心莲**(中国高等植物图鉴) 须药草(云南种子植物名录) 白花穿心莲(海南植物志) 腺毛疏花穿心莲(中国植物志) 腺毛须药草(植物研究) 宽丝爵床(植物分类学报) 榄核莲(广西植物名录) 图版225:5

Andrographis laxiflora (Bl.) Lindau in Engl. et Prantl, Nat. Pflanzenf. **4**(3b):323. 1895;中国高等植物图鉴 **4**:166. 1975;云南种子植物名录(下册)1669. 1984;朱华于植物研究 **11**(3):46. 1991;中国植物志 **70**:204. 2002;中国高等植物 **10**:385. 2004;贵州植物志 **10**:262. 2004;云南植物志 **16**:739. 2006;广东植物志 **9**:129. 2009;Fl. China **19**:474. 2011. ——*Justicia laxiflora* Bl. in Bijdr. 789. 1826. ——*A. tenera* (Nees) Kuntze, Revis. Gen. Pl. **2**:382. 1891;海南植物志 **3**:556. 1974. ——*Haplanthus tener* Nees in Wall. Pl. Asiat. Rar. **3**:115. 1832;DC, Prodr. **11**:512. 1847. ——*Andrographis tenuiflora* T. Anderson in J. Linn. Soc., Bot. **9**:502. 1867;C. B. Clarke in Fl. Brit. India **4**:502. 1884;Benoist in Fl. Gen. Indo-Chine **4**:698. 1935;B. Hanson in Nordic J. Bot. **5**:353. 1985.

一年生草本;茎常斜倚地面;嫩枝和花序轴均方柱形,近无毛。叶片薄纸质,通常卵形,长1.5~5 cm,顶端渐尖或短渐尖,基部稍下延,两面无毛;侧脉每边约5条;叶柄长达10 mm。总状花序少花,顶生和腋生;花序轴纤细,常波状曲折,极少分枝;花梗长约1~2 mm,基部有1枚披针状线形、长约1 mm的苞片和2枚钻形小苞片;花萼无毛,裂片线形,长约1.5 mm;花冠白色,长约10 mm,冠筒膨大,内弯,冠檐略呈二唇形,裂片卵形,后裂片稍小;雄蕊内藏,花丝阔而扁,被柔毛。花室等大。蒴果线状长圆形,两侧压扁,长约2 cm,宽约2 mm。 花期秋季。 产于天峨、东兰、那坡、巴马等地。分布于海南、贵州(南部)和云南(南部),亚洲东南部大部分地区均产。

2. **穿心莲**(广州) 榄核莲 苦草

Andrographis paniculata (Burm. f.) Nees in Wall., Pl. Asiat. Rar. **3**:116. 1832;广西植物名录(第二册)699. 1971;海南植物志 **3**:556,图929. 1974;中国高等植物图鉴 **4**:166,图5746. 1975;江苏植物志(下册)773,图2024. 1982;秦岭植物志 **1**(4):386,图325. 1983;云南种子植物名录(下册)1669. 1984;安徽植物志 **3**:390,图2153. 1991;浙江植物志 **6**:78. 1993;福建植物志 **5**:126,图131. 1993;河南植物志 **3**:469,图2008. 1997;中国植物志 **70**:207,图版32:1~5. 2002;湖北植物志 **3**:598,图2391. 2002;中国高等植物 **10**:385,图576. 2004;贵州植物志 **10**:262,图版76:1. 2004;云南植物志 **16**:741,图版212:1~6. 2006;广东植物志 **9**:129,图68. 2009;Fl. Hong Kong **3**:166, fig. 156. 2009;Fl. China **19**:474. 2011;深圳植物志 **3**:399,图421. 2012. ——*Justicia paniculata* Burm. f. in Fl. Ind. 9. 1768.

一年生直立草本,高0.3~0.5 m;茎和枝条均四棱柱形,近无毛。叶柄长0.3~1 cm;叶片薄纸质或近膜质，卵状披针形至狭披针形，长 1.5～7 cm，宽 1～2.5 cm，基部楔形，稍下延，边缘全缘，顶端渐尖或短渐尖，腹面绿色，背面灰绿色，两面无毛，具钟乳体；侧脉 3～5 对。总状花序组成圆锥花序，顶生和腋生，长 5～9 cm；花序轴近无毛；花梗长 2～8 mm，疏被柔毛；苞片条状披针形，长约 3 mm，宽约 1 mm；小苞片 2 枚，条形，长 2～2.5 mm；花萼 5 裂，条形，长 2.5～3 mm，外面无毛或被腺毛；花冠白色，下唇中裂片具紫黑色斑纹，长约 1.5 cm，外面被毛，花冠筒长约 0.8 cm，二唇形，上唇长约 0.6 cm，反折，2 浅裂，裂片卵形，长约 1 mm，宽约 1 mm，下唇长约 0.7 cm，直立，3 裂，裂片披针形，长约 3.5 mm，约 1 mm；雄蕊 2 枚，外露，花丝被 1 列长柔毛，花药 2 室，紫黑色，不等大，大的 1 室基部被髯毛；子房椭圆形，长约 2 mm，无毛，花柱长 6～9 mm，基部被疏柔毛。蒴果狭圆筒形，长约 1.5 cm，宽约 3 mm，无毛或疏被腺毛，内有种子多粒；种子卵形或近四方形，黄色至深棕色，长约 2 mm，宽约 1.5 mm，无毛，具皱纹。　花果期：几乎全年。

原产于印度，我国秦岭以南各地都有种植，以华南地区栽培较多，广西各地也有栽培。　常用作中药，地上部味苦性寒，具有清热解毒、凉血、消肿之效。

17. 裸柱草属　Gymnostachyum Nees

草本或矮小灌木。叶茎生或近基生。花序顶生，总状或穗状，由多个或几个小聚伞花序组成；苞片和小苞片很小；花萼小，近 5 全裂，裂片等大，线状披针形；花冠筒通常圆筒状，冠檐二唇形，裂片 5 枚，覆瓦状排列；雄蕊 2 枚，与花冠近等高，花药 2 室，药室平排，基部有或无附属物；子房 2 室，每室有 3 至多颗胚珠，柱头近全缘。蒴果线形，有种子多粒；种子卵形，两侧压扁，遇水现极短的白毛。　约 70 种，分布于亚洲热带地区。我国有 6 种；产于广西和云南；广西 5 种。

分种检索表

1. 茎伸长，长于 20 cm；叶茎生。
  2. 花序顶生……………………………………………………………… 3. **华裸柱草** G. sinense(H. S. Lo)H. Chu
  2. 花序腋生 ……………………………………………………………………… 4. **云南裸柱草** G. listeri Prain
1. 茎极短，短于 5 cm；叶基生。
  3. 叶片近圆形至阔卵形，基部圆形或心形。
    4. 叶片顶端圆；冠筒长约为冠檐的 3 倍 …………………………………… 1. **矮裸柱草** G. subrosulatum H. S. Lo
    4. 叶片顶端短尖；冠筒长约为冠檐的 2 倍………………………………………… 2. **广西裸柱草** G. kwangsiense H. S. Lo
  3. 叶片披针状椭圆形，基部楔形，下延至叶柄………………………………………… 5. **龙州裸柱草** G. morsei Y. F. Deng

1. 矮裸柱草(植物分类学报)　图版 223:4

Gymnostachyum subrosulatum H. S. Lo 于植物分类学报 **17**(4)：86，图版 4：3. 1979；中国植物志 **70**：74，图版 8：7～13. 2002；中国高等植物 **10**：351，图 530. 2004；Fl. China **19**：473. 2011.

莲座状草本；茎极短，多节结。叶片纸质，近圆形或阔卵状圆形，长 5～12 cm，宽 3.5～14 cm，顶端圆，基部微心形或圆形，干时黑色，腹面稍粗糙，背面中脉和侧脉上被硬毛。花序总状，由小聚伞花序组成，花序梗直立，长 12～19 cm，不分枝或有 1 对短小分枝；苞片钻形，长 2.5～4 mm，每苞片中通常有花 3 朵；花萼长 2.5～3 mm，裂片钻形；花冠淡紫色，长约 1.5 cm，喉部扩大，下弯，冠檐上唇长约 5 mm，浅 2 裂，下唇 3 裂约达中部；子房每室有胚珠 4 颗。蒴果线形，长 13～16 mm，果片外弯；种子 8 粒。　花期 6～8 月。

广西特有，产于龙州、大新；生于石山林中，海拔 200～300 m。

2. 广西裸柱草(植物分类学报)

Gymnostachyum kwangsiense H. S. Lo 于植物分类学报 **17**(4)：86，图版 4：4. 1979；中国植物志 **70**：74. 2002.

草本；茎极短，不分枝，具节结和突起的叶痕。叶片纸质，阔卵形，长 8～14(32) cm，宽 6～

11(19) cm,顶端短尖,钝头,两面无毛或上面微粗糙;侧脉每边 7～9 条,稍阔面平扁。花序总状,顶生或近枝顶腋生;花序梗长 8～15(35) cm,不分枝或有 1～2 对分枝;苞片和小苞片钻形,长约 1 mm;花萼长约 3 mm,被粉状短柔毛;花冠外面淡绿色,内面微黄色,长 1.3～1.5 cm,冠筒长 9～10 mm,冠檐上唇直立,阔三角形,2 齿裂,下唇伸展,深 3 裂,裂片钝圆;子房每室有胚珠 4 颗,花柱长 10～11 mm。蒴果线形,长 11～17 mm。 花期 3～4 月。 产于龙州;生于石山林中,海拔 270～700 m。分布于云南。

3. **华裸柱草**(植物研究) 华穿心莲(植物研究)

Gymnostachyum sinense (H. S. Lo) H. Chu 于植物研究 **11**(1):48. 1991;中国植物志 **70**:75. 2002;Fl. China **19**:473. 2011. ——*Andrographis sinensis* H. S. Lo 于植物研究 **1**(4):103. 1981;贵州植物志 **10**:263. 2004.

半灌木状草本,高约 1 m;茎近圆柱状,紫黑色,无毛,小枝有 4 条直线棱,节上被毛。叶片厚纸质,卵形或阔卵形,长 1.5～4 cm,顶端短尖或有时骤尖,两面无毛,稍有光泽;侧脉约 6 对,两面突起,网脉不明显。穗状花序顶生,长约 1 cm,通常有花 2 朵;苞片线形,长 1.5～2 mm;小苞片紧贴花萼;萼裂片披针状线形,长约 7 mm,渐尖,无毛;花冠白色,长约 10 mm,冠檐上唇三角形,长约 3.5 mm,2 浅裂,下唇 3 裂,有喉凸;雄蕊 2 枚,着生于冠筒中部稍低处,花药线形,长约 2.8 mm,药室基部有距状短尖头;子房线形,每室有胚珠 5～6 颗,花柱长约 7 mm。蒴果未见。 花期 6～7 月。 广西特有,产于凌云、环江等地;生于石灰岩山上。

4. **云南裸柱草**(Flora of China) 滇越裸柱草(中国喀斯特地区种子植物)

Gymnostachyum listeri Prain, J. Asiat. Soc. Bengal, Pt. 2, Nat. Hist. **69**: 171. 1900; Fl. China **19**: 473. 2011.

草本,高达 50 cm;茎四棱形,被柔毛。叶茎生;叶柄长 5～12 mm,被柔毛;叶片椭圆形至倒卵状椭圆形,长(4.5)6～13(17) cm,宽 2.1～5.5 cm,背面被白色柔毛,腹面除沿中脉被毛外无毛,顶端急尖至渐尖,边缘全缘或具不明显牙齿,基部楔形,下延至叶柄。穗状花序顶生,长 2～6 cm,偏向一侧;花序轴被柔毛及腺毛;苞片线形,长约 3 mm,被柔毛;小苞片线状三角形,长约 1.5 mm,被柔毛;花萼长 1～1.1 cm,裂片线形,外面被柔毛,内面无毛,边缘被腺柔毛;花冠长 1.6～2 cm,蓝紫色,被柔毛;花冠筒基部圆柱形,喉部突然弯曲,宽约 5 mm,下唇长 4～5 mm,3 裂,裂片长圆形,上唇长 3～4 mm,2 裂,裂片阔卵形,长约 2 mm,宽约 2 mm;雄蕊 2 枚,花丝长约 4 mm,无毛;花药长圆形,长约 5 mm,被绒毛,基部具芒;子房长约 3 mm,无毛,花柱长约 1.5 cm,被柔毛。 花期 4～5 月。 产于宁明;生于石灰岩山地林下,海拔 200～600 m。分布于云南;越南和孟加拉国也有。

5. **龙州裸柱草**(新种)

Gymnostachyum morsei Y. F. Deng, sp. nov.

草本;茎极短,长约 5 cm,无毛。叶常排成 2 列,不等大;叶柄长 2.5～7 cm,无毛;叶片披针状椭圆形,长 8～14 cm,宽 3～5 cm,革质,基部楔形,下延至叶柄,边缘全缘,顶端急尖至渐尖,无毛。总状花序顶生,长 18～30 cm;花梗长约 2 mm;苞片钻形,长约 1.5 mm,无毛,顶端急尖;小苞片三角形,长约 1 mm,无毛;花萼 5 裂至基部,裂片长约 2 mm,外面无毛,边缘具短睫毛;花冠长约 1.2 cm,外面被柔毛,上唇卵形,长约 6 mm,宽约 4 mm,顶端 2 裂,下唇长约 5 mm,3 裂,中裂片大;花丝长约 7 mm,基部着生于喉部,被粗毛,上部无毛,花药长圆形,长约 2 mm,药隔延长成芒状,基部具芒,侧面被毛;子房长约 2 mm,无毛,每室具胚珠 6 颗,花柱长约 1 mm,被毛。蒴果未见。 仅见于龙州;生于石灰岩林下。

18. 可爱花属 Eranthemum L.

多年生草本或灌木。叶有柄,叶片全缘或有齿缺。花无梗,组成疏松或紧密的穗状花序;苞片近常大;小苞片线状披针形,比花萼短;花萼小,藏于苞片内,5 深裂;花冠筒细长,喉部短,稍扩大,冠檐伸展,5 裂,裂片等大,通常倒卵形,左向旋转排列;发育雄蕊 2 枚,着生于喉部,花药 2 室,药室基部无附属物;子房每室有胚珠2颗，柱头单一。蒴果棒状；种子通常每室2粒，两侧压扁，被紧贴的白毛，毛具吸水时伸展的特性。约30种，分布于亚洲热带地区。我国约有4种，产于西南部和南部；广西2种1变种，其中1种为栽培。

分种检索表

1. 侧脉约10对；叶片两面无毛，基部明显下延；苞片无缘毛 ………………………………… 1. **可爱花** E. pulchellum Andr.
1. 侧脉约5对；叶片下面脉上被毛，基部阔楔形至近圆形；苞片被长而伸展的缘毛 ………………………………………………………………………………………… 2. **华南可爱花** E. austrosinensis H. S. Lo

1. **可爱花**（植物学名词审查本）　爱春花（种子植物名称）　喜花草（中国高等植物图鉴）

Eranthemum pulchellum Andr.，Bot. Repos. t. 88. 1800；云南种子植物名录（下册）1674. 1984；中国植物志 **70**：59，图版 6：6～12. 2002；贵州植物志 **10**：222. 2002；中国高等植物 **10**：346，图 522. 2004；云南植物志 **16**：655，图版 186：1～7. 2006；Fl. Hong Kong **3**：177，fig. 164. 2009；广东植物志 **9**：137. 2009；Fl. China **19**：432. 2011；深圳植物志 **3**：410，图 434. 2012. ——*Justicia nervosa* Vahl.，Enum. Pl. **1**：144. 1804. ——*Eranthemum nervosum*（Vahl）R. Br.，Prdr. Fl. Nov. Holl. 477. 1810；广州植物志 617，图 327. 1956；广西植物名录（第二册）701. 1971；中国高等植物图鉴 **4**：156，图 5725. 1975；安徽植物志 **3**：393，图 2157. 1991；福建植物志 **5**：130，图 135. 1993. ——*Daedalacanthus nervosus*（Vahl）T. Anderson in J. Linn. Soc.，Bot. **9**：487. 1867.

灌木，高0.7～1.5 m；茎四棱形，具沟槽，灰绿色，无毛或近无毛，有长枝和短枝之分。叶柄长2～3.5 cm，具沟槽，无毛，短枝上的叶柄极短，长约3 mm；叶片卵形至椭圆形，长枝的叶片长9～20 cm，宽4～9 cm，短枝的叶片长3～6 cm，宽1～2.5 cm，基部渐狭至叶柄，顶端长渐尖，边缘有不明显的钝齿，侧脉8～10对，两面均突起，网脉在背面明显，两面密布钟乳体，上面尤密。穗状花序顶生和腋生，长1.5～6 cm；花序梗长0.5～3 cm，无毛，密布灰白色钟乳体；苞片叶状，倒卵形，长1～1.5 cm，顶端急尖，网状脉，沿脉绿色，其余部分淡绿白色，疏被微柔毛，有时基部1～2枚苞片不育；小苞片条状披针形，灰白色，长约5 mm，外面疏被柔毛；花萼长6～8 mm，淡白色，被微柔毛，5裂，裂片披针形，长4～5 mm；花冠高脚碟状，蓝色，长约3 cm，弯曲，檐部直径约1.8 cm，外面被微毛，内面具两列短柔毛，基部具细长的花冠筒，直径约3 mm，长约2 cm，顶端5裂，倒卵形，长约6～8 mm，宽5～6 mm；能育雄蕊2枚，伸出，花丝丝状，长约6 mm，花药狭长圆形，长约3 mm，不育雄蕊2枚，极短，长约2 mm；子房无毛，花柱长约2.5 cm，无毛，柱头顶端2裂，裂片条状披针形，疏被柔毛。蒴果棒状，长1～3 cm，无毛。　花期春季。　广西一些园圃有栽培。华南各地有栽培，云南南部野生，印度也有。

2. **华南可爱花**（植物分类学报）

Eranthemum austrosinensis H. S. Lo 于植物分类学报 17（4）：85，图版 4：2. 1979；中国植物志 **70**：59. 2002；贵州植物志 **10**：221，图版 74：3～4. 2004；中国高等植物 **10**：347，图 523. 2004；云南植物志 **16**：657. 2006；广东植物志 **9**：138. 2009；Fl. China **19**：432. 2011. ——*Daedalacanthus nervosum* auct. non（Vahl.）T. Anderson：Hance in J. Bot. **16**：13. 1878；Hemsl. in J. Linn. Soc.，Bot. **26**：238. 1890；Dunn et Tutcher in Kew Bull. Misc. Inform. Add. Ser. **10**：198. 1912.

2a. **华南可爱花**（原变种）

Eranthemum austrosinensis H. S. Lo var. austrosinensis

直立草本，高40～80 cm；茎方柱形，节部膨大，嫩部被柔毛。叶片卵形或椭圆状卵形，长2～9 cm或稍过之，顶端短渐尖至短尖，钝头，基部阔楔形至近圆形，仅背面脉上被短柔毛；侧脉每边约5条。穗状花序顶生和腋生，长5～10 cm或过之；花序梗粗，四棱形，长1.5～2 cm；苞片彼此亘叠，卵形或椭圆状卵形，长1.2～2 cm，干时白色，但脉为绿色，有长而伸展的缘毛；花萼长约6.5 mm，被短柔毛，中部以下合生，裂片渐尖；花冠紫红色，无毛或近无毛，高脚碟状，冠筒细长，约2.4～2.5 cm，喉部稍扩大，微弯折，冠檐等大的5裂，裂片伸展，阔楔形，长约6 mm，顶端不等大的2裂。蒴果长1.3～1.5 cm，无毛；种子4颗。 花期春季。 产于天峨、隆林和来宾等地；生于疏林下或林缘。分布于广东和云南。

2b. **毛冠可爱花**（变种）（中国植物志）

Eranthemum austrosinensis var. pubipetalum (S. Z. Huang) T. L. Li et Y. F. Deng 于热带亚热带植物学报 **15**: 260. 2007; Fl. China **19**: 433. 2011. ——*E. pubipetalum* S. Z. Huang 于中国植物志 **70**: 61, 347. 2002；中国高等植物 **10**: 347，图 524. 2004；云南植物志 **16**: 658. 2006.

与原变种的区别仅在于花冠被柔毛，子房无毛。 产于桂平。分布于云南和贵州。

19. 山壳骨属 Pseuderanthemum Radlk.

草本或半灌木。叶片全缘或有钝齿。穗状花序顶生和腋生，花无梗或近无梗，在花序上对生；苞片和小苞片通常小，线形；花萼深5裂，裂片等大，线形；花冠筒细长，圆筒状，喉部短，稍扩大，冠檐伸展，5裂，前裂片稍大，有时有喉凸，裂片覆瓦状排列；发育雄蕊2枚，着生于喉部，内藏或稍伸出，花丝极短，花药2室，药室等大，平排而邻接，基部无附属物，不育雄蕊2枚或有时消失；子房每室有胚珠2颗，柱头钝或不明显2裂。蒴果近棒状，下部收缩，实心，上部2室；种子4粒，两侧压扁，表面皱缩。 约120种，分布于热带地区。我国有3～4种，产于南部和西南部；广西2种。

分 种 检 索 表

1. 花序连续；花常3至数朵生于苞片腋中；冠筒疏被腺毛和柔毛 …………………… 1. **云南山壳骨** P. crenulatum (Wall. ex lindl.) Radlk.
1. 花序间断；花常单生于苞片腋中；冠筒上部常疏被柔毛 …………………… 2 **山壳骨** P. latifolium (Vahl) B. Hansen

1. **云南山壳骨**（中国高等植物图鉴） 多花山壳骨（云南种子植物名录） 多花可爱花（广西植物名录） 图版 221: 10～15

Pseuderanthemum crenulatum (Wall. ex Lindl.) Radlk., Sitzungsber. Math.-Phys. Cl. Königl. Bayer. Akad. Wiss. München **13**(1): 286. 1883; Fl. China **19**: 439. 2011. ——*Eranthemum crenulatum* Wall. ex Lindl., Bot. Reg. **11**: t. 879. 1825. ——*E. graciliflorum* Nees in Wall. Pl. Asiat. Rar. **3**: 107. 1832; DC. Prodr. **11**: 454. 1847. ——*Pseuderanthemum graciliflorum* (Nees) Ridl. Fl. Malay Pen. **2**: 591. 1923; B. Hansen in Nordic J. Bot. **9**: 213. 1989；中国植物志 **70**: 225，图版 35: 1～4. 2002；中国高等植物 **10**: 392，图 585. 2004；云南植物志 **16**: 756，图版 219: 1～4. 2006. ——*Eranthemum malaccense* C. B. Clarke in Hook. f., Fl. Brit. India **4**: 498. 1884. ——*Pseuderanthemus malaccense* (C. B. Clarke) Lindau in Engl. et Prantl, Nat. Pflanzenf. **4**(3b): 33. 1895；中国高等植物图鉴 **4**: 170，图 5753. 1975；云南种子植物名录（下册）1681. 1984. ——*Eranthemum polyanthum* C. B. Clarke in Hook., Ic. Pl. 20, t. 2000. 1891; Hand.-Mazz. Symb. Sin. **7**: 896. 1936. ——*Pseuderanthemum polyanthum* (C. B. Clarke) Merr. in Brittonia **4**: 175. 1941；广西植物名录（第二册）701. 1971；云南种子植物名录（下册）1681. 1984；中国植物志 **70**: 225. 2002；中国高等植物 **10**: 393. 2004；贵州植物志 **10**: 268，图版 78: 1. 2004；云南植物志 **16**: 758. 2006; Fl. China **19**: 439. 2011.

草本或半灌木，高近常1～1.5 m，很少呈灌木状，高达3 m；茎圆柱状，嫩部略被毛。叶片卵状椭圆形或长圆状披针形，长6～15 cm，顶端渐尖，基部楔形，通常近全缘。穗状花序顶生或有时腋生，长3～10 cm，密花，每节具缩短的聚伞花序；花萼5裂，线状披针形，长4～5 mm，和花序轴、苞片及小苞片同密被腺毛；花冠淡紫色或白色，高脚碟状，疏生腺毛和柔毛，冠筒长约2.5 cm，檐部5裂，裂片长约1 cm，后裂片1/3合生，前裂片1/4合生；发育雄蕊和不育雄蕊各2枚。蒴果长约2.5 cm。 花期4～5月。 产于桂平、马山、隆安、宁明、凭祥、龙州、大新、天等、那坡、东兰和天峨等地；生于石山林下或灌木丛中。分布于云南南部，印度至越南均有。　叶可入药，民间用于治跌打、骨折。

2. **山壳骨**（中国高等植物图鉴）　黄尿草（龙州）　小驳骨（广西植物名录）

Pseuderanthemum latifolium (Vahl) B. Hansen in Nordic J. Bot. **9**(2): 213. 1989；中国植物志 **70**: 225. 2002；中国高等植物 **10**: 392, 图 584. 2004；云南植物志 **16**: 756. 2006；广东植物志 **9**: 138. 2009；Fl. China **19**: 440. 2011. ——*Justicia latifolia* Vahl, Symb. Bot. **2**: 4. 1791. ——*J. palatifera* Wall., Pl. Asiat. Rar. **1**: 80, t. 92: 1～3. 1830. ——*Eranthemum palatiferum* (Wall.) Nees in Wall. Pl. As. Rar. **3**: 108. 1832. et in DC. Prodr. **11**: 457. 1847. C. B. Clarke in Hook. f. Fl. Brit. Ind. **4**: 498. 1884. ——*Pseuderanthemum palatiferum* (Wall.) Radlk. in Sitzb. Math.-Phys. Cl. Akad. Wiss. Munch. **13**: 286. 1884；Lindau in Engl. et Prantl, Pflanzenfam. **4**(3b): 330. 1895；Benoist in Lecomte, Fl. Gén. Indo-Chine **4**: 721. 1935；广西植物名录（第二册）703. 1971；中国高等植物图鉴 **4**: 170. 1975；云南种子植物名录（下册）1681. 1984.

多年生草本，高 1 m；茎上部被毛，老枝节膨大。叶片椭圆形，长 5～10 cm，宽 3.5～5.5 cm，顶端渐尖，基部楔形，边缘近全缘或疏具波状圆齿，背面沿中脉被柔毛，后变无毛；侧脉 5～6 对，在背面突起；叶柄长 1～2.5 cm。总状花序长达 30 cm，常簇生成穗状，花序各节有间距，下部各节相距 1～2 cm；苞片三角形，近线形，长 3～4 mm；花萼 5 深裂，裂片线形，长 5 mm；花冠淡紫色，高脚碟状，长约 2 cm，冠筒线形，长 1.5 cm，5 裂，裂片长约 5 mm，宽约 3 mm，不明显二唇形，下唇中裂片紫色带黄色斑点；能育雄蕊 2 枚，不育雄蕊 2 枚；子房被柔毛。蒴果长 2.5 cm，被柔毛；种子直径 4 mm，具网状皱纹，无毛。　花期 5～6 月。　产于那坡、德保、大新、龙州、凭祥、隆安、马山和北流等地；生于石山林中，海拔 170～600 m。分布于广东，越南（北部）、泰国和马来西亚也有。　全草民间用于治崩漏、黄尿，外敷治跌打肿痛、骨折。

20. 鳄嘴花属　Clinacanthus Nees

高大草本。叶片全缘或有齿。花大而美艳，有花梗，组成顶生聚伞花序；苞片小，线形或披针形；花萼深 5 裂，裂片线状披针形，近等大；花冠筒狭窄，基部内弯，喉部扩大，冠檐二唇形，上唇直立，狭窄，2 裂，下唇稍伸展，3 裂，裂片覆瓦状排列；雄蕊 2 枚，着生在冠筒喉部，花药 1 室，药室狭长圆形，基部圆，无附属物；花盘环状；子房每室有胚珠 2 颗，花柱细线状，柱头截平，或不明显 2 裂。蒴果棒状，下部收缩，实心；种子每室 2 粒，有珠柄钩承托。　2 种，分布于亚洲热带地区。广西仅 1 种。

鳄嘴花（海南植物志）　扭序花（中国高等植物图鉴）　柔刺草（广西植物名录）

Clinacanthus nutans (Burm. f.) Lindau in Engl. et Prantl, Nat. Pflanzenf. 4(3b): 340. 1895；广西植物名录（第二册）700. 1971；海南植物志 **3**: 566, 图 987. 1974；中国高等植物图鉴 **4**: 171, 图 5756. 1975；云南种子植物名录（下册）1672. 1984；福建植物志 **5**: 136, 图 141. 1993；中国植物志 **70**: 252, 图版 38: 7～10. 2002；中国高等植物 **10**: 401, 图 599. 2004；云南植物志 **16**: 776, 图版 225: 1～4. 2006；Fl. Hong Kong **3**: 175. 2009；广东植物志 **9**: 127, 图 67. 2009；Fl. China **19**: 442. 2011. ——*Justicia nutans* Burm. f. in Fl. Indica 10. t. 5: 1. 1768. ——*Clinacanthus burmanni* Nees in DC. Prodr. **11**: 511. 1847, nom. illeg.; C. B. Clarke in Hook. f. Fl. Brit. India **4**: 524. 1884；Hemsl. in J. Linn. Soc., Bot. **26**: 244. 1890；Ridl. Fl. Malay. Penins. **2**: 592. 1923；Benoist in H. Lec., Fl. Gen. Indo-Chine **4**: 763. 1935.

半灌木，直立或有时攀缘状；茎圆柱状，有细密的纵条纹，近无毛。叶柄长 0.5～1 cm；叶片纸质，披针形至卵状披针形，长 5～11 cm，宽 1～4 cm，顶端尾状渐尖，基部楔形，稍偏斜，边缘近全缘，两面无毛；侧脉 5～7 对，在两面稍突起。穗状花序俯垂，顶生，紧缩呈头状，长 1.5～3 cm，被腺毛；苞片线形，长约 8 mm，顶端急尖；花萼 5 深裂，裂片线形，长 8～12 mm，渐尖，被腺毛；花冠深红色，长约 4 cm，被柔毛，二唇形，上唇直立，长 1.7～2 cm，顶端 2 裂，裂片长约 2 mm，下唇伸展，长 1.6～2 cm，顶端 3 裂，裂片卵形，长约

1 mm，宽约 2 mm；雄蕊 2 枚，花药 1 室，线形，长约 3 mm；子房和花柱无毛，柱头不明显 2 裂。蒴果棒状，长约 2 cm，被毛；种子圆形，长约 2 mm。 花期夏季。 产于宁明、上思、南宁等南部地区；生于路边灌缘，亦见于近村的园篱上。分布于广东、海南和云南；亚洲热带地区广泛分布。

21. 枪刀药属 Hypoestes Soland. ex R. Br.

草本或半灌木。叶片全缘或有齿。穗状花序腋生，由数个至多个头状花序组成，头状花序常无花序梗；总苞片 4 或 2 枚，合生或分离，其内有花 3 至数朵，通常仅 1 朵能育，其余的退化，但常有残存的花萼苞片；花萼小，藏于总苞内，5 裂，裂片等大，线形或线状披针形；花冠筒细长，喉部稍扩大，直或顶部反折，冠檐二唇形，上唇直立，全缘或浅 2 裂，下唇阔大，伸展或外反，浅 3 裂或裂至中部，裂片覆瓦状排列；雄蕊 2 枚，着生于冠筒喉部，花药 1 室，背着，基部无附属物；子房每室有胚珠 2 颗，柱头全缘或浅 2 裂。蒴果长圆形；种子每室 2 粒，近圆形，压扁，表面有小疣点。 约 150 种，分布于东半球热带地区，以马达加斯加种类最多；我国有 3 或 4 种，产于东南部至西南部；广西仅 1 种。

枪刀药(亨利氏中国植物名录) 红丝线(岭南采药录) 六角英(台湾植物志) 刀枪药(广西植物名录)

Hypoestes purpurea (L.) R. Br. in Prodr. Fl. Nov. Holl. 474. 1810；广州植物志 616. 1956；广西植物名录(第二册)702. 1971；海南植物志 **3**:546，图 935. 1974；中国高等植物图鉴 **4**:173. 1975；台湾植物志 **4**:644. 1978；台湾植物志(第二版)**4**:665. 1998；中国植物志 **70**:249，图版 38:1～6. 2002；中国高等植物 **10**:400，图 596. 2004；Fl. Hong Kong **3**:174，fig. 162. 2009；广东植物志 **9**:126，图 66. 2009；Fl. China **19**:467. 2011；深圳植物志 **3**:393，图 415. 2012. ——*Justicia purpurea* Linn.，Sp. Pl. 16. 1753. ——*Peristrophe purpurea* (L.) Hochr. in Candollea **5**:234. 1934. ——*Hypoestes sinica* Miq. in J. Bot. Neerland. **1**:117. 1861；Forbes et Hemsl. in J. Linn. Soc.，Bot. **26**:249. 1890.

多年生直立草本或半灌木；高可达 1.5 m；茎四棱形，具沟槽，在棱上具四列柔毛。叶柄长约 5 mm，密被柔毛；叶片纸质，卵形或卵状披针形，长 3～5 cm，宽 1～2 cm，基部楔形，下延至叶柄，顶端渐尖，边缘全缘，具睫毛，两面被柔毛，中脉在上面下陷，侧脉 5～7 对，在上面平坦，稍明显，在背面稍隆起，网脉不明显。聚伞花序常排列成腋生或顶生的穗状花序，直立，长 1～3 cm，有时再排列成长达 7 cm 的聚伞圆锥花序；花序轴被柔毛；苞片匙状披针形，长 0.9～1.1 cm，宽约 2 mm，具柄，外面被柔毛和睫毛，具钟乳体；不育苞片合生成管状，长 7～8 mm，2 裂，裂片三角形，长约 2.5 mm，宽约 3 mm，被微柔毛；小苞片 4 枚，披针形，长约 7 mm，宽约 3 mm，淡黄白色，边缘被睫毛；花萼黄白色，长约 5 mm，合生部分长约 3 mm，5 裂，略不等大，三角状卵形，被睫毛；花冠蓝紫色，长 2～2.5 cm，外面被柔毛，二唇形，上唇条状披针形，顶端近全缘，下唇倒卵形，顶端 3 浅裂；雄蕊 2 枚，伸出花冠外，花丝扁平，无毛，花丝长约 3 mm，花药 1 室，卵形，长约 1 mm；子房长圆状卵形，无毛，花柱丝状，无毛，柱头顶端 2 浅裂。蒴果长圆状卵形，长 0.8～1 cm，下部藏于宿存的管状总苞内，基部为短柄状，顶端具少数柔毛，内有种子 4 或 2 粒；种子椭圆状卵形，长约 3 mm，宽约 2 mm，扁，表面密被疣状突起。 花期 8～11 月。 散见于桂林、阳朔、柳州、凌云和乐业等地；生于近村的灌木丛中。分布于台湾、海南和广东中部以南地区。 全草可入药，有消炎散瘀、止血止咳的功效。

22. 观音草属 Peristrophe Nees

多年生草本或灌木；茎通常具 6 钝棱和同数的纵沟，被柔毛或疏毛。叶具叶柄，单叶，对生；叶片阔卵形至披针形，顶端渐尖至急尖，基部楔形，通常全缘或稍具齿，被腺毛或非腺毛。由 2 至数个头状花序组成的复聚伞花序或连同叶组成松散的圆锥花序；总苞片 2 枚，稀 4 枚，对生，比花萼大或与花萼裂片近等大，内有花 3 至数朵，仅 1 朵发育，其余的退化，仅存花萼和小苞片；花萼小，5 深裂，裂片等大，线形或披针形；

花冠红色或紫色，通常大，扭转，冠筒细长，圆柱状，喉部短，稍扩大，内弯，冠檐二唇形，上唇常伸展，全缘或微缺，下唇常直立，齿状3裂；雄蕊2枚，着生于冠筒喉部两侧，通常比冠檐短，花丝下部被微毛，花药线形，稀卵状或矩圆形，2室，药室平行（通常1上1下，下方的1室较小）或叠生，无距；子房每室有胚珠2颗，花柱线形，柱头稍膨大或2浅裂。蒴果成熟开裂时胎座不自果爿基部弹起；种子每室2粒，阔卵形或近圆形，两侧呈压扁状，表面有多数小凸点。 约40种，产于亚洲热带和亚热带地区，大洋洲、非洲也有分布。我国有9种；广西2种。

分种检索表

1. 叶片无毛或近无毛，干后黑褐色；叶柄常短于1 cm ……………………………………… 1. **观音草** P. bivalvis (L.) Merr.
1. 叶片两面被毛，干后绿色；叶柄长0.5～3 cm ……………………………… 2. **九头狮子草** P. japonica (Thunb.) Bremek.

1. **观音草**（植物名实图考） 染色九头狮子草（中国高等植物图鉴） 长花九头狮子草（台湾植物志） 红蓝（广西植物名录）

Peristrophe bivalvis (L.) Merr., Interpr. Rumph. Herb. Amboin. 476. 1917；广西植物名录（第二册）703. 1971；贵州植物志 **10**：278. 2004；广东植物志 **9**：142. 2009；Fl. China **19**：465. 2011. ——Justicia bivalves Linn., Syst. Nat., ed. 10, **2**：850. 1759. ——*J. baphia* Spreng., Neue Entdeck. Pflanzenk. **3**：82. 1822. ——*Peristrophe baphica* (Spreng.) Bremek., Nova Guinea, n. s. **8**：149. 1957；中国高等植物图鉴 **4**：172，图 5758. 1975；云南种子植物名录（下册）1670. 1984；中国植物志 **70**：241. 2002；中国高等植物 **10**：397，图 591. 2004；云南植物志 **16**：768. 2006. ——*Justicia roxburghiana* Roem. et Schult., Mant. **1**：140. 1822. ——*Peristrophe roxburghiana* (Roem. et Schult.) Bremek., Acta Bot. Neerl. **4**：656. 1955；海南植物志 **3**：560. 1975；Fl. Taiwan **4**：656. pl. 1144. 1978 et 2nd Ed. **4**：674. pl. 308. 1998；福建植物志 **5**：136. 1993.

多年生草本，高30～60 cm，很少达1 m。分枝多数，交互对生，或有时丛生状；小枝、叶、总苞片干时均暗紫红色，被紫红色柔毛。叶片卵形，长3～11 cm，宽达6 cm，顶端近渐尖，基部阔楔尖或近圆，全缘；侧脉每边5～7条。花序聚伞式，通常由2～3个头状聚伞花序组成，腋生或顶生；总苞片2枚，阔卵形、卵形或椭圆形，长2～2.5 cm或过之，顶端短尖，干时黑紫色，有脉纹，被柔毛；花萼长4.5～5 mm，裂片披针形，被柔毛；花冠粉红色至紫红色，长3～4 cm或过之，被倒生短柔毛，冠筒直，喉部内弯，上唇阔卵状椭圆形，顶端微铁或全缘，多少内凹，伸展，下唇长圆形，浅3裂，近直立，上部外弯；花丝被柔毛，药室线形，下方1室较小，花柱无毛。蒴果未见。 广西各地零星栽培。原产地不明，亚洲东南部各地均有栽培。 本种广西民间用于食品染色，通称“红蓝”，据所知有2个栽培品种，1种枝叶近紫色，另1种带蓝色。广西（梧州）及广东（中南部）称本种为“红丝线”，民间用枝叶治痰火、咳嗽吐血。

2. **九头狮子草**（植物名实考） 土细辛（植物名实图考） 广西山蓝（广西植物） 图版227：1～2

Peristrophe japonica (Thunb.) Bremek., Boissiera **7**：194. 1943；C. F. Hsieh et T. C. Huang in Taiwania **19**：22. 1974；中国高等植物图鉴 **4**：172，图 5757. 1975；Yamazaki in J. Jap. Bot. **45**：128. 1976；台湾植物志 **4**：656. 1978；江苏植物志（下册）775，图 2026. 1982；秦岭植物志 **1**(4)：387，图 326. 1983；云南种子植物名录（下册）1679. 1984；安徽植物志 **4**：394，图 2158. 1991；浙江植物志 **6**：80，图 6. 1993；湖北植物大全 506. 1993；福建植物志 **5**：136，图 140. 1993；浙江植物志 **6**：80，图 6～103. 1993；河南植物志 **3**：470，图 2010. 1997；台湾植物志（第二版）**4**：674. 1998；中国植物志 **70**：245，图版 37：7～10. 2002；湖北植物志 **3**：605，图 2401. 2002；中国高等植物 **10**：398，图 593. 2004；贵州植物志 **10**：276，图版 81：1～3. 2004；云南植物志 **16**：770，图版 223：1～4. 2006；广东植物志 **9**：144，图 76. 2009；Fl. China **19**：466. 2011. ——*Dianthera japonica* Thunb., Fl. Jap. 21, t. 4. 1784. ——*Dicliptera japonica* (Thunb.) Makino, Bot. Mag. Tokyo **17**：90. 1903；Hand.-Mazz., Symb. Sin. **7**：898. 1936；Sterward, Man. Vasc. Pl. Lower Yangtze Vall. China 363. 1958. ——*Justicia crinita* Thunb., Trans. Linn. Soc. **2**：338. 1794, nom. illeg. ——*Pteristrophe*

图版 227 1～2. **九头狮子草** *Peristrophe japonica* (Thunb.) Bremek. 1. 花枝；2. 花冠展开。 3～4. **广西秋英爵床** *Cosmianthemum guangxiense* H. S. Lo et D. Fang 3. 花枝；4. 花冠展开。 5～6. **长花秋英爵床** *C. longiflorum* D. Fang et H. S. Lo 5. 花枝；6. 花冠展开。 （廖信佩绘）

chinensis Nees in Nees, Prodr. **11**: 494. 1847. ——*P. tinctoria* Nees, Pl. Asiat. Rar. **3**: 113. 1832；湖北植物志 **3**: 606. 2002. ——*P. guangxiensis* H. S. Lo et D. Fang 于广西植物 17(1): 44. 1997；中国植物志 **70**: 245. 2002.

多年生直立草本，高达 1.5 m；茎多分枝，具 4～6 钝棱和同数的沟纹，被柔毛或疏毛。叶柄长 0.5～3 cm，被柔毛；叶片纸质，阔卵形至披针形，长 2～12 cm，宽 1～4 cm，基部楔形，有时偏斜，边缘全缘，顶端急尖、渐尖或尾尖，具缘毛，干时黄褐色，被柔毛和钟乳体，侧脉 5～7 对。花序顶生或腋生于上部叶腋，由 2～8(10) 聚伞花序组成；总苞片卵形，通常不等大，长 1～2.5 cm，宽 0.5～1.5 cm，顶端急尖、渐尖或有渐尖头，基部宽楔形或平截，全缘，具缘毛或无毛，羽脉明显；花萼 5 裂，裂片钻形，长约 3 mm；花冠粉红色至微紫色，长 2.5～3 cm，外面疏生短柔毛，二唇形，下唇 3 裂；雄蕊 2 枚，花丝细长，伸出，花药被长硬毛，花药 2 室，1 上 1 下，通常下方的 1 室较小，2 药室交错重叠部分小于长度的一半，药室线形。蒴果椭圆形，长 1～1.2 cm，疏生短柔毛，开裂时胎座不弹起，上部具 4 粒种子，下部实心；种子近圆形，黑褐色，直径约 2.5 mm，表面具小疣状突起。　花期夏秋季。　广西各地均有，尤以南部常见；生于海拔 200～1 000 m 的山地林缘、溪旁、路边和荒地上。分布于河南、安徽、江苏、浙江、江西、福建、湖北、广东、海南、重庆、贵州、云南。日本、越南、缅甸亦有分布。　全草可入药，具祛风解表、发汗、化痰、清热解毒之效，用于感冒、口腔炎、咽喉肿痛、小儿高烧等；外用可治毒蛇咬伤。

23. 狗肝菜属　Dicliptera Juss.

草本。叶片通常全缘或有时不明显的浅波状。花序腋生，偶有顶生，聚伞花序式或有时为圆锥花序式，由数至多个头状花序组成；头状花序具花序梗；总苞片 2 枚，叶状，对生，其余含花数朵，但通常仅 1 朵发育，其余退化，仅存花萼和小苞片；花无梗；花深裂，裂片线状披针形，等大；花冠筒细长，喉部稍扩大，冠檐二唇形，上唇直立，内凹，全缘或浅 2 裂，下唇稍伸展，浅 3 裂或有时全缘，裂片覆瓦状排列；雄蕊 2 枚，着生于冠筒喉部，比上唇短，花药 2 室，花室卵形，斜叠生或 1 高 1 低，基部均无附属物；子房每室有胚珠 2 颗，柱头全缘或浅 2 裂。蒴果卵形，稍两侧压扁，开裂时胎座连同珠柄钩自果瓣基部弹起，而将种子送出；种子每室 2 粒，近圆形，两侧压扁，表面有小疣点或小乳突。　约 150 种，分布于热带和亚热带地区；我国有 4～5 种，产于西南部和南部；广西 1 种。

狗肝菜(岭南采药录)　华九头狮子草(台湾植物志)　路边青

Dicliptera chinensis (L.) Juss. in Ann. Mus. Hist. Nat. Paris **9**: 268. 1807；Nees in DC. Prodr. **11**: 477. 1847；Benth., Fl. Hongk. 266. 1861；Benoist in H. Lec. Fl. Gen. Ind.-Chine **4**: 767. fig. 82. 1～5. 1935；Merr. in Trans. Amer. Philos. Soc. n. s. **24**(2): 358. 1935；广州植物志 613. 1956；广西植物名录(第二册)701. 1971；海南植物志 **3**: 563，图 934. 1974；中国高等植物图鉴 **4**: 172，图 5757. 1975；台湾植物志 **4**: 627. 1978；Hara in J. Jap. Bot. **55**(11): 323. 1980；云南种子植物名录(下册)1673. 1984；福建植物志 **5**: 135，图 139. 1993；台湾植物志(第二版)**4**: 654. 1998；中国植物志 **70**: 236. 2002；中国高等植物 **10**: 396，图 590. 2004；贵州植物志 **10**: 274. 2004；云南植物志 **16**: 764，图版 222: 1～4. 2006；Fl. Hong Kong **3**: 178. fig 165. 2009；广东植物志 **9**: 130，图 69. 2009；Fl. China **19**: 463. 2011；深圳植物志 **3**: 390，图 412. 2012. ——*Justicia chinensis* L., Sp. Pl. 16. 1753.

一年生或二年生草本，高 30～80 cm；茎下部铺散，上部直立，四棱形；枝条具 6 条钝棱和 6 条浅沟，棱绿色，槽灰白色，具钟乳体，沿棱疏被柔毛，后变近无毛，或节部被疏柔毛。叶柄长 0.5～2.5 cm，具沟槽，具 2 列柔毛；叶片纸质，卵形、阔卵形或卵状椭圆形，长 2～8 cm，宽 1.1～4 cm，基部阔楔形或稍下延，顶端短渐尖，边缘全缘，深绿色，两面近无毛或背面中脉上被疏柔毛；侧脉 3～5 对，背面突起。聚伞花序腋生或顶生，多个簇生，或组成复聚伞花序，稀单生；聚伞花序具花 3～6 朵；花序梗长 3～8 mm，被柔毛；花梗长

0.5～3 mm，被微柔毛；聚伞花序，钻形，长 4～5 mm，边缘被柔毛；苞片 2 枚，阔倒卵形或近圆形，大小不等，0.6～1.3 cm，宽 3～5 mm，顶端圆或急尖，具短尖头，具基出脉 3 条，网脉明显，外面被长柔毛，内面无毛或仅上部近边缘具短柔毛；小苞片条形，长 4～5 mm，外面被柔毛；花萼 5 裂，条形，长约 3 mm，外面疏被糙毛，边缘被长睫毛；花冠粉红色，上唇具紫红色斑点，长 1.0～1.2 cm，外面被柔毛，内面无毛，花冠筒纤细，长 6～8 mm，冠檐二唇形，上唇阔卵形，长 4～5 mm，宽 2～3 mm，顶端微凹或全缘，下唇长圆形，长约 4 mm，宽约 3.5 mm，顶端 3 浅裂，裂片长圆形，长约 1 mm；雄蕊 2 枚，着生于喉部，外露，花丝长约 4 mm，疏被柔毛，花药 2 室，药室卵形；子房卵状，顶端被柔毛，花柱丝状，长约 1.4 cm，无毛，柱头 2 浅裂，裂片不等大。蒴果阔卵形，长约 6 mm，顶端具细尖，疏被柔毛；种子 4 粒，近圆形，压扁，直径约 2 mm，外面具疣状突起。　花期秋季。　产于广西各地；生于溪边、收林、旷野和村旁。分布于我国东南部和南部，越南也有。　全草可入药，性寒京，用于感冒、斑疹发热、暑热烦渴和小便不利等症。

24. 钟花草属 Codonacanthus Nees

多年生直立草本；具钟乳体。叶对生；具叶柄；叶片边缘全缘或不明显波状，具羽状脉。花小，具花梗，组成顶生和腋生的总状花序或圆锥花序；花在花序上互生，相对一侧有无花的苞片；苞片和小苞片均小且钻形；花萼 5 裂，近等大；花冠筒阔而短，钟形，内弯，上部扩大呈钟状，花冠 5 裂，近等大，在花芽时覆瓦状排列；能育雄蕊 2 枚，着生于冠筒中部之下，内藏，花丝丝状，花药卵形，2 室，药室稍不等大，无距；不育雄蕊 2 枚，棒状；子房 2 室，每室有胚珠 2 颗，柱头头状。蒴果为蒴果，长约 1.5 cm，基部具实心的短柄，内有种子 2 或 4 粒，具珠柄钩；种子近圆形，两侧呈压扁状，稍光亮，有珠柄钩承托。　2 种，分布于印度、缅甸、不丹、尼泊尔、柬埔寨、老挝、越南和日本。我国产 1 种，广西有分布。

钟花草（海南植物志）　针刺草（台湾植物志）　钟刺草（广西植物名录）

Codonacanthus pauciflorus (Nees) Nees in DC. Prodr. **11**：103. 1847；Benth.，Fl. Hongk. 247. 1861；C. B. Clarke in Hook. f. Fl. Brit. Ind. **4**：500. 1884；F. B. Forbes et W. B. Hemsly in J. Linn. Soc.，Bot. **26**：244. 1890；Dunn et Tutch. in Kew Bull. Add. Ser. **4**：199. 1910；Merr. in J. Lingn. Sci. **5**：169. 1927；广西植物名录（第二册）701. 1971；海南植物志 **3**：557，图 930. 1974；中国高等植物图鉴 **4**：170，图 5754. 1975；台湾植物志 **4**：627，图 1132. 1978；云南种子植物名录（下册）1672. 1984；福建植物志 **5**：129，图 134. 1993；台湾植物志（第二版）**4**：651，pl. 298. 1998；贵州植物志 **10**：270，图版 79. 2002；中国植物志 **70**：228，图版 35：9～13. 2002；中国高等植物 **10**：393，图 586. 2004；云南植物志 **16**：759，图版 220：1～6. 2006；广东植物志 **9**：133，图 71. 2009；Fl. Hong Kong **3**：175，fig 163. 2009；Fl. China **19**：448. 2011；深圳植物志 **3**：419，图 443. 2012. ——*Asystasia pauciflora* Nees in Wall. Pl. Asiat. Rar. **3**：90. 1832. ——*Codonacanthus acuminatus* Nees in DC. Prodr. **11**：103. 1847.

多年生直立草本；高 20～50 cm；茎四棱形，多分枝，具沟槽，沿沟被 2 列短柔毛。叶柄长 0.5～1.5 cm，被微柔毛；叶片薄纸质，椭圆状卵形至狭披针形，长 4～9 cm，宽 1.5～4.5 cm，基部圆形、楔形或渐狭窄，下延至叶柄，边缘全缘或有时呈不明显的浅波状，顶端急尖或渐尖，上面无毛，背面疏被短柔毛，钟乳体明显；侧脉 4～7 对，纤细。总状花序单一或再组成顶生圆锥花序，长 3～10 cm，花稀疏，在花序上互生，相对的一侧常有无花的苞片；花序轴密被短柔毛；花序梗长 1～3 cm，被微柔毛；花梗长 1～3 mm，被短柔毛；苞片钻形，长 1～2 mm，外面疏被短柔毛；小苞片卵状披针形，长约 1.5 mm，宽约 1 mm；花萼 5 裂，条形，长 3～4 mm，宽约 0.8 mm；花冠白色或淡紫色，长 0.8～1 cm，外面无毛，基部圆筒形部分长约 2 mm，后向上迅速扩大成钟形，5 裂，裂片卵形或长圆形，后裂片稍小，长约 2 mm，宽约 1.5 mm；雄蕊 2 枚，内藏，花丝短，不育雄蕊 2 枚；子房 2 室，每室具胚珠 2 颗；花柱丝状，长约 7 mm，柱头 2 浅裂。蒴果倒卵状，长约 1.5 cm，基部实心部分长约 7 mm，近柄状；种子 4 粒，圆形或卵形，长约 2 mm，宽约 2 mm，无毛。　果期：

9月至翌年4月。　花期秋季。　产于广西东部、东南部至西南部；生于潮湿的山谷和密林下。分布于印度、缅甸、不丹、尼泊尔、柬埔寨、老挝、越南和日本。　全草可药用，用于跌打损伤、风湿病、口腔溃疡等。

25. 秋英爵床属　Cosmianthemum Bremek.

草本，稀为灌木。叶片近等大，具柄，全缘，稀稍波状，多少有钟乳体。花序顶生，稀腋生，总状，由小聚伞花序组成；苞片通常小；小苞片小于苞片；花萼5裂几达基部，裂片近等大；花冠长通常不超过10 mm，管直或稍弯，檐部二唇形，上唇短2裂，下唇3深裂至3浅裂，裂片相等，有时中裂片稍宽，覆瓦状排列；发育雄蕊2枚，生于冠筒喉部，花药2室，药室平排，基部无附属物；不育雄蕊2枚，生于发育雄蕊花丝的近基部；花盘环状；子房2室，每室有胚珠2颗，柱头浅2裂。蒴果棒状，下部实心；种子4粒，有珠柄钩承托，种皮多少平滑。　本属约13种，主要分布于马来西亚(沙捞越)，泰国、越南和我国南部。我国有3种，产于海南和广西；广西现知2种，均产于十万大山南部。

分种检索表

1. 叶片狭卵状椭圆形，基部近圆形至钝；花序基部1对苞片通常叶状 …………………………………………………… 1. **广西秋英爵床**　C. guangxiense H. S. Lo et D. Fang
1. 叶片长圆状椭圆形，基部楔形，稀钝；花序基部1对苞片非叶状 … 2. **长花秋英爵床**　C. longiflorum D. Fang et H. S. Lo

1. **广西秋英爵床**(广西植物)　图版227：3～4

Cosmianthemum guangxiense H. S. Lo et D. Fang 于广西植物 17(1)：42. 1997；中国植物志 70：270. 2002；Fl. China 19：449. 2011.

草本，高约70 cm；茎和枝干时栗色；小枝疏被短毛。叶近等大；叶片狭卵状椭圆形，长6.5～10.5 cm；基部近圆形至钝，边稍波状，两面几乎无毛，上面散生钟乳体；侧脉每边约5～6条；叶柄长达1.5 cm，毛被同小枝。花序总状，常生于枝端叶腋，长1～6 cm，间断；花序梗长达4 cm，和花序轴被短毛；基部的苞片常为叶状，余为钻状至狭三角形，长2～23 mm，外面近无毛，每苞内着花6～1朵；花梗极短或无毛；小苞片三角形，长约1.5 mm；花萼5深裂，裂片线状披针形，长4 mm，外面近无毛，花冠紫白色，长12～13 mm，外面疏被微毛，上唇卵形，长约7 mm，2齿裂，下唇3中裂，裂片长圆形，长4 mm；雄蕊2枚，花丝长约3 mm，药室基部无距，高的1枚药隔稍突出；不育雄蕊2枚，长1 mm；子房无毛。蒴果未见。　花期10月。　仅见于十万大山南部；生于山顶林中。

2. **长花秋英爵床**(广西植物)　图版227：5～6

Cosmianthemum longiflorum D. Fang et H. S. Lo 于广西植物 17(1)：43 1997；中国植物志 70：270. 2002.

草本，高约30 cm；茎被短毛，下部常匍匐生根。叶近等大；叶片长圆状椭圆形，稀近卵形，长2～13.5 cm，基部楔形或钝，边近全缘或稍波状，干时两面榄绿色，腹面有时具疏钟乳体，背面近边缘和脉上被疏毛，中脉上面压入；侧脉每边约(3)4～6条；叶柄长3～8 mm，毛被同茎。总状花序生于茎梢叶腋，长2～3 cm，间断，花序轴和花序梗疏被短毛；花序梗长9～10 mm；苞片狭三角形至三角形，长1.5～2 mm，每苞内着花6朵或1～2朵；花梗长约1.5 mm；小苞片卵形，长1.5 mm；花萼5深裂，裂片狭三角形，长2.5 mm，连同苞片、花梗、小苞外面均疏被短毛；花冠长14 mm，外面淡绿色，疏被微毛和腺状微毛，外面带紫色，上唇长6 mm，2齿裂，下唇3浅裂，裂片长1 mm，中裂片较宽；雄蕊2枚，花丝长4 mm，药室稍不等高，基部无距；不育雄蕊2枚，长1 mm；子房无毛。蒴果未见。　花期10月。　产于十万大山南部；生于山谷林中。分布于海南，越南北部亦有。

26. 孩儿草属 Rungia Nees

直立或披散草本。花无梗，组成顶生或腋生、通常密花的穗状花序；苞片常4列，仅2列能育(有花)或有时4列均能育(有花)，全部或仅有花的苞片具膜质边缘；小苞片比苞片小或与之同形等大；花萼深5裂，裂片等大或稍不等大；花冠筒短而直，喉部稍扩大，冠檐二唇形，上唇直立，稍内凹，全缘或浅2裂，下唇伸展，3裂，裂片覆瓦状排列；雄蕊2枚，着生于喉部，通常比上唇短，花药2室，药室近等大，叠生或斜叠生，下方1室基部常有距；子房每室有胚珠2颗，柱头全缘或不明显2裂。蒴果卵形或长圆形，开裂时胎座自果片基部弹起；种子4粒，近圆形，两侧压扁，表面有小凸点。 约65种，分布于亚洲热带地区和非洲。我国有15种；广西8种。

分种检索表

1. 苞片4列均可育，花序不偏向一侧 ………………………………………… 1. **腋花孩儿草** R. stolonifera C. B. Clarke
1. 苞片仅2列可育，花序偏向一侧。
  2. 果实无柄，无毛。
    3. 一年生草本；直立、平卧或披散草本；花冠长3～6 mm ……………………… 2. **孩儿草** R. pectinata (L.) Nees
    3. 多年生草本；花冠长1～2 mm ………………………………………………… 3. **中华孩儿草** R. chinensis Benth.
  2. 果实具柄，被毛。
    4. 苞片无缘毛；枝干后暗紫色 …………………………………… 4. **广西孩儿草** R. guangxiensis H. S. Lo et D. Fang
    4. 苞片多少被缘毛；枝干后不为暗紫色。
      5. 不育苞片与能育苞片明显异形 …………………………………… 5. **那坡孩儿草** R. napoensis D. Fang et H. S. Lo
      5. 不育苞片与能育苞片同形或近圆形。
        6. 苞片顶端尖，外面被腺状微毛 ………………………………… 6. **尖苞孩儿草** R. pungens D. Fang et H. S. Lo
        6. 苞片顶端钝圆，外面无腺状微毛。
          7. 苞片倒卵形；花冠长约18 mm，管内有2个乳头状小囊 ……………………………………………………………… 7. **囊花孩儿草** R. bisaccata D. Fang et H. S. Lo
          7. 苞片椭圆形至倒卵状椭圆形………………………………… 8. **长柄孩儿草** R. longipes D. Fang et H. S. Lo

1. 腋花孩儿草(植物分类学报)

Rungia stolonifera C. B. Clarke in Fl. Brit. India **4**:547. 1885；云南种子植物名录(下册). 1684. 1984；中国植物志 **70**:265. 2002；贵州植物志 **10**:281. 2004；云南植物志 **16**:782. 2006；Fl. China **19**:445. 2011. ——*Justicia stolonifera* (C. B. Clarke) B. Hansen in Nordic J. Bot. **9**(2):211. 1989. ——*Rungia axilliflora* H. S. Lo 于植物分类学报 **16**(4):92，图1. 1978；方鼎等于广西植物 **17**(1):46. 1997；中国植物志 **70**:257. 2002；贵州植物志 **10**:279. 2004；Fl. China **19**:444. 2011. ——*R. densiflora* H. S. Lo 于植物分类学报 **16**(4):94. 1978；中国植物志 **70**:258. 2002；中国高等植物 **10**:404. 2004；Fl. China **19**:444. 2011.

草本；高约40 cm；茎下部匍匐生根；枝纤细，被2列倒向短柔毛。叶柄长2～5 mm，被短毛；叶片膜质，卵形，长0.5～2.7 cm，宽0.4～1.2 cm，顶端圆或钝，基部阔楔形，边全缘，被缘毛，两面疏被短毛；侧脉每边约4条。花单生于近枝端的叶腋，无梗；花叶与茎生叶同形，稀倒卵形，较小，疏被短毛；小苞片椭圆形，边缘干膜质，被缘毛；花萼长3 mm，干膜质，5裂至基部，裂片狭三角形，无毛；花冠浅蓝色，长8～10 mm，无毛或顶端稍被毛，上唇长三角形，下唇3浅裂；雄蕊2枚，药室不等高，低的药室基部有距；子房无毛，花柱稍被毛。蒴果未见。 花期9月。 产于乐业；生于山沟旁，海拔450 m。分布于贵州、云南、广东、江西、福建、浙江和安徽，印度也有。

2．**孩儿草**（岭南采药录）　鼠尾黄（云南种子植物名录）

Rungia pectinata（L.）Nees in DC. Prodr. **11**：470. 1847；T. Anderson in J. Linn. Soc.，Bot. **9**：517. 1867；Hand.-Mazz. Symb. Sin. **7**：898. 1936；广州植物志 614. 1956；广西植物名录（第二册）705. 1971；海南植物志 **3**：563，图 933. 1974；中国高等植物图鉴 **4**：177，图 5767. 1975；云南种子植物名录（下册）1684. 1984；中国植物志 **70**：262，图版 40：1～7. 2002；中国高等植物 **10**：404，图 602. 2004；云南植物志 **16**：780，图版 227：1～7. 2006；Fl. Hong Kong **3**：179. 2009；广东植物志 **9**：132，图 70. 2009；Fl. China **19**：445. 2011；深圳植物志 **3**：391，图 413. 2012.——*Justicia pectinata* L.，Amoen. Akad. **4**：299. 1760.——*Rungia parviflora* var. *pectinata*（L.）C. B. Clarke in Hook. f. Fl. Brit. Ind. **4**：550. 1885；Benoist in H. Lec. Fl. Gen Indo-Chine **4**：759. 1935；Hand.-Mazz.，Symb. Sin. **7**：898. 1936.——*R. parviflora* subsp. *pectinata*（L.）Cramer，Revis. Handbook Fl. Ceylon **12**：105. 1998.——*R. parviflora* Nees，Pl. Asiat. Rar. **3**：110. 1832；Hemsl. in J. Linn. Soc.，Bot. **26**：247. 1890；Dunn et Tutch. in Kew Bull. Add. Ser. **10**：200. 1912；Merr. in Lingnan. Sci. J. **5**：171. 1927.

一年生或多年生披散草本；茎基部平卧，有时直立，多分枝，疏被短柔毛，常节上生根；茎圆柱状，干时黄色，疏被柔毛或近无毛。叶柄长 1～7 mm；叶片薄纸质，下部的叶常卵形，上部的长椭圆状披针形至狭披针形，长 1～6 cm，宽 0.4～1.4 cm，基部楔形，顶端急尖，边缘全缘，两面疏被紧贴柔毛；侧脉约 5 对，常不明显。穗状花序顶生或腋生，长 1～3 cm，单生或 2～3 个簇生；苞片 4 列，能育苞片近圆形或阔卵形，长 4～5 mm，宽约 2 mm，背面被长柔毛，膜质边缘宽约 0.5 mm，被缘毛，不育苞片长圆状披针形，长约 5～6.5 mm，宽约 0.7 mm，顶端具硬尖头，一侧或有时二侧均有狭窄的膜质边缘，被缘毛；小苞片椭圆形，长 2～3 mm，边缘被睫毛，顶端 2 裂；花萼外面被柔毛，5 裂，条形，等大，长约 3 mm，宽约 0.5 mm，具膜质边缘，顶端具小尖头；花冠淡蓝色或白色，长约 5 mm，外面被短柔毛，上唇卵形，长约 2 mm，顶端 2 浅裂，下唇 3 裂，裂片近三角形；雄蕊 2 枚，花丝无毛，花药药室不等高，上方 1 室基部钝，下方 1 室基部具距；子房无毛，花柱长约 7 mm，无毛。蒴果椭圆体形，长约 3 mm，无毛，内有种子 2 或 4 粒；种子圆形，直径约 1 mm，具瘤状突起。　花期春季。　广西中部以南地区及西北各地均产；生于草地上。分布于台湾、广东、海南和云南，印度、斯里兰卡和中南半岛各国均有。　全草可入药，有去积、清肝火之效。

3．**中华孩儿草**（中国高等植物图鉴）　明萼草（广西植物名录）　图版 226：2～7

Rungia chinensis Benth.，Fl. Hongk. 266. 1861；广西植物名录（第二册）704. 1971；中国高等植物图鉴 **4**：176，图 5766. 1975；台湾植物志 **4**：658，图版 1145. 1978；福建植物志 **5**：139，图 144. 1993；台湾植物志（第二版）4：676. 1998；中国植物志 **70**：258，图版 40：1～6. 2002，excl. pl.；中国高等植物 **10**：403，图 601. 2004；Fl. Hong Kong **3**：179，fig. 166. 2009；Fl. China **19**：444. 2011.

草本，高达 70 cm；茎基部平卧，节上生根，上部近直立，四棱形，具沟槽，被微柔毛。叶柄长 0.5～1.5 cm；叶片纸质，卵形至长圆状卵形，长 2.5～11 cm，宽 1.5～4 cm，顶端短尖至渐尖，基部楔形，边缘全缘或浅波状，两面近无毛，侧脉 5～6 对。穗状花序顶生和腋生，长 1.5～6 cm 或过之，宽约 1.5 cm，偏向一侧；花序梗长 1～2 cm；苞片 4 列，但仅 2 列有花，能育苞片和不育苞片近同形，均卵形或椭圆形，长约 5～6 mm，顶端钝或圆，基部宽阔，无柄，边缘膜质，多少被缘毛；小苞片 2 枚，椭圆形，长约 5 mm，具膜质边缘和睫毛；花萼 5 裂，裂片条状披针形，长 3～4 mm；花冠淡蓝紫色，长约 1.5 cm，二唇形，上唇 2 浅裂，下唇 3 裂，外面被白色柔毛；雄蕊 2 枚，药室不等高，下方 1 室具距，上方 1 室无距。蒴果长 7～8 mm；种子 4 粒。　花期秋末冬初。　产于贺州、金秀、靖西和凌云等地；常生于山谷林下，海拔 250～800 m。分布于香港、广东和台湾。　Hansen（Nordic J. Bot. 9：210. 1989）将本种归并为 *R. stolonifera* C. B. Clarke 的异名，但本种 4 列苞片中有 2 列不育，与 *R. stolonifera* C. B. Clarke 明显不同。

4．**广西孩儿草**（广西植物）

Rungia guangxiensis H. S. Lo et D. Fang 于广西植物 **17**（1）：46. 1997；中国植物志 **70**：258. 2002；Fl. China **19**：445. 2011.

直立草本，高约 70 cm；枝近圆柱状，暗紫色，近无毛或嫩部被微柔毛。叶片薄纸质，椭圆形或近卵形，长 9～17 cm，顶端短渐尖，基部楔尖，全缘，上面无毛，下面被微柔毛；侧脉每边约 7 条，背面扁平。穗状花序在侧枝上顶生，花序梗极短或无；苞片 4 列，覆瓦状叠生，能育苞片近长圆形，长约 7 mm，不育苞片阔倒卵形，长 7～8 mm，顶端圆，无毛；花萼长约 2.5 mm，5 深裂几达基部；花冠红色，长 1.7 cm，外面无毛，冠筒基部直径约 1.5 mm，向上渐扩大，冠檐长 5～6 mm，上唇阔卵状三角形，顶端钝，下唇伸展，浅 3 裂；雄蕊 2 枚，近伸出，花药 2 室，药室近卵形，较低的 1 室有距。蒴果未见。 花期春季。 广西特有。产于防城。

5. **那坡孩儿草**(广西植物) 图版 228:1～3

Rungia napoensis D. Fang et H. S. Lo 于广西植物 **17**(1):46. 1997；中国植物志 **70**:262. 2002；Fl. China **19**:446. 2011.

草本，高达 90 cm；茎曲折，下部节上生根；小枝被 2 列短毛。同对叶近等大或不等大；叶片狭椭圆形至披针形，长 3～10 cm，边近全缘，背面脉上被短毛，两面有钟乳体；侧脉每边 4～7 条；叶柄长达 2.5 cm，两侧被短毛。穗状花序常生于枝端叶腋，长达 5 cm，一侧向；花序梗长 3～5 mm，被短毛；不育苞片近长圆状椭圆形，长约 4 mm，不对称，急尖，外面几乎无毛，无膜边，疏被小缘毛；能育苞片椭圆形，长 9 mm，急尖，具紫色干膜质狭边，被小缘毛；小苞片椭圆形，长 9 mm，顶端紫色而骤尖；萼 5 深裂，干膜质，裂片钻状，长 6 mm，外面和边缘疏被微毛；花冠长 16 mm，白色，外被疏毛，上唇三角形，长 6 mm，微缺，下唇 3 浅裂；雄蕊 2，低的药室基部有距；子房无毛。蒴果未见。 花期 2 月。 仅见于那坡；生于石山山谷水旁林中。

6. **尖苞孩儿草**(广西植物) 图版 228:4～6

Rungia pungens D. Fang et H. S. Lo 于广西植物 **17**(1):47. 1997；中国植物志 **70**:264. 2002；Fl. China **19**:446. 2011.

草本，高达 1.5 m；茎直立或下部匍匐生根；小枝无毛或被 2 列短毛。叶近等大；叶片薄纸质至纸质，椭圆形至卵状椭圆形，长 2.5～16 cm，边稍波状，无毛，有钟乳体；侧脉每边 4～9 条；叶柄长达 5.5 cm。穗状花序顶生和腋生，长 2～5 cm，一侧向，轴被短毛；花序梗长 1～9 mm；不育苞片阔椭圆形，长 7.5～8 mm，具宽达 1.5 mm 的紫色干膜质边缘，外面和边缘被腺状微毛，顶端锐尖；能育苞片阔椭圆形，长 7.5～8 mm，具狭边；小苞片与能育苞片同形，长 6 mm；花萼长 6～7 mm，干膜质，5 深裂，裂片近线形，稍不等宽，外面和边缘被微毛；花冠长约 15 mm，外面淡黄绿色，被短毛，内面具紫斑，上唇三角形，长 6 mm，微缺，下唇 3 浅裂；雄蕊 2 枚，低的药室基部有距。蒴果长约 8 mm，外被微毛；种子 4 粒，具凸点。 花期 3～4 月。 产于那坡、崇左和宾阳等地；生于石山山谷，海拔 700～970 m。 民间用于治跌打损伤、骨折。

7. **囊花孩儿草**(广西植物) 图版 228:7～9

Rungia bisaccata D. Fang et H. S. Lo 于广西植物 **17**(1):48. 1997；中国植物志 **70**:258. 2002；Fl. China **19**:446. 2011.

草本，高超过 25 cm；茎具 2 沟，沟中被短毛。同对叶稍不等大；叶片卵状椭圆形，长 5～13 cm，顶端渐尖，微钝，边稍波状，背面脉上被短毛，两面密布钟乳体；侧脉每边 5～6 条；叶柄长达 2.5 cm，被短毛。穗状花序生于茎稍叶腋，长约 5 cm，偏于一侧；花序梗极短；不育苞片与能育苞片均为倒卵形，长 7～11 mm，顶端圆，具紫色干膜质狭边，被小缘毛；小苞片长圆状椭圆形，长 10 mm；花萼 5 裂几达基部，干膜质，裂片钻状，长 7 mm，疏被小缘毛；花冠白染红色，长 18 mm，外面疏被微腺毛，管内近中部具 2 枚乳头状小囊，上唇卵状三角形，长 5 mm，顶端有时微缺，下唇 3 浅裂；雄蕊 2 枚，低的药室基部有距；子房和花柱均无毛。蒴果未见。 花期 2 月。 仅见于凭祥；生于石山山谷林中。 茎和叶在民间用于治骨折。

8. **长柄孩儿草**(广西植物)

Rungia longipes D. Fang et H. S. Lo 于广西植物 **17**(1):49. 1997；中国植物志 **70**:262. 2002；Fl. China **19**:446. 2011.

草本；高约 0.5 m；小枝被 2 列短毛。叶片薄纸质至纸质，卵形或椭圆形，长 10～17 cm，宽 4～

图版 228　1～3. **那坡孩儿草** Rungia napoensis D. Fang et H. S. Lo　1. 花枝；2. 苞片；3. 花。　4～6. **尖苞孩儿草** R. pungens D. Fang et H. S. Lo　4. 花枝；5. 苞片；6. 花。　7～9. **囊花孩儿草** R. bisaccata D. Fang et H. S. Lo　7. 花枝；8. 花；9. 花冠展开。（廖信佩绘）

8.5 cm，顶端渐尖，基部宽楔形或急尖，边具波状浅齿，背面脉上被短毛，腹面密布钟乳体；侧脉每边 6～7 条，连同中脉在背面压扁；叶柄长(1)4～4.5 cm，被短毛。穗状花序腋生，长 2.5～11 cm，一侧向；花序梗长 2～4 mm，被短毛；不育苞片椭圆形至倒卵状椭圆形，长(6)10～12 mm，顶端稍钝，具淡绿色干膜质狭边，疏被几乎不明显的小缘毛；能育苞片倒卵状椭圆形，长约 12 mm，稍钝，外面与边缘疏被微毛；小苞片与能育苞片同形，长 7 mm；宿存的花萼干膜质，5 裂几达基部，裂片钻状，长 6～9 mm，等大，疏被小缘毛；花冠未见。蒴果长约 10 mm，外被短毛；种子 4 粒，有凸点。 花期约 3 月。 仅见于龙州；生于山谷林中。

27. 爵床属 Justicia L.

多年生草本、半灌木或灌木；具钟乳体。叶对生；无柄或具柄；叶片边缘全缘或具波状齿；具羽状脉。花排列成延长或短缩的穗状花序，或聚伞圆锥花序，有时再组成圆锥花序；苞片各样，长或短于花萼；小苞片 2 枚或无；花萼 4 裂或 5 裂，等大，稀不等大；花冠具明显的花冠筒，二唇形，上唇直立，顶端不裂或 2 浅裂，下唇展开，倒卵形，顶端 3 裂；雄蕊 2 枚，花丝丝状，花药 2 室，药室长圆形或球形，不等高，或平行，或叉开，或斜生于药隔，常下方 1 室或全部基部具距状附属物；不育雄蕊无；子房 2 室，每室具胚珠 2 颗，花柱丝状，柱头 2 浅裂。蒴果基部具实心的短柄，长倒卵形或棍棒状，内有种子 2 或 4 粒，具珠柄钩；种子通常扁，具疣状突起、或蜂窝状、或光滑。 本属约 600 种，分布于热带地区。我国产 42 种；广西 24 种 1 变型。

分种检索表

1. 花萼 4 裂。
  2. 叶片椭圆形或长圆状椭圆形；茎下部匍匐，节上生根。
    3. 穗状花序圆柱状，密被柔毛；苞片和小苞片等长于或稍长于花萼 ………………………… 1. **爵床** *J. procumbens* L.
    3. 穗状花序纤细，疏被柔毛；苞片和小苞片短于花萼 ……………………………………… 2. **小叶散爵床** *J. diffusa* Willd.
  2. 叶片线形或披针状线形；茎直立 ……………………………… 3. **线叶爵床** *J. neolinearifolia* N. H. Xia et Y. F. Deng
1. 花萼 5 裂。
  4. 花排列成腋生的密集聚伞花序。
    5. 叶片线状披针形至线状狭长圆形，长约为宽的 4 倍 ………………………… 4. **柳叶爵床** *J. salicifolia* T. Anderson.
    5. 叶片椭圆形、椭圆状卵形或有时近长圆形，长为宽的 2.5 倍以下。
      6. 叶片纸质，被毛；花萼被柔毛 ………………………………………………… 5. **杜根藤** *J. quadrifaria* (Nees) T. Anderson.
      6. 叶片革质，无毛；花萼无毛。
        7. 花冠白色 ……………………………………………………… 6. **广西爵床** *J. kwangsiensis* (H. S. Lo) H. S. Lo
        7. 花冠粉红色 ………………………………… 7. **柳江杜根藤** *J. weihongjinii* Y. F. Deng, Y. Tong et Y. S. Huang
  4. 花组成多少伸长的腋生或顶生的穗状花序或复穗状花序。
    8. 苞片叶状或近叶状，明显长于花萼，有时花序上部的短于花萼。
      9. 花序腋生；苞片大，长 1.5～2 cm；花冠长约 2.5 cm …………………………………… 8. **鸭嘴花** *J. adhatoda* L.
      9. 花序顶生；苞片较小，长通常不超过 1 cm。
        10. 苞片长 1～1.5 cm，通常覆瓦状排列 ………………………………… 9. **大驳骨** *J. ventricose* Wall. ex Sims.
        10. 苞片短于 1 cm。
          11. 基部的苞片长于花萼，向上逐渐变小，上部的短于花萼 ………………… 10. **小驳骨** *J. gendarussa* Burm. f.
          11. 所有的苞片均长于花萼。
            12. 花序间断；花黄色 ……………………………… 11. **黄花爵床** *J. pseudospicata* H. S. Lo et D. Fang
            12. 花序连续；花非黄色。
              13. 苞片卵形至椭圆形，基部淡绿色，中部以上紫红色，顶端尾尖 ……… 12. **紫苞爵床** *J. latiflora* Hemsl.
              13. 苞片阔倒卵形或扇形，绿色，顶端具 1～3 个齿 ……………………………………………………………………………… 13. **华南爵床** *J. austrosinensis* H. S. Lo et D. Fang

8. 苞片较小，通常短于花萼。

14. 茎短；叶常排成莲座状 …………………………………… 14. **桂南爵床** J. austroguangxiensis H. S. Lo et D. Fang

14. 茎延长；叶疏生，绝不排成莲座状。

15. 叶无柄。

16. 叶干后背面不为锈色；茎干后非暗紫色；穗状花序长 7～14 cm ……………………………………………………………………………… 15. **琴叶爵床** J. panduriformis Benoist

16. 叶干后背面为锈色；茎干后暗紫色；穗状花序长 1.5～5 cm ……………………………………………………………………………… 16. **锈背爵床** J. ferruginea H. S. Lo et D. Fang

15. 叶具柄。

17. 花常单生于苞片腋中。

18. 叶片基部浅心形，有时近截平 ………………………………… 17. **连山爵床** J. lianshanica (H. S. Lo) H. S. Lo

18. 叶片基部不为浅心形或截平。

19. 花萼裂片椭圆形，顶端钝 ……………………………… 18. **钝萼爵床** J. amblyosepala D. Fang et H. S. Lo

19. 花萼裂片狭三角形至披针形，顶端尖。

20. 花萼裂片内缘密被微绒毛；花较大，花冠长 20～22 mm；茎有四棱 ……………………………………………………………… 19. **棱茎爵床** J. acutangula H. S. Lo et D. Fang

20. 花萼裂片内缘无毛；花较小，花冠长不超过 15 mm；茎无棱。

21. 叶片椭圆形或卵状椭圆形，中部以上最宽，宽 1.2～4.2 cm；苞片宽 3～4 mm ……………………………… 20. **尾叶纤穗爵床** J. caudatifolia (H. S. Lo et D. Fang) Z. P. Hao, Y. F. Deng et Daniel

21. 叶片狭椭圆形，中部以下最宽，宽 1～5 cm；苞片长约 1.5 mm ……………………………………………………………… 21. **那坡爵床** J. kampotiana Benoist

17. 花常 2～5 朵聚生于苞片腋中。

22. 叶片基部心形，稀圆形 ………………………………… 22. **心叶爵床** J. cardiophylla D. Fang et H. S. Lo

22. 叶片基部楔形至渐狭。

23. 花无梗；萼裂片长约 2～3 mm ………………………………… 23. **南岭爵床** J. leptostachya Hemsl.

23. 花序下部的花有梗；萼裂片长约 5 mm ………………… 24. **大明爵床** J. damingensis (H. S. Lo) H. S. Lo

1. **爵床**（神农本草经）　赤眼老母草（唐本草注）　鼠尾红（台湾植物名录）　六角英，消血草（马山）

Justicia procumbens L., Sp. Pl. 15. 1753; Hand.-Mazz. Symb. Sin. **7**: 899. 1936; Beih. Bbot. Centrabl. **56**: 455. 1937; 广州植物志 614. 1956; Sterward, Man. Vasc. Pl. Lower Yangtze Vall. China 363. 1958; 广西植物名录(第二册) 703. 1971; 台湾植物志 **4**: 645. 1978; 台湾植物志(第二版) **4**: 665. photo. 343. 1998; 贵州植物志 **10**: 288, 图版 85: 1～4. 2004; 广东植物志 **9**: 154, 图 83. 2009; Fl. Hong Kong **3**: 182, fig. 167. 2009; Fl. China **19**: 452. 2011. ——*Rostellularia procumbens* (L.) Nees in Wall., Pl. Asiat. Rar. **3**: 101. 1832; DC. Prodr. **11**: 371. 1847; Benth. Fl. Hongkong 265. 1861; 江苏南部种子植物手册 701, 图 1131. 1959; C. F. Hsieh et T. C. Huang in Taiwania **19**(1): 26. 1974; 中国高等植物图鉴 **4**: 176. f. 5765. 1975; 江苏植物志(下册) 776, 图 2029. 1982; 云南种子植物名录(下册) 1684. 1984; 西藏植物志 **4**: 420, 图 182: 1～4. 1985; 安徽植物志 **4**: 397, 图 2161. 1991; 湖北植物大全 507. 1993; 浙江植物志 **6**: 83, 图 6～106. 1993; 福建植物志 **5**: 140, 图 145. 1993; 武陵山地区维管植物检索表 432. 1995; 河南植物志 **3**: 472, 图 2011. 1997; 湖北植物志 **3**: 606, 图 2402. 2002; 中国植物志 **70**: 305, 图版 46: 1～6. 2002; 中国高等植物 **10**: 416, 图 620. 2004; 云南植物志 **16**: 804, 图版 234: 1～6. 2006; 湖南壶瓶山植物志(下卷) 816. 2009; 深圳植物志 **3**: 403, 图 424. 2012. ——*R. trichochila* Miq., J. Bot. Need. **1**: 118. 1861; Forbes et Hemsl., J. Linn. Soc. Bot. **26**: 249. 1890. ——*Justicia procumbens* var. *leucantha* Honda, Bot. Mag. Tokyo **44**: 669. 1930. ——*Rostellularia procumbens* (L.) Nees var. *leucantha* (Honda) S. X. Qian et S. H. Ou 于安徽植物志 **4**: 398. 1991, nom. inval. ——*R. procumbens* f. *albiflora* Z. H. Chen 于浙江林学院学报 **4**: 71. 1987. ——*R. procum-*

bens（L.）Nees f. *albiflora* J. L. Liu 于植物研究 **20**:254. 2000, non Z. H. Chen 1987.

披散草本，高 20～50 cm；茎四棱形，具沟槽，常被短硬毛。叶柄长 3～8 mm，被短硬毛；叶片椭圆形、卵状椭圆形、椭圆状长圆形、卵形，长 1.5～4 cm，宽 0.8～1.5 cm，基部阔楔形或近圆形，稍下延，边缘全缘或略波状，顶端锐尖或钝，腹面疏被硬毛，密布条形钟乳体，背面被硬毛；侧脉 3～6 对，在腹面稍隆起，在背面隆起。穗状花序顶生或生于上部叶腋，长 1～6 cm；花序梗长 0.5～7 cm，密被柔毛；苞片椭圆状披针形，长 4～5 mm，宽约 1 mm，外面被柔毛，边缘被睫毛；小苞片披针形，长 4～5 mm，外面被柔毛，有缘毛；花萼 4 裂，条形，长 5～6 mm，具 1 脉，脉绿色，边缘膜质，黄白色，外面沿脉被柔毛，具睫毛；花冠粉红色或白色，长约 7 mm，二唇形，上唇长约 3 mm，顶端微凹，下唇长约 3 mm，宽约 3.5 mm，3 浅裂，裂片卵形，中裂片稍宽，长约 1 mm，宽 1～1.5 mm；雄蕊 2 枚，外露，花药 2 室，不等高，上方 1 室无距，下方 1 室具距；子房被柔毛，花柱长 5 mm，被柔毛。蒴果长约 5 mm，基部具实心的短柄，内具种子 4 粒；种子卵形，长约 1 mm，宽约 1 mm，表面具脑纹状突起。 花期几乎全年。 产于广西各地，生于旷野或林下，为常见杂草。分布于我国大部分地区，其中仅海南、甘肃、青海和新疆等地未发现；亚洲东部、南部至澳大利亚广泛分布。全草可入药，可治感冒发热、咽喉肿毒、小儿疳积等。

2. **小叶散爵床**（海南植物志）

Justicia diffusa Willd., Sp. Pl. **1**:87. 1797; C. B. Clarke in Hook. f., Fl. Brit. India **4**:538. 1885; T. Anderson. in J. Linn. Soc. Bot. **4**:425. 1867.——*Rostellularia diffusa*（Willd.）Nees in Pl. Asiat. Rar. **3**: 100. 1832.；云南种子植物名录（下册）1683. 1984.——*R. procumbens* var. *diffusa*（Willd.）Benoist, Fl. Gen. Indo-Chine **4**:733. 1935.——*Justicia diffusa* var. *prostrata* Roxb. ex C. B. Clarke in Hook. f., Fl. Brit. India **4**: 538. 1885.——*J. prostrata*（Roxb. ex C. B. Clarke）Gamble, Fl. Pres Madras **2**: 1081. 1924.——*Rostellularia. diffusa* var. *prostrata*（Roxb. ex C. B. Clarke）H. S. Lo 于海南植物志 **3**: 570, 598. 1974.——*R. prostrata*（Roxb. ex C. B. Clarke）R. B. Majumdar in Bull. Bot. Soc. Bengal **25**(1～2):75. 1971; Shiva Sharma et Tiagi, Fl. N. E. Rajasthan 325. 1979.——*R. prostrata*（Roxb. ex Clarke）K. K. N. Nair, Fl. Courtallum **2**:299. 1987.

披散草本，高 15～30 cm；茎四棱柱形，稍被短柔毛。叶片卵形或近圆形，有时椭圆形，长 0.7～1 cm，稀达 1.5 cm，两面均有粗大，排列规则的钟乳体，被毛；叶柄短。穗状花序顶生，长 2.5～5 cm，宽约 4 mm，被毛；苞片线状披针形，被硬毛；小苞片披针形，被硬毛；花萼 4 裂，裂片线状披针形，长约 4 mm，被硬毛；花冠长约 6 mm；雄蕊 2 枚，花药 2 室，不等高，上方 1 室无距，下方 1 室具距。蒴果长 3～4 mm，被柔毛；种子近平滑。 花期春季。 产于广西北海；生于溪旁、草地、沙地。分布于广东、海南、云南、台湾、福建，日本、印度、泰国、斯里兰卡和越南等国也有。

3. **线叶爵床**（植物分类学报） 两广线叶爵床（植物分类学报）

Justicia neolinearifolia N. H. Xia et Y. F. Deng 于热带亚热带植物学报 **13**:534. 2005; Fl. China **19**: 452. 2011.——*Rostellularia linearifolia* Bremek. in Proc. Kon. Ned. Akad. Wetensch. C **60**: 5. 1957.——*Justicia linearifolia*（Bremek.）H. S. Lo 于广西植物 **17**（1）: 58. 1997, not Lamarck (1785).——*J. linearifolia*（Bremek.）H. S. Lo subsp. *liangkwangensis*（H. S. Lo）H. S. Lo 于广西植物 **17**(1):59. 1997.——*Rostellularia linearifolia* Bremek. subsp. *liangkwangensis* H. S. Lo 于植物分类学报 **17**(4):87，照片 2. 1979；中国植物志 **70**:305. 2002；中国高等植物 **10**:416，图 621. 2004.——*Justicia neolinearifolia* N. H. Xia et Y. F. Deng subsp. *liangkwangensis*（H. S. Lo）N. H. Xia et Y. F. Deng 于热带亚热带植物学报 **13**:534. 2005；广东植物志 **9**:153. 2009.

草本，高约 20 cm；无毛。叶片线形，长 3～5 cm，宽 2～4 mm，顶端钝，基部钝，边缘全缘，叶脉不明显，两面无毛；叶柄极短，近无。穗状花序顶生，长 2～5 cm；花序轴被柔毛；苞片卵形，长约 2 mm，宽约 1 mm，无毛；小苞片披针形，长约 3 mm，宽约 1 mm，无毛；花萼 4 裂，裂片狭披针形，长约 5 mm，宽约 1 mm，无毛；花冠长约 8 mm，檐部二唇形，上唇微凹，下唇 3 浅裂；雄蕊 2 枚，花药 2 室，不等高，上方 1 室基部无距，下方1室基部具距。蒴果长约8 mm；种子4粒，表面具瘤状突起。　花期夏季至初冬。　产于柳州、金秀、象州、来宾、武鸣、邕宁和宁明；常生草地上。分布于广东廉江等地。　全草可入药，能治毒蛇咬伤。　本种与爵床（*J. procumbens* L.）的主要不同点是茎直立，通常不分枝；叶片线形，无毛或被微毛。

4. **柳叶爵床**（广西植物）

Justicia salicifolia T. Anderson in J. Linn. Soc., Bot. **9**: 514. 1867；广西植物 **17**(1): 50. 1997. ——*Calophanoides salicifolia* (T. Anderson) Bremek. in Dansk Bot. Ark. **20**: 84. 1961.

草本，高30～40 cm；茎多条簇生，钝四棱形，被短柔毛，通常不分枝，节部膨大。叶片纸质，线状狭长圆形或线状狭披针形，长3～6 cm，宽0.8～1.5 cm，顶端短尖或短渐尖，基部楔尖，近全缘，干时腹面淡褐色，背面褐黄色，腹面中脉和下面边缘被短硬毛；侧脉纤细，每边常4～5条，成锐角叉分；叶柄长0.4～1 cm，偶有近无柄。花2～3朵腋生，无梗中具极短梗；苞片匙形至近圆形，长5～6 mm；花萼长7～8 mm，5深裂，裂片披针状钻形，渐尖，边缘苍白，近干膜质；花冠白色，长1～1.2 cm，被柔毛；雄蕊2枚，药室斜叠生，较低的1室有白色的距。蒴果比宿萼稍长。　花期7～9月。　产于兴安、龙胜和融安；常生于溪边石上。分布于印度东北部和中南半岛诸国。

5. **杜根藤**（植物名实图考）　赛爵床（海南植物志）　花莲爵床（台湾植物志）　西南杜根藤（广西植物）　圆苞杜根藤（云南种子植物名录）　中华赛爵床（海南植物志）　图版229: 1～7

Justicia quadrifaria (Nees) T. Anderson, J. Linn. Soc., Bot. **9**: 514. 1867；C. B. Clarke in Fl. Brit. India **4**: 530. 1885；Forbes et Hemsl. in J. Linn. Soc., Bot. **26**: 296. 1890；Craib in Kew Bull. **10**: 441. 1911；Benoist in H. Lecomte, Fl. Gen. Indo-Chine **4**: 735. 1935；广西植物 **17**(1): 50. 1997；台湾植物志 **4**: 646. 1978；台湾植物志(第二版) **4**: 669. 1998；贵州植物志 **10**: 282，图版83: 1. 2004；广东植物志 **9**: 152. 2009；Fl. China **19**: 455. 2011；深圳植物志 **3**: 404，图426. 2012. ——*Gendarussa quadrifaria* Nees in Wall. Pl. As. Rar. **3**: 105. 1832. ——*Adhatoda quadrifaria* (Nees) Nees in DC Prodr. **11**: 396. 1847. ——*Calophanoides quadrifaria* (Nees) Ridl., Fl. Mal. Pen. **2**: 593. 1923；Bremek. in Dansk. Bot. Ark. Bind. **20**(1): 53. 1961；海南植物志 **3**: 597. 1974；云南种子植物名录 **2**: 1671. 1984；福建植物志 **5**: 143. 1993；中国植物志 **70**: 285，图版44: 4. 2002；中国高等植物 **10**: 409，图611. 2004；云南植物志 **16**: 793，图版232: 5. 2006. ——*Adhatoda chinensis* Champ., Kew J. Bot. **5**: 134. 1853. ——*Justicia chinensis* (Champ.) Druce in Bot. Exch. Club Brit. Sci. Rep. **3**: 413. 1914, non L. (1753), nec Vahl(1791)；贵州植物志 **10**: 284，图版83: 2～4. 2004. ——*Calophanoides chinensis* (Champ.) C. Y. Wu et H. S. Lo 于海南植物志 **3**: 596. 1974；中国高等植物图鉴 **4**: 175，图5764. 1975；云南种子植物名录(下册)1670. 1984；安徽植物志 **4**: 399，图2164. 1991；浙江植物志 **6**: 83，图6～107. 1993；中国植物志 **70**: 281，图版44: 1～3. 2002；湖北植物志 **3**: 607，图2403. 2004；中国高等植物 **10**: 409，图610. 2004；云南植物志 **16**: 793，图版232: 1～4. 2006. ——*Justicia championii* T. Anderson, Fl. Hongkong 264. 1861；Hand.-Mazz., Symb. Sin. **7**: 899. 1936；Sterward, Man. Vasc. Pl. Lower Yangtze Vall. China 363. 1958；广东植物志 **9**: 152. 2009；Fl. Hong Kong **3**: 183. 2009；Fl. China **19**: 454. 2011；深圳植物志 **3**: 403，图425. 2012.

草本，高0.3～1 m；茎基部匍匐，节上生根，上部直立，四棱形，具沟槽，幼时被短柔毛，后变近无毛。叶柄长0.4～2.5 cm，疏被柔毛；叶片披针形，长(2)6～8 cm，宽(1)2～3.5 cm，基部狭楔形，下延至叶柄，边缘全缘或具不明显疏齿，顶端渐尖，腹面无毛，背面沿脉疏被柔毛，干时黄褐色，钟乳体棒状，在腹面明显，在背面不明显，中脉在腹面稍下陷，在背面隆起，侧脉5～7对，弧曲，在近边缘处网结，在腹面平坦，在背面隆起。聚伞花序腋生，极度短缩呈簇生状，具花1至数朵；花梗长3～4 mm，无毛；苞片卵形或倒卵形，长3～4 mm，宽约3 mm，基部具长2～3 mm的柄，具羽状脉1～2对，两面无毛，边缘被短睫毛；小苞片条形，长约1 mm，无毛；花萼5裂，条状披针形，被微柔毛，长5～6 mm，具1～2脉，脉绿色，其余部分黄白色；花冠白色，具红色斑点，被疏柔毛，二唇形，上唇直立，长圆形，顶端2浅裂，下唇长约4 mm，宽约3 mm，顶端3浅裂，展开，侧裂片卵形，长约1 mm，宽约1 mm，中裂片半圆形，长约1 mm，宽约1.5 mm；

图版 229 1～7. **杜根藤** *Justicia quadrifaria* (Nees) T. Anderson. 1. 植株部分；2. 花放大；3. 雄蕊示药室与花丝；4. 花萼裂片；5. 开裂蒴果；6. 大苞片；7. 小苞片。 8～10. **纤穗爵床** *Leptostachya wallichii* Nees 8. 花枝；9. 蒴果；10. 种子。（林文宏绘）

雄蕊2枚,花药2室,上下叠生,下方1室基部具距;子房无毛,花柱长约6 mm,疏被柔毛。蒴果倒长卵形,长5~6 mm,无毛;种子卵形,长约1.5 mm,宽约1 mm,无毛,表面具小瘤状突起。 花期夏秋。 产于融安、龙胜、隆林、阳朔、兴安、全州、桂林、富川和贺州等地;生于海拔1 100 m以下潮湿的山谷灌木丛中。分布于安徽、江西、浙江、福建、云南、贵州、广东、四川、重庆、湖北等地;印度和中南半岛也有。 全草可药用,具有清热解毒、散瘀消肿、活血通络之功效,可用于蛇咬伤、肿毒、体虚、食欲不振、营养性水肿等症。

6. **广西爵床**(广西植物) 广西赛爵床(植物分类学报) 黄杨叶爵床(广西植物) 黄杨叶赛爵床(中国植物志)

Justicia kwangsiensis (H. S. Lo) H. S. Lo 于广西植物 **17**(1):51. 1997;广东植物志 **9**:153. 2009;Fl. China **19**:453. 2011. ——*Calophanoides kwangsiensis* H. S. Lo 于植物分类学报 **17**(4):86,照片 1. 1979;中国植物志 **70**:283. 2002. ——*Justicia buxifolia* H. S. Lo et D. Fang 于广西植物 **17**(1):51. 1997. ——*Calophanoides buxifolia* (H. S. Lo et D. Fang) C. Y. Wu et T. Y. Ding ex C. C. Hu 于中国植物志 **70**:280. 2002.

直立半灌木;全株无毛,小枝、叶、苞片和萼均密生小点状、灰白色的钟乳体;枝粗壮,近圆柱形,节部肿胀,节间有2条直沟。叶片革质,卵形,长2~9 cm,顶端渐尖或尾状渐尖,基部阔楔尖,全缘;侧脉每边约5条,在下面明显突起;叶柄长不超过1 cm。花1~3朵腋生,或生于1短小、密生鳞片状叶的腋生枝条上;苞片近圆形,直径约4~5 mm;花萼长5~5.5 mm,5裂几达基部,裂片狭披针形,渐尖;花冠白色,长约7 mm,上唇三角形,2齿裂,下唇3裂;雄蕊2枚,花丝无毛,花药较低的1室有距。蒴果纺锤形,长约8 mm;无毛,有4粒种子。 花果期夏秋季。 广西特有,产于富川、罗城、天峨、凌云、崇左、贺州和钟山等地;生于石山林中。 全草民间用于治流感。

7. **柳江杜根藤**(新拟)

Justicia weihongjinii Y. F. Deng, Y. Tong et Y. S. Huang in Phytotaxa **246**:128. 2016.

半灌木,高达1 m;多分枝;小枝粗壮,四棱形或近圆柱形,具沟槽,无毛,或幼时被柔毛,密生条状灰白色钟乳体。叶柄长3~10 mm,无毛;叶片厚纸质,卵状椭圆形,长2~4.5 cm,宽1~2.5 cm,基部圆形,边缘具波状齿,顶端渐尖,两面无毛,腹面深绿色,背面浅绿色,密生条状灰白色钟乳体;中脉在两面稍隆起,侧脉3~5对。花3至多朵簇生或单生于叶腋,或成紧缩的聚伞花序;花序苞片叶状,近圆形,直径4~10 mm,具短柄,边缘波状齿,具羽状脉,顶端钝或微凹,密生条状灰白色钟乳体;大、小苞片钻形或三角形,无毛;花萼5深裂,几至基部,长6~8 mm,裂片披针形,渐尖,无毛,具显著膜质边缘,密生条状灰白色钟乳体;花冠白色,下唇洋红色,长1.2~1.8 cm,冠筒显著,长约0.8~1.2 cm,上唇三角形,顶端极浅2齿裂,下唇近圆形,显著大于上唇,顶端浅3裂,覆瓦状排列,洋红色,近喉部具白色羽状白斑块,喉部背面被稀疏短柔毛;雄蕊2枚,花丝无毛,长约2.2 cm,花药2室,1上1下,下室具白色小距,药隔较宽,疏被毛;子房纺锤形,无毛,着生于碗状花盘上,花柱长约2.5 cm,疏被柔毛,柱头微2裂。蒴果纺锤形,无毛,长约1 cm,下部实心,顶端尖;种子4粒,两侧压扁,卵形,1.5~2.5×1.4~2 mm,黄褐色,表面疣状突起。 花期6~8月,果期7~10月。 产于柳江;生长于石灰岩山山坡灌木丛或林下。越南也有分布。

8. **鸭嘴花**(广州植物志) 鸭子花(植物名实图考) 牛舌兰(江苏南部种子植物手册) 图版224:7~12

Justicia adhatoda L. in Sp. Pl. 15. 1753;Benth. Fl. Hongk. 264. 1861;贵州植物志 **10**:288. 2004;Fl. Hong Kong **3**:183. 2009;广东植物志 **9**:148,图 80. 2009;Fl. China **19**:456. 2011;深圳植物志 **3**:407,图 430. 2012. ——*Adhatoda vasica* Nees in Wall., Pl. Asiat. Rar. **3**:103. 1832;广州植物志 617. 1956;江苏南部种子植物手册 703,图 1134. 1959;广西植物名录(第二册)699. 1971;海南植物志 **3**:571,图 941. 1974;中国高等植物图鉴 **4**:174,图 5761. 1975;江苏植物志(下册)776,图 2030. 1982;云南种子植物名录(下册)1668. 1984;安徽植物志 **3**:398,图 2163. 1991;福建植物志 **5**:141,图 146. 1993;中国植物志 **70**:277,图版 43:1~7. 2002;中国高等植物 **10**:408,图 609. 2004;云南植物志 **16**:791,图版 231:1~5. 2006.

灌木，高1～4 m；枝圆柱状，灰色，有皮孔，嫩枝被柔毛，后很快变无毛；茎、叶揉搓后有特殊的臭味。叶柄长1～3 cm，疏被灰白色柔毛；叶片纸质，卵形或椭圆形状卵形，长7～20 cm，宽2～7.5 cm，顶端渐尖，基部阔楔形，有时稍呈镰刀状，边缘全缘，上面嫩时疏被柔毛，后渐脱落变近无毛，背面被微柔毛，中脉在腹面具槽，侧脉9～12对。穗状花序腋生或顶生，卵形或阔卵形，稍伸长，花密集；花序梗长3～10 cm；苞片卵形或阔卵形，长1～3 cm，宽0.5～1.5 cm，顶端急尖，外面被微柔毛，覆瓦状排列，具3～7脉；小苞片披针形，稍短于苞片；花萼5裂，长圆状披针形或条状长圆形，长0.8～1 cm，宽约0.3 cm，边缘干膜质，被缘毛；花冠白色或粉红色，内面有紫色或粉红色条纹，长2.5～3 cm，被柔毛，花冠筒卵形，长约6 mm，二唇形，上唇直立，卵状长圆形，顶端2浅裂，下唇伸展，宽大，顶端3深裂，中裂片近圆形，长约9 mm，宽约0.3 mm，侧裂片卵形，长约8 mm，宽约4.5 mm；雄蕊2枚，伸出花冠外，花丝粗壮，基部被白色、绵毛状毛，花药2室，等大，1上1下，药室椭圆形，下方1室基部通常有球形附属体，上方1室附属体不明显；子房被短柔毛，花柱长约2.5 cm，外弯，基部被短柔毛，柱头单一。蒴果倒卵状，近木质，长2.5～4 cm，宽约0.5 cm，基部具实心的短柄，内具种子4粒，无毛；种子圆形，压扁。 花期3～5月。 广西大部分地区有栽培。原产地不明，我国(海南、广东、云南)及印度、越南广泛栽培。 民间用全株可入药，主治跌打损伤。

9. **大驳骨**(中国高等植物图鉴) 黑叶接骨草(海南植物志) 黑叶小驳骨(云南植物名录) 黑叶接骨木(中国种子植物数据库) 黑叶爵床(广州常见经济植物) 偏肿鸭嘴花(广西植物名录)

Justicia ventricosa Wall. ex Sims. in Curtis' Bot. Mag. tab. 2760. 1827；Nees in Pl. As. Rar. **1**：80，t. 93. 1830；Hook. in Cartis's Bot. Mag. **54**：t. 2760. 1867；T. Anderson in J. Linn. Soc.，Bot. **9**：509. 1867；Kurz，For. Fl. Brit. Burm. **2**：248. 1877；C. B. Clarke in Hook. f. Fl. Brit. India **4**：526. 1885；Forbes et Hemsl. in J. Linn. Soc.，Bot. **26**：247. 1890；Williams in Bull. Herb. Boiss. **5**：426. 1925；Craib in Kew Bull. **1911**：441. 1911；Dunn et Tutch. in Kew Bull. Add. Ser. **10**：209. 1912；Benoist in H. Lecomte，Fl. Gen. Indo-Chine **4**：743. 1935；广州植物志 615. 1956；贵州植物志 **10**：287. 2004；Fl. Hong Kong **3**：184. 2009；广东植物志 **9**：149. 图 81. 2009；Fl. China **19**：457. 2011；深圳植物志 **3**：407，图 431. 2012. ——*Gendarussa ventricosa* (Hook.) Nees in Wall. Pl. Asiat. Rar. **3**：104. 1832；海南植物志 **3**：569. 1974；云南种子植物名录(下册)1674. 1984；中国植物志 **70**：299，图版 45：6～12. 2002；中国高等植物 **10**：414，图 618. 2004；云南植物志 **16**：800. 2006. ——*Adhatoda ventricosa* (Hook.) Nees in DC. Prodr. **11**：407. 1947；Merr. et Chun in Sunyatsenia **5**：184. 1940；广西植物名录(第二册)699. 1971；中国高等植物图鉴 **4**：174. 1975.

多年生草本或半灌木，高达1 m；除花序外全株无毛，冬芽卵形，长约2 mm，被短柔毛；茎近圆柱形，无毛。叶柄长0.5～1.5 cm；叶片纸质，椭圆形或倒卵形，长10～17 cm，宽2～6 cm，基部渐狭，顶端短渐尖或急尖，边缘全缘或略波状，干时草黄色或绿黄色，常有颗粒状隆起；中脉粗大，上面稍凸，背面呈突起，侧脉6～8对，斜升至近边缘网结。穗状花序顶生，长5～10 cm，密花；花序梗长约1 cm；苞片叶状，覆瓦状重叠，阔卵形或近圆形，长1～1.5 cm，宽0.8～1 cm，被微柔毛或近无毛，具脉纹；小苞片条形，长3～5 mm，宽1～2 mm，边缘被缘毛；花萼5裂，条状披针形，长约3 mm，边缘被缘毛；花冠白色或粉红色，长1.5～1.8 cm，外面疏被柔毛，内面被短柔毛，基部圆筒状，长约1 cm，檐部二唇形，上唇长圆状卵形，顶端2浅裂，下唇椭圆形，顶端3浅裂，裂片卵形，长约2 mm，宽约1 mm；雄蕊2枚，外露，花丝长约6 mm，无毛，花药2室，药室卵形，近等大，不等高，下方1室基部具白色小突起状附属体；子房卵状，长约3 mm，花柱长约1.6 cm，基部疏被柔毛。蒴果长约8 mm，被柔毛，基部具实心的短柄，内具种子4粒。 花期冬季。 广西(南部和中部)常见；栽培或野生于近村的疏林下和灌木丛中。分布于海南、广东和云南等地，印度和中南半岛也有，野生或栽培。 全草可入药，可治跌打损伤。

10. **小驳骨**(中国高等植物图鉴，岭南通称) 接骨草(海南植物志) 尖尾凤(台湾植物志) 驳骨丹(生草药性备要) 裹篱樵(广州植物志)

Justicia gendarussa Burm. f. in Fl. Ind. 10. 1768；Sims in Curtis' Bot. Mag. **19**：t. 635. 1802；Roxb. in

Fl. Indica **1**:128. 1820;Benth. Fl. Hongk. 264. 1861;C. B. Clarke in Hook. f. ,Fl. Brit. India **4**:532. 1884;Frobes et Hemsl. in J. Linn. Soc. ,Bot. **26**:245. 1890;Craib in Kew Bull. 440. 1911;Dunn et Tutch. in Kew Bull. Add Ser. **10**:200. 1912;Merr. in Lingn. Sci. J. **5**:170. 1927;广州植物志 615. 1956;广西植物名录(第二册)702. 1971;台湾植物志(第二版)**4**:665. 1998;Fl. Hong Kong **3**:184,fig. 169. 2009;广东植物志 **9**:131. 2009;Fl. China **19**:457. 2011;深圳植物志 **3**:404,图 427. 2012. ——*Gendarussa vulgaris* Nees in Wall. Pl. Asiat. Rar. **3**:104. 1832;DC. Prodr. **11**:410. 1847;海南植物志 **3**:569,图 939. 1974;中国高等植物图鉴 **4**:174,图 5762. 1975;台湾植物志 **4**:632. 1978;云南种子植物名录(下册)1674. 1984;福建植物志 **5**:142,图 147. 1993;中国植物志 **70**:300,图版 45:1～5. 2002;中国高等植物 **10**:414,图 619. 2004;云南植物志 **16**:801,图版 233:1～3. 2006.

多年生草本或半灌木,高达 1.5 m;茎圆筒形,节部膨大,多分枝,无毛。叶柄长(0.1)0.5～2.5 cm,无毛;叶片纸质,狭披针形至条状披针形,长 5～14 cm,宽 0.5～2.5 mm,基部渐狭,稍下延,顶端渐尖,边缘全缘或稍波状,两面无毛;中脉在腹面稍下延,侧脉 5～8 对,在上面平坦,在背面隆起,有时呈深紫色,网脉不明显。穗状花序顶生或腋生,长 3～12 cm,花密集,在基部稍间断;花序轴无毛;花序梗长 0.5～1.5 cm;苞片变异大,无毛,外面被钟乳体,在花序下部的 1 或 2 对呈叶状,三角形或披针形,长于花萼,边缘被缘毛,上部的小,条状披针形,短于花萼;小苞片 2 枚,条形,长约 3 mm,宽约 1 mm,边缘被缘毛,两面无毛;花萼 5 裂,条状披针形,长 3～4 mm,宽约 0.5 mm,无毛或被疏柔毛,边缘被缘毛;花冠白色或粉红色,长 1.2～1.5 cm,基部圆筒状,长 8～9 mm,上部二唇形,上唇长圆状卵形,长 6～7 mm,宽 3～3.5 mm,顶端 2 浅裂,下唇长圆形,长 0.6～1 cm,宽 3～5 mm,顶端 3 浅裂,裂片卵形,长约 1 mm,宽约 1 mm;雄蕊 2 枚,外露,花丝长 3～6 mm,无毛,花药 2 室,叉开,药室卵形,不等大,不等高,上方 1 室无距,下方 1 室稍大,基部具芒状附属体;子房卵状,长约 3 mm,无毛,花柱长约 1 cm,无毛,柱头头状,顶端 2 浅裂。蒴果棍棒状,长 1.2 cm,无毛。　花期春季。　广西大部分地区均产;栽培或半野生。分布于我国南部和西南部,亚洲东南部各地均有。　全株可入药,味辛,性温,用于治骨折、跌打损伤、风湿痹痛。

11. **黄花爵床**(广西植物)　图版 230:1～3

Justicia pseudospicata H. S. Lo et D. Fang 于广西植物 **17**(1):52. 1997;Fl. China **19**:457. 2011. ——*Mananthes pseudospicata* (H. S. Lo et D. Fang) C. Y. Wu et C. C. Hu 于中国植物志 **70**:298. 2002.

草本,长约 30 cm;茎下部匍地生根;枝被 2 列短柔毛。叶同对近等大;叶片膜状纸质,卵形,长 0.8～6.5 cm,宽 0.4～4 cm,基部骤尖至近圆形,边缘多少呈波状,腹面疏生柔毛,有钟乳体,背面脉上被疏毛或无毛;侧脉每边 4～5 条,不很明显;叶柄长 3～13 mm,被短毛。穗状花序常生于枝梢,长 1.5～3 cm,间断,不分枝;花序梗长 1～2.5 cm,连花序轴被 2 列短毛;苞片阔倒卵形,有时近圆形或卵形,长 3～5 mm,疏被微腺毛,顶端骤尖;小苞片狭三角形,长 2 mm;花萼 5 深裂,裂片狭三角形,长 2～3 mm,疏被微毛;花冠黄色,内具紫斑,长 12～14 mm,外被短毛,上唇三角形或阔三角形,长 4～5.5 mm,微缺,下唇有喉凸,3 浅裂,裂片三角形,中裂片较宽;雄蕊 2 枚,低的药室基部有距;子房无毛,花柱顶端钝。蒴果未见。　花期 5 月。　产于融安、隆林和德保等地;生于石山林中,海拔约 1 550～1 700 m。

12. **紫苞爵床**(广西植物)　紫苞野靛棵(中国植物志)　阔苞花(中国种子植物数据库)

Justicia latiflora Hemsl. in J. Linn. Soc. Bot. **26**:245. 1890;方鼎等于广西植物 **17**(1):53. 1997;贵州植物志 **10**:285,图版 84:1～3. 2004;Fl. China **19**:458. 2011. ——*Mananthes latiflora* (Hemsl.) C. Y. Wu et C. C. Hu 于中国植物志 **70**:295,图版 43:8～9. 2002;中国高等植物 **10**:411,图 613. 2004.

草本或半灌木,高达 60 cm;茎四棱柱形,不分枝或少分枝,略旋扭,上升,被微柔毛。叶片纸质或近膜质,披针形至卵形,有时近圆形,长 5～17 cm 或过之,顶端通常渐尖,基部下延,全缘或不规则的浅波状,两面散生短硬毛或近无毛;侧脉每边 7～10 条,弧状上升,两面均明显;叶柄纤细,长通常 2～3.5 cm,有时达 6 cm。穗状花序顶生,密花,长 3～8 cm;花序梗较粗壮,长 2～4.5 cm;苞片卵形或椭圆形,有时近披针形或阔卵形,顶端骤尖,长 7～8 cm,鲜时绿色,干时近顶部变紫色或暗紫色;萼被微柔毛,近相等的深 5 裂,

图版 230 1～3. **黄花爵床** Justicia pseudospicata H. S. Lo et D. Fang 1. 花枝；2. 苞片；3. 花冠展开。 4. **华南爵床** J. austrosinensis H. S. Lo et D. Fang 4. 花枝。 5～7. **尾叶纤穗爵床** J. caudatifolia（H. S. Lo et D. Fang）Z. P Hao，Y. F. Deng et Daniel 5. 花枝；6. 花序；7. 花。（廖信佩绘）

裂片长 7～9 mm；花冠淡红色或紫红色，被柔毛，较阔，长 19～21 mm，有脉纹或摺叠，上唇直立，圆，肉凸，下唇伸展，3 裂，侧裂片较狭窄，喉凸明显；雄蕊微伸出，药室 1 高 1 低，绞低的 1 室有白色的距。蒴果棒状，长 1.6～2 cm，无毛，有种子 4 粒。 花期 2～4 月。 产于广西北部和西部；生于石山密林中沟边。分布于湖北、湖南和贵州。 根可入药，民间用于接骨。

13. **华南爵床**（广西植物） 华南野靛棵（中国植物志） 图版 230：4

Justicia austrosinensis H. S. Lo et D. Fang 于广西植物 **17**(1)：52. 1997；贵州植物志 **10**：285，图版 84：4～7. 2004；Fl. China **19**：458. 2011. ——*Mananthes austrosinensis* (H. S. Lo et D. Fang) C. Y. Wu et C. C. Hu 于中国植物志 **70**：292. 2002；中国高等植物 **10**：411，图 612. 2004；云南植物志 **16**：798. 2006.

多年生草本，高通常 40～70 cm；茎和枝均四棱形，具沟槽，槽上被皱曲柔毛，下部匐地生根。叶柄长 0.5～1 cm；叶片近膜质或纸质，卵形、阔卵形或近椭圆形，稀长圆状披针形，长 5～10(15) cm，宽 2～5 cm，顶端渐尖，基部阔楔形，多少下延，边缘有粗齿或全缘，干时常变绿黄色，上面散生硬毛，下面中脉和侧脉上被硬毛；侧脉约 5 对。穗状花序腋生和顶生，密花或有时间断，长通常 3～9(15) cm；花序梗长 1～3 cm，具沟槽，槽上被柔毛；苞片扇形，有时阔卵形，长 5～7 mm，宽 6～9 mm，顶端有 1 或 3 个短尖头，有时圆，基部缢缩，被长缘毛，每苞片内常有 1～2 朵花；小苞片钻形，长 2～3 mm；花萼 5 裂几达基部，裂片钻形，长 3.5～4 mm；花冠黄绿色，长约 1 cm，外面被柔毛，上唇近直立，卵状三角形，顶端微缺，下唇伸展，3 裂，下部有皱缩状喉凸；雄蕊 2 枚，稍伸出，花药 2 室，药室卵形，斜叠生，较低的 1 室有距。蒴果棒状长约 1.2 cm，基部实心，外面被短柔毛；种子 4 粒。 花期夏秋季。 产于广西大部分地区；常生于石山溪边或林缘，海拔 130～1 250 m。分布于广东（东部、西部和北部）、江西（南部）和云南（东南部）。 全草民间外用，治痈疮肿毒。

14. **桂南爵床**（广西植物） 桂南野靛棵（中国植物志）

Justicia austroguangxiensis H. S. Lo et D. Fang 于广西植物 **17**(1)：54. 1997；广东植物志 **9**：150. 2009；Fl. China **19**：458. 2011. ——*Mananthes austroguangxiensis* (H. S. Lo et D. Fang) C. Y. Wu et C. C. Hu 于中国植物志 **70**：292. 2002；中国高等植物 **10**：412，图 614. 2004.

14a. **桂南爵床**（原变型） 石蓝（龙州） 山龙脷（扶绥、大新） 图版 231：1～2

Justicia austroguangxiensis H. S. Lo et D. Fang f. austroguangxiensis

草本，高 15～30 cm；茎短。叶常密聚于茎上呈莲座状排列；叶片纸质至厚纸质，倒卵形、倒卵状椭圆形，稀椭圆形，长 6～25 cm，宽 2.5～9 cm，基部多少下延，全缘，两面无毛，腹面密生小乳凸，中脉在腹面压入，侧脉每边常 5～6(10) 条；叶柄长达 3 cm。穗状花序常近茎稍腋生，长 5～35 cm，间断，有时分枝，轴被微毛；花序梗长 13～43 cm，被 2 列微毛；苞片和小苞片三角形，长 1～1.5(2) mm，外被微毛，每苞内常有花数朵；花萼长 1.5～2 mm，5 深裂，裂片钻形，外被微毛；花冠淡黄绿色，内有少许紫斑，长 8～9 mm，外被微毛，上唇长 3.5～4 mm，顶端微缺，具 2 条紫色线纹，下唇长 4～4.5 mm，3 浅裂；雄蕊 2 枚，花丝无毛，低的药室基部有距；花柱下部被微毛。蒴果棒状，长 10～15 mm，外被微毛，下部实心；种子 4 粒，具凸点。 花期 4～12 月。 产于大新、龙州、宁明、崇左、扶绥和隆安；生于石山林中，海拔 150～400 m。

14b. **白脉爵床**（变型）（广西植物）

Justicia austroguangxiensis H. S. Lo et D. Fang f. albinervia D. Fang et H. S. Lo 于广西植物 **17**(1)：55. 1997. ——*Mananthes austroguangxiensis* (H. S. Lo et D. Fang) C. Y. Wu et C. C. Hu f. *albinervia* (D. Fang et H. S. Lo) C. Y. Wu et C. C. Hu 于中国植物志 **70**：292. 2002.

本变型叶片的中脉和侧脉鲜时上面带白色，干时两面多少变紫色，而与原变型不同。 产于龙州和宁明；生于石山密林中石上，海拔约 300 m。南宁和桂林有栽培，为庭园绿化植物。

15. **琴叶爵床**（广西植物） 琴叶野靛棵（中国种子植物数据库）

Justicia panduriformis Benoist in Not. Syst. Paris **5**：116. 1936，et in Lecomte，Fl. Gén. Indo-Chine 4：736. 1935；方鼎等于广西植物 **17**(1)：58. 1997；Fl. China 19：458. 2011. ——*Mananthes panduriformis* (Benoist) C. Y. Wu et C. C. Hu 于中国植物志 **70**：291. 2002；中国高等植物 10：413. 2004；云南植物志 **16**：

图版 231 1～2. 桂南爵床 Justicia austroguangxiensis H. S. Lo et D. Fang f. austroguangxiensis 1. 植株；2. 花。 3～4. 钝萼爵床 J. amblyosepala D. Fang et H. S. Lo 3. 花枝；4. 花。 5～6. 棱茎爵床 J. acutangula H. S. Lo et D. Fang 5. 花枝；6. 花。（廖信佩绘）

799.2006.

灌木,高约 0.5 m;除花序外无毛;嫩枝锐四角形。叶常近等大,无柄;叶片倒卵形,有时阔椭圆形至卵形,长 12～22 cm,宽 6～11 cm,基部多少耳形,略抱茎,边缘波状,腹面常密布小颗粒状突起,侧脉每边 8～10 条。花序穗状,顶生,长 7～14 cm,连续,分枝或不分枝,花序轴被 2 列微毛;花序梗长 7～15 cm;苞片和小苞片三角形,长 1.5 mm,几乎无毛;花 1～7 朵生于苞片腋中;花萼 5 深裂,裂片狭三角形,长约 2 mm,近无毛;花冠淡绿黄色,长约 8 mm,外被微毛,上唇三角形,顶端钝,下唇 3 浅裂;雄蕊 2 枚,低的药室基部有距;子房和花柱近无毛。蒴果未见。　仅见于龙州;生于石山林中。分布于云南,越南北部也有。

16. **锈背爵床**(广西植物)　锈背野靛棵(中国植物志)　图版 232:1

Justicia ferruginea H. S. Lo et D. Fang 于广西植物 **17**(1):58.1997;Fl. China **19**:458.2011.——*Mananthes ferruginea* (D. Fang et H. S. Lo) C. Y. Wu et C. C. Hu 于中国植物志 **70**:294.2002.

草本,高超过 20 cm;茎暗紫色;小枝无毛。叶同对近等大,无柄;叶片狭倒卵形,稀披针形,长 8～17 cm,宽 2.5～6.5 cm,基部耳形,略抱茎,边全缘,两面无毛,密布颗粒状小突起,背面干时锈色;侧脉每边 10～13 条,在背面隆起。穗状花序腋生,长 1.5～5 cm,间断;花序轴被 2 列微毛;花序梗长 1.5～3.5 cm,无毛;苞片三角形,长近 1 mm;小苞片和苞片相似;花 1～5 朵生于苞片腋中;花萼 5 裂几达中部,裂片狭三角形,长 1～1.5 mm,近无毛;花冠长 6.5～7 mm,白色,外被微毛,上唇卵状三角形,长 3 mm,顶端钝,有 2 条线纹,下唇 3 浅裂,裂片长约 1 mm;雄蕊 2 枚,低的药室基部有距;子房无毛,花柱几乎无毛。蒴果未见。　花期 10 月。　产于龙州和靖西;生于石山山谷林中。

17. **连山爵床**(广西植物)　广东野靛棵(植物研究)

Justicia lianshanica (H. S. Lo) H. S. Lo 于广西植物 **17**(1):55.1997;Fl. China **19**:458.2011.——*Mananthes lianshanica* H. S. Lo 于植物研究 1(4):105. 照片 1.1981;中国植物志 **70**:296.2002;中国高等植物 **10**:412,图 615.2004;广东植物志 **9**:150.2009.

草本,高约 30 cm;茎基部匍匐生根,上部直立,通常不分枝,节间有 2 条对生的直沟,沟上被 2 列短柔毛,后变无毛。叶柄长 1.5～3.5 cm,被柔毛;叶片薄纸质,卵形,长 3.5～14 cm,宽 2～6 cm,顶端钝,基部浅心形或有时近截平,边缘浅波状或近全缘,两面无毛或下面脉上被疏柔毛,密布短针状钟乳体;侧脉 6～8 对,在背面稍突起,近叶缘处连结。穗状花序顶生,长 3～6 cm,不分枝,密被柔毛;花序梗长 4～5 cm;苞片钻状披针形,长 3～4 mm,每苞片腋中有花 1～2 朵;小苞片卵状披针形,长 2～3 mm,被柔毛;花萼 5 深裂几达基部,裂片近披针形,长约 3.5 mm,宽约 0.7 mm,被腺质柔毛;花冠黄色,具紫色斑点,外面被腺毛,花冠筒向上扩大,二唇形,上唇直立,三角形,长 2.2 mm,顶端 2 浅裂,下唇伸展,长 3.3～3.5 mm,3 浅裂,裂片圆形,裂片顶端圆;雄蕊 2 枚,着生于喉部,花丝长约 3 mm,无毛,花药 2 室,药室卵形,不等高,下方 1 室基部具距;子房每室有 2 颗胚珠,花柱长 9 mm,柱头浅 2 裂。蒴果未见。　花期 7 月。　产于苍梧、昭平和金秀大瑶山;生于疏林中石上。分布于广东。

18. **钝萼爵床**(广西植物)　钝萼野靛棵(中国植物志)　图版 231:3～4

Justicia amblyosepala D. Fang et H. S. Lo 于广西植物 **17**(1):55.1997;Fl. China **19**:460.2011.——*Mananthes amblyosepala* (D. Fang et H. S. Lo) C. Y. Wu et C. C. Hu 于中国植物志 **70**:291.2002.

小灌木,高 30～50 cm;枝与叶柄具短针状和颗粒状钟乳体,无毛。叶近等大;叶片卵形至椭圆形,长 9～17 cm,近全缘,无毛,腹面密布颗粒状稀短针状钟乳体;侧脉每边 5～7 条,和中脉于两面隆起;叶柄长达 3 cm。穗状花序顶生和腋生,长达 23 cm,间断,单一或分枝;花序轴有沟,沟中被微毛;苞片三角形,稀狭三角形,长 1.5～2 mm,近无毛,每苞中有 1 朵花;小苞片狭三角形,长 2 mm;花萼 5 深裂,裂片长圆状椭圆形,长 3 mm,钝,两面被腺体和短绒毛,边有小缘毛;花冠淡黄色,长 13 mm,外被倒向微毛,上唇长 5 mm,顶端钝,下唇 3 浅裂;雄蕊 2 枚,低的药室基部有距;花柱疏被微毛。蒴果棒状,长 15 mm,下部实心,外被短毛;种子 4 粒,有凸点。　花期 3～4 月。　产于那坡和龙州;生于石山林中。分布于云南,越南北部也有。　本种的萼裂片椭圆形,顶端钝,两面具无柄的腺体和短绒毛,易与同属植物区别。

图版 232 1. 锈背爵床 Justicia ferrugirea H. S. Lo et D. Fang 1. 花枝。 2. 心叶爵床 J. cardiophylla D. Fang et H. S. Lo 2. 花枝。（廖信佩绘）

19. **棱茎爵床**(广西植物) 棱茎野靛棵(中国植物志) 四方草(马山) 四柱关草(忻城) 图版 231:5~6

Justicia acutangula H. S. Lo et D. Fang 于广西植物 **17**(1):56. 1997;Fl. China **19**:460. 2011.——*Mananthes acutangula* (D. Fang et H. S. Lo) C. Y. Wu et C. C. Hu 于中国植物志 **70**:291. 2002.

草本,高达 1 m;茎和分枝锐四角形,幼时沟中被短毛。叶近等大;叶片椭圆形,稀阔卵形,长 8.5~27 cm,基部渐狭,有时下延或近圆形,边近全缘,两面叶脉和边缘被短毛,腹面有近颗粒状小突起;侧脉每边 13~14 条,有横脉;叶柄被短毛。穗状花序顶生和腋生,长 3.5~14 cm,间断;花序轴和花序梗被 2 列短毛;苞片三角形,长 2~3 mm,被小缘毛;小苞片卵形,长约 2.5 mm;花单生于苞片腋中;花萼长约 5 mm,5 深裂,裂片线状三角形,内缘密被微绒毛;花冠淡黄绿色,长 20~22 mm,外被微毛,上唇长约 9 mm,钝,具 2 条线纹,下唇密布紫色斑点,有喉凸,3 浅裂;雄蕊 2 枚,低的药室基部有小距;花柱长约 20 mm,下部疏被短毛。蒴果棒状,长 20 mm,无毛,下部实心。 花期 11~12 月。 产于武鸣、马山和忻城等地;生于石山林中,海拔 300~600 m。分布于贵州。 全草民间用于治小儿惊风。

20. **尾叶纤穗爵床**(广西植物) 图版 230:5~7

Justicia caudatifolia (H. S. Lo et D. Fang) Z. P. Hao, Y. F. Deng et T. Daniel 于热带亚热带植物学报 **18**:486. 2010;Fl. China **19**:461. 2011.——*Leptostachya caudatifolia* H. S. Lo et D. Fang 于广西植物 **17**(1):45. 1997;中国植物志 **70**:230. 2002.

草本,高约 1 m;除花序外无毛;茎下部匍匐,节上生根。叶同对近等大或稍不等大;叶片纸质至厚纸质,椭圆形至卵状椭圆形,长 3~10 cm,顶端短尾状,边近全缘,两面密布钟乳体,干时黄绿色,侧脉每边 5~6 条;叶柄长达 1.5 cm。穗状花序腋生,长 1~3 cm,间断,单一或分枝;花序梗长 0.5~1.5 cm,连同花序轴被 2 列微毛;苞片对生,线状三角形,基部的有时叶状,长 3~4(10) mm,被小缘毛,革质,1 枚不孕;小苞片卵形,长 2.5~3 mm;花萼 5 深裂,裂片狭三角形,长 2.5 mm,被小缘毛;花冠白色,长约 11 mm,外面疏被倒向短柔毛,上唇阔卵形,长约 5 mm,顶端圆,下唇 3 浅裂,裂片长约 2.5 mm;雄蕊 2 枚,药室不等高,基部无距;子房无毛,花柱长约 5 mm。蒴果未见。 花期 10 月。 仅见于凌云;生于石山林中。

21. **那坡爵床**(广西植物) 那坡野靛棵(中国植物志)

Justicia kampotiana Benoist in Not. Syst. Paris **5**(2):118. 1936, et in Lecomte, Fl. Gén. Indo-Chine **4**:741. 1935;方鼎等于广西植物 **17**(1):57. 1997;Fl. China **19**:461. 2011;D. V. Hai et al., Korean J. Pl. Taxon. **46**(1):56. 2016.——*Mananthes kampotiana* (Benoist) C. Y. Wu et C. C. Hu 于中国植物志 **70**:294. 2002.

灌木,高约 1.5 m;除苞片和花外无毛;茎、枝圆柱形,具皮孔。叶常近等大;叶片狭椭圆形,稀披针形,长 3.5~17 cm,宽 1~5 cm,基部楔形,近全缘,钟乳体不明显,侧脉每边 4~8 条;叶柄长 1~8(20) mm。穗状花序顶生,稀腋生,长 1.5~7 cm,间断;花序轴方柱形,通常 3 分枝;花序梗长 1.5~9 cm;苞片和小苞片三角形,长 1~1.5 mm,近无毛;花单朵对生;花萼 5 深裂,裂片狭三角形,长 2 mm,背面和边缘被微柔毛;花冠淡绿色,长 8~9 mm,外被微柔毛,上唇长约 4 mm,近三角形,顶端钝,下唇 3 浅裂;雄蕊 2 枚,低的药室基部有距;子房无毛,花柱近无毛。蒴果未见。 花期 4 月。 产于那坡;生于石山疏林中,海拔约 540 m。柬埔寨、越南和泰国也有分布。

22. **心叶爵床**(广西植物) 心叶野靛棵(中国植物志) 图版 232:2

Justicia cardiophylla D. Fang et H. S. Lo 于广西植物 **17**(1):57. 1997;Fl. China **19**:459. 2011.——*Mananthes cardiophylla* (D. Fang et H. S. Lo) C. Y. Wu et C. C. Hu 于中国植物志 **70**:293. 2002.

草本,高约 20~50 cm。叶生于茎的上部,同对近等大;叶片心形,稀阔卵形,长 3.5~12 cm,宽 2~9.5 cm,基部多少呈心形,稀近圆形,近全缘,全毛,上面密布颗粒状小突起,侧脉每边 5~6 条;叶柄长达 10 cm,下长上短。穗状花序顶生,长 3.5~11 cm,连续,单一稀分枝,花序轴和花序梗多少被短毛;花序梗长达 20.5 cm;苞片三角形,长 1.5~2 mm,外面和边缘被微毛;小苞片近三角形,长 1.5 mm;花 1~6 朵生于苞片腋中;花萼 5 深裂,裂片狭三角形,长 1.5 mm,毛被同苞片;花冠绿黄色,长 7 mm,外被短毛,上唇长 3.5 mm,钝,具 2 条线纹,下唇 3 浅裂;雄蕊 2 枚,药室低的基部有距;花柱下部疏被微毛。蒴果棒状,长

15 mm，被短毛，下部实心；种子 4 粒，具疣突。　花期 3～4 月。　产于大新、天等和靖西等地；生于石山林中，海拔约 600 m。　叶在民间外用治小儿疳积、跌打肿痛。

23. **南岭爵床**（广东植物志）　南岭野靛棵（植物研究）　细穗爵床（广西植物名录）　龙州爵床（广西植物）

Justicia leptostachya Hemsl. in J. Linn. Soc. Bot. **26**：245. 1890；Dunn et Tutch. in Kew Bull. Add. Ser. **10**：200. 1912；广西植物名录（第二册）702. 1971；方鼎等于广西植物 **17**（1）：51 1997；广东植物志 **9**：150，图 82. 2009；Fl. China **19**：459. 2011. ——*Mananthes leptostachya*（Hemsl.）H. S. Lo 于植物研究 **1**（4）：104. 1981；中国植物志 **70**：295. 2002；中国高等植物 **10**：413，图 617. 2004. ——*Justicia vasculosa* auct. non（Nees）T. Anderson：方鼎等于广西植物 **17**（1）：50. 1997. ——*Mananthes vasculosa* auct. non（Nees）Bremek.：中国植物志 **70**：298. 2002.

草本，高 0.3～1 m；茎四棱形，节间交互地被 2 列柔毛。叶柄长 1～2 cm，疏被柔毛；叶片纸质，卵状披针形，长 10～15 cm，宽 5～7 cm，顶端长渐尖，基部宽楔形，边缘全缘，具不明显的波状齿，腹面被疏柔毛，背面灰绿色，沿脉被柔毛；侧脉 4～6 对，明显弧曲。穗状花序顶生，长 3.5～11 cm，基部分枝或不分枝；花序轴被疏柔毛，每 1 节上具（1）2～5 朵花；苞片线形，长约 2 mm，宽约 0.8 mm，外面被柔毛；小苞片三角形，长约 1.5 mm，外面疏被短柔毛；花萼长约 2 mm，5 裂几至基部，裂片近相等，狭披针形或近线形，宽约 0.6 mm；花冠黄绿色，下唇内面具淡紫红色条纹，长 6～7 mm，外面被疏柔毛，二唇形，分裂至花冠的中部，上唇长圆形，直立，顶端微凹，下唇长约 3.5 mm，3 浅裂，裂片圆，直径约 1 mm；雄蕊 2 枚，花丝长约 2 mm，无毛，花药 2 室，不等高，下方 1 室基部明显具距；子房无毛，花柱丝状，长约 3.5 mm，内藏，下部具粗毛。蒴果棍棒状，被微柔毛，长约 1.2 cm；种子卵形，长和宽均约 1.3 mm，深暗棕色，表面具瘤状突起。　产于龙州、贺州和昭平等地；生于海拔 300～800 m 的山谷溪旁石上。分布于广东、湖南、云南。　全草可入药，具散瘀止血、止痛和驳骨之效，可用于治跌打损伤、骨折。

24. **大明爵床**（广西植物）　大明野靛棵

Justicia damingensis（H. S. Lo）H. S. Lo 于广西植物 **17**（1）：58. 1997；Fl. China **19**：460. 2011. ——*Mananthes damingensis* H. S. Lo 于植物研究 **1**（4）：106，照片 2. 1981；中国植物志 **70**：293. 2002.

本种与**连山爵床** *Justicia lianshanica*（H. S. Lo）H. S. Lo 很相似，区别是叶片基部楔形；侧脉较少；花序下部的花有梗，常 3 朵簇生；花萼裂片干时有 3 条淡褐色带状条纹；花冠和花萼被毛非腺质。　花期 5 月。　广西特有，产于大明山。

28. 纤穗爵床属　Leptostachya Nees

草本。叶对生；有柄。聚伞圆锥花序顶生，一至三回分枝，有时不分枝，呈穗状花序式；苞片常狭窄，比花萼短或稍长；花萼深 5 裂几达基部，裂片近等大；花冠二唇形，上唇马蹄形，顶端浅 2 裂，无柱槽，下唇 3 深裂，裂片近等大，覆瓦状排列；发育雄蕊 2 枚，花药 2 室，药室平行，等高或稍不等高，基部无距，无不育雄蕊；子房每室有 2 颗胚珠。蒴果棒状，中部以下收缩，实心，上部 2 室，每室有种子 2 粒；种子压扁，有珠柄钩承托。　仅 1 种，产于我国（南部和西南部）及印度、马来半岛、中南半岛诸国；广西也产。

纤穗爵床（广西植物）　穗序钟花草（中国高等植物图鉴）　穗序钟刺草（广西植物名录）　图版 229：8～10

Leptostachya wallichii Nees in Wall. Pl. Asiat. Rar. **3**：105. 1832；B. Hansen in Nordic J. Bot. **5**（5）：472. 1985；中国植物志 **70**：229. 2002；中国高等植物 **10**：393，图 587. 2004；贵州植物志 **10**：272. 2004；广东植物志 **9**：140，图 75. 2009；Fl. China **19**：447. 2011. ——*Codonacanthus spicatus* Hand.-Mazz. in Sinensia **5**：13. 1934；广西植物名录（第二册）701. 1971；中国高等植物图鉴 **4**：170. 1975.

多年生草本，高达 0.3～1 m；茎圆柱形，具条纹，常基部平卧，节上生根。叶对生；叶柄长 1～2 cm；叶片纸质或薄纸质，椭圆形、卵形至披针形，长 7～11 cm，宽 2.5～3 cm，顶端镰状渐尖，基部近圆形，偶有钝或近心形，边缘具波状疏圆齿，腹面无毛或散生疏毛，背面淡绿色，沿脉及边缘疏被柔毛，干时常染蓝色斑块，钟乳体点状，在脉上线状。穗状花序顶生，单一或组成圆锥花序，长达 16 cm；花序轴疏被短柔毛；苞片线状披针形、倒披针形或倒卵形，长约 2～2.4(5) mm；小苞片线形；花萼长 2～3 mm，5 裂至近基部，裂片披针形，急尖，边缘具纤毛；花冠长 5.5～8.5 mm，白色，外面密被开展的柔毛，基部花冠筒短圆柱状，上部扩大，二唇形，上唇马蹄形，浅 2 裂，下唇 3 深裂，裂片近等长，三角状卵形，顶端钝；雄蕊 2 枚，着生于喉部，花丝无毛或疏被柔毛；花药 2 室，药室椭圆形，平行，基部无芒；无退化雄蕊；子房顶端被紧贴的短柔毛，2 室，每室具胚珠 2 颗；花柱基部被微柔毛，柱头棒状。蒴果长达 1.5 cm，被短柔毛，基部具实心短柄；种子 4 粒，透镜状，表面具瘤状突起。　花期秋末冬初。　广西大多数地区均产；生于常绿阔叶林下，海拔 170～1 000 m。分布于云南、广东和海南，印度、中南半岛诸国和马来半岛均有。　全草民间用于接骨。

29. 白鹤灵芝属　Rhinacanthus Nees

直立草本或半灌木状。叶全缘或浅波状。花较大，组成圆锥花序；苞片和小苞片比花萼短；花萼深 5 裂，裂片线状披针形；花冠筒细长，喉部稍扩大，冠檐二唇形，上唇线形或披针形，下弯或旋卷，下唇阔大，伸展，深 3 裂，裂片覆瓦状排列；雄蕊 2 枚，着生于冠筒喉部，比花冠裂片短，花药 2 室，药室叠生或 1 高 1 低，基部无附属物；花盘杯状；子房每室有胚珠 2 颗，花柱细线状，柱头全缘或不明显的 2 裂。蒴果棒状，下部实心；种子每室 2 粒，近圆形，两侧压扁。　本属约有 15 种，分布于在东半球热带地区；我国有 1 种，产于云南南部；广西仅见栽培。

白鹤灵芝（中国高等植物图鉴）　灵枝草（云南种子植物名录）　仙鹤灵芝草（广州）

Rhinacanthus nasutus (L.) Kurz in J. Asiat. Soc. Bengal **39**(2)：79. 1870；Lindau in Engl. et Prantl.，Pflanz. 4 (3b)：339，fig. 135 E. 1897；广西植物名录(第二册)705. 1971；海南植物志 **3**：565，图 936. 1974；中国高等植物图鉴 **4**：171，图 5755. 1975；云南种子植物名录(下册)1683. 1984；中国植物志 **70**：268，图版 39：5～9. 2002；中国高等植物 **10**：405，图 604. 2004；云南植物志 **16**：785，图版 228：1～6. 2006；广东植物志 **9**：145，图 77. 2009；Fl. China **19**：462. 2011；深圳植物志 **3**：420，图 444. 2012. ——*Rh. communis* Nees in Wall.，Pl. Asiat. Rar. **3**：109. 1832，nom. illeg.；DC. Prodr. **11**：442. 1847；C. B. Clarke in Hook. f. Fl. Brit. Ind. **4**：541. 1885；Benoist in H. Lecomte，Fl. Gen. Indo-Chine **4**：727. 1935. ——*Justicia nasuta* L. Sp. Pl. 16. 1753.

多年生直立草本，高 0.5～1 m；茎稍粗壮，近四棱形，具条纹，多分枝，密被短柔毛。叶柄长 0.5～1.5 cm，密被短柔毛；叶片椭圆形或卵状椭圆形，稀披针形，长 2～11 cm，宽 0.8～3.5 cm，基部楔形，顶端短急尖，有时稍钝，边缘全缘或稍呈浅波状，腹面被疏柔毛或近无毛，背面密被短柔毛，沿脉尤密，钟乳体在腹面明显，在背面不明显，侧脉 5～6 条，弧曲，在近叶缘处网结。聚伞圆锥花序顶生或有时腋生，长 4～8 cm；花序轴通常二或三回分枝，密被短柔毛；苞片披针形，长约 2 mm，宽约 0.5 mm；小苞片钻形，长约 1 mm，宽约 1 mm，外面密被短柔毛；花萼 5 裂，披针形，长约 3 mm，宽约 0.8 mm，两面均被腺毛；花冠白色，长约 3 cm，外面被柔毛，基部圆筒形部分长约 2.5 cm，中部以上向外弯，二唇形，上唇直立，条状披针形，较下唇短，顶端常下弯，顶端 2 浅裂，下唇顶端 3 深裂至中部，裂片倒卵形，近等大；雄蕊 2 枚，花丝丝状，无毛，药室长圆形；子房疏被柔毛，花柱长约 1.5 cm，疏被短柔毛。蒴果棒状，长约 2 cm，基部具实心的柄，顶端具腺状刚毛，内有种子 4 粒；种子卵形，长约 2.5 mm，宽约 2.2 mm，被乳头状突起。　花期 12 月至翌年 3 月。　广西中部和南部栽培。分布于云南南部，印度、中南半岛诸国和菲律宾均产。　枝、叶入药，用于治毒蛇咬伤、肺结核和高血压等症，外用治体癣和湿疹。

30. 叉序草属　Isoglossa Oerst.

草本或灌木。茎圆柱形或微有棱角。叶同型或稍异形，对生，具柄，具钟乳体。花排列成圆锥花序或聚伞圆锥花序，有时成总状；苞片细小，无小苞片；花萼 5 裂几至基部，裂片等大；花冠基部具圆柱形花冠筒，向上扩大成漏斗形，二唇形，扭转，上唇微凹，下唇 3 浅裂；雄蕊 2 枚，内藏，着生于花冠筒上，花丝无毛；花药 2 室，药隔伸长，药室椭圆形，平行，稍分离，不等高；子房 2 室，无毛，每室具胚珠 2 颗。蒴果棍棒状，基部实心具柄；种子 4 粒，近圆形，两侧呈压扁状，表面有多数小凸点。　本属约有 50 种，分布于亚洲热带地区和非洲。我国有 3 种，产于南部和西南部；广西 2 种。

分 种 检 索 表

1. 花萼裂片钻形，基部最宽 ………………………………………………… 1. **叉序草** I. collina (T. Anderson) B. Hansen
1. 花萼裂片匙形或倒披针形，中部以上最宽 ………………………………… 2. **光叉序草** I. glabra (Hand.-Mazz.) B. Hansen

1. **叉序草**（中国高等植物图鉴）　广东爵床（广西植物名录）　图版 223：5～10

Isoglossa collina (T. Anderson) B. Hansen in Nordic J. Bot. **5**: 12. 1985；朱华于植物研究 **11**(1): 47. 1991；中国植物志 **70**：232，图版 36：1～5. 2002；中国高等植物 **10**：395，图 589. 2004；云南植物志 **16**：761，图版 221：1～5. 2006；广东植物志 **9**：146，图 78. 2009；Fl. China **19**: 441. 2011. ——*Justicia collina* T. Anderson in J. Linn. Soc., Bot. **9**: 515. 1867. ——*Dianthera collina* (T. Anderson) C. B. Clarke in Fl. Brit. India **4**: 543. 1885. ——*Dianthera sinensis* W. W. Smith in Notes Roy. Bot. Gard. Edinburgh **12**: 204. 1920. ——*Chingiacanthus patulus* Hand.-Mazz. in Sinensia **5**: 11. 1934；广西植物名录（第二册）700. 1971；中国高等植物图鉴 **4**：178. 图 5770. 1975；云南种子植物名录（下册）1671. 1984；西藏植物志 **4**：417. 图 181：1～6. 1985；中国种子植物特有属 47. 1994.

多年生草本，高达 1 m；茎圆柱形，基部匍匐生根，上部直立，幼枝被微柔毛。叶柄长 1～3 cm；叶片卵形至卵状椭圆形，长 3.5～11 cm，宽 2～5 cm，基部楔形或近圆形，边缘近全缘，顶端渐尖，两面被棕褐色短柔毛；侧脉 6～7 对。花序顶生或生于上部叶腋，常为多回二歧分枝的聚伞圆锥花序，稀退化成总状，长 5～10 cm，宽 3～8 cm；花序轴被腺毛或近无毛；苞片披针形，长约 2 mm；无小苞片；花萼 5 裂至近基部，裂片狭披针形，近钻形，长 4～7 mm；花冠粉红色或白色，长 2～3 cm，基部具细长的花冠筒，向上扩大成狭漏斗形，外面无毛，花冠二唇形，上唇微凹，下唇 3 浅裂，裂片长 3～6 mm，2 侧裂片较狭；雄蕊 2 枚，着生于花冠筒扩大部的中上部，花丝长 0.4～1 cm，无毛；花药 2 室，长约 4 mm，等大，平行，稍分离；子房无毛，花柱长约 2 cm，无毛。蒴果倒长椭圆形，长 1.2～1.4 cm，下部实心而具短柄，上部具 4 粒种子；种子近圆形，直径约 2 mm，表面有粗糙而不规则脊及皱褶，常具小而急尖的突起。　花期夏季。　广西大部分地区均产，以东部和东北部较常见；生于海拔 300～1 300 m 的林中或溪边湿地上。分布于广东（中部和北部）、云南（南部）、江西（南部）、湖南（南部）和西藏（墨脱），越南、泰国（北部）、印度（东北部）和不丹也有。

2. **光叉序草**（中国种子植物数据库）　光爵床（中国种子植物特有属）　光广东爵床（广西植物名录）

Isoglossa glabra (Hand.-Mazz.) B. Hansen in Nordic J. Bot. **5** (1): 12. 1985；中国植物志 **70**：234. 2002；Fl. China **19**: 442. 2011. ——*Chingiacanthus glaber* Hand.-Mazz. in Sinensia **5**: 12. 1934；广西植物名录（第二册）700. 1971；中国种子植物特有属 47. 1994.

直立草本，高达 1 m；茎圆柱形，无毛。叶柄长 0.8～1.5 cm，稍被微柔毛；叶片卵状椭圆形，长 5.8～7.5 cm，宽 3～3.5 cm，基部圆钝或骤然楔形，顶端钝渐狭，边缘和中脉被微毛；侧脉 6～7 对。花序顶生，由间断的聚伞花序组成的圆锥花序，长达 10 cm，宽 2 cm；花序轴光滑无毛，圆柱形；苞片三角形，长 1.2 mm，宽 1 mm，无毛；花萼长 4.5 mm，裂片匙形，急尖，无毛；花冠长 3.5 cm，基部 1/3 处圆柱形，向上扩大呈狭漏斗形，外面光滑，里面被微毛，上唇短 2 裂，下唇 3 裂，裂片长 3 mm；雄蕊 2 枚，着生于扩大部的中部至上部，花丝长 4～6 mm，光滑无毛；花药长 2.5 mm，下面 1 药室较小，药室几平行，稍或几不叠生；花粉粒带状纹饰，具 2 孔；子房无毛，花柱无毛。蒴果不详。　花期 9～10 月。　产于凌云、凤山和南丹；生于石山林中。　本种与上种形态非常相似，区别在于花萼裂片为匙形或倒披针形。

261. 苦槛蓝科 MYOPORACEAE*

灌木或小乔木。叶片为单叶，螺旋状互生，稀对生；边缘全缘或具齿，常有半透明的腺点，具羽状脉；具柄；无托叶。聚伞花序或单花腋生，无苞片和小苞片；花萼5浅裂至深裂，裂片在蕾中呈覆瓦状排列，多少宿存；花冠呈白色、黄色、红色、红褐色或淡紫色，合瓣，漏斗状筒形至钟状，檐部近整齐或明显二唇形；雄蕊4(7)枚，着生于冠筒内面，与花冠裂片互生，花丝狭线形，花药基着或近背着，药室开裂时基部常极叉开，顶端汇合，花粉粒具2～4孔沟；雌蕊由2个背腹向心皮合生而成，子房上位，花柱丝状或钻形，柱头不分裂；子房2室，每室有胚珠2颗，或子房形成3～10个分隔室，每室有胚珠1颗。果为核果，含2～10粒种子。　本科有7属约有250种，分布于大洋洲至东南亚、印度洋各群岛、美洲热带地区。我国仅产1种；广西亦有。

苦槛蓝属 Myoporum Banks et Soland. ex Forst. f.

常绿灌木或小乔木；茎直立，稀平卧。叶螺旋状互生，稀对生；叶片椭圆形、长圆形、倒披针形、线形或倒卵形，边缘全缘或有锯齿，散生半透明腺点。聚伞花序或单花出自叶腋；花萼5深裂或5浅裂，宿存；花冠近辐射对称，钟状或漏斗状筒形，通常5深裂，稀6～7深裂，裂片近相等或下方略大，白色或粉红色，通常具紫斑；雄蕊4(5～7)枚；子房2室，每室有胚珠1～2颗，或形成3～10个分隔室，每室有胚珠1颗。核果多少具肉质，卵球形至近球形，先端有小尖头，熟时红色或蓝紫色。　本属约有30种，主产于澳大利亚，少数分布于新喀里多尼亚、新西兰、美国(夏威夷)、毛里求斯、东南亚诸国及东亚沿海地区。中国仅有1种。

苦槛蓝(台湾植物目录)

Myoporum bontioides (Sieb. et Zucc.) A. Gray in Proc. Amer. Acad. Art. et Sci. **6**:52. 1862; Forb. et Hemsl. in Journ. Linn. Soc. **26**: 250. 1890; 中国植物图鉴 136. 1955; Li, Woody Fl. Taiwan 842, f. 339. 1963; 中国高等植物图鉴 **4**:179, 图 5771. 1975; 广东植物志 **2**:391, 图 269. 1991. ——*Pentacoelium bontioides* Sieb. et Zucc. in Abh. Akad. Wiss. Math. Phys. **4**(3):151, t. 3:B. 1846. ——*Polycoelium bontioides* (Sieb. et Zucc.) A. DC. in DC., Prodr. **11**: 705. 1847. ——*P. chinense* A. DC. in DC., l. c. 706. 1847. ——*Myoporum chinense* (A. DC.) A. Gray in Proc. Amer. Acad. Art. et Sci. **6**:52. 1862.

常绿灌木，高1～2 m；茎直立，多分枝，小枝圆柱状，具略突出的圆形叶痕，淡褐色。叶互生；叶片软革质，狭椭圆形、椭圆形至倒披针状椭圆形，长5～10 cm，宽1.5～3.5 cm，先端急尖或短渐尖，常具小尖头，边缘全缘，基部渐狭，中脉在上面微凹，于下面稍突起。聚伞花序具2～4朵花，或为单花，腋生，无花序梗；花梗长1～2 cm，先端增粗，无毛；花萼5深裂，裂片卵状椭圆形或三角状卵形，长4～5 mm，先端急尖，质厚，微具腺点，无毛，宿存；花冠漏斗状钟形，直径约3 cm，略反曲，5裂，白色，有紫色斑点，外面无毛，内面从裂片下方至筒部散生短柔毛；雄蕊着生于冠筒内面基部上方约1 cm处，无毛，花丝长15～18 mm，花药宽卵形，开裂时基部极叉开，黄褐色；雌蕊无毛，子房卵球形，具5～8个分隔室，花柱长达25 mm，丝状，柱头小头状。核果卵球形，长1～1.5 cm，先端有小尖头，熟时紫红色，多汁，无毛；干后具5～8条纵棱，内含5～8粒种子。　花期4～6月，果期5～7月。　产于合浦、防城港；生于海滨潮汐带以上沙地或多石地灌木丛中。分布于浙江、福建、台湾、广东、香港、海南，日本、越南北部沿海地区亦有。

---

* 编著者：刘静。

263. 马鞭草科 VERBENACEAE*

灌木或乔木，有时为藤本，罕为草本。叶对生，很少轮生或互生，叶片单叶或掌状复叶，很少羽状复叶；无托叶。花两性，极少退化为杂性，两侧对称或很少辐射对称；花萼宿存，杯状、钟状或管状，稀漏斗状，4～5裂或截平，花后常增大或有颜色；花冠筒圆柱形，管口裂为二唇形或略不相等的4～5裂，很少多裂，裂片全缘或下唇中间1裂片的边缘呈流苏状；雄蕊4枚，极少2枚或5～6枚，着生于花冠筒上，花丝分离；子房上位，通常2～4室，有时为假隔膜分成4～10室。果实为核果、蒴果或浆果状核果。 按照J. Hutchinson系统，全球约91属2 000种，分布于热带和亚热带地区，少数延至温带地区；我国有21属175种31变种10变型，主要产于长江以南各省区；广西现知有16属85种15变种4变型(包括栽培种)。 大多数种类具有药用价值或观赏价值，其中柚木属及石梓属的种类为名贵木材。

分属检索表

1. 花序为向心花序，即花序下面的花先开放；草本至小灌木，叶片均正常发育(亚科I. **马鞭草亚科** subfam. Verbenoideae Briq.)
  2. 草本至直立矮小灌木，无枝刺；花序为穗状或头状；结果时，花萼裂齿不扭转而互相聚合包围果实。
    3. 直立草本；叶片边缘有深浅不等的分裂；果为4个具单一种子的小坚果所组成(族1. **马鞭草族** Trib. Verbeneae Briq.) ………………………… 1. **马鞭草属** Verbena Linn.
    3. 小灌木，若为草本，则叶片边缘不呈分裂状；果为2个具单一种子的分果核所组成(族2. **马缨丹族** Trib. Lantana L.)
      4. 花序通常紧缩呈头状、圆柱形或卵形；花序轴无凹穴；发育雄蕊4枚，药室平行。
        5. 灌木具短而倒钩状皮刺；花序头状；果为核果 ………………………… 2. **马缨丹属** Lantana L.
        5. 匍匐草本；花序呈圆柱形或卵形；果为干燥分果 ………………………… 3. **过江藤属** Phyla Lour.
      4. 穗状花序细长如马鞭，花序轴有凹穴；花一半嵌生于凹穴中；发育雄蕊2枚；药室叉分 ………………………… 4. **假马鞭属** Stachytarpheta Vahl
  2. 灌木，常有枝刺；圆锥状花序由总状花序组成；子房8室；花萼裂齿顶端在结果时相互聚合而扭转，包围果实(族3. **琴木族** Trib. Citharexyleae Briq.) ………………………… 5. **假连翘属** Duranta L.
1. 花序为离心花序，即花序顶端的花先开放；大多为小灌木至乔木，如为草本，则叶常退化。
  6. 海滨泥沼盐生的灌木或乔木 ………………………… 6. **海榄雌属** Avicennia L.
  6. 陆地或海滨沙滩生长的藤本、草本、灌木或乔木。
    7. 聚伞花序常排成圆锥状；果通常为肉质核果(亚科Ⅱ. **牡荆亚科** Subfam. Viticoideae Briq.)
      8. 花辐射对称；4～6枚雄蕊近等长；高大乔木至灌木。
        9. 花通常4朵，常排成腋生聚伞花序；花萼在结果时不增大(族4. **紫珠族** Trib. Callicarpeae Briq.) ………………………… 7. **紫珠属** Callicarpa L.
        9. 花通常5～6朵，组成大型圆锥花序；花萼在结果时显著增大而将果实包藏(族5. **柚木族** Trib. Tectoneae Briq.) ………………………… 8. **柚木属** Tectona L. f.
      8. 花多少两侧对称或偏斜；雄蕊4枚，多少2强。
        10. 花萼绿色，结果时不增大或稍增大；果实为2～4室的核果(族6. **牡荆族** Trib. Viticeae Briq.)
          11. 单叶；花冠下唇中央1裂片不特别大，或仅稍大。
            12. 花长不超过1.5 cm，不美丽；花萼上腺点小；叶片基部无大腺点。
              13. 子房4室，每室有1～2颗胚珠；花序通常顶生 ………………………… 9. **豆腐柴属** Premna L.
              13. 子房2室，每室有1～2颗胚珠；花序腋生或顶生 ………………………… 10. **假紫珠属** Tsoongia Merr.
            12. 花大(长2.5 cm以上)而美丽；花萼上腺点大；叶片基部有大腺体 ………………………… 11. **石梓属** Gmelina L.

---

* 编著者：陈守良、潘玉梅。

11. 掌状复叶(单叶蔓荆例外);花冠 5 裂或二唇形,下唇中央 1 裂片特别大 ………………… 12. **牡荆属** Vitex L.
10. 花萼在结果时增大,常有各种美丽的颜色;果实常有 4 分核(族 7. **大青族** Trib. Clerodendreae Briq.)
14. 花冠筒通常不弯曲;花萼钟状或杯状 ……………………………………………………… 13. **大青属** Clerodendrum L.
14. 花冠筒显著弯曲;花萼由基部向上扩展成喇叭状或碟状 ………………………… 14. **冬红属** Holmskioldia Retz.
7. 聚伞花序通常腋生;果为开裂蒴果。
15. 木质茎上具正常的叶,茎棱上无翅 ……………………………………………………… 15. **莸属** Caryopteris Bunge
15. 草质茎上常无叶,茎棱上有翅 ………………………………………………… 16. **四棱草属** Schnabelia Hand.-Mazz.

1. 马鞭草属 Verbena Linn.

本属主要特征为叶对生或稀轮生;有齿缺或分裂。穗状花序,延伸或短缩;花萼管状,5 齿裂;花瓣管劲直或稍弯,裂片稍二唇形,5 裂;雄蕊 4 枚,两两成对,着生于花管的中部,内藏;子房 4 室,每室有 1 颗直立胚珠。果实包藏于萼片内,成熟后 4 瓣裂为 4 个分核。 本属约有 250 种,除 2~3 种产于东半球外,全部产于美洲热带至温带地区。中国除野生 1 种外,庭园常见栽培有 1~3 种;广西有 2 种,其中栽培 1 种。

分 种 检 索 表

1. 萼片被硬毛;茎生叶卵圆形至倒卵形或长圆状披针形,通常 3 深裂或有锯齿(野生) ………… 1. **马鞭草** V. officinalis L.
1. 萼片具腺毛;茎生叶长椭圆形或披针状三角形,不裂,边缘具不等锯齿,在基部全缘(栽培) ……… 2. **彩花马鞭草** V. phlogiflora Champ.

1. 马鞭草(名医别录) 图版 233:1~3

Verbena officinalis L., Sp. Pl. 20. 1753; Forbes et Hemsl. in Journ. Linn. Soc. Bot. **26**:256. 1890; P'ei in Mem. Sci. Soc. China **1**(3):7. 1932;中国高等植物图鉴 **3**:578,图 5109. 1974;云南植物志 **1**:392,图版 93:1~2. 1977;中国植物志 **65**(1):15,图 3. 1982;Fl. China **17**:3. 1994.——*V. officinalis* L. var. *ramosa* H. Lévl. in Fedde, Repert. Sp. Nov. **10**:440. 1912.

多年生草本,高 30~120 cm;茎四方形,近基部可为圆形,节和棱上有硬毛。叶片卵圆形至倒卵形或长圆状披针形,长 2~8 cm,宽 1~5 cm,基生叶的边缘通常有粗锯齿和缺刻,茎生叶多数 3 深裂,裂片边缘有不整齐锯齿,两面均有硬毛,背面脉上尤多。穗状花序顶生和腋生,细弱,结果时长达 25 cm;花小,无梗,最初密集,结果时疏离;苞片稍短于花萼,具硬毛;花萼长约 2 mm,有硬毛,有 5 脉,脉间凹穴处质薄而色淡;花冠淡紫色至蓝色,长 4~8 mm,外面有微毛,裂片 5 枚;雄蕊 4 枚,着生于花冠筒的中部,花丝短;子房无毛。果实长圆形,长约 2 mm,外果皮薄,成熟时 4 瓣裂。 花期 6~8 月,果期 7~10 月。 产于广西各地;生于低至高海拔的路边、山坡、溪边或林边。分布于山西、陕西、甘肃、江苏、安徽、浙江、福建、江西、湖北、湖南、广东、四川、贵州、云南、新疆、西藏,全世界的温带至热带地区也有分布。 全草可入药,具有凉血散瘀、清热解毒、利尿消肿之效,可治高热、经团、产后瘀阻、痢疾、水肿、痈疖、疥癣、湿疹、肝炎、疝气、血淋等症;作兽药可治牛、猪产后瘀血不行、胎衣不下、血痢、跌打肿痛、痈疮疔毒、皮肤疥癣、腹水及全身水肿等症。

2. 彩花马鞭草

Verbena phlogiflora Champ., Makino Ilust. Fl. Jap. 188., 图 564. 1956;寺崎,日本植物图谱 678,图 2566. 1977.

与上种的主要区别为叶片边缘有不等重锯齿,基部楔形延伸至叶柄。穗状花序短缩,小花密集,粉红色或紫色;苞片短,卵形至锥状披针形;花萼先端有 5 锐齿,被柔毛及腺毛。 桂林有引种栽培于庭园。甘肃(兰州)有栽培,原产于巴西。 观赏花卉,花色美丽多变,花期较长。

2. 马缨丹属 Lantana L.

本属主要特征在于植株有倒钩状皮刺及强烈气味;单叶对生,有柄;边缘有圆或钝齿,表面多皱;花密

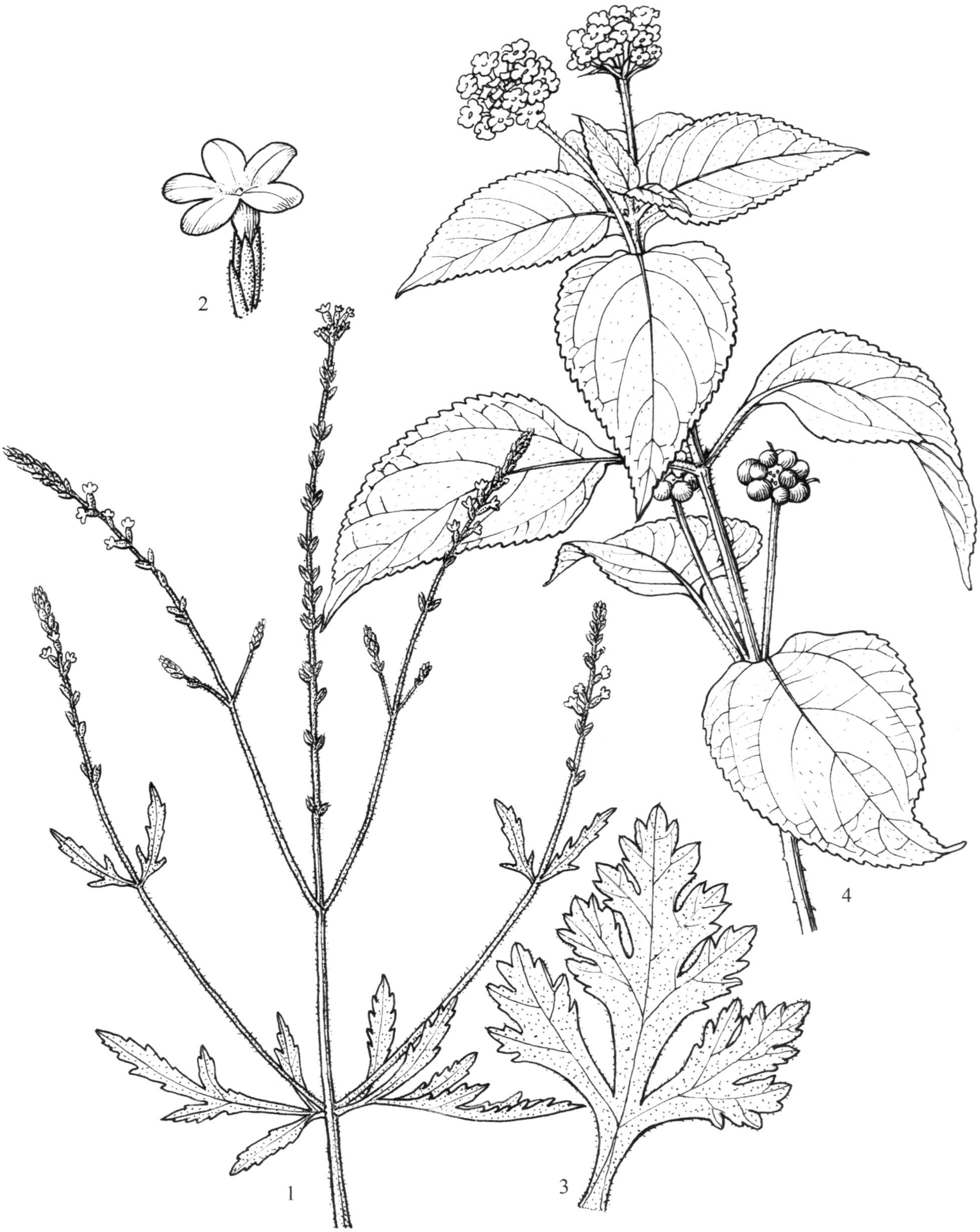

图版 233　1～3. 马鞭草 Verbena officinalis L.　1. 植株一部分；2. 花；3. 叶。　**4. 马缨丹** Lantana camara L.　4. 花果枝。（刘宗汉、林文宏绘）

集成头状;有花序梗;花萼小,膜质,先端截平或具短齿;花冠4～5浅裂,裂片钝或微凹;雄蕊4枚,着生于花冠筒中部,内藏;花柱短,不外露,柱头盾形头状。果实的中果皮肉质,内果皮质硬,成熟后常为2骨质分核。 本属约有150种,主产于热带地区;我国有2种,1种为庭园栽培种;广西也有。

分 种 检 索 表

1. 高1～2 m;茎枝粗壮;苞片披针形,长为花萼的1～3倍 …………………………………………… 1. **马缨丹** L. camara L.
1. 高0.2～1 m;茎枝纤细呈蔓性状,能匍匐地面生长;苞片阔卵形,长不超过花冠筒的中部……………………………………
…………………………………………………………………………………………… 2. **蔓马缨丹** L. montevidensis(Sprengel)Briq.

1. **马缨丹** 五色梅(种子植物名称) 图版233:4

Lantana camara L., Sp. Pl. 627. 1753; P'ei in Mem. Sci. Soc. China **1**(3): 9. 1932;中国高等植物图鉴 **3**:578,图510. 1974;云南植物志 **1**:394,图版94:1～3. 1977;中国植物志 **65**(1):17,图4. 1982;Fl. China **17**:2. 1994.

直立或蔓生的灌木,有时藤状。叶片卵形至卵状长圆形,先端渐尖或急尖,基部楔形或心形,边缘有钝齿,腹面有粗糙的皱纹和短柔毛,背面被小刚毛。花序梗粗壮,长于叶柄;苞片披针形,比萼片长约3倍,被粗毛;花萼管状,顶端有短齿;花冠黄色或橙黄色或深红色,两面被细短毛,圆球形,成熟时紫黑色。全年开花。 广西各地有引种栽培或逸生;生于海拔100～1 500 m的海边、沙滩和空旷地区。我国南方栽培且有逸生,原产于美洲热带地区。 根、叶、花可入药,具有清热解毒,祛风止痒之效;可治感冒、腮腺炎、肺结核咳血、湿疹、风湿、跌打、淋巴结核;根、花作兽药可治牛、猪肺结核、湿热膨胀、皮炎、疮疥等;花美观,我国各地庭园栽培供观赏,华南地区逸为野生。

2. **蔓马缨丹** 黄马缨丹 紫花马缨丹

Lantana montevidensis (Sprengel) Briq., Annuaire Conserv. Jard. Bot. Genève 7～8: 301～302. 1904.;马金双,中国入侵植物名录:143. 2013.

株高20～100 cm;全株被短柔毛。茎枝呈四方形,有倒钩状短刺,纤细呈蔓性状,能匍匐地面生长。茎、叶有特殊异味。叶对生;叶片披针形,尖长且窄细,节间长,先端急尖或渐尖,基部心形或楔形,边缘有钝齿,粗纸质,叶面有粗糙皱纹,被短柔毛,叶背被小刚毛;叶柄渐狭而略具狭翅翼。头状花序,伞房状,腋出;苞片阔卵形,长不超过花冠筒的中部;花冠筒细长,向上略展开,花冠4～5浅裂;裂片阔短,先端钝或微凹,紫红色,花心各有1圈黄、白环。核果球形,熟时紫黑色,肉质,光滑,少见结果。 花期为全年。广西多地有引种栽培。福建、广东、海南、云南等地区也有栽培,原产于美洲热带地区。

3. 过江藤属 Phyla Lour.

本属主要特征为匍匐或斜升草本。茎四棱形,节上生根。花序头状或穗状;花小,生于苞腋;花萼小,近二唇形;花冠下部管状,上部扩展呈二唇形,上唇较小,全缘或浅2裂,下唇较大,3深裂;雄蕊4枚,着生于花冠筒中部,2枚在上,2枚在下;子房2室,每室有1颗胚珠,花柱短,柱头头状。果干燥,包在宿萼内,成熟时分裂为2个小分核。 本属约有10种,分布于亚洲、非洲、美洲;我国有1种;广西也有。

过江藤(种子植物名称) 苦舌草(广西)

Phyla nodiflora (L.) E. L. Greene in Pittonia **4**:46. 1899;中国高等植物图鉴 **3**:579,图5111. 1974;云南植物志 **1**:396,图版94:4. 1977;中国植物志 **65**(1):19,图5. 1982;Fl. China **17**:3. 1994. ——*Ph. chinensis* Lour. in Fl. Cochinch. 66. 1790. ——*Verbena nodiflora* L. in Sp. L. 26. 1753. ——*Lippia nodiflora* (L.) Rich. in Michx. Fl. Amer. Bor. **2**:15. 1803.

多年生草本；有木质宿根，多分枝；全体有紧贴丁字状短毛。叶近无柄；叶片匙形、倒卵形至倒披针形，长 1～3 cm，宽 0.5～1.5 cm，顶端钝或近圆形，基部狭楔形，中部以上的边缘有锐锯齿。穗状花序腋生，卵形或圆柱形，长 0.5～3 cm，宽约 0.6 cm，有长 1～7 cm 的花序梗；苞片宽倒卵形，宽约 3 mm；花萼膜质，长约 2 mm；花冠白色、粉红色至紫红色，内外无毛；雄蕊短小，不伸出花冠外；子房无毛。果实淡黄色，长约 1.5 mm，内藏于膜质的花萼内。 花果期 6～10 月。 产于平果、隆林、西林、天峨、上林、南宁、贵港；生于山坡、平地、河滩等湿润地区。分布于江苏、江西、湖北、湖南、福建、台湾、广东、四川、贵州、云南及西藏，全世界的热带和亚热带地区也有。 全草可入药，能破瘀生新，通利小便；治咳嗽、吐血、通淋、痢疾、牙痛、疖痛、枕痛、带状疱疹及跌打损伤等症。孕妇忌服。

4. 假马鞭属 Stachytarpheta Vahl

本属主要特征与**马鞭草属**(*Verbena* L.)相似，但前者为穗状花序顶生，长而疏散；花单生于苞腋内，半藏于花序轴的凹穴内；苞片有各式；小苞片细小或近无；花萼管状，4～5 齿裂或截平；花冠蓝色，管纤细，先端 5 齿裂；雄蕊着生于花冠筒上部，内藏，位于下方的 2 枚不发育，位于上方的 2 枚发育；子房 2 室。果包藏于花萼内，成熟后 2 瓣裂。 本属约有 65 种，分布于美洲热带地区。我国有 3 种；广西有 2 种。

分种检索表

1. 叶片稍肉质，干后纸质至厚纸质；穗状花序粗厚，长 15～50 cm，直径达 7 mm，光滑无毛，序轴较硬；花冠紫红色、蓝色或紫色 ………………………………………… 1. **假马鞭** S. jamaicensis (L.) Vahl
1. 叶片膜质或纸质；穗状花序纤细柔韧，长 15～45 cm，花序和花萼具毛；花冠淡蓝色或白色 ………………………………………… 2. **南假马鞭** S. australis Moldenke

1. **假马鞭**(云南植物志) 假败酱(种子植物名录) 玉龙鞭(广西)

Stachytarpheta jamaicensis (L.) Vahl, Enum. Pl. **1**: 206. 1805; P'ei in Mem. Sci. Soc. China **1**(3): 11. 1932; 中国高等植物图鉴 **3**: 579, 图 5112. 1974; 中国植物志 **65**(1): 20. 1982; Fl. China **17**: 3. 1994. —— *Verbena jamaicensis* L. in Sp. Pl. 19. 1753. ——*Stachytarpheta indica* C. B. Clarke in Hook. f. Fl. Brit. Ind. **4**: 564. 1885.

多年生粗壮草本或半灌木，高 0.6～2 m；幼枝近四方形，疏生短毛。叶片厚纸质，椭圆形至卵状椭圆形，长 2.4～8 cm，顶端短锐尖，基部楔形，边缘有粗锯齿，两面均散生短毛；侧脉 3～5 对，在背面突起；叶柄长 1～3 cm。穗状花序顶生，长 11～29 cm；花单生于苞腋内，一半嵌生于花序轴的凹穴中，螺旋状着生；苞片边缘膜质，有纤毛，顶端有芒尖；花萼管状，膜质、透明、无毛，长约 6 mm；花冠深蓝紫色，长 0.7～1.2 cm，内面上部有毛，顶端 5 裂，裂片平展；雄蕊 2 枚，花丝短，花药 2 裂；花柱伸出，柱头头状，子房无毛。果内藏于膜质的花萼内，成熟后 2 瓣裂，每瓣有 1 粒种子。 花期 8 月，果期 9～12 月。 产于扶绥、柳州、北海；生于海拔 300～600 m 的山谷阴湿处草丛中。分布于福建、广东、云南(南部)，原产于中南美洲，东南亚也有。 全草可入药，具有清热解毒、消肿止痛之效；可治跌打肿痛、疮疡疖肿、结膜炎、疟疾、蛇伤；作兽药可治牛、猪痈疡肿毒、痰多喘咳、温热下痢等症。

2. **南假马鞭**

Stachytarpheta australis Moldenke, Phytologia **1**: 470. 1940; 植物科学学报 **29**(5): 649～651. 2011.

一年生或多年生草本，高达 2 m；茎基部稍微木质化，二歧状分枝，幼枝多少密被短柔毛。叶对生；叶片膜质或纸质，椭圆形至卵形或狭卵形，长 1.5～10 cm，宽 1～5 cm，背面被微柔毛或短糙伏毛，腹面或多或少具短糙伏毛，边缘锯齿状或圆锯齿状，锯齿向前，顶端急尖或渐尖；叶柄长 0.3～1 cm。穗状花序纤细，长 15～45 cm，直径约 3 mm，通常遍布短柔毛；花序轴稍柔弱，凹穴几乎与轴等宽；苞片狭披针形，长约

5 mm；花萼长约 6 mm，密被短柔毛，萼齿几乎近等长；花冠淡蓝色或白色。　花期 9～10 月，果期 10～11 月。　发现于上思县；主要生长于小溪旁、道路旁和耕地旁。广东、海南、台湾等地也有分布。原产于中南美洲，现作为归化种广泛分布于热带、亚热带地区。

5. 假连翘属　Duranta L.

有刺或无刺灌木。单叶对生或轮生；全缘或有齿。花序总状、穗状或圆锥状，顶生或腋生；苞片细小；花萼先端有 5 齿；花冠先端 5 裂，稍不等长；雄蕊 4 枚，2 长 2 短，着生于花冠筒内的中部或中部以上；子房 8 室，每室有 1 颗下垂胚珠。核果包藏在增大宿存的花萼内，中果皮肉质。　本属约有 30 种，分布于美洲热带和中美洲热带地区。我国引种栽培 1 种；广西也有。

假连翘（广州植物志）

Duranta erecta L.，Sp. Pl. **2**：637. 1753；Fl. China **17**：3. 1994. ——*D. repens* L. in Sp. Pl. 637. 1753；P'ei in Mem. Sci. Soc. China **1**(3)：13. 1932；中国高等植物图鉴 **3**：580，图 5113. 1974；海南植物志 **4**：5，图 947. 1977；云南植物志 **1**：399，图版 95：3～4. 1977；J. Y. Hsiao in H. L. Li，Fl. Taiwan **4**：425. 1978；中国植物志 **65**(1)：23，图 7. 1982.

灌木，高 1.5～3 m；枝条有皮刺，幼枝有柔毛。叶对生，少有轮生，叶片卵状椭圆形或卵状披针形，长 2～6.5 cm，宽 1.5～3.5 cm，纸质，顶端短尖或钝，基部楔形，全缘或中部以上有锯齿，有柔毛；叶柄长约 1 cm，有柔毛。总状花序顶生或腋生，常排成圆锥状；花萼管状，有毛，长约 5 mm，5 裂，有 5 棱；花冠通常蓝紫色，长约 8 mm，稍不整齐，5 裂，裂片平展，内外有微毛；花柱短于花冠筒；子房无毛。核果球形，无毛，有光泽，直径约 5 mm，熟时红黄色，有增大宿存花萼包围。　花果期 5～10 月，在南方可为全年。　广西各地有栽培，原产于美洲热带地区。　根、叶可止痛、止渴；果可治疟疾和跌打胸痛。花期长而花美丽，是很好的绿篱植物。

6. 海榄雌属　Avicennia L.

灌木或乔木；枝圆柱形，通常有明显的关节。单叶对生；叶片革质，全缘。花序无花瓣状总苞片；花小，黄褐色，对生于花序梗上；苞片较短于花萼，外有绒毛；花萼杯状，宿存，顶端 5 裂，裂片卵圆形；花冠钟状，上部较整齐 4 裂；雄蕊 4 枚，着生于花冠筒内的喉部，稍外露，花药内向纵裂；子房不完全的 4 室，每室有 1 颗胚珠，花柱长或短，柱头 2 裂。蒴果较深 2 瓣裂；种子直立，子叶大，纵折。本属约有 10 种，分布于热带和亚热带的沿海地区。我国有 1 种；广西也有。

海榄雌（中国高等植物图鉴）

Avicennia marina (Forsk.) Vierh. in Denkschr. Akad. Wissensch. **71**：435. 1907；P' ei in Mem. Sci. Soc. China (**3**)：186. 1932；Merr. et Chun in Sunyats. **2**：316. 1935；中国高等植物图鉴 **3**：577. 图 5108. 1974；海南植物志 **4**：6. 1977；Fl. China **17**：49. 1994. ——*Sceura marina* Forsk. Fl. in Aeg.-Arab. 37. 1775.

灌木，高 1.5～6 m；枝条有隆起条纹，小枝四方形，光滑无毛。叶片近无柄，革质，卵形至倒卵形、椭圆形，长 2～7 cm，宽 1～3.5 cm，顶端钝圆，基部楔形，腹面无毛，有光泽，背面有细短毛；主脉明显，侧脉 4～6 对。聚伞花序紧密成头状；花序梗长 1～2.5 cm；花小，直径约 5 mm；苞片 5 枚，长约 2.5 mm，宽约 3 mm，有内外 2 层，外层密生绒毛，内层较光滑，黑褐色；花萼顶端 5 裂，长约 3 mm，宽 2～3 mm，外面有绒毛；花冠黄褐色，顶端 4 裂，裂片长约 2 mm，外被绒毛，花冠筒长约 2 mm；雄蕊 4 枚，着生于花冠筒内喉部而与裂片互生，花丝极短，花药2室，纵裂；子房上部密生绒毛。果实近球形，直径约1.5 cm，有毛。花果期7～10月。 产于合浦、防城港、东兴；生长于海边和盐沼地带，通常为组成海岸红树林的植物种类之一。分布于福建、台湾、广东，非洲东部至印度、马来西亚、澳大利亚、新西兰也有。 果实浸泡去涩后可炒食，也可作饲料，又可治痢疾。

7. 紫珠属 Callicarpa L.

本属的主要特征在于花4数，辐射对称，排列成腋生或腋上生的聚伞花序；其果实为圆珠形，成熟后多为紫色，紫珠属即由此得名。本属多数种类为灌木，稀少为乔木、藤本或攀缘灌木。本属下分种主要根据羽性、花序梗的长短（与叶柄比较）、分歧的多少、萼齿的形态、花丝内藏或裸出、植株的被覆物（毛和腺点）和叶片大小、质地、叶基的形态等特征。由于本属种类较多，且外部形态特征常随地理分布和生境的不同而有一定幅度的变异，种间也常有过渡类型，因此，在鉴定时需与近缘种仔细加以比较方能正确定名。本属约有140余种，主要分布于亚洲和大洋洲的热带和亚热带地区，少数产于美洲。我国现知有48种；广西有24种7变种和3变型。 本属有些种类可供药用，有消炎、止血的功效；有些栽培供观赏。

分种检索表

1. 植物体被分枝毛、星状毛或单毛，稀近无毛；聚伞花序通常2至多次分歧，通常有花多朵；花序梗粗壮至细弱，但不纤细如丝状；花萼深裂至截头状。
  2. 花萼管状，深4裂至中部以下；果实完全被花萼所包藏 ……………………………… 1. **枇杷叶紫珠** C. kochiana Makino
  2. 花萼杯状或钟状，在中部以上具深浅不等4裂至截头状；果实裸露于花萼外。
    3. 花丝通常长于花冠，多至花冠的2倍或更长；花药卵形或椭圆形，较细小（长0.8～1.5 mm），药室纵裂；花冠紫色至红色，稀白色。
      4. 聚伞花序通常较大，宽4～9 cm，5次以上分歧；花序梗通常超过3 cm长，且粗壮（仅**大叶紫珠** *C. macrophylla* Vahl 的花序梗有时不及3 cm长，但粗壮）。
        5. 叶全缘；乔木或藤本和攀缘灌木。
          6. 乔木；花序梗四棱形或略呈四棱形；叶片较大，长13～37 cm …………………… 2. **木紫珠** C. arborea Roxb.
          6. 藤本或攀缘灌木；花序梗圆柱形；叶片较小，长不超过15 cm。
            7. 花柄、花萼被星状毛；叶片背面被星状厚绒毛 …… 3a. **全缘叶紫珠** C. integerrima Champ. var. integerrima
            7. 花柄、花萼无毛；叶片背面被星状柔毛 …… 3b. **藤紫珠** C. integerrima Champ. var. chinensis (P'ei) S. L. Chen
        5. 叶片边缘有锯齿或小齿；灌木，稀少为小乔木。
          8. 叶片卵状椭圆形或长椭圆形，基部钝或圆形，背面密被星状绒毛，无腺点或腺点隐藏于毛中。
            9. 花萼、花冠和子房有毛；聚伞花序，宽5～11 cm；花序梗长2～3 cm …… 4. **大叶紫珠** C. macrophylla Vahl
            9. 花萼、花冠和子房无毛；聚伞花序，宽8～13 cm；花序梗长3～8 cm …………………………………………………………………… 5. **裸花紫珠** C. nudiflora Hook. et Arn.
          8. 叶片披针形或长椭圆状披针形，基部楔形，背面疏生星状毛，黄色腺点清晰可见 ………………………………………………………………………… 6. **尖叶紫珠** C. acutifolia H. T. Chang
      4. 聚伞花序较小，宽不超过4 cm，2～5次分歧；花序梗长不超过3 cm，通常较纤细。
        10. 叶片基部楔形、钝或圆形，但不为心形，中部以上渐狭。
          11. 叶片背面密被绵状绒毛，毛显著较表面密；萼齿尖锐，长0.5～1 mm ………………………………………………………………………… 7. **尖萼紫珠** C. loboapiculata Metc.
          11. 叶片背面被星状短毛或长毛，通常不绵毛状，或被毛稀疏而近于无毛。
            12. 叶片或花的各部分通常有黄色腺点，或因腺点脱落而下陷成小蜂窝状洼点。
              13. 花萼有毛；叶片背面被疏密不等的星状毛。
                14. 萼有齿，萼齿钝三角形；果实成熟后无毛；小枝圆柱形；两叶柄之间无横线联合。

15. 子房无毛；花序梗长为叶柄的两倍或更多；叶片基部钝或圆形 …… 8. **杜虹花** C. formosana Rolfe

15. 子房有毛；花序梗短于或有时近等长于叶柄；叶片基部楔或下延成狭楔形。

16. 叶片背面和花萼、花冠均疏被星状毛 ……… 9a. **老鸦糊** C. giraldii Hesse ex Rehd. var. giraldii

16. 叶片背面和花萼、花冠密被灰白色星状毛 ………………………………………………… 9b. **毛叶老鸦糊** C. giraldii Hesse ex Rehd. var. subcanescens Rehder

14. 萼无齿，近截头状；果实成熟后有星状毛；小枝四棱形；两叶柄之间有横线联合。

17. 叶片长椭圆形，背面被星状柔毛。

18. 叶片背面的毛黄褐色，较疏 ……………………… 10a. **长叶紫珠** C. longifolia Lamk. var. longifolia

18. 叶片背面的毛灰白色，粉屑状，较密 ………………………………………………… 10b. **白毛长叶紫珠** C. longifolia Lamk. var. floccosa Schauer

17. 叶片狭披针形，背面无毛或近于无毛 ……………………………………………… 10c. **披针叶紫珠** C. longifolia Lamk. var. lanceolaria (Roxb.) C. B. Clarke

13. 花萼无毛；叶片背面无毛，稀少仅叶脉上疏生星状毛。

19. 小枝通常有明显的层出现象(在叶腋或花序内可再抽芽生枝，其上的叶片显较正常枝的叶片为小)。

20. 叶柄长 5～10 mm，被星状绒毛，具有黄色腺点，叶片长 1～9(13) cm，宽 1.5～3(4.5) cm …………………………………………………………………… 11a. **抽芽紫珠** C. prolifera C. Y. Wu var. prolifera

20. 叶近无柄，叶片长(6)12～16(19) cm，宽(1)2～4 cm ……………………………………………… 11b. **红腺抽芽紫珠** C. prolifera C. Y. Wu var. rubroglandulosa S. L. Chen

19. 小枝无上述特征。

21. 小枝四棱形，疏被单毛；两叶柄之间有毛环或横线；叶片披针形。

22. 小枝于两叶柄之间有毛环；叶片背面腺点脱落后呈蜂窝状小洼点 ……………………………………………… 12a. **尖尾枫** C. ongissima (Hemsl.) Merr. f. longissima

22. 小枝与两叶之间有横线联合，但无毛环；叶片背面有不脱落的黄色腺点，无蜂窝状小洼点 ……………………………………………………………… 12b. **秃尖尾枫** C. longissima. f. subglabra P'ei

21. 小枝圆柱形，被星状毛或近无毛；两叶柄之间无毛环和横线；叶片通常为倒卵形 ……………………………………………………………… 13. **白棠子树** C. dichotoma (Lour.) K. Koch

12. 叶片或花的各部分被红色或暗红色腺点，不脱落，或脱落后不下陷成小洼点。

23. 小枝、花序和叶片背面全部被星状柔毛；叶片边缘全部或上半部有细锯齿，顶端不为尾尖。

24. 叶片椭圆形，卵状椭圆形或长椭圆形，长 7～18 cm，宽 4～7 cm …………………………………………………………………… 14a. **紫珠** C. bodinieri H. Lévl. var. bodinieri

24. 叶片披针形、倒披针形和倒卵状长椭圆形，长 6～13 cm，宽 2～4 cm …………………………………………… 14b. **南川紫珠** C. bodinieri H. Lévl. var. rosthornii (Diels) Rehd.

23. 小枝、花序和叶片背面无毛，或具稀疏的星状毛；叶片边缘仅上部具稀疏的尖齿或粗齿 …………………………………………………………………… 15. **红腺紫珠** C. erythrosticta Merr. et Chun

10. 叶片基部心形或近耳形，中部以上最宽。

25. 花序梗长 2 cm 以下。

26. 萼齿尖锐，齿长 1～2 mm；叶有明显的柄，柄长 0.5～0.8 cm …………… 16. **长柄紫株** C. longipes Dunn

26. 萼齿钝三角形，长不超过 0.5 mm；叶柄极短或近无柄。

27. 小枝、花序和叶片背面均被星状柔毛 ……………………………… 17a. **红紫珠** C. rubella Lindl. var. rubella

27. 小枝、花序和叶片无毛 …………… 17b. **秃红紫珠** C. rubella Lindl. var. subglabra (P'ei) H. T. Chang

25. 花序梗长通常在 1.5 cm 以下，稀少较长。

28. 植株全体被单毛 ……………………………… 17c. **钝齿红紫珠** C. rubella Lindl. f. var. crenata P'ei

28. 植株全体被星状毛 ……………………………… 17d. **狭叶红紫珠** C. rubella Lindl. f. var. angustata P'ei

3. 花丝通常短于花冠，稀少等长或略长于花冠；花药长圆形，较大，长 1.5～2 mm，药室顶端先裂，裂缝扩大呈孔状；花冠多为白色，稀少紫色或红色。

29. 叶片或花的各部分密生暗红色或红褐色腺点。

30. 叶片背面无毛；花萼有星状毛；花冠紫红色；花丝与花冠近等长，或充分开放时略长于花冠 …………………………………………………………………………………………………… 18. **华紫珠** C. cathayana H. T. Chang

30. 叶片背面脉上有星状毛；花萼无毛；花冠白色；花丝短于花冠 ……………………………………………………………………………………………… 19. **多齿紫珠** C. dentosa (H. T. Chang) W. Z. Fang

29. 叶片及花的各部分有黄色腺点或无腺点。

31. 叶片膜质，两侧常不等宽，常向一侧偏斜，背面具鳞片状黄色腺点；小枝常有层出现象 ……………………………………………………………………………… 20. **异叶紫珠** C. anisophylla C. Y. Wu ex W. Z. Fang

31. 叶片纸质，两侧等宽，背面具细小的黄色腺点或无腺点；小枝无层出现象。

32. 叶片背面中脉上有星状毛 ……………………………………… 21. **短柄紫珠** C. brevipes (Benth.) Hance

32. 叶片背面无毛或近无毛。

33. 叶片披针形、倒披针形，长 6～10 cm，绿色或略带紫色，背面腺点不显著；聚伞花序 2～3 次分歧，花较少 ……………………………………………………………… 22. **窄叶紫珠** C. membranacea H. T. Chang

33. 叶片宽披针形或狭椭圆状披针形，长可达 26 cm，背面有显著腺点；聚伞花序 3～5 次分歧，花较多 …… …………………………………………………………………………… 23. **广东紫珠** C. kwangtungensis Chun

1. 植物体被钩状小糙毛；聚伞花序简单，通常有花 3 朵，稀少为单花或有 1 次分歧，有花 5～7 朵；花序梗纤细如丝状；花萼截头状 ………………………………………………………………………… 24. **钩毛紫珠** C. peichieniana Chun et S. L. Chen

1. 枇杷叶紫珠 长叶紫珠(中国树木分类学) 山枇杷(中国高等植物图鉴) 野枇杷

Callicarpa kochiana Makino in Bot. Mag. Tokyo **28**: 181. 1914; Nakai, Trees et Shrubs Jap. ed. **2**: 458, f. 218. 1927; Fl. China **17**: 6. 1994. ——*C. loureiri* Hook. et Arn., Bot. Beechey's Voy. 205. 1836, nom. previs; 植物分类学报 **1**: 276. 1951; 广州植物志 629. 1956. ——*C. tomentosa* auct. non (Linn.) Murr.: Willd., Enum. Hort. Berol. 158. 1809, Hook. et Arn. Bot. Beechey's Voy. 205. 1836.

灌木，高 1～4 m；小枝、叶柄与花序密生黄褐色分枝绒毛。叶片长椭圆形、卵状椭圆形或长椭圆披针形，长 12～22 cm，宽 4～8 cm，顶端渐尖或锐尖，基部楔形，边缘有锯齿，表面无毛或疏被毛，通常脉上较密，背面密生黄褐色星状毛和分枝绒毛，两面被不明显的黄色腺点，侧脉 10～18 对，在叶背隆起；叶柄长 1～3 cm。聚伞花序，宽 3～6 cm，3～5 次分歧；花序梗长 1～2 cm；花近无柄，密集于分枝的顶端；花萼管状，被绒毛，萼齿线形或为锐尖狭长三角形，齿长 2～2.5 mm；花冠淡红色或紫红色，裂片密被绒毛；雄蕊伸出花冠筒外，花丝长约 3.5 mm；花药卵圆形，长约 1 mm；花柱长过雄蕊，柱头膨大。果实圆球形，直径约 1.5 mm，几乎全部包藏于宿存的花萼内。 花期 7～8 月，果期 9～12 月。 产于贺州、融水、兴安、资源。分布于台湾、福建、广东、浙江、江西、湖南、河南(南部)，越南也有。 据《福建人民医院草药研究组报告》记载，本种的根可治慢性风湿性关节炎及肌肉风湿症；《福建中草药》记载，本种的叶可作外伤止血药并治风寒咳嗽、头痛，《中国高等植物图鉴》记载，本种的叶也可提取芳香油。 本种花近无柄，密集于花序分枝的顶端；花萼管状，几乎全部包被果实，萼齿尖长等特征易于识别。

2. 木紫珠(云南植物志) 南洋紫珠(植物分类学报) 树紫珠(广西植物名录)

Callicarpa arborea Roxb., Hort. Beng. 10. 1804, nom. nud. et Fl. Ind. ed. 2, **1**: 390. 1832; 植物分类学报 **1**(1): 281. 1951; 云南植物志 **1**: 402, 图版 96: 1～4. 1977; 中国植物志 **65**(1): 32, 图 8. 1982; Fl. China **17**: 6. 1994. ——*C. tomentosa* Lam. et Bakh. in Bull. Jard. Bot. Buitenz. ser. 3, **3**: 20. 1921, pro parte, non (L.) Murr.

乔木，高约 8 m；幼枝四棱形，与花序、叶柄都密生黄褐色粉状分枝绒毛。叶片革质，椭圆形或长椭圆形，长 13～37 cm，宽 7～13 cm，顶端渐尖，基部楔形、宽楔形或钝圆，通常全缘，表面深绿色有光泽，幼时有毛，老后脱落，背面密生黄褐色星状绒毛；侧脉 8～10 对，主脉、侧脉和细脉在叶背隆起；叶柄粗壮，上面有沟槽，长 3～6(9) cm。聚伞花序宽 6～11 cm，6～8 次分歧；花序梗四棱形，长于或等于叶柄，花柄长约 1.5 mm；苞片细小，线形；花萼杯状，萼齿钝三角形或不明显，外面密生灰白色星状绒毛；花冠紫色或淡紫色，被细毛，长约 3 mm；雄蕊伸出花冠外，花药细小，卵圆形，药室纵裂；子房圆球形，密生星状毛。果实直径约 2 mm，成熟时紫褐色，干后变黑色。 花期 5～7 月，果期 8～12 月。 产于宁明、龙州、田东、那坡、田林、凤山等地；生于海拔 150～1 600 m 的向阳山坡灌木丛中。分布于云南和西藏的东南部，尼泊尔、印度、孟加拉国、缅甸、泰国、越南、马来西亚、印度尼西亚等也有。 本种为阳性树种，能耐瘠薄土壤，但不耐荫，为次生林的先端树种。 叶研粉可作对伤止血药，亦可治鼻衄、消化道出血和妇女血崩，根同效。 本种与**全缘叶紫珠**（*C. integerrima* Champ.）相似，但本种为乔木；叶片革质，腹面有光泽，长 13～37 cm，宽 7～13 cm；花序梗四棱形或略呈四棱形等特征，可以区别。

3. 全缘叶紫株

Callicarpa integerrima Champ. in Hook. Kew Journ. 5：135. 1853；Benth. Fl. Hongk. 207. 1861；植物分类学报 1(1)：281. 1951；中国植物志 65(1)：34. 1982；Fl. China 17：6～7. 1994. ——*Callicarpa integrifolia* Forbes et Hemsl. in Journ. Linn. Soc. Bot. 26：253. 1890. ——*C. tomentosa* Lam. et Bakh. in Bull. Jard. Bot. Buitenz. ser. 3，3：21. 1921.

藤本或蔓性灌木；嫩枝、叶柄和花序密生黄褐色分枝绒毛。叶柄长 1～2 cm；叶片宽卵形、卵形或椭圆形，长 15～17 cm，宽 3～9 cm，顶端尖或渐尖，通常钝头，基部宽楔形至浑圆，全缘，腹面深绿色，幼时有黄褐色星状毛，老后脱落几乎无毛，背面密生灰黄色厚绒毛；侧脉 7～9 对。聚伞花序，宽 6～11 cm；花序梗长 2～5 cm；花柄及萼筒密生星状毛；萼齿不明显或截头状；花冠紫色，长约 2～2.5 mm，无毛；雄蕊长过花冠约 2 倍，药室纵裂；子房有星状毛。果实近球形，紫色，初被星状毛，成熟后脱落，直径约 2 mm。

3a. 全缘叶紫珠（原变种） 图版 234：1～3

Callicarpa integerrima Champ. var. integerrima

本种主要特点为藤本或蔓性灌木；小枝密生黄褐色分枝绒毛；叶片背面密生灰黄色厚绒毛，正面生灰黄色星状毛；花柄、花萼和子房被星状毛。 花期 6～7 月，果期 8～11 月。 产于防城、苍梧、上思、金秀等地；生于海拔 200～700 m 的山坡或谷地混合林中。分布于浙江、江西、福建、广东等地。根、叶祛风，可治瘰疬。 它和**藤紫珠**（*C. peii* T. H. Chang）相似，但后者花柄、花萼和子房无毛，叶片背面被星状毛，但较疏。

3b. 藤紫珠（变种） 图版 234：4～6

Callicarpa integerrima Champ. var. chinensis（P'ei）S. L. Chen，Novon 1：58. 1991；Fl. China 17：7. 1994. ——*C. formosana* Rolfe var. *chinensis* P'ei in Mem. Sci. Soc. China 1(3)：30. 1932. ——*C. peii* H. T. Chang，植物分类学报 1(1)：282. 1951；中国植物志 65(1)：34. 1982.

本变种的主要特点在于藤本习性；叶片宽椭圆形或宽卵形，表面初时有毛，以后脱落，背面被星状毛和细小黄色腺点；花柄、花萼和子房无毛。 产于凌云、三江、阳朔、龙胜、田林、金秀等地；生于海拔 300～1 500 m 的山坡丛林中。分布于湖北（西部）、四川（东部）、江西、广东等地。

4. 大叶紫珠 郎陆（广西植物名录） 图版 235：1

Callicarpa macrophylla Vahl，Symb. Bot. 3：13，t. 53. 1794；P'ei in Mem. Sci. Soc. China 1(3)：24. 1932；植物分类学报 1：283. 1951；云南植物志 1：403，图版 96：9～12. 1977；中国植物志 65(1)：18，1982；Fl. China 17：7. 1994.

灌木，稀小乔木，高 3～5 m；小枝近四方形，密生灰白色粗糠状分枝绒毛，稍有臭味。叶片长椭圆形、卵状椭圆形或长椭圆状披针形，长 10～23 cm，宽 5～11 cm，顶端短渐尖，基部钝圆或宽楔形，边缘具细锯齿，腹面被短毛，脉上较密，背面密生灰白色分枝绒毛，腺点隐于毛中，侧脉 8～14 对，细脉在表面稍下陷；叶柄粗壮，长 1～3 cm，密生灰白色分枝绒毛。聚伞花序宽 4～8 cm，5～7 次分歧，被毛与小枝同，花序梗粗壮，长 2～3 cm；苞片线形；花萼杯状，长约 1 mm，被灰白色星状毛和黄色腺点，萼齿不明显或钝三角形；花冠紫色，长约 2.5 mm，疏生星状毛；花丝长约 5 mm，花药卵形，药隔有黄色腺点，药室纵裂；子房被微柔毛，花柱长约 6 mm。果实球形，直径约 1.5 mm，有腺点和微毛。 花期 4～7 月，果期 7～12 月。 产于

图版 234　1～3. 全缘叶紫珠 *Callicarpa integerrima* Champ. var. *integerrima*　1. 果枝；2. 花；3. 果。　4～6. 藤紫珠 *C. integerrima* Champ. var. *chinensis* (P'ei) S. L. Chen　4. 果枝；5. 花；6. 果。（史渭清绘）

图版 235 1. 大叶紫珠 Callicarpa macrophylla Vahl. 1. 花枝。 2. 裸花紫珠 C. nudiflora Hook. et Arn. 2. 花枝。 3. 尖尾枫 C. longissima (Hemsl.) Merr. 3. 花枝。 (何顺清、林文宏绘)

广西各地；生于海拔 100～2 000 m 以下的山坡林下或灌木丛中。分布于广东、贵州、云南，尼泊尔、不丹、马斯克林群岛、印度、孟加拉国、缅甸、泰国、越南、马来西亚和印度尼西亚等也有。 叶或根可用内外伤止血药；可治跌打肿病、创伤出血、肠道出血、咳血、鼻衄；叶还可作绿肥。 本种外形与**尖萼紫珠**(*C. loboapiculata* Metc.)相似，后者小枝、叶柄和叶背面被黄褐色星毛，萼齿急尖，齿长 0.5～1 mm。

5. **裸花紫珠** 图版 235：2

Callicarpa nudiflora Hook. et Arn. ,Bot. Beechey's Voy. 206. 1836；植物分类学报 **1**(1)：283. 1951；中国植物志 **65**(1)：37. 1982；Fl. China **17**：7. 1994. ——*C. acuminata* Roxb. Fl. Ind. **1**：480. 1820；P'ei in Mem. Sci. Soc. China **1**(3)：42. 1932. ——*C. acuminata* Roxb. var. *angustifolia* Metc. in Lingn. Sci. Journ. **11**：407. 1932.

灌木至小乔木，高(1)3～4(7) m；老枝无毛而皮孔明显，小枝、叶柄与花序密生灰褐色分枝绒毛。叶片卵状长椭圆形至披针形，长 12～22 cm，宽 4～7 cm，顶端短尖或渐尖，基部钝或稍呈圆形，表面深绿色，干后变黑色，除主脉有星状毛外，其余几乎无毛，背面密生灰褐色绒毛和分枝毛；侧脉 14～18 对，在背面隆起，边缘具疏齿或微呈波状；叶柄长 1～2 cm。聚伞花序展开，6～9 次分歧，宽 8～13 cm；花序梗长 3～8 cm；花柄长约 1 mm；苞片线形或披针形；花萼杯状，通常无毛，顶端截平或有不明显的 4 齿；花冠紫色或粉红色，无毛，长约 2 mm；雄蕊长于花冠 2～3 倍，花药椭圆形，细小，药室纵裂；子房无毛。果实近球形，直径约 2 mm，红色，干后变黑色。 花期 6～8 月，果期 8～12 月。 产于扶绥、南宁、宁明、陆川等地。分布于广东，印度、越南、马来西亚及新加坡亦有。 叶可入药，有止血、散瘀、消肿之效；可治外伤出血、跌打肿痛、肺结核咳血、胃肠出血等症。 它和**长苞紫珠**(*C. longibracteata* H. T. Chang)相似，但后者花萼及花冠有毛；萼齿尖；花序常有叶状苞片等性质而不同。 本种叶表面干后变黑色，背面密生灰褐色绒毛，边缘有锯齿；花序开展，花序梗特长(可达 8 cm)；花萼长，花冠无毛；果实红色，干后变黑色，可资识别。

6. **尖叶紫珠**

Callicarpa acutifolia H. T. Chang，植物分类学报 **1**(1)：284. 1951；Moldenke in Phytologia **13**(6)：473. 1966，et **20**(8)：489. 1971；中国植物志 **65**(1)：39，图 12. 1982；Fl. China **17**：7. 1994.

灌木；小枝四棱形，被星状柔毛和稠密的黄色腺点，两叶柄之间有横线联合。叶片披针形或长椭圆状披针形，长 11～16 cm，宽 2～5 cm，两端尖，腹面有柔毛，以脉上较密，背面被星状毛，两面密生黄色腺点，通常不脱落；侧脉 9～13 对，边缘有细齿；叶柄长 1.5 cm。聚伞花序宽 7～9 cm，7～8 次分歧；花序梗粗壮，长 3～5.5 cm；花萼长约 1 mm，近截头状，无毛；花冠长约 2.5 mm，无毛；花丝长约 4 mm，花药卵形，药室纵裂；子房无毛，有腺点。果实球形，直径约 1.5 mm，干后黑褐色。 花期 7～9，果期 10 月。 本种分布区域狭小，原只见于广东(广州黄埔和云浮县雾山)，后来始有发现。产于桂林(雁山)；生于海拔 100～700 m 的山坡阳处。钟树权 A61264 号标本，除花序梗较模式标本稍短外，其余特征均同，应视为本种。 本种接近**尖尾枫**[*C. longissima*(Hemsl.)Merr.]，其不同在于小枝节上无毛环；叶片两面密生细小的黄色腺点，干后不下陷成小蜂窝状洼点。

7. **尖萼紫珠**

Callicarpa loboapiculata Metc. in Lingn. Sci. Journ. **11**：406. 1932；张宏达，植物分类学报 **1**(1)：277. 1951；海南植物志 **4**：9. 1977；中国植物志 **65**(1)：1982；Fl. China **17**：7～8. 1994. ——*C. roxburghii* auct. non Wall. ex Walp. ：P'ei in Mem. Sci. Soc. China **1**(3)：18～21. 1932.

灌木，高达 3 m；小枝、叶柄和花序密生黄褐色分枝绒毛。叶片椭圆形，长 12～22 cm，宽 5～7 cm，顶端渐尖，基部楔形，边缘有浅锯齿，表面初有星状毛和分枝毛，后脱落，仅脉上有毛，背面密生黄褐色星状毛和分枝绒毛，两面有细小黄色腺点；叶柄粗壮，长 2～3 cm。聚伞花序宽 4～6 cm，5～6 次分歧；花序梗粗壮，长 1～1.5 cm；花柄长约 1 mm；苞片细小；花萼钟状，稍被星状毛或无毛，萼齿急尖，齿长 0.5～1 mm；花冠紫色，长约 2.5 mm，顶端 4 裂，裂片常有毛；花丝长约 3.5 mm，花药椭圆形，药室纵裂。果实直径约 1.2 mm，具黄色腺点，无毛。 花期 7～8 月，果期 9～12 月。 产于平南、融水等地；生于海拔 300～

550 m 的山坡或谷地溪旁林中。分布于广东、贵州、湖南等省。叶可治癣疥。 本种接近**枇杷叶紫珠**(*C. kochiana* Makino),其不同在于花萼钟状,稍被星毛或无毛,萼齿长 0.5～1 mm;果实不为花萼所包藏。

8. **杜虹花** 图版 236:1～4

Callicarpa formosana Rolfe in Journ. Bot. **11**:358. 1882;中国树木分类学 1094,图 979. 1937;海南植物志 **4**:11. 1977;云南植物志 **1**:406～407,图版 97:5～7. 1977;中国植物志 **65**(1):43,图 17. 1982;Fl. China **17**:8. 1994. ——*C. pedunculata* auct. non R. Br.:Lam et Bakh. in Bull. Jard. Bot. Buitenz. **3**:24. 1921;植物分类学报 **1**(1):286. 1951.

灌木,高 1～3 m;小枝、叶柄和花序均密被灰黄色星状毛和分枝毛。叶片卵状椭圆形或椭圆形,长 6～15 cm,宽 3～8 cm,顶端通常渐尖,基部钝或浑圆,边缘有细锯齿,腹面被短硬毛,稍粗糙,背面被灰黄色星状毛和细小黄色腺点;侧脉 8～12 对,主脉、侧脉和网脉在背面隆起;叶柄粗壮,长 1～2.5 cm。聚伞花序宽 3～4 cm,4～5 次分歧;花序梗长 1.5～2.5 cm;苞片细小;花萼杯状,被灰黄色星状毛,萼齿钝三角形;花冠紫色或淡紫色,无毛,长约 2.5 mm,裂片钝圆,长约 1 mm;雄蕊长约 5 mm,花药椭圆形,药室纵裂;子房无毛。果实近球形,紫色,直径约 2 mm。 花期 5～7 月,果期 8～11 月。 产于上思、博白、容县、贺州等地;生于海拔 400～1 600 m 的平地、山坡或溪边林中或灌木丛中。分布于浙江、江西、福建、台湾、广东、云南等省区,菲律宾也有。 叶可入药,有散瘀、消肿、止血、镇痛之效,可治咳血、吐血、鼻出血、创伤出血和风湿痛、喉炎、结膜炎等。 本种接近于**老鸦糊**(*C. giraldii* Hesse ex Rehd.),但后者叶表面稍有微毛,手触无粗糙感,基部楔形,或下延而为狭楔形,花序梗较细弱,通常短于叶柄;子房有星状毛。

9. **老鸦糊**(中国树木分类学)

Callicarpa giraldii Hesse ex Rehd. in Bailey Standd. Cycl. Hort. **2**:629. 1914;中国植物志 **65**(1):46,图 20. 1982;Fl. China **17**:9. 1994. ——*C. bodinieri* H. Lévl. var. *giraldii* (Hesse) Rehd. in Journ. Arn. Arb. **15**:332. 1934;Moldenke in Fedde, Rep. Sp. Nov. **40**:93. 1936;张宏达,植物分类学报 **1**(1):289. 1951.

9a. **老鸦糊**(原变种) 图版 236:5～7

Callicarpa giraldii Hesse ex Rehd. var. giraldii

灌木,高 1～3(5) m;小枝圆柱形,灰黄色,被星状毛。叶片纸质,宽椭圆形至披针状长圆形,长 5～15 cm,宽 2～7 cm,顶端渐尖,基部楔形或下延成狭楔形,边缘有锯齿,腹面黄绿色,稍有微毛,背面淡绿色,疏被星状毛和细小黄色腺点;侧脉 8～10 对,主脉、侧脉和细脉在叶背隆起,细脉近平行;叶柄长 1～2 cm。聚伞花序宽 2～3 cm,4～5 次分歧,被毛与小枝同;花萼钟状,疏被星状毛,老后常脱落,具黄色腺点,长约 1.5 mm,萼齿钝三角形;花冠紫色,稍有毛,具黄色腺点,长约 3 mm;雄蕊长约 6 mm,花药卵圆形,药室纵裂,药隔具黄色腺点;子房被毛。果实球形,初时疏被星状毛,熟时无毛,紫色,直径约 2.5～4 mm。 花期 5～6 月,果期 7～11 月。 产于桂林、南丹等地;生于海拔 200～2 000 m 的山坡疏林或灌木丛中。分布于甘肃(东南部)、陕西、河南、江苏、安徽、浙江、江西、湖南、湖北、四川、福建、广东、贵州、云南。全株入药能清热、和血、解毒。 它和**长叶紫珠**(*C. longifolia* Lamk.)的区别是,后者小枝稍四棱形,两叶柄之间有横线联合,果实较小;和**紫珠**(*C. bodinieri* H. Lévl.)的区别是,后者叶片被毛较密,两面被红色或暗红色腺点,花序较大而开展,可以区别。

9b. **毛叶老鸦糊**(变种) 华中老鸦糊

Callicarpa giraldii Hesse ex Rehd. var. subcanescens Rehder in Sargent, Pl. Wilson. **3**:368. 1916;Fl. China **17**:9. 1994. ——*C. giraldii* Hesse ex Rehd. var. *lyi* (H. Lévl.) C. Y. Wu,云南植物志 **1**:408. 1977;中国植物志 **65**(1):47～48. 1982. ——*C. bodinieri* H. Lévl. var. *lyi* (H. Lévl.) Rehd. in Journ. Arn. Arb. **15**:332. 1934;张宏达,植物分类学报 **1**(1):289. 1951. ——*C. inamoena* C. Y. Wu,云南植物志 **1**:408. 1977.

与原变种的区别是:小枝、叶背面及花的各部分密被灰白色星状柔毛,触之有柔软感;果实亦略小。产于桂林、龙胜;常生于海拔 2 000 m 以下的灌木丛中或林缘。分布于河南、江苏、安徽、浙江、江西、湖南、四川、贵州、广东、云南。

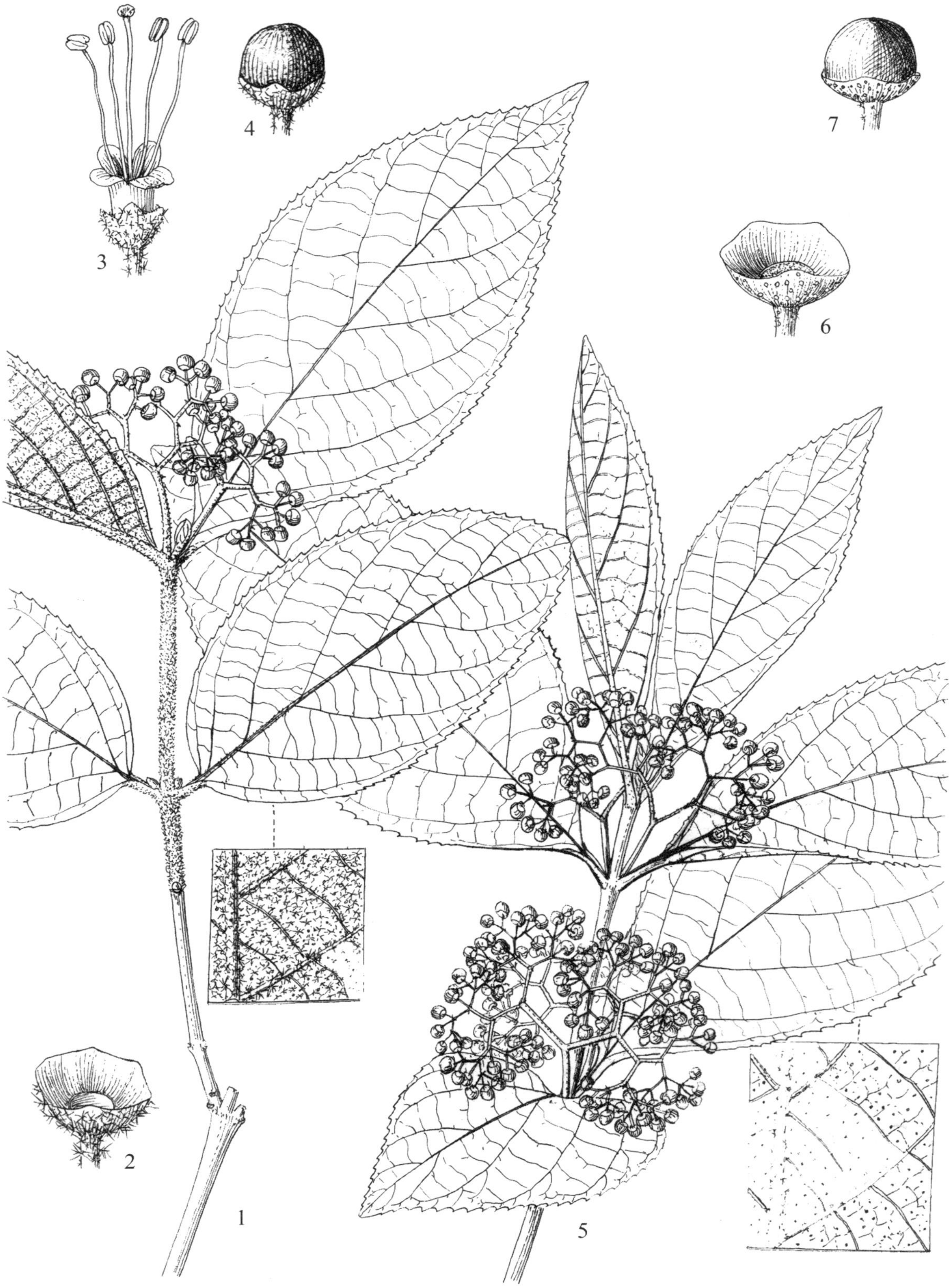

图版 236 1～4. **杜虹花** Callicarpa formosana Rolfe 1. 果枝；2. 果萼；3. 花；4. 果。 5～7. **老鸦糊** C. giraldii Hesse ex Rehd. var. giraldii 5. 果枝；6. 果萼；7. 果。 （史渭清绘）

10. **长叶紫珠**

Callicarpa longifolia Lamk. ,Encycl. 1:653;P'ei in Mem. Sci. Soc. China 1(3):30. 1932;张宏达,植物分类学报 1(1):290. 1951;海南植物志 4:10. 1977;云南植物志 1:408～409,图版 97:12～14. 1977;中国植物志 65(1):48～49. 1982;Fl. China 17:10. 1994.

10a. **长叶紫珠**(原变种)

Callicarpa longifolia Lamk. var. longifolia

灌木,高 2～3(5) m;小枝四棱形,节点有横向疤痕。叶片狭披针形至椭圆形,长 8～20 cm,宽 2～6 cm,表面无毛,基部楔形至狭楔形,边缘有锯齿,顶端尖;主脉和侧脉在背面明显隆起;叶柄细小,宽 0.5～1.5 mm。聚伞花序宽 2～3 cm;花序梗纤细,长 0.5～1.5 cm;花萼杯状,长约 1 mm,截形有微小 4 齿,被灰色细毛;花冠紫色,长约 2 mm,稍被细毛;雄蕊长为花冠的 2～3 倍,花药卵形,长约 1 mm;子房被细毛。果实球形,直径约 1.5 mm,被星状细毛。

10b. **白毛长叶紫珠**(变种)

Callicarpa longifolia Lamk. var. floccosa Schauer in DC. Prodr. 11:645. 1847;张宏达,植物分类学报 1(1):291. 1951;中国植物志 65(1):50. 1982;Fl. China 17:10. 1994.

本变种的主要特征是:小枝、花序、叶的背面及花的各部分均密被粉屑状灰白色星状毛;叶片较原变种稍狭,长 12～16 cm,宽 3～5 cm。 花期 8 月,果期 9～11 月。 产于凌云、乐业、靖西、龙州、天峨、都安、阳朔、恭城等地;生于海拔 1 000 m 以下的山坡灌木丛中。分布于贵州、四川,印度、新加坡、菲律宾、印度尼西亚也有。

10c. **披针叶紫珠**(变种)

Callicarpa longifolia Lamk. var. lanceolaria (Roxb.) C. B. Clarke in Fl. Brit. Ind. 4:570. 1885;张宏达,植物分类学报 1(1):291. 1951;云南植物志 1:410. 1977;中国植物志 65(1):50. 1982;Fl. China 17:10. 1994. ——*C. lanceolaria* Roxb. Fl. Ind. 1:395. 1820.

与原变种的区别在于叶片较小,披针形,长 8～15 cm,宽 2～5 cm,两面除中脉稍有微毛外其余无毛,密生细小黄色腺点。 花期 6～7 月,果期 8～12 月。 产于苍梧、融水、马山等地;生于海拔 800～1 700 m 的山坡林中。分布于广东、云南,印度、孟加拉国、越南、马来西亚也有。

11. **抽芽紫珠**

Callicarpa prolifera C. Y. Wu 云南植物志 1:404,图版 96:16～17. 1977;中国植物志 65(1):51,图 21. 1982;Fl. China 17:10. 1994.

11a. **抽芽紫珠**(原变种)

Callicarpa prolifera C. Y. Wu var. prolifera

灌木,高约 1.2 m;小枝圆柱形,暗褐色,疏生灰白色皮孔,被灰褐色星状毛,小枝通常层出现象明显(即常于叶腋或花序中抽芽生枝,其上叶片常较老枝叶片小)。叶片膜质,卵形或长圆状披针形,同对叶常不等大;长 5～9(13) cm,宽 1.5～3(4.5) cm,顶端渐尖或尾状尖,基部宽楔形,边缘上部浅波状,具小齿突或近全缘,表面除主脉被微柔毛外余无毛或近无毛,背面脉上有星状毛,两面密生黄色或棕黄色腺点;叶柄长 5～10 mm,被星状毛和黄色腺点。聚伞花序宽约 1 cm,1～3 次分歧,被黄褐色星状毛;花序梗纤细,约与叶柄等长;苞片线形,长约 2 mm;花萼无毛,有黄色腺点,萼齿不明显;花冠淡紫色,长约 2 mm,无毛;雄蕊长约 4 mm,花药椭圆形,长约 1.2 mm,药室纵裂。果实紫红色,无毛,有黄色腺点,直径 2～3 mm。 果期 9～11 月。 产于凌云、田林等地;生于海拔 1 500 m 的山坡林下阴湿之地。分布于云南。

11b. **红腺抽芽紫珠**(变种)

Callicarpa prolifera C. Y. Wu var. rubroglandulosa S. L. Chen,Novon 1:58. 1991.

本变种的主要特征是:叶近无柄;叶片披针形,长(6)12～16(19) cm,宽(1)2～4 cm,叶基下延,两面近无毛,背面有橙色腺点;花萼外面密生橙色腺点。 产于融水;生于海拔 900 m 左右的山林中。

12. **尖尾枫** 化枫叶 粘手枫

Callicarpa longissima (Hemsl.) Merr. in Philip. Journ. Sci. Bot. **12**:108. 1917;P'ei in Mem. Sci. Soc. China **1**(3):49. 1932;张宏达,植物分类学报 631. 1956;中国高等植物图鉴 **3**:584,图 5121. 1974;中国植物志 **6**(1):52. 1982;Fl. China **17**:8. 1994.

12a. **尖尾枫**(原变型) 图版 235:3

Callicarpa longissima (Hemsl.) Merr. f. longissima

灌木或小乔木,高 1～3(7) m;小枝紫褐色,四棱形,幼嫩部分稍有多细胞的单毛,节上有毛环。叶片披针形或椭圆状披针形,长 13～25 cm,宽 2～7 cm,顶端尖锐,基部楔形,腹面仅主脉和侧脉有多细胞的单毛,背面无毛,有细小的黄色腺点,干时下陷成蜂窝状小洼点,边缘有不明显的小齿或全缘;侧脉 12～20 对,在两面隆起,惟网脉在背面深下陷;叶柄长 1～1.5 cm。花序被多细胞的单毛,宽 3～6 cm,5～7 次分歧,花小而密集;花序梗长 1.5～3 cm;花萼无毛,有腺点,萼齿不明显或近截头状;花冠淡紫色,无毛,长约 2～5 mm;雄蕊长约为花冠的 2 倍,药室纵裂;子房无毛。果实扁球形,直径 1～1.5 mm,无毛,有细小腺点。 花期 7～9 月,果期 10～12 月。 产于靖西、凌云、乐业、南宁、贺州、苍梧、平乐、桂林、三江、柳城等地;生于海拔 1 200 m 以下的荒野、山坡或谷地丛林中。分布于江西、福建、台湾、广东、四川,越南也有。 全株可入药,有止血镇痛、散瘀消肿、祛风湿的功效;可治外伤出血、咯血、吐血、产后风痛、四肢痛痪、风湿痹痛等。

12b. **秃尖尾枫**(变型)

Callicarpa longissima (Hemsl.) Merr. f. subglabra P'ei in Mem. Sci. Soc. China **1**(3):50. 1932;张宏达,植物分类学报 **1**(1):293. 1951;海南植物志 **4**:12. 1977;中国植物志 **65**(1):54. 1982.

与原变型的区别是:小枝无毛,节上有横线联合,但无毛环;叶片两面无毛,叶背网脉不下陷,干后无陷入的蜂窝状小洼点;果实球形。 花期 7 月,果期 8～12 月。 产于金秀、三江、苍梧、蒙山、平南、桂平、上思、龙州、德保、凌云、乐业等地。分布于江西、广东等地,越南也有。

13. **白棠子树**(救荒本草)

Callicarpa dichotoma (Lour.) K. Doch, Dendr. **2**:336. 1872;张宏达,植物分类学报 **1**:294. 1951.——*Callicarpa tequetii* H. Lévl.,中国植物志 **65**(1):54,图 23. 1983;Fl. China **17**:11. 1994.——*Porphyra dichotoma* Lour., Fl. Cochin. 70. 1970.——*Callicarpa dichotoma* (Lour.) Raeuch., Nomencl. ed. **3**: 37. 1797, nom. nud;Rehd. in Sarg. Pl. Wils. **3**:370. 1916;陈嵘,中国树木分类学 1093,图 978. 1937.——*C. purpurea* Juss. in Ann. Mus. Paris **7**:67. 1934

多分枝的小灌木,高约 1～(3) m;小枝纤细,幼嫩部分有星状毛。叶片倒卵形或披针形,长 2～6 cm,宽 1～3 cm,顶端急尖或尾状尖,基部楔形,边缘仅上半部具数个粗锯齿,腹面稍粗糙,背面无毛,密生细小黄色腺点;侧脉 5～6 对;叶柄长不超过 5 mm。聚伞花序在叶腋的上方着生,细弱,宽 1～2.5 cm,2～3 次分歧;花序梗长约 1 cm,略有星状毛,至结果时无毛;苞片线形;花萼杯状,无毛,顶端有不明显的 4 齿或近截头状;花冠紫色,长 1.5～2 mm,无毛;花丝长约为花冠的 2 倍,花药卵形,细小,药室纵裂;子房无毛,具黄色腺点。果实球形,紫色,直径约 2 mm。 花期 5～6 月,果期 7～11 月。 产广西各地;生于海拔 600 m 以下的低山丘陵灌木丛中。分布于山东、河北、河南、江苏、安徽、浙江、江西、湖北、湖南、福建、台湾、贵州、广东,日本、越南也有。 全株可入药,可治感冒、跌打损伤、气血瘀滞、妇女闭经、外伤肿痛、蛇伤等症;作兽药,可治牛、猪肝胆郁火、目赤胀痛、无名肿毒、小猪白痢等症。

14. **紫珠**(云南植物志) 珍珠枫

Callicarpa bodinieri H. Lévl. in Fedde, Rep. Sp. Nov. **9**:465. 1911;P'ei in Bot. Bull. Acad. Sinica **1**: 3. 1947;张宏达,植物分类学报(1):288. 1915;中国高等植物图鉴 **3**:585,图 5124. 1974;云南植物志 **1**: 404,图版 97:1～4. 1977;中国植物志 **65**(1):58,图 26. 1982;Fl. China **17**:11. 1994.

14a. **紫珠**(原变种) 图版 237:1～3

Callicarpa bodinieri H. Lévl. var. bodinieri

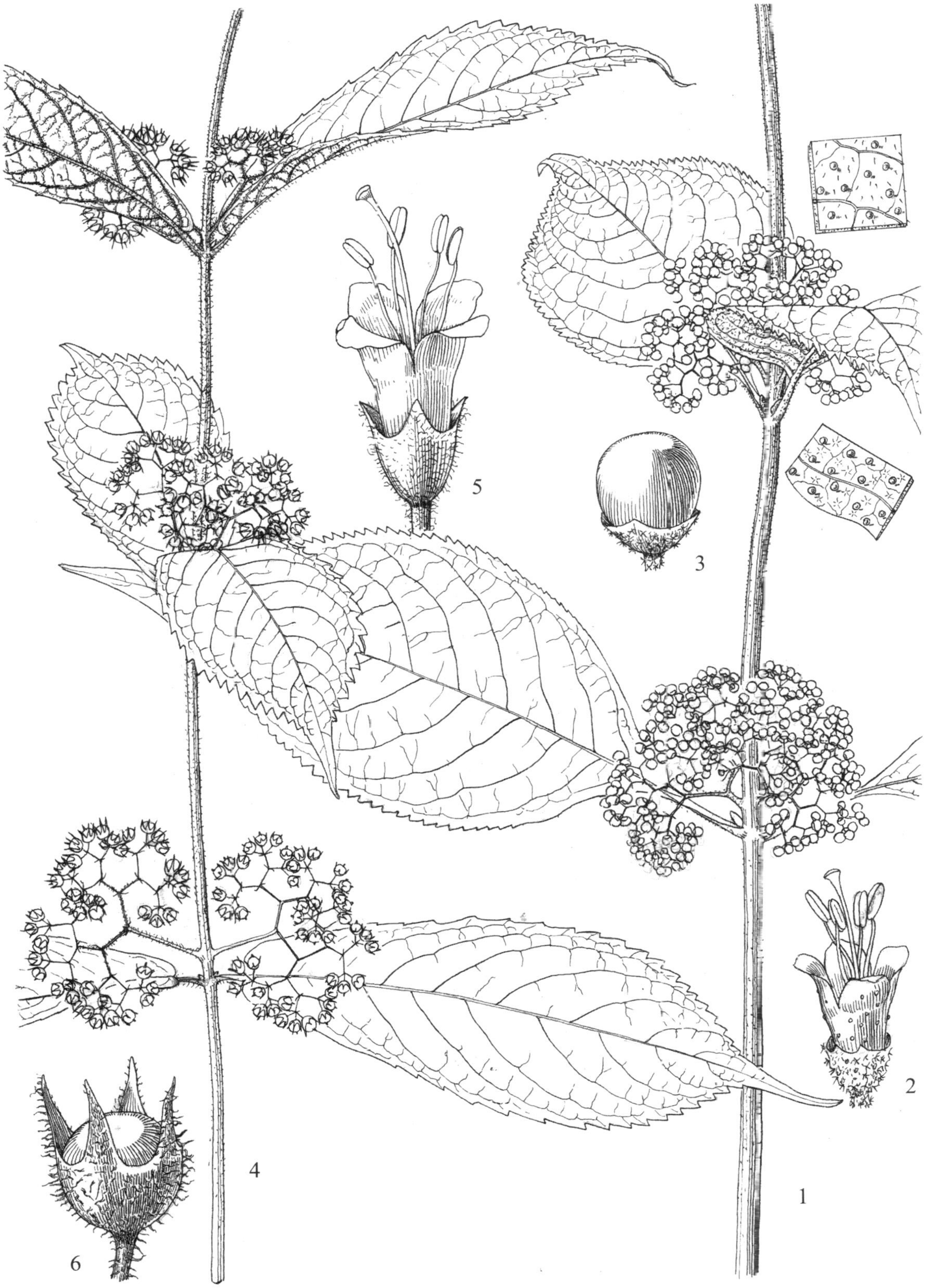

图版 237　1～3. **紫珠** Callicarpa bodinieri H. Lévl. var. bodinieri　1. 植株一部分；2. 花；3. 果。　4～6. **长柄紫珠** C. lcngipes Dunn　4. 植株一部分；5. 花；6. 果。　（史渭清绘）

灌木，高约 2 m；小枝、叶柄和花序均被粗糠状星状毛。叶片卵状长椭圆形至椭圆形，长 7～18 cm，宽 4～7 cm，顶端长渐尖至短尖，基部楔形，边缘有细锯齿，腹面干后暗棕褐色，有短柔毛，背面灰棕色，密被星状柔毛，两面密生暗红色或红色细粒状腺点；叶柄长 0.5～1 cm。聚伞花序宽 3～4.5 cm，4～5 次分歧；花序梗长不超过 1 cm；苞片细小，线形；花柄长约 1 mm；花萼长约 1 mm，外被星状毛和暗红色腺点，萼齿钝三角形；花冠紫色，长约 3 mm，被星状柔毛和暗红色腺点；雄蕊长约 6 mm，花药椭圆形，细小，长约 1 mm，药隔有暗红色腺点，药室纵裂；子房有毛。果实球形，熟时紫色，无毛，直径约 2 mm。 花期 6～7 月，果期 8～11 月。 产于平乐、永福、临桂、兴安、全州、天峨、东兰等地；生于海拔 200 m 以上的山坡林中或林缘灌木丛中。分布于河南、江苏、安徽、浙江、江西、湖南、湖北、四川、贵州、广东、云南等地，越南也有。根或全株入药，能通经活血；可治月经不调、虚痨、血崩等症。 本种与**老鸦糊**(*C. giraldii* Hesse ex Rehd.)很相似，且两者常易混淆，其区别是：本种叶片背面被毛较密，两面密生暗红色细粒状腺点，干后常为暗棕色，且花序较疏散，果实亦较小，可与后者区别。

14b. **南川紫珠**(变种)(中国植物志)

Callicarpa bodinieri H. Lévl. var. **rosthornii** (Diels) Rehd. in Journ. Arn. Arb. **15**:323. 1934；中国植物志 **65**(1):59. 1982；Fl. China **17**:12. 1994. ——*C. longifolia* Lamk. var. *rosthornii Diels* in Bot. Jahrb. **29**:548. 1900. ——*C. giraldiana* Hesse var. *rosthornii* (Diels) Rehd. in Sarg. Pl. Wils. **3**:367. 1916.

与原变种的区别是：叶片膜质，背面具灰色星状毛，倒披针形或倒卵状长圆形，可以区别。 产于龙州；生于海拔 500～1 500 m 的山坡林中。分布于四川。 叶可治疮疥、跌打；花可提芳香油。

15. **红腺紫珠**(植物分类学报)

Callicarpa erythrosticta Merr. et Chun in Sunyats. **5**:178, pl. 27. 1940；张宏达，植物分类学 **1**(1):294. 1951；Moldenke in Phytologia **14**(3):184. 1966；海南植物志 **4**:12. 1977；中国植物志 **65**(1):60. 1982；Fl. China **17**:12. 1994.

灌木，高约 2 m；小枝灰色，圆柱形，被星状毛和红褐色粒状腺点。叶片椭圆状披针形或卵状长椭圆形，长 4～8 cm，宽 1～2.5 cm，顶端长尾状尖，基部楔形，表面无毛，背面密生红褐色腺点，主脉上有星状毛；侧脉 5～8 对，边缘中部以上疏生尖齿；叶柄长 2～5 mm。聚伞花序宽约 1 cm，约 2 次分歧；花序梗长约 5 mm；苞片线形；花萼长约 1 mm，密生红褐色腺点，顶端截头状，花冠白色或带粉红色，长约 2.5 mm；雄蕊伸出花冠筒外，药室纵裂；子房无毛而有红褐色腺点。果实球形，直径约 2 mm，疏生红褐色腺点。花果期 4～5 月。 产于田林、凌云、乐业、苍梧、阳朔；生于海拔 400～1 400 m 的谷地林中。分布于广东、海南。 本种与**厚萼紫珠**(*C. hungtaii* P'ei et Chen)相似，其区别为本种叶片为椭圆状披针形，顶端长尾尖，边缘在中部以上疏生尖齿；果实较小，萼筒于结果时不增厚等特征可以区别。

16. **长柄紫珠**(植物分类学报) 图版 237:4～6

Callicarpa longipes Dunn in Journ. Linn. Soc. Bot. **38**:363. 1908；P'ei in Mem. Sci. Soc. Chine **1**(3):17, pl. 1. 1932；张宏达，植物分类学报 **1**(1):274. 1951；中国植物志 **65**(1):62，图 32. 1982；Fl. China **17**:12. 1994. ——*C. longipes* Dunn var. *laui* Moldenke in Phytologia **8**(6):273. 1962.

灌木，高 2～3 m；小枝棕褐色，被多细胞腺毛和单毛。叶片倒卵状椭圆形至倒卵状披针形，长 6～13 cm，宽 2～7 cm，顶端急尖至尾尖，基部心形，稍偏斜，两面被多细胞单毛，背面有细小黄色腺点，边缘具三角状的粗锯齿；侧脉 8～10 对；叶柄长 0.5～0.8 cm。花序宽约 3 cm，3～4 次分歧，被毛与小枝同；花序梗长 1.5～3 cm；花有短柄；花萼钟状，被腺毛及单毛，萼齿急尖或锐三角形，齿长 1～2 mm；花冠红色，疏被毛，长约 4 mm；雄蕊长约为花冠的 2 倍，花药卵形，长约 1 mm，药室纵裂；子房无毛。果实球形，紫红色，直径 1.5～2 mm。 花期 6～7 月，果期 8～12 月。 产于龙胜、兴安、永福、昭平、梧州、苍梧、东兰、罗城、三江、融安、百色、凌云、乐业、武鸣、贵港、容县等地；生于 300～500 m 的山坡丛林或疏林中。分布于安徽(黄山)、江西、福建、广东等地。 本种外形与**钝齿红紫珠**(*C. rubella* Lindl. f. *crenata* P'ei)相似，但后者萼齿钝，齿长不超过 0.3 mm；叶近无柄，可以区别。

17. **红紫珠**(静生生物调查所汇报)

Callicarpa rubella Lindl. in Bot. Reg. 11:t. 883. 1825;P'ei in Mem. Sci. Soc. China 1(3):38. 1932;张宏达,植物分类学报 1(1):296;1951;中国高等植物图鉴 3:585,图 5123. 1974;云南植物志 1:410,图版 98:6~10. 1977;中国植物志 65(1):63. 1982;Fl. China 17:13. 1994. ——*C. rubella* Lindl. var. *hemsleyana* Diels in Bot. Jahrb. 29:547. 1900;P'ei in Mem. Sci. Soc. China 1(3):40. 1932. ——*C. dielsii* (H. Lévl.) P'ei in Mem. Sci. Soc. China 1(3):37. 1932.

17a. **红紫珠**(原变种)

Callicarpa rubella Lindl. var. rubella

灌木,高约 2 m;小枝被黄褐色星状毛并杂有多细胞的腺毛。叶片倒卵形或倒卵状椭圆形,长 10~14(21) cm,宽 4~8(10) cm,顶端尾尖或渐尖,基部心形,有时偏斜,边缘具细锯齿或不整齐的粗齿,腹面稍被多细胞的单毛,背面被星状毛并杂有单毛和腺毛,有黄色腺点,侧脉 6~10 对,主脉、侧脉和细脉在两面稍隆起;叶柄极短或近于无柄。聚伞花序宽 2~4 cm,被毛与小枝同;花序梗长 1.5~3 cm,苞片细小;花萼被星状毛或腺毛,具黄色腺点,萼齿钝三角形或不明显;花冠紫红色、黄绿色或白色,长约 3 mm,外被细毛和黄色腺点;雄蕊长为花冠的 2 倍,药室纵裂;子房有毛。果实紫红色,直径约 2 mm。 花期 5~7 月,果期 7~11 月。 产于各地;生于海拔 300~1 900 m 的山坡、河谷林中或灌木丛中。分布于安徽、浙江、江西、湖南、四川、贵州、广东、云南,印度、缅甸、越南、泰国、印度尼西亚也有。 民间用根燉肉服,可通经和治妇女红、白带异常;嫩叶可捣碎擦癣;叶可作止血、接骨药。

17b. **秃红紫珠**(变种)(植物分类学报)

Callicarpa rubella Lindl. var. subglabra (P'ei) H. T. Chang,植物分类学报 1(1):297. 1951;中国植物志 65(1):64. 1982;Fl. China 17:8. 1994.

与原变种的区别是:小枝、叶片、花序以及花萼、花冠均无毛;但本变种叶形大小变化较大,一般长 7~13 cm,宽 2.5~6 cm,湖南的标本叶片长可达 24 cm,宽 6~8 cm;花序梗长可达 4 cm。 花期 6~7 月,果期 7~9 月。 产于金秀、昭平、容县、平南等地;生于 100~1 200 m 的山坡、溪边林中或灌木丛中。分布于浙江、江西、湖南、广东、贵州。

17c. **钝齿红紫珠**(变型)(植物分类学报)

Callicarpa rubella Lindl. f. crenata P'ei in Mem. Sci. Soc. China 1(3):40. 1932;张宏达,植物分类学报 1(1):297. 1951;云南植物志 1:411. 1977;中国植物志 6(1):64. 1982.

本变型与原变种的区别是:叶形较小;花序梗较短;小枝、叶片和花序均被多细胞的单毛和腺毛。此性状与**长柄紫珠**(*C. longipes* Dunn)相似,但后者萼齿尖长,叶柄较长可以区别。 花期 6~7 月,果期 7~12 月。 产于贺州、梧州、融水、金秀、上思、龙州、凌云、乐业、都安、兴安等地;生于海拔 100~1 650 m 的山坡、谷地或溪边的林中或灌木丛中。分布于江西、湖南、福建、广东、贵州、云南,越南也有。 根或全株可入药,有清热止血、消肿止痛之效。

17d. **狭叶红紫珠**(变型)(植物分类学报)

Callicarpa rubella Lindl. f. angustata P'ei in Mem. Sci. Soc. China 1(3):40. 1932;张宏达,植物分类学报 1(1):298. 1951;云南植物志 1:411. 1977;中国植物志 65(1):65. 1982.

本变型与原变种的区别是:小枝密被黄棕色星状毛;叶片披针形至倒披针形,长 8~14 cm,宽 2~4 cm,边缘具细锯齿,背面密被黄棕色星状毛;花序梗长约 1 cm。 产于龙州、罗城、南丹、上林、德保、隆林、钦州、金秀、那坡、靖西、藤县、上思、南宁、桂林等地;生于山坡林中或灌木丛中。分布于广东、贵州、四川、云南,越南也有。 叶可止痒、消炎、去腐生肌;根可治肺痨、风湿、五淋白浊、小儿惊风。

18. **华紫珠**(植物分类学报)

Callicarpa cathayana H. T. Chang,植物分类学报 1(1):305. 1951;Moldenke in Phytologia 14(3):140. 1966 et 21(1):32. 1971;中国高等植物图鉴 3:586,图 5125. 1974;云南植物志 1:412,图版 98:16~

18. 1977；中国植物志 **65**(1)：65，图 30. 1982；江苏植物志(下册)689，图 1876. 1982；Fl. China **17**：13. 1994.

灌木，高 1.5～3 m；小枝纤细，幼嫩稍有星状毛，老后脱落。叶片椭圆形或卵形，长 4～8 cm，宽 1.5～3 cm，顶端渐尖，基部楔形，两面近于无毛，而有显著的红色腺点，侧脉 5～7 对，在两面均稍隆起，细脉和网脉下陷，边缘密生细锯齿；叶柄长 4～8 mm。聚伞花序细弱，宽约 1.5 cm，3～4 次分歧，略有星状毛，花序梗长 4～7 mm；苞片细小；花萼杯状，具星状毛和红色腺点，萼齿不明显或钝三角形；花冠紫色，疏生星状毛，有红色腺点；花丝等于或稍长于花冠，花药长圆形，长约 1.2 mm，药室孔裂；子房无毛，花柱略长于雄蕊。果实球形，紫色，直径约 2 mm。　花期 5～7 月，果期 8～11 月。　产于梧州、龙州、凌云、乐业等地；生于海拔 1 200 m 以下的山谷或山坡的丛林中。分布于河南、江苏、湖北、安徽、浙江、江西、福建、广东、云南等地。　根、叶具有祛风利湿、散瘀止血之效，可治外伤出血、咯血、跌打、风湿、热病。　本种和**紫珠**(*C. bodinieri* H. Lévl.)及**窄叶紫珠**[*C. membranacea* H. T. Chang]相似，和前者的区别在于叶片无毛，花序细弱，子房无毛，花丝与花冠，药室孔裂状；和后者的区别在于叶片被红褐色腺点、叶缘具较密的细锯齿。

19. **多齿紫珠**(植物分类学报)

Callicarpa dentosa (H. T. Chang) W. Z. Fang in 中国植物志 **65**(1)：66. 1982；Fl. China **17**：13. 1994. ——*C. brevipes* (Benth.) Hance var. *dentosa* H. T. Chang，植物分类学报 **1**(1)：300. 1951；Moldenke in Phytologia **20**(8)：498～499. 1971.

小灌木；幼枝紫褐色，被星状毛，老枝灰褐色，无毛。叶片椭圆形或长圆状披针形，长 16～25 cm，宽 5～7 cm，顶端短尖，基部楔形或钝，边缘疏生小齿，表面无毛，或中脉略有微毛，背面常带紫色，密被紫红色粒状腺点，脉上有星状毛，侧脉 8～9 对，弯拱上升；叶柄长约 4 mm。聚伞花序紧密，宽约 1 cm，2～3 次分歧，花序梗短于叶柄，花柄长约 1.5 mm；苞片细小；花萼杯状，近无毛，有紫红色腺点，顶端近截头状；花冠白色，近无毛，有紫红色腺点，长约 3.5 mm；花丝短于花冠，花药长圆形，药室孔裂；子房无毛。果实球形，直径约 2.5 mm。　花期 6～7 月，果期 7～9 月。产于资源、全州等地；生于海拔 400～1 000 m 的山坡溪边密林中。分布于广东。　本种与**短柄紫珠**[*C. brevipes* (Benth.) Hance]相似，但叶片为椭圆形或椭圆状披针形，与花萼、花冠均密生紫红色腺点可以区别。

20. **异叶紫珠**(中国植物志)

Callicarpa anisophylla C. Y. Wu et W. Z. Fang in 中国植物志 **65**(1)：75 et 210，图版 9. 1982.

亚灌木或灌木，高达 0.3～1 m；小枝圆柱形，稍被灰黄色星状短毛，常有层出现象。叶片薄膜质，狭披针形或线状披针形，两侧略不等宽，向一侧弯曲，长 10～33 cm，宽 1.5～4.5 cm，顶端渐尖，基部收窄下延成狭楔形，腹面疏生短毛，中脉上较多，背面无毛，密生鳞片状黄色腺点，侧脉 9～12 对，弯拱上举，边缘疏生小齿突或近全缘，对生叶可不同大小；叶柄短，长不超过 0.5 cm。聚伞花序短小，宽 0.5～1 cm，1～2 次分歧，花序梗长约 3 mm，被星状短毛和黄色腺点；花柄长约 2 mm；花无毛，而有黄色腺点，有披针形苞片；花萼杯状，长约 1.2 mm，萼齿钝三角形；花冠白色，长约 3 mm；花丝短，仅花药突出花冠外，花药椭圆形，长约 1.5 mm，背部被黄色腺点，药室顶端孔裂。果实球形或稍带椭圆形，直径约 2 mm。　花果期 6～8 月。　产于融水；生于海拔 900～1 300 m 的山坡密林中。分布于贵州。　本种小枝圆柱形，常有层出现象，此特征很似**抽芽紫珠**(*C. prolifera* C. Y. Wu)，但本种的叶片膜质，狭披针形，两侧不等宽，向一侧弯曲，表面疏生短毛，背面无毛，密生鳞片状黄色腺点以及花丝短于花冠等特征，可与抽芽紫珠及其他近似种相区别。

21. **短柄紫珠**(植物分类学报)

Callicarpa brevipes (Benth.) Hance in Ann. Sci. Nat. **5**(5)：233. 1886；P'ei Mem. Sci. Soc. China **1**(3)：45. 1932；张宏达，植物分类学报 **1**(1)：300. 1951；Fl. China **17**：14. 1994. ——*C. longifolia* Lamk. var. *brevipes* Benth. in Fl. Hongk. 270. 1861.

灌木，高 1～2.5 m；嫩枝具黄褐色星状毛，老枝无毛，略呈四棱形。叶片披针形或狭披针形，长 9～24 cm，宽 1.5～4 cm，顶端渐尖，基部钝，稀楔形或微心形，腹面无毛，背面有黄色腺点，叶脉上有星状毛，边缘中部以上疏生小齿；侧脉 9～12 对，弯拱上举；叶柄长约 5 mm。聚伞花序宽约 1.5 cm，2～3 次分歧；花序梗纤细，约与叶柄等长，具黄褐色星状毛；花柄长约 2 mm，无毛；苞片线形或偶有披针形；花萼杯状，近无毛，具黄色腺点，萼齿钝三角形或近截头状；花冠白色，无毛，长约 3.5 mm；花丝约与花冠等长，花药长圆形，基部箭形，背部密生黄色腺点，药室孔裂；子房无毛，柱头略长于雄蕊。果实直径 3～4 mm。 花期 4～6 月，果期 7～10 月。 产于梧州、容县、隆林、龙胜、融水等地。分布于浙江（南部）和广东，越南也有。 本种的主要特征是：小枝、叶柄和叶片背面均被黄褐色星状毛；花的各部分无毛；它的叶形变化较大，但基本为叶片披针形，基部通常钝圆或微心形，可与近缘种区别开来。

22. **窄叶紫珠**（植物分类学报）

Callicarpa membranacea H. T. Chang，植物分类学报 **1**(1)：306. 1951；Fl. China **17**：15. 1994. ——*C. japonica* Thunb. var. *angustata* Rehd. in Sarg. Pl. Wils. **3**：369. 1916，pro part，Quoad typ. Specim. Wilson 2195；张宏达，植物分类学报 **1**(1)：304. 1951；中国植物志 **65**(1)：73. 1982.

灌木，高至 2 m。叶片质地较薄，倒披针形或披针形，绿色或略带紫色，长 6～10 cm，宽 2～3(4) cm，两面常无毛，有不明显的腺点；侧脉 6～8 对，边缘中部以上有锯齿；叶柄长不超过 5 mm。聚伞花序宽约 1.5 cm；花序梗长约 6 mm；萼齿不显著；花冠长约 3.5 mm；花丝与花冠约等长，花药长圆形，药室孔裂。果实直径约 3 mm。 花期 5～6 月，果期 7～10 月。 产于永福、龙胜、资源、全州等地；生于海拔 1 300 m 以下的山坡溪旁林中或灌木丛中。分布于陕西（南部）、河南、江苏、安徽、浙江、江西、湖南、湖北、四川、贵州、广东。

23. **广东紫珠**（植物分类学报）

Callicarpa kwangtungensis Chun in Sunyats. **1**：302. 1934；张宏达，植物分类学报 **1**(1)：306. 1951；中国高等植物图鉴 **3**：587，图 5127. 1974；中国植物志 **65**(1)：74，图 38. 1982；Fl. China **17**：15. 1994.

灌木，高约 2 m；幼枝略被星状毛，常带紫色，老枝黄灰色，无毛。叶片狭椭圆状披针形、披针形或线状披针形，长 15～26 cm，宽 3～5 cm，顶端渐尖，基部楔形，两面通常无毛，背面密生显著的细小黄色腺点；侧脉 12～15 对，边缘上半部有细齿；叶柄长 5～8 mm。聚伞花序宽 2～3 cm，3～4 次分歧，具稀疏的星状毛；花序梗长 5～8 mm；花萼在花时稍有星状毛，结果时可无毛；萼齿钝三角形；花冠白色或带紫红色，长约 4 mm，可稍有星状毛；花丝约与花冠等长或稍短，花药长椭圆形，药室孔裂；子房无毛，而有黄色腺点。果实球形，直径约 3 mm。 花期 6～7 月，果期 8～10 月。 产于苍梧、贺州、龙胜、资源、兴安、灌阳、阳朔、融安、金秀、上林、龙州、凌云等地；生于海拔 300～1 600 m 的山坡林中或灌木丛中。分布于浙江、江西、湖北、湖南、贵州、福建、广东、云南。 本种接近**短柄紫珠**[*C. brevipes* (Benth.) Hance]和**窄叶紫珠**(*C. membranacea* H. T. Chang)，和前者的区别是其叶片无毛，背面密生细小的黄色腺点，基部为楔形等；和后者的区别是其叶片较大而长，不为倒卵状披针形等特征，可以区别。

24. **钩毛紫珠**（中国植物志）

Callicarpa peichieniana Chun et S. L. Chen，中国植物志 **65**(1)：78，图 40. 1982；Fl. China **17**：15. 1994. ——*Premna peii* Chun ex H. T. Chang，中山大学学报（自然科学版）1：32. 1960.

灌木，高约 2 m；小枝圆柱形，细弱，密被钩状小糙毛和黄色腺点。叶片菱状卵形或卵状椭圆形，长 2.5～6 cm，宽 1～3 cm，两面无毛，密被黄色腺点，顶端尾尖或渐尖，基部宽楔形或钝圆；侧脉 4～5 对，细脉不明显，边缘上半部疏生小齿；叶柄极短或无柄。聚伞花序单一（稀少 2 次分歧），有花 1～7 朵；花序梗纤细，长 1～2 cm，被毛同小枝；花柄细弱，长约 4 mm；苞片线形；花萼杯状，长约 1.5 mm，顶端截头状，被黄色腺点；花冠紫红色，被细毛和黄色腺点；花丝与花冠等长或稍长，花药长圆形，药室纵裂；子房球形，无毛，具稠密腺点，花柱长于雄蕊。果实球形，直径约 4 mm，熟时紫红色，具 4 个分核。 花期 6～7 月，果期 8～11 月。 产于上思、金秀、苍梧等地；生于海拔 200～700 m 的林中或林边。分布于广东、湖南。 本种特点在于小枝被钩状小糙毛；叶片菱状卵形或卵形，两面无毛，但有黄色腺点，顶端尾尖，边缘仅上半部疏生小齿；聚伞花序极简化，花序梗细及花柄较长等特征与本属其他种明显不同。

8. 柚木属 Tectona L.f.

本属最大的特点在于花萼于结果时显著增大，并将果实完全包藏于内。落叶大乔木。叶大，对生或轮生，全缘。二歧式聚伞花序组成顶生大型圆锥花序；花萼钟状，上部5～6齿裂；花冠筒短，先端5～6裂，裂片反卷；雄蕊着生于花冠筒上，伸出花冠外。核果近圆形。 本属约有3种，分布于热带地区的印度、缅甸、马来西亚、印度尼西亚及菲律宾等地；我国引入栽培1种；广西也有。

柚木（中国树木分类学） 图版238：1

Tectona grandis L. f.，Suppl. 151. 1781；Schauer in DC. Prodr. **11**：629. 1847；C. B. Clarke in Hook. f. Fl. Brit. Ind. **4**：570. 1885；Lam，Verb. Malay. Archip. 95. 1919；P. Dop in Lecomte，Fl. Gen. Lindo-Chine **4**：804，fig. 86：5～9. et fig：87. 1. 1935；中国高等植物图鉴 **3**：588，图5129. 1974；中国植物志 **65**（1）：80，图41. 1982；Fl. China **17**：16. 1994.

大乔木，高达40 m；小枝淡灰色或淡褐色，四棱形，具4槽，被灰黄色或灰褐色星状绒毛。叶对生；叶片厚纸质，全缘，卵状椭圆形或倒卵形，长15～45（70）cm，宽8～23（37）cm，顶端钝圆或渐尖，基部楔形下延，腹面粗糙，有白色突起，沿脉有微毛，背面密被灰褐色至黄褐色星状毛；侧脉7～12对，第三回脉近平行，在背面显著隆起；叶柄粗壮，长2～4 cm。圆锥花序顶生，长25～40 cm，宽30 cm以上；花有香气，但仅有少数能发育；花萼钟状，萼筒长2～2.5 mm，被白色星状绒毛，裂片较萼筒短；花冠白色，花冠筒长2.5～3 mm，裂片长约2 mm，顶端圆钝，被毛及腺点；子房被糙毛，花柱长3～4 mm，柱头2裂。核果球形，直径12～18 mm，外果皮茶褐色，被毡状细毛，内果皮骨质。 花期8月，果期10月。 北流、南宁、凭祥、合浦等地有引种。分布于云南、广东、福建、台湾等地，印度、缅甸、马来西亚和印度尼西亚也有。 柚木是珍贵用材树种，适于造船、建筑、雕刻及制家具；木屑浸水可治皮肤病，煎水治咳嗽；花和种子有利尿作用。

9. 豆腐柴属 Premna L.

本属大多数有腐臭味。乔木或灌木，有时攀缘；枝条通常圆柱形，常有圆形或椭圆形黄白色腺状皮孔。单叶对生，全缘或有锯齿；无托叶。花序位于小枝顶端，通常由聚伞花序组成紧密如球或展开的伞房花序、延伸呈塔状的圆锥花序，或为有间断的穗形总状花序，有时再组成圆锥状；苞片通常呈锥形、线形，罕为披针形；花萼呈杯状或钟状，宿存，花后常稍增大，顶端2～5裂或几乎成截形，裂片近相等至呈二唇形；花冠外部通常有毛和腺点罕或缺如，上部通常4裂，裂片向外开展，多少呈二唇形，上唇1裂片全缘或微下凹，下唇3裂片近相等或中间1裂片较长；花冠筒短，其喉部通常有1圈白色柔毛；雄蕊4枚，通常2长2短，内藏或外露，花药近圆形，背部着生于花丝上，其2室平行或基部叉开；子房为完全或不完全的4室，每室有1颗胚珠，花柱丝状，与雄蕊等长或稍有上下，柱头2裂。核果球形，倒卵球形或倒卵状长圆形，外果皮通常质薄，内果皮为坚硬不分裂的4室或由于不育而为2～3室，中央有1空腔。种子长圆形，种皮薄，无胚乳，子叶扁平，胚根在下。 本属约有200种，主要分布于在亚洲与非洲的热带地区，少数种类向北延至亚热带地区，向南至大洋洲，向东至太平洋的中部岛屿。我国约有46种；广西现知有15种2变种。 本属有些种类可以入药，少数种类可制凉粉。

分种检索表

1. 半灌木；子房2室 …………………………………………………………………… 1. **千解草** P. herbacea Roxb.
1. 乔木或灌木；子房4室。

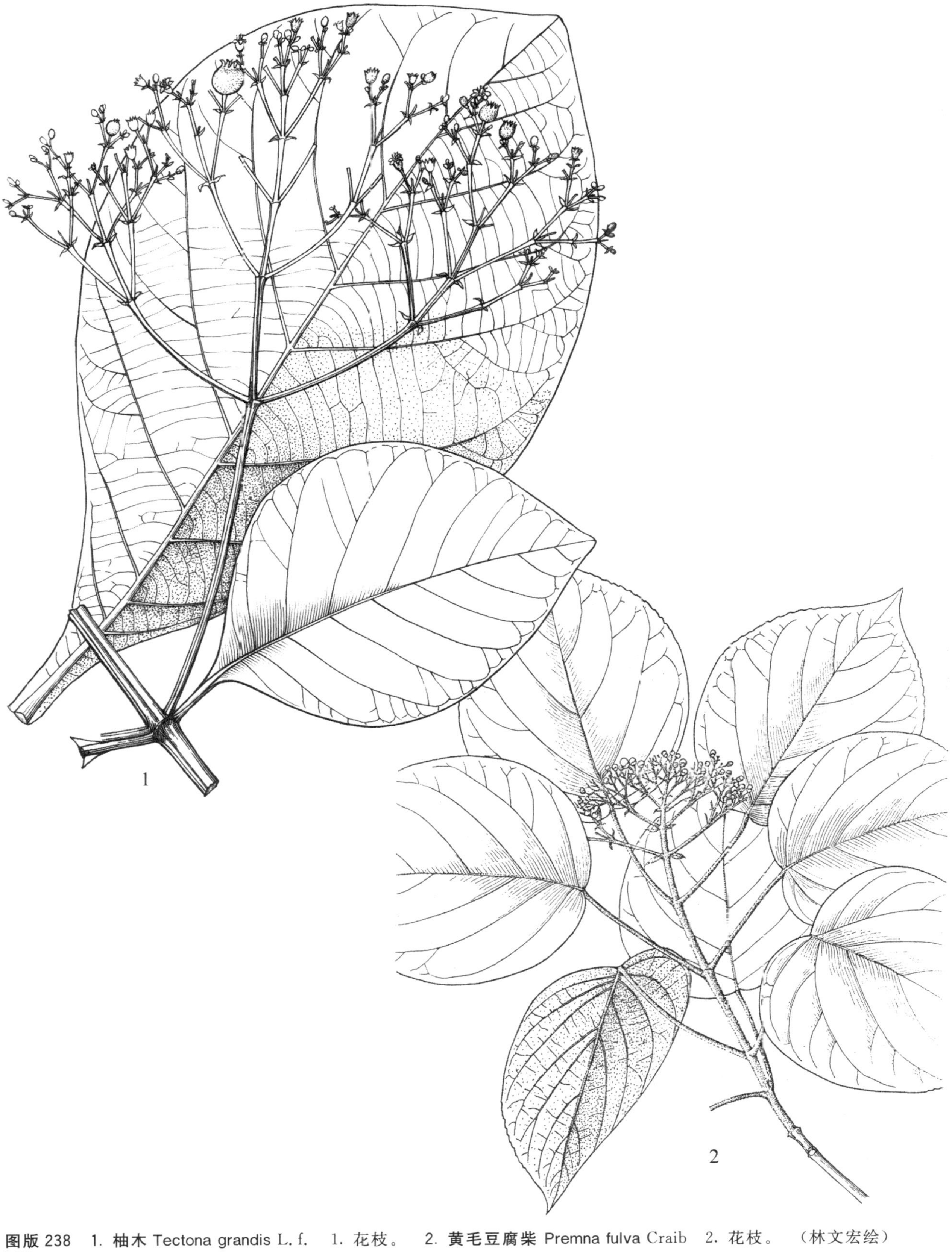

图版 238 1. **柚木** Tectona grandis L. f. 1. 花枝。 2. **黄毛豆腐柴** Premna fulva Craib 2. 花枝。 （林文宏绘）

2. 花萼有明显的 5 齿或 5 裂。
3. 聚伞花序组成塔形圆锥花序。
4. 叶片基部狭楔形略下延，或明显下延在叶柄两侧成翅。
5. 落叶灌木；叶片纸质，基部明显下延至叶柄两侧成翅；花萼整齐 5 浅裂。
6. 叶片卵形、卵状披针形、倒卵形或椭圆形，多少有不规则锯齿至近全缘；花序最下分枝长超过 1 cm；花冠长约 7 mm …… 2. **豆腐柴** **P. microphylla** Turcz
6. 叶片卵状披针形至披针形，全缘或中部有 3～5 钝齿；花序最下分枝长 0.5～1 cm；花冠长约 3 mm …… 3. **臭黄荆** **P. ligustroides** Hemsley
5. 常绿灌木至乔木；叶片革质，基部楔形略下延；花萼 5 裂成二唇形 …… 4. **滇桂豆腐柴** **P. confinis** P'ei et S. L. Chen ex C. Y. Wu
4. 叶片基部截形、圆形、心形至阔楔形，但不下延。
7. 花序分枝有明显的蝎尾状倾向，且花易落而使偏于分枝的一侧，残留有花柄；叶片卵形至卵状长圆形。
8. 常为攀缘灌木；圆锥花序狭长，宽 2～5 cm。
9. 整个植株及花萼、花冠有长柔毛 …… 5a. **长序臭黄荆** **P. fordii** Dunn var. **fordii**
9. 整个植株及花萼和花冠均无毛 …… 5b. **无毛臭黄荆** **P. fordii** Dunn var. **glabra** S. L. Chen
8. 常为直立灌木或乔木；花序广开展，圆锥花序宽 8～15 cm。
10. 叶片薄纸质，长 9～15 cm，宽 5～9 cm …… 6. **黄药** **P. cavaleriei** H. Lévl.
10. 叶片坚纸质至近革质，长 5～9 cm，宽 3～4 cm …… 7. **尖叶豆腐柴** **P. chevalieri** Dop
7. 花序分枝无明显蝎尾状倾向，花不易落。
11. 叶片纸质，两面近无毛，背面有褐色腺点；小枝通常上举 …… 8. **塘虱角** **P. sunyiensis** P'ei
11. 叶片两面多少有毛，纸质至坚纸质，无腺点；小枝通常水平状伸出。
12. 幼枝、花序轴及叶背面无毛或疏被微柔 …… 9a. **狐臭柴** **P. puberula** Pamp. var. **puberula**
12. 幼枝、花序轴及叶背面均被平展短柔毛，毛经久不落 …… 9b. **毛狐臭柴** **P. puberula** Pamp. var. **bodonieri** (H. Lévl.) C. Y. Wu et S. Y. Pao
3. 聚伞花序不组成塔形圆锥花序。
13. 幼枝、叶柄、叶背密被黄色平展长柔毛；叶片纸质，基部阔楔形至近圆形，很少近心形 …… 10. **黄毛豆腐柴** **P. fulva** Craib
13. 幼枝、叶柄等虽被柔毛，但毛不平展；叶片坚纸质，基部圆形至近心形。
14. 花序直径 6～17 cm，花在芽时粉红色；雄蕊 2 长 2 短；花萼裂齿三角形，顶端尖 …… 11. **淡黄豆腐柴** **P. flavescens** Buch.-Ham ex C. B. Clarke.
14. 花序直径不超出 6 cm，花在芽时淡绿色，雄蕊 4 枚近等长 …… 12. **石山豆腐柴** **P. crassa** Hand.-Mazz.
2. 花萼有 2～4 齿或近截平，若微有 5 齿，则明显呈二唇形。
15. 花萼顶端 4 浅裂至近截平，不明显呈二唇形 …… 13. **百色豆腐柴** **P. paisehensis** P'ei et S. L. Chen
15. 花萼明显呈二唇形。
16. 花萼上唇有明显 2 齿或微凹，很少近全缘，下唇几全缘或微有 2～3 齿；聚伞花序组成伞房状 …… 14. **伞序臭黄荆** **P. serratifolia** Linnaeus
16. 花萼的二唇全缘或上唇微缺；聚伞花序团聚形成有间断的穗状花序 …… 15. **间序豆腐柴** **P. interrupta** Wallich ex Schauer

1. **千解草**(云南植物志)　草臭黄荆(海南植物志)　小叶豆腐木(广西植物名录)

Premna herbacea Roxb. in Fl. Ind. ed. 1832, **3**: 80. 19(8) 32; Fl. China **17**: 27. 1994. ——*Pygmaeopremna herbacea* (Roxb.) Moldenke in Phytologia **2**: 54. 1941; 云南植物志 **1**: 416, 图版 100: 1～4. 1977; 海南植物志 **4**: 14. 1977. ——*Premna pygmaea* Wall., Cat. No. 776. 1829, nom. nud.

丛生矮小半灌木；根呈不规则的块状或圆柱形，黄棕色，有纵皱纹；茎少分枝，通常草质，仅基部木质化，高约 9 cm，疏生黄棕色的柔毛或无毛。叶片倒卵状长圆形或匙形，长 4～14 cm，宽 2～6(9) cm，边缘有不规则的疏钝齿，稀少近全缘或仅上部有小齿，顶端钝圆，基部楔形，两面均疏生短柔毛和金黄色腺点。伞房状聚伞花序顶生，紧缩成头状，长1～2.3 cm，宽1～2.4 cm，花序梗长0.5～1.3 cm，密生细柔毛；苞片线形或披针形，长3～8 mm；花萼杯状，长约2.5 mm，顶端5浅裂，微呈二唇形，裂片钝三角形，外面被短柔毛和金黄色腺点；花冠在芽中紫色，开放后变白色，顶端4裂，呈二唇形，裂片圆，外被疏柔毛；雄蕊4枚，短于花冠；子房无毛，顶端有腺点，花柱极短，长不超过1 mm。核果圆球形或倒卵形，长约5 mm，宽约4 mm。 果期6月。 产于宁明；为海拔200～1 670 m火烧地的特有种。分布于云南（西部）、广东（南部），印度、不丹、缅甸、泰国、老挝、越南、柬埔寨、菲律宾、印度尼西亚也有。 全株入药，有活血、祛风除湿、散寒止痛、健脾消食之效，用以治疗跌打损伤、风湿关节炎、月经不调、消化不良等症。

2. **豆腐柴**（中国高等植物图鉴） 臭辣树 鸡屎泡

Premna microphylla Turcz. in Bull. Soc. Nat. Mosc. **36**(3)：217. pl. 3. 1863；Chung in Mem. Sci. Soc. China **1**(1)：226. 1924；P'ei in Mem. Sci. Soc. China **1**(3)：81. 1932；中国高等植物图鉴 **3**：589，图5132. 1974；中国植物志 **65**(1)：88，图43. 1982；Fl. China **17**：19. 1994. ——*P. microphylla* Turcz. var. *glabra* Nakai in Bot. Lugd.-Bat. **2**：97. 1863. ——*P. formosana* Maxin. Bull. Acad. Sci. St. Petersb. **31**：80. 1889.

直立灌木；幼枝有柔毛，老枝变无毛。叶揉之有臭味；叶片卵状披针形、椭圆形、卵形或倒卵形，长3～13 cm，宽1.5～6 cm，顶端急尖至长渐尖，基部渐狭窄下延至叶柄两侧，全缘至有不规则粗齿，无毛至有短柔毛；叶柄长0.5～2 cm。聚伞花序组成顶生塔形的圆锥花序；花萼杯状，绿色，有时带紫色，密被毛至几乎无毛，但边缘常有睫毛，近整齐的5浅裂；花冠淡黄色，外有柔毛和腺点，花冠内部有柔毛，以喉部较密。核果紫色，球形至倒卵形。 花果期5～10月。 产于桂东地区；生于海拔200～1 000 m的山坡林下或林缘。自华东经中南以至西南地区均有分布。 叶可制冷粉也称观音豆腐；根、茎、叶可入药，具有清热解毒、消肿止血之效；主治毒蛇咬伤、无名肿毒、创伤出血、疟疾、跌打。作兽药可治牛胀胆。 本种近似**狐臭柴**（*P. puberula* Pamp.），其主要区别为叶片基部狭窄下延至叶柄侧，背面细脉不明显，边缘可有不规则粗齿；花萼几无毛等特征。

3. **臭黄荆**（中国高等植物图鉴） 斑鹊子 斑鸠站 女贞叶腐婢

Premna ligustroides Hemsley. in Journ. Linn. Soc., Bot. **26**：256. 1890. Diels in Bot. Jahrb. **29**：548. 1900；Rehd. in Sarg. Pl. Wils. **3**：372. 1916；Chung in Mem. Sci. Soc. China **1**(1)：226. 1924；P'ei in Mem. Sci. Soc. China **1**(3)：78. pl. 18. 1932；中国高等植物图鉴 **3**：589，图5131. 1974；Fl. China **17**：19. 1994.

灌木，高1～3 m；多分枝，枝条细弱，幼枝有短柔毛。叶片卵状披针形至披针形，长1.5～8 cm，宽1～3 cm，全缘或中部有3～5钝齿，顶端渐尖或急尖，基部楔形，两面疏生有毛，背面有紫红色腺点；有短柄或近无柄。聚伞花序组成顶生圆锥花序，被柔毛，长3.5～6 cm，宽2～3 cm，最下分枝长0.5～1 cm；花萼杯状，长约2 mm，外面有毛和腺点，内面疏生腺点，顶端稍不规则5裂，裂片圆形或钝三角形，长不逾1 mm；花冠黄色，长3～5 mm，两面有绒毛和黄色腺点，顶端4裂，略呈二唇形，上唇1裂片宽，顶端截平或微凹，下唇3裂片稍不相等，中间1裂片较长；雄蕊4枚，2枚稍长；子房无毛，上部有黄色腺点，花柱长约4 mm。核果倒卵球形，长2.5～5 mm，宽2.5～4 mm，顶端有黄色腺点。 花果期5～7月。 产于南宁、武鸣、昭平、天峨、罗城；生于海拔500～1 000 m的山坡林中或林缘。分布于四川、贵州、湖北及江西。 根、叶、种子可入药，能除风湿，清邪热，可治痢疾、痔疮、脱肛、牙痛等症（《四川中药志》）。

4. **滇桂豆腐柴**（云南植物志） 近邻豆腐木 图版239：1～3

Premna confinis P'ei et S. L. Chen ex C. Y. Wu, Fl. Yunnan. **1**：437. 1977. 云南植物志 **1**：437，图版104：1～2. 1977；中国植物志 **65**(1)：91～92，图版10：1～4. 1982；Fl. China **17**：20. 1994.

常绿灌木至小乔木，高1.5～6 m；小枝圆柱形，栗褐色，密被糠秕状腺点，无毛，较密被点状至线形皮孔。叶片革质，长圆形至披针形，稀椭圆形，长9～16 cm，宽3.5～8 cm，顶端急尖至短渐尖，基部楔形略下延，全缘或波状，干时腹面带暗褐色，无毛，背面较淡，均密被暗黄色腺点，腹面易落；侧脉6～7对和主脉与

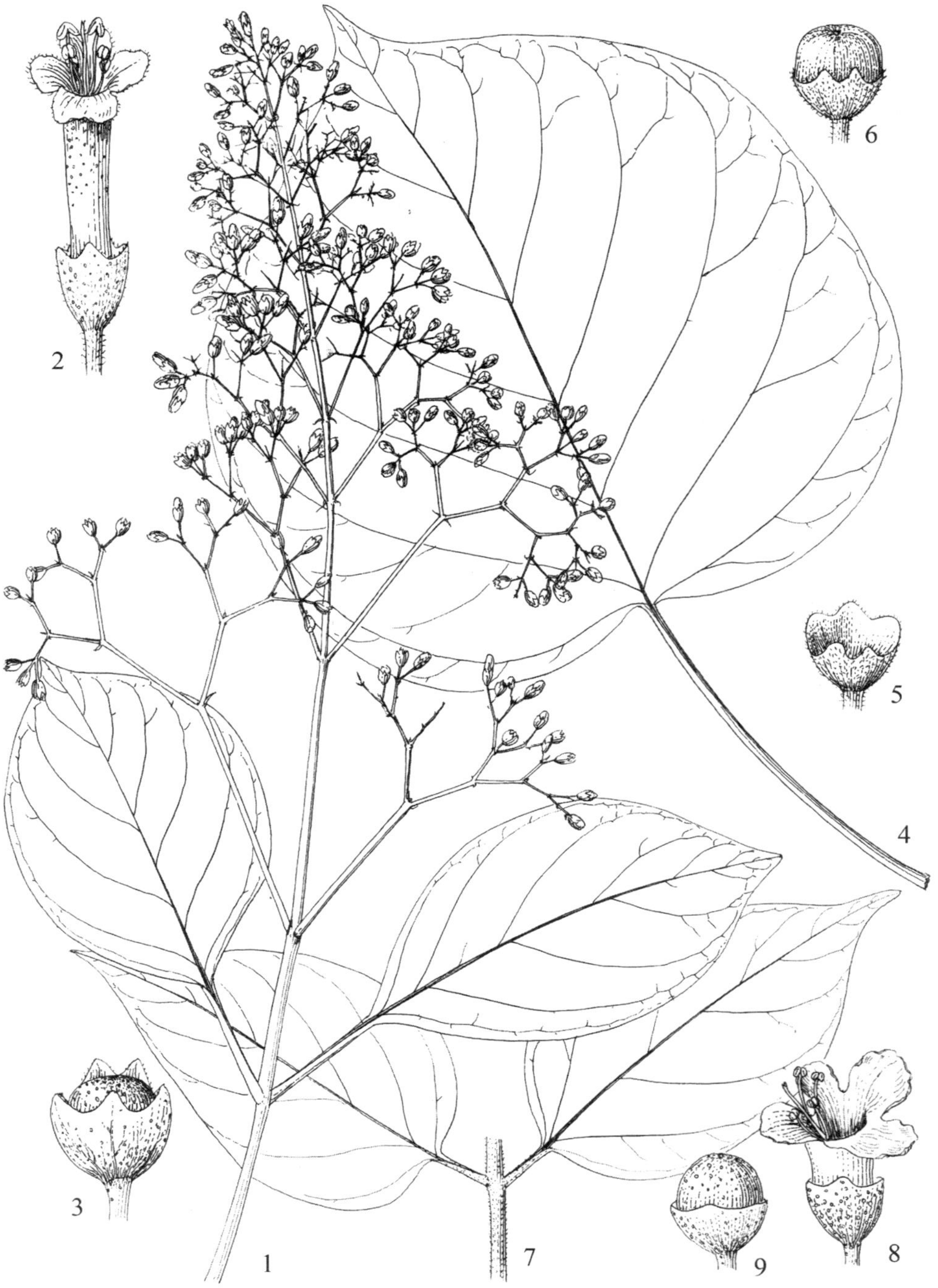

图版 239 1～3. **滇桂豆腐柴** Premna confinis P'ei et S. L. Chen ex C. Y. Wu 1. 花枝；2. 花；3. 果。 4～6. **黄药** P. cavaleriei H. Lévl. 4. 叶；5. 果萼；6. 果。 7～9. **塘虱角** P. sunyiensis P'ei 7. 叶枝；8. 花；9. 果。（史渭清绘）

细脉均在腹面下陷,背面隆起而清晰;叶柄长 2~4 cm,腹面有深沟,无毛,密被腺点。圆锥花序长而疏散,顶生,长约 20 cm,分枝 7~9 对,再 3~4 回二歧分枝,上部被微柔毛;苞片线形,长 3~6(12) mm;花序梗短,长 1~3.5 cm;花柄较长,最长达 6 mm;花萼厚纸质,长 4~5 mm,两面无毛,密被腺点,二唇形,上唇较短,有 2 齿,下唇较长,有 3 齿;花冠淡黄色或白色,长约 8 mm,上部外面密被白色腺点,二唇形,上唇全缘或顶端微凹,下唇 3 裂,冠缘有睫毛,花冠筒下部狭长,外面无毛,管内喉部以下密被柔毛;雄蕊 4 枚,2 长 2 短,花丝无毛,微伸出,花药暗褐色,个字着生;子房倒卵形,顶端无毛,有腺点,花柱长约 7 mm。果实紫红色,直径约 3 mm,有腺点,微有瘤状突起。 花期 5 月。 产于桂西南地区;生于海拔约 600 m 的山坡阴处或石灰岩山山顶杂木林中。分布于云南。

5. 长序臭黄荆(海南植物志)

Premna fordii Dunn, Bull. Misc. Inform. Kew, Add. Ser. : **10**:203. 1912; P'ei in Mem. Sci. Soc. China **1**(3):79. 1932; 海南植物志 **4**:15. 1977; Fl. China **17**:20. 1994. ——*P. stenantha* Merr. In Lingn. S ci. Journ. **7**:321. 1929; Merr. et. Chun in Sunyats. **5**:177. 1940; Moldenke. Resume 174. 1959.

5a. 长序臭黄荆(原变种)

Premna fordii Dunn var. **fordii**

直立或攀缘灌木;全体密生长柔毛。叶片坚纸质,卵形或卵状长圆形,长 4~8.5 cm,宽 3~4.5 cm,顶端长渐尖,基部截形或微呈心形,全缘或在中部以上有不明显的疏齿,侧脉 4~5 对,基部近三出脉,背面有暗黄色腺点;柄长 0.5~2 cm。聚伞花序组成顶生狭长圆锥花序,花序长 2.5~10 cm,宽 2~5 cm;花萼杯状,外延柔毛和细小黄色腺点,长 1~2 mm,顶端稍不规则的 5 浅裂,裂齿三角形,顶端钝;花冠白色或淡黄色,长 3~8 mm,外面有绒毛和黄色腺点,内面除喉部有白色柔毛外,其余几乎无毛,顶端 4 裂,呈二唇形,上唇明显短于下唇,长约为花冠筒的 1/8;雄蕊 4 枚,2 长 2 短,花丝无毛;子房无毛,顶端密生黄色腺点,花柱长约 5.5 mm。果实近球形,直径约 4 mm,无毛,顶端疏生黄色腺点。 花果期 5~7 月。 产于防城、那坡。生于海拔 1 000~1 200 m 的溪边或林中。分布于广东、海南。

5b. 无毛臭黄荆(变种)

Premna fordii Dunn var. **glabra** S. L. Chen, Fl. Reipubl. Popularis Sin. **65**(1):211. 1982.

与原变种的主要区别为整个植株近无毛;叶片长可达 11 cm;花序长可达 17 cm 等性状。 产于东兴;生于荫蔽树林或湿地。

6. 黄药(中国高等植物图鉴) 大叶豆腐木(广西植物名录) 图版 239:4~6

Premna cavaleriei H. Lévl. in Fedde, Repert. Sp. Nov. **10**:439. 1912; P'ei in Mem. Sci. China **1**(3): 87. 1932; Rehd. in Journ. Arn. Arb. **15**:324. 1934; 中国高等植物图鉴 **3**:591, 图 5135. 1974; 中国植物志 **65**(1):90. 1982; Fl. China **17**:19. 1994. ——*Clerodendrum elachistanthum* Merr. ex Li in Journ. Arn. Arb. 25:426. 1944.

小乔木至乔木,高 4~9 m;树皮暗灰色,小枝圆柱形,幼时赤褐色,密生短绒毛,老后变无毛,有细小椭圆形皮孔。叶片薄纸质,卵形或卵状长椭圆形,长 9~15 cm,宽(3.5)5~9 cm,同对叶常不同形,全缘,顶端渐尖至钝,基部阔楔形、圆形、截平或近心脏形,两面疏生绒毛或近无毛,背面有不明显的腺点;叶柄疏被绒毛或近无毛,长 2~5 cm,同对叶柄常不等长。圆锥状聚伞花序顶生,密生绒毛,有疏散展开的分枝,长 11~32 cm,宽 8~15 cm;花萼钟状,长 1~2.5 mm,外面密生绒毛和不明显的腺点,顶端 5 裂,略呈二唇形,裂齿钝三角形;花冠淡黄色,4 裂近二唇形,裂片向外开展,外面疏生绒毛和密生腺点,花冠筒长 2~3 mm,喉部密生长柔毛;雄蕊 4 枚,2 长 2 短;子房无毛,顶端密生黄色腺点。核果卵球形,直径约 2 mm。 花果期 5~7 月。 产于广西各地;生于海拔约 800 m 的山坡及路边疏林中。分布于江西、湖南、广东、贵州等地。

7. 尖叶豆腐柴

Premna chevalieri Dop, Bull. Soc. Bot. France **70**: 445. 1923. et in Lecomte, Fl. Gen. L' Indo-Chine **4**: 813, f. 87:6. 1935, excl; Fl. China **17**:20. 1994. ——*P. acuminatissima* Merr. (1930) et P'ei (1932); 云南植

物志 **1**:421,图版 100:5～7. 1977. ——*P. acuminatassima* Merr. in Univ. Calif. Publ. **10**:430. 1924, non Merr. in Lingn. Sci. Journ. **6**:284. 1930.

灌木至乔木,高 2～5 m;小枝圆柱形,嫩枝明显被微柔毛,老时变无毛,棕褐色,有条纹。叶片坚纸质至近革质,有光泽,卵形或椭圆状卵形,长 5～9 cm,宽 3～4(5) cm,同对叶片常不同大小,顶端渐尖或尾尖,基部楔形或圆形,常不对称,两面无毛或背面被稀疏微柔毛,全缘或在基部有不明显的细锯齿;侧脉 4～5 对,近基部三出,在两面均明显隆起;叶柄纤细,被毛,长(1)2.5～3 cm,同对叶柄常不等长。顶生圆锥花序疏散,被微柔毛,长达 25 cm,宽达 10 cm,基部苞片叶状,上部小苞片线形,被毛;花柄长约 1 mm;花由黄色变白色,有紫色斑点;花萼长约 1 mm,5 浅裂,略呈二唇形,裂片近三角形,有腺点;花冠长约 5 mm,外面被腺点和短毛,二唇形,上唇圆形,全缘,下唇 3 浅裂,裂片圆形,喉部被毛;雄蕊 4 枚,2 长 2 短,着生于花冠筒中部,与花冠等长;花药近球形,个字着生;子房无毛,有腺点,花柱长约 5 mm,有稀疏腺点,柱头 2 浅裂。核果黑色,直径约(4.5)5 mm,果萼增大 1 倍。 产于东兴、天等。分布于广东、海南及云南(东南部),越南(北部)、老挝也有。

8. **塘虱角**(中国高等植物图鉴) 信宜豆腐木(广西植物名录) 图版 239:7～9

Premna sunyiensis P'ei in Mem. Sci. Soc. China **1**(3):84, pl. 19. 1932;中国高等植物图鉴 **3**:590,图 5134. 1974;中国植物志 **65**(1):89～90,图 45. 1982;Fl. China **17**:19. 1994.

直立或攀缘灌木,高 1～2 m;幼枝、叶柄及花序略被棕褐色或暗灰色绒毛。叶片纸质,卵形至卵状披针形,长 3～7.5 cm,宽 1～4.5 cm,全缘,顶端渐尖,基部阔楔形或近圆形,两面近无毛,背面有褐色腺点;侧脉 3～5 对,在叶背面突起;叶柄长 0.6～2 cm,上面有纵沟。顶生塔形圆锥花序,长 5～12 cm,宽 2.5～4 cm;苞片线状披针形或线形,长 2～6 mm,有绒毛;花萼长约 1.5 mm,结果时稍增大,在花蕾时有毛,以后变无毛,外面有褐色腺点,有明显纵脉,顶端 5 浅裂,裂片钝三角形;花冠淡黄色,花冠筒长约 7 mm,顶端 4 裂,微呈二唇形,上唇凹入,下唇 3 裂,裂片椭圆形,中间裂片长 1.5～2 mm,两侧裂片较短,管内喉部有白色长柔毛;雄蕊 4 枚,2 长 2 短,花药肾形,棕色;子房无毛,顶端密生褐色腺点。核果倒卵球形,有褐色腺点,熟时暗红色,直径约 4 mm。 花果期 5～10 月。 产于宁明、武鸣、上林等地;生于海拔 300～700 m 的山坡林缘。分布于广东。 全株可入药,治热证;作兽药可治牛关节大疼痛、虫积消瘦、痰涎壅盛、寒湿泄泻。 本种与**长序臭黄荆**(*P. fordii* Dunn)近似,但后者全体密生长柔毛,花萼及花冠在花后均被绒毛等性状可以区别。

9. **狐臭柴**(云南植物志) 微毛豆腐柴(广西植物名录)

Premna puberula Pamp. in Nouv. Giorn. Bot. Ital. N. Ser. **17**:701. 1910; Rehd. in Sarg. Pl. Wils. **3**:371. 1916;中国高等植物图鉴 **3**:590,图 5133, 1974, p. p.; Fl. China **17**:18. 1994. ——*P. nartinin* H. Lévl. in Fedde, Repert. Sp. Nov. **10**:440. 1912 et Fl. Kouy-Tcheou 443. 1915.

9a. **狐臭柴**(原变种)

premna puberula Pamp. var. **puberula**

直立或攀缘灌木至小乔木,高 1～3.5 m;小枝近直角伸出,幼枝绿色,常疏被柔毛,老枝变无毛,黄褐色至紫褐色。叶片纸质至坚纸质,卵状椭圆形、卵形或长圆状椭圆形,通常全缘或上半部有波状深齿、锯齿或深裂,长 2.5～11 cm,宽 1.5～5.5 cm,顶端急尖至尾状尖,基部楔形、阔楔形或近圆形,很少微呈心形,绿色,干时带褐色,两面近无毛至疏生短柔毛,无腺点;侧脉在叶背面较表面显著隆起,细脉极细,在叶腹面有时下陷,微显现,在叶背面极清晰可见;叶柄腹平背凸,长(0.5)1～2(3.5) cm,通常无毛。聚伞花序组成塔形圆锥花序,生于小枝顶端,长 4～14 cm,宽 2～9 cm,无毛至疏被柔毛;苞片披针形或线形;花有长 1～1.2(3) mm 的柄;花萼杯状,长 1.5～2.5 mm,外被短柔毛和黄色腺点,顶端 5 浅裂,裂齿三角形,齿缘有纤毛;花冠淡黄色,有紫色或褐色条纹,长 5～7 mm,4 裂成二唇形,下唇 3 裂,上唇圆形,顶端微缺,外面密被腺点,喉部有数行较长的毛,花冠筒长约 4 mm;雄蕊 4 枚,二强,着生于花冠筒中部以下,伸出花冠外,花丝无毛;子房圆形,无毛,顶端有腺点,花柱短于雄蕊,无毛,柱头 2 浅裂。核果紫色转黑色,倒卵形,有瘤突，果萼长为核果的1/3。 花果期5～8月。 产于百色；生于海拔700～1 800 m的山坡路边丛林中、山坡林下或林缘。分布于自甘肃经陕西、湖北、湖南、四川、云南、贵州至广东（西北部）。 根、叶可入药，可治月经不调、疮疥、清湿热、解毒；叶可制成食用凉粉。

9b. **毛狐臭柴**（变种）（云南植物志）

Premna puberula Pamp. var. **bodinieri** (H. Lévl.) C. Y. Wu et S. Y. Pao，云南植物志 **1**:422. 1977；中国植物志 **65**(1):87. 1982. ——*P. bodinieri* H. Lévl. in Fedde, Repert. Sp. Nov. **10**:440. 1912；P'ei in Mem. Sci. Soc. China **1**(3):80. 1932. ——*P. puberula* Hand.-Mazz. in Symb. Sin. **7**:905. 1936, p. p., quoad syn. et specim.

本变种与**狐臭柴**(*P. puberula* Pamp.)的主要区别为叶片两面、叶柄、花序以及花萼密被短柔毛，毛经久不脱。果萼长可达果实之半；被毛不脱。 花果期5～9月。 产于桂西石灰岩山地；生于海拔700～1 800 m的石灰岩山麓灌木丛中。分布于贵州、云南；用途同原变种。

10. **黄毛豆腐柴**（云南植物志） 图版238:2

Premna fulva Craib in Kew Bull. 442. 1911；云南植物志 **1**:427. 1977；中国植物志 **65**(1):97～98, 图49. 1982；Fl. China **17**:21. 1994. ——*P. fortunati* P. Dop in Bull. Soc. Bot. France **70**:444. 1923；P'ei in Mem. Sci. Soc. China **1**(3):91. 1932, in nota. ——*P. longipila* P'ei in Mem. Sci. China **1**(3):75, pl. 16. 1932.

灌木至乔木；有时枝条外倾或攀缘状，幼枝密被黄色平展长柔毛，老枝逐渐变无毛且转红褐色。叶片纸质，形状大小多变，卵圆形、长圆状卵圆形或长圆状倒卵圆形、卵状披针形、椭圆形或近圆形，长4～15 cm，宽3～10 cm，顶端渐尖、锐尖、很少近圆形至微凹或倒心形，基部阔楔形、近圆形，偶而近心形，常偏斜，边缘通常有锯齿，齿尖突出，稀或绉波状至近全缘，表面被较疏的稍硬黄毛，毛在主脉及侧脉上更密而平展，背面密被柔毛似毡；侧脉5～7对，斜升，微弯曲，腹面明显，背面突出，细脉和网脉仅在背面明显；叶柄长1.5～5.5 cm，每对长短常不等，与小枝被同样柔毛，干后易落。聚伞花序伞房状，顶生，长2.5～6(10) cm，宽4～9(17) cm，分枝斜升至近平展，5～6对，每枝再3～6回二歧分枝；苞片线形，稀或线状披针形，密被柔毛；花萼外被短柔毛，长2～2.5 mm，近二唇形，较整齐5裂，裂齿顶端圆；花冠绿白色，长4～5 mm，外面无毛或微被毛，内面仅喉部有柔毛，4裂近二唇形，上唇1裂片圆或微凹，下唇3裂片圆，花冠筒长约2 mm；雄蕊4枚，二强，花丝长约2 mm，无毛，花药褐色；子房除顶端有少数毛外，其余无毛，花柱几乎等长于雄蕊，柱头短2裂。核果卵形至球形，直径3～5(6) mm，成熟时黑色，有瘤突；果萼杯状，近二唇形，直径2～4 mm。 产于桂西南地区；生长于海拔500～1 200 m的阴处常绿阔叶林或路边疏林中。分布于贵州、云南。

11. **淡黄豆腐柴**

Premna flavescens Buch.-Ham. ex C. B. Clarke. in wall. Cat. No. 2649. 1829, nom. nud.; C. B. Clarke in Hook. f. Fl. Brit. Ind. **4**:578. 1885；Lam, Verb. Malay. Archip. 136. 1919；P. Dop in Lecomte, Fl. Gen. L' Indo-Chine **4**:810. 1935；云南植物志 **1**:424. 1977；Fl. China **17**:21. 1994. ——*P. integrifolia* auct. non Linn.: P'ei in Mem. Sci. Soc. China **1**(3):73. 1932.

灌木；嫩枝有柔毛，有白色线形皮孔。叶片卵形或卵状披针形，坚纸质，顶端尖或渐尖，基部钝或近心形，腹面有直立小硬毛，背面有柔毛，长约15 cm，宽约6.5 cm；叶柄长2～3 cm。聚伞花序直径6～17 cm，通常有铁锈色柔毛；苞片长约6 mm，线形；花萼长约2.5 mm，有5齿，被柔毛；花冠绿白色，长4～5 mm，两面有细柔毛，4裂，花管喉部有密集成堆的长柔毛；雄蕊4枚，2枚稍长，与花柱均伸出花冠外。核果干时黑色，直径3～5 mm。 花果期夏季。 产于东兴、容县；生于海拔100～1 300 m的石灰岩灌木丛或疏林中。分布于广东（南部）和云南（南部），印度、印度尼西亚、马来西亚及越南也有。

12. **石山豆腐柴**

Premna crassa Hand.-Mazz. in Anz. Akad. Wiss. Wein. **58**: 230. 1921 et Symb. Sin. **7**:904. 1936;

P'ei in Mem. Sci. Soc. China **1**(3):76. 1932;云南植物志 **1**:425. 1977;中国植物志 **6**(1):100～101,图 52. 1982;Fl. China **17**:22. 1994. ——*P. integrifolia* P. Dop in Lecomte,Fl. Gen. L'Indo-Chine **4**:818. 1935, p. p. min. ,quoad specim. ex Cua-bang,non Linn. ——*P. fulva* Merr. in Journ. Ann. Arb. **20**:354. 1939, p. p. quoad syn. P. crassa Hand. -Mazz. non Craib.

粗壮灌木,高 1～5 m;分枝棕褐色,叉开,近攀缘状,有粗髓,生枝、叶柄和聚伞花序有黄棕色毛,老后,毛渐脱落,疏生细小黄色皮孔,皮纵裂。叶片坚纸质,易脱落,卵圆形至椭圆形,同对叶片常不同大小,长(3)5～11 cm,宽(2)4～8 cm,顶端突然收缩成短钝的尖头,稀渐尖或钝,基部圆形至近心形,常偏斜,全缘或中部以上(稀达以下)有规则或不规则的宽牙齿,很少呈微波状,干后带暗褐色,腹面被糙伏毛,背面被绒毛状疏柔毛,主脉在腹面微下陷,在背面隆起;侧脉(4)5～7 对,基脉常三出或近离基三出,全部侧脉近 30°角分出,彼此近平行,但近边缘弧状网结;叶柄较肥厚,表面平坦,长 0.5～6 cm,同对叶柄常不等长。圆锥状伞房花序顶生或假顶生于小枝上,长 1.5～5(6) cm,花时长宽相等或长过于宽,结果时宽度常大于长度;花序梗长 5～18 mm,常向下微弯垂;苞片长 4～8 mm,线状披针形,被毡毛;花无柄至有短柄,芽时绿色,开后白色;花萼钟状,外面密被糙伏毛和稀疏腺点,长 2～3 mm,顶端 5 裂齿近等长,结果时径达 5 mm,下裂几达中部而呈二唇形;花冠筒长于花萼,微二唇形,上唇微 2 裂,下唇 3 深裂,裂片外面疏被糙伏毛,喉部被长柔毛;雄蕊 4 枚,近等长,着生于花冠筒中部,花药褐色,纵裂;子房无毛和腺点,花柱几乎等长于雄蕊,柱头 2 裂。果实球形至倒卵圆形,直径 2～4 mm,熟时暗黑色,有瘤状突起。 花期 5 月,果期 10 月。 产于桂西南地区;生于海拔 500～1 800 m 的石山杂木林中。分布于贵州西南及云南东南部。广西用全株治风湿;云南用叶拔脓。

13. **百色豆腐柴**(中国植物志)

Premna paisehensis P'ei et S. L. Chen,中国植物志 **65**(1):112,211,图版 12. 1982;Fl. China **17**:25. 1994.

乔木,高约 13 m;树皮灰色;老枝无毛,褐色,有纵纹,嫩枝绿色,有柔毛。叶片近膜质,长椭圆形,长 9～15 cm,宽 3～6.5 cm,顶端短渐尖或急尖,基部阔楔形或钝,边缘近全缘或有不规则的波状,腹面绿色,被脱落性小糙毛,背面淡绿色,密被黄褐色绒毛,有淡黄色腺点;侧脉 5～6 对,与主脉约成 30°角,主脉及侧脉在背面甚突起,在腹面亦明晰可见。聚伞花序在枝顶组成伞房状,疏松展开,分枝二歧分出,结果时高 12～15 cm,宽 10～22 cm,有长 4～6 cm 的花序梗,均被黄褐色短柔毛;苞片线形,长 2～9 mm;花萼至结果时几乎截平,外被腺点和稀疏的柔毛。果实圆球形或倒卵球形,长 5～6 mm,宽 4～5 mm,有腺点和细毛,成熟时紫色。 果期 7～8 月。 特产于百色;生于海拔约 1 000 m 的山地林中。 本种为高大乔木,花序展开似**思茅豆腐柴**(*P. szemaoensis* P'ei),但花序无明显的主轴,叶片为长椭圆形,宽 3～6.5 cm 等性状可以区别。

14. **伞序臭黄荆**

Premna serratifolia Linnaeus,Mant. Pl. 253. 1771;Fl. China **17**:26. 1994. ——*P. corymbosa* (Burm. f.) Rottl. et Willd. in Ges. Naturf. Freunde Berlin Neue Schr. **4**:87. 1803. ——*Cornutia corymbosa* Burm. f. Fl. Ind. 132,t. 141. 1768. ——*Premna integrifolia* Linn. Mant. Pl. **2**:252. 1771;P'ei in Mem. Sci. Soc. China **1**(3):73. 1932.

直立灌木至乔木,偶攀缘,高 3～8 m;枝条有椭圆形黄白色皮孔,幼枝密生柔毛,老后毛变稀疏。叶片纸质,长圆形至广卵形,长 4～15 cm,宽 3～9.5 cm,全缘或微呈波状,或仅上部疏生不明显的钝齿,顶端短、急尖,很少渐尖,基部圆形或截形,两面仅沿脉有柔毛或近无毛;叶柄长 2～5 cm,有细柔毛,上面通常有浅沟。聚伞花序在枝顶端组成伞房状,长 5～15 cm,宽 8～24 cm,有长 1～2.5 cm 的柄;苞片披针形或线形,长 3～6 mm,被细毛;花萼杯状,长 2～3 mm,外面有细柔毛和黄色腺点,二唇形,上唇较长,有明显的 2 齿,下唇较短,近全缘或有不明显的 3 齿;花冠黄绿色,外面疏具腺点,微呈二唇形,上唇全缘或微凹,下唇 3 裂,裂片几乎相等或中央裂片稍长而宽,花筒喉部密生 1 圈长柔毛,毛长约 1 mm;子房无毛,顶端有腺点；花柱长 3.5～4 mm。核果圆球形，直径约 4 mm。 花果期 4～10 月。 产于合浦；常生于低海拔的疏林或溪沟边、海边或山地的树林中。分布于台湾、广东，印度、斯里兰卡、马来西亚、菲律宾、澳大利亚，南太平洋群岛和新西兰也有。 全株可治风湿。

15. **间序豆腐柴**（云南植物志） 断序臭黄荆（中国高等植物图鉴）

Premna interrupta Wallich ex Schauer in A. de Candolle, Prodr. **11**: 633. 1847.; Cat. No. 1778. 1829, nom. nud.; P'ei in Mem. Sci. Soc. China **1**(3): 88. 1932, pro parte max., excl. Henry 11017；中国高等植物图鉴 **3**: 593. 1974；云南植物志 **1**: 439. 1977；Fl. China **17**: 27. 1994.

直立蔓生灌木，高约 3 m；幼枝被短柔毛，老枝无毛，淡褐色。叶片纸质，倒卵形至卵状长圆形，长 8.5～13 cm，宽 4～8 cm，全缘或上半部有不明显细锯齿，顶端长渐尖至急尖，基部楔形下延，两面被短柔毛，脉上的毛较密，背面可近无毛或有不明显黄色腺点；叶柄长 3～4 mm 或近无柄。聚伞花序组成有间断的穗形总状花序，长约 7 cm，宽约 1.5 cm；花序梗长约 1.8 cm，密生细绒毛；苞片披针形，长约 1 cm，疏生柔毛；花萼钟状，近无毛或疏生短柔毛和黄色腺点，长约 2 mm，2 裂成二唇形，裂片顶端圆或上唇微凹，边缘有纤毛；花冠黄绿色或白色，有香味，4 裂微成二唇形，裂片向外展开，外面近无毛，疏生黄色腺点，内面喉部密生 1 圈柔毛；雄蕊 4 枚，2 枚稍长，着生于花冠筒的喉部而外露；子房顶端无毛或疏生有毛和黄色腺点，花柱长约 2.5 mm。核果卵圆形，黑色，顶端有黄色腺点。 花果期 5～8 月。 产于桂西北。分布于四川、云南及西藏（东南部），印度北部也有。 本种近似**总序豆腐柴**（*P. racemosa* Wall.），但后者叶片基部近圆形，有明显的叶柄；聚伞花序团聚形成 1 顶生间断总状花序；花萼 2 裂片全缘等性状可以区别。

10. 假紫珠属 Tsoongia Merr.

直立灌木；幼枝、叶柄、叶背面及花序梗均被锈色绒毛。叶对生，单叶片或有时为 3 小叶（在同枝上），全缘，背面有稀疏小腺点；叶柄细长。聚伞花序腋生，有少而稀疏的花，花序梗短于叶柄；花萼小，钟状，3 齿裂成二唇形，外面密生颗粒状腺点；花冠筒长，圆筒状，上部稍扩大，花冠不等大，4～5 裂成二唇形，裂片倒卵圆形，平展；雄蕊 4 枚，二强至近等长，着生于花冠筒中部，花丝稍外露；子房顶端密生黄色腺点，2 室，每室有 2 颗胚珠，花柱细长，柱头稍 2 裂。核果卵形，具 1 个 2～4 室的核。 东亚特有植物，仅 1 种，分布于我国南部及越南北部、缅甸，广西也产。

假紫珠（云南植物志） 似荆（中国高等植物图鉴）

Tsoongia axillariflora Merr. in Philip. Journ. Sci. Bot. **23**: 264. 1923. et in Lingn. Sci. Journ. **5**: 158, 1927; P'ei in Mem. Sci. Soc. China **1**(3): 57. 1932, et Sinensia **2**: 68. 1935；中国高等植物图鉴 **3**: 588，图 5130. 1974；海南植物志 **4**: 13，图 951. 1977；云南植物志 **1**: 413，图版 99: 1～2. 1977；Fl. China **17**: 27. 1994. ——*Tsoongia axillariflora* Merr. var. *trifoliolata* H. L. Li in Journ. Arn. Arb. **26**: 121. 1945.

直立灌木；幼枝、叶柄、叶背面及花序梗均被锈色绒毛。叶对生，单叶片或有时为 3 小叶（在同枝上）；全缘，背面有稀疏小腺点；叶柄细长。聚伞花序腋生，有少而稀疏的花；花序梗短于叶柄；花萼小，钟状，3 齿裂成二唇形，外面密生颗粒状腺点；花冠筒长，圆筒状，上部稍扩大，花冠不等大，4～5 裂成二唇形，裂片倒卵圆形，平展；雄蕊 4 枚，二强至近等长，着生于花冠筒中部，花丝稍外露；子房顶端密生黄色腺点，2 室，每室有 2 颗胚珠，花柱细长，柱头稍 2 裂。核果卵形，具 1 个 2～4 室的核。 产于平南、南宁、龙州、防城等地；生于海拔 850～1 000 m 的湿润山谷丛中。分布于广东及云南东南部，越南北部也有。

11. 石梓属 Gmelina L.

本属主要特征为小枝被绒毛，有时有刺；单叶对生；背面近叶柄处有大腺体；花大而美丽；花萼钟状，宿存;花冠两侧对称,略呈二唇形,花冠筒部管状,上部变大成漏斗状;雄蕊4枚,2长2短,柱头通常为不等长的2裂;果为核果。 本属约有35种,主产于亚洲、大洋洲热带地区,少数产于非洲热带地区。我国有7种,分布于福建、江西、广东、贵州、四川、云南等地;广西有3种。

分种检索表

1. 乔木;小枝无刺;花冠的喉部不骤然扩大;子房有毛。
  2. 花萼钟状,长1.5~1.8 cm,先端裂片明显,裂片大,阔三角形;花冠长3.5~4.5 cm,呈二唇形,上唇2裂,下唇3裂,中裂片较长;子房上部具毛,下部无毛 …………………………………………………… 1. **苦梓** G. hainanensis Oliv.
  2. 花萼钟状,长0.5~1.2 cm,先端平截或具4个小尖头;花冠长3~3.5 cm,不呈二唇形,顶端通常4裂,偶有5裂,近等大;子房倒卵形,上部密被灰白色绒毛,下部无毛 …………………………………………… 2. **石梓** G. chinensis Benth.
1. 灌木或攀缘灌木;小枝有刺;花冠筒较窄长,在喉部以上骤然扩大;子房无毛 …………………… 3. **亚洲石梓** G. asiatica L.

1. 苦梓(中国高等植物图鉴) 海南石梓(海南植物志)

Gmelina hainanensis Oliv. in Hook. Icon. Pl. **19**:pl. 1874,1889. in nota sub textu:Forbes et Hemsl. in Journ Linn. Soc. Bot. **26**:257. 1890;Dunn et Tutch. in Kew Bull. Add. Ser. **10**:203. 1912;Chung in Mem. Sci. Soc. China **1**(1):227. 1924;P'ei in Mem. Sci. Soc. China **1**(3):120. 1932;中国高等植物图鉴**3**:596,图5145. 1974;海南植物志**4**:21,图954. 1977;Fl. China **17**:33. 1994.

乔木,高约15 m,胸径可达50 cm;树干直,树皮灰褐色,呈片状脱落;幼枝被黄色绒毛,老枝无毛,枝条有明显的叶痕和皮孔;芽被淡棕色绒毛。叶对生;叶片厚纸质,卵形或宽卵形,长5~16 cm,宽4~8 cm,全缘,稀具1~2枚粗齿,顶端渐尖或短急尖,基部宽楔形至截形,表面亮绿色,无毛,背面粉绿色,被微绒毛;基生脉三出,侧脉3~4对,在背面隆起;叶柄长2~4(5.5) cm,有毛。聚伞花序排成顶生圆锥花序;花序梗长6~8 cm,被黄色绒毛;苞片叶状,卵形或卵状披针形,近无柄,两面被灰色绒毛和盘状腺点;花萼钟状,长1.5~1.8 cm,呈二唇形,外面被毛及腺点,顶端5裂,裂片卵状三角形,顶端钝圆或渐尖;花冠漏斗状,黄色或淡紫红色,长3.5~4.5 cm,两面均有灰白色腺点,呈二唇形,下唇3裂,中裂片较长,上唇2裂;二强雄蕊,长雄蕊和花柱稍伸出花冠筒外,花丝扁,疏生腺点,花药背面疏生腺点;子房上部具毛,下部无毛。核果倒卵形,顶端截平,肉质,长2~2.2 cm,着生于宿存花萼内。 花期5~6月,果期6~9月。产于上思;生于海拔250~500 m的山坡疏林中。分布于江西南部、广东等地。 木材纹理通直,结构细致,材质韧而稍硬,干易开裂,不变形,很耐腐,适于造船、建筑、家具等用途。 它的木材性能与世界名材**柚木**(*Tectona grandis* Linn. f.)相似。本种已列入国家重点保护植物。 本种叶下面粉绿色,密被微柔毛;花萼二唇形,萼齿卵状三角形;子房上部密被毛,下部无毛,易与本属其他种区别。

2. 石梓(中国高等植物图鉴)

Gmelina chinensis Benth. ,Fl. Hongk. 272. 1861;Maxim. in Bull. Acad. Sci. St. Petersb. **31**:81. 1887;Dunn et Tutch. in Kew Bull. Add. Ser. **10**:203 1912;Chung in Mem. Sci. Soc. China **1**(1):227. 1924;P'ei in Mem. Sci. China **1**(3):116. 1932;中国高等植物图鉴**3**:596. 1974;Fl. China **17**:33. 1994.

乔木,高4~12 m;树皮粗糙,暗灰色;小枝粗壮,幼时被黄褐色绒毛,以后脱落近于无毛。叶对生;叶片厚纸质或纸质,卵形或卵状椭圆形,长5~15 cm,宽3~7(9) cm,全缘,顶端渐尖,基部楔形或宽楔形,腹面无毛,背面灰白色,被微柔毛和腺点;基生脉三出,侧脉3~5对,在背面隆起;叶柄长2~5.5 cm,具纵沟。聚伞花序组成顶生的圆锥花序;花序梗长5~10 cm,被毛;花萼钟状,长0.5~1.2 cm,外面被毛和密生灰白色腺点及黑色盘状腺点,内面无毛,仅疏生腺点,平截或具4个小尖头;花冠漏斗状,白色稍带粉红色,长3~3.5 cm,顶端通常4裂,有时5裂,裂片广卵形,近于等大;雄蕊4枚,二强,花丝扁平,被稀疏腺毛;子房倒卵形,上部密被灰白色绒毛,下半部光滑无毛,花柱上部具稀疏腺毛,下部无毛,柱头不等长2裂。核果倒卵形,长约2.2 cm。 花期4~5月,果期8月。 产于南宁、田阳、凌云、融水、罗城等地;生于海拔500～1 200 m的山坡林中。分布于福建、广东、贵州、湖南等地。 本种与**苦梓**(*G. hainanensis* Oliv.)相似,唯本种主要特征为花萼平截或具4个小尖头;花冠顶端通常4裂,有时分裂,裂片近等大,广卵形,易于区别。

3. **亚洲石梓**(中国植物志) 蛇头花

Gmelina asiatica L., Sp. Pl. 626. 1753; C. B. Clarke in Hook. f. Fl. Brit. Ind. **4**: 582. 1885; Bakh. in Bull. Jard. Bot. Buitenz. **3**(1): 69. 1921; P'ei in Mem. Sci. Soc. China **1**(3): 119. 1932; 中国植物志 **65**(1): 128, 图63. 1982; Fl. China **17**: 33. 1994. ——*G. asiatica* L. var. *typica* Lam. et Bakh. in Bull. Jard. Bot. Buitenz. **3**(1): 69. 1921.

攀缘灌木,高1～3(10) m;幼枝有刺或无刺及黄褐色柔毛,小枝略具棱及皮孔。叶片纸质,卵圆形至倒卵圆形,基部楔形或宽楔形,顶端渐尖,长3～9 cm,宽2.2～8.5 cm,全缘或3～5浅裂,表面近于无毛,背面具深褐色绵毛或至少在脉上有毛,并有腺点;侧脉3～4对;叶柄有褐色绒毛,长0.5～4.5 cm,有沟槽。聚伞花序组成顶生总状花序;苞片叶状,被毛,早落;花序梗长2～7 cm,被褐色柔毛;花大,黄色,具短柄;花萼钟状,近于平截或有4个小裂齿,外面密生深棕色柔毛和2至数个黑色盘状腺点,内面无毛,长3～6 mm,宽4～5 mm;花冠长2～5 cm,外面具贴生的锈色毛,喉部以上扩大,顶端4裂,呈二唇形,上唇全缘,下唇3裂;花丝密生腺状毛;子房无毛,4室,花柱线形,稍伸出花冠筒外,柱头不等长2裂。核果倒卵形至卵形,无毛。 产于龙州、南宁等地;生于海拔400～800 m的山坡灌木丛中。南亚和东南亚也有。根可入药,有止痛、止渴的效用。

12. 牡荆属 Vitex L.

本属最大的特点为掌状复叶,稀单叶;花序为有梗或无梗的聚伞花序,或为聚伞花序组成圆锥状以至伞房状;花萼宿存;花冠二唇形,下唇中间的裂片较大;核果。 本属约有250种,主要分布于热带和温带地区。我国有14种7变种3变型;广西有9种2变种1变型。 本属多数种类可供药用;叶可提芳香油。

分 种 检 索 表

1. 花序顶生。
  2. 花序梗、花梗及花萼外面通常无毛。
    3. 小叶2～4片,通常3枚,全缘,萼齿短三角形 …… 1. **广西牡荆** V. kwangsiensis P'ei
    3. 小叶3～5片,有锯齿,萼齿长三角形,先端渐尖 …… 2. **广东牡荆** V. sampsonii Hance
  2. 花序梗、花梗及花萼外面密生细柔毛。
    4. 小叶两面除中脉有柔毛,其余均无毛。
      5. 花丝基部无毛
        6. 果实无毛 …… 3a. **山牡荆** V. quinata (Lour.) Will. var. quinata
        6. 果实有毛 …… 3b. **龙州山牡荆** V. quinata (Lour.) Will. f. lungchowensis S. L. Liou
      5. 花丝基部明显有毛 …… 3c. **微毛布荆** V. quinata var. (Lour) Will. puberula (H. J. Lam) Moldenke
    4. 小叶两面有柔毛,背面的毛密。
      7. 小叶腹面有糙疣毛,毛脱落后留下灰白色小窝点,背面被灰黄色柔毛;小苞片早落;花萼外面被灰黄色微柔毛 …… 4. **灰毛牡荆** V. canescens Kurz
      7. 小叶腹面有微柔毛,无小窝点,背面密生柔毛或灰白色绒毛;小苞片存在;花萼外面密生灰白色绒毛。
        8. 小叶3～5片,全缘或有锯齿、浅裂以至羽状深裂;果萼与果实近等长。
          9. 小叶全缘,偶有少数锯齿,背面密生灰白色绒毛 …… 5a. **黄荆** V. negundo L. var. negundo
          9. 小叶边缘有锯齿,背面疏生柔毛 …… 5b. **牡荆** V. negundo L. var. cannabifolia (Sieb. et Zucc.) Hand.-Mazz.
        8. 小叶1～3片,全缘;果萼明显短于果实。
          10. 小叶通常3片 …… 6. **蔓荆** V. trifolia L.
          10. 小叶1片,稀在同一枝条上间有3片 …… 7. **单叶蔓荆** V. rotundifolia L. f.

1. 花序腋生。

11. 聚伞花序长不超过 6 cm；叶柄及花序梗被长柔毛 ………………………… 8. **黄毛牡荆** **V. vestita** Wallich. ex Schauer

11. 聚伞花序长 6 cm 以上；中间的小叶长 7～17 cm，宽 2.5～8 cm；花序梗密生短柔毛 ……………………………………………………………………………………………… 9. **长叶荆** **V. burmensis** Moldenke

1. **广西牡荆**(拉汉种子植物名称) 图版 240：1～2

Vitex kwangsiensis P'ei in Mem. Sci. Soc. China **1**(3)：93. Pl. 20. 1932；Moldenke in Phytologia **8**：42. 1961；中国植物志 **65**(1)：133. 1982；Fl. China **17**：28. 1994.

乔木；小枝四棱形，无毛，青灰色，干后不呈紫黑色，皮孔不显著。掌状复叶，叶柄长 2～7 cm，小叶 2～5 片，通常 3 片；中间的小叶片卵形至卵状披针形，长 4.5～14 cm，宽 2.5～5 cm，全缘，顶端渐尖或尾状尖，基部宽楔形至楔形，表面绿色，有光泽，脉上稍有毛，沿主脉的毛较明显，背面青绿色、无毛，有金黄色腺点，两侧小叶较小；小叶柄长 1～1.5 cm。圆锥状聚伞花序顶生，长 6～10 cm，花序梗近无毛；花萼钟状，长约 2.5 mm，顶端有 5 齿，外面无毛而有腺点；花冠橙黄色，花冠筒长 3.5～6 mm，顶端 5 裂，二唇形，下唇中间裂片较大，外面被微毛和腺点；雄蕊着生于花冠筒的下部，伸出花冠外，花丝下半部有毛；子房无毛，顶端有金黄色腺点，花柱无毛，柱头 2 裂。核果球形。 花期 5～6 月，果期 7～9 月。 仅见于龙州、宁明；生于海拔 300～600 m 的山坡疏林荫处。 本种小枝无毛，青灰色，干后不呈紫黑色，皮孔不显著；小叶通常 3 片，除腹面脉上有毛外，其余则无毛。花序顶生，花序梗、花萼和子房均无毛，可与本属其他种相区别。

2. **广东牡荆**(中国植物志) 小叶布荆(广西植物名录) 图版 241：1～4

Vitex sampsonii Hance in Journ. Bot. **6**：115. 1868；Forbes et Hemsl. in Journ. Linn. Soc. Bot. **26**：258. 1890；Chung in Mem. Sci. Soc. China **1**(1)：227. 1924；P'ei in Mem. Sci. Soc. China **1**(3)：109，Pl. 21. 1932；Hand.-Mazt. Symb. Sin. **7**：906. 1936；中国植物志 **65**(1)：134. 1982；Fl. China **17**：29. 1994.

灌木，高 1～2 m；小枝四棱形，疏被柔毛或近无毛；叶芽密生淡黄褐色细毛。叶对生，叶柄长 1～3 cm，内侧有槽，下部有毛，小叶 3～5 片，小叶片倒卵形或倒卵状披针形以至椭圆状披针形，上部有锯齿，顶端钝，急尖或渐尖，基部狭楔形，近无柄或有短柄，两面绿色，近无毛，中间小叶片长 1.5～4 cm，宽 1～2 cm，两侧小叶片依次渐小。聚伞花序紧密排列成有间隔的顶生圆锥花序，长 10～20 cm；苞片全缘或有分裂；花萼钟状，长约 3 mm，在果熟时长达 5 mm，近无毛或稍有毛，5 裂，裂齿长三角形，顶端渐尖；花冠蓝紫色，长约 1 cm，外被细毛，二唇形，下唇中间裂片较大；雄蕊 4 枚，花丝基部着生处有柔毛；花柱无毛，柱头 2 裂。果实近球形。 花果期 5～9 月。 产于梧州、贵港；生于海拔 400～600 m 的山坡路旁或荒草地。分布于江西、湖南和广东。

3. **山牡荆**

Vitex quinata (Lour.) Will. in Bull. Herb. Boiss. Ser. 2. **5**：431. 1905；Chung in Mem. Sci. Soc. China **19**(1)：227. 1924；海南植物志 **4**：19. 1977，P'ei in Mem. Sci. Soc. China **1**(3)：94. 1932；中国植物志 **65**(1)：135. 1982；Fl. China **17**：29. 1994. ——*Cornutia quinata* Lour. in Fl. Cochinch. 387. 1790 ed. 2，470. 1793. ——*Vitex heterophylla* Roxb. in Hort. Beng. 46. 1814. nom. nud. et Fl. Ind. ed. 2. **3**：75. 1832. ——*V. loureiri* Hook. et Arn. in Bot. Beech. Voy. 206 t. 48. 1841.

3a. **山牡荆**(原变种) 图版 240：3

Vitex quinata (Lour.) Will. var. **quinata**

常绿乔木，高 4～12 m；树皮灰褐色至深褐色；小枝四棱形，有微柔毛和腺点，老枝逐渐转为圆柱形。掌状复叶，对生，叶柄长 2.5～6 cm，有 3～5 小叶片，小叶片倒卵形至倒卵状椭圆形，顶端渐尖至短尾状，基部楔形至阔楔形，通常全缘，两面除中脉被微柔毛外，其余均无毛，腹面通常有灰白色小窝点，背面有金黄色腺点，中间小叶片长 5～9 cm，宽 2～4 cm；小叶柄长 0.5～2 cm，两侧的小叶较小。聚伞花序对生于主轴上，排成顶生圆锥花序式，长 9～18 cm，密被棕黄色微柔毛；苞片线形，早落；花萼钟状，长 2～3 mm，

图版 240 1～2. **广西牡荆** Vitex kwangsiensis P'ei 1. 果枝；2. 幼苗的叶。 3. **山牡荆** V. qu nata（Lour.）Will. var. quinata 3. 果枝。 4～5. **灰毛牡荆** V. canescens Kurz 4. 果枝；5. 叶片。（1～2 黄门生绘，3 邹贤桂绘，4～5 王旧立绘）

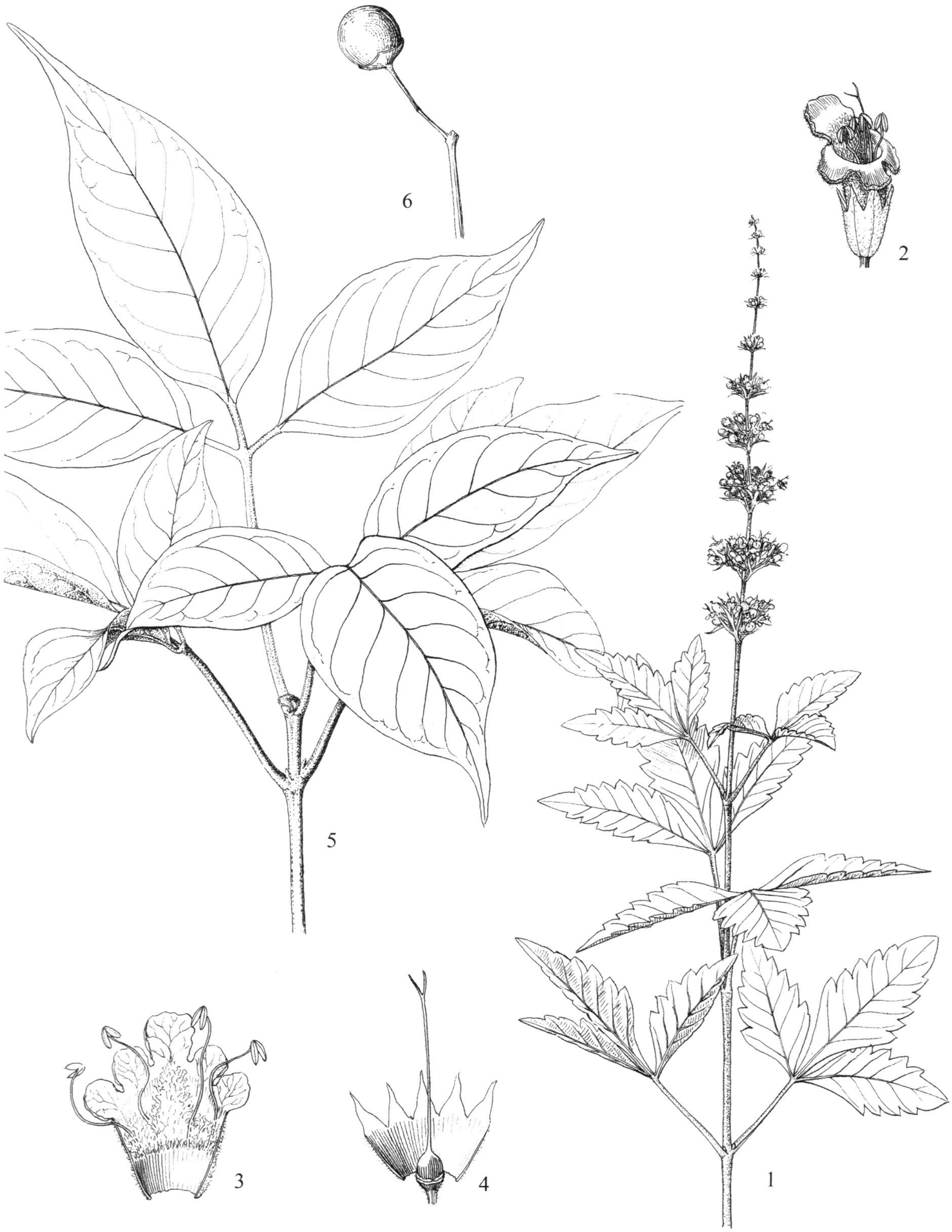

图版 241 1～4. 广东牡荆 Vitex sampsonii Hance 1. 花枝；2. 花；3. 花冠展开；4. 花萼展开。 5～6. 长叶荆 V. burmensis Moldenke. 5. 叶枝；6. 果。（史渭清绘）

顶端有 5 钝齿，外面密生棕黄色细柔毛和腺点，内面上部稍有毛；花冠淡黄色，长 6～8 mm，顶端 5 裂，二唇形，下唇中间裂片较大，外面有柔毛和腺点；雄蕊 4 枚，伸出花冠外，花丝基部变宽而无毛；子房顶端有腺点。核果球形或倒卵形，幼时绿色，成熟后呈黑色；宿萼呈圆盘状，顶端近截形。　花期 5～7 月，果期 8～9 月。　产于龙州、藤县、平南、凌云、乐业、河池、罗城、金秀、永福、临桂；生于海拔 180～1 200 m 的山坡林中。分布于台湾、浙江、福建、广东，日本、印度、马来西亚、菲律宾也有。　木材适于作桁、桶、门、窗、天花板及胶合板等用材；叶煎汁可熏洗风湿痛。　本种与**广西牡荆**(*V. kwangsiensis* P'ei)近似，两者都是乔木；掌状复叶，小叶全缘，近无毛；花序顶生。两者的区别在于本种小叶腹面常有灰白色小窝点；花序梗、花梗和花萼密被棕黄色柔毛，花丝基部无毛。

3b. **龙州山牡荆**(变型)　(中国植物志)

Vitex quinata(Lour.)Will. f. lungchowensis S. L. Liou，中国植物志 **65**(1)：136. 1982.

本变型与原变种的区别在于果实密被细毛。　果期 8 月。　仅见于龙州(金龙乡)；生于海拔 500 m 的丘陵、山顶密林中。

3c. **微毛布荆**

Vitex quinata var. (Lour.) Will. puberula (H. J. Lam) Moldenke，Phytologia **3**：489. 1951；Fl. China **17**：29. 1994.——*V. heterophylla* Roxburgh var. *puberula* H. J. Lam，Verben. Malay. Archip. 189. 1919.

本变种主要特点：小叶通常 5 片，很少为 3 片，中间的 1 片小叶较大，长圆形至椭圆形，长 15～20 cm，宽 5～8.5 cm，顶端骤尖呈尾状，基部近圆形或楔形，侧生小叶较小，基部常偏斜，表面近无毛，干后带黑色，通常有小窝点；花冠内面在花丝着生处被长柔毛。　产于桂西南地区。分布于贵州、云南，中南半岛至菲律宾也有。　根及树干髓部用于止咳、定喘、镇静、退热(《云南植物志》)。

4. **灰毛牡荆**(拉汉种子植物名称)　灰牡荆(海南植物志)　灰布荆(云南植物志)　图版 240：4～5

Vitex canescens Kurz，J. Asiat. Soc. Bengal，Pt. 2，Nat. Hist. **42**(2)：101. 1873；Chung in Mem. Sci. Soc. China **1**(1)：227. 1924；海南植物志 **4**：18. 1977；云南植物志 **1**：447. 1977；Fl. China **17**：29. 1994.——*V. kweichowensis* P'ei in Sinensia **2**：71. 1931.

乔木，高 3～15(20) m；树皮黑褐色；小枝四棱形，密被灰黄色细柔毛。掌状复叶，叶柄长 2.5～7 cm，小叶 3～5；小叶片卵形，椭圆形或椭圆状披针形，长 6～18 cm，宽 2.5～9 cm，顶端渐尖或骤尖，基部宽楔形或近圆形，侧生的小叶基部常不对称，全缘，腹面被短柔毛，背面密生灰黄色柔毛和黄色腺点；侧脉 8～19 对，在背面明显隆起；小叶柄长 0.5～3 cm。圆锥花序顶生，长 10～30 cm；花序梗密生灰黄色细柔毛；苞片早落；花萼顶端有 5 小齿，外面密生柔毛和腺点，内面疏生细毛；花冠黄白色，外面密生细柔毛和腺点；雄蕊 4 枚，二强，着生于花冠筒的喉部，花丝基部有毛；子房顶端有腺点。核果近球形或长圆状倒卵形，表面淡黄色或紫黑色，有光泽；宿萼外有毛。　花期 4～5 月，果期 5～6 月。　产于临桂。分布于江西、湖北、湖南、广东、贵州、四川、云南、西藏等地，印度、缅甸、泰国、老挝、越南及马来西亚等地也有。　成熟果实可治胃痛；根可治外感风寒、疟疾等；木材无心、边材区别，可作胶合板用材(《海南植物志》)。

5. **黄荆**(中国高等植物图鉴)

Vitex negundo L.，Sp. Pl. 638. 1753；Merr. in Lingn. Sci. Journ. **5**：158. 1927；P'ei in Mem. Sci. Soc. China **1**(3)：101. 1933；Hand.-Mazt. Symb. Sin. **7**：905. 1936；陈嵘，中国树木分类学 1090. 1937；中国植物志 **65**(1)：1982；Fl. China **17**：30. 1994.

5a. **黄荆**(原变种)　图版 242：1～2

Vitex negundo L. var. negundo

灌木或小乔木；小枝四棱形，密生灰白色绒毛。掌状复叶，小叶 5 片，少有 3 片；小叶片长圆状披针形至披针形，顶端渐尖，基部楔形，全缘或每边有少数粗锯齿，腹面绿色，背面密生灰白色绒毛；中间小叶长 4～13 cm，宽 1～4 cm，两侧小叶依次递小；若具 5 小叶时，中间 3 片小叶有柄，最外侧的 2 片小叶无柄或近于无柄。聚伞花序排成圆锥花序式，顶生，长 10～27 cm，花序梗密生灰白色绒毛；花萼钟状，顶端有 5

图版 242 1～2. 黄荆 Vitex negundo L. var. negundo 1. 花枝；2. 花。 3. 蔓荆 V. trifolia L. 3. 花枝。 4. 兰香草 Caryopteris incana (Thunb. ex Houtt.) Miq. 4. 花枝。 （何顺清、林文宏绘）

裂齿，外有灰白色绒毛；花冠淡紫色，外有微柔毛，顶端5裂，二唇形；雄蕊伸出花冠筒外；子房近无毛。核果近球形，直径约2 mm；宿萼接近果实的长度。 花期4～6月，果期7～10月。 产于都安、靖西、邕宁、平果、武鸣、桂林、恭城、龙胜、龙州、贺州、梧州、融县、全州、隆林、柳城、南宁等地；生于海拔200～1 400 m的山坡路旁或灌木丛中。分布于长江以南各省，日本、非洲(东部)、南美洲也有。 茎皮可造纸及制人造棉；茎叶治久痢；种子为清凉性镇静、镇痛药。

5b. **牡荆**(名医别录)

Vitex negundo L. var. cannabifolia(Sieb. et Zucc.) Hand.-Mazz. in Act. Hort. Gotoburg. **9**:67. 1934；中国植物志 **65**(1):143～144. 1982；Fl. China **17**:31. 1994. ——*V. cannabifolia* Sieb. et Zucc. in abh. Akad. Munch. Ser. 3, **4**:152. 1846.

落叶灌木或小乔木；小枝四棱形。叶对生，掌状复叶，小叶5片，少有3片；小叶片披针形或椭圆状披针形，顶端渐尖，基部楔形，边缘有粗锯齿，腹面绿色，背面淡绿色，通常被柔毛。圆锥花序顶生，长10～20 cm；花冠淡紫色。果实近球形，黑色。 花期6～7月，果期8～11月。 产于广西各地山区；生于海拔100～1 100 m的山坡路旁灌木丛中。分布于长江以南各省，日本也有。 用途与黄荆相同。本变种与原变种区别在于小叶边缘有粗锯齿，背面幼时具柔毛，老时毛脱落，其他性状基本相似。

6. **蔓荆**(神农本草经) 图版242:3.

Vitex trifolia L. Sp. Pl. 638. 1753；P'ei in Mem. Sci. Soc. China **1**(3):99. 1932；海南植物志 **4**:18. 1977；云南植物志 **1**:442，图版105:1～3. 1977；中国植物志 **65**(1):138. 1982；Fl. China **17**:29. 1994.

6a. **蔓荆**(原变种)

Vitex trifolia L. var. trifolia

落叶灌木，罕为小乔木，高1.5～5 m；有香味；小枝四棱形，密生细柔毛。通常三出复叶，有时在侧枝上可有单叶，叶柄长1～3 cm；小叶片卵形、倒卵形或倒卵状长圆形，长2.5～9 cm，宽1～3 cm，顶端钝或短尖，基部楔形，全缘，腹面绿色，无毛或被微柔毛，背面密被灰白色绒毛；侧脉约8对，两面稍隆起；小叶无柄或有时中间小叶基部下延成短柄。圆锥花序顶生，长3～15 cm；花序梗密被灰白色绒毛；花萼钟形，顶端5浅裂，外面有绒毛；花冠淡紫色或蓝紫色，长6～10 mm，外面及喉部有毛，花冠筒内有较密的长柔毛，顶端5裂，二唇形，下唇中间裂片较大；雄蕊4枚，伸出花冠外；子房无毛，密生腺点，花柱无毛，柱头2裂。核果近圆形，直径约5 mm，成熟时黑色；果萼宿存，外被灰白色绒毛。 花期7月，果期9～11月。 产于容县、龙州、龙胜、隆安、宁明、北流等地。分布于福建、台湾、广东、广西、云南，印度、越南、菲律宾、澳大利亚也有。 果实可入药，可治感冒、风热、神经性头痛、风湿骨痛等症；茎叶可提取芳香油。

7. **单叶蔓荆**(拉汉种子植物名称)

Vitex rotundifolia L. f., Suppl. Pl. 294. 1781(publ. 1782)；Fl. China **17**:30. 1994. ——*V. trifolia* var. *simplicifolia* Cham. in Linnaea 107. 1832；中国高等植物图鉴 3: 594. 1974；中国植物志 **65**(1):140. 1982. ——*V. ovata* Thunb. Fl. Jap. 257. 1784. ——*V. trifolia* L. var. *unifoliolata* Schauer in DC. Prodr. **11**:683. 1847.

灌木；茎匍匐，节处常生不定根；幼枝被柔毛，叶柄短或无柄；叶片具1～3小叶，叶片倒卵形或近圆形，顶端通常钝圆或有短尖头，基部楔形，全缘，长2.5～5 cm，宽1.5～3 cm，背面有光滑柔毛，腹面灰绿色有柔毛。花萼杯状，长4～5 mm，浅2裂，有5锯齿，花萼外有柔毛和腺点，内部光滑无毛；花冠略带紫色或蓝紫色，高脚杯状，外有柔毛和腺点，花冠筒内有较密的长柔毛；雄蕊向外伸出；子房球形，无毛，密被腺点。果实球形，成熟时黑色。 花期7～9月，果期9～11月。 产于临桂、宁明、灵山；生于沙滩、海边及河岸。分布于我国沿海各地，日本、印度、缅甸、泰国、越南、马来西亚、澳大利亚、新西兰也有。 果实可入药，具有疏散风热之效，可治头痛眩晕及湿痹拘挛。

8. **黄毛牡荆**

Vitex vestita Wallich ex Schauer in A. de Candolle, Prodr. **11**:692. 1847, descr.; Chung in Mem. Sci.

Soc. Chinam **1**(1):227. 1924;P'ei in Mem. Sci. Soc. China **1**(3):112. 1932;云南植物志 **1**:448. 1977;Fl. China **17**:31. 1994. ——*V. finlausoninana* Wall. ,Cat. No. 6314. 1828,nom. nud.

灌木或小乔木,高 1～5(8) m;小枝四棱形,密生黄褐色柔毛,老枝逐渐无毛。三出复叶,叶柄长 2～6 cm;小叶片椭圆形或椭圆状长圆形,顶端骤尖或渐尖,基部圆形或楔形,全缘或中部以上有疏浅锯齿,表面有糙毛和小瘤状突起,背面密被绵毛状长柔毛及黄色腺点;中间的小叶片长 2.5～12 cm,宽 1.5～5.5 cm,小叶柄长约 1 cm;两侧小叶较小,小叶柄长约 2 mm。聚伞花序腋生,2～3 次分歧,花序梗短于叶柄,密生长柔毛;苞片线形,有柔毛;花萼外面有柔毛和腺点,顶端近截平或 5 小齿,萼筒长约 3 mm,果时扩大如碟状;花冠黄白色,花冠筒长 1～1.2 cm,外面有柔毛和腺点;雄蕊着生于花冠筒中部,花丝基部有长柔毛,花药个字形;子房无毛,顶端有腺点,花柱细长,柱头 2 裂。核果倒卵圆形,长 5～9 mm,宽 4～8 mm,果熟后呈黑色。 花期 6～9 月,果期 10～11 月。 产于那坡。

9. **长叶荆**(云南植物志) 图版 241:5～6

Vitex burmensis Moldenke, Phytologia **8**:30. 1961;Fl. China **17**:31. 1994. ——*V. lanceofolia* S. C. Huang 云南植物志 **1**:450,图版 107:1. 1977;中国植物志 **65**(1):148～149. 1982. ——*V. lanceolata* P'ei in Mem. Sci. Soc. China **1**(3):114;Non. Turcz. in Bull. Nat. Mosc. 1863.

灌木至乔木,高 2～12 m;树皮灰褐色,有斜纵裂片;小枝四棱形,密被黄色短柔毛和淡黄色腺点,老枝逐渐变无毛。掌状复叶,小叶 3～5 片,叶柄长 2～12 cm,有毛;小叶片披针形、卵状披针形至长圆形,全缘,顶端渐尖至尾状尖,基部楔形或近圆形,有时不对称,表面疏生短柔毛和黄色腺点,背面密生柔毛和腺点;侧脉 13～15 对,在背面明显突起;中间的小叶片长 7～17 cm,宽 2.5～8 cm;小叶柄长 0.3～2 cm,有柔毛;两侧小叶较小。圆锥花序由许多分枝的聚伞花序组成,1～3 个着生于叶腋,花序梗长 1.5～7 cm,有毛和分散的腺点;苞片细小、有毛、早落;花萼顶端有 5 齿,微二唇形;花冠粉红色,顶端 5 裂,二唇形,外面及内面有柔毛,尤其下唇中裂片毛最多,花冠筒长约 6 mm;雄蕊 4 枚,二强,稍外露,花丝下部有毛;花柱与花冠筒等长,柱头 2 裂;子房无毛,顶端有腺点。核果近圆形,幼时绿色,果熟时变黑,径约 1 cm;宿萼扩大呈圆盘状,边缘 5 浅裂。 花期 6 月,果期 10 月。 仅见于隆林地区;生于海拔 1 300～2 400 m 的山谷或密林中。分布于云南、贵州。 本种小叶片长 7～17 cm,宽 2.5～8 cm,先端渐尖至尾状尖,基部楔形或近圆形,有时不对称,全缘,两面有黄色柔毛,背面较密而有腺点;花序腋生,可与本属其他种相区别。

13. 大青属 Clerodendrum L.

本属主要特征为落叶或半常绿灌木或小乔木,少为攀缘状藤本或草本。幼枝四棱形至近圆柱形,有浅或深棱槽,皮孔明显或不显;单叶对生,少为 3～5 叶轮生;叶片全缘、波状或有各式锯齿,很少浅裂至掌状分裂;聚伞花序或由聚伞花序组成疏展或紧密的伞房状或圆锥状花序,或短缩近头状,顶生、假顶生(生于小枝顶叶腋)或腋生;直立或下垂;苞片宿存或早落;花萼有美丽的色泽,花后多少增大,通常具大腺体或腺点,全部或部分包被果实;花冠较大而美丽,高脚杯状或少为漏斗状,花冠筒通常长于花萼,顶端 5 裂而稍偏斜,不呈二唇形;雄蕊通常 4 枚,花丝等长或 2 长 2 短,着生于花冠筒上部,通常伸出花冠外;果为浆果状核果。 本属约有 400 种,分布于热带和亚热带地区,少数分布于温带地区,主产于东半球。我国约有 34 种 6 变种;广西现知有 18 种 4 变种。 本属多数种类可药用;不少种类可供观赏。

分种检索表

1. 花序腋生或生于枝顶叶腋,由聚伞花序组成伞房状,有花 3～10 朵;叶片卵形、卵状椭圆形至长椭圆形。
  2. 叶片薄革质,卵形至椭圆状卵形,全缘,长 3～7 cm,宽 1.5～4.5 cm,顶端钝尖;花冠筒远长于花萼,长 2～3 cm;花萼顶端微 5 裂或在果时几乎平截 ………………………………………… 1. **苦郎树** C. inerme (L.) Gaertn.
  2. 叶片纸质,狭卵形至卵状长圆形、长椭圆形或倒卵状披针形,全缘或波状;花冠筒等长或稍长于花萼,裂片宽卵形。

3. 攀缘状灌木;叶片狭卵形或卵状椭圆形,长 4～10 cm,宽 1.5～4 cm,全缘;花萼白色;花冠深红色,外被细腺毛 ………………………………………………………………………………………… 2. **龙吐珠** C. thomsoniae Balf.

3. 直立灌木;叶片长椭圆形或倒卵状披针形,少为卵状椭圆形,长 5～17.5 cm,宽 1.5～5 cm,全缘或波状;花萼红紫色;花冠淡红色或白色 …………………………………………………………………………… 3. **白花灯笼** C. fortunatum L.

1. 花序顶生或生于枝顶叶腋,如腋生,则花序密集成头状,通常具多花;叶片各种形,自狭长椭圆形至心形。

4. 叶片长圆形或卵状披针形,长为宽的 4 倍以上。

5. 叶片通常全缘;花序下垂或略下垂;苞片不呈叶状;花萼浅裂至深裂。

6. 花序主轴延伸,聚伞花序在主轴上排列成圆锥花序。

7. 小枝锐四棱形,具狭翅 ……………………………………………………………… 4. **垂茉莉** C. wallichii Merr.

7. 小枝略四棱形或圆柱形,不具狭翅。

8. 花序主轴延伸较短,长在 15 cm 以下;叶片通常纸质。

9. 髓干后中空,叶片椭圆状披针形或椭圆形,通常干后变黑色;叶柄长 2～7 cm ……………………………………………………………………………………………… 5. **南垂茉莉** C. henryi P'ei

9. 髓干后不中空,叶片倒卵状披针形、倒披针形或狭椭圆形,干后呈淡绿色或翠绿色;叶柄长 0.5～2.5 cm ………………………………………………………………………… 6. **海南赪桐** C. hainanense Hand.-Mazz.

8. 花序主轴延伸呈狭长圆锥花序,长在 15 cm 以上;叶片通常膜质,长椭圆形或椭圆形,干后为鲜绿色;叶柄长 2～6 cm ……………………………………………………………………… 7. **长叶大青** C. longilimbum P'ei

6. 花序主轴短缩,聚伞花序排列成伞房状。

10. 叶片革质或厚纸质,先端渐尖,不呈尾状弯曲,表面有光泽;花冠筒长约 1 cm;花萼长 3～4 mm。

11. 叶片全缘 ……………………………………………… 8a. **大青** C. cyrtophyllum Turcz. var. cyrtophyllum

11. 叶片长圆形,先端钝,边缘具粗圆齿 …………………………………………………………………………………… 8b. **广西大青** C. cyrtophyllum Turcz. var. kwangsiense S. L. Chen et T. D. Zhuang

10. 叶片薄纸质,先端渐尖呈尾状弯曲;花冠筒长 2～3 cm;花萼长 6～7 mm ……………………………………………………………………………………… 9. **广东大青** C. kwangtungense Hand.-Mazz.

5. 叶片通常具锯齿;花序直立;苞片呈叶状;花萼几乎平截。

12. 叶几无柄或具短柄,基部不呈耳状抱茎。

13. 叶对生或三叶轮生;花序呈较开展的塔形 ……………… 10a. **三对节** C. serratum (L.) Moon var. serratum

13. 叶对生,较小;花序紧缩几乎呈穗状…… 10b. **草本三对节** C. serratum(L.) Moon var. herbaceum (Roxb) C. Y. Wu

12. 叶无柄,基部下延呈耳状抱茎 ……………… 10c. **三台花** C. serratum(L.) Moon var. amplexifolium Moldenke

4. 叶片卵形、宽卵形、椭圆形、心脏形,长为宽的 2 倍以下。

14. 叶片背面有盾状腺体 ……………………………………………………… 11. **赪桐** C. japonicum (Thunb.) Sweet.

14. 叶片背面无盾状腺体。

15. 聚伞花序紧密排列呈头状。

16. 植株密被平展的长柔毛;花萼裂片宽卵形,边缘重叠,长于果实,外面无盘状腺体 ……………………………………………………………………………… 12. **灰毛大青** C. canescens Wall.

16. 植株密被柔毛、绒毛;花萼裂片三角形、狭三角形,披针形或线状披针形,边缘不重叠,短于或稍长于果实,外面常具盘状腺体。

17. 花萼裂片披针形或线状披针形。

18. 花冠大,裂片长约 1 cm,卵圆形或椭圆形;花萼裂片披针形。

19. 花重瓣,多数栽培 ……………………………… 13a. **重瓣臭茉莉** C. chinense(Osbeck)Mabb. var. chinense

19. 花单瓣,常野生 ………… 13b. **臭茉莉** C. chinense(Osbeck)Mabb. var. simplex (Moldenke) S. L. Chen

18. 花冠小,裂片长 5～7 mm,倒卵形;花萼裂片线状披针形 ………………………………………………………………………… 14. **尖齿臭茉莉** C. lindleyi Decne ex Planch.

17. 花萼裂片三角形或狭三角形或卵状披针形 ……………………………………… 15. **臭牡丹** C. bungei Steud.

15. 聚伞花序疏展排列不呈头状。

20. 伞房花序梗粗壮,4～6 枚生于枝顶,无花序主轴;苞片披针形,长约 1.5 cm;花萼裂片三角形,长不到 1 mm

…………………………………………………………………………………… 16. **腺茉莉** C. colebrookianum Walp.

20. 伞房花序梗不粗壮，数枚排列在花序主轴上；苞片较小或较大呈叶状；花萼裂片浅形至三角状披针形，或卵形，长达 1.5 mm。

21. 叶片腹面被短柔毛，背面密被灰白色绒毛；花萼较小，长 3～4 mm，萼齿线形 …………………………………………………………………………………………… 17. **海通** C. mandarinorum Diels

21. 叶片幼时两面都被白色短柔毛，老时腹面光滑无毛，背面被短柔毛或无毛；花萼较大，蕾时绿白色，后呈紫红色，花萼裂片三角状披针形或卵形，长 11～15 mm ……………… 18. **海州常山** C. trichotomum Thunb.

1. **苦郎树**(中国药用植物志) 假茉莉(广西植物名录) 猪母泡、臭梧桐(苍梧) 鸡公属(防城)

Clerodendrum inerme (L.) Gaertn., Furct. **1**: 271. 1788; P'ei in Mem. Sci. Soc. China **1**(3): 127. 1932; 中国药用植物志 **3**: 130. 1953; 中国高等植物图鉴 **3**: 596, 图 5146. 1974; 中国植物志 **65**(1): 154, 图 77. 1982; Fl. China **17**: 42. 1994. ——*Volkameria inermis* L. in Sp. Pl. 637. 1753.

攀缘状灌木，直立或平卧，高可达 2 m；根、茎、叶有苦味；幼枝四棱形，黄灰色，被短柔毛；小枝髓坚实。叶对生；叶片薄革质，卵形、椭圆形或椭圆状披针形、卵状披针形，长 3～7 cm，宽 1.5～4.5 cm，顶端钝尖，基部楔形或宽楔形，全缘，常略反卷，腹面深绿色，背面淡绿色，无毛或背面沿脉疏生短柔毛，两面都散生黄色细小腺点，干后褪色或脱落而形成小浅窝；侧脉 4～7 对，近叶缘处向上弯曲而相互汇合；叶柄长约 1 cm。聚伞花序通常由 3 朵花组成，少为 2 次分歧，着生于叶腋或枝顶叶腋；花很香；花序梗长 2～4 cm；苞片线形，长约 2 mm，对生或近于对生；花萼钟状，外被细毛，顶端微 5 裂或在果时几乎平截，萼筒长约 7 mm；花冠白色，顶端 5 裂，裂片长椭圆形，长约 7 mm，花冠筒长 2～3 cm，外面几无毛，有不明显的腺点，内面密生绢状柔毛；雄蕊 4 枚，偶见 6 枚，花丝紫红色，细长，与花柱同伸出花冠；花柱较花丝长或近等长，柱头 2 裂。核果倒卵形，直径 7～10 mm，略有纵沟，多汁液，内有 4 分核，外果皮黄灰色；花萼宿存。 花果期 3～12 月。 产于苍梧、贵港、北流、容县、平南、靖西、钦州、北海等地；生于海拔 100～200 m 的海岸河滩或水池边。分布于福建、台湾、广东、浙江等地的海滩和潮汐能至的地方，印度、东南亚至大洋洲(北部)也有。 木材可作火柴杆；根可入药，有清热解毒、散瘀除湿、舒筋活络的功效。枝叶有毒(南方有毒植物手册)。亦可为沿海防沙造林树种。

2. **龙吐珠**(广州植物志)

Clerodendrum thomsoniae Balf. in Edinb. New Phil. Journ. N. S. **15**: 233. 1862; 侯宽昭等，广州植物志 632, 图 337. 1956; 中国高等植物图鉴 **3**: 597, 图 5147. 1974; 海南植物志 **4**: 22. 1977; 云南植物志 **1**: 458, 图版 109: 3～4. 1977; J. Y. Hsiao in H. L. Li, Fl. Taiwan **4**: 424. 1978.

攀缘状灌木，高 2～5 m；幼枝四棱形，被黄褐色短绒毛，老时无毛，小枝髓部嫩时疏松，老后中空。叶片纸质，狭卵形或卵状长圆形，长 4～10 cm，宽 1.5～4 cm，顶端渐尖，基部近圆形，全缘，表面被小疣毛，略粗糙，背面近无毛，基脉三出；叶柄长 1～2 cm。聚伞花序腋生或假顶生，二歧分枝，长 7～15 cm，宽 10～17 cm；苞片狭披针形，长 0.5～1 cm；花萼白色，基部合生，中部膨大，有 5 棱脊，顶端 5 深裂，外被细毛，裂片三角状卵形，长 1.5～2 cm，宽 1～1.2 cm，顶端渐尖；花冠深红色，外被细腺毛，裂片椭圆形，长约 9 mm，花冠筒与花萼近等长；雄蕊 4 枚，与花柱同伸出花冠外；柱头 2 浅裂。核果近球形，直径约 1.4 cm，内有 2～4 分核，外果皮光亮，棕黑色；宿存萼不增大，红紫色。 花期 3～5 月。 南宁、桂林、苍梧、贵港、靖西等地都有栽培。现国内外各地都有栽培，原产于西非。 本种是著名栽培观赏植物，开花时深红色的花冠由白色的萼内渐渐伸出，状如吐珠，因得名。此特征可与近缘种**白花灯笼**(*C. fortunatum* L.)区别。

3. **白花灯笼** 苦灯笼 灯笼草 红灯笼

Clerodendrum fortunatum L., Sp. Pl. ed. 2. 889. 1753; Schauer in DC. Prodr. **11**: 671. 1847; 中国高等植物图鉴 **3**: 597, 图 5148. 1974; 海南植物志 **4**: 23. 1977; Fl. China **17**: 37. 1994. ——*Volkameria pumila* Lour. in Flor. Cochin. 388. 1790. ——*Clerodendron lividum* Lindl. in Bot. Reg. **11**: t. 945. 1825. ——*C. punilum* (Lour.) Spreng. in Syst. Veg. **2**: 759. 1825. ——*C. castaneifolium* Hook. et Arn. in Bot. Beech.

Voy 205. 1836.

灌木，高可达 2.5 m；嫩枝密被黄褐色短柔毛，小枝暗棕褐色，髓疏松，干后不中空。叶片纸质，长椭圆形或倒卵状披针形，少为卵状椭圆形，长 5～17.5 cm，宽 1.5～5 cm，顶端渐尖，基部楔形或宽楔形，全缘或波状，腹面被疏生短柔毛，背面密生细小黄色腺点，沿脉被短柔毛；叶柄长 0.5～3 cm，少可达 4 cm，密被黄褐色短柔毛。聚伞花序腋生，较叶短，1～3 次分歧，具花 3～9 朵；花序梗长 1～4 cm，密被棕褐色短柔毛；苞片线形，密被棕褐色短柔毛；花萼红紫色，具 5 棱，膨大形似灯笼，长 1～1.3 cm，外面被短柔毛，内面无毛，基部连合，顶端 5 深裂，裂片宽卵形，渐尖；花冠淡红色或白色稍带紫色，外面被毛，花冠筒与花萼等长或稍长，顶端 5 裂，裂片长圆形，长约 6 mm；雄蕊 4 枚，与花柱同伸出花冠外；柱头 2 裂，顶端尖。核果近球形，直径约 5 mm，熟时深蓝绿色；藏于宿萼内。 花果期 6～11 月。 广西各地都有分布，以南部较多；生于海拔 1 000 m 以下的丘陵、山坡、路边、村旁和旷野。江西南部、福建、广东都有生长，其他各地温室有栽培。 根或全株可入药，有清热降火、消炎解毒、止咳镇痛的功效；用鲜叶捣烂或干根研粉调剂外敷可散瘀、消肿止痛。作兽药可治牛瘟、猪瘟、流感、热咳、跌打等。 本种花冠筒等长或稍长于花萼，花萼裂片宽卵形等特征近似**龙吐珠**(*C. thomsoniae* Balf.)，但本种为直立灌木；嫩枝密被黄褐色短柔毛；叶片纸质，长椭圆形或倒卵状披针形，先端渐尖不呈尾状，背面密生细小黄色腺点；花萼红紫色，具 5 棱，膨大形似灯笼；花冠淡红色或白色稍带紫色等特征可以区别。

4. **垂茉莉**(云南植物志) 长花龙吐珠(广西植物名录)

Clerodendrum wallichii Merr. in Journ. Arn. Arb. **33**：220. 1952；云南植物志 **1**：461，图版 110：8～9. 1977；中国植物志 **65**(1)：158，图 80. 1982；Fl. China **17**：36. 1994.——*Clerodendron nutans* auct. non Jack：Wall. ex D. Don，Prodr. Fl. Nep. 103. 1825；P'ei in Mem. Sci. Soc. China **1**(3)：150. 1932.

直立灌木或小乔木，高 2～4 m；小枝锐四棱形或呈翅状，无毛，髓部充实。叶片近革质，长圆形或长圆状披针形，长 11～18 cm，宽 2.5～4 cm，顶端渐尖或长渐尖，基部狭楔形，全缘，两面无毛；侧脉 7～8 对，在表面略显著，近边缘弧状网结，细脉略显；叶柄长约 1 cm。聚伞花序排列成圆锥状，长 20～33 cm，下垂，无毛，每聚伞花序对生或交互对生，着花少数，花序梗及花序轴锐四棱形呈翅状；苞片小，线形或钻形；花萼长约 1 cm，萼筒很短，裂片卵状披针形，长 7～8 mm，果时增大增厚，鲜红色或紫红色；花冠白色，花冠筒长约 1.1 cm，裂片倒卵形，长 1.1～1.5 cm；雄蕊及花柱伸出花冠，花丝在花后旋卷。核果球形，直径 1～1.3 cm，初时黄绿色，成熟后紫黑色，光亮，通常 2 槽纹较显著。 花果期 10 月至翌年 4 月。 产于龙州、靖西、弄岗等地，桂林见有栽培；生于海拔 100～1 190 m 的山坡疏林中。云南(西部)、西藏(墨脱)等地也有，福建、广东、江苏等地温室见有栽培，印度(东北部)、孟加拉国、缅甸(北部)至越南(中部)也有。 花、果甚美可供观赏。 本种小枝、花序梗及花序轴锐四棱形或呈翅状，花序长等主要特征，可与相近种**南垂茉莉**(*Clerodendrum henryi* P'ei)和**长叶大青**(*C. longilimbum* P'ei)区别。

5. **南垂茉莉**(云南植物志) 滇桂臭茉莉(广西植物名录)

Clerodendrum henryi P'ei in Mem. Sci. Soc. China **1**(3)：152. t. 27. 1932；云南植物志 **1**：463，图版 110：6～7. 1977；Fl. China **17**：37. 1994.——*Clerodendron nutans* auct. non Wall. ex D. Don：P'ei in Mem. Sci. Soc. China **1**(3)：150. 1932，pro parte quoad Henryi 9302，11585B.

灌木，高 1.5～3 m；小枝略呈四棱形，微有槽，后渐成圆柱状，无毛，髓疏松，干后中空。叶片纸质，干后稍变黑，椭圆状披针形、披针形呈椭圆形，长 7～21 cm，宽 2～7 cm，顶端渐尖或尾状，基部楔形或宽楔形，全缘，微波状或有不规则的钝齿，两面近于无毛，基脉近三出或近离基三出，侧脉 7～8 对，背面隆起；叶柄长 2～7 cm，无毛。聚伞花序主轴延伸较短，排列成短圆锥状，顶生或生于枝顶叶腋，长 9～15 cm，微下垂；花序梗较纤细，无毛；苞片椭圆状披针形、披针形或线形，长 0.5～1.7 cm；花萼无毛，带紫红色，长 6～9 mm，裂片卵状长圆形，长 4～6 mm；花冠淡黄色至白色，有时染以淡紫色，外有微柔毛，花冠筒长 1.1～1.9 cm，裂片倒卵形，长 6～8 mm；雄蕊及花柱都伸出花冠外。核果球形，直径 1～1.2 cm，绿色，成熟时黑色，光亮；宿存萼增大，紫色，向外反折。 花果期 9 月至翌年 1 月。 产于百色、乐业等地；生于海拔

700～1 200 m的沟谷、密林湿润处。分布于云南。 本种与**长叶大青**(*Clerodendrum longilimbum* P'ei)相近,但后者叶片膜质而宽大,干后不变黑;花序轴延伸较长,分枝疏展,成狭长的圆锥花序,近花序基部的苞片叶状;髓充实等特征可以区别。

6. **海南赪桐**(海南植物志) 海南臭茉莉(广西植物名录)

Clerodendrum hainanense Hand.-Mazz. in Oesterr. Bot. Zeitschr. **80**:343. 1931;海南植物志 **4**:23. 1977;Fl. China **17**:37. 1994.

灌木,高1～4 m;幼枝略呈四棱形,绿色,疏被细毛或近于无毛,老枝圆柱形,淡黄褐色或灰白色,光滑无毛,皮孔显著。叶片膜质至薄纸质,倒卵状披针形、倒披针形或狭椭圆形,长7～26 cm,宽2～8 cm,干后鲜绿色仍较鲜艳,顶端短尾尖,基部狭楔形或楔形,全缘,两面无毛,背面密被淡黄色小腺点;侧脉6～11对;叶柄具沟,长0.5～2.5 cm。圆锥状聚伞花序顶生,偶有腋生,长8～14 cm,主轴上有3～6分枝,每聚伞花序有花3～7朵;小苞片线形或钻形,长2～8 mm;花萼长约5 mm,裂片三角状披针形,长约4 mm,紫红色或淡红色;花冠白色,花冠筒细长,长0.5～4 cm,裂片倒卵形,长6～8 mm,外被细毛和腺点;雄蕊4枚,花丝细长,与花柱均伸出花冠外;子房无毛,花柱长于花丝,柱头2浅裂。果实球形,直径约1 cm,成熟时紫色。 花果期9～12月。 产于东兴、宁明、龙州、扶绥、邕宁、上思、崇左等地;生于海拔150～900 m的山坡林下、沟谷阴湿处。分布于海南。

7. **长叶大青**(中国植物志) 长叶臭茉莉(云南植物志)

Clerodendrum longilimbum P'ei in Mem. Sci. Soc. China **1**(3):151, pl. 26. 1932;云南植物志 **1**:463,图版109:9～10. 1977;Fl. China **17**:37. 1994.——*Clerodendron nutans* auct. non Wall. ex D. Don:P'ei in Mem. Sci. Soc. China 1(3):150. 1932, pro parte quoad Henryi 11585A.

灌木,高1～3 m;小枝略呈四棱形,无毛,髓疏松。叶片膜质,长椭圆形或椭圆形,长7～20 cm,宽4～8 cm,顶端渐尖,基部宽楔形或圆形,全缘或微波状,两面近无毛或仅表面散生少数细伏毛;侧脉7～8对,羽状或近离基三出、侧脉及细脉在背面均显著;叶柄长2～6 cm。聚伞花序排列成狭长圆锥状,顶生,下垂,花序梗纤细;苞片线形或披针形,近花序基部的呈叶状,果时脱落;花萼钟状,长7～9 mm,无毛或疏生细毛,5深裂,裂片长圆形或椭圆形,长4～6 mm;花冠淡黄绿色或白色,外被细毛和腺点(有时不明显),花冠筒长1.5～1.8 cm,花冠裂片匙形,长约8 mm;雄蕊与花柱同伸出花冠外。核果球形,绿色;成熟后宿萼增大,红色,向外反折。 花果期8～12月。 产于百色等地;生于海拔400～1 500(2 400) m的沟谷或密林下。分布于云南,越南也有。 本种与**垂茉莉**(*Clerodendrum wallichii* Merr.)相近,但后者小枝、花序轴四棱形或具翅;叶片近革质,长圆状披针形或披针形;叶柄短等特征可以区别。亦与**南垂茉莉**(*C. henryi* P'ei)相近,但后者叶干后通常变黑;花序主轴较紧缩成短圆锥状聚伞花序;小枝髓部一般干后中空等特征,可以区别。

8. **大青**(名医别录) 鸡屎青 路边青 图版243:1～2

Clerodendrum cyrtophyllum Turcz. in Bull. Soc. Nat. Mosc. **36**(1):222. 1863;Chung in Mem. Sci. Soc. China 1(1):227. 1924;中国药用植物志 **3**:图134. 1953;中国高等植物图鉴 **3**:598,图5149. 1974;Fl. China **17**:38. 1994.——*Clerodendron amplius* Hance in Ann. Sci. Nat. Ser. 5, 5:233. 1866.——*C. formosanum* Maxim. in Bull. Acad. Sci. St. Petersb. **31**:85. 1886 et in Mel. Biol. **12**:519. 1886.——*Cordia venosa* Hemsl. in Journ. Linn. Soc. Bot. **26**:143. 1890.

8a. **大青**(原变种)

Clerodendrum cyrtophyllum Turcz. var. **cyrtophyllum**

灌木或小乔木,高1～10 m;幼枝被短柔毛,枝黄褐色,髓坚实;冬芽圆锥状,芽鳞褐色,被毛。叶片纸质,椭圆形、卵状椭圆形、长圆形或长圆状披针形,长6～20 cm,宽3～9 cm,顶端渐尖或急尖,基部圆形或宽楔形,通常全缘,两面无毛或沿脉疏生短柔毛,背面常有腺点;侧脉6～10对;叶柄长1～8 cm。伞房状聚伞花序生于枝顶或叶腋,长10～16 cm,宽20～25 cm;苞片线形,长3～7 mm;花小,有橘香味;花萼杯

图版 243　1～2. 大青 Clerodendrum cyrtophyllum Turcz.　1. 花枝；2. 花。　3. 臭茉莉 C. chinense (Osbeck) Mabb. var. simplex (Moldenke) S. L. Chen　3. 花枝。　(何顺清、林文宏绘)

状，外面被黄褐色短绒毛和不明显的腺点，长 3～4 mm，顶端 5 裂，裂片三角状卵形，长约 1 mm；花冠白色，外面疏生细毛和腺点，花冠筒细长，长约 1 cm，顶端 5 裂，裂片卵形，长约 5 mm；雄蕊 4 枚，花丝长约 1.6 cm，与花柱同伸出花冠外；子房 4 室，每室 1 颗胚珠，常不完全发育，柱头 2 浅裂。果实球形或倒卵形，直径 5～10 mm，绿色，成熟时蓝紫色，为红色的宿萼所托。　花果期 6 月至翌年 2 月。　广西各地均产。分布于华东、中南、西南（四川除外）各省，朝鲜、越南、马来西亚等也有。　根、叶可入药，有清热、泻火、利尿、凉血、解毒等功效。

8b. **广西大青**（变种）

Clerodendrum cyrtophyllum Turcz. var. kwangsiense S. L. Chen et T. D. Zhuang，中国植物志 **65**(1)：165，212. 1982；Fl. China **17**：38. 1994.

与原变种区别在于叶片矩圆形，顶端钝，边缘具圆齿；叶柄粗壮；花序分枝较短。现仅见产于贵港。

9. **广东大青**　木叶菜（大苗山）

Clerodendrum kwangtungense Hand.-Mazz. in Mem. Sci. Soc. China **1**(3)：152，pl. 28. 1932；中国高等植物图鉴 **3**：598，图 5150. 1974；云南植物志 **1**：461，图版 109：7～8. 1977；中国植物志 **65**(1)：166. 1982；Fl. China **17**：38. 1994.

灌木，高 2～3 m；嫩枝稍扁，被短柔毛，小枝淡黄褐色，髓充实。叶片膜质，卵形或长圆形，长 6～18 cm，宽 2～7 cm，顶端渐尖或尾状渐尖，基部宽楔形、钝圆形或少为近截形，全缘、有不规则的锯齿或微波状，两面几乎无毛或仅沿脉有短柔毛；侧脉 4～6 对，基部三出状；叶柄长 1～4 cm，偶有长达 6～7 cm，略被短柔毛。伞房状聚伞花序生于枝顶叶腋，长 7～12 cm，宽 8～15 cm，直立，3～5 次，2 或 3 歧分叉，密被短柔毛；苞片卵状披针形或披针形，长 0.8～1.2 cm；小苞片披针形至线形；花萼长 6～7 mm，外面疏被细毛，顶端 5 深裂，裂片披针形至三角形，长 4～5 mm，结果时增大，红色；花冠白色，外面疏被短绒毛和腺点，顶端 5 裂，裂片椭圆形或长圆形，长约 4 mm，花冠筒纤细，长 2～3 cm；雄蕊 4 枚，花丝细长，花药红色，雄蕊与花柱同伸出花冠外；柱头 2 裂。核果球形，直径 5～6 mm，绿色；宿萼增大包果。　花果期 8～11 月。　产于昭平、容县、平南、贺州、象州、融水等地；生于海拔 600～1 300 m 的林中或林缘。分布于广东、湖南、云南、贵州。

10. **三对节**　齿叶赪桐（广西植物名录）　图版 244：1

Clerodendrum serratum (L.) Moon，Cat. Pl. Ceylon 46. 1824；Schauer in DC. Prodr. **11**：664. 1847；C. B. Clarke in Hook. f. Fl. Brit. Ind. **4**：592. 1885；P'ei in Sinensia **2**：74. 1931 et in Mem. Sci. Soc. China **4**：856. 1935；中国高等植物图鉴 **3**：599，图 5151. 1974；云南植物志 **1**：466，图 111. 1977；Fl. China **17**：42. 1994. ——*Volkameria serratum* L.，Mant. pl. **1**：90. 1767.

10a. **三对节**（原变种）

Clerodendrum serratum (L.) Moon var. serratum

灌木，高 1～4 m；小枝四棱形或略呈四棱形，幼枝密被土黄色短柔毛，尤以节上更密，老枝暗褐色或灰黄色，毛渐脱落，具皮孔；髓致密，干后不中空。叶片厚纸质，对生或三叶轮生；倒卵状长圆形或长椭圆形，长 6～30 cm，宽 2.5～11 cm，顶端渐尖或锐尖，基部楔形或下延成狭楔形，边缘具锯齿，两面疏生短柔毛，背面脉上被毛较多；侧脉 10～11 对，背面明显隆起；叶柄长 0.5～1 cm 或近无柄。聚伞花序组成直立、展开的圆锥花序，顶生，长 10～30 cm，宽 9～12 cm，密被黄褐色柔毛；苞片叶状宿存，花序主轴上的苞片 2～3 轮生，卵圆形、宽卵形或卵形，无柄，长 1.5～4.5 cm，宽 0.5～1.8 cm；小苞片较小，卵形或披针形；花萼钟状，被短柔毛，长约 5 mm，顶端平截或有 5 钝齿；花冠淡紫色，蓝色或白色，近于二唇形，花冠筒较粗，长约 7 mm，5 裂片大小不一，裂片倒卵形至长圆形，长 0.6～1.2 cm；雄蕊 4 枚，长约 2.4 cm，基部棍棒状，被毛；子房无毛，花柱 2 浅裂，与花丝均伸出花冠外。核果近球形，绿色，后转黑色，分裂为 1～4 个卵形分核，直径 0.4～1 cm；宿存萼略增大。　花果期 6～12 月。　产于天峨、河池、东兰、都安、靖西、那坡、隆林、西林、凌云、百色、田林、平果、龙州、上林、宁明、南丹等地；生于海拔 200～1 800 m 的山坡疏林和谷地沟边灌

图版 244 1. 三对节 Clerodendrum serratum (L.) Moon 1. 花枝。 2. 赪桐 C. japonicum (Thunb.) Sweet 2. 花枝。 3. 冬红 Holmskioldia sanguinea Retz. 3. 花枝。 (1 林文宏绘,2～3 何顺清绘)

木丛。分布于贵州、云南、西藏,东非及沿岸诸岛屿、马来半岛以及南太平洋诸岛也有。　全草含皂苷,全株可入药,用于治疟疾、痢疾、接骨、健胃、清心炎,也可治头痛、眼炎、跌打、风湿等症;用鲜叶适量煎水可治黄水疮。

10b. 草本三对节(变种)

Clerodendrum serratum (L.) Moon var. **herbaceum** (Roxb.) C. Y. Wu,云南植物志 **1**:467,图版 111:5. 1977;Fl. China **17**:43. 1994. ——*Volkameria herbacea* Roxb. in Hort. Beng. 46. 1814. ,nom. nud. ——*Clerodendrum herbacea* (Roxb.) Wall. in Cat. 1815. 1829. ,nom. nud. ;Schauer in DC. Prodr. **11**:675. 1847. descr.

本变种的主要特征是:叶片较小、对生、倒披针状卵形或倒卵形,长 12～16 cm,少数可达 9～18 cm,宽 4.5～6 cm,少数为 2.5～8 cm,边缘疏生锯齿;花序分枝较紧缩,有时花序上部近穗状。　产于百色、南宁、凌云、东兰、田林、隆林、龙州等地;生于海拔 400～1 500 m 的山坡路旁灌木丛或次生灌木丛。分布于云南、贵州。

10c. 三台花(变种)

Clerodendrum serratum (L.) Moon var. **amplexifolium** Moldenke in Phytologia **4**:41～65. 1952;云南植物志 **1**:468,图版 11:4. 1977;中国植物志 **65**(1):168. 1982;Fl. China **17**:43. 1994.

本变种与原变种的主要区别:叶片三叶轮生;叶基部下延成耳状抱茎,通常叶和花序较大。　产于凌云、河池、都安、平果、百色、龙州、天峨、田林、靖西;生于海拔 600～1 600 m 的山坡、路旁密林或灌木丛中,通常生长在较阴湿的地方。分布于云南、贵州。　用途同原变种**三对节**[*Cl. serratum* (L.) Moon]。

11. 赪桐　臭牡丹　状元红　野茉莉　龙船花　野牡丹　贞桐花　图版 244:2

Clerodendrum japonicum (Thunb.) Sweet,Hort. Brit. 322. 1826;中国高等植物图鉴 **3**:602,图 5158. 1974;海南植物志 **4**:23. 1977;云南植物志 **1**:478,图版 114:5. 1977;Fl. China **17**:36. 1994. ——*Volkameria japonica* Thunb. in Fl. Jap. 255. 1784. ——*V. kaemoferi* Jacq. in Collect. Bot. **3**:207. 1789 et Icon. Pl. Rar. **3**:7. 1793. ——*Clerodendron squamatum* Vahl, Symb. **2**:74. 1791. ——*C. esquirolii* H. Lévl. in Fedde, Rep. Sp. Nov. **11**:302. 1912, non 298.

灌木,高 1～4 m;小枝四棱形,干后有较深的沟槽,老枝近于无毛或被短柔毛,同对叶柄之间密被长柔毛,枝干后不中空。叶片圆心形,长 8～35 cm,宽 6～27 cm,顶端尖或渐尖,基部心形,边缘有疏短尖齿,腹面疏生伏毛,脉基具较密的锈褐色短柔毛,背面密具锈黄色盾形腺体,脉上有疏短柔毛;叶柄长 0.5～15 cm,少可达 27 cm,具较密的黄褐色短柔毛。二歧聚伞花序组成顶生,大而展开的圆锥花序,长 15～34 cm,宽 13～35 cm,花序的最后侧枝呈总状花序,长可达 16 cm;苞片宽卵形、卵状披针形、倒卵状披针形、线状披针形,有柄或无柄,小苞片线形;花萼红色,外面疏被短柔毛,散生盾形腺体,长 1～1.5 cm,深 5 裂,裂片卵形或卵状披针形,渐尖,长 0.7～1.3 cm,展开,外面有 1～3 条细脉,脉上具短柔毛,内面无毛,有疏珠状腺点;花冠红色,稀白色,花冠筒长 1.7～2.2 cm,外面具微毛,里面无毛,顶端 5 裂,裂片长圆形,展开,长 1～1.5 cm;雄蕊长约达花冠筒的 3 倍;子房无毛,4 室,柱头 2 浅裂,与雄蕊均长突出于花冠外。果实椭圆状球形,绿色或蓝黑色,直径 7～10 mm;常分裂成 2～4 个分核;宿萼增大,初包被果实,后向外反折呈星状。　花果期 5～11 月。　产于南宁、武鸣、横县、鹿寨、三江、临桂、陆川、北流、百色、河池、宁明、龙州、凭祥等地;生于海拔 100～1 200 m 的平原、山谷、溪边或疏林灌木丛较湿地方,也有栽培于庭园。分布于江苏、浙江(南部)、江西(南部)、湖南、福建、台湾、广东、四川、贵州、云南,印度(东北部)、孟加拉国、不丹、中南半岛诸国、马来西亚、日本也有。　全株可入药,有祛风利湿、消肿散瘀、止痛的功效。主治风湿骨痛、跌打肿痛、疔疮疖肿、湿疹,亦可作催生药。

12. 灰毛大青　毛赪桐(中国高等植物图鉴)　狮子球　人瘦木

Clerodendrum canescens Wall. ,Cat. No. 1804. 1829. nom. nud. ;Walp. in Nor. Act. Nat. Cur. 19 Suppl. i. p. 380. 1842. ;云南植物志 **1**:473,图版 113:7～8. 1977;Hsiao in H. L. Li, Fl. Taiwan **4**:420. 1978;

Fl. China 17:39. 1994. ——*Clerodendron haematocalyx* Hance in Walp. Ann. 3:238. 1852. 53. ——*C. viscosum auct. non* Vent.;海南植物志 4:25. 1977.

灌木,高 1～3.5 m;小枝略呈四棱形、具不明显的纵沟,全体密被平展或倒向灰褐色长柔毛,髓疏松,干后不中空。叶片心形或宽卵形,少为卵形,长 6～18 cm,宽 4～15 cm,顶端渐尖,基部心形至近截形,两面都有柔毛,脉上密被灰褐色平展柔毛,背面尤其显著;叶柄长 1.5～12 cm。聚伞花序密集成头状,通常 2～5 枝生于枝顶,花序梗较粗壮,长 1.5～11 cm;苞片叶状,卵形或椭圆形,具短柄或近无柄,长 0.5～2.4 cm;花萼由绿变红色,钟状,有 5 棱角,长约 1.3 cm,有少数腺点,5 深裂至花萼的中部,裂片卵形或宽卵形,渐尖,花冠白色或淡红色,外有腺毛或柔毛,花冠筒长约 2 cm,纤细,裂片向外平展,倒卵状长圆形,长 5～6 mm;雄蕊 4 枚,与花柱均伸出花冠外。核果近球形,直径约 7 mm,绿色;成熟时深蓝色或黑色,藏于红色增大的宿萼内。 花果期 4～10 月。 产于广西各地;生于海拔 200～800 m 的山坡路边或疏林中。分布于浙江、江西、湖南、福建、台湾、广东、四川、贵州、云南等省区,印度和越南(北部)等也有。全草可入药,有治毒疮、风湿病、有退热止痛的功效。

13. **重瓣臭茉莉**(中国高等植物图鉴) 臭茉莉

Clerodendrum chinense (Osbeck) Mabb., Pl.-Book, repr. ed. 707. 1989; Fl. China 17:39. 1994. ——*C. philippinum* Schauer in DC. Prodr. 11:666. 1847;云南植物志 1:470,图版 112:3～6. 1977. ——*Clerodendron fragrans* var. *multiplex* Sweet. Hort. Brit. 322. 1827. ——*C. fragrans* var. *pleniflora* Schauer in DC. Prodr. 11:666. 1847;中国高等植物图鉴 3:600. 1974.

13a. **重瓣臭茉莉**(原变种)

Clerodendrum chinense (Osbeck) Mabb. var. **chinense**

灌木,高 50～120 cm;小枝钝四棱形或近圆形,幼枝被柔毛。叶片宽卵形或近于心形,长 9～22 cm,宽 8～21 cm,顶端渐尖,基部截形、宽楔形或浅心形,边缘疏生粗齿,表面密被刚伏毛,背面密被柔毛,沿脉更密或有时两面毛较少,基部三出脉,脉腋有数个盘状腺体,叶片揉之有臭味;叶柄长 3～17 cm,被短柔毛,有时密似绒毛。伞房状聚伞花序紧密,顶生,花序梗被绒毛;苞片披针形,长 1.5～3 cm,被短柔毛并有少数疣状和盘状腺体;花萼钟状,长 1.5～1.7 cm,被短柔毛和少数疣状或盘状腺体,萼裂片线状披针形,长 0.7～1 cm;花冠红色、淡红色或白色,有香味,花冠筒短,裂片卵圆形;雄蕊常变成花瓣而使花成重瓣。 产于广西各地。福建、台湾、广东、云南等地也有,多为栽培,老挝、泰国、柬埔寨以及其他亚洲热带地区也有,常见栽培或逸生,毛里求斯、夏威夷等地有引种。 根可入药,可治风湿。

13b. **臭茉莉**(变种) 臭芙蓉 白花臭牡丹 白龙船花 图版 243:3

Clerodendrum chinense (Osbeck) Mabb. var. **simplex** (Moldenke) S. L. Chen, Novon 1:58. 1991; Fl. China 17:39. 1994. ——*C. philippinum* Schauer var. *simplex* Moldenke in phytologia 20:338. 1971. ——*C. philippinum* Schauer var. *simplex* C. Y. Wu et R. C. Fang,云南植物志 1:470,图版 112:3～5. 1977, non Moldenke.

植物体被毛较密。伞房状聚伞花序较密集,花较多,苞片较多;花单瓣,较大;花萼长 1.3～2.5 cm,萼裂片披针形,长 1～1.6 cm;花冠白色或淡红色,花冠筒长 2～3 cm,裂片椭圆形,长约 1 cm。核果近球形,直径 8～10 mm,成熟时蓝黑色,宿萼增大包果。 花果期 5～11 月。 产于靖西、龙州、都安、那坡、凌云、乐业、马山、平果、天峨、东兰、隆林等地。分布于云南、贵州等省;生于海拔 700～1 500 m 的山坡、沟谷向阳湿润的林缘、路边、溪边等地。 根、叶和花可入药,有祛风活血、消肿降压的功效。

14. **尖齿臭茉莉**(云南植物志) 野臭茉莉 臭黄根 红顶风 大枫叶 热骨风 龙顶风

Clerodendrum lindleyi Decne ex Planch. in Fl. Des Serres 9:17. 1853;云南植物志 1:471,图版 112:8. 1977; Fl. China 17:39. 1994. ——*Clerodendron fragrans* auct. non Hort. ex Vent.: Lindl. in Bot. Reg. 1:t. 41. 1836; P'ei in Mem. Sci. Soc. China 1(3):133. 1932, pro parte minor excl. typo et syn. ——*C. yunnanense*;中国高等植物图鉴 3:600. 1974;海南植物志 4:24. 1977.

灌木,高 0.5～3 m;幼枝近四棱形,老枝近圆形,皮孔不显,被短柔毛。叶片纸质,宽卵形或心形,腹面散生短柔毛,背面有短柔毛,沿脉较密,基部脉腋有数个盘状腺体,叶缘有不规则锯齿或波状齿;叶柄长 2～11 cm,被短柔毛。伞房状聚伞花序密集,顶生;花序梗被短柔毛;苞片多,披针形,长 2.5～4 cm,被短柔毛、腺点和少数盘状腺体;花萼钟状,长 1～1.5 cm,密被柔毛和少数盘状腺体,萼齿线状披针形,长 4～10 mm;花冠紫红色或淡红色,花冠筒长 2～3 cm,裂片倒卵形,长 5～7 mm;雄蕊与花柱伸出花冠外,花柱长于雄蕊。核果近球形,直径 5～6 mm;成熟时蓝黑色,大半被紫红色增大的宿萼所包。 花果期 6～11 月。 产于龙州、隆林、资源、容县、武鸣、兴安、河池、昭平、东兴、柳州、临桂、桂林、融水、玉林等地;生于山坡、沟边,杂木林下或路边。分布于浙江、江苏、江西、湖南、广东、贵州、云南。 根、叶或全株可入药,可治妇女月经不调,风湿骨痛,骨折、中耳炎、毒疮、湿疹等症。

15. **臭牡丹** 红臭牡丹 臭芙蓉 紫牡丹 臭红花

Clerodendrum bungei Steud.,Nomencl. Bot. ed. 2. **1**:382. 1840;中国药用植物志 **3**:图 133. 1953;中国高等植物图鉴 **3**:601,图 5155. 1974;云南植物志 **1**:468,图版 112:6～7. 1977.——*Clerodendron foetidum* auct. non D. Don:Bunge in Mem. Acad. Sci. St. Petersb. **2**:126. 1833;Chung in Mem. Sci. China 1(1):228. 1924.——*Pavetta esquirollii* H. Lévl. in Fedde,Rep. Sp. Nov. **13**:178. 1914. et Fl. Kouy-Tcheou 371. 1915.——*Clerodendron frangrans* (Vent) Willd. var. *foetidum* (Bunge) Bakh. in Bull. Jard. Bot. Buitenz. Ser. 3,**3**:88. 1921.

灌木,高 1～2 m;植株有臭味;花序轴、叶柄密被褐色、黄褐色或紫色脱落性的柔毛;小枝近圆形,皮孔显著。叶片纸质,宽卵形或卵形,长 8～20 cm,宽 5～15 cm,顶端尖或渐尖,基部宽楔形、截形或心形,边缘具粗或细锯齿,侧脉 4～6 对,腹面散生短柔毛,背面疏生短柔毛和散生腺点或无毛,基部脉腋有数个盘状腺体;叶柄长 4～17 cm。伞房状聚伞花序顶生,密集;苞片叶状,披针形或卵状披针形,长约 3 cm,早落或花时不落,早落后在花序梗上残留突起的痕迹;小苞片披针形,长约 1.8 cm;花萼钟状,长 2～6 mm,被短柔毛及少数盘状腺体,萼齿三角形或狭三角形,长 1～3 mm;花冠淡红色、红色或紫红色,花冠筒长 2～3 cm,裂片倒卵形,长 5～8 mm;雄蕊及花柱均突出花冠外;花柱短于、等于或稍长于雄蕊,柱头 2 裂,子房 4 室。核果近球形,直径 0.6～1.2 cm,成熟时蓝黑色。 花果期 5～11 月。 产于隆林、金秀、龙胜、南丹、兴安、凌云等地。分布于华北、西北、西南以及江苏、安徽、浙江、江西、湖南、湖北,印度北部、越南、马来西亚也有。 根、茎、叶可入药,有祛风解毒、消肿止痛之效,广西用于治疗妇女子宫脱垂,具有很好的效果。

16. **腺茉莉** 野绣球(永福)

Clerodendrum colebrookianum Walp.,Repert. Bot. Syst. **4**:114. 1845;Schauer in DC. Prod. **11**:672. 1847;C. B. Clarke in Hook. f. Fl. Brit. Ind. **4**:594. 1885;云南植物志 **1**:469,图版 112:10～11. 1977;Fl. China **17**:40. 1994.——*Clerodendron glandulosum* Colebr. ex Wall. in Cat. No. 1806. 828. nom. nud.;P'ei in Mem. Sci. Soc. China 1(3):158. 1932.

灌木或小乔木,高 1.5～3 m,少数可达 6 m;小枝四棱形,较粗壮,植物体除叶片外都密被黄褐色微毛,老时脱落;髓疏松。叶片厚纸质,宽卵形或椭圆状心形,长 7～27 cm,宽 6～21 cm,顶端渐尖或急尖,基部截形、宽楔形或心形,全缘或微呈波状,腹面被疏短柔毛或近于无毛,背面沿脉被微柔毛,基部三出脉,脉腋有数个盘状腺体;叶柄长 2～20 cm。聚伞花序着生于枝上部叶腋和顶端,通常 4～6 枝排列成伞房状;花序梗长 1.5～13 cm,较粗;苞片披针形,长约 1.5 cm,早落;花萼较小,钟状,长 3～4 mm,外面密被短柔毛和少数盘状腺体,5 浅裂,裂片三角形,长不到 1 mm,萼筒长 1～3 mm;花冠白色,极少为红色,顶端 5 裂,裂片长圆形,长 3～6 mm,花冠筒长 1.2～2.5 cm,无毛;雄蕊长于花柱,均突出于花冠外。果近球形,直径约 1 cm,蓝绿色,干后黑色,分裂为 3～4 个分核;宿存花萼增大,紫红色,如碟状托于果底部。 花果期 8～12 月。 产于隆林、永福、大新、恭城、凌云、龙州、临桂等地;生于海拔 500～2 000 m 的山坡疏林阴处、密林下或山谷草丛。分布于云南、广东、西藏,尼泊尔、印度(东北部)、孟加拉国、缅甸、泰国、老挝、越南、马来西亚、印度尼西亚和帝汶岛等也有。据恭城地区报道，煮食能消肿。

17. **海通**(中国药用植物志) 白灯笼 木常山 马蹄榔

Clerodendrum mandarinorum Diels in Bot. Jahrb. **29**:549. 1900；中国药用植物志 **3**:图 132. 1953；中国高等植物图鉴 **3**:603，图 5157. 1974；Fl. China **17**:41. 1994. ——*Clerodendron bodinierii* H. Lévl. in Fedde, Rep. Sp. Nov. **9**:325. 1911. ——*Cl. cavaleriei* H. Lévl. in Fedde, Rep. Sp. Nov. **10**:439. 1912. ——*Cl. tsaii* H. L. Li in Journ. Arn. Arb. **25**:315. 1914. ——*Cl. bodinierii* H. Lévl. var. *cavaleri* H. Lévl., Fl. Kouy-Tcheou 441. 1915.

灌木或乔木，高 2～20 m；幼枝略呈四棱形，密被黄褐色绒毛，髓具明显的黄色薄片状横隔。叶片近革质，卵状椭圆形、卵形、宽卵形至心形，长 10～27 cm，宽 6～20 cm，顶端渐尖，基部截形、近心形或稍偏斜，腹面绿色，被短柔毛，背面密被灰白色绒毛。伞房状聚伞花序顶生，分枝多，疏散；花序梗以至花柄都密被黄褐色绒毛；苞片长 4～5 mm，易脱落，小苞片线形，长约 3 mm；花萼小，钟状，长 3～4 mm，密被短柔毛和少数盘状腺体，萼齿尖细，钻形，长 1.5～2.5 mm；花冠白色或偶为淡紫色，有香气，外被短柔毛，花冠管纤细，长 7～10 mm，裂片长圆形，长约 3.5 mm；雄蕊及花柱伸出花冠外。核果近球形，幼时绿色；成熟后蓝黑色，干后果皮常皱成网状，宿萼增大，红色，包果一半以上。 花果期 7～12 月。 产于龙州、隆林、乐业、百色、那坡、天峨、南丹、融水、金秀、临桂、龙胜、田林、都安、全州、兴安、凌云、凭祥、弄岗等地；生于海拔 300～2 200 m 的溪边、路旁或丛林中。分布于江西、湖南、湖北、广东、四川、云南、贵州，越南也有。 民间用其枝、叶治半边疯，隆林有用叶作肥料。

18. **海州常山** 臭梧桐(群芳谱)

Clerodendrum trichotomum Thunb., Nova Acta Regiae Soc. Sci. Upsal. **3**:201. 1780；Chung in Mem. Sci. Soc. China **1**(1):228. 1924；中国药用植物志 **3**:132. 1953；中国高等植物图鉴 **3**:598，图 5149. 1974；Fl. China **17**:42. 1994. ——*Clerodendron serotinum* Carr. in Rev. Hort. 351, f. 34. 1867. ——*Cl. fargesii* Dode in Bull. Soc. Dendr. France 207. 1907. ——*Cl. trichotomum* Thunb. var. *fargesii* (Dode) Rehd. in Sarg. Pl. Wils. **3**:376. 1916；云南植物志 **1**:475. 1977.

灌木或小乔木，高 1.5～10 m；幼枝、叶柄、花序轴等多少被黄褐色柔毛或近于无毛，老枝灰白色，具皮孔，髓白色，有淡黄色薄片状横隔。叶片纸质，卵形、卵状椭圆形或三角状卵形，长 5～16 cm，宽 2～13 cm，顶端渐尖，基部宽楔形至截形，偶有心形，表面深绿色，背面淡绿色，两面幼时被白色短柔毛，老时表面光滑无毛，背面仍被短柔毛或无毛，或沿脉毛较密，侧脉 3～5 对，全缘或有时边缘具波状齿；叶柄长 2～8 cm。伞房状聚伞花序顶生或腋生，通常二歧分枝，疏散，末次分枝着花 3 朵，花序长 8～18 cm；花序梗长 3～6 cm，多少被黄褐色柔毛或无毛；苞片叶状，椭圆形，早落；花萼蕾时绿白色，后紫红色，基部合生，中部略膨大，有 5 棱脊，顶端 5 深裂，裂片三角状披针形或卵形，顶端尖；花香；花冠白色或带粉红色，花冠筒细，长约 2 cm，顶端 5 裂，裂片长椭圆形，长 5～10 mm，宽 3～5 mm；雄蕊 4 枚，花丝与花柱同伸出花冠外；花柱较雄蕊短，柱头 2 裂。核果近球形，直径 6～8 mm；包藏于增大的宿萼内，成熟时外果皮蓝紫色。 花果期 6～11 月。 产于隆林、金秀等地。分布于辽宁、甘肃、陕西以及华东、中南、西南地区，朝鲜、日本及菲律宾等国也有。根、叶可入药，有舒筋活血、祛风止痛的功效；枝叶亦可杀红蜘蛛、棉蚜虫等。

14. 冬红属 Holmskioldia Retz.

灌木；小枝被毛。叶对生；叶片全缘或有锯齿；具叶柄。聚伞花序腋生或聚生于枝顶；花萼膜质，由基部向上扩大成碟状，近全缘，有颜色；花冠筒弯曲，顶端 5 浅裂；雄蕊 4 枚，二强，着生于花冠筒基部，与花柱同伸出花冠外，花药纵裂；花柱细长，柱头顶端浅 2 裂，子房稍压扁，有 4 颗胚珠。果实 4 裂几达基部。本属约有 3 种，分布于印度、马达加斯加及非洲热带地区。我国南方庭园引种栽培 1 种；广西也有。

冬红(广州植物志) 图版 244:3

Holmskioldia sanguinea Retz. ,Obs. 6:31. 1791;侯宽昭等,广州植物志 625,1956;中国植物志 65(1):192,图版 21,1982.

常绿灌木,高 3~7 m;小枝四棱形,具 4 槽,被毛。叶对生;叶片膜质,卵形或宽卵形,基部圆形或近平截,叶缘有锯齿,两面均有稀疏毛及腺点,但沿叶脉具毛较密;叶柄长 1~2 cm,具毛及腺点,有沟槽。聚伞花序常 2~6 个再组成圆锥状,每聚伞花序有 3 朵花,中间的 1 朵花柄较两侧为长,花柄及花序梗具短腺毛及长单毛;花萼朱红色或橙红色,由基部向上扩张成 1 阔倒圆锥形的碟,直径可达 2 cm,边缘有稀疏睫毛,网状脉明显;花冠朱红色,花冠筒长 2~2.5 cm,有腺点;雄蕊 4 枚,花丝长 2.5~3 cm,具腺点。果实倒卵形,长约 6 mm,4 深裂;包藏于宿存、扩大的花萼内。 花期冬末春初。 各地庭园有栽培。广东、台湾也有栽培,原产于喜马拉雅,可供观赏。

15. 莸属 Caryopteris Bunge

直立或披散灌木,很少草本。单叶对生;叶片全缘或具齿,通常具黄色腺点。聚伞花序腋生或顶生,常再排列成伞房状或圆锥状,很少单花腋生;花萼宿存,钟状,通常 5 裂,偶有 4 裂或 6 裂,裂片三角形或披针形,结果时略增大;花冠通常 5 裂,二唇形,下唇中间 1 裂片较大,全缘至流苏状;雄蕊 4 枚,2 长 2 短,或几乎等长,伸出于花冠筒外,花丝通常着生于花冠筒喉部;子房不完全 4 室,每室具 1 颗胚珠,胚珠下垂或倒生;花柱线形,柱头 2 裂。蒴果小,通常球形,成熟后分裂成 4 个多少具翼或无翼的果瓣。瓣缘锐尖或内弯,腹面内凹成穴而抱着种子。 本属约有 16 种,分布于亚洲中部和东部;我国有 14 种 2 变种 1 变型;广西现知 3 种。

分种检索表

1. 小灌木;花序无苞片和小苞片;花冠下唇中裂片边缘流苏状或齿状 …… 1. **兰香草** C. incana (Thunberg ex Houttuyn) Miq.
1. 攀缘状灌木;花序有苞片和小苞片;花冠下唇中裂片全缘。
  2. 单花或聚伞花序;花萼通常 4~5 裂 ………………………………… 2. **金腺莸** C. aureoglandulosa (Vaniot) C. Y. Wu
  2. 聚伞花序再组成狭长的圆锥花序;花萼 5~6 裂 ………………………………… 3. **锥花莸** C. paniculata C. B. Clarke

1. **兰香草**(中国树木分类学) 图版 242:4

Caryopteris incana (Thunberg ex Houttuyn) Miq. ,Ann. Mus. Bot. Lugduno-Batavum 2:97. 1865;陈嵘,中国树木分类学 1095,图 981. 1937;中国植物志 65(1):198~199. 1982;Fl. China 17:45. 1994.——*Nepeta incana* Thunb. ex Houtt. ,Nat. Hist. 2(9):307. t. 53. f. 2. 1778.

小灌木,高 26~60 cm;嫩枝圆柱形,略带紫色,被灰白色柔毛,老枝毛渐脱落。叶片厚纸质,披针形、卵形或长圆形,长 1.5~9 cm,宽 0.8~4 cm,顶端钝或尖,基部楔形或近圆形至截平,边缘有粗齿,很少近全缘,被短柔毛,腹面色较淡,两面有黄色腺点;背脉明显;叶柄被柔毛,长 0.3~1.7 cm。聚伞花序紧密,腋生和顶生,无苞片和小苞片;花萼杯状,开花时长约 2 mm,果萼长 4~5 mm,外面密被短柔毛;花冠淡紫色或淡蓝色,二唇形,外面具短柔毛,花冠筒长约 3.5 mm,喉部有毛环,花冠 5 裂,下唇中裂片较大,边缘流苏状;雄蕊 4 枚,开花时与花柱均伸出花冠筒外;子房顶端被短毛,柱头 2 裂。蒴果倒卵状球形,被粗毛,直径约 2.5 mm;果瓣有宽翅。 花果期 6~10 月。 产于大新、龙州、南宁、邕宁、武鸣、上林、贵港、上思、柳州、桂林、钟山、贺州等地;生于海拔 100~800 m 的干旱山坡路旁或林边。分布于华东、湖北、湖南、广东、甘肃,朝鲜、日本也有。全株可入药,有解表祛风、舒筋活络、散瘀止痛之效。

2. **金腺莸**(云南植物志)

Caryopteris aureoglandulosa (Vaniot) C. Y. Wu, Fl. Yunnan. 1: 484. 1977; Fl. China 17: 46. 1994.——*Ocimum aureoglandulosum* Van. in Bull. Acad. Geogr. Bot. 14:171. 1904.——*Caryopteris ter-*

niflora P'ei in Mem. Sci. Soc. China **1**(3):174. 1932,pro parte,quoad syn.

直立半灌木,高 0.3～1 m;茎方形,密被卷曲微柔毛,上部多分枝,常纤弱,曲折。叶片纸质,卵形至宽卵形,长 1.5～3 cm,宽 1～1.5 cm,顶端急尖,基部圆形至阔楔形,两面密被细短伏柔毛,以后脱落,近无毛,背面被稀疏金黄色腺点,边缘上部有 1～3 对不规则粗齿,花序下叶有时全缘;叶柄短,长 0.1～0.5 cm。聚伞花序有 2～3 朵花,腋生,密被柔毛,花序花序梗及花柄通常极短,有时长仅 1～3 mm,最长不超过 1 cm;苞片及小苞片线形;花萼钟形,长约 0.5 cm,4～5 裂,裂片披针形至卵状三角形,渐尖,疏被柔毛;花冠白色带淡红色,长约 1.2 cm,花冠筒长约 8 mm,外被微柔毛,内面无毛,5 裂,裂片全缘;雄蕊伸出约 1 cm;花柱与雄蕊近等长,顶端 2 裂;子房除顶端密生白毛外,其余无毛。蒴果淡黄色,被微柔毛,疏生浅网纹;藏于萼内,4 瓣裂。 花期 4 月。 产于田林、隆林、天峨、东兰、环江等地;生于海拔 600～800 m 的草坡。分布于四川(西南部)、贵州(西部至南部)、湖北及云南(西南部)。

3. 锥花莸

Caryopteris paniculata C. B. Clarke in Hook. f. Fl. Brit. ind. **4**:597. 1885;P'ei in Mem. Sci. Soc. China **1**(3):176. Pl. 2. 1932;中国植物志 **65**(1):207. 1982;Fl. China **17**:46. 1994.

攀缘或披散灌木,高 1～3 m;多分枝,小枝方形,植株被柔毛或近无毛。叶片纸质,卵状披针形或阔披针形,长 9～14 cm,宽 3～6.5 cm,顶端尾状渐尖,基部圆形至阔楔形,边缘具疏齿,两面密被金黄色腺点及疏被柔毛,侧脉通常 5 对,在叶表面明显,在叶背面突出;叶柄长 0.5～1 cm。聚伞花序组成圆锥花序,通常腋生,长 1～7 cm,花序梗密生柔毛;花萼杯状,有腺点和柔毛,长约 3 mm,结果时长约 4 mm,顶端 5 或 6 深裂,裂片锥形;花冠粉红色至紫红色,花冠筒长约 2～3 mm,外面具毛和腺毛,顶端 5 裂,裂片全缘,其中 1 片稍大,倒卵形;雄蕊 4 枚,与花柱均伸出花冠筒外;子房被柔毛和腺点。蒴果球形,直径约 2 mm,成熟时橙黄或橙红色,疏被微毛和腺点。 花果期 3～9 月。 产于靖西、那坡。分布于四川、贵州(西部)、云南,印度(东北部)、尼泊尔、不丹、缅甸(北部)、泰国也有。

16. 四棱草属 Schnabelia Hand.-Mazz.

多年生草本,丛生,具膨大的根茎。茎绿色,四棱形,棱角上具翅,翅从中部向两端渐狭,在节部收缩;分枝多,通常细弱。叶通常早落,具柄;叶片卵形、三角状卵形或长圆形,稀掌状三裂,边缘具齿,两面通常被疏毛。聚伞花序退化成 1 朵花,或有时具 2～3 朵花,疏离,均着生于茎上部叶腋内;花序梗先端有 1 对小苞片;小苞片钻形或刺状钻形;花梗通常弯曲,开花时上部呈膝曲状;花二型,具开花或闭花授粉型的花。开花授粉的花:花萼稍硬,钟状,萼筒极短,具 8～10 条脉,萼齿 4～5 枚,镊合状排列,线状披针形,近相等或相等,果时略增大;花冠大,花冠筒细长,直立,基部前方微凸出,花蕾时上部成球状,几乎全藏于萼筒,开花时伸出,檐部微向外倾斜展开,裂片 5 枚,呈覆瓦状,二唇形,上唇直立,2 裂,下唇较上唇略长,3 裂,中裂片较大;雄蕊 4 枚,二强,伸出花冠,在花蕾时卷曲,花丝丝状,开花时稍微内弯,花药肾形,背部着生,2 室,药室顶端贯通;子房呈顶基压扁,4 室,每室具胚珠 1 颗,胚珠半倒生,下垂于中部的纵行隔膜,花柱细长,高出于雄蕊,在花蕾时向下卷曲,顶端 2 浅裂,裂片钻形,相等;花盘极不明显,环状。闭花授粉的花:花萼、子房和花盘与开花授粉的花相同,但花冠极小,圆锥状,内藏,早落,冠檐闭合,从不开放,长几乎为花冠筒的 1/2,裂片 5 枚,呈覆瓦状,二唇形,上唇直立,2 裂,下唇较长,3 裂,中裂片盔状,侧裂片很小;雄蕊 4 枚,几乎等长,内藏,插生于冠筒喉部,直立,花丝极短,花药肾状,2 室,花粉少;花柱短,内藏,柱头 2 裂。小坚果倒卵珠形,被短柔毛,背部具不甚明显的网纹,侧面相接,腹面共明显的果脐,中部隆起。 我国特有属,有 2 种 1 变种,主要分布于我国南部及西南各省;广西有 1 种。

四棱草 图版 245:1～3

Schnabelia oligophylla Hand.-Mazz. in Anz. Akad. Wiss. Wien **58**:92. 1921;Symb. Sin. **7**:909. 1936;

图版 245　1～3. 四棱草 Schnabelia oligophylla Hand.-Mazz.　1. 植株；2. 果枝；3. 子房纵剖。（史渭清绘）

P'ei in Mem. Sci. Soc. China 1(3):182. 1932;C. Chen in Act. Phytotax. Sin. 9(1):6, pl. I. f. 1～12. 1964, descr. add. van Steenis in Ann. Missouri Bot. Gard. 52(3):469 f. 1. 1966;Fl. China 17:47. 1994.

草本,根茎短且膨大,逐节生根,根细长,纤维状。茎高60～100(120) cm,直立或上升,上部几乎成丛缠绕,被微柔毛,节间长0.5～8(12) cm,以中部的最长;分枝幼时多少被短柔毛。叶对生,具柄,叶柄长3～9 mm,纤细,被糙伏毛;叶片纸质,卵形或三角状卵形,稀掌状三裂,长1～3 cm,宽8～17 mm,先端锐尖或短渐尖,基部近圆形或楔形,有时呈浅心形,边缘具锯齿,腹面绿色,背面较浅,中脉在上面不甚明显,下面略突起,两面被疏糙伏毛;上部的变小而狭。花序梗着生于茎上部叶腋,仅有花1朵,连同花梗长7～18 mm,被疏短柔毛;花梗长5～7 mm,通常扭曲,开花时上部呈膝曲状;苞片钻形或刺状钻形,展开,被微柔毛。开花授粉的花:花萼钟状,长6～9 mm,外面被微柔毛,内面无毛,具10脉,网脉明显,萼筒极短,萼齿5,线状披针形,几乎相等,长5～8 mm,宽约1 mm,全缘,具缘毛,先端渐尖;花冠大,长14～18 mm,淡紫蓝色或紫红色,外面被短柔毛,花冠筒细长,长约12 mm,直径约2 mm,直立,内面被短柔毛,冠檐二唇形,内面无毛,上唇直立,2裂,裂片宽椭圆形,长约4 mm,宽约3 mm,下唇前伸,3裂,裂片倒三角形或倒卵状三角形,先端多少平截,中裂片长约8 mm,宽约5.5 mm,侧裂片长约5 mm,宽约3 mm;雄蕊4枚,插生于花冠筒中部稍上处,前对较长,着生略高,花丝纤细,无毛,花药肾形,直径0.75～1 mm,成熟时为淡紫蓝色;子房被短柔毛,长约0.5 mm,花柱细长,无毛,顶端相等2裂,裂片钻形,平展;花盘环状。闭花授粉的花:花萼、子房及花盘与开花授粉的花形状相同,但较小,花萼长约3 mm,萼片几乎呈线形;花冠极小,长1.5 mm,圆锥形,从不开放,内藏,早落,外面除冠檐被具腺短柔毛外,其余连同内面均无毛,冠檐闭合,二唇形,上唇直立,2裂,裂片卵形或近圆形,长约0.2 mm,下唇较长,3裂,中裂片盔状,长约0.5 mm,顶端近圆形,侧裂片小,与上唇裂片相似,长约0.2 mm;雄蕊4枚,二强,内藏,着生于花筒喉部,直立,长约0.5 mm,花丝极短,与花药等长;花药肾形,叉开,2室,花粉少;花柱极短,内藏,与子房等长,无毛。小坚果倒卵珠形,被短柔毛,橄榄色,长5 mm,直径2.8 mm,背面具不甚明显的网纹,侧面相接,腹面的果脐凹入,中间隆起。　花期4～5月,果期5～6月。　产于贵港、贺州、柳州等地;生于海拔约600的林下潮湿处。分布于福建、湖南、广东、江西、四川及云南。　全株可入药,有活血通经的功效。

263A. 透骨草科　PHRYMACEAE*

多年生直立草本;茎四棱形。单叶对生;叶片膜质,有粗齿;无托叶。穗状花序生于枝顶或上部叶腋,排列疏松,具苞片及小苞片;有长梗;花两性,左右对称;花萼合生成筒状,具5棱,二唇形,上唇3裂,下唇2裂,裂齿不等长;花冠蓝紫色、淡紫色至白色,管筒形,檐部2唇形,上唇3裂,下唇2裂。雄蕊4枚,二强,内藏;子房上位,卵圆形,1室,具直生胚珠1颗。果为瘦果,包藏于具棱的萼内;种子1粒,基生,具膜质种皮,胚乳薄,有2层细胞。　本科形态特征近似于**马鞭草科**(Verbenaceae),不同之处在于本科的胚珠直生,而马鞭草科的胚珠倒生。　仅1属1种2亚种,间断分布于北美洲(东部)和亚洲(东部)。我国东北、华北、陕西、甘肃(南部)、四川及其以南(海南、台湾除外)各地有1亚种;广西亦有。

透骨草属　Phryma L.

属的形态特征与科的相同。

---

* 编著者:李光照、林春蕊。

北美透骨草（植物分类学报）

Phryma leptostachya L.，Sp. Pl. 601. 1753；Schauer in DC. Prodr. **11**：520. 1847；Z. Y. Li in Acta Phytotax. Sin. **38**（4）：388. 2000.

a. **北美透骨草**（原亚种）

Phryma leptostachya L. subsp. **leptostachya**

中国不产。

b. **透骨草**（亚种） 粘人裙 毒蛆草

Phryma leptostachya L. subsp. **asiatica** (Hara) Kitamura in Acta Phytotax. Geobot. **17**：7. 1957；Z. Y. Li in Acta Phytotax. Sin. **38**（4）：389. 2000；Fl. China **19**：493. 2011. —— *Ph. leptostachya* L. var. *asiatica* Hara, Enum. Sperm. Jap. **1**：297. 1948；Ohwi，Fl. Jap. rev. ed. 1231. 1978. —— *Ph. leptostachya* auct. non L.，Dop in Lecomte，Fl. Gén. Indo-Chine **4**：774，f. 83：1～3. 1935；中国高等植物图鉴 **4**：179，图 5772，1975.

多年生直立草本，高 40～90 cm；茎不分枝，方形，被细毛，具稍膨大的节。单叶对生；叶片卵形至卵状披针形，长 3～8 cm，宽 1.5～4.5 cm，茎中部的叶片有时更大些；叶缘具钝齿或粗齿，先端短渐尖，基部楔形并下延成柄，两面疏被细毛；叶柄长 5～28 mm，被细毛。疏离的总状花序顶生或在叶腋对生，极叉开，长 15～30 cm；苞叶形似叶片，长 1～1.5 cm，宽 5～10 mm；花细小，多数，紫红色或淡红色，在开放初期斜向上或水平伸展，后期渐向下垂；花萼筒状，具 5 棱，长约 5 mm，二唇形，上唇 3 齿裂，齿端呈齿状钩，下唇 2 裂，较短，无芒；花冠筒筒形，长约 6 mm，先端二唇形，上唇 3 裂，下唇 2 裂；雄蕊 4 枚，二强，着生于花冠筒中部以上，露出于花筒喉部；子房长圆形，花柱 1 枚，短于雄蕊，柱头 2 浅裂。瘦果棒状，长约 7 mm；下垂，包于宿存的花萼内。 花期 6～10 月，果期 8～12 月。 本亚种与原亚种不同之处在于：花期上萼齿长仅为萼筒的 1/2 至 7/10，萼筒长 2.5～3.2 mm，于果期长达 4.5～6 mm；花冠上唇先端 2 浅裂。 产于龙胜（花坪）、凌云、乐业、隆林、田林、天峨、南丹、环江；生于山坡草地或灌木丛下。分布于黑龙江、吉林、辽宁、河北、山西、陕西、甘肃、山东、江苏、安徽、浙江、江西、福建、河南、湖北、湖南、四川、贵州、云南，不丹、印度、日本、韩国、俄罗斯、巴基斯坦、尼泊尔、克什米尔地区和越南（北部）也有。 全草外用可治痈冲、疥疮、黄水疮、湿疹和风湿骨痛、骨折；根作农药，可杀蝇蛆、菜青虫、蚜虫、黏虫及防治小麦秆锈病及叶锈病。

264. 唇形科 LAMIACEAE*

草本至半灌木，少为灌木、乔木或藤本；茎多为四方形；全株通常有香气。叶对生或轮生，偶有互生，单叶，稀复叶。花两性，少有单性，两侧对称或辐射对称；花丛生叶腋或由轮伞花序组成的各式花序；花萼宿存，具 5 齿，常二唇形，上唇 3 齿或全缘，下唇 2 或 4 齿，筒内有时具毛环；花冠合生，常二唇形，4～5 裂，筒内有时具毛环；发育雄蕊 2 或 4 枚，离生，稀花丝合生；子房上位，2 室，每室具 2 颗胚珠，花柱近顶生，或子房 4 裂，每裂片具 1 颗胚珠，花柱近基生；花盘发达，2～4 浅裂或全缘。果通常为 4 枚小坚果，稀为核果状。 全球 220 余属，约有 3 500 种，广布于世界各地，但以地中海及中亚为多。我国约有 97 属，808 种；广西产 46 属 142 种 31 变种。

分属检索表

1. 子房顶端稍浅裂；花柱近顶生；小坚果合生为果轴 1/2 以上；花冠单唇（无上唇）或假单唇（上唇短于下唇）。
   2. 花冠单唇 ………………………………………………………………………… 1. **香科科属** Teucrium L.

* 编著者：韦发南、陈介、韦毅刚、严克俭。

2. 花冠二唇形(假单唇)。
3. 花萼5齿,近相等;花丝长不及花冠筒2倍 ………………………………………… 2. **筋骨草属** Ajuga L.
3. 花萼明显二唇,上唇3齿,下唇2齿;花丝特长,超过花冠筒2倍 ………………… 3. **动蕊花属** Kinostemon Kudo
1. 子房4深裂;花柱着生于子房基部;小坚果合生面小;花冠二唇形。
4. 花萼2裂,上唇背部具直立的盾片 ……………………………………………………… 4. **黄芩属** Scutellaria L.
4. 花萼非2裂,上唇背部无直立的盾片。
5. 小坚果核果状,有肉质的果皮。
6. 植物体被星状毛;花药无毛束 ……………………………………………… 5. **锥花属** Gomphostemma Benth.
6. 植物体无星状毛;花药室密被毛束 ………………………………………… 6. **毛药花属** Bostrychanthera Benth.
5. 小坚果果皮干薄,非肉质。
7. 雄蕊上升或平展而伸出。
8. 花药非球形,药室平行或叉形,顶端不或稀近汇合,花粉散开后不扁平展开。
9. 花冠二唇形,具不相似的唇片,上唇外凸,弧状、镰状或盔状。
10. 雄蕊4枚,花药卵形。
11. 后对雄蕊长于前对雄蕊。
12. 茎蔓生而呈草质藤本;叶片圆形,基部心形;萼齿先端刺芒状 ……………… 7. **活血丹属** Glechoma L.
12. 茎直立或匍匐状,但不为藤状;叶片非圆形;萼齿先端非刺芒状。
13. 花较大,长3 cm以上,单生或由轮伞花序组成顶生假的总状花序 … 8. **龙头草属** Meehania Britt.
13. 栽培植物(广西种);花长不及1 cm。
14. 轮伞花序多花,组成顶生密集粗圆筒状的穗状花序 … 9. **藿香属** Agastache Clayt. ex Gronov.
14. 轮伞花序或聚伞花序少花,组成分离的穗状或圆锥花序 ………………… 10. **荆芥属** Nepeta L.
11. 后对雄蕊短于前对雄蕊。
15. 花萼二唇形,喉部在果期稍缢缩闭合,上唇先端平截,有3短齿 ………… 11. **夏枯草属** Prunella L.
15. 花萼齿近相等,喉部果期张开。
16. 花冠上唇外凸或盔状,稀扁平,常有密毛。
17. 花萼8~10齿;花冠上唇直,外密被长柔毛 ……………………… 12. **绣球防风属** Leucas R. Br.
17. 花萼5齿。
18. 小坚果稍三棱形,顶端平截。
19. 小苞片钻状或针刺状;花萼先端刺状 ……………………… 13. **益母草属** Leonurus L.
19. 苞片线形;花萼先端非刺状 ……………………………… 14. **小野芝麻属** Galeobdolon Adans.
18. 小坚果卵形,顶端钝圆。
20. 花冠上唇盔状,长于下唇 ……………………………… 15. **假糙苏属** Paraphlomis (Prain) Prain
20. 花冠上唇略呈盔状,短于下唇 …………………………………… 16. **水苏属** Stachys L.
16. 花冠上唇短而稍扁平(火把花属除外),无毛或略被毛。
21. 药室2室,后顶端汇合为1室。
22. 小坚果顶端具膜质翅;灌木 ……………………………………… 17. **火把花属** Colquhounia Wall.
22. 小坚果顶端无翅;草本 ……………………………………………… 18. **冠唇花属** Microtoena Prain
21. 药室2室,分离,顶端不汇合。
23. 前对药室平行,横生,后对药室退化;轮伞花序腋生 ……… 19. **广防风属** Anisomeles R. Br.
23. 两对药室均发育,药室叉开;圆锥花序顶生 ……………… 20. **簇序草属** Craniotome Reichb.
10. 雄蕊2枚,花药线条形。
24. 药隔线形,与花丝有关节相连而成丁字形 ……………………………………… 21. **鼠尾草属** Salvia L.
24. 药隔宽或小,与花丝无关节相连 ……………………………………………… 22. **迷迭香属** Rosmarinus L.
9. 花冠近于辐射对称,裂片近相似,或略分化的,上唇则扁平或外凸。
25. 雄蕊上升于花冠上唇之下,内藏。
26. 花萼筒状,喉部内面疏生毛茸,齿尖均为芒尖 ………………………………… 23. **风轮菜属** Clinopodium L.
26. 花萼钟状,内面近无毛,齿尖不为芒尖 ……………………………………… 24. **蜜蜂花属** Melissa L.

25. 雄蕊直伸，突出。
27. 能育雄蕊 4 枚。
28. 叶全缘或上部略具疏小齿；花萼喉部密生白色长柔毛 ………………………… 25. **牛至属** Origanum L.
28. 叶全部有锯齿；花萼喉部无毛或有疏柔毛。
29. 轮伞花序具多朵花，腋生或聚生在枝端；花萼 5 齿，近相等 …………………… 26. **薄荷属** Mentha L.
29. 轮伞花序具 2 朵花，组成顶生和腋生并偏向一侧的总状花序；花萼 5 齿，二唇形 …………………………………………………………………………………………………… 27. **紫苏属** Perilla L.
27. 能育雄蕊 2 枚。
30. 轮伞花序具 2 朵花；花萼喉部被毛；后对雄蕊能育 ………………………………………………………………………… 28. **石荠苎属** Mosla (Benth.) Buch.-Ham. ex Maxim.
30. 轮伞花序具多朵花；花萼内面无毛；前对雄蕊能育 ……………………………… 29. **地笋属** Lycopus L.
8. 花药球形，药室平叉开，在顶端贯通为 1 室，花粉散开后平展。
31. 萼齿近相等；轮伞花序多花，密集成穗状花序。
32. 植物体被星状毛 ……………………………………………………………… 30. **钩子木属** Rostrinucula Kudo
32. 植物体无星状毛。
33. 叶对生，通常较宽阔；冠檐二唇形或近二唇形。
34. 花冠下唇 3 裂；前对雄蕊较长，花丝无毛 ………………………………… 31. **香薷属** Elsholtzia Willd.
34. 花冠下唇全缘；雄蕊等长，花丝中部常被髯毛 ………………………… 32. **刺蕊草属** Pogostemon Desf.
33. 叶 3～10 轮生，线形；花冠 4 裂，近相等 ………………………………… 33. **水蜡烛属** Dysophylla Blume
31. 萼齿不相等；轮伞花序 2 花，组成总状花序 ……………………………… 34. **筒冠花属** Siphocranion Kudo
7. 雄蕊下倾，平卧于花冠下唇或内藏。
35. 花萼 5 齿，近相等；花冠裂片近相等 ……………………………………… 35. **四轮香属** Hanceola Kudo
35. 花萼多 4/1 式，稀 3/2 式二唇形，如 5 齿等大，花冠则为 4/1 式显著二唇形。
36. 花冠下裂片囊状而短，反折，基部狭；萼齿 5 枚，等大，短尖或锥尖 ………………… 36. **山香属** Hyptis Jacq.
36. 花冠下裂片舟形或扁平或微内凹。
37. 花冠下裂片内凹、匙形或舟形，基部窄。
38. 雄蕊花丝在基部合生成筒状 ……………………………………………… 37. **鞘蕊花属** Coleus Lour.
38. 雄蕊花丝分离。
39. 轮伞花序密集，组成穗状花序；花冠筒细长，基部不成囊状或距状 ……………………………………………………………………………… 38. **排草香属** Anisochilus Wall. ex Benth.
39. 轮伞花序疏离，组成圆锥或总状花序；花冠筒基部成囊状或距状。
40. 总状花序；花大，花冠筒基部具长后距；萼檐花时极张开 ……………………………………………………………………… 39. **角花属** Ceratanthus F. Muell. ex G. Taylor
40. 圆锥花序；花极小，花冠上唇外反，先端具 4 圆裂片 ……………………………………………………………………… 40. **香茶菜属** Isodon (Schrad. ex Benth.) Spach
37. 花冠下裂片扁平或稍内凹，基部不变窄。
41. 果萼下唇全缘，内弯，上唇全缘或两侧各有 1 细齿或 3 裂。
42. 花萼上、下唇全缘；穗状花序，花密集 …………………………………… 41. **龙船草属** Nosema Prain
42. 花萼上唇 3 齿；总状花序，花疏离 ………………………………………… 42. **凉粉草属** Mesona Blume
41. 果萼下唇 2 齿，分离或合生。
43. 花萼上唇边缘不下延至萼筒；轮伞花序密集成头状花序 …… 43. **尖头花属** Acrocephalus Benth.
43. 花萼上唇边缘多少下延于萼筒上；轮伞花序组成穗状或总状花序。
44. 花萼上唇倒卵形或圆形；花冠筒短，常藏萼内 ……………………………… 44. **罗勒属** Ocimum L.
44. 花萼上唇卵形；花冠筒长，为花萼长的 1 倍以上。
45. 雄蕊及花柱内藏或略伸出；根常肥大 ……………………………… 45. **鸡脚参属** Orthosiphon Benth.
45. 雄蕊及花柱极长，长于花冠的 2 倍以上；根不肥大 ……… 46. **肾茶属** Clerodendranthus Kudo

1. 香科科属　Teucrium L.

草本或半灌木，常具地下茎及逐节生根的匍匐枝。轮伞花序具2～3朵花，稀多花，于茎及短分枝上部排列成假穗状花序；花萼10脉，喉部无毛或具毛环，萼筒管状或钟状，5齿，近相等或成3/2式二唇形；花冠单唇，冠筒内无毛环，冠檐具5裂片，两侧裂片小，中裂片极发达，圆形或匙形，稀2深裂；雄蕊4枚，长不及冠筒的2倍；子房4浅裂。　本属约有260种，分布于世界各地，以地中海为多。我国18种；广西现知6种1变种。

分种检索表

1. 茎密被灰白色或金黄色、锈棕色长柔毛。
  2. 茎密被平展的灰白色长柔毛；萼齿5枚，近相等，喉部内无毛环 …………………… 1. **长毛香科科** T. pilosum (Pamp.) C. Y. Wu et S. Chow
  2. 茎密被金黄色、锈棕色长柔毛；萼齿5枚，二唇形，喉部内具毛环 … 2. **铁轴草** T. quadrifarium Buch.-Ham. ex D. Don
1. 茎被短柔毛、微柔毛或近无毛。
  3. 花萼二唇形，喉部内具毛环。
    4. 花萼下唇2齿裂，深不及下唇长的1/3；植物体被微柔毛或近无毛 …………… 3. **二齿香科科** T. bidentatum Hemsl.
    4. 花萼下唇2齿裂，深达喉部；植物体密被白色倒向短柔毛 ………………………… 4. **庐山香科科** T. pernyi Franch.
  3. 花萼稍二唇形，喉部内无毛环。
    5. 花萼长约2.8 mm，与花序均被腺毛或灰白色短柔毛。
      6. 茎被微柔毛或几乎无毛；花序及花萼密被腺毛 ……………………… 5a. **血见愁** T. viscidum Blume var. viscidum
      6. 茎被短柔毛；花序及花萼密被灰白色短柔毛，无腺毛 …………………… 5b. **大唇血见愁** T. viscidum Blume var. macrostephanum C. Y. Wu et S. Chow
    5. 花萼长4～4.5 mm，与花序均近无毛 ………………………………………… 6. **穗花香科科** T. japonicum Willd.

1. 长毛香科科（植物分类学报）

Teucrium pilosum (Pamp.) C. Y. Wu et S. Chow 于植物分类学报 **10**：335，图版 68：1. 1965；中国植物志 **65**(2)：38，图版 5：1. 1977；Fl. China **17**：59. 1994.——*T. japonicum* Willd. var. *pilosum* Pamp. in Nouv. Giorn. Bot. Ital. n. ser. **17**：711. 1910.

多年生草本，高0.5～1 m；茎密被长达3 mm的平展白色长柔毛。叶片卵圆状披针形或长圆状披针形，长5～8 cm，先端短渐尖或渐尖，基部截平或近心形，边缘为稍不整齐的重锯齿。花序长达7 cm或更长，被长柔毛；萼齿5枚，上唇3齿三角形，下唇2齿三角状钻形；花冠淡红色，长1.2～1.5 cm，中裂片极发达；雄蕊稍伸出唇片外。　花期7～8月。　产于南丹；生于山坡林缘、河边。分布于浙江、江西、湖南、湖北、四川及贵州。　四川巫溪用根茎入药，可治痧症。

2. 铁轴草　图版 246：1～2

Teucrium quadrifarium Buch.-Ham. ex D. Don, Prodr. Fl. Nepal. 108. 1825；中国高等植物图鉴 **3**：610，图 5173. 1974；中国植物志 **65**(2)：40，图版 6. 1977；Fl. China **17**：59. 1994.

半灌木，高达1 m；全株密被金黄色、锈棕色至紫红色长柔毛或糙毛，极易与同属的其他种相区别。叶片基部心形、截平或圆形，边缘有重锯齿。苞片极发育，菱状三角形或卵形，长3～7.5 mm，宽达4 mm，先端渐尖或尾尖，疏被长柔毛；萼齿5枚，二唇形，上唇3齿，中齿极发育，倒卵状扁圆形；花冠淡红色，长1.2～1.3 cm；雄蕊稍短于花冠。　花期7～9月。　产于广西各地；生于山地阳坡、林下及灌木丛中。分布于云南、贵州、湖南、广东、江西及福建，印度、尼泊尔、缅甸、泰国至印度尼西亚也有。　全草可治劳伤水肿，根可治肚胀、泻痢，叶用于止血，治刀枪伤。

图版 246 1～2. **铁轴草** *Teucrium quadrifarium* Buch.-Ham. ex D. Don 1. 植株；2. 花。 3～4. **庐山香科科** *T. pernyi* Franch. 3. 植株；4. 花。（林文宏绘）

3. **二齿香科科**(植物分类学报)

Teucrium bidentatum Hemsl. in Journ. Linn. Soc. Bot. 26:312. 1890;中国高等植物图鉴 3:611,图 5176. 1974;中国植物志 65(2):52,图版 10:7～11. 1977;Fl. China 17:61. 1994.

多年生草本,高不及 1 m。叶片卵形、卵状披针形或披针形,长 4～12 cm,宽 1.5～4 cm,先端渐尖至尾状渐尖,基部楔形或宽楔形下延,边缘中部以上具 3～4 对粗锯齿,两面除脉上略被微柔毛外,余部无毛。花序长不到 5 cm,被微柔毛;花萼二唇形,上唇 3 齿,中齿最大,扁圆形,下唇 2 齿,其分裂部分长不及本身的 1/3;花冠白色,长约 1 cm;雄蕊超出花冠筒 1 倍。　产于南丹、龙胜。分布于四川、云南、湖北、贵州及台湾。　根配方可入药,可治痢疾及白斑症。

4. **庐山香科科**(植物分类学报)　图版 246:3～4

Teucrium pernyi Franch. in Nouv. Arch. Mus. Hist. Nat. ser. 2,6:125. 1883;中国高等植物图鉴 3:611,图 5175. 1974;中国植物志 65(2):51,图版 10:1～6. 1977;Fl. China 17:61. 1994.

多年生草本;茎直立,高达 1 m,密被白色倒向短柔毛。叶片卵状披针形,长 4～9 cm,基部圆形或阔楔形下延,边缘具粗锯齿,两面被微柔毛。轮伞花序常具 2 朵花,松散,偶具 6 朵花,组成穗状花序;花萼二唇形,上唇 3 齿,中齿特发育,近圆形,下唇 2 齿;花冠白色或略带红晕,长约 1 cm;雄蕊超花冠筒 1 倍以上;子房密被泡状毛。　产于全州、灵川、临桂、桂林、阳朔、罗城、武鸣;生于石灰岩山林下阴湿处。分布于江苏、浙江、安徽、河南、福建、江西、湖北、湖南、广东。

5. **血见愁**(岭南采药录)

Teucrium viscidum Blume, Bijdr. 827. 1826;中国高等植物图鉴 3:609,图 5171. 1974;中国植物志 65(2):31,图版 4:1～6. 1977;Fl. China 17:57. 1994.

5a. **血见愁**(原变种)　图版 247:1～2

Teucrium viscidum Blume var. viscidum

多年生草本,高达 70 cm;茎下部无毛或几乎近无毛,上部被腺毛及微柔毛。叶片卵圆形或卵圆状长圆形,长 3～10 cm,基部圆形、阔楔形至楔形并略下延,两面近无毛或疏被微柔毛,边缘具重锯齿。轮伞花序具 2 朵花,密集成穗状花序,密被腺毛;萼齿 5 枚,近等大;花冠白色、淡红色至淡紫色,长不及 1 cm。花期 6～11 月。　产于广西各地;生于山地林下阴湿处。分布于江苏、浙江、福建、台湾、江西、湖南、广东、云南、四川、西藏,缅甸、印度、日本、朝鲜、印度尼西亚、菲律宾也有。　全草可入药,用于风湿性关节炎、跌打损伤、肺脓疡、急性胃肠炎、消化不良、冻疮肿痛、吐血、衄血、外伤出血、毒蛇咬伤、疔疮疖肿等症。据《岭南采药录》载:"凉血解毒,去瘀生新,理跌打,敷疮毒,治蛇伤,消肠风下血"。

5b. **大唇血见愁**(变种)　(植物分类学报)

Teucrium viscidum Blume var. macrostephanum C. Y. Wu et S. Chow 于植物分类学报 10:333. 1965;中国植物志 65(2):35. 1977;Fl. China 17:58. 1994.

与原变种的区别在于茎上散生短柔毛;叶柄及叶背均被短柔毛;叶片基部楔形;花萼被灰色短柔毛;花冠长约 1 cm。　产于天峨、罗城、那坡、田林;生于山地上。分布于贵州和云南。

6. **穗花香科科**(中国高等植物图鉴)

Teucrium japonicum Willd., Sp. Pl. 3:23. 1800;中国高等植物图鉴 3:609,图 5172. 1974;中国植物志 65(2):35,图版 5:2～7. 1977;Fl. China 17:58. 1994.

多年生草本,具匍匐茎;茎高 50～80 cm,平滑无毛,稀近节处有极疏的长柔毛。叶片卵圆状长圆形至卵圆状披针形,长 5～10 cm,宽 1.5～4.5 cm,先端急尖或短渐尖,基部心形、近心形或平截,边缘为带重齿的锯齿或圆齿,仅叶柄及叶下面中肋的基部偶见疏生的短柔毛。轮伞花序具 2 朵花,组成顶生的假穗状花序,长 3～4.5 cm,无毛;花萼钟形,长 4～4.5 mm,宽 3～3.5 mm,萼筒下方稍一面膨胀,仅齿缘稍具缘毛,萼齿 5 枚,上唇 3 齿正三角形,等大,下唇 2 齿锐三角形,与上唇 3 齿等长,直伸;花冠白色或淡红色,长 1.2～1.4 cm,唇片外被鳞状短毛。小坚果倒卵形,疏被白色波状毛。　花期 7～9 月。　产于金秀、全州、

图版 247　1～2. **血见愁** *Teucrium viscidum* Bl. var. *viscidum*　1. 植株；2. 花。　3～4. **排草香** *Anisochilus carnosus*（Linn. f.）Benth.　3. 植株；4. 花。　（林文宏绘）

兴安；生于山地及原野。分布于河北、河南、江苏、浙江、江西、湖南、四川、贵州、广东。朝鲜、日本也有。

2. 筋骨草属 Ajuga L.

一年生至多年生草本；茎直立或匍匐。单叶；具齿或缺刻，稀近全缘。苞叶与茎叶同形，稀异形或较大；轮伞花序具2至多朵花，组成连续或间断的穗状花序；萼齿5枚，近等大；花冠紫色或蓝色，稀黄色或白色，常宿存，冠筒直或微弯，内面有毛环，稀无，二唇形，上唇极短，2深裂或浅裂，下唇宽大，3裂，中裂片通常为倒心形或近扇形；雄蕊4枚，二强；子房4裂，花柱着生于子房底部。小坚果倒卵状三角形，合生面占腹面1/2或2/3，果萼常壶状增大。　本属约有40～50种，分布于欧、亚大陆温带地区，尤以近东为多，极少数种出现于热带山区。我国有18种；广西现知3种。

分种检索表

1. 植株、叶片较大；萼齿卵形或阔卵形，先端钝或急尖 …………………… 1. **大籽筋骨草** A. macrosperma Wall. ex Benth.
1. 植株、叶片较小；萼齿三角形或三角状披针形，先端近渐尖。
  2. 叶片宽椭圆形或卵状椭圆形；植株花时通常无基生叶；轮伞花序疏被有节短毛，花较少、疏松 …………………………………………………… 2. **紫背金盘** A. nipponensis Makino
  2. 叶片匙形或倒卵状披针形；植株花时具基生叶；轮伞花序密被有节长毛，花较多、密集 …………………………………………………… 3. **金疮小草** A. decumbens Thunb.

1. **大籽筋骨草**（中国植物志）

Ajuga macrosperma Wall. ex Benth. in Wall. Pl. Asiat. Rar. **1**：58. 1830；中国植物志 **65**(2)：80，图版14：4～5；Fl. China **17**：69. 1994.

茎幼时被毛，老时近无毛，基部稍木质化。叶片倒披针形、卵状披针形或椭圆状卵形，先端钝或急尖，基部楔形下延，边缘具波状齿，被缘毛，两面被长柔毛或糙伏毛。轮伞花序具6～12朵花，多在茎、枝中上部着生，组成穗状花序；萼齿卵形或阔卵形，具灰白色长缘毛，先端钝或急尖；花冠蓝色至紫色，长7～9 mm；雄蕊4枚，突出于花冠外；子房无毛。　花期1～3月，果期3～5月。　产于河池、凤山、东兰、百色、靖西、那坡、乐业、德保、凌云、田林、崇左、防城港等地。分布于云南、贵州、广东和台湾，尼泊尔、不丹、印度、缅甸、泰国、老挝、越南也有。　全草可入药，用于散血。

2. **紫背金盘**（植物名实图考）

Ajuga nipponensis Makino in Bot. Mag. (Tokyo) **23**：67. 1909；中国高等植物图鉴 **3**：614，图5181. 1974；中国植物志 **65**(2)：76，图版14：1～2. 1977；Fl. China **17**：68. 1994.

1或2年生草本；茎被长柔毛或疏柔毛。基生叶缺或少数；叶片阔椭圆形或卵状椭圆形，先端钝，基部楔形，下延，边缘具不规则的波状圆齿，被缘毛，两面被糙伏毛或疏柔毛。轮伞花序具多朵花，组成顶生穗状花序；花萼上部及齿缘被毛，萼齿狭三角形或三角形；花冠蓝色或蓝紫色，稀白色，长8～11 mm，疏被短柔毛，上唇短，直立，2裂或微缺。　花期在我国东部为4～6月，西南部为12月至翌年3月，果期前者为5～7月，后者为1～5月。　产于百色、那坡、凌云、隆林、乐业、罗城、环江、天峨、东兰、都安、龙州、南宁、马山、隆安、富川、阳朔；生于河谷湿润处。分布于福建、台湾、广东、海南、贵州、云南、四川、湖南、河北、江苏、江西、浙江，朝鲜、日本也有。全草可入药，具有消炎、镇痛、散血之功效。

3. **金疮小草**　图版248：1

Ajuga decumbens Thunb., Syst., Veg. ed. 14, 525. 1784；中国高等植物图鉴 **3**：613，图5180. 1974；中国植物志 **65**(2)：75，图版13：5. 1977；Fl. China **17**：68. 1994.

本种与**紫背金盘**（*A. nipponensis* Makino）不易区分，除叶形与后者不同外，植株花时具基生叶，茎平

图版 248 1.**金疮小草** Ajuga decumbens Thunb. 1.植株。 2～3.**中华锥花** Gomphostemma chinense Oliv. var. chinense 2.植株；3.花冠展开。 4～5.**毛药花** Bostrychanthera deflexa Benth. 4.植株顶部；5.花侧面观。 （林文宏仿曾孝濂图）

卧，具匍匐茎，逐节生根，轮伞花序密被透明有节长毛，花较多、密集；后者花时通常无基生叶，茎多数直立，极少平卧，从基部分枝，轮伞花序疏被有节短毛，花较少、较疏松，可区分。　花期3～7月，果期5～11月。

产于广西各地；生于沟边潮湿处。分布于长江以南各地，日本、朝鲜也有。　全草可入药，可治痈疽疔疮、火眼、乳痈、鼻衄、咽喉炎、肠胃炎、急性结膜炎、烫伤、狗咬伤、毒蛇咬伤以及外伤出血等症。

3. 动蕊花属　Kinostemon Kudo

多年生草本。叶片卵形或线状长圆形。轮伞花序具2朵花，组成疏松总状或总状圆锥花序；花萼钟形，10脉，萼齿5枚，上唇3齿，中齿特大，具分明的网状脉，侧齿小，下唇2齿；花冠二唇形，上唇2裂，下唇3裂，中裂片最大；雄蕊4枚，花丝特长，超过花冠筒的2倍；子房4浅裂。小坚果倒卵形，4枚，背部微见网状雕纹，合生面几乎达果长的1/2。　本属约有3种，我国特有属，分布于陕西、四川、湖北、贵州、云南；广西现知1种。

动蕊花

Kinostemon ornatum (Hemsl.) Kudo in Trans. Nat. Hist. Soc. Taiwan **19**:2. 1929；中国高等植物图鉴 **3**:608，图5170. 1974；中国植物志 **65(2)**:23，图版2:1～8. 1977；Fl. China **17**:62. 1994. ——*Teucrium ornatum* Hemsl. in Journ. Linn. Soc. Bot. 26:313. 1890.

多年生草本，高达80 cm。叶片卵状披针形或线状长圆形，长7～13 cm，先端尾状渐尖，基部楔状下延，边缘具疏齿，两面无毛。轮伞花序具2朵，远隔，多数，组成顶生及腋生疏松的总状花序；花萼长约4.7 mm，萼筒长约2 mm，无毛，喉部内具毛环，上唇中齿特大，圆形，侧齿小，卵形，下唇披针形；花冠紫红色，长约11 mm，疏被微柔毛及淡黄色腺点，冠筒长达8 mm。小坚果长1 mm。　花期5～8月，果期8～11月。

产于罗城；生于山地林下。分布于陕西、四川、湖北、贵州、安徽、云南。

4. 黄芩属　Scutellaria L.

草本或半灌木，稀为灌木。其主要特征是花萼背腹压扁，二唇形，唇片全缘，果时先闭合，后沿缝合线开裂成不等大2裂片，上裂片脱落，背部有1圆形、内凹、鳞片状的盾片或囊状突起，下裂片宿存；子房有柄；小坚果具瘤，被毛或无毛。　本属约有350种，除非洲南部外，几乎广布全球。我国有98种；广西现知12种5变种。

分种检索表

1. 上部花互生，花序顶生，稍呈花葶状 ………………………………………… 1. **异色黄芩** S. discolor Wall. ex Benth.
1. 花均对生，花序不呈花葶状。
　2. 花序顶生。
　　3. 茎叶近革质，具波状浅齿或全缘；花冠长(1.5)2～3 cm；木质化草本至半灌木。
　　　4. 花序轴及花梗均被腺毛。
　　　　5. 叶先端钝、浑圆至急尖，基部具三出脉。
　　　　　6. 叶片倒卵圆形至近圆形，先端钝或圆，基部楔形至圆形，全缘或具不明显的圆齿 ……………………………………………………………… 2a. **钝叶黄芩** S. obtusifolia Hemsl. var. obtusifolia
　　　　　6. 叶椭圆形或菱状卵圆形，先端急尖，基部楔状渐狭，边缘具不明显波状大齿 …………………………… 2b. **三脉钝叶黄芩** S. obtusifolia Hemsl. var. trinervata (Vaniot) C. Y. Wu et H. W. Li
　　　　5. 叶较大，先端短渐尖至渐尖，基部无三出脉。
　　　　　7. 茎、叶柄不呈水红色；叶网脉两面明显隆起 ……………… 3. **显脉黄芩** S. reticulata C. Y. Wu et W. T. Wang

7. 茎、叶柄呈水红色;叶网脉不明显隆起。

8. 叶片基部圆形,近全缘或边缘浅波状或具不明显的小齿 …………………………………………… 4a. **红茎黄芩** S. yunnanensis H. Lévl. var. yunnanensis

8. 叶片基部楔形,边缘有时具少数(2～6)疏浅锯齿 ………………………………………… 4b. **楔叶红茎黄芩** S. yunnanensis H. Lévl. var. cuneata C. Y. Wu et W. T. Wang

4. 花序轴及花梗均密被短柔毛,绝无腺毛 ……………………………………………… 5. **多毛蓝花黄芩** S. formosana N. E. Brown var. pubescens C. Y. Wu et H. W. Li

3. 茎叶膜质、草质至坚纸质,边缘明显具齿;花冠长 1.4～2 cm;草本。

9. 中等大至高大直立或蔓性草本。

10. 茎被极细的短柔毛 ……………………………… 6. **文山黄芩** S. wenshanensis C. Y. Wu et H. W. Li

10. 茎密被平展白色的疏柔毛 ………………………… 7. **粗齿黄芩** S. grossecrenata Merr. et Chun ex H. W. Li

9. 矮小上升或披散草本。

11. 叶片椭圆形或卵圆形,先端钝至圆形,基部圆形、浅心形至心形,边缘具圆齿。

12. 具匍匐茎,多少抽葶状草本;叶初时如莲座状排列,伸长呈交互对生 ……… 8. **偏花黄芩** S. tayloriana Dunn

12. 具根茎,非抽葶状草本;叶明显茎生。

13. 茎、叶柄、叶两面密被微柔毛。

14. 植株高 12～28 cm,叶长 1.5～2.6(3) cm ……………………… 9a. **韩信草** S. indica L. var. indica

14. 植株矮小,高 8～16(20) cm,多分枝;叶长 0.8～1.5 cm …………………………………………… 9b. **小叶韩信草** S. indica L. var. parvifolia Makino

13. 茎、叶柄、叶两面密被白色平展具节疏柔毛 … 9c. **长毛韩信草** S. indica L. var. elliptica Sun ex C. H. Hu

11. 叶片狭卵圆形至狭三角状卵圆形,先端急尖,基部宽楔形至近截形,边缘疏生浅牙齿 …………………………………………… 10. **英德黄芩** S. yingtakensis Sun ex C. H. Hu

2. 花序非全部顶生。

15. 总状花序腋生。

16. 叶片线状披针形,基部楔状下延 ……………………… 11. **两广黄芩** S. subintegra C. Y. Wu et H. W. Li

16. 叶片卵圆状披针形,基部截形或浅心形,下面散生红色腺点 … 12. **罗甸黄芩** S. lotienensis C. Y. Wu et S. Chow

15. 花腋生,在主轴上偏向一侧 ……………………………………………… 13. **半枝莲** S. barbata D. Don

1. 异色黄芩(中国植物志)

Scutellaria discolor Wall. ex Benth. in Wall. Pl. Asiat. Rar. **1**:66. 1830;中国高等植物图鉴 **3**:619,图 5192. 1974;中国植物志 **65**(2):136,图版 27. 1977;Fl. China **17**:80. 1994.

本种叶密集于茎的基部而呈莲座状。叶片先端浑圆或钝,基部心形或浅心形,边缘具波状圆齿;叶柄长达 4.8 cm,扁平,密被短柔毛;花葶 5～24 cm,花互生或少数在花序下部者对生,易与其他种区别。 花期 6～11 月,果实渐次成熟。 产于隆林、西林;生于山地林下、溪边或草坡上。分布于贵州及云南,印度、尼泊尔及东南亚各国亦有。 全草具有清热解毒的功效,可治感冒发烧、胃肠炎和疮毒等症。

2. 钝叶黄芩(中国植物志)

Scutellaria obtusifolia Hemsl. in Journ. Linn. Soc. Bot. **26**:296. 1890;中国植物志 **65**(2):147. 1977; Fl. China **17**:82. 1994.

2a. 钝叶黄芩(原变种)

Scutellaria obtusifolia Hemsl. var. obtusifolia

多年生草本,茎高 20～60 cm;基部近木质,下部常无叶,密被短柔毛。叶片近革质,倒卵圆形或近圆形,长 2～5.5 cm,宽 1.3～3.5 cm,先端极钝或圆,基部楔形至圆形,全缘或具不明显极少数圆齿,腹面无毛或极疏被短柔毛,下面密被灰白色短柔毛;基部三出脉,侧脉 3 对,腹面多少凹陷,背面突出且带白色,第三次脉在下面多少突出。花梗长 4 mm,与花序轴均被具腺微柔毛。 花期 5～6 月,花后果成熟。 广西分布新记录，产于南丹、隆林、凤山、百色；生于林下或水田旁阴湿处。分布于四川、湖北、贵州。　民间用全草可入药，可治泻痢，口苦，感冒等症。

2b．**三脉钝叶黄芩**（变种）

Scutellaria obtusifolia Hemsl. var. **trinervata** (Vaniot) C. Y. Wu et H. W. Li 于中国植物志 **65**(2)：147. 1977；Fl. China **17**：83. 1994. ——*S. trinervata* Vaniot in Bull. Acad. Int. Geogr. Bot. **14**：189. 1904.

与原变种不同在于叶花椭圆形或菱状卵圆形，但绝不为倒卵圆形至近圆形，较大，长 3～8 cm，宽 1.3～3 cm，先端急尖或近急尖，基部楔状渐狭，边缘不明显疏生波状犬齿，绝不为全缘；花较小，一般长 2～2.5 cm（罕有达 3 cm）。　产于隆林、那坡、百色、河池、环江、天峨、巴马、凤山、昉城及上思；生于林下湿地或溪边。分布于贵州南部。

3．**显脉黄芩**（中国植物志）

Scutellaria reticulata C. Y. Wu et W. T. Wang 于中国植物志 **65**(2)：578，151. 1977；Fl. China **17**：83. 1994.

亚灌木。叶片椭圆形，长 6.5～18 cm，宽 2.6～8.2 cm，先端渐尖或稍尾状渐尖，基部楔形，边缘全缘、波状或中部以上有 1～2 对波状细牙齿，两面无毛；网脉两面突出。花萼外面被具腺微柔毛及纤毛；花冠紫色，长约 1.5 cm，外疏被微柔毛，内面近基部具柔毛。　花期 5 月，果期 6～7 月。　广西特有种，产于龙州；生于石灰岩山林下。

4．**红茎黄芩**

Scutellaria yunnanensis H. Lévl. in Repert. Spec. Nov. Regni Veg. **9**：221. 1911；中国植物志 **65**(2)：148，图版 30：1～10. 1977；Fl. China **17**：83. 1994.

4a．**红茎黄芩**（原变种）

Scutellaria yunnanensis H. Lévl. var. **yunnanensis**

多年生草本，茎高 25～50 cm；常呈水红色，几无毛或略被短柔毛。叶片通常 4 对；卵圆形或椭圆状卵圆形，长 3～11 cm，宽 2～4.5 cm，先端渐尖或短渐尖，基部圆形，边缘疏生极不明显的小齿或浅波状齿，近全缘，两面无毛，下面常带红色；叶柄呈水红色，被具腺柔毛。花萼于花时常呈紫红色，长约 2 mm，外被微柔毛；花冠长 1.5～1.7 cm，外被微柔毛，冠檐紫红色，冠筒色淡或白色。　花期 4 月，果期 5 月。　广西分布新记录，产于环江；生于林下或山谷沟边。分布于云南、四川。　民间用全株可入药，有散寒清火之效，可治目热、生翳，可退烧等症。

4b．**楔叶红茎黄芩**（变种）

Scutellaria yunnanensis H. Lévl. var. **cuneata** C. Y. Wu et W. T. Wang 于云南植物志 **1**：543，图 129：14. 1977；中国植物志 **65**(2)：150. 1977；Fl. China **17**：83. 1994.

与原变种不同在于叶片基部楔形，边缘有时具少数疏浅锯齿。　产于环江、天峨、那坡；生于石灰岩山坡阔叶林下。分布于云南东南部。

5．**蓝花黄芩**（中国植物志）

Scutellaria formosana N. E. Brown in Gard. Chron. Ser. 3，**16**：212. 1894；中国植物志 **65**(2)：142. 1977；Fl. China **17**：81. 1994.

5a．**蓝花黄芩**（原变种）

Scutellaria formosana N. E. Brown var. **formosana**

广西不产。分布于云南、广东、海南、江西及福建。

5b．**多毛蓝花黄芩**（变种）

Scutellaria formosana N. E. Brown var. **pubescens** C. Y. Wu et H. W. Li 于海南植物志 **4**：532. 1977；中国植物志 **65**(2)：142. 1977；Fl. China **17**：81. 1994.

多年生草本，根茎近木质；茎高约 30 cm，密被短柔毛。叶片近革质，卵圆形或卵圆状披针形，长 3～

8 cm,宽 1.5～3.3 cm,先端钝至渐尖,基部宽楔形,边缘疏生波状浅锯齿,上两面密被短柔毛。总状花序长 7～17 cm;花梗与花序轴均密被短柔毛;花萼外被短柔毛及腺点;花冠蓝色,长 2.5 cm,外被具腺微柔毛,冠筒长约 2 cm,前方基部曲膝状,内面近基部具柔毛。 花期 8～9 月;果期 10～11 月。 产于苍梧、上思;生于山谷水旁。分布于海南。

6. **文山黄芩**

Scutellaria wenshanensis C. Y. Wu et H. W. Li 于云南植物志 **1**:543,图 130:12～14. 1977;中国植物志 **65**(2):156,图版 34:5～7. 1977;Fl. China **17**:84. 1994.

一年生草本,茎高 30 cm;直立上升,变紫色,被极细的短柔毛。叶片卵圆形,长 1.8～3.5 cm,宽 1.2～2 cm,先端急尖,基部浅心形,两面极疏被小糙伏毛,下面沿脉上密被短柔毛;侧脉上面凹陷,下面突起且带白色;叶柄长约 1 cm,扁平,被极细的短柔毛。总状花序长约 8 cm;花梗与花序轴均变紫色,被极细的短柔毛;花冠淡紫色,长约 2.7 cm,外被具腺微柔毛。 花期 5 月。 产于那坡,少见;生于石灰岩山林中。分布于云南东南部(文山)。

7. **粗齿黄芩**

Scutellaria grossecrenata Merr. et Chun ex H. W. Li 中国植物志 **65**(2):579,160. 1977;Fl. China **17**:85. 1994.

直立草本;茎高 55 cm;密被平展白色的疏柔毛。叶片坚纸质,宽卵圆形,长 5～7 cm,宽 2.5～4.5 cm,先端钝,基部圆形至浅心形,边缘具粗大有时双重的圆齿,腹面疏被具节疏柔毛,背面被疏柔毛并满布黑紫色腺点;侧脉与中脉及细脉腹面微凹陷,背面突出且带白色;叶柄密被平展疏柔毛。总状花序长 6～7.5 cm,顶生或腋生;花梗与花序轴密被平展疏柔毛;花冠紫红色,长 1.6～1.9 cm,外疏被微柔毛,内在冠筒中部疏被疏柔毛。 花期 5 月。 产于兴安、龙胜、金秀、平乐;生于林下。分布于广东。

8. **偏花黄芩**(中国植物志) 图版 249:1～4

Scutellaria tayloriana Dunn in Not. Roy. Bot. Gard. Edinb. **8**:166. 1913;中国植物志 **65**(2):170. 1977;Fl. China **17**:87. 1994.

本种与**粗齿黄芩**(*S. grossecrenata* Merr. et Chun ex H. W. Li)极相似,不易区分,但本种较矮小,连花序高 8～30 cm。叶通常仅有 3～4 对,初时如莲座状排列;边缘具浅波状圆齿,背面具橙色腺点。花冠淡紫至紫蓝色,长(1.5)1.8～2.5(3) cm。 产于全州及龙胜;生于山谷林下阴湿处。分布于广东、湖南、贵州。 民间用根可入药,可治热咳、吐血及血痢等症。

9. **韩信草**(广州植物志) 耳挖草

Scutellaria indica L., Sp. Pl. **2**:600. 1753;中国高等植物图鉴 **3**:620,图 5194. 1974;中国植物志 **65**(2):172. 1977;Fl. China **17**:87. 1994.

9a. **韩信草**(原变种) 图版 250:1～2

Scutellaria indica L. var. indica

多年生草本,茎高 12～28 cm;上升直立,常带暗紫色,被微柔毛,尤以茎上部及沿棱角为密集。叶片草质至近坚纸质,心状卵圆形或圆状卵圆形至椭圆形,长 1.5～2.6(3) cm,宽 1.2～2.3 cm,先端钝或圆,基部圆形、浅心形至心形,边缘密生整齐圆齿,两面被微柔毛或糙伏毛,尤以背面为甚。总状花序长 4～8(12) cm;花萼被硬毛及微柔毛,果时十分增大;花冠蓝紫色,长 1.4～1.8 cm,外疏被微柔毛,内面仅唇片被短柔毛。 花果期 2～6 月。 产于广西各地;生于山地或丘陵地、疏林下,路旁空地及草地上,常见。分布于江苏、浙江、安徽、江西、福建、台湾、广东、湖北、湖南、河南、陕西、贵州、四川及云南等地,日本及东南亚各国也有。 全草可入药,有清热解毒、活血消肿之效,可治跌打损伤、肠炎、肺脓疡、毒蛇咬伤等症。

9b. **小叶韩信草**(变种)

Scutellaria indica L. var. parvifolia Makino in Somoku-Dzusetsu, ed. 3, **3**:846. 1912;中国植物志 **65**(2):176. 1977;Fl. China **17**:88. 1994.

图版 249　1～4.偏花黄芩 Scutellaria tayloriana Dunn　1.植株；2.花序；3.果萼；4.叶上的毛。　5～8.龙头草 Meehania henryi（Hemsl.）Sun ex C. Y. Wu var. henryi　5.植株上部；6.雌蕊；7.果萼；8.叶上的毛。（何顺清绘）

图版 250　1～2. **韩信草** Scutellaria indica L. var. indica　1. 植株；2. 花。　3～6. **半枝莲** S. barbata D. Don　3. 根；4. 花枝；5. 花萼；6. 花。（林文宏绘，3～6 摹自刘宗汉图）

本变种与原变种不同在于植株通常矮小，高 8～16(20) cm，多分枝；叶片心状卵圆形或卵圆形，长 0.8～1.5 cm，宽 0.8～1 cm；花冠长 1～1.5 cm。　产于龙胜、临桂、南丹、来宾、融水、柳江、梧州、贺州、扶绥、南宁；生于路旁、疏林下、山坡或荒坡草地上。分布于安徽、台湾、湖南、广东及云南等地，日本也有。

9c. **长毛韩信草**(变种)

Scutellaria indica L. var. elliptica Sun ex C. H. Hu 于植物分类学报 **11**:40.1966；中国植物志 **65**(2)：177.1977；Fl. China **17**:88.1994.

与原变种不同在于茎、叶柄、叶两面密被白色平展具节疏柔毛。　产于桂平、金秀、资源、钟山；生于路旁、疏林下、山坡或荒坡草地上。分布于浙江、安徽、江西、福建、湖北、湖南、广东、贵州及四川。

10. **英德黄芩**(植物分类学报)

Scutellaria yingtakensis Sun ex C. H. Hu 于植物分类学报 **11**:42.1966；中国植物志 **65**(2):178.1977；Fl. China **17**:88.1994.

多年生草本，茎高约 35 cm；上升，疏被上曲短柔毛，下部常无叶。叶片狭卵圆形至狭三角状卵圆形，长 1.3～3 cm，宽 0.8～1.4 cm，先端急尖，基部宽楔形至近截形，边缘疏生浅牙齿，腹面沿中脉上被微硬毛，余部疏生具节疏柔毛，背面仅在中脉、侧脉及细脉上被微硬毛，余部近无毛；叶柄长 0.5～1.4 cm，密被上曲短柔毛。总状花序长达 7 cm；花梗与花序轴被短柔毛；花萼被具腺微柔毛；花冠淡红色至紫红色，长 1～1.2 cm，外被微柔毛，内在喉部被白色髯毛，冠筒前方基部稍膨大膝曲状。　花期 4～5 月。　产于融水、环江、凤山及金秀；生于山谷阴湿处。分布于四川、贵州、湖南、广东、江西及福建。

11. **两广黄芩**(中国植物志)

Scutellaria subintegra C. Y. Wu et H. W. Li 中国植物志 **65**(2):582,204.1977；Fl. China **17**:94.1994.

本种易错定为**半枝莲**(*S. barbata* D. Don)，本种茎基部略木质化，具较多的分枝，可区别。叶片线状披针形，长 1.2～3.6 cm，宽 3.5～9 mm，先端钝，基部楔状下延，边缘疏生 1～2 对不明显的波状圆齿，腹面散布贴生微柔毛，背面除中脉及侧脉疏被微柔毛外、余部皆无毛。总状花序长 1.5～5 cm；花梗与花序轴密被微柔毛，在中部有 1 对长不及 0.5 mm 的线形具缘毛小苞片；花冠紫色，长达 1.3 cm，外面被微柔毛。　花期 8～10 月，果期 11 月。　产于永福、贺州、昭平、藤县、金秀、平南；生于沟谷湿润处。分布于广东。

12. **罗甸黄芩**

Scutellaria lotienensis C. Y. Wu et S. Chow 中国植物志 **65**(2):583,206，图版 33:1～3.1977；Fl. China **17**:94.1994.

本种最显著的特征是叶背、花萼、花冠均散生突起的红色腺点；花冠淡黄色，易与其他种相区别。蔓性多分枝草本；茎纤细柔软，近秃净。叶具长柄，长达 1.2 cm，被稀疏微柔毛；叶片草质，卵圆状披针形，茎中部长约 6.2 cm，宽约 3 cm，先端尾状渐狭，钝头，基部截形或浅心形，边缘具疏离波状圆齿，两面近于无毛。　花期 3～4 月。　广西分布新记录，产于乐业；生于山坡灌木丛中的荫处。分布于贵州南部(罗甸)。

13. **半枝莲**(江苏省植物药材志)　图版 250:3～6

Scutellaria barbata D. Don Prodr. Fl. Nepal. 109.1825；中国高等植物图鉴 **3**:626，图 5206.1974；中国植物志 **65**(2):229，图版 49:5.1977；Fl. China **17**:99.1994.

多年生草本，茎直立，高 12～35(55) cm；无毛或在序轴上部疏被紧贴的小毛，不分枝或少的分枝。叶片三角状卵圆形或卵圆状披针形，有时卵圆形，长 1.3～3.2 cm，宽 0.5～1(1.4) cm，先端急尖，基部宽楔形或近截形，边缘生有疏而钝的浅牙齿，两面沿脉上疏被紧贴的小毛或几乎无毛。花单生于茎或分枝上部叶腋内；花萼外面沿脉被微柔毛，基部常有腺毛；花冠紫蓝色，长 9～13 mm，外被短柔毛，内在喉部疏被疏柔毛。　花果期 4～7 月。　产于广西各地；生于田边、水沟边或湿草地上，常见。分布于河北、山东、陕西、河南、江苏、浙江、台湾、福建、江西、湖北、湖南、广东、四川、贵州、云南等地，印度(东北部)、尼泊尔、缅甸、老挝、泰国、越南、日本及朝鲜也有。　为民间常用草药，除可代益母草作妇科药外，还可治肝炎、无名肿毒、尿道炎、胃痛、跌打损伤等症,有的地方用于试治早期癌症。

5. 锥花属 Gomphostemma Benth.

多年生草本至灌木;茎直立或基部匍匐生根,被星状毛。叶大,边缘常具锯齿;具柄。花序各式,但多为圆锥状或聚伞状,腋生或生于茎的基部,稀顶生。花萼钟形至管形,10脉,萼齿5枚,相等或近相等;花冠大,紫色、黄色或白色,直或弯,中部以上膨大成喉部,里面有或无毛,但无毛环,上唇直立,微作盔状,下唇平展,3裂;雄蕊4枚,药室平行,横生。小坚果1~4枚成熟,果皮肉质。 本属约有36种,分布于东南亚及我国南部。我国约有15种;广西现知6种1变种。

分种检索表

1. 花序生于茎的基部或同时兼有茎上腋生。
  2. 苞片线形至毛发状;萼齿基部三角形,先端毛发状 …………………… 1. **拟长毛锥花** G. pseudocrinitum C. Y. Wu
  2. 苞片椭圆形至披针形;萼齿披针形至狭披针形,先端长渐尖。
    3. 叶面灰橄榄绿色,密被星状柔毛及极疏的贴生短硬毛;花序全生于茎的基部 ………………………………………… 2a. **中华锥花** G. chinense Oliv. var. chinense
    3. 叶面黑褐色,疏生短硬毛,几乎无星状毛;花序基生和茎生 ………………………………………… 2b. **茎花中华锥花** G. chinense Oliv. var. cauliflorum C. Y. Wu
1. 花序全生于茎上叶腋。
  4. 花近无梗。
    5. 叶片长圆形,背面密被污黄色星状绒毛;萼齿三角形,先端针状 …………… 3. **光泽锥花** G. lucidum Wall. ex Benth.
    5. 叶片狭披针形,背面密被灰色星状绒毛;萼齿披针形,先端长渐尖 …………… 4. **海南锥花** G. hainanense C. Y. Wu
  4. 花梗长5 mm以上。
    6. 萼齿三角状披针形,长约3 5 mm …………………………………… 5. **宽叶锥花** G. latifolium C. Y. Wu
    6. 萼齿狭披针形,长8~9 mm …………………………………… 6. **细齿锥花** G. leptodon Dunn

1. 拟长毛锥花(植物分类学报)

Gomphostemma pseudocrinitum C. Y. Wu 于植物分类学报 **10**:144,图版30. 1965;中国植物志 **65**(2):108. 1977;Fl. China **17**:72. 1994.

本种花序基生,苞片线形至毛发状;萼齿基部三角形,先端毛发状,而易区别于其他种。 广西特有种,产于凌云、那坡、田林、隆林;生于林下、水沟边。

2. 中华锥花(中国高等植物图鉴)

Gomphostemma chinense Oliv. in Hook. Icon. Pl. **15**:54. 1884;中国高等植物图鉴 **3**:618,图5189. 1974;中国植物志 **65**(2):116,图版23:1~6. 1977;Fl. China **17**:74. 1994.

2a. 中华锥花(原变种) 图版248:2~3

Gomphostemma chinense Oliv. var. chinense

本种花序基生,苞片椭圆形至披针形,长11~16 mm,宽5~7 mm;萼齿披针形至狭披针形,先端长渐尖,而易区别于其他种。 产于三江、龙胜、临桂、金秀、恭城、上林、南丹、凌云、田林、乐业、贺州、昭平、苍梧、藤县、博白、桂平;生于土山或石灰岩石山林下、沟边。分布于江西、福建、广东及海南,越南北部也有。

2b. 茎花中华锥花(变种)

Gomphostemma chinense Oliv. var. cauliflorum C. Y. Wu 于植物分类学报 **10**:149. 1965;中国植物志 **65**(2):118,图版23:7~8. 1977;Fl. China **17**:74. 1994.

本变种与原变种不同在于叶面黑褐色,疏生短硬毛,几乎无星状毛;花序基生和茎生。 产于凭祥(大青山)。分布于海南。

3. **光泽锥花**(中国高等植物图鉴)

Gomphostemma lucidum Wall. ex Benth. in Wall. Pl. Asiat. Rar. **2**:12. 1830;中国高等植物图鉴 **3**:618,图 5190. 1974;中国植物志 **65**(2):110,图版 22:1～6,24:1. 1977;Fl. China **17**:73. 1994.

草本或小灌木状,粗壮,高达 1.5 m。叶片纸质,长圆形、近椭圆形或倒披针形,先端渐尖至钝,基部楔形,腹面粗糙,被短硬毛,脉上尤盛,背面被污黄色星状绒毛;叶柄长 1～3 cm,被毛。聚伞花序腋生,短而密集;萼齿三角形,长 2～3 mm,先端具短针尖;花冠白色至浅黄色,长约 3.5 cm。小坚果 4 枚均成熟,长约 5 mm,有残存星状毛。 花期 4～7 月或延至 10 月到翌年 1 月。 产于靖西、那坡、凌云、田林、隆林、罗城、环江、融水、苍梧、容县;生于沟谷密林中。分布于广东、海南及云南,老挝、越南、泰国、缅甸及印度也有。

4. **海南锥花**(植物分类学报)

Gomphostemma hainanense C. Y. Wu 于植物分类学报 **10**:145,图版 31. 1965;中国植物志 **65**(2):109. 1977;Fl. China **17**:72. 1994.

多年生草本;全体密被灰色星状贴生毡毛。叶片狭披针形,长 10～16 cm,宽 2.1～3.4 cm,上面密被星状短柔毛,网脉十分下陷,下面密被平贴星状绒毛,呈灰色。聚伞花序腋生,小,具 3～4 朵花;花几乎无梗。 花期 8 月。 产于防城;生于林下。分布于海南。

5. **宽叶锥花**(植物分类学报)

Gomphostemma latifolium C. Y. Wu 于植物分类学报 **10**:147,图版 33. 1965;中国植物志 **65**(2):112. 1977;Fl. China **17**:73. 1994.

本种与**光泽锥花**(*G. lucidum* Wall. ex Benth.)相近,易将后者鉴定为本种。本种花多,花序大,较松散,花梗长达 1 cm,萼齿长三角状披针形,长约 3.5 mm,先端长渐尖;后者花少,近无梗,花序小,密集,呈典型的轮伞花序状,萼齿长 2～3 mm,基部宽三角形,先端具短针尖,易区别。 本种发表时所引用的标本,为产自云南及原属于广东,现属于广西的防城和十万大山。广东目前尚无记录。广西现知仅产于防城港及上思;生于林中湿润处。分布于云南。

6. **细齿锥花**(中国植物志)

Gomphostemma leptodon Dunn in Not. Roy. Bot. Gard. Edinb. **8**:170. 1913;中国植物志 **65**(2):106,图版 21:20～22. 1977;Fl. China **17**:72. 1994.

直立灌木,高 1～1.5 m;聚伞花序大,分枝多;花梗长达 13 mm;萼齿狭披针形,长 8～9 mm;花萼果时增大,最后近全裂,齿长达 15 mm,明显地有别于其他种。 产于龙州、宁明及崇左;生于沟谷或石灰岩密林下及灌木丛中。分布于云南东南部,越南北部也有。 全株可入药,可治水火烫伤症。

6. 毛药花属 Bostrychanthera Benth.

直立或匍匐草本。叶片长披针形或卵形,具锯齿。聚伞花序腋生,二歧,蝎尾状,具花 4～11 朵;花萼钟形,果时略增大,萼齿 5 枚,后面 1 齿较其他 4 齿为小;花冠淡紫红色或白色,较花萼长得多,中部以上十分扩展或为倒锥形,里面无毛环,二唇形,上唇较短,先端圆或钝,下唇较大,3 裂,中裂片较长和宽;雄蕊 4 枚,花药近球形,背面密被毛束;花柱丝状,柱头 2 浅裂,子房 4 裂,无毛。小坚果通常 1～2 枚同时发育,少为 3 枚,核果状,黑色,近球形,外果皮肉质而厚,干时角质。 本属约有 2 种,中国特有属;广西 2 种均产。

分种检索表

1. 茎被倒向短硬毛;叶无柄;萼齿 5 浅裂,不等大,近无毛;花冠淡紫红色 ························ 1. **毛药花** B. deflexa Benth.
1. 茎密被长硬毛;叶具柄;萼齿 5 深裂,近等大,边缘密被长硬毛;花冠白色 ·· 2. **瑶山毛药花** B. yaoshanensis S. L. Mo et F. N. Wei

1. 毛药花(中国植物志)　图版 248:4～5

Bostrychanthera deflexa Benth. in Gen. Pl. **2**:1216. 1876;中国高等植物图鉴 **3**:619,图 5191. 1974;中国植物志 **65**(2):120,图版 26. 1977;Fl. China **17**:75. 1994.

直立草本,高达 1.5 m。叶片长披针形,长 8～22 cm,宽 1.5～5 cm,先端尾状渐尖,基部渐狭,楔形或浅心形,两面沿脉上被短硬毛,边缘为粗齿状或浅齿状;无柄。聚伞花序具花 5～11 朵,连同花序梗长约 2.5 cm,被倒向硬毛;萼齿短小,不等大;花冠长约 3.5 cm,外面疏被长硬毛,冠筒中部以上十分扩展。小坚果 1 枚成熟,近球形,直径 5～7 mm。　花期 7～9 月,果期 9～11 月。　产于兴安、龙胜、金秀、三江及融水;生于深山林下湿润处,不多见。分布于安徽、浙江、福建、台湾、江西、湖北、湖南、广东、贵州及四川。

2. 瑶山毛药花(广西植物)

Bostrychanthera yaoshanensis S. L. Mo et F. N. Wei 于广西植物 **3**:307,图 1. 1983;Fl. China **17**:75. 1994.

蔓生或近直立草本。叶片椭圆形或卵形,长 5～9 cm,宽 2.5～4 cm,先端钝,基部狭楔形,边缘有疏齿,两面被灰色长硬毛;叶柄长 1～1.5 cm,被长硬毛。聚伞花序具 4～5 朵花,连同花序梗长 1.5～2.5 cm,被长硬毛;萼齿披针形,边缘被长硬毛;花冠长约 5 cm,无毛,冠筒向上渐扩大而呈倒锥形。小坚果 1～2 枚同时成熟,球形,直径约 5 mm。　花果期 10～11 月。　广西特有,产于金秀;生于林下湿润处。

7. 活血丹属　Glechoma L.

多年生草本;具匍匐茎。叶具长柄,基部心形。雌花和两性花异株或同株;轮伞花序腋生,具 2～6 朵花;花萼筒状或钟状,具 15 脉,萼齿 5 枚,锐三角形或有时纤细,先端呈芒刺状;花冠筒状,上部膨大,下唇 3 裂,中裂片较大。小坚果长圆状卵形。　本属约有 8 种,分布于欧亚大陆温带地区。我国有 5 种;广西有 1 种 1 变种。

分种检索表

1. 全株被疏倒向短柔毛;萼齿卵状三角形,先端细尖 ………………………………… 1. **活血丹** G. longituba (Nakai) Kupr.
1. 全株被具节长柔毛;萼齿狭三角形,先端具长芒状细尖 …………………………………………………………
………………………… 2b. **狭萼白透骨消** G. biondiana (Diels) C. Y. Wu et C. Chen var. angustituba C. Y. Wu et C. Chen

1. 活血丹(植物名实图考)　透骨消　图版 251:1

Glechoma longituba (Nakai) Kupr., Bot. Zhurn. SSSR. **33**:236, pl. 1, f. 4. 1948;中国高等植物图鉴 **3**:636,图 5226. 1974;中国植物志 **65**(2):316,图版 61:1～3. 1977;Fl. China **17**:118. 1994.——*G. hederacea* Linn. var. *longituba* Nakai in Bot. Mag. (Tokyo) **35**:173. 1921.

多年生匍匐草本,节上生不定根,全株除花外疏被倒向柔毛。叶片圆形或近肾形,长 1.8～2.6 cm,宽 2～3 cm,先端急尖或钝三角形,基部心形,边缘具粗圆齿。轮伞花序具花 2 朵,稀为 4～6 朵;花萼长约 1 cm,萼齿卵状三角形,长 3～5 mm,先端芒状,边缘具缘毛;花冠淡蓝色、蓝色至紫色,下唇具深色斑点。花期 4～5 月,果期 5～6 月。　产于广西各地,野生或栽培。除青海、甘肃、新疆及西藏外,全国各地均产。　为民间常用草药,全草具有散瘀消肿、利尿排石之效,可治跌打损伤、风湿痛、尿路结石等症。

2. 白透骨消

Glechoma biondiana (Diels) C. Y. Wu et C. Chen 于植物分类学报 **12**:31,图版 9:7～9. 1974;中国高等植物图鉴 **3**:636,图 5225. 1974;中国植物志 **65**(2):318,图版 62:7～9. 1977;Fl. China **17**:119. 1994.——*Dracocephalum biondianum* Diels in Engler, Bot. Jahrb. 36, Beibl. 82:94. 1905.

图版 251　1. 活血丹 Glechoma longituba (Nakai) Kupr.　1. 植株。　2. 紫苏 Perilla frutescens (L.) Britt. var. frutescens　2. 植株。　3. 回回苏 P. frutescens (L.) Britt. var. crispa (Benth.) Deane　3. 叶。　4～5. 五彩苏 Coleus scutellarioides (L.) Benth. var. scutellarioides　4. 花枝；5. 花。　（林文宏绘）

2a. 白透骨消(原变种)

Glechoma biondiana (Diels) C. Y. Wu et C. Chen var. **biondiana**

广西不产。分布于陕西(南部秦岭一带)。

2b. 狭萼白透骨消(变种)

Glechoma biondiana (Diels) C. Y. Wu et C. Chen var. **angustituba** C. Y. Wu et C. Chen 于植物分类学报 **12**:31,图版 9:1~3. 1974;中国植物志 **65**(2):322,图版 62:1~3. 1977;Fl. China **17**:119. 1994.

多年生草本,通常高在 30 cm 以上;被稀疏的具节长柔毛;具较长的匍匐茎,上升,逐节生根。叶片心脏形,长 2~4.2 cm,宽 1.9~3.8 cm,先端急尖,通常具针状小尖头,基部心形,具长方形基凹,边缘具卵形粗圆齿,齿顶端钝,两面被具节长柔毛。聚伞花序通常具 9 朵花,稀为 6 朵,呈轮伞花序状;花萼狭,圆柱形,口部与基部等宽,长 1~1.2 cm,外面被长柔毛及微柔毛,略呈二唇形,上唇 3 齿,较长,下唇 2 齿,稍短,萼齿均呈狭三角形,长 4~5 mm,先端渐尖呈芒状,边缘被缘毛。花冠粉红色至淡紫色,钟形,长 2~2.4 cm,外面被疏长柔毛。 花期 4~5 月,果期 5~6 月。 广西分布新记录,产于全州;生于密林下。分布于湖北西部、四川北部。

8. 龙头草属 Meehania Britt.

直立或具匍匐茎的一年生或多年生草本。轮伞花序少花,组成假总状花序;苞片叶状;花大;花萼钟形或管状钟形,具 15 脉,果时膨大,5 齿,上唇 3 齿较高,下唇 2 齿较低;花冠管状,上唇较短,直立,下唇伸长,中裂片较大;二强雄蕊,药室平行。 本属约有 7 种,6 种分布于亚洲,1 种产于北美。我国有 5 种;广西现知 1 种 3 变种。

分 种 检 索 表

1. 轮伞花序组成顶生和腋生的总状花序;花萼狭管形。
  2. 叶基心形 …………………………………………………… 1a. **龙头草** M. henryi (Hemsl.) Sun ex C. Y. Wu var. henryi
  2. 叶基圆形、平截或浅心形。
    3. 叶较长,基部平截或浅心形 ……………………………………………………………………
    ……………………… 1b. **长叶龙头草** M. henryi (Hemsl.) Sun ex C. Y. Wu var. kaitcheensis (H. Lévl.) C. Y. Wu
    3. 叶基圆形,叶柄被具节长柔毛 ……………………………………………………………………
    …………………… 1c. **圆基叶龙头草** M. henryi (Hemsl.) Sun ex C. Y. Wu var. stachydifolia (H. Lévl.) C. Y. Wu
1. 花组成顶生的总状花序或成对着生于茎最上部 2~3 对叶腋中;花萼钟形或近管形 ……………………………
……………………………… 2b. **梗花华西龙头草** M. fargesii (H. Lévl.) C. Y. Wu var. pedunculata (Hemsl.) C. Y. Wu

1. 龙头草(鄂西草药名录)

Meehania henryi (Hemsl.) Sun ex C. Y. Wu 于植物分类学报 **8**:15. 1959;中国高等植物图鉴 **3**:637,图 5228. 1974;中国植物志 **65**(2):340. 1977;Fl. China**17**:123. 1994.——*Dracocephalum henryi* Hemsl. in Journ. Linn. Soc. Bot. **26**:291. 1890.

1a. 龙头草(原变种) 图版 249:5~8

Meehania henryi (Hemsl.) Sun ex C. Y. Wu var. **henryi**

多年生草本,高达 60 cm;幼茎被疏柔毛及节上被柔毛。叶片纸质或近膜质,心形或卵形,长 4~13 (17) cm,先端渐尖,基部心形,腹面被疏微柔毛。花序腋生和顶生,长 6~9 cm,密被微柔毛;花萼狭管形,长 1~1.3 cm,外面被微柔毛;花冠浅红色至浅紫色,长 2.3~3.7 cm,外疏被微柔毛,内具柔毛;子房被微柔毛。 花期 9 月,果期 10 月。 产于武鸣、融水、龙胜;生于林下。分布于湖北、四川、湖南及贵州。民间用叶外敷治毒蛇咬伤;根浸酒服,可补血。

1b. **长叶龙头草**(变种)

Meehania henryi (Hemsl.) Sun ex C. Y. Wu var. kaitcheensis (H. Lévl.) C. Y. Wu 于植物分类学报 8:16. 1959;中国植物志 65(2):342. 1977;Fl. China 17:123. 1994. ——*Dracocephalum kaitcheense* H. Lévl. in Repert. Spec. Nov. Regni Veg. 8:422. 1910.

与原变种不同在于叶大、长;叶片狭三角状卵圆形,基部平截至浅心形,疏生锯齿,叶柄顶端宽;长总状花序顶生或腋生。　广西分布新记录,产于乐业;生于山谷溪边或林下湿润处。分布于贵州(都匀、凯里、安龙)。

1c. **圆基叶龙头草**(变种)

Meehania henryi (Hemsl.) Sun ex C. Y. Wu var. stachydifolia (H. Lévl.) C. Y. Wu 于植物分学报 8:16. 1959;中国植物志 65(2):342. 1977;Fl. China 17:123. 1994. ——*Dracocephalum stachydifolia* H. Lévl. in Repert. Spec. Nov. Regni Veg. 8:422. 1910.

与原变种不同在于叶片长椭圆状卵圆形,基部圆形,疏生尖锯齿;叶柄顶端稍宽,被具节长柔毛;总状花序,较短,顶生,基部常呈三分枝。　产于南丹;生于山间溪边林下。分布于贵州(三合、平坝)。

2. **华西龙头草**(中国植物志)

Meehania fargesii (H. Lévl.) C. Y. Wu 于植物分类学报 8:12. 1959;中国高等植物图鉴 3:638,图 5229. 1974;中国植物志 65(2):336,图版 67. 1977;Fl. China 17:122. 1994. ——*Dracocephalum fargesii* H. Lévl. in Repert. Spec. Nov. Regni Veg. 9:246. 1911.

2a. **华西龙头草**(原变种)

Meehania fargesii (H. Lévl.) C. Y. Wu var. fargesii

广西不产。分布于四川东部及西部、云南北部。

2b. **梗花华西龙头草**(变种)

Meehania fargesii (H. Lévl.) C. Y. Wu var. pedunculata (Hemsl.) C. Y. Wu 于植物分类学报 8:14. 1959;中国植物志 65(2):338. 1977;Fl. China 17:123. 1994. ——*Dracocephalum urticifolium* Miq. var. *pedunculatum* Hemsl. in J. Linn. Soc. Bot. 26:293. 1890.

多年生草本,高达 40 cm;粗壮,多分枝,不形成匍匐状分枝,幼时被短柔毛。叶片形状变异颇大,通常为长三角状卵形,长 2.8~6.5 cm,腹面被疏糙伏毛,背面被疏柔毛。聚伞花序通常具花在 3 朵以上,形成明显具梗的轮伞花序,在茎上部组成顶生的假总状花序;花梗长 2~6 mm,被柔毛,近基部或中部具 1 对小苞片;花萼近管状,长 1.5~1.8 cm,外面被微柔毛,萼齿三角形或狭三角形,具缘毛,先端渐尖;花冠淡红色至紫红色,长 2.8~4.5 cm,外面被极疏的短柔毛。　花期 4~6 月,果期 6 月。　产于临桂、龙胜、资源、全州、兴安、环江、罗城、融安、贺州;生于林下湿润处。分布于云南、四川、湖北、湖南。　全草可入药,可治腹泻症。

9. 藿香属　Agastache Clayt. ex Gronov.

多年生高大草本。叶具齿及柄。轮伞花序多花,聚集成顶生穗状花序;花萼筒状倒圆锥形,具 15 脉;花冠筒直,向上渐宽至喉部,微超出花萼或与之相等,二唇形,上唇 2 裂,下唇 3 裂,中裂片宽大,平展;雄蕊 4 枚,比花冠长,后对较长、前倾,前对直立;药室初几乎平行,后来稍叉开。小坚果光滑,顶部被毛。　本属约有 9 种,其中 8 种产于北美,1 种产于东亚及我国;广西有栽培或逸为野生。

藿香(嘉祐本草)　图版 252:1

Agastache rugosa (Fisch. et C. Mey.) O. Ktze., Rev. Gen. Pl. 2:511. 1891;中国高等植物图鉴 3:630,图 5214. 1974;中国植物志 65(2):259,图版 53. 1977;Fl. China 17:106. 1994. ——*Lophanthus rugo-*

图版 252 1.藿香 Agastache rugosa (Fisch. et C. Mey.) O. Ktze. 1.植株。 2.夏枯草 Prunella vulgaris L. 2.植株。(林文宏绘)

sus Fisch. et C. Mey. in Index Sem. Hort. Petrop. 1:31. 1835.

多年生直立草本，高达 1.5 m；茎上部被细柔毛。叶片心状卵形至长圆状披针形，长 5～11 cm，先端尾尖，基部心形，稀平截，具粗齿，腹面近无毛，背面被微柔毛和腺点。穗状花序密集，长 2.5～12 cm；萼筒脉明显，外被腺微柔毛及黄色腺点，萼齿三角状披针形；花冠淡蓝紫色，长约 8 mm，外被微柔毛。小坚果先端具微硬毛。　花期 6～9 月，果期 9～11 月。广西各地常见栽培或逸为野生。全国各地常见栽培；朝鲜、俄罗斯、日本及北美洲也有。全草可入药，有止呕吐、治霍乱腹痛、驱逐肠胃充气、清暑等功效；果可作香料；叶及茎均富含挥发性芳香油，有浓郁的香味，为芳香油原料。

10. 荆芥属　Nepeta L.

多年生或一年生草本，少为半灌木。本属因花萼具多脉(13～17 脉)；花冠上唇直立、下唇较上唇大很多，3 裂，中裂片宽大，先端具弯缺，边缘全缘或具齿；雄蕊花丝先端常具突起的附属器而与其他属不同。本属约有 250 种，主要分布于亚洲温带地区、北非及欧洲。我国有 42 种；广西 2 种，栽培或逸为野生。

分 种 检 索 表

1. 单叶，卵状至三角状心脏形，基部心形至截形，边缘具粗圆齿或牙齿 ………………………… 1. **荆芥** N. cataria L.
1. 叶指状三裂，裂片披针形，基部楔状渐狭并下延至叶柄，全缘 ………………………… 2. **裂叶荆芥** N. tenuifolia Benth.

1. 荆芥

Nepeta cataria L. Sp. Pl. 2:570. 1753；中国高等植物图鉴 3:635，图 5223. 1974；中国植物志 65(2)：298，图版 58. 1977；Fl. China 17:115. 1994.

多年生草本，高达 1.5 m；茎被白色短柔毛。叶片卵状或卵状心形，长 2.5～7 cm，宽 2～4.7 cm，先端钝至短尖，基部心形至截形，边缘具粗圆齿，两面被短毛。聚伞花序二歧状分枝；花萼齿裂深浅不 1 枚，锥形；花冠白色，上唇先端具浅凹，下唇中裂片圆形，基部心形，边缘具粗齿。　花期 7～9 月，果期 9～10 月。南宁有栽培。分布于新疆、甘肃、陕西、河南、山西、山东、江苏、湖北、贵州、四川及云南，栽培或野生，阿富汗、日本及欧洲、非洲、北美也有。　全草用于发汗解表，可治感冒。

2. 裂叶荆芥　荆芥(救荒本草)

Nepeta tenuifolia Benth.，Labiat. Gen. Sp. 468. 1834；Fl. China 17：117. 1994.——*Schizonepeta tenuifolia* (Benth.) Briq. in Engl. u. Prantl，Pflanzenfam. 4，3a：235. 1895；中国高等植物图鉴 3:631，图 5216. 1974；中国植物志 65(2)：267，图版 55:8～13. 1977.

一年生草本，茎达 1 m；多分枝，疏被灰白色短柔毛。叶常为指状三裂，长 1～3.5 cm，先端尖，基部楔状并下延至叶柄，裂片披针形，全缘，腹面被微柔毛，背面被短柔毛，有腺点。轮伞花序组成顶生间断的穗状花序；花萼筒状钟形，长约 3 mm，被灰色疏柔毛，具 15 脉，萼齿 5 枚，三角状披针形或披针形；花冠青紫色，长约 4.5 mm，被疏柔毛。　花期 7～9 月，果期 8～10 月。　南宁、全州有栽培。黑龙江、辽宁、河北、河南、山西、陕西、甘肃、四川、贵州等省有野生；生于山坡路边或山谷、林缘。浙江、江苏、福建、云南等省有栽培，朝鲜也有分布。　为《中国药典》收载的正品"荆芥"，全草及花穗为常用中药，多用于发表，可治风寒感冒、头痛、咽喉肿痛、月经过多、崩漏、小儿发热抽搐、疔疮疥癣、风火赤眼、风火牙痛、湿疹、荨麻疹以及皮肤瘙痒等症；全草富含芳香油，可提制芳香油。

11. 夏枯草属　Prunella L.

本属有几个突出的特征而与其他属不同，即苞片宽大，膜质；花梗极短或无；花萼 5 齿，极不相等，下唇

2齿，裂片披针形，果时花萼缢缩闭合，上唇先端近截形，具短3齿；花冠上唇呈盔状；后对花丝先端2齿，下齿具花药。 本属约有7种(有的定为15种)，广布于欧亚大陆温带及热带山区，非洲西北部及北美洲也有。我国有3种，引种栽培1种；广西有1种。

夏枯草(神农本草经) 图版252：2

Prunella vulgaris L.，Sp. Pl. 2：600. 1753；中国高等植物图鉴 **3**：643，图5239. 1974；中国植物志 **65**(2)：387，图版76. 1977；Fl. China **17**：134. 1994.

多年生草本，茎高20～30 cm；基部多分枝，紫红色。叶片卵状长圆形或卵圆形，长1.5～6 cm，先端钝，基部圆形、截形至宽楔形下延，具波状齿或近全缘。穗状花序长2～4 cm；苞片宽心形，浅紫色；花萼长约1 cm，外疏生刚毛，上唇扁圆形，下唇2深裂，先端渐尖，尖头微刺状；花冠紫色、蓝紫色或红紫色，长约1.3 cm，略超出于花萼。 花期4～6月，果期7～10月。 产于广西各地；生于荒坡、草地、溪边及路旁等湿润地上。分布于陕西、甘肃、新疆、山西、山东、河南、湖北、湖南、江西、安徽、浙江、福建、台湾、广东、贵州、四川及云南等地，欧洲、北非、西亚、中亚及俄罗斯亚洲地区、印度、巴基斯坦、尼泊尔、不丹、日本、朝鲜也有。 全草可入药，带花的果穗具清火明目、散结消肿之效。

12. 绣球防风属 Leucas R. Br.

草本或半灌木。叶全缘或具齿。轮伞花序少花至多花，疏离；花萼筒状或倒圆锥状，10脉，萼口平截或偏斜，萼齿8～10枚，常等大；花冠白色，稀为黄色、紫色、浅棕色或红色，冠筒内藏，二唇形，上唇盔状，外密被长柔毛，边缘密被整齐的绢状平直长毛，下唇长于上唇，3裂，中裂片最大；雄蕊4枚，前对较长，上升至上唇之下。小坚果卵状三棱形。 本属约有100种，分布于非洲、亚洲、澳大利亚及太平洋岛屿，南美洲栽培2种，已野化。我国有8种；广西有5种1变种。

分种检索表

1. 亚灌木；叶小，卵圆状圆形，长0.8～1.3 cm …………………… 1. **滨海白绒草** L. chinensis (Retz.) R. Br.
1. 草本；叶较大，卵形、披针形、线形，长2 cm以上。
  2. 植物体密被金黄色长硬毛 …………………… 2. **绣球防风** L. ciliata Benth.
  2. 植物体被其他毛，非金黄色长硬毛。
    3. 叶片卵形，长约为宽的2倍，叶缘密生锯齿。
      4. 叶背密被柔毛状绒毛；萼齿近等长 …………………… 3a. **白绒草** L. mollissima Wall. ex Benth. var. mollissima
      4. 叶背疏被柔毛；萼齿明显不等长 …………… 3b. **疏毛白绒草** L. mollissima Wall. ex Benth. var. chinensis Benth.
    3. 叶片长圆状披针形或线形，长约为宽的3倍或以上，叶缘疏生浅圆齿或全缘。
      5. 轮伞花序少花，直径约1.5 cm；叶背密布明显的腺点 …………………… 4. **绉面草** L. zeylanica (L.) R. Br.
      5. 轮伞花序多花，直径为2 cm以上；叶背无明显的腺点 …………………… 5. **蜂巢草** L. aspera (Willd.) Link

1. 滨海白绒草

Leucas chinensis (Retz.) R. Br.，Prodr. 504. 1810；中国植物志 **65**(2)：419. 1977；Fl. China **17**：141. 1994 ——*Phlomis chinensis* Retz.，Obs. 2：19. 1781.

半灌木，高20～30 cm；叶小，无柄或近无柄；叶片卵圆状圆形，长0.8～1.3 cm，宽0.6～1 cm，易与其他种相区别。 花期11～12月，果期12月。 产于北海市涠洲岛。分布于广东、海南、福建及台湾。

2. 绣球防风(滇南本草) 图版253：1～4

Leucas ciliata Benth. in Pl. Asiat. Rar. **1**：61. 1830；中国高等植物图鉴 **3**：646，图5245. 1974；中国植物志 **65**(2)：422，图版83：1～6. 1977；Fl. China **17**：142. 1994.

图版 253　1～4. 绣球防风 Leucas ciliata Benth.　1. 花枝；2. 花，侧面观；3. 花冠纵剖，内面观；4. 花萼纵剖，内面观。5～6. 小野芝麻 Galeobdolon chinense (Benth.) C. Y. Wu　5. 植株；6. 花冠纵剖，内面观。（林文宏绘，摹自《中国植物志》陈莳香图）

直立或斜伸草本；植物体密被金黄色长硬毛而与本属的其他种不同。 花期7～10月，果期10～11月。 产于田林、凌云、隆林；生于多种生境，溪边、灌丛或草地。分布于贵州、四川及云南，印度、尼泊尔、不丹、缅甸、老挝及越南也有。 根可治肝气郁结、痢疾、小儿疳积，全草可治痈疮肿毒、皮疹、白翳、梅毒及骨折等症。

3. **白绒草**（中国高等植物图鉴）

Leucas mollissima Wall. ex Benth. in Pl. Asiat. Rar. **1**：62. 1830；中国高等植物图鉴 **3**：645，图 5244. 1974；中国植物志 **65**(2)：420，图版 83：11. 1977；Fl. China **17**：142. 1994.

3a. **白绒草**（原变种）

Leucas mollissima Wall. ex Benth. var. **mollissima**

直立草本，高约50 cm；被贴伏绒毛状长柔毛。叶片卵形，长1.5～4 cm，宽1～2.3 cm，先端锐尖，基部宽楔形至心形，边缘具圆齿状锯齿，两面均密被柔毛状绒毛，背面毛被密集且发白。轮伞花序球形，直径1.5～2 cm；花萼筒状，长约6 mm，外密被柔毛，10脉，显著，脉上具长柔毛，萼口平截，萼齿10枚，长三角形，极短小，近等大；花冠白色、淡黄色至粉红色，长约1.3 cm，上唇外密被白色长柔毛。小坚果卵状三棱形。 花期5～10月，花后见果。 产于那坡、靖西、隆林、德保、平果、百色、东兰、天峨、龙州、金秀、贺州、梧州、藤县、灵山；生于阳性灌木丛、路旁、草地及荫蔽和溪边的润湿地上。分布于云南、贵州（西部），尼泊尔、印度尼西亚及东南亚其他国家也有。 全草具有补肾壮腰之效，可治跌打骨折。

3b. **疏毛白绒草**（变种）

Leucas mollissima Wal. ex Benth. var. **chinensis** Benth. in Prodr. **12**：525. 1848；中国植物志 **65**(2)：421. 1977；Fl. China **17**：142. 1994.

与原变种不同在于萼齿5长5短，稍尖而长；叶较薄，下面毛被较稀疏。 产于那坡、凌云、平果、百色、防城、钦州、凭祥、龙州、金秀、东兰、梧州、藤县；生于平地及丘陵地上。分布于湖北、湖南、四川、广东、福建、台湾、贵州及云南。 全草可入药，研成粉末，冲开水服，有驱寒、发表之功效，外用又可以洗疮毒。

4. **绉面草**

Leucas zeylanica (L.) R. Br.，Prodr. 504. 1810；中国高等植物图鉴 **3**：646，图 5246. 1974；中国植物志 **65**(2)：423. 1977；Fl. China **17**：142. 1994. ——*Phlomis zeylanica* L.，Sp. Pl. 586. 1753.

直立草本，高约40 cm；被刚毛或柔毛状硬毛。叶片长圆状披针形，长3.5～5 cm，宽0.5～1 cm，两面疏被糙伏毛，下面密布淡黄色腺点。花萼钟形，萼齿8～9枚，刺状；花冠白色或白色略带紫斑，有时变红色或蓝色，长约1.2 cm。 花期9～10月，花后见果。 产于龙州、北海；生于滨海地、田地、路旁以及缓坡地等向阳旷处。分布于广东、海南，印度、斯里兰卡、缅甸、马来西亚、印度尼西亚、菲律宾也有。 全草可治感冒、咳嗽、风火牙痛、肠胃不适及百日咳等症。

5. **蜂巢草**

Leucas aspera (Willd.) Link，Enum. Hort. Berol. Alt. **2**：113. 1822；中国植物志 **65**(2)：424，图版 82. 1977；Fl. China **17**：143. 1994. ——*Phlomis aspera* Willd. Enum.，Pl. 621. 1809.

一年生草本；叶片狭窄，线形或线状长圆形，长达6 cm，宽度不超过1.5 cm，两面有糙伏毛；花序圆球状，直径2～2.5 cm，有时可达3 cm，花密集，密被刚毛，易与其他种相区别；花萼筒状，外被刚毛；花冠白色，长约1.2 cm。 花果期一年四季。 产于龙州、崇左；生于田地、空旷潮湿地或沙质草地上。分布于广东、海南，印度、泰国、马来西亚、印度尼西亚及菲律宾也有。

13. 益母草属 Leonurus L.

一年生、二年生或多年生草本。叶3～7裂，下部叶近掌状分裂；茎叶全缘，具缺刻或3裂。轮伞花序多花密集成长穗状花序；小苞片钻形或刺状；花萼倒圆锥形或管状钟形，具5脉，5齿，齿端刺毛状；花冠白色、粉红色至淡紫色，二唇形，上唇直立，全缘，下唇 3 裂；雄蕊 4 枚。小坚果截平形，光滑。　本属约有 20 种，主要分布于欧、亚洲温带地区，非洲及美洲亦有。我国有 12 种；广西现知 1 种。

益母草　图版 254：1～3

Leonurus japonicus Houtt.，Nat. Hist. Pl. 9：366. 1778；Fl. China **17**：163. 1994.——*L. artemisia* (Lour.) S. Y. Hu in Journ. Chin Univ. Hongkong **2** (2)：381. 1974；中国植物志 **65**(2)：508，图版 99：1～7. 1977.——*Stachys artemisia* Lour. Fl. Cochinch. 365. 1790.——*Leonurus heterophyllus* Sweet Brit. Fl. Gard. **1**：197. 1823；中国高等植物图鉴 **3**：654，图 5262. 1974.

一年生或二年生草本，高可达 1.2 m；茎被倒向糙伏毛。叶异型，春末夏初为常状浅裂或深裂，具长柄；开花时叶为条裂，两面被柔毛。轮伞花序具 8～15 朵花；花冠粉红色至淡紫色，长约 1 cm，二唇形，上唇直伸，全缘，下唇 3 裂，外面被柔毛。　花期 6～9 月，果期 9～10 月。　产于广西各地；为村边或耕地上常见杂草。分布于全国各地，亚洲其他地方、非洲、欧洲及美洲也有。　全草为重要的妇科用药，《神农本草经》和《本草纲目》列为上品，有活血调经、安胎、产后促进子宫收缩、降压等功效；果实名为"茺蔚子"，能清肝明目、利水消肿；花可补血。

14. 小野芝麻属　Galeobdolon Adans.

草本，稀灌木。轮伞花序具 2～8 朵花；苞片线形，早落；花萼钟形，外面被毛，萼齿 5 枚，披针形，后 3 齿稍大；花冠紫红色或粉红色，长为花萼的 1.5～2 倍，外面被毛，冠筒略超出花萼，内有毛环，冠檐二唇形，上唇长圆形，稀倒卵圆形，下唇 3 裂，中裂片较大，倒心形至倒卵圆形；花药叉开，无毛。小坚果三棱状长圆形、倒卵圆形至倒锥形，顶端近截形，基部渐狭。　本属约有 6 种，1 种分布于西欧及亚洲(西南部)，有 5 种分布于中国且其中 1 种分布至日本；广西有 3 种。

分种检索表

1. 茎、叶背被污黄色绒毛 …………………………………………………… 1. **小野芝麻** G. chinense (Benth.) C. Y. Wu
1. 茎被短刚毛。
  2. 矮小草本；主根先端膨大成小块根；轮伞花序具(2)4～8 朵花 … 2. **块根小野芝麻** G. tuberiferum (Makino) C. Y. Wu
  2. 灌木；主根先端不膨大成块状；轮伞花序具 2 朵花 ……………………………… 3. **阳朔小野芝麻** G. yangsoense Sun

1. 小野芝麻　图版 253：5～6

Galeobdolon chinense (Benth.) C. Y. Wu 于植物分类学报 **10**：157. 1965；中国高等植物图鉴 **3**：653，图 5259. 1974；中国植物志 **65**(2)：494. 1977；Fl. China **17**：158. 1994.——*Lamium chinense* Benth. in Prodr. **12**：512. 1848.

一年生草本，高 10～60 cm；密被污黄色绒毛。叶片卵圆形、卵圆状长圆形至阔披针形，长 1.5～4 cm，先端钝至急尖，基部阔楔形，边缘具圆齿状锯齿，腹面密被贴生的纤毛，下面被污黄色绒毛。轮伞花序具 2～4 朵花；花萼钟形，长约 1.5 cm，外密被绒毛；萼齿披针形，先端呈芒状；花冠粉红色，长约 2 cm，外面被白色长柔毛。　花期 3～5 月，果期 7～8 月。　产于柳州、兴安、临桂、桂林；生于疏林中。分布于江苏、安徽、浙江、江西、福建、台湾、湖南及广东。

2. 块根小野芝麻(中国植物志)

Galeobdolon tuberiferum (Makino) C. Y. Wu 于植物分类学报 **10**：158. 1965；中国植物志 **65**(2)：495. 1977；Fl. China **17**：159. 1994.——*Leonurus tuberiferus* Makino in Bot. Mag. (Tokyo) **19**：146. 1905.

多年生草本，高 10～20 cm；茎被短刚毛。叶片卵状菱形，长 1～2 cm，宽 0.8～1.6 cm，先端急尖或

图版 254　1～3. **益母草** Leonurus japonicus Houtt.　1. 植株；2. 花枝；3. 花。　4. **藤状火把花** Colquhounia seguinii Vaniot 4. 花枝。　（林文宏绘，1～3 摹自刘宗汉图，4 摹自《中国高等植物图鉴(3 卷)》：663，图 5280. 1974）

钝，基部宽楔形，边缘具圆齿状锯齿，腹面被贴生的白色纤毛状毛茸，背面被长短不等的贴生硬毛。轮伞花序具2～8朵花；花萼筒状钟形，长约8 mm，外被刚毛；萼齿三角状披针形；花冠紫色或浅红色，长达1.3 cm，外被刚毛。　花期4月，果期5月。　产于桂林雁山；生于村旁阴湿处及山脚，少见。分布于湖南、江西、台湾等地，日本也有。

3. **阳朔小野芝麻**（中国植物志）

Galeobdolon yangsoense Sun于植物分类学报10：160，图版38：9～10.1965；中国植物志65（2）：496.1977；Fl. China 17：159.1994.

灌木；茎被污黄色小刚毛。叶片卵圆状长圆形或长圆状披针形，长4.5～5.5 cm，宽2.8～3.6 cm，先端钝或急尖，基部阔楔形，边缘具疏离的圆齿状锯齿，腹面中脉密被贴生柔毛，余部被疏柔毛，下面脉上被长柔毛，余部被贴生短硬毛。轮伞花序具2朵花；花梗长约2 cm；花萼外面被黄色绒毛；花冠长约1.6 cm，外面被短柔毛。　花果期7月。　广西特有，产于阳朔；生于灌木丛中。

15. 假糙苏属　Paraphlomis (Prain) Prain

草本或半灌木；根茎匍匐，斜行；茎上升或直立，常下部伏地。叶片膜质、薄纸质、坚纸质至近革质，边缘具齿；无柄或具长柄。轮伞花序腋生；小苞片披针形至刺芒状，有时极微小，早落；花梗无或明显；花萼筒状、管状钟形或倒圆锥形，口部有时略收缩，平截至多折叠，5～10脉，萼齿5枚，近相等；花冠二唇形，冠筒内具毛环，上唇扁平而直伸，或盔状而内凹，外面密被毛，下唇近水平开张，3裂，中裂片较大；雄蕊4枚，前对较长，花丝丝状，扁平，稍被毛，花药2室，室平行或略叉开；柱头2浅裂，裂片钻形，子房4裂，顶部截平。小坚果倒卵球形至长圆状三棱形。　本属约有24种，分布于印度、东南亚。我国有23种；广西现知7种6变种。

分种检索表

1. 轮伞花序多花密集，呈圆球形；花梗无；花萼筒状或管状钟形。
 2. 叶片卵圆形、卵圆状圆形或近圆形；植株各部被污黄色蜷曲具节长刺毛 ………………………………………… 1. **刺萼假糙苏** P. seticalyx C. Y. Wu ex H. W. Li
 2. 叶片椭圆形、长圆状椭圆形至披针形；如有具节毛，仅限于萼、叶脉或叶柄上。
  3. 萼被具节刺毛、刚毛或平伏毛。
   4. 叶脉、叶柄被平伏毛；萼上部、沿脉及齿上疏生具节刺毛，余部被平伏毛 ………………………………………… 2. **少刺毛假糙苏** P. paucisetosa C. Y. Wu ex H. W. Li
   4. 叶脉、叶柄疏生具节刚毛；萼密生具节刚毛 ………………………… 3. **刚毛假糙苏** P. hispida C. Y. Wu
  3. 萼无毛或被细硬毛，果时毛常脱落或近于秃净。
   5. 叶片椭圆形、椭圆状卵形或长圆状卵形，边缘具锯齿；萼齿钻形或三角形钻形，被微毛。
    6. 叶片基部不下延；叶柄无宽翅。
     7. 叶较大，通常长7～15 cm，宽3～8.5 cm，有时更长和更宽，鲜时不为肉质 ………………………………………… 4a. **假糙苏** P. javanica (Bl.) Prain var. javanica
     7. 叶小得多，一般长3～9 cm，宽1.5～6 cm，鲜时肉质 ………………………… 4b. **小叶假糙苏** P. javanica (Bl.) Prain var. coronata (Van.) C. Y. Wu et H. W. Li
    6. 叶片基部下延；叶柄具宽翅 …… 4c. **翅柄假糙苏** P. javanica (Bl.) Prain var. pteropoda D. Fang et K. J. Yan
   5. 叶片卵状披针形至狭披针形，锯齿不明显；萼齿先端明显针状，并具细硬毛 ………………………… 4d. **狭叶假糙苏** P. javanica (Bl.) Prain var. angustifolia (C. Y. Wu) C. Y. Wu et H. W. Li
1. 轮伞花序少花松散；花梗明显；花萼倒圆锥形。
 8. 萼齿宽三角形至宽卵圆状三角形，先端钻形，渐尖至短尖。
  9. 叶片卵形；叶柄具狭翅；茎的上部、叶柄及叶背面均密被白色倒伏疏柔毛。

10. 萼齿长，宽三角状钻形，先端长渐尖 …………………………… 5a. **白毛假糙苏** P. albida Hand. -Mazz. var. albida

10. 萼齿短，宽卵状三角形，先端短尖 …… 5b. **短齿白毛假糙苏** P. albida Hand. -Mazz. var. brevidens Hand. -Mazz.

9. 叶片披针形；叶柄具宽翅；茎的上部、叶柄及叶背面倒向糙伏毛、短柔毛或近无毛。

11. 植株密被倒向糙伏毛；萼齿先端钻形 …… 6b. **罗甸纤细假糙苏** P. gracilis Kudo var. lutienensis (Sun) C. Y. Wu

11. 植株近无毛或疏被短柔毛；萼齿先端长渐尖 ………………………………………………………………………… 7b. **无柄长叶假糙苏** P. lanceolata Hand. -Mazz. var. sessilifolia Hand. -Mazz.

8. 萼齿三角形或不明显因而萼口近截平，但先端明显由脉向外呈翅状伸展。

12. 叶片长圆形或卵圆状长圆形，边缘有波状圆齿；萼齿明显三角形 ………………………………………………………………………………… 8. **短叶假糙苏** P. brevifolia C. Y. Wu et H. W. Li

12. 叶片披针形至长披针形，边缘疏生浅锯齿；萼齿不明显、萼口近截平 ………………………………………………………………………………… 9. **近革叶假糙苏** P. subcoriacea C. Y. Wu ex H. W. Li

1. **刺萼假糙苏**（植物分类学报） 图版 255：1

Paraphlomis seticalyx C. Y. Wu ex H. W. Li 于植物分类学报 **10**：64. 1965；中国植物志 **65**(2)：555. 1977；Fl. China **17**：173. 1994.

本种最显著的特征是植株各部被污黄色蜷曲具节长刺毛；叶片卵圆形、卵圆状圆形或近圆形，极易与其他种相区别。草本，高 40～60 cm。 花期 6～8 月。 广西特有种，产于上思、桂平、金秀、融水、兴安、龙胜、罗城等地；生于林下或沟边草丛中。

2. **少刺毛假糙苏**（植物分类学报）

Paraphlomis paucisetosa C. Y. Wu ex H. W. Li 于植物分类学报 **10**：63. 1965；中国植物志 **65**(2)：554. 1977；Fl. China **17**：173. 1994.

半灌木。茎、叶两面沿脉及叶柄均密被平伏毛，其中茎上的毛为倒向，后渐脱落（作者查阅模式标本及模式产地标本后得到的结果）。叶片卵圆状椭圆形，长达 28 cm，宽 13 cm，先端锐尖，基部近圆形至微心形，基部以上具波形锯齿，近革质至膜质；叶柄长达 16 cm，扁平。轮伞花序多花，基部承以少数小苞片；小苞片线形，外面被白色具节刺毛；花梗极短；花萼筒状钟形，连齿长 1.7 cm，上部、沿脉及齿上疏生白色具节刺毛，余部被平伏毛，5 脉，明显突出，萼齿宽三角形，先端刺状渐尖。 花期 6～8 月，果期 8～12 月。 广西特有，产于凌云、乐业、那坡、龙州等地；生于石山林下阴湿处。

3. **刚毛假糙苏**（植物分类学报）

Paraphlomis hispida C. Y. Wu 于植物分类学报 **8**：39，图版 4：14～18. 1959；中国植物志 **65**(2)：553，图版 110：14～18. 1977；Fl. China **17**：172. 1994.

本种在体态、叶形及大小方面与**少刺毛假糙苏**（*P. paucisetosa* C. Y. Wu）相似，但本种叶两面沿脉及叶柄，密被平伏毛和疏被具节刚毛；花萼密被具节刚毛，易区别。 果期 11 月至翌年 1 月。 产于防城；生于石山林下水旁。分布于云南（东南部），越南（北部）亦有。

4. **假糙苏**（植物分类学报）

Paraphlomis javanica (Bl.) Prain in Ann. Roy. Bot. Gard. (Calcutta) **9**：59. 1901；中国植物志 **65**(2)：549，图版 107. 1977；Fl. China **17**：172. 1994. ——*Leonurus javanicus* Bl., Bijdr. 828. 1826. ——*Paraphlomis rugosa* (Benth.) Prain in Ann. Bot. Gard. (Calcutta) **9**：60，pl. 74. 1901，in nota；中国高等植物图鉴 **3**：658，图 5270. 1974.

4a. **假糙苏**（原变种）

Paraphlomis javanica (Bl.) Prain var. **javanica**

多年生草本，通常高约 1 m；茎单生，被倒向平伏毛。叶片椭圆形、椭圆状卵形或长圆状卵形，长 7～15 cm，宽 3～8.5 cm，稀长达 30 cm，宽达 14 cm，先端锐尖或渐尖，基部圆形或近楔形，边缘有具小突尖的圆齿状锯齿，稀齿不明显，膜质或纸质，腹面略被小刚毛，背面沿脉上密生、余部疏生平伏毛；叶柄纤弱，长

图版 255　1. **刺萼假糙苏 Paraphlomis seticalyx** C. Y. Wu ex H. W. Li　1. 植株。　2～6. **无柄长叶假糙苏 P. lanceolata** Hand.-Mazz. var. **sessilifolia** Hand.-Mazz.　2. 植株；3. 叶部分放大，示锯齿；4. 花冠展开，内面观；5. 花萼展开，内面观；6. 雌蕊。　（何顺清绘）

达 8 cm，扁平，被平伏毛。轮伞花序多花；花萼筒状，不连齿长约 7 mm，幼时密被小硬毛，果时毛被近于脱落，常变红色，脉不明显，萼齿 5 枚，钻形或三角状钻形，长 3～4 mm；花冠通常黄色或淡黄色，稀白色，长约 1.7 cm，外面在冠筒上部及冠檐上均多少被有小硬毛。　花期 6～8 月，果期 8～12 月。　产于南丹、天峨、东兰、宜山、百色、凌云、那坡等地；生于林下阴湿处。分布于云南、海南、福建及台湾，印度、巴基斯坦及东南亚各国也有。

4b. **小叶假糙苏**(变种)

Paraphlomis javanica (Bl.) Prain var. **coronata** (Van.) C. Y. Wu et H. W. Li 于植物分类学报 **13**: 72. 1975；中国植物志 **65**(2)：552. 1977；Fl. China **17**：172. 1994. ——*Lamium coronatum* Van. in Bull. Acad. Int. Geogr. Bot. **14**：174. 1904.

本变种与原变种不同在于叶缘较小，一般长 3～9 cm(有时达 15 cm)，宽 1.5～6 cm，肉质，边缘疏生锯齿或有小尖突的圆齿，齿常不明显或极浅。　产于龙胜、兴安、全州、灵川、恭城、忻城、容县、岑溪、贺州、融水、融安、三江、环江、罗城、凤山、天峨、东兰、凌云、隆林、田林、那坡等地；生于山地林下阴湿处。分布于四川、云南、贵州、湖南、广东、江西及台湾。　全草可入药，有润肺止咳、补血调经之功效。

4c. **翅柄假糙苏**(变种)

Paraphlomis javanica (Bl.) Prain var. **pteropoda** D. Fang et K. J. Yan 于热带亚热带植物学报 **17**: 91. 2009.

本变种与原变种不同在于叶片基部下延；叶柄具宽翅。广西特有，分布于百色、田林。

4d. **狭叶假糙苏**(变种)

Paraphlomis javanica (Bl.) Prain var. **angustifolia** (C. Y. Wu) C. Y. Wu et H. W. Li 于植物分类学报 **13**:73. 1975；中国植物志 **65**(2)：552. 1977；Fl. China **17**：172. 1994. ——*Paraphlomis rugosa* (Benth.) Prain var. *angustifolia* C. Y. Wu 于植物分类学报 **8**:38. 1959.

本变种与原变种不同在于叶片卵圆状披针形至狭长披针形，具极不显著的细圆齿；萼齿尖，明显针状，具细硬毛。　产于田林、环江、罗城、防城、金秀、北流、贺州、蒙山、昭平、苍梧；生于深山林下沟边潮湿处。分布于云南、四川、贵州、湖南、广东及福建，越南北部也有。

5. **白毛假糙苏**(植物分类学报)

Paraphlomis albida Hand.-Mazz., Symb. Sin. **7**：922. 1936；中国植物志 **65**(2)：569. 1977；Fl. China **17**:176. 1994.

5a. **白毛假糙苏**(原变种)

Paraphlomis albida Hand.-Mazz. var. **albida**

草本，高 30～60 cm；茎单生，密被白色倒伏疏柔毛。叶片卵形，长 4～9 cm，宽 2.5～4.5 cm，先端锐尖或渐尖，基部圆形或楔状渐狭下延至具翅的叶柄，边缘具圆齿状锯齿，坚纸质，腹面疏被白色短柔毛，背面密被白色倒伏疏柔毛及金黄色腺体。轮伞花序具 2～8 朵花；花梗长 1～2 mm；花萼倒圆锥形，长 6～7 mm，外面密被细短伏毛，5 脉，显著，萼齿 5 枚，宽三角状钻形，内弯；花冠白色或略带紫斑，长约 1.4 cm，外被平伏长柔毛及腺点，内具白色柔毛环；子房顶端截平，具柔毛。　花期 7～10 月。　广西分布新记录，产于全州；生于林下、溪旁。分布于湖北、湖南、广东及福建。

5b. **短齿白毛假糙苏**(变种)

Paraphlomis albida Hand.-Mazz. var. **brevidens** Hand.-Mazz., Symb. Sin. **7**：922. 1936；中国植物志 **65**(2)：569. 1977；Fl. China 17：176. 1994.

与原变种不同在于萼齿宽卵圆状三角形，先端短尖。　产于容县、北流；生于山坡林缘或疏林下。分布于安徽、湖南、贵州、广东、江西、福建及台湾。

6. **纤细假糙苏**(植物分类学报)

Paraphlomis gracilis (Hemsl.) Kudo in Mem. Fac. Sci. Taihoku Imp. Univ. **2**：210. 1929；中国高等植

物图鉴 3:659,图 5271. 1974;中国植物志 65(2):565. 1977;Fl. China 17:175. 1994. ——*Phlomis gracilis* Hemsl. in Journ. Linn. Soc. Bot. 26:305. 1890.

6a. **纤细假糙苏**(原变种)

Paraphlomis gracilis (Hemsl.) Kudc var. gracilis

广西不产。分布于湖北、湖南、贵州和台湾。

6b. **罗甸纤细假糙苏**(变种)

Paraphlomis gracilis Kudo var. lutienensis (Sun) C. Y. Wu 于植物分类学报 8:34. 1959;中国植物志 65(2):566. 1977;Fl. China 17:175. 1994. ——*P. lutienensis* Sun 于植物分类学报 4:48,图版 6. 1955.

草本,高约 1 m;茎被倒向糙伏毛。叶片披针形,长 8～13 cm,宽 2～3.5 cm,先端尾状渐尖,基部下延,无柄,边缘基部以上有圆齿状锯齿,腹面仅脉上被毛或与背面一样全被糙伏毛,间杂有黄腺点。轮伞花序有花 4～8 朵;萼筒被糙伏毛,倒锥形,萼齿先端钻形;花冠黄色。　花期 6～7 月。　产于融水、平乐、贺州。分布于四川、贵州、广东。

7. **长叶假糙苏**(植物分类学报)

Paraphlomis lanceolata Hand.-Mazz., Symb. Sin. 7:922. 1936;中国植物志 65(2):566. 1977;Fl. China 17:175. 1994.

7a. **长叶假糙苏**(原变种)

Paraphlomis lanceolata Hand.-Mazz. var. lanceolata

广西不产。分布于湖南、江西及广东。

7b. **无柄长叶假糙苏**(变种)　图版 255:2～6

Paraphlomis lanceolata Hand.-Mazz. var. sessilifolia Hand.-Mazz. Symb. Sin. 7:922. 1936;中国植物志 65(2):567. 1977;Fl. China 17:176. 1994.

直立草本,高约 1 m;茎近无毛或疏被倒向糙伏毛。叶片近披针形,长 5～10 cm,宽 1.3～3.3 cm,先端锐尖或渐尖,基部渐狭下延至具宽翅的叶柄,呈无柄状,边缘在基部以上具牙齿状锯齿,近薄纸质,腹面被糙伏毛,背面毛较密杂有黄色腺点。轮伞花序具 8～10 花;花梗长约 2 mm;花萼长约 5 mm,外面疏被短伏毛,齿长约 2 mm,宽卵状三角形,先端长渐尖,具软骨质的细尖头;花冠黄色,长约 1.5 cm;子房截平,顶端被微柔毛。　花期 6～9 月,果期 8～10 月。　广西特有种,产于罗城、环江、天峨、田林、金秀、融水、龙胜等地;生于山谷林中、沟旁或荫湿地。

8. **短叶假糙苏**(植物分类学报)

Paraphlomis brevifolia C. Y. Wu et H. W. Li 于植物分类学报 10:73. 1965;中国植物志 65(2):571. 1977;Fl. China 17:177. 1994.

直立草本。茎极密被淡黄色倒向疏柔毛。叶片长圆形或卵圆状长圆形,长 5～8 cm,宽 2.4～3.4 cm,先端急尖,基部钝至近圆形,边缘有波状圆齿,近革质,腹面密生、背面较密生淡黄色微柔毛,下面还杂有金黄色腺点;叶柄短,长 3～6 mm,密被淡黄色微柔毛。轮伞花序具 2 朵花,着生于枝条上部叶腋内;果萼倒圆锥形,长约 6 mm,外面密生淡黄色小疏柔毛,内面在齿上被微柔毛,萼齿三角形,长约 1.8 mm,先端明显由脉向外呈翅状伸展,反折。未成熟小坚果褐色,长圆状三棱形,先端截平,密被小疏柔毛。　广西特有,产于罗城;极少见。

9. **近革叶假糙苏**(植物分类学报)

Paraphlomis subcoriacea C. Y. Wu ex H. W. Li 于植物分类学报 10:73,图版 17. 1965;中国植物志 65(2):571,图版 111. 1977;Fl. China 17:177. 1994.

直立草本,高约 60 cm;茎极密被倒向贴生淡黄色小疏柔毛。叶片披针形至长披针形,长 7～15 cm,宽 1.5～3 cm,先端渐尖,基部渐狭或骤然钝形,边缘在基部以上疏生小锯齿,近革质,幼时腹面极密被、背面沿肋及脉上密被贴生淡黄色小疏柔毛,老时腹面沿肋上密被、余部疏被贴生小刺毛,背面仅在肋及侧脉上密被贴生小疏柔毛;叶柄长1～1.3 cm,极密被倒向贴生淡黄色小疏柔毛。轮伞花序具2～8朵花,在上部叶腋中着生;花梗长3～4 mm,密被贴生倒向淡黄色小疏柔毛;花萼连齿长6 mm,外面疏被贴生淡黄色小疏柔毛,齿长1.5 mm,不明显,因而萼口近截平,先端明显由脉向外呈翅状伸展;花冠白色或紫白色,长约1.6 cm,外面密被淡黄色小疏柔毛;子房顶端截平,疏被微柔毛。 产于罗城;生于林中及谷地岩石上。分布于广东北部。

16. 水苏属 Stachys L.

一年生或多年生草本,稀为半灌木或灌木。轮伞花序具2至多朵花,组成顶生穗状花序;花梗短或无;花萼筒状钟形、倒圆锥形或管形,5或10脉,萼齿5枚,等大或后3齿较大,先端尖、刚毛状或刺尖;花冠红、紫、淡红、灰白、黄或白色,冠筒圆柱形,内面近基部有水平向或斜向的柔毛环,稀无,冠筒上部内弯,喉部不增大,冠檐二唇形,上唇直立或近开张,常微盔状,下唇比上唇长,3裂,中裂片较大,全缘或微缺,侧裂片较短。 本属约有300种。我国有18种;广西现知4种2变种。

分种检索表

1. 叶片长圆状披针形。
  2. 叶柄长约2 mm或近无柄;花萼钟形;花冠筒长于萼筒近1倍…… 1a. **针筒菜** S. oblongifolia Wall. ex Benth. var. oblongifolia
  2. 叶较小,几乎全具柄;花萼倒圆锥状钟形;冠筒内藏 ……………………………………………… 1b. **细柄针筒菜** S. oblongifolia Wall. ex Benth. var. leptopoda (Hayata) C. Y. Wu
1. 叶片卵形、长圆状卵形或心形。
  3. 叶片卵形或心形,长2～3 cm。
    4. 轮伞花序具5～6朵花;萼齿正三角形 ……………………………… 2. **西南水苏** S. kouyangensis (Vaniot) Dunn
    4. 轮伞花序具2(4)朵花;萼齿披针状三角形 ……………………………………… 3. **田野水苏** S. arvensis Linn.
  3. 叶片长圆状卵形长4.5～8 cm。
    5. 花冠淡紫、紫蓝或淡红色;萼齿正三角形,先端为稍增厚的钝尖头 ……………………………………………… 4a. **地蚕** S. geobombycis C. Y. Wu var. geobombycis
    5. 花冠白色;萼齿披针状三角形,先端为刺尖头 ……………………………………………… 4b. **白花地蚕** S. geobombycis C. Y. Wu var. alba C. Y. Wu et H. W. Li

1. 针筒菜(桂林)

Stachys oblongifolia Wall. ex Benth. in Pl. Asiat. Rar. 1:64. 1830;中国高等植物图鉴 3:661,图 5276. 1974;中国植物志 66:15,图版 3:10～11. 1977;Fl. China 17:181. 1994.

1a. 针筒菜(原变种)

Stachys oblongifolia Wall. ex Benth. var. oblongifolia

多年生草本,高30～60 cm;茎在棱上及节上被长柔毛,余部被微柔毛。轮伞花序通常具6朵花,组成长3～8 cm的穗状花序;花萼长约7 mm,外面被腺毛状绒毛;萼齿三角状披针形,近等大;花冠粉红色或粉红紫色,长1.3 cm,外疏被微柔毛。小坚果卵形,光滑。 花期4～5月,果期7～8月。 产于柳州、桂林、兴安、资源、德保、马山、上林;生于林下、河岸、竹丛、灌木丛、苇丛、草丛及湿地中。分布于江苏、台湾、安徽、江西、河南、湖北、湖南、广东、贵州、四川及云南,印度也有。 全草可入药,可治久痢、病久虚弱及外伤出血等症。

1b. 细柄针筒菜(变种)

Stachys oblongifolia Wall. ex Benth. var. leptopoda (Hayata) C. Y. Wu 于植物分类学报 10:222. 1965;中国植物志 66:18. 1977;Fl. China 17:181. 1994.——*S. leptopoda* Hayata, Icon. Pl. Formos. 8:93.

1919.

与原变种不同在于茎较纤细；叶较小，几乎全具柄；花萼倒圆锥状钟形；花冠较小，略超出花萼，冠筒内藏。产于那坡、田林、鹿寨、罗城、天峨、北流、龙州；生于干燥沙地及荒田中。分布于台湾、福建、广东、四川及云南，越南北部也有。

2. **西南水苏**(中国植物志)

Stachys kouyangensis (Vaniot) Dunn in Notes Roy. Bot. Gard. Edinb. **8**:167. 1913；中国高等植物图鉴 **3**:662，图 5278. 1974；中国植物志 **66**:25，图版 3:1～6. 1977；Fl. China **17**:183. 1994.——*Lamium kouyangense* Vaniot in Bull. Acad. Int. Geogr. Bot. **14**:175. 1904.

多年生草本，高约 50 cm；茎纤细，曲折，基部匐地，在棱及节上被刚毛。茎叶片三角状心形，长约 3 cm，先端钝，基部心形，边缘具圆齿，两面均被疏或密的刚毛。轮伞花序具 5～6 朵花，远离，多数，组成穗状花序；花萼连齿长约 6 mm，外被小刚毛，萼齿正三角形，长宽约 2 mm，先端为长约 1 mm 的刺尖头；花冠浅红色至紫红色，长约 1.5 cm，外被微柔毛，内近基部有不连续的微柔毛环，在毛环上前方呈浅囊状膨大。　花期通常 7～8 月，果期 9 月，亦有延至 11 月开花结果。　产于田林；生于林下阴湿处。分布于云南、贵州、四川、西藏、湖北。　全草可入药，可治疮疖、赤白痢及湿疹，又配方用于治骨髓炎等症。

3. **田野水苏**

Stachys arvensis Linn., Sp. Pl. ed. 2, 2:814. 1762；中国植物志 **66**:27. 1977；Fl. China **17**:184. 1994.

一年生植物，高 30～50 cm；多分枝。茎叶片卵圆形，长约 2 cm，先端钝，基部心形，边缘具圆齿，腹面疏被柔毛，背面沿脉上疏被柔毛，余部密被短柔毛。轮伞花序具 2(4)花，远离；花萼筒状钟形，长约 3 mm，外密被柔毛，10 脉，萼齿披针状三角形，近等大，长约 1 mm，先端锐尖，果时花萼呈壶状增大，外面脉纹显著；花冠红色，长约 3 mm，几乎不超出花萼。　花果期为一年四季。　产于龙胜；生于荒地及田中。　为广布杂草，分布于台湾、福建、广东、贵州，欧洲、中亚、美洲热带地区也有。

4. **地蚕**(植物分类学报)　虫草(桂平、梧州)　图版:7～8

Stachys geobombycis C. Y. Wu 于植物分类学报 **10**:222. 1965；中国植物志 **66**:21. 1977；Fl. China **17**:182. 1994.

4a. **地蚕**(原变种)　图版 256:1～2

Stachys geobombycis C. Y. Wu var. geobombycis

茎高 40～50 cm，在棱及节上被倒向疏柔毛状刚毛；根茎肉质，肥大，状如冬虫夏草，故有土冬虫草之称。茎叶片长圆状卵圆形，长 4.5～8 cm，先端钝，基部浅心形或圆形，边缘有整齐的粗大圆齿状锯齿；叶柄长 1～4.5 cm，密被疏柔毛状刚毛。轮伞花序具 4～6 朵花，多数，组成长 5～18 cm 的穗状花序；花萼连齿长 5.5 mm，外密被微柔毛及具腺微柔毛，萼齿正三角形，等大，边缘有具腺微柔毛，先端为稍增厚的钝尖头；花冠淡紫色至紫蓝色或淡红色，长约 1.1 cm。　花期 4～5 月。　产于柳州、兴安、罗城、桂平、梧州；生于沟边或田边湿处，也有栽培。分布于浙江、福建、湖南、湖北、江西及广东。　根茎可供食用，有润肺滋补功效，民间称“土冬虫草”。全草也可入药，用于跌打、疮毒、去风毒。

4b. **白花地蚕**(变种)

Stachys geobombycis C. Y. Wu var. alba C. Y. Wu et H. W. Li 于植物分类学报 **10**:223. 1965；中国植物志 **66**:22. 1977；Fl. China **17**:183. 1994.

本变种与原变种不同在于花为白色；萼齿披针状三角形，长 3 mm，先端具刺尖头，多少反折；叶缘具粗大圆齿状锯齿。　产于全州、龙胜、兴安、桂林；生于潮湿地上。分布于广东(北部)、湖南(南部)。

17. 火把花属　Colquhounia Wall.

直立或攀缘灌木；茎枝圆柱形，幼枝被各式毛被。叶边缘具锯齿或圆齿，被单毛或星毛。轮伞花序少

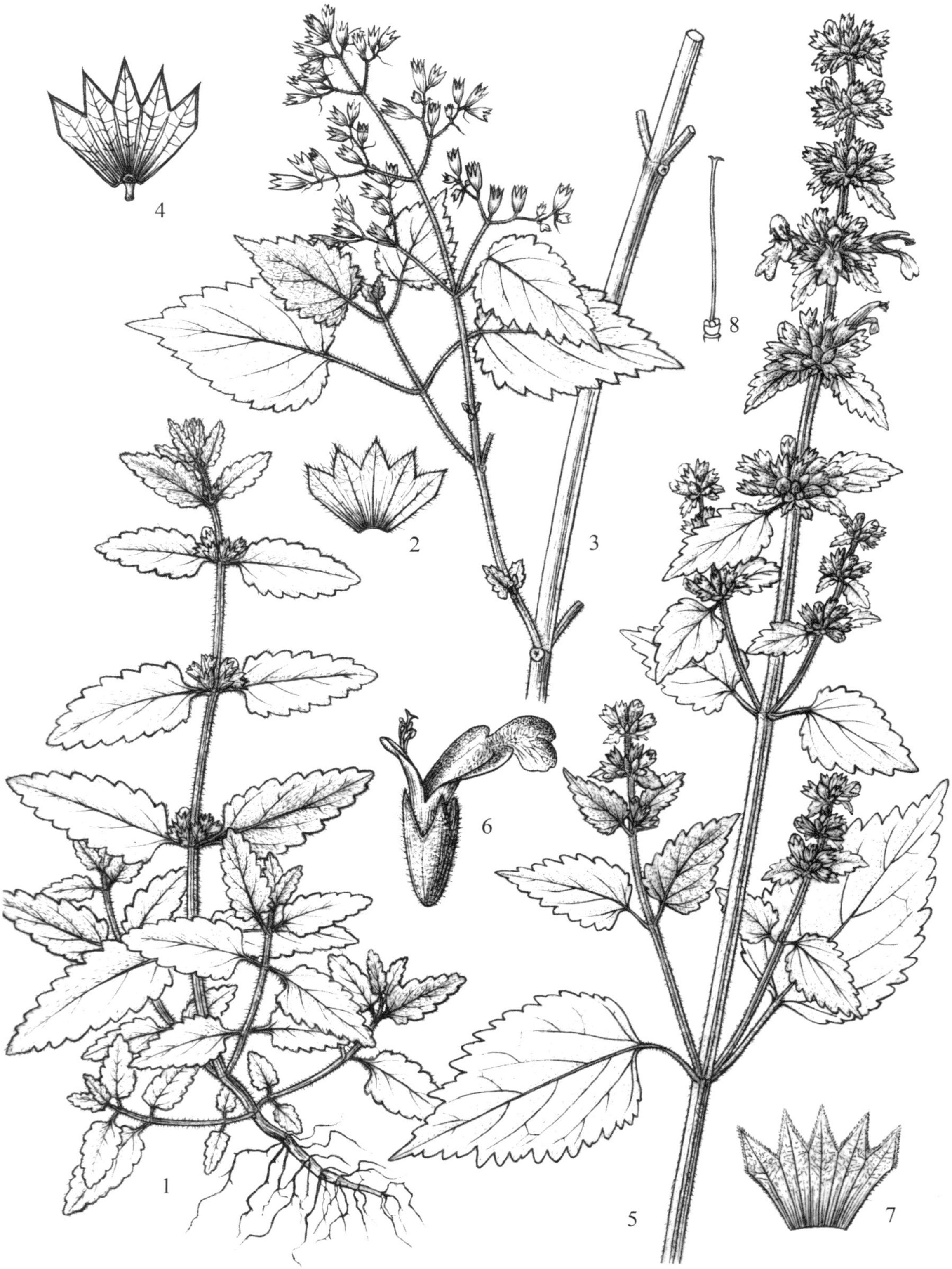

图版 256 1～2. 地蚕 Stachys geobombycis C. Y. Wu var. geobombycis 1. 植株；2. 花萼。 3～4. 毛冠唇花 Microtoena mollis H. Lévl. 3. 植株；4. 花萼。 5～8. 广防风 Anisomeles indica (L.) Kuntze. 5. 植株上部；6. 花，侧面观；7. 花萼片张开放大；8. 雌蕊放大。 （朱运喜绘，6～8 仿自《中国植物志(66 卷)》:41 页，图版 6）

花，组成穗状、头状至总状花序；花梗短或近于无；花萼筒状钟形，10 脉，萼齿 5 枚，近等大；花冠色艳，有时具斑点，冠筒伸出，弯曲，喉部增大，冠檐二唇形，上唇直伸，全缘或先端微缺，下唇近平展，3 裂，中裂片先端有时微缺；雄蕊 4 枚，前对较长，均上升至上唇片之下，花丝略被毛，花药椭圆形，2 室，室叉开，其后贯通。小坚果长圆形或倒披针形，背腹压扁，一面膨起，先端具膜质的翅。　本属约有 6 种，分布于不丹、印度、老挝、缅甸、尼泊尔、泰国、越南。我国有 5 种，主产于西南部；广西现知 1 种。

藤状火把花（中国植物志）　图版 254:4

Colquhounia seguinii Vaniot in Bull. Acad. Int. Geogr. Bot. **14**:165. 1904；中国高等植物图鉴 **3**:663，图 5280. 1974；中国植物志 **66**:35. 1977；Fl. China **17**:186. 1994.

灌木，高约 2 m；茎近圆柱形，直立攀缘，无毛或多少被微柔毛；枝条圆柱形，密被微柔毛，小枝对生。叶片卵状长圆形，长 2.5～4(11) cm，宽 1～2(5.5) cm，先端渐尖，基部宽楔形或近圆形，边缘有细锯齿，腹面疏被糙伏毛，背面沿中脉及侧脉被柔毛；叶柄通常长 1～3(4.5) cm，密被微柔毛。轮伞花序由具 1～3 朵花聚伞花序组成，常多数在小枝上形成长约 3～4 cm 的小头状花序；花萼筒状钟形，长约 5 mm，外密被微柔毛，萼齿内先端被微柔毛，余部无毛，萼齿三角形，长 2 mm。花冠红色、紫色、暗橙色至黄色，长约 2 cm，外被细柔毛及腺点。小坚果三棱状卵圆形，顶端具翅，翅长约为小坚果本身的 2 倍。　花期 11～12 月，果期翌年 1～2 月。　产于隆林、凤山、凌云、平果、富川；生于灌木丛中。分布于四川、云南、贵州、湖北，缅甸也有。

18. 冠唇花属　Microtoena Prain

直立草本。叶具齿。聚伞花序呈二歧状，腋生或组成顶生圆锥花序；苞片及小苞片线形，小，早落；花萼钟形，10 脉，萼齿 5 枚，三角形或线形，近相等或后齿较长，果时花萼增大，呈囊状，略透明；花冠黄色，稀为白色，上唇紫红或褐色，冠筒超过花萼许多，直伸，基部狭，自中部以上扩展，内面无毛环，冠檐二唇形，上唇直立，盔状，下唇 3 裂，中裂片舌状或卵形；雄蕊 4 枚，近等长，均上升至上唇片之下，常包于盔内或微露出，花药 2 室，药室初水平叉开，后汇合成 1 室；花柱丝状，与雄蕊等长，先端极不相等 2 浅裂，子房裂片近圆形，无毛。小坚果卵圆形，腹面具棱，深褐色。　本属约有 24 种，分布于东南亚热带地区。我国有 20 种，分布于南部；广西现知 4 种。

分种检索表

1. 叶基近心形；茎被平展柔毛或平展刚毛。
  2. 花萼长约 3 mm；茎被平展柔毛及倒伏小绒毛……………………………………………………………… 1. **滇南冠唇花** M. patchoulii (C. B. Clarke ex Hook. f.) C. Y. Wu et Hsuan
  2. 花萼长 6.5 mm；茎被疏的腺柔毛及平展刚毛…………………………………… 2. **毛冠唇花** M. mollis H. Lévl.
1. 叶基截状宽楔形；茎被短柔毛。
  3. 小聚伞花序组成的紧缩圆锥花序，近穗状；花冠下唇先端 3 裂，中裂片卵圆形 ……………………………………………………………… 3. **近穗状冠唇花** M. subspicata C. Y. Wu ex Hsuan
  3. 二歧聚伞花序组成开展的圆锥花序；花冠下唇先端 3 裂，中裂片舌状 ……………………………………………………………… 4. **冠唇花** M insuavis (Hance) Prain ex Briq.

1. 滇南冠唇花（植物分类学报）

Microtoena patchoulii (C. B. Clarke ex Hook. f.) C. Y. Wu et Hsuan 于植物分类学报 **10**:44. 1965；中国高等植物图鉴 **3**:665，图 5284. 1974；中国植物志 **66**:48. 1977；Fl. China **17**:190. 1994. ——*Plectranthus patchoulii* C. B. Clarke ex Hook. f. in Fl. Brit. Ind. **4**:624. 1885.

直立草本，高 1～2 m；茎四棱形，被平展柔毛及倒伏小绒毛，基部半木质化，多分枝。茎叶片三角状卵圆形，稀为长圆状卵圆形，长 2.5～9 cm，宽 2～7.5 cm，先端急尖状长尖，基部阔楔形至近心形，边缘为具小突尖的粗锯齿，两面均被糙伏毛，背面脉上较密。花萼长约 3 mm，外密被腺短柔毛及短硬毛；花冠长约 1.5 cm，冠檐二唇形，上唇盔状，紫色或褐色，长 7 mm，顶部微缺，基部截形，下唇略短，长圆形，先端 3 裂，中裂片狭舌形，长 0.7 mm，侧裂片卵圆形，宽约 2 mm。 花期 10 月至翌年 2 月，果期 2～3 月。 产于乐业；生于林下或空旷草坡上。分布于云南(西南部及南部)、西藏，印度、缅甸也有。 全草富含芳香油，代广藿香用，可治感冒风寒、喘咳气急、消化不良、气胀腹痛、肠炎痢疾、小儿腹泻以及妇科腰痛等症。

2．**毛冠唇花**(植物分类学报) 图版 256：3～4

Microtoena mollis H. Lévl. in Repert. Spec. Nov. Regni Veg. **9**：222. 1911；中国植物志 **66**：51，图版 8：10～11. 1977；Fl. China **17**：190. 1994.

半灌木状草本，高可达 1 m。叶片卵状心形，长 3.5～7 cm，宽 2.5～5 cm，先端短渐尖，基部心形，边缘具不等大的圆齿状锯齿；叶柄长 2～4 cm，被腺毛及平展刚毛。花序被毛；花萼齿近等大，披针形；花冠黄色，其间杂有红色，长约 1.7 cm。 花期 3～4 月，果期 4～5 月。 产于隆林(金钟山)；生于灌木丛或草丛中。分布于贵州及云南。

3．**近穗状冠唇花**(植物分类学报)

Microtoena subspicata C. Y. Wu ex Hsuan 于植物分类学报 **10**：45，图版 12. 1965；中国植物志 **66**：52. 1977；Fl. China **17**：190. 1994.

直立草本，高约 50 cm；叶片三角状卵形，长约 10 cm，宽约 7.5 cm，先端急渐尖，基部截状宽楔形，边缘具不等大的圆齿状锯齿；叶柄长 2～6 cm，被毛。花序被毛；花萼齿不等大，后面 1 齿较其他齿稍大，三角状卵圆形；花冠黄色，长约 1.6 cm。 花期 10 月，果期 11 月。 产于隆林；生于山地山谷中或山坡路边。分布于贵州南部。

4．**冠唇花**

Microtoena insuavis (Hance) Prain ex Briq.，Nat. Pflanzenfam.，div. **4** (3a)：269. 1895；中国高等植物图鉴 **3**：666，图 5285. 1974；中国植物志 **66**：53，图版 8：13. 1977；Fl. China **17**：191. 1994——*Gomphostemma insuave* Hance in Journ. Bot. **22**：231. 1884

直立草本或亚灌木，高达 2 m；茎被贴生短柔毛。叶片卵形或阔卵形，长 6～10 cm，宽 4.5～7.5 cm，先端急尖，基部截状阔楔形，下延至叶柄而成狭翅，两面均被微短柔毛，边缘具锯齿状圆齿。聚伞花序呈二歧状，分枝呈蝎尾状，组成展开的顶生圆锥花序；花萼长约 2.5 mm，外面被微柔毛，萼齿 5 枚，三角状披针形，近等大；花冠红色，长约 14 mm，上唇紫色，长约 7 mm，盔状，下唇较长，先端 3 裂，中裂片较长，舌状，侧裂片较小，三角状。 花期 10～12 月，果期 12 月至翌年 1 月。 广西分布新记录，产于龙州；生于林下或林缘。分布于广东、海南、云南及贵州，越南、印度尼西亚也有。

19．广防风属 Anisomeles R. Br.

直立、粗壮草本。叶具齿。轮伞花序多花，组成长穗状花序；苞叶叶状，苞片线形，细小；花萼钟形，10 脉不明显，下部有多数纵脉，上部横脉网结，萼齿 5 枚，相等，直伸；花冠筒与花萼等长，内面具毛环，冠檐二唇形，上唇直伸，全缘，微凹，下唇较长，平展，3 裂，中裂片较大，先端微缺或 2 裂，侧裂片短；雄蕊 4 枚，伸出，二强，前对稍长，花药 2 室，横生，后对药室退化成 1 室；柱头 2 浅裂，裂片钻形，近相等。小坚果近球形，黑色，具光泽。 本属约有 5～6 种，分布于东南亚及澳大利亚。我国有 1 种；广西 1 种。

广防风 图版 256：5～8

Anisomeles indica (L.) Kuntze，Revis. Gen. Pl. **2**：512. 1891；中国高等植物图鉴 **3**：664，图 5282.

1974;Fl. China **17**:188. 1994. ——*Nepeta indica* L., Sp. Pl. 2:571. 1753. ——*Epimeredi indica* (L.) Rothm. in Repert. Sp. Nov. **53**:12. 1944;中国植物志 **66**:42,图版 6. 1977.

粗壮直立草本,高达 2 m,密被白色贴伏短柔毛。叶片宽卵形,长 4～9 cm,先端尖或短渐尖,基部截状宽楔形,具不规则牙齿,腹面被短伏毛,背面被极密的白色短绒毛。穗状花序直径约 2.5 cm;花萼长约 6 mm,被长硬毛、腺柔毛及黄色腺点,萼齿 5,三角状披针形;花冠淡紫色,长约 1.3 cm,二唇形,上唇长圆形,全缘,下唇 3 裂,中裂片倒心形,内面中部具髯毛。小坚果亮黑色,近圆球形。　花期 8～9 月,果期 9～11 月。　产于广西各地;生于林缘、路旁及荒地,较常见。分布于广东、海南、贵州、云南、西藏东南部、四川、湖南、江西、浙江、福建及台湾,印度、中南半岛各国及马来西亚至菲律宾也有。为民间常用药草,可治风湿骨痛、感冒发热、皮肤瘙痒及毒虫咬伤等。

20. 簇序草属　Craniotome Reichb.

多年生直立分枝草本,茎圆柱形,高达 2 m;基部近木质,各部密被平展硬毛。叶片阔卵状心形,具圆齿,膜质,两面密被平展硬毛及黄色腺点;叶柄长 2.5～7 cm,扁平,密被硬长毛。聚伞花序具梗,多花,常呈蝎尾状,偶有二歧状,组成圆锥花序,长 14～18 cm;花小,柄短,其下有 1 小苞片;花萼卵球状,果时近于壶状球形,外被硬毛及腺点,喉部内面上方有柔毛,10 脉,萼齿 5 枚,近相等,三角状锥形;花冠粉红或紫红色,长 3～4 mm,外被毛,冠檐内面略被毛,冠筒直而短,冠檐二唇形,上唇直伸,全缘,内凹,下唇较长,平展,3 裂,中裂片最大,均呈卵圆形;雄蕊 4 枚,前对较长,均上升至上唇片之下,花药 2 室,叉开;柱头近相等 2 浅裂。小坚果近球状三棱形,细小,有光泽。　单种属。

簇序草(中国植物志)　图版 257:1～7

Craniotome furcata (Link) Kuntze in Revis. Gen. Pl. **2**:516. 1891;中国高等植物图鉴 **3**:665,图 5283. 1974;中国植物志 **66**:43,图版 7. 1977;Fl. China **17**:189. 1994 ——*Ajuga furcata* Link, Enum. Hort. Berol. Alt. **2**:99. 1822.

形态特征同属。　花期 8～9 月,果期 10 月至翌年 2 月。　产于田林;生于林下阴湿处。分布云南、四川、西藏,印度(北部)、尼泊尔、不丹、缅甸、老挝及越南(北部)也有。

21. 鼠尾草属　Salvia L.

本属最显著的特征是能育雄蕊 2 枚,药隔延长,线形,横架于花丝顶端,以关节相联结,成丁字形,其上臂顶端着生有粉的药室,下臂顶端着生有粉或无粉的药室或无药室。草本,半灌木或灌木。单叶或羽状复叶。轮伞花序具 2 至多朵花,组成总状、总状圆锥或穗状花序,稀为单花腋生;花萼卵形、筒形或钟形,喉部内面有毛或无毛,二唇形,上唇全缘或具 3 齿或具 3 短尖头,下唇 2 齿;花冠筒内面基部有时有毛环或具簇生的毛,冠檐二唇形,上唇平伸或竖立,两侧折合,稀平展,直或弯镰形,全缘或顶端微缺,下唇平展,3 裂,中裂片通常最宽大。　本属约有 900 (1 150)种,分布于热带或温带地区。我国有 85 种,分布于全国各地,尤以西南地区最多;广西有 16 种 3 变种。

分种检索表

1. 雄蕊的药隔稍弯成半圆形或弧形,上下臂等长,两端的药室均发育;单叶,长圆形,多为基生 ………………………………………………………………………… 1. **苣叶鼠尾草** S. sonchifolia C. Y. Wu

1. 雄蕊的药隔稍伸直,下臂药室不育。

　2. 药隔下臂黏合。

图版 257 1～7. **簇序草** *Craniotome furcata* (Link) Kuntze 1. 植株上部；2. 花侧面观；3. 花冠纵剖，内面观，兼示雄蕊；4. 花萼纵剖，内面观；5. 雌蕊；6. 小坚果，背面观；7. 果萼兼示小苞片。 8. **香薷** *Elsholtzia cilita* (Thunb.) Hyland. 8. 植株。 （林文宏绘，1～7 摹自王利生图）

3. 叶全为单叶。

4. 野生植物；花萼长约 2.7 mm …………………………………………………… 2. **荔枝草** S. plebeia R. Br.

4. 栽培植物；花萼长 7 mm 以上。

5. 草本；叶两面被毛，背面毛为灰色短绒毛 ……………………………… 3. **朱唇** S. coccinea Buc'hoz ex Etl.

5. 半灌木状草本；叶两面无毛 ……………………………………………… 4. **一串红** S. splendens Ker-Gawl.

3. 叶常为三出叶或奇数羽状复叶，如为单叶，多为基生。

6. 花冠筒内无毛环，长管状，比花萼长 2～3 倍 ………………………… 5. **长冠鼠尾草** S. plectranthoides Griff.

6. 花冠筒内有完全或不完全的毛环。

7. 萼筒内无长硬毛毛环。

8. 叶多为三出叶至奇数羽状复叶，偶有单叶混生。

9. 叶全为奇数羽状复叶，羽片多为 3 对以上 …………… 6a. **贵州鼠尾草** S. cavaleriei H. Lévl. var. cavaleriei

9. 叶常为 1～2 对羽片的羽状复叶，偶有单叶混生 …………………………………………………………………… 6b. **紫背贵州鼠尾草** S. cavaleriei H. Lévl. var. erythrophylla (Hemsl.) E. Peter

8. 叶全为单叶或偶有三出叶混生，全为基生或近基生。

10. 叶常为单叶或偶有三出叶混生；花萼筒形，长约 4.5 mm …………………………………………………………………… 6c. **血盆草** S. cavaleriei H. Lévl. var. simplicifolia E. Peter

10. 叶全为单叶；花萼钟形，长 7～9 mm ……… 7. **岩生鼠尾草** S. petrophila G. X. Hu, E. D. Liu et Yan Liu

7. 萼筒内有长硬毛毛环。

11. 叶为单叶或三出叶；花萼长约 4 mm ……………………………………………… 8. **红根草** S. prionitis Hance

11. 叶为奇数羽状复叶，羽片 1～3 对；花萼长约 1 cm。

12. 花萼钟形；小叶卵圆形或椭圆状卵圆形或宽披针形，两面被疏柔毛，背面较密 …………………………………………………………………… 9. **丹参** S. miltiorrhiza Bunge

12. 花萼筒形；小叶卵圆状披针形，两面除脉上略被小疏柔毛外余部均无毛 …………………………………………………………………… 10. **南丹参** S. bowleyana Dunn

2. 药隔下臂分离。

13. 花萼筒内具长硬毛毛环；花冠筒内有毛环。

14. 叶为单叶或三出叶，小叶及单叶均卵圆形或卵圆状椭圆形，基部圆形或心形 …………………………………………………………………… 11. **华鼠尾草** S. chinensis Benth.

14. 叶为一回或二回羽状复叶。

15. 植株高仅 11 cm；叶为一回羽状复叶，常为基生 ………………………… 12. **五福花鼠尾草** S. adoxoides C. Y. Wu

15. 植株高 40～60 cm；叶为一回至二回羽状复叶 …………………………………… 13. **鼠尾草** S. japonica Thunb.

13. 花萼筒内无长硬毛毛环，花冠筒内有或无毛环。

16. 花冠筒内有毛环。

17. 叶多为单叶，偶有 1～2 对小叶的奇数羽状复叶混生。

18. 叶柄无毛或略被微柔毛 ……………………………… 14a. **地埂鼠尾草** S. scapiformis Hance var. scapiformis

18. 叶柄被长 2～3 mm 极展开的多节硬毛 … 14b. **硬毛地埂鼠尾草** S. scapiformis Hance var. hirsuta E. Peter

17. 叶为一回至三回的奇数羽状复叶 ……………………………………… 15. **铁线鼠尾草** S. adiantifolia E. Peter

16. 花冠筒内无毛环；茎常在基部匍匐生根或上升 ………………………………… 16. **佛光草** S. substolonifera E. Peter

1. 苣叶鼠尾草（云南植物志）

Salvia sonchifolia C. Y. Wu 于云南植物志 1:679，图版 167:1～4. 1977；中国植物志 66:133，图版 27. 1977；Fl. China 17:210. 1994.

多年生草本，高约 30 cm；茎密被倒向的短柔毛。叶多为基生，茎生叶 1 对；叶片长圆形，长 4～6.5 cm，宽 1.5～3 cm，先端圆形，基部楔形或近截形，边缘波状或具不明显的圆齿，两面无毛或仅背面脉上被微柔毛。轮伞花序具 2 朵花，组成长 4.5～7 cm 顶生的总状花序；花梗与花序轴密被微柔毛；花萼钟形，长 8～

8.5 mm，外沿脉被小疏柔毛，余部被极短的短柔毛，散布浅黄色小腺点，边缘有短缘毛，内面密被微硬伏毛；花冠紫色，长达 3.5 cm，外面被短柔毛，内面基部有不明显疏柔毛毛环，冠檐二唇形。 花期 4～5 月。产于那坡、靖西；生于石灰岩山林内湿润腐殖土上。分布于云南东南部。

2. **荔枝草**（本草纲目拾遗）

Salvia plebeia R. Br. Prodr. Fl. Nov. Holl. 501. 1810；中国高等植物图鉴 **3**：672，图 5298. 1974；中国植物志 **66**：168，图版 39：5～9. 1977；Fl. China **17**：216. 1994.

本种最显著的特征是茎粗壮，多分枝；单叶，花小，可区别于其他种。一年生或二年生草本，高 15～90 cm；茎被向下的灰白色疏柔毛。叶片椭圆状卵圆形或椭圆状披针形，长 2～6 cm，先端钝或急尖，基部圆形或楔形，边缘具圆齿、牙齿或尖锯齿，腹面被稀疏的微硬毛，背面被短疏柔毛，余部散布黄褐色腺点。轮伞花序具 6 朵花，多数，组成总状或总状圆锥花序；花梗与花序轴密被疏柔毛；花萼钟形，长约 2.7 mm，外面被疏柔毛及黄褐色腺点，内面喉部有微柔毛；花冠淡红色、淡紫色、紫色、蓝紫色至蓝色，稀为白色，长 4.5 mm，冠筒外面无毛，内面中部有毛环。 花期 4～5 月，果期 6～7 月。 产于广西各地；生于较湿润的沟边、田野、山坡中。除新疆、甘肃、青海及西藏外，全国各地均产，朝鲜、日本、阿富汗、印度、缅甸、泰国、越南、马来西亚至澳大利亚也有。 全草有散瘀消肿、凉血解毒的功效。

3. **朱唇**（广州植物志）

Salvia coccinea Buc'hoz ex Etl.，De Salvia 23. 1777；中国植物志 **66**：174. 1977；Fl. China **17**：217. 1994.

外来观赏栽培草本。茎直立，高达 70 cm；被展开的长硬毛及向下弯的灰白色疏柔毛。叶片卵圆形或三角状卵圆形，长 2～5 cm，先端锐尖，基部心形或近截形，边缘具锯齿或钝锯齿，腹面被短柔毛，背面被灰色的短绒毛。轮伞花序具 4 至多朵花，组成顶生的总状花序；花萼筒状钟形，长 7～9 mm，外面被短疏柔毛及微柔毛，其间混生浅黄色腺点；花冠深红色或绯红色，长 2～2.3 cm，外面被短柔毛。 花期 4～7 月。广西各地庭园花圃常有栽培。原产于美洲，在我国各地也有栽培，云南南部及东南部已逸为野生。 花美观，供观赏用；全草可入药，可治血崩、高热、腹痛不适等症。

4. **一串红**（广州植物志） 图版 258：1

Salvia splendens Ker-Gawl. in Bot. Reg. **8**：t. 687. 1822；中国植物志 **66**：172，图版 40. 1977；Fl. China **17**：217. 1994.

外来观赏栽培亚灌木状草本，高达 90 cm；茎无毛。叶片卵圆形或三角状卵圆形，长 2.5～7 cm，先端渐尖，基部截形或圆形，稀钝，边缘具锯齿，两面无毛，下面具腺点。轮伞花序具 2～6 朵花，组成长达 20 cm 的总状花序；苞片卵圆形，红色；花梗长 4～7 mm，密被染红的具腺柔毛；花萼钟形，红色，长约 1.6 cm，外面沿脉上被染红的具腺柔毛；花冠红色，长 4～4.2 cm。 花期 3～10 月。 广西各地庭园花圃常有栽培。原产于巴西，我国各地广泛栽培，作观赏用，本种为美丽的盆栽花卉，花有各种颜色，由大红色至紫色，甚至有白色。

5. **长冠鼠尾草** 紫参（滇南本草）

Salvia plectranthoides Griff. Not. Pl. Asiat. **4**：199. 1854；中国高等植物图鉴 **3**：671，图 5295. 1974；中国植物志 **66**：156，图版 34. 1977；Fl. China **17**：215. 1994.

本种与**贵州鼠尾草**（*S. cavaleriei* H. Lévl.）很相似，较难区分。后者植株分枝多；小叶片常为卵状披针形或披针形；冠筒内面中部有不完全的疏柔毛毛环。本种植株分枝少或无分枝；小叶常为卵形或卵圆形；冠筒内面近无毛。一年生或二年生草本；根常增大成块根状，梭形，外皮朱红色；茎密被短柔毛，其间有展开的疏柔毛，或仅被展开疏柔毛。轮伞花序具(2)5～7 朵花，组成总状或总状圆锥花序；花梗与花序轴密被具腺疏柔毛；花萼钟状筒形或筒形，开花时长 5～8 mm，外面在脉上被具腺短柔毛，疏生浅黄色腺点，内面上半部被微硬伏毛，果时花萼增大，长 7～11 mm，外面变无毛；花冠红色、淡紫色、紫红色、紫色至紫蓝色，稀为白色，长 1.1～2 cm，外面被短疏柔毛，内面近无毛，冠筒管状，长约为花萼的 2～3 倍。 花期 5～

图版 258　1. 一串红 Salvia splendens Ker Gawl.　1. 植株。　2. 红根草 S. prionitis Hance　2. 植株。　(林文宏绘)

8月。 产于环江、天峨、南丹、隆林、凌云、乐业、兴安等地;生于山地疏林下。分布于陕西、甘肃、四川、云南、贵州及湖北。 贵州用全草入药,治感冒风寒及腹痛;四川用于治妇科病并可通经活络;广西用根泡酒治伤风咳嗽。

6. **贵州鼠尾草**(中国植物志)

Salvia cavaleriei H. Lévl. in Repert. Spec. Nov. Regni Veg. **8**:422. 1910;中国高等植物图鉴 **3**:671,图5296. 1974;中国植物志 **66**:152,图版 29:1～4. 1977;Fl. China **17**:214. 1994.

6a. **贵州鼠尾草**(原变种)

Salvia cavaleriei H. Lévl. var. **cavaleriei**

一年生草本,高 12～32 cm;茎下部无毛,上部略被微柔毛。叶形不一,下部的叶为羽状复叶,较大;顶生小叶片长卵圆形或披针形,长 2.5～7.5 cm,腹面被微柔毛或无毛,背面紫色,无毛。轮伞花序具 2～6 朵花,疏离,组成总状或总状圆锥花序;花梗与花序轴略被微柔毛;花萼筒状,长 4.5 mm,外面无毛,内面上部被微硬伏毛;花冠蓝紫色或紫色,长约 8 mm,外被微柔毛,内面在冠筒中部有疏柔毛毛环,冠筒长 5.5 mm,略伸出。 花期 7～9 月。 产于天峨、隆林、凌云、乐业、田林、龙胜、资源、全州、融水、容县、武鸣等地;生于多岩石的山坡上、林下、水沟边。分布于四川、贵州和广东。

6b. **紫背贵州鼠尾草**(变种) 女菀(植物名实图考)

Salvia cavaleriei H. Lévl. var. **erythrophylla** (Hemsl.) E. Peter in Act. Hort. Gothob. **10**:60. 1935;中国植物志 **66**:154. 1977;Fl. China **17**:214. 1994.——*S. japonica* Thunb. var. *erythrophylla* Hemsl. in Journ. Linn. Soc. Bot. **26**:284. 1890.

本变种与原变种不同在于叶大多数为基生,常为 1～2 对羽片的羽状复叶,稀为单叶,边缘具整齐的粗圆齿或圆齿状牙齿,背面紫色,两面被疏柔毛,稀近无毛;叶柄常比叶片短,常被展开疏柔毛。花冠暗紫色或白色。 产于田林、那坡、三江、环江、龙胜;生于林下、路旁、草坡。分布于湖北、四川、陕西、湖南。

6c. **血盆草**(变种) 图版 259:1～2

Salvia cavaleriei H. Lévl. var. **simpicifolia** E. Peter in Act. Hort. Gothob. **10**:61. 1935;中国植物志 **66**:154. 1977;Fl. China **17**:214. 1994.

与原变种不同在于叶全部为基生或稀在茎最下部着生,常为单叶;叶片心状卵圆形或心状三角形,稀为三出叶,叶片长 3.5～10.5 cm,宽约为长的 1/2,先端锐尖或钝,具圆齿,无毛或被疏柔毛;叶柄常比叶片长,无毛或被展开疏柔毛;花序被极细贴生疏柔毛,无腺毛;花冠紫色或紫红色。 产于罗城、靖西、兴安、灵川;生于山坡、林下或沟边。分布于湖北、湖南、江西、广东、贵州、云南及四川。 全草可入药,主治吐血、血崩、衄血、刀伤出血、血痢、产后寒等症;叶又可外敷治疮毒。

7. **岩生鼠尾草**(新拟)

Salvia petrophila G. X. Hu, E. D. Liu et Yan Liu in Nord. Journ. Bot. **32**:192. 2014.

多年生草本,茎直立,高 10～40 cm;密被长柔毛。叶片全部为基生;长圆形至椭圆形,长 3～10 cm,宽 2～4 cm,先端圆或钝形,基部斜楔形,边缘波状或具不明显圆锯齿,两面无毛或背面仅脉上被微柔毛。轮伞花序具 2～6 朵花,组成顶生的总状花序;花梗与花序轴密被腺毛;花萼钟形,长 7～9 mm,外面脉上密被腺毛,里面疏被微柔毛;花冠粉色,长 2.8～3.3 cm,外面被腺柔毛,冠筒长为花萼的 2 倍,内面近基部具毛环。 花期 4～5 月,果期 5～6 月。 产于环江;生于石灰岩林下。分布于贵州。

8. **红根草**(桂林) 图版 258:2

Salvia prionitis Hance in Journ. Bot. **8**:74. 1870;中国植物志 **66**:151,图版 33:1～4. 1977;Fl. China **17**:214. 1994.

一年生草本,高 20～43 cm;茎密被白色长硬毛。叶多为基生,单叶或三出羽状复叶;单叶片长圆形或卵圆状披针形,长 2.5～7.5 cm,先端钝、圆或锐尖形,基部圆或心形,边缘具粗圆齿,腹面被长硬毛,背面沿脉被长硬毛,余部无毛;复叶的顶生小叶卵圆状椭圆形,长可达 9 cm。轮伞花序具 6～14 朵花,疏离,组

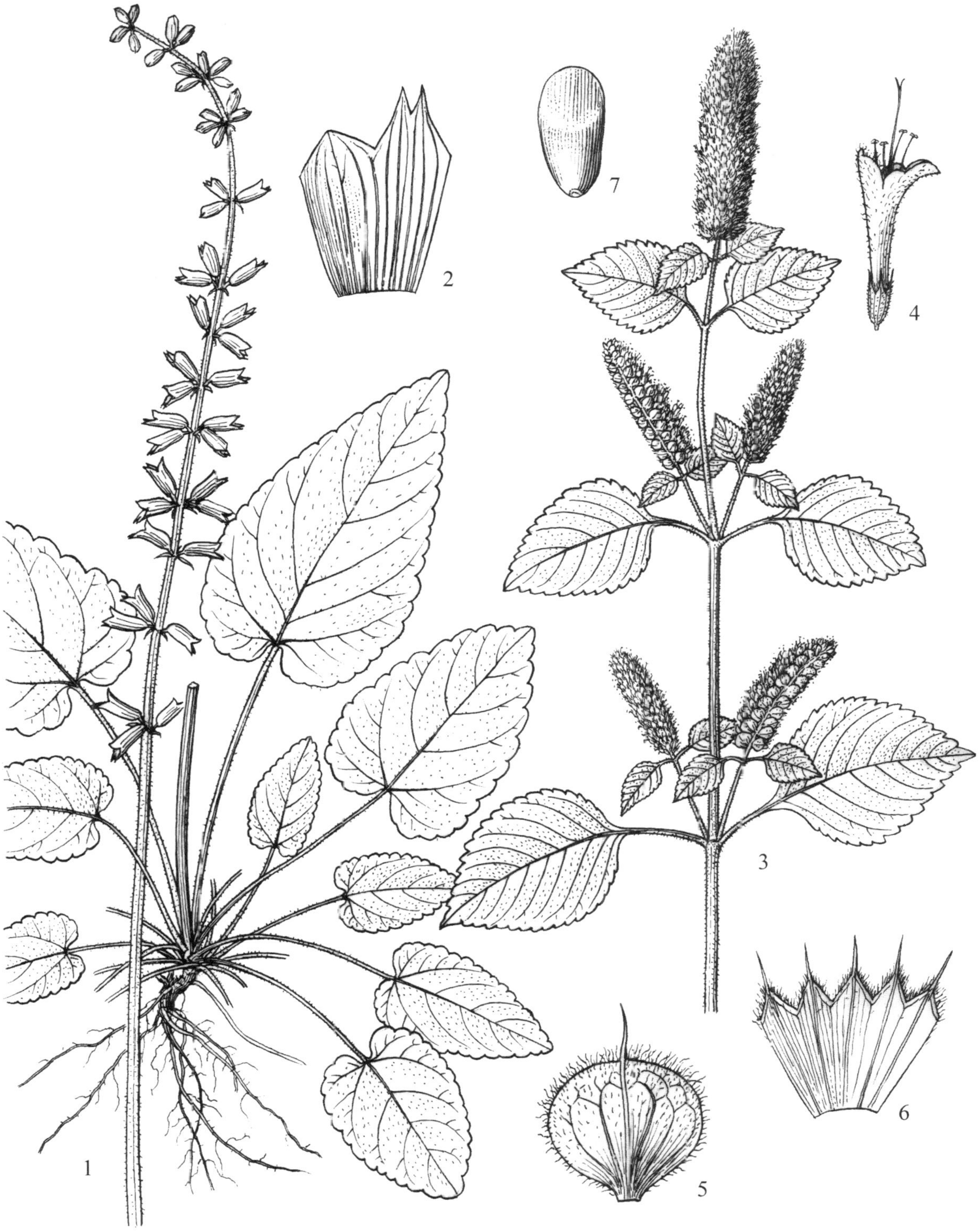

图版 259　1～2. **血盆草** Salvia cavaleriei H. Lévl. var. simplicifolia E. Peter　1. 植株；2. 花萼纵切，内面观。　3～7. **紫花香薷** Elsholtzia argyi H. Lévl.　3. 植株；4. 花；5. 苞片；6. 花萼纵剖，内面观；7. 小坚果。（何顺清绘）

成总状或总状圆锥花序；花序轴密被具腺疏柔毛；花萼钟形，带紫色，长约 4 mm，外面被具腺柔毛，内面喉部有长硬毛环；花冠紫色，略被微柔毛，内面有斜向完全的毛环。 花期 6～8 月。 产于桂林、灵川、临桂、阳朔、永福、龙胜等地；在干松树林下，常见。分布于江西、安徽、浙江、湖北、湖南及广东。 全草具有抗菌消炎、解毒之功效，可治菌痢、腹泻、上呼吸道炎症等症。由于对上述诸症有显著疗效而被大量挖掘，制成中成药红根草片供临床使用，目前资源几近枯竭，宜加以保护。

9. **丹参**(神农本草经)

Salvia miltiorrhiza Bunge in Mem. Acad. Sci. St. Petersbourg Divers Savans **2**: 124. 1833；中国高等植物图鉴 **3**:669，图 5291. 1974；中国植物志 **66**:145. 1977；Fl. China **17**:212. 1994.

多年生草本；根肉质肥厚，外皮红色，断面白色；茎高达 80 cm，多分枝，密被长柔毛。羽状复叶，具小叶 1～3 对；小叶片卵形、椭圆状卵形或宽披针形，长 1.5～8 cm，宽 1～4 cm，先端急尖或渐尖，边缘具圆齿，基部偏斜或圆形，两面被疏柔毛，背面较密。花序长达 17 cm；花萼钟形，带紫色，外面疏被长柔毛及具腺长柔毛，具缘毛；花冠紫蓝色，长 2～2.7 cm，外面被具腺短柔毛。 花期 4～8 月，果期 9～10 月。 产于南宁、桂林、金秀；栽培或逸为野生。分布于辽宁、河北、山西、陕西、山东、河南、江苏、浙江、安徽、江西、湖北及湖南，日本也有。 根可入药，主治妇科病、冠心病。

10. **南丹参**

Salvia bowleyana Dunn in Journ. Linn. Soc. Bot. **38**:363. 1908；中国高等植物图鉴 **3**:670，图 5293. 1974；中国植物志 **66**:148. 1977；Fl. China **17**:212. 1994.

本种与**丹参**(*S. miltiorrhiza* Bunge)在外形上相似，但本种植株较小；叶小、薄；小叶卵状披针形，两面除脉上略被小疏柔毛外，余部均无毛；花萼筒形；花冠淡紫色、紫色至蓝紫色，长 1.9～2.4 cm，可区别。 花期 5～6 月，果期 7～8 月。 产于桂林、南宁、罗城、三江等地；生于石灰岩山上。分布于浙江、湖北、湖南、江西、福建、广东。 根可入药，功效同丹参。

11. **华鼠尾草**(中国植物志) 石见穿(本草纲目拾遗)

Salvia chinensis Benth.，Labiat. Gen. Spec. 725. 1835；中国高等植物图鉴 **3**:675，图 5303. 1974；中国植物志 **66**:181，图版 45:1～5. 1977；Fl. China **17**:219. 1994.

本种最显著的特征是单叶或 3 小叶，花萼、花冠内面均具毛环，可区别于其他种。一年生草本，茎高 20～60 cm；被短柔毛或长柔毛。叶片卵圆形或卵圆状椭圆形，先端钝或锐尖，基部心形或圆形，边缘有圆齿或钝锯齿，两面仅叶脉被短柔毛，余部近无毛。花梗与花序轴被短柔毛；花萼钟形，长 4.5～6 mm，紫色，外面沿脉上被长柔毛；花冠蓝紫色或紫色，长约 1 cm，外被短柔毛。 花期 8～10 月。 产于南宁、来宾、柳州、全州、龙胜、融水、隆林、凌云和乐业等地；生于山坡或平地的林荫处或草丛中。分布于河南、山东、江苏、安徽、浙江、四川、湖北、湖南、江西、福建、台湾，广东。 全草可入药，江苏一带用于治肝炎、面神经麻痹、乳腺炎、痈疖、痛经及骨痛等症；四川(江津)用根泡酒内服，可调经活血，广西用于去风湿及疮疥。

12. **五福花鼠尾草**

Salvia adoxoides C. Y. Wu 于中国植物志 **66**:584，184，图版 42. 1977；Fl. China **17**:220. 1994.

矮小的多年生草本；茎连花序高仅 11 cm，带水红色，被具腺疏柔毛，上部尤为密集，下部稀疏至无毛。叶多为基生，茎生仅 1 对，基生叶为由 1～2 对小叶组成的奇数羽状复叶；小叶片近圆形或半圆形或卵圆形，顶生小叶较大，长不超过 9 mm，先端圆形，基部斜截形或浅心形，边缘具圆齿或钝锯齿，背面满布浅黄色腺点，两面近无毛或被微硬毛。轮伞花序具 2 朵花，约 4 个组成长达 9 cm 的总状花序；花梗与花序轴密被具腺疏柔毛；花萼钟形，长约 6.5 mm，外面沿脉被具腺疏柔毛，内面喉部有长硬毛毛环；花冠白色，长约 9 mm，外面近无毛，内面在冠筒近中部有近水平向不完全的小疏柔毛毛环，冠筒几乎不伸出花萼，长约 6 mm。 花期 3 月，果期 4 月。 广西特有种，产于天峨；生于山坡田地间。

13. **鼠尾草**(名医别录) 消炎草(桂林)

Salvia japonica Thunb.，Syst. Veg. ed. 14，72. 1784；中国高等植物图鉴 **3**:674，图 5302. 1974；中国植

物志 **66**:180,图版 45:6～9. 1977;Fl. China **17**:219. 1994.

本种最显著的特征是一回至二回羽状复叶,花萼、花冠内面均具毛环,可区别于其他种。一年生草本,茎直立,高 40～60 cm;被疏长柔毛或近无毛。茎下部叶为二回羽状复叶,上部叶为一回羽状复叶;顶生小叶片披针形或菱形,长达 10 cm,先端渐尖或尾状渐尖,基部长楔形,边缘具钝锯齿,两面被疏柔毛或无毛。轮伞花序具 2～6 朵花,组成总状或总状圆锥花序;花序轴密被具腺或无腺疏柔毛;花萼筒形,长 4～6 mm,外面疏被具腺疏柔毛;花冠淡红色、淡紫色、淡蓝色至白色,长约 12 mm,外面密被长柔毛。　花期 6～9 月。　产于河池、隆林、乐业、武鸣、贺州、苍梧、融水、柳州等地;生于山坡或山谷林下阴润处。分布于浙江、安徽、江苏、江西、湖北、湖南、福建、台湾、广东,日本也有。

14. **地埂鼠尾草**(中国植物志)

Salvia scapiformis Hance in Journ. Bot. **23**:368. 1885;中国高等植物图鉴 **3**:674,图 5301. 1974;中国植物志 **66**:178,图版 44:1～3. 1977;Fl. China **17**:218. 1994.

14a. **地埂鼠尾草**(原变种)

Salvia scapiformis Hance var. **scapiformis**

本种与**血盆草**(*S. cavaleriei* H. Lévl. var. *simplicifolia* E. Peter)外形很相似,但后者花序密被腺毛,而前者近无腺毛。一年生草本,茎高 20～26 cm;略被倒伏的微柔毛或近无毛。叶多为基生或近基生,稀茎生,多单叶,稀具 1～2 对小叶的复叶,叶片心状卵圆形,长 2～4.3 cm,尖端钝或急尖,基部心形,边缘具浅波状圆齿,下面仅脉上被短柔毛,余部无毛。轮伞花序具 6～10 朵花,疏离,组成长 10～20 cm 的总状或总状圆锥花序;花梗与花序轴被短柔毛;花萼筒形,长 4.5 mm,外面近于无毛,稀生浅黄色腺点,背部常染红色,内面上部被微伏毛;花冠紫色或白色,长约 7 mm,外面被短柔毛,内面有小疏柔毛毛环。　花期 4～5 月。　产于兴安、融水、田林;生于山谷溪旁草丛中。分布于广东、福建、台湾,菲律宾也有。　福建用全草入药,可治肺病。

14b. **硬毛地埂鼠尾草**(变种)

Salvia scapiformis Hance var. **hirsuta** E. Peter in Act. Horti Gothob. **10**:63. 1935;中国植物志 **66**:179. 1977;Fl. China **17**:218. 1994.

本变种与原变种不同在于基生叶多数,茎生叶 2～4 枚,单叶或具 1～2 对小叶的复叶;叶片心形或卵圆状披针形,先端圆或近锐尖,两面近无毛;叶柄被疏而纤细长 2～3 mm 极展开的多节硬毛。　产于武鸣、上林;生于山谷溪边林下。分布于贵州、广东、浙江及福建。

15. **铁线鼠尾草**

Salvia adiantifolia E. Peter. in Act. Horti Gothob. **10**:64. 1935;中国植物志 **66**:192. 1977;Fl. China **17**:221. 1994.

多年生草本,茎高 30～60 cm;被向下的疏柔毛或微柔毛。叶多为基生或近基生,茎生常 1 对,长 3～14 cm,具 2～3 对小叶的一至三回羽状复叶,小叶片形状多变,长 0.5～4 cm,扇形、菱形、披针形或卵圆形,先端钝、锐尖或短渐尖,基部楔状、圆形或近心形,常偏斜,边缘具圆齿状锯齿,腹面被稀疏具节平伏毛,背面沿脉疏被小疏柔毛,余部被腺点。轮伞花序具 4～10 朵花,组成总状或总状圆锥花序;花梗与花序轴被短疏柔毛;花萼钟形,长 4～5.5 mm,外面沿脉略被微柔毛或无毛,内面无毛环,在上半部被微硬伏毛;花冠天蓝色至白紫色,长 7～8 mm,外面被具腺短柔毛,内面有斜向疏柔毛毛环,喉部被白色疏柔毛。花期 6 月。　产于全州、融水;生于山脚、林下或路旁。分布于湖南、广东、江西及福建。

16. **佛光草**(四川峨眉)

Salvia substolonifera E. Peter in Act. Horti Gothob. **9**:138. 1934;中国植物志 **66**:177,图版 39:1～4. 1977;Fl. China **17**:218. 1994.

一年生草本;茎少数,丛生,基部上升或匍匐,高 10～40 cm,被短柔毛或微柔毛。基生叶多为单叶,茎生叶 3 裂或三出叶,单叶片或小叶片卵圆形,长 1～3 cm,先端圆形,基部截形或圆形,边缘具圆齿,两面近无毛或仅沿脉上被微硬毛。轮伞花序具2～8朵花，下部疏离，上部稍密集，组成长7～15 cm的总状或圆锥花序；花梗与花序轴密被微硬毛及具腺疏柔毛；花萼钟形，长3～4 mm，外面被微柔毛及腺点，内面近无毛；花冠淡红色或淡紫色，长5～7 mm，外面略被微柔毛，内面具毛环或无。 花期3～5月。 产于临桂、资源；生于林内、沟边、石隙等潮湿地。分布于浙江、福建、湖南、湖北、贵州、四川。 全草可入药，可治劳伤咳嗽、喘咳、吐血及蛇头疔等症。

22. 迷迭香属 Rosmarinus L.

常绿灌木。叶片线形，全缘，边缘外卷；苞叶与茎叶同形。花近无梗，少数，在短枝顶端聚集成总状花序；花萼卵状钟形，11脉，二唇形，上唇全缘或具短小3齿，下唇2齿；花冠蓝紫色、淡蓝色或带白色，冠筒伸出花萼外，喉部扩大，上唇直伸，先端微凹或2浅裂，下唇宽大，展开，3裂，中裂片最大，内凹，下倾，边缘具齿，侧裂片长圆形；雄蕊仅前对完全发育，靠着上唇上升，花丝与药隔接连，在中部以下具有1个下弯的小齿，花药2室，平行，仅1室发育，线形，背部着生在药隔顶端，后对退化雄蕊不存在；花柱远超过雄蕊，柱头不等2浅裂；花盘平顶，具浅裂片。小坚果卵球形，平滑，具1油质体。 本属约有3(5)种，产于非洲、亚洲(西南部)及欧洲。我国引入栽培1种；广西有少量栽培。

迷迭香(魏略)

Rosmarinus officinalis L.，Sp. Pl. **1**：23，1753；中国植物志 **66**：198，图版 46. 1977；Fl. China **17**：222. 1994.

灌木，高达2 m；茎及老枝圆柱形，皮层暗灰色，不规则的纵裂，块状剥落，幼枝密被白色星状细绒毛。叶片簇生；线形，长1～2.5 cm，宽1～2 mm，先端钝，基部渐狭，革质，腹面近无毛，背面密被白色的星状绒毛。花萼长约4 mm，外面密被白色星状绒毛及腺点，上唇近圆形，下唇卵圆状三角形；花冠蓝紫色，长不及1 cm，外被疏短柔毛，冠筒稍外伸，上唇2浅裂，裂片卵形，下唇中裂片最大，基部缢缩成柄，侧裂片长圆形。 花期11月。 南宁、百色有栽培；原产于欧洲及北非地中海沿岸，曹魏时期引入我国栽培。 为提取迷迭香精油原料；迷迭香精油广泛应用于医药及食品、油脂的保鲜保质，也用于香料、空气清新剂、驱蚊剂以及杀菌、杀虫剂等日用化工业产品；也可作观赏植物。

23. 风轮菜属 Clinopodium L.

多年生草本。叶具齿。轮伞花序近球形，具梗或无梗，梗多分枝或少分枝，生于主茎及分枝的上部叶腋中，聚集成圆锥花序；苞叶叶状，通常向上渐小至苞片状；苞片线形或针状，具肋或不明显具肋；花萼筒状，具13脉，等宽或中部横缢，基部常一边膨胀，直伸或微弯，喉部内面疏生毛茸，二唇形，上唇3齿，下唇2齿，萼齿具芒尖及缘毛；花冠紫红色、淡红色或白色，被微柔毛，下唇片内面下方的喉部具2列毛茸，上唇直伸，先端微缺，下唇3裂，中裂先端微缺或全缘，侧裂片全缘；雄蕊4枚，前对较长，延伸至上唇片下，内藏或微露出，后对有时不育，花药2室，叉开；柱头不等2裂。小坚果卵球形或近球形，直径不及1 mm，果脐小。 本属约有20种，分布于欧洲和亚洲(中部、东部)。我国产11种；广西现知5种。

分种检索表

1. 轮伞花序花序梗多分枝，花序常偏向一侧 ………………………… 1. **风轮菜** C. chinense (Benth.) Kuntze
1. 轮伞花序无花序梗或花序梗少分枝，花序不偏向一侧。
   2. 植株直立，基部几乎不分枝 ………………… 2. **灯笼草** C. polycephalum (Vaniot) C. Y. Wu et Hsuan ex P. S. Hsu
   2. 植株柔弱，基部匍匐，多分枝；茎细，上升。

3. 茎上部密被短柔毛；各部被毛较多 ………………………… 3. **匍匐风轮菜** C. repens (Euch.-Ham. ex D. Don) Benth.
3. 茎上部茎疏被微柔毛；各部被毛少或近无毛
4. 轮伞花序无苞叶；萼萼基部膨胀，沿脉上被微柔毛，上唇3齿反折…… 4. **细风轮菜** C. gracile (Benth.) Matsum.
4. 轮伞花序具苞叶；果萼筒等宽，无毛或几乎无毛，上唇3齿不反折 …… 5. **邻近风轮菜** C. confine (Hance) Kuntze

1. **风轮菜**(救荒本草)　图版260：1～3

Clinopodium chinense (Benth.) Kuntze, Revis. Gen. Pl. **2**：515. 1891；中国高等植物图鉴 **3**：677，图5308. 1974；中国植物志 **66**：226，图版52. 1977；Fl. China **17**：229. 1994. ——*Calamintha chinensis* Benth. in Prodr. **12**：233. 1848.

茎多分枝，粗壮，密被短柔毛及腺毛。叶片卵形，长2～4 cm，腹面密被平伏短硬毛，背面被疏柔毛。轮伞花序半球状；花序梗长约1～2 mm，分枝多数；花梗与花序梗及花序轴被柔毛及微柔毛；花萼外面脉上被疏柔毛及腺微柔毛；花冠紫红色，长约9 mm，外面被微柔毛。　花期5～8月，果期8～10月。　产于全州、兴安、灌阳、桂林、阳朔、龙胜、柳州、柳江、融水、三江、上林、蒙山、田林、凤山、横县等地；生于山坡、草丛、路边、沟边、灌木丛、林下，较常见。分布于内蒙古、河北、河南、山东、浙江、江苏、安徽、江西、福建、台湾、湖南、湖北、广东、云南，日本也有。

2. **灯笼草**

Clinopodium polycephalum (Vaniot) C. Y. Wu et Hsuan ex P. S. Hsu 于黄山植物的研究 169. 1965；中国植物志 **66**：223. 1977；Fl. China **17**：229. 1994. ——*Calamintha polycephala* Vaniot in Bull. Acad. Int. Geogr. Bot. **14**：183. 1904.

本种与**风轮菜**[*Clinopodium chinense* (Benth.) Kuntze]极相似，不易区分，但本种茎上部密被平展糙毛及腺毛；叶两面被硬糙毛；背面脉上尤密；轮伞花序球形，花多，密集；花萼脉上被长柔毛及腺毛，果时基部一边膨胀；花冠长约8 mm，紫红色。　花期7～8月，果期9月。　产于环江、南丹、东兰、都安、罗城、融水、那坡、靖西、田林、隆林、凌云、金秀、贺州、贵港、龙胜、灵川、桂林、灌阳；生于山坡、路边、林下、灌木丛中。分布于陕西、甘肃、山西、河北、河南、山东、浙江、江苏、安徽、福建、江西、湖南、湖北、贵州、四川、云南及西藏。　全草可入药，可治功能性子宫出血、胆囊炎、黄疸型肝炎、感冒头痛、腹痛、小儿疳积、火眼、跌打损伤、疔疮、皮肤疮疡、蛇咬伤、烂脚丫、烂头疔及痔疮等症。

3. **匍匐风轮菜**(植物分类学报)

Clinopodium repens (Buch.-Ham. ex D. Don) Benth. in Pl. Asiat. Rar. **1**：66. 1830；中国植物志 **66**：225. 1977；Fl. China **17**：229. 1994. ——*Thymus repens* Buch.-Ham. ex D. Don, Prodr. Fl. Nepal. 113. 1825.

本种最明显的特征是茎虽较粗壮，但不直立，匍匐生根，上部密被柔毛；叶片卵圆形，长1～3.5 cm，先端锐尖或钝，基部阔楔形至近圆形，两面疏被短硬毛；轮伞花序小，近球状，直径约1.5 cm；苞片针状，被白色缘毛及腺毛；花萼长约6 mm，具13脉，外面被毛，里面无毛；花冠粉红色，略长于花萼，外面被微柔毛。花期6～9月，果期10～12月。　产于融水、柳州、龙胜、资源、桂林、隆林、田林、南丹；生于山坡、草地、林下、路边、沟边。分布于甘肃、陕西、湖北、湖南、江西、江苏、浙江、福建、台湾、四川、贵州、云南及西藏，尼泊尔、不丹、印度、缅甸、印度尼西亚、菲律宾也有。

4. **细风轮菜**　千层塔(桂林)

Clinopodium gracile (Benth.) Matsum. in Idex Pl. Jap. **2**：538，1912；中国高等植物图鉴 **3**：678，图5310. 1974；中国植物志 **66**：235，图版54：1～6. 1977；Fl. China **17**：230. 1994. ——*Calamintha gracilis* Benth. in DC. Prodr. **12**：232. 1848.

纤细草本，茎多数，自匍匐茎生出，柔弱，上升，高8～30 cm，被微柔毛或近无毛。茎中部的叶片较大，卵形，长1～3 cm，先端钝，基部圆或楔形，边缘具疏牙齿或圆齿状锯齿，腹面近无毛，背面仅脉上被微柔

图版 260　1～3. **风轮菜** Clinopodium chinense (Benth.) Kuntze　1. 花枝；2. 花；3. 花萼。　4～5. **薄荷** Mentha canadensis L.　4. 花枝；5. 花。（林文宏绘）

毛。轮伞花序少花；花萼长约 3 mm，外面沿脉上被微柔毛，果时下倾，基部一边膨胀，萼齿具缘毛；花冠白色或紫红色，外面被微柔毛。　花期 6～8 月，果期 8～10 月。　广西各地均有产；生于路旁、沟边、空旷草地、林缘、灌木丛中，常见。分布于长江以南各地，印度、东南亚诸国及日本也有。　全草可入药，可治感冒头痛、中暑腹痛、痢疾、乳腺炎、痈疽肿毒、荨麻疹、过敏性皮炎、跌打损伤等症。

5. **邻近风轮菜**（植物分类学报）

Clinopodium confine (Hance) Kuntze, Revis. Gen. Pl. 2:515. 1891；中国植物志 **66**:238. 1977；Fl. China **17**:231. 1994. ——*Calamintha confinis* Hance in J. Bot. 6:331. 1868.

铺散草本；茎无毛或疏被微柔毛。叶片卵圆形或近圆形，长 8～22 mm，先端钝，基部圆形或阔楔形，具 5～7 对圆齿状锯齿，两面无毛。轮伞花序近球形；花萼近圆柱形，长约 5 mm，萼筒等宽，无毛或几乎无毛，萼齿具缘毛；花冠粉红色至紫红色，稍超出花萼，外面被微柔毛。　花期 4～6 月，果期 7～8 月。　产于隆安、平果、梧州、兴安、鹿寨、桂林；生于田边、山坡、草地。分布于浙江、江苏、安徽、河南、江西、福建、广东、湖南、湖北、贵州及四川，日本也有。

24. 蜜蜂花属　Melissa L.

多年生草本。叶片卵形，具柄及具齿。轮伞花序腋生；花萼钟形，花后下垂，具 13 脉，稍被毛，二唇形，上唇 3 浅齿裂，下唇 2 深齿裂；花冠白色、黄白色、黄色或淡红色，冠筒稍伸出或不伸出，在喉部稍扩大，冠檐二唇形，上唇直伸，顶端微凹或浅 2 裂，下唇开展，3 裂，中裂片全缘或微凹，较侧裂片宽大；雄蕊 4 枚，前对较长，紧靠上唇，不伸出或稍伸出，花丝弓形弯曲，花药 2 室，室略叉开，几乎成直角，后成水平叉开；柱头相等 2 浅裂，裂片钻形，外卷。小坚果卵圆形，光滑。　本属约有 4 种，分布于欧洲及亚洲。我国产 3 种及栽培 1 种；广西现知 1 种。

蜜蜂花　土荆芥（植物名实图考，云南昆明）　荆芥（滇南本草）

Melissa axillaris (Benth.) Bakh. f. ,Fl. Jav. **2**:629. 1965；中国高等植物图鉴 **3**:676，图 5306. 1974；中国植物志 **66**:211. 1977；Fl. China **17**:226. 1994. ——*Geniosporum axillare* Benth. in Pl. Asiat. Rar. **2**:18. 1830.

多年生草本，地上茎近直立，高达 1 m；被短柔毛。叶片卵形，长 1.2～6 cm，先端尖或短渐尖，基部圆、近心形或楔形，边缘具锯齿状圆齿，上面疏被短柔毛，下面靠中脉两侧带紫色，近无毛或沿脉被短柔毛。轮伞花序疏散；花萼钟形，长 6～8 mm，13 脉，沿脉被具节长柔毛，上唇齿短，下唇与上唇近等长，萼齿披针形；花冠白色或淡红色，长约 1 cm，被短柔毛，冠筒稍伸出，上唇直立，下唇展开。小坚果腹面具棱。　花果期 6～11 月。　产于田林、那坡、隆林、罗城、天峨、兴安、龙胜、融水、钟山、金秀等地；生于山区的阴湿处。分布于西藏、云南、四川、贵州、陕西（南部）、湖北（西部）、湖南（西部）、江西（南部）、广东（北部）及台湾，印度（东北部）、尼泊尔、不丹、越南（北部）至印度尼西亚也有。　全草可入药，可治血衄、痢疾、毒蛇咬伤等症；也用作发油、香料。

25. 牛至属　Origanum L.

多年生草本或半灌木。叶片卵形或长圆状卵形，全缘或具疏齿。雌花、两性花异株；穗状花序圆形或长圆形，多花，组成伞房状圆锥花序；苞片及小苞片绿色或紫红色，卵圆形、倒卵圆形、倒长圆状卵圆形至披针形；花萼钟形，内面在喉部有柔毛环，约 13 脉，萼齿 5 枚，近三角形，锐尖或钝，几乎等大；花冠白色或粉红色至紫色，钟状，冠筒稍伸出或甚伸出于花萼外，冠檐二唇形，上唇直立，扁平，先端凹陷，下唇开张，3 裂，中裂片较大；雄蕊 4 枚，在两性花中通常短于上唇或稍超过上唇，在雌性花中则内藏，花药卵圆形，2 室，由三角状楔形的药隔所分隔，花丝无毛；花柱伸出花冠，先端具不相等 2 浅裂。小坚果卵圆形，略具棱角，无毛。 本属约有15～20种，分布于地中海沿岸地区至中亚。我国有1种；广西也有。

牛至

Origanum vulgare L.，Sp. Pl. 2：590. 1753；中国高等植物图鉴 3：680，图5314. 1974；中国植物志 66：247，图版57. 1977；Fl. China 17：233. 1994.

多年生草本至半灌木；全株具浓烈香味；茎多分枝，高达60 cm，被短柔毛。叶片卵形或长圆状卵圆形，长1～4 cm，宽0.4～1.5 cm，先端钝，基部宽楔形或圆形，边全缘或具疏离小齿，两面被疏柔毛及凹陷腺点。伞房状圆锥花序；花萼5齿，近相等，喉部有白色柔毛环，13脉；花冠紫红色至白色，上唇直立，先端2浅裂，下唇3裂。小坚果卵圆形，长约0.6 mm。 花期7～9，果期10～12月。 产于桂林、南丹、罗城、柳江、贵港、玉林等地；生于路旁、山坡、林下及草地。分布于河南、江苏、浙江、安徽、江西、福建、台湾、湖北、湖南、广东、贵州、四川、云南、陕西、甘肃、新疆及西藏，欧洲、亚洲、非洲（北部）也有，北美洲亦有引入。 全草具有发表散寒、止痒、利水之功效，可治感冒、中暑、腹泻、皮肤瘙痒、水肿等症；茎、叶可提取芳香油，油供调配香精和酒曲配料。

26. 薄荷属 Mentha L.

具浓烈香味的一年生或多年生草本。上部叶无柄或近无柄，边缘具齿。轮伞花序具2至多朵花；苞叶与叶相似；苞片披针形或线状；花小，两性或单性，同株或异株；花萼钟状，10～13脉，萼齿5枚，相等或近3/2式二唇形；花冠漏斗状，具近相等的4裂；雄蕊4枚，近等大，叉开，直伸；花柱伸出，柱头具相等2浅裂。小坚果卵形，平滑或稍具瘤，顶端钝，稀被毛。 本属约有30种，广布于北半球温带地区，少数种产于南半球。我国有12种，其中6种为野生；广西现知2种。

分种检索表

1. 植株密被微柔毛；轮伞花序腋生 ………………………… 1. **薄荷** M. canadensis L.
1. 植株无毛或近无毛；轮伞花序组成顶生穗状花序 ………………………… 2. **留兰香** M. spicata L.

1. **薄荷**（植物名实图考） 图版260：4～5

Mentha canadensis L.，Sp. Pl. 2：577. 1753；Fl. China 17：237. 1994. ——*M. haplocalyx* Briq. in Bull. Trav. Soc. Bot. Geneve 5：39. 1889；中国高等植物图鉴 3：681，图5316. 1974；中国植物志 66：262，图版60. 1977.

直立草本，高达60 cm；多分枝。植株密被微柔毛。叶片长圆状披针形或卵状披针形，长3～6 cm，宽1～2.5 cm，边缘疏生锯齿。轮伞花序腋生；花冠淡紫色。 花期6～8月，果期9～10月。 产于广西各地；栽培或野生，野生的常见于潮湿处。分布于全国各地，东南亚诸国、朝鲜、日本及北美诸国、俄罗斯也有。 本种为重要的经济植物，全草可治感冒、咽喉痛、麻疹初起、目赤红肿等症；干茎、叶常用作食品的调味剂和清凉食品饮料，有兴奋、发汗等功效；新鲜茎、叶含油0.8%～1%，干品含油1.9%～2%，油主要用于提取薄荷脑，供制糖果、饮料、牙膏、香精和清凉油等用。

2. **留兰香** 狗肉香（桂西）

Mentha spicata L.，Sp. Pl. 2：576. 1753；中国高等植物图鉴 3：682，图5318. 1974；中国植物志 66：271，图版61：1～2. 1977；Fl. China 17：238. 1994.

披散草本，茎高达米余；植株无毛或近无毛。叶片卵状长圆形或长圆状披针形，长3～7 cm，宽1～2 cm，先端锐尖，基部宽楔形至近圆形，边缘具不规则的锐齿。轮伞花序组成顶生穗状花序，长4～10 cm；萼齿在果时不靠合；花冠淡紫色，长约4 mm。 花期7～9月。 桂西、桂西北及桂北地区常见栽培。河北、江苏、浙江、广东、贵州、云南、四川亦有栽培，新疆有野生，世界各地广泛栽培。　本种因新鲜叶表面凸凹不平而易识别，在广西主要作食用香料，尤其在桂西、桂西北石山地区，是烹饪狗肉不可缺少的香料，老少皆知，故有“狗肉香”之名。

27. 紫苏属 Perilla L.

一年生芳香草本。叶为绿色或常带紫色或紫黑色，具齿。轮伞花序具2朵花，组成偏向于一侧的总状花序；苞片大，宽卵圆形或近圆形；花萼钟状，10脉，具5齿，果时增大，喉部被柔毛环，二唇形，上唇宽大，3齿，下唇2齿，萼齿披针形；花冠白色或紫红色，冠筒短，冠檐二唇形，5裂，下唇3裂，中裂片较大；雄蕊4枚，花丝直升。小坚果近球形，有网纹。　本属约有1种2变种，分布于东亚。我国均产；广西也有。

分变种检索表

1. 茎密被长柔毛，粗壮；叶较大，宽达10 cm；果萼长达11 mm …………… a. **紫苏** P. frutescens (L.) Britt. var. frutescens
1. 茎疏被短柔毛，较细；叶较小；果萼较短，长约7 mm。
  2. 叶为绿色，边缘具浅齿 …………………… b. **野生紫苏** P. frutescens (L.) Britt. var. purpurascens (Hayata) H. W. Li
  2. 叶为紫色，边缘具狭而深的锯齿 …………… c. **回回苏** P. frutescens (L.) Britt. var. crispa (Benth.) Deane ex Bailey

紫苏　白苏(名医别录，植物名实图考)

Perilla frutescens (L.) Britt. in Mem. Torrey Bot. Club. **5**:277. 1894；中国高等植物图鉴 **3**:683，图5320. 1974；中国植物志 **66**:282，图版62. 1977；Fl. China **17**:241. 1994. ——*Ocimum frutescens* L., Sp. Pl. 2:597. 1753.

a. **紫苏**(原变种)　图版251:2

Perilla frutescens (L.) Britt. var. frutescens

粗壮草本，高达2 m；茎密被长柔毛。叶片阔卵形或圆形，长7～13 cm，宽4.5～10 cm，先端短尖或突尖，基部圆形或阔楔形，边缘具粗锯齿，两面疏被长柔毛；叶柄长3～5 cm，密被长柔毛。轮伞总状花序密被长柔毛；苞片宽卵圆形或近圆形，长宽约4 mm，先端具短尖，外被红褐色腺点；花萼钟形，下部被长柔毛及黄色腺点，喉部有疏柔毛环，果时增大，长至1.1 cm，基部一边膨胀；花冠白色至紫红色，长3～4 mm，外略被微柔毛。小坚果近球形，灰褐色，直径约1.5 mm，具网纹。　花期8～11月，果期8～12月。　广西各地均有栽培或逸为野生。全国各地广泛栽培，不丹、印度、中南半岛、印度尼西亚、日本，朝鲜也有。　全草供药用和香料用；叶为发汗、镇咳、芳香性健胃利尿剂，有镇痛、镇静、解毒作用，可治感冒，因鱼蟹中毒而腹痛呕吐者有卓效；茎、梗有平气安胎之功效；种子能镇咳、祛痰、平喘、发散精神之沉闷；叶又可供食用；种子榨出的油，名苏子油，可供食用，又有防腐等工业用途。

b. **野生紫苏**(变种)

Perilla frutescens (L.) Britt. var. purpurascens (Hayata) H. W. Li 于云南植物研究 **13**:350. 1991；Fl. China **17**:241. 1994. ——*P. ocymoides* L. var. *purpurascens Hayata*, Icon. Pl. Formos. **8**: 103. 1919. ——*P. frutescens* (L.) var. *acuta* (Thunb.) Kudo in Mem. Fac. Sci. Agr. Taihoku Univ. **2**: 74. 1929；中国植物志 **66**:284. 1977.

本变种与原变种不同在于茎被短柔毛；叶较小，卵形，长4.5～7.5 cm，宽2.8～5 cm，两面被疏柔毛；果萼小，长4～5.5 mm，下部被柔毛；小坚果较小，直径1～1.5 mm。　产于广西各地；生于山地路旁、村边荒地。分布于山西、河北、湖北、江西、浙江、江苏、福建、台湾、广东、云南、贵州及四川等地，日本也有。

c. **回回苏**(变种)　(植物名实图考)　图版251:3

Perilla frutescens (L.) Britt. var. crispa (Benth.) Deane ex Bailey, Manual Cult. Plants, ed. 1, 646,

1924;Fl. China **17**:242. 1994. ——*P. ocymoides* L. var. *crispa* Benth. in DC. Prodr. **12**:164. 1848. ——*P. furtescens* (L.) Britt. var. *crispa* (Thunb.) Hand.-Mazz. in Act. Hort. Gothob. **13**:352. 1939;中国植物志 **66**:286. 1977.

本变种与原变种不同在于叶常为紫色,具狭而深的锯齿;果萼较小。 广西各地有栽培。我国各地广泛栽培,日本也有。 可供观赏、药用及香料用。

28. 石荠苎属 Mosla (Benth.) Buch.-Ham. ex Maxim.

一年生草本,搓烂具浓郁香气。叶具柄,具齿,背面密布凹陷腺点。轮伞花序具2朵花,组成顶生总状花序;苞片小或叶状;花萼钟形,10脉,喉部被毛,果期增大,萼齿5枚,近等大或二唇形,若属后者,则上唇3齿,下唇2齿披针形;花冠白色、粉红色至紫红色,冠檐二唇形,上唇微缺,下唇3裂,中裂片较大;雄蕊4枚,后对发育。小坚果近球形,具疏网纹或深窝状雕纹。 本属约有22种,分布于东南亚、印度、日本及朝鲜。我国有12种;广西有5种。

分种检索表

1. 叶狭,线状披针形;总状花序紧密,呈近圆柱状或头状;苞片宽大,宽卵形;萼齿近等大 ………………………………………… 1. **石香薷** M. chinensis Maxim.
1. 叶较宽,卵状披针形或卵形;总状花序松散;苞片狭小,披针形;花萼二唇形。
  2. 花萼上唇3齿明显,披针形,先端渐尖 ………………………… 2. **石荠苎** M. scabra (Thunb.) C. Y. Wu et H. W. Li
  2. 花萼上唇3齿浅或不明显,先端钝或锐尖
    3. 植株疏被具节长柔毛;花冠长约2.5 mm ………………………………………… 3. **小花荠苎** M. cavaleriei H. Lévl.
    3. 植株被短毛或微毛;花冠长2.5 mm以上。
      4. 茎近无毛;叶缘具尖锐的疏齿;苞片针状或线状披针形,长约1 mm ………………………………………… 4. **小鱼仙草** M. dianthera (Buch.-Ham. ex Roxb.) Maxim.
      4. 茎被倒生短硬毛;叶缘具圆钝齿;苞片卵状披针形至披针形,长4~6.5 mm ………………………………………… 5. **长苞荠苎** M. longibracteata (C. Y. Wu et Hsuan) C. Y. Wu et H. W. Li

1. **石香薷**(植物名实图考) 香茹(桂林) 图版261:1~3

Mosla chinensis Maxim. in Mel. Biol. Acad. Sci. St. Petersb. **11**:805. 1883;中国植物志 **66**:289,图版63:1~8. 1977;Fl. China **17**:243. 1994. ——*Orthodon chinensis* (Maxim.) Kudo in Mem. Fac. Sci. Agr. Taihoku Univ. **2**:75. 1929;中国高等植物图鉴 **3**:684,图5321. 1974.

本种最主要的特征是叶狭小;花序头状或近圆柱状,花密集;花萼外面被白色绵毛及腺点,萼齿5枚,等大,钻形;花冠紫红色、浅红色或白色。 花期6~9月,果期7~11月。 产于广西各地;生于草坡或林下。分布于河南、山东、江苏、浙江、安徽、江西、湖南、湖北、贵州、四川、广东、福建及台湾,越南北部也有。全草具有疏风解表、行气消肿之功效,可治感冒头痛、小儿惊风、水肿、皮肤、瘙痒等症,此外亦为治毒蛇咬伤药;叶可提取芳香油。

2. **石荠苎**(植物名实图考)

Mosla scabra (Thunb.) C. Y. Wu et H. W. Li 于植物分类学报 **12**:230. 1974;中国植物志 **66**:294. 1977;Fl. China **17**:244. 1994. ——*Ocimum scabrum* Thunb. in Trans. Linn. Soc. **2**:338. 1794.

一年生草本,茎高可达1 m;多分枝,密被短柔毛。叶片长1.5~3.5 cm,宽0.8~1.7 cm,先端急尖或钝,基部圆形或宽楔形,边缘具锯齿,腹面被微柔毛,背面被疏毛或近无毛,密布凹陷腺点。花序长3~15 cm,花多,疏离;苞片卵形,长2.7~3.5 mm,先端尾状渐尖;花萼二唇形,上唇3齿呈卵状披针形,先端渐尖,中齿略小;花冠长4~5 mm,粉红色,外面被微柔毛,内面基部具毛环。小坚果具深雕纹。 花期

图版 261　1～3. **石香薷** Mosla chinensis Maxim.　1. 植株上部，示花序；2. 花，侧面观；3. 花冠纵剖，内面观，示雄蕊。 4～6. **硬毛地笋** Lycopus lucidus Turcz. ex Benth. var. hirtus Regel　4. 植株上部，示花序；5. 植株下部；6. 花冠纵剖，内面观。　7～9. **长叶钩子木** Rostrinucula sinensis (Hemsl.) C. Y. Wu　7. 植株上部，示花序；8. 花冠纵剖，内面观，示雌雄蕊；9. 苞片外面观。　（林文宏绘）

5～11月，果期9～11月。 产于广西各地；生于山坡或林边较湿润处。分布于吉林、辽宁、陕西、甘肃、河南、江苏、安徽、浙江、江西、湖南、湖北、四川、福建、台湾、广东。 全草可入药，可治感冒、中暑发高烧、痱子、皮肤瘙痒、疟疾、便秘、内痔、便血、疥疮、湿脚气、外伤出血、跌打损伤等症；此外全草又能杀虫；根可治疮毒。

3. **小花荠苎**（中国植物志）

Mosla cavaleriei H. Lévl. in Repert. Sp. Nov. **9**:247. 1911；中国植物志 **66**:296. 1977；Fl. China **17**:244. 1994.

一年生草本，茎高达1 m；疏被具节长柔毛及微柔毛。叶片卵形或卵状披针形，长2～5 cm，宽1～2.5 cm，先端急尖，基部圆形或宽楔形，边缘具细齿，两面被具节疏柔毛，背面布满凹陷小腺点。总状花序长2.5～4.5 cm，被疏柔毛；花萼长约1 mm，外被疏柔毛，略呈二唇形，上唇3齿极小，卵状三角形，果时增大；花冠紫色或粉红色，长约2.5 mm，外被短柔毛。 花期9～11月，果期10～12月。 产于贺州、钟山、那坡、隆林、田林、凌云、桂平、平乐、平南、融水、罗城、宜州；生于疏林下、山坡草地上。分布于云南、四川、贵州、江西、浙江、湖北及广东，越南北部也有。 全草可入药，功效近石香薷。

4. **小鱼仙草**（植物名实图考）

Mosla dianthera (Buch.-Ham. ex Roxb.) Maxim. in Bull. Acad. Sci. St. Petersb. sér. 3, **20**:457. 1875；中国植物志 **66**:297，图版64:1～7. 1977；Fl. China **17**:245. 1994. ——*Lycopus dianthera* Buch.-Ham. ex Roxb. in Roxb. Fl. Ind. **1**:144. 1820. ——*Orthodon diantherus* (Buch.-Ham.) Hand.-Mazz. Symb. Sin. 7:933. 1936；中国高等植物图鉴 **3**:684，图5322. 1974.

一年生草本，茎可达1 m；多分枝，近无毛。叶片卵状披针形或菱状披针形，少为卵形，长1～3.5 cm，宽0.5～1.8 cm，先端渐尖或急尖，基部渐狭，边缘具锐齿，腹面无毛或近无毛，背面灰白色，无毛，具凹陷腺点。总状花序长3～15 cm，序轴近无毛；花萼二唇形，脉上被短硬毛，上唇3齿，卵状三角形；花冠淡紫色，长4～5 mm，外面被微柔毛。 花果期5～11月。 产于靖西、那坡、凌云、田林、罗城、南丹、兴安、资源、临桂、平乐、桂林、金秀、防城、上思、贵港、容县、桂平、南宁、大新、宁明、灵山、昭平、梧州等地；生于山坡、路旁或水边，较常见。分布于江苏、浙江、江西、福建、台湾、湖南、湖北、广东、云南、贵州、四川及陕西，印度、巴基斯坦、尼泊尔、不丹、缅甸、越南、马来西亚、日本也有。 全草可入药，可治感冒发热、中暑头痛、恶心、无汗、热痱、皮炎、湿疹、疮疥、痢疾、肺积水、肾炎水肿、多发性疖肿、外伤出血、鼻衄、痔瘘下血等症；此外又可灭蚊。

5. **长苞荠苎**（植物分类学报）

Mosla longibracteata (C. Y. Wu et Hsuan) C. Y. Wu et H. W. Li 于植物分类学报 **12**:232. 1974；中国植物志 **66**:298，图版64:8. 1977；Fl. China **17**:245. 1994. ——*Orthodon longibracteatus* C. Y. Wu et Hsuan 于植物分类学报 10:232. 1965.

一年生草本，茎高达50 cm；在棱及节上被倒生短硬毛。叶片倒卵形或菱状，长1.6～3.3 cm，宽1～1.6 cm，先端钝，基部渐狭，下延成长约1 cm的柄，两面无毛，背面具疏腺点。总状花序长约10 cm；苞片卵状披针形至披针形，长4～6.5 mm，宽0.8～3 mm，花萼钟形，长约2.7 mm，外面被微柔毛，沿脉上被倒生短硬毛，布满黄色腺点，萼齿5枚，上唇3齿呈钝三角形；花冠粉红色或近白色。 花期9～10月，果期11月。 产于兴安；生于山麓或河边，不多见。分布于浙江。

29. 地笋属 Lycopus L.

多年生沼泽或湿生草本；具肥大的根状茎。叶具齿或羽状分裂，苞叶与茎叶同形。轮伞花序无梗，多花密集；萼齿4～5枚，等大或其中1齿特大；花冠钟状，二唇形，喉部有交错的长柔毛，上唇全缘或先端微凹，下唇3齿裂，中裂片较大；前对雄蕊能育，退化雄蕊存在或缺。小坚果先端平截，基部楔形。 本属约有10种，广布于东半球温带地区及北美。我国有4种；广西产1变种。

地笋

Lycopus lucidus Turcz. ex Benth. in DC. Prodr. **12**:178. 1848;中国高等植物图鉴 **3**:683,图 5319. 1974;中国植物志 **66**:277,图版 61:4～7. 1977;Fl. China **17**:240. 1994.

a. **地笋**(原变种)

Lycopus lucidus Turcz. ex Benth. var. lucidus

广西不产。分布于吉林、黑龙江、辽宁、河北、河南、陕西、四川、云南及贵州,俄罗斯、日本也有。

b. **硬毛地笋**(变种) 图版 261:4～6

Lycopus lucidus Turcz. ex Benth. var. **hirtus** Regel in Mem. Acad. Imp. Sci. St. Petersb. 4:115. 1861;中国植物志 **66**:278. 1977;Fl. China **17**:240. 1994.

茎高可达 1 m,棱上被向上细硬毛,节上硬毛稠密。叶片披针形,多少弧弯,长 4～8 cm,宽 1～2.5 cm,先端渐尖,基部渐狭,边缘具尖锐粗齿及缘毛,腹面密被细硬毛,背面疏被硬毛或近无毛,脉上明显被硬毛。轮伞花序无梗,轮廓圆球形,多花密集;小苞片卵圆形至披针形,先端刺尖,边缘均具小纤毛;花萼钟形,长约 3 mm,两面无毛,外具腺点,萼齿 5 枚,披针状三角形,长约 2 mm,具刺尖头,边缘具小缘毛;花冠白色,长约 5 mm,外面在冠檐上具腺点,内面在喉部具白色短柔毛。 花期 6～9 月,果期 8～11 月。 全州、兴安、龙胜、临桂等地有栽培。分布几乎遍及全国各地,俄罗斯远东地区及日本也有。 本草可入药,为《神农本草经》记载的泽兰正品,妇科要药,能通经利尿,可治月经不调、瘀血腹痛、产后小便淋沥、肾炎水肿等;根通称地笋,可供食用。

30. 钩子木属 Rostrinucula Kudo

灌木;全体密被星状绒毛;圆柱形穗状花序顶生,下垂;具成对交互对生的苞片及小苞片;苞片阔三角状卵圆形;花冠上唇全缘,喉部及花丝基部有不规则毛环;子房 4 裂,被星状毛及腺点;小坚果先端具喙等主要特征而有别于其他属。 本属有 2 种,均为我国特有;广西现知产 1 种。

长叶钩子木(中国植物志) 图版 261:7～9

Rostrinucula sinensis (Hemsl.) C. Y. Wu 于植物分类学报 **10**:233,图版 43. 1965;中国植物志 **66**:350,图版 71. 1977;Fl. China **17**:256. 1994.——*Leucosceptrum sinense* Hemsl. in Journ. Linn. Soc. Bot. **26**:310. 1890.

本种枝及小枝密被粉末状绒毛,具白色的大髓部。叶片坚纸质,长圆形至长圆状披针形,长 5.5～14.5 cm,宽 1.5～3 cm,先端急尖,基部圆形或近圆形,边缘具细圆齿状锯齿;叶背面及花序、苞片密被白色星状绒毛;花序长 8～25 cm,多花,花时直径达 1.5 cm;花冠长约 5 mm。 花期 10 月。 产于兴安;生于山坡及悬崖上。分布于湖南、贵州及湖北。

31. 香薷属 Elsholtzia Willd.

草本、半灌木至灌木。叶片卵形、长圆状披针形或线状披针形,边缘具锯齿圆齿或钝齿,叶背常密被稍凹陷的黄色腺点。轮伞花序组成穗状、头状花序或圆锥花序,圆柱形或偏向一侧;上部苞片披针形、卵形或扇形,有时连合,覆瓦状排列;萼齿 5 枚,近等大或前 2 齿较大;花冠小,白色、淡黄色、黄色、淡紫色、玫瑰红至玫瑰红紫色,外面被毛及腺点,内面具毛环或无毛环,冠檐二唇形,上唇直立,先端微缺或全缘,下唇展开,3 裂;雄蕊 4 枚,前对较长,伸出。 本属约有 40 种,主要分布于亚洲东部,少数种类延伸至欧洲、北美洲及非洲。我国有 33 种;广西产 10 种。

分种检索表

1. 柔弱平铺草本，长达 40 cm，下部节上生不定根；叶片卵形或卵披针形，长 1～3.5 cm …… 1. **水香薷** E. kachinensis Prain
1. 直立草本，半灌木至灌木。
  2. 叶片阔卵形或近圆形，长 8～15 cm，宽 5.2～8.2 cm …………………………………… 2. **黄花香薷** E. flava (Benth.) Benth.
  2. 叶不为上述形状，长 0.5～12 cm。
    3. 叶背密被白色绒毛 ……………………………………………………………………………………………… 3. **野拔子** E. rugulosa Hemsl.
    3. 叶背毛被颜色与上述不同。
      4. 花序苞片大，近圆形或宽卵圆形，先端具突尖。
        5. 苞片边缘具睫毛，余处无毛或近无毛；萼前 2 齿较长 ……………………… 4. **香薷** E. ciliata (Thunb.) Hyland.
        5. 苞片各处被长的疏柔毛；萼齿近等长 …………………………………………………… 5. **紫花香薷** E. argyi H. Lévl.
      4. 花序苞片小，披针形、钻形或线形。
        6. 穗状花序偏向一侧，较松散 ……………………………………………………………… 6. **四方蒿** E. blanda (Benth.) Benth.
        6. 穗状花序圆柱状，较紧密。
          7. 茎密被白色卷曲或稍平展的长柔毛 ……………………………………………… 7. **白香薷** E. winitiana Craib
          7. 茎被柔毛或短柔毛。
            8. 叶片菱状卵形，基部以上具缺刻状锯齿 ……………………… 8. **穗状香薷** E. stachyodes (Link) C. Y. Wu
            8. 叶片披针形或长圆形，基部以上具粗锯齿或圆齿状锯齿。
              9. 草本；花萼外密被白色绵毛 ……………………… 9. **野草香** E. cypriani (Pavol.) S. Chow ex P. S. Hsu
              9. 灌木；花萼外被灰色短柔毛 …………………………………… 10. **鸡骨柴** E. fruticosa (D. Don) Rehd.

1. 水香薷(中国植物志)

Elsholtzia kachinensis Prain in Journ. Asiat. Soc. Bengal **73**: 206. 1904；中国植物志 **66**: 340，图版 68: 12～13. 1977；Fl. China **17**: 253. 1994.

柔弱平铺草本，茎平卧，被柔毛，节上常生不定根。叶片卵圆形或卵圆状披针形，长 1～3.5 cm，先端急尖或钝，基部宽楔形，边缘在基部以上具圆锯齿。穗状花序顶生，花时卵球形，长 1.5～2.5 cm，直径约 2 cm，果时延长成圆柱形，偏向一侧；苞片阔卵形，先端具钻状尖头，全缘，背面被具节疏柔毛，边缘具长纤毛；花梗与花序轴被疏柔毛；花萼长约 1.5 mm，管状，外被疏柔毛及腺点，萼齿近相等，披针状三角形，先端刺状，萼齿与萼筒近等长；花冠白色至淡紫色或紫色，长约 7 mm，外被疏柔毛。 花果期 10～12 月。 产于环江、罗城 、东兰、南丹、天峨、河池、靖西、那坡、德保、龙胜、临桂、灵川、兴安、融水、柳州、金秀、平南、象州及贺州；生于河边、路旁、林下、山谷或水中。分布于江西、湖北、湖南、广东、四川及云南，缅甸也有。 本种在云南用作菜吃，清香可口。

2. 黄花香薷 野苏子(中国植物志)

Elsholtzia flava (Benth.) Benth. in Labiat. Gen. Spec. 161. 1833；中国植物志 **66**: 320. 1977；Fl. China **17**: 249. 1994.——*Aphanochilus flavus* Benth. in Wall. Pl. Asiat. Rar. 1: 28. 1830.

半灌木，高 0.6～2.6 m；茎密被灰白色短柔毛。叶片阔卵形或近圆形，长 8～15 cm，宽 5.2～8.2 cm，先端骤尾状渐尖，基部圆形或微心形，偏斜，边缘为具小突尖的圆齿或锯齿。穗状花序顶生或腋生，长 6～12 cm，具梗，由多花的轮伞花序组成；苞片阔卵圆形，长宽约 3 mm，先端具小突尖，背面略被微柔毛，边缘具缘毛；花萼长约 3.5 mm，外被短柔毛及腺点，内面上部被短柔毛；花冠黄色，长约 6.5 mm，外被白色柔毛及腺点，内面近基部具斜向间断髯毛毛环。小坚果长圆形，长约 1 mm，黑褐色。 花期 7～10 月，果期 9～11 月。 产于隆林；生于开旷耕地、路边、沟谷旁、灌木丛中或林缘。分布于湖北、四川、西藏、贵州、云南、浙江，尼泊尔、印度也有。模式标本采自尼泊尔。 全株含芳香油 0.1%～0.2%；种子可榨油，含油量 36%；全草可入药，可代紫苏用。

3. **野拔子**

Elsholtzia rugulosa Hemsl. in Journ. Linn. Soc. Bot. **26**:278. 1890;中国高等植物图鉴 **3**:685,图 5324. 1974;中国植物志 **66**:308,图版 67:5～7. 1977;Fl. China **17**:247. 1994.

草本至半灌木,高达 1.5 m;茎密被白色微柔毛。本种叶背被白色绒毛,与本属其他种极易区别。花冠白色、紫色或淡黄色,花小,长约 4 mm。小坚果长圆形,略压扁,光滑无毛。　花果期 10～12 月。　产于罗城、田林、隆林;生于山坡草地、旷地、路旁、林中或灌木丛中。分布于四川、云南及贵州。　全株含芳香油;枝叶可治感冒、消化不良、胃肠炎、产后腹痛、外伤出血、烂疮、毒蛇咬伤等症;为秋冬季蜜源植物。

4. **香薷**(植物名实图考)　图版 257:8

Elsholtzia ciliata (Thunb.) Hyland. in Bot. Not. 1941:129. 1941;中国高等植物图鉴 **3**:690,图 5333. 1974;中国植物志 **66**:345,图版 66:1～6. 1977;Fl. China **17**:255. 1994.——*Sideritis ciliata* Thunb. in Syst. Veg. ed. 14,532. 1784.

本种的苞片大;叶片卵形或扁圆形,常褪色,边缘具睫毛,余处无毛或近无毛,易与本属其他种区别。直立草本,高 30～50 cm;茎无毛或被疏毛。叶先端渐尖,基部楔状下延成狭翅,边缘具锯齿。穗状花序偏向一侧;花冠淡紫色,长约 5 mm。小坚果长圆形,光滑无毛。　花期 7～10 月,果期 10 月至翌年 1 月。　产于那坡、凌云、环江、天峨、昭平、金秀、钟山及融水;生于路旁、山坡、荒地、林内、河边。分布广泛,除青海及新疆外,几乎产于全国各地,俄罗斯、蒙古、朝鲜、日本、印度及中南半岛各国也有。　全草可入药,可治急性肠胃炎、腹痛吐泻、夏秋阳暑、头痛发热、恶寒无汗、霍乱、水肿、鼻衄、口臭等症。

5. **紫花香薷**(中国植物志)　红荆芥(广西植物名录)　图版 259:3～7

Elsholtzia argyi H. Lévl. in Repert. Spec. Nov. Regni Veg. **8**:425. 1910;中国植物志 **66**:343. 1977;Fl. China **17**:254. 1994.

本种的花序偏向一侧,苞片圆形,与**香薷**[*E. ciliata* (Thunb.) Hyland.]相似,但苞片常带紫色,外面被白色柔毛及黄色腺点,萼齿钻形,近相等,可区别。　产于那坡、隆林、靖西、百色、罗城、凤山、河池、灵川、桂林、临桂、容县、博白、玉林、柳州、融水、金秀、平南、龙州等地;生于山坡或林旁较湿润处。分布于浙江、江苏、安徽、福建、江西、广东、湖南、湖北、四川、贵州,日本也有,越南有栽培。

6. **四方蒿**

Elsholtzia blanda (Benth.) Benth. in Labiat. Gen. Spec. 162. 1833;中国高等植物图鉴 **3**:686,图 5325. 1974;中国植物志 **66**:324,图版 68:1. 1977;Fl. China **17**:250. 1994.——*Aphanochilus blandus* Benth. Pl. Asiat. Rar. **1**:29. 1830.

直立草本,高达 1.5 m;茎密被短柔毛。本种苞片钻形或披针状钻形。穗状花序,近偏向一侧,较松散,极易与其他种相区别。　花期 6～10 月,果期 10～12 月。　产于百色、靖西、那坡、田林、隆林、凌云、德保、乐业、河池、罗城、南丹、融水、龙州、天等及南宁等地;生于林中旷处、沟边或路旁。分布于云南及贵州,尼泊尔、不丹、印度(北部)、缅甸、泰国、老挝、越南(北部)、印度尼西亚也有。　全草可治夜育症、小儿疳积、急性胃肠炎等症;茎、叶含芳香油。

7. **白香薷**(中国植物志)

Elsholtzia winitiana Carib in Bull. Misc. Inf. **1918**:368. 1918;中国植物志 **66**:318,图版 67:3～4. 1977;Fl. China **17**:249. 1994.

直立草本,高 1～1.7 m;植株大部密被白色卷曲长柔毛。叶片长圆状披针形,长 4～10 cm,先端渐尖,基部楔形,边缘具圆锯齿,两面被极密被灰色柔毛。穗状花序顶生及腋生;苞片钻状披针形,均超出于花;花萼钟形,长约 1 mm,外密被白色柔毛,萼齿长三角形,近相等;花冠白色,外被柔毛及腺点,内面在花丝基部有斜向小髯毛环。　花期 11～12 月,果期翌年 1～3 月。产于巴马、百色、德保、靖西和那坡;生于林中旷处、草坡或灌木丛中。分布于云南南部,泰国及越南也有。　枝、叶可提芳香油。

8. **穗状香薷**(中国植物志)

Elsholtzia stachyodes (Link) C. Y. Wu 于植物分类学报 **12**:340. 1974;中国植物志 **66**:326,图版 68:2. 1977;Fl. China **17**:251. 1994. ——*Hyptis stachyodes* Link, Enum. Pl. Hort. Berol. Alt. **2**:106. 1822.

柔弱草本,高 0.3~1 m;茎直立,幼时略被卷曲白色短柔毛,多分枝;叶片菱状卵圆形,先端骤渐尖,基部楔形或阔楔形,下延至叶柄成狭翅,边缘在基部以上具整齐或近整齐缺刻状锯齿;穗状花序顶生及腋生;花萼外被白色柔毛;花冠白色或紫红色,外被短柔毛。极易与其他种相区别。 花果期 9~12 月。 产于融水、灵川、临桂;生于开旷山坡、路旁、荒地、林中旷处或石灰岩上。分布于陕西、四川、云南、贵州、湖北、广东、浙江及安徽,尼泊尔、印度及缅甸也有。

9. **野草香**(植物名实图考)

Elsholtzia cypriani (Pavol.) S. Chow ex P. S. Hsu 于黄山植物的研究 170. 1965;中国高等植物图鉴 **3**:688,图 5329. 1974;中国植物志 **66**:328. 1977;Fl. China **17**:251. 1994. ——*Lophanthus cyprianii* Pavol. in Nouv. Giorn. Bot. Ital. n. s. **15**:434. 1908.

草本,高 0.1~1 m;茎密被下弯短柔毛;穗状花序圆柱形,长 2.5~10.5 cm,顶生;花小,密集;花萼外密被绵毛,萼齿细小,极易与其他种相区别。 花果期 8~11 月。 产于靖西、那坡、凌云 田林、德保、南丹及凤山等地;生于田边、路旁、河谷两岸、林中或林边草地。分布于陕西、河南、安徽、湖北、湖南、贵州、四川及云南。 新鲜植株可提芳香油;全草或叶可入药,可治伤风感冒、疔疮、鼻渊等症,有清热解毒作用;花穗可止血。

10. **鸡骨柴**

Elsholtzia fruticosa (D. Don) Rehd. in Sarg. Pl. Wils. **3**:318. 1917;中国高等植物图鉴 **3**:686,图 5326. 1974;中国植物志 **66**:310,图版 66:7~8. 1977;Fl. China **17**:248. 1994. ——*Perilla fruticosa* D. Don in Prodr. Fl. Nepal. 115. 1825.

直立灌木,高可达 2 m;多分枝,茎幼时被白色卷曲柔毛,老时变无毛。穗状花序长达 20 cm,由具短梗的轮伞花序组成,下部的轮伞花序疏离稍有间断,上部的密集连续;花萼外被灰色短柔毛;花冠白色至淡黄色,长约 5 mm,外被蜷曲柔毛。 花期 7~9 月,果期 10~11 月。 产于桂西北地区。分布于甘肃、河南、西藏、四川、云南、贵州、湖北,尼泊尔、不丹、印度也有。 根可入药,治风湿关节痛;叶可入药,外敷治烂脚丫、白壳癞及疥疮。

32. 刺蕊草属 Pogostemon Desf.

草本或半灌木。叶片卵形或狭卵形,稀为线形或镰形,边缘具锯齿,稍被毛或被绒毛。轮伞花序整齐或偏向一侧,组成穗状、总状或圆锥花序;花萼卵形或钟形,5 齿,相等或近相等;花冠内藏或伸出,上唇 3 裂,下唇全缘;雄蕊 4 枚,外伸,直立,分离,花丝中部被髯毛或无毛,花药球形,1 室。小坚果稍压扁,光滑。

本属约有(40)60 种,主要分布于亚洲热带及亚热带地区、非洲热带地区。我国有 16 种;广西有 5 种。

分种检索表

1. 穗状花序顶生;茎密被黄色平展长硬毛 …… 1. **水珍珠菜** P. auricularius (L.) Hassk.
1. 穗状花序顶生及腋生,组成圆锥花序;茎被短柔毛、粗伏毛或绒毛。
  2. 栽培植物;茎和花萼密被绒毛 …… 2. **广藿香** P. cablin (Blanco) Benth.
  2. 野生植物;茎及花萼的毛被非绒毛。
    3. 小苞片与花萼等长或略短 …… 3. **长苞刺蕊草** P. chinensis C. Y. Wu et Y. C. Huang
    3. 小苞片长不及花萼长的 1/2。
      4. 花萼长约 3 mm,齿内略被短柔毛;叶宽 2.5~5 cm …… 4. **刺蕊草** P. glaber Benth.
      4. 花萼长 4~5 mm;叶宽约 7 cm …… 5. **膜叶刺蕊草** P. esquirolii (H. Lévl.) C. Y. Wu et Y. C. Huang

1. **水珍珠菜**　图版 262:1～7

Pogostemon auricularius (L.) Hassk. in Tijdsch. Nat. Geschied. **10**:127. 1843；中国植物志 **66**:379，图版 79:1～7. 1977；Fl. China **17**:262. 1994. ——*Mentha auricularia*, L. Mant. Pl. ed. 1,81. 1767.

本种茎密被黄色平展长硬毛，顶生穗状花序为圆柱状而易于识别。　花果期 4～11 月。　除桂林地区外，广西各地均产；生于疏林下湿润处或溪边近水潮湿处。分布于云南、广东、江西、福建及台湾，印度、斯里兰卡、缅甸、泰国、老挝、柬埔寨、越南、马来西亚、印度尼西亚及菲律宾也有。　全草可治小儿惊风或用于洗伤口。

2. **广藿香**(广州植物志)　图版 263:1

Pogostemon cablin (Blanco) Benth. in DC. Prodr. **12**:156. 1848；中国高等植物图鉴 **3**:692，图 5337. 1974；中国植物志 **66**:370. 1977；Fl. China **17**:260. 1994. ——*Mentha cablin* Blanco Fl. Filip. 473. 1837.

为多年生草本或半灌木的芳香植物，其茎和花萼外面密被长绒毛；叶片圆形或宽卵圆形，长 2～10.5 cm；花冠紫色，长约 1 cm，裂片外均被长毛。　花期 3～4 月。　广西各地零星栽培。原产于菲律宾，我国台湾、广东、海南、福建等地有栽培。　茎、叶可入药，主要用于妊娠呕吐、胃气痛及可预防感冒；从茎、叶提取出的油名为"广藿香油"，具浓烈香气，用作定香剂和香精原料。

3. **长苞刺蕊草**(云南植物志)

Pogostemon chinensis C. Y. Wu et Y. C. Huang 于云南植物志 **1**:742，图版 179:3～4. 1977；中国植物志 **66**:368. 1977；Fl. China **17**:259. 1994.

直立草本，高达 2 m；茎节稍膨大，被粗伏毛。轮伞花序排列成穗状花序，长 1.5～7 cm；小苞片长 3～4 mm，与花萼等长或稍短，被粗伏毛，有时具腺点；花萼长 3～4 mm，外面被糙毛及疏腺点；花冠淡红色。　花期 7～11 月。　产于靖西、凌云、金秀、容县、贺州、兴安；生于路旁、山谷溪旁及草地上。分布于云南(西部)及广东(北部)。

4. **刺蕊草**(中国植物志)　图版 262:8～12

Pogostemon glaber Benth. in Labiat. Gen. Spec. 154. 1833；中国高等植物图鉴 **3**:692，图 5338. 1974；中国植物志 **66**:371. 1977；Fl. China **17**:260. 1994.

直立草本；茎初时被柔毛，后变无毛。叶片卵圆形，长 5～8(10) cm，宽 2.5～5 cm，先端渐尖，基部渐狭、宽楔形或近圆形至近心形，边缘具重锯齿，上面被粗伏状柔毛或近无毛，下面仅沿脉上被疏柔毛。轮伞花序具多朵花，组成长达 20 cm 的穗状花序；小苞片极短；花萼长约 3 mm，外面无毛或被短柔毛，内面仅齿上略被短柔毛；花冠白色或淡红色，长约 5 mm。　花果期 11 月至翌年 3 月。　产于环江、融水、金秀、阳朔、靖西、田林、恭城、平南、龙州等地；生于山坡、路旁、荒地、山谷、林中等阴处。分布于云南南部。　全草可入药，可治肺结核咳血、急性肠胃炎等症。

5. **膜叶刺蕊草**

Pogostemon esquirolii (H. Lévl.) C. Y. Wu et Y. C. Huang 于云南植物志 **1**:743，图版 179:1～2. 1977；中国植物志 **66**:374，图版 77:1～6. 1977；Fl. China **17**:260. 1994. ——*Caryopteris esquirolii* H. Lévl. in Repert. Spec. Nov. Regni Veg. **9**:449. 1911.

本种与**刺蕊草**(*Pogostemon glaber* Benth.)相似，但叶片宽达 7(9) cm；花萼长 4～5 mm；花冠白色或淡紫色，长 6～7 mm。　花期 12 月至翌年 4 月。　产于融水、罗城、环江、隆林、平南、宾阳、宁明、灵山、浦北等地；生于山谷、溪边及路旁。分布于云南(南部)、贵州、海南。　枝、叶可入药，可治子宫脱垂。

33. 水蜡烛属　Dysophylla Blume

草本。叶 3～10 片轮生，无柄；叶片线形或披针形，全缘或疏生齿。轮伞花序具多朵花，组成顶生穗状花序；花小，无梗；花萼钟形，被毛，具 5 短齿；冠檐 4 裂，裂片近相等；雄蕊 4 枚，伸出，花丝长，近相等，被髯

图版 262 1～7. **水珍珠菜** Pogostemon auricularius (L.) Hassk. 1. 植株上部；2. 苞片，正面观；3. 花，侧面观；4. 花萼纵剖，内面观；5. 花冠纵剖，内面观，示雄蕊；6. 雌蕊；7. 小坚果，背面观。 8～12. **刺蕊草** P. glaber Benth. 8. 植株上部；9. 小苞片，正面观；10. 花，侧面观；11. 花萼纵剖，内面观；12. 花冠纵剖，内面观，示雄蕊。 13. **水虎尾** Dysophylla stellata (Lour.) Benth. 13. 植株。 (朱运喜绘；9～12 摹自《中国植物志(66 卷)》：337 页，图版 77；2～7 摹自《中国植物志(66 卷)》：381 页，图版 79)

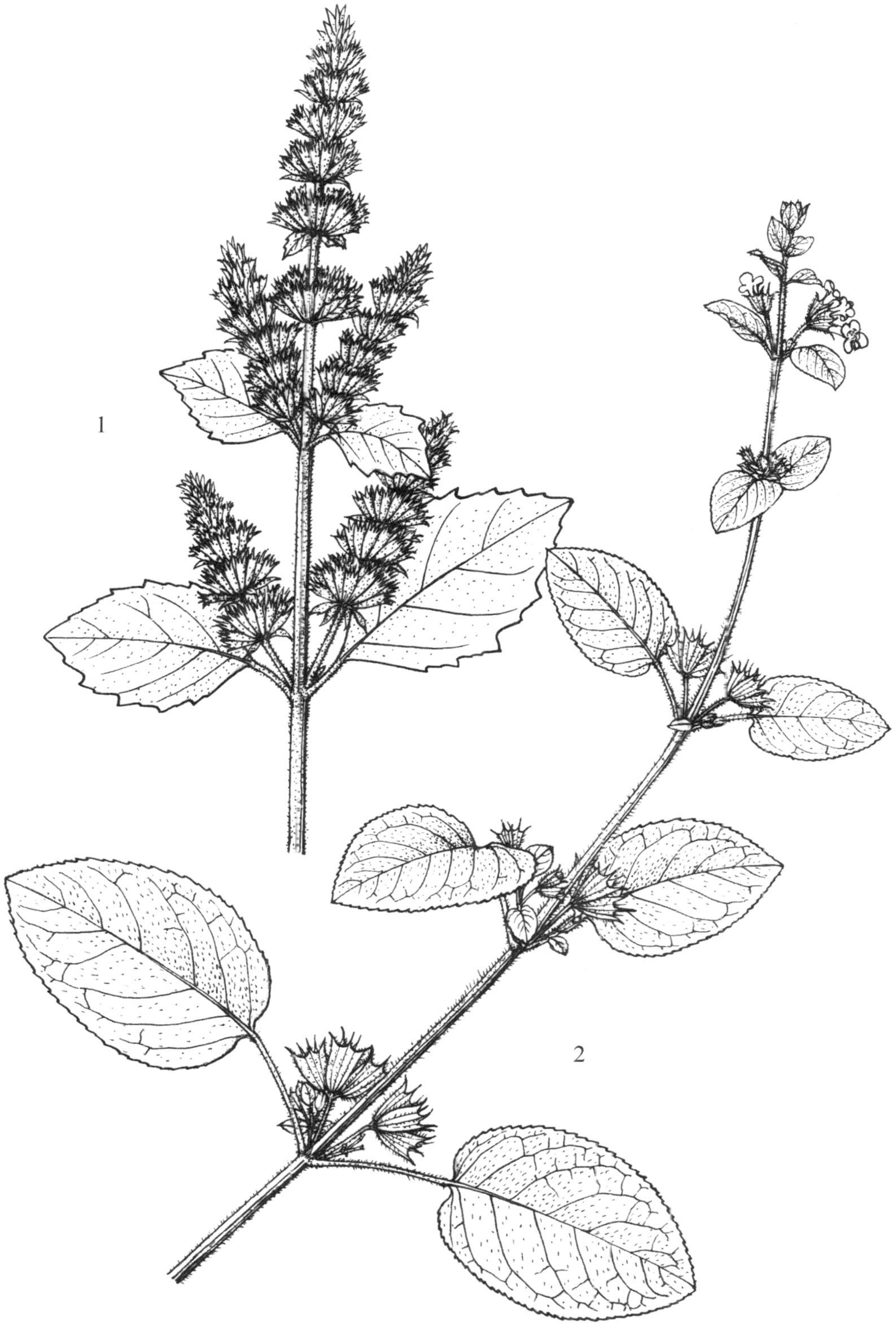

图版 263　1. **广藿香** Pogostemon cablin (Blanco) Benth.　1. 植株。　2. **山香** Hyptis suaveolens (L.) Poit.　2. 植株。（林文宏绘）

毛。小坚果近球形，光滑。 本属约有27种，分布于东南亚，大多在印度，其中有1种分布延至澳大利亚。我国有7种，产于西南部及东南部，常见于湿地上；广西现知2种。

分种检索表

1. 叶片线形或披针形，宽1.5～4 mm，背面灰白色；花萼外密被灰色绒毛 …………… 1. **水虎尾** D. stellata (Lour.) Benth.
1. 叶片倒卵状长圆形至倒披针形，宽4～8 mm，背面淡绿色；花萼外被短柔毛 ………… 2. **齿叶水蜡烛** D. sampsonii Hance

1. **水虎尾** 图版262：13

Dysophylla stellata (Lour.) Benth. in Pl. Asiat. Rar. **1**：30. 1830；中国植物志 **66**：382，图版79：8. 1977；Fl. China **17**：262. 1994. ——*Mentha stellata* Lour. Fl. Cochinch. **2**：361. 1790. ——*Dysophylla benthamiana* Hance in Ann. Sci. Nat. Bot. sér. 5，**5**：234. 1866；中国高等植物图鉴 **3**：693，图5340. 1974.

一年生直立草本，茎高达40 cm；无毛或有时节上被毛，中部以上具轮状分枝。叶4～8片轮生；叶片线形，近全缘或具疏齿，两面无毛。穗状花序圆柱状，长1～4.5 cm，直径4～6.5 mm；花极密集；花冠紫红色。花果期全年。 产于桂林、临桂、柳州、上思、上林；生于田间、水沟边或湿地上。分布于云南、湖南、广东、江西、安徽、浙江、福建及台湾，印度、日本、东南亚各国、澳大利亚也有。

2. **齿叶水蜡烛**(中国植物志)

Dysophylla sampsonii Hance in Ann. Sci. Nat. Bot. sér. 5，**5**：234. 1866；中国植物志 **66**：384. 1977；Fl. China **17**：263. 1994.

一年生草本，茎直立或基部匍匐生根，茎高约40 cm，无毛，常带红色。叶片倒卵状长圆形至倒披针形；叶缘在1/3以上有明显的小锯齿，两面无毛，背面密被黑色小腺点。穗状花序长1.5～7 cm，直径约8 mm；花序梗被腺毛；花萼常带紫红色；花冠紫红色。 花期9～10月，果期10～11月。 产于钟山、富川、昭平、恭城、兴安、阳朔、桂林、龙州、都安、平果；生于水田、沟边或湿地上。分布于贵州、湖南、江西、广东。

34. 筒冠花属 Siphocranion Kudo

多年生草本；茎纤细。叶多聚生于茎端，中部以下无叶。轮伞花序具2朵花，组成总状花序，单一生于茎顶或有时呈三叉状；小苞片对生，宿存；花萼宽钟状，花时具近于相等的5齿，果时极增大而多脉，呈明显的二唇形，上唇宽大，具3齿，下唇较上唇长，具2齿，萼齿狭长，上曲；花冠长筒形，冠檐具极短的5浅裂片；雄蕊4枚，内藏。小坚果长圆形或卵圆形，具点，基部具白痕。 本属有2种，分布于印度、缅甸(北部)及越南(北部)。我国2种均产，产于亚热带地区；广西2种均有。

分种检索表

1. 茎密被平展或蜷曲的腺柔毛或长柔毛；花冠长达2.5 cm；小苞片长4～10 mm ……………………………………………………………………………………………………… 1. **筒冠花** S. macranthum (Hook. f.) C. Y. Wu
1. 茎被微柔毛或近无毛；花冠长不及1.5 cm；小苞片细小，长不及2 mm …… 2. **光柄筒冠花** S. nudipes (Hemsl.) Kudo

1. **筒冠花**(中国植物志)

Siphocranion macranthum (Hook. f.) C. Y. Wu 于植物分类学报 **8**：56. 1959；中国高等植物图鉴 **3**：694，图5342. 1974；中国植物志 **66**：391，图版81. 1977；Fl. China **17**：264. 1994. ——*Plectranthus macranthus* Hook. f.，Fl. Brit. Ind. **4**：616. 1885.

多年生草本，高20～70 cm；茎密被平展或蜷曲的腺柔毛或长柔毛，有时近无毛。叶片卵状披针形，长

3～10 cm，宽 2.5～5 cm，先端锐尖，基部宽楔形，边缘疏生具胼胝尖的粗锯齿，腹面疏生具节平伏小刚毛，沿中脉及侧脉有微柔毛，背面仅脉上被微柔毛。总状花序顶生，长 4～20 cm，被微柔毛；花萼花时细小，长仅 4 mm，外被具腺微柔毛，果时花萼增大，长达 1.2 cm；花冠粉红色、紫色至紫蓝色，长达 2.5 cm，筒状，直而狭，冠檐短小，为短 5 浅裂。　花期 7～10 月，果期 10～11 月。　产于融水、凌云、田林、德保；生于亚热带常绿林或混交林内。分布于西藏、四川、云南及贵州，印度、缅甸及越南也有。　茎、叶可入药，民间常敷治疮毒。

2. **光柄筒冠花**(植物分类学报)

Siphocranion nudipes (Hemsl.) Kudo in Mem. Fac. Sci. Taihoku Imp. Univ. **2**:53. 1929；中国植物志 **66**:392，图版 82:6～10. 1977；Fl. China **17**:265. 1994 ——*Plectranthus nudipes* Hemsl. in Journ. Linn. Soc. Bot. **26**:272. 1890.

本种与上种的主要区别是全体近无毛；小苞片细小，长在 2 mm 以下；花冠短，长不过 1.5 cm，筒部白色，上部紫红色。　花期 7～9 月，果期 10～11 月。　产于资源、龙胜、兴安；生于亚热带常绿林或混交林内。分布于云南、四川、贵州、江西、湖北、湖南、福建及广东。

35. 四轮香属　Hanceola Kudo

一年生或多年生草本。叶片基部常楔状下延成具翅的柄，边缘具齿。轮伞花序具 2～14 朵花，具梗，组成顶生总状花序；花萼近钟形，8～10 脉，5 齿，后齿稍大，先端均尾尖，果萼极为增大，脉显著；花冠筒直或弧曲伸出，长于花萼数倍，基部渐狭，向上渐宽阔，至喉部最宽，冠檐偏向二唇形，上唇 2 裂，裂片短而圆形，下唇 3 裂，中裂片较长。小坚果长圆形，先端浑圆，具纵纹，基部有白痕。　本属为我国特有属，有 6～8 种，均分布于长江以南各地；广西产 2 种。

分种检索表

1. 植株纤弱，匍匐根茎节上具木质块茎；花冠小，长约 2.1 cm ……………… 1. **曲折四轮香** H. flexuosa C. Y. Wu et H. W. Li
1. 植株粗壮，匍匐根茎肥大，节上无木质块茎；花冠大，长 3 cm 以上 ………………… 2. **四轮香** H. sinensis (Hemsl.) Kudo

1. **曲折四轮香**(中国植物志)

Hanceola flexuosa C. Y. Wu et H. W. Li 于植物分类学报 **10**:240. 1965；中国植物志 **66**:400. 1977；Fl. China **17**:266. 1994.

多年生草本；根茎匍匐斜生，于节上具直径 0.5～2 cm 的木质块茎；茎单一或多数，多茎时自根茎的节及顶端生出，单茎时仅自其顶端生出，上升，纤弱，曲折，长 30～60 cm，被极密的粉末状微柔毛。聚伞花序具 1～3 朵花，疏花，组成顶生的总状花序，长 10～20 cm；花序轴密被具腺微柔毛；花萼钟形，连齿长约 4 mm，外面被具腺微柔毛，10 脉，不明显，萼齿 5 枚，近二唇形，上唇 3 齿，萼齿三角形，锥尖，中齿较宽大，下唇 2 齿，萼齿三角状披针形，锥尖；花冠紫色，长约 2 cm，外面被极细微柔毛。　花期 9～11 月。　广西特有种，产于平南、金秀、兴安，生于亚热带常绿林林荫下或溪边潮湿处。

2. **四轮香**

Hanceola sinensis (Hemsl.) Kudo in Mem. Fac. Sci. Taihoku Imp. Univ. **2**:54. 1929；中国高等植物图鉴 **3**:695，图 5343. 1974；中国植物志 **66**:397，图版 83. 1977；Fl. China **17**:265. 1994. ——*Hancea sinensis* Hemsl. in Journ. Linn. Soc. Bot. **26**:310. 1890.

多年生草本，高达 1.5 m；茎直立，单一，被微柔毛。叶片披针形或倒卵圆状披针形，长 10～25 cm，宽 4～11 cm，先端渐尖至尾状渐尖，基部狭楔形下延，边缘有粗大的锯齿状牙齿，叶面疏生小刚毛状微柔毛。轮伞花序具 2～6 朵花，排列成腋生及顶生的总状圆锥花序，长达 13 cm；花萼长约 4 mm，外面被微柔毛，

10脉不明显，萼齿三角形，先端长渐尖，后齿较宽大；花冠白色、黄色或紫色，冠筒弧曲状，远长于花萼，外面被细毛。 花期7～8月，果期9月。 产于环江、融水、龙胜、兴安；生于亚热带常绿林或混交林内。分布于四川、云南、贵州及湖南。

36. 山香属 Hyptis Jacq.

草本或半灌木。花小，排列成头状、穗状或圆锥花序；苞片钻形或刺状；花萼筒状钟形或管形，直或偏斜，具10脉，萼口内面有簇生长柔毛或无，5齿，近相等，短尖或锥尖，直立，果时花萼增大；花冠筒圆筒形或一边稍膨胀，冠檐二唇形，下唇3裂，中裂片囊状，反折。小坚果卵形或长圆形，光滑或粗糙，少数种具膜状翅。 本属约有350～400种，主要分布于美洲热带、亚热带地区及西印度群岛。我国引入栽培4种，已野化，均多见于南部沿海；广西产2种。

分种检索表

1. 聚伞花序具多朵花，组成头状花序 ………………………… 1. **吊球草** H. rhomboidea Mart. et Gal.
1. 聚伞花序具(1)2～5朵花，组成总状或圆锥花序 ………………………… 2. **山香** H. suaveolens (L.) Poit.

1. 吊球草

Hyptis rhomboidea Mart. et Gal. in Bull. Acad. Roy. Sci. Bruxelles **11**(2): 188. 1844；中国植物志 **66**: 408，图版 85: 7. 1977；Fl. China **17**: 267. 1994.

一年生草本，高可达1.5 m；茎棱上被短柔毛。叶片披针形，长8～18 cm，两端渐狭。头状花序具长花序梗；花萼长约4 mm，果时管状增大，长达1 cm，基部被长柔毛，其余部分被短硬毛；萼齿锥尖，长约2.2 mm，直伸；花冠乳白色，长约6 mm，外面被微柔毛。 花期5～6月。 广西南部偶见栽培。分布于广东、海南和台湾。原产于热带美洲，现广布于世界各地，已野化为一种杂草。

2. 山香 毛老虎(梧州、南宁、百色) 图版263: 2

Hyptis suaveolens (L.) Poit. in Ann. Mus. Natl. Hist. Nat. **7**: 472. 1806；中国高等植物图鉴 **3**: 695，图5343. 1974；中国植物志 **66**: 406～408，图版 85: 1～6. 1977；Fl. China **17**: 267. 1994. ——*Ballota suaveolens* L. in Syst. Nat. ed. 10, 2: 1100. 1759.

一年生芳香草本，高达1.6 m；茎粗壮、多分枝，被平展刚毛。叶片卵形至宽卵形，大小变化大，生于腋生短枝上的叶，要比主枝上的叶小得多，在一个节上有大、小叶之分；叶柄很长且纤细，与同属其他种易区别。聚伞花序具花2～5朵，少为单朵；花萼结果时肿大，萼齿先端芒刺状；花冠蓝色，长6～8 mm，外面除冠筒下部外被微柔毛。 花果期为一年四季。 产于陆川、玉林、北流、贵港、桂平、平南、梧州、苍梧、岑溪、北海、百色、桂林、扶绥、宁明及南宁等地；为一种野化杂草，生于开旷荒地上。分布于广东、海南、福建及台湾，原产于美洲热带地区，现广布于全球热带地区。 全草具有散瘀消肿、止血止痒功效，可治跌打骨折、刀伤、风湿骨痛，还可治皮肤瘙痒、皮炎湿疹和外感风寒等症；果实含油24%。

37. 鞘蕊花属 Coleus Lour.

草本或灌木；大部分布有稍突起的红褐色腺点。轮伞花序具6至多朵花，组成总状或圆锥花序；花萼5齿或明显二唇形，后齿较大，果萼增大，下倾或下弯；花冠二唇形，上唇(3)4裂，反折，下唇全缘，伸长，凹陷成舟状；雄蕊4枚，花丝在基部或中部合生成鞘。 本属约有90(150)种，分布于东半球热带地区及澳大利亚。我国有6种；广西产4种1变种。

分种检索表

1. 花萼不呈二唇形，后齿较宽，其余4齿等长或近等长。
  2. 花萼外密被具腺微柔毛及红腺点；叶片肉质 ………………………… 1. **肉叶鞘蕊花** C. carnosifolius (Hemsl.) Dunn
  2. 花萼外面不被具腺微柔毛。
    3. 花萼较大，花时长3～4 mm，近无毛或被微柔毛，后齿增大呈卵圆形，急尖 …… 2. **光萼鞘蕊花** C. bracteatus Dunn
    3. 花萼较小，花时长约2.5 mm，密被微柔毛，后齿稍增大，渐尖 ……… 3. **毛萼鞘蕊花** C. esquirolii (H. Lévl.) Dunn
1. 花萼明显呈二唇形，萼齿不等长。
  4. 直立草本；叶大，长5～10 cm；花萼上唇中裂片与下唇等长 ………………………………………………………………… 4a. **五彩苏** C. scutellarioides (L.) Benth. var. scutellarioides
  4. 匍匐草本；叶较小，长1.5～4.5 cm；花萼上唇中裂片短于下唇………………………………………………………… 4b. **小五彩苏** C. scutellarioides (L.) Benth. var. crispipilus (Merr.) H. Keng

1. **肉叶鞘蕊花**(广西植物名录)　图版264:1～2

Coleus carnosifolius (Hemsl.) Dunn in Notes Roy. Bot. Gard. Edinb. **8**:158. 1913.；中国植物志**66**:541，图版114:12～13. 1977；Fl. China **17**:293. 1994. ——*Plactranthus carnosifolius* Hemsl. in Journ. Linn. Soc. Bot. **26**:270. 1890.

本种因叶常带紫红色；全株肉质，很脆，易折断，且生于石灰岩林下，易与同属其他种相区别。茎粗壮，直立，高约30 cm，幼时被微柔毛。叶片宽卵圆形或近圆形，直径2～4 cm，先端钝圆，基部截形，边缘具疏圆齿或浅波状圆齿。轮伞花序长可达18 cm；花萼长约2.5 mm，外密被具腺微柔毛及红褐色腺点，萼齿近等长，后齿特别增大；花冠紫色。　花期9～10月，果期10～11月。　产于桂林、阳朔、平乐、巴马、凤山、环江、宜山、罗城、柳州、忻城、隆安、龙州、大新、马山、靖西、隆林、凌云、昭平、贵港等地；生于石山林中或岩石上。分布于广东、湖南。

2. **光萼鞘蕊花**

Coleus bracteatus Dunn in Notes Roy. Bot. Gard. Edinb. **8**:158. 1913；中国植物志**66**:541，图版114:9. 1977；Fl. China **17**:292. 1994.

直立草本，高可达90 cm；被微柔毛或近无毛。叶片卵圆形，长4.5～14.5 cm，先端渐尖，基部宽楔形至浅心形，边缘具圆齿，膜质。轮伞花序具多朵花，多数，疏松排列成长可达42 cm的圆锥花序；花梗与花序轴被短柔毛；花萼钟形，花时长3～4 mm，果时增大，长达8.5 mm，近无毛或被微柔毛，密被锈色腺点，萼齿近等长，后齿特别增大，卵圆形，急尖；花冠紫色、淡紫色或淡红色，外被微柔毛及锈色腺点，长1.6～1.8 cm。　花期9月。　产于靖西、那坡、凌云、隆林、环江和宜州；生于林下岩石地上。分布于云南南部及东南部。

3. **毛萼鞘蕊花**(中国植物志)

Coleus esquirolii (H. Lévl.) Dunn in Notes Roy. Bot. Gard. Edinb. **8**:158. 1913；中国植物志**66**:540，图版114:10. 1977；Fl. China **17**:292. 1994 ——*Calamintha esquirolii* H. Lévl. in Repert. Spec. Nov. Regni Veg. **8**:450. 1910.

草本，高约15～45 cm；茎基部木质化，被微柔毛。叶片卵圆形或近心形，长2～5 cm，先端钝或急尖，基部浅心形，稀有圆形，边缘具粗圆齿，近肉质，两面被微柔毛。轮伞花序具多朵花，排成长达15 cm的总状或圆锥花序；花萼长约2.5 mm，外密被微柔毛，果时增大，长达5～6 mm，萼齿近等长，后齿较宽；花冠紫色至紫蓝色，长约1.5 cm，外被微柔毛。　花期9～11月。　产于桂西北地区；生于石山、山谷岩石旁、草地斜坡等多石地方。分布于贵州、台湾及云南。云南用全株止血接骨。

4. **五彩苏**

Coleus scutellarioides (L.) Benth. in Edward's Bot. Reg. **15**:t. 1300. 1830；中国植物志**66**:543. 1977；

图版 264　1～2. **肉叶鞘蕊花** Coleus carnosifolis (Hemsl.) Dunn　1. 花枝；2. 花萼纵剖，内面观。　3～5. **龙船草** Nosema cochinchinensis (Lour.) Merr.　3. 植株一部分；4. 花，侧面观；5. 花冠纵剖，内面观，示雄蕊。　6～7. **凉粉草** Mesona chinensis Benth.　6. 花枝；7. 花。　（林文宏绘）

Fl. China 17:293. 1994. ——*Ocimum scutellarioides* L., Sp. Pl. ed. 2, 2:834. 1763.

4a. **五彩苏**(原变种)　图版 251:4～5

Coleus scutellarioides (L.) Benth. var. scutellarioides

直立或上升草本;茎通常紫色。叶片膜质,卵圆形,色泽多样,常见黄色、绿色和紫红色等几种颜色并存。花萼长 2～3 mm,外被短硬毛及腺点,果时花萼增大,长达 7 mm,萼檐二唇形,上唇 3 裂,中裂片宽卵圆形,十分增大;花冠浅紫色至紫色或蓝色,长 8～13 mm,外被微柔毛。　广西及全国各地普遍有栽培,为各地花园或公园常栽的观叶植物。自印度经马来西亚、印度尼西亚、菲律宾至波利尼西亚,其他各地亦见栽培。

4b. **小五彩苏**(变种)　(海南植物志)

Coleus scutellarioides (L.) Benth. var. crispipilus (Merr.) H. Keng in Gard. Bull. Straits. Settlem. 24:56. 1969;中国植物志 66:543,图版 114:1～6. 1977;Fl. China 17:293. 1994. ——*C. macranthus* Merr. var. *crispipilus* Merr. in Philip. Journ. Sci. 1: suppl. 235. 1906. ——*C. pumilus* Blanco, Fl. Filip. 482. 1837, ed. 2, 336. 1845, ed. 3, 257. 1878;中国高等植物图鉴 3:703,图 5360. 1974.

本种除叶的色彩没有原变种多变外,其叶较小,茎基部匍匐部分生不定根而与原种易区别。　产于桂南地区;生于溪边、路旁、山谷及田野的草丛或林中,多见栽培。分布于海南、福建、台湾,菲律宾也有。

38. 排草香属　Anisochilus Wall. ex Benth.

草本或半灌木。叶常带肉质,具齿。轮伞花序密集成圆筒状穗状花序;花萼卵球形,果时中部以下膨大,口部斜,后齿大,其他 4 齿小或不明显;花冠筒中部下弯,冠檐二唇形,上唇短,3～4 裂,下唇延长,内弯;雄蕊 4 枚,下倾,花药卵圆形,花药 2 室。小坚果扁卵圆形,平滑,具腺点。　本属约有 20 种,分布于亚洲热带地区及非洲。我国野生和栽培各 1 种;广西栽培 1 种。

排草香(桂海虞衡志)　排草(南宁)　图版 247:3～4

Anisochilus carnosus (L. f.) Benth. in Edward's Bot. Reg. 15: t. 1300. 1830;中国植物志 66:411. 1977;Fl. China 17:268. 1994. ——*Lavandula carnosa* L. f., Suppl. Pl. 273. 1781.

一年生直立草本,高约 50 cm;茎粗壮,被长柔毛或上部近无毛。叶片卵状长圆形或圆形,长宽均为 5～7 cm,先端钝或圆形,基部心形或圆形,边缘具细齿,肉质,两面被白色绒毛及血红色腺点;叶柄长达 5 cm,密被白色绒毛。穗状花序长 2.5～7.5 cm,顶生,具长花序梗;萼筒果时膨大,萼檐二唇形,上唇在果时大而宽,卵形,下折,将口部遮隐;花冠淡紫色,长约 9 mm,上唇短,4 裂,下唇伸长,全缘,内凹。　花期 3 月。南宁有栽培。分布于华南地区,印度、缅甸和斯里兰卡也有。　根、茎可治水肿。

39. 角花属　Ceratanthus F. Muell. ex G. Taylor

多年生草本。轮伞花序具 4～10 朵花,组成顶生总状花序;花萼宽漏斗形,二唇形,花时十分张开;花冠筒狭,基部具长距,冠檐二唇形,上唇外反,具近相等的 4 裂片,下唇比上唇略长,舟状;雄蕊 4 枚,二强,后对基部被毛,着生于冠筒的基部,前对着生于花筒喉部;柱头近相等 2 浅裂。小坚果近球形,无毛,具细凹点。本属约有 8 种,分布于亚洲和澳大利亚。我国仅 1 种;广西亦产。

角花

Ceratanthus calcaratus (Hemsl.) G. Taylor in Journ. Bot. 74:40. 1936;中国植物志 66:535,图版 113. 1977;Fl. China 17:291. 1994. ——*Plectranthus calcaratus* Hemsl. in Hooker's Icon. Pl. 27: t. 2671. 1900.

多年生草本，高约 25 cm；多分枝，基部匍匐上升，疏被锈色串珠状腺柔毛。叶片卵形至卵状长圆形，长 1.4～5 cm，先端渐尖或急尖，基部楔形下延，边缘具疏圆齿，腹面被贴生短硬毛，背面脉上被贴生短硬毛，有时两面近无毛。花萼宽漏斗形，长约 2 mm，外被腺柔毛及黄色腺点；花冠蓝色，长约 1.8 cm，被腺长柔毛，冠筒基部之距长为花冠全长的一半；花药蓝色，汇合成 1 室。小坚果灰褐色。 花期 9～10 月，果期 10～11 月。 产于隆林；生于沟谷溪旁林下。分布于云南南部，缅甸也有。

40. 香茶菜属 Isodon (Schrad. ex Benth.) Spach

灌木、半灌木或多年生草本；根茎木质，疙瘩状。叶小或中等大；具柄及齿。聚伞花序具 3 至多朵花，组成聚伞圆锥花序或穗状花序；花梗通常长于花萼 1 倍以上；花萼钟形或宽钟形，稀呈管状，果时檐部常呈 3/2 式二唇形，罕非二唇形，萼筒下部膨大，几乎呈囊状，常下弯，少直立；花冠下倾或下弯，基部上方呈浅囊状，有时几乎呈短距，檐部二唇形，上唇外反，顶端 4 裂，较下唇短，下唇全缘，常呈舟状或兜状。 本属约有 100 种，主产于亚洲，少数种产自非洲。我国约有 77 种，多数种分布于西南部；广西有 12 种 1 变种。

分种检索表

1. 果萼 5 齿相等或近相等，常直立。
  2. 叶对生及 3～4 枚轮生；全株密被灰白色绒毛状长柔毛 ························ 1. **牛尾草** I. ternifolius (D. Don) Kudo
  2. 叶全部对生。
    3. 圆锥花序花序狭；花萼被灰白色绵毛 ·· 2. **毛萼香茶菜** I. eriocalyx (Dunn) Kudo
    3. 圆锥状花序疏散；花萼被微柔毛或短硬毛。
      4. 花梗纤细如发丝状，长 3～8 mm；花萼疏被极短硬毛或近无毛 ········· 3. **香茶菜** I. amethystoides (Benth.) Hara
      4. 花梗较粗，长不及 3 mm；花萼密被微柔毛。
        5. 叶片披针形至狭披针形，宽 1～2 cm，边缘具粗浅齿 ················· 4. **显脉香茶菜** I. nervosus (Hemsl.) Kudo
        5. 叶片卵圆形、卵圆状披针形或披针形，宽 1.5～4.5 cm，边缘具粗大内弯的锯齿 ··· 5. **溪黄草** I. serra (Maxim.) Kudo
1. 果萼 5 齿近相等或二唇形，常下倾。
  6. 叶片基部心形 ··· 6. **黄花香茶菜** I. sculponeatus (Vaniot) Kudo
  6. 叶片基部非心形。
    7. 叶片狭披针形。
      8. 圆锥花序顶生；叶背、苞叶背面及花萼具红褐色腺点 ························ 7. **长叶香茶菜** I. walkeri (Arn.) Hara
      8. 圆锥花序顶生及腋生 ···································· 8. **龙胜香茶菜** I. lungshengensis (C. Y. Wu et H. W. Li) Hara
    7. 叶片卵形、阔卵形或长圆状卵形。
      9. 叶背、花萼密布红褐色腺点或黄色腺点；果萼筒状钟形或管形，萼齿为卵状三角形或卵圆形，顶端钝或圆。
        10. 柔弱草本；叶小，长 1.5～8.8 cm，宽 0.5～5.3 cm，先端钝 ··· 9a. **线纹香茶菜** I. lophanthoides (Buch.-Ham. ex D. Don) Hara var. lophanthoides
        10. 植株高大；叶大，长达 20 cm，宽达 8.5 cm，先端渐尖 ······························· 9b. **狭基线纹香茶菜** I. lophanthoides (Buch.-Ham. ex D. Don) Hara var. gerardianus (Benth.) Hara
      9. 叶背、花萼无明显的红褐色腺点或黄色腺点；果萼钟形或管状钟形，萼齿为三角形或卵状三角形，顶端尖。
        11. 花萼唇片裂至萼长 1/2 以下；果萼宽钟形，明显二唇形 ············ 10. **大萼香茶菜** I. macrocalyx (Dunn) Kudo
        11. 花萼唇片裂至萼长 1/2 或以上；果萼筒状钟形，略呈二唇形。
          12. 幼枝密被绒毛，茎上部多分枝；花序顶生；萼齿较长，约占花萼长之 1/2 ··· 11. **碎米桠** I. rubescens (Hemsl.) Hara
          12. 茎被下曲微柔毛或近无毛；花序顶生及腋生；萼齿较短，约占花萼长之 1/3 ··· 12. **细锥香茶菜** I. coetsa (Buch.-Ham. ex D. Don) Kudo

1. **牛尾草**　三叉金(平南)

Isodon ternifolius (D. Don) Kudo in Mem. Fac. Sci. Taihoku Imp. Univ. **2**:140. 1929;中国高等植物图鉴 **3**:702,图 5358. 1974;Fl. China **17**:273. 1994. ——*Plectranthus ternifolius* D. Don in Prodr. Fl. Nepal. 117. 1825 ——*Rabdosia ternifolia* (D. Don) Hara in Journ. Jap. Bot. **47**(7):201. 1972;中国植物志 **66**:436,图版 92:1. 1977.

本种最显著的特征是叶对生及3～4枚轮生,极易与其他种相区别。多年生粗壮草本或半灌木至灌木;茎密被绒毛状长柔毛。叶片狭披针形、长圆形,稀卵长圆形,长2～12 cm,先端锐尖或渐尖,基部楔形,稀近圆形,边缘具锯齿,腹面被柔毛及长柔毛,背面密被灰白色或褐黄色绒毛。　花期9月至翌年2月,果期12月至翌年5月。　产于广西大部分地区;生于空旷山坡上或疏林下。云南(南部)、贵州(南部)及广东,尼泊尔、印度、不丹、缅甸、泰国、老挝、越南(北部)也有。　全草可入药,可治各种炎症、毒蛇咬伤,亦可外用洗各种毒疮及红肿部分;叶研末敷黄水疮尤为有效,内服可治小儿疳积。

2. **毛萼香茶菜**(中国植物志)

Isodon eriocalyx (Dunn) Kudo in Mem. Fac. Sci. Taihoku Imp. Univ. **2**:137. 1929;Fl. China **17**:273. 1994. ——*Plectranthus eriocalyx* Dunn in Not. Roy. Bot. Gard. Edinb. **8**:155. 1913. ——*Rabdosia eriocalyx* (Dunn) Hara in Journ. Jap. Bot. **47**:195. 1972;中国植物志 **66**:439. 1977.

本种最显著的特征是花萼被灰白色绵毛,易与其他种相区别。多年生草本或灌木;茎常带紫红色,密被贴生微柔毛。叶片卵状椭圆形或卵状披针形,长2.5～18 cm,先端渐尖,基部阔楔形或近圆形,边缘具圆齿状锯齿或牙齿,稀全缘,两面脉上被微柔毛。密集多花的聚伞花序,组成穗状圆锥花序,顶生及腋生,密被白色卷曲短柔毛;花萼钟形,长1.5～1.8 mm,最初被灰白色绵毛,后渐变少,萼齿卵形,近相等;花冠淡紫色或紫色,长6～7 mm,外被柔毛。　花期7～11月,果期11～12月。　产于隆林;生于山坡阳处的灌木丛中。分布于云南、四川、贵州。　叶可治脚气;根可止泻止痢。

3. **香茶菜**(救荒本草)　蛇总管(广西)　图版265:1

Isodon amethystoides (Benth.) Hara in Journ. Jap. Bot. **60**:233. 1985;中国高等植物图鉴 **3**:698,图 5349. 1974; Fl. China **17**:274. 1994. ——*Plectranthus amethystoides* Benth. in Labiat. Gen. Spec. 45. 1832. ——*Rabdosia amethystoides* (Benth.) Hara in Journ. Jap. Bot. **47**(7):194. 1972;中国植物志 **66**:429. 1977.

本种最显著的特征是圆锥花序,疏散;分枝纤细而极叉开;花梗细如发丝,长3～8 mm,易与其他种相区别。多年生草本;茎密被向下贴生疏柔毛或短柔毛。叶片卵状圆形、卵形至披针形,大小不一,长0.8～11 cm,先端渐尖、急尖或钝,基部骤然收缩后长渐狭或阔楔状渐狭而成具狭翅的柄,边缘具圆齿,腹面被短刚毛,稀近无毛,背面被疏柔毛至短绒毛,稀近无毛,均密被白色或黄色小腺点。聚伞花序具多朵花,组成顶生疏散的圆锥花序;花萼钟形,长与宽约2.5 mm,外疏生极短硬毛或近无毛,满布白色或黄色腺点,萼齿三角状,约为花萼长之1/3;花冠白色、蓝白色或紫色,外疏被短柔毛。　花期6～10月,果期9～11月。　产于兴安、龙胜、平乐、河池、罗城、柳州、融水、恭城、贺州、昭平、蒙山、苍梧、岑溪、桂平、容县、武鸣、隆林;生于林下或草丛中的湿润处。分布于广东、贵州、福建、台湾、江西、浙江、江苏、安徽、河南及湖北。　全草可入药,可治闭经、乳痈、跌打损伤等症。根可入药,可治劳伤、筋骨酸痛、疮毒、毒蛇咬伤等症,为治蛇伤良药。

4. **显脉香茶菜**(中国高等植物图鉴)　图版265:2

Isodon nervosus (Hemsl.) Kudo in Mem. Fac. Sci. Taihoku Imp. Univ. **2**:123. 1929;中国高等植物图鉴 **3**:699,图 5352. 1974;Fl. China **17**:274. 1994. ——*Plectranthus nervosus* Hemsl. in Journ. Linn. Soc. Bot. **26**:272. 1890. ——*Rabdosia nervosa* (Hemsl.) C. Y. Wu et H. W. Li 于植物分类学报 **31**:79. 1975;中国植物志 **66**:428. 1977.

多年生草本,高达1 m;茎幼时被微柔毛,后渐脱落。叶交互对生;叶片披针形至狭披针形,长3.5～

图版 265　1. 香茶菜 Isodon amethystoides (Benth.) Hara　1. 植株。　2. 显脉香茶菜 I. nervosus (Hemsl.) Kudo　2. 植株。（林文宏绘）

13 cm，宽 1～2 cm，先端长渐尖，基部楔形至狭楔形，具粗浅齿；侧脉 4～5 对，在两面隆起，仅腹面沿脉被微柔毛。聚伞花序具(3) 5～9(15)朵花，组成顶生疏散的圆锥花序；花萼淡紫色，钟形，长约 1.5 mm，密被微柔毛，萼齿披针形，锐尖，与萼筒等长；花冠蓝色，长 6～8 mm，疏被微柔毛。　花期 7～10 月，果期 8～11 月。　产于全州、兴安、岑溪、贺州、灵山等地；生于山谷、草丛或林下。分布于陕西、河南、湖北、江苏、浙江、安徽、江西、广东、贵州及四川。　茎、叶可入药，可治急性传染性肝炎、毒蛇咬伤、脓疱疮、湿疹及皮肤瘙痒等症。

5. **溪黄草**(广东)　大叶蛇总管(广西)

Isodon serra (Maxim.) Kudo in Mem. Fac. Sci. Tairoku Imp. Univ. **2**:125. 1929；中国高等植物图鉴 **3**:699，图 5351. 1974；Fl. China **17**:274. 1994. ——*Plectranthus serra* Maxim. in Mél. Biol. Acad. Sci. St. Pétersb. **9**:428. 1875. ——*Rabdosia serra* (Maxim.) Hara in Journ. Jap. Bot. **47**(7):200. 1972；中国植物志 **66**:433. 1977.

本种与**显脉香茶菜**[*Isodon nervosus* (Hemsl.) Kudo]相似，但本种叶较宽，边缘具粗大内弯的深锯齿，而不同。多年生草本，高达 1.5(2) m；茎上部多分枝，密被倒向微柔毛。叶片卵圆形、卵圆状披针形或披针形，长 3.5～10 cm，宽 1.5～4.5 cm，先端近渐尖，基部楔形，两面仅脉上密被微柔毛，散布淡黄色腺点。圆锥花序生于茎及分枝顶上，长 10～20 cm，下部常分枝；花萼钟形，长约 1.5 mm，外密被灰白微柔毛及腺点，萼齿长三角形，长约为花萼长的一半；花冠紫色，长达 6 mm，外被短柔毛。　花果期 8～9 月。　产于桂林、柳州、钟山、富川、贺州、岑溪、灵山、罗城、隆林等地；常成丛生于山坡、路旁、田边、溪旁、河岸、草丛、灌木丛或林下。分布于黑龙江、吉林、辽宁、山西、河南、陕西、甘肃、四川、贵州、广东、湖南、湖北、江西、安徽、浙江、江苏及台湾，俄罗斯(远东地区)、朝鲜也有。　全草可入药，可治急性肝炎、急性胆囊炎、跌打瘀肿等症。

6. **黄花香茶菜**

Isodon sculponeatus (Vaniot) Kudo in Mem. Fac. Sci. Taihoku Imp. Univ. **2**:132. 1929；Fl. China **17**:287. 1994. ——*Plectranthus sculponeatus* Vaniot in Bull. Acad. Int. Geogr. Bot. **14**:167. 1904. ——*Rabdosia sculponeata* (Vaniot) Hara in Journ. Jap. Bot. 47(7):200. 1972；中国植物志 **66**:504. 1977.

本种最显著的特征是叶片卵状心形，基部心形，极易与其他种相区别。直立草本，高 0.5～2 m；茎被稀疏平展的白色糙硬毛及密的短柔毛。叶长 3.5～10.5(19) cm，边缘具圆齿或牙齿，腹面被白色卷曲疏柔毛，背面灰白色，网脉上被白色平展长柔毛。聚伞花序具 9～11 朵花，组成顶生圆锥花序；花萼钟形，长约 3 mm，疏被白色糙硬毛，萼齿三角状卵形，与萼筒近等长；花冠黄色，上唇内面具紫斑，长约 6 mm，外被短柔毛及腺点。　花期 8～10 月，果期 10～11 月。　产于隆林；生于空旷草地上或灌木丛中。分布于云南、四川、西藏、贵州、陕西。　全草可治痢疾；叶又可治烂脚丫。

7. **长叶香茶菜**(中国植物志)　正泽兰(博白)　图版 266:1～3

Isodon walkeri (Arn.) Hara in Journ. Jap. Bot. **26**:237. 1985；Fl. China **17**:278. 1994. ——*Pletranthus walkeri* Arn. Pug. Pl. Ind. Or. 36. 1836. ——*Rabdosia stracheyi* (Benth. ex Hook. f.) Hara in Journ. Jap. Bot. **47**:201. 1972；中国植物志 **66**:483，图版 103:11. 1977. ——*Pletranthus stracheyi* Benth. ex Hook. f.，Fl. Brit. Ind. **4**:618. 1885.

本种最显著的特征是叶片狭披针形，背面密布红褐色腺点；苞叶、苞片、花萼、花冠也密布红褐色腺点。易与本属其他种相区别。多年生草本，高 40～60 cm；茎被栗色串珠状具节的短柔毛或鳞粃状短毛。叶片长 2.4～7.5 cm，宽 0.6～2.1 cm，先端渐尖，基部狭楔形，边缘自中部以上具疏或密的锯齿，腹面脉上被鳞粃状短硬毛，背面脉上被鳞粃状短硬毛或近无毛。聚伞花序具 3～15 朵花，组成圆锥花序；花萼钟形，长约 2 mm，萼齿卵形；花冠粉红色或白色，长 6～7 mm，上唇具紫色斑点。　花期 11 月至翌年 1 月，果期 12 月至翌年 1 月。　产于龙胜、博白、北流、上思等地；生于水边或林下潮湿处。分布于广东、海南、云南及贵州，印度、缅甸也有。

图版 266　1～3. **长叶香茶菜** Isodon walkeri (Arn.) Hara　1～2. 植株；3. 花。　4～5. **细锥香茶菜** I. coetsa (Buch.-Ham. ex D. Don) Kudo　4. 植株；5. 花。（邹贤桂绘）

8．龙胜香茶菜(中国植物志)

Isodon lungshengensis (C. Y. Wu et H. W. Li) Hara in Journ. Jap. Bot. **60**:235. 1985;Fl. China **17**:290. 1994. ——*Rabdosia lungshengensis* C. Y. Wu et H. W. Li 于中国植物志 **66**:532,592,图版 112:8～13. 1977.

多年生草本,高 20～50 cm;茎密被短柔毛。叶片狭披针形或椭圆形,长 5.5～7.5 cm,宽 1.5～2 cm,先端长渐尖,基部狭楔形,边缘具粗锯齿,腹面沿中肋及侧脉上密被短柔毛,余部散布小硬毛,背面仅沿脉网上疏被小硬毛,余部被浅黄色微小腺点。轮伞花序具 1～3 朵花,组成顶生及腋生的圆锥花序;花序梗、花梗及花序轴均密被微柔毛;花萼紫绿色,钟形,长约 2 mm,外被微柔毛及腺点,二唇形;花冠淡紫色,长约 7 mm,外疏被微柔毛。　花果期 11 月。　广西特有,产于龙胜、临桂、融水;生于疏林下水旁阴处。

9．线纹香茶菜(广西植物名录)

Isodon lophanthoides (Buch.-Ham. ex D. Don) Hara in Journ. Jap. Bot. **60**:235. 1985;Fl. China **17**:278. 1994. ——*Hysopus lophanthoides* Buch.-Ham. ex D. Don, Prodr. Fl. Nepal. 110. 1825. ——*Rabdosia lophanthoides* (Buch.-Ham. ex D. Don) Hara in Journ. Jap. Bot. **47**:197. 1972;中国植物志 **66**:479. 1977.

9a．线纹香茶菜(原变种)　图版 267:1～4

Isodon lophanthoides (Buch.-Ham. ex D. Don) Hara var. **lophanthoides**

本种最显著的特征是叶片卵形、阔卵形或长圆状卵形,背面与花萼、花冠密布红褐色腺点或黄色腺点,易与其他种相区别。多年生柔弱草本,高 15～100 cm;茎被短柔毛至几被长疏柔毛。叶片长 1.5～8.8 cm,宽 0.5～5.3 cm,先端钝,基部楔形,圆形或阔楔形,稀浅心形,边缘具圆齿,两面均密被具节微硬毛。聚伞花序具 11～13 朵花,组成顶生及侧生的圆锥花序;花萼钟形,长约 2 mm,外面下部疏被串珠状具节长柔毛,萼齿卵三角形,长为花萼之 1/3;花冠白色或粉红色,具紫色斑点,长 6～7 mm。　花果期 8～12 月。　产于苍梧、藤县、贺州、蒙山、昭平、钟山、柳州、平南、平乐、浦北、玉林、北流、容县、平果、南丹、乐业、那坡、凌云、隆林、田林、天等;生于沼泽地上或林下潮湿处。分布于西藏、云南、四川、贵州、广东、福建、江西、河南、湖南、湖北及浙江,印度、不丹也有。　全草可入药,可治急性黄疸型肝炎、急性胆囊炎、咽喉炎、妇科病、瘤型麻风,草乌中毒等症。

9b．狭基线纹香茶菜(变种)　图版 267:5～7

Isodon lophanthoides (Buch.-Ham. ex D. Don) Hara var. **gerardianus** (Benth.) Hara in Journ. Jap. Bot. **60**:235. 1985;Fl. China **17**:279. 1994. ——*Plectranthus gerardianus* Benth. in Pl. Asiat. Rar. **2**:17. 1830. ——*Rabdosia lophanthoides* (Buch.-Ham. ex D. Don) Hara var. *gerardiana* (Benth.) Hara in Journ. Jap. Bot. **47**:197. 1972;中国植物志 **66**:480. 1977.

本变种与原变种不同在于植株高大,高 30～150 cm;叶片大,卵形,长达 20 cm,宽达 8.5 cm,先端渐尖,基部楔形。　产于贺州、钟山、富川、田林、那坡、靖西、融水、龙胜、兴安、全州、资源、金秀等地;生于杂木林下及灌木丛中。分布于西藏、云南、四川、甘肃、贵州、广东、湖南,印度、尼泊尔、缅甸、泰国、老挝、越南也有。　全草可入药,可治急性黄疸型肝炎、急性胆囊炎等症,并可驱蛔虫。

10．大萼香茶菜

Isodon macrocalyx (Dunn) Kudo in Mem. Fac. Sci. Taihoku Imp. Univ. **2**:138. 1929;Fl. China **17**:289. 1994. ——*Plectranthus macrocalyx* Dunn in Notes Bot. Gard. Edinb. **8**:157. 1913. ——*Rabdosia macrocalyx* (Dunn) Hara in Journ. Jap. Bot. **47(7)**:192. 1972;中国植物志 **66**:519,图版 93:10. 1977.

多年生草本,高 0.4～1(1.5) m;茎被贴生的微柔毛。叶片卵圆形,长(5)7～10(15) cm,宽(2)2.5～5(8.5) cm,先端长渐尖,基部宽楔形,骤然渐狭下延,边缘有整齐的圆齿状锯齿,两面仅脉上被贴生微柔毛,背面散布淡黄色腺点。聚伞花序具(1)3～5 朵花,组成顶生或腋生的总状圆锥花序,长 6～10(15) cm,

图版 267 1～4. **线纹香茶菜** Isodon lophanthoides (Buch. -Ham. ex D. Don) Hara var. lophanthoides 1～2. 植株；3. 花；4. 花萼。 5～7. **狭基线纹香茶菜** I. lophanthoides (Buch. -Ham. ex D. Don) Hara var. gerardianus (Benth.) Hara 5. 植株；6. 花序；7. 茎。 (邹贤桂绘)

排列成尖塔形的复合圆锥花序；花萼宽钟形，长 2.7 mm，宽达 3 mm，被微柔毛，萼齿三角形；花冠浅紫色、紫色或紫红色，长约 8 mm，外疏被短柔毛及腺点。　花期 7～8 月，果期 9～10 月。　产于全州、贺州；生于林下、灌木丛中、山坡或路旁等处，少见。分布于湖南、广东、江西、安徽、浙江、江苏、福建、台湾。

11. **碎米桠**

Isodon rubescens (Hemsl.) Hara in Journ. Jap. Bot. **60**:236. 1985；Fl. China **17**:282. 1994；Fl. China **17**:282. 1994. ——*Plectranthus rubescens* Hemsl. in Journ. Linn. Soc. Bot. **26**:273. 1890. ——*Rabdosia rubescens* (Hemsl.) Hara in Journ. Jap. Bot. **47**:199. 1972；中国植物志 **66**:457. 1977.

小灌木，高(0.3)0.5～1(1.2) m；幼枝带紫红色，密被绒毛。叶片卵圆形或菱状卵圆形，长 2～6 cm，宽 1.3～3 cm，先端锐尖或渐尖，基部宽楔形，边缘具粗圆齿状锯齿，上面疏被小疏柔毛及腺点，或近无毛，背面密被灰白色短绒毛或近无毛。聚伞花序具 3～5(7)朵花，组成长 6～15 cm 的顶生狭圆锥花序，密被微柔毛；花萼钟形，长 2.5～3 mm，外密被灰色微柔毛及腺点，萼齿卵圆状三角形，约占花萼长之 1/2；花冠长约 7(12) mm，但也有雄蕊退化的花冠变小，长仅 5 mm，外疏被微柔毛及腺点。　花期 7～10 月，果期 8～11 月。　产于靖西、那坡、田林、龙州、环江、凤山、桂林等地；生于山坡、灌木丛、林地、砾石地及路边等向阳处。分布于湖北、四川、贵州、陕西、甘肃、山西、河南、河北、浙江、安徽、江西及湖南。　全草对咽炎、扁桃体炎、肝炎、气管炎、感冒头痛、风湿筋骨痛、关节痛均有治疗作用，对癌症有缓解症状作用。

12. **细锥香茶菜**(中国高等植物图鉴)　**地疳**(贵港)　图版 266:4～5

Isodon coetsa (Buch.-Ham. ex D. Don) Kudo in Mem. Fac. Sci. Taihoku Imp. Univ. **2**:131. 1929；中国高等植物图鉴 **3**:700，图 5353. 1974；Fl. China **17**:286. 1994. ——*Plectrathus coetsus* Buch.-Ham. ex D. Don in Prodr. Fl. Nepal. 117. 1825. ——*Rabdosia coetsa* (Buch.-Ham. ex D. Don) Hara in Journ. Jap. Bot. **47**:194. 1972；中国植物志 **66**:494，图版 105:7～9. 1977.

多年生草本或亚灌木，高 0.5～2 m；茎被下曲微柔毛或近无毛。叶片卵形，长 3～9 cm，宽 1.5～6 cm，先端渐尖，基部宽楔形渐狭，边缘具圆齿，两面具腺点，沿脉密被短硬毛。狭圆锥花序长 5～15 cm，顶生或腋生，由 3～5 朵花的聚伞花序组成；花萼钟形，长宽约 1.5 mm，外被微柔毛及腺点，萼齿卵圆状三角形，锐尖，约占花萼长之 1/3；花冠紫色、紫蓝色，长约 6 mm，外被微柔毛。　花果期 10 月至翌年 2 月。　产于那坡、田林、贵港、平乐、隆林、龙州、平果等地；生于草坡、灌木丛、林中旷地、路边、溪边、河岸、林缘及常绿阔叶林中。产于西藏、云南、四川、贵州、湖北、湖南、广东及海南，尼泊尔、印度、缅甸、老挝及越南也有。　全草可入药，可治刀伤。

41. 龙船草属　Nosema Prain

草本植物。　本属以花序为密集的头状或穗状花序；花萼上唇宽大，长圆形，两侧各具 1 枚小齿，下唇近圆形，较上唇短；花冠上唇宽大，先端 3 浅裂，下唇全缘，长圆形，凹陷成舟状；雄蕊外露，后对基部具齿状附属器而与其他属不同。　本属约有 6 种，分布于东南亚。我国仅有 1 种；广西亦产。

龙船草　图版 264:3～5

Nosema cochinchinensis (Lour.) Merr. in Trans. Amer. Philos. Soc. **24**:343. 1935；中国植物志 **66**:544，图版 115. 1977；Fl. China 17:294. 1994. ——*Dracocephalum cochinchinensis* Lour., Fl. Cochinch. **2**:371. 1790.

草本，高 8～80 cm；茎密被紧贴或稍开展的长柔毛。叶片长圆形、椭圆形或卵状长圆形，长 1.5～7 cm，宽 0.8～2.5 cm，先端钝或急尖，基部圆形、钝至楔形，边缘具不明显的细锯齿或细圆齿，或近全缘，两面密被紧贴的长柔毛；侧脉多而密。轮伞花序多花密集，排列成长 1～10(18) cm 的穗状或头状花序；花萼长 3～3.5 mm，果时增大，长达 6.5 mm，外密被淡褐色绵毛，内无毛，上唇极宽大，全缘或两边具极不明显的 1 个小齿，长圆形，下唇全缘，微小，长约为上唇 1/4 至 1/3；花冠蓝色、紫色或淡红色，外被或长或短的柔毛，内面在喉部略被微柔毛；雄蕊 4 枚，外伸，前对稍长，花丝被粗毛，后对基部具齿状附属器。 花期 10 月至翌年 2 月。 产于博白、北海、合浦、钦州。分布于广东、海南，越南、泰国及印度尼西亚也有。花序可清肝火、散郁结，可治痈肿疤毒、目赤肿痛、瘰疬等症；苞片及花色艳丽，可作观赏花卉。

42. 凉粉草属 Mesona Blume

草本。轮伞花序具多朵花，组成顶生总状花序；花萼开花时钟状，果时筒状或坛状筒形，基部具横肋及小凹点，二唇形，上唇 3 裂，下唇全缘；花冠白色或粉红色，二唇形，上唇宽大，截形或具 4 齿，下唇较长，全缘，舟状；雄蕊 4 枚，后对花丝基部具齿状附属器。小坚果长圆形或卵形。 本属有 8～10 种，星散分布于印度东北部至东南亚。我国有 2 种；广西产 1 种。

凉粉草（广州植物志） 图版 264：6～7

Mesona chinensis Benth.，Fl. Hongk. 274. 1861；中国高等植物图鉴 **3**：704，图 5361. 1974；中国植物志 **66**：547，图版 116. 1977；Fl. China **17**：294. 1994.

一年生草本，高达 1 m；茎常匍匐，被长柔毛或硬毛。叶片卵形或近圆形，长 2～5 cm，先端急尖或钝，基部宽楔形或圆钝，两面疏被柔毛或硬毛，但脉上的毛密且长；叶柄密被长柔毛。花萼被密白色柔毛，果时筒状或坛状筒形；花冠白色或粉红色。 花果期 7～10 月。 产于贺州、苍梧、岑溪、容县、博白、陆川、合浦、防城、灵山等地；栽培或野生。分布于台湾、浙江、江西、广东。 茎、叶煎汁与米浆混合煮熟，冷却后变成黑色质韧而软的胶状物，以糖拌和作解暑食品，称为黑凉粉，为广大群众喜爱的饮料之一。

43. 尖头花属 Acrocephalus Benth.

一年生草本。轮伞花序组成顶生头状花序，稀腋生且无梗；花萼花时卵球形，果时管状，基部囊状，喉部略收缩，二唇形，上唇全缘或具齿，下唇全缘，微凹或具 4 齿；花冠浅蓝色或淡紫色，稀为白色，喉部扩大，冠檐近二唇形，上唇短 4 裂，裂片近相等，下唇全缘，稍长于上唇，有时冠檐各裂片近等长；雄蕊 4 枚，下倾，花丝分离；花药卵球形；花柱先端相等 2 浅裂。小坚果卵球形或长圆形，光滑。 本属约有 7 种，分布于印度、斯里兰卡、马达加斯加及东南亚各国。我国仅有 1 种；广西亦产。

尖头花（中国植物科属检索表） 图版 268：1～3

Acrocephalus hispidus (L.) Nicolson et Sivad. in Taxon **29**：324. 1980；中国高等植物 9：589，图 914. 1999. ——*A. indicus* (Burm. f.) Kuntze in Rev. Gen. Pl. 511. 1891；中国高等植物图鉴 **3**：704，图 5362. 1974；中国植物志 66：551，图版 117. 1977；Fl. China **17**：295. 1994. ——*Gomphrena hispida* Linn.，Sp. Pl. ed. 2：526. 1763. ——*Prunella indica* Burm. f. in Fl. Ind. 130. 1768. ——*Platostoma hispidum* (L.) A. J. Paton in Kew Bull. **52**：273. 1997.

一年生直立草本或半灌木。叶片披针形或卵形，长 1.2～5 cm，先端钝，基部渐狭下延，叶腹面近无毛，叶背面密生凹陷腺点，脉疏生短硬毛，边缘疏生锯齿。头状花序球形或椭圆形；苞片菱状扇形，外面基部密被长柔毛；花萼外被疏柔毛，二唇形，上唇全缘，宽阔，下唇 4 齿裂；花冠白色至淡红色，近二唇形，上唇短 4 裂，下唇全缘。小坚果卵球形。 花期 9～10 月，果期 11 月。 产于梧州、钟山、隆林、凌云、田东、防城和上思；生于丘陵地的山坡上或田间。分布于贵州、广东及云南，印度及东南亚诸国也有。

图版 268　1～3. 尖头花 Platostoma hispidum (L.) A. J. Paton　1. 花枝；2. 花侧面观；3. 苞片内面观。　4～10. 肾茶 Clerodendranthus spicatus (Thunb.) C. Y. Wu ex H. W. Li　4. 植株；5. 花，侧面观；6. 果萼，侧面观；7. 花萼纵剖，内面观；8. 花冠纵剖，内面观，兼示雄蕊；9. 雌蕊；10. 小坚果，背面观。　(林文宏仿曾孝濂图，《中国植物志(66 卷)》：574，图版 123. 1977)

44. 罗勒属 Ocimum L.

本属主要特征是草本至灌木，极芳香。花萼卵形或钟形，果时增大，下倾；萼齿5枚，二唇形，上唇3齿，中齿特大，圆形或倒卵状圆形，边缘呈翅状下延至萼筒，花后折反，下唇2齿；花柱有相等的锥形2裂片；花通常白色。 本属有100～150种，分布于世界温带地区，在非洲和南美洲尤多。我国有5种；广西有1种2变种，栽培或逸为野生。 本属种类为主要芳香油植物之一，又供药用及观赏。

分种检索表

1. 茎被倒向微柔毛；叶近全缘，两面近无毛。
  2. 叶片卵形或卵状长圆形；叶柄及轮伞花序被微柔毛 ………………………… 1a. **罗勒** O. basilicum L. var. basilicum
  2. 叶较小，长圆形；叶柄及轮伞花序密被有节长柔毛 …… 1b. **疏柔毛罗勒** O. basilicum L. var. pilosum (Willd.) Benth.
1. 茎被绒毛状长柔毛；叶边缘具圆齿，两面密被柔毛状绒毛及黄色腺点 ……………………………………………………………… 2b. **毛叶丁香罗勒** O. gratissimum L. var. suave (Willd.) Hook. f.

1. **罗勒**(植物名实图考) 图版269:1～3

Ocimum basilicum L., Sp. Pl. 2:597. 1753；中国植物志 66:561. 1977；Fl. China 17:297. 1994.

1a. **罗勒**(原变种)

Ocimum basilicum L. var. basilicum

一年生草本，高20～80 cm；茎常带紫红色。叶片卵圆形至卵圆状长圆形，长2.5～5 cm，宽1～2.5 cm，边缘具不规则锯齿或全缘，两面近无毛。总状花序顶生，各部均被微柔毛；花萼钟形，上唇中齿长约2 mm，宽3 mm，近圆形，内凹，边缘下延至萼筒，侧齿较狭窄，下唇2齿披针形，具刺尖头，齿缘具缘毛，果萼宿存，增大，长约8 mm，宽约6 mm，具脉纹；花冠淡紫色，长约6 mm。 花期7～9月，果期9～12月。广西各地有零星栽培，少数逸为野生。我国各地常见栽培或逸为野生，非洲至亚洲温暖地带也有。全草为妇科产前用药，并可治风寒感冒、肠炎腹泻等症；种子可治目赤红肿、角膜薄翳等症。茎、叶及花序含芳香油，油作调香原料，配制皂、牙膏、食用香精等。

1b. **疏柔毛罗勒**(变种)

Ocimum basilicum L. var. pilosum (Willd.) Benth. in DC. Prodr. 12:33. 1848；中国植物志 66:563，图版120. 1977；Fl. China 17:297. 1994. ——*O. pilosum* Willd. in Enum. Pl. 629. 1809.

本变种与原变种的区别在于茎多分枝，上升；叶小，长圆形；叶柄及轮伞花序密被有节长柔毛；总状花序也较长。 广西各地花圃或药圃偶有栽培。分布区大体与原变种相同。用途同罗勒。

2. **丁香罗勒**

Ocimum gratissimum L., Sp. Pl. 2:1197. 1753；中国植物志 66:564. 1977.

2a. **丁香罗勒**(原变种)

Ocimum gratissimum L. var. gratissimum

据台湾植物志 4:491. 1978 记载，本种在中国台湾有栽培。中国大陆未见有栽培。

2b. **毛叶丁香罗勒** (变种)

Ocimum gratissimum L. var. suave (Willd.) Hook. f., Fl. Brit. Ind. 4:609. 1885；中国高等植物图鉴 3:706，图5365. 1974；中国植物志 66:564. 1977；Fl. China 17:297. 1994. ——*O. suave* Willd. in Enum. Pl. 629. 1809.

直立灌木或半灌木，高达1 m；全株有浓郁香味。叶片卵圆状长圆形或长圆形，长5～12 cm，宽1.5～6 cm，边缘具胼胝尖圆齿，两面密被柔毛状绒毛及金黄色腺点；叶柄长达3.5 cm或更长，密被柔毛状绒毛；

图版 269　1～3. **罗勒** Ocimum basilicum L.　1. 花枝；2. 花萼剖开；3. 花冠展开。　4. **石生鸡脚参** Orthosiphon marmoritis (Hance) Dunn　4. 花枝。（林文宏绘）

花萼钟形，外面被柔毛及腺点，内面在喉部被柔毛，上唇中齿卵圆形，边缘下延，侧齿具刺尖；花冠白黄色至白色，长约 4.5 mm。 花期 10 月，果期 11 月。 产于田林、那坡、德保、凌云、罗城、柳州、苍梧、岑溪、博白、陆川、平南、灵山、防城、横县、南宁及桂林；栽培或逸为野生。江苏、浙江、福建、台湾、广东及云南等地有栽培或逸为野生，非洲热带地区、马达加斯加、斯里兰卡也有，西印度群岛见栽培。 全草可入药，用途同罗勒（*Ocimum basilicum* L.），亦可提制芳香油。

45. 鸡脚参属 Orthosiphon Benth.

草本或亚灌木；根通常粗厚，木质。叶具齿。轮伞花序具 4～6 朵花，组成延长的总状花序；苞片小，通常近圆形；花萼筒形或宽管形，常具艳色，二唇形，上唇 1 齿，宽阔，膜质，卵形，边缘下延至萼筒，果时反折，下唇 4 齿，前 2 齿较侧 2 齿长，先端均呈芒状或针状；花冠白色、浅红色至紫色，二唇形，上唇 3～4 圆裂，下唇全缘，内凹；雄蕊 4 枚，内藏，前对较长；花柱先端棒状。小坚果卵珠形或近球形。 本属约有 45 种，分布于非洲、亚洲和大洋洲。我国有 3 种；广西产 1 种 2 变种。

分 种 检 索 表

1. 花冠淡红色至紫色；叶基生与茎生并存 …… 1b. **茎叶鸡脚参** O. wulfenioides (Diels) Hand.-Mazz. var. foliosus E. Peter
1. 花冠白色；叶全部茎生。
  2. 植株密被锈色腺短柔毛；叶片卵形至阔卵形 ……………………………… 2. **石生鸡脚参** O. marmoritis (Hance) Dunn
  2. 植株密被白色短柔毛；叶片长圆状披针形 ……………………………………………………………………………… ………………………………… 3b. **海南深红鸡脚参** O. rubicundus (D. Don) Benth. var. hainanensis Sun ex C. Y. Wu

1. 鸡脚参

Orthosiphon wulfenioides (Diels) Hand.-Mazz. in Act. Horti Gothob. **9**:98. 1934；中国高等植物图鉴 **3**:706，图 5366. 1974；中国植物志 **66**:570，图版 122. 1977；Fl. China **17**:298. 1994.——*Coleus wulfenioides* Diels in Notes Roy. Bot. Gard. Edinb. 5:231. 1912.

1a. 鸡脚参（原变种）

Orthosiphon wulfenioides (Diels) Hand.-Mazz. var. wulfenioides

广西不产。分布于云南、四川及贵州。

1b. 茎叶鸡脚参（变种）

Orthosiphon wulfenioides (Diels) Hand.-Mazz. var. foliosus E. Peter in Bull. Fan Mem. Inst. Biol. **8**:54. 1937；中国植物志 **66**:572. 1977；Fl. China **17**:298. 1994.

多年生草本；茎密被长柔毛及混生腺短柔毛，常带紫红色。基生叶彼此分离，稀呈莲座状，茎中部有 1～3 对叶片；叶无柄；叶片卵形、倒卵形或舌状，长 4.5～13 cm，宽 2.2～6.5 cm，先端钝或圆形，基部渐狭成宽楔形，边缘具圆齿。轮伞花序具 6 朵花；花梗及花序轴被污黄色长柔毛；苞片卵圆形，腹面无毛，背面被疏柔毛；花萼紫红色，外被长柔毛；花冠淡红色至紫色，长达 1.9 cm，外被短柔毛。 产于鹿寨，少见；生于疏林下或山坡上。分布于云南、贵州及四川。 根可入药，可治消化不良、食积、蛔虫病、风湿痛、虚弱头晕、虚汗、咳嗽等症，并配方治骨折及脉管炎。

2. 石生鸡脚参（中国植物志） 图版 269:4

Orthosiphon marmoritis (Hance) Dunn in Notes Roy. Bot. Gard. Edinb. **8**:154. 1913；中国植物志 **66**:572. 1977；Fl. China **17**:298. 1994.——*Plectranthus marmoritis* Hance in Journ. Bot. 12:53. 1874.

多年生草本，植株密被锈色腺短柔毛。叶片卵形至阔卵形，长 2～5 cm，宽 1.2～3.8 cm，先端近急尖，基部宽楔形或阔楔形，边缘具粗圆齿。轮伞花序具 4～6 朵花；花萼玫红色，宽管状，长约 6.5 mm；花冠白色，长约 1.5 cm，外面被微柔毛及腺点。　花期 7～8 月，果期 8～9 月。　产于那坡、平果、天峨、大新、隆安、天等、武鸣、龙州；生于石灰岩石山林下。分布于广东，越南、老挝也有。

3. **深红鸡脚参**（中国植物志）

Orthosiphon rubicundus (D. Don) Benth. in Wall. Pl. Asiat. Rar. 2：14. 1831；中国植物志 66：573. 1977. —— *Plectranthus rubicundus* D. Don，Prodr. Fl. Nepal. 116，1825.

3a. **深红鸡脚参**（原变种）

Orthosiphon rubicundus (D. Don) Benth. var. rubicundus

我国未见。分布于尼泊尔、印度、缅甸（北部）及中南半岛诸国。

3b. **海南深红鸡脚参**（变种）

Orthosiphon rubicundus (D. Don) Benth. var. hainanensis Sun ex C. Y. Wu 于植物分类学报 10：241. 1965；中国植物志 66：573. 1977；Fl. China 17：298. 1994.

多年生草本，植株密被白色短柔毛；根木质，有时膨大为纺锤形的块根。茎直立，高至 50 cm。叶片长圆状披针形，长 2～8.5 cm，宽 0.5～2.3 cm，边缘具粗锯齿；叶柄短或近无柄。轮伞花序具 4～6 朵花，在主茎及侧枝上组成疏松的总状花序；苞片近圆形；花萼筒状，长约 5.5 mm；花冠白色，长约 8 mm。小坚果近球形，直径 1.7 mm，褐色。　花期 8 月。　产于上思、宁明、大新、邕宁、田东；生于山坡、荒地上。分布于海南。

46. 肾茶属 Clerodendranthus Kudo

本属主要特征是雄蕊及花柱极长，长于花冠筒的 2 倍或更长；花萼上唇圆形，边缘下延至萼筒，下唇 4 齿裂，前 2 齿较侧 2 齿长。　本属约有 5 种，分布于东南亚诸国至澳大利亚。我国仅产 1 种，野生或栽培；广西栽培 1 种。

肾茶　图版 268：4～10

Clerodendranthus spicatus (Thunb.) C. Y. Wu ex H. W. Li 于植物分类学报 12：233. 1974；中国高等植物图鉴 3：707，图 5367. 1974；中国植物志 66：574，图版 123. 1977；Fl. China 17：299. 1994. ——*Clerodendron spicatum* Thunb.，Fl. Jav. 22. 1825.

本种因雄蕊及花柱纤细并远伸出花冠筒之外，形状略似猫须，故有"猫须草"之名。多年生草本，高达 1.5 m；茎被倒向短柔毛。叶片菱状卵形或卵状长圆形，长（1.2）2～5.5 cm，两面被短毛及散布有凹陷腺点。花冠浅紫色或白色。　花果期 5～11 月。　广西各地零星栽培供药用或观赏。分布于海南、云南、台湾及福建，印度、缅甸、泰国、马来西亚、印度尼西亚、菲律宾、澳大利亚也有。　全草可入药，可治急慢性肾炎、膀胱炎、尿路结石及风湿性关节炎等症，对肾脏病有良效。

中名索引

本索引每个中名第一个字按丶(点)一(横)丨(竖)丿(撇)乙(折,包括乛、亅、乚等笔形)顺序排列。黑体字为正名,宋体字为异名。

一　画

一年生风铃草　428
一匹绸　522,525
一包针　207
一年蓬　274,276
一串红　951,952
一枝黄花　264
一枝黄花属　263,264
一柱香　351
一点红　257
一点红属　246,257

二　画

[一]

二叉破布木　451,452
二色山牵牛　773
二色老鸦嘴　771,773
二色香青　335,337
二花蓝猪耳　592,595
二花蝴蝶草　595
二齿香科科　913,915
二翅六道木　184
二裂狸藻　620
丁公藤　500,501
丁公藤属　497,500
丁香茄　528,537
丁香罗勒　990
十万错　814,815
十万错属　768,814,815
十字苣苔　743
十字苣苔属　628,741
十字架树　752
七爪龙　527,528
七里明　325,328

[丿]

人瘦木　902
八仙草　79
八角乌　251
八角草　384
九万山唇柱苣苔　672,674,703
九爪藤　528
九牛转地　747
九节　106,109
九节木　109
九节属　3,106
九头狮子草　827
九里明　250,279,325
刀枪药　826

三　画

[丶]

广木香　302
广东大青　895,900
广东升麻　310
广东刘寄奴　241
广东报春　415
广东来江藤　551
广东牡丽草　20
广东牡荆　887,888
广东野丁香　105
广东野靛棵　847
广东假耳草　34
广东粗叶木　93,99
广东紫珠　862,875
广东新耳草　33,34
广东螺序草　45,48
广东爵床　852
广西大青　895,900
广西山蓝　827
广西马蓝　777,797
广西水锦树　142,143
广西乌口树　120
广西火焰花　817,818
广西玉叶金花　57,58
广西石山苣苔　708,712
广西龙胆　375,379
广西地海椒　470
广西芒毛苣苔　733,735
广西过路黄　394,407,408
广西吊石苣苔　736,738
广西羽叶楸　763
广西报春　412,414
广西报春苣苔　712
广西来江藤　549,551
广西牡荆　887,888,891
广西鸡矢藤　91
广西拉拉藤　78,80
广西虎刺　102,104
广西厚膜树　758
广西秋英爵床　831
广西孩儿草　832,833
广西菜豆树　759,761
广西蛇根草　35,40
广西粗筒苣苔　629,633
广西铜锤草　441
广西斑鸠菊　289,296
广西蒲儿根　255,256
广西裸柱草　821
广西赛爵床　841
广西爵床　836,841
广州耳草　21,28
广州蛇根草　36,43
广防风　948
广防风属　911,948
广花耳草　21,29
广南报春　412,415
广藿香　970,971

[一]

三七草　259
三叉木　752
三叉金　981
三支叶　395
三叶荚蒾　155,166
三叶香草　393,395
三叶鬼针草　206,207
三对节　895,900

三台花 895,902
三块瓦 395
三花马蓝 792
三角叶风毛菊 311
三角叶过路黄 402
三角瓣花 74
三苞唇柱苣苔 677,687
三苞蛛毛苣苔 719,725
三脉叶马兰 271
三脉叶荚蒾 154,157,160
三脉兔儿风 343,348
三脉钝叶黄芩 919,921
三脉紫菀 266,268,271,273
三翅萼 590
三翅萼属 544,590
三翅藤属 497,504
三基脉紫菀 271
三萼木 136
三萼蛛毛苣苔 718,721
三裂叶薯 527,533
三裂叶蟛蜞菊 212
三褶脉紫菀 271
三瓣猪殃殃 79
于术 298
土丁桂 505,506
土丁桂属 497,505
土大黄 780
土甘草 568
土瓜藤 516
土连翘 17
土连翘属 1,17
土沙参 431
土细辛 264,827
土荆芥 961
土茵陈 243,555
土胡连 672
土柴胡 243
土党参 425
下田菊 195
下田菊属 194,195
寸金黄 402
丈菊 213
大丁草 351
大丁草属 343,350
大力子 313
大力王 316
大马蹄香 251
大车前 419
大风艾 326
大叶木莲红 143,147
大叶水团花 13
大叶玉叶金花 57,60
大叶石上莲 628,631
大叶石龙尾 556,558
大叶白纸扇 58
大叶母草 596,603
大叶过路黄 394,405
大叶豆腐木 881
大叶鱼骨木 74,76
大叶茜草 81,82
大叶咸虾花 293
大叶钩藤 5
大叶排草 405
大叶蛇总管 983
大叶密脉木 66
大叶斑鸠菊 289,293
大叶紫珠 860,863
大叶腹水草 573,574
大田基黄 408
大头艾纳香 325
大头陈 555
大头青蒿 230,233
大头橐吾 252
大红花 747
大花三翅藤 504
大花山牵牛 772
大花叉柱花 769,770
大花水蓑衣 810
大花老鸦嘴 771,772
大花忍冬 176,180
大花金钱豹 426
大花胡麻草 585,587
大花咸丰草 208
大丽花 211
大丽花属 204,210
大吴风草 251
大吴风草属 246,251
大沙叶 116
大沙叶属 3,115
大尾摇 456
大驳骨 836,842
大青 895,898
大青族 855
大青属 855,894
大苗山合耳菊 247
大苞马蓝 788
大苞半蒴苣苔 645,646,650
大苞苣苔 729
大苞苣苔属 627,729
大苞蛇根草 35,37
大苞蓝 788
大苞漏斗苣苔 640,642
大枫叶 903
大齿马铃苣苔 628,629,631
大果三翅藤 504,505
大果巴戟 67,68
大果巴戟天 68
大果忍冬 177,180
大果鳞斑荚蒾 155,166
大明山粗筒苣苔 730,731
大明野靛棵 850
大明爵床 837,850
大岩桐亚科 625
大岩桐属 625
大肥牛 262
大降龙草 650
大茜草 82
大胡麻草 587
大树甘草 44
大独脚金 584
大籽筋骨草 917
大籽獐牙菜 387,389
大桥蛇根草 36,43
大根唇柱苣苔 677,688
大唇血见愁 913,915
大狼杷草 206,208
大理菊 211
大黄连 761
大麻叶泽兰 199
大粒咖啡 115
大萼香茶菜 980,985
大萼通泉草 608,609
大紫胡 271
大蓟 304,306
大路通 166
大藤菊 293
万丈丝 516
万年蒿 232

万年蓬　232
万寿菊　218
万寿菊属　204,218

[|]

上石蚂蝗　681
上竹龙　530
上树龙　110
上树蜈蚣　747
上思龙船花　118,119
上思耳草　21,29
上思厚壳树　454,456
小一点红　257
小寸金黄　394,402
小山花　178
小广西过路黄　395,407
小飞蓬　276
小马蹄金　498
小天蓝绣球　448
小元宝　502
小五彩苏　977,979
小心叶薯　533
小艾　287
小石蝴蝶　651
小叶九节　109
小叶水蓑衣　808,811
小叶布荆　888
小叶羊角藤　71
小叶豆腐木　878
小叶唇柱苣苔　676,685
小叶铁屎米　74
小叶假糙苏　939,942
小叶猪殃殃　79
小叶散爵床　836,838
小叶葎　78,80
小叶韩信草　920,922
小四方草　600
小白背　733
小白酒草　276,282
小舌菊　279
小舌菊属　263,279
小米草属　544,576
小红蒿　287
小花半蒴苣苔　645,650
小花老鼠簕　773,774
小花米氏苣苔　727
小花异裂菊　280
小花苣苔　658,661
小花苣苔类　627,657,658
小花苣苔属　625,656
小花金挖耳　321,323
小花金钱豹　426
小花荠苎　964,966
小花琉璃草　458,459
小花假番薯　533
小花蛛毛苣苔　727
小花蓝猪耳　592,595
小花翼萼　595
小阿茜达　817
小驳骨　825,836,842
小拉马藤　78
小苦苣　358
小苦荬属　353,362
小苞爵床　807
小果螺序草　44,46
小岩居香草　393,397
小金京　143
小金钱草　498
小鱼仙草　964,966
小鱼眼草　285
小狗骨柴　136
小草海桐　443
小牵牛　510
小牵牛属　498,510
小钩耳草　26
小狮子草　808
小狸藻　617
小野芝麻　937
小野芝麻属　911,937
小猪殃殃　78,79
小粒咖啡　115
小萼菜豆树　759,761
小黑药　316
小蓟　304,308,310
小蓬草　274,276
小馒头草　285
小横蒴苣苔　642,644
山一笼鸡　775,777
山大刀　109
山大颜　109
山马草　365
山石榴　129
山石榴属　4,129
山龙胆　377
山龙胴　845
山东泡桐　548
山田七　273
山白菊　271,273
山兰　202
山地菊　282
山耳草　24
山羊梅　277
山折　271
山壳骨　824,825
山壳骨属　768,824
山莞荽　228
山莞荽属　221,228
山芭蕉　669
山杉　761
山牡荆　887,888
山苦荬　358
山茑萝藤　519
山茄　476,482
山枇杷　862
山罗花　576
山罗花属　544,576
山金花菜　645
山泽兰　318
山胡谷　445
山胡椒菊　285
山栀子　127
山柳菊　356
山柳菊属　352,356
山牵牛　772
山香　976
山香属　912,976
山莨苣　365
山黄栀　127
山黄菊　324
山黄菊属　315,324
山萝卜　304
山萝过路黄　394,404
山梗菜　436,439
山雪花　271
山猪菜　516
山菽　335
山紫锤草　436,441
山竭　650
山薄荷　555

山蟛蜞菊 209,210

［丿］

千头艾纳香 325,326
千年不烂心 479
千年艾 229
千里光 248,250
千里光族 193,245
千里光属 246,248,251
千层纸 756
千层塔 959
千张纸 756
千张纸属 756
千解草 876,878
川泡桐 546,549
川香草 398
川续断 191
川续断科 190
川续断属 191
川滇茜草 81,82
川滇盘果菊 366
川黔忍冬 177,180
个兰 759

［乙］

女贞叶忍冬 176,177
女贞叶腐婢 879
女苑 525
女娄菜状过路黄 404
女菀 954
飞天蜈蚣 221,747
飞机草 197
飞机草属 194,197
飞来蓝 806
飞来蓝属 767,806
飞洋草 519
飞蓬 276
飞蓬属 263,274
飞蛾藤 502
飞蛾藤属 497,502
飞廉属 298,302
飞簾 303
叉开紫云菜 789
叉叶树 752
叉花土三七 262
叉花草 789
叉状挖耳草 617,624
叉序草 852
叉序草属 768,851
叉柱花 769
叉柱花属 767,768
马上消 558
马兰 266,270,273
马兰头 270
马兰头花 265
马先蒿属 544,578
马拐菜 648
马齿苋 562
马铃苣苔属 625,626,628
马铃铛 520
马铃薯 481,540
马蓝 776,786
马蓝属 767,775
马缨丹 857
马缨丹族 854
马缨丹属 854,855
马鞍藤 535
马蹄当归 251
马蹄金 498
马蹄金属 497,498
马蹄香 190
马蹄榔 905
马鞭草 855
马鞭草亚科 854
马鞭草科 540,854,909
马鞭草族 854
马鞭草属 854,855,858

四 画

［丶］

六月雪 105
六叶七星剑 264
六耳铃 325,327
六耳棱 332
六角英 826,837
六棱菊 332
六棱菊属 315,331
六道木属 151,184
文山黄芩 920,922
文山粗叶木 93,100
文采苣苔 657
文采苣苔类 657
文采苣苔属 625,656,707
文采唇柱苣苔 669
方茎耳草 21,27
方鼎苣苔 708,712
方鼎苣苔属 625
方鼎蛇根草 35,39
方鼎腺萼木 64
火把花属 911,945
火花树 754
火灵丹 416
火油草 326
火炭树 293
火绒艾 335
火绒草属 334,341
火柴木 174
火柴树 174
火烧花 754
火烧花属 746,754
火焰花属 768,817
心叶小花苣苔 658,661
心叶报春茜 18
心叶唇柱苣苔 674,689,694
心叶野靛棵 849
心叶蛇根草 35,37
心叶螺序草 45,50
心叶爵床 837,849
心萼薯 532

［一］

丰花草 86
丰花草属 3,86
王氏唇柱苣苔 688,692
天人菊 219
天人菊属 204,219
天文草 209
天仙子 470
天仙子属 465,470
天名精 321,323
天名精属 315,319
天芥菜属 451,456
天青地白 335,341
天茄 537
天茄儿 537
天竺牡丹 211
天等文采苣苔 707,709
天等石山苣苔 708,709
天等报春苣苔 688,691
天蓝绣球 448
天蓝绣球属 448

元参 566
无毛牛尾蒿 232,245
无毛臭黄荆 878,881
无毛漏斗苣苔 640
无叶莲 614
无柄长叶假糙苏 940,943
无柄沙参 430,431
无柄果钩藤 7
无梗艾纳香 325,330
韦氏报春苣苔 690,702
云广粗叶木 93,96
云木香 302
云木香属 298,302
云南九节 106,108
云南山壳骨 824
云南过路黄 394,405
云南鸡矢藤 90,92
云南厚壳树 455
云南钩藤 8
云南蓍 221
云南裸柱草 821,822
云桂鸡矢藤 90,92
云桂虎刺 102,104
木龙葵 474,479
木叶菜 900
木茎香草 393,399,401
木参 474
木茼蒿 225
木茼蒿属 220,225
木姜子叶水锦树 142,145
木姜叶巴戟 68,72
木绣球 156
木菊 225
木常山 905
木紫珠 860,862
木蝴蝶 756
木蝴蝶属 746,756
五寸草 587
五爪龙 528,530
五爪金龙 527,530,532
五爪薯 528
五月艾 231,237
五月莲 597,599
五加皮 152
五色梅 857
五角丁茄 482
五岭龙胆 374,375
五岭过路黄 404
五岭管茎过路黄 394,404
五星草 213
五彩苏 977,979
五福花鼠尾草 951,956
五膜草科 433
五膜草属 433
车轮草 597
车轮菊 219
车前 419
车前科 418
车前属 418
巨叶报春苣苔 676,685

［丨］

止血草 319
止咳草 431
少叶龙胆 374,378
少花龙葵 474,477
少花荚蒾 164
少花狸藻 617
少花斑鸠菊 289,296
少花螺序草 45,48
少刺毛假糙苏 939,940
少蕊败酱 186,188
日本毛连菜 353
日本珊瑚树 154,162
日本蛇根草 36,40
日本假蓬 282
日本粗叶木 93,96
日本续断 191
日本锦带花 185
中日金挖耳 323
中华小苦荬 358
中华水锦树 142,147
中华艾纳香 325
中华石龙尾 556,558
中华苦荬菜 358
中华孩儿草 832,833
中华蛇根草 36,42
中华锥花 926
中华赛爵床 839
中肋耳草 22
中国菟丝子 540
中南胡麻草 587
中南蒿 231,239
中粒咖啡 115
中越半蒴苣苔 644,646
中越报春苣苔 689,694
水八角 558
水上一支黄花 618
水飞蓟 303
水飞蓟属 298,303
水飞雉 303
水冬瓜 13
水皮莲 390
水团花 11
水团花属 1,9
水红木 155,166
水苏属 911,944
水杨梅 11
水苦荬 571,572
水茄 475,482
水松萝 546
水虎尾 974
水金京 142,143
水泽兰 200
水空菜 435
水线草 30
水珍珠菜 970,971
水茴草 415
水茴草属 392,415
水栀子 127
水香薷 968
水鬼莲 390
水莴苣 572
水桐 650
水浮莲 390
水菠菜 572
水朝阳草 318
水朝阳旋覆花 318
水葵花 318
水棉木 134
水蓑衣 808,810
水蓑衣属 767,768,808
水硼砂 410
水锦树 142,146
水锦树属 4,142
水蔓菁 569
水蜡烛属 912,971
水辣菜 243
水辣椒 597

见霜黄 325,329

[丿]

牛口刺 304,308,310
牛白藤 21,30,524
牛头簕 129
牛耳朵 625,648,675,677,697
牛至 962
牛至属 912,961
牛舌兰 841
牛舌草 297
牛伴木 146
牛尾木 759
牛尾草 980,981
牛尾树 758,759
牛尾蒿 232,236,245
牛茄子 476,484
牛蒡 313
牛蒡属 298,313
牛瘦鞭 171
牛膝菊 205
牛膝菊属 204,205
毛土连翘 17
毛大丁草 351
毛山猪菜 516
毛叶丁公藤 500
毛叶丁香罗勒 990
毛叶老鸦糊 861,867
毛叶荚蒾 166
毛叶猫尾木 753,754
毛叶蓝猪耳 594
毛叶蝴蝶草 592,594
毛老虎 976
毛地黄 605
毛地黄属 545,605
毛羽叶楸 763
毛束草 464
毛束草属 451,464
毛连菜 353
毛连菜属 352,353
毛鸡矢藤 91
毛泽兰 199
毛茉栾藤 516
毛苦蘵 471,473
毛茄 476,486
毛茎夜香树 494
毛枝三脉紫菀 266,271
毛果飞蛾藤 502,504
毛果半蒴苣苔 626,641,644,645
毛果茄 476,486
毛果通泉草 606,608
毛果楔叶葎 78,80
毛鱼黄草 514,516
毛狐臭柴 878,883
毛狗骨柴 135,136
毛泡桐 546,548
毛线柱苣苔 740,741
毛挖耳草 617,622
毛茶 149
毛茶属 4,149
毛药花 927,928
毛药花属 911,927
毛牵牛 527,532
毛背鸡眼藤 68,72
毛钩藤 5,8
毛毡草 325,328,329
毛脉乌口树 122
毛脉火焰花 817,818
毛脉附地菜 460,461
毛脉烂爵床 818
毛脉翅果菊 364
毛冠水锦树 142,146
毛冠可爱花 824
毛冠唇花 947,948
毛莲蒿 230,232
毛核木 181
毛核木属 151,181
毛姬旋花 516
毛曼陀罗 492,494
毛粗叶水锦树 143,147
毛萼香茶菜 980,981
毛萼圆唇苣苔 705,707
毛萼鞘蕊花 977
毛赪桐 902
毛滇丁香 140
毛豨莶 216
毛辣花 505
毛蕊花属 543,566
毛螺序草 45,51
毛麝香 553,555
毛麝香属 543,553
长毛石山苣苔 708,716
长毛香科科 913
长毛韩信草 920,925
长节耳草 21,26
长叶大青 895,897,898
长叶龙头草 930,931
长叶龙船花 119
长叶穴果木 73
长叶轮钟草 426
长叶荆 888,894
长叶钩子木 967
长叶香茶菜 980,983
长叶弯管花 111
长叶臭茉莉 898
长叶假糙苏 943
长叶紫珠 861,862,867,869
长叶紫菀 265,268
长叶阔苞菊 330,331
长叶数珠根 102
长叶螺序草 49,50
长花九头狮子草 827
长花龙吐珠 897
长花厚壳树 454,455
长花秋英爵床 831
长花鳞花草 814
长角蛇根草 35,39
长序臭黄荆 878,881,882
长序缬草 190
长苞马蓝 776,788
长苞刺蕊草 970,971
长苞荠苎 964,966
长苞紫珠 866
长苞蓝 788
长苞螺序草 46,53
长果母草 602
长柄艾纳香 325,330
长柄兔儿风 344
长柄孩儿草 832,834
长柄恋岩花 803
长柄假福王草 367
长柄紫珠 861,872,873
长柱山丹 113
长柱山丹属 3,113
长突耳草 29
长冠鼠尾草 951,952
长圆叶艾纳香 325,328
长圆吊石苣苔 735,736
长黄毛山牵牛 772

长梗山土瓜　514,518
长梗乌口树　120,126
长梗吊石苣苔　735,736
长梗岩黄树　55
长梗鱼黄草　518
长梗线柱苣苔　740,741
长梗挖耳草　617,624
长梗荚蒾　154,162
长梗蛇根草　36,42
长梗粗叶木　93,95
长梗紫菀　265,268
长梗螺序草　46,49
长距忍冬　176,177
长萼半蒴苣苔　644,646
长萼报春苣苔　690,701
长萼香草　394,399
长裂苦苣菜　355,356
长筒漏斗苣苔　640,642
长隔木　148
长隔木属　4,148
长蒴母草　596,602
长蒴苣苔族　625
长蒴苣苔属　625,627,705,707,716
长管牵牛　528,534
长管越南茜　138
长蕊珍珠菜　395,410
长蕊斑种草　462
长蕊斑种草属　451,461
长檐苣苔　708,712
长檐苣苔类　627
长檐苣苔属　625,707
长穗兔儿风　343,346
长穗腹水草　573,574
长瓣马铃苣苔　628,629
长瓣玉叶金花　57,60
仁昌玉叶金花　57,60
化枫叶　870
月光花　528,537
风毛菊　311
风毛菊属　298,302,311
风轮菜　958,959
风轮菜属　911,958
风铃草属　422,426
风箱树　16
风箱树属　1,16
丹参　951,956
丹草　22,32
乌口树　122
乌口树属　4,120
乌木　122
乌龙藤　139
乌龟草　397
乌草根　316
乌檀　16
乌檀属　1,16
凤山吊石苣苔　735,736
凤山报春苣苔　676,682

［乙］

孔雀草　218
巴东过路黄　395,408
巴东荚蒾　154,164
巴戟天　67,70
巴戟天属　2,67
双片苣苔　656
双片苣苔属　626,656
双耳蛇　146
双花耳草　22,33
双钩藤　7
双盾木　181
双盾木属　151,181
双漫草　558
双蝴蝶　381
双蝴蝶属　369,381

五　画

［丶］

主线草　83
玄参　566
玄参科　542
玄参属　543,566
兰考泡桐　546,548
兰花参　431
兰花根　424
兰草　200
兰香草　906
半边月　185
半边叶　705
半边莲　436,438
半边莲科　435
半边莲属　435
半边黄　767
半枝莲　920,925
半卧狗娃花　270
半柱花　778
半蒴苣苔　644,645,648
半蒴苣苔类　644
半蒴苣苔属　625,626,644
头花小牵牛　512
头花龙胆　374,375
头花银背藤　522,524
头状花耳草　21,29
汉克苣苔属　625,627,656,704
宁明马蓝　775,780
宁明金足草　780
宁明唇柱苣苔　676,682
穴果木　73
穴果木属　2,73
永福唇柱苣苔　676,681

［一］

玉龙鞭　858
玉叶金花　57,61
玉叶金花属　2,57
玉芙蓉　229
打碗花　506,508
打碗花属　497,506
正泽兰　983
甘蔗属　616
甘薯　530
艾　230,234
艾叶　234,237
艾纳香　325,326
艾纳香属　315,324,333
艾菜　225
艾蒿　234
节毛飞廉　302,303
节节红　325,328
节紫花　384
术　300
可爱花　823
可爱花属　768,822
石三七　677
石上莲　631,672
石山苣苔　708
石山苣苔属　625,626,627,707
石山豆腐柴　878,883
石山金银花　178
石山细梗香草　394,401
石见穿　956

石打穿 24
石龙风 733
石龙尾 556,559
石龙尾属 543,556
石生鸡脚参 992
石虎耳 677
石岩菜 666
石荠苎 964
石荠苎属 912,964
石胡荽 228
石胡荽属 221,228
石蚂蝗 675
石香薷 964
石核木 93,95
石容 733
石梓 886
石梓属 854,885
石蓝 845
石蜡竹 613
石蝴碟属 626,651
石蝴蝶状报春苣苔 688,692
龙氏唇柱苣苔 689,699
龙头花 559
龙头草 930
龙头草属 911,930
龙吐珠 895,896,897
龙州小花苣苔 661,662
龙州山牡荆 887,891
龙州马蓝 777,797
龙州水锦树 143,148
龙州半蒴苣苔 645,648
龙州耳叶马蓝 797
龙州唇柱苣苔 676,680
龙州恋岩花 803,805
龙州裸柱草 821,822
龙州螺序草 46,54
龙州爵床 850
龙顶风 903
龙胆 374,377
龙胆草 377
龙胆科 369,389
龙胆属 369,374
龙胜吊石苣苔 735,738
龙胜金盏苣苔 629,633
龙胜香茶菜 980,985
龙津过路黄 393,395
龙珠 474
龙珠属 465,474
龙船花 118,902
龙船花属 3,116
龙船草 987
龙船草属 912,987
龙葵 474,477
平卧菊三七 259,261
平滑钩藤 5,7
东风草 325,326
东风菜 266,273
东方水锦树 142,145,146
东兴粗筒苣苔 730,731
东京钩藤 9
东京银背藤 522,524
东南长蒴苣苔 708,709
东南茜草 81,83
东南蛇根草 36,41
世纬苣苔属 625

［丨］

北玄参 566
北鱼黄草 514,515
北茵陈 243
北美透骨草 910
北流报春苣苔 675,677
北流圆唇苣苔 707
北越钩藤 5,9
叶下红 257
叶头过路黄 394,404,405,407
叶脉獐牙菜 387
田边菊 270
田阳香草 393,399
田基黄 284
田基黄属 263,284
田基麻 449
田基麻科 448
田基麻属 449
田野水苏 944,945
皿果草 459
皿果草属 451,459
凹苞马蓝 776,786
凹苞耳叶马蓝 786
凹脉异裂菊 280,282
凹裂毛麝香 553,555
四儿风 401
四川过路黄 394,405
四子马蓝 777,799
四方草 592,600,602,849
四方香草 372
四方麻 573,574
四方蒿 968,969
四叶一枝花 407
四叶拉拉藤 78
四叶草 78
四叶黄 401
四叶葎 78
四块瓦 401
四苞蛛毛苣苔 719,726
四苞蓝 801
四轮香 975
四轮香属 912,975
四季青 166
四季凌雪 756
四柱关草 849
四棱牡丹 397
四棱草 82,907
四棱草属 855,907
四数苣苔属 625
四蕊三角瓣花 74
四穗竹 83

［丿］

生地 606
生菜 364
禾本科 616
禾叶挖耳草 617,623
禾稿草 353
丘陵鱼黄草 514,518
仙人搭桥 576
仙鹤灵芝草 851
白万年蒿 232
白子菜 259,262
白马骨 105,106
白马骨属 3,105
白水花 410
白牛胆 316
白毛长叶紫珠 861,869
白毛鸡矢藤 90,91
白毛假糙苏 940,942
白升麻 271
白风草 186
白艾 234
白术 298

白龙船花 903
白叶火草 247
白头马蓝 777,801
白头妹 505,506
白头翁 335,341,351
白头婆 202
白皮乌口树 120,122
白芨药 699
白当归 410
白灯笼 905
白花丹 416
白花丹科 415
白花丹属 416
白花艾 241
白花龙船花 118
白花白酒草 284
白花地胆草 297
白花地蚕 944,945
白花共 273
白花过路黄 394,402
白花灯笼 895,896
白花异叶苣苔 743
白花阿生草 568
白花苦灯笼 120,122
白花败酱 186,188
白花泡桐 542,545,546,548,549
白花草 202,609
白花树 184
白花鬼针草 206,207
白花穿心莲 820
白花除虫菊 226
白花荠菜 390
白花臭牡丹 903
白花梓树 750,752
白花曼陀罗 494
白花蛇舌草 22,32
白花银背藤 524
白花蛛毛苣苔 718,721
白花蒿 241
白苏 963
白疔芋 662
白英 476,479
白狗肠 747
白苞蒿 231,241
白果香楠 111
白底丝绸 522
白茵陈 241
白面水鸡 522,525
白背三七 261
白背风 733
白背苇谷草 319
白背绸缎 522
白骨木 122
白钩藤 5,7
白香楠属 3,4,111
白香薷 968,969
白脉爵床 845
白扈 351
白绒草 934,936
白莲蒿 230,232
白桐 546
白透骨消 928,930
白酒草 282,284
白酒草属 263,282
白酒香 282
白酒棵 282
白接骨 817
白接骨属 768,815
白菊仔 225
白鸽草 505
白棠子树 861,870
白蒿 232,234,243
白蕊巴戟 68,72
白鹤灵芝 851
白鹤灵芝属 768,851
白鹤藤 522,525
白薯 530
白薇 351
白蟾 126,129
瓜叶菊 250
瓜叶菊属 246,250
丛生龙胆 375,380
印度石龙尾 559
印度荇菜 390
乐业附地菜 460
册亨四苞蓝 801
外国脱力草 208
冬术 298
冬红 906
冬红属 855,905

［乙］

尼氏拟马偕花 817
尼泊尔天名精 321
尼泊尔沟酸浆 591
尼泊尔菊三七 259,262
奶参 422
加拿大一枝黄花 264
加拿大蓬 276
皮罗盖 426
边地兔儿风 343,344
对叉草 207
对叶车前 419
对坐神仙草 600
台东荚蒾 154,161
台北艾纳香 325,327
台湾山苦荬 365
台湾半蒴苣苔 646
台湾鸡屎树 99
台湾泡桐 546,549
台湾莴苣 355
台湾翅果菊 364,365
台湾粘冠草 277
台湾粗叶木 93,99
母草 596,600
母草属 545,595
丝毛飞廉 302,303
丝毛艾纳香 329
丝带千里光 256

六 画

［丶］

冰片艾 326
冰糖草 568
刘寄奴 239
齐头蒿 243
羊耳菊 316
羊耳菊属 315,316
羊角藤 67,68
羊乳 422
兴氏苣苔属 627,727
米甘草 194
米黄必 759
灯台兔儿风 343,347
灯台草 402
灯盏花 274

灯盏细辛 274
灯笼草 357,473,592,896,958,959
汗斑草 799,802
江西马先蒿 579
江南山梗菜 436,440
江南马先蒿 579
汤饭子 173

[一]

动蕊花 919
动蕊花属 911,919
吉祥草 553
老山蛇根草 35,39
老鸦甲 252
老鸦糊 861,867,872
老鸦嘴属 767,770
老鼠筋 303
老鼠簕 773,774
老鼠簕属 767,773
扫帚艾 243
地丁 357
地节花 506
地瓜 530
地皮消属 767,805
地顶草 274
地细辛 285
地胡椒 228,285
地胆头 297
地胆草 297
地胆草属 287,296
地胆旋蒴苣苔 727
地胆羚角苣苔 727
地蚕 944,945
地埂鼠尾草 951,957
地笋 967
地笋属 912,966
地疳 987
地海椒属 465,470
地菍 323
地黄 542,606
地黄属 545,606
地旋花 519
地旋花属 498,519
地朝阳 274
耳叶马蓝 776,783
耳叶鸡矢藤 90,91
耳叶紫菀 265,266,268
耳羊 669
耳挖草 257,922
耳草 20,22
耳草属 2,3,20
耳柄过路黄 394,404
耳柄假獐牙菜 404
芒毛苣苔 733
芒毛苣苔族 627
芒毛苣苔属 625,627,733,735
芒属 616
亚洲石梓 886,887
亚麻科 540
芝麻 766
过山龙 279
过江藤 857
过江藤属 854,857
过海龙 209
过路黄 405
西红柿 492
西伯利亚鱼黄草 515
西南山梗菜 440,436
西南马先蒿 579
西南水苏 944,945
西南风铃草 428
西南巴戟 68,72
西南杜根藤 839
西南附地菜 460,461
西南忍冬 176,179
西南猫尾木 753
西南粗叶木 93,99
西南蒈草 221
西南新耳草 33
西番菊 218
有梗石龙尾 556,559
百仔 515
百色豆腐柴 878,884
百色螺序草 46,54
百寿唇柱苣苔 672,674
百能葳 214
百能葳属 204,214
百眼藤 71
灰毛大青 895,902
灰毛白鹤藤 525
灰毛牡荆 887,891
灰毛聚花白鹤藤 525
灰布荆 891
灰白银胶菊 217
灰牡荆 891
灰苞蒿 230,237
灰莲蒿 230,232
灰绿龙胆 374,379
灰楸 750,752
列当科 613
邪蒿 233

[丨]

贞桐花 902
尖叶子 398
尖叶木 63
尖叶木属 2,62
尖叶豆腐柴 878,881
尖叶紫珠 860,866
尖头花 988
尖头花属 912,988
尖舌苣苔 743
尖舌苣苔族 627
尖舌苣苔属 628,743
尖尾凤 842
尖尾枫 861,866,870
尖苞艾纳香 326
尖苞孩儿草 832,834
尖齿臭茉莉 895,903
尖果母草 596,599
尖药花 775,778
尖萼乌口树 120,124
尖萼挖耳草 617,620
尖萼茜树 134,135
尖萼唇柱苣苔 688,691
尖萼紫珠 860,866
尖裂假还阳参 363
尖蕊花 778
尖瓣花 435
尖瓣花科 433
尖瓣花属 435
光广东爵床 852
光叉序草 852
光叶丁公藤 500,501
光叶水团花 15
光叶双片苣苔 656
光叶耳草 28
光叶苣苔属 625,626,638
光叶唇柱苣苔 676,685
光叶粗糠树 455

光叶紫花苣苔 730,731
光叶蓝猪耳 592,594
光叶糙毛厚壳树 454,455
光叶翼萼 592
光华唇柱苣苔 687
光苞紫菊 366
光茎栓果菊 359
光泡桐 546,548
光泽锥花 926,927
光荚蒾 157
光柄筒冠花 974,975
光冠乌口树 124
光梗阔苞菊 330
光萼汉克苣苔 704
光萼报春 412,414
光萼唇柱苣苔 704
光萼新耳草 34
光萼鞘蕊花 977
光蝴蝶草 592
光爵床 852
早禾树 162
早黄米 179
曲折四轮香 975
曲枝马蓝 776,789
曲枝假蓝 789
团花 15
团花龙船花 118
团花属 1,15
同色蓝猪耳 592
同钟花 432
同钟花属 422,432
虫茶藤 747
虫草 945
吕宋荚蒾 156,174
吊石苣苔 625,736,738
吊石苣苔属 627,735
吊瓜树 753
吊灯树 753
吊钟藤属 508
吊灯树属 746,753
吊球草 976
回回苏 963
刚毛荚蒾 173
刚毛假糙苏 939,940
网脉蛛毛苣苔 719,726
网膜木 17
网膜籽 17

[丿]

肉叶鞘蕊花 977
肉桂香青 335
朱红苣苔 708,712
朱红苣苔类 626
朱红苣苔属 707
朱唇 951,952
丢了棒 705
竹叶艾 276
延叶珍珠菜 395,410
延苞马蓝 776,783
延苞蓝 783
延命菊 265
华九头狮子草 829
华中老鸦糊 867
华中婆婆纳 571,572,573
华东泡桐 549
华东蓝刺头 314
华白草 568
华西龙头草 931
华佗豆 537
华泽兰 200
华南乌口树 120,124
华南可爱花 823
华南龙胆 375,380,381
华南半蒴苣苔 645,650,651
华南忍冬 176,179
华南兔儿风 344,348
华南狗娃花 266,270
华南铁杆蒿 270
华南野靛棵 845
华南粗叶木 93,98
华南爵床 836,845
华钩藤 5
华穿心莲 822
华麻花头 310
华紫珠 862,873
华鼠尾草 951,956
华腺萼木 64
华裸柱草 821,822
伊立基藤属 500
血见愁 913,915
血盆草 951,954,957
向日葵 213,214
向日葵族 193,203
向日葵属 204,213
似荆 885
后蕊苣苔类 626
后蕊苣苔属 628
全缘叶细筒苣苔 708,714
全缘叶紫珠 860,863
合耳菊属 246
合苞挖耳草 617,620
合轴荚蒾 154,157
合萼漏斗苣苔 640,642
伞叶排草 402
伞花山柳菊 356
伞花茉栾藤 516
伞花鱼黄草 514,516
伞花蛛毛苣苔 718,719
伞花螺序草 45,48
伞序臭黄荆 878,884
伞房花耳草 22,30
伞房荚蒾 154,164
杂种茑萝 539
多毛茜草树 134
多毛蓝花黄芩 920,921
多头苦荬菜 358
多花三角瓣花 74
多花大沙叶 116
多花山壳骨 824
多花山猪菜 518
多花可爱花 824
多花石山苣苔 708,709
多花茜草 82,84
多花唇柱苣苔 689,696
多花假马齿 564
多花蒿 231,237,238
多苞斑种草 463
多茎鼠麹草 339,341
多枝兔儿风 347
多枝通泉草 608,609
多枝婆婆纳 571,572,573
多刺山黄皮 131
多刺簕茜 131
多齿吊石苣苔 735,736
多齿紫珠 862,874
多须公 199,200
多脉贵州报春 414
多籽乌口树 120,124
多痕奇柱苣苔 703,704

多痕唇柱苣苔 703
多裂小花苣苔 661,662
多裂紫菊 366
多穗马蓝 795
色萼花 811
色萼花属 767,811

[乙]

那坡孩儿草 832,834
那坡唇柱苣苔 690,701
那坡野靛棵 849
那坡蛇根草 35,38
那坡腺萼木 64,66
那坡螺序草 44,46
那坡爵床 837,849
异毛马蓝 780
异毛金足草 780
异片苣苔 654
异片苣苔属 626,654,656
异叶苣苔属 628,743
异叶泽兰 199,200
异叶点地梅 411,412
异叶黄鹌菜 361
异叶假福王草 367,368
异叶紫珠 862,874
异色红毛蓝 801
异色报春苣苔 676,681
异色黄芩 919,920
异色雪花 18
异色紫云菜 801
异形玉叶金花 57,58
异序马蓝 776,794
异冠毛菊 214
异裂苣苔 654
异裂苣苔属 626,654
异裂菊 280
异裂菊属 263,279
异蕊马铃苣苔 628,631
阳芋 476,481
阳朔小花苣苔 665
阳朔小野芝麻 937,939
阳朔马蓝 777,795
阳朔过路黄 394,405
阳朔报春苣苔 689,692
阴地蒿 231,238
阴行草 582
阴行草属 544,582
好望角苣苔属 625
羽叶垂花树 753
羽叶楸 763
羽叶楸属 746,761
羽芒菊 205
羽芒菊属 203,204
羽裂小花苣苔 661,662
羽裂唇柱苣苔 665,666
羽裂唇柱苣苔类 657,665
观音草 827
观音草属 768,826
红大戟 87
红口锁 446
红毛马蓝 776,789
红毛紫云菜 789
红毛蓝 789
红凤菜 259,261,262
红叶螺序草 45,52
红头草 257
红丝线 82,84,488,489,826
红丝线属 465,488
红灯笼 896
红灯笼泡 471
红芽大戟 87,89
红芽大戟属 3,87
红芽戟 87
红花 300
红花龙胆 374,377
红花罗星草 372
红花夜来香 494
红花根 692
红花倒水莲 747
红花属 298,300
红花螺序草 45,52
红陈艾 236
红顶风 903
红苞半蒴苣苔 644,646
红茎黄芩 920,921
红荆芥 969
红荚蒾 154,161
红药 625,672
红背果 257
红背草 261
红背菜 769
红骨草 597,604
红蚂蝗七 675
红脉蛇根草 35,37
红根草 408,951,954
红臭牡丹 904
红接骨 672
红紫珠 861,873
红蓝 827
红蓝花 300
红蒿枝 287
红腺抽芽紫珠 861,869
红腺紫珠 861,872
红薯 527,528,530
红薯藤 512
纤花耳草 21,24
纤枝兔儿风 343,348
纤细五爪金龙 527,532
纤细半蒴苣苔 645,648
纤细假糙苏 942,943
纤柄香草 393,398
纤穗爵床 850
纤穗爵床属 768,850

七 画

[丶]

状元红 902
亨氏马先蒿 579,581
庐山香科科 913,915
间序豆腐柴 878,885
沙小菊 220
沙牛木 145
沙参 431
沙参属 422,428
沙滩苦荬菜 358
沟酸浆 591
沟酸浆属 545,591
怀庆地黄 606
补血草 418
补血草属 416

[一]

寿城唇柱苣苔 690,702
弄岗马蓝 777,797
弄岗石山苣苔 708,716
弄岗半蒴苣苔 644,645
弄岗耳叶马蓝 797
弄岗唇柱苣苔 669,672
弄岗越南茜 138
麦花草 562,564

麦秆菊 338
走马风 152
赤术 300
赤眼老母草 837
折苞马蓝 777,798
折苞耳叶马蓝 798
折苞斑鸠菊 288,291
块根小野芝麻 937
扭序花 825
报春苣苔 657
报春苣苔类 656,657
报春苣苔属 625,627,656
报春花 412
报春花科 392
报春花属 392,411,412
报春茜属 2,18
拟大苞半蒴苣苔 644,646
拟毛毡草 325,329
拟长毛锥花 926
拟艾纳香 333
拟艾纳香属 315,332
拟地皮消 806
拟金草 21,27
拟线叶报春苣苔 669,670
拟粉花报春苣苔 675,680
苎麻 540
芙蓉菊 229
芙蓉菊属 221,229
芫荽菊 228
苇谷草 319
苇谷草属 315,318
苣叶鼠尾草 949,951
苣荬菜 355
花木 126
花古帽 257
花叶滇苦菜 355,356
花生 540
花柱草 446
花柱草科 445
花柱草属 445
花莲爵床 839
花葱科 446
芥状唇柱苣苔 689,694
苍术 298,300
苍术叶合耳菊 246
苍术属 298
苍耳 218
苍耳子 218
苍耳属 204,217
苍梧蛇根草 36,43
芦利草 807
苏门白酒草 274,276
杜氏翅茎草 582
杜虹花 861,867
杜根藤 836,839
杏叶沙参 430,431
杏香兔儿风 343,344
李氏报春苣苔 690,703
杨栌 185
豆角木 759
豆腐柴 878,879
豆腐柴属 854,876
两广马蓝 776,780
两广耳草 29
两广线叶爵床 838
两广黄芩 920,925
两广蛇根草 35,36
两广螺序草 45,49
两色三七草 261
丽花石山苣苔 708,712
还阳参属 352,359
来江藤 549,551
来江藤属 542,549
连山爵床 837,847,850

[丨]

卤地菊 211
卤地菊属 204,211
竖龙胆 375
坚挺母草 596,600
坚挺短冠草 588
坚荚树 171
怀庆地黄 606
肖笼鸡 799
旱山菊 324
旱田草 596,597,599
旱莲菜 215
串花马蓝 777,795
串线草 372
岗边菊 266
岗斑鸠菊 288,291

[丿]

针刺草 830
针筒菜 944
钓鱼竿柴胡 264
牡丽草属 2,20
牡荆 887,893
牡荆亚科 854
牡荆族 854
牡荆属 855,887
牡蒿 243
牡蒿 231,243
秃尖尾枫 861,870
秃红紫珠 861,873
秀丽兔儿风 343,347
低矮通泉草 608
佛光草 951,957
近无毛三翅藤 504,505
近革叶石山苣苔 708,716
近革叶假糙苏 940,943
近穗状冠唇花 947,948
返顾马先蒿 579
返顾马先蒿粗茎亚种 581
邻近风轮菜 959,961
角花 979
角花属 912,979
角萼汉克苣苔 704
角萼唇柱苣苔 704
条叶龙胆 374,377
条叶香草 394,401
条叶唇柱苣苔 666,669,670
条叶唇柱苣苔类 657,666
条叶蓟 310
卵叶半边莲 436
卵叶野丁香 105
卵叶粗叶木 100
卵苞马蓝 776,783
卵苞金足草 783
灸草 234
饭汤木 146
饭桐子 546

[乙]

灵川小花苣苔 661,662
灵枝草 851
灵香草 393,398,399
尾叶耳草 28
尾叶纤穗爵床 837,849
尾叶香茜 135
尾苞马蓝 776,794

尾裂玉叶金花 57,58,60
陆氏细筒苣苔 708,714
阿及艾 234
阿生草 568
阿拉伯婆婆纳 571
陈艾 234
附地菜 460,461
附地菜属 451,459
忍冬 176,178
忍冬科 149,151
忍冬属 151,176
劲直续断 191
鸡儿肠 270,271,273
鸡爪簕 132
鸡公属 896
鸡矢藤 90,91
鸡矢藤属 3,90
鸡仔木 13
鸡仔木属 1,11
鸡肝树 755
鸡肠风 186
鸡骨柴 968,970
鸡屎青 898
鸡屎泡 879
鸡屎树 93,96
鸡菜 262
鸡眼菊 285
鸡眼藤 68,71
鸡甜菜 241
鸡脚参 992
鸡脚参属 912,992
鸡槌簕 132
驱蛔虫草 398
驳骨九节 106,109
驳骨丹 842

八 画

[、]

变色唇柱苣苔 690,701
变红蛇根草 35,36
变黑蛇根草 36,42
夜叉头 208
夜来香 495
夜明草 285
夜牵牛 528,537
夜香牛 288,291
夜香树 494,495
夜香树属 465,494
盲肠草 207
闹虫草 398
卷瓣半蒴苣苔 651
单叶蔓荆 887,893
单花红丝线 488,489
单花鹿茸草 581
单座苣苔 645,651
单座苣苔类 620,645
单座苣苔属 625,644
浅裂小花苣苔 665
河池细筒苣苔 708,714
河池唇柱苣苔 689,696
油炸木 171
油菊 223
泡卜儿 595
泡叶龙船花 118,119,120
泡叶报春苣苔 688,690
泡桐 546
泡桐属 542,545
泥花草 596,597,599
泥胡菜 313
泥胡菜属 298,313
波斯婆婆纳 571
波缘艾纳香 327
泽兰 199,202
泽兰族 193
泽兰属 194,199
泽珍珠菜 395,410
宜昌荚蒾 156,173
空心菜 534
郎陆 863

[一]

环江石蝴蝶 654
环江蛇根草 36,40
环翅狸藻 617
青木香 302
青叶胆 375
青蒿 230,233
抽芽紫珠 861,869,874
顶头马蓝 777,799
抱茎小苦荬 363
抱茎山萝过路黄 394,404
抱茎石龙尾 556
抱茎苦荬菜 363
拉拉藤 79
拉拉藤属 3,76
坡饼 585
披针叶乌口树 120,122
披针叶半蒴苣苔 645,650
披针叶荚蒾 155,172
披针叶钩藤 7
披针叶紫珠 861,869
苦艾 234
苦玄参 542,562
苦玄参属 543,562
苦地胆 297
苦舌草 857
苦灯笼 896
苦苣苔亚科 625
苦苣苔科 624,644,730
苦苣菜 355
苦苣菜属 352,355
苦茄 479
苦郎树 894,896
苦草 562,820
苦荬菜 358
苦荬菜属 352,357
苦莴苣 365
苦梓 886,887
苦槛蓝 853
苦槛蓝科 853
苦槛蓝属 853
苦蘵 471,473
英德黄芩 920,925
茑萝 528,539
茑萝松 539
苞叶小牵牛 510,512
苞叶藤 520
苞叶藤属 498,520
直立山牵牛 771
直角荚蒾 155,172
直序五膜草 433
直瓣苣苔类 626
直瓣苣苔属 625,628
茵菊 211
茄 476,488
茄叶斑鸠菊 289,294
茄科 464,810
茄属 465,474
茎叶天葵 262

茎叶鸡脚参 992
茎花中华锥花 926
茎花来江藤 549,551
茎根红丝线 488,491
林生假福王草 367
林生斑鸠菊 289,296
林泽兰 199
杯药草 370
杯药草属 369,370
杯菊 287
杯菊属 264,287
枇杷叶紫珠 860,867,862
板蓝 786
松叶耳草 21,26
松盘藤 512
松蒿 578
松蒿属 544,578
枪刀药 826
枪刀药属 768,826
刺儿菜 304,306
刺天茄 476,484
刺毛母草 596,603
刺针草 208
刺齿泥花草 596,599
刺齿唇柱苣苔 666,669,670
刺虎 102
刺鱼骨木 74
刺种荇菜 390,391
刺种荅菜 391
刺萼假糙苏 939,940
刺蕊草 970,971
刺蕊草属 912,970
奇柱苣苔属 627,703
奇蒿 231,239
奇蒿密毛变种 241
欧白英 476,479
欧洲苣苔属 625
欧旋花 506
轮叶石龙尾 559
轮叶沙参 430
轮钟花 426
轮钟花属 421,426
轮冠木 452
轮冠木属 451,452
轮蓟 310
软叶大苞苣苔 729
软叶唇柱苣苔 702
软兔儿风 348
软筋藤 512

[丨]

非洲堇属 625
非洲菊 351
齿叶桢桐 900
齿叶水蜡烛 974
齿叶吊石苣苔 736,738
齿叶泥花草 599
齿叶瑶山苣苔 629,635
齿叶橐吾 251,252
齿叶鞭打绣球 611
齿叶鳞花草 813,814
齿萼唇柱苣苔 672,675
齿萼唇柱苣苔类 657,672
齿萼紫花苣苔 730,731
虎克粗叶木 101
虎刺 101,102
虎刺属 3,101
虎脚牵牛 528
虎掌藤 527,528,530
肾茶 993
肾茶属 912,993
具毛常绿荚蒾 155,171
明萼草 833
咖啡属 3,113
岸生半柱花 780
岩上珠 55
岩上珠属 2,55
岩生鼠尾草 951,954
岩白菜 677
岩穴千里光 254
岩穴藤菊 254
岩居香草 393,397
岩黄树 55
岩黄树属 2,54
岩雪花 18
罗氏螺序草 45,50
罗甸地皮消 805,806
罗甸纤细假糙苏 940,943
罗甸黄芩 920,925
罗城文采苣苔 657,658
罗城唇柱苣苔 670
罗星草 372
罗浮粗叶木 93,100
罗勒 990,992
罗勒属 912,990
岭罗麦 111
岭罗麦属 3,4,111
岭南来江藤 549,551
败酱 186,188
败酱科 185
败酱属 185

[丿]

钓鱼竿柴胡 264
知列藤 504
垂花香草 393,398
垂花蛛毛苣苔 718,725
垂茉莉 395,397,898
牧根草属 422,431
侧桃草 572
佩兰 199,200
爬拉殃 79
金毛耳草 21,24
金叶巴戟 68,72
金仙草 315
金丝线 539
金耳挖 620
金光菊 213
金光菊属 204,212
金灯藤 540,542
金花蚤草 315
金佛山荚蒾 154,156
金佛花 318
金鱼草 559
金鱼草属 543,559
金挖耳 321,323,498
金草 21,27
金钟藤 514,518
金钮扣 209
金钮扣属 204,209
金剑草 81,83
金疮小草 917
金盏苣苔类 626
金盏苣苔属 625,628
金盏花 342
金盏花族 193,342
金盏花属 342
金盏银盘 206,207
金莲子 391
金柴胡 264

金钱草 405,498
金钱豹 425,426
金钱豹属 421,425
金银花 178,179,180
金银莲花 390
金寄奴 239
金棒草 264
金腰箭 210
金腰箭属 204,210
金腺荚蒾 155,169
金腺莸 906
乳茄 476,482
乳钟药 410
念珠脊龙胆 374,379
肺叶 705
肿柄菊 214
肿柄菊属 204,214
肥牛草 669,670
肥知母 699
鱼骨木 74,76
鱼骨木属 2,74
鱼黄草 514,515
鱼黄草属 498,512
鱼眼草 285
鱼眼草属 264,285
鱼鳅串 270
兔儿风属 343
狐臭柴 878,879,882,883
狗仔菜 293
狗头七 259
狗肉香 962
狗肝菜 829
狗肝菜属 768,829
狗骨柴 135,136
狗骨柴属 4,135

［乙］

帚菊木族 193,342
帚菊属 343,350
弥勒苣苔 629,633
弥勒苣苔属 625
陌上菜 596,600
降龙草 625,648
线叶泥花草 597
线叶香青 334,335
线叶唇柱苣苔 669,672
线叶蓟 304,310
线叶爵床 836,838
线纹香茶菜 980,985
线苞唇柱苣苔类 657,688
线柱苣苔 740
线柱苣苔属 627,740
线球草 284
线萼山梗菜 436,439
线萼报春苣苔 669,670
线萼蜘蛛花 150
细风轮菜 959
细叶小苦荬 362
细叶山艾 231,243
细叶水团花 11
细叶六月雪 271
细叶巴戟天 71
细叶四叶葎 79
细叶母草 596,597
细叶亚婆潮 21,24
细叶苦荬 362
细叶猪殃殃 79
细叶蛛毛苣苔 719,726
细叶鼠麴草 339,341
细叶穗花 569
细红背叶 257
细茎双蝴蝶 381,383
细茎母草 597,603
细齿锥花 926,927
细柄针筒菜 944
细毡毛忍冬 176,180
细种过塘蛇 562
细样猪菜藤 510
细梗耳草 21,28
细梗香草 398
细筒苣苔类 626
细筒苣苔属 625,707
细锥香茶菜 980,987
细穗马蓝 780
细穗金足草 780
细穗兔儿风 343,346
细穗腹水草 576
细穗爵床 850
细鳞荚蒾 172
绉面草 934,936

九 画

［丶］

弯花叉柱花 769
弯果奇柱苣苔 703
弯果唇柱苣苔 703
弯管马铃苣苔 629,633
弯管花 110
弯管花属 3,110
李花菊 209
李花菊属 204,209
李花蟛蜞菊 209
疣萼鱼黄草 514,516
闽粤千里光 248,250
美叶菜豆树 758,759
美叶蒿 230,234
美丽通泉草 608
美丽獐牙菜 387,388
美茂 17
美果九节 106,108
美国凌霄 747
美国楸树 752
美脉粗叶木 93,101
迷迭香 958
迷迭香属 911,958
逆刺 82
总序豆腐柴 885
总序蓟 304,306
总苞牵牛 533
总梗蓝猪耳 594
炮仗竹 553
炮仗竹属 542,551
炮仗花 747
炮仗花属 745,747
炮弹果属 746,752
活血丹 928
活血丹属 911,928
活血莲 251
染色九头狮子草 827
染色水锦树 145
染色花 291
洋地黄 605
洋芍药 211
洋羌 213
洋金花 492,494
洋彩雀 559
浓子茉莉 131,132
穿心草 372
穿心草属 369,370
穿心莲 820
穿心莲属 768,820
冠唇花 947,948

冠唇花属　911,947
冠萼线柱苣苔　740,741
神仙眼镜草　341

［一］

春黄菊族　193,220
珍珠枫　870
珍珠荚蒾　155,172
珍珠菜属　392,393
珊瑚苣苔　635,638
珊瑚苣苔属　626,638
珊瑚花　767
珊瑚豆　476,481
珊瑚树　154,162,164
珊瑚樱　476,481
玻璃生菜　364
毒根斑鸠菊　289,294
毒蛆草　910
挂金灯　471
指叶山猪菜　514,515
挖耳草　617,620
荆芥　933,961
荆芥属　911,933
茸草　610
革叶光叶苣苔　638,640
革叶细筒苣苔　708,716
革叶粗筒苣苔　640
革叶螺序草　45,51
革命菜　262
茜木　116
茜草　82,83
茜草科　1,149
茜草属　3,81
茜树　134,135
茜树属　4,132
荚蒾　156,174
荚蒾属　151,152
草本三对节　895,902
草龙胆　377
草田七　273
草金沙　319
草臭黄荆　878
草海桐　443
草海桐科　441
草海桐属　443
草蒿　233
茼蒿　223,225
茼蒿菜　225
茼蒿属　220,223
茵陈草　582
茵陈蒿　231,241
茯苓菜　285
荇菜　390,391
荇菜属　390
茶麦　766
茶荚蒾　156,173
茶菱　766
茶菱属　763,766
茗花　774
荨麻叶母草　596,602,603
胡连　685
胡麻　540,766
胡麻草　587,588
胡麻草属　544,585
胡麻科　763
胡麻属　763
胡椒草　285
荔枝草　284,951,952
荔波唇柱苣苔　672
南山花　74
南山花属　2,73
南川斑鸠菊　289,294
南川紫珠　861,872
南毛蒿　231,238
南丹附地菜　460
南丹参　951,956
南丹唇柱苣苔　690,701
南丹蛇根草　35,38
南方双蝴蝶　381,383,384
南方泡桐　546,548
南方荚蒾　156,174
南方狸藻　617,618
南方菟丝子　540
南艾蒿　230,236
南瓜七　674
南沙参　430
南非凌霄　756
南苦苣菜　355
南岭马蓝　777,802
南岭鸡眼藤　68,71
南岭野靛棵　850
南岭爵床　837,850
南垂茉莉　895,897,898
南茼蒿　223,225
南美蟛蜞菊　212
南洋紫珠　862
南假马鞭　858
药用唇柱苣苔　689,697
柄花茜草　81,82
栌菊木　352
栌菊木属　343,352
柚木　876,886
柚木族　854
柚木属　854,876
栀子　126,127
栀子属　4,126
枸杞　467
枸杞菜　467
枸杞属　464,467
柳叶水蓑衣　808
柳叶水锦树　142,143
柳叶虎刺　102,104
柳叶香楠　134
柳叶蛇根草　36,41
柳叶斑鸠菊　288,289,291
柳叶爵床　836,839
柳州异裂菊　280,282
柳江杜根藤　836,841
柳江唇柱苣苔　690,702
柳穿鱼　561
柳穿鱼属　543,561
树牵牛　527,533
树斑鸠菊　289,293
树紫珠　862
树番茄　466
树番茄属　465,466
咸沙木　763
咸虾花　202,289,293
厚毛水锦树　142,146
厚叶牵牛　530
厚叶贵州报春　412,414
厚叶香草　393,397
厚叶蛇根草　35,38
厚壳树　454
厚壳树属　451,454
厚柄茜草　81,83
厚绒荚蒾　155,166
厚萼凌霄　746,747
厚萼紫珠　872

厚膜树属 746,758
厚藤 528,530,535
牵牛 528,535
牵牛花 535
牵牛藤 530
背花草 402

[丨]

点叶荚蒾 164
点地梅 411
点地梅属 392,411
临时救 394,407
临桂香草 393,397,398
显苞过路黄 395,408
显脉荚蒾 157
显脉香茶菜 980,981,983
显脉黄芩 919,921
显脉旋覆花 316
显脉獐牙菜 387
映山红 174
星宿菜 395,408
贵州马蓝 780
贵州天名精 321,323
贵州水锦树 142,145
贵州玉叶金花 57,58
贵州半蒴苣苔 645,646,650
贵州地皮消 806
贵州喜鹊苣苔 728,729
贵州鼠尾草 951,952,954
贵阳黄猄草 798
贵港水蓑衣 810
贵港报春苣苔 676,682
虾飞木 145
虾须草 220
虾须草属 204,220
虾柑草 216
虾钳草 207
虻眼 605
虻眼属 545,605
思茅豆腐柴 884
蚂蝗七 625,672,675
咳七风 102
贴生鼠麹草 339

[丿]

钝叶黄芩 919,920
钝齿红紫珠 861,872,873
钝萼唇柱苣苔 677
钝萼野靛棵 847
钝萼爵床 837,847
钟氏报春苣苔 689,697
钟花草 830
钟花草属 768,830
钟刺草 830
钟冠唇柱苣苔 690,699
钟萼草 610
钟萼草属 545,610
钟萼粗叶木 100
钩子木属 912,967
钩毛茜草 81,82
钩毛紫珠 862,875
钩序苣苔 705
钩序苣苔属 625,627,705
钩序唇柱苣苔 705
钩序唇柱苣苔组 705
钩突挖耳草 617,622
钩藤 4,5,8
钩藤属 1,4
毡毛马兰 270
毡毛后蕊苣苔 629,635
毡毛紫菀 265,268
香艾 327
香丝草 274,276
香花报春苣苔 676,686
香青 335,337,338
香青属 315,334,339
香果树 139
香果树属 4,139
香茜 150
香茜科 149
香茜属 149,150
香草亚属 399
香茶菜 980,981
香茶菜属 912,980
香茹 206,964
香科科属 910,913
香菊 229
香彩雀 569
香彩雀属 543,569
香港大沙叶 116
香港双蝴蝶 381,383
香港过路黄 395
香楠 134
香薷 968,969
香薷属 912,967
秋分草 266,270
秋英爵床属 768,831
秋菊 223
秋鼠麹草 339,341
重庆苣 368
重楼排草 401
重瓣臭茉莉 895,903
重瓣曼陀罗 494
复叶唇柱苣苔 666
信宜豆腐木 882
鬼羽箭 585
鬼针草 206,207,208
鬼针草属 204,206
鬼刺 208
侯钩藤 5,7
盾叶光叶苣苔 638
盾叶粗筒苣苔 638
盾叶蛛毛苣苔 719,725
盾果草 462
盾果草属 451,462
盾座苣苔 745
盾座苣苔属 628,745
须药草 820
剑叶耳草 21,28
胆木 16
胆草 377
胜红蓟 202
脉耳草 20,22
匍茎报春苣苔 689,696
匍茎通泉草 609
匍茎短筒苣苔 638
匍匐风轮菜 959
匍匐石龙尾 556,558
匍匐消 807
狭叶四叶葎 78,79
狭叶母草 596,602
狭叶红紫珠 861,873
狭叶花柱草 446
狭叶拉拉藤 81
狭叶兔耳风 348
狭叶栀子 126
狭叶假糙苏 939,942
狭叶落地梅 394,402
狭叶獐牙菜 387,388
狭尖叶粗叶木 99

狭序鸡矢藤 90,91
狭苞橐吾 252,254
狭翅兔儿风 343,344
狭基线纹香茶菜 980,985
狭萼白透骨消 928,930
狭萼腺萼木 64
狭裂泽兰 200
狮子钱 372
狮子球 902
独山金足草 780
独山香草 393,397,398
独脚金 584
独脚金属 544,584
独脚莲 273

［乙］

孩儿草 200,832,833
孩儿草属 768,832
除虫菊 226
贺州小花苣苔 661,665
蚤草属 315
柔毛艾纳香 325,329
柔刺草 825
柔弱母草 596,599
柔弱斑种草 463
绒毛香青 335,338
绒蒿 241,243

十 画

［丶］

凌霄 746,747
凌霄属 745,746
恋岩花属 767,803
浆果苣苔族 627
高大翅果菊 364
高母草 602
高莴苣 364
座地菊 226
疳积草 584
离舌橐吾 252,253
离根香 445
离根香属 443,445
凋缨菊 288
凋缨菊属 287
凉粉木 132
凉粉草 466,519,988
凉粉草属 912,988
凉喉茶 29
瓶头草 277
瓶头草属 263,277
拳头菊 334
粉团 160
粉绿异裂苣苔 654
益母草 937
益母草属 911,936
烟斗草 614
烟泪花 505
烟草 495
烟草属 465,495
烟袋草 321
烟管头草 321
浙玄参 566
浙江獐牙菜 387,389
酒药草 282
酒香草 282
酒饼草 233
酒饼藤 68
消血草 837
消炎草 956
海艾 234
海州常山 896,905
海南马蓝 777,802
海南水团花 15
海南乌口树 120,124
海南玉叶金花 57,61
海南石梓 886
海南老鸦嘴 772
海南地皮消 805,806
海南牡蒿 231,245
海南茄 476,482
海南虎刺 102,104
海南荚蒾 155,171
海南栀子 126,127
海南莲楠草 805
海南臭茉莉 898
海南黄猄草 802
海南菜豆树 759,761
海南麻辣子藤 500
海南深红鸡脚参 992,993
海南赪桐 895,898
海南锥花 926,927
海南槽裂木 15
海南薯 534
海南鳞花草 813,814
海桐叶白英 476,481
海通 896,905
海榄雌 859
海榄雌属 854,859
海滩牵牛 527,528,530,535
流苏子 139
流苏子属 4,139
流苏龙胆 374,378
宽叶十万错 814,815
宽叶下田菊 195
宽叶母草 596,600
宽叶兔儿风 343,346
宽叶锥花 926,927
宽叶鼠麹草 339
宽丝爵床 820
宽伞三脉紫菀 266,273
宽昭螺序草 45,53
宽筋藤 512
家艾 234
窄叶马铃苣苔 631
窄叶紫珠 862,874,875
窄头橐吾 253

［一］

泰北红毛蓝 789
秦州菴闾子 241
秦岭沙参 430
珠光香青 334,335
珠光香青线叶变种 335
珠光香青黄褐变种 335
珠草 216
都安报春苣苔 688,691
热骨风 903
壶花荚蒾 154,156
莕菜 391
赤城报春苣苔 689,697
莲叶荇菜 391
莲叶莕菜 391
莲沱兔儿风 343,347
莲座状报春苣苔 689,697
莴苣 364
莴苣属 353,363
莴笋 364
荷包花 561
荷包花属 543,561
莸属 855,906

莨山唇柱苣苔 677,686
莨芳花 773
莨菪 470,810
桂中报春苣苔 690,702
桂北獐牙菜 387,388
桂北螺序草 45,49
桂林小花苣苔 661
桂林唇柱苣苔 690,699
桂林蛛毛苣苔 719,725
桂南野靛棵 845
桂南爵床 837,845
桂党参 425
桂海木 136
桂海木属 4,136
桂海报春苣苔 689,696
桂越马蓝 776,791
桂粤唇柱苣苔 690,701
桂黔吊石苣苔 736,738
桔梗 424
桔梗石竹 448
桔梗科 421
桔梗属 421,424
栓果菊 359
栓果菊属 353,359
格利氏蓝刺头 314
栗色巴戟 68,71
翅茎半边莲 436,438
翅茎半蒴苣苔 648
翅茎草属 544,582
翅枝马蓝 776,786
翅果耳草 22,32
翅果菊 364,365
翅果菊属 364
翅柄马蓝 776,792
翅柄球菊 333,334
翅柄假糙苏 939,942
翅柄鹅不食草 334
唇形科 910
唇柱苣苔 677,687
唇柱苣苔组 625,656
唇柱苣苔属 625,656,703,704,705,716
唇萼苣苔 719,726
唇萼苣苔属 625,718
夏枯草 934
夏枯草属 911,933
破布子 455
破布木 451,452
破布木属 451
破坏草 199
破骨丹 416
破凉伞 402

［丨］

党参 421,422,424
党参属 421,422
鸭子花 841
鸭脚艾 241
鸭脚菜 241
鸭麻菜 310
鸭嘴花 836,841
蚊母草 571,572
峨眉千里光 248,249
圆叶母草 600
圆叶挖耳草 617,624
圆叶牵牛 528,535
圆叶狸藻 624
圆耳紫菀 265,266,268
圆舌粘冠草 277
圆苞马蓝 783
圆苞杜根藤 839
圆苞金足草 780
圆茎耳草 22,32
圆果苣苔 741
圆果苣苔属 628,741
圆唇苣苔 705,707
圆唇苣苔属 627,705
圆基叶龙头草 930,931
圆萼天茄儿 534
圆萼牵牛 534

［丿］

钻天蜈蚣 747
钻叶紫菀 266,268
铁线鼠尾草 951,957
铁贯藤 772
铁轴草 913
铁屎米 76
缺齿红丝线 488,491
透骨草 910
透骨草科 909
透骨草属 909
透骨消 928
倒挂金钩 5,7
臭艾 186
臭红花 904
臭芙蓉 218,903,904
臭牡丹 895,902,904
臭灵丹 332
臭茉莉 895,903
臭味新耳草 33,34
臭荚蒾 172
臭黄荆 878,879
臭黄根 903
臭梧桐 896,905
臭蒿 233
臭辣树 879
爱地草 86
爱地草属 3,86
爱春花 823
脆菊 338
脂麻 766
狸藻 618
狸藻科 616
狸藻属 616
狼杷草 206,208
留兰香 962
鸳鸯茉莉 465
皱叶忍冬 176,179
皱面鸡眼藤 68,71

［乙］

展叶斑鸠菊 293
展枝玉叶金花 58,62
娘勾根 810
娥房藤 510
通条木 546
通灵螺序草 45,50
通泉草 608,609
通泉草属 545,606
通菜 534
桑氏紫菀 271
绢毛马铃苣苔 628,629
绢叶异裂菊 280
绢冠茜 138
绣花针 102
绣球 156
绣球防风 934

绣球防风属　911,934
绣球荚蒾　154,156
邕宁香草　393,398

十一画

［丶］

麻叶蟛蜞菊　210
麻花头属　298,310
麻省草　558
麻栗水锦树　142,146
麻辣子　501
麻辣子藤　501
麻辣仔属　500
麻辣仔藤属　500
鹿耳草　297
鹿角草　206
鹿角草属　204,205
鹿茸草　581
鹿茸草属　544,581
鹿寨唇柱苣苔　690,699
鹿蹄橐吾　252,253
旋花茄　476,477
旋花科　497
旋花藤　524
旋蒴苣苔　728
旋覆花　318
旋覆花族　193,314
旋覆花属　315,318,319
羚角苣苔　727,728
羚角苣苔属　627,727
盖裂果　90
盖裂果属　3,90
粘人草　207
粘人裙　910
粘手枫　870
粘毛白酒草　282,284
粘毛母草　597,604
粘毛假蓬　284
粘毛螺序草　45,51
粘头婆　218
粘冠草属　263,277
粘糊菜　216
粗毛水锦树　142,146
粗毛玉叶金花　57,61
粗毛耳草　21,28
粗毛蝴蝶草　594
粗叶木　93,98
粗叶木属　3,4,92
粗叶水锦树　143,147
粗叶耳草　21,26
粗丝蛛毛苣苔　719,725
粗壮腹水草　574
粗茎返顾马先蒿　579,581
粗齿天名精　323
粗齿兔儿风　343,348
粗齿唇柱苣苔　672,674
粗齿黄芩　920,922
粗根报春苣苔　669,670
粗筒苣苔属　628,638,730
粗糠树　454,455
断序臭黄荆　885
剪刀股　358
剪刀草　364
焕镛粗叶木　93,98
焕镛螺序草　45,50
清沙草　789
清明草　425
淡红忍冬　176,178
淡红荚蒾　161
淡黄豆腐柴　878,883
淡黄荚蒾　155,169
深红鸡脚参　993
婆婆针　206,208
婆婆纳　571,572
婆婆纳属　543,571
寄色花　291
宿根天人菊　219
密毛小花苣苔　657,658
密毛白莲蒿　230,232
密毛红丝线　488,489
密毛奇蒿　231,241
密毛蚂蝗七　675
密叶苣苔　725
密叶蛛毛苣苔　719,725
密伞千里光　249
密花千里光　247
密花水锦树　143,148
密花玉叶金花　58,62
密花艾纳香　330
密花合耳菊　247,248
密花厚壳树　454,455
密花狸藻　623
密花螺序草　45,51
密序苣苔属　625
密苞马蓝　777,801
密脉木　66
密脉木属　2,66

［一］

球子草　228
球花马蓝　780
球花毛麝香　553,555
球果牧根草　431
球核荚蒾　154,160
球菊　333,334
球菊属　315,333
琉璃草　458
琉璃草属　451,458
排草　979
排草香　979
排草香属　912,979
堆莴苣　368
接力草　208
接骨木　152
接骨木属　151
接骨草　152,271,842
基及树　454
基及树属　451,452
菱叶唇柱苣苔　672,674
黄马缨丹　857
黄毛豆腐柴　878,883
黄毛牡荆　888,893
黄毛金钟藤　519
黄毛粗叶木　93,95
黄心藤　68
黄瓜菜　363
黄瓜假还阳参　362,363
黄丝线　540
黄伞白鹤藤　522,525
黄花牛耳朵　676,680
黄花艾　237
黄花挖耳草　618
黄花龙牙　186
黄花羊蒴苣苔　645,650
黄花地丁　357
黄花草　209,264
黄花牵牛　514
黄花香茶菜　980,983
黄花香薷　968

黄花狸藻 617,618
黄花恋岩花 803
黄花蓝猪耳 592,595
黄花蒿 230,233
黄花爵床 836,843
黄花翼萼 595
黄芩属 911,919
黄杨叶芒毛苣苔 733,735
黄杨叶赛爵床 841
黄杨叶爵床 841
黄连花亚属 402
黄尿草 825
黄刺茄 486
黄金树 752
黄荆 887,891
黄荚蒾 169
黄药 878,881
黄柏 756
黄栀子 127
黄钟花 755
黄钟花属 746,755
黄脉九节 106,108
黄脉爵床 767
黄疸草 498
黄球花 775,778
黄菊仔 223
黄脚鸡 102
黄脚疳 587
黄猄草 799
黄梁木 15
黄棉木 13,134
黄棉木属 1,13
黄棕芒毛苣苔 733
黄凿 13
黄鹌菜 361
黄鹌菜属 353,361
黄腺香青 335,338
黄腺香青绒毛变种 338
黄溪楠 63
黄蝴蝶草 595
萝卜母 259
菜豆树 758,759
菜豆树属 746,758
菜蓟族 193,297
菔根龙胆 375,380
菟丝子 540,542
菟丝子属 498,539
菊 223
菊三七 259
菊三七属 246,259
菊叶柴胡 243
菊芋 213
菊苣族 193,352
菊花 221,223
菊状千里光 248,249
菊科 193
菊属 220,221,225
菊蒿属 220,226
菰腺忍冬 176,178
梗花华西龙头草 930,931
梗花粗叶木 99
梓树 750,752
梓属 746,750
雪花属 2,17

[丨]

常绿荚蒾 155,171
匙叶草 385
匙叶草属 369,385
匙叶鼠麴草 339,341,342
匙叶螺序草 45,52
野丁香属 3,105
野甘草 568
野甘草属 543,568
野艾蒿 230,234,237
野古蓝 777
野叶子烟 321
野生紫苏 963
野白纸扇 61
野白菊 271
野白菊花 271
野白蝉 126
野地钟萼草 610,611
野向阳花 321
野芹菜 241
野苏子 968
野牡丹 902
野拔子 968,969
野茉莉 902
野苦麻 364
野茄 476,486
野枇杷 862
野草香 968,970
野茼蒿 262
野茼蒿属 246,262
野牵牛 528,533
野莴苣 365
野格拉菲 777
野臭茉莉 903
野粉团儿 273
野烟叶 476
野海茄 476,479
野绣球 904
野黄菊 223
野菊 221,223
野菰 614,616
野菰属 613,614
野葵花 318,323
野番薯 528,534
野薯藤 510,516
曼陀罗 492
曼陀罗属 465,492
啮叶玉叶金花 60
蛆头草 285
蛇头王 264
蛇头花 887
蛇头黄 264
蛇咬草 95
蛇总管 562,981
蛇根草属 2,35
鄂红丝线 489,491
鄂报春 412,414,415

[丿]

铜钱叶母草 600
铜锤玉带草 436,441
银丝草 506
银花草 505
银背藤 522
银背藤属 498,522
银钮子 282
银莲花 390
银柴胡 271
银钱菊 266
银胶菊 217
银胶菊属 204,216
甜菜子 241
梨叶小舌菊 279
犁头网 515
袋果草 432

袋果草属 422,432
偏花黄芩 920,922
偏肿鸭嘴花 842
偏基苍耳 218
假九节 106,109
假马齿苋 562
假马齿苋属 543,562
假马鞭 858
假马鞭属 854,858
假牛膝 817
假六棱菊 332
假巴戟 108
假甘草 568
假东风草 325,326
假半边莲 438
假向日葵 214
假红芽大戟 87
假芹菜 449
假杜鹃 774
假杜鹃属 767,774
假还阳参属 353,362
假连翘 859
假连翘属 854,859
假茉莉 896
假败酱 858
假金鸡尾 574
假鱼骨木属 76
假泽兰 194
假泽兰属 194
假厚藤 530
假牵牛 510
假钩藤 7
假桂乌口树 120,124
假柴胡 243
假臭草 197
假臭草属 194,197
假烟叶树 476
假烟叶唇柱苣苔 676,636
假野菰 614
假野菰属 613,614
假蛇舌草 86
假婆婆纳 411
假婆婆纳属 392,411
假密毛小花苣苔 658,661
假紫珠 885
假紫珠属 854,885
假蓝靛 797
假蓬 282,284
假福王草 367,368
假福王草属 353,366
假酸浆 466
假酸浆属 465,466
假糙苏 939,940
假糙苏属 911,939
盘肠参 508
盘苞牵牛 532
斜果挖耳草 617,622
斜脉粗叶木 93,100
斜基粗叶木 93
盒果藤 512
盒果藤属 498,512
彩花马鞭草 855
匐茎炮仗竹 553
猪毛蒿 231,243
猪母泡 896
猪耳风 316
猪血木 146
猪肚木 74
猪肚簕 74
猪殃殃 78,79
猪菜藤 510
猪菜藤属 498,508
猪兜菜 313
猪脚莲 688
猫耳朵 728
猫尾木属 746,753
猫屎木 174
猫簕 132

［乙］

蛋黄草 321
蛋黄烂爵床 818
隆林唇柱苣苔 675,677
续断菊 356
绵毛长蒴苣苔 708,709
绸缎木叶 525
绸缎藤 525
绿茎还阳参 359
绿蓟 304,308
巢腺山牵牛 772

十二画

［丶］

富宁附地菜 460
富宁香草 394,401
痧虫药 555
阔叶丰花草 86,87
阔叶四叶葎 78,79
阔叶排草 399
阔叶蛇根草 35,37
阔叶假排草 394,399
阔叶缬草 190
阔托叶耳草 21,24
阔苞花 843
阔苞唇柱苣苔类 657,675
阔苞菊 330,331
阔苞菊属 315,330
焰苞唇柱苣苔 676,685
湖北巴戟 67,70
湖北蓟 304,310
湖南千里光 248,249
湖南马蓝 777,795
湘桂马铃苣苔 628,631
谢三娘 416

［一］

琴木族 854
琴叶毛蕊花 568
琴叶野靛棵 845
琴叶紫菀 265,266
琴叶爵床 837,845
琼滇鸡爪簕 131
斑叶汉克苣苔 704,705
斑叶唇柱苣苔 705
斑花败酱 186,188
斑鸠站 879
斑鸠菊 289,293,294
斑鸠菊族 193,287
斑鸠菊属 287,288
斑鸠蓟 304,306
斑茎蔓龙胆 384
斑种草属 451,462
斑鞘子 879
塔花山梗菜 436,439
越南耳草 22,30
越南茜属 4,138

越南香茜 135
越南密脉木 66,67
博白报春苣苔 677,686
喜花草 823
喜斑鸠菊 289,294
喜鹊苣苔属 627,728
揹上瓜藤 530
散血丹 78
散血草 408
散花龙船花 118,119
葫芦树属 752
葛藤 524
萩 337
葡萄叶鱼黄草 514
葶花香草 393,395
落地梅 394,401,402
韩信草 920,922
戟叶艾纳香 325,327
戟叶橐吾 253
葈耳 218
棒萼蛛毛苣苔 718,719
棱茎野靛棵 849
棱茎爵床 837,849
棵黄价 756
棉毛天名精 321
棕色桦头草 253
椭圆玉叶金花 58,62
厦门老鼠簕 773
硬毛玉叶金花 61
硬毛白鹤藤 524
硬毛地埂鼠尾草 951,957
硬毛地笋 967
硬叶唇柱苣苔 688,691
硬枝老鸦嘴 771
硬骨凌霄 756
硬骨凌霄属 746,755
裂叶荆芥 933
裂叶牵牛 535
裂叶鳞蕊藤 520
裂苞艾纳香 325,326
裂果金花 44
裂果金花属 2,44
裂檐后蕊苣苔 629,635
裂檐苣苔 635

［丨］

紫丹 457
紫丹属 451,457
紫心牵牛 527,533
紫叶单座苣苔 645,651
紫色翼萼 594
紫花马铃苣苔 628,631
紫花马缨丹 857
紫花丹 416
紫花艾纳香 328
紫花半蒴苣苔 645,651
紫花地丁 380
紫花报春苣苔 677,687
紫花苣苔 730
紫花苣苔属 625,627,729
紫花牵牛 535
紫花香薷 968,969
紫花螺序草 45,53
紫苏 963
紫苏草 556,558
紫苏属 912,963
紫牡丹 904
紫纹唇柱苣苔 676,682
紫苞野靛棵 843
紫苞爵床 836,843
紫茎泽兰 199
紫茎泽兰属 194,199
紫参 952
紫草 458
紫草科 449
紫草属 451,457
紫药红荚蒾 164
紫背天葵 259
紫背金盘 917
紫背贵州鼠尾草 951,954
紫珠 861,867,870,874
紫珠族 854
紫珠属 854,860
紫菊 366
紫菊属 353,365
紫菀族 193,263
紫菀属 263,265
紫葳 747
紫葳科 745
紫萼唇柱苣苔 689,694
紫萼蝴蝶草 592,594
紫腺小花苣苔 661,665
棠菊 296
掌叶茑萝 528,539
掌叶鱼黄草 514
掌叶姬旋花 515
鼎湖耳草 21,27
喇叭花 535
跌打豆 537
蛛毛苣苔 718,721
蛛毛苣苔属 625,627,718,727
蛛毛香青 335,337
蛤仔藤 515
喀西茄 476,484
帽苞薯藤 527,532
黑叶小驳骨 842
黑叶接骨木 842
黑叶接骨草 842
黑叶爵床 842
黑丝报春苣苔 676,685
黑花紫菊 366
黑疔草 410
黑草 585
黑草属 544,585
黑牵牛 530
黑根紫菀 271
黑眼花 771
黑眼菊 213
黑蒴 590
黑蒴属 544,590
黑腺唇柱苣苔 676,682

［丿］

铺地参 508
铺地穿心草 372
锈毛马蓝 789
锈毛忍冬 176,177
锈色石山苣苔 708,709,716
锈色蛛毛苣苔 718,719
锈茎螺序草 46,54
锈背马蓝 776,792
锈背耳叶马蓝 792
锈背野靛棵 847
锈背爵床 837,847

短小蛇根草 36,41
短毛唇柱苣苔 688,690
短叶假糙苏 940,943
短头唇柱苣苔 688,692
短舌紫菀 268,271
短花水金京 142,145
短花茎飞蓬 274
短序荚蒾 154,164
短茎半蒴苣苔 645,650
短枝香草 393,399
短刺虎刺 101,102
短齿白毛假糙苏 940,942
短果泥花草 599
短柄半边莲 436,438
短柄紫花苣苔 730,731
短柄紫珠 862,874,875
短冠东风菜 266,273
短冠草 588
短冠草属 544,588
短梗挖耳草 617,623,624
短梗野菰 614,616
短萼长蒴苣苔 718
短葶飞蓬 274
短裂双蝴蝶 381,384
短筒水锦树 143,147
短筒苣苔属 625,635
短腺小米草 578
短檐苣苔属 625
短穗叉柱花 769,770
鹅不食 228
鹅不食草 228,334
稀裂圆唇苣苔 705,707
等毛短舌紫菀 266,271
筒冠花 974
筒冠花属 912,974
筋骨草属 911,917
番羌 213
番茉莉属 464,465
番茄 492
番茄属 465,492
番薯 528,530
番薯属 498,527
腊肠树 753
腊肠树属 753
腋花孩儿草 832
猴巴掌 252

［乙］

疏毛白绒草 934,936
疏生香青 335,337
疏花叉花草 789
疏花马蓝 789,791
疏花车前 419
疏花石山苣苔 708,714
疏花耳草 21,29
疏花鸡矢藤 91
疏花帚菊 350
疏花穿心莲 820
疏花翅茎草 582
疏花唇柱苣苔 689,696
疏花婆婆纳 571,572
疏花螺序草 49,50
疏刺茄 476,482
疏齿红丝线 491
疏脉半蒴苣苔 646,648
疏柔毛罗勒 990
登亚严 319
缅木 754
缅木属 754

十三画

［丶］

痱子草 568
靖西小花苣苔 661,662
靖西细筒苣苔 708,714
新乌檀 9
新乌檀属 1,9
新耳草属 2,33
新疆柳穿鱼 561
满天星 116
滇丁香 140
滇丁香属 4,140
滇龙胆草 374,375
滇地皮消 806
滇红丝线 489,491
滇拉拉藤 78,81
滇南千里光 255
滇南乌口树 120,122
滇南芒毛苣苔 733,735
滇南合耳菊 247
滇南冠唇花 947
滇南螺序草 46
滇桂豆腐柴 878,879
滇桂兔儿风 346
滇桂臭茉莉 897
滇桂喜鹊苣苔 728
滇越裸柱草 822
滇黔石蝴蝶 651
滇黔紫花苣苔 730
滇黔蒲儿根 255,256
滇箣茜 131
溪边九节 106,109
溪畔黄球花 775,780
溪黄草 980,983
溪楠 63
溪楠属 2,63
漓江报春苣苔 689,697
滨海白绒草 934
裸花紫珠 860,866
裸柱草属 768,821
裸柱菊 226
裸柱菊属 220,226
裸冠菊 203
裸冠菊属 194,203
福氏紫菀 266
福建蔓龙胆 384
福禄考 448
叠苞马蓝 780

［一］

鼓子花 506,508
赪桐 895,902
塘虱角 878,882
蓍属 220,221
蓝吊钟 771
蓝花参 425
蓝花参属 421,425
蓝花草 767
蓝花黄芩 921
蓝花楹 755
蓝花楹属 746,755
蓝刺头属 298,314
蓝盆花属 191
蓝猪耳 592,594

蓝黑果荚蒾 154,157
蓟 304
蓟属 298,304
蓬蒿菊 225
蓑衣草 276
蓑衣莲 270
蒿属 221,229
蒲儿根 255,256
蒲儿根属 246,255
蒲公英 357
蒲公英属 352,357
蒲包花 561
蒙古苍耳 218
蒙古蒿 230,236
蒙古蒲公英 357
蒙自石蝴蝶 651
献瑞螺序草 50
楔叶红茎黄芩 920,921
楔叶葎 78,80
楠草 807
楠草属 767,807
楠藤 57,60
榄核莲 820
楸木 750
楸叶泡桐 546,548
碎米荠叶报春苣苔 666
碎米桠 980,987
碗花草 771,772
雷山假福王草 367
雷氏喜鹊苣苔 728
零陵唇柱苣苔 686,688
辐花苣苔属 625

[丨]

睫毛粗叶木 93,101
睡菜亚科 389
睡菜科 389
暗绿蒿 231,239
路边青 829,898
路边菊 270
蜈蚣草 221
蜂巢草 934,936
幌菊 564
幌菊属 543,564

[丿]

锡金粗叶木 93,98
锥花莸 906,907
锥花属 911,926
锥序丁公藤 500
锥序荚蒾 155,169
锥序蛛毛苣苔 718,721
锦带花属 151,185
锯叶千里光 248
锯叶合耳菊 247,248
锯齿草 597
矮胡麻草 587,588
矮桃 395,408,410
矮蒿 230,236
矮裸柱草 821
鼠尾红 837
鼠尾草 951,956
鼠尾草属 911,949
鼠尾黄 833
鼠刺属 162
鼠冠黄鹌菜 361
鼠麴草 339,341
鼠麴草属 315,334,339
魁蒿 231,237
微毛布荆 887,891
微毛豆腐柴 882
微甘菊 194,195
微齿山梗菜 436,440
微斑唇柱苣苔 676,681
微糙三脉紫菀 266,273
腹水草 573,574,576
腹水草属 543,573
腺毛须药草 820
腺毛恋岩花 803,805
腺毛疏花穿心莲 820
腺叶螺序草 45,48
腺茉莉 896,904
腺苞马蓝 776,780
腺苞金足草 780
腺梗豨莶 216
腺萼马蓝 780
腺萼木属 2,63
雏菊 265
雏菊属 263,265

[乙]

叠苞马蓝 780

十四画

[丶]

裹篱樵 842
瘦叉柱花 769
辣椒 473
辣椒属 465,473
端午艾 237
漏斗苣苔属 626,640
赛爵床 839
蜜蜂花 961
蜜蜂花属 911,961
肇骞合耳菊 246,247
褐纹报春苣苔 675,680

[一]

碧冬茄 495
碧冬茄属 465,495
瑶山丁公藤 500,501
瑶山毛药花 927,928
瑶山母草 596,603
瑶山苣苔 629,635
瑶山苣苔类 626
瑶山苣苔属 625,628
瑶山荚蒾 155,172,173
瑶山麻辣子 501
墙隙菱登草 610
截头马蓝 776,788
截齿红丝线 488,491
聚合草 457
聚合草属 451,457
聚花白鹤藤 522,524
聚花过路黄 407
聚果九节 106,108
蔓九节 106,110
蔓三七草 261
蔓马缨丹 857
蔓龙胆属 369,384
蔓荆 887,893
蔓黄菀 250
蔚 243

酸浆 471
酸浆属 465,470
碱水参 418
豨莶 216
豨莶属 204,215

[丨]

蜡菊 338
蜡菊属 315,338
蜘蛛花属 150
蜘蛛果 426
蜘蛛香 188,190

[丿]

管花党参 422,424
管花薯 534
僧帽花 614
膜叶刺蕊草 970,971
膜萼茄 476,486
獐牙菜 385,387
獐牙菜属 369,385

[乙]

翠子菜 646
熊耳草 202

十五画

[丶]

瘤果附地菜 460,461
澜沧风铃草 428

[一]

髯丝蛛毛苣苔 718,721
蕨叶假福王草 367,368
蕲艾 229,234
蕊帽忍冬 176,177
蕴璋耳草 20,22
横蒴苣苔 642
横蒴苣苔属 626,642
槽裂木属 1,13
槭叶茑萝 539
樟叶巴戟 67,70
樟叶荚蒾 154,160

[丨]

暴臭蛇 505
踏地莲花菜 274
蝶花荚蒾 154,161
蝴蝶戏珠花 154,160,161
蝴蝶草 384
蝴蝶草属 545,590,591
墨苜蓿 89
墨苜蓿属 3,89
墨菜 215
鹤虱 323

[丿]

稻槎菜 353
稻槎菜属 352,353
箭头风 188
德保报春苣苔 676,681
鹞鹰爪 206

[乙]

缬草 188,190
缬草属 185,188
鞘蕊花属 912,976

十六画

[丶]

磨地胆 297
廪蒿 233
糙毛马蓝 777,801
糙叶丰花草 86,87
糙叶火焰花 818
糙叶咸虾花 289
糙叶窄头橐吾 252,253
糙叶斑鸠菊 288,289
糙边螺序草 45,52

[一]

蕹菜 528,534
薄叶马蓝 777,798
薄叶唇柱苣苔 689,699
薄叶新耳草 33,34
薄皮木 105
薄柱草 84
薄柱草属 3,84
薄荷 962
薄荷属 912,962
颠茄 467
颠茄属 465,467
橙红茑萝 528,539
橐吾属 246,251
融水报春苣苔 688,691
融安直瓣苣苔 629,633
融安唇柱苣苔 689,694
黔西蒲儿根 256
黔南马蓝 801

[丿]

衡山荚蒾 156,173

十七画

[丶]

糠藤 67,68

[一]

戴星草 333
戴星草属 315,333
鞠 223
藏续断 191
翳子草 285

[丨]

螺序草 44,46
螺序草属 2,44

[丿]

穗花香科科 913,915
穗花属 543,569
穗状香薷 968,970
穗序钟花草 850
穗序钟列草 850
簕泡木 129
簕茜 131,132
簕茜属 4,131
簕牯树 129
簕番薯 532
簇序草 949
簇序草属 911,949
爵床 836,837,839
爵床科 766
爵床属 768,836
鳄嘴花 825
鳄嘴花属 768,825

[乙]

翼叶山牵牛 771
翼叶老鸦嘴 771
翼茎阔苞菊 330,331
翼齿六棱菊 332

十八画

[丶]

癞叶唇柱苣苔 676,680

[一]

鞭打绣球 611
鞭打绣球属 545,611
藤状火把花 947

藤茶 747
藤菊 218,254,**255**,296
藤菊属 246,**254**
藤紫珠 860,**863**
薦寄生 **613**
薦寄生属 **613**
覆瓦蓟 304,**308**

[丨]

蟛蜞菊 **212**
蟛蜞菊属 204,**211**
馥芳艾纳香 325,**327**

十九画

[丶]

麒麟吐珠 767

[一]

藿香 **931**
藿香属 911,**931**
藿香蓟 202
藿香蓟属 194,**202**
藻百年 **370**
藻百年属 **369**
攀茎钩藤 5,**8**
攀倒甑 186
攀缘吊石苣苔 736,**740**

[丨]

蟾蜍草 435

[丿]

蟹钳草 207

二十画

[丶]

糯米条 **184**
糯米香 776,**794**

[丿]

鳞丝藤属 520
鳞花草 **813**
鳞花草属 767,**813**
鳞斑荚蒾 **164**,**166**
鳞蕊藤属 498,**520**

二十一画

[一]

露水藤 540

[丿]

鳢肠 **215**
鳢肠属 204,**215**

二十二画

[一]

囊花孩儿草 832,**834**
囊筒报春苣苔 689,**692**

[丿]

穤花 58

拉丁学名索引

（按字母顺序排列，正体字为正名，斜体字为异名）

[A]

Abelia R. Br. 151,**184**
chinensis R. Br. **184**
engleriana (Graebn.) Rehd. 184
parvifolia Hemsl. 184
uniflora R. Brown **184**
ACANTHACEAE **766**
Acanthopale dalzielii W. W. Sm. 791
debilis C. B. Clarke ex S. Moore 798
labordei (H. Lévl.) Hand.-Mazz. 798
radicans Clarke ex Benoist 799
tetrasperma (Champ. ex. Benth.) Hand.-Mazz. 799
Acanthus L. 767,**773**
ebracteatus Vahl 773,**774**
var. *xiamenensis* (R. T. Zhang) C. Y. Wu et C. C. Hu 773
ilicifolius L. **773**,774
var. *ebracteatus* (Vahl) Benoist 774
var. *xiamenensis* (R. T. Zhang) Y. F. Deng, N. H. Xia et H. B. chen 773
xiamenensis R. T. Zhang 773
Achillea L. 220,**221**
sibirica Ledebour
subsp. *wilsoniana* Heimerl ex Hand.-Mazz. 221
wilsoniana (Heimerl) Hand.-Mazz. **221**
f. *obconica* Heimerl ex Hand.-Mazz. 221
Acilepis aspera (Buch.-Ham.) H. Rob. 289
clivorum (Hance) H. Rob. 291
saligna (DC.) H. Rob. 289
spirei (Gand.) H. Rob. 291
Acmella Persoon 204,**209**
biflora (L.) Spreng. 209
paniculata (Wall. ex DC.) R. K. Jansen **209**
Acrocephalus Benth. 912,**988**
hispidus (L.) Nicolson et Sivad. **988**
indicus (Burm. f.) Kuntze. 988
Adenophora Fisch. 422,**428**
axilliflora Borb. 431
hunanensis Nannf. 431
obtusifolia Merr. 430
petiolata Pax et K. Hoffm. **430**
subsp. hunanensis (Nannf.) D. Y. Hong et S. Ge 430,**431**
subsp. petiolata **430**
stricta Miq. **431**
subsp. sessilifolia D. Y. Hong 430,**431**
subsp. stricta **431**
tetraphylla (Thunb.) Fisch. **430**
triphylla (Thunb.) A. DC. 430
verticillata Fisch. 430
Adenosacme longiflora (Wall.) Kuntze
var. *sinensis* Hemsl. 64
Adenosma R. Br. 543,**553**
affinis Griff. 799
caeruleum R. Br. 555
capitatum (Benth.) Benth. ex Hance 555
glutinosum (L.) Druce 553,**555**
var. *caeruleum* (R. Br.) P. C. Tsoong 555
indianum (Lour.) Merr. 553,**555**
retusilobum P. C. Tsoong et T. L. Chin 553,**555**
spatulata Blume 769
Adenostemma J. R. Forst. et G. Forst. 194,**195**
latifolium D. Don 195
lavenia (L.) Kuntze **195**
var. lavenia **195**
var. latifolium (D. Don) Hand.-Mazz. **195**
Adhatoda chinensis Champ. 839
quadrifaria (Nees) Nees 839
vasica Nees 841
ventricosa (Hook.) Nees 842
Adina Salisb. 1,**9**
affinis F. C. How 15
asperula Hand.-Mazz. 13
globiflora Salisb. 11
griffithii J. D. Hooker 9
hainanensis How 15
metcalfii Merr. ex Li 15
mollifolia Hutchins. 13
pilulifera (Lam.) Franch. ex Drake **11**
polycephala Benth. 13

var. *glabra* F. C. How 15
pubicostata Merr. 11
racemosa (Sieb. et Zucc.) Miq. 13
rubella Hance **11**
trichotoma (Zoll. et Moritzi) Benth. et Hook. f. ex B. D. Jacks. 13
zschokkei Elmer 13
Aechmanthera tomentosa Nees 778
Aeginetia L. 613,**614**
acaulis (Roxb.) Walp. 614,**616**
indica L. **614**,616
japonica Sieb. et Zucc. 616
pedunculata (Roxb.) Wall. 616
Aeschynanthus Jack 627,**733**,735
acuminatus Wall. ex A. DC. **733**
apicidens Hance 738
austroyunnanensis W. T. Wang **733**
var. austroyunnanensis 733,**735**
var. guangxiensis (Chun ex W. T. Wang) W. T. Wang 733,**735**
bracteatus Wall. ex A. DC.
var. orientalis W. T. Wang **733**
buxifolius Hemsl. 733,**735**
guangxiensis Chun ex W. T. Wang 735
Agastache Clayt. ex Gronov. 911,**931**
rugosa (Fisch. et C. Mey.) O. Ktze. **931**
Agathotes nervosa Wall. ex G. Don 387
Ageratina Spach 194,**199**
adenophora (Spreng.) R. M. King et H. Rob. **199**
Ageratum L. 194,**202**
conyzoides L. **202**
houstonianum Miller **202**
mexicanum Sims. 202
Aidia Lour. 4,**132**
canthioides (Champ. ex Benth.) Masam. **134**
var. *lanceolata* Masam. 134
cochinchinensis Lour. 134,**135**
leucocarpa (Champ. ex Benth.) T. Yamazaki 113
oxyodonta (Drake) Yamazaki 134,**135**
pycnantha (Drake) Tirveng. **134**
salicifolia (H. L. Li) Yamazaki **134**
sinensis (Lour.) Masam. 132
wallichii (Hook. f.) Yamazaki 111
Aikinia carnosa G. Don 745
Ainsliaea DC. **343**
apteroides (C. C. Chang) Y. C. Tseng 343,**344**
asarifolia Hayata 344
chapaensis Merr. 343,**344**
elegans Hemsl. 343,**347**
var. *tomentosa* Mattf. 347
fragrans Champ. ex Benth. 343,**344**
gracilis Franch. 343,**348**
var. *robusta* Diels 348
grossedentata Franch. 343,**348**
henryi Diels 343,**346**
hui Diels ex Mattf. 347
hypoleuca Diels 346
latifolia (D. Don) Sch. -Bip. 343,**346**
var. *ovata* (Franch.) Grier. et Lauen. 346
macroclinidioides Hayata 343,**347**
ningpoensis Matsuda 344
pteropoda DC.
var. *apteroides* C. C. Chang 344
var. *obovata* Franch. 346
ramosa Hemsl. 343,**347**
spicata Vaniot 343,**346**
trinervis Y. C. Tseng 343,**348**
walkeri J. D. Hooker 344,**348**
Ajuga L. 911,**917**
decumbens Thunb. **917**
furcata Link 949
macrosperma Wall. ex Benth. **917**
nipponensis Makino **917**
Alectra Thunb. 544,**590**
avensis (Benth.) Merr. **590**
Alleizettella Pit. 3,4,**111**
leucocarpa (Champ. ex Benth.) Tirveng. **111**
Allostigma W. T. Wang 626,**654**,656
guangxiense W. T. Wang **654**
Alomia spilanthoides D. Don ex Hook. et Arn. 203
Ambulia aromatica Lam. 558
sessiliflora (Vahl) Baill. ex Wettst. 559
Amphirhapis chinensis Sch. -Bip. 264
leiocarpa Benth. 264
Anagalloides procumbens Krock. 602
Anaphalis DC. 315,**334**,339
adnata Wall. ex DC. 339
alata Maxim. 337
aureopunctata Lingelsh. et Borza **338**
var. aureopunctata 335,**338**
var. tomentosa Hand. -Mazz. 335,**338**
bicolor (Franch.) Diels 335,**337**

busua (Buch.-Ham.) DC. 335,**337**
chanetii (H. Lévl.) H. Lévl. 337
cinnamomea (DC.) C. B. Clarke 335
margaritacea (L.) Benth. et Hook. f. **335**
subsp. *japonica* (Sch.-Bip.) Kitam. 335
var. angustifolia (Franch. et Savat.) Hayata 334,**335**
var. cinnamomea (DC.) Herd. ex Maxim. **335**
var. *japonica* (Sch.-Bip.) Makino 335
var. margaritacea 334,**335**
margaritacea Benth.
pterocaulon (Franch. et Sav.) Maxim. 337
semidecurrens (Wall. ex DC.) DC. 337
sinica Hance **337**,338
subsp. *intermedia* (Pamp.) Kitam. 338
var. alata (Maxim.) S. X. Zhu et R. J. Bayer 335, **337**
var. *remota* Y. Ling 337
var. sinica 335,**337**
var. *tomentosa* (Hand.-Mazz.) Kitam. 338
Anchusa tenellum Hornem. 463
zeylanica Jacq. f. 463
Ancylostemon Craib 628
rongangensis K. Y. Pan 633
Andrachne cavaleriei H. Lévl. 401
Andrographis Nees 768,**820**
laxiflora (Bl.) Lindau **820**
paniculata (Burm. f.) Nees **820**
sinensis H. S. Lo 822
tenera (Nees) Kuntze 820
tenuiflora T. Anderson 820
Androsace L. 392,**411**
diversifolia C. Y. Wu 412
runcinata Hand.-Mazz. 411,**412**
saxifragaefolia Bunge 411
umbellata (Lour.) Merr. **411**
Angelonia Humb. et Bonpl. 543,**569**
salicariifolia Bonpl. **569**
Aniseia biflora (Linn.) Choisy. 532
Anisochilus Wall. ex Benth. 912,**979**
carnosus (L. f.) Benth. **979**
Anisomeles R. Br. 911,**948**
indica (L.) Kuntze. **948**
Anisopappus Hook. et Arn. 315,**324**
chinensis Hook. et Arn. **324**
Anna Pellegr. 627,**729**
mollifolia (W. T. Wang) W. T. Wang et K. Y. Pan **729**
submontana Pellegr. **729**
Anotis chrysotricha Palib. 24
ingrata Wall. ex Hook. f. 34
kwangtungensis Merr. et Metcalf 34
wightiana (Wall. ex Wight et Arn.) Hook. f. 33
Antennaria cinnamomea DC. 335
Antherura rubra Lour. 109
Anthocephalus cadamba (Roxb.) Miq. 15
indicus A. Rich. 15
var. *glabrescens* Li 15
Antiotrema Hand.-Mazz. 451,**461**
dunnianum (Diels) Hand.-Mazz. **462**
Antirhea Comm. ex Juss. 4,**149**
chinensis (Champ. ex Benth.) Benth. et Hook. f. ex F. B. Forbes et Hemsl. **149**
Antirrhinum L. 543,**559**
linaria L. 561
majus L. **559**
Aphanochilus blandus Benth. 969
flavus Benth. 968
Aplotaxis deltoidea DC. 311
Archiphysalis kwangsiensis Kuang 470
Arctium L. 298,**313**
lappa L. **313**
leiospermum Juz. et Ye. V. Serg. 314
majus Bernh. 314
Ardisia esquirolii H. Lévl. 401
Argostemma Wall. 2,**17**
discolor Merr. **18**
saxatile Chun et F. C. How ex W. C. Ko **18**
Argyranthemum Webb. ex Sch.-Bip. 220,**225**
frutescens (L.) Sch.-Bip. **225**
Argyreia Lour. 498,**522**
acuta Lour. 522,**525**
aggregata (Roxb.) Choisy
var. *osyrensis* (Roth) Gagn. et Courch. 524,525
capitata (Vahl.) Arn. ex Choisy 524
capitiformis (Poiret) van Ooststroom 522,**524**
championii Benth. 522
festiva Wall. 525
fulvocymosa C. Y. Wu 522,**525**
mollis (N. L. Burman) Choisy **522**
obtecta (Wall.) C. B. Clarke 522
osyrensis (Roth) Choisy 522,**524**
var. cinerea Hand.-Mazz. **525**
var. osyrensis **524**

pierreana Bois 522,**524**
rufohirsuta H. Lévl. 524
seguinii (H. Lévl.) Van. ex H. Lévl. 524
Arnica japonica Thunb. 252
hirsuta Forsk. 351
piloselloides L. 351
tussilaginea Burm. f. 251
Artemisia L. 221,**229**
annua L. 230,**233**
anomala S. Moore **239**
var. anomala 231,**239**
var. tomentella Hand.-Mazz. 231,**241**
apiacea Hance 233
var. *schochii* (Mattf.) Hand.-Mazz. 233
argyi H. Lévl. et Vaniot 230,**234**
f. *gracilis* (Pamp.) Kitag. 234
asiatica Nakai ex Pamp. 237
atrovirens Hand.-Mazz. 231,**239**
burmanica Pamp. 238
calophylla Pamp. 230,**234**
capillaris Thunb. 231,**241**
var. *arbuscula* Miq. 241
var. *scoparia* (Waldst. et Kit.) Pamp. 243
caruifolia Buch.-Ham. ex Roxb. **233**
var. caruifolia 230,**233**
var. schochii (Mattf.) Pamp. 230,**233**
chamomilla C. Wink. 233
chinensis L. 229
chingii Pamp. 231,**238**
codonocephala Diels 234
dubia Wall. ex Bess. **245**
var. dubia 232,**245**
var. *jacquemontiana* Pamp. 237
var. subdigitata (Mattf.) Y. R. Ling 232,**245**
eriocephala Pamp. 237
feddei H. Lévl. et Vaniot 236
gmelinii Weber ex Stechm. **232**
var. gmelinii 230,**232**
var. incana (Bess.) H. C. Fu 230,**232**
var. *incana* (Bess.) Y. R. Ling 232
var. messerschmidiana (Bess.) Poljak. 230,**232**
indica Willd. 231,**237**
japonica Thunb. **243**
var. hainanensis Y. R. Ling 231,**245**
var. japonica 231,**243**
lactiflora Wall. ex DC. 231,**241**
lancea Vaniot 230,**236**
lavandulifolia DC. 230,**234**
lavandulaeiclia DC.
var. *feddei* (H. Lévl. et Vaniot) Pamp. 236
maderaspatana L. 284
messerschmidiana Bess. 232
var. *incana* Bess. 232
minima L. 228
mongolica (Fisch. ex Bess.) Nakai 230,**236**
morrisonensis Hayata 231,**243**
myriantha Wall. ex. Bess. 231,**238**
nilagirica (C. B. Clarke) Pamp. 237
parvula Pamp. 237
princeps Pamp. 231,**237**
roxburghiana Wall. ex Bess. 230,**237**
sacchalinensis Tiles. ex Bess. 241
sacrorum Ledeb. 232
var. *vestita* (Wall. ex Bess.) Kitam. 232
var. *messerschmidiana* (Bess.) Y. R. Ling 232
schochii Mattf. 233
scoparia Waldst. et Kit. 231,**243**
septemlobata H. Lévl. et Vaniot. 241
simulans Pamp. 231,**239**
stewartii C. B. Clarke 233
subdigitata Mattf. 245
var. *thomsonii* (C. B. Clarke ex Pamp.) S. Y. Hu 245
sylvatica Maxim. 231,**238**
thunbergiana Maxim. 233
verlotorum Lamotte 230,**236**
vestita Wall. ex Bess. 230,**232**
vulgaris L.
var. *mongolica* Fisch. ex Bess. 236
wadei Edgew. 233
Aster L. 263,**265**
ageratoides Turcz. 268,**271**
subsp. *lasiocladus* (Hayata) Kitam. 271
var. ageratoides 266,**271**,273
var. lasiocladus (Hayata) Hand.-Mazz. 266,**271**
var. laticorymbus (Vaniot) Hand.-Mazz. 266,**273**
var. scaberulus (Miq.) Y. Ling 266,**273**
annuus L. 276
argyi H. Lévl. 266
asagrayi Makino 266,**270**
auriculatus Franch. 265,**266**,268
breviscapus Vent. 274

candelabrum Vnt. 266
ciliosus (Turcz.) Hand.-Mazz. 270
coriaceifolius H. Lévl. et Vaniot 289
dolichophyllus Y. Ling 265,**268**
dolichopodus Y. Ling 265,**268**
esquirolii H. Lévl. 355
indicus L. 266,**270**
komarovii H. Lévl. et Vaniot 273
lasiocladus Hayata 271
laticorymbus Vaniot 273
lofouensis H. Lévl. et Vaniot 319
marchandii H. Lévl. 266,**273**
panduratus Nees ex Walp. 265,**266**
sampsonii (Hance) Hemsl. 268,**271**
var. isochaetus C. C. Chang 266,**271**
var. sampsonii **271**
scaber Thunb. 266,**273**
scaberulus Miq. 273
semprostratus (Grierson) H. Ikeda 270
shimadai (Kitam.) Nemoto 270
sphaerotus Y. Ling 265,266,**268**
subulatus Michaux 266,**268**
trinervius D. Don 271
subsp. *ageratoides* (Turcz.) Griers. 271
trinevius Roxb.
var. *lasiocladus* (Hayata) Yamomoto 271
velutinosus Y. Ling 265,**268**
verticillatus (Reinw.) Brouillet 266,**270**
yangtzensis Migo 270
ASTERACEAE **193**
Asterocephalus cochinchinensis Spreng. 297
Asyneuma Griseb. et Schenk 422,**431**
chinense Hong **431**
Asystasia Blume 768,**814**,815
chinensis S. Moore 817
gangetica (L.) T. Anderson 814,**815**
lanceolata T. Anderson 811
neesiana (Wall.) Nees 817
nemorum Nees 814,**815**
pauciflora Nees 830
silvicola W. W. Sm. 811
violacea Dalzial ex C. B. Clarke 815
Asystasiella Lindau 768,**815**
chinensis (S. Moore) E. Hossain 817
neesiana (Wall.) Lindau **817**
Atractylis lancea Thunb. 300
chinensis (Bunge) DC. 300
macrocephala (Koidz.) Nemoto
var. *hunanensis* Y. Ling 298
Atractylodes DC. **298**
chinensis (Bunge) Koidz. 300
lancea (Thunb.) DC. 298,**300**
macrocephala Koidz. **298**
Atropa L. 465,**467**
acuminata Royle ex Lindl. 467
belladonna L. **467**
physalodes Linnaeus 466
Aucklandia Falc. 298,**302**
costus Falc. **302**
Avicennia L. 854,**859**
marina (Forsk.) Vierh. **859**

[B]

Baccharis indica L. 331
salvia Lour. 326
Bacopa Aubl. 543,**562**
floribunda (R. Br.) Wettst. 562,**564**
monnieri (L.) Pennell **562**
monnieria (L.) Wettst. 562
Ballota suaveolens L. 976
Baphicacanthus cusia (Nees) Bremek. 786
Barleria L. 767,**774**
cristata L. **774**
Batatas crassicaulis Benth. 533
Beccarinda Kuntze 626,**642**
minima K. Y. Pan 642,**644**
sinensis (Chun) Burtt 644
tonkinensis (Pellegr.) Burtt **642**
Bellis L. 263,**265**
perennis L. **265**
stipitata Labill. 277
Benkara Adanson 4,**131**
canthioides (Champ. ex Benth.) Ridsdale 134
depauperata (Drake) Ridsdale **131**
forrestii (J. Anthony) Ridsdale **131**
scandens (Thunb.) Ridsdale 131,**132**
sinensis (Lour.) Ridsdale 131,**132**
Bidens L. 204,**206**
alba (L.) DC. 206,**207**
bipinnata L. 206,**208**
biternata (Lour.) Merr. et Sherff 206,**207**
chilensis DC. 207

chinensis Willd. 207
frondosa L. 206,**208**
meyeniana Walp. 206
pilosa L. **207**,208
var. *albiflora* Maxim. 207
var. *bipinnata* (L.) J. D. Hooker. 208
var. *minor* (Blume) Sherff 207
var. pilosa 206,**207**
var. radiata (Sch.-Bip.) J. A. Schmidt 206,**207**
robertianifolia H. Lévl. et Van. 207
shimadai Hayata 208
sundaica Blume
var. *minor* Blume 207
tenuifolia Labill. 206
tripartita L. 206,**208**
var. *quinqueloba* C. H. An 208
var. *shimadai* Yamam. 208
Bignonia africana Lam. 753
catalpa Thunb. 750
capensis Thunb. 756
chinensis Lam. 747
colais Buch.-Ham. ex Dillwyn 763
grandiflora Thunb. 747
indica Linn. 756
porteriana Wall. ex A. DC. 761
radicans Linn. 747
stans Linn. 755
tomentosa Thunb. 548
venusta Ker-Gawl. 747
BIGNONIACEAE **745**
Bileveillea granulatifolia H. Lévl. 326
myriocephala DC. 326
spectabilis DC. 326
Biotia discolor Maxim. 273
Blainvillea Cass. 204,**214**
acmella (L.) Philipson **214**
latifolia (L. f.) DC. 214
Blinkworthia Choisy 498,**520**
convolvuloides Prain **520**
discostigma Hand.-Mazz. 520
Blumea DC. 315,**324**,333
alata (D. Don) DC. 332
amethystina Hance 328
aromatica DC. 325,**327**
axillaris (Lam.) DC. 325,**329**
balansae Gagnep. 330
balsamifera (L.) DC. 325,**326**
var. *microcephala* Kitam. 326
barbata DC.
var. *sericans* Kurz 329
chinensis Walp. 329
clarkei Hook. f. 325,**328**
conyzoides H. Lévl. et Vaniot 284
fistulosa (Roxb.) Kurz 325,**328**
flava DC. 333
formosana Kitam. 325,**327**
glandulosa Benth. 327
henryi Dunn 326
hieraciifolia (D. Don) DC. 325,328,**329**
hirsuta King-Jones 328
hongkongensis Vaniot 328
lacera (Burm. f.) DC. 325,**329**
laciniata (Roxb.) DC. 327
lanceolaria (Roxb.) Druce 325,**326**
leptophylla Hayata 327
lessingii Merr. 328
macrostachya DC. 329
malabarica Hook. f. 328
martiniana Vaniot 325,**326**
megacephala (Randeria) C. T. Chang et Y. Q. Tseng **325**,326
membranacea DC. 325,**330**
mollis (D. Don) Merr. 329
myriocephala DC. 326
oblongifolia Kitam. 325,**328**
okinawensis Hayata 327
onnaensis Hayata 327
pterodonda DC. 332
riparia (Blume) DC. 325,**326**
var. *megacephala* Randeria 326
sagittata Gagnep. 325,**327**
sericans (Kurz) Hook. f. 325,**329**
sessiliflora Decne. 325,**330**
sinuata (Lour.) Merr. 325,**327**
subcapitata DC. 329
tonkinensis Gagnep. 326
wightiana DC. 329
Blumeopsis Gagnep. 315,**332**
flava (DC.) Gagnep. **333**
Boea Commerson ex Lamarck 727
birmanica Craib 726
chaffanjoni H. Lévl. 721

darrisii H. Lévl. 729
dictyoneura Hance 726
elephantopoides Chun 727
feddei H. Lévl. 729
glutinosa Hand.-Mazz. 721
hancei Clarke 726
hygrometrica (Bunge) R. Br. 728
macrophylla Drake 721
martinii (H. Lévl.) H. Lévl. 721
multiflora R. Br. 727
philippensis Clarke 727
poilanei Pellegr. 727
rufescens Franch. 719
swinhoei Hance 721
thirion H. Lévl. 727
umbellata Drake 719
Boeica Clarke 625,**635**
stolonifera K. Y. Pan 635,**638**
Bonnaya antipoda (L.) Druce 597
brachiata Link. et Otto 599
hyssopioides (L.) Benth. 599
reptans (Roxb.) Spreng. 597
tenuifolia (Colsmann) Spreng. 597
veronicifolia (Retz.) Spreng. 597
BORAGINACEAE **449**
Borreria alata (Aubl.) DC. 87
hispida K. Schum. 87
latifolia (Aubl.) K. Schum. 87
pusilla (Wall.) DC. 86
Bostrychanthera Benth. 911,**927**
deflexa Benth. 927,**928**
yaoshanensis S. L. Mo et F. N. Wei. 927,**928**
Bothriospermum Bunge 451,**462**
asperugoides Sieb. et Zucc. 463
majasculum (Hayata) Suzuki 462
secundum Maxim. **463**
tenellum (Hornem.) Fisch. et Mey. 463
var. *asperugoides* (Sieb. et Zucc.) Maxim. 463
var. *majasculum* Hayata 462
zeylanicum (J. Jacq.) Druce **463**
Botryopleuron longispicatum Merr. 574
plukenetii T. Yamazaki 576
stenostachyum Hemsl. 574
Brachiostemon macrocalyx Hand.-Mazz. 728
Brachyramphus sinicus Miq. 365
Brandisia Hook. f. et Thoms. 542,**549**
cauliflora Tsoong et Lu 549,**551**
hancei J. D. Hook. 549,**551**
kwangsiensis H. L. Li 549,**551**
laetevirens Rehd. 551
swinglei Merr. 549,**551**
Briggsia Craib 628,730
cavaleriei (H. Lévl. et Van.) Craib 730
damingshanensis L. Wu et B. Pan 731
dongxingensis Chun ex K. Y. Pan 731
fritschii (H. Lévl.) Craib 640
longipes (Hemsl.) Craib 640
mihieri (Franch.) Craib 640
stewardii Chun 633
Brunfelsia L. 464,**465**
acuminata (Pohl) Benh. **465**
Buchnera L. 544,**585**
asiatica L. 584
cruciata Buch.-Ham. ex D. Don **585**
densiflora Hook. et Arn. 585
masuria Buch.-Ham. ex Benth. 584
stricta Benth. 585
Bungea sheareri S. Moore 581
Buxiphyllum velutinum W. T. Wang et C. Z. Gao 725

[C]

Cacalia bicolor Roxb. ex Willd. 261
bulbosa Lour. 259
incana L. 262
ovalis Ker-Gawl. 262
procumbens Lour. 261
sarmentosa Bl. 261
sonchifolia L. 257
subglabra C. C. Chang 253
volubilis Bl. 255
Caelospermum Blume 2,**73**
kanehirae Merr. 73
morindiforme Pierre ex Pitard 73
scandens Blume 73
truncatum (Wall.) Baill. ex K. Schum. **73**
Caemona viminea (Wall.) G. Don 452
Calamintha chinensis Benth. 959
confinis Hance 961
esquirolii H. Lévl. 977
gracilis Benth. 959
polycephala Vaniot 959
Calcareoboea C. Y. Wu ex H. W. Li 707

coccinea C. Y. Wu ex H. W. Li 712
Calceolaria L. 543,**561**
crenatifolia Cav. **561**
Calendula L. **342**
officinalis L. **342**
Calimeris ciliosa Turcz. 270
Callicarpa L. 854,**860**
acuminata Roxb. 866
var. *angustifolia* Metc. 866
acutifolia H. T. Chang 860,**866**
anisophylla C. Y. Wu et W. Z. Fang 862,**874**
arborea Roxb. 860,**862**
bodinieri H. Lévl. 867,**870**,874
var. bodinieri 861,**870**
var. *giraldii* (Hesse) Rehd. 867
var. *lyi* (H. Lévl.) Rehd. 867
var. rosthornii (Diels) Rehd. 861,**872**
brevipes (Benth.) Hance 862,**874**,875
var. *dentosa* H. T. Chang 874
cathayana H. T. Chang 862,**873**
dentosa (H. T. Chang) W. Z. Fang 862,**874**
dichotoma (Lour.) K. Doch 861,**870**
dichotoma (Lour.) Raeuch. 870
dielsii (H. Lévl.) P'ei 873
erythrosticta Merr. et Chun 861,**872**
formosana Rolfe 861,**867**
var. *chinensis* P'ei 863
giraldii Hesse ex Rehd. **867**,872
var. giraldii 861,**867**
var. *lyi* (H. Lévl.) C. Y. Wu 867
var. *rosthornii* (Diels) Rehd. 872
var. subcanescens Rehder 861,**867**
hungtaii P'ei et Chen 872
inamoena C. Y. Wu 867
integerrima Champ. **863**
var. chinensis (P'ei) S. L. Chen 860,**863**
var. integerrima 860,**863**
integrifolia Forbes et Hemsl. 863
japonica Thunb.
var. *angustata* Rehd. 875
kochiana Makino 860,**862**,866
kwangtungensis Chun 862,**875**
lanleolaria Roxb. 869
loboapiculata Metc. 860,**866**
longibracteata H. T. Chang 866
longifolia Lamk. 867,**869**
var. *brevipes* Benth. 874
var. floccosa Schauer 861,**869**
var. lanceolaria (Roxb.) C. B. Clarke 861,**869**
var. longifolia 861,**869**
var. *rosthornii* Diels 872
longipes Dunn 861,**872**,873
var. *laui* Moldenke 872
longissima (Hemsl.) Merr. 866,**870**
f. longissima 861,**870**
f. subglabra P'ei 861,**870**
loureiri Hook. et Arn. 862
macrophylla Vahl 860,**863**
membranacea H. T. Chang 862,**875**
nudiflora Hook. et Arn. 860,**866**
peichieniana Chun et S. L. Chen 862,**875**
peii H. T. Chang 863
prolifera C. Y. Wu **869**,874
var. prolifera 861,**869**
var. rubroglandulosa S. L. Chen 861,**869**
purpurea Juss. 870
rubella Lindl. **873**
f. angustata P'ei 861,**873**
f. crenata P'ei 861,872,**873**
var. *hemsleyana* Disls 873
var. rubella 861,**873**
var. subglabra (P'ei) H. T. Chang 861,**873**
tequetii H. Lévl. 870
tomentosa Lam. et Bakh. 862,863
Calogyne chinensis Benth. 445
pilosa R. Brown
subsp. *chinensis* (Benth.) H. S. Kiu 445
Calonyction aculeatum (L.) House 537
aculeatum L. 537
muricatum (Linn.) G. Don. 537
Calophanoides buxifolia (H. S. Lo et D. Fang) C. Y. Wu et T. Y. Ding ex C. C. Hu 841
chinensis (Champ.) C. Y. Wu et H. S. Lo 839
kwangsiensis H. S. Lo 841
quadrifaria (Nees) Ridl. 839
salicifolia (T. Anderson) Bremek. 839
Calorhabdos cauloptera Hance 574
fargesii Franch. 576
robusta Diels 574
stenostachya Hemsl. 576
venosa Hemsl. 576
Calystegia R. Br. 497,**506**

hederacea Wall. 506,508
var. *elongata* Liou et Ling 508
sepium (L.) R. Brown
subsp. spectabilis Brummitt 506
silvatica (Ki.) Grisebach
subsp. orientalis Brummitt 506,508
var. *integrifolia* Liou et Ling 508
Camchaya Gagnep. 287
loloana Kerr 288
Campanula L. 422,426
canescens Wall. ex A. DC. 428
carnosa Wall. 432
colorata Wall. 428
dimorphantha Schweinf. 428
grandiflora Jacq. 424
lancifolia Roxb. 426
marginata Thunb. 425
mekongensis Diels ex C. Y. Wu 428
microcarpa C. Y. Wu 428
tetraphylla Thunb. 430
CAMPANULACEAE 421
Campanumoea Bl. 421,425
javanica Bl. 425
var. *japonica* Makino 426
subsp. japonica (Makino) Hong 426
subsp. javanica 426
labordei H. Lévl. 425
lanceolata Sieb. et Zucc. 422
lancifolia (Roxb.) Merr. 426
Campsis Lour. 745,746
chinensis (Lam.) Voss 747
fortunei Seem. 546
grandiflora (Thunb.) K. Schum 746,747
radicans (Linn.) Seem. 746,747
Canscora Lam. 369,370
andrographioides Griffith. ex C. B. Clarke 372
diffusa (Vahl) R. Brown ex Roemer et Schultes 372
lucidissima (H. Lévl. et Vant.) Hand.-Mazz. 372
melastomacea Hand.-Mazz. 372
rubiflora X. X. Chen 372
Canthium Lam. 2,74
dicoccum (Gaertn.) Merr. 76
dicoccum (Gaertn.) Teysmann et Binnedijk 74,76
dubium Lindl. 136
dunnianum H. Lévl. 96
hebecladum Candolle 76
henryi H. Lévl. 104
horridum Blume 74
labordei H. Lévl. 104
pauciflorum Blanco 76
simile Merr. et Chun 74,76
spinosissima Merr. 131
CAPRIFOLIACEAE 151
Caprifolium macranthum D. Don 180
Capsicum L. 465,473
annuum L. 473
var. *conoides* (Mill.) Irish 473
var. *fasciculatum* (Sturt.) Irish. 473
var. *grossum* (L.) Sendt. 473
anomalum Franch. et Sav. 474
conoides Mill. 473
fasciculatum Sturt. 473
frutescens L.
var. *conoides* Bailey 473
var. *grossum* Bailey 473
var. *longum* Bailey 473
var. *fasciculatum* Bailey 473
grossum L. 473
longum DC. 473
Carduus L. 298,302
acanthoides L. 302,303
crispus L. 302,303
japonicus (DC.) Franch. 304
linearis Thunb. 310
marianus L. 303
CARLEMANNIACEAE 149
Carlemannia Bentham 149,150
henryi H. Lévl. 150
tetragona Hook. f. 150
Carmona Cavanilles 451,452
heterophylla Cav. 454
microphylla (Lam.) G. Don 454
Carparia crustacea L. 600
Carpesium L. 315,319
abrotanoides L. 321,323
acutum Hayata 321
atkinsonianum Hemsl. 323
cernuum L. 321
var. *lanatum* J. D. Hooker et Thomson ex C. B. Clarke 321
var. *nepalense* (Less.) C. B. Clarke 321
divaricatum Sieb. et Zucc. 321,323

faberi C. Winkl. 321,**323**
hosokawae Kitam. 323
kweichowense Chang 323
minus Hemsl. 321,**323**
nepalense Less. **321**
var. lanatum (Hook. f. et Thomson ex C. B. Clarke) Kitam. **321**
var. nepalense **321**
spathiforme Hosok. 321
thunbergianum Siebold et Zucc. 323
Carthamus L. 298,**300**
tinctorius L. **300**
Caryopteris Bunge 855,**906**
aureoglandulosa (Vaniot) C. Y. Wu **906**
esquirolii H. Lévl. 971
incana (Thunberg ex Houttuyn.) Miq. **906**
paniculata C. B. Clarke 906,**907**
terniflora P'ei 906
Catalpa Scopoli 746,**750**
bignonioides
var. *speciosa* Ward. ex Barney 752
duclouxii Dode 752
fargesii Bur. 750,**752**
f. *duclouxii* (Dode) Gilmour 752
henryi Dode 750
kaempferi Sieb. et Zucc. 750
ovata G. Don **750**,752
speciosa (Ward. ex Barney) Engelm. 750,**752**
sutchuenensis Dode 752
vistita Diels 752
Catunaregam Wolf 4,**129**
spinosa (Thunb.) Tirveng. **129**
Celsia coromandeliana Vahl 568
Centaurea missionis H. Lévl. 310
Centipeda Lour. 221,**228**
minima (L.) A. Braun et Asch. **228**
Centranthera R. Br. 544,**585**
cochinchinensis (Lour.) Merr. **587**,588
var. cochinchinensis **587**
var. *longiflora* (Merr.) P. C. Tsoong 587
var. luted (H. Hara) H. Hara **587**
grandiflora Benth. 585,**587**
humifusa Wall. 588
longiflora (Merr.) Merr. 587
tranquebarica (Spreng.) Merr. 587,**588**
Cephalanthus L. 1,**16**
cavaleriei H. Lévl. 8
glabrifolius Hayata 16
naucleoides DC. 16
navillei H. Lévl. 9
pilulifera Lam. 11
ratoensis Hayata 16
tetrandrus (Roxb.) Ridsdale et Bakh. f. **16**
Cephalis siamica Craib 109
Cephalonoplos segetum (Bunge) Kitam. 306
Ceratanthus F. Muell. ex G. Taylor 912,**979**
calcaratus (Hemsl.) G. Taylor **979**
Ceratoscyphus caeruleus Chun 704
Cestrum L. 465,**494**
elegans (Brongniart) Schl. **494**
nocturnum L. 494,**495**
Championella dalziellii (W. W. Smith) Bremek. 791
debilis (C. B. Clarke ex S. Moore) Bremek. 798
fulvihispida (D. Fang et H. S. Lo) C. Y. Wu et C. C. Hu 789
labordei (H. Lévl.) E. Hossain 798
maclurei (Merr.) C. Y. Wu et H. S. Lo 802
tetrasperma (Champ. ex Benth.) Bremek. 799
Chassalia Comm. ex Poir. 3,**110**
curviflora (Wall.) Thwaites **110**
var. curviflora **110**
var. longifolia Hook. f. **111**
longifolia K. M. Wong 111
Chiliandra obovata Griff. 740
Chingiacanthus glaber Hand.-Mazz. 852
patulus Hand.-Mazz. 852
Chirita Buch.-Ham. ex D. Don 656,703,704,705,716
anachoreta Hance 704
atroglandulosa W. T. Wang 682
atropurpurea W. T. Wang 694
baishouensis Y. G. Wei, H. Q. Wen et S. H. Zhong 674
brachystigma W. T. Wang 692
brachytricha W. T. Wang 690
brassicoides W. T. Wang 694
ceratoscyphus B. L. Burtt 704
chlamyalata W. W. Smith 642
cicatricosa W. T. Wang 703
cordifolia W. T. Wang 694
cyrtocarpa D. Fang et L. Zeng 703
dryas Dunn 687
eburnea Hance 677
fimbrisepala Hand.-Mazz. 675

var. *mollis* W. T. Wang 675
floribunda W. T. Wang 696
fordii (Hemsl.) Wood 701
guangxiensis S. Z. Huang 654
gueilinensis W. T. Wang 699
guihaiensis Y. G. Wei 696
hamosa R. Br. 705
hedyotidea (Chun) W. T. Wang 670
hochiensis Chang Chun Huang et X. X. Chen 696
jiuwanshanica W. T. Wang 674
langshanica W. T. Wang 686
laxiflora W. T. Wang 696
leeii F. Wen, Y. Wang et Q. X. Zhagn 703
leiophylla W. T. Wang 685
leprosa Yan Liu et W. B. Xu 680
liboensis W. T. Wang et D. Y. Chen 672
lijiangensis B. Pan et W. B. Xu 697
linearifolia W. T. Wang 672
liujiangensis D. Fang et D. H. Qin 702
longgangensis W. T. Wang 672
var. *hongyao* S. Z. Huang 672
longicalyx J. M. Li et Y. Z. Wang 701
longii Z. Y. Li 699
lunglinensis W. T. Wang 677
var. *amblyosepala* W. T. Wang 677
lungzhouensis W. T. Wang 680
luochengensis Yan Liu et W. B. Xu 670
lutea Yan Liu et Y. G. Wei 680
luzhaiensis Yan Liu, Y. S. Huang et W. B. Xu 699
macrodonta D. Fang et D. H. Qin 674
macrorhiza D. Fang et D. H. Qin 688
macrosiphon Hance 642
medica D. Fang ex W. T. Wang 697
minutihamata Wood 703
minutimaculata D. Fang et W. T. Wang 681
mollifolia D. Fang, Y. G. Wei et J. Murata 702
nandanensis S. X. Huang, Y. G. Wei et W. H. Luo 701
napoensis Z. Y. Li 701
ningmingensis Yan Liu et W. H. Wu 682
ophiopogoides D. Fang et W. T. Wang 669
parvifolia W. T. Wang 685
pinnata W. T. Wang 666
pinnatifida (Hand.-Mazz.) Burtt 666
pseudoeburnea D. Fang et W. T. Wang 682
pseudoheterotricha T. J. Zhou 686
pumila D. Don 705
pungentisepala W. T. Wang 691
ronganensis D. Fang et Y. G. Wei 694
rongshuiensis Yan Liu et Y. S. Huang 691
sclerophylla W. T. Wang 691
sericea (H. Lévl.) H. Lévl. et Van. 629
shouchengensis Z. Y. Li 702
sinensis Lindl. 687
var. *angustifolia* Dunn 687
var. *bodinieri* H. Lévl. 687
spadiciformis W. T. Wang 685
spinulosa D. Fang et W. T. Wang 669
subacaulis (Hand.-Mazz.) Burtt 650
subrhomboidea W. T. Wang 674
swinglei (Merr.) W. T. Wang 699
tenuifolia W. T. Wang 699
tiandengensis F. Wen et H. Tang 691
tribracteata W. T. Wang 687
var. *zhuana* Z. Y. Li 687
varicolor D. Fang et D. H. Qin 701
verecunda (Chun) W. T. Wang 675
wangiana Z. Y. Li 692
wentsaii D. Fang et L. Zeng 669
yungfuensis W. T. Wang 681
Chiritopsis W. T. Wang 656
bipinnatifida W. T. Wang 662
cordifolia D. Fang et W. T. Wang 661
glandulosa D. Fang, L. Zeng et D. H. Qin 665
var. *yangshuoensis* Fang Wen, Yue Wang et Q. X. Zhang 665
hezhouensis W. H. Wu et W. B. Xu 665
jingxiensis Yan Lin, W. B. Xu et H. S. Gao 662
lingchuanensis Yan Liu et Y. G. Wei 662
longzhouensis B. Pan et W. H. Wu 662
mollifolia W. T. Wang 658
repanda W. T. Wang 661
var. *guilinensisi* W. T. Wang 662
Chlamydoboea sinensis (Oliv.) Stapf 721
f. *macra* Stapf 721
f. *macrophylla* Stapf 721
Christisonia Gardn. 613, 614
hookeri Clarke 614
sinensis G. Beck 614
Chroesthes Benoist 767, 811
lanceolata (T. Anders.) B. Hansen 811
pubiflora Benoist 811
racemiflora Bremek. 811

silvicola (W. W. Sm.) E. Hassain 811
Chromolaena DC. 194,**197**
odorata (L.) R. M. King et H. Rob. **197**
Chrysanthemum L. 220,**221**,225
artemisioides (Less.) Kitam. 229
artemisioides Less. 229
cinerariifolium (Trev.) Vis. 226
coronarium L. 225
frutescens L. 225
indicum L. 221,**223**
japonicum Thunb. 243
morifolium Ramat. 221,**223**
segetum L. 225
sinensis Sabine 223
Cinchona excelsa Roxb. 17
orixensis Roxb. 17
Cineraria chinensis Sprengel 250
hybrida Willd. 250
repanda Loureiro 250
Cirsium Mill. 298,**304**
arvense (L.) Scop.
var. integrifolium Wimm. et Grab. 304,**306**
belingshanicum Petr. 304
chinense Gardner et Champ. 304,**308**
var. *australe* Diels 308
chinensis (Gardner et Champ.) Benth. ex Maxim. 308
hupehense Pamp. 304,**310**
japonicum Candolle **304**,306
leducei (Franch.) H. Lévl. 304,**308**
lineare (Thunb.) Sch.-Bip. 304,**310**
var. *franchetii* Kitam. 310
var. *rigidum* Petr. 308
var. *yunnanense* Petr. 308
lyratum Bunge 313
racemiforme Y. Ling et C. Shih 304,**306**
setosum (Willd.) Besser ex M. Bieb. 306
shansiense Petrak 304,**308**,310
vernonioides C. Shih 304,**306**
Cissampelopsis (DC.) Miq. 246,**254**
spelaeicola (Vant.) C. Jeffrey et Y. L. Chen **254**
volubilis (Bl.) Miq. 254,**255**
Clarkella Hook. f. 2,**55**
nana (Endgew.) Hook. f. **55**
sianensis Craib 57
Clerodendranthus Kudo 912,**993**
spicatus (Thunb.) C. Y. Wu ex H. W. Li **993**
Clerodendron amplius Hance 898
bodinierii H. Lévl. 905
var. *cavaleri* H. Lévl. 905
cavaleriei H. Lévl. 905
esquirolii H. Lévl. 902
fargesii Dode 905
formosanum Maxim. 898
fragrans
var. *multiplex* Sweet Hort. Brit. 903
var. *pleniflora* Schauer. 903
fragrans (Vent.) Willd.
var. *foetidum* (Bunge) Bakh. 904
glandulosum Colebr. ex Wall. 904
haematocalyx Hance. 903
serotinum Carr. 905
spicatum Thunb. 993
squamatum Vahl 902
trichotomum Thunb.
var. *fargesii* (Dode) Rehd. 905
wallichii Merr. 898
Clerodendrum L. 855,**894**
bungei Steud. 895,**904**
canescens Wall. 895,**902**
castaneifolium Hook. et Arn. 896
chinense (Osbeck) Mabberley. **903**
var. chinense 895,**903**
var. simplex (Moldenke) S. L. Chen. 895,**903**
colebrookianum Walp. 896,**904**
cyrtophyllum Turcz. **898**
var. cyrtophyllum 895,**898**
var. kwangsiense S. L. Chen et T. D. Zhuang 895,**900**
elachistanthum Merr. ex Li 881
fortunatum L. 895,**896**
hainanense Hand.-Mazz. 895,**898**
henryi P'ei. 895,**897**,898
herbacea (Roxb.) Wall. 902
inerme (L.) Gaertn. 894,**896**
japonicum (Thunb.) Sweet 895,**902**
kwangtungense Hand.-Mazz. 895,**900**
lindleyi Decne ex Planch. 895,**903**
lividum Lindl. 896
longilimbum P'ei 895,897,**898**
mandarinorum Diels 896,**905**
philippinum Schauer 903
var. *simplex* C. Y. Wu et R. C. Fang. 903

var. *simplex* Moldenke 903
punilum (Lour.) Spreng. 896
serratum (L.) Moon 900
var. amplexifolium Moldenke 895, 902
var. herbaceum (Roxb.) C. Y. Wu 895, 902
var. serratum 895, 900
thomsoniae Balf. 895, 896, 897
trichotomum Thunb. 896, 905
tsaii H. L. Li 905
wallichii Merr. 895, 897, 898
Clinacanthus Nees 768, 825
burmanni Nees 825
nutans (Burm. f.) Lindau 825
Clinopodium L. 911, 958
chinense (Benth.) Kuntze 958, 959
confine (Hance) Kuntze 959, 961
gracile (Benth.) Matsum. 959
polycephalum (Vaniot) C. Y. Wu et Hsuan ex P. S. Hsu 958, 959
repens (Buch.-Ham. ex D. Don) Benth. 959
Cnicus japonicus (DC.) Maxim. 304
leducei Franch. 308
tchefouensis (Debeaux) Franch. 308
Codonacanthus Nees 768, 830
acuminatus Nees 830
pauciflorus (Nees) Nees 830
spicatus Hand.-Mazz. 830
Codonopsis Wall. 421, 422
javanica (Bl.) Hook. f. 425
lanceolata (Sieb. et Zucc.) Trautv. 422
lancifolia (Roxb.) Moeliono 426
pilosula (Franch.) Nannf. 422, 424
tubulosa Kom. 422, 424
Coffea L. 3, 113
arabica L. 115
canephora Pierre ex Froehn. 115
liberica Bull ex Hiern 115
robusta L. Linden 115
tetrandra Roxb. 74
Coleus Lour. 912, 976
bracteatus Dunn. 977
carnosifolius (Hemsl.) Dunn 977
esquirolii (H. Lévl.) Dunn 977
macranthus Merr.
var. *crispipilus* Merr. 979
pumilus Blanco 979
scutellarioides (L.) Benth. 977
var. crispipilus (Merr.) H. Keng 977, 979
var. scutellarioides 977, 979
wulfenioides Diels. 992
Colquhounia Wall. 911, 945
seguinii Vaniot 947
Columnea chinensis Osb. 558
Complaya chinensis (Osbeck) Strother 212
CONVOLVULACEAE 497
Convolvulus alsinoides Linn. 505
batatas Linn. 530
bracteatus Vahl 510
cairicus Linn 530
calystegioides Choisy 508
capitata Vahl 524
cymosus Desr. 516
edulis Thunb. 530
hirtus L. 516
japonicus Thunb. 508
linifolius Linn. 505
littoralis Linn. 530
muricatus Linn. 537
nil L. 535
parviflorus Vahl 510
pennatus Desr. 539
pes-tigridis Spreng. 528
pileatus (Roxb.) Spreng. 532
purpureus L. 535
quamoclit Spreng. 539
sibiricus Linn. 515
sinensis Desr. 532
sublobatus Linn. f. 510
tridentatus L. 519
triloba (L.) Desr. 533
turpethum Linn. 512
umbellatus L. 516
vitifolius Burm. f. 514
Conyza axillaris Lam. 329
balsamifera L. 326
blanda Wall. 294
bonariensis (L.) Cronquist 276
canadensis (L.) Cronquist 276
cinerea L. 291
crispata Vahl 332
fistulosa Roxb. 328
hieraciifolia Spreng. 329

japonica (Thunb.) Less. 282
lacera Burm. f. 329
lanceolaria Roxb. 326
leucantha (D. Don) Ludlow et P. H. Raven 284
pyrifolia Lam. 279
riparia Blume 326
sagittalis Lam. 331
setschwanica Hand.-Mazz. 327
sumaterensis (Retz.) Walker 276
syringifolia Meyen et Walp. 279
viscidula Wall. ex DC. 284
Coptosapelta Korth. 4,**139**
diffusa (Champ. ex Benth.) Steenis **139**
Corallodiscus Batal. 626,**638**
cordatulus (Craib) Burtt 635,**638**
labordei (Craib) Burtt 638
Cordia L. **451**
dichotoma G. Forst. 451,**452**
furcans I. M. Johnst. 451,**452**
thyrsiflora Sieb. et Zucc. 455
venosa Hemsl. 898
Coreopsis biternata Lour. 207
Cornus esquirolii H. Lévl. 13
Cornutia corymbosa Burm. f. 884
quinata Lour. 888
Corysanthera elliptica Wall. ex D. Dietr. 740
Cosmianthemum Bremek. 768,**831**
guangxiense H. S. Lo et D. Fang **831**
longiflorum D. Fang et H. S. Lo **831**
Cotula L. 221,**228**
anthemoides L. **228**
bicolor Roth. 285
hemisphaerica Wall. 228
minima (L.) Willd. 228
sphaeranthus Link. 284
Cotylanthera Blume. 369,**370**
paucisquama C. B. Clarke **370**
yunnanensis W. W. Smith 370
Craniotome Reichb. 911,**949**
furcata (Link) Kuntze **949**
Crassocephalum Moench 246,**262**
crepidioides (Benth.) S. Moore **262**
sonchifolium (L.) Less. 257
Crawfurdia Wall. 369,**384**
chinensis Migo 381
maculaticaulis C. Y. Wu ex C. J. Wu **384**
pricei (C. Marq.) Harry Sm. **384**
Crepidiastrum Nakai 353,**362**
denticulatum (Houtt.) Pak et Kawano 362,**363**
sonchifolium (Maxim.) Pak et Kawano **363**
Crepis L. 352,**359**
bonii Gagnep. 358
cineripappa Babc. 361
heterophylla Hemsl. 361
lignea (Vaniot) Babcock **359**
prenanthoides Hemsl. 368
Crescentia Linn. 746,**752**
alata H. B. et K. **752**
trifolia Blanco 752
Crosandra infundibuliformis Ness 767
Crossostephium Less. 221,**229**
chinense (L.) Makino **229**
Cupia mollissima Hooker et Arnott 122
Curanga amara Juss. 562
felterrae (Lour.) Merr. 562
Cuscuta Linn. 498,**539**
australis R. Br. **540**
chinensis Lam. **540**,542
hygrophilae Pears. 540
japonica Choisy 540,**542**
var. *thyrsoidea* Engelm. 542
kawakamii Hayata 540
obtusiflora Kunth
var. *australis* Engelm. 540
Cyananthus umbrosa Griff. 743
Cyanthillium patulum (Aiton) H. Rob. 293
Cyathocline Cass. 264,**287**
lyrata Cassini 287
purpurea (Buch.-Ham. ex D. Don) Kuntze **287**
stricta DC. 287
Cybbantera connata Buch.-Ham. ex D. Don 556
Cyclocodon Griffi. 421,**426**
lancifolius (Roxb.) Kurz **426**
Cynanchun yunnanensis H. Lévl. 92
Cynoglossum L. 451,**458**
canescens Willd. 459
cavaleriei H. Lévl. 462
dunnianum Diels 462
furcatum Wall. **458**
hirsutum Thunb. 459
lanceolatum Forsk. 458,**459**
micranthum Desf. 459

micranthum Poiret 459
racemosum Roxb. 459
Cyphomandra Sendtn. 465,**466**
betacea (Cav.) Sendtn. **466**
Cystacanthus colaniae (Bencist) Y. F. Deng 818
vitellina (Roxb.) Y. F. Deng 818

[D]

Daedalacanthus nervosus (Vahl) T. Anderson 823
Dahlia Cav. 204,**210**
pinnata Cav. **211**
purpurea Poir. 211
rosea Cav. 211
variabilis (Willd.) Desf. 211
Damnacanthus Gaertn. f. 3,**101**
esquirolii H. Lévl. 102
formosanus (Nakai) Koidz 102
giganteus (Mak.) Nakai 101,**102**
guangxiensis Y. Z. Ruan 102,**104**
hainanensis (H. S. Lo) H. S. Lo ex Y. Z. Ruan 102,**104**
henryi (H. Lévl.) H. S. Lo 102,**104**
subsp. *hainanensis* H. S. Lo 104
indicus C. F. Gaertn. 101,**102**
var. *formosanus* Nakai 102
var. *giganteus* Mak. 102
var. *lancifolius* Makino 102
labordei (H. Lévl.) H. S. Lo 102,**104**
lancifolius (Makino) Koidz. 102
macrophyllus Sieb. ex Miq.
var. *giganteus* (Mak.) Koidz. 102
subspinosus Hand.-Mazz. 102
Dasus verticillatus Lour. 100
Datura L. 465,**492**
cornucopaea Hort. ex W. W. 494
fastuosa L. 494
var. *alba* C. B. Clarke 494
inermis Jacp. 492
inoxia Miller 492,**494**
laevis L. f. 494
metel L. 492,**494**
stramonium L. **492**
var. *tatula* Turr. 494
tatula L. 492
Dayaoshania W. T. Wang 628
cotinifolia W. T. Wang 635
Decaneuropsis blanda (DC.) H. Rob. et Skvarla 294
Deinostigma W. T. Wang et Z. Y. Li 627,**703**
cicatricosa (W. T. Wang) D. J. Middleton et Mich. Möller **703**,704
cyrtocarpa (D. Fang et L. Zeng) Mich. Möller et H. J. Atkins **703**
Democritea serissoides DC. 106
Dendranthema indicum (L.) Des Moul. 223
morifolium (Ramat.) Tzvel. 223
sinense Des Moul. 223
Dianthera collina (T. Anderson) C. B. Clarke 852
japonica Thunb. 827
sinensis W. W. Smit 852
Diceros montanus Bl. 604
Dichiloboea birmanica (Craib) Stapf 726
Dichondra J. R. et G. Forst. 497,**498**
evolulacea Britton 498
micrantha Urban **498**
repens Forst. 498
Dichrocephala L'Herit. ex DC. 264,**285**
amphiloba H. Lévl. et Vaniot 285
auriculata (Thunb.) Druce 285
benthamii C. B. Clarke **285**
integrifolia (L. f.) Kuntze **285**
leveillei Vaniot 277
minutiflora Vaniot 287
Dichrotrichum griffithii (Wight) C. B. Clarke 730
Dicliptera Juss. 768,**829**
chinensis (L.) Juss. **829**
japonica (Thunb.) Makino 827
Didissandra begoniifolia H. Lévl. 642
cavaleriei H. Lévl. et Van. 730
cordatula Craib 638
fritschii H. Lévl. et Van 640
labordei Craib 638
longipes Hemsl. ex Oliv. 640
macrosiphon (Hance) W. T. Wang 642
mihieri Franch. 640
petelotii Pellegr. 642
sinica (Chun) W. T. Wang 640
Didymocarpoideae 625
Didymocarpus Wall. 627,705,707,**716**
auricula S. Moore 629
cavaleriei (H. Lévl. et Van.) H. Lévl. 730
eburneus (Hance) H. Lévl. 677
fimbrisepalus (Hand.-Mazz.) Hand.-Mazz. 675

fordii Hemsl. 701
fritschii H. Lévl. et Van 640
glandulosus (W. W. Smith) W. T. Wang
var. minor (W. T. Wang) W. T. Wang **718**
griffithii Wight 730
hancei Hemsl. 709
hedyotideus Chun 670
hwaianus S. Y. Hu 648
marinii H. Lévl. 721
mihieri H. Lévl. 640
niveolanosus D. Fang et W. T. Wang 709
oreocharis Hance 631
pinnatifidus Hand.-Mazz. 666
sericeus H. Lévl. 629
silvarum W. W. Smith
var. *minor* W. T. Wang 718
sinensis (Lindl.) H. Lévl. 687
sinohenryi Chun 635
swinglei Merr. 699
verecundus Chun 675
Didymostigma W. T. Wang 626,**656**
leiophyllum D. Fang et X. H. Lu **656**
obtusum (Clarke) W. T. Wang 656
Diflugossa divaricata (Nees) Bremek. 791
Digitalis L. 545,**605**
cochinchinensis Lour. 587
glutinosa Gaertn. 606
purpurea L. **605**
sinensis Lour. 555
Dilivaria ebracteata (Vahl) Pers. 774
ilicifolia (L.) Juss. 773
Dinetus Buchanan-Hamilton ex Sweet 497,**502**
racemosa Ham. ex Sweet Brit. 502
racemosus (Roxb.) Sweet **502**
truncatus (Kurz) Staples 502,**504**
Diospyros navillei H. Lévl. 399
Dipelta Maxim. 151,**181**
floribunda Maxim. **181**
Diplophragma tetrangulare Korth. 27
Diplospora DC. 4,**135**
buisanensis Hayata 136
dubia (Lindl.) Masam. 135,**136**
fruticosa Hemsl. 135,**136**
fruticosum (Hemsl.) Kuntze 136
tanakai Hayata 136
viridiflora DC. 136
DIPSACACEAE **190**
Dipsacus L. **191**
asper Wall. ex C. B. Clarke **191**
asperoides C. Y. Cheng et T. M. Ai 191
var. *omeiensis* Z. T. Yin 191
inermis Wall. **191**
japonicus Miq. 191
strictus D. Don 191
Dipteracanthus Nees 767,**807**
calycinus Champ. 788
lanceolatus Nees 807
repens (L.) Hassk. **807**
ringens (L.) Abeyw. 808
Doellingeria marchandii (H. Lévl.) Ling 273
scaber (Thunb.) Nees 273
Dolichandrone caudafelina (Hance) Benth. et Hook. f. 754
Dolicholoma D. Fang et W. T. Wang 707
jasminiflorum D. Fang et W. T. Wang 712
Dopatricum Buch.-Ham. ex Benth. 545,**605**
junceum (Roxb.) Buch.-Ham. ex Benth. **605**
Dorcoceras Bunge 627,**727**
hygrometrica Bunge 727,**728**
philippense (Clarke) Schlechter **727**
rufescens (Franch.) Schlechter 719
Dracocephalum cochinchinensis Lour. 987
fargesii H. Lévl. 931
kaitcheense H. Lévl. 931
stachydifolia H. Lévl. 931
urticifolium Miq.
var. *pedunculatum* Hemsl. 931
Drosera umbellata Lour. 411
Duhaldea DC. 315,**316**
cappa (Buch.-Ham. ex D. Don) Pruski et Anderb. **316**
nervosa (Wall. ex DC.) Anderb. **316**
Duperrea Pierre ex Pit. 3,**113**
pavettaefolia (Kurz) Pitard **113**
Duranta L. 854,**859**
erecta L. **859**
repens L. 859
Dysophylla Blume 912,**971**
benthamiana Hance 974
sampsonii Hance **974**
stellata (Lour.) Benth. **974**

【E】

Ebermaiera glauca

var. *spatulata* (Blume) C. B. Clarke 769
spathulata (Blume) Hassk. 769
Echinacanthna longipes H. S. Lo et D. Fang 803
Echinacanthus Nees 803
attenuatus Nees 803
flaviflorus H. S. Lo et D. Fang 803
lofouensis (H. Lévl.) J. R. I. Wood 803
longzhouensis H. S. Lo 805
Echinops L. 298,**314**
cathayanus Kitag. 314
grijsii Hance **314**
Eclipta L. 204,**215**
alba (L.) Hassk. 215
var. *zippeliana* (Blume) Miq. 215
dentata H. Lévl. et Vaniot 211
latifolia L. f. 214
prostrata (L.) L. **215**
thermalis Bunge 215
zippeliana Blume 215
Ehretia P. Browne 451,**454**
acuminata R. Brown **454**
var. *grandifolia* Pamp. 454
var. *obovata* (Lindl.) Johnst. 455
argyi H. Lévl. 454
buxifolia Roxb. 454
densiflora F. N. Wei et H. Q. Wen 454,**455**
dicksonii Hance 454,**455**
var. *glabrescens* Nakai 455
var. *tomentosa* Nakai 455
glaucescens Hayata 456
kantonensis Masam. 455
longiflora Champ. ex Benth. 454,**455**
macrophylla Wall.
var. glabrescens (Nakai) Y. L. Liu 454,**455**
var. *tomentosa* Gagnep. et Cour. 455
microphylla Lam. 454
taiwaniana Nakai 454
thyrsiflora (Sieb. et Zucc.) Nakai 454
tsangii Johnst. 454,**456**
viminea Wall. ex DC. 452
Elephantopus L. 287,**296**
bodinieri Gagnep. 297
scaber L. **297**
tomentosus L. **297**
Ellisiophyllum Maxim. 543,**564**
pinnatum (Wall. ex Benth.) Makino **564**
reptans Maxim. 564
Elsholtzia Willd. 912,**967**
argyi H. Lévl. 968,**969**
blanda (Benth.) Benth. 968,**969**
ciliata (Thunb.) Hyland. 968,**969**
cypriani (Pavol.) S. Chow ex P. S. Hsu 968,**970**
flava (Benth.) Benth. **968**
fruticosa (D. Don) Rehd. 968,**970**
kachinensis Prain **968**
rugulosa Hemsl. 968,**969**
stachyodes (Link) C. Y. Wu 968,**970**
winitiana Craib 968,**969**
Emilia Cass. 246,**257**
angustifolia DC. 257
prenanthoidea DC. **257**
sinica Miq. 257
sonchifolia (L.) DC. **257**
Emmenopterys Oliv. 4,**139**
henryi Oliv. **139**
Emmenopterys rehderi F. P. Metcalf 44
Endopogon vitellina (Roxb.) Nees 818
Epaltes Cass. 315,**333**
australis Less. 333,**334**
divaricata (L.) Cass. 333,**334**
Epimeredi indica (L.) Rothm. 949
Epithema Bl. 628,**745**
carnosum (G. Don) Benth. **745**
Eranthemum L. 768,**822**
austrosinensis H. S. Lo **823**
var. austrosinensis **823**
var. pubipetalum (S. Z. Huang) T. L. Li et Y. F. Deng **824**
crenulatum Wall. ex Lindl. 824
graciliflorum Nees 824
malaccense C. B. Clarke 824
nervosum (Vahl) R. Br. 823
palatiferum (Wall.) Nees 825
polyanthum C. B. Clarke 824
pubipetalum S. Z. Huang 824
pulchellum Andr. **823**
Ericala loureirii G. Don 380
thunbergii G. Don 380
Erigeron L. 263,**274**
alatum D. Don 332
annuus (L.) Pers. 274,**276**
bonariensis L. 274,**276**

breviscapus (Vaniot) Hand.-Mazz. **274**
canadensis L. 274,**276**
crispus Pourr. 276
heterophyllus Muhl. ex Willd. 276
hirsutus Lour. 271
japonicus Thunb. 282
leucanthus D. Don 284
molle D. Don 329
panduratus C. C. Chang 268
pyrifolius (Lam.) Benth. 279
sumatrensis Retz. 274,**276**
Eritrichium japonicum Miq. 461
microcarpa DC. 461
pedunculare DC. 461
Erycibe Roxb. 497,**500**
bachnaense Gagn. 500
hainanensis Merr. **500**
obtusifolia Benth. 500,**501**
paniculata Roxb.
var. *subspicata* (Wall. ex G. Don) Choisy 501
schmidtii Craib 500,**501**
semipilosa Gagn. 501
sinii How 500,**501**
subspicata Wall. ex G. Don **500**
Erythrochaete dentata A. Gray 252
palmatifida Siebold et Zucc. 252
Eschenbachia Moench 263,**282**
japonica (Thunb.) J. Koster **282**,284
leucantha (D. Don) Brouillet 282,**284**
Ethulia divaricata L. 334
Eupatorium L. 194,**199**
adenophorum Spreng. 199
caespitosum Migo 200
catarium Veldk. 197
chinense L. 199,**200**
clematideum Griseb. 197
cordatum N. L. Burman 194
crenatifolium Hand.-Mazz. 200
fortunei Turcz. 199,**200**
var. *angustilobum* Ling 200
heterophyllum DC. 199,**200**
japonicum Thunb. 199,**202**
kirilowii Turcz. 199
lindleyanum DC. **199**
melanadenium Hance 200
odoratum L. 197
pyramidale D. Don 291
stoechadosmum Hance 200
subtetragonum Miq. 199
tozanense Hayata 202
urticifolium L.
var. *clematideum* (Griseb.) Hieron. ex Kuntze 197
wallichii DC. 202
var. *heterophyllum* (DC.) Diels. 200
Euphorbia lucidissima H. Lévl. et Vant. 372
Euphorbiopsis lucidissima (H. Lévl. et Vant.) H. Lévl. 372
Euphrasia L. 544,**576**
regelii Wettst. **578**
Evolvulus Linn. 497,**505**
alsinoides (L.) L. **505**
var. alsinoides **506**
var. decumbens (R. Br.) Ooststr. **506**
chinensis Choisy 506
decumbens R. Br. 506
hederaceus Burm. f. 515
hirsutus Lam. 506
tridentatus (L.) L. 519
Exacum L. **369**
tetragonum Roxb. **370**
Exallage auricularia (L.) Bremek. 22

[F]

Fagerlindia canthioides (Champ. ex Benth.) Ridsdale 134
depauperata (Drake) Tirveng. 131
scandens (Thunb.) Tirveng. 132
sinensis (Lour.) Tirveng. 132
Farfugium Lindl. 246,**251**
grande Lindl. 251
japonicum (L.) Kitam. **251**
Fernandoa Welw. ex Seem. 746,**758**
guangxiensis D. D. Tao **758**

[G]

Gaertnera hongkongensis Seem. 119
Gaillardia Foug. 204,**219**
aristata Pursh. **219**
pulchella Foug. **219**
Galeobdolon Adans. 911,**937**
chinense (Benth.) C. Y. Wu **937**
tuberiferum (Makino) C. Y. Wu **937**

yangsoense Sun 937,**939**
Galinsoga Ruiz et Pav. 204,**205**
parviflora Cav. **205**
Galium L. 1,3,**76**
agreste Wallr. 79
var. *leiospermum* Wallr. 79
var. *echinospermum* Wallr. 79
aparine L.
f. *leiocarpum* Makino 79
var. *echinospermum* (Wallr.) Cuf. 79
var. *leiospermum* (Wallr.) T. Durand 79
var. *spurium* (L.) W. D. J. Koch 79
var. *tenerum* (Gren. et Godr.) Rchb. f. 79
var. *vaillantii* (DC.) W. D. J. Koch 79
argyi H. Lévl. et Vant 83
asperifolium Wall. ex Roxb. **80**
var. asperifolium 78,**80**
var. lasiocarpum W. C. Chen 78,**80**
var. sikkimense (Gand.) Cuf. 78,**80**
bungei Steud. **78**
var. angustifolium (Loesen.) Cuf. 78,**79**
var. bungei **78**
var. trachyspermum (A. Gray) Cuf. 78,**79**
cavaleriei H. Lévl. 80
elegans Wall. ex Roxb.
f. *glabriusculum* (Requien ex Candolle) H. Hara ex H. Ohba 80
var. *angustifolium* Cuf. 81
var. glabriusculum Req. ex DC. 78,**80**
var. *nemorosum* Cufod. 81
esquirolii H. Lévl. 80
fukuyamai Masamune 78
gracile Bunge 78
var. *miltorrhizum* (Hance) Loesen. 78
gracile Wallr.
f. *angustifolium* Loes. 79
gracilens (A. Gray) Makino 78
hongnoense H. Lévl. 79
innocuum Miquel 78,**79**
lutchuense Nakai ex Kitagawa 78
miltorrhizum Hance 78
var. *lutchuense* (Nakai ex Kitagawa) Hara 78
modestum Diels 79
oliganthum Nakai et Kitag. 79
pauciflorum Bunge 80
pseudohirtiflorum H. Li 80
remotiflorum H. Lévl. et Van. 78
sikkimense Gand. 80
spurium L. 78,**79**
var. *echinospermum* (Wallr.) Hayek 80
var. *tenerum* Gren. et Godr. 80
trachyspermum A. Gray 79
trifidum L.
var. *modestum* (Diels) Cufod. 79
vaillantii DC. 80
venosum H. Lévl. 79
wutaicum Hurus. 80
yunnanense H. Hara et C. Y. Wu 78,**81**
Gardenia J. Ellis 4,**126**
augusta Merr. 127
dumetorum Retz. 129
florida L. 127
var. *fortuniana* Lindl. 129
grandiflora Lour. 127
hainanensis Merr. 126,**127**
jasminoides J. Ellis **127**
f. *grandiflora* (Lour.) Makino 127
f. *maruba* (Sieb. ex Bl.) Nakai ex Ishii 127
f. *oblanceolata* (Nakai) Nakai 127
f. *ovalifolia* (Sims) Hara 127
f. *simpliciflora* (Makino) Makino 127
f. *variegates* (Carr.) Nakai 127
var. *boninensis* (Nakai) Nakai 127
var. fortuniana (Lindl.) H. Hara 126,**129**
var. *grandiflora* (Lour.) Nakai 127
var. jasminoides 126,**127**
var. *longisepala* (Masam.) Metcalf 127
var. *radicans* (Thunb.) Makino 127
var. *variegata* (Carriere) Makino 127
maruba Siebold ex Blume 127
radicans Thunb. 127
scandens Thunb. 132
schlechteri H. Lévl. 127
spinosa Thunb. 129
stenophylla Merr. **126**
Gendarussa quadrifaria Nees 839
ventricosa (Hook.) Nees 842
vulgaris Nees 843
Geniosporum axillare Benth. 961
Gentiana (Tourn.) L. 369,**374**
agrorum Harry Sm. 379
atkinsonii Burk. 375

cephalantha Franch. 374,**375**
davidii Franch. 374,**375**
diffusa Vahl 372
esquirolii H. Lévl. 375
filicaulis Hemsl. 383
fortunei J. D. Hook. 377
indica Steud. 380
jankae Kanitz 377
japonica Maxim. 380
kwangsiensis T. N. Ho 375,**379**
loureiroi (G. Don) Griseb. 375,**380**,381
manshurica Kitag. 374,**377**
moniliformis C. Marq. 374,**379**
napulifera Franch. 375,**380**
nienkui C. Marq. 383
oligophylla Harry Sm. 374,**378**
panthaica Prain et Burk. 374,**378**
pricei C. Marq. 384
reynieri H. Lévl. 378,379
rhodantha Franch. 374,**377**
var. *wilsonii* C. Marquand 377
rigescens Franch. ex Hemsl. 374,**375**
var. *stictantha* C. Marq. 375
var. *violacea* Harry Sm. 375
robustior Burk. ex Diels 378,379
sarcorrhiza Ling et Ma ex T. N. Ho 380
scabra Bunge 374,**377**
f. *levis* Pamp. 377
subsp. *australis* M. Y. Liou 377
scandens Lour. 91
tenuissima Hayata 379
thunbergii (G. Don) Griseb. 375,**380**
yokusai Burkill 374,**379**
GENTIANACEAE **369**,389
Gentianodes davidii (Franch.) Á. Löve et D. Löve 375
Geophila D. Don 3,**86**
exigua H. L. Li 41
herbacea (Jacq.) K. Schum. 86
herbacea (L.) O. Kuntze 86
reniformis D. Don 86
repens (L.) I. M. Johnst. **86**
Georgina variabilis Willd. 211
Gerardia glutinosa L. 555
japonica Thunb. 578
Gerbera Cass. 343,**350**
anandria (L.) Sch.-Bip. **351**
cavaleriei Vaniot et H. Lévl. 351
jamesonii Bolus **351**
piloselloides (L.) Cass. **351**
GESNERIACEAE **624**
Gesnerioideae 625
Glabrella Mich. Möller et W. H. Chen 626,**638**
longipes (Hemsl. ex Oliv.) Mich. Möller et W. H. Chen **638**
mihieri (Franch.) Mich. Möller et W. H. Chen 638,**640**
Gleadovia Gamble et Prain **613**
kwangtungense Hu 614
lepoense Hu 614
ruborum Camble et Prain **613**
yunnanense Hu 613
Glebionis Cass. 220,**223**
coronaria (L.) Cass. ex Spach 223,**225**
segetum (L.) Fourreau 223,**225**
Glechoma L. 911,**928**
biondiana (Diels) C. Y. Wu et C. Chen **928**
var. angustituba C. Y. Wu et C. Chen 928,**930**
var. biondiana. **930**
hederacea Linn.
var. *longituba* Nakai 928
longituba (Nakai) Kupr. **928**
Glossocardia Cass. 204,**205**
bidens (Retzius) Veldkamp **206**
Glossogyne bidens (Retzius) Alston 206
oluanpiensis S. S. Ying 206
tenuifolia Cass. 206
Glossostylis avensis Benth. 590
Gmelina L. 854,**885**
asiatica L. 886,**887**
var. *typica* Lam. et Bakh. 887
chinensis Benth. **886**
hainanensis Oliv. **886**,887
Gnaphalium L. 315,334,**339**
adnatum (Wall. ex DC.) Kitam. **339**
affine D. Don **339**,341
bicolor Franch. 337
busuum Buch.-Ham. ex D. Don 337
chanetii H. Lévl. 337
chinense Gand. 341
confertum Benth. 341
esquirolii H. Lévl. 339
formosanum Hayata 339

hypoleucum DC. 339,**341**
japonicum Thunb. 339,**341**
luteoalbum L.
subsp. affine (D. Don) J. Kost. 339
margaritaceum L. 335
multicaule Willd. 342
multiceps Wall. ex DC. 339
pensylvanicum Willd. 339,**341**,342
pensylvanicum (Willd.) Cabrera 341
polycaulon Pers. 339,**341**
pterocaulon Franch. et Sav. 337
sinuatum Lour. 327
strictum Roxb. 342
suaveolens Vell. 331
Goldfussia chaffonjonii (H. Lévl.) E. Hossain 782
cusia Nees 786
dimorphotricha (Hance) Bremek. 782
divaricata Nees 791
echinata (Nees) N. P. Balakr. 788
equitans (H. Lévl.) E. Hossain 782
glandibracteata (D. Fnag et H. S. Lo) C. Y. Wu ex C. C. Hu 780
ningmingensis (D. Fang et H. S. Lo) C. Y. Wu ex C. C. Hu 780
ovatibracteata (D. Fang et H. S. Lo) C. Y. Wu et C. C. Hu 783
psilostachys (Clarke ex W. W. Smith) Bremek. 782
sequinii (H. Lévl.) C. Y. Wn et C. C. Hu 782
Gomphostemma Benth. 911,**926**
chinense Oliv. **926**
var. cauliflorum C. Y. Wu **926**
var. chinense. **926**
hainanense C. Y. Wu 926,**927**
insuave Hance 948
latifolium C. Y. Wu 926,**927**
leptodon Dunn 926,**927**
lucidum Wall. ex Benth. 926,**927**
pseudocrinitum C. Y. Wu **926**
Gomphrena hispida Linn. 988
Gonotheca blumei DC. 32
Goodenia Smith 443,**445**
pilosa (R. Brown) Carolin
subsp. chinensis (Benth.) D. G. Howarth et D. Y. Hong **445**
GOODENIACEAE **441**
Grangea Adanson 263,**284**
latifolia Lam. ex Poir. 285
maderaspatana (L.) Poir. **284**
sphaeranthus (Link) K. Koch. 284
Gratiola ciliata Colsm. 599
cordifolia Colsm. 602
hyssopioides L. 599
juncea Roxb. 605
pusilla Willd. 604
reptans Roxb. 599
ruellioides Colsm. 597
serrata Roxb. 599
viscosa Hornem. 604
Guettardella chinensis Champ. ex Benth. 149
Guihaiothamnus H. S. Lo 4,**136**
acaulis H. S. Lo **136**
aprica Hance 777
Gymnanthemum bockianum (Diels) H. Rob. 294
solanifolium (Benth.) H. Rob. 294
Gymnocoronis DC. 194,**203**
attenuata DC. 203
spilanthoides (D. Don ex Hook. et Arn.) DC. **203**
Gymnostachyum Nees 768,**821**
kwangsiense H. S. Lo **821**
listeri Prain 821,**822**
morsei Y. F. Deng 821,**822**
sinense (H. S. Lo) H. Chu 821,**822**
subrosulatum H. S. Lo **821**
morsei Y. F. Deng **822**
Gymnostyles anthemifolia Juss. 226
Gynura Cass. 246,**259**
auriculata Cass. 261
bicolor (Roxb. ex Willd.) DC. 259,**261**,262
bodinieri H. Lévl. 259
bulbosa (Lour.) Hook. et Arn. 259
cavaleriei H. Lévl. 261
crepidioides Benth. 263
dielsii H. Lévl. 262
divaricata (L.) DC. 259,**262**
hemsleyana H. Lévl. 262
japonica (Thunb.) Juel. **259**
var. *flaua* (Hayata) Kitam. 261
nepalensis DC. 259,**262**
nudibasis (H. Lévl. et Van.) Lauener et Ferguson 262
ovalis (Ker-Gawl.) DC. 262
var. *pinnatifida* Hemsl. 262
procumbens (Lour.) Merr. 259,**261**

pseudochina (L.) DC. 259
sarmentosa (Bl.) DC. 261
segetum (Lour.) Merr. 261
taiwanensis S. S. Ying 327
vaniotii H. Lévl. 261
Gyrocheilos W. T. Wang 627,**705**
chorisepalum W. T. Wang 705,**707**
var. chorisepalum **707**
var. synsepalum W. T. Wang **707**
lasiocalyx W. T. Wang 705,**707**
retrotrichum W. T. Wang
var. oligolobum W. T. Wang 705,**707**
Gyrogyne W. T. Wang 628,**741**
subaequifolia W. T. Wang **741**

【H】

Hamelia Jacq. 4,**148**
patens Jacq. **148**
Hancea sinensis Hemsl. 975
Hanceola Kudo 912,**975**
flexuosa C. Y. Wu et H. W. Li **975**
sinensis (Hemsl.) Kudo **975**
Haplanthus tener Nees 820
Hedyotis L. 2,3,**20**
acuminatissima Merr. 29
acutangula Champ. ex Benth. 21,**27**
alata Koenig ex Wight et Arn. 32
ampliflora Hance 21,**29**
angustifolia Cham. et Schltdl. 24
auricularia L. 20,**22**
var. auricularia **22**
var. mina W. C. Ko 21,**24**
biflora (L.) Lam. 22,**33**
borrerioides Champ. ex Benth. 26
cantoniensis F. C. How ex W. C. Ko 21,**28**
capitellata Wall. ex G. Don 21,**29**
capituliflora Miq. 22
caudatifolia Merr. et F. P. Metcalf 21,**28**
chereevensis (Pierre ex Pit.) Fukuoka 22,**30**
chrysotricha (Palib.) Merr. 21,**24**
consanguinea Hance 21,**27**
corymbosa (L.) Lam. 22,**30**
var. tereticaulis W. C. Ko 22,**32**
var. corymbosa **30**
costata (Roxb.) Kurz 22
diffusa Willd. 22,**32**
effusa Hance 21,**27**
esquirolii H. Lévl. 30
fruticosa Kuntze 30
hedyotidea (DC.) Merr. 21,**30**
herbacea L. 22,**32**
herbacea Lour. 32
heynii (G. Don) Bedd. 32
hirsuta (L. f.) J. E. Smith 34
hispida Retz. 26
hui Diels 28
koana R. J. Wang 20,**22**
kuraruensis Hayata 26
lancea Thunb. ex Maxim. 28
lindleyana Hook. ex Wight et Arn. 34
var. *glabricalycina* (Honda) H. Hara 34
f. *glabricalycina* (Honda) S. S. Ying 34
longiexserta Merr. et F. P. Metcalf 21,**29**
macrostemon Hook. et Arn. 30
matthewii Dunn 21,**29**
mellii Tutch. 21,**28**
nantoensis Hayata 30
paniculata (L.) Lam. 33
parryi Hance 27
pinifolia Wall. ex G. Don 21,**26**
platystipula Merr. 21,**24**
pterita Bl. 22,**32**
quadrangularis Miq. 27
racemosa Lam. 33
recurva Benth. 30
speciosa Hand.-Mazz. 28
stipulata R. Br. ex Hook. f. 34
tenelliflora Bl. 21,**24**
tenuipes Hemsl. 21,**28**
tetrangularis (Korth.) Walp. 21,**27**
uncinella Hook. et Arn. 21,**26**
var. *cephalophora* Craib 26
verticillata (L.) Lam. 21,**26**
vestita R. Brown ex G. Don 20,**22**
wightiana Wall. ex Wight et Arn. 33
wulsinii Merr. 28
Helianthus L. 204,**213**
annuus L. **213**,214
aridus Rydb. 213
jaegeri Heiser 213
tomentosus Michx. 213
tuberosus L. **213**

var. *subcanescens* A. Gray 213
Helichrysum Mill. 315,338
bracteatum (Vent.) Tzvelev. 338
Heliotropium L. 456
indicum L. 456
Hemiadelphis polysperma (Roxb.) Nees 808
Hemiboea Clarke 626,644
angustifolia F. Wen et Y. G. Wei 645,650
bicornuta (Hayata) Ohwi 646
cavaleriei H. Lévl. 645,646,650
var. cavaleriei 646
var. paucinervis W. T. Wang et Z. Y. Li 646,648
esquirolii H. Lévl. 650
flaccida Chun ex Z. Y. Li 644,645
flava C. Y. Wu ex H. W. Li 648
follicularis Clarke 645,650
var. follicularis 651
var. retroflexa Yan Liu et Y. S. Huang 651
gracilis Franch. 645,648
henryi Clarke 648
var. *major* Diels 648
longgangensis Z. Y. Li 644,645
longisepala Z. Y. Li 644,646
lungzhouensis W. T. Wang ex Z. Y. Li 645,648
lutea F. Wen, G. Y. Liang et Y. G. Wei 645,650
magnibracteata Y. G. Wei et H. Q. Wen 645,646,650
marmorata H. Lévl. 648
ovalifolia (W. T. Wang) A. Weber et Mich. Möller 645,651
parviflora Z. Y. Li 645,650
pseudomagnibracteata B. Pan et W. H. Wu 644,646
purpurea Yan Liu et W. B. Xu 651
purpureotincta (W. T. Wang) A. Weber et Mich. Möller 645,651
rubribracteata Z. Y. Li et Yan Liu 644,646
sinovietnamica W. B. Xu et X. Y. Zhuang 644,646
subacaulis Hand.-Mazz. 645,650
subcapitata Clarke 645,648
var. *denticulata* W. T. Wang ex Z. Y. Li 648
var. pterocaulis Z. Y. Li 648
var. subcapitata 648
Hemigraphis chinensis (Nees) T. Anderson ex Hemsl. 778
fluviatilis C. B. Clarke ex W. W. Sm. 780
Hemiphragma Wall. 545,611
heterophyllum Wall. 611
var. dentatum (Elmer) T. Yamaz. 611
var. heterophyllum 611
Hemistepta Bunge 298,313
carthamoides (Buch.-Ham.) O. Ktze. 313
lyrata (Bunge) Fisher et C. A. Meyer 313
Henckelia Spreng. 627,656,704
anachoreta (Hance) D. J. Middleton et Mich. Möller Möller 704
ceratoscyphus (B. L. Burtt) D. J. Middleton et Mich. Möller 704
pumila (D. Don) A. Dietr. 704,705
Henryettena mirabilis Brand 462
Herpestis floribunda R. Br. 564
rugosa Roth 558
Heterocodon brevipes (Hemsl.) Hand.-Mazz. et Nannf. 432
Heteropappus ciliosus (Turcz.) Y. Ling 270
sampsonii Hance 271
Heteroplexis Chang 263,279
impressinervia J. Y. Liang 280,282
incana J. Y. Liang 280,282
microcephala Y. L. Chen 280
sericophylla Y. C. Chen 280
vernonioides C. C. Chang 280
Hewittia Wight et Arnott 498,508
malabarica (L.) Suresh 510
sublobata (Linn. f.) O. Ktze. 510
Hieracium L. 352,356
coronopifolium Bernh. ex Hornem. 357
sinense Vaniot 357
umbellatum L. 356
Holmskioldia Retz. 855,905
sanguinea Retz. 906
Homocodon D. Y. Hong 422,432
brevipes (Hemsl.) D. Y. Hong 432
Hornemannia bicolor Willd. 609
pinnata (Wall. ex Benth.) Benth. 564
viscosa (Hornem.) Willd. 604
Hottonia indica L. 559
sessiliflora Vahl 559
Hydrolea Linn. 449
zeylanica (Linn.) Vahl 449
HYDROPHYLLACEAE 448
Hygrophila R. Br. 767,768,808
angustifolia R. Br. 810
erecta (Burm. f.) Hoch. 808,811

lancea (Thunb.) Miq. 810
megalantha Merr. 810
polysperma (Roxb.) T. Anderson **808**
quardrivalvis (Buch.-Ham.) Nees 810
ringens (L). R. Br. **808**,810
var. ringens **810**
var. longihirsuta (H. S. Lo et D. Fang) Y. F. Deng **810**
var. megalantha (Merr.) Y. F. Deng **810**
salicifolia (Vahl) Nees. 808
var. *angustifolia* (R. Br.) Kurtze 810
var. *longihirsuta* H. S. Lo et D Fang 810
var. *megalantha* (Merr.) H. S. Lo et L. D. Chou 810
Hymenochlaena pteroclada (Benoist) C Y. Wu et C. C. Hu 783
Hymenodictyon Wall. 1,**17**
excelsum (Roxb.) Wall. 17
flaccidum Wall. **17**
orixense (Roxb.) Mabb. **17**
Hyoscyamus L. 465,**470**
niger L. **470**,810
nigerbiennis Corr. 470
Hypoestes Soland. ex R. Br. 768,**826**
purpurea (L.) R. Br. **826**
sinica Miq. 826
Hyptis Jacq. 912,**976**
rhomboidea Mart. et Gal. **976**
stachyodes Link 970
suaveolens (L.) Poit. **976**
Hysopus lophanthoides Buch.-Ham. ex D. Don 985

【I】

Ilysanthes antipoda (L.) Merr. 597
hyssopioides (L.) Benth. 599
ruellioides (Colsm.) Kuntze 599
serrata (Roxb.) Urban 599
tenuifolia (Colsm.) Urban 597
Incarvillea tomentosa (Thunb.) Spreng. 548
Inula L. 315,**318**,319
asperrima Edgew. 316
britanica L.
var. *japonica* (Thunb.) Franch. et Sav. 318
cappa (Buch.-Ham.) DC. 316
chrysantha Diels 315
exsiccata H. Lévl. 332
helianthus-aquatilis C. Y. Wu ex Y. Ling **318**
indica L. 319
var. *hypoleuca* Hand.-Mazz. 319
japonica Thunb. **318**
nervosa Wall. 316
serrata Bur. et Franch. 318
vernoniiformis H. Lévl. 248
wardii J. Anthony 316
yunnanensis J. Anthony 324
Ipomoea Linn. 498,**527**
aculeata Blume 528,**537**
acutiflora A. Rich. 533
alba L. 528,**537**
aquatica Forssk. 528,**534**
batatas (L.) Lam. 527,528,**530**
var. *edulis* (Thunb.) Makino 530
biflora (L.) Pers. 527,**532**
biloba Forsk. 535
blancoi Choisy 533
boisiana Gagn. 518,519
var. *rufopilosa* Gagn. 519
cairica (L.) Sweet 527,**530**
var. cairica 527,**532**
var. gracillima (Collett et Hemsl.) C. Y. Wu 527,**532**
carnea Jacquin
subsp. fistulosa (Martius ex Choisy) D. F. Austin 527,**533**
chryseides Ker-Gawl. 515
crassicaulis (Benth.) Rob. 533
coccinea (L.) Moench. × I. quamoclit L. 539
cymosus (Desr.) Roem. et Schult. 516
fistulosa Mart. ex Choisy 533
fragilis Choisy 533
glaberrima Hook. 534
hardwickii Hemsl. ex Forb. et Hemsl. 532
hederifolia L. 528,**539**
hepaticaefolia L. 528
imperati (Vahl) Grisebach 527,528,**530**,535
involucrata Beauv. 533
linifolia Bl. 516
littoralis (Linn.) Boiss. 530
longipedunculata C. Y. Wu 518
mauritiana Jacquin 527,**528**
muricata (Linn.) Jacq. 537
nil (L.) Roth **528**,**535**

obscura (L.) Ker-Gawl. 527,533
osyrensis Roth 524
palmata Forsk. 530
paniculata Burm. f. 510
pentadactylis Choisy 515
pes-caprae (L.) R. Br. 528,535
pes-tigridis L. 527,528,530
philippinensis Choisy 516
pileata Roxb. 527,532
purpurea (L.) Roth 528,535
quamoclit L. 528,539
quinata R. Br. 515
rotundisepala Hayata 534
saltiana Rendle 533
sibirica (L.) Pers. 515
sinensis (Desr.) Choisy 532
staphylina Roem. et Schult. 534
stolonifera (Cyr.) J. F. Gmel. 530
sumatrana (Miquel) van Ooststroom 528,534
tridentata (L.) Roth 519
triloba L. 527,533
tuba (Schl.) G. Don 534
turbinata Lag. 528,537
turpethum (L.) R. Br. 512
violacea L. 528,534
vitifolia (Burm. f.) Blume 514
zebrine Choisy 515
× sloteri (House) van Ooststroom 528,539
Isodon (Schrad. ex Benth.) Spach 912,980
amethystoides (Benth.) Hara 980,981
coetsa (Buch.-Ham. ex D. Don) Kudo 980,987
eriocalyx (Dunn) Kudo 980,981
lophanthoides (Buch.-Ham. ex D. Don) Hara 985
var. gerardianus (Benth.) Hara 980,985
var. lophanthoides 980,985
lungshengensis (C. Y. Wu et H. W. Li) Hara 980,985
macrocalyx (Dunn) Kudo 980,985
nervosus (Hemsl.) Kudo 980,981,983
rubescens (Hemsl.) Hara 980,987
sculponeatus (Vaniot) Kudo 980,983
serra (Maxim.) Kudo 980,983
ternifolius (D. Don) Kudo 980,981
walkeri (Arn.) Hara 980,983
Isoglossa Oerst. 768,851
collina (T. Anderson) B. Hansen 852
glabra (Hand.-Mazz.) B. Hansen 852
Isometrum Craib 628
lungshengense (W. T. Wang) W. T. Wang et K. Y. Pan 633
Itea L. 162
Ixeridium (A. Gray) Tzvel. 353,362
chinense (Thunb.) Tzvel. 358
elegans (Franch.) C. Shih 363
gracile (DC.) C. Shih 362
gracile (DC.) Pak et Kawano 362
sonchifolium (Maxim.) C. Shih 363
Ixeris Cass. 352,357
chinensis (Thunb.) Nakai 358
debilis A. Gray 358
denticulata (Houtt.) Stebbins 363
denticulata (Houtt.) Nakai 363
dissecta (Makino) C. Shih 358
gracilis (DC.) Stebbins 362
japonica (N. L. Burman) Nakai 358
polycephala Cass. ex DC. 358
sonchifolia (Maxim.) Hance 363
Ixora L. 3,116
attenuata (Hook. f.) Kuntze 126
cephalophora Merr. 118
chinensis Lam. 118
crocata Lindl. 119
effusa Chun et F. C. How ex W. C. Ko 118,119
henryi H. Lévl. 118
nienkui Merr. et Chun 118,119,120
pavettaefolia Craib 113
stricta Roxb. 119
var. *incarnata* Benth. 119
tsangii Merr. ex H. L. Li 118,119

【J】

Jacaranda Juss. 746,755
ovalifolia R. Br. 755
mimosifolia D. Don 755
Jacobaea analoga (DC.) Veldkamp 249
Jacquemontia Choisy 498,510
paniculata (Burm. f.) Hall. f 510
tamnifolia (Linnaeus) Grisebach 510,512
violacea Choisy 510
Justicia Linn 768,836
acutangula H. S. Lo et D. Fang 837,849
adhatoda L. 836,841

amblyosepala D. Fang et H. S. Lo 837,**847**
austroguangxiensis H. S. Lo et D. Fang 837,**845**
f. albinervia D. Fang et H. S. Lo **845**
f. austroguangxiensis **845**
austrosinensis H. S. Lo et D. Fang 836,**845**
baphia Spreng. 827
bivalves Linn. 827
brandegeeana Wasshausen et L. B. Sm. 767
buxifolia H. S. Lo et D. Fang 841
cardiophylla D. Fang et H. S. Lo 837,**849**
carnea Lindl. 767
caudatifolia (H. S. Lo et D. Fang) Z. P. Hao 837,**849**
championii T. Anderson 839
chinensis (Champ.) Druce 839
chinensis L. 829
collina T. Anderson 852
crinita Thunb. 827
damingensis (H. S. Lo) H. S. Lo 837,**850**
diffusa Willd. 836,**838**
var. *prostrata* Roxb. ex C. B. Clarke 838
ferruginea H. S. Lo et D. Fang 837,**847**
gangetica L. 815
gendarussa Burm. f. 836,**842**
kampotiana Benoist 837,**849**
kwangsiensis (H. S. Lo) H. S. Lo 836,**841**
lancea Thunb. 810
latiflora Hemsl. 836,**843**
latifolia Vahl 825
laxiflora Bl. 820
leptostachya Hemsl. 837,**850**
lianshanica (H. S. Lo) H. S. Lo 837,**847**,850
linearifolia (Bremek.) H. S. Lo 838
subsp. *liangkwangensis* (H. S. Lo) H. S. Lo 838
nasuta L. 851
neolinearifolia N. H. Xia et Y. F. Deng 836,**838**
subsp. *liangkwangensis* (H. S Lo) N. H. Xia et Y. F. Deng 838
nervosa Vahl. 823
nutans Burm. f. 825
palatifera Wall. 825
panduriformis Benoist 837,**845**
paniculata Burm. f. 820
pectinata L. 833
polysperma Roxb. 808
procumbens L. 836,**837**,839
var. *leucantha* Honda 837
prostrata (Roxb. ex C. B. Clarke) Gamble 838
pseudospicata H. S. Lo et D. Fang 836,**843**
purpurea Linn. 826
quadrifaria (Nees) T. Anderson. 836,**839**
roxburghiana Roem. et Schult. 827
salicifolia T. Anderson 836,**839**
stolonifera (C. B. Clarke) B. Hansen 832
ventricosa Wall. ex Sims. 836,**842**
vitellina Roxb. 818
weihongjinii Y. F. Deng Tong et Y. S. Huang 836,**841**

[K]

Kalimeris ciliata A. Gray 270
ciliosa Turcz. 270
indica (L.) Sch.-Bip. 270
Keenania Hook. f. 2,**63**
flava H. S. Lo **63**
tonkinensis Drake **63**
Kigelia DC. 746,**753**
aethiopica (Fenzl) Decne. 753
africana (Lam.) Benth. **753**
pinnata DC. 753
Kinostemon Kudo 911,**919**
ornatum (Hemsl.) Kudo **919**
Knoxia L. 3,**87**
corymbosa Willd. 89
roxburghii (Spreng.) M. A. Rau **87**
sumatrensis (Retz.) DC. 87,**89**
valerianoides Thorel ex Pit. 87

[L]

Lacaitaea calycosa (Collett et Hemsl.) Brand 464
Lactuca L. 353,**363**
bungeana Nakai 363
alliariifolia H. Lévl. et Vaniot 364
brevirostris Champ. 365
cavaleriei H. Lévl. 365
chinensis (Thunb.) Nakai 358
chungkingensis Stebbins 368
diversifolia Vaniot 367
elata Hemsl. 364
formosana Maxim. 364,**365**
gracilis DC. 362
indica L. 364,**365**
kouyangensis H. Lévl. 365
lignea Vaniot 359

melanantha Franch. 366
morii Hayata 365
polycephala (Cass.) Benth. 358
polypodiifolia Franchet. 368
raddeana Maxim. **364**
var. *elata* (Hemsl.) Kitam. 364
sativa L. **364**
var. angustata Irish ex Bremer **364**
var. cvispa Hort. **364**
var. romana Hort. **364**
scariola L.
var. *sativa* (L.) Moris. 364
sonchus H. Lévl. et Vaniot 365
sororia Miq. 368
vaniotii H. Lévl. 364
Lagavosolen W. T. Wang 707
coriaceifolium Y. G. Wei 716
hechiensis Y. G. Wei, Yan Liu et F. Wen 714
integrifolius D. Fang et L. Zeng 714
jingxiensis Yan Liu H. S. Gao et W. B. Xu 714
lui Yan Lin et W. B. Xu
Lagenophora Cass. 263, **277**
billardirei Cass. 277
stipitata (Labill.) Druce **277**
Laggera Sch.-Bip. ex Benth. 315, **331**
alata (D. Don) Sch.-Bip. ex Oliv. **332**
angustifolia Hayata 332
crispata (Vahl) Hepper et J. R. I. Wood **332**
flava Benth. et Hook. f. 333
intermedia C. B. Clarke 332
pterodonta (DC.) Benth. 332
LAMIACEAE **910**
Lamium chinense Benth. 937
coronatum Van. 942
kouyangense Vaniot 945
Lantana L. 854, **855**
camara L. **857**
montevidensis (Sprengel) Briq. **857**
Lappa vulgaris Hill. 314
Lapsana debilis (Thunb.) Benth. ex Maxim. 358
apogonoides Maxim. 353
japonica Burm. f. 358
Lapsanastrum Pak et K. Bremer 352, **353**
Lasianthus Jack 3, 4, **92**
andamanicus Hook. f. 100
aponicus Miq. f. satsumensis (Matsum.) Kitamura 96
appressihirtus Simizu 99
var. *maximus* Simizu ex T. S. Liu et J. M. Chao 99
areolatus Dunn 96
attenuatus Jack **93**
austrosinensis H. S. Lo 93, **98**
biermanni King ex J. D. Hooker 99
biflorus (Blume) M. Gangop. et Chakrab. 93, **95**
brevidens Craib 100
bunzanensis Simizu 100
caudatifolius Merr. 96
chinensis (Champ.) Benth.
var. *odajimae* (Masam.) Kanehira 98
chinensis (Champ. ex Benth.) Benth. 93, **98**
chunii H. S. Lo 93, **98**
condorensis Pierre ex Pit. 99
curtisii King et Gamble 93, **99**
densifolius Miquel 95
dunniana H. Lévl. 101
filipes Chun ex H. S. Lo 93, **95**
fordii Hance 93, **100**
var. *pubescens* (Matsum.) Yamazaki 99
formosensis Matsum. 93, **99**
var. *hirsuta* Matsum. 99
var. *liukiuensis* Matsum. ex Sakaguchi 99
gracilis King et Gamble 95
hartii Franch. 96
henryi Hutch. 93, **99**
hirsutus (Roxb.) Merr. 93, **96**
hispidulus (Drake) Pit. 93, **100**
hookeri C. B. Clarke ex Hook. f. **101**
var. dunniana (H. Lévl.) H. Zhu 93, **101**
var. hookeri **101**
inconspicuus Hook. f.
var. *hirtus* Hutch. 99
japonicus Miq. 93, **96**
f. *satsumensis* (Matsum.) Kitamura 96
var. *satsumensis* (Matsum.) Makino 96
subsp. japonicus **96**
subsp. longicaudus (Hook. f.) C. Y. Wu et H. Zhu 93, **96**
kamputensis Pierre ex Pit. 100
koi Merr. et Chun 95
kwangsiensis Merr. ex Li 99
kwangtungensis Merr. 99
labordei (H. Lévl.) Rehd. 104
lancifolius Hook. f. 93, **101**

lancilimbus Merr. 96
langkokensis Drake ex Pit. 98
longicaudus J. D. Hooker 96
lucidus Blume
var. *caudisepalus* Deb et M. Gangop. 96
nebulosa Simizu 96
nigrocarpus Masam. 100
obliquinervis Merr. 100
var. *nigrocarpus* (Masam.) Hatus. 100
plagiophyllus Hance 95
pseudojaponicus Masam. 96
rhinocerotis Bl.
subsp. pedunculatus (Pit.) H. Zhu 93,**95**
var. *pedunculatus* Pitard 95
satsumensis Matsum. 96
setosus Craib 95
sikkimensis Hook. f. 93,**98**
subsp. *langkokensis* (Drake ex Pitard) H. Zhu 98
taiheizanensis Masam. et Suzuki 96
taitoensis Simizu 100
tamirensis Pierre ex Pitard 100
tashiroi Matsum. 100
var. *pubescens* Matsum. 99
tenuicaudatus Merr. 99
trichophlebus Hemsl. 100
tsangii Merr. ex Li 98
verticillatus (Lour.) Merr. 93,**100**
wallichii (Wight et Arn.) Wight 93
var. *hispidocostatus* H. Zhu 95
subsp. *plagiophyllus* (Hance) C. Y. Wu et H. Zhu 95
zambalensis Elmer 100
Latouchea Franch. 369,**385**
fokiensis Franch. **385**
Launaea Cass. 353,**359**
acaulis (Roxb.) Babc. ex Kerr **359**
glabra DC. 359
Lavandula carnosa L. f. 979
Legazpia Blanco 544,**590**
polygonoides (Benth.) Yamazaki **590**
LENTIBULARIACEAE **616**
Leontopodium R. Brown ex Cass. 334,341
Leonurus L. 911,**936**
artemisia (Lour.) S. Y. Hu 937
heterophyllus Sweet 937
japonicus Houtt. **937**
javanicus Bl. 940
tuberiferus Makino 937
Lepidagathis Willd. 767,**813**
fasciculata (Retz.) Nees 813,**814**
var. *major* Clarke 814
hainanensis H. S. Lo 813,**814**
hyalina Nees 813
incurva D. Don **813**
Lepistemon Blume. 498,**520**
decurrens Hand.-Mazz. 516
glaber Hand.-Mazz. 515
lobatum Pilger **520**
Leptocoma racemosa Less. 270
Leptodermis Wall. 3,**105**
nervosa Hutchins. 106
ovata H. Winkl. 105
vestita Hemsl. ex F. B. Forbes et Hemsl. **105**
Leptomischus Drake 2,**18**
guangxiensis H. S. Lo **18**
Leptosiphonium venustum (Hance) E. Hossain 807
Leptostachya Nees 768,**850**
caudatifolia H. S. Lo et D. Fang 849
wallichii Nees **850**
Lettsomia aggregata Roxb.
var. *osyrensis* (Roth) C. B. Clarke 524
chalmersii Hance 525
championii (Benth.) Benth. et Hook. f. 522
festiva (Wall.) Benth. et Hook. f. 525
Leucas R. Br. 911,**934**
aspera (Willd.) Link 934,**936**
chinensis (Retz.) R. Br. **934**
ciliata Benth. **934**
mollissima Wall. ex Benth. **936**
var. chinensis Benth 934,**936**
var. mollissima 934,**936**
zeylanica (L.) R. Br. 934,**936**
Leucosceptrum sinense Hemsl. 967
Léveillea martini Vaniot 326
Liatris latifolia D. Don 346
Ligularia Cass. 246,**251**
clivorum Maxim. 252
dentata (A. Gray) Hara 251,**252**
hodgsonii J. D. Hooker 252,**253**
intermedia Nakai 252,**254**
var. *oligantha* Nakai 254
japonica (Thunb.) Less. **252**

oligantha (Miq.) Hand.-Mazz. 253
sibirica (L.) Cassini
subsp. *intermedia* (Nakai) Kitamura 254
sinica Kitag. 254
stenocephala (Maxim.) Matsum. et Koidz. **253**
var. stenocephala **253**
var. scabrida Koidz. 252,**253**
veitchiana (Hemsl.) Greenm. 252,**253**
yesoensis (Franch.) Diels 253
Ligustrum thea H. Lévl. et Dunn 143
Limnanthemum cristatum Griseb. 390
esquirolii H. Lévl. 391
hydrophyllum Griseb. 391
indicum Grisb. 391
nymphoides Hoffmgg et Link. 392
peltatum Gmel. 392
Limnophila R. Br. 543,**556**
aromatica (Lam.) Merr. 556,**558**
aromaticoides Yang et Yen 558
chevalieri Bonati 558
chinensis (Osbeck) Merr. 556,**558**
connata (Buch.-Ham.) Pennell 556
connata (Buch.-Ham. ex D. Don) Hand.-Mazz. **556**
gratioloides R. Br. 559
gratissima Bl. 558
hirsuta (Heyne ex Benth.) Benth. 558
hypericifolia (Benth.) Benth. 556
indica (L.) Druce 556,**559**
punctata Bl. **558**
var. *subracemosa* Benth. 558
repens (Benth.) Benth. 556,**558**
rugosa (Roth) Merr. 556,**558**
sessiliflora (Vahl) Blume 556,**559**
taoyuanensis Yang et Yen 559
Limonium Mill. **416**
sinense (Girard) Kuntze **418**
Linaria Mill. 543,**561**
linaria (L.) Wettst. 561
vulgaris Mill. **561**
var. *chinensis* Debeaux 561
subsp. *acutiloba* (Fisch. ex Rchb.) Hong 561
subsp. chinensis (Debeaux) Hong **561**
Lindenbergia Lehm. 545,**610**
melvillei S. Moore 610
muraria (Roxburgh ex D. Don) Brühl 610,**611**
philippensis (Cham.) Benth. **610**
var. *ramosissima* Bonati 610
Lindernia All. 545,**595**
anagallis (Burm. f.) Pennell 596,**602**
angustifolia (Benth.) Wettst. 602
antipoda (L.) Alston 596,**597**,599
ciliata (Colsm.) Pennell 596,**599**
cordifolia (Colsm.) Merr. 602
Cruciformis Hayata 604
crustacea (L.) F. Muell 596,**600**
delicatula Tsoong et Ku 596,**599**
elata (Behth.) Wettst. 596,**602**,603
erecta (Benth.) Bonati 602
hirta (Cham. et Schlechtend.) Pennell 604
hyssopioides (L.) Haines 596,**599**
japonica Thunb. 609
megaphylla P. C. Tsoong 596,**603**
micrantha D. Don 596,**602**
mollis (Benth.) Wettst. 597,**604**
montana (Bl.) Koord. 604
nummularifolia (D. Don) Wettst. 596,**600**
procumbens (Krock.) Borbas 596,**600**
procumbens (Krock.) Philcox 600
pusilla (Willd.) Boldingh 597,**603**
pyxidaria L. 602
ruellioides (Colsm.) Pennell 596,**597**,599
sessilifolia (Benth.) Wettst. 600
setulosa (Maxim.) Tuyama ex Hara 596,**603**
stellarifolia Hayata 604
stricta P. C. Tsoong et T. C. Ku 596,**600**
tenuifolia (Colsm.) Alston 596,**597**
urticifolia (Hance) Bonati 603
veronicifolia (Retz.) F. Muell. 597
viscosa (Hornem.) Merr. 597,**604**
yaoshanensis P. C. Tsoong 596,**603**
Linnaea engleriana Graebn. 184
Lippia nodiflora (L.) Rich. 857
Lithospermum L. 451,**457**
erythrorhizon Sieb. et Zucc. **458**
officinale L.
subsp. *erythrorhizon* (Sieb. et Zucc.) Hand.-Mazz. 458
Litosanthes biflora Blume 95
Lobelia L. 435
alsinoides Lam. 436,**438**
subsp. alsinoides **438**
subsp. hancei (H. Hara) Lam. **438**

angulata Forst. 441
chinensis Hance 438
chinensis Lour. 436,**438**
davidii Franch. 436,**440**
var. *kwangsiensis* (E. Wimm.) Lian 440
doniana Skottsb. 436,**440**
erinus Thunb. 438
hancei Hara 438
heyneana Roem. et Schult. 436,**438**
kwangsiensis E. Wimm. 440
lobbiana Hook. f. et Thoms. 436
melliana E. Wimm. 436,**439**
montana Reinw. ex Blume 436,**441**
nummularia Lam. 436,**441**
pumila Burm. f. 609
pyramidalis Wall. 436,**439**
radicans Thunb. 438
seguinii H. Lévl. et Van. **440**
var. *doniana* (Skottsb.) E. Wimm. 440
sessilifolia Lamb. 436,**439**
succulenta Blume 436
var. *lobbiana* E. Wimm. 436
trialata Ham. ex D. Don 438
var. *asiatica* Chiov. 438
wallichiana Hook. f. et Thoms. 439
zeylanica L. **436**
var. *lobbiana* (Hook. f. et Thoms.) Lian 436
LOBELIACEAE **435**
Logania dentata (Elmer) Hayata 611
Lonicera L. 151,**176**
acuminata Wall. 176,**178**
affiis Hook. et Arn.
var. *hypoglauca* (Miq.) Rehd. 178
var. *pubescens* Maxim. 178
bournei Hemsl. 176,**179**
buddleioides P. S. Hsu et S. C. Cheng 178
calcarata Hemsl. 176,**177**
carnosifolia C. Y. Wu ex P. S. Hsu et H. J. Wang 180
confusa (Sweet) DC. 176,**179**
dasystyla Rehd. 179
delavayi Franch. 180
ferruginea Rehd. 176,**177**
fuchsioides Hemsl. 178
fulva Merr. 177
fulvotomentosa P. S. Hsu et S. C. Cheng 180
giraldii Rehd. 178
f. *nubium* Hand.-Mazz. 177
henryi Hemsl. 178
hildebrandiana Coll. et Hemsl. 177,**180**
hypoglauca Miq. 176,**178**
subsp. *nudiflora* P. S. Hsu et H. J. Wang 178
japonica Thunb. 176,**178**
ligustrina Wall. **177**
var. ligustrina 176,**177**
var. pileata (Oliver) Franchet 176,**177**
macrantha (D. Don) DC. 180
macrantha (D. Don) Spreng. 176,**180**
var. *heterotricha* P. C. Hsu et H. J. Wang 180
nubium (Hand.-Mazz.) Hand.-Mazz. 177
pileata Oliv. 177
reticulata Champion 176,**179**
rhytidophylla Hand.-Mazz. 179
similis Hemsl. 176,**180**
var. *delavayi* (Franch.) Rehd. 180
subaequalis Rehder 177,**180**
Lophanthus cyprianii Pavol. 970
rugosus Fisch. et C. Mey. 931
Loxostigma Clarke 627,**729**
begoniifolium (H. Lévl.) Anthony 642
brevipetiolatum W. T. Wang et K. Y. Pan 730,**731**
cavaleriei (H. Lévl. et Van.) Burtt **730**
damingshanensis (L. Wu et B. Pan) Mich. Möller et H. Atkins 730,**731**
dongxingensis (Chun ex K. Y. Pan) Mich. Möller et Y. M. Shui 730,**731**
fimbrisepalum K. Y. Pan 730,**731**
glabrifolium D. Fang et K. Y. Pan 730,**731**
griffithii (Wight) C. B. Clarke **730**
sesamoides Hand.-Mazz. 770
Luculia Sweet 4,**140**
intermedia Hutch. 140
var. *pubescens* W. C. Chen 140
pinceana Hook. **140**
var. pinceana **140**
var. pubescens (W. C. Chen) W. C. Chen **140**
Lycianthes (Dunal) Hassl. 465,**488**
biflora (Lour.) Bitter 488,**489**
subsp. *hupehensis* Bitter 492
subsp. *yunnanensis* Bitter 491
var. biflora 488,**489**
var. subtusochracea Bitter 488,**489**
hupehensis (Bitter) C. Y. Wu et S. C. Huang 489,**491**

laevis (Dunal) Bitter 488,**491**
lysimachioides (Wall.) Bitter 488,**489**
var. caulorhiza (Dunal) Bitter 488,**491**
var. lysimachioides 488,**489**
neesiana (Wallich ex Nees) D'Arcy et Z. Y. Zhang 488,**491**
subtruncata (Wall.) Bitter
var. *remotidens* Bitter 491
yunnanensis (Bitter) C. Y. Wu et S. C. Huang 489,**491**
Lycium L. 464,**467**
chinense Mill. **467**
foetidum L. f.
japonicum Thunb.
megistocarpum Dunal
var. *ovatum* Dunal 467
rhombifolium Dip. 467
trewianum Roemer et Schultes 467
Lycoperiscon Mill. 465,**492**
esculentum Mill. **492**
Lycopus L. 912,**966**
dianthera Buch.-Ham. ex Roxb. 966
lucidus Turcz. ex Benth. **967**
var. lucidus **967**
var. hirtus Regel **967**
Lysimachia L. 392,**393**
albescens Franch. 394,**405**
alfredii Hance **407**,408
var. alfredii 394,**407**
var. chrysosplenioides (Hand.-Mazz.) F. H. Chen et C. M. Hu. 395,**407**
alpestris Champ. 395
aspera Hand.-Mazz. 393,**399**
bodinieri Petitm. 401
candida Lindl. 395,**410**
var. *depauperata* Merrill 410
capillipes Hemsl. 398
var. cavaleriei (H. Lévl.) Hand.-Mazz. 394,**401**
carinata Y. I. Fang et C. Z. Cheng 394,**405**
cephalantha R. Knuth 404
christiniae Hance 394,**405**
var. *intermedia* Pampanini 405
var. *pubescens* Franch. 405
chrysosplenioides Hand.-Mazz. 407
clethroides Duby 395,**408**,410
confertifolia C. Y. Wu 399
congestiflora Hemsl. 394,**407**
var. *atronervata* C. C. Wu 407
consobrina Hance 410
crassifolia C. Z. Gao et D. Fang 393,**397**
decurrens Forst. f. 395,**410**
var. *eudecurrens* R. Knuth 410
var. *recurvata* Matsum. 410
deltoidea Wight **402**
var. cinerascens Franch. 394,**402**
var. deltoidea **402**
duclouxii Bonati 405
dushanensis F. H. Chen et C. M. Hu 393,**397**,398
esquirolii Lauener 401
filipes C. Z. Gao et D. Fang 393,**398**
fistulosa Hand.-Mazz.
var. wulingensis F. H. Chen et C. M. Hu 394,**404**
foenum-graecum Hance 393,**398**,399
fooningensis C. Y. Wu 394,**401**
fordiana Oliv. 394,**405**
fortunei Maxim. 395,**408**
heterobotrys F. H. Chen et C. M. Hu 393,**398**
hui Diels ex Hand.-Mazz. 407
huitsunae Chien 394,**402**
inaperta C. M. Hu et F. N. Wei 394,**399**
inconspocua Miq. 410
insignis Hemsl. 393,**395**
f. *flaviflora* Lock. 395
involucrata Hemsl. 408
iteophylla C. Y. Wu 404
japonica
var. *cephalantha* Franch. 407
latronum H. Lévl. et Vant. 405
legendrei Bonati 405
leveillei Petitm. 402
linguiensis C. Z. Gao 393,**397**,398
lobelioides Wall. 395,**410**
melampyroides R. Knuth **404**
var. amplexicaulis F. H. Chen et C. M. Hu 394,**404**
var. melampyroides 394,**404**
monnieri L. 562
navillei (H. Lévl.) Hand.-Mazz. 393,**399**
nigropunctata Masamune 407
nutantiflora F. H. Chen et C. M. Hu 393,**398**
otophora C. Y. Wu 394,**404**
ovalifolia W. L. Sha 401
paridiformis Franch. **401**
var. paridiformis 394,**402**

var. stenophylla Franch. 394,**402**
patungensis Hand.-Mazz. 395,**408**
petelotii Merr. 394,**399**
phyllocephala Hand.-Mazz. 394,**404**,405,407
recurvata (Matsum.) Masam. 410
rubiginosa Hemsl. 395,**408**
var. *glabra* Franch. 408
rubroglandulosa C. Y. Wu 407
rupestris F. H. Chen et C. M. Hu 393,**395**
saxicola Chun et F. Chun ex Chen et C. M. Hu **397**
var. minor C. F. Liang ex F. H. Chen et C. M. Hu 393,**397**
var. saxicola 393,**397**
scapiflora C. M. Hu, Z. R. Xu et F. P. Chen 393,**395**
sikokiana
subsp. *petelotii* (Merr.) C. M. Hu 399
similis W. L. Sha 399
sinica Miq. 410
smithiana Craib 407
solaniflora C. Y. Wu 399
solanoides Hand.-Mazz. 399
taiwaniana Suzuki ex Kao 407
tianyangensis D. Fang et C. Z. Gao 393,**399**
trientaloides Hemsl. 402
vittiformis F. H. Chen et C. M. Hu 394,**401**
wilsonii Hemsl. 398
yunnanensis Franch. 405
Lysionotus D. Don 627,**735**
aeschynanathoides W. T. Wang 736,**738**
apicidens (Hance) Yamazaki 738
carnosus Hemsl. 738
cavaleriei H. Lévl. 738
chingii Chun ex W. T. Wang 736,**740**
denticulosus W. T. Wang 735,**736**
fengshanensis Yan Liu et D. X. Nong 735,**736**
hainanensis Merr. et Chun 738
heterophyllus Franch.
var. lasianthus W. T. Wang 735,**738**
kwangsiensis W. T. Wang 736,**738**
longipedunculatus (W. T. Wang) W. T. Wang 735,**736**
mollifolius W. T. Wang 729
montanus Kao et Devol 738
oblongifolius W. T. Wang 735,**736**
pauciflorus Maxim. 736,**738**
var. *lancifolius* W. T. Wang 738
var. *latifolius* W. T. Wang 738
var. *linearis* Rehder 738
serratus D. Don 736,**738**
warleyensis E. Willm. 738

[M]

Mananthes acutangula (D. Fang et H. S. Lo) C. Y. Wu et C. C. Hu 849
amblyosepala (D. Fang et H. S. Lo) C. Y. Wu et C. C. Hu 847
austroguangxiensis (H. S. Lo et D. Fang) C. Y. Wu et C. C. Hu 845
f. *albinervia* (D. Fang et H. S. Lo) C. Y. Wu et C. C. Hu 845
austrosinensis (H. S. Lo et D. Fang) C. Y. Wu et C. C. Hu 845
cardiophylla (D. Fang et H. S. Lo) C. Y. Wu et C. C. Hu 849
damingensis H. S. Lo 850
ferruginea (D. Fang et H. S. Lo) C. Y. Wu et C. C. Hu 847
kampotiana (Benoist) C. Y. Wu et C. C. Hu 849
latiflora (Hemsl.) C. Y. Wu et C. C. Hu 843
leptostachya (Hemsl.) H. S. Lo 850
lianshanica H. S. Lo 847
panduriformis (Benoist) C. Y. Wu et C. C. Hu 845
pseudospicata (H. S. Lo et D. Fang) C. Y. Wu et C. C. Hu 843
Manulea indiana Lour. 555
Markhamia Seemann ex Baillon 746,**753**
cauda-felina (Hance) Craib 754
stipulata (Wall.) Seemann ex K. Schumann **753**
var. kerrii Sprague 753,**754**
var. stipulata **753**
Matricaria coronaria (L.) Desr. 225
segetum (L.) Schrank 225
Mayodendron Kurz 746,**754**
igneum (Kurz) Kurz **754**
Mazus Lour. 545,**606**
angusticalyx P. C. Tsoong 608
bodinieri Bonati 608
delavayi Bonati 609
fargesii Bonati 610
humilis Hand.-Mazz. **608**
japonicus Bonati 610
japonicus (Thunb.) Kuntze 609
var. *delavayi* (Bonati) P. C. Tsoong 609

var. *macrocalyx* (Bonati) P. C. Tsoong 609
macrocalyx Bonati 609
miquelii Makino 608,**609**
var. *stolonifer* Nakai 610
pinnatus Wall. 564
pulchellus Hemsl. ex Forbes et Hemsl. **608**
pumilus (Burm. f.) Steenis **609**
var. delavayi (Bonati) T. L. Chin ex D. Y. Hong 608,**609**
var. macrocalyx (Bonati) Yamazaki 608,**609**
var. delavayi (Bonati) T. L. Chin ex D. Y. Hong 608,**609**
var. pumilus 608,**609**
rugosus Lour. 609
var. *stolonifer* Maxim. 610
spicatus Vant. 606,**608**
stolonifer (Maxim.) Makino 610
vandellioides Hance ex Hemsl. 609
Meehania Britt. 911,**930**
fargesii (H. Lévl.) C. Y. Wu **931**
var. fargesii **931**
var. pedunculata (Hemsl.) C. Y. Wu 930,**931**
henryi (Hemsl.) Sun ex C. Y. Wu **930**
var. henryi **930**
var. kaitcheensis (H. Lévl.) C. Y. Wu 930,**931**
var. stachydifolia (H. Lévl.) C. Y. Wu 930,**931**
Melampyrum L. 544,**576**
roseum Maxim. **576**
Melanthera Rohr 204,**211**
prostrata (Hemsl.) W. L. Wagner et H. Rob. **211**
Melasma arvense (Benth.) Hand.-Mazz. 590
Melissa L. 911,**961**
axillaris (Benth.) Bakh. f. 961
Mella floribunda (R. Br.) Pennell. 564
Meloneura striatula (Smith) Barnhart 624
Mentha L. 912,**962**
auricularia L. 971
cablin Blanco 971
canadensis L. **962**
haplocalyx Briq. 962
spicata L. **962**
stellata Lour. 974
MENYANTHACEAE **389**
Menyanthes cristata Roxb. 390
hydrophylla Lour. 391
indica L. 391
nymphoides L. 392
Menyanthoideae 389
Mephitidia chinensis Champ. 98
formosensis (Matsum.) Nakai 99
var. *hirsuta* (Matsum.) Nakai 99
hispidula Drake 100
japonica (Miq.) Nakai 96
odajimae Masam. 98
taiheizanensis Matsum. et Suzuki 96
tashiroi (Matsum.) Nakai 100
Wallichii Wight et Arn. 95
Merremia Dennst 498,**512**
boisiana (Gagn.) Ooststr. 514,**518**
var. boisiana **518**
var. fulvopilosa (Gagn.) Ooststr. **519**
var. *rufopolosa* (Gagn.) C. Y. Wu 519
chryseides (Ker-Gawl.) Hall. f. 515
collina S. Y. Liu 514,**518**
decurrens (Hand.-Mazz.) Kiu 516
hederacea (Burm. f.) Hall. f. 514,**515**
hirta (L.) Merr. 514,**516**
longipedunculata (C. Y. Wu) R. C. Fang 514,**518**
quinata (R. Br.) Ooststr. 514,**515**
sibirica (L.) Hall. f. 514,**515**
tridentata (L.) Hall. f. 519
subsp. *hastata* (Hall. f) Ooststr. 519
umbellata (L.) Hall. f. 514,**516**
subsp. orientalis (Hall. f.) Ooststr. **516**
subsp. umbellata **516**
verruculosa S. Y. Liu 514,**516**
vitifolia (Burm. f.) Hall. f. **514**
Mesona Blume 912,**988**
chinensis Benth. **988**
Metabolus lineatus Bartl. 22
Metabriggsia W. T. Wang 644
purpureotincta W. T. Wang 651
Metadina Bakh. f. 1,**13**
trichotoma (Zoll. et Mor.) Bakh. f. **13**
Meyenia erecta Benth. 771
Micrargeria formosana (Hayata) Hayata 590
Microchirita (C. B. Clarke) Y. Z. Wang 627,**705**
hamosa (R. Br.) Y. Z. Wang **705**
Microglossa DC. 263,**279**
pyrifolia (Lam.) Kuntze **279**
volubilis DC. 279
Microtoena Prain. 911,**947**

insuavis (Hance) Prain ex Briq. 947,948
mollis H. Lévl. 947,948
patchoulii (C. B. Clarke ex Hook. f.) C. Y. Wu et Hsuan 947
subspicata C. Y. Wu ex Hsuan 947,948
Middletonia C. Puglisi 627,727
multiflora (R. Br.) C. Puglisi 727
Mikania Willd. 194
cordata (N. L. Burman) B. L. Rob. 194
micrantha Kunth 194,195
volubilis Willd. 194
Mimulus L. 545,591
assamicus Griff. 591
formosanus Hayata 591
nepalensis Benth. 591
tenellus Bunge 591
subsp. *nepalensis* (Benth.) D. Y. Hong ex H. P. Yang 591
var. nepalensis (Benth.) Tsoong 591
var. tenellus 591
violaceus Azaola ex Blanco 594
Mirasolia diversifolia Hemsl. 214
Miscanthus Anderss. 616
Mitracarpus Zucc. 3,90
hirtus (L.) DC. 90
villosus (Sw.) DC. 90
Monochasma Maxim. 544,581
monantha Hemsl. 581
sheareri Maxim. ex Franch. et Savat. 581
Morinda L. 2,67
badia Y. Z. Ruan 68,71
cinnamomifoliata Y. Z. Ruan 67,70
citrina Y. Z. Ruan 68,72
var. chlorina Y. Z. Ruan 72
var. citrina 72
var. chlorina Y. Z. Ruan 68,72
cochinchinensis DC. 67,68
howiana S. Y. Hu 67,68
hupehensis S. Y. Hu 67,70
litseifolia Y. Z. Ruan 68,72
nanlingensis Y. Z. Ruan 68,71
var. nanlingensis 71
var. pilophora Y. Z. Ruan 68,72
officinalis F. C. How 67,70
parvifolia Bartl. ex DC. 68,71
rugulosa Y. Z. Ruan 68,71
scabrifolia Y. Z. Ruan 68,72
trichophylla Merr. 68
umbellata L.
subsp. obovata Y. Z. Ruan 67,68
Moseleya pinnata (Wall. ex Benth.) Hemsl. 564
Mosla (Benth.) Buch.-Ham. ex Maxim. 912,964
cavaleriei H. Lévl. 964,966
chinensis Maxim. 964
dianthera (Buch.-Ham. ex Roxb.) Maxim. 964,966
longibracteata (C. Y. Wu et Hsuan) C. Y. Wu et H. W. Li 964,966
scabra (Thunb.) C. Y. Wu et H. W. Li 964
Mouretia Pitard 2,20
guangdongensis Lo 20
inaequalis (H. S. Lo) Tange 20
tonkinensis Pitard
var. *inaequalis* H. S. Lo 20
Mulgedium meridionale C. Shih 368
polypodifolium (Franchet) C. Shih 368
Mussaenda L. 2,57
anomala Li 57,58
bodinieri H. Lévl. 61
caudatiloba D. Fang 57,58,60
cavaleriei H. Lévl. 139
chingii C. Y. Wu ex H. H. Hsue et H. Wu 57,60
dehiscens Craib 44
densiflora H. L. Li 58,62
divaricata Hutch. 58,62
elliptica Hutch. 58,62
elongata Hutchinson 44
erosa Champ. ex Benth. 57,60
esquirolii H. Lévl. 58
hainanensis Merr. 57,61
henryi Hutchinson 44
hirsutula Miq. 57,61
hispida D. Don 60
inflata H. S. Hsue et H. Wu 61
kotoensis Hayata 60
kuliangensis Metcalf 122
kwangsiensis H. L. Li 57,58
longipetala H. L. Li 57,60
macrophylla Wall. 57,60
mairei H. Lévl. 139
pavettaefolia Kurz 113
pubescens W. T. Ait. 57,61
f. *clematidiflora* Chun ex H. H. Hsue et H. Wu 61

var. *alba* X. F. Deng et D. X. Zhang 61
shikokiana Makino 57,58
taiwaniana Kaneh. 58
wilsonii Hutchins. 58
Mycetia Reinw. 2,63
anlongensis H. S. Lo
var. multiciliata H. S. Lo ex Tao Chen 64,66
fangii K. J. Yan et Z. Q. Song 64
oligodonta Merr. 64
sinensis (Hemsl.) Craib 64
f. *angustisepala* H. S. Lo 64
MYOPORACEAE 853
Myoporum Banks et Soland. ex Forst. f. 853
bontioides (Sieb. et Zucc.) A. Gray 853
chinense (A. DC.) A. Gray 853
Myosotis chinensis DC. 461
microcarpa Wall. 461
peduncularis Trev. 461
Myriactis Less. 263,277
humilis Merr. 277
nepalensis Less. 277
Myrioneuron R. Br. ex Benth. et Hook. f. 2,66
effusum (Pit.) Merr. 66
faberi Hemsl. 66
nutans Wall.
var. *effusum* Pitard 67
oligoneuron Hand.-Mazz. 66
tonkinense Pit. 66,67

[N]

Nama zeylanica Linn. 449
Nauclea L. 1,16
cadamba Roxb. 15
formosana Matsum. 8
griffithii (Hook. f.) Havil. 9
laevigata (Wall. ex G. Don) Walp. 7
officinalis (Pierre ex Pit.) Merr. et Chun 16
polycephala Wallich ex G. Don. 13
racemosa Sieb. et Zucc. 13
rhynchophylla Miq. 8
scandens Smith 8
sessilifructus (Roxb.) Dietr. 7
sinensis Oliv. 5
taiuaniana Hayata 13
tetrandra Roxb. 16
transversa Hayata 13
trichotoma Zoll. et Mor. 13
Neanotis W. H. Lewis 2,33
hirsuta (L. f.) W. H. Lewis 33,34
var. *glabricalycina* (Honda) W. H. Lewis 34
ingrata (Wall. ex Hook. f.) W. H. Lewis 33,34
kwangtungensis (Merr. et F. P. Metcalf) W. H. Lewis 33,34
wightiana (Wall. ex Wight et Arn.) W. H. Lewis 33
Nelipus limosa (R. Brown) Rafinesque 624
Neolamarckia Bosser 1,15
cadamba (Roxb.) Bosser 15
Neonauclea Merr. 1,9
griffithii (J. D. Hook.) Merr. 9
navillei (H. Lévl.) Rehder 9
Nepeta L. 911,933
cataria L. 933
incana Thunb. 906
indica L. 949
tenuifolia Benth. 933
Nertera Banks ex Gaertn. 3,84
dentata Elmer 611
sinensis Hemsl. 84
Nicandra Adans. 465,466
physalodes (Linnaeus) Gaertner 466
Nicotiana L. 465,495
chinensis Fisch. ex Lehm. 495
tabacum L. 495
Nintooa confusa Sweet 179
Nosema Prain 912,987
cochinchinensis (Lour.) Merr. 987
Notoseris C. Shih 353,365
formosana (Kitamura) C. Shih 366
gracilipes C. Shih 366
henryi (Dunn) C. Shih 366
macilenta (Vaniot et H. Lévl.) N. Kilian 366
melanantha (Franch.) C. Shih 366
psilolepis C. Shih 366
rhombiformis C. Shih 366
Nouelia Franch. 343,352
insignis Franch. 352
Nymphoides Séguier 390
cristata (Roxb.) O. Kuntze 390
cristatum (Roxb.) O. Kuntze 390
humboldtiana O. Kuntze 391
hydrophyllum (Lour.) Kuntze 390,391
indica (L.) O. Kuntze 390

peltata (S. G. Gmelin) Kuntze **391**
peltatum (Gmel.) O. Kuntze 391

[O]

Ocimum L. 912,**990**
aureoglandulosum Van. 906
basilicum L. **990**,992
var. pilosum (Willd.) Benth. **990**
var. basilicum **990**
frutescens L. 963
gratissimum L. **990**
var. gratissimum **990**
var. suave (Willd.) Hook. f. **990**
scabrum Thunb. 964
scutellarioides L. 979
pilosum Willd. 990
suave Willd. 990
Octotropis terminalis C. B. Clarke 74
Oldenlandia acutangula (Champ. ex Benth.) Kuntze 27
alata Hook. f. 32
ampliflora (Hance) Kuntze 29
angustifolia Benth. 24
auricularia (L.) F.-Muell. 22
biflora L. 33
capitellata (Wall. ex G. Don) Kuntze 29
var. *glabra* Pitard 29
chereevensis Pierre ex Pitard 30
chrysotricha (Palib.) Chun 24
consanguinea (Hance) Kuntze 28
corymbosa L. 30
crassifolia DC. 33
diffusa (Willd.) Roxb. 32
effusa (Hance) Kuntze 27
esquirolii (H. Lévl.) Chun 30
herbacea (L.) Roxb. 32
var. *uniflora* Benth. 32
heynii G. Don 32
hirsuta L. f. 34
var. *glabricalycina* Honda 34
hispida Poir. 26
hurmanniana G. Don 30
japonica Miq. 34
lancea (Thunb. ex Maxim.) Kuntze 28
macrostemon Kuntze 30
matthewii (Dunn) Chun 29
mellii (Tutch.) Chun 28
paniculata L. 33
parryi (Hance) Kuntze 27
pinifolia (Wall. ex G. Don) K. Schum. 26
platystipula (Merr.) Cnun 24
pterita (Bl.) Miq. 32
quadrangularis Kuntze 27
rubioides Miq. 29
tenelliflora (Bl.) Kuntze 24
tenuipes (Hemsl.) Kuntze 29
uncinella (Hooker et Arnott) Kuntze 26
verticillata L. 26
Oligosporus japonicus (Thunb.) Poljak. 243
Omphalotrigonotis W. T. Wang 451,**459**
cupulifera (Johnst.) W. T. Wang **459**
Operculina S. Manso 498,**512**
turpethum (L.) S. Manso **512**
Ophelia bimaculata Sieb. et Zucc. 387
macrosperma C. B. Clarke 389
pulchella D. Don 388
Ophiorrhiza L. 2,**35**
acutiloba Hayata 40
amplifolia Drake 35,**37**
bodinieri H. Lévl. 43
cantonensis Hance 36,**43**
cavaleriei H. Lévl. 40
chinensis H. S. Lo 36,**42**
cordata W. L. Sha ex S. Y. Jin et Y. L. Chen 35,**37**
crassifolia H. S. Lo 35,**38**
dimorphantha Hayata 40
f. *brevistigma* Hayata 40
f. *longistigma* Hayata 40
eryei Cham. 40
exigua (H. L. Li) H. S. Lo 41
fangdingii H. S. Lo 35,**39**
filibracteolata H. S. Lo 36,**43**
grandibracteolata F. C. How ex H. S. Lo 35,**37**
huanjiangensis D. Fang et Z. M. Xie 36,**40**
japonica Blume 36,**40**
var. *acutiloba* (Hayata) Ohwi 40
var. *minor* J. Krause 40
var. *leiocarpa* Hand.-Mazz. 43
kwangsiensis Merr. ex H. L. Li 35,**40**
labordei H. Lévl. 40
laoshanica H. S. Lo 35,**39**
liangkwangensis H. S. Lo 35,**36**

loana Y. F. Deng et Y. F. Huang 36,42
longicornis H. S. Lo 35,39
longipes Craib 42
longipes H. S. Lo 42
longzhouensis H. S. Lo 43
mitchelloides (Masam.) H. S. Lo 36,41
monticola Hayata 40
f. *brevistigma* Hayata 40
f. *longistigma* Hayata 40
mycetiifolia H. S. Lo 37
nana Endgew. 57
nandanica H. S. Lo 35,38
napoensis H. S. Lo 35,38
nigricans H. S. Lo 36,42
paniculiformis H. S. Lo 43
pellucida H. Lévl. 57
petrophila H. S. Lo 40
pumila Champ. ex Beath. 36,41
purpureonervis H. S. Lo 36,43
rarior H. S. Lo 37
rhodoneura H. S. Lo 35,37
salicifolia H. S. Lo 36,41
seguinii H. Lévl. 43
subrubescens Drake 35,36
violaceo flammea H. Lévl. 43
yingtakensis Masamune 43
Opithandra Burtt 628
lungshengense W. T. Wang 633
pumila (W. T. Wang) W. T. Wang 635
sinohenryi (Chun) Burtt. 635
Oreocharis Benth. 625,626,628
argyreia Chun ex K. Y. Pan 628,631
var. angustifolia K. Y. Pan 631
var. argyreia 631
auricula (S. Moore) Clarkel. 628,629
benthamii Clarke 628,631
var. benthamii 631
var. reticulata Dunn 631
cotinifolia (W. T. Wang) Mich. Möller et A. Weber 629,635
curvituba J. J. Wei et W. B. Xu 629,633
dayaoshanioides Yan Liu et W. B. Xu 629,635
lungshengensis (W. T. Wang) Mich. Möller et A. Weber 629,633
magnidens Chun ex K. Y. Pan 628,629,631
mileensis (W. T. Wang) Mich. Möller et A. Weber 629,633
pumila (W. T. Wang) Mich. Möller et A. Weber 629,635
ronganensis (K. Y. Pan) Mich. Möller et A. Weber 629,633
sericea (H. Lévl.) H. Lévl. 628,629
sinohenryi (Chun) Mich. Möller et A. Weber 629,635
stewardii (Chun) Mich. Möller et A. Weber 629,633
xiangguiensis W. T. Wang et K. Y. Pan 628,631
×heterandra D. Fang et D. H. Qin 628,631
Origanum L. 912,961
vulgare L. 962
Parish ex Clarke 627,728
darrisii (H. Lévl.) Craib 729
feddei (H. Lévl.) B. L. Burtt 728,729
lacei Craib 728
wileana Craib 728
OROBANCHACEAE 613
Orobanche acaulis Roxb. 616
aeginetia L. 616
pedunculata Roxb. 616
Oroxylum Vent. 746,756
indicum (Linn.) Benth. ex Kurz 756
Orthodon chinensis (Maxim.) Kudo 964
diantherus (Buch.-Ham.) Hand.-Mazz. 966
longibracteatus C. Y. Wu et Hsuan 966
Orthosiphon Benth. 912,992
marmoritis (Hance) Dunn. 992
rubicundus (D. Don) Benth. 993
var. hainanensis Sun ex C. Y. Wu 992,993
var. rubicundus 993
wulfenioides (Diels) Hand.-Mazz. 992
var. foliosus E. Peter 992
var. wulfenioides 992
Ourisia pinnata Wall. ex Benth. 564
Ourouparia hirsuta (Havil.) Yamamoto 8
rhynchophylla (Miq.) Matsum. 8
Oxyceros bispinosus (Griff.) Tirveng. 132
griffithii (Hook. f.) W. C. Chen 131
sinensis Lour. 132

[P]

Paederia L. 3,90
bodinieri H. Lévl. 92
cavaleriei H. Lévl. 90,91
chinensis Hance 91

dunniana H. Lévl. 91
esquirolii H. Lévl. 91
foetida L. 90,**91**
laxiflora Merr. ex H. L. Li 91
mairei H. Lévl. 91
pertomentosa Merr. ex H. L. Li 90,**91**
rehdiana Hand.-Mazz. 92
scandens (Lour.) Merr. 91
f. *mairei* (H. Lévl.) Nakai 91
var. *mairei* (H. Lévl.) H. Hara 91
var. *tomentosa* (Blume) Hand.-Mazz. 91
spectatissima H. Li 90,**92**
stenobotrya Merr. 90,**91**
stenophylla Merr. 91
tomentosa Bl. 91
var. *glabra* Kurz 91
var. *mairei* H. Lévl. 91
var. *purpurea-caerulea* H. Lévl. et Vaniot 92
yunnanensis (H. Lévl.) Rehd. 90,**92**
Paraboea (Clarke) Ridley 627,**718**,727
angustifolia Yan Liu et W. B. Xu 719,**726**
barbatipes K. Y. Pan 721
birmanica (Craib) C. Puglisi 719,**726**
clavisepala D. Fang et D. H. Qin 718,**719**
crassifila W. B. Xu et J. Guo 719,**725**
dictyoneura (Hance) Burtt 719,**726**
glutinosa (Hand.-Mazz.) K. Y. Pan 718,**721**
guilinensis L. Xu et Y. G. Wei 719,**725**
martinii (H. Lévl.) Burtt 718,**721**
multiflora (R. Br.) Burtt 727
nutans D. Fang et D. H. Qin 718,**725**
peltifolia D. Fang et L. Zeng 719,**725**
rufescens (Franch.) Burtt 718,**719**
var. *umbellata* (Drake) K. Y. Pan 719
sinensis (Oliv.) Burtt 718,**721**
swinhoei (Hance) Burtt 718,**721**
tetrabracteata F. Wen, X. Hong et Y. G. Wei 719,**726**
thirionii (H. Lévl.) Burtt 727
tomentosa Barntee 719
tribracteata D. Fang et W. Y. Rao 719,**725**
trisepala W. H. Chen et Y. M. Shui 718,**721**
umbellata (Drake) Burtt 718,**719**
velutina (W. T. Wang et C. Z. Gao) Burtt 719,**725**
Paraisometrum mileense W. T. Wang 633
Paraixeris denticulata (Houtt.) Nakai 363
Paralagarosolen fangianum Y. G. Wei 712
Paraphlomis (Prain) Prain 911,**939**
albida Hand.-Mazz. **942**
var. albida 940,**942**
var. brevidens Hand.-Mazz. 940,**942**
brevifolia C. Y. Wu et H. W. Li 940,**943**
gracilis (Hemsl.) Kudo **942**
var. gracilis **943**
var. lutienensis (Sun) C. Y. Wu 940,**943**
hispida C. Y. Wu. 939,**940**
javanica (Bl.) Prain. **940**
var. angustifolia (C. Y. Wu) C. Y. Wu et H. W. Li 939,**942**
var. coronata (Van.) C. Y. Wu et H. W. Li 939,**942**
var. javanica 939,**940**
var. pteropoda D. Fang et K. J. Yan 939,**942**
lanceolata Hand.-Mazz. **943**
var. lanceolata. **943**
var. sessilifolia Hand.-Mazz. 940,**943**
lutienensis Sun 943
paucisetosa C. Y. Wu ex H. W. Li 939,**940**
rugosa (Benth.) Prain 940
var. *angustifolia* C. Y. Wu 942
seticalyx C. Y. Wu ex H. W. Li 939,**940**
subcoriacea C. Y. Wu ex H. W. Li 940,**943**
Paraprenanthes C. C. Chang ex C. Shih 353,**366**
diversifolia (Vaniot) N. Kilian **367**
gracilipes C. Shih 367
heptantha C. Shih et D. J. Liu **367**
meridionalis (C. Shih) Sennikov. 368
polypodiifolia (Franch.) C. C. Chang ex C. Shih 367,**368**
prenanthoides (Hemsl.) C. Shih 367,**368**
sororia (Miq.) C. Shih 367,**368**
sylvicola C. Shih 367
thirionni (H. Lévl.) C. Shih 368
Pararuellia Bremek. et Nannenga-Bremek. 767,**805**
cavaleriei (H. Lévl.) E. Hossain 805,**806**
hainanensis C. Y. Wu et H. S. Lo **805**
Parasenecio subglaber (C. C. Chang) Y. L. Chen 253
Parmentiera alata Mires 752
Parthenium L. 204,**216**
argentatum A. Gray **217**
hysterophorus L. **217**
Patrinia Juss. **185**
monandra C. B. Clarke 186,**188**
punctiflora Hsu et H. J. Wang 186,**188**

scabiosaefolia Link 186,188
villosa (Thunb.) Dufresne 186,188
Paulownia Sieb. et Zucc. 542,545
australis Gong Tong 548
catalpifolia T. Gong ex D. Y. Hong 546,548
duclouxii Dode 546
elongata S. Y. Hu 546,548
fargesii Franch. 546,549
fortunei (Seem.) Hemsl. 546,548,549
var. *tsinlingensis* Pai 548
glabrata Rehd. 548
grandifolia Hort. ex Wettst. 548
imperialis Sieb. et Zucc. 548
var. *lanata* Dode. 548
kawakamii Ito 546,549
mikado Ito 546
recurva Rehd. 548
rehderiana Hand.-Mazz. 549
taiwaniana T. W. Hu et H. J. Chang 546,548
thyrsoidea Rehd. 549
tomentosa (Thunb.) Steud. 548
var. tsinlingensis (Pai) Gong Tong 546,548
var. *japonica* Elwes 548
var. *lanata* (Dode) C. K. Schneider 548
var. tomentosa 546,548
viscosa Hand.-Mazz. 549
Pavetta L. 3,115
arenosa Lour. 116
f. *glabrituba* Chun et How ex Ko 116
esquirollii H. Lévl. 904
hongkongensis Bremek. 116
indica L.
var. *polyantha* Hook. f. 116
kroneana Miq. 119
polyantha (Hook. f.) Wall. ex Bremek. 116
sinica Miq. 116
PEDALIACEAE 763
Pedicularis L. 544,578
crassicaulis Vaniot ex Bonati 581
henryi Maxim. 579,581
kiangsiensis P. C. Tsoong et S. H. Cheng 579
resupinata L. 579
subsp. crassicaulis (Vaniot ex Bonati) P. C. Tsoong 579,581
subsp. resupinata 579
var. *crassicaulis* (Vaniot) Bonati ex Limpr. 581
Pentacoelium bontioides Sieb. et Zucc. 853
Pentanema Cass. 315,318
indicum (L.) Y. Ling 319
var. indicum 319
var. hypoleucum (Hand.-Mazz.) Y. Ling 319
Pentaphragma Wall. ex G. Don 433
spicatum Merr. 433
PENTAPHRAGMATACEAE 433
Peracarpa Hook. f. et Thoms. 422,432
carnosa (Wall.) Hook. et Thoms. 432
Pericallis D. Don 246,250
hybrida B. Nord. 250
Perilepta auriculata (Nees) Bremek. 783
ferruginea (D. Fang et H. S. Lo) C. Y. Wu et C. C. Hu 792
longzhougensis (D. Fang et H. S. Lo) C. Y. Wu et C. C. Hu 797
refracta (D. Fang, Y. G. Wei et J. Murata) C. Y. Wu et C. C. Hu 798
retusa (D. Fang) C. Y. Wu et C. C. Hu 786
Perilla L. 912,963
frutescens (L.) Britt.
var. *acuta* (Thunb.) Kudo. 963
var. crispa (Benth.) Deane ex Bailey. 963
var. *crispa* (Thunb.) Hand.-Mazz. 964
var. frutescens 963
var. purpurascens (Hayata) H. W. Li. 963
fruticosa D. Don 970
ocymoides L.
var. *crispa* Benth. 964
var. *purpurascens* Hayata 963
Peristrophe Nees 763,826
baphica (Spreng.) Bremek. 827
bivalvis (L.) Merr. 827
chinensis Nees 827
guangxiensis H. S. Lo et D. Fang 829
japonica (Thunb.) Bremek. 827
purpurea (L.) Hochr. 826
roxburghiana (Roem. et Schult.) Bremek. 827
tinctoria Nees 829
Pertusadina Ridsd. 1,13
hainanensis (How) Ridsd. 15
metcalfii (Merr. ex H. L. Li) Y. F. Deng et C. M. Hu 15
Pertya Sch.-Bip. 343,350
corymbosa Y. C. Tseng 350

esquirolii H. Lévl. 347
Petrocodon Hance 626,627,**707**
coccineus (C. Y. Wu ex H. W. Li) Y. Z. Wang 708,**712**
coriaceifolius (Y. G. Wei) Y. G. Wei et Mich. Möller 708,**716**
dealbatus Hance **708**
fangianus (Y. G. Wei) J. M. Li et Y. Z. Wang 708,**712**
ferrugineus Y. G. Wei 708,**709**,716
guangxiensis (Yan Liu et W. B. Xu) W. B. Xu et K. F. Chung 708,**712**
hancei (Hemsl.) A. Weber et Mich. Möller 708,**709**
hechiensis (Y. G. Wei, Yan Liu et F. Wen) Y. G. Wei et Mich. Möller 708,**714**
integrifolius (D. Fang et L. Zeng) A. Weber et Mich. Möller 708,**714**
jasminiflorus (D. Fang et W. T. Wang) A. Weber et Mich. Möller 708,**712**
jingxiensis (Yan Liu, H. S. Gao et W. B. Xu) A. Weber et Mich. Möller 708,**714**
laxicymosus W. B. Xu et Yan Liu 708,**714**
longgangensis W. H. Wu et W. B. Xu 708,**716**
lui (Yan Liu et W. B. Xu) A. Weber et Mich. Möller 708,**714**
multiflorus F. Wen et Y. S. Jiang 708,**709**
niveolanosus (D. Fang et W. T. Wang) A. Weber et mich Möller 708,**709**
pseudocoriaceifolius Yan Liu et W. B. Xu 708,**716**
pulchriflorus Y. B. Lu et Q. Zhang 708,**712**
tiandengensis (Yan Liu et B. Pan) A. Weber et Mich. Möller 708,**709**
villosus X. Hong 708,**716**
Petrocosmea Oliv. 626,**651**
huanjiangensis Yan Liu et W. B. Xu **654**
iodioides Hemsl. 651
martinii (H. Lévl.) H. Lévl 651
minor Hemsl. 651
Petunia Juss. 465,**495**
hybrida (J. D. Hooker) Vilmorin **495**
Pharaceum incanum Lour. 30
Phelipaea indica Spreng. ex Steud. 616
Philydrum cavaleriei H. Lévl. 620
Phlebophyllum apricum (Hance) Benth. 777
Phlogacanthus Nees 768,**817**
asperulus Nees 818
colaniae Benoist 817,**818**
pubinervius T. Anderson 817,**818**
vitellinus (Roxb.) T. Anderson. **818**
Phlomis aspera Willd. Enum. 936
chinensis Retz. 934
gracilis Hemsl. 943
zeylanica L. 936
Phlox Linn. **448**
drummondii Hook. **448**
paniculata Linn. **448**
Phryma L. **909**
leptostachya L. **910**
subsp. leptostachya **910**
subsp. asiatica (Hara) Kitamura **910**
var. *asiatica* Hara 910
PHRYMACEAE **909**
Phtheirospermum Bunge 544,**578**
chinense Bunge 578
japonicum (Thunb.) Kanitz. **578**
Phyla chinensis Lour. 857
Phyla Lour. 854,**857**
nodiflora (L.) E. L. Greene **857**
Phylloboea henryi Duthie ex Beddome 719
sinensis Oliv. 721
Physaliastrum Makino 465,**470**
chamaesarachoides (Makino) Makino **470**
Physalis L. 465,**470**
alkekengi L. **471**
var. alkekengi **471**
var. francheti (Mast.) Makino **471**
var. *orientalis* Pamp. 471
angulata L. 471,**473**
var. *villosa* Bonati 473
esquirolii H. Lévl. et Vant. 473
francheti Mast. 471
var. *bunyardii* Makino 471
kansuensis Pojark. 471
minima L 471,**473**
praetermissa Pojark. 471
szechuensis Pojark. 471
Picria Lour. 543,**562**
felterrae Lour. **562**
Picris L. 352,**353**
hieracioides L.
subsp. *japonica* (Thunb.) Krylov 355
japonica Thunb. **353**
PLANTAGINACEAE **418**
Plantago L. **418**

arenaria Waldst. et Kit. **419**
asiatica L. **419**
subsp. asiatica **419**
subsp. erosa (Wall.) Z. Y. Li **419**
erosa Wall. 419
indica L. 421
major L. **419**
var. *asiatica* (L.) Decne. 419
var. *sinuata* (Lam.) Decne. 419
Platostoma hispidum (L.) A. J. Paton 988
Platycodon A. DC. 421,**424**
grandiflorus (Jacq.) A. DC. **424**
Plectranthus amethystoides Benth. 981
calcaratus Hemsl. 979
carnosifolius Hemsl. 977
coetsus Buch.-Ham. ex D. Don 987
eriocalyx Dunn 981
gerardianus Benth. 985
macranthus Hook. f. 974
macrocalyx Dunn 985
marmoritis Hance 992
nervosus Hemsl. 981
nudipes Hemsl. 975
patchoulii C. B. Clarke ex Hook. f. 947
rubescens Hemsl. 987
rubicundus D. Don 993
sculponeatus Vaniot. 983
serra Maxim. 983
stracheyi Benth. ex Hook. f. 983
ternifolius D. Don 981
walkeri Arn. 983
Plectronia horrida (Blume) Bentham et Hook. f. 76
levinei Merr. 132
Pluchea Cass. 315,**330**
balsamifera (L.) Less. 326
eupatorioides Kurz 330,**331**
indica (L.) Less. 330,**331**
pteropoda Hemsl. ex F. B. Forbes et Hemsl. **330**
rubicunda C. K. Schneid. 294
sagittalis (Lam.) Cabrera 330,**331**
suaveolens (Vell.) Kuntze 331
PLUMBAGINACEAE **415**
Plumbago Linn. **416**
coccinea Salisb. 416
indica Linn. **416**
rosea Linn. 416
var. *coccinea* (Lour.) Hook. 416
zeylanica Linn. **416**
Pogostemon Desf. 912,**970**
auricularius (L.) Hassk. 970,**971**
cablin (Blanco) Benth. 970,**971**
chinensis C. Y. Wu et Y. C. Huang 970,**971**
esquirolii (H. Lévl.) C. Y. Wu et Y. C. Huang 970,**971**
glaber Benth. 970,**971**
Poilania laggeroides Gagnep. 334
POLEMONIACEAE **446**
Polycoelium bontioides (Sieb. et Zucc.) A. DC. 853
chinense A. DC. 853
Porana delavayi Gagnepain et Courchet 505
gagnepainiana H. Lévl. 502
megalathe Mell. 504
racemosa Roxb. 502
sinensis Hemsley 504
spectabilis Kurz
var. *megalantha* (Merrill) How. 504
truncata Kurz 504
Porphyra dichotoma Lour. 870
Porterandia sericantha (W. C. Chen) W. C. Chen 138
Pratia begonifolia (Wall.) Lindl. 441
montana (Reinw. ex Blume) Hassk. 441
nummularia (Lam.) A. Br. et Aschers. 441
wollastonii S. Moore 441
Portulaca *oleracea* L. 562
Praxelis Cass. 194,**197**
clematidea R. M. King et H. Robinson **197**
Premna L. 854,**876**
acuminatassima Merr. 881,882
bodinieri H. Lévl. 883
crassa Hand.-Mazz. 878,**883**
cavaleriei H. Lévl. 878,**881**
chevalieri Dop 878,**881**
confinis P'ei et S. L. Chen ex C. Y. Wu 878,**879**
corymbosa (Burm. f.) Rottl. et Willd. 884
flavescens Buch.-Ham. ex C. B. Clarke 878,**883**
fordii Dunn **881**,882
var. fordii 878,**881**
var. glabra S. L. Chen 878,**881**
formosana Maxim. 879
fortunati P. Dop 883
fulva Craib 878,**883**
fulva Merr. 884

herbacea Roxb. 876,**878**
integrifolia Linn. Mant. 884
integrifolia P. Dop 884
interrupta Wallich ex Schauer 878,**885**
ligustroides Hemsley. 878,**879**
longipila P'ei 883
microphylla Turcz. 878,**879**
var. *glabra* Nakai 879
nartinin H. Lévl. 882
paisehensis P'ei et S. L. Chen 878,**884**
peii Chun ex H. T. Chang 875
puberula Hand.-Mazz. 883
puberula Pamp. 879,**882**,883
var. bodinieri (H. Lévl.) C. Y. Wu et S. Y. Pao 878,**883**
var. puberula 878,**882**
pygmaea Wall. 878
racemosa Wall. 885
serratifolia Linnaeus. 878,**884**
stenantha Merr. 881
sunyiensis P'ei 878,**882**
szemaoensis P'ei 884
Prenanthes acaulis Roxb. 359
chinensis Thunb. 358
diversifolia (Vaniot) C. C. Chang 367
formosana Kitam. 366
henryi Dunn. 366
hieraciifolia H. Lévl. 364
japonica L. 361
macilenta Vaniot et H. Lévl. 366
squarosa Thunb. 365
PRIMULACEAE 392
Primula L. 392,411,**412**
apicicallosa D. Fang 412,**414**
bonatii Knuth 414
delicata Petitm. 412
forbesii Franch.
subsp. *delicata* (Petitm.) W. W. Smith et Forr. 412
kwangtungensis W. W. Smith 415
kweichouensis W. W. Smith 414
var. guangxiensis D. Fang 412,**414**
var. *venulosa* C. M. Hu 414
levicalyx C. M. Hu et Z. R. Xu 412,**414**
malacoides Franch. **412**
subsp. *pseudomalacoides* (Stewart) W. W. Smith et Forr. 412
minutiflora G. Forr. 411
obconica Hance 412,**414**,415
subsp. *petitmengini* (Bonati) W. W. Smith et Forr. 414
petitmengini Bonati 414
poculiformis Hook. f. 414
pseudomalacoides Stewart 412
umbellata (Lour.) Bentv. 411
wangii Chen et C. M. Hu 412,**415**
Primulina Hance 626,**656**
atroglandulosa (W. T. Wang) Mich. Möller et A. Weber 676,**682**
atropurpurea (W. T. Wang) Mich. Möller et A. Weber 689,**694**
baishouensis (Y. G. Wei, H. Q. Wen et S. H. Zhong) Y. Z. Wang 672,**674**
beiliuensis B. Pan et S. X. Huang 675,**677**
bipinnatifida (W. T. Wang) Y. Z. Wang et J. M. Li 661,**662**
bobaiensis Q. K. Li, Q. Zhang et W. L. Li 677,**686**
brachystigma (W. T. Wang) Mich. Möller et A. Weber 688,**692**
brachytricha (W. T. Wang et D. Y. Chen) R. B. Mao et Y. Z. Wang 688,**690**
brassicoides (W. T. Wang) Mich. Mölleret A. Weber 689,**694**
bullata S. N. Lu et Fang Wen 688,**690**
cardaminifolia Yan Liu et W. B. Xu **666**
carinata Y. G. Wei,F. Wen et H. Z. Lv 689,**692**
cordata Mich. Möller et A. Weber 674,689,**694**
cordifolia (D. Fang et W. T. Wang) Y. Z. Wang 658,**661**
crassirhizoma F. Wen, B. Zhao et X. Hong 669,**670**
cyrtocarpa (D. Fang et L. Zeng) Mich. Möller et A. Weber 703
debaoensis Neng Jiang et Hong Li 676,**681**
diffusa X. Hong,F. Wen et S. B. Zhou 689,**696**
dryas (Dunn) Mich. Möller et A. Weber 677,**687**
duanensis Fang Wen et S. L. Huang 688,**691**
eburnea (Hance) Y. Z. Wang 675,**677**
fengshanensis F. Wen et Y. Wang 676,**682**
fimbrisepala (Hand.-Mazz.) Y. Z. Wang 672,**675**
var. fimbrisepala **675**
var. mollis (W. T. Wang) Mich. Möller et A. Weber 675

floribunda (W. T. Wang) Mich. Möller et A. Weber 689,696
fordii (Hemsl.) Y. Z. Wang 690,701
gigantea F. Wen, B. Pan et W. H. Luo 676,685
glandaceistriata X. X. Zhu, F. Wen et H. Sun 675,680
glandulosa (D. Fang, L. Zeng et D. H. Qin) Y. Z. Wang 661,665
var. glandulosa 665
var. yangshuoensis (Fang Wen, Yue Wang et Q. X. Zhang) Mich. Möller et A. Weber 665
gongchengensis Y. S. Huang et Yan Liu 689,697
guangxiensis Yan Liu et W. B. Xu 712
gueilinensis (W. T. Wang) Y. Z. Wang et Yan Liu 690,699
guigangensis L. Wu et Q. Zhang 676,682
guihaiensis (Y. G. Wei, B. Pan et W. X. Tang) Mich. Möller et A. Weber 689,696
guizhongensis Bo Zhao, B. Pan et F. Wen 690,702
hedyotidea (Chun) Y. Z. Wang 669,670
heterochroa F. Wen et B. D. Lai 676,681
hezhouensis (W. H. Wu et W. B. Xu) W. B. Xu et K. F. Chung 661,665
hochiensis (Chang Chun Huang et X. X. Chen) Mich. Mölleret A. Weber 689,696
var. *rosulata* F. Wen et Y. G. Wei 697
jingxiensis (Yan Liu, W. B. Xu et H. S. Gao) W. B. Xu et K. F. Chung 661,662
jiuwanshanica (W. T. Wang) Y. Z. Wang 672,674,703
langshanica (W. T. Wang) Y. Z. Wang 677,686
laxiflora (W. T. Wang) Y. Z. Wang 689,696
leeii (F. Wen, Yue Wang et Q. X. Zhang) Mich. Möller et A. Weber 690,703
leiophylla (W. T. Wang) Y. Z. Wang 676,685
leprosa (Yan Liu et W. B. Xu) W. B. Xu et K. F. Chung 676,680
liboensis (W. T. Wang et D. Y. Chen) Mich. Möller et A. Weber 672
lijiangensis (B. Pan et W. B. Xu) W. B. Xu et K. F. Chung 689,697
linearicalyx F. Wen, B. D. Lai et Y. G. Wei 669,670
linearifolia (W. T. Wang) Y. Z. Wang 669,672
lingchuanensis (Yan Liu et Y. G. Wei) Mich. Möller et A. Weber 661,662
linglingensis (W. T. Wang) Mich. Möller et A. Weber 686,688
var. fragrans F. Wen, Y. Z. Ge et B. Pan 676,686
liujiangensis (D. Fang et D. H. Qin) Yan Liu 690,702
lobulata (W. T. Wang) Mich. Möller et A. Weber 665
longgangensis (W. T. Wang) Yan Liu et Y. Z. Wang 669,672
longicalyx (J. M. Li et Y. Z. Wang) Mich. Möller et A. Weber 690,701
longii (Z. Y. Li) Z. Y. Li 689,699
longzhouensis (B. Pan et W. H. Wu) W. B. Xu et K. F. Chung 675,662
lunglinensis (W. T. Wang) Mich. Möller et A. Weber 675,677
var. amblyosepala (W. T. Wang) Mich. Möller et A. Weber 677
var. lunglinensis 677
lungzhouensis (W. T. Wang) Mich. Möller et A. Weber 676,680
luochengensis (Yan Liu et W. B. Xu) Mich. Möller et A. Weber 657,658
lutea (Yan Liu et Y. G. Wei) Mich. Möller et A. Weber 676,680
luzhaiensis (Yan Liu, Y. S. Huang et W. B. Xu) Mich. Möller et A. Weber 690,699
macrodonta (D. Fang et D. H. Qin) Mich Möller et Weber 672,674
macrorhiza (D. Fang et D. H. Qin) Mich. Möller et A. Weber 677,688
medica (D. Fang ex W. T. Wang) Y. Z. Wang 689,697
melanofilamenta Ying Liu et F. Wen 676,685
minutihamata (Wood) Mich. Möller et A. Weber 703
minutimaculata (D. Fang et W. T. Wang) Y. Z. Wang 676,681
mollifolia (D. Fang et W. T. Wang) J. M. Li et Y. Z. Wang 657,658
multifida B. Pan et K. F. Chung 661,662
nandanensis (S. X. Huang, Y. G. Wei et W. H. Luo) Mich. Möller et A. Weber 690,701
napoensis (Z. Y. Li) Mich. Möller et A. Weber 690,701
ningmingensis (Yan Liu et W. H. Wu) W. B. Xu et K. F. Chung 676,682
ophiopogoides (D. Fang et W. T. Wang) Y. Z. Wang 666,669,670
parvifolia (W. T. Wang) Y. Z. Wang et J. M. Li 676,685
petrocosmeoides B. Pan et F. Wen 688,692
pinnata (W. T. Wang) Y. Z. Wang 666

pinnatifida (Hand.-Mazz.) Y. Z. Wang 665,666
pseudoeburnea (D. Fang et W. T. Wang) Mich. Möller et A. Weber 676,682
pseudoheterotricha (T. J. Zhou, B. Pan et W. B. Xu) Mich. Möller et A. Weber 676,686
pseudolinearifolia W. B. Xu et K. F. Chung 669,670
pseudomollifolia W. B. Xu et Yan Liu 658,661
pseudoroseoalba J. Li, F. Wen et L. J. Yan 675,680
pungentisepala (W. T. Wang) Mich. Möller et A. Weber 688,691
purpurea F. Wen, Bo Zhao et Y. G. Wei 677,687
renifolia (D. Fang et D. H. Qin) J. M. Li et Y. Z. Wang 657
repanda (W. T. Wang) Y. Z. Wang 658,661
var. guilinensis (W. T. Wang) Mich Möller et A. Weber 661
var. repanda 661
ronganensis (D. Fang et Y. G. Wei) Mich. Möller et A. Weber 689,694
rongshuiensis (Yan Liu et Y. S. Huang) W. B. Xu et K. F. Chung 688,691
rosulata (F. Wen et Y. G. Wei) Z. L. Ning et X. Y. Zhuang 689,697
sclerophylla (W. T. Wang) Yan Liu 688,691
shouchengensis (Z. Y. Li) Z. Y. Li 690,702
sinensis (Lindl.) Y. Z. Wang 687
sinensis Hook. f. 657
sinovietnamica W. H. Wu et Q. Zhang 689,694
spadiciformis (W. T. Wang) Mich. Möller et A. Weber 676,685
spinulosa (D. Fang et W. T. Wang) Y. Z. Wang 666,669,670
subrhomboidea (W. T. Wang) Y. Z. Wang 672,674
swinglei (Merr.) Mich. Möller et A. Weber 690,699
tabacum Hance 657
tenuifolia (W. T. Wang) Y. Z. Wang 689,699
tiandengensis (F. Wen et H. Tang) F. Wen et K. F. Chung 688,691
tribracteata (W. T. Wang) Mich. Möller et A. Weber 677,687
var. tribracteata 687
var. zhuana (Z. Y. Li, Q. Xing et Y. B. Li) Mich. Möller et A. Weber 687
tsoongii H. L. Liang, Bo Zhao et Fang Wen 689,697
varicolor (D. Fang et D. H. Qin) Y. Z. Wang 690,701
verecunda (Chun) Mich. Möller et A. Weber 672,675
wangiana (Z. Y. Li) Mich. Möller et A. Weber 688,692
weii Mich. Möller et A. Weber 690,702
wentsaii (D. Fang et L. Zeng) Y. Z. Wang 669
yangshuoensis Y. G. Wei et Fang Wen 689,692
yungfuensis (W. T. Wang) Mich. Möller et A. Weber 676,681
Prismatomeris Thwaites 2,73
brevipes Hutch. 104
connata Y. Z. Ruan 74
subsp. *hainanensis* Y. Z. Ruan 74
henryi (H. Lévl.) Rehd. 104
labordei (H. Lévl.) Merr. ex Rehd. 104
linearis Hutch. 104
multiflora Ridley 74
tetrandra (Roxb.) K. Schum. 74
subsp. *multiflora* (Ridley) Y. Z. Ruan 74
Prunella indica Burm. f. 988
Prunella L. 911,933
vulgaris L. 934
Pseuderanthemum Radlk. 768,824
crenulatum (Wall. ex Lindl.) Radlk. 824
graciliflorum (Nees) Ridl. 824
latifolium (Vahl) B. Hansen 824,825
palatiferum (Wall.) Radlk. 825
polyanthum (C. B. Clarke) Merr. 824
malaccense (C. B. Clarke) Lindau 824
Pseudochirita W. T. Wang 626,654
guangxiensis (S. Z. Huang) W. T. Wang 654
var. guangxiensis 654
var. glauca Y. G. Wei et Yan Liu 654
Pseudolysimachion (W. D. J. Koch) Opiz 543,569
galactites (Hance) Holub. 569
linariifolium (Pall. ex Link) Holub 569
subsp. dilatatum (Nakai et Kitagawa) D. Y. Hong 569
subsp. linarriifolium 569
Pseudosiphonium venustum (Hance) Y. F. Deng, D. Z. Li et E. Tripp. 767,806
Psychotria L. 3,106
asiatica L. 106,109
calocarpa Kurz 106,108
curviflora Wallich 110
esquirolii H. Lévl. 109
fluviatilis Chun ex W. C. Chen 106,109
herbacea Jacq. 86

kwangsiensis H. L. Li 108
longifolia Dalzell 111
morindoides Hutch. 106, **108**
prainii H. Lévl. 106, **109**
reevesii Wall. 109
var. *pilosa* Pitard 109
rubra (Lour.) Poir. 109
var. *pilosa* (Pitard) W. C. Chen 109
scandens Hook. et Arn. 110
serpens L. 106, **110**
siamica (Craib) Hutchins. 109
straminea Hutch. 106, **108**
tutcheri Dunn 106, **109**
yunnanensis Hutch. 106, **108**
Psydrax Gaertner 76
dicoccos Gaertn. 76
Pteracanthus alatiramosus (H. S. Lo et D. Fang) C. Y. Wu et C. C. Hu 786
alatus (Wall. ex Nees) Bremek. 792
guangxiensis (S. Z. Huang) C. Y. Wu et C. C. Hu 797
Pteristrophe chinensis Nees 827
Pterocypsela C. Shih 364
elata (Hemsl.) C. Shih 364
formosana (Maxim.) C. Shih 365
indica (L.) C. Shih 365
raddeana (Maxim.) C. Shih 364
sonchus (H. Lévl. et Vaniot) C. Shih 365
Pteroptychia dalzielii (W. W. Smith) H. S. Lo 791
inaequalis (Benoist) Bremek. 791
pateriformis (Lindau) Bremek. 786
Pterostigma capitatum Benth. 555
grandiflorum Benth. 555
Pterygiella Oliv. 544, **582**
duclouxii Franch. **582**
Pulicaria Gaertn. **315**
chrysantha (Diels) Y. Ling **315**
kouyangensis Vaniot 248
Pygmaeopremna herbacea (Roxb.) Moldenke 878
Pyrethrum cinerarifolium Trev. 226
frutescens (L.) Willd. 225
segetum (L.) Moench 225
Pyrostegia Presl 745, **747**
ignea (Vell.) Presl 747
venusta (Ker-Gawl.) Miers **747**
Pyrrothrix heterochroa (Hand.-Mazz.) C. Y. Wu et C. C. Hu 802
hossei (C. B. Clarke) C. Y. Wu et C. C. Hu 789

[Q]

Quamoclit × *sloteri* House 539
vulgaris Chorisy 539
Quiducia tonkinensis Gagnep. 150

[R]

Rabdosia amethystoides (Benth.) Hara 981
coetsa (Buch.-Ham. ex D. Don) Hara 987
eriocalyx (Dunn) Hara 981
lophanthoides (Buch.-Ham. ex D. Don) Hara 985
var. *gerardiana* (Benth.) Hara. 985
lungshengensis C. Y. Wu et H. W. Li 985
macrocalyx (Dunn) Hara 985
nervosa (Hemsl.) C. Y. Wu et H. W. Li 981
rubescens (Hemsl.) Hara 987
sculponeata (Vaniot) Hara 983
serra (Maxim.) Hara 983
stracheyi (Benth. ex Hook. f.) Hara 983
ternifolia (D. Don) Hara 981
Radermachera Zoll. et Mor. 746, **758**
frondosa Chun et How 758, **759**
glandulosa (Bl.) Miq. 759, **761**
hainanensis Merr. 759, **761**
microcalyx C. Y. Wu et W. C. Yin 759, **761**
sinica (Hance) Hemsl. 758, **759**
tonkinensis Dop 759
Ramonda 625
Randia 138
accedens Hance 132
acuminatissima Merr. 134
canthioides Champ. ex Benth. 134
cochinchinensis (Lour.) Merr. 135
depauperata Drake 131
dumetorum (Retz.) Lam. 129
forrestii J. Anth. 132
griffithii Hook. f. 132
hainanensis Merr. 132
leucocarpa Champ. ex Benth. 111
oxyodonta Drake 135
pycnantha Drake 134
salicifolia H. L. Li 134
scandens (Thunb.) Lam. 132
sericantha W. C. Chen 138
sinensis (Lour.) Schult. 132

spinosa (Thunb.) Bl. 129
wallichii Hook. f. 111
Raphiocarpus Chun 626,**640**
begoniifolia (H. Lévl.) B. L. Burtt 640,**642**
macrosiphon (Hance) B. L. Burtt 640,**642**
petelotii (Pellegr.) B. L. Burtt 640,**642**
sinicus Chun **640**
Razumovia cochinchinensis (Lour.) Merr. 587
grandiflora (Benth.) Merr. 587
longiflora Merr. 587
tranquebarica Spreng 588
Rehmannia Libosch. ex Fisch. et Mey. 545,**606**
chinensis Libosch. ex Fisch. et Mey. 606
glutinosa (Gaert.) Libosch. ex Fisch. et Mey. **606**
f. *huechingensis* (Chao et Schih) Hsiao 606
f. *purpurea* Matsuda. 606
var. *huechingensis* Chao et Schih 606
Rhabdia viminea Wall. rx Dalz. 452
Rhinacanthus Nees 768,**851**
communis Nees 851
nasutus (L.) Kurz **851**
Rhynchoglossum Bl. 628,**743**
hologlossum Hayata 743
obliquum Bl. **743**
var. *hologlossum* (Hayata) W. T. Wang 743
Rhynchospermum verticillatum Reinw. 270
Rhynchotechum Bl. 627,**740**
ellipticum (Wall. ex D. F. N. Dietr.) A. DC. **740**
formosanum Hatusima 740,**741**
latifolium Hook. f. et Thomson ex C. B. Clarke 740
longipes W. T. Wang 740,**741**
obovatum (Griff.) Burtt 740
vestitum Wall. ex Clarke 740,**741**
Richardia L. 3,**89**
pilosa Ruiz et Rav. 89
scabra L. **89**
Richardsonia scabra (L.) A. St.-Hil. 89
Roettlera sinensis (Lindl.) Kuntze 687
Rondeletia repens L. 86
tinctoria Roxb. 145
Rosmarinus L. 911,**958**
officinalis L. **958**
Rostellularia diffusa (Willd.) Nees 838
var. *prostrata* (Roxb. ex C. B. Clarke) H. S. Lo 838
linearifolia Bremek. 838
subsp. *liangkwangensis* H. S. Lo 838
procumbens (L.) Nees 837
f. *albiflora* J. L. Liu 838
f. *albiflora* Z. H. Chen 837
var. *diffusa* (Willd.) Benoist 838
var. *leucantha* (Honda) S. X. Qian et S. H. Ou 837
prostrata (Roxb. ex C. B. Clarke) R. B. Majumdar 838
prostrata (Roxb. ex Clarke) K. K. N. Nair 838
trichochila Miq. 837
Rostrinucula Kudo 912,**967**
sinensis (Hemsl.) C. Y. Wu **967**
Rotula Lour. 451,**452**
aquatica Lour. **452**
Rubia L. 3,**81**
akane Nakai 83
var. *erecta* Masamune 83
alata Wall. 81,**83**
argyi (H. Lévl. et Van.) Hara ex Lauener 81,**83**
chekiangensis Deb 83
chinensis Regel et Maack
var. *esquirolii* (H. Lévl.) H. Lévl. 82
cordifolia L. 82,**83**
subsp. *pratensis* (Maxim.) Kitamura 84
var. *coriacea* Z. Ying Zhang 83
var. *longifolia* Hand.-Mazz. 83
var. *maillardii* (H. Lévl. et Vant.) H. Lévl. 82
var. *pratensis* Maxim. 83
var. *rotundifolia* Franch. 83
crassipes Coll. et Hemsl. 81,**83**
edgeworthii Hook. f. 81,**82**
esquirolii H. Lévl. 82
lanceolata Hayata 83
leiocaulis Diels 82
maillardii H. Lévl. et Vant 82
nephrophylla Deb 82
oncotricha Hand.-Mazz. 81,**82**
podantha Diels 81,**82**
pratensis (Maxim.) Nakai 83
schumanniana E. Pritzel 81,**82**
var. *maillardii* (H. Lévl. et Vant.) Hand.-Mazz. 82
wallichiana Decne. 82,**84**
RUBIACEAE **1**
Rubovietnamia Tirveng. 4,**138**
aristata Tirveng. 138
nonggangensis F. J. Mou et D. X. Zhang **138**
sericantha (W. C. Chen) Y. F. Deng, Y. H. Tong, W. B. Xu et N. H. Xia **138**

Rudbeckia L. 204,212
laciniata L. 213
Ruellia alata Wall. ex Nees 792
anagallis Burm. f. 602
antipoda L. 597
atropurpurea Wall. 792
brittoniana Leonerd 767
cavaleriei H. Lévl. 806
chinensis Nees 778
coromandeliana Nees 815
erecta Burm. f. 811
fasciculata Retz. 814
indigotica Fortune 788
neesiana Wall. 817
quadrivalvis Buch.-Ham. 810
repens Linn. 807
ringens L. 808
salicifolia Vahl 808
seclusa S. Moore 807
tetrasperma Champ. ex Benth. 799
venusta Hance 806
Rungia Nees 768,832
axilliflora H. S. Lo 832
bisaccata D. Fang et H. S. Lo 832,834
chinensis Benth. 832,833
densiflora H. S. Lo 832
guangxiensis H. S. Lo et D. Fang 832,833
longipes D. Fang et H. S. Lo 832,834
napoensis D. Fang et H. S. Lo 832,834
parviflora Nees 833
subsp. *pectinata* (L.) Cramer 833
var. *pectinata* (L.) C. B. Clarke 833
pectinata (L.) Nees 832,833
pungens D. Fang et H. S. Lo 832,834
stolonifera C. B. Clarke 832,833
Russelia Jacq. 542,551
equisetiformis Schlecht et Cham. 553
juncea Zucc. 553
sarmentosa Jacq. 553

[S]

Saccharum L. 616
Saintpaulia 625
Salvia L. 911,949
adiantifolia E. Peter 951,957
adoxoides C. Y. Wu 951,956
bowleyana Dunn 951,956
cavaleriei H. Lévl. 952,954
var. cavaleriei 951,954
var. erythrophylla (Hemsl.) E. Peter 951,954
var. simpicifolia E. Peter 951,954,957
chinensis Benth. 951,956
coccinea Buc'hoz ex Etl. 951,952
japonica Thunb. 951,956
var. *erythrophylla* Hemsl. 954
miltiorrhiza Bunge 951,956
petrophila G. X. Hu, E. D. Liu et Yan Liu 951,954
plebeia R. Br. 951,952
plectranthoides Griff. 951,952
prionitis Hance 951,954
scapiformis Hance 957
var. hirsuta E. Peter 951,957
var. scapiformis 951,957
sonchifolia C. Y. Wu 949,951
splendens Ker Gawl. 951,952
substolonifera E. Peter 951,957
Sambucus L. 151
chinensis Lindl. 152
williamsii Hance 152
Samolus L. 392,415
valerandi L. 415
Sanchezia nobilis Hook. f. 767
Sarcocephalus cadamba (Roxb.) Kurz 15
officinalis Pierre ex Pit. 16
Saussurea DC. 298,302,311
carthamoides Buch.-Ham. ex DC. 313
costus (Falc.) Lipsch. 302
deltoidea (DC.) Sch.-Bip. 311
japonica (Thunb.) DC. 311
Scabiosa L. 191
cochinchinensis Lour. 297
Scaevola L. 443
hainanensis Hance 443
lobelia Murr. 443
sericea Vahl 443
Sceura marina Forsk 859
Schistolobos pumilus W. T. Wang 635
Schizomussaenda H. L. Li 2,44
dehiscens (Craib) Li 44
henryi (Hutch.) X. F. Deng et D. X. Zhang 44
macrosepalum Hu 44
Schizonepeta tenuifolia (Benth.) Briq. 933

Schnabelia Hand.-Mazz. 855,**907**
oligophylla Hand.-Mazz. **907**
Scleromitrion angustifolium (Cham. et Schltdl.) Benth. 24
sinense Miquel. 26
Scoparia L. 543,**568**
dulcis L. **568**
SCROPHULARIACEAE **542**
Scrophularia L. 543,**566**
buergeriana Miq. **566**
chinensis L. 568
microdonta Franch. 566
ningpoensis Hemsl. **566**
oldhami Oliv. 566
silvestrii Bonati et Pamp. 566
Scutellaria L. 911,**919**
barbata D. Don 920,**925**
discolor Wall. ex Benth. 919,**920**
formosana N. E. Brown **921**
var. formosana **921**
var. pubescens C. Y. Wu et H. W. Li 920,**921**
grossecrenata Merr. et Chun ex H. W. Li 920,**922**
indica L. **922**
var. elliptica Sun ex C. H. Hu 920,**925**
var. indica 920,**922**
var. parvifolia Makino 920,**922**
lotienensis C. Y. Wu et S. Chow 920,**925**
obtusifolia Hemsl. **920**
var. trinervata (Vaniot) C. Y. Wu et H. W. Li 919,**921**
var. obtusifolia 919,**920**
reticulata C. Y. Wu et W. T. Wang 919,**921**
subintegra C. Y. Wu et H. W. Li 920,**925**
tayloriana Dunn 920,**922**
trinervata Vaniot 921
wenshanensis C. Y. Wu et H. W. Li 920,**922**
yingtakensis Sun ex C. H. Hu 920,**925**
yunnanensis H. Lévl. **921**
var. cuneata C. Y. Wu et W. T. Wang 920,**921**
var. yunnanensis 920,**921**
Sect. *Chirita* 704
Sect. *Gibbosaccus* 656
Sect. *Microchirita* 705
Semnostachya menglaensis T. P. Tsui 794
Senecillis dentata (A. Gray) Kitam. 252
hodgsonii (J. D. Hooker) Kitam. 253
intermedia (Nakai) Kitam. 254
japonica (Thunb.) Kitam. 252
stenocephala (Maxim.) Kitam. 253
veitchiana (Hemsl.) Kitam. 253
Senecio L. 246,**248**,251
actinotus Hand.-Mazz. 248,**249**
f. *simplicifolius* Y. Ling 249
analogus DC. 248,**249**
araneosus DC. 255
blumei DC. 255
bodinieri Vaniot 256
campylodes DC. 250
cappa Buch.-Ham. ex D. Don 247
chrysanthemoides DC. 249
clivorum (Maxim.) Maxim. 252
crassipes H. Lévl. et Vaniot. 259
densiflorus Wall. ex DC. 247
var. *fargesii* Hand.-Mazz. 248
var. *lobbi* Hook. f. 247
var. *mishmiensis* Hook. f. 248
divaricatus L. 262
faberi Hemsl. 248,**249**
hugonis S. Moore 248
japonicus Thunb. 261
kaschkarowii C. Wiakl. 249
labordei Vaniot 252
laetus Edgew. 249
macranthus C. B. Clarke 252
martini Vaniot 256
nagensium C. B. Clarke 248
var. *lobbi* (Hook. f.) Craib 247
nudibasis H. Lévl. et Van. 262
oldhamianus Maxim. 256
palmatifidus (Siebold et Zucc.) Wittr. et Juel 252
palmatilobus Kitam. 256
prionophyllus Franch. 248
pseudochina L. 259
rosulifer H. Lévl. 249
savatieri Franchet 256
scandens Buch.-Ham. ex D. Don 248,**250**
scapiformis Y. L. Chen et K. Y. Pan 249
sonchifolius (L.) Moench 257
spelaeicola (Vaniot) Gagnep. 254
stauntonii DC. 248,**250**
stenocephalus Maxim. 253
tsoongianus Ling 247

veitchianus Hemsl. 253
yesoensis Franchet 253
Sericocalyx chinensis (Nees) Bremek. 778
fluviatilis (C. B. Clarke ex W. W. Sm.) Bremek. 780
Serissa Comm. ex Juss. 3,**105**
democritea Baill ex Franch. 106
foetida (L. f.) Lam. 105
japonica (Thunb.) Thunb. **105**
serissoides (DC.) Druce 105,**106**
Serratula L. 298,**310**
chinensis S. Moore **310**
darrisii H. Lévl. 291
Sesamum L. **763**
indicum L. **766**
orientale L. 766
Sheareria S. Moore 204,**220**
leshanensis Z. Y. Zhu 220
nana S. Moore **220**
polii Franch. 220
Shutereia sublobata (L. f.) House 510
Sibthorpia pinnata (Wall. ex Benth.) Benth. 564
Sideritis ciliata Thunb. 969
Sigesbeckia L. 204,**215**
caspia Fischer et C. A. Meyer 216
esquirolii H. Lévl. et Vaniot 216
gracilis DC. 216
humilis Koidz. 216
iberica Willd. 216
microcephala DC. 216
orientalis L. **216**
f. *pubescens* Makino 216
subsp. *pubescens* (Makino) H. Koyama 216
pubescens (Makino) Makino **216**
Silene esquirolii H. Lévl. 387
Silphium trilobatum L. 212
Silvianthus Hook. f. **150**
bracteatus Hook. f.
subsp. *clerodendroides* (Airy -Shaw) H. W. L 150
subsp. *tonkinensis* (Gagnepain) H. W. Li 150
clerodendroides Airy -Shaw 150
tonkinensis (Gagnep.) Ridsd. 150
Silybum Adans. 298,**303**
maculatum (Scop.) Moench 303
marianum (L.) Gaertn. **303**
Sinacanthus Y. F. Deng,D. Z. Li et E. Tripp 767,**803**
glandulosa Y. F. Deng 803,**805**
lofouensis (H. Lévl.) Y. F. Deng,D. Z. Li et E. Tripp **803**
longipes (H. S. Lo et D. Fang) Y. F. Deng,D. Z. Li et E. Tripp **803**
longzhouensis (H. S. Lo) Y. F. Deng, D. Z. Li et E. Tripp 803,**805**
Sinningia 625
Sinoadina Ridsd. 1,**11**
racemosa (Sieb. et Zucc.) Ridsd. **13**
Sinoboea microcarpa Chun 729
Sinosenecio B. Nord. 246,**255**
bodinieri (Vant.) B. Nord. 255,**256**
brevior B. Nord. 256
guangxiensis C. Jeffrey et Y. L. Chen 255,**256**
oldhamianus (Maxim.) B. Nord. 255,**256**
palmatilobus (Kitam.) C. Jeffrey et Y. L. Chen 256
savatieri (Franch.) B. Nord. 256
Siphocranion Kudo 912,**974**
macranthum (Hook. f.) C. Y. Wu **974**
nudipes (Hemsl.) Kudo 974,**975**
Siphonostegia Benth. 544,**582**
chinensis Benth. **582**
Sipthorpia evolvulacea Linn. 498
Slackia sinensis Chun 644
tonkinensis Pellegr. 644
SOLANACEAE **464**
Solanum L. 465,**474**
aculeatissimum Jacqu. 476,**484**
americanum Miller 474,**477**
anodontum H. Lévl. et Vant. 474
barbisetum Nees
var. *griffithii* Prain 486
biflorum Lour. 489
bodinieri H. Lévl. et Vaniot 484
calleryanum Dunal 489
capsicastrum Link ex Schau 481
capsicoides Allioni 476,**484**
cathayanum C. Y. Wu et S. C. Huang 479
caulorrhizum Dunal 491
chinense Dunal 484
ciliatum Lamarck 484
cumingii Dunal 486
debilissimum Merr. 491
decemdentatum Roxb. 489
decemfidum Nees 489
diflorum Vell. 481

dulcamara L. 476,**479**
var. *chinense* Dunal 479
var. *heterophyllum* Makino 479
var. *pubescens* Blume 479
dunnianum H. Lévl. 481
erianthum D. Don **476**
esculentum Dunal 488
griffithii (Prain) C. Y. Wu et S. C. Huang 476,**486**
hainanense Hance 482
immane Hance 486
japonense Nakai 476,**479**
khasianum C. B. Clarke 484
laeve Dunal 491
lasiocarpum Dunal 476,**486**
var. *velutinum* Callery et Gaudich. 486
lycopersicum L. 492
lyratum Thunb. 476,**479**
lysimachioides Wall. 489
macaonense Dunal 476,**482**
macrodon Wall
var. *lysimachioides* C. B. Clarke 489
mammosum L. 476,**482**
melongena L. 476,**488**
var. *depressum* L. H. Bailey 488
var. *esculentum* (Dunal) Nees 488
var. *serpentinum* L. H. Bailey 488
nienkui Merr. et Chun 476,**482**
nigrum L. 474,**477**
var. *pauciflorum* Liou 477
nipponense Makino 479
photeinocarpum Nakamura et Odashima 477
pittosporifolium Hemsl. 476,**481**
procumbens Lour. 476,**482**
pseudocapsicum L. **481**
var. diflorum (Vell.) Bitter 476,**481**
var. pseudocapsicum 476,**481**
scabrum Miller 474,**479**
spirale Roxb. 476,**477**
torvum Hemsl. 482
torvum Swartz 476,**482**
tuberosum L. 476,**481**
undatum Lam 476,**486**
viarum Dunal 476,**486**
violaceum Ortega 476,**484**
Solidago L. 263,**264**
canadensis L. **264**
decurrens Lour. **264**
pubescens Wall. 264
virgaurea L.
subsp. *leiocarpa* (Benth.) Hulten 264
var. *leiocarpa* (Benth.) A. Gary 264
var. *paludosa* Honda 264
Soliva Ruiz et Pavon. 220,**226**
anthemifolia (Juss.) R. Brown **226**
Sonchus L. 352,**355**
arvensis L. 355
asper (L.) Hill 355,**356**
brachyotus DC. 355,**356**
cavaleriei H. Lévl. 356
ciliatus Lam. 355
fauriei H. Lévl. et Vaniot 356
lingianus C. Shih 355
mairei H. Lévl. 356
oleraceus L. **355**
var. *asper* L. 356
picris H. Lévl. et Vaniot 355
spinosus Lam. 356
taquetii H. Lévl. 356
wallichianus DC. 355
wightianus DC. **355**
Sopubia Buch.-Ham. ex D. Don 544,**588**
formosana Hayata 590
stricta G. Don **588**
trifida Buch.-Ham. ex D. Don **588**
Spanioptilon lineare (Thunb.) Less. 310
Spathodea cauda-felina Hance 754
glandulosa Bl. 761
ignea Kurz 754
stipulata Wall. 753
velutina Kurz 753
Spermacoce L. 3,**86**
alata Aublet 86,**87**
costata Roxb. 22
hedyotidea DC. 30
hirta L. 90
hispida L. 86,**87**
latifolia Aubl. 87
pusilla Wall. **86**
roxburghii Sprengel 87
sumatrensis Retzius 89
Sphaeranthus L. 315,**333**
africanus L. **333**

cochinchinensis Lour. 333
microcephalus Willd. 333
suberiflorus Hayata 333
Sphaeromorphaea australis (Less.) Kitam. 334
Sphagneticola O. Hoffmann 204,211
calendulacea (L.) Pruski 212
trilobata (L.) Pruski 212
Sphenoclea Gaertn. 435
zeylanica Gaertn. 435
SPHENOCLEACEAE 433
Spilanthes acmella (L.) Murray 214
var. *paniculata* (Wall. ex DC.) C. B. Clarke ex J. D. Hooker 209
paniculata Wall. ex DC. 209
Spiradiclis Blume 2,44
baishaiensis X. X. Chen et W. L. Sha 46,54
caespitosa Blume 44,46
chuniana R. J. Wang 45,50
coccinea H. S. Lo 45,52
cordata H. S. Lo et W. L. Sha 45,50
coriaceifolia R. J. Wang 45,51
corymbosa H. S. Lo 45,51
ferruginea D. Fang et D. H. Qin 46,54
fusca H. S. Lo 45,49
glandulosa L. Wu et Q. R. Liu 44,48
guangdongensis H. S. Lo 45,48
howii H. S. Lo 45,53
laxiflora W. L. Sha et X. X. Chen 49,50
loana R. J. Wang 45,50
longibracteata S. Y. Liu et S. J. Wei 45,53
longipedunculata W. L. Sha et X. X. Chen 45,46,49
longzhouensis H. S. Lo 46,54
luochengensis H. S. Lo et W. L. Sha 45,49
malipoensis H. S. Lo 46
microcarpa H. S. Lo 44,46
napoensis D. Fang et Z. M. Xie 44,46
oblanceolata W. L. Sha et X. X. Chen 49,50
pauciflora L. Wu et Q. R. Liu 45,48
purpureocaerulea H. S. Lo 45,53
rubescens H. S. Lo 45,52
scabrida D. Fang et D. H. Qin 45,52
spathulata X. X. Chen et C. C. Huang 45,52
tomentosa D. Fang et D. H. Qin 45,51
tonglingensis R. J. Wang 45,50
umbelliformis H. S. Lo 45,48
villosa X. X. Chen et W. L. Sha 45,51
Stachys L. 944
artemisia Lour. 937
arvensis Linn. 944,945
geobombycis C. Y. Wu 945
var. alba C. Y. Wu et H. W. Li 944,945
var. geobombycis 944,945
kouyangensis (Vaniot) Dunn 944,945
leptopoda Hayata 944
oblongifolia Wall. ex Benth 944
var. leptopoda (Hayata) C. Y. Wu 944
var. oblongifolia 944
Stachytarpheta Vahl 854,858
australis Moldenke 858
indica C. B. Clarke 858
jamaicensis (L.) Vahl 858
Statice fortunei Lindl. 418
sinensis Girard 418
Stauranthera Benth. 628,741
tsiangiana Hand.-Mazz. 743
umbrosa (Griff.) Clarke 743
Staurogyne Wall. 767,768
brachystachya Benoist 769,770
chapaensis Benoist 769
dolishocalyx F. Hossain 770
glauca
var. *spatulata* (Blume) C. B. Clarke 769
rivalaris Merr. 769
sesamoides (Hand.-Mazz.) Burtt 769,770
spathulata (Blume) Koord. 769
Stemmodontia biflora (L.) W. Wight 209
Stemodia hirsuta Heyne ex Benth. 558
hypericifolia Benth. 556
muraia Roxburgh ex D. Don 611
philippensis Chamisso et Schlechtendal 610
repens Benth. 558
Stenactis annua Cass. 276
Stenolobium D. Don 746,755
stans (Linn.) Seem. 755
Stereospermum Cham. 746,761
colais (Buch.-Ham. ex Dillwyn) Mabberley 763
var. *puberula* (Dop) D. D. Tao 763
glandulosum Miq. 761
personatum (Hassk.) Chatterjee 763
var. *puberula* Dop 763
sinicum Hance 759
tetragonum DC. 763

Steripha reniformia Gaertn. 498
Stimpsonia Wright ex A. Gray 392,**411**
chamaedryoides Wright ex A. Gray **411**
Streptocarpus 625
Striga Lour. 544,**584**
asiatica (Linn.) O. Kuntze **584**
var. *humilis* (Benth.) D. Y. Hong 584
hirsuta
var. *humilis* Benth. 584
lutea Lour. 584
masuria (Ham. ex Benth.) Benth. **584**
Strobilanthes Blume 767,**775**
acrocephala T. Anderson 799
affinis (Griff.) Terao ex J. R. I. Wood et J. Bennett 777,**799**
affinis (Griff.) Y. C. Tang 799
alatiramosa H. S. Lo et D. Fang 786
anamitica O. Kuntze 777,**802**
aprica (Hance) T. Anderson 775,**777**
atropurpurea Nees 776,**792**
auriculata Nees 776,**783**
austrosinensis Y. F. Deng et J. R. I. Wood 777,**802**
bantonensis Lindau 776,**791**
biocullata Y. F. Deng et J. R. I. Wood 777,**795**
botryantha D. Fang et H. S. Lo 795
brunnescens Benoist 777,**798**
chaffonjonii H. Lévl. 782
championii T. Anderson 788
chinensis (Nees) J. R. I. Wood et Y. F. Deng 775,**778**
compacta D. Fang et H. S. Lo 777,**801**
cusia (Nees) O. Kuntze 776,**786**
cystolithigera Lindau 777,**795**
dalzielii (W. W. Sm.) Benoist 776,**789**
var. *inaequalis* Benoist 791
debilis Hemsl. 798
dimorphotricha Hance 776,**780**
echinata Nees 776,**788**
equitans H. Lévl. 782
esquirolii H. Lévl. 777,**801**
ferruginea D. Fang et H. S. Lo 776,**792**
flaccidifolia Nees 788
fluviatilis (C. B. Clarke ex W. W. Sm.) Moylan et Y. F. Deng 775,**780**
fulvihispida D. Fang et H. S. Lo 789
glandibracteata D. Fang et H. S. Lo 776,**780**
guangxiensis S. Z. Huang 777,**797**
heterochrous Hand.-Mazz. 802
heteroclita D. Fang et H. S. Lo 776,**794**
hossei C. B. Clarke 776,**789**
jugorum Benoist 788
labordei H. Lévl. 777,**798**
leucocephala Craib 801
lofouensis H. Lévl. 803
longgangensis D. Fang et H. S. Lo 777,**797**
longzhouensis H. S. Lo et D. Fang 777,**797**
maclurei Merr. 802
marchandii H. Lévl. 782
mucronatoproducta Lindau 776,**794**
myriostachya D. Fang et H. S. Lo 795
ningmingensis D. Fang et H. S. Lo 775,**780**
ovatibracteata H. S. Lo et D. Fang 776,**783**
pateriformis Lindau 776,**786**
pentstemonoides (Nees) T. Anderson 783
pseudocollina K. J. He et D. H. Qin 777,**795**
psilostachys Clarke ex W. W. Smith 782
pteroclada Benoist 776,**783**
radicans T. Anderson ex Benth. 799
refracta D. Fang, Y. G. Wei et J. Murata 798
retusa D. Fang 776,**786**
sequinii H. Lévl. 782
strigosa D. Fang et H. S. Lo 777,**801**
tetrasperma (Champ. ex Benth.) Druce 777,**799**
tomentosa (Nees) J. R. I. Wood 775,**778**
tonkinensis Lindau 776,**794**
triflora Y. C. Tang 792
truncata D. Fang et H. S. Lo 776,**788**
wallichii Nees 792
STYLIDIACEAE **445**
Stylidium Swartz ex Willd. **445**
tenellum Swartz **446**
uliginosum Swartz **446**
Stylocoryna attenuata Voigt 126
mollissima Walp. 122
Subfam. Verbenoideae Briq. 854
Subfam. Viticoideae Briq. 854
Subgen. *Idiophyton* 399
Subgen. *Lysimachia* 402
Swertia L. 369,**385**
affinis C. B. Clarke 388
angustifolia Buch.-Ham. ex D. Don **388**
var. angustifolia 387,**388**
var. *hamiltoniana* Burk. 388

var. pulchella (D. Don) Burk. 387,388
bimaculata (Sieb. et Zucc.) Hook. f. et Thoms. ex C. B. Clarke 385,387
var. *macrocarpa* Nakai 387
cavaleriei H. Lévl. 387
esquirolii H. Lévl. 388
guibeiensis C. Z. Gao 387,388
hickinii Burkill 387,389
macrosperma (C. B. Clarke) C. B. Clarke 387,389
mairei H. Lévl. 387
nervosa (Wall. ex G. Don) C. B. Clarke 387
randaiensis Hayata 389
vacillans Maxim. 388
Sykesia hongkongensis (Seem.) Kuntze 119
Symphoricarpos Duhamel 151,181
sinensis Rehder 181
Symphyotrichum subulatum (Michaux) G. L. Nesom 268
Symphytum L. 451,457
officinale L. 457
Synedrella Gaertn. 204,210
nodiflora (L.) Gaertn. 210
Synotis (C. B. Clarke) C. Jeffrey et Y. L. Chen 246
atractylidifolia (Y. Ling) C. Jeffrey et Y. L. Chen 246
austroyunnanensis C. Jeffrey et Y. L. Chen 247
cappa (Buch.-Ham. ex D. Don) C. Jeffrey et Y. L. Chen 247,248
changiana Y. L. Chen 246,247
damiaoshanica C. Jeffrey et Y. L. Chen 246,247
nagensium (C. B. Clarke) C. Jeffrey et Y. L. Chen 247,248

[T]

Tagetes L. 204,218
erecta L. 218
patula L. 218
Tanacetum L. 220,226
chinense A. Gray ex Maxim. 229
cinerariifolium (Trev.) Sch.-Bip. 226
Taraxacum F. H. Wigg. 352,357
hangchouense H. Koidz. 357
huhhoticum P. Z. Xu et H. C. Fu 357
mongolicum Hand.-Mazz. 357
var. *formosanum* (Kitam.) Kitam. 357
pseudodissectum Nakai et Koidz. 357
purpurem Buch.-Ham. ex D. Don 287
Tarenna Gaertn. 4,120
acutisepala F. C. How ex W. C. Chen 120,124
attenuata (Hook. f.) Hutch. 120,124
var. *puberula* Chun et F. C. How ex W. C. Ko 122
austrosinensis Chun et F. C. How ex W. C. Chen 120,124
depauperata Hutch. 120,122
incana Diels 122
incerta Koord. et Valeton 111
kwangsiensis Hand.-Mazz. 116
lanceolata Chun et F. C. How ex W. C. Chen 120
lancilimba W. C. Chen 120,122
mollissima (Hook. et Arn.) B. L. Rob. 120,122
pallida (Franch. ex Brandis) Hutchins. 111
polysperma Chun et F. C. How ex W. C. Chen 120,124
pubinervis Hutch. 120,122
sinica W. C. Chen 120,126
sylvestris Hutch. 126
tsangii Merr. 120,124
f. *elliptica* Chun et F. C. How ex W. C. Ko. 124
Tarennoidea Tirveng. et Sastre 3,4,111
wallichii (Hook. f.) Tirveng. et C. Sastre 111
Tarphochlamys affinis (Griff.) Bremek. 799
Tecoma capensis Lindl. 756
chinensis K. Koch. 747
grandiflora Loiset. 747
radicans Juss. 747
stans (Linn.) H. B. et K. Nov. 755
Tecomaria Spach 746,755
capensis (Thunb.) Spach 756
Tectona L. f. 854,876
grandis L. f. 876,886
jugorum (Benoist) Bremek. 789
Tetragoga angustiphylla Q. H. Chen 802
esquirolii (H. Lévl.) E. Hossain 801
Teucrium L. 910,913
bidentatum Hemsl. 913,915
japonicum Willd. 913,915
var. *pilosum* Pamp. 915
ornatum Hemsl. 919
pernyi Franch. 913,915
pilosum (Pamp.) C. Y. Wu et S. Chow 913
quadrifarium Buch.-Ham. ex D. Don 913
viscidum Blume 915

var. macrostephanum C. Y. Wu et S. Chow 913, **915**
var. viscidum 913, **915**
Thecagonum pteritum (Blume) Babu 32
Thela alba Lour. 416
coccinea Lour. 416
Thelechitonia trilobata (L.) H. Rob. et Cuatrec. 212
Thorelia montana Gagnep. 288
Thoreliella montana (Gagnep.) C. Y. Wu 288
Thunbergia Retz. 767, **770**
adenophora W. W. Smith 772
alata Bojer ex Sims. **771**
chinensis Merr. 772
eberhardtii Benoist 771, **773**
erecta (Benth.) Thunbergia Anderson. **771**
fragrans Roxb. 771, **772**
subsp. *hainanensis* (C. Y. Wu et H. S. Lo) H. P. Tsui 772
grandiflora (Roxb. ex Rottl.) Roxb. 771, **772**
hainanensis C. Y. Wu et H. S. Lo 772
lacei Gamble 772
Thymus repens Buch.-Ham. ex D. Don. 959
Thyrocarpus Hance 451, **462**
sampsonii Hance **462**
Thysanospermum diffusum Champ. ex Benth. 139
Tittmannia obovata Bunge 609
Tithonia Desf. ex Juss. 204, **214**
diversifolia (Hemsl.) A. Gray **214**
Torenia L. 545, 590, **591**
asiatica L. **592**, 594
benthamiana Hance 592, **594**
biniflora T. L. Chin et D. Y. Hong 592, **595**
concolor Lindl. **592**
var. *formosana* T. Yamaz. 592
exappendiculata Regel 594
flava Buch.-Ham. ex Benth. 592, **595**
fournieri Linden. ex Fourn. 592, **594**
glabra Osbeck 592, 594
hirta Cham. et Schltdl. 604
hokutensis Hayata 595
nantoensis Hayt. 594
parviflora Buch.-Ham. ex Benth. 592, **595**
peduncularis Benth. 594
polygonoides Benth. 590
radicans Vaniot 592
rubens Benth. ex Maxim. 592
setulosa Maxim. 603
violacea (Azaola ex Blanco) Pennell 592, **594**
var. *chinensis* Yamazaki 594
Tournefortia L. 451, **457**
boniana Gagnep. 457
brachyantha Merr. et Chun 457
gaudichandii Gagnep. 457
montana Lour. **457**
sampsonii Hance 457
Trapella Oliv. **766**
sinensis Oliv. **766**
Trib. Anthemideae Cass. 193, **220**
Trib. Astereae Cass. 193, **263**
Trib. Calenduleae Cass. 193, **342**
Trib. Callicarpeae Briq. 854
Trib. Cichorieae Reichb. 193, **352**
Trib. Citharexyleae Briq. 854
Trib. Clerodendreae Briq. 855
Trib. Cynareae Less. 193, **297**
Trib. Cyrtandreae Bl. 627
Trib. Didymocarpeae Endl. 625
Trib. Eupatorieae Cass. **193**
Trib. Heliantheae Cass. 193, **203**
Trib. Inuleae Cass. 193, **314**
Trib. Klugieae Fritsch 627
Trib. Lantana L. 854
Trib. Mutisieae Cass. 193, **342**
Trib. Senecioneae Cass. 193, **245**
Trib. Tectoneae Briq. 854
Trib. Trichosporeae Fritsch 627
Trib. Verbeneae Briq. 854
Trib. Vernonieae Cass. 193, **287**
Trib. Viticeae Briq. 854
Tricalysia dubia (Lindl.) Ohwi 136
fruticosa (Hemsl.) K. Schum. ex E. Pritz. 136
lutea Hand.-Mazz. 136
viridiflora (DC.) Matsum. 136
var. *buisanensis* (Hayata) Yamamoto 136
var. *tanakai* (Hayata) Yamamoto 136
Trichodesma R. Brown 451, **464**
calcareum W. G. Craib 464
calycosum Coll. et Hemsl. **464**
hemsleyanum H. Lévl. 464
sinicum Brand 464
Tridax L. 203, **204**
procumbens L. **205**
Tridynamia Gagnepain 497, **504**

megalantha (Merrill) Staples 504
sinensis (Hemsley) Staples 504
var. delavayi (Gagnep. et Courchet) Staples 504,505
var. sinensis 504,505
Trigonotis Steven 451,459
cavaleriei (H. Lévl.) Hand.-Mazz. 460,461
clavata Stev. 461
cupulifera Johnst. 459
funingensis H. Chuang 460
leyeensis W. T. Wang 460
macrophylla Vaniot
var. verrucosa I. M. Johnston 460,461
microcarpa (A. DC.) Benth. ex C. B. Clarke 460,461
nandanensis C. J. Wang 460
peduncularis (Trev.) Benth. ex Baker et S. Moore 460,461
var. *microcarpa* (DC.) Brand 461
Triosteum hirsutum Roxb. 96
Triplostegia epilobiifolia H. Lévl. 332
Tripterospermum Blume 369,381
australe J. Murata 381,383
brevilobum D. Fang 381,384
carlesii Harry Sm. 381
chinense (Migo) Harry Sm. 381
filicaule (Hemsl.) Harry Sm. 381,383
nienkui (C. Marq.) C. J. Wu 381,383
Trisepalum Clarke 718
birmanicum (Craib) Burtt 726
Tsiangia hongkongensis (Seem.) But, H. H. Hsue et P. T. Li 119
Tsoongia Merr. 854,885
axillariflora Merr. 885
var. *trifoliolata* H. L. Li 885
Tubocapsicum (Wettst.) Makino 465,474
anomalum (Franch. et Sav.) Makino 474
Tumidimodus purpureoruber H. W. Li 729
Tussilago japonica L. f. 251

[U]

Uncaria Schreber 1,4
formosana (Matsum.) Hayata 8
hirsuta Havil. 5,8
homomalla Miq. 5,9
kawakamii Hayata 8
laevigata Wall. ex G. Don 5,7
lancifolia Hutch. 5,7
macrophylla Wall. 5
membranifolia How 5
rhynchophylla (Miq.) Miq. ex Havil. 4,5,8
var. *koutong* Yamazaki 8
rhynchophylloides F. C. How 5,7
scandens (Smith) Hutchinson 5,8
sessilifructus Roxb. 5,7
sinensis (Oliv.) Havil. 5
tonkinensis Havil. 9
uraiensis Hayata. 8
wangii How 8
Uragoga rubra (Lour.) Kuntze 109
Urophyllum Wall. 2,62
chinense Merr. et Chun 63
Utricularia L. 616
alata Benjamin 620
albina Ridley 623
anthropophora Ridley 624
aurea Lour. 617,618
australis R. Br. 617,618
bifida L. 617,620
biflora Lam. 618
brevilabris Lace 622
var. *parviflora* Pellegrin 622
caerulea L. 617,623,624
var. *graminifolia* (Vahl) P. K. Bhattacharyya 623
var. *filicaulis* (Wallich ex A. Candolle) Haines 623
capillaris D. Don 623
cavaleriei Stapf 623
conferta Wight 623
confervifolia Jackson ex D. Don 618
diantha Roxb. ex Roem. et Schult. 617
equiseticaulis Blatter et McCann 623
evrardii Pellegrin 622
exoleta R. Br. 617
extensa Hance 618
filicaulis Wall. ex A. DC. 623
var. *papillosa* Pellegrin 623
flexuosa Vahl 618
furcellata Oliver 617,624
gibba L. 617
subsp. *exoleta* (R. Br.) F. Taylor 617
graminifolia Vahl 617,623
harlandii Oliv. ex Benth. 624
hirta Klein ex Link 617,622
var. *elongata* Pellegrin 622

humilis Vahl 620
japonica Makino 618
kerrii Craib 623
khasiana J. Joseph et Mani 617
lilliput Pellegrin 622
limosa R. Brown 617,**624**
minutissima Vahl 617,**622**
multicaulis Oliv. 624
nagurai Makino 617
neglecta Lehmann 618
nigricaulis Ridley 622
nippnica Makino 622
nivea Vahl 623
obtusiloba Benjamin 623
ophirensis Ridley 623
orbiculata Wall. ex A. DC. 624
parviflora Buchanan-Hamilton ex Smith 623
pedicellata Wight 623
peranomala P. Taylor 617,**620**
pilosa (Makino) Makino 618
pterosperma Edgeworth 617
purpurascens Graham 623
racemosa Wall. ex Walp. 623
var. *filicaulis* (Wall. ex A. DC.) Clarke 623
recta P. Taylor 620
recurva Loureiro 620
rosea Edgeworth 623
roseopurpurea Stapf ex Gamble 623
rosulata Benjamin 624
sacciformis Benjamin 618
sampathii Subramanyam et Yoganarasimhan 623
scandens Benj.
subsp. firmula(Oliver) Z. Yu Li 617,**620**
var. *firmula* (Oliver) Subramanyam et Banerjee 620
siakujiensis Nakajima ex H. Hara 618
siamensis Ostenfeld 622
sootepensis Craib 623
squamosa Benjamin 623
striatula Smith 617,**624**
subrecta Lace 623
taikankoensis Yamamoto 624
tayloriana Joseph et Mani 622
tenuicaulis Miki 618
uliginoides Wight 623
verticillata Benj. 624
vulgaris L.
var. *pilosa* Makino 618
var. *tenuicaulis* (Miki) Kou 618
wallichiana Benj. 620
var. *firmula* Oliver 620
warburgii K. I. Goebel 617,**622**

[V]

Valeriana L. 185,**188**
fauriei Briq. 190
hardwickii Wall. **190**
jatamansi Jones 188,**190**
officinalis L. 188,**190**
VALERIANACEAE **185**
Vandellia anagallis (Burm. f.) Yamaz. 602
angustifolia Benth. 602
bodinieri H. Lévl. 600
ciliata (Colsm.) T. Yamaz. 599
cordifolia (Colsm.) G. Don 602
crustacea (L.) Benth. 600
elata Benth. 603
erecta Benth. 602
hirta (Cham. et Schlechtend.) T. Yamaz. 604
mollis Benth. 604
montana (Bl.) Benth. 604
nummularifolia D. Don 600
obovata Walp. 609
sessilifolia Benth. 600
setulosa (*Maxim.*) Yamaz. 603
tenuifolia (Colsm.) Haines 597
urticifolia Hance 603
veronicifolia (Retz.) Haines 597
viscosa (Hornem.) Merr. 604
Verbascum L. 543,**566**
chinense (L.) Santapau **568**
coromandelianum (Vahl) O. Kuntze 568
sinense H. Lévl. et Giraud. 568
Verbena Linn. 854,**855**
jamaicensis L. 858
nodiflora L. 857
officinalis L. **855**
var. *ramosa* H. Lévl. 855
phlogiflora Champ. **855**
VERBENACEAE **854**
Verbesia chinensis L. 324
Verbesina acmella L. 214

verbesirca prostrata Hook. et Arn 211
alba L. 215
biflora L. 209
calendulacea L. 212
montana Blume 210
nodiflora L. 210
prostrata L. 215
prostrata Hook. et Arn. 211
Vernonia Schreb 287,**288**
ampla Vaniot 284
arborea Buch.-Ham. 289,**293**
aspera Buch.-Ham. 288,**289**
blanda (Wall.) DC. 289,**294**
blumeana DC. 293
bockiana Diels 289,**294**
chingiana Hand.-Mazz. 289,**296**
chunii C. C. Chang 289,**296**
cinerea (L.) Less. 288,**291**
clivorum Hance 288,**291**
cumingiana Benth. 289,**294**
esculenta Hemsl. 289,**293**,294
esquirolii H. Lévl. 293
esquirolii Vaniot 255
fargesii Franch. 248
fortunei Sch.-Bip. 294
kingii C. B. Clarke 291
loloana Dunn ex Kerr 288
longicaulis DC. 289
martini Vaniot 289
papillosa Franch. 293
patula (Dryand.) Merr. 289,**293**
saligna (Wall.) DC. 288,**289**,291
seguinii Vaniot 289
solanifolia Benth. 289,**294**
spelaeicola Vant. 254
spirei Gand. 288,**291**
stibaliae Hand.-Mazz. 291
sylvatica Dunn 289,**296**
vaniotii H. Lévl. 293
volkameriifolia DC. 289,**293**
Veronica L. **571**
anagallis-aquatica L.
subsp. *undulata* (Wallich ex Jack) Elenevskii 572
angustifolia Fisch. ex Link 569
var. *dilatata* Nakai et Kitag. 569
cana Wall. ex Benth.
subsp. *henryi* (T. Yamazaki) Elenevskii 573
caulopterum (Hance) T. Yamazaki 573
didyma Tenore 572
var. *lilacina* T. Yamazaki 572
galactites Hance 569
henryi T. Yamazaki 571,572,**573**
javanica Bl. 571,572,**573**
jeholensis Nakai 569
laxa Benth. 571,**572**
linariifolia Pall. ex Link 569
subsp. *dilatata* (Nakai et Kitag.) D. Y. Hong 569
var. *dilatata* (Nakai et Kitag.) Nakai et Kitagawa 569
var. jeholensis (Nakai) Kitag. 571
longispicatum (Merr.) T. Yamazaki 573,**574**
martini H. Lévl. 574
murorum Maxim. 573
peregrina L. 571,**572**
persica Poir. **571**
polita Fries 571,**572**
tournefortii C. C. Gmel. 571
undulata Wall. ex Jack 571,**572**
Veronicastrum Heist. ex Farbic. 543,**573**
caulopterum (Hance) T. Yamazaki **574**
longispicatum (Merr.) T. Yamazaki. **574**
plukenetii (T. Yamazaki) T. Yamazaki 576
robustum (Diels) Hong **574**
subsp. grandifolium Chin et Hong 573,**574**
subsp. robustum **574**
stenostachyum (Hemsl.) T. Yamazaki **574**
subsp. plukenetii (T. Yamazaki) Hong 573,**576**
subsp. stenostachyum **576**
Verronia sinensis Lour. 452
Vesiculina gibba (Linnaeus) Rafinesque 618
Viburnum L. 151,**152**
acuminatum Wall. ex DC. 164
atrocyaneum C. B. Clarke 154,**157**
subsp. *harryanum* (Rehd.) Hsu 157
awabuki K. Koch 162
brachybotryum Hemsl. 154,**164**
calvum Rehd. 157
ceanothoides C. H. Wright 172
chinshanense Graebn. 154,**156**
chunii Hsu 155,**169**
subsp. *chengii* Hsu 169
var. *piliferum* Hsu 169

cinnamomifolium Rehd. 154,160
corylifolium 174
corymbiflorum Hsu et S. C. Hsu 154,164
var. *longipedunculatum* Hsu 162
crassifolium Rehd. 166
cylindricum Buch.-Ham. ex D. Don 155,166
dilatatum Thunb. 156,174
var. *macrophyllum* Hsu 174
erosum Thunb. 156,173
subsp. *ichangense* (Hemsl.) F. S. Hsu 173
erubescens Wall. 154,161
var. *prattii* (Graebn.) Rehd. 161,164
foetidum Wall. 155,172
var. ceanothoides (C. H. Wright) Hand.-Mazz. 155,172
var. foetidum 172
var. rectangulatum (Graebn.) Rehd. 155,172
fordiae Hance 156,174
hainanense Merr. et Chun 155,171
hanceanum Maxim. 154,161
hengshanicum Tsiang ex Hsu 156,173
henryi Hemsl. 154,164
hirtulum Rehd. 174
ichangense Rehd. 173
inopinatum Craib 155,166
lancifolium Hsu 155,172
lepidotulum Merr. et Chun 166
longipedunculatum (Hsu) Hsu 154,162
lutescens Blume 155,169
luzonicum Rolfe 156,174
macrocephalum Fort. 154,156
f. sterilis Dipp. 156
nervosum D. Don 157
odoratissimum Ker-Gawl. 154,164,162
var. awabuki (K. Koch) Zabel ex Rümpl. 154,162
var. odoratissimum 162
oliganthum Batal. 164
plicatum Thunb. 160
f. *tomentosum* (Thunb.) Rehd. 160
var. plicatum 160
var. tomentosum (Thunb.) Miq. 154,160,161
prattii Graebn. 161
propinquum Hemsl. 154,160
punctatum Buch.-Ham. ex D. Don 164
var. lepidotulum (Merr. et Chun) Hsu 155,166
var. punctatum 166
pyramidatum Rehd. 155,169
rosthornii Graebn.
var. *xerocarpa* Graebn. 164
sempervirens K. Koch 171
var. sempervirens 155,171
var. trichophorum Hand.-Mazz. 155,171
setigerum Hance 156,173
squamulosum Hsu 155,172,173
sympodiale Graebn. 154,157
taitoense Hayata 154,161
taiwanianum Hayata 156
ternatum Rehd. 155,166
tomentosum Thunb. 160
triplinerve Hand.-Mazz. 154,157,160
tsangii Rehd. 171
tubulosum Hsu 161
urceolatum Sieb. et Zucc. 154,156
Vicoa appendiculata DC. 319
auriculata Cass. 319
indica (L.) DC. 319
Villarsia hydrophyllum (Lour.) Roem. et Schult. 391
Virgo inermis (Wall.) Holub. 191
Vitex L. 855,887
burmensis Moldenke 888,894
cannabifolia Steb. et Zucc. 893
canescens Kurz 887,891
finlausoninana Wall. 894
heterophylla Roxb. 888
var. *puberula* H. J. Lam 891
kwangsiensis P'ei 887,888,891
kweichowensis P'ei 891
lanceofolia S. C. Huang 894
lanceolata P'ei 894
loureiri Hook. et Am. 888
negundo L. 891
var. cannabifolia (Sieb. et Zucc.) Hand.-Mazz. 887,893
var. negundo 887,891
ovata Thunb. 893
quinata (Lour.) Will. 888
f. lungchowensis S. L. Liou 887,891
var. (Lour) Will. puberula (H. J. Lam) Moldenke 887,891
var. quinata 891
rotundifolia L. f. 887,893
sampsonii Hance 887,888

trifolia L. 887,893
var. *simplicifolia* Cham. 893
var. trifolia 893
var. *unifoliolata* Schauer 893
vestita Wallich ex Schauer 888,893
Volkameria herbacea Roxb. 902
inermis L. 896
japonica Thunb. 902
kaemoferi Jacq. 902
pumila Lour. 896
serratum L. 900

【W】

Wahlenbergia Schrad. ex Roth 421,425
brevipes Hemsl. 432
marginata (Thunb.) A. DC. 425
Webera attenuata Hook. 126
cavaleriei H. Lévl. 111
henryi H. Lévl. 111
mollissima Benth. ex Hance 122
pallida Franch. ex Brandis 111
truncata Wall. 73
Wedelia biflora (L.) DC. 209
chinensis (Osbeck) Merr. 212
prostrata (Hook. et Arn.) Hemsl. 211
trilobata (L.) Hitchc. 212
urticifolia DC. 210
wallichii Less. 210
Weigela Thunb. 151,185
japonica Thunb.
var. sinica (Rehder) Beiley 185
Wendlandia Bartl. ex DC. 4,142
aberrans F. C. How 142,143
brevituba Chun et F. C. How ex W. C. Chen 143,147
cavaleriei H. Lévl. 142,145
chinensis Merr. 147
dunniana H. Lévl. 146
feddei H. Lévl. 145
formosana Cowan 143
subsp. breviflora F. C. How 142,145
subsp. formosana 142,143
litseifolia F. C. How 142,145
myriantha F. C. How 143,148
oligantha W. C. Chen 143,148
paniculata (Roxb.) DC.
subsp. *scabra* Cowan 147
pubigera W. C. Chen 143,147
rotundifolia Hand.-Mazz. 146
salicifolia Franch. ex Drake 142,143
scabra Kurz 147
var. pilifera F. C. How ex W. C. Chen 143,147
var. scabra 143,147
tinctoria (Roxb.) DC. 145
subsp. affinis F. C. How ex W. C. Chen 142,146
subsp. barbata Cowan 142,146
subsp. callitricha (Cowan) W. C. Chen 142,146
subsp. handelii Cowan 142,146
subsp. orientalis Cowan 142,145,146
subsp. tinctoria Cowan 145
var. callitricha Cowan 146
uvariifolia Hance 146
subsp. chinensis (Merr.) Cowan 142,147
subsp. *dunniana* (H. Lévl.) Cowan 146
subsp. *rotundifolia* (Hand. Mazz.) Cowan 146
subsp. *rufula* Cowan 146
subsp. uvariifolia 142,146
subsp. *yunnanensis* Cowan 146
zooi F. C. How 147
Wentsaiboea D. Fang et D. H. Qin 656,707
luochengensis Yan Liu et W. B. Xu 658
renifolia D. Fang et D. H. Qin 658
tiandengensis Yan Liu et B. Pan 707,709
Whytockia W. W. Smith 628,743
tsiangiana (Hand.-Mazz.) A. Weber 743
Wiborgia parviflora Kunth 205
Wollastonia DC. ex Decne 204,209
biflora (L.) DC. 209
montana (Blume) DC. 209,210
prostrata Hook. et Arn. 211

【X】

Xanthium L. 204,217
inaequilaterum DC. 218
mongolicum Kitag. 218
sibiricum Patrin ex Widder 218
strumarium L. 218
subsp. *sibiricum* (Patrin ex Widder) Greuter 218
Xanthophytopsis balansae Pitard 55
kwangtungensis Chun et How 55
Xanthophytum Reinw. ex Bl. 2,54
balansae (Pitard) H. S. Lo 55
kwangtungense (Chun et F. C. How) H. S. Lo 55

Xenostegia D. F. Austin et Staples 498,**519**
tridentata (L.) D. F. Austin et Staples **519**
Xeranthemum bracteatum Vent. 338
Xeromphis retzii Raf 129
spinosa (Thunb.) Keay 129

[Y]

Youngia Cass. 353,**361**
acaulis (Roxb.) DC. 359
cineripappa (Babc.) Babc. et Stebbins **361**
heterophylla (Hemsl.) Babc. et Stebbins **361**
japonica (L.) DC. **361**

[Z]

Zinnia bidens Retz. 206
Zollingeria scandens Sch.-Bip. 270